大学物理教程

（上册·第三版）

主　编　周志坚

副主编　向必纯　包兴明

编　委　向裕民　胡燕飞

王红艳　袁玉全

方　敏　晋良平

四川大学出版社

责任编辑：毕　潜
责任校对：杨　果
封面设计：墨创文化
责任印制：王　炜

图书在版编目(CIP)数据

大学物理教程：全2册 / 周志坚主编. —3版.
—成都：四川大学出版社，2015.1
ISBN 978-7-5614-8272-8

Ⅰ.①大… Ⅱ.①周… Ⅲ.①物理学-高等学校-教材 Ⅳ.①04

中国版本图书馆CIP数据核字（2014）第312429号

内容提要

本书充分考虑到当前我国高等教育已由精英教育转换为大众化教育的现实背景，加强了物理学的基本概念精析、基本规律的阐述、实验规律与理论的联系，强化例题分析、解题方法、理论根据和步骤，寓物理学方法论和物理学史于知识性教学之中，有利于减轻学生的学习难度，调动学生“自主学习”的积极性。

本书在内容编排上循序渐进，由浅入深，丰富翔实，兼容性较好。全书分为上、下两册，上册包括力学、振动和波、气体动理学理论和热力学基础，下册包括电磁学、波动光学、狭义相对论基础、量子物理基础、现代工程技术简介等。

本书可作为高等学校工科各专业的大学物理课程的教材，也可作为理科、师范非物理专业及各类成人教育物理课程的教材，还可供社会读者阅读。

书名　**大学物理教程（上、下册）（第三版）**

主　　编　周志坚
出　　版　四川大学出版社
地　　址　成都市一环路南一段24号（610065）
发　　行　四川大学出版社
书　　号　ISBN 978-7-5614-8272-8
印　　刷　郫县犀浦印刷厂
成品尺寸　185 mm×260 mm
印　　张　52.75
字　　数　1343千字
版　　次　2015年1月第3版
印　　次　2017年1月第3次印刷
印　　数　8 201～12 500册
定　　价　92.00元(上、下册)

◆读者邮购本书，请与本社发行科联系。
电话：(028)85408408/(028)85401670/
(028)85408023　邮政编码：610065
◆本社图书如有印装质量问题，请寄回出版社调换。
◆网址：http://www.scup.cn

前　言

物理学是研究物质世界最基本的结构、最普遍的相互作用、最一般的运动规律及所使用的实验手段和思维方法的学科。它的基本理论渗透在自然科学的各个领域，应用于生产技术的许多部门，是自然科学和工程技术的基础。

物理学最初是从对力学运动规律的研究发展起来的，后来又研究热现象的规律，研究电磁现象、光现象以及辐射的规律等。到19世纪末，物理学已经形成一个完整的体系，被称为经典物理学。在20世纪初的30年里，物理学经历了一场伟大的革命，相对论和量子力学诞生了，从此产生了近代物理学。以经典物理、近代物理和物理学在科学技术中的初步应用为内容的大学物理课程是高等学校理工科各专业学生一门重要的必修基础课。这些物理基础知识是构成科学素养的重要组成部分，更是一个科学工作者和工程技术人员所必备的。

我国的高等教育经过了体制改革和结构调整的第一阶段、规模大发展的第二阶段，正进入深化教学改革、提高教学质量的新阶段。2006年，我国高等教育已进入世界公认的大众化教育阶段。学生入口质量总体下降，其中重点大学与精英教育阶段相比没有什么变化或下降不明显，但一般院校的学生入口质量下降非常明显。长期困惑大学物理教学的两对基本矛盾（即物理难学而又必须学，知识不断膨胀而学时有限）更加突出。近年来，我国高等教育的大众化取得了令世人瞩目的发展。在新形势下，要求大学物理课程教材多元化。本书就是为了满足培养应用型人才的高等学校对大学物理课程改革发展和实际教学的要求而编写的。

本书是课题“由精英教育向大众化教育转化背景下教材模式、教学模式和教学方法的综合研究”及“大学物理多元教学模式培养多元智能人才的研究与实践”（获四川省优秀教学成果奖）的成果。编写思路是：重视从低年级大学生的实际特别是当前大众化教育的实际出发，对教材模式、教学模式和教学方法进行综合研究，将物理学方法论、物理学史这些有利于培养学生的科学思维能力、良好的心理素质的知识，寓于教学之中，将其功能发挥出来。这样就能编写出内容丰富、通俗、翔实的教材，学生易于理解，从而激发学习兴趣，这是解决物理难学而又必须学这对基本矛盾的有效方法；在学时有限的情况下，通过提高教学效率的途径来解决知识不断膨胀而学时有限的矛盾，再配以相应的教学方法和手段，最终达到提高教学质量的目的。本书在使用过程中得到了广大师生的认同。

本书参照教育部高等学校物理学与天文学教学指导委员会物理基础课程教学指导分委会制定的最新《非物理类理工学科大学物理课程教学基本要求》（2008年修订版）编写，涵盖了基本要求中的核心内容。在陈述上注意数学与物理学的相互联系、相互促进和发展；在内容、例题的选取上，考虑到中学阶段学生的物理基础，起点比较低，再逐步提高到适当的高度，以达到或略高于基本要求。本书分为上、下册，具有以下明显的特点：

第一个特点是目标明确，就是要使这套教材有利于引导学生由被动接受向自主学习转变，解决物理难学而又必须学的矛盾，最大限度地调动学生的学习积极性。以低年级大学生的认知实际，重视大学物理课的基础地位和衔接作用为基本出发点，坚持融合“理论阐述、概念辅导、程序例题、综合应用解析”四种材料于一体，用以代替“精练的课本、充实的辅导书、大量的习题解答”三种书的共同作用。重视力学的基础地位和衔接作用，广泛进行类比叙述，循序渐进地引导学生习惯于用矢量、微积分定量描述物理问题，使学生的中学力学知识升华为比较系统和完整的力学知识。特别是通过各类有针对性示范例题的分析，教会学生如何运用学到的物理定律、定理等规律，来解决实际问题，而通常这正是学生学习的难点。

第二个特点是通俗易懂，便于自学。这种教材模式，利于减轻学生的学习难度，激发兴趣，调动学生“自主学习”的积极性；利于教师采用不同的教学方法，因材施教，而不必满堂灌。教师满堂灌一节课讲不了许多问题，更主要的是被动听课的学生，由于基础知识的差异，情绪和精力的不同等多种因素，能全神贯注听讲的时间平均只有半节课，因此，满堂灌的教学效率不会高。这种教材模式，有利于形成“以学生为主体、教材为核心、教师为向导(或指导)”的优化教学模式。这种优化的教学模式能把学生、教师与教材三方面的积极性和作用都发挥出来，并能彼此很好地配合，从而有利于提高教学效率。

第三个特点是寓物理学方法论和物理学史于知识性教学之中。物理学方法论是历代物理学家研究物理现象，进行物理实验，形成系统理论的思维方式、工作方法的经验总结和概括。物理学史是研究人类对自然界各种物理现象的认识史，它研究物理学发生、发展的基本规律，研究物理思想和概念的发展和变革，记述物理学家们的生平、科学实践活动、治学态度、卓越贡献、崇高的人格等。将物理学方法论和物理学史寓于知识性教学中，处处加以强调，让学生们在物理知识积累过程中潜移默化地领悟到：除知识积累、技能训练外，还有更为重要的科学思维方法的领悟和培养问题。这十分有利于促进人才成长。全书每篇后有“物理学家系列简介”，书末附有历年诺贝尔物理学奖获奖情况。

另外，本书每章后还附有该章内容的英文简介，有利于学生的英语阅读、翻译能力的培养，这是其他同类教材所没有的。

本书由周志坚主编，负责全书统稿，并编写了第1～5章、第10～11章和第13～17章，第6～7章由胡燕飞编写，第8～9章由王红艳编写，第12章由晋良平编写，第18章及物理学家系列简介由向必纯编写，第19章及各篇末检测题由包兴明编写，第20～21章由袁玉全编写，第22～23章由方敏编写，各章内容的英文简介由向裕民编写。

本书编写过程中得到四川理工学院教务处的大力支持，余庚者教授提出了许多宝贵的修改意见；在使用过程中，夏东英、唐翠明、谢云霞、杨志万、于强、薛海国、陈永东等老师提出了有益的修改意见，在此一并表示由衷的谢意。

虽然编者不断努力，但由于学术水平和教学经验有限，仍存在问题和不足，敬请使用本书的老师、学生和其他读者提出宝贵意见。

编　者

2014年12月

目录

上册

第一篇　力　学

第二篇　振动和波

第三篇 气体动理学理论和热力学基础

下 册

第四篇 电磁学

第五篇 光学的物理基础

第六篇 近代物理和现代工程技术简介

绪论

1 物理学的研究对象

物理学以前称为自然哲学，它是一门与自然界的基本规律有着最直接关系的学科. 它不仅与自然科学的其他分支(如数学、化学和生物学等)有着密切的联系，而且是各种工程技术的必要基础.

自然界是由形形色色的物质组成的. 所谓物质，就是不以人的意志为转移的客观实在. 物质的固有属性是运动. 这里的运动是一个总名称，包括宇宙中所发生的一切变化和过程. 物质和运动是不可分离的，自然界的各种现象，无一不是物质运动的具体表现.

物理学是研究物质结构和相互作用及其运动规律的一门学科. 在物理学中，物质运动形式主要是指机械运动，热运动，电磁运动，分子、原子及原子核和基本粒子等微观粒子的运动等，这些运动形式又普遍存在于其他高级复杂的物质运动中，如化学、生物的运动等. 与其他学科相比，物理学更着重于物质世界普遍而基本的规律的追求和探索.

尽管自然界的物质以各种形态出现，千差万变，丰富多彩，但物质按其存在的形式，可分为实物物质和场物质两大类.

(1)实物物质

实物物质是由具有静止质量的粒子聚集而成的. 实物所具有的物质特征除占据一定的空间外，主要可以归纳为两方面：一是与其他物质有相互作用——力，二是具有对其他物质做功的本领——具有能量.

目前，人类认识到的空间尺度已小到基本粒子 10^{-18} m，大到哈勃半径(宇宙的已知部分) 10^{26} m，其尺度已跨越了 44 个数量级，这其间包含着无数的各种形态、线度的物质. 表 1 给出了宇宙的结构及相关的专门学科分支.

为了研究的需要，人们常把物质分为宏观和微观两类. 线度大于 10^{-7} m 的物质属于宏观世界，线度小于 10^{-7} m 的物质属于微观世界. 宏观物质和微观物质不仅有大小数量的差别，而且在其性质、规律及研究方法上有着质的差别. 例如，宏观物质显示出连续性，在研究方法上着重研究其个体的粒子性规律；微观物质显示出不连续性和波粒二象性，在研究方法上着重研究其整体所服从的统计规律.

人类对物质的认识沿着物质→分子→原子→电子和核子的层次，深入到核子的更深处——夸克，发现了 300 多种基本粒子. 由这些粒子聚集成物质的形态也由原来的固态、液态、气态进一步认识到还有等离子态、中子态(或超固态)、黑洞以及各种反物质的存在，从而形成了现代物理学的许多分支.

就大学物理的内容来说，我们主要研究的对象是分子、原子以及由它们构成的固态、气态和液态物质.

表1　宇宙的结构排列

实物物质	大小	相关的专门学科分支
基本粒子	10^{-15} m以下	粒子物理学
原子核	10^{-14} m	核物理学
原子	10^{-10} m	原子物理学
分子	10^{-9} m	化学
巨型分子	10^{-7} m	生物化学
固体		固体物理学
液体		液体动力学
气体		空气动力学
植物与动物	10^{-7} m～10^{2} m	生物学
地球	10^{7} m	地球物理学
星球	10^{7} m～10^{12} m	天体物理学
星系	10^{20} m	天文学
星系团	10^{23} m	天文学
宇宙的已知部分	10^{26} m	宇宙学

(2)场物质

场没有确定的空间范围，是以连续形式存在着的物质形态. 与实物物质存在形式的多样性一样，场的存在形式也是多样的，如电磁场、引力场、介子场等. 场与实物一样，具有质量、动量、能量，遵从能量守恒、动量守恒等物质运动的普遍规律.

场与实物的最主要区别是实物具有不可入性，一种实物所占据的空间不能同时为其他实物所占据；而场具有可叠加性，场总是弥漫在一定的空间范围，几个场可以同时存在于同一空间内而互不干扰. 另外，实物的质量密度较大，而场的质量密度很小；实物的运动速度不能达到光速，而电磁场一般以光速传播；实物受力可以产生加速度，而场却不能被加速；场的运动不像实物那样具有一定的轨道，而总是采取波动的形式.

应该说明，所谓物质存在的基本形式是一个相对的概念，是相对于我们迄今为止的认识水平而言的. 随着科学的发展，我们可能会发现更基本的物质形态. 事实上，人们已经越来越清楚地认识到实物和场是密切联系、不可分割的. 首先，任何实物物质周围都存在相关的场，场是传递实物间相互作用的媒介. 正是间断的物体和其周围空间总存在着的传递相互作用的场构成了物质的间断性和连续性的统一. 其次，场和实物可以相互转化. 如电子和正电子相遇将湮灭而转化为光子，即转化为电磁场；反过来，高能电子在原子核的库仑场中也可以转化为正负电子对，即转化为实物粒子. 第三，微观粒子和场量子都具有波粒二象性. 现在量子场论则更进一步认为两种基本形式中，场是更基本的，粒子是场处于激发状态的表现.

2　物理学是现代科学技术的先导

由于物理学是研究物质世界最基本规律的科学，所以，它具有广泛的适应性. 它不但是一切自然科学的基础，而且是一切工程技术的基础，是现代科学技术的先导. 人类历史上的三次技术革命都与物理学的发展和应用密切相关：

第一次技术革命(17世纪至18世纪)，建立在经典力学和热力学发展的基础上，其标志是以蒸汽机为代表的一系列机械的产生和应用.

第二次技术革命(19 世纪),建立在电磁理论发展的基础之上,其标志是发电机、电动机、电讯设备的出现和应用.

第三次技术革命(20 世纪),建立在相对论和量子论发展的基础之上,其特点是以微电子技术为代表的一系列新学科、新材料、新能源、新技术的兴起和发展.

可以说,几乎所有重大的新技术领域的创立,事前都是经过物理学的长期酝酿,有了理论和实验上的大量积累才突然迸发出来的.核能的利用、激光的应用、计算机的更新换代等都是这样.以计算机为代表的信息革命被称为第三次浪潮,殊不知,整个信息技术的发生和发展,其硬件部分是以物理学的成果为基础的.比如,从 1947 年发明晶体管到 1962 年发明集成电路,到 20 世纪 70 年代后出现大规模集成电路……可以设想,如果没有量子力学,没有能带理论;如果没有微电子学,没有费米面编目,没有高分辨率的电子刻蚀、离子刻蚀、同步辐射光刻等,不知要通过怎样的摸索,才能制造出现代的计算机来.

3 物理学的研究方法是普遍适用的科学方法

物理学的产生、发展和形成的历史,客观地反映了人类观察自然现象、认识自然规律、发展理论的唯物辩证过程.物理学前进的历史,也是物理学研究方法发展的历史.物理学的研究方法是丰富多彩的,如实验和观察方法、归纳和演绎方法、分析和综合方法、模拟方法、类比方法、理想化方法、系统科学方法等等.目前,物理学的方法已经形成了一些成熟的、带有指导意义的原理,并上升到了方法论的高度且趋于完备,可具体概括为十条基本原理:①解释原理;②简单性原理;③物理学世界图景的统一原理;④数学化原理;⑤守恒原理;⑥对称原理;⑦对应原理;⑧互补原理;⑨可观察性原理;⑩基元性原理.如简单性原理指出逻辑前提越简单的理论,其普遍性程度越高;对应原理指出新理论应该包容那些在一定范围内已被证明是正确的旧理论,并在极限条件下过渡到旧理论.

物理学方法论是历代物理学家研究物理现象的思维方式、工作方法的经验总结和概括,是人类最高智慧、知识精华的表现形式之一.

物理学的一般研究方法,是指从实验观察入手,经过抽象(理想化)、分析类比、综合概括,提出新的假设,再经实验检验上升为理论的循环往复过程.它与人类认识事物的辩证法则,即实践—理论—实践—新理论无限循环深化的法则完全一致.因此,它不仅是一种普遍适用的科学方法,已经广泛应用到各种自然科学,甚至社会科学如行为科学、管理科学之中,而且也是培养辩证唯物主义世界观的一种有效途径.所以,物理学对培养科学思维方法具有特殊的作用.

本书着重突出实验观察、理想化模型、比较和类比方法,把这些易于感知、理解和接受的方法贯穿于全书每个可能的部分,使大家在学习物理知识的同时,潜移默化地感受到方法论的重要,从而自觉地重视科学思维的培养,这样一定会受益匪浅.

4 大学物理教学的地位和作用

高等学校的根本任务是培养人才,课程教学是实现人才培养目标的基本途径,而人才素质的高低又集中表现在是否具有开拓创新能力.一个真正的开拓者在知识能力结构上归纳起来应具备:知识,包括基础理论知识、专业知识、实践知识等;能力,包括表达能力、索取知识的能力、科研能力、组织管理能力、思维能力、开拓创新能力、社会活动能力等.知识是能力的基础,能力是知识在不同使用场合下不同的表现形式,一切能力的集中表现则是开拓创新能力.对知识转化能力起能动作用的是先进的世界观和方法论，即科学思维. 而物理学对培养科学思维具有特殊作用，充分利用物理教学来发挥这种特殊作用是有着深远意义的.

在大学物理课程有限的学时内，尽可能地掌握宽广的物理知识，有利于掌握新技术，并为进一步学习打下坚实的基础；在学习物理知识的同时，认真体会物理学的研究方法，有利于培养科学思维，促进人才的成长. 同时，物理教学还有利于培养理论联系实际的优良作风、训练实践操作技能、培养科研能力和表达能力等诸多功能，对提高理工科大学生的素质具有其他课程不能替代的重要作用. 所以，大学物理课程是高等学校理工科各专业学生的一门重要的必修基础课.

5 如何学好大学物理

(1)物理学的框架结构

物理学的框架结构大体上可以分为以牛顿力学、麦克斯韦电磁学、经典统计物理学、热力学为主要基础而构成的经典物理和以相对论、量子力学为主要基础而构成的近代物理两部分. 从物理学的发展进程来看，它们代表着两个重大的里程碑，而且近代物理是比经典物理更为普遍的理论，它可以把经典物理当作一种特例包括进去. 但是，对宏观领域内的绝大多数研究对象来说，经典物理不仅仍然适用，所得结果的正确程度与近代物理的处理并无差别，而且处理的方法和过程反而更为简捷、方便. 所以，经典物理并未丧失其独立存在的价值，同时还在不断地扩大其应用领域，取得新的进展. 另外，因为近代物理是从经典物理中孕育、发展起来的，没有扎实的经典物理基础，就不可能理解和掌握近代物理.

在本课程教学安排上，我们采用保证基础、加强近代的原则，内容安排如下：

①第一篇：力学(牛顿力学).

②第二篇：振动和波(机械的).

③第三篇：热学(气体动理学理论和热力学基础).

④第四篇：电磁学(麦克斯韦电磁学，包括电磁波).

⑤第五篇：光学(波动光学基础).

⑥第六篇：近代物理(相对论和量子物理基础及新技术专题).

(2)怎样学好大学物理

虽然大家在中学学习过物理，但由于大学物理大量使用矢量、微积分等数学工具，因此其无论在内容和要求上，都比中学物理有较大幅度的深化、拓宽和提高；而且教学方法也与中学有所不同，比如进度较快、自学的成分增加等等. 因此，为了学好大学物理，大家从一开始就要注意研究学习方法，及时地做相应的改进，以适应大学的学习生活. 学习方法对路了，学好大学物理的条件就具备了.

学习方法并没有统一的模式，因人而异. 符合物理学自身特点，同时也符合科学原则的学习方法应该是：对物理现象和过程进行细致的观察、分析，弄清所处的条件，明确研究对象各方面的作用和联系，形成正确的物理图像，建立正确的物理概念；掌握每个物理量的物理意义，明确每个公式所适用的对象和适用的条件，在理解的基础上进行记忆；弄懂物理定律、定理的确切含义，在此基础上，运用分析和综合的方法，弄清物理理论的内容和意义；避免停留在对表观现象的一般了解，要透过现象掌握事物的物理本质和物理机理，形成更深一层的物理图像和物理概念，提高自己的物理素质.

在学好具体物理知识的同时，大家还应注意以下能力和素质的逐步培养：

①独立获取知识的能力.能够逐步掌握科学的学习方法,独立地阅读相当于大学物理水平的物理类教材、参考书和文献资料,不断地扩展知识面,并能理解其主要内容,写出条理较为清晰的读书笔记、小结或小论文.

②科学思维能力.能够运用物理学的理论和观点,通过分析综合、演绎归纳、科学抽象、类比联想等方法,正确分析、研究和计算一般难度的物理问题;能根据量纲分析、数量级估算、极端情况和特例讨论等,进行定性思考或半定量估算,并判断结果的合理性.

③解决问题的能力.对一些较为简单的实际问题,能够根据问题的性质及实际需要,抓住主要因素,进行合理的简化,建立相应的物理模型,并用物理语言进行描述,运用所学的物理理论和研究方法加以解决.

④科学素养.通过学习,培养追求真理的理想和献身科学的精神,树立现代的自然观、宇宙观和辩证唯物主义世界观,增强探索科学疑难问题的信心与勇气,培养严谨求实的科学态度和坚忍不拔的科学品质.

⑤创新精神.通过了解物理学史和物理学家成才经历等,激发求知热情、探索精神和创新欲望,进而善于思考,勇于实践,敢于向旧观念挑战.

第一篇　力　学

自然界是由各种物质组成的，一切物质都在不断地运动和变化着，自然界存在的各种现象都是物质运动的表现形式. 根据现代科学所达到的认识，物质运动的基本形式有五种：机械的、物理的（包括分子热运动、电磁运动、原子核和基本粒子运动等）、化学的、生物的和社会的运动形式. 在物质运动的基本形式中，最简单、最基本、最普遍的运动形式是物体之间或物体内部各部分之间相对位置发生变化的过程，这种物体位置变化的过程称为机械运动. 例如，机器的运转、车辆和船舶的行驶、弹簧的伸长及压缩、天体的运行、水和空气等流体的流动等都属于机械运动. 各种运动形式是相互交错的，各种复杂的运动形式（如化学的、生物的）中也包含着位置的变化，但不能简单地归结为机械运动.

力学是物理学的一部分，是研究物体机械运动规律及其应用的学科. 根据所研究对象的不同，力学可分为质点力学、质点组力学、刚体力学和连续介质力学（包括弹性力学和流体力学）. 力学是许多工程技术的重要基础，并已发展出许多应用力学分支，如材料力学、弹道力学等. 力学是整个物理学的基础，也是以后学习专业基础课程和某些专业课程的基础. 本篇研究的重点内容是质点运动学和质点动力学中的基本概念、基本定律、定理和守恒定律，以及应用它们来处理力学问题的基本计算方法.

以牛顿运动定律为基础的力学称为经典力学或牛顿力学，它是观察低速宏观物体的运动速率 $v \ll c$（光在真空中的运动速率）的运动而建立起来的. 当物体的运动速度很大，其速率 v 可以和光的速率 c 相比较时，经典力学不再适用，必须用相对论力学. 对低速微观粒子，如电子、质子、中子等，牛顿力学往往不适用，必须用量子力学. 对于高速微观粒子的运动规律，必须用量子场论.

第 1 章　质点运动学

根据所研究问题的性质，通常将力学分为运动学、动力学和静力学. 运动学研究物体在运动过程中位置随时间变化的规律，即它只研究在不同时刻物体的位置（位置矢量）、位置随时间的变化（位移）、运动状态（速度）以及运动状态的改变（加速度），而不涉及物体运动状态改变的原因；动力学研究物体机械运动状态改变和物体之间相互作用的内在联系和规律，经典力学中动力学是建立在牛顿运动定律的基础上的；静力学研究物体在外界作用下机械运动状态保持不变（平衡）的条件，例如，质点的平衡条件是所受合力的矢量和等于零.

本章只讨论运动学，定义和描述物体运动的各物理量，并研究匀变速直线运动、抛体运动、圆周运动、一般曲线运动等运动规律.

1.1 参照系、质点和时间

任何物体的运动都是在时间和空间中进行的，因此，时间和空间是运动着的物体存在的形式. 机械运动就是研究物体在空间中的位置随时间的变化过程. 为了描述机械运动，我们引进参照系和坐标系、质点和刚体、时刻和时间间隔等基本概念.

1.1.1 参照系和坐标系

宇宙间的任何物体，大至月亮、太阳、星云、银河系、宇宙，小至分子、原子、原子核、中子、质子、电子等粒子，都在永恒地、不停地运动着. 绝对静止不动的物体是没有的，任何物体的运动都只能是相对于其他物体的相对运动，物体的空间位置也只能相对地确定.

在地球上相对于地球静止着的物体，从太阳看来是运动着的；在火车上相对于火车静止着的物体，从地面上看来是运动着的. 由此可见，要描述一个物体的位置或位置的变化(静止或运动)，必须明确是相对于另外的哪一个物体或物体系而言的. 通常，我们将为了确定物体的位置和描述物体的运动状态时选作参照的物体(或该物体的某一部分)或物体系称为参照系或参考系.

同一物体的位置及运动状态，从不同的参照系看来并不相同，观测的结果也不相同. 也就是说，在不同参照系中的观测者对同一物体位置的确定及运动状态的描述是不同的. 例如，在匀速前进的火车上，人竖直上抛一个物体，火车上的人看来，物体做竖直上抛运动，其运动轨道是一条直线；地面上的人看来，物体做斜上抛运动，其运动轨道是一条抛物线. 因此，在研究物体的运动时，必须先选定一个参照系，才能正确描述物体的运动(或静止). 参照系一经选定后，物体运动的性质就确定了. 在研究某个物体的运动时，究竟选哪个物体作参照系，原则上是任意的，要看所研究物体的性质，便于描述物体的运动和计算的简便程度而定. 通常情况下，若不加以特别说明，都是以地球作参照系；在研究行星运动问题中，常以太阳或选定的几个恒星作参照系. 通常研究地面上物体的运动时，往往选取物体所在的地面为参照系.

在参照系选定后，为了精确地描述物体的位置及运动，就要定量地确定物体相对于参照系的空间位置及描述位置随时间的变化，还需要在参照系上选择适当的坐标系. 最常用的是直角坐标系. 这种坐标系是在参照系上取一点 O 为坐标原点，从 O 点作相互垂直的三条直线作为坐标轴，分别称为 X 轴、Y 轴、Z 轴. 物体在直角坐标系中 P 点的位置就可以用 x、y、z 三个坐标来表示，如图 1.1.1 所示. x、y、z 的单位为长度单位，在国际单位制中，长度单位为米(m). 也可以用厘米(cm)、千米(km)等表示. 有时也使用极坐标系(r、θ)、柱面坐标系、球面坐标系和自然坐标系等等.

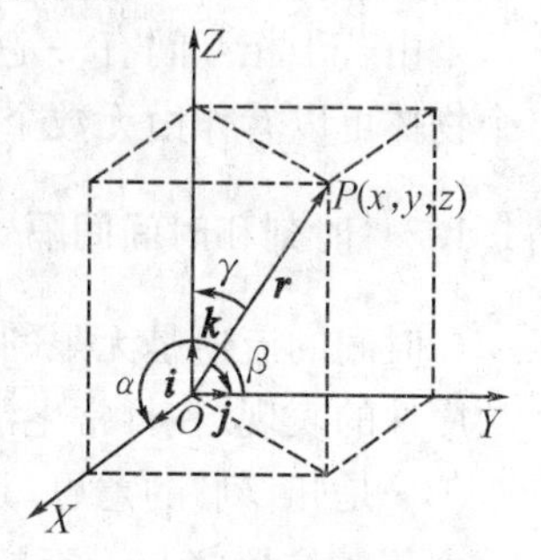

图 1.1.1　空间直角坐标系

由此可明确如下几点：①选用什么坐标系，坐标原点设在哪里，坐标轴的方位如何，那只是描述物体运动所选用的参数不同而已，对物体运动性质并无影响；②选择坐标系的原则是要根据问题的性质，使描述问题时方便和计算简便；③由于坐标系是固定在参照系上的，物体相对于坐标系的运动就是相对于参照系的运动，因此，坐标系实质上是参照系的数学抽象，建立了坐标系也就是选定了参照系.

1.1.2 理想化模型——质点

在选定参照系和坐标系后，就可以定量地确定物体的位置和描述物体位置随时间的变化.任何物体都有一定的大小、形状和质量，而且还有复杂的内部结构及与周围物体之间的各种相互作用，这都使研究物体的机械运动变得很复杂.通常在所研究的实际问题中，可采用突出主要矛盾，忽略次要矛盾，使物理学中常常比较复杂的研究对象简化，抽象成理想化模型，称之为物理模型.例如，质点、刚体、理想气体、点电荷等都是物理模型.

(1)质点

在所研究的问题中，具有一定质量，而大小和形状可以不考虑的物体，称为质点.质点是理想化的物理模型.可以看作质点的物体，它保留了物体的两个主要特征：物体的质量和物体的空间位置.根据所研究问题的性质和具体情况，在下列情况中可以将运动物体看作质点：

①运动物体的大小比它运动的空间范围小很多或比其他物体的线度小很多，可把物体看作质点.例如，研究地球绕太阳的公转时，由于地球的直径(约 12.8×10^6 m)比地球到太阳的距离(约 15×10^{10} m)小很多，地球上的各点相对于太阳的运动基本上可看作是相同的，可以忽略地球的大小和形状，因此，把地球看作质点是极好的近似.

②刚体做平动.平动刚体上任何两点的连线的方位在运动中保持不变，刚体内部各点都具有相同的运动状态(速度、加速度)，所以，刚体做平动时可用刚体内任一质点的运动作代表来描述整个刚体的运动，刚体做平动可以看作质点.因此，能否把物体看作质点，还取决于所研究的运动特征.

必须注意，质点的概念是经过科学的简化和抽象形成的理想概念，因此，把物体当作质点是有条件的、相对的，而不是任意的、绝对的，要根据所研究问题的性质而定.例如，在研究地球的自转时，就不能再把地球作质点了，因为地球上各点的运动受其相对于地轴的位置的影响.质点的概念只是对物体的大小和形状作了简化，在所研究的问题中仍然代表一个物体，它仍然具有质量、动量和能量等所有物理属性.对于质点运动学及动力学问题，物体应理解为质点.

(2)质点组

由若干相互间有一定联系的质点所组成的物体系统，称为质点组或质点系.在力学中，一个物体可以看作由无数个质点所组成的质点组.

1.1.3 时刻和时间间隔

时间的流逝是无限的，从无限的过去一直到无限的将来.时间是物质运动过程的持续性和顺序性的表现.在日常生活习惯用语中，“时间”一词通常有两种含义.

一是“时刻”的意思，是指某一瞬时而言，物体在运动过程中每一个相对位置将与一定的时刻相对应.例如，汽车发车的时间是 7 点 30 分；中央人民广播电台播音：“现在是北京时间十二点整”；上第一节课从 8 点整开始等，都是指发生某事件的瞬间，是时刻的意思，通常用符号 t 表示.例如，第几秒末、第几分末、第几时末等.

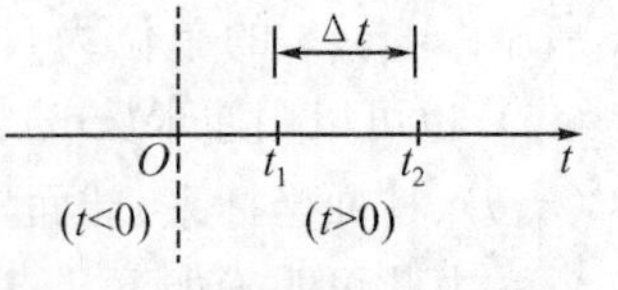

图 1.1.2 在时间轴上表示时刻和时间间隔

为了确切地表示某一事件发生的时刻，必须建立一“时间坐标轴”，选定某一时刻作为计时起点，即作为时间坐标轴的原点 O，坐标轴的正方向是时间从过去到未来的流逝方向，任何事件发生的某一时刻就可以用有计时单位的数来表示，与时间坐标轴上某一点相对应.事件发生在计时起点以前的时刻为负，$t<0$；事件发生在计时起点以后的时

刻为正，$t>0$，如图 1.1.2 所示. 在国际单位制中，计时单位以秒表示，符号为 s.

时间的另一含义是"时间间隔"的意思. 物体由某一相对位置运动到另一相对位置，一定要经历一段时间，是时刻的积累，等于过程结束时刻 t_2 与过程开始时刻 t_1 之差，通常用 Δt 表示，该过程进行的时间间隔为

$$\Delta t=t_2-t_1 \tag{1-1-1}$$

时间的流逝不能逆向进行，所以时间间隔 Δt 总是正的. 例如，会议从上午 8 点开始进行到 10 点结束，会议所经历的时间间隔为 $\Delta t=10-8=2$(小时). 国际单位制中时间间隔也以秒为单位. 例如，第几秒内、第几分内、第几时内等都是表示时间间隔. 物体位置的变化，即物体的位移总是与一定的时间间隔相对应的. 但是按通常的习惯，"时间"一词有时是指时间间隔，有时是指时间变量.

1.1.4 运动的绝对性和运动描述的相对性

自然界中一切物质都处在永恒的运动中，不存在绝对静止的物质，运动和物质是不可分割的，运动是物质存在的形式，是物质的固有属性. 物质运动是存在于人们的意识之外的客观实在，这就是运动本身的绝对性. 在研究物体的机械运动，描述物体的位置及物体的运动时，总是要选择一个或几个彼此相对于观察者静止的物体为参照系来作比较的标准. 在所选择的不同参照系中，对同一物体运动的描述是不相同的，这就是运动描述的相对性. 例如，人造地球卫星的运动，若以卫星本身为参照系，卫星是静止的；若以地心为参照系，卫星的运动轨道一般情况下是椭圆曲线，如图 1.1.3 所示；若以太阳为参照系，由于地球本身绕太阳的公转，卫星的运动轨道是一个以地球绕太阳的公转轨道为轴线的螺旋曲线，如图 1.1.4 所示.

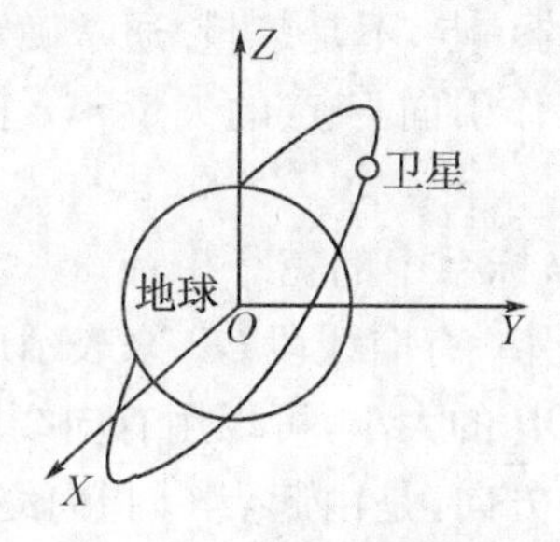

图 1.1.3 以地心为参照系人造地球卫星的运动轨道

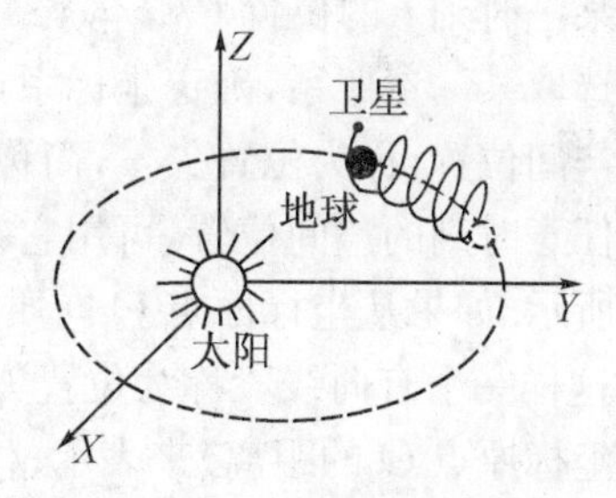

图 1.1.4 以太阳为参照系人造地球卫星的运动轨道

1.1.5 空间和时间

空间和时间是运动着的物质的存在形式，是物体或事件之间的一种次序. 空间是物质存在的广延性，用以表述物体的位形；时间是物质运动过程的持续性和顺序性，用以表述事件的顺序. 空间和时间的物理性质主要通过它们与物体运动的各种联系表现出来. 同物质一样，空间和时间是不依赖于人们的意识而存在的客观实在. 空间和时间同运动着的物质是不可分割的，没有脱离物质运动的空间和时间，也没有不在空间和时间中运动的物质，空间和时间又是相互联系的. 辩证唯物主义的时空观是空间和时间的客观实在性的正确反映，是唯一正确的时空观.

必须指出的是，过去以牛顿为代表的科学家，将描述物体运动的空间和时间定义为具有绝对的意义. 他们认为空间和时间都与物质存在及其运动状态没有联系，空间和时间也是互不相关的，即存在着独立于物质和运动之外的绝对空间和绝对时间. 牛顿在1687年发表的名著《自然哲学的数学原理》一书中指出："绝对空间，就其本性来说，与任何外在的情况无关，始终保持着相似和不变"，"绝对的、纯粹的数学时间，就其本性来说，均匀地流逝而与任何外在的情况无关". 另一方面，物体的运动性质和规律，却与采用怎样的空间和时间来度量它有着密切的关系. 相对于绝对空间的静止或运动，才是绝对的静止或运动. 只有以绝对空间作为度量运动的参照系或者相对于它做绝对匀速运动的物体为参考系，惯性定律才成立. 唯心主义否认物质的客观存在，因而也就否认空间和时间是物质存在的形式，把空间和时间看作是人们意识观念的产物. 把时间和空间与物质运动割裂开来，是形而上学的.

在物理学中，对空间和时间的认识可以分为三个阶段：经典力学阶段、狭义相对论阶段和广义相对论阶段.

1.2 描述质点运动的物理量

质点的位置、运动状态一般要随时间而变化，本节将引入位置矢量、位移矢量、瞬时速度、瞬时加速度等概念来分别描述物体在任意时刻的空间位置、位置的变化、位置变化的快慢和变化方向以及运动速度变化的快慢和变化方向，它们是描述质点运动的物理量.

1.2.1 位置矢量

质点在某一时刻 t 的位置 $P(x,y,z)$ 是三维空间中的一点，不是矢量. 通常确定物体在空间的位置是选取某一参照系，确定坐标系，从坐标原点 O 作引向 P 点的矢量 $\boldsymbol{r}$，$\boldsymbol{r}$ 描述质点在任意时刻的空间位置，称为位置矢量，简称位矢.

质点在任意时刻的空间位置，可用它在笛卡儿直角坐标系中的三个坐标 x、y、z 来确定，如图 1.2.1 所示. 如果从坐标原点 O 向质点所在位置 P 引一有向线段 $\boldsymbol{OP}$ 来表示质点所在空间位置，$\boldsymbol{OP}$ 这样一个有向线段称为位置矢量，位置矢量 $\boldsymbol{OP}$ 的大小，可以用有向线段的模 $|\boldsymbol{OP}|$（即质点到坐标原点 O 的距离）来表示；位置矢量 $\boldsymbol{OP}$ 的方向，是由起点 O 指向终点 P，表示质点在坐标系中所处的方位. 有向线段 $\boldsymbol{OP}$ 可以用矢量 $\boldsymbol{r}$ 表示，$\boldsymbol{r}$ 又称为径矢. 在直角坐标系中，若以 $\boldsymbol{i}$、$\boldsymbol{j}$、$\boldsymbol{k}$ 分别表示 OX、OY、OZ 坐标轴正方向的单位矢量，x、y、z 分别表示径矢 $\boldsymbol{r}$ 在三个坐标轴上的分量（投影），则根据矢量合成法则和矢量分解法则可得到矢量和分量的关系，即位置矢量的正交分解式为

$$\boldsymbol{r}=\boldsymbol{OP}=x\boldsymbol{i}+y\boldsymbol{j}+z\boldsymbol{k} \tag{1-2-1}$$

位置矢量 $\boldsymbol{r}$ 的大小和方向还可分别用它的模和方向余弦表示，即

$$r=|\boldsymbol{r}|=\sqrt{x^2+y^2+z^2}$$

$$\cos\alpha=\cos(\boldsymbol{r},\boldsymbol{i})=\frac{x}{r},\quad \cos\beta=\cos(\boldsymbol{r},\boldsymbol{j})=\frac{y}{r},\quad \cos\gamma=\cos(\boldsymbol{r},\boldsymbol{k})=\frac{z}{r} \tag{1-2-2}$$

如图 1.2.1 所示，用 P 点的位置坐标（x、y、z）来描述质点的位置和用位置矢量 $\boldsymbol{r}$ 来描述质点的位置是一致的.

如图 1.2.2 所示，质点被限制在某一平面中运动，在平面直角坐标系中，位置矢量 $\boldsymbol{r}$ 可表示为

$$\boldsymbol{r}=\boldsymbol{OP}=x\boldsymbol{i}+y\boldsymbol{j} \tag{1-2-3}$$

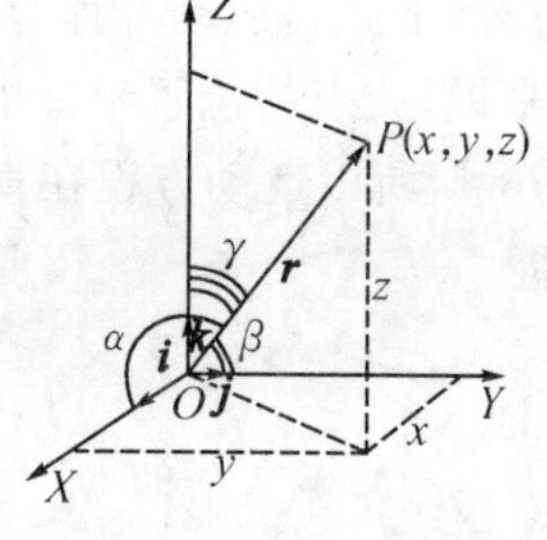

图 1.2.1　质点位置在直角坐标系中的表示法

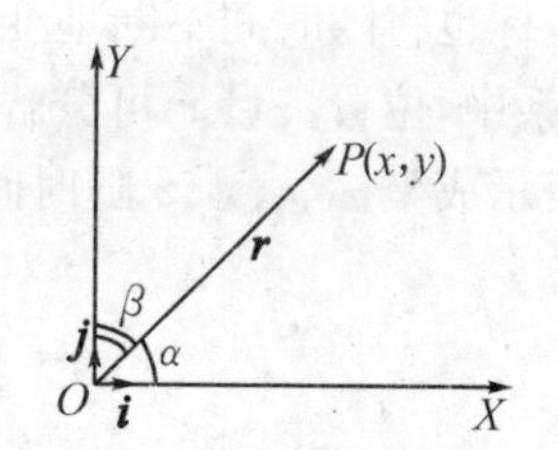

图 1.2.2　质点位置在平面直角坐标系中的表示法

位置矢量 $\boldsymbol{r}$ 的大小和方向也可以分别用它的模和方向余弦表示为

$$r=|\boldsymbol{r}|=\sqrt{x^2+y^2} \tag{1-2-4}$$

$$\cos\alpha=\cos(\boldsymbol{r},\boldsymbol{i})=\frac{x}{r},\cos\beta=\cos(\boldsymbol{r},\boldsymbol{j})=\frac{y}{r}$$

如图 1.2.3 所示，质点被限制在某一直线上运动，在 OX 一维坐标系中，质点的位置矢量 $\boldsymbol{r}$ 可表示为

$$\boldsymbol{r}=\boldsymbol{OP}=x\boldsymbol{i} \tag{1-2-5}$$

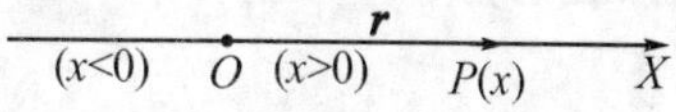

对于一维情况，由于质点被限制在某一直线上运动，质点的位置不必用矢量来描述，只需用坐标数值 x 就可以完全确定. 当质点位于坐标原点 O 的右方时，x 为正值，即 $x>0$，表示 $\boldsymbol{r}$ 的方向指向 X 轴正方向；当质点位于坐标原点 O 的左方时，x 为负值，即 $x<0$，表示 $\boldsymbol{r}$ 的方向指向 X 轴负方向.

图 1.2.3　做直线运动的质点位置可用标量表示

质点位置矢量的大小或位置的坐标值具有长度单位，在国际单位制(SI)中以米(m)为单位.

关于位置矢量 $\boldsymbol{r}$，必须注意以下几点：

①矢量性. $\boldsymbol{r}$ 是矢量，不仅有量值(大小)，而且有方向，大小和方向具有同等重要的意义.

②瞬时性. 位置矢量 $\boldsymbol{r}$ 是描述质点在任意时刻 t 的空间位置的物理量，所以，质点在运动过程中，不同时刻的位置矢量是不同的，应强调是哪一时刻的位置矢量.

③相对性. 运动质点在空间某一点的位置，用不同参照系上所选定的不同的坐标系来描述，结果是不相同的. 如图 1.2.4 所示，设参照系 K 上的坐标系 $OXYZ$ 和参照系 K' 上的坐标系 $O'X'Y'Z'$ 的各对应坐标轴相互平行，相对于 $OXYZ$ 坐标系，质点在 t 时刻运动到空间 P 点时的位置矢量为 $\boldsymbol{r}=\boldsymbol{r}_{OP}$；相对于 $O'X'Y'Z'$ 坐标系，质点在 t 时刻运动到空间 P 点的位置矢量为 $\boldsymbol{r}'=\boldsymbol{r}_{O'P}$；相对于 $OXYZ$ 坐标系，O' 点的位置矢量为 $\boldsymbol{r}_{OO'}$；$\boldsymbol{r}$ 与 $\boldsymbol{r}'$ 并不相等，它们之间的关系为

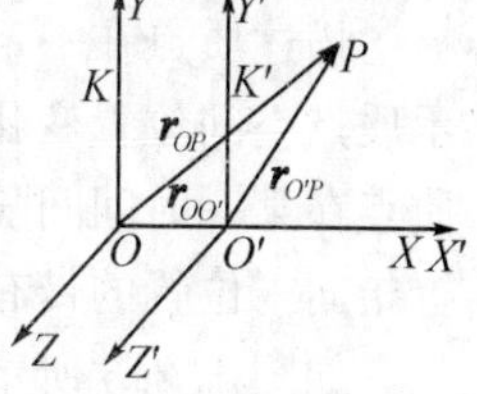

图 1.2.4　位置矢量的相对性

$$\boldsymbol{r}=\boldsymbol{r}_{OO'}+\boldsymbol{r}_{O'P}=\boldsymbol{r}_{OO'}+\boldsymbol{r}' \tag{1-2-6}$$

在选定参照系后，在参照系上建立一个坐标系，在某一时刻 t，质点所在空间的位置可以用位置矢量 $\boldsymbol{r}$ 表示. 质点在运动过程中，位置矢量 $\boldsymbol{r}$ 的大小和方向随时间变化，即位置矢量 $\boldsymbol{r}$ 是时间 t 的函数，可以写为

$$\boldsymbol{r}=\boldsymbol{r}(t) \tag{1-2-7}$$

质点的位置矢量随时间的变化的函数关系式称为运动方程,上式是运动方程的矢量式.运动着的质点的位置坐标也将随时间不断地变化,用数学语言来说,质点的位置坐标也是时间 t 的函数.在直角坐标系中,位置矢量 $\boldsymbol{r}$ 可分解为 x、y、z 三个分量,所以运动方程在直角坐标系中的分量式也可以表示成坐标 x、y、z 随时间变化的关系,即

$$\left.\begin{aligned} x&=x(t)\\ y&=y(t)\\ z&=z(t)\end{aligned}\right\} \tag{1-2-8}$$

如果已知质点的运动方程,就可以完全确定质点的运动情况.

如果质点在运动过程中保持坐标 z 不变,即 $z=$常量,质点被限制在与 XOY 平面平行的平面内运动,称为二维运动.此时只需知道两个坐标随时间变化的规律,质点的运动方程分量式可以表示为

$$\left.\begin{aligned} x&=x(t)\\ y&=y(t)\end{aligned}\right\} \tag{1-2-9}$$

如果已知质点的运动方程,就可以完全确定质点的运动情况.

如果质点在运动过程中保持坐标 y 和 z 不变,即 $y=$常量,$z=$常量,质点是被限制在某一直线 OX 上运动,称为一维运动.此时只需知道坐标 x 随时间的变化规律,质点的运动方程可以表示为

$$x=x(t) \tag{1-2-10}$$

如图 1.2.5 所示,如果用平面极坐标系,则质点的运动方程可以表示为

$$\boldsymbol{r}=\boldsymbol{r}(t), \quad \theta=\theta(t) \tag{1-2-11}$$

质点在所选定的参照系(坐标系)中运动时,质点在空间所经历的路径称为质点的运动轨道.质点的运动方程(1-2-8)式实际上就是运动轨道的参变量方程,只要消去时间参量 t,就可以得到坐标 x、y、z 之间所满足的方程,它就是质点在直角坐标系中运动的轨道方程.

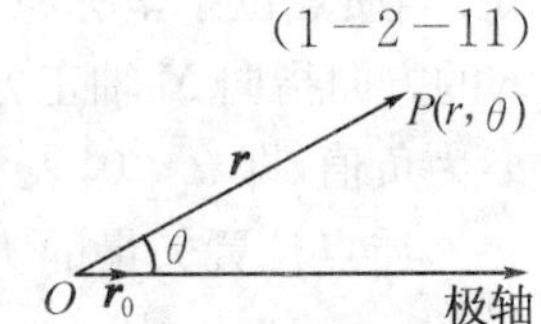

图 1.2.5 质点的位置在平面极坐标系中的表示法

1.2.2 位移矢量

(1)位移

描述质点在一定时间间隔(时间)内位置变化的物理量,即同时表示质点空间位置变化的距离和变化方向的物理量,称为位移矢量.质点在某一时间间隔 Δt 内的位移,可以用它在这段时间内的初位置指向末位置的带有箭头的直线段表示.

如图 1.2.6 所示,设质点在所选定的直角坐标系中沿一曲线轨道运动,设在初始时刻 t 质点位于 P_1 点,位置矢量为 $\boldsymbol{r}_1$,经过 Δt 时间间隔后,在时刻 $t+\Delta t$ 到达 P_2 点,位置矢量为 $\boldsymbol{r}_2$,在 Δt 时间间隔内质点空间位置的变化可以用位移矢量 $\boldsymbol{P}_1\boldsymbol{P}_2=\Delta\boldsymbol{r}$ 表示.位置矢量 $\boldsymbol{r}_1$、$\boldsymbol{r}_2$ 和位移矢量 $\Delta\boldsymbol{r}$ 之间的关系为

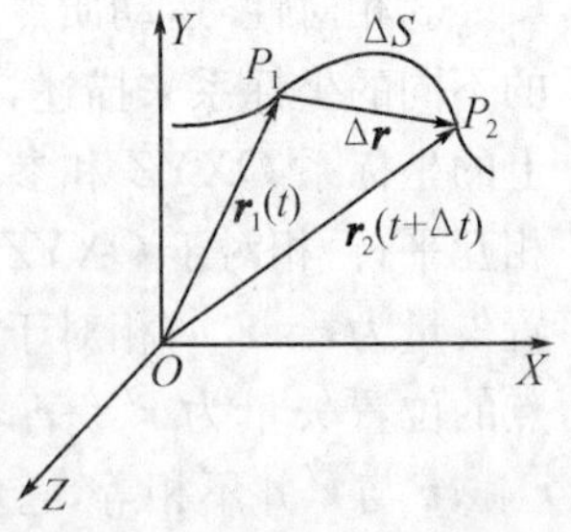

图 1.2.6 质点的位移矢量

$$\boldsymbol{P}_1\boldsymbol{P}_2=\Delta\boldsymbol{r}=\boldsymbol{r}_2-\boldsymbol{r}_1 \tag{1-2-12}$$

所以,位移矢量是质点末位置矢量 $\boldsymbol{r}_2$ 和初位置矢量 $\boldsymbol{r}_1$ 的矢量差,$\Delta\boldsymbol{r}$ 称为质点在 Δt 时间间隔内的位移矢量.位移矢量既有大小又有方向,其大小表示质点位置变化的距离,等于从起点

P_1 到终点 P_2 的直线段的长度;其方向表示质点位置变化的方向,由起点 P_1 指向终点 P_2.

位移矢量也可以用对应坐标值的差 Δx、Δy、Δz 来表示,位移矢量在直角坐标系中可表示为

$$\begin{aligned}\Delta \boldsymbol{r} &=(x_2-x_1)\boldsymbol{i}+(y_2-y_1)\boldsymbol{j}+(z_2-z_1)\boldsymbol{k}\\&=\Delta x\boldsymbol{i}+\Delta y\boldsymbol{j}+\Delta z\boldsymbol{k}\end{aligned}\tag{1-2-13}$$

上式是位移矢量的矢量式. 位移矢量的分量式可表示为:

位移矢量的大小: $$|\Delta \boldsymbol{r}|=\sqrt{(x_2-x_1)^2+(y_2-y_1)^2+(z_2-z_1)^2}\tag{1-2-14}$$

位移矢量的方向可以用方向余弦来表示:

$$\cos\alpha=\frac{\Delta x}{|\Delta \boldsymbol{r}|},\cos\beta=\frac{\Delta y}{|\Delta \boldsymbol{r}|},\cos\gamma=\frac{\Delta z}{|\Delta \boldsymbol{r}|}\tag{1-2-15}$$

式中,α、β、γ 分别表示 $\Delta \boldsymbol{r}$ 与 $\boldsymbol{i}$、$\boldsymbol{j}$、$\boldsymbol{k}$ 之间的夹角.

必须注意,位移矢量不同于位置矢量. 在质点运动过程中,位置矢量表示某一时刻质点的位置,描述了在该时刻质点相对于坐标原点的位置状态,是描述状态的物理量. 位移矢量则表示某一段时间内质点位置变化的物理量,描述该段时间内物体位置状态的变化,是与运动过程对应的物理量,是描述过程的物理量.

对于位移矢量必须强调以下几点:

①位移矢量 $\Delta \boldsymbol{r}$ 与相应的时间间隔 Δt 有关,不同的时间间隔 Δt 内的位移矢量一般不同.

②位移矢量 $\Delta \boldsymbol{r}$ 只确定质点初态和终态的位置的变化,是在相应的时间间隔内质点位置变化的总效果. 它并不代表质点实际所走的路径的长度(路程),位移与质点所走的路径的形状无关. 如果质点做曲线运动,则在时间间隔 Δt 内的实际路程是弧长,而位移矢量的大小是弦长.

③矢量性. $\Delta \boldsymbol{r}$ 是矢量,不仅有量值(大小),而且有方向,大小和方向具有同等重要的意义,$\Delta \boldsymbol{r}=\boldsymbol{r}_2-\boldsymbol{r}_1$,$\boldsymbol{r}_2$ 与 $\boldsymbol{r}_1$ 的次序不能颠倒.

④相对性. 位移矢量 $\Delta \boldsymbol{r}$ 的大小和方向与所选择的参照系有关,在不同参照系中,位移矢量的大小和方向不相同. 如图 1.2.7 所示,设以岸为参照系 K,坐标系为 $OXYZ$,以水为参照系 K',坐标系为 $O'X'Y'Z'$,各对应的坐标轴相互平行,如果水相对于岸从西向东流动,位移为 $\Delta \boldsymbol{r}_0$;船相对于水从南向北航行,位移为 $\Delta \boldsymbol{r}'$,则船相对于岸是向东北方向运动,位移为 $\Delta \boldsymbol{r}$,根据矢量合成法,则有

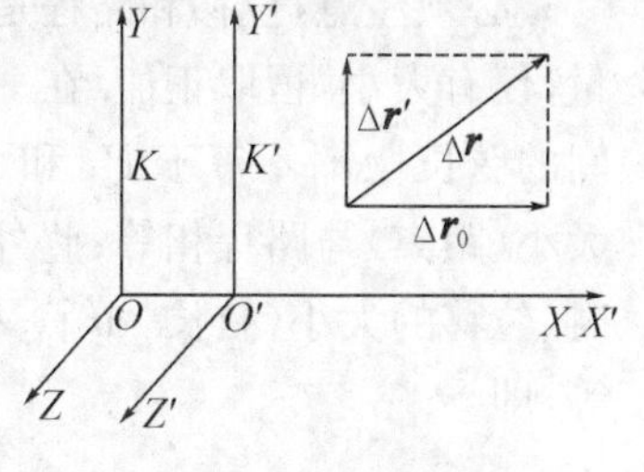

图 1.2.7 位移矢量的相对性

$$\Delta \boldsymbol{r}=\Delta \boldsymbol{r}_0+\Delta \boldsymbol{r}'\tag{1-2-16}$$

若质点(船)相对于静止参照系 K(岸)的位移,称为绝对位移,即 $\Delta \boldsymbol{r}$;质点(船)相对于运动参照系 K' 的位移,称为相对位移,即 $\Delta \boldsymbol{r}'$;水相对于静止参照系 K 的位移,称为牵连位移,即 $\Delta \boldsymbol{r}_0$,则上式表示绝对位移等于牵连位移与相对位移的矢量和,称为位移合成定理.

在二维平面曲线运动中,位称矢量可表示为

$$\begin{aligned}\Delta \boldsymbol{r} &=(x_2-x_1)\boldsymbol{i}+(y_2-y_1)\boldsymbol{j}\\&=\Delta x\boldsymbol{i}+\Delta y\boldsymbol{j}\end{aligned}\tag{1-2-17}$$

上式是位移矢量的矢量式.

位移矢量的大小: $$|\Delta \boldsymbol{r}|=\sqrt{(\Delta x)^2+(\Delta y)^2}\tag{1-2-18}$$

位移矢量的方向可以用方向余弦来表示:

$$\cos\alpha = \frac{\Delta x}{|\Delta \boldsymbol{r}|}, \quad \cos\beta = \frac{\Delta y}{|\Delta \boldsymbol{r}|} \tag{1-2-19}$$

式中，α、β 分别表示 $\Delta \boldsymbol{r}$ 与 $\boldsymbol{i}$、$\boldsymbol{j}$ 之间的夹角. 上式是质点做二维平面曲线运动在 OXY 坐标系中的分量式.

在一维直线运动中，可以不用矢量来描述质点位置的变化. 如图 1.2.8 所示，在一维运动情况下，质点沿 X 轴做直线运动，在 t 时刻位于 P_1 点，位置矢量为 $\boldsymbol{x}_1 = \boldsymbol{OP}_1$；经过 Δt 时间间隔后，在 $t+\Delta t$ 时刻，质点运动到 P_2 点，位置矢量为 $\boldsymbol{x}_2 = \boldsymbol{OP}_2$，质点在 Δt 时间间隔内的位移矢量为

$$\Delta \boldsymbol{x} = \boldsymbol{x}_2 - \boldsymbol{x}_1 \tag{1-2-20}$$

位移矢量 $\Delta \boldsymbol{x}$ 在坐标轴 OX 上的投影 Δx 称为质点做直线运动的位移，它可正、可负，Δx 可表示为

$$\Delta x = x_2 - x_1 \tag{1-2-21}$$

在图 1.2.8 中，$\Delta x > 0$，表示位移矢量的方向指向 X 轴正方向，质点沿 X 轴正方向运动；$\Delta x < 0$，表示位移矢量的方向指向 X 轴负方向，质点沿 X 轴的负方向运动.

图 1.2.8　质点做直线运动时的位移

(2)路程

质点沿其运动轨道所经过的路径的长度称为路程. 如图 1.2.6 所示，在 Δt 时间内的路程是质点从起点 P_1 到终点 P_2 的运动轨道的长度，即弧线 $\overset{\frown}{P_1P_2}$ 的长度 ΔS，而位移矢量的大小是弦长 $\overline{P_1P_2}$.

必须注意，位移和路程是两个不同的物理量. 位移是矢量，既有大小，又有方向. 路程是标量，仅有大小，恒取正值. 在一般情况下，位移的大小 $|\Delta \boldsymbol{r}|$ 与路程 ΔS 并不相等，因 P_1 和 P_2 之间的弦长 $|\Delta \boldsymbol{r}|$ 不等于 P_1 和 P_2 之间的弧长 ΔS，只有质点沿同一方向做直线运动时，位移的大小(距离)与路程相等；此外，在时间间隔 $\Delta t \to 0$ 时的极限情况下，P_2 点无限趋近于 P_1 点时，位移的大小(弦长 $|\mathrm{d}\boldsymbol{r}|$)才无限接近于路程(弧长 $\mathrm{d}S$)，这时路程 $\mathrm{d}S$ 与位移大小 $|\mathrm{d}\boldsymbol{r}|$ 相等，即

$$\mathrm{d}S = |\mathrm{d}\boldsymbol{r}| \tag{1-2-22}$$

1.2.3　瞬时速度矢量

(1)速度的物理意义

位移的时间变化率称为速度. 速度是矢量，描述质点运动的快慢和方向.

(2)平均速度

质点在任一曲线上运动，如果在 t 时刻质点位于 P_1 点，经 Δt 时间间隔后，在 $t+\Delta t$ 时刻质点位于 P_2 点，在 Δt 这段时间间隔内，质点的位移为 $\Delta \boldsymbol{r} = \boldsymbol{P}_1\boldsymbol{P}_2$，所经历的路程为 $\Delta S = \overset{\frown}{P_1P_2}$. $\Delta \boldsymbol{r}$ 与 Δt 的比值可以反映这段时间间隔内质点运动方向和位置变化的平均快慢. 定义质点在这段时间间隔内的平均速度为质点的位移 $\Delta \boldsymbol{r}$ 与所经历的时间间隔 Δt 的比值，通常用 $\bar{\boldsymbol{v}}$ 表示，即

$$\bar{\boldsymbol{v}}=\frac{\Delta \boldsymbol{r}}{\Delta t}=\frac{\boldsymbol{r}(t+\Delta t)-\boldsymbol{r}(t)}{\Delta t} \tag{1-2-23}$$

平均速度是矢量，它的大小$|\bar{\boldsymbol{v}}|=\frac{|\Delta \boldsymbol{r}|}{\Delta t}$，它的方向与位移矢量 $\Delta \boldsymbol{r}$ 的方向相同. 因为 $\Delta \boldsymbol{r}$ 的大小和方向与时间间隔 Δt 有关，所以平均速度的大小和方向也与时间间隔 Δt 有关，在不同的时间间隔内的平均速度是不同的. 因此，平均速度总是指某一段时间间隔内的平均速度. 平均速度的描述是粗略的，只反映平均的效果.

(3)平均速率

质点所经过的路程长度 ΔS 和所经历的时间间隔 Δt 的比值称为该时间间隔内的平均速率，即

$$\bar{v}=\frac{\Delta S}{\Delta t} \tag{1-2-24}$$

平均速率是一个只有大小，没有方向，恒为正值的标量. 在曲线运动中，平均速度的大小总是小于平均速率的值. 在直线运动中，如果质点始终沿着一个方向运动，则平均速度的大小等于平均速率的值.

(4)瞬时速度

用平均速度来描述质点运动的快慢，只能反映在某段时间内的平均效果，不能反映每一时刻的真实速度，是对运动状态的一种粗略的描述. 如图 1.2.9 所示，时间间隔 Δt 越短，平均速度越能真实地反映质点在某一时刻 t 的运动方向和快慢. 当包括某一时刻 t 在内的时间间隔 $\Delta t \to 0$ 时，这一无限短时间间隔内的平均速度的极限就是该时刻 t 的瞬时速度，简称速度. 它是质点在时刻 t 运动方向和快慢的确切描述. 所以，质点在某一时刻 t 的瞬时速度$\boldsymbol{v}$ 等于在时刻 t 附近无限短的时间间隔内的平均速度的极限，即瞬时速度的定义式为

$$\boldsymbol{v}=\lim_{\Delta t \to 0}\frac{\Delta \boldsymbol{r}}{\Delta t}=\frac{\mathrm{d}\boldsymbol{r}}{\mathrm{d}t} \tag{1-2-25}$$

瞬时速度$\boldsymbol{v}$ 的方向是当 $\Delta t \to 0$ 时，位移矢量 $\Delta \boldsymbol{r}$ 的极限方向，是质点运动轨道的切线方向，并指向质点运动的方向. 瞬时速度$\boldsymbol{v}$ 等于位置矢量对时间的一阶微商. 瞬时速度精确地描述质点的运动.

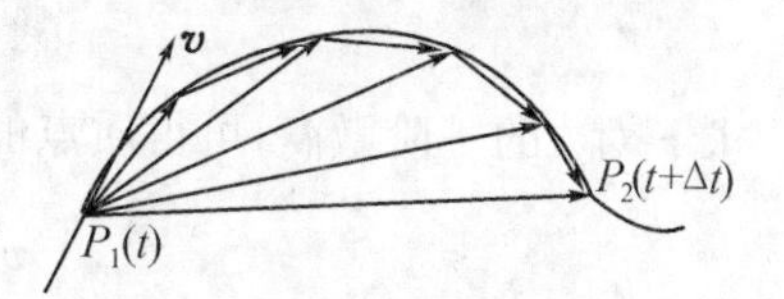

图 1.2.9　瞬时速度矢量的方向

(5)瞬时速率

质点在运动过程中，在 Δt 时间间隔内质点运动所经历的路程长度为 ΔS，当 $\Delta t \to 0$ 时，弦长$|\Delta \boldsymbol{r}|$无限接近于孤长 ΔS，ΔS 与 Δt 的比值称为质点在该时刻的瞬时速率. 瞬时速率的定义式为

$$瞬时速率=\lim_{\Delta t \to 0}\frac{\Delta S}{\Delta t}=\frac{\mathrm{d}S}{\mathrm{d}t} \tag{1-2-26}$$

瞬时速率简称速率，是一个只有大小、没有方向、恒为正值的标量，等于曲线运动中弧长对时间的一阶微商.

瞬时速度是矢量，其大小为

$$v=|\boldsymbol{v}|=\frac{|\mathrm{d}\boldsymbol{r}|}{\mathrm{d}t}=\frac{\mathrm{d}S}{\mathrm{d}t} \tag{1-2-27}$$

可见，瞬时速度的大小等于曲线运动中弧长对时间的一阶微商. 比较(1-2-26)式和(1-2-27)式，可以得出结论，瞬时速度的大小等于瞬时速率. 简单地说，速度的大小等于速率.

(6)速度矢量在直角坐标系中的分量表达式

①对于三维空间运动，在直角坐标系 $OXYZ$ 中，径矢 $\boldsymbol{r}$ 用它在坐标轴上的三个分量来表示，其表达式为

$$\boldsymbol{r}=x\boldsymbol{i}+y\boldsymbol{j}+z\boldsymbol{k}$$

求 $\boldsymbol{r}$ 对 t 的一阶微商，考虑单位矢量 $\boldsymbol{i}$、$\boldsymbol{j}$、$\boldsymbol{k}$ 是不随时间改变的常矢量，可得到质点的速度为

$$\boldsymbol{v}=\frac{\mathrm{d}\boldsymbol{r}}{\mathrm{d}t}=\frac{\mathrm{d}}{\mathrm{d}t}(x\boldsymbol{i}+y\boldsymbol{j}+z\boldsymbol{k})$$

$$=\frac{\mathrm{d}x}{\mathrm{d}t}\boldsymbol{i}+\frac{\mathrm{d}y}{\mathrm{d}t}\boldsymbol{j}+\frac{\mathrm{d}z}{\mathrm{d}t}\boldsymbol{k} \qquad (1-2-28)$$

可见，质点的速度分量等于物体的坐标对时间的一阶微商，若速度$\boldsymbol{v}$ 在三个坐标轴上的分量分别为 v_x、v_y、v_z，则$\boldsymbol{v}$ 可以表示为

$$\boldsymbol{v}=v_x\boldsymbol{i}+v_y\boldsymbol{j}+v_z\boldsymbol{k} \qquad (1-2-29)$$

比较(1－2－28)式和(1－2－29)式，可得瞬时速度的三个分量为

$$v_x=\frac{\mathrm{d}x}{\mathrm{d}t},v_y=\frac{\mathrm{d}y}{\mathrm{d}t},v_z=\frac{\mathrm{d}z}{\mathrm{d}t} \qquad (1-2-30)$$

可见，瞬时速度在三个坐标轴上的分量等于相应的坐标对时间的一阶微商.

瞬时速度$\boldsymbol{v}$ 的大小，即瞬时速率为

$$v=\sqrt{v_x^2+v_y^2+v_z^2}=\sqrt{(\frac{\mathrm{d}x}{\mathrm{d}t})^2+(\frac{\mathrm{d}y}{\mathrm{d}t})^2+(\frac{\mathrm{d}z}{\mathrm{d}t})^2} \qquad (1-2-31\text{a})$$

瞬时速度$\boldsymbol{v}$ 的方向，可以用它的方向余弦表示为

$$\cos(\boldsymbol{v},\boldsymbol{i})=\frac{v_x}{v},\cos(\boldsymbol{v},\boldsymbol{j})=\frac{v_y}{v},\cos(\boldsymbol{v},\boldsymbol{k})=\frac{v_z}{v} \qquad (1-2-31\text{b})$$

②对于二维平面运动，在 OXY 平面直角坐标系中，径矢 $\boldsymbol{r}$ 用它在坐标轴上的分量来表示，其表达式为

$$\boldsymbol{r}=x\boldsymbol{i}+y\boldsymbol{j} \qquad (1-2-32)$$

求 $\boldsymbol{r}$ 对 t 的一阶微商，可得质点的瞬时速度为

$$\boldsymbol{v}=\frac{\mathrm{d}\boldsymbol{r}}{\mathrm{d}t}=\frac{\mathrm{d}x}{\mathrm{d}t}\boldsymbol{i}+\frac{\mathrm{d}y}{\mathrm{d}t}\boldsymbol{j}=v_x\boldsymbol{i}+v_y\boldsymbol{j} \qquad (1-2-33)$$

质点的速度分量等于质点相应坐标对时间的一阶微商，瞬时速度的分量为

$$v_x=\frac{\mathrm{d}x}{\mathrm{d}t},v_y=\frac{\mathrm{d}y}{\mathrm{d}t} \qquad (1-2-34)$$

瞬时速度$\boldsymbol{v}$ 的大小为

$$v=\sqrt{v_x^2+v_y^2}=\sqrt{(\frac{\mathrm{d}x}{\mathrm{d}t})^2+(\frac{\mathrm{d}y}{\mathrm{d}t})^2} \qquad (1-2-35\text{a})$$

瞬时速度的方向，可以用$\boldsymbol{v}$ 与 $\boldsymbol{i}$ 之间夹角的正切函数或余切函数表示为

$$\tan(\boldsymbol{v},\boldsymbol{i})=\frac{v_y}{v_x},\cot(\boldsymbol{v},\boldsymbol{i})=\frac{v_x}{v_y} \qquad (1-2-35\text{b})$$

③对于一维直线运动，瞬时速度可以用一标量来表示，其方向由相应标量的正负号确定. 设质点沿坐标轴 OX 做直线运动，在 t 时刻位于 P_1 点，经时间间隔 Δt 后，在 $t+\Delta t$ 时刻位于 P_2 点，在 Δt 这段时间内的平均速度为

$$\bar{v}=\frac{\Delta x}{\Delta t} \qquad (1-2-36)$$

在 t 时刻的瞬时速度定义为

$$v=\lim_{\Delta t\to 0}\frac{\Delta x}{\Delta t}=\frac{\mathrm{d}x}{\mathrm{d}t} \tag{1-2-37}$$

上述定义式中，v 可正、可负，其正负号由位移 Δx 的正负号决定. 当质点向 X 轴的正方向运动时，位移 Δx 是正的，相应的 v 有正值，即 $v>0$；当质点向 X 轴负方向运动时，位移 Δx 是负的，相应的 v 有负值，即 $v<0$.

在国际单位制中，速度的单位是米・秒$^{-1}$（$\mathrm{m\cdot s^{-1}}$）.

1.2.4 瞬时加速度矢量

（1）加速度的物理意义

速度的时间变化率称为加速度. 加速度是矢量，描述速度的大小、方向随时间变化的快慢.

（2）平均加速度

质点在运动过程中，不同时刻的速度一般是不相同的. 设质点做如图 1.2.10 的曲线运动，在 t 时刻质点位于 P_1 点，速度为 $\boldsymbol{v}_1$，经 Δt 时间后，在 $t+\Delta t$ 时刻质点运动到 P_2 点，速度为 $\boldsymbol{v}_2$，在 Δt 这段时间内速度的增量为 $\Delta\boldsymbol{v}=\boldsymbol{v}_2-\boldsymbol{v}_1$，在这段时间内质点的平均加速度定义为

$$\bar{\boldsymbol{a}}=\frac{\Delta\boldsymbol{v}}{\Delta t} \tag{1-2-38}$$

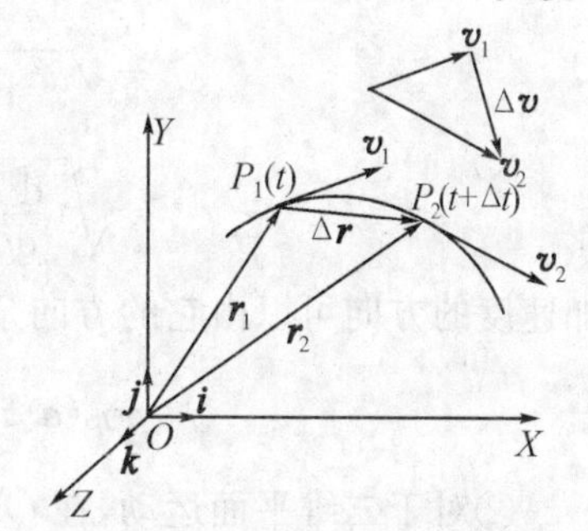

图 1.2.10 瞬时速度的改变量

平均加速度 $\bar{\boldsymbol{a}}$ 反映质点在 Δt 时间内速度变化的平均快慢，它的方向沿速度增量 $\Delta\boldsymbol{v}$ 的方向. 速度增量 $\Delta\boldsymbol{v}$ 与时间间隔 Δt 的比值称为质点在该段时间间隔内的平均加速度. 随着时间间隔 Δt 的不同，平均加速度的大小和方向都可能不相同.

（3）瞬时加速度

平均加速度 $\bar{\boldsymbol{a}}$ 只能粗略、平均地描述 Δt 时间间隔内质点速度变化情况，不能精确地描述 t 时刻质点速度的变化情况. 为了精确地描述质点在某一瞬间的速度变化情况，定义：当 $\Delta t\to 0$ 时，平均加速度的极限值称为质点在 t 时刻（或相应位置 P_1 点）的瞬时加速度，简称加速度. 用 $\boldsymbol{a}$ 表示瞬时加速度，其定义式为

$$\boldsymbol{a}=\lim_{\Delta t\to 0}\frac{\Delta\boldsymbol{v}}{\Delta t}=\frac{\mathrm{d}\boldsymbol{v}}{\mathrm{d}t} \tag{1-2-39}$$

瞬时加速度等于速度的时间变化率. 加速度的方向与无限小的速度变化 $\mathrm{d}\boldsymbol{v}$ 方向相同，即 $\Delta t\to 0$ 时，速度增量 $\Delta\boldsymbol{v}$ 的极限方向.

又因为

$$\boldsymbol{v}=\frac{\mathrm{d}\boldsymbol{r}}{\mathrm{d}t} \tag{1-2-40}$$

所以

$$\boldsymbol{a}=\frac{\mathrm{d}\boldsymbol{v}}{\mathrm{d}t}=\frac{\mathrm{d}}{\mathrm{d}t}\left(\frac{\mathrm{d}\boldsymbol{r}}{\mathrm{d}t}\right)=\frac{\mathrm{d}^2\boldsymbol{r}}{\mathrm{d}t^2} \tag{1-2-41}$$

可见，加速度等于速度对时间的一阶微商，或等于位置矢量对时间的二阶微商. 瞬时加速度精确地描述了各个时刻质点速度的变化.

（4）加速度矢量在直角坐标系 $OXYZ$ 中的分量表达式

①对于三维空间运动，在直角坐标系 $OXYZ$ 中，位置径矢 $\boldsymbol{r}$ 可表示为

$$\boldsymbol{r}=x\boldsymbol{i}+y\boldsymbol{j}+z\boldsymbol{k} \tag{1-2-42}$$

考虑单位矢量 $\boldsymbol{i}$、$\boldsymbol{j}$、$\boldsymbol{k}$ 是不随时间改变的常矢量，所以将 $\boldsymbol{r}$ 对时间微商两次，即得瞬时加速度在

直角坐标系中的表达式：

$$\boldsymbol{a}=\frac{\mathrm{d}}{\mathrm{d}t}\left(\frac{\mathrm{d}x}{\mathrm{d}t}\boldsymbol{i}+\frac{\mathrm{d}y}{\mathrm{d}t}\boldsymbol{j}+\frac{\mathrm{d}z}{\mathrm{d}t}\boldsymbol{k}\right)=\frac{\mathrm{d}^2x}{\mathrm{d}t^2}\boldsymbol{i}+\frac{\mathrm{d}^2y}{\mathrm{d}t^2}\boldsymbol{j}+\frac{\mathrm{d}^2z}{\mathrm{d}t^2}\boldsymbol{k} \tag{1-2-43a}$$

或

$$\boldsymbol{a}=\frac{\mathrm{d}v_x}{\mathrm{d}t}\boldsymbol{i}+\frac{\mathrm{d}v_y}{\mathrm{d}t}\boldsymbol{j}+\frac{\mathrm{d}v_z}{\mathrm{d}t}\boldsymbol{k} \tag{1-2-43b}$$

若 $\boldsymbol{a}$ 在 X、Y、Z 三个坐标轴的分量分别用 a_x、a_y、a_z 表示，则有

$$\boldsymbol{a}=a_z\boldsymbol{i}+a_y\boldsymbol{j}+a_z\boldsymbol{k} \tag{1-2-44}$$

比较以上两式，得

$$a_x=\frac{\mathrm{d}v_x}{\mathrm{d}t}=\frac{\mathrm{d}^2x}{\mathrm{d}t^2},a_y=\frac{\mathrm{d}v_y}{\mathrm{d}t}=\frac{\mathrm{d}^2y}{\mathrm{d}t^2},a_z=\frac{\mathrm{d}v_z}{\mathrm{d}t}=\frac{\mathrm{d}^2z}{\mathrm{d}t^2} \tag{1-2-45}$$

可见，瞬时加速度在直角坐标轴上的三个分量分别等于该质点相应速度分量对时间的一阶微商，或分别等于相应坐标对时间的二阶微商. 瞬时加速度的大小为

$$\begin{aligned}a&=\sqrt{a_x^2+a_y^2+a_z^2}=\sqrt{\left(\frac{\mathrm{d}v_x}{\mathrm{d}t}\right)^2+\left(\frac{\mathrm{d}v_y}{\mathrm{d}t}\right)^2+\left(\frac{\mathrm{d}v_z}{\mathrm{d}t}\right)^2}\\&=\sqrt{\left(\frac{\mathrm{d}^2x}{\mathrm{d}t^2}\right)^2+\left(\frac{\mathrm{d}^2y}{\mathrm{d}t^2}\right)^2+\left(\frac{\mathrm{d}^2z}{\mathrm{d}t^2}\right)^2}\end{aligned} \tag{1-2-46a}$$

加速度的方向可以由它的方向余弦表示为

$$\cos(\boldsymbol{a},\boldsymbol{i})=\frac{a_x}{a},\cos(\boldsymbol{a},\boldsymbol{j})=\frac{a_y}{a},\cos(\boldsymbol{a},\boldsymbol{k})=\frac{a_z}{a} \tag{1-2-46b}$$

②对于二维平面运动，在 OXY 平面直角坐标系，加速度 $\boldsymbol{a}$ 的表达式为

$$\boldsymbol{a}=\lim_{\Delta t\to 0}\frac{\Delta\boldsymbol{v}}{\Delta t}=\frac{\mathrm{d}\boldsymbol{v}}{\mathrm{d}t}=\frac{\mathrm{d}^2\boldsymbol{r}}{\mathrm{d}t^2} \tag{1-2-47}$$

加速度 $\boldsymbol{a}$ 在 OXY 平面直角坐标系中的表达式为

$$\boldsymbol{a}=\frac{\mathrm{d}v_x}{\mathrm{d}t}\boldsymbol{i}+\frac{\mathrm{d}v_y}{\mathrm{d}t}\boldsymbol{j}=\frac{\mathrm{d}^2x}{\mathrm{d}t^2}\boldsymbol{i}+\frac{\mathrm{d}^2y}{\mathrm{d}t^2}\boldsymbol{j}=a_x\boldsymbol{i}+a_y\boldsymbol{j} \tag{1-2-48}$$

瞬时加速度 $\boldsymbol{a}$ 的大小为

$$a=|\boldsymbol{a}|=\sqrt{a_x^2+a_y^2}=\sqrt{\left(\frac{\mathrm{d}v_x}{\mathrm{d}t}\right)^2+\left(\frac{\mathrm{d}v_y}{\mathrm{d}t}\right)^2}=\sqrt{\left(\frac{\mathrm{d}^2x}{\mathrm{d}t^2}\right)^2+\left(\frac{\mathrm{d}^2y}{\mathrm{d}t^2}\right)^2} \tag{1-2-49a}$$

瞬时加速度的方向是 $\Delta t\to 0$，速度增量 $\Delta\boldsymbol{v}$ 的极限方向. 若加速度 $\boldsymbol{a}$ 与 OX 轴正方向间的夹角为 α，加速度的方向可用 α 的正切函数或余切函数表示为

$$\tan\alpha=\frac{a_y}{a_x},\cot\alpha=\frac{a_x}{a_y} \tag{1-2-49b}$$

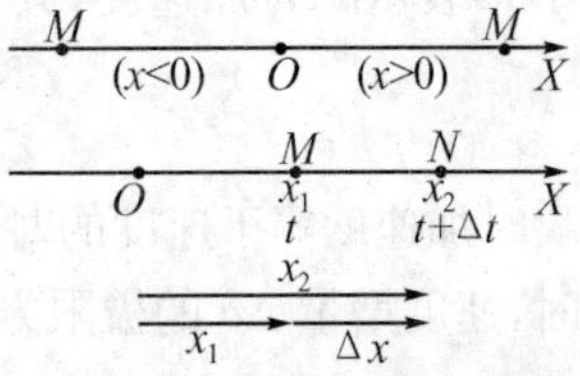

图 1.2.11 质点作直线运动时的位置矢量和位移矢量

③对于一维直线运动，以直线轨道为坐标轴，如图 1.2.11 所示，选定一个定点为坐标原点 O，由 O 点向右为坐标轴 OX 的正方向，质点 P 在 OX 轴上做直线运动，根据前面的讨论，质点 P 在 M 点的位置矢量为

$$\boldsymbol{r}=x\,\boldsymbol{i} \tag{1-2-50}$$

上式 x 可为正值，表示 M 点位于 O 点的右侧；x 也可为负值，表示 M 点位于 O 点的左侧. 由物体的位置坐标 x 就可以表示质点的位置.

设 t 时刻质点 P 位于 M 点，位置矢量为 $\boldsymbol{r}_1=x_1\boldsymbol{i}$，经 Δt 时间间隔后，在 $t+\Delta t$ 时刻质点 P 位于 N 点，位置矢量为 $\boldsymbol{r}_2=x_2\boldsymbol{i}$，质点 P 在 Δt 时间间隔内的位移为

$$\Delta \boldsymbol{r}=\boldsymbol{r}_2-\boldsymbol{r}_1=(x_2-x_1)\boldsymbol{i}=\Delta x\boldsymbol{i} \tag{1-2-51}$$

质点在 t 时刻的速度为
$$\boldsymbol{v}=\lim_{\Delta t\to 0}\frac{\Delta x}{\Delta t}\boldsymbol{i}=\frac{\mathrm{d}x}{\mathrm{d}t}\boldsymbol{i} \tag{1-2-52}$$

质点在 t 时刻的加速度为
$$\boldsymbol{a}=\frac{\mathrm{d}\boldsymbol{v}}{\mathrm{d}t}=\frac{\mathrm{d}^2x}{\mathrm{d}t^2}\boldsymbol{i}=a\boldsymbol{i} \tag{1-2-53}$$

在直线运动中,因为质点在 OX 轴上运动,以上各矢量中的每一个矢量都只能取两个方向,一个是与 X 轴的正方向相同,另一个是与 X 轴的正方向相反,即与 X 轴的负方向相同. 当质点速度的方向与 OX 轴的正方向相同时,$v=\frac{\mathrm{d}x}{\mathrm{d}t}>0$,为正值;当质点速度的方向与 OX 轴的正方向相反时,$v=\frac{\mathrm{d}x}{\mathrm{d}t}<0$,为负值;当质点的加速度的方向与 OX 轴的正方向相同时,$a=\frac{\mathrm{d}^2x}{\mathrm{d}t^2}>0$,为正值;当质点的加速度的方向与 OX 轴的正方向相反时,$a=\frac{\mathrm{d}^2x}{\mathrm{d}t^2}<0$,为负值. 由此可见,质点做直线运动时,沿一直线的位置矢量 $\boldsymbol{r}$、位移矢量 $\Delta\boldsymbol{r}$、速度矢量 $\boldsymbol{v}$ 和加速度矢量 $\boldsymbol{a}$ 的方向都可以用相应的代数量 x、Δx、v、a 的正负号来表示. 也就是说,这些代数量的绝对值表示该矢量的大小,正负号表示该矢量的方向.

在直线运动中判断质点是做加速运动还是做减速运动,要看加速度方向与速度方向相同还是相反. 如果 $\boldsymbol{a}$ 和 $\boldsymbol{v}$ 的方向相同,即 a 和 v 的符号相同($a>0,v>0$ 或 $a<0,v<0$),质点做加速运动;如果 $\boldsymbol{a}$ 和 $\boldsymbol{v}$ 的方向相反,即 a 和 v 的符号相反($a>0,v<0$ 或 $a<0,v>0$),质点做减速运动. 加速度的正负表明加速度的方向,而不能用来判断质点是做加速运动还是做减速运动.

在国际单位制中,加速度的单位是米·秒$^{-2}$($\mathrm{m\cdot s^{-2}}$).

1.3 直线运动和运动学中的两类问题

1.3.1 直线运动

质点沿固定的直线轨道运动,即质点的运动轨道是一直线,这种运动称为直线运动. 质点做直线运动时,其位置不断随时间发生变化,即坐标 x 是时间 t 的函数. 如果已知质点的运动方程为

$$x=x(t) \tag{1-3-1}$$

根据速度的定义,质点的速度为

$$v=\frac{\mathrm{d}x}{\mathrm{d}t} \tag{1-3-2}$$

可见,在直线运动中,任意时刻 t(或在坐标为 x 的点),质点的速度 v 是坐标 x 的时间变化率,亦即是坐标 x 对时间的一阶微商,v 的正负号表示速度的方向. 在一般情况下,如果速度 $\boldsymbol{v}$ 是时间 t 的函数,即速度 $\boldsymbol{v}$ 将随时间而变化,称为变速直线运动;如果速度 $\boldsymbol{v}$ 等于常矢量,即速度 $\boldsymbol{v}$ 不随时间而变化,称为匀速直线运动. 在匀速直线运动中,平均速度和瞬时速度是相等的.

根据加速度的定义,质点的加速度为

$$a=\frac{\mathrm{d}v}{\mathrm{d}t}=\frac{\mathrm{d}^2x}{\mathrm{d}t^2} \tag{1-3-3}$$

可见,在直线运动中,任意时刻 t(或在坐标为 x 的点),质点的加速度 a 是速度 v 的时间变化

率，亦即是速度 v 对时间的一阶微商，或是坐标 x 对时间的二阶微商，a 的正负号表示加速度的方向. 在一般情况下，加速度 $\boldsymbol{a}$ 也是时间 t 的函数，即加速度 $\boldsymbol{a}$ 随时间而变化，称为变加速直线运动；如果加速度 $\boldsymbol{a}$ 是不随时间而变化的常矢量，称为匀变速直线运动.

从(1－3－3)式可以看出，如果坐标 x 是时间 t 的一次函数，则加速度等于零，质点做匀速直线运动；如果坐标 x 是时间 t 的二次函数，则加速度等于常矢量，质点做匀变速直线运动；如果坐标 x 是时间 t 的三次以上的函数或超越函数，加速度将随时间而变化，质点做变加速直线运动.

1.3.2　质点运动学中的两类问题

质点运动学中主要有下面两类问题.

一类是已知质点的运动方程(即坐标随时间变化的函数形式)，可以解决运动学中的以下几方面的问题：

①已知某个特定时刻 t，代入运动方程，则可以求出该时刻的位置矢量 $\boldsymbol{r}(t)$ 或 $\boldsymbol{r}(t)=x(t)\boldsymbol{i}+y(t)\boldsymbol{j}+z(t)\boldsymbol{k}$；已知某段时间间隔 $\Delta t=t_2-t_1$，则可以求出该时间间隔的位移矢量 $\Delta\boldsymbol{r}=\boldsymbol{r}_2(t_2)-\boldsymbol{r}_1(t_1)$ 或 $\Delta\boldsymbol{r}=\Delta x\boldsymbol{i}+\Delta y\boldsymbol{j}+\Delta z\boldsymbol{k}$，其中 $\Delta x=x_2(t_2)-x_1(t_1)$，$\Delta y=y_2(t_2)-y_1(t_1)$，$\Delta z=z_2(t_2)-z_1(t_1)$；平均速度矢量 $\bar{\boldsymbol{v}}=\dfrac{\Delta\boldsymbol{r}}{\Delta t}$ 等.

②消去运动方程分量式中的时间参量 t，则可求出质点运动的轨道方程.

③已知质点的运动方程，则可以用求导的方法求出各个时刻质点的速度矢量 $\boldsymbol{v}$ 和加速度矢量 $\boldsymbol{a}$.

另一类问题是已知瞬时速度与时间 t 的函数关系 $v(t)$ 及初始条件或已知瞬时加速度与时间 t 的函数关系 $a(t)$ 及其初始条件，则可以通过积分方法，求出坐标随时间而变化的函数形式，即求出物体的运动方程.

① 已知质点速度 $v(t)$ 的函数形式及初始位置 x_0，求运动方程 $x(t)$.

② 已知质点加速度 $a(t)$ 的函数形式及初始条件(初速度及初位置)，求质点速度 $v(t)$ 和运动方程 $x(t)$.

③匀变速直线运动.

质点做直线运动时，如果加速度 $\boldsymbol{a}$ 保持不变，即 $\boldsymbol{a}=$ 常矢量，称为匀变速直线运动，它是变速直线运动的一个特例. 根据上述的一般方法，可求出质点做匀变速直线运动的速度和位置坐标的表达式，方法如下：

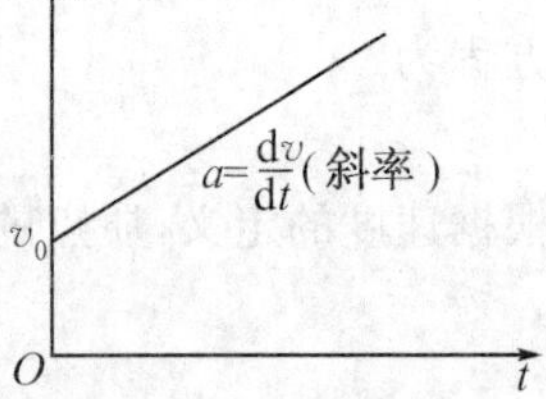

由于
$$a=\frac{\mathrm{d}v}{\mathrm{d}t},\quad \mathrm{d}v=a\,\mathrm{d}t,\quad v=\int a\,\mathrm{d}t+c_1$$

图 1.3.1　直线运动的 $v-t$ 图像

由初始条件可确定积分常数 c_1. 设 $t=0$ 时，$v=v_0$，可得

$$c_1=v_0$$

所以
$$v=v_0+at \tag{1-3-4}$$

上式表明做匀变速直线运动的质点的速度和时间成线性关系，以时间 t 为横坐标，以速度 v 为纵坐标，作出 $v-t$ 图像是一条直线，直线的斜率 $\dfrac{\mathrm{d}v}{\mathrm{d}t}$ 等于 a，如图 1.3.1 所示. 如果已知加速度 a(等于常矢量)和初速度 v_0，就可以求得任何时刻 t 的速度 v.

已知质点的速度和时间的关系后，利用(1－3－2)式，再利用积分方法，就可以求得质点的

位置坐标 x 和时间 t 的关系，即运动方程 $x(t)$，方法如下：

$$\frac{\mathrm{d}x}{\mathrm{d}t}=v=v_0+at$$

$$\int \mathrm{d}x=\int v_0 \mathrm{d}t+\int at\mathrm{d}t$$

$$x=v_0 t+\frac{1}{2}at^2+c_2$$

上式中的积分常数 c_2 可以由初始条件确定. 设 $t=0$ 时，$x=x_0$，代入上式可得 $c_2=x_0$，所以

$$x=x_0+v_0 t+\frac{1}{2}at^2 \tag{1-3-5}$$

可见，已知质点的加速度 a 和初速度 v_0 及初始位置坐标 x_0，可以利用积分的方法，求出质点在任何时刻 t 的位置坐标 $x(t)$. 上式可改写成为

$$x-x_0=v_0 t+\frac{1}{2}at^2 \tag{1-3-6a}$$

上式中 $x-x_0=S$ 是质点在 t 时刻的位置坐标与初始时刻的位置坐标差，是时间间隔 $\Delta t=t-t_0=t$ 内所通过的路程，所以，匀变速直线运动的路程公式为

$$S=v_0 t+\frac{1}{2}at^2 \tag{1-3-6b}$$

如果由(1－3－4)式和(1－3－6a)式消去时间 t，可求得质点的位置坐标、速度和加速度三者之间的关系式为

$$v^2=v_0^2+2a(x-x_0) \tag{1-3-7a}$$

若用路程代替上式中的位置坐标差，则可得

$$v^2=v_0^2+2aS \tag{1-3-7b}$$

公式(1－3－4)、(1－3－6b)和(1－3－7b)是匀变速直线运动的一般公式，适用于所有做匀变速直线运动的物体.

如果在初始时刻质点的位置在坐标原点，即 $t=0$ 时，$x=x_0=0$，$v=v_0$，则可得匀变速直线运动的常用公式为

$$v=v_0+at \tag{1-3-8a}$$

$$S=v_0 t+\frac{1}{2}at^2 \tag{1-3-8b}$$

$$v^2=v_0^2+2aS \tag{1-3-8c}$$

在具体运用这些公式时必须注意以下几点：

① 公式中的 x_0 和 v_0 是初始时刻的坐标和速度，由初始条件确定，x 和 v 是任意时刻 t 的坐标和速度. 初始条件不仅与具体的运动问题有关，而且和坐标系如何设置有关，不同的坐标系可得到不同的初始条件. 例如，坐标原点作不同的选择时，质点的初始位置坐标 x_0 就可以有不同的正值或负值；坐标轴的方向作不同的选择时，质点的初速度 v_0 可以有不同的正值或负值.

② 公式中 t 总是正值，质点的位置坐标 x、x_0 可正也可负，与具体的运动问题及坐标系的选择有关. 速度和加速度的方向与坐标轴的正方向相同时，速度和加速度为正值，相反时为负值.

1.3.3 自由落体运动和竖直上抛运动

当空气阻力可以忽略不计时，在地球表面附近的质点只受重力作用，从静止状态开始下落

的运动，称为自由落体运动. 自由落体的加速度是由质点所受重力产生的，所以称为重力加速度，通常用 g 表示，方向竖直向下. 在地面附近，g 的大小约为 $9.80\ \mathrm{m \cdot s^{-2}}$. 重力加速度的大小与质点距地面的高度和地球的纬度及地质结构有关.

自由落体运动是匀加速直线运动，可以应用匀变速直线运动的常用公式(1－3－8a)、(1－3－8b)、(1－3－8c). 如果坐标原点设在质点开始下落的起点，坐标轴 Y 的正方向竖直向下，则初始条件为 $t=0$ 时，$v=v_0=0$，$y=y_0=0$，而加速度竖直向下，$a=g$ 为正值，上述公式变为

$$v=gt \tag{1-3-9a}$$

$$y=\frac{1}{2}gt^2 \tag{1-3-9b}$$

$$v^2=2gy \tag{1-3-9c}$$

如果质点不是从静止状态开始下落，而是以一定的初速度 v_0 竖直下抛，坐标原点设在抛出点上方 $y=y_0$ 处，则将匀变速直线运动的普遍公式应用到竖直下抛运动，上述公式就变为

$$v=v_0+gt \tag{1-3-10a}$$

$$y=y_0+v_0t+\frac{1}{2}gt^2 \tag{1-3-10b}$$

$$v^2=v_0^2+2g(y-y_0) \tag{1-3-10c}$$

当空气阻力可以忽略不计时，在地球表面附近的质点只受重力作用，而以一定的初速度 v_0 竖直上抛的运动，称为竖直上抛运动. 在竖直上抛运动中，初速度的方向与重力加速度的方向相反，竖直上抛运动是匀减速直线运动. 在匀变速直线运动的普遍公式中，如果选择坐标原点设在抛出点，坐标轴 Y 的正方向竖直向上，则 x 改为 y，加速度 $a=-g$，初始条件为 $t=0$ 时，$v=v_0$，$y=y_0=0$，竖直上抛运动的公式为

$$v=v_0-gt \tag{1-3-11a}$$

$$y=v_0t-\frac{1}{2}gt^2 \tag{1-3-11b}$$

$$v^2=v_0^2-2gy \tag{1-3-11c}$$

必须指出，在具体应用有关公式时，应先选定坐标原点和坐标轴的正方向，即 Y 轴的正方向是向上还是向下，再确定 y 和 y_0、v 和 v_0、a 或 g 值的正负. 应这样确定，如果与坐标轴 Y 的正方向相同时，用正值；如果与坐标轴 Y 的正方向相反时，用负值.

例 1.3.1 一小球以初速度 $v_{01}=10\ \mathrm{m \cdot s^{-1}}$ 从地面竖直上抛，同时在离地面 5 m 高处，将另一小球沿同一竖直线由静止自由下落. 空气阻力忽略不计. 求：两球相碰的①时间；②高度；③速度.

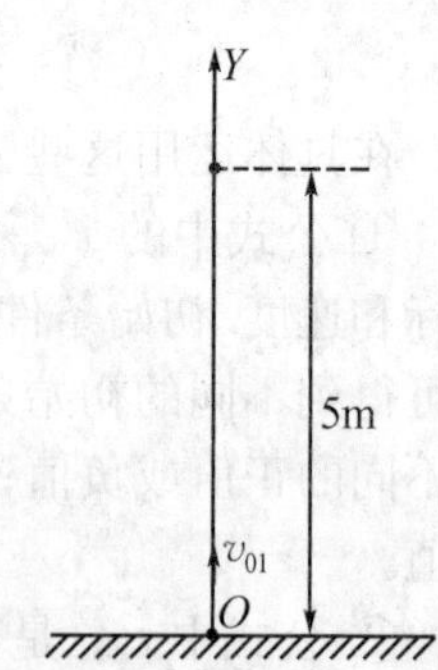

图 1.3.2　例 1.3.1 图示

解 选取如图 1.3.2 所示的坐标，竖直上抛小球的抛出点为坐标原点，竖直向上为坐标轴 Y 的正方向. 两小球的加速度 $a=-g=-9.8\ \mathrm{m \cdot s^{-2}}$，方向竖直向下. 由题意知初始条件为

小球 1　$y_{01}=0$，$v_{01}=10\ \mathrm{m \cdot s^{-1}}$

小球 2　$y_{02}=5\ \mathrm{m}$，$v_{02}=0$

根据匀变速直线运动公式(1－3－11a)式和(1－3－11b)式，有

小球 1

$$v_1=v_{01}-gt=10-9.8t \tag{1-3-12a}$$

$$y_1=v_{01}t-\frac{1}{2}gt^2=10t-4.9t^2 \tag{1-3-12b}$$

小球 2

$$v_2=v_{02}-gt=-gt=-9.8t \tag{1-3-13a}$$

$$y_2=y_{02}-\frac{1}{2}gt^2=5-4.9t^2 \quad (1-3-13b)$$

利用上述四个表达式可以求出有关未知量.

①两小球相碰，$y_1=y_2$，由(1－3－12b)式及(1－3－13b)式，可得

$$10t-4.9t^2=5-4.9t^2, 10t=5$$

两小球相碰时间为

$$t=\frac{5}{10}=0.5\ (\mathrm{s})$$

②将两小球相碰时间 t 值代入(1－3－12b)式，可得

$$y_1=10\times0.5-4.9\times0.5^2=3.8\ (\mathrm{m})$$

$y_1>0$，表明两球相碰时离地面的高度为 3.8 m.

③将两球相碰时间代入(1－3－12a)式和(1－3－13a)式，可分别求得两球相碰时的速度为

$$v_1=v_{01}-gt=10-9.8\times0.5=5.1\ (\mathrm{m\cdot s^{-1}})$$

$v_1>0$，表明小球 1 的速度方向竖直向上；

$$v_2=v_{02}-gt=-9.8\times0.5=-4.9\ (\mathrm{m\cdot s^{-1}})$$

$v_2<0$，表明小球 2 的速度方向竖直向下.

1.4 曲线运动

质点做曲线运动时，它在固定的曲线轨道上的每一点的速度方向都是沿该点的切线方向，指向运动的一侧，曲线轨道上各点的切线方向不相同，即速度方向都是不相同的. 在一般变速曲线运动中，速度矢量的大小和方向都随时间(或位置)发生变化；在匀速(匀速率)曲线运动中，速度矢量的大小不随时间(或位置)改变，而只变化方向. 可见，在任何曲线运动中，速度矢量都要发生变化，因为至少速度矢量的方向要发生变化.

1.4.1 加速度的切向分量和法向分量

(1)圆周运动

质点沿固定的圆轨道运动，称为圆周运动，它是曲线运动的一个特例. 而质点做曲线运动时，其运动轨道上每一小段都可以看作相应曲率圆的一部分，任意曲线运动可以看作是由一系列曲率中心、曲率半径不相同的圆周运动组成的，下面先讨论圆周运动.

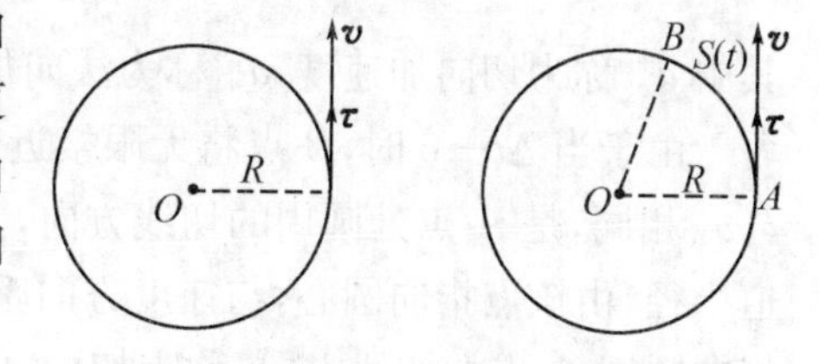

图 1.4.1 质点作圆周运动的速度

①质点在圆周运动中的速度. 质点做圆周运动时，圆周上各点的瞬时速度方向都沿该点的切线方向，并指向运动的一侧. 如图 1.4.1 所示，如果在圆周上任取某一点 A 作为起点，则质点的位置就可以用由运动过程中所经过的弧长 ΔS 来确定，而质点随时间变化的规律可用以下函数表示：

$$S=S(t)$$

即质点的运动方程. 质点的速度大小(速率)等于弧长对时间的一阶微商，即

$$v=\lim_{\Delta t\to 0}\frac{\Delta S}{\Delta t}=\frac{\mathrm{d}S}{\mathrm{d}t}$$

质点做圆周运动时，速度方向沿该点的切线方向，并指向运动的一侧，切线方向的单位矢

量通常用 $\boldsymbol{\tau}$ 表示，则速度矢量可以表示为

$$\boldsymbol{v}=\frac{\mathrm{d}S}{\mathrm{d}t}\boldsymbol{\tau} \tag{1-4-1}$$

质点的位置和速度的上述描述，称为自然坐标系中的描述. 必须指出，在自然坐标系中，切向单位矢量 $\boldsymbol{\tau}$ 并不是固定的，而要随物体的位置改变.

②质点做变速圆周运动时的加速度. 质点做圆周运动时，如果速度的大小不断随时间改变，称为变速圆周运动.

如图 1.4.2 所示，t 时刻质点位于 A 点，速度为 $\boldsymbol{v}_A$，$t+\Delta t$ 时刻质点运动到 B 点，速度为 $\boldsymbol{v}_B$，在 Δt 这段时间间隔内，速度的增量为 $\Delta\boldsymbol{v}=\boldsymbol{v}_B-\boldsymbol{v}_A$，在由速度矢量 $\boldsymbol{v}_A$、$\boldsymbol{v}_B$ 和速度增量 $\Delta\boldsymbol{v}$ 所组成的三角形 CDE 中，取 CF 的长度等于 CD. 于是就可以将速度增量 $\Delta\boldsymbol{v}$ 分解为两个分矢量，即

$$\Delta\boldsymbol{v}=\Delta\boldsymbol{v}_\tau+\Delta\boldsymbol{v}_n$$

其中 $\Delta\boldsymbol{v}_\tau=\boldsymbol{FE}$，表示由于速度大小（数值）的改变产生的；$\Delta\boldsymbol{v}_n=\boldsymbol{DF}$，表示由于速度方向的改变产生的，根据加速度的定义，总加速度为

$$\boldsymbol{a}=\lim_{\Delta t\to 0}\frac{\Delta\boldsymbol{v}}{\Delta t}=\lim_{\Delta t\to 0}\frac{\Delta\boldsymbol{v}_\tau}{\Delta t}+\lim_{\Delta t\to 0}\frac{\Delta\boldsymbol{v}_n}{\Delta t}$$

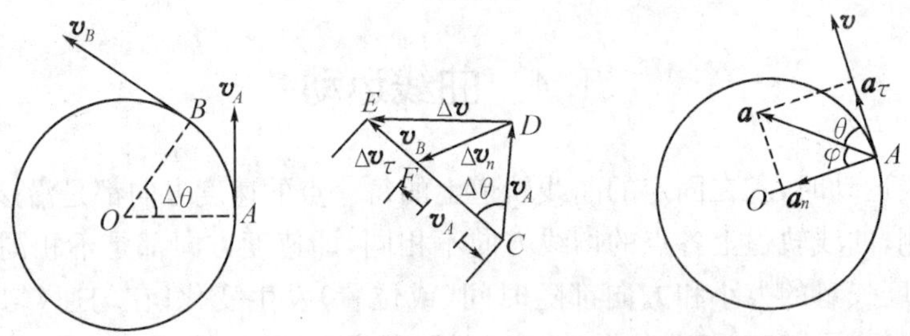

图 1.4.2　质点做变速圆周运动的加速度

令 $\Delta t\to 0$ 时，$\boldsymbol{a}_\tau=\lim\limits_{\Delta t\to 0}\dfrac{\Delta\boldsymbol{v}_\tau}{\Delta t}$，$\boldsymbol{a}_n=\lim\limits_{\Delta t\to 0}\dfrac{\Delta\boldsymbol{v}_n}{\Delta t}$，可得

$$\boldsymbol{a}=\boldsymbol{a}_\tau+\boldsymbol{a}_n \tag{1-4-2}$$

其中 $\boldsymbol{a}_\tau$ 称为切向加速度，$\boldsymbol{a}_n$ 称为法向加速度，它们的大小和方向以及物理意义如下：

由于当 $\Delta t\to 0$ 时，B 点将无限接近于 A 点，$\boldsymbol{v}_B$ 与 $\boldsymbol{v}_A$ 的夹角 $\Delta\theta$ 趋近于零，$\Delta\boldsymbol{v}_\tau$ 的极限方向与 $\boldsymbol{v}_A$ 相同，是 A 点处圆周的切线方向，并指向运动的一侧；$\Delta\boldsymbol{v}_n$ 的极限方向垂直于 $\boldsymbol{v}_A$，沿圆轨道半径，由该点指向圆心，与速度方向垂直. 可见，质点在 A 点的加速度 $\boldsymbol{a}$ 有两个分矢量：$\boldsymbol{a}_\tau$ 是指向圆周 A 点的切线方向，称为切向加速度，是反映速度大小变化快慢的加速度；$\boldsymbol{a}_n$ 是由该点沿半径指向圆心，称为法向加速度（或向心加速度），是反映速度方向变化的加速度.

切向加速度 $\boldsymbol{a}_\tau$ 和法向加速度 $\boldsymbol{a}_n$ 的大小，由图 1.4.2 可见，$|\Delta\boldsymbol{v}_\tau|$ 等于速度大小（速率）的增量，即 $|\Delta\boldsymbol{v}_\tau|=\Delta v$，那么，切向加速度的大小为

$$a_\tau=\lim_{\Delta t\to 0}\left|\frac{\Delta\boldsymbol{v}_\tau}{\Delta t}\right|=\lim_{\Delta t\to 0}\frac{|\Delta v|}{\Delta t}=\frac{\mathrm{d}v}{\mathrm{d}t}=\frac{\mathrm{d}^2S}{\mathrm{d}t^2}$$

由图 1.4.2 可知，$\triangle OAB$ 与 $\triangle FCD$ 相似，对应边成比例，即

$$\frac{|\Delta\boldsymbol{v}_n|}{v_A}=\frac{\overline{AB}}{R}$$

即$|\Delta \boldsymbol{v}_n|=\frac{v_A}{R}\overline{AB}$,那么,法向加速度的大小为

$$|\boldsymbol{a}_n|=\lim_{\Delta t\to 0}\frac{|\Delta \boldsymbol{v}_n|}{\Delta t}=\frac{v_A}{R}\lim_{\Delta t\to 0}\frac{\overline{AB}}{\Delta t}=\frac{v_A^2}{R}$$

所以,圆周运动中,物体在圆周上A点的法向加速度的大小等于$\frac{v_A^2}{R}$.那么,质点在圆周上任意一点的法向加速度的大小应等于$\frac{v^2}{R}$,其中v是该点的速率,R为圆半径.

质点做变速圆周运动时,在圆周上任意一点的加速度$\boldsymbol{a}$等于切向加速度$\boldsymbol{a}_\tau$和法向加速度$\boldsymbol{a}_n$的矢量和,或者说总加速度$\boldsymbol{a}$可分解为切向加速度$\boldsymbol{a}_\tau$和法向加速度$\boldsymbol{a}_n$两个分矢量,即

$$\boldsymbol{a}=\boldsymbol{a}_\tau+\boldsymbol{a}_n$$

加速度$\boldsymbol{a}$的分量式,$\boldsymbol{a}$的大小由下式决定:

$$a=\sqrt{a_\tau{}^2+a_n{}^2} \tag{1-4-3a}$$

其方向由下式决定:

$$\tan(\boldsymbol{a},\boldsymbol{a}_\tau)=\tan\theta=\frac{a_n}{a_\tau} \quad 或 \quad \tan(\boldsymbol{a},\boldsymbol{a}_n)=\tan\varphi=\frac{a_\tau}{a_n} \tag{1-4-3b}$$

式中,θ是总加速度$\boldsymbol{a}$与切向加速度$\boldsymbol{a}_\tau$之间的夹角,φ是总加速度$\boldsymbol{a}$与法向加速度$\boldsymbol{a}_n$之间的夹角,从图1.4.2可知,总加速度$\boldsymbol{a}$的方向总是指向曲线的凹侧.

(2)质点在圆周运动中的角位置、角位移

①角位置.质点做圆周运动时也可以用角量来描述,也就是可以用角位置、角位移、角速度和角加速度等物理量来描述.质点做圆周运动是在一平面内运动,可以用平面极坐标表示质点的位置,以圆心O作为极点,$O\,\boldsymbol{r}_0$作为极轴,在某一时刻t质点位于A点,从极点O引一径矢$\boldsymbol{r}=\boldsymbol{OA}$,$\boldsymbol{r}$的端点表示质点的位置,$\boldsymbol{r}$与$\boldsymbol{r}_0$的夹角$\theta$称为角位置或角坐标.质点在固定圆周上运动就是$\boldsymbol{r}$绕极点$O$的旋转,如图1.4.3所示.用极坐标表示质点做圆周运动的运动方程为

$$r=r,\theta=\theta(t) \tag{1-4-4}$$

式中,r是一常量,θ角为质点的角位置,θ随时间改变,即θ是时间t的函数.所以在一给定的圆周上可以用方位角θ表示质点的位置.对角位置θ,一般规定$\boldsymbol{r}$从极轴起沿逆时针方向转过θ角为正值,即$\theta>0$;$\boldsymbol{r}$从极轴起沿顺时针方向转过θ角为负值,即$\theta<0$.

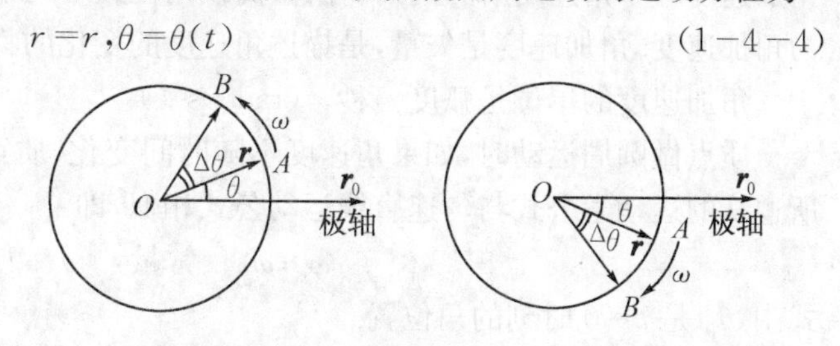

图1.4.3 平面极坐标表示圆周运动,相当于$\boldsymbol{r}$绕极点O旋转

角坐标(转角)的单位是弧度(rad).

②角位移.转角随时间的改变量称为在该段时间内的角位移.

设在t时刻质点位于A点.角位置为θ,在$t+\Delta t$时刻质点运动到B点,角位置为$\theta+\Delta\theta$,在Δt时间间隔内,质点转过的角度$\Delta\theta$,它是描述质点转动时位置变化的的物理量,称为角位移.质点沿给定圆周绕行方向不同,角位置的转向不同,一般规定质点沿逆时针方向转动时角位移为正值,即$\Delta\theta>0$;质点沿顺时针方向转动时角位移为负值,即$\Delta\theta<0$.

角位移的单位是弧度(rad).

必须指出,有限角位移虽然有大小,可以根据右手螺旋法则确定方向,但是它不能遵循平

行四边形的相加法则，即不遵循相加结果与相加次序无关的加法交换律，因此，有限角位移不是矢量（在物理学上称它为赝矢量）.

(3)质点做圆周运动的角速度

①角速度的物理意义.描述质点转动或一质点绕另一点转动的快慢和方向的物理量，称为角速度.

②平均角速度和角速度.角位移 $\Delta\theta$ 与对应的时间间隔 Δt 之比 $\bar{\omega}=\dfrac{\Delta\theta}{\Delta t}$，称为 Δt 时间内质点对 O 点的平均角速度.当 $\Delta t\to 0$ 时，平均角速度 $\bar{\omega}$ 的极限值，称为质点在 t 时刻对 O 点的瞬时角速度，简称角速度，用 ω 表示，即

$$\omega=\lim_{\Delta t\to 0}\frac{\Delta\theta}{\Delta t}=\frac{\mathrm{d}\theta}{\mathrm{d}t} \tag{1-4-5}$$

角位移随时间的变化率称为角速度.角速度是矢量，是描述质点转动的快慢与方向的物理量.角速度的单位是 $\mathrm{rad}\cdot\mathrm{s}^{-1}$.机器的瞬时角速度可以用转速计直接测出.工程上常用每分钟的转数作为角速度的单位，表示为转·分$^{-1}$（$\mathrm{r}\cdot\mathrm{min}^{-1}$）.

(4)质点做圆周运动的角加速度

①描述角速度变化的快慢和方向的物理量，称为角加速度，即角速度的时间变化率.

②设质点做变速圆周运动，在 t 时刻，质点在 A 点的角速度为 ω，在 $t+\Delta t$ 时刻，质点运动到 B 点的角速度为 $\omega+\Delta\omega$，在 Δt 时间间隔内角速度的增量为 $\Delta\omega$.角速度的增量 $\Delta\omega$ 和所经历的时间间隔 Δt 的比值，称为这段时间内的平均角加速度，$\bar{\beta}=\dfrac{\Delta\omega}{\Delta t}$.在 t 到 $t+\Delta t$ 时间内，当 $\Delta t\to 0$ 时，平均角加速度 $\bar{\beta}$ 的极限值，称为质点在该时刻的角加速度，用 β 表示，即

$$\beta=\lim_{\Delta t\to 0}\frac{\Delta\omega}{\Delta t}=\frac{\mathrm{d}\omega}{\mathrm{d}t}=\frac{\mathrm{d}^2\theta}{\mathrm{d}t^2} \tag{1-4-6}$$

角加速度等于角速度对时间的一阶微商或角位置对时间的二阶微商.角速度的时间变化率称为角加速度.角加速度是矢量，是描述角速度的变化的物理量.

角加速度的单位是弧度·秒$^{-2}$（$\mathrm{rad}\cdot\mathrm{s}^{-2}$）.

质点做圆周运动时，如果角速度不随时间变化，质点做匀速率圆周运动，角加速度 $\beta=0$，所遵从的运动学公式与匀速直线运动公式相似，即

$$\omega=\omega_0=\text{常量},\quad \theta=\theta_0+\omega t \tag{1-4-7}$$

式中，θ_0 是 $t=0$ 时刻的角位置.

如果质点做圆周运动时，角加速度 β 不随时间变化（也不等于零），则质点做匀变速圆周运动，运动学规律与匀变速直线运动公式相似，可得出所遵从的运动学公式为

$$\omega=\omega_0+\beta t \tag{1-4-8}$$

$$\theta=\theta_0+\omega_0 t+\frac{1}{2}\beta t^2 \tag{1-4-9}$$

$$\omega^2=\omega_0^2+2\beta(\theta-\theta_0) \tag{1-4-10}$$

式中，θ_0 和 ω_0 分别表示 $t=0$ 时刻的角位置和角速度.

(5)圆周运动中线量和角量的关系

质点做圆周运动中的运动状态，可以用位置矢量、位移、线速度和线加速度等线量来描述，也可以用角位置、角位移、角速度和角加速度等角量来描述，线量和角量数值之间有一定的对应关系.

如图 1.4.4 所示，在 Δt 时间内质点的角位移为 $\Delta\theta$，相应的质点在圆周轨道上所经历的路程 $\Delta S=\overset{\frown}{AB}=R\Delta\theta$，则有

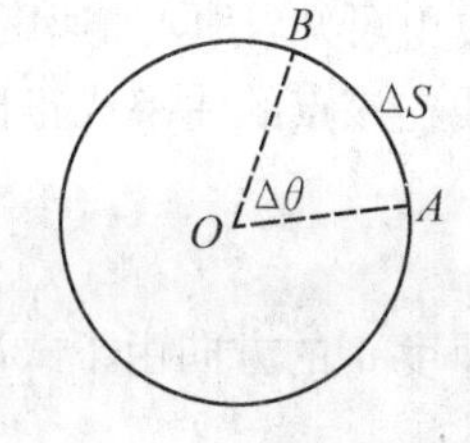

图 1.4.4　圆周运动中线量和角量的关系

$$v=\lim_{\Delta t\to 0}\frac{\Delta S}{\Delta t}=\lim_{\Delta t\to 0}\frac{R\Delta\theta}{\Delta t}=R\lim_{\Delta t\to 0}\frac{\Delta\theta}{\Delta t}=R\omega \qquad (1-4-11)$$

$$a_\tau=\frac{\mathrm{d}v}{\mathrm{d}t}=\frac{\mathrm{d}(R\omega)}{\mathrm{d}t}=R\frac{\mathrm{d}\omega}{\mathrm{d}t}=R\beta \qquad (1-4-12)$$

$$a_n=\frac{v^2}{R}=v\omega=R\omega^2 \qquad (1-4-13)$$

以上是有关线量和角量之间的对应关系式.

1.4.2　一般曲线运动

质点做一般变速曲线运动时，速度的大小和方向都随时间(或位置)变化，质点的加速度同样可以分解为切向加速度 $\boldsymbol{a}_\tau$ 和法向加速度 $\boldsymbol{a}_n$ 两个分矢量. 一条任意的曲线可以看作是由许多曲率半径各不相同的圆弧段组合而成的，与曲线上某点附近一无限小段弧重合的圆，称为该点的曲率圆，此圆的圆心和半径分别称为曲线在该点的曲率中心和曲率半径，曲率半径用 ρ 表示，曲线在某点处弯曲程度大的地方，曲率大，曲率半径小；曲线在某点处弯曲程度小的地方，曲率小，曲率半径大. 曲率中心总是在曲线凹的一侧，如图 1.4.5 所示.

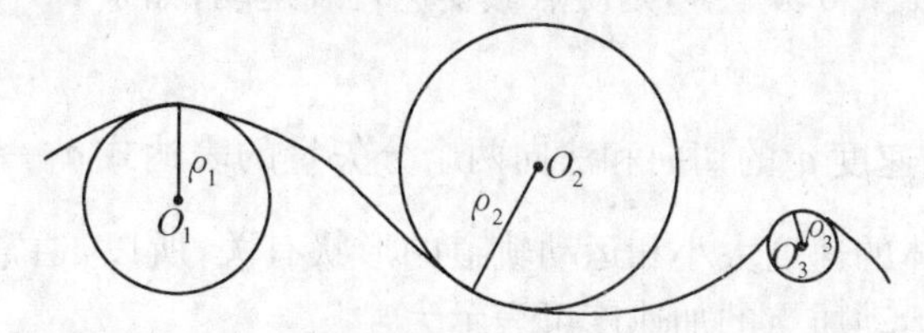

图 1.4.5　任意曲线运动可以看成是由许多曲率半径不同的圆周运动组合而成

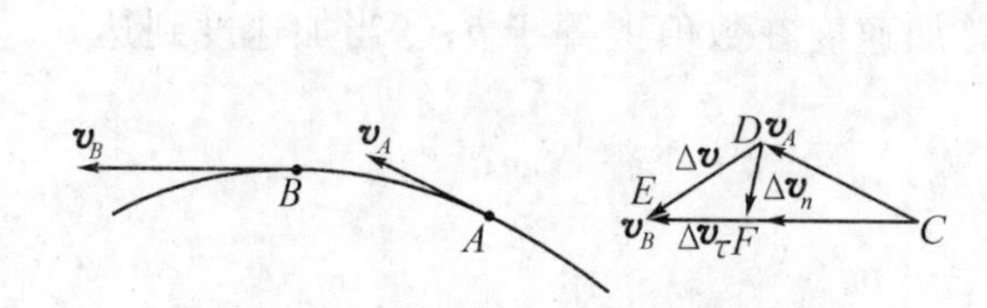

图 1.4.6　任意曲线运动

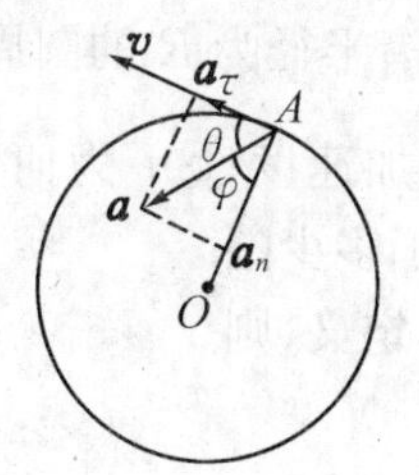

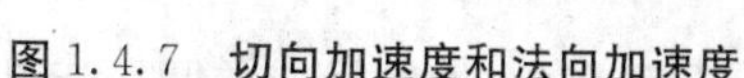

图 1.4.7　切向加速度和法向加速度

利用曲率和曲率半径的两个概念与变速圆周运动相似，其速度增量 $\Delta\boldsymbol{v}$ 也可以分解为 $\Delta\boldsymbol{v}_\tau$ 和 $\Delta\boldsymbol{v}_n$ 两个分矢量，如图 1.4.6 所示.

与变速圆周运动的结论相类似，质点的加速度 $\boldsymbol{a}$ 也可以分解为切向加速度 $\boldsymbol{a}_\tau$ 和法向加速度 $\boldsymbol{a}_n$ 两个分矢量，如图 1.4.7 所示，它们之间的关系为

$$\boldsymbol{a}=\boldsymbol{a}_\tau+\boldsymbol{a}_n$$

$$\boldsymbol{a}_\tau=\lim_{\Delta t\to 0}\frac{\Delta\boldsymbol{v}_\tau}{\Delta t}，其大小\ a_\tau=\frac{\mathrm{d}v}{\mathrm{d}t} \qquad (1-4-14)$$

$$\boldsymbol{a}_n=\lim_{\Delta t\to 0}\frac{\Delta\boldsymbol{v}_n}{\Delta t}，其大小\ a_n=\frac{v^2}{\rho} \qquad (1-4-15)$$

由以上可知，法向加速度与质点运动轨道的形状有关，质点在某点的法向加速度的大小与轨道曲线在该点的曲率成正比，亦即与轨道曲线在该点的曲率半径成反比. 总加速度 $\boldsymbol{a}$ 的大小为

$$a=\sqrt{a_\tau^2+a_n^2}=\sqrt{\left(\frac{\mathrm{d}v}{\mathrm{d}t}\right)^2+\left(\frac{v^2}{\rho}\right)^2} \tag{1-4-16}$$

加速度 $\boldsymbol{a}$ 的方向由下式决定：

$$\tan\theta=\frac{a_n}{a_\tau} \quad 或 \quad \tan\varphi=\frac{a_\tau}{a_n} \tag{1-4-17}$$

式中，θ 或 φ 角是加速度 $\boldsymbol{a}$ 与该点加速度分矢量 $\boldsymbol{a}_\tau$ 或 $\boldsymbol{a}_n$ 之间的夹角.

质点做一般曲线运动时，它的加速度总是指向轨道曲线的凹侧，如图 1.4.7 所示，如果切向加速度 $\boldsymbol{a}_\tau$ 为正值，则表示 $\boldsymbol{a}_\tau$ 与 $\boldsymbol{v}$ 的方向一致，$\boldsymbol{a}$ 与 $\boldsymbol{v}$ 成锐角，质点的速率增大，做加速曲线运动；如果切向加速度 $\boldsymbol{a}_\tau$ 为负值，则表示 $\boldsymbol{a}_\tau$ 与 $\boldsymbol{v}$ 的方向相反，$\boldsymbol{a}$ 与 $\boldsymbol{v}$ 成钝角，质点的速率减小，做减速曲线运动；如果切向加速度 $\boldsymbol{a}_\tau=0$，$\boldsymbol{a}$ 与 $\boldsymbol{v}$ 成直角，质点的速率不变，质点做匀速率曲线运动.

质点做一般变速曲线运动中，同时具有切向加速度 $\boldsymbol{a}_\tau$ 和法向加速度 $\boldsymbol{a}_n$，质点速度的大小和方向都发生变化，此时 $a_\tau\neq0$，$a_n\neq0$，且 $\rho\neq$常量；如果 $a_\tau\neq0$，$a_n\neq0$，且 $\rho=$常量$=R$，轨道为圆，则质点做变速率圆周运动；如果 $a_\tau=0$，$a_n\neq0$，且 $\rho=$常量$=R$，轨道为圆，则质点做匀速圆周运动；如果 $a_\tau\neq0$，$a_n=0$，$\rho=\infty$，则质点做变速直线运动；如果 $a_\tau=0$，$a_n=0$，且 $\rho=\infty$，则质点做匀速直线运动.

一般曲线运动的加速度 $\boldsymbol{a}$ 的切向和法向两个分矢量的表达式 $\boldsymbol{a}_\tau=\frac{\mathrm{d}v}{\mathrm{d}t}\boldsymbol{\tau}$ 和 $\boldsymbol{a}_n=\frac{v^2}{\rho}\boldsymbol{n}$，它们与坐标系无关，只与物体的速度大小和运动轨道的形状有关，所以，通常称为“自然坐标系”中的分矢量式. 一般曲线运动质点的加速度可表示为

$$\boldsymbol{a}=\boldsymbol{a}_\tau+\boldsymbol{a}_n=\frac{\mathrm{d}v}{\mathrm{d}t}\boldsymbol{\tau}+\frac{v^2}{\rho}\boldsymbol{n} \tag{1-4-18}$$

式中，$\boldsymbol{\tau}$、$\boldsymbol{n}$ 分别是曲线的切向和法向的单位矢量.

例 1.4.1 一物体沿半径为 R 的圆周按规律 $S=v_0t-\frac{1}{2}bt^2$ 运动，v_0、b 为正的常量. 求：①任意时刻 t 物体的总加速度；②t 为何值时，总加速度在数值上等于 b；③当加速度到达 b 时，物体已沿圆周运动了多少圈.

解 ①根据速率的定义，则

$$v=\frac{\mathrm{d}S}{\mathrm{d}t}=v_0-bt$$

v 随时间 t 而变化，物体做变速圆周运动，加速度 $\boldsymbol{a}$ 的切向分量及法向分量的大小分别为

$$a_\tau=\frac{\mathrm{d}v}{\mathrm{d}t}=-b,\quad a_n=\frac{v^2}{R}=\frac{(v_0-bt)^2}{R}$$

总加速度 $\boldsymbol{a}$ 的大小为

$$a=\sqrt{a_\tau^2+a_n^2}=\sqrt{(-b)^2+\left[\frac{(v_0-bt)^2}{R}\right]^2}=\frac{1}{R}\sqrt{R^2b^2+(v_0-bt)^4}$$

设 $\boldsymbol{a}$ 与 $\boldsymbol{v}$ 之间的夹角为 α，则

$$\alpha=\arctan\frac{a_n}{a_\tau}=\arctan\frac{(v_0-bt)^2}{-Rb}$$

②根据题意，有

$$a=\frac{1}{R}\sqrt{R^2b^2+(v_0-bt)^4}=b$$

由以上方程解得
$$t=\frac{v_0}{b}$$

③物体运行 $t=\frac{v_0}{b}$时间间隔，通过的路程为：$S=v_0t-\frac{1}{2}bt^2=\frac{v_0^2}{2b}$. 所以，当 $a=b$ 时，物体已沿圆周运行的圈数为：$N=\frac{S}{2\pi R}=\frac{v_0^2}{4\pi Rb}$.

例 1.4.2 已知物体的运动方程为：$\boldsymbol{r}=R\cos\omega t\,\boldsymbol{i}+R\sin\omega t\,\boldsymbol{j}$，式中 R 和 ω 是常量. 求：①物体运动的轨道方程，轨道是什么曲线；②物体速度的大小和方向；③物体加速度的大小和方向.

解 ①由题意知运动方程的分量式为

$$x=R\cos\omega t \tag{1-4-19}$$

$$y=R\sin\omega t \tag{1-4-20}$$

将(1－4－19)式和(1－4－20)式各自平方，然后相加，消去时间参量 t，得到物体运动的轨道方程为

$$x^2+y^2=R^2$$

可见，物体的轨道是以 R 为半径的圆，如图 1.4.8 所示.

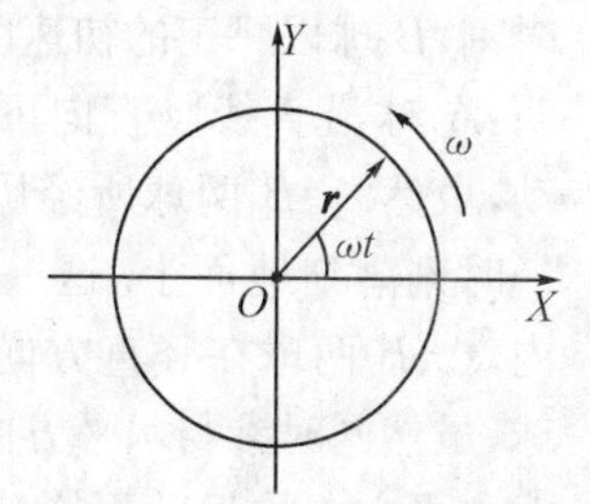

图 1.4.8 例 1.4.2 图示

②将(1－4－19)式和(1－4－20)式分别对时间求一阶微商，可得物体在 X 和 Y 方向上的速度分量为

$$v_x=\frac{dx}{dt}=-\omega R\sin\omega t,\ v_y=\frac{dy}{dt}=\omega R\cos\omega t$$

速度$\boldsymbol{v}$ 的大小为 $v=\sqrt{v_x^2+v_y^2}=\sqrt{(-\omega R\sin\omega t)^2+(\omega R\cos\omega t)^2}=\omega R$

结果表明，物体在圆轨道上以匀速率运动，ω 是常量，为匀速圆周运动的角速度，其速度方向在切线方向，指向运动一侧.

③分速度 v_x 和 v_y 分别对时间求一阶微商，可得物体在 X 方向和 Y 方向上的加速度分量为

$$a_x=\frac{dv_x}{dt}=-\omega^2R\cos\omega t,\ a_y=\frac{dv_y}{dt}=-\omega^2R\sin\omega t$$

加速度 $\boldsymbol{a}$ 的大小为

$$a=\sqrt{a_x^2+a_y^2}=\sqrt{(-\omega^2R\cos\omega t)^2+(-\omega^2R\sin\omega t)^2}=\omega^2R$$

加速度 $\boldsymbol{a}$ 的方向可由它的方向余弦表示出

$$\cos(\boldsymbol{a},\boldsymbol{i})=\frac{a_x}{a}=-\cos\omega t,\ \cos(\boldsymbol{a},\boldsymbol{j})=\frac{a_y}{a}=-\sin\omega t$$

所以 $\boldsymbol{a}$ 是沿负 $\boldsymbol{r}$ 方向的，即 $\boldsymbol{a}$ 是沿法线方向. 或者用矢量式表示

$$\boldsymbol{a}=a_x\boldsymbol{i}+a_y\boldsymbol{j}=-\omega^2(R\cos\omega t\,\boldsymbol{i}+R\sin\omega t\,\boldsymbol{j})=-\omega^2\boldsymbol{r}$$

上式也表明加速度 $\boldsymbol{a}$ 是沿负 $\boldsymbol{r}$ 方向的，即 $\boldsymbol{a}$ 沿法线方向.

可见，一个以圆心为起点所作的大小为半径 R 的径矢的顶端以匀角速度 ω 做圆周运动时，它在 X 轴上的的分量按 $\cos\omega t$ 变化，它在 Y 轴上的分量按 $\sin\omega t$ 变化；它在 X 轴上的速度分量按 $\sin\omega t$ 变化，它在 Y 轴上的速度分量按 $\cos\omega t$ 变化；它在 X 轴上及 Y 轴上的加速度分量分别按 $\cos\omega t$ 和 $\sin\omega t$ 变化，而加速度 $\boldsymbol{a}$ 的方向始终沿半径指向圆心.

1.5 运动叠加原理和抛体运动

1.5.1 运动叠加原理

在运动学中,当质点同时参与几个不同方向上的分运动时,其中任一分运动都不受其他分运动的影响,这称为运动独立性原理.

为理解运动的独立性原理,通过如图 1.5.1 所示的实验来说明. 处于同一高度 h 的 A、B 两个小球,当小锤 C 打击弹簧片 D 时,A 球沿竖直线做自由落体运动,A 球自由落下的同一时刻,B 球以一定的初速度$\boldsymbol{v}_0$向水平方向弹出. 实验表明:A 球沿直线竖直向下运动,B 球沿抛物线向下运动,虽然 A、B 两球所经历的路程不相同,但却是在同一时刻落到地面上. 这一事实说明,在同一时间间隔内,A、B 两球在竖直方向上运动的距离相等. 对于 B 球,虽然同时参与水平方向的运动和竖直方向的运动. 但水平方向的运动不影响竖直方向的运动,而竖直方向的运动也不影响水平方向的运动. 由此可见,B 球的水平方向的运动和竖直方向的运动是完全独立地进行的. 根据类似的许多实验事实,可以得出这样的结论:质点的任意运动,可以看成是由几个在不同方向上的各自独立进行的运动叠加而成的,或者说,任何运动可以分解成几个不同方向上的各自独立的运动. 以上结论称为运动的独立性原理,又称为运动的叠加原理. 它是物理学中的普遍原理之一. 上述实验中,B 球做平抛运动,可以分解成水平方向的匀速直线运动和竖直方向的自由落体运动.

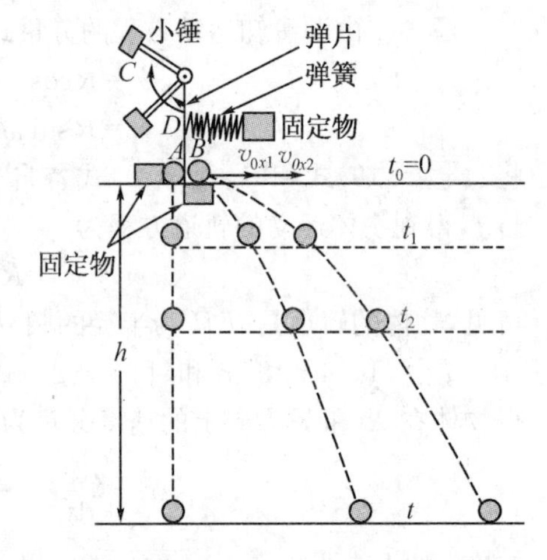

图 1.5.1 运动独立性原理实验

1.5.2 抛体运动

质点沿任意方向上以一定的初速度$\boldsymbol{v}_0$抛出,如果忽略空气阻力,质点将在重力作用下沿一抛物线运动,称为抛体运动. 例如,射出的子弹、炮弹,投掷出的铅球等在空中都是做抛体运动,它是质点做曲线运动的一个特例.

抛射体以初速度$\boldsymbol{v}_0$,沿与水平方向成 θ 角的方向抛出,为研究抛射体的运动情况,在抛射体运动平面内,设一平面直角坐标系 OXY,选择抛射体开始运动的位置为坐标原点 O,抛射体前进的水平方向为 X 轴正方向,竖直向上方向为 Y 轴正方向,如图 1.5.2 所示.

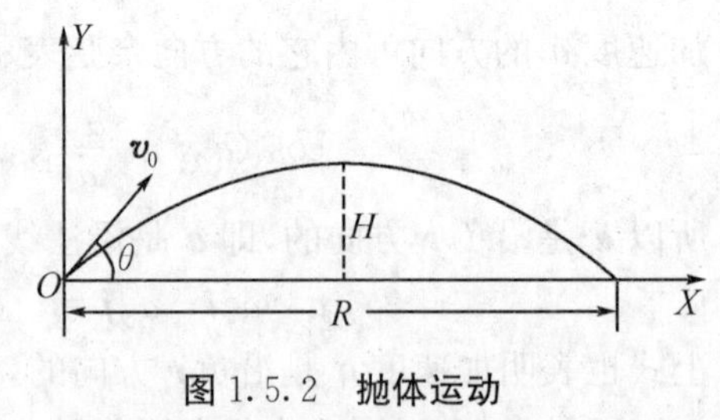

图 1.5.2 抛体运动

(1)运动方程

抛射体的运动可以分解成两种运动,由于抛射体在 X 轴方向上的加速度分量 $a_x=0$,在 X 方向上做匀速直线运动;在 Y 轴方向上的加速度分量 $a_y=-g$,在 Y 方向上做匀变速直线运动.

沿 X 轴方向上运动的初速度为

$$v_{0x}=v_0\cos\theta$$

沿 X 轴方向上的运动是匀速直线运动，运动方程为

$$x=v_{0x}t=v_0\cos\theta\cdot t \tag{1-5-1}$$

在 Y 轴方向上的初速度为

$$v_{0y}=v_0\sin\theta$$

在 Y 轴方向上的运动是匀变速直线运动，运动方程为

$$y=v_{0y}t-\frac{1}{2}gt^2=v_0\sin\theta\cdot t-\frac{1}{2}gt^2 \tag{1-5-2}$$

(1－5－1)式和(1－5－2)式就是以 t 为参数的抛射体的运动轨道参数方程式.

(2)运动轨道

(1－5－1)式和(1－5－2)式决定了在二维平面运动中抛射体在任意时刻的位置，从这两个运动方程分量式中消去时间参数 t，可得抛射体的水平位置坐标 x 和竖直位置坐标 y 所满足的关系式

$$y=x\tan\theta-\frac{g}{2v_0^2\cos^2\theta}x^2 \tag{1-5-3}$$

(1－5－3)式就是抛射体的运动轨道方程，是一抛物线方程，表明抛射体的运动轨道是抛物线形状.

(3)位置矢量

抛射体在运动过程中，任意时刻在水平方向的位置坐标：$x=v_{0x}t=v_0\cos\theta\cdot t$；在竖直方向的位置坐标：$y=v_{0y}t-\frac{1}{2}gt^2=v_0\sin\theta\cdot t-\frac{1}{2}gt^2$. 抛射体在任意时刻 t 的位置矢量为

$$\boldsymbol{r}=x\boldsymbol{i}+y\boldsymbol{j}=v_0\cos\theta\cdot t\,\boldsymbol{i}+(v_0\sin\theta\cdot t-\frac{1}{2}gt^2)\boldsymbol{j} \tag{1-5-4}$$

(4)速度和加速度

根据(1－5－1)式和(1－5－2)式，抛射体的瞬时速度在 X 轴方向和 Y 轴方向上的分量分别为

$$v_x=\frac{\mathrm{d}x}{\mathrm{d}t}=v_0\cos\theta \tag{1-5-5}$$

$$v_y=\frac{\mathrm{d}y}{\mathrm{d}t}=v_0\sin\theta-gt \tag{1-5-6}$$

速度 $\boldsymbol{v}$ 的大小为

$$v=\sqrt{v_x^2+v_y^2} \tag{1-5-7}$$

速度的方向可由速度 $\boldsymbol{v}$ 与 X 轴的夹角 α 的正切或余切决定，即

$$\tan\alpha=\frac{v_y}{v_x}\quad \text{或} \quad \cot\alpha=\frac{v_x}{v_y} \tag{1-5-8}$$

对于任意给定时刻 t，利用以上有关公式可以求出抛射体在该时刻速度的大小和方向.

抛射体在任意时刻的加速度 $\boldsymbol{a}$ 在 X 轴方向和 Y 轴方向上的分量为

$$a_x=\frac{\mathrm{d}v_x}{\mathrm{d}t}=0 \tag{1-5-9}$$

$$a_y=\frac{\mathrm{d}v_y}{\mathrm{d}t}=-g \tag{1-5-10}$$

加速度 $\boldsymbol{a}$ 的大小为

$$a=\sqrt{a_x^2+a_y^2}=g \tag{1-5-11}$$

加速度 $\boldsymbol{a}$ 的方向竖直向下，可见，抛射体在任意时刻的加速度都等于重力加速度，即 $\boldsymbol{a}=\boldsymbol{g}$.

(5)飞行时间

抛射体从原起抛点抛出后，又落回到同一高度所需要的时间，称为飞行时间，用 T 表示.

因抛射体经过时间 T 后又落回到同一水平面上，竖直方向上位置坐标 y 等于零，即 $y=0$，代入(1－5－2)式，可得

$$0=v_0\sin\theta\cdot T-\frac{1}{2}gT^2$$

解得

$$T=\frac{2v_0\sin\theta}{g} \tag{1－5－12}$$

另一解 $T=0$，表示抛射体刚抛出时间，不是所需要的解，应舍去. 飞行时间正好是以 $v_0\sin\theta$ 为初速度竖直向上的抛射体返回到原起抛点所需要的时间.

(6)射程

抛射体从原起抛点抛出后，又落回到同一高度时所经过的水平距离，称为射程，用 R 表示. 射程实际上就是时间 $t=T$ 时的水平位移大小的 x 值，由(1－5－1)式，代入 $t=T$，可得

$$R=v_0\cos\theta\cdot T=\frac{2v_0^2\sin\theta\cos\theta}{g}=\frac{v_0^2\sin2\theta}{g} \tag{1－5－13a}$$

射程也可以由抛射体的运动轨道方程式求得，射程等于 $y=0$ 时的 x 值，由(1－5－3)式可求得

$$0=x\tan\theta-\frac{g}{2v_0^2\cos^2\theta}x^2$$

即

$$x\left(\tan\theta-\frac{g}{2v_0^2\cos^2\theta}x\right)=0$$

上式有两个解，一个是 $x=0$，不是所需要的解，应舍去；另一个是所需要的解，为

$$R=\frac{v_0^2\sin2\theta}{g} \tag{1－5－13b}$$

从射程公式(1－5－13a)可知，当 $2\theta=90°$，即 $\theta=45°$时，抛射体的射程最大.

(7)射高

抛射体所能达到的最大高度，称为射高，用 H 表示. 由于在最高点时，抛射体速度的竖直方向的分量等于零，即 $v_y=0$，代入(1－5－6)式，可得

$$0=v_0\sin\theta-gt$$

由上式可求出抛射体达到最高点所需要的时间为

$$t=\frac{v_0}{g}\sin\theta \tag{1－5－14}$$

将时间 t 代入竖直方向位置坐标表达式(1－5－2)，可求得射高

$$H=v_0\sin\theta\,\frac{v_0\sin\theta}{g}-\frac{1}{2}g\left(\frac{v_0\sin\theta}{g}\right)^2=\frac{v_0^2\sin^2\theta}{2g} \tag{1－5－15}$$

由(1－5－15)式可知，在抛射体初速度 v_0 的大小给定的条件下，角 θ 越大，抛射体所能达到的最大高度也越大. 当 $\theta=90°$时，射高最大，其值为

$$H_{\max}=\frac{v_0^2}{2g} \tag{1－5－16}$$

以上是竖直上抛运动所能够到达的最大高度.

1.5.3 平抛运动

抛射体以一定的初速度 v_0 沿水平方向抛出，物体仅在重力的作用下，沿一抛物线运动，称为平抛运动，它是斜抛运动在仰角 $\theta=0°$时的情形. 水平方向是沿 X 轴的匀速直线运动，竖直方向是沿 Y 轴的自由落体运动，其运动方程分量式为

$$x=v_{0x}t=v_0t \tag{1-5-17}$$

$$y=-\frac{1}{2}gt^2 \tag{1-5-18}$$

由以上两式中消去时间参数 t 或令(1－5－3)式中的 $\theta=0°$，可得平抛物体的运动轨道方程为

$$y=-\frac{g}{2v_0^2}x^2 \tag{1-5-19}$$

上式是典型的抛物线方程. 可见，平抛物体的运动轨道为一抛物线.

平抛物体在 X 方向上的速度分量为

$$v_x=v_{0x}=v_0 \tag{1-5-20}$$

在 Y 方向上的速度分量为
$$v_y=-gt \tag{1-5-21}$$

任意时刻 t 速度$\boldsymbol{v}$ 的大小为
$$v=\sqrt{v_x^2+v_y^2} \tag{1-5-22}$$

速度$\boldsymbol{v}$ 的方向，可由速度$\boldsymbol{v}$ 与 X 轴的夹角 α 的正切或余切决定，即

$$\tan\alpha=\frac{v_y}{v_x} \quad 或 \quad \cot\alpha=\frac{v_x}{v_y}$$

平抛物体在 X 方向上的加速度分量为

$$a_x=\frac{\mathrm{d}^2x}{\mathrm{d}t^2}=0$$

在 Y 方向上的加速度分量为
$$a_y=\frac{\mathrm{d}^2y}{\mathrm{d}t^2}=-g$$

加速度 $\boldsymbol{a}$ 的大小为
$$a=\sqrt{a_y^2}=g$$

加速度 $\boldsymbol{a}$ 的方向竖直向下，由 $a_y=-g$ 也表明加速度的方向竖直向下.

由斜抛运动和平抛运动可知，在忽略空气阻力的条件下，抛射体在运动过程中的加速度总是有一竖直向下的恒定的加速度 g.

例 1.5.1 一架轰炸机在 h 米高处，以水平速率 v_0 向地面目标的正上方飞行. 瞄准器到目标的视线与竖直线间的夹角 α 称为瞄准角，如图 1.5.3 所示. 求：投弹时的瞄准角为多大时才能击中目标？

解 通常利用正交分解法. 设以投弹时飞机所在位置为坐标原点 O，水平方向向右为 X 轴正方向，竖直向上为 Y 轴正方向. 炸弹的初速度等于飞机的飞行速度$\boldsymbol{v}_0$.

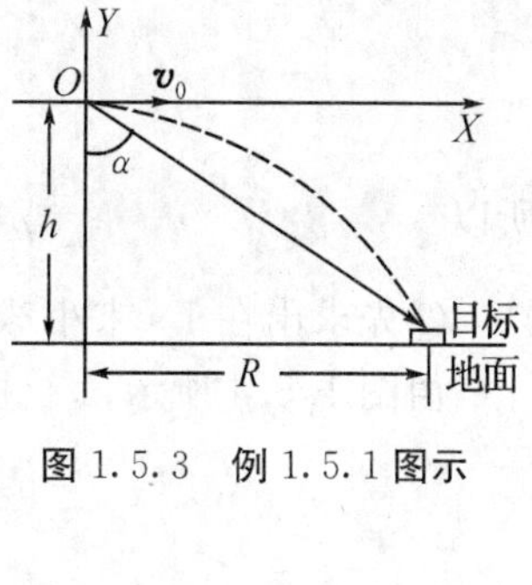

方法一：先求出炸弹在空中飞行的水平距离 R. 炸弹做平抛运动，炸弹到达目标所需时间等于它做自由落体运动到达目标所需时间，由 $y=-\frac{1}{2}gt^2$求得

图 1.5.3 例 1.5.1 图示

$$-h=-\frac{1}{2}gt^2$$

$$t=\sqrt{\frac{2h}{g}}$$

在这段时间内炸弹飞行的水平距离为

$$R=v_{0x}t=v_0t=v_0\sqrt{\frac{2h}{g}}$$

由图 1.5.3 可知，瞄准角 α 满足以下关系式

$$\tan\alpha=\frac{R}{h}=v_0\sqrt{\frac{2}{gh}}$$

所以

$$\alpha=\arctan\left(v_0\sqrt{\frac{2}{gh}}\right)$$

方法二：直接应用炸弹运动的轨道方程. 炸弹做平抛运动，$\theta=0$，斜抛运动的轨道方程(1－5－3)式变为

$$y=-\frac{g}{2v_0^2}x^2$$

目标的(x,y)坐标一定满足上述方程，由题意，已知在目标处的 $y=-h$，所以，x 坐标应满足

$$x=R=v_0\sqrt{\frac{2h}{g}}$$

由图 1.5.3 可知，瞄准角 α 满足以下关系式

$$\tan\alpha=\frac{R}{h}=v_0\sqrt{\frac{2}{gh}}$$

所以

$$\alpha=\arctan\left(v_0\sqrt{\frac{2}{gh}}\right)$$

可见，由方法一和方法二所得到的结果相同.

例 1.5.2　如图 1.5.4 所示，一小球在距地 20 m 处，以初速度大小 $v_0=10\ \text{m}\cdot\text{s}^{-1}$，沿与水平方向成 $\theta=60°$的倾角抛出. 忽略空气阻力. 求：①小球在最高点处的切向加速度和法向加速度及轨道曲率半径；②小球抛出后 1 s 末的切向加速度和法向加速度及该时刻小球所在处轨道半径 ρ；③小球落地时所通过的水平距离 S.

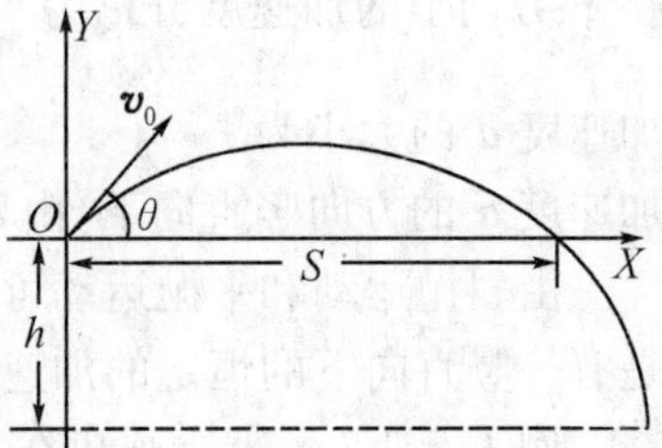

图 1.5.4　例 1.5.2 图示

解　①因为小球做斜抛运动，抛体运动的加速度 $a=g$，方向竖直向下，当小球在运动轨道的最高点处：

$$a_\tau=0,\quad a_n=g$$

根据 $a_n=\frac{v_H^2}{\rho}$，v_H 为小球在最高点处的速率.

$$v_H=v_x=v_{0x}=v_0\cos\theta$$

所以

$$\rho=\frac{v_H^2}{a_n}=\frac{(v_0\cos\theta)^2}{g}=\frac{\left(10\times\frac{1}{2}\right)^2}{10}=2.5\ (\text{m})$$

②先求出在 1 s 末小球运动的方向.

由图 1.5.4 所示，1 s 末小球速度在 X 轴方向及 Y 轴方向的分量分别为

$$v_x=v_{0x}=v_0\cos\theta=10\times\cos60°=10\times\frac{1}{2}=5\ (\text{m}\cdot\text{s}^{-1})$$

$$v_y=v_{0y}=v_0\sin\theta-gt=10\times\sin60°-10\times1$$

$$=10\times\frac{\sqrt{3}}{2}-10=-1.34\ (\mathrm{m\cdot s^{-1}})$$

$v_y<0$,表明小球已在下落过程中.设小球的运动方向与水平方向的夹角为 α,则

$$\tan\alpha=\frac{v_y}{v_x}=\frac{1.34}{5}=0.268$$

所以

$$\alpha=15°$$

该时刻的切向加速度和法向加速度分量分别为

$$a_\tau=g\sin\alpha=10\times\sin15°=10\times0.25882=2.6\ (\mathrm{m\cdot s^{-2}})$$

方向与该时刻速度方向相同.

$$a_n=g\cos\alpha=10\times\cos15°=10\times0.96585=9.7\ (\mathrm{m\cdot s^{-2}})$$

根据 $v^2=v_x^2+v_y^2$,$a_n=\frac{v^2}{\rho}$,则

$$\rho=\frac{v^2}{a_n}=\frac{v_x^2+v_y^2}{a_n}=\frac{5^2+(-1.34)^2}{9.7}=2.76\ (\mathrm{m})$$

③小球做斜抛运动,由图 1.5.4 可知,小球落地时 $y=-h$,由 $y=v_0\sin\theta\cdot t-\frac{1}{2}gt^2$ 可得出小球从抛出点到落地点所需要的时间 t.

$$-h=v_0\sin\theta\cdot t-\frac{1}{2}gt^2$$

即

$$-20=10\times\sin60°\cdot t-\frac{1}{2}\times10\times t^2$$

由上式解得 $t_1=2.39\ (\mathrm{s})$,$t_2=-2.39\ (\mathrm{s})$(不合题意应舍去)

由于小球在 X 方向上做匀速直线运动,则

$$x=v_{0x}t=v_0\cos\theta\cdot t$$

将 $t=2.39$ s 代入上式,可求得小球落地时的水平距离为

$$S=x_{2.39}=10\times\frac{1}{2}\times2.39=11.95\ (\mathrm{m})$$

由以上求解过程可知,对于抛体运动的有关问题,根据运动叠加原理,利用正交分解的方法求解有关问题比较简便.

1.6 相对运动

运动的描述具有相对性,一切质点的运动都是相对的,质点的位置、位置随时间的变化、速度和加速度都具有相对性.只有在选定了某一参照系或坐标系后,才能确切地描述质点的运动.而参照系或坐标系本身可能是“静止的”或“运动的”,选择不同的参照系或坐标系对同一质点就有不同的运动情况,就描述质点的运动情况而言,参照系或坐标系的选择是任意的,那么,当同一质点的运动用不同参照系来描述时,不同参照系中的位置矢量、位移矢量、速度和加速度矢量之间存在着什么关系呢?这就是相对运动的有关问题.

通常把地球称为“静止”参照系,在它上面固定的坐标系称为“静止”坐标系,运动质点相对于“静止”参照系的位移、速度和加速度分别称为绝对位移、绝对速度和绝对加速度;运动参照系相对于“静止”参照系的位移、速度和加速度分别称为牵连位移、牵连速度和牵连加速度;运动质点相对于运动参照系的位移、速度和加速度分别称为相对位移、相对速度和相对加速度.

它们之间有什么关系呢？这就是下面要研究的问题.

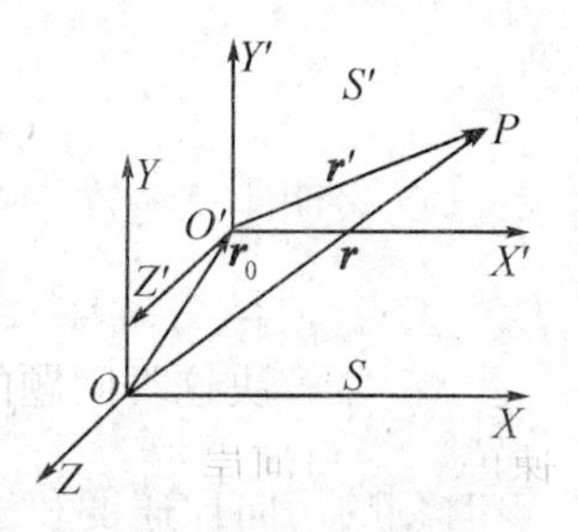

图 1.6.1 两个参照系

如图 1.6.1 所示，设有两个参照系，分别为 S 和 S'，固定在相应参照系中的直角坐标系分别为 $OXYZ$ 和 $O'X'Y'Z'$，为简便起见，假定相应的坐标轴保持平行. 两参照系之间的相对运动情况可以用坐标原点 O 和 O' 之间的相对运动来代表. 设有一质点在空间运动，它位于 P 点时，相对于静止坐标系原点 O 的位置矢量为 $\boldsymbol{r}$，而相对于运动坐标系原点 O' 的位置矢量为 $\boldsymbol{r}'$，而 O' 点相对于 O 点的位置矢量为 $\boldsymbol{r}_0$，它们之间的关系为

$$\boldsymbol{r}=\boldsymbol{r}_0+\boldsymbol{r}' \tag{1-6-1}$$

根据速度的定义，对上式两边分别对时间求一阶微商，得

$$\frac{\mathrm{d}\boldsymbol{r}}{\mathrm{d}t}=\frac{\mathrm{d}\boldsymbol{r}_0}{\mathrm{d}t}+\frac{\mathrm{d}r'}{\mathrm{d}t} \tag{1-6-2a}$$

上式又可写为

$$\boldsymbol{v}=\boldsymbol{v}_0+\boldsymbol{v}' \tag{1-6-2b}$$

式中，$\boldsymbol{v}$ 表示质点在参照系 S 中的速度，称为绝对速度；$\boldsymbol{v}_0$ 表示 O' 点相对于 O 点的速度，称为牵连速度；$\boldsymbol{v}'$ 表示质点在参照系 S' 中的速度，称为相对速度. (1－6－2b)式表明质点的绝对速度 $\boldsymbol{v}$ 等于牵连速度 $\boldsymbol{v}_0$ 与相对速度 $\boldsymbol{v}'$ 的矢量和，称为速度合成定理. 它在低速的经典理论中适用，当质点的速度可与光速 c 相比拟时，此式不再适用，而必须用相对论速度合成公式.

如果质点及 S' 参照系相对于 S 参照系做加速运动，那么 $\boldsymbol{v}$ 、$\boldsymbol{v}_0$、$\boldsymbol{v}'$ 将随时间变化，根据加速度的定义，对(1－6－2b)式两边分别再对时间求一阶微商，得

$$\frac{\mathrm{d}\,\boldsymbol{v}}{\mathrm{d}t}=\frac{\mathrm{d}\,\boldsymbol{v}_0}{\mathrm{d}t}+\frac{\mathrm{d}\,\boldsymbol{v}'}{\mathrm{d}t} \tag{1-6-3a}$$

上式又可写为

$$\boldsymbol{a}=\boldsymbol{a}_0+\boldsymbol{a}' \tag{1-6-3b}$$

式中，$\boldsymbol{a}$ 表示质点在参照系 S 中的加速度，称为绝对加速度；$\boldsymbol{a}_0$ 表示参照系 S' 相对于参照系 S 的加速度，称为牵连加速度；$\boldsymbol{a}'$ 表示质点在参照系 S' 中的加速度，称为相对加速度. (1－6－3b)式表明质点的绝对加速度 $\boldsymbol{a}$ 等于牵连加速度 $\boldsymbol{a}_0$ 与相对加速度 $\boldsymbol{a}'$ 的矢量和，称为加速度合成定理，仍适用于上述情况.

例 1.6.1 一渡船以与岸成 60°的角度以速度 $\boldsymbol{v}_1$ 向上游划行，$v_1=12\ \mathrm{m\cdot s^{-1}}$，设水流速度为 $\boldsymbol{v}_2$，$v_2=6\ \mathrm{m\cdot s^{-1}}$，如图 1.6.2 所示. 试求：船对岸的速度.

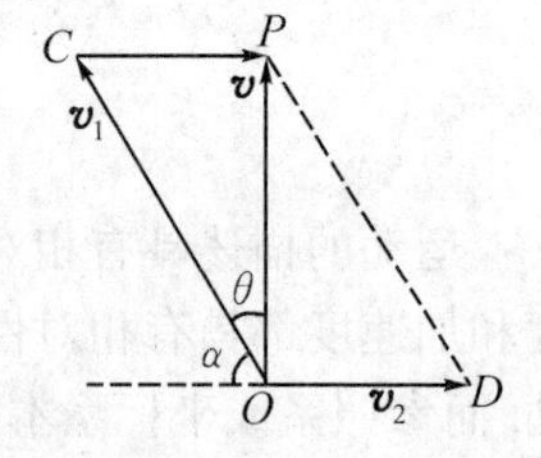

图 1.6.2 例 1.6.1 图示

解 渡船看作运动质点，研究对象；河水是运动参照系 S'；河岸是静止参照系 S. $\boldsymbol{v}'$ 为船对水的速度，即相对速度；$\boldsymbol{v}_0$ 是水对地的速度，即牵连速度；所求的为船对岸的速度，即绝对速度 $\boldsymbol{v}$. 根据速度合成定理，即

$$\boldsymbol{v}=\boldsymbol{v}_0+\boldsymbol{v}'$$

由题意知

$$\boldsymbol{v}'=\boldsymbol{v}_1,\ \boldsymbol{v}_0=\boldsymbol{v}_2$$

即

$$\boldsymbol{v}=\boldsymbol{v}_2+\boldsymbol{v}_1$$

因为 $\alpha=60°$，在△OCP 中利用余弦定理求 $\boldsymbol{v}$ 的大小为

$$v^2=v_0^2+v'^2-2v_0v'\cos 60°$$

$$v=\sqrt{v_0^2+v'^2-2v_0v'\cos 60°}=\sqrt{6^2+12^2-2\times 6\times 12\times\frac{1}{2}}=6\sqrt{3}\ (\mathrm{m\cdot s^{-1}})$$

由正弦定理求 $\boldsymbol{v}$ 的方向

$$\frac{v}{\sin 60°}=\frac{v_0}{\sin\theta}$$

$$\sin\theta = \frac{v_0}{v}\sin 60° = \frac{6}{6\sqrt{3}} \cdot \frac{\sqrt{3}}{2} = \frac{1}{2}$$

$$\theta = 30°$$

结果表明:绝对速度$\boldsymbol{v}$与河岸夹角$\varphi = \alpha + \theta = 90°$,所以$\boldsymbol{v}$与河岸垂直.

说明:解决这类问题的关键在于确定运动参照系的牵连速度,绝不能不经证明而认为绝对速度一定与河岸垂直.

例 1.6.2　如图 1.6.3 所示,倾角$\theta = 30°$的劈形斜面放置在光滑的桌面上.当斜面上的木块沿斜面下滑时,斜面以加速度$a_1 = 2\ \mathrm{m \cdot s^{-2}}$向右运动,已知木块相对于斜面的加速度$a' = 6\ \mathrm{m \cdot s^{-2}}$.试求:木块相对于桌面的加速度.

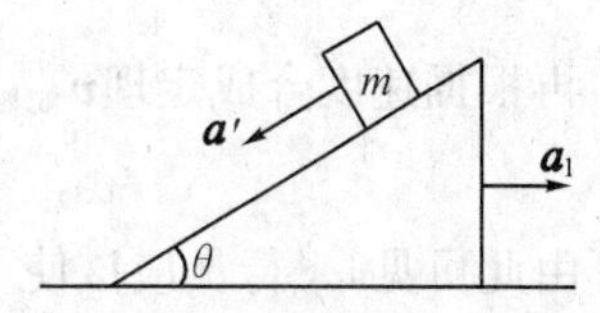

解　选取桌子为静止参照系,在其上建立坐标系,如图 1.6.3 所示,由题意知,斜面是运动参照系,斜面的加速度是牵连加速度,可表示为

$$\boldsymbol{a}_1 = a_1 \boldsymbol{i}$$

图 1.6.3　例 1.6.2 图示

木块相对于斜面的加速度为相对加速度$\boldsymbol{a}'$,可表示为

$$\boldsymbol{a}' = a'_x \boldsymbol{i} + a'_y \boldsymbol{j} = -a'\cos\theta\, \boldsymbol{i} - a'\sin\theta\, \boldsymbol{j}$$

根据加速度合成定理,木块的绝对加速度为

$$\boldsymbol{a} = \boldsymbol{a}_1 + \boldsymbol{a}' = (a_1 - a'\cos\theta)\boldsymbol{i} - a'\sin\theta\, \boldsymbol{j}$$

所以,木块的绝对加速度$\boldsymbol{a}$的两个分量为

$$a_x = a_1 - a'\cos\theta$$

$$a_y = -a'\sin\theta$$

其大小为　$$a = \sqrt{a_x^2 + a_y^2} = \sqrt{a_1^2 - 2a_1 a'\cos\theta + a'^2} = 4.4\ (\mathrm{m \cdot s^{-2}})$$

方向为　$$\cos\alpha = \frac{a'_y}{a} = \frac{-3}{4.4} = -0.682, \quad |\alpha| = 47°$$

即在第三象限内,$\boldsymbol{a}$与Y轴负方向的夹角为 47°.

例 1.6.3　在空间飞行的飞机上的罗盘指出飞机正在向东飞行,空气速率计指出飞行速率为 240 km·h^{-1},地面测出风正在向正北方向吹,风的速率为 48 km·h^{-1}.求:①飞机对地面的速度;②如果要使飞机向正东飞行,问飞行员应使飞机向什么方向飞行?飞机对地面的速率为多大?

解　根据题意,如图 1.6.4(a)所示,飞机是研究对象运动质点,地面是静止参照系,空气是运动参照系.因而,牵连速度$\boldsymbol{v}_{气地}$大小为 48 km·h^{-1},指向正北;相对速度$\boldsymbol{v}_{机气}$大小为 240 km·h^{-1},指向正东.求绝对速度$\boldsymbol{v}_{机地}$,根据速度合成定理可得

$$\boldsymbol{v}_{机地} = \boldsymbol{v}_{气地} + \boldsymbol{v}_{机气}$$

$\boldsymbol{v}_{机地}$的大小为

$$v_{机地} = \sqrt{v_{气地}^2 + v_{机气}^2} = \sqrt{48^2 + 240^2} = 245\ (\mathrm{km \cdot h^{-1}})$$

方向为　$$\alpha = \arctan\frac{v_{气地}}{v_{机气}} = \arctan 0.2 = 11°19'$$

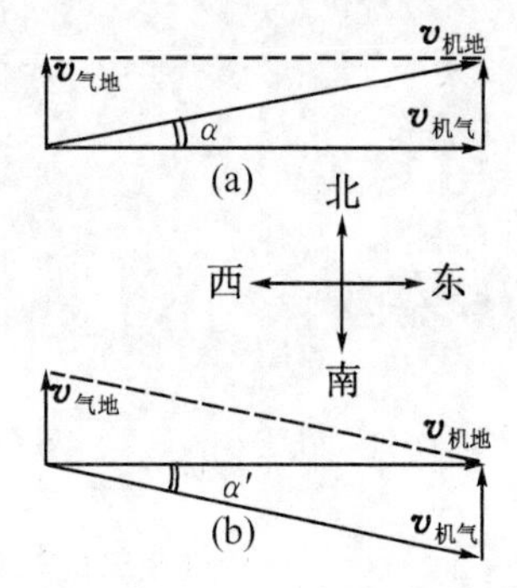

图 1.6.4　例 1.6.3 图示

由此可见,飞机对地的速度$\boldsymbol{v}_{机地}$的大小为 245 km·h^{-1},方向为东

偏北 11°19′.

根据题意，可画出矢量图，如图 1.6.4(b)所示，设其中 α' 角为 $\boldsymbol{v}_{机气}$ 与正东方向之间的夹角，则

$$\sin\alpha' = \frac{v_{气地}}{v_{机地}}$$

$$\alpha' = \arcsin\frac{v_{气地}}{v_{机气}} = \arcsin\frac{48}{240} = \arcsin 0.2 = 11°32'$$

再根据速度合成定理 $\boldsymbol{v}_{机地} = \boldsymbol{v}_{机气} + \boldsymbol{v}_{气地}$，由图可知飞机对地的速率为

$$v_{机地} = \sqrt{v_{机气}^2 - v_{气地}^2} = \sqrt{240^2 - 48^2} = 235\ (\text{km} \cdot \text{h}^{-1})$$

由此可见，飞行员应该使飞机向东偏南 11°32′方向飞行，飞机对地的速率约为 235 km·h^{-1}.

Chapter 1　Kinematics

Physics deals with matter, motion and their interaction. It is the most fundamental science.

Mechanics is a branch of physics dealing with mechanical motion of subjects. In kinematics, we investigate the description of motion.

Motion is relative. Reference frames are always needed to specify the motion. To make quantitative description, coordinate systems are necessary. Rectangular coordinate system consists of three mutually perpendicular X, Y and Z axes which intersect at the origin O.

To describe the motion of a particle, we draw a vector $\boldsymbol{r}$ extending from the origin of the coordinate system to the particle's position. It is called position vector. Thus

$$\boldsymbol{r}=x\boldsymbol{i}+y\boldsymbol{j}+z\boldsymbol{k} \tag{1}$$

in which $\boldsymbol{i}$, $\boldsymbol{j}$ and $\boldsymbol{k}$ are unit vectors and x, y and z are the components. The components may be positive, negative and zero.

Mechanical motion is defined as the process of change in position with time. The position vector can be correlated with the time by means of vector function

$$\boldsymbol{r}=\boldsymbol{r}(t) \tag{2}$$

Its three components are written by the following scalar functions

$$x=x(t), y=y(t), z=z(t) \tag{3}$$

The path equation can be obtained by eliminating t from Eqs. (3). If the path of the particle is a straightline, the motion is called as a rectilinear motion; if the path is a curve, the motion is called as a curvilinear motion.

The displacement is the change in position during a given time interval. So

$$\Delta\boldsymbol{r}=\boldsymbol{r}_Q-\boldsymbol{r}_P \tag{4}$$

Displacement is a vector, its magnitude $|\Delta\boldsymbol{r}|$ is the chord PQ; path is a scalar $\Delta S=\overset{\frown}{PQ}$. In most case, $|\Delta\boldsymbol{r}|\neq\Delta S$. You should be aware of the difference between $|\Delta\boldsymbol{r}|$ and Δr.

If $\Delta\boldsymbol{r}$ is the displacement that occurs during the time interval Δt, its average velocity for this interval is defined as

$$\bar{\boldsymbol{v}}=\frac{\Delta\boldsymbol{r}}{\Delta t} \tag{5}$$

To describe the motion of a particle at a given time t or at a given point P, we must make Δt very small. The instantaneous velocity at any time t is obtained by evaluating $\Delta\boldsymbol{r}/\Delta t$ in the limit that Δt approaches zero

$$\boldsymbol{v}=\lim_{\Delta t\to 0}\frac{\Delta\boldsymbol{r}}{\Delta t}=\frac{\mathrm{d}\boldsymbol{r}}{\mathrm{d}t} \tag{6}$$

Therefore, the instantaneous velocity is defined as the time derivation of the position vector. Velocity is a vector tangent to the path, and points to the advance direction. The three components of velocity is given by

$$v_x = \frac{dx}{dt}, v_y = \frac{dy}{dt}, v_z = \frac{dz}{dt} \tag{7}$$

Similarly, the path length ΔS divided by the time taken Δt is called the average speed, so dS/dt is the instataneous speed. Note that the speed is a scalar. The magnitude of instantaneous velocity equals instantaneous speed.

The change in velocity during the time interval Δt is represened by $\Delta \boldsymbol{v} = \boldsymbol{v}_Q - \boldsymbol{v}_P$ in the vector triangle. The average acceleration is defined by

$$\bar{\boldsymbol{a}} = \frac{\Delta \boldsymbol{v}}{\Delta t} \tag{8}$$

Using the same method as in definition of velocity, the instantaneous acceleration at time t is defined by

$$\boldsymbol{a} = \lim_{\Delta t \to 0} \frac{\Delta \boldsymbol{v}}{\Delta t} = \frac{d\boldsymbol{v}}{dt} \tag{9}$$

which is the time derivation of velocity vector. From Eq. (6), we can also write Eq. (9) in the form

$$\boldsymbol{a} = \frac{d\boldsymbol{v}}{dt} = \frac{d^2\boldsymbol{r}}{dt^2} \tag{10}$$

So the three components of acceleration are given by

$$a_x = \frac{dv_x}{dt} = \frac{d^2x}{dt^2}, \quad a_y = \frac{dv_y}{dt} = \frac{d^2y}{dt^2}, \quad a_z = \frac{dv_z}{dt} = \frac{d^2z}{dt^2} \tag{11}$$

and the magnitude of the acceleration is

$$a = \sqrt{a_x^2 + a_y^2 + a_z^2} \tag{12}$$

Acceleration vector has the same direction as the limit direction of change of velocity when $\Delta t \to 0$, which is always pointing toward the concavity side of the path. We can decompose acceleration into two perpendicular components: tangential acceleration a_τ and normal acceleration a_n. The change in the magnitude of velocity is related to the tangential acceleration and change in direction of velocity is related to the normal acceleration. We have

$$a_\tau = \frac{dv}{dt}, a_n = \frac{v^2}{\rho} \tag{13}$$

where ρ is the radius of curvature.

习题 1

1.1 填空题

1.1.1 如图所示，一质点沿一个半径为 R 的半圆弧及一个圆周轨道 $ABCDEFC$ 运动，它的位移为______，路程为______，距离为______. 在 $ABCDE$ 段中的位移为_______，路程为______，距离为______.

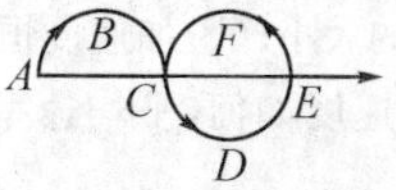

题 1.1.1 图

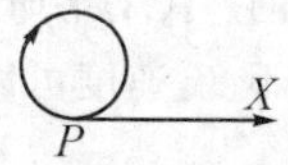

题 1.1.2 图

1.1.2 如图所示，一质点从 P 点出发，以速率 $1\ \mathrm{cm\cdot s^{-1}}$ 做顺时针转向的圆周运动，圆的半径为 $1\ \mathrm{m}$，当它走过 2/3 圆周时，走过的路程是______；位移的大小是______，方向是______；这段时间内的平均速度的大小是______，方向是______.

1.1.3 两辆车 A 和 B，在笔直的公路上同向行驶，它们从同一起始线上同时出发，并且由出发点开始计时，行驶的距离 x m 与行驶的时间 t s 的函数关系式：A 为 $x_A=4t+t^2$；B 为 $x_B=2t^2+2t^3$. 试问：①它们刚离开出发点时，行驶在前面的一辆车是______；②出发后，两辆车行驶距离相同的时刻是______；③出发后，B 车相对于 A 车速度为零的时刻是______.

1.1.4 一船以速度 $\boldsymbol{v}_0$ 在静水湖泊中做匀速直线航行，一乘客以初速度 $\boldsymbol{v}_1$ 在船中竖直上抛出一小球，则站在岸上的观察者看小球的运动轨道是______，其轨道方程是______；站在船上的观察者看小球做______运动.

1.1.5 某质点的运动方程分量式为 $x=10\cos(0.5\pi t)\mathrm{m}$，$y=10\sin(0.5\pi t)\mathrm{m}$，则质点运动方程的矢量式为 $\boldsymbol{r}=$______，运动轨道方程为______，运动轨道的形状为______，任意时刻 t 的速度 $\boldsymbol{v}=$______，加速度 $\boldsymbol{a}=$______，速度的大小为______，加速度的大小为______，切向加速度的大小为______，法向加速度的大小为______.

1.1.6 某质点的运动方程的矢量式为 $\boldsymbol{r}=3t\,\boldsymbol{i}+(14t-4.9t^2)\,\boldsymbol{j}$ (SI)，该质点的速度为_________，速度大小为______，方向为______；加速度为______，加速度大小为______，方向为______；无穷小时间内 $\mathrm{d}\boldsymbol{r}$ 的大小为______，速率为______.

1.1.7 一质点做圆周运动的角量运动方程为 $\theta=2+3t+4t^2$ (SI). 它在 2 s 末的角坐标为______；在第 3 s 内的角位移为______，角速度为______；在第 2 s 末的角速度为______，角加速度为______；在第 3 s 内的角加速度为______；质点做______运动.

1.1.8 一船的航速大小为 $8\ \mathrm{m\cdot s^{-1}}$，水流速度大小为 $6\ \mathrm{m\cdot s^{-1}}$. 要使渡河时间最短，则船头应向___________的方向航行. 此时船对岸的速度大小是____________.

1.1.9 一质点沿直线运动，其运动方程为 $x=Ae^{\beta t}\cos\omega t$ (SI)，其中 A、β、ω 皆为常量，则：(A) 任意时刻 t 质点的速度____________；(B) 质点第一次通过坐标原点的时刻 $t=$__________；(C) 任意时刻 t 质点的加速度 $a=$__________.

1.1.10 质点运动的速率 $v(t)\neq 0$，试说明下列情况下质点做何运动：(A) $a_n\neq 0$，$a_t\neq 0$，$\rho=$变量，质点做_________________运动；(B) $a_n=0$，$a_t\neq 0$，质点做____________运动；(C) $a_n\neq 0$，$a_t=0$，$\rho=R=$常量，质点做________运动；(D) $a_n=0$，$a_t=0$，$v_0\neq 0$，质点做____________运动.

1.1.11 一质点做匀速圆周运动，速率为 $1\ \mathrm{m\cdot s^{-1}}$，圆周半径为 $1\ \mathrm{m}$，如图所示，若从质点在 P 点开始计时，则当它走过 2/3 周长时其走过的路程为__________，这段时间内的平均速度大小为_________，方向是__________(用与 OX 轴夹角表示)，位移的大小为_________，平均速率为____________________.

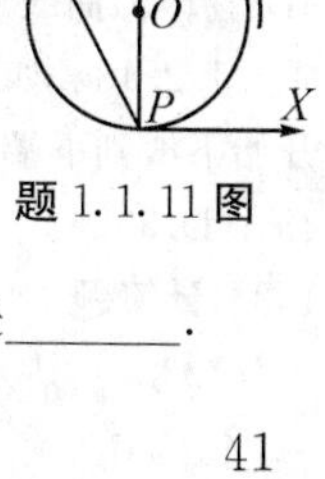

题 1.1.11 图

1.1.12 以大小相同的初速斜抛两小球，抛射角分别是 30°和 60°，则两球在最高点的速度之比是__________，射高之比是_________，水平射程之比是_________，任意点的加速度之比是_________.

1.2 选择题

1.2.1 一运动质点沿半径为 R 的圆周做匀速率圆周运动，每经过时间 t s转一圈，在 $3t$ s时间间隔内其平均速度大小及平均速率分别为：(A)$\frac{2\pi R}{t}$，$\frac{2\pi R}{t}$；(B)0，$\frac{2\pi R}{t}$；(C)0，0；(D)$\frac{2\pi R}{t}$，0；(E)以上答案都不正确.　（　）

1.2.2 一运动质点在运动过程中某一瞬时位置径矢为 $\boldsymbol{r}(x,y)$，其速度大小及加速度大小为：(A)$\frac{\mathrm{d}r}{\mathrm{d}t}$，$\frac{\mathrm{d}^2 r}{\mathrm{d}t^2}$；(B)$\frac{\mathrm{d}\boldsymbol{r}}{\mathrm{d}t}$；$\frac{\mathrm{d}^2\boldsymbol{r}}{\mathrm{d}t^2}$；(C)$\frac{\mathrm{d}|\boldsymbol{r}|}{\mathrm{d}t}$，$\frac{\mathrm{d}^2|\boldsymbol{r}|}{\mathrm{d}t^2}$；(D)$\sqrt{\left(\frac{\mathrm{d}x}{\mathrm{d}t}\right)^2+\left(\frac{\mathrm{d}y}{\mathrm{d}t}\right)^2}$，$\sqrt{\left(\frac{\mathrm{d}^2x}{\mathrm{d}t^2}\right)^2+\left(\frac{\mathrm{d}^2y}{\mathrm{d}t^2}\right)^2}$.　（　）

1.2.3 下列说法中正确的是：(A)平均速率等于平均速度的大小；(B)加速度恒定不变时，质点的运动方向也不变；(C)运动质点的速率不变，速度可以变化；(D)不管加速度如何，平均速率表达式总可以表示为 $\boldsymbol{v}=(\boldsymbol{v}_1+\boldsymbol{v}_2)/2$.　（　）

1.2.4 某质点做直线运动规律为 $x=t^2-4t+2$ (m)，在SI单位制下，则质点在前5 s内通过的平均速度和路程为：(A)1 m·s^{-1}，5 m；(B)3 m·s^{-1}，13 m；(C)1 m·s^{-1}，13 m；(D)3 m·s^{-1}，5 m；(E)2 m·s^{-1}，13 m.　（　）

1.2.5 一小球沿斜面向上运动，其运动方程为 $s=5+4t-t^2$(SI)，则小球运动到最高点的时刻是：(A)$t=8$ s；(B)$t=5$ s；(C)$t=4$ s；(D)$t=3$ s；(E)$t=2$ s.　（　）

1.2.6 做斜上抛运动的质点在上升过程中某点处的速率为 v，速度方向与水平方向成 θ 角. 经一段时间间隔 t 后，质点的速度方向转过90°，则这段时间间隔 t 为：(A)$\frac{v}{g\sin\theta}$；(B)$\frac{v}{g}$；(C)$\frac{v}{g\cos\theta}$；(D)$\frac{g\sin\theta}{v}$；(E)$\frac{v\cos\theta}{g}$.　（　）

1.2.7 某质点的运动规律为 $\mathrm{d}v/\mathrm{d}t=-kv^2$，式中 k 为常量，当 $t=0$ 时，初速度为 v_0，则速率 v 随时间 t 的函数关系是：(A)$v=\frac{1}{2}kt^2+v_0$；(B)$v=-\frac{1}{2}kt^2+v_0$；(C)$\frac{1}{v}=kt+\frac{1}{v_0}$；(D)$\frac{1}{v}=-kt+\frac{1}{v_0}$；(E)$\frac{1}{v}=\frac{kt^2}{2}-v_0$.　（　）

1.2.8 一个人在水平路面上沿直线运动的火车上竖直向上抛出一小球，当火车做哪种运动时，小球能落到人手中：(A)匀加速运动；(B)匀减速运动；(C)变加速运动；(D)匀速直线运动.　（　）

1.2.9 一轮子在水平面上无滑动地滚动时，轮缘上任一点 M 的轨道为一圆滚线，如图所示，此轨道在直角坐标系中参数方程为 $x=R\omega t-R\sin\omega t$，$y=R-R\cos\omega t$，式中 R、ω 为常量，此质点加速度大小为：(A)$\sqrt{2}R\omega^2\ \sin\omega t$；(B)$\sqrt{2R}$ $\omega^2(1-\cos\omega t)$；(C)$R\omega^2$；(D)$2R\omega^2$.　（　）

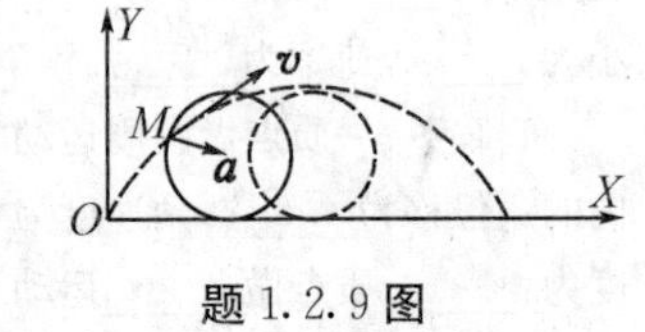

题1.2.9图

1.2.10 某人以4 km·h^{-1}的速率向东前进时，感觉风从正北方向吹来；如果将速率增加一倍，则感觉风从东北方向吹来，实际风速与风向为：(A)4 km·h^{-1}，从西北方向吹来；(B)4 km·h^{-1}，从北方吹来；(C)$4\sqrt{2}$ km·h^{-1}，从西北方吹来；(D)$4\sqrt{2}$ km·h^{-1}，从东北方吹来.　（　）

1.2.11 质点沿 X 轴做直线运动，其 $v-t$ 曲线如图所示，当 $t=0$ 时质点在坐标原点，则 $t=4$ s时质点在 X 轴上的位置为：(A)0 m；(B)−1 m；(C)4.5 m；(D)3.5 m.　（　）

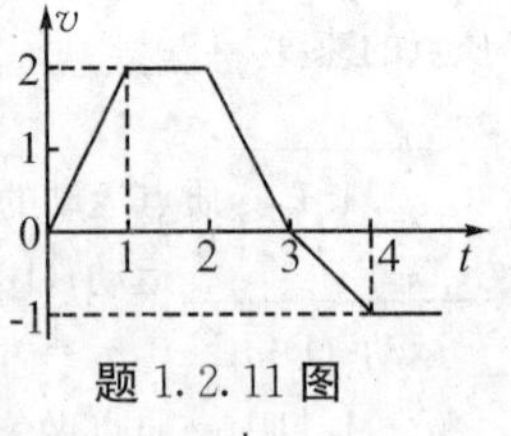

题1.2.11图

1.2.12 下列几种说法中，哪一种说法正确：(A)一质点在某时刻的瞬时速率是4 m·s^{-1}，这就说明在下1 s内一定要经过4 m的路程；(B)物体的加速度越大，其速度也一定越大；(C)斜上抛物体，在最高处速度最小，法向加速度最大；(D)物体做曲线运动时，有可能在某时刻的法向加速度为零.　（　）

1.2.13 如图所示，四个不同倾角的光滑斜面，如果使一物体从斜面上端 A 自静止开始下滑到下端 B 所需要的时间最短，则斜面的倾角 θ 选哪一个：(A)20°；(B)30°；(C)45°；(D)60°.　（　）

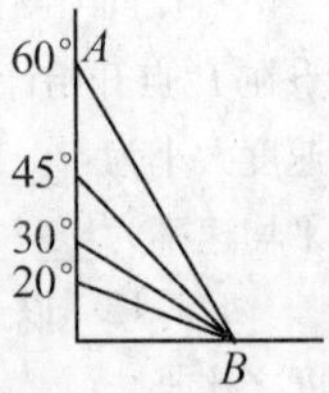

题1.2.13图

1.3 计算题

1.3.1 某人由坐标原点 O 出发，向东走了30 m，用了25 s；又向南走了10 m，用了

10 s；再向西北走了 18 m，用了 15 s. 试求：①合位移的大小和方向，并作图表示；②每一个分位移的平均速度；③合位移的平均速度及全路程的平均速率. [答案：①17.5 m，东偏北 9°；②1.2 $m \cdot s^{-1}$，向东；1.0 $m \cdot s^{-1}$，向南；1.2 $m \cdot s^{-1}$，向西北；③0.35 $m \cdot s^{-1}$，东偏北 9°；1.16 $m \cdot s^{-1}$]

1.3.2　已知某一质点沿 X 轴做直线运动，其运动方程为 $x=5+18t-2t^2$，取 $t=0$，$x=x_0$ 为坐标原点. 在国际单位制中，试求：①第 1 s 末及第 4 s 末的位置矢量；②第 2 s 内的位移；③第 2 s 内的平均速度；④第 3 s 末的速度；⑤第 3 s 末的加速度；⑥质点做什么类型的运动？[答案：略]

1.3.3　一辆汽车沿着平直的公路行驶，其速度和时间的关系如图中折线 $OABCDEF$ 所示. ①说明图中 OA、AB、BC、CD、DE、EF 线段各表示什么运动；②根据图中曲线及数据，求汽车在整个行驶过程中的路程、位移和平均速度. [答案：①OA 段：沿 X 轴正方向，做匀加速直线运动；AB 段：匀速直线运动；BC 段：匀减速直线运动；CD 段：静止；DE 段：反方向匀加速直线运动；EF 段：反方向匀减速直线运动；②$S=200$ m，$\Delta r=0$，$\bar{\boldsymbol{v}}=0$]

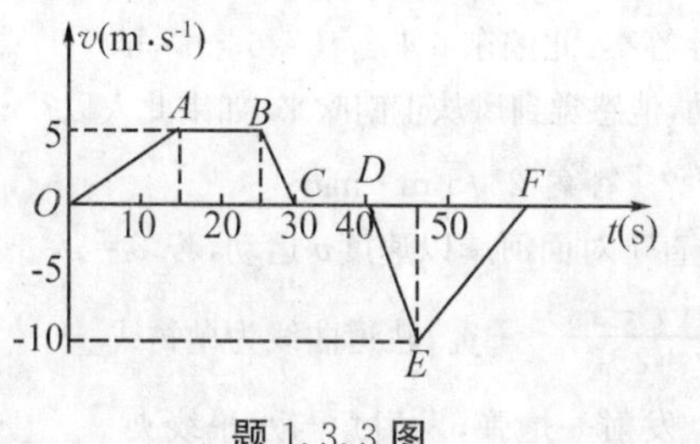

题 1.3.3 图

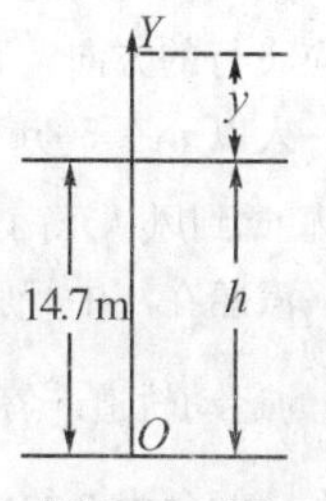

题 1.3.4 图

1.3.4　如图所示，一小球从距地面 14.7 m 高处沿一建筑物边缘以 9.8 $m \cdot s^{-1}$ 的初速度竖直向上抛出，在达到最高点后自由下落. 试求：①小球从抛出点上升的最大高度；②小球再落回到原出发位置时的速度和所用时间；③小球落地时的速度和所用时间. [答案：①4.9 m；②−9.8 $m \cdot s^{-1}$，2 s；③−19.6 $m \cdot s^{-1}$，3 s]

1.3.5　从地面上以 $v_0=49\ m \cdot s^{-1}$ 的初速率竖直上抛出一个物体，与此同时，在竖直上抛物体所能达到的最高点竖直向下抛出另一个物体，使其速率也等于 v_0. 试问：①从抛出时起，经多长时间，两个物体相碰？②两个物体相碰处，离地面高度是多少？③两个物体即将相碰时各具有多大的速率？[答案：①1.25 s；②53.6 m；③36.75 $m \cdot s^{-1}$，61.25 $m \cdot s^{-1}$]

1.3.6　一汽艇在静水中航行，因受水的阻力作用，在关闭发动机后，汽艇将从速率 v_0 减速运动. 设加速度 $a=-kv^{\frac{1}{2}}$（a 与速度 v 反向），式中 k 为比例常量. 试求：①汽艇从速率 v_0 开始到停止下来所经历的时间；②在这段时间内，汽艇所走过的路程. [答案：①$t=\frac{2}{k}v_0^{\frac{1}{2}}$；②$x=\frac{2}{3k}v_0^{\frac{3}{2}}$]

1.3.7　如图所示，一盏路灯距地面高度为 H，由灯到地面所画的垂足是 O 点. 一身高为 h 的行人如果以匀速 v_0 背离路灯在水平地面上行走，试问：人的头顶的影子的移动速度 v 等于多少？[答案：$\frac{Hv_0}{H-h}$]

1.3.8　如图所示，在离地面高 h 的岸边，有人用绳子跨过一定滑轮拉一小船靠岸. 船在离岸边 s m 远处，当人以匀速率 $v_0\ m \cdot s^{-1}$ 收绳时，试求：船的速度和加速度大小各为多少？[答案：$v_0\sqrt{h^2+s^2}/s$，$h^2v_0^2/s^3$]

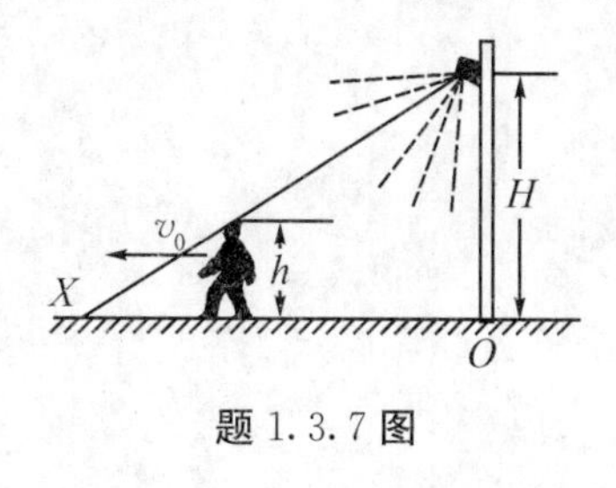

题 1.3.7 图

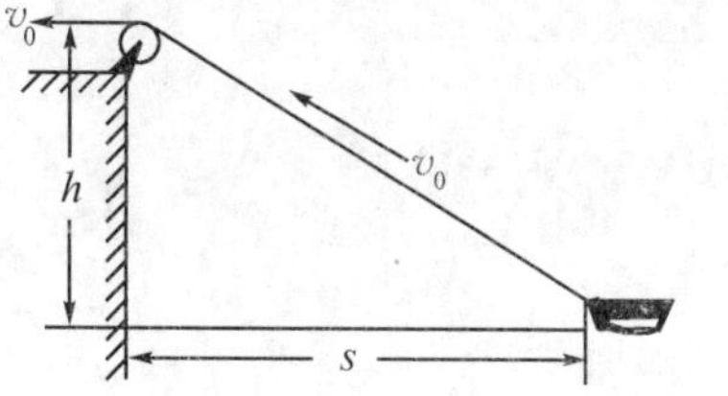

题 1.3.8 图

1.3.9　一物体沿半径为 R 的圆周运动，按 $S=v_0t-\frac{1}{2}bt^2$ 的规律运动，其中 v_0、b 都是常量. 试求：①任一时刻 t 物体的加速度；②当 t 为何值时，加速度在数值上等于 b；③当加速度在量值上等于 b 时，物体沿圆周运动了多少圈？[答案：①$\frac{1}{R}\sqrt{R^2b^2+(v_0-bt)^4}$；②$t=\frac{v_0}{b}$；③$\frac{v_0^2}{4\pi Rb}$]

1.3.10　一物体以初速率 $v_0=10\ \mathrm{m\cdot s^{-1}}$ 沿与水平方向成 45°的仰角抛出. 试求：①物体的运动方程；②物体的运动轨道方程；③当 t 等于多少时物体的速度大小为 $8\ \mathrm{m\cdot s^{-1}}$，这时的切向加速度 $\boldsymbol{a}_\tau$ 和法向加速度 $\boldsymbol{a}_n$ 等于多少？④总加速度 $\boldsymbol{a}$ 等于多少？⑤何时物体的速度有最小值，其值为多少？[答案：①$[(v_0\cos\theta t)\boldsymbol{i}+(v_0\sin\theta t-\frac{1}{2}gt^2)\boldsymbol{j}]$；②$y=\tan\theta x-\frac{gx^2}{2v_0^2\cos^2\theta}$；③0.33 s，$-4.7\ \mathrm{m\cdot s^{-2}}$，$8.8\ \mathrm{m\cdot s^{-2}}$；④略；⑤略]

1.3.11　一物体沿半径 $R=0.10\ \mathrm{m}$ 的圆周运动，其运动方程为 $\theta=2+4t^3$，在国际单位制中. 试问：①在 $t=2\ \mathrm{s}$ 时，它的切向加速度和法向加速度各是多大？②当切向加速度的大小恰好为总加速度大小的一半时，θ 的值为多少？③在哪一时刻，切向加速度的大小等于法向加速度的大小？[答案：①$4.8\ \mathrm{m\cdot s^{-2}}$，$230.4\ \mathrm{m\cdot s^{-2}}$；②$\theta=3.15\ \mathrm{rad}$；③0.55 s]

1.3.12　一架飞机要向北飞，它对空气的速率为 $180\ \mathrm{km\cdot h^{-1}}$，风速大小为 $30\ \mathrm{km\cdot h^{-1}}$，由东北吹向西南. 试问：飞机应飞行的方向？飞机对地面速度多大？[答案：北偏东 6°45′，$157.6\ \mathrm{km\cdot h^{-1}}$]

1.3.13　一人以 $v_1=50\ \mathrm{m\cdot min^{-1}}$ 的速率向东运动，他感觉到风从正南吹来；如果此人以 $75\ \mathrm{m\cdot min^{-1}}$ 的速率向东行走，他感觉到风从东南方向吹来. 求风速为多少？[答案：$25\sqrt{5}\ \mathrm{m\cdot min^{-1}}$]

1.3.14　一汽船在江中行驶，水流速度为 $\boldsymbol{v}_1$，船垂直于对面河岸以速度 $\boldsymbol{v}$ 运动，若 $v=v_0+at$，v_0 和 a 为常量，试求汽船的运动轨道. [答案：$y=\frac{v_0}{v_1}(x-x_0)+\frac{a(x-x_0)^2}{2v_1^2}+y_0$，轨道曲线为抛物线]

1.3.15　在一倾角为 θ 的山坡的顶点 O 处，以 v_0 发射一炮弹，发射角与水平线夹角为 β，求炮弹落地点距发射点的距离 OA 为多大？

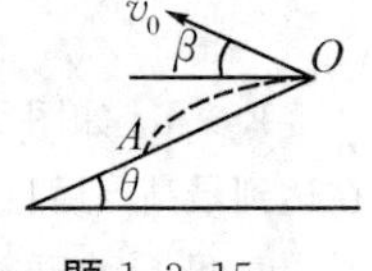

题 1.3.15

[答案：$\overline{OA}=\frac{2v_0\cos^2\beta(\tan\theta+\tan\beta)}{g}\sqrt{1+\tan^2\theta}$]

第 2 章　牛顿运动定律

前一章里，我们主要讨论了质点运动学中的有关问题，从本章开始讨论质点动力学中的有关问题. 动力学是研究引起质点运动状态发生变化的原因，以及这种变化与外界作用之间的内在联系. 动力学的基础是牛顿总结出来的三条运动定律，其中牛顿第二定律是核心，是联系动力学和运动学的桥梁. 本章将研究牛顿运动定律的基本内容和有关的基本概念，并着重介绍如何应用牛顿定律来解决具体问题.

2.1　牛顿运动定律

英国物理学家牛顿在总结前人特别是伽利略等人的工作成果的基础上，通过深入的分析和研究，首次在 1687 年出版的他的名著《自然哲学的数学原理》中定义了时间、空间、质量和力的基本概念以及三条运动定律. 牛顿运动定律是经典力学（又称牛顿力学）的基本定律.

2.1.1　牛顿第一定律——惯性定律

牛顿第一定律表述如下：任何物体都保持其静止状态或匀速直线运动状态，直到其他物体所作用的力迫使它改变这种状态为止. 即任何物体在不受力的作用时，都保持其原有运动状态不变，原来静止的继续静止，原来运动的继续做匀速直线运动，直到其他物体作用的力迫使它改变这种状态为止.

牛顿第一定律中包含了两个重要的基本概念，即惯性和力.

(1)惯性

任何物体在不受到其他物体作用的条件下，都有保持其静止状态或匀速直线运动状态不变的特性. 物体保持原有运动状态不变的属性与其他物体的作用无关，是物体固有的运动属性. 我们把物体所固有的保持其原有运动状态不变的性质称为惯性. 因此，牛顿第一定律又称为惯性定律. 由于该定律是伽利略发现的，也称为伽利略惯性定律. 惯性是物体的基本属性之一，物体在不受力或所受合力为零时，惯性表现为物体保持其原有运动状态不变，即保持其静止或匀速直线运动状态. 在相同合力作用下，惯性表现为不同的物体运动状态有不同的改变，惯性较大的物体，运动状态不容易改变，因而所得到的加速度较小；惯性较小的物体，运动状态较容易改变，因而所得到的加速度较大.

(2)力

当物体受到其他物体的作用时，这个物体被迫改变其静止或匀速直线运动状态，即力是改变物体速度，也就是使物体产生加速度的原因，而不是维持速度的原因. 牛顿第一定律实际上给出了力的科学定义：力是物体之间的相互作用. 物体受力作用后，其运动状态或形状发生变化，换言之，力是物体获得加速度或发生形变的原因.

必须指出，在实际中不可能找到一个完全不受其他物体作用的孤立物体，所以要想直接通过实验来验证牛顿第一定律是不可能的. 牛顿第一定律是从大量实践经验中概括总结出来的物体运动所遵循的规律，并且是经受了实践考验的正确结论.

(3)关于牛顿第一定律的几点说明

①牛顿第一定律仅适用于惯性参照系.通常在研究地面上物体的运动时,可以把地球近似地看作惯性参照系,太阳则是精确程度更高的惯性参照系.

②在牛顿第一定律中,任何物体不受力的作用,应理解为物体所受的合力等于零.

③牛顿第一定律中所说的物体是指质点或平动的物体,不涉及物体的转动,即必须把物体当作质点来对待.这表明牛顿第一定律仅适用于质点.

④牛顿第一定律定性地给出了力的定义.它的重要意义在于把力的概念,即力是物体间的相互作用深化到"力是改变物体运动状态的原因".

⑤牛顿第一定律指出了物体的"静止状态和匀速直线运动状态的等价性",即两种状态都需要以物体所受的合力为零作为前提条件.

⑥牛顿第一定律不仅定性地把力和加速度联系起来,指出力是产生加速度的原因,而且把力和惯性联系起来,因而定性地指出了力、惯性和加速度三者之间的关系.

⑦牛顿第一定律表明了物体运动的不灭性是物体的固有属性.物体维持自身的运动状态不变的原因不在外部,而在物体的内部——物体的惯性.

⑧牛顿第一定律断言惯性参照系一定存在.断言一定存在着这样的参照系,相对于该参照系,所有不受力(合力为零)作用的物体都将保持自己的原有运动状态不变,这类特殊的参照系就是惯性参照系.

(4)惯性的理解

①不能把惯性是否表现出来理解为惯性的有无.惯性是物体的基本属性,与外界因素无关,与物体的运动状态无关.对于同一物体,在任何时候(静止或运动时),在任何情况下(受力或不受力、受恒力或受变力),物体的惯性大小都是不变的.

②量度物体惯性大小的物理量是质量而不是动能,也不能把惯性的大小与速度大小混为一谈.

③要把惯性和惯性定律相区别.惯性是物体的基本属性,在本质上是物体机械运动不能创造和不可改变的表现.要改变运动状态,物体必须受力.不管物体是否受力,物体都具有保持原来运动状态的性质.而惯性定律所描述的是物体不受力(或合力为零)时的运动规律.两者之间的联系是:惯性定律描述的是物体不受力时的惯性表现.

牛顿第一定律揭示了物体具有惯性,定义了力的概念、加速度的概念,断言惯性参照系一定存在,为牛顿第二定律的建立奠定了基础.把牛顿第一定律看作是牛顿第二定律的特殊情况是错误的.

2.1.2 牛顿第二定律

牛顿第一定律引出了惯性和力两个基本概念,并指出任何物体在没有力作用下都具有保持其原来的运动状态不变的属性.牛顿第二定律进一步揭示出物体所受的作用力,由此产生的加速度,以及物体惯性三者之间的定量关系.在具体表述牛顿第二定律以前,必须先解决力和惯性的定量量度问题.

(1)力、加速度与力的关系

物体之间的相互作用,即其他物体使某一物体的运动状态发生变化的作用,称为其他物体施于该物体的作用力,简称力.物体受力的作用后,才能获得加速度或者发生形变,因而,凡是能够使物体获得加速度或者发生形变的作用都称为力.下面我们在牛顿第一定律的基础上,讨论物体获得的加速度与物体所受合力之间的定量关系.

实验表明:对任何一个物体的加速度单值地决定于作用在物体上的合力 $\boldsymbol{F}$. 改变力,用不同的力得到不同的加速度,加速度 $\boldsymbol{a}$ 的大小与物体所受的力 $\boldsymbol{F}_i$ 的大小成正比,加速度的方向总是与物体受作用力的方向相同,即对任何一个给定的物体有以下关系:

$$\boldsymbol{a} \propto \boldsymbol{F}_i$$

实验进一步表明:对任何一个物体,加速度的大小与受到的所有作用力的合力 $\boldsymbol{F}$ 的大小成正比,加速度的方向总是与物体所受合力的方向相同,即对任何一个给定的物体有以下关系:

$$\boldsymbol{a} \propto \boldsymbol{F} = \sum_i \boldsymbol{F}_i \qquad (2-1-1)$$

(2)质量、加速度与质量的关系

实验表明:对于不同的物体,在相同的力作用下,所产生的加速度不相同,这反映出物体在力作用下所产生的加速度不仅与作用在物体上的力有关,而且与物体本身的固有性质有关. 根据牛顿第一定律,惯性大的物体,越不容易改变其运动状态,即所获得的加速度越小;惯性小的物体,越容易改变其运动状态,即所获得的加速度越大. 所以,对不同的物体,在相同力作用下,所获得的加速度不相同,这正是物体具有不同惯性的表现. 为了定量地描述物体的惯性大小,我们引入质量这一物理量. 量度物体惯性大小的物理量,称为质量,通常用字母 m 表示. 质量 m 是物体的基本属性之一,是物体做平动的惯性的量度.

在相同的力作用下,物体所获得的加速度大小与物体的质量成反比,即

$$a \propto \frac{1}{m}, m \propto \frac{1}{a} \qquad (2-1-2)$$

或

$$\frac{m_1}{m_2} = \frac{a_2}{a_1}$$

这样,只要选定一个标准物体,规定它的质量为一个单位(例如 $m_1=1$ 个单位),然后用相等的力作用于标准物体和另一物体上,测定它们的加速度的比值,就可以确定另一物体的质量.

实验表明:当合力大小改变时,尽管两物体(标准物体与另一物体)的加速度的大小都随着改变,但它们两者的比值都是常量. 这说明,一方面质量是物体本身性质决定的,与合力无关,另一方面,加速度与质量成反比的关系,即表明(2-1-2)式是具有普遍性的客观规律.

(3)质量的概念

①质量是物体惯性大小的量度,称为惯性质量,而不是物体所包含的物质多少的量度,后面介绍万有引力定律中的质量称为引力质量.

②惯性质量是物体做平动时表现出来的惯性,是平动惯性的量度;两物体在做转动时,由转动惯量来描述的物体转动时的惯性,通常用字母 J 表示转动惯量.

③牛顿力学适用于低速宏观物体的运动,认为物体的质量 m 是与物体运动速率 v 无关的常量;当物体的速度接近于光速时,根据相对论力学,物体的质量 m 与物体的速率 v 有关,其质量和速度大小的关系为

$$m = \frac{m_0}{\sqrt{1-\frac{v^2}{c^2}}}$$

上式表明:当 v 与 c 可以比拟时,m 随 v 的增大迅速增大. 上式中 m 是物体相对于观测者以速度 v 运动时的质量,称为运动质量;m_0 是物体相对于观测者静止时的质量,称为静止质量;c

是真空中的光速. 以上关系式称为质速关系式. 按照这一关系，质量随速度的增加而增加，当物体的速度趋近于光速时，质量越来越大. 通常所见到的宏观物体的运动速度比光速小得多，即 $v \ll c$，m 和 m_0 相差极小，因此，质量可近似地看作一个恒定不变的常量，即 $m=m_0$.

(4)牛顿第二定律的表述

根据上述实验结果，可以总结出加速度、质量、作用力三者之间的定量关系，可由牛顿第二定律表达出来. 牛顿第二定律表述如下：物体在受到合力作用时，物体所获得的加速度的大小与合力的大小成正比，并与物体的质量成反比，加速度的方向与合力的方向相同. 牛顿第二定律的数学表达式为

$$\boldsymbol{a} \propto \frac{\sum_i \boldsymbol{F}_i}{m}$$

写成等式，则有

$$\sum_i \boldsymbol{F}_i = km\boldsymbol{a} \tag{2-1-3a}$$

式中，$\sum_i \boldsymbol{F}_i$ 表示物体所受各个力的矢量和，即物体所受合力 $\boldsymbol{F}$；k 是比例常数，它的数值由所采用的力、质量和加速度的单位决定，选用适当的单位制时，可以使 $k=1$. 在国际单位制中，质量、加速度、力的单位分别为 kg、$\mathrm{m \cdot s^{-2}}$、N，使 $k=1$，于是有

$$\boldsymbol{F} = m\boldsymbol{a} \tag{2-1-3b}$$

(2－1－3a)或(2－1－3b)式是牛顿第二定律的数学表达式，是质点动力学的基本方程式，是矢量式.

(5)牛顿第二定律的分量式

在应用牛顿运动定律处理有关动力学问题时，常用到它在任一特定方向的分量式：

$$\sum_i F_i = ma \tag{2-1-4}$$

式中，$\sum_i F_i$ 是物体所受的各个力在特定方向上的分量的代数和，a 是物体的加速度 $\boldsymbol{a}$ 在同一方向上的分量.

①牛顿第二定律在直角坐标系 $OXYZ$ 中的分量表达式.

设物体的质量为 m，位置矢量为 $\boldsymbol{r}$，由质点运动学可知加速度 $\boldsymbol{a}$ 的矢量式用分量表示为

$$\boldsymbol{a} = \frac{\mathrm{d}^2\boldsymbol{r}}{\mathrm{d}t^2} = a_x\boldsymbol{i} + a_y\boldsymbol{j} + a_z\boldsymbol{k}$$

力的矢量式用力的分量可以表示为

$$\boldsymbol{F} = F_x\boldsymbol{i} + F_y\boldsymbol{j} + F_z\boldsymbol{k}$$

根据牛顿第二定律 $\boldsymbol{F}=m\boldsymbol{a}$ 可得

$$\boldsymbol{F} = F_x\boldsymbol{i} + F_y\boldsymbol{j} + F_z\boldsymbol{k} = ma_x\boldsymbol{i} + ma_y\boldsymbol{j} + ma_z\boldsymbol{k}$$

即

$$(F_x - ma_x)\boldsymbol{i} + (F_y - ma_y)\boldsymbol{j} + (F_x - ma_z)\boldsymbol{k} = 0$$

所以

$$F_x = \sum_i F_{ix} = ma_x \tag{2-1-5a}$$

$$F_y = \sum_i F_{iy} = ma_y \tag{2-1-5b}$$

$$F_z = \sum_i F_{iz} = ma_z \tag{2-1-5c}$$

上式称为质点动力学在直角坐标系中的分量表达式. $\sum_i F_{ix}$、$\sum_i F_{iy}$、$\sum_i F_{iz}$ 分别表示物体所受的力在 X、Y、Z 方向上分量的代数和. 在讨论曲线运动时可采用自然坐标系.

②牛顿第二定律在自然坐标系中的切向分量和法向分量表达式为

$$\sum_i F_{i\tau} = ma_\tau = m\frac{\mathrm{d}v}{\mathrm{d}t} \tag{2-1-6a}$$

$$\sum_i F_{in} = ma_n = m\frac{v^2}{\rho} \tag{2-1-6b}$$

式中，$\sum_i F_{i\tau}$ 及 $\sum_i F_{in}$ 分别表示物体所受的合力矢量在切线方向上分量的代数和及物体所受的合力矢量在法线方向上分量的代数和，分别称为切向力 F_τ 和法向力 F_n. $a_\tau = \mathrm{d}v/\mathrm{d}t$ 是切向加速度，决定速率变化的快慢；$a_n = v^2/\rho$ 是法向加速度，决定物体运动方向改变的快慢. 在应用这些分量式时，应注意力和加速度的各分量的正负与坐标轴的关系.

牛顿第二定律的重要意义在于定量地描述了力的作用效果，即确定了受力物体所产生的加速度与其质量和合力之间的关系，定量地量度了物体平动惯性的大小，物体的质量是物体(平动)惯性大小的量度.

牛顿第二定律概括了力的独立作用原理(或力的叠加原理). 实验表明，当 n 个力同时作用在同一个物体上时，物体所产生的加速度等于每个力单独作用于物体上时所产生的加速度的矢量和，也等于这些力的合力使物体所产生的加速度，这就是力的独立作用原理或力的叠加原理. 即

$$\sum_i \boldsymbol{F}_i = m\boldsymbol{a} = m(\boldsymbol{a}_1 + \boldsymbol{a}_2 + \cdots + \boldsymbol{a}_n)$$

或

$$\boldsymbol{F} = m\boldsymbol{a} \tag{2-1-7}$$

式中，$\boldsymbol{F}$ 应理解为物体所受的合力，即物体所受各个力的矢量和.

(6)应用牛顿第二定律时的注意事项

①牛顿第二定律只适用于惯性参照系，不适用于非惯性参照系，而且仅适用于宏观物体的低速运动.

②牛顿第二定律 $\boldsymbol{F} = m\boldsymbol{a}$ 是表示合力、质量和加速度的瞬时的定量关系. 因物体质量不变，力和加速度同时存在，同时改变，同时消失. 常力产生恒定的加速度；变力产生变加速度；合力为零时，加速度也为零. 这说明力仅仅是产生加速度，即改变物体运动状态的原因；而不是维持速度，即不是维持物体原来运动状态的原因，表明物体的加速度与速度无关.

③在应用牛顿第二定律解决有关具体问题时，常用它在直角坐标系或自然坐标系中的分量式，即质点动力学的分量方程. 在具体应用牛顿第二定律的分量式时，要根据所研究的问题决定. 对于一维直线运动，只需要根据已知条件列出某一轴向(例如 X 轴向或 Y 轴向)的分量方程来求出该方向的结果；对于二维平面曲线运动，则需列出两个分量方程；对于三维空间曲线运动，则需列出三个分量方程来求出有关结果.

④牛顿第二定律的矢量式 $\boldsymbol{F} = m\boldsymbol{a}$，$\boldsymbol{F}$ 是物体所受到的各个力的矢量和，即 $\boldsymbol{F}$ 是合力，在量值上等于 ma，但是不能把 ma 误认为是作用在物体上的合力.

⑤牛顿第二定律仅适用于质点或能看作质点的做平动的物体. 对于质点所受的力，并无内力和外力之分，因此，$\boldsymbol{F}$ 应称为“合力”，而不要称为“合外力”.

⑥由牛顿第二定律可知，当物体所受合力 $\boldsymbol{F} = 0$ 时，物体将保持静止状态或匀速直线运动状态. 因此从数学角度看，牛顿第一定律是牛顿第二定律的特例. 但牛顿第二定律不能代替第一定律. 牛顿第二定律指出的是物体不受力作用与物体所受合力为零是等效的，使我们对惯性系的理解更客观了.

⑦在实际计算中,应先用符号表示有关结果,必须统一单位,再代入有关量值,得出结果,然后进行分析讨论,得出合理的解.

必须指出,牛顿当年给出的牛顿第二定律的表达式是

$$\boldsymbol{F}=\frac{\mathrm{d}(m\boldsymbol{v})}{\mathrm{d}t} \tag{2-1-8}$$

上式表明:作用在物体上的合力等于物体动量的变化率. 上式中 $m\boldsymbol{v}$ 是物体的动量. 上式不受相对论的限制,$v\approx c$ 时仍成立,而(2-1-3b)式是(2-1-8)式在 $v\ll c$ 时的近似.

2.1.3 牛顿第三定律——作用和反作用定律

在自然界中,一个物体所受到的作用力总是来自其他物体的作用. 两个物体相互作用时,每个物体都受到来自对方物体的作用,作用力永远不会单方面存在. 如果有 A、B 两物体相互作用,物体 A 对物体 B 施力 $\boldsymbol{F}_{AB}$,则同时物体 B 对物体 A 施力 $\boldsymbol{F}_{BA}$,如果这两个力中的任何一个力称为"作用力",则另一个力就称为"反作用力". 这里所指的作用和反作用并无"主动"与"被动"或"原因"与"结果"之分,而是指同时的相互作用. 实验表明,作用力和反作用力总是大小相等,方向相反,且沿同一条直线上.

牛顿将上述实验事实总结成牛顿第三定律.

(1)牛顿第三定律的表述:两个物体间的相互作用力总是大小相等,方向相反,且沿同一条直线,分别作用在两个不同的物体上.

这就是说,当物体 A 以力 $\boldsymbol{F}_{AB}$ 作用在物体 B 上,物体 B 同时也以力 $\boldsymbol{F}_{BA}$ 作用于物体 A 上,$\boldsymbol{F}_{AB}$ 和 $\boldsymbol{F}_{BA}$ 大小相等,方向相反,且沿同一条直线,如图 2.1.1 所示. 根据牛顿第三定律,有

$$\boldsymbol{F}_{AB}=-\boldsymbol{F}_{BA}$$

上式是牛顿第三定律的数学表达式. 在孤立系统中,每一对作用力和反作用力都遵循牛顿第三定律.

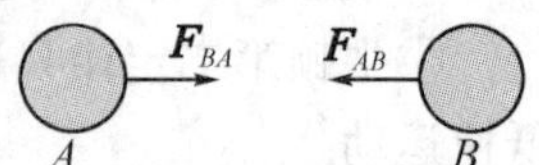

图 2.1.1 牛顿第三定律

(2)牛顿第三定律又称为作用与反作用定律,是力学中的基本定律之一,在具体应用牛顿第三定律时应注意以下几点:

①作用力和反作用力总是成对出现,同时存在,同时变化,同时消失,互为依存. 无"主动"与"被动","原因"与"结果"之分.

②作用力和反作用力分别作用在两个不同的物体上,虽然它们大小相等、方向相反且在同一条直线上,但不是一对平衡力,不能互相抵消,作用在不同的物体上可产生不同的效果.

③如果将两个物体作为一个物体系来考虑,那么两个物体间的作用力和反作用力是属于物体系内部的,是一对内力,内力对物体系运动状态的改变没有贡献. 如果将两个物体分开来研究,内力转化为力,对每一个物体来说,它们都受到另一个物体对它作用的力,该力对受力物体运动状态的改变有贡献.

④在惯性参照系中,物体的加速度只能由它所受到的各个作用力产生,而和受力物体作用于其他物体上的反作用力无关.

⑤作用力和反作用力是相同性质的力. 如果作用力是万有引力,反作用力也一定是万有引力;如果作用力是静摩擦力,反作用力也一定是静摩擦力;如果作用力是弹性力,反作用力也一定是弹性力.

⑥牛顿第三定律只适用于惯性参照系. 值得指出的是,在惯性系中,对于接触物体之间的相互作用,可以认为相互作用是"瞬时传递",这时牛顿第三定律总是成立的. 但对于非接触物

体之间的相互作用力，即使在惯性系中，牛顿第三定律有时成立，有时不成立. 例如，两个静止点电荷之间的相互作用的静电力符合牛顿第三定律，而两个运动点电荷之间的相互作用力就不一定符合牛顿第三定律，原因在于两个运动电荷不一定构成孤立系统，它们与电磁场之间可能有动量的交换.

2.1.4 惯性参照系

研究物体的运动时，必须选定另一个物体或物体系作参考，即必须事先选定参照系，如果只是研究运动学的问题，参照系的选择是任意的. 但是在研究动力学的问题时，因牛顿第一定律、牛顿第二定律和第三定律仅在惯性参照系中成立，参照系的选择就不能任意了，必须选择适当的惯性参照系.

牛顿第一定律、牛顿第二定律和第三定律成立的参照系，称为惯性参照系. 一切相对于已知的惯性参照系做匀速直线运动的参照系都是惯性参照系，物体在各个惯性参照系内都遵守同样的运动规律. 以太阳作参照系时，地球或其他行星遵从牛顿运动定律，太阳是较精确的惯性参照系. 研究地面上物体的运动时，可以将地球看作惯性参照系，但它不能看作是一个精确的惯性参照系，因地球相对于太阳不是做匀速直线运动. 如果近似地将地球看作惯性参照系，则一切相对于地面做匀速直线运动的物体都是惯性参照系. 惯性参照系有无限多个.

2.1.5 非惯性参照系

牛顿第一定律、牛顿第二定律和第三定律不成立的参照系，即相对惯性参照系做加速运动的参照系，称为非惯性参照系. 非惯性参照系也有无限多个.

2.2 力学中常见的几种力

上一节介绍了力的概念，力和物体的质量及作用效果加速度之间的关系，但没有涉及力的具体形式和特性. 下面对力学中经常见到的三种力——万有引力(在地球表面附近表现为重力)、弹性力和摩擦力作一简介.

2.2.1 万有引力

自然界任何两个物体之间由于物体具有质量而产生的相互吸引力，即存在于宇宙万物之间的相互吸引力，称为万有引力. 例如，绕太阳做转动的行星所受到的太阳的引力，地球对地面上的所有物体都有引力作用.

(1)万有引力定律

德国天文学家开普勒根据前人对行星运动的观察和研究结果，于 1609 年提出了行星运动第一定律和第二定律，于 1619 年又提出了行星运动第三定律. 在此基础上，牛顿于 1687 年发表了万有引力定律. 牛顿万有引力定律表达如下：任何两个物体之间都存在着相互吸引力，引力的大小 F 与两物体质量 m_1、m_2 的乘积成正比，与两物体间距离平方成反比，引力的方向沿着两物体的连线. 引力 $\boldsymbol{F}$ 的大小可以用数学式表示为

$$F=G\frac{m_1m_2}{r^2} \tag{2-2-1}$$

式中，r 是两物体间的距离，G 是对任何物体都适用的普适常量，称为万有引力常量，实验测定

$G=6.67259\times10^{-11}\,\mathrm{m}^3\cdot\mathrm{kg}^{-1}\cdot\mathrm{s}^{-2}$. 由于 G 的数量很小,通常情况下两物体质量较小,它们之间的万有引力很小,可以忽略不计. 但质量很大的天体(例如地球和月球、太阳和地球)之间的万有引力以及天体对于天体附近的物体的万有引力就不可以忽略不计,所以天文学上万有引力特别重要.

关于万有引力定律应该注意以下几点:

①万有引力定律表述中的物体是对质点而言,m_1、m_2 是两质点的质量,r 是两质点间的距离,对两质点可以直接应用(2-2-1)式计算相互吸引力. 对于不能看作质点的两个物体,可将每个物体看作质点组,计算两物体各个质点之间的万有引力的合力,才是两物体之间的万有引力. 计算表明,质量分布具有球对称的两个物体之间的万有引力,可直接应用(2-2-1)式进行计算,质量集中于球心,公式中的 r 指两球心之间的距离.

②上一节定义的质量 m 是物体惯性大小的量度,称为惯性质量. 在万有引力定律中,质量 m_1、m_2 是决定两物体间引力的物理量,称为引力质量. 它们的物理意义不同,反映了物体的不同属性. 然而,精确的实验表明,无法把物体的两种质量的大小区别开,结果表明$\frac{m_{惯}}{m_{引}}$=普适常数,选择适当的单位,可使普适常数等于 1. 所以,以后就不再区分惯性质量和引力质量,将它们统称为质量. 质量既反映了惯性性质,又反映了万有引力强度的性质.

(2)重力

地球对地球表面的一切物体都有引力作用,当物体在地球表面附近自由落下,有一竖直向下的重力加速度 g,产生该重力加速度的力,称为重力,用 $\boldsymbol{W}$ 表示. 根据牛顿第一定律,质量为 m 的物体所受重力的大小为

$$W=mg \tag{2-2-2}$$

在国际单位制中,m 的单位为千克(kg),g 的单位为米·秒$^{-2}$($\mathrm{m}\cdot\mathrm{s}^{-2}$),则重力 $\boldsymbol{W}$ 的单位为牛顿(N).

物体所受的重力,来源于地球对物体的万有引力. 如果不考虑地球自转,物体所受到的重力就是物体所受到的地球引力. 设地球的质量为 M,物体的质量为 m,地球半径为 R,物体离地面的高度为 h,根据万有引力定律,物体所受的重力 $\boldsymbol{W}$ 的大小也可表示为

$$W=G\frac{mM}{r^2}=G\frac{mM}{(R+h)^2} \tag{2-2-3}$$

比较(2-2-2)式和(2-2-3)式,可得重力加速度 g 的大小为

$$g=G\frac{M}{(R+h)^2} \tag{2-2-4}$$

必须指出,在考虑地球自转时,地球上的物体随地球的自转而绕地轴做圆周运动,有一向心加速度,产生向心加速度的力是地球对物体引力的一个分力提供的. 地球引力的另一分力是物体所受的重力,方向竖直向下. 物体所受的重力大小随物体离地面的高度及纬度而变,且和地质结构有关.

在地球表面附近,$h\ll R$(R 约为 6370 km),重力加速度 g 的大小近似为

$$g=G\frac{M}{R^2} \tag{2-2-5}$$

可见,地球表面附近重力加速度可以看作是与物体性质无关的常量,一般计算中取 $g=9.80\,\mathrm{m}\cdot\mathrm{s}^{-2}$.

静止在地面上或支持物上的物体受到地面或支持物的支持力作用,物体一定施加一个与

支持力大小相等、方向相反的反作用力作用于地面或支持物上，物体作用于地面上或支持物上的力的大小，称为物体的重量.这时，物体的重量和物体所受重力的大小相等，但是物体的重量属于物体对支持物所施的力，重力则是物体所受到地球引力的一个分力.当物体和支持物相对于地面有竖直方向的加速度时，物体的重量就不等于重力的大小 mg.例如，物体在以加速度 $\boldsymbol{a}$ 上升的升降机中，物体的重量，即物体作用于升降机上的压力的大小，将等于 $m(g+a)$，其中的人处于超重状态；物体在以加速度 $\boldsymbol{a}$ 下降的升降机中，物体的重量，将等于 $m(g-a)$，其中人处于失重状态.但是物体所受重力的大小仍等于 mg.

重量和质量是两个性质不同的物理量，应注意它们之间的区别和联系.

物体所受的重力是来源于物体所受到的地球引力作用.由于地球自转，静止在地面上的物体亦随地球以角速度 ω 绕地轴做圆周运动，如果以太阳为参照系（惯性参照系），可以将物体受到的地球引力 $\boldsymbol{F}$ 分解为两个分量：

$$\boldsymbol{F}=\boldsymbol{F}'+\boldsymbol{W} \qquad (2-2-7)$$

式中，分力 $\boldsymbol{F}'$ 充当物体绕地轴转动的向心力，其方向垂直于地轴；另一个分力为重力 $\boldsymbol{W}$，方向竖直向下.重力来源于地球对物体的引力，是地球引力的一个分矢量，物体所在处的纬度为 φ 时，它的大小和方向与地球引力的大小和方向有以上差异；只有在地球的南极、北极，物体所受的重力才是地球的引力，如图2.2.1所示.根据牛顿万有引力定律，地球的每一质点都在吸引地面上的任何质点，所以地球对地面上任何一质点的引力，应是地球的所有质点对地面上质点 m 的引力的矢量和，且物体相对于地球静止.

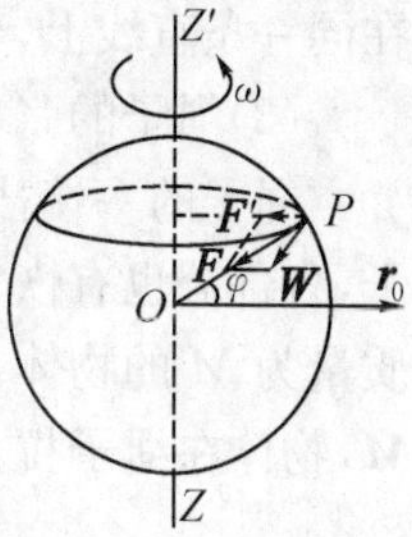

图 2.2.1　物体所受的重力

在地面上同一位置称量不同物体所得到的重力大小总是与质量成正比，这是因为在同一地区离地球表面几百米范围内的重力加速度 $\boldsymbol{g}$ 的大小可认为是相同的，所以，当用天平称量物体时，就是根据两盘中物体所受重力相等，从而得出两盘中物体质量相等的正确结论，而且当一盘中砝码质量已知时，就可以称量出物体的质量.

2.2.2　弹性力

物体之间的相互吸引力是非接触力，两物体不直接接触就能够相互作用.弹性力和摩擦力是物体相互接触后才能产生的力，是接触力.弹性力种类很多，如弹簧伸长、压缩时的弹性力，绳子拉伸时内部的张力，物体对桌面的压力或桌面对物体的支持力等等.

物体与物体相互接触，两物体都要产生形变，形变物体有恢复原状的趋势，而相互之间所施的作用力（回复力），称为弹性力.可见，两物体必须相互接触，而且都发生形变才能够产生弹性力.在弹性限度内，弹性力的大小和物体的形变成正比，但比例系数因物质不同而不同.

线性弹性力的特点是它对形变物体所做的功并不转化为热，但可以转化为势能.线性弹性力是一种保守力，弹性力的大小取决于物体的变形程度.下面分析几种不同形式的弹性力：

（1）弹簧的弹性力

弹簧受到外力作用而发生伸长或压缩形变时，弹簧有恢复原状而施于使它发生形变的其他物体上的力，称为弹簧的弹性力.根据胡克定律，在弹性限度以内，弹性力的大小与伸长量或压缩量 x 成正比，方向恒指向平衡位置，满足胡克定律的弹性力称为线性弹性力，即

$$\boldsymbol{F}=-kx\boldsymbol{i} \quad 或 \quad F=-kx \qquad (2-2-8)$$

式中，k 是比例常量，称为弹簧的劲度系数，与弹簧本身的性质有关.国际单位制中，k 的单位

是 N·m^{-1}.(2－2－8)式中的负号用来表示弹性力的方向与弹簧偏离平衡位置的位移方向相反，即弹性力总是指向平衡位置. 如图 2.2.2 所示，O 点为坐标原点，弹簧没有产生形变，弹性力等于零，称为平衡位置. $x>0$ 时，$F<0$，弹性力指向 $-X$ 方向；$x<0$ 时，$F>0$，弹性力指向 $+X$ 方向. 但弹性力的方向总是指向平衡位置，是一回复力. 线性弹性力是保守力，可以引入弹性势能. 弹性力的微观本质是电磁力.

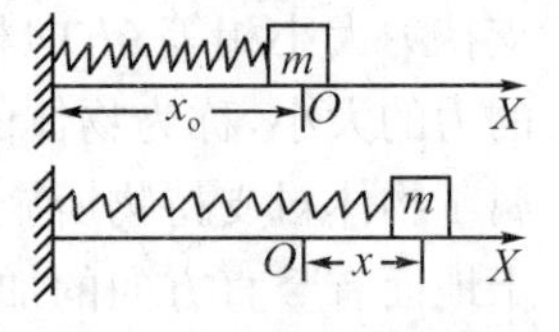

图 2.2.2　**弹簧的弹性力**

(2)支持力和压力

当一物体 A 放在桌面 B 上时，由于相互挤压，桌面和重物都要产生微小形变，当桌面和重物有恢复原状的趋势时，就产生向上的弹性力 $\boldsymbol{N}'$，由桌面作用于重物，称为支持力；而同时重物对桌面作用的弹性力 $\boldsymbol{N}$，方向垂直于桌面向下，这就是物体对桌面的压力，该压力和两接触面垂直，也称为正压力. 支持力和压力是物体与桌面之间相互施加的弹性力，是一对作用力和反作用力，它们大小相等，方向相反，在同一条直线上，分别作用于物体和桌面上，如图 2.2.3 所示.

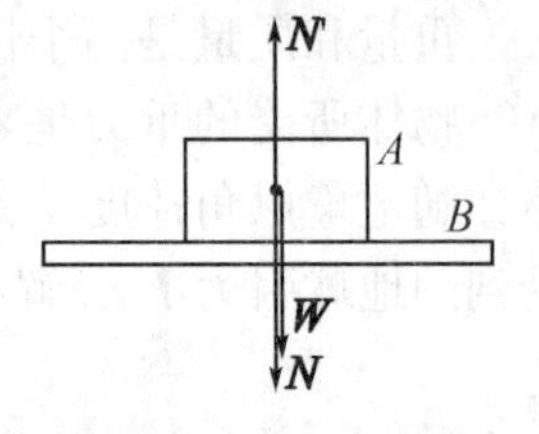

图 2.2.3　**支持力和压力**

(3)绳子的张力

绳子的一端挂重物或绳子两端受到拉力时，绳子各处都处于伸长状态. 发生拉伸形变的绳子，各部分也有恢复原状的力，称为绳子的张力或拉力. 如图 2.2.4(a)所示，一人用绳子拉着质量为 M 的物体，在光滑水平面上以加速度 $\boldsymbol{a}$ 运动，物体与平面之间无摩擦阻力. 隔离物体 $\boldsymbol{M}$，物体在绳子拉力 $\boldsymbol{T}$ 的作用下获得加速度 $\boldsymbol{a}$. 在水平方向根据牛顿第二定律，得

$$T=Ma \tag{2-2-9}$$

再隔离绳子，如图 2.2.4(b)所示. 绳子左端受物体的拉力 $\boldsymbol{T}'$，$\boldsymbol{T}'$ 是 $\boldsymbol{T}$ 的反作用力，根据牛顿第三定律，得

$$\boldsymbol{T}=-\boldsymbol{T}'$$

绳子右端受拉力 $\boldsymbol{F}$ 的作用，设绳子的质量为 m，以加速度 $\boldsymbol{a}$ 向右运动，如图 2.2.4(c)所示. 在水平方向上，根据牛顿第二定律，得

$$\boldsymbol{F}+\boldsymbol{T}=m\boldsymbol{a} \tag{2-2-10a}$$

或

$$\boldsymbol{F}-\boldsymbol{T}'=m\boldsymbol{a} \tag{2-2-10b}$$

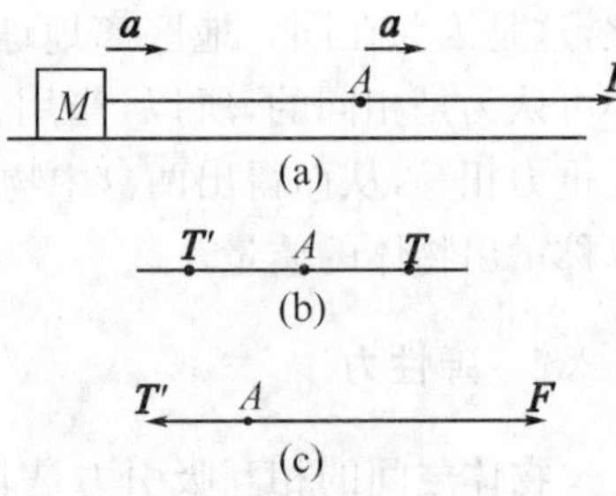

图 2.2.4　**绳子的张力**

可见，拉力 $\boldsymbol{F}$ 的大小不等于绳子张力 $\boldsymbol{T}'$ 的大小，也不等于 $\boldsymbol{T}$ 的大小. 在一般情况下，绳子的质量 m 不能忽略不计，或者绳的加速度 $\boldsymbol{a}\neq 0$ 时，绳子所受的拉力 $\boldsymbol{F}$ 的大小与绳子的张力 $\boldsymbol{T}$ 及 $\boldsymbol{T}'$ 的大小不相等，而绳子内部各处的张力大小也不相等. 只有当绳子很轻，质量 m 可以忽略不计，或者绳子的加速度 $\boldsymbol{a}=0$，而绳子处于水平位置时，绳子内部各点的拉力相等，绳子的张力的大小与绳子两端拉力的大小相等.

2.2.3　摩擦力

当相互接触挤压的两个物体间有相对运动或有相对运动的趋势时，沿接触面的切线方向会产生一种阻碍它们相对运动或相对运动趋势的力，称为摩擦力. 摩擦力的方向总是指向与相对运动相反的方向或相对运动趋势相反的方向，即阻碍物体间相对运动或发生相对运动趋势的方向. 根据相对运动是否发生，摩擦又区分为静摩擦和动摩擦；根据与固体相接触的是固体还是液体或气体，区分为干摩擦和湿摩擦.

(1)静摩擦力

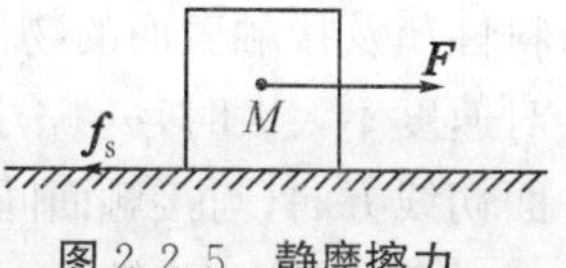

图 2.2.5 静摩擦力

固体与固体的接触面上的摩擦，称为干摩擦. 相互接触的两物体相对静止，其中，物体在外力作用下有相对于另一物体运动的趋势，则在接触面产生阻碍相对运动趋势的摩擦力，称为静摩擦力. 静摩擦力 $\boldsymbol{f}_s$ 的大小因物体所受外力大小不同而不同，它是一个变量. 如图 2.2.5 所示，在水平桌面上放置一物体，沿水平方向对物体施以拉力 $\boldsymbol{F}$，在 $\boldsymbol{F}$ 作用下物体与桌面保持相对静止，此时物体与桌面之间的摩擦力 $\boldsymbol{f}_s$ 属于静摩擦力. 物体所受的静摩擦力 $\boldsymbol{f}_s$ 与水平拉力 $\boldsymbol{F}$ 在水平方向是一对平衡力，根据牛顿第二定律，得

$$F - f_s = 0$$

即

$$f_s = F \tag{2-2-11}$$

由此可知，静摩擦力 $\boldsymbol{f}_s$ 的大小随物体所受外力 $\boldsymbol{F}$ 的大小变化而变化. 当外力增大时，静摩擦力也随外力的增大而增大，当外力增大到某一值时，物体相对于桌面开始滑动，物体从静止到滑动这一瞬间，物体仍保持静止，有反抗滑动的趋势，静摩擦力已达到最大极限值，称为最大静摩擦力，用 $\boldsymbol{f}_{smax}$ 表示. 最大静摩擦力的大小与接触面的性质以及物体给桌面的正压力大小有关. 实验证明，最大静摩擦力大小与正压力大小成正比，即

$$f_{smax} = \mu_s N \tag{2-2-12}$$

式中，N 是正压力的大小，比例系数 μ_s 称为静摩擦系数. 静摩擦力的方向，沿接触面切线方向，与接触面间相对运动趋势方向相反. μ_s 近似地与接触面的大小无关，与接触面材料、表面光滑程度、干湿程度、表面温度等物理状态有关，表 2-2-1 中列出了一些 μ_s 的参考数据及 μ_k 的参考数据.

必须指出，静摩擦力为最大值时上式才成立. 在物体滑动以前的静摩擦力可以是从零值到最大值之间的任何值，静摩擦力 $\boldsymbol{f}_s$ 的大小恰好足以抵消物体相对滑动趋势，以保持相对静止. 随着相对运动趋势的变化，静摩擦力的大小、方向作相应的调节，使滑动不致于发生. 静摩擦力 $\boldsymbol{f}_s$ 的大小介于 0 和 f_{smax} 之间，即

$$0 \leqslant f_s \leqslant f_{smax} \tag{2-2-13}$$

表 2-2-1 摩擦系数

接触物体材料	静摩擦系数 μ_s	滑动摩擦系数 μ_k
钢和铁	0.15	0.14
钢和铜	0.22	0.19
木材和木材	0.36～0.62	0.20～0.50
皮带和铸铁	0.61	0.23～0.56
皮带和木材	0.43～0.79	0.29

(2)滑动摩擦力

物体所受到的外力超过最大静摩擦力后，物体就开始做相对滑动. 物体滑动以后，仍然存在着摩擦力. 相互接触的物体之间有相对滑动时，物体两接触面之间阻止物体相对滑动的摩擦力，称为滑动摩擦力. 实验证明，滑动摩擦力的方向与相对运动方向反向，其大小与两物体间正压力大小成正比，即

$$f_k = \mu_k N \tag{2-2-14}$$

式中，N 是正压力大小，比例系数 μ_k 称为滑动摩擦系数. 滑动摩擦系数除了与物体本身的材料性质及接触表面的物体性质有关外，还与物体相对滑动速度有关. 一般情况下，$\mu_s>\mu_k$，在相对速度不太大时，μ_k 略小于 μ_s，在一般计算中可以认为两者相等. 滑动摩擦力的方向，沿接触面切线方向，与接触面间相对滑动的方向相反.

必须指出，弹性力、张力、压力、摩擦力等都是分子、原子之间电磁力的宏观表现.

例 2.2.1　在一粗糙斜面上放一个质量 100 kg 的物体，斜面的倾角为 30°，物体与斜面之间的摩擦系数为 0.60，如图 2.2.6 所示. 求：①物体所受摩擦力的大小和方向；②沿斜面需用多大的力才能拉动物体向下运动？③沿斜面需用多大的力才能拉动物体向上运动？

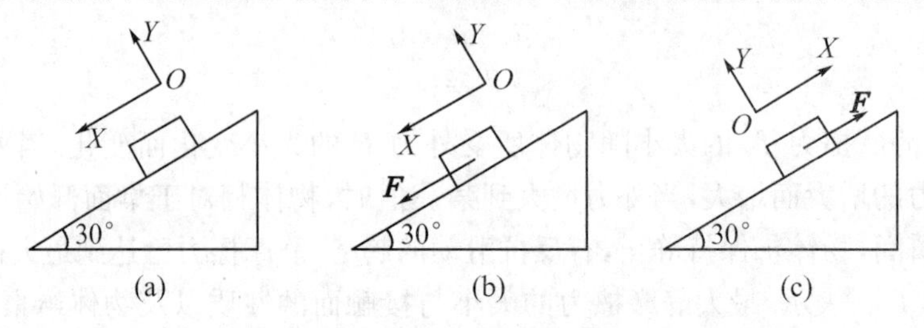

图 2.2.6　例 2.2.1 图示

解　①如图 2.2.6(a)所示，将物体隔离出来，分析其受力情况. 物体受两个力，重力 $\boldsymbol{W}=m\boldsymbol{g}$，方向竖直向下，斜面的支持力 $\boldsymbol{N}'$. 方向垂直于斜面向上. 选择如图 2.2.6(a)所示的平面直角坐标系，将重力 $\boldsymbol{W}$ 分解为 X 方向和 Y 方向上的两个分量，即

$$W_x=W\sin\theta, W_y=W\cos\theta$$

在垂直于斜面的 Y 方向上应用牛顿第二定律

$$N'-W\cos\theta=0$$

根据牛顿第三定律，物体对斜面的正压力 $\boldsymbol{N}$ 与斜面对物体的支持力 $\boldsymbol{N}'$ 是一对作用力和反作用力，即 $\boldsymbol{N}=-\boldsymbol{N}'$，所以物体给斜面的正压力 $\boldsymbol{N}$ 的大小为

$$N=|\boldsymbol{N}'|=W_y=W\cos\theta$$

物体所受最大静摩擦力大小为

$$f_{smax}=\mu_S N=0.60\times100\times9.8\times\frac{\sqrt{3}}{2}=509.6\ (\mathrm{N})$$

而沿斜面方向的重力分量为

$$W_x=W\sin\theta=100\times9.8\times\frac{1}{2}=490\ (\mathrm{N})$$

因为 $f_{smax}>f_x$，所以物体不沿斜面下滑，所受的摩擦力是静摩擦力，但不是最大静摩擦力，其大小可根据斜面的 X 方向应用牛顿第二定律，即

$$W_x-f_s=ma_x=0$$

可得
$$f_s=W_x=W\sin\theta=100\times9.8\times\frac{1}{2}=490\ (\mathrm{N})$$

静摩擦力的方向沿斜面向上.

②设沿斜面用力 $\boldsymbol{F}$ 向下拉物体，此时摩擦力的方向沿斜面向上，要使物体向下滑动，在 X 方向上必须满足以下关系式：

$$F+W_x-f_{smax}>0$$

即需拉力
$$F>f_{smax}-W_x=509.6-490=19.6\ (\mathrm{N})$$

③设沿斜面用力 $\boldsymbol{F}$ 向上拉物体，如图 2.2.6(c)所示，此时摩擦力方向沿斜面向下，要使物体向上滑动，必须在 X 方向上满足以下关系式：

$$F-W_x-f_{smax}>0$$

即需拉力 $$F>W_x+f_{smax}=509.6+490=999.6\ (\mathrm{N})$$

由此可见，静摩擦力 f_s 可以根据牛顿第二定律求出，但不能错误地认为 $f_s=\mu_s N$，因为 f_s 不是最大静摩擦力.

2.3 物体的受力分析和示力图

一个物体的运动状态的改变，主要决定于物体的受力情况，因此，正确地分析物体的受力是解决有关动力学问题的关键. 对物体进行受力分析的理论根据是牛顿第三定律. 物体的受力分析，应做到一个不多，一个不少，一个不错，熟练掌握.

(1)隔离体法、示力图

在所研究的实际问题中，通常是由相互联系的若干个物体组成的物体系，它们的运动状态也不一定相同，有时要求出物体彼此之间的相互作用力(内力)，可能很复杂. 但是任何一个物体或物体系的运动状态的改变是由它所受到的合力或合外力决定的. 将研究的物体从物体系中隔离出来，使内力转化为物体所受的力，便于正确分析物体的受力情况. 将研究的对象物体，从物体系中隔离出来的研究方法，称为隔离体法. 必须指出，隔离体法并不是把所研究的物体孤立起来，而是把物体系中的其他物体和它的关系通过对它的作用力反映出来，使问题便于解决. 将作用在物体上的每一个力的大小和方向(除未知力外)，在所研究的隔离体上正确标明，这种表示物体受力情况的图，称为示力图.

(2)受力分析

分析受力，就是要正确地分析某个物体受到周围其他哪些物体的作用，相应的作用力的性质、大小和方向. 根据牛顿第三定律和牛顿第二定律，只需考虑其他物体对它的作用力，而不考虑它对其他物体的反作用力.

分析物体受力的具体步骤及方法如下：

①根据问题的要求确定所研究的对象.

②正确地分析研究对象受力情况. 首先考虑重力；其次在其他物体与研究对象接触的地方去分析研究对象所受的弹性力(如张力、支持力、压力、拉力等)，如果其他物体与研究对象接触面是粗糙的，并且有相对滑动或相对运动的趋势时，必须考虑研究对象所受的滑动摩擦力或静摩擦力，然后正确地画出示力图，并标明物体的运动情况；最后检查物体所受的力是否遗漏或无中生有，各已知力的大小和方向是否正确.

例 2.3.1 如图 2.3.1(a)所示，放置在斜面上质量为 m 的物体 A，在拉力 $\boldsymbol{F}$ 的作用下，沿斜面向上做匀加速运动，试分析物体的受力情况.

解 根据题意，确定研究对象为物体 A，将物体 A 从物体系中隔离出来，分析物体 A 的受力情况，物体 A 所受的力是：

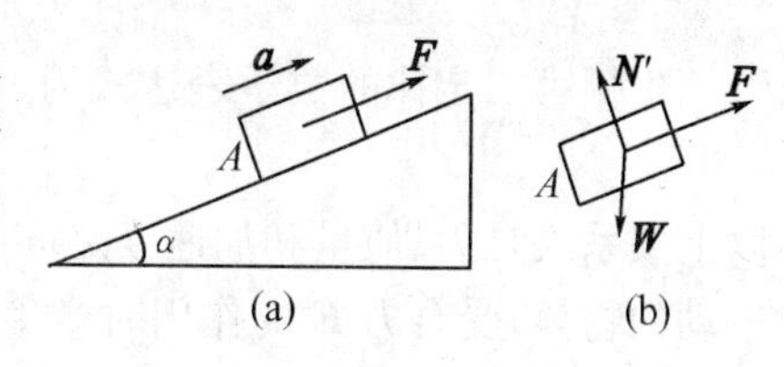

图 2.3.1 例 2.3.1 图示

①物体所受的重力 $\boldsymbol{W}=m\boldsymbol{g}$，方向竖直向下；

②物体所受的拉力 $\boldsymbol{F}$，方向沿斜面向上；

③物体所受斜面的支持力 $\boldsymbol{N}'$，方向垂直于斜面向上；

④物体所受到的斜面对物体的滑动摩擦力 f_k，方向沿斜面向下；

⑤画出示力图，如图 2.3.1(b)所示，检查物体所受的力是一个不多，一个不少，一个不错，完全正确.

例 2.3.2 如图 2.3.2(a)所示，A、B 两物体相对静止，B 物体在水平拉力 $\boldsymbol{F}$ 的作用下，在粗糙桌面上做匀加速直线运动，加速度方向沿水平方向向右，试分析 A、B 物体的受力情况.

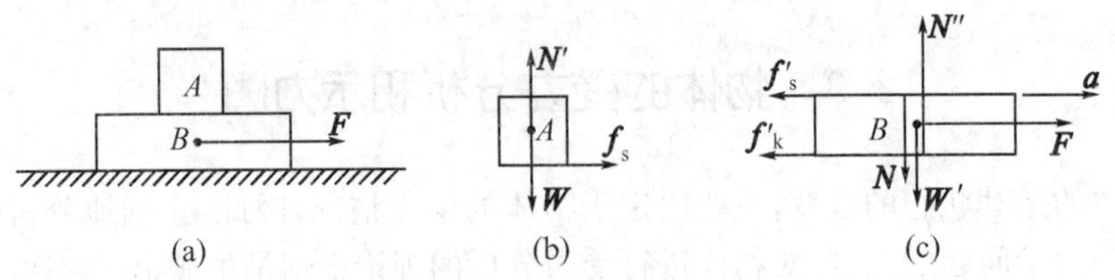

图 2.3.2 例 2.3.2 图示

解 先隔离 A 物体，分析 A 物体所受的力是：

①重力 $\boldsymbol{W}=m_A\boldsymbol{g}$，方向竖直向下；

②B 物体对 A 物体的支持力 $\boldsymbol{N}'$，方向竖直向上，且垂直接触面；

③A 物体相对于 B 物体静止，但有相对运动的趋势，B 物体对 A 物体作用的静摩擦力 $\boldsymbol{f}_s$，方向与相对运动趋势的方向相反，静摩擦力的方向是水平向右.

隔离 B 物体，分析 B 物体所受的力是：

①重力 $\boldsymbol{W}'=m_B\boldsymbol{g}$，方向竖直向下；

②桌面对 B 物体的支持力 $\boldsymbol{N}''$，方向垂直于桌面竖直向上；

③A 物体对 B 物体的正压力 $\boldsymbol{N}$，方向竖直向下；

④B 物体所受的拉力 $\boldsymbol{F}$，方向水平向右；

⑤A 物体对 B 物体作用的静摩擦力 $\boldsymbol{f}'_s$，方向水平向左；

⑥桌面对 B 物体作用的滑动摩擦力 $\boldsymbol{f}'_k$，方向水平向左.

A 和 B 物体的示力图分别如图 2.3.2(b)和图 2.3.2(c)所示.

2.4 牛顿运动定律的应用

牛顿运动定律是经典力学的理论基础，应通过具体问题学会应用牛顿运动定律来解决有关质点动力学问题的方法、理论根据、步骤和技巧等，培养自己分析问题、解决问题的能力. 其中牛顿第二定律是核心，是联系着运动学和动力学的桥梁.

2.4.1 牛顿第二定律的数学表达式

牛顿第二定律的数学表达式为

$$\boldsymbol{F}=m\boldsymbol{a}$$

以上关系式是力、质量和加速度之间的定量关系，是矢量式、瞬时关系，它表明：一个质点(或做平动的物体)受合力 $\boldsymbol{F}$ 的作用时产生与 $\boldsymbol{F}$ 方向相同的加速度 $\boldsymbol{a}$. 通常情况下，力 $\boldsymbol{F}$ 应该理解为合力，因为力是矢量，所以合力是物体所受所有力的矢量和，即 $\boldsymbol{F}=\sum_i \boldsymbol{F}_i$.

根据加速度的定义 $\boldsymbol{a}=\frac{\mathrm{d}\boldsymbol{v}}{\mathrm{d}t}=\frac{\mathrm{d}^2\boldsymbol{r}}{\mathrm{d}t^2}$，牛顿第二定律还可以写成如下矢量形式：

$$\boldsymbol{F}=m\frac{\mathrm{d}\boldsymbol{v}}{\mathrm{d}t}=m\frac{\mathrm{d}^2\boldsymbol{r}}{\mathrm{d}t^2}$$

在实际应用中，常用有关直角坐标系或自然坐标系的坐标轴上的分量式表示出来，以便于计算. 在直角坐标系中的三个相互垂直的 X、Y、Z 坐标轴上的分量表达式为

$$\begin{cases}F_x=ma_x\\F_y=ma_y\\F_z=ma_z\end{cases}\quad 或 \quad\begin{cases}F_x=m\dfrac{\mathrm{d}v_x}{\mathrm{d}t}\\F_y=m\dfrac{\mathrm{d}v_y}{\mathrm{d}t}\\F_z=m\dfrac{\mathrm{d}v_z}{\mathrm{d}t}\end{cases}\quad 或 \quad\begin{cases}F_x=m\dfrac{\mathrm{d}^2x}{\mathrm{d}t^2}\\F_y=m\dfrac{\mathrm{d}^2y}{\mathrm{d}t^2}\\F_z=m\dfrac{\mathrm{d}^2z}{\mathrm{d}t^2}\end{cases}$$

上式称为牛顿第二定律在直角坐标系中的分量表达式.

如果质点沿已知曲线运动，则可以将牛顿第二定律数学表达式的矢量式，沿切线方向和法线方向的分量式来表示，它们的表达式为

$$F_\tau=ma_\tau=m\frac{\mathrm{d}v}{\mathrm{d}t}$$

$$F_n=ma_n=m\frac{v^2}{\rho}$$

式中，F_τ 和 F_n 分别是质点所受合力在切线方向和法线方向的分量.

以上这些运动微分方程是常用的质点动力学的基本方程.

2.4.2　质点动力学问题的两种基本类型

应用牛顿运动定律来解决有关动力学问题时，常遇到以下两种基本类型：

①已知质点的质量及质点的运动状态，即已知质点在任一时刻的位置，或者已知质点在任一时刻的速度或加速度，求作用在质点上的作用力.

②已知质点的质量及作用在质点上的作用力，求质点的运动状态，即求位置、速度或加速度.

第一类问题比较简单，根据运动学，可将已知的运动方程或速度对时间求二阶微商或一阶微商，求出加速度，再根据牛顿第二定律，求出未知力.

第二类问题比较复杂，因力可能是常力、力是位置的函数、力是时间的函数等.

解决以上有关问题最常用、最重要的方法是隔离体法，还有系统法等. 用隔离体法解决动力学问题的主要步骤如下：

①确定研究对象. 认清题意，正确分析题意，根据已知条件和所求未知量之间的关系，确定研究对象.

②取隔离物体. 将研究对象从物体系中隔离出来，将内力转化为外力，因为任何物体的运动状态都是由它所受的力决定的，这样就便于对研究对象进行正确的受力分析.

③画出示力图及标明运动情况. 正确地分析每个物体所受的力，单独画出隔离物体的示力图及标明物体的运动情况（加速度 $\boldsymbol{a}$）. 物体总共受多少个力的直接作用，力的大小和方向，都要一一标出. 正确分析物体所受的力的理论根据是牛顿第三定律.

④选好参照系，确定坐标系. 牛顿运动定律只适用于惯性参照系，根据问题的性质及求解

的简便，选取适当参照系及坐标系，如直角坐标系、自然坐标系等.

⑤根据牛顿第二定律列出动力学方程. 通常是在直角坐标系中列出相应坐标轴上的分量式，这样就可得到一组代数方程，便于计算. 必须注意，力、速度和加速度的分量与坐标轴正方向相同时用正值，与坐标轴正方向相反时用负值.

⑥检查方程个数与未知量个数是否相等. 如果方程个数少于未知量个数，可根据已知条件或各物体运动之间存在的联系，根据运动学关系或几何关系列出辅助方程，使方程个数与未知量个数相等.

⑦解联立方程求出未知量. 先由字母表示所得结果，最后代入数据，代入数据前必须统一单位，求出有关结果.

⑧对所得到的结果要进行讨论，舍去不符合物理意义的不合理的解，留下合理的解.

例 2.4.1　如图 2.4.1(a)所示，质量为 m 的人站在升降机底板上. 试求：①当升降机以加速度 $\boldsymbol{a}$ 上升时，人对底板的压力 $\boldsymbol{N}$；②当升降机以速度 $\boldsymbol{v}$ 匀速上升或下降时，人对底板的压力 $\boldsymbol{N}$；③当升降机以加速度 $\boldsymbol{a}$ 下降时，人对底板的压力 $\boldsymbol{N}$.

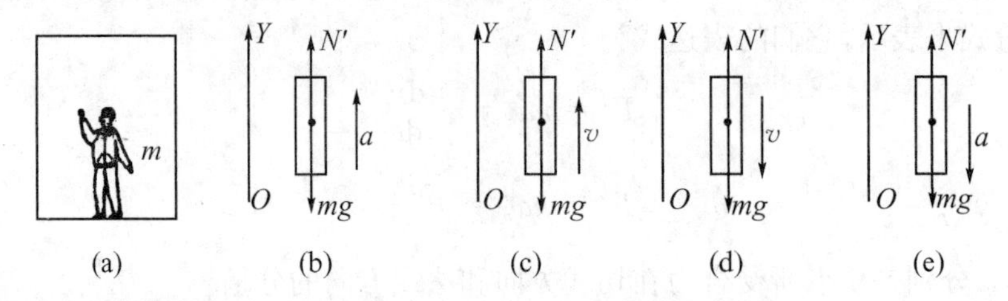

图 2.4.1　例 2.4.1 图示

解　选地球为惯性参照系，在地球上建立一维直线坐标 OY，竖直向上为 OY 轴正方向. 选取人为研究对象，取隔离体人，进行受力分析，作出示力图，在图上标明加速度的大小及方向. 隔离出的人总共受两个力的作用：重力 $\boldsymbol{W}=m\boldsymbol{g}$，方向竖直向下；升降机底板对人的支持力 $\boldsymbol{N}'$，方向竖直向上，见图 2.4.1(b)、(c)、(d)、(e).

①根据牛顿第二定律，在 Y 方向上列出动力学方程式为

$$F_y = \sum_{i=1}^{2} F_{iy} = N' - mg = ma \tag{2-4-1}$$

由(2－4－1)式可解得　$N'=ma+mg=m(a+g)$

方向竖直向上. 根据牛顿第三运动定律，$\boldsymbol{N}'=-\boldsymbol{N}$ 是一对作用力和反作用力，人对升降机底板的压力大小为 $N=m(a+g)$，方向竖直向下. 物体对支持物的压力(或对悬挂物拉力)大于物体的重量的现象，称为超重现象.

②根据牛顿第二定律，在 Y 方向上列出动力学方程式为

$$N'-mg=ma=0 \tag{2-4-2}$$

由(2－4－2)式可解得　$N'=mg$

方向竖直向上($a<g$). 根据牛顿第三运动定律，$\boldsymbol{N}'=-\boldsymbol{N}$ 是一对作用力和反作用力，人对升降机底板的压力大小为 $N=mg$，方向竖直向下.

③根据牛顿第二定律，在 Y 方向上列出动力学方程式为

$$N'-mg=-ma \tag{2-4-3}$$

由(2－4－3)式可解得　$N'=mg-ma=m(g-a)$

方向竖直向上($a<g$). 根据牛顿第三运动定律，$\boldsymbol{N}'=-\boldsymbol{N}$ 是一对作用力和反作用力，人对升降

机底板的压力大小为 $N=m(a-g)$，方向竖直向下($a<g$).

讨论 ①$a<g$，$N\neq 0$，方向竖直向下；②$a=g$，$N=0$，人对底板压力等于零，物体对支持物的压力(或对悬挂物的拉力)等于零的这种状态，称为完全失重状态；③$a>g$，N 为负值，不可能，实际上是人已脱离升降机，人以加速度 $\boldsymbol{g}$ 竖直向下做加速运动，升降机以 $\boldsymbol{a}$ 竖直向下做加速运动.

例 2.4.2 阿特武德机的装置如图 2.4.2(a)所示，两个质量分别为 m_1 和 m_2 的物体($m_1<m_2$)悬挂在跨过定滑轮的轻绳两端. 设绳不能伸长，滑轮和绳的质量可以忽略不计，滑轮与绳及滑轮与轴承之间摩擦阻力忽略不计. 试求：物体的加速度及绳的张力和轴承支持力.

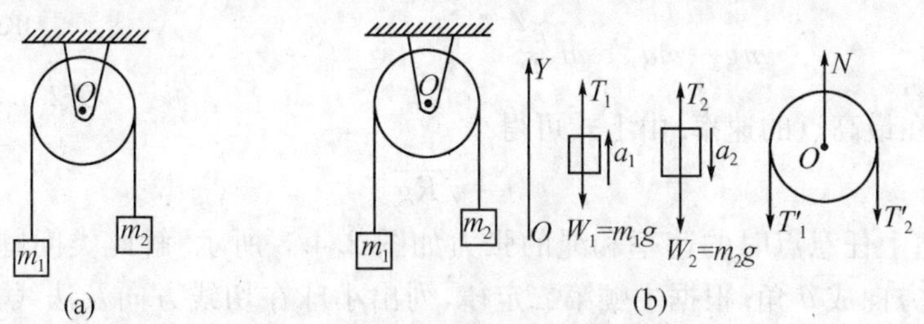

图 2.4.2 阿特武德机装置示意

解 选地球为惯性参照系，建立一维直线坐标 OY，竖直向上为 OY 轴正方向，分别取隔离体 m_1、m_2 及滑轮进行受力分析，作出相应的示力图. 在图上标明加速度的大小及方向，如图 2.4.2(b)所示.

对物体 m_1：受重力 $\boldsymbol{W}_1=m_1\boldsymbol{g}$，方向竖直向下；绳的张力 $\boldsymbol{T}_1$，方向竖直向上；加速度 $\boldsymbol{a}_1$，方向竖直向上. 根据牛顿第二定律，在 Y 方向上列出动力学方程式为

$$T_1-m_1g=m_1a_1 \tag{2-4-4}$$

对物体 m_2：受重力 $\boldsymbol{W}_2=m_2\boldsymbol{g}$，方向竖直向下；绳的张力 $\boldsymbol{T}_2$，方向竖直向上；加速度 $\boldsymbol{a}_2$，方向竖直向下. 根据牛顿第二定律，在 Y 方向上列出动力学方程式为

$$T_2-m_2g=-m_2a_2$$

即

$$m_2g-T_2=m_2a_2 \tag{2-4-5}$$

对滑轮：因为不计滑轮质量及滑轮与轴承之间的摩擦阻力，滑轮受轴承支持力 $\boldsymbol{N}$，方向竖直向上；绳子的张力 $\boldsymbol{T}_1{}'$ 与 $\boldsymbol{T}_2{}'$，方向都竖直向下. 根据牛顿第三运动定律，可知 $\boldsymbol{T}_1$ 与 $\boldsymbol{T}_1{}'$ 是一对作用力和反作用力，$\boldsymbol{T}_2$ 与 $\boldsymbol{T}_2{}'$ 亦是一对作用力和反作用力，所以有

$$T_1=T_1{}',\ T_2=T_2{}'$$

再根据牛顿第二定律，在 Y 方向上列出动力学方程式为

$$N-T_1{}'-T_2{}'=0 \tag{2-4-6}$$

又因为绳子不能伸长，滑轮及绳的质量可以忽略不计，可得两个辅助方程

$$T_1=T_2=T \tag{2-4-7}$$

$$a_1=a_2=a \tag{2-4-8}$$

由以上五个方程联立求解可得

$$a=\frac{m_2-m_1}{m_1+m_2}g,\ T=\frac{2m_1m_2}{m_1+m_2}g$$

$$N=2T=\frac{4m_1m_2}{m_1+m_2}g$$

例 2.4.3 如图 2.4.3 所示，有一长为 R 的细轻绳，一端系一质量为 m 的小球，另一端固

定于 O 点,小球绕 O 点在竖直平面内做圆周运动.若小球在最高点时,绳子的张力等于零而小球不下落,其速率应为多大?并求在该条件下小球在轨道上各位置的速度和绳中张力.

解 选地球为惯性参照系,以小球为研究对象,隔离小球,进行受力分析,作出示力图.小球在最高点仅受重力 $\boldsymbol{W}=m\boldsymbol{g}$ 的作用,方向竖直向下;小球在其他任意位置,受重力 $\boldsymbol{W}$ 及绳的张力 $\boldsymbol{T}$ 的作用,如图 2.4.3 所示.

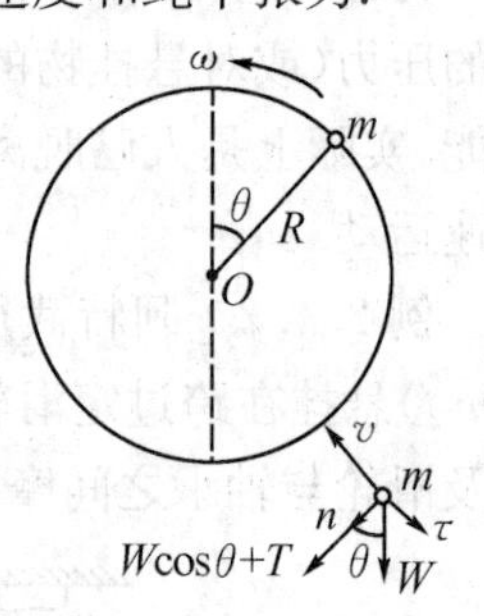

图 2.4.3 例 2.4.3 图示

小球在最高点时,仅受重力 $\boldsymbol{W}$ 的作用,重力充当向心力,根据牛顿第二定律,在法线方向动力学方程分量式为

$$mg=ma_n=m\frac{v^2}{R}$$

式中,v 为小球在最高点的速率.由上式可得

$$v=\sqrt{Rg}$$

小球在轨道上任意点时的速率和绳的张力如图 2.4.3 所示.解此类问题,选取自然坐标系,设绳与竖直方向成 θ 角.根据牛顿第二定律,列出小球在切线方向及法线方向的动力学方程的分量式为

$$ma_\tau=mg\sin\theta \tag{2-4-9}$$

$$ma_n=T+mg\cos\theta \tag{2-4-10}$$

由于 $a_\tau=\dfrac{\mathrm{d}v}{\mathrm{d}t}$,$a_n=\dfrac{v^2}{R}$,可得

$$m\frac{\mathrm{d}v}{\mathrm{d}t}=mg\sin\theta \tag{2-4-11}$$

$$m\frac{v^2}{R}=T+mg\cos\theta \tag{2-4-12}$$

因为小球做圆周运动,所以小球的速率为

$$v=R\frac{\mathrm{d}\theta}{\mathrm{d}t},\quad \mathrm{d}t=\frac{R\mathrm{d}\theta}{v}$$

将 $\mathrm{d}t$ 代入(2-4-11)式,可得 $v\mathrm{d}v=Rg\sin\theta\mathrm{d}\theta$

等式两边积分,可得 $\dfrac{1}{2}v^2=-Rg\cos\theta+C$

根据初始条件,确定不定积分常数 C,当 $\theta=0°$时,$v=v_0=\sqrt{Rg}$,所以

$$\frac{1}{2}Rg=-Rg+C,\quad C=\frac{3}{2}Rg$$

于是可得 $$\frac{1}{2}v^2=-gR\cos\theta+\frac{3}{2}Rg,v=\sqrt{gR(3-2\cos\theta)} \tag{2-4-13}$$

以上结果表示:在 $\theta=0°$时,$v=v_0=\sqrt{Rg}$ 的条件下,当小球在悬线与竖直线成 θ 角时的速率.将(2-4-13)式代入(2-4-12)式,可求出绳子在轨道上任意位置时的张力为

$$T=m\frac{v^2}{R}-mg\cos\theta=mg(3-2\cos\theta)-mg\cos\theta=3mg(1-\cos\theta)$$

以上是在给定条件下,绳子在各位置时的张力的表达式.

在 $\theta=0°$时,$v=\sqrt{Rg}$,$T=0$;在 $\theta=\dfrac{\pi}{2}$时,$v=\sqrt{3Rg}$,$T=3mg$,方向由小球沿绳指向圆心;在 $\theta=\pi$ 时(轨道最低点),$v=\sqrt{5Rg}$,$T=6mg$,方向由小球沿绳指向圆心.

例 2.4.4　如图 2.4.4(a)所示，光滑的抛物线形管绕对称轴以角速度 ω 旋转. 抛物线方程为 $y=ax^2$，且 $a>0$. 如果有一小环套 P 在弯管上(不计环与管的摩擦)，求角速度 ω 多大时，小环可以在管上任意位置相对于管静止.

解　该题为旋转抛物线问题. 选固定的底座为惯性参照系，在竖直平面内建立二维平面直角坐标系，如图 2.4.4(b)所示，以小环 P 为研究对象，由题意，小环相对于弯管静止时，弯管以匀角速率 ω 转动，即小环可在任意水平面内以 ω 做匀速率圆周运动. 对小环取隔离体，进行受力分析，小环受重力 $\boldsymbol{W}=m\boldsymbol{g}$，方向竖直向下，弯管对小环的支持力 $\boldsymbol{N}$，方向垂直于小环所在弯管处的切线. 根据牛顿第二运动定律，可得动力学方程的矢量式为

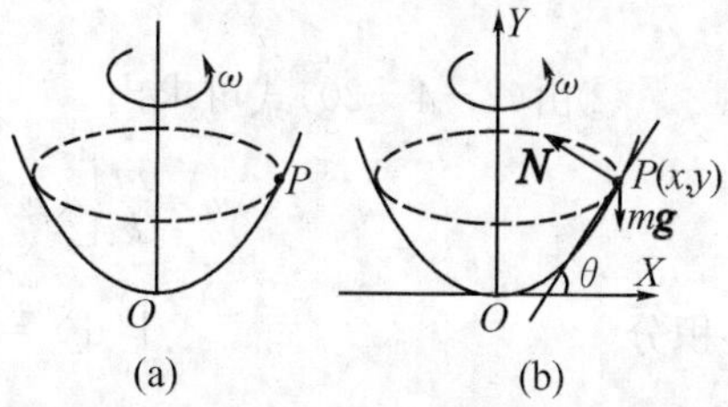

$$m\boldsymbol{a}=m\boldsymbol{g}+\boldsymbol{N} \tag{2-4-14}$$

图 2.4.4　例 2.4.4 图示

在图 2.4.4 所示的坐标系中，在 X、Y 方向的分量式分别为

$$N\sin\theta=ma_n=m\omega^2 x$$
$$N\cos\theta-mg=0 \tag{2-4-15}$$

式中，θ 是瞬时切线与 X 轴之间的夹角. 求解以上方程组，可得

$$\tan\theta=\frac{\omega^2 x}{g} \tag{2-4-16}$$

而由抛物线方程 $y=ax^2$，有

$$\tan\theta=\frac{\mathrm{d}y}{\mathrm{d}x}=2ax \tag{2-4-17}$$

由(2-4-16)式及(2-4-17)式，可得出 $\omega=\sqrt{2ag}$　　(2-4-18)

即当弯管以 $\omega=\sqrt{2ag}$ 匀速转动时，小环就可在弯管任意位置处相对于弯管保持静止. 该题是旋转抛物线问题.

如果弯管是圆形的，半径为 R，圆的方程 $x^2+(R-y)^2=R^2$，若小环仍可在任意位置处相对于弯管静止，问弯管的角速度 ω 又将为多大？请读者自己思考.

例 2.4.5　一质量为 45 kg 的炮弹，由地面以初速度 60 m·s^{-1} 竖直向上发射时，炮弹受到空气阻力 $F=-kv$，其中 $k=0.03$，F 的单位是 N，速度 v 的单位是 m·s^{-1}. 试求：①炮弹发射到最大高度所需的时间；②炮弹上升的最大高度为多少？

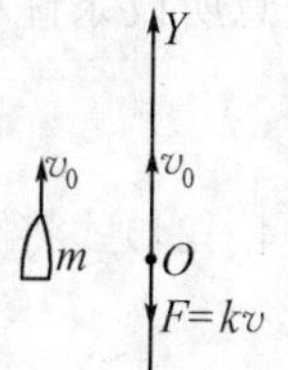

解　①选取一维直线坐标 OY，以发射点为坐标原点，竖直向上为 OY 轴正方向，如图 2.4.5 所示. 根据牛顿第二定律及题意，可得

$$F=ma=m\frac{\mathrm{d}v}{\mathrm{d}t}=-mg-kv \tag{2-4-19}$$

图 2.4.5　例 2.4.5 图示

$$\mathrm{d}t=-\frac{\mathrm{d}v}{g+\dfrac{k}{m}v}$$

积分

$$\int_0^t \mathrm{d}t=-\int_{v_0}^{v}\frac{\mathrm{d}v}{g+\dfrac{k}{m}v}$$

$$t=-\frac{m}{k}\ln\frac{g+\frac{k}{m}v}{g+\frac{k}{m}v_0} \tag{2-4-20}$$

当炮弹达到最高点时,$v=0$,由(2−4−20)式得

$$t=\frac{m}{k}\ln\left(g+\frac{k}{m}v_0\right)-\frac{m}{k}\ln g=\frac{45}{0.03}\ln\left(9.80+\frac{0.03}{45}\times 60\right)-\frac{45}{0.03}\ln 9.8=6.11\ (\mathrm{s}) \tag{2-4-21}$$

②由(2−4−20)式可求出

$$v=\frac{m}{k}\left[\left(g+\frac{k}{m}v_0\right)\mathrm{e}^{-\frac{k}{m}t}-g\right]=\frac{\mathrm{d}y}{\mathrm{d}t},\quad \mathrm{d}y=v\mathrm{d}t \tag{2-4-22}$$

积分

$$\int_0^y \mathrm{d}y=\int_0^t \frac{m}{k}\left[\left(g+\frac{k}{m}v_0\right)\mathrm{e}^{-\frac{k}{m}t}-g\right]\mathrm{d}t$$

得

$$y=\left(\frac{m}{k}\right)^2\left(g+\frac{k}{m}v_0\right)\left(1-\mathrm{e}^{-\frac{k}{m}t}\right)-\frac{m}{k}gt \tag{2-4-23}$$

将(2−4−21)结果代入上式,可得

$$y=\left(\frac{45}{0.03}\right)^2\left(9.8+\frac{0.03}{45}\times 60\right)\left(1-\mathrm{e}^{-\frac{0.03}{45}\times 6.11}\right)-\frac{45}{0.03}\times 9.8\times 6.11=182.1\ (\mathrm{m})$$

例 2.4.6 如图 2.4.6 所示,一条长为 L、质量为 M 的均质细链条放在一光滑的水平桌面上,链条的一端有极小的一段长度掉在桌子边缘,在重力作用下开始竖直下落. 试求:链条刚离开桌面时的速度.

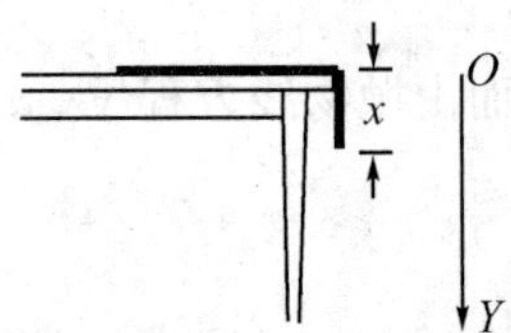

图 2.4.6 例 2.4.6 图示

解 选取一维 OY 坐标轴,如图 2.4.6 所示,链条在整个下落过程中,在桌面上重力 $\boldsymbol{W}$ 与支持力 $\boldsymbol{N}$ 平衡,下落部分为长度 x 时,则重力为 $W=\frac{M}{L}xg$,根据牛顿第二定律,可得

$$F=W=\frac{M}{L}xg=Ma=M\frac{\mathrm{d}v}{\mathrm{d}t}$$

根据题意所设条件和求的是速度,因而可写成如下形式:

$$\frac{Mx}{L}g=M\frac{\mathrm{d}v\mathrm{d}x}{\mathrm{d}x\mathrm{d}t}=Mv\frac{\mathrm{d}v}{\mathrm{d}x} \tag{2-4-24}$$

由(2−4−24)式将 $\mathrm{d}x$ 移到左边,根据初始条件确定积分上下限,由定积分可得

$$\int_0^L \frac{Mg}{L}x\mathrm{d}x=\int_0^v Mv\mathrm{d}v$$

$$\frac{Mg}{2L}L^2=\frac{1}{2}Mv^2,v=\sqrt{gL}$$

$\boldsymbol{v}$ 的方向竖直向下.

例 2.4.7 一质量为 M 的楔形木块放置在光滑的桌面上,质量为 m 的物体放在楔块的光滑斜面上. 设斜面的倾角为 θ. 试求:①楔块相对于地面的加速度大小;②物体相对于楔块的加速度大小;③物体与楔块之间的正压力大小; ④楔块与桌面之间的正压力大小.

解 选取地面为参照系,建立二维平面直角坐标系,如图 2.4.7 所示,分别隔离研究对象物体和楔形木块,进行受力分析,作出示力图,并标明有关加速度. 物体受重力 $\boldsymbol{W}=m\boldsymbol{g}$,以及楔形木块对物体的支持力 $\boldsymbol{N}$;楔形木块受重力 $\boldsymbol{W}_2=M\boldsymbol{g}$,物体对它的压力 $\boldsymbol{N}'$以及桌面对它的支持力 $\boldsymbol{N}_1$;其中 $\boldsymbol{N}$ 与 $\boldsymbol{N}'$是一对作用力和反作用力. 根据牛顿第二定律,分别对物体 m 和楔形木

块 M 在 X 方向及 Y 方向列出动力学方程分量式.

对于 m,有
$$\begin{cases} N\sin\theta = ma_{1x} & (2-4-25) \\ N\cos\theta - mg = -ma_{1y} & (2-4-26) \end{cases}$$

对于 M,有
$$\begin{cases} -N'\sin\theta = -Ma_{2x} & (2-4-27) \\ N_1 - Mg - N'\cos\theta = 0 & (2-4-28) \end{cases}$$

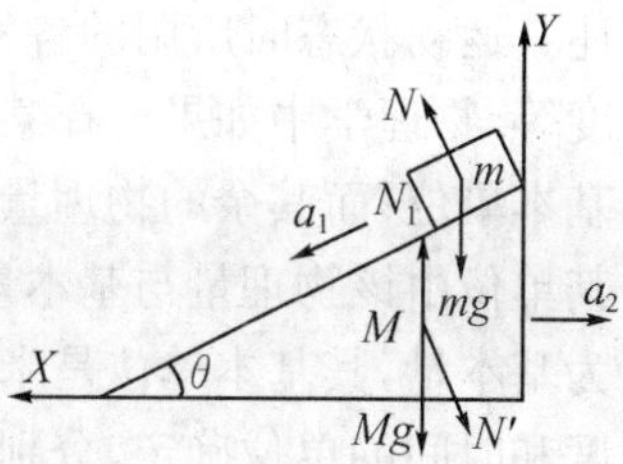

图 2.4.7　例 2.4.7 图示

以上分量方程式中,a_{1x}、a_{1y} 分别表示物体 m 相对于地面的加速度 $\boldsymbol{a}_1$ 的分量,a_{2x}、a_{2y} 为楔形木块相对于地面的加速度 $\boldsymbol{a}_2$ 的分量. 因为 $a_{2y}=0$,所以 a_{2x} 就是楔形木块相对于地面的加速度 $\boldsymbol{a}_2$ 的大小. 以上四个方程式中总共有六个未知量,还需从几何关系和相对运动关系中列出辅助方程. 由相对运动的加速度合成定理,可得

$$\boldsymbol{a}_{绝对} = \boldsymbol{a}_{相对} + \boldsymbol{a}_{牵连}$$

则有
$$a_{1x} = a_{相对x} - a_{2x} \tag{2-4-29}$$
$$a_{1y} = a_{相对y} \tag{2-4-30}$$

而且
$$\tan\theta = \frac{a_{相对y}}{a_{相对x}} \tag{2-4-31}$$

再考虑到 $\boldsymbol{N} = -\boldsymbol{N}'$,且大小相等　　$N' = N$

上面又增加了四个方程及两个未知量,使独立方程个数等于未知量个数,于是问题即可以求解. 将上述各式联立求解,可解出:

①楔形木块相对于地面的加速度大小为
$$a_2 = a_{2x} = \frac{m\sin\theta\cos\theta}{M + m\sin^2\theta} g$$

②物体相对于楔形木块的加速度大小为
$$a_{相对} = \sqrt{(a_{相对x})^2 + (a_{相对y})^2} = \frac{(M+m)\sin\theta}{M + m\sin^2\theta} g$$

③物体与楔形木块之间的正压力大小为
$$N = \frac{Mm\cos\theta}{M + m\sin^2\theta} g$$

④楔块与桌面的正压力大小为
$$N_1 = \frac{M(M+m)}{M + m\sin^2\theta} g$$

2.5　单位制和量纲

2.5.1　单位制

力学以及整个物理学中有许多物理量,都要求对物理量之间的关系有定量的描述,通常以方程的形式来表达物理学的规律. 这就要求通过实验测出的有关数值必须具有一定的单位. 各物理量之间也不是完全相互独立的,而是有一定的联系. 例如,力学中使用牛顿第二定律 $\boldsymbol{F} = m\boldsymbol{a}$ 这一基本方程时,就要求 1 单位的力作用在 1 单位质量的物体上,物体刚好产生 1 单位的加速度,才能保证(2-1-3a)式中的系数 $k=1$. 因此,我们只能在力、质量和加速度三个物理量中任意选取两个量的单位,然后由(2-1-3b)式规定第三个量的单位. 量度物质的属性和描

述其运动状态时所用的各种量值，称为物理量. 例如，量度物质惯性的质量，描述运动快慢的速度等. 物理学中如果选择某物理量直接规定其单位，该物理量称为基本量，基本量的单位称为基本单位；而其余的物理量不直接规定其单位，分别按其定义由基本量组合而成，称为导出量. 其单位由该物理量与基本量的关系来确定，称为导出单位. 例如，力学中规定长度、质量、时间为基本量，其基本单位是米(m)、千克(kg)、秒(s)；而速度、加速度是导出量，其导出单位由长度和时间的单位确定，分别是米·秒$^{-1}$($m \cdot s^{-1}$)、米·秒$^{-2}$($m \cdot s^{-2}$)；而力、能量、功是导出量，其导出单位由长度、质量和时间的单位确定，分别是牛顿(N)、焦耳(J). 不同的基本单位和导出单位的规定形成不同单位制. 由选定的基本单位和它们的导出单位组成的一系列量度单位的总称，称为单位制.

国际单位制，代号为SI，是1960年第11届国际计量大会通过采用的一种单位制. 在国际单位制中，选定七个量为基本量，即长度、质量、时间、电流强度、热力学温度、物质量和发光强度. 基本量的单位为基本单位，它们的名称及符号分别是：米(m)、千克(kg)、秒(s)、安培(A)、开尔文(K)、摩尔(mol)、坎德拉(cd).

国际单位制的两个辅助单位为：平面角单位弧度，国际符号为rad；立体角单位球面度，国际符号为sr.

绝对单位制：若选取长度、质量和时间作为基本量，则相应的单位制称为绝对单位制. 绝对单位制在力学中有两种：一种是米－千克－秒(MKS制)，长度的单位是米(m)，质量的单位是千克(kg)，时间的单位是秒(s)；另一种是厘米－克－秒制(CGS制)，长度的单位是厘米(cm)，质量的单位是克(g)，时间的单位是秒(s).

根据上述规定，使质量为1 kg的物体产生1 $m \cdot s^{-2}$的加速度的力是1 N，即

$$1(\mathrm{N}) = 1(\mathrm{kg}) \times 1(\mathrm{m} \cdot \mathrm{s}^{-2})$$

使质量为1 g的物体产生1 $cm \cdot s^{-2}$的加速度的力是1dyn(达因)，即

$$1(\mathrm{dyn}) = 1(\mathrm{g}) \times 1(\mathrm{cm} \cdot \mathrm{s}^{-2})$$

此外，在工程技术中常用力学的工程单位制，以长度、力和时间为基本量，以米、千克和秒作为基本单位，质量为导出单位，该单位制中，利用重力规定力的单位，然后由(2－1－3b)式确定质量的单位. 1千克力是在纬度为45°的海平面上地球对千克原器的吸引力，国际度量衡委员会规定为

$$1\ \mathrm{kgf} = 9.80665\ \mathrm{N}$$

使用中常近似为1 kgf＝9.81 N. 在工程单位制中，质量的单位没有专用名称，可由$F=ma$得出，1 kgf＝1质量工程单位×1 $cm \cdot s^{-2}$，则1质量工程单位＝9.81 kg. 我国规定采用SI制，而CGS制和工程制将逐步废除. 在本书中，物理量的单位一般选用SI制.

2.5.2 量 纲

反映某物理量与基本量之间的幂次关系的公式称为该物理量的量纲式.

物理量间的联系是以它们遵从的物理定律为依据的. 当基本量选定后，各导出量将由已知的物理公式与基本量联系起来. 在国际单位制(SI)中，力学中的导出量都与基本量长度L、质量M和时间T有关. 一个物理量用某种单位制中的基本量表示时，其表达式中各基本量的指数(即幂次)称为该物理量对于所取基本量的量纲，表示物理量所包含的基本量的量纲的公式称为量纲公式或量纲式，它可以由物理量与基本量的关系导出. 任一物理量A的单位都可以表示为

$$[A]=L^{\alpha}M^{\beta}T^{\gamma}$$

式中,α、β、γ 称为物理量 A 对相应基本量的量纲或量纲指数,即基本量的方次是量纲或量纲指数,上式是量纲式. 例如,力的量纲式如果取长度 L、质量 M 和时间 T 为基本量,则力可用 MLT^{-2} 表示,因此,力对质量和长度的量纲皆为 1,对时间的量纲为 -2,而 MLT^{-2} 称为力的量纲式. 再如,我们已讲过的一些物理量的量纲式为

速度 $[v]=\dfrac{[\Delta x]}{[\Delta t]}=LT^{-1}$

加速度 $[a]=\dfrac{[\Delta v]}{[\Delta t]}=LT^{-2}$

力 $[F]=[m][a]=MLT^{-2}$

角 $[\theta]=\dfrac{[S]}{[r]}=L^{0}$(量纲为零)

角速度 $[\omega]=\dfrac{[\Delta\theta]}{[\Delta t]}=T^{-1}$

角加速度 $[\beta]=\dfrac{[\Delta\omega]}{[\Delta t]}=T^{-2}$

在物理量和符号外加一方括号,如[v]、[a]、[F]……表示该物理量的量纲式,物理量的量纲常用其量纲式表示,例如,速度的量纲写为 LT^{-1},力的量纲写为 MLT^{-2}.

(1)量纲公式(量纲式)可以用于检验公式

因为在任何一种单位制中,各个物理量都有确定的量纲和量纲公式. 物理定律代表的是一些物理量之间的联系,它的基本形式应当与单位的选取无关,因此,表述的物理定律的等式两边应该具有相同的量纲和量纲式. 只有量纲相同的量才能够相加、相减或者相等,称为量纲法则. 量纲不同的两个物理量不能够相加. 例如,检验法向加速度公式 $a_n=v^2/\rho$ 是否具有加速度量纲,等式右边的量纲式为 $L^2T^{-2}L^{-1}=LT^{-2}$,表明该量具有加速度量纲. 但数字系数不能够校正,因数字无量纲. 因此,在解计算题时,要求先用代数符号运算,得出结果,检验等式两边是否满足量纲(式),如果满足,再统一单位代入数值计算,以减少繁多的数字计算,减少运算错误.

(2)量纲公式可以用于单位换算

一个物理量在不同单位制间的比数可以直接由量纲公式算出来,例如,力 F 的量纲式为 $[F]=LMT^{-2}$. 在国际单位制中,力 F 的单位是牛顿(N),而在厘米－克－秒制中,力 F 的单位是达因(dyn),因为 $1\ m=10^2\ cm$,$1\ kg=10^3\ g$,所以,力的单位由国际单位制换算到厘米－克－秒制时,得

$$1\ N=10^5\ dyn$$

因此,由量纲公式可以直接进行单位换算.

此外,量纲公式还可以用来探求规律,提供线索. 同一物理量在不同的单位制中可能具有不同的量纲和量纲式.

2.6 牛顿力学的适用范围

以牛顿运动定律为基础建立的力学,称为牛顿力学,又称为经典力学. 它是人们研究宏观物体做低速运动时所得到的规律,当速率 $v\ll c$ 时才适用,它的应用具有一定的局限性. 如果物体速率接近于光速时,牛顿力学不再适用,而物体的运动规律将遵从相对论力学. 相对论力

学指出，物体质量与速率有关，如果物体以接近光速的速率 v 运动，则其运动质量 m 和静止质量 m_0 的关系应为 $m=m_0/\sqrt{1-\left(\frac{v}{c}\right)^2}$，而相对论动量 $\boldsymbol{P}=m\boldsymbol{v}=m_0\boldsymbol{v}/\sqrt{1-\left(\frac{v}{c}\right)^2}$. 牛顿第二定律 $\boldsymbol{F}=m\boldsymbol{a}=m\frac{\mathrm{d}\boldsymbol{v}}{\mathrm{d}t}$，在相对论力学中不再成立，而应表示为 $\boldsymbol{F}=\frac{\mathrm{d}(m\boldsymbol{v})}{\mathrm{d}t}$，该式才具有普遍意义. 而当 $v\ll c$，$m=m_0$ 时，$\boldsymbol{F}=m\frac{\mathrm{d}\boldsymbol{v}}{\mathrm{d}t}$ 仍然成立.

经典力学的另一局限性是所研究的物体不能是像分子、原子那样大小的微观粒子. 从 19 世纪末到 20 世纪初，实验发现，如黑体辐射、光电效应、原子光谱等揭示出物质微观结构的能量和动量等物理量的不连续性. 低速微观粒子的运动遵从另一规律——量子力学. 量子力学还指出，质点的坐标和动量不可能同时具有确定值，即不能同时测量到确定值，这与经典力学的粒子同时具有确定的坐标和动量并有确定的轨道概念相矛盾. 对于高速微观粒子的运动规律，必须用量子场论.

Chapter 2 Newton's laws of motion

So far we have not inquiry what caused a body to be accelerated. Dynamics is the study of forces and their effects on the motions of bodies. The fundamental properties of force and the relationship between force and acceleration are given by Newton's three laws of motion.

Newton's first law of motion states that a body will be at rest or moving with constant velocity along a straight line when either it is free from all external forces or the resultant of all external force acting on it is zero. This law reveals that all the bodies have the tendency to maintain their original state of motion. So the first law is called the law of inertia. Property inertia keeps objects doing what they have been doing. The reference frames in which the first law is valid are called inertial reference frames. For many practical purposes a system of coordinates fixed on the rotating earth is a sufficient approximation to an inertial system.

Newton's second law of motion reads: The acceleration of a body is directly proportional to the resultant of all external forces exerted on the body and inversely proportional to the mass of the body, and is in the same direction as the resultant force. The mathematical statement of Newton's second law is

$$\boldsymbol{F}=m\boldsymbol{a}=m\frac{\mathrm{d}\boldsymbol{v}}{\mathrm{d}t}=m\frac{\mathrm{d}^2\boldsymbol{r}}{\mathrm{d}t^2} \tag{1}$$

Newton's second law is valid only in inertial reference frames. In the SI system of unit, the unit of mass is kilogram, and unit of force is Newton. $1\mathrm{N}=1\mathrm{kg}\cdot\mathrm{m/s^2}$.

If several external forces $\boldsymbol{F}_1$, $\boldsymbol{F}_2$, …act simultaneously on a body, each force acting by itself produces its own acceleration $\boldsymbol{a}_1=\boldsymbol{F}_1/m$, $\boldsymbol{a}_2=\boldsymbol{F}_2/\mathrm{m}$, …; and all the forces acting together produce a net acceleration $\boldsymbol{a}$, which is simply the sum of these individual accelerations.

$$\boldsymbol{a}=\boldsymbol{a}_1+\boldsymbol{a}_2+\cdots=\frac{\boldsymbol{F}_1}{m}+\frac{\boldsymbol{F}_2}{m}+\cdots \tag{2}$$

This is called the principle of superposition of forces and is equivalent to the assertion that each force produces an acceleration independently of the presence or absence of other forces.

Like all vector equations, Eq. (1) is equivalent to a set of scalar equations

$$F_x=ma_x=m\frac{\mathrm{d}v_x}{\mathrm{d}t}=\frac{\mathrm{d}^2x}{\mathrm{d}t^2};F_y=ma_y=m\frac{\mathrm{d}v_y}{\mathrm{d}t}=\frac{\mathrm{d}^2y}{\mathrm{d}t^2};F_z=ma_z=m\frac{\mathrm{d}v_z}{\mathrm{d}t}=\frac{\mathrm{d}^2z}{\mathrm{d}t^2} \tag{3}$$

In intrinsic coordinate system, projecting Eq. (1) on tangential direction and normal direction of the path respectively leads to

$$F_\tau=ma_\tau=m\frac{\mathrm{d}v}{\mathrm{d}t};F_n=ma_n=m\frac{v^2}{\rho} \tag{4}$$

where F_τ and F_n are the tangential and normal components of the force.

Obviously, Newton's second law includes Newton's first law as a special case.

The Newton's third law of motion asserts: Whatever a body exerts a force on another body, the latter exerts a force of equal magnitude and opposite direction on the former. That is

$$\boldsymbol{F}_{AB} = -\boldsymbol{F}_{BA} \tag{5}$$

where $\boldsymbol{F}_{AB}$ is the force exerted on body B by body A while $\boldsymbol{F}_{BA}$ is the force on body A by body B. Commonly, Newton's third law is called "action-reaction law". The two members of an action-reaction pair always act on different bodies so that they can not possibly cancel each other.

We need to be familiar with the properties of a few forces of great importance in mechanics.

(1) Universal gravitational forces

The law of universal gravitation states: Every particle attracts every other particle with a force directly proportional to the product of their masses and inversely proportional to the square of the distance between them. The magnitude of the gravitational force is

$$F = G_0 \frac{Mm}{r^2} \tag{6}$$

where G_0 is the gravitational constant. The direction of the force on each particle is toward the other along the straight line between them. Weight refers to the gravitational force acting on a body of mass m near the surface of the Earth: It is $G = mg$, where g is called the acceleration of gravity.

(2) Elastic force

A body is said to be elastic if it suffers a deformation when a compressing or stretching force is applied to it and returns to its original shape when the force is removed. The force with which a body resists deformation and tends to return its original shape, is called restoring force which acts on the other body in contact with it. Normal force N is the perpendicular force with which each surface presses on the other. Tension at the end of a cord is the force with which the cord pulls on what is attached to it. Restoring force of a spring is determined by Hooke's law

$$\boldsymbol{F} = -k\boldsymbol{x} \tag{7}$$

where k is the force constant of the light spring with negligible mass, and $\boldsymbol{x}$ is the displacement of the particle connected at the end of the spring in the coordinate with origin at the equilibrium position.

(3) Frictional forces

Kinetic friction exists between solid surfaces moving across each other. It is proportional to the normal force pressing the surface together and points in the direction opposite to the relative motion, that is $f_k = \mu_k N$, where μ_k is the coefficient of kinetic friction. The direction of static friction points in the opposite direction of the tendency to move with respect to each other. The magnitude of maximum static friction is $f_{smax} = \mu_s N$. Here μ_s is the coefficient of static friction, and in general $0 \leqslant f_s \leqslant \mu_s N$.

习题 2

2.1 **填空题**

2.1.1 试写出牛顿第二定律的内容＿＿＿＿＿＿＿＿＿＿及表达式＿＿＿＿＿＿＿＿；在二维平面运动中直角坐标系中的分量式＿＿＿＿＿＿＿，自然坐标系中的分量式＿＿＿＿＿＿＿.

2.1.2 如图所示，三个质量相同的物体相互紧靠在一起放在光滑的水平面上，如果已知它们同时分别受到水平力 F_1 和 F_2 的作用，而 $F_1 > F_2$，则物体1施于物体2的作用力的大小为＿＿＿＿＿＿＿，方向为＿＿＿＿＿＿＿.

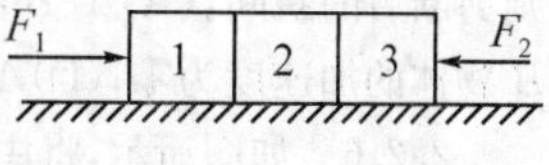

题 2.1.2 图

2.1.3 如图所示，弹簧两端分别与质量为 m_1 和 m_2 的两个物体相连，m_1 用不能伸长的轻绳拉着在外力 $\boldsymbol{F}$ 的作用下以加速度 $\boldsymbol{a}$ 竖直上升. 试问：作用在细绳中的张力 $\boldsymbol{T}$ 为多大＿＿＿；在加速上升过程中，如果将绳剪断，该瞬时 m_1 的加速度为多大＿＿＿＿＿＿，m_2 的加速度为多大＿＿＿.

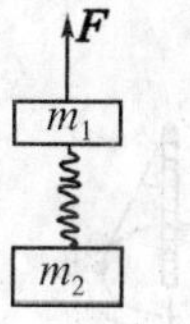

题 2.1.3 图

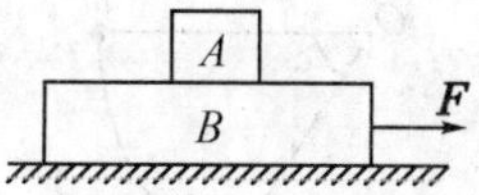

题 2.1.4 图

2.1.4 如图所示，有质量分别为 $m_A = 1$ kg，$m_B = 4$ kg 的 A、B 两物体重叠放在光滑水平面上，A、B 之间摩擦系数为 $\mu = 0.2$，g 取 10 m·s^{-2}. 如果在物体 B 上施一大小为 15 N 的水平拉力 $\boldsymbol{F}$，则 A 物体相对于地的加速度大小是＿＿＿＿＿＿＿，B 物体相对于地的加速度大小是＿＿＿＿＿＿＿＿，经过 1 s 后，A 物体在 B 物体上滑动的距离是＿＿＿＿＿＿＿＿＿＿＿＿＿＿＿＿＿＿＿＿＿＿＿.

2.1.5 倾角为 30°的一个斜面体放置在水平桌面上，一质量为 2 kg 的物体沿斜面下滑，下滑的加速度为 30 m·s^{-2}. 如果此时斜面体静止在桌面上不动，则斜面与桌面间的静摩擦力大小 $f_S =$＿＿＿.

2.1.6 如图所示，质量为 m 的物体从位于竖直平面内的光滑 1/4 圆弧形轨道从静止的 A 点处开始滑下. 当物体滑到 B 点处时速度的大小为＿＿＿；在 B 点处物体法向加速度的大小为＿＿＿，切向加速度的大小为＿＿＿；物体给轨道的正压力大小为＿＿＿.

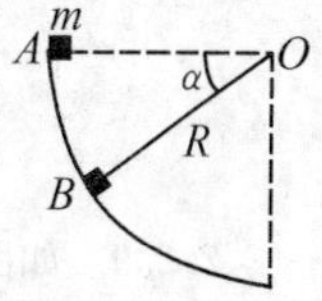

题 2.1.6 图

2.1.7 一体重为 60 kg 的人乘电梯上、下楼，电梯的加速度为 $\boldsymbol{a}$. 试问：下列情况下人作用在电梯地板上的正压力 $\boldsymbol{N}$ 的大小. ①$a = 3.27$ m·s^{-2} 向上运动时，$N =$＿＿＿；②$a = g$ 向上运动时，$N =$＿＿＿；③$a = g$ 向下运动时，$N =$＿＿＿＿＿；④$a = 2$ g 向上运动时，$N =$＿＿＿＿＿；⑤$a = 2g$ 向下运动时，$N =$＿＿＿＿＿＿.

2.1.8 如图所示，在一半径为 R 的半球形碗内，有一质量为 m 的小钢球正以角速度 ω 在水平面内沿碗的光滑内表面做匀速圆周运动，试问：该小钢球做圆周运动时离碗底的高度 H 为＿＿＿.

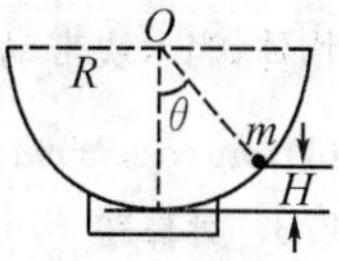

题 2.1.8 图

2.2 **选择题**

2.2.1 物体做下列几种运动时，加速度不变的是：(A)单摆的运动；(B)圆锥摆的运动；(C)在竖直平面内的匀速率圆周运动；(D)抛射体运动；(E)在水平面内匀速率圆周运动. (　　)

2.2.2 月球表面的重力加速度为地球表面重力加速度的 $\frac{1}{6}$. 一个质量为 1 kg 的物体，在月球表面时的质量和重量分别为：(A) $\frac{1}{6}$ kg，$\frac{9.8}{6}$ N；(B) $\frac{1}{6}$ kg，9.8 N；(C) 1 kg，$\frac{9.8}{6}$ N；(D) 1 kg，9.8 N. (　　)

2.2.3 如图所示，一质量为 m 的物体 A 放置在倾角为 α 的光滑斜面 B 上，如果斜面 B 在水平外力 $\boldsymbol{F}$ 的作用下，A、B 物体一起以共同的加速度沿光滑桌面向右运动，此时 A 对 B 的正压力大小是：(A)$mg\cos\alpha$；(B)$mg\tan\alpha$；(C)$mg/\sin\alpha$；(D)$mg\cot\alpha$；(E)$mg/\cos\alpha$. (　　)

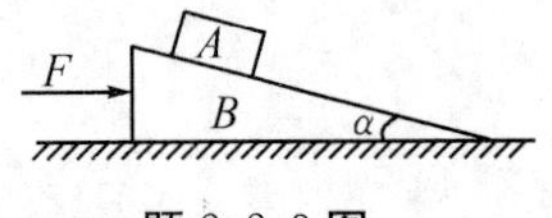

题 2.2.3 图

2.2.4　一质量为 m 的物体自高空中落下，它除受重力外，还受到一个与速率平方成反比的阻力的作用，比例系数为 mk，k 为正的常量，该下落物体的收尾速率大小将是：(A)$g/2k$；(B)$\sqrt{g/k}$；(C) $\sqrt{kg}$；(D)gk；(E)$2g/k$. (　　)

2.2.5　如图所示，质量相同的物体 A、B 用轻质弹簧连结后，再用细绳悬挂于定点 O，突然将细绳剪断，则剪断后的瞬间：(A)A、B 物体的加速度均为零；(B)A、B 物体的加速度均为 g，(C)A 物体的加速度为 $2g$，B 物体的加速度为零；(D)A 物体的加速度为零，B 物体的加速度为 $2g$. (　　)

2.2.6　如图所示，将用轻质不能伸长的细绳系住的小球拉到水平位置后，由静止释放，则小球在下摆过程中，总加速度 $\boldsymbol{a}$ 的大小为：(A)$a=g\sin\alpha$；(B)$a=2g\sin\alpha$；(C)$a=2g\sin\alpha$；(D)$a=\sqrt{3\sin^2\alpha+1}$；(E)$2g$. (　　)

2.2.7　如图所示，一圆锥摆的摆锤质量为 m，摆线长为 l，摆线与竖直方向夹角恒为 θ，则摆的周期为：(A)$2\pi\sqrt{l/g}$；(B)$\sqrt{l/g}$；(C)$2\pi\sqrt{l\cos\theta/g}$；(D)$\sqrt{l\cos\theta/g}$；(E)$\frac{l\cos\theta/g^3}{2\pi}$. (　　)

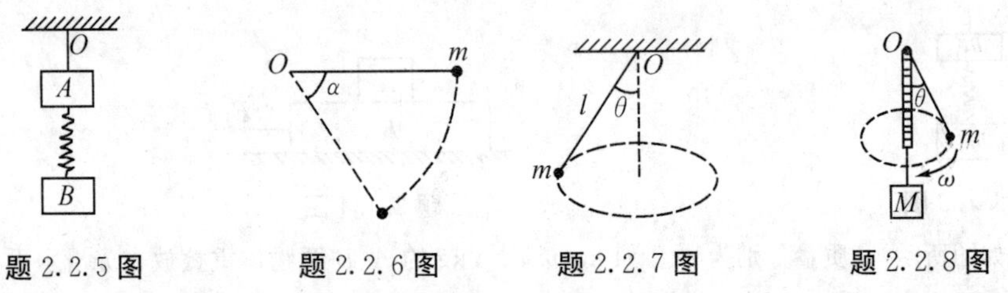

题 2.2.5 图　　题 2.2.6 图　　题 2.2.7 图　　题 2.2.8 图

2.2.8　如图所示，轻质不能伸长的细绳穿过光滑固定的细管，一端系着质量为 m 的摆球，另一端系着一重物 M. 当摆球在水平面内绕细管做匀速率圆周运动且偏角为 θ 时，重物 M 恰好能够保持静止，则摆球与重物的质量之比 $\frac{m}{M}$ 应为：(A)$1/\cos\theta$；(B)$\cot\theta$；(B)$\cos\theta$；(D)1. (　　)

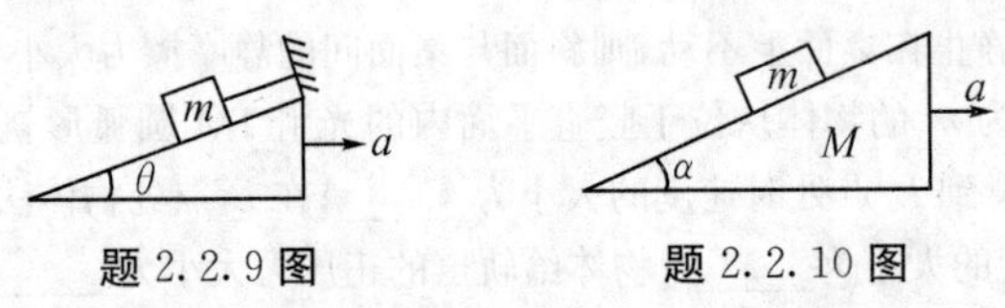

题 2.2.9 图　　题 2.2.10 图

2.2.9　如图所示，物体 m 用平行于斜面的细线连结于光滑的斜面上. 斜面的倾角为 θ，如果斜面向右做加速运动，当物体刚开始脱离斜面的瞬时，它的加速度为：(A)$g\sin\theta$；(B)$g\cos\theta$；(C)$g\tan\theta$；(D)$g\cot\theta$. (　　)

2.2.10　如图所示，一质量为 M 的三角形长块放在水平面上，其倾斜角为 α 的斜面上放有质量为 m 的物体，当木块带动物体一起以加速度 a 向右滑动时，M 对 m 的支持力为：(A)$mg\cos\alpha$；(B)$\frac{Ma}{mg\sin\alpha}$；(C)$\frac{Ma}{\cos\alpha}$；(D)$mg\cos\alpha-ma\sin\alpha$. (　　)

2.3　计算题

2.3.1　如图所示，质量分别为 m_1、m_2 的两物体，摩擦系数都是 μ，假设不计滑轮、绳子的质量及滑轮与轴承间的摩擦力，试求在拉力 F 作用下两物体的加速度及绳的张力. [答案：$a_1=\frac{F-(2m_2+m_1)\mu g}{(4m_2+m_1)}$，$a_2=\frac{F-(2m_2+m_1)\mu g}{2m_2+\frac{1}{2}m_1}$，$T=m_2a_2+\mu m_2 g$]

2.3.2　如图所示，悬挂物体的质量分别为 $m_1=0.2\ \mathrm{kg}$，$m_2=0.1\ \mathrm{kg}$，$m_3=0.5\ \mathrm{kg}$，不计滑轮和悬线质量，忽略轴承摩擦，求：①每个物体的加速度大小；②两根绳子中的张力 T_1 和 T_2 的大小. [答案：①$a_1=1.96\ \mathrm{m\cdot s^{-2}}$，$a_2=3.93\ \mathrm{m\cdot s^{-2}}$；②$T_1=1.568\ \mathrm{N}$，$T_2=0.784\ \mathrm{N}$]

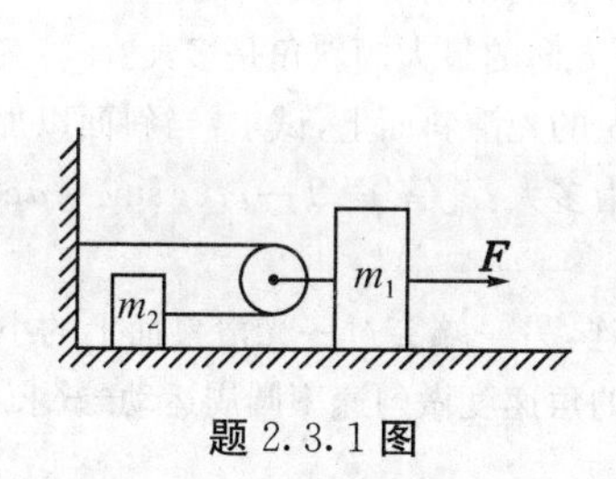

题 2.3.1 图

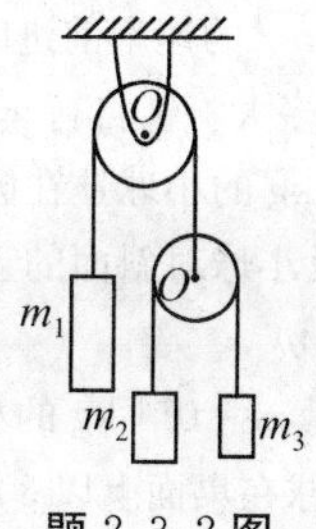

题 2.3.2 图

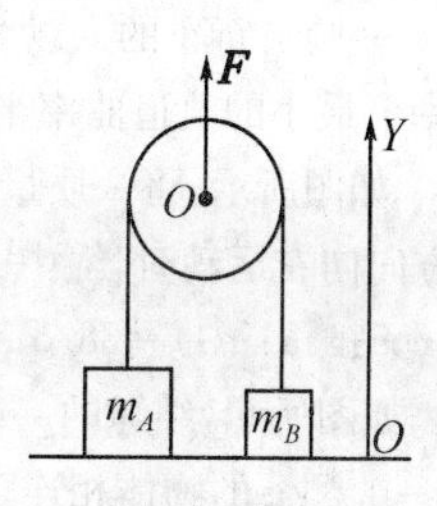

题 2.3.3 图

2.3.3　如图所示,两物体的质量分别为 $m_A=20$ kg,$m_B=10$ kg,它们原来静止在地板上.不计绳子和滑轮质量,若以向上的力作用在滑轮上,当 F 等于①96 N;②196 N;③394 N;④788 N 时,试求:上述各种情况下 A、B 两物体的加速度.[答案:①$a_1=0, a_2=0$;②$a_1=0, a_2=0$;③$a_1=0.005\ \mathrm{m\cdot s^{-2}}, a_2=9.9\ \mathrm{m\cdot s^{-2}}$;④$a_1=9.9\ \mathrm{m\cdot s^{-2}}, a_2=29.6\ \mathrm{m\cdot s^{-2}}$]

2.3.4　如图所示,质量为 M 的楔形木块放在水平面上,斜面上放一质量为 m 的物体,如果每一接触面都是光滑的,斜面的倾角为 θ,试求:①物体 M 对地的加速度 $\boldsymbol{a}_1$ 的大小;②物体 m 对 M 的加速度 $\boldsymbol{a}_2$ 的大小;③物体 m 与楔形木块之间的正压力 $\boldsymbol{N}$ 的大小是否等于 $mg\cos\theta$?④楔形木块与桌面之间的正压力 $\boldsymbol{R}$ 的大小是否等于 $(m+M)g$?[答案:①$a_1=\dfrac{mg\sin\theta\cos\theta}{M+m\sin^2\theta}$;②$a_2=\dfrac{(M+m)g\sin\theta}{M+m\sin^2\theta}$;③$N=\dfrac{Mmg\cos\theta}{M+m\sin^2\theta}$,显然正压力 N 不等于 $mg\cos\theta$;④$R=\dfrac{Mg(M+m)}{M+m\sin^2\theta}$,显然正压力 R 也不等于 $(m+M)g$]

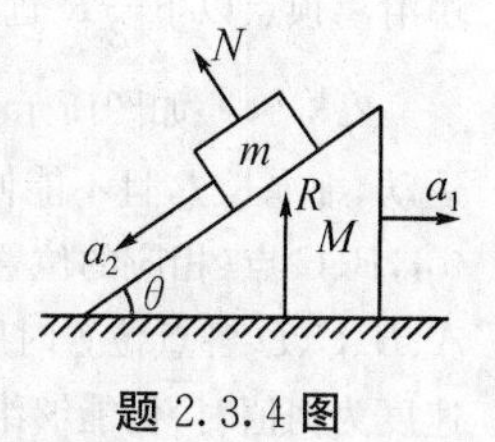

题 2.3.4 图

2.3.5　如图所示,将一根轻绳跨过一轴承处摩擦力可以忽略不计及质量不计的定滑轮,在绳的一端系住一个质量为 m_1 的物体,在另一端有一质量为 m_2 的圆环,以恒定的加速度 a_2' 相对于绳向下滑动,试求:物体 m_1 及 m_2 的加速度及环和绳之间的摩擦力.[答案:$a_1=\dfrac{(m_1-m_2)g+m_2a_2'}{m_1+m_2}$,$a_2=\dfrac{(m_2-m_1)g-m_1a_2'}{m_1+m_2}$,$f_k=m_1m_2\ \dfrac{2g-a_2'}{m_1+m_2}$,$a_2'$ 是相对于绳向下的加速度]

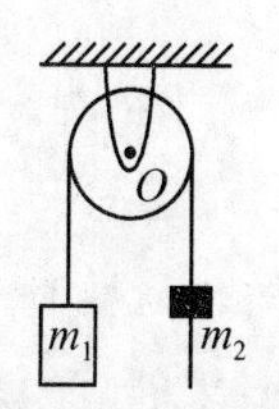

题 2.3.5 图

2.3.6　一质量 $m=45$ kg 的炮弹,由地面以初速度大小 $60\ \mathrm{m\cdot s^{-1}}$ 沿竖直向上发射时,炮弹受到空气阻力为 $f=-kv$,其中 $k=\dfrac{3}{100}$,在国际单位制中,求:①炮弹发射到最大高度所需的时间;②炮弹达到的最大高度为多少?[答案:略]

2.3.7　一光滑的瓷碗以 ω 沿逆时针方向绕其中心垂直轴转动,如果质点放在碗内可以在任何一点保持平衡,试证:碗内表面是以其竖直轴为轴的旋转抛物面,并求出与此抛物面相对应的抛物线方程.[答案:$Z=\dfrac{\omega^2}{2g}x^2$]

2.3.8　如图所示,桌面上重叠放置两块木板,质量分别为 m_1、m_2,m_1 和桌面间的摩擦系数为 μ_1,m_1 与 m_2 间的摩擦系数为 μ_2.试问:沿水平方向用多大的力才能把下面的木板抽出来?[答案:$F\geqslant(\mu_1+\mu_2)(m_1+m_2)g$]

2.3.9　一个质量为 m 的质点沿倾角为 α 的固定斜面下滑,滑动摩擦系数 μ 为定值.质点从斜面顶部开始下滑,试求:t 时刻质点的加速度、速度和滑动的距离为多少?[答案:$a=g(\sin\alpha-\mu\cos\alpha)$,$v=g(\sin\alpha-\mu\cos\alpha)t$,$s=\dfrac{t^2}{2}g(\sin\alpha-\mu\cos\alpha)$]

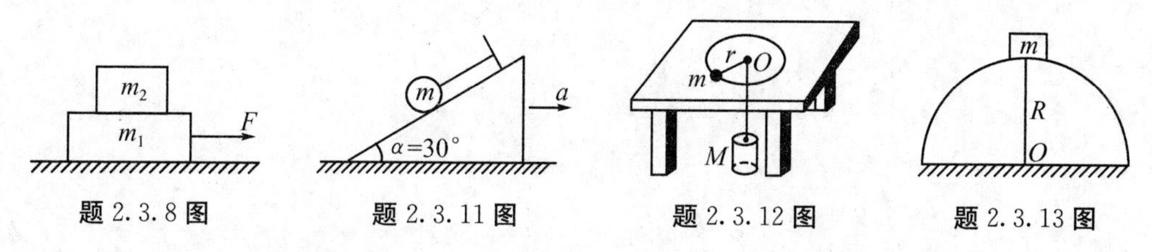

题 2.3.8 图　　题 2.3.11 图　　题 2.3.12 图　　题 2.3.13 图

2.3.10　一骑自行车的人以 29 km·h^{-1}的速率前进时，车胎与公路间的静摩擦系数为 0.32. 试求：①自行车在此速率下最小的轨道曲率半径应是多大？②自行车与竖直方向的最大倾斜角是多大？[答案：略]

2.3.11　如图所示，将一质量 $m=10$ kg 的小球挂在倾角为 α 的光滑斜面上，试求：当斜面以加速度 $a=g/3$ 沿水平方向向右运动时，绳中的张力及小球对斜面的正压力为多大？[答案：$T=m(g\sin\alpha+a\cos\alpha)=77$ N，$N=m(g\cos\alpha-a\sin\alpha)=68.5$ N]

2.3.12　如图所示，细绳的一端与质量 $m=0.1$ kg 的小球相连，另一端穿过一光滑桌面上的小圆孔与另一质量为 $M=0.5$ kg 的物体相连，如果小球在桌面上以 3 r·s^{-1}的角速度做匀速率圆周运动. 试求：圆半径为多大时，M 才能静止不动？[答案：$r=\dfrac{Mg}{4\pi^2n^2m}=0.14$ m]

2.3.13　如图所示，有一滑块从固定的半径为 R 的光滑球面的顶点开始沿球面滑落（初速度可看作零）. 试求：滑块滑到顶点以下多远处，滑块离开球面？[答案：滑块滑离顶点以下 $\dfrac{1}{3}R$ 远时离开球面]

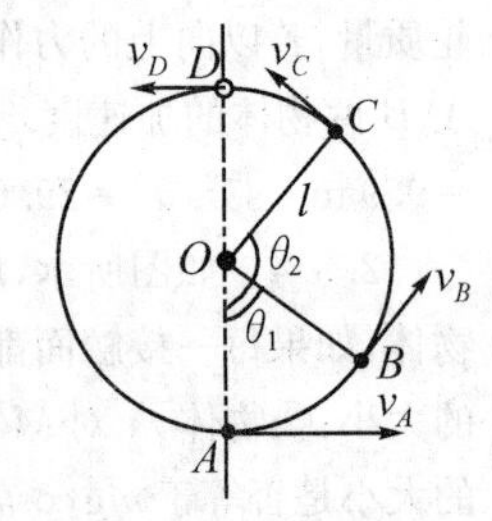

题 2.3.14 图

2.3.14　如图所示，细绳系住一质量为 m 的小球，在竖直平面内绕 O 点做圆周运动，细绳长 l，且不能伸长，质量不计. 如果已知最低点速率为 v_A，最高点的速率为 v_D，B、C 点（相应的位置分别用 θ_1 和 θ_2 表示）的速度为 v_B 和 v_C. 试求：①小球在 A、B、C、D 各点位置时所受的法向力、绳子的张力及切向加速度；②小球最高点的速度为何值时，仍能够维持圆周运动？[答案：略]

第 3 章 功和能

根据牛顿运动定律,原则上可以解决所有动力学问题,牛顿第二定律 $\boldsymbol{F}=m\boldsymbol{a}$ 反映物体受到外界作用(合力)与运动状态变化(加速度)两者之间的瞬时关系. 在许多实际问题中,直接应用牛顿运动定律来解决有关问题比较复杂,但是也可用力在一段位移的累积效果来描述,即力的空间累积效果做功来描述,相应地可以用能量的变化来表示运动状态的变化. 二者的关系就是功和能量变化之间的关系,利用它们之间的关系来解决某些动力学问题要比直接应用牛顿定律简便得多.

本章将介绍功、动能、势能、机械能和能量的概念,以及它们之间相互联系的动能定理、势能定理、功能原理、机械能守恒定律以及能量守恒定律.

3.1 功和功率

3.1.1 功的概念和定义

功的概念直接来源于日常生活和生产实践活动,建筑工地上,起重机挂钩给重物向上的作用力,使重物从地面上升到某一高度,起重机钢绳的拉力对重物做了功;汽车在水平路面上行驶,重力和地面的支持力对汽车不做功. 物理学中功的概念包含两个因素:一是外界对物体所施的作用力,二是物体在力的方向上有一定的位移,两者缺一不可.

(1)恒力所做的功

如图 3.1.1(a)所示,如果物体在恒力 $\boldsymbol{F}$ 的作用下沿力的方向上移动一段位移 $\Delta\boldsymbol{r}$,则力 $\boldsymbol{F}$ 对物体所做的功为

$$A=F|\Delta\boldsymbol{r}| \tag{3-1-1}$$

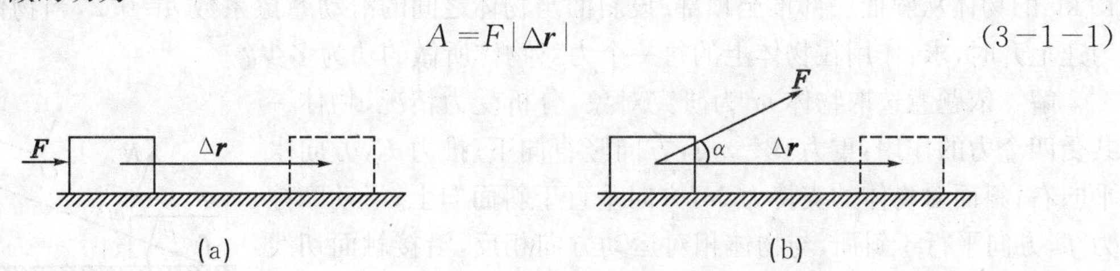

图 3.1.1 恒力所做的功

如图 3.1.1(b)所示,如果力 $\boldsymbol{F}$ 与位移 $\Delta\boldsymbol{r}$ 之间的夹角为 α,则力 $\boldsymbol{F}$ 对物体所做的功为

$$A=|\boldsymbol{F}||\Delta\boldsymbol{r}|\cos\alpha=|\boldsymbol{F}|\cos\alpha|\Delta\boldsymbol{r}| \tag{3-1-2a}$$

上式又可以写为

$$A=\boldsymbol{F}\cdot\Delta\boldsymbol{r} \tag{3-1-2b}$$

上式表明:在直线运动中,恒力 $\boldsymbol{F}$ 对物体所做的功等于力 $\boldsymbol{F}$ 与位移 $\Delta\boldsymbol{r}$ 的标积,或者说功等于作用在物体上的力在位移方向上的分量与位移大小的乘积,还可以说功等于位移在力的方向上的分量与力大小的乘积. 故功是标量,功没有方向,只有大小,但有正、负,功的正、负与力与位移之间夹角的余弦 $\cos\alpha$ 的正、负有关.

由以上可知,力对物体所做的功,决定于力的大小、位移的大小及力和位移夹角 α 的余弦函数. 当 $\alpha=0°$ 时,$\cos\alpha=1$,作用力的方向与位移方向相同,力对物体做正功,且为最大值,$A=$

$|\boldsymbol{F}||\Delta\boldsymbol{r}|$. 例如，水平力 $\boldsymbol{F}$ 拉一物体或竖直力沿竖直方向提起一物体，当 $0°<\alpha<90°$ 时，$0<\cos\alpha<1$，力对物体做正功，$A=|\boldsymbol{F}||\Delta\boldsymbol{r}|\cos\alpha>0$；当 $\alpha=90°$ 时，$\cos\alpha=0$，力作用在物体上，但是在力的方向上没有位移，力对物体就不做功，$A=0$. 又如，当物体做曲线运动时，法向力不做功，当 $90°<\alpha<180°$ 时，$0>\cos\alpha>-1$，力对物体做负功，或者说物体克服该力做正功，$A=-|\boldsymbol{F}||\Delta\boldsymbol{r}|\cos\alpha<0$；当 $\alpha=180°$ 时，$\cos\alpha=-1$，力对物体做负功，且为最大值，$A=-|\boldsymbol{F}||\Delta\boldsymbol{r}|$. 再如，力拉一物体前进时，滑动摩擦力对物体做负功；物体竖直上抛上升的过程中，重力对物体做负功.

物体在运动过程中，受几个恒力的作用，合力对物体所做的总功等于各个恒力对物体所做功的代数和. 故总功 A 为

$$\begin{aligned} A &= \boldsymbol{F}\cdot\Delta\boldsymbol{r}=(\boldsymbol{F}_1+\boldsymbol{F}_2+\cdots+\boldsymbol{F}_i+\cdots+\boldsymbol{F}_n)\cdot\Delta\boldsymbol{r} \\ &= \boldsymbol{F}_1\cdot\Delta\boldsymbol{r}+\boldsymbol{F}_2\cdot\Delta\boldsymbol{r}+\cdots+\boldsymbol{F}_i\cdot\Delta\boldsymbol{r}+\cdots+\boldsymbol{F}_n\cdot\Delta\boldsymbol{r} \\ &= A_1+A_2+\cdots+A_i+\cdots+A_n=\sum_{i=1}^{n}A_i \end{aligned} \tag{3-1-3}$$

在国际单位制中，功的单位是导出单位，规定 1 牛顿的力使物体沿力的方向移动 1 米所做的功为功的单位，称为 1 焦耳，其符号为“J”，即

$$1\text{ 焦耳}=1\text{ 牛顿}\cdot 1\text{ 米}$$

在厘米－克－秒单位制中，规定 1 达因(dyn)的力使物体沿力的方向移动 1 厘米所做的功为功的单位，称为 1 尔格，其符号为“erg”，即

$$1\,\text{erg}=1\,\text{dyn}\cdot 1\,\text{cm}=10^{-7}\,\text{J}$$

在工程单位制中，功的单位是 kgf·m，即

$$1\,\text{kgf}\cdot\text{m}\approx 9.8\,\text{J}$$

在电工学中，功的单位是 1 千瓦·小时(kW·h)，即

$$1\,\text{kW}\cdot\text{h}\approx 3.6\times10^{6}\,\text{J}$$

例 3.1.1 如图 3.1.2 所示，在长 $L=2$ m 的粗糙斜面上，用一水平推力 $\boldsymbol{F}$，将一质量 $m=10$ kg 的物体从斜面底部推至顶部. 设斜面与物体之间的滑动摩擦系数 $\mu=0.2$，当物体沿斜面匀速上升时，求：作用在物体上的每一个力对物体所做的功为多少？

解 依题意选取物体 m 为研究对象，分析受力情况，物体一共受四个力的作用：重力 $\boldsymbol{W}=m\boldsymbol{g}$，方向竖直向下；推力 $\boldsymbol{F}$，方向水平向右；斜面对物体的支持力 $\boldsymbol{N}$，方向垂直于斜面向上；滑动摩擦力 $\boldsymbol{f}$，方向平行于斜面，与物体相对运动方向相反，沿接触面切线方向.

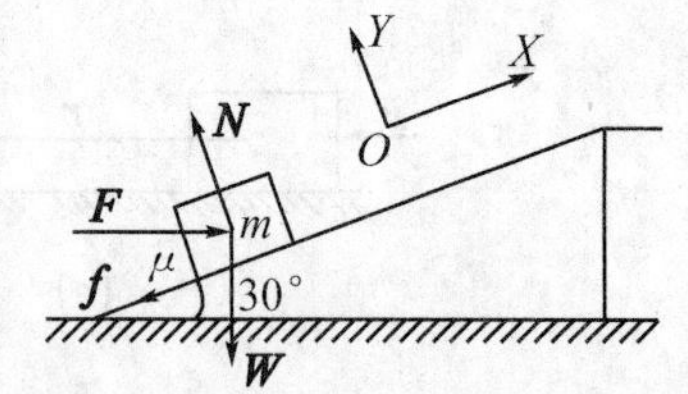

图 3.1.2 例 3.1.1 图示

根据物体受力情况，选择如图 3.1.2 所示的平面直角坐标系，因物体沿斜面匀速上升，则加速度 $\boldsymbol{a}=0$，根据牛顿第二定律可得

X 方向：
$$F\cos30°-f-W\sin30°=0 \tag{3-1-4}$$

Y 方向：
$$N-F\sin30°-W\cos30°=0 \tag{3-1-5}$$

摩擦力大小为
$$f=\mu N \tag{3-1-6}$$

由(3－1－5)式可得 N，代入(3－1－4)式，求得 $\boldsymbol{F}$ 的大小为

$$F=\frac{W(\sin30°+\mu\cos30°)}{\cos30°-\mu\sin30°}=\frac{100\times9.8(0.5+0.2\times0.866)}{0.866-0.20\times0.5}=861.3(\text{N})$$

由(3－1－5)式求得 $\boldsymbol{N}$ 的大小为

$$N=F\sin30^{\circ}+W\cos30^{\circ}=861.3\times0.5+100\times9.8\times0.866=1279.3(\mathrm{N})$$

由(3－1－6)式可得 $\boldsymbol{f}$ 的大小为

$$f=\mu N=0.20\times1279.3=255.9(\mathrm{N})$$

重力 $\boldsymbol{W}$ 对物体所做的功 A_1 为

$$A_1=\boldsymbol{W}\cdot\boldsymbol{l}=Wl\cos120^{\circ}=-Wl\sin30^{\circ}=-100\times9.8\times2\times0.5=-980\ (\mathrm{J})$$

推力 $\boldsymbol{F}$ 对物体所做的功 A_2 为

$$A_2=\boldsymbol{F}\cdot\boldsymbol{l}=Fl\cos30^{\circ}=861.3\times2\times0.86=1491.8\ (\mathrm{J})$$

斜面支持力对物体所做的功 A_3 为

$$A_3=\boldsymbol{N}\cdot\boldsymbol{l}=Nl\cos90^{\circ}=0$$

滑动摩擦力对物体所做的功 A_4 为

$$A_4=\boldsymbol{f}\cdot\boldsymbol{l}=fl\cos180^{\circ}=-fl=-255.9\times2=-511.8\ (\mathrm{J})$$

由以上计算结果可知 A_1 和 A_4 小于零,重力和摩擦力对物体做负功;$A_3=0$,支持力对物体不做功;A_2 大于零,推力对物体做正功. 而 $A_2=|A_1|+|A_4|$,这表明当物体在几个力的作用下做匀速运动时,动力对物体所做的功一定与阻力对物体所做的功大小相等.

(2)变力所做的功

在实际问题中,物体所受力的大小和方向都随位置而变化,力是位置的函数,是一个变力. 一般情况下,物体在变力作用下做曲线运动. 如图 3.1.3 所示,设物体在变力 $\boldsymbol{F}$ 持续作用下,沿曲线轨道,从位置 a 经 c 运动到 b,计算这一过程中 $\boldsymbol{F}$ 对物体所做的功. 先将物体运动轨道分成 N 个无限小的线段,每个无限小线段可以看作是一直线线段. 每一小段直线之内的力 $\boldsymbol{F}_i(\boldsymbol{r})$ 变化很小,可以看作恒力,每一小段直线上的位移称为位移元,各小段上的力 $\boldsymbol{F}_i(\boldsymbol{r})$ 在经过相应的位移元 $\mathrm{d}\boldsymbol{r}_i$ 时,力 $\boldsymbol{F}_i$ 对物体所做的功称为元功,用符号 $\mathrm{d}A_i$ 表示.

如图 3.1.3 所示,$\mathrm{d}\boldsymbol{r}_i$ 为位移元,$\boldsymbol{F}_i(\boldsymbol{r})$ 为该位移元上物体所受的力,力 $\boldsymbol{F}_i$ 与 $\mathrm{d}\boldsymbol{r}_i$ 之间的夹角为 α_i,则力在该无限小过程中对物体所做的元功为

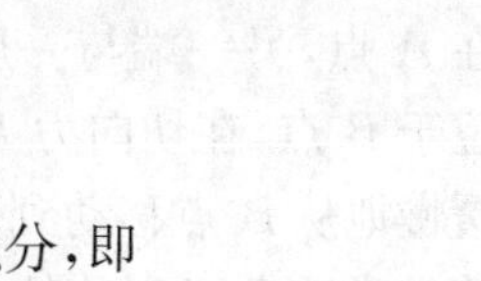

$$\mathrm{d}A_i=\boldsymbol{F}_i\cdot\mathrm{d}\boldsymbol{r}_i=F_i\,\mathrm{d}r_i\cos\alpha_i=F_{i\tau}\,\mathrm{d}r_i \qquad (3-1-7)$$

图 3.1.3　变力所做的功

式中,$\mathrm{d}r_i$ 是位移元 $\mathrm{d}\boldsymbol{r}_i$ 的大小.

物体在力 $\boldsymbol{F}(\boldsymbol{r})$ 的作用下,从位置 a 点经 c 点运动到 b 点这段路程 S 内,变力 $\boldsymbol{F}$ 对物体所做的总功应等于各个无限小过程中元功的总和(代数和),即

$$A=\sum_i\boldsymbol{F}_i\cdot\mathrm{d}\boldsymbol{r}_i$$

或根据积分学可知,当 n 趋于无穷,$\mathrm{d}r$ 趋近于零时,上式求和变成线积分,即

$$A=\int_{r_a}^{r_b}\boldsymbol{F}\cdot\mathrm{d}\boldsymbol{r}=\int_{r_a}^{r_b}F\cos\alpha\,\mathrm{d}r=\int_{r_a}^{r_b}F_\tau\,\mathrm{d}r \qquad (3-1-8)$$

式中,积分符号上的积分上下限 $r_a(a)$ 和 $r_b(b)$ 是表示该积分是从位置 a 开始到位置 b 终止. $\boldsymbol{r}_a$ 和 $\boldsymbol{r}_b$ 是用位置矢量大小表示起点 a 和终点 b 的位置. 知道 $\boldsymbol{F}$ 随 $\boldsymbol{r}$ 变化的关系,可用积分法求出 A.

如果物体同时受到几个变力 $\boldsymbol{F}_1,\boldsymbol{F}_2,\cdots,\boldsymbol{F}_n$ 的作用,则合力 $\boldsymbol{F}$ 为

$$\boldsymbol{F}=\boldsymbol{F}_1+\boldsymbol{F}_2+\cdots+\boldsymbol{F}_n$$

合力对物体所做的功为

$$
\begin{aligned}
A &= \int_{r_a}^{r_b} \boldsymbol{F} \cdot \mathrm{d}\boldsymbol{r} = \int_{r_a}^{r_b} (\boldsymbol{F}_1 + \boldsymbol{F}_2 + \cdots + \boldsymbol{F}_n) \cdot \mathrm{d}\boldsymbol{r} \\
&= \int_{r_a}^{r_b} \boldsymbol{F}_1 \cdot \mathrm{d}\boldsymbol{r} + \int_{r_a}^{r_b} \boldsymbol{F}_2 \cdot \mathrm{d}\boldsymbol{r} + \cdots + \int_{r_a}^{r_b} \boldsymbol{F}_n \cdot \mathrm{d}\boldsymbol{r} \\
&= A_1 + A_2 + \cdots + A_n
\end{aligned} \tag{3-1-9}
$$

由此可见,合力对物体所做的功等于各个力对物体所做功的代数和.

(3)力对物体所做的功在直角坐标系中的表达式

在实际应用中,力 $\boldsymbol{F}(\boldsymbol{r})$ 和位移 $\mathrm{d}\boldsymbol{r}$ 都可以用分量表示,力 $\boldsymbol{F}$ 对物体所做的元功为

$$
\begin{aligned}
\mathrm{d}A &= \boldsymbol{F} \cdot \mathrm{d}\boldsymbol{r} = (F_x \boldsymbol{i} + F_y \boldsymbol{j} + F_z \boldsymbol{k}) \cdot (\mathrm{d}x \boldsymbol{i} + \mathrm{d}y \boldsymbol{j} + \mathrm{d}z \boldsymbol{k}) \\
&= F_x \mathrm{d}x + F_y \mathrm{d}y + F_z \mathrm{d}z
\end{aligned} \tag{3-1-10}
$$

于是力对物体所做的总功 $A = \int_{x_a}^{x_b} F_x \mathrm{d}x + \int_{y_a}^{y_b} F_y \mathrm{d}y + \int_{z_a}^{z_b} F_z \mathrm{d}z$ (3-1-11)

如果物体的运动是一维直线运动,则可选择物体运动的方向为 X 轴正方向.(3-1-11)式可以简化为

$$
A = \int_{x_a}^{x_b} F_x \mathrm{d}x \tag{3-1-12}
$$

如果 $\boldsymbol{F}$ 为恒力,则 $A = F_x(x_b - x_a)$

上式中 $x_b - x_a$ 是物体位移的大小,F_x 是作用在物体上的力 $\boldsymbol{F}$ 在位移方向上的分量.

例 3.1.2 如图 3.1.4 所示,一物体在变力 $F(x) = 3 + 2x$ 的作用下沿 X 轴正方向运动.求:物体从 $x = 2$ m 移动到 $x = 4$ m 时及从 $x = 4$ m 移动到 $x = 6$ m 时该力对物体所做的功.

解 由题意物体沿 X 轴正方向运动,$\mathrm{d}r = \mathrm{d}x$,且力和位移方向相同,$\alpha = 0°$,$\cos\alpha = 1$.

图 3.1.4 例 3.1.2 图示

当物体从 $x = 2$ m 移动到 $x = 4$ m,力对物体所做的总功 A_1 为

$$
A_1 = \int_2^4 F(x)\mathrm{d}x = \int_2^4 (3 + 2x)\mathrm{d}x = (3x + x^2)\Big|_2^4 = 18\ (\mathrm{J})
$$

当物体从 $x = 4$ m 移动到 $x = 6$ m,力对物体所做的总功 A_2 为

$$
A_2 = \int_4^6 F(x)\mathrm{d}x = \int_4^6 (3 + 2x)\mathrm{d}x = (3x + x^2)\Big|_4^6 = 26\ (\mathrm{J})
$$

由此可见,物体在变力作用下移动相同的位移时,力对物体所做的功不一定相等.

例 3.1.3 如图 3.1.5 所示,一劲度系数为 k 的弹簧,一端固定在 A 点,另一端与一质量为 m 的物体相连接,弹簧为原长时物体位于 B 点,在切向力 $\boldsymbol{F}$ 作用下,物体沿半径为 R 的圆柱面匀速而缓慢地从 B 点移动到顶点 C. 试求:①力 $\boldsymbol{F}$ 对物体所做的功;②弹簧的弹性力 $\boldsymbol{f}$ 对物体所做的功. 设摩擦阻力忽略不计.

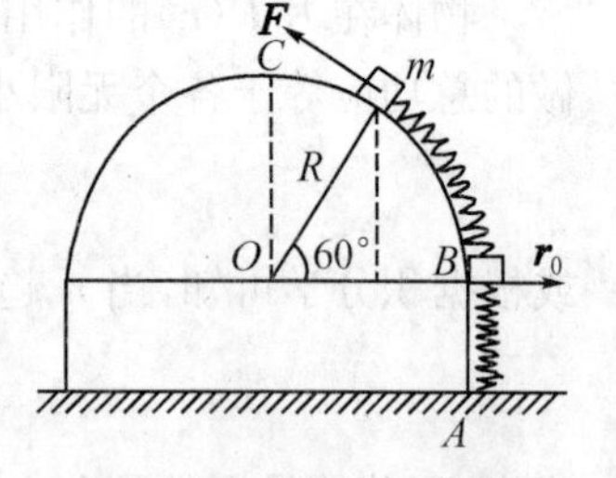

图 3.1.5 例 3.1.3 图示

解 选取物体为研究对象,物体受重力 $\boldsymbol{W} = m\boldsymbol{g}$、圆柱对物体有支持力 $\boldsymbol{N}$、拉力 $\boldsymbol{F}$、弹簧的弹性力 $\boldsymbol{f}$ 的作用. $\boldsymbol{F}$ 及 $\boldsymbol{f}$ 的大小和方向、位移的大小和方向都在变化,是变力做功问题.

①因物体在运动过程中,切向加速度等于零,各力的切向分量的代数和等于零,即

$$
F - f - mg\cos\theta = 0
$$

式中,$f = kS$,S 是弹簧的伸长量,也就是物体从 B 点到物体所在位置的弧长,上式又写为

$$
F = kS + mg\cos\theta
$$

当物体从弧长为 S 处移动到弧长为 $S + \mathrm{d}S$ 处时,力 $\boldsymbol{F}$ 所做的元功为

$$dA = \boldsymbol{F} \cdot d\boldsymbol{S} = F dS = kS dS + mg\cos\theta dS$$

由几何关系知：$S = R\theta$，$dS = R d\theta$，上式变为

$$dA = kR^2\theta d\theta + mgR\cos\theta d\theta$$

物体从 B 点匀速率缓慢移动到 C 点的过程中，切向拉力 $\boldsymbol{F}$ 所做的总功为

$$A = kR^2\int_0^{\frac{\pi}{2}}\theta d\theta + mgR\int_0^{\frac{\pi}{2}}\cos\theta d\theta = \frac{k}{2}R^2\left(\frac{\pi}{2}\right)^2 + mgR sin\frac{\pi}{2} = \frac{k}{8}\pi^2R^2 + mgR$$

可见，切向拉力 $\boldsymbol{F}$ 对物体做正功.

②由于弹性力的方向和物体位移方向相反，弹性力对物体所做的功为

$$A = \int_B^C dA = \int_B^C \boldsymbol{f} \cdot d\boldsymbol{S} = \int_B^C f dS\cos 180° = -\int_B^C f dS$$

$$= -\int_0^{\frac{\pi R}{2}} kS dS = -\frac{1}{2}kS^2\Bigg|_0^{\frac{\pi R}{2}} = -\frac{k}{8}\pi^2R^2$$

可见，弹簧的弹性力 $\boldsymbol{f}$ 对物体做负功.

3.1.2 功　率

在做功的因素中不包含时间的因素，为了反映力对物体做功的快慢，在很多实际情况下，不但要考虑完成的总功，还需要考虑完成总功所需要的时间，物理学中引入功率这一物理量来表示对物体做功的快慢. 设做功者在时刻 t 到时刻 $t+\Delta t$ 这段时间间隔内某力对物体所做的功为 ΔA，则在 Δt 时间间隔内的平均功率定义为

$$\text{平均功率} = \frac{\text{完成的功}}{\text{所经历的时间间隔}}$$

若用$\overline{P}$表示平均功率，即

$$\overline{P} = \frac{\Delta A}{\Delta t} \tag{3-1-13}$$

因为功 ΔA 等于作用在物体上的力 $\boldsymbol{F}$ 与位移 $\Delta\boldsymbol{r}$ 的标积，即

$$\Delta A = \boldsymbol{F} \cdot \Delta\boldsymbol{r}$$

所以平均功率为

$$\overline{P} = \frac{\Delta A}{\Delta t} = \boldsymbol{F} \cdot \frac{\Delta\boldsymbol{r}}{\Delta t} = \boldsymbol{F} \cdot \overline{\boldsymbol{v}} \tag{3-1-14}$$

由此可见，平均功率等于作用在物体上的力 $\boldsymbol{F}$ 与物体平均速度的标积.

当 $\Delta t \to 0$ 时，平均功率的极限定义为时刻 t 的瞬时功率，即

$$P = \lim_{\Delta t \to 0}\frac{\Delta A}{\Delta t} = \frac{dA}{dt} \tag{3-1-15}$$

$$P = \frac{dA}{dt} = \boldsymbol{F} \cdot \frac{d\boldsymbol{r}}{dt} = \boldsymbol{F} \cdot \boldsymbol{v} = F_\tau v$$

由此可见，作用在物体上的力 $\boldsymbol{F}$ 的瞬时功率等于作用在物体上的力 $\boldsymbol{F}$ 与物体瞬时速度$\boldsymbol{v}$ 的标积或者瞬时功率等于作用在物体上的切向分力 F_τ 与瞬时速率 v 的乘积. 因为瞬时速度一般是时间的函数，作用力也是时间的函数，所以瞬时功率一般也是时间的函数 $P(t)$.

因为功是能量转换的量度，所以功率的大小表示能量从一种形式转换为另一种形式的快慢的量度.

对于功率必须注意以下几点：

①功率是标量，仅有大小而无方向.

②由 $P = F_\tau v$ 可知，当 P 一定时，牵引力 F_τ 与速率 v 成反比，不能由此得出 $v \to 0$ 时，$F_\tau \to \infty$.

③一定的机器有一定的功率 P，有一定的最大速率 $v_{\max}$，有一定的最大作用力 $F_{\max}$，在额定功率限度内，F_τ 与 v 的乘积总等于 P，这才反映了 $P=\boldsymbol{F}\cdot\boldsymbol{v}$ 的真实的物理意义.

在国际单位制中，功率的单位是焦耳·秒$^{-1}$($\mathrm{J\cdot s^{-1}}$)，称为瓦特，简称瓦(W)，常用的功率单位还有千瓦(kW)和毫瓦(mW).

$$1\text{ 千瓦(kW)}=10^3\text{ 瓦特(W)}$$

$$1\text{ 毫瓦(mW)}=10^{-3}\text{(W)}$$

在实际中还常用马力做功率的单位，即

$$1\text{ 马力}=75\text{ 千克力·米·秒}^{-1}\approx 735\text{ 瓦特}$$

在工程上常用功率单位乘以时间作为功的单位，常用的单位是瓦特小时. 1 瓦特小时的功等于 1 瓦特功率的机器工作 1 小时所输出的功.

3.2 动能和动能定理

3.2.1 动 能

在运动学中，物体的运动状态可以用速度来描述. 物体由于具有速度就能够对其他物体做功，说明物体具有能量. 物体由于做机械运动而具有的能量，称为动能，用 E_K 表示，其定义为

$$E_K=\frac{1}{2}mv^2 \tag{3-2-1}$$

式中，m 是质点的质量或做平动的物体的质量，v 是质点的速率或做平动的物体的速率. 由于动能是物体的速率的函数，所以动能也是描述物体运动状态的物理量，是运动状态的函数.

3.2.2 动能定理

当力作用于物体时，物体的运动状态(包括位置和速度)发生变化. 力对质点所做的功是力对空间的累积过程，在这个过程中外界与质点有能量交换，将使质点的运动状态发生变化，物体的动能也发生变化. 动能的变化量与力对质点所做功之间的定量关系，就是动能定理.

设一质量为 m 的物体，在力 $\boldsymbol{F}$ 的作用下，沿 X 轴正方向，从 x_1 移动到 x_2，如图 3.2.1 所示. 力 $\boldsymbol{F}$ 对物体所做的功为

$$A=\int \mathrm{d}A=\int_{x_1}^{x_2}\boldsymbol{F}\cdot\mathrm{d}\boldsymbol{x}=\int_{x_1}^{x_2}F\mathrm{d}x$$

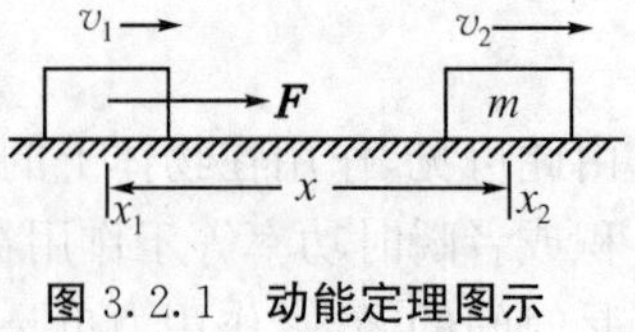

假定物体在 x_1 位置时的速度大小为 v_1，在 x_2 位置时的速度大小为 v_2，根据牛顿运动定律，有

$$F=ma=m\frac{\mathrm{d}v}{\mathrm{d}t}$$

图 3.2.1 动能定理图示

$$A=\int_{x_1}^{x_2}m\frac{\mathrm{d}v}{\mathrm{d}t}\mathrm{d}x=\int_{x_1}^{x_2}m\frac{\mathrm{d}x}{\mathrm{d}t}\mathrm{d}v=\int_{v_1}^{v_2}mv\mathrm{d}v=\frac{1}{2}mv_2^2-\frac{1}{2}mv_1^2 \tag{3-2-2a}$$

设 $\frac{1}{2}mv_2^2=E_{K2}$，$\frac{1}{2}mv_1^2=E_{K1}$，上式可写作

$$A=E_{K2}-E_{K1}=\Delta E_K \tag{3-2-2b}$$

以上结果表明：力对物体所做的功在量值上等于动能的增量，这个结论称为动能定理.

如果物体同时受到几个力的作用，此时力 $\boldsymbol{F}$ 应理解为所有力的矢量和，即合力，上式中力对物体所做的功 A 应理解为合力对物体所做的功. 由(3－2－2b)式可得

$$A=\frac{1}{2}mv_2^2-\frac{1}{2}mv_1^2=E_{K2}-E_{K1}=\Delta E_K \tag{3-2-3}$$

以上结果表明：合力对物体所做的功等于物体动能的增量，这个结论称为动能定理.

如果物体所受的力是变力，物体的运动轨道是曲线，物体在力 $\boldsymbol{F}$ 的作用下沿曲线从位置1移动到位置2，如图3.2.2所示. 物体移动了无限小的位移 $\mathrm{d}\boldsymbol{r}$ 时，发生了无限小的速率变化 $\mathrm{d}v$，根据(3－1－4)式，力 $\boldsymbol{F}$ 对物体所做的元功为

$$\mathrm{d}A=\boldsymbol{F}\cdot\mathrm{d}\boldsymbol{r}=F_\tau\mathrm{d}S$$

式中，F_τ 是切向分力，根据牛顿第二定律，有

$$F_\tau=m\frac{\mathrm{d}v}{\mathrm{d}t}$$

式中，$\frac{\mathrm{d}v}{\mathrm{d}t}$是切向加速度.

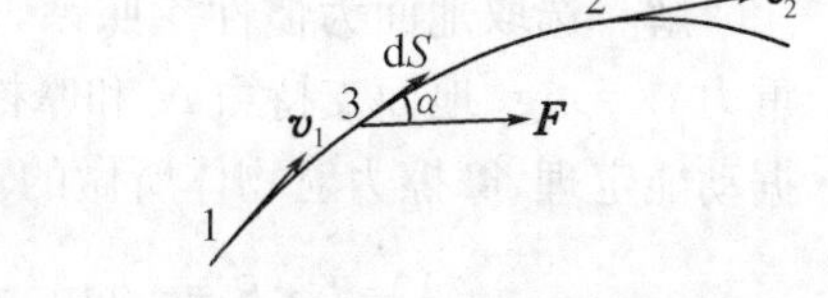

图 3.2.2 动能定理图示

$$\mathrm{d}A=m\frac{\mathrm{d}v}{\mathrm{d}t}\mathrm{d}S=m\frac{\mathrm{d}S}{\mathrm{d}t}\mathrm{d}v=mv\mathrm{d}v$$

式中，$\frac{\mathrm{d}S}{\mathrm{d}t}$是物体的速率. 物体从位置1移动到位置2时力对物体所做的总功为

$$\begin{aligned}A&=\int_{v_1}^{v_2}\mathrm{d}A=m\int_{v_1}^{v_2}v\mathrm{d}v=\frac{1}{2}mv_2^2-\frac{1}{2}mv_1^2\\&=E_{K2}-E_{K1}=\Delta E_K\end{aligned} \tag{3-2-4}$$

式中，v_1 和 v_2 分别是物体在位置1和位置2的速率，E_{K1} 和 E_{K2} 分别是物体在位置1(初态)和位置2(终态)时的动能. 以上结果也表明：力对物体所做的功等于物体动能的增量，所以不论是一个力还是几个力，是变力还是恒力，是曲线运动还是直线运动，都可以满足动能定理.

当合力对物体做正功时，$A>0$，$E_{K2}>E_{K1}$，物体的动能增加，其他物体的能量转换为物体动能增加量；当合力对物体不做功时，$A=0$，$E_{K2}=E_{K1}$，物体的动能保持不变，物体既不输入能量也不输出能量；当合力对物体做负功或者物体对外界做正功时，$A<0$，$E_{K2}<E_{K1}$，物体的动能减少，物体的一部分动能以某种形式的能量传递给其他物体.

对动能和动能定理必须注意以下几点：

①动能的物理意义. 动能是物体机械运动的速率的函数，所以动能是描述物体机械运动状态的物理量.

②动能 $E_K=\frac{1}{2}mv^2$，是标量，仅有大小，而无方向，且恒为正值.

③动能是一相对量，与所选择的参照系有关. 因速度是相对量，与所选取的参照系有关，所以物体的动能的大小是相对于某一惯性参照系而言的.

④动能是物体运动状态的单值函数，是一状态量，是与物体机械运动的速率相联系的能量.

⑤动能定理不仅适用于单个质点，也适用质点系. 质点动能定理，A 就是合力对质点所做的功，ΔE_K 是质点的动能增量；质点系的动能定理，A 就是所有作用力(合外力、保守内力、非保守内力)对整个质点系做的总功，ΔE_K 是质点系动能的增量.

⑥动能定理是从牛顿第二定律导出的，它与牛顿第二定律一样，只适用于惯性参照系.

⑦根据动能定理，合力对物体或物体系所做的功等于物体或物体系末状态动能和初状态

动能的差值，而不涉及中间状态，因此，应用动能定理求解有关力学问题比应用牛顿第二定律求解有关力学问题更简便.

动能的单位与功的单位相同，在国际单位制中，动能的单位是焦耳. 在厘米－克－秒制中，动能的单位是尔格，1 尔格 $=10^{-7}$ 焦耳.

例 3.2.1　如图 3.2.3 所示，一质量为 $m=1$ kg 的物体，在粗糙的水平面上滑动，相对于地面的初速率 $v_0=6\ \mathrm{m\cdot s^{-1}}$，末速率 $v_1=2\ \mathrm{m\cdot s^{-1}}$；另有一辆汽车相对于地面以速率 $v=10\ \mathrm{m\cdot s^{-1}}$ 做匀速直线运动. 试求：分别以地面和汽车为参照系，物体在运动过程中摩擦力所做的功.

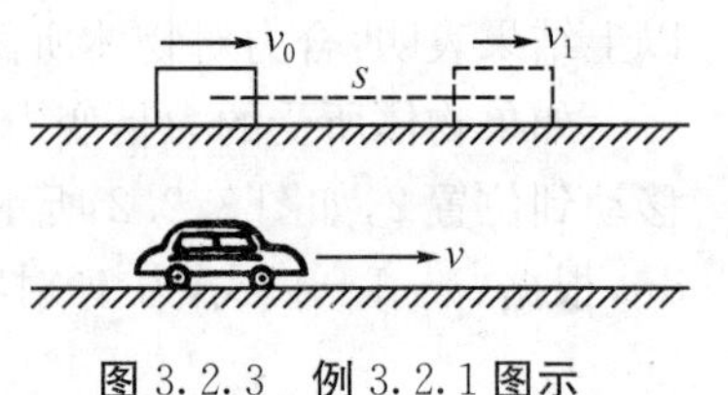

图 3.2.3　**例** 3.2.1 **图示**

解　选取地面为惯性参照系，以物体为研究对象，物体受重力 $\boldsymbol{W}=m\boldsymbol{g}$，地面支持力 $\boldsymbol{N}$ 和摩擦力 $\boldsymbol{f}$ 的作用，物体在运动过程中仅摩擦力对物体做功. 根据动能定理，摩擦力对物体所做的功为

$$A=\boldsymbol{f}\cdot\boldsymbol{S}=\frac{1}{2}mv_1^2-\frac{1}{2}mv_0^2=\frac{1}{2}\times1\times2^2-\frac{1}{2}\times1\times6^2=-16\ (\mathrm{J})$$

可见，滑动摩擦力对物体做负功，亦即物体克服滑动摩擦阻力做正功.

选取汽车为参照系，汽车相对于地面做匀速直线运动，也是惯性参照系. 物体相对于汽车的初速度为 $(\boldsymbol{v}_0-\boldsymbol{v})$，末速度为 $(\boldsymbol{v}_1-\boldsymbol{v})$，由于速率 $(|\boldsymbol{v}|>|\boldsymbol{v}_0|)$，所以汽车上的观察者看到物体是向后运动，运动方向与滑动摩擦力的方向相同，滑动摩擦力对物体做正功，即

$$\begin{aligned}A'=\boldsymbol{f}\cdot\boldsymbol{S}'&=\frac{1}{2}m(v_1-v)^2-\frac{1}{2}m(v_0-v)^2\\&=\frac{1}{2}\times1\times(2-10)^2-\frac{1}{2}\times1\times(6-10)^2=24(\mathrm{J})\end{aligned}$$

由该题可知，从不同的惯性参照系观察到同一物体的速度和动能是不相同的，速度和动能具有相对性，计算同一个作用力对物体所做的功就不相同. 适当地选取惯性参照系，也可以使滑动摩擦力对物体做正功.

3.3　物体系的势能

3.3.1　保守力所做的功和物体系的势能

根据力对物体做功的特点，可以把力分为保守力和非保守力，保守力做功仅与路径起点位置和终点位置有关，而与路径无关，非保守力做功与路径有关. 如果一个物体系内物体之间存在相互作用的保守力，则当物体的相对位置发生变化时，保守力就要做功，而与物体位置有关的能量就要发生变化，即势能发生变化. 物体系统中物体之间存在相互作用的保守内力，由物体间的相对位置决定的能量，称为物体系的势能，亦称为位能. 下面讨论保守力做功的特点及相应的势能.

(1)重力所做的功和重力势能

由于物体在地面上受到地球引力的作用，地面上的物体都受到重力的作用. 如图 3.3.1 所示，以地球为参照系，建立直角坐标系 $OXYZ$. 一质量为 m 的物体，沿曲线从 a 点经 c 点移动到 b 点，求在此过程中重力对物体所做的功. 在任意一点 c 附近的位移元为 $\mathrm{d}\boldsymbol{S}$，重力对物体所做的元功为

$$dA = \boldsymbol{F} \cdot d\boldsymbol{S} = mg\cos\alpha dS$$

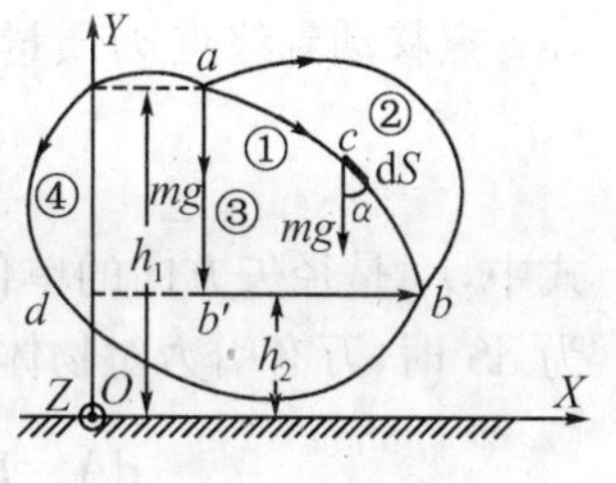

图 3.3.1 重力势能

由图可知，$dy = -dS\cos\alpha$，代入上式可得

$$dA = -mg dy \tag{3-3-1}$$

式中，dy 是 dS 在 Y 轴上的投影. 物体从 a 点经 c 点移动到 b 点，重力对物体所做的总功为

$$A = \int_{y_1}^{y_2} - mg dy = -(mgy_2 - mgy_1) = mgh_1 - mgh_2 \tag{3-3-2}$$

式中，h_1 和 h_2 分别是物体离地面的高度. 以上结果表明，重力对物体所做的功，仅与物体的初点位置（$y = y_1 = h_1$）和终点位置（$y = y_2 = h_2$）有关，而和物体所经过的路径形状无关. 如果物体在重力作用下沿 adb 曲线移动到 b 点，重力所做的功为

$$A_{adb} = A_{acb} = mgh_1 - mgh_2$$

重力方向竖直向下，重力沿 bda 曲线与沿 adb 曲线上的相应的位移元方向相反，所以 bda 曲线上每一位移元内重力所做的元功必然与 adb 曲线上相对应的每一位移元内重力所做的元功大小相等，符号相反. 积分后总功为

$$A_{adb} = -A_{bda}$$

重力沿一闭合曲线 $acbda$ 对物体所作做的总功为

$$A_{acbda} = A_{acb} - A_{adb} = A_{acb} - A_{acb} = 0$$

由此可见，重力沿任意一闭合曲线对物体所做的功等于零，这种力称为保守力.

如果某一种力对物体所做的功，仅与路径的起点位置和终点位置有关，而和物体所经过的路径形状无关，则这种力称为保守力；或者说，如果某一种力对沿任意一闭合路径运动一周的物体所做的功等于零，则这种力称为保守力. 以上两种定义是等价的.

将物体和地球组成一个物体系，物体所受的内力，就是保守力. 物体在重力作用下由 a 点经 c 点移动到 b 点，重力所做的功为

$$A_{acb} = mgh_1 - mgh_2$$

物体在重力场中的势能称为重力势能. 如果用 E_{p1} 和 E_{p2} 分别表示物体系中的物体在起点位置 a 和终点位置 b 的重力势能，则

$$E_{p1} = mgh_1 + C \tag{3-3-3a}$$

$$E_{p2} = mgh_2 + C \tag{3-3-3b}$$

式中，C 为任意常量，与所选择的势能参考位置有关. 将重力势能的定义式代入（3－3－2）式，可得

$$A = E_{p1} - E_{p2} = -(E_{p2} - E_{p1}) = -\Delta E_p \tag{3-3-4}$$

上式表明：重力对物体所做的功等于起点势能和终点势能的差值，或者说重力对物体所做的功等于重力势能的负增量.

根据重力势能的定义式（3－3－3），重力势能的大小可以相差一任意常量 C，这表明重力势能的大小只有相对意义，常量 C 与势能零点（参考点）位置的选择有关. 若规定的物体在地球表面上，即 $h = 0$ 时的势能等于零，则（3－3－3）式中，$C = 0$，此时（3－3－3）式变为

$$E_p = mgh \tag{3-3-5}$$

（2）万有引力所做的功和万有引力势能

如图 3.3.2 所示，设两物体的质量分别为 M 和 m，质量为 m 的物体沿任意曲线从起点 a

经 c 点移动到终点 b,质量为 m 的物体所受的万有引力为

$$\boldsymbol{F}=-G\frac{Mm}{r^{2}}\boldsymbol{r}_{0} \qquad (3-3-6)$$

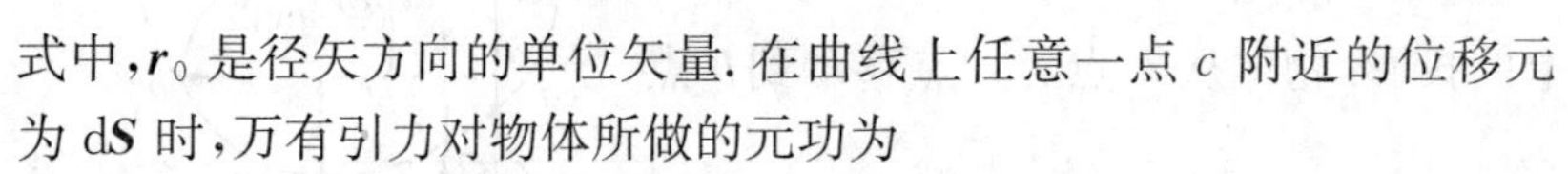

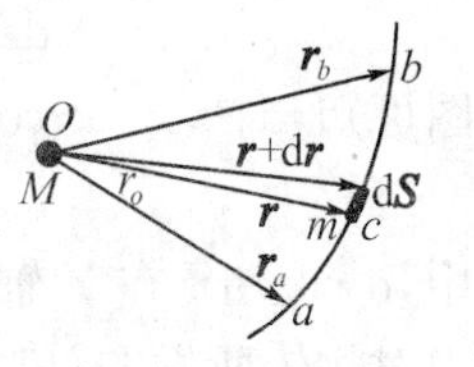

图 3.3.2 万有引力势能

式中,$\boldsymbol{r}_0$ 是径矢方向的单位矢量. 在曲线上任意一点 c 附近的位移元为 d$\boldsymbol{S}$ 时,万有引力对物体所做的元功为

$$\mathrm{d}A=\boldsymbol{F}\cdot\mathrm{d}\boldsymbol{S}=-G\frac{Mm}{r^{2}}\boldsymbol{r}_{0}\cdot\mathrm{d}\boldsymbol{S} \qquad (3-3-7\mathrm{a})$$

由图 3.3.2 可知,$\boldsymbol{r}_0\cdot\mathrm{d}\boldsymbol{S}=\mathrm{d}r$,代入上式可得

$$\mathrm{d}A=-G\frac{Mm}{r^{2}}\mathrm{d}r \qquad (3-3-7\mathrm{b})$$

物体从 a 点经过 c 点移动到 b 点时,万有引力对物体所做的总功为

$$\begin{aligned}A&=\int_{a}^{b}\mathrm{d}A=-GMm\int_{r_a}^{r_b}\frac{\mathrm{d}r}{r^{2}}=-GMm\left(\frac{1}{r_a}-\frac{1}{r_b}\right)\\&=\left(-\frac{GMm}{r_a}\right)-\left(-\frac{GMm}{r_b}\right)\end{aligned} \qquad (3-3-8)$$

式中,r_a 和 r_b 分别代表起点 a 和终点 b 的相对位置(径矢的大小). 由(3-3-8)式可见,万有引力对物体所做的功仅与起点位置和终点位置有关,而和物体所经过的路径形状无关,万有引力也是保守力. 物体在万有引力场中的势能称为万有引力势能,定义万有引力势能为

$$E_p=-G\frac{Mm}{r}+C \qquad (3-3-9)$$

式中,C 是任意常量,与所选择的势能参考位置有关. 代入(3-3-8)式,万有引力对物体所做的功可以用物体在万有引力场中的势能的负增量表示,即

$$A=E_{p1}-E_{p2}=-(E_{p2}-E_{p1})=-\Delta E_p \qquad (3-3-10)$$

由此可见,万有引力对物体所做的功等于引力势能增量的负值. 引力势能的大小可以相差一任意常量 C,也只有相对的意义,常量 C 与势能零点(参考点)位置的选择有关,若规定两物体相距无穷远,即 $r\to\infty$ 的万有引力势能等于零,则(3-3-9)式中,$C=0$,此时(3-3-9)式变为

$$E_p=-G\frac{Mm}{r} \qquad (3-3-11)$$

由于重力是地球对物体的引力所产生的,所以重力势能实质上也是引力势能的一种特例.

(3)弹性力对物体所做的功和弹性势能

如图 3.3.3 所示,一轻弹簧的一端固定,另一端连结一质量为 m 的物体,当弹簧处于自然伸长状态时,物体位于坐标原点 O,此时 $x=0$,弹簧的自然长度为 x_0,物体所受弹性力等于零,该位置称为平衡位置. 当物体由于外力 $\boldsymbol{F}$ 的作用,位于 $x\neq0$ 的任何位置时,弹簧不论处于被拉伸或压缩状态,弹簧都有一恢复到自然长度 x_0 的弹性力作用于物体. 根据胡克定律,在弹性限度内,弹性力 $\boldsymbol{F}$ 的大小与位移大小 Δx 成正比,方向与位移 $\Delta\boldsymbol{x}$ 方向相反,永远指向平衡位置. 弹性力 $\boldsymbol{F}$ 可表示为

$$F=-k\Delta x=-k(x-x_0) \qquad (3-3-12)$$

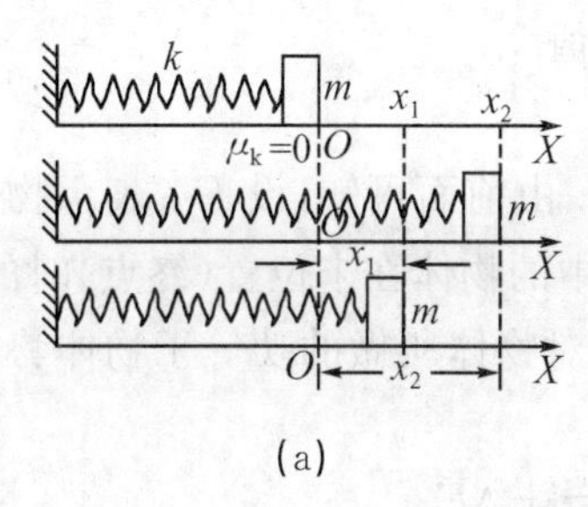

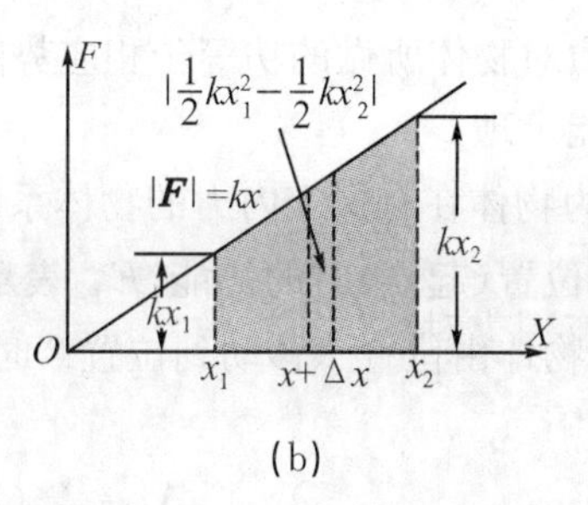

图 3.3.3 弹性势能

式中,k 为弹簧的劲度系数,负号表示弹性力的方向. 当弹簧被拉伸,$\Delta x>0$ 时,$F<0$,弹性力指向 $-X$ 方向;当弹簧被压缩,$\Delta x<0$ 时,$F>0$,弹性力指向 $+X$ 方向. 当物体在外力 $\boldsymbol{F}'$ 的作用下,在光滑平面上将物体匀速地从 x_1 移动至 x_2 时,线性弹性力 $\boldsymbol{F}$ 对物体所做的功为

$$A_F=\int_{x_1}^{x_2}\boldsymbol{F}\cdot\mathrm{d}\boldsymbol{x}=\int_{x_1}^{x_2}-F\mathrm{d}x=-k\int_{x_1}^{x_2}x\mathrm{d}x=\frac{1}{2}kx_1^2-\frac{1}{2}kx_2^2 \qquad (3-3-13)$$

如果物体初始位置处于坐标原点 O,$x_1=0$,则弹性力对物体所做的功为

$$A_F=-\frac{1}{2}kx_2^2=-\frac{1}{2}kx^2 \qquad (3-3-14)$$

可见,弹性力所做的功与位移 x 的平方成正比. 一般情况下,弹性力对物体所做的功也只与起点位置(x_1)和终点位置(x_2)有关,而和物体所经过的路径形状无关,弹性力也是保守力. 仿照重力势能和引力势能,定义物体在弹性力场中的势能,称为弹性势能,弹性势能 E_p 为

$$E_p=\frac{1}{2}kx^2+c \qquad (3-3-15)$$

若规定物体在平衡位置 $x=0$ 时的弹性势能为零,则 $c=0$,弹性势能 E_p 为

$$E_p=\frac{1}{2}kx^2 \qquad (3-3-16)$$

把(3-3-16)式代入(3-3-13)式,可得

$$A_F=E_{p1}-E_{p2}=-(E_{p2}-E_{p1})=-\Delta E_p \qquad (3-3-17)$$

可见,弹性力对物体所做的功等于弹性势能增量的负值,即等于弹性势能的减少量. 若外力克服弹性力做正功,使物体由起点位置 x_1 移动到终点位置 x_2,则弹性势能将增加,而弹性力对物体做负功. 弹性力(在弹性限度内)沿任一闭合路径再回到原处,则整个过程中弹性力所做的功为零.

3.3.2 重力、万有引力、弹性力所做功的特点和势能定理

(1)保守力所做的功的特点

重力、万有引力、弹性力对物体所做的功的特点是只与路径的起点位置和终点位置有关,而与物体所经过的路径形状无关;或者说物体沿任一闭合路径移动一周,力对物体所做的总功等于零,因此凡具有这一性质的力都是保守力.

重力、万有引力、弹性力所做的功可以表示为

$$A_{重}=mgh_1-mgh_2=-(mgh_2-mgh_1)=-\Delta E_{p重}$$

$$A_{引}=-GMm\left(\frac{1}{r_a}-\frac{1}{r_b}\right)=-\left[\left(-G\frac{Mm}{r_b}\right)-\left(-G\frac{Mm}{r_a}\right)\right]=-\Delta E_{p引} \qquad (3-3-18)$$

$$A_{弹}=\frac{1}{2}kx_1^2-\frac{1}{2}kx_2^2=-\left(\frac{1}{2}kx_2^2-\frac{1}{2}kx_1^2\right)=-\Delta E_{p弹}$$

可见,保守力对物体所做的功等于相应势能增量的负值.

(2)势能定理

E_p 称为物体在有保守内力的物体系统中的势能.由前面可知,设 E_{p1} 表示物体系统中的物体在初始位置(起点)时的势能,E_{p2} 表示物体系统中的物体在末位置(终点)时的势能,则物体系统中的物体由位置 1 移动到位置 2 时,保守内力对物体所做的功等于物体势能的增量的负值,即

$$A_{12}=-(E_{p2}-E_{p1})=-\Delta E_p \tag{3-3-19}$$

可见,保守内力对物体所做的功决定于物体系统势能的改变量,也就是决定于起始位置和末位置的势能差.保守内力对物体系统做正功,$A_{保内}>0$,则 $E_{p2}<E_{p1}$,物体系统的势能减小;保守内力对物体系统做负功,即外力反抗保守内力做正功,$A_{保内}<0$,则 $E_{p2}>E_{p1}$,物体系统的势能增加.

(3)几点说明

①对于一个物体系统,只有物体系内存在相互作用的保守内力时,才能引入势能的概念,势能是属于相互作用的物体系统所具有的.

②势能的大小是一相对量,具有相对的意义,因为保守内力做功与路径无关,而仅由初状态、末状态的位置决定.由保守内力做功来定义初、末两态的势能差,所定义的势能只与相对位置有关.物体系中物体在某一位置所具有的势能值与所选定的势能为零的参考位置有关.在计算某一物体系的势能时,必须指明所选定的零势能参考位置.零势能位置的选取具有任意性,根据所研究的问题简便性来决定.

③势能的差值具有绝对性,与所选取的零势能的位置无关.

④势能是状态量,是状态的单值函数,势能的大小随着物体系统相对位置变化而变化.

⑤物体系统内力所做的功的代数和与参照系的选择无关.

势能的单位与动能的单位相同,在国际单位制中,势能的单位也是焦耳.在厘米－克－秒制中,势能的单位是尔格.

3.3.3 非保守力所做的功

由上面分析看出,当物体系统的内力为万有引力、重力、弹簧的线性弹性力时,这些力对物体系统所做的功,仅与物体系统的初状态和末状态的相对位置有关,而与路径无关;或者说物体系统沿任意闭合路径回到初状态,这些力对物体系统所做的功等于零,具有这种性质的力称为保守力.而摩擦力、压力、张力、冲力等非线性弹力对物体系统所做的功一般不仅与物体系统的初状态和末状态的相对位置有关,而且与路径有关,具有这种性质的力称为非保守力或耗散力.对于非保守内力,根据非保守力做功的特点,不可能定义一个仅由位置决定的能量函数,没有与它们相对应的势能.

(1)摩擦力所做的功

如图 3.3.4 所示,设物体在外力 $\boldsymbol{F}$ 的作用下在粗糙的水平面上向右做直线运动.在物体移动的位移为 $\boldsymbol{S}$ 的过程中,滑动摩擦力 $\boldsymbol{f}$ 所做的功为

$$A=\boldsymbol{f}\cdot\boldsymbol{S}=fS\cos180^\circ=-fS \tag{3-3-20}$$

如果物体在外力 $\boldsymbol{F}$ 的作用下,在粗糙的水平面内沿半径为 R 的圆周运动一周回到初状态位置,摩擦力 $\boldsymbol{f}$ 所做的功为

$$A = \int \mathrm{d}A = \int \boldsymbol{f} \cdot \mathrm{d}\boldsymbol{S} = -\int_0^{2\pi R} f \mathrm{d}S = -f2\pi R \tag{3-3-21}$$

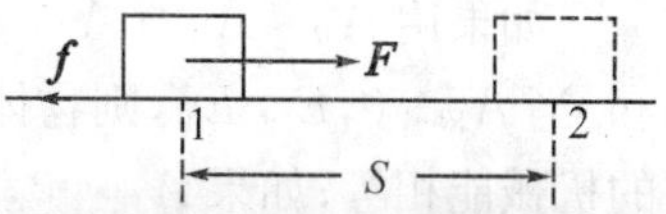

图 3.3.4 摩擦力所做的功

可见，滑动摩擦力对物体所做的功，不仅与初状态和末状态的位置有关，而且与路径的长短有关，或者说物体沿任意闭合路径运动一周时，滑动摩擦力对物体所做的功不等于零. 摩擦力是非保守力，摩擦力对物体所做的功一般转换为内能而耗散掉.

一般情况下，滑动摩擦力对物体做负功，但也可以对物体做正功；在物体不运动的情况下，静摩擦力不做功，但是静摩擦力也可以对物体做正功.

重力、万有引力、弹性力、静电场力(库仑力)等是保守力，摩擦力、粘滞力等是耗散力.

力场是一种矢量场，在一定空间范围内，每一点都有确定的力相对应，形成矢量场.

3.4 功能原理和机械能守恒定律

3.4.1 机械能

在力学中，一个物体系统具有势能，还可能具有动能，通常将物体系统所具有的势能和动能的和称为机械能，它是系统机械运动的量度，通常用 E 表示物体系统的机械能，用 E_p 表示势能，E_K 表示动能，则有

$$E = E_p + E_K \tag{3-4-1}$$

而且有

$$\Delta E = \Delta E_p + \Delta E_K \tag{3-4-2}$$

表示物体系统机械能的增量等于物体系统势能的增量与动能增量的总和.

3.4.2 功能原理

一般情况下，物体系统所受的力分为外力和内力，而根据内力对物体系统所做功的性质又可分为保守内力和非保守内力. 物体系统所受的合力所做的功等于物体系统所受合外力所做的功、保守内力所做的功和非保守内力所做的功的总和(代数和). 物体系统的动能定理可表示为

$$A_{总} = A_{外} + A_{保内} + A_{非保内} = E_K - E_{K0} \tag{3-4-3}$$

上式表明：合外力对物体系统所做的功与保守内力所做的功及非保守内力所做的功的代数和等于物体系统动能的增量，这就是物体系统的动能定理.

根据势能定理，保守内力对物体系统所做的功等于势能的增量的负值，即

$$A_{保内} = -\Delta E_p = -(E_p - E_{p0}) \tag{3-4-4}$$

将上式代入(3-4-3)式，并移项，可得

$$A_{外} + A_{非保内} = (E_K + E_p) - (E_{K0} + E_{p0}) = E - E_0 \tag{3-4-5}$$

式中，$E_K + E_p$ 和 $E_{K0} + E_{p0}$ 分别表示物体系统的末状态和初状态的总机械能. 上式的物理意义是一切外力(合外力)和一切非保守内力对物体系统所做功的代数和等于物体系统总机械能的增量，称为物体系统的功能原理. 它实质上是物体系统动能定理的变形，只不过把保守内力所做的功用势能的增量的负值表示.

如果用 $A_R = A_{外} + A_{非保内}$，即表示一切外力和一切非保守内力对物体系统所做功的代数和. 当 $A_R > 0, E > E_0$，则物体系统的机械能增加；当 $A_R = 0, E = E_0$，则物体系统初态和终态的机械能相等；如果 $A_{外} = 0, A_{非保内} = 0$，则物体系统的机械能守恒；当 $A_R < 0, E < E_0$，则物体系统的机械能减少.

功能原理和物体系统的动能定理的物理本质是一致的，它们之间的区别在于从不同角度考虑保守内力对物体系统所做的功. 在动能定理中，是保守内力对物体系统所做的功，引起系统动能的变化（ΔE_K）；在功能原理中，是保守内力对物体系统所做的功引起势能的变化（$-\Delta E_p$），而只有合外力所做的功和非保守内力所做的功的代数和不等于零时，才能引起物体系统机械能的改变. 势能是状态函数，动能也是状态函数，用状态函数的改变来描述过程的特征，把功和状态函数相联系起来. 利用动能定理或功能原理来解决有关动力学问题，有时比用力的瞬时作用规律，即牛顿运动定律要简便得多.

例 3.4.1　如图 3.4.1(a)所示，一个质量 $m = 2$ kg 的物体从 A 点静止开始沿着四分之一圆周下滑到 B 点，在 B 点处时速度的大小为 $v = 6\ \text{m} \cdot \text{s}^{-1}$. 已知圆的半径 $R = 4$ m. 试求：物体从 A 点到 B 点的过程中，摩擦力所做的功.

解　方法一：摩擦力在从 A 点到 B 点的运动过程中是变力，先根据牛顿运动定律求出物体所受摩擦力的各瞬时表达式，再用积分法，计算出摩擦力在四分之一圆周路程上所做的总功.

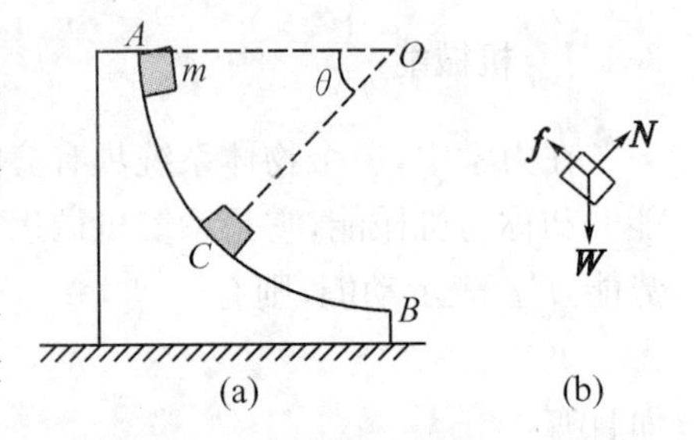

图 3.4.1　例 3.4.1 图示

选取地球为惯性参照系，物体为研究对象，物体在运动过程中任意位置的示力图如图 3.4.1(b)所示，物体受重力 $\boldsymbol{W} = m\boldsymbol{g}$，轨道支持力 $\boldsymbol{N}$ 和摩擦力 $\boldsymbol{f}$ 的作用.

选取自然坐标系，在轨道的切线方向上，牛顿第二定律的分量表达式为

$$mg\cos\theta - f = m\frac{dv}{dt}$$

可得

$$f = mg\cos\theta - m\frac{dv}{dt}$$

当物体从弧长为 S 的 C 点处移动到弧长度为 $S + dS$ 处时，摩擦力 $\boldsymbol{f}$ 所做的元功为

$$dA = \boldsymbol{f} \cdot d\boldsymbol{S} = -f dS = -mg\cos\theta dS + m\frac{dv}{dt} dS$$

由于 $dS = v dt = R d\theta$，则 $dA = -mg\cos\theta R d\theta + mv dv$，在四分之一圆周上摩擦力所做的总功为

$$A = -\int_0^{\frac{\pi}{2}} mg\cos\theta R d\theta + \int_0^v mv dv = \frac{1}{2}mv^2 - mgR\sin\frac{\pi}{2}$$

$$= \frac{1}{2} \times 2 \times 6^2 - 2 \times 10 \times 4 = -44(\text{J})$$

方法二：由功能原理解该题. 选取物体和地球组成物体系统，在物体由 A 点运动到 B 点的过程中，外力支持力 $\boldsymbol{N}$ 不做功，非保守内力摩擦力做功为 A_f，选取 B 点所在处的水平面为重力势能的零势能参考平面，物体系统在 A 点处初状态的机械能为 mgR，在 B 点处末状态的机械能为 $\frac{1}{2}mv^2$，根据功能原理，可得

$$A_f = \frac{1}{2}mv^2 - mgR = \frac{1}{2} \times 2 \times 6^2 - 2 \times 10 \times 4 = -44(\text{J})$$

可见，用功能原理比用牛顿运动定律解该题简便得多.

3.4.3 物体系统的机械能守恒定律

根据功能原理，如果在一物理过程的任意时间间隔内，外力不对物体系统做功，即$A_{外}=0$，每一对非保守内力所做功的代数和等于零，即非保守内力不做功，$A_{非保内}=0$ 的条件下，一个具有保守内力的系统，在任意时间间隔内动能和势能的和保持不变，即物体系统的总机械能保持不变，但是物体系统内部动能和势能可以相互转化，称为物体系统的机械能守恒定律. 即在任意状态上都有

$$E_K+E_p=E=\text{常量} \tag{3-4-6}$$

式中，E_K、E_p 和 E 分别表示物体系统的动能、势能和机械能.

外力不做功，物体系统机械能与外界没有其他形式的能量交换；非保守内力在任意时间间隔内都不做功，系统在任意时间间隔内都不发生机械能与其他形式能量的转化. 以上两个条件同时满足，物体系统在任一位置的机械能保持不变，即机械能守恒. 而系统内只有保守内力做功，根据动能定理，保守内力做功将使物体系统动能发生变化；另一方面，总机械能不因为保守内力做功而发生变化. 可见，对于机械能守恒的物体系统，保守内力做功的结果，将使物体系统的动能与势能之间相互转化，但是总机械能保持不变.

在此应注意以下几点：

①当取物体为研究对象，使用单个物体的动能定理，其合力对物体所做的功，必须包括重力、弹簧的弹性力等保守力在内的一切力对物体所做的功.

②当取物体系统为研究对象，对保守内力所做的功已由势能增量的负值表示，不能再计算保守内力对物体系统所做的功，否则计算重复.

③应用机械能守恒定律时，必须选取确定的惯性参照系，因物体系统对所选取的惯性参照系机械能守恒，而对另外的惯性参照系机械能可能不守恒. 应用机械能守恒定律时，必须规定所选取的参考平面的势能等于零，因势能是一相对量.

④机械能守恒，是物体系统在一力学过程中每一时刻的机械能都保持不变，而不是物体系统在该力学过程中初状态与末状态的机械能相等.

⑤ 机械能守恒的条件是必须同时满足 $A_{外}=0$ 和 $A_{非保内}=0$ 两个条件，而不是 $A_{外}+A_{非保内}=0$. 一般来说，在一力学过程中，$A_{外}\neq 0$，$A_{非保内}\neq 0$，但 $A_{外}+A_{非保内}=0$，物体系统的机械能不一定守恒.

例 3.4.2 如图 3.4.2 所示，一质量 $m=60$ kg 的物体从粗糙斜坡顶点 A 点由静止开始下滑，A 点的高度 $h=5.0$ m，斜坡的坡度 $\tan\theta=0.30$，物体下滑到底部 B 点时的速率为 $6\ \text{m}\cdot\text{s}^{-1}$. 试求：①下滑过程中摩擦力所做的功；②滑动摩擦系数 μ 为多少？③物体在水平面 BC 上继续滑行多远的距离后停止？假设物体与斜面和水平面间的摩擦系数都为 μ.

解 ①选取地球为惯性参照系，物体与地球（包括斜面及水平地面组成一物体系统），外力 $\boldsymbol{F}=0$（无外力作用），$A_{外}=0$，内力摩擦力是非保守内力，$A_{非保内}$ 是摩擦力所做的功，内力支持力及正压力不做功，内力重力做功.

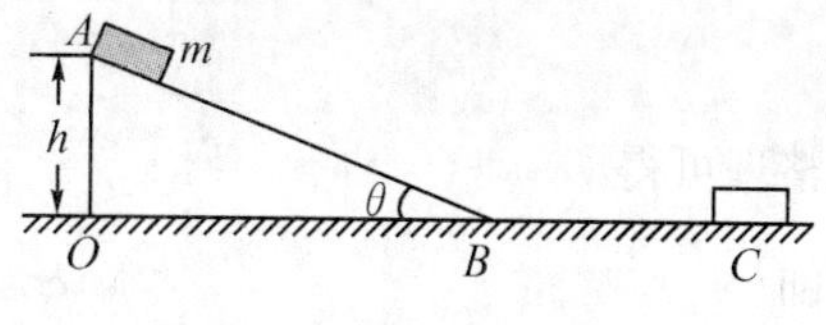

图 3.4.2 例 3.4.2 图示

由几何关系得斜坡长度 $l=\dfrac{h}{\sin\theta}$，则摩擦力所做的功为

$$A_{摩}=A_{非保内}=-\mu mg\cos\theta l=-\mu mgh\ \frac{\cos\theta}{\sin\theta}=-\mu mg\ \frac{h}{\tan\theta}$$

由于存在非保守内力，不能应用机械能守恒定律，只能应用功能原理或动能定理. 应用功能原理，选取坡底水平面为重力零势能的参考平面，物体在初态 A 点处的机械能为 mgh，在 B 点处的机械能为$\frac{1}{2}mv^2$，根据功能原理，可得

$$A_{摩}=E_B-E_A=\frac{1}{2}mv^2-mgh$$

$$=\frac{1}{2}\times 60\times 6^2-6\times 9.8\times 5.0=-1.86\times 10^3(\mathrm{J})$$

②滑动摩擦系数 μ 为

$$\mu=-\frac{A_{摩}}{mgh}\tan\theta=0.19$$

③假设物体在 C 点处停止，C 点离 B 点的距离为 S，在 BC 段应用功能原理或动能定理. 根据功能原理，可得

$$-\mu mgS=0-\frac{1}{2}mv^2$$

$$S=\frac{v^2}{2\mu g}=9.7\ (\mathrm{m})$$

例 3.4.3　如图 3.4.3 所示，在半径为 R 的光滑半球形圆塔的顶点 A 点处有一质量为 m 的物体，如果使物体获得水平方向的初速度 $\boldsymbol{v}_0$，试求：①物体在何处（$\varphi=?$）脱离半球形圆塔？②$\boldsymbol{v}_0$ 为多大时才能使物体从开始就脱离半球形圆塔顶？

解　①选取地球为惯性参照系，由物体、半圆形圆塔和地球组成物体系统. 物体开始以 $\boldsymbol{v}_0$ 运动，在 A 到 B 的运动过程中，受保守内力重力 $\boldsymbol{W}$ 的作用，重力对物体做功；受非保守内力支持力 $\boldsymbol{N}$ 的作用，$\boldsymbol{N}$ 始终与位移垂直，不做功；不受外力作用，无外力做功，$A_{外}=0$，$A_{非保内}=0$，即满足机械能守恒定律的两个条件. 应用物体系统机械能守恒定律，选取 B 点处的水平面为重力零势能参考平面，可得

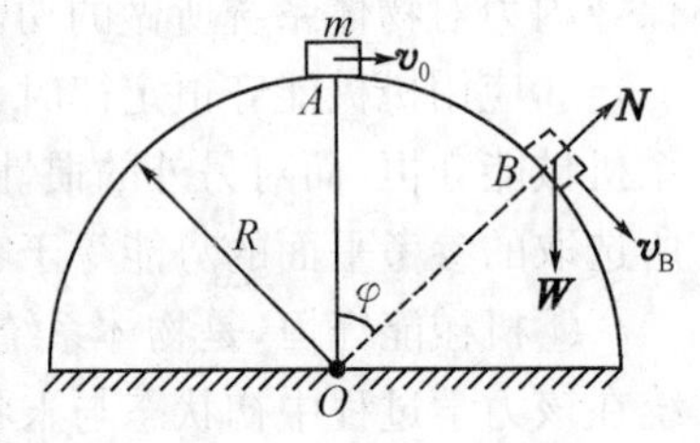

图 3.4.3　例 3.4.3 图示

$$\frac{1}{2}mv_0^2+mgR(1-\cos\varphi)=\frac{1}{2}mv_B^2 \qquad (3-4-7)$$

由于重力的法向分量充当向心力，可得

$$mg\cos\varphi=m\ \frac{v_B^2}{R} \qquad (3-4-8)$$

由(3－4－8)式得 $v_B^2=Rg\cos\varphi$，代入(3－4－7)式得

$$\frac{1}{2}mv_0^2+mgR(1-\cos\varphi)=\frac{1}{2}mgR\cos\varphi$$

整理可得
$$3Rg\cos\varphi=v_0^2+2Rg$$

即
$$\cos\varphi=\frac{v^2+2Rg}{3Rg}=\frac{v_0^2}{3Rg}+\frac{2}{3}$$

故
$$\varphi=\arccos\left(\frac{v_0^2}{3Rg}+\frac{2}{3}\right)$$

②要使物体一开始就脱离半圆形塔顶，圆塔对物体的支持力应等于零，物体只受重力 W

作用，它充当物体在 A 点做圆周运动所需的向心力，根据牛顿运动定律在法线方向的分量式，可得

$$mg=m\frac{v_0^2}{R}$$

所以，$\boldsymbol{v}_0$的大小为

$$v_0=\sqrt{gR}$$

例 3.4.4　如图 3.4.4 所示，一根长为 l、质量为 m 均匀分布的不伸长的完全柔软的绳子放在光滑的桌面上. 开始时软绳静止地放在桌边，掉下的长度为 l_0，释放后软绳下落. 试求：软绳完全脱离桌面时的速率.

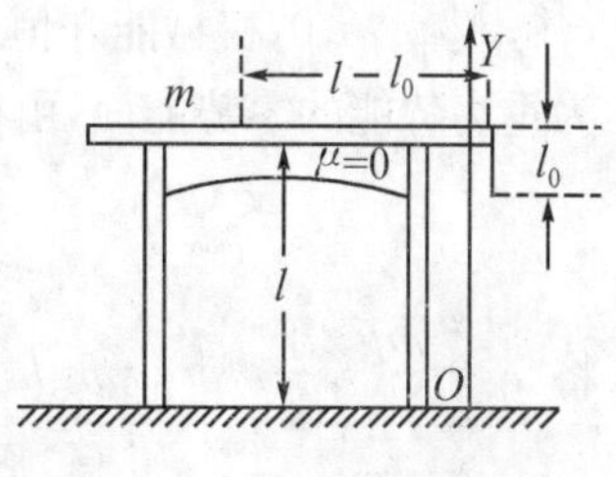

图 3.4.4　例 3.4.4 图示

解　选取地球为惯性参照系，建立一维直线坐标系，坐标原点 O 在桌面下方距桌面 l 处，竖直向上为 OY 轴正方向. 选取软绳和地球组成的系统，外力为桌面支持力 $\boldsymbol{N}$ 不做功，$A_{外}=0$；无非保守内力，非保守内力所做的功为零，$A_{非保内}=0$；系统的机械能守恒. 选取通过坐标原点的水平面为重力势能的零势能面，软绳刚释放时为系统的初状态，初态的动能为零，桌面上一段软绳的重力势能为 $mg(l-l_0)$，下垂部分中距坐标原点高度为 y，长为 $\mathrm{d}y$ 的任一小段软绳的重力势能为$\frac{m}{l}gy\mathrm{d}y$，下垂部分总的重力势能为

$$\int_{l-l_0}^{l}\frac{m}{l}gy\mathrm{d}y=\frac{1}{2}\frac{m}{l}g[l^2-(l-l_0)^2]$$

式中，m 为软绳 l 的质量. 初态时软绳的总的重力势能为

$$E_{p0}=mg(l-l_0)+\frac{1}{2}\frac{m}{l}g[l^2-(l-l_0)^2]$$

软绳完全脱离桌面时为系统的终态，终态的动能为$\frac{1}{2}mv^2$，势能为

$$E_p=\int_0^l\frac{m}{l}gy\mathrm{d}y=\frac{1}{2}mgl$$

根据机械能守恒定律，可得

$$\frac{1}{2}mv^2+\frac{1}{2}mgl=mg(l-l_0)+\frac{1}{2}\frac{m}{l}g[l^2-(l-l_0)^2]$$

由上式解得

$$v=\sqrt{\frac{g}{l}(l^2-l_0^2)}$$

求解该题，要分析物体系统满足机械能守恒的两个条件，关键在于如何计算软绳初态及终态的势能.

例 3.4.5　如图 3.4.5 所示，一个质量为 m 的物体位于劲度系数为 k，质量可以忽略不计的竖直放置弹簧上方高度为 h 处，物体从静止开始落到弹簧上. 试求：物体的最大动能. 设空气阻力可忽略不计.

解　选地球为惯性参照系，由物体和地球组成系统，物体由高 h 处下落到弹簧上端（弹簧处于自由伸长状态）O 点的过程中，$A_{外}=0$，$A_{非保内}=0$，满足机械能守恒定律的两个条件，选距 O 点上方高度为 h 处重力势能为零，由机械能守恒定律，可得

$$mgh=\frac{1}{2}mv^2$$

式中，v 为物体在 O 点处的速率.

然后物体压缩弹簧.开始时物体所受的重力大于弹性力,物体做加速运动,但其加速度值逐渐减小,直至运动到 O' 位置时,物体距 O 为 x_0 远处,重力等于弹性力,合力等于零,此时加速度为零,由 $mg=kx_0$,得出 $x_0=\frac{mg}{k}$,而物体的速度具有最大值,动能最大.物体过 O' 点后,弹性力大于重力,物体做减速运动,但其加速度值逐渐增大,直至速度为零,此时物体位于 O'' 点处.

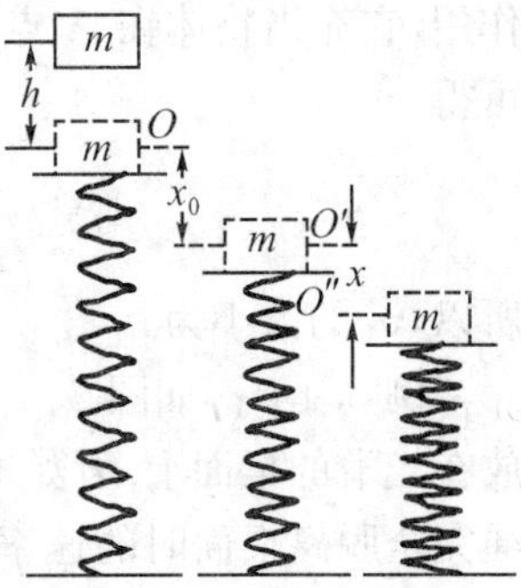

图 3.4.5　例 3.4.5 图示

物体压缩弹簧过程中,由物体、地球和弹簧组成的系统满足 $A_{外}=0$,$A_{非保内}=0$,机械能守恒.设 O 点为弹性势能零点,O' 点所在平面为重力势能的零势能面,由机械守恒定律,对 O、O' 两点可得

$$\frac{1}{2}mv^2+mgx_0=E_{K\max}+\frac{1}{2}kx_0^2$$

将 $x_0=\frac{mg}{k}$,$\frac{1}{2}mv^2=mgh$ 代入上式,则

$$mgh+\frac{m^2g^2}{k}=E_{K\max}+\frac{1}{2}\frac{m^2g^2}{k}$$

得到物体的最大动能为

$$E_{K\max}=mgh+\frac{m^2g^2}{2k}$$

求解该题的关键是要分析出物体由 O 点运动到 O' 点处速度最大,合理选取物体系统,分析具体的运动过程符合机械能守恒条件,运用机械能守恒定律去解决有关问题.

3.4.4　能量守恒定律

根据功能原理可知,有外力和非保守内力对物体系统做功时,物体系统的机械能是不守恒的,在机械能发生变化的同时,必然有其他形式的能量发生变化.而大量的实验事实证明,物体系统的机械能与其他形式的能量的总和,即系统的总能量仍然保持不变.

在自然界中,物质的运动形式是多种多样的,有机械的、有热的、电磁的、化学的、原子和原子核运动等等,不同的运动形式对应着不同形式的能量.在一定条件下,不同运动形式之间可以相互转换,相应地,不同形式的能量之间也可以相互转换,而大量的实验事实证明,能量既不能消失,也不能创造,它只能从一种形式转换成另一种形式.也就是说,在一个与外界没有能量交换的封闭系统内,不论发生何种变化过程,各种形式的能量可以相互转换,但系统的能量总和保持不变,称为能量守恒定律.它是自然科学中最普遍的定律之一,也是所有自然现象必须遵守的普遍规律.

由功能原理和能量守恒定律,可以更深刻地理解功的物理意义.根据能量守恒定律,一个物体系统的能量变化时,必然有另外一些物体的能量同时变化.一个系统的能量的变化,可以通过做功来实现,实质上是使这一物体系统和其他物体之间发生能量的转换,而所转换的能量在数值上等于力所做的功,所以功是能量变化的量度,这就是功的更深刻的物理意义.能量是物质运动的一种量度,物质运动形式多种多样,对应着不同形式的能量.

应该指出,普遍的能量守恒定律强调的是不同形式的能量互相转化并保持守恒,这种转化与参照系选择无关,具有“绝对”性质.然而力对物体系统做功涉及位移,动能涉及速率,位移和速度是一相对量,从而功和动能也是相对量,与参照系的选择有关,上述由牛顿运动定律导出的动能定理、功能原理和机械能守恒定律都只适用于惯性参照系.

Chapter 3 Work and Energy

In many problems encountered in physics, the force on a particle is known as a function of position, $\boldsymbol{F}(\boldsymbol{r})$, that leads to the definition of two new concepts: work and energy. You will find that these powerful methods will enable us to solve problems with remarkable ease. But work and energy are the first step on the trail to a universal law—so far known no exceptions, the Law of Conservation of Energy.

If a constant force $\boldsymbol{F}$ acts on a particle, the work done by this force on the particle while it undergoes a displacement $\Delta\boldsymbol{r}$ is defined as the dot product of force and displacement

$$W = \boldsymbol{F} \cdot \Delta\boldsymbol{r} = F\Delta r \cos\theta \tag{1}$$

where θ is the angle between the force and the displacement. So work is the product of the magnitude of displacement and the component of the force in the direction of the displacement.

Let us now consider a particle moving along a curvilinear path under the action of a force $\boldsymbol{F}$ which is not a constant but a variable vector. We divide the path into infinite large number of intervals. Therefore, the element work, done by $\boldsymbol{F}$, over any element displacement is $\mathrm{d}W = \boldsymbol{F} \cdot \mathrm{d}\boldsymbol{r}$. The total work is the curvilinear integral of the function $\boldsymbol{F}(\boldsymbol{r})$ along the path between the initial point i and final point f

$$W = \int_i^f \boldsymbol{F} \cdot \mathrm{d}\boldsymbol{r} \tag{2}$$

Recalling Newton's second law, Eq. (2) may be written as

$$W = \int_i^f m\frac{\mathrm{d}\boldsymbol{v}}{\mathrm{d}t} \cdot \mathrm{d}\boldsymbol{r} = \int_i^f m\boldsymbol{v} \cdot \mathrm{d}\boldsymbol{v} = \int_i^f mv\mathrm{d}v = \frac{1}{2}mv_f^2 - \frac{1}{2}mv_i^2 \tag{3}$$

which indicates that no matter how the force varies with position and no matter what the path is followed by the particle, the work W done by the force is always equal to the difference between the quantity $\frac{1}{2}mv^2$ at the end and at the beginning of the path. This important quantity is defined as kinetic energy of the particle, and designated by E_K. Therefore, Eq. (3) can then be expressed in the form of

$$W = E_{Kf} - E_{Ki} = \Delta E_K \tag{4}$$

which is called the law of kinetic energy of a particle, or in words as the change in the kinetic energy of a particle is equal to the total work done on that particle by all the forces that act on it.

A force $\boldsymbol{F}$ is conservative if the work done by this force depends only on the position of the initial point i and final point f of the path and not on the shape of the path between i and f. The characteristic property of a conservative force can also be expressed in another way: the force is conservative if the work done by it is exactly zero for any round trip along a closed path, otherwise it is nonconservative.

The weight, the elastic force and the universal gravitational force all belong to the category of conservative force. The force of kinetic friction is an example of a force that is not conservative. Obviously, the longer the path, the greater the work done by friction. The work depends on the length of the path and not just on the location of the endpoints.

We can introduce the potential energy associated with the work done by a conservative force. The negative value of increment of that potential energy equals the work done by the conservative force acting on a moving body from the initial position to the final position

$$W=-(E_{Pf}-E_{Pi})=-\Delta E_P \tag{5}$$

To determine the value of potential energy at a given point we must choose a reference position where the potential energy is zero.

Thus, the constant gravitational (weight) potential energy with the reference level of zero on the ground is given by $E_P = mgh$, where h is elevation of a body above the ground. Elastic potential energy with the reference of zero at the equilibrium position is written as $E_P = \frac{1}{2}kx^2$, where x is the extension or compression of the spring for the spring-block system. Universal gravitational potential energy with the reference of zero at the infinite is expressed in the form of $E_P = -G_0 \frac{Mm}{r}$, where r is the magnitude of position vector of m with respect to M.

The sum of total kinetic energy and potential energy is called mechanical energy of a system, labeled as E, so $E=E_K+E_P$.

For a system, the force acting on it can be divided into external forces, conservative internal forces and nonconservative forces. The sum of the work done by the external forces and the nonconservative internal forces equals the increment mechanical energy of the system from the initial state to final state

$$W_{ex}+W_{noin}=E_f-E_i=\Delta E \tag{6}$$

This conclusion is called the work-energy theorem.

The most important special case is that if $W_{ex}+W_{noin}=0$, then $E_f=E_i$. This is the law of conservation of mechanical energy which indicates that if the all work done by the external and nonconsevative internal forces is zero, the mechanical energy of the system remains constant. In the other words, if only conservative internal forces do work on the system, its mechanical energy will never change.

The generalized conservation of energy principle can be put in words as follows. Energy may be transformed from one kind to another in an isolated system but it cannot be created or destroyed, the total energy of the system always remains constancy. This statement is a generalization of experience, so far not contradicted by any laboratory experiment or observation of nature.

习题 3

3.1　**填空题**

3.1.1　如图所示，一质量为 m 的物体，位于质量可以忽略不计的直立弹簧上方高度为 H 处，该物体从静止开始向弹簧下落，如果弹簧的劲度系数为 k，不考虑空气阻力，则物体可能获得的最大动能为________.

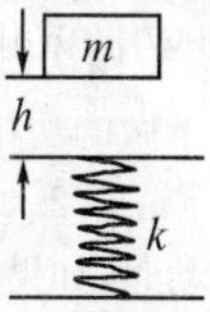

题 3.1.1 图

3.1.2　计算势能时，如果选取：①相互吸引的二质点所在位置为引力势能零点；②地心或地球内部某点为重力势能零势能点；③无穷远处为弹性势能零点；④地心为引力势能零点，则势能的值：(A) 恒为正；(B) 恒为负；(C) 可正可负；(D) 无意义. 所以①________；②________；③________；④________.

3.1.3　如图所示，用大小为 $F=10$ N 的水平推力把质量 $m=1$ kg 的物体沿斜面向上推，位移的大小为 1 m. 如果物体与斜面之间的滑动摩擦系数 $\mu_k=0.30$，则推力 $\boldsymbol{F}$ 所做的功为________J；重力 $\boldsymbol{W}$ 所做的功为________J；滑动摩擦力 f 所做的功为________J；斜面对物体的支持力所做的功为________J；物体的动能的增量为________J；物体势能的增量为________J；机械能的增量为________J.

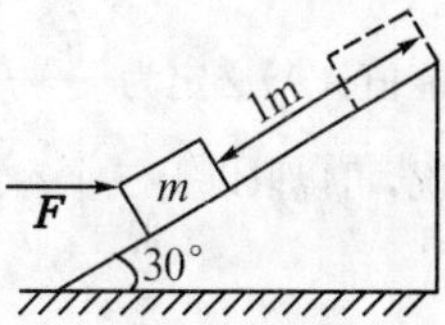

题 3.1.3 图

3.1.4　如图所示，一根匀质链条，质量为 m，总长度为 l，放在水平光滑的桌面上，长度为 a 的一段从桌边缘自然垂下，开始静止，任其自由下滑. 如果选取桌面为重力势能的零点，开始时下垂段的质量 $m_1=$________，重力势能为________，总机械能为________；链条开始下滑后，全部离开桌面时，下垂段质量 $m_2=$________，重力势能为________，动能为________，总机械能为________.

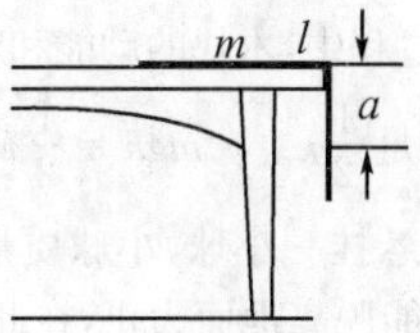

题 3.1.4 图 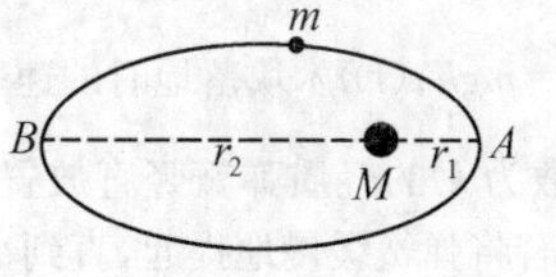　　题 3.1.5 图 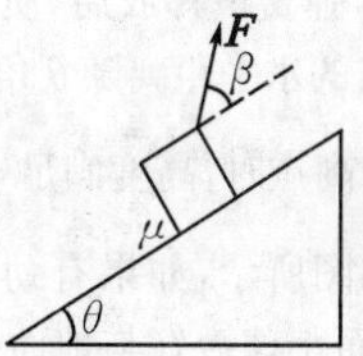　　题 3.1.7 图

3.1.5　如图所示，一人造地球卫星绕地球做椭圆运动，近地点为 A，远地点为 B. A、B 两点距地心的距离分别为 r_1 和 r_2，设地球的质量为 M，卫星的质量为 m，万有引力常量为 G，则卫星在 A、B 两点处的引力势能之差 $E_{pB}-E_{pA}=$________，卫星在 A、B 两点的动能之差 $E_{KB}-E_{KA}=$________.

3.1.6　一质量为 m 的质点在指向圆心的与距离 r 平方成反比的 $F=-\frac{k}{r^2}$ 的有心力作用下，做半径为 r 的圆周运动. 则该质点的速率 v 为________，如果选取距圆心无穷远处为势能零点，它的机械能 E 为________.

3.1.7　如图所示，一斜面倾角为 θ，用与斜面成 β 角的恒力 F 将一质量为 m 的物体沿斜面向上拉，物体上升高度为 h，物体与斜面间的摩擦系数为 μ. 在此过程中，摩擦力所做的功 $A_f=$________，重力所做的功 $A_W=$________，F 所做的功 $A_F=$________.

3.1.8　一质量为 M 的木块静止在光滑的平面上，一质量为 m 的子弹以速度 $\boldsymbol{v}_0$ 水平射入木块内，并与木块一起运动. 在这一过程中，木块对子弹所做的功为________________，子弹对木块所做的功为________________，说明了________________.

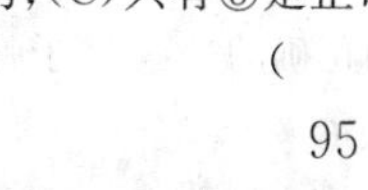

题 3.1.8 图

3.2　**选择题**

3.2.1　对功的概念有下列几种表述法：①质点运动经一闭合路径，保守力对质点所做的功等于零；②作用力和反作用力大小相等，方向相反，所以两者所做的功的代数和必为零；③保守力做正功时，系统的相应的势能增加. 在这些表述中：(A) ②、③是正确的；(B) 只有②是正确的；(C) 只有③是正确的；(D) 只有①、②是正确的；(E) 只有①是正确的.　（　）

3.2.2　一辆汽车从静止出发在平直公路上加速前进.如果发动机的功率一定,下面哪一种说法是正确的:(A)汽车的加速度随时间增长而减小;(B)汽车的加速度是不变的;(C)汽车的速度与通过的路程成正比;(D)汽车的动能与通过的路程成正比;(E)汽车的加速度与它的速度成正比.　(　　)

3.2.3　如图所示,在光滑水平地面上放着一辆小车,小车左端放着一只木箱,如果用同样的水平恒力 **F** 拉箱子,使它由小车的左端到达右端,一次是小车被固定在水平面上,另一次小车没有固定,试以水平地面为参照系,判断下列说法中正确的是:(A)两次由摩擦而产生的热量相等;(B)两次恒力 **F** 做的功相等;(C)两次摩擦力对箱子做的功相等;(D)两次箱子获得的动能相等.　(　　)

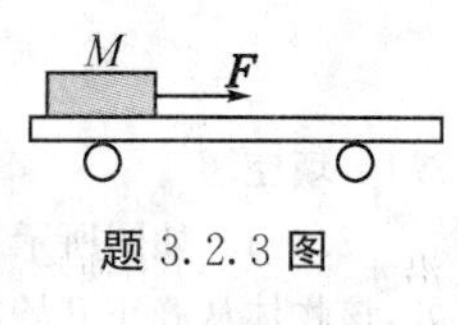

题 3.2.3 图

3.2.4　如图所示,质量为 m 的 A 物体,迭放在质量为 M 的 B 物体上,当用一水平拉力 F 拉物体向右运动时,如果 AB 之间无相对运动,A 物体在 B 物体摩擦力 f_{AB} 作用下与 B 物体一起向右移动了一段距离,则静摩擦力:(A)做了负功;(B)做了正功;(C)不能够做正功;(D)做功为零.　(　　)

3.2.5　如图所示,一劲度系数为 k 的轻质弹簧水平放置,其左端固定,右端与桌面上放置的一质量为 m 的木块相连接,木块与桌面间的摩擦系数为 μ.当用一水平力 F 向右拉着木块处于静止时,则弹簧的弹性势能值:(A)必定为 $\frac{(F+\mu mg)^2}{2k}$;(B)必定为 $\frac{(F-\mu mg)^2}{2k}$;(C)必定为 $\frac{F^2}{2k}$;(D)根据木块达到静止状态的不同情况,可以取以上三个答案中任何一个.　(　　)

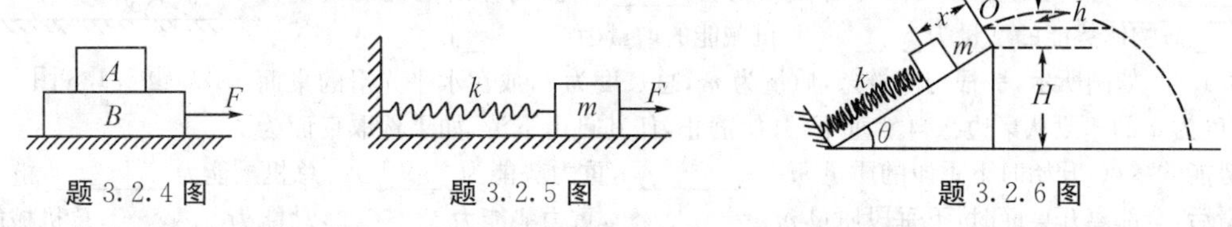

题 3.2.4 图　　题 3.2.5 图　　题 3.2.6 图

3.2.6　如图所示,劲度系数为 k 的轻质弹簧在木块和外力(未画出)作用下,处于被压缩状态,压缩量为 x,当撤去外力,弹簧被释放后,质量为 m 的木块沿光滑斜面弹出,木块最后落到地面上,下列说法正确的是:(A)木块落地点的水平距离随 θ 角不同而异,θ 越大,落地点越远;(B)在该过程中,木块的动能和势能之和守恒;(C)木块到达最高点时,高度满足 $\frac{1}{2}kx^2=mgh$;(D)木块落地时的速率 v 满足 $\frac{1}{2}kx^2+mgh=\frac{1}{2}mv^2$.　(　　)

3.2.7　如图所示,如果有劲度系数为 k 的轻质弹簧竖直放置,下端悬挂一小球,小球质量为 m,开始时使弹簧为原长而小球恰好与地面接触,若将弹簧缓慢地提起,直到小球刚能脱离地面为止,在此过程中外力 **F** 所做的功为:(A)$\frac{m^2g^2}{k}$;(B)$\frac{m^2g^2}{4k}$;(C)$\frac{m^2g^2}{3k}$;(D)$\frac{m^2g^2}{2k}$;(E)$\frac{4m^2g^2}{k}$;(F)$\frac{2m^2g^2}{k}$.　(　　)

3.2.8　如图所示,一物体挂在一弹簧下面,平衡位置在 O 点,现用手向下拉物体,第一次把物体由 O 点拉到 M 点,第二次由 O 点拉到 N 点,再由 N 点送回 M 点,则在这两个过程中:(A)弹性力做功相等,重力做功也相等;(B)弹性力做功不相等,重力做功也不相等;(C)弹性力做功相等,重力做功不相等;(D)弹性力做功不相等,重力做功相等.　(　　)

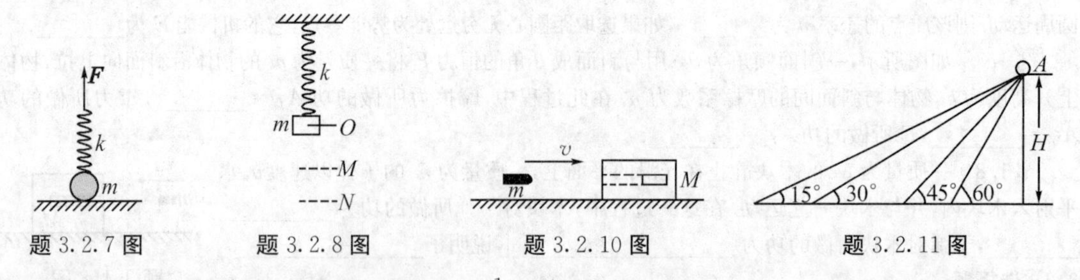

题 3.2.7 图　　题 3.2.8 图　　题 3.2.10 图　　题 3.2.11 图

3.2.9　一子弹穿过木板后,损失原有速度的 $\frac{1}{10}$,试问:子弹可穿过同样的木板数为:(A)20;(B)10;(C)100;(D)5.　(　　)

3.2.10　如图所示,子弹射入放在光滑水平地面上静止的木块而不穿出,以地面为参照系,指出下列说法中正确的是:(A)子弹克服木块阻力所做的功等于这一过程中产生的热量;(B)子弹动能的减少等于子弹克服

木块阻力所做的功；(C)子弹的动能转变为木块的动能；(D)子弹与木块组成的系统机械能守恒．（　）

3.2.11　如图所示，一小球由高度为H的A点沿不同倾角的光滑斜面下滑，如忽略空气阻力，当小球滑到同一水平面上的斜面末端时，速率最大的倾角是：(A)15°；(B)30°；(C)45°；(D)60°；(E)各种倾角的速率都一样．（　）

3.3　计算题

3.3.1　如图所示，质量为40 kg的物体，受到水平向下30°的力推动，物体沿水平地板以匀速率直线运动移动了5 m的距离．如果物体和地面之间的摩擦系数为$\mu=0.25$，试求：该推力$\boldsymbol{F}$所做的功及摩擦力f所做的功是多少？[答案：$A=573$ J，$A_f=-537$ J]

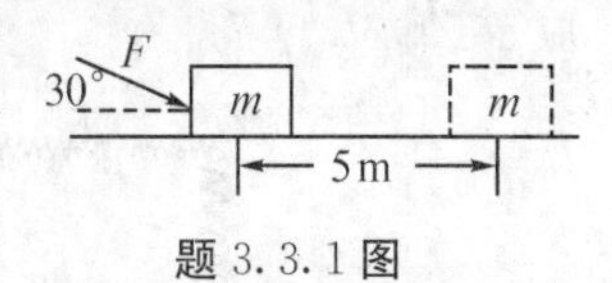

题3.3.1图

3.3.2　在某建筑工地上，工人用绳拉质量为300 kg的雪撬行驶在水平工地上，绳与水平方向成30°角，张力大小$F=196$ N．如果雪撬直线前进距离为$S=500$ m，且绳的质量及工人本身走路所做的功可忽略不计，试求：①张力所做的功为多少？②如果雪撬与地面的滑动摩擦系数为0.058，摩擦力所做的功为多少？③重力所做的功为多少？冰面给雪撬的支持力所做的功为多少？④合力所做的功为多少？[答案：①$A_1=8.49$ J；②$A_2=-8.24\times10^{-4}$ J；③$A_W=0$，$A_N=0$；④$A_{合}=0.25\times10^4$ J]

3.3.3　一恒力$\boldsymbol{F}$作用在质量为$m=18$ kg的最初静止的物体上，使它在4 s内沿直线前进了32 m．试求：①在第1 s内，第2 s内，第3 s内该力所做的功；②在3 s末的瞬时功率．[答案：①144 J，432 J，720 J；②864 W]

3.3.4　一列火车以72 km·h^{-1}的速率匀速直线前进，阻力等于列车重量的0.0030倍．如果列车质量为18×10^5 kg，求：①机车的牵引功率；②如果机车前进1 km，阻力所做的功．[答案：①$N=1.06\times10^3$ kW；②-17640×10^6 J]

3.3.5　用铁锤将一铁钉打入木板，设木板对铁钉的阻力与铁钉进入木板的深度成正比．在铁锤击铁钉第一次时，能将铁钉击入1 cm．试求：如果铁锤仍以与第一次时同样的速度去打击铁钉，第二次能击入铁钉的深度为多少？[答案：$x_2=0.41$ cm]

3.3.6　一地下蓄水池，面积为50 m^2，贮水深度为1.5 m．假定水平面低于地面的高度是5.0 m，试求：①如果要将这池水全部吸到地面，需做功多少？②如果抽水机的效率为80%，输入功率为35 kW，则需多少时间可以抽完？[答案：①$A=4.23\times10^6$ J；②$t=1.51\times10^2$ s]

3.3.7　一汽车以匀速度$\boldsymbol{v}$沿平直路面前进，车厢中一人以相对于车厢的速度$\boldsymbol{u}$向上或向前投掷一质量为m的小球，试求：①如果将坐标系选在车上，小球的动能分别为多少？②如果将坐标系选在地面上，小球的动能又各为多少？[答案：①向上抛：$E_K=\frac{1}{2}mu^2$，向前抛：$E_K=\frac{1}{2}mu^2$；②向上抛：$E_K=\frac{1}{2}m(u^2+v^2)$，向前抛：$E_K=\frac{1}{2}m(u+v)^2$]

3.3.8　如图所示，悬挂一个轻质弹簧，量得弹簧原长度为$l_0=10$ cm．如果在弹簧下端挂一个质量$m=1$ kg的砝码，则砝码在位置A平衡，此时弹簧的长度为$l_1=12.5$ cm．B是砝码的另一位置，此时弹簧的长度$l_2=8$ cm．试求：①弹簧的劲度系数；②砝码由B到A过程中，重力所做的功；③砝码由B到A过程中，重力势能是增加还是减少？重力势能变化了多少？④砝码由B到A过程中，弹性力所做的功为多少？⑤砝码由B到A过程中，弹性势能发生了什么变化？变化的量值是多少？[答案：①$k=392$ N·m^{-1}；②$\Delta E_F=0.044$ J；③$\Delta E_p=-0.44$ J；④略；⑤略]

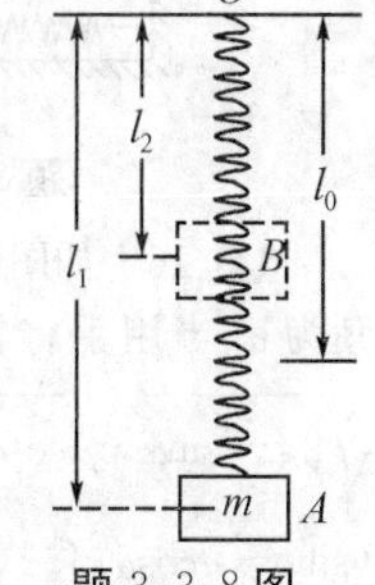

题3.3.8图

3.3.9　一质量$m=12$ kg的物体放置在一倾角为37°的斜面上．如果以大小为$F=120$ N的恒力，平行于斜面且沿斜面上行推该物体匀速移动距离为$S=20$ m，物体与斜面间摩擦系数为0.25，试求：①力$\boldsymbol{F}$所做的功；②物体增加的势能；③摩擦力所做的功，此功转变成什么？[答案：①$A_F=2400$ J；②$\Delta E_p=1410$ J；③$A_f=-470$ J，此功转变成热能]

3.3.10　如图所示，有一小球系在轻质弹簧的一端，弹簧的另一端固定在O点，该弹簧的原长为$l_0=0.8$ m．起初弹簧位于水平位置并保持原长，然后释放小球，使它沿竖直平面落下，当弹簧过竖直位置时，被拉长为$l=1$ m．试求：该时刻小球的速率．[答案：$v=3.83$ m·s^{-1}]

3.3.11　质量为m的小车，自M点无摩擦地沿着如图所示的弯曲轨道滑下，试求：①要使小车在轨道的全过程都不离开轨道，M 点高度的最小值 H 应为多少？②如果由高度为 $4R$ 处滑下（R 为圆的半径），轨道所受的压力为多少？③如果小车由较 H 低些的高度处滑下，小车运动如何？[答案：①$H=\frac{5}{2}R$；②$N=3\ mg$；③略]

3.3.12　如图所示，A 点是一单摆的悬点，B 点处是一固定的钉子，在 A 点的竖直下方．AB 的长度是 d，单摆的摆长是 l．试证明：为了使摆球从水平位置放下后摆绳能够以钉子为中心绕一圆周轨道旋转，则 d 至少应等于 $0.6l$．

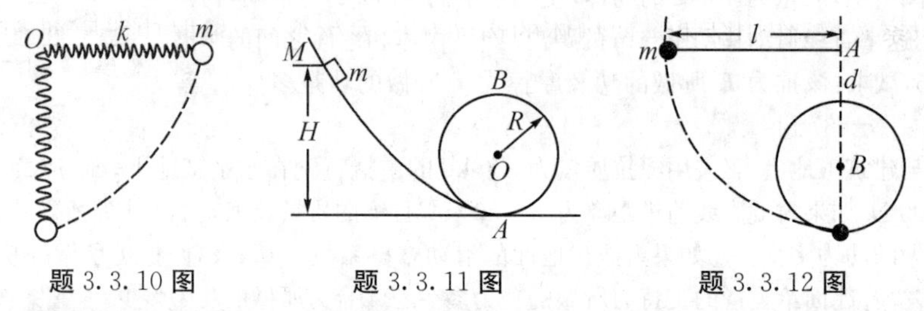

题 3.3.10 图　　题 3.3.11 图　　题 3.3.12 图

3.3.13　如图所示，有一小球，其质量为 m，以一条长 $l=0.5\ \text{m}$，重量忽略不计的线悬挂在固定点而形成一摆．此摆最大的摆动角是与竖直线交成 $60°$角．试求：①该球经过竖直线时的速度是多大？②在最大摆动角的位置时，其瞬时加速度是多少？[答案：①$2.2\ \text{m}\cdot\text{s}^{-1}$；②$8.5\ \text{m}\cdot\text{s}^{-2}$]

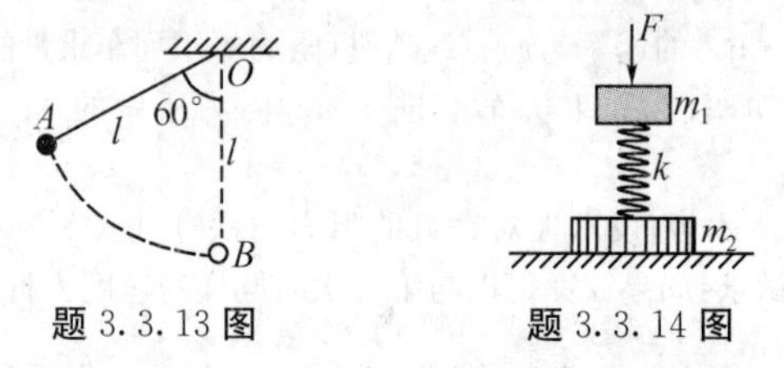

题 3.3.13 图　　题 3.3.14 图

3.3.14　如图所示，有两块质量各为 m_1 和 m_2 的木板，用轻质弹簧连结在一起，试问：最少需用多大的压力 $\boldsymbol{F}$ 加在上面木板上，才可以使在力撤去后，上板跳起来，而下板刚离开地面？[答案：$F=(m_1+m_2)g$]

3.3.15　弹簧弹性系数为 k，一端固定，另一端与桌面上的质量为 m 的小球 B 相连．推动小球弹簧被压缩了一段距离 L 后放开，假定小球所受的滑动摩擦系数与静摩擦系数相等．试求 L 必须满足什么条件时，才能使小球在放开后开始运动，而且一旦停止下来就一直保持静止状态．[答案：$\frac{F}{k}<L\leqslant\frac{3F}{k}$]

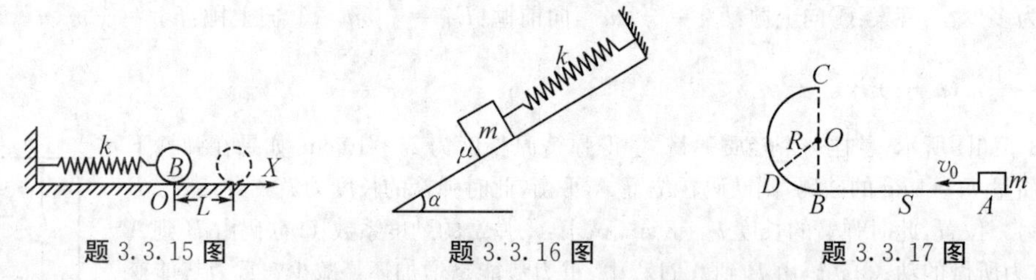

题 3.3.15 图　　题 3.3.16 图　　题 3.3.17 图

3.3.16　如图所示，已知物体的质量为 m，弹簧的劲度系数为 k，物体与斜面的摩擦系数为 μ，斜面的倾角为 α．当用手将物体托回到弹簧的原长度处放手，则物体开始下滑．求证：①物体下滑的速度为 $v=\sqrt{2gx(\sin\alpha-\mu\cos\alpha)-\frac{k}{m}x^2}$，其中 x 为物体相对弹簧原长度处的位移大小；②物体下滑的最大距离为$[\frac{2mg}{k}(\sin\alpha-\mu\cos\alpha)]^{\frac{1}{2}}$．

3.3.17　如图所示，一质量为 m 的木块以初速度 v_0 从 A 点经长度为 S 的水平轨道后进入半径为 R 的无摩擦的半圆环 BDC，并在终端 C 水平抛出又落回到 A 点．求：物块与 AB 段轨道之间的滑动摩擦系数 μ．[答案：$\mu=\frac{v_0^2}{2Sg}-\frac{S}{8R}-\frac{2R}{S}$]

第 4 章　冲量和动量

在第 3 章中我们曾引入功和能这两个重要的概念，由功的概念来描述力对物体或物体系作用的空间积累效果，作用结果是使物体的运动状态发生变化，根据功能原理，可由机械能的改变来描述这种变化. 本章将研究力对物体或物体系作用的时间积累效果，将引入冲量的概念来描述外界的这种作用. 相应地，将引入描述物体机械运动的另一物理量——动量，物体或物体运动状态的变化，将用动量的改变来描述. 本章还将介绍物理学中最普遍的定律之一的动量守恒定律，最后对物体的角动量作一简单介绍.

4.1　冲量、动量和动量定理

4.1.1　动量和牛顿第二运动定律的普遍表达式

在物理学中描述一个物体机械运动的“运动量”，既要考虑物体的速度(速度是矢量，包括它的大小和方向)，又要考虑物体的质量. 动量是物质运动的一种量度，也是物质基本属性之一. 一个物体的质量和它的速度的乘积定义为该物体的动量，通常用字母 $\boldsymbol{p}$ 表示. 动量 $\boldsymbol{p}$ 是标量 m 和矢量 $\boldsymbol{v}$ 的乘积，所以动量是一矢量，它的方向与速度方向相同，即

$$\boldsymbol{p}=m\boldsymbol{v} \tag{4-1-1}$$

牛顿当时把动量称为“运动量”或“运动”. 牛顿第二定律是用动量来表述的，牛顿在 1687 年出版的《自然哲学的数学原理》一书中，是这样叙述牛顿第二运动定律的：“运动的变化和作用力成正比，而且发生在力的方向……运动量和质量与速度同时成比例”. 其中“运动”或“运动量”的定义实质上就是动量，“运动的变化”就是动量的变化率的意思. 牛顿第二运动定律可表述为“物体的动量的变化率和物体所受合力成正比，而且沿该力的方向”，其数学表达式为

$$\sum \boldsymbol{F} \propto \frac{\mathrm{d}\boldsymbol{p}}{\mathrm{d}t}$$

故

$$\boldsymbol{F}=K\frac{\mathrm{d}\boldsymbol{p}}{\mathrm{d}t}$$

当选择适当的单位使 $K=1$，可得

$$\boldsymbol{F}=\frac{\mathrm{d}\boldsymbol{p}}{\mathrm{d}t} \tag{4-1-2}$$

在国际单位制中，动量的单位是千克 · 米 · 秒$^{-1}$($\mathrm{kg\cdot m\cdot s^{-1}}$). 在厘米－克－秒制中，动量的单位是克 · 厘米 · 秒$^{-1}$($\mathrm{g\cdot cm\cdot s^{-1}}$). 动量的量纲式是$[\mathrm{LMT^{-1}}]$.

在经典力学中，运动物体的速度远比光速小($v\ll c$)，质量可以近似看作是不变的常量，牛顿第二运动定律可表示为

$$\boldsymbol{F}=\frac{\mathrm{d}\boldsymbol{p}}{\mathrm{d}t}=\frac{\mathrm{d}(m\boldsymbol{v})}{\mathrm{d}t}=\frac{\mathrm{d}m}{\mathrm{d}t}\boldsymbol{v}+m\frac{\mathrm{d}\boldsymbol{v}}{\mathrm{d}t} \tag{4-1-3}$$

上式中等式右边的第一项等于零，则上式可写为

$$\boldsymbol{F}=m\frac{\mathrm{d}\boldsymbol{v}}{\mathrm{d}t}=m\boldsymbol{a}$$

这就是通常使用的牛顿第二运动定律的数学表达式.

在一般情况下，物体质量将随时间改变，例如，火箭运动过程中，质量随物体运动不断变化，就是变质量问题. 此时牛顿第二运动定律不能写成 $\boldsymbol{F}=m\boldsymbol{a}$ 的形式，而应写成

$$\boldsymbol{F}=\frac{\mathrm{d}\boldsymbol{p}}{\mathrm{d}t}=\frac{\mathrm{d}(m\boldsymbol{v})}{\mathrm{d}t}=m\frac{\mathrm{d}\boldsymbol{v}}{\mathrm{d}t}+\frac{\mathrm{d}m}{\mathrm{d}t}\boldsymbol{v}$$

当物体的速率 v 很大，可以和光速相比拟时，理论和实验表明，物体的质量将随物体的运动速率 v 而改变，有相对论质速关系式

$$m=\frac{m_0}{\sqrt{1-\frac{v^2}{c^2}}} \tag{4-1-4}$$

式中，m_0 是物体相对于观测者静止时的质量，称为静止质量，v 是物体的速率，c 是光速. 此时物体的动量为

$$\boldsymbol{p}=\frac{m_0\boldsymbol{v}}{\sqrt{1-\frac{v^2}{c^2}}} \tag{4-1-5}$$

当质点的速度无限接近于光速时，其质量和动量都趋于无穷大.

在相对论中，牛顿第二运动定律 $\boldsymbol{F}=m\boldsymbol{a}$ 的形式不适用，但是牛顿第二运动定律的更普遍的表达式 $\boldsymbol{F}=\frac{\mathrm{d}\boldsymbol{p}}{\mathrm{d}t}$ 仍然适用，即表明物体所受的合力等于物体动量随时间的变化率.

4.1.2 冲量和动量定理

动量定理是从时间的角度出发来讨论力对时间的积累效果. 牛顿第二运动定律表明，物体在合力作用下，它的动量将发生变化，动量的瞬时变化率等于该时刻物体所受的合力. 由牛顿第二定律的数学表达式

$$\boldsymbol{F}=\frac{\mathrm{d}\boldsymbol{p}}{\mathrm{d}t}=\frac{\mathrm{d}}{\mathrm{d}t}(m\boldsymbol{v})$$

得

$$\mathrm{d}\boldsymbol{I}=\boldsymbol{F}\mathrm{d}t=\mathrm{d}\boldsymbol{p} \tag{4-1-6a}$$

上式表明：物体动量的改变量 $\mathrm{d}\boldsymbol{p}$，是由物体所受的合力 $\boldsymbol{F}$ 及其作用时间 $\mathrm{d}t$ 的乘积决定的，当物体所受合力 $\boldsymbol{F}$ 越大，力的作用时间越长，则物体动量的改变量就越大. 为了描述外界作用，量度力对时间过程的这种积累效应，定义力与力的作用时间的乘积为力的冲量，通常用符号 $\boldsymbol{I}$ 表示. 冲量是矢量，其方向是动量改变量的方向；冲量也是一个过程量，它不仅与力有关，还与力的作用持续时间有关. 如果作用在物体上的变力 $\boldsymbol{F}$ 持续地从 t_0 时刻到 t 时刻，对上式积分，可以求出这段时间内力 $\boldsymbol{F}$ 对物体持续作用效应，即

$$\boldsymbol{I}=\int_{t_0}^{t}\boldsymbol{F}\mathrm{d}t=\int_{p_0}^{p}\mathrm{d}\boldsymbol{p}=\boldsymbol{p}-\boldsymbol{p}_0 \tag{4-1-6b}$$

式中，$\boldsymbol{p}_0$ 是物体在初始时刻 t_0 的动量，$\boldsymbol{p}$ 是物体在末时刻 t 的动量，$\boldsymbol{p}-\boldsymbol{p}_0$ 是动量的增量，力对时间的积分 $\int_{t_0}^{t}\boldsymbol{F}\mathrm{d}t$ 定义为力 $\boldsymbol{F}$ 在 $\Delta t=t-t_0$ 这段时间间隔内合力的冲量，用 $\boldsymbol{I}$ 表示. 由此可见，冲量就是力对时间的积累，(4－1－6b)式称为物体动量定理的积分形式.

质点的动量定理描述质点所受合力的冲量与其动量的增量的关系，动量定理表示作用在质点上的合力在一段时间内的冲量等于动量的增量. (4－1－6b)式也可以改写为

$$\boldsymbol{I}=\int_{t_0}^{t}\boldsymbol{F}\mathrm{d}t=\int_{p_0}^{p}\mathrm{d}\boldsymbol{p}=\boldsymbol{p}-\boldsymbol{p}_0=m\boldsymbol{v}-m\boldsymbol{v}_0 \tag{4-1-7}$$

如果质量 m 不随时间改变，则

$$\boldsymbol{I}=m\boldsymbol{v}-m\boldsymbol{v}_0$$

如果 $\boldsymbol{F}$ 恒定不变，则 $$\boldsymbol{I}=\int_{t_0}^{t}\boldsymbol{F}\mathrm{d}t=\boldsymbol{F}(t-t_0)$$

动量定理主要用于研究打桩、碰撞、打击、爆破等问题. 由于两物体之间的相互作用时间很短，作用力是变力，且变化很快，状态变化显著，作用效果是使物体产生一定的动量变化，这种力称为冲力，冲力不容易测量，通常可以用动量定理来计算这段时间内的平均冲力 $\overline{\boldsymbol{F}}$. 用平均冲力的冲量来代替变力的冲量，由(4－1－6a)式可得

$$\mathrm{d}\boldsymbol{I}=\overline{\boldsymbol{F}}\mathrm{d}t$$

式中，$\overline{\boldsymbol{F}}$ 表示在 $\mathrm{d}t$ 时间内冲力的平均值. 在 $\Delta t=t-t_0$ 时间间隔内，冲力的平均值 $\overline{\boldsymbol{F}}$ 为

$$\overline{\boldsymbol{F}}=\frac{1}{\Delta t}\int_{t_0}^{t_0+\Delta t}\boldsymbol{F}(t)\mathrm{d}t=\frac{\boldsymbol{p}-\boldsymbol{p}_0}{\Delta t}=\frac{m\boldsymbol{v}-m\boldsymbol{v}_0}{\Delta t} \tag{4-1-8}$$

如果力的方向不变，仅大小改变，力随时间的变化情况可用 $F-t$ 图像上的曲线表示，如图 4.1.1 所示. 力 $\boldsymbol{F}$ 的冲量大小，用 $F-t$ 图像冲力的曲线和时间轴之间从 t_0 到 $t=t_0+\Delta t$ 所包围的面积表示. 在 $F-t$ 图像中，如果取 t_0 到 $t=t_0+\Delta t$ 之间矩形面积与冲力曲线下的面积相等，则矩形面积的高就表示平均冲力的大小.

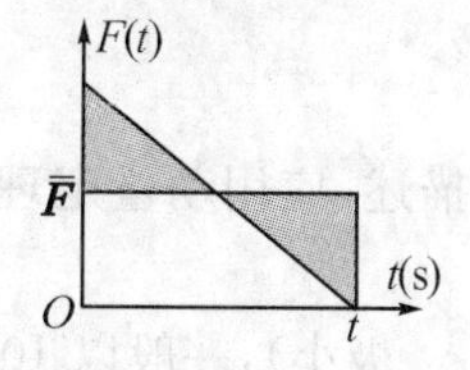

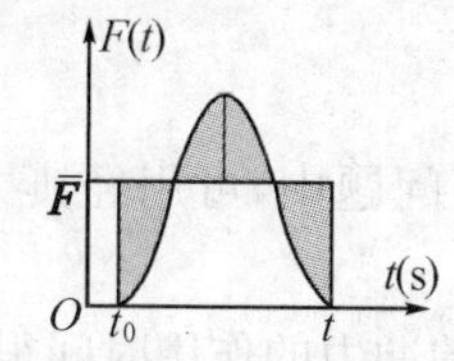

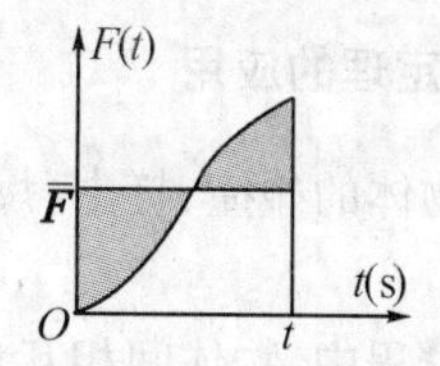

图 4.1.1　$F-t$ 图像

由于合力的冲量等于各分力冲量的矢量和，而每一分力的冲量都可以表示为平均冲力与时间的乘积，即

$$\overline{\boldsymbol{F}}_i=\frac{\int_{t_0}^{t}\boldsymbol{F}_i\mathrm{d}t}{t-t_0} \tag{4-1-9}$$

或

$$\int_{t_0}^{t}\boldsymbol{F}_i\mathrm{d}t=\overline{\boldsymbol{F}}_i(t-t_0) \tag{4-1-10}$$

因此，动量定理的积分形式，即(4－1－6b)式又可以表示为

$$\sum_i\overline{\boldsymbol{F}}_i(t-t_0)=\boldsymbol{p}-\boldsymbol{p}_0 \tag{4-1-11}$$

在处理实际问题时，常常利用它在直角坐标系中的分量表达式，即

$$\left.\begin{aligned}I_x&=\int_{t_0}^{t}F_x\mathrm{d}t=p_x-p_{0x}\\I_y&=\int_{t_0}^{t}F_y\mathrm{d}t=p_y-p_{0y}\\I_z&=\int_{t_0}^{t}F_z\mathrm{d}t=p_z-p_{0z}\end{aligned}\right\} \tag{4-1-12}$$

上式表明：物体所受合力在某一方向上的冲量的分量，等于物体在该方向上动量分量的增量. 必须注意，分量式是代数式，使用有关分量式时，应注意式中各分量的正负号与坐标轴的正方向之间的关系.

4.1.3　关于动量定理的几点说明

①动量是矢量,既有大小,又有方向,是描述物体或物体系运动状态的状态量.

②冲量是矢量,既有大小,又有方向,是一过程量,元冲量 $\mathrm{d}\boldsymbol{I}=\boldsymbol{F}\mathrm{d}t$ 的方向总是与力 $\boldsymbol{F}$ 的方向相同.而在一段时间间隔 Δt 内,冲量的方向等于各个元冲量的矢量和的方向,总是等于物体动量增量的方向,且冲量和平均冲力方向总是一致的.

③由动量定理的微分形式(4－1－2)式可以得到

$$\boldsymbol{F}=\frac{\mathrm{d}\boldsymbol{p}}{\mathrm{d}t}=\frac{\mathrm{d}}{\mathrm{d}t}(m\boldsymbol{v})$$

这便是牛顿第二定律的普遍表达式,当物体的质量被认为是不变量($v\ll c$)时,上式可写为

$$\boldsymbol{F}=m\frac{\mathrm{d}\boldsymbol{v}}{\mathrm{d}t}=m\boldsymbol{a}$$

这便是牛顿第二定律的常用表达式.

④动量定理的微分形式反映了变力作用下无限小时间间隔内的力学过程,而动量定理的积分形式却反映了变力作用下有限时间间隔内的力学过程.

⑤动量定理仅适用于惯性参照系,其中速度是相对于"静止参照系"的绝对速度.

4.1.4　动量定理的应用

在宏观物体的碰撞、打击、爆破等问题中,可用经典力学描述,应用动量定理来求解有关问题.

在碰撞过程中,物体间相互作用的冲力的作用时间很短(Δt 极小),一般以 10^{-3} s 或 10^{-4} s 计,由此可以认为宏观物体在碰撞过程中有以下特点:

①由于碰撞过程中冲力的作用时间很短,冲力或平均冲力很大,重力、摩擦力的值有限,与冲力相比较可以忽略不计.如果作用时间较长,重力、摩擦力等不能忽略不计.

②在碰撞过程中,物体的位移可以忽略不计.设 $\Delta\boldsymbol{r}$ 和 $\bar{\boldsymbol{v}}$ 为物体在碰撞过程中的位移和平均速度,Δt 为碰撞时间,$\Delta\boldsymbol{r}=\bar{\boldsymbol{v}}\Delta t$,由于 $\bar{\boldsymbol{v}}$ 的大小有限,而 Δt 极小,因此,位移的大小可以忽略不计,认为在碰撞过程中物体的位置来不及发生变化,因而物体的位移可以忽略不计.

冲量的单位由力的单位和时间的单位决定,在国际单位制中,冲量的单位为牛顿·秒(N·s),冲量的量纲式是$[\mathrm{LMT}^{-1}]$.

例 4.1.1　如图 4.1.2 所示,一质量 $m=2000$ kg 的汽锤,从高度 $h=1$ m 处自由落下,打击在锻件上,在打击时间 $\Delta t=1.0\times10^{-3}$ s 内汽锤及锻件完全停止.试求:汽锤对锻件作用的平均冲力.

解　选取地球为惯性参照系,建立一维直线坐标 OY,竖直向上为 OY 轴的正方向.由于锻件质量未知,受力情况不容易求出,而不能选取锻件为研究对象,只能选取汽锤为研究对象,先求出锻件对汽锤作用的平均冲力,再根据牛顿第三运动定律,求出汽锤对锻件作用的平均冲力.

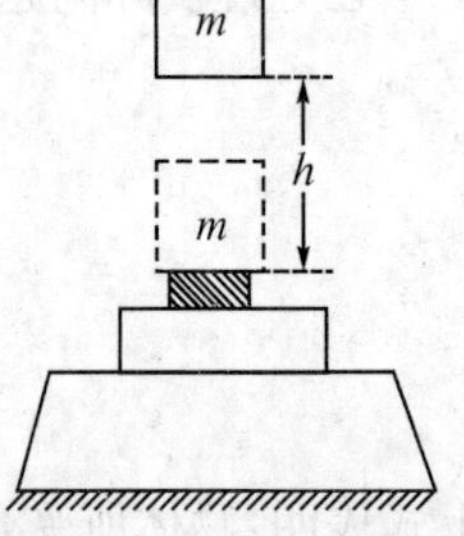

图 4.1.2　例 4.1.1 图示

在汽锤与锻件相互作用过程中,在 Δt 时间内,汽锤受重力 $\boldsymbol{W}=m\boldsymbol{g}$,方向竖直向下;锻件对汽锤作用的冲力 $\boldsymbol{F}$,方向竖直向上,因冲力 $\boldsymbol{F}$ 在 Δt 时间内迅速变化,用平均冲力 $\overline{\boldsymbol{F}}$ 来代替.

汽锤在自由落下过程中，仅受重力作用，由自由落体公式可求得与锻件相碰时的初速度$\boldsymbol{v}_0$的大小，方向竖直向下，其大小为

$$v_0=\sqrt{2gh}$$

经 Δt 时间后锻件的末速度$\boldsymbol{v}=0$. 根据动量定理，可得

$$(\bar{F}-W)\Delta t=0-(-mv_0)=m\sqrt{2gh}$$

所以

$$\bar{F}=\frac{m\sqrt{2gh}}{\Delta t}+W$$

代入已知数值，得平均冲力的大小为

$$\bar{F}=\frac{2000\sqrt{2\times9.8\times1.0}}{1.0\times10^{-3}}+2000\times9.8=8.87\times10^{6}(\mathrm{N})$$

$\bar{\boldsymbol{F}}$ 的方向竖直向上.

根据牛顿第三运动定律，汽锤对锻件的平均冲力的大小$\bar{F}'$等于 8.87×10^{6} N，但是方向竖直向下.

由以上例题的计算结果可以看出，汽锤所受的重力对平均冲力有影响，但是汽锤与锻件相互作用时间很短，$\Delta t=1.0\times10^{-3}$ s，汽锤对锻件的平均冲力大小 $\bar{F}'=8.87\times10^{6}$ N 比汽锤所受重力大小 $W=1.96\times10^{4}$ N 要大几百倍，因此，在计算过程中可以忽略汽锤重力的影响.

例 4.1.2　如图 4.1.3(a)所示，一圆锥摆，质量为 m 的物体在水平面内做以半径为 R 的匀速率圆周运动，摆线与竖直方向的夹角为 θ. 试求：物体由 a 点绕行半个周长达到 b 点时，①物体所受重力 mg 的冲量 $\boldsymbol{I}_W$；②摆线施于物体的张力 $\boldsymbol{T}$ 的冲量 $\boldsymbol{I}_T$.

解　选取地球为惯性参照系，在其上建立三维直角坐标系 $OXYZ$，如图 4.1.3(a)所示.

①求重力$\boldsymbol{W}=m\boldsymbol{g}$ 的冲量 $\boldsymbol{I}_W$：物体由 a 点到达 b 点绕行半个圆周长所需时间 Δt 为

$$\Delta t=\frac{\pi R}{v}$$

由于物体所受的重力是恒力，根据动量定理可求得重力 $m\boldsymbol{g}$ 的冲量 $\boldsymbol{I}_W$ 为

$$\boldsymbol{I}_W=m\boldsymbol{g}\Delta t=m\boldsymbol{g}\frac{\pi R}{v}$$

方向竖直向下，与 OZ 轴方向相反.

②求张力 $\boldsymbol{T}$ 的冲量 $\boldsymbol{I}_T$：物体由 a 点到达 b 点时，根据动量定理

$$\boldsymbol{I}_T+\boldsymbol{I}_W=m\boldsymbol{v}_b-m\boldsymbol{v}_a=2m\boldsymbol{v}_b$$

由图 4.1.3(b)所示的矢量关系，可得张力 $\boldsymbol{T}$ 的冲量的大小 I_T 为

$$I_T=\sqrt{(2mv)^2+I_W{}^2}=\sqrt{(2mv)^2+\left(\frac{mg\pi R}{v}\right)^2}$$

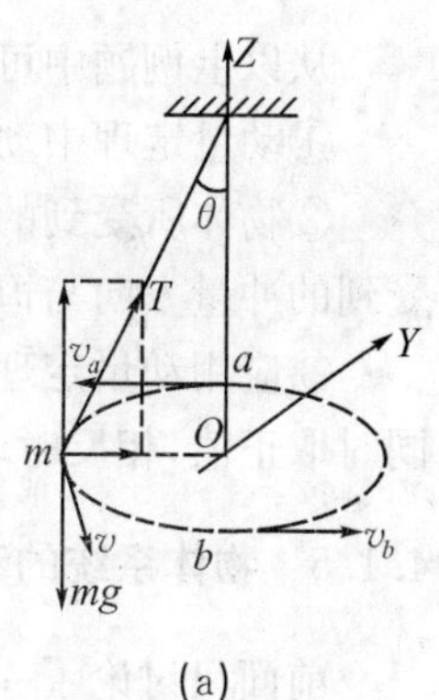

(a)

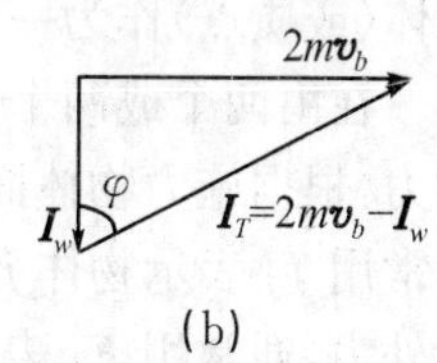

(b)

图 4.1.3　例 4.1.2 图示

$\boldsymbol{I}_T$ 的方向：设以 φ 表示 $\boldsymbol{I}_T$ 与竖直方向之间的夹角，则

$$\tan\varphi=\frac{2mv}{I_W}=\frac{2mv}{mg\dfrac{\pi R}{v}}=\frac{2v^2}{\pi Rg}$$

例 4.1.3　如图 4.1.4 所示，一质量为 $m=2.5$ g 的小球，以速率 $v_0=20\ \mathrm{m\cdot s^{-1}}$沿与水平方向成 45°角的方向与水平面相碰，相碰时间 $\Delta t=0.01$ s，碰后小球以 $v=10\ \mathrm{m\cdot s^{-1}}$的速率沿

与水平方向成30°角的方向弹出. 试求：小球所受到的平均冲力.

解 选取地球为惯性参照系，建立在竖直平面内的 OXY 直角坐标系，将小球碰撞前的速度$\boldsymbol{v}_0$分解成 X、Y 方向上的两个分量：

$$v_{0x}=v_0\cos45°,v_{0y}=-v_0\sin45°$$

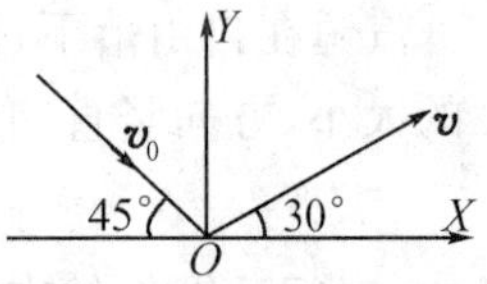

图 4.1.4 例 4.1.3 图示

将小球碰撞后的速度$\boldsymbol{v}$ 分解成X、Y 方向上的两个分量：

$$v_x=v\cos30°,v_y=v\sin30°$$

根据动量定理，小球所受到的冲量为

$$\boldsymbol{I}=m\boldsymbol{v}-m\boldsymbol{v}_0$$

根据动量定理，小球在 X、Y 方向上受到的冲量为

$$I_x=mv_x-mv_{0x}=m(v\cos30°-v_0\cos45°)$$

$$I_y=mv_y-mv_{0y}=m(v\sin30°+v_0\sin45°)$$

小球所受到的冲量 $\boldsymbol{I}$ 的大小为

$$I=\sqrt{I_x^2+I_y^2}=m\sqrt{v^2+v_0^2-2vv_0(\cos30°\cos45°-\sin30°\sin45°)}$$

$$=m\sqrt{v^2+v_0^2-2vv_0\cos75°}$$

上式代入数值后可得

$$I=2.5\times10^{-3}\times\sqrt{10^2+20^2-2\times10\times20\times0.26}=5.0\times10^{-2}(\text{N}\cdot\text{s})$$

所以小球所受到的平均冲力为

$$\overline{F}=\frac{I}{\Delta t}=\frac{5.0\times10^{-2}}{0.01}=5(\text{N})$$

从以上例题中可以看出，在应用物体的动量定理时必须注意：

①动量定理中动量的增量一定是物体的末动量减去物体的初动量.

②物体所受到的冲量的方向与动量增量(改变量)的方向一致. 物体受恒力作用时，物体所受到的冲量方向与恒力或合力方向一致.

③应用动量定理在直角坐标系中的分量式时，动量分量或速度的分量与坐标轴正方向相同时取正值，相反时取负值.

4.1.5 物体系统的动量定理

前面只讨论了一个物体的动量定理. 在处理具体的力学问题时，通常将两个或两个以上的物体(或质点)作为一个整体来研究它的运动规律，这个整体称为物体系统(或质点组).

在由两个或两个以上的物体所组成的物体系统中，通常把作用在物体系统中各个物体上的力，根据施力物体而分为内力和外力. 物体系统内部各个物体之间的相互作用力称为内力，通常用 $\boldsymbol{f}_{ji}$ 表示物体 j 作用在物体 i 上的内力. 外界物体作用在物体系统内任一物体上的力称为外力，通常用 $\boldsymbol{F}_i$ 表示外界物体作用在物体系统内第 i 个物体上的外力.

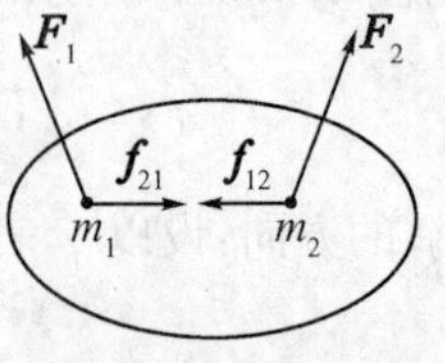

图 4.1.5 物体系统的动量定理

先研究两个物体组成的物体系统，如图 4.1.5 所示，物体系统中两个物体的质量分别为 m_1 和 m_2. 在初始状态，即在初始时刻 t_0，它们的速度分别为$\boldsymbol{v}_{10}$和$\boldsymbol{v}_{20}$，系统的总动量为 $m_1\boldsymbol{v}_{10}+m_2\boldsymbol{v}_{20}$. 物体 m_1 受到的合外力为 $\boldsymbol{F}_1$，物体 m_2 作用在 m_1 上的内力为 $\boldsymbol{f}_{21}$；物体 m_2 受到的合外力为 $\boldsymbol{F}_2$，物体 m_1 作用在 m_2 上的内力为 $\boldsymbol{f}_{12}$. 外力和内力持

续作用到末状态，即末时刻 t，它们的速度分别为 $\boldsymbol{v}_1$ 和 $\boldsymbol{v}_2$，系统的总动量变为 $m_1\boldsymbol{v}_1+m_2\boldsymbol{v}_2$. 分别对两物体应用动量定理，可得

$$\int_{t_0}^{t}(\boldsymbol{F}_1+\boldsymbol{f}_{21})\mathrm{d}t=m_1\boldsymbol{v}_1-m_1\boldsymbol{v}_{10} \tag{4-1-13a}$$

$$\int_{t_0}^{t}(\boldsymbol{F}_2+\boldsymbol{f}_{12})\mathrm{d}t=m_2\boldsymbol{v}_2-m_2\boldsymbol{v}_{20} \tag{4-1-13b}$$

由于内力 $\boldsymbol{f}_{21}$ 和 $\boldsymbol{f}_{12}$ 是一对作用力和反作用力，根据牛顿第三运动定律，$\boldsymbol{f}_{21}=-\boldsymbol{f}_{12}$，所以

$$\int_{t_0}^{t}\boldsymbol{f}_{21}\mathrm{d}t=-\int_{t_0}^{t}\boldsymbol{f}_{12}\mathrm{d}t$$

将(4－1－13a)式及(4－1－13b)式相加，利用上式的关系，可得到

$$\int_{t_0}^{t}(\boldsymbol{F}_1+\boldsymbol{F}_2)\mathrm{d}t=(m_1\boldsymbol{v}_1+m_2\boldsymbol{v}_2)-(m_1\boldsymbol{v}_{10}+m_2\boldsymbol{v}_{20}) \tag{4-1-14}$$

上式表明：物体系统所受合外力的冲量等于物体系统总动量的增量(改变量)，称为质点系的动量定理. 因为内力冲量的矢量和为零，系统总动量的增量与内力的冲量无关. 应当指出，物体系统的内力只能改变物体系统内单个物体的动量，即动量可以在物体系统内各个物体之间相互传递，但对整个物体系统来说，由于两物体之间的内力是一对作用力和反作用力，所有内力冲量的矢量和等于零，内力不能改变物体系统的总动量，但是却可以改变物体系统的总动能. 将以上结果推广到一般由任意多的几个物体所组成的物体系统，如果以 $\sum\limits_{i=1}^{n}\boldsymbol{p}_{i0}$ 表示物体系统在初状态(即初始时刻 t_0)的总动量，$\sum\limits_{i=1}^{n}\boldsymbol{p}_i$ 表示物体系统在末状态(即末时刻 t)的总动量，$\sum\limits_{i=1}^{n}\boldsymbol{F}_i$ 表示物体系统内各个物体所受外力的矢量和，则物体系统的动量定理可以表示为

$$\int_{t_0}^{t}\sum_{i=1}^{n}\boldsymbol{F}_i\mathrm{d}t=\sum_{i=1}^{n}\boldsymbol{p}_i-\sum_{i=1}^{n}\boldsymbol{p}_{i0}=\sum_{i=1}^{n}(m_i\boldsymbol{v}_i)-\sum_{i=1}^{n}(m_i\boldsymbol{v}_{i0}) \tag{4-1-15}$$

物体系统的动量定理：在一段时间间隔($\Delta t=t-t_0$) 内，物体系统所受合外力的冲量等于物体系统的总动量的增量.

在实际应用中，常用物体系统的动量定理在直角坐标系中的分量表达式，即

$$\left.\begin{aligned}\int_{t_0}^{t}\sum_{i=1}^{n}F_{ix}\mathrm{d}t&=\sum_{i=1}^{n}p_{ix}-\sum_{i=1}^{n}p_{i0x}\\\int_{t_0}^{t}\sum_{i=1}^{n}F_{iy}\mathrm{d}t&=\sum_{i=1}^{n}p_{iy}-\sum_{i=1}^{n}p_{i0y}\\\int_{t_0}^{t}\sum_{i=1}^{n}F_{iz}\mathrm{d}t&=\sum_{i=1}^{n}p_{iz}-\sum_{i=1}^{n}p_{i0z}\end{aligned}\right\} \tag{4-1-16}$$

4.2　动量守恒定律

4.2.1　物体系统的动量守恒定律

根据物体系统的动量定理(4－1－15)式可知，当物体系统不受外力或受合外力等于零，即 $\sum\limits_{i=1}^{n}\boldsymbol{F}_i=0$ 时，可得

$$\sum_{i=1}^{n} \boldsymbol{p}_i = \sum_{i=1}^{n} \boldsymbol{p}_{i0} = \text{常矢量} \tag{4-2-1a}$$

或

$$\boldsymbol{p} = \boldsymbol{p}_1 + \boldsymbol{p}_2 + \cdots + \boldsymbol{p}_n = \boldsymbol{p}_{10} + \boldsymbol{p}_{20} + \cdots + \boldsymbol{p}_{n0} = \text{常矢量} \tag{4-2-1b}$$

以上两式表明:当一物体系统所受合外力等于零时,系统的总动量保持不变,称为物体系统的动量守恒定律,简称为动量守恒定律.

在实际应用中,经常用到动量守恒定律在直角坐标系中的分量表达式,即

$$\left.\begin{aligned} &\text{当} \sum_{i=1}^{n} F_{ix} = 0 \text{时}, \quad \sum_{i=1}^{n} p_{ix} = \sum_{i=1}^{n} p_{i0x} = \text{常量} \\ &\text{当} \sum_{i=1}^{n} F_{iy} = 0 \text{时}, \quad \sum_{i=1}^{n} p_{iy} = \sum_{i=1}^{n} p_{i0y} = \text{常量} \\ &\text{当} \sum_{i=1}^{n} F_{iz} = 0 \text{时}, \quad \sum_{i=1}^{n} p_{iz} = \sum_{i=1}^{n} p_{i0z} = \text{常量} \end{aligned}\right\} \tag{4-2-2}$$

4.2.2 沿某一方向上的动量守恒定律

在很多力学实际问题中,物体系统所受的合外力不等于零,而合外力在某个方向上的分量可能等于零,在这种情况下,物体系统的总动量不守恒,但总动量在某个方向上的分量是守恒的.

根据物体系统动量定理的分量表达式(4－1－16),如果物体系统所受的合外力在某一方向上,如 X 轴方向上的分量等于零,即

$$\sum_{i=1}^{n} F_{ix} = 0$$

则

$$p_x = \sum_{i=1}^{n} p_{ix} = \sum_{i=1}^{n} p_{i0x} = \text{常量} \tag{4-2-3}$$

公式(4－2－3)表明:如果物体系统所受合外力不等于零,而合外力在 X 方向上的分量等于零,则物体系统的总动量在 X 方向上的分量保持不变,可称为物体系统总动量在某一坐标轴(X 轴)上的分量守恒.而沿着 Y 方向与 Z 方向,$\sum_{i=1}^{n} F_{iy} \neq 0$,$\sum_{i=1}^{n} F_{iz} \neq 0$,则物体系统的总动量沿 Y 与 Z 方向上的分量不守恒.

必须指出,X 方向动量守恒,X 方向是根据具体的力学问题来确定的,有时可能某两个方向上(如 X、Y 方向)满足动量守恒条件,这为解决某些力学问题带来极大的方便.

4.2.3 在实际应用动量守恒定律时的注意事项

①物体系统动量守恒定律成立的条件是 $\sum_{i=1}^{n} \boldsymbol{F}_i = 0$,即物体系统所受合外力等于零;当 $\sum_{i=1}^{n} \boldsymbol{F}_i \neq 0$,但物体系统所受合外力远小于内力,则合外力可以忽略不计,物体系统的总动量仍守恒;当 $\sum_{i=1}^{n} \boldsymbol{F}_i \neq 0$,但物体系统所受合外力在某一方向上的分量等于零,如 $\sum_{i=1}^{n} F_{ix} = 0$,则物体系统的总动量在该方向上的分量守恒,相类似的情况也适合于 Y 方向及 Z 方向.

②内力的冲量不能改变物体系统的总动量,但内力的冲量可以改变物体系统内各物体的动量.

③动量具有瞬时性和相对性，因此，若物体系统经历一个力学运动过程，动量守恒是在整个力学过程中任一时刻的动量都守恒，而不仅是物体系统的末动量等于初动量. 在力学过程中，物体系统的总动量必须是相对于同一惯性参照系而言. 如果换一个惯性参照系，各个物体的动量应作相应地改变，但动量守恒定律仍然成立.

④动量守恒定律的适用范围远广于牛顿第二运动定律. 动量守恒定律，不随系统内部发生的任何变化（如碰撞、打击、分裂、爆炸、化学反应、原子核反应等）而变化，它对宏观物体系、微观物体系、低速运动及高速运动领域都适用. 所以，动量守恒定律是物理学中最重要、最基本的规律之一，适用于物理学中的一切运动形式.

应用动量守恒定律求解具体问题时，它的特点在于可以不考虑复杂的中间过程，直接把系统的初态和终态动量联系起来，往往能解决牛顿定律无法求解的问题，可以简便地直接求解出有关结果.

例 4.2.1　如图 4.2.1 所示，一门质量为 M 的大炮，放在摩擦阻力很小的水平地面上，仰角为 θ；炮弹质量为 m，以相对于炮口的速度$\boldsymbol{v}_2$发射出去. 试求：大炮的反冲速度$\boldsymbol{v}_1$.

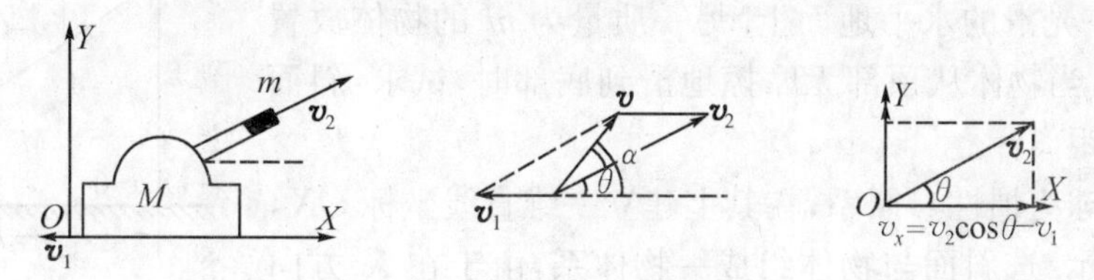

图 4.2.1　例 4.2.1 图示

解　选地球为惯性参照系，建立二维平面直角坐标系 XOY. 将大炮和炮弹视为物体系统，先分析发射炮弹前所受的外力，有重力 $\boldsymbol{W}$、地面对炮身的支持力 $\boldsymbol{N}$，是一对平衡力，摩擦力 $\boldsymbol{f}$，方向水平向右. 但在炮弹向斜上方发射过程中，还受到由于火药爆炸而产生的反冲力 $\boldsymbol{F}_{反冲}$ 的作用，如图 4.2.1 所示，使炮身产生向左下方运动的趋势. 虽然 $\boldsymbol{F}_{反冲}$ 是内力，但是炮身向左下方运动时，被地面所阻挡，此时地面对炮身的支持力将以冲力的形式出现，此冲力将大于重力，且影响大炮所受的外力，此时在竖直方向上，则有

$$N-W-F_{反冲}\sin\theta=0$$

可见，在炮弹发射过程中，在竖直方向上动量不守恒（因 $N-W\neq0$），且整个物体系统的动量也不守恒（因 $\boldsymbol{N}+\boldsymbol{W}+\boldsymbol{f}\neq0$）. 而沿水平方向，由于物体系统的内力在水平方向上的分力远大于外力（摩擦力），物体系统在水平方向上的动量守恒. 根据速度合成定理，炮弹相对于地面的速度（绝对速度$\boldsymbol{v}$）为

$$\boldsymbol{v}=\boldsymbol{v}_1+\boldsymbol{v}_2$$

式中，$\boldsymbol{v}_1$为炮身沿水平方向的速度，$\boldsymbol{v}_2$为炮弹相对于炮口的速度. 如图 4.2.1 所示，炮弹出炮口时，对地面的速度$\boldsymbol{v}$与地面夹角不是 θ 而是 α，α 角由$\boldsymbol{v}_1$、$\boldsymbol{v}_2$和 θ 决定. 而速度$\boldsymbol{v}$在水平方向的分量为 $v_x=v_2\cos\theta-v_1$. 忽略摩擦力，在水平方向上合外力的分量等于零，水平方向动量守恒定律的分量式为

$$m(v_2\cos\theta-v_1)-Mv_1=0$$

解得大炮的反冲速度大小为 $v_1=\dfrac{mv_2\cos\theta}{m+M}$（方向沿水平向左）.

求解该题的关键在于分析出在水平方向摩擦阻力可以忽略不计，可在水平方向上近似应用动量守恒定律.

例 4.2.2　如图 4.2.2 所示，竖直向上发射一初速度为$\boldsymbol{v}_0$的炮弹，在发射后经 t 秒在空中自动爆炸，分裂成质量相等的 A、B、C 三块碎片，其中 A 块的速度等于零，B、C 两块的速度的大小相等，且$\boldsymbol{v}_B$与水平方向成α 角. 试求：B、C 两碎片的速率及$\boldsymbol{v}_C$与水平方向的夹角β.

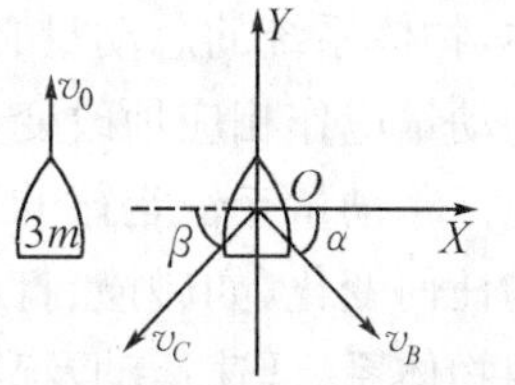

图 4.2.2　例 4.2.2 图示

解　选取地球为惯性参照系，建立如图所示的二维平面坐标系. 三块碎片的质量都等于 m，则炮弹的总质量为 $3m$，经 t 时间后速率为 $v_t=v_0-gt$. 炮弹发生爆炸而产生的内力远大于重力，重力 W 可忽略不计，炮弹不受外力作用，在爆炸过程中总动量守恒，分别在 X 方向和 Y 方向应用动量守恒定律的分量式，可得

$$mv\cos\alpha-mv\cos\beta=0,\quad 3m(v_0-gt)=mv\sin\alpha+mv\sin\beta$$

由以上两式解得

$$\beta=\alpha,\quad v=\frac{3(v_0-gt)}{2\sin\alpha}$$

例 4.2.3　如图 4.2.3 所示，有一质量为 M 的斜面，底边长为 L，放置在光滑的水平地面上. 另一质量为 m 的物体放置在斜面的顶部，当物体从顶部无摩擦地滑到底部时，试求：斜面后退了多大的距离？

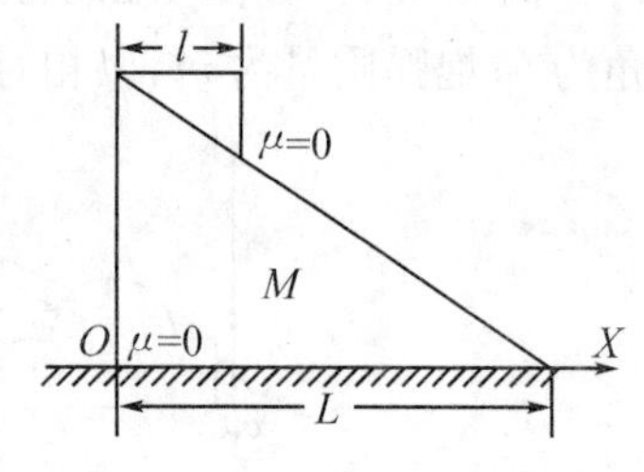

图 4.2.3　例 4.2.3 图示

解　以地球为惯性参照系，在其上建立一维直线坐标 OX，如图 4.2.3 所示. 选斜面与物体组成一物体系，由于在 X 方向不受外力作用，所以在 X 方向上动量守恒.

设物体 m 的坐标为 x_1，则物体在 X 方向的速度分量为 $v_x=\frac{\mathrm{d}x_1}{\mathrm{d}t}$；斜面的坐标为 x_2，则斜面在 X 方向的速度分量为 $V_x=\frac{\mathrm{d}x_2}{\mathrm{d}t}$，根据在 X 方向上动量守恒定律的表达式，可得

$$m\frac{\mathrm{d}x_1}{\mathrm{d}t}+M\frac{\mathrm{d}x_2}{\mathrm{d}t}=0$$

即

$$m\mathrm{d}x_1+M\mathrm{d}x_2=0$$

由题意设物体从斜面顶部滑到底部时，斜面的坐标从 0 变到 x，此时木块的坐标从 0 变到 $x+L$，对上式积分，得

$$m\int_0^{x+L}\mathrm{d}x_1+M\int_0^{x}\mathrm{d}x_2=0$$

$$m(x+L)+Mx=0$$

解得

$$x=-\frac{m}{M+m}L$$

负号表示斜面向 $-X$ 方向移动，斜面向后退的距离为$\frac{m}{M+m}L$.

例 4.2.4　如图 4.2.4 所示，三只质量都为 M 的小船，在静水的湖面上同方向鱼贯而行，其速度均为$\boldsymbol{v}$，如果从中间船上同时以相对速率 u 向前及向后的船各投掷出质量为 m 的物体（m 包含在 M 中）. 设水对船的阻力可忽略不计. 试求：该物体分别落在前、后两只小船中以后三只小船的速率.

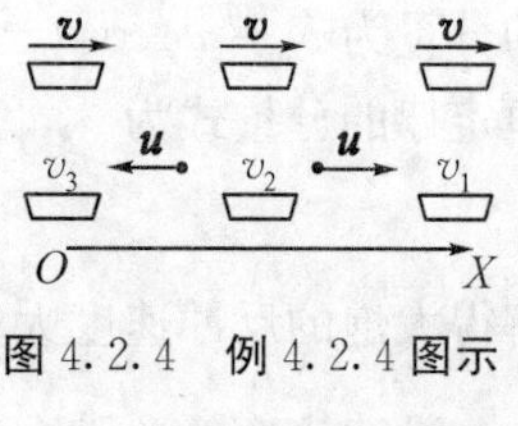

图 4.2.4　例 4.2.4 图示

解　选取湖岸为惯性参照系，在其上建立一维直线坐标系 OX，船前进的方向为 OX 轴的

正方向.

①先求出抛出二物体时,第二只船(中间船)的速率 v_2.

考虑由第二只船与抛出物体所组成的物体系统,该物体系统在水平方向上不受外力作用(水的阻力忽略不计),而在水平方向满足动量守恒条件.

该物体系统初态时质量为 M(包括抛出的二物体质量 $2m$),速率为 v. 该物体系统末态时,向前抛出的质量为 m 的物体相对于湖岸的速率,即绝对速率为 v_2+u;向后抛出的质量为 m 的物体相对于湖岸的速率,即绝对速率为 v_2-u,第二只船抛出总质量为 $2m$ 的二物体后质量变为 $M-2m$,速率为 v_2,是所求的物理量. 根据物体系统在 OX 方向上动量守恒定律的分量式,可得

$$Mv=(M-2m)v_2+m(v_2+u)+m(v_2-u) \tag{4-2-4}$$

由(4-2-4)式解得

$$v_2=v$$

可见,第二只船抛出二物体时,速率不变,仍等于 v,方向沿 OX 轴正方向.

②求第一只船接到质量为 m 的物体时的速率 v_1.

考虑由第一只船与向前抛的质量为 m 的物体组成的物体系统,该物体系统在水平方向上不受外力作用(水的阻力忽略不计),而在水平方向满足动量守恒定律的条件.

该物体系统,初态时第一只船的质量为 M,速率为 v,向前抛的物体质量为 m,其相对于湖岸的速率,即绝对速率为 v_2+u;该物体系统末态时,抛出的物体与船合并在一起,其质量为 $M+m$,速率为 v_1,是所求的物理量.

根据物体系统在 OX 方向上动量守恒定律的分量式,可得

$$Mv+m(v_2+u)=(M+m)v_1 \tag{4-2-5}$$

代入 $v_2=v$ 到(4-2-5)式,可求得第一只船接到物体 m 时的速率 v_1 为

$$v_1=v+\frac{m}{M+m}u$$

③求第三只船接到质量为 m 的物体时的速率 v_3.

考虑由第三只船与向后抛出的质量为 m 的物体组成的物体系统,该物体系统在水平方向上不受外力作用(水的阻力忽略不计),而在水平方向上满足动量守恒定律的条件.

该物体系统,初态时第三只船质量为 M,速率为 v,向后抛出的物体质量为 m,相对于湖岸的速率,即绝对速率为 v_2-u;该物体系统末态时,抛出物体与船合并在一起,其质量为 $M+m$,速率为 v_3,是所求的物理量.

根据物体系统在 OX 方向上动量守恒定律的分量式,可得

$$Mv+m(v_2-u)=(M+m)v_3 \tag{4-2-6}$$

代入 $v_2=v$ 到(4-2-6)式,可求得第三只船接到物体 m 时的速率 v_3 为

$$v_3=v-\frac{m}{M+m}u$$

在求解该题的过程中,应注意以下几点:①动量守恒定律中的速度(或速率)必须是相对于"静止"参照系的绝对速度(或速率);②第二只船抛出总质量为 $2m$ 的物体后速度已变为 v_2,所以抛出物体的相对速率是相对于以 v_2 运动的船而言,即牵连速率应为 v_2 而不应该是 v;③如果物体系统所受合外力等于零,则整个物体系统的总动量守恒,如果物体系统所受合外力不等于零,而合外力在某一方向上的分量等于零,则物体系统的总动量不守恒,而在该方向上的总动量的分量守恒.

4.3 碰 撞

物理学中将两个相互接触的物体或没有直接接触的粒子在极短时间内相互作用的过程称为碰撞.碰撞不仅广泛存在于宏观现象之中,例如,宏观上两个小球的撞击、锻铁、打桩、子弹射入墙壁等,而且在微观上,如分子或原子之间、在基本粒子之间也都有碰撞(微观粒子的碰撞又称散射).研究碰撞问题都是为了要知道物体或粒子碰撞后速度与碰撞前速度之间的关系及因碰撞而引起的能量的改变.

4.3.1 正 碰

如果两个小球碰撞前的速度都沿着两球的连心线,则碰撞时的相互作用力亦沿同一连心线,碰撞后两球速度也必然沿着两球连心线的方向,这样的碰撞称为正碰或对心碰撞.由于碰撞过程作用时间短,相互作用的力(冲力)很大,一切外力(如重力、阻力等)的影响可忽略不计,所以,相撞物体碰撞前后总动量守恒,这是讨论碰撞问题的基本出发点之一.下面分别讨论正碰的三种情况.

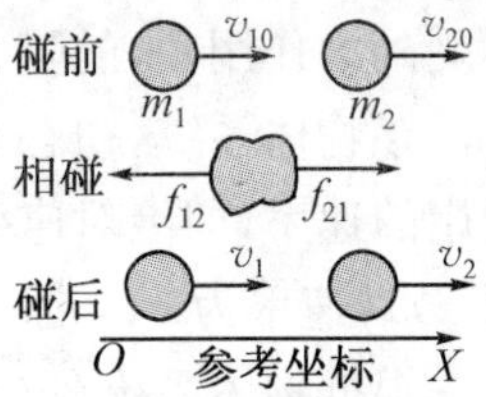

(1)完全弹性碰撞

在碰撞过程中无机械能损失(势能不变,碰撞前后动能不变)的碰撞称为完全弹性碰撞.如图 4.3.1 所示,在光滑的水平面上有两个质量分别为 m_1 和 m_2 的小球作正碰,可分为两个阶段.图 4.3.1 表示两小球碰撞前(两球开始接触的一瞬间)的速度为 $\boldsymbol{v}_{10}$、$\boldsymbol{v}_{20}$,且 $|\boldsymbol{v}_{10}|>|\boldsymbol{v}_{20}|$,随后两球相互挤压发生形变,彼此互施弹性恢复力,弹性力使球 m_1 减速,球 m_2 加速,只要 $|\boldsymbol{v}_1|>|\boldsymbol{v}_2|$,两球仍继续压缩,形变增大,弹性恢复力增大,到两球具有相同速度为止,是碰撞过程的第一阶段,称为压缩阶段;相互接触的两小球由于弹性恢复力作用,使两球具有相同速度开始,球 m_2 的速度就大于球 m_1 的速度,两球形变逐渐减小,弹性恢复力减小,直到两球脱离接触为止,是碰撞过程的第二阶段,称为恢复阶段.如果两球发生碰撞时相互作用力是保守力,两球因相互作用产生弹性形变,一部分动能转变为弹性势能,碰撞结束后两球完全恢复原状,形变消失,弹性势能又全部转变为两球的动能,在整个过程中机械能守恒,因碰撞前后势能不变,所以碰撞前后动能不变.设两球碰撞后速度为 $\boldsymbol{v}_1$ 和 $\boldsymbol{v}_2$,两球组成的物体系统因外力矢量和为零,碰撞过程中动量守恒,即

碰前 v_{10} v_{20} m_1 m_2
相碰 f_{12} f_{21}
碰后 v_1 v_2
O 参考坐标 X

图 4.3.1 完全弹性碰撞

$$m_1v_1+m_2v_2=m_1v_{10}+m_2v_{20} \tag{4-3-1}$$

碰撞过程中机械能守恒,物体系统的动能守恒,即

$$\frac{1}{2}m_1v_1^2+\frac{1}{2}m_2v_2^2=\frac{1}{2}m_1v_{10}^2+\frac{1}{2}m_2v_{20}^2 \tag{4-3-2}$$

由以上两式解出

$$v_1=\frac{(m_1-m_2)v_{10}+2m_2v_{20}}{m_1+m_2},v_2=\frac{(m_2-m_1)v_{20}+2m_1v_{10}}{m_1+m_2} \tag{4-3-3}$$

由上式可求出完全弹性碰撞后两球的速度.下面由以上结果讨论几种特殊情况:

①如果两球具有相同质量,即 $m_1=m_2$,则 $v_1=v_{20}$,$v_2=v_{10}$,质量相等的两球碰撞后交换速度.

②如果 $m_2\gg m_1$,且 $v_{20}=0$,则 $v_1\approx-v_{10}$,$v_2=0$,即小球 1 撞击静止的大球或墙壁,碰撞

后小球 1 以原速率弹回，大球基本不动.

③如果 $m_1 \gg m_2$，且 $v_{20}=0$，则 $v_1 \approx v_{10}$，$v_2=2v_{10}$，即大球 1 撞击静止的小球 2，碰撞后，大球速度几乎不发生变化，但质量很小的小球则几乎以二倍于大球的速度运动.

(2)完全非弹性碰撞

如果相碰的两球完全没有弹性，则两球相碰时只发生形变而无弹性力存在，碰撞后并不分开，而以相同的速度运动，这种碰撞称为完全非弹性碰撞. 产生形变要做功，但此功并没有转变为弹性势能，而是转变为内能，在碰撞过程中机械能不守恒.

因两球组成的物体系统所受合外力等于零，在水平方向上动量守恒，即

$$(m_1+m_2)v=m_1v_{10}+m_2v_{20} \tag{4-3-4}$$

由上式可得两球碰撞后的共同速度为

$$v=\frac{m_1v_{10}+m_2v_{20}}{m_1+m_2} \tag{4-3-5}$$

在完全非弹性碰撞过程中，损失的动能 ΔE_K 为

$$\Delta E_K=\frac{1}{2}m_1v_{10}^2+\frac{1}{2}m_2v_{20}^2-\frac{1}{2}(m_1+m_2)v^2$$

$$=\frac{m_1m_2}{2(m_1+m_2)}(v_{10}-v_{20})^2 \tag{4-3-6}$$

如果 $v_{10} \approx -v_{20}$，损失动能最大；如果 $m_1=m_2=m$，$v_{20}=0$，损失动能为$\frac{1}{4}mv_{10}^2$，正好是小球 1 碰撞前动能的一半.

两球碰撞后相互分离的相对速度与碰撞前相互接近的相对速度之比称为恢复系数，即

$$e=\frac{v_2-v_1}{v_{10}-v_{20}} \tag{4-3-7}$$

对于完全弹性碰撞，由(4-3-3)式知，$e=1$. 对于完全非弹性碰撞，由(4-3-4)式知，恢复系数 $e=0$. 恢复系数与碰撞物体的速度和尺寸无关，只决定于物体的材料.

(3)非完全弹性碰撞

一般的碰撞介于完全弹性碰撞和完全非弹性碰撞之间，碰憧物体的内部运动状态发生改变，两球碰撞后彼此分开，机械能有一定的损失，相应的恢复系数为 $0<e<1$，称为非完全弹性碰撞. 由于两球形变不能完全恢复，部分动能转变为内能等其他形式的能量.

对于非完全弹性碰撞，由动量守恒，有

$$m_1v_1+m_2v_2=m_1v_{10}+m_2v_{20} \tag{4-3-8}$$

由恢复系数 $e=\frac{v_2-v_1}{v_{10}-v_{20}}$，非完全弹性碰撞 $0<e<1$，将动量守恒定律方程与恢复系数的定义式联立求解，可得碰撞后的速度为

$$v_1=v_{10}-\frac{m_1}{m_1+m_2}(1+e)(v_{10}-v_{20}) \tag{4-3-9}$$

$$v_2=v_{20}+\frac{m_1}{m_1+m_2}(1+e)(v_{10}-v_{20}) \tag{4-3-10}$$

如果 $m_1=m_2$，$v_{20}=0$，则

$$v_1=\frac{1-e}{2}v_{10},\quad v_2=\frac{1+e}{2}v_{10}$$

即碰撞后两球沿同方向运动，球 2 的速度大于球 1 的速度. 如果 $m_1 \ll m_2$，$v_{20}=0$，则 $v_1 \approx -ev_{10}$，

$v_2=0$，即碰撞后球 2 基本不动，球 1 以小于碰撞前的速率 ev_{10} 弹回.

在非完全弹性碰撞过程中，总动能的损失为

$$\Delta E_K=\left(\frac{1}{2}m_1v_{10}^2+\frac{1}{2}m_2v_{20}^2\right)-\left(\frac{1}{2}m_1v_1^2+\frac{1}{2}m_2v_2^2\right)$$

$$=\frac{1}{2}(1-e^2)\frac{m_1m_2}{m_1+m_2}(v_{10}-v_{20})^2 \qquad (4-3-11)$$

以上讨论的是两球的对心碰撞，即一维碰撞.

由以上各种情况可知，对于完全弹性碰撞，$e=1$，$\Delta E=\Delta E_K=0$，无机械能(或动能)损失，内能不变；对于完全非弹性碰撞，$e=0$，$\Delta E=\Delta E_K$，机械能损失(或动能损失)最大，内能改变；对于非完全弹性碰撞，$0<e<1$，$\Delta E=\Delta E_K\neq 0$，机械能(或动能)部分损失，内能改变. 实际问题中，一般的碰撞介于完全弹性碰撞和完全非弹性碰撞之间，$0<e<1$；如果 $e\approx 1$，可作为完全弹性碰撞处理；如果 $e\approx 0$，可作为完全非弹性碰撞处理.

4.3.2 斜 碰

如果两球碰撞前、后的速度不沿它们的连心线，这种碰撞称为斜碰或非对心碰撞. 如果两球碰撞前、后的速度矢量在同一平面内，称为二维碰撞；如果碰撞前、后两球的速度矢量不在同一平面内，称为三维碰撞.

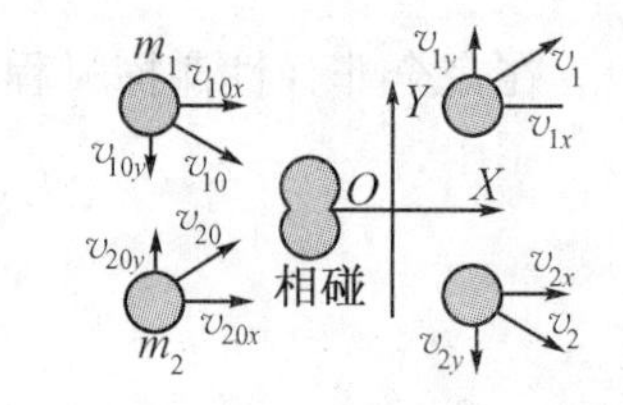

图 4.3.2 二维完全弹性碰撞

现在讨论二维完全弹性碰撞，设碰撞前入射粒子质量为 m_1，速度为$\boldsymbol{v}_{10}$，另一个质量为 m_2 的作为靶的粒子静止，$\boldsymbol{v}_{20}=0$，两粒子做完全弹性碰撞，如图 4.3.2 所示. 碰撞前，$\boldsymbol{v}_{10}$沿 X 轴的正方向，以靶粒子所在位置为坐标原点，建立 OXY 二维平面直角坐标系. 碰撞后，入射粒子的速度为$\boldsymbol{v}_1$，靶粒子的速度为$\boldsymbol{v}_2$，根据动量守恒定律，即

$$m_1\boldsymbol{v}_{10}=m_1\boldsymbol{v}_1+m_2\boldsymbol{v}_2 \qquad (4-3-12)$$

根据完全弹性碰撞机械能守恒，由动能在碰撞前、后不变，即

$$\frac{1}{2}m_1v_{10}^2=\frac{1}{2}m_1v_1^2+\frac{1}{2}m_2v_2^2 \qquad (4-3-13)$$

由动量守恒定律可知，碰撞前入射粒子的动量 $m_1\boldsymbol{v}_{10}$和碰撞后入射粒子及靶粒子的动量 $m_1\boldsymbol{v}_1$和 $m_2\boldsymbol{v}_2$必在同一个平面内. 通常采用正交分解法处理有关问题，设碰撞后入射粒子的运动方向与原入射方向(X 轴正方向)的夹角为 θ_1，靶粒子的运动方向与 X 轴正方向的夹角为 θ_2，由动量守恒定律可得到在 X 方向及 Y 方向上的分量方程式为

$$m_1v_1\cos\theta_1+m_2v_2\cos\theta_2=m_1v_{10} \qquad (4-3-14)$$

$$m_1v_1\sin\theta_1-m_2v_2\sin\theta_2=0 \qquad (4-3-15)$$

(4－3－13)式、(4－3－14)式及(4－3－15)式共有三个标量方程，如果只给出 m_1、m_2、v_{10} 的值，则因为三个标量方程中有四个未知数 v_1、v_2、θ_1 及 θ_2，因而不能确定碰撞后各粒子的运动，只有当 v_1、v_2、θ_1 和 θ_2 中有一个是已知的，例如，通过实验的方法把 θ_1(或 θ_2)测量出来，我们才能够完全确定碰撞后各个粒子的运动情况.

例 4.3.1　设中子质量为 m_1，静止的原子核(靶核)质量为 m_2. 试求：①中子与静止的原子核发生完全弹性正碰撞后，中子损失动能的比率；②如果铅、碳和氢原子核的质量分别为中子质量的 206 倍、12 倍和 1 倍，求中子与它们发生完全弹性正碰撞后动能损失的比率.

解　①把中子及静止的铅、碳和氢原子核都看作质点. 设碰撞前、后中子的速度分别为 $\boldsymbol{v}_{10}$、$\boldsymbol{v}_1$，则动能损失的比率为

$$\frac{\Delta E_K}{E_K}=\frac{\frac{1}{2}m_1v_{10}^2-\frac{1}{2}m_1v_1^2}{\frac{1}{2}m_1v_{10}^2}=1-\frac{v_1^2}{v_{10}^2} \tag{4-3-16}$$

根据(4－3－3)式，且考虑到$\boldsymbol{v}_{20}=0$，得

$$v_1=\frac{m_1-m_2}{m_1+m_2}v_{10} \tag{4-3-17}$$

所以
$$\frac{\Delta E_K}{E_K}=1-\left(\frac{m_1-m_2}{m_1+m_2}\right)^2=\frac{4m_1m_2}{(m_1+m_2)^2} \tag{4-3-18}$$

②求中子和静止的铅、碳、氢原子核碰撞能量损失的比率.

对于铅，$m_2=206m_1$，所以 $\frac{\Delta E_K}{E_K}=\frac{4m_1m_2}{(m_1+m_2)^2}=\frac{4\times 206}{(206+1)^2}\approx 0.02$

对于碳，$m_2=12m_1$，所以 $\frac{\Delta E_K}{E_K}=\frac{4m_1m_2}{(m_1+m_2)^2}=\frac{4\times 12}{(12+1)^2}\approx 0.28$

对于氢，$m_2=m_1$，所以 $\frac{\Delta E_K}{E_K}=\frac{4m_1m_2}{(m_1+m_2)^2}=\frac{4\times 1}{(1+1)^2}=1$

可见，中子与氢碰撞时能量损失最多，氢作为减速剂效果最好.

在原子核反应堆中，铀 235 受慢中子的轰击而产生裂变，为了使铀核裂变继续下去，必须使由铀核裂变产生的快中子减速而成慢中子. 从力学角度看，应该选用含较轻的元素的物质作为减速剂，一般是选用石墨、水或重水等，还要考虑其他因素会影响到对中子减速剂的选择.

例 4.3.2 试证明任何两个质量相等的物体(或粒子)发生完全弹性碰撞，如果其中一个最初是静止的，则碰撞后两物体(或粒子)是沿着相互垂直的方向分开.

解 设两个物体的质量分别为 m_1、m_2，碰撞前的速度分别为$\boldsymbol{v}_{10}$和$\boldsymbol{v}_{20}$，且$\boldsymbol{v}_{20}=0$，碰撞后的速度为$\boldsymbol{v}_1$和$\boldsymbol{v}_2$. 在二维碰撞过程中，由动量守恒定律可得两个沿互相垂直的坐标轴(X 轴及 Y 轴)的动量守恒的分量式和一个动能不变的表达式，即

$$m_1v_{10}=m_1v_1\cos\theta_1+m_2v_2\cos\theta_2 \tag{4-3-19}$$

$$0=m_1v_1\sin\theta_1-m_2v_2\sin\theta_2 \tag{4-3-20}$$

$$\frac{1}{2}m_1v_{20}^2=\frac{1}{2}m_1v_1^2+\frac{1}{2}m_2v_2^2 \tag{4-3-21}$$

由题意的条件 $m_1=m_2$，上面三式简化为

$$v_{10}=v_1\cos\theta_1+v_2\cos\theta_2 \tag{4-3-22}$$

$$0=v_1\sin\theta_1-v_2\sin\theta_2 \tag{4-3-23}$$

$$v_{10}^2=v_1^2+v_2^2 \tag{4-3-24}$$

将(4－3－22)式及(4－3－23)式平方后相加，得

$$v_{10}^2=v_1^2+v_2^2+2v_1v_2\cos(\theta_1+\theta_2) \tag{4-3-25}$$

(4－3－25)式减去(4－3－24)式，得

$$2v_1v_2\cos(\theta_1+\theta_2)=0 \tag{4-3-26}$$

则
$$\cos(\theta_1+\theta_2)=0,\theta_1+\theta_2=90^\circ$$

以上结果表明碰撞后，两物体(或粒子)的速度$\boldsymbol{v}_1$和$\boldsymbol{v}_2$之间的夹角为 $\theta_1+\theta_2=90^\circ$，即两物体沿着相互垂直的方向分开.

必须指出，微观粒子的碰撞，需用量子力学描述，由于量子力学中的海森堡不确定关系，微观粒子的位置和动量(或速度)不可能同时精确测定，以一定初速度运动的微观粒子碰撞后的

运动状态也就不是唯一的. 微观粒子的碰撞过程分为弹性碰撞(又称弹性散射)和非弹性碰撞(又称非弹性散射)两种. 在弹性碰撞过程中,微观粒子之间只有动能的交换,但不发生粒子种类、数目和内部运动状态的改变. 在非弹性碰撞过程中,或者发生粒子内部运动状态的改变,或者发生粒子种类和数目的改变,这时,粒子之间转换的能量不仅是动能,还有与粒子的能级跃迁或粒子的产生和湮没相关的能量. 读者可参阅原子核物理学相关内容.

4.4 物体的角动量定理和角动量守恒定律

在物理学中经常遇到物体绕某一定点转动的情形,例如,行星绕太阳的运动,原子中的电子绕原子核的运动,以及刚体绕定轴转动时刚体上的每个质点都在转动平面内绕轴上一点转动等. 这类问题中物体的动量的方向不断变化,本节将引入角动量这个物理量来描述物体绕某一定点的转动,并研究角动量所遵守的运动规律.

4.4.1 物体对某一定点的角动量

角动量又称为动量矩,是描述物体转动状态的物理量. 设一质量为 m 的物体在某一时刻 t 的位置可以用相对于参考点(定点)O 的位置矢量 $\boldsymbol{r}$ 表示,该时刻的速度为 $\boldsymbol{v}$,动量为 $m\boldsymbol{v}$. 定义位置矢量 $\boldsymbol{r}$ 与动量 $\boldsymbol{p}=m\boldsymbol{v}$ 的矢积,称为物体对 O 点的角动量,用符号 $\boldsymbol{L}$ 表示,即

$$\boldsymbol{L}=\boldsymbol{r}\times m\boldsymbol{v} \tag{4-4-1}$$

根据两矢量的矢积的定义可知,物体对 O 点的角动量是一个矢量,该矢量的方向总是垂直于由 $\boldsymbol{r}$ 和 $m\boldsymbol{v}$ 所组成的平面,指向可由 $\boldsymbol{r}$、$m\boldsymbol{v}$、$\boldsymbol{L}$ 所构成的右手螺旋法则决定,即右手四指由 $\boldsymbol{r}$ 经小于 180°的 θ 角转向 $m\boldsymbol{v}$,则拇指所指的方向为 $\boldsymbol{L}$ 的方向;角动量 $\boldsymbol{L}$ 的大小应等于以 r 和 mv 为邻边所组成的平行四边形的面积,即

$$L=rmv\sin\theta \tag{4-4-2}$$

式中,θ 为 $\boldsymbol{r}$ 与 $\boldsymbol{p}=m\boldsymbol{v}$ 两矢量正方向所夹的小于 180°的角,如图 4.4.1 所示.

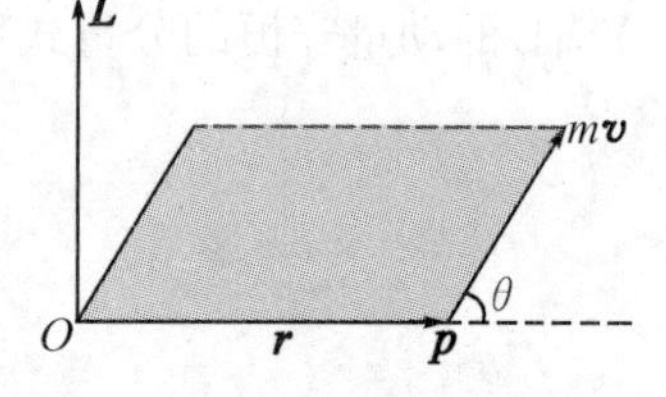

图 4.4.1 物体对某一定点的角动量

在物体做圆周运动的特殊情况下,以圆心为参考点时,物体的速度 $\boldsymbol{v}$ 总是与 $\boldsymbol{r}$ 垂直,即 $\theta=90°$,$\sin\theta=1$,角动量的大小为

$$L=rmv\sin\theta=rmv=mr^2\omega$$

式中,ω 是物体绕圆心转动的角速度大小,角速度的方向与圆周所在平面垂直,指向由 $\boldsymbol{r}$、$m\boldsymbol{v}$、$\boldsymbol{L}$ 所构成的右手螺旋法则决定.

对于角动量的概念必须注意以下几点:①角动量是矢量,不仅有大小,而且有方向,大小由 r、mv、$\sin\theta$ 的乘积决定,指向由 $\boldsymbol{r}$、$m\boldsymbol{v}$、$\boldsymbol{L}$ 所构成的右手螺旋法则决定;②角动量是一个瞬时量,某一时刻物体的角动量由该时刻物体的位置矢量和动量决定;③角动量是一个相对量,物体的角动量与惯性参照系中参考点 O 的选择有关,同一个物体,选择不同的参考点时,角动量也不相同;④角动量是描述物体转动状态的物理量,只要物体在运动,就一定存在物体相对于某一参考点的角动量,不管物体是做直线运动还是做曲线运动. 但是 $\boldsymbol{r}$ 与 $\boldsymbol{v}$ 平行或反平行时,即物体的速度的方向或反方向通过参考点 O 时,$\theta=0°$ 或 $\theta=180°$,物体对 O 点的角动量等于零.

质点对参考点的角动量在通过该点的某一直线(轴)上的分量称为质点对该轴的角动量. 角动量的单位由长度的单位和动量的单位决定. 在国际单位制中,角动量的单位是千克·米^2

·秒$^{-1}$，读作千克二次方米每秒，国际符号 $kg \cdot m^2 \cdot s^{-1}$. 角动量的量纲式为$[L]=L^2MT^{-1}$.

4.4.2 角动量定理

(1)力矩

当物体相对于参考点 O 运动时，如果受到力的作用，描述物体对参考点的运动状态的物理量——角动量将发生改变. 实验和理论表明：角动量的改变与作用力的大小、方向及力的作用点有关.

设一物体 A 在力 $\boldsymbol{F}$ 的作用下相对于参考点 O 运动，力的作用点的位置矢量 $\boldsymbol{r}=\boldsymbol{OA}$ 与作用力 $\boldsymbol{F}$ 的矢积，称为力 $\boldsymbol{F}$ 对 O 点的力矩，用符号 $\boldsymbol{M}$ 表示，即

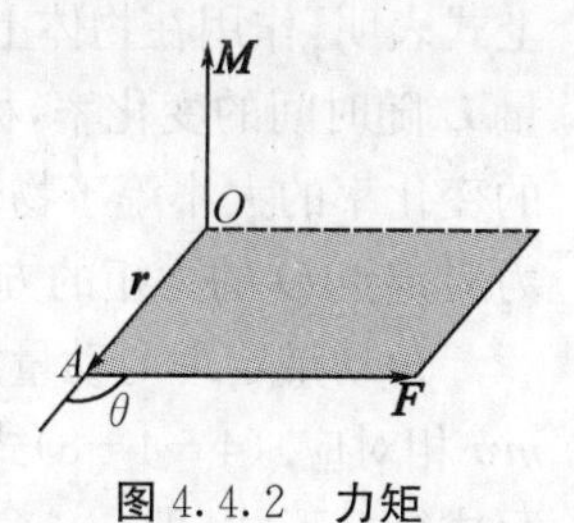

图 4.4.2 力矩

$$\boldsymbol{M}=\boldsymbol{r}\times\boldsymbol{F} \tag{4-4-3}$$

力矩 $\boldsymbol{M}$ 是一矢量，其方向总是垂直于 $\boldsymbol{r}$ 和 $\boldsymbol{F}$ 所决定的平面，指向由 $\boldsymbol{r}$、$\boldsymbol{F}$、$\boldsymbol{M}$ 所构成的右手螺旋法则决定，如图 4.4.2 所示. 根据两矢量的矢积决定力矩的大小为

$$M=rF\ \sin\theta=Fr\ \sin\theta=Fd \tag{4-4-4}$$

式中，θ 是 $\boldsymbol{r}$ 与 $\boldsymbol{F}$ 的正方向之间小于 180°的夹角，而 $d=r\ \sin\theta$ 是 O 点到力 $\boldsymbol{F}$ 的作用线的垂直距离，称为力臂，即力矩的大小等于力的大小乘力臂.

力矩的单位由力的单位和长度的单位决定. 在国际单位制中，力矩的单位是牛顿·米，国际符号 $N \cdot m$. 力矩的量纲式为$[M]=ML^2T^{-2}$.

(2)物体的角动量定理

角动量定理表达力矩与角动量变化率之间的关系.

力矩和角动量之间的关系与力和动量之间的关系相似，下面来导出这种关系式. 我们知道，在惯性参照系中，物体的运动规律遵从牛顿第二定律，即

$$m\frac{\mathrm{d}\boldsymbol{v}}{\mathrm{d}t}=\sum_i\boldsymbol{F}_i \tag{4-4-5}$$

式中，m 是物体的质量，牛顿力学中 m 为常量，$\boldsymbol{v}$ 是物体的瞬时速度，$\sum_i\boldsymbol{F}_i$ 是物体所受的合力. 根据微商规则，m 可移到导数符号后面，即

$$\frac{\mathrm{d}}{\mathrm{d}t}(m\boldsymbol{v})=\sum_i\boldsymbol{F}_i \tag{4-4-6}$$

上式是物体的动量定理. 用物体相对于参考点 O 的位置矢量 $\boldsymbol{r}$ 从左边矢乘等式两端，可得

$$\boldsymbol{r}\times\frac{\mathrm{d}}{\mathrm{d}t}(m\boldsymbol{v})=\boldsymbol{r}\times\sum_i\boldsymbol{F}_i \tag{4-4-7}$$

等式的右端 $\boldsymbol{r}\times\sum_i\boldsymbol{F}_i$ 是物体所受的合力对定点 O 的力矩 $\boldsymbol{M}$，而等式的左端 $\boldsymbol{r}\times\frac{\mathrm{d}}{\mathrm{d}t}(m\boldsymbol{v})$，根据矢积微商法则，可写为

$$\boldsymbol{r}\times\frac{\mathrm{d}}{\mathrm{d}t}(m\boldsymbol{v})=\frac{\mathrm{d}}{\mathrm{d}t}(\boldsymbol{r}\times m\boldsymbol{v})-\frac{\mathrm{d}\boldsymbol{r}}{\mathrm{d}t}\times m\boldsymbol{v}$$

而$\frac{\mathrm{d}\boldsymbol{r}}{\mathrm{d}t}$就是物体的速度$\boldsymbol{v}$，上式右端最后一项

$$\frac{\mathrm{d}\boldsymbol{r}}{\mathrm{d}t}\times m\boldsymbol{v}=\boldsymbol{v}\times m\boldsymbol{v}=0$$

所以

$$\boldsymbol{r}\times\frac{\mathrm{d}}{\mathrm{d}t}(m\boldsymbol{v})=\frac{\mathrm{d}}{\mathrm{d}t}(\boldsymbol{r}\times m\boldsymbol{v})$$

将上式代入(4-4-7)式,得
$$\frac{\mathrm{d}}{\mathrm{d}t}(\boldsymbol{r}\times m\boldsymbol{v})=\boldsymbol{M} \tag{4-4-8}$$
或写作
$$\boldsymbol{M}=\frac{\mathrm{d}\boldsymbol{L}}{\mathrm{d}t} \tag{4-4-9}$$
上式表明:作用在物体上的合力对某固定参考点 O 的力矩 $\boldsymbol{M}$,等于物体对同一参考点的角动量 $\boldsymbol{L}$ 随时间的变化率,称为物体的角动量定理.该定理指出:物体对某定点 O 的角动量随时间的变化率的大小等于物体所受合力矩的大小,物体角动量的变化率的方向就是物体所受的合力对定点 O 的力矩的方向.

角动量定理与动量定理在形式上相似,力矩 $\boldsymbol{M}$ 和作用力 $\boldsymbol{F}$ 相对应,角动量 $\boldsymbol{L}$ 和动量 $\boldsymbol{p}=m\boldsymbol{v}$ 相对应.(4-4-8)式是角动量定理的基本表达式,也可将物体对定点 O 的角动量定理改写成微分形式,即
$$\mathrm{d}\boldsymbol{L}=\boldsymbol{M}\mathrm{d}t \tag{4-4-10}$$
上式右边表示作用在物体上的力矩和时间的乘积,称为元冲量矩,是表示作用在物体上的力矩在无限小时间间隔的累积效应.(4-3-10)式表明:物体对定点 O 的角动量的微分等于物体所受的合力对定点 O 的元冲量矩.如果力矩 $\boldsymbol{M}$ 随时间变化,那么在 t_1 到 t_2 这段有限时间间隔内的冲量矩,应对上式积分,可以得到物体对定点 O 的角动量定理的积分形式为
$$\int_{L_1}^{L_2}\mathrm{d}\boldsymbol{L}=\boldsymbol{L}_2-\boldsymbol{L}_1=\int_{t_1}^{t_2}\boldsymbol{M}\mathrm{d}t \tag{4-4-11}$$
上式表明:物体对定点 O 的角动量在某一段时间间隔内的增量等于在这段时间间隔内作用于物体的冲量矩.

冲量矩的单位由力矩的单位和时间的单位决定,在国际单位制中,冲量矩的单位是牛顿·米·秒,国际符号是 N·m·s.冲量矩的量纲式为$[\mathrm{Mt}]=\mathrm{L}^2\mathrm{MT}^{-1}$,与角动量的量纲式相同.

4.4.3 角动量守恒定律

角动量守恒定律和平动的动量守恒定律的条件和结论都十分相似.

当物体所受的合力矩 $\boldsymbol{M}=0$ 时,由角动量定理的基本表达式(4-4-9),可得
$$\frac{\mathrm{d}\boldsymbol{L}}{\mathrm{d}t}=0,\boldsymbol{L}=\text{常矢量} \tag{4-4-12}$$
上式表明:如果物体所受的合力矩等于零,则物体的角动量保持不变,即角动量是一常矢量,称为物体的角动量守恒定律.例如,行星绕太阳运动,行星受有心力太阳引力作用,行星所受力矩等于零,所以,行星的角动量是一常矢量,因而在任意相等的时间内径矢所扫过的面积应相等.

在应用物体对定点 O 的角动量定理和角动量守恒定律时应注意以下几点:

①物体所受的合力矩及物体的角动量与参考点的选择有关.在应用角动量定理及角动量守恒定律时,必须是对同一惯性参照系中的同一个固定参考点 O 而言.

②物体对固定点 O 的角动量守恒定律表达式是一个矢量式.只有物体所受的合力对 O 点的合力矩等于零时,物体对定点 O 的角动量 $\boldsymbol{L}$ 才守恒,而对其他的固定点角动量就不一定守恒.

③角动量定理可以从牛顿第二运动定律导出,角动量定理和角动量守恒定律也只适用于惯性参照系.

④角动量守恒定律、动量守恒定律和能量守恒定律是物理学中的三大守恒定律,不仅适用于宏观领域,也适用于微观领域.

例 4.4.1　图 4.4.3 所示为圆锥摆,小球的质量为 m,摆长为 l. 小球在水平面内以速率 v 做圆周运动时,摆线与竖直线间的夹角为 θ. 试求:①小球受到摆线拉力和合力相对于 A 点和 O 点的力矩;②小球相对于 A 点和 O 点的角动量.

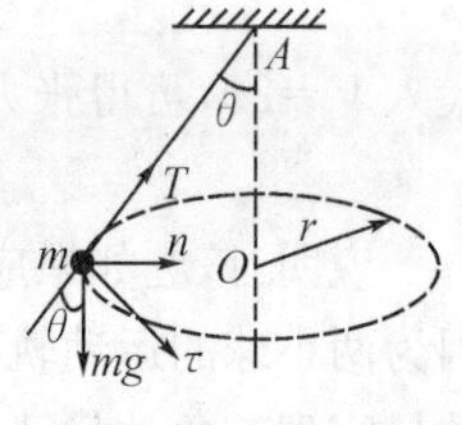

解　选取地球为惯性参照系,建立自然坐标系. 小球受两个力的作用,重力 $\boldsymbol{W}=m\boldsymbol{g}$,摆线拉力 $\boldsymbol{T}$. 根据牛顿第二运动定律,可求出小球所受的拉力、合力和做圆周运动的线速度:

图 4.4.3　例 4.4.1 图示

在竖直方向上:$T\cos\theta=mg=0$,可得 $T=\dfrac{mg}{\cos\theta}$.

在法线方向上:合力 $F=T\sin\theta=mg\tan\theta$,方向指向圆心 O 点.

线速度:由 $F=mg\tan\theta=m\dfrac{v^2}{r}=m\dfrac{1}{l\sin\theta}v^2$,可得 $v=\sqrt{\dfrac{gl}{\cos\theta}}\sin\theta$.

①设某时刻 t 小球位于图 4.4.3 所示位置,根据力矩的定义,可得

$\boldsymbol{T}$ 对 A 点的力矩:由于 $\boldsymbol{T}$ 通过 A 点,力臂 $d=0$,力矩 $\boldsymbol{M}=0$;

$\boldsymbol{T}$ 对 O 点的力矩:大小为 $M=Td=Tr\cos\theta=mgl\sin\theta$,方向垂直于纸面向里;

合力 $\boldsymbol{F}$ 对 A 点的力矩:大小为 $M=Fd=Fl\cos\theta=mgl\sin\theta$,方向垂直于纸面向外;

$\boldsymbol{F}$ 对 O 点的力矩:由于 $\boldsymbol{F}$ 通过 O 点,力臂 $d=0$,力矩的大小 $M=0$,力矩 $\boldsymbol{M}=0$.

②设某时刻 t 小球位于图 4.4.3 所示位置,根据角动量的定义,可得

小球对 A 点的角动量:大小为 $L=mlv$,方向垂直于摆线和 $m\boldsymbol{v}$ 所组成的平面,由右手螺旋法则确定指向左上方;

小球对 O 点的角动量:大小为 $L=mrv$,方向垂直于 $\boldsymbol{r}$ 和 $m\boldsymbol{v}$ 所组成的平面,由右手螺旋法则确定指向垂直向上.

以上结果表明:力矩和角动量都与参考点的选择有关. 对参考点 O 而言,合力矩为零,而角动量的大小和方向保持不变,$\boldsymbol{L}$ 是常矢量,遵从角动量守恒定律. 对于 A 点,合力矩不等于零,角动量 $\boldsymbol{L}$ 不守恒,方向不断改变.

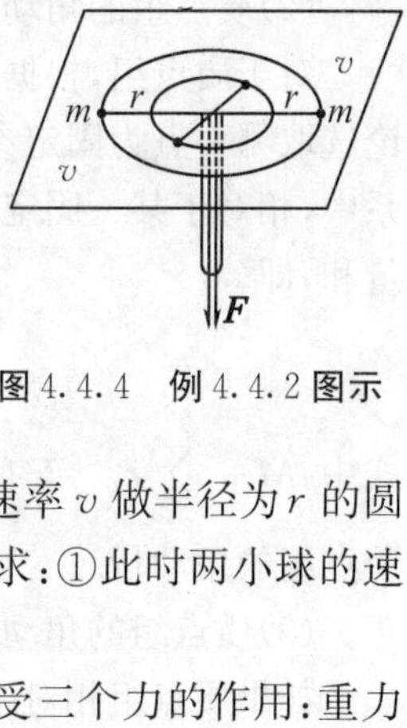

例 4.4.2　如图 4.4.4 所示,在一光滑的水平面上,以 O 点为中心对称地放置两个质量均为 m 的小球,并利用两根轻绳将两小球分别系

图 4.4.4　例 4.4.2 图示

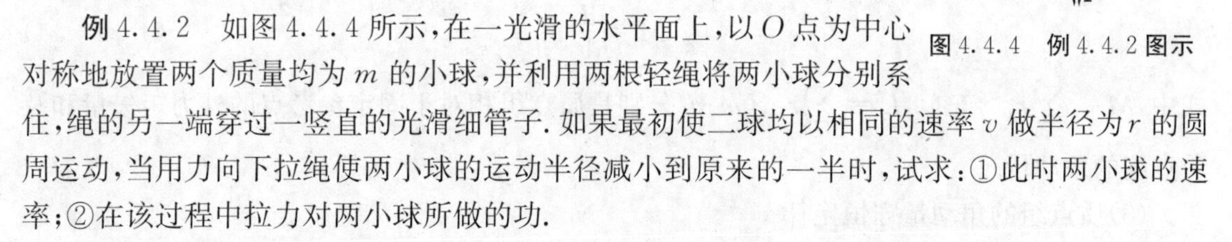

住,绳的另一端穿过一竖直的光滑细管子. 如果最初使二球均以相同的速率 v 做半径为 r 的圆周运动,当用力向下拉绳使两小球的运动半径减小到原来的一半时,试求:①此时两小球的速率;②在该过程中拉力对两小球所做的功.

解　①选取地球为惯性参照系,以两小球为研究对象,每个小球都受三个力的作用:重力 $m\boldsymbol{g}$,方向竖直向下;水平面对小球的支持力 $\boldsymbol{N}$,方向竖直向上;绳子对小球的张力 $\boldsymbol{T}$,方向沿绳子指向中心 O. 由于两小球在水平面内绕竖直轴转动,重力 $m\boldsymbol{g}$ 和支持力 $\boldsymbol{N}$ 与转轴平行,拉力 $\boldsymbol{T}$ 的作用线又通过转动轴,因此,三个力对转轴的力矩均等于零,满足角动量守恒定律. 设两小球的运动半径为 $r/2$ 时的速率为 V,由角动量守恒定律,可得

$$2mvr=2mVr/2$$

$$V=2v$$

上式表明:当两小球运动半径减小到一半时,小球的速率将增加为原来速率的二倍.

②由于小球是在水平面内运动,位移在水平方向,而竖直方向的重力 $m\boldsymbol{g}$ 和支持力 $\boldsymbol{N}$ 均不对两小球做功. 两小球之间无相互作用的内力,因此,根据质点系的动能定理,两小球动能的

增量等于张力 $\boldsymbol{T}$ 对两小球所做的功，即

$$A_T=2\left(\frac{1}{2}mV^2\right)-2\left(\frac{1}{2}mv^2\right)$$

代入 $V=2v$，可得张力 $\boldsymbol{T}$ 对两小球所做的功为

$$A_T=3mv^2$$

说明：该题如果应用牛顿第二定律，即力的瞬时作用定律来求解有关问题是相当困难的，因为两小球的运动轨道是螺旋线，张力 $\boldsymbol{T}$ 是变力. 但是，由于张力是有心力，通过 O 点，利用角动量定理或角动量守恒定律来求解有关问题却比较简便.

必须指出，因为质点所受力矩与参考点的选择有关，所以物体的角动量是否守恒也与参考点的选择有关. 另外，有时虽然合力矩不为零，但合力矩沿某一固定轴线的分量为零，物体相对于某一固定的轴线的角动量守恒.

4.4.4 质点组的角动量

(1)质点组的角动量

在惯性参照系中，质点组对某参考点的角动量 $\boldsymbol{L}$，等于其中各个质点对该参考点的角动量的矢量和，即

$$\boldsymbol{L}=\sum_i \boldsymbol{r}_i\times m_i\boldsymbol{v}_i \tag{4-4-13}$$

式中，$\boldsymbol{r}_i$、m_i、$\boldsymbol{v}_i$ 分别是第 i 个质点的位置矢量、质量和速度. 质点组的角动量是描述整体转动特征的物理量.

(2)质点组的角动量定理

对于质点组，根据牛顿第三定律，成对出现的内力矩之和等于零(不论什么性质的力，也不论选取哪一点为固定参考点). 与质点角动量定理相类似，质点组的角动量定理为：在惯性参照系中，相对于某一固定参考点，质点组角动量随时间的变化率等于作用在质点组的外力矩的矢量和，即

$$\boldsymbol{M}=\frac{\mathrm{d}\boldsymbol{L}}{\mathrm{d}t} \tag{4-4-14}$$

式中，$\boldsymbol{M}=\sum_i \boldsymbol{r}_i\times\boldsymbol{F}_{i外}$，$\boldsymbol{L}=\sum_i \boldsymbol{r}_i\times m_i\boldsymbol{v}_i$ 分别是质点组相对于固定参考点的外力矩矢量和及质点组的角动量.

(3)质点组的角动量守恒定律

如果质点组相对于惯性参照系中某固定参考点所受合外力矩等于零，则质点组对该参考点的角动量守恒，即

$$\boldsymbol{M}=\sum_i \boldsymbol{r}_i\times\boldsymbol{F}_{i外}=0$$

则

$$\boldsymbol{L}=\sum_i \boldsymbol{r}_i\times m_i\boldsymbol{v}_i=\text{常矢量} \tag{4-4-15}$$

上式中常矢量的值取决于运动的初始条件.

$$\boldsymbol{L}_1=\boldsymbol{L}_2=\boldsymbol{L}_3=\cdots=\boldsymbol{L}_0 \tag{4-4-16}$$

角动量守恒定律、动量守恒定律、能量守恒定律是物理学中的三大守恒守律，它们不仅适用于宏观物体的运动，也适用于微观粒子的运动；不仅适用于机械运动，也适用于其他运动形式. 这三个守恒守律是自然界的普遍规律，在物理学中具有重要的地位.

4.5 对称性和守恒定律

前面介绍的动量守恒定律、能量守恒定律和角动量守恒定律，基本上都是从牛顿定律“推导”出来的，但是，这些守恒定律比牛顿定律有着更广泛的适用范围. 在一些牛顿定律不再适用的物理现象中，它们仍然保持正确，这说明这些守恒定律有着更普遍、更深刻的基础. 19 世纪末，人们就发现这三大定律是和自然界的普遍属性——时空对称性联系在一起的.

对称性的概念最初来源于生活. 在艺术、建筑等领域中，“对称”通常是指左右对称. 人体本身就有近似的左和右的对称性. 在数学和物理学中，对称性的概念是逐步发展的. 对称性又叫不变性，其普遍定义是德国数学家魏尔首先提出来的：若图形通过某种操作后又回到它自身（即图形保持不变），则这个图形对该操作具有对称性. 在物理学中的对称性应理解为：若某个物理量（或物理规律）在某种操作下能保持不变，则这个物理量（或物理规律）对该操作具有对称性.

任何物质运动都是在时空中进行的，对称性在物理学中的具体表现，可以从人们平凡的生活经验中来认识它. 设想我们在空间某处做一个物理实验，然后将该套实验仪器（连同影响该实验的一切外部因素）平移到另一处. 如果给予同样的起始条件，实验将会以完全相同的方式进行. 这个事实说明物理定律没有因平移而发生变化，称为物理定律的空间平移对称性. 由于它表明空间各处对物理定律是一样的，所以又叫做空间的均匀性. 可以证明，这种空间平移对称性的物理结果就是动量守恒定律. 也就是说，通过空间平移交换可以导出动量守恒定律.

如果在空间某处做出实验后，把整套仪器（连同影响实验的一切外部因素）转一个角度，则在相同的起始条件下，实验也会以完全相同的方式进行. 这个事实说明物理定律并没有因转动而发生变化，称为物理定律的空间转动对称性. 由于它表明空间的各个方向对物理定律是一样的，所以又叫做空间的各向同性. 可以证明，这种空间转动对称性的物理结果就是角动量守恒定律. 也就是说，通过空间转动变换可以推导出角动量守恒定律.

如果我们用一套仪器做实验，显然，该实验进行的方式或秩序和开始此实验的时刻无关. 比如今天某时刻开始做和推迟一周开始做，我们将得到完全一样的结果. 这个事实表示了物理定律的时间平移对称性，也叫做时间的均匀性. 可以证明，这种时间平移对称性的物理结果就是能量守恒定律. 也就是说，通过时间平移交换可以推导出能量守恒定律.

现代物理学研究表明，对称性和物理学中的守恒定律的内在联系是深刻而广泛的. 一般来说，一种对称性对应着一种守恒定律. 自然界的对称性远远不止我们熟悉的三种时空对称性，因而对应的守恒定律也很多. 表 4－1 给出了目前物理学已证明的对称性与守恒定律的对应关系.

对称性有时也会遭到破坏，称为对称性破坏. 例如，在弱相互作用中宇称就不守恒. 物理学中既有对称，也有对称的破缺，整个大自然就是这种对称而又不完全对称的和谐统一.

表 4－1　自然界中一些对称性一览表

不可观测量	数学变换特点	守恒量	对称性成立程度
空间的绝对位置	空间平移	动量	精确
空间的绝对方向	空间转动	角动量	精确
绝对时间起点	时间平移	能量	精确
带电粒子和中性粒子的相对位相	电荷规范变换	电荷 Q	精确
重子和其他粒子的相对位相	重子规范变换	重子数 B	精确
e^- 和 Ye 与其他粒子的相对位相	电子数规范变换	电子数 Le	精确
u^- 和 Yu 与其他粒子的相对位相	u 子数规范变换	u 和 Lu	精确
左和右(不可区分性)	空间反演 p	宇称	在弱相互作用中破坏
时间流动方向	时间反演	—	破坏原因不明
粒子与反粒子间的差异	电荷共轨	电荷宇称	在弱相互作用或许还有电磁作用中破坏

Chapter 4 Impulse and Momentum

The linear momentum, or briefly called momentum, of a particle is the product of that particle's velocity and mass

$$\boldsymbol{p}=m\boldsymbol{v} \tag{1}$$

Hence, Newton's Second Law can be written as

$$\boldsymbol{F}=\frac{\mathrm{d}\boldsymbol{p}}{\mathrm{d}t} \tag{2}$$

The two forms of Newton's Second Law, $\boldsymbol{F}=m\boldsymbol{a}$ and $\boldsymbol{F}=\mathrm{d}\boldsymbol{p}/\mathrm{d}t$, are equivalent if the mass is constant. In the cast of variable mass, such as a rocket, then $\boldsymbol{F}=m\boldsymbol{a}$ does not apply, and we turn to $\boldsymbol{F}=\mathrm{d}\boldsymbol{p}/\mathrm{d}t$.

Rewrite Eq. (2) as $\boldsymbol{F}\mathrm{d}t=\mathrm{d}\boldsymbol{p}$. Taking integral of this equation we have

$$\int_{t_i}^{t_f}\boldsymbol{F}\mathrm{d}t=\boldsymbol{p}_f-\boldsymbol{p}_i \tag{3}$$

Where $\boldsymbol{p}_i$ and $\boldsymbol{p}_f$ are the linear momentum at the inital time t_i and final time t_f, respectively. The integration in the left side is defined as the linear impulse of the force during the time interval t_i to t_f, labeled as $\boldsymbol{I}$, thus

$$\boldsymbol{I}=\int_{t_i}^{t_f}\boldsymbol{F}\mathrm{d}t \tag{4}$$

Eq. (3) then can be expressed in the form

$$\boldsymbol{I}=\boldsymbol{p}_f-\boldsymbol{p}_i=\Delta\boldsymbol{p} \tag{5}$$

which we call the linear momentum theorem, or in words as the change in linear momentum of a particle is equal to the linear impulse delivered to that particle by the resultant force.

In practical application, it is convenient to use the scalar forms. The components of Eq. (5) are

$$I_x=\int_{t_i}^{t_f}F_x\mathrm{d}t=mv_{fx}-mv_{ix}, I_y=\int_{t_i}^{t_f}F_y\mathrm{d}t=mv_{fy}-mv_{iy}, I_z=\int_{t_i}^{t_f}F_z\mathrm{d}t=mv_{fz}-mv_{iz} \tag{6}$$

Like the law of kinetic energy, the impulse-momentum theorem is a direct consequence of Newton's Second Law. Both theorems are special form of this law, useful for special purpose. In order to deal with sudden or abrupt changes in the motion of particle, we can use Eq. (5) to calculate the linear impulse by means of measuring the change in linear momentum of the particle during the time interval.

For a system of particles, any pair of action-reaction forces between two particles are internal forces of the system. Since, by Newton's Third Law, the force on one particle is always equal in magnitude and opposite in direction to that on the other, we conclude that the total momentum of a system cannot be changed by internal forces between the particles. Thus, the change in total linear momentum of a system is equal to the impulse delivered to that system by the resultant external force. This result is called the linear impulse-momentum theorem for a system. It can be expressed as

$$\int_{t_i}^{t_f} \sum_j \boldsymbol{F}_j \mathrm{d}t = \sum_j m_j \boldsymbol{v}_{fj} - \sum_j m_j \boldsymbol{v}_{ij} \tag{7}$$

The subscript i and f represent the initial state and final state, j represents the jth particle, and the sum is over all particles. And if

$$\sum_j \boldsymbol{F}_j = 0$$

then

$$\sum_j m_j \boldsymbol{v}_{ij} = \sum_j m_j \boldsymbol{v}_{fj} \tag{8}$$

This important result is called the law of conservation of momentum. It tells us that, if when the resultant of external forces acting on a system is zero, the total momentum of the system remain constant in magnitude and direction.

Eq. (8) is a vector equation and, as such, is equivalent to three scalar equations corresponding to momentum conservation in the mutually perpendicular directions. Note that, it may happen, for example there is an external force acting on the system but it acts (say) in only the vertical dircetion, with no components in any horizontal direction. In such a case, the horizontal components of the total momentum of the system remain constant, even though the vertical component does not.

Like all law derived from the Newton's Second Law, the impulse-momentum theorem and the law of conservation of momentum are valid only in inertial reference frames, that is, all velocity in above equations should be with respect to the same inertial reference system.

A collision is an isolated event in which a relatively strong force acts on each colliding particle for a relatively short time, a observable sudden or abrupt change in the motion of the colliding particles occurs as a result of the force, which is usually called impact force. In our daily experience, the examples of collision might be a hammer and a nail, a baseball and a bat, automobiles, a stone dropped toward the earth…… The subjects that collide range from subatomic particles to the galaxies. No matter what is the nature of the objects that collide, the common rule of the collisions is that the momentum of the system is always conserved.

The collision of any two particles that approach head-on and recoil along their original line of motion is one-dimensional. It is usually called head-on collision. If the total kinetic energy of two colliding particles is conserved, their collision is termed completely elastic, otherwise it is inelastic collision. If the two colliding particles stick together after the collision, the collision is termed completely inelastic. They may not have lost all of their kinetic energy but they have lost as much of it as they can.

The study of collisions is an important tool in the experimental investigation of atoms, nuclei, and elementary particles. From the manner in which the projectiles collide and react with the target, physicists can deduce some of the properties of the subatomic structures in the target.

习题 4

4.1　**填空题**

4.1.1　试写出两个物体组成的物体系统的动量守恒定律的条件为________及动量守恒定律的表达式____________；在 X 方向或 Y 方向，动量守恒定律的条件为________或________，相对应的动量守恒定律的表达式为________或________；如果是由 N 个物体所组成的物体系统，以上各量应如何表示？

4.1.2　一质量为 m 的质点，在 OXY 平面上运动，其位置矢量为 $\boldsymbol{r}=a\cos\omega t\boldsymbol{i}+b\sin\omega t\boldsymbol{j}$，式中 a、b、ω 为正的常量. 试问：该质点的动量大小 $p=$________，与 X 轴夹角 $\tan\theta=$________.

4.1.3　子弹在枪管内击发时，受到随时间变化的火药爆炸推力大小为 $F=400-\frac{4}{3}\times 10t$ 的作用，其中 F 的单位为 N，t 的单位为 s. 子弹从枪口飞出时的速率为 $300\ \mathrm{m\cdot s^{-1}}$. 试问：①子弹受到爆炸力冲量的大小为________；②子弹的质量为________.

4.1.4　一质量 $m=10\ \mathrm{g}$ 的子弹，以 $v_0=400\ \mathrm{m\cdot s^{-1}}$ 水平地射入质量为 $M=390\ \mathrm{g}$，静止放置在光滑水平面上的木块中，则子弹与木块一起运动的速度大小 $v=$________；在冲击过程中，子弹对木块作用的冲量大小 $I=$________.

4.1.5　长 $l=0.5\ \mathrm{m}$ 的不可伸长的轻绳下端静止地悬挂着一个质量为 $m_1=2\ \mathrm{kg}$ 的物体，另有一个质量为 $m_2=0.2\ \mathrm{kg}$ 的小球以速率 $v_0=10\ \mathrm{m\cdot s^{-1}}$ 水平地和物体 m_1 相碰撞，并以 $v_2=5\ \mathrm{m\cdot s^{-1}}$ 的速率弹回. 试问：碰撞后物体 m_1 的速度大小 $v=$________，小球作用于物体 m_1 的冲量大小 $I=$________，碰撞后的瞬时绳中张力大小 $T=$________.

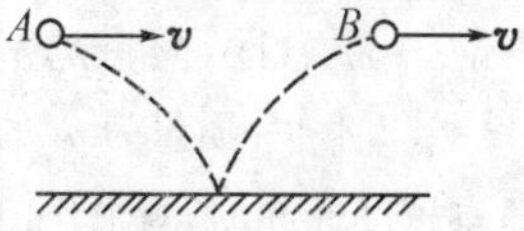

4.1.6　一质量为 m 的小球 A，在距离地面某一高度处以速度 $\boldsymbol{v}$ 水平抛出，触地后反跳，在抛出 t 秒后小球 A 又跳回原来高度，速度仍沿水平方向，速度大小也与抛出时相同，如图所示，则小球 A 与地面碰撞过程中，地面给它的冲量方向为________，冲量的大小为________.

题 4.1.6 图

4.1.7　质量为 60 kg 的人以 $8\ \mathrm{km\cdot h^{-1}}$ 的速率从后面跳上质量为 80 kg、速率为 $2.9\ \mathrm{km\cdot h^{-1}}$ 的小车. 试问：小车的运动速度变为多大________；如果人从前面跳上小车，小车的速度变为多大________.

4.1.8　一质量为 M 的人手拿着一质量为 m 的物体，以与地平线成 θ 角的速度 $\boldsymbol{v}_0$ 向前跳去，当达到最高点时，将物体以相对于自身的速度 u 向后平抛出去，由于抛出该物体，此人跳的距离增加了________.

4.1.9　一变力的大小为 $F=30+4t$，作用在质量为 10 kg 的物体上，试问：①在最初 2 s 内，此力的冲量大小是________；②如果要使冲量等于 $300\ \mathrm{N\cdot s}$ 时，初速度大小为 $10\ \mathrm{m\cdot s^{-1}}$，运动方向与力 $\boldsymbol{F}$ 的方向相同，第 8 s 末物体运动的速度大小是________.

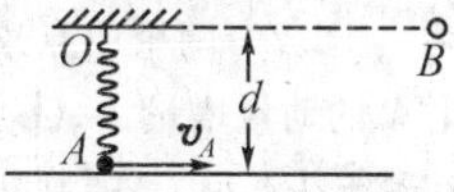

4.1.10　在光滑的水平桌面上，一根长为 $L=2\ \mathrm{m}$ 的不可伸长的轻绳，一端固定于 O 点，另一端系一质量为 $m=0.5\ \mathrm{kg}$ 的物体. 开始时物体位于位置 A，O、A 间距离 $d=0.5\ \mathrm{m}$，绳子处于松弛状态，现在如果使物体以初速度大小 $\boldsymbol{v}_A=4\ \mathrm{m\cdot s^{-1}}$ 垂直于 OA 向右滑动，如图所示. 在以后的运动中物体到达位置 B，此时物体速度方向与绳垂直，绳恰好拉直，则该时刻物体角动量的大小 L_B 为________，物体的速率 $\boldsymbol{v}_B$ 为________.

题 4.1.10 图

4.1.11　两小球质量分别为 $m_1=2.0\ \mathrm{g}$，$m_2=5.0\ \mathrm{g}$，在光滑水平桌面上运动，用直角坐标 OXY 描述其运动，两者速度分别为 $\boldsymbol{v}_1=10\boldsymbol{i}\ \mathrm{cm\cdot s^{-1}}$，$\boldsymbol{v}_2=(3.0\boldsymbol{i}+5.0\boldsymbol{j})\ \mathrm{cm\cdot s^{-1}}$. 如果碰撞后两球合成一球体，则碰撞后速度 $\boldsymbol{v}$ 的大小为________，$\boldsymbol{v}$ 与 X 轴的夹角 θ 为________.

4.1.12　一质量为 m 的物体，以初速度 v_0 从地面抛出，抛射角 $\theta=30°$，如果忽略空气阻力，则从抛出到刚接触到地面的过程中，求：①物体动量增量的大小为________；②物体动量增量的方向为________.

题 4.1.13 图

4.1.13　如图所示，当质量为 m kg 的水以初速 $\boldsymbol{v}_1$ 进入弯管，经过 1 s 后流出时的速度为$\boldsymbol{v}_2$，如果$\boldsymbol{v}_1=\boldsymbol{v}_2=\boldsymbol{v}$，试问：在管子转弯处，水对管壁的平均冲力的大小是________，方向是________．（假定管内的水受到的重力不考虑）

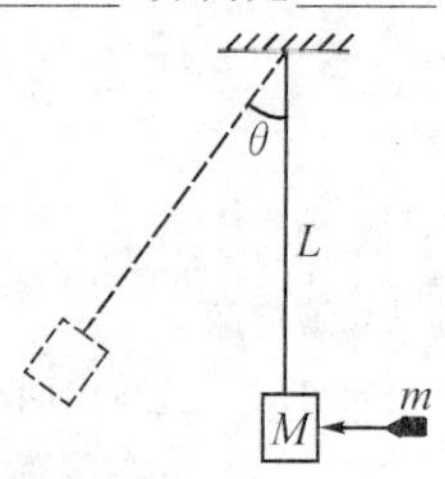

题 4.1.14 图

4.1.14　一砂摆，摆长 $L=1$ m，砂袋重 0.99 kg，处于平衡位置．今有一质量为 10^{-2} kg 的子弹水平射入砂袋，则砂摆偏离平衡位置的最大偏角为 60°角，如图所示，问子弹射入的速度 $v_0=$________．

4.1.15　一长为 L 质量可以忽略的直杆，可绕通过其一端的水平光滑轴在竖直平面内做定轴转动．在杆的另一端固定一质量为 m 的小球，现将杆由水平位置无初转速地释放，则杆在释放时的角加速度 $\beta_0=$________，杆与水平方向夹角为 60°时的角加速度 $\beta=$________．

4.2　选择题

4.2.1　一质量为 m 的物体原来以速度$\boldsymbol{v}$向北运动，由于受力 $\boldsymbol{F}$ 的打击，速率仍等于 v 向西运动，该力的冲量的大小和方向为：(A)$\sqrt{2}mv$，与西夹角 45°；(B)$\sqrt{2}mv$，与东夹角 45°；(C)$2mv$，与南夹角 45°；(D)$2mv$，与西夹角 45°；(E)$2mv$，与北夹角 45°．　(　　)

4.2.2　空中一质量为 M 的气球，下面连结一个质量忽略不计的绳梯，在梯子上站一质量为 m 的人，初始的时刻气球与人相对于地面静止，当人相对于绳梯以速度$\boldsymbol{v}$ 向上爬时，气球的速度应是：(A) $-\dfrac{m}{M}v$；(B) $-\dfrac{(m+M)}{M}v$；(C)$\dfrac{m}{M}v$；(D) $-\dfrac{mv}{M+m}$．(负号表示气球向下运动)　(　　)

4.2.3　以速度$\boldsymbol{v}_0$沿水平路面前进的炮车，以仰角 θ 向前发射一炮弹，炮车和炮弹的质量分别为 M 和 m，炮弹相对于炮口出口的速度为$\boldsymbol{v}'$，如果水平方向的外力可以忽略不计，则系统在水平方向上的动量守恒定律的表达式为：(A)$(M+m)v_0=Mv-m(v'\cos\theta-v_0)$；(B)$(M+m)v_0=Mv-m(v'\cos\theta-v)$；(C)$(M+m)v_0=Mv+mv$；(D)$(M+m)v_0=Mv-mv'\cos\theta$．　(　　)

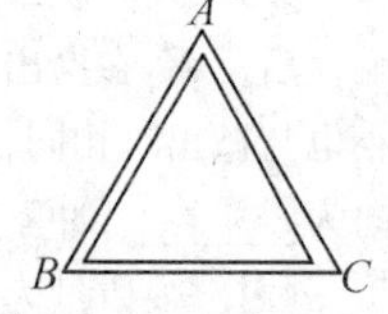

题 4.2.4 图

4.2.4　一质量为 m 的质点，以同一速率 v 沿图中正三角形的水平光滑轨道运动，当质点越过 A 角时，轨道作用在质点上的冲量的大小为：(A)$\sqrt{2}mv$；(B)$\sqrt{3}mv$；(C)$2mv$；(D)mv；(E)$\dfrac{\sqrt{2}}{2}mv$．　(　　)

4.2.5　机枪每分钟可以射出质量为 20 g 的子弹 900 颗，每一颗子弹射出时的速率为 800 m · s^{-1}，则机枪射击时所受到的平均反冲力大小为：(A)0.25 N；(B)240 N；(C)480 N；(D)14400 N；(E)16 N．　(　　)

4.2.6　一质量为 M 的装有沙子的平板车，以速率 v 在光滑水平面上滑行．当质量为 m 的物体从高度 h 竖直落到车子里，两者合在一起后的速度大小是：(A)$\dfrac{Mv+m\sqrt{2gh}}{M+m}$；(B)$v$；(C)$\dfrac{Mv}{M+m}$；(D)$\dfrac{Mv+2m\sqrt{gh}}{M+m}$．　(　　)

4.2.7　两个质点 A 和 B 的质量分别为 m_A 和 m_B，且 $m_B>m_A$，当它们受到相等的冲量作用，则：(A)B 比 A 的动量增量大；(B)A 比 B 的动量增量大；(C)A 与 B 的动能增量相等；(D)A 与 B 的动量增量相等；(E)上述条件不足，不能判断．　(　　)

4.2.8　人造地球卫星绕地球做椭圆轨道运动，卫星轨道近地点和远地点分别为 A 和 B，角动量分别为 L_A 和 L_B，动能分别为 E_{KA}和 E_{KB}，在卫星绕地心运动的过程中，则：(A)$L_A=L_B$，$E_{KA}<E_{KB}$；(B)$L_A>L_B$，$E_{KA}>E_{KB}$；(C)$L_A<L_B$，$E_{KA}<E_{KB}$；(D)$L_A=L_B$，$E_{KA}>E_{KB}$．　(　　)

4.2.9　太阳的质量为 M，地球的质量为 m，日心与地心的距离为 R，万有引力常量为 G，则地球绕太阳做圆周运动的轨道角动量为：(A)$\sqrt{\dfrac{GMm}{R}}$；(B)$Mm\sqrt{\dfrac{G}{R}}$；(C)$m\sqrt{GMR}$；(D)$\sqrt{\dfrac{GMm}{2R}}$．　(　　)

4.2.10　质量为 m 的小球，以水平速率 $+v$ 跟墙壁做弹性碰撞，碰撞后以原速率弹回，小球的动量变化为：(A)mv；(B)$2mv$；(C) $-2mv$；(D)0．　(　　)

4.2.11　如图所示，有一小块物体置于光滑的水平桌面上，有一细绳其一端系于此小物体上，另一端穿过桌面中心一小孔. 该物体原以角速度 ω 在距孔为 R 的圆周上转动. 今将绳从小孔缓慢下拉,则物体:(A)动能不变,动量改变;(B)动量不变,动能改变;(C)角动量不变,动量不变;(D)角动量不变,动能和动量改变. ( )

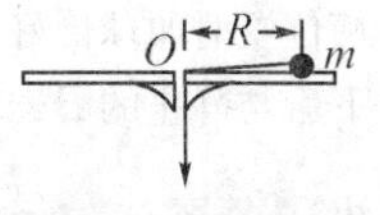

题 4.2.11 图

4.3 **计算题**

4.3.1 已知一质点对原点 O 的位置矢量 $\boldsymbol{r}=6\boldsymbol{i}+8\boldsymbol{j}+10\boldsymbol{k}$,受力 $\boldsymbol{F}=15\boldsymbol{i}+20\boldsymbol{j}$,试求:此质点所受的力对原点 O 及 OZ 轴的力矩. [答案:$M_O=-200\boldsymbol{i}+150\boldsymbol{j}$,$M_{OZ}=0$]

4.3.2 一个质量为 m 的质点沿着一条由 $\boldsymbol{r}=a\cos\omega t\boldsymbol{i}+b\sin\omega t\boldsymbol{j}$ 定义的空间做曲线运动,其中 a、b 及 ω 均为常量. 求:①该质点所受的力对原点的力矩;②该质点对原点的角动量. [答案:①0;②$m\omega ab\boldsymbol{k}$]

4.3.3 某一变力 $F=30+4t$(力和时间单位分别为 N 和 s),作用在质量为 10 kg 的物体上. 试求:①在从 $t=0$ 开始作用的 2 s 内,此力的冲量等于多少? ②要使冲量的大小等于 300 N·s,此力从 $t=0$ 开始作用的时间是多少? ③如果物体的初速率为 $v_0=10\ \mathrm{m\cdot s^{-1}}$,在②问的末时刻,此物体的速度等于多大? [答案:①68$\boldsymbol{i}$ N·s;②6.86 s;③略]

4.3.4 如图所示,是一质点的运动轨道,如果已知质点的质量为 0.2 kg,在 A、B、C 三个位置时质点的速率都为 $20\ \mathrm{m\cdot s^{-1}}$,$\alpha=45°$,$\boldsymbol{v}_B$ 与 $\boldsymbol{v}_C$ 分别垂于 Y 轴和 X 轴. 试求:①质点由 A 点运动到 B 点的一段时间内,作用在质点上合力的冲量;②质点由 B 点运动到 C 点一段时间内,作用在质点上合力的冲量. [答案:①7.4 N·s,与 X 轴夹角 202.5°;②5.7 N·s,与 X 轴夹角 315°]

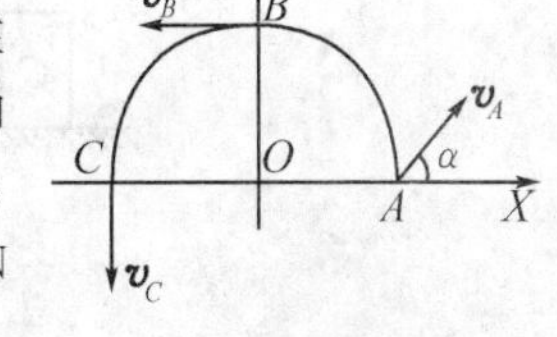

题 4.3.4 图

4.3.5 如图所示,三只质量相同为 M 的小船以相同的速度 $\boldsymbol{v}_0$ 鱼贯而行时,从中间船上以速度 $\boldsymbol{u}$ 相对中间船向前、后船各投出一质量为 m 的物体. 试求:投出物体后各船的速度变为多大? [答案:$v_1=v_0+\dfrac{m}{M+m}u$,$v_2=v_0$,$v_3=v_0-\dfrac{m}{M+m}u$]

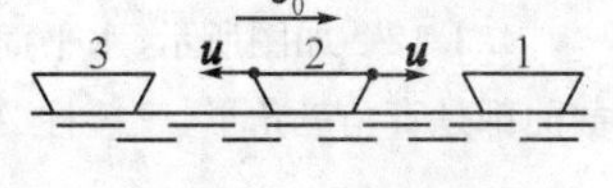

题 4.3.5 图

4.3.6 一枚手榴弹投出方向与水平面成 45°角,投出的速率为 $25\ \mathrm{m\cdot s^{-1}}$,在刚要接触与发射点同一水平面的目标时爆炸,设分成质量相等的三块,一块以速度 $\boldsymbol{v}_3$ 竖直朝向下,一块顺着爆炸处切线方向以 $\boldsymbol{v}_1$(大小为 $15\ \mathrm{m\cdot s^{-1}}$)飞出,一块沿法线方向以 $\boldsymbol{v}_2$ 飞出,如图所示. 试求:$\boldsymbol{v}_1$ 和 $\boldsymbol{v}_2$ 的大小.(不计空气阻力). [答案:$v_1=90\ \mathrm{m\cdot s^{-1}}$,$v_2=127\ \mathrm{m\cdot s^{-1}}$]

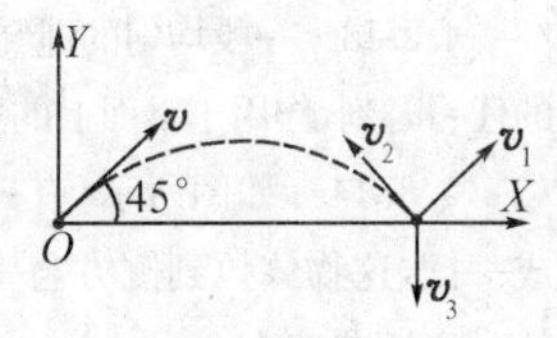

题 4.3.6 图

4.3.7 一水平光滑的铁轨上有一小车,长为 L,质量为 M. 车的一端站有一个人,质量为 m,人和车原来都静止不动,如果当此人从车的一端走到另一端. 试求:人和小车相对于地面各移动了多少距离? [答案:$x=\dfrac{ML}{M+m}$,$S=-\dfrac{mL}{M+m}$]

4.3.8 如图所示,一不能伸长的轻质细绳跨过一定滑轮,两边分别系住质量为 m 及 M 的物体,如果 $M>m$,M 静止在桌面上,抬高 m 使绳处于松弛状态,当 m 自由落下 h 距离后,绳才被拉紧,试求:此时二物体的速率及 M 所能上升的最大高度. [答案:$v=\dfrac{m}{M+m}\sqrt{2gh}$,$H=\dfrac{m^2h}{M^2-m^2}$]

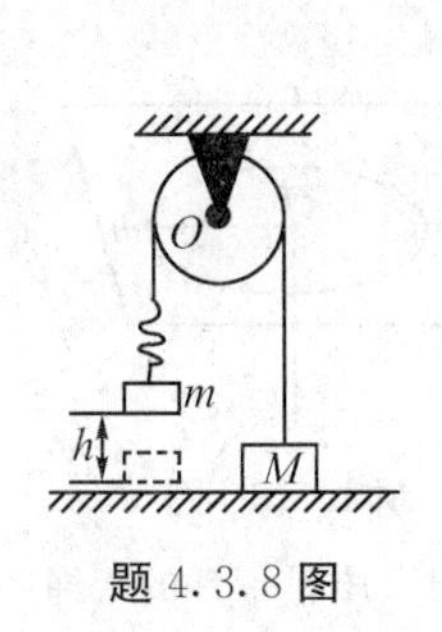

题 4.3.8 图

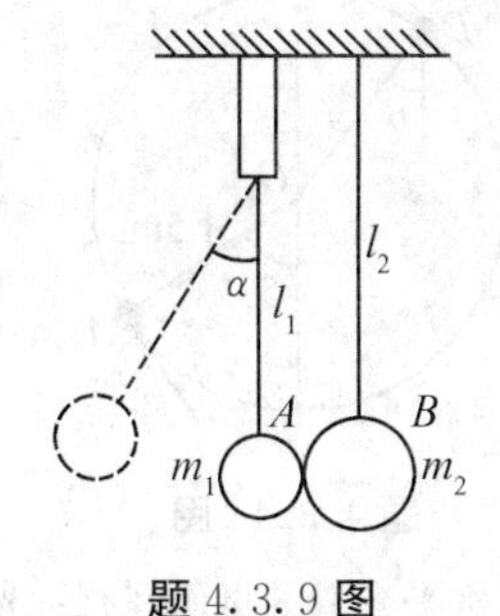

题 4.3.9 图

4.3.9 如图所示,质量为 m_1、m_2 的两小球 A、B 分别系于长度为 l_1、l_2 的细绳下端,细绳上端固定. 平衡位置时两球恰好对心接触，在两绳所在的平面内将 A 球拉到与竖直线成 α 角的位置，静止后再释放，它摆下后与静止的 B 球发生完全弹性碰撞. 试求：碰撞后两球的悬线与竖直方向成的角 α_1 和 α_2（设 α、α_1、α_2 都很小）. [答案：$\alpha_1=\dfrac{m_1-m_2}{m_1+m_2}\alpha$，$\alpha_2=\dfrac{2m_1}{m_1+m_2}\left(\sqrt{\dfrac{l_1}{l_2}}\right)\alpha$]

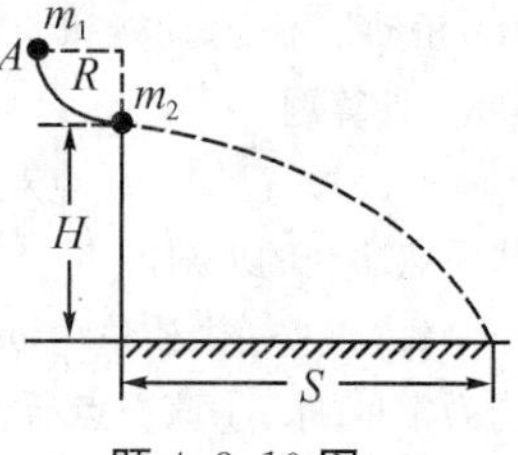

题 4.3.10 图

4.3.10　如图所示，有一小球质量为 $m_1=50$ g，沿半径为 $R=1$ m 的四分之一圆环从静止在 A 点无摩擦地滑下，至最低点时与一质量为 $m_2=50$ g 的静止物体发生完全非弹性碰撞. 如果圆环最低点距地面高度 $H=16$ m，问物体最后落在距圆环最低点多远？[答案：$S=4$ m]

4.3.11　三个物体 A、B、C 质量都是 m. B、C 靠在一起放在光滑水平面上，它们之间连有一段长为 0.4 m 的细轻绳. B 的另一侧则连结有另一细轻绳跨过一定滑轮而与 A 相连，如图所示. 绳和滑轮质量不计，绳长一定，绳与滑轮间的摩擦力也可以忽略. 问：①A、B 开始运动后经多长时间，C 才开始运动？②C 开始运动时的速度是多大？[答案：①$t=0.4$ s；②$v=1.33\ \mathrm{m\cdot s^{-1}}$]

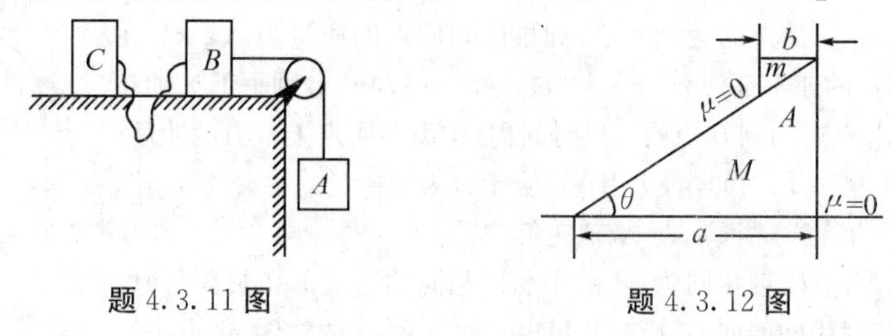

题 4.3.11 图　　　题 4.3.12 图

4.3.12　如图所示，水平面上放置一匀质三棱柱 A，此三棱柱上又放置一匀质三棱柱 B，两个三棱柱的横截面都是直角三角形，三棱柱 A 比三棱柱 B 重二倍. 设三棱柱与水平面都是绝对光滑的. 试求：当三棱柱 B 沿三棱柱 A 滑下至水平时，三棱柱 A 移动的距离 S. [答案：$S=\dfrac{a-b}{4}$]

4.3.13　一段均匀的绳竖直地挂着，绳子的下端恰好触到水平桌面上，如果把线的上端放开，试证明在绳落下的任一时刻，作用于桌面上的压力三倍于已经落到桌面上那部分绳的重量.

4.3.14　如图所示，有一质量为 1.8 kg 的小物体连结在一条质量可以忽略的长 $l=1.5$ m 的棒的一端，形成一摆，这物体拉到侧方与垂线成 53°角. 求：①切线速率 v_A 应是多大，才能使这物体从 A 点开始达到最高点 C 时有切向速率 $3\ \mathrm{m\cdot s^{-1}}$？②以速率 v_A 从 A 点开始在经过最低点 B 时的速率为多少？③当物体经过 B 时，棒中张力是多少？④如果这物体从 A 开始，用①项中的切向速率，但与图中所示反方向，试问当它抵达 C 点的速率是多少？

假设这棒以一无重量的细绳来代替，如图所示，这物体有与①部分相同的速率和方向. 问：⑤在哪一点这绳变为松弛？⑥在 D 点的速率为多少？⑦这物体过 D 点后怎样运动？⑧这物体如在顶点 C 时仍连结在绳上，那么它在 D 时的最小速率为多少？[答案：①$v_A=7.5\ \mathrm{m\cdot s^{-1}}$；②$v_B=8.2\ \mathrm{m\cdot s^{-1}}$；③$T=98$ N；④$v_C=3\ \mathrm{m\cdot s^{-1}}$；⑤$\theta\leqslant 27°$；⑥$v_D=3.6\ \mathrm{m\cdot s^{-1}}$；⑦在重力做用下做抛物线运动；⑧$v_{D\min}=4.2\ \mathrm{m\cdot s^{-1}}$]

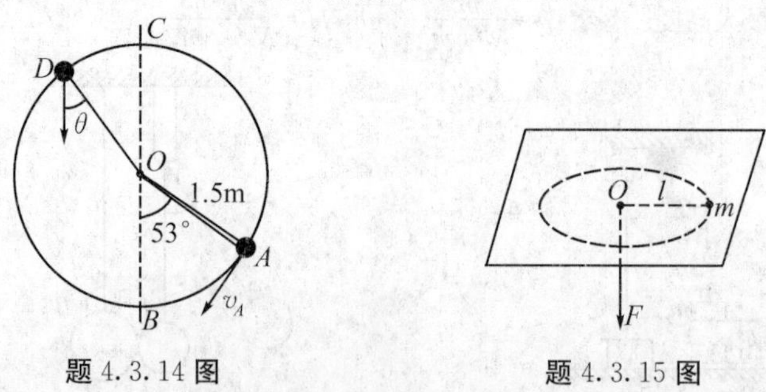

题 4.3.14 图　　　题 4.3.15 图

4.3.15　如图所示，水平光滑的桌面间有一光滑小孔，不可伸长、质量不计的轻绳一端伸入小孔中，另一端系一质量为 10 g 的物体，在半径 40 cm 的圆周做匀速率圆周运动，这时从孔的下方拉绳的力 F 的大小为

10^{-3} N. 如果继续向下拉绳，使物体沿半径为 10 cm 的圆周做匀速率圆周运动，这时物体的速率为多少？拉力 F 所做的功是多少？[答案：0.8 $\text{m}\cdot\text{s}^{-1}$，$3.0\times10^{-3}$ J]

4.3.16　如图所示，一质量为 10 g 的子弹射入一个静止在水平面上的质量是 990 g 的木块内，木块右方连结一轻质弹簧，木块被子弹击中后，向右运动压缩弹簧 40 cm 而停止. 设弹簧的劲度系数为 1 $\text{N}\cdot\text{m}^{-1}$，木块与水平面的摩擦系数是 0.05. 试求子弹的初速度$\boldsymbol{v}_0$的大小. [答案：$v_0=74\ \text{m}\cdot\text{s}^{-1}$]

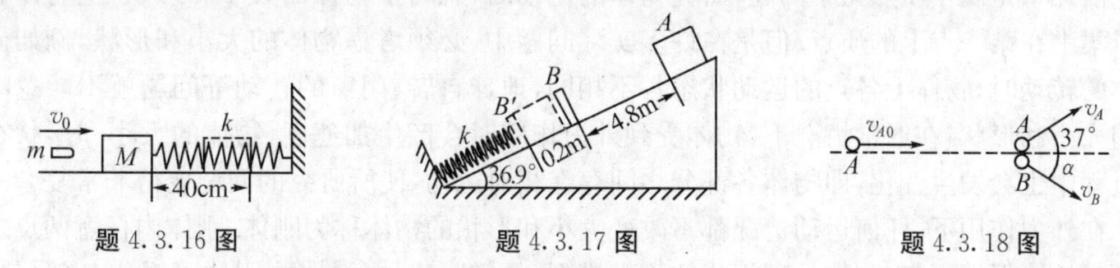

题 4.3.16 图　　题 4.3.17 图　　题 4.3.18 图

4.3.17　如图所示，一物体质量 $m=2$ kg，以初速度$\boldsymbol{v}_0$大小为 3 $\text{m}\cdot\text{s}^{-1}$ 从斜面 A 点下落，它与斜面之间的摩擦力为 $f=8$ N，物体到达 B 点(为弹簧的平衡位置)时压缩弹簧 20 cm 到 B'点停止，然后物体在弹性力作用下又被弹送回去. 已知斜面与水平面之间的夹角为 36.9°，A、B 两点间的距离为 4.8 m. 如果弹簧质量不计，试求：①弹簧的劲度系数；②物体被弹回的高度. [答案：①$k=1360\ \text{N}\cdot\text{m}^{-1}$；②$h=0.845$ m]

4.3.18　如图所示，一质量为 m 的 A 球以 $v_{A0}=36\ \text{cm}\cdot\text{s}^{-1}$ 的速率沿水平方向运动，与质量相同的静止的 B 球相碰撞后，A 球的速率变为 $v_A=15\ \text{m}\cdot\text{s}^{-1}$，且与原速度方向成 37°角. 试求：$B$ 球在碰撞后的速度大小和方向. [答案：$v_B=0.256\ \text{m}\cdot\text{s}^{-1}$，$\alpha=20.4°$]

第5章　刚体的定轴转动

前几章是属于质点力学问题，研究物体的运动时，忽略了物体的大小和形状，把物体看作质量集中在某一点上的质点.但是在许多实际问题中，必须考虑物体的大小和形状，例如研究物体的转动时，物体上各点的运动状态各不相同，地球自转、门窗的转动等问题就不能忽略物体的大小和形状.在通常情况下，物体受到外力作用时会产生加速度，物体的大小和形状在运动过程中也会发生变化，即物体各部分之间存在相对运动，使所研究的问题变得非常复杂.

在外力作用下，任何运动情况都不改变大小和形状的物体称为刚体.刚体内任意两点之间的距离始终保持不变，刚体是理想化的物理模型，是实际物体的抽象.刚体可看作各部分之间的距离保持不变的特殊质点组，其中的各小部分称为刚体的"质元".如果刚体的任意两质元 i 和 j 相对于某参照系的位置矢量为 $\boldsymbol{r}_i$ 和 $\boldsymbol{r}_j$，则在刚体的任意运动过程中，始终有

$$|\boldsymbol{r}_{ij}|=|\boldsymbol{r}_j-\boldsymbol{r}_i|=\text{常量}$$

上式表明刚体任意二质元之间的距离是始终保持不变的，这就是刚体的特征.

5.1　刚体绕定轴转动的运动学

通常刚体的运动是很复杂的，但都可以看作是平动和绕定轴的转动这两种最简单、最基本的运动形式的合成.本节主要研究如何描述刚体的运动状态及其变化规律，是刚体运动学所研究的内容，但不涉及引起刚体运动状态变化的原因.

5.1.1　刚体的平动

如果刚体在运动时，刚体上任意两点连成的直线的方位始终保持不变(平行)，则刚体的这种运动称为刚体的平动，亦称"平行移动".必须指出，刚体平动的轨迹可以是直线，也可以是空间中的任意曲线，如图5.1.1所示.在刚体做平动的过程中，在任何时刻，刚体上所有质元都具有相同的速度和加速度，在任意一段时间间隔内，刚体上各质元都具有相同的位移和相同的轨迹，其中各点的运动情况完全相同.因此，刚体做平动时，刚体上任意一点的运动都可以代表整个刚体的运动，做平动的刚体可以看作质点.描述质点运动的各种物理量(如速度、加速度、动能、动量)以及质点力学规律(如牛顿定律、动能定理、动量定理等)都适用于刚体的平动.

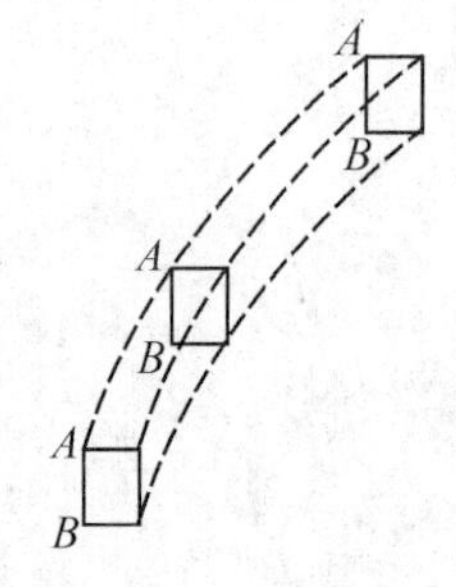

图5.1.1　刚体的平动

5.1.2　刚体绕定轴的转动

刚体运动时，如果刚体内所有质点都绕同一直线做瞬时的圆周运动，则刚体的这种运动称为转动，这一直线称为瞬时转轴.如果转轴固定不动，则称为刚体绕定轴转动，该直线称为转轴，如图5.1.2所示.例如，门、窗开关时的运动，机器上飞轮、电动机转子的运动等.

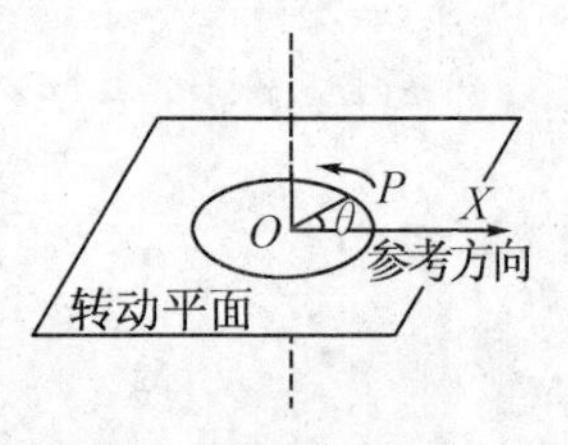

图5.1.2　转动平面

刚体运动时，如果刚体上某一点始终保持不动，则这种运动称为刚体的定点运动.

(1)描述刚体绕定轴转动的物理量

刚体绕定轴转动的特征是刚体上各质点的位置矢量、位移、速度、加速度各不相同,即有关线量不相同;而角位置(角坐标)、角位移、角速度、角加速度等物理量相同,即有关角量相同.因此,只需一个独立变数转角 $\theta(t)$,就可描述刚体绕定轴的转动.

处理方法:用垂直于固定转轴的平面来代替绕固定转轴转动的刚体,该平面称为转动平面.刚体绕定轴转动时,刚体上所有各质元都在各自的转动平面上绕转动轴做圆周运动.因此,描述质点做圆周运动的角量和线量都可以用来描述刚体绕定轴的转动.

约定:当刚体转动方向与转轴构成右手螺旋关系时(逆时针方向时)为正向,顺时针方向时为负向.

角位置:以 OX 轴为极轴(参考方向),刚体上任意点的位置可用它在转动平面内的角位置 θ 唯一确定.刚体内任取一质元 P,P 的位置径矢为 $\boldsymbol{r}=\boldsymbol{OP}$,$\boldsymbol{r}$ 与 OX 轴的夹角为 θ,θ 完全确定了刚体绕定轴转动的位置,称为角位置(角坐标).以参考方向 OX 为准,沿逆时针方向测量的角度为正,即 $\theta>0$;沿顺时针方向测量的角度为负,即 $\theta<0$.如图 5.1.3 所示.

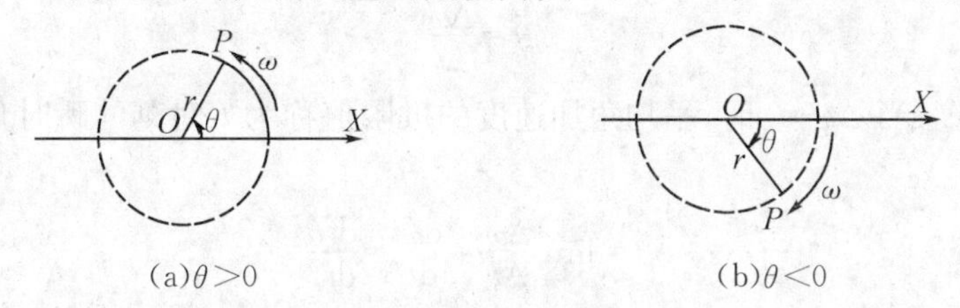

图 5.1.3 角位置

运动方程:刚体绕定轴转动时,刚体上任意质元的角位置 θ 将随时间不断变化,角位置随时间变化的函数关系 $\theta=\theta(t)$,表示刚体上质元的运动规律,称为刚体绕定轴转动的运动方程.

角位移:设 t 时刻,绕定轴转动的刚体的角位置为 θ,经 Δt 时间后,在 $t+\Delta t$ 时刻刚体的角位置为 $\theta+\Delta\theta$,在 Δt 时间内刚体绕定轴转动 $\Delta\theta$,称为 t 到 $t+\Delta t$ 时间间隔内刚体的角位移.根据角位置的正负规定,当刚体逆时针转动时,$\Delta\theta>0$,为正;当刚体顺时针转动时,$\Delta\theta<0$,为负.

在国际单位制中,角位置和角位移的单位为弧度,符号为 rad,具有零次量纲.

角速度:描述刚体转动快慢和转动方向的物理量称为刚体绕定轴转动的角速度,角速度是矢量.

平均角速度:刚体在 t 到 $t+\Delta t$ 时间间隔内,其角位移为 $\Delta\theta$,则角位移 $\Delta\theta$ 与产生这一角位移所用时间 Δt 之比称为该段时间内刚体绕定轴转动的平均角速度,用 $\bar{\omega}$ 表示,即

$$\bar{\omega}=\frac{\Delta\theta}{\Delta t} \tag{5-1-2}$$

瞬时角速度:当 $\Delta t\to0$ 时,平均角速度的极限称为 t 时刻的瞬时角速度,用 ω 表示,即

$$\omega=\lim_{\Delta t\to0}\frac{\Delta\theta}{\Delta t}=\frac{\mathrm{d}\theta}{\mathrm{d}t} \tag{5-1-3}$$

瞬时角速度等于角位置对时间的一阶导数.瞬时角速度简称角速度.

刚体绕定轴转动时,转轴的方位是固定不变的,但转动方向可以有两种:当刚体绕定轴转动时,根据角速度的定义式(5-1-3),当刚体逆时针转动时,$\mathrm{d}\theta>0$,所以 $\omega>0$,角速度为正;当刚体顺时针转动时,$\mathrm{d}\theta<0$,所以 $\omega<0$,角速度为负.一般情况下,角速度可以用一矢量 $\boldsymbol{\omega}$ 表

示，称为角速度矢量，$\boldsymbol{\omega}$ 的大小由(5－1－3)式决定，$\boldsymbol{\omega}$ 的方向则由右手螺旋法则确定，如图 5.1.4 所示. 在国际单位制中，角速度的单位是弧度·秒$^{-1}$，符号为 rad·s^{-1}，其量纲式为$[\omega]=\mathrm{T}^{-1}$.

在工程技术上，通常用每分钟转过的圈数来说明转动的快慢，称为转速，并用字母 n 表示. 转速的单位是转·分$^{-1}$，符号为 r·min^{-1}. 转速与角速度的大小有如下关系：

$$\omega=\frac{n\pi}{30}\ \mathrm{rad}\cdot\mathrm{s}^{-1}$$

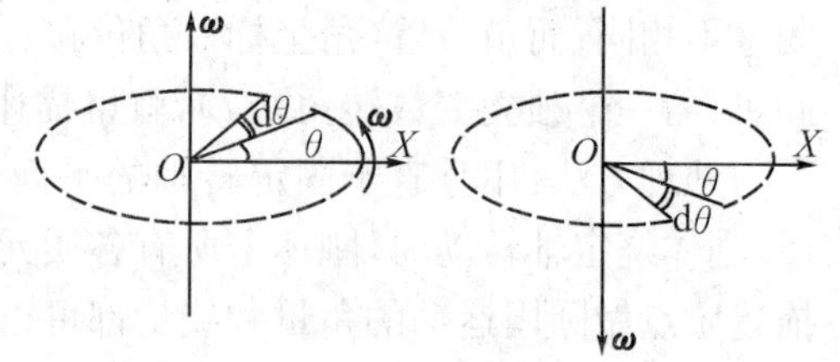

图 5.1.4　角速度

角加速度：描述刚体绕定轴做变速转动时，角速度随时间变化快慢程度的物理量，称为角加速度.

平均角加速度：刚体在 t 时刻的角速度为 $\omega(t)$，在 $t+\Delta t$ 时刻，角速度为 $\omega(t+\Delta t)=\omega(t)+\Delta\omega$，则角速度的增量 $\Delta\omega$ 与 Δt 的比值称为该段时间内的平均角加速度，用 $\bar{\beta}$ 表示，即

$$\bar{\beta}=\frac{\Delta\omega}{\Delta t} \qquad (5-1-4)$$

瞬时角加速度：当 $\Delta t\to0$ 时，平均角加速度的极限值称为 t 时刻的瞬时角加速度，用 β 表示，即

$$\beta=\lim_{\Delta t\to0}\frac{\Delta\omega}{\Delta t}=\frac{\mathrm{d}\omega}{\mathrm{d}t}=\frac{\mathrm{d}^2\theta}{\mathrm{d}t^2} \qquad (5-1-5)$$

瞬时角加速度等于角速度对时间的一阶导数，或等于角位置对时间的二阶导数. 瞬时角加速度简称角加速度，角加速度是矢量.

刚体绕定轴转动时，角加速度可为正值，也可为负值，由角加速度的定义式(5－1－5)可知，当刚体沿测量角 θ 的正方向，即逆时针方向转动时，$\theta>0$，加速转动时，$\omega>0$，$\mathrm{d}\omega>0$，$\beta>0$，为正值；减速转动时，$\omega>0$，$\mathrm{d}\omega<0$，$\beta<0$，为负值. 当刚体沿测量角 θ 的负方向，即顺时针方向转动时，$\theta<0$，加速转动时，$\omega<0$，$\mathrm{d}\omega<0$，$\beta<0$，为负值；减速转动时. $\omega<0$，$\mathrm{d}\omega>0$，$\beta>0$，为正值.

在国际单位制中，加速度的单位是弧度·秒$^{-2}$，符号为 rad·s^{-2}，其量纲式为$[\beta]=\mathrm{T}^{-2}$.

(2)刚体绕定轴转动时刚体上任一点的速度和加速度

刚体绕定轴转动时，刚体上各点位置矢量、位移矢量、速度和加速度等线量不相同. 下面讨论线量和角量的关系.

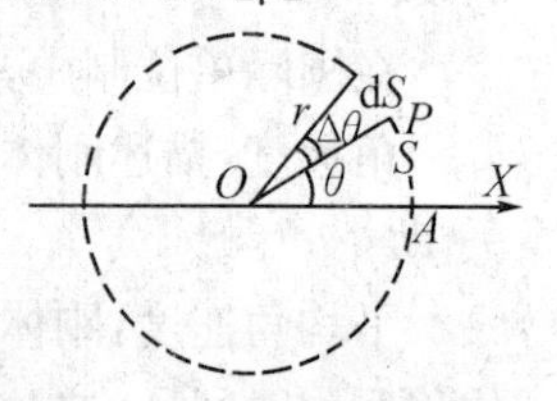

图 5.1.5　刚体绕定轴转动

设刚体绕定轴转动时，刚体上任一点 P 到转动轴的垂直距离为 $r=OP$，位置矢量为 $\boldsymbol{r}=\boldsymbol{OP}$，$t$ 时刻 $\boldsymbol{r}$ 与参考方向 OX 轴之间的夹角为 θ，即角位置为 θ，如图 5.1.5 所示. 如果选取圆轨道与 OX 轴的交点 A 为弧坐标的原点，使角位置增加的方向与弧坐标增加的方向一致，二者的关系为

$$S=r\theta \qquad (5-1-6)$$

上式对时间 t 求一阶导数，可得　$\dfrac{\mathrm{d}S}{\mathrm{d}t}=r\dfrac{\mathrm{d}\theta}{\mathrm{d}t}$

式中，$\dfrac{\mathrm{d}S}{\mathrm{d}t}=v$ 是 P 点的线速度，而$\dfrac{\mathrm{d}\theta}{\mathrm{d}t}=\omega$ 是刚体的角速度，r 是圆半径，为常量，则线速度与角速度的关系为

$$v = r\omega \tag{5-1-7}$$

上式对时间求一阶导数,可得 $\frac{dv}{dt} = r\frac{d\omega}{dt}$

式中,$\frac{dv}{dt} = a_\tau$ 是 P 点的切线加速度,$\frac{d\omega}{dt} = \beta$ 是刚体绕定轴转动的角加速度,则切向加速度与角加速度的关系为

$$a_\tau = r\beta \tag{5-1-8}$$

刚体绕定轴转动时 P 点的法向加速度 $a_n = \frac{v^2}{r}$,而 $v = r\omega$,得

$$a_n = \omega^2 r \tag{5-1-9}$$

刚体绕定轴转动时 P 点的加速度 $\boldsymbol{a}$ 的大小为

$$a = \sqrt{{a_\tau}^2 + {a_n}^2} = r\sqrt{\beta^2 + \omega^4} \tag{5-1-10}$$

加速度 $\boldsymbol{a}$ 的方向为

$$\tan\alpha = \frac{a_\tau}{a_n} \tag{5-1-11}$$

式中,α 为加速度矢量 $\boldsymbol{a}$ 与 $\boldsymbol{a}_n$ 分矢量之间的夹角. 由上可见,只要 ω、β 已知,刚体上各点的运动则都可知.

(3)刚体绕定轴转动时的运动学公式

角速度和角加速度在描述刚体绕定轴转动中的地位和作用与质点运动中的速度和加速度的地位和作用相似,即角速度与速度相对应,角加速度与加速度相对应. 设初始条件为 $t=0$ 时,$\theta=\theta_0$,$\omega=\omega_0$,可以得出刚体绕定轴匀变速转动时的运动学公式:

对匀角速转动,$\beta=0$,$\omega=$常量,则有

$$\theta = \theta_0 + \omega t \tag{5-1-12}$$

对匀角加速转动,$\beta=$常量,则有

$$\omega = \omega_0 + \beta t \tag{5-1-13a}$$

$$\theta = \theta_0 + \omega_0 t + \frac{1}{2}\beta t^2 \tag{5-1-13b}$$

$$\omega^2 = \omega_0^2 + 2\beta(\theta - \theta_0) \tag{5-1-13c}$$

以上四式与物体做直线运动时的运动学公式相似,只是将刚体绕定轴转动的角量代替物体做直线运动的线量.

例 5.1.1 一发电机飞轮在时间 t 内转动的角度为 $\theta = \pi + 50\pi t + \frac{1}{2}\pi t^2$. 试求:①角速度和角加速度的表达式;②$t=0$ 时刻飞轮转动的角度、角速度和角加速度;③$t=2$ s 时刻飞轮转过的角度、角速度和角加速度;④飞轮在 $\Delta t = t - t_0$ 这段时间间隔内的角位移;⑤飞轮做何种转动.

解 ①根据角速度和角加速度的定义,对 θ 求一阶导数,可得角速度表达式为

$$\omega = \frac{d\theta}{dt} = 50\pi + \pi t$$

再对 ω 求一阶导数,可得角加速度表达式为

$$\beta = \frac{d\omega}{dt} = \pi$$

②将 $t=0$ 代入 θ、ω、β 的表达式,可得

$$\theta_0 = \pi \text{ rad},\quad \omega_0 = 50\pi \text{ rad} \cdot \text{s}^{-1},\quad \beta_0 = \pi \text{ rad} \cdot \text{s}^{-2}$$

③将 $t=2$ s 代入 θ、ω、β 的表达式,可得

$$\theta_2=103\pi\ \text{rad},\quad \omega_2=52\pi\ \text{rad}\cdot\text{s}^{-1},\quad \beta_0=\pi\ \text{rad}\cdot\text{s}^{-2}$$

由②及③所得结果可知：θ_0、ω_0、β_0、θ_2、ω_2、β_2 的值都大于零，说明飞轮沿逆时针方向转动，它们的方向与转动方向构成右手螺旋关系.

④在 $\Delta t=t-t_0$ 时间间隔内的角位移 $\Delta\theta=\theta_t-\theta_0$，即

$$\Delta\theta=\theta_t-\theta_0=\theta_2-\theta_0=103\pi-\pi=102\pi(\text{rad})$$

⑤由于在 $t_0\to t$ 的过程中，任意时刻 $\beta=\pi\ \text{rad}\cdot\text{s}^{-2}$，$\beta$ 与 t 无关，是一常量，可见飞轮做匀变速转动（ω、β 方向相同，都是做匀加速转动）.

5.2 刚体绕定轴转动的转动定律和转动惯量

力是改变质点或刚体平动状态产生加速度的原因，二者的关系由力的瞬时作用定律，即牛顿第二定律 $\boldsymbol{F}=m\boldsymbol{a}$ 决定. 力矩是改变刚体绕定轴转动状态产生角加速度的原因，二者的关系由力矩的瞬时作用定律 $M=J\beta$ 决定. 刚体转动状态的改变不仅与所施的力的大小和方向有关，而且和力的作用点有关，用力矩这一物理量来描述外界对刚体的作用. 刚体转动状态的改变用角加速度来描述. 转动定律反映了力矩、转动惯量和角加速度三者之间的关系. 刚体绕定轴转动，转动惯性的大小由转动惯量来描述，它不能完全由质量 m 决定，它与质量对转轴的分布有关.

5.2.1 作用在质点上的力矩

如图 5.2.1(a)所示，设物体可绕定轴 OZ 转动，力 $\boldsymbol{F}$ 作用在物体的质点 P 上，质点将绕 OZ 轴转动. 最简单的情况，假定作用在质点 P 上的力是在垂直于转动轴 OZ 的 XY 平面内. O 是转轴与 XY 平面的交点，$\boldsymbol{r}$ 是从 O 点到 P 点的径矢. 力 $\boldsymbol{F}$ 作用于质点 P 的力矩定义为

$$\boldsymbol{M}=\boldsymbol{r}\times\boldsymbol{F}\tag{5-2-1}$$

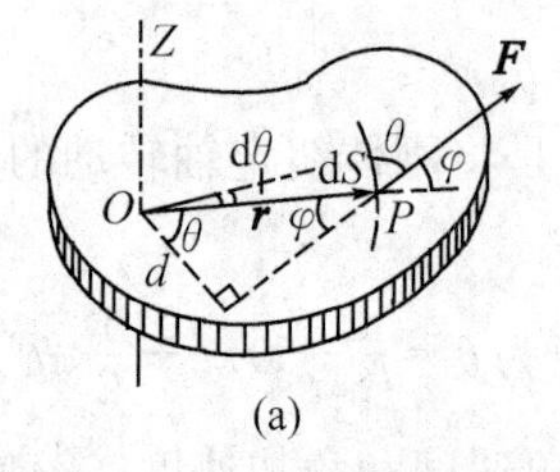

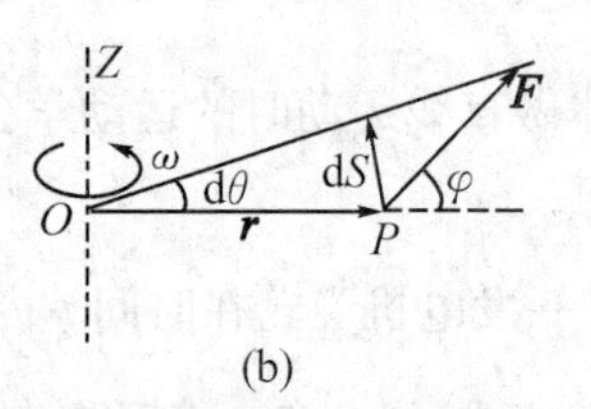

图 5.2.1 外力在垂直于转轴的平面内

式中，$\boldsymbol{M}$ 称为作用在质点 P 的绕转轴 OZ 的力矩. 力矩 $\boldsymbol{M}$ 是矢量，垂直于 $\boldsymbol{r}$ 和 $\boldsymbol{F}$ 所决定的平面，其指向根据矢积规定由 $\boldsymbol{r}$ 到 $\boldsymbol{F}$ 的右手螺旋法则确定，即将右手拇指伸直，其余四指弯曲，弯曲的方向由径矢 $\boldsymbol{r}=\boldsymbol{OP}$，经过小于 180°的角 φ 转向矢量 $\boldsymbol{F}$ 方向，这时拇指所指的方向就是力矩 $\boldsymbol{M}$ 的方向，如图 5.2.1(b)所示. 力矩的方向是沿 OZ 轴方向. 力矩 $\boldsymbol{M}$ 的大小，根据两矢量矢积关系为

$$M=rF\sin\varphi$$

式中，φ 是 $\boldsymbol{r}$ 与 $\boldsymbol{F}$ 之间小于 180°的夹角. r 是径矢 $\boldsymbol{r}$ 的大小，是力的作用点到转轴的垂直距离. $\boldsymbol{r}$ 的方向由转轴指向力的作用点. 力矩的大小又可以写为

$$M=F\cdot r\sin\varphi=Fr_{\perp}=Fd\tag{5-2-2}$$

式中，$r_{\perp}=r\sin\varphi=d$ 是径矢 $\boldsymbol{r}$ 在垂直于作用线上的分量. $r_{\perp}$ 称为力臂，用 d 表示，表示从 O 点

到力的作用线方向的垂直距离. 力矩的大小还可写为

$$M = r \cdot F\sin\varphi = rF_{\perp} \tag{5-2-3}$$

式中,$F_{\perp}$ 是力 $\boldsymbol{F}$ 垂直于 $\boldsymbol{r}$ 的分力的大小,上式表明只有 $\boldsymbol{F}$ 垂直于径矢 $\boldsymbol{r}$ 的分力才对力矩 $\boldsymbol{M}$ 有贡献. 而 $\boldsymbol{r}$ 与 $\boldsymbol{F}$ 平行或反平行时,即 $\varphi = 0°$ 或 $180°$ 时,力矩 $\boldsymbol{M} = 0$,这时力的作用线通过 O 点,$F_{\perp} = 0$,所以 $\boldsymbol{M} = 0$.

一般情况下,作用于刚体上的力 $\boldsymbol{F}$ 不在垂直于转动轴线的平面内,此时可以将力分解为两个相互垂直的分力 $\boldsymbol{F}_{/\!/}$ 和 $\boldsymbol{F}_{\perp}$. $\boldsymbol{F}_{/\!/}$ 分力平行于转动轴线,对绕固定轴转动不起作用;$\boldsymbol{F}_{\perp}$ 分力在垂直于转动轴线的平面内,对转轴有力矩,对转动有贡献,如图 5.2.2(a)所示.

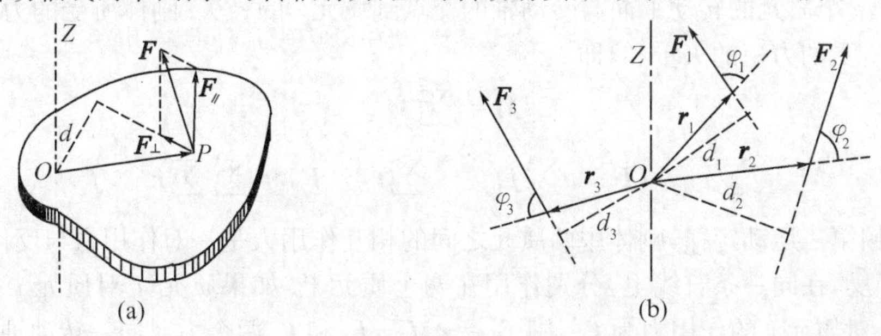

图 5.2.2　外力不在垂直于转轴的平面内

合力矩:刚体绕定轴转动中,如果有几个力矩同时作用在刚体上,它们的作用效果可以用某一个力矩的作用来代替,则这个力矩称为这些力矩的合力矩. 力矩是矢量,力矩的合成应遵守平行四边行法则. 但是在绕定轴转动的情况下,力矩只可能有两种方向:一种是沿固定轴线 OZ 的方向,另一种是沿固定轴线 OZ 的负方向. 可用代数量 M 的正负表示力矩的方向,因而可以用代数加减法求合力矩,合力矩的大小应等于相应几个分力矩的代数和. 例如图 5.2.2(b)中所示,$\boldsymbol{F}_1$、$\boldsymbol{F}_2$、$\boldsymbol{F}_3$ 等三个外力作用下的合力矩的大小为

$$M = F_1 d_1 + F_2 d_2 - F_3 d_3 \tag{5-2-4}$$

上式表明:M 为正值时,合力矩的方向是沿固定转轴 OZ 的方向;M 为负值时,合力矩的方向是沿固定转轴 OZ 的负方向.

力矩的量纲是力的量纲乘长度的量纲,量纲式为$[\mathrm{M}] = \mathrm{ML^2T^{-2}}$. 力矩的量纲和功的量纲相同. 在国际单位制中,力矩的单位是牛顿·米,符号为 N·m,功的单位是焦耳. 功和力矩是两个完全不同的物理量,它们的物理意义不同. 功是能量变化的量度,是标量;而力矩是使物体改变转动状态的原因,是矢量.

5.2.2　刚体绕定轴转动的角动量和力矩

刚体绕定轴转动,通常情况下,外力矩 $\boldsymbol{M}$ 的方向和固定转轴的方向不一定相同,但总可以将外力矩分解成一个沿转轴方向的分量,一个垂直于转轴方向的分量. 只有沿固定转轴方向的分量才对刚体绕定轴转动有贡献,而垂直于固定转轴方向的分量对刚体绕定轴转动无贡献,只是使转动轴改变方向和位置.

刚体绕定轴转动时的特征是:刚体中各质元的角动量相同,即角速度矢量和角加速度矢量相同,它们的方向是沿固定转轴轴线方向.

刚体绕定轴转动的角动量 $\boldsymbol{L}$ 应等于刚体上所有质元的角动量的矢量和,即

$$\boldsymbol{L} = \sum_i \boldsymbol{L}_i \tag{5-2-5}$$

式中，$\boldsymbol{L}_i$ 表示刚体中第 i 个质元的角动量.

刚体中每一个质元所受的力是它所受的外力和内力的矢量和.设质元 i 所受的合外力为 $\boldsymbol{F}_i$，所受的内力应为除第 i 个质元以外的其他质元对它的作用力的矢量和，即 $\sum\limits_j \boldsymbol{f}_{ij}$ 表示对除第 i 个质元以外的其他质元对它的作用力求和，所以第 i 个质元所受的合力为

$$\boldsymbol{F}_i + \sum_i \boldsymbol{f}_{ij}$$

质元 i 所受的合力矩为

$$\boldsymbol{M}_i = \boldsymbol{r}_i \times (\boldsymbol{F}_i + \sum_j \boldsymbol{f}_{ij}) \tag{5-2-6}$$

式中，$\boldsymbol{r}_i$ 为第 i 个质元的转动平面与转动轴的交点到质元 i 的径矢.刚体所受的力矩等于刚体中所有质元所受的力矩的矢量和，即

$$\boldsymbol{M} = \sum_i \boldsymbol{M}_i$$

或写为

$$\boldsymbol{M} = \sum_i \boldsymbol{r}_i \times (\boldsymbol{F}_i + \sum_j \boldsymbol{f}_{ij}) = \sum_i \boldsymbol{r}_i \times \boldsymbol{F}_i + \sum_i \sum_j \boldsymbol{r}_i \times \boldsymbol{f}_{ij}$$

根据牛顿第三运动定律，刚体中两质元之间的相互作用力是一对作用力与反作用力，大小相等，方向相反，在同一条直线上，分别作用在两个质元上.如果质元 j 对质元 i 的作用力为 $\boldsymbol{f}_{ij}$，而质元 i 对质元 j 的作用力为 $\boldsymbol{f}_{ji}$，则 $\boldsymbol{f}_{ij} = -\boldsymbol{f}_{ji}$. $\boldsymbol{f}_{ij}$ 和 $\boldsymbol{f}_{ji}$ 两个力对同一转动轴线的力矩之和为

$$\boldsymbol{r}_i \times \boldsymbol{f}_{ij} + \boldsymbol{r}_j \times \boldsymbol{f}_{ji} = (\boldsymbol{r}_i - \boldsymbol{r}_j) \times \boldsymbol{f}_{ij}$$

而 $\boldsymbol{r}_i - \boldsymbol{r}_j = \boldsymbol{r}_{ij}$ 是质元 j 到质元 i 的矢量，而 $\boldsymbol{r}_{ij}$ 与 $\boldsymbol{f}_{ij}$ 是在同一条直线上，所以有

$$(\boldsymbol{r}_i - \boldsymbol{r}_j) \times \boldsymbol{f}_{ij} = 0$$

对刚体中其他任意两个质元之间也有类似的关系，即刚体中任何两个质元的内力的力矩的矢量和都等于零，所以刚体中所有内力力矩的矢量和应等于零，即

$$\sum_i \sum_j \boldsymbol{r}_i \times \boldsymbol{f}_{ij} = 0$$

可见，绕固定轴转动的刚体所受的合力矩等于刚体所受外力的力矩的矢量和，即合外力矩.

5.2.3 刚体的瞬时作用定律——转动定律

转动定律是刚体绕定轴转动时所遵从的动力学规律.

刚体绕定轴转动时，角位置 θ 随时间 t 发生变化.刚体受外力矩的作用，使刚体转动状态发生变化，产生角加速度.刚体所受合外力矩等于零，刚体的角加速度为零，刚体的转动状态将不会发生变化(继续静止或匀角速度转动)，表明刚体有保持它原来转动状态不变的特性，即刚体的转动惯性.那么，作用在刚体上的合外力矩 $\boldsymbol{M}$、刚体获得的角加速度 $\boldsymbol{\beta}$ 和刚体的转动惯量 J 三者之间存在的定量关系可以由实验得出的转动定律得出.

实验表明，绕固定轴转动的刚体，受合外力矩 $\boldsymbol{M}$ 的作用，获得的角加速度 $\boldsymbol{\beta}$ 与合外力矩 $\boldsymbol{M}$ 成正比，与刚体的转动惯量 J 成反比，即刚体所受合外力矩 $\boldsymbol{M}$ 等于转动惯量 J 与角加速度 $\boldsymbol{\beta}$ 的乘积，称为刚体绕定轴转动的转动定律，数学表达式为

$$\boldsymbol{M} = J\,\frac{\mathrm{d}\boldsymbol{\omega}}{\mathrm{d}t} = J\boldsymbol{\beta} \tag{5-2-7}$$

上式表明：刚体绕定轴转动时，刚体所受合外力矩等于刚体对轴的转动惯量与角加速度的积，方向始终与 $\boldsymbol{\beta}$ 相同.必须指出，上式是瞬时作用关系，什么时候刚体受合外力矩 $\boldsymbol{M}$ 的作用，什么时候就获得角加速度 $\boldsymbol{\beta}$；合外力矩 $\boldsymbol{M}$ 改变时，角加速度也随之改变；当合外力矩 $\boldsymbol{M}$ 为零时，

角加速度 $\boldsymbol{\beta}$ 也为零，上式中刚体的转动惯量 J、角加速度 $\boldsymbol{\beta}$ 和合外力矩 $\boldsymbol{M}$ 都是对同一固定转动轴而言的.

下面是刚体绕定轴转动的转动定律的理论推导.

由牛顿第二定律出发，可以推导出刚体绕定轴转动的角加速度 $\boldsymbol{\beta}$ 与合外力矩 $\boldsymbol{M}$ 和转动惯量 J 之间的关系，得出刚体绕定轴转动的转动定律. 如图 5.2.3 所示，一个绕定轴 O' 转动的任意形状的刚体，可以看作由很多质元所组成，设刚体中第 i 个质元 p 的质量是 Δm_i，它到转轴的垂直距离为 $\boldsymbol{r}_i$，作用于该质元的外力 $\boldsymbol{F}_i$，它与径矢 $\boldsymbol{r}_i$ 的夹角为 φ_i，所受的内力为除它自己以外的其他质元对该质元的作用力的矢量和，即 $\boldsymbol{f}_i = \sum_j \boldsymbol{f}_{ji}$，它与径矢 $\boldsymbol{r}_i$ 的夹角为 θ_i，所以质元 i 所受的合力为

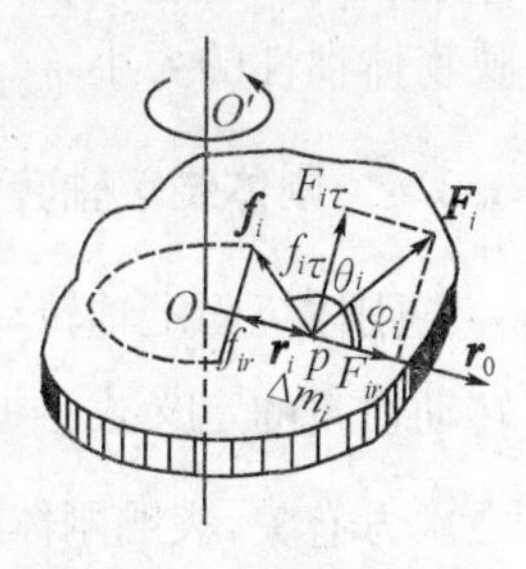

图 5.2.3　刚体绕定轴转动

$$\boldsymbol{F} = \boldsymbol{F}_i + \sum_j \boldsymbol{f}_{ij}$$

根据牛顿第二运动定律，第 i 个质元 p 的动力学方程的矢量式为

$$\boldsymbol{F}_i + \boldsymbol{f}_i = \Delta m_i \boldsymbol{a}_i$$

上式中的 $\boldsymbol{a}_i$ 是质元 p 的加速度. 刚体绕定轴转动时，质元 p 绕固定转轴做圆周运动，将动力学方程分别表示成法向和切向的分量式为

$$F_i \sin\varphi_i + f_i \sin\theta_i = -\Delta m_i a_{in} = -\Delta m_i r_i \omega^2 \tag{5-2-8}$$

$$F_i \sin\varphi_i + f_i \sin\theta_i = \Delta m_i a_{i\tau} = \Delta m_i r_i \beta \tag{5-2-9}$$

式中，$a_{in} = r_i\omega^2$ 和 $a_\tau = r_i\beta$ 分别表示第 i 个质元 p 的法向加速度和切向加速度，β 是角加速度，(5−2−8)等式的左边是表示质元 p 所受的法向分力，(5−2−9)等式的左端表示质元 p 所受的切向分力. 由于法向分力的作用线是通过固定转轴的，对 O 点的力矩等于零，不再考虑. (5−2−9)式两边同乘以 r_i，可得

$$F_i r_i \sin\varphi_i + f_i r_i \sin\theta_i = \Delta m_i r_i^2 \beta \tag{5-2-10}$$

对刚体上的所有质元求和后，可得

$$\sum_i F_i r_i \sin\varphi_i + \sum_i f_i r_i \sin\theta_i = \sum_i \Delta m_i r_i^2 \beta$$

上式中左端第一项表示刚体所受的外力矩的和，即合外力矩，用 M 表示；第二项因为内力中的每一对作用力与反作用力的力矩相加等于零，所以左边第二项表示内力的合力矩应等于零，则(5−2−10)式可以简写为

$$\boldsymbol{M} = \sum_i \Delta m_i r_i^2 \boldsymbol{\beta} \tag{5-2-11a}$$

由于刚体绕固定轴转动，所有质元的角加速度相同，可以移出求和号外，可写为

$$\boldsymbol{M} = \left(\sum_i \Delta m_i r_i^2\right)\boldsymbol{\beta} \tag{5-2-11b}$$

式中，圆括号中的量 $\sum_i \Delta m_i r_i^2$ 是由刚体本身的性质所决定的物理量，常用 J 表示，称为刚体对 OZ 轴的转动惯量. (5−2−11b)式可写为

$$\boldsymbol{M} = J\boldsymbol{\beta} \tag{5-2-12}$$

上式表明：刚体绕定轴转动时，刚体在合外力矩的作用下所获得的角加速度 $\boldsymbol{\beta}$ 与合外力矩 $\boldsymbol{M}$ 的大小成正比，与刚体的转动惯量成反比，$\boldsymbol{\beta}$ 的方向与合外力矩 $\boldsymbol{M}$ 的方向相同，称为刚体绕定轴转动的转动定律.

由转动定律可知，当刚体所受合外力矩一定时，角加速度 $\boldsymbol{\beta}$ 与刚体的转动惯量 J 成反比，

表明转动惯量 J 越大，产生的角加速度就越小，所以，转动惯量是刚体转动惯性大小的量度. 转动定律在形式上与牛顿第二定律相似，合外力矩 $\boldsymbol{M}$ 与合力 $\boldsymbol{F}$ 相对应，描述外界作用；角加速度 $\boldsymbol{\beta}$ 与加速度 $\boldsymbol{a}$ 相对应，表示运动状态的变化；转动惯量 J 与平动的物体质量 m 相对应，反映物体惯性的大小.

5.2.4 刚体绕定轴转动的转动惯量

刚体绕固定轴转动时的转动惯量是刚体在转动中惯性大小的量度. 根据刚体对 OZ 轴的转动惯量的定义式 $J=\sum\limits_i \Delta m_i r_i^2$，由于转动惯量与质元的质量和质元到转轴的垂直距离的二次方有关，表明刚体的转动惯量与刚体的总质量的大小有关，与几何形状和质量分布有关. 并且与转轴的位置有关，而与质元的运动状态无关. 有关公式可以作为刚体对任意固定转轴的转动惯量的定义式，表明物体对任一固定转轴的转动惯量等于刚体中各个质元的质量与它到转轴垂直距离平方的乘积之和，即

$$J=\sum_i \Delta m_i r_i^2 \tag{5-2-13}$$

由于一般的刚体质量都是连续分布的，因此(5－2－13)式中的求和式应该写成积分式，用 $\mathrm{d}m$ 代替 Δm，可写成

$$J=\int r^2\mathrm{d}m \tag{5-2-14}$$

积分应对整个刚体积分. 如果刚体质量是体分布，用 ρ 表示质量元处的体密度，则 $\mathrm{d}m=\rho\mathrm{d}V$，其中 $\mathrm{d}V$ 是质量元的体积，将其代入(5－2－14)式中，可得

$$J=\iiint_V r^2\rho\mathrm{d}V \tag{5-2-15}$$

同理，如果刚体质量是面分布，用 σ 表示质量元处的面密度，则 $\mathrm{d}m=\sigma\mathrm{d}S$，其中 $\mathrm{d}S$ 是质量元的面积，将其代入(5－2－14)式，可得

$$J=\iint_S r^2\sigma\mathrm{d}S \tag{5-2-16}$$

同理，如果刚体质量是线分布，用 λ 表示质量元处的线密度，$\mathrm{d}m=\lambda\mathrm{d}l$，将其代入(5－4－14)式，可得

$$J=\int_L r^2\lambda\mathrm{d}l \tag{5-2-17}$$

转动惯量的单位由质量和长度单位确定. 在国际单位制中，转动惯量的单位是千克·米^2，符号为 $\mathrm{kg\cdot m^2}$. 转动惯量的量纲式为$[\mathrm{J}]=\mathrm{ML^2}$.

5.2.5 转动惯量的定量计算

下面分两种类型的刚体来研究转动惯量的计算方法.

(1)质量元分离分布类型的刚体

例 5.2.1 如图 5.2.4 所示，总质量 $M=4m$ 的刚体，其中质量 m 分布在边长为 l 的正方形刚性支架的顶点上. 如果不考虑刚性支架的质量，试求：①通过 A 点并垂直于正方形所在平面的轴的转动惯量的大小？②对 AC 轴的转动惯量的大小？③通过 A 点并平行于 BD 轴的转动惯量的大小？

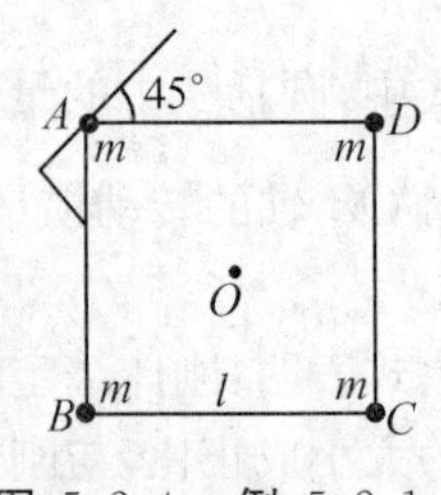

图 5.2.4 例 5.2.1 图示

解　由题意知刚体的质量是分离分布类型，由定义式(5－2－13)可知：

①$J_A=m\times 0^2+2(m\times l^2)+m\times(\sqrt{2}l)^2=4ml^2$

②$J_{AC}=2m\times 0^2+2m\times(\frac{\sqrt{2}}{2}l)^2=ml^2$

③$J_{过A//BD}=m\times 0^2+m\times(l^2+l^2)+2m\times(\frac{\sqrt{2}}{2}l)^2=3ml^2$

(2)质量元连续分布类型的刚体

例 5.2.2　如图 5.2.5 所示，有一总质量为 m，半径为 R 的质量均匀分布的薄圆盘. 试求：通过中心并与盘面垂直的转轴的转动惯量.

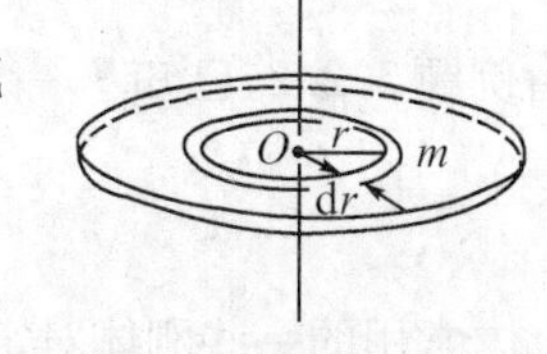

图 5.2.5　例 5.2.2 图示

解　设 $\sigma=\frac{m}{\pi R^2}$ 表示圆盘质量的面密度，由于对称性，将圆盘分成许多薄圆环，半径为 r，宽度为 $\mathrm{d}r$ 的细圆环的质量 $\mathrm{d}m$ 为

$$\mathrm{d}m=\sigma 2\pi r\mathrm{d}r$$

该圆环对中心转轴的转动惯量为

$$\mathrm{d}J=r^2\mathrm{d}m=r^2\sigma 2\pi r\mathrm{d}r=2\pi\sigma r^3\mathrm{d}r$$

整个圆盘对中心对称轴的转动惯量为

$$J=\int \mathrm{d}J=\int r^2\mathrm{d}m=2\pi\sigma\int_0^R r^3\mathrm{d}r=\frac{1}{2}mR^2$$

即质量均匀分布的薄圆盘对通过中心并与盘面垂直的转轴的转动惯量是 $\frac{1}{2}mR^2$.

在计算刚体对定轴的转动惯量时，常常用到以下两个定理：

①平行轴定理. 刚体对任意转轴的转动惯量 J，等于刚体对通过质心 C 的平行轴的转动惯量 J_C 与刚体的质量 m 乘两平行轴之间的垂直距离 d 的平方的乘积的和，即

$$J=J_C+md^2 \tag{5-2-18}$$

上式适用于任意形状的刚体. 证明可参看有关书籍.

例 5.2.3　如图 5.2.6 所示，求质量为 m、长为 l 的均质细杆对通过杆的端点且与杆垂直的轴的转动惯量.

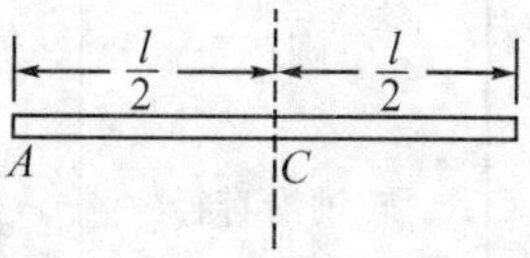

图 5.2.6　例 5.2.3 图示

解　由表 5－2－1，可知 $J_C=\frac{1}{12}ml^2$，杆端与中心相距 $\frac{l}{2}$，根据平行轴定理，有

$$J=J_C+md^2=\frac{1}{12}ml^2+m(\frac{l}{2})^2=\frac{1}{3}ml^2$$

可见与表 5－2－1 中结果相同.

②正交轴定理. 厚度无穷小的薄板状刚体对板面内任意两正交(垂直)轴的转动惯量之和等于该刚体对通过两轴交点的且垂直于板面的轴的转动惯量.

证明：如图 5.2.7 所示，有一薄板状刚体，设板面在 XY 平面内. 选取两正交轴的交点 O 点为坐标原点，OZ 轴垂直于板面，则薄板状刚体对 OZ 轴的转动惯量为

$$J_z=\sum_i \Delta m_i r_i{}^2=\sum \Delta m_i(x_i^2+y_i^2)$$

因为 x_i 和 y_i 分别是质元 Δm_i 到 Y 轴和 X 轴的垂直距离，而

$\sum_i \Delta m_i x_i{}^2=J_y$，$\sum_i \Delta m_i y_i{}^2=J_x$，所以

$$J_z = J_x + J_y \qquad (5-2-19)$$

这就是正交轴定理．此定理适用于平面、薄板等刚体，对于有限厚度的板不成立，并限于薄板面内的两轴相互正交，OZ 轴与板面正交．

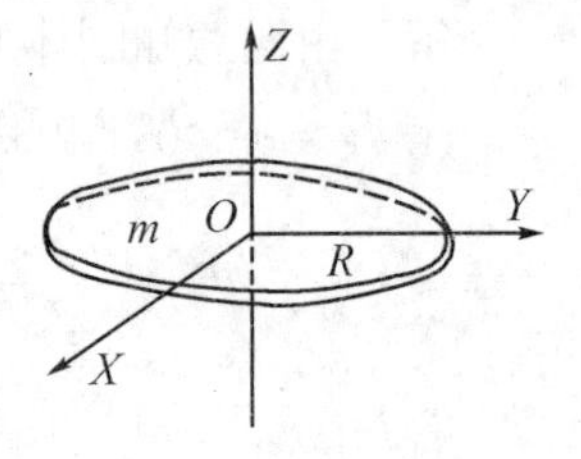

图 5.2.7　正交轴定理

例 5.2.4　有一质量为 m，半径为 R 的质量均匀分布的薄圆盘，若盘面厚度无限小，求：该圆盘对任意直径的转动惯量．

解　如图 5.2.7 所示，以圆盘中心为坐标原点，建立 $OXYZ$ 直角坐标系，使 X、Y 轴在盘面内．由于对称性，$J_x = J_y$，根据正交轴定理，可得

$$J_z = J_x + J_y = 2J_x$$

由例题 5.2.2，已知 $J_z = \frac{1}{2}mR^2$，所以

$$J_x = \frac{1}{4}mR^2$$

常用的一些刚体对定轴的转动惯量的数据已列入表 5－2－1 中，以供使用．

表 5－2－1　常用的刚体对定轴的转动惯量的数据

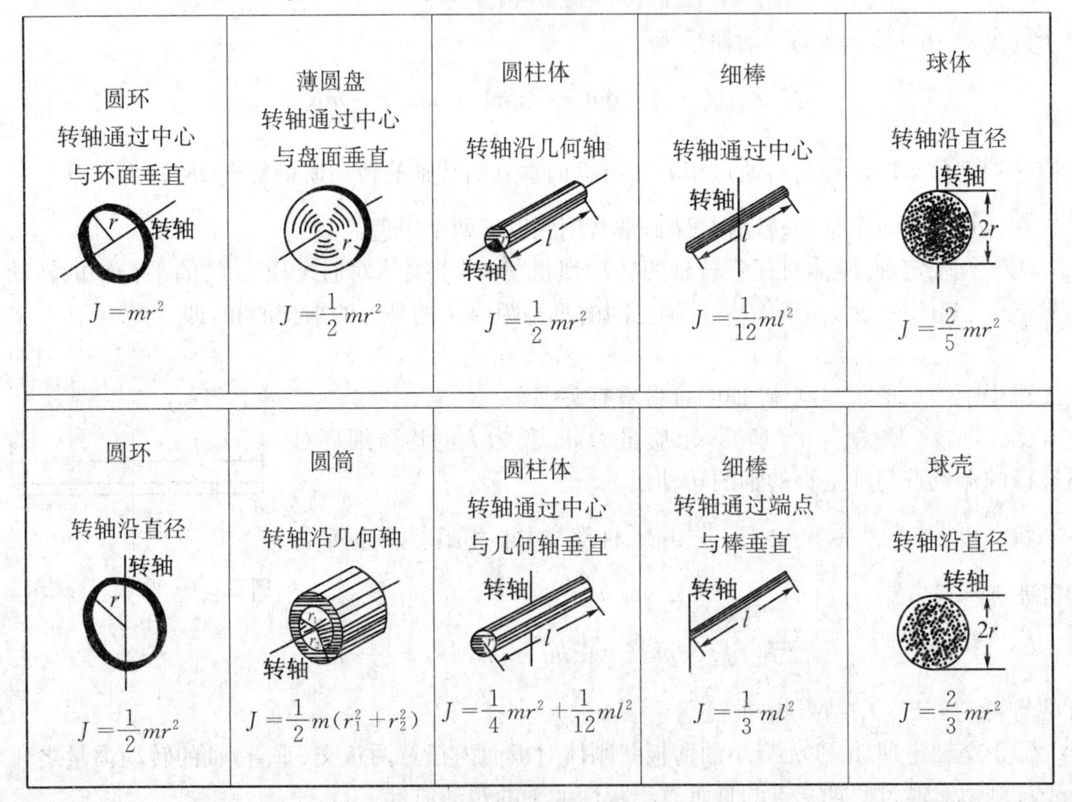

圆环 转轴通过中心 与环面垂直 $J = mr^2$	薄圆盘 转轴通过中心 与盘面垂直 $J = \frac{1}{2}mr^2$	圆柱体 转轴沿几何轴 $J = \frac{1}{2}mr^2$	细棒 转轴通过中心 $J = \frac{1}{12}ml^2$	球体 转轴沿直径 $J = \frac{2}{5}mr^2$
圆环 转轴沿直径 $J = \frac{1}{2}mr^2$	圆筒 转轴沿几何轴 $J = \frac{1}{2}m(r_1^2 + r_2^2)$	圆柱体 转轴通过中心 与几何轴垂直 $J = \frac{1}{4}mr^2 + \frac{1}{12}ml^2$	细棒 转轴通过端点 与棒垂直 $J = \frac{1}{3}ml^2$	球壳 转轴沿直径 $J = \frac{2}{3}mr^2$

例 5.2.5　如图 5.2.8 所示，一质量为 M 且质量均匀分布、轴承光滑的定滑轮跨过一轻质的细绳，在绳的两端分别挂有质量分别为 m_1 和 m_2 的物体，$m_1 < m_2$，滑轮半径为 R，绳与轮之间无相对滑动．试求：重物的加速度、绳的张力及滑轮的角加速度的大小．

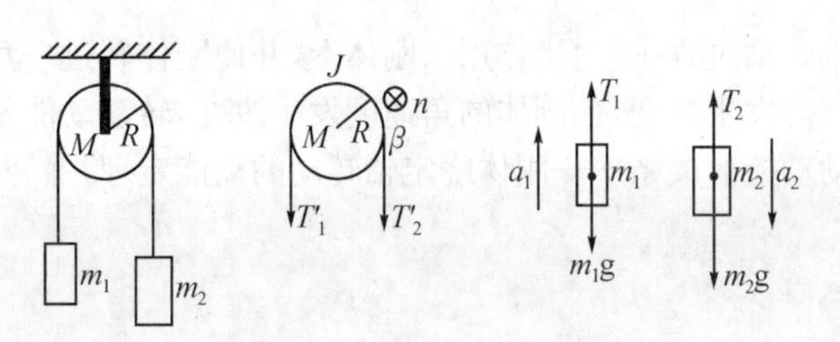

图 5.2.8 例 5.2.5 图示

解 取重物 m_1、m_2 及滑轮 M 为研究对象．根据题意，滑轮具有一定的转动惯量 $J=\frac{1}{2}MR^2$，在转动过程中，滑轮两边绳子的张力不相等，分别为 $\boldsymbol{T}'_1$、$\boldsymbol{T}'_2$. 重物 m_1 受重力 $m_1\boldsymbol{g}$，方向竖直向下，张力 $\boldsymbol{T}_1$，方向竖直向上，且 $T_1=T'_1$；重物 m_2 受重力 $m_2\boldsymbol{g}$，方向竖直向下，绳的张力 $\boldsymbol{T}_2$，方向竖直向上，且 $T_2=T'_2$；滑轮所受重力矩等于零，滑轮两边绳子的张力矩 $M_1=T'_1R$，$M_2=T'_2R$. 由题意 $m_1<m_2$，重物 m_1 向上做加速运动，m_2 向下做加速运动，滑轮沿顺时针做加速转动．根据牛顿第二运动定律和转动定律，可列出下列方程：

$$T_1-m_1g=m_1a \tag{5-2-20}$$

$$m_2g-T_2=m_2a \tag{5-2-21}$$

$$T'_2R-T'_1R=\frac{1}{2}MR^2\beta \tag{5-2-22}$$

滑轮边缘的线加速度与物体的加速度相等，滑轮边缘的线加速度与角加速度 β 的关系式为

$$a=R\beta \tag{5-2-23}$$

由(5-2-20)、(5-2-21)、(5-2-22)、(5-2-23)式联立求解，可得

$$a=\frac{(m_2-m_1)g}{m_1+m_2+\frac{1}{2}M}$$

$$T_1=m_1(a+g)=\frac{m_1(2m_2+\frac{1}{2}M)g}{m_1+m_2+\frac{1}{2}M}$$

$$T_2=m(g-a)=\frac{m_2(2m_1+\frac{1}{2}M)g}{m_1+m_2+\frac{1}{2}M}$$

$$\beta=\frac{a}{R}=\frac{(m_2-m_1)g}{(m_1+m_2+\frac{1}{2}M)R}$$

5.3 力矩的空间积累效应

力作用于质点并沿力的方向通过一段空间位移，力对物体做了功，引起质点的运动状态发生改变，使质点或刚体的平动动能发生相应的改变，所做的功和动能改变量之间的关系由动能

定理确定. 刚体绕定轴转动过程中，力矩作用于刚体上，并使刚体转过一角位移，力矩对刚体做了功，引起刚体运动状态发生改变，使刚体的角速度发生改变，转动动能发生相应改变. 本节研究力矩的功，功与转动动能的关系——刚体绕定轴转动的动能定理，并介绍刚体重力势能的计算方法.

5.3.1 转动动能

刚体绕定轴转动时，刚体的每个质元都做圆周运动，它们的角速度相同，都为 ω，线速度为 $v_i=\omega r_i$，都具有动能，刚体所有质元的动能之和就是刚体绕定轴转动的转动动能. 设刚体绕 Z 轴转动，某时刻刚体绕定轴转动的角速度为 ω，刚体中第 i 个质元的质量为 Δm_i，它到转轴的垂直距离为 r_i，相应的线速率为 $v_i=r_i\omega$，动能为

$$E_{Ki}=\frac{1}{2}\Delta m_i v_i^2=\frac{1}{2}\Delta m_i r_i^2\omega^2$$

将上式对刚体的所有质元求和，可得刚体的转动动能，即

$$E_K=\frac{1}{2}\sum_i \Delta m_i v_i^2=\frac{1}{2}\sum_i \Delta m_i r_i^2\omega^2$$

由于各个质元的角速度 ω 都相同，可移到求和号外，可得

$$E_K=\frac{1}{2}\left(\sum_i \Delta m_i r_i^2\right)\omega^2 \tag{5-3-1}$$

上式中圆括号内的量是刚体绕定轴转动的转动惯量 J，所以上式可写为

$$E_K=\frac{1}{2}J\omega^2 \tag{5-3-2}$$

可见，刚体绕定轴转动的转动动能等于刚体对转轴的转动惯量与角速率平方的乘积的一半. 与质点运动的动能 $\frac{1}{2}mv^2$ 相比较，得知转动惯量 J 与质量 m 相对应，角速率 ω 与线速率 v 相对应. 但必须注意 J 与转轴的位置分布有关，而 m 与物体的位置无关，在牛顿力学中，m 是一常量.

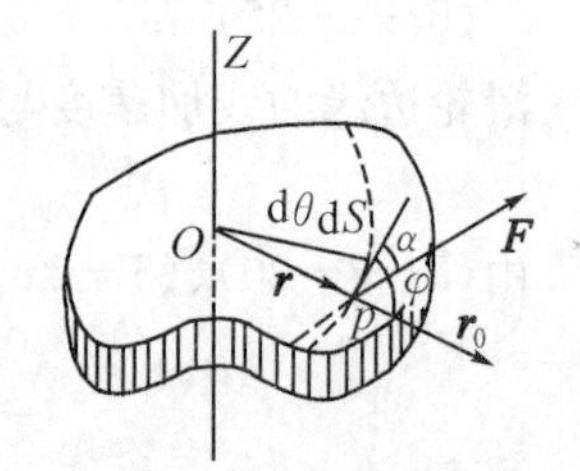

图 5.3.1 力矩的功

5.3.2 力矩的功和动能定理

刚体绕定轴转动时，力矩将对转动刚体做功，如图 5.3.1 所示，刚体绕通过 O 点的转轴 OZ 转动，转轴垂直于图面，外力 $\boldsymbol{F}$ 在垂直于转轴的平面内，作用于刚体上的质元 p. 当经过 $\mathrm{d}t$ 时间，刚体绕 OZ 轴转过一无限小的角位移 $\mathrm{d}\theta$ 时，力的作用点质元 p 移动的弧长 $\mathrm{d}S=r\mathrm{d}\theta$ 是直线，表示 p 点的位移，方向由 p 到 A，位移与径矢 $\boldsymbol{r}$ 垂直，根据功的定义，力 $\boldsymbol{F}$ 在这段无限小位移上所做的元功为

$$\mathrm{d}A=\boldsymbol{F}\cdot\mathrm{d}\boldsymbol{S}=F\mathrm{d}S\cos\left(\frac{\pi}{2}-\varphi\right)=Fr\sin\varphi\mathrm{d}\theta$$

上式中 $Fr\sin\varphi$ 是作用在 p 点对转轴 OZ 的力矩 M，力矩的方向垂直于图面沿转轴向上，上式可写为

$$\mathrm{d}A=M\mathrm{d}\theta \tag{5-3-3}$$

上式表明：外力矩 $\boldsymbol{M}$ 使刚体转动无限小的角位移 $\mathrm{d}\theta$ 时所做的元功等于力矩与角位移的乘积.

如果有很多个外力 $\boldsymbol{F}_1,\boldsymbol{F}_2,\cdots$ 作用于刚体上，这些外力在垂直于转轴的平面上（如果不在

垂直于转轴的平面上，则取其在垂直于转轴的平面上的分力），由于刚体上各质元的角位移相同，刚体转动 $d\theta$ 的过程中，这些力的力矩对刚体所做的功为

$$dA = \sum_i dA_i = \sum_i M_i d\theta = M d\theta \tag{5-3-4}$$

式中，$M = \sum_i M_i$ 为刚体所受的合外力矩. 在计算合外力矩 M 时，约定凡是与转轴方向一致的力矩为正，而与转轴方向相反的力矩为负.

力矩在一段角位移时，力矩对刚体做的总功应等于(5－3－4)式的积分形式，即

$$A = \int_0^\theta M d\theta \tag{5-3-5}$$

如果力矩是常矢量，M 可以提到积分号外，即

$$A = M\int_0^\theta d\theta = M\theta \tag{5-3-6}$$

在一般情况下，力矩的大小是不断随时间改变的，所以，力矩在一段角位移上所做的总功需用积分式计算. 如果已知刚体在初始时刻的角速度为 ω_0，经 Δt 时间后角速度变为 ω，在该过程中力矩对刚体所做的功，将转动定律代入(5－3－4)式，得力矩所做的元功为

$$dA = M d\theta = J\frac{d\omega}{dt}d\theta = J\frac{d\theta}{dt}d\omega = J\omega d\omega \tag{5-3-7}$$

对上式积分，可得力矩所做的总功为

$$A = \int_{\omega_0}^{\omega} J\omega d\omega = J\int_{\omega_0}^{\omega}\omega d\omega = \frac{1}{2}J\omega^2 - \frac{1}{2}J\omega_0^2 \tag{5-3-8}$$

式中，$\frac{1}{2}J\omega_0^2$ 是初始时刻的转动动能，$\frac{1}{2}J\omega^2$ 是力矩对刚体做功后的转动动能. 上式表明：当刚体绕定轴转动时，刚体所受外力矩做功的代数和（即功）等于刚体转动动能的增量. 这就是刚体绕定轴转动的动能定理.

将力矩的元功 dA 除以 dt，即得力矩的功率为

$$N = \frac{dA}{dt} = M\frac{d\theta}{dt} = M\omega \tag{5-3-9}$$

上式表明刚体绕定轴转动时，作用在刚体上的力矩的功率等于力矩大小与角速度大小的乘积.

5.3.3 刚体的重力势能

由于势能是属于相互作用的物体系统的，所以刚体的重力势能，是指刚体与地球所组成的系统共同具有的重力势能. 若选取地面为零势能面，质元质量为 Δm_i，距零势能面的高度为 h_i，如图 5.3.2 所示，则该质元的重力势能为

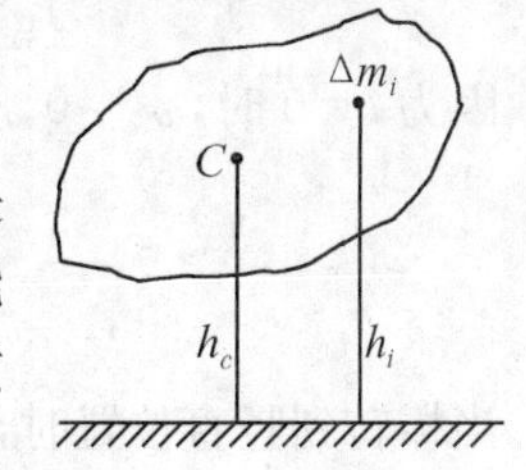

图 5.3.2 刚体的重力势能

$$E_{pi} = \Delta m_i g h_i$$

刚体的重力势能应等于刚体上所有质元的重力势能的和，即将上式对刚体的所有质元求和，得整个刚体的重力势能为

$$E_p = \sum_i E_{pi} = \sum_i \Delta m_i g h_i = g\sum_i \Delta m_i h_i = mg\frac{\sum_i \Delta m_i h_i}{m}$$

式中，m 是刚体的质量，$\frac{\sum_i \Delta m_i h_i}{m} = h_c$ 是质心 C 的坐标，即 h_c 为刚体的质心 C 距零势能面

的高度，因此，刚体的重力势能为

$$E_p = mgh_c$$

上式表明刚体的重力势能等于刚体的质量、重力加速度和质心距零势能面的高度的乘积，而与刚体的方位无关. 计算刚体的重力势能时，只要把刚体的全部质量集中在质心，再按照质点的势能公式计算，即可得刚体的重力势能.

例 5.3.1　如例题图 5.3.3 所示，一根质量为 m，长为 l 的质量均匀分布的细棒 AB，可绕一水平光滑定轴 O 在竖直平面内转动，O 离端点 A 的距离为 $\frac{1}{3}l$. 如果使棒从静止开始，由水平位置绕定轴 O 转动. 试求：①棒在水平位置开始转动时的角加速度；②棒在竖直位置时的角速度和角加速度；③棒在竖直位置时两端 A、B 和质心的线速度和法向加速度.

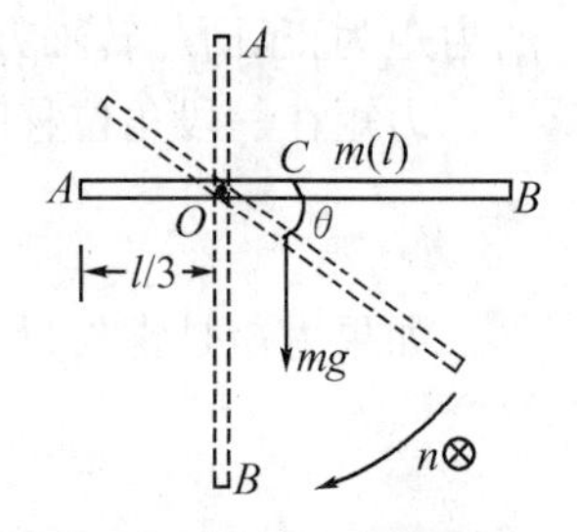

图 5.3.3　例 5.3.1 图示

解　选取棒为研究对象，进行受力分析，转轴的支持力通过 O 点，力矩等于零. 仅重力产生力矩，而重力矩是变化的，是变力矩做功问题. 棒对定轴 O 的转动惯量 J_0，由于 O 离质心 C 的垂直距离为 $\frac{l}{6}$，根据平行轴定理，可得

$$J_0 = J_C + md^2 = \frac{1}{12}ml^2 + m\left(\frac{l}{6}\right)^2 = \frac{1}{9}ml^2$$

①根据转动定律 $M = J\beta$，可得

$$\beta = \frac{M}{J} = mg\ \frac{l}{6} \Big/ \left(\frac{1}{9}ml^2\right) = \frac{3}{2}\frac{g}{l}$$

②当棒转过角度 θ 处的无限小 $\mathrm{d}\theta$ 角时，重力矩所做的元功为

$$\mathrm{d}A = M \cdot \mathrm{d}\theta = mg\ \frac{l}{6}\ \cos\theta \mathrm{d}\theta$$

选取顺时针转动为正，在 $0 \to \frac{\pi}{2}$ 的转动过程中，重力矩所做的总功为

$$A = \int \mathrm{d}A = \int_0^{\frac{\pi}{2}} mg\ \frac{l}{6}\ \cos\theta \mathrm{d}\theta = \frac{1}{6}mgl\ \sin\theta \Big|_0^{\frac{\pi}{2}} = \frac{1}{6}mgl = \frac{1}{2}J_0\omega^2 - \frac{1}{2}J_0\omega_0^2$$

因为 $t=0$ 时，$\omega_0 = 0$，所以

$$\omega = \sqrt{\frac{mgl}{3J_0}} = \sqrt{\frac{mgl}{3 \times \frac{1}{9}ml^2}} = \sqrt{\frac{3g}{l}}$$

当棒转到竖直位置时，棒所受的力矩等于零，根据转动定律，$M = J\beta$，所以 $\beta = 0$.

③由②知 $\omega = \sqrt{\frac{3g}{l}}$，所以在竖直位置时

$$\begin{cases} v_A = r_A\omega = \frac{l}{3}\sqrt{\frac{3g}{l}} = \frac{1}{3}\sqrt{3gl}\ (\text{方向水平向右}) \\ v_B = r_B\omega = \frac{2l}{3}\sqrt{\frac{3g}{l}} = \frac{2}{3}\sqrt{3gl}\ (\text{方向水平向左}) \\ v_C = r_C\omega = \frac{l}{6}\sqrt{\frac{3g}{l}} = \frac{1}{6}\sqrt{3gl}\ (\text{方向水平向左}) \end{cases}$$

$$\begin{cases} a_{An}=r_A\omega^2=\dfrac{l}{3}\dfrac{3g}{l}=g\text{（方向竖直向下，指向轴心}O\text{）} \\ a_{Bn}=r_B\omega^2=\dfrac{2l}{3}\dfrac{3g}{l}=2g\text{（方向竖直向上，指向轴心}O\text{）} \\ a_{Cn}=r_C\omega^2=\dfrac{l}{6}\dfrac{3g}{l}=\dfrac{1}{2}g\text{（方向竖直向上，指向轴心}O\text{）} \end{cases}$$

因为这时只有法向加速度，因而加速度都是指向轴心 O.

例 5.3.2　如图 5.3.4 所示，一质量为 M 且质量均匀分布的圆柱形滑轮，半径为 R，上面绕有一轻质的细绳，绳的一端挂有一质量为 m 的重物. 试求：重物 m 从静止下降 h 距离时，重物的速度等于多少？

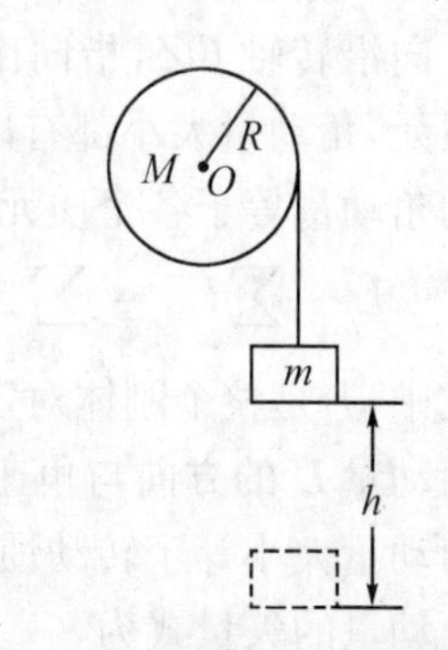

图 5.3.4　**例** 5.3.2 **图示**

解　取滑轮、重物和地球组成一物体系统，该系统所受合外力等于零，$A_{外}=0$，无非保守内力作用，$A_{非保守内}=0$，该系统机械能守恒. 选取重物下降 h 距离的位置为重力势能的零位置，重物开始下降时为初态，重力势能为 mgh，动能等于零. 终态的重力势能为零，动能为滑轮的转动动能 $\frac{1}{2}J\omega^2$ 与重物动能 $\frac{1}{2}mv^2$ 的和. 根据机械能守恒定律，可得

$$mgh=\frac{1}{2}J\omega^2+\frac{1}{2}mv^2 \tag{5-3-10}$$

滑轮的转动惯量为

$$J=\frac{1}{2}MR^2 \tag{5-3-11}$$

滑轮边缘的线速度等于重物下降的速度，由线速度与角速度之间的关系

$$v=R\omega \tag{5-3-12}$$

将(5－3－11)式及(5－2－12)代入(5－3－10)式，可得

$$mgh=\frac{1}{2}\left(\frac{1}{2}MR^2\,\frac{v^2}{R^2}\right)+\frac{1}{2}mv^2 \tag{5-3-13}$$

解得

$$v=2\sqrt{\frac{mgh}{M+2m}} \tag{5-3-14}$$

方向竖直向下.

5.4　力矩的时间积累效应

在质点动力学中，引入动量来描述质点或做平动的刚体的运动状态，引入冲量来表示力对时间的积累，用动量定理来表示冲量与动量改变量之间的定量关系. 本节将引入刚体绕定轴转动的角动量来描述刚体的转动状态，引入冲量矩来表示力矩对时间的积累，用角动量定理来表示冲量矩与角动量改变量之间的关系，在一定条件下得出角动量守恒定律.

5.4.1　刚体绕定轴转动的角动量

(1)角动量的定义

如图 5.4.1 所示，刚体绕定轴 OZ 以角速度 ω 转动，刚体上的各个质元都绕转动平面与转轴的交点做圆周运动，其角速度 ω 相同，都具有一定的角动量，刚体上所有质元的角动量的矢量和就是刚体对定轴 OZ 的角动量. 如图 5.4.2 所示，设刚体上第 i 个质元的质量为 Δm_i，距转轴的垂直距离为 r_i，该质元对轴上相应点，即做圆周运动的圆心的角动量大小为

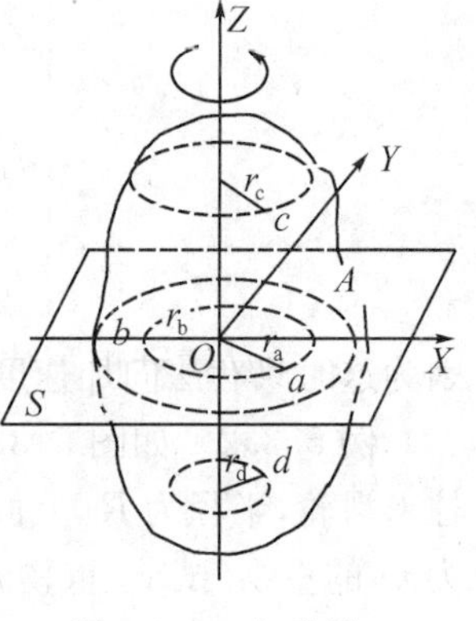

图 5.4.1 **角动量**

$$L_i = \Delta m r_i^2 \omega$$

方向沿转轴 OZ，指向由右手螺旋法则确定. 对刚体上的所有其他质元，角动量大小都有以上关系，而且方向都与 L_i 相同. 整个刚体的角动量等于各个质元的角动量的和，即

$$L = \sum_i L_i = \sum_i \Delta m_i r_i^2 \omega = (\sum_i \Delta m_i r_i^2)\omega = J\omega \quad (5-4-1a)$$

式中，J 是整个刚体对定轴的转动惯量，ω 为刚体对定轴转动的角速度，角动量 $\boldsymbol{L}$ 的方向与角速度 $\boldsymbol{\omega}$ 的方向相同. 上式表明：刚体绕定轴转动的角动量大小等于转动惯量与角速度大小的乘积，方向与 $\boldsymbol{\omega}$ 的方向相同. 角动量的矢量式为

$$\boldsymbol{L} = J\boldsymbol{\omega} \quad (5-4-1b)$$

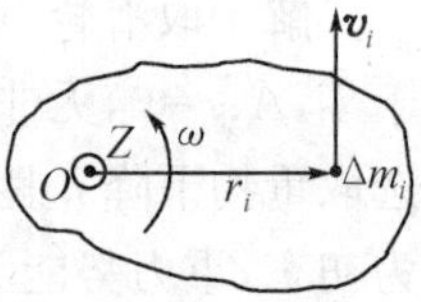

图 5.4.2 **角动量**

可见，刚体绕定轴转动的角动量与质点的动量在形式上相对应，J 与 m 相对应，$\boldsymbol{\omega}$ 与 $\boldsymbol{v}$ 相对应.

在国际单位制中，角动量的单位为千克・米^2・秒$^{-1}$（$\mathrm{kg \cdot m^2 \cdot s^{-1}}$）.

(2)冲量矩

刚体绕定轴转动的过程中，只要有力矩持续作用于刚体，刚体的角动量将发生改变，需要引入一个描述力矩对时间积累的物理量——冲量矩.

冲量矩的定义是：作用在刚体上的合外力矩 $\boldsymbol{M}$ 与作用时间的乘积. 如果力矩是随时间变化的，那么在 $t_1 \rightarrow t_2$ 这一段时间间隔内的冲量矩应为

$$\int_{t_1}^{t_2} \boldsymbol{M} \mathrm{d}t \quad (5-4-2)$$

而冲量矩的作用效果是使刚体转动状态发生改变，即刚体的角动量发生变化，二者的定量关系由角动量定理确定.

5.4.2 角动量定理

绕定轴转动的刚体，刚体对定轴的转动惯量 J 是一常量，根据转动定律，刚体所受合外力矩与角加速度的关系为

$$M = J\beta = J\frac{\mathrm{d}\omega}{\mathrm{d}t} = \frac{\mathrm{d}(J\omega)}{\mathrm{d}t} = \frac{\mathrm{d}L}{\mathrm{d}t} \quad (5-4-3)$$

上式表明：刚体所受合外力矩的大小等于角动量大小对时间的改变率，这称为刚体绕定轴转动的角动量定理.

刚体绕定轴转动的角动量定理也可以写成微分形式和积分形式. 其微分形式为

$$\boldsymbol{M}\mathrm{d}t = \mathrm{d}(J\boldsymbol{\omega}) = \mathrm{d}\boldsymbol{L} \quad (5-4-4a)$$

上式表明：刚体绕定轴转动时对定轴的角动量的微分等于刚体所受合外力矩对转轴的元冲量矩.

将上式对从 t_1 到 t_2 这一段时间间隔积分，可得

$$\int_{t_1}^{t_2}\boldsymbol{M}\mathrm{d}t = \int_{L_1}^{L_2}\mathrm{d}\boldsymbol{L} = \boldsymbol{L}_2 - \boldsymbol{L}_1 \qquad (5-4-4\mathrm{b})$$

上式表明:绕定轴转动的刚体在一段时间内作用在刚体上所有外力矩对该转轴的冲量矩的代数和等于刚体对转轴的角动量在该段时间内的增量,这就是绕定轴转动的刚体对转轴的角动量定理的积分形式.

5.4.3 角动量守恒定律

刚体绕定轴转动的角动量守恒定律的条件与质点或刚体平动的动量守恒定律的条件十分相似.当作用在质点上的合力 $\boldsymbol{F}$ 等于零时,根据动量定理可以得出动量守恒定律,对于绕定轴转动的刚体,当作用在刚体上的合外力矩 $\boldsymbol{M}$ 等于零时,根据角动量定理可以得出角动量守恒定律,即 $M=0$ 时,$\frac{\mathrm{d}(J\boldsymbol{\omega})}{\mathrm{d}t}=0$,$J\boldsymbol{\omega}=$常矢量.则

$$J_0\boldsymbol{\omega}_0 = J_1\boldsymbol{\omega}_1 = J_2\boldsymbol{\omega}_2 = \cdots = J_n\boldsymbol{\omega}_n \qquad (5-4-5\mathrm{a})$$

上式表明:在绕定轴转动的刚体所受的合外力的力矩等于零(或不受外力矩作用)的条件下,该刚体的角动量保持不变.角动量 $\boldsymbol{L}=J\boldsymbol{\omega}$ 的方向是沿着转动轴的方向,$\boldsymbol{L}$ 的方向与 $\boldsymbol{\omega}$ 的方向相同.J 是刚体对转轴的转动惯量,所以上式可以写成代数式,即

$$L = J\omega = \text{常量} \qquad (5-4-5\mathrm{b})$$

上式表明:在绕定轴转动的刚体所受合外力的力矩等于零(或不受外力矩作用)的条件下,刚体的角动量的大小保持不变.

必须指出,刚体对定轴的角动量守恒条件,是刚体所受的对该轴的合外力矩等于零,而不是刚体在一段时间间隔内所受的对该轴的冲量矩的代数和为零,因为在一段时间间隔内,刚体所受的冲量矩可以时正时负而总和等于零,但不能保证绕定轴转动的刚体对定轴的角动量每时每刻都是恒定不变的,即 $\boldsymbol{L}=J\boldsymbol{\omega}=$常矢量.

根据以上的关系式,角动量守恒定律有以下两种情况:

①对绕定轴转动的刚体,转动惯量保持不变,$J=$常量,在 $\boldsymbol{M}=0$ 的条件下,角速度 $\boldsymbol{\omega}$ 将保持不变,$\boldsymbol{L}=J\boldsymbol{\omega}=$常矢量,$\boldsymbol{\omega}=$常矢量,表示原来绕定轴转动的刚体靠惯性做匀角速度转动.

②对转动惯量可变的刚体,在 $\boldsymbol{M}=0$ 的条件下,$\boldsymbol{L}=J\boldsymbol{\omega}=$常矢量,如果转动惯量减小,则其角速度将增大;相反,如果转动惯量增大,则其角速度将变小.例如,花样滑冰运动员或芭蕾舞演员为了能在原地加快旋转,必定要先伸开双臂后收拢,使转动惯量减小,根据角动量守恒定律,则旋转加快使转动角速度增大.

如果使转动的系统由两部分组成,原来处于静止状态,则总角动量等于零.如果该系统所受的合外力矩等于零,该系统角动量守恒,当通过内力使系统的一部分发生转动,物体系的另一部分必沿着相反方向转动,并且两部分的角动量大小相等,方向相反,系统总角动量的矢量和仍等于零.如果两部分刚体处于转动状态,当通过内力使一部分刚体的角动量增加,而另一部分刚体的角动量必减小,而系统总角动量的矢量和仍保持不变,角动量守恒.

例 5.4.1　如图 5.4.3 所示,A 为机器的飞轮,B 为制动减速轮,A、B 两飞轮的轴线在同一直线上,两飞轮可利用摩擦啮合器互相带动.设 A 轮的转动惯量 $J_A=10\ \mathrm{kg\cdot m^2}$,$B$ 轮的转动惯量 $J_B=20\ \mathrm{kg\cdot m^2}$,开始时 A 轮的转速 $n_0=600\ \mathrm{r\cdot min^{-1}}$,$B$ 轮静止.试求:两轮啮合后的共同转速是多少?

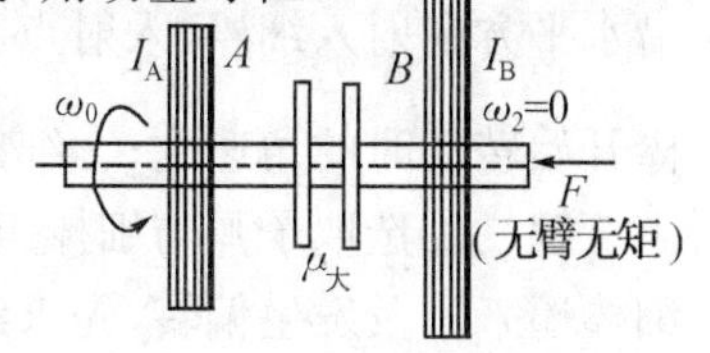

图 5.4.3　例 5.4.1 图示

解 选取两飞轮组成的物体系统为研究对象,在啮合过程中,$\boldsymbol{F}$ 通过转轴,该系统对转轴无外力矩作用,系统的角动量守恒,设两轮啮合后的角速度为 ω,转速为 n,根据角动量守恒定律,则有

$$J_A\omega_0=(J_A+J_B)\omega$$

即

$$n=\frac{J_A}{J_A+J_B}n_0=\frac{10}{10+20}\times600=200(\mathrm{r\cdot min^{-1}})$$

上式中 $\frac{J_A}{J_A+J_B}<1$,所得 $n_0>n$,可达到制动减速的目的.

例 5.4.2 如图 5.4.4 所示,质量为 M、半径为 R 的转台,可绕通过中心的竖直定轴转动.假设不计转轴与轴套间的摩擦阻力.质量为 m 的人站在转台边缘,人和台原来静止.试求:如果人沿台的边缘跑一圈,人相对于地和转台相对于地各转过的角度为多大?

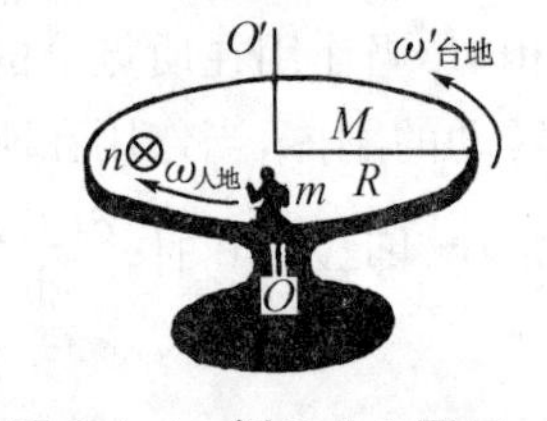

图 5.4.4 例 5.4.2 图示

解 选取人和转台组成一物体系统为研究对象,以地球为惯性参照系,该系统对转轴无外力矩作用,角动量守恒.开始时系统的角动量等于零,根据角动量守恒定律,可得

$$J=J_m\omega+J_M\omega'=0$$

式中,$J_m=mR^2$ 和 $J_M=\frac{1}{2}MR^2$ 分别表示人和转台对 OO' 转轴的转动惯量,ω 和 ω' 分别表示人和转台相对于转轴(相对于地面)的角速度,若选取 ω 为正方向,则有

$$mR^2\omega+\frac{1}{2}MR^2\omega'=0$$

即

$$\omega'=-\frac{2m}{M}\omega$$

而人相对于转台的角速度为

$$\omega''=\omega-\omega'=\omega+\frac{2m}{M}\omega=\frac{2m+M}{M}\omega$$

人在台上跑一圈所需时间为 $\Delta t=\frac{2\pi}{\omega''}=\frac{2\pi M}{(2m+M)\omega}$

人相对于地面转过的角度为 $\theta=\omega\Delta t=\frac{2\pi M}{2m+M}$

转台相对于地转过的角度为 $\varphi=\omega'\Delta t=-\frac{4\pi m}{2m+M}$

上式中负号表示转角与正方向相反,而 $\theta+|\varphi|$ 应等于 2π。

例 5.4.3 如图 5.4.5 所示,有一质量均匀分布的细棒,质量 $M=1.0$ kg,长 $l=40$ cm,可绕光滑水平定轴 O 在竖直平面内转动,开始时棒竖直悬挂.如果有一质量 $m=8.0$ g 的子弹以速率 $v=200\ \mathrm{m\cdot s^{-1}}$ 沿水平方向射入细棒,入射点 A 离转轴 O' 的距离为 $\frac{3}{4}l$.试求:①细棒开始转动时的角速度;②细棒摆向右侧的最大偏转角.

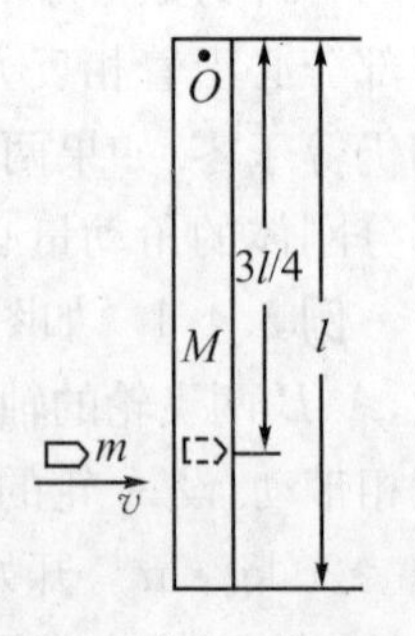

图 5.4.5 例 5.4.3 图示

解 ①选取子弹与细棒组成一物体系统,假设子弹射入细棒时,细棒还来不及发生偏转,先求细棒开始转动时所获得的角速度.由于系统不受外力矩作用(重力矩等于零),系统的角动量守恒,入射前系

统的角动量是子弹对转轴的角动量 $L_0=mv\cdot\frac{3}{4}l$，入射后系统的角动量 $L=J\omega_0=\left[\frac{1}{3}Ml^2+m\left(\frac{3}{4}l\right)^2\right]\omega_0$，其中 J 是系统的转动惯量，它等于细棒和子弹对转轴 O 的转动惯量的和，ω_0 是细棒在子弹射入时所获得的角速度，根据角动量守恒定律，可得

$$\frac{3}{4}mvl=\left(\frac{1}{3}Ml^2+\frac{9}{16}ml^2\right)\omega_0$$

即
$$\omega_0=\frac{3mvl}{4\left(\frac{M}{3}+\frac{9}{16}m\right)l^2}=\frac{3mv}{\left(\frac{4}{3}M+\frac{9}{4}m\right)l}=8.9\ (\text{rad}\cdot\text{s}^{-1})$$

②求出 ω_0 后，考虑由子弹、细棒和地球所组成的物体系统，该系统在转动过程中外力矩对系统不做功，可应用机械能守恒定律求细棒的最大偏角 θ. 子弹射入细棒时是初态，此时细棒仍在竖直位置，已具有角速度 ω_0，细棒达到最大偏角时作为终态，此时细棒和子弹的角速度 ω 等于零. 为了计算重力势能，必须先求出细棒和子弹所组成的系统的质心位置 l_C，即质心离转轴的距离为

$$l_C=\frac{M\frac{l}{2}+m\frac{3}{4}l}{M+m}=\frac{\left(M+\frac{3}{2}m\right)l}{2(M+m)}$$

若选取系统初态的重力势能等于零（即通过质心的水平面为重力势能的零势能面），初态的机械能 E_1 就等于初态的动能 E_{K1}，即

$$E_1=E_{K1}=\frac{1}{2}J\omega_0^2=\frac{1}{2}\left[\frac{1}{3}Ml^2+m\left(\frac{3}{4}l\right)^2\right]\omega_0^2$$

终态的棒在最大偏角 θ 的位置，此时系统的动能等于零，质心升高了 $h=l_C(1-\cos\theta)$，系统终态的机械能 E_2 等于重力势能 E_{p2}，即

$$E_2=E_{p2}=(M+m)gl_C(1-\cos\theta)=\frac{1}{2}\left(M+\frac{3}{2}m\right)gl(1-\cos\theta)$$

从初态到终态的过程中，外力矩对系统不做功，系统的机械能守恒，$E_1=E_2$，即

$$\frac{1}{2}\left(\frac{1}{3}Ml^2+\frac{9}{16}ml^2\right)\omega_0^2=\frac{1}{2}\left(M+\frac{3}{2}m\right)gl(1-\cos\theta)$$

解得
$$\cos\theta=1-\frac{\left(\frac{M}{3}+\frac{9}{16}m\right)l\omega_0^2}{\left(M+\frac{3}{2}m\right)g}$$

将已知数据代入上式，得
$$\cos\theta=-0.074$$

即
$$\theta=94°12'$$

Chapter 5 Rotation of a Rigid Body

A body is rigid if the particles in the body do not move relatively to one another under the action of any external force. Thus the body has a perfectly definite and unchanged shape and size and all its parts have a fixed position relative to one another. It is an idealized model.

A rigid body can undergo two types of motion——translation and rotation. The motion is a translation when all particles describe parallel paths so that the lines joining any two points in the body always remain parallel to its initial position; all points in the body have the same instantaneous velocity and acceleration. Therefore, the motion of any point of the body can represent the translational motion of entire rigid body; usually we choose the center of mass as the representative point. This motion can be analyzed according to the methods in kinematics and dynamics of a particle. The motion a rotation around an axis when all the particles describe circular paths around a line called the axis of rotation. The axis may be fixed or may be changing its direction relative to the body during the motion. A rigid body can simultaneously have two kinds of motion, the most general motion of a rigid body can always be considered as a combination of a rotation and a translation. The simplest and most common case of rotation is the rotation of a rigid body around a fixed axis. Every point of the body moves in a circle whose center lies on the axis of rotation. That is, all particles in the body have the same angular position, angular speed and angular acceleration.

In the motion of the rotation of a rigid body about a fixed axis, the instantaneous angular velocity is defined as

$$\omega=\frac{\mathrm{d}\theta}{\mathrm{d}t} \tag{1}$$

where θ is the angular position of the body with respect to a reference line. The instantaneous angular acceleration is

$$\beta=\frac{\mathrm{d}\omega}{\mathrm{d}t}=\frac{\mathrm{d}^2\theta}{\mathrm{d}t^2} \tag{2}$$

Suppose that a force $\boldsymbol{F}$ acting on a rigid body is located in the plane perpendicular to the axis. The force is applied at point P whose position vector is $\boldsymbol{r}$. The direction of $\boldsymbol{r}$ and $\boldsymbol{F}$ make an angle θ with each other. The torque produced by $\boldsymbol{F}$ with respect to the axis is defined as the vector product of $\boldsymbol{r}$ and $\boldsymbol{F}$

$$\boldsymbol{M}=\boldsymbol{r}\times\boldsymbol{F} \tag{2}$$

The magnitude of $\boldsymbol{M}$ is given by $M=rF\ \sin\theta$. The direction of the torque is determined by the right-hand-rule for a vector product, that is to sweep the vector $\boldsymbol{r}$ into the vector $\boldsymbol{F}$ with your right hand through angle $\theta(\theta<180^\circ)$, thus, your outstretched thumb then points in the direction of vector $\boldsymbol{r}\times\boldsymbol{F}$.

If a rigid body is made up of discrete particles, we calculate its rotational inertia by using $J=\sum_i \Delta m_i r_i^2$. If the mass of the body is continuously distributed, we must replace the sum by an integral and the definition of the rotational inertia becomes $J = \int r^2 dm$. Hence, the rotational inertia of a rigid body depends on the following factors: (1) the total mass of the body, (2) the distribution of the mass and (3) the position of the axis relative to the body.

The angular acceleration of a rigid body about a fixed axis is proportional to the resultant external torque and inversely proportional to the rotational inertia of the body. This is called the Law of Rotation. Put it into mathematical form as

$$M = J\beta \tag{4}$$

The expression of kinetic energy of a rigid body in pure rotation is $E_K = \frac{1}{2}J\omega^2$. The work done by a torque acting on a rigid body rotating about a fixed axis during a finite angular displacement is $W = \int_{\theta_i}^{\theta_f} M d\theta$. It can be proved that

$$W = \int_{\theta_i}^{\theta_f} M d\theta = \frac{1}{2}J\omega_f^2 - \frac{1}{2}J\omega_i^2 = E_{Kf} - E_{Ki} = \Delta E_K \tag{5}$$

which tells us that the work done by the resultant torque acting on a rotating rigid body is equal to the change in rotational kinetic energy of that body. This is the kinetic energy theorem in rotational motion.

If the rigid body is acted by a conservative force, we can introduce the corresponding potential energy; If the conservative force is the only force doing work, the total mechanical energy of the system will also be conserved.

The angular momentum of a particle with respect to the origin is equal to the vector product of position vector $\boldsymbol{r}$ and momentum $m\boldsymbol{v}$:

$$\boldsymbol{L} = \boldsymbol{r} \times m\,\boldsymbol{v} \tag{6}$$

The angular momentum of a rigid body about the fixed axis is

$$L = J\omega \tag{7}$$

So another form of the law of rotaion is

$$M = \frac{dL}{dt} \tag{8}$$

which means the net torque acting on a rigid body is equal to the time rate of change of the body's angular momentum. Eq. (8) also holds for a system rotating about a fixed axis. In this case, M refers to the net external torque; L refers to the resultant angular momentum of the system about the same axis.

If no external torque acts on a system, the angular momentum of that system remains constant. That is the law of conservation of angular momentum. This law remains true in all realms of nature.

习题 5

5.1 **填空题**

5.1.1 刚体做平动的特点是________、________，刚体绕定轴转动的特点是________、________，刚体的一般运动可看作是________的合成运动．刚体绕定轴转动的转动状态的改变程度，取决于________；当________时刚体的角动量守恒，即刚体的________和________保持不变，或它们的________保持不变；刚体绕定轴转动的转动状态的机械能守恒的条件是________________．

5.1.2 刚体的转动惯量只决定于________________________________．

5.1.3 刚体绕定轴转动力矩的定义式为________；转动定律的表达式为________；角动量的定义式为________；角动量定理的表达式为________，角动量守恒定律的条件是________，角动量守恒定律的表达式为________；冲量矩的微分形式为________，积分形式为________．物体系统的动量定理的表达式为________，动量守恒定律的条件是________．

5.1.4 刚体绕定轴转动时合外力矩是变力矩 $\boldsymbol{M}$，合外力矩所做的元功表达式 $\mathrm{d}A=$________，合外力矩作用下，刚体的角位置由 θ_1 变化到 θ_2 时所做的总功是 $A=$________；相应的角速度由 ω_1 变化到 ω_2 时所做的总功是 $A=$________；瞬时功率表达式是 $P=$________；在恒外力矩作用下，动能定理的表达式是________．

5.1.5 如图所示，一轻绳绕于半径为 r 的轮边缘，并以质量为 m 的物体挂在绳端，飞轮对过轮心且与轮面垂直的水平轴的转动惯量为 J，如果不计摩擦力，飞轮的角加速度________，物体由初始位置下落高度 h 时物体的线加速度________．

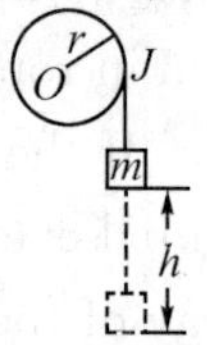

题 5.1.5 图

5.1.6 地球的自转角速度可以认为是恒定的，地球对于自转轴的转动惯量 $J=9.8\times 10^{37}\ \mathrm{kg\cdot m^2}$．地球对自转轴的角速度大小________，角动量大小________．

5.1.7 一飞轮的半径 $R=1.5\ \mathrm{m}$，初始时刻的转速为 $\dfrac{60}{\pi}\ \mathrm{r\cdot min^{-1}}$，角加速度为 $10\ \mathrm{rad\cdot s^{-2}}$，在 $t=2\ \mathrm{s}$ 时刻，飞轮的角速度是________，飞轮边缘上一点的加速度大小是________．

5.1.8 一个绕定轴转动的轮子，对轴的转动惯量 $J=2.0\ \mathrm{kg\cdot m^2}$，正以角速度 ω_0 匀速转动．如果对轮子加一恒定的制动力矩 $M=-7.0\ \mathrm{N\cdot m}$，经过时间 $t=8.0\ \mathrm{s}$ 时轮子的角速度大小 $\omega=$________，则 $\omega_0=$________．

5.1.9 如图所示，滑块 A、重物 B 和滑轮 C 的质量分别为 m_A、m_B 和 m_C，滑轮的半径为 R，滑轮对轴的转动惯量 $J=\dfrac{1}{2}m_CR^2$，滑块 A 与桌面间、滑轮与轴承之间均无摩擦，不可伸长的轻绳的质量可以忽略不计，绳与滑轮之间无相对滑动．则滑块 A 的加速度 $a=$________，滑轮 C 的角加速度为________．

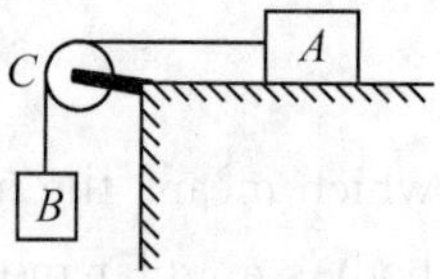

题 5.1.9 图

5.1.10 一根均匀的细棒，长为 l，质量为 m，可绕通过其一端且与其垂直的固定轴在竖直平面内自由转动，开始时棒静止在水平位置，当它自由下摆时，它的初角速度等于________，初角加速度等于________．已知均匀棒对于通过其一端垂直于棒的轴的转动惯量为 $\dfrac{1}{3}ml^2$．

5.1.11 一质量为 M，半径为 R 的匀质圆盘，放在水平面上，已知圆盘与水平面之间的摩擦系数为 μ，如果开始时圆盘以角速度 ω_0 自转，试问：该圆盘在转动中所受阻力矩是________；从开始到停止转动所经历的时间是________，阻力矩所做的功是________．

5.2.12 一水平的匀质圆盘，可绕通过其盘心的竖直轴自由转动，圆盘质量为 M，半径为 R，对轴的转动惯量为 $J=\dfrac{1}{2}MR^2$．当圆盘以角速度 ω_0 转动时，有一质量为 m 的子弹以速度 v 沿圆盘的直径方向射入而嵌在盘的边缘上，子弹射入后，圆盘的角速度 $\omega=$________________________________．

5.1.13 一长为 l，质量可以忽略不计的直杆，两端分别固定有质量为 $2m$ 和 m 的小球，杆可绕通过其中

心 O 且与杆垂直的水平光滑固定轴在竖直平面内转动. 开始杆与水平方向成某一角度 θ，处于静止状态，如图所示，释放后，杆绕 O 轴转动，则当杆转到水平位置时，该系统所受合外力矩的大小为 $M=$__________，此时该系统角加速度的大小为 $\beta=$__________.

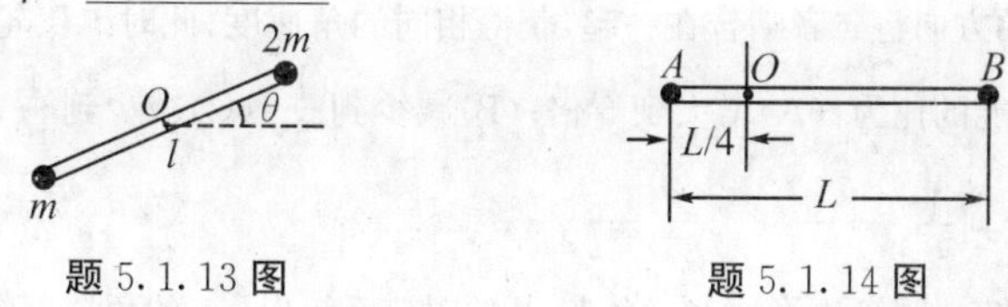

题 5.1.13 图　　　　题 5.1.14 图

5.1.14　一质量为 m，长为 L 的匀质细杆，两端牢固地连结一个质量为 m 的小球，整个系统可绕距 A 端为 $\frac{L}{4}$ 的 O 点并垂直于杆长方向的水平轴无摩擦地转动. 当物体转至水平位置时，系统所受的合外力矩为__________，系统对轴的转动惯量为__________，系统的角加速度为__________. 如果转轴通过另一端点 B，当物体转至水平位置时系统所受的合外力矩为__________，系统对该轴的转动惯量为__________，系统的角加速度为__________.

5.2　**选择题**

5.2.1　绕定轴转动的刚体的运动方程是 $\theta=5-2t+2t^3$，当 $t=1$ s 时，在刚体上距转轴为 0.10 m 一点的线加速度为：(A)24 $\mathrm{m\cdot s^{-2}}$ 加速转动；(B)3.4 $\mathrm{m\cdot s^{-2}}$ 减速转动；(C)1.2 $\mathrm{m\cdot s^{-2}}$ 减速转动；(D)1.2 $\mathrm{m\cdot s^{-1}}$ 加速转动.　(　　)

5.2.2　有两个半径相同、质量相等的细圆环 A 和 B，A 环的质量分布均匀，B 环的质量分布不均匀，它们对通过环心并与环面垂直的轴的转动惯量分别为 J_A 和 J_B，则：(A)不能够确定 J_A、J_B 哪个大；(B)$J_A<J_B$；(C)$J_A>J_B$；(D)$J_A=J_B$.　(　　)

5.2.3　绕定轴转动的刚体上所受的合力矩增大时：(A)如果 M 与 ω 反方向，则 ω 减小而 β 增大；(B)如果 M 与 ω 反方向，则 ω 与 β 都减小；(C)如果 M 与 ω 同方向，则刚体的 ω 不变，而 β 增大；(D)如果 M 与 ω 同方向，则刚体的 ω 和 β 都增大.　(　　)

5.2.4　如图所示，A、B 为两个完全相同的定滑轮，A 轮挂一质量为 M 的物体，B 轮受拉力 $\boldsymbol{F}$，而且 $F=Mg$，设 A、B 两滑轮的角加速度分别为 β_A 和 β_B，不计轮轴摩擦力，则这两个滑轮的角加速度的大小关系是：(A)$\beta_A=\beta_B$；(B)$\beta_A<\beta_B$；(C)$\beta_A>\beta_B$；(D)无法确定.　(　　)

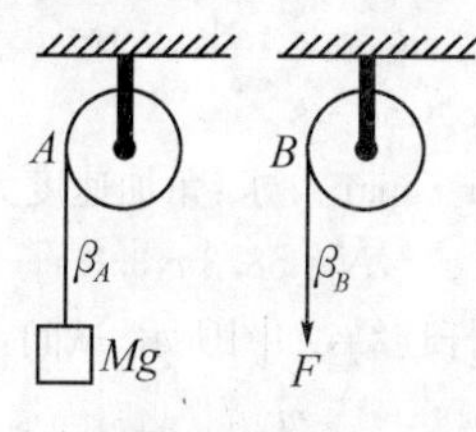

题 5.2.4 图

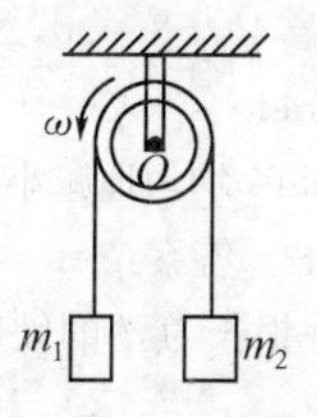

题 5.2.5 图

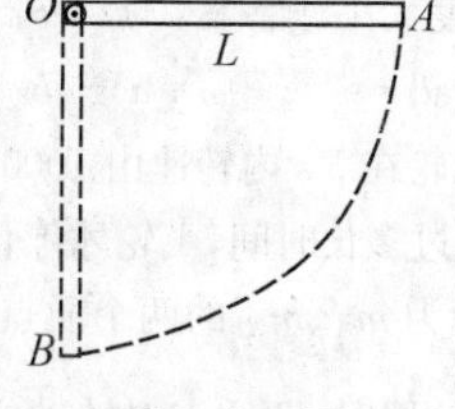

题 5.2.6 图

5.2.5　一不能伸长的轻绳跨过一具有水平光滑轴、质量为 M 的定滑轮，绳的两端分别悬挂有质量为 m_1 和 m_2 的物体($m_1<m_2$)，如图所示，如果绳与轮之间无相对滑动，某时刻滑轮沿逆时针方向转动，则绳中的张力：(A)处处相等；(B)无法判断；(C)左边大于右边；(D)右边大于左边.　(　　)

5.2.6　一长为 L 的质量均匀分布的细杆，可绕通过其一端并与杆垂直的光滑水平轴转动，如果从静止的水平位置释放，在杆转到竖直位置的过程中，下述情况哪一种说法是正确的：(A)角速度从小到大，角加速度从小到大；(B)角速度从大到小，角加速度从大到小；(C)角速度从小到大，角加速度从大到小；(D)角速度从大到小，角加速度从小到大.　(　　)

5.2.7　如图所示，光滑的水平桌面上，有一长为 $2L$，质量为 m 的匀质细杆，可绕通过其中点且垂直于杆的竖直轴自由转动，其转动惯量为 $\frac{1}{3}mL^2$，最初杆静止. 如果有两个质量均为 m 的小球，各自沿桌面正对着杆的一端，在垂直于杆长的方向上以相同速率 v 相向运动，当两小球同时与杆的两个端点发生完全非弹性碰撞后，就与杆粘合在一起转动，则这一系

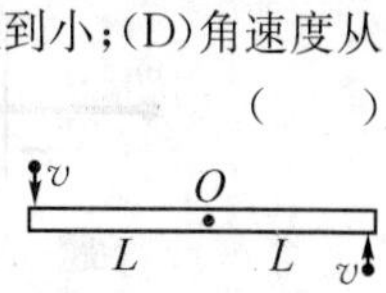

题 5.2.7 图

统碰撞后的转动角速度应为：(A) $\frac{4v}{5L}$；(B) $\frac{4v}{3L}$；(C) $\frac{12v}{7L}$；(D) $\frac{6v}{7L}$；(E) $\frac{8v}{9L}$.　　(　　)

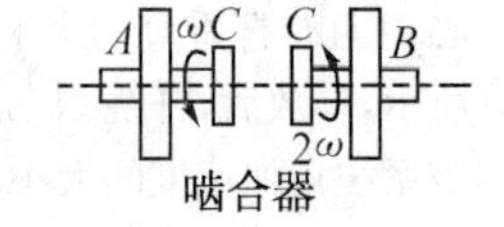

题 5.2.8 图

5.2.8　两个完全相同的飞轮，在同一中心轴线上，分别以 ω 和 2ω 的角速度沿相反方向转动，在沿轴线的方向将二者啮合在一起，获得相同的角速度，此时二飞轮的动能和原来二飞轮总动能的比为：(A)增大到 5 倍；(B)减少到 $\frac{1}{5}$；(C)减少到 $\frac{1}{10}$；(D)增大到 10 倍；(E)减少到 $\frac{1}{8}$.　　(　　)

5.2.9　匀质圆盘形转台，圆盘边缘站着一个人，开始时该系统以 ω_0 的角速度绕着通过圆心的光滑竖直轴转动，然后此人从边缘沿着半径向转盘中心 O 走去，在走动过程中：(A)该系统的转动惯量增大；(B)该系统转动惯量不变；(C)该系统的角速度减小；(D)该系统的机械能不变；(E)该系统所受合外力矩为零，角动量不变.　　(　　)

5.2.10　两个质量相同，外半径相同的实心飞轮 A 和空心飞轮 B，在外力矩作用下以相同角速度绕其中心轴转动，设它们受到的阻力矩相同，当外力矩同时取消后，先停止转动的是：(A)飞轮 B；(B)飞轮 A；(C) A、B 同时停止转动；(D)无法判断.　　(　　)

5.2.11　一水平圆盘可绕固定的竖直中心轴转动，盘上站着一个人，初始时整个系统处于静止状态，忽略轴的摩擦，当此人在盘上随意走动时，此系统：(A)动量、机械能和角动量守恒；(B)动量、机械能和角动量都不守恒；(C)动量守恒；(D)对中心轴的角动量守恒；(E)机械能守恒.　　(　　)

5.3　**计算题**

5.3.1　求下列做匀速转动的各物体角速度大小：①地球的自转；②钟表的秒针、分针和时针；③1500 $\mathrm{r\cdot min^{-1}}$ 的汽轮机.［答案：①$7.27\times10^{-5}\ \mathrm{rad\cdot s^{-1}}$；②$10.4\ \mathrm{rad\cdot s^{-1}}$，$1.75\times10^{-3}\ \mathrm{rad\cdot s^{-1}}$，$1.45\times10^{-4}\ \mathrm{rad\cdot s^{-1}}$；③略］

5.3.2　求下列做匀速转动各物体的线速度的大小：①砂轮转速为 $n=2900\ \mathrm{r\cdot min^{-1}}$，假设砂轮半径为 10 cm；②设地球的平均半径为 6.4×10^3 km，地球自转时赤道上一点及北纬 45°的地球表面上一点.［答案：①$30.4\ \mathrm{m\cdot s^{-1}}$；②$465\ \mathrm{m\cdot s^{-1}}$，$329\ \mathrm{m\cdot s^{-1}}$］

5.3.3　某发动机飞轮转动的角坐标与时间的关系为 $\theta=\theta_0+at-bt^2+ct^3$ (rad)，如果 θ_0、a、b、c 均为常量，求：①$t=2$ s 时刻的角坐标，$t=2$ s 内的角位移大小；②飞轮角速度和角加速度的表达式；③$t=2$ s 时刻的角速度及角加速度大小.［答案：①$\theta=\theta_0+2a-4b+8c$ rad，$\Delta\theta=2a-4b+8c$ rad；②$\omega=a-2bt+3ct^2\ \mathrm{rad\cdot s^{-1}}$，$\beta=2b+6ct\ \mathrm{rad\cdot s^{-2}}$；③$\omega=a-4b+12c\ \mathrm{rad\cdot s^{-1}}$，$\beta=-(2b+2c)\ \mathrm{rad\cdot s^{-2}}$］

5.3.4　一飞轮在 5 s 内转速由 1000 $\mathrm{r\cdot min^{-1}}$ 均匀地减小到 400 $\mathrm{r\cdot min^{-1}}$. 求：角加速度大小和 5 s 内的总转数；还需要再经过多长时间，飞轮才停止转动？［答案：$\beta=-4\pi\ \mathrm{rad\cdot s^{-2}}$，$N=58.3$ r，3.3 s］

5.3.5　质量为 m_1、m_2 的两个质点，用一根长为 d 的硬质轻细杆连结，如图所示. 试问：当垂直于硬质轻杆的转轴在什么位置时，两质点对转轴的转动惯量之和为最小.［答案：$x=\frac{m_2 d}{m_1+m_2}$ 时转动惯量之和 J 最小］

5.3.6　如图所示，一根质量分布均匀的细丝，质量为 m，长为 l，在其中点 O 处弯曲成 $\theta=120°$ 的角度，放在 OXY 竖直平面内. 求：①对 OX 轴、OY 轴、OZ 轴的转动惯量；②如果弯成 $\theta=60°$ 角时，①中的结果如何？［答案：①$\frac{1}{48}ml^2$，$\frac{1}{16}ml^2$，$\frac{1}{12}ml^2$；②$\frac{1}{16}ml^2$，$\frac{1}{48}ml^2$，$\frac{1}{12}ml^2$］

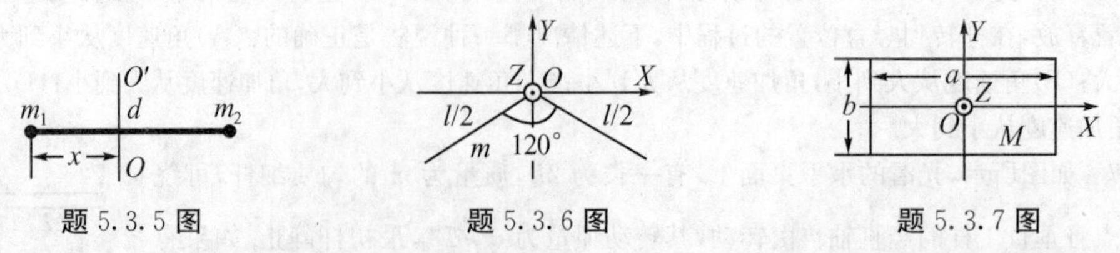

题 5.3.5 图　　题 5.3.6 图　　题 5.3.7 图

5.3.7　一块质量为 M 的均匀的长方形薄板，边长为 a、b，中心 O 取为坐标原点，直角坐标系 $OXYZ$ 如图所示. ①证明对 OX 轴和 OY 轴的转动惯量分别为：$J_{ox}=\frac{1}{12}Mb^2$，$J_{oy}=\frac{1}{12}Ma^2$；②证明薄板对 OZ 轴的转动惯量为：$J_{oz}=\frac{1}{12}M(a^2+b^2)$.

5.3.8　证明：半径为 R、质量为 m 的均匀球体对以任一直径为转轴的转动惯量为 $J=\frac{2}{5}mR^2$. 并由此求：①球体对以任一切线为转轴的转动惯量；②在与切线相切处挖去一半径为 $\frac{R}{2}$ 的小球后，剩余部分对切线为轴的转动惯量. [答案：①$J=\frac{7}{5}mR^2$；②$J_2=\frac{7}{5}\times\frac{31}{32}mR^2$]

5.3.9　在一半径为 R 的均匀薄圆盘中挖出一直径为 R 的圆形面积，所剩部分的质量为 m，圆形空盘面积的中心 O' 距圆盘中心 O 为 $\frac{R}{2}$，求所剩部分对通过盘心且与圆盘垂直的轴的转动惯量. [答案：$J=\frac{13}{24}mR^2$]

5.3.10　某飞轮质量为 60 kg，半径为 $R=0.25$ m，绕其水平中心轴 O 转动，转速为 900 r·min^{-1}. 现在利用一制动闸杆的一端加一竖直方向的制动力 $\boldsymbol{F}$，使飞轮减速，如图所示. 设闸瓦与飞轮间摩擦系数 $\mu=0.4$，飞轮的转动惯量可按匀质圆盘计算，闸杆尺寸如图所示. 求：①如果 $F=100$ N，那么飞轮在多长时间内才停止转动？在这段时间内飞轮转过了多少转？②如果在 2 s 内飞轮转速减少为一半，那么制动力 $\boldsymbol{F}$ 应为多大？[答案：①$t=7.1$ s，$N=53.1$ r；②$F=177$ N]

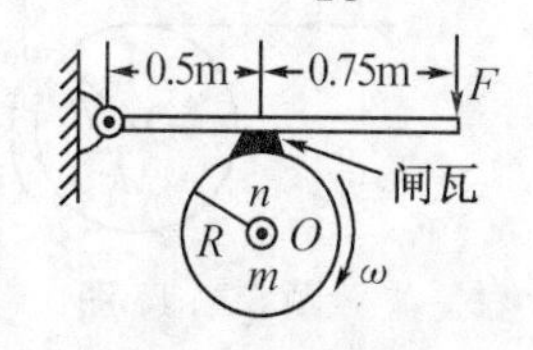

题 5.3.10 图

5.3.11　某飞轮受摩擦力矩作用做减速转动，如果角加速度与角速度成正比，即$\beta=-k\omega$，式中 k 为比例常量. 设初始时刻角速度为 ω_0，试求：①飞轮角速度随时间变化的关系；②角速度由 ω_0 减为 $\frac{1}{2}\omega_0$ 所需的时间以及在此时间内飞轮转过的转数. [答案：①$\omega=\omega_0\mathrm{e}^{-kt}$；②$t=\frac{1}{k}\ln2$，$N=\frac{\omega_0}{4\pi k}$]

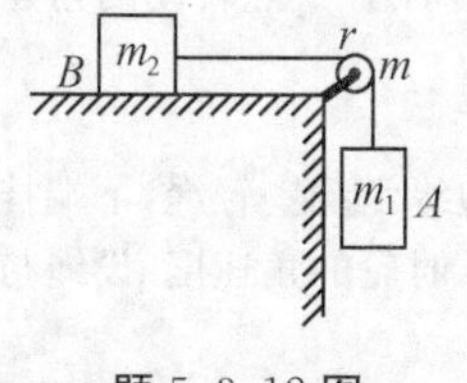

题 5.3.12 图

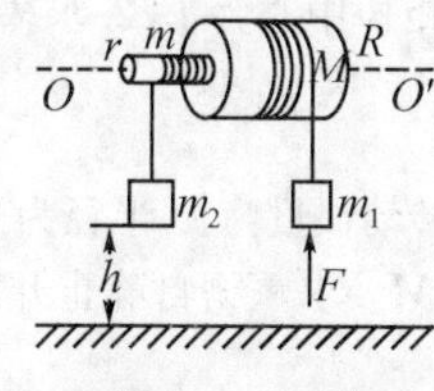

题 5.3.13 图

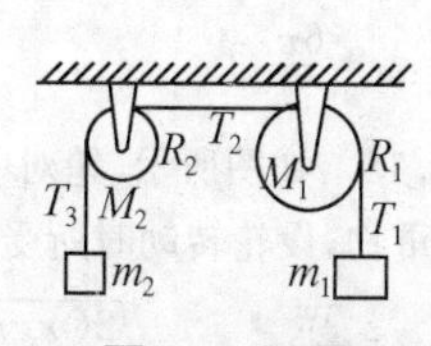

题 5.3.14 图

5.3.12　如图所示，两物体 A、B 质量分别为 m_1、m_2，用轻绳相连，绳子不能伸长，跨过质量为 m、半径为 r 的定滑轮 C. 如果物体 B 与桌面间的滑动摩擦系数为 μ，绳与滑轮间无相对滑动，设物体 A 以加速度 $\boldsymbol{a}$ 向下运动，求：系统的加速度 $\boldsymbol{a}$ 的大小和绳中张力 $\boldsymbol{T}_1$ 和 $\boldsymbol{T}_2$ 大小的表达式. [答案：$a=\frac{m_1-\mu m_2}{2m_1+2m_2+m}2g$，$T_1=\frac{2m_2(1+\mu)+m}{2m_1+2m_2+m}m_1g$，$T_2=\frac{2m_1(1+\mu)+\mu m}{2m_1+2m_2+m}m_2g$]

5.3.13　如图所示，质量分别为 M 和 m，半径分别为 R 和 r 的两个同轴圆柱体固定在一起. 不能伸长的轻质细绳绕在两柱体上，分别与 m_1 和 m_2 相连，挂在两圆柱体的两侧. 如果 $m_1=m_2$，且先用手托着 m_1，试求：①不计摩擦阻力，放手后同轴圆柱体转动时的角加速度；②两侧细绳张力的大小的表达式；③m_1、m_2 哪个先着地？经过多少时间着地？[答案：①$\beta=\frac{m_1R-m_2r}{J+m_1R^2+m_2r^2}g$；②$T_1=m_1g-\frac{2m_1(m_1R-m_2r)Rg}{(M+2m_1)R^2+(M+2m_2)r^2}$，$T_2=m_2g+\frac{2m_2(m_1R-m_2r)rg}{(M+2m_1)R^2+(M+2m_2)r^2}$；③$t=\sqrt{\frac{h[(M+2m_1)R^2+(M+2m_2)r^2]}{R(m_1R-m_2r)g}}$]

5.3.14　如图所示，物体的质量为 m_1、m_2，两圆盘形滑轮的质量均匀分布，质量为 M_1、M_2，半径分别为 R_1、R_2，且 $m_1>m_2$. 如果绳子长度不变，质量忽略不计，绳与滑轮间无相对滑动，滑轮与轴承处摩擦阻力忽略不计. ①试用牛顿运动定律和转动定律写出这一系统的动力学方程，求物体 m_2 的加速度和绳的张力 $\boldsymbol{T}_1$、$\boldsymbol{T}_2$、$\boldsymbol{T}_3$ 大小的表达式；②求物体 m_1 的速率与其下降的距离 x 之间的关系式. [答案：①$a=\frac{2(m_1-m_2)}{2(m_1+m_2)+M_1+M_2}g$，$T_1=\frac{m_1(4m_2+M_1+M_2)}{2(m_1+m_2)+M_1+M_2}g$，$T_2=\frac{m_2(4m_1+M_1+M_2)}{2(m_1+m_2)+M_1+M_2}g$，$T_3=\frac{4m_1m_2+m_1M_2+m_2M_1}{2(m_1+m_2)+M_2+M_1}g$；②$v=$

$\sqrt{\dfrac{4(m_1-m_2)gx}{2(m_1+m_2)+M_1+M_2}}$](选取 m_1 下降 x 处为重力势能零点)

5.3.15　如图所示,质量为 M、半径为 R 的质量均匀分布的实心球体,以角速度 ω_0 绕通过球心垂直于纸面的水平轴转动.质量为 m,初速度为 v_0 的一小质点与球相碰撞,并粘在球的边缘上.求碰撞后该系统的角速度大小 ω 的表达式.[答案:$\omega=\dfrac{mv_0R-\frac{2}{5}MR^2\omega_0}{mR^2+\frac{2}{5}MR^2}$]

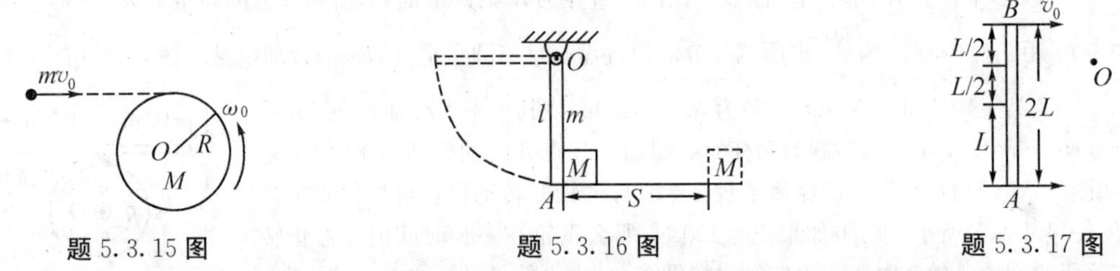

题 5.3.15 图　　题 5.3.16 图　　题 5.3.17 图

5.3.16　如图所示,质量为 m,长为 l 的质量均匀分布的细棒,可绕过其一端的垂直于纸面的水平轴 O 转动.如果把棒拉到水平位置后放手,棒落到竖直位置时,与放置在水平面上 A 处的质量为 M 静止的物体做完全弹性碰撞,物体在水平面上向右滑行了一段距离 S 后停止.设物体与水平面间的摩擦系数 μ 处处相同.求证:$\mu=\dfrac{6m^2l}{(m+3M)^2\cdot S}$.

5.3.17　如图所示,一匀质棒长 $2L$,质量为 m,以与棒长方向相垂直的速度 v_0 在水平面内运动时与固定的 O 点发生完全非弹性碰撞,发生碰撞处距棒中心为 $L/2$.求棒在碰撞后的瞬时绕 O 点转动的角速度大小 ω.[答案:$\omega=\dfrac{6v_0}{7L}$]

5.3.18　如图所示,轮对中心轴 O 的转动惯量为 J,半径为 r,如果在轮边缘上绕一轻绳,下端挂一质量为 m 的重物,设轮转动时所受的阻力矩为 M_0.求重物自静止开始下落距离 h 时轮的角速度.设绳与轮间无相对滑动.[答案:$\omega=\sqrt{\dfrac{2(mgr-M_0)}{r(J+mr^2)}h}$]

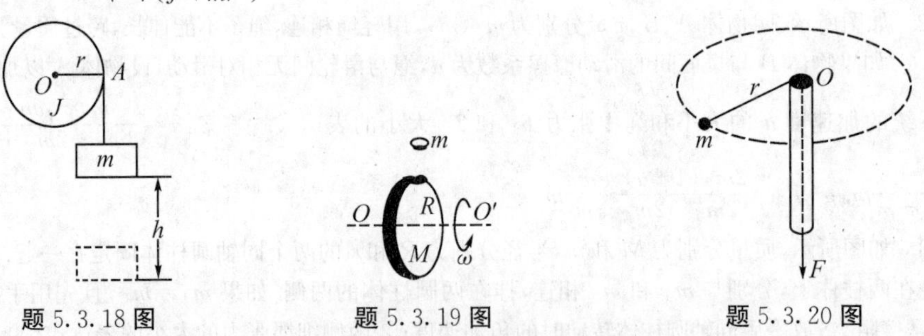

题 5.3.18 图　　题 5.3.19 图　　题 5.3.20 图

5.3.19　如图所示,一个质量为 M,半径为 R,并以角速度 ω 绕定轴转动着的匀质飞轮,在某一瞬时突然有一质量为 m 的小碎片从飞轮的边缘飞出.设碎片脱离飞轮时的速度方向正好竖直向上.试求:①以飞出点为起点,碎片能上升的最大高度;②剩余部分的角速度、角动量和转动动能.[答案:①$h=\dfrac{R^2\omega^2}{2g}$;②$\omega'=\omega$(不变),$\left(\dfrac{1}{2}MR^2-mR^2\right)\omega$,$\dfrac{1}{2}\left(\dfrac{1}{2}MR^2-mR^2\right)\omega^2$]

5.3.20　如图所示,将一质量为 $m=0.05$ kg 的小球系于不能伸长的轻绳的一端,绳穿过一竖直的光滑细管,手拉绳的另一端,先使小球以角速度大小为 $3\ \mathrm{rad\cdot s^{-1}}$,在半径 $r_1=0.2$ m 的水平圆周上运动,然后将绳向下拉,当 $r_2=0.1$ m 时,小球看作质点,试求:①拉下后小球的角速度是多大?②该小球的转动动能变化了多少?[答案:①$12\ \mathrm{rad\cdot s^{-1}}$;②$2.7\times10^{-2}$ J]

阅读材料　科学家系列简介(一)

牛顿(Isaac Newton,1643—1727)

牛顿是伟大的物理学家、天文学家和数学家,经典力学体系的奠基人.牛顿1643年1月4日(儒略历1642年12月25日)诞生于英格兰东部小镇乌尔斯索普一个自耕农家庭.他出生前八九个月父死于肺炎,自小瘦弱,孤僻而倔强.3岁时母亲改嫁,由外祖母抚养.11岁时继父去世,母亲又带3个弟妹回家务农.在不幸的家庭生活中,牛顿小学时成绩较差,"除设计机械外没显出才华".

牛顿自小热爱自然,喜欢动脑、动手.8岁时积攒零钱买了锤、锯来做手工,他特别喜欢刻制日晷,利用圆盘上小棍的投影显示时刻.传说他家里墙角、窗台上到处都有他刻划的日晷,他还做了一个日晷放在村中央,被人称为"牛顿钟",一直用到牛顿去世后好几年.他还做过带踏板的自行车,用小木桶做过滴漏水钟,放过自做的带小灯笼的风筝(人们以为是彗星出现),用小老鼠当动力做了一架磨坊的模型,等等.他观察自然最生动的例子是15岁时做的第一次实验:为了计算风力和风速,他选择狂风时做顺风跳跃和逆风跳跃,再量出两次跳跃的距离差.牛顿在格兰瑟姆中学读书时,曾寄住在格兰瑟姆镇克拉克药店,这里更培养了他的科学实验习惯,因为当时的药店就是一间化学实验室.牛顿在自己的笔记中,将自然现象分类整理,包括颜色调配、时钟、天文、几何问题等等.这些灵活的学习方法,都为他后来的创造打下了良好基础.

牛顿曾因家贫停学务农,在这段时间里,他利用一切时间自学.放羊、购物、农闲时,他都手不释卷,甚至羊吃了别人的庄稼,他也不知道.他舅父是一个神父,有一次发现牛顿看的是数学,便支持他继续上学.1661年6月牛顿考入剑桥大学三一学院.作为领取补助金的"减费生",他必须担负侍候某些富家子弟的任务.三一学院的巴罗(Isaac Barrow,1630—1677)教授是当时改革教育方式主持自然科学新讲座(卢卡斯讲座)的第一任教授,被称为"欧洲最优秀的学者",对牛顿特别垂青,引导他读了许多前人的优秀著作.1664年牛顿经考试被选为巴罗的助手,1665年大学毕业.

在1665—1666年,伦敦流行鼠疫,牛顿回到家乡.这两年牛顿才华横溢,做出了多项发明.1667年重返剑桥大学,1668年7月获硕士学位.1669年巴罗推荐26岁的牛顿继任卢卡斯讲座教授,1672年成为皇家学会会员,1703年成为皇家学会终身会长.1699年就任造币局局长,1701年他辞去剑桥大学工作,因改革币制有功,1705年被封为爵士.1727年牛顿逝世于肯辛顿,遗体葬于威斯敏斯特教堂.

《自然哲学的数学原理》完成后,他便着手有关基督教《圣经》的研究,并开始写这方面的著作,手稿达150万字之多,绝大部分未发表.可见牛顿在宗教著述上浪费了大量的时间和精力.关于牛顿在1692—1693年间答复本特莱大主教4封信论造物主(上帝)之存在,最为后人所诟病.所谓神臂就是第一推动,出于第四封信中.从现代宇宙学来说,第一推动完全可能在物理框架中解决,而无需"神助".

伽利略(Galieo Galilei,1564—1642)

伽利略是伟大的意大利物理学家和天文学家,他开创了以实验事实为基础、并具有严密逻辑体系和数学表述形式的近代科学.他为推翻以亚里士多德为代表的经院哲学对科学的禁锢、改变与加深人类对物质运动和宇宙的科学认识而奋斗了一生,因此被誉为“近代科学之父”.

伽利略1564年2月15日生于比萨一个乐师和数学家之家,从小爱好机械、数学、音乐和诗画,喜欢做水磨、风车、船舶模型.17岁时虽遵父命进入比萨大学学医,但却不顾教授们的反对,独自钻研图书馆中的古籍和进行实验.1582年冬,托斯卡纳公爵的年轻数学教师里奇允许伽利略旁听,使他进入一个新世界.里奇擅长的应用力学与应用数学及生动的讲课,引导他学习水力学、建筑学和工程技术及实验,伽利略在此期间如饥似渴地读了许多古代数学与哲学书籍,阿基米德的数学与实验相结合的方法使他深受感染,他深情地说:“阿基米德是我的老师.”

伽利略对周围世界的多种多样运动特别感兴趣,但他发现“运动的问题这么古老,有意义的研究竟如此可怜”.他的学生维维安尼在《伽利略传》中记叙了1583年19岁的伽利略在比萨大教堂的情景:

“以特有的好奇心和敏锐性,注视悬挂在教堂最顶端的大吊灯的运动——它的摆动时间在沿大弧、中弧和小弧摆动时是否相同……当大吊灯有规律地摆动时,……他利用自己脉搏的跳动,和自己擅长并熟练运用的音乐节拍……测算,他清楚地得出结论:时间完全一样.他对此仍不满足,回家以后……用两根同样长的线绳各系上一个铅球做自由摆动……他把两个摆拉到偏离竖直线不同的角度,例如30°和10°,然后同时放手.在同伴的协助下,他看到无论沿长弧和短弧摆动,两个摆在同一时间间隔内的摆动次数准确相等.他又另外做了两个相似的摆,只是摆长不同.他发现,短摆摆动300次时,长摆摆动40次(均在大角度情况下),在其他摆动角度(如小角度)下它们各自的摆动次数在同一时间间隔内与大角度时完全相同,并且多次重复仍然如此……他由此得出结论,看来无论对于重物体的快速摆动还是轻物体的慢摆动,空气的阻力几乎不起作用,摆长一定的单摆周期是相同的,与摆幅大小无关.他还看到,摆球的绝对重量或相对比重的大小都引不起周期的明显改变……只要不专门挑选最轻的材料作摆球,否则它会因空气阻力太大而很快静止下来.”

伽利略对偶然机遇下的发现,不但做了多次实测,还考虑到振幅、周期、绳长、阻力、重量、材料等因素,他还利用绳长的调节和标度做成了第一件实用仪器——脉搏计.

1585年伽利略因家贫退学,回到佛罗伦萨,担任了家庭教师,并努力自学.他从学习阿基米德《论浮体》及杠杆定律和称金冠的故事中得到启示,自己用简单的演示证明了一定质量的物体受到的浮力与物体的形状无关,只与比重有关.他利用纯金、银的重量与体积列表后刻在秤上,用待测合金制品去称量时就能快速读出金银的成色.这种“浮力天平”用于金银交易十分方便.1586年他写了第一篇论文《小天平》记述这一小制作.1589年他又结合数学计算和实验写了关于几种固体重心计算法的论文.这些成就使他于1589年被聘为比萨大学教授,1592年起移居到威尼斯任帕多瓦大学教授,开始了他一生的黄金时代.

在帕多瓦大学,他为了帮助医生测定病人的热度做成了第一个温度计,这是一种开放式的液体温度计,利用带色的水或酒精作为测温物质.这实际上是温度计与气压计的雏形,利用气体的热胀冷缩性质,通过含液玻璃管把温度作为一种客观物理量来测量.

伽利略认为:"神奇的艺术蕴藏在琐细和幼稚的事物中,致力于伟大的发明要从最微贱的开始"."我深深懂得,只要一次实验或确证,就足以推翻所有可能的理由".伽利略不愧是实验科学的奠基人.

伽利略认真读过亚里士多德的《物理学》等著作,认为其中许多内容是错误的.他反对屈从于亚里士多德的权威,嘲笑那些"坚持亚里士多德的一词一句"的书呆子.他认为那些只会背诵别人词句的人不能叫哲学家,而只能叫"记忆学家"或"背诵博士".他认为:"世界乃是一本打开的活书.""真正的哲学是写在那本经常在我们眼前打开着的最伟大的书里,这本书是用各种几何图形和数学文字写成的."

他从小好问,好与师友争辩.他主张"不要靠老师的威望而是靠争辩"来满足自己理智的要求.他反对一些不合理的传统,例如,他在比萨大学任教时就坚决反对教授必须穿长袍的旧规,并在学生中传播反对穿长袍的讽刺诗.他深信哥白尼学说的正确,一针见血地笑话那些认为天体不变的人,"那些大捧特捧不灭不变等等的人,只是由于他们渴望永远活下去和害怕死亡."

伽利略依靠工匠们的实践经验与数学理论的结合,依靠他自己敏锐的观察和大量的实验成果,通过雄辩和事实,粉碎了教会支持的亚里士多德和托勒密思想体系两千多年来对科学的禁锢,在运动理论方面奠定了科学力学的基石(如速度、加速度的引入,相对性原理、惯性定律、落体定律、摆的等时性、运动叠加原理等),而且闯出了一条实验、逻辑思维与数学理论相结合的新路(参见"伽利略的运动理论与科学方法").

伽利略在帕多瓦自己的家中开办了一间仪器作坊,成批生产多种科学仪器与工具,并利用它们亲自进行实验.1609 年 7 月,他听说荷兰有人发明了供人玩赏的望远镜后,8 月,就根据传闻及折射现象,找到铅管和平凸及平凹透镜,制成第一台 3 倍望远镜,20 天后改进为 9 倍,并在威尼斯的圣马克广场最高塔楼顶层展出数日,轰动一时.11 月,他又制成 20 倍望远镜并用来观察天象,看到"月明如镜"的月球上竟是凸凹不平,山峦迭起.他还系统地观察木星的四颗卫星.1610 年他将望远镜放大倍数提高到 33 倍,同年 3 月发表《星空信使》一书,总结了他的观察成果,并用来有力地驳斥地心说.伽利略发明望远镜可属偶然,但他不断改进设计,成批制造,逐步提高放大倍数,这不是一般学者、教师或工匠所能及的.

伽利略通过望远镜观察到太阳黑子的周期性变化与金星的盈亏变化,看到银河中有无数恒星,有力地宣传了日心说.

1615 年伽利略受到敌对势力的控告,他虽几经努力,力图挽回局面,但 1616 年教皇还是下了禁令,禁止他以口头或文字的形式传授或宣传日心说.以后伽利略表面上在禁令下生活,实际上写出了《关于托勒密和哥白尼两大世界体系的对话》一书来为哥白尼辩护.该书于 1632 年出版,当年秋伽利略就遭到严刑下的审讯.1633 年 6 月 22 日,伽利略被迫在悔过书上签字,随后被终身软禁.在软禁期间他又写了《关于两门新科学的对话与数学证明对话集》一书,该书于 1638 年在荷兰莱顿出版.

伽利略 1642 年 1 月 8 日病逝,终年 78 岁.

力学检测题

一、选择题

1. 如右图所示，湖中有一小船，有人用绳绕过岸上一定高度处的定滑轮拉湖中的船向岸边运动. 设该人以匀速率 v_0 收绳，绳不伸长、湖水静止，则小船的运动是(　　).

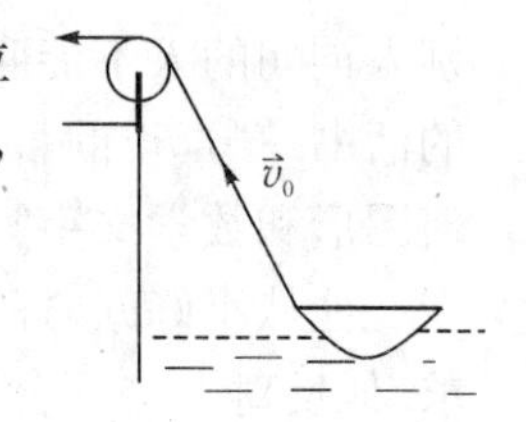

A. 匀加速运动　　B. 匀减速运动

C. 变加速运动　　D. 变减速运动

E. 匀速直线运动.

2. 某物体的运动规律为 $\mathrm{d}v/\mathrm{d}t=-kv^2t$，式中的 k 为大于 0 的常量. 当 $t=0$ 时，初速为 v_0，则速度 v 与时间 t 的函数关系是(　　).

A. $v=\frac{1}{2}kt^2+v_0$　　B. $v=-\frac{1}{2}kt^2+v_0$

C. $\frac{1}{v}=\frac{kt^2}{2}+\frac{1}{v_0}$　　D. $\frac{1}{v}=-\frac{kt^2}{2}+\frac{1}{v_0}$

3. 如右图所示，用一斜向上的力 $\vec{F}$(与水平成 30°角)，将一重为 G 的木块压靠在竖直壁面上，如果不论用怎样大的力 F，都不能使木块向上滑动，则说明木块与壁面间的静摩擦系数 μ 的大小为(　　).

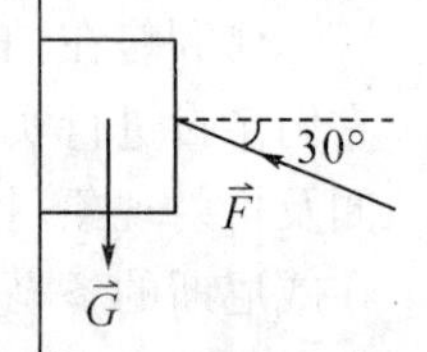

A. $\mu\geqslant\frac{1}{2}$　　B. $\mu\geqslant\frac{1}{\sqrt{3}}$

C. $\mu\geqslant\sqrt{3}$　　D. $\mu\geqslant2\sqrt{3}$

4. 一水平放置的轻弹簧，劲度系数为 k，其一端固定，另一端系一质量为 m 的滑块 A，A 旁又有一质量相同的滑块 B，如右图所示. 设两滑块与桌面间无摩擦. 若用外力将 A、B 一起推压使弹簧压缩量为 d 而静止，然后撤消外力，则 B 离开时的速度为(　　).

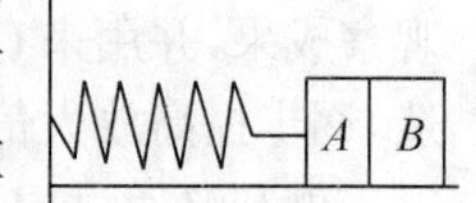

A. 0　　B. $d\sqrt{\frac{k}{2m}}$

C. $d\sqrt{\frac{k}{m}}$　　D. $d\sqrt{\frac{2k}{m}}$

5. 如右图所示，两个小球用不能伸长的细软线连接，垂直地跨过固定在地面上、表面光滑的半径为 R 的圆柱，小球 B 着地，小球 A 的质量为 B 的 2 倍，且恰与圆柱的轴心一样高. 由静止状态轻轻释放 A，当 A 球到达地面后，B 球继续上升的最大高度是(　　).

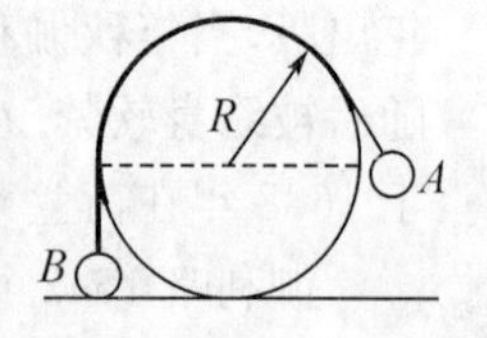

A. R　　B. $\frac{2}{3}R$

C. $\frac{1}{2}R$　　D. $\frac{1}{3}R$

6. 一根细绳跨过一光滑的定滑轮，一端挂一质量为 M 的物体，另一端被人用双手拉着，人的质量 $m=\frac{1}{2}M$. 若人相对于绳以加速度 a_0 向上爬，则人相对于地面的加速度(以竖直向上为正)是(　　).

A. $(2a_0+g)/3$　　B. $-(3g-a_0)$

C. $-(2a_0+g)/3$　　D. a_0

7. 空中有一气球,下连一绳梯,它们的质量共为M. 在梯上站一质量为m的人,起始时气球与人均相对于地面静止. 当人相对于绳梯以速度v向上爬时,气球的速度为(以向上为正)(　　).

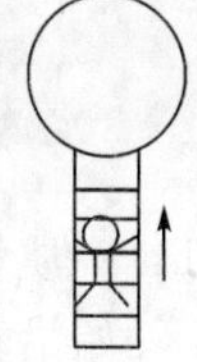

A. $-\dfrac{mv}{m+M}$　　B. $-\dfrac{Mv}{m+M}$

C. $-\dfrac{mv}{M}$　　D. $-\dfrac{(m+M)v}{m}$

E. $-\dfrac{(m+M)v}{M}$

8. 如右图所示,两木块质量为m_1和m_2,由一轻弹簧连接,放在光滑水平桌面上,先使两木块靠近而将弹簧压紧,然后由静止释放. 若在弹簧伸长到原长时,m_1的速率为v_1,则弹簧原来在压缩状态时所具有的势能是(　　).

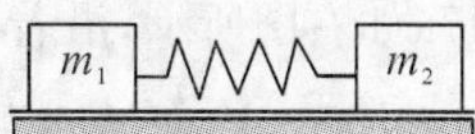

A. $\dfrac{1}{2}m_1v_1^2$　　B. $\dfrac{1}{2}m_2\dfrac{m_1+m_2}{m_1}v_1^2$

C. $\dfrac{1}{2}(m_1+m_2)v_1^2$　　D. $\dfrac{1}{2}m_1\dfrac{m_1+m_2}{m_2}v_1^2$

9. 如右图所示,一质量为m的匀质细杆AB,A端靠在粗糙的竖直墙壁上,B端置于粗糙水平地面上而静止. 杆身与竖直方向成θ角,则A端对墙壁的压力为(　　).

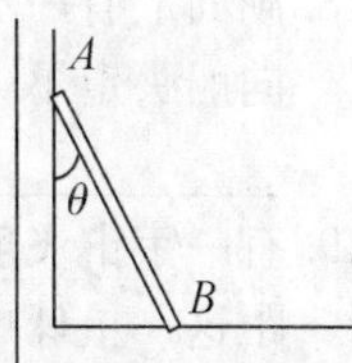

A. $\dfrac{1}{4}mg\cos\theta$　　B. $\dfrac{1}{2}mg\tan\theta$

C. $mg\sin\theta$　　D. 不能唯一确定

10. 一圆盘正绕垂直于盘面的水平光滑固定轴O转动,如右图所示,射来两个质量相同、速度大小相同、方向相反并在一条直线上的子弹,子弹射入圆盘并且留在盘内,则子弹射入后的瞬间,圆盘的角速度ω(　　).

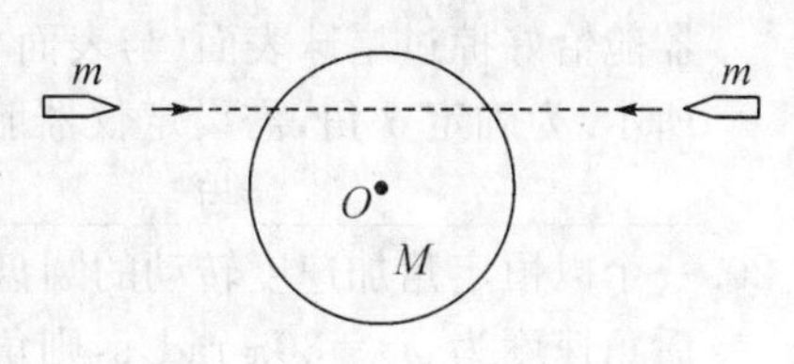

A. 增大　　B. 不变

C. 减小　　D. 不能确定

二、填空题

11. 在xy平面内有一运动质点,其运动学方程为:$\vec{r}=10\cos5t\ \vec{i}+10\sin5t\ \vec{j}$(SI),则$t$时刻其速度$\vec{v}=$________;其切向加速度的大小$a_t$________;该质点运动的轨迹是________.

12. 在粗糙的水平桌面上放着质量为M的物体A,在A上放有一表面粗糙的小物体B,其质量为m. 试分别画出:当用水平恒力$\vec{F}$推A使它作加速运动时,B和A的受力图.

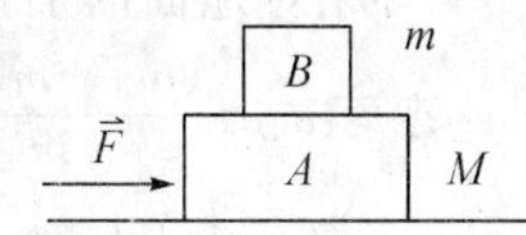

13. 质量为m的小球,用轻绳AB、BC连接,如下左图所示,其中AB水平. 剪断绳AB前后的瞬间,绳BC中的张力比$T:T'=$________.

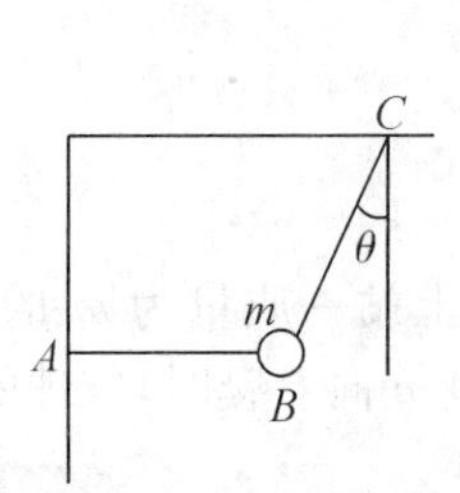

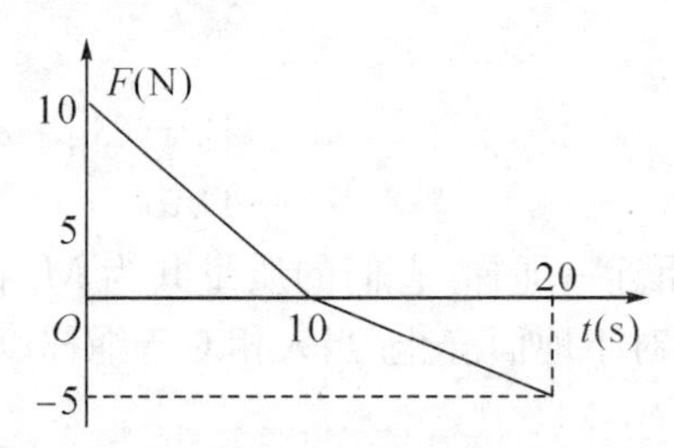

14. 一质量为 5 kg 的物体，其所受的作用力 F 随时间的变化关系如上右图所示. 设物体从静开始沿直线运动，则 20 s 末物体的速率 $v=$________.

15. 质量为 1 kg 的球 A 以 5 m/s 的速率和另一静止的、质量也为 1 kg 的球 B 在光滑水平面上作弹性碰撞，碰撞后球 B 以 2.5 m/s 的速率，沿与 A 原先运动的方向成 60°的方向运动，则球 A 的速率为____________，方向为____________.

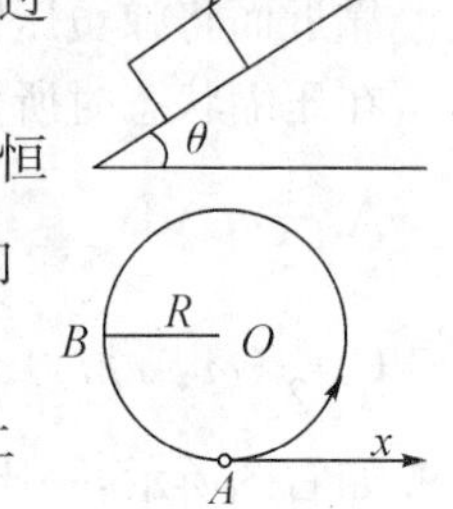

16. 如右图所示，一斜面倾角为 θ，用与斜面成 α 角的恒力 $\vec{F}$ 将一质量为 m 的物体沿斜面拉升了高度 h，物体与斜面间的摩擦系数为 μ. 摩擦力在此过程中所作的功 $W_f=$____________.

17. 如右图所示，沿着半径为 R 圆周运动的质点，所受的几个力中有一个是恒力 $\vec{F}_0$，方向始终沿 x 轴正向，即 $\vec{F}_0=F_0\,\vec{i}$. 当质点从 A 点沿逆时针方向走过 3/4 圆周到达 B 点时，力 $\vec{F}_0$ 所作的功为 $W=$____________.

18. 湖面上有一小船静止不动，船上有一打渔人质量为 60 kg. 如果他在船上向船头走了 4.0 m，但相对于湖底只移动了 3.0 m，则小船的质量为____________(水对船的阻力略去不计).

19. 有一宇宙飞船，欲考察某一质量为 M、半径为 R 的星球，当飞船距这一星球中心 $5R$ 处时与星球相对静止. 飞船发射出一质量为 $m(m\ll M)$的仪器舱，其相对星球的速度为 v_0，要使这一仪器舱恰好掠过星球表面(与表面相切)，发射倾角应为 θ，如右图所示. 为确定 θ 角，需设定仪器舱掠过星球表面时的速度 v，并列出两个方程，它们是____________与____________.

20. 一个以恒定角加速度转动的圆盘，如果在某一时刻的角速度为 $\omega_1=20\pi$ rad/s，再转 60 转后角速度为 $\omega_2=30\pi$ rad/s，则角加速度 $\beta=$________，转过上述 60 转所需的时间 $\Delta t=$________.

三、计算题

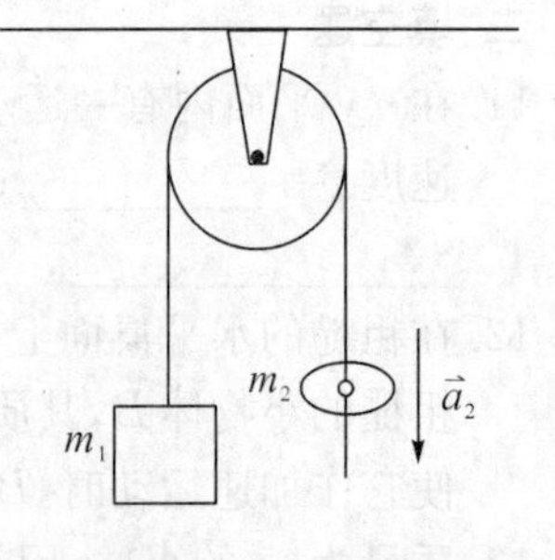

21. 如右图所示，一条轻绳跨过一轻滑轮(滑轮与轴间摩擦可忽略)，在绳的一端挂一质量为 m_1 的物体，在另一侧有一质量为 m_2 的环，求当环相对于绳以恒定的加速度 a_2 沿绳向下滑动时，物体和环相对地面的加速度各是多少？环与绳间的摩擦力多大？

[答案：$a_1=\dfrac{(m_1-m_2)g+m_2a_2}{m_1+m_2}$；$a_2'=\dfrac{(m_1-m_2)g-m_1a_2}{m_1+m_2}$；$T=\dfrac{(2g-a_2)m_1m_2}{m_1+m_2}$]

22. 水平面上有一质量 $M=51$ kg 的小车 D，其上有一定滑轮 C. 通过绳在滑轮两侧分别连有质量为 $m_1=5$ kg 和 $m_2=4$ kg 的物体 A 和 B，其中物体 A 在小车的水平台面上，物体 B 被绳悬挂. 各接触面和滑轮轴均光滑. 系统处于静止时，各物体关系如右图所示. 现在让系统运动，求以多大的水平力 $\vec{F}$ 作用于小车上，才能使物体 A 与小车 D 之间无相对滑动.（滑轮和绳的质量均不计，绳与滑轮间无相对滑动）[答案：$F=784$ N]

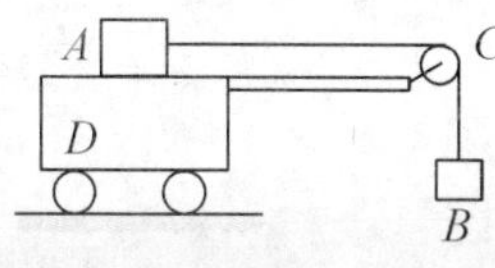

23. 在倾角为 θ 的圆锥体的侧面放一质量为 m 的小物体，圆锥体以角速度 ω 绕竖直轴匀速转动，轴与物体间的距离为 R，为了使物体能在锥体该处保持静止不动，物体与锥面间的静摩擦系数至少为多少？简单讨论所得到的结果.[答案：$\mu=\dfrac{g\sin\theta+\omega^2R\cos\theta}{g\cos\theta-\omega^2R\sin\theta}$]

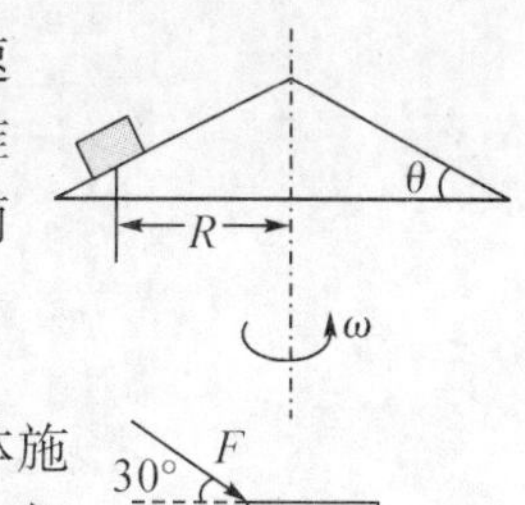

24. 质量为 1 kg 的物体，它与水平桌面间的摩擦系数 $\mu=0.2$. 现对物体施以 $F=10t$(SI)的力（t 表示时刻），力的方向保持一定，如右图所示. 如果 $t=0$ 时物体静止，则 $t=3$ s 时它的速度大小 v 为多少？[答案 $v=28.8$ m/s]

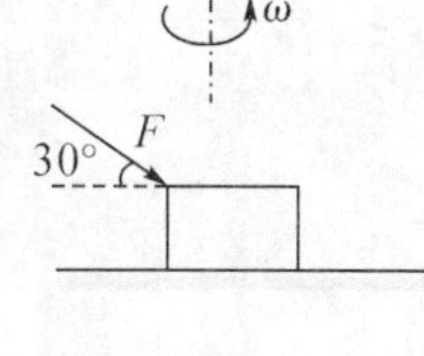

25. 如右图所示，质量为 M 的滑块正沿着光滑水平地面向右滑动. 一质量为 m 的小球水平向右飞行，以速度 $\vec{v}_1$（对地）与滑块斜面相碰，碰后竖直向上弹起，速率为 v_2（对地）. 若碰撞时间为 Δt，试计算此过程中滑块对地的平均作用力和滑块速度增量的大小.[答案：$\bar{F}=\dfrac{mv_2}{\Delta t}+Mg$；$\Delta v=\dfrac{mv_1}{M}$]

26. 质量为 $M=1.5$ kg 的物体，用一根长为 $l=1.25$ m 的细绳悬挂在天花板上. 今有一质量为 $m=10$ g 的子弹以 $v_0=500$ m/s 的水平速度射穿物体，则穿出物体时子弹的速度大小 $v=30$ m/s，设穿透时间极短. 求：

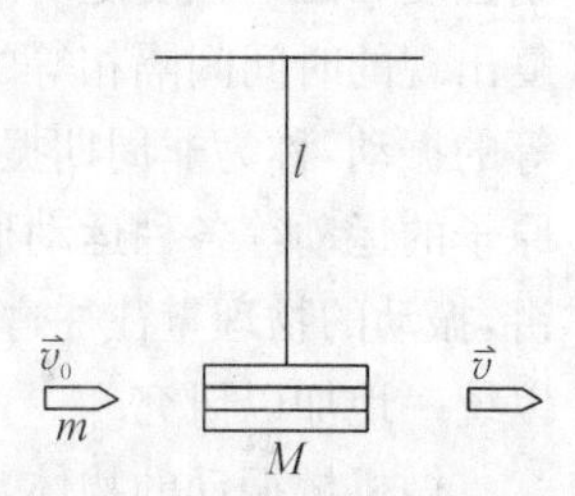

(1)子弹刚穿出时绳中张力的大小；[答案：$T=26.5$ N]

(2)子弹在穿透过程中所受的冲量.[答案：$f\cdot\Delta t=-4.7$ N·s，方向与 $\vec{v}_0$ 方向相反]

27. 一链条总长为 l，质量为 m，放在桌面上，并使其部分下垂，下垂一段的长度为 a. 设链条与桌面之间的滑动摩擦系数为 μ. 令链条由静止开始运动. 求：

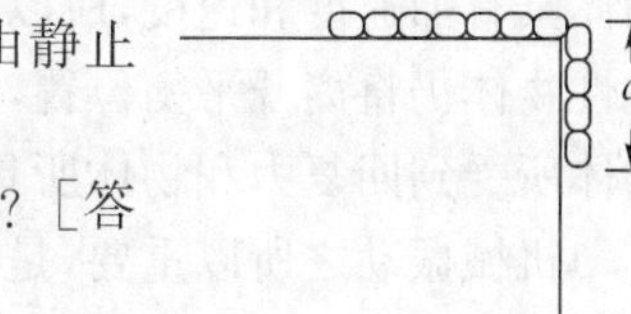

(1)到链条刚离开桌面的过程中，摩擦力对链条作了多少功？[答案：$W_f=-\dfrac{\mu mg}{2l}(l-a)^2$]

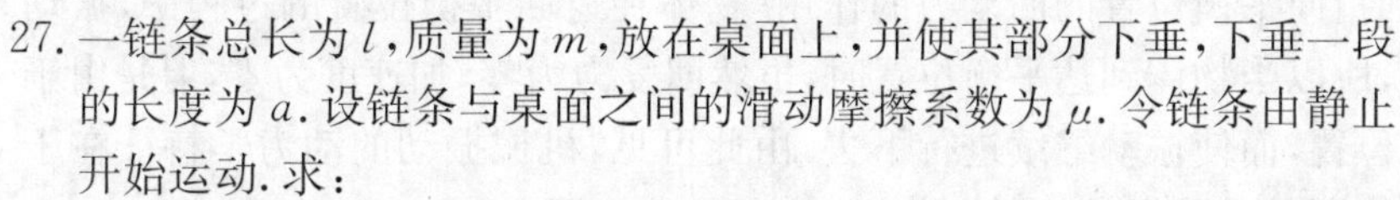

(2)链条刚离开桌面时的速率是多少？{答案：$v=\sqrt{\dfrac{g}{l}}\left[(l^2-a^2)-\mu(l-a)^2\right]^{1/2}$}

28. 两个匀质圆盘，一大一小，同轴地粘结在一起，构成一个组合轮. 小圆盘的半径为 r，质量为 m；大圆盘的半径 $r'=2r$，质量 $m'=2m$. 组合轮可绕通过其中心且垂直于盘面的光滑水平固定轴 O 转动，对 O 轴的转动惯量 $J=9mr^2/2$，两圆盘边缘上分别绕有轻质细绳，细绳下端各悬挂质量为 m 的物体 A 和 B，如右图所示. 这一系统从静止开始运动，绳与盘无相对滑动，绳的长度不变. 已知 $r=10$ cm. 求：

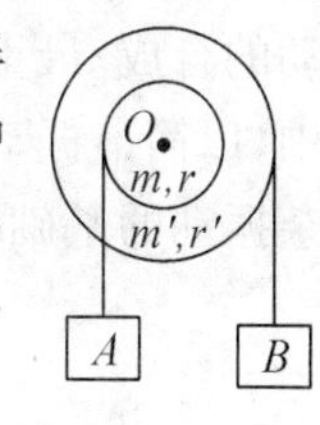

(1)组合轮的角加速度 β；[答案：$\beta=10.3$ rad·s^{-2}]

(2)当物体 A 上升 $h=40$ cm 时，组合轮的角速度 ω.[答案：$\omega=9.08$ rad·s^{-1}]

第二篇　振动和波

第6章　振动学基础

在自然界中,振动和波动是普遍的运动形式.物理量在某个恒定值附近往复地周期性变化,称为振动.例如,物体或物体的一部分沿直线或曲线在平衡位置附近往复地周期性运动是机械振动,如气缸中活塞的往复运动、钟表摆轮的摆动、机器开动时各个部分的微小颤动、水上浮标的沉浮等都是机械振动;交变电流和电压在电路中随时间周期性变化,在交变电磁场中电场强度和磁场强度随时间周期性变化,这些都是振动.电或磁的振动往往称为振荡.物理量重复出现的时间间隔相等的振动,称为周期振动;物理量不完全重复或重复出现的时间间隔不相等的振动,称为非周期振动.在物理学中,振动广泛存在于机械运动、热运动、电磁运动、晶体内原子的运动等各种运动形式之中.不同运动形式的振动有不同的规律,但是仅就振动过程来讲,振动的物理量往往遵循形式上相同的微分方程、相似的描述方法和相同形式的解等等,可以统一地加以研究.

做机械振动的物体,始终在平衡位置附近往复运动.从动力学观点看来,当振动物体不在平衡位置时,必定要受到指向平衡位置的回复力的作用.物体在返回平衡位置的过程中,振动物体具有加速度和速度,所以当物体到达平衡位置时,虽然回复力为零,加速度为零,但是由于惯性物体仍将离开平衡位置,而使振动继续进行下去.由此可见,机械振动的动力学特征在于物体所受到回复力和物体所具有的惯性交替起作用,使振动进行下去.

机械振动之所以重要,是由于机械振动的概念和规律是学习其他振动形式的基础,也是研究波动的基础,波动是振动的传播过程.

振动现象有各种运动形式,简谐振动又称谐振动,是振动的基础.它最简单,简谐振动一般指一维简谐振动;最基本,任何复杂的振动都可以看作是由许多不同频率和不同振幅的简谐振动的合成;最重要,在经典物理力学、热学、声学、电磁学、光学中,以及现代物理学和量子力学中,以简谐振动作为近似模型.因此,简谐振动是最简单、最基本和最重要的振动,也是研究复杂振动的基础.

6.1　简谐振动

简谐振动是指物理量随时间按余弦(或正弦)规律变化的过程.简谐振动的一般表达式为

$$x=A\cos(\omega t+\varphi_0)=A\cos\left(\frac{2\pi}{T}t+\varphi_0\right) \tag{6-1-1a}$$

或 $$x = A\sin(\omega t + \varphi_0') = A\sin\left(\frac{2\pi}{T}t + \varphi_0'\right) \tag{6-1-1b}$$

式中，A 是物理量 x 可能达到的最大值的绝对值，即 x 的振幅，ω 称为圆频率，T 称为振动周期，φ_0 或 φ_0' 称为初相，$(\omega t + \varphi_0)$ 或 $(\omega t + \varphi_0')$ 称为相. 下面以弹簧振子的振动为例，研究简谐振动的基本规律及其特征.

6.1.1 弹簧振子

(1)弹簧振子

弹簧振子是忽略摩擦力、阻力，不考虑弹簧质量，在线性回复力作用下的运动，是简谐振动的典型例子. 如图 6.1.1 所示，将一质量为 m 的物体系在劲度系数为 k、质量可以忽略不计的轻弹簧的右端，并把弹簧的另一端固定. 弹簧和物体放在光滑的水平面上，使弹簧处于自然伸长状态，物体所受的合外力为零. 此时物体质心的位置称为平衡位置，用力向右拉或向左压一下物体，然后放手，物体在平衡位置附近往复振动，这种装置称为弹簧振子，是一理想的物理模型.

(2)弹簧振子的运动规律

下面定性地研究物体的运动规律，如图 6.1.1 所示，选取地面为惯性参照系，平衡位置 O 点为坐标原点，水平向右为 X 轴正方向，建立 OX 一维坐标. 当物体在平衡位置 O 时，弹簧既没有被拉长，又没有被压缩，处于自然伸长状态，物体在水平方向不受力的作用，在竖直方向上物体所受重力和支持力相互平衡，物体所受合力为零.

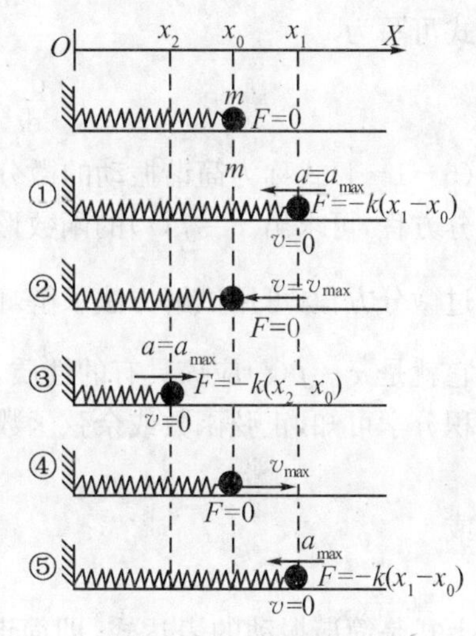

图 6.1.1 弹簧振子

当某一时刻 t，物体离开平衡位置的位移为 $\boldsymbol{x}$(此 $\boldsymbol{x}$ 的大小即是物体的位置坐标)，如果忽略空气阻力，物体在水平方向受弹性力 $\boldsymbol{F}$ 作用. 弹性力的特点是，当物体运动到坐标原点 O 的右边，弹簧处于伸长状态，即 $x>0$ 的位置时，弹性力 $\boldsymbol{F}$ 指向 X 轴的负方向，即与位移方向相反；当物体运动到坐标原点 O 的左边，弹簧处于压缩状态，即 $x<0$ 的位置时，弹性力 $\boldsymbol{F}$ 指向 X 轴的正方向，即与位移方向相反；在弹性限度内，物体所受的弹性力 $\boldsymbol{F}$ 的大小与位移 $\boldsymbol{x}$ 的大小成正比，作用力的方向与位移方向相反，永远指向平衡位置，这种力称为线性弹性力，$\boldsymbol{F}$ 可以表示为

$$\boldsymbol{F} = -k \cdot x\boldsymbol{i} \quad 或 \quad F = -kx$$

式中，负号表示线性弹性力 $\boldsymbol{F}$ 与位移 $\boldsymbol{x}$ 的方向相反；k 称为弹簧的劲度系数，由弹簧本身性质确定. 物体在线性弹性回复力作用下的振动，称为简谐振动. 简谐振动是物体在弹性力作用下在平衡位置附近做不断重复着的周期性运动. 在运动过程中，物体在平衡位置，即坐标原点 O 处，所受到的弹性力为零，加速度为零，速度为最大值；而在左、右两个端点所受到的弹性力最大，加速度最大，速度值为零. 物体向平衡位置 O 运动时做加速运动，物体离开平衡位置 O 运动时做减速运动.

6.1.2 简谐振动的动力学方程及简谐振动的表达式

下面定量地研究做简谐振动的物体的运动规律. 在弹簧振子振动过程中，物体所受弹性力

$\boldsymbol{F}$ 的大小与位移的大小成正比，弹性力的方向与位移方向相反，总是指向平衡位置，所以弹性力 $\boldsymbol{F}$ 的表达式为

$$\boldsymbol{F}=-k\boldsymbol{x} \quad 或 \quad F=-kx$$

设物体的质量为 m，根据牛顿第二定律，$\boldsymbol{F}=m\boldsymbol{a}$，可得

$$ma=-kx \quad 或 \quad a=-\frac{k}{m}x \qquad (6-1-2)$$

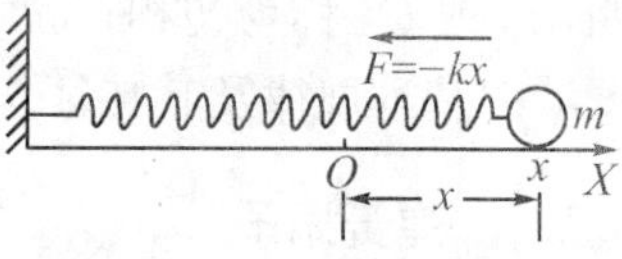

图 6.1.2　简谐振动

由此可见，物体做简谐振动时，加速度的大小与位移大小成正比，加速度的方向与位移方向相反. 因为 k 和 m 都是正的常量，所以它们的比值可以用另一个常量 ω 的平方来表示，即令 $\omega^2=k/m$，则上式变为

$$a=-\omega^2 x \qquad (6-1-3)$$

上式表明：弹簧振子的加速度 $\boldsymbol{a}$ 与位移 $\boldsymbol{x}$ 成正比，加速度的方向与位移方向相反，具有这种运动学特征的振动称为简谐振动. 物体在线性弹性力作用下的运动是简谐运动.

由于 $\boldsymbol{F}$ 和 $\boldsymbol{a}$ 都是变量，物体在振动过程中是做变加速运动，瞬时加速度大小 $a=\frac{\mathrm{d}^2x}{\mathrm{d}t^2}$，上式可写为

$$\frac{\mathrm{d}^2x}{\mathrm{d}t^2}=-\omega^2 x \quad 或 \quad \frac{\mathrm{d}^2x}{\mathrm{d}t^2}+\omega^2 x=0 \qquad (6-1-4)$$

(6－1－4)式称为简谐振动的微分方程式，它是 $x=x(t)$ 的二阶常系数线性微分方程. 解该微分方程，可求出 $x=f(t)$ 的函数形式，称为微分方程的解，即简谐振动的表达式. 如果读者未学过微分方程，可用试解方法求解. 由(6－1－4)式可知，$x=f(t)$ 应该符合 $\frac{\mathrm{d}^2f(t)}{\mathrm{d}t^2}=-\omega^2 f(t)$，它就是 $x=f(t)$ 应该具有的性质，$x(t)$ 对时间的二阶导数等于它的负值，并乘以一常量，从微积分学可知，正弦函数或余弦函数具有这样的性质，它的解可以表示为

$$x=A\cos(\omega t+\varphi_0) \qquad (6-1-5a)$$

或

$$x=A\sin(\omega t+\varphi_0') \qquad (6-1-5b)$$

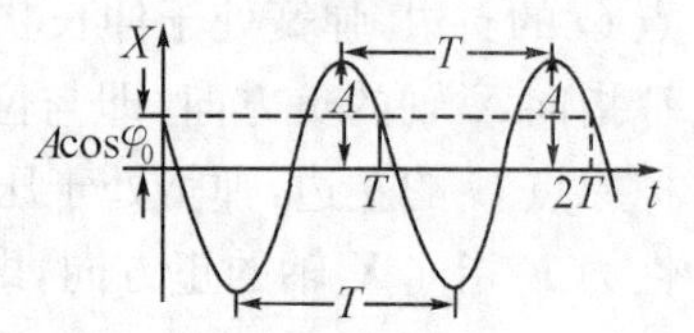

图 6.1.3　简谐振动的位移时间曲线

上式是简谐振动的表达式，即简谐振动的运动学方程，称为振动方程. 式中 A、φ_0（或 φ_0'）是由初始条件确定的两个积分常量. 由上式可知，当物体做简谐振动时，位移是时间的余弦函数或正弦函数，具有这种形式的运动学方程所表示的振动称为简谐振动，(6—1—5a)和(6－1－5b)式反映了简谐振动的运动规律. 本书使用余弦函数形式表示简谐振动，简谐振动的位移—时间曲线如图 6.1.3 所示.

6.1.3　单　摆

如图 6.1.4 所示，轻质不可伸长的长为 l 的细线，上端固定于 O 点，下端系一质量为 m 的小球(可视为质点). 当摆线在竖直位置 OO' 时，摆球 m 处于平衡位置 O' 点，将小球稍微拉离平衡位置，使摆角 $\theta<5°$ 释放后，摆球将在竖直平面内往复运动. 设空气阻力忽略不计，其运动轨迹是半径为 l 的圆弧，这个振动系统称为单摆. 下面研究单摆做简谐振动时的运动规律.

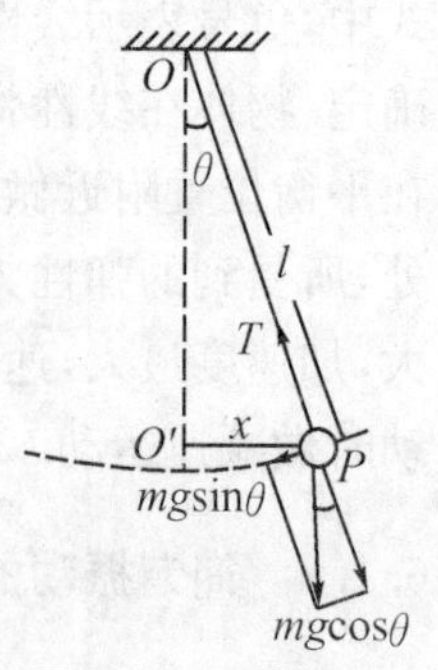

图 6.1.4　单摆

选取地球为惯性参照系，规定以竖直线上 O' 点为起点，摆线 l 绕 O 点逆时针旋转方向为正方向，角位移为正；相反为负. O' 为弧坐标原点，弧坐标正方向与角位移规定相同. 忽略空气的摩擦阻力，小球受重力 $m\boldsymbol{g}$ 和摆线张力 $\boldsymbol{T}$ 的作用，二者的合力沿切线方向，其合力的切向分量为

$$F_\tau = -mg\ \sin\theta \tag{6-1-6}$$

负号表示切向分力的指向与角位移的指向相反. 当摆角很小，即 $\theta<5°$ 时，有 $\sin\theta=\theta-\frac{\theta^3}{3!}+\frac{\theta^5}{5!}+\cdots\approx\theta$，$\theta$ 以弧度表示，则有

$$F_\tau = -mg\theta \tag{6-1-7}$$

摆球所受的力也是线性回复力，其大小与角位移大小成正比，而方向与角位移方向相反，这里用角位移 θ 代替了位移 $\boldsymbol{x}$，力的作用效果类似于弹性力，但实质上又不是弹性力，称为准弹性力. 在摆角很小（$\theta<5°$）时，单摆在准弹性力作用下，单摆的摆动亦称为简谐振动. 摆球在 P 点的切向速度的大小为

$$v=\frac{\mathrm{d}S}{\mathrm{d}t}=l\ \frac{\mathrm{d}\theta}{\mathrm{d}t}$$

摆球在 P 点的切向加速度的大小为

$$a_\tau=\frac{\mathrm{d}^2S}{\mathrm{d}t^2}=l\ \frac{\mathrm{d}^2\theta}{\mathrm{d}t^2}$$

根据牛顿第二定律，列出物体 m 的动力学方程在切线方向的分量式为

$$F_\tau=-mg\theta=ml\ \frac{\mathrm{d}^2\theta}{\mathrm{d}t^2},\frac{\mathrm{d}^2\theta}{\mathrm{d}t^2}=-\frac{g}{l}\theta$$

令 $\omega^2=\frac{g}{l}$，则得

$$\frac{\mathrm{d}^2\theta}{\mathrm{d}t^2}+\omega^2\theta=0 \tag{6-1-8}$$

上式是关于角位移 $\theta=\theta(t)$ 的二阶线性常微分方程. 类似于弹簧振子，可得单摆做简谐振动时的表达式为

$$\theta=\theta_m\ \cos(\omega t+\varphi_0) \tag{6-1-9}$$

式中，θ_m 是角位移最大值的绝对值，即振幅；ω 是圆频率，φ_0 是 $t=0$ 时的相，即初相，$(\omega t+\varphi_0)$ 是相.

必须指出，只有在振幅 θ_m 很小或摆角小于 5°的情况下，单摆的运动才能够看作是简谐振动. 而在振幅 θ_m 较大或摆角 θ 较大的情况下，单摆的振动不能看作简谐振动，运动仍具有周期性，有相应的圆频率、频率、周期，但它们不仅与单摆本身的性质有关，还与摆幅的大小有关，圆频率和固有圆频率、频率和固有频率、周期和固有周期是有区别的.

6.2　描述简谐振动的物理量

6.2.1　振幅、周期、频率和圆频率

(1)振幅

简谐振动的表达式中位移随时间按余弦规律或正弦规律变化，是时间 t 的周期函数，余弦函数和正弦函数变化范围在 +1 到 −1 之间. 简谐振动的位移总是在正的最大值 $x=A$ 和负的最大值 $x=-A$ 之间重复变化，位移 x 的绝对值不能大于 A，定义做简谐振动的物体离开平衡

位置的最大位移的绝对值称为振幅，即振幅 $A=|\boldsymbol{x}_{\max}|$. 例如，弹簧振子是以平衡位置 O 点($x=0$)为坐标原点，在 $x=+A$ 和 $x=-A$ 之间沿直线轨道往复运动.

(2)周期、频率和圆频率

从运动学的角度看，简谐振动的特征是物理量随时间变化，具有周期性，即振动状态周期性地重复.

①简谐振动的周期性及周期：简谐振动的表达式是时间 t 的余弦函数或正弦函数，都是 t 的周期函数，所以它们表示的简谐振动是周期性运动. 其实周期性也是一般振动的最基本属性之一. 简谐振动的表达式为

$$x=A\cos(\omega t+\varphi_0)=A\cos(\omega t+\varphi_0+2\pi)$$
$$=A\cos\left[\omega\left(t+\frac{2\pi}{\omega}\right)+\varphi_0\right] \tag{6-2-1}$$

上式表明：物体在 t 时刻的运动形式和在 $t+\frac{2\pi}{\omega}$时刻的运动形式完全相同，位移 $\boldsymbol{x}$、速度$\boldsymbol{v}$、加速度 $\boldsymbol{a}$ 也完全相同. 所以$\frac{2\pi}{\omega}$是做简谐振动的物体的振动周期，也就是表示简谐振动系统完成一次完全振动所经历的时间，称为周期. 周期也可以定义为两个相同振动状态之间的最短时间，用 T 表示，所以有

$$T=\frac{2\pi}{\omega}$$

周期 T 反映物体振动的快慢，描述振动时间的周期性. 例如：

对于弹簧振子：$\omega=\sqrt{\frac{k}{m}}$，$T=2\pi\sqrt{\frac{m}{k}}$；

对于单摆：$\omega=\sqrt{\frac{g}{l}}$，$T=2\pi\sqrt{\frac{l}{g}}$.

②频率：单位时间内完成完全振动的次数称为频率，用 ν 表示，它应该等于周期 T 的倒数，所以有

$$\nu=\frac{1}{T}=\frac{\omega}{2\pi} \tag{6-2-2}$$

由上式可知，对于弹簧振子，$\nu=\frac{1}{2\pi}\sqrt{\frac{k}{m}}$；对于单摆，$\nu=\frac{1}{2\pi}\sqrt{\frac{g}{l}}$.

在国际单位制中，周期的单位是秒，频率的单位是赫兹，即每秒振动一次时，称它的频率为1赫兹，符号是 Hz，量纲式是$[\nu]=T^{-1}$.

③圆频率：亦称角频率，表示振动频率的 2π 倍，即圆频率是振动系统在 2π s时间内所完成完全振动的次数，它和频率的关系是

$$\omega=2\pi\nu \quad 或 \quad \nu=\frac{\omega}{2\pi} \tag{6-2-3}$$

由上式可知，对于弹簧振子，$\omega=\sqrt{\frac{k}{m}}$；对于单摆，$\omega=\sqrt{\frac{g}{l}}$.

在国际单位制中，圆频率的单位是弧度・秒$^{-1}$，量纲式是$[\omega]=T^{-1}$.

在 T、ν、ω 三个量中，若已知其中任一个量，可以求出其余两个量，所以只有一个是独立变量，它们反映了简谐振动的周期性.

应用周期、频率和圆频率的概念，可以将简谐振动的表达式写为

$$x=A\cos\left(\frac{2\pi}{T}t+\varphi_0\right)$$
$$x=A\cos(2\pi\nu t+\varphi_0)$$

由以上可见，周期、频率和圆频率都是由振动系统本身的性质决定的，与振幅无关，与外界条件无关，通常将它们称为固有周期、固有频率和固有圆频率.

6.2.2 相和初相

(1)相

物体做简谐振动时，位移 x、速度 v、加速度 a 都随时间按余弦或正弦规律变化. 在振幅 A 和圆频率 ω 一定的条件下，物体在不同时刻的运动状态，由余弦函数或正弦函数的角量($\omega t+\varphi_0$)的数值决定. ($\omega t+\varphi_0$)是确定振动物体运动状态的重要物理量，称为简谐振动的相. 相($\omega t+\varphi_0$)是时间变量 t 的一次函数，在国际单位制中，单位是弧度(rad)，量纲为零次. 相在描述简谐振动中具有特殊重要的意义，一特定的振动相对应于一定的位移和振动状态. 对于任何简谐振动，它的整个运动状态，完全可以用在一个周期 T 的时间内，相在 $0\sim2\pi$ 之间的变化反映出来. 例如，对于弹簧振子，由位移 $x=A\cos(\omega t+\varphi_0)$ 及速度 $v=-A\omega\sin(\omega t+\varphi_0)$，如果已知振幅 A，由任一时刻的相，即可确定该时刻物体的位置和速度，当相($\omega t+\varphi_0$)$=0$ 时，$x=A$，$v=0$，对应于正向最大位移、速度为零的状态；当相($\omega t+\varphi_0$)$=\pi$ 时，$x=-A$，$v=0$，对应于负向最大位移、速度为零的状态；当相($\omega t+\varphi_0$)$=\frac{\pi}{2}$时，$x=0$，$v=-A\omega$，对应于在平衡位置向负的 X 方向以最大速率运动的状态；当相($\omega t+\varphi_0$)$=\frac{3\pi}{2}$时，$x=0$，$v=A\omega$，对应于在平衡位置向正的 X 方向以最大速率运动的状态等等. 也可以确定该时刻的加速度及动能、势能和总能量.

(2)初相

φ_0 是初始时刻 $t=0$ 时的相，称为初相，φ_0 决定了初始时刻物体的振动状态. 初相 φ_0 是由初始条件决定的常量，但有确切的物理意义. 它是整个相($\omega t+\varphi_0$)中不含时间的部分，其值决定于 $t=0$ 时物体的振动状态. 例如，当 $t=0$ 时，$x=x_0=A$，$v=v_0=0$，则 $\varphi_0=0$；当 $t=0$ 时，$x=x_0$，$v=v_0=-\omega A<0$，为负的最大值，则 $\varphi_0=\pi/2$；当 $t=0$ 时，$x=x_0=-A$，为负的最大值，$v=v_0=0$，则 $\varphi_0=\pi$；当 $t=0$ 时，$x=x_0=0$，$v=v_0=\omega A$，为正的最大值，则 $\varphi_0=3\pi/2$ 等等. 在中学物理学课本中，简谐振动表达式 $x=A\cos\omega t$，是初相 $\varphi_0=0$ 时的一种特殊情况.

(3)相差

相和初相的物理意义还表现在比较两个简谐振动相关系上的相差. 例如，两个同方向、同频率的简谐振动的表达式为

$$x_1=A_1\cos(\omega t+\varphi_{01}),\ x_2=A_2\cos(\omega t+\varphi_{02})$$

它们之间的相差为

$$\Delta\varphi=\varphi_2-\varphi_1=(\omega t+\varphi_{02})-(\omega t+\varphi_{01})=\varphi_{02}-\varphi_{01} \qquad (6-2-4)$$

两个简谐振动的相差，可以说明它们的振动"步调"是否一致，且在简谐振动的合成中有着特殊重要的意义. 当 $\Delta\varphi=\varphi_{02}-\varphi_{01}=\pm2n\pi$，$n=0,1,2,\cdots$，表示两个振动物体同时达到各自的正向最大位移，同时从同一个方向通过平衡位置，同时达到各自的负向最大位移，称两个简谐振动同相；当 $\Delta\varphi=\varphi_{02}-\varphi_{01}=\pm(2n+1)\pi$，$n=0,1,2\cdots$，表示两个振动物体中一个达到正向最大位移，另一个达到负向最大位移，同时从相反的正方向和负方向同时通过平衡位置，说明它们的步调正好相反，称两个简谐振动反相；当 $\Delta\varphi=\varphi_{02}-\varphi_{01}>0$ 的其他值，表示第二个简谐振动超前于第一个简谐振动 $\Delta\varphi$ 或第一个简谐振动滞后于第二个简谐振动 $\Delta\varphi$；当 $\Delta\varphi=\varphi_{02}-\varphi_{01}<0$ 的其他值，表示第一个简谐振动超前于第二个简谐振动 $\Delta\varphi$ 或第二个简谐振动滞后于

第一个简谐振动 $\Delta\varphi$.

由上面讨论可以看出，简谐振动是周期性振动，决定振动物体的位移、振动状态的基本物理量是振幅 A，圆频率 ω，相 $\varphi=\omega t+\varphi_0$（包括初相 φ_0）. 由它们根据简谐振动表达式就可以确定简谐振动的运动规律. 其中振幅 A、初相 φ_0 不仅与振动系统本身的性质有关，而且还要由振动的初始条件决定；圆频率 ω 由振动系统本身的性质所决定.

6.2.3 简谐振动的速度和加速度

如果已知简谐振动的表达式，可以求出物体的速度及加速度. 简谐振动的表达式为

$$x=A\cos(\omega t+\varphi_0)$$

求位移对时间的一阶导数，可得物体的速度为

$$v=\frac{\mathrm{d}x}{\mathrm{d}t}=-\omega A\sin(\omega t+\varphi_0)=-v_m\sin(\omega t+\varphi_0) \tag{6-2-5}$$

上式中速度最大值的绝对值 $v_m=\omega A$ 称为速度振幅，$v=v_m\cos\left(\omega t+\varphi_0+\frac{\pi}{2}\right)$，可见速度的相超前于位移的相 $\frac{\pi}{2}$，或位移的相滞后于速度的相 $\frac{\pi}{2}$.

求位移对时间的二阶导数或速度对时间的一阶导数，可得物体的加速度为

$$a=\frac{\mathrm{d}^2x}{\mathrm{d}t^2}=\frac{\mathrm{d}v}{\mathrm{d}t}=-\omega^2A\cos(\omega t+\varphi_0)=-a_m\cos(\omega t+\varphi_0)=a_m\cos(\omega t+\varphi_0\pm\pi) \tag{6-2-6}$$

上式中加速度最大值的绝对值 $a_m=\omega^2A$ 称为加速度振幅. 由(6－2－6)式可见加速度的相与位移的相相反. 上式表明，如果物体的加速度 $\boldsymbol{a}$ 与位移 $\boldsymbol{x}$ 成正比，而方向相反，具有这种运动学特征的振动称为简谐振动.

在位移、速度、加速度的表达式中的常量 A、ω、φ_0 是描述简谐振动的三个基本物理量，振幅 A 和初相 φ_0 可由初始条件确定. 设简谐振动的初始条件为 $t=0$ 时，$x=x_0$，$v=v_0$，由(6－1－5a)式和(6－2－5)式可得

$$x_0=A\cos\varphi_0,\ v_0=-\omega A\sin\varphi_0$$

联立求解以上两式，可得 A 和 φ_0 的表达式

$$A=\sqrt{x_0^2+\frac{v_0^2}{\omega^2}} \tag{6-2-7}$$

$$\tan\varphi_0=-\frac{v_0}{\omega x_0} \tag{6-2-8}$$

应该指出，$t=0$ 的时刻称为初始时刻，但不一定是振动开始时刻，原则上可以任意选取，所以初始时刻是相对的. 在 $0\sim2\pi$ 之间，φ_0 有两个可能的解，彼此相差 π，其合理的一个解应当同时满足 $x_0=A\cos\varphi_0$ 及 $v_0=-\omega A\sin\varphi_0$. 对于一定的振动系统，圆频率 ω 由振动系统的性质确定，A、φ_0、x_0 和 v_0 四个量由以上两式相联系，实际上只有两个是独立变量，已知其中任意两个量，由(6－2－7)及(6－2－8)式可求出另外两个未知量.

6.2.4 简谐振动的图像

简谐振动的位移、速度和加速度不仅可以用数学公式表示，也可以用相应的图像表示，图像表示作为一种描述简谐振动特征的辅助工具，具有直观、形象的优点. 下面以弹簧振子为例，

为简单起见，假定初相 $\varphi_0=0$，考虑振动物体在一个周期内位移、速度和加速度随时间 t 的变化规律，即分别作出 $x-t$、$v-t$ 和 $a-t$ 图像，如图 6.2.1 所示. 物体在振动过程中，当 $x=A$ 时，开始计时，即 $t=0$，由位移 x、速度 v 和加速度 a 的表达式可列表如下，并画出相应的图像.

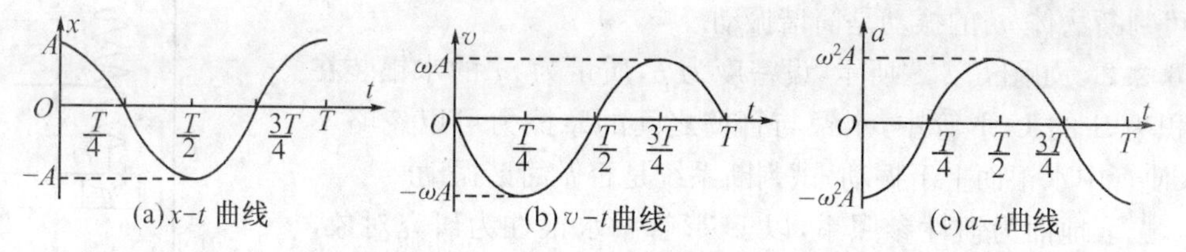

图 6.2.1　$x-t$、$v-t$ 和 $a-t$ 曲线

时间 t	0	$\frac{1}{4}T$	$\frac{1}{2}T$	$\frac{3}{4}T$	T
位移 x	A	0	$-A$	0	A
速度 v	0	$-\omega A$	0	ωA	0
加速度 a	$-\omega^2 A$	0	$\omega^2 A$	0	$-\omega^2 A$

由以上图像可以确定物体的振动周期，振幅 A，速度振幅 $v_m=A\omega$，加速度振幅 $a_m-\omega^2 A$ 的值，由图像可反映出 x 和 v 及 a 之间的相关系.

6.2.5　简谐振动的基本特征

判断一个物体系统是否做简谐振动，可以从以下三方面来判断：

①物体所受的回复力是线性弹性力 $\boldsymbol{F}=-k\boldsymbol{x}$ 或准弹性力，该物体将做简谐振动，这是从受力的角度来判断简谐振动的特点.

②物体所满足的动力学方程是$\frac{\mathrm{d}^2 x}{\mathrm{d}t^2}=-\omega^2 x$ 或$\frac{\mathrm{d}^2 x}{\mathrm{d}t^2}+\omega^2 x=0$，对弹簧振子 $\omega^2=\frac{k}{m}$，该物体将做简谐振动. 在描述简谐振动的特征上，①和②是等价的.

③当物体的运动方程是 $x=A\cos(\omega t+\varphi_0)$ 或 $x=\sin(\omega t+\varphi_0')$，即物体的位移是时间 t 的余弦函数或正弦函数时，该物体做简谐振动，称为简谐振动的运动学特征.

下面举例说明如何判断一个物体系统是否做简谐振动.

例 6.2.1　竖直弹簧振子，如图 6.2.2 所示，请判断系统是否做简谐振动.

解　设原长为 l，劲度系数为 k 的轻质弹簧竖直悬挂，上端固定，下端系一质量为 m 的物体，如果忽略空气阻力，m 受重力 $\boldsymbol{W}$ 和弹簧弹性力 $\boldsymbol{F}$ 的作用，物体处于静止状态时的位置 O 点为平衡位置，则有

$$mg=k\Delta l$$

式中，Δl 为弹簧在物体 m 处于静止状态时的伸长量. 如果使物体在偏离平衡位置后释放，该物体系统在重力 $\boldsymbol{W}$ 和弹性力 $\boldsymbol{F}$ 作用下，在平衡位置附近做振动.

以地面为惯性参照系，平衡位置 O 为坐标原点，竖直向下方向为 X 轴的正方向，则根据牛顿第二定律，物体 m 满足的动力学方程为

$$m\frac{\mathrm{d}^2 x}{\mathrm{d}t^2}=mg-k(x+\Delta l)$$

利用 $mg=k\Delta l$，令 $\omega^2=k/m$，代入上式整理后可得

$$\frac{d^2x}{dt^2}+\omega^2 x=0$$

由上式可判断物体 m 的振动是简谐振动.

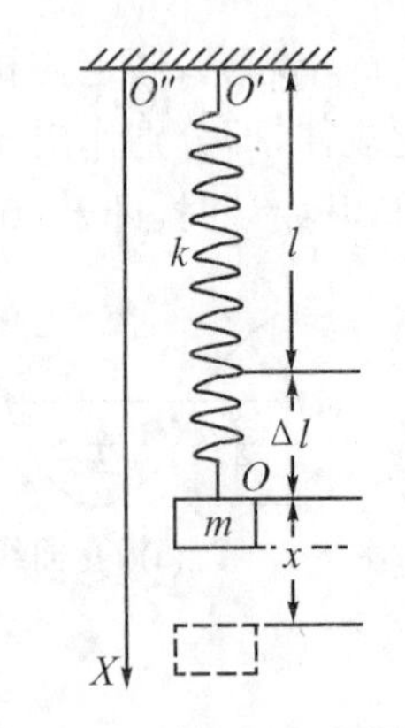

图 6.2.2 例 6.2.1 图示

例 6.2.2 如图 6.2.3 所示，设密度为 ρ，质量为 m 的水银装在横截面积为 S 的 U 形管中，水银与管壁之间的摩擦力可以忽略不计. 如果使管中水银面上下振动，试判断系统是否做简谐振动.

解 选取地面为惯性参照系，以 U 形管中水银柱为研究对象，选取系统左、右两边水银面相等处于平衡状态时水银表面的水平位置为坐标原点，竖直向下为坐标轴 OY 的正方向.

方法一：由于水银柱左端处于 $+y$，右端处于 $-y$ 的任意位置时，系统中水银所受到的压力差的大小等于高度为 $2y$ 的水银柱的重力，方向指向平衡位置，可得

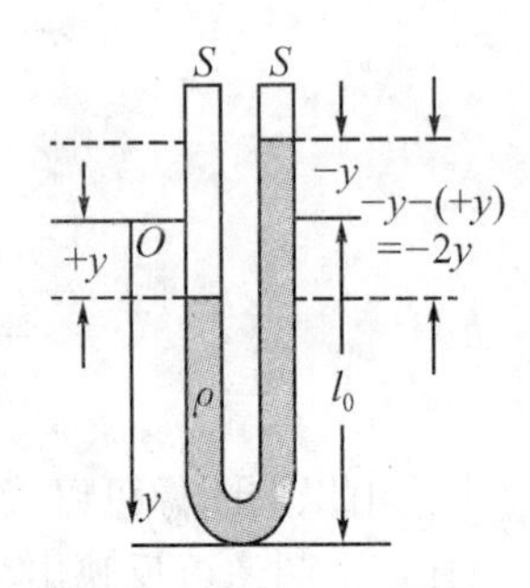

图 6.2.3 例 6.2.2 图示

$$F=-m'g=-2\rho ySg=-(2\rho Sg)y$$

其中 $m'=2\rho yS$，令 $k=2\rho Sg$，则可得

$$F=-ky$$

上式表明系统所受的力为线性回复力，可以判断系统做简谐振动.

方法二：由方法一的分析，再根据牛顿第二定律，得出振动系统的动力学方程为

$$m\frac{d^2y}{dt^2}=-ky, m\frac{d^2y}{dt}+ky=0$$

令

$$\omega^2=\frac{k}{m}=\frac{2\rho Sg}{2\rho l_0 S}=\frac{g}{l_0}$$

得

$$\frac{d^2y}{dt}+\omega^2 y=0$$

由上式可以判断系统做简谐振动. 其中 $m=\rho V=2\rho l_0 S$ 是水银柱的质量.

方法三：由于振动系统所满足的动力学方程是二阶常系数线性微分方程，解的一般形式为

$$y=A\cos(\omega t+\varphi_0)\text{或} y=A\sin(\omega t+\varphi'_0)$$

由以上两式也可以判断系统做简谐振动，A、φ_0 及 φ'_0 由初始条件确定.

由此可见，以上判断简谐振动的三种方法是从不同角度来判断系统是否做简谐振动，可以根据题目的已知条件，用其中最简便的一种方法来判断.

例 6.2.3 如图 6.2.4 所示，一弹簧振子，弹簧的劲度系数 $k=5.0\ \text{N}\cdot\text{m}^{-1}$，物体的质量 $m=0.025\ \text{kg}$，如果把物体从平衡位置向右拉长 0.05 m 后，物体开始以速率 $v=0.4\ \text{m}\cdot\text{s}^{-1}$ 向右运动，忽略空气和地面的摩擦阻力. 试求：①圆频率、周期、频率；②振幅和初相；③简谐振动的表达式；④最大速度和最大加速度的数值；⑤$t=0.2$ s 时的相、位移、速度和加速度.

解 选取地面为惯性参照系，以平衡位置 O 为坐标原点，水平向右为 OX 轴正方向，如图 6.2.4 所示.

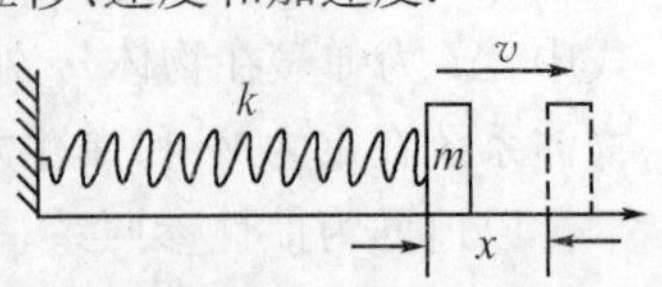

图 6.2.4 例 6.2.3 图示

①圆频率 $\omega=\sqrt{\frac{k}{m}}=\sqrt{\frac{5.0}{0.025}}=14.1\ (\text{rad}\cdot\text{s}^{-1})$

周期 $T=\frac{2\pi}{\omega}=\frac{2\times3.14}{14.1}=0.445\ (\text{s})$

频率 $\nu=\frac{1}{T}=\frac{\omega}{2\pi}=\frac{14.1}{2\times3.14}=2.25\ (\mathrm{Hz})$

②由题意可知,初始条件为 $t=0$ 时,$x=x_0=0.05\ \mathrm{m}$,$v=v_{0x}=0.4\ \mathrm{m\cdot s^{-1}}$,则可得

振幅 $A=\sqrt{x_0^2+\frac{v_0^2}{\omega^2}}=\sqrt{0.05^2+\frac{0.4^2}{14.1^2}}=0.0574\ (\mathrm{m})$

初相 由 $t=0$ 时,$x_0=A\cos\varphi_0$,则可得 $\cos\varphi_0=\frac{x_0}{A}=\frac{0.05}{0.0574}=0.087$,所以,$\varphi_0=\pm 0.505\ (\mathrm{rad})$.又由 $v_0=-\omega A\sin\varphi_0>0$,$\sin\varphi_0<0$,则可得 $\varphi_0=-0.505\ (\mathrm{rad})$.

③弹簧振子做简谐振动的一般表达式为

$$x=A\cos(\omega t+\varphi_0)=0.0574\cos(14.1\,t-0.505)\ (\mathrm{m})$$

④速度 $v=\frac{\mathrm{d}x}{\mathrm{d}t}=-A\omega\sin(\omega t+\varphi_0)$

最大速度的数值,即速度振幅的数值为

$$v_m=\omega A=14.1\times0.0574=0.809\ (\mathrm{m\cdot s^{-1}})$$

加速度 $a=\frac{\mathrm{d}^2x}{\mathrm{d}t^2}=-\omega^2A\cos(\omega t+\varphi_0)$

最大加速度的数值,即加速度振幅的数值为

$$a_m=\omega^2A=14.1\times0.0574=11.4\ (\mathrm{m\cdot s^{-2}})$$

⑤$t=0.2$ s时的相 $\omega t+\varphi_0=14.1\times0.2-0.505=2.32\ (\mathrm{rad})$

位移 $x=A\cos(\omega t+\varphi_0)=0.0574\cos(2.32)=-0.0391\ (\mathrm{m})$

负号表示 $t=0.2$ s时刻,物体位于平衡位置左方 0.0391 m 处.

速度 $v_x=\frac{\mathrm{d}x}{\mathrm{d}t}=-\omega A\sin(\omega t+\varphi_0)=-14.1\times0.0574\sin(2.32)=-0.420\ (\mathrm{m\cdot s^{-1}})$

负号表示物体运动方向与 OX 轴正方向相反,即物体向左方运动.

加速度 $a=\frac{\mathrm{d}^2x}{\mathrm{d}t^2}=-\omega^2A\cos(\omega t+\varphi_0)=-14.1^2\times0.0574\cos(2.32)=7.82\ (\mathrm{m\cdot s^{-2}})$

$a>0$表明物体加速度的方向与 OX 轴正方向相同,即加速度方向指向平衡位置 O.

例 6.2.4 简谐振动的运动学方程为 $x=5\cos(8t+\pi/4)\mathrm{m}$,试问:①如果使计时起点提前 0.5 s,其运动方程如何表示?②如果使其初相为零,计时起点应如何调整?

解 已知简谐振动的运动学方程 $x=5\cos(8t+\frac{\pi}{4})\mathrm{m}$

①如果计时起点提前 0.5 s,则 $t'=t+0.5$ s,代入上式可得

$$x=5\cos(8t'-4+\frac{\pi}{4})\ \mathrm{m}$$

②如果使初相为零,可设 $8t+\pi/4=8t''$,则有 $t''-t=\pi/32$,即 $t''=t+\pi/32$.结果表明计时起点提前($\pi/32$ s),可使初相为零.

例 6.2.5 有一轻质弹簧,在其下端悬挂质量为 1 g 的物体时,伸长量为 4.9 cm.用这个弹簧和一个质量为 8 g 的小球连成一个弹簧振子,如果将小球由平衡位置向下拉开 1 cm 后,给振子向上的初速度大小 $v_0=5\ \mathrm{cm\cdot s^{-1}}$.试求:小球的振动周期 T 及简谐振动表达式.

解 由题意求出劲度系数 $k=\frac{1\times10^{-3}\times9.8}{4.9\times10^{-2}}=0.2\ (\mathrm{N\cdot m^{-1}})$;圆频率 $\omega=\sqrt{\frac{k}{m}}=$

$\sqrt{\dfrac{0.2}{8\times10^{-3}}}=5\ (\mathrm{rad\cdot s^{-1}})$；周期 $T=\dfrac{2\pi}{\omega}=\dfrac{2\pi}{5}=1.26\ (\mathrm{s})$. 选取一维直线坐标，平衡位置为坐标原点，竖直向下为正方向，简谐振动的表达式的标准形式为

$$x=A\cos(\omega t+\varphi_0)=A\cos(5t+\varphi_0)\ (\mathrm{m})$$

由初始条件，当 $t=0$ 时，有 $\begin{cases}x_0=1\times10^{-2}=A\cos\varphi_0\\ v_0=-5\times10^{-2}=-5A\sin\varphi_0\end{cases}$

由以上两式联立解得 $A=\sqrt{2}\times10^{-2}\,\mathrm{m},\varphi_0=\dfrac{\pi}{4}$

所以简谐振动的表达式为

$$x=A\cos(\omega t+\varphi_0)=\sqrt{2}\times10^{-2}\cos(5t+\frac{\pi}{4})\ (\mathrm{m})$$

由以上结果可知，简谐振动的初相仅能够取一个确定值，必须同时满足初始条件 x_0、v_0 的初相 φ_0 值.

6.3 简谐振动的几何表示法

简谐振动的运动学方程中的三个基本物理量可以用解析法、图像表示，也可以用几何表示法，即用简谐振动的旋转矢量图示法更形象化、更直观地了解 A、ω、φ. 在讨论简谐振动的合成时，用几何表示法比用解析法简单得多. 下面介绍这一方法.

简谐振动和匀速率圆周运动有一个很简单的关系. 如图 6.3.1 所示，画一横轴为 X 轴，在该轴上任取一点 O 作为原点，由 O 点作一长度等于简谐振动的振幅 A 的矢量 **A**，可绕 O 点以恒定的角速度 ω 逆时针转动，称为振幅矢量 **A**(或称旋转矢量). 设 $t=0$ 时，**A** 与 OX 轴的夹角为 φ_0，即等于简谐振动的初相. 在振幅矢量 **A** 以简谐振动的圆频率 ω 逆时针匀速转动的过程中，在任意时刻 t，振幅矢量 **A** 与 X 轴的夹角为 $\omega t+\varphi_0$，正好为简谐振动在该时刻 t 的相，振幅矢量 **A** 的端点 M 在 X 轴上的投影 P 点的位移 x 为

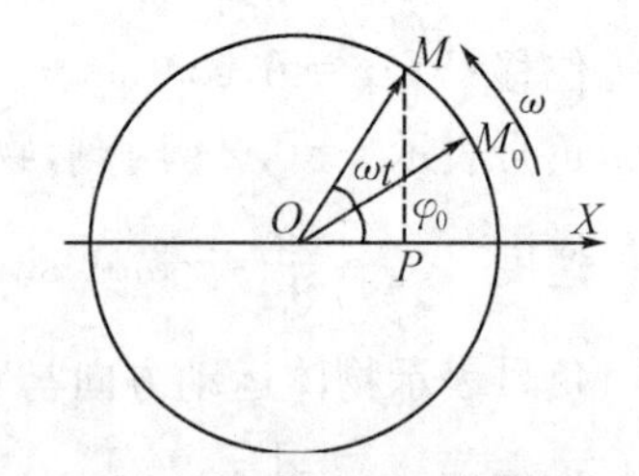

图 6.3.1 简谐振动的几何表示法

$$x=A\cos(\omega t+\varphi_0) \tag{6-3-1}$$

由此可见，M 点在 X 轴上投影 P 点的运动为简谐振动. 这种表示简谐振动的方法称为简谐振动的几何表示法或旋转矢量图示法.

当振幅矢量旋转一周，相当于系统完成一次完全振动. 振幅矢量旋转一周的时间也就是简谐振动的周期. 圆频率 ω 作为振幅矢量 **A** 的旋转角速度出现，它的物理意义就显示得很清楚.

设有三个同方向同频率的简谐振动的运动学方程分别为

$$\left.\begin{aligned}x_1&=A\cos\omega t\\ x_2&=A\cos(\omega t+\frac{\pi}{2})\\ x_3&=A\cos(\omega t+\pi)\end{aligned}\right\} \tag{6-3-2}$$

设它们在计时起点 $t=0$ 时的振幅矢量分别为 $\mathbf{A}_1$、$\mathbf{A}_2$、$\mathbf{A}_3$，如图 6.3.2 所示. 可见 x_2 与 x_1 的相差 $\Delta\Phi_1=\pi/2$，x_3 与 x_1 的相差 $\Delta\Phi_2=\pi$，x_3 与 x_2 的相差 $\Delta\Phi_3=\pi/2$，这样通过简谐振动的几何表示法，同方向同频率的两简谐振动的相差也能很直观地表示出来.

简谐振动的速度和加速度也可以用几何表示法来表示. 如图 6.3.3 所示,振幅矢量 $\boldsymbol{A}$ 的端点做匀速率圆周运动的速率等于 ωA,速度 $\boldsymbol{v}$ 与 X 轴之间的夹角等于 $\omega t+\varphi_0+\pi/2$,因而在 X 轴上的投影为

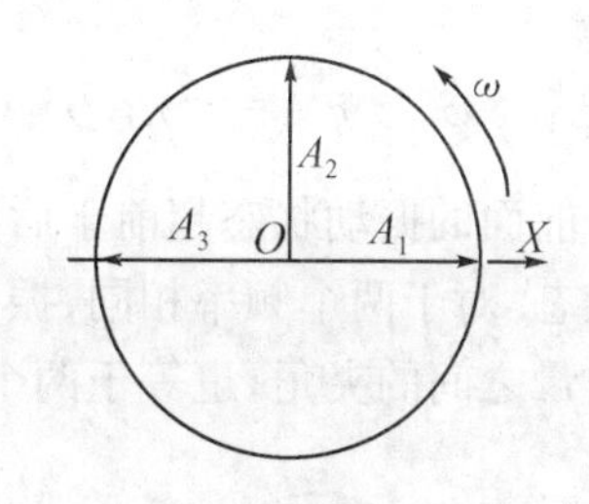

图 6.3.2　简谐振动的相差

$$v=v_x=\omega A\cos\left(\omega t+\varphi_0+\frac{\pi}{2}\right)$$

$$=-\omega A\sin(\omega t+\varphi_0)\qquad(6-3-3)$$

振幅矢量 $\boldsymbol{A}$ 的端点做匀速率圆周运动的加速度即是向心加速度 $\boldsymbol{a}=\boldsymbol{a}_n$,其大小为 ω^2A,它与 X 轴的夹角为 $\omega t+\varphi_0+\pi$,因而在 X 轴上的投影为

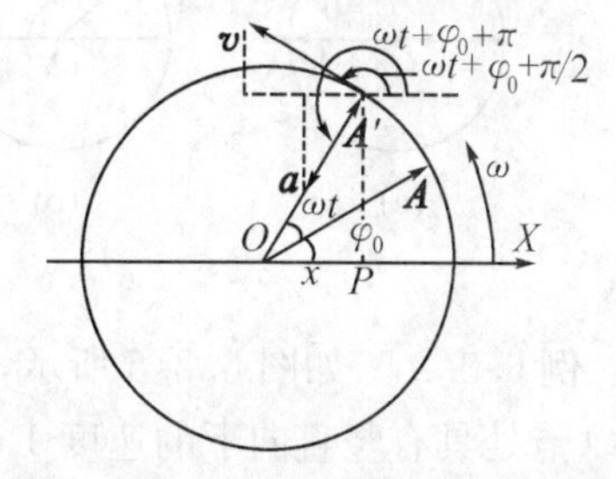

图 6.3.3　简谐振动的速度和加速度

$$a=a_x=\omega^2A\cos(\omega t+\varphi_0+\pi)\qquad(6-3-4)$$

将 v_x 与 a_x 的表达式与(6－2－5) 式、(6－2－6)式比较可知,振幅矢量 $\boldsymbol{A}$ 的端点 M 做匀速率圆周运动的速度和加速度在 X 轴上的投影正好等于该简谐振动的速度和加速度.

由此可见,简谐振动的位移随时间变化的关系,可以用解析法,即数学公式表示;也可以用图像表示;还可以用几何表示法,它可以帮助我们形象地、直观地理解简谐振动的三个基本物理量——振幅 A、圆频率 ω、初相 φ_0 的物理意义,而且在讨论简谐振动的合成时,用几何表示法比用解析法更为简便. 几何表示法在电工学中有着广泛的应用.

必须指出,当一个物体沿某一直线在平衡位置附近做简谐振动时,如图 6.3.1 中所画的"旋转矢量"、"角速度"、"转角"等实际上并不存在,而是为了直观、形象地描述简谐振动而引入的一种方法,简谐振动的运动学方程和各物理量的意义可用几何表示法来表示. 其实,只要某一物理量可表示为时间的余弦(或正弦)函数,都可以运用该方法直观地表示出来.

振幅矢量 $\boldsymbol{A}$ 的端点 M 称为参考点,参考点 M 的运动轨道称为参考圆. O 点就是参考圆的中心. 参考点 M 在 X 轴上的投影 P 点的位置,就是振动物体的位置. 参考点 M 在参考圆上以角速度大小等于圆频率,沿逆时针方向做匀速率转动,M 点的投影点 P 沿 X 轴上的运动才是简谐振动.

例 6.3.1　弹簧振子沿 X 轴正方向做简谐振动,简谐振动的表达式为 $x=A\cos(\omega t+\varphi_0)$. 设初始计时时刻 $t=0$ 时,弹簧振子的运动状态分别是:①$x_0=A$,沿 X 轴负方向运动;②$x_0=-A/\sqrt{2}$,沿 X 轴负方向运动;③$x_0=A/\sqrt{2}$,沿 X 轴负方向运动;④$x_0=-A$,沿 X 轴正方向运动;⑤$x_0=0$,且通过平衡位置沿 X 轴正方向运动. 试用旋转矢量法确定相应的初相及①与③、①与④、②与③之间的相差.

解　根据简谐振动的旋转矢量法,当 $t=0$ 时的振幅矢量 $\boldsymbol{A}$ 与 X 轴正方向之间的夹角等于简谐振动的初相,旋转矢量 $\boldsymbol{A}$ 在 X 轴上的投影为 x_0 值. 但是,在一般情况下,M 点在 X 轴上的投影点 P,对应着两个振幅矢量的端点在 X 轴上的投影(只有在 $x_0=\pm A$ 时除外),还必须根据投影点 P 的运动方向,才能够唯一地确定振幅矢量的初始位置,从而唯一地确定简谐振动的初相. 根据题意所给条件,相应的初相分别为:①$\varphi_{01}=0$;②$\varphi_{02}=\dfrac{3\pi}{4}$或$-\dfrac{5\pi}{4}$;③$\varphi_{03}=\dfrac{\pi}{4}$或$-\dfrac{7\pi}{4}$;④$\varphi_{04}=\pi$;⑤$\varphi_{05}=\dfrac{3\pi}{2}$或$-\dfrac{\pi}{2}$;①与③的相差 $\Delta\varphi_{13}=\varphi_{01}-\varphi_{03}=-\dfrac{\pi}{4}$;①与④的相差

$\Delta\varphi_{14}=\varphi_{01}-\varphi_{04}=-\pi$；②与③的相差 $\Delta\varphi_{23}=\varphi_{02}-\varphi_{03}=\frac{\pi}{2}$. 以上所得的结果中，$\Delta\varphi<0$，对应于前面的振动状态超前于后面的振动状态；$\Delta\varphi>0$，对应于后面的振动状态超前于前面的振动状态. 对于两个频率相同、振动方向相同的简谐振动，它们之间的相差等于任意时刻两个振幅矢量之间的夹角，也等于两个振幅矢量在初始位置时的夹角.

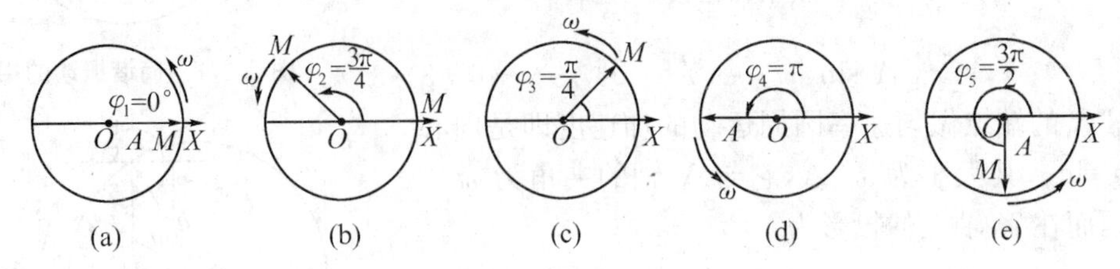

图 6.3.4　例 6.3.1 图示

例 6.3.2　如图 6.3.5 所示，沿竖直方向振动的弹簧振子，设 $x_0=9.8$ cm，物体在平衡位置 O 点处具有竖直向下的速度 $1\ \mathrm{m\cdot s^{-1}}$. 试求：在 SI 制中，物体做简谐振动的运动学方程.

解　设物体在坐标系 OX 中的运动学方程的标准形式为 $x=A\cos(\omega t+\varphi_0)$ m，其中 ω、A、φ_0 三个量是未知量. 圆频率 ω 可以由 $kx_0=mg$，$\omega=\sqrt{\frac{k}{m}}$ 求得，即 $\omega=\sqrt{\frac{k}{m}}=\sqrt{\frac{g}{x_0}}=10\ (\mathrm{rad\cdot s^{-1}})$.

再由初始条件 $t=0$ 时，$x=x_0=0$，$v=v_0=1\ \mathrm{m\cdot s^{-1}}$，求 A 和 φ_0. 将 $t=0$，$x_0=0$，代入运动学方程，得 $A\cos\varphi_0=0$，由此得出 $\varphi_0=\pi/2$ 或 $\varphi_0=3\pi/2$.

再由 $t=0$ 时，$v_0=1\ \mathrm{m\cdot s^{-1}}$，$\omega=10\ \mathrm{rad\cdot s^{-1}}$，代入速度的表达式 $v=-\omega A\sin(\omega t+\varphi_0)$，可得 $v_0=-\omega A\sin\varphi_0=1\ \mathrm{m\cdot s^{-1}}>0$，由于振幅 $A>0$，所以有 $\sin\varphi_0<0$，因此初相为

$$\varphi_0=3\pi/2$$

再将初相代入 $v_0=10A\sin\varphi_0$，解得振幅 $A=0.1$ m. 将 ω、A、φ_0 代入简谐振动运动学方程的标准式，可得简谐振动的运动学方程为

$$x=0.1\cos(10t+3\pi/2)\ \mathrm{m}$$

式中，t 以 s 计.

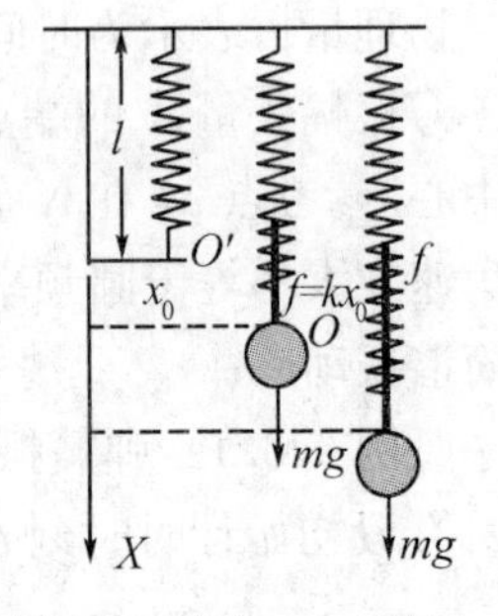

图 6.3.5　例 6.3.2 图示

例 6.3.3　一个在 X 轴上做简谐振动的物体，振幅为 A，周期为 T. 如果 $t=0$ 时刻，物体的运动状态分别是：①$x=-A$；②$x=0$，向 X 轴正方向运动；③$x=\frac{A}{2}$，向 X 轴负方向运动；④$x=\frac{A}{2}$，向 X 轴正方向运动. 试求其初相，并用旋转矢量图表示；在国际单位制中，写出简谐振动的表达式.

解　简谐振动物体的初相可由初始条件由解析法或旋转矢量法得出：

①$t=0$ 时，$x=x_0=-A=A\cos\varphi_0$，$\cos\varphi_0=-1$，$\varphi_0=\pi$；

②$t=0$ 时，$x=x_0=0=A\cos\varphi$，且 $v=v_0=-\omega A\sin\varphi_0>0$，$\varphi_0=\frac{3\pi}{2}$或$-\frac{\pi}{2}$；

③$t=0$ 时，$x=x_0=\frac{A}{2}=A\cos\varphi_0$，$v=v_0=-\omega A\sin\varphi_0<0$，$\varphi_0=\frac{\pi}{3}$或$-\frac{5\pi}{3}$；

④$t=0$ 时，$x=x_0=-\frac{A}{2}=A\cos\varphi_0$，$v=v_0=-\omega A\sin\varphi_0>0$，$\varphi_0=\frac{4\pi}{3}$或$-\frac{2\pi}{3}$.

相应的旋转矢量图如下所示：

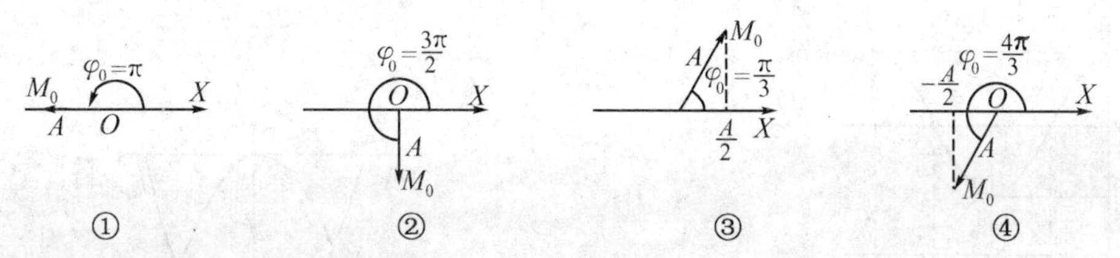

相应的简谐振动的表达式如下：

①$x=A\cos\left(\frac{2\pi}{T}t+\pi\right)$ m 或 $x=A\cos\left(\frac{2\pi}{T}t-\pi\right)$ m；

②$x=A\cos\left(\frac{2\pi}{T}t+\frac{3\pi}{2}\right)$ m 或 $x=A\cos\left(\frac{2\pi}{T}t-\frac{\pi}{2}\right)$ m；

③$x=A\cos\left(\frac{2\pi}{T}t+\frac{\pi}{3}\right)$ m 或 $x=A\cos\left(\frac{2\pi}{T}-\frac{5\pi}{3}\right)$ m；

④$x=A\cos\left(\frac{2\pi}{T}t+\frac{4\pi}{3}\right)$ m 或 $x=A\cos\left(\frac{2\pi}{T}t-\frac{2\pi}{3}\right)$ m.

6.4 简谐振动的能量

以弹簧振子为例来说明简谐振动的能量. 由于不考虑弹簧的质量，在摩擦力及空气阻力忽略不计的情况下，系统与外界没有能量交换，在简谐振动过程中，系统所受内力即回复力是线性弹性力，弹性力是保守力，做功的结果是系统的动能和势能相互转换，系统的机械能守恒. 设任意时刻 t，质量为 m，速率为 v 的弹簧振子，其动能为

$$E_K=\frac{1}{2}mv^2=\frac{1}{2}m\omega^2A^2\sin^2(\omega t+\varphi_0)$$
$$=\frac{1}{2}kA^2\sin^2(\omega t+\varphi_0) \qquad (6-4-1)$$

以平衡位置 $x=0$ 为弹性势能零点，位移大小为 x 时，弹簧振子的势能为

$$E_P=\frac{1}{2}kx^2=\frac{1}{2}kA^2\cos^2(\omega t+\varphi_0) \qquad (6-4-2)$$

由此可见，在振动过程中，弹簧振子的动能和势能都在 $0\sim\frac{1}{2}kA^2$ 之间做周期性变化，其变化周期 T' 为简谐振动的周期 T 的一半，即 $T'=\frac{1}{2}T$. 图 6.4.1 为初相 φ_0 等于零的动能 E_K 和势能 E_P 随时间变化的关系曲线，虚线表示 E_K，实线表示 E_P. 可见其动能为最大时，势能为最小(零)；动能为最小(零)时，势能为最大，简谐振动的过程正是动能和势能相互转换的过程. 简谐振动系统的总机械能等于动能和势能的和，即

$$E=E_K+E_P=\frac{1}{2}mv^2+\frac{1}{2}kx^2=\frac{1}{2}kA^2=\frac{1}{2}m\omega^2A^2$$

上式表明振动系统的总能量与振幅平方成正比，由此可以看出振幅的物理意义，振幅的大小反映了系统振动的强弱. 对于给定的简谐振动而言，其振幅在振动过程中保持不变. 简谐振动是一种等幅振动.

在简谐振动的过程中，任何时刻动能和势能之和，即总能量保持不变，机械能守恒，如图 6.4.2 所示.

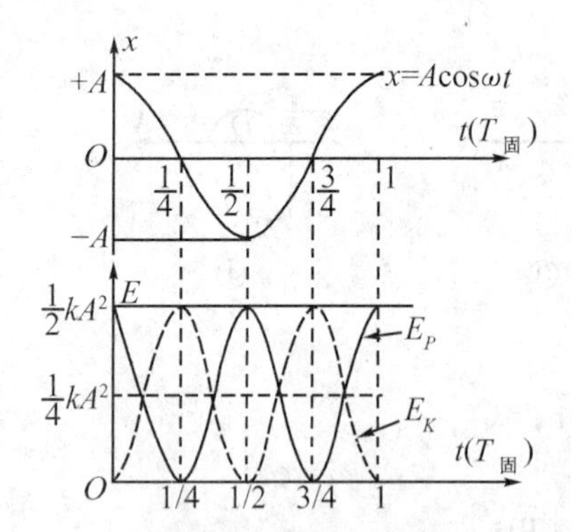

图 6.4.1　动能和势能随时间变化的关系曲线

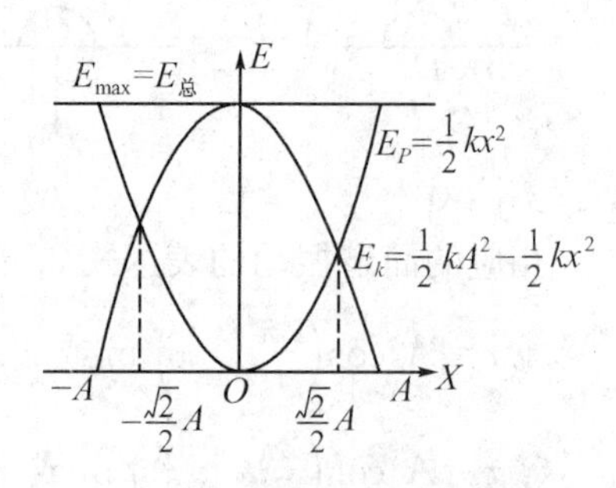

图 6.4.2　简谐振动中机械能守恒

简谐振动系统的平均动能和平均势能，即弹簧振子的动能和势能在一个周期内的平均值是相等的，这也是该振动系统的重要特征. 即

$$\overline{E}_K=\frac{1}{T}\int_0^T E_K\,\mathrm{d}t=\frac{1}{T}\int_0^T\frac{1}{2}kA^2\sin^2(\omega t+\varphi_0)\mathrm{d}t=\frac{1}{4}kA^2=\frac{1}{4}m\omega^2A^2$$

$$\overline{E}_P=\frac{1}{T}\int_0^T E_P\,\mathrm{d}t=\frac{1}{T}\int_0^T\frac{1}{2}kA^2\cos^2(\omega t+\varphi_0)\mathrm{d}t=\frac{1}{4}kA^2=\frac{1}{4}m\omega^2A^2$$

可见

$$\overline{E}_K=\overline{E}_P=\frac{1}{4}kA^2=\frac{1}{4}m\omega^2A^2=\frac{1}{2}E$$

对于给定的振动系统，m、ω、k 一定，$\overline{E}_K$、$\overline{E}_P$ 与 A^2 成正比.

例 6.4.1　一竖直弹簧振子，$m=0.050$ kg，其运动学方程为 $x=0.02\sin(10t+\pi/2)$m，如果选取平衡位置 $x_0=0$ 处势能为零. 试求：①弹簧的劲度系数；②最大动能及最大势能；③总能量.

解　该弹簧振子运动学方程的标准形式为 $x=A\sin(\omega t+\varphi_0')$ m，与 $x=0.02\sin(10t+\pi/2)$ m 相比较，可知 $A=0.02$ m，$\omega=10\ \mathrm{rad\cdot s^{-1}}$，$\varphi_0'=\pi/2$.

①由 $\omega^2=k/m$，得劲度系数 k 为

$$k=m\omega^2=0.050\times10^2=5.0\ (\mathrm{N\cdot m^{-1}})$$

②最大动能及最大势能为

$$E_{K\max}=E_{P\max}=\frac{1}{2}m\omega^2A^2$$

所以

$$E_{K\max}=E_{P\max}=\frac{1}{2}\times0.050\times10^2\times0.02^2=1.0\times10^{-3}\ (\mathrm{J})$$

③因为弹簧振子在振动过程中机械能守恒，动能最大时势能为零，势能最大时动能为零，所以总能量等于最大动能，亦等于最大势能，即

$$E=E_{K\max}=E_{P\max}=1.0\times10^{-3}\ (\mathrm{J})$$

例 6.4.2　试利用机械能守恒，求弹簧振子的运动学方程.

解　弹簧振子在振动过程中机械能守恒，可得

$$\frac{1}{2}m\left(\frac{\mathrm{d}x}{\mathrm{d}t}\right)^2+\frac{1}{2}kx^2=\frac{1}{2}kA^2$$

$$\frac{\mathrm{d}x}{\mathrm{d}t}=\pm\sqrt{\frac{k}{m}}\sqrt{A^2-x^2}，即\quad\frac{\mathrm{d}x}{\sqrt{A^2-x^2}}=\pm\sqrt{\frac{k}{m}}\mathrm{d}t$$

两边积分得

$$x=A\sin\left(\pm\sqrt{\frac{k}{m}}t+\varphi_0\right)$$

其中 φ 为积分常量，由初始条件决定的初相，令 $\pm\sqrt{\frac{k}{m}}=\omega, \varphi_0'=\frac{\pi}{2}-\varphi_0$，上式可写为

$$x=A\ \sin(\omega t+\varphi_0) \text{或} x=A\ \cos(\omega t+\varphi_0')$$

可见，利用简谐振动的机械能守恒，可得出运动学方程.

6.5 简谐振动的合成

简谐振动是最简单、最基本、最重要的振动，而许多实际的周期性振动是比较复杂的，并不是简谐振动，经常遇到一个质点同时参与两个或两个以上的振动，例如，当两个声源发出的两列声波同时传播到空间中某一点时，该点处空气质点就同时参与两个振动，这时该质点的振动，根据运动叠加原理，就是这两个振动合成的结果. 另外，振动的合成也是讨论波的叠加的基础，在交流电路、波动光学等方面具有重要的意义. 下面只讨论两个简谐振动合成的几种简单情况.

6.5.1 两个同方向同频率简谐振动的合成

设质点同时参与两个振动方向相同（沿 X 方向），圆频率 ω 相同的简谐振动的表达式分别为

$$x_1=A_1\ \cos(\omega t+\varphi_1) \tag{6-5-1}$$

$$x_2=A_2\ \cos(\omega t+\varphi_2) \tag{6-5-2}$$

式中，A_1、A_2 和 φ_1、φ_2 分别表示这两个简谐振动的振幅和初相. 因为两个振动的振动方向相同，质点在任意时刻合成振动的位移 x 应是两个振动位移的代数和，即 $x=x_1+x_2$，利用三角函数公式或旋转矢量法不难得出，合成振动仍是在该振动方向上具有相同圆频率 ω 的简谐振动，即

$$x=x_1+x_2=A\ \cos(\omega t+\varphi_0) \tag{6-5-3a}$$

式中，A、φ_0 分别是合成振动的振幅与初相. 下面利用旋转矢量法来讨论合成振动.

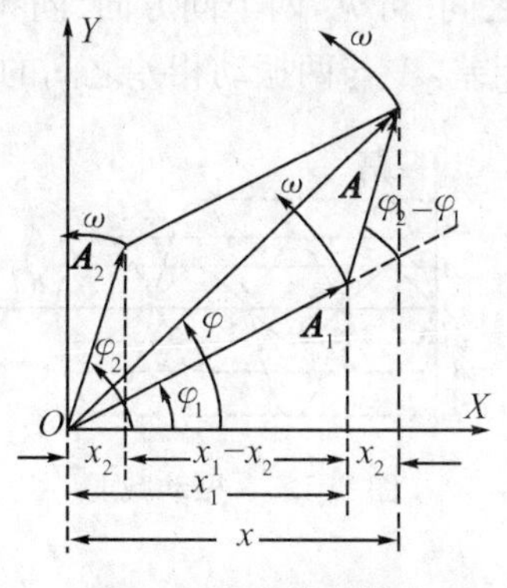

图 6.5.1 旋转矢量法

如图 6.5.1 所示，在 X 轴上选取任一点 O 为坐标原点，由 O 点做两个简谐振动的振幅矢量 $\mathbf{A}_1$ 和 $\mathbf{A}_2$，在初始时刻 $t=0$ 时，它们分别与 OX 轴之间的夹角为 φ_1 和 φ_2. 由于它们的圆频率 ω 相同，当两个振幅矢量以相同的角速度 ω 绕原点 O 沿逆时针方向转动时，在 t 时刻，它们的端点与 X 轴的夹角分别为 $(\omega t+\varphi_1)$、$(\omega t+\varphi_2)$，在 X 轴上的投影（分量）分别表示两个分振动的位移 $x_1=A_1\ \cos(\omega t+\varphi_1)$，$x_2=A_2\ \cos(\omega t+\varphi_2)$. 根据矢量合成的平行四边形法则可求

出合振幅矢量 $\boldsymbol{A}=\boldsymbol{A}_1+\boldsymbol{A}_2$，由于两振动频率相同，其角速度 ω 相同，它们之间的夹角 $(\varphi_2-\varphi_1)$ 在旋转过程中始终保持不变，则合振幅矢量 $\boldsymbol{A}=\boldsymbol{A}_1+\boldsymbol{A}_2$ 是以 $\boldsymbol{A}_1$ 和 $\boldsymbol{A}_2$ 为邻边，以初相差 $(\varphi_2-\varphi_1)$ 为两邻边的夹角的平行四边形的对角线. 从图中可看出，在任意时刻的合位移 $x=x_1+x_2$，其表达式为

$$x=x_1+x_2=A\cos(\omega t+\varphi_0) \tag{6-5-3b}$$

上式表明：合成振动仍是一个简谐振动，其圆频率与两振动的圆频率相同，合成振动的振幅 A 和初相 φ_0，可以由余弦定理及矢量三角形边角关系求出. 合成振动的振幅为

$$A=\sqrt{A_1^2+A_2^2+2A_1A_2\cos(\varphi_2-\varphi_1)} \tag{6-5-4}$$

合成振动的初相为

$$\varphi_0=\arctan\frac{A_1\sin\varphi_1+A_2\sin\varphi_2}{A_1\cos\varphi_1+A_2\cos\varphi_2} \tag{6-5-5}$$

以上结果，也可以根据解析方法利用三角函数运算来证明. 可见合成振动的振幅 A 不仅与两振动的振幅 A_1 和 A_2 有关，而且还与两个振动的相差 $(\varphi_2-\varphi_1)$ 有关.

下面分别讨论几种特殊而常用的情况.

①两简谐振动的相差 $\Delta\varphi=\varphi_2-\varphi_1=2k\pi(k=0,\pm1,\pm2,\cdots)$，即两个振动同相，这时 $\cos(\varphi_2-\varphi_1)=1$，由(6-5-4)式得

$$A=\sqrt{A_1^2+A_2^2+2A_1A_2}=A_1+A_2 \tag{6-5-6}$$

即当两个振动的相差为 π 的偶数倍时，合成振动的振幅最大，等于两振动的振幅的和，合成后振动加强，如图 6.5.2 所示. 如果 $A_2=A_1$，则有 $A=2A_1=2A_2$.

②两简谐振动的相差 $\Delta\varphi=\varphi_2-\varphi_1=(2k+1)\pi(k=0,\pm1,\pm2,\cdots)$，这时 $\cos(\varphi_2-\varphi_1)=-1$，由(6-5-4)式得

$$A=\sqrt{A_1^2+A_2^2-2A_1A_2}=|A_1-A_2| \tag{6-5-7}$$

即当两个振动相差为 π 的奇数倍时，合成振动的振幅最小，等于两振动的振幅的差的绝对值，合成振动减弱，如图 6.5.3 所示. 如果 $A_2=A_1$，则有 $A=0$. 两个振动相互抵消，质点处于静止状态. 一般情况下，两个振动既不同相也不反相，两个振动的相差为其他任意值时，合成振动的振幅 A 在 A_1+A_2 和 $|A_1-A_2|$ 之间. 可见，两个同方向、同频率的简谐振动的合成，合成振动的振幅 A 决定于两振动之间的相差，A 与两振动相差之间的关系如图 6.5.4 所示.

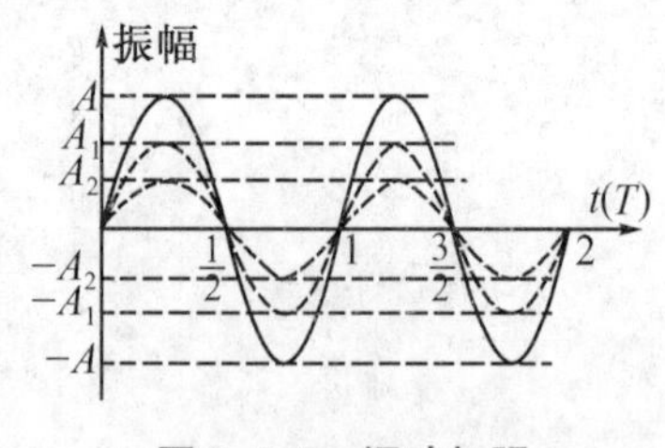

图 6.5.2 振动加强

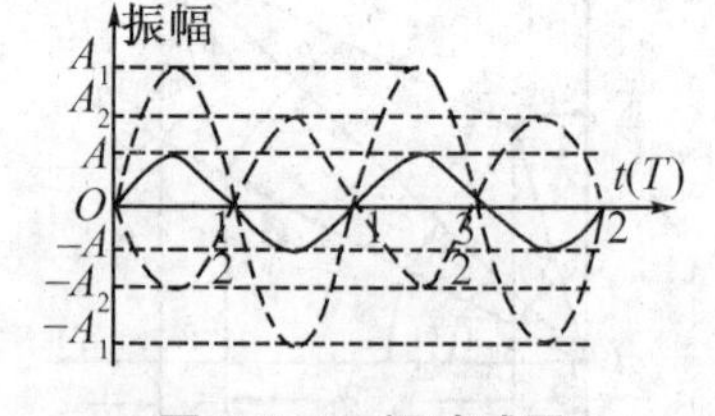

图 6.5.3 振动减弱

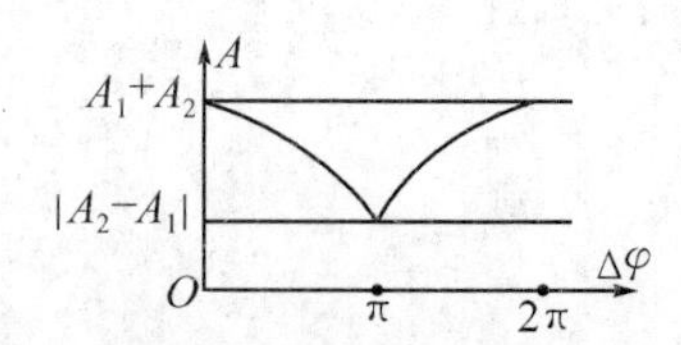

图 6.5.4 振幅与两振动相差之间的关系

对于同一物体同时参与两个以上同方向、同频率的简谐振动问题，可以利用以上有关两个同方向、同频率简谐振动合成的结论，利用振幅矢量合成的图解加法（多边形法则，振幅矢量首尾串联作图，并考虑到相差），可由第一个振幅矢量的起点到最后一个振幅矢量的端点作矢量 $\boldsymbol{A}$，则 $\boldsymbol{A}$ 即为相应的合成振动的振幅矢量，$\boldsymbol{A}$ 的大小为合成振动的振幅. 如图 6.5.5 所示，为一物体同时参与 N 个同方向、同频率的简谐振动，它们的振幅相等，即 $A_1=A_2=\cdots=A_N$，但相不等而成一等差级数，即相邻两振动的相差为 φ. 可求得合成振动的振幅为

$$A=\frac{A_1\sin\frac{N\varphi}{2}}{\sin\frac{\varphi}{2}} \quad (6-5-8)$$

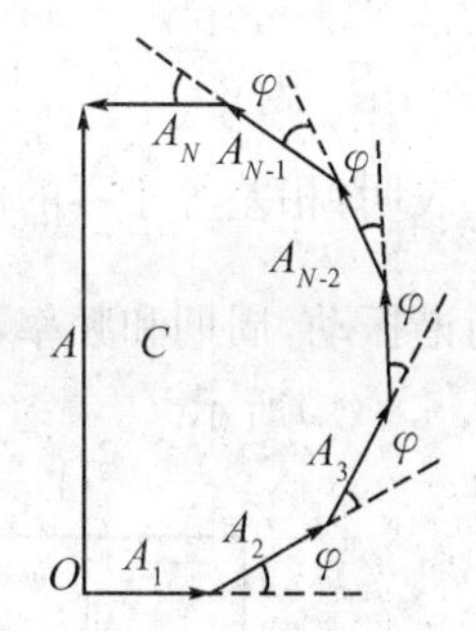

图 6.5.5　N 个同方向、同频率的简谐振动

6.5.2　两个相互垂直的同频率简谐振动的合成

当一个质点同时参与两个振动方向相互垂直且圆频率 ω 相同的简谐振动时，一般情况下，两振动的合振动是在两振动方向所决定的平面内做椭圆运动.

(1)运动轨道方程

设两个相互垂直的同频率简谐振动的表达式分别为

$$x=A_1\cos(\omega t+\varphi_1) \quad (6-5-9)$$

$$y=A_2\cos(\omega t+\varphi_2) \quad (6-5-10)$$

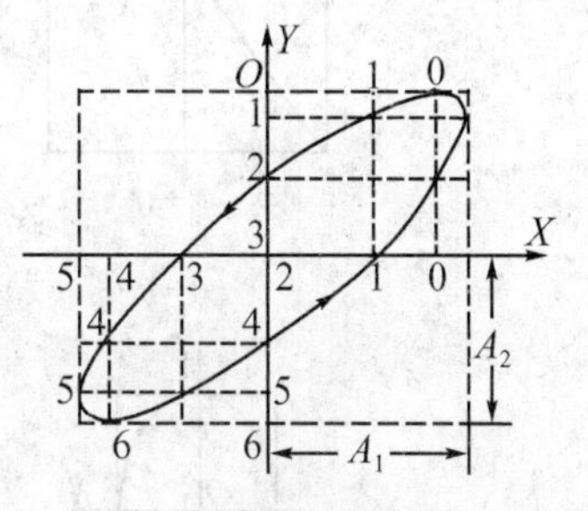

图 6.5.6　两个相互垂直的同频率简谐振动的合成

一般来说，两振动的振幅和初相都不相同. 上式是用时间参量 t 表示的质点运动的轨道参量方程. 如果两式中消去时间参量 t，就得到质点在 XY 平面上合成运动的轨道方程. 先将以上方程式变形后用三角函数展开，分别得到

$$\frac{x}{A_1}=\cos\omega t\ \cos\varphi_1-\sin\omega t\ \sin\varphi_1$$

$$\frac{y}{A_2}=\cos\omega t\ \cos\varphi_2-\sin\omega t\ \sin\varphi_2$$

将第一式乘以 $\cos\varphi_2$，将第二式乘以 $\cos\varphi_1$，然后再相减，利用三角函数关系化简，得

$$\frac{x}{A_1}\cos\varphi_2-\frac{y}{A_2}\cos\varphi_1=\sin\omega t\ \sin(\varphi_2-\varphi_1)$$

再将两式中第一式乘以 $\sin\varphi_2$，将第二式乘以 $\sin\varphi_1$，然后相减，利用三角函数关系化简，得

$$\frac{x}{A_1}\sin\varphi_2-\frac{y}{A_2}\sin\varphi_1=\cos\omega t\ \sin(\varphi_2-\varphi_1)$$

将所得到的两式平方后再相加，得

$$\frac{x^2}{A_1^2}+\frac{y^2}{A_2^2}-\frac{2xy}{A_1A_2}\cos(\varphi_2-\varphi_1)=\sin^2(\varphi_2-\varphi_1) \quad (6-5-11)$$

上式表明：一般情况下是在 XY 平面上的椭圆轨道方程，椭圆的轴分别与 X 轴和 Y 轴重合，椭圆的轨道形状由两个分振动的相差 $(\varphi_2-\varphi_1)$ 决定，如图 6.5.6 所示.

(2)几种特殊而常用的情况

①两个振动的初相相同，即相差 $\Delta\varphi=\varphi_2-\varphi_1=0$ 时，由(6-5-11)式得

$$\frac{x^2}{A_1^2}+\frac{y^2}{A_2^2}-\frac{2xy}{A_1A_2}=0$$

可得

$$\frac{x}{A_1}-\frac{y}{A_2}=0,\quad 即\ y=\frac{A_2}{A_1}x$$

上式表明：质点的运动轨道是通过坐标原点的直线，直线的斜率为 $\tan\theta=\frac{A_2}{A_1}$，表明该直线是一、三象限的对角线，如图 6.5.7(a)所示.

在任意时刻 t，质点离开平衡位置的位移 $\boldsymbol{S}$ 的大小为

$$S=\sqrt{x^2+y^2}=\sqrt{A_1^2\cos^2(\omega t+\varphi)+A_2^2\cos^2(\omega t+\varphi)}=\sqrt{A_1^2+A_2^2}\cos(\omega t+\varphi)$$

上式表明:相差等于零的两个互相垂直的简谐振动的合成振动也是一个沿直线 $y=\frac{A_2}{A_1}x$ 运动的简谐振动,周期和频率与两振动的周期和频率相同,振幅 $A=\sqrt{A_1^2+A_2^2}$,合成振动的图像如图 6.5.7(a)所示.

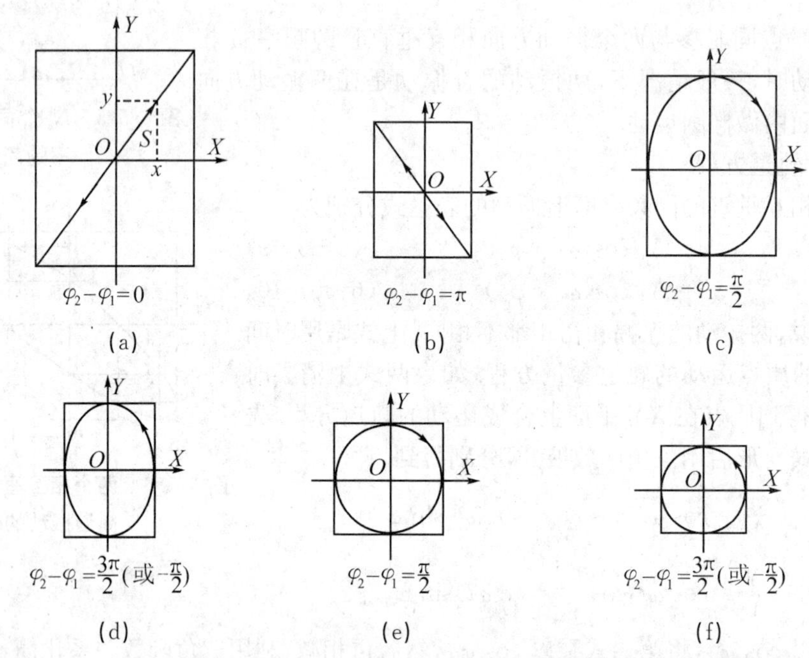

图 6.5.7　简谐振动的几种特殊情况

②两个振动初相相反,即相差 $\Delta\varphi=\varphi_2-\varphi_1=\pi$ 时,由(6－5－11)式得

$$\frac{x^2}{A_1^2}+\frac{y^2}{A_2^2}+\frac{2xy}{A_1A_2}=0$$

可得
$$\frac{x}{A_1}+\frac{y}{A_2}=0,\quad 即\ y=-\frac{A_2}{A_1}x$$

上式表明:质点的运动轨道是通过坐标原点的直线,直线的斜率为 $\tan\theta=-\frac{A_2}{A_1}$,表明该直线是二、四象限的对角线,如图 6.5.7(b)所示.

在任意时刻 t,质点离开平衡位置的位移 S 的大小为

$$S=\sqrt{x^2+y^2}=\sqrt{A_1^2\cos^2(\omega t+\varphi)+A_2^2\cos^2(\omega t+\varphi)}=\sqrt{A_1^2+A_2^2}\cos(\omega t+\varphi)$$

上式表明:相差等于 π 的两个相互垂直的简谐振动的合成振动也是一个沿直线 $y=-\frac{A_2}{A_1}x$ 运动的简谐振动,周期和频率与两振动的周期和频率相同,振幅 $A=\sqrt{A_1^2+A_2^2}$,合成振动的图像如图 6.5.7(b)所示.

③两个振动的相差为$\frac{\pi}{2}$,即 $\Delta\varphi=\varphi_2-\varphi_1=\frac{\pi}{2}$,由(6－5－11)式得

$$\frac{x^2}{A_1^2}+\frac{y^2}{A_2^2}=1$$

上式表明:合成振动的运动轨道是以坐标轴为对称轴的正椭圆,如图 6.5.7(c)所示.沿 X 轴的

轴长为 $2A_1$，沿 Y 轴的轴长为 $2A_2$，但是由此并不能判断出质点的运动方向.

下面讨论质点的运动方向，两个分振动的表达式为

$$x = A_1\cos(\omega t+\varphi_1)$$

$$y = A_2\cos(\omega t+\varphi_2) = A_2\cos(\omega t+\varphi_1+\frac{\pi}{2})$$

设在某一时刻 t，$(\omega t+\varphi_1)=0$，这时振动质点的位置为 $x=A_1$，$y=0$，在经过很短的时间间隔 Δt，在 $t+\Delta t$ 时刻，这时 x 为正值，y 为负值，即质点运动到第四象限，可见质点是沿顺时针方向运动的正椭圆，如图 6.5.7(c)所示. 如果 $A_1=A_2$，则椭圆变成了圆，如图 6.5.7(e)所示.

④两个分振动的相差为$\frac{3\pi}{2}$，即 $\Delta\varphi=\varphi_2-\varphi_1=\frac{3\pi}{2}$，由(6－5－11)式得

$$\frac{x_2}{A_1^2}+\frac{y^2}{A_2^2}=1$$

上式表明：振动质点的运动轨道是以坐标轴为对称轴的正椭圆，如图 6.5.7(d)所示. 沿 X 轴的轴长为 $2A_1$，沿 Y 轴的轴长为 $2A_2$，但是由它并不能判断出质点的运动方向.

下面讨论质点的运动方向，两个分振动的表达式为

$$x = A_1\cos(\omega t+\varphi_1)$$

$$y = A_2\cos(\omega t+\varphi_2) = A_2\cos\left(\omega t+\varphi_1+\frac{3\pi}{2}\right)$$

设在某一时刻 t，$(\omega t+\varphi_1)=0$，这时振动质点的位置为 $x=A_1$，$y=0$，在经过很短的时间间隔 Δt，在 $t+\Delta t$ 时刻，这时 x 为正值，y 为正值，即质点运动到第一象限，可见质点是沿逆时针方向运动的正椭圆，如图 6.5.7(d)所示. 如果 $A_1=A_2$，则椭圆变成了圆，如图 6.5.7(f)所示.

⑤相差不等于以上所讨论的值而为其他任意值时，质点的运动轨道不是以 X 轴和 Y 轴为对称轴的正椭圆，而是以其他方向为轴的斜椭圆. 图 6.5.8 中画出了其他不同相差的两个相互垂直的同频率简谐振动的合成运动轨道.

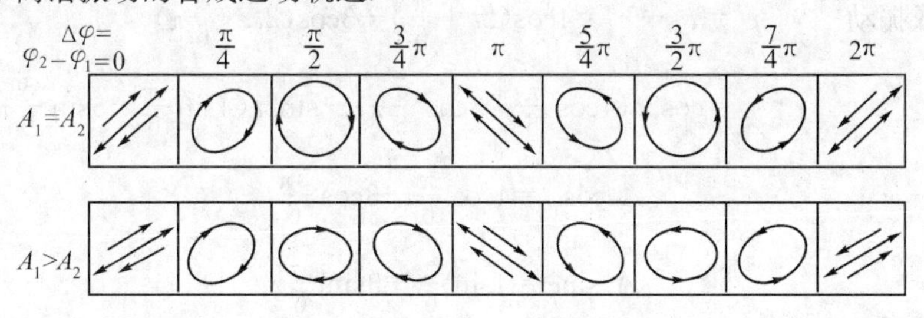

图 6.5.8 简谐振动的运动轨道

总之，两个相互垂直的同频率的简谐振动的合振动的轨道一般是椭圆，椭圆的形状、方位及旋转方向，在 A_1、A_2 确定的条件下，由相差 $\Delta\varphi=\varphi_2-\varphi_1$ 的取值决定，而在特殊情况下也可能是圆或直线；反过来，也可以将特定的椭圆、圆、直线运动分解成为两个振动方向互相垂直、同频率、相差一定的两个简谐振动. 这一点在光的偏振和电磁波中有重要意义.

6.5.3 两个相互垂直的不同频率的简谐振动的合成

如果物体同时参与两个相互垂直的 X 方向和 Y 方向不同频率的简谐振动，即

$$x = A_1 \cos(\omega_x t + \varphi_1)$$
$$y = A_2 \cos(\omega_y t + \varphi_2)$$

一般情况下，两个振动方向相互垂直的不同频率的简谐振动的合成运动的情况是很复杂的，在 ω_x 和 ω_y 是任意数值时，其合振动的运动轨道是不稳定的. 但是，当两个振动的频率之间呈简单整数比时，则合成振动的运动轨道是稳定的闭合曲线且做周期性运动，而曲线的形状则与两个分振动的振幅大小、周期比（或频率比）及初相有关，如图 6.5.9 所示，称为利萨如图形. 该图形因法国物理学家利萨如而得名.

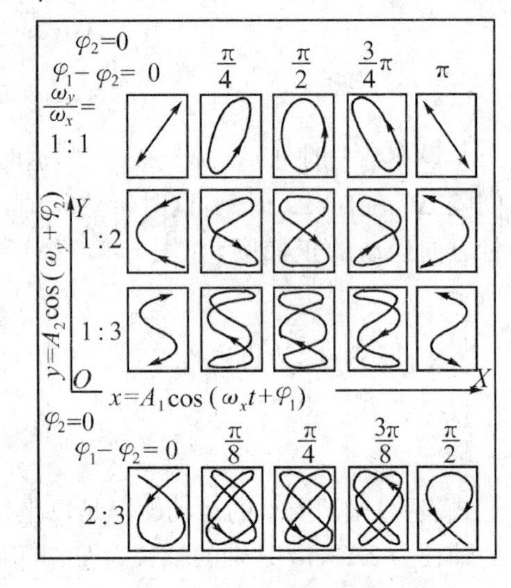

图 6.5.9 利萨如图形

利用利萨如图形，可由一已知频率求另一未知频率. 例如，在示波器的 X、Y 轴分别输入未知频率及已知频率的交流信号 ν_x、ν_y，如果测得 m 为 X 方向与利萨如图形交点数，n 为 Y 方向与利萨如图形的交点数，则未知频率为 $\nu_x = \dfrac{n}{m}\nu_y$.

在电测量技术中常利用所获得的利萨如图形来确定两个振动的周期（或频率），由一个已知的简谐振动周期（频率）测量未知的简谐振动周期（频率）或周期比（频率比）. 通常用示波器来观察利萨如图形，在图形上作两条不通过会聚点的分别垂直于 X 轴和 Y 轴的直线，两直线与图形的交点数分别为 N_y 和 N_x，那么有 $N_x : N_y = \omega_y : \omega_x$. 因此，如果已知 ω_x（或 ω_y），可以测定 ω_y（或 ω_x）.

例 6.5.1 一质点同时参与两个同频率在同一直线上的简谐振动，其表达式分别为：$x_1 = 4\cos\left(2t + \dfrac{\pi}{6}\right)$ m，$x_2 = 3\cos\left(2t - \dfrac{5}{6}\pi\right)$ m. 试求：合成振动的振幅和初相.

解 合成振动
$$x = x_1 + x_2 = 4\cos\left(2t + \frac{\pi}{6}\right) + 3\cos\left(2t - \frac{5}{6}\pi\right)$$
$$= \cos 2t\left(4\cos\frac{\pi}{6} + 3\cos\frac{5}{6}\pi\right) - \sin 2t\left(4\sin\frac{\pi}{6} - 3\sin\frac{5}{6}\pi\right)$$

令
$$A\cos\varphi = 4\cos\frac{\pi}{6} + 3\cos\frac{5\pi}{6} \qquad (6-5-12)$$
$$A\sin\varphi = 4\sin\frac{\pi}{6} - 3\sin\frac{5\pi}{6} \qquad (6-5-13)$$

则
$$x = x_1 + x_2 = A\cos\varphi\cos 2t - A\sin\varphi\sin 2t = A\cos(2t + \varphi)\ \text{m} \qquad (6-5-14)$$

式中，A 为合成振动的振幅，φ 为合成振动的初相，由 $(6-5-12)^2 + (6-5-13)^2$ 可得合成振动的振幅为

$$A = \left[\left(4\cos\frac{\pi}{6} + 3\cos\frac{5\pi}{6}\right)^2 + \left(4\sin\frac{\pi}{6} - 3\sin\frac{5\pi}{6}\right)^2\right]^{\frac{1}{2}} = 1\ (\text{m})$$

由 $(6-5-13) \div (6-5-12)$ 可得
$$\varphi = \arctan\frac{\sin\varphi}{\cos\varphi} = \frac{\pi}{6} \qquad (6-5-15)$$

上式是用解析法求合成振动的振幅及初相. 该题也可以利用两个同方向、同频率的简谐振动的

合成，它们的相差 $\Delta\varphi=\varphi_1-\varphi_2=(2t+\frac{\pi}{6})-(2t-\frac{5}{6}\pi)=\pi$，因相差为 π 的奇数倍，两振动的相相反，所以合成振动的振幅 $A=\sqrt{A_1^2+A_2^2+2A_1A_2\cos\Delta\varphi}=|A_1-A_2|=|4-3|=1\ (\mathrm{m})$，因 $A_1>A_2$，合振动的初相应与 x_1 相同，即 $\varphi=\frac{\pi}{6}$.

例 6.5.2 示波器的示波管中的电子射线束受到两个互相垂直的电场的作用. 如果电子在屏上两个方向上的位移分别为：$x=A\cos(\omega t+\frac{\pi}{4})$，$y=2A\cos(2\omega t+\frac{\pi}{2})$，试用解析法求轨道方程.

解 $x=A\cos(\omega t+\frac{\pi}{4})$

$$y=2A\cos(2\omega t+\frac{\pi}{2})=2A\cos[2(\omega t+\frac{\pi}{4})-1]=2A[2\cos^2(\omega t+\frac{\pi}{4})-1]$$

$$=2A[2(\frac{x}{A})^2-1]=\frac{4}{A}x^2-2A$$

或

$$4x^2-Ay-2A^2=0$$

轨道方程为抛物线方程.

Chapter 6 Mechanical Vibration

When a body is placed from its equlibrium position it experiences a restoring force, which causes it undergo a back-and-forth motion past the equilibrium. Such a repetitive motion is said to be vibratory or oscillatory. Many examples might be cited, the pendulum, the pistons in a gasoline engine, the strings in a musical instrument, the molecules of a solid body, the beatin g of the human heart.

When a body is caused to change its shape, the distorting force is propotional to the amount of change, provided the proportional limit of elasticity is not exceeded. The force and displacement are related by Hooke's Law $F=-kx$, where k is the force constant and x is the displacement from the equilibrium. The negative sign indicates that the force is always towards the equilibrium position.

This type of motion, under the influence of an elastic restoring force proportional to displacement and in the absence of all friction, is called simple harmonic motion, abbreviated SHM.

The period of the motion, represented by T, is the time required for one complete vibration. The frequency, ν, is the number of complete vibrations per unit time. Evidently the frequency is the reciprocal of the period, or $\nu=1/T$. The SI unit for frequency, one cycle per second, is Hertz(abbr. Hz).

Cosines and sines are called harmonic functions. More generally, motion is a simple harmonic if the position as a function of time has the form of

$$x=A\cos(\omega t+\varphi) \tag{1}$$

The quantities, ω and φ, are constants. The amplitude, A, is the maximum value of $|x|$. The quantity ω is called the angular frequency; it is directly related to the period and to the frequency of the motion $\omega=\frac{2\pi}{T}=2\pi\nu$. The argument of the cosine function is called the phase of the oscillation and the quantity φ is called the phase constant or initial phase.

Now, let us compute the velocity and acceleration corresponding to simple harmonic motion. From Eq. (1) the velocity is

$$v=\frac{dx}{dt}=-A\omega\sin(\omega t+\varphi) \tag{2}$$

and the acceleration is

$$a=\frac{d^2x}{dt^2}=-A\omega^2\cos(\omega t+\varphi) \tag{3}$$

Comparison of Eqs. (1) and (3) shows that

$$\frac{d^2x}{dt^2}=-\omega^2 x \tag{4}$$

i. e. the acceleration is always proportional to the displacement, but oppositely directed. This is a characteristic feature of simple harmonic motion.

The simple harmonic oscillator consists of mass coupled to an ideal, massless spring which obeys Hooke′s law. The equation of motion of the mass is

$$m\frac{d^2x}{dt^2}=-kx \qquad (5)$$

Rather than attempt to solve this equation by the standard mathematical techniques for the solution of differential equation, let us make use of our knowledge of simple harmonic motion. First we rewrite Eq. (5) as

$$\frac{d^2x}{dt^2}=-\frac{k}{m}x \qquad (6)$$

In fact, comparsion of Eqs. (6) shows that they are identical. We can conclude that the motion of a mass on a spring is simple harmonic motion with an angular frequency $\omega=\sqrt{k/m}$. The position as a function of time is then

$$x=A\cos\left(\sqrt{\frac{k}{m}}t+\varphi\right) \qquad (7)$$

The constants A and φ remain to be determined. These constants can be expressed in the initial conditions of the motion, i. e. , the initial position x_0 and velocity v_0 at $t=0$.

Note that the frequency of the motion of the simple harmonic oscillator only depends on the spring constant and the mass. The frequency of the oscillator will always be the same, regardless of the amplitude with which the oscillator has been sent swing; this property of the oscillator is called isochronism.

A simple pendulum consists of a small bob suspended by a massless string of length l. Gravity acting on the bob provides the restoring force. Taking the angle between the string and the vertical as the position variable, the equation of motion is $\frac{d^2\theta}{dt^2}=-\frac{g}{l}\sin\theta$. If θ is small, we can make the approximation $\sin\theta\cong\theta$. Then $\frac{d^2\theta}{dt^2}=-\frac{g}{l}\theta$. This equation has the same as the form as Eq. (4). Hence the angular motion is simple harmonic with a period $T=2\pi/\omega=2\pi\sqrt{l/g}$. This period only depends on acceleration of gravity; it does not depend on the mass of the pendulum bob or the amplitude of oscillation.

The kinetic energy of a mass m in SHM is $E_K=\frac{1}{2}mv^2=\frac{1}{2}kA^2\sin^2(\omega t+\varphi)$. The potential energy is $E_P=\frac{1}{2}kx^2=\frac{1}{2}kA^2\cos^2(\omega t+\varphi)$. The kinetic energy and potential energy are both functions of time. But the total energy $E=E_K+E_P=\frac{1}{2}kA^2$ is a constant of the motion.

习题 6

6.1 填空题

6.1.1 当物体做简谐振动时，物体所受的力是________力或________力；简谐振动物体的动力学方程为________或________；简谐振动物体的运动学方程为________或________.

6.1.2 质量为 4.9 kg 的物体，挂在一轻质弹簧的下端做上下振动，其周期为 0.5 s. 当物体静止后，若移去物体，这时弹簧将缩短________m.

6.1.3 有一单摆，摆长 $l=1.0$ m，所悬挂小球质量为 10 kg. 在起始时刻小球正好过 $\theta_0=-0.06$ rad，并以角速度 $\omega=0.2\ \text{rad}\cdot\text{s}^{-1}$ 向平衡位置运动. 如果小球的振动近似简谐振动，振动的圆频率为________，周期为________，振幅为________，初相为________.

6.1.4 有一个摆长为 l 的单摆，分别放在①地球上；②以加速度 a 向上运动的升降机上；③以加速度 a 向下运动的升降机上；④以加速度 a 水平运动的小车上；⑤绕地球运动的同步卫星上；⑥放在月球上. 它们的振动周期应分别为________、________、________、________、________、________.

6.1.5 一质点的质量为 2.5×10^{-2} kg，它的振动方程为 $x=6.0\times10^{-2}\cos(5t-\frac{\pi}{4})$ m，则该简谐振动的振幅为________，周期为________，初相为________，相为________，质点的初始位置为________，质点在初始位置所受的力为________. 质点在 π s 末的位移为________，速度为________，加速度为________，相为________.

6.1.6 一质点沿 X 轴做简谐振动，振动范围的中心点为 X 轴的原点，已知周期为 T，振幅为 A. ①如果 $t=0$时质点过 $x=0$ 处，且朝 X 轴正方向运动，则振动方程为________；②如果 $t=0$ 时质点处于 $x=A/2$ 处，且向 X 轴负方向运动，则振动方程为________；③如果 $t=0$ 时，质点处于 $x=\frac{\sqrt{2}}{2}A$，且向 X 轴的正方向运动，则振动方程为________.

6.1.7 一简谐振动的振动曲线如图所示，则简谐振动的振幅为________，圆频率为________，初相为________，振动方程为________.

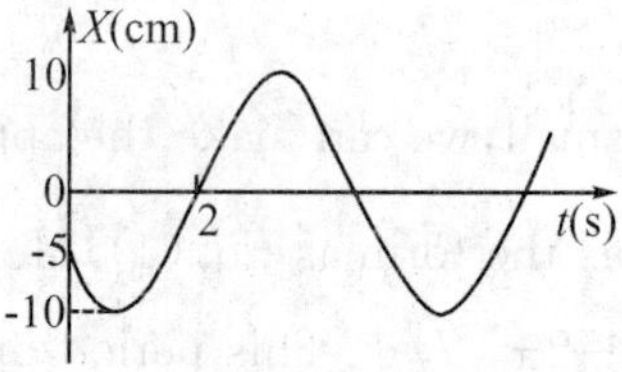

题 6.1.7 图

6.1.8 一质点做周期为 T 的简谐振动. 试问：①由平衡位置运动到最大位移的一半处所需的最短时间是________；②由最大位移处运动到最大位移一半处所需的最短时间是________.

6.1.9 一弹簧简谐振子，弹簧劲度系数为 k，系一质量为 m 的小球做振幅等于A 的简谐振动. 当小球偏离平衡位置位移 $x=\frac{A}{2}$时，振动系统的动能 E_K 为________，势能 E_P 为________.

6.1.10 某物体沿 X 轴做简谐振动，振幅为 A，周期为 T，如果在初始时刻 $t=0$ 时，运动状态分别是：①$x_0=-A$；②$x_0=0, v_0>0$；③$x_0=\frac{A}{2}, v_0<0$；④$x=\frac{A}{2}, v_0>0$；⑤$x=-\frac{A}{2}, v_0<0$；⑥$x=-\frac{A}{2}, v_0>0$. 试用旋转矢量法求出相应的简谐振动的初相，并写出相应的简谐振动方程.

6.1.11 质点做简谐振动的位移—时间曲线如图所示，简谐振动的运动学方程是________，振动的初相是________，初速度是________，初加速度是________.

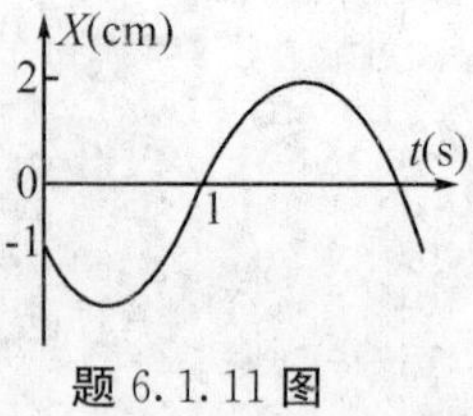

题 6.1.11 图

6.1.12 物体同时参与两个同频率、同方向的简谐振动：$x_1=0.04\cos(2\pi t+\frac{1}{2}\pi)$(SI)，$x_2=0.03\cos(2\pi t+\pi)$(SI)，则该物体的合成振动方程为________.

6.1.13　有两个同频率、同方向的简谐振动，振幅分别是 A_1 和 A_2，且 $A_2=2A_1$，$t=0$ 时的旋转矢量如图所示. 则振幅为 A_1 的初位移 $x_0=$________，振幅为 A_2 的振动的初速度 v_0 ________ 0（填>，=，<）. 如果使这两个振动叠加，其合成振动的振幅 $A=$________，初相 $\varphi_0=$________.

6.1.14　两个简谐振动曲线如图所示，则________超前________ $\frac{\pi}{2}$ 的相，________滞后________ $\frac{\pi}{2}$ 的相.

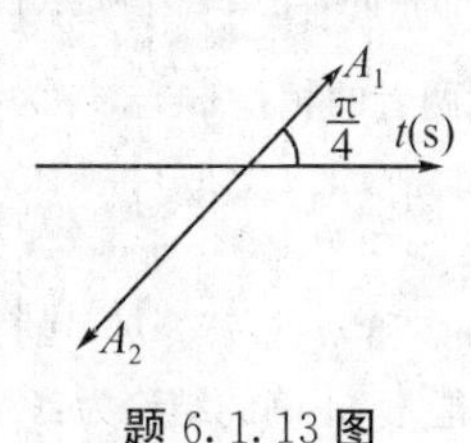

题 6.1.13 图

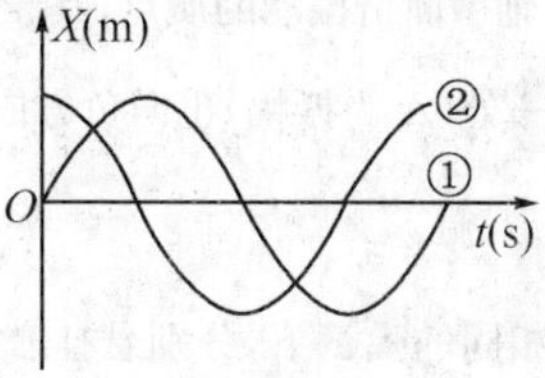

题 6.1.14 图

6.2　选择题

6.2.1　如图所示，质量为 m 的物体，由劲度系数为 k_1 和 k_2 的两个轻质弹簧连接到固定端，在光滑水平面上做微小振动，其振动频率为：(A) $\nu=2\pi\sqrt{\frac{k_1+k_2}{m}}$；(B) $\nu=\frac{1}{2\pi}\sqrt{\frac{k_1+k_2}{m}}$；(C) $\nu=\frac{1}{2\pi}\sqrt{\frac{k_1+k_2}{mk_1k_2}}$；(D) $\nu=\frac{1}{2\pi}\sqrt{\frac{k_1k_2}{m(k_1+k_2)}}$.　　（　　）

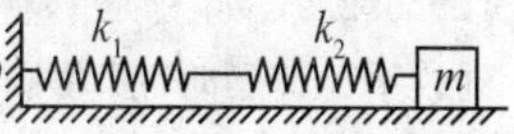

题 6.2.1 图

6.2.2　一长度为 l，劲度系数为 k 的均匀轻质弹簧分割成长度分别为 l_1 和 l_2 的两部分，且 $l_1=nl_2$，n 为整数，则相应的劲度系数 k_1 和 k_2 为：(A) $k_1=\frac{k(n+1)}{n}$，$k_2=k(n+1)$；(B) $k_1=\frac{kn}{n+1}$，$k_2=k(n+1)$；(C) $k_1=\frac{k(n+1)}{n}$，$k_2=\frac{k}{n+1}$；(D) $k_1=\frac{kn}{n+1}$，$k_2=\frac{k}{n-1}$.　　（　　）

6.2.3　如果将相同的弹簧和物体分别组成如图所示的三种情况，不计阻力及摩擦力，其振动的圆频率关系为：(A) $\omega_1=\omega_2>\omega_3$；(B) $\omega_1>\omega_2<\omega_3$；(C) $\omega_1<\omega_2<\omega_3$；(D) $\omega_1=\omega_2=\omega_3$；(E) $\omega_1>\omega_2>\omega_3$.　　（　　）

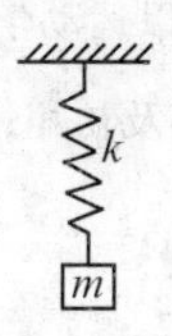

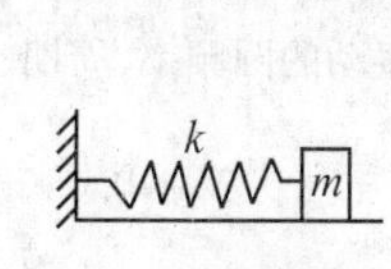

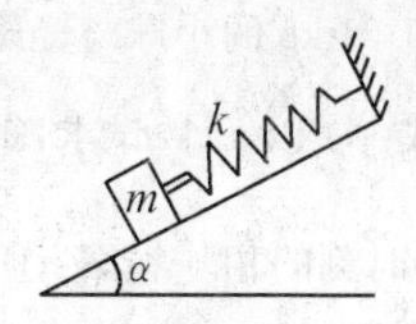

题 6.2.3 图

6.2.4　一劲度系数为 k 的轻质弹簧截成三等份，取出其中的两根，将它们并联在一起，下面挂一质量为 m 的物体，如图所示. 则振动系统的频率为：(A) $\frac{1}{2\pi}\sqrt{\frac{k}{m}}$；(B) $\frac{1}{2\pi}\sqrt{\frac{3k}{m}}$；(C) $\frac{1}{2\pi}\sqrt{\frac{6k}{m}}$；(D) $\frac{1}{2\pi}\sqrt{\frac{k}{3m}}$.　　（　　）

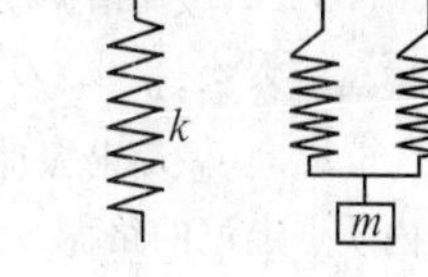

题 6.2.4 图

6.2.5　一劲度系数为 k 的轻质弹簧，下端挂一质量为 m 的物体，系统的振动周期为 T_1. 若将此弹簧截去一半的长度，下端挂一质量为 $\frac{1}{2}m$ 的物体，则系统振动周期 T_2 等于：(A) $\frac{T_1}{\sqrt{2}}$；(B) $\frac{1}{2}T_1$；(C) T_1；(D) $2T_1$；(E) $\frac{T_1}{4}$.　　（　　）

6.2.6　一个质点做简谐振动，其振幅为 A，在起始时刻质点的位移为 $-\frac{1}{2}A$，且向 X 轴的正方向运动，代表此简谐振动的旋转矢量图应为　　（　　）

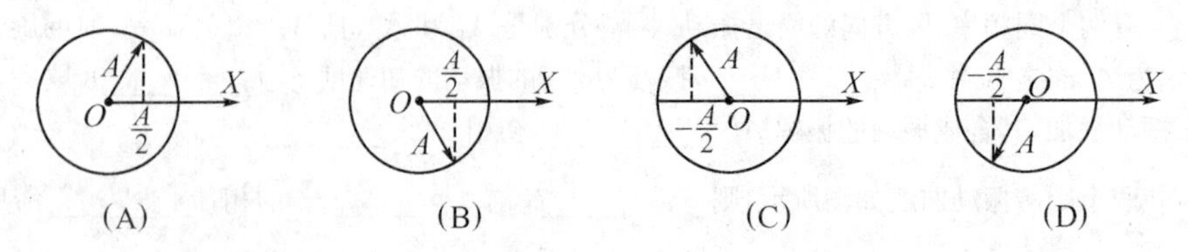

题 6.2.6 图

6.2.7 有两个沿 X 轴做简谐振动的质点，其频率、振幅都相同，当第一个质点自平衡位置向负方向运动时，第二个质点在 $x=-\frac{A}{2}$ 处（A 为振幅）也向负方向运动，则两者的相差 $\varphi_2-\varphi_1$ 为：(A)$\frac{\pi}{2}$；(B)$\frac{2\pi}{3}$；(C)$\frac{\pi}{6}$；(D)$\frac{5\pi}{6}$. （ ）

6.2.8 在两个完全相同的弹簧下，分别悬挂有质量为 m_1 和 m_2($m_1>m_2$)的物体，组成两个弹簧振子 A 和 B，如果两者的振幅相等，则比较两个弹簧振子的周期和能量，正确的结论为：(A)A 的振动周期较大，振动能量也较大；(B)B 的振动周期较大，振动能量也较大；(C)A 的振动周期较大，A 和 B 的振动能量相等；(D)A 和 B 的振动周期相同，A 的振动能量较大. （ ）

6.2.9 如图所示，将单摆的小球从平衡位置 b 拉开一小角度 θ 至 a 点，在 $t=0$ 时刻放手让其摆动，摆动规律用余弦函数表示，正确的描述应是：(A)a 处动能最小，相为 θ_0；(B)c 处动能为零，相为 $-\theta_0$；(C)b 处动能最大，相为 $\frac{\pi}{2}$；(D)c、b、a 三位置能量相同，初相不相同. （ ）

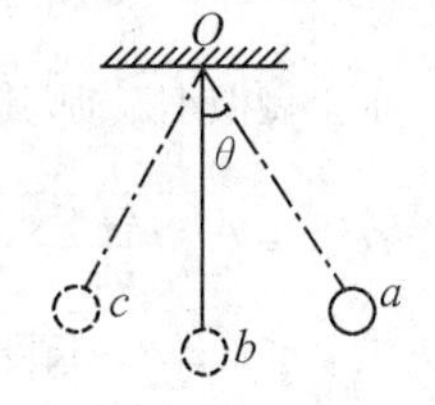

题 6.2.9 图

6.2.10 如果已知两个同方向、同频率的简谐振动的表达式分别为 $x_1=4\times10^{-2}\cos(6t+\frac{\pi}{3})$ m 和 $x_2=4\times10^{-2}\cos(6t-\frac{\pi}{3})$ m，则它们的合成振动的表达式为：(A)$x=2\times10^{-2}\cos 6t$ m；(B)$x=2\times10^{-2}\cos(6t+\pi)$ m；(C)$x=4\times10^{-2}\cos(6t+\pi)$ m；(D)$x=4\times10^{-2}\cos 6t$ m. （ ）

6.3 计算、证明、问答题

6.3.1 一质量为 0.01 kg 的小球与轻质弹簧组成的系统做简谐振动，以运动学方程为 $x=0.05\cos(8\pi t+\frac{\pi}{3})$ m 的规律振动，式中 t 以 s 计. 试求：①简谐振动的圆频率、周期、振幅及初相；②振动的速度及加速度；③$t=1$ s、2 s、10 s 时，各时刻的相. [答案：①8 rad·s^{-1}，0.25 s，0.05 m，$\frac{\pi}{3}$；②$v=-1.26\sin(8\pi t+\frac{\pi}{3})$ m·s^{-1}，$a=-31.6\cos(8\pi t+\frac{\pi}{3})$ m·s^{-2}；③$8\frac{\pi}{3}$，$16\frac{\pi}{3}$，$80\frac{\pi}{3}$]

6.3.2 做简谐振动的质点，在相距平衡位置 x_1、x_2 处时，速率分别为 v_1 和 v_2，求该简谐振动的圆频率和振幅. [答案：$\omega_0=\sqrt{(v_1^2-v_2^2)/(x_2^2-x_1^2)}$，$A=\sqrt{(v_1^2x_2^2-v_2^2x_1^2)/(v_1^2-v_2^2)}$]

6.3.3 做简谐振动的质点，其速度按 $v_x=0.35\cos(\pi t)$ m·s^{-1} 规律变化. 求 $t=0$ 到 $t=2.8$ s 这段时间间隔内质点走过的路程 S. [答案：$S=0.6$ m]

6.3.4 一竖直弹簧振子，弹簧的静伸长为 0.1 m，如果把物体再往下拉长 0.02 m 的距离，并给以大小为 0.1 m·s^{-1} 向下的初速度，然后放手让其自由振动. 试求：①振动的圆频率、周期、频率；②振幅；③初相；④振动的运动学方程. [答案：①9.9 rad·s^{-1}，0.63 s，1.6 Hz；②0.022 m；③$\varphi=-0.47$ rad；④$x=2.2\times10^{-2}\cos(9.9t-0.47)$ m]

6.3.5 某一简谐振动，周期为 T，求在一周期内经过下列过程所需的时间：①由平衡位置到最大位移；②由平衡位置到最大位移的一半处；③由最大位移的 1/4 处到最大位移. [答案：①$T/4$；②$T/12$；③$0.21T$]

6.3.6 ①一简谐振动的振动规律为 $x=5\cos(4t+\frac{\pi}{2})$ m. 如果计时起点提前 0.5 s，它的初相应等于多少？如果要使其相为零，计时起点应如何调整？②一简谐振动的振动规律为 $x=6\sin(5t-\frac{\pi}{4})$ m，如果计时起点推迟 2 s,它的初相是多少？如果要使其初相为零,应如何调整其计时起点？[答案:① $\frac{\pi}{2}-2$,提前 $\frac{\pi}{8}$ s;② $10-\frac{3\pi}{4}$,推迟 $\frac{3\pi}{20}$ s]

6.3.7　一质量为 0.1 kg 的物体做简谐振动,频率为 5 Hz,在 $t=0$ 时,该物体的位移为10 cm,速率为 π m · s^{-1}. 试求:①该简谐振动的振幅和初相;②速度、加速度的最大值和最大回复力;③物体的运动学方程.[答案:0.141 m,$-\frac{\pi}{4}$;②4.43 m · s^{-2},139 m · s^{-2},13.9 N;③ $x=0.14\cos(10\pi t-\frac{\pi}{4})$m]

6.3.8　一物体沿 X 方向做简谐振动,振幅为 0.12 m,周期为 2 s,当 $t=0$ 时,位移为0.06 m,且向 X 轴正方向运动. 求:①该物体的简谐振动表达式;② $t=0.5$ s 时,物体的位移、速度、加速度;③在 $x=-0.06$ m 处,且向 X 轴负方向运动时,物体的速度、加速度,以及物体从这一位置回到平衡位置时所需要的时间.[答案:① $x=0.12\cos(\pi t-\frac{\pi}{3})$ m;②0.104 m,−0.188 m · s^{-1},−1.03 m · s^{-2};③ −0.33 m · s^{-1},0.59 m · s^{-2},0.83 s]

6.3.9　在下列旋转矢量图中,振幅矢量大小为 2 cm,试写出相应的初相、相和简谐振动的表达式.[答案:略]

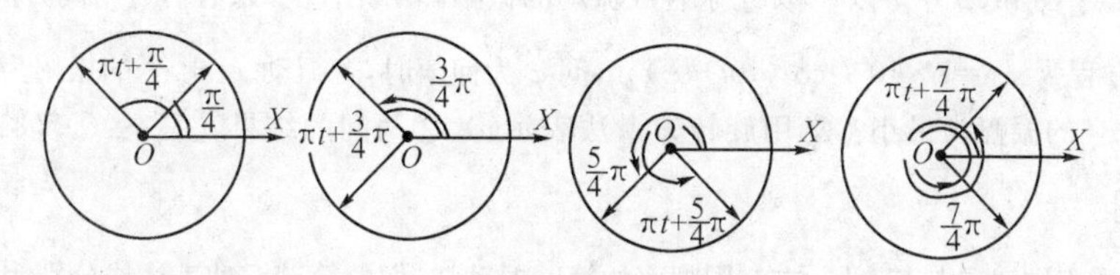

题 6.3.9 图

6.3.10　如图所示的物体在一光滑的水平桌面上滑动,弹簧的劲度系数为 k,m_1 和弹簧连结,现在把 m_2 和 m_1 推向左边,使弹簧压缩 40 cm. 试问:放手后 m_1 的振幅有多大？[答案:$0.40\sqrt{\frac{m_1}{m_1+m_2}}$ m]

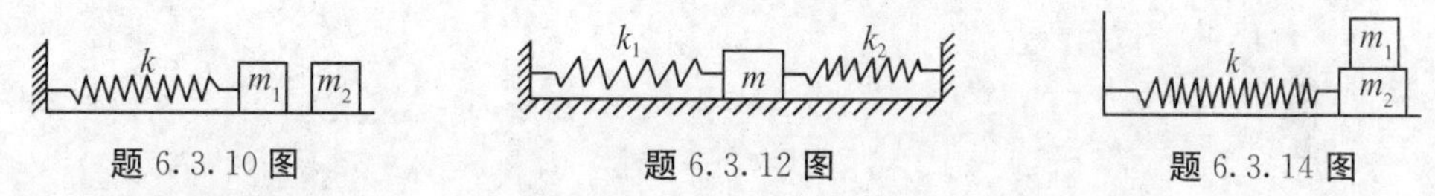

题 6.3.10 图　　题 6.3.12 图　　题 6.3.14 图

6.3.11　将劲度系数分别为 k_1 和 k_2 的两根轻质弹簧串联起来,一端固定倒悬起来,另一端系一质量为 m 的物体. 试求:此简谐振动系统的固有圆频率.[答案:$\omega_0=\sqrt{k_1k_2/(k_1+k_2)m}$]

6.3.12　质量为 m 的物体与劲度系数分别为 k_1 和 k_2 的轻质弹簧相联,两弹簧的另一端也固定,如图所示. 求此系统的固有频率.[答案:$\frac{1}{2\pi}\sqrt{(k_1+k_2)/m}$]

6.3.13　半径为 R 的半球形碗,内部光滑,开口向上放置. 一质量为 m 的一滑块在距离碗内底部高为 h 的内边上静止释放,滑块将沿着碗做简谐振动. 设 $h\ll R$,求其简谐振动的固有频率及其运动学方程.[答案:$\nu=\frac{1}{2\pi}\sqrt{g/R}$,$x=\sqrt{2gR}\cos\sqrt{\frac{g}{R}}t$]

6.3.14　如图所示,一轻质弹簧劲度系数为 k,与光滑水平面上质量为 m_2 的物体相连结,m_2 上面再放置一质量为 m_1 的物体,它们之间的最大静摩擦系数为 μ,为了使 m_1 与 m_2 之间不发生相对滑动,系统的最大振幅是多大？[答案:$A=\frac{\mu(m_1+m_2)}{k}g$]

6.3.15　一弹簧振子在 $t=0$ 时,质点处于平衡位置右侧 50 mm 处,而且以 1.7 m · s^{-1}的速率向右运动. 求:①振幅;②初相;③总能量.[答案:①57 mm;②π/6;③0.059 J]

6.3.16　一质量为 0.1 kg 的物体做振幅为 0.01 m 的简谐振动,最大加速度为 0.04 m · s^{-2}. 试求:①振动的周期;②总的振动能量;③物体在何处时振动动能和势能相等？[答案:①3.14 s;② 2.0×10^{-5} J;③ 7.07×10^{-3} m]

6.3.17　一质点同时参与两个在同一直线上的简谐振动：$x_1=4\cos(2t+\frac{\pi}{6})$ m，$x_2=3\cos(2t-\frac{5\pi}{6})$ m. 试求其合振动的运动学方程.［答案：$x=x_1+x_2=\cos(2t+\frac{\pi}{6})$ m］

6.3.18　有两个同方向、同周期的简谐振动，其合振动的振幅为 20 cm，合振动的相与第一个分振动的相差为$\frac{\pi}{6}$，如果第一个分振动的振幅为 17.3 cm，求第二个分振动的振幅及第一、第二两分振动的相差.［答案：10 cm，$\pi/2$］

6.3.19　试证明下列恒等式成立：$x=x_1+x_2=A_1\cos(\omega_0 t+\varphi_1)+A_2\cos(\omega_0+\varphi_2)=A\cos(\omega_0 t+\varphi)$. 其中$A=\sqrt{A_1^2+A_2^2+2A_1A_2\cos(\varphi_2-\varphi_1)}$（合成振动的振幅），$\tan\varphi=\frac{A_1\sin\varphi_1+A_2\sin\varphi_2}{A_1\cos\varphi_1+A_2\cos\varphi_2}$（$\varphi$ 是合成振动的初相）.

6.3.20　有两个同方向、同频率的简谐振动，其运动学方程分别为：$x_1=5\times10^{-2}\cos(10t+\frac{3}{4}\pi)$ m，$x_2=6\times10^{-2}\cos(10t+\frac{\pi}{4})$ m，式中 t 以 s 计. ①求合成振动的振幅和初相；②如果有另一个同方向、同频率的简谐振动，其运动学方程为 $x_3=7\times10^{-2}\cos(10t+\varphi)$ m，问 φ 为何值时，合振动 x_1+x_3 的振幅为最大？φ 为何值时，合振动 x_2+x_3 的振幅为最小？③用旋转矢量法表示①、②两问的结果.［答案：①$7.81\times10^{-2}$ m，1.48 rad；②$\frac{3}{4}\pi$，$\frac{5}{4}\pi$］

6.3.21　一质点同时参与三个同方向、同频率的简谐振动，它们的简谐振动表达式分别为：$x_1=A\cos\omega t$ m，$x_2=A\cos(\omega t+\frac{\pi}{3})$ m，$x_3=A\cos(\omega t+\frac{2\pi}{3})$ m，试用振幅矢量法求合振动方程.［答案：$x=2A\cos(\omega t+\frac{\pi}{3})$ m］

第 7 章 机械波

波有时亦称波动，是物质的一种极其普遍的一类运动形式，是振动的传播过程. 最常见的波是机械波和电磁波. 机械振动在弹性媒质中的传播过程，称为机械波. 例如，绳子上质点在平衡位置附近上下振动形成的波、空气中传播的声波、水面波和地震波等都是机械波. 交变电磁场在空间的传播过程，称为电磁波. 电磁波能够在真空中传播. 例如，无线电波、红外线、可见光、X 射线、γ 射线等都是电磁波. 近代物理实验证明，静止质量不等于零的微观粒子，例如电子、质子、中子等也具有波动性. 物理学中称与实物粒子联系的波为物质波或德布罗意波. 虽然各种类型的波的本质不相同，但它们都具有波动的特征和规律及计算方法. 本章只讨论机械波的基本概念和基本规律，其中有许多结论也适用于其他类型的波.

7.1 机械波的产生和传播

7.1.1 机械波产生的条件

产生机械波的初始振动系统，称为波源. 例如，用手拿着做上下振动的绳端、声波的发声体、地震波的振源等都是波源. 如果波源的形状和大小与波在弹性媒质中的传播距离相比较可以忽略不计，那么波源可看作一个质点，称为点波源. 仅有波源还不能形成机械波，还必须有能够传播机械振动的弹性媒质，将机械振动传播出去形成机械波. 例如，传播绳波的绳子，传播声波的空气，传播地震波的地壳等都是弹性媒质. 一切固、液、气态物质都可以传播机械振动，都是弹性媒质.

下面以沿绳子传播的机械波为例来说明机械波的传播过程. 如图 7.1.1 所示，用手拉着绳子的一端，使其垂直于绳子做上下振动. 由于绳子上各质元之间是以弹性力相互作用着，当绳子的一端在其平衡位置附近开始振动后，在弹性力作用下，必将引起邻近质元做振动，邻近质元的振动再引起次邻近质元做振动，各点的振动相互联系，这样波源的振动将由近到远地依次在弹性媒质中传播出去，从而形成机械波. 由此可见，机械波产生的条件，首先是要有做机械振动的系统，亦即波源，其次要有能够传播机械振动的弹性媒质. 下面研究波源或观测者相对于传播波的媒质静止时的情形.

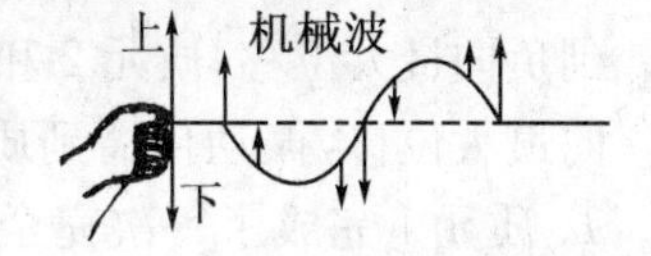

图 7.1.1 机械波的传播

7.1.2 机械波的分类

如果从传播机械振动的媒质、传播的物理量及所依赖的传播作用来考虑，机械波有许多不同的类型. 例如，绳波是在绳子中传播，质元离开平衡位置的位移，靠的是切应力作用；水面波是在水中传播，质元离开平衡位置的位移，靠的是重力和表面张力作用；地震波是在地壳中传播，地壳的横向和纵向位移，靠的是压力作用；而弦的波，是靠张力传播的离开直线位置的横向位移. 机械波如果按媒质内质元振动方向与波传播方向的关系来分类，可分为横波和纵波两种最基本类型的波.

(1)横波

波在弹性媒质中传播时，媒质中各质元都在自己的平衡位置附近做振动，如果媒质中各质元的振动方向与波的传播方向垂直，该波称为横波. 例如，在绳子上传播的弹性波，绳上各质元的振动方向与波的传播方向垂直，是横波. 在机械波中，横波是由于媒质中各质元之间相互作用的切应力而引起的切应变，因此在固体中可以传播横波，柔软的弦也能传播横波. 由于气体和液体不能产生切应力，所以气体和液体中不能够传播机械横波(在空气中传播的电磁波，电场强度矢量 $\boldsymbol{E}$ 和磁场强度矢量 $\boldsymbol{H}$ 与传播方向垂直，电磁波也是横波). 由于横波的振动方向对于传播方向不具有对称性，因此横波具有偏振性.

为了具体说明横波的形成过程，我们用一根具有切变弹性的绳子，将它分成许多小质元，给它们编号，如图 7.1.2 所示，仅画出了 16 个质元，用箭头指向表示它们的运动方向. 在开始时刻 $t=0$，各质元都处于各自的平衡位置，而质元 1 在外力的作用下正要离开平衡位置向上开

始振动. 当质元 1 离开平衡位置后，由于质元之间切应力的作用，质元 1 将带动质元 2 也离开平衡位置开始振动. 同样的原因，质元 2 又将带动质元 3 振动，如此进行下去，各质元依次先后在各自的平衡位置附近振动起来，振动就在弹性媒质中传播而形成绳波.

如果质元 1 做简谐振动，其他各质元也依次先后做简谐振动. 设波源(质元 1)的振动周期为 T，由平衡位置向上为位移正方向. 当经过时间 $t=\frac{1}{4}T$ 时，质元 1 向上运动达到正向最大位移，质元 2 和质元 3 依次向上运动，但依次滞后，振动传播到质元 4，它将要离开平衡位置向上运动，处于图中所表示的位置. 当经过时间 $t=\frac{1}{2}T$ 时，质元 1 回到平衡位置，质元 2 和质元 3 已依次达到正向最大位移后正向下运动，质元 4 达到正向最大位移，质元 5 和质元 6 依次向上运动，振动传播到质元 7，它将要离开平衡位置向上运动. 当经过时间 $t=\frac{3}{4}T$ 时，质元 1 达到负向最大位移，质元 2 和质元 3 向下运动，质元 4 回到平衡位置，正向下运动，质元 7 达到正向最大位移，振动传播到质元 10. 当经过时间 $t=T$ 时，质元 1 回到平衡位置，经过一个周期 T. 质元 1 完成了一次完全振动，质元 4 达到负向最大位移，质元 7 回到平衡位置，质元 10 达到正向最大位移，振动传播到质元 13，此时质元 13 处于质元 1 在 $t=0$ 时的状态，开始向上运动，但时间上较质元 1 滞后一个周期 T. 也就是说，在一个周期的时间内，质元 1 的振动状态传播到质元 13，质元 1 到质元 13 之间正好构成一个完整的波形，质元 1 和质元 13 的相相同. 如果波源持续振动下去，在媒质中由于弹性力的作用，振动将继续从左向右传播. 而且质元 1 每完成一次完全振动，即每经过一个周期，就向右传播出一个具有波峰和波谷的完整横波波形，形成横波.

在横波传播过程中，某一时刻位移具有正向最大值的位置称为波峰，而位移具有负向最大值的位置称为波谷. 波在传播过程中，波峰和波谷的位置随时间而改变，波峰(或波谷)沿波传播方向移动，形成横波，如图 7.1.3 所示.

(2)纵波

波在弹性媒质中传播时，媒质中各质元的振动方向与波的传播方向平行的波，称为纵波. 例如，声波在空气中传播时，气体分子的振动方向与波的传播方向平行，所以它是纵波. 在机械波中，纵波是由弹性媒质的容变弹性或长变弹性引起的，需要张应力和压应力，所以在固体、液体和气体中都能传播纵波.

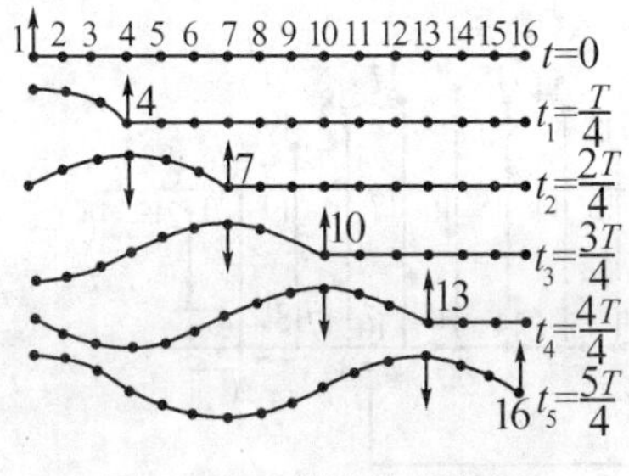

图 7.1.2 横波传播简图

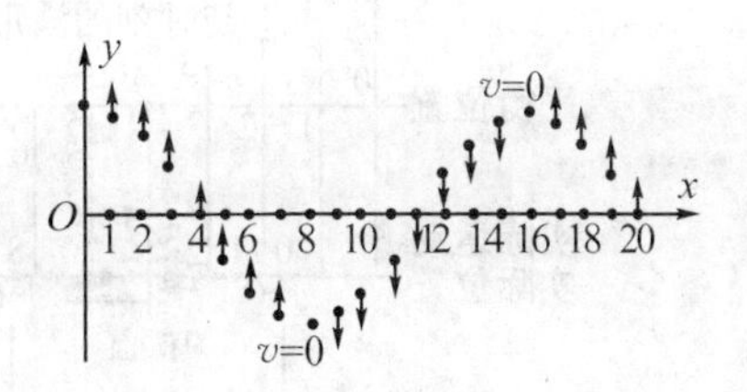

图 7.1.3 横波

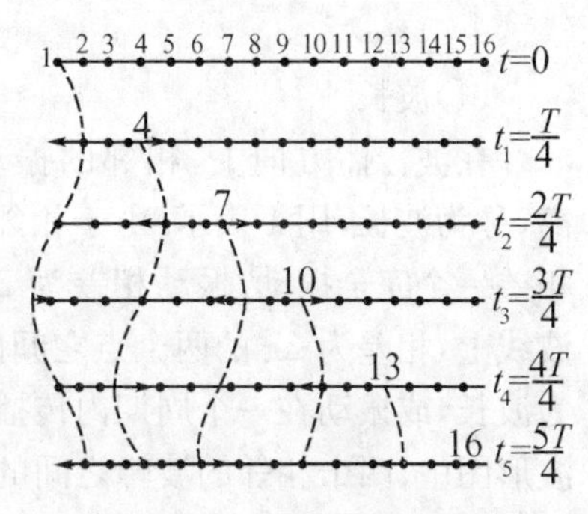

图 7.1.4 纵波传播简图

为了具体说明纵波的形成过程,我们用一根轻的质量均匀分布的弹簧上产生的纵波为例来讨论纵波的产生和传播过程. 我们设想将一根轻弹簧用细线水平地悬挂起来,把弹簧分成许多小部分,每一小部分看作是一个质元,给它们编号,如图 7.1.4 所示,仅画了 16 个质元,用箭头指向表示它们的运动方向. 在开始时刻 $t=0$,各质元都处于各自的平衡位置,在手所施外力作用下,质元 1 正要离开平衡位置向右运动. 当质元 1 离开平衡位置向右运动后,由于质元之间存在弹性力的作用,质元 1 将推动质元 2 离开平衡位置向右运动;同样的原因,质元 2 又将推动质元 3 离开平衡位置向右运动,如此进行下去,各质元依次先后在各自的平衡位置附近振动起来,质元的振动方向与波的传播方向平行,因此形成纵波.

设波源(质元 1)的振动周期为 T. 当经过时间 $t=\frac{T}{4}$ 时,质元 1 达到右方最大位移,质元 2 和质元 3 也分别离开平衡位置向右有位移,振动传播到质元 4 处,使质元 4 将要离开平衡位置向右运动,同质元 1 在 $t=0$ 时的状态相同,同时在 1~4 之间的质元形成密部. 当经过时间 $t=\frac{T}{2}$时,质元 1 已经从右方最大位移处回到平衡位置,质元 2 和质元 3 先后达到各自的最大位移处后,处于反向向左运动过程中,同时质元 4 达到右方最大位移处,质元 5 和质元 6 向右运动,振动传播到质元 7 处,使质元 7 将要离开平衡位置向右运动,同质元 1 在 $t=0$ 时状态相同,而在 1~4 之间的质元形成疏部,在 4~7 之间的质元形成密部. 当经过时间 $t=\frac{3}{4}T$ 时,质元 1 达到左方最大位移处,质元 4 回到平衡位置,正向左运动,振动传播到质元 10 处,使质元 10 将要离开平衡位置向右运动. 以此类推,在经过时间 $t=\frac{4}{4}T=T$ 时,质元 1 完成一次完全振动后从左方回到平衡位置,将向右运动,振动传播到质元 13 处,使质元 13 将要离开平衡位置向右运动,同质元 1 在 $t=0$ 时的状态相同. 也就是说,当经过了一个周期 T 的时间,1~13 之间的质元形成了一个具有密部和疏部的完整纵波波形,形成纵波,如图 7.1.5 所示.

7.1.3 波长、频率和波速

波长、频率和波速是描述波动的重要物理量. 波动具有时间的周期性,即一方面,在每一时刻,各振动空间分布具有周期性;另一方面,对空间每一确定点,振动随时间变化也具有周期性. 它们分别用物理量波长 λ 及周期 T 来描述.

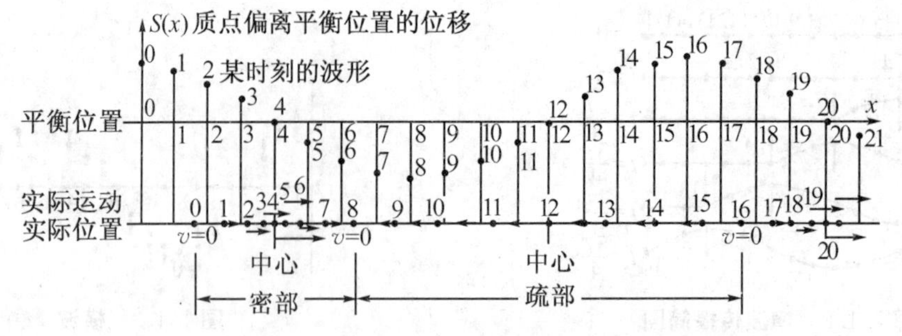

图 7.1.5　纵波

(1)波长

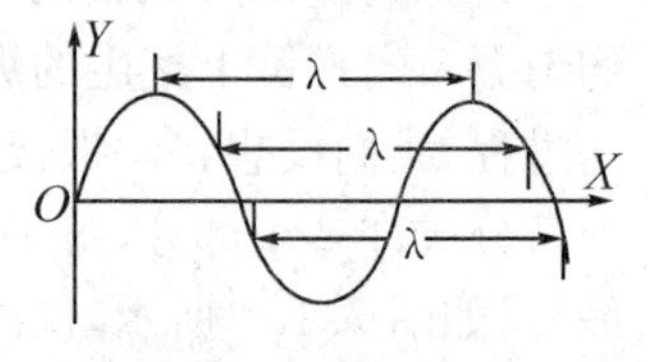

图 7.1.6　波长

在波传播方向上，相邻的振动状态相同的两个点之间的距离，称为波长，用 λ 表示. 由于相邻的振动状态相同的两个点之间相差一个完全振动，振动相差为 2π，所以波长又可定义为在同一波线上，相差为 2π 的两个点之间的距离，即一个完整波的长度称为波长，或振动在一个周期内传播的距离称为波长. 对于横波，在波形图中，两个相邻的波峰之间的距离，或两个相邻波谷之间的距离，都是一个波长，它们之间的相差为 2π. 对于纵波，两个相邻密部中心之间的距离，或两个相邻疏部中心之间的距离，都是一个波长，它们之间的相差为 2π. 波在传播过程中空间的周期性是由波长来反映的.

实验表明，同一频率的波在不同媒质中传播时，它们的波长不同. 波长与媒质的性质有关.

(2)频率

对于弹性媒质中的某一质元来说，频率是单位时间内振动质元完成完全振动的次数. 如果用 T 表示振动周期，则频率 $\nu=\frac{1}{T}$. 对于波来说，波是振动的传播过程，在一个周期 T 的时间内，振动向前传播一个波长的距离 λ，在单位时间内，振动向前传播的距离的数值等于波速 v，所以，单位时间内波前进的距离中包含完整波的个数，即单位时间内波源发出完整波的个数，称为波的频率. 波源相对于媒质静止，单位时间内波源振动多少次，这个振动传播出去的波数就有多少个，所以，波的频率等于波源或弹性媒质中质元的振动频率，由波源的性质确定波的频率，而与弹性媒质本身的性质无关. 波的频率仍用 ν 表示，有

$$\nu=\frac{v}{\lambda}$$

周期 T 是波在传播过程中前进一个波长所需的时间，也就是波源完成一次完全振动所需的时间，波的周期等于波的频率的倒数，波的周期仍用 T 表示，有

$$T=\frac{1}{\nu}$$

波的周期反映波在时间上的周期性. 波的周期由波源的性质确定，而与弹性媒质本身的性质无关，因此，波在不同的媒质中传播时，周期和频率不会改变.

(3)波速

单位时间内一定的振动状态所传播的距离，称为波速. 由于波的某一振动状态总是与某一相值相联系，或者说，单位时间内某种一定的振动相所传播的距离，称为波速. 因此，对单一频率的波，波速又称为相速，用 v 表示. 根据定义，波速的大小为

$$v=\frac{\lambda}{T}$$

机械波的传播速度的大小 v 完全决定于媒质本身的弹性性质和惯性性质，即决定于媒质的弹性模量和密度. 例如，声源振动在空气、水及铁中的传播速度不相同.

可以证明，固体中横波的传播速度的大小 v 完全取决于弹性媒质的切变弹性模量 G 和媒质密度 ρ，可表示为

$$v=\sqrt{\frac{G}{\rho}}$$

固体中纵波的传播速度 v 的大小与媒质的杨氏弹性模量 Y 和媒质密度 ρ 有关，可表示为

$$v=\sqrt{\frac{Y}{\rho}}$$

固体的杨氏弹性模量 Y 大于切变弹性模量 G，所以固体中纵波的传播速度大于横波的传播速度.

在气体和液体中，纵波的传播速度 v 的大小与媒质的容变弹性模量 B 和媒质密度 ρ 有关，可表示为

$$v=\sqrt{\frac{B}{\rho}}$$

振动状态在媒质中传播过程的快慢可以用波速来描述. 波的频率(或周期)就是波源振动的固有频率(或固有周期)，由振源本身的性质决定，而与传播波的媒质无关. 波在不同媒质中传播时，波速与媒质性质有关，而与波源的性质无关. 波长、频率(或周期)、波速三者之间的关系为

$$\lambda=Tv=\frac{1}{\nu}v$$

7.1.4 波面、波前和波射线

振动在弹性媒质中传播，形成波动，无论波动是横波还是纵波，波源实际上往往是处在三维连续分布的媒质中，波源的振动在媒质中沿各个方向传播. 下面是波动过程的几何描述.

(1)波面

波在传播过程中，同相的各点所连成的曲面(或平面)称为波面，这里指的同相是指相差等于零，即振动相位相同点的轨道称为波面.

(2)波前

在任一时刻振动信号在各方向所传播到的最远的各点连成的曲面(或平面)称为波前，又称为波阵面，即波前是离波源最远的一个波面. 如果波所在媒质是均匀的且各向同性，则波在媒质中沿各个方向的传播速度相同，波的传播方向垂直于波面. 例如，投石子在水中，水波的波面是以石子为中心的圆周，而波前是离波源最远的一个波面，如图 7.1.7 所示. 波面、波前都是同相面.

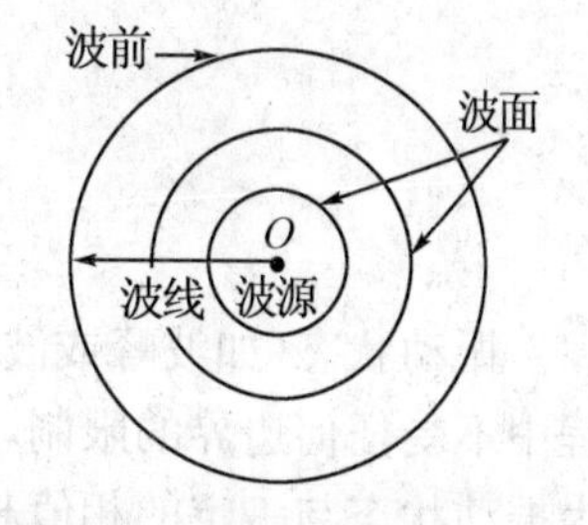

图 7.1.7 波面、波前和波射线

(3)波射线

波在传播过程中，我们把与波面垂直，表示波的传播方向的射线称为波射线或波线，如图 7.1.7 所示.

7.1.5 球面波和平面波

波在传播过程中,任一时刻波面可以有任意多个,而波前只能有一个.按照波面的形状可以对波进行另一种分类,即将波分成球面波、平面波和柱面波等.

(1)球面波

波前是球面的波称为球面波.在各向同性的均匀媒质中,波线一定与波面垂直.球面波的波线是以波源为中心,沿半径方向的射线.当点波源在各向同性的均匀媒质中振动时,所传播的波就是以点波源为中心的球面波.球面波的波面是一系列以波源为中心的球面,最前面的一个波面是波前,如图 7.1.8 所示.

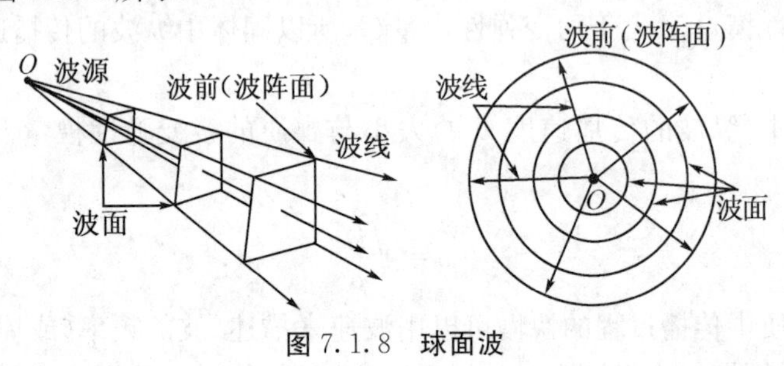

图 7.1.8　球面波

(2)平面波

波前是平面的波称为平面波.平面波的波面是一系列的平行平面,最前面的一个波面是波前.平面波的波线是垂直于波面的一些平行直线.球面波在远离点波源时,在空间某一个小区域内各相邻波面可以看作平面,波前可以看作平面,因此,可以将远离点波源的球面波的一小部分看作平面波.平面波如图 7.1.9 所示.

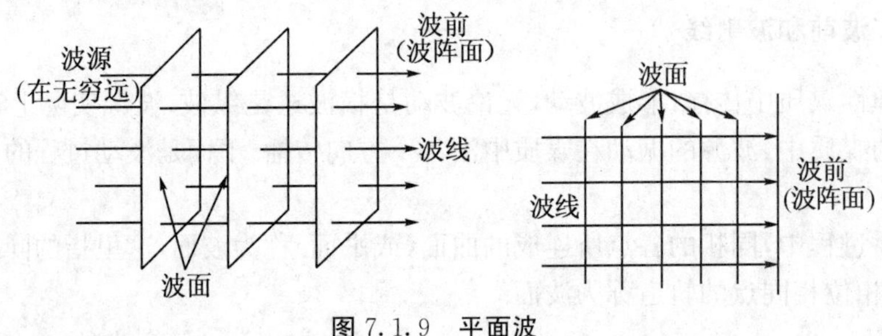

图 7.1.9　平面波

7.2　平面简谐波的表达式

振动状态(如波峰或波谷)由波源向外传播的波,称为行波或前进波.行波是指波在前进过程中不受任何边界的限制,即媒质空间无限大,波在前进过程中不会发生反射和折射的波.因为振动状态与一定的相值相联系,所以行波也就是相向外传播的波,相应的传播速度称为相速度.

波源和波动所到达的各点都做简谐振动,在均匀媒质中传播所形成的波称为简谐波.在平面波传播过程中,如果媒质中各质元都按余弦(或正弦)规律运动,则该平面波称为平面简谐波.平面简谐波是最简单、最基本、最重要的波动,而任何复杂的波都可以看作不同频率、不同振幅的平面简谐波的叠加.因为振动沿各波射线传播情况完全相同,因而,只需对一条波射线进行研究.

(1)初相等于零的平面简谐波的表达式

如图 7.2.1 所示,设一列平面简谐波沿 X 轴正方向传播,用 y 表示 X 轴上各个质元振动的位移.假设媒质不吸收波的能量,也无阻尼损耗,那么波在传播过程中振幅保持不变.如果能够知道每一时刻在波线上每一质元的位移 y,就知道波在各向同性的均匀媒质中的传播情况,即要找出 $y=f(x,t)$的函数形式.

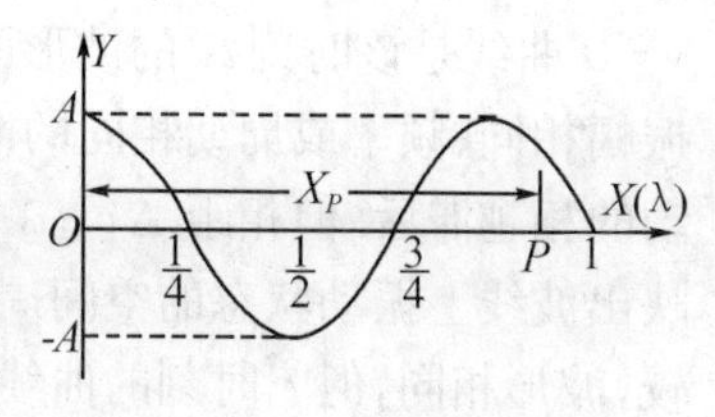

图 7.2.1 平面简谐波

在波的传播过程中,将振动情况已知的点称为始点(或参考点).始点可以是波源,但也不一定是波源.假设位于坐标原点 O 处的质元的振动情况已知,且 $t=0$ 时,$x_0=0$,$y_0=A$,初相 $\varphi_0=0$,X 轴上原点 O 处质元的振动表达式为

$$y_0=A\cos\omega t \qquad (7-2-1)$$

式中,A 是振幅,ω 是圆频率,y_0 是质元 O 在时刻 $t=0$ 离开平衡位置的位移.A 和 ω 也是波源的振幅和圆频率.

设媒质中任意一质元 P 的坐标为 x.由于波在传播过程中 O 点的振动状态传到 P 点所需的时间为 $t'=x/v$,v 是波速,该式表明 P 点开始振动的时刻比 O 点开始振动的时刻晚一段时间间隔 t',即 P 点的相较 O 点的相滞后 $\omega t'$.也就是说,如果 O 点从初始时刻($t=0$)计时,振动了 t 秒,则 P 点只振动了($t-t'$)秒,因此质元 P 在 t 时刻的振动是重复始点 O 在($t-x/v$)时刻的振动,而始点 O 在 $t-t'=t-\frac{x}{v}$时刻的位移为

$$y=A\cos\omega(t-\frac{x}{v}) \qquad (7-2-2)$$

上式表示:当振动状态沿 X 轴正方向传播时,质点 P 的振动表达式.由于 X 轴上质元 P 是任意的,P 点距始点 O 的距离为 x,所以 X 轴上任意质点 P 在任意时刻的振动状态都可以由(7-2-2)式确定.该式就是初相为零的沿 X 轴正方向传播的平面简谐波的表达式,位移 y 是 x 和 t 的函数,即 $y=f(x,t)$的具体形式,也就是平面简谐波的运动学方程,简称波动方程.

(2)初相等于零的沿 X 轴负方向传播的平面简谐波表达式

如果平面简谐波沿 X 轴负方向传播,则波在传播过程中,质点 P 开始振动的时刻要比质元 O 开始振动的时刻早 $t'=x/v$,当质点 O 振动了 t 秒时,质点 P 已经振动了($t+x/v$),则坐标为 x 处的任一质元 P 在任一时刻的位移为

$$y=A\cos\omega(t+\frac{x}{v})$$

上式为初相为零的沿 X 轴负方向传播的平面简谐行波的表达式.

(3)平面简谐波的表达式的物理意义

平面简谐波的表达式 $y=A\cos\omega\left(t-\frac{x}{v}\right)$,表示质点对于平衡位置的位移 y.它既与质点在波线上的平衡位置坐标 x 有关,又与时刻 t 有关,即位移 y 是关于 x 和 t 的函数,$y=f(x,t)$.

①对于某一给定的时刻 t_1,则平面简谐波表达式给出的位移 y 仅是平衡位置坐标 x 的函数,即

$$y=A\cos\omega\left(t_1-\frac{x}{v}\right)$$

上式表示该时刻 t_1 在 X 轴上各质点离平衡位置的位移分布情况，在波动图像上所描绘出的 $y-x$ 曲线是该时刻 t_1 的波形图，如图 7.2.2 所示. 由表达式还可知，在 X 轴上各个质点都做振幅相同、频率或周期相同的简谐振动，质点离开坐标原点（参考点）的距离越远，越后振动，振动的相越滞后. 但相距 $\Delta x=\lambda$ 的两质点，振动的相差为 2π，振动状态的相相同，可见波长 λ 反映出波线上振动状态的空间周期性. 如果 $t'=t+T$，则 t' 时刻的波形图与 t 时刻的波形图相比较，波形相同，但 t' 时刻的曲线较 t 时刻的曲线向前移动了 λ，也就是波向右传播，其传播速度为 v，可见周期 T 反映出波在时间上的周期性.

②对于某一给定的 x_1 值，则平面简谐波表达式给出的位移 y 仅是时间 t 的函数，即

$$y=A\cos\omega\left(t-\frac{x_1}{v}\right)$$

上式表示平衡位置坐标为 x_1 的质点的位移 y 随时间 t 变化的关系，即该质点的振动表达式. 作出的 $y-t$ 图像是该质点的振动图像，如图 7.2.3 所示. 由于 x 可以取任意给定的值，表明弹性媒质中的任何一个质点都在做简谐振动，而且和坐标原点 O 处的质点具有相同的振幅、相同的频率（或周期）和振动方向，由于 O 点先振动，其他质点的相位要滞后于 O 点处质点的振动相. 由平面简谐波的表达式可以看出，当 x 一定时，$y=y(t)$，y 是时间 t 的周期函数，反映出该质点的振动位移随时间做周期性变化的特征.

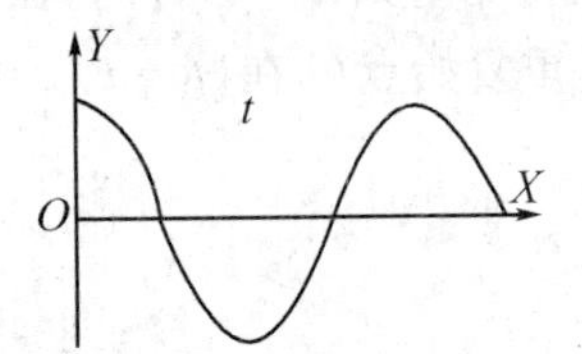

图 7.2.2　各质点的位移和平衡位置的关系

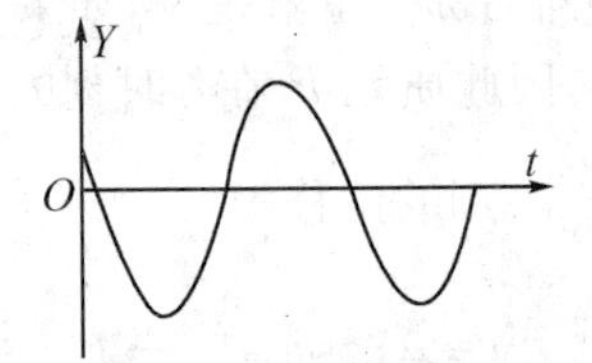

图 7.2.3　振动质点的位移和时间的关系

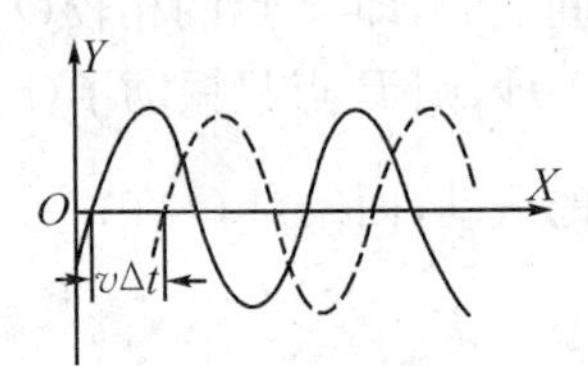

图 7.2.4　波的传播

③如果自变量 x 及 t 都改变，则平面简谐波的表达式给出位移 y 是关于 x 和 t 的函数，即

$$y=A\cos\omega\left(t-\frac{x}{v}\right)$$

上式表示在不同时刻波线上平衡位置坐标为 x 的各个质点的位移. 如果从波形图来看，以弹性媒质中各质点平衡位置的坐标 x 为横坐标，以媒质中质点的位移 y 为纵坐标，在 t_1 时刻得到一条余弦曲线，即该时刻的波形图，在下一时刻 $t_1+\Delta t$ 得到另一条余弦曲线，即该时刻的波形图. 如图 7.2.4 中的实线和虚线所示，可看出波随时间的推移，波形沿波的传播方向前进，即表示波形的传播过程，波前进的速度就等于波速 v.

④相和相差. 设沿 X 轴正方向传播的平面简谐波在同一时刻 t，平衡位置坐标分别为 x_1 和 x_2 的两质点之间的位移分别为

$$y_1=A\cos\omega\left(t-\frac{x_1}{v}\right)=A\cos2\pi\left(\frac{t}{T}-\frac{x_1}{\lambda}\right)$$

$$y_2=A\cos\omega\left(t-\frac{x_2}{v}\right)=A\cos2\pi\left(\frac{t}{T}-\frac{x_2}{\lambda}\right)$$

可见它们的相分别为 $\Phi_1=\omega\left(t-\frac{x_1}{v}\right)$，$\Phi_2=\omega\left(t-\frac{x_2}{v}\right)$，两质点的振动不相同，其相差为

$$\Delta\Phi=\Phi_2-\Phi_1=\omega\,\frac{x_1-x_2}{v}=\frac{2\pi}{\lambda}(x_1-x_2)=\frac{2\pi}{\lambda}(\Delta x)$$

式中，Δx 称为波程差(媒质折射率 $n=1$)，上式是振动在弹性媒质中传播时，两质点之间的相差和波程差的关系式. 如果媒质折射率为 n，波程差值等于 $n\Delta x$，$\Delta\varphi=\frac{2\pi}{\lambda_n}(\Delta x)=\frac{2\pi}{\lambda}(n\Delta x)$.

(4)沿直线传播的平面简谐波的表达式

上面所述的平面简谐波的表达式及其讨论都是在选取的坐标原点(参考点)O 处质点的初相 $\varphi_0=0$ 这一特殊情况下得出的，一般情况下是位于坐标原点 O 处质点的初相不等于零而为 φ_0，则 O 点的振动方程为

$$y=A\cos(\omega t+\varphi_0)$$

沿 X 轴正方向传播的平面简谐波的表达式为

$$y=A\cos\left[\omega\left(t-\frac{x}{v}\right)+\varphi_0\right] \quad 或 \quad y=A\cos\left[\omega t-\frac{2\pi}{\lambda}x+\varphi_0\right]$$

$$y=A\cos\left[2\pi\left(\nu t-\frac{x}{\lambda}\right)+\varphi_0\right] \quad 或 \quad y=A\cos\left[2\pi\left(\frac{t}{T}-\frac{x}{\lambda}\right)+\varphi_0\right]$$

沿 X 轴负方向传播的平面简谐波的表达式为

$$y=A\cos\left[\omega\left(t+\frac{x}{v}\right)+\varphi_0\right] \quad 或 \quad y=A\cos\left[\omega t+\frac{2\pi}{\lambda}x+\varphi_0\right]$$

$$y=A\cos\left[2\pi\left(\nu t+\frac{x}{\lambda}\right)+\varphi_0\right] \quad 或 \quad y=A\cos\left[2\pi\left(\frac{t}{T}+\frac{x}{\lambda}\right)+\varphi_0\right]$$

对于以上两种情况，其表达式的物理意义的讨论，结论完全与前面的论述相同.

(5)几点说明

①注意平面简谐行波的传播方向，是以波速 v 沿 X 轴正方向传播，还是以波速 v 沿 X 轴负方向传播.

②平面简谐波表达式中 +、− 是其中的运算符号，表示加、减，而不是坐标 x 的正或负. 坐标 x 可以取正值，也可以取负值.

③对平衡位置坐标不同的两个质点，坐标分别为 x_1 和 x_2，如果 x_2 位置的质点较 x_1 位置的质点后振动，则 x_2 的相落后于 x_1 的相，$\Delta\Phi=\Phi_2-\Phi_1<0$，为负值；相反情况下，$\Delta\Phi=\Phi_2-\Phi_1>0$，为正值，则 x_2 的相超前于 x_1 的相.

④φ_0 表示坐标原点(参考点)O 在 $t=0$ 时刻的振动相，称为初相. φ_0 的值应由初始条件 $t=0$时，$y=y_0$ 及 $v=v_0>0$(或 $v=v_0<0$)二者共同确定.

⑤必须注意波源位置，坐标原点(参考点)O 的位置，以及所研究的平衡位置坐标为 x 的任意一点 P 的位置. 在所研究的问题中，必须针对同一坐标系，同一坐标原点，如果坐标原点位置发生变化，坐标 x 的值应改变一相对量.

⑥必须注意，坐标原点 $x_0=0$，在 $t=0$ 时刻的初相 φ_0，而在媒质中距坐标原点 O 距离为 x_1 的质点，沿 X 轴正方向传播的初相应为 $\varphi_1=-\omega\frac{x_1}{v}+\varphi_0$，而沿 X 轴负方向传播的平面简谐波的初相应为 $\varphi_1=\omega\frac{x_1}{v}+\varphi_0$.

例 7.2.1 如图 7.2.5 所示，已知一沿 X 轴正方向传播的平面简谐波在 $t=0$ 时刻的波形图，试求：①原点 O 的初相是多大；②P 点的初相是多大；③如果振幅是 A，圆频率是 ω，写出平面简谐波的表达式.

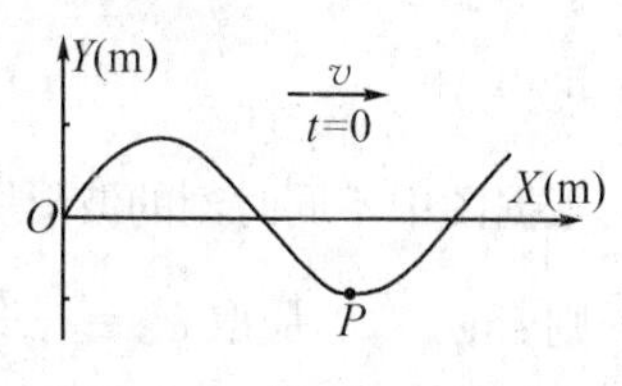

图 7.2.5 例 7.2.1 图示

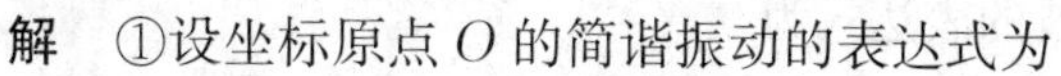
解 ①设坐标原点 O 的简谐振动的表达式为

$$x = A\cos(\omega t + \varphi_0)$$

图中的波形是 $t=0$ 时刻各质点的位置. 由图可知 $t=0$ 时, O 点的位移 $x=0$, 得

$$0 = A\cos\varphi_0$$

所以

$$\varphi_0 = \pm\frac{\pi}{2}$$

由已知条件及图可知 $t=0$ 时, $v = v_0 = -\omega A\sin\varphi_0 < 0$, 则 $\sin\varphi_0 > 0$, 应取 $\varphi_0 = +\frac{\pi}{2}$.

②根据两点之间相差与波程差之间的关系式, 即

$$\Delta\Phi = \varphi_P - \varphi_0 = \frac{2\pi}{\lambda}(x_1 - x_2), \quad x_1 = 0, \quad x_2 = \frac{3}{4}\lambda$$

由图可知, P 点与 O 点之间的距离为 $\frac{3}{4}\lambda$, 则

$$\Delta\Phi = \frac{2\pi}{\lambda}\left(-\frac{3}{4}\lambda\right) = -\frac{3}{2}\pi$$

P 点的相 φ_P 可由下式得出

$$\Delta\Phi = \varphi_P - \varphi_0 = -\frac{3}{2}\pi, \qquad \varphi_P = \varphi_0 + \left(-\frac{3}{2}\pi\right)$$

则

$$\varphi_P = \frac{\pi}{2} - \frac{3}{2}\pi = -\pi$$

③沿 X 轴正方向传播的平面简谐波的表达式为

$$y = A\cos\left[\omega\left(t - \frac{x}{v}\right) + \frac{\pi}{2}\right]$$

例 7.2.2 如图 7.2.6 所示, 已知一沿 X 轴负方向传播的平面简谐波, 波峰 P 前进到 P' 所经历的时间间隔为 0.1 s, 设图中实线表示 $t=0$ 时刻的波形图. 试求出该平面简谐波的表达式.

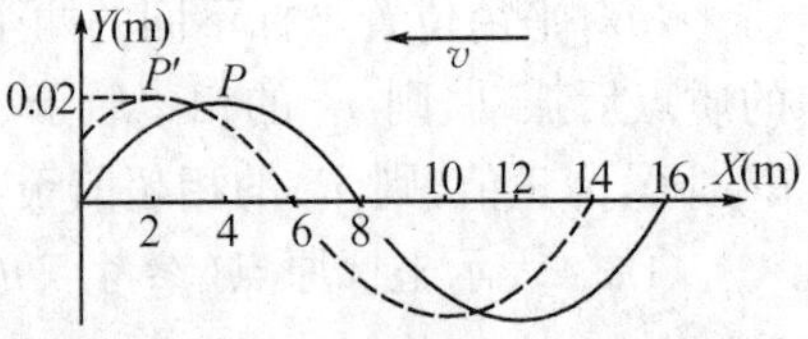

解 从波形图中可以得出, 振幅 $A = 0.02$ m, 波长 $\lambda = 16$ m.

图 7.2.6 例 7.2.2 图示

波速

$$v = \frac{\Delta x}{\Delta t} = \frac{2}{0.1} = 20\ (\mathrm{m \cdot s^{-1}})$$

周期

$$T = \frac{\lambda}{v} = \frac{16}{20} = 0.8\ (\mathrm{s})$$

圆频率

$$\omega = \frac{2\pi}{T} = \frac{2\pi}{0.8} = \frac{5\pi}{2}\ (\mathrm{rad \cdot s^{-1}})$$

求坐标原点 O 处质点的初相, 设 O 处质点的振动方程为

$$y = A\cos(\omega t + \varphi_0)$$

根据已知的初始条件, 当 $t=0$ 时, $y_0 = 0$, 代入上式得

$$y_0 = A\cos\varphi_0 = 0$$

可得

$$\varphi_0 = \pm\frac{\pi}{2}$$

根据图中不同时刻的波形图可知, 当 $t=0$ 时, O 点处的质点正向上运动, 即 $v_0 = -\omega A\sin\varphi_0 > 0$, 则 $\sin\varphi_0 < 0$, 应取 $\varphi_0 = -\frac{\pi}{2}$.

因此, 沿 X 轴负方向传播的平面简谐波的表达式为

$$y = A\cos\left[\omega\left(t+\frac{x}{v}\right)+\varphi_0\right]=0.02\cos\left[\frac{5\pi}{2}\left(t+\frac{x}{20}\right)-\frac{\pi}{2}\right]\text{(m)}$$

7.3　波的能量和能流密度

机械波是机械振动的传播过程.在传播过程中,弹性媒质发生了形变和在平衡位置附近振动,因而具有势能和动能,因此,参与波动过程的媒质具有机械能.在机械波的传播过程中,对于某一部分媒质来说,能量不断地由波源沿波前进方向传播进来,又不断地传播出去,所以,波的传播过程实质上是振动的传播过程,也就是能量的传播过程.

7.3.1　机械波的能量和能量密度

(1)机械波的能量

由于弹性媒质中的质点是在平衡位置附近做机械振动,其位移和速度都具有周期性,因此,在一定的体积元内,振动质点的势能、动能和总的机械能也具有周期性.下面以纵波在固态金属棒中传播为例来讨论波的能量.

设金属棒的横截面积为 S,密度为 ρ,沿着棒长方向传播的纵波的波速为 v,坐标原点 O 处的质点振动的初相等于零,如图7.3.1所示,平面简谐波的表达式为

$$y = A\cos\omega\left(t-\frac{x}{v}\right)$$

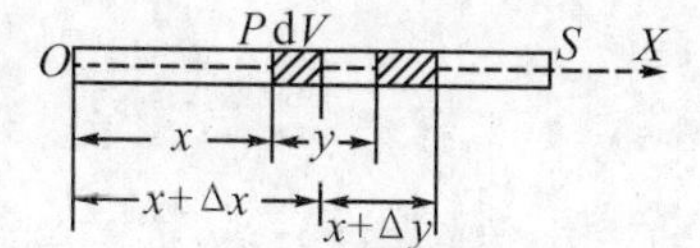

图 7.3.1　波的能量推导用图

在棒上坐标为 x 的 P 点处取一长度为 Δx,横截面积为 S 的体积元 $\mathrm{d}V=S\Delta x$,则质量 $\Delta m=\rho\Delta V=\rho S\Delta x$,该体积元内质点的振动速度为

$$u=\frac{\partial y}{\partial t}=-\omega A\sin\omega\left(t-\frac{x}{v}\right)$$

体积元 ΔV 中质点的动能为

$$\Delta E_K=\frac{1}{2}\Delta m u^2=\frac{1}{2}(\rho\mathrm{d}V)A^2\omega^2\sin^2\omega\left(t-\frac{x}{v}\right) \tag{7-3-1}$$

可以证明(从略),该体积元 ΔV 中质点的势能为

$$\Delta E_P=\frac{1}{2}(\rho\mathrm{d}V)A^2\omega^2\sin^2\omega\left(t-\frac{x}{v}\right) \tag{7-3-2}$$

该体积元 ΔV 中质点的总的机械能为

$$\Delta E=\Delta E_K+\Delta E_P=\rho\Delta V A^2\omega^2\sin^2\omega\left(t-\frac{x}{v}\right) \tag{7-3-3}$$

由(7－3－1)、(7－3－2)和(7－3－3)式可以看出,波在传播过程中,弹性媒质中任一体积元在任一时刻的动能和势能相等.它们同时达到最大值,同时达到最小值.它们的相相同,在零到最大值之间随时间作周期性变化,总的机械能不守恒,ΔE 不等于常量,介质中任一体积元不断地接受能量,又不断地输出能量.这与简谐振动中所讲振动系统的总机械能不随时间变化,即振动动能与势能之和等于常量,在整个振动过程中机械能守恒,是不相同的.

在孤立系统中,例如弹簧振子,质点在振动过程中机械能之所以守恒,是因为外力对系统不做功,又无非保守内力,仅弹簧的弹力(保守内力)在运动过程中做功,使系统的能量不断地在动能和势能之间转换,总机械能守恒.而在波的传播过程中,弹性媒质中的任一体积元都要

受到相邻质元所施的弹性力所做的功，通过不断做功和相邻质元之间进行着能量的传播，因而在波动过程中机械能不守恒.

(2)能量密度

波的能量除了随时间作周期性变化外，还与位置有关. 为了更精确地描述波的能量分布情况，我们引入能量密度的概念. 弹性媒质中单位体积具有的能量，称为能量密度，用 w 表示，即

$$w=\frac{\Delta E}{\Delta V}=\rho\omega^2A^2\sin^2\omega\left(t-\frac{x}{v}\right) \tag{7-3-4}$$

由上式可见，能量密度与振幅的平方、圆频率(或频率)的平方及弹性媒质的体密度成正比. 该结论普遍成立，即对所有行波都适用. 能量密度 w 是时间 t 和空间坐标 x 的函数，对于弹性媒质中给定点来说，即给定 x 值时，该处的能量密度 w 是时间 t 的周期函数，如图 7.3.2 所示，在不同时刻 t，该处的能量具有不同的瞬时值. 当给定 t 值时，得到给定时刻弹性媒质中能量随坐标 x 的分布情况.

由能量密度 w 的表达式可知，能量同样是以波速 v 在弹性媒质中传播，波的传播过程就是波的能量的传播过程. 由图 7.3.2 中可以看出，能量密度 w 随时间变化的周期 T' 为波动周期 T 的一半，即

$$T'=\frac{1}{2}T=\frac{\pi}{\omega} \tag{7-3-5}$$

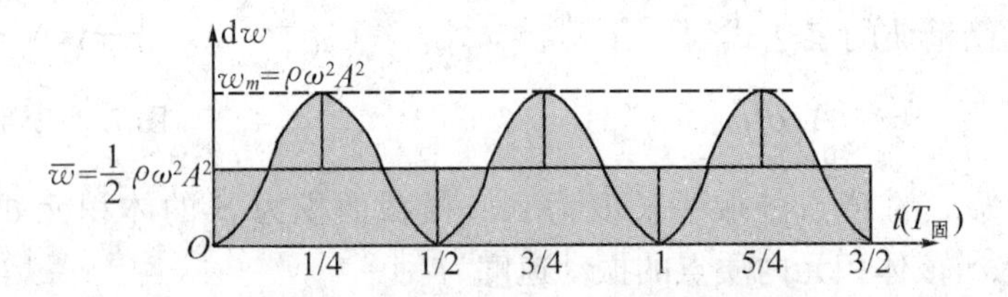

图 7.3.2　能量密度是时间的周期函数

为了进一步讨论波动过程中能量的传播，我们引入平均能量密度的概念. 能量密度在一个周期时间内的平均值称为平均能量密度，用 $\overline{w}$ 表示，即

$$\begin{aligned}\overline{w}&=\frac{1}{T}\int_0^T\rho\omega^2A^2\sin^2\omega\left(t-\frac{x}{v}\right)\mathrm{d}t\\&=\rho\omega^2A^2\left[\frac{1}{T}\int_0^T\sin^2\omega\left(t-\frac{x}{v}\right)\mathrm{d}t\right]=\frac{1}{2}\rho\omega^2A^2\end{aligned} \tag{7-3-6}$$

上式中利用 $\frac{1}{T}\int_0^T\sin^2\omega\left(t-\frac{x}{v}\right)\mathrm{d}t=\frac{1}{2}$，即 $\sin^2\omega\left(t-\frac{x}{v}\right)$ 在一个周期内的平均值等于 $\frac{1}{2}$.

或者用

$$\overline{w}=\frac{1}{T}\int_0^T\frac{1}{2}\rho\omega^2A^2\sin^2\left(t-\frac{x}{v}\right)\mathrm{d}t=\frac{1}{2}\rho\omega^2A^2$$

7.3.2　波的能流和能流密度

(1)波的能流

波在能量传播过程中，弹性媒质中的任一体积元都在不断接受能量和不断放出能量，为了描述能量传播的多少和快慢，我们引入能流和能流密度的概念. 单位时间内通过弹性媒质中一横截面积的能量，称为通过该面积的能流，用 $\boldsymbol{P}$ 表示.

设波的传播速度为 v，在 Δt 时间间隔内通过垂直于波速的横截面积为 ΔS 的能量为 ΔE，

即

$$\Delta E = wv\Delta t\Delta S$$

式中，w 为截面 ΔS 所在位置的能量密度，Δt 是很小的时间间隔，能量密度 w 在 ΔS 上各点可看作常量. 对于平面简谐波，横截面积 ΔS 可以取任意大小，通过该横截面积的能流 $\boldsymbol{P}$ 的大小为

$$P=\frac{\Delta E}{\Delta t}=\frac{wv\Delta t\Delta S}{\Delta t}=wv\Delta S=\left[\rho\omega^2A^2\sin^2\omega\left(t-\frac{x}{v}\right)\right]v\Delta S \tag{7-3-7}$$

由上式可见，能流 P 随时间作周期性变化，但它总是正值. 通常取能流在一个周期时间内的平均值，称为平均能流，用 $\overline{P}$ 表示，由于 v 和 ΔS 不随时间变化，所以平均能流 $\overline{P}$ 为

$$\overline{P}=\left[\frac{1}{T}\int_0^T\rho\omega^2A^2\sin^2\omega\left(t-\frac{x}{v}\right)\mathrm{d}t\right]v\Delta t=\overline{w}v\Delta S \tag{7-3-8}$$

(2)能流密度

单位时间内，通过垂直于波的传播方向单位面积的平均能量称为平均能流密度，通常称为能流密度，用 I 表示，即

$$I=\frac{\overline{P}}{S}=\overline{w}\cdot v=\frac{1}{2}\rho A^2\omega^2 v \quad 或 \quad \boldsymbol{I}=\overline{w}\,\boldsymbol{v}=\frac{1}{2}\rho A^2\omega^2\,\boldsymbol{v} \tag{7-3-9}$$

平均能流密度矢量的方向就是波的传播方向，即波速 $\boldsymbol{v}$ 的方向. 平均能流密度越大，单位时间内通过波面上单位面积的平均能量越多，波就越强，所以又称平均能流密度为波的强度. 它是描述波动强弱的物理量，等于波的平均能量密度和波的传播速度的乘积. 例如，声波的强弱称为声强，光波的强度称为光强. 平均能流密度，即波的强度与振幅的平方、圆频率(或频率)的平方和媒质的密度的乘积有关. 平均能流密度的单位为瓦·米$^{-2}$，代号为W·m^{-2}，量纲式为[I]=MT^{-3}.

7.3.3 平面波的振幅和球面波的振幅

(1)平面波的振幅

在平面波的情况下，如果理想的弹性媒质在波传播过程中不吸收能量，各处的能流密度相同，于是各处的振幅相等. 如图 7.3.3 所示，设有一平面简谐行波的波速为 v，在均匀媒质中传播. 如果在垂直于波传播方向上取两个平面，其面积都等于 S，并且通过第一个平面的波也将通过第二个平面. 设 A_1 和 A_2 分别表示平面简谐行波在两平面处的振幅，由(7-3-8)式可知，通过这两个平面的平均能流分别为

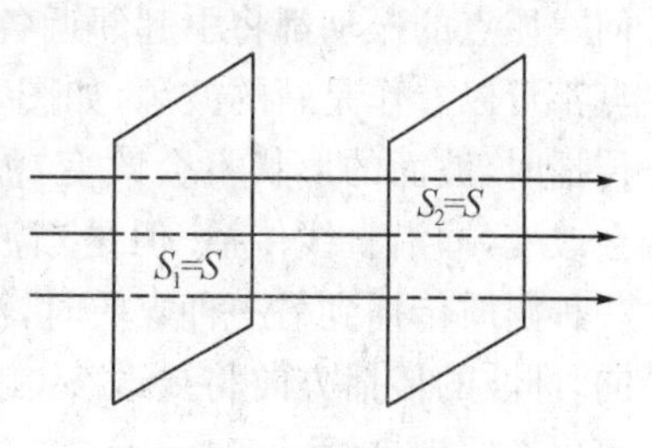

图 7.3.3 平面波

$$\overline{P}_1=\overline{w}_1 vS=\frac{1}{2}\rho A_1{}^2\omega^2 vS \tag{7-3-10a}$$

$$\overline{P}_2=\overline{w}_2 vS=\frac{1}{2}\rho A_2{}^2\omega^2 vS \tag{7-3-10b}$$

由以上可知，如果 $\overline{P}_1=\overline{P}_2$，可得

$$A_1=A_2 \tag{7-3-11}$$

上式表明：平面简谐波在理想的、无吸收的弹性媒质中传播时，振幅将保持不变，即 $A_1=A_2=A$.

(2)球面波的振幅

设有一点波源产生的球面波，任意两个波面 S_1、S_2(如图 7.3.4 所示)处的能流密度的大

小分别为 I_1、I_2，如果球面波在理想的、无吸收的弹性媒质中传播，则在单位时间内通过不同波面的能量相等，即

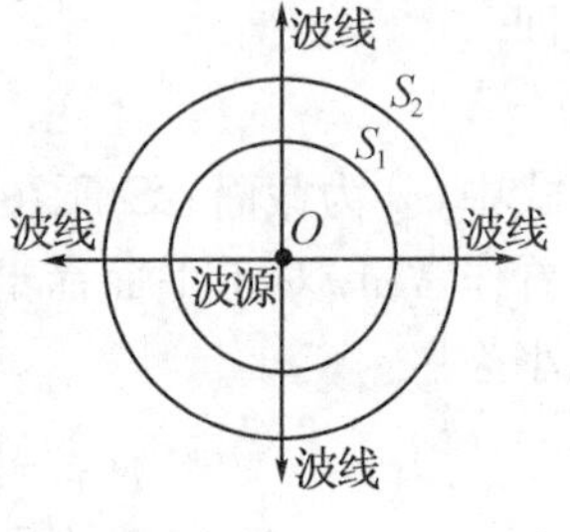

图 7.3.4 球面波

$$I_1 4\pi r_1^2 = I_2 4\pi r_2^2$$

式中，r_1 和 r_2 分别表示球面 S_1 和 S_2 的半径. 所以有

$$\frac{I_1}{I_2} = \frac{{r_2}^2}{{r_1}^2}$$

因为能流密度 $I = \frac{1}{2}\rho\omega^2 A^2 v$，即 I 与振幅平方式正比，可得

$$\frac{{A_1}^2}{{A_2}^2} = \frac{{r_2}^2}{{r_1}^2}, \qquad \frac{A_1}{A_2} = \frac{r_2}{r_1} \qquad (7-3-12)$$

式中，A_1 和 A_2 分别表示波面 S_1 和 S_2 上的振幅，即弹性媒质中任一点的振幅和该点到波源的距离成反比. 如果距波源单位距离的振幅为 A，则距波源距离为 r 处的振幅为 $\frac{A}{r}$，r 是相应球面的半径，则初相等于零的球面波的表达式为

$$y = \frac{A}{r}\cos\omega\left(t - \frac{x}{v}\right) \qquad (7-3-13)$$

上式只有在距波源相当远处才成立，因为这时点波源才有意义. 由上式可看出，球面波对原点对称，距波源越远能流密度越小.

7.4 惠更斯原理和波的衍射

7.4.1 惠更斯原理

波动是起源于波源的振动，由于在弹性媒质中各质点之间的相互作用而使波源的振动由近到远以波动的形式传播出去. 如果媒质是连续分布的，那么媒质中任何一质点的振动都将引起邻近各质点的振动. 因此，波动中任何一个质点都可以看作是新的波源，如图 7.4.1 所示. 波在各向同性均匀媒质中传播时，波面的形状不会改变，波线也仍为直的射线，波的传播方向不会改变，即沿直线传播. 但是当波在传播过程中遇到障碍物时，或者从一种媒质传播到另一种媒质时，波面的形状就会改变，波线也要改变方向，即波的传播方向将要改变，这种现象称为波的衍射现象，它可以用惠更斯原理来解释.

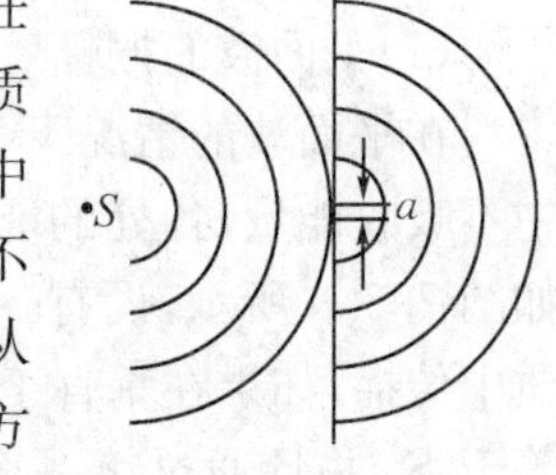

图 7.4.1 衍射现象

(1)惠更斯原理

它是在 1690 年由荷兰物理学家惠更斯首先提出的关于波面传播的理论，可以从某一时刻波前的位置确定以后任一时刻的波前. 惠更斯原理的叙述如下：媒质中波动所达到的每一个点都可以看作是产生球面次级子波的波源，在其后的任一时刻，这些次级子波的包迹(即所有子波波前的公切面)就是该时刻的新的波前(波阵面).

必须指出，惠更斯原理对于任何波动过程都适用，无论是机械波还是电磁波，而且不论这些波动所经过的媒质是均匀的或非均匀的. 只要知道某一时刻的波前，就可以根据惠更斯原理，用几何作图的方法来决定以后任一时刻的波前，因而也可以确定波的传播方向，但是它不能决定波的振幅和强度.

(2)惠更斯原理的应用

下面举例来说明惠更斯原理对一般平面波及球面波的应用.

如图 7.4.2 所示,平面波在均匀媒质中传播,如果 S_1 是平面波在 t 时刻的波前,可以根据惠更斯原理利用几何作图法得出在以后任一时刻 $t+\Delta t$ 波前的位置. 在 t 时刻波前 S_1 面上的各点是发射子波的波源,所以在 S_1 面上取一系列的点为球心,以 $v\Delta t$ 为半径作出半球形波面(子波波面),这些子波波面的包迹就是在以后任一时刻 $t+\Delta t$ 的波前 S_2. 如图 7.4.2 所示,新的波前 S_2 是平行于波前 S_1 的平面,但 S_2 比 S_1 前进了 $v\Delta t$,即波以波速 v 在均匀媒质中传播时,其波前的形状保持不变.

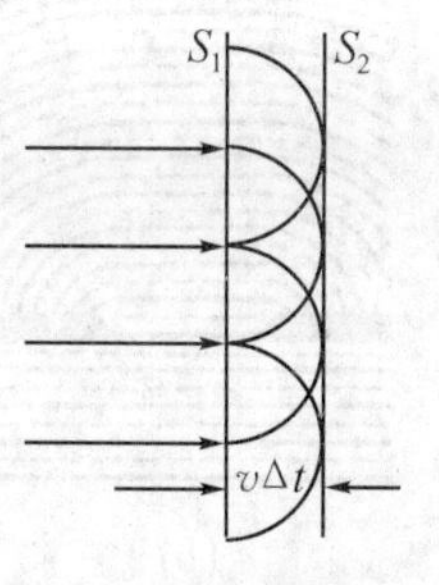

图 7.4.2 平面波中应用惠更斯原理

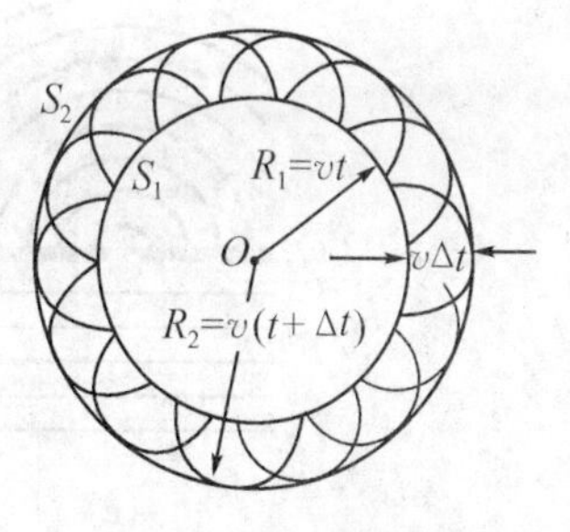

图 7.4.3 球面波中应用惠更斯原理

如图 7.4.3 所示,球面波在均匀媒质中传播,设球面波从波源 O 以波速 v 向四周传播,在 t 时刻的波前是以 R_1 为半径的球面 S_1,根据惠更斯原理利用几何作图法得出在以后任一时刻 $t+\Delta t$ 波前的位置. 在 t 时刻的波前 S_1 面上的各点是发射子波的波源. 所以在 S_1 面上取一系列的点作为发射子波的波源. 以这些点为球心,以 $v\Delta t$ 为半径作球面子波,这些子波波面的包迹就是 $t+\Delta t$ 时刻新的波前 S_2,也就是以波源 O 为球心,以 $R_2=R_1+v\Delta t$ 为半径的新的球面 S_2.

7.4.2 波的衍射

波的衍射又称为波的绕射. 波在传播过程中,遇到障碍物(如圆孔、圆屏、狭缝),波偏离直线传播方向而能够绕过障碍物边缘继续前进的现象称为波的衍射现象. 如图 7.4.4(a)所示,水波遇到狭缝障碍物后改变传播方向,能绕过狭缝;关闭门窗后在室内讲话的声波能通过门窗的狭缝传到室外等都是波的衍射现象. 波的衍射是波动特有的性质之一,在理论和实际中具有重要意义.

衍射现象的定性解释可以根据惠更斯原理,当波在传播过程中遇到障碍物的边缘时,这些地方(孔或缝)可看成是发射球面子波的波源,这些球面子波所形成的包迹就是新的波前,原来波前的形状及波的传播方向发生了改变,呈现出明显的衍射现象,如图 7.4.4(a)所示.

实验表明,衍射现象显著发生的条件是,当障碍物的大小相对于波长同数量级或比波长小时,衍射现象显著. 如果以 λ 表示波长,以 D 表示障碍物的大小,如缝宽或屏的直径,当 $D\simeq\lambda$ 或 $D<\lambda$ 时,衍射现象显著;当 $D\gg\lambda$ 时,衍射现象不显著,此时波将沿直线传播而观察不到衍射现象. 所以在上述条件下,孔隙越小,波长越大,衍射现象越显著,图 7.4.4 是水波衍射现象的模拟图,图(a)衍射现象显著,图(c)衍射现象不显著.

波通过障碍物发生衍射现象实质上是从小孔上各点发出的各个球面子波发生相干叠加,波的能量重新分配的结果,使波的传播方向和强度分布都有所改变. 有关这方面的内容在光学中再作讨论.

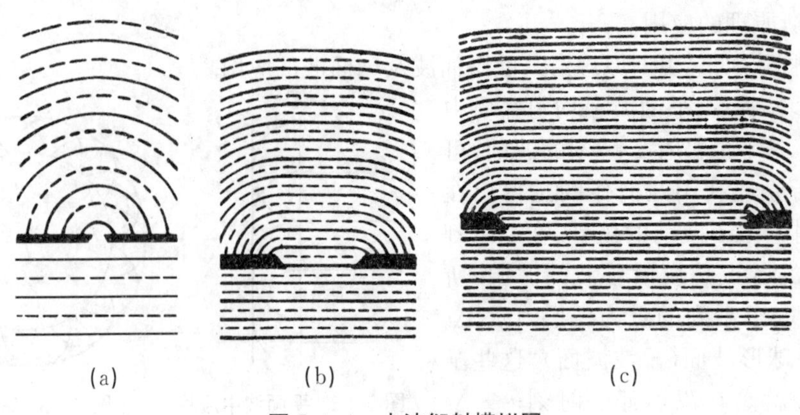

图 7.4.4　水波衍射模拟图

7.5　波的叠加原理和波的干涉

波的衍射现象可以根据惠更斯原理作定性解释. 如果在媒质中同时有两列或两列以上的波在空中相遇,各波列之间将产生怎样的影响? 发生什么现象呢?

7.5.1　波的叠加原理

波的叠加原理是物理学的基本原理之一,是总结了许多实验事实得出的. 当空间同时存在两个或两个以上的波源所产生的两列或两列以上的波,在同一媒质中传播,无论相遇与否,它们始终保持各自独立的原有特性(频率、波长、振幅、振动方向和传播方向)不变,按照它们各自的传播方向独立地传播,互不干扰,不因其他波的存在及相互作用而改变,这称为波的独立传播定律. 由以上可知,在两列波或者多列波的空间相遇处,质点的振动将是各列波单独存在时在该处引起的振动合成,该相遇点的振动位移(合位移)等于各列波单独存在时在该处引起的位移的矢量和,这称为波的叠加原理.

波的叠加原理,可以从日常生活的许多现象中观察和体验出来. 例如,乐队演奏乐器时,人们能够听到悦耳的曲调是各种乐器振动通过空气媒质传到人耳中叠加的总效果,同时各种乐器保持各自原有的特性,我们能够辨别出每种乐器发出的声音,说明各列波的传播仍保持各自的原有特性. 又如,将两石块同时投入静水中,从两石落点中心发出的两列波,在它们相遇处发生叠加,彼此分开以后仍保持各自的原有特性,而沿原方向独立地继续传播,好像没有与另一列波相遇一样.

对于机械波,只有振幅很小时,波的叠加原理才近似成立,振幅很大时就不成立. 波是否遵循叠加原理和独立传播定律,取决于媒质的性质和波的强度.

7.5.2　波的干涉

根据波的叠加原理可知,两列或两列以上的波列在媒质中相遇时,相遇处质点的振动位移等于每一个波列单独传播时在该点引起的相应位移的矢量和. 也就是说,两列或两列以上的波列在媒质中同时传播时,在空间相遇处各质点的振动是各波列引起的合成振动. 如果各波列频率不同,相位不同,振动方向不同,则合成振动将是很复杂的,波列叠加得到的图样也是不稳定的.

(1)波的干涉

当两列或多列波的波源满足一定的条件(相干条件)时,相应的波列在空间相遇发生叠加,能够形成稳定的叠加图样.

相干条件及干涉现象:①两个波源具有相同的频率;②两波源相相同或相差恒定;③两波具有相同的振动方向或存在相互平行的振动分量. 以上条件称为相干条件,满足相干条件的波称为相干波. 当两列相干波在空间相遇发生叠加,在叠加区域有的地方振动始终加强,有的地方振动始终减弱,即空间各点振动的强弱具有确定的分布,形成稳定的叠加图样,这种现象称为波的干涉现象. 能够产生相干波的波源,称为相干波源.

(2)干涉加强及干涉减弱

根据波的叠加原理,利用两个同频率同振动方向的振动合成方法,可以定量计算出在 t 时刻距离两相干波源 S_1 和 S_2 分别为 r_1 和 r_2 远的任一点 P 的振动合成情况.

如图 7.5.1 所示,设有两个相干波源 S_1 和 S_2,它们具有相同的频率和振动方向,振动表达式分别为

$$\begin{aligned} y_{10} &= A_{10}\cos(\omega t+\varphi_1) \\ y_{20} &= A_{20}\cos(\omega t+\varphi_2) \end{aligned} \tag{7-5-1}$$

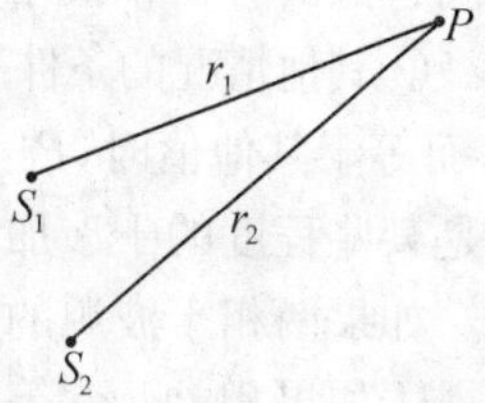

图 7.5.1　两个相干波源

式中,ω 表示两波源的圆频率,A_{10}、A_{20} 和 φ_1、φ_2 分别表示两波源的振幅和初相,其相差 $\Delta\Phi=\Phi_2-\Phi_1=(\omega t+\varphi_2)-(\omega t+\varphi_1)=\varphi_2-\varphi_1$ 保持恒定,当它们在同一媒质中传播时波速大小相同. 在空间任一点 P 相遇时,P 点距波源 S_1 和 S_2 的距离分别为 r_1 和 r_2,两波列的振幅分别为 A_1 和 A_2,波长为 λ,则两波列振动的表达式分别为

$$\begin{aligned} y_1 &= A_1\cos\left[\left(\omega t-\frac{2\pi r_1}{\lambda}\right)+\varphi_1\right] \\ y_2 &= A_2\cos\left[\left(\omega t-\frac{2\pi r_2}{\lambda}\right)+\varphi_2\right] \end{aligned} \tag{7-5-2}$$

根据波的叠加原理及同频率同方向简谐振动的合成可知,合成振动仍为同频率同方向的简谐振动,合成振动的表达式为

$$y=y_1+y_2=A\cos(\omega t+\varphi) \tag{7-5-3}$$

上式中合成振动的振幅 A 和初相分别由以下两式决定

$$A=\sqrt{A_1^2+A_2^2+2A_1A_2\cos\left(\varphi_2-\varphi_1-2\pi\frac{r_2-r_1}{\lambda}\right)}$$

$$\tan\varphi=\frac{A_1\sin\left(\varphi_1-\frac{2\pi r_1}{\lambda}\right)+A_2\sin\left(\varphi_2-\frac{2\pi r_2}{\lambda}\right)}{A_1\cos\left(\varphi_1-\frac{2\pi r_1}{\lambda}\right)+A_2\cos\left(\varphi_2-\frac{2\pi r_2}{\lambda}\right)}$$

可见,合成振动的振幅 A 和初相 φ 由两波列的振幅 A_1、A_2 和相差 $\Delta\Phi$ 共同决定. 对于空间任意给定的一点,相差为

$$\Delta\Phi=\Phi_2-\Phi_1=\varphi_2-\varphi_1-2\pi\frac{r_2-r_1}{\lambda}=\varphi_2-\varphi_1-2\pi\frac{\delta}{\lambda}$$

由上式可见,相差是一常量,因而该点合成振动的振幅也是一常量. 上式中的 $\delta=r_2-r_1$,是两相干波源 S_2 和 S_1 在 P 点的波程差(媒质折射率 $n=1$ 时,几何路程差等于波程差). 两个相干波源产生的波列在某点引起的相差决定于两波源的初相差以及两个相干波源到该点的波程差

[当 $n=1$ 时,波程差=几何路程差;当 $n\neq1$ 时,波程差 $n(r_2-r_1)>$几何路程差(r_2-r_1)]. 由此可总结出如下干涉情况:

①干涉加强的条件. 如果 P 点的振动加强,P 点的合成振动的振幅最大时,应满足的条件是相差等于零或 2π 的整数倍,即

$$\Delta\Phi=\varphi_2-\varphi_1-2\pi\frac{r_2-r_1}{\lambda}=2k\pi \quad (k=0,\pm1,\pm2,\cdots)$$

空间各点的合振幅最大,$A=A_1+A_2=A_{max}$,称为干涉加强,此时 $I=I_{max}$.

②干涉减弱的条件. 如果 P 点的振动减弱,P 点的合成振动的振幅最小时,应满足的条件是相差 $\Delta\Phi$ 等于 π 的奇数倍,即

$$\Delta\Phi=\varphi_2-\varphi_1-2\pi\frac{r_2-r_1}{\lambda}=(2k+1)\pi \quad (k=0,\pm1,\pm2,\cdots)$$

空间各点的合振幅最小,$A=|A_1-A_2|=A_{min}$,称为干涉减弱,此时 $I=I_{min}$.

③其他情况的条件. 如果 P 点的振动不是最强也不是最弱,相差 $\Delta\Phi\neq2k\pi$,$\Delta\Phi\neq(2k+1)\pi$,而等于其他值时,P 点的合振幅 A 为 $A_{min}<A<A_{max}$,强度 I 为 $I_{min}<I<I_{max}$,振动合成结果是某些程度的干涉加强或某些程度的干涉减弱.

如果两相干波源的初相相等,即 $\varphi_1=\varphi_2$,前述条件可以简化为:

①如果相差 $\Delta\Phi$ 等于零或 π 的偶数倍或波程差 δ 等于零或半波长的偶数倍,即

$$\Delta\Phi=2\pi\frac{r_2-r_1}{\lambda}=2k\pi \quad 或 \quad \delta=2k\ \frac{\lambda}{2}=k\lambda \quad (k=0,\pm1,\pm2,\cdots)$$

空间各点的合振幅最大,即 $A=A_1+A_2=A_{max}$,干涉加强(相长),此时 $I=I_{max}$.

②如果相差 $\Delta\Phi$ 等于 π 的奇数倍,或波程差 δ 等于半波长的奇数倍,即

$$\Delta\Phi=2\pi\frac{r_2-r_1}{\lambda}=(2k+1)\pi \quad 或 \quad \delta=(2k+1)\frac{\lambda}{2} \quad (k=0,\pm1,\pm2,\cdots)$$

空间各点的合振幅最小,$A=|A_1-A_2|=A_{min}$,干涉减弱(相消),此时 $I=I_{min}$.

③如果相差或波程差为其他值,干涉将导致某种程度的加强或减弱,振幅 A 为 $A_{min}<A<A_{max}$,波的强度 I 为 $I_{min}<I<I_{max}$.

由以上讨论可以看出,两列相干波在空间相遇,产生干涉,使得空间某些区域质点的振动始终加强,振幅及强度最大;另一些区域振动始终减弱,振幅及强度最小;其他情况振动质点的合振幅及强度介于二者之间. 由此可见,波的干涉,实质上是在相干区域内,波的振动状态和波的能量得到的重新分配. 波的干涉是波动特有的性质之一,在理论和实际中具有重要意义,有关结论也可以应用于光的干涉.

如图 7.5.2 所示,由相相同的两个相干波源 S_1 和 S_2 发出两相干波列,空间相遇后在叠加区域产生干涉图样. 实线表示波峰,虚线表示波谷,两波峰相遇的地方或两波谷相遇的地方合振幅最大,振动最强;波峰与波谷相遇的地方合振幅最小,振动最弱;其他地方合振幅介于二者之间,振动不是最强也不是最弱.

例 7.5.1 如图 7.5.3 所示,由位于坐标原点 O 的波源 S_1 和位于坐标为 x 处的波源 S_2 发出的相向而行的两列相干波,其振幅都是 A,圆频率为 ω,波长为 λ,设波源的初相都等于零. 试求:①两波源的振动表达式;②两列简谐波的表达式;③在两波源连线上因干涉加强振幅最大和干涉减弱振幅最小的点的位置.

解 ①根据题意可知,两波源 S_1 和 S_2 的初相都等于零,即 $\varphi_1=0$,$\varphi_2=0$,则两相干波源的振动表达式分别为

$$y_{10}=A\cos\omega t,\quad y_{20}=A\cos\omega t$$

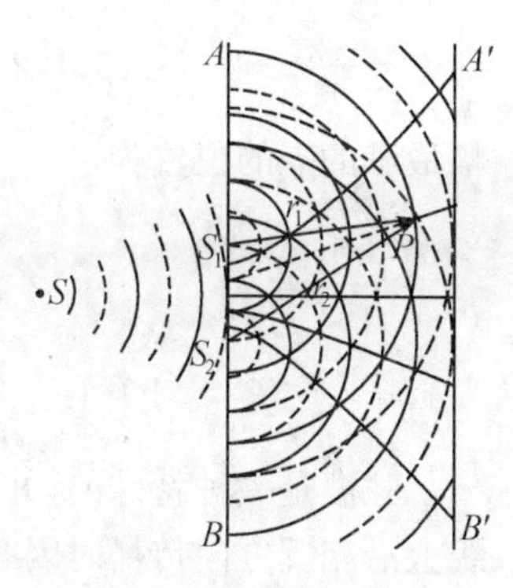

图 7.5.2　波的干涉

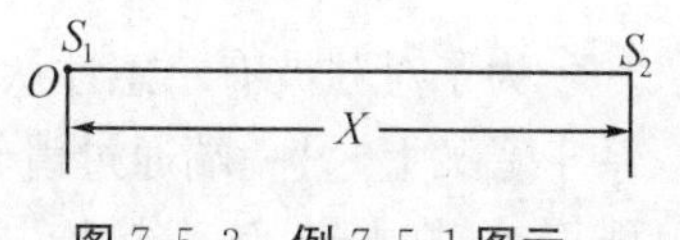

图 7.5.3　例 7.5.1 图示

②设 S_1 和 S_2 之间的任意点 P 距 S_1 的距离为 x_1，则距 S_2 的距离为 $x-x_1$，两列简谐波的表达式分别为

$$y_1=A\cos\omega\left(t-\frac{x_1}{v}\right)=A\cos2\pi\left(\frac{t}{T}-\frac{x_1}{\lambda}\right)$$

$$y_2=A\cos\omega\left(t-\frac{x-x_1}{v}\right)=A\cos2\pi\left(\frac{t}{T}-\frac{x-x_1}{\lambda}\right)$$

③两列波在 P 点的相差为

$$\Delta\Phi=\Phi_2-\Phi_1=2\pi\frac{\delta}{\lambda}=2\pi\frac{x_1-(x-x_1)}{\lambda}=2\pi\frac{2x_1-x}{\lambda}$$

根据干涉加强及干涉减弱的条件

a. 当 $\Delta\Phi=2\pi\dfrac{2x_1-x}{\lambda}=2k\pi\quad(k=0,\pm1,\pm2,\cdots)$

可得
$$x_1=\frac{1}{2}(x+k\lambda)$$

则干涉加强，合振幅为 $2A$.

b. 如果
$$\Delta\Phi=2\pi\frac{2x_1-x}{\lambda}=(2k+1)\pi\quad(k=0,\pm1,\pm2,\cdots)$$

可得
$$x_1=\frac{1}{2}x+\frac{1}{4}(2k+1)\lambda$$

则干涉减弱，合振幅为零，质点处于静止状态.

必须指出，两列相干波在空间相遇发生叠加的区域是 $0\leqslant x_1\leqslant x$. 在 $x_1<0$ 时，只存在波源 S_2 产生的波列；在 $x_1>x$ 时，只存在波源 S_1 产生的波列. 因而 k 的取值范围与 x_1 的值有关.

例 7.5.2　如果在上题中，设 $x=10\ \text{m}$，$\lambda=4\ \text{m}$. 试求：在两波源的连线上因干涉加强振幅最大的点的位置及因干涉减弱振幅最小的点的位置.

解　根据上题分析可知，干涉加强振幅最大的点的位置应在以下范围内：

$$0\leqslant\frac{1}{2}(x+k\lambda)\leqslant x$$

式中，代入已知数值 $x=10\ \text{m}$，$\lambda=4\ \text{m}$，取 $\frac{1}{2}x+\frac{1}{2}k\lambda=0$，$\frac{1}{2}x+\frac{1}{2}k\lambda=x$，可得到 k 的取值范围为

$$-2.5\leqslant k\leqslant2.5$$

式中，k 表示干涉条纹级次，只能够取正、负整数，即 $k=-2,-1,0,1,2$. 将相应的 k 值代入 $x_1=\frac{1}{2}(x+k\lambda)$ 中，可得到干涉加强振幅最大的点的位置为

$$x=1,3,5,7,9(\text{m})$$

同理，根据上题分析可知，干涉减弱振幅最小的点的位置应在以下范围内：

$$0\leqslant\frac{1}{2}x+\frac{1}{4}(2k+1)\lambda\leqslant x$$

上式中代入已知数值 $x=10\ \text{m}$，$\lambda=4\ \text{m}$，取 $\frac{1}{2}x+\frac{1}{4}(2k+1)\lambda=0$，$\frac{1}{2}x+\frac{1}{4}(2k+1)\lambda=x$，可确定 k 的取值范围为

$$-3\leqslant k\leqslant2$$

即 $k=-3,-2,-1,0,1,2$. 将相应的 k 值代入 $x_1=\frac{1}{2}x+\frac{1}{4}(2k+1)\lambda$ 中，可得到干涉减弱振幅最小的点的位置为

$$x=0,2,4,6,8,10(\mathrm{m})$$

7.6 驻 波

驻波是一种特殊的，并且也是一种重要的干涉现象. 它是两列振幅相同的相干波在同一直线上沿相反方向传播时因叠加而出现的.

7.6.1 弦线上的驻波实验

为了对驻波有个感性认识，先介绍一个形成驻波的实验. 如图 7.6.1 所示，细弦的一端 A 系于音叉上，另一端通过滑轮系上砝码，使弦中有一定的张力. B 处是一支点，使弦在 B 处不能振动. 打击音叉，引起弦中有自 A 向右传播的波，叫做入射波. 入射波传到 B 点发生反射，形成自右向左的反射波. 入射波和反射波的频率、振幅和振动方向是相同的，只是传播方向相反. 两列波叠加后，将见不到波的传播，只见到弦分段振动，某些点振动最强，某些点始终不动，这种波称为驻波. 实验时要适当调节支点 B 的位置，使 AB 为某些特定长度. 那些不振动的点，如 C_1、C_2、C_3、B 等叫做波节；振动最强的点，如 D_1、D_2、D_3、D_4 等叫做波腹. 波节和波腹的位置都不随时间变化，即波形不能前进，所以叫做驻波. 严格地说，驻波并不是振动的传播，而是某一有限区域内介质中各点都在做稳定的振动. 驻波的理论不仅在许多现代工程技术问题中，而且在诸如声学、光学、原子物理等许多学科中都有着广泛的应用.

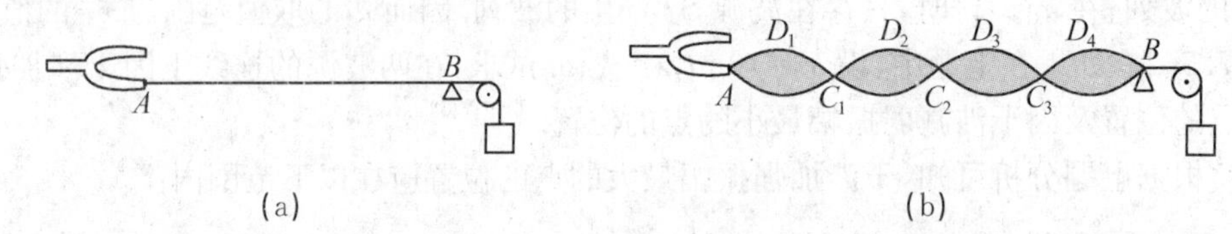

图 7.6.1 弦线上的驻波

7.6.2 驻波方程

如图 7.6.2 所示，设有两列波在 X 轴上传播，它们有相同的振幅、频率和振动方向，一列波沿 X 轴的正方向传播（长虚线），一列波沿 X 轴的负方向传播（短虚线）. 我们选取两列波完全重合的时刻（总会出现这样的时刻）作为计时起点，把 X 轴的坐标原点设在此时刻一个重合的波峰处，用实线组合成驻波. 若用 P、Q 分别代表开始时正、反波在原点处的振动状态，随着波的传播，它们将分别向 X 轴的正、反方向移动. 经过四分之一周期，在 $t=\frac{T}{4}$时，正、反波分别前进$\frac{\lambda}{4}$的距离，使 P、Q 到达 $x=\pm\frac{\lambda}{4}$的地方. 这时，波线上各点所参与的两个分振动的位相相反，合振动都为零. 再经过$\frac{T}{4}$，两列波又向前推进$\frac{\lambda}{4}$的距离，P、Q 两点分别到达 $x=\pm\frac{\lambda}{2}$处. 这时，波线上各点所参与的两个分振动的位相又完全相同，合振动再次达到最强，但振动方向与 $t=0$ 的开始时刻相反. 以后每隔$\frac{T}{2}$时间，合振动就经历一次由最强到零，再由零到最强，并且

改变振动方向的过程. 因而,合振动将以 T 为周期做周期性的变化.

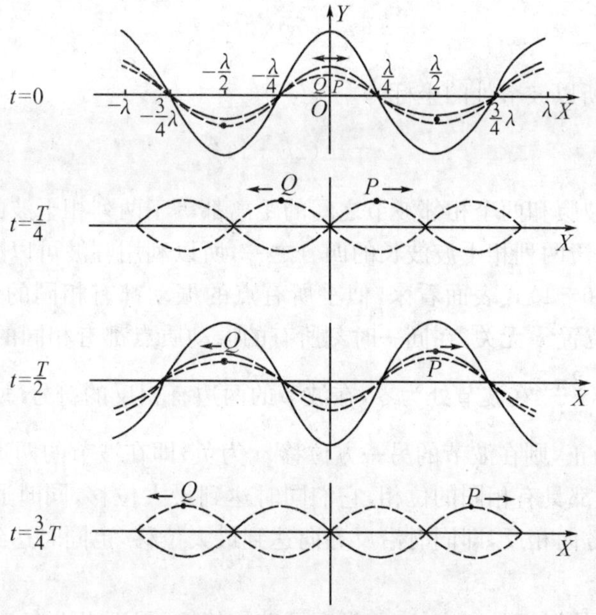

图 7.6.2　驻波的波动情况

设沿 X 轴正、反方向传播的两列波的波动方程分别为

$$y_1=A\cos\left[\omega\left(t-\frac{x}{v}\right)\right],\qquad y_2=A\cos\left[\omega\left(t+\frac{x}{v}\right)\right]$$

两列波叠加后,介质中各处质点的合位移为

$$y=y_1+y_2=2A\cos\frac{\omega}{v}x\cdot\cos\omega t=2A\cos2\pi\frac{x}{\lambda}\cdot\cos\omega t \tag{7-6-1}$$

这就是驻波方程. 从方程中可以看出,在某一给定的坐标为 x 处的质点,做振幅为 $\left|2A\cos\frac{2\pi x}{\lambda}\right|$、圆频率为 ω 的简谐振动,这一圆频率就是两个分振动的圆频率. 所以在 X 轴上的每一点都在做同一频率的简谐振动,它们同时到达最大位移,同时到达平衡点,但振幅不同. 振幅的大小依质点所在的位置即坐标 x 而定.

由于振幅 $\left|2A\cos\frac{2\pi x}{\lambda}\right|$ 不随时间变化,当满足

$$\left|\cos\frac{2\pi x}{\lambda}\right|=1 \tag{7-6-2}$$

的各坐标点上质点的振动振幅最大为 $2A$ 时,这些点称为波腹. 当满足

$$\left|\cos\frac{2\pi x}{\lambda}\right|=0 \tag{7-6-3}$$

的各坐标点上质点的振动振幅最小为零时,这些点称为波节.

因为波腹和波节的位置不随时间变化,波形不向前传播,所以这种波称为驻波.

由(7-6-2)式可知,波腹处的坐标由下面的条件决定,即

$$\frac{2\pi x}{\lambda}=\pm k\pi$$

式中,$k=0,1,2,\cdots$. 所以波腹处的坐标为

$$x=\pm k\,\frac{\lambda}{2}=\pm2k\cdot\frac{\lambda}{4} \tag{7-6-4}$$

由(7－6－3)式可知,波节处的坐标由下面的条件决定,即

$$\frac{2\pi x}{\lambda}=\pm(2k+1)\frac{\pi}{2}$$

式中,$k=0,1,2,\cdots$.所以波节处的坐标为

$$x=\pm(2k+1)\frac{\lambda}{4} \tag{7-6-5}$$

显然,两个相邻波腹和两个相邻波节之间的距离都等于两列相干波的半个波长,波节与最近波腹之间的距离等于两列相干波波长的四分之一,所以利用驻波可以测定波长.

从驻波方程(7－6－1)式表面看来,似乎所有点的振动都有相同的位相,因为因子 $\cos\omega t$ 中的位相 ωt 与点的位置 x 无关,在同一时刻所有的振动质点都有相同的 ωt.但实际情况并不是这样,因为因子 $\cos\frac{2\pi x}{\lambda}$ 在波节处为零,在波节的两边有相反的符号.所以在某时刻,如果在波节的一方位移 y 为正,则在波节的另一方位移 y 为负,即在波节的两边振动位相相反.而在两相邻波节之间的点都具有相同的位相,它们同时达到最大位移,同时通过平衡位置,在波节两旁的质点,其振动方向相反,即同时沿反方向达到最大位移,也同时达到平衡位置,但速度的方向相反.

在驻波中每一点的振幅是一定的,并没有振动的传播,因而也没有能量的传播,因此,我们可以说驻波并不是波,而是一种特殊的振动形式.

7.6.3 半波损失

当波传播到两种媒质的分界面处,通常有一部分波被反射,一部分进入第二种媒质.在反射处,反射波的位相由界面两边媒质的性质决定.波垂直界面入射时,若波是从波阻(媒质的密度 ρ 与波在该媒质中的速率 v 的乘积 ρv 称为该媒质的波阻)较小的媒质(称波疏媒质)反射回来,则在反射处反射波的位相与入射波的位相相同,称全波反射.如果波是从波阻较大的媒质反射回来,则在反射处反射波的位相与入射波的位相相反,即发生了 π 的位相突变.根据位相差与波程差的关系,位相差为 π 就相当于半个波长 $\frac{\lambda}{2}$ 的波程差,因此,这种位相突变 π 通常称为半波损失,此时的反射称半波反射.

又若第二种媒质的波阻比第一种媒质的波阻大得多,则反射波的振幅与入射波的振幅近似相等,因此,在反射处入射波与反射波叠加后形成驻波的波节.

半波损失是一个较复杂的问题,但在研究波的问题中却又是一个重要问题,半波损失问题不单在机械波反射时存在,在电磁波包括光波反射时也存在.

例 7.6.1 一沿 X 轴正方向传播的入射波的波动方程为 $y_1=A\cos\left[2\pi\left(\frac{t}{T}-\frac{x}{\lambda}\right)\right]$,在 $x=0$ 处发生反射,反射点为一节点.求:①反射波的波动方程;②合成波(驻波)的波动方程;③各波腹和波节的位置坐标.

解 ①由题给条件知,反射点为波节,说明波反射有 π 的位相突变,即半波损失,所以反射波的波动方程为

$$y_2=A\cos\left[2\pi\left(\frac{t}{T}+\frac{x}{\lambda}\right)-\pi\right]$$

注意:反射时有 π 的位相突变,在反射波波动方程中可以用 $-\pi$,也可以用 $+\pi$ 表示此位

相突变.

②因两列波为沿相反方向传播的相干波,根据波的叠加原理,合成波(驻波)的波动方程为

$$y=y_1+y_2=A\cos\left[2\pi\left(\frac{t}{T}-\frac{x}{\lambda}\right)\right]+A\cos\left[2\pi\left(\frac{t}{T}+\frac{x}{\lambda}\right)-\pi\right]$$

$$=2A\cos\left(\frac{2\pi x}{\lambda}-\frac{\pi}{2}\right)\cdot\cos\left(2\pi\frac{t}{T}-\frac{\pi}{2}\right)=2A\sin\frac{2\pi x}{\lambda}\cdot\sin 2\pi\frac{t}{T}$$

③形成波腹的各点振幅最大,因此有

$$\left|\sin\frac{2\pi x}{\lambda}\right|=1$$

即
$$\frac{2\pi x}{\lambda}=\pm(2k+1)\frac{\pi}{2}$$

所以
$$x=\pm(2k+1)\frac{\lambda}{4}$$

因入射波是由 X 轴的负端向坐标原点传播,所以各波腹的位置坐标为

$$x=-\frac{\lambda}{4},-\frac{3}{4}\lambda,-\frac{5}{4}\lambda,\cdots,-(2n+1)\frac{\lambda}{2}$$

形成波节的各点振幅为零,有

$$\sin\frac{2\pi x}{\lambda}=0$$

即
$$\frac{2\pi x}{\lambda}=\pm k\pi$$

所以
$$x=\pm k\frac{\lambda}{2}=\pm 2k\cdot\frac{\lambda}{4}$$

各波节的位置坐标为

$$x=0,-\frac{\lambda}{2},-\lambda,\cdots,-n\frac{\lambda}{2}$$

7.7 多普勒效应

在前面的讨论中,都是假定波源和观察者相对于媒质是静止的,在这种情况下,观察者接收到波的频率与波源发出波的频率是相同的.

实际上波源或观察者或波源和观察者往往相对于媒质都在运动着,这时观察者接收到的波的频率不再是波源发出的波的频率. 这种现象是 1942 年由奥地利物理学家多普勒发现的,故称多普勒效应. 这种效应人们直觉体验到是很容易的,例如火车进站,站台上的观察者听到火车汽笛声的音调变高;火车出站,站台上的观察者听到火车汽笛声的音调变低,这就是声波的多普勒效应的表现.

为简单计,我们只讨论波源和观察者在同一直线上运动的情况,取这条直线为坐标轴,从波源 S 到观察者 O 的方向为坐标轴正方向. 设 v 为波在媒质中传播的速率,v_S 和 v_O 分别为波源 S 和观察者 O 相对于媒质运动的速率,v_S 或 v_O 与坐标轴同向时为正,反之为负,而 v 恒取正,如图 7.7.1 所示. 又设 ν 和 λ 分别为波源发出的波的频率(即单位时间内发出的波长个数)和波长,ν'和 λ'分别为观察者接收到的频率(即单位时间内接收到的波长个数)和波长. 下面分三种情况讨论.

(1)波源静止,观察者相对于媒质以速率 v_O 运动

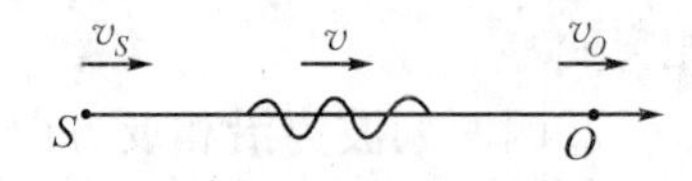

图 7.1.1 波源和观察者在同一直线上运动

在此情况下,根据速率合成定理,波对观察者的速率为 $v-v_O$,于是观察者每秒钟内接收到的波长数目,即接收到的频率为

$$\nu'=\frac{v-v_O}{\lambda}=\frac{v-v_O}{v}\nu \qquad (7-7-1)$$

由上式看出,如果观察者向着波源运动,v_O 为负,故 $\nu'>\nu$;如果观察者背离波源运动,则 v_O 为正,故 $\nu'<\nu$.

(2)观察者静止不动,波源相对于媒质以速度 v_S 运动

如果波源是静止的,它在单位时间内发出的波长个数 ν 分布在长度为 v 的距离内,由于波源以速率 v_S 向着观察者运动,它在单位时间内发出的波长个数 ν 被挤在长度为 $v-v_S$ 的距离内,如图 7.7.2 所示,所以波长 λ'变短了. 由图看出 $v-v_S=\nu\lambda'$,由此得 $\lambda'=\frac{v-v_S}{\nu}$,由于观察者是静止的,波相对观察者的速度也就等于波相对媒质的速度 v,所以观察者接收到的频率为

$$\nu'=\frac{v}{\lambda'}=\frac{v}{v-v_S}\nu \qquad (7-7-2)$$

由上式看出,如果波源向着观察者运动,v_S 为正,则 $\nu'>\nu$,即观察者接收到的频率大于波源的频率;如果波源背离观察者运动,v_S 为负,则 $\nu'<\nu$,即观察者接收到的频率小于波源的频率.

(3)波源和观察者都相对于媒质运动

根据前面两种情况知,由于观察者是运动的,波相对观察者的速率为 $v-v_O$,又由于波源是运动的,波长缩短为 $\lambda'=\frac{v-v_S}{v}$,故观察者接收的频率为

$$\nu'=\frac{v-v_O}{\lambda'}=\frac{v-v_O}{v-v_S}\nu \qquad (7-7-3)$$

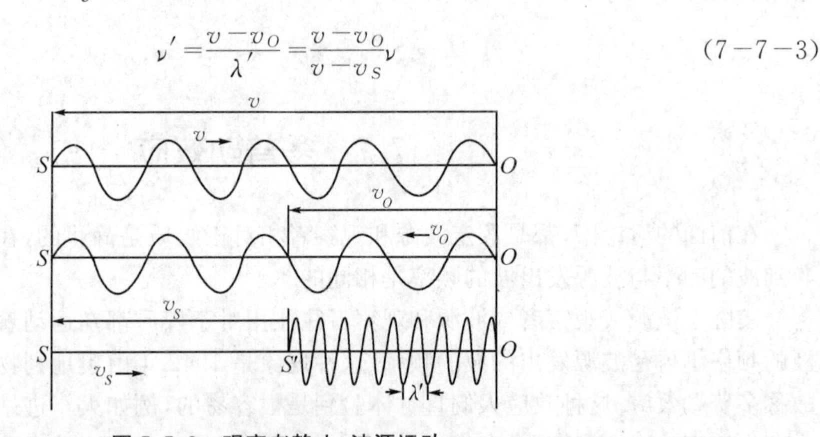

图 7.7.2 观察者静止,波源运动

如果波源和观察者不是在它们的连线上运动,则应将 v_S 和 v_O 在连线上的投影代入以上各式进行计算.

多普勒效应有很多应用,例如,交通警察用多普勒效应监测车辆行驶速度;用多普勒效应制成的流量计,可以测量人体内血管中血液的流速、工矿企业管道中污水和有悬浮物的液体的流速等.

多普勒效应是一种普遍的效应,不仅发生在机械波源与观察者之间,也发生在光源与观察者之间,只是这时应该考虑光的传播特性(即光速不变原理)和相对论效应.

Chapter 7 Mechanical Wave

A mechanical wave is the propagation of oscillations in a medium.

A medium consists of a large number of particles, connected to each other by elastic forces. When the source vibrates, the initial displacement will give rise to an elastic force in the material adjacent to it, then the next particle will vibrate, and then the next, and so on. A train of waves is thus propagated in the medium.

As the wave traverses, it carries energy. The propagation of a wave is the transmission of vibration energy.

A wave in which the direction of oscillations of the particles is at right angles to the direction of propagation is called a transverse wave. In general it occurs in a solid. The distance measured along the direction of propagation, between two adjacent crests or between two adjacent troughs is called a wavelength. The speed of propagation of the wave is therefore

$$u=\frac{\lambda}{T}=\nu\lambda \tag{1}$$

which is true for all kinds of waves.

A wave in which the particles in the medium vibrates in the direction of the propagation is called a longitudinal wave. It can travel in solids, liquids and gases. Its wavelength is the distance between the centers of two successive condensations or two successive rarefactions. Sound waves are longitudinal waves in the air.

Let us now look at the important special case of harmonic waves. These waves are cosine functions of position and time. The equation describing the wave traveling in positive x direction is

$$y(x,t)=A\cos\omega\left(t-\frac{x}{u}\right) \tag{2}$$

The notation $y(x,t)$ is a reminder that the displacement y is a function of two variables x and t, corresponding to the fact that the displacement of a particle depends on both the location of the point and the time.

Eq. (2) can be rewritten in several alternate forms, conveying the same information in different ways. In terms of period T, frequency ν and wavelength λ, we find

$$y(x,t)=A\cos2\pi\left(\frac{t}{T}-\frac{x}{\lambda}\right)=A\cos2\pi\left(\nu t-\frac{x}{\lambda}\right) \tag{3}$$

At any given time t, Eq. (2) or (3) give the displacement y of a particle from its equilibrium position, as a function of the coordinates x of the particle. At any given coordinate x, Eq. (2) or (3) gives the displacement of the particle at that coordinate, as a function of time.

The above formulas may be used to represent a wave traveling in the negative x-direction by making a simple modification as

$$y(x,t)=A\cos\omega\left(t+\frac{x}{u}\right)=A\cos2\pi\left(\frac{t}{T}+\frac{x}{\lambda}\right)=A\cos2\pi\left(\nu t+\frac{x}{\lambda}\right) \tag{4}$$

It is essential to distinguish carefully between the speed of propagation u of the waveform and the particle speed ν of a particle of the medium in which the wave is traveling. The wave speed ν is given by Eq. (1). The particle speed ν for any point in a wave, that is, at a fixed value of x, is obtained by taking the derivative of y with respect to t, holding x constant. Such a derivative is called a partial derivative and is written $\partial y/\partial t$. Thus, from Eq. (2) we have

$$v=\frac{\partial y}{\partial t}=-\omega A\sin\omega\left(t-\frac{x}{u}\right)=\omega A\cos\omega\left(t-\frac{x}{u}+\frac{\pi}{2}\right) \tag{5}$$

The acceleration of the point is the second partial derivative:

$$a=\frac{\partial^2 y}{\partial t^2}=-\omega^2 A\cos\omega\left(t-\frac{x}{u}\right)=\omega^2 A\cos\omega\left(t-\frac{x}{u}\pm\pi\right) \tag{6}$$

One may also compute partial derivatives with respect to x, holding t constant. The second partial derivative with respect to x is

$$\frac{\partial^2 y}{\partial x^2}=-\frac{\omega^2}{u^2}A\cos\omega\left(t-\frac{x}{u}\right) \tag{7}$$

It follows from Eqs. (6) and (7) that

$$\frac{\partial^2 y}{\partial x^2}-\frac{1}{u^2}\frac{\partial^2 y}{\partial t^2}=0 \tag{8}$$

This partial differential equation is one of the most important in all of physics. It is called the wave equation, and whenever it occurs, the conclusion is made immediately that y is propagated as a traveling wave along the x-axis with a wave speed v.

Let us now consider the superposition of two waves of the same amplitude and frequency but of opposite directions of propagation. If the individual wave functions are

$$y_+=A\cos2\pi\left(\nu t-\frac{x}{\lambda}\right),\quad y_-=A\cos2\pi\left(\nu t+\frac{x}{\lambda}\right) \tag{9}$$

then the resultant wave function is

$$y_+ + y_- = 2A\cos\frac{2\pi x}{\lambda}\cos2\pi\nu t \tag{10}$$

The expression on the right side of Eq. (10) describes a standing wave. This wave travels neither right nor left.

The positions at which the amplitude of oscillation is zero are called nodes. They are minima due to destructive interference between two waves and given by

$$x=\frac{\lambda}{4},\frac{3\lambda}{4},\frac{5\lambda}{4},\text{etc.} \tag{11}$$

The positions at which the amplitude of oscillation is maximum are called antinodes. They are maxima due to constructive interference and given by

$$x=0,\frac{\lambda}{2},\lambda,\frac{3\lambda}{2},\text{etc.} \tag{12}$$

习题 7

7.1　**填空题**

7.1.1　产生机械波的必要条件是＿＿＿＿＿＿和＿＿＿＿＿＿.

7.1.2　机械波与电磁波的区别是＿＿.

7.1.3　试说明什么是横波＿＿＿＿＿＿＿＿＿＿＿＿；横波有＿＿＿＿和＿＿＿＿；横波具有＿＿＿＿可以区别横波与纵波.

7.1.4　试说明什么是同相面＿＿＿＿、波面＿＿＿＿、波前(波阵面)＿＿＿＿、波射线＿＿＿＿、球面波＿＿＿＿、平面波＿＿＿＿.

7.1.5　已知一平面简谐波的表达式为 $y=A\cos(Bt-Cx+\varphi)$，式中 A、B、C、φ 都为常量，则该平面简谐波的振幅为＿＿＿＿、圆频率为＿＿＿＿、周期为＿＿＿＿；波速为＿＿＿＿、波长为＿＿＿＿、相为＿＿＿＿、初相为＿＿＿＿.

7.1.6　一横波在 t 时刻的波形图如图所示.试指出图中 A、B、C、D、E、F、G、H、I 各点中，在该时刻哪些点的振动速度为正＿＿＿＿、振动速度为负＿＿＿＿、振动速度为零＿＿＿＿；哪些点的相相同＿＿＿＿，条件是＿＿＿＿；相相反＿＿＿＿，条件是＿＿＿＿.

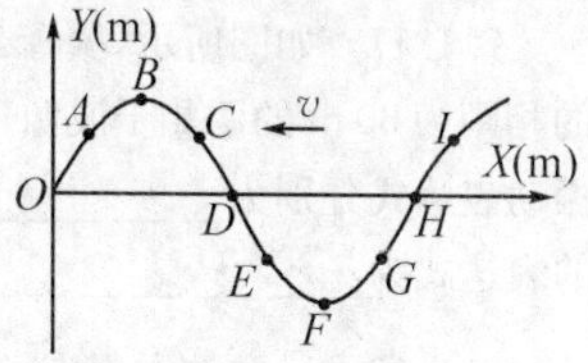

题 7.1.6 图

7.1.7　一平面简谐波沿 X 轴负方向传播.已知 $x=-1$ m 处质点的振动方程为 $y_1=A\cos(\omega t+\varphi)$，则 $x=2$ m 处质点的振动方程为＿＿＿＿＿＿.如果已知波速为 v，则此波的波动方程为＿＿＿＿＿＿＿＿；在相同条件下，如果平面简谐波沿 X 轴正方向传播，此波的波动方程为＿＿＿＿＿＿＿＿.

7.1.8　一平面简谐波沿 X 轴正方向传播，波动方程为 $y=A\cos\left[\omega\left(t-\dfrac{x}{v}\right)+\dfrac{\pi}{4}\right]$ m，则 $x_1=L_1$ 处质点的振动方程是＿＿＿＿＿＿；$x_2=-L_2$ 处质点的振动方程是＿＿＿＿＿＿；$x_2=-L_2$ 处质点的振动相和 $x_1=L_1$ 处质点的振动相的相差为＿＿＿＿＿＿.

7.1.9　如图所示，一平面简谐波沿 OX 轴正方向传播，波速大小为 v，如果 P 处质点的振动方程为 $y_P=A\cos(\omega t+\varphi)$ m，则：①O 处质点的振动方程为＿＿＿＿＿＿；②该波的波动方程为＿＿＿＿＿＿；③与 P 处质点振动状态相同的那些质点的位置＿＿＿＿＿＿.

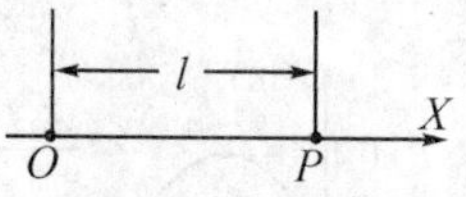

题 7.1.9 图

7.1.10　一平面简谐波沿 X 轴负方向传播，波速的大小为 $v=100\ \mathrm{m\cdot s^{-1}}$，$t=0$ 时刻的波形图如图所示.从波形图可知：振幅为＿＿＿＿，波长为＿＿＿＿，频率为＿＿＿＿，周期为＿＿＿＿，初相为＿＿＿＿，波动方程为＿＿＿＿＿＿.

7.1.11　如图所示是一平面简谐波在 $t=0$ 和 $t=T/4$(T 为周期)时刻的波形图，试另画出 P 处质点的振动曲线.波动和振动的区别是＿＿＿＿＿＿＿＿＿＿＿＿＿＿＿＿＿＿＿＿＿＿＿＿＿＿＿＿＿＿＿＿＿＿＿＿.

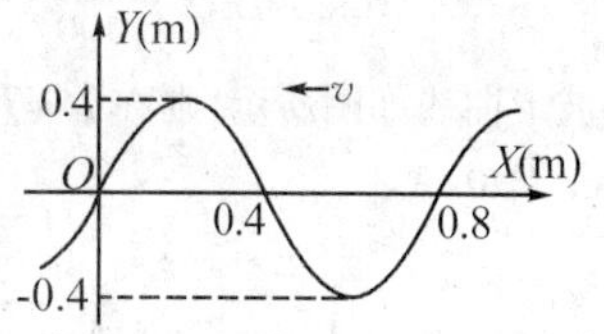

题 7.1.10 图

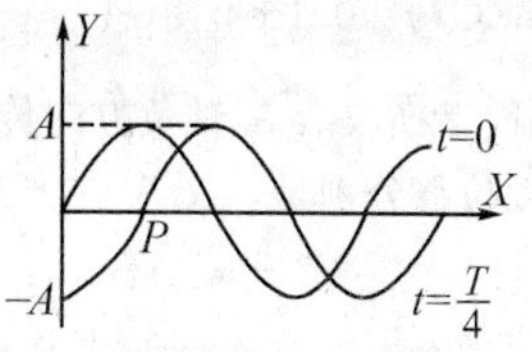

题 7.1.11 图

7.1.12　如图所示是一平面简谐波在 $t=0$ 时刻的波形图，则：①该波的初相为＿＿＿＿；②该波的波动

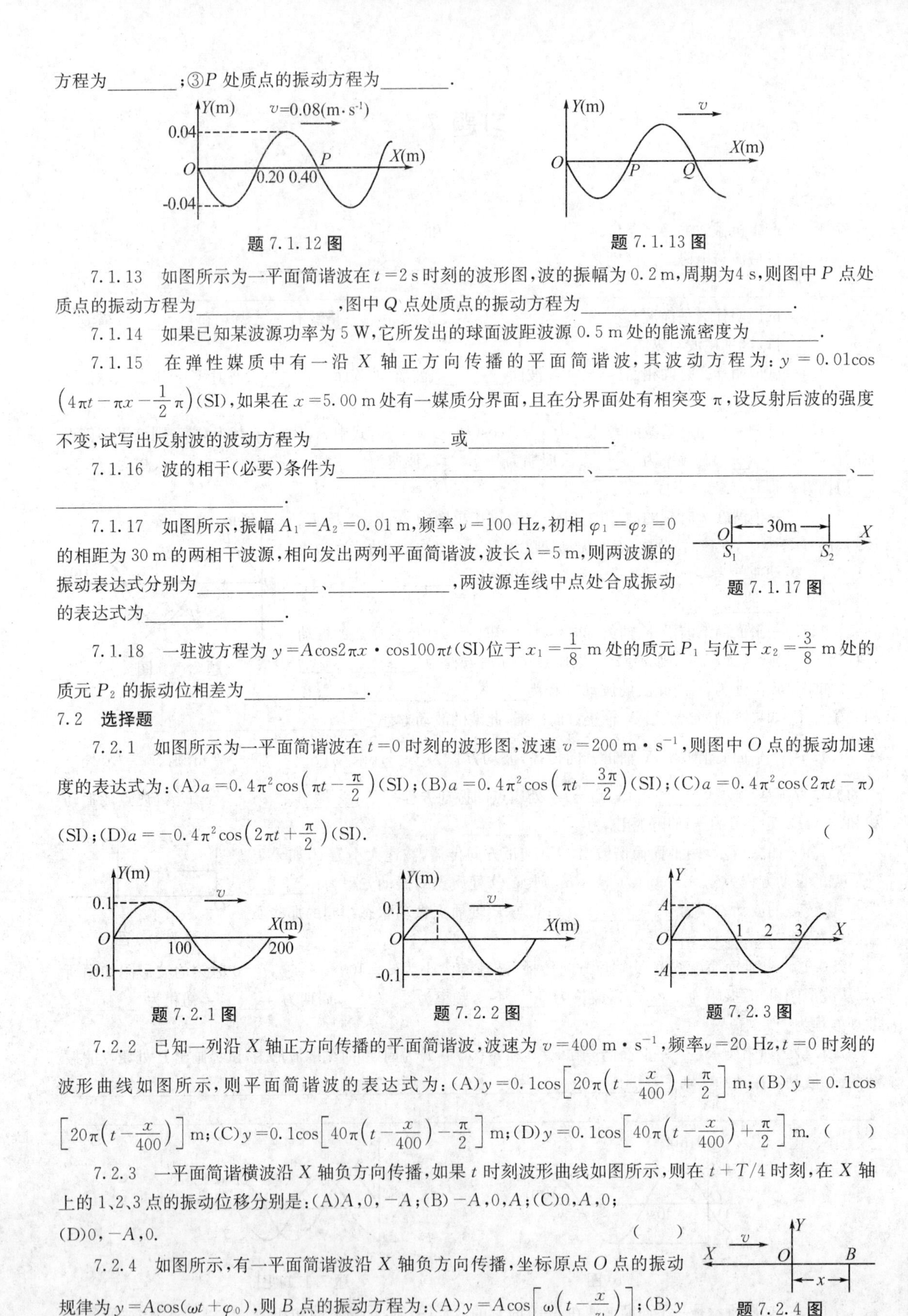

方程为________；③P 处质点的振动方程为________.

题 7.1.12 图　　　　题 7.1.13 图

7.1.13　如图所示为一平面简谐波在 $t=2$ s 时刻的波形图，波的振幅为 0.2 m，周期为 4 s，则图中 P 点处质点的振动方程为______________，图中 Q 点处质点的振动方程为______________.

7.1.14　如果已知某波源功率为 5 W，它所发出的球面波距波源 0.5 m 处的能流密度为________.

7.1.15　在弹性媒质中有一沿 X 轴正方向传播的平面简谐波，其波动方程为：$y=0.01\cos\left(4\pi t-\pi x-\frac{1}{2}\pi\right)$(SI)，如果在 $x=5.00$ m 处有一媒质分界面，且在分界面处有相突变 π，设反射后波的强度不变，试写出反射波的波动方程为______________或______________.

7.1.16　波的相干(必要)条件为______________、______________、______________.

7.1.17　如图所示，振幅 $A_1=A_2=0.01$ m，频率 $\nu=100$ Hz，初相 $\varphi_1=\varphi_2=0$ 的相距为 30 m 的两相干波源，相向发出两列平面简谐波，波长 $\lambda=5$ m，则两波源的振动表达式分别为____________、____________，两波源连线中点处合成振动的表达式为____________.

题 7.1.17 图

7.1.18　一驻波方程为 $y=A\cos 2\pi x\cdot\cos 100\pi t$(SI)位于 $x_1=\frac{1}{8}$ m 处的质元 P_1 与位于 $x_2=\frac{3}{8}$ m 处的质元 P_2 的振动位相差为____________.

7.2　**选择题**

7.2.1　如图所示为一平面简谐波在 $t=0$ 时刻的波形图，波速 $v=200\ \mathrm{m\cdot s^{-1}}$，则图中 O 点的振动加速度的表达式为：(A)$a=0.4\pi^2\cos\left(\pi t-\frac{\pi}{2}\right)$(SI)；(B)$a=0.4\pi^2\cos\left(\pi t-\frac{3\pi}{2}\right)$(SI)；(C)$a=0.4\pi^2\cos(2\pi t-\pi)$(SI)；(D)$a=-0.4\pi^2\cos\left(2\pi t+\frac{\pi}{2}\right)$(SI).　(　　)

题 7.2.1 图　　　　题 7.2.2 图　　　　题 7.2.3 图

7.2.2　已知一列沿 X 轴正方向传播的平面简谐波，波速为 $v=400\ \mathrm{m\cdot s^{-1}}$，频率 $\nu=20$ Hz，$t=0$ 时刻的波形曲线如图所示，则平面简谐波的表达式为：(A)$y=0.1\cos\left[20\pi\left(t-\frac{x}{400}\right)+\frac{\pi}{2}\right]$ m；(B)$y=0.1\cos\left[20\pi\left(t-\frac{x}{400}\right)\right]$ m；(C)$y=0.1\cos\left[40\pi\left(t-\frac{x}{400}\right)-\frac{\pi}{2}\right]$ m；(D)$y=0.1\cos\left[40\pi\left(t-\frac{x}{400}\right)+\frac{\pi}{2}\right]$ m.　(　　)

7.2.3　一平面简谐横波沿 X 轴负方向传播，如果 t 时刻波形曲线如图所示，则在 $t+T/4$ 时刻，在 X 轴上的 1、2、3 点的振动位移分别是：(A)$A,0,-A$；(B)$-A,0,A$；(C)$0,A,0$；(D)$0,-A,0$.　(　　)

7.2.4　如图所示，有一平面简谐波沿 X 轴负方向传播，坐标原点 O 点的振动规律为 $y=A\cos(\omega t+\varphi_0)$，则 B 点的振动方程为：(A)$y=A\cos\left[\omega\left(t-\frac{x}{v}\right)\right]$；(B)$y$

题 7.2.4 图

$=A\cos\left[\omega\left(t+\dfrac{x}{v}\right)\right]$；(C) $y=A\cos\left[\omega\left(t-\dfrac{x}{v}\right)+\varphi_0\right]$；(D) $y=A\cos\left[\omega\left(t+\dfrac{x}{v}\right)+\varphi_0\right]$.　　(　　)

7.2.5　一平面简谐波沿 X 轴正方向传播，$t=0$ 时刻的波形曲线如图所示，已知周期为 2 s，则 P 点处质点的振动速度 v 与时间 t 的关系曲线为：　　(　　)

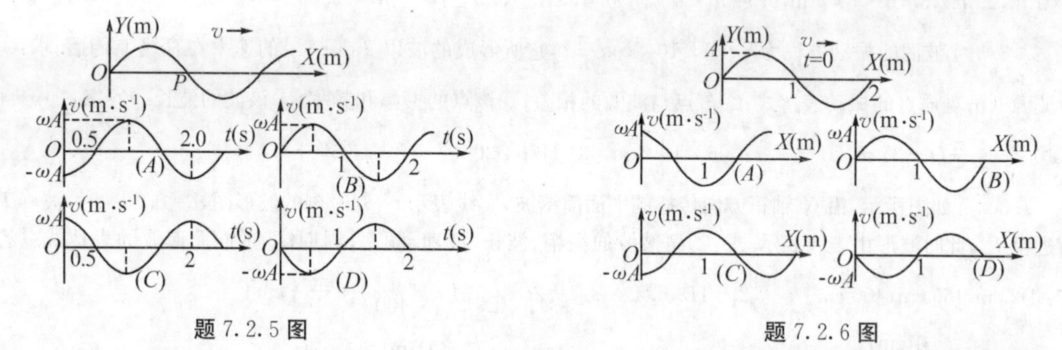

题 7.2.5 图　　　　题 7.2.6 图

7.2.6　一圆频率为 ω 的平面简谐波沿 X 轴正方向传播，$t=0$ 时刻的波形图如图所示，则 $t=0$ 时刻，X 轴上各质点的振动速度 v 与 x 坐标的关系图应为：　　(　　)

7.2.7　一平面简谐波在弹性媒质中传播，在媒质质元从平衡位置运动到最大位移的过程中：(A)它的动能转换成势能；；(B)它的势能转换成动能；(C)它从相邻的一段质元获得能量，其能量逐渐增大；(D)它把自己的能量传给相邻的一段质元，其能量逐渐减小.　　(　　)

7.2.8　如图所示为一平面简谐波在 t 时刻的波形曲线，如果此时 A 点处媒质质元的振动动能在增大，则：(A) B 点处质元的振动动能在减小；(B) A 点处质元的弹性势能在减小；(C)波沿 X 轴负方向传播；(D)各点的波的能量密度都不随时间变化.　　(　　)

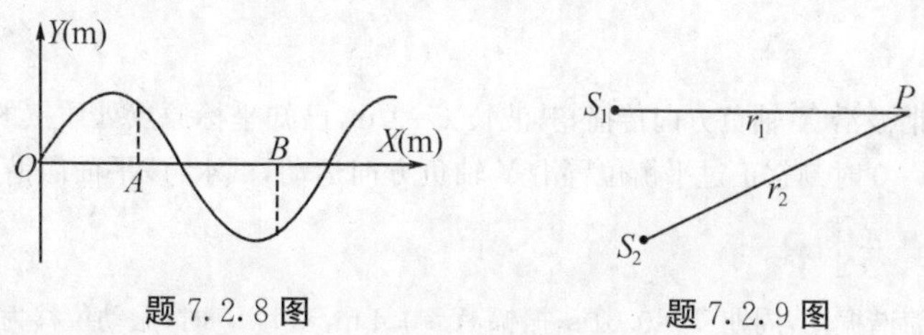

题 7.2.8 图　　　　题 7.2.9 图

7.2.9　如图所示，两列波长都为 λ 的相干波在 P 点相遇，S_1 点的初相是 φ_1，S_1 到 P 点的距离是 r_1；S_2 点的初相是 φ_2，S_2 到 P 点的距离是 r_2. 若以 k 代表零和正、负整数，则 P 点的干涉极大的条件为：(A) $\varphi_2-\varphi_1=2k\pi$；(B) $r_2-r_1=k\lambda$；(C) $\varphi_2-\varphi_1-\dfrac{2\pi(r_2-r_1)}{\lambda}=2k\pi$；(D) $\varphi_2-\varphi_1+\dfrac{2\pi(r_2-r_1)}{\lambda}=2k\pi$.　　(　　)

7.2.10　S_1 和 S_2 是波长均为 λ 的两个相干波的波源，相距 $\dfrac{3\lambda}{4}$，S_1 的相比 S_2 的相超前 $\pi/2$，如果两波单独传播时，在过 S_1 和 S_2 的直线上各点的强度相同，不随距离变化，且两波的强度都是 I_0，则在 S_1、S_2 连线上 S_1 外侧和 S_2 外侧各点合成波的强度分别是：(A) $4I_0$，$4I_0$；(B) $4I_0$，0；(C) 0，$4I_0$；(D) 0，0.　　(　　)

7.2.11　如图所示，S_1 和 S_2 为两相干波源，它们的振动方向均垂直于图面，发出波长为 λ 的简谐波，P 点是两列波相遇区域中的一点，已知 $\overline{S_1P}=2\lambda$，$\overline{S_2P}=2.2\lambda$，两列波在 P 点发生相消干涉，如果 S_1 的振动方程为 $y_1=A\cos\left(2\pi t+\dfrac{1}{2}\pi\right)$，则 S_2 的振动方程为：(A) $y_2=A\cos(2\pi t-\pi)$；(B) $y_2=A\cos\left(2\pi t-\dfrac{1}{2}\pi\right)$；(C) $y_2=2A\cos(2\pi t-0.1\pi)$；(D) $y_2=A\cos\left(2\pi t+\dfrac{1}{2}\pi\right)$.　(　　).

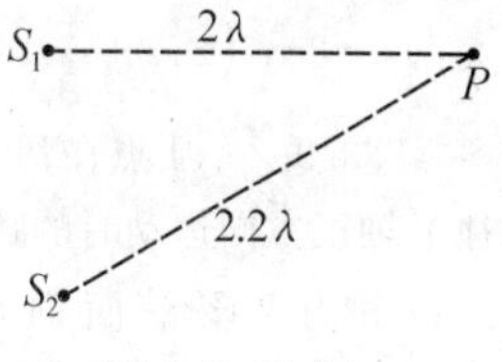

S_1　2λ　P　2.2λ　S_2

题 7.2.11 图

7.3　计算、证明、问答题

7.3.1　声波(纵波)在空气、水、钢中的传播速度分别为 340 m·s^{-1}、1500 m·s^{-1}、5300 m·s^{-1}，试求频率为 600 Hz 的声波和频率为 2×10^5 Hz 的超声波在空气、水、钢中传播时的波长.［答案：0.567 m，2.5 m，

8.83 m;1.7 mm,7.5 mm,26.5 mm]

7.3.2　一平面波的表达式为 $y=0.01\sin(50\pi t+200x)$,式中 y、x 以 m 计,t 以 s 计. 试求:①波的振幅、频率、波长和波速;②何时原点处第一次出现波峰;③当 $t=1$ s时最靠近原点的两个波峰的位置.[答案:① 0.01 m,25 Hz,3.16×10^{-2} m,$0.79\ \mathrm{m\cdot s^{-1}}$;②0.01 s;③$7.85\times10^{-3}$ m,-2.35×10^{-2} m]

7.3.3　波源的振动方程为 $y=6\times10^{-2}\cos\frac{\pi}{5}t$,它所形成的波以 $2\ \mathrm{m\cdot s^{-1}}$ 的速率在直线上传播. 求:①距波源 6 m 处质点的振动表达式;②该点与波源的相差;③该点的振幅和频率;④该波的波长.[答案:①$y=6\times10^{-2}\cos\frac{\pi}{5}(t-3)$ m;②$-\frac{3}{5}\pi$;③$6\times10^{-2}$ m,0.1 Hz;④20 m]

7.3.4　如图所示,沿 X 轴正方向传播的平面简谐波,实线表示 $t=0$ 时刻的波形图,$t=0.25$ s 时,波峰 P 前进至 P',此时波形由虚线表示. 求:①简谐波的振幅、波长、波速、频率、周期;②平面简谐波的表达式.[答案:①2 cm,160 cm,$400\ \mathrm{cm\cdot s^{-1}}$,2.5 Hz,0.4 s;②$y=2\cos\left[5\pi\left(t-\frac{x}{400}\right)+\frac{\pi}{4}\right]$ cm]

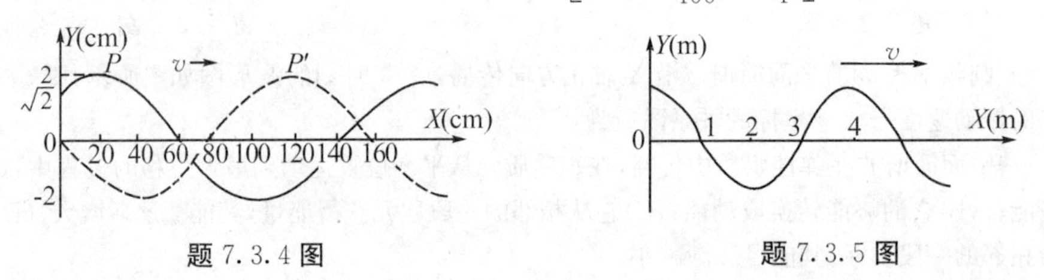

题 7.3.4 图　　　　题 7.3.5 图

7.3.5　如图所示,沿 X 轴正方向传播的平面简谐波在 $t=0$ 时刻的波形图. 求:①原点 O 和 1、2、3、4 点振动的初相;②如果波沿 X 轴负方向传播,上述各点的初相.[答案:①$0,-\frac{\pi}{2},-\pi,-\frac{3}{2}\pi,2\pi$;②$0,\frac{\pi}{2},\pi,\frac{3}{2}\pi,2\pi$]

7.3.6　一平面简谐波沿 X 轴负方向传播,其波长 $\lambda=1$ m,已知坐标原点处质点的振动周期 $T=0.5$ s,振幅 $A=0.1$ m,且在 $t=0$ 时刻它正过平衡位置沿 Y 轴负方向运动,试求:该平面简谐波的表达式.[答案:$y=0.1\cos\left[4\pi\left(t+\frac{x}{2}\right)+\frac{\pi}{2}\right]$ m]

7.3.7　一波源做简谐振动,周期 $T=0.01$ s,振幅 $A=0.4$ m,当 $t=0$ 时,振动位移为正方向最大值,设该振动以 $v=400\ \mathrm{m\cdot s^{-1}}$ 的速度沿直线 X 轴正方向传播,求:①该平面简谐波的表达式;②距波源 2 m 和 16 m 处质点的振动表达式和初相;③距离波源 15 m 和 16 m 处质点振动的相差.[答案:①$y=0.4\cos200\pi\left(t-\frac{x}{400}\right)$ m;②$y=0.4\cos(200\pi t-\pi)$ m,$\varphi=-\pi$;$y=0.4\cos200\pi t$ m;$\varphi=0$;③$\frac{\pi}{2}$]

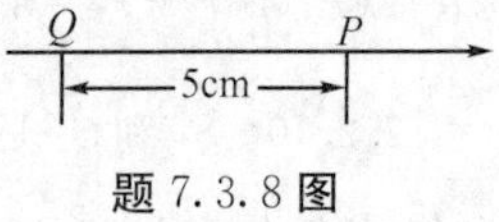

Q　　P
5cm

题 7.3.8 图

7.3.8　已知一平面简谐波在媒质中以速度 $v=10\ \mathrm{m\cdot s^{-1}}$ 沿 X 轴反方向传播,如果波线上 P 处质点的振动方程为 $y_P=2\cos(2\pi t+\alpha)$ m,已知波线上另一点 Q 与 P 相距 5 cm,试分别以 P 及 Q 为坐标原点写出平面简谐波的表达式,并求出 Q 处质点的振动速度的最大值[答案:$y_P=2\cos\left(2\pi t+\frac{\pi}{5}x+\alpha\right)$ m,$y_Q=2\cos\left(2\pi t+\frac{\pi}{5}x-\frac{\pi}{100}+\alpha\right)$ m,$4\pi\ \mathrm{m\cdot s^{-1}}$]

7.3.9　一质点在弹性媒质中做简谐振动,振幅为 0.2 cm,周期为 4π s. 取该质点经过 $y_0=0.1$ cm 处开始往 Y 轴正方向运动时的瞬时为计时起点. 已知由此质点的振动所激起的横波沿 X 轴正方向传播,其波长 $\lambda=2$ cm,试求:该平面简谐波动的表达式.[答案:$y=0.2\cos\left(\frac{t}{2}-\pi x-\frac{\pi}{3}\right)$ cm]

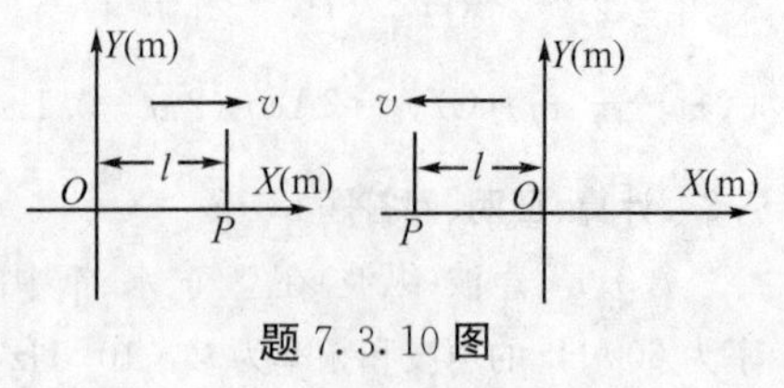

题 7.3.10 图

7.3.10　一平面简谐波在空间传播,已知波线上某点 P 的振动规律为 $y=A\cos(\omega t+\varphi)$m. 根据图中所示的两种情况,分别列出以 O 为原点的平面简谐波的表达式.[答案:①$y=A\cos$

$\left[\omega\left(t-\frac{x-l}{v}\right)+\varphi\right]$ m;② $y=A\cos\left[\omega\left(t+\frac{x+l}{v}\right)+\varphi\right]$ m]

7.3.11　一平面余弦波在 $t=0$ 时刻的波形图如图所示,此波以 $v=0.08\ \mathrm{m\cdot s^{-1}}$ 的速度沿 X 轴正方向传播.求:①a、b 两点的振动方向;②O 点的振动表达式;③平面简谐波的表达式.[答案:①a 点竖直向下,b 点竖直向上;② $y=0.2\cos\left(0.4\pi t+\frac{\pi}{2}\right)$ m;③ $y=0.2\cos\left[0.4\pi\left(t-\frac{x}{0.08}\right)+\frac{\pi}{2}\right]$ m]

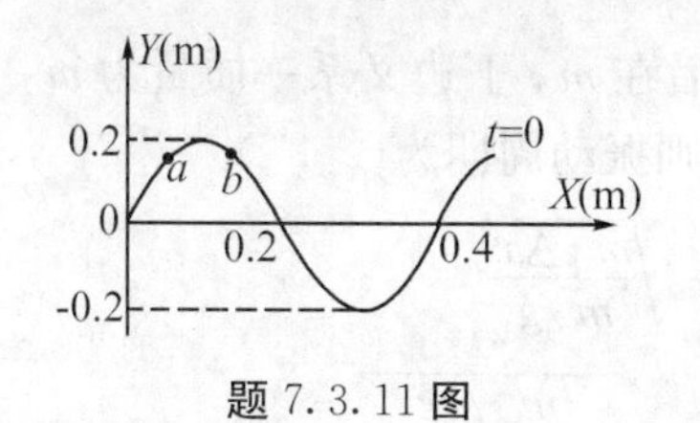

题 7.3.11 图

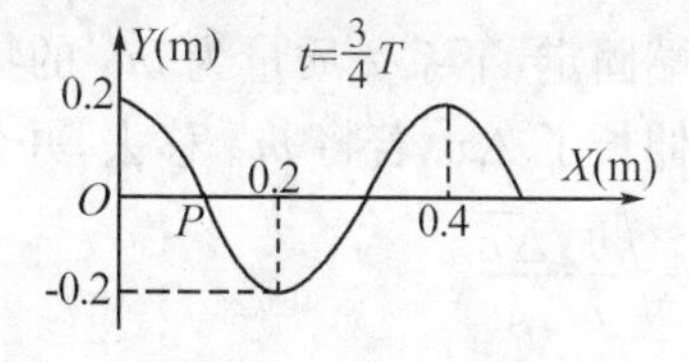

题 7.3.12 图

7.3.12　一平面简谐波在 $t=\frac{3}{4}T$ 时刻的波形图如图所示(T 为周期),此波以 $v=36\ \mathrm{m\cdot s^{-1}}$ 的速度沿 X 轴正方向传播.①画出 $t=0$ 时的波形图;②求 O、P 点的振动初相;③写出 O 点的振动表达式及该波的波动表达式.[答案:② $\frac{\pi}{2}$,0;③ $y=0.2\cos\left(180\pi t+\frac{\pi}{2}\right)$ m;$y=0.2\cos\left(180\pi\left(t-\frac{x}{36}\right)+\frac{\pi}{2}\right)$ m]

7.3.13　在直径为 14 cm 管中传播的平面简谐声波,能流密度为 $9\times10^{-7}\ \mathrm{J\cdot s^{-1}\cdot cm^{-2}}$,频率为 300 Hz,波速为 $300\ \mathrm{m\cdot s^{-1}}$.求:①最大能量密度和平均能量密度;②相邻同相波面间的总能量.[答案:① $6\times10^{-5}\ \mathrm{J\cdot m^{-2}}$,$3\times10^{-3}\ \mathrm{J\cdot m^{-2}}$;② 4.62×10^{-7} J]

7.3.14　一根水平长弦线的一端由电动音叉维持频率 $\nu=100$ Hz,振幅 $A=1$ mm 的简谐振动,从而在弦线上激起简谐波.弦线的线密度为 $0.32\ \mathrm{g\cdot m^{-1}}$,在弦线上加有张力为 1.8 N.求:①弦线上激起波的波速和波长;②音叉提供给弦线的平均功率.[答案:① $75\ \mathrm{m\cdot s^{-1}}$,75 cm;② 4.73×10^{-3} W]

7.3.15　一球面波在各向同性的无吸收媒质中传播,波源发射的功率为 1.0 W,求:离波源 1.0 m 处波的强度.[答案:$0.08\ \mathrm{W\cdot m^{-2}}$]

7.3.16　S_1 和 S_2 为两相干波源,振幅均为 A,相距 1/4 波长,S_1 较 S_2 的相超前 $\pi/2$.如果两波在 S_1、S_2 连线上的强度相同且不随距离变化.问:①在 S_1、S_2 连线上 S_1 外侧各点波的合成波的强度如何?②在 S_2 外侧各点波的强度又如何?[答案:① $I_1=0$;② $I_2=4I_0$]

7.3.17　两相干波源 S_1 和 S_2 的振动方程分别为:$y_1=10^{-4}\cos10\pi t$ m 与 $y_2=10^{-4}\cos10\pi t$ m,试分别求出下列两种情况时,距 S_1 为 0.04 m,距 S_2 为 0.1 m 的 P 点合成振动的振幅.①波长为0.04 m;②传播波动的媒质改变而使波长相应改变为 0.06 m.[答案:① $A=0$;② $A=2\times10^{-4}$ m]

7.3.18　A、B 两点为同一媒质中的两相干波源,相距 20 m,两波源的振动频率都是 100 Hz,振幅都是 0.05 m,但 A 点为波峰时 B 点恰好为波谷.在该媒质中传播的波速为 $10\ \mathrm{m\cdot s^{-1}}$,通过 A 点作一条 AB 连线的垂线,在垂线上取距离 A 点为 15 m 的 P 点,如图所示.试对两相干波分别写出在 P 点的振动方程,以及两波在 P 点相干叠加后的振动方程.[答案:$y_1=0.05\cos(200\pi t+\pi)$ m,$y_2=0.05\cos200\pi t$ m,$y=0$]

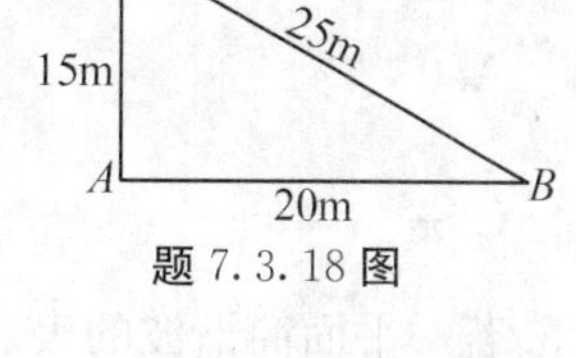

题 7.3.18 图

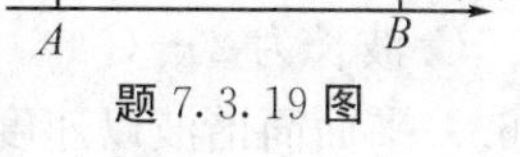

题 7.3.19 图

7.3.19　如图所示,媒质中两相干简谐波点波源 A、B 相距为30 m,振幅相等,频率均为 100 Hz,相差为 π,波的传播速度为 $400\ \mathrm{m\cdot s^{-1}}$,求 A、B 间连线上因干涉而静止的点的位置.[答案:距 A 点 1,3,5,7,9,11,13,15,17,19,21,23,25,27,29 m]

7.3.20　两列波在同一直线上传播,波速均为 $1\ \mathrm{m\cdot s^{-1}}$,它们的波动方程分别为 $y_1=0.05\cos\pi(x-t)$,$y_2=0.05\cos\pi(x+t)$,式中各量均采用国际单位制.①试说明在直线上形成驻波,并给出波腹、波节的位置;②求在 $x=1.2$ m 处的振幅.[答案:① $x=k$ m 出现波腹,$x=\frac{1}{2}(2k+1)$ m 出现波节($k=0,1,2,\cdots$);② 0.081 m]

7.3.21　站在铁路附近的观察者,听到迎面开来的火车笛声频率为 440Hz,当火车驶过后,笛声频率降为 390 Hz,设声音速度为 $340\ \mathrm{m\cdot s^{-1}}$,求火车的速度.[答案:$20.5\ \mathrm{m\cdot s^{-1}}$]

振动和波检测题

一、选择题

1. 轻弹簧上端固定，下系一质量为 m_1 的物体，稳定后在 m_1 下边又系一质量为 m_2 的物体，于是弹簧又伸长了 Δx. 若将 m_2 移去，并令其振动，则振动周期为(　　).

   A. $T=2\pi\sqrt{\dfrac{m_2\Delta x}{m_1 g}}$　　　B. $T=2\pi\sqrt{\dfrac{m_1\Delta x}{m_2 g}}$

   C. $T=\dfrac{1}{2\pi}\sqrt{\dfrac{m_1\Delta x}{m_2 g}}$　　　D. $T=2\pi\sqrt{\dfrac{m_2\Delta x}{(m_1+m_2)g}}$

2. 一简谐振动曲线如右图所示，则振动周期为(　　).

   A. 2.62 s　　　B. 2.40 s

   C. 2.20 s　　　D. 2.00 s

3. 一质点作简谐振动，其振动方程为 $x=A\cos(\omega t+\Phi)$. 在求质点的振动动能时，得出下面 5 个表达式：

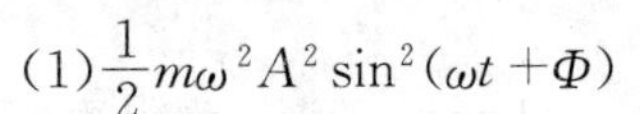

   (1) $\dfrac{1}{2}m\omega^2A^2\sin^2(\omega t+\Phi)$　　　(2) $\dfrac{1}{2}m\omega^2A^2\cos^2(\omega t+\Phi)$

   (3) $\dfrac{1}{2}kA^2\sin(\omega t+\Phi)$　　　(4) $\dfrac{1}{2}kA^2\cos^2(\omega t+\Phi)$

   (5) $\dfrac{2\pi^2}{T^2}mA^2\sin^2(\omega t+\Phi)$

   其中 m 是质点的质量，k 是弹簧的劲度系数，T 是振动的周期. 这些表达式中(　　).

   A. (1)，(4)是对的　　　B. (2)，(4)是对的

   C. (1)，(5)是对的　　　D. (3)，(5)是对的

   E. (2)，(5)是对的

4. 右图为沿 x 轴负方向传播的平面简谐波在 $t=0$ 时刻的波形. 若波的表达式以余弦函数表示，则 O 点处质点振动的初相为(　　).

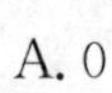

   A. 0　　　B. $\dfrac{1}{2}\pi$

   C. π　　　D. $\dfrac{3}{2}\pi$

5. 若一平面简谐波的表达式为 $y=A\cos(Bt-Cx)$，式中 A、B、C 为正值常量，则(　　).

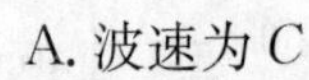

   A. 波速为 C　　　B. 周期为 $1/B$

   C. 波长为 $2\pi/C$　　　D. 角频率为 $2\pi/B$

6. 一平面简谐波以速度 u 沿 x 轴正方向传播，在 $t=t'$ 时波形曲线如右图所示，则坐标原点 O 的振动方程为(　　).

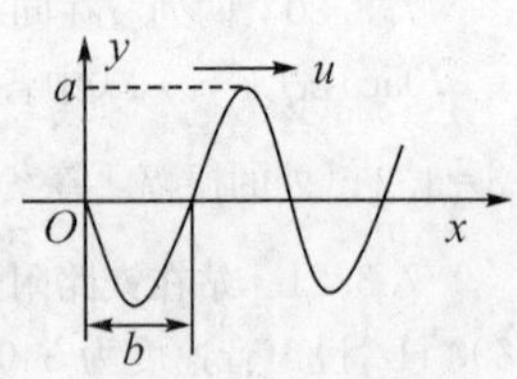

   A. $y=a\cos\left[\dfrac{u}{b}(t-t')+\dfrac{\pi}{2}\right]$

   B. $y=a\cos\left[2\pi\dfrac{u}{b}(t-t')-\dfrac{\pi}{2}\right]$

C. $y=a\cos[\pi\frac{u}{b}(t+t')+\frac{\pi}{2}]$

D. $y=a\cos[\pi\frac{u}{b}(t-t')-\frac{\pi}{2}]$

7. 一简谐波沿 Ox 轴正方向传播，$t=0$ 时刻波形曲线如右图所示. 已知周期为 2 s，则 P 点处质点的振动速度 v 与时间 t 的关系曲线为(　　).

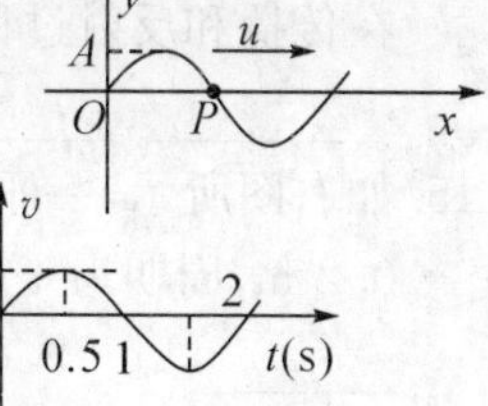

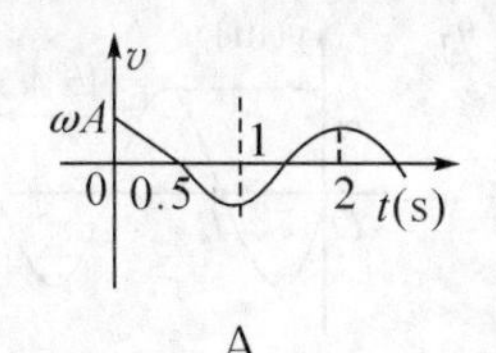

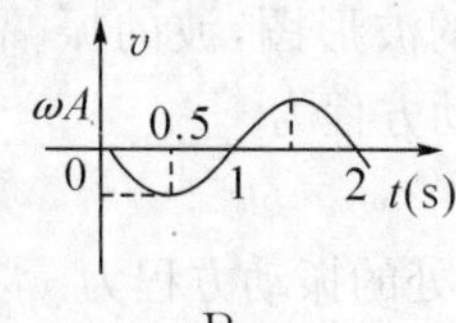

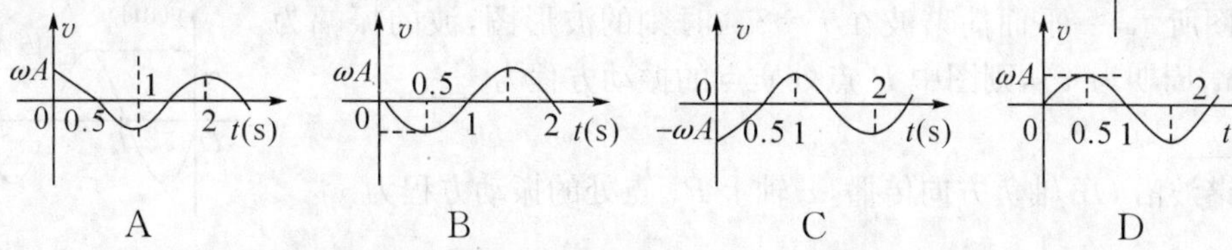

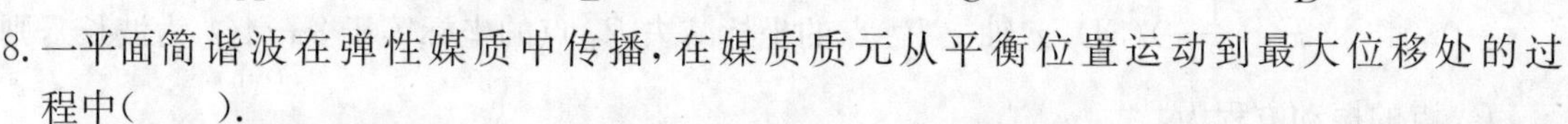

8. 一平面简谐波在弹性媒质中传播，在媒质质元从平衡位置运动到最大位移处的过程中(　　).

A. 它的动能转换成势能

B. 它的势能转换成动能

C. 它从相邻的一段质元获得能量，其能量逐渐增大

D. 它把自己的能量传给相邻的一段质元，其能量逐渐减小

9. 如右图所示，S_1 和 S_2 为两相干波源，它们的振动方向均垂直于图面，发出波长为 λ 的简谐波，P 点是两列波相遇区域中的一点，已知 $\overline{S_1P}=2\lambda$，$\overline{S_2P}=2.2\lambda$，两列波在 P 点发生相消干涉. 若 S_1 的振动方程为 $y_1=A\cos(2\pi t+\frac{1}{2}\pi)$，则 S_2 的振动方程为(　　)

S_1 P S_2

A. $y_2=A\cos(2\pi t-\frac{1}{2}\pi)$　　　　B. $y_2=A\cos(2\pi t-\pi)$

C. $y_2=A\cos(2\pi t+\frac{1}{2}\pi)$　　　　D. $y_2=A\cos(2\pi t-0.1\pi)$

10. 沿着相反方向传播的两列相干波，其表达式为 $y_1=A\cos2\pi(vt-x/\lambda)$ 和 $y_2=A\cos2\pi(vt+x/\lambda)$. 叠加后形成的驻波中，波节的位置坐标为(　　).

A. $x=\pm k\lambda$　　　　B. $x=\pm\frac{1}{2}k\lambda$

C. $x=\pm\frac{1}{2}(2k+1)\lambda$　　　　D. $x=\pm(2k+1)\lambda/4$

其中的 $k=0,1,2,3,\cdots$.

二、填空题

11. 一质点作简谐振动，速度最大值 $v_m=5$ cm/s，振幅 $A=2$ cm. 若令速度具有正最大值的那一时刻为 $t=0$，则振动表达式为____________.

12. 一简谐振子的振动曲线如右图所示，则以余弦函数表示的振动方程为____________.

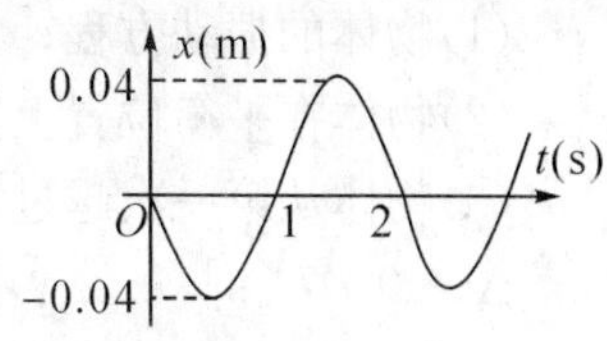

13. 一质点同时参与了三个简谐振动，它们的振动方程分别为

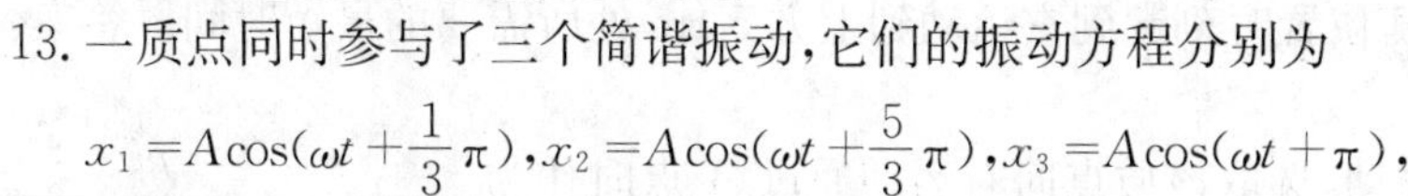

$x_1=A\cos(\omega t+\frac{1}{3}\pi)$，$x_2=A\cos(\omega t+\frac{5}{3}\pi)$，$x_3=A\cos(\omega t+\pi)$，

其合成运动的运动方程为 $x=$________________.

14. 设沿弦线传播的一入射波的表达式为 $y_1=A\cos[2\pi(\frac{t}{T}-\frac{x}{\lambda})+\Phi]$，波在 $x=L$ 处(B 点)发生反射，反射点为固定端，如右图所示. 设波在传播和反射过程中振幅不变，则反射波的表达式为 $y_2=$________________.

15. 如右图所示，一平面简谐波在 $t=2$ s 时刻的波形图，波的振幅为 0.2 m，周期为 4 s，则图中 P 点处质点的振动方程为________________.

16. 一简谐波沿 Ox 轴负方向传播，x 轴上 P_1 点处的振动方程为 $y_{P_1}=0.04\cos(\pi t-\frac{1}{2}\pi)$(SI). x 轴上 P_2 点的坐标减去 P_1 点的坐标等于 $3\pi/4$(λ 为波长)，则 P_2 点的振动方程为________________.

17. (1)一列波长为 λ 的平面简谐波沿 x 轴正方向传播，已知在 $x=\frac{1}{2}\lambda$ 处振动的方程为 $y=A\cos\omega t$，则该平面简谐波的表达式为________________.

(2)如果在上述波的波线上 $x=L(L>\frac{1}{2}\lambda)$ 处放一如右图所示的反射面，且假设反射波的振幅为 A'，则反射波的表达式为________________($x\leqslant L$).

18. 如右图所示，两相干波源 S_1 与 S_2 相距 $3\lambda/4$，λ 为波长. 设两波在 S_1S_2 连线上传播时，它们的振幅都是 A，并且不随距离变化. 已知在该直线上在 S_1 左侧各点的合成波强度为其中一个波强度的 4 倍，则两波源应满足的相位条件是________________.

19. 如右图所示，波源 S_1 和 S_2 发出的波在 P 点相遇，P 点距波源 S_1 和 S_2 的距离分别为 3λ 和 $10\lambda/3$，λ 为两列波在介质中的波长，若 P 点的合振幅总是极大值，则两波在 P 点的振动频率____________，波源 S_1 的相位比 S_2 的相位领先____________.

20. 如右图所示，S_1 和 S_2 为同相位的两相干波源，相距为 L，P 点距 S_1 为 r；波源 S_1 在 P 点引起的振动振幅为 A_1，波源 S_2 在 P 点引起的振动振幅为 A_2，两波波长都是 λ，则 P 点的振幅 $A=$________________.

三、计算题

21. 一轻弹簧在 60 N 的拉力下伸长 30 cm. 现把质量为 4 kg 的物体悬挂在该弹簧的下端并使之静止，再把物体向下拉 10 cm，然后由静止释放并开始计时. 求：

(1)物体的振动方程；[答案：$x=0.1\cos(7.07t)$，(SI)]

(2)物体在平衡位置上方 5 cm 时弹簧对物体的拉力；[答案：$F=29.2$ N]

(3)物体从第一次越过平衡位置时刻起到它运动到上方 5 cm 处所需要的最短时间. [答案：$\Delta t=0.074$ s]

22. 一质点在 x 轴上作简谐振动. 选取该质点向右运动通过 A 点时作为计时起点($t=0$)，经过 2 s 后质点第一次经过 B 点，再经过 2 s 后质

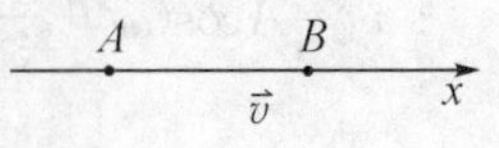

点第二次经过 B 点，若已知该质点在 A、B 两点具有相同的速率，且 $\overline{AB}=10$ cm. 求：

(1)质点的振动方程；[答案：$x=5\sqrt{2}\times10^{-2}\cos(\frac{\pi}{4}t-\frac{3\pi}{4})$，(SI)]

(2)质点在 A 点处的速率. [答案：$v=3.93\times10^{-2}$ m/s]

23. 如右图所示，有一水平弹簧振子，弹簧的劲度系数 $k=24$ N/m，重物的质量 $m=6$ kg，重物静止在平衡位置上. 设以一水平恒力 $F=10$ N向左作用于物体(不计摩擦)，使之由平衡位置向左运动了 0.05 m 时撤去力 F. 当重物运动到左方最远位置时开始计时，求物体的运动方程. [答案：$x=0.204\cos(2t+\pi)$，(SI)]

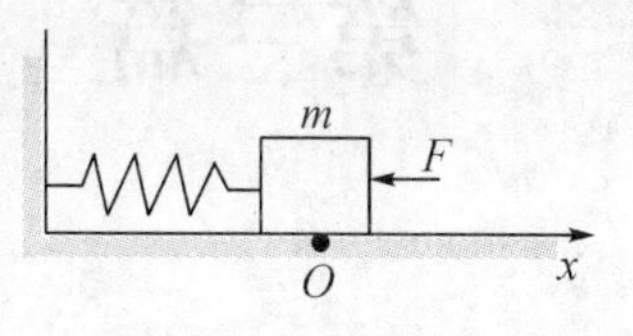

24. 在竖直悬挂的轻弹簧下端系一质量为 100 g 的物体，当物体处于平衡状态时，再对物体加一拉力使弹簧伸长，然后从静止状态将物体释放. 已知物体在 32 s 内完成 48 次振动，振幅为 5 cm. 求：

(1)上述的外加拉力是多大？[答案：$F=0.444$ N]

(2)当物体在平衡位置以下 1 cm 处时，此振动系统的动能和势能各是多少？[答案：$E_k=1.07\times10^{-2}$ J，$E_p=4.44\times10^{-4}$ J]

25. 已知一平面简谐波的表达式为 $y=A\cos\pi(4t+2x)$(SI).

(1)求该波的波长 λ、频率 ν 和波速 u 的值；[答案：$\lambda=1$ m，$\nu=2$ Hz，$u=2$ m/s]

(2)写出 $t=4.2$ s时刻各波峰位置的坐标表达式，并求出此时离坐标原点最近的那个波峰的位置；[答案：$x=(K-8.4)$ m，$x=-0.4$ m]

(3)求 $t=4.2$ s时离坐标原点最近的那个波峰通过坐标原点的时刻 t. [答案：$t=4$ s]

26. 一列平面简谐波在媒质中以波速 $u=5$ m/s 沿 x 轴正向传播，原点 O 处质元的振动曲线如右图所示.

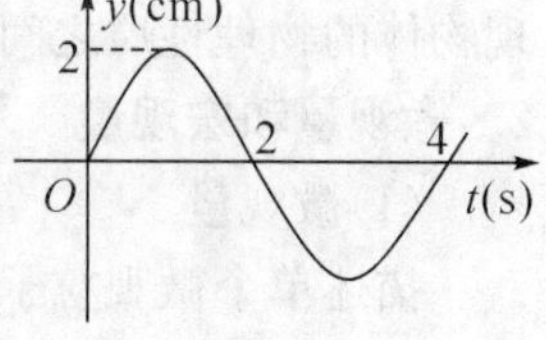

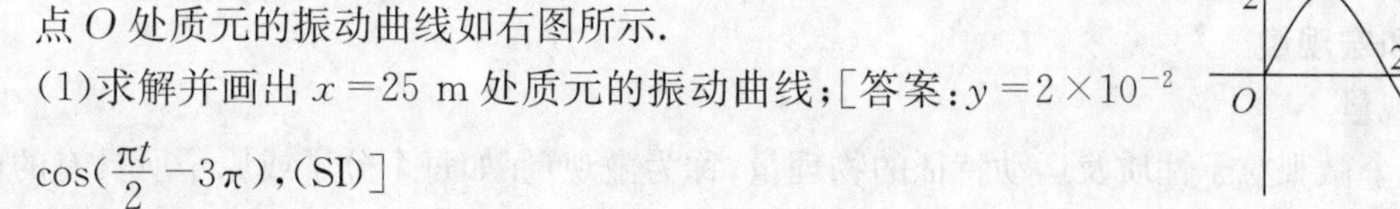

(1)求解并画出 $x=25$ m 处质元的振动曲线；[答案：$y=2\times10^{-2}\cos(\frac{\pi t}{2}-3\pi)$，(SI)]

(2)求解并画出 $t=3$ s 时的波形曲线. [答案：$y=2\times10^{-2}\cos(\pi-\pi x/10)$，(SI)]

27. 平面简谐波沿 x 轴正方向传播，振幅为 2 cm，频率为 50 Hz，波速为 200 m/s. 在 $t=0$ 时，$x=0$处的质点正在平衡位置向 y 轴正方向运动，求 $x=4$ m 处媒质质点振动的表达式及该点在 $t=2$ s 时的振动速度. [答案：$y=2\times10^{-2}\cos(100\pi t-\frac{\pi}{2})$，(SI)；$v=6.28$ m/s]

28. 一微波探测器位于湖岸水面以上 0.5 m 处，一发射波长 21 cm 的单色微波的射电星从地平线上缓慢升起，探测器将相继指出信号强度的极大值和极小值. 当接收到第一个极大值时，射电星位于湖面以上什么角度？[答案：$\theta=6°$]

第三篇　气体动理学理论和热力学基础

本篇仅涉及气体动理学理论和热力学基础的有关问题，是属于热学研究的内容.

1　热学的研究对象

热学是物理学的一个重要分支.热学是研究物质热现象的规律及其应用的学科，即是研究物质的热运动以及热运动与物质的其他运动形式之间的相互转换所遵从的客观规律及其应用的学科.

从宏观来看，表征物体的冷热程度的物理量，称为温度，它是最基本的热力学量之一.温度的变化将会引起物体的状态及许多物理性质发生变化.例如，物质的三种聚集态——固态、液态、气态之间发生的蒸发、凝结、熔解、凝固、升华、凝华等相互转化就是温度变化所引起的.又如，体积、压强、导热性、导电性、内摩擦系数等物理性质将随温度变化.所以，物质的状态及物理性质随温度变化，一切与温度有关的变化统称为热现象.

从微观来看，就其本质而言，热现象就是微观粒子热运动的宏观表现.物体是由大量微观粒子(分子、原子)所组成的，而且这些微观粒子是处于永不停息的无规则运动中.宏观物体的内部大量微观粒子永不停息的无规则热运动导致宏观的热现象.可见，微观粒子的热运动和宏现物体的物理性质之间必然存在着某种特定的关系.

2　微观量和宏观量

(1)微观量

描述单个微观粒子性质及运动特征的物理量，称为微观量.如每个分子或原子所具有的体积、质量、速度、动量、动能、能量等都是微观量，这些微观量不能由实验直接测量出来.

(2)宏观量

表征大量微观粒子系统集体特性的物理量，称为宏观量，如温度、压强、体积、浓度、热容量等都是宏观量，这些宏观量可以由实验直接测量出来.

(3)微观量与宏观量的关系

个别微观粒子的运动具有无规则性、随机性，而大量微观粒子的集体运动却具有统计规律.根据统计假设，运用统计平均的方法，可以求出大量微观粒子的微观量的统计平均值，用来解释从实验中测量得出的宏观量.实验上测量出的宏观量是微观量的统计平均值，从而解释从实验中测量得到的物质的宏观性质.

3　热现象的两种理论

热运动是比机械运动更复杂、更高级的运动形态.单个粒子的运动属于机械运动，可以应用力学的基本概念，遵循力学的基本规律；但大量微观粒子的热运动，虽然包含着机械运动，但不遵循机械运动的规律，必须引入新概念、新理论和研究方法.热学研究可以采用不同的方法，因而形成了热学的不同理论分支，它包括热力学和统计物理学及相应的研究方法.

(1)宏观理论——热力学

热力学是物理学的一个分支，是研究热现象的宏观理论.这个理论不涉及物质的具体微观结构，而是以能量守恒的观点来研究热运动所表现出来的宏观规律.它的全部理论都是建立在以大量实验事实为基础而总结出的四条基本定律(热力学第零定律、热力学第一定律、热力学第二定律和热力学第三定律)之上的，因此具有高度的普遍性和可靠性，但这个理论不能说明热现象的微观本质.

(2)微观理论——统计物理学

统计物理学，包括它的初级理论——动理学理论，是从物质的微观结构出发来阐明热现象规律的基本理论.统计物理学是用统计的方法研究宏观系统的热现象及其规律的微观理论.根据统计物理学的观点，任何宏观系统的热现象都是构成系统的大量微观粒子热运动的集体表现，任何宏观量都是相应微观量的统计平均值.

4　**热学的两种研究方法**

(1)热力学的研究方法

热现象是宏观现象，宏观理论是热力学，它的研究方法是以观察和实验事实为依据，不考虑物质的微观结构和微观运动.以能量守恒的观点，经过严密的逻辑推理，找出热现象的宏观规律来直接研究系统的宏观运动，这种方法称为热力学方法.

(2)统计物理学的研究方法

统计物理学，包括它的初级理论——物质的动理学理论，是研究物质热运动的性质和规律的微观统计理论.它是从物质内部的微观结构出发，认为物质是由大量分子、原子组成的，根据每个粒子所遵循的力学规律，将宏观物体作为大量微观粒子(分子、原子等)组成的系统来研究.物质的动理学理论，是对物质的微观结构做了一些具体的假设(如理想气体的运动模型中把分子看成质点，除碰撞的瞬间外，不受分子力作用，把分子看作完全弹性碰撞的小球，忽略重力作用)，应用统计假设及对大量分子求统计平均值的方法，来研究描述物质宏观性质的宏观量与描述分子运动的微观量之间的联系，从而揭示出宏观热现象的微观本质.

统计物理学和热力学在对热现象的研究上是相辅相成的.热力学对热现象给出的宏观热现象的普遍而可靠的规律，可以用来验证微观理论的正确性；而统计物理学可深入到热现象的微观本质，并能成功地解释热力学所不能解释的热现象，从而弥补了热力学的缺陷，使热力学的理论获得更深刻的意义.

第8章　气体动理学理论

在本章中，我们将从物质的微观结构出发，用气体动理学理论的观点阐明气体的一些宏观性质和规律，其中包括理想气体的压强、温度、内能等宏观量的微观本质，并介绍热学中微观理论的一些统计概念和统计方法.

分子动理学理论是从物质微观结构出发，即从建立在实验基础上的微观模型出发，来阐明热现象的基本规律.

8.1　气体分子动理学理论的基本观点

这种基本观点实际上是给出了气体结构的微观模型.鉴于中学基础，简要提出其主要观点.

(1)宏观物质(气体)是由大量分子(或原子)所组成

这里“大量”的意思包含分子、原子的体积小、数量大的意义. 对液体、固体物质也不例外.

(2)分子与分子之间存在着一定的间隙

压缩机给轮胎打气时,把大量的空气压入有限容积的轮胎;50 cm^3 酒精与50 cm^3 水混合后总体积不是 100 cm^3 而是 97 cm^3;在 20000 个大气压下贮存在钢管内的油会从钢管内渗透出来等. 它们充分说明,无论气体、液体还是固体,它们的分子之间都存在着空隙,而且这种空隙大小不同.

(3)气体分子在不停地做无规则的热运动

气体的挥发性,液体和固体分子在空气中扩散,固体和液体在液体中的扩散便是直接证明;有名的布朗运动是间接的验证.

1827 年,布朗在显微镜下发现微小的花粉在液体表面做无规律的运动. 从力学观点来看,由于液体分子的无规则热运动,花粉受到来自各个方向不等的冲撞所获得的 $\sum f_i \Delta t \neq 0$,冲量不对称,因而无规则运动,如图 8.1.1 所示. 所以气体分子在做永不停息的无规则热运动,运动的剧烈程度与温度有关,服从统计规律,在常温下气体分子运动速率可达 400 $m \cdot s^{-1}$ ~ 500 $m \cdot s^{-1}$.

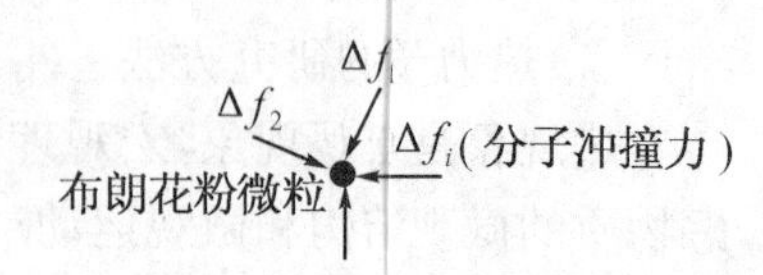

图 8.1.1　布朗运动

(4)分子间有相互作用力(有引力也有斥力)

液体和固体的分子总会聚在一起,保持一定的体积;切削金属和锯木都需用很大的力;欲使钢材变形也需用很大的力等. 这些都证明分子间存在着引力.

工业上还常利用这种引力,如两个光学元件(透镜)的黏合就利用了分子间的引力.

无论气体、液体和固体都不能无限制地被压缩,证明了分子间还有斥力,使它们不能够轻易地靠拢. 这种引力和斥力与分子间距有密切关系. 分子力的半经验公式是 $f(r)=\frac{a}{r^m}-\frac{b}{r^n}$,第一项正值表示斥力,$m$ 在 9~13 之间按 $\frac{1}{r^m}$ 衰减;第二项为负值表示引力,n 在4~7之间,故 $\frac{1}{r^n}$ 比前者衰减慢.

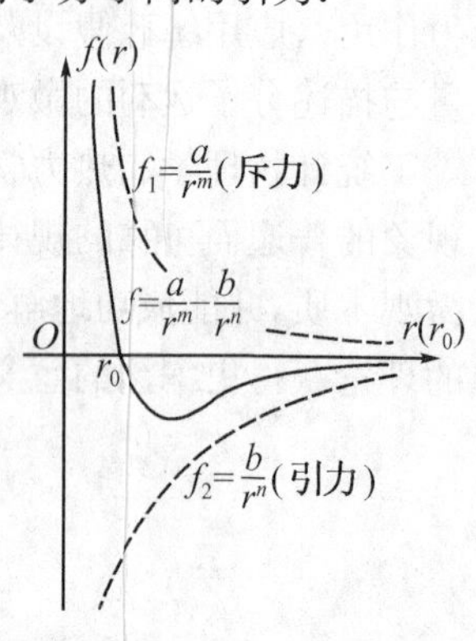

图 8.1.2　$f-r$ 关系图

图 8.1.2 表示 $f-r$ 关系图,图中分别以虚线表示引力和斥力,其合力用实线表示. 现讨论以下几点:

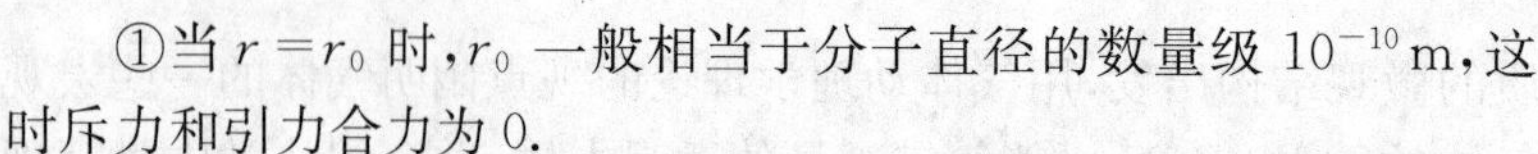

①当 $r=r_0$ 时,r_0 一般相当于分子直径的数量级 10^{-10} m,这时斥力和引力合力为 0.

②当 $r>r_0$ 时,分子间表现为引力,当 $r=10r_0=10^{-9}$ m 时,引力趋于零.

③当 $r<r_0$ 时,分子间表现为斥力,r 越小,斥力越急剧增大,这正是气体不能无限被压缩的原因.

分子与分子之间存在的相互作用力,称为分子力. 分子力是短程力.

综上所述,可以得出结论:一切宏观物体都是由大量分子(或原子、离子)组成的,所有分子都在永不停息地做无规则热运动,分子之间有相互作用的分子力. 这就是分子动理论的基本观点.

8.2 平衡态、状态参量和理想气体状态方程

热力学系统的状态可分为平衡态和非平衡态.

8.2.1 平衡态

热力学和动理学理论研究的对象是由大量分子或原子组成的物体或物体系的热性质，以及热运动与其他运动形态之间相互转化的规律. 一定的热力学系统，在一定的条件下总是处于一定的状态，热力学系统宏观状态的一种最简单而又重要的状态就是热力学系统的平衡态.

平衡态是热力学系统在不受外界影响的条件下，其宏观性质不随时间变化的状态. 这里所说的系统不受外界影响，是指外界对系统既不做功也不传递热量，即要求系统与外界之间没有发生能量的转换. 如果系统通过做功或传递热量的方式与外界交换能量，该系统就不可能达到并保持平衡态. 不能把平衡态错误地说成是不随时间变化的状态，也不能错误地说成是外界处在不变条件下的状态.

必须指出，所说的系统的宏观性质不随时间变化，并不是说系统的宏观性质一定处处相同. 系统的宏观性质是否处处相同，需要根据具体情况确定. 在不存在外力场或者存在外力场但可以忽略不计时，处于平衡态的均匀系统(如均匀的气体、均匀的液体、均匀的固体等)，其内部的各种宏观性质不随时间改变，而且宏观性质在各处都相同. 但是，处于平衡态的非均匀系统(如水和水蒸气组成的系统)，其内部的各种宏观性质不随时间改变，但并不是各处的宏观性质都相同. 也就是说，对于处于平衡态的非均匀系统，它的一些宏观性质可以各处相同，另一些宏观性质则各处不同，但是都不随时间改变. 当有外力场作用时，处于平衡态的系统，其内部的某些宏观性质就不是各处相同了. 例如，在重力场作用下的气体，在不同高度的密度、压强都不相同.

热力学系统的平衡态与力学中的平衡态是有区别的. 力学中的平衡态是指力学中研究的物体在不受力(合力等于零)情况下，物体或物体系统处于静止或匀速直线运动状态；而热力学中系统的平衡态，则不仅要求系统整体没有宏观的加速运动，而且还要求系统在不受外界影响的条件下，其宏观性质不随时间改变.

实际上，并不存在完全不受外界影响而宏观性质绝对保持不变的系统. 所以平衡态只是一个理想的概念，它是在一定条件下对实际情况的概括和抽象. 在实际问题中，是忽略外界影响，而把实际状态近似地当作平衡态来处理. 也就是说，平衡态是有条件的、近似的、理想的. 研究平衡态的问题，不仅具有理论的意义，而且也具有实际的意义，已构成了热力学的基本内容.

应当指出，热力学系统的平衡态是系统的宏观性质不随时间变化. 但从微观方面来看，处在平衡态的系统内部的分子或原子在永不停息地无规则运动着，而只是大量分子或原子热运动的统计平均效果不随时间改变，系统达到了平衡态. 因此，热力学中的平衡态是一种动态平衡，通常称为热动平衡. 必须注意，热力学系统的平衡态是宏观的平衡，在系统达到了平衡态以后，由于分子在做无规则的热运动，系统内部的微观量仍可能偏离统计平均值而出现微小的变化，这种现象称为涨落. 例如，平衡态下的理想气体的压强和温度值会有微小的涨落.

实验证明，当没有外界影响时，一个热力学系统在足够长的时间内必将趋近于平衡态，所需的这个时间称为弛豫时间.

8.2.2 状态参量

大量的实验事实表明，当系统处于平衡态时，系统一系列的宏观性质都不随时间改变，因此，我们总可以选择一些物理量来描述热力学系统的宏观性质. 这些用来表征系统平衡态宏观性质的物理量，称为状态参量. 对于确定的平衡态，状态参量具有确定的值；相反，如果系统的状态参量具有确定的值，系统的状态也就确定了. 例如，容器内当一定质量的理想气体处于平衡态时，系统的状态可以用气体的体积 V、压强 P 和温度 T 三个状态参量来描述.

对于不同系统的状态，可以选用不同的状态参量来描述. 例如，气缸中存在装有一定质量的化学纯的气体系统. 实验表明，如果使气体的压强保持一定，并对气体加热，发现气体的体积膨胀；如果使气体的体积保持不变，对气体加热，发现气体的压强增大. 由此可见，气体的体积和压强是可以同时独立改变的. 所以系统处于平衡态时，需要同时用体积和压强这两个状态参量才能完全描述系统的状态. 这两个参量是属于两种不同的类型，体积是描述系统几何性质的几何参量，压强是描述系统力学性质的力学参量. 对于由两种或两种以上分子组成的混合气体系统，要完全描述该系统所处的状态，除用体积和压强两个独立参量外，还需要能够反映系统化学成分的参量. 化学成分的含量不同，系统所处的状态也就不同. 各种化学成分的含量可以用它的质量或摩尔数这样的化学参量来表示. 对于所研究的系统，当有电磁现象出现时，要完全描述系统所处的状态，除了上述三类参量外，还必须再加上一些能够描述系统的电或磁状态的电磁参量. 例如，电场强度、电极化强度、磁场强度、磁化强度等电磁参量.

总的来说，为了完全描述一个热力学系统的平衡态，需要用到几何参量、力学参量、化学参量和电磁参量等四种不同类型的参量. 当然，对于系统所处的一个具体的平衡态，究竟用哪些参量才能完全描述系统的状态，需要根据系统本身的性质来决定.

必须指出，上述的四类参量都不是热学所特有的，它们都不能直接表征系统的冷热程度. 因此，在热学中还必须引入一个热学所特有的新的热学参量来表征系统冷热程度，这个物理量就是温度. 温度是热学现象所特有的纯热学参量. 温度是四类参量的函数，因此，利用这四类参量加上温度就构成了热力学中描述物体平衡态的特有参量.

(1)状态参量

当物体系统处于一定的平衡态时，描述物体系统状态的独立变量，称为状态参量.

(2)气体的状态参量

当物体系统不发生物质交换，无相变化，不发生化学反应及原子核变化等，描述物体系统处于热平衡态时，对于一定质量化学纯的气体，可以用下列三个状态参量来表示，它们是体积 V、压强 P 及热力学温度 T.

①气体的体积 V 是从几何尺寸角度来描述气体的状态. 由于气体分子的无规则热运动，气体总是充满整个容器的. 气体的体积是指气体分子所能达到的整个几何空间，它既不是每个气体分子自身的大小所占的体积，即固有体积，也不是所有分子固有体积的总和.

国际单位制中，体积的单位是米^3，符号为 m^3. 常用的体积的单位还有升(1 升=1 立方分米)及立方厘米，符号分别为 L 及 cm^3，它们之间的换算关系为

$$1\ m^3=10^3\ L=10^6\ cm^3$$

1 升是指质量为 1 kg 的纯水在 4℃时所占的体积.

②气体的压强 P 是从力学角度来描述气体的状态. 压强是做无规则热运动的气体分子与器壁碰撞时，单位时间内作用在容器壁单位面积上的正压力(垂直作用力). 它是大量气体分子

由于做无规则热运动不断与容器壁发生碰撞时所表现出来的单位时间内气体分子施于容器壁单位面积上的平均冲量的宏观表现，与单位体积内的分子数 n 和分子速率平方的平均值的大小有关.

国际单位制中，压强的单位是帕斯卡，符号为 Pa，即表示牛顿 · 米$^{-2}$（N · m^{-2}）. 因帕斯卡的单位较小，工程上常用工程大气压（1 kgf · cm^{-2}）和标准大气压（符号为 atm）.

$$1\ 标准大气压 = 1.01325 \times 10^{5}\ 帕斯卡$$

$$1\ 工程大气压 = 9.80665 \times 10^{4}\ 帕斯卡$$

③气体的温度 T 是热学特有的热学参量，是温标上的标度，是表征物体冷热程度的物理量. 当两个各处于一定平衡态的热力学系统相互接触，通过热量的传递，可以使两系统的状态发生变化，经过一定时间后，达到了一个新的平衡态，它们的温度相等. 温度的科学定义是以热平衡定律，即热力学第零定律为依据. 大量实验事实表明，如果两个热力学系统中的每一个系统都与第三个热力学系统的同一状态处于热平衡，则这两个热力学系统彼此也必定处于热平衡，它们具有相同的温度，表明一切互为热平衡的物体系统具有相同的温度，它是大量实验的总结，称为热力学第零定律. 该定律是定义和测量温度的依据. 温度就是表征物体系统这种宏观性质的物理量. 温度如果从微观上看，根据物质动理学理论，是表征处于热平衡态的系统的微观粒子热运动强度的物理量.

温度的数值表示法，称为温标. 常用的温标有摄氏温标、华氏温标、理想气体温标和热力学温标.

摄氏温标：亦称“百分温标”，是 1742 年 A. 摄尔西乌斯提出的一种经验温标，规定在一个标准大气压下纯水的冰点（冰和水的平衡温度，水中有空气溶解在内并达到饱和）为零度，沸点（水和水蒸气的平衡温度）为 100 度，中间分为 100 等分，每一等分（每格）代表 1 度. 摄氏度用℃表示. 1960 年国际计量大会对摄氏温标作了新定义，规定它由热力学温标导出，定义为 $t = T - 273.15$，即规定热力学温度的 273.15 K 为摄氏温标的零点，摄氏温度的单位仍称为摄氏度，写成℃，t 表示摄氏温度，摄氏温差 1 度与热力学温差 1 开相等.

热力学温标：亦称“开尔文温标”，是建立在卡诺循环基础上的一种不依赖于任何测温物质和测温特性的理想的科学温标. 这种温标是 1848 年英国物理学家开尔文在热力学第二定律基础上引入的，称为热力学温标. 1927 年第七届国际计量大会采用作为最基本的温标，并经 1960 年第十一届国际计量大会规定用单一固定点，水的三相点（冰、水、气三相共存）的热力学温度规定为 273.16 K 来定义. 热力学温度作为基本温度，符号为 T，单位是开尔文，简称开，符号为 K. 1 开等于水的三相点的热力学温度的 1/273.16，热力学温标的零点称为绝对零度（0K）.

$$T = (t + 273.15)\mathrm{K}$$

在实际应用中，为了应用的目的，将选用不同的温度计来测量物体或物体系统的温度. 它们是利用物质的某一属性（如体积、压强、电阻、温差电动势、热效应、辐射发射率等）随温度的变化，根据某一温标制成温度计. 常用的温度计有气体温度计、液体温度计、铂电阻温度计、热电偶温度计、光学高温计、辐射温度高温计等. 当被测物体或物体系统与温度计接触并达到热平衡时，根据热力学第零定律，温度计的示数就直接或间接表示被测物体或物体系统的温度.

8.2.3 理想气体状态方程

为了描述和确定一个热力学系统所处的平衡状态，除了可以用几何参量、力学参量、化学参量和电磁参量外，还引入了热学中所特有的状态参量温度. 对于一定的平衡态，前面四种状态参量有确定的数值，温度也有确定的数值. 由此可知，对于热力学系统的平衡态，温度与上述四种状态参量之间必须存在着一定的联系. 或者说，温度与上述四种状态参量之间有某种函数关系，该函数关系式称为该系统的物态方程. 实验表明，对于一定质量的气体，无外场情况下，系统的平衡态只需要用压强 P 和体积 V 来描述，则温度 T 应是 P 和 V 的函数，这个函数关系可以写成显函数形式

$$T=f(P,V) \tag{8-2-1}$$

上式也可以写成为隐函数形式

$$F(T,P,V)=0 \tag{8-2-2}$$

这个关系式称为气体的状态方程. 一般来说，任一物理量，只要它是状态参量的单值函数，都称为状态函数. 在状态方程中，如果以 V 和 T 为独立参量，则 P 是 V、T 表示的状态函数；如果以 P 和 T 为独立参量，则 V 是 P、T 表示的状态函数；如果以 P 和 V 为独立参量，则 T 是 P、V 表示的状态函数，所以状态方程确定了状态函数与独立参量的关系. 下面只介绍理想气体的状态方程.

(1)气体的实验定律

中学里已经学习过气体的三个实验定律，即当在压强不太大(与大气压强相比较)，温度不太低(与室温相比较)的情况下，一般气体都遵循玻意耳—马略特定律、盖·吕萨克定律和查理定律. 严格遵从波意耳—马略特定律、盖·吕萨克定律和查理定律，而且等体和等压膨胀系数 a_v、a_p 约为(1/273.15)℃$^{-1}$的气体称为理想气体。

①玻意耳—马略特定律. 一定质量的气体，当温度保持不变时，它的压强(P)和体积(V)成反比. 即

$$PV=C_1 \tag{8-2-3}$$

其中，C_1 是由气体的摩尔数、性质和温度确定的常量. 此关系式称为玻意耳—马略特定律，是1660 年由英国物理学家玻意耳和 1676 年由法国物理学家马略特先后各自独立进行实验发现的. 若建立以体积 V 为横坐标，压强 P 为纵坐标的$P-V$图，在图 8.2.1 上为一条双曲线，在曲线上的任一点，表示气体的一个状态，而曲线上各状态的温度都相同，所以这条曲线称为等温线. 温度变高，等温线向上移，相应的过程称为等温过程. 气体的压强越低，遵循这个定律的准确程度越高. 但是，在低温高压下，该定律与实验结果发生较大的偏离，这说明该定律有一定的适用范围和局限性.

②盖·吕萨克定律. 一定质量的气体，当压强保持不变时，它的体积(V)和热力学温度(T)成正比，即

$$\frac{V}{T}=C_2 \tag{8-2-4}$$

其中，C_2 是由气体的摩尔数、性质和压强确定的常量. 此关系式称为盖·吕萨克定律，是 1802 年由法国物理学家盖·吕萨克进行实验发现的. 若建立以 V 为横坐标，压强 P 为纵坐标的 $P-V$图，在 $P-V$ 图上平行于横轴 V 的直线段称为等压线，如图 8.2.2 所示. 压强变高，等压线向上平移，相应的过程称为等压过程. 气体的压强越低，遵循这个定律的准确程度越高，但在压强高、温度低的情况下，该定律与实验发生较大的偏离，说明该定律有一定的适用范围和局限性.

③查理定律. 一定质量的气体，当体积保持不变时，它的压强(P)与热力学温度(T)成正比，即

$$\frac{P}{T}=C_3 \tag{8-2-5}$$

其中,常量 C_3 由气体的摩尔数、性质和体积确定.此关系式称为查理定律,是 1787 年由法国物理学家查理进行实验发现的.若建立以体积 V 为横坐标,压强 P 为纵坐标的 $P-V$ 图,在 $P-V$ 图上平行于纵轴 P 的直线段,称为等体线,如图 8.2.3 所示.体积变大,等体线向右平移,相应的过程称为等体过程.气体的压强越低,遵循这个定律的准确程度越高,但在压强高、温度低的情况下,该定律与实验发生较大偏离,这说明该定律有一定的适用范围和局限性.

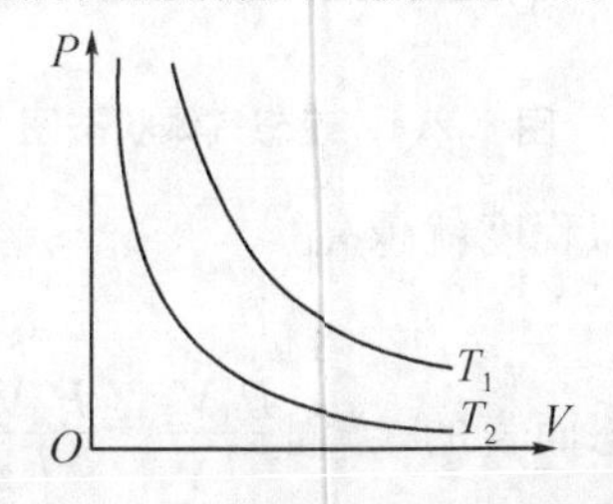

图 8.2.1 不同温度下的等温线

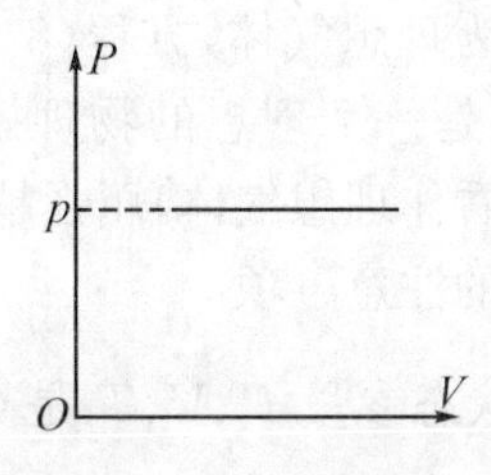

图 8.2.2 等压线

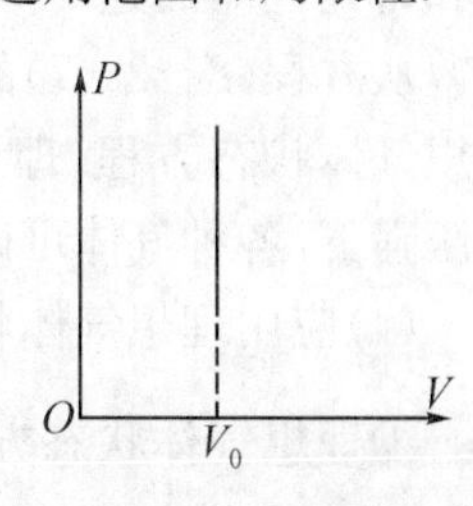

图 8.2.3 等体线

必须指出,气体的三个实验定律对理想气体才严格成立,只能在一定范围内近似反映实际气体的性质.实际气体在压强趋于零时严格成立.

(2)阿伏加德罗定律

在相同温度和相同压强下,一摩尔的任何气体所占的体积都相同,这就是阿伏加德罗定律.这个定律在压强趋于零时才严格成立,对于实际气体也只是近似准确.

(3)理想气体状态方程

对于理想气体处于热动平衡状态时,其压强 P、体积 V 和热力学温度 T 之间满足的关系式,称为理想气体状态方程.

设有质量为 M 的气体,由状态Ⅰ(P_1、V_1、T_1)变化到状态Ⅱ(P_2、V_2、T_2),由三个气体实验定律可以得出一定质量的气体在Ⅰ、Ⅱ两状态的六个参量间的关系为

$$\frac{P_1V_1}{T_1}=\frac{P_2V_2}{T_2}$$

推广到其他任何状态,有以下关系式:

$$\frac{P_1V_1}{T_1}=\frac{P_2V_2}{T_2}=\cdots=\frac{P_nV_n}{T_n}=\text{常量}$$

或

$$\frac{PV}{T}=\text{常量} \tag{8-2-6}$$

上式表明:处于任一热动平衡状态,一定质量的理想气体的 PV/T 都相等,如图 8.2.4 所示.式中常量的值取决于气体的质量和气体的种类,可以根据理想气体在标准状态下的 P_0、V_0、T_0 值由上式确定.

阿伏加德罗定律指出,在相同温度和相同压强下,一摩尔的任何气体所占的体积都相同.实验表明,在 $T_0=273.15\ \text{K}$,$P_0=101.325\times10^3\ \text{Pa}$ 的标准状态下,一摩尔的任何气体的体积为 $V_0=22.4138\times10^{-3}\ \text{m}^3\cdot\text{mol}^{-1}$.$R=P_0V_0/T_0$ 是与气体性质无关的常量,称为普适气体常量(摩尔气体常量),将有关 P_0、V_0、T_0 值代入 $R=P_0V_0/T_0$,可得出 $R=8.3144\ \text{J}\cdot\text{mol}^{-1}\cdot\text{K}^{-1}$.

设有质量为 M 的气体,摩尔质量为 μ,则气体的摩尔数为 $\nu=M/\mu$,它在标准状态下所占的体积 $V=\nu V_0=MV_0/\mu$,上式可写为

$$\frac{PV}{T}=\nu\frac{P_0V_0}{T_0}=\frac{P_0MV_0}{T_0\mu}=\frac{M}{\mu}\frac{P_0V_0}{T_0}=\frac{M}{\mu}R$$

即 $$PV=\frac{M}{\mu}RT=\nu RT \tag{8-2-7}$$

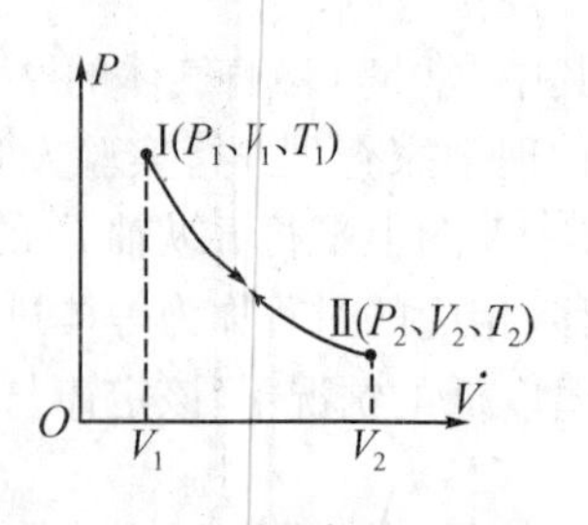

图 8.2.4 **理想气体状态图**

实验表明，压强越低，各种气体遵从(8－2－7)式的近似程度越高，但不同气体近似程度不同，表明不同气体具有不同的特性. 在压强趋于零的极限情形下，一切气体都严格遵从(8－2－7)式，表明各种气体在压强、体积和温度变化的关系上都具有共性. 为了概括和研究气体的这一共同性质和规律，引入理想气体的概念，严格遵从方程(8－2－7)的气体称为理想气体，方程(8－2－7)称为理想气体状态方程. 理想气体也是一个理想的物理模型，在通常的压强下，各种气体可以近似地看作理想气体，压强越低，这种近似程度就越高.

(4)应用理想气体状态方程的注意事项

①理想气体状态方程中的状态参量 P、V、T 是对同一平衡态而言的，方程$\frac{P_1V_1}{T_1}=\frac{P_2V_2}{T_2}$则表示一定质量的理想气体在两个平衡状态时，六个状态参量之间的关系. 二者有密切联系，但物理意义不同，应加以区别.

②理想气体的状态方程仅适用于理想气体处于平衡状态时. 当没有判明理想气体是否处于平衡状态时，不能应用理想气体状态方程.

③对于一定质量的理想气体处于平衡状态时，由理想气体状态方程，已知其中两个状态参量，可以求出第三个状态参量.

④在计算问题中，普适气体常量 R 的数值通常取为 $R=8.31\ \mathrm{J\cdot mol^{-1}\cdot K^{-1}}$.

例 8.2.1 氧气瓶容积为 50 L，由于用掉部分氧气，压强由原来的 100 atm 降为 40 atm，瓶中氧气温度由 30℃降为 20℃. 试求：①瓶中原有氧气的质量；②用掉氧气的质量；③用掉的氧气在 1.0 atm，20℃时应占的体积.

解 ①由理想气体状态方程 $PV=\frac{M}{\mu}RT$，得 $M=\frac{\mu PV}{RT}$，统一单位，再代入有关数值，可得

$$M=\frac{\mu PV}{RT}=\frac{32\times10^{-3}\times100\times1.013\times10^5\times50\times10^{-3}}{8.31\times303}=6.43(\mathrm{kg})$$

②剩余氧气的质量为 M'，已知 $P'=40\times1.013\times10^5$ Pa，$T'=(273+20)$ K，由理想气体状态方程，可得

$$M'=\frac{\mu P'V}{RT'}=\frac{32\times10^{-3}\times40\times1.013\times10^5\times50\times10^{-3}}{8.31\times293}=2.66\ (\mathrm{kg})$$

用掉的氧气质量为 $$\Delta M=M-M'=6.43-2.66=3.77\ (\mathrm{kg})$$

③所用掉的氧气在 1.0 atm，20℃时所占的体积为

$$V=\frac{(M-M')RT}{P\mu}=\frac{3.77\times8.31\times293}{1\times1.013\times10^5\times32\times10^{-3}}=2.83(\mathrm{m^3})$$

例 8.2.2 水银气压计中混进一个空气泡，致使它的读数比精确气压计读数小. 当精确气压计读数为 768 mmHg 时，它的读数为 $P_1=0.99708\times10^5$ Pa，该气压计管内水银面到管顶的距离为 $h_0=80$ mm. 如果大气温度不变，问当该气压计读数为 $P'_1=0.97842\times10^5$ Pa 时，实际气压应该是多少？

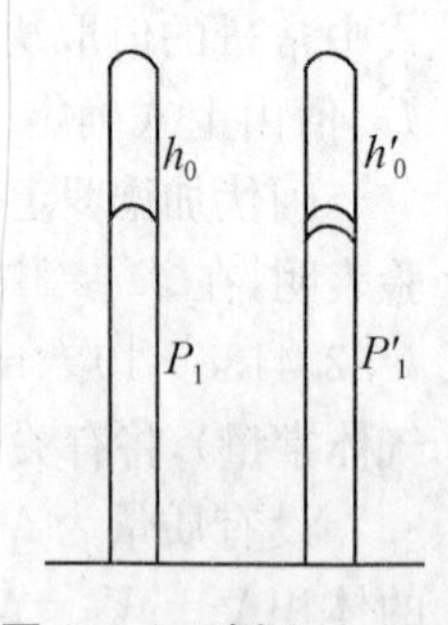

图 8.2.5 **例 8.2.2 图示**

解 设气压计玻璃管的横截面积为 S，当精确气压计读数为 1.02374

$\times 10^5$ Pa 时，该水银气压计的读数为 $P_1=0.99708\times 10^5$ Pa，且管内空气柱高度 $h_0=80$ mm，如图 8.2.5 所示. 根据静力学平衡条件，这 80 mm 空气柱所产生的压强就是实际气压与测量值的差值. 设压强为 P_0，则 $P_0=2666$ Pa. 取管内空气为研究对象，应用理想气体状态方程，可得

$$P_0(Sh_0)=\nu RT$$

因而

$$S=\frac{\nu RT}{P_0h_0}$$

当气压计的读数为 $P_1'=0.97842\times 10^5$ Pa 时，管内空气柱的高度为

$$h_0'=80+(748-734)=94(\text{mm})$$

设实际气压为 P_x，则空气柱压强为 P_x-P_1'，应用理想气体状态方程，可得

$$(P_x-P_1')Sh_0'=\nu RT$$

$$P_x-P_1'=\frac{\nu RT}{Sh_0'}=\frac{\nu RT}{\dfrac{\nu RT}{P_0h_0}\cdot h_0'}=\frac{P_0h_0}{h_0'}$$

可求得

$$P_x=P_1'+\frac{P_0h_0}{h_0'}=734+\frac{20\times 80}{94}\ (\text{mmHg})=1.00108\times 10^5(\text{Pa})$$

另一解法，设 $\Delta P=P_x-P_1'$，由玻意耳—马略特定律，$P_0V_0=P'V_0'$，即

$$20\times 80S=\Delta P\times 94S$$

所以

$$\Delta P=\frac{20\times 80}{94}=17\ (\text{mmHg})$$

$$P_x=\Delta P+P_1'=17+734\ (\text{mmHg})=1.00108\times 10^5(\text{Pa})$$

例 8.2.3　一端封闭的玻璃管长为 70 cm，内贮有空气，空气柱上有一段高为 $h=20$ cm 的水银柱将空气柱封闭，水银面与管口对齐. 现将玻璃管轻轻倒转到竖直方向，因而将一部分水银倒出，设大气压强为 75 cmHg，试求留在玻璃管内的水银柱高度.

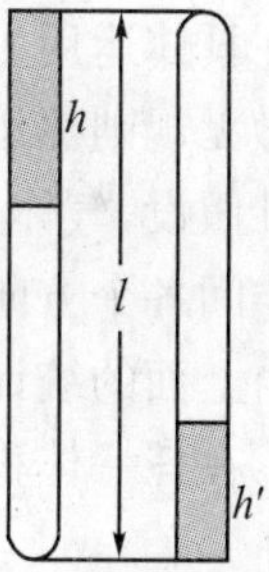

解　如图 8.2.6 所示，设水银倒出后剩余的水银柱高度为 h'，玻璃管倒置前、后管内空气柱压强分别为 p_1，p_2，由题意，有

倒置前

$$p_1=p_0+h \tag{8-2-8}$$

倒置后

$$p_2+h'=p_0 \tag{8-2-9}$$

图 8.2.6　例 8.2.3 图示

由题意，以空气柱为研究对象，温度不变，管内空气在玻璃管倒置前、后遵从玻意耳—马略特定律，$p_1V_1=p_2V_2$，考虑玻璃管横截面积为 S，可得

$$p_1(l-h)=p_2(l-h') \tag{8-2-10}$$

由(8-2-10)式得出 P_2，代入(8-2-8)式，再代入(8-2-9)式，可得

$$(p_0+h)\left(\frac{l-h}{l-h'}\right)+h'=p_0$$

将上式化简，整理可得

$$h'^2+(l+p_0)h'+(p_0-l)h+h^2=0$$

解方程可得

$$h'=\frac{-(l+p_0)\pm\sqrt{(l+p_0)^2-4[(p_0-l)h+h^2]}}{2}$$

代入已知数据，并求出合理的解为

$$h'=3.54\ (\text{cm})$$

8.3 理想气体的压强

本节将用气体动理学理论的观点来阐明理想气体的微观结构，根据统计假设，用统计的概念和统计的方法推导出理想气体压强公式，并讨论理想气体压强的统计意义.

8.3.1 理想气体的微观模型

从气体动理学的观点看来，理想气体与物质分子结构的一定的微观模型相对应，理想气体是实际气体在压强趋于零时的极限情况. 气体越稀薄就越接近于理想气体，对理想气体的性质可以作以下的假设：

①因为气体分子本身的线度比起分子与分子之间的平均距离小得多，因此，分子本身的大小可以忽略不计，即可以将理想气体分子看成质点. 单个分子的运动遵从牛顿运动定律.

②分子力是短程力，由于气体分子之间的平均距离相当大，除碰撞的瞬间外，分子与分子之间以及分子与容器壁之间都无相互作用，即分子力可以忽略不计。

③在平衡状态下，假设分子与分子之间，以及分子与容器壁之间的碰撞都是完全弹性碰撞，碰撞前后分子的动能守恒、重力势能的变化及重力可以忽略不计，遵从能量守恒、动量守恒定律.

由上述三条基本假设建立起来的理想气体的微观模型可以概述为，气体分子是无相互作用的弹性质点，理想气体可以看作是大量的做无规则自由运动的弹性质点的集合.

在具体运用上述假设时，还必须做出统计假设，对于在无外场情况下，处于平衡状态下的大量做无规则热运动的气体分子的密度处处是均匀的，气体压强在各方向相同. 还应提出如下的统计假设，气体处于平衡态时，对大量气体分子，任一时刻沿空间各个方向运动的概率相等，即沿空间各个方向运动的分子数相等，分子的位置分布是均匀的.

由上面的统计假设可以得出推论，分子运动有以下两个特点：

①在任一体积元中，速度指向沿上、下、左、右、前、后的分子数各为该体积元内分子总数的1/6.

②大量分子速度 v 在各个方向上的分量的各种统计平均值相等. 例如，在直角坐标系 $OXYZ$ 中，沿坐标轴正方向的速度分量为正，负方向的速度分量为负，分子速度各个分量的算术平均值$\bar{v}_x=\bar{v}_y=\bar{v}_z=0$，分子速度各个分量的平方的平均值$\overline{v_x^2}=\overline{v_y^2}=\overline{v_z^2}$.

8.3.2 理想气体压强公式

容器中的气体施于器壁的宏观压强，是大量气体分子对器壁不断碰撞的结果. 做无规则热运动的气体分子不断地与器壁碰撞，每个分子每碰撞一次都施于器壁一定的冲量. 对于单个的气体分子而言，它每次碰撞施于器壁多大的冲量，碰撞在器壁上什么地方，都是间断的、随机的. 但是对于大量做无规则运动的分子整体来说，每一时刻都有许多分子与器壁碰撞，因而在宏观上就表现出一个稳定的、持续的压力. 分子运动的速度越大，压力越大；单位体积内的分子数越多，压力也越大. 例如，下大雨时手撑着雨伞，人们会感受到一个持续向下、均衡的压力.

为简化起见，下面将不考虑分子与分子之间的碰撞来推导理想气体的压强公式.

(1)理想气体压强公式的推导

如图 8.3.1 所示，假设边长分别为 x、y、z 的长方形光滑器壁的容器，其体积为 V，总共有

N 个相同的理想气体分子，单位体积内的分子数为 $n=N/V$，每个分子的质量为 m，分子的总质量为 M，分子具有量值从 $0\sim\infty$ 之间各种可能的速率. 气体处于平衡态时，器壁上各处的压强相等，所以，我们只需要计算出气体施于器壁某一给定表面的压强. 例如，气体分子施于与 X 轴垂直的 A_1 面的压强.

首先考虑其中第 i 个分子，它的速度为 v_i，在直角坐标系中的分量为 v_{ix}、v_{iy}、v_{iz}，并且有 $v_i^2=v_{ix}^2+v_{iy}^2+v_{iz}^2$. 根据理想气体分子的微观模型，碰撞是完全弹性碰撞，所以在第 i 个分子与器壁碰撞前后分子在 Y、Z 方向上的速度分量不变，在 X 方向上的速度分量由 v_{ix} 变为 $-v_{ix}$，即大小不变，方向相反，因此，该分子在碰撞过程中动量的改变量为

$$\Delta p_{ix}=-mv_{ix}-(mv_{ix}) \tag{8-3-1}$$

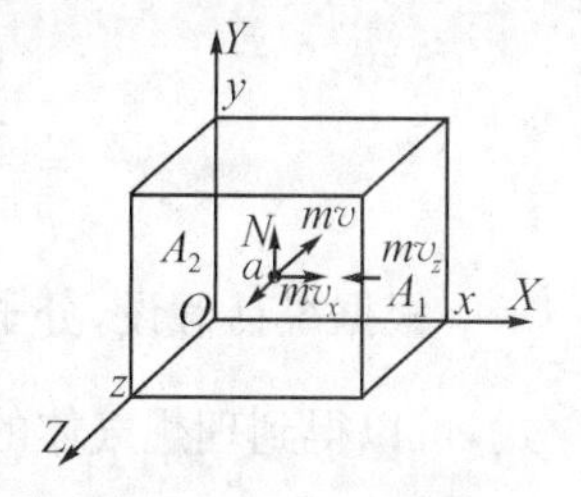

图 8.3.1 分子与器壁的碰撞

根据动量定理，碰撞过程中 A_1 面施于第 i 个分子的冲量等于该分子动量的改变量，即 $-2mv_{ix}$，负号表示其动量改变量的方向指向 X 轴的负方向，相应的冲力也沿 X 轴负方向. 根据牛顿第三运动定律，碰撞过程中，第 i 个分子施于 A_1 面的冲量为 $2mv_{ix}$，方向指向 X 轴正方向，相应的冲力也沿 X 轴正方向.

根据统计假设，为了使问题简化，忽略分子与分子之间的碰撞，第 i 个分子与 A_1 面碰撞后，将以 $-v_{ix}$ 的速度分量飞向 A_2 面，与 A_2 面发生完全弹性碰撞，又以 v_{ix} 飞向 A_1 面，与 A_1 面发生完全弹性碰撞. 由此可见，第 i 个分子与 A_1 面之间发生相邻两次碰撞所经历的时间为 $2x/v_{ix}$，在 $\mathrm{d}t$ 时间内第 i 个分子所通过的路程为 $v_{ix}\mathrm{d}t$，$\mathrm{d}t$ 时间内第 i 个分子与 A_1 面碰撞次数为 $\mathrm{d}t/2x/v_{ix}$，单位时间内第 i 个分子与 A_1 面碰撞次数为 $v_{ix}/2x$. 因为第 i 个分子与器壁每碰撞一次作用在器壁 A_1 面上的平均冲量是 $2mv_{ix}$，所以在单位时间内第 i 个分子作用在 A_1 面上的总冲量为 $2mv_{ix}\cdot v_{ix}/2x$，即为 mv_{ix}^2/x，方向沿 X 轴正方向，在量值上也就是在单位时间内第 i 个分子作用在 A_1 面上的平均冲力为

$$\overline{F}_i=\frac{mv_{ix}^2}{x}$$

实际上在整个容器中有 N 个分子，N 个分子平均连续作用在 A_1 面，平均冲力的大小应该等于单位时间内所有 N 个分子作用的平均冲力的总和

$$\begin{aligned}\overline{F}&=\sum_{i=1}^{N}\overline{F}_i=\overline{F}_1+\overline{F}_2+\cdots+\overline{F}_i+\cdots+\overline{F}_N\\&=\frac{mv_{1x}^2}{x}+\frac{mv_{2x}^2}{x}+\cdots+\frac{mv_{ix}^2}{x}+\cdots+\frac{mv_{Nx}^2}{x}\end{aligned} \tag{8-3-2}$$

根据压强的定义，压强 P 等于单位时间内作用在单位面积器壁上的平均冲力，即

$$\begin{aligned}P&=\frac{\overline{F}}{A_1}=\frac{\overline{F}}{yz}=\frac{m}{xyz}(v_{1x}^2+v_{2x}^2+\cdots+v_{ix}^2+\cdots+v_{Nx}^2)\\&=\frac{Nm}{xyz}\left(\frac{v_{1x}^2+v_{2x}^2+\cdots+v_{ix}^2+\cdots+v_{Nx}^2}{N}\right)\\&=\frac{Nm}{V}\left(\frac{v_{1x}^2+v_{2x}^2+\cdots+v_{ix}^2+\cdots+v_{Nx}^2}{N}\right)\\&=nm\left(\frac{v_{1x}^2+v_{2x}^2+\cdots+v_{Nx}^2}{N}\right)=nm\,\overline{v_x^2}\end{aligned} \tag{8-3-3}$$

式中，n 表示单位体积内的分子数，称为分子数密度；$\overline{v_x^2}$ 表示 N 个分子沿 X 方向速度分量的

平方的平均值，即 $\overline{v_x^2}=\sum\limits_{i=1}^{N}\frac{v_{ix}^2}{N}$，它们都是统计平均量.

根据统计假设，第 i 个分子速率的平方表示为 $v_1^2=v_{ix}^2+v_{iy}^2+v_{iz}^2$. 所以，$N$ 个分子速率平方的平均值为

$$\overline{v^2}=\frac{\sum\limits_{i=1}^{N}v_i^2}{N}=\frac{\sum\limits_{i=1}^{N}v_{ix}^2}{N}+\frac{\sum\limits_{i=1}^{N}v_{iy}^2}{N}+\frac{\sum\limits_{i=1}^{N}v_{iz}^2}{N}=\overline{v_x^2}+\overline{v_y^2}+\overline{v_z^2} \tag{8-3-4}$$

根据统计假设，分子沿各个方向运动的概率相等，有 $\overline{v_x^2}=\overline{v_y^2}=\overline{v_z^2}=\frac{1}{3}\overline{v^2}$. 应用这一关系式，可以得到理想气体的压强公式为

$$P=\frac{1}{3}nm\,\overline{v^2}=\frac{1}{3}\rho\,\overline{v^2} \tag{8-3-5}$$

或

$$P=\frac{2}{3}n\left(\frac{1}{2}m\,\overline{v^2}\right)=\frac{2}{3}n\bar{\varepsilon}_t \tag{8-3-6}$$

式中，$\bar{\varepsilon}_t=\frac{1}{2}m\,\overline{v^2}$，表示气体分子的平均平动动能，是统计平均量；$P$ 是分子对器壁 A_1 面的压强. 由帕斯卡定律可知，每个器壁压强应大小相等，因而 P 表示整个理想气体的压强. 上式称为理想气体压强公式.

压强具有统计的意义，由上面的推导结果可见，压强表示单位时间内单位面积器壁所获得的平均冲量.

(2)压强公式的物理意义和压强的微观本质

由理想气体压强公式(8-3-6)可知，理想气体的压强与单位体积内的分子数 n 和分子的平均平动动能 $\bar{\varepsilon}_t$ 有关，当 n 和 $\bar{\varepsilon}_t$ 越大，压强 P 就越大. 压强是描述气体状态的状态参量，是可以直接由实验测量的宏观量. 它是大量气体分子做无规则热运动的集体效应，具有统计意义. 气体的分子数密度 n 是微观量，是一个统计平均量. 气体分子的平均平动动能 $\bar{\varepsilon}_t$ 是微观量 ε_t 的统计平均值，也是一个统计平均量，微观量的统计平均量是不能用实验直接测量的. 可见，理想气体的压强公式(8-3-6)将描述气体性质的宏观量 P 与微观量的统计平均值 n、$\bar{\varepsilon}_t$ 联系起来，从而揭示出压强 P 的微观本质，即说明宏观量是微观量的统计平均值.

从气体动理学理论的观点来看，理想气体压强公式表明，当温度一定时，$\bar{\varepsilon}_t$ 就一定. 单位体积内的分子数 n 越大，在单位时间内与单位面积器壁碰撞的分子数越多，器壁所受的压强就越大. 对于一定质量的气体，总分子数 N 一定，在温度不变的条件下，减小体积，n 就增大，因而压强增加，这就说明了玻意耳－马略特定律的微观实质.

当理想气体的分子数密度 n 一定时，温度越高，$\bar{\varepsilon}_t$ 就越大，压强 P 就越大. $\bar{\varepsilon}_t$ 越大，表明分子的方均速率越大，分子的平均速率将越大，一方面单位时间内分子碰撞器壁的平均次数越多，另一方面分子与器壁每次碰撞时分子对器壁作用的冲力越大. 因此，压强是与分子方均速率成正比，而不是与平均速率成正比. 对于一定质量的气体，如果 n 一定，P 就一定，表明体积不变，此时温度升高压强就增大，说明了查理定律的微观实质.

在理想气体压强公式推导过程中，在求统计平均值之前，运用了单个气体分子所遵从的力学规律. 但是，大量气体分子求统计平均值时运用了统计规律(统计假设，统计平均值的概念和求平均值的方法)，公式(8-3-6)仅适用于大量气体分子，它是反映统计的规律，而不是力学规律. 它不适用于单个分子或少量分子，它与器壁的碰撞是断续的，施予器壁的冲量涨落不定.

压强具有统计意义，是与大量气体分子微观量的统计平均值有关，它等于单位时间内单位面积容器壁所获得的平均冲量，即压强是单位面积器壁上所受的垂直作用力，反映了压强的微观实质.

8.4 温度的微观解释

温度是热学中最基本、最重要的概念，下面将从气体分子动理学理论出发导出温度的公式，并阐明温度的微观实质，说明温度的统计意义.

8.4.1 温度公式及温度的微观解释

根据理想气体的压强公式和理想气体的状态方程，可以推导出气体的温度与气体分子平均平动动能的关系，从而说明温度的微观本质.

设容器中气体的质量为 M，摩尔质量为 μ，每一个分子的质量为 m，则根据阿伏伽德罗定律知：$\mu=N_{\mathrm{A}}m$，$M=Nm$，而 $N=\dfrac{M}{\mu}N_{\mathrm{A}}$，$n=\dfrac{N}{V}$，其中 N_{A} 是阿伏加德罗常数，N 为容器内的分子总数，V 为容器的体积. 当理想气体处于平衡态时，根据理想气体的压强公式

$$P=\frac{2}{3}n\bar{\varepsilon}_t=\frac{2}{3}\frac{N}{V}\bar{\varepsilon}_t \tag{8-4-1}$$

及理想气体状态方程

$$PV=\frac{M}{\mu}RT$$

由以上两式消去压强 P 可得

$$\bar{\varepsilon}_t=\frac{3}{2}\frac{1}{n}\frac{MRT}{\mu V}=\frac{3}{2}\frac{V}{N}\frac{Nm}{N_{\mathrm{A}}m}\frac{RT}{V}=\frac{3}{2}\frac{R}{N_{\mathrm{A}}}T \tag{8-4-2}$$

式中，R 和 N_{A} 都是常量，将它们的比值 R/N_{A} 用另一个常量 k 表示，k 称为玻耳兹曼常量，其值为

$$k=\frac{R}{N_{\mathrm{A}}}=\frac{8.31}{6.02\times10^{23}}=1.38\times10^{-23}(\mathrm{J\cdot K^{-1}})$$

(8－4－2)式可写作

$$\bar{\varepsilon}_t=\frac{3}{2}kT \qquad \text{或} \quad T=\frac{2\bar{\varepsilon}_t}{3k} \tag{8-4-3}$$

上式说明：气体分子的平均平动动能仅与温度有关，并与热力学温度成正比，而与气体的性质无关，与气体的质量无关. 在相同温度下，一切气体分子的平均平动动能都相等.（8－4－3）式是气体分子动理学理论的一个基本方程，称为气体动理学理论的温度公式. 温度公式的重要物理意义在于它揭示了温度的微观本质：气体的温度标志着气体内部大量分子做无规则热运动的剧烈程度，温度是大量分子平均平动动能的量度. 气体的温度越高，气体内部分子的热运动平均地讲越剧烈，分子的平均平动动能就越大.

温度公式反映了大量分子所组成的系统的宏观量 T 与微观量的统计平均值 $\bar{\varepsilon}_t$ 之间的关系. 所以，温度和压强一样，也是大量分子做无规则热运动的集体表现，含有统计平均的意义. 对于单个分子或少量分子组成的系统，不能够说它们的温度多高. 也就是说，对单个分子或由少量分子组成的系统，温度的概念是没有意义的.

温度不相同的两个系统，通过热接触而达到热平衡的微观实质是由于分子与分子之间相互碰撞交换能量引起系统之间能量的交换，而重新分配能量的结果，宏观上表现为有净能量从温度高的系统传递到温度低的系统，直到两个系统的温度相等. 两个系统的分子平均平动动能

相等，两个系统就达到热平衡，而与这两个系统气体的性质无关，也与这两个系统的分子数无关.

应该指出，上述的概念是建立在经典力学基础上的. 随着温度的降低，气体分子的平均平动动能将减小. 热力学温度 $T=0\text{K}$ 时，$\bar{\varepsilon}_t=0$，表明理想气体分子的无规则热运动要停息. 然而，实际上分子的热运动是永远不会停息的. 根据热力学第三定律，不可能通过任何有限的过程达到绝对零度. 近代量子理论证明，当 $T=0\text{K}$ 时，组成固体点阵的粒子还保持着某种振动的能量，称为零点能，在温度还没有达到热力学温度为零度以前，气体已变成液体或固体，量子规律起主要作用，(8－4－3)式早就不适用了.

8.4.2 方均根速率

根据理想气体分子的平均平动动能 $\bar{\varepsilon}_t=\frac{1}{2}m\overline{v^2}$ 及理想气体的温度公式 $\bar{\varepsilon}_t=\frac{3}{2}kT$ 可以得出

$$\frac{1}{2}m\overline{v^2}=\frac{3}{2}kT \tag{8-4-4}$$

由(8－4－4)式可求得

$$\sqrt{\overline{v^2}}=\sqrt{\frac{3kT}{m}}=\sqrt{\frac{3RT}{\mu}} \tag{8-4-5}$$

式中，$\sqrt{\overline{v^2}}$ 表示大量气体分子速率平方的平均值的平方根，称为气体分子的方均根速率，它表示气体分子微观量的统计平均值. 上式表明，气体分子的方均根速率与气体的热力学温度的平方根成正比，而与气体分子质量或摩尔质量的平方根成反比. 温度越高或气体分子的质量及摩尔质量越小，分子的方均根速率越大. 平均地说，气体分子的速率越大，分子运动越快.

8.4.3 理想气体状态方程的另一种形式

将理想气体温度公式 $\bar{\varepsilon}_t=\frac{3}{2}kT$ 代入理想气体的压强公式 $P=\frac{2}{3}n\bar{\varepsilon}_t$，可以得到

$$P=nkT \tag{8-4-6}$$

上式是理想气体状态方程的另一种形式，表明了宏观量 P 与单位体积内的分子数，即分子数密度 n 及宏观量温度 T 的关系. 从微观角度可以说明它的物理意义，参看前面压强公式的物理意义和压强的微观本质.

例 8.4.1 在 1 个大气压下氢气的密度 $\rho=8.99\times10^{-2}\ \text{kg}\cdot\text{m}^{-3}$，试求：①氢分子的方均根速率；②热力学温度 T.

解 ①根据理想气体压强公式 $P=\frac{1}{3}nm\overline{v^2}=\frac{1}{3}\frac{M}{V}m\overline{v^2}=\frac{1}{3}\rho\overline{v^2}$，可求得

$$\sqrt{\overline{v^2}}=\sqrt{\frac{3P}{\rho}}=\sqrt{\frac{3\times1.013\times10^5}{8.99\times10^{-2}}}=1839\ (\text{m}\cdot\text{s}^{-1})$$

②根据 $\sqrt{\overline{v^2}}=\sqrt{\frac{3RT}{\mu}}$ 和 $\sqrt{\overline{v^2}}=\sqrt{\frac{3P}{\rho}}$，可求得

$$T=\frac{P\mu}{\rho R}=\frac{1.0\times1.013\times10^5\times2.02\times10^{-3}}{8.99\times10^{-2}\times8.31}=274(\text{K})$$

例 8.4.2 一容器内有一定质量的氧气，其压强为 1 atm，温度 $t=27℃$，试求：①单位体积内的分子数 n；②氧气的密度 ρ；③氧分子的质量；④氧分子的平均距离；⑤氧分子的平均平动

能量 $\bar{\varepsilon}_t$；⑥氧分子的方均根速率.

解 ①根据 $P=nkT$，可求得单位体积内氧分子数为

$$n=\frac{P}{kT}=\frac{1.0\times1.013\times10^5}{1.38\times10^{-23}\times300}=2.45\times10^{25}\,(\text{m}^{-3})$$

②根据理想气体状态方程 $PV=\frac{M}{\mu}RT$，可求得氧气的密度为

$$\rho=\frac{M}{V}=\frac{P\mu}{RT}=\frac{1.0\times1.013\times10^5\times32\times10^{-3}}{8.31\times300}=1.30\,(\text{kg}\cdot\text{m}^{-3})$$

③每个氧分子的质量 m 为

$$m=\frac{\rho}{n}=\frac{1.30}{2.45\times10^{25}}=5.31\times10^{-26}\,(\text{kg})$$

④氧分子间的平均距离 $\bar{l}$ 为

$$\bar{l}=\frac{1}{\sqrt[3]{n}}=\frac{1}{\sqrt[3]{2.45\times10^{25}}}=3.44\times10^{-9}\,(\text{m})$$

⑤氧分子的平均平动动能 $\bar{\varepsilon}_t$ 为

$$\bar{\varepsilon}_t=\frac{3}{2}kT=\frac{3}{2}\times1.38\times10^{-23}\times300=6.21\times10^{-21}\,(\text{J})$$

⑥氧分子的方均根速率为

$$\sqrt{\overline{v^2}}=\sqrt{\frac{2\bar{\varepsilon}_t}{m}}=\sqrt{\frac{2\times6.21\times10^{-21}}{5.31\times10^{-26}}}=484\,(\text{m}\cdot\text{s}^{-1})$$

8.5 能量按自由度均分定理和理想气体的内能

前面研究大量气体分子在平衡态下做无规则热运动时，是将分子看作质点，只考虑分子的平动. 实际上，气体分子有一定的大小和比较复杂的结构，除了是单原子分子外，氢气(H_2)、氮气(N_2)、氧气(O_2)、氯化氢(HCl)等是双原子分子，水(H_2O)、氨(NH_3)、甲烷(CH_4)等是多原子分子. 因此，除单原子分子仅有平动外，双原子分子及多原子分子的运动不仅有平动，而且有转动，以及原子之间的振动及分子与分子之间的振动. 由此可见，计算气体分子的能量时，应该全面考虑气体分子各种运动形式所具有的能量.

本节将讨论在平衡态下大量气体分子热运动所遵从的又一个统计规律——能量按自由度均分定理，简称能量均分定理，并应用这一规律研究理想气体的内能.

8.5.1 自由度

(1)自由度

在力学中为了完全确定某一个力学系统在空间的位置所需要的独立坐标数，称为自由度. 例如，一个在空间自由运动的质点，确定它的位置需要三个完全独立坐标，如在直角坐标系中由 x、y、z 来决定，在球坐标系中由 r、θ、φ 来决定，所以这个质点有三个自由度. 如果一个质点被限制在一曲面或平面上运动，应满足相应的曲面或平面方程，所以这个质点只有两个自由度. 如果一个质点被限制在一曲线上或直线上运动，这个质点只有一个自由度.

又如，刚体的一般运动，除平动外还有转动. 由于刚体的一般运动可分解为质心的平动及绕通过质心轴的转动，要决定刚体质心的位置，需用三个独立坐标，如直角坐标 x、y、z 来决定

质心的位置，如图 8.5.1 所示. 通过质心的转轴的方位，需要用 α、β、γ 三个方位角来决定，但它们之间满足 $\cos^2\alpha+\cos^2\beta+\cos^2\gamma=1$，即只用其中两个独立方位角，如 α、β 决定转轴的方位. 描述刚体绕通过质心的转轴的转动还需要一个相对于某一起始位置转过的角度 φ. 因此，自由运动的刚体有六个自由度，其中三个平动自由度，三个转动自由度. 但是，当刚体的运动受到某种限制时，它的自由度数也要减少，例如，绕定轴转动的刚体只有一个自由度.

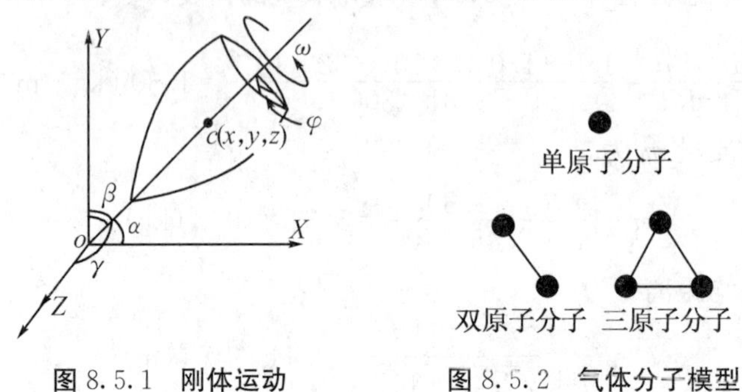

图 8.5.1　刚体运动　　　图 8.5.2　气体分子模型

(2)气体分子的自由度

气体分子也是一种力学系统，但随着分子结构的不同，如图 8.5.2 所示，单原子分子、双原子分子及多原子分子可以具有不同的自由度.

①单原子气体分子可以看作自由运动的质点，它在空间做无规则自由运动时具有三个自由度，即单原子分子具有三个平动自由度 x、y、z.

②双原子气体分子中两个原子由一根键连接起来. 若视为哑铃式的刚性双原子分子，即分子的原子间相互位置保持不变，质心的平动需要三个独立坐标，有三个自由度，还需要两个独立坐标决定两原子连线的方位，有两个自由度，不存在原子相对连线的转动，所以，刚性双原子分子总共有五个自由度；对非刚性双原子分子，两原子还可以沿着连线方向做微振动，需要一个振动自由度，可视为一根质量可以忽略不计的弹簧的两端连接两个质点(原子). 可见，刚性双原子分子需要三个平动自由度和两个转动自由度，总共有五个自由度；非刚性双原子分子需要三个平动自由度、两个转动自由度和一个振动自由度，总共有六个自由度.

③刚性三原子分子及刚性三原子以上的多原子气体分子，原子间的距离不变，无振动自由度，整个分子可以看作是自由运动的刚体，需要三个平动自由度和三个转动自由度，总共有六个自由度. 由 $n\geqslant3$ 的原子所组成的非刚性多原子分子共有 $3n$ 个自由度，其中 3 个质心平动自由度，3 个绕通过质心的轴的转动自由度，以及 $(3n-6)$ 个振动自由度.

④气体分子的总自由度. 由振动理论可知，弹簧谐振子的总能量为谐振子动能和势能之和，动能和势能在一周期内的平均值不仅相等，而且是一常量. 分子内部原子的微小振动可以近似地看作谐振子的运动，因而谐振子的振动有平均动能和平均势能，相当于每一个平动自由度或者每一个转动自由度的 2 倍.

由以上可知，若用 i 表示气体分子的总自由度数，用 t 表示气体分子的平动自由度数，用 r 表示气体分子的转动自由度数，用 s 表示气体分子的振动自由度数，那么，对于任意一个非刚性分子，总自由度数 i 应等于

$$i=t+r+2s \tag{8-5-1}$$

对于一个刚性分子，无振动自由度，$s=0$，总自由度数 i 应等于

$$i=t+r \tag{8-5-2}$$

(8-5-1)式表明，一个分子需要有 i 个自由度才能够完全决定它在空间的位置，以及分子内

部的运动状态.

8.5.2 能量按自由度均分定理

能量均分定理是在平衡态下物质分子能量分配所遵从的统计规律.能量按自由度均分定理可以由理想气体分子能量按自由度均分的结论推广而得出.

(1)理想气体能量按自由度均分的理论

根据理想气体的平均平动动能和统计假设

$$\bar{\varepsilon}_t=\frac{1}{2}m\overline{v^2}=\frac{3}{2}kT$$

根据统计假设,在平衡状态下,大量气体分子沿各个方向做无规则热运动的概率相等,因而有

$$v^2=v_x^2+v_y^2+v_z^2$$

而且

$$\overline{v_x^2}=\overline{v_y^2}=\overline{v_z^2}$$

则

$$\bar{\varepsilon}_t\ \frac{1}{2}m\overline{v^2}=\frac{1}{2}m\overline{v_x^2}+\frac{1}{2}m\overline{v_y^2}+\frac{1}{2}m\overline{v_z^2}=\frac{3}{2}kT \tag{8-5-3}$$

$$\frac{1}{2}m\overline{v_x^2}=\frac{1}{2}m\overline{v_y^2}=\frac{1}{2}m\overline{v_z^2}=\frac{1}{2}kT$$

即

$$\bar{\varepsilon}_{xt}=\bar{\varepsilon}_{yt}=\bar{\varepsilon}_{zt}=\frac{1}{2}kT \tag{8-5-4}$$

由(8-5-3)式及(8-5-4)式可以得出结论:在温度为 T 的平衡状态下,理想气体分子的平均平动动能 $\bar{\varepsilon}_t=\frac{3}{2}kT$ 均匀地分配到三个平动自由度上,并且每个平动自由度的平均平动动能都等于$\frac{1}{2}kT$.这个结论可以推广到分子的转动和振动上去.在普通物理范围内,根据经典统计力学的基本原理,可以导出一个普遍的定理——能量按自由度均分定理,可表述为:在温度为 T 的平衡状态下,物体(气体、液体、固体)分子的每一个自由度都具有相同的平均动能,其大小都等于$\frac{1}{2}kT$.

必须指出,能量按自由度均分定理是关于大量分子热运动的统计规律,是平衡状态下对大量分子统计平均所得的结果,对于个别分子或少量分子不适用.对于单个的分子来说,它在某一时刻的各种运动形式的动能和总能量大小都是随机的,完全可能与按能量均分定理得出的平均值有很大的偏差,而且每一种运动形式的动能也不一定按自由度均分,总动能也不一定等于$\frac{1}{2}(t+r+s)kT$.但是在大量分子热运动中,由于分子之间的无规则碰撞,能量不但可能在各分子之间相互转移,而且在各种运动形式、各种自由度之间也可能相互转移.如果某一运动形式或某一自由度上的能量占有优势,则通过分子之间相互碰撞,能量转移到其他运动形式或其他自由度上的概率就比较大.因此,在某一温度 T,大量分子系统达到平衡状态时,每个分子具有确定的平均能量,并且能量按自由度均匀分配.

(2)理想气体分子的平均总能量

考虑到简谐振子平均动能和平均势能相等,一个分子的自由度 i 为

$$i=t+r+2s$$

在平衡状态下,每个自由度具有的平均动能或平均势能都等于$\frac{1}{2}kT$,所以一个分子的总

平均动能为$\frac{1}{2}(t+r+2s)kT$，分子平均总能量为

$$\bar{\varepsilon}=\frac{1}{2}ikT=\frac{1}{2}(t+r+2s)kT \tag{8-5-5}$$

式中，$\frac{1}{2}tkT$ 为气体分子平均平动动能，$\frac{1}{2}rkT$ 为气体分子平均转动动能，$\frac{1}{2}skT$ 为气体分子平均振动动能，$\frac{1}{2}skT$ 为气体分子内的原子间振动平均势能.

(3)各种类型分子的平均总能量

将能量按自由度均分定理用于各种类型的分子，进行计算的关键在于确定刚性分子或非刚性分子的自由度.

①单原子分子，仅有平动，因此 $t=3$，而无转动及振动，$r=0$，$s=0$，则

$$\bar{\varepsilon}=\bar{\varepsilon}_t=\frac{3}{2}kT \tag{8-5-6}$$

②双原子刚性分子，有平动及转动，因此 $t=3$，$r=2$，而无振动，$s=0$，则

$$\bar{\varepsilon}=\frac{5}{2}kT \tag{8-5-7}$$

非刚性双原子分子，有平动、转动及振动，因而 $t=3$，$r=2$，$s=1$，则

$$\bar{\varepsilon}=\frac{7}{2}kT \tag{8-5-8}$$

三个或三个以上刚性多原子分子，有平动、转动，$t=3$，$r=3$，而无振动，$s=0$，则

$$\bar{\varepsilon}=\frac{6}{2}kT \tag{8-5-9}$$

三个或三个以上非刚性多原子分子，如果分子是由 n 个原子组成的多原子分子，有平动、转动及振动，$t=3$，$r=3$，$s=3n-6$，则

$$\bar{\varepsilon}=\frac{1}{2}[t+r+2(3n-6)]kT \tag{8-5-10}$$

(4)自由度随温度变化的几个特例

根据能量按自由度均分定理，气体分子的平均总能量是由分子的自由度和气体的温度决定的. 但是实验及量子理论表明：转动及振动将随温度变化，振动将在比较高的温度下发生. 实验表明：氢分子在不同温度下平均总能量计算不相同，反映了自由度随温度变化. 氢分子在低温(100 K)以下时，$\bar{\varepsilon}=\frac{3}{2}kT$，只有平动，而无转动和振动；在常温(300 K～500 K)时，$\bar{\varepsilon}=\frac{5}{2}kT$，有平动、转动，而无振动；在高温(3000 K 以上)时，$\bar{\varepsilon}=\frac{7}{2}kT$，有平动、转动和振动. 而对于氯分子，在常温时，$\bar{\varepsilon}=\frac{7}{2}kT$，表明有平动、转动和振动.

8.5.3 理想气体的内能

(1)内能

内能是指物体系统由其内部状态所决定的能量，它包括热运动的动能(平动、转动、振动动能)和分子势能(分子在外场中的势能及分子间相互作用的势能)以及分子、原子内部的能量(化学能、电离能、原子核能)等，但通常不包括物体系统作为整体运动时的动能及重力场中的

势能.

(2)气体的内能

从动理学理论的角度来看,实际气体分子的内能是指它们包含的每个分子做无规则热运动的各种运动(平动、转动、振动)的动能,以及分子与分子之间相互作用势能的总和.

(3)理想气体分子的内能

对于理想气体,分子与分子之间无相互作用(除碰撞的瞬间外),没有相互作用势能,所以,理想气体的内能只能是分子做无规则热运动的各种运动形式(平动、转动、振动)的动能与分子内部原子间相互振动势能的总和. 因此,考虑由 N 个分子构成的理想气体,其内能为

$$E=N\bar{\varepsilon}=N\cdot\frac{i}{2}kT=\frac{i}{2}\cdot\nu N_{\mathrm{A}}\cdot kT=\frac{i}{2}\nu RT=\frac{M}{\mu}\frac{i}{2}RT \tag{8-5-11}$$

根据能量按自由度均分定理,一个理想气体分子的平均能量为$\frac{1}{2}kT$,质量为 M,摩尔质量为 μ,包含有 N 个分子的理想气体的内能为

$$E=N\bar{\varepsilon}=N\cdot\frac{i}{2}kT=\frac{i}{2}\cdot\nu N_{\mathrm{A}}\cdot kT=\nu\frac{i}{2}RT=\frac{M}{\mu}\frac{i}{2}RT \tag{8-5-12}$$

质量为 1 摩尔的理想气体的内能为

$$E_{\mathrm{mol}}=N_{\mathrm{A}}\bar{\varepsilon}=N_{\mathrm{A}}\cdot\frac{i}{2}kT=\frac{i}{2}RT \tag{8-5-13}$$

由此可见,一定质量的理想气体的内能完全决定于分子的自由度 i 和气体的热力学温度 T,而与气体的压强 P 及体积 V 无关(因分子与分子之间无相互作用). 所以,理想气体的内能是温度的单值函数. 还可以看出,对于一定质量的理想气体,不论它经过何种过程,如果使它从某一状态变化到另一状态,只要在这些过程中温度的改变量相等,它的内能的改变量也相等,而与所经历的过程无关,内能是状态量.

(4)各种理想气体的内能公式

不同类型分子的理想气体的内能公式是不相同的,区别在于由分子决定的自由度数不同. 质量为 M 千克或 1 摩尔质量的理想气体,不同类型的分子的内能计算公式为

对于单原子分子 $$E=\frac{M}{\mu}\frac{3}{2}RT,\quad E_{\mathrm{mol}}=\frac{3}{2}RT \tag{8-5-14}$$

对于双原子分子(刚性) $$E=\frac{M}{\mu}\frac{5}{2}RT,\quad E_{\mathrm{mol}}=\frac{5}{2}RT \tag{8-5-15}$$

考虑振动,对于非刚性双原子分子理想气体的内能为

$$E=\frac{M}{\mu}\frac{7}{2}RT,\quad E_{\mathrm{mol}}=\frac{7}{2}RT \tag{8-5-16}$$

对于刚性多原子分子理想气体的内能为

$$E=\frac{M}{\mu}\frac{6}{2}RT,\quad E_{\mathrm{mol}}=\frac{6}{2}RT \tag{8-5-17}$$

考虑振动,对于非刚性多原子分子理想气体的内能为

$$E=\frac{M}{\mu}\frac{[t+r+2(3n-6)]}{2}RT \tag{8-5-18}$$

$$E_{\mathrm{mol}}=\frac{[t+r+2(3n-6)]}{2}RT \tag{8-5-19}$$

式中,n 是构成多原子分子的原子数.

内能的单位和功的单位相同. 在国际单位制中内能的单位为焦耳，符号为J.

8.6 气体分子的速率分布律

8.6.1 气体分子速率分布律的产生

由前面几节可知，气体内部大量气体分子在永不停息地做无规则热运动，热运动越剧烈，气体的温度就越高，压强就越大. 气体分子做无规则热运动表明，在任何时刻，向各个方向运动的气体分子都存在，且有的分子运动速率小，有的分子运动速率大；由于分子之间的频繁碰撞，每个分子运动速度的大小和方向都在不断地改变着. 由此可见，在某一时刻去考查某一特定的分子，则分子具有多大的速率，向哪个方向运动，完全具有随机性. 然而从压强 P 和热力学温度 T 的统计意义可知，处在平衡状态下的大量气体分子的压强和温度与气体分子的速率平方的统计平均值成正比，而且具有确定的值. 也就是说，当气体处于平衡状态时，个别分子具有多大的速率完全具有随机性，但就大量气体分子整体来看，表征其运动状态的微观量的统计平均值完全具有确定值，气体分子的速率分布应遵从着一定的统计规则而具有必然性. 关于气体分子运动的速率分布的统计规律，早在1859年英国物理学家麦克斯韦就应用概率论和数学统计方法从理论上推导出来，并提出了分子速率分布的概念，后来在1877年由奥地利物理学家玻耳兹曼从经典统计力学中推导出来. 当时要通过实验直接测量来验证这个定律是不可能的，直到1932年生于波兰的美国物理学家斯特恩才第一次用实验证实了气体分子的速率分布的统计规律，后来许多物理学家对实验技术做了不少改进. 我国物理学家葛正权也曾在1934年测定过铋(Bi)蒸气分子的速率分布规律，但是直到1955年才由密勒和库士作出了定量的精确测定，成功地证明了麦克斯韦速率分布律的正确性. 下面首先介绍斯特恩实验，使读者对气体速率分布有一个定性的、直观的了解.

8.6.2 气体分子速率分布的实验测定

继斯特恩实验之后，测定气体分子速率分布的实验有了不少改进，如图8.6.1所示就是其中的一种用来测定气体分子的速率分布的实验装置. 全部装置放在高真空的容器里，图中 A 是蒸汽源，它壁上小孔的尺寸必须足够小，使其中产生的金属蒸汽分子以射线形式经过小孔射出时不致影响蒸汽源内留下的大量分子保持平衡状态，蒸汽分子从 A 上右端的小孔 O 射出，经过狭缝 S 形成一束定向的细窄射线，这种分子束流通常称为分子射线或分子束. B 和 C 是两个共轴的圆盘，盘上各开着一狭缝，两狭缝略为错开一小角度 φ(约为2°)，P 是一个接收器.

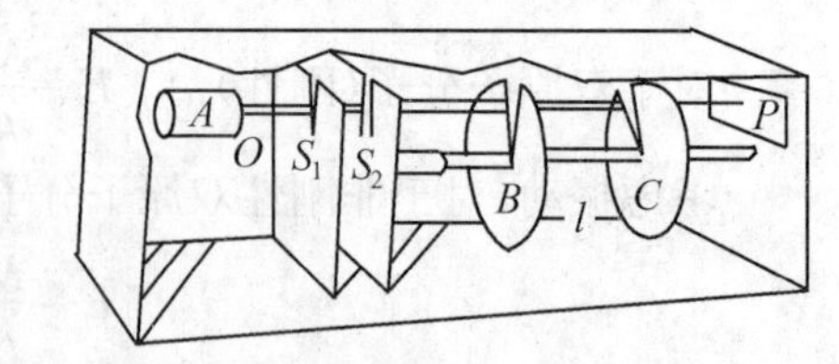

图8.6.1 测定气体分子速率分布的实验装置

当圆盘以角速度 ω 转动时，圆盘每转一周，分子射线通过 B 的狭缝一次. 由于分子速度的大小不同，分子从 B 到 C 所需的时间间隔也不同，所以并不是所有通过 B 盘狭缝的分子，都能够通过 C 盘狭缝而射到接收分子的屏 P 上，它们起到速率选择器的作用. 如果设 B 和 C 之间距离为 l，B 和 C 盘上两狭缝所成的角度为 φ，分子的速度大小为 v，分子从 B 到 C 所需要的时间为 t，则只有满足 $vt=l$ 和 $\omega t=\varphi$ 两个关系式的分子才能够通过 C 盘上的狭缝而射到接

收器的屏 P 上. 因为

$$t=\frac{l}{v}=\frac{\varphi}{\omega} \tag{8-6-1}$$

所以

$$v=\frac{\omega}{\varphi}l \tag{8-6-2}$$

表明 B 和 C 起着速率选择器的作用,当改变 ω(或 l 和 φ)的大小,就可以使不同速率的分子通过 C 盘狭缝. 由于 B 和 C 盘上的狭缝都有一定的宽度,所以实际上当角速度 ω 一定时,能够射到接收器的屏 P 上的分子的速度大小并不严格相同,而是分布在一个速率区间 $v \sim v+\Delta v$ 内的.

实验时,使圆盘先后以不同的角速度 $\omega_1, \omega_2, \cdots, \omega_n$ 转动,用光度学的方法测量各次沉积在屏 P 上的金属层的厚度,从而可以比较分布在相应的不同速率区间 $v_1 \sim v_1+\Delta v_1, v_2 \sim v_2+\Delta v_2, \cdots, v_n \sim v_n+\Delta v_n$ 内分子射线的相对强度,即分子数的相对比值.

实验结果表明:一般来说,分子分布在不同速率区间内的分子数是不相同的,但是在实验条件(如分子射线、温度、真空度等)不变的情况下,分布在各个速率区间内分子数的相对比值是完全确定的. 实验结果表明,尽管每个分子的速度大小具有随机性,但是对于大量气体分子整体来说,其速度大小的分布却遵从着一定的统计规律,具有必然性.

应当指出,实验测定的是分子射线中分子的速率分布规律,它与蒸汽源中分子的速率分布不同. 因为不同速率的分子从狭缝射出的机会并不相等,分子的速率越大,从狭缝逸出的机会越多. 蒸汽源中分子的速率遵从麦克斯韦速率分布律,可以借助该实验来间接地证明麦克斯韦分布律的正确性.

必须指出,麦克斯韦速率分布律是不考虑外力场的作用下,大量气体分子处于平衡状态时遵从的统计分布规律.

8.6.3 麦克斯韦速率分布律

在一定温度的平衡态下,气体分子速率分布的统计规律,称为麦克斯韦速率分布律.

对于大量气体分子整体来看,它的速率分布遵从一定的统计规律. 如果不限制气体分子速度的方向,而只研究大量气体分子处于平衡状态下,气体分子的速率在某一 $v \sim v+\mathrm{d}v$ 的速率区间 $\mathrm{d}v$ 内的概率多大,可得出麦克斯韦速率分布律.

(1)麦克斯韦速率分布律

在一定温度 T,处于平衡状态的质量为 M 的一定种类的气体,分子质量为 m,分子总数为 N,出现在某一速率 $v \sim v+\Delta v$ 的速率区间内的分子数为 ΔN,那么 $\frac{\Delta N}{N}$ 表示分布在这一速率区间内的分子数占总分子数的比率. 对于不同的速率 v,若速率区间 Δv 相同,其比率 $\frac{\Delta N}{N}$ 的数值一般是不相同的. 也就是说,比率 $\frac{\Delta N}{N}$ 与速率 v 有关,可以认为它是与 v 的一定函数 $f(v)$ 成正比. 另一方面,在给定的速率 v 附近,速率区间的大小不同,比率 $\frac{\Delta N}{N}$ 的数值也是不相同的. Δv 越大,则分布在这个速率区间内的分子数越多,比率 $\frac{\Delta N}{N}$ 就越大. ΔN 较大时,$\frac{\Delta N}{N}$ 是断续的. 当 $\Delta v \to 0$ 时,$\Delta N \to \mathrm{d}N$,其比值 $\frac{\mathrm{d}N}{N}$ 为

$$\frac{dN(v)}{N}=4\pi\left(\frac{m}{2\pi kT}\right)^{3/2}e^{-\frac{mv^2}{2kT}}v^2dv \tag{8-6-3}$$

上式表示气体处于平衡状态时分子的速率在某一 v 附近 $v \sim v+dv$ 的速率区间内的概率，即表示大量气体分子在速率 v 附近 $v \sim v+dv$ 速率区间内的分子数 dN 与气体分子总数 N 的比率.(8-6-3)式称为麦克斯韦速率分布律，它是 1859 年麦克斯韦在“气体分子运动论的例证”一文中给出的.气体分子的频繁碰撞并未使它们的速度趋于一致，而是出现稳定的分布.他用统计的方法和概率的观点得出在平衡态下，速率在 $v \sim v+dv$ 内气体分子数 dN 与总分子数的比率.

(2)麦克斯韦速率分布函数

麦克斯韦速率分布函数 $f(v)$ 又称为概率密度函数，定义为

$$f(v)=\frac{dN(v)}{Ndv}=4\pi\left(\frac{m}{2\pi kT}\right)^{3/2}e^{-\frac{mv^2}{2kT}}v^2 \tag{8-6-4}$$

麦克斯韦速率分布函数的物理意义：$f(v)$ 既表示分布在速率 v 附近单位速率区间内的分子数 $\frac{dN}{dv}$ 与总分子数 N 的比率(百分比)，也表示任意一分子的速率出现在 v 附近单位速率区间内的概率.对于某一给定的速率值来说，它是一个比例常量；对于处在一定温度 T 的气体，它是速率 v 的单值连续函数，称为麦克斯韦速率分布函数.式中的 k 是玻耳兹曼常量，$f(v)$ 只与气体的种类及温度 T 有关，其 $f(v)$ 的表达式是麦克斯韦在 1859 年推导出来的.

(3)麦克斯韦速率分布曲线

如果以 v 为横坐标，速率分布函数 $f(v)$ 为纵坐标，画出的一条表示 $f(v)$—v 之间关系的曲线，称为气体分子的麦克斯韦速率分布曲线，它形象地描绘出气体分子按速率分布的情况.

①速率分布函数曲线的几何特点.当 $v\to 0$ 时，$f(v)\to 0$；当 $v\to\infty$ 时，$f(v)\to 0$，反映了分子在这两种速率上出现的概率最小，即具有这两种速率的分子数量少.当速率 v 由 0 值增大而 $f(v)$ 增大，经过一个极大值 $f_m(v)$ 后，又随速率 v 增大而减小，当 $v\to\infty$ 时，$f(v)\to 0$，这表明气体分子的速率可以取由 0 到 ∞ 整个速率范围的一切值，而速率很大和速率很小的分子数占总分子数的比率小，具有中等速率的分子数占总分子数的比率却很大.在速率分布曲线极大值两边的曲线上各有一拐点，表明速率分布曲线不是一条抛物线.

②最概然速率 v_p.速率分布曲线中与 $f(v)$ 极大值对应的速率 v_p 称为最概然速率，它的物理意义是：如果将 $0\sim\infty$ 的整个速率范围分成许多相等的 dv 小区间，则气体分子分布在 v_p 所在的区间 dv 内的概率最大，即在该区间内分子数占总分子数的比率最大.要确定 v_p，可以取速率分布函数 $f(v)$ 对速率 v 求一阶微商，并令它等于零，可得

$$v_p=\sqrt{\frac{2kT}{m}}=\sqrt{\frac{2RT}{\mu}}=1.41\sqrt{\frac{RT}{\mu}} \tag{8-6-5}$$

上式表明：对于给定的气体(m 一定)，分布曲线的形状随温度而改变；在相同温度(T 一定)下，分布曲线的形状因为气体的种类不同(m 不同或 μ 不同)而不同.

③曲线下的面积所表达的意义.如图 8.6.2 所示，在速率分布曲线中，任一速率区间 $v\sim v+dv$ 内曲线下的窄条面积表示速率分布在这一区间内(即 v 处 dv 范围内)的分子数 dN 占总分子数的比率 $\frac{dN}{N}$.

在速率分布曲线中，任一有限范围速率区间 $v_1\sim v_1+\Delta v$ 内曲线下的面积表示分布在这一有限速率区间 Δv 内的分子数 ΔN 与总分子数 N 的比率.必须指出，气体分子的速率不是

按速率的大小均匀分布的，即在 $v_1 \sim v_2$，且 $v_2 = v_1 + \Delta v$，及 $v_3 \sim v_4$，且 $v_4 = v_3 + \Delta v$，即 $\Delta v = v_2 - v_1 = v_4 - v_3$ 的有限速率区间内，如图 8.6.3 所示，有

$$\frac{\Delta N}{N} = \int_{v_1}^{v_2} f(v)\mathrm{d}v \neq \frac{\Delta N}{N} = \int_{v_3}^{v_4} f(v)\mathrm{d}v \tag{8-6-6}$$

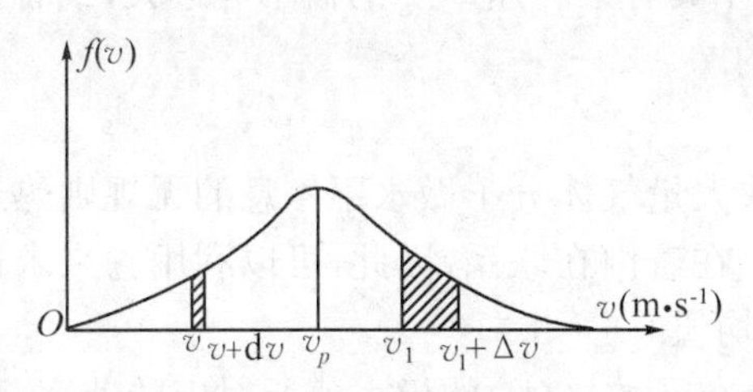

图 8.6.2 温度变化下的速率分布

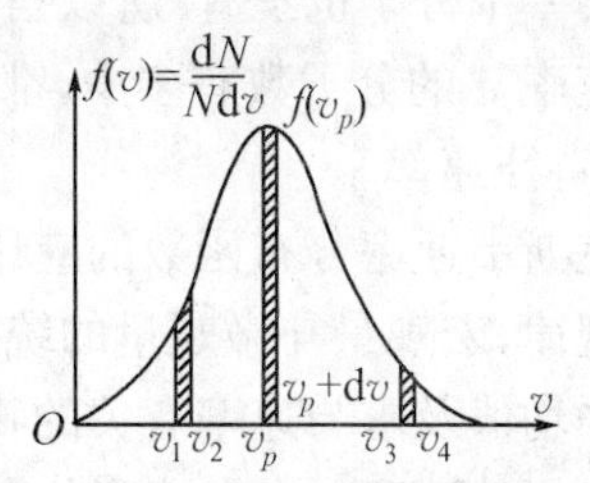

图 8.6.3 不同气体的速率分布

④速率分布函数 $f(v)$ 的归一化条件. 速率分布曲线下的整个面积，表示一个分子在由 $0 \sim \infty$ 的整个速率范围内的概率，这是必然事件，其概率应当等于 1，即

$$\int_0^{\infty} f(v)\mathrm{d}v = 1 \tag{8-6-7}$$

这个关系式表明：全部分子 N 百分之百地分布在由 $0 \sim \infty$ 的整个速率范围内，所以从 $0 \sim \infty$ 积分结果应等于 1，它是由速率分布函数 $f(v)$ 本身的物理意义所决定的，它应是速率分布函数 $f(v)$ 必须满足的条件，称为速率分布函数的归一化条件.

⑤气体种类一定（即 m 一定或 μ 一定）时的速率分布曲线. 对于一定种类的气体（如 O_2）来说，由于温度的高低反映气体分子做无规则热运动的剧烈程度. 当温度升高时，气体中速率较小的分子数减少，而速率较大的分子数增多，最概然速率变大，所以曲线的高峰移向速率大的一方. 但由于速率分布函数所满足的归一化条件，曲线下的总面积（即 $\int_0^{\infty} f(v)\mathrm{d}v$）应恒等于 1，所以温度升高时曲线变得较为平坦. O_2 在不同温度下的速率分布曲线如图 8.6.4 所示.

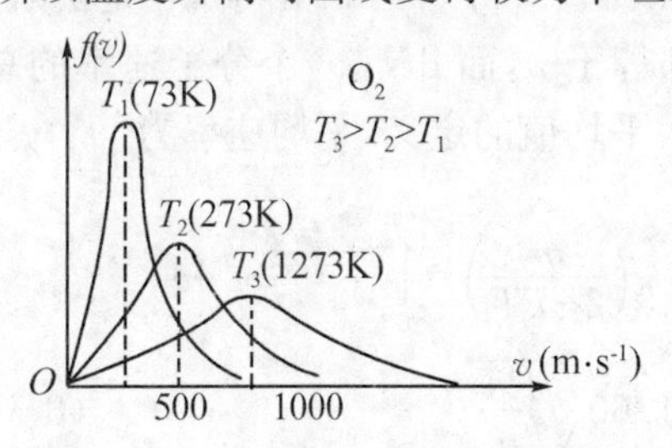

图 8.6.4 温度变化下的速率分布

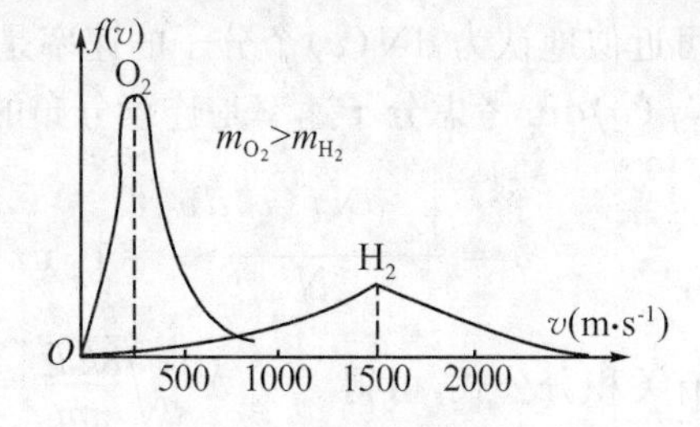

图 8.6.5 不同气体的速率分布

⑥温度一定时速率分布曲线与气体种类不同（即 m 不同）的关系. 对于不同种类的气体（m 不同），由于最概然速率 v_p 与气体分子质量的平方根 $\sqrt{m}$ 成反比，因而分子质量较小的气体有着较大的最概然速率 v_p，因此，随着气体分子质量的减小，最概然速率 v_p 变大，曲线的高峰应移向速率大的一方. 但是由于速率分布函数需满足的归一化条件，曲线下的总面积（即 $\int_0^{\infty} f(v)\mathrm{d}v$）应恒等于 1，所以气体分子质量减小时曲线变得平坦. 在同一温度 T 下，H_2、O_2 的速率分布曲线如图 8.6.5 所示.

需要特别指出的是，麦克斯韦速率分布律是气体处在平衡状态下，而且没有外力场作用时对大量气体分子起作用的统计规律，统计规律永远有涨落现象伴随出现. 实际上在任何速率间隔 $v \sim v + \mathrm{d}v$ 内的分子数 $\mathrm{d}N(v)$ 都是有涨落的量，因此，$\mathrm{d}N(v)$ 表示分布在该速率区间内的分

子数的统计平均值.所以,速率间隔 dv 应该是宏观上很小、微观上很大的量,如果将 dv 分得太小,以致于在该速率区间内只有少数分子,则 $dN(v)$的涨落很大,使速率分布律失去统计意义.如果将 dv 分得特别小,以致于使 dv 的数目大于分子总数,那么可能出现在考察的 dv 间隔内就会一个分子也没有.所以当 $dv \to 0$ 时,说分子具有某一速率 v 的概率为最大,或者说具有确定速率 v 的分子数有多少,都将是没有意义的.

(4)特征速率

麦克斯韦速率分布函数的应用,由于它是反映大量气体分子做永不停息的无规则热运动的统计规律,宏观量与微观量的统计平均值之间存在着内在联系,因此,可以利用它来求速率的统计平均值及求与速率有关的物理量的统计平均值.

①最概然速率 v_p.在速率分布曲线上,速率分布函数 $f(v)$的极大值所对应的速率,称为最概然速率,通常用 v_p 表示.确定 v_p 可由速率分布函数 $f(v)$对速率的一阶导数等于零及二阶导数小于零求得,即令

$$\frac{d}{dv}f(v)=4\pi\left(\frac{m}{2\pi kT}\right)^{3/2}\left(2ve^{\frac{-mv^2}{2kT}}-\frac{m}{2kT}e^{-\frac{mv^2}{2kT}}2v^3\right)$$

$$=8\pi v\left(\frac{m}{2\pi kT}\right)^{3/2}e^{\frac{-mv^2}{2kT}}\left(1-\frac{mv^2}{2kT}\right)=0$$

所以

$$1-\frac{mv_p^2}{2kT}=0$$

得

$$v_p=\sqrt{\frac{2kT}{m}}=\sqrt{\frac{2RT}{\mu}}\approx 1.41\sqrt{\frac{RT}{\mu}} \tag{8-6-8}$$

v_p 的物理意义是表示在一定温度下,气体分子出现在最概然速率附近的单位速率区间内的分子数占总分子数的比率最大,即气体分子的速率处在 v_p 附近的概率最大.

②平均速率 $\bar{v}$.气体分子速率的算术平均值称为平均速率,通常用 $\bar{v}$ 表示.根据(8-6-3)式,分布在某一速率区间 $v\sim v+dv$ 内的分子数为 $dN(v)=Nf(v)dv$.由于 dv 是宏观小量,所以可近似地认为 $dN(v)$个分子的速率是相同的,都等于 v,而 $dN(v)$个分子速率的总和就是 $vNf(v)dv$.考虑分子速率是连续分布的,根据算术平均值的定义,平均速率为

$$\bar{v}=\frac{\int_0^\infty vNf(v)dv}{N}=\int_0^\infty vf(v)dv=4\pi\left(\frac{m}{2\pi kT}\right)^{3/2}\int_0^\infty e^{\frac{-mv^2}{2kT}}v^3dv$$

利用有关积分公式,可得

$$\bar{v}=\sqrt{\frac{8kT}{\pi m}}=\sqrt{\frac{8RT}{\pi\mu}}\approx 1.60\sqrt{\frac{RT}{\mu}} \tag{8-6-9}$$

③方均根速率.气体分子速率平方平均值的平方根称为方均根速率,通常用 $\sqrt{\overline{v^2}}$ 表示.根据求统计平均值的定义,考虑到分子速率是连续分布的,分子速率平方的平均值为

$$\overline{v^2}=\frac{\int_0^\infty v^2Nf(v)dv}{N}=\int_0^\infty v^2f(v)dv=4\pi\left(\frac{m}{2\pi kT}\right)^{3/2}\int_0^\infty e^{-\frac{mv^2}{2kT}}v^4dv$$

利用有关积分公式,可得

$$\overline{v^2}=\frac{3kT}{m} \tag{8-6-10}$$

所以方均根速率为

$$\sqrt{\overline{v^2}}=\sqrt{\frac{3kT}{m}}=\sqrt{\frac{3RT}{\mu}}\approx 1.73\sqrt{\frac{RT}{\mu}} \tag{8-6-11}$$

由上面所得的结果可知,气体分子的三种速率 v_p、$\bar{v}$ 和 $\sqrt{\overline{v^2}}$ 都与热力学温度 T 的平方根 $\sqrt{T}$

成正比，与气体分子质量 m 的平方根 $\sqrt{m}$ 或摩尔质量 μ 的平方根 $\sqrt{\mu}$ 成反比. 三种速率在量值上，方均根速率 $\sqrt{\overline{v^2}}$ 最大，平均速率 $\bar{v}$ 次之，最概然速率 v_p 最小，即 $\sqrt{\overline{v^2}}>\bar{v}>v_p$，如图 8.6.6 所示. 它们之间的比值 $\sqrt{\overline{v^2}}:\bar{v}:v_p=1.73:1.60:1.41$，比值与气体的种类及温度无关. 这三种速率在不同的问题中将有各自的用途. 在讨论分子速率分布形式时，要用到最概然速率；在计算分子运动的平均自由程时，要用到平均速率；在计算气体的压强 P、温度 T 以及分子的平均平动动能 $\bar{\varepsilon}_t$ 时，要用到方均根速率 $\sqrt{\overline{v^2}}$.

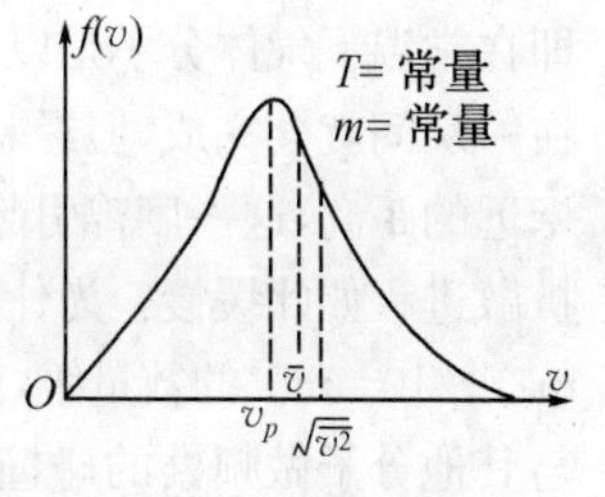

图 8.6.6　特征效率

例 8.6.1　试计算气体分子热运动速率与最可几速率之差不超过 1% 的分子数占总分子数的百分比.

解　根据题意，设气体分子速率 $v_1=v_p-0.01v_p$，$v_2=v_p+0.01v_p$ 所以

$$v=\frac{v_1+v_2}{2}=v_p$$

而有

$$\Delta v=v_2-v_1=(v_p+0.01v_p)-(v_p-0.01v_p)=0.02v_p$$

根据麦克斯韦速率分布律，在速率区间 $v\sim v+\Delta v$ 内的分子数占总分子数的百分比为

$$\begin{aligned}\frac{\Delta N}{N}&=f(v_p)\Delta v=4\pi\left(\frac{m}{2\pi kT}\right)^{3/2}\mathrm{e}^{-\frac{mv_p^2}{2kT}}v_p^2\Delta v\\&=\frac{4}{\sqrt{\pi}}\left(\frac{m}{2kT}\right)^{3/2}v_p^2\mathrm{e}^{-\frac{mv_p^2}{2kT}}\frac{v_p}{50}=\frac{4}{\sqrt{\pi}}v_p^{-3}v_p^2\mathrm{e}^{-(\frac{v_p}{v_p})^2}\frac{v_p}{50}\\&=\frac{4}{\sqrt{\pi}}\mathrm{e}^{-1}\times 0.02=1.66\%\end{aligned}$$

例 8.6.2　试计算温度 $t=27℃$ 时，氧分子的最概然速率 v_p、平均速率 $\bar{v}$ 和方均根速率 $\sqrt{\overline{v^2}}$.

解　根据有关公式 $v_p=1.41\sqrt{\frac{RT}{\mu}}$，$\bar{v}=1.60\sqrt{\frac{RT}{\mu}}$，$\sqrt{\overline{v^2}}=1.73\sqrt{\frac{RT}{\mu}}$，可分别计算出氧分子的 v_p、$\bar{v}$ 及 $\sqrt{\overline{v^2}}$ 为

$$v_p=1.41\sqrt{\frac{RT}{\mu}}=1.41\times\sqrt{\frac{8.31\times 300}{32\times 10^{-3}}}=394(\mathrm{m\cdot s^{-1}})$$

$$\bar{v}=1.60\sqrt{\frac{RT}{\mu}}=1.60\times\sqrt{\frac{8.31300}{32\times 10^{-3}}}=446(\mathrm{m\cdot s^{-1}})$$

$$\sqrt{\overline{v^2}}=1.73\sqrt{\frac{RT}{\mu}}=1.73\times\sqrt{\frac{8.31\times 300}{32\times 10^{-3}}}=483(\mathrm{m\cdot s^{-1}})$$

8.7　分子碰撞和平均自由程

8.7.1　分子间的碰撞

由气体分子的平均速率公式 $\bar{v}=\sqrt{\frac{8RT}{\pi\mu}}$ 可计算出氮气分子在 27℃时的值为 $\bar{v}\approx 476\ \mathrm{m\cdot s^{-1}}$，

即在常温下气体分子是以每秒几百米的平均速率运动着. 这样看来,气体中的一切过程好像都应在一瞬间就会完成,但经验告诉我们,打开香水瓶后香味要经过几秒到几十秒的时间才能传过几米远的距离,这一度曾引起19世纪末物理学家们的怀疑:既然气体分子速率极高,为什么气体的扩散进程如此缓慢? 为什么会出现这种矛盾呢? 这是由于常温常压下气体分子数密度 n 达 10^{23} $m^{-3}\sim 10^{25}$ m^{-3} 的数量级,因此,一个分子以每秒几百米的速率在如此密集的分子中运动,必然要与其他分子做频繁的碰撞,每碰撞一次,其运动方向改变一次. 所以,每一个分子从一处(如图8.7.1中的 A 点)运动到另一处(如 B 点)所走的路线不是直线,而是迂迴的折线. 气体的扩散等过程进行的快慢取决于分子间相互碰撞的频繁程度.

在研究分子碰撞时,把分子视为弹性小球,两个分子之间最小距离的平均值被认为是小球的直径,叫做分子的有效直径 d,其数量级为 10^{-10} m.

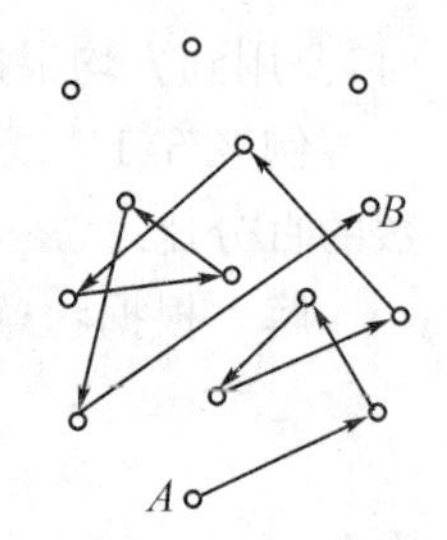

图 8.7.1 分子运动时频繁碰撞

8.7.2 平均自由程

气体分子在运动中经常与其他分子碰撞,在任意两次相继碰撞之间每个分子自由走过的路程,称为分子的自由程. 一个分子的自由程是不定的,所以,我们可以求出一秒内一个分子和其他分子碰撞的平均次数,以及每两次连续碰撞之间一个分子自由通过的平均路程. 前者称为分子的平均碰撞频率,用 $\bar{z}$ 表示;后者称为分子的平均自由程,用 $\bar{\lambda}$ 表示。平均自由程 $\bar{\lambda}$ 和平均碰撞频率 $\bar{z}$ 的大小反映了分子间碰撞的频繁程度. 显然,在分子的平均速率 $\bar{v}$ 一定的情况下,分子间的碰撞越频繁,$\bar{z}$ 就越大,而 $\bar{\lambda}$ 就越小. $\bar{\lambda}$ 与 $\bar{z}$ 的关系为

$$\bar{\lambda}=\frac{\bar{v}}{\bar{z}} \tag{8-7-1}$$

式中,$\bar{\lambda}$ 和 $\bar{z}$ 的大小是由气体的性质和状态决定的,下面来确定它们与哪些因素有关.

为了确定分子平均碰撞频率 $\bar{z}$,我们可以设想跟踪一个分子,比如分子 A,数一数分子 A 在一段时间 t 内与多少个分子相碰撞. 对于碰撞来说,重要的是分子间的相对运动,所以为简单计算,我们设分子 A 以平均相对速率 $\bar{u}$ 运动,这样就可以认为其他分子都静止不动.

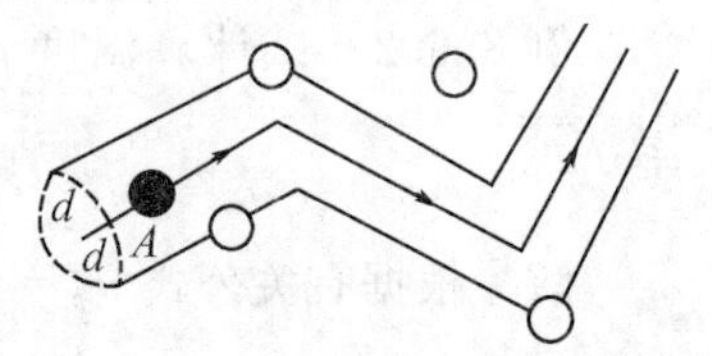

图 8.7.2 碰撞的范围

在分子 A 的运动过程中,显然只有中心与分子 A 的中心之间相距小于或等于分子有效直径 d 的那些分子才可能与分子 A 相撞. 如图 8.7.2 所示,凡是中心在此圆柱体内的分子都会与分子 A 相碰. 圆柱体的截面积 $\sigma=\pi d^2$ 称为分子的碰撞截面.

在 t 时间内,分子 A 走过路程 $\bar{u}t$,相应圆柱体的体积为 $\sigma\bar{u}t$,则此圆柱体内总分子数,即分子 A 与其他分子的碰撞次数为 $n\sigma\bar{u}t$,从而知平均碰撞频率为

$$\bar{z}=\frac{n\sigma\bar{u}t}{t}=n\sigma\bar{u}=n\pi d^2\bar{u} \tag{8-7-2}$$

利用麦克斯韦速率分布律可以证明,气体分子的平均相对速率 $\bar{u}$ 与平均速率 $\bar{v}$ 之间存在的关系为

$$\bar{u}=\sqrt{2}\,\bar{v} \tag{8-7-3}$$

从而有

$$\bar{z}=\sqrt{2}\,\pi d^2\bar{v}n \tag{8-7-4}$$

将(8-7-4)式代入(8-7-1)式,得平均自由程 $\bar{\lambda}$ 为

$$\bar{\lambda}=\frac{1}{\sqrt{2}\,\pi d^2 n} \tag{8-7-5}$$

由此可知,分子的平均自由程$\bar{\lambda}$与分子的有效直径d的平方及分子数密度n成反比,而与平均速率$\bar{v}$无关.

又因$P=nkT$,故上式可写为

$$\bar{\lambda}=\frac{kT}{\sqrt{2}\,\pi d^2 P} \tag{8-7-6}$$

上式表明:当温度恒定时,平均自由程$\bar{\lambda}$与气体的压强P成反比.

表8-7-1列出了几种气体在标准状态下分子的平均自由程$\bar{\lambda}$和有效直径d,表8-7-2列出了0℃时在不同压强下空气分子和平均自由程$\bar{\lambda}$.

表8-7-1　在标准状态下几种气体的$\bar{\lambda}$和d

气体	$\bar{\lambda}$(m)	d(m)
H_2	1.123×10^{-7}	2.3×10^{-10}
N_2	0.599×10^{-7}	3.1×10^{-10}
O_2	0.647×10^{-7}	2.9×10^{-10}
空气	7×10^{-8}	

表8-7-2　0℃时不同压强下空气分子的$\bar{\lambda}$

P(Pa)	$\bar{\lambda}$(m)
1.013×10^{5}	7×10^{-8}
1.333×10^{2}	5×10^{-5}
1.333	5×10^{-3}
1.333×10^{-2}	5×10^{-1}
1.333×10^{-4}	50

在标准状态下,平均速率$\bar{v}$的数量级为$10^2\ \mathrm{m\cdot s^{-1}}$,平均自由程$\bar{\lambda}$的数量级为$10^{-7}$ m,由此可知平均碰撞频率的数量级为$10^9\ \mathrm{s^{-1}}$,即在一秒内,一个分子与其他分子平均要碰撞几十亿次.可见分子热运动具有极大的无规则性,频繁地碰撞正是大量分子整体出现统计规律的基础.

最后指出,当压强极低时,由(8-7-6)式计算分子平均自由程$\bar{\lambda}$的理论值已大于一般容器的线度.例如0℃时,空气在1.333×10^{-4} Pa的压强下,空气分子的平均自由程$\bar{\lambda}=50$ m(见表8-7-2).在这种情况下,空气分子在容器内相互间很少发生碰撞,只是不断地来回碰撞器壁.因此,在这种情况下气体分子的平均自由程就应是容器的线度.

Chapter 8 The Kinetic Theory of Gases

Unlike in mechanics, the object in heat phenomena is an intrinsically complex system of a vast number of particles, rather than the simple system of a few particles or objects. There are two distinct methods to study heat phenomena. One of them is microscopic method or kinetic theory. It is based on molecular models of matter. The basic assumption of kinetic theory is that the measurable properties of matter like temperature, pressure and volume of a gas system reflect the combined actions of countless numbers molecules. Kinetic theory attempt to relate the microscopic properties of molecules which are not directly measurable, such as the mass, velocity, momentum and kinetic energy of a molecule, to the measurable macroscopic parameters of the system by means of the statistic method—by investigating the average behavior of the microscopic parameters that characterizes the individual molecule.

The following essential concepts of kinetic theory of gases are given on the basis of the experimental observations. (1) All matters consist of a very large number of molecules, molecules are septaled. (2) Molecules are constantly in random motion. (3) There is interaction between molecules.

The states of a thermodynamic system are described by pressure P, volume V and temperature T, The P, V, T are called state parameters of the system. When the temperature and pressure are the same at all points in a system, the system is said to be in an equilibrium state. An equilibrium state can be represented by a dot on the pressure—volume diagram (briefly as $P-V$ diagram). The operation of changing the system from the initial state to its final state is called a thermodynamic process. During a thermal equilibrium process, the system remains approximately in thermodynamic equilibrium at all stages. Such process is represented by a curve on the $P-V$ diagram.

The ideal gas law is

$$PV=\frac{M}{\mu}RT \tag{1}$$

where M is the total mass of the system, μ is mass of one mole gas, and R is a universal constant for all gases. Ideal gas is an ideal model. Although there is no such thing in nature as a truly ideal gas, all gases approach the ideal state at low enough density.

The pressure of a gas against the walls of its container is due to the impacts of the molecules on the walls during the collision. The relation connecting pressure and the speed or the average translational kinetic energy is

$$P=\frac{1}{3}mn\overline{v^2}=\frac{2}{3}n\bar{\varepsilon}_k=nkT \tag{2}$$

in which n is the density of the number of molecules, m is the mass of a molecule, $\overline{v^2}$ is the average square of molecule speed and $\bar{\varepsilon}_k$ is the average translational kinetic energy. The steps we take to derive the pressure equation show a typical statistical method to establish the relationship between a macroscopic quantity and the average of a microscopic quantities. Eq. (2) indicates that pressure, as a macroscopic parameter of a gas, is a statistic average quantity. Therefore pressure has definite meaning only for a system that consists of a vast number of molecules.

The macroscopic parameter, temperature T is connected with the microscopic parameter, the average translational kinetic energy $\bar{\varepsilon}_k$ by

$$\bar{\varepsilon}_k = \frac{3}{2}kT \tag{3}$$

in which k is Boltzmann constant. Eq. (3) means that the temperature is measurement of the average translational kinetic energy of molecules. So it is a statistic average quantity, too.

The number of degree of freedom is defined as the independent coordinates introduced to determine the position of a moving body in space. If we use i to represent the total number of degrees of freedom, thus, for monatomic molecules $i=3$; for diatomic molecules $i=5$; and for polyatomic molecules $i=6$. The equipartition theorem of energy states: Each degree of freedom of a molecule is associated with—on an average—a kinetic energy $\frac{1}{2}kT$. According to this theorem, the average total kinetic energy is then $\bar{\varepsilon}_k = \frac{3}{2}kT$. The internal energy of ideal gas is simply the sum of the kinetic energies of all molecules. Then $E = \frac{M}{\mu}\frac{i}{2}RT$.

For a given gas system, in its entirety, the distribution of molecular speeds at a given temperature obeys a certain statistic law called the Maxwell distribution of molecular speed. Denoting the speed distribution function of gas molecules as $f(v)$, the Maxwell speed distribution law then defined by the product $f(v)\mathrm{d}v$, namely, $\frac{\mathrm{d}N}{N} = f(v)\,\mathrm{d}v$. $f(v)$ must satisfy $\int_0^\infty f(v)\mathrm{d}v = 1$ which is called the normalizing condition. We can find the most probable speed $v_p = \sqrt{\frac{2RT}{\mu}}$, the average speed $\bar{v} = \sqrt{\frac{8RT}{\pi\mu}}$ and the root—mean—square speed $v_{rms} = \sqrt{\overline{v^2}} = \sqrt{\frac{8RT}{\pi\mu}}$.

The mean free path $\bar{\lambda}$ is the average distance a molecule travels between one collision and next. The average collision rate $\bar{z}$ of a molecule is the average number of collisions per unit time a molecule encounters as it moving in a gas. We have $\bar{v} = \bar{\lambda}\,\bar{z}$.

习题 8

8.1 **填空题**

8.1.1 气体动理论的主要内容是____

____.

8.1.2 理想气体状态方程是________,应用它的条件是________________.

8.1.3 理想气体分子的微观模型的主要内容是:①________________________________;

②____;

③____.

统计性假设的主要内容是:①____;

②____;

③____;

④____.

8.1.4 理想气体的压强公式________________;微观上的物理意义________________

____;

运用的条件____.

8.1.5 理想气体的温度公式________________;温度的统计意义________________

____;

运用条件____.

玻耳兹曼常量的物理意义____.

8.1.6 能量按自由度均分定理的内容是____.

8.1.7 体积为 10^{-3} m^3,压强为 1.103×10^5 Pa 的理想气体分子的平均动能的总和为________.

8.1.8 气体分子的平均动能 $\bar{\varepsilon}=\frac{1}{2}ikT$ 的适用条件是________________;在室温下,1 mol刚性双原子分子理想气体的压强为 P,体积为 V,则此气体分子的平均动能为________________,其内能为________________.

8.1.9 从气体动理论导出的压强公式来看,气体作用在器壁上的压强,决定于________________和________________________.

8.1.10 一定质量的理想气体处于热动平衡状态时,该热力学系统不随时间变化的三个宏观量是________________,而随时间不断变化的微观量是________________________.

8.1.11 压强和体积都相同可视为刚性分子的理想气体氢气和氦气,在某一温度 T 下混合,所有氢气分子所具有的能量在系统总能量中占的百分比为________.

8.1.12 气体分子的平均动能公式 $\bar{\varepsilon}=\frac{1}{2}ikT$($i$ 是气体分子的自由度)的适用条件是________________.在室温下,1 mol 双原子分子理想气体的压强为 P,体积为 V,则气体分子的平均动能为________________.

8.1.13 储存有氢气的容器以某速率 v 做定向运动,假设该容器突然停止,全部定向运动的动能都变成为气体分子热运动的动能,此时容器中气体的温度上升 0.7 K,试求容器做定向运动的速率 v=________________ $m\cdot s^{-1}$,容器中气体分子的平均动能增加了________________.

8.4.14 某容器内盛有27℃的可视为刚性分子的 CO_2 气体.如气体的内能为 3.74×10^3 J,则容器内的气体质量 M 为________________kg,气体分子的总分子数 N 为________________个.

8.1.15 1 mol 单原子分子理想气体和 1 mol 刚性双原子分子理想气体及多原子分子理想气体,温度升高 1℃时,其内能增加________、________________、________.如果 1 g 氧气和1 g氢气温度升高 1℃时,其内能分别增加________、________.

8.1.16　如图所示的曲线分别表示了氢气和氦气在同一温度下的麦克斯韦分子速率的分布情况。由图可知，氦气分子的最概然速率为 1000 m·s^{-1}，氢气分子的最概然速率为________.

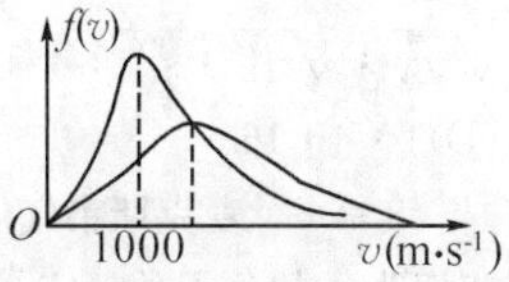

题 8.1.16 图

8.1.17　在室温 300 K 下，1 mol 氢气和 1 mol 氮气的内能各是________、________；1 g 氢气和 1 g 氮气的内能各是________、________.

8.1.18　如果已知某种理想气体的密度为 1 kg·m^{-3}，压力为 1 atm. 该气体分子的方均根速率为________，平均速率为________，最概然速率为________. 如果该气体为氧气，其温度为________.

8.1.19　在平衡状态下，已知理想气体分子的麦克斯韦速率分布函数的表达式 $f(v)$，试问：①速率 $v>200$ m·s^{-1}的分子数占总分子数的百分比表达式________；②速率$v>200$ m·s^{-1}的分子数表达式________，平均速率表达式________；速率 $v<200$ m·s^{-1} 的那些分子的平均速率表达式________.

8.1.20　在三个容器 A、B、C 中贮有同一种理想气体，其分子数密度之比分别为$n_A:n_B:n_C=4:2:1$，而分子的方均根速率之比$\sqrt{\overline{v_A^2}}:\sqrt{\overline{v_B^2}}:\sqrt{\overline{v_C^2}}=1:2:4$. 试问：它们的温度之比 $T_A:T_B:T_C=$________；它们的压强之比 $P_A:P_B:P_C=$________.

8.1.21　如图所示是某气体在一定温度时的速率分布曲线. 试问：①图中画有斜线的面积元表示________；②图中画有斜线的有限的面积表示________；③速率分布曲线下与横轴 v 所包围的总面积表示________.

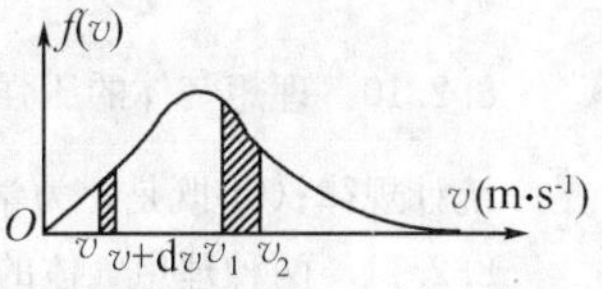

题 8.1.21 图

8.1.22　可视为刚性双原子分子的氢气与单原子分子的氦气分别装在两个体积相同的密闭容器内，且温度相同. 试问：①氢分子与氦分子的平均平动动能之比 $\bar{\varepsilon}_{tH_2}/\bar{\varepsilon}_{tHe}$ 为________；②氢气与氦气压强之比 P_{H_2}/P_{He} 为________；③氢气与氦气内能之比 E_{H_2}/E_{He} 为________.

8.1.23　用麦克斯韦速率分布函数 $f(v)$，总分子数 N，气体分子的速率 v 表示下列各物理量：①速率大于 v_0 的分子数=________；②速率在有限速率区间 $v_1\sim v_2$ 的分子数=________；③速率大于 v_0 的那些分子的平均速率=________；④多次观察某分子的速率大于 v_0的概率=________；⑤速率分布函数 $f(v)$的归一化条件是________.

8.2　选择题

8.2.1　设 v_p 代表气体分子运动的最概然速率，$\sqrt{\overline{v^2}}$ 代表气体分子运动的方均根速率，$\bar{v}$ 代表气体分子运动的平均速率，处于平衡状态下的理想气体三种速率的关系是：(A)$\bar{v}=v_p<\sqrt{\overline{v^2}}$；(B)$v_p<\bar{v}<\sqrt{\overline{v^2}}$；(C)$\sqrt{\overline{v^2}}=\bar{v}=v_p$；(D)$v_p>\bar{v}>\sqrt{\overline{v^2}}$.　(　　)

8.2.2　麦克斯韦速率分布曲线如图所示，图中 A、B 两部分面积相等，试问该图中表示：(A)v_0 为平均速率；(B)v_0 为最概然速率；(C)速率大于和小于 v_0 的分子数各占总分子数的一半；(D)v_0 为方均根速率.　(　　)

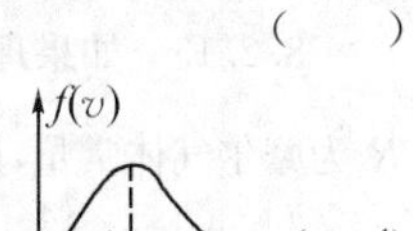

题 8.2.2 图

8.2.3　一定质量的理想气体贮存在某一封闭容器中，温度为 T，气体分子的质量为 m. 根据理想气体分子的微观模型和统计假设，分子速度在 x 方向的分量平方的平均值$\overline{v_x^2}$为：(A)$\sqrt{\dfrac{3kT}{m}}$；(B)$\dfrac{kT}{m}$；(C)$\dfrac{1}{3}\sqrt{\dfrac{3kT}{m}}$；(D)$\dfrac{3kT}{m}$.　(　　)

8.2.4　在三个容器 A、B、C 中分别装有相同种类的理想气体，其分子数密度之比 $n_A:n_B:n_C=4:2:1$，方均根速率之比$\sqrt{\overline{v_A^2}}:\sqrt{\overline{v_B^2}}:\sqrt{\overline{v_C^2}}=1:2:4$，则其压强之比 $P_A:P_B:P_C$ 为：(A)4∶2∶1；(B)1∶1∶1；(C)1∶2∶4；(D)4∶1∶$\dfrac{1}{4}$.　(　　)

8.2.5　在三个容器 A、B、C 中分别装有同种类的理想气体，其分子数密度 n 相同，而方均根速率之比 $\sqrt{\overline{v_A^2}}:\sqrt{\overline{v_B^2}}:\sqrt{\overline{v_C^2}}=1:2:4$，则其压强之比 $P_A:P_B:P_C$ 为：(A)4∶2∶1；(B)1∶2∶4；(C)1∶4∶8；(D)1∶4∶16.　(　　)

8.2.6　麦克斯韦气体速率分布函数 $f(v)$ 的物理意义是：(A)速率为 v 的分子数占总分子数的比率；(B)速率为 v 的分子数；(C)单位速率区间的分子数占总分子数的比率；(D)分布在速率为 v 附近单位速率区间内的分子数占总分子数的比率.　(　　)

8.2.7　$f(v_p)$ 表示大量理想气体分子处于平衡状态下，速率在最概然速率 v_p 附近单位速率间隔区间内的分子数占总分子数的比率，那么，当气体的温度降低时，下述说法正确的是：(A) v_p 和 $f(v_p)$ 都变小；(B) v_p 变小，而 $f(v_p)$ 不变；(C) v_p 变小，而 $f(v_p)$ 变大；(D) v_p 不变，而 $f(v_p)$ 变大.　(　　)

8.2.8　在一定温度 T 的理想气体氢气、氧气、氮气分子的速率分布曲线如图所示，其中属于氢气和氮气分子速率分布曲线的是：(A)曲线Ⅱ、Ⅲ；(B)曲线Ⅰ、Ⅲ；(C)曲线Ⅲ、Ⅱ；(D)难以判断；(E)曲线Ⅰ、Ⅲ.　(　　)

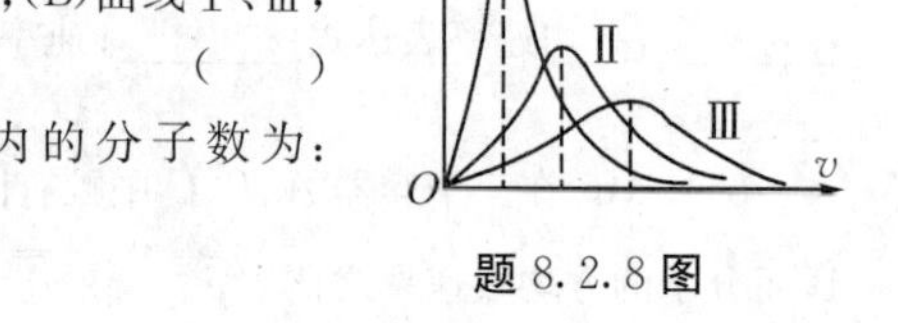

题 8.2.8 图

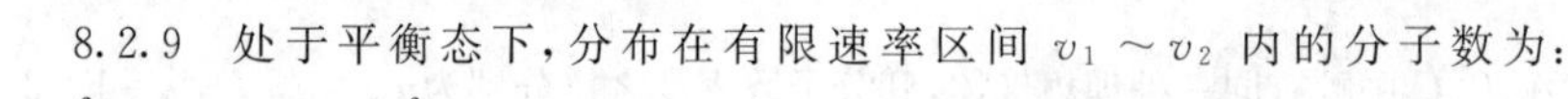
8.2.9　处于平衡态下，分布在有限速率区间 $v_1\sim v_2$ 内的分子数为：

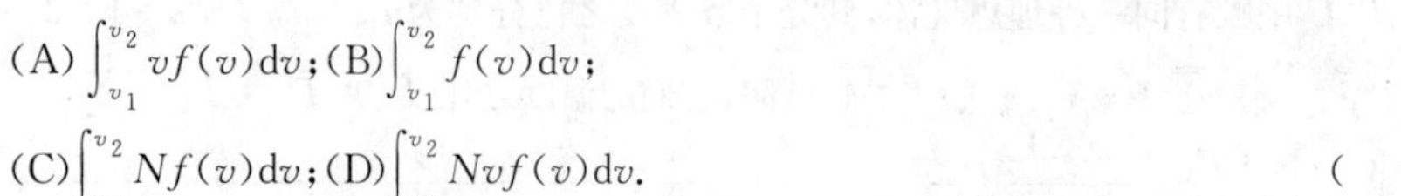
(A) $\int_{v_1}^{v_2} vf(v)\mathrm{d}v$；(B) $\int_{v_1}^{v_2} f(v)\mathrm{d}v$；

(C) $\int_{v_1}^{v_2} Nf(v)\mathrm{d}v$；(D) $\int_{v_1}^{v_2} Nvf(v)\mathrm{d}v$.　(　　)

8.2.10　理想气体的压强公式 $P=\frac{2}{3}n\bar{\varepsilon}_t$ 可以理解为：(A)仅是计算压强的公式；(B)是一力学规律；(C)是一统计规律；(D)既是一力学规律，又是一统计规律.　(　　)

8.2.11　两种理想气体的温度相等，则它们：(A)分子的平均动能相等；(B)分子的平均平动动能相等；(C)分子的平均转动动能相等；(D)内能相等.　(　　)

8.2.12　两种理想气体的摩尔质量分别为 M_1 和 M_2，在相同温度下，若分子速率分布曲线如图所示，则：(A) $M_1>M_2$；(B) $M_1=M_2$；(C) $M_1<M_2$；(D)不能够判断.　(　　)

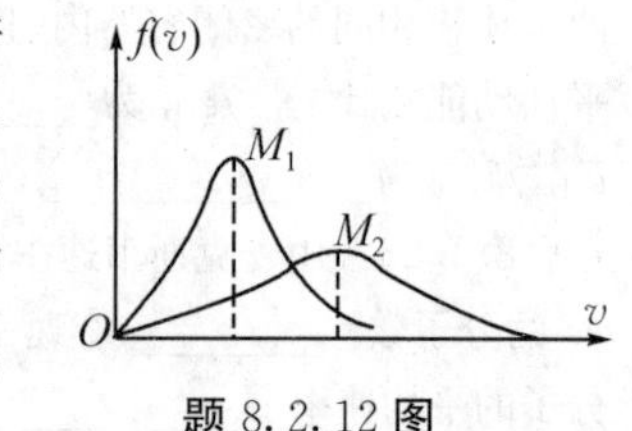

题 8.2.12 图

8.2.13　已知分子总数为 N，它们的速率分布函数为 $f(v)$，则速率分布在 $v_1\sim v_2$ 区间内的分子的平均速度为：(A) $\int_{v_1}^{v_2} vf(v)\mathrm{d}v$；(B) $\int_{v_1}^{v_2} Nvf(v)\mathrm{d}v$；

(C) $\dfrac{\int_{v_1}^{v_2} vf(v)\mathrm{d}v}{\int_{v_1}^{v_2} f(v)\mathrm{d}v}$；(D) $\dfrac{\int_{v_1}^{v_2} vf(v)\mathrm{d}v}{N}$.　(　　)

8.2.14　在标准状态下，任何理想气体在 1 m³ 中所含有的分子数都等于：(A) 2.69×10^{23} 个；(B) 6.02×10^{21} 个；(C) 6.02×10^{23} 个；(D) 2.69×10^{25} 个；(E) 6.02×10^{25} 个.　(　　)

8.2.15　如果理想气体的压强为 P，体积为 V，温度为 T，一个气体分子的质量为 m，k 为玻耳兹曼常量，R 为摩尔气体常量，则该理想气体的分子总数应为：(A) $\dfrac{PV}{RT}$；(B) $\dfrac{PV}{mT}$；(C) $\dfrac{PV}{m}$；(D) $\dfrac{PV}{kT}$.　(　　)

8.2.16　如图所示，相等质量的氢气和氧气被密封在一粗细均匀的玻璃管内，并由一水银滴所隔开，当玻璃管平放时，氢气柱和氧气柱的长度比应为：(A)1∶1；(B)1∶16；(C)16∶1；(D)32∶1；(E)1∶32.　(　　)

O_2　H_2

题 8.2.16 图

8.2.17　一容器中装有一定质量的某种理想气体，试问以下哪些情况是可能发生的：(A)使气体的温度升高，同时压强增大；(B)使气体的温度升高，同时体积减小；(C)使气体的温度保持不变，压强和体积同时增大；(D)使气体压强保持不变，而温度升高，体积减小.　(　　)

8.2.18　两种摩尔质量不同的理想气体，它们的压强、温度相同，体积不相同，则它们：(A)单位体积内气体的质量相同；(B)单位体积内的分子数不同；(C)单位体积内气体分子的总平均平动动能不相同；(D)单位体积内气体分子的总平均平动动能相同.　(　　)

8.2.19　某气体分子具有 t 个平动自由度，r 个转动自由度，s 个振动自由度，根据能量按自由度均分定理确定该气体分子的总动能为：(A) $\frac{t}{2}kT$；(B) $\frac{r}{2}kT$；(C) $\frac{1}{2}(t+r+2s)kT$；(D) $\frac{1}{2}(t+r+s)kT$.　(　)

8.2.20　气缸中有一定质量的氦气(可视为刚性分子理想气体)，经绝热压缩，使其体积变为原来的一半，问气体分子的平均速率将变为原来的几倍：(A) $2^{1/5}$；(B) $2^{2/3}$；(C) $2^{3/2}$；(D) $2^{1/3}$.　(　)

8.2.21　气缸中有一定质量的氮气(可视为刚性分子理想气体)，经绝热压缩，使其压强变为原来的 2 倍，问气体分子的平均速率变为原来的几倍：(A) $2^{1/5}$；(B) $2^{2/5}$；(C) $2^{1/7}$；(D) $2^{2/7}$.　(　)

8.3　计算题

8.3.1　试求 0℃时 10^{-6} m^3 氮气中速率在 500 m·s^{-1}～501 m·s^{-1} 之间的分子数.[答案：4.96×10^{22} m^{-3}]

8.3.2　设氢气的温度为 300 ℃，试求：速率在 3000 m·s^{-1}～3010 m·s^{-1} 的速率区间的分子数 ΔN_1 与速率在 1500 m·s^{-1}～1510 m·s^{-1} 的速率区间的分子数 ΔN_2 之比.[答案：0.27]

8.3.3　试求下列速率区间内的分子数与总分子数的比率：①$0\sim v_p$；②$0\sim\bar{v}$；③$0\sim\sqrt{\overline{v^2}}$.[答案：①0.4276；②0.5100；③0.5895]

8.3.4　贮有氧气(O_2)的容器以 100 m·s^{-1} 的速度运动，假设该容器突然停止，试问：容器中气体的温度将上升多少？(设容器是绝热的)[答案：$\Delta T=7.7$ K]

8.3.5　试说明下列各式的物理意义，k 为玻耳兹曼常量：(1) $\frac{1}{2}kT$；(2) $\frac{3}{2}kT$；(3) $\frac{i}{2}kT$；(4) $\frac{i}{2}RT$；(5) $\frac{M}{\mu}\frac{i}{2}kT$；(6) $\frac{M}{\mu}\frac{5}{2}RT$.

8.3.6　已知在温度为 T 的平衡状态下，麦克斯韦速率分布函数为 $f(v)$，试说明以下各式的物理意义：(1) $f(v)\mathrm{d}v$；(2) $nf(v)\mathrm{d}v$，其中 n 是分子数密度；(3) $\int_{v_1}^{v_2}vf(v)\mathrm{d}v$；(4) $\int_0^{v_p}f(v)\mathrm{d}v$，其中 v_p 为最概然速率；(5) $\int_{v_p}^{\infty}v^2f(v)\mathrm{d}v$；(6) $\int_0^{\infty}vf(v)\mathrm{d}v$；(7) $\int_0^{\infty}\frac{1}{2}mv^2f(v)\mathrm{d}v$；(8) $\int_{v_p}^{\infty}f(v)\mathrm{d}v$；(9) $Nf(v)\mathrm{d}v$.

8.3.7　试计算 300 K 时，氧分子的最概然速率、平均速率和方均根速率.[答案：395 m·s^{-1}，445 m·s^{-1}，483 m·s^{-1}]

8.3.8　在什么温度下氧分子的方均根速率是室温($t=27$℃)下的一半？在什么温度下氧分子的方均根速率等于 0℃时的氢分子方均根速率？[答案：75 K，4368 K]

8.3.9　气体的温度 $T=273$ K，压强 $P=1013.3$ Pa，密度 $\rho=1.24\times10^{-2}$ kg·m^{-3}. 试求：①气体分子的方均根速率；②气体的分子量，并确定它是什么气体？[答案：略]

8.3.10　1摩尔的水占有多大的体积？其中有多少个水分子？假设水分子之间是紧密排列的，试估算 1 cm 长度上排列着多少个水分子？并估算相邻两个水分子之间的距离和水分子之间的线度大小(把水分子看作立方体).[答案：略]

8.3.11　黄绿光的波长是 550 nm，试问：在标准状况下，以黄绿光的波长为边长的一立方体中有多少个分子？[答案：略]

8.3.12　试根据压强公式 $P=\frac{2}{3}n\cdot\frac{1}{2}m\overline{v^2}$ 和温度公式 $\frac{1}{2}m\overline{v^2}=\frac{3}{2}kT$ 推导出：①玻意耳—马略特定律；②盖·吕萨克定律；③查理定律；④阿伏加德罗定律.

8.3.13　一个氧气瓶体积是 32×10^{-3} m^3，其中氧气的压强是 130 atm. 规定瓶内氧气压强降到 10 atm 时就需要充气，以免混入其他气体而需洗瓶. 如果有一玻璃室，每天需用1.0 atm的氧气 400×10^{-3} m^{-3}，试问：一瓶氧气能用几天？[答案：9.6 天]

8.3.14　一烧瓶中有 100 g 氧气，压强是 10 atm，温度是 47℃，过了一会儿，因为漏气压强降为原来的 $\frac{5}{8}$，温度降到 27℃. 试求:①烧瓶的体积是多少? ②在两次观测之间漏去了多少千克氧气? [答案:①$8.21\times10^{-3}$ m^3;②$3.3\times10^{-2}$ kg]

8.3.15 在体积为 V 的容器中盛有被试验的气体,其压强为 P_1,称得气体及容器的总质量为 M_1,然后放掉一部分气体,气体的压强降至 P_2,再称得气体及容器的总质量为 M_2,试求:在 1 个大气压下,气体的密度是多少? [答案:$\frac{(M_1-M_2)P_0}{V(P_1-P_2)}$]

8.3.16 一打气机,每打一次气,可将原来压强 $P_0=1$ atm,温度 $t_0=-3$℃,体积 $V_0=4.0\times10^{-3}\ m^3$ 的空气压缩到容器内. 设容器的体积 $V=1.5\ m^3$. 试问:需要打气多少次才能使原来的真空容器内的空气压强 $P=2.0$ atm,温度 $t=45$℃. [答案:637 次]

8.3.17 可用下面的方法测定气体的摩尔质量:体积为 V 的容器内装满被试验的气体,测出其压强为 P_1,温度为 T,称出容器连同气体的质量为 M_1,然后排出一部分气体,使其压强降至 P_2,温度仍保持不变,再称出容器连同气体的质量为 M_2. 试求:气体的摩尔质量. [答案:略]

8.3.18 某种气体压强 $P=2$ atm,体积 $V=1000\ cm^3$,试求:所有气体分子的总平均平动动能是多少? [答案:略]

8.3.19 质量为 10^{-2} kg 的氮气,当压强为 101.33×10^3 Pa,体积为 $7.70\times10^{-3}\ m^3$ 时,试求:分子的平均平动动能是多少? [答案:5.44×10^{-21} J]

8.3.20 已知在标准状态下,氦气的方均根速率为 $1.30\times10^3\ m\cdot s^{-1}$. 试求:此时氦气的密度. [答案:略]

8.3.21 把气体压缩,使其压强增加 0.1 *atm*,如果温度保持为 300 *K*,试求:单位体积的分子数的增加量. [答案:略]

8.3.22 一容器内贮存有氧气,压强 $P=1$ atm,温度 $t=27$℃. 试求:①单位体积内的分子数;②氧气的密度;③氧气分子的质量;④氧分子的方均根速率;⑤氧分子的平均平动动能.

8.3.23 一封闭房间的体积为 $5\times3\times3\ m^3$,室温为 20℃,室内空气分子热运动的平均平动动能的总和是多少? 如果气体的温度升高 1.0 K 而体积不变,则气体的内能变化多少? 气体分子的方均根速率增加多少? (已知空气的密度 $\rho=1.29\ kg\cdot m^{-3}$,摩尔质量 $M_{mol}=29\times10^{-3}\ kg\cdot mol^{-1}$,且空气分子可以认为是刚性双原子分子. 摩尔气体常量 $R=8.31\ J\cdot mol^{-1}\cdot K^{-1}$) [答案:$\Delta E=4.16\times10^4$ J,$(\Delta \bar{v}^2)^{1/2}=0.856\ m\cdot s^{-1}$]

8.3.24 在某一粒子加速器中,质子在 1.33×10^{-4} Pa 的压强和 273 K 的温度的真空室内沿圆形轨道运动:①估计在此压强下每立方厘米内的气体分子数;②如果分子有效直径为 2.0×10^{-8} cm,则在此条件下气体分子的平均自由程为多大? [答案:①$3.54\times10^{16}\ m^{-3}$;②$1.59\times10^4$ cm]

8.3.25 设电子管内温度为 300 K,如果要管内分子的平均自由程大于 10 cm 时,则应将它抽到多大压强? (分子有径直径约为 3.0×10^{-8} cm) [答案:0.1035 Pa]

第9章 热力学的物理基础

热力学是物理学的一个分支,研究热现象的宏观理论.该理论不涉及物质的微观结构,而是从能量守恒的观点来研究物质内部分子热运动所表现出的宏观规律以及热运动对物质宏观性质的影响.

本章首先引入几个基本概念,在建立准静态过程概念的同时,讨论改变热力学系统状态的两种方式:对系统做功和传递热量.引入功、热量和内能等重要概念后,进一步讨论能量守恒定律在热现象中的具体形式,即热力学第一定律,然后将热力学第一定律应用到理想气体系统的等值过程(等体、等压和等温过程)、绝热过程和多方过程.引入热容量的概念,将热力学第一定律应用于循环过程.给出热机效率和致冷机致冷系数的定义.通过对以理想气体为工作物质的准静态过程组成的卡诺循环的讨论,得出卡诺热机效率只决定于高温、低温热源的温度这一结论.引入可逆过程和不可逆过程的概念,结合总结热机效率等问题,得到热力学第二定律,指出过程进行方向的规律,并得出一切与热现象有关的宏观过程都是不可逆过程的结论,进一步阐明热力学第二定律的统计意义,阐明不可逆过程的微观实质.

9.1 热力学过程、功和热量以及系统的内能

9.1.1 几个基本概念

(1)热力学系统

热力学的研究对象物体或物体系统,称为热力学系统,简称系统.热力学系统是由大量分子、原子等微观粒子所构成的宏观系统.所谓“大量”,是指微观粒子数与阿伏加德罗常数可以比拟.气体、液体、固体、等离子体及场等一切宏观客体都可以作为热力学系统,热力学系统是有一定边界的.

(2)外界(环境)

热力学系统边界外面的能够直接影响系统的其他物体,称为外界,又称为环境.

(3)孤立系统

孤立系统是指与外界完全隔绝,不受外界任何影响的热力学系统,它既不与外界交换质量,也不与外界交换任何形式的能量(既不做功,又不传递热量).由于自然界中不存在完全绝热的壁,所以绝对的孤立系统是不可能存在的.但是,当系统与外界之间的相互作用很小,交换能量可以忽略不计时,就可将该系统看作孤立系统.

(4)封闭系统

封闭系统是指与外界不交换质量,但可交换能量的热力学系统.例如,装在密封容器里的固体、液体或气体构成的系统.

(5)开放系统

开放系统是指既可与外界交换质量,又可与外界交换能量的热力学系统.

9.1.2 热力学过程

热力学中主要研究热力学系统的某一平衡态变化到另一平衡态的转变过程，即热力学系统的状态随时间变化的过程，称为热力学过程.

如果从不同的角度出发对热力学过程进行分类，将有如下几种分法：

①根据研究对象与外界的关系，可以分为自发过程、非自发过程.

②根据过程本身的特点，可以分为等体过程、等压过程、等温过程、绝热过程等.

③根据过程所经历的状态的性质，可以分为准静态过程(理想过程)、非准静态过程(实际过程).

(1)非静态过程

实际的热力学过程，往往进行得很快，还未来得及达到新的平衡态时，又要继续进行下一步的变化，因而在该过程中系统必须经历一系列的非平衡态. 在系统状态变化过程中，如果系统经历的中间状态是一系列的非平衡态，这种过程称为非静态过程. 如图 9.1.1 所示，活塞静止在位置 1 时，容器内气体处于平衡态Ⅰ. 当将活塞迅速上提到位置 2，经过一定时间后，系统达到平衡态Ⅱ. 在上提过程中，气体内部各处密度不均匀，压强、温度也不均匀，气体每一时刻都处于非平衡状态，因而是非静态过程.

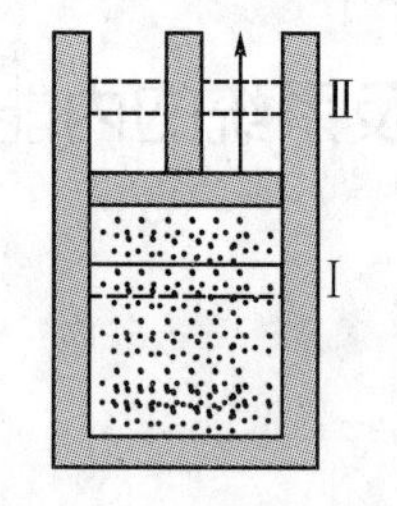

图 9.1.1 非静态过程

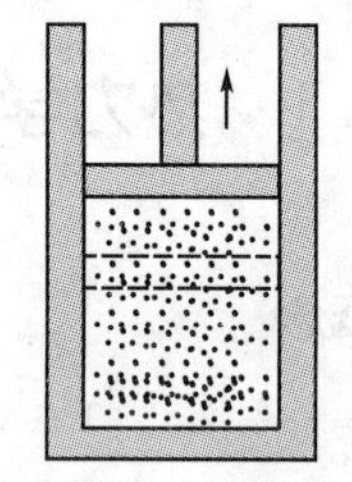

图 9.1.2 准静态过程

(2)准静态过程

当系统在状态变化过程中每一时刻都处于平衡态，这种过程称为准静态过程，亦称为平衡过程. 准静态过程是由一系列的平衡态构成的，是实际过程的理想化抽象. 如果热力学过程进行得无限缓慢，所经历的中间状态都无限接近于平衡状态，这样的热力学过程可以看作是准静态过程. 如图 9.1.2 所示，如果活塞上提过程中移动得如此缓慢，使系统状态变化过程中每一时刻都处于平衡态，系统的状态参量 P、T 或 ρ 都有确定值，那么这种无限缓慢进行的热力学过程就是准静态过程.

一定质量的气体的状态由状态参量 P、V、T 来描述，由状态方程可知三个状态参量中只有两个是独立的. 所以给定任意两个参量的值，就确定了一个相应的平衡态，如图 9.1.3 所示.

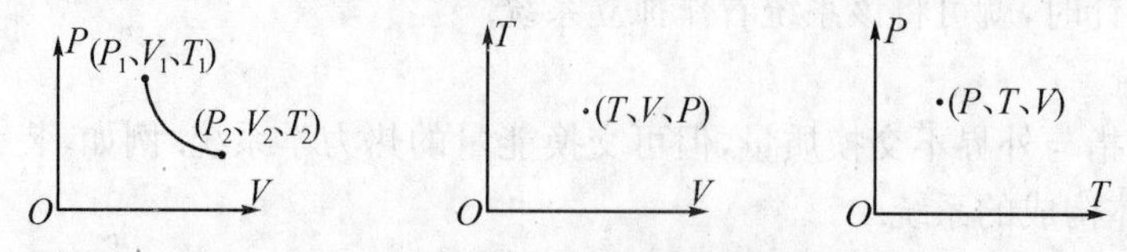

图 9.1.3 相应的平衡态

在 $P—V$ 图($T—V$ 图、$P—T$ 图)上任何一点都对应着一个平衡状态. 在图上任意一条曲线都代表一个准静态过程. 准静态过程可以用 $P—V$ 图上的曲线表示，该曲线称为过程曲线. 过程曲线所满足的方程 $P=P(V)$ 称为过程方程. 必须指出，对于非平衡态，不能够用确定的状态参量来描述，因而不能够在 $P—V$ 图上用点来表示. 而非静态过程也不能够在 $P—V$ 图上用曲线来表示. 准静态过程中如果某一状态参量保持不变，这样的过程称为等值过程，如等体过程，过程方程为$\dfrac{P}{T}=$常量；等压过程，过程方程为$\dfrac{V}{T}=$常量；等温过程，过程方程为 $PV=$常量，相应的过程曲线如图 9.1.4 所示.

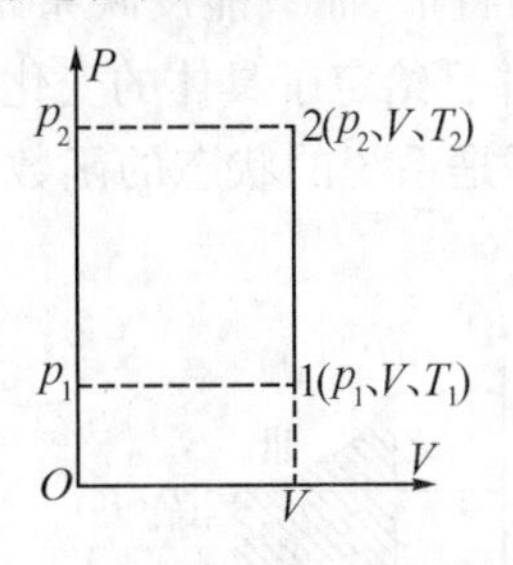

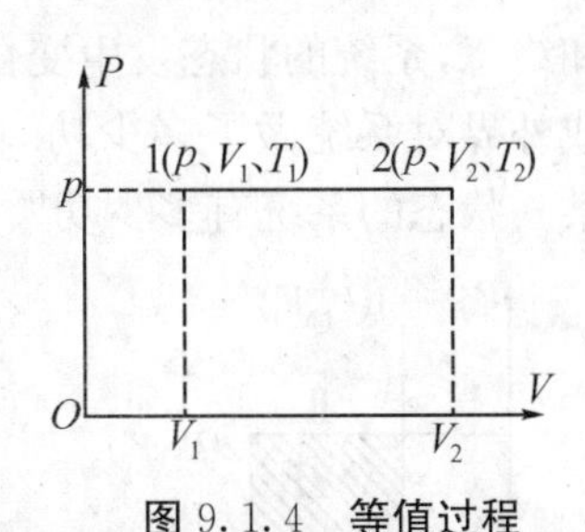

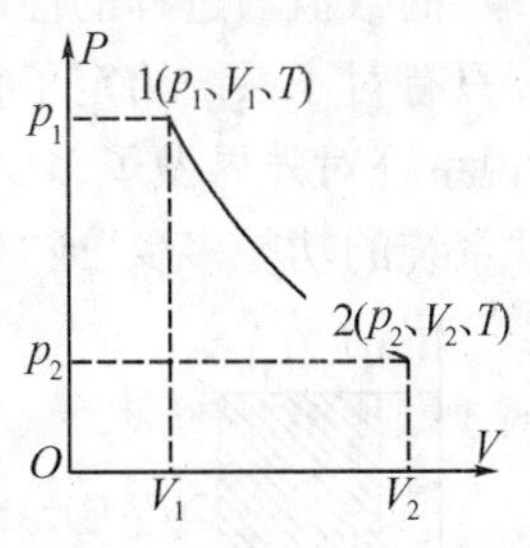

图 9.1.4　等值过程

9.1.3　准静态过程的功

在热力学中，准静态过程的功具有重要的意义. 如图 9.1.5 所示，气体装在一气缸内，气缸装有活塞，可以无摩擦地左右移动. 设气体的体积为 V，压强为 P，活塞面积为 S，则当活塞缓慢地移动距离 $\mathrm{d}l$ 时，气体膨胀的体积元为 $\mathrm{d}V=S\mathrm{d}l$，气体对外界所做的元功为

$$\mathrm{d}A=PS\cdot\mathrm{d}l=P\mathrm{d}V \qquad (9-1-1)$$

图 9.1.5　活塞移动做功

式中，P 是气体施于活塞的压强. 在准静态过程中，由于外界压强与气体内部压强仅相差一个无穷小量 ε，略去无穷小量 ε，则外界压强等于气体内部压强. 气体对外界所做的元功，如图 9.1.6 所示，在 $P—V$ 图中用画有斜线的面积元 $\mathrm{d}A$ 来表示. 功是一过程量，不是状态的函数，$\mathrm{d}A$ 表示无限小过程中的无限小量. 由(9-1-1)式可知，$\mathrm{d}A>0$，表示系统膨胀时系统对外界做正功，或者说外界对系统做负功；$\mathrm{d}A<0$，表示系统被压缩时外界对系统做正功，或者说系统对外界做负功. 在系统无摩擦地经过某一有限的准静态过程由状态 1 变化到状态 2，体积由 V_1 膨胀到 V_2，系统对外界所做的总功为

$$A=\int_{V_1}^{V_2}P\mathrm{d}V \qquad (9-1-2)$$

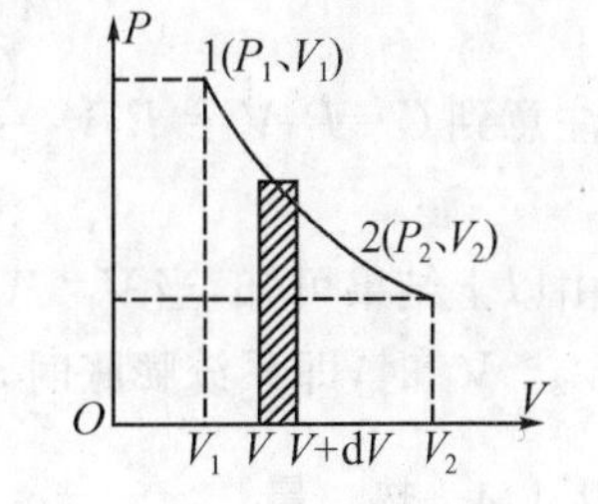

图 9.1.6　用面积表示做功

由于任一平衡过程可以在 $P—V$ 图上用一条曲线来表示，如图 9.1.6 所示，所以，系统对外界所做的总功 A 的数值等于曲线 1、2、V_2、V_1、1 所包围的总面积.

必须指出，(9-1-1)式中的 $\mathrm{d}A$ 表示系统对外界在无限小的无摩擦的准静态过程中所做的元功，当系统膨胀时，$\mathrm{d}V>0$，即 $\mathrm{d}A>0$，系统对外界做正功；当系统被压缩时，$\mathrm{d}V<0$，即 $\mathrm{d}A<0$，系统对外界做负功，或者说外界对系统做正功，外界对系统所做的元功 $\mathrm{d}A'=-\mathrm{d}A>0$. 以上结果是因为设想活塞在无摩擦的缓慢移动的准静态过程中，根据牛顿第三运动定律，外界对系统的反作用力与系统对外界的作用力大小相等，方向相反，且在同一条直线上.

必须注意，只给定了系统的初态和终态，并不能确定功的数值，因为可能进行的过程有无数种. 功是一过程量，功的数值与过程有关. 对于不同的过程，系统对外界所做的功的数值不同. 如图 9.1.7 所示，初态 1(P_1、V_1)和终态 2(P_2、V_2)，连接初态和终态的曲线可以有无穷多条，它们对应于不同的过程. 在图 9.1.7 中的(a)、(b)、(c)分别表示三条不同的曲线，对应不同的过程. 图中画斜线部分的面积应等于系统对外界所做功的数值，可见，系统从状态 1(P_1、V_1)经过不同的过程到状态 2(P_2、V_2)，系统对外界所做的功 A 是不相同的. 功是一过程量，而非状态量. 功的数值与过程的性质有关，即功不能够反映系统状态的特征，而只能反映系统过程的特征. 只有对于系统给定了初态和终态，系统的状态发生变化，并且给定了具体的变化过程，才能够说系统对外界做了多少功，或外界对系统做了多少功. 功不是系统的状态的函数，因而不能说“系统的功是多少”或“处于某一状态的系统有多少功”.

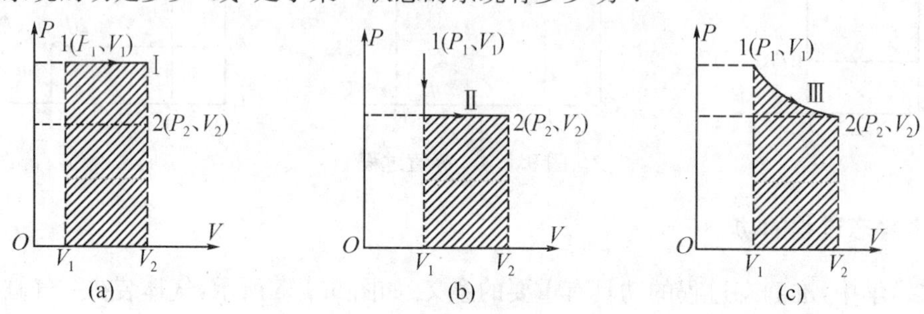

图 9.1.7　功的数值与过程的性质有关

必须指出，可以证明，如果气体被装在不同的任意形状的容器内，当气体的体积发生变化时，前面计算准静态过程的功的基本公式(9－1－1)和(9－1－2)仍然有效. 功的计算除需要给定初态和终态外，更重要的是要掌握有关过程方程 $P=P(V)$. 只要已知过程方程，由(9－1－2)式就能求出功的数值.

例 9.1.1　一定量的理想气体由状态Ⅰ(P_1、V_1)经等温准静态过程变化到状态Ⅱ(P_2、V_2)，求在这一过程中外界对系统所做的功.

解　理想气体等温过程方程是 $PV=C$，C 为一常量，将其代入

$$A=\int_{V_1}^{V_2}-P\mathrm{d}V=-\int_{V_1}^{V_2}C\frac{\mathrm{d}V}{V}=Cln(V_1/V_2)$$

注意到 $C=P_1V_1=P_2V_2=\nu RT$，这里 ν 为系统中气体的摩尔数，T 是等温过程的温度，于是

$$A=\nu RT\ln(V_1/V_2)$$

由以上结果可知，当 $V_1>V_2$ 时，即系统被压缩时，外界对系统做正功，系统对外界做负功；当 $V_2>V_1$ 时，即系统膨胀时，外界对系统做负功，系统对外界做正功.

9.1.4　热　量

大量的实验事实表明，外界和热力学系统之间相互作用，系统和外界进行能量交换，使系统的状态发生变化，一种方式是通过外界对系统做功，或系统对外界做功；另一种方式是外界向系统传递热量，或系统向外界传递热量；以及两种方式都存在，使系统的状态发生变化. 两种方式的本质不同，但对于系统状态的改变二者是等效的. 例如，将一杯水放在电炉上，可以通电加热，用传递热量方式，使水温从某一温度升高到另一温度；也可以通过搅拌做功的方式，使水温从某一相同的温度升高到同一温度. 第一种方式是通过外界对系统传递热量来完成的，第二种方式是通过外界对系统做功来完成的，二者方式不同，却都可以使系统发生相同的状态变化，表明传热和做功使系统状态的变化是等效的. 由于系统的内能是状态的单值函数，传热和做功使系统内能的变化是等效的，所以它们都是系统能量发生转化的量度.

由于系统和外界温度不相同而进行交换或传递的能量称为热量，即热量是两个温度不相同的物质系统相互接触时所完成的能量转化的量度，它用来表示在热传递这种特定过程中传递能量的多少. 大量实验结果表明，在一般情况下，对于给定的初态和终态，对不同的过程系统，吸收或放出的热量也不相同，热量和功一样，它们的数值与过程有关，是一过程量而非状态量. 所以，微小的热量用 dQ 表示，表明 Q 不是状态的函数，dQ 不是系统状态的全微分，而是表示在无限小过程中的无限小量. 热量和功一样是过程量，因此，我们也不能说系统处于某一状态时具有多少热量.

系统的状态发生变化，能量由一个系统传递给另一个系统，可以借助做功的方式来完成，也可以通过热量的传递来完成. 做功和传热，对于使系统状态发生变化，使系统能量变化，是等效的. 功和热量都是系统能量变化的量度，一个系统在状态变化过程中如果能量增加，则可能是由于外界对系统做功，或者外界传递热量给系统，或者两种方式都存在. 但是做功和传递热量本质上是有区别的，做功是通过物体作宏观位移来完成的. 做功的结果是使系统内部的微观运动状态发生了变化，是通过物体的有规则运动，通过分子间的碰撞，转换为系统内部分子的无规则运动和相互之间作用，使宏观的机械运动能量转换为分子的热运动能量. 传递热量是通过分子之间的相互碰撞，使系统外物体内部分子的无规则运动转换为系统内部分子的无规则运动，使系统的能量发生改变. 热功转换是通过系统使系统内分子无规则热运动能量与系统有规则整体运动能量之间转换，这种转换不仅在总量上满足能量守恒定律的热力学第一定律，而且还必须在转换的方向上和限度上受到制约.

9.1.5 系统的内能

物质系统内部的能量，由其系统的内部状态所决定的能量，称为内能. 它包含分子热运动的动能和分子之间以及分子内部原子之间相互作用的势能、化学能、电离能和原子核的原子核能等等. 从物理学理论的观点来看，宏观物体是由大量的分子、原子、电子、原子核等微观粒子所组成的，物体中包含的全部粒子的能量总和，称为内能，表示贮存在物体内部的能量，但它不包括物体整体宏观运动的动能和在保守力场中的势能. 在热力学中，热力学系统处于一定的状态下(指平衡态下，P、V、T 一定)所具有的能量，称为内能. 由于内能是状态的单值函数，当系统处于某一状态时，内能具有确定值；当热力学系统变化时，内能发生变化，系统从一个状态变化到另一个状态，不论变化过程如何不同，但内能的改变量总是一定的. 而在一般热力学状态变化过程中，物质分子结构、原子结构和原子核结构并不发生变化，因而可以不考虑化学能、电离能和原子核能等.

对于一定量的某种实际气体，系统的内能除包含系统内所有分子的热运动动能(包括平动、转动和振动)以及原子间相互作用势能外，由于分子间存在相互作用的保守力，还应包括与这种力相关的分子间相互作用势能，它和分子的体积或压强有关. 对于实际气体，系统的内能一般是温度、体积或压强的函数. 用符号 E 表示内能，内能 E 是状态参量 T 和 V 或 T 和 P 的单值函数，即

$$E=E(T,V) \tag{9-1-3a}$$

或

$$E=E(T,P) \tag{9-1-3b}$$

对于一定量的理想气体，由于可以忽略分子之间的相互作用，不考虑分子间相互作用势能，所以，理想气体的内能只是温度的单值函数，而与体积或压强无关，即

$$E=E(T) \tag{9-1-4}$$

质量为 M，摩尔质量为 μ 的理想气体，其内能为

$$E=\frac{M}{\mu}\frac{i}{2}RT=\frac{M}{\mu}\cdot\frac{1}{2}(t+r+2s)RT \tag{9-1-5}$$

上式表明:理想气体的内能与分子种类,即自由度有关,一定质量及一定种类的理想气体,内能是宏观状态参量温度 T 的单值函数.

在热力学中,不是考虑系统内能的多少,而是考虑当系统状态发生变化时内能的改变量,即考虑内能的改变量 ΔE、传递能量的功 A 和热量 Q 三者之间的关系.

9.2 热力学第一定律

自然界中的一切物质(实物和场)都具有能量,能量有各种不同的形式.大量实验事实表明,能量既不能消灭,也不能创造,它只能够由一种形式转化为另一种形式,而在传递和转化过程中,能量的总量保持不变.这一规律称为能量守恒定律,它是自然界中最基本的定律之一,也是自然界中各种形式的运动相互转化时所遵从的普遍规律.把能量守恒定律用于热力学系统所得到的热量、功和内能改变量三者之间的关系就是热力学第一定律,它是在一切涉及热现象的宏观过程中能量守恒定律的具体表现.

9.2.1 热力学第一定律的表述

大量实验事实证明,热力学系统的状态发生变化的过程中,系统的内能发生变化时,可以通过热量的传递,或通过做功的形式来完成,或通过既有热量的传递,又有做功的形式来完成.在一般情况下,系统的内能发生变化时,传递热量和做功是同时发生的,它们之间的关系由热力学第一定律来表达,热力学系统由初态(内能为 E_1)经过任意过程变化到终态(内能为 E_2)时内能的增量($\Delta E=E_2-E_1$)等于在该过程中外界对系统传递的热量 Q 和系统对外界所做的功 A 的差,即

$$E_2-E_1=Q-A \tag{9-2-1}$$

由于外界对系统做功 $A'=-A$,上式又可写为

$$E_2-E_1=Q+A'$$

$$Q=E_2-E_1+A=\Delta E+A \tag{9-2-2}$$

上式是热力学第一定律的数学表达式,它是包含了热能、机械能、内能在内的能量守恒定律.式中各量均可正可负.当 Q 为正值,即 $Q>0$ 时,表示系统从外界吸收热量;当 Q 为负值,即 $Q<0$ 时,表示系统向外界放出热量.当 A 为正值,即 $A>0$ 时,表示系统对外界做功;当 A 为负值,即 $A<0$ 时,表示外界对系统做功.当 $E_2-E_1=\Delta E$ 为正值,即 $\Delta E>0$ 时,表示系统内能增加;当 ΔE 为负值,即 $\Delta E<0$ 时,表示系统的内能减少.

应当指出,在应用热力学第一定律时,只需要初态和终态是平衡状态,至于在过程中所经历的各态并不需要一定是平衡状态.

对于过程的始态、末态差别极小,如果考虑无限小的变化过程,热力学第一定律的微分表达式为

$$\mathrm{d}Q=\mathrm{d}E+\mathrm{d}A \tag{9-2-3}$$

上式中,由于内能是状态的单值函数,$\mathrm{d}E$ 是系统内能的增量,即表示无限接近的初态、终态内能值的微量差值是函数的全微分.还应指出,根据前面的符号规定,$\mathrm{d}Q>0$ 表示系统从外界吸热,$\mathrm{d}Q<0$ 表示系统向外界放热;$\mathrm{d}A>0$ 表示系统对外界做正功,$\mathrm{d}A<0$ 表示系统对外界做负

功，即外界对系统做正功；$dE>0$ 表示系统内能增加，$dE<0$ 表示系统内能减少.

9.2.2 热力学第一定律的另一种表述

第一类永动机是不可能制造成的.历史上曾有许多人幻想制造一种机器，它不需要任何动力和燃料，却能不断地对外界做功，而系统不断经历状态变化仍回到初始状态（$E_2-E_1=0$），这种机器称为第一类永动机.根据能量守恒定律，功必须由能量转化而来，因而必须对工作物质提供热量.如果系统不吸热，$Q=0$，第一类永动机是不可能制造成的，因为违背能量守恒定律.这个结论，作为热力学第一定律的另一种表述，它与热力学第一定律的一般表述是一致的.

例 9.2.1 如图 9.2.1 所示，一系统由 a 状态沿 acb 到达 b 状态，有 80 卡热量传入系统而系统做功 126 焦耳.①如果系统沿 adb 到达 b 状态时系统对外界做功 42 焦耳，问有多少热量传入系统？②当系统由 b 状态沿曲线 ba 返回 a 状态时，外界对系统做功为 84.0 焦耳，试问系统是吸热还是放热？热量传递多少？③如果 $E_d-E_a=40.0$ 焦耳，试求沿 ad 各吸热量为多少？

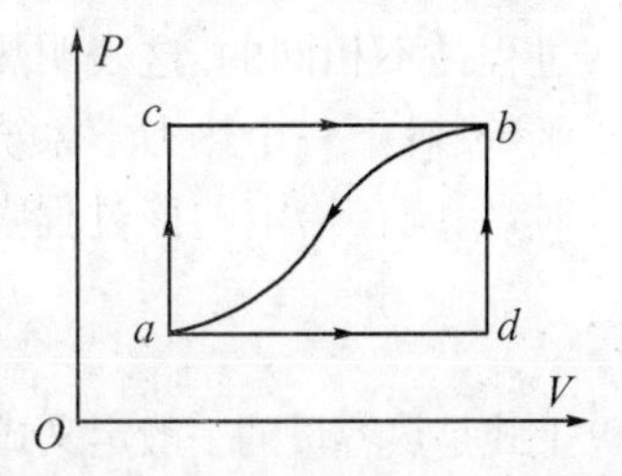

图 9.2.1 例 9.2.1 图示

解 根据题意分析，本题仅涉及系统内能、功、热量，因此，理论根据是用热力学第一定律 $Q=E+A$ 即可解决有关问题.

①由于系统的内能是状态的单值函数，所以 b、a 两状态的内能与过程无关.沿 acb 的内能改变量与沿 adb 的内能改变量相同，即

$$\Delta E_{acb}=E_b-E_a=Q-A=\Delta E_{adb}=4.18\times 80.0-126=208(\text{J})$$

因此沿 adb 时

$$Q_1=\Delta E_{ab}+A_1=208+42=250(\text{J})$$

$Q_1>0$ 是正值，可见沿 adb 时系统从外界吸收热量为 250 焦耳.

②系统由 b 状态返回 a 状态时，有

$$\Delta E_{ba}=E_a-E_b=-\Delta E_{ab}=-208(\text{J})$$

$$Q_2=\Delta E_{ba}+A_2=-208-84=-292(\text{J})$$

$Q_2<0$ 是负值，可见系统沿 ba 返回 a 状态时，系统向外界放出热量.

③沿 adb 时只有在 ad 段系统对外界做功为 42.0 J.沿 ad 段系统从外界吸收的热量为

$$Q_3=\Delta E_{ad}+A=40+42=82(\text{J})$$

$Q_3>0$ 是正值，系统从外界吸热.

该题根据热力学第一定律，运用了内能是系统状态的单值函数.而功和热量是过程量，即使初态及终态相同，系统经历不同的过程，功与热量也不相同.在应用热力学第一定律时，对于热力学第一定律的数学表达式中 ΔE、Q、A 各量的正负规定一定要记着.

9.3 理想气体的热容量

为了应用热力学第一定律来研究理想气体各种准静态过程中的能量转换关系，下面介绍理想气体的热容量.

9.3.1 热容量

使某一物体的温度升高（或降低）1 开时系统从外界吸收（或放出）的热量，称为该物体的热容量，用符号 C 表示.如果某一物体的质量为 M，组成该物体的物质的比热为 c，则该物体

的热容量为

$$C = Mc \tag{9-3-1}$$

使质量为1摩尔的某种物质温度升高(或降低)1开时系统从外界吸收(或放出)的热量,称为该物质的摩尔热容量,用符号 C_0 表示. 如果该物质的摩尔质量为 μ,比热为 c,则该物质的摩尔热容量为

$$C_0 = \mu c \tag{9-3-2}$$

上面是对液体或固体而言. 对于气体,由于给定系统的初态、终态,它们之间可发生的过程有无数多种. 在不同的过程中,系统从外界吸收的热量一般是不相等的,因而热容量对不同的过程是不相同的. 这表明热容量不仅决定于系统的结构,而且也决定于具体的过程,是过程的函数. 对于一个热力学系统,在给定的过程中,当温度升高 ΔT,系统从外界吸收的热量为 ΔQ 时,系统在给定的该过程中的热容量定义为

$$C = \lim_{\Delta T \to 0} \frac{\Delta Q}{\Delta T} = \frac{\mathrm{d}Q}{\mathrm{d}T} \tag{9-3-3}$$

上式是热容量的一般定义式,此式对于任意过程都成立. 对于一些具体的过程,可以由该式给出特定的定义式,下面对于理想气体的等体过程中的定体热容量及等压过程中的定压热容量作一简介.

9.3.2 理想气体的定体热容量和定压热容量

对于质量为 M 的某种理想气体,摩尔质量为 μ,在体积 V 保持一定的条件下($\Delta V = 0$),由热力学第一定律可得 $(\Delta Q)_V = \Delta E$

根据热容量的一般定义式,得

$$C_V = \lim_{\Delta T \to 0} \frac{(\Delta Q)_V}{\Delta T} = \left(\frac{\mathrm{d}Q}{\mathrm{d}T}\right)_V \tag{9-3-4}$$

理想气体的内能只是温度 T 的单值函数,所以有

$$C_V = \left(\frac{(\mathrm{d}Q)}{\mathrm{d}T}\right)_V = \frac{\mathrm{d}E}{\mathrm{d}T} \tag{9-3-5}$$

对于质量为 M 的某种理想气体,摩尔质量为 μ,在压强 P 保持一定的条件下($\Delta P = 0$),由热力学第一定律,可得 $(\Delta Q)_P = \Delta E + P\Delta V$

根据热容量的一般定义式,得

$$C_P = \lim_{\Delta T \to 0} \frac{(\Delta Q)_P}{\Delta T} = \frac{\mathrm{d}E}{\mathrm{d}T} + \frac{P\,\mathrm{d}V}{\mathrm{d}T} \tag{9-3-6a}$$

理想气体的内能只是温度 T 的单值函数,所以

$$C_P = \frac{\mathrm{d}E}{\mathrm{d}T} + P\frac{\mathrm{d}V}{\mathrm{d}T} \tag{9-3-6b}$$

9.3.3 定体和定压摩尔热容量与自由度的关系

对于质量 M 为1摩尔质量的某种理想气体,如果温度为 T,内能为

$$E_1 = \frac{i}{2}RT$$

式中,i 为该气体分子的自由度. 如果气体的温度由于加热升高到$(T+1)$K,内能变为

$$E_2 = \frac{i}{2}R(T+1)$$

因此,温度升高1 K时,该气体内能的增量为

$$\Delta E = E_2 - E_1 = \frac{i}{2}R \tag{9-3-7}$$

对于等体过程，内能的增量等于吸收的热量，由摩尔热容量的定义可知它应该等于该气体的定体摩尔热容量，则有

$$C_V = \frac{i}{2}R \tag{9-3-8}$$

上式表明：由于理想气体的内能是温度 T 的单值函数，理想气体的定体摩尔热容量 C_V 仅决定于气体分子的自由度，而与气体的温度无关.

C_V 的单位：在国际单位制中，C_V 的单位是 $\mathrm{J \cdot mol^{-1} \cdot K^{-1}}$.

对于单原子分子理想气体，$i=3$，$C_V = \frac{3}{2}R = 12.5(\mathrm{J \cdot mol^{-1} \cdot K^{-1}})$.

对于刚性双原子分子理想气体，$i=5$，$C_V = \frac{5}{2}R = 20.8(\mathrm{J \cdot mol^{-1} \cdot K^{-1}})$.

对于刚性多原子分子理想气体，$i=6$，$C_V = 3R = 24.9(\mathrm{J \cdot mol^{-1} \cdot K^{-1}})$.

理论值和实验值相比较，对于结构简单的分子，理论值和实验值符合得较好；对于结构复杂的分子，实验值远大于理论值，如表 9－3－1 和表 9－3－2 所示. 表明组成分子的原子间有振动存在，因而不能再将分子看作刚性分子.

表 9－3－1　一些气体在常温下的摩尔热容量的实验数据

分子类型	气体名称	C_P $(\mathrm{J \cdot mol^{-1} \cdot K^{-1}})$	C_V $(\mathrm{J \cdot mol^{-1} \cdot K^{-1}})$	$C_P - C_V$	$\gamma = C_P/C_V$
单原子	氦(He)	20.96	12.61	8.34	1.66
	氩(Ar)	20.90	12.53	8.37	1.66
双原子	氢(H_2)	28.83	20.47	8.36	1.41
	氮(N_2)	28.88	20.56	8.32	1.49
	一氧化碳(CO)	29.00	21.20	7.8	1.37
	氧(O_2)	29.61	21.16	8.45	1.40
三个以上的原子	水蒸气	36.2	27.8	8.4	1.31
	甲　烷	35.6	27.2	8.4	1.30
	氯　仿	72.0	63.7	8.3	1.13
	乙　醇	87.5	79.1	8.4	1.11

表 9－3－2　在不同温度下几种气体的定体摩尔热容量的实验数据

T / C_V / 气　体	273K	373K	473K	773K	1473K	2273K
N_2，O_2，HCl，CO	20.5	20.8	21.5	22.4	24.1	26.0

实验发现，即使是对同一种气体，在不同的温度时，C_V 的值也有很大的差别. 表 9－3－3 中列出了不同温度下实验测得的氢气的定体摩尔热容量，由表可见，C_V 随温度的变化呈现出明显的"阶梯"特征，理论结果只在高温低密度时才与实验符合. 这一矛盾反映了经典理论的根本困难，只有用量子理论才能解决有关问题.

表 9－3－3　在不同温度下氢气的定体摩尔热容量的实验数据

C_V \ T 气体	40K	90K	197K	273K	773K	1273K	1773K	2273K	2773K
氢气	12.476	13.607	18.338	20.301	21.243	22.968	25.076	26.741	28.001

根据定体摩尔热容量 C_V，可以计算质量为 M 的理想气体在等体过程中所吸收的热量 Q，质量为 M 的理想气体的摩尔数为 $\nu=\dfrac{M}{\mu}$，气体的温度由 T_1 升高到 T_2 时吸收的热量为

$$Q_V=\frac{M}{\mu}C_V(T_2-T_1)$$

对于质量 M 为 1 摩尔质量的某种理想气体，在等压过程中，温度升高（或降低）1 开时，所吸收（或放出）的热量，称为定压摩尔热容量，用符号 C_P 表示. 如果 1 摩尔的某种气体在等压过程中温度升高 dT 时，吸收的热量为 $(dQ)_P$，则有

$$C_P=\frac{(dQ)_P}{dT} \tag{9-3-9}$$

由定压摩尔热容量的定义式(9－3－9)，可得

$$C_P=\frac{dE}{dT}+P\frac{dV}{dT} \tag{9-3-10}$$

对于质量为 1 摩尔的理想气体，$dE=C_V dT$，由状态方程 $PV=RT$，对两边取微分，可得 $PdV=RdT$，代入(9－3－10)式，得

$$C_P=C_V+R \tag{9-3-11}$$

上式称为迈耶公式，它表明理想气体的定压摩尔热容量比定体摩尔热容量大一常量 $R=8.31\ \mathrm{J\cdot mol^{-1}\cdot K^{-1}}$. 也就是说，在等压过程中，质量为 1 摩尔的理想气体，温度升高 1 开时，吸收的热量比在等体过程中温度升高 1 开时多吸收 8.31 J 的热量，这多吸收的热量转换为气体体积膨胀时对外界所做的功.

因为 $C_V=\dfrac{i}{2}R$，代入(9－3－11)式，可得

$$C_P=\frac{i}{2}R+R=\frac{i+2}{2}R \tag{9-3-12}$$

在国际单位制中，C_P 的单位是 $\mathrm{J\cdot mol^{-1}\cdot K^{-1}}$.

对于单原子分子理想气体，$i=3$，$C_P=\dfrac{5}{2}R=20.8(\mathrm{J\cdot mol^{-1}\cdot K^{-1}})$.

对于刚性双原子分子理想气体，$i=5$，$C_P=\dfrac{7}{2}R=29.1(\mathrm{J\cdot mol^{-1}\cdot K^{-1}})$.

对于刚性多原子分子理想气体，$i=6$，$C_P=4R=33.2(\mathrm{J\cdot mol^{-1}\cdot K^{-1}})$.

9.3.4　比热容比

定压摩尔热容量 C_P 与定体摩尔热容量 C_V 的比值称为气体的比热容比，常用符号 γ 表示，即

$$\gamma=\frac{C_P}{C_V} \tag{9-3-13}$$

由于 $C_P>C_V$，所以 γ 总是大于 1. 对于质量为 1 摩尔的理想气体，$C_P=\dfrac{i+2}{2}R$，$C_V=\dfrac{i}{2}R$，代

入(9－3－13)式,可得

$$\gamma=\frac{i+2}{i} \tag{9-3-14}$$

(9－3－12)式和(9－3－14)式表明,C_P 和 γ 也仅决定于气体分子的自由度,而与气体的温度无关. 理想气体中列出了在常温和 1 个大气压下某些气体的定压摩尔热容量的实验值,如表 9－3－1所示,表中还列出了 γ 的实验结果与理论值的比较.

从表 9－3－1 中可以看出,对于结构简单的单原子分子和双原子分子来说,C_P 的实验值和理论值以及 γ 的实验值和理论值符合得较好;对于各种气体来说,定压摩尔热容量与定体摩尔热容量的差 C_P-C_V 都接近于 R,表明对于刚性分子模型和能量按自由度均分定理有一定程度的正确性. 但是对于结构复杂的分子,如含三个原子以上的多原子分子,理论值和实验值有较大的偏离,表明建立在经典理论的能量按自由度均分定理基础上的经典的热容量理论只能近似地反映客观规律,只有用量子统计理论计算出的结果才与实验结果普遍符合.

9.4 热力学第一定律对理想气体等值过程的应用

热力学第一定律确定了系统在状态变化过程中内能、功和热量之间的相互关系,它是能量守恒关系,是自然界的一条普遍规律. 下面根据理想气体状态方程和理想气体内能公式将热力学第一定律应用到理想气体的等值过程,即等体过程、等压过程和等温过程.

9.4.1 等体过程

质量为 M 的理想气体,体积始终保持不变的过程,称为等体过程. 等体过程的特征是 $V=$常量,即 $\mathrm{d}V=0$,等体过程方程为 $\frac{P}{T}=$常量.

等体过程的典型实例如图 9.4.1(a)所示. 设有一气缸内贮存有理想气体,活塞保持固定不动,把气缸连续地与一系列有微小温度差的恒温热源相接触,使理想气体温度逐渐上升,同时,压强逐渐增大,但理想气体的体积始终保持不变,这样的准静态过程是一个等体过程.

一个等体过程在 P—V 图上对应一条平行于 P 轴的线段,该线段称为等体线. 箭头表示过程的方向从状态Ⅰ变化到状态Ⅱ,如图 9.4.1(b)所示.

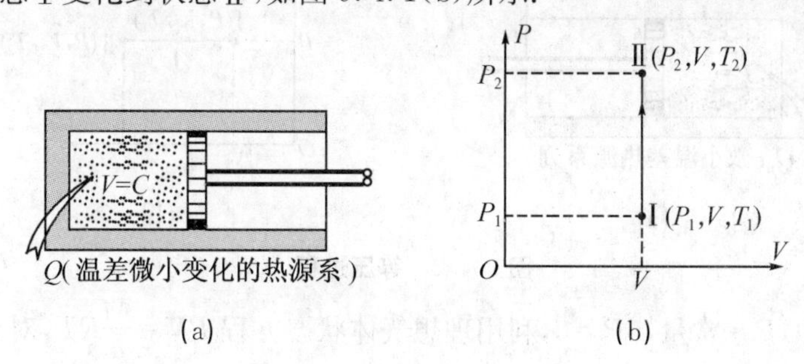

图 9.4.1 等体过程

由功的计算公式可得无限小变化过程为

$$\mathrm{d}A=P\,\mathrm{d}V=0$$

由定体摩尔热容量的定义可得

$$(\mathrm{d}Q)_V=\frac{M}{\mu}C_V\,\mathrm{d}T$$

根据热力学第一定律，理想气体从外界所吸收的热量$(dQ)_V$完全用来增加它的内能. 对无限小变化过程，可得

$$(dQ)_V = \frac{M}{\mu} C_V dT = dE$$

上式中，$(dQ)_V$ 的脚标 V 表示气体的体积保持不变. 对于有限的等体变化过程，如图 9.4.1(b)所示，由状态Ⅰ变化到状态Ⅱ，则有

$$Q_V = E_2 - E_1 = \frac{M}{\mu} \frac{i}{2} R(T_2 - T_1) \tag{9-4-1}$$

上式的物理意义表明理想气体在等体过程中，系统从外界吸收的热量全部用来增加系统的内能.

对于质量为 M，摩尔质量为 μ 的某种理想气体，如果从某一初始状态Ⅰ经历等体过程变化到终态Ⅱ，初态和终态温度分别为 T_1、T_2，根据理想气体的内能公式 $E = \frac{M}{\mu} \frac{i}{2} RT$ 和理想气体状态方程 $PV = \frac{M}{\mu} RT$，由上式可得

$$(Q)_V = E_2 - E_1 = \frac{M}{\mu} C_V (T_2 - T_1) = \frac{i}{2} V(P_2 - P_1) \tag{9-4-2}$$

9.4.2 等压过程

质量为 M 的理想气体，压强始终保持不变的过程，称为等压过程. 等压过程的特征是 $P=$ 常量，$dP=0$，等压过程的过程方程为 $\frac{V}{T}=$ 常量.

等压过程的典型实例如图 9.4.2(a)所示，设被封闭的气缸中贮存有质量为 M 的某种理想气体，并使其活塞上所施加的外压力保持不变，使气缸连续地和一系列有微小温度差的热源相接触，结果有微小热量传递给气体，使 P、V、T 有微小变化，系统推动活塞对外界做功，体积膨胀反过来又使压强降低，保持气缸内压强不变，这样的准静态过程是一个等压过程.

一个等压过程在 P—V 图上对应一条平行于 V 轴的线段，该线段称为等压线. 箭头表示过程的方向从状态Ⅰ变化到状态Ⅱ，如图 9.4.2(b)所示.

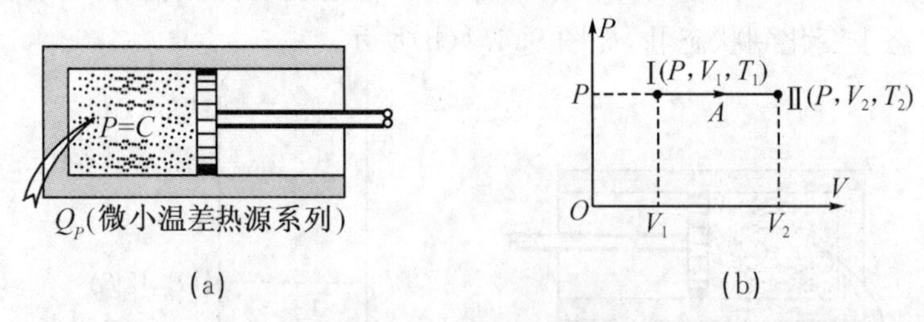

图 9.4.2 等压过程

在等压过程中，$P=$ 常量，$dP=0$，利用理想气体状态方程 $PV = \frac{M}{\mu} RT$，对无限小变化等压过程元功的计算公式为

$$(dA)_P = P dV = \frac{M}{\mu} R dT$$

根据热力学第一定律，气体从外界吸收的热量为

$$(dQ)_P = dE + P dV = dE + \frac{M}{\mu} R dT$$

上式中，$(dQ)_P$ 的脚标 P 表示气体压强保持不变. 对于有限变化过程，如图 9.4.2(b)所示，当系统由状态Ⅰ$(P、V_1、T_1)$等压地变化到状态Ⅱ$(P、V_2、T_2)$的过程中，系统对外界所做的功为

$$A=\int_{V_1}^{V_2}PdV=P(V_2-V_1)=\frac{M}{\mu}R(T_2-T_1) \tag{9-4-3}$$

系统从外界吸收的热量为

$$Q_P=E_2-E_1+P(V_2-V_1)$$

上式的物理意义说明，在等压过程中，理想气体从外界所吸收的热量，一部分用于增加气体的内能，另一部分用于气体对外界做功. 如果将上式中利用内能公式，有 $E_2-E_1=\frac{M}{\mu}\frac{i}{2}R(T_2-T_1)$ 和理想气体状态方程，可得等压过程中气体从外界吸收的热量为

$$\begin{aligned}Q_P&=\frac{M}{\mu}C_V(T_2-T_1)+\frac{M}{\mu}R(T_2-T_1)\\&=\frac{M}{\mu}(C_V+R)(T_2-T_1)=\frac{M}{\mu}C_P(T_2-T_1)\end{aligned} \tag{9-4-4}$$

由于理想气体的内能是温度 T 的单值函数，不论是等体过程或等压过程，只要是温度变化相同时，内能的变化就相等，而与过程无关.

9.4.3 等温过程

质量为 M 的理想气体，温度始终保持不变的过程，称为等温过程. 等温过程的特征是 $T=$ 常量，$dT=0$，等温过程的过程方程为 $PV=$ 常量.

一个等温过程在 $P—V$ 图上对应双曲线的一支，该曲线称为等温线. 箭头表示过程的方向从状态Ⅰ变化到状态Ⅱ，如图 9.4.3(b)所示.

等温过程的典型实例如图 9.4.3(a)所示，设被封闭的气缸中贮存有质量为 M 的某种理想气体，其气缸壁绝热，只有气缸底部是绝对导热的. 当活塞上的外界压强无限缓慢地降低时，气缸内所贮存的气体将随压强无限缓慢地降低，而无限缓慢地膨胀，从而气体对外界做功. 气体的内能将逐渐减小，温度也将微小降低. 但是，因为气体与恒热源相接触，气体从热源吸收微量的热量 dQ，使气体的温度维持为恒温热源的温度 T 值不变，以实现理想气体准静态等温膨胀过程.

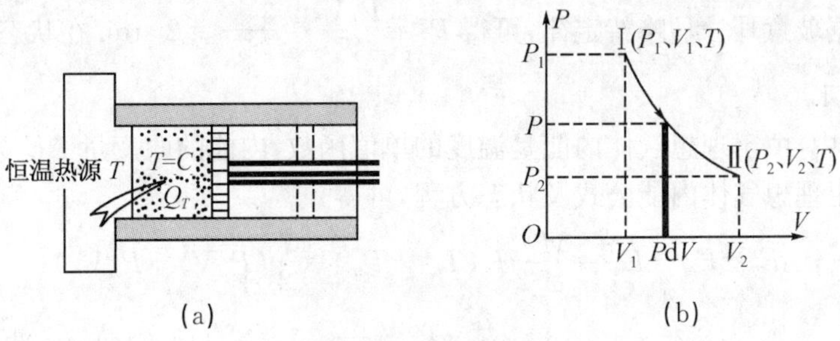

图 9.4.3 等温过程

在等温过程中，$T=$ 常量，$dT=0$，对理想气体有 $dE=\frac{M}{\mu}C_VdT=0$，即理想气体在等温过程中内能不发生变化. 在微小变化过程中，根据热力学第一定律得

$$(dQ)_T=dA=PdV$$

上式中，$(dQ)_T$ 的脚标 T 表示气体温度保持不变. 对于有限变化过程，如图 9.4.3(b)所示，当

系统由状态Ⅰ(P_1、V_1、T)等温地变化到状态Ⅱ(P_2、V_2、T)的过程中,由理想气体状态方程 $P_1V_1=P_2V_2=PV=\frac{M}{\mu}RT=$常量,$P=\frac{MRT}{\mu V}$,压强 P 是体积 V 的函数,而 $\mathrm{d}A=P\mathrm{d}V=\frac{M}{\mu}RT\frac{\mathrm{d}V}{V}$,系统对外界所做的功为

$$A=\int_{V_1}^{V_2}P\mathrm{d}V=\frac{M}{\mu}RT\int_{V_1}^{V_2}\frac{\mathrm{d}V}{V}=\frac{M}{\mu}RT\ln\frac{V_2}{V_1}$$

所以,在等温过程中,气体从外界吸收的热量为

$$Q_T=A=\frac{M}{\mu}RT\ln\frac{V_2}{V_1} \tag{9-4-5}$$

或由等温过程方程 $P_1V_1=P_2V_2$,上式改写为

$$Q_T=A=\frac{M}{\mu}RT\ln\frac{P_1}{P_2} \tag{9-4-6}$$

上式的物理意义说明,在等温膨胀过程中,气体从外界吸收的热量全部用于系统对外界做功,而理想气体在等温压缩过程中,外界对气体所做的功全部用于系统对外界放出的热量,而气体的内能保持不变.由(9-4-5)式可知,当终态体积 V_2 大于初态体积 V_1,也就是等温膨胀过程,$A>0$,表明系统对外界做正功;当终态体积 V_2 小于初态体积 V_1,也就是等温压缩过程,$A<0$,表明系统对外界做负功,即外界对系统做正功,在该情况下,$Q_T<0$,表明系统向外界(恒温热源)放出热量.恒温热源是表示一个无论吸收或放出多少热量,其温度都维持恒定不变的热源.

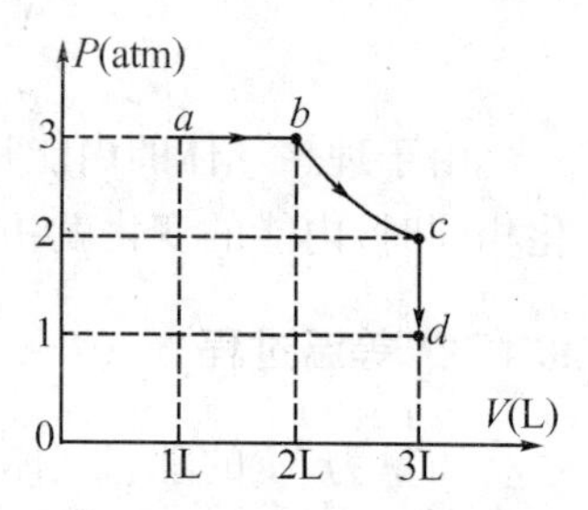

图 9.4.4　例 9.4.1 图示

例 9.4.1　如果将一定质量的单原子理想气体,由压强为 3 atm,体积为 1 L,先进行等压膨胀到体积为 2 L,再进行等温膨胀到体积为 3 L,最后被等体冷却到压强为 1 atm.试求气体在整个过程中内能的改变量,气体对外界所做的功和从外界吸收的热量.

解　气体的整个过程如图 9.4.4 所示,其中 ab、bc 和 cd 分别表示等压膨胀过程、等温膨胀过程和等体冷却过程.已知单原子理想气体,$i=3$,在状态 a,压强 $P_a=3$ atm,体积 $V_a=1$ L;在状态 b,压强 $P_b=3$ atm,体积 $V_b=2$ L.在状态 c,体积 $V_c=3$ L,压强 P_c 未知,$b\to c$ 是等温膨胀过程,根据玻意耳—马略特定律,可得 $P_c=\frac{P_bV_b}{V_c}=\frac{3\times2}{3}=2$ atm.在状态 d,压强 $P_d=1$ atm,体积 $V_d=3$ L.

在整个过程中,由于理想气体内能是温度的单值函数,内能的改变量 ΔE 为终态的内能减去初态的内能,由理想气体内能公式及状态方程,可得

$$\Delta E=E_d-E_a=\frac{M}{\mu}\frac{i}{2}R(T_d-T_a)=\frac{i}{2}(P_dV_d-P_aV_a)$$

$$=\frac{3}{2}(1\times1.013\times10^5\times3\times10^{-3}-3\times1.013\times10^5\times1\times10^{-3})=0$$

气体在整个过程中对外界所做的功应等于在各个分过程中所做功的代数和,即

$$A=A_{ab}+A_{bc}+A_{cd}$$

其中 $a\to b$ 是等压过程,由(9-4-3)式,可得

$$A_{ab}=P_a(V_b-V_a)=3\times1\times1.013\times10^5\times10^{-3}=304(\mathrm{J})$$

$b\to c$ 是等温过程,由(9-4-5)式及理想气体状态方程,可得

$$A_{bc}=\frac{M}{\mu}RT_b\ln\frac{V_c}{V_b}=V_bP_b\ln\frac{V_c}{V_b}=3\times2\times1.013\times10^2\ln\frac{3}{2}=607.8\times0.4055=246(\mathrm{J})$$

$c\to d$ 是等体过程，气体对外界不做功，则 $A_{cd}=0$

所以，在整个过程中，气体对外界所做的总功为

$$A=A_{ab}+A_{bc}+A_{cd}=304+246+0=550(\mathrm{J})$$

在整个过程中，气体从外界吸收的热量应等于在各个分过程中吸收的热量的总和，即

$$Q=Q_{ab}+Q_{bc}+Q_{cd}$$

其中 $a\to b$ 是等压过程，由(9－4－4)式和理想气体状态方程，可得

$$Q_p=\frac{M}{\mu}\frac{i+2}{2}R(T_b-T_a)=\frac{i+2}{2}(P_bV_b-P_aV_a)$$

$$=\frac{i+2}{2}P_a(V_b-V_a)=\frac{5}{2}\times3\times1\times1.013\times10^2=760(\mathrm{J})$$

$b\to c$ 是等温过程，由(9－4－5)式，可得

$$Q_{bc}=A_{bc}=246(\mathrm{J})$$

$c\to d$ 是等体过程，由(9－4－1)式和状态方程，可得

$$Q_{cd}=E_d-E_c=\frac{M}{\mu}\frac{i}{2}R(T_d-T_c)=\frac{i}{2}(P_dV_d-P_cV_c)$$

$$=\frac{3}{2}\times(1\times3-2\times3)\times1.013\times10^2=-456(\mathrm{J})$$

上式中负号表示气体向外界放热．所以，在整个过程中，气体从外界吸收的热量为

$$Q=Q_{ab}+Q_{bc}+Q_{cd}=760+246-456=550(\mathrm{J})$$

在整个过程中，气体从外界吸收的热量亦可以根据热力学第一定律求出，即

$$Q=\Delta E+A=0+550=550(\mathrm{J})$$

可见，与上面所得结果相同，而根据热力学第一定律求出有关结果更简单.

例 9.4.2 质量 M 为 1 摩尔的理想气体，初态压强为 P_1，体积为 V_1，经等温膨胀使其体积增加一倍；然后保持压强不变，使其压缩到原来的体积；最后保持体积不变，使气体回到初始状态. 试求：在整个过程中系统内能的改变量，系统对外界所做的功，气体从外界吸收的热量.

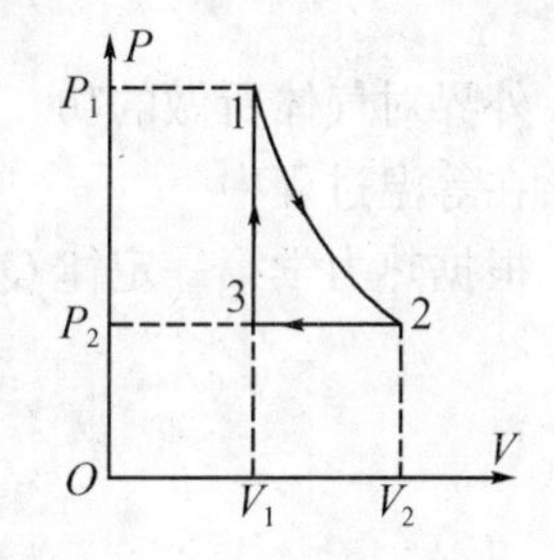

图 9.4.5　例 9.4.2 图示

解 首先根据题意作出各个过程的示意图，如图 9.4.5 所示. 其次，根据理想气体状态方程及其各个过程的特征，由已知的状态参量求出各个状态的未知参量，即

$$T_1=\frac{P_1V_1}{R},P_2=\frac{P_1V_1}{V_2}=\frac{P_1V_1}{2V_1}=\frac{P_1}{2}$$

$$T_2=\frac{P_2V_1}{R}=\frac{\frac{P_1}{2}V_1}{R}=\frac{1}{2}\frac{P_1V_1}{R}=\frac{T_1}{2}$$

最后，进行热力学分析，并做具体计算.

由于理想气体内能是状态的单值函数，根据题意，系统从初态出发经各个过程，最后仍回到初态，所以，在整个过程中系统内能的改变量为

$$\Delta E=0$$

根据热力学第一定律，如果求得整个过程中系统对外界所做的功 A，也就求得了整个过

程中传递的热量. 先计算功 A，是因为第二个过程为等压过程，A_2 容易求得，而第三个过程为等体过程，$A_3=0$. 其次，由整个过程作出的示意图可以直接判断 $A>0$，而 $\Delta E=0$，所以对整个过程必有 $Q>0$，表明系统从外界吸收热量. 由等温膨胀过程，系统对外界所做的功为

$$A_1=RT_1\ln\frac{V_2}{V_1}=P_1V_1\ln 2$$

在等压压缩过程中，外界对系统所做的功为

$$A_2=P_2(V_1-V_2)=\frac{P_1}{2}(V_1-2V_1)=-\frac{P_1V_1}{2}$$

在等体升压过程中的功为 $$A_3=0$$

所以在整个过程中，系统对外界所做的功为

$$A=A_1+A_2+A_3=(\ln 2-\frac{1}{2})P_1V_1=0.19P_1V_1$$

根据热力学第一定律，整个过程中系统从外界吸收的热量为

$$Q=\Delta E+A=A=0.19P_1V_1$$

例 9.4.3　将质量 $M=0.014$ kg，处于标准状态下的理想气体氮气压缩到原来体积的一半，如果在该过程中温度保持不变，试求：气体内能的改变量，传递的热量，外界对气体所做的功.

解　氮气是双原子分子，分子量为 28，所以摩尔质量 $=28\times10^{-3}$ kg · mol^{-1}. 由题意知，$M=0.014$ kg，所以气体的摩尔数 $\nu=\frac{M}{\mu}=\frac{14\times10^{-3}}{28\times10^{-3}}=0.50$，$T=273$ K，$P_1=1$ atm. 由于在等温压缩过程中，内能不发生变化，外界对系统做功转化为系统向外界放出热量.

设气体初态体积为 V_1，由题意知，终态体积 $V_2=\frac{1}{2}V_1$，由(9－4－5)式，可得

$$A=\nu RT\ln\frac{V_2}{V_1}=0.50\times8.31\times273\times\ln\frac{1}{2}=-786(\text{J})$$

外界对气体所做的功 $$A'=-A=786(\text{J})$$

在等温过程中 $$\Delta E=E_2-E_2=0$$

根据热力学第一定律 $Q=E_2-E_1+A$，可得出气体传递的热量为

$$Q=A=-786(\text{J})$$

9.5　绝热过程和多方过程

9.5.1　绝热过程

整个过程中，在系统始终不与外界交换热量的情况下所发生的各种物理或化学过程，称为绝热过程. 绝热过程的特征是 $\mathrm{d}Q=0$ 或 $Q=0$，内能变化仍然为 $\mathrm{d}E=\frac{M}{\mu}C_V\mathrm{d}T$，外界对系统所做的功为 $\mathrm{d}A=P\mathrm{d}V$.

绝热过程的典型例子：当蒸汽(工作物质)在绝热气缸中无限缓慢的无摩擦的膨胀时，这时工作物质不会与外界交换热量，则 $\mathrm{d}Q=0$，整个过程中 $Q=0$，如图 9.5.1 所示. 但是，在自然界中没有绝对不导热的物质，因此，理想气体的绝热过程是不存在的，完全绝热的气缸也是做不成的，所以实际上进行的绝热过程是近似地看作绝热过程，并可以看成是准静态过程. 例如，气

体装在杜瓦瓶(即保温瓶)内进行的变化过程,就是近似的绝热过程,并可以看成是准静态过程.蒸汽在汽轮机内膨胀做功的过程是近似的绝热过程,内燃机气缸内爆炸过程后的气体迅速压缩的过程或者爆炸后气体迅速膨胀的过程,都进行得很迅速,气体来不及与周围环境交换热量,可以近似地看成绝热过程.

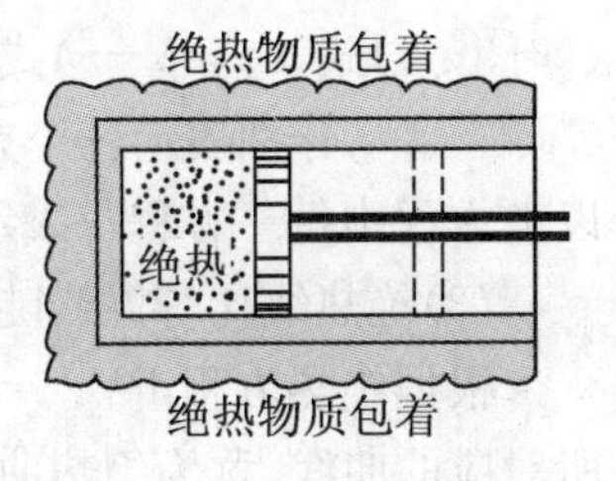

图 9.5.1 绝热过程

(1)绝热过程中功和内能之间转换的特点

绝热过程中,$dQ=0$,$Q=0$,当系统经历一个无限小的绝热过程时,根据热力学第一定律得

$$dQ = dE + P dV = 0 \tag{9-5-1}$$

或

$$dA = -dE \tag{9-5-2}$$

上式的物理意义表明:在绝热过程中,只有系统的内能减少时,系统才能够实现绝热膨胀而对外界做功.设系统体积膨胀,系统对外界做正功,$dA=-dE>0$,而 $dE=\frac{M}{\mu}C_V dT<0$,$dT<0$,气体在绝热膨胀过程中,由于内能的减少,温度要降低,根据 $P=nkT$,压强将减小;气体在绝热压缩过程中,由于内能的增加,温度要升高,根据 $P=nkT$,压强要增大.可见,气体在绝热过程中,气体的压强 P、体积 V、温度 T 三个状态参量都同时发生变化.

设质量为 M,摩尔质量为 μ 的某种理想气体,由初始状态 $I(P_1、V_1、T_1)$经过一绝热过程变化到终状态 $\text{II}(P_2、V_2、T_2)$时,气体内能的减少量等于系统对外界所做的功,所以有

$$A = -\Delta E = -\frac{M}{\mu}C_V(T_2 - T_1) \tag{9-5-3}$$

式中,$T_2-T_1<0$,而 $A>0$,表示系统对外界做正功,气体绝热膨胀,则 $E_2<E_1$,内能减少.可见在绝热过程中,气体对外界所做的功是靠减少系统的内能来完成的.如果外界对系统做正功,即系统对外界做负功,$A<0$,则 $E_2>E_1$,气体的内能增加,温度升高.

(2)绝热过程方程

描述系统的三个状态参量 P、V、T 中,任意两个状态参量之间的相互关系,称为绝热过程方程,简称绝热方程.下面来推导出有关绝热方程.

根据热力学第一定律得

$$P dV = -\frac{M}{\mu}C_V dT$$

对状态方程 $PV=\frac{M}{\mu}RT$ 取微分,可得

$$P dV + V dT = \frac{M}{\mu}R dT$$

由以上两式消去 dT 得

$$(C_V + R)P dV + C_V V dP = 0$$

由于 $C_V+R=C_P$,$C_P/C_V=\gamma$,上式变为

$$\gamma\frac{dV}{V} + \frac{dP}{P} = 0$$

将上式积分得

$$\gamma \ln V + \ln P = 常量$$

或

$$PV^{\gamma} = 常量 = C_1 \tag{9-5-4}$$

利用上式及理想气体状态方程,消去 P 或 V,可求出绝热过程中 V 与 T 或 P 与 T 的关系,即

$$TV^{\gamma-1} = 常量 = C_2 \tag{9-5-5}$$

$$P^{\gamma-1}T^{-\gamma} = 常量 = C_3 \tag{9-5-6}$$

(9－5－4)式、(9－5－5)式和(9－5－6)式都称为理想气体的绝热过程方程，简称绝热方程. C_1、C_2、C_3 分别表示三个方程中不同的常量，每一方程中的常量值可由气体的初始状态决定，以上方程中每一方程都表示同一过程.

(3)绝热线比等温线陡

根据绝热方程 $PV^{\gamma}=C_1=$常量表示的 $P-V$ 关系，在 $P-V$ 图上画出理想气体绝热过程所对应的曲线，称为绝热曲线，如图 9.5.2 中实线所示. 等温过程中 $PV=$常量，在 $P-V$ 图上画出理想气体等温过程所对应的曲线，称为等温线，如图 9.5.2 中虚线所示. 绝热线与等温线相比较，因为 $\gamma=\dfrac{C_P}{C_V}>1$，所以绝热线比等温线陡些. 下面可以从两方面加以解释.

从数学角度可以求出绝热线与等温线交点 A 的斜率. 对等温过程有 $PV=$常量$=C$，求全微分得

$$d(PV)_A=P_A\,dV+V_A\,dP=0$$

等温线的斜率为

$$\left(\frac{dP}{dV}\right)_A=-\frac{P_A}{V_A} \tag{9-5-7}$$

对绝热过程有 $PV^{\gamma}=$常量$=C_1$，求全微分得

$$d(PV^{\gamma})_A=V_A^{\gamma}\,dP+\gamma P_A V_A^{\gamma-1}\,dV=0$$

绝热线的斜率为

$$\left(\frac{dP}{dV}\right)_A=-\gamma\frac{P_A}{V_A} \tag{9-5-8}$$

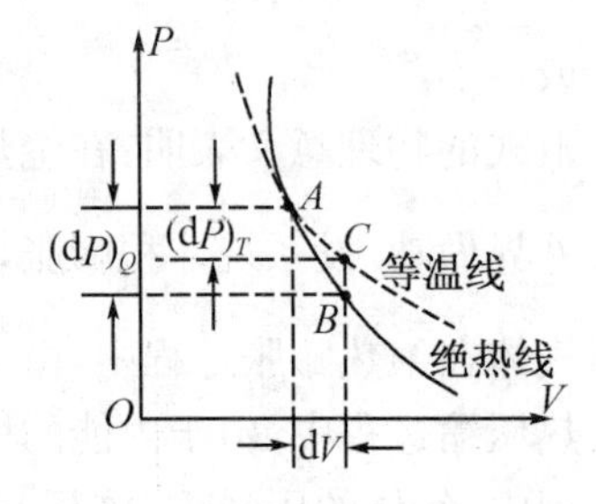

图 9.5.2　绝热线和等温线

将(9－5－7)式与(9－5－8)式相比较，因为 $\gamma>1$，所以在交点 A 处绝热线的斜率的绝对值比等温线斜率的绝对值要大一些，即绝热线比等温线陡些.

从物理方面看，根据 $P=nkT$，$P\propto n$，$P\propto T$，当气体由图中两线的交点 A 所代表的状态继续作相同体积的膨胀(即 ΔV 相同)时，不论气体作等温膨胀或绝热膨胀，其压强都要降低，但由于在等温膨胀过程中内能不变，压强降低只是由于体积的增大而引起分子数密度的减小(Δn)，而绝热膨胀过程中，压强的降低不仅由于体积的增大而引起分子数密度的减小(Δn)，而且还由于系统对外界做功，使系统内能减小而引起温度的降低，使压强 P 减小，所以气体作绝热膨胀时引起的压强减小比气体作等温膨胀时压强减小要多一些，即图中$|\Delta P_Q|$比$|\Delta P_T|$要大一些，所以绝热线比等温线陡些.

(4)绝热过程中对外所做的功

绝热过程中做功计算公式包含两种基本形式. 绝热过程中做功的计算公式之一为

$$A_Q=-\frac{M}{\mu}C_V(T_2-T_1) \tag{9-5-9}$$

绝热过程中做功计算公式的另一种形式可由绝热方程 $PV^{\gamma}=$常量$=C_1$ 得 $P=\dfrac{C_1}{V^{\gamma}}=\dfrac{P_1V_1^{\gamma}}{V^{\gamma}}$，则 $dA_Q=P\,dV=C_1\dfrac{dV}{V^{\gamma}}$，所以有

$$A_Q=\int_0^{A_Q}dA_Q=\int_{V_1}^{V_2}P\,dV=C_1\int_{V_1}^{V_2}\frac{dV}{V^{\gamma}}$$

得

$$A_Q=\frac{C_1(V_2^{1-\gamma}-V_1^{1-\gamma})}{1-\gamma}$$

因为

$$P_1V_1^{\gamma}=P_2V_2^{\gamma}=C_1=\text{常量}$$

可得

$$A_Q=\frac{P_1V_1-P_2V_2}{\gamma-1} \tag{9-5-10}$$

上式也可由热力学第一定律得出，因为

$$A_Q=E_2-E_1=\frac{M}{\mu}C_V(T_2-T_1)$$

由状态方程 $PV=\frac{M}{\mu}RT$，有 $\quad T_1=\frac{\mu P_1V_1}{MR},\quad T_2=\frac{\mu P_2V_2}{MR}$

代入后即可得(9－5－9)式.

(9－5－10)式和(9－5－9)式的一致性，由状态方程 $PV=\frac{M}{\mu}RT$ 及 $\gamma=\frac{C_P}{C_V}=\frac{i+2}{i}$，有 $\gamma-1=\frac{i+2-i}{i}=\frac{2}{i}$，代入(9－5－9)式，可得

$$A_Q=\frac{1}{\gamma-1}(P_1V_1-P_2V_2)=\frac{M}{\mu}\frac{i}{2}(RT_1-RT_2)=-\frac{M}{\mu}C_V(T_2-T_1)$$

例 9.5.1 将质量 $M=0.014$ 千克，处于标准状态下的理想气体氮气压缩到原来体积的一半，如果在该过程中系统与外界无热量交换，试求：外界对气体所做的功，气体内能的改变量.

解 已知氮气的分子量为 28，摩尔质量 $\mu=28\times10^{-3}$ kg·mol，质量 $M=14\times10^{-3}$ kg，在标准状态下，$T_1=273$ K，$P_1=1.0$ atm，N_2 是双原子分子，$C_V=\frac{5}{2}R$，$\gamma=1.40$，由题意知

$$\frac{V_2}{V_1}=\frac{1}{2}$$

由于气体在绝热过程中系统与外界无热量的交换，因此，气体内能增加. 在具体计算时，根据已知条件，选用绝热方程 $TV^{\gamma-1}=$常量$=C_2$ 比较方便，这时有

$$A_Q=\frac{M}{\mu}C_VT_1\left[1-\left(\frac{V_1}{V_2}\right)^{\gamma-1}\right]=0.50\times\frac{5}{2}\times8.31\times273\times(1-2^{1.4-1})=-906(\mathrm{J})$$

而外界对气体所做的功为 $\quad A'=-A=906(\mathrm{J})$

因绝热过程中 $Q=0$，根据热力学第一定律，系统内能的增量为

$$E_2-E_1=-A=906\ (\mathrm{J})$$

将该题所得结果与例 9.4.3 所得结果相比较，可以看出 $A_T>A_Q$，即将处于同一状态(初态)的气体压缩为原来体积的一半，在绝热压缩时，外界对气体所做的功要比等温压缩时更多. 因为绝热线比等温线陡，所以从同一初态开始膨胀到相同体积的条件下，在 $P-V$ 图上，等温线下面的面积大于绝热线下面的面积. 经绝热压缩时气体的温度升高，内能增加，气体所达到的终态与等温压缩相同体积时达到的终态不相同.

9.5.2 多方过程

理想气体准静态过程的过程方程为 $PV^n=$常量的过程称为多方过程，式中 P、V 为压强、体积，n 是个常数，称为多方指数，可以取不同的数值. 多方过程方程在形式上与绝热过程方程相同，(9－5－4)式中以 n 代替了 γ. 因此，在多方过程中外界对系统所做的功为

$$A=\frac{1}{n-1}(P_1V_1-P_2V_2)$$

在多方过程中系统内能的增量为

$$\Delta E=\frac{M}{\mu}C_V(T_2-T_1)$$

在多方过程中系统从外界吸收的热量为

$$Q=\frac{M}{\mu}C_V\left(\frac{n-\gamma}{n-1}\right)(T_2-T_1)$$

多方过程的热容量为

$$C=C_V-\frac{R}{n-1}=C_V\left(\frac{\gamma-n}{1-n}\right)$$

由多方过程方程 $PV^n=$常量可看出，当 $n=1$ 时为等温过程，当 $n=\gamma$ 时为绝热过程，当 $n=0$ 时为等压过程，当 $n=\infty$时为等体过程. 可见，等值过程和绝热过程都是多方过程的特例. 实际情况中 n 大多数在 $1<n<\gamma$ 中范围内. 由 $C=C_V\left(\frac{\gamma-n}{1-n}\right)$可知，这时热容量 C 为负值，表示系统吸收热量而降温或放出热量而升温. 必须指出，热力学过程可分为非静态过程和准静态过程两种. 在非静态过程中系统经历了一系列非平衡态，实际过程都这样. 准静态过程也称平衡过程，它进行得非常缓慢，以致过程所经历的所有中间状态都无限接近于平衡状态，这是一种理想的过程，在热力学中有着重要的意义，以上讨论的过程都是准静态过程.

9.6 循环过程和卡诺循环

热力学第一定律告诉人们，系统(工作物质)在一些热力学过程中，可以从外界吸收热量，增加系统的内能，同时系统又消耗自己的内能而对外界做功，通过这些过程来达到把热能转换为机械能的目的.

在生产实践中，往往要求工作物质能持续不断地把热转化为功. 要达到这个目的，由前面所讲的单个的等值过程是不可能实现的，而必须利用这些等值过程组成循环过程才能实现. 利用工作物质不断地循环工作，燃烧所产生的内能持续不断地转化为机械能的装置，称为热机. 例如，蒸汽机、内燃机、汽轮机等.

9.6.1 循环过程

(1)循环过程的定义

热力学系统(工作物质，如理想气体)从某一平衡状态出发，经过任意的一系列的过程，又回到原来的平衡状态的整个变化过程，称为循环过程，简称循环. 如果是准静态循环过程，可用 $P-V$ 图上的封闭曲线来表示. 设给定的热力学系统由状态 M 经过程 Ⅰ 变化到状态 N，再由状态 N 经过程 Ⅱ 回到原来状态 M，这时系统进行了一个循环，如图 9.6.1 所示. 循环所包括的每个过程称为分过程.

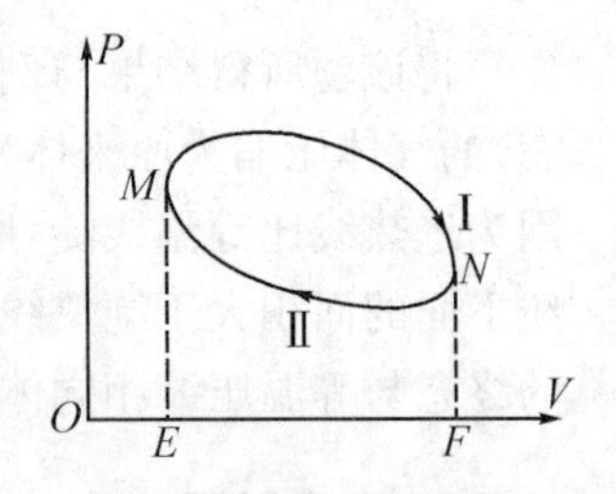

图 9.6.1 正循环过程

(2)循环过程的特征

由于工作物质的内能是状态的单值函数，经过一个循环回到原来的状态时，系统的内能没有改变. 设初始状态的内能是 E_1，经历一个循环后系统的内能是 E_2，由于 $E_1=E_2$，$\Delta E=0$. 必须指出，在循环过程中，虽然中间某些分过程的内能可能有变化，但系统经历一个循环后回到初始状态，它的内能不发生变化，这是循环过程的重要特征. 所以对整个循环，根据热力学第一定律，只需计算热量和功，而不需计算内能.

(3)循环过程的类型

如果是准静态循环过程，根据循环过程进行的方向来分类，可分为以下两大类：

①正循环. 在 $P-V$ 图上沿顺时针方向进行的循环过程,称为正循环. 例如,图 9.6.1 所示的 $M\mathrm{I}N\mathrm{II}M$ 循环过程,工作物质作正循环可以将热能持续不断地转化为机械能. 工作物质作正循环的机器,称为热机,例如内燃机等.

②逆循环. 在 $P-V$ 图上沿逆时针方向进行的循环过程,称为逆循环. 例如,图 9.6.2 所示的 $M\mathrm{II}N\mathrm{I}M$ 循环过程,工作物质作逆循环可以利用外界对系统做功使热量由低温物质转换到高温物质. 工作物质作逆循环的机器,称为致冷机(又称为热泵).

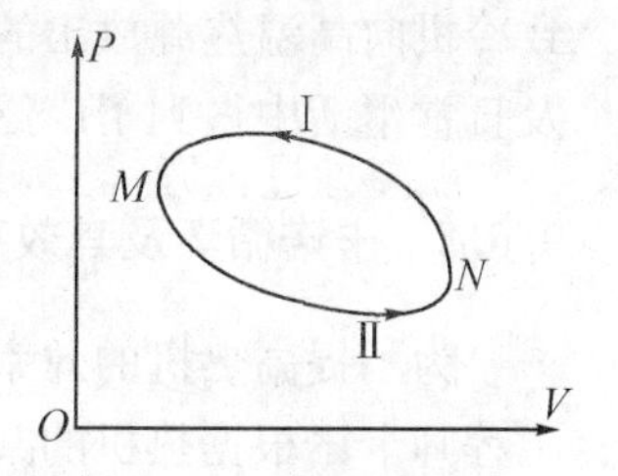

图 9.6.2 逆循环过程

(4)循环过程的效率

对于热机来说,是要使它很有效地、持续地将热能通过系统增加其内能,然后通过系统对外界做功的方式将其转化为机械能,对外界做净功.

由准静态过程,对于正循环,在过程 $M\mathrm{I}N$ 中,系统对外界做正功,在 $P-V$ 图上其数值等于 $M\mathrm{I}NFEM$ 所包围的面积;在过程 $N\mathrm{II}M$ 中,外界对系统做正功,系统做负功,在 $P-V$ 图上其数值等于 $N\mathrm{II}MEFN$ 所包围的面积. 因此,在正循环中,系统对外界所做的总功(净功)为正值,在 $P-V$ 图上其数值等于 $M\mathrm{I}N\mathrm{II}M$ 所包围的面积,该面积称为循环面积. 由准静态过程功的计算公式,可得整个循环过程中系统对外界所做的净功为

$$A=\int_{M\atop \mathrm{I}}^{N}P\mathrm{d}V+\int_{N\atop \mathrm{II}}^{M}P\mathrm{d}V=\int_{M\atop \mathrm{I}}^{N}P\mathrm{d}V-\int_{M\atop \mathrm{II}}^{N}P\mathrm{d}V \tag{9-6-1}$$

由定积分定义可知,循环曲线所包围的面积就是循环过程中系统对外界所做功的数值,且 $A>0$,表明系统对外界做正功.

系统完成一个正循环过程,由于初态、终态相同,因而系统的内能不变. 热机在循环工作中,都是从某些高温热源吸收一定的热量 Q_1,而把一部分的热量 Q_2 放给低温热源,同时对外界做一定的功,最后回到原来的初始状态. 根据热力学第一定律,可得

$$A=Q_1-|Q_2| \tag{9-6-2}$$

可见,某热机在一个循环中吸收的热量 Q_1 越少,而对外界所做的功越多,它的效能就越高. 所以可用热机效率来描述. 热机效率的定义是:工作物质(系统)在一个循环过程中对外界所做的总功(净功)A 与工作物质从外界吸收热量的总和 Q_1 的比值,称为热机的效率,通常用 η 表示,其定义式为

$$\eta=\frac{A}{Q_1}=\frac{Q_1-|Q_2|}{Q_1}=1-\frac{|Q_2|}{Q_1} \tag{9-6-3}$$

效率是表示在一个循环中,工作物质从高温热源吸收的热量以多大的比例转化为功(净功). 不同的热机,其循环过程不同,效率也不相同. 实际上蒸汽机的效率是很低的,在 1800 年以前,$\eta=3\%$;1800 年以后,$\eta=8\%$;目前,$\eta\approx15\%$. 现代的内燃机效率也只有 25%.

逆循环过程反映了致冷机的工作原理,它依靠外界对工作物质做功 A,使系统从低温热源处吸收热量 Q_2,再将外界对系统所做的功和低温热源处吸收的热量,全部在高温热源处(如大气)通过放热传递给外界. 这样的循环连续不停地工作,就可以使低温热源的温度进一步降低,达到致冷的目的. 工作物质逆循环,以消耗一定的机械能为代价,达到致冷目的的机器,称为致冷机,又称为热泵. 从致冷的角度来看,致冷机在一个循环中消耗的功 A 越少,而从低温热源吸收的热量 Q_2 越多,它的效能就越高. 致冷机效能的高低常用致冷系数 ε 表示,它的定义为工作物质在一循环中从低温热源中吸收的热量 Q_2 和外界对工作物质所做的功 A 的绝对

值的比值，其定义式为

$$\varepsilon=\frac{Q_2}{|A|}=\frac{Q_2}{|Q_1|-Q_2} \tag{9-6-4}$$

致冷机向高温热源放出的热量 Q_1 可以利用来作热源，所以又称为热泵，它已在现代工程技术及日常生活中得到了广泛应用，例如冷库、电冰箱等.

9.6.2 卡诺循环及其效率

为了提高热机的效率，历史上曾有不少人从事技术和理论上的研究. 在 1824 年，法国青年工程师卡诺根据热机的共同特点，对热机最大可能效率问题的理论研究，提出了一个理想的循环过程. 称为卡诺循环. 卡诺循环的研究，在热力学中是十分重要的，它曾为热力学第二定律的建立起到了奠基性的作用，下面研究准静态过程的卡诺循环.

准静态卡诺循环中的工作物质只与两个恒温热源交换热量，即由温度恒定的高温热源吸收热量 Q_1，向温度恒定的低温热源放出热量 Q_2，没有散热、漏气等因素存在，这两个热量的差额 $Q_1-|Q_2|$ 转化为功，如图 9.6.3 所示.

因为过程是准静态过程，所以与两个恒温热源交换热量的过程是两个等温过程. 又因为只有两个热源，所以循环过程的其他两个过程，工作物质脱离热源，必然是两个绝热过程. 总之，卡诺循环是由两个等温过程和两个绝热过程组成的循环. 如果工作物质是理想气体，准静态卡诺循环在 $P-V$ 图上是用两条等温线和两条绝热线来表示的，如图 9.6.4 所示. 以卡诺循环工作的热机，称为卡诺热机.

(1)卡诺循环的各个过程中能量转化情况

①由状态 A 到状态 B 是等温膨胀过程. 气体与高温热源 T_1 接触，从高温热源吸收热量 Q_1. 根据热力学第一定律可知，工作物质在该过程中吸收的热量等于系统对外界所做的功，即

$$Q_1=\int_{V_1}^{V_2} P\,\mathrm{d}V=\frac{M}{\mu}RT_1\ln\frac{V_2}{V_1} \tag{9-6-5}$$

系统对外界所做的功，在 $P-V$ 图上等于 ABV_2V_1A 所包围的面积.

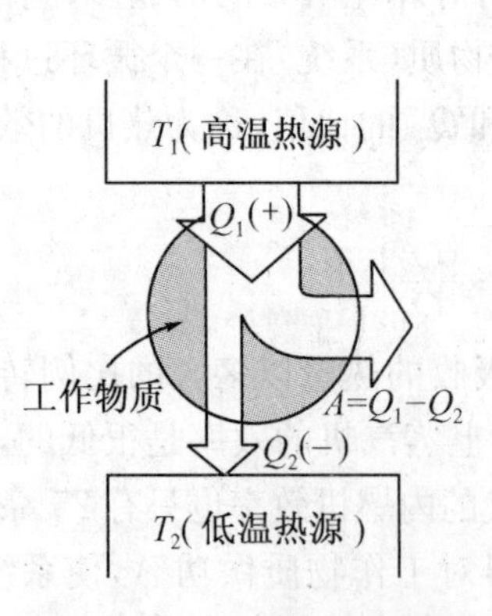

图 9.6.3　卡诺循环(热机)的工作示意图

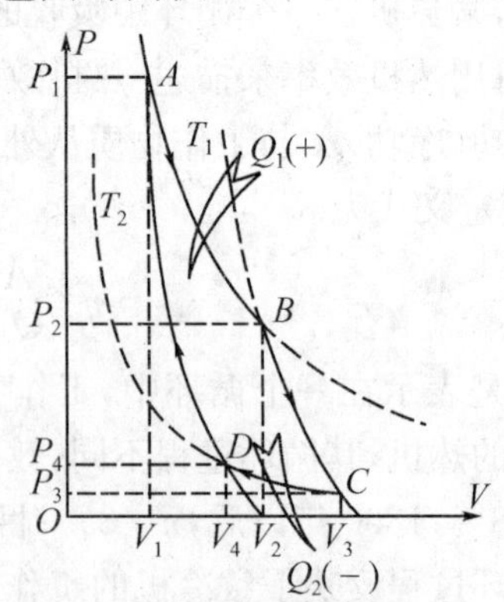

图 9.6.4　卡诺循环(热机)的 $P-V$ 图

②由状态 B 到状态 C，工作物质和高温热源分开，经过绝热膨胀，温度降低到 T_2，该过程结束. 在该绝热过程中，系统没有和外界交换热量，但系统对外界做功，在 $P-V$ 图上等于 BCV_3V_2B 所包围的面积.

③由状态 C 到状态 D，气体和低温热源接触，经过等温压缩过程. 在该过程中，系统向低

温热源 T_2 放出的热量 Q_2 等于外界对系统所做的功,即

$$Q_2=\int_{V_3}^{V_4} P\mathrm{d}V=-\frac{M}{\mu}RT_2\ln\frac{V_3}{V_4} \tag{9-6-6}$$

外界对系统所做的功,在 $P-V$ 图上等于 CDV_4V_3C 所包围的面积. 式中 V_3 和 V_4 分别表示气体在状态 C 和状态 D 时的体积. 由图 9.6.4 所示,$Q_2<0$,为负值.

④由状态 D 到状态 A,气体和低温热源 T_2 脱离,经过绝热压缩过程回到原来的状态 A,完成一个循环过程. 必须指出,在状态 A、B、C 都确定以后,对于一定的气体来说,状态 D 已经不能任意选择;否则,经过一个绝热过程并不可能回到原来状态 A. 在该绝热压缩过程中,系统没有和外界交换热量,而外界对系统做功,在 $P-V$ 图上等于 DAV_1V_4D 所包围的面积.

(2)系统对外界所做的净功

气体完成一个循环过程回到原来的初始状态时,由于内能是状态的单值函数,其内能不变,但气体对外界做了净功,并且与外界有热量交换.

从交换热量情况来看,在等温膨胀过程由 A 状态到 B 状态过程中,气体从高温热源 T_1 吸取热量 Q_1;在等温压缩过程由 C 状态到 D 状态过程中,气体向低温热源处放出热量 Q_2;在绝热过程 B 状态到 C 状态及 D 状态到 A 状态过程中,气体既不对外界吸热也不放热,即与外界无热量交换.

从做功情况来看,在 ABC 过程中,气体膨胀对外界做功,在 $P-V$ 图上所做的功在数值上等于 $ABCV_3V_1A$ 所包围的面积;在 CDA 过程中气体被压缩,外界对气体做功,在 $P-V$ 图上所做的功在数值上等于曲线 $CDAV_1V_3C$ 所包围的面积. 所以,在整个循环过程中,气体对外界所做的净功 A 在 $P-V$ 图上等于闭合曲线 $ABCDA$ 所包围的面积,这个面积称为循环面积.

根据热力学第一定律 $Q=E_2-E_1+A$,在整个循环过程中,由于 $E_2-E_1=0$,$Q=Q_1-|Q_2|$,可得

$$Q_1-|Q_2|=A \tag{9-6-7}$$

上式表明:在整个循环过程中,工作物质从外界吸收的净热量等于工作物质对外界所做的净功,即净热=净功=循环面积.

(3)结论的普遍意义

$$Q_1-|Q_2|=A=\text{面积 }ABCDA \tag{9-6-8}$$

这个结论虽然是从卡诺循环得出,但是对任何循环过程都适用.

上式又可以写成为

$$Q_1=A+|Q_2| \tag{9-6-9}$$

上式表明:在每一正循环过程中,工作物质从高温热源吸取热量 Q_1,一部分用来向低温热源放出热量 Q_2,其余部分用来对外界做净功 $A=Q_1-|Q_2|$. 可见,利用工作物质不断地进行循环过程,可以持续不断地将热能转化为机械能,这就是热机的工作原理.

9.6.3 热机的效率

(1)热机效率的一般意义

热机的工作物质从高温热源吸取的热量 Q_1 不可能全部转化为功,只有一部分 $Q_1-|Q_2|$ 转化为净功 A,转变为净功的部分 $A=Q_1-|Q_2|$ 与它从高温热源所吸收的热量 Q_1 的比值,称为循环效率或热机的效率,通常用 η 表示,即

$$\eta=\frac{A}{Q_1}=\frac{Q_1-|Q_2|}{Q_1}=1-\frac{|Q_2|}{Q_1} \tag{9-6-10}$$

由于 $Q_2 \neq 0$,所以 $\eta<1$. 上式是循环效率或热机效率的定义式,对任何热机都适用,其中 Q_1 应理解为工作物质从高温热源中吸收的总热量,$|Q_2|$ 应理解为工作物质向低温热源放出的总热量的绝对值.

(2)理想气体卡诺循环的效率

气体在等温膨胀过程由初始状态 A 到状态 B 中,从高温热源吸取热量 Q_1 为

$$Q_1=\frac{M}{\mu}RT_1\ln\frac{V_2}{V_1} \tag{9-6-11}$$

气体在等温压缩过程由状态 C 到状态 D 中,向低温热源放出热量 Q_2 为

$$|Q_2|=\frac{M}{\mu}RT_2\ln\frac{V_3}{V_4} \tag{9-6-12}$$

根据(9-6-10)式,可得理想气体卡诺循环的效率为

$$\eta=1-\frac{|Q_2|}{Q_1}=1-\frac{T_2\ln\frac{V_3}{V_4}}{T_1\ln\frac{V_2}{V_1}} \tag{9-6-13}$$

对于两个绝热过程应用理想气体绝热过程方程(9-5-5)式 $TV^{\gamma-1}=$常量$=C_2$,可得

$$T_1V_2^{\gamma-1}=T_2V_3^{\gamma-1},\qquad T_1V_1^{\gamma-1}=T_2V_4^{\gamma-1} \tag{9-6-14}$$

两式相除,可得

$$\frac{V_2}{V_1}=\frac{V_3}{V_4} \tag{9-6-15}$$

于是理想气体卡诺热机的效率为

$$\eta=1-\frac{T_2}{T_1} \tag{9-6-16}$$

上式说明:以理想气体为工作物质的准静态卡诺循环效率,只由高温热源 T_1 和低温热源 T_2 的温度决定.

(3)致冷机的致冷系数

致冷机的致冷系数的定义为工作物质在一个循环过程中,从低温热源吸收的热量 Q_2 与外界对工作物质所做的净功$|A|$的比值,即

$$\omega=\frac{Q_2}{|A|}=\frac{Q_2}{|Q_1|-Q_2} \tag{9-6-17}$$

以理想气体为工作物质的准静态卡诺逆循环的曲线如图 9.6.5 所示.

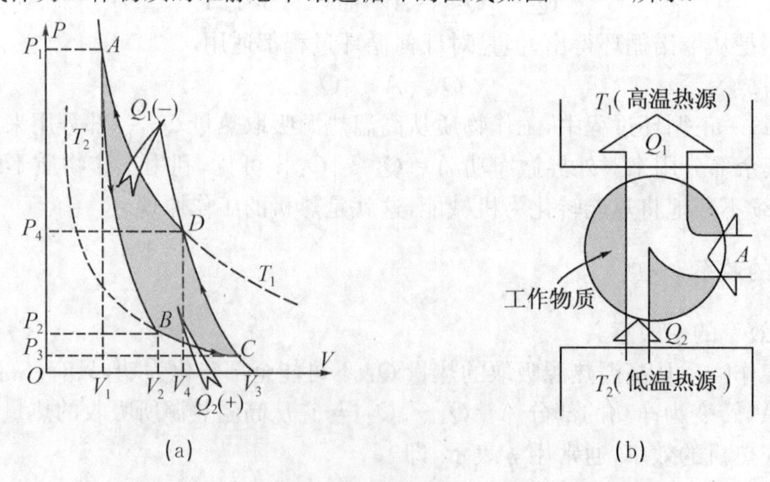

图 9.6.5 卡诺循环(致冷机)的 $P-V$ 图及工作示意图

用与热机效率的推导相类似的方法,可得卡诺致冷机的致冷系数为

$$\omega=\frac{T_2}{T_1-T_2} \tag{9-6-18}$$

上式表明:以理想气体为工作物质,按准静态卡诺循环工作的致冷机的致冷系数,只由高温热源的温度 T_1 和低温热源的温度 T_2 决定.致冷温度 T_2 越低,致冷系数 ω 越小.这说明,低温热源(T_2)的温度越低,要从它吸取同样的热量,则需外界对工作物质所做的功越多,因而致冷越困难.通常高温热源温度 T_1 是大气温度.

对于一般家庭用的电冰箱,低温热源为结冰室,高温热源为电冰箱附近的室内空气.大体上估算一下电冰箱的致冷系数,取 $T_1=295\ \text{K}$,$T_2=255\ \text{K}$,则逆向卡诺循环的致冷系数为

$$\omega=\frac{T_2}{T_1-T_2}=\frac{255}{295-255}\approx 6.4$$

由此可见,每消耗1焦耳的电能,就可以从结冰室中取出6.4焦耳的热量.但是,实际上电冰箱的致冷系数要远比这个数值小,一般只等于它的一半左右.

(4)结论

①要完成一次卡诺循环,必须有温度为 T_1 的高温热源和温度为 T_2 的低温热源(有时分别称为热源和冷库).

②卡诺循环的效率 η 只与两个热源的温度 T_1 和 T_2 有关,高温热源的温度 T_1 越高,低温热源的温度 T_2 越低,卡诺循环的效率将越大.也就是说,两热源的温度差越大,则从高温热源所吸取的热量 Q_1 转化为有用功的比例就越大.这是除了减少损耗以外提高热机效率的方向之一.

③卡诺循环的效率总是小于100%,因为低温热源的温度 T_2 不可能等于零.

热机效率的理论值能不能达到100%呢?如果不可能达到100%,最大可能效率又是多少呢?对于有关这些问题的研究促成了热力学第二定律的建立,热力学第二定律能得出有关问题的结论.

例 9.6.1　质量为1 mol的氦气可视为理想气体,在常温附近经历如图9.6.6所示的循环,如果 $P_2=2P_1$,$V_4=2V_1$.试求:①在1→2,2→3,3→4,4→1各个分过程中,气体所吸取或放出的热量;②循环效率.

解　由图可知,系统作正循环,系统一定对外界做净功.功的量值应等于 $P-V$ 图中由1→2→3→4→1所包围的面积.虽未要求功的计算,但是在求效率时要用,而且计算很简便,应等于正方形所包围面积的大小.

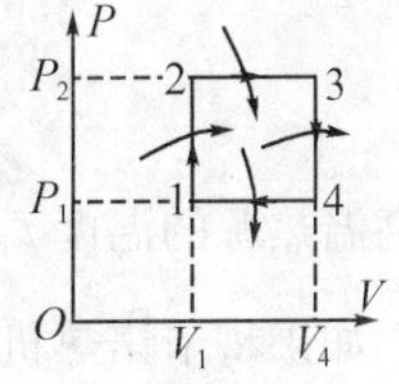

图 9.6.6　例 9.6.1 图示

①求各分过程中的热量,可求各点的内能,需计算温度.由题意可知,$P_2=2P_1$,$V_4=2V_1$,$P_3=P_2=2P_1$,$V_3=V_4=2V_1$;根据理想气体状态方程,对质量为1 mol的单原子理想气体有 $PV=RT$,对于1点,$T_1=P_1V_1/R$,于是可得

$$P_2V_2=RT_2,\qquad T_2=\frac{2P_1V_1}{R}=\frac{PV_1}{R}=2T_1$$

$$P_3V_3=RT_3,\qquad T_3=\frac{P_3V_3}{R}=\frac{2P_2 2V_1}{R}=4T_1$$

$$P_4V_4=RT_4,\qquad T_4=\frac{P_4V_4}{R}=2T_1$$

又因为 $E_{\text{mol}}=\frac{i}{2}RT=\frac{3}{2}RT$,可得

$$E_1=\frac{3}{2}RT_1,\quad E_2=\frac{3}{2}RT_2=3RT_1,\quad E_3=\frac{3}{2}RT_3=6RT_1,\quad E_4=\frac{3}{2}RT_4=3RT_1$$

根据热力学第一定律及等压过程热量公式,求各个分过程吸热或放热就容易了,可得

由 1→2 等体过程: $Q_{12}=E_2-E_1=\frac{3}{2}RT_1$ (吸热)

由 2→3 等压过程: $Q_{23}=C_P(T_3-T_2)=5RT_1$ (吸热)

由 3→4 等体过程: $Q_{34}=E_4-E_3=-3RT_1$ (放热)

由 4→1 等压过程: $Q_{41}=C_P(T_1-T_4)=-\frac{5}{2}RT_1$ (放热)

系统经历一个正循环后,系统吸取的总热量 Q_1 和系统放出的总热量 Q_2 分别为

$$Q_1=Q_{12}+Q_{23}=\frac{3}{2}RT_1+5RT_1=6\frac{1}{2}T_1$$

$$Q_2=Q_{34}+Q_{41}=-3RT_1-\frac{5}{2}RT_1=-5\frac{1}{2}T_1$$

②循环效率. 由定义式 $\eta=\frac{A}{Q_1}$ 或 $\eta=\frac{Q_1-|Q_2|}{Q_1}$,可得

$$\eta=\frac{Q_1-|Q_2|}{Q_1}=\frac{1}{6.5}=15.4\%$$

可见,如果容易求得 A,可不必求得 Q_{34}、Q_{41} 即可求得 η,比较简便;若不知功 A,也可以由 $A=Q_1-Q_2$ 求得 η,比较复杂. 但不能够用 $\eta=1-\frac{T_2}{T_1}$ 求 η,因为不是卡诺循环. 热机效率公式 $\eta=\frac{A}{Q_1}=\frac{Q_1-Q_2}{Q_1}$ 中,Q_1 应理解为一个循环过程中系统从外界吸收的总热量,Q_2 应理解为系统向外界放出的总热量的绝对值,A 应理解为净功.

例 9.6.2 如果有一卡诺热机,其低温热源的温度为 7℃,效率 η 为 30%,在低温热源的温度不变的情况下,要把效率提高到 40%. 试求:高温热源的温度需要提高多少度?

解 由题意知,低温热源的温度 $T_2=273+7=280$ (K),卡诺热机效率为 30%,由卡诺循环组成的卡诺热机效率 $\eta=1-\frac{T_2}{T_1}$,所以

$$T_1=\frac{T_2}{1-\eta}=\frac{280}{1-0.3}=400\ (\mathrm{K})$$

即高温热源的温度 $t_1=400-273=127$(℃)

如果将卡诺热机效率提高到 $\eta'=1-\frac{T_2'}{T_1'}=1-\frac{T_2}{T_1'}$,可得

$$T_1'=\frac{T_2}{1-\eta'}=\frac{280}{1-0.4}=467\ (\mathrm{K})$$

$$t_1'=T_1'-273=467-273=194(℃)$$

应将高温热源的温度提高的度数为

$$\Delta t=t_1'-t_1=194-127=67(℃)$$

或

$$\Delta T=T_1'-T_1=467-400=67\ (\mathrm{K})$$

例 9.6.3 如图 9.6.7 所示的循环由两条绝热线、一条等压线和一条等体线组成. 四冲程柴油发动机的工作过程就是按此循环进行的,是等压加热循环,称为狄塞尔循环. 试证明该循环的热机效率 $\eta=1-\frac{1}{\gamma}\frac{1}{S^{\gamma-1}}\frac{\rho^\gamma-1}{\rho-1}$. (式中表征等压加热循环的特征量为:$\rho=V_2/V_1$,称为等

压膨胀比；$S=V_3/V_1$，称为绝热压缩比；$\gamma=C_P/C_V$，称为绝热指数）

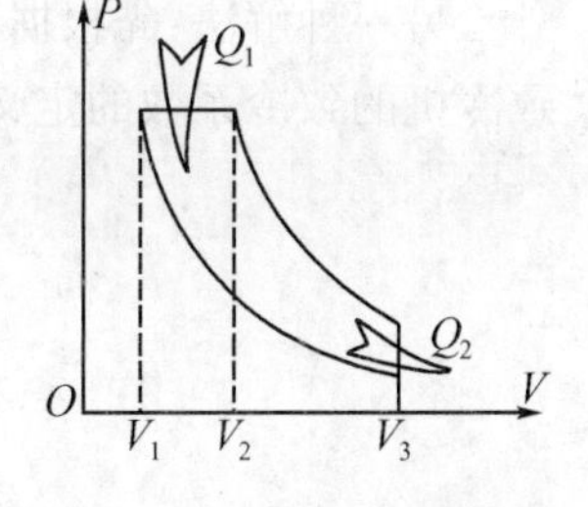

图 9.6.7　例 9.6.3 图示

解　设工作物质的质量为 M，摩尔质量为 μ，摩尔数 $\nu=\dfrac{M}{\mu}$. 由于绝热过程系统与外界无热量交换，所以工作物质从外界吸热只在等压膨胀过程中进行，放热只在等体降压过程中进行，其量值分别为

$$Q_1=Q_P=\nu C_P(T_2-T_1)$$

$$Q_2=Q_V=\nu C_V\Delta T=\nu C_V(T_3-T_4)$$

由热机效率的定义

$$\eta=1-\frac{|Q_2|}{Q_1}=1-\frac{C_V(T_3-T_4)}{C_P(T_2-T_1)}=1-\frac{C_VT_4\left(\dfrac{T_3}{T_4}-1\right)}{C_PT_1\left(\dfrac{T_2}{T_1}-1\right)}=1-\frac{1}{\gamma}\frac{T_4}{T_1}\frac{\dfrac{T_3}{T_4}-1}{\dfrac{T_2}{T_1}-1} \tag{9-6-19}$$

对于等压膨胀过程，有

$$\frac{T_2}{T_1}=\frac{V_2}{V_1}=\rho \tag{9-6-20}$$

对于绝热膨胀、绝热压缩过程，分别有

$$V_3^{\gamma-1}T_3=V_2^{\gamma-1}T_2 \tag{9-6-21}$$

$$V_3^{\gamma-1}T_4=V_1^{\gamma-1}T_1 \tag{9-6-22}$$

由以上两式可得

$$\frac{T_3}{T_4}=\left(\frac{V_2}{V_1}\right)^{\gamma-1}\frac{T_2}{T_1}=\rho^{\gamma-1}\rho=\rho^{\gamma} \tag{9-6-23}$$

$$\frac{T_4}{T_1}=\left(\frac{V_1}{V_3}\right)^{\gamma-1}=\left(\frac{1}{S}\right)^{\gamma-1}=\frac{1}{S^{\gamma-1}} \tag{9-6-24}$$

将上述几个关系式中(9－6－23)、(9－6－24)、(9－6－20)的结果代入(9－6－19)式，可得

$$\eta=1-\frac{1}{\gamma}\frac{1}{S^{\gamma-1}}\frac{\rho^{\gamma}-1}{\rho-1}$$

由以上结果可见，等压加热循环过程的效率不仅与 S 和 γ 有关，而且也与 ρ 有关. 通常，柴油机的 S 限制在 12～20 的范围之内.

例 9.6.4　如果有一卡诺致冷机，从 0℃ 的水中吸取热量向 27℃的房间放热，假定将 50 kg 0℃的水变成了 0℃的冰. 试求：①放于房间的热量为多少？②使致冷机运转的机械功为多少？③如果用该机从－10℃的冷库中吸取相等的一份热量，需要多做多少机械功？

解　①卡诺致冷机从 273 K 的低温热源(冷库)中吸取热量 Q_2，向 300 K 的高温热源中放出热量 Q_1，需要外界对卡诺致冷机输入功的大小为 A. 所以，对高温热源的实际放热为

$$Q_1=A+Q_2$$

又因为冰的熔解热为 $3.35\times10^5\ \mathrm{J\cdot kg^{-1}}$，使 50 kg 的水变成 0℃的冰，需要致冷机吸取的热量为

$$Q_2=\lambda m=3.35\times10^5\times50=1.675\times10^7(\mathrm{J})$$

②根据卡诺循环 Q_1、Q_2、T_1、T_2 之间的关系：$\dfrac{Q_1}{T_1}=\dfrac{Q_2}{T_2}$，可以计算出供给房间的热量为

$$Q_1=\frac{T_1}{T_2}Q_2=\frac{300}{273}\times1.675\times10^7=1.84\times10^7(\mathrm{J})$$

因而外界对致冷机所做的机械功为

$$A = Q_1 - Q_2 = 1.84 \times 10^7 - 1.675 \times 10^7 = 1.65 \times 10^6 (\text{J})$$

另一种解法:先根据卡诺致冷机计算出致冷系数 ω,求出功 A,再计算出热量 Q_1. 由卡诺致冷机的致冷系数的定义,可得

$$\omega = \frac{Q_2}{|A|} = \frac{T_2}{T_1 - T_2} = \frac{273}{300-273} = 10.1$$

$$|A| = \frac{Q_2}{\omega} = \frac{1.675 \times 10^7}{10.1} = 1.65 \times 10^6 (\text{J})$$

$$|Q_1| = |A| + Q_2 = 1.84 \times 10^7 (\text{J})$$

③如果从 $T_2' = 273 - 10 = 263\ (\text{K})$ 的冷库中吸取相同的一份热量 $Q_2' = 1.675 \times 10^7 (\text{J})$ 这时的致冷系数应为

$$\omega' = \frac{T_2'}{T_1' - T_2'} = \frac{263}{300-263} = 7.11$$

需要做的机械功为

$$|A'| = \frac{Q_2'}{\omega} = \frac{1.676 \times 10^7}{7.11} = 2.36 \times 10^6 (\text{J})$$

可见,后者比前者需多做的机械功为

$$|A| = 2.36 \times 10^6 - 1.65 \times 10^6 = 0.71 \times 10^6 (\text{J})$$

由此可见,致冷系数 ω 是描述致冷能力. 反映了将低温热源中吸取的热量抽送到高温热源中去的能力. 它表示单位机械功能将低温热源中热量送到高温热源的热量. 冷库的温度越低,要从其中吸取相等的热量,则需要外界所做的机械功就越多.

9.7 热力学第二定律

热力学第一定律是关于内能与其他形式能量(如机械能、热能等)相互转化所遵从的能量守恒定律,自然界中的一切现象都遵从热力学第一定律. 但是无数经验事实说明,并非一切能量守恒过程都能够自发地进行,满足热力学第一定律的过程都能够实现. 因为自然现象的发生与过程的方向有关,而热力学第一定律不能够说明过程进行的方向,因此,还必须有一个独立于第一定律的其他定律来确定过程进行的方向、条件和限度,它就是热力学第二定律. 它和热力学第一定律构成了热学的主要理论基础.

由前一节我们知道,热机可以利用工作物质的循环过程,将从高温热源中吸取的热量部分转化为对外界所做的功,而将其余部分 Q_2 放出给低温热源. 热机的效率 $\eta = \frac{A}{Q_1} = \frac{Q_1 - |Q_2|}{Q_1}$,可见,$\eta$ 越接近于 1(100%),热机从高温热源吸取的热量 Q_1 转化为有用功 A 的部分就越大,放出给低温热源的热量 Q_2 就越小.

一部热机,如果其效率 $\eta = 1(100\%)$,表明这种理想热机经过一个循环后就能够把从高温热源中吸取的热量通过工作物质全部转化为对外界所做的功,工作物质又回到原来状态,而没有热量传递给低温热源. 这种理想的热机称为第二类永动机,第二类永动机并不违背热力学第一定律. 然而,无数事实表明,企图制造成一种连续运转的热机,结果只是工作物质从某种单一的高温热源吸取热量 Q_1 而全部转化为对外界所做的功,都以失败告终.

(1)热力学第二定律的开尔文表述

在总结大量实践经验的基础上,1851 年英国物理学家开尔文提出一条新的普遍规律,即热力学第二定律的开尔文表述——不可能制造出一种循环动作的热机,只从单一热源吸取热量,使之完全变为有用功而不产生其他影响. 开尔文表述还可以表述为:第二类永动机是不可

能制造成的.它揭示了热功转换过程的不可逆性.第二类永动机是从单一热源吸取热量,使之全变为有用功而不产生其他影响的机器,它并不违反热力学第一定律.

为了准确地理解开尔文的表述,必须注意开尔文表述中的"单一热源"是指一个温度均匀的热源.如果热源的温度不均匀,则工作物质就可以从热源中温度较高的一部分吸取热量,而往热源中温度较低的另一部分放热,这样实际上就相当于两个热源了.所谓"不产生其他影响",是指除了由单一热源吸取热量和把吸取的热量用来做功以外的其他任何变化.如果有其他变化,那么把由单一热源吸取的热量全部转化为有用功是有可能的."循环动作的热机"指的是工作物质所经历的循环过程,如果不是循环过程,则从单一热源吸取热量全部转化为有用功也是可能的.例如,在理想气体等温膨胀过程中,由于内能不变,根据热力学第一定律,气体从单一恒温热源吸取的热量可以全部转化为对外界做功.但是系统没有回到原来的状态,不是循环过程,而且这时产生了其他影响,如气体的体积膨胀了,这种过程不违背热力学第一定律,但违背了热力学第二定律.

(2)热力学第二定律的克劳修斯表述

德国物理学家克劳修斯在观察自然现象时发现,热量的传递过程也有它的特殊规律.在1850年克劳修斯以下列形式表述了热力学第二定律:不可能把热量从低温物体传到高温物体而不产生其他影响,即热量不可能自动地从低温物体传到高温物体.这称为热力学第二定律的克劳修斯表述,它揭示了热传递过程的不可逆性.

必须注意,"不引起其他变化"就是指工作物质对外界不做功,外界也对工作物质不做功,及外界无变化."自动地"是指热量不能直接地从低温物体传到高温物体而不引起其他变化,如果引起了其他变化,那也就不能够称其为"自动地"了.例如逆循环工作的致冷机,依靠外界对工作物质做功,是可以使热量由低温热源传向高温热源的.

热力学第二定律是关于在有限空间和时间内一切和热现象有关的物理、化学过程的发展具有不可逆性这样一个事实的经验总结,既不能够从更普遍的定律中推导出来,也不能直接去验证它的正确性.但它所得出的推论,却是与客观实际相符合的,说明了它的正确性.

热力学第二定律的克劳修斯表述和开尔文表述可以用反证法来证明,即证明如果两种表述中的一个不成立,则另一个也一定不成立,它们是等价的,而且它们在实质上是反映了自然界中有关过程进行的方向、条件和限度,说明各种不可逆过程是相互关联的,具有深刻的内在联系.热力学中,热力学第二定律是独立于热力学第一定律的,它们是相辅相成的.热力学第一定律说明任何过程中必须遵从能量守恒定律,热力学第二定律说明并不是遵从能量守恒定律的过程都能够实现.

9.8 可逆过程和不可逆过程

为了进一步研究热力学第二定律深刻的意义和热力学过程进行的方向、条件和限度问题,本节先介绍可逆过程和不可逆过程的概念,然后说明自然界中实际存在的一切与热现象有关的宏观过程都是不可逆的.

热力学中,关于过程进行的方向问题是很重要的,一个热力学系统状态变化可以向着某一方向进行或向着相反方向进行.例如,系统的体积可以膨胀,也可以压缩;系统的温度可以升高,也可以降低;液体既能蒸发,也能固化等等.任何一个过程发生时,系统都要从一个初始状态经过一系列的中间状态变化到一个末状态.

9.8.1 可逆过程

一个系统从某一初始状态出发经过某一过程达到末状态，如果存在另一过程(逆过程)，它能使系统和外界都完全复原(即系统回到原来的状态，同时消除了原来过程对外界引起的一切变化)，而且逆过程的每一步都与正过程相同，只是次序相反，则这种过程称为可逆过程.

一个简单的力学系统，如果是发生无机械能耗散效应的纯力学过程，就可以看作是可逆过程. 例如，不受空气阻力及其他摩擦力的单摆的运动过程，就是一个可逆过程；又如，有一个完全弹性的小球，在不受空气阻力和斜面摩擦力的条件下由斜面上 A 点自由滚下和 B 板相碰后，又回到 A 点. 系统和外界都完全复原，是一个可逆过程.

理想气体的等温膨胀过程是一个可逆过程. 设在一个具有活塞的气缸内装有理想气体，气缸的侧壁完全绝热，活塞与气缸壁之间完全光滑，气缸的底壁完全导热，并且与一恒温热源相接触. 开始时，气体状态Ⅰ(P_1、V_1、T_1)的压强和温度与外界平衡. 如果外界是对气体做功，即加在活塞上的压强稍微增大，则使气体的体积将减少一极小量，而温度将上升一极小量，同时有少量的热量放出到恒温热源中，而使气体的温度和内能完全不变. 虽然此时系统也将偏离平衡态，但偏离极小，而且在很短的时间内系统又达到新的平衡态，继续进行下去，气体的温度将保持不变，并且是无限缓慢地经过一系列平衡的中间状态而达到末状态Ⅱ(P_2、V_2、T_1). 如果再使气体由状态Ⅱ(P_2、V_2、T_1)作准静态等温压缩到原来的初始状态Ⅰ(P_1、V_1、T_1)，并使系统和外界都恢复原状，而不产生其他影响，那么等温膨胀过程是一个可逆过程. 不存在消耗因素(如摩擦、黏滞、电阻、磁滞等)的准静态过程才是可逆过程. 可逆过程一定是准静态过程，准静态过程不一定是可逆过程.

9.8.2 不可逆过程

如果一个热力学系统和外界一经发生变化之后不论用任何方法都不可能使系统和外界完全回复到初始状态，则称为不可逆过程. 自然界的一切实际过程都是不可逆过程.

如果过程进行得不是无限缓慢，而是以有限速率进行，则该过程将是一个不可逆过程.(例如，设在一个绝热的气缸内装有理想气体，活塞与气缸之间是无摩擦的，如果很快地增加作用到气缸活塞上的压强使气体快速压缩，则在活塞附近气体的温度、压强和密度都大于远离活塞处气体的温度、压强和密度；相反，使气体快速膨胀时，在活塞附近的温度、压强和密度都小于远离活塞处气体的温度、压强和密度. 在气体的压缩和膨胀过程中，气体所经历的中间状态是不相同的，膨胀时气体对外界所做的功小于压缩时外界对气体所做的功. 这样，气体膨胀到原来的体积时，气体的温度、压强发生了变化，气体不能回复到原来的初始状态. 系统和外界也没有回复到原状，因外界对系统做了净功，所以该绝热压缩过程是不可逆过程. 如果绝热压缩过程进行得无限缓慢，可以得出系统回复原来状态时，外界也回复原状，则该过程是一个可逆过程.

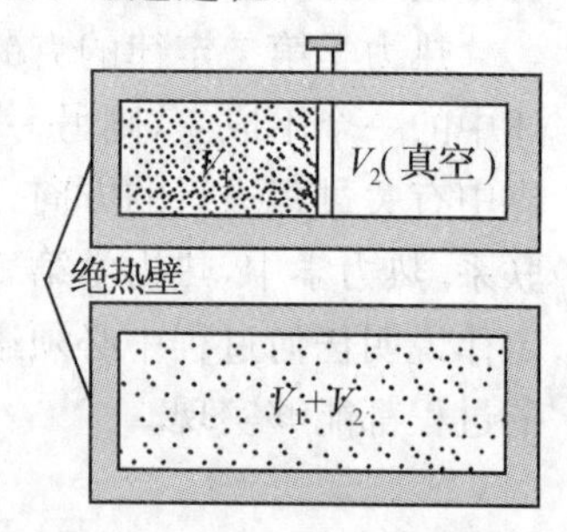

图 9.8.1　自由膨胀过程

热传导过程也是一个不可逆过程，两个温度不同的物体作热接触时，热量总是自动地从高温物体传递到低温物体，直到两个物体的温度相等为止. 但是热量不能够自动地从低温物体传递到高温物体，所以热传导过程是一个不可逆过程.

气体的自由膨胀过程也是一个不可逆过程. 如图 9.8.1 所示，中间装有隔板的容器，一边装有理想气体，另一边为真空，当抽去隔板后，气体要扩散到整个容器，直到各处的密度均匀为止. 由于在自由膨胀过程中不受外界阻力的作用，所以气体不对外界做功. 另外，该过程进行得很快，可看作绝热过程，与外界无热量交换，内能不发生变化；但是逆过程外界必须对系统做功，功转换为气体的内能，然后向外界放出热量，可见，逆过程不能使外界回复原状，所以气体的自由膨胀过程是一个不可逆过程. 以上两个例子说明不可逆过程是具有一定方向的.

对于一个热力学过程，如果是一个可逆过程，必须满足两个条件：第一个条件是过程为进行得无限缓慢的准静态过程，能够使系统内部以及系统与外界之间存在的某些不平衡得到消除；第二个条件是在过程进行中必须没有如摩擦力、粘滞力、阻力以及电阻等耗散效应. 因此，可逆过程是一个理想过程，实际上是不存在的. 如果一个过程进行的每个瞬间可以近似地看作准静态（平衡态），而且一切耗散效应都可以忽略不计，则可以将有关过程当作可逆过程来处理.

实际上，一切实际的宏观过程都是以有限速率进行的，也不可能完全忽略一切耗散因素，所以都是不可逆过程. 因为一切与热现象有关的宏观过程都是互相联系着的，由某一过程的不可逆性可以推断出与它相联系的另外的过程的不可逆性. 热力学第二定律实质上是指明了自然界中一切涉及热现象的有关实际过程，其能量转换或传递具有一定的方向、条件和限度.

9.9 热力学第二定律的统计意义和适用范围

9.9.1 热力学第二定律的统计意义

热力学第二定律指出，一切与热现象有关的宏观过程都是不可逆的，而热现象又与大量分子无规则的热运动相联系，因此，热力学第二定律所反映出来的宏观过程的方向性一定能够从大量分子的微观运动情况来认识热力学第二定律的微观本质，下面通过例子来讨论热力学第二定律的统计意义.

(1)气体自由膨胀的分析

如图 9.9.1 所示，用活动隔板将长方形容器分成容积相等的两部分 A 和 B，使 A 部分充满气体，B 部分保持真空. 考虑气体中任一个分子 a，在隔板抽掉前，它能够在 A 室自由运动，因此，它在 A 室出现的概率为 1，而在 B 室出现的概率为 0. 在隔板抽掉后，它就能在整个容器内运动，而且由于碰撞，它一会儿在 A 室，一会儿在 B 室，因此，就单个分子看来，它是能够回到 A 边的. 由于两室体积相等，它在 A 室和 B 室的概率是相等的，因此分子 a 回到 A 室的概率是 $\frac{1}{2}$. 如果用同样的方法考虑 a、b、c 三个分子，隔板抽掉前它们都在 A 室，隔板抽掉后，它们有可能跑到 B 室，三个分子在容器中的分布情况有 8 种，如表 9－9－1 所示. 如果考虑气体中的 a、b、c、d 四个分子，隔板抽掉前全部在 A 室，隔板抽掉后，它们有可能跑到 B 室，四个分子在整个容器中的分布情况有 16 种，如表 9－9－2 所示. 由于一个分子回到 A 室的概率是 $\frac{1}{2}$，根据概率乘法定理，四个分子全部回到 A 室的概率应为

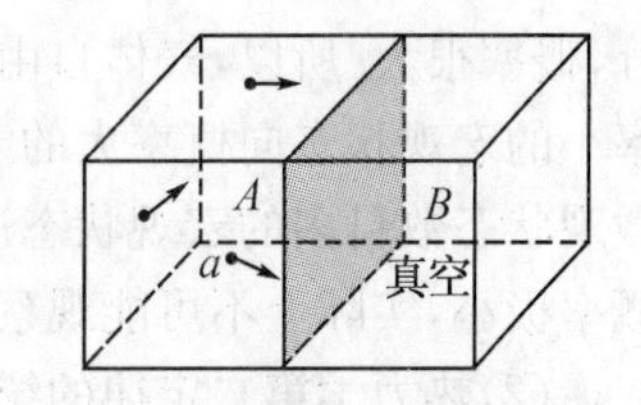

图 9.9.1 气体自由膨胀的分析

$$\frac{1}{2}\times\frac{1}{2}\times\frac{1}{2}\times\frac{1}{2}=\frac{1}{2^4}$$

由以上可见，它比只有一个分子时的概率减小了．但同时也可以看到，四个分子全部回到 A 室的实际可能性是存在的．

表 9－9－1　三个分子在容器中的分布情况

A 室	abc	ab	ac	bc	a	b	c	0
B 室	0	c	b	a	bc	ac	ab	abc

表 9－9－2　四个分子在容器中的分布情况

A 室	0	$abcd$	a	b	c	d	bcd	acd	abd	abc	ab	ac	ad	bc	bd	cd
B 室	$abcd$	0	bcd	acd	abd	abc	a	b	c	d	cd	bd	bc	ad	ac	ab
状态数	1	1	4				4				6					
宏观态编号	Ⅰ	Ⅱ	Ⅲ				Ⅳ				Ⅴ					

由此类推，如果有 N 个分子，若以分子处在 A 室或 B 室来分类，可以推得总共有 2^N 种可能的分布．根据概率乘法定理，全部 N 个分子都回到 A 室的概率应为 $\frac{1}{2^N}$，即它只是 2^N 种可能的分布中的一种．如果有 1 mol 气体先在 A 室，抽掉隔板后，气体自由膨胀后，全部分子回到 A 室的概率只为 $\frac{1}{2^{6.02\times10^{23}}}$，可见，实际上是不可能出现的，气体的自由膨胀过程是不可逆过程．

由上面的分析可以看出，如果以分子在 A 室或 B 室来分类，把分子的每一种可能的分布称为一种微观状态，则 N 个分子总共有 2^N 个可能的微观状态，而且每一种微观状态的概率相等，都是 $\frac{1}{2^N}$．由前面分析结果知道，对于 N 个气体分子，全部 N 个分子回到 A 室的宏观状态只是包含了 2^N 个可能的微观状态中的一种微观状态，而概率仅为 $\frac{1}{2^N}$；而基本上均匀分布（A 和 B 两边的分子数相等或接近于相等）的宏观状态却包含了 2^N 个可能的微观状态的绝大部分，概率很大．所以，气体自由膨胀的不可逆性，实质上是反映了系统内部发生的过程总是由概率小的宏观状态向概率大的宏观状态进行，也就是由包含微观状态数目少的宏观状态向包含微观状态数目多的宏观状态进行．而相反的逆过程，在外界不发生任何影响的条件下，实现的概率极小，实际上不可能观察到，因而没有实际意义．

(2)热力学第二定律的统计意义

对于气体自由膨胀问题的分析，具有一般意义，即一个不受外界影响的“孤立系统”，其内部发生的过程总是由概率小的宏观状态向概率大的宏观状态进行，由包含微观状态数目少的宏观状态向包含微观状态数目多的宏观状态进行．这就是热力学第二定律的统计意义，不可逆过程的实质．

下面再来分析一下热传导过程和功与热的转换过程．

对于热量传导过程，高温物质内部分子运动的平均平动动能 ε_t 大，低温物质内部分子运动的平均平动动能 ε_t 小，当它们相接触，能量从高温区域向低温区域传递的概率大，从低温区域向高温区域传递能量的概率小，直到它们的温度相等为止，可见热传导过程是一个不可逆过程．

对于功转换为热的问题，功变热的过程是宏观运动的机械能变为内能的过程．机械能表示物体内所有分子都做同样的有规则的定向运动时所对应的能量，而内能则表示分子做无规则热运动时所对应的能量. 由功变热的过程，表示有规则运动的能量变为无规则运动的能量，其概率大；而相反的过程，即物体分子的无规则运动自发地全部变为有规则的定向运动，对由大量分子组成宏观系统而言，其概率极小，实际上是不可能实现的. 可见，热传导过程、功变热的过程，是由概率小的状态向概率大的状态进行；而相反的过程，是由概率大的状态向概率小的状态进行，这就是热传导过程、功变热过程是不可逆过程的微观实质.

9.9.2 热力学第二定律的适用范围

热力学第二定律具有统计的意义，它只适用于大量分子所组成的宏观系统，包括实物和场，而对于由少量分子所组成的系统不适用.

热力学第二定律是关于有限空间和有限时间内一切和热运动有关的物理、化学过程的发展具有不可逆性这样一个事实的经验总结，不能把热力学第二定律应用到无限的宇宙. 但是在19 世纪后半期，有些物理学家错误地把热力学第二定律应用到无限的宇宙. 汤姆孙认为：将来总有一天，全宇宙都要达到热平衡，一切变化都将停止，从而宇宙也将死亡. 这就是所谓的“宇宙热寂说”，将会导致温度不平衡的起源是由于上帝创造的或由于所谓“原始推动力”等唯心主义谬论.

热寂说的荒谬在于把无限的宇宙看成是一个热力学中所说的“孤立系统”，但是热力学中的孤立系统是指外界对它影响较小而可以忽略不计的有限系统，它只是一个理想化的模型. 把无限的宇宙看成是一个有限的孤立系统是错误的，会得出荒谬的结论.

热寂说结论的荒谬还在于，它实质上否认了物质运动不灭性在质上的意义，各种运动形式及其能量是可以相互转化和守恒的.

Chapter 9 Fundamentals of Thermodynamics

Thermodynamics deals with the relationships among the purely macroscopic parameters describing the behavior of a system. Its important application concerns the conversion of heat into other forms of energy.

If a system changes from a initial state to a final state, the input heat is transferred into two parts, one is served to do work by the system, another is served to increase the internal energy of the system, i. e.

$$Q=(E_f-E_i)+W \tag{1}$$

That is the first law of thermodynamics. It is the extension of the conservation of energy principle to include the heat phenomena and thermodynamic system. During a equilibrium process, the work done by the system is $W=\int_{V_1}^{V_2} P\mathrm{d}V$, thus, the first law can be written as

$$Q=(E_f-E_i)+\int_{V_1}^{V_2} P\mathrm{d}V .$$

A process taking place at constant temperature is isothermal or constant temperature process. The isothermal process of an ideal gas is represented by one of the hyperbola on the $P-V$ diagram. During an isothermal process $\Delta E=0$, so that $Q_T=W_T=\frac{M}{\mu}RT\ln\frac{P_i}{P_f}$. During an isochoric process (constant volume process) $W_V=0$, then $Q_V=\Delta E=\frac{M}{\mu}\frac{i}{2}RT$. During an isobaric process (constant pressure process) $Q_P=\frac{M}{\mu}\frac{i+2}{2}RT$. For an ideal gas, the molar heat capacity at constant volume is $C_V=\frac{i}{2}R$ while the molar heat capacity at constant pressure is $C_P=\frac{i+2}{2}R=C_V+R$, which means that the molar heat capacity of an ideal gas at constant pressure is greater than that at constant volume, and the difference is the universal gas constant. Hence the ratio of molar hear capacities is $\gamma=\frac{C_P}{C_V}=\frac{i+2}{i}$. During an adiabatic process $Q=0$, then $W_Q=-\Delta E=-\frac{M}{\mu}C_V\Delta T$. The equation for an idiabatic process is $PV^\gamma=$ *a* constant.

A cyclical process includes a sequence of processes in which the system eventually return to its initial state. Therefore, for any complete cycle we have $\Delta E=0$ and $W=Q=Q_1-Q_2$, which indicate the net work done by the system equals the net heat flowing into the system in a cyclical process. The thermal efficiency of a cycle is defined as the ratio of the useful work to the heat supplied $\eta=\frac{W}{Q_1}=1-\frac{Q_2}{Q_1}$ where Q_1 is the positive heat entering the system and Q_2 is the absolute value of negative heat rejected by the system. It is obvious that because Q_2

$\neq 0$, thermal efficiency $\eta < 1$.

An idealized cycle which can be shown to have maximum efficiency is a Carnot cycle. The cycle consists of two isothermal and two adiabatic processes. Thus all the heat input is supplied at a single high temperature and all the heat output is rejected at a single lower temperature. During a complete Carnot cycle it is proved that $\frac{Q_2}{Q_1}=\frac{T_2}{T_1}$. The thermal efficiency of a Carnot cycle engine is therefore

$$\eta_C = 1 - \frac{T_2}{T_1} \tag{2}$$

A refrigerator may be considered to be a heat engine operated in reverse. In contrast to a heat engine, refrigerator takes in heat from a cold reservoir, the compressor supplies mechanical work input, and heat is rejected to a hot reservoir. The coefficient of performance of a Carnot reverse cycle is $K_C=\frac{T_2}{T_1-T_2}$. An air conditioner employs a similar refrigerator cycle. In summer, its cold end is indoor and its warm end outdoor. Conversely, in winter, its cold end is outdoor and its warm indoor. It is used as 'heat pump' to maintain the warm inside the room.

The directions in which natural events happen is governed by the second law of thermodynamics which is independent of the first law. The second law of thermodynamics can be expressed in several equivalent forms. Two of them involve simple statements about heat and work are as follows:

(1) Kelvin statement of the second law: It is not possible to change heat completely into work, with no other change taking place.

(2) Clausius statement of the second law: It is not possible for heat to flow from one body to another body at a higher temperature with no other change taking place.

Above two statements are identical.

If it is not possible to operate a process in reverse direction, back to the initial state with no other change taking place, this process is defined as a irreversible process. Conversely, if it is possible, the process is a reversible one. The natural process spontaneously happens in one way not in the other, that is, the directionality of the natural process implies that all natural spontaneous processes are irreversible. The process in which work transfers into heat is irreversible, and the process in which heat flows from a hotter to a colder body is also irreversible. Carnot theorem tells us: No real engine operating between two given temperatures can have a greater efficiency than that of a Carnot engine operating between the sane two temperature, and all Carnot engines operating between the same two temperatures have the same efficiency, irrespective of the nature of the working substance.

For an isolated system, the process always proceeds spontaneously from the state of smaller thermodynamic probability to that of larger thermodynamic probability. That is from the state of lower disorder to the state of higher disorder. That is the statistical meaning of the second law of thermodynamics. The second law can be reformulated to say that the processed in an isolated system always tend to increase the disorder.

习题 9

9.1 填空题

9.1.1 对于由 P、V、T 状态参量描写的热力学系统，在微小变化的准静态过程中，热力学第一定律的数学表达式为________；在有限变化的准静态变化过程中，热力学第一定律的数学表达式为________.

9.1.2 试用符号+、-、0 填写下表中空格. +、-、0 分别表示 P、V、T 的增加、减小、不变. A 为正表示系统对外界做正功；A 为负表示外界对系统做正功；Q 为正表示系统从外界吸取热量，Q 为负表示系统向外界放出热量；ΔE 为正表示系统的内能增加，ΔE 为负表示系统的内能减少.

过程	ΔP	ΔV	ΔT	A	Q	ΔE	过程	ΔP	ΔV	ΔT	A	Q	ΔE
等体升温							等体降温						
等压升温							等压降温						
等温膨胀							等温压缩						
绝热膨胀							绝热压缩						

9.1.3 试分别在 $P-V$ 图、$P-T$ 图和 $V-T$ 图上，画出下列过程的代表曲线：①等体过程；②等压过程；③等温过程；④绝热过程.

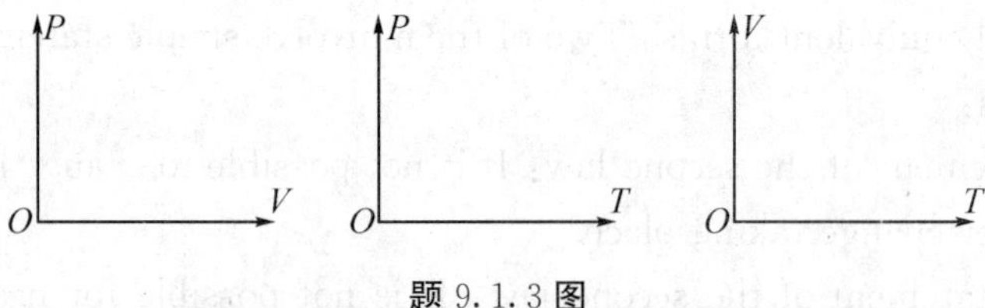

题 9.1.3 图

9.1.4 气体的比热容之所以有无穷多个，是由于比热容与________有关；在________过程中，气体的比热容为无穷大；在________过程中，气体的比热容为零.

9.1.5 设某种理想气体的比热容比 $\gamma=1.33$，其定压摩尔热容量为________，气体的定体摩尔热容量为________.

9.1.6 气体分子的质量可以根据该气体的定体比热容来计算，氩气的定体比热容 $C_V=0.314\ \mathrm{kJ\cdot kg^{-1}\cdot K^{-1}}$，则氩原子的质量 $m=$________. ($1\ \mathrm{kcal}=4.18\times10^3\ \mathrm{J}$).

9.1.7 同一种类的理想气体的定压摩尔热容量 C_P 大于定体摩尔热容量 C_V，其原因是________.

9.1.8 某气缸内贮有 10 mol 的单原子分子理想气体，在压缩过程中外界对气体所做功的大小为 209 J，气体温度升高 1 ℃，则气体向外界传递的热量 $Q=$________，气体的热容量 C 为________，摩尔热容量 C_c 为________.

9.1.9 某一种理想气体经历如图所示的各个过程，试讨论其比热是正还是负.

①过程Ⅰ－Ⅱ________；②过程Ⅰ′－Ⅱ________；③过程Ⅱ′－Ⅱ________.

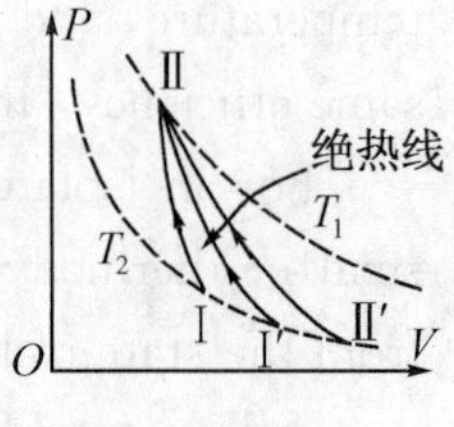

题 9.1.9 图

9.1.10 一定质量的理想气体经等压过程后温度由 7℃上升至 27℃，体积变化的百分比应为________.

9.1.11 氮气在等压过程中从外界吸收热量 1.5×10^4 J，其内能的改变量应为________.

9.1.12　一定质量的氧气在标准状态下体积为 $1.0\times10^{-2}\ m^3$. 试问:下列过程中气体吸收的热量. ①等温膨胀到体积为 $2.0\times10^{-2}\ m^3$ 时,$Q=$______;②先等体冷却再等压膨胀到①中所达到的状态时,$Q=$______.

9.1.13　质量为 0.02 kg 的氮气,当①经等压过程温度由 17℃上升至 27℃时,内能的改变量为______,吸收的热量为______,对外界所做的功为______;②如果经绝热过程,在与①相同情况下时,内能的改变量为______,吸收的热量为______,对外界所做的功 A 为______.

9.1.14　质量为 1 mol 质量的氮气在初始状态时温度为 300 K,体积为 22.4 L,经绝热压缩,气体的体积减小至 11.2 L,则这时气体的温度 $T=$______,在压缩过程中外界对气体所做的功 $A=$______.

9.1.15　氮气和氢气可看作理想气体,如果从同一初始状态出发,分别作绝热膨胀,试问:在 $P-V$ 图中两者的绝热线是否重合______,理由是______.

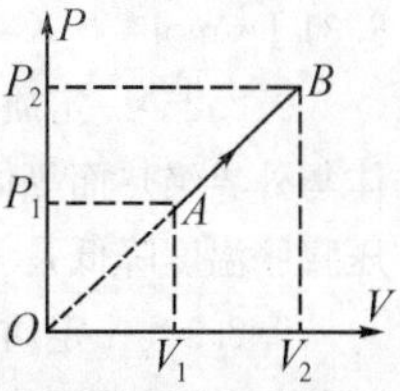

9.1.16　单原子理想气体状态变化时,压强 P 随体积 V 按线性规律变化,在 $P-V$ 图中如 $A\to B$ 的变化过程所示. 已知气体在 A、B 两状态的压强和体积分别为 P_1、V_1 和 P_2、V_2,气体在 $A\to B$ 的过程中内能的增量为______.

题 9.1.16 图

9.1.17　在 $P-V$ 图上,热力学系统的某一平衡态用______来表示,热力学系统的某一平衡过程用______来表示,热力学系统的某一平衡循环过程用______来表示.

9.1.18　一定质量的理想气体在等压过程中,气体的密度随______而变化;在等温过程中,气体的密度随______而变化.

9.1.19　试说明理想气体在等体过程、等压过程、绝热过程以及其他内能发生变化的过程中,内能的增量都可以用公式 $\Delta E=\frac{M}{M_{mol}}\frac{i}{2}R\Delta T$ 来计算,理由是______.

9.1.20　如图所示,AB、DC 是绝热过程,COA 是等温过程,BOD 是任一过程,组成 $ABODCOA$ 循环过程. 如果 ODC 的面积为 70 J,OAB 的面积为 30 J,在 COA 过程中放热 Q 为 100 J,则 BOD 过程中 Q 为______.

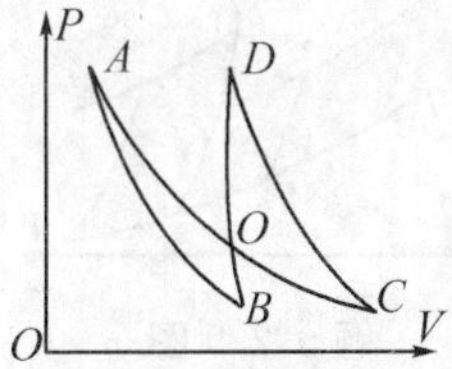

题 9.1.20 图 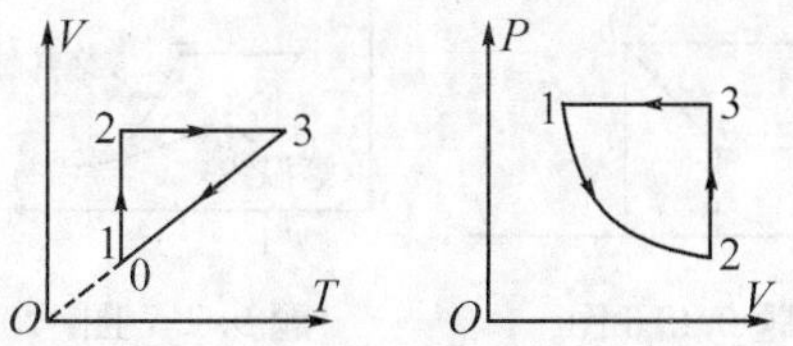　　题 9.1.21 图 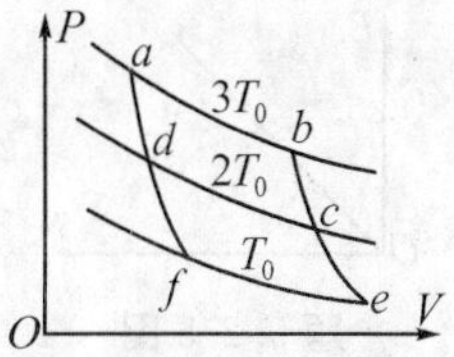　　题 9.1.23 图

9.1.21　如图所示,①将 $V-T$ 图所示的循环过程转换成以 $P-V$ 图来表示的循环过程;②在 $P-V$ 图上该循环是正循环还是逆循环?______. 系统做正功还是做负功?______.

9.1.22　在热力学中,"做功"和"传递热量"有着本质的区别,"做功"是通过______来完成的,"传递热量"是通过______来完成的.

9.1.23　如图所示,温度为 T_0、$2T_0$、$3T_0$ 三条等温线与两条绝热线围成三个卡诺循环:①$abcd$;②$dcef$;③$abef$. 其效率分别为:$\eta_1=$______;$\eta_2=$______;$\eta_3=$______.

9.1.24　有一卡诺热机,用 29 kg 空气为工作物质,工作在 27℃的高温热源与 −73℃的低温热源之间,此热机的效率 $\eta=$______. 若在等温膨胀的过程中气缸体积增大 2.718 倍,则此热机每一循环所做的功为______.(空气的摩尔质量为 29×10^{-2} kg/mol)

9.1.25　一卡诺热机的低温热源的温度 7℃,效率 30%,测其高温热源的温度为______K,如果要将热机的效率提高到 40%,则高温热源的温度应提高到______K,提高的 ΔT 为______K.

9.1.26　卡诺致冷机,其低温热源温度 $T_2=300$ K,高温热源温度 $T_1=450$ K,每一循环过程从低温热源吸热 $Q_2=400$ J,则该致冷机的致冷系数可由定义式______求出为______;每一循环中外界必须对系统做功______.

9.1.27　热力学第二定律的开尔文表述是__________.如何理解单一热源__________,不产生其他影响__________;热力学第二定律的克劳修斯表述是__________,如何理解自动地(自发地)__________;热力学第二定律的实质是__________,热力学第二定律的统计意义是__________.

9.1.28　从统计的意义来解释,不可逆过程实质上是一个__________,一切实际过程都向着__________的方向进行.

9.1.29　所谓第二类永动机是指__________,它不可能制造成的原因是__________.

9.2　选择题及判断题

9.2.1　质量为1摩尔质量的单原子理想气体,在一个大气压的等压过程,从0℃被加热到100℃($R=8.31\ \mathrm{J\cdot mol^{-1}\cdot K^{-1}}$),此时气体的内能增加:(A)46 J;(B)2.3 J;(C)1246.5 J;(D)120 J.　(　　)

9.2.2　一定质量理想气体的状态变化时:(A)气体从外界吸取热量而温度不变是可能的(　　);(B)气体与外界绝热而等体积升温是可能的(　　);(C)气体经等体过程而温度降低是可能的(　　);(D)气体经等压膨胀温度降低是可能的(　　);(E)气体与外界绝热而温度升高是可能的(　　).

9.2.3　一定质量的理想气体,分别经历如图中(a)所示的 abc 过程(图中虚线为等温线),和图(b)所示的 def 过程(图中虚线 df 为绝热线).试判断这两种过程是吸热还是放热:(A)abc 过程放热,def 过程吸热;(B)abc 过程吸热,def 过程放热;(C)abc 过程和 def 过程都放热;(D)abc 过程和 def 过程都吸热.　(　　)

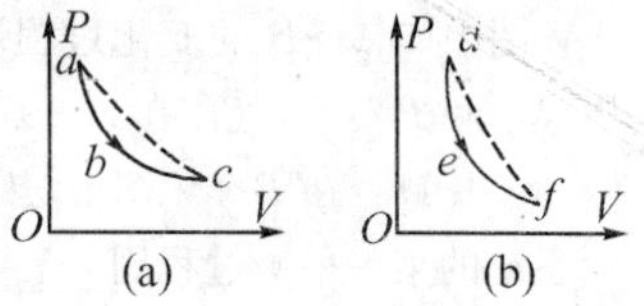

题 9.2.3 图

9.2.4　在标准状态下,1 mol 单原子分子理想气体绝热压缩到16.8 L,则外界所做的功为:(A)91 J;(B)223 J;(C)330 J;(D)719 J;(E)819 J.　(　　)

9.2.5　某理想气体状态变化时,内能随温度的变化关系如图中的直线所示,则气体的状态变化过程是:(A)一定是等体过程;(B)一定是等压过程;(C)一定是绝热过程;(D)上述过程均有可能发生.　(　　)

9.2.6　一定质量的理想气体,在 $V-T$ 图上其状态沿着一条直线从平衡状态 a 变化到平衡状态 b,该过程是:(A)一个吸热升压过程;(B)一个放热降压过程;(C)一个绝热降压过程;(D)一个吸热降压过程.　(　　)

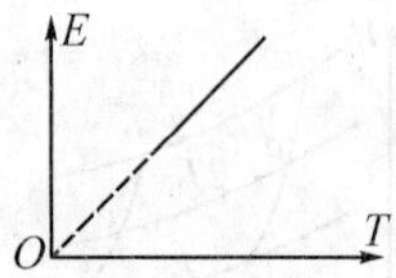

题 9.2.5 图 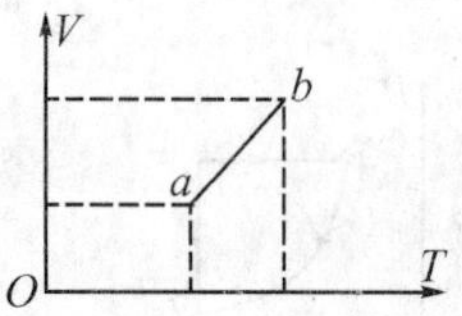　　题 9.2.6 图 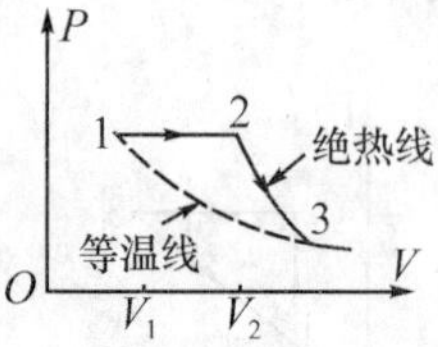　　题 9.2.7 图 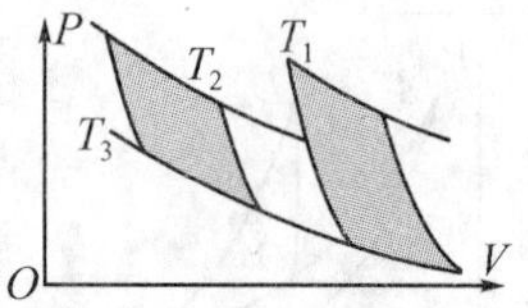　　题 9.2.9 图

9.2.7　如图所示,理想气体在1→2→3的过程中,应是:(A)气体从外界净吸收热量,内能减少;(B)气体从外界净吸收热量,内能增加;(C)气体向外界净放出热量,内能减少;(D)气体向外界净放出热量,内能增加.　(　　)

9.2.8　将质量为1 mol 质量的理想气体等压加热,使其温度升高 ΔT,传递给它的热量为 Q,它的比热容比 $\gamma\left(\gamma=\dfrac{C_P}{C_V}\right)$ 的值应为:(A)$\dfrac{Q}{R\Delta T-Q}$;(B)$\dfrac{Q}{Q-R\Delta T}$;(C)$\dfrac{R\Delta T-Q}{Q}$;(D)$\dfrac{Q-R\Delta T}{Q}$.　(　　)

9.2.9　两个卡诺热机的循环过程曲线如图所示,一个工作在温度为 T_1 与 T_3 的两个热源之间,另一个工作在温度为 T_2 与 T_3 的两个热源之间,已知这两个循环曲线所包围的面积相等.由此可知:(A)两个热机从高温热源吸收的热量一定相等;(B)两个热机向低温热源放出的热量一定相等;(C)两个热机吸收的热量与放出的热量的差值一定相等;(D)两个热机的效率一定相等.　(　　)

9.2.10　如图所示,(a)、(b)、(c)分别表示相连的两个循环过程,它们分别包围的面积相等,则经过两个循环后得到:(A)正的净功的为(a)和(b);(B)负功的为(b)和(c);(C)功为零的为(a)和(c);(D)负的净功的为(b)和(c).　(　　)

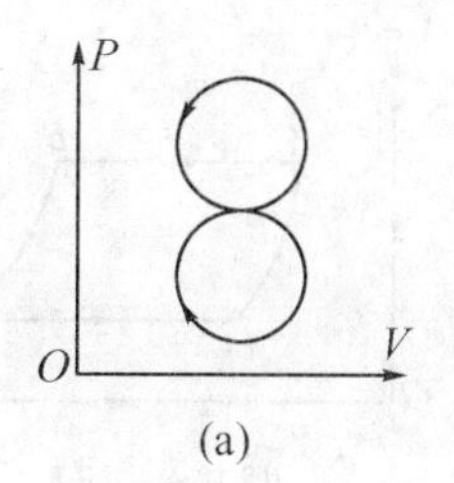

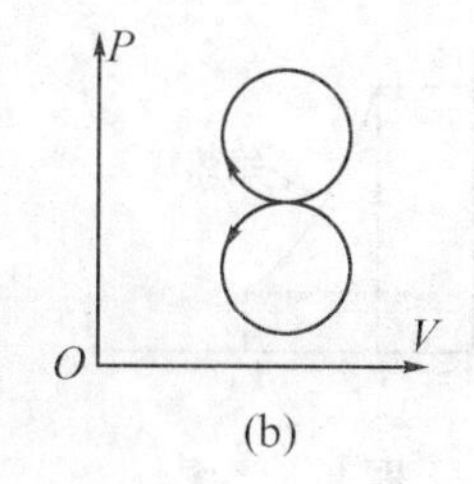

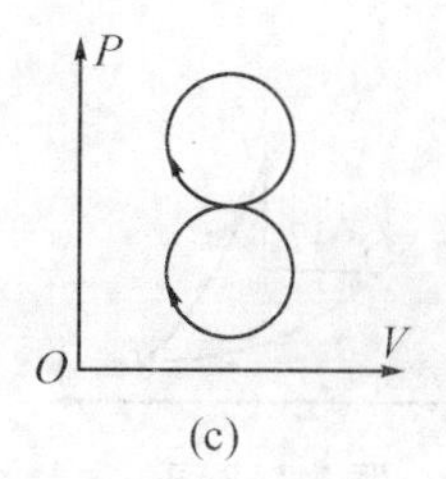

题 9.2.10 图

9.2.11　在一个绝热容器中，用质量可以忽略不计的绝热板分成体积相等的两部分，两边分别装入质量相等、温度相同的 H_2 和 O_2. 开始时绝热板 P 固定，然后释放绝热板，板 P 将发生移动(设绝热板与容器壁之间不漏气，而且摩擦可以忽略不计)，在达到新的平衡位置后，比较两边温度的高低，则结果应该是：(A) H_2 比 O_2 温度高；(B)两边温度相等且等于原来的温度；(C) O_2 比 H_2 温度高；(D)两边的温度相等但比原来的温度降低了.　(　　)

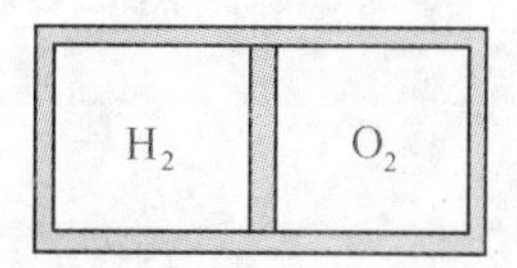

题 9.2.11 图

9.2.12　"理想气体和单一热源接触作等温膨胀时，吸收的热量全部用来对外界做功". 对此说法，有如下几种评论，哪一种评论是正确的：(A)不违反热力学第二定律，但违反热力学第一定律；(B)不违反热力学第一定律，但违反热力学第二定律；(C)违反热力学第一定律，也违反热力学第二定律；(D)不违反热力学第一定律，也不违反热力学第二定律.　(　　)

9.2.13　关于功转换为热和热量传递过程，有下面一些叙述：①功可以完全转变为热量，而热量不能完全转变为功；②一切热机的效率都只能够小于 1；③热量从高温物体向低温物体传递是不可逆过程；④热量不能从低温物体向高温物体传递. 以上叙述：(A)只有②④正确；(B)只有②③正确；(C)只有②③④正确；(D)只有①③④正确.　(　　)

9.2.14　卡诺循环过程两条绝热线下的面积 S_1、S_2 的绝对值的关系为：(A) $S_1 < S_2$；(B) $S_1 > S_2$；(C) $S_1 = S_2$；(D)不能够确定.　(　　)

9.2.15　一定质量的理想气体，分别进行如图所示的两个卡诺循环过程 $abcda$ 和 $a'b'c'd'a'$，如果在该 $P-V$ 图上这两个循环曲线所包围的面积相等，则可以由该图得知这两个循环：(A)效率相等；(B)在每一次循环中对外做的净功相等；(C)由高温热源处吸收的热量相等；(D)在低温热源处放出的热量相等.　(　　)

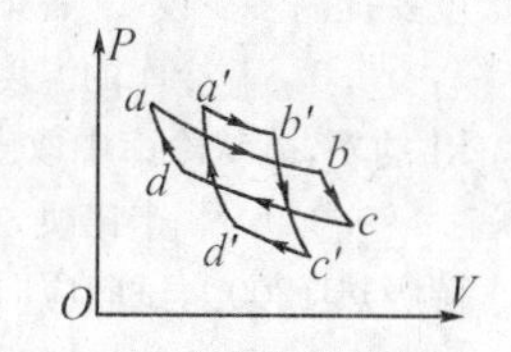

题 9.2.15 图

9.2.16　根据热力学第二定律，判断下列叙述是否正确：(A)不可逆过程就是不能够沿相反方向进行的过程(　　)；(B)一切自发过程都是不可逆过程(　　)；(C)准静态过程一定是可逆过程(　　)；(D)可逆过程都是准静态过程(　　).

9.2.17　根据热力学第二定律，判断下面哪一种说法是正确的：(A)两条绝热线和一条等温线可以构成一个循环；(B)一条等温线和一条绝热线可以有两个交点；(C)一条等温线和一条绝热线不可能有两个交点；(D)两条等温线和一条绝热线可以构成一个循环.　(　　)

9.2.18　根据热力学第二定律可知：(A)热量可以从高温物体传到低温物体，但不能从低温物体传到高温物体；(B)功可以全部转换为热，但热不能全部转换为功；(C)不可逆过程就是不能够向相反方向进行的过程；(D)一切自发过程都是不可逆过程.　(　　)

9.3　计算题及证明题

9.3.1　理想气体的定体摩尔热容量为 C_V，如果气体的压强按 $P=P_0C^{\alpha V}$ 的规律变化，其中 P_0、α 为常量. 试证明该气体的摩尔热容量 C 与体积 V 之间的关系为：$C=C_V+\dfrac{R}{1+\alpha V}$.

9.3.2　1 摩尔单原子理想气体装于气缸内，被一可以移动的活塞所封闭，起始时间压强为 1 atm，体积为 $11\times10^{-3}\ \mathrm{m}^3$，将此气体等压加热至体积增大 1 倍，然后再在等体积下加热至压强增大 1 倍，最后再作绝热膨胀，使其温度降至开始时的温度. ①将上述过程用 $P-V$ 图表示出来；②求其内能的改变量和对外界所做的功. [答案：①略；②0J，6.12×10^3 J]

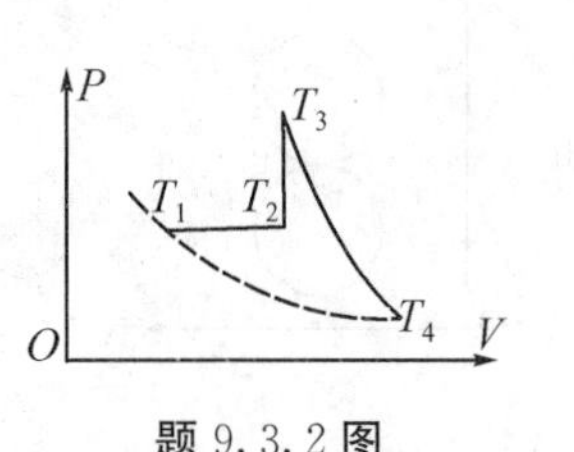

题 9.3.2 图

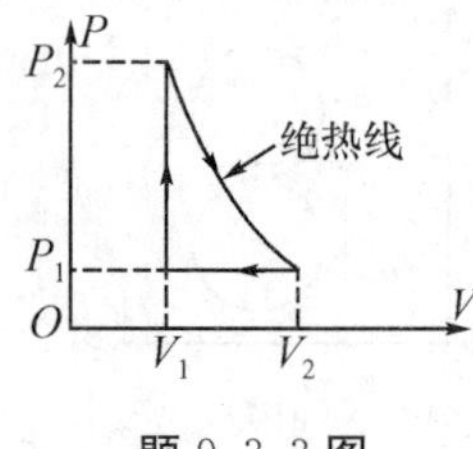

题 9.3.3 图

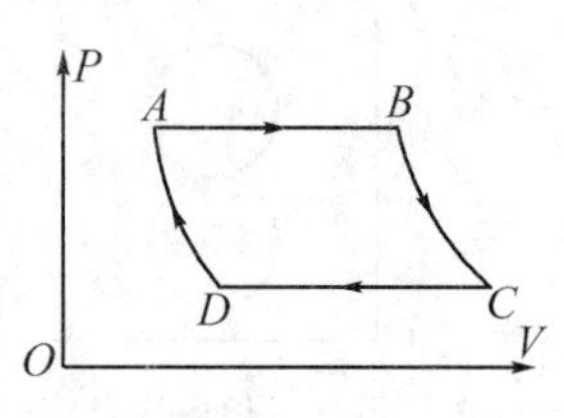

题 9.3.4 图

9.3.3　一热机以理想气体为工作物质，其循环过程如图所示，试证明循环效率为

$$\eta=1-\gamma\frac{\dfrac{V_1}{V_2}-1}{\dfrac{P_1}{P_2}-1}.$$

9.3.4　如图所示，一定量的理想气体所经历的循环过程，$A\to B$ 和 $C\to D$ 是等压过程，$B\to C$ 和 $D\to A$ 是绝热过程. 已知 $T_C=300\ \mathrm{K}$，$T_B=400\ \mathrm{K}$. 试求：该循环过程的效率. [答案：略]

9.3.5　如图所示，刚性多原子分子理想气体，完成一个由两个等体和两个等压过程组成的循环. 试求此循环过程的效率及净功. [答案：略]

9.3.6　如图所示，一定质量的理想气体由状态Ⅰ(P_1,V_1,T_1)经一直线过程膨胀到状态Ⅱ$\left(\frac{1}{2}P_1,2V_1,T_1\right)$. 试求：理想气体在该过程中达到的最高温度为多少？[答案：$T_{\max}=\frac{9}{8}T_1$]

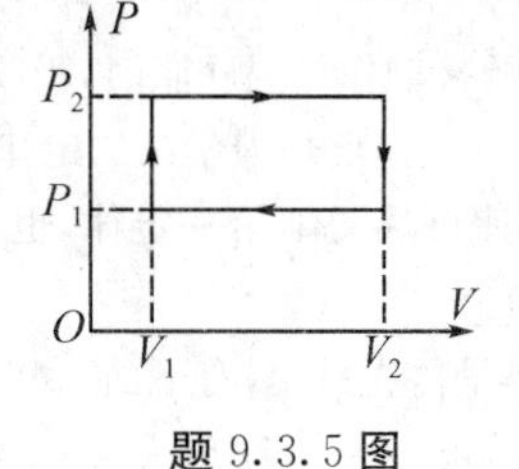

题 9.3.5 图

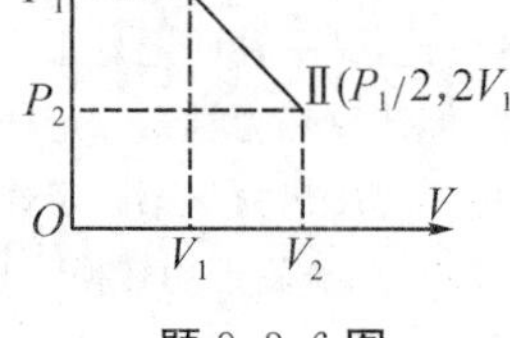

题 9.3.6 图

9.3.7　一可逆卡诺热机低温热源的温度为 7℃，效率为 40%，如果将效率提高到 50%，则高温热源的温度要提高多少度？[答案：93 K]

9.3.8　冷库的温度为 −10℃，致冷机从冷库中吸取热量传递给温度为 11℃的水，问致冷机每耗费 1.00 kJ 的功，能从冷库中取出的最大热量为多少？[答案：1.25×10^4 J]

9.3.9　一卡诺机，在温度为 127℃和 27℃的两个热源之间运转. ①如果一次循环中，热机从 127℃的热源吸热 1200 J，试问应向 27℃的热源放出多少热量？②如果循环是逆循环(按制冷机)工作，从 27℃热源吸热 1200 J，试问应向 127℃的热源放出多少热量？[答案：略]

9.3.10　①一卡诺致冷机从 7℃的热源中提取 1000 J 的热量传递到 27℃的热源，需要做多少功？如果从 −173℃的热源中提取 1000 J 的热量传递到 27℃的热源呢？如果从 −223℃ 的热源提取 1000 J 的热量传递到 27℃的热源呢？最后比较三种情况的结果，可得出什么样的结论？②卡诺机作热机使用，工作的两热源的温差越大，则对外做功越有利. 如果作致冷机使用，两热源的温差越大是否越有利？为什么？[答案：①$A_1=71.4$ J，$A_2=2000$ J，$A_3=5000$ J；②略]

9.3.11　如图所示，一系统从图中的 a 状态沿 abc 过程到达 c 状态，吸取了 350 J 的热量，同时对外界做功 126 J. 试求：①如果沿 adc 过程，做功为 42 J，系统吸收多少热量？②从状态 c 沿图示曲线所示 ca 过程返回到 a 状态，外界对系统做功 84 J，系统是吸热还是放热？数值是多少？[答案：①266 J；②−308 J]

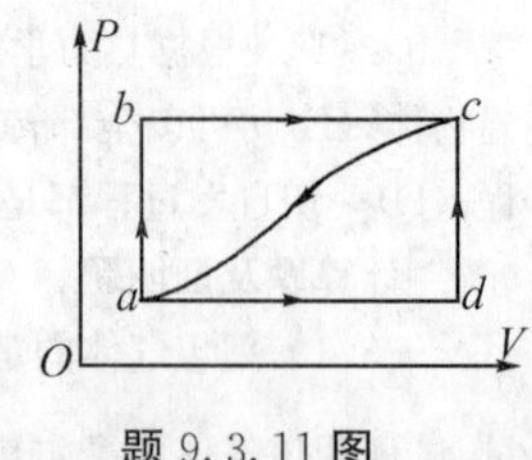

题 9.3.11 图

9.3.12　将 400 J 的热量传递给标准状态下的 2 mol 的氧气. 试问：①如果温度保持不变，氧气的温度和压强各变为多少？②如果压强不变，氧气的温度、体积各变为多少？③如果保持体积不变，温度和压强各变为多少？[答案：①0.916 atm，$48.9\times10^{-3}\ \mathrm{m^3}$；②280.03 K，$45.5\times10^{-3}\ \mathrm{m^3}$；③282.2 K，1.04 atm]

9.3.13　温度为 25℃，1 mol 质量的双原子理想气体. 试求：①经等温过程体积膨胀为原来的 3 倍，气体对外界所做的功是多少？②经绝热膨胀为原来体积的 3 倍，气体对外界所做的功是多少？此时气体的温度降低了多少？[答案：①2720.58 J；②2228.74 J；③106 K]

阅读材料　科学家系列简介(二)

焦耳(James Prescott Joule,1818—1889)

焦耳是英国杰出的物理学家,1818 年 12 月 24 日生于曼彻斯特附近的索尔福德,父亲是个富有的啤酒厂厂主.焦耳从小就跟父亲参加酿酒劳动,学习酿酒技术,没上过正规学校.16 岁时和兄弟一起在著名化学家道尔顿门下学习,然而由于老师有病,学习时间并不长,但是道尔顿对他的影响极大,使他对科学研究产生了强烈的兴趣.1838 年,他拿出一间住房开始了自己的实验研究.他经常利用酿酒后的业余时间,亲手设计制作实验仪器,进行实验.焦耳一生都在从事实验研究工作,在电磁学、热学、气体分子动理论等方面均做出了卓越的贡献.他是靠自学成为物理学家的.

从 1840 年起,焦耳开始研究电流的热效应,写成了《论伏打电所生的热》、《电解时在金属导体和电池组中放出的热》等论文,指出:导体中一定时间内所产生的热量与导体的电流的二次方和电阻之积成正比.此后不久的 1842 年,俄国著名物理学家楞次也独立地发现了同样的规律,所以被称为焦耳—楞次定律.这一发现为揭示电能、化学能、热能的等价性打下了基础,敲开了通向能量守恒定律的大门.他写出论文《论磁电的热效应及热的机械值》,并在 1843 年 8 月 21 日英国科学协会数理组会议上宣读.他强调了自然界的能是等量转换、不会消灭的,哪里消耗了机械能或电磁能,总在某些地方能得到相当的热.这对于热的动力说是极好的证明与支持,因此引起轰动和热烈的争议.

为了进一步说服那些受热质说影响的科学家,他表示:"我打算利用更有效和更精确的装置重做这些实验."以后他改变测量方法,例如,将压缩一定量空气所需的功与压缩产生的热量作比较确定热功当量;利用水通过细管运动放出的热量来确定热功当量;其中特别著名的也是今天仍可认为是最准确的桨叶轮实验,通过下降重物带动量热器中的叶片旋转,叶片与水的摩擦所产生的热量由水的温升可准确测出.他还用其他液体(如鲸油、水银)代替水.不同的方法和材料得出的热功当量都是 423.9 千克力·米/千卡或趋近于 423.85 千克力·米/千卡.

在 1840—1879 年,焦耳用了近 40 年的时间,不懈地钻研和测定了热功当量.他先后用不同的方法做了 400 多次实验,得出结论:热功当量是一个普适常量,与做功方式无关.他自己 1878 年与 1849 年的测验结果相同,后来公认值是 427 千克力·米/千卡.这说明了焦耳不愧为真正的实验大师.他的这一实验常数,为能量守恒与转换定律提供了无可置疑的证据.

1847 年,当 29 岁的焦耳在牛津召开的英国科学协会会议上再次报告他的成果时,本来想听完后起来反驳的开尔文勋爵竟然也被焦耳完全说服了,后来两人合作得很好,共同进行了多孔塞实验(1852 年),发现气体经多孔塞膨胀后温度下降,称为焦耳—汤姆孙效应,这个效应在低温技术和气体液化方面有着广泛的应用.焦耳的这些实验结果,1850 年总结在他出版的《论热功当量》的重要著作中.他的实验,经多人从不同角度、不同方法重复得出的结论是相同的.1850 年焦耳被选为英国皇家学会会员,此后他仍不断改进自己的实验.恩格斯把"由热的机械当量的发现(迈尔、焦耳和柯尔丁)所导致的能量转化的证明"列为 19 世纪下半叶自然科学三大发现的第一项.

开尔文(1824—1907)

开尔文是英国著名的物理学家、发明家. 1824 年 6 月 26 日,开尔文生于爱尔兰的贝尔法斯特. 他从小聪慧好学,10 岁时就进入格拉斯哥大学预科学习. 17 岁时曾立志:"科学领路到哪里,就在哪里攀登不息."1845 年毕业于剑桥大学,在大学学习期间曾获兰格勒奖金第二名,史密斯奖金第一名. 毕业后他赴巴黎跟随物理学家和化学家 V·勒尼奥从事实验工作一年,1846 年受聘为格拉斯哥大学自然哲学(物理学当时的别名)教授,任职达 53 年之久. 由于装设第一条大西洋海底电缆有功,他于 1866 年被英国政府封为爵士,并于 1892 年晋升为开尔文勋爵,开尔文这个名字就是从此开始的. 1890—1895 年任伦敦皇家学会会长,1877 年被选为法国科学院院士. 1904 年任格拉斯哥大学校长,直到 1907 年 12 月 17 日在苏格兰的内瑟霍尔逝世为止.

克劳修斯(Rudolph Clausius,1822—1888)

克劳修斯是德国物理学家,是气体动理论和热力学的主要奠基人之一. 1822 年 1 月 2 日生于普鲁士的克斯林(今波兰科沙林)的一个知识分子家庭,曾就读书于柏林大学. 1847 年在哈雷大学主修数学和物理学的哲学博士学位. 从 1850 年起,曾先后任柏林炮兵工程学院、苏黎世工业大学、维尔茨堡大学、波恩大学物理学教授. 他曾被法国科学院、英国皇家学会和彼得堡科学院选为院士或会员.

克劳修斯主要从事分子物理、热力学、蒸汽机理论、理论力学、数学等方面的研究,特别是在热力学理论、气体动理论方面建树卓著. 他是历史上第一个精确表示热力学定律的科学家. 1850 年与兰金(William John Ma—Zquorn Rankine,1820—1872)各自独立地表述了热与机械功的普遍关系——热力学第一定律,并且提出蒸汽机的理想的热力学循环(兰金—克劳修斯循环). 1850 年,克劳修斯发表了论文《论热的动力以及由此推出的关于热学本身的诸定律》. 克劳修斯是热力学第二定律的两个主要奠基人(另一个是开尔文)之一.

1854 年,他发表了论文《力学的热理论的第二定律的另一种形式》,给出了可逆循环过程中热力学第二定律的数学表示形式,引入了一个新的后来定名为熵的态参量. 1865 年,他发表了论文《力学的热理论的主要方程之便于应用的形式》,把这一新的态参量正式定名为熵. 在气体动理论方面,克劳修斯做出了突出的贡献. 克劳修斯、麦克斯韦、玻耳兹曼被称为气体动理论的三个主要奠基人,由于他们的一系列工作,使气体动理论最终成为定量的系统理论. 1857 年,克劳修斯发表了论文《论热运动形式》,以十分明晰的方式发展了气体动理论的基本思想. 他假定气体中分子以同样大小的速度向各个方向随机地运动,气体分子同器壁的碰撞产生了气体的压强,第一次推导出著名的理想气体压强公式,并由此推证了玻意耳—马略特定律和盖·吕萨克定律,初步显示了气体动理论的成就. 而且第一次明确提出了物理学中的统计概念,这个新概念对统计力学的发展起了开拓性的作用.

1858 年,克劳修斯发表了论文《关于气体分子的平均自由程》,从分析气体分子间的相互碰撞入手,引入单位时间内所发生的碰撞次数和气体分子的平均自由程的重要概念,解决了根据理论计算气体分子运动速度很大而气体扩散的传播速度很慢的矛盾,开辟了研究气体的输运过程的道路.

克劳修斯在其他方面贡献也很多. 他从理论上论证了焦耳—楞次定律. 1851 年,他由热力学理论论证了克拉伯龙方程,故这个方程又称为克拉珀龙—克劳修斯方程. 1853 年,他发展了温差电现象的热力学理论. 1857 年,他提出电解理论. 1870 年,他创立了统计物理中的重要定理之一——位力定理. 1879 年,他提出了电介质极化的理论,由此与 O·莫索提各自独立地导出了电介质的介电常数与其极化率之间的关系——克劳修斯—莫索提公式.

克劳修斯的主要著作有《力学的热理论》、《势函数与势》、《热理论的第二提议》等.

萨迪·卡诺(Sadi Carnot,1796—1832)

1824 年,萨迪·卡诺发表了著名的论文《关于火的动力及适于发展这一动力的机器的思考》,提出了在热机理论中有重要地位的卡诺定理,这个定理后来成了热力学第二定律的先导. 他写道:"为了以最普遍的形式来考虑热产生运动的原理,就必须撇开任何的机构或任何特殊的工作物质来进行考虑,就必须不仅要建立蒸汽机原理,而且要建立所有假想的热机的原理,不论在这种热机里用的是什么工作物质,也不论以什么方法来运转它们."卡诺取最普遍的形式进行研究的方法,充分体现了热力学的精髓. 他撇开一切次要因素,径直选取一个理想循环,由此建立热量和其转移过程中所做功之间的理论联系.

卡诺在 1832 年 6 月先得了猩红热和脑膜炎,8 月 24 日又患流行性霍乱去世,年仅 36 岁.

克拉珀龙(Benoit Pierre Emile Clapeyron,1799—1864)

克拉珀龙是法国物理学家和土木工程师. 1799 年 1 月 26 日生于巴黎. 1818 年毕业于巴黎工艺学院. 1820—1830 年在俄国彼得堡交通工程部门担任工程师,在铁路部门有较大贡献. 回到法国后,1844 年起任巴黎桥梁道路学校教授. 1848 年被选为巴黎科学院院士.

克拉珀龙主要从事热学、蒸汽机设计和理论、铁路工程技术方面的研究,他设计了法国第一条铁路线. 克拉珀龙在物理上的贡献主要是热学方面. 在他发表的《关于热的动力》的论文中,克拉珀龙重新研究和发展了卡诺的热机理论,1834 年赋予卡诺理论以易懂的数学形式,使卡诺理论显出巨大意义. 他利用瓦特发明汽缸蒸汽的压容图示法(即现在的 $P-V$ 图),将由两个等温过程和两个绝热过程组成的卡诺循环表示出来,并且用数学形式证明了卡诺热机在一次循环过程中所做的功在数值上正好等于循环曲线所围成的面积. 他还提出由蒸汽机所做的功和在这一循环中所供应的热量之比,可定出蒸汽机的效率. 他在卡诺定理的基础上研究了汽—波平衡问题,按照热质说,利用一个无限小的可逆卡诺循环得出了著名的克拉珀龙方程,1851 年克劳修斯由热力学理论也导出了这个方程,因而称之为克拉珀龙—克劳修斯方程,它是研究物质相变的基本方程. 1834 年,克拉珀龙还由气体的实验定律归纳出了理想气体的状态方程,这个方程 1874 年被门捷列夫推广,故称为克拉珀龙—门捷列夫方程.

1864 年 1 月 28 日,克拉珀龙在巴黎逝世.

气体动理学理论和热力学基础检测题

一、选择题

1. 水蒸气分解成同温度的氢气和氧气，内能增加了(　　)(不计振动自由度和化学能).

A. 66.7%　　　　B. 50%

C. 25%　　　　D. 0

2. 设右图所示的两条曲线分别表示在相同温度下氧气和氢气分子的速率分布曲线；令$(v_p)_{O_2}$和$(v_p)_{H_2}$分别表示氧气和氢气的最概然速率，则(　　).

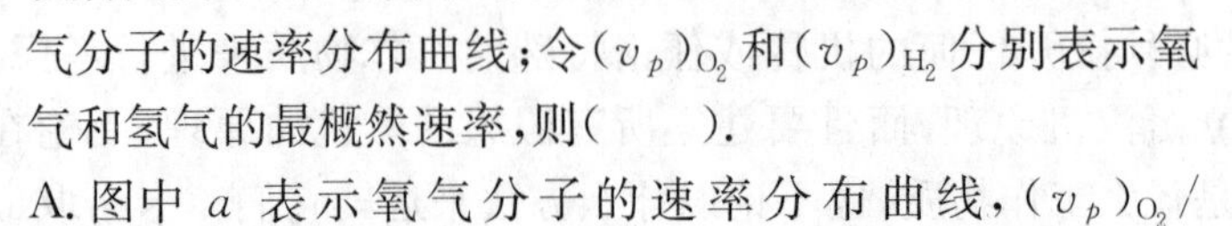

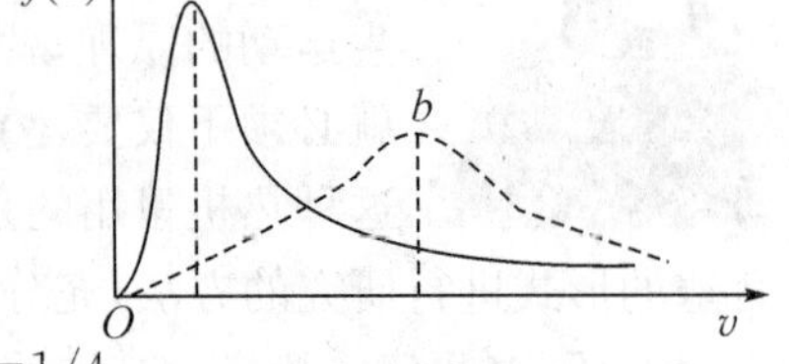

A. 图中a表示氧气分子的速率分布曲线，$(v_p)_{O_2}/(v_p)_{H_2}=4$

B. 图中a表示氧气分子的速率分布曲线，$(v_p)_{O_2}/(v_p)_{H_2}=1/4$

C. 图中b表示氧气分子的速率分布曲线，$(v_p)_{O_2}/(v_p)_{H_2}=1/4$

D. 图中b表示氧气分子的速率分布曲线，$(v_p)_{O_2}/(v_p)_{H_2}=4$

3. 图(a)、(b)、(c)各表示连接在一起的两个循环过程，其中图(c)是两个半径相等的圆构成的两个循环过程，图(a)和(b)则为半径不等的两个圆. 那么(　　).

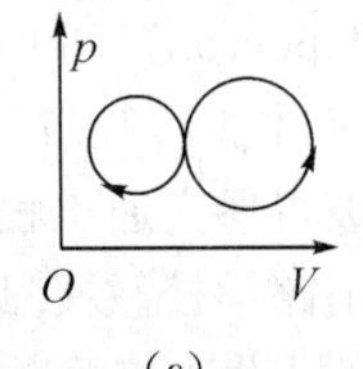

(a)

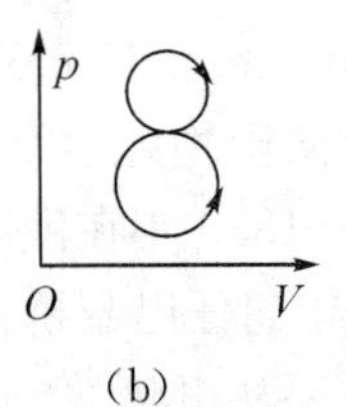

(b)

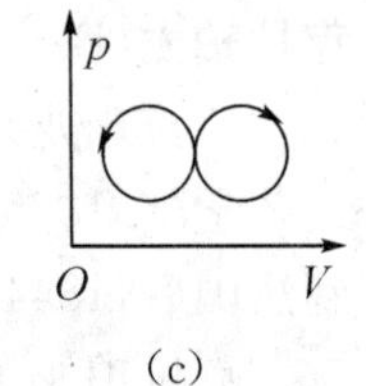

(c)

A. 图(a)总净功为负，图(b)总净功为正，图(c)总净功为零

B. 图(a)总净功为负，图(b)总净功为负，图(c)总净功为正

C. 图(a)总净功为负，图(b)总净功为负，图(c)总净功为零

D. 图(a)总净功为正，图(b)总净功为正，图(c)总净功为负

4. 一定量的理想气体，开始时处于压强、体积、温度分别为p_1、V_1、T_1的平衡态，后来变到压强、体积、温度分别为p_2、V_2、T_2的终态. 若已知$V_2>V_1$，且$T_2=T_1$，则以下各种说法中正确的是(　　).

A. 不论经历的是什么过程，气体对外净作的功一定为正值

B. 不论经历的是什么过程，气体从外界净吸的热一定为正值

C. 若气体从始态变到终态经历的是等温过程，则气体吸收的热量最少

D. 如果不给定气体所经历的是什么过程，则气体在过程中对外净作功和从外界净吸热的正负皆无法判断

5. 一定量的理想气体，其状态改变在$p-T$图上沿着一条直线从平衡态a到平衡态b(如右图所示)，则(　　).

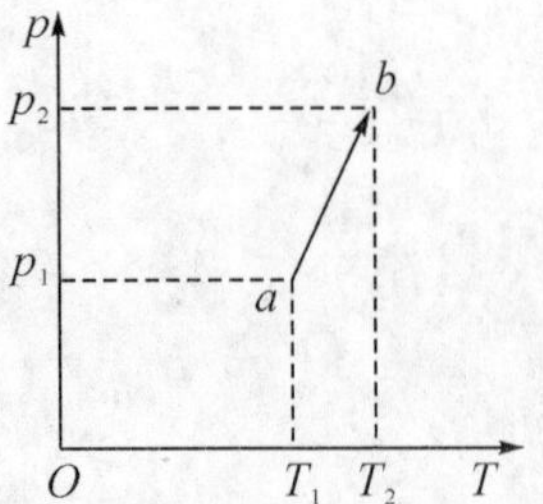

A. 这是一个膨胀过程

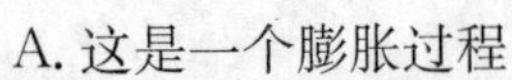

B. 这是一个等体过程

C. 这是一个压缩过程

D. 数据不足，不能判断这是哪种过程

6. 对于室温下的双原子分子理想气体,在等压膨胀的情况下,系统对外所作的功与从外界吸收的热量之比 W/Q 等于(　　).

A. 2/3　　B. 1/2

C. 2/5　　D. 2/7

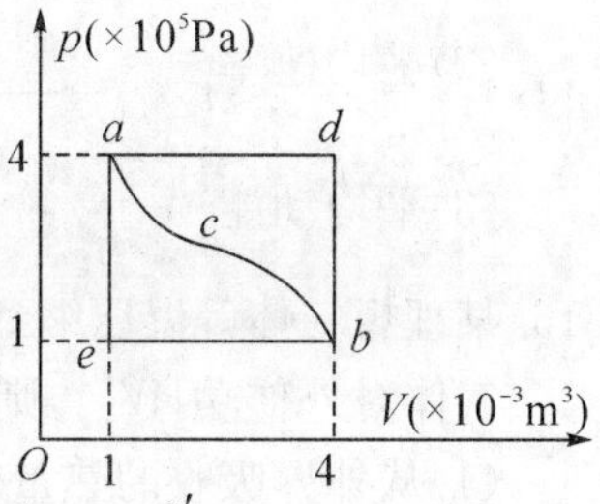

7. 如右图所示,一定量的理想气体经历 acb 过程时吸热 500 J. 则经历 $acbda$ 过程时,吸热为(　　).

A. −1200 J　　B. −700 J

C. −400 J　　D. 700 J

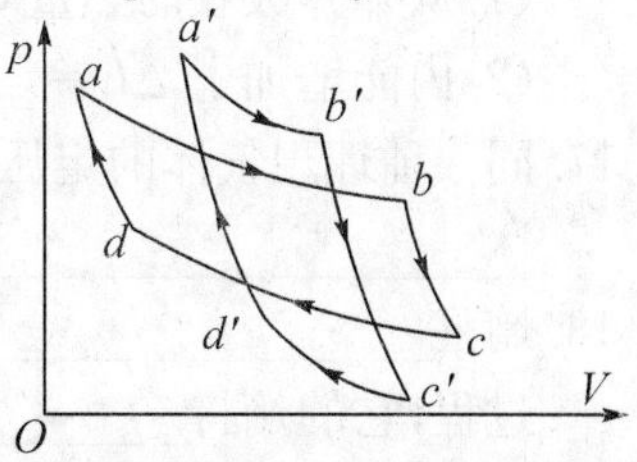

8. 某理想气体分别进行了如右图所示的两个卡诺循环:Ⅰ($abcda$)和Ⅱ($a'b'c'd'a'$),且两个循环曲线所围面积相等. 设循环Ⅰ的效率为 η,每次循环在高温热源处吸的热量为 Q,循环Ⅱ的效率为 η',每次循环在高温热源处吸的热量为 Q',则(　　).

A. $\eta<\eta'$, $Q<Q'$　　B. $\eta<\eta'$, $Q>Q'$

C. $\eta>\eta'$, $Q<Q'$　　D. $\eta>\eta'$, $Q>Q'$

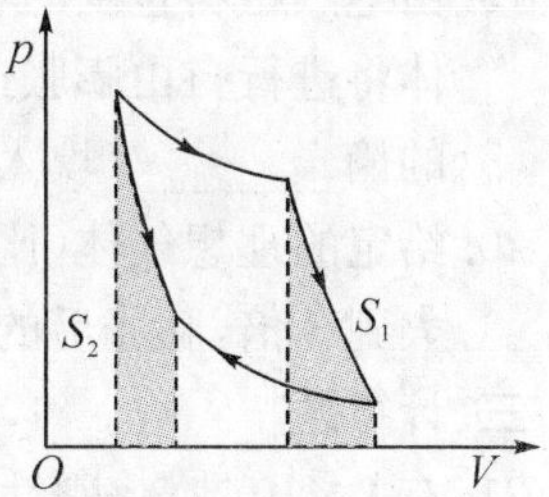

9. 理想气体卡诺循环过程的两条绝热线下的面积大小(右图中阴影部分)分别为 S_1 和 S_2,则二者的大小关系是(　　).

A. $S_1>S_2$　　B. $S_1=S_2$

C. $S_1<S_2$　　D. 无法确定

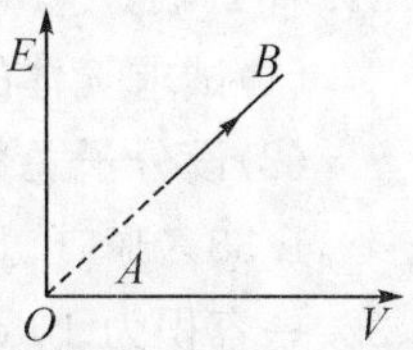

10. 某理想气体状态变化时,内能随体积的变化关系如右图中 AB 直线所示. $A\to B$ 表示的过程是(　　)

A. 等压过程　　B. 等体过程

C. 等温过程　　D. 绝热过程

二、填空题

11. 下面给出理想气体的几种状态变化的关系,指出它们各表示什么过程.

(1) $p\mathrm{d}V=(M/M_{\mathrm{mol}})R\mathrm{d}T$ 表示________过程.

(2) $V\mathrm{d}p=(M/M_{\mathrm{mol}})R\mathrm{d}T$ 表示________过程.

(3) $p\mathrm{d}V+V\mathrm{d}p=0$ 表示________过程.

12. 分子质量为 m、温度为 T 的气体,其分子数密度按高度 h 分布的规律是________. (已知 $h=0$ 时,分子数密度为 n_0)

13. 处于重力场中的某种气体,在高度 z 处单位体积内的分子数即分子数密度为 n. 若 $f(v)$ 是分子的速率分布函数,则坐标介于 $x\sim x+\mathrm{d}x$, $y\sim y+\mathrm{d}y$, $z\sim z+\mathrm{d}z$ 区间内,速率介于 $v\sim v+\mathrm{d}v$ 区间内的分子数 $\mathrm{d}N=$________.

14. 用总分子数 N、气体分子速率 v 和速率分布函数 $f(v)$ 表示下列各量:

(1)速率大于 v_0 的分子数=________;

(2)速率大于 v_0 的那些分子的平均速率=________;

(3)多次观察某一分子的速率,发现其速率大于 v_0 的概率=________.

15. 一定量的理想气体,经等压过程从体积 V_0 膨胀到 $2V_0$,则描述分子运动的下列各量与原来的量值之比是:

(1)平均自由程 $\frac{\bar{\lambda}}{\lambda_0}=$________

(2)平均速率$\frac{\bar{v}}{\bar{v}_0}$ = ____________

(3)平均动能$\frac{\varepsilon_K}{\varepsilon_{K_0}}$ = ____________.

16. 某理想气体等温压缩到给定体积时外界对气体作功$|W_1|$,又经绝热膨胀返回原来体积时气体对外作功$|W_2|$,则整个过程中气体

(1)从外界吸收的热量 Q = ____________

(2)内能增加了 ΔE = ________________

17. 同一种理想气体的定压摩尔热容 C_p 大于定体摩尔热容 C_V,其原因是____.

18. 熵是____________________________的定量量度. 若一定量的理想气体经历一个等温膨胀过程,它的熵将____________________(填入:增加、减少或不变).

19. 由绝热材料包围的容器被隔板隔为两半,左边是理想气体,右边真空. 如果把隔板撤去,气体将进行自由膨胀过程,达到平衡后气体的温度________(填入:升高、降低或不变),气体的熵________(填入:增加、减小或不变).

20. 给定的理想气体(比热容比 γ 为已知),从标准状态(p_0、V_0、T_0)开始作绝热膨胀,体积增大到 3 倍,膨胀后的温度 T = __________,压强 p = __________.

三、计算题

21. 有 $2\times10^{-3}\ \mathrm{m^3}$ 刚性双原子分子理想气体,其内能为 6.75×10^2 J.

(1)试求气体的压强;[答案:$P=1.35\times10^5$ Pa]

(2)设分子总数为 5.4×10^{22}个,求分子的平均平动动能及气体的温度.(玻尔兹曼常量 $k=1.38\times10^{-23}\ \mathrm{J\cdot K^{-1}}$)[答案:$\overline{W}=7.5\times10^{-21}$ J;$T=362$ K]

22. 一容积为 10 $\mathrm{cm^3}$ 的电子管,当温度为 300 K 时,用真空泵把管内空气抽成压强为 5×10^{-6} mmHg 的高真空,问此时管内有多少个空气分子?这些空气分子的平均平动动能的总和是多少?平均转动动能的总和是多少?平均动能的总和是多少?(760 mmHg$=1.013\times10^5$ Pa,空气分子可认为是刚性双原子分子)(波尔兹曼常数量 $k=1.38\times10^{-23}\ \mathrm{J\cdot K^{-1}}$)[答案:$N=1.61\times10^{12}$个;$10^{-8}$ J;0.667×10^{-8} J;1.67×10^{-8} J]

23. 一气缸内盛有一定量的刚性双原子分子理想气体,气缸活塞的面积 $S=0.05\ \mathrm{m^2}$,活塞与气缸壁之间不漏气,摩擦忽略不计. 活塞右侧通大气,大气压强 $p_0=1.0\times10^5$ Pa. 劲度系数 $k=5\times10^4$ N/m 的一根弹簧的两端分别固定于活塞和一固定板上(如右图所示). 开始时气缸内气体处于压强、体积分别为 $p_1=p_0=1.0\times10^5$ Pa,$V_1=0.015\ \mathrm{m^3}$ 的初态. 今缓慢加热气缸,缸内气体缓慢地膨胀到 $V_2=0.02\ \mathrm{m^3}$. 求在此过程中气体从外界吸收的热量.[答案:$Q=7\times10^3$ J]

24. 某理想气体在 $p-V$ 图上等温线与绝热线相交于 A 点,如右图所示. 已知 A 点的压强 $p_1=2\times10^5$ Pa,体积 $V_1=0.5\times10^{-3}\ \mathrm{m^3}$,而且 A 点处等温线斜率与绝热线斜率之比为 0.714. 现使气体从 A 点绝热膨胀至 B 点,其体积 $V_2=1\times10^{-3}\ \mathrm{m^3}$. 求:

(1)B 点处的压强;[答案:$P_2=7.58\times10^4$ Pa]

(2)在此过程中气体对外作的功.[答案:$A=60.5$ J]

25. 一定量的某种理想气体，开始时处于压强、体积、温度分别为 $p_0=1.2\times10^6$ Pa，$V_0=8.31\times10^{-3}$ m^3，$T_0=300$ K 的初态，后经过一等体过程，温度升高到 $T_1=450$ K，再经过一等温过程，压强降到 $p=p_0$ 的末态. 已知该理想气体的等压摩尔热容与等体摩尔热容之比 $C_p/C_V=5/3$. 求：

(1)该理想气体的等压摩尔热容 C_p 和等体摩尔热容 C_V；[答案：$C_p=\frac{5}{2}R$；$C_V=\frac{3}{2}R$]

(2)气体从始态变到末态的全过程中从外界吸收的热量.（普适气体常量 $R=8.31$ J·mol^{-1}·K^{-1}）[答案：$Q=1.35\times10^4$ J]

26. 有 1 mol 刚性多原子分子的理想气体，原来的压强为 1.0 atm，温度为 27 ℃，若经过一绝热过程，使其压强增加到 16 atm. 求：

(1)气体内能的增量；[答案：$\Delta E=7.48\times10^3$ J]

(2)在该过程中气体所作的功；[答案：$A=-7.48\times10^3$ J]

(3)终态时，气体的分子数密度.（1 atm$=1.013\times10^5$ Pa，玻尔兹曼常量 $k=1.38\times10^{-23}$ J·K^{-1}，普适气体常量 $R=8.31$ J·mol^{-1}·K^{-1}）[答案：$n=1.96\times10^{26}$ 个/m^3]

27. 单原子分子的理想气体作卡诺循环，已知循环效率 $\eta=20\%$，试求气体在绝热膨胀时，气体体积增大到原来的几倍？[答案：约 1.4]

28. 如右图所示，有一定量的理想气体，从初状态 $a(p_1, V_1)$ 开始，经过一个等体过程达到压强为 $p_1/4$ 的 b 态，再经过一个等压过程达到状态 c，最后经等温过程而完成一个循环. 求该循环过程中系统对外作的功 A 和所吸的热量 Q. [答案：$A=(\frac{3}{4}-\ln4)P_1V_1$；$Q=(\frac{3}{4}-\ln4)P_1V_1$]

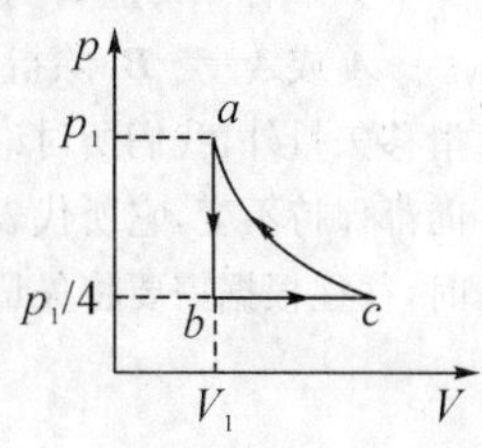

附录Ⅰ　矢量简介

1　矢量的定义和表示法

在物理学中常遇到两类物理量：一类是在选定测量单位后，仅需用数值表示其大小的量，称为标量，如时间、质量、功、能量、温度等；另一类是在选定测量单位后，除用数值表示其大小外，还需用一定的方向才能说明其性质，并且合成时遵守“平行四边形法则”的量，称为矢量，如位移、速度、加速度、力、动量、电场强度等.

标量通常可分为算术量和代数量两种，算术量恒为正值（如路程、质量等），代数量则可正可负（如功、电势等）. 由于很多重要物理量是矢量，因此，熟悉矢量的性质和运算法则，对加深理解及运用这些物理量和有关物理定律都很有益.

通常手写时用字母加上箭头（如 $\vec{A}$）来表示一个矢量，而印刷中常用黑体字母（如 $\boldsymbol{A}$）来表示矢量. 因为矢量既有大小又有方向，所以在作图时，常用一带有箭头的线段来表示矢量，线段的长度按一定的比例表示矢量的大小，箭头的方向表示矢量的方向，如图 1 所示，a 为矢量的起点，b 为矢量的终点，矢量 $\boldsymbol{A}$ 也可以写作 $\overrightarrow{ab}$.

因为矢量具有大小和方向两个特征，所以只有大小相等、方向相同的两个矢量才相等.

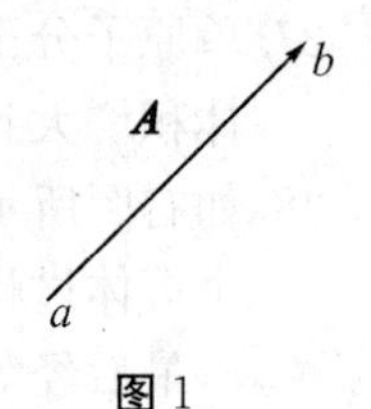

图 1

如果有一矢量 $\boldsymbol{B}$ 与另一个矢量 $\boldsymbol{A}$ 大小相等而方向相反，则两个矢量互为负矢量，即 $\boldsymbol{B}=-\boldsymbol{A}$ 或 $\boldsymbol{A}=-\boldsymbol{B}$. 除指明必须有一定位置的固定矢量，或指明只允许在一直线上移动的滑移矢量外，我们所讨论的属于自由矢量，即矢量和位置无关. 矢量平移后，它的大小和方向都保持不变，它所代表的物理量不变. 这样，在考察矢量之间的关系或对它们进行运算时，往往根据需要将矢量进行平移，如图 2 所示.

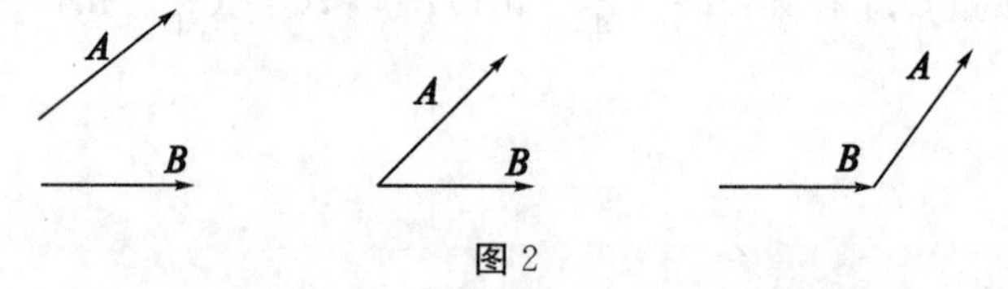

图 2

矢量的大小称为矢量的模. 矢量 $\boldsymbol{A}$ 的模常用符号 $|\boldsymbol{A}|$ 或 A 表示. 模为 1 的矢量称为单位矢量，沿 $\boldsymbol{A}$ 方向取长度为 1（单位长度）的有向线段，称为矢量 $\boldsymbol{A}$ 的单位矢量，常用符号 $\boldsymbol{A}^{\circ}$ 或 $\hat{\boldsymbol{A}}$ 表示，于是

$$\boldsymbol{A}=A\boldsymbol{A}^{\circ}$$

2　矢量的加法和减法

矢量的加法遵守平行四边形法则. 设有两个矢量 $\boldsymbol{A}$ 和 $\boldsymbol{B}$，将它们相加时，利用矢量的平移可将两个矢量的起点交于一点，再以这两个矢量 $\boldsymbol{A}$ 和 $\boldsymbol{B}$ 为邻边作平行四边形. 从两个矢量的交点作平行四边形的对角线，此对角线即代表两个矢量的和 $\boldsymbol{A}+\boldsymbol{B}$，如图 3(b)所示.

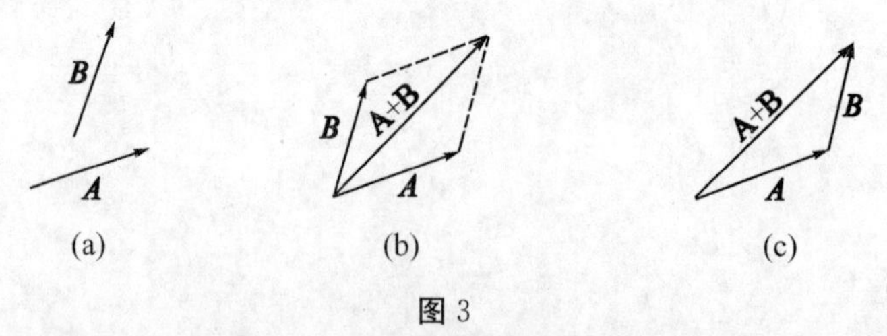

图 3

因为平行四边形的对边平行且相等，所以两个矢量合成的平行四边形法则可简化为三角形法则，即以矢量 $\boldsymbol{A}$ 的末端为起点，作矢量 $\boldsymbol{B}$. 不难看出，由矢量 $\boldsymbol{A}$ 的起点画到矢量 $\boldsymbol{B}$ 的末端的矢量就是合矢量 $\boldsymbol{A}+\boldsymbol{B}$，如图 3(c)所示.

对于两个以上的矢量相加，例如求 $\boldsymbol{A}$、$\boldsymbol{B}$、$\boldsymbol{C}$ 和 $\boldsymbol{D}$ 的合矢量，则可根据三角形法则，先求出其中两个矢量的合矢量，然后将该合矢量与第三个矢量相加，求出这三个矢量的合矢量，以此类推，就可以求出多个矢量的合矢量，如图 4 所示. 从图中可以看出，如果在第一个矢量的末端画出第二个矢量，再在第二个矢量的末端画出第三个矢量……即把所有相加的矢量首尾相连，然后由第一个矢量的起点到最后一个矢量末端作一矢量，这个矢量就是它们的合矢量. 由于所有相加的矢量与合矢量在矢量图上围成一个多边形，所以这种求合矢量的方法常称为多边形法则. 显然，矢量的加法满足：

①对易律：$\boldsymbol{A}+\boldsymbol{B}=\boldsymbol{B}+\boldsymbol{A}$

②结合律：$\boldsymbol{A}+(\boldsymbol{B}+\boldsymbol{C})=(\boldsymbol{A}+\boldsymbol{B})+\boldsymbol{C}$

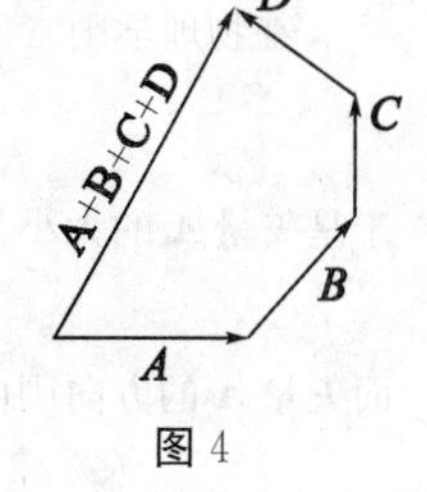

图 4

矢量的减法可以包括在矢量加法之中，即

$$\boldsymbol{A}-\boldsymbol{B}=\boldsymbol{A}+(-\boldsymbol{B})$$

矢量$(-\boldsymbol{B})$是矢量 $\boldsymbol{B}$ 的负矢量. 将矢量$(-\boldsymbol{B})$和矢量 $\boldsymbol{A}$ 加在一起便可得到 $\boldsymbol{A}-\boldsymbol{B}$，如图 5 所示.

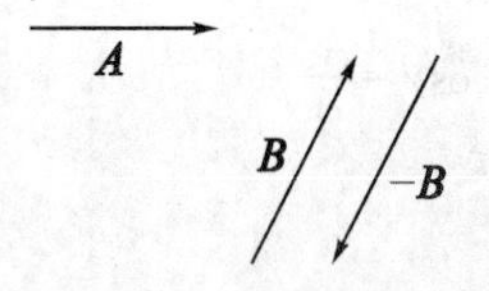

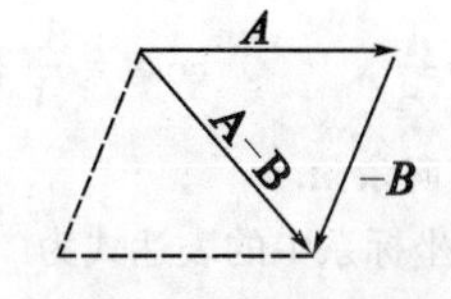

图 5

3 矢量的乘法

因为矢量具有大小和方向，所以矢量的乘法法则与标量的乘法法则不一样.

(1)矢量乘以标量(矢量的数乘)

标量 m 与矢量 $\boldsymbol{A}$ 相乘，得到另一个矢量 mA. 其大小是 A 的 m 倍. 如果 $m>0$，其方向与 $\boldsymbol{A}$ 相同；如果 $m<0$，其方向与 $\boldsymbol{A}$ 相反.

(2)矢量的标积(点乘)

设 $\boldsymbol{A}$、$\boldsymbol{B}$ 为任意的两个矢量，它们的夹角为 θ，则它们的标积(乘积结果为标量)通常用$\boldsymbol{A}\cdot\boldsymbol{B}$来表示，定义为两个矢量的大小相乘，再乘以它们之间夹角的余弦，即

$$\boldsymbol{A}\cdot\boldsymbol{B}=AB\cos\theta$$

其中 θ 是指 $\boldsymbol{A}$ 转向 $\boldsymbol{B}$ 且小于 180°的夹角.

由定义显然有：①$\boldsymbol{A}\cdot\boldsymbol{B}=\boldsymbol{B}\cdot\boldsymbol{A}$；②$\boldsymbol{A}\cdot\boldsymbol{A}=|\boldsymbol{A}|^2=A^2$　③若 $\boldsymbol{A}\cdot\boldsymbol{B}=0$，但 $\boldsymbol{A}\neq 0$，$\boldsymbol{B}\neq 0$，则$\boldsymbol{A}\perp\boldsymbol{B}$.

在物理学中，标积的典型例子是功.

(3)矢量的矢积(叉乘)

两个矢量 $\boldsymbol{A}$ 和 $\boldsymbol{B}$ 的矢积(乘积结果为矢量)通常用 $\boldsymbol{A}\times\boldsymbol{B}$ 表示，且等于另一个矢量 $\boldsymbol{C}$，其大小等于两个矢量的大小相乘，再乘以它们之间夹角的正弦，即

$$\boldsymbol{C}=\boldsymbol{A}\times\boldsymbol{B}$$

$\boldsymbol{C}$ 的大小为　　　　$C=AB\sin\theta$

$\boldsymbol{C}$ 的方向垂直于 $\boldsymbol{A}$ 与 $\boldsymbol{B}$ 两个矢量所组成的平面，其指向遵守右手螺旋法则，即从 $\boldsymbol{A}$ 经由小于 180°的角转向 $\boldsymbol{B}$ 时大拇指伸直所指的方向，如图 6 所示.

由定义显然有：①$\boldsymbol{A}\times\boldsymbol{B}=-(\boldsymbol{B}\times\boldsymbol{A})$；②$\boldsymbol{A}\times\boldsymbol{A}=0$；③若 $\boldsymbol{A}\times\boldsymbol{B}=0$，但 $\boldsymbol{A}\neq 0$，$\boldsymbol{B}\neq 0$，则 $\boldsymbol{A}\parallel\boldsymbol{B}$.

在物理学中，矢积的典型例子是力矩.

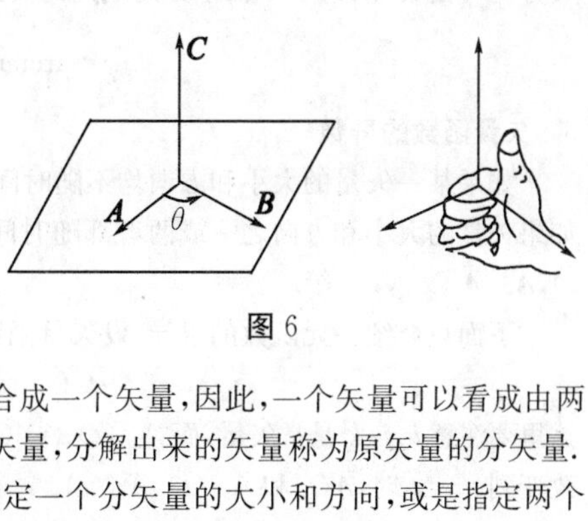

图 6

4 矢量的分解和直角坐标系中矢量的表示

两个矢量或多个矢量可以由平行四边形法则或多边形法则合成一个矢量，因此，一个矢量可以看成由两个或多个矢量合成，或者说，可以把一个矢量分解成两个或多个矢量，分解出来的矢量称为原矢量的分矢量. 把一个矢量分解成分矢量，可以有无限多种分解法. 然而，如果指定一个分矢量的大小和方向，或是指定两个分矢量的方向时，则两个分量就被确定了. 在实际问题中，最常用的分解法是正交分解.

设 $\boldsymbol{i}$、$\boldsymbol{j}$、$\boldsymbol{k}$ 分别表示空间直角坐标系 OX、OY、OZ 轴上的单位矢量，则任一矢量 $\boldsymbol{A}$ 可写为

$$\boldsymbol{A}=A_x\boldsymbol{i}+A_y\boldsymbol{j}+A_z\boldsymbol{k}$$

式中，A_x、A_y、A_z 分别为矢量 $\boldsymbol{A}$ 在 OX、OY、OZ 轴上的分量，即在坐标轴上的投影，如图 7 所示.

根据矢量的乘法，单位矢量 $\boldsymbol{i}$、$\boldsymbol{j}$、$\boldsymbol{k}$ 之间有如下关系：

$$\boldsymbol{i}\cdot\boldsymbol{i}=\boldsymbol{j}\cdot\boldsymbol{j}=\boldsymbol{k}\cdot\boldsymbol{k}=1$$

$$\boldsymbol{i}\cdot\boldsymbol{j}=\boldsymbol{j}\cdot\boldsymbol{k}=\boldsymbol{k}\cdot\boldsymbol{i}=0$$

$$\boldsymbol{i}\times\boldsymbol{i}=\boldsymbol{j}\times\boldsymbol{j}=\boldsymbol{k}\times\boldsymbol{k}=0$$

$$\boldsymbol{i}\times\boldsymbol{j}=\boldsymbol{k},\boldsymbol{j}\times\boldsymbol{k}=\boldsymbol{i},\boldsymbol{k}\times\boldsymbol{i}=\boldsymbol{j}$$

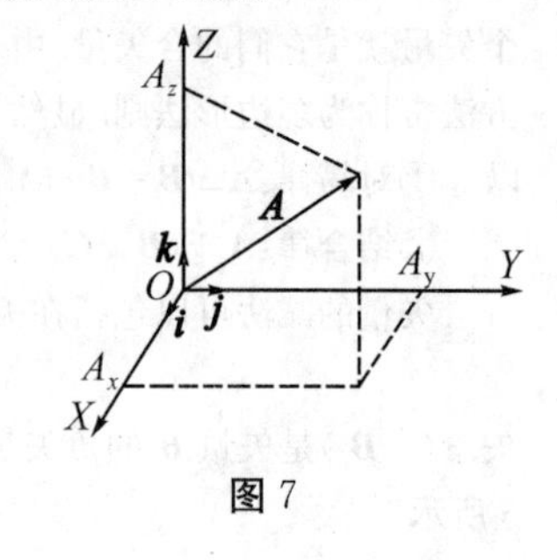

图 7

于是矢量 $\boldsymbol{A}$ 的大小为

$$A=\sqrt{\boldsymbol{A}\cdot\boldsymbol{A}}=\sqrt{A_x^2+A_y^2+A_z^2}$$

而矢量 $\boldsymbol{A}$ 的方向则由该矢量与坐标轴的夹角 α、β、γ 来确定，即

$$\cos\alpha=\frac{A_x}{A},\qquad \cos\beta=\frac{A_y}{A},\qquad \cos\gamma=\frac{A_z}{A}$$

这里 $\cos\alpha$、$\cos\beta$、$\cos\gamma$ 称为该矢量的方向余弦.

由此，设 $\boldsymbol{A}$ 和 $\boldsymbol{B}$ 两个矢量在直角坐标系中的表达式为

$$\boldsymbol{A}=A_x\boldsymbol{i}+A_y\boldsymbol{j}+A_z\boldsymbol{k}$$

$$\boldsymbol{B}=B_x\boldsymbol{i}+B_y\boldsymbol{j}+B_z\boldsymbol{k}$$

可得两矢量之和的表达式为

$$\boldsymbol{A}+\boldsymbol{B}=(A_x+B_x)\boldsymbol{i}+(A_y+B_y)\boldsymbol{j}+(A_z+B_z)\boldsymbol{k}$$

两矢量之差的表达式为

$$\boldsymbol{A}-\boldsymbol{B}=(A_x-B_x)\boldsymbol{i}+(A_y-B_y)\boldsymbol{j}+(A_z-B_z)\boldsymbol{k}$$

两矢量标积的表达式为

$$\boldsymbol{A}\cdot\boldsymbol{B}=A_xB_x+A_yB_y+A_zB_z$$

两矢量矢积的表达式为

$$\boldsymbol{A}\times\boldsymbol{B}=(A_yB_z-A_zB_y)\boldsymbol{i}+(A_zB_x-A_xB_z)\boldsymbol{j}+(A_xB_y-A_yB_x)\boldsymbol{k}$$

$$=\begin{vmatrix}\boldsymbol{i} & \boldsymbol{j} & \boldsymbol{k}\\ A_x & A_y & A_z\\ B_x & B_y & B_z\end{vmatrix}$$

对于平面中的矢量，可以在平面直角坐标系中表示为

$$\boldsymbol{A}=A_x\boldsymbol{i}+A_y\boldsymbol{j}$$

其大小为

$$A=\sqrt{A_x^2+A_y^2}$$

其方向可由矢量 $\boldsymbol{A}$ 与 X 轴正方向之间的夹角表示（如图 8 所示），即

$$\varphi=\arctan\frac{A_y}{A_x}$$

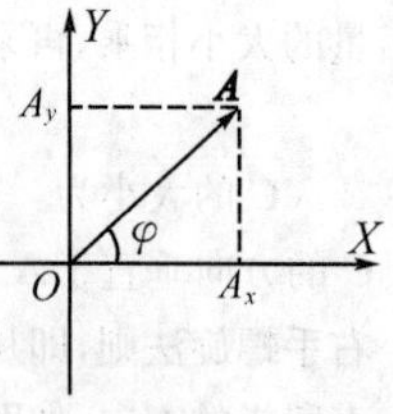

图 8

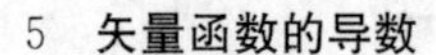

5 矢量函数的导数

如果某一矢量的大小和方向均不随时间（或位置）变化，则称该矢量为常矢量；如果矢量的大小和方向之一或两者都随时间（或位置）变化，则称该矢量为变矢量或矢量函数，记作 $\boldsymbol{A}=\boldsymbol{A}(t)$，$\boldsymbol{A}=\boldsymbol{A}(x,y,z)$等.

下面只介绍一元函数的求导. 设矢量函数 $\boldsymbol{A}(t)$ 可表示为

$$\boldsymbol{A}(t)=A_x(t)\boldsymbol{i}+A_y(t)\boldsymbol{j}+A_z(t)\boldsymbol{k}$$

这里要注意 $\boldsymbol{i}$、$\boldsymbol{j}$、$\boldsymbol{k}$ 是常矢量，而 $A_x(t)$、$A_y(t)$、$A_z(t)$是 t 的函数，现假定这三个函数都是可导的，当自变量 t 改变到 $t+\Delta t$ 时，$\boldsymbol{A}(t)$和 $A_x(t)$、$A_y(t)$、$A_z(t)$便相应有增量，即

$$\Delta \boldsymbol{A} = \boldsymbol{A}(t+\Delta t) - \boldsymbol{A}(t)$$

$$\Delta A_x = A_x(t+\Delta t) - A_x(t)$$

$$\Delta A_y = A_y(t+\Delta t) - A_y(t)$$

$$\Delta A_z = A_z(t+\Delta t) - A_z(t)$$

于是

$$\Delta \boldsymbol{A} = \Delta A_x \boldsymbol{i} + \Delta A_y \boldsymbol{j} + \Delta A_z \boldsymbol{k}$$

以 Δt 相除，并令 $\Delta t \to 0$，求极限，便得

$$\lim_{\Delta t \to 0} \frac{\Delta \boldsymbol{A}}{\Delta t} = \lim_{\Delta t \to 0} \frac{\Delta A_x}{\Delta t} \boldsymbol{i} + \lim_{\Delta t \to 0} \frac{\Delta A_y}{\Delta t} \boldsymbol{j} + \lim_{\Delta t \to 0} \frac{\Delta A_z}{\Delta t} \boldsymbol{k}$$

即

$$\frac{\mathrm{d}\boldsymbol{A}}{\mathrm{d}t} = \frac{\mathrm{d}A_x}{\mathrm{d}t} \boldsymbol{i} + \frac{\mathrm{d}A_y}{\mathrm{d}t} \boldsymbol{j} + \frac{\mathrm{d}A_z}{\mathrm{d}t} \boldsymbol{k}$$

矢量函数 $\boldsymbol{A}(t)$ 的导数 $\frac{\mathrm{d}\boldsymbol{A}}{\mathrm{d}t}$ 是矢量，一般也是函数，记为 $\boldsymbol{B}(t)$，其大小为

$$B = \left| \frac{\mathrm{d}\boldsymbol{A}}{\mathrm{d}t} \right| = \sqrt{\left(\frac{\mathrm{d}A_x}{\mathrm{d}t}\right)^2 + \left(\frac{\mathrm{d}A_y}{\mathrm{d}t}\right)^2 + \left(\frac{\mathrm{d}A_z}{\mathrm{d}t}\right)^2}$$

其方向可由方向余弦表示，即

$$\cos\alpha = \frac{\frac{\mathrm{d}A_x}{\mathrm{d}t}}{\left| \frac{\mathrm{d}\boldsymbol{A}}{\mathrm{d}t} \right|}, \quad \cos\beta = \frac{\frac{\mathrm{d}A_y}{\mathrm{d}t}}{\left| \frac{\mathrm{d}\boldsymbol{A}}{\mathrm{d}t} \right|}, \quad \cos\gamma = \frac{\frac{\mathrm{d}A_z}{\mathrm{d}t}}{\left| \frac{\mathrm{d}\boldsymbol{A}}{\mathrm{d}t} \right|}$$

式中，α、β、γ 是矢量 $\boldsymbol{B}$ 分别与坐标轴的夹角.

下面列出一些有关矢量函数的导数的简单公式：

①$\frac{\mathrm{d}}{\mathrm{d}t}(\boldsymbol{A} + \boldsymbol{B}) = \frac{\mathrm{d}\boldsymbol{A}}{\mathrm{d}t} + \frac{\mathrm{d}\boldsymbol{B}}{\mathrm{d}t}$

②当 m 是常数时，有 $\frac{\mathrm{d}}{\mathrm{d}t}(m\boldsymbol{A}) = m\frac{\mathrm{d}\boldsymbol{A}}{\mathrm{d}t}$

③当 m 是 t 的可微函数时，有 $\frac{\mathrm{d}}{\mathrm{d}t}(m\boldsymbol{A}) = m\frac{\mathrm{d}\boldsymbol{A}}{\mathrm{d}t} + \frac{\mathrm{d}m}{\mathrm{d}t}\boldsymbol{A}$

④$\frac{\mathrm{d}}{\mathrm{d}t}(\boldsymbol{A} \cdot \boldsymbol{B}) = \boldsymbol{A} \cdot \frac{\mathrm{d}\boldsymbol{B}}{\mathrm{d}t} + \frac{\mathrm{d}\boldsymbol{A}}{\mathrm{d}t} \cdot \boldsymbol{B}$

⑤$\frac{\mathrm{d}}{\mathrm{d}t}(\boldsymbol{A} \times \boldsymbol{B}) = \boldsymbol{A} \times \frac{\mathrm{d}\boldsymbol{B}}{\mathrm{d}t} + \frac{\mathrm{d}\boldsymbol{A}}{\mathrm{d}t} \times \boldsymbol{B}$

这些公式的证明从略.

6　矢量函数的积分

当某矢量函数 $\boldsymbol{A}(t)$ 的导数 $\frac{\mathrm{d}\boldsymbol{A}}{\mathrm{d}t}$ 已知时，如何求得这个原函数 $\boldsymbol{A}(t)$ 呢？我们把 $\frac{\mathrm{d}\boldsymbol{A}}{\mathrm{d}t}$ 记作矢量函数 $\boldsymbol{B}(t)$，即已知

$$\frac{\mathrm{d}\boldsymbol{A}}{\mathrm{d}t} = \boldsymbol{B}(t) = B_x(t)\boldsymbol{i} + B_y(t)\boldsymbol{j} + B_z(t)\boldsymbol{k}$$

这里三个标量函数 $B_x(t)$、$B_y(t)$、$B_z(t)$ 分别代表 $\frac{\mathrm{d}A_x}{\mathrm{d}t}$、$\frac{\mathrm{d}A_y}{\mathrm{d}t}$、$\frac{\mathrm{d}A_z}{\mathrm{d}t}$. 所以，将 $\boldsymbol{B}(t)$ 对时间 t 求积分，可改变为将 $B_x(t)$、$B_y(t)$、$B_z(t)$ 分别对时间 t 求积分，即

$$\boldsymbol{A} = \int \boldsymbol{B}\,\mathrm{d}t = A_x\boldsymbol{i} + A_y\boldsymbol{j} + A_z\boldsymbol{k}$$

式中的 A_x、A_y、A_z 分别是下面三个积分

$$A_x = \int B_x(t)\,\mathrm{d}t$$

$$A_y = \int B_y(t)\,\mathrm{d}t$$

$$A_z = \int B_z(t)\,\mathrm{d}t$$

附录Ⅱ 国际单位制的七个基本单位和两个辅助单位

国际单位制是国际计量大会推荐给全世界的统一单位制，国际符号为SI. SI包括国际制单位本身，以及它们的十进倍数单位和分数单位三部分. SI有七个基本单位和两个辅助单位. 国际单位制的七个基本单位如下：

(1)长度单位——米

国际符号为m，最初规定通过巴黎的地球子午线长度的四千万分之一为1米，曾用铂铱合金制成的国际米原器保存在国际计量局. 1960年规定1国际米等于氪-86原子在能级$2P_{10}$和$5D_5$之间跃迁所辐射的谱线在真空中波长的1650763.73倍. 1983年第17届国际计量大会上重新规定1国际米等于真空中光线在1/299792458秒时间间隔内所经过的距离. 历次新规定并未改变米的标准长度，只是使长度标准更为精确，并不受环境条件的影响.

(2)质量单位——千克

国际符号为kg，等于保存在法国巴黎国际计量局的铂铱国际千克原器的质量.

(3)时间单位——秒

国际符号为s，最初规定1秒等于平均太阳日的1/86400. 1960年规定1秒等于铯-133原子基态的两个超精细能级之间跃迁时所辐射的电磁波周期的9192631770倍.

(4)电流单位——安培

国际符号为A，1948年第9届国际计量大会上规定：在真空中相距为1米的两无穷长平行直导线中维持一恒定电流，忽略导线的圆形截面，若两导线间产生的相互作用力在每米长度上等于2×10^{-7}牛顿时，则该恒定电流值为1安培(A).

(5)温度单位——开尔文

国际符号为K，经多次修改后，在1968规定：1开尔文等于水的三相点热力学温度的1/273.16.

(6)物质的量的单位——摩尔

国际符号为mol，1971年第14届国际计量大会上规定：摩尔是一系统的物质的量，该系统所包含的基本单元数与0.012 kg碳-12的原子数相等. 使用摩尔时必须指明基本单元是什么，它可以是原子、分子、离子、电子、核子或其他粒子，也可以是这些粒子的特定组合.

(7)发光强度单位——坎德拉

国际符号为cd，早年发光强度的单位称为烛光，它是通过一定规格的实物基准(标准蜡烛、标准火焰灯、标准电灯等)来定义的. 1948年第9届国际计量大会决定用一种绝对黑体辐射器作标准，并把光强度单位称为坎德拉. 1967年第13届国际计量大会上规定：坎德拉是101825牛顿/米^{2}压力下，处于铂凝固温度的黑体面积为1/600000米^{2}表面在法线方向上的发光强度. 1979年第16届国际计量大会上对坎德拉作了新的定义：坎德拉是发出540×10^{12} Hz的单色辐射源在给定方向上的发光强度，该方向上的辐射强度为(1/683)瓦/球面度.

国际单位制的两个辅助单位如下：

(1)平面角单位——弧度

国际符号为rad，弧度是一个圆内两条半径之间的平面角，这两条平面半径在圆周上截取的弧长与半径相等.

(2)立体角单位——球面度

国际符号为sr，球面度是一个立体角，其顶点位于球心，而它在球面上所截取的面积等于以球半径为边长的正方形面积.

国际制单位的十进倍数和分数单位是由国际制词头加在国际制单位之前构成的.国际制词头表如下：

倍数或分数	名　称	符　号	倍数或分数	名　称	称　号
10^{18}	exa(艾)	E	10^{-1}	deci(分)	d
10^{15}	peta(拍)	P	10^{-2}	centi(厘)	c
10^{12}	tera(太)	T	10^{-3}	milli(毫)	m
10^{9}	giga(吉)	G	10^{-6}	micro(微)	μ
10^{6}	mega(兆)	M	10^{-9}	nano(纳)	n
10^{3}	kilo(千)	k	10^{-12}	pico(皮)	p
10^{2}	hecto(百)	h	10^{-15}	femto(飞)	f
10	deca(十)	da	10^{-18}	atto(阿)	a

附录Ⅲ　重要的物理常数和数据

数　别	名　称	符　号	计 算 用 值
基本物理常量	万有引力常量	G	$6.67\times10^{-11}\ N\cdot m^2\cdot kg^{-2}$
	真空中的光速	c	$3.00\times10^8\ m\cdot s^{-1}$
	真空中的电容率	ε_0	$8.85\times10^{-13}\ F\cdot m^{-1}$
	真空中的磁导率	μ_0	$1.26\times10^{-6}\ H\cdot m^{-1}$
	电子电量(基本电荷)	e	$-1.602\times10^{-19}\ C$
	电子的静质量	m_e	$9.11\times10^{-31}\ kg$
	电子比荷	e/m_e	$1.76\times10^{11}\ C\cdot kg^{-1}$
	质子的静质量	m_p	$1.67\times10^{-27}\ kg$
	中子的静质量	m_n	$1.68\times10^{-27}\ kg$
	阿伏加德罗常量	N_0	$6.02\times10^{23}\ mol^{-1}$
	气体普适常量	R	$8.31\ J\cdot mol^{-1}\cdot k^{-1}$
	玻耳兹曼常量	k	$1.38\times10^{-23}\ J\cdot k^{-1}$
	普朗克常量	h	$6.63\times10^{-34}\ J\cdot s$
地球物理数据	地球质量	M_E	$5.98\times10^{24}\ kg$
	地球平均半径	R_E	$6.37\times10^6\ m$
	地球赤道半径	R_E	$6.38\times10^6\ m$
	地球极半径	R_E	$6.36\times10^6\ m$
	平均密度	ρ_E	$5.520\times10^3\ kg\cdot m^{-3}$
	重力加速度(海平面)	g	$9.81\ m\cdot s^{-2}$
	自转周期	T_{EE}	1平均太阳日$=8.62\times10^4\ s$
	公转周期	T_{SE}	1年$=3.16\times10^7\ s$
	地球到太阳的平均距离	d_{SE}	$1.49\times10^{11}\ m$(平均值)
	平均轨道速度	$\bar{v}_E$	$29.8\ km\cdot s^{-1}$
月球物理数据	月球质量	M_M	$7.35\times10^{22}\ kg(=0.0123\ M_E)$
	月球半径	R_M	$1.74\times10^6\ m\ (=0.2728\ R_E)$
	平均密度	ρ_M	$3.340\times10^3\ kg\cdot m^{-3}$
	表面引力加速度	g_M	$1.62\ m\cdot s^{-2}$
	自转周期	T_{SM}	$27.3\times8.62\times10^4\ s$
	绕地球公转周期	T_{RM}	$27.3\times8.62\times10^4\ s$
	月球到地球的平均距离	d_{ME}	$3.84\times10^8\ m$
太阳物理数据	太阳质量	M_S	$1.99\times10^{30}\ kg=3.329\times10^5(M_E)$
	太阳半径	R_S	$6.96\times10^8\ m(=109.2\ R_E)$
	平均密度	ρ_S	$1.410\times10^3\ kg\cdot m^{-3}$
	表面引力加速度	g_S	$274\ m\cdot s^{-2}$
	自转周期	T_{ES}	~26日
大气物理数据	标准状态		$1atm=1.01\times10^5\ N\cdot m^{-2}$ $0℃=273.15\ K$
	干燥空气密度(海平面处0℃)	ρ_A	$1.29\ kg\cdot m^{-3}$
	空气中声速(0℃)	v_A	$331\ m\cdot s^{-1}$
	干燥空气平均分子量	M_A	28.97
	大气成分		N_2:78%;O_2:21%;Ar:1%

附录Ⅳ　历年诺贝尔物理学奖

时间	获奖人	国籍	获奖原因
1901	W.C. 伦琴	德国	发现伦琴射线(X射线)
1902	H.A. 洛沦兹	荷兰	塞曼效应的发现和研究
	P. 塞曼	荷兰	
1903	H.A. 贝克勒尔	法国	发现天然铀元素的放射性
	P. 居里	法国	放射性物质的研究,发现放射性元素钋和镭,并发现钍也有放射性
	M.S. 居里	法国	
1904	L. 瑞利	英国	在气体密度的研究中发现氩
1905	P. 勒钠德	德国	阴极射线的研究
1906	J.J. 汤姆孙	英国	通过气体电传导性的研究,测出电子的电荷与质量的比值
1907	A.A. 迈克耳孙	美国	创造精密的光学仪器和用以进行光谱学度量学的研究,并精确测出光速
1908	G. 里普曼	法国	发明应用于干涉现象的天然彩色摄影技术
1909	G. 马可尼	意大利	发明无线电极及其对发展无线电通讯的贡献
	C.F. 布劳恩	意大利	
1910	J.D. 范德瓦耳斯	荷兰	对气体和液体状态方程的研究
1911	W. 维恩	德国	热辐射定律的导出和研究
1912	N.G. 达伦	瑞典	发明点燃航标灯和浮标灯的瓦斯自动调节器
1913	H.K. 昂尼斯	荷兰	在低温下研究物质的性质并制成液态氦
1914	M.V. 劳厄	德国	发现伦琴射线通过晶体时的衍射,既用于决定X射线的波长,又证明了晶体的原子点阵结构
1915	W.H. 布拉格	英国	用伦琴射线分析晶体结构
	W.L. 布拉格	英国	
1917	C.G. 巴克拉	英国	发现标识元素的次级伦琴辐射
1918	M.V. 普朗克	德国	研究辐射的量子理论,发现基本量子,提出能量量子化的假设,解释了电磁辐射的经验定律
1919	J. 斯塔克	德国	发现阴极射线中的多普勒效应和原子光谱线在电场中的分裂
1920	C.E. 吉洛姆	法国	发现镍钢合金的反常性以及在精密仪器中的应用
1921	A. 爱因斯坦	德国	对现代物理方面的贡献,特别是阐明光电效应的定律

续表

时间	获奖人	国籍	获奖原因
1922	N. 玻尔	丹麦	研究原子结构和原子辐射，提出他的原子结构模型
1923	R. A. 密立根	美国	研究元电荷和光电效应，通过油滴实验证明电荷有最小单位
1924	K. M. G. 西格班	瑞典	伦琴射线光谱学方面的发现和研究
1925	J. 弗兰克	德国	发现电子撞击原子时出现的规律性
	G. L. 赫兹	德国	
1926	J. B. 佩林	法国	研究物质分裂结构，并发现沉积作用的平衡
1927	A. H. 康普顿	美国	发现康普顿效应
	C. T. R. 威尔孙	英国	发明用云雾室观察带电粒子，使带电粒子的轨迹变为可见
1928	O. W. 里查孙	英国	热离子现象的研究，并发现里查孙定律
1929	L. V. 德布罗意	法国	电子波动性的理论研究
1930	C. V. 拉曼	印度	研究光的散射并发现拉曼效应
1931	未授奖		
1932	W. 海森堡	德国	创立量子力学，并导致氢的同素异形的发现
1933	E. 薛定谔	奥地利	量子力学的广泛发展
	P. A. M. 狄拉克	英国	量子力学的广泛发展，并预言正电子的存在
1934	未授奖		
1935	J. 查德威克	英国	发现中子
1936	V. F. 赫斯	奥地利	发现宇宙射线
	C. D. 安德孙	英国	发现正电子
1937	J. P. 汤姆孙	英国	通过实验发现受电子照射的晶体中的干涉现象
	C. J. 戴维孙	美国	通过实验发现晶体对电子的衍射作用
1938	E. 费米	意大利	发现新放射性元素和慢中子引起的核反应
1939	F. O. 劳伦斯	美国	研制回旋加速器以及利用它所取得的成果，特别是有关人工放射性元素的研究
1940	未授奖		
1941	未授奖		
1942	未授奖		
1943	O. 斯特恩	美国	测定质子磁矩
1944	I. I. 拉比	美国	用共振方法测量原子核的磁性

续表

时间	获奖人	国籍	获奖原因
1945	W. 泡利	奥地利	发现泡利不相容原理
1946	P. W. 布里奇曼	美国	研制高压装置并创立了高压物理
1947	E. V. 阿普顿	英国	发现电离层中反射无线电波的阿普顿层
1948	P. M. S. 布莱克特	英国	改进威尔孙云雾室及在核物理和宇宙线方面的发现
1949	汤川秀树	日本	用数学方法预见介子的存在
1950	C. F. 鲍威尔	英国	研究核过程的摄影法并发现介子
1951	J. D. 科克罗夫特	英国	首先利用人工所加速的粒子开展原子核蜕变的研究
	E. T. S. 瓦尔顿	爱尔兰	
1952	E. M. 珀塞尔	美国	核磁精密测量新方法的发展及有关的发现
	F. 布洛赫	美国	
1953	F. 塞尔尼克	荷兰	论证相衬法，特别是研制相差显微镜
1954	M. 玻恩	德国	对量子力学的基础研究，特别是量子力学中波函数的统计解释
	W. W. G. 玻特	德国	符合法的提出及分析宇宙辐射
1955	P. 库什	美国	精密测定电子磁矩
	W. E. 拉姆	美国	发现氢光谱的精细结构
1956	W. 肖克莱	美国	研究半导体并发明晶体管
	W. H. 布拉顿	美国	
	J. 巴丁	美国	
1957	李政道	美国	否定弱相互作用下宇称守恒定律，使基本粒子研究获重大发现
	杨振宁	美国	
1958	P. A. 切连柯夫	前苏联	发现并解释切连柯夫效应（高速带电粒子在透明物质中传递时放出蓝光的现象）
	I. M. 弗兰克	前苏联	
	I. Y. 塔姆	前苏联	
1959	E. 萨克雷	美国	发现反质子
	O. 张伯伦	美国	
1960	D. A. 格拉塞尔	美国	发明气泡室
1961	R. 霍夫斯塔特	美国	由高能电子散射研究原子核的结构
	R. L. 穆斯堡	德国	研究 γ 射线的无反冲共振吸收和发现穆斯堡效应
1962	L. D. 朗道	前苏联	研究凝聚态物质的理论，特别是液氦的研究

续表

时间	获奖人	国籍	获奖原因
1963	E. P. 维格纳	美国	原子核和基本粒子理论的研究，特别是发现和应用对称性基本原理方面的贡献
	M. G. 迈耶	美国	发现原子核结构壳层模型理论，成功地解释原子核的长周期和其他幻数性质的问题
	J. H. D. 詹森	德国	
1964	C. H. 汤斯	美国	在量子电子学领域中的基础研究导致了根据微波激射器和激光器的原理构成振荡器和放大器
	N. G. 巴索夫	前苏联	用于产生激光光束的振荡器和放大器的研究工作
	A. M. 普洛霍罗夫	前苏联	在量子电子学中的研究工作导致微波激射器和激光器的制作
1965	R. P. 费曼	美国	量子电动力学的研究，包括对基本粒子物理学的意义深远的研究结果
	J. S. 施温格	美国	
	朝永振一郎	日本	
1966	A. 卡斯特莱	法国	发现并发展光学方法以研究原子的能级的贡献
1967	H. A. 贝特	美国	恒星能量的产生方面的理论
1968	L. W. 阿尔瓦雷斯	美国	对基本粒子物理学的决定性的贡献，特别是通过发展氢气泡室和数据分析技术而发现许多共振态
1969	M. 盖尔曼	美国	关于基本粒子的分类和相互作用的发现，提出“夸克”粒子理论
1970	H. O. G. 阿尔文	瑞典	磁流体力学的基础研究和发现，并在等离子体物理中找到广泛应用
	L. E. F. 尼尔	法国	反铁磁性和铁氧体磁性的基本研究和发现，这在固体物理中具有重要的应用
1971	D. 加波	英国	全息摄影术的发明及发展
1972	J. 巴丁	美国	提出所谓 BCS 理论的超导性理论
	L. N. 库珀	美国	
	J. R. 斯莱弗	美国	
1973	B. D. 约瑟夫森	英国	关于固体中隧道现象的发现，从理论上预言了超导电流能够通过隧道阻挡层(即约瑟夫森效应)
	江崎岭于奈	日本	从实验上发现半导体中的隧道反应
	I. 迦埃弗	美国	从实验上发现超导体中的隧道效应
1974	M. 赖尔	英国	研究射电天文学，尤其是孔径综合技术方面的创造与发展
	A. 赫威期	英国	射电天文学方面的先驱性研究，在发现脉冲星方面起决定性作用的角色

续表

时间	获奖人	国籍	获奖原因
1975	A. N. 玻尔	丹麦	发现原子核中集体运动与粒子运动之间的联系，并在此基础上发展了原子核结构理论
	B. R. 莫特尔孙	丹麦	原子核内部结构的研究工作
	L. J. 雷恩瓦特	美国	
1976	B. 里克特	美国	分别独立地发现新粒子 J/ψ，其质量约为质子质量的三倍，寿命比共振态的寿命长上万倍
	丁肇中	美国	
1977	P. W. 安德孙	美国	对晶态与非晶态固体的电子结构做了基本的理论研究，提出"固态"物理理论
	J. H. 范弗莱克	美国	对磁性与不规则系统的电子结构做了基本研究
	N. F. 莫特	英国	
1978	A. A. 彭齐亚斯	美国	3K 宇宙微波背景的发现
	R. W. 威尔孙	美国	
	P. L. 卡皮查	前苏联	建成液化氦的新装置，证实氦亚超流低温物理学
1979	S. L. 格拉肖	美国	建立弱电统一理论，特别是预言弱电流的存在
	S. 温伯格	美国	
	J. W. 萨拉姆	巴基斯坦	
1980	J. W. 克罗宁	美国	CP 不对称性的发现
	V. L. 菲奇	美国	
1981	N. 布洛姆伯根	美国	激光光谱学与非线性光学的研究
	A. L. 肖洛	美国	
	K. M. 瑟巴	瑞典	高分辨电子能谱的研究
1982	K. 威尔孙	美国	关于相关的临界现象
1983	S. 钱德拉塞卡尔	美国	恒星结构和演化方面的理论研究
	W. 福勒	美国	宇宙间化学元素形成方面的核反应的理论研究和实验
1984	C. 鲁比亚	意大利	由于他们的努力导致了中间玻色子的发现
	S. 范德梅尔	荷兰	
1985	K. V. 克利青	德国	量子霍耳效应

续表

时间	获奖人	国籍	获奖原因
1986	E. 鲁斯卡	德国	电子物理领域的基础研究工作,设计出世界上第一台电子显微镜
1986	G. 宾尼	瑞士	设计出扫描式隧道效应显微镜
1986	H. 罗雷尔	瑞士	设计出扫描式隧道效应显微镜
1987	J.G. 柏诺兹	美国	发现新的超导材料
1987	K.A. 穆勒	美国	发现新的超导材料
1988	L.M. 莱德曼	美国	从事中微子波束工作及通过发现 μ 介子中微子从而对轻粒子对称结构进行论证
1988	M. 施瓦茨	美国	从事中微子波束工作及通过发现 μ 介子中微子从而对轻粒子对称结构进行论证
1988	J. 斯坦伯格	美国	从事中微子波束工作及通过发现 μ 介子中微子从而对轻粒子对称结构进行论证
1989	N.F. 拉姆齐	美国	发明原子铯钟及提出氢微波激射技术
1989	W. 保罗	德国	创造捕集原子的方法以达到能极其精确地研究一个电子或离子
1989	H.G. 德梅尔特	美国	创造捕集原子的方法以达到能极其精确地研究一个电子或离子
1990	J. 杰罗姆	美国	发现夸克存在的第一个实验证明
1990	H. 肯德尔	美国	发现夸克存在的第一个实验证明
1990	R. 泰勒	加拿大	发现夸克存在的第一个实验证明
1991	P.G. 德燃纳	法国	液晶基础研究
1992	J. 夏帕克	法国	对粒子探测器特别是多丝正比室的发明和发展
1993	J. 泰勒	美国	发现一对脉冲星,质量为两个太阳的质量,而直径仅 10 km～30 km,故引力场极强,为引力波的存在提供了间接证据
1993	L. 赫尔斯	美国	发现一对脉冲星,质量为两个太阳的质量,而直径仅 10 km～30 km,故引力场极强,为引力波的存在提供了间接证据
1994	C. 沙尔	美国	发展中子散射技术
1994	B. 布罗克豪斯	加拿大	发展中子散射技术
1995	M.L. 珀尔	美国	珀尔及其合作者发现了 τ 轻子,雷恩斯与 C. 考温首次成功地观察到电子反中微子. 他们在轻子研究方面的先驱性工作,为建立轻子—夸克层次上的物质结构图像做出了重大贡献
1995	F. 雷恩斯	美国	珀尔及其合作者发现了 τ 轻子,雷恩斯与 C. 考温首次成功地观察到电子反中微子. 他们在轻子研究方面的先驱性工作,为建立轻子—夸克层次上的物质结构图像做出了重大贡献
1996	戴维·李	美国	发现氦−3 中的超流动性
1996	奥谢罗夫	美国	发现氦−3 中的超流动性
1996	R.C. 里查森	美国	发现氦−3 中的超流动性
1997	朱棣文	美国	激光冷却和陷俘原子
1997	K. 塔诺季	法国	激光冷却和陷俘原子
1997	菲利浦斯	美国	激光冷却和陷俘原子

续表

时间	获奖人	国籍	获奖原因
1998	劳克林	美国	分数量子霍尔效应的发现
	斯特默	美国	
	崔琦	美国	
1999	H. 霍夫特	荷兰	证明组成宇宙的粒子运动方面的开拓性研究
	马丁努斯·韦尔特曼	荷兰	
2000	杰克·基尔比	美国	半导体研究的突破性进展
	泽罗斯·阿尔费罗夫	俄罗斯	
	赫伯特·克勒默	美国	
2001	卡尔·维曼	美国	玻色爱因斯坦冷凝态的研究
	埃里克·康奈尔	美国	
	沃尔夫冈·克特勒	德国	
2002	小柴昌俊	日本	天体物理学领域的卓越贡献
	雷蒙德·戴维斯	美国	
	里卡多·贾科尼	美国	
2003	安东尼·莱格特	英国、美国	超导体和超流体理论
	阿列克谢·阿布里科索夫	俄罗斯、美国	
	维塔利·金茨堡	俄罗斯	
2004	弗兰克·维尔切克	美国	强相互作用理论中的渐近自由现象
	戴维·格罗斯	美国	
	戴维·波利策	美国	
2005	特奥多尔.亨施	德国	光学领域的理论和应用
	罗伊·格劳伯	美国	
	约翰·霍尔	美国	
2006	约翰·马瑟	美国	发现了黑体形态和宇宙微波背景辐射的扰动现象
	乔治·斯穆特		
2007	艾尔伯·费尔	法国	发现巨磁电阻效应的贡献
	皮特·克鲁伯格	德国	

续表

时间	获奖人	国籍	获奖原因
2008	南部阳一郎	日本	发现了亚原子物理的对称性自发破缺机制，预言了自然界至少三类夸克的存在
	小林诚		
2009	高锟	英国华裔	在光学通信领域中光的传输的开创性成就
	乔治·史密斯	美国	因发明了“成像半导体电路——电荷耦合器件图像传感器CCD”获此殊荣
	萨尔·波尔马特		
2010	安德烈·盖姆	英国	二维空间材料石墨烯的突破性实验
	康斯坦丁·诺沃肖洛夫		
2011	萨尔·波尔马特	美国	通过对超新星的观测发现宇宙膨胀不断加速，而且逐渐变冷
	布莱恩·施密特	美国/澳大利亚	
	亚当·里斯	美国	
2012	塞尔日·阿罗什	法国	突破性的实验方法使得测量和操纵单个量子系统成为可能
	戴维·维因兰	美国	
2013	弗朗索瓦·恩格勒特	比利时	希格斯玻色子的理论预言
	彼德·希格斯	英国	
2014	赤崎勇	日本	发现新型高效、环境友好型光源，即蓝色发光二极管(LED)
	天野浩	日本	
	中村修二	美国日裔	

大学物理教程

（下册·第三版）

主　编　周志坚
副主编　向必纯　包兴明
编　委　向裕民　胡燕飞
　　　　王红艳　袁玉全
　　　　方　敏　晋良平

四川大学出版社

目 录

下 册

第四篇 电磁学

第五篇　光学的物理基础

第六篇 近代物理和现代工程技术简介

第四篇 电磁学

电磁学是物理中的一个分支，它是经典物理学中研究电现象、磁现象、电磁相互作用及其规律的学科. 它主要研究静止电荷产生的静电场，电流产生的电场、磁场的规律，电场与磁场的相互作用、相互联系，电磁场对电荷、电流的作用规律，电磁场与物质的相互作用以及电磁场的性质等等.

物质可分为实物和场. 通常所说的物质（实物）是由分子组成的，分子又由原子组成，而原子又由原子核和电子所组成. 原子核和电子之间的相互作用是通过电磁场传递的. 任何带电粒子或带电体之间都存在电磁相互作用，它是物质四种相互作用之一，是通过电磁场（光子）来传递的.

电磁场是一种特殊的物质，是物质的重要组成部分. 电磁场的状态需要用电场强度矢量 $\boldsymbol{E}$、磁感应强度矢量 $\boldsymbol{B}$ 等场量来描述. 场量是空间坐标和时间的函数，并存在于电磁场存在的整个空间，构成矢量场. 场量的特性及规律需要通过其通量与环量反映出来. 通过描述矢量场的特殊方法，重点研究电磁场的实验事实、基本规律及其应用.

人类对电磁现象的认识、电磁学的发展经历了长达两千多年的历史，但电磁场理论只是在最近二百多年内形成的. 电磁学的发展经历了以下四个阶段：

第一个阶段是从公元前 600 年到 18 世纪中期，古希腊的哲学家泰利斯发现摩擦过的琥珀能够吸引轻小物体，天然磁石能够吸引铁磁物质等现象开始. 在公元前 3 世纪，我国对于用磁石磨成的指南针已有详细记载. 这些都仅仅是人类对电现象和磁现象的偶然发现，而且它们彼此是完全独立的，还没有对电磁现象进行系统地研究.

第二阶段是 18 世纪后期到 19 世纪前期，人们对电磁现象进行了系统的定量研究，发现了电磁现象的基本实验定律，揭示了电与磁的相互联系、转化和统一. 1785 年法国物理学家库仑通过扭秤实验定量测量出两个静止点电荷之间相互作用力的规律——库仑定律，为静电学的发展奠定了基础. 1799 年意大利物理学家伏打发明了电池，可以提供稳恒电流，促进了电磁现象的实验研究. 1820 年 7 月，丹麦物理学家奥斯特发现了电流的磁效应。1820 年 10 月，法国物理学家毕奥和萨伐尔从实验中发现电流产生磁场，后来经过数学家拉普拉斯总结为基本规律；同年 12 月，法国物理学家安培发现了电流元之间相互作用规律——安培定律，为磁现象的定量研究奠定了基础. 英国物理学家法拉第经过长时间的研究，于 1831 年发现了电磁感应现象，进一步揭示出电现象和磁现象之间可以相互转化与统一的规律，为电能的应用和开发开辟了广泛的前景，并奠定了现代电工学的基础，推动了电动力学的发展.

第三阶段从 19 世纪 60 年代到 20 世纪初期，英国物理学家麦克斯韦在前人实验和理论的基础上，于 1862 年提出了涡旋电场和位移电流的假设，对电磁现象的基本规律进行了系统地总结、补充和统一，于 1864 年提出了电磁场基本规律的麦克斯韦方程组，并由该方程组出发，从理论上预言了电磁波的存在，并计算出电磁波的速度就等于光速，说明了光本质上是一种电磁波.1887 年德国物理学家赫兹通过实验证实了电磁波的存在,使麦克斯韦的电磁场理论得到了实验的证实,促使电磁理论特别是电磁波理论得到迅速发展.1896 年,荷兰物理学家洛仑兹把电磁现象和物质结构联系起来,创立了经典电子论,将麦克斯韦方程组应用到微观领域,解释了物质结构的电磁性质,将麦克斯韦方程组向前推进了一步.麦克斯韦坚持近距作用观点,认为传递电磁相互作用的媒质是充满空间的弹性介质“以太”,而保留着牛顿的经典的绝对时空观.另一方面,电磁理论在解释物质的电磁性质、光的辐射和吸收等方面都遇到了不可克服的困难.1905 年,出生于德国,1933 年迁居美国的物理学家爱因斯坦创立了狭义相对论,抛弃了以太观点,建立了新的时空观,确立了电磁场的物质性,使人们对电磁场的物质性有了明确的认识.

第四阶段是 20 世纪 20 年代,人们认识到光波(即波长在一定范围内的电磁波)不仅具有波动性,而且具有粒子性,光波具有波粒二象性,对光的微观本质有了全面认识.由于生产技术的发展对认识物质微观结构的迫切要求,又促进了人们进一步研究电磁场的微观性质,以后电磁理论发展为量子电动力学.

本篇的学习内容和方法:电磁场理论是统一的整体,在一般情况下,不应该把电场和磁场分开来研究,但是为了便于理解和掌握电磁场的基本规律,我们仍基本上按照人们对电磁场认识的顺序,把电现象和磁现象分开来研究,并在最后总结出电磁场作为整体所遵从的基本规律,它仅涉及到前三个阶段的宏观电磁现象的经典电磁理论.电磁学是自然科学和技术科学的一门基础课.在理论方面,它是物理学和其他相关学科的理论基础;在技术方面,由于电技术控制方便、测量准确度高、电能的传输简便等许多优点,因此,学习好电磁学有关知识,对于一个现代工程技术人员有着重要的意义.

学习电磁场的方法,应从实验事实出发,总结实验规律,掌握有关的定理、定律及其简单的应用.由于静电场和稳恒电流的磁场在知识结构上和描述方法上,以及结论的数学形式上都有极大的相似性和对称性,可把它们类比起来进行研究,这样十分有助于理解有关概念,掌握有关内容,但必须注意它们之间的区别及联系.由于电磁场是三维空间连续分布的矢量场,因此,在电磁学中所遇到的物理量、物理规律以及研究方法与力学、热学有着不同的特点,比较复杂,用矢量分析和微积分这些工具来定量描述电磁场的分布、性质和规律是十分重要的方法,在今后学习中应认真领会.

第 10 章　真空中的静电场

电场是电荷或变化磁场周围空间中存在的一种特殊形态的物质,它是由电荷或变化磁场产生的.相对于观察者静止的电荷所产生的电场称为静电场或库仑场.本章研究真空中的静电场的描述方法和基本规律.首先引入电荷的概念,介绍电场的三条基本的实验规律,即电荷守恒定律、库仑定律和场的叠加原理,然后由此出发,为了描述静电场的性质,一方面从电荷在电场中受到电场力作用,引入描述电场的基本物理量——电场强度矢量 $\boldsymbol{E}$;另一方面从电荷在电场中移动时电场力对电荷做功,引入描述电场的另一重要物理量——电势 U;同时推导出反映静电场性质的两条基本定理,即静电场的高斯定理和静电场的“环路定理”,表明静电场是有源无旋场的性质,从而建立起静电场的理论基础,这也是整个电磁学的基础.

10.1　静电场的基本现象和基本规律

10.1.1　摩擦起电和两种电荷

(1)摩擦起电

人们早在两千多年以前就发现,两种不同的物质相互摩擦后,具有吸引轻小物体的性质,这说明它们带了电荷,用摩擦的方法使物体带电称为摩擦起电.例如,早在两千多年以前,古希腊人就发现,用毛皮摩擦过的琥珀能够吸引羽毛等轻小的物体.后来又发现用毛皮或丝绸摩擦过的玻璃棒、火漆棒和硬橡胶棒等许多物体都同样能够吸引轻小物体.

物体具有吸引轻小物体的性质,称为物体带有电荷.带有电荷的物体称为带电体.人们对于电的认识,就是从摩擦起电开始的.

电荷是物体的一种属性,用以描述物体因是否带电而产生相互作用.

(2)两种电荷

大量的实验证明,摩擦起电使物体所带的电荷只有两种:一种是与丝绸摩擦过的玻璃棒所带的电荷相同,称为正电荷;另一种是与毛皮摩擦过的硬橡胶棒所带的电荷相同,称为负电荷.带电体之间存在着相互作用的电性力,实验发现,带有同种电荷的物体相互排斥,带有异种电荷的物体相互吸引,当正负电荷放在一起时,它们的电性有相互抵消的现象.将等量异种的电荷放在一起时,两种电荷对外界的作用完全抵消,这种状态称为电中和,该物体呈电中性.

物体所带电荷数量的多少称为电量,有时也将电量称为电荷.在国际单位制中,电量的单位是库仑,符号为C.

验电器与静电计就是根据同种电荷相互排斥、异种电荷相互吸引的原理制成的测量电量的简单仪器,可以利用它们来检验物体是否带电或所带电荷的种类.

10.1.2　静电感应和电荷守恒定律

(1)静电感应

使物体带电的另一种重要的起电方法是静电感应.如图10.1.1(a)所示,取一对由绝缘支柱支持着的金属导体A和B,它们相互接触都不带电,当我们把另一个带正电荷的金属球C移近时,发现A和B都带了电荷,而且在靠近金属球C的导体A上带有与C异种的负电荷,在远离金属球C的导体B上带有与C同种的正电荷,如图10.1.1(a)所示,这种现象称为静电感应.如果将金属球C移去,再让A与B相接触,由于中和作用会同时抵消.如果先把导体A与B分开,再移去金属球C,实验发现导体A上仍保留着负电荷,而导体B上仍保留着正电荷,如图10.1.1(b)所示.如果再把导体A与B重新接触,如图10.1.1(c)所示,它们所带的电荷由于中和而全部消失.这种现象表明,用静电感应的方法可使导体A与B带上等量异种

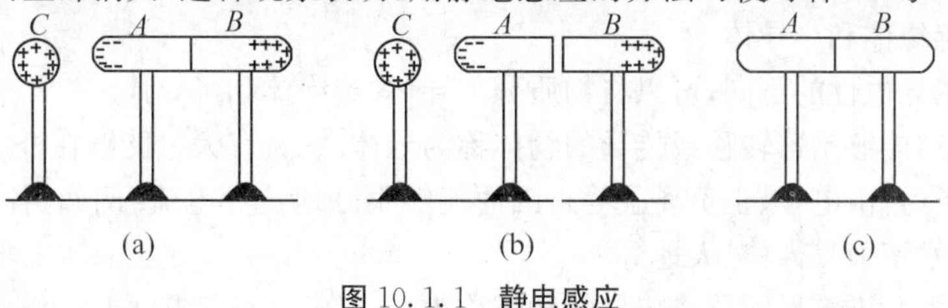

图10.1.1　静电感应

的电荷.用静电感应的方法使物体带电称为感应起电.

(2)电荷守恒定律

大量实验表明,在摩擦起电和感应起电的现象中,正负电荷是同时产生的,起电过程是电荷从一个物体转移到另一个物体或从一个物体的一部分转移到另一部分的过程.原来都是不带电的电中性两物体,由于摩擦或静电感应使物体上某种电荷发生了转移,而使二物体分别带上了等量异种的电荷,但它们所带电量的代数和仍等于零.

大量实验进一步表明,在自然界中,电荷既不能被创生,也不能被消灭,它们只能在物体中或物体之间发生转移.也就是说,在一个与外界没有电荷交换的系统(称为电孤立系统)内,在任何物理过程中,正负电荷的代数和总是保持不变的,称为电荷守恒定律.它是美国物理学家富兰克林首先提出的,是自然界中最基本的定律之一,也反映了电荷的一个重要特征.

电荷守恒定律不但在宏观过程中遵守,而且在一切微观过程中也遵守,例如,在放射性衰变($^{210}_{84}P_0 \longrightarrow {}^{206}_{82}P_b + {}^{4}_{2}He$)、原子核反应($^{14}_{7}N + {}^{4}_{2}He \longrightarrow {}^{17}_{8}O + {}^{1}_{1}H$)和基本粒子转化($e^+ + e^- \longrightarrow r + r$、$r_{核旁} \longrightarrow e^+ + e^-$;$K^0 \longrightarrow \pi^+ + \pi^-$、$n \longrightarrow p + e^- + \bar{\nu}$;$\pi^0 \longrightarrow e^+ + e^- + r$)过程中,反应前后电荷的代数和(总电荷)仍保持不变,遵守电荷守恒定律.

10.1.3　物质的电结构以及导体、绝缘体和半导体

(1)物质的电结构

近代科学实验证明,物质(实物)是由分子或原子构成的,而原子又是由带正电荷的原子核和带负电荷的电子组成,带负电的电子绕原子核运动,在核外形成电子云.原子核又是由带正电荷的质子和不带电的中子组成,一个质子所带的电量和一个电子所带的电量在数量上相等,而符号相反.也就是说,如果用 e 代表一个质子所带电量(即电子所带电量的绝对值),那么一个电子所带电量就是 $-e$.对于一个原子整体而言,由于质子数和电子数相等,而所有质子所带电量的总和与所有电子所带电量的总和相等,符号相反,所以整个原子对外界不显示电性,原子呈中性.

如果由于某种外界因素的作用,例如摩擦起电或静电感应,使物体或物体的一部分失去一些电子,该物体或物体的一部分就带正电荷,而获得电子的物体或物体的一部分就带负电荷,这是由于它们的质子数和电子数不相等,对外界显示出带电的性质,而成为带电体.

实验表明,一切带电粒子所带电荷的绝对值,都等于质子电荷的整数倍.这说明带电体所带电荷的量值是不连续的,它是最小电荷单元 e 的整数倍,称为电荷的量子化.e 的1986年推荐值为 $e = 1.60217733(49) \times 10^{-19}$ C.

1964年美国物理学家盖尔曼提出,强子是由带电荷为 $\pm\frac{1}{3}e$ 和 $\pm\frac{2}{3}e$ 的夸克及反夸克组成的,但是,在实验中并未发现带有分数电荷的自由夸克,所以目前仍以电子电荷的绝对值 e 为基本电荷.

(2)导体、绝缘体和半导体

根据物质的导电性的不同,可以将物质分为导体、绝缘体和半导体.

①导体:电荷能够迅速转移或传导的物体称为导体.它具有大量能够在外电场作用下自由移动的带电粒子(自由电子、正负离子等),因而能够很好地传导电流.例如,各种金属、电解液(即酸、碱、盐的水溶液)、人体、大地等.

②绝缘体:电荷不容易转移或传导的物体称为绝缘体.电荷是几乎只能够停留在一定地方

的物质，因此不能够导电。例如，玻璃、电木、橡胶、丝绸、塑料、琥珀、瓷器、油类等是不导电的物质，绝缘体又称为电介质.

③半导体：导电性能介于导体和绝缘体之间的非离子性导电物质称为半导体.在室温时其电阻率约为 $10^{-3}\ \Omega\cdot\mathrm{cm}\sim10^{9}\ \Omega\cdot\mathrm{cm}$，一般是固体，例如，硅、锗以及某些化合物等.

必须指出，导体和绝缘体的分类不是绝对的，在一定条件下，有些物体的导电性能会发生变化.例如，在潮湿的环境中，纸张吸收水分会变成较好的导体，而在干燥的空气中，干燥的纸张又是较好的绝缘体.

10.2 真空中的库仑定律

10.2.1 电荷和库仑定律

电荷最基本的性质之一，就是电荷可以通过电场对其他电荷施以力的作用，即电荷之间存在相互作用的电场力.静电现象的研究，就是从静止电荷之间在真空中相互作用的基本规律——库仑定律开始.为研究问题的方便，先引入点电荷的概念.

(1)点电荷

实验表明，两个任意带电体之间的相互作用力的大小和方向，不仅与它们所带电量的乘积和它们之间的距离有关，而且和它们的大小、形状以及带电体上的电荷的分布情况有关，所以，带电体之间的静电场力是很复杂的.但是，实验进一步表明，在带电体的线度与它们之间的距离相比小得多的情况下，相互作用力的大小就只与它们所带电量的乘积和它们之间的距离有关，在这种情况下，带电体的大小、形状以及电荷的分布情况对相互作用力的影响可以忽略不计，当带电体的线度比带电体之间的距离小得多时，带电体的大小、形状以及电荷分布可以忽略不计，在所研究的问题中，可以把带电体所带电量看作是集中在一个“点”上，该带电体称为点电荷.

必须指出，点电荷的概念与质点、刚体、理想气体的微观模型一样，也是一种理想化的物理模型.点电荷只具有相对的意义，它本身不一定是很小的带电体.一个带电体能否看作点电荷，不决定于带电体本身的大小和所带电量的多少，而决定于在所研究的问题中它的线度是否可以忽略不计，而把它看作带电的物理点.

(2)点电荷的库仑定律

真空中两个相对于观测者静止的点电荷之间相互作用力(静电场力)遵守的基本规律称为库仑定律.它是 1785 年法国的物理学家库仑通过著名的扭秤实验进行定量的测量而总结出来的规律.库仑定律的表述如下：

在真空中两个静止的点电荷 q_1 与 q_2 之间相互作用力的大小和它们所带电量 q_1 与 q_2 的乘积成正比，和它们之间的距离 r 的平方成反比，作用力的方向沿着两点电荷的联线，电荷同号时为斥力，电荷异号时为引力.

力是矢量，它不仅有大小，而且有方向.库仑定律的表达式应该是矢量式.设 $\boldsymbol{F}_{12}$ 表示 q_1(场源电荷)对 q_2(受力电荷)的作用力，$\boldsymbol{r}_{12}$ 表示由 q_1 到 q_2 的位置径矢，$\boldsymbol{r}_{120}$ 表示由 q_1 到 q_2 方向的单位矢量，如图 10.2.1 所示，则库仑定律可表示为

$$\boldsymbol{F}_{12}=k\frac{q_1q_2}{\boldsymbol{r}_{12}^2}\boldsymbol{r}_{120} \qquad (10-2-1)$$

同理,设 $\boldsymbol{F}_{21}$ 表示电荷 q_2(场源电荷)对 q_1(受力电荷)的作用力,$\boldsymbol{r}_{21}$ 表示由 q_2 到 q_1 的位置径矢,$\boldsymbol{r}_{210}$ 表示由 q_2 到 q_1 方向的单位矢量,如图 10.2.1 所示,则库仑定律可表示为

$$\boldsymbol{F}_{21}=k\frac{q_1q_2}{\boldsymbol{r}_{21}^2}\boldsymbol{r}_{210} \tag{10-2-2}$$

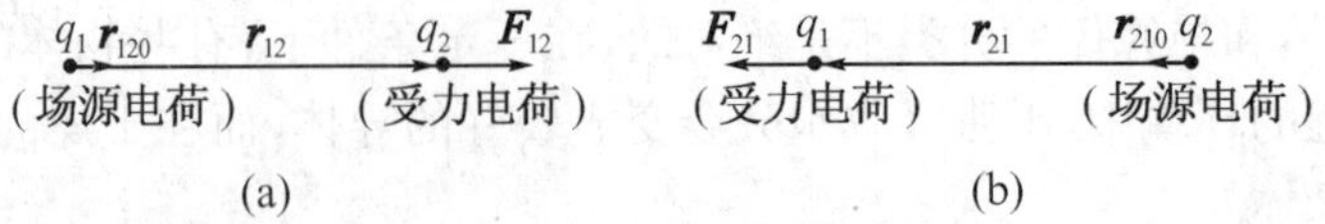

q_1 $\boldsymbol{r}_{120}$ $\boldsymbol{r}_{12}$ q_2 $\boldsymbol{F}_{12}$
(场源电荷) (受力电荷)
(a)

$\boldsymbol{F}_{21}$ q_1 $\boldsymbol{r}_{21}$ $\boldsymbol{r}_{210}$ q_2
(受力电荷) (场源电荷)
(b)

图 10.2.1 库仑定律

无论 q_1、q_2 的正负如何,以上二式都成立. 当 q_1、q_2 同号时($q_1>0,q_2>0;q_1<0,q_2<0$),$\boldsymbol{F}_{12}$ 与 $\boldsymbol{r}_{120}$ 方向相同,$\boldsymbol{F}_{21}$ 与 $\boldsymbol{r}_{210}$ 方向相同,表示电荷同号时为斥力;当 q_1、q_2 异号时($q_1>0,q_2<0;q_1<0,q_2>0$),$\boldsymbol{F}_{12}$ 与 $\boldsymbol{r}_{120}$ 方向相反,$\boldsymbol{F}_{21}$ 与 $\boldsymbol{r}_{210}$ 方向相反,表示电荷异号时为引力. 以上两式中 k 为比例系数,它的数值和单位决定于式中各量的单位.

$\boldsymbol{F}_{12}$ 和 $\boldsymbol{F}_{21}$ 是一对作用力和反作用力,它们大小相等、方向相反,而且沿着两个点电荷的联线上,即

$$\boldsymbol{F}_{12}=-\boldsymbol{F}_{21} \tag{10-2-3}$$

两个静止点电荷之间的相互作用力满足牛顿第三定律,可以去掉以上两式的脚标,从而得到库仑定律的一般表达式为

$$\boldsymbol{F}=k\frac{q_1q_2}{r^2}\boldsymbol{r}_0 \tag{10-2-4}$$

$\boldsymbol{F}$ 的大小为

$$F=k\frac{q_1q_2}{r^2} \tag{10-2-5}$$

式中,$\boldsymbol{r}$ 表示场源电荷到受力电荷的位置径矢,$\boldsymbol{r}_0$ 表示沿 $\boldsymbol{r}$ 方向的单位矢量,即 $\boldsymbol{r}_0=\dfrac{\boldsymbol{r}}{r}$.

(3)有关库仑定律的几点说明

①上述库仑定律仅适用于真空中两个静止的点电荷之间的静电相互作用力. 所谓静止的点电荷,是指描述它们相对于观测者所在的惯性参照系而言.

②库仑定律表明真空中两个点电荷之间的相互作用力与它们之间距离的平方成反比,称为平方反比定律,实验表明,距离的幂指数与 2 的偏差不超过 10^{-16},所以"平方反比定律"是严格成立的.

③库仑定律中距离 r 在 10^{11} m~10^{-15} m 时,由实验发现准确成立;r 为 10^{-16} m 时,由实验测得的力比由库仑定律计算的力大 10 倍左右,不能应用库仑定律;r 在 10^{-15} m~10^{11} m 的范围内,库仑定律有效.

④实验表明库仑定律不仅适用于宏观的带电体,也适用于分子、原子、基本粒子之间的相互作用.

⑤在具体应用库仑定律,确定库仑力的大小和方向时,用库仑定律计算相互作用力的大小时,可以不考虑电荷的正负,只用电荷的数量来计算其大小;在选取的坐标系中,再根据同种电荷相互排斥、异种电荷相互吸引的原则,具体说明静电相互作用力在坐标系中的方向.

⑥场源电荷静止,受力电荷静止,库仑定律成立,牛顿第三定律成立;场源电荷静止,受力电荷运动,库仑定律成立,牛顿第三定律不成立.

⑦从形式上看库仑定律与万有引力定律相似,它们都与距离的平方成反比. 但是,库仑力在电荷同号时是斥力,电荷异号时是引力;万有引力总是吸引力,且 $F_{库}\gg F_{万}$.

(4)国际单位制

电磁学中最常用的单位制是国际单位制，即 SI 制，其电磁学部分称为 MKSA 制. 它的四个基本量是：长度(L)、质量(M)、时间(T)和电流强度(I)，其基本单位分别是长度以米(m)为单位，质量以千克(kg)为单位，时间以秒(s)为单位，电流强度以安培(A)为单位. 关于安培的定义在以后说明，其他各物理量的单位都可以由这些基本单位导出. 本书采用的是国际单位制.

在国际单位制中，电量的单位是库仑. 当导线中通有 1 安培的稳恒电流时，每秒内通过导线横截面积的电量为 1 库仑. 它与国际单位制中的基本单位的关系是

$$1\text{ 库仑}=1\text{ 安培}\cdot 1\text{ 秒} \tag{10-2-6}$$

它与高斯单位制中电量单位的关系是

$$1\text{库仑}=3.00\times10^{9}\text{ 静库} \tag{10-2-7}$$

(5) 比例系数 k 的确定

在国际单位制中，(10－2－4)式中电量 q 的单位为库仑，距离 r 的单位为米，力的单位为牛顿，因而，比例系数 k 的数值和单位就被完全确定了，其数值只能通过实验测定. 通常计算问题时，k 在国际单位制中的值为

$$k=8.99\times10^{9}\text{ 牛顿}\cdot\text{米}^{2}\cdot\text{库仑}^{-2} \tag{10-2-8}$$

为了方便，在国际单位制中将 k 写成为

$$k=\frac{1}{4\pi\varepsilon_0} \tag{10-2-9}$$

式中，ε_0 称为真空中的介电常量，是物理学中的一个基本常量，计算问题时相应的 ε_0 的值为

$$\varepsilon_0=8.85\times10^{-12}\text{库仑}^{2}\cdot\text{牛顿}^{-1}\cdot\text{米}^{-2} \tag{10-2-10}$$

在引入 ε_0 以后，真空中的库仑定律就可以改写为

$$\boldsymbol{F}=\frac{1}{4\pi\varepsilon_0}\frac{q_1q_2}{r^2}\boldsymbol{r}_0 \tag{10-2-11}$$

从形式上看来，引入因子 4π 使库仑定律的表达式复杂了，但实际上由它出发导出的定理和常用的公式中却不包含 4π 这个因子，形式上会更简单.

在 MKSA 单位制中，任何一个物理量的量纲式具有以下形式

$$[\mathrm{Q}]=\mathrm{L}^{p}\mathrm{M}^{q}\mathrm{T}^{r}\mathrm{I}^{n} \tag{10-2-12}$$

式中，p、q、r、n 是该物理量对于基本量的量纲指数. 根据库仑的定义，由 $q=It$ 可得知电量的量纲式为

$$[\mathrm{q}]=\mathrm{IT} \tag{10-2-13}$$

由(10－2－11)式可求得 ε_0 的量纲式为

$$[\varepsilon_0]=\frac{[\mathrm{q}_1][\mathrm{q}_2]}{[\mathrm{F}][\mathrm{r}^2]}=\frac{\mathrm{I}^2\mathrm{T}^2}{\mathrm{MLT}^{-2}\mathrm{L}^2}=\mathrm{L}^{-3}\mathrm{M}^{-1}\mathrm{I}^2\mathrm{T}^4 \tag{10-2-14}$$

10.2.2 静电场力的叠加原理

库仑定律是真空中两个相对静止的点电荷之间的相互作用力的规律，静电场力的叠加原理是建立在力的独立性基础上的. 实验证明，当真空中同时存在多个静止的点电荷时，作用在每一个点电荷上的总静电场力，等于其他点电荷单独存在时作用在该点电荷上的静电场力的矢量和，称为静电场力的叠加原理，可表示为

$$\boldsymbol{F}=\boldsymbol{F}_1+\boldsymbol{F}_2+\cdots+\boldsymbol{F}_n=\sum_{i=1}^{n}\boldsymbol{F}_i \tag{10-2-15}$$

式中，$\boldsymbol{F}$ 表示总静电场力，$\boldsymbol{F}_i$ 表示场源电荷对该受力电荷作用的静电场力. 上式说明，一个点电荷对另一个点电荷的作用力，不论在其周围是否存在其他电荷，总是遵从库仑定律的.

库仑定律和静电场力的叠加原理相结合，原则上可以解决静电学中的全部问题. 对于电荷不连续分布的带电体，假设空间总共有 $q_0, q_1, q_2, \cdots, q_n$，共 $n+1$ 个电荷，$F_1, F_2, \cdots, F_n$ 分别表示除 q_0 点电荷以外的第 $1,2,\cdots,n$ 个点电荷单独存在时对 q_0 点电荷的作用力，根据静电场力的叠加原理，q_0 点电荷所受到的合力 $\boldsymbol{F}$ 可以表示为

$$\boldsymbol{F}=\boldsymbol{F}_1+\boldsymbol{F}_2+\cdots+\boldsymbol{F}_n=\sum_{i=1}^{n}\boldsymbol{F}_i$$

上式中 $\sum\limits_{i=1}^{n}$ 表示对除 q_0 点电荷以外，对其他的点电荷分别求和. 根据库仑定律，上式又可以改写为

$$\begin{aligned}\boldsymbol{F}&=\boldsymbol{F}_1+\boldsymbol{F}_2+\cdots+\boldsymbol{F}_i+\cdots+\boldsymbol{F}_n\\&=\frac{q_1q_0}{4\pi\varepsilon_0r_1^2}\boldsymbol{r}_{10}+\frac{q_2q_0}{4\pi\varepsilon_0r_2^2}\boldsymbol{r}_{20}+\cdots+\frac{q_nq_0}{4\pi\varepsilon_0r_n^2}\boldsymbol{r}_{n0}\\&=\sum_{i=1}^{n}\frac{q_iq_0}{4\pi\varepsilon_0r_i^2}\boldsymbol{r}_{io}\end{aligned} \tag{10-2-16}$$

对于电荷连续分布的任意两个带电体，求它们之间的相互作用的静电场力时，可以想象成把每个带电体分成许多电荷元，使每个电荷元都可以看作点电荷，如图 10.2.2 所示. 根据库仑定律求出每对电荷元 $\mathrm{d}q_i$ 和 $\mathrm{d}q_j$ 之间的相互作用的静电场力，再利用叠加原理分别对两个带电体的全部电荷求和，就可以求出两个带电体之间的总的相互作用力. 必须指出，由于电荷连续分布，求和应当用积分来表示，即

$$\boldsymbol{F}=\int\frac{\mathrm{d}q_i\,\mathrm{d}q_j}{4\pi\varepsilon_0r_{ij}^2}\boldsymbol{r}_{ij0}=\int\mathrm{d}\boldsymbol{F}_{ij} \tag{10-2-17}$$

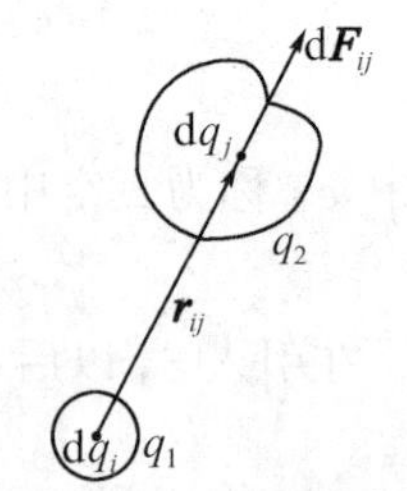

图 10.2.2 静电场力

在应用库仑定律和力的叠加原理时，通常用两种方法来计算：一种方法是对于少量点电荷利用矢量作图法，并根据几何关系来求出合力；对于多个点电荷，求其中某个点电荷所受的力，应用上述方法比较麻烦，通常采用的另一种方法是在直角坐标系中，将每一对静电场力按坐标轴的方向投影求出其分量，这时沿每一个坐标轴的分量的代数和就是总的静电场力（合力）沿该方向上的分量，然后再由分量求出总的静电场力的大小，最后求出总的静电场力的方向. 用上述方法就把矢量求和变为用分量求代数和，使计算简便，在直角坐标系中总的静电场力的矢量表达式及分量表达式为

$$\boldsymbol{F}=\sum_{i=1}^{n}\boldsymbol{F}_i \tag{10-2-18}$$

$$\begin{cases}F_x=\sum\limits_{i=1}^{n}F_{ix} & (10-2-19\text{a})\\F_y=\sum\limits_{i=1}^{n}F_{iy} & (10-2-19\text{b})\\F_z=\sum\limits_{i=1}^{n}F_{iz} & (10-2-19\text{c})\end{cases}$$

对电荷连续分布的带电体，根据库仑定律和静电场力的叠加原理来求静电场力的合力. 但是，由于电荷连续分布，矢量求和要用积分来代替，矢量式为

$$\boldsymbol{F} = \int \mathrm{d}\boldsymbol{F} \tag{10-2-20}$$

由于矢量是无法直接计算积分的，因此必须选取直角坐标系，再利用分量的积分来计算静电场力在各坐标轴的分量，也就是将 $\mathrm{d}\boldsymbol{F}$ 沿各个坐标轴方向投影，求其分量，再利用分量计算积分(标量积分). 在直角坐标系中，总的静电场力的分量表达式为

$$\begin{cases} F_x = \int \mathrm{d}F_x & (10-2-21\mathrm{a}) \\ F_y = \int \mathrm{d}F_y & (10-2-21\mathrm{b}) \\ F_z = \int \mathrm{d}F_z & (10-2-21\mathrm{c}) \end{cases}$$

然后再根据 F_x、F_y、F_z 求出合力 $\boldsymbol{F}$ 的大小

$$F = \sqrt{F_x^2 + F_y^2 + F_z^2} \tag{10-2-22}$$

最后确定合力 $\boldsymbol{F}$ 的方向，可由方向余弦确定

$$\cos\alpha = \frac{F_x}{F}, \quad \cos\beta = \frac{F_y}{F}, \quad \cos\gamma = \frac{F_z}{F} \tag{10-2-23}$$

式中，α、β、γ 分别表示 $\boldsymbol{F}$ 与 X 轴、Y 轴、Z 轴之间的夹角.

例 10.2.1 如图 10.2.3 所示，真空中有三个点电荷：$q_1 = -1.00 \times 10^{-6}$ C，$q_2 = 3.00 \times 10^{-6}$ C，$q_3 = -2.00 \times 10^{-6}$ C；$r_{21} = 15$ cm，$r_{31} = 10$ cm，$\theta = 30°$. 试求：作用在 q_1 上的静电场力.

解 由题意知，q_1 受到 q_2 的引力 $\boldsymbol{F}_{21}$ 和 q_3 的斥力 $\boldsymbol{F}_{31}$，如图 10.2.3 所示，$\boldsymbol{F}_{21}$ 与 $\boldsymbol{F}_{31}$ 的合力 $\boldsymbol{F}$ 就是作用在 q_1 上的静电力. 求力的大小时可以不考虑电荷的符号，由库仑定律求得 $\boldsymbol{F}_{21}$ 及 $\boldsymbol{F}_{31}$ 的大小分别为

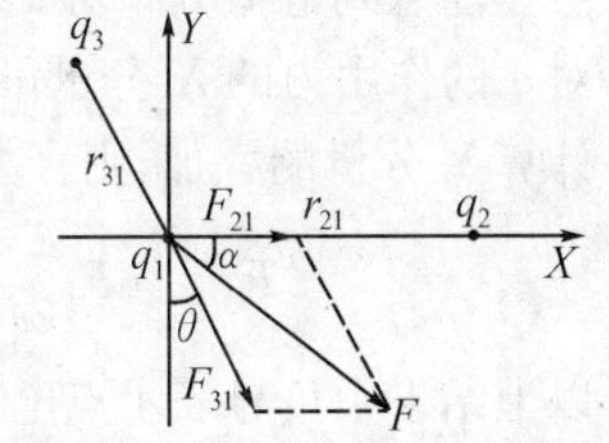

图 10.2.3 例 10.2.1 图示

$$F_{21} = \frac{1}{4\pi\varepsilon_0} \frac{q_1 q_2}{r_{21}^2} = 1.2\ (\mathrm{N})$$

$$F_{31} = \frac{1}{4\pi\varepsilon_0} \frac{q_1 q_3}{r_{31}^2} = 1.8\ (\mathrm{N})$$

计算合力有两种方法.

①用坐标法：合力 $\boldsymbol{F}$ 在 X 轴和 Y 轴上的分量分别为

$$F_x = F_{21x} + F_{31x} = F_{21} + F_{31}\ \sin\theta = 2.1\ (\mathrm{N})$$

$$F_y = F_{21y} + F_{31y} = -F_{31}\ \cos\theta = -1.6\ (\mathrm{N})$$

合力 $\boldsymbol{F}$ 的大小为

$$F = \sqrt{F_x^2 + F_y^2} = 2.6\ (\mathrm{N})$$

设合力 $\boldsymbol{F}$ 与 X 轴的夹角为 α，合力 $\boldsymbol{F}$ 的方向为

$$\tan\alpha = \frac{F_y}{F_x} = -0.76$$

所以

$$\alpha = -37°$$

②用余弦定理：合力 $\boldsymbol{F}$ 的大小为

$$F = \left[F_{21}^2 + F_{31}^2 + 2F_{21}F_{31}\ \cos\left(\frac{\pi}{2} - \theta\right)\right]^{1/2} = 2.6\ (\mathrm{N})$$

$$\cos\alpha=\frac{F_{21}^2+F^2-F_{31}^2}{2F_{21}F}=0.79\text{，即 }\alpha=37^\circ$$

这种计算方法 α 总取正值.

例 10.2.2 如图 10.2.4 所示，一均匀带电细棒被弯成半径为 R 的半圆环，棒上总电荷为 Q，在半圆环的圆心处放置另一点电荷为 q，试求：点电荷 q 所受的静电场力.

解 设该带电棒上单位长度的电荷为 λ（电荷线密度），由题意有

$$\lambda=\frac{Q}{\pi R}$$

在该带电棒上取一线元 $\mathrm{d}l$，它到 O 点的连线与 X 轴夹角为 θ，则线元 $\mathrm{d}l$ 所带电量 $\mathrm{d}Q$ 为

$$\mathrm{d}Q=\lambda\,\mathrm{d}l=\frac{Q}{\pi R}\mathrm{d}l$$

$$\mathrm{d}l=R\,\mathrm{d}\theta$$

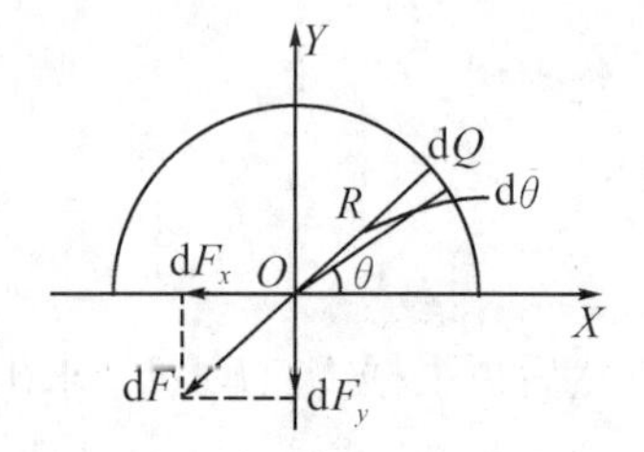

图 10.2.4 例 10.2.2 图示

点电荷 q 在 O 点受到线电荷元 $\mathrm{d}Q$ 的静电场力的大小为

$$\mathrm{d}F=\frac{1}{4\pi\varepsilon_0}\frac{q\mathrm{d}Q}{R^2}=\frac{1}{4\pi\varepsilon_0}\frac{qQ}{\pi R^2}\mathrm{d}\theta$$

$\mathrm{d}\boldsymbol{F}$ 的方向在 q 与 $\mathrm{d}Q$ 的联线上. 考虑到整个带电棒上各处的线电荷元对 q 所作用的静电场力的方向不相同，而且是逐点变化的，先求出 $\mathrm{d}\boldsymbol{F}$ 在 X 轴和 Y 轴上的分量为

$$\mathrm{d}F_x=-\mathrm{d}F\cos\theta$$

$$\mathrm{d}F_y=-\mathrm{d}F\sin\theta$$

注意到电荷分布对 Y 轴的对称性，半圆环左半部对 q 的作用力的 X 分量与半圆环右半部对 q 的作用力的 X 分量可以相互抵消. 因此，点电荷 q 所受到的静电场力应沿着 Y 方向，只需计算 Y 分量的叠加，则合力 $\boldsymbol{F}$ 的大小为

$$F=\int\mathrm{d}F_y=-\int\mathrm{d}F\sin\theta=-\frac{1}{4\pi\varepsilon_0}\frac{qQ}{\pi R^2}\int_0^\pi\sin\theta\mathrm{d}\theta=-\frac{1}{4\pi\varepsilon_0}\frac{2qQ}{\pi R^2}$$

以上结果中负号表示点电荷所受到的静电场力沿着 Y 轴的负方向.

10.2.3 应用库仑定律解题的步骤

①库仑定律是静电学的基本定律，它是由实验总结出来的. 在应用库仑定律解题时，首先要注意库仑定律成立的条件和范围，即库仑定律适用于真空中静止的点电荷；作用范围 $10^{-15}\,\mathrm{m}\sim10^{11}\,\mathrm{m}$；场源电荷必须静止，受力电荷静止或者运动；对原子、分子也适用.

②静电场力是矢量，不仅有大小，而且有方向，所以当空间存在多个点电荷时，求它们共同作用在受力电荷上的静电场力必须进行矢量叠加. 一般情况下，要选取适当的坐标系，将各个静电场力按照坐标轴方向投影后再进行分量叠加，最后求出静电场力的大小和方向.

③对电荷连续分布的带电体，要用矢量积分来代替矢量求和. 对矢量求积分可以分解为对各个坐标轴的分量的积分. 应选取适当的积分变量，写出 $\mathrm{d}\boldsymbol{F}$ 的具体表达式是关键的一步. 根据题意，确定积分变量的积分区间，即积分的上、下限，积分后求出 $\boldsymbol{F}$ 的分量，再求出 $\boldsymbol{F}$ 的大小及确定 $\boldsymbol{F}$ 的方向.

④统一单位，在国际单位制中都将各有关物理量化为国际单位制中标准单位来表示，代入具体数据进行计算，求出有关结果.

⑤根据物理和数学理论来分析、判断所求的解是否合理，不合题意的解应该舍去.

10.3 静电场和电场强度

10.3.1 静电场

(1)静电场的概念

电磁学中,如果一个静止的带电体附近放一个点电荷,这个电荷将会受到静电场力的作用.对于点电荷之间相互作用力的认识和演变,历史上曾有过长期的争论.一种观点认为带电体之间的相互作用是“超距作用”,认为带电体之间的相互作用力不需要任何媒质,也不需要时间,就能够从一个带电体直接作用到相隔一定距离的另一个带电体上,即认为带电体之间的静电场力的传递是在瞬时完成的,而传递速度为无限大.另一种观点认为,静止带电体之间的相互作用是近距作用,静电场力是通过一种充满所有空间的特殊弹性媒质——“以太”来传递的.历史上法拉第和麦克斯韦都坚持这种观点.

以上两种观点,究竟哪一种观点是正确的? 对于两个静止的带电体来说,这两种观点都能够解释电相互作用,无法判断哪一种观点正确.近代物理学发展过程中提供的大量实验事实表明,不管电荷运动或静止,都在其周围产生电场,运动电荷还产生磁场,电场的最重要表现就是对处于电场中的电荷施以力的作用,这种力称为电场力.带电体之间的相互作用力是通过电场来传递的,电场力的传递速度很大、但有限,是以光速传递的,仍需要时间.近代物理学的发展表明:传递电场力的中间媒质就是电场,而电场是由电荷激发的,该电荷称为场源电荷,所谓传递电场力,实质上就是场源电荷激发电场,而电场以有限的速度(光速)传播到其他电荷(受力电荷),并给其他电荷施以电场力的作用,即

$$\boxed{电荷}\underset{施力于}{\overset{激发}{\rightleftharpoons}}\boxed{电场}\underset{激发}{\overset{施力于}{\rightleftharpoons}}\boxed{电荷}$$

以上所述的静电场,不能够脱离场源电荷而独立存在.现代科学实验表明,电场和磁场可以脱离电荷及电流而独立存在,交变电磁场一经激发,即使场源不存在,仍可以在空间以有限的速度(光速)传播,电磁场具有它自身的运动规律,遵守麦克斯韦方程组.

电场是一种特殊形态的物质,是更为普遍存在的电磁场的一种特殊情形.电磁场的物质性只有在它处于迅速变化的交变电磁场的情况下才能够更加明显地表现出来.电磁场的物质性表现在它能够脱离电荷和电流而独立存在;它以极大的有限速度(光速)在空间传播;它还和实物一样具有质量、动量和能量等基本属性,有自己的运动规律,而且和实物之间可以相互转化;它和实物不同之处,在于电磁场不是由分子或原子构成的,实物不能够同时占据同一几何空间,具有不可入性,而几种电磁场可以占据同一几何空间,且具有可入性.场和实物是物质存在的两种不同的形式.

(2)静电场的最重要的两种宏观表现

①对于放在场源电荷产生的静电场中的试探电荷,静电场对它施以静电场力的作用.

②在场源电荷产生的静电场中运动着的试探电荷,电场力对它做功.

静电场的两种宏观表现是研究静电场性质和其应遵从规律的基础,下面将根据以上表现,从不同的角度来研究静电场的性质和规律.

10.3.2 电场强度矢量

电场强度是描述电场的基本物理量,简称场强.

为了定量测量和描述静电场的分布情况和电场的性质而引入电场强度矢量 $\boldsymbol{E}$，它是描述电场的基本物理量之一. 相对于观测者，静止的电荷之间的相互作用是通过电场的传递来实现的，因此，场源电荷在其周围空间产生的静电场对某一电荷作用的电场力应和该处电场的强弱程度有着一定的关系，我们可以用满足一定条件的某一个电荷，放在电场中它所受到的电场力来研究电场，研究电场的工具电荷称为试探电荷.

(1)试探电荷

试探电荷通常用 q_0 表示，它应该满足以下两个要求：

①试探电荷的电量应当很小，它虽然在空间要产生电场，但由于它的电量很小，在实验精度范围内它的引入不会引起原有的场源电荷的重新分布，不影响原电场的空间分布，即它对原来的电荷分布和原来电场的影响可以忽略不计，从而保证测量空间各点电场的准确性.

②试探电荷的几何线度必须充分小，使 q_0 引入电场中，在空间占有确定的位置，从而能精确地确定空间各点电场的性质.

满足以上两个条件的电荷，称为试探电荷. 试探电荷 q_0 本身可以是正电荷，也可以是负电荷.

(2)测量方法和实验结果

如图 10.3.1 所示，将试探电荷 q_0 放在由 O 点的场源电荷 Q 所产生的电场中要研究的点 P，P 点称为场点或观察点. 根据库仑定律，q_0 在 P 点所受 Q 的电场力为

$$\boldsymbol{F}=\frac{1}{4\pi\varepsilon_0}\frac{Qq_0}{r^2}\boldsymbol{r}_0 \tag{10-3-1}$$

式中，$\boldsymbol{r}_0$ 是由 Q 指向 q_0 的单位矢量，$\boldsymbol{r}$ 是 q_0 相对于 Q 的位置径矢，r 是位置径矢 $\boldsymbol{r}$ 的长度. 实验表明，对于电场中某一确定的场点 P，试探电荷 q_0 所受到的电场力的大小和方向是完全确定的. 如果仅仅改变试探电荷 q_0 的量值，即 $q_0, 2q_0, \cdots, nq_0$，实验发现试探电荷所受到的电场力大小变为 $\boldsymbol{F}, 2\boldsymbol{F}, \cdots, n\boldsymbol{F}$，而方向不变，如果将 q_0 换为等量异种电荷，电场力的大小不改变，而方向相反，可见场点一定，即 $\boldsymbol{r}$ 一定时，$\boldsymbol{F}$ 与 q_0 成正比，而 $\boldsymbol{F}$ 的方向与 q_0 的正负有关.

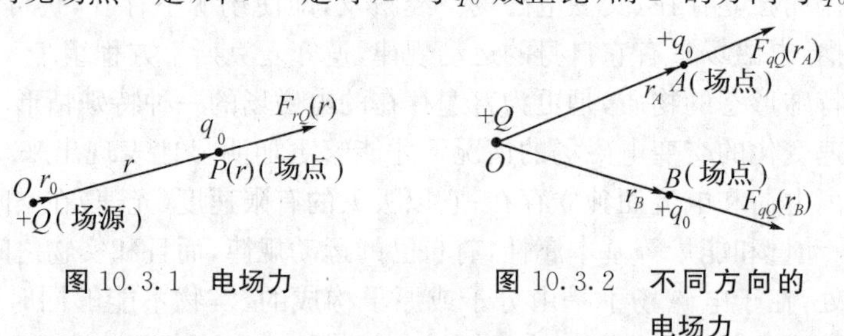

图 10.3.1 电场力　　图 10.3.2 不同方向的电场力

实验表明，将试探电荷 q_0 放在场源电荷 Q 所激发的电场中不同的地方，q_0 所受到的电场力的大小和方向不完全相同，表明 $\boldsymbol{F}$ 与 q_0 及 $\boldsymbol{r}$ 有关，如图 10.3.2 所示，$\boldsymbol{F}$ 不能唯一确定电场中各点的性质，而比值 $\boldsymbol{F}/q_0$ 不再包含 q_0，它的大小和方向唯一地由场源电荷 Q 及场点 P 的位置 $\boldsymbol{r}$ 确定，因而它是反映电场本身客观性质的一个物理量. 由于任意带电体都可以看作点电荷的集合，所以将试探电荷 q_0 放在带电体所激发的电场中的某一点时，根据力的叠加原理，构成带电体的每一点电荷对 q_0 作用的电场力都遵从库仑定律，各个点电荷对 q_0 所作用的电场力的矢量和(合力)就是带电体对 q_0 所作用的电场力. 由于每一点电荷对 q_0 所作用的力 $\boldsymbol{F}_i$ 与 q_0 的比值 $\boldsymbol{F}_i/q_0$ 都与 q_0 无关，所以合力 $\boldsymbol{F}$ 与 q_0 的比值 $\boldsymbol{F}/q_0$ 也将与 q_0 无关，仅由带电体的电荷分布及场点的位置决定. 因此，对于任意带电体，电场对试探电荷的作用力 $\boldsymbol{F}$ 与放在该点

的静止试探电荷 $\boldsymbol{q}_0$ 的比值作为描述电场本身性质的物理量，称为电场强度矢量，简称场强，用 $\boldsymbol{E}$ 表示，即

$$\boldsymbol{E}=\frac{\boldsymbol{F}}{q_0} \tag{10-3-2}$$

上式是电场强度矢量的定义式.用文字表述为：电场强度矢量 $\boldsymbol{E}$ 是表征空间每一点电场特征的基本物理量，$\boldsymbol{E}$ 是一个矢量，它的大小等于单位试探电荷在该点所受电场力的大小，其方向是正的试探电荷在该点所受电场力的方向.

在国际单位制中，力的单位是牛顿，电量的单位是库仑，由(10－3－2)式可得出，电场强度的单位为牛顿·库仑$^{-1}$，符号为 $\mathrm{N\cdot C^{-1}}$.以后还可得出，场强的单位可为伏特·米$^{-1}$，符号为 $\mathrm{V\cdot m^{-1}}$.

场强的量纲式为

$$[\mathrm{E}]=\frac{[\mathrm{F}]}{[\mathrm{q}]}=\frac{\mathrm{MLT^{-2}}}{\mathrm{TI}}=\mathrm{LMT^{-3}I^{-1}}$$

一般情况下，在电场中，空间不同点的场强，其大小和方向往往各不相同，场强是空间位置坐标的矢量函数，形成矢量场.如果电场中各点的电场强度的大小和方向都相同，则称为匀强电场，它是一种理想化的模型，如同质点、理想气体微观模型一样.对静电场的完整描述，需要给出空间每一点的场强，即给出场强在空间的分布.

(3)任意点电荷在电场中所受的电场力

如果已知电场中某点的场强为 $\boldsymbol{E}$，由场强的定义式 $\boldsymbol{E}=\dfrac{\boldsymbol{F}}{q_0}$，可得置于该点的点电荷 q_0 所受的电场力为

$$\boldsymbol{F}=q_0\boldsymbol{E} \tag{10-3-3}$$

由(10－3－3)式可以看出，如果 q_0 为正电荷，则电场力的方向与场强方向相同；如果 q_0 为负电荷，则电场力的方向与场强方向相反.如图 10.3.3 所示，在点电荷 Q 产生的电场中，点电荷 q_0 所受的电场力为 $\boldsymbol{F}_{OP}$.

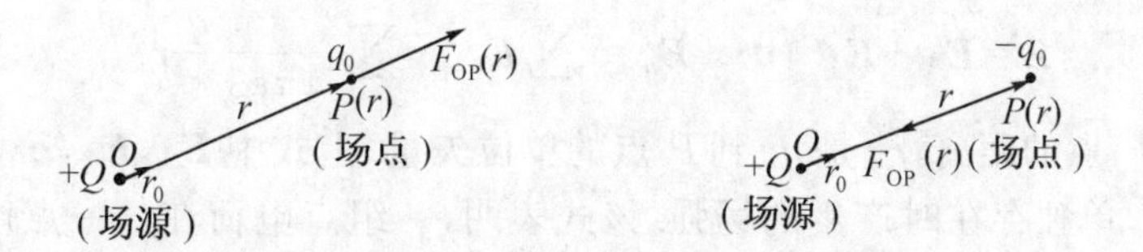

图 10.3.3　任意点电荷在电场中所受的电场力

例 10.3.1　求点电荷 q 所产生的电场中各点的电场强度.

解　如图 10.3.4 所示，电场中任一场点 P 离场源电荷 q 的距离为 r，q 到 P 点的位置径矢 $\boldsymbol{r}$ 的单位矢量为 $\boldsymbol{r}_0$，在 P 点处放置一试探电荷 q_0，根据库仑定律可知，q 对 q_0 作用的电场力为

$$\boldsymbol{F}=\frac{1}{4\pi\varepsilon_0}\frac{qq_0}{r^2}\boldsymbol{r}_0 \tag{10-3-4}$$

r_0　r　P
$q>0$　（场点）
（场源）
(a)

r_0　E
$q<0$　（场点）
（场源）
(b)

图 10.3.4　点电荷产生的电场

再根据场强的定义式(10－3－3)可得 P 点的场强为

$$\boldsymbol{E}=\frac{1}{4\pi\varepsilon_0}\frac{q}{r^2}\boldsymbol{r}_0 \tag{10－3－5}$$

上式中场源电荷 q 可为正值,也可为负值,当 $q>0$ 时,$\boldsymbol{E}$ 与 $\boldsymbol{r}_0$ 同方向;当 $q<0$ 时,$\boldsymbol{E}$ 与 $\boldsymbol{r}_0$ 反方向,如图 10.3.4 所示.上式表明:r 一定,E 一定,点电荷的场强是以点电荷为中心成球对称分布,即在以点电荷 q 为球心的任一球面上,各点的场强大小相等,方向沿径矢背离场源电荷($q>0$)或方向沿径矢指向场源电荷($q<0$).场强 $\boldsymbol{E}$ 的大小与 r^2 成反比,当 $r\to\infty$,$E\to 0$;但是不能认为 $r\to 0$ 时,$E\to\infty$,因为此时点电荷的概念已不成立,库仑定律已失效.

10.3.3　场强叠加原理

静电场遵循场强叠加原理,即任意带电体产生的总场强,等于组成带电体的点电荷(电荷元)单独存在时在该点产生的电场强度矢量和.

(1)电荷不连续分布的带电体——点电荷组的场强

设空间有一组点电荷 $q_1,q_2,\cdots,q_n$ 同时存在,在空间同时激发电场 $\boldsymbol{E}_1,\boldsymbol{E}_2,\cdots,\boldsymbol{E}_n$,现在计算它们在空间任一场点 P 激发的总场强 $\boldsymbol{E}$.将一试探电荷 q_0 放在场点 P,根据库仑定律和静电场力的叠加原理(10－2－16)式,设点电荷 $q_1,q_2,\cdots,q_n$ 单独存在时产生的电场对 q_0 的作用力分别为 $\boldsymbol{F}_1,\boldsymbol{F}_2,\cdots,\boldsymbol{F}_n$,根据静电场力的叠加原理,$q_0$ 所受到的总电场力为

$$\boldsymbol{F}=\boldsymbol{F}_1+\boldsymbol{F}_2+\cdots+\boldsymbol{F}_n=\sum_{i=1}^{n}\boldsymbol{F}_i$$

根据场强的定义,将上式两边除以 q_0 得

$$\frac{\boldsymbol{F}}{q_0}=\frac{\boldsymbol{F}_1}{q_0}+\frac{\boldsymbol{F}_2}{q_0}+\cdots+\frac{\boldsymbol{F}_n}{q_0}$$

根据点电荷场强定义式

$$\boldsymbol{E}=\frac{\boldsymbol{F}}{q_0},\boldsymbol{E}_1=\frac{\boldsymbol{F}_1}{q_0},\boldsymbol{E}_2=\frac{\boldsymbol{F}_2}{q_0},\cdots,\boldsymbol{E}_n=\frac{\boldsymbol{F}_n}{q_0}$$

可得

$$\boldsymbol{E}=\boldsymbol{E}_1+\boldsymbol{E}_2+\cdots+\boldsymbol{E}_n=\sum_{i=1}^{n}\boldsymbol{E}_i=\sum_{i=1}^{n}\frac{1}{4\pi\varepsilon_0}\frac{q_i}{r_i^2}\boldsymbol{r}_{io} \tag{10－3－6}$$

式中,r_i 是 q_i 到 P 点的距离,$\boldsymbol{r}_{i0}$ 是 q_i 到 P 点的单位矢量.上式中 $\boldsymbol{E}_1,\boldsymbol{E}_2,\cdots,\boldsymbol{E}_n$ 分别表示点电荷 $q_1,q_2,\cdots,q_n$ 单独存在时产生的场强.该式表明,一组点电荷在任一点产生的电场的场强,等于各个点电荷单独存在时所产生的电场在该点的场强的矢量和.这一规律称为电场强度的叠加原理.它是电场的基本规律之一.

任何一个带电体都可以看成是许多点电荷的集合,所以,利用点电荷的场强公式和场强的叠加原理,原则上就可以计算任意带电体在空间所产生的场强.

(2)关于电场强度的几点说明

①电场强度矢量 $\boldsymbol{E}$ 是描述电场性质的基本物理量,它只决定于电场本身的性质,与试探电荷无关,场源电荷一定,空间电场分布就确定了.

②在电场中引入试探电荷时,要求它所带的电量足够小,其目的是为了使引入试探电荷后不改变场源电荷的分布,从而不改变它所激发的电场在空间的分布.

③场源电荷所产生的电场中,对受力电荷所作用的电场力 $\boldsymbol{F}=\boldsymbol{E}q_0$.其中 $\boldsymbol{E}$ 中不应包含 q_0 本身(受力电荷)所产生的场强.

(3)电荷连续分布的带电体的场强

下面应用场强的叠加原理和点电荷场强公式来计算电荷连续分布的任意带电体的场强.从微观结构来看,电荷是集中在一个个带电的微观粒子(如电子、质子等)上,电荷是不连续的,即量子化的.但是,从宏观效果来看,由于带电体所带电荷总是由大量的电子和质子组成,电荷可以看作是连续分布的,当带电体电荷连续分布时,可将带电体所带的电荷看成是许多很小的电荷元 dq 的集合,而每一个电荷元都可以看作点电荷(电荷元 dq 仍然是由大量微观带电粒子所组成).这样,电荷元 dq 在距离它为 r 的场点处所产生的场强为

$$d\boldsymbol{E}=\frac{1}{4\pi\varepsilon_0}\frac{dq}{r^2}\boldsymbol{r}_0 \tag{10-3-7}$$

式中 $\boldsymbol{r}_0$ 是由场源电荷元 dq 指向场点 P 的单位矢量,根据场强叠加原理,那么整个带电体在场点产生的总场强应当对电荷元 dq 的场强求积分,即

$$\boldsymbol{E}=\int d\boldsymbol{E}=\frac{1}{4\pi\varepsilon_0}\int\frac{dq}{r^2}\boldsymbol{r}_0 \tag{10-3-8}$$

场强的矢量积分在具体计算时,必须化为标量的积分来计算,因此(10-3-8)式实际上在直角坐标系中包含了三个积分,即分量积分为

$$E_x=\int dE_x \tag{10-3-9a}$$

$$E_y=\int dE_y \tag{10-3-9b}$$

$$E_z=\int dE_z \tag{10-3-9c}$$

原则上,只要由带电体的分布情况求出 dq,就可以利用上述有关公式求出场强.下面介绍三种典型的电荷分布模型及相应的场强公式.

①电荷体分布:如果电荷连续分布在一定的体积内,相应地引入电荷的体密度的概念,电荷的体密度是表示单位体积内的电量.如图 10.3.5(a)所示,在带电体内某一点 P,取一个包含 P 点在内的体积元 ΔV,ΔV 必须足够小,以便能够反映电荷分布的宏观不均匀性;但从微观上看,ΔV 又应该是足够大,使 ΔV 中包含大量的带电微观粒子.设 ΔV 内全部电荷的代数和为 Δq,则该点处电荷的体密度 ρ_e 定义为

$$\rho_e=\lim_{\Delta V\to 0}\frac{\Delta q}{\Delta V}=\frac{dq}{dV} \tag{10-3-10}$$

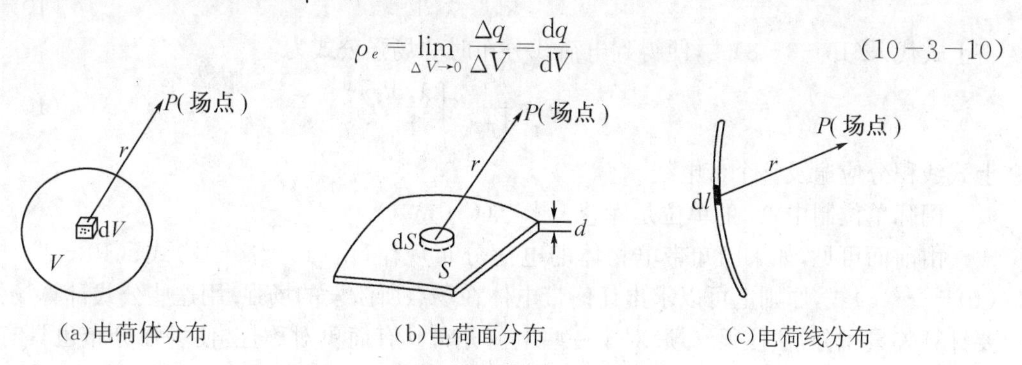

图 10.3.5 电荷连续分布的带电体(面、线)

这种定义 ρ_e 的方法实际上包含了对 P 点在内的宏观体积元求平均值的意思,平均的结果是电荷从微观上的不连续分布过渡到宏观上的连续分布.在国际单位制中,ρ_e 的单位是库仑·米$^{-3}$(C·m^{-3}).

如果电荷元 dq 所在处的电荷的体密度为 ρ_e,dq 所占的体积元为 dV,dq 应为

$$dq = \rho_e dV \tag{10-3-11}$$

将上式代入(10－3－8)式,便得到电荷体分布时的场强公式为

$$\boldsymbol{E} = \int_V d\boldsymbol{E} = \frac{1}{4\pi\varepsilon_0}\int_V \frac{\rho_e dV}{r^2}\boldsymbol{r}_0 \tag{10-3-12}$$

上式积分应遍及整个带电体的体积.

②电荷面分布:有时电荷连续分布在带电体的很薄的某一层内,例如,导体或电介质的表面层,或者带电体本身很薄,如图 10.3.5(b)所示,当场点到很薄的电荷分布层的距离远大于薄层的厚度时,可以忽略带电层的厚度,以致于可以认为电荷是连续分布在一个没有厚度的几何面上,这种电荷分布称为电荷面分布.相应的定义电荷的面密度 σ_e 为单位面积上的电量.设在带电面上某点处,包含该点处的取物理无穷小面元 ΔS,ΔS 上分布的总电量为 Δq,则该点处的电荷面密度 σ_e 定义为

$$\sigma_e = \lim_{\Delta S \to 0}\frac{\Delta q}{\Delta S} = \frac{dq}{dS} \tag{10-3-13}$$

国际单位制中,σ_e 的单位是库仑·米$^{-2}$($C \cdot m^{-2}$).

如果电荷元 dq 所在处的电荷的面密度为 σ_e,dq 所占的面元为 dS,dq 应为

$$dq = \sigma_e dS \tag{10-3-14}$$

将上式代入(10－3－8)式,便得到电荷面分布时的场强公式为

$$\boldsymbol{E} = \int_S d\boldsymbol{E} = \frac{1}{4\pi\varepsilon_0}\int_S \frac{\sigma_e dS}{r^2}\boldsymbol{r}_0 \tag{10-3-15}$$

上式面积分应遍及整个带电面.

③电荷线分布:有时电荷连续分布在某一细棒上,当场点到棒的距离远大于棒的粗细时,可以忽略棒的粗细,可以认为电荷分布在几何线上,如图 10.3.5(c)所示.相应定义电荷的线密度 λ_e 为单位长度上的电量.设在带电线上某点取线元 Δl,Δl 上的电量为 Δq,则该点的电荷线密度为

$$\lambda_e = \lim_{\Delta l \to 0}\frac{\Delta q}{\Delta l} = \frac{dq}{dl} \tag{10-3-16}$$

如果电荷元 dq 所在处的电荷线密度为 λ_e,dq 所占的线元为 dl,dq 应为

$$dq = \lambda_e dl \tag{10-3-17}$$

将上式代入(10－3－8)式,便得到电荷线分布时的场强公式为

$$\boldsymbol{E} = \frac{1}{4\pi\varepsilon_0}\int_L \frac{\lambda_e dl}{r^2}\boldsymbol{r}_0 \tag{10-3-18}$$

上式线积分应遍及整个带电线.

国际单位制中,λ_e 的单位是库仑·米$^{-1}$($C \cdot m^{-1}$).

由前面可见,如果已知带电物体的电荷分布规律,由(10－3－12)式、(10－3－15)式和(10－3－18)式,原则上可以求出任何带电体在场点所激发的场强.用这些公式计算场强时,都要计算矢量积分,往往很麻烦.对于一些电荷分布具有简单对称性,使场强分布也具有简单对称性的问题,通过对称性分析,就能够判断出合场强的某些分量相互抵消为零以及合场强的方向,这样就可以使矢量积分转化为标量积分,使问题的计算大为简化.计算矢量积分要方向相同,才可以直接积分.

例 10.3.2　试计算电偶极矩为 $\boldsymbol{p}$ 的电偶极子轴线延长线上和中垂线上的场强.

解　如图 10.3.6 所示,电偶极子是由一对电荷 $+q$ 及 $-q$ 组成,它们之间的距离为 l,电

偶极矩 $\boldsymbol{p}=q\boldsymbol{l}$，方向由负电荷指向正电荷，选取电偶极子中点作为坐标原点 O，X 轴平行于电偶极矩方向，Y 轴为中垂线. A 点和 B 点分别位于二坐标轴上的场点处，它们到坐标原点的距离都用 r 表示. 根据点电荷的场强公式 $\boldsymbol{E}=\frac{q}{4\pi\varepsilon_0 r^2}\boldsymbol{r}_0$，分别求出电荷 $+q$ 和 $-q$ 在 A、B 二点的场强 E_+ 和 E_-，然后再根据场强叠加原理公式(10-3-6)，分别求出它们在 A 点和 B 点的矢量和，即可得到所求结果.

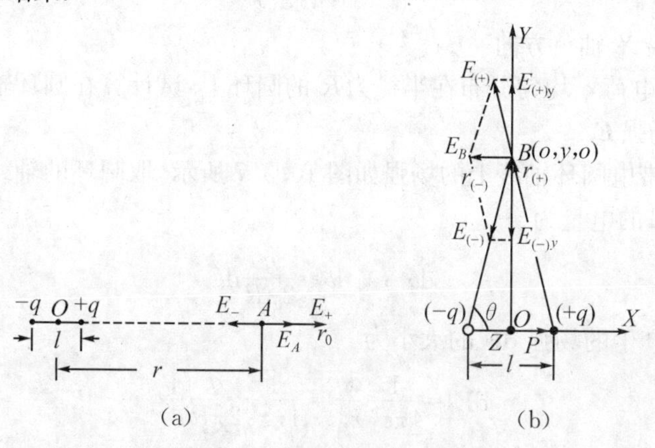

图 10.3.6　例 10.3.2 图示

①求 A 点的场强. 电荷 $-q$ 和 $+q$ 到 A 点的距离分别为 $r+\frac{l}{2}$ 和 $r-\frac{l}{2}$，由点电荷产生的场强公式，如图 10.3.6(a)所示，可得

$$\boldsymbol{E}_-=\frac{-1}{4\pi\varepsilon_0}\frac{q}{\left(r+\frac{l}{2}\right)^2}\boldsymbol{i},\quad \boldsymbol{E}_+=\frac{1}{4\pi\varepsilon_0}\frac{q}{\left(r-\frac{l}{2}\right)^2}\boldsymbol{i}$$

式中，$\boldsymbol{i}$ 是 X 轴的单位矢量.

根据场强叠加原理，场点 P 的场强为

$$\boldsymbol{E}_A=\boldsymbol{E}_++\boldsymbol{E}_-=\frac{q}{4\pi\varepsilon_0}\left[\frac{1}{(r-\frac{l}{2})^2}-\frac{1}{(r+\frac{l}{2})^2}\right]\boldsymbol{i}=\frac{q}{4\pi\varepsilon_0}\frac{2rl}{\left[r^2-(\frac{l}{2})^2\right]^2}\boldsymbol{i}$$

因为 $l\ll r$，所以，$2rl/\left[r^2-\left(\frac{l}{2}\right)^2\right]^2\approx 2l/r^3$，考虑到 $ql\boldsymbol{i}=\boldsymbol{p}$，得

$$\boldsymbol{E}_A=\frac{1}{4\pi\varepsilon_0}\frac{2\boldsymbol{p}}{r^3}$$

②求 B 点的场强. 电荷 $+q$ 和 $-q$ 分别在 B 点产生的场强的大小为

$$E_+=E_-=\frac{1}{4\pi\varepsilon_0}\frac{q}{r^2+(\frac{l}{2})^2}$$

方向分别沿 $+q$ 和 $-q$ 与 B 的联线，如图 10.3.6(b)所示. 设这联线与电偶极子轴线的夹角为 α. 由图可看出合场强的大小为 $2E_+\cos\alpha$，方向沿 X 轴负方向，即

$$\boldsymbol{E}_B=\boldsymbol{E}_++\boldsymbol{E}_-=-2E_+\cos\alpha\boldsymbol{i}$$

因为

$$\cos\alpha=\frac{l}{2\sqrt{r^2+\left(\frac{l}{2}\right)^2}}$$

所以 $$\boldsymbol{E}_B=-\frac{q}{4\pi\varepsilon_0}\frac{l}{\left[r^2+\left(\frac{l}{2}\right)^2\right]^{3/2}}\boldsymbol{i}$$

因为 $l\ll r$，所以 $l/\left[r^2+\left(\frac{l}{2}\right)^2\right]^{3/2}\approx l/r^3$，得

$$\boldsymbol{E}_B=-\frac{1}{4\pi\varepsilon_0}\frac{\boldsymbol{p}}{r^3}$$

上式负号表明 $\boldsymbol{E}_B$ 沿 X 轴负方向.

例 10.3.3　设电荷 q 均匀分布在半径为 R 的圆环上，试计算在圆环轴线上离环中心距离为 X 处的 P 点的场强 $\boldsymbol{E}$.

解　计算均匀带电圆环轴线上的场强如图 10.3.7 所示，取圆环的轴线为 X 轴，在圆环上任取一线元 $\mathrm{d}l$，所带的电量为

$$\mathrm{d}q=\lambda_e\mathrm{d}l=\frac{q}{2\pi R}\mathrm{d}l$$

电荷元 $\mathrm{d}q$ 在 P 点产生的场强 $\mathrm{d}\boldsymbol{E}$ 的大小为

$$\mathrm{d}E=\frac{1}{4\pi\varepsilon_0}\frac{\mathrm{d}q}{r^2}=\frac{1}{4\pi\varepsilon_0}\frac{q}{2\pi R}\frac{\mathrm{d}l}{r^2}$$

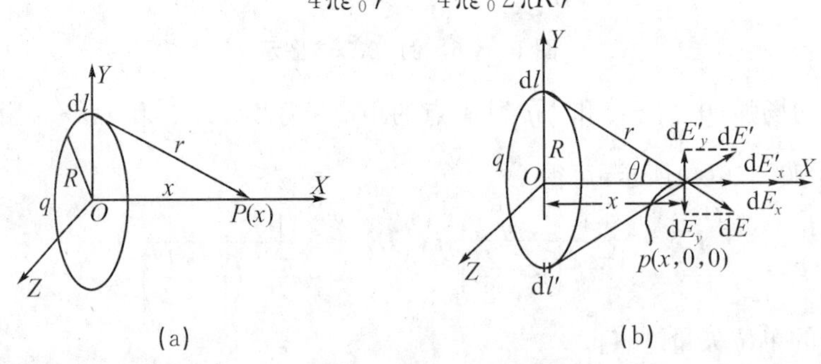

图 10.3.7　例 10.3.3 图示

方向如图 10.3.7 所示. 圆环上各处电荷元在 P 点产生的场强 $\mathrm{d}\boldsymbol{E}$ 大小相等，方向各不相同，但与 X 轴的夹角 θ 相等，它们在 P 点产生的元场强 $\mathrm{d}\boldsymbol{E}$ 形成一个圆锥面. 由于对称性，则同一直径上两端相等的电荷元在 P 点产生的场强在垂直于 X 轴方向上的分量相互抵消，各电荷元只有沿 X 轴方向上的分量相互加强，所以 P 点处的总场强沿 X 轴方向，大小等于圆环上所有电荷元在场点 P 处产生的场强沿 X 轴分量的和，即

$$E=E_x=\int\mathrm{d}E_x=\int\mathrm{d}E\cos\theta$$

上式中积分应对整个圆环 L 积分，因为

$$\cos\theta=\frac{x}{r},r^2=R^2+x^2$$

对于给定场点 P，对所有电荷元来说，x 是相同的常量，积分变量是 $\mathrm{d}l$，所以

$$\begin{aligned}E&=\int_L\mathrm{d}E\cos\theta=\int_0^{2\pi R}\frac{1}{4\pi\varepsilon_0}\frac{q}{2\pi R}\frac{x\mathrm{d}l}{(R^2+x^2)^{3/2}}\\&=\frac{1}{4\pi\varepsilon_0}\frac{q}{2\pi R}\frac{x}{(R^2+x^2)^{3/2}}\int_0^{2\pi R}\mathrm{d}l\\&=\frac{1}{4\pi\varepsilon_0}\frac{qx}{(R^2+x^2)^{3/2}}\end{aligned}\qquad(10-3-19)$$

场强 **E** 的方向沿着 X 轴的正方向.

例 10.3.4　半径为 R 的均匀带电圆盘,电荷的面密度为 σ_e,试求:通过圆心的轴线上与盘心相距 x 的 P 点的场强.

解　取通过圆心 O 的轴线为 X 轴,如图 10.3.8 所示. 把带电圆盘分割成许多同心带电圆环,半径为 r,宽度为 $\mathrm{d}r$ 的细圆环,该圆环上所带电量为

$$\mathrm{d}q=\sigma_e 2\pi r\mathrm{d}r$$

利用图 10.3.7 所得结果,$\mathrm{d}q$ 在轴线上场点 P 处产生的场强大小为

$$\mathrm{d}E=\frac{1}{4\pi\varepsilon_0}\frac{x\mathrm{d}q}{(r^2+x^2)^{3/2}}=\frac{1}{4\pi\varepsilon_0}\frac{x}{(r^2+x^2)^{3/2}}\cdot\sigma_e 2\pi r\mathrm{d}r$$

由于各细圆环在 P 点产生的场强方向相同,沿 X 轴正方向,所以整个带电圆盘产生的总场强 **E** 的大小为

$$E=\int\mathrm{d}E=\frac{1}{4\pi\varepsilon_0}\int_0^R\frac{x}{(x^2+r^2)^{3/2}}\sigma_e 2\pi r\mathrm{d}r=\frac{1}{4\pi\varepsilon_0}\sigma_e 2x\pi\int_0^R\frac{r\mathrm{d}r}{(x^2+r^2)^{3/2}}$$

$$=\frac{\sigma_e}{2\varepsilon_0}\left(1-\frac{x}{\sqrt{R^2+x^2}}\right)\qquad(10-3-20)$$

场强 **E** 的方向沿 X 轴的正方向.

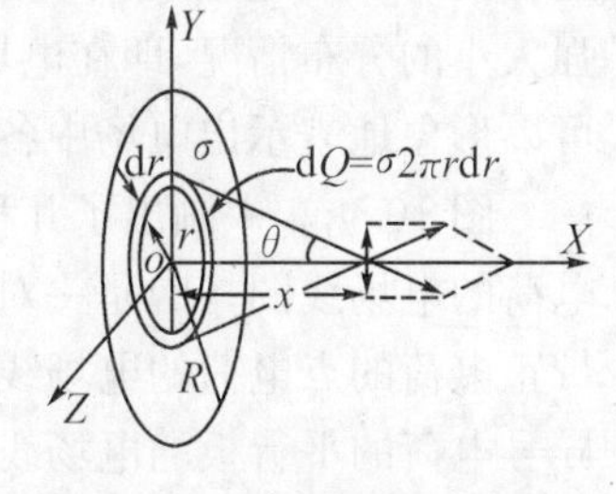

图 10.3.8　例 10.3.4 图示

当 $x\ll R,R\to\infty$ 时,$\frac{x}{\sqrt{R^2+x^2}}\to 0$,得

$$E\approx\frac{\sigma_e}{2\varepsilon_0}\qquad(10-3-21)$$

以上情况相当于均匀带电的无限大平面两侧的场强.

当 $x\gg R$ 时,可以将 $[1+(R/x)^2]^{-1/2}$ 按泰勒公式或牛顿二项式定理展开,仅保留前两项,有

$$[1+(\frac{R}{x})^2]^{-1/2}\approx 1-\frac{1}{2}(\frac{R}{x})^2$$

得

$$E\approx\frac{1}{4\pi\varepsilon_0}\frac{q}{x^2}\qquad(10-3-22)$$

相当于电荷集中在圆盘中心的点电荷在距场点 x 处的场强,方向沿 X 轴正方向.

10.4　电场线、电通量和高斯定理

10.4.1　电场线

电场线是用来直观、形象地图示电场分布的虚设的有向曲线族.

(1)电场线的概念

用电场强度矢量 **E** 的函数形式 $\boldsymbol{E}=\boldsymbol{E}(x、y、z)$ 能够准确地描述整个空间的场强分布,但是比较抽象. 为了直观、形象地描绘电场的分布,引入一种物理模型——电场线,作为描述电场的一种辅助方法.

场源电荷所激发的电场中每一点的场强 **E** 都有确定的方向,所以我们可以在电场中描绘一些曲线,使曲线上每一点的切线方向都和该点的场强方向一致,电场线的密度则表示电场的强弱. 这样的曲线族称为电场线,如图 10.4.1 所示.

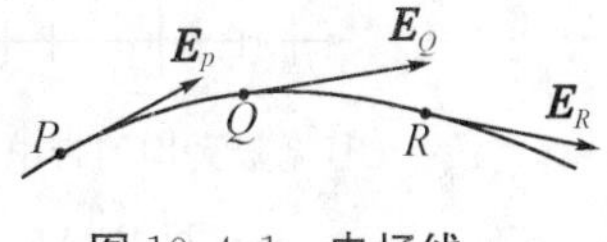

图 10.4.1　电场线

为了使电场线既能够描述场强的方向，还能够表示出场强的大小，我们引入电场线密度的概念. 它的定义是：在电场中任一点 P 取一个与该点的场强方向垂直的面元 ΔS_0，由于 ΔS_0 很小，可以认为在它上面各点的场强相同，设通过 ΔS_0 的电场线数为 ΔN，则比值 $\frac{\Delta N}{\Delta S_0}$ 表示通过单位横截面积的电场线数，称为通过 ΔS_0 面元上的平均电场线密度，如图 10.4.2 所示，当 $\Delta S_0 \to 0$ 时，比值 $\frac{\Delta N}{\Delta S_0}$ 的极限称为通过该点处的电场线密度，即

$$P\text{ 点的电场线密度} = \lim_{\Delta S_0 \to 0} \frac{\Delta N}{\Delta S_0} = \frac{\mathrm{d}N}{\mathrm{d}S_0} \qquad (10-4-1)$$

上式表明：电场中某点处的电场线密度就是通过该点处垂直于 $\boldsymbol{E}$ 的单位横截面积的电场线条数. 在画电场线图时，应使某点处的电场线密度与该点处的场强大小成正比，或者直接规定电场中某一点的电场线密度等于该点电场强度的大小，即

$$E = \frac{\mathrm{d}N}{\mathrm{d}S_0} \qquad (10-4-2)$$

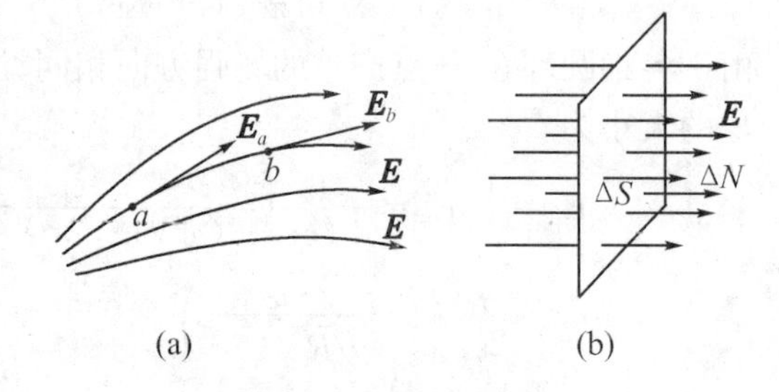

图 10.4.2　电场线密度

这样就可以用电场线的疏密来形象地表示出场强大小的分布情况，即在电场线密处场强就大，电场线疏处场强就小，从电场中电场线图形就可以形象地表示出电场中各处场强的大小和方向，以及整个电场的分布情况.

图 10.4.3 中画出了几种带电体所产生的电场中的电场线图. 其中(a)是一个带正电的点电荷的电场线图；(b)是一对带正负电荷的点电荷(偶极子)的电场线图；(c)是两个电量相等的带正电荷的点电荷的电场线图；(d)是无限大均匀带电平板的电场线图；(e)是均匀地带有等量异号电荷的平行板的电场线图；(f)是静电透镜的电场线图。图中平行板两板之间的距离与每一带电平板的线度相比很小，在这两带电平行板之间，除边缘外，各处场强的大小相等，方向相同，这种电场称为均匀电场，其他电场为非均匀电场.

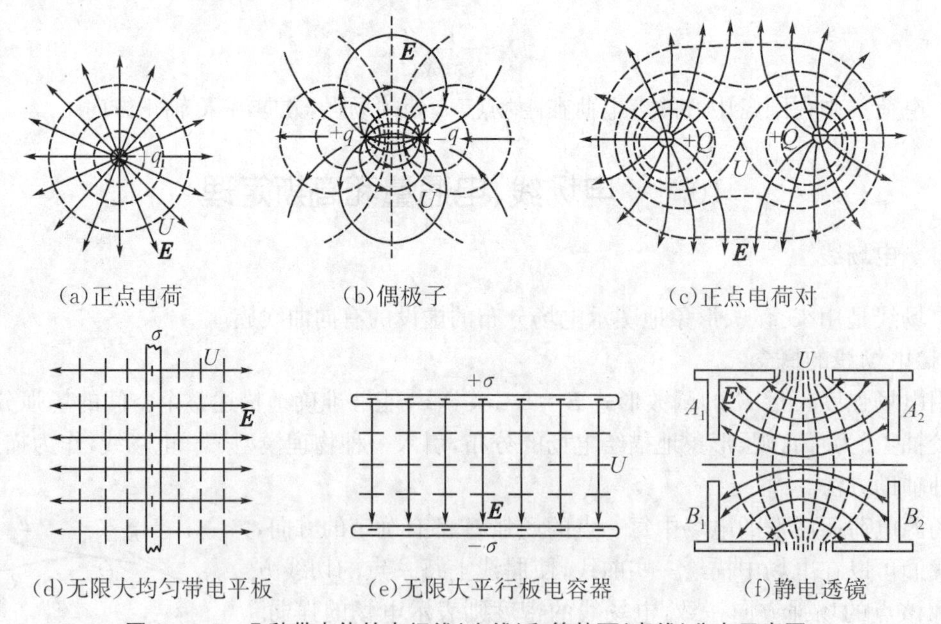

图 10.4.3　几种带电体的电场线(实线)和等势面(虚线)分布示意图

(2)电场线的性质

静电场的电场线具有如下性质：

①在静电场中电场线不能形成闭合曲线，电场线起始于正电荷(或来自无穷远处)，终止于负电荷(或伸向无穷远处).

②如果带电体系正、负电荷量值相等，则电场线由正电荷出发的全部都终止到负电荷上.

③电场线与等势(位)面正交.

④在没有点电荷的地方，任何两条电场线都不会相交，也不会中断，如果两条电场线相交，就表示在交点处的场强有两个方向，这与空间一点的场强只有一个确定的方向相矛盾.

⑤静电场中导体附近的电场线与导体表面垂直.

⑥静电场中电场线不能起止于同一导体上.

电场线的前四个性质，反映了静电场的基本性质.

10.4.2　电通量

(1)电通量

前面引入电场线密度的概念，这里再引入电通量的概念，以便导出表征静电场基本性质的高斯定理.

电通量是表征真空(或电介质)中电场分布情况的物理量，设电场中某点的场强为 $\boldsymbol{E}$，通过该点的面元为 $\mathrm{d}S$，如图10.4.4(a)所示，设面元的法线方向的单位矢量为 $\boldsymbol{n}$，将 $\mathrm{d}S\boldsymbol{n}$ 称为面元矢量，表示为 $\mathrm{d}\boldsymbol{S}=\mathrm{d}S\boldsymbol{n}$，它既表示面元的大小，又表示面元的方向，通过电场中任一面元 $\mathrm{d}\boldsymbol{S}$ 的电通量等于电场强度矢量在该面积元法线方向上的分量与面元面积的乘积，即

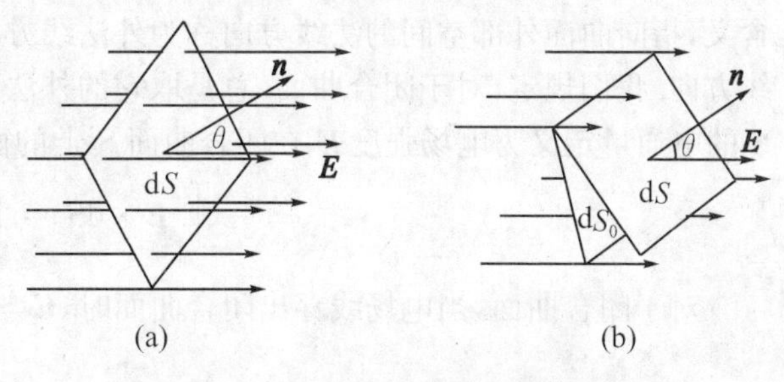

图 10.4.4　通过面元的电通量

$$\mathrm{d}\varphi_e=E\cos\theta\mathrm{d}S=\boldsymbol{E}\cdot\boldsymbol{n}\mathrm{d}S=E_n\mathrm{d}S \tag{10-4-3a}$$

即

$$\mathrm{d}\varphi_e=\boldsymbol{E}\cdot\mathrm{d}\boldsymbol{S} \tag{10-4-3b}$$

式中，θ 为 $\boldsymbol{E}$ 与 $\mathrm{d}\boldsymbol{S}$ 法线方向 n 之间的夹角，上式是通过任意面元 $\mathrm{d}\boldsymbol{S}$ 的电通量.

如果面元 $\mathrm{d}\boldsymbol{S}_0$ 与场强 $\boldsymbol{E}$ 垂直，如图10.4.4(b)所示，通过电场中该面元的电通量定义为场强 E 与 $\mathrm{d}S_0$ 的乘积，即

$$\mathrm{d}\varphi_e=E\mathrm{d}S_0 \tag{10-4-4}$$

由(10-4-2)式可知，通过面元 $\mathrm{d}S_0$ 的电通量等于通过该面元的电场线条数.

必须注意，电场强度矢量是空间点的矢量函数，而电通量不是空间点的函数，因为在电场中任一场点处的面元 $\mathrm{d}\boldsymbol{S}$ 的大小和方向不同时，电通量是不相同的. 电通量是代数量，可为正值或负值，对于一定的场强 $\boldsymbol{E}$，通过面元 $\mathrm{d}\boldsymbol{S}$ 的电通量的正负取决于 $\boldsymbol{E}$ 与 $\boldsymbol{n}$ 之间的夹角 θ. 当 $\theta<\frac{\pi}{2}$ 时，$\cos\theta>0$，则 $\mathrm{d}\varphi_e>0$；当 $\theta=\frac{\pi}{2}$ 时，$\cos\theta=0$，则 $\mathrm{d}\varphi_e=0$；当 $\theta>\frac{\pi}{2}$ 时，$\cos\theta<0$，则 $\mathrm{d}\varphi_e<0$，如图10.4.5(a)所示.

(2)通过任意曲面 S 的电通量

将整个曲面分割成无穷多个小面元，使得可以将每一个小面元上的场强 $\boldsymbol{E}$ 看作是相同

的，于是通过整个曲面上的电通量就等于通过各个面元电通量的代数和，如图 10.4.5(b)所示. 由于场强连续变化，应将(10－4－3b)式对曲面 S 积分，可得

$$\varphi_e = \iint_S \mathrm{d}\varphi_e = \iint_S \boldsymbol{E} \cdot \mathrm{d}\boldsymbol{S} \tag{10－4－5}$$

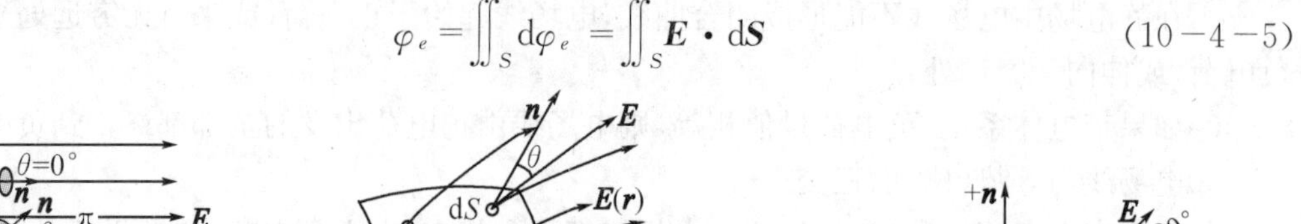

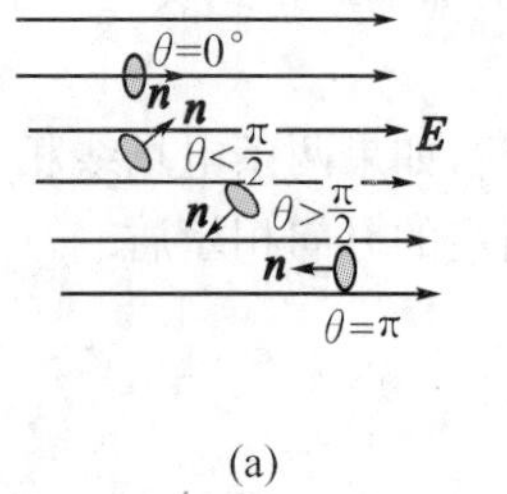

(a)

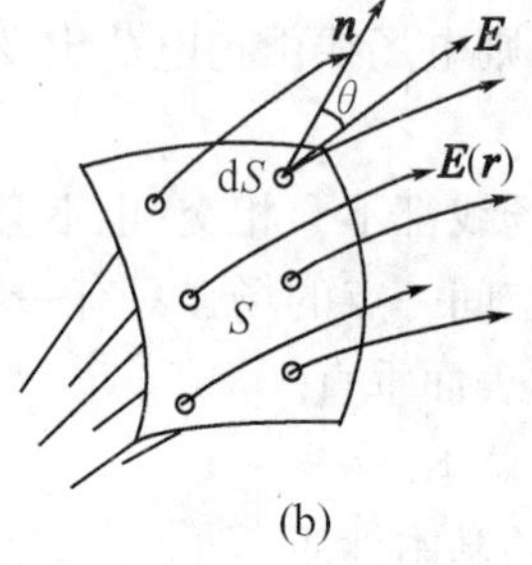

(b)

图 10.4.5　电通量的正负随 θ 变化的关系

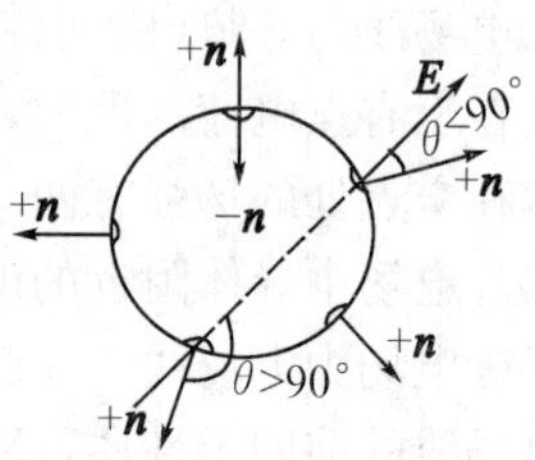

图 10.4.6　闭合曲面的电通量

一个任意的不闭合的曲面有正、反两面，因而面元法线的取向也有正、反两个方向. 对于单个不闭合的曲面应事先规定一个方向为正法线方向，则电通量的正、负才有确定的意义.

(3)通过任意闭合曲面 S 的电通量

如图 10.4.6 所示，对于闭合曲面把空间划分成为内外两部分，其法线的取向有了特定的含义，指向曲面外部空间的法线方向称为外法线方向，指向曲面内部空间的法线方向称为内法线方向. 我们规定，对于闭合曲面，总是取它的外法线方向为法线的正方向，对于任意闭合曲面 S 的电通量定义为电场强度 $\boldsymbol{E}$ 在闭合曲面 S 上的面积分，即

$$\varphi_e = \oiint_S \boldsymbol{E} \cdot \mathrm{d}\boldsymbol{S} = \oiint_S E\cos\theta \mathrm{d}S \tag{10－4－6}$$

对于闭合曲面，当电场线穿出闭合曲面时，$\boldsymbol{E}$ 与正法线 $\boldsymbol{n}$ 成锐角，$\theta < \frac{\pi}{2}$，电通量为正值；当电场线穿入闭合曲面时，$\boldsymbol{E}$ 与正法线 $\boldsymbol{n}$ 成钝角，$\theta > \frac{\pi}{2}$，电通量为负. 对于整个闭合曲面而言，当穿入闭合曲面的电通量和穿出闭合曲面的电通量相等时，通过闭合曲面的总的电通量为零，即 $\varphi_e = \oiint_S \boldsymbol{E} \cdot \mathrm{d}\boldsymbol{S} = 0$. 如果曲面上处处 $E = 0$，那么电通量 φ_e 也等于零；但是，总电通量为零，并不表示曲面上的场强一定为零. 如果穿入闭合曲面的电通量大于穿出闭合曲面的电通量，则总电通量为负；相反，如果穿入闭合曲面的电通量小于穿出闭合曲面的电通量，则总电通量为正.

10.4.3　静电场的高斯定理

研究通过任意闭合曲面的电通量与场源电荷之间的关系，从而导出静电场中的一个重要定理，它反映出静电场的基本性质之一.

(1)高斯定理的表述

通过任意一个闭合曲面 S 的电通量 φ_e 等于该闭合曲面内所包围的所有电荷电量的代数和 $\sum\limits_{i \atop (S内)} q_i$ 除以 ε_0，与闭合曲面内电荷的分布无关，与闭合曲面外的电荷无关，用公式表示为

$$\varphi_e = \oiint_S \boldsymbol{E} \cdot \mathrm{d}\boldsymbol{S} = \frac{1}{\varepsilon_0} \sum_{i \atop (S内)} q_i \tag{10－4－7}$$

上式中 $\oiint_S$ 表示沿闭合曲面 S 的面积分，这个闭合曲面通常称为高斯面.

(2)高斯定理的证明

高斯定理可以从库仑定律所得出的点电荷场强公式和场强的叠加原理证明.下面将由特殊情况到一般情况分几步来证明.

①点电荷 q 位于球心时通过同心球面的电通量:设有点电荷 q 位于球心,以任意半径 r 作一球面 S 为高斯面,如图 10.4.7 所示.由点电荷在空间产生的场强为

$$\boldsymbol{E}=\frac{1}{4\pi\varepsilon_0}\frac{q}{r^2}\boldsymbol{r}_0 \tag{10-4-8}$$

上式表明,在球面上各点场强的大小相等,方向沿径矢向外.根据通过闭合曲面电通量的定义,得

$$\varphi_e=\oiint_S \boldsymbol{E}\cdot \mathrm{d}\boldsymbol{S}=\oiint_S \frac{q}{4\pi\varepsilon_0}\frac{\mathrm{d}S}{r^2}=\frac{q}{4\pi\varepsilon_0}\oiint_S \mathrm{d}\Omega$$

$$=\frac{q}{4\pi\varepsilon_0}4\pi=\frac{q}{\varepsilon_0} \tag{10-4-9}$$

图 10.4.7　通过同心球面的电通量

可见,通过球面 S 的电通量,只取决于该球面所包围的点电荷的电量 q,而与球面的半径 r 无关.或者说,点电荷 q 所产生的电场中,对任意以 q 为球心的球面的电通量都是$\frac{q}{\varepsilon_0}$.

②通过包围点电荷 q 的任意闭合曲面的电通量:如图 10.4.8(a)所示,任意闭合曲面 S 包围点电荷q.以 q 为球心,以任意半径 r 作球面 S_1.根据前面的证明,已知通过球面 S_1 的电通量为$\frac{q}{\varepsilon_0}$.现在曲面 S 上取任意小面元 $\mathrm{d}S$,由 $\mathrm{d}S$ 边缘上各点向q 的连线构成一锥面,对应立体角 $\mathrm{d}\Omega$.该锥面与球面 S_1 相截,截面为面元 $\mathrm{d}S_1$,而面元 $\mathrm{d}S$ 在垂直于场强方向上的投影为 $\mathrm{d}S_0$.如图 10.4.8(b)所示,通过面元 $\mathrm{d}S$ 的电通量 $\mathrm{d}\varphi_e$ 为

$$\mathrm{d}\varphi_e=\boldsymbol{E}\cdot \mathrm{d}\boldsymbol{S}=E\mathrm{d}S_0=\frac{1}{4\pi\varepsilon_0}\frac{q}{r^2}\mathrm{d}S_0$$

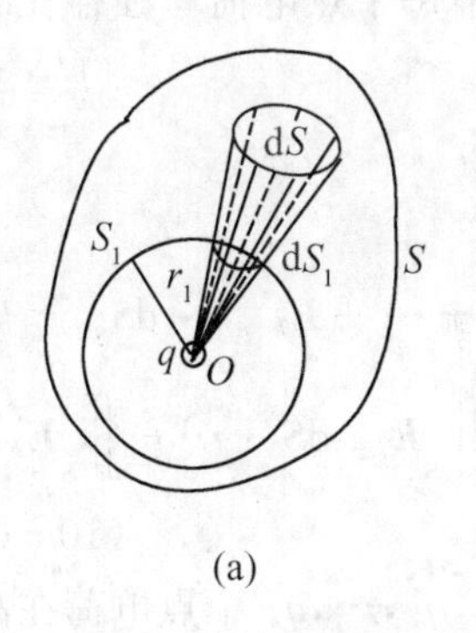

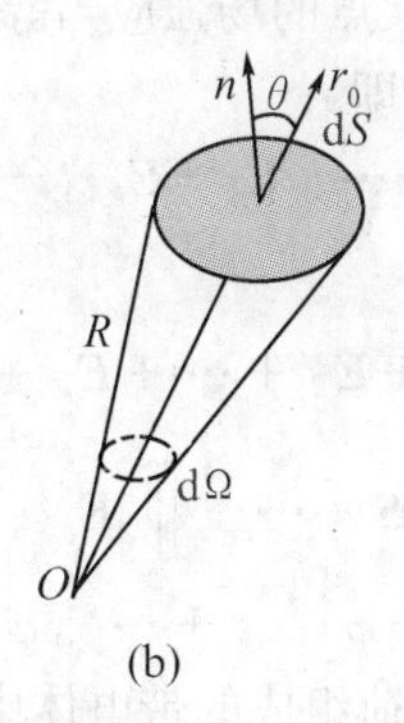

图 10.4.8　通过包围点电荷的任意闭合曲面的电通量

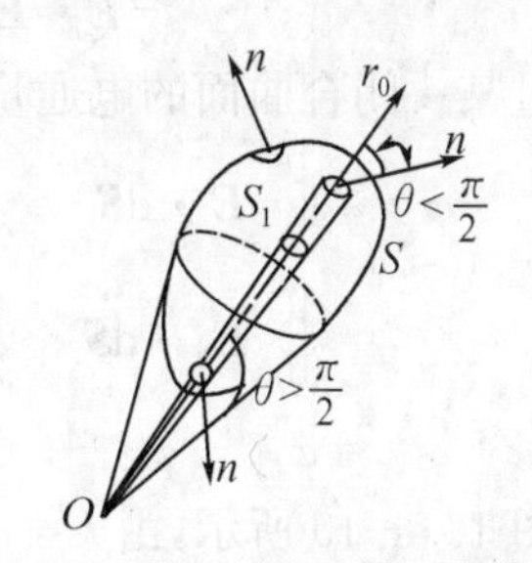

图 10.4.9　通过不包围点电荷的任意闭合曲面的电通量

这些电通量也全部通过面元 $\mathrm{d}S_1$.又因为

$$\frac{\mathrm{d}S_0}{r^2}=\frac{\mathrm{d}S_1}{r_1^2}=\mathrm{d}\Omega,\quad \frac{\mathrm{d}S_0}{\mathrm{d}S_1}=\frac{r^2}{r_1^2}$$

所以 $$\mathrm{d}\varphi_e = \frac{1}{4\pi\varepsilon_0}\frac{q}{r_1^2}\mathrm{d}S_1 = \mathrm{d}\varphi_{e1}$$

可见,利用这种方式,在任意闭合曲面 S 上的任意面元 $\mathrm{d}S$ 都能够在球面 S_1 上对应一个面元 $\mathrm{d}S_1$,通过它们的电通量相等.因此,通过任意闭合曲面 S 的电通量都等于通过球面 S_1 的电通量,即

$$\varphi_e = \oiint_S \boldsymbol{E}\cdot\mathrm{d}\boldsymbol{S} = \varphi_{e1} = \frac{q}{\varepsilon_0} \tag{10-4-10}$$

可见,对任意包围点电荷 q 的任意闭合曲面 S,高斯定理成立.

③通过不包围点电荷 q 的任意闭合曲面 S 的电通量:如图 10.4.9 所示,任意闭合曲面不包围点电荷 q.以点电荷 q 为顶点作一锥面,在曲面 S 上截取了两个面元 $\mathrm{d}S_1$ 和 $\mathrm{d}S_2$,点电荷 q 到 $\mathrm{d}S_1$ 和 $\mathrm{d}S_2$ 的距离分别为 r_1 和 r_2,按规定取闭合曲面的面元的单位矢量取外法线方向为正方向,如图 10.4.9 所示,通过这两个面元的电通量分别为

$$\mathrm{d}\varphi_{e1} = \frac{-1}{4\pi\varepsilon_0}\frac{q}{r_1^2}\mathrm{d}S_{10},\quad \mathrm{d}\varphi_{e2} = \frac{1}{4\pi\varepsilon_0}\frac{q}{r_2^2}\mathrm{d}S_{20}$$

上式中 $-\mathrm{d}S_{10}$ 是 $\mathrm{d}\boldsymbol{S}_1$ 在垂直于场强方向上的投影,$\mathrm{d}S_{20}$ 是 $\mathrm{d}\boldsymbol{S}_2$ 在垂直于场强方向上的投影.如图 10.4.9 所示,可得

$$\mathrm{d}\Omega = \frac{\mathrm{d}S_1}{r_1^2} = \frac{\mathrm{d}S_2}{r_2^2}$$

因此,通过这样一对面元 $\mathrm{d}S_1$ 和 $\mathrm{d}S_2$ 的总的电通量为 $\mathrm{d}\varphi_{e1} + \mathrm{d}\varphi_{e2} = 0$,即通过面元 $\mathrm{d}S_1$ 和 $\mathrm{d}S_2$ 的电通量数值相等,符号相反,其代数和为零.整个曲面又可以划分为类似于 $\mathrm{d}S_1$ 和 $\mathrm{d}S_2$ 的一对对面元.它们总是成对出现,电通量代数和为零,所以通过整个曲面 S 的电通量等于零,即

$$\varphi_e = \oiint_S \boldsymbol{E}\cdot\mathrm{d}\boldsymbol{S} = 0 \tag{10-4-11}$$

由前面的证明可知,对点电荷而言,高斯定理成立.

④多个点电荷组穿过某闭合曲面的电通量:设空间存在着许多个点电荷 $q_1, q_2, \cdots, q_k, q_{k+1}, \cdots, q_{k+n}$,根据场强叠加原理,空间某点的场强应当等于其中每个点电荷单独存在时场强 $\boldsymbol{E}_1, \boldsymbol{E}_2, \cdots, \boldsymbol{E}_k, \boldsymbol{E}_{k+1}, \cdots, \boldsymbol{E}_{k+n}$ 的矢量和,即

$$\boldsymbol{E} = \boldsymbol{E}_1 + \boldsymbol{E}_2 + \cdots + \boldsymbol{E}_k + \boldsymbol{E}_{k+1} + \cdots + \boldsymbol{E}_{k+n}$$

这时穿过某一闭合曲面的电通量为

$$\begin{aligned}\varphi_e &= \oiint_S \boldsymbol{E}\cdot\mathrm{d}\boldsymbol{S} = \oiint_S (\boldsymbol{E}_1 + \boldsymbol{E}_2 + \cdots + \boldsymbol{E}_k + \boldsymbol{E}_{k+1} + \cdots + \boldsymbol{E}_{k+n})\cdot\mathrm{d}\boldsymbol{S} \\ &= \oiint_S \boldsymbol{E}_1\cdot\mathrm{d}\boldsymbol{S} + \oiint_S \boldsymbol{E}_2\cdot\mathrm{d}\boldsymbol{S} + \cdots + \oiint_S \boldsymbol{E}_k\cdot\mathrm{d}\boldsymbol{S} + \oiint_S \boldsymbol{E}_{k+1}\mathrm{d}\boldsymbol{S} + \cdots + \oiint_S \boldsymbol{E}_{k+n}\cdot\mathrm{d}\boldsymbol{S} \\ &= \varphi_{e1} + \varphi_{e2} + \cdots + \varphi_{ek} + \varphi_{e(k+1)} + \cdots + \varphi_{e(k+n)}\end{aligned} \tag{10-4-12}$$

如图 10.4.10 所示,由 $k+n$ 个点电荷组成的带电体中有 $q_1, q_2, \cdots, q_k$ 个点电荷在高斯面内,而 $q_{k+1}, q_{k+2}, \cdots, q_{k+n}$ 个点电荷在高斯面外,通过闭合曲面 S 的电通量为

$$\begin{aligned}\varphi_e &= \oiint_S \boldsymbol{E}\cdot\mathrm{d}\boldsymbol{S} = \sum_{i=1}^{k+n}\oiint_S \boldsymbol{E}_i\cdot\mathrm{d}\boldsymbol{S} \\ &= \sum_{i=1}^{k}\oiint_S \boldsymbol{E}_i\cdot\mathrm{d}\boldsymbol{S} + \sum_{i=k+1}^{k+n}\oiint_S \boldsymbol{E}_i\cdot\mathrm{d}\boldsymbol{S} \\ &= \frac{1}{\varepsilon_0}(q_1 + q_2 + \cdots + q_k) = \frac{1}{\varepsilon_0}\sum_{i=1}^{k} q_i\end{aligned}$$

归纳以上所有结果，就得到静电场中的高斯定理

$$\varphi_e = \oiint_S \boldsymbol{E} \cdot \mathrm{d}\boldsymbol{S} = \frac{1}{\varepsilon_0} \sum_{\substack{i \\ (S内)}} q_i \qquad (10-4-13)$$

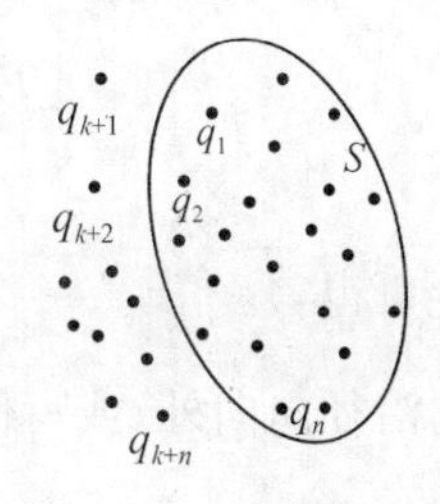

图 10.4.10　点电荷组穿过闭合曲面的电通量

(3)关于高斯定理的几点注意事项

①高斯定理 $\oiint_S \boldsymbol{E} \cdot \mathrm{d}\boldsymbol{S} = \frac{1}{\varepsilon_0} \sum\limits_{\substack{i \\ (S内)}} q_i$ 中的电场强度矢量 $\boldsymbol{E}$，是高斯面上的场强，它是由高斯面内及高斯面外所有电荷共同产生的.

②高斯面外部的电荷对闭合曲面的电通量的贡献为零，通过闭合曲面的电通量只决定于高斯面内部电荷的代数和(净电荷).

③高斯定理 $\oiint_S \boldsymbol{E} \cdot \mathrm{d}\boldsymbol{S} = \frac{1}{\varepsilon_0} \sum\limits_{\substack{i \\ (S内)}} q_i = 0$ 是表示 $\sum\limits_{\substack{i \\ (S内)}} q_i = 0$，它只表示闭合曲面内电荷的代数和等于零，即闭合曲面内的净电荷为零，而不是闭合曲面内各处电荷都为零.

④ 高斯定理 $\oiint_S \boldsymbol{E} \cdot \mathrm{d}\boldsymbol{S} = \frac{1}{\varepsilon_0} \sum\limits_{\substack{i \\ (S内)}} q_i = 0$，仅表示通过闭合曲面的电通量等于零，但并不表明闭合曲面上每一点的场强 $\boldsymbol{E} = 0$，$\boldsymbol{E}$ 可能小于零、等于零或大于零.

⑤ 在真空中，$\sum\limits_i q_i$ 应是闭合曲面内自由电荷代数和，q_i 即为 q_0.

⑥ 高斯定理 $\oiint_S \boldsymbol{E} \cdot \mathrm{d}\boldsymbol{S} = \frac{1}{\varepsilon_0} \sum\limits_{\substack{i \\ (S内)}} q_i$ 表明静电场对任意闭合曲面的电通量一般不等于零，在数学上把具有这种性质的场称为有源场. 因此，高斯定理的物理意义在于表明静电场是有源场，场“源”就是电荷，高斯定理反映了静电场这一基本性质.

10.4.4　高斯定理的应用

根据点电荷的场强公式和场强的叠加原理，原则上可以计算出任何带电体的电场场强，但运算一般比较复杂. 在某些特殊情况下，电荷分布具有某些简单对称性，电场分布具有某些简单对称性(面对称、轴对称、球对称等)，选择适当的高斯面，使高斯面上的场强具有对称性和均匀性，可利用高斯定理求场强，运算比较简单.

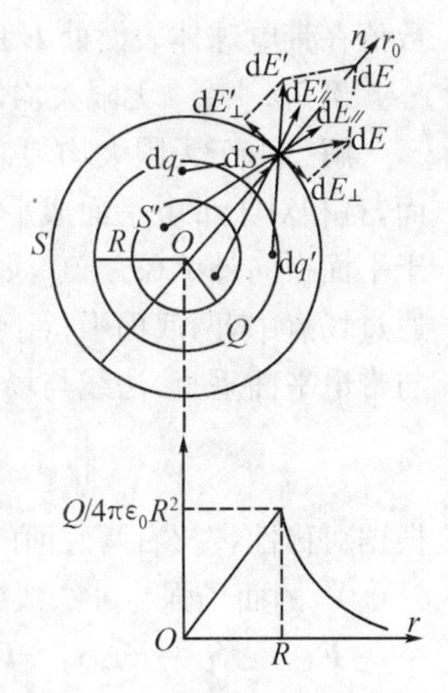

图 10.4.11　例 10.4.1 图示

例 10.4.1　均匀带电球体的半径为 R，所带电量为 Q，试求：均匀带电球体内外的场强.

解　由于球体的电荷分布具有球对称性，所以由它产生的场强分布也具有球对称性，即在任何与带电体同心的球面上，各点的场强大小相等，即满足对称性和均匀性，方向沿径向向外.

①求球内任意一点 P 的场强，通过 P 点作一与带电球体同心、半径为 $r(r<R)$的高斯面，球面上场强处处大小相等，方向垂直于球面沿径向向外($Q>0$). 根据高斯定理，通过高斯面的电通量为

$$\varphi_e = \oiint_S \boldsymbol{E} \cdot \mathrm{d}\boldsymbol{S} = E \oiint_S \mathrm{d}S = \frac{1}{\varepsilon_0} Q_{内}$$

$$E4\pi r^2 = \frac{1}{\varepsilon_0}Q_{内} = \frac{1}{\varepsilon_0}\frac{Q}{\frac{4}{3}\pi R^3}\cdot\frac{4}{3}\pi r^3 = \frac{1}{\varepsilon_0}\frac{r^3}{R^3}Q$$

由此可得 $$E=\frac{1}{4\pi\varepsilon_0}\frac{Qr}{R^3}\quad (r<R)$$

方向沿径向向外,或写作场强 $\boldsymbol{E}$ 的矢量式为

$$\boldsymbol{E}=\frac{1}{4\pi\varepsilon_0}\frac{Qr}{R^3}\boldsymbol{r}_0$$

②求球外任意一点 P 的场强,通过 P 点作一与带电体同心、半径为 $r(r>R)$ 的高斯面,球面上场强处处大小相等,方向沿径向向外($Q>0$),根据高斯定理,通过高斯面的电通量为

$$\varphi_e=\oiint_S \boldsymbol{E}\cdot d\boldsymbol{S}=E\oiint_S dS=\frac{1}{\varepsilon_0}Q$$

$$E4\pi r^2=\frac{1}{\varepsilon_0}Q$$

由此可得 $$E=\frac{1}{4\pi\varepsilon_0}\frac{Q}{r^2}$$

方向沿径向向外,或写作场强 $\boldsymbol{E}$ 的矢量式为

$$\boldsymbol{E}=\frac{1}{4\pi\varepsilon_0}\frac{Q}{r^2}\boldsymbol{r}_0\quad (r>R)$$

由以上可见,在带电球体内有场强与 r 成正比,而带电球体外的场强与 r 的平方成反比,它与将全部电荷集中在球心处的点电荷产生的场强分布相同. 如图 10.4.11 所示,表示场强 $\boldsymbol{E}$ 的大小随 r 的变化情况。在带电球体的表面上,内外场强大小趋于同一量值 $\frac{1}{4\pi\varepsilon_0}\frac{Q}{R^2}$,场强的数值在带电球体表面处 $\boldsymbol{E}$ 的量值连续.

例 10.4.2 无限大均匀带电平面的面电荷密度为 σ_e,试求:场强分布.

解 由于无限大均匀带电平面电荷分布具有平面对称性,平面两侧的场强必定垂直于平面,且相对于带电平面成平面对称分布. 即离平面相等距离的场点,其场强大小相等,方向垂直于平面指向外侧($\sigma_e>0$),如图 10.4.12 所示. 取底面为 ΔS 的直圆柱面 S 作为高斯面,且 ΔS 通过场点中,两底面平行于带电平面,并且与带电平面距离相等,法线与场强平行,圆柱面侧面与带电平面垂直,法线与场强垂直. 根据高斯定理,可得

$$\varphi_e=\oiint_S \boldsymbol{E}\cdot d\boldsymbol{S}=\iint_{S上底}\boldsymbol{E}\cdot d\boldsymbol{S}_1+\iint_{S下底}\boldsymbol{E}\cdot d\boldsymbol{S}_2+\iint_{S侧}\boldsymbol{E}\cdot d\boldsymbol{S}_3$$

根据对称性,左、右两底面的场强大小相等,方向相反,与高斯面外法线方向夹角分别 $\theta_1=0°$, $\theta_2=0°$,侧面场强与外法线方向夹角 $\theta_3=90°$,则

$$\boldsymbol{E}_1\cdot\Delta\boldsymbol{S}_1=E\Delta S,\quad \boldsymbol{E}_2\cdot\Delta\boldsymbol{S}_2=E\Delta S,\quad \boldsymbol{E}_{侧}\cdot\Delta\boldsymbol{S}_{侧}=0$$

所以 $$\varphi_e=2E\Delta S=\frac{\sigma_e\Delta S}{\varepsilon_0}$$

$$E=\frac{\sigma_e}{2\varepsilon_0}\qquad (10-4-14)$$

场强方向垂直于带电平面指向两侧.

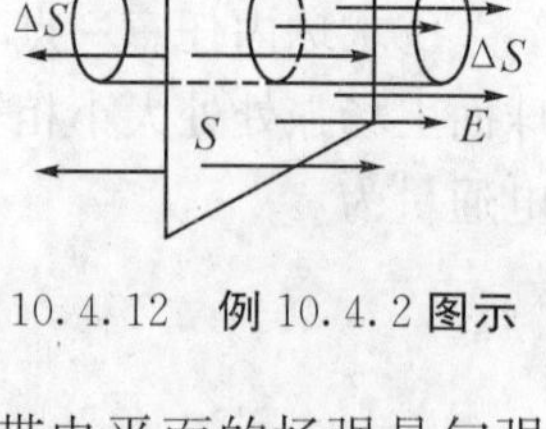

或写成矢量式 $$\boldsymbol{E}=\frac{\sigma_e}{2\varepsilon_0}\boldsymbol{n}\qquad (10-4-15)$$

图 10.4.12 例 10.4.2 图示

式中,$\boldsymbol{n}$ 是无限大带电平面外法线方向的单位矢量. 上式说明,无限大带电平面的场强是匀强

电场，利用高斯定理计算简单.

例 10.4.3　半径为 R 的无限长直圆柱面均匀带正电，电荷面密度为 σ_e. 试求圆柱面内外的场强分布.

解　由于电荷分布具有轴对称性，它所产生的场强分布也具有轴对称性，即离圆柱面轴线等距离的场点，其场强大小相等，因 $\sigma_e>0$，场强方向都垂直于圆柱面向外，如图 10.4.13(a)所示.

①求圆柱面外部任意场点 P 点的场强，设 P 点离圆柱面轴线的距离为 $r(r>R)$. 根据场强分布轴对称性，取通过场点 P 的半径为 r，高为 l 的同轴闭合圆柱面为高斯面，如图 10.4.13(a)所示. 高斯面的侧面外法线方向与场强平行，二者的夹角 $\theta_1=0°$；而两底面的外法线方向与场强方向垂直，它们之间夹角 $\theta_2=90°$，$\theta_3=90°$，则通过两底面的电通量应等于零. 根据高斯定理，可得

$$\varphi_e=\oiint_S \boldsymbol{E}\cdot \mathrm{d}\boldsymbol{S}=\iint_S \boldsymbol{E}\cdot \mathrm{d}\boldsymbol{S}=E2\pi r\,l=\frac{1}{\varepsilon_0}\sigma_e 2\pi R\,l$$

所以 P 点的场强为

$$E=\frac{R\sigma_e}{\varepsilon_0 r} \tag{10-4-16}$$

设 $\eta_e=2\pi R\sigma_e$，表示带电圆柱面单位长度上的电量，则上式又可改写为

$$E=\frac{1}{\varepsilon_0}\frac{\eta_e}{2\pi r} \tag{10-4-17}$$

场强的方向由场点垂直于圆柱面轴线向外，或写成矢量式

$$\boldsymbol{E}=\frac{1}{\varepsilon_0}\frac{\eta_e}{2\pi r}\boldsymbol{r}_0\quad (r>R)$$

式中，$\boldsymbol{r}_0$ 是圆柱面侧面法线方向的单位矢量.

②求圆柱面内部任意点 P 的场强，按上述方法，通过场点作半径为 r，高为 l 的同轴闭合圆柱面为高斯面，如图 10.4.13(b)所示. 根据高斯定理，可得

$$\varphi_e=\oiint_S \boldsymbol{E}\cdot \mathrm{d}\boldsymbol{S}=\iint_S \boldsymbol{E}\cdot \mathrm{d}\boldsymbol{S}=2\pi rlE=0$$

所以 P 点的场强为

$$E=0\quad (r<R)$$

以上结果表明，无限长直均匀带电圆柱面外的场强与场点离轴线的距离 r 成反比，它就像电荷都集中在轴线上所产生的场强相同. 圆柱面内的场强为零，即圆柱面上的电荷在圆柱面内产生的场强互相抵消. 场强 E 随 r 的变化曲线如图 10.4.13(c)所示.

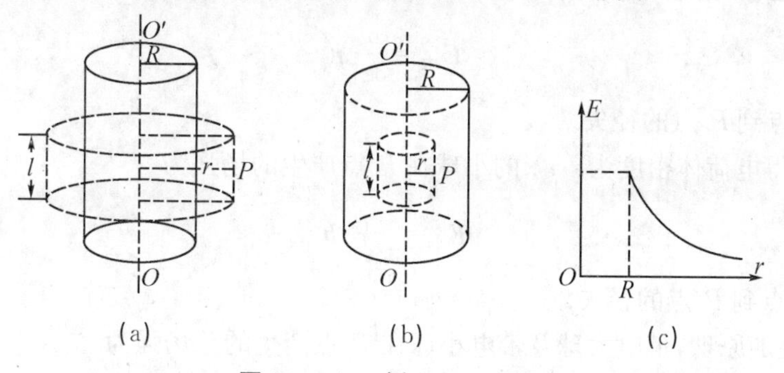

图 10.4.13　例 10.4.3 图示

例 10.4.4　在半径为 R，电荷体密度为 ρ_e 的均匀带电球体内部，有一个不带电的半径为 R'的球形空腔，它的中心 O'与球心 O 的距离为 a，且 $R>a+R'$，如图 10.4.14 所示. 试求：①

空腔中心 O' 的电场强度；②证明空腔内电场是均匀分布的.

解 由题意知，由于电荷分布不具有对称性，不能用高斯定理求解. 但是，由于已知电荷分布，原则上可以应用场强叠加原理计算出场强分布，但数学运算复杂. 类似本题，可运用一些运算技巧，如补偿法. 高斯定理和场强叠加原理相结合，可使运算简便.

补偿法：设想不带电的空腔内有半径为 R'，体电荷密度为 $+\rho_e$ 及 $-\rho_e$ 的等值异号电荷分布在空腔处，这样电荷密度为 ρ_e 的小球和已知带电体合并在一起，可得到电荷体密度为 ρ_e 的均匀带电半径为 R 的大球体；另外，还有一个电荷体密度为 $-\rho_e$ 的均匀带电半径为 R' 的小球体，它们产生的电场在空间的场强分布根据场强叠加原理，应等于它们各自单独存在时所产生的场强的矢量和，而带电大球及带电小球的电荷分布具有球对称性，它们产生的场强也具有球对称性，可分别应用高斯定理求出各自产生的场强.

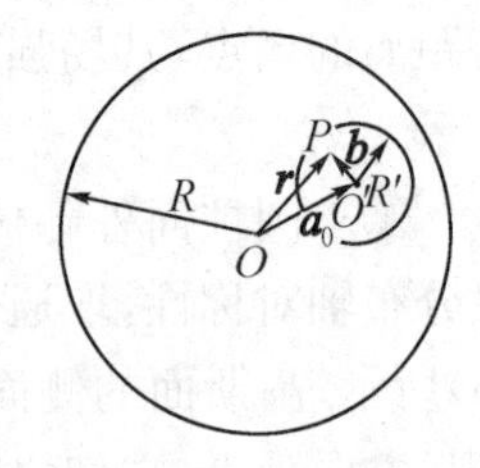

图 10.4.14 例 10.4.4 图示

①由于大球电荷分布具有球对称性，电场分布也具有球对称性，通过场点 O' 作以 a 为半径，O 为球心的球面为高斯面，根据高斯定理，可求出电荷体密度为 ρ_e 的均匀带电大球在 O' 点产生的场强为

$$\boldsymbol{E}_{大} = \frac{\rho_e a}{3\varepsilon_0}\boldsymbol{a}_0 = \frac{\rho_e}{3\varepsilon_0}\boldsymbol{a} \tag{10-4-18}$$

上式中 $\boldsymbol{a}_0$ 为由 O 点指向 O' 的径矢 $\boldsymbol{a}$ 的单位矢量. 同理，电荷体密度为 $-\rho_e$ 的均匀带电小球在球心 O' 处产生的场强为

$$\boldsymbol{E}_{小} = 0 \tag{10-4-19}$$

根据场强叠加原理，带电大球及带电小球在 O' 点产生的总场强为

$$\boldsymbol{E} = \boldsymbol{E}_{大} + \boldsymbol{E}_{小} = \boldsymbol{E}_{大} = \frac{\rho_e}{3\varepsilon_0}\boldsymbol{a} \tag{10-4-20}$$

②证明空腔内的电场是均匀分布的：根据以上分析和场强叠加原理，空腔内任意一场点 P 的场强应等于电荷体密度为 ρ_e 的均匀带电大球和电荷体密度为 $-\rho_e$ 的均匀带电小球各自单独存在时在该点产生的场强的矢量和. 设空腔内任意一场点 P 离大球球心 O 的距离为 r，离小球球心 O' 的距离为 b，它们与两球心 O、O' 联线的矢量关系如图 10.4.14 所示.

由于大球电荷分布具有球对称性，它所产生的场强也具有球对称性，通过场点 P 作以 r 为半径，O 为球心的球面为高斯面，可求得电荷体密度为 ρ_e 的大球在 P 点产生的场强为

$$\boldsymbol{E}_{大} = \frac{\rho_e}{3\varepsilon_0}\boldsymbol{r} \tag{10-4-21}$$

式中，$\boldsymbol{r}$ 为由 O 点到 P 点的径矢.

同理，可求得电荷体密度为 $-\rho_e$ 的小球在 P 点产生的场强为

$$\boldsymbol{E}_{小} = \frac{-\rho_e}{3\varepsilon_0}\boldsymbol{b} \tag{10-4-22}$$

式中，$\boldsymbol{b}$ 为由 O' 点到 P 点的径矢.

根据场强叠加原理，带电大球及带电小球在 P 点产生的总场强为

$$\boldsymbol{E} = \boldsymbol{E}_{大} + \boldsymbol{E}_{小} = \frac{\rho_e}{3\varepsilon_0}(\boldsymbol{r} - \boldsymbol{b}) = \frac{\rho_e}{3\varepsilon_0}\boldsymbol{a} \tag{10-4-23}$$

由于场点 P 是在空腔内任意选取的一点，所以空腔内的场强是均匀的.

10.4.5 应用高斯定理求场强分布的几点说明

高斯定理表明静电场是有源场,电荷就是场“源”,反映出静电场基本性质之一;高斯定理的数学表达式是电磁场理论的基本方程之一;用高斯定理求场强,仅在电荷分布具有某些对称性(如面对称、轴对称、球对称)或有关对称性的简单组合,它所产生的场强也具有相应对称性,而在通过场点的场强具有对称性及均匀性的特殊情况下,原则上应用高斯定理求场强,可使计算较应用场强叠加原理求场强更简单.

(1)应用高斯定理求场强分布的几种情况

高斯定理是反映通过闭合曲面的电通量和闭合曲面内所包围自由电荷代数和之间的联系,而不是场强和场源电荷的联系.要利用高斯定理表达式 $\oint\!\!\oint_S \boldsymbol{E}\cdot \mathrm{d}\boldsymbol{S}=\dfrac{1}{\varepsilon_0}\sum\limits_{i \atop (S内)} q_i$ 求场强,需要能将场强 E 从积分号中提出来,这就要求电场分布具有某些对称性,通过场点的面上电场具有对称性和均匀性,所以带电体的电荷分布必须具有一定的对称性.通常见到的用高斯定理求场强,归纳起来有以下几种类型:

①某些具有面对称分布的带电体.例如,无限大均匀带电平面或平板,由若干个无限大均匀带电平面相互平行所组成的带电体等.

②电荷球对称分布的带电体.例如,单个的点电荷,均匀带电球面,均匀带电的若干个同心球面,均匀带电的球体等.

③电荷具有某些轴对称分布的带电体.例如,无限长均匀带电圆柱体、无限长均匀带电圆柱面、无限长均匀带电同轴圆柱面等.

④某些比较复杂的电荷分布,对其中各个带电部分可以分别单独使用高斯定理求场强,再根据场强叠加原理求总场强分布.

⑤某些带电体电荷分布不具有对称性,但利用一些运算技巧,例如,利用补偿法后可以使带电体电荷分布具有球对称性或具有轴对称性,可利用高斯定理求场强分布.例如,例题10.4.4中由补偿法、高斯定理、叠加原理相结合可求总场强分布.

⑥由上面电荷分布具有的各种对称分布带电体的简单组合,可应用高斯定理和场强叠加原理相结合求出总场强分布.

(2)应用高斯定理求场强分布的解题步骤

①考虑带电体的电荷分布的对称性,如有上面情况的电荷分布,它所产生的电场也具有相应的对称性,原则上可应用高斯定理求电场的分布.

②根据题意通过场点选择适当的闭合曲面作为高斯面,其目的是要使所求的场强 $\boldsymbol{E}$ 的大小或分量能够从积分号中提出来,使计算简便.

③所选择的高斯面应遵循以下几个原则:

a. 高斯面必须通过场点,且使通过场点的高斯面上的场强 $\boldsymbol{E}$ 能够满足对称性和均匀性(场强大小相等),这样能使 E 从积分号中提出来.

b. 高斯面上各部分中,对所求场强 $\boldsymbol{E}$ 应使高斯面的法线与 $\boldsymbol{E}$ 平行($\boldsymbol{n}/\!/\boldsymbol{E}$),或者使高斯面的法线与 $\boldsymbol{E}$ 成恒定角度,而且面上各点场强大小相等,使场强 $\boldsymbol{E}$ 的大小为常量,运算中可以从积分号中提出来;对不是所求场强,使高斯面的法线与场强垂直($\boldsymbol{n}\perp\boldsymbol{E}$),此时通过这部分面积上电通量等于零,使运算中不涉及该场强.

c. 根据对称性,选择适当的坐标系,应用高斯定理,$\oiint_S \boldsymbol{E}\cdot \mathrm{d}\boldsymbol{S}=\frac{1}{\varepsilon_0}\sum_{\substack{i\\(S内)}} q_i$ 计算出有关场强分布.

10.5 静电场力所做的功、电势能、电势差和电势

前面根据库仑定律和叠加原理,研究位于静电场中的试探电荷 q_0 受到电场力的作用,引入了描述静电场的基本物理量——电场强度 $\boldsymbol{E}$,它是空间坐标的矢量函数,即用矢量场来描述空间场分布,从静电场的高斯定理反映了静电场是有源场这一基本性质.本节将讨论静电场力对电场中移动电荷所做的功与路径无关,由此导出反映静电场的另一基本性质的静电场的"环路定理",说明静电场是保守场、无旋场,因此引入描述电场的另一基本物理量——电势,它是标量,也是空间坐标的标量函数,构成标量场.

10.5.1 静电场力所做的功

(1)静电场力所做的功与路径无关

这是静电场力做功的特点,说明静电场是保守场.下面根据库仑定律和场强叠加原理,分两步来证明.

①单个点电荷产生的电场中,静电场力所做的功.

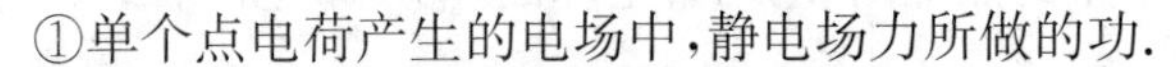

如图 10.5.1 所示,在位于 O 点的静止点电荷 $+Q$ 所产生的电场中,将试探电荷 q_0 由 a 点沿任意路径 $L=\overset{\frown}{acb}$ 移动到 b 点,计算电场力对 q_0 所做的功 A_{ab}.由于 q_0 所受到的电场力是变力 $\boldsymbol{F}=q_0\boldsymbol{E}$,是一个变力做功问题,需要将路径 L 分割成许多小位移元,然后求积分.考虑从 $t\to t+\mathrm{d}t$ 时间间隔内,电荷 q_0 从 c 点移动了小线元 $\mathrm{d}\boldsymbol{l}$,场强 $\boldsymbol{E}$ 可认为是不变的,q_0 所受电场力为 $\boldsymbol{F}=q_0\boldsymbol{E}$,也可以认为是不变的.所以,电场力在小线元 $\mathrm{d}\boldsymbol{l}$ 上对 q_0 所做的元功为

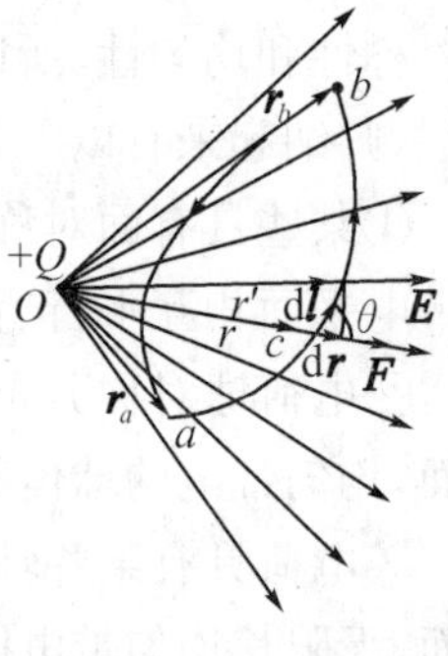

图 10.5.1 静电场力所做的功

$$\mathrm{d}A=\boldsymbol{F}\cdot\mathrm{d}\boldsymbol{l}=q_0\boldsymbol{E}\cdot\mathrm{d}\boldsymbol{l}=q_0E\mathrm{d}l\ \cos\theta$$

式中,θ 是 $\boldsymbol{F}$ 与 $\mathrm{d}\boldsymbol{l}$ 的夹角.由图中可知,$\mathrm{d}l\ \cos\theta=\mathrm{d}r$,可将上式改写为

$$\mathrm{d}A=q_0E\mathrm{d}r=\frac{Qq_0}{4\pi\varepsilon_0 r^2}\mathrm{d}r$$

当试探电荷 q_0 沿路径 L 由 a 点移动到 b 点时,电场力对 q_0 所做的总功,应将上式从 a 点到 b 点积分,即总功为

$$A_{ab}=\int_{\overset{\frown}{acb}}\mathrm{d}A=\frac{Qq_0}{4\pi\varepsilon_0}\int_{r_a}^{r_b}\frac{\mathrm{d}r}{r^2}=\frac{Qq_0}{4\pi\varepsilon_0}\left(\frac{1}{r_a}-\frac{1}{r_b}\right)\tag{10-5-1}$$

式中,r_a、r_b 分别表示场源电荷 Q 所在处 O 点到 a 点和 b 点位置径矢的大小(距离).上式表明:在点电荷 Q 所产生的静电场中移动试探电荷 q_0 时,静电场力所做的功,仅与起点和终点位置有关,而与路径无关.

以上从点电荷所产生的电场中所得出的结论对任意带电体所产生的电场也成立.

②任何带电体系所产生的电场中,静电场力所做的功.

因为任何带电体都可以分成为许多带电元,每一个带电元可以看作是一个点电荷,任何带电体可以看作许多点电荷的集合.设带电体由 $q_1,q_2,\cdots,q_n$ 总共 n 个点电荷所组成,它们单独

存在时产生的场强分别为 $\boldsymbol{E}_1, \boldsymbol{E}_2, \cdots, \boldsymbol{E}_n$，根据场强叠加原理，带电体产生的场强 $\boldsymbol{E}$ 是各个点电荷产生的场强的矢量和，即

$$\boldsymbol{E}=\sum_{i=1}^{n}\boldsymbol{E}_i$$

将试探电荷 q_0 由 a 点沿任意路径 L 移动到 b 点时，电场力 $\boldsymbol{F}=q_0\boldsymbol{E}$ 所做的总功为

$$A_{ab}=\int_a^b q_0\boldsymbol{E}\cdot \mathrm{d}\boldsymbol{l}=\sum_{i=1}^{n}\int_a^b q_0\boldsymbol{E}_i\cdot \mathrm{d}\boldsymbol{l} \qquad (10-5-2)$$

由于上式中每一项都与路径无关，所以总功 A_{ab} 也与路径无关. 于是得出结论：在任何静电场中移动试探电荷 q_0 时，电场力所做的功只与试探电荷的电量及其起点、终点的位置有关，而与路径无关. 这是静电场力做功的重要特点. 静电场力与重力一样，也是保守力，静电场是保守场. 静电场强 $\boldsymbol{E}$ 沿任意闭合曲线 L 的线积分 $\oint_L \boldsymbol{E}\cdot \mathrm{d}\boldsymbol{l}=\oint_L E\cos\theta \mathrm{d}l$ 称为静电场的环量，其中 θ 是场强 $\boldsymbol{E}$ 与线元 $\mathrm{d}\boldsymbol{l}$ 之间的夹角.

(2)静电场的环路定理

根据上述的结论可以推出一个重要定理：静电场中场强沿任意闭合环路的线积分恒等于零，称为静电场的环路定理，用数学公式表示为

$$\oint_L \boldsymbol{E}\cdot \mathrm{d}\boldsymbol{l}=0 \qquad (10-5-3)$$

上式称为静电场的环路定理.

定理证明如下：如图 10.5.1 所示，在静电场中任意闭合环路 L 上任取两点 a 和 b，根据静电场力所做的功的特点，将 q_0 沿 L_1 由 a 点移到 b 点和将 q_0 沿 L_2 由 a 点移到 b 点电场力所做的功应相等，即

$$\int_{a\,(L_1)}^{b} q_0\boldsymbol{E}\cdot \mathrm{d}\boldsymbol{l}=\int_{a\,(L_2)}^{b} q_0\boldsymbol{E}\cdot \mathrm{d}\boldsymbol{l}$$

消去 q_0，得

$$\int_{a\,(L_1)}^{b} \boldsymbol{E}\cdot \mathrm{d}\boldsymbol{l}=\int_{a\,(L_2)}^{b} \boldsymbol{E}\cdot \mathrm{d}\boldsymbol{l}$$

将上式右端积分的积分上、下限颠倒，积分便改变符号，再从等式右端移动到等式左端，可得

$$\int_{a\,(L_1)}^{b} \boldsymbol{E}\cdot \mathrm{d}\boldsymbol{l}+\int_{b\,(L_2)}^{a} \boldsymbol{E}\cdot \mathrm{d}\boldsymbol{l}=0$$

即

$$\oint_L \boldsymbol{E}\cdot \mathrm{d}\boldsymbol{l}=0$$

上式表明静电场的环路定理得证.

静电场力所做的功与路径无关的特点与静电场的环路定理完全等价. 在数学中将环流恒等于零的矢量场称为无旋场，因此，静电场的环路定理说明静电场是无旋场，也称为保守力场或有势场，这是静电场的另一个基本性质.

高斯定理和静电场的环路定理是静电场的两个基本方程式，它们说明静电场是有源无旋场. 如果已知场源电荷分布，由它们可以完全确定电场的分布.

(3)静电场力所做的功与试探电荷 q_0 的关系

静电场中，由于试探电荷 q_0 本身不仅有大小，而且有正负，所以静力场力所做的功较重力所做的功复杂. 设试探电荷 q_0 在场源电荷所产生的静电场中移动某一小线元 $\mathrm{d}\boldsymbol{l}$ 时，电场力所做的元功为

$$dA = \boldsymbol{F} \cdot d\boldsymbol{l} = F dl \cos\theta \tag{10-5-4}$$

式中，θ 为电场力 $\boldsymbol{F}$ 与小线元 $d\boldsymbol{l}$ 的夹角. 如果试探电荷 q_0 是正电荷，根据静电场力 $\boldsymbol{F} = q_0\boldsymbol{E}$，在静电场中 q_0 所受静电场力的方向就是场强 $\boldsymbol{E}$ 的方向，所以，当 $\theta < 90°$，即 $\boldsymbol{E}$ 与 $d\boldsymbol{l}$ 的夹角为锐角时，$dA > 0$，表明静电场力对试探电荷做正功；当 $\theta = 90°$ 时，$dA = 0$，表明静电场力对试探电荷不做功；当 $\theta > 90°$，即 $\boldsymbol{E}$ 与 $d\boldsymbol{l}$ 的夹角为钝角时，$dA < 0$，表明静电场力对试探电荷做负功. 如果试探电荷 q_0 是负电荷，在静电场中 q_0 所受静电场力方向与电场 $\boldsymbol{E}$ 的方向相反，所以，当 $\theta < 90°$，即 $\boldsymbol{E}$ 与 $d\boldsymbol{l}$ 的夹角为锐角时，$dA < 0$，表明静电场力对试探电荷做负功；当 $\theta = 90°$ 时，$dA = 0$，表明静电场力对试探电荷不做功；当 $\theta > 90°$，即 $\boldsymbol{E}$ 与 $d\boldsymbol{l}$ 的夹角为钝角时，$dA > 0$，表明静电场力对试探电荷做正功.

10.5.2 电势能

在静电场中，静电场力所做的功与重力所做的功、弹性力所做的功一样，都具有与路径无关的特点，物理学中具有这种特点的力场称为保守力场或有势场，可以引入与保守力做功相关的电势能. 因此，在静电场中可以引入静电势能、电势差和电势的概念.

(1)静电势能

电荷在静电场中任意位置所具有的电势能称为静电势能，而静电场力对试探电荷 q_0 所做的功是静电势能变化的量度. 设任何带电体由点电荷系 $q_1, q_2, \cdots, q_n$ 所组成，在它所产生的静电场中，如果把试探电荷 q_0 从静电场中 a 点移动到 b 点，静电场力所做的功 A_{ab} 为

$$A_{ab} = \frac{q_0}{4\pi\varepsilon_0}\sum_{i=1}^{n}\left(\frac{1}{r_{ia}} - \frac{1}{r_{ib}}\right) \tag{10-5-5}$$

式中，r_{ia} 和 r_{ib} 分别表示各个点电荷 q_i 到起点 a 和终点 b 的距离. 上式表明，静电场力所做的功与场源电荷 q_i 和试探电荷 q_0 有关以外，就只与起点和终点的位置有关，表明它是一个状态函数，可引入静电势能的概念. 如果电荷处在静电场中一定位置时，它就具有一定的电势能；如果电荷在静电场中从某一位置移动到另一位置时，静电场力所做的功可以用静电势能的变化来量度.

设 W_a 表示试探电荷 q_0 在静电场中 a 点处的电势能，W_b 表示试探电荷 q_0 在静电场中 b 点处的电势能，那么，当试探电荷 q_0 在电场中从 a 点移动到 b 点时，静电场力对试探电荷 q_0 所做的功在数量上应该等于电势能增量的负值，即

$$A_{ab} = q_0\int_a^b \boldsymbol{E} \cdot d\boldsymbol{l} = -(W_b - W_a) = W_a - W_b \tag{10-5-6}$$

(2)静电场力所做的功的性质和电势能增加、减少的关系

由(10-5-6)式可见，当 $A_{ab} > 0$，即 $W_a > W_b$ 时，表示任何一个试探电荷 q_0，无论是正还是负，它在电场中移动时电场力对 q_0 做正功，则电势能减少；相反，当 $A_{ab} < 0$，即 $W_a < W_b$ 时，表示任何一个试探电荷 q_0，无论是正还是负，它在电场中移动时电场力对 q_0 做负功，即外力反抗电场力做正功，则电势能增加.

由此可以看出，电势能的增量($\Delta W = W_b - W_a$)是一个确定量，同电势能零点(即参考点)的选择无关，是一绝对量，具有绝对意义. 但是电场中某一场点的电势能的大小 W_a 与电势能零点(即参考点)位置的选择有关，是一相对量，具有相对意义. 对于一个电荷分布在有限区域内的带电体系，当它们之间相距无穷远时，相互间的作用力可以忽略不计，通常把它们彼此相距无穷远时的状态看作电势能的零参考点；当电荷分布在无限大区域时，一般不能再选取无穷

远点作为电势能的零参考点，应在有限区域内选取适当的点作为电势能的零参考点.

(3)电场中任意点 a 的电势能

如果电荷有限分布，可将电势能的零参考点选在无穷远点，即 $W_{\infty}=0$，若选取 b 点为无穷远点，$W_b=W_{\infty}=0$，由(10－5－6)式可得电势能的一般计算公式为

$$W_a=A_{a\infty}=q_0\int_a^{\infty}\boldsymbol{E}\cdot\mathrm{d}\boldsymbol{l} \tag{10－5－7}$$

上式的物理意义是：电荷 q_0 在电场中任意一点 a 的电势能等于电场力将试探电荷 q_0 从 a 点移动到无穷远处时电场力所做的功.

必须指出，电势能是一个系统量. 因为在静电场中电势能的大小不仅与场源电荷 Q 有关，而且与被研究的试探电荷 q_0 有关. 所以，电势能是属于场源电荷 Q 与试探电荷 q_0 所组成的系统，并由 q_0 与 Q 之间的相对位置关系所决定的那一部分能量，它表示场源电荷所产生的电场和试探电荷 q_0 之间的相互作用能.

10.5.3 电势差

(1)电势差

电势能是属于电场和试探电荷 q_0 所共有的，它与试探电荷和场点的相对位置有关. 电场中 a、b 两点之间电势能的减少量 ΔW_{ab} 为

$$\Delta W_{ab}=W_a-W_b=q_0\int_a^b\boldsymbol{E}\cdot\mathrm{d}\boldsymbol{l} \tag{10－5－8}$$

由上式可见，电势能的减少量 ΔW_{ab} 与试探电荷 q_0 成正比，那么，比值 $\frac{W_a-W_b}{q_0}$ 将与试探电荷 q_0 无关，它从电场力所做的功或电势能的变化来反映电场在 a、b 两点的性质，因此，将比值 $\frac{W_a-W_b}{q_0}$ 定义为电场中 a、b 为两点间的电势差或电压，用 U_a-U_b 表示，或记作 U_{ab}，即

$$U_{ab}=U_a-U_b=\frac{W_a-W_b}{q_0}=\int_a^b\boldsymbol{E}\cdot\mathrm{d}\boldsymbol{l}$$

或写作

$$U_{ab}=U_a-U_b=\int_a^b\boldsymbol{E}\cdot\mathrm{d}\boldsymbol{l} \tag{10－5－9}$$

以上两个公式表明：静电场中任意两点 a、b 之间的电势差在数值上等于将单位正电荷由电场中 a 点沿任意路径移动到另一点 b 时，电场力所做的功. 或从电势能的减少来讲，这两个公式表示：静电场中任意两点 a、b 之间的电势差在数值上等于单位正电荷在这两点的电势能差.

(2)电势差的单位

在国际单位制中，电势差的单位称为伏特，简称为伏，用 V 表示，即

$$1\ \mathrm{V}(\text{伏特})=\frac{1\ \mathrm{J}(\text{焦耳})}{1\ \mathrm{C}(\text{库仑})}$$

除了伏特以外，常用的电势差的单位还有千伏(kV)、毫伏(mV)和微伏(μV)，它们之间的关系是：

$$1\ \mathrm{kV}=10^3\ \mathrm{V}$$

$$1\ \mathrm{mV}=10^{-3}\ \mathrm{V}$$

$$1\ \mu\mathrm{V}=10^{-6}\ \mathrm{V}$$

从电势差的定义还可以看出，电场强度的单位也可以用电势差的单位与长度单位的比来表示，即伏特/米，它与前面给出的电场强度的单位是一致的.

在物理学中，还根据 $W_{ab}=q_0U_{ab}=q_0(U_a-U_b)$ 给功和能量定义了一个特殊的单位，称为电子伏特，用 eV 表示. 它的定义是：一个电子通过电势差为 1 伏特的电场时，电场力对电子所做的功或电子获得的动能就是 1 电子伏特. 可以证明：

$$1\ \text{eV}=1.60\times10^{-19}\ \text{J}$$

在高能物理中，微观粒子的能量很高，因此，还常用几个更大的单位：千电子伏特(keV)、兆电子伏特(MeV)和吉电子伏特(GeV)，它们之间的关系是：

$$1\ \text{keV}=10^3\ \text{eV}$$

$$1\ \text{MeV}=10^6\ \text{eV}$$

$$1\ \text{GeV}=10^9\ \text{eV}$$

10.5.4 电　势

电势亦称电位，是描述静电场性质的一个基本物理量，描述单位正电荷在电场中各点蕴含着不同的能量，电势是标量.

在静电场中具有实际意义的是两点之间的电势差，而不是某一点电势的绝对值，也就是说，要确定电场中任意点的电势，必须选择某一点作为电势的参考点之后才有意义.

如果假设电场中 b 点作为电势的参考点，并规定它的电势值为零，即 $U_b=0$，则电场中任意点 a 的电势就定义为该点与零电势参考点之间的电势差，即

$$U_a=U_a-U_b=\int_a^b \boldsymbol{E}\cdot \mathrm{d}\boldsymbol{l} \tag{10-5-10}$$

上式表明：静电场中任意点的电势在数值上等于从该点将单位正电荷移动到电势的参考点时电场力所做的功. 或者从电场能量的角度来讲，上式表明，静电场中任意点的电势在数值上等于从该点将单位正电荷移动到电势的参考点时电势能的减少量. 电势是标量，是电场中空间各点位置的标量函数，电势场是一标量场.

电势是相对量，电场中任意点的电势与电势参考点的选取有关. 为方便起见，电势参考点的电势值通常取为零，所以电势参考点也称为电势零点. 从理论上讲，电势零点的选取原则是任意的. 在实际问题中，具体选取时以物理意义明显、应用简便和数学表达式有意义为准. 对于电荷分布在有限区域的带电体，一般选取无穷远处作为电势零点最方便. 这时，公式(10-5-10)可以写为

$$U_a=U_a-U_\infty=\int_a^\infty \boldsymbol{E}\cdot \mathrm{d}\boldsymbol{l} \tag{10-5-11}$$

上式表示电场中某一点的电势等于将单位正电荷从 a 点移动到无穷远处时电场力所做的功，或者说，电场中某一点的电势等于从 a 点到无穷远处，场强沿任一路径的线积分.

在一些实际问题中，电荷分布在无限大区域的带电体时，一般不能再选取无穷远点作为电势零点，而应在有限区域内选取适当的点作为电势零点，否则，应用很不方便，表达式可能无意义. 在许多实际问题中，还常选取大地或电器外壳的电势为零.

10.5.5 电场力所做的功和电势差的关系

根据电势差的定义，在静电场中，电场力将试探电荷 q_0 从电场中 a 点移动到 b 点时电场力所做的功为

$$A_{ab}=q_0(U_a-U_b) \tag{10-5-12}$$

在任何情况下，试探电荷 q_0 在电场力的作用下运动时，电场力总是做正功，而电势能总是减少，但是电势升高或降低却因电荷的正负不同而不相同.

对于正电荷 $q_0>0$，当电场力做正功，即 $A_{ab}>0$ 时，则 $U_a>U_b$，表明试探正电荷 q_0 在电场力作用下，正电荷 q_0 从电势高处运动到电势低处，从电势能高处移动到电势能低处.

对于负电荷 $q_0<0$，当电场力做正功，即 $A_{ab}>0$ 时，则 $U_a<U_b$，表明试探负电荷 q_0 在电场力作用下，负电荷 q_0 从低电势处移动到高电势处，从电势能高处移动到电势能低处.

相反，在任何情况下，试探电荷 q_0 在外力反抗电场力作用下移动时，外力总是做正功，而电场力做负功，电势能总是增加，但是电势升高或降低仍因电荷的正负不同而不相同.

对于正电荷 $q_0>0$，当外力反抗电场力做正功，电场力做负功，即 $A_{ab}<0$ 时，则 $U_a<U_b$，表明试探正电荷 q_0 在外力作用下，正电荷从电势低处移动到电势高处，从电势能低处移动到电势能高处.

对于负电荷 $q_0<0$，当外力反抗电场力做正功，电场力做负功，即 $A_{ab}<0$，则 $U_a>U_b$，表明试探负电荷 q_0 在外力作用下，负电荷从电势高处移动到电势低处，从电势能低处移动到电势能高处.

以上情况，对于正负电荷得出相反的结论，是因为电势能是由电场（静电场的场源电荷）和被移动的试验电荷 q_0 两者共同决定的，而电势仅和场源电荷有关.

例 10.5.1 试求点电荷 q 所产生的电势.

解 点电荷是电荷有限分布，选取无穷远处为电势零点，利用电势的定义式（10－5－11）进行计算，因静电场力所做的功与路径无关，可以由场点 a 起沿径向路线积分最简便，即

$$U_a=\int_a^{\infty}\boldsymbol{E}\cdot \mathrm{d}\boldsymbol{l}=\int_{r_a}^{\infty}E\mathrm{d}r=\frac{q}{4\pi\varepsilon_0}\int_{r_a}^{\infty}\frac{\mathrm{d}r}{r^2}=\frac{1}{4\pi\varepsilon_0}\frac{q}{r_a}$$

式中，r_a 为从点电荷 q 到 a 点的距离. 由于 a 点是任意的，上式中可以去掉下标，得到点电荷 q 的电势为

$$U=\frac{1}{4\pi\varepsilon_0}\frac{q}{r}$$

由上式可见，当选取无穷远处为电势零点，正电荷的电势在各处都为正，且离点电荷越近的点电势越高；而对于负电荷的电势在各处都为负，且离点电荷越近的点电势越低. 必须指出，上式中 r 不能等于零，因为 $r\to 0$ 时，表示场点离电荷 q 很近，q 不能看作点电荷，而是电荷有一定分布的带电体，电势必须重新进行计算.

例 10.5.2 氢原子的电子离原子核的平均距离约为 5.3×10^{-11} m. 试求：电子的静电势能表达式.

解 电子的电荷有限分布，选取无穷远处的电势能为零参考点，设电子的电势能为 W_e，它等于将电子从 r 处移动到无穷远处时外力所做的正功，即电场力所做的负功，即

$$W_e=\int_r^{\infty}-e\boldsymbol{E}\cdot \mathrm{d}\boldsymbol{l}$$

选取积分路径沿氢原子核电荷 e 指向电子的径矢方向，即沿电场力方向，于是 $\mathrm{d}\boldsymbol{l}=\mathrm{d}\boldsymbol{r}$，而氢原子核质子可看作点电荷，它产生的场强为 $\boldsymbol{E}=\frac{1}{4\pi\varepsilon_0}\frac{q}{r^2}\boldsymbol{r}_0$，代入上式可得

$$W_e=\int_r^{\infty}-e\boldsymbol{E}\cdot \mathrm{d}\boldsymbol{r}=-\frac{e^2}{4\pi\varepsilon_0}\int_r^{\infty}\frac{\mathrm{d}r}{r^2}=-\frac{e^2}{4\pi\varepsilon_0 r}$$

上式表明：选取无穷远处电势能为零，电子的静电势能始终是负的，因电子处在质子产生的电

场中，受到吸引力作用，当电子从 r 处移至无穷远处时，电场力做负功，表明电子在 r 处的电势能比在无穷远处的电势能低. 因此，需要将受原子核束缚的电子激发到无穷远处，外力必须做正功，氢原子需要吸收能量，而电场力做负功，电势能增加.

10.5.6 电势叠加原理和电势的计算

(1)电势叠加原理

设空间中有 n 个点电荷 $q_1, q_2, \cdots, q_n$，各点电荷单独存在时产生的场强分别为 $\boldsymbol{E}_1, \boldsymbol{E}_2, \cdots, \boldsymbol{E}_n$，根据场强叠加原理，当各个点电荷单独存在时在空间产生的总场强为

$$\boldsymbol{E} = \boldsymbol{E}_1 + \boldsymbol{E}_2 + \cdots + \boldsymbol{E}_n = \sum_{i=1}^{n} \boldsymbol{E}_i$$

根据电势的定义(10－5－11)式，点电荷系在电场中 a 点的电势为

$$U_a = \int_a^{\infty} \boldsymbol{E} \cdot \mathrm{d}\boldsymbol{l} = \sum_{i=1}^{n} \int_a^{\infty} \boldsymbol{E}_i \cdot \mathrm{d}\boldsymbol{l}$$

$$= \sum_{i=1}^{n} U_i = \sum_{i=1}^{n} \frac{1}{4\pi\varepsilon_0} \frac{q_i}{r_i} \tag{10－5－13}$$

上式表明：点电荷系在 a 点产生的电势等于各个点电荷单独存在时在该点产生的电势的代数和，这一结论称为静电场的电势叠加原理. 上式中 r_i 是从 q_i 到 a 点的距离. 因为电势是标量，所以电势的叠加是求代数和，而场强的叠加是求矢量和. 在实际计算中，这比场强求矢量和简单得多.

(2)电荷连续分布的带电体的电势分布

当电荷连续分布在有限区域内时，可将带电体分割成许多个小的带电元 $\mathrm{d}q$，每一个小的带电元可看作是一个点电荷，根据点电荷产生的电势公式，$\mathrm{d}q$ 在空间任意场点所产生的电势为

$$\mathrm{d}U = \frac{1}{4\pi\varepsilon_0} \frac{\mathrm{d}q}{r} \tag{10－5－14}$$

根据电势叠加原理，由于电荷连续分布，将公式(10－5－13)中的求和号用积分号来代替，并对整个带电体进行积分，便可求得带电体在场点 a 的电势为

$$U = \int \mathrm{d}U = \frac{1}{4\pi\varepsilon_0} \int \frac{\mathrm{d}q}{r} \tag{10－5－15}$$

式中，r 为 $\mathrm{d}q$ 到场点的距离. 根据电势叠加原理，由上式可以求出电荷作各种连续分布时计算电势的一般公式.

①电荷体分布的带电体，电荷的体密度为 ρ_e，则 $\mathrm{d}q = \rho_e \mathrm{d}V$，所以带电体产生的电势为

$$U = \int \mathrm{d}U = \frac{1}{4\pi\varepsilon_0} \iiint_V \frac{\rho_e \mathrm{d}V}{r} \tag{10－5－16}$$

②电荷面分布的带电荷，电荷的面密度为 σ_e，则 $\mathrm{d}q = \sigma_e \mathrm{d}S$，所以带电体产生的电势为

$$U = \int \mathrm{d}U = \frac{1}{4\pi\varepsilon_0} \iint_S \frac{\sigma_e \mathrm{d}S}{r} \tag{10－5－17}$$

③电荷线分布的带电体，电荷的线密度为 λ_e，则 $\mathrm{d}q = \lambda_e \mathrm{d}l$，所以带电体产生的电势为

$$U = \int \mathrm{d}U = \frac{1}{4\pi\varepsilon_0} \int_L \frac{\lambda_e \mathrm{d}l}{r} \tag{10－5－18}$$

上式各积分中的积分区间应为整个带电体.

(3)电势的计算

下面介绍计算电势的两种方法.

①利用电势的定义式(10－5－11)通过场强计算电势,此时必须已知场强的分布,或者场强容易求出,先求出场强,再由电势定义式通过场强计算电势,即

$$U_a = \int_a^{\infty} \boldsymbol{E} \cdot \mathrm{d}\boldsymbol{l}$$

②利用电势叠加原理,已知带电体的电荷分布,由公式(10－5－16)～(10－5－18)直接计算电势.但是,利用上述公式求电势,一般只适用电荷分布在有限区域内的情况.

(4)计算电势的方法举例

例 10.5.3　如果已知一电偶极子的电偶极矩为 $\boldsymbol{p}=q\boldsymbol{l}$.试求:离电偶极子中心 r 处($r \gg l$)的电势.

解　如图 10.5.2 所示,设场点 P 到 $+q$ 和 $-q$ 的距离分别为 r_+ 和 r_-.根据点电荷产生的电势公式 $U=\dfrac{1}{4\pi\varepsilon_0}\dfrac{q}{r}$,电荷 $+q$ 和 $-q$ 单独存在时,在场点 P 产生的电势分别为

$$U_+ = \frac{1}{4\pi\varepsilon_0}\frac{q}{r_+}, \quad U_- = \frac{-1}{4\pi\varepsilon_0}\frac{q}{r_-}$$

根据电势叠加原理,电偶极子在电场中 P 点所产生的电势为

$$U = U_+ + U_- = \frac{q}{4\pi\varepsilon_0}\left(\frac{1}{r_+} - \frac{1}{r_-}\right) \qquad (10-5-19)$$

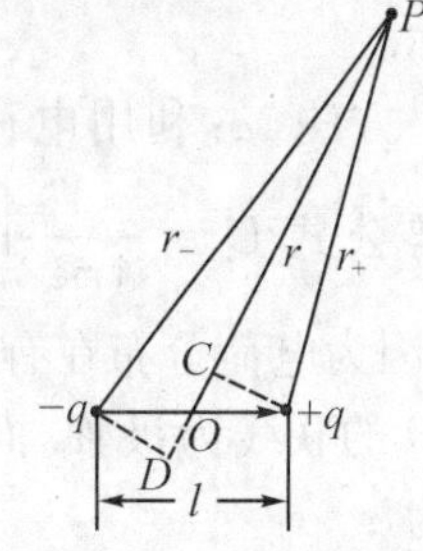

图 10.5.2　例 10.5.3 图示

下面作近似计算,设 P 点到电偶极子中心 O 的距离为 r,PO 的联线与电偶极矩方向的夹角为 θ,从 $+q$ 和 $-q$ 所在处分别向 PO 的联线作垂线,垂足为 C、D.由于 $r \gg l$,所以有 $PC \approx r_+$,$PD \approx r_-$,且 $r_+ \approx r - \dfrac{l}{2}\cos\theta$,$r_- \approx r + \dfrac{l}{2}\cos\theta$.代入上面 U 的表达式,通分,可得

$$U = \frac{q}{4\pi\varepsilon_0}\left(\frac{1}{r-\dfrac{l}{2}\cos\theta} - \frac{1}{r+\dfrac{l}{2}\cos\theta}\right) = \frac{q}{4\pi\varepsilon_0}\frac{l\cos\theta}{r^2 - \left(\dfrac{l}{2}\cos\theta\right)^2}$$

忽略分母中的高阶无穷小量 $\left(\dfrac{l}{2}\cos\theta\right)^2$,得到

$$U \approx \frac{1}{4\pi\varepsilon_0}\frac{ql\cos\theta}{r^2} = \frac{1}{4\pi\varepsilon_0}\frac{p\cos\theta}{r^2} \qquad (10-5-20\text{a})$$

或写作

$$U = \frac{1}{4\pi\varepsilon_0}\frac{\boldsymbol{p}\cdot\boldsymbol{r}}{r^3} \qquad (10-5-20\text{b})$$

由上面结果可知,在 $\theta=\dfrac{\pi}{2}$ 的方向上,即在电偶极子的中垂面上,$U=0$,因为 $+q$ 和 $-q$ 在中垂面上产生的电势互相抵消,电偶极子的电势与 r 平方成反比.

例 10.5.4　如果已知一半径为 R 的球壳均匀带电,总电量为 q.试求:球壳内外的电势分布.

解　方法一:由于电荷分布具有球对称性,它所产生的场强具有球对称性及均匀性,根据高斯定理可求得球壳内外的场强分布为

$$\boldsymbol{E}_1 = \frac{1}{4\pi\varepsilon_0}\frac{q}{r^2}\boldsymbol{r}_0 \quad (r>R); \qquad \boldsymbol{E}_2 = 0 \quad (r<R)$$

由于电荷分布在有限空间，可选取无穷远处电势为零，沿着径矢 $\boldsymbol{r}$ 的方向积分，利用公式(10－5－11)计算. 球壳外 $r>R$ 任意点的电势为

$$U=\int_p^{\infty}\boldsymbol{E}_1\cdot\mathrm{d}\boldsymbol{l}=\frac{q}{4\pi\varepsilon_0}\int_{r_p}^{\infty}\frac{\mathrm{d}r}{r^2}=\frac{1}{4\pi\varepsilon_0}\frac{q}{r_p}$$

球壳内任意点 P' 的电势，由于场强在 $r=R$ 处不连续，球壳内外场强不相等，积分要分段进行，即

$$U=\int_r^{\infty}\boldsymbol{E}\cdot\mathrm{d}\boldsymbol{l}=\int_r^R\boldsymbol{E}_2\cdot\mathrm{d}\boldsymbol{r}+\int_R^{\infty}\boldsymbol{E}_1\cdot\mathrm{d}\boldsymbol{r}=\frac{q}{4\pi\varepsilon_0}\int_R^{\infty}\frac{\mathrm{d}r}{r^2}=\frac{1}{4\pi\varepsilon_0}\frac{q}{R}$$

由以上结果可见，在均匀带电球外，电势分布和整个电荷集中在球心处的点电荷所产生的电势一样；在球壳内，电势处处相等，是个常量，而且等于球面处的电势，电势随 r 的变化曲线如图 10.5.3(b)所示.

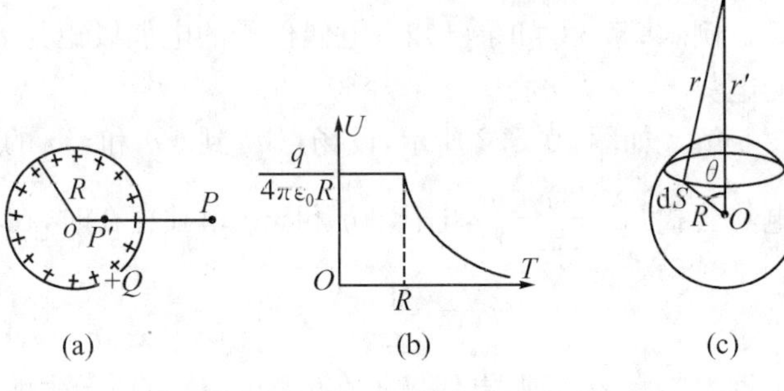

图 10.5.3　例 10.5.4 图示

方法二：利用电荷面分布计算电势公式 $U=\dfrac{1}{4\pi\varepsilon_0}\displaystyle\iint_S\frac{\sigma_e}{r}\mathrm{d}S$ 求电势. 因为电荷分布在有限区域内，取球坐标，如图 10.5.3(c)所示，球心 O 为坐标原点，场点 P 与 O 的联线为极轴. 面元 $\mathrm{d}S=R^2\sin\theta\mathrm{d}\theta\mathrm{d}\varphi$，它到 P 点的距离为 r，利用余弦定理 r 可以表示为

$$r=\sqrt{r_p^2+R^2-2r_pR\cos\theta}$$

于是球外任意点 P 的电势为

$$\begin{aligned}U&=\frac{1}{4\pi\varepsilon_0}\iint_S\frac{\sigma_e}{r}\mathrm{d}S=\frac{\sigma_eR^2}{4\pi\varepsilon_0}\int_0^{2\pi}\mathrm{d}\varphi\int_0^{\pi}\frac{\sin\theta\mathrm{d}\theta}{\sqrt{r_p^2+R^2-2r_pR\cos\theta}}\\&=\frac{\sigma_eR}{2\varepsilon_0r_p}\sqrt{r_p^2+R^2-2r_pR\cos\theta}\,\Big|_0^{\pi}=\frac{\sigma_eR}{2\varepsilon_0r_p}[(r_p+R)-(r_p-R)]\\&=\frac{1}{4\pi\varepsilon_0}\frac{q}{r_p}\end{aligned}$$

求球内的电势分布时，运算与上述运算基本相同，必须注意，根式只能取实数，所以上述根式代入积分上、下限以后应得到$[(r_p+R)-(R-r_p)]=2r_p$，于是可得

$$U=\frac{1}{4\pi\varepsilon_0}\frac{q}{R}$$

结果与方法一相同，但运算很麻烦.

例 10.5.5　如果均匀带电圆环半径为 R，总带电量为 q. 试求：圆环轴线上任一点 P 的电势.

解　在圆环上任取一小线元 $\mathrm{d}l$，它所带的电量为

$$\mathrm{d}q=\lambda_e\mathrm{d}l=\frac{q}{2\pi R}\mathrm{d}l$$

取圆环轴线为 X 轴，圆心为 O，则小线元 $\mathrm{d}l$ 在轴线上 P 点处所产生的电势为

$$\mathrm{d}U=\frac{1}{4\pi\varepsilon_0}\frac{\mathrm{d}q}{r}=\frac{1}{4\pi\varepsilon_0}\frac{q}{2\pi R}\frac{\mathrm{d}l}{r}$$

上式中 r 为 dl 到 P 点的距离，即 $r=\sqrt{R^2+x^2}$，所以整个圆环在 P 点处产生的电势为

$$U=\int dU=\int_0^{2\pi R}\frac{1}{4\pi\varepsilon_0}\frac{q}{2\pi R}\frac{dl}{\sqrt{R^2+x^2}}=\frac{1}{4\pi\varepsilon_0}\frac{q}{\sqrt{R^2+x^2}}$$

该例题也可以由电势与场强的积分关系，即电势的定义式 $U_p=\int_p^{\infty}\boldsymbol{E}\cdot d\boldsymbol{l}=\int_x^{\infty}E dx$ 来计算电势.

如果场点 P 距圆很远，即 $|x|\gg R$，均匀带电圆环在 P 点产生的电势为

$$U=\frac{1}{4\pi\varepsilon_0}\frac{q}{|x|}$$

上式结果表明：相当于把整个圆环上的电量集中在圆环中心处的一个点电荷所产生的电势分布一样. 式中 x 取绝对值是因为坐标轴 x 的正方向已确定，x 的值可能为负值，但电势是标量，在这仍然是正的. 当场点 P 在圆环中心处时，$x=0$，可得

$$V=\frac{1}{4\pi\varepsilon_0}\frac{q}{R}$$

例 10.5.6　一根无限长直均匀带电细线，电荷线密度为 λ_e. 试求：任意一点的电势.

解　因为电荷分布在无限大区域，不能够取无穷远处为电势零点，因为不能够用 $U=\frac{1}{4\pi\varepsilon_0}\int_r^{\infty}\frac{\lambda_e}{r}dr$ 进行计算，否则将得出发散结果，而使电场中电势无意义. 这时可以选取有限空间中某一点作为零电势点，则可由电势与场强的关系式进行积分求电势. 一无限长的均匀带电细线，根据高斯定理可求得离带电线距离为 r 的 P 点处的场强为

$$\boldsymbol{E}=\frac{\lambda_e}{2\pi\varepsilon_0 r}\boldsymbol{r}_0$$

式中，r 是直线到场点 P 的距离，$\boldsymbol{r}_0$ 是 $\boldsymbol{r}$ 的单位矢量. 选取离带电体有限距离为 R 的 Q 点作为电势零点，可得 P 点的电势为

$$U=\int_P^Q\boldsymbol{E}\cdot d\boldsymbol{l}=\frac{\lambda_e}{2\pi\varepsilon_0}\int_r^R\frac{dr}{r}=\frac{\lambda_e}{2\pi\varepsilon_0}\ln r\Big|_r^R=\frac{\lambda_e}{2\pi\varepsilon_0}\ln\frac{R}{r}$$

如果 $\lambda_e>0$，即带正电，上式表明，当 $r<R$ 处，电势为正；$r>R$ 处，电势为负. 由上式可得 P、Q 两点之间的电势差为

$$U_{PQ}=U_P-U_Q=\frac{\lambda_e}{2\pi\varepsilon_0}\left(\ln\frac{R}{r_P}-\ln\frac{R}{r_Q}\right)=\frac{\lambda_e}{2\pi\varepsilon_0}\ln\frac{r_Q}{r_P}$$

由上式可见，电场中任意两点之间的电势差与电势零点的选取无关，电势差具有绝对性，电势具有相对性.

例 10.5.7　如图 10.5.4 所示，一对无限长共轴直圆筒，半径分别为 R_1 和 R_2，圆筒面上电荷都均匀分布，沿轴线上单位长度的电量分别为 λ_1 和 λ_2. 试求：①各区域内的电势分布；②两圆筒面之间的电势差.

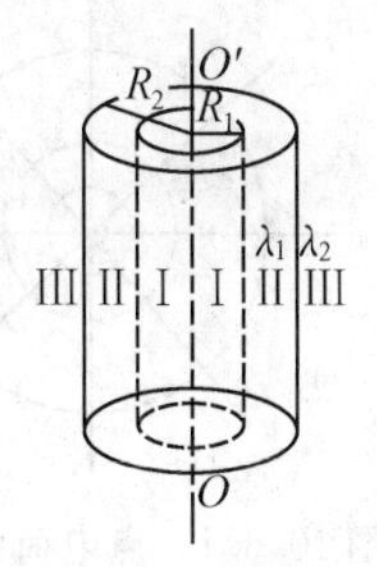

图 10.5.4　**例** 10.5.7 **图示**

解　因为电荷分布具有轴对称性，由它产生的场强也具有轴对称性，故可以用高斯定理求场强的分布，场强的方向沿径矢向外，其大小分别为

$$E_1=0\qquad (r<R_1)$$

$$E_2=\frac{\lambda_1}{2\pi\varepsilon_0 r}\qquad (R_1<r<R_2)$$

$$E_3 = \frac{\lambda_1 + \lambda_2}{2\pi\varepsilon_0 r} \qquad (r > R_2)$$

①求各区域电势分布，由于电荷分布在无限大区域，积分结果要有意义，不能够选取 $r=\infty$ 或 $r=0$ 为电势的零点，若选有限远处 $r=R_2$ 为电势零点，即设外圆筒的电势为零，则当 $r<R_1$ 时，可得

$$\begin{aligned} U_1 &= \int_r^{R_2} \boldsymbol{E} \cdot \mathrm{d}\boldsymbol{r} = \int_r^{R_1} \boldsymbol{E}_1 \cdot \mathrm{d}\boldsymbol{r} + \int_{R_1}^{R_2} \boldsymbol{E}_2 \cdot \mathrm{d}\boldsymbol{r} \\ &= 0 + \int_{R_1}^{R_2} \frac{\lambda_1 \mathrm{d}r}{2\pi\varepsilon_0 r} = \frac{\lambda_1}{2\pi\varepsilon_0} \ln \frac{R_2}{R_1} \end{aligned}$$

当 $R_1 < r < R_2$ 时，可得

$$U_2 = \int_r^{R_2} \boldsymbol{E} \cdot \mathrm{d}\boldsymbol{r} = \int_r^{R_2} \frac{\lambda_1 \mathrm{d}r}{2\pi\varepsilon_0 r} = \frac{\lambda_1}{2\pi\varepsilon_0} \ln \frac{R_2}{r}$$

当 $r > R_2$ 时，可得

$$U_3 = \int_r^{R_2} \boldsymbol{E} \cdot \mathrm{d}\boldsymbol{r} = \int_r^{R_2} \boldsymbol{E}_3 \cdot \mathrm{d}\boldsymbol{r} = \int_r^{R_2} \frac{\lambda_1 + \lambda_2}{2\pi\varepsilon_0 r} \mathrm{d}r = \frac{\lambda_1 + \lambda_2}{2\pi\varepsilon_0} \ln \frac{R_2}{r}$$

②两圆筒之间的电势差为

$$U_{内外} = U_{内} - U_{外} = \frac{\lambda_1}{2\pi\varepsilon_0} \ln \frac{R_2}{R_1}$$

10.6　等势面以及场强与电势的关系

10.6.1　等势面

(1)等势面

电场中场强的分布可以用电场线形象地描绘出来，同样，电场中电势的分布也可以用等势面形象地描绘出来. 电势是空间点的标量函数，在整个空间形成一个标量场. 电场中由电势相等的点所组成的曲面或平面，称为等势面. 例如，由点电荷 q 产生的电场中，电势的表达式为 $U=\frac{1}{4\pi\varepsilon_0}\frac{q}{r}$ 可知，与点电荷 q 距离相等的各点的电势相等，所以等势面是以 q 为球心的一系列同心球面，如图 10.6.1 中的虚线所示，图中的实线为电场线. 又例如，对于无限长带电直线的电场，由于电势 $U=\frac{\lambda_e}{2\pi\varepsilon_0}\ln\frac{R}{r}$ 可知，等势面是以带电直线为轴的一系列同轴圆柱面.

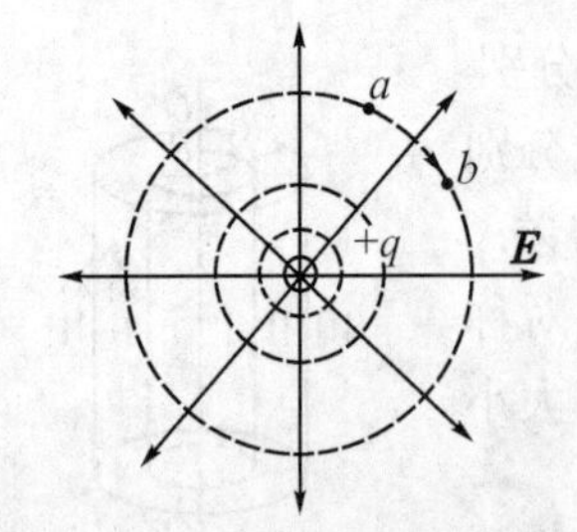

图 10.6.1　点电荷场的等势面

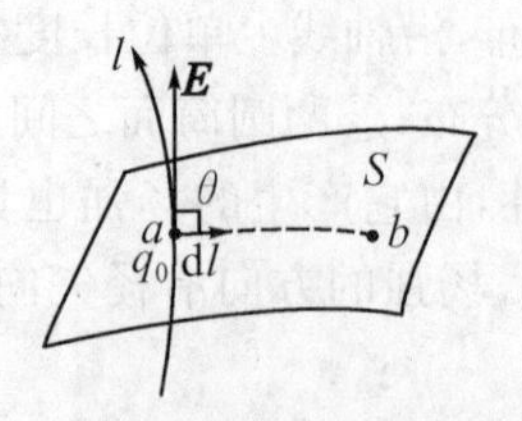

图 10.6.2　等势面

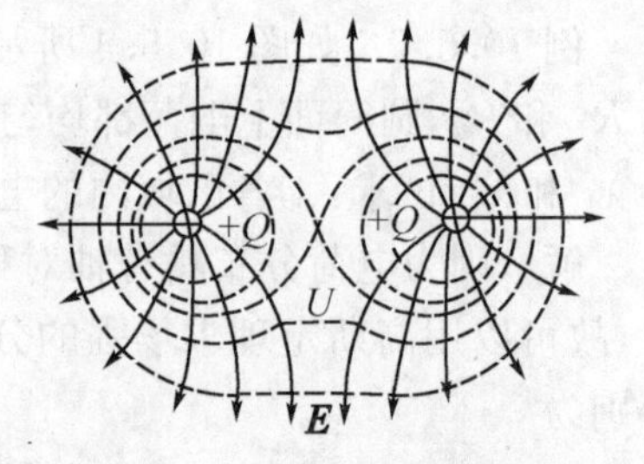

图 10.6.3　两个不相交的等势面

(2)静电场中的等势面的性质

①在任何静电场中，沿着等势面移动试探电荷 q_0 时，电场力不对试探电荷做功. 证明：当试

探电荷 q_0 沿着等势面从 a 点移动到 b 点时，如图 10.6.1 所示，电场力所做的功为 $A_{ab}=q_0(U_a-U_b)$，因为 a 点、b 点在同一等势面上，其电势相等 $U_a=U_b$，电势差 $U_a-U_b=0$，所以，$A_{ab}=0$.

②在任何静电场中，等势面与电场线处处垂直. 证明：如图 10.6.2 所示，当一个试探电荷 q_0，使它在等势面上从 a 点到 b 点移动一微小位移 $\mathrm{d}\boldsymbol{l}$ 时，电场力所做的元功为

$$\mathrm{d}A=q_0(U_a-U_b) \tag{10-6-1}$$

由于等势面上各处电势相等，即 $U_a=U_b$，所以，电场力所做的元功 $\mathrm{d}A=0$. 另一方面，试探电荷 q_0 在电场中所受的电场力为 $\boldsymbol{F}=q_0\boldsymbol{E}$，则电场力所做的元功为

$$\mathrm{d}A=\boldsymbol{F}\cdot\mathrm{d}\boldsymbol{l}=q_0E\cos\theta\mathrm{d}l \tag{10-6-2}$$

式中，θ 为场强 $\boldsymbol{E}$ 与 $\mathrm{d}\boldsymbol{l}$ 之间的夹角. 比较以上两式，有 $q_0E\cos\theta\mathrm{d}l=0$，但是 q_0、E、$\mathrm{d}l$ 都不为零，只能是 $\cos\theta=0$，即 $\theta=\frac{\pi}{2}$，所以该点的场强必然与等势面上小线元 $\mathrm{d}\boldsymbol{l}$ 垂直.

③任意两个等势面不相交. 因电势是一个标量，否则在交点处电势有两个值，同等势面的定义相矛盾. 但是，在静电场中合场强为零的点，一个等势面与它本身相交，如图 10.6.3 所示.

④等势面分布较密的地方，电场线较密，电场强度越大；相反，等势面分布较稀的地方，电场线较疏，电场强度越小. 设二相邻等势面间的电势差相等，为 ΔU，它们之间的距离为 Δn，由于 $\Delta U=\boldsymbol{E}\cdot\mathrm{d}\boldsymbol{l}=E\Delta n\Delta U$，由于 ΔU 一定，则 Δn 大处 E 小，而 Δn 小处 E 大，即场强的大小与等势面的密疏程度成正比，如图 10.6.4 及 10.6.5 所示.

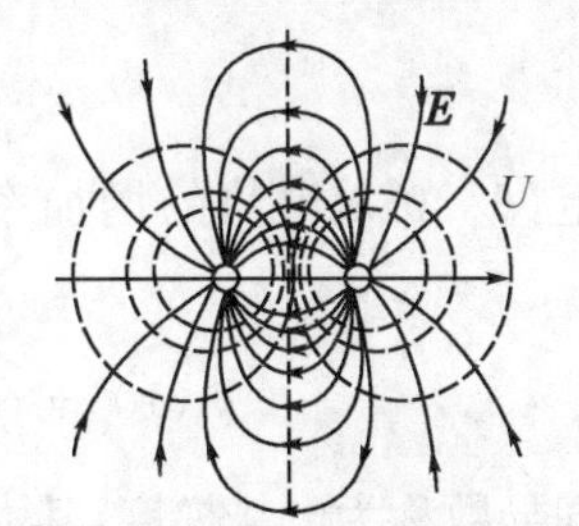

(a) 正负点电荷周围的等势面和电场线

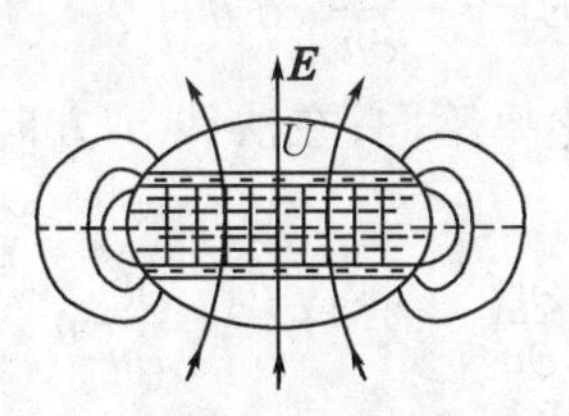

(b) 正负带电板周围的等势面和电场线

图 10.6.4 电场线与等势面垂直

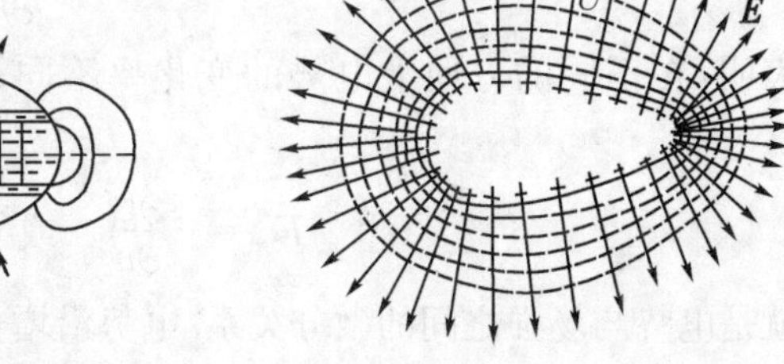

图 10.6.5 规则形状导体周围的等势面和电场线

10.6.2 电势与场强的微分关系

(1)电势与场强的微分关系

场强 $\boldsymbol{E}$ 和电势 U 都是描述电场性质的物理量，因此，场强 $\boldsymbol{E}$ 和电势 U 必须有一定的关系. 电势的定义式 $U_a=\frac{W_{ab}}{q_0}=\int_a^b\boldsymbol{E}\cdot\mathrm{d}\boldsymbol{l}$ 反映出二者的积分关系，由此可找出它们的微分关系.

如图 10.6.6 所示，通过电场中相距很近的 a、b 两点分别作等势面 S_1 和 S_2，其相应的电势分别为 U 和 $U+\Delta U$. 过 a 点的法线与 S_2 相交于 c 点，ac 即为二等势面间的距离，用 Δn 表示. 等势面 S_1 在 a 点的法向单位矢量 $\boldsymbol{n}$ 由 a 点指向 c

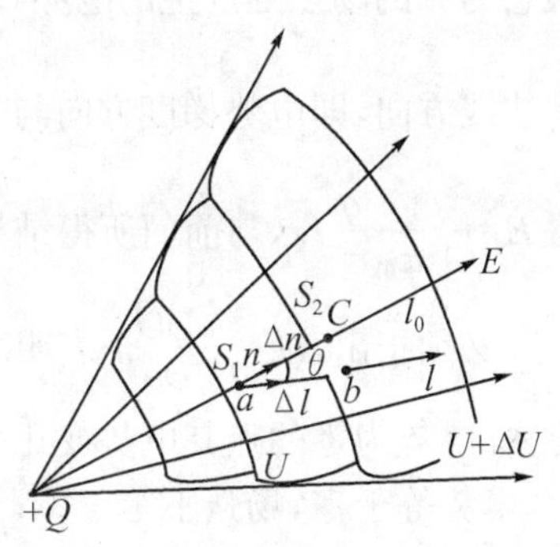

图 10.6.6 电势与场强的微分关系

点，即指向电势降低的方向. a 点与 b 点之间的距离 Δl，a 指向 b 方向的单位矢量为 $\boldsymbol{l}$.

由式
$$U_{ab}=U_a-U_b=\int_a^b \boldsymbol{E}\cdot d\boldsymbol{l}$$

因为 a 点与 b 点相距很近，上述积分近似为

$$\boldsymbol{E}\cdot\Delta\boldsymbol{l}=E_l\Delta l$$

式中，E_l 是 $\boldsymbol{E}$ 在 $\boldsymbol{l}$ 方向上的投影. 而从 a 点到 b 点的电势增量为 $\Delta U=U_b-U_a$，于是上式可以近似地表示为

$$\Delta U\approx -E_l\Delta l \quad 或 \quad E_l\approx -\frac{\Delta U}{\Delta l} \tag{10-6-3}$$

当 $\Delta l\to 0$ 时，上式的极限为

$$E_l=-\frac{\partial U}{\partial l} \quad 或 \quad \boldsymbol{E}_l=-\frac{\partial U}{\partial l}\boldsymbol{l} \tag{10-6-4}$$

式中，$\frac{\partial U}{\partial l}$ 称为 U 沿 $\boldsymbol{l}$ 方向的方向导数，E_l 即为 $\boldsymbol{E}$ 沿 $\boldsymbol{l}$ 方向的投影.（10－6－4）式表示电场中某点处场强在任意方向上的投影等于电势在该点处沿这个方向上的变化率的负值.

由图 10.6.6 可知 $\Delta l=\Delta n/\cos\theta$，代入（10－6－3）式，可得

$$E_l\approx -\frac{\Delta U}{\Delta n}\cos\theta$$

当 $\Delta n\to 0$ 时，上式的极限为
$$E_l=-\frac{\partial U}{\partial n}\cos\theta$$

上式表明：在不同的方向上电势的变化率不同，在法线 $\boldsymbol{n}$ 方向上（$\theta=0°$），电势的增加率最大，有

$$E_n=-\frac{\partial U}{\partial n} \quad 或 \quad \boldsymbol{E}=-\frac{\partial U}{\partial n}\hat{\boldsymbol{n}} \tag{10-6-5}$$

上式就是电势与场强之间的微分关系. 电势沿增长最快方向的方向导数称为电势梯度，其大小为$\frac{\partial U}{\partial n}$，其方向指向电势增加最快的方向. 因此，（10－6－5）式表明，电场中任意点的场强等于该点处电势梯度的负值，负号表示场强方向是电势减小最快的方向. 在数学中梯度用符号 grad 表示，于是（10－6－5）式也可以写为

$$\boldsymbol{E}=-\nabla U=-\mathrm{grad}\,U \tag{10-6-6}$$

下面以带正电 q 的点电荷为例，由电势求相应的场强来说明（10－6－5）式. 由于点电荷在距它为 r 的场点处产生的电势 $U=\frac{1}{4\pi\varepsilon_0}\frac{q}{r}$，表明等势面 U 是以点电荷为球心的球面，等势面的法线方向，即电势梯度方向与 $\boldsymbol{r}_0$ 的方向相反，有$\frac{\partial U}{\partial n}=-\frac{\partial U}{\partial r}$，而 $\boldsymbol{n}=-\boldsymbol{r}_0$. 由 $\boldsymbol{E}=-\frac{\partial U}{\partial n}\boldsymbol{n}$ 可得 $\boldsymbol{E}=\frac{1}{4\pi\varepsilon_0}\frac{q}{r^2}\boldsymbol{r}_0$，与前面所得结果相同.

必须指出，$\boldsymbol{E}=-\frac{\partial U}{\partial n}\boldsymbol{n}$ 表明决定空间某点的场强大小不是该点的电势，而是该点电势的变化率. 电势为零的点其电势变化率不一定为零，因而场强不一定为零. 例如，电偶极子的中垂面上，电势等于零，场强不等于零；只有电势为常量的区域内，电势的空间变化率等于零，场强才等于零.

（2）电势与场强微分关系在直角坐标系中的表达式

在直角坐标系 $OXYZ$ 中，如果把 d$\boldsymbol{l}$ 的方向分别取作 X、Y、Z 轴的方向，可得

$$E_x=-\frac{\partial U}{\partial x},E_y=-\frac{\partial U}{\partial y},E_z=-\frac{\partial U}{\partial z} \tag{10-6-7}$$

$$\boldsymbol{E}=E_x\boldsymbol{i}+E_y\boldsymbol{j}+E_z\boldsymbol{k}=-\left(\frac{\partial U}{\partial x}\boldsymbol{i}+\frac{\partial U}{\partial y}\boldsymbol{j}+\frac{\partial U}{\partial z}\boldsymbol{k}\right) \tag{10-6-8}$$

式中，$\boldsymbol{i}$、$\boldsymbol{j}$、$\boldsymbol{k}$ 分别表示 X、Y、Z 三个坐标轴方向的单位矢量.

(3)关于场强和电势关系的几点说明

①场强大的地方，电势不一定高；电势高的地方，场强不一定大. 由 $\boldsymbol{E}=-\frac{\partial U}{\partial n}\boldsymbol{n}$ 可知，E 决定于 U 的变化率，E 大是表明 U 的变化率大，但电势 U 不一定高. 例如，一个均匀带正电荷的球面，无穷远处为零电势点，球内场强 $E=0$，球外场强 $E>0$，但球内电势高于球外电势.

②带正电的物体电势不一定为正，电势等于零的物体不一定不带电；由于电势本身是相对量，电势的正负与电势零点的选择有关. 例如，两个带等量异号电荷的同心球面，内球带负电荷为 $-Q$，半径为 R_1，外球带正电荷为 Q，半径为 R_2，选无穷远处为零电势点，外球的电势为

$$U_{外}=\frac{1}{4\pi\varepsilon_0}\frac{Q-Q}{R_2}=0$$

上式表明：外球带正电，电势却不为正；外球电势等于零，外球却带正电. 如果电势零点不选在无穷远处，电势的数值也不一样，电势具有相对性.

③场强为零的地方，电势不一定为零；电势为零的地方，场强不一定为零. 由于 $\boldsymbol{E}=-\frac{\partial U}{\partial n}\boldsymbol{n}$，只要在某一小范围内 $U=$常量，场强 E 就等于零，但不一定要求 $U=0$. 例如，选取无穷远处为零电势点，均匀带正电荷为 Q 的球面，半径为 R，球面内部场强 $\boldsymbol{E}=0$，而电势 $U=\frac{1}{4\pi\varepsilon_0}\frac{Q}{R}\neq0$. 电势为零的地方，场强不一定为零，前面已有说明.

④场强大小相等的地方，电势不一定相等；等势面上的场强不一定相等. 例如，一对带等量异号电荷的无限大平面之间，是匀强电场，场强处处相等，而电势却沿电场线方向不断降低. 又如，电偶极子中垂面上电势 $U=0$，它是一个等势面，但是各处的场强却不相等，随着中垂面上的点到两点电荷联线中点的距离 r 的增大，场强变小.

由电势与场强的微分关系 $\boldsymbol{E}=-\frac{\partial U}{\partial n}\boldsymbol{n}$ 可知，如果电势已知或根据电势叠加原理求出电势分布，可以求电势的梯度来求出场强，由于电势 U 是标量，数学运算一般也比较简单，由电势求出场强是计算场强的基本方法之一.

例 10.6.1 如果已知半径为 R，均匀带电荷为 Q 的圆环的轴线上距环心为 x 的任意点的电势为 $U=\frac{1}{4\pi\varepsilon_0}\frac{Q}{\sqrt{R^2+x^2}}$. 试求：轴线上场强的分布.

解 由于已知电势 $U(x)$ 是 x 的函数，E 也应是 x 的函数. 根据电势 U 与场强 $\boldsymbol{E}$ 的微分关系，有

$$E(x)=-\frac{\partial U}{\partial x}=\frac{1}{4\pi\varepsilon_0}\frac{Qx}{(R^2+x^2)^{3/2}}$$

上式表明：利用电势与场强的微分关系，求得的场强沿轴线上的分布与利用场强迭加原理求得的结果完全相同，但后者更为简单.

10.7 带电粒子在静电场中受到的力及其运动

电荷产生电场和电荷在电场中受到电场力的作用是电荷与电场间相互作用的两个方面的问题. 下面讨论电荷在外电场中受到的电场力及其运动.

10.7.1 电偶极子在电场中受到的力与力矩

先讨论静电场是匀强电场的情况. 如图 10.7.1 所示，匀强静电场的场强为 $\boldsymbol{E}$，$\boldsymbol{l}$ 为从电荷 $-q$ 到电荷 q 的径矢，电偶极子的正负电荷所受电场力分别为 $\boldsymbol{F}_+=q\boldsymbol{E}$ 及 $\boldsymbol{F}_-=-q\boldsymbol{E}$，这两个力大小相等，方向相反，但不在同一直线上，因此形成一力偶矩，其自由转轴通过 $\boldsymbol{l}$ 中点并垂直 $\boldsymbol{l}$ 与 $\boldsymbol{E}$ 决定的平面. 力偶矩的大小为

$$L=F_+l\sin\theta=qlE\sin\theta=pE\sin\theta \tag{10-7-1}$$

式中，θ 是 $\boldsymbol{l}$ 与 $\boldsymbol{E}$ 之间的夹角. 力偶矩的方向沿转轴方向，且使 $\boldsymbol{l}$、$\boldsymbol{E}$ 和 $\boldsymbol{L}$ 构成右手螺旋关系. 力偶矩用矢量表示为

$$\boldsymbol{L}=\boldsymbol{p}\times\boldsymbol{E} \tag{10-7-2}$$

可见，力偶矩使电偶极子转向电场 $\boldsymbol{E}$ 的方向. 当 $\theta=0$ 时，$L=0$，电偶极子处于稳定平衡；当 $\theta=\dfrac{\pi}{2}$ 时，力偶矩最大，$L=pE$；当 $\theta=\pi$ 时，$L=0$，电偶极子处于不稳定平衡，稍有偏离，电偶极子将继续向电场方向转动.

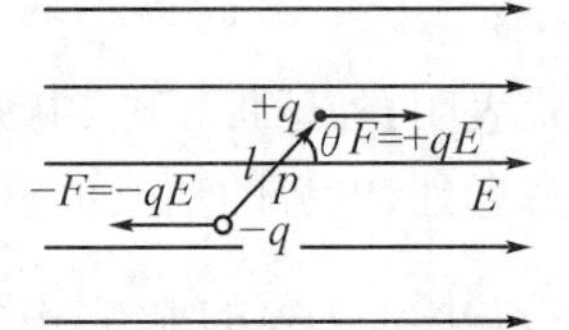

图 10.7.1 外电场中的电偶极子

静电场是非匀强电场情况：电偶极子在非匀强电场中将同时受到电场力和力矩的作用，力矩使电偶极子转向场强方向，电场力使电偶极子最终将向场强增强的方向运动. 在这里仅得出结论，不作详细讨论.

10.7.2 带电粒子在匀强电场中的运动

设带电粒子的质量为 m，带有电荷 q，其速度比光速小得多，在匀强电场 $\boldsymbol{E}$ 中运动时，受到的电场力为

$$\boldsymbol{F}=q\boldsymbol{E} \tag{10-7-3}$$

根据牛顿第二定律 $\boldsymbol{F}=m\boldsymbol{a}$，可得

$$m\boldsymbol{a}=q\boldsymbol{E}\quad 或\quad \boldsymbol{a}=\frac{q}{m}\boldsymbol{E} \tag{10-7-4}$$

上式是带电粒子在电场中运动的基本方程. 式中 $\boldsymbol{a}$ 是带电粒子的加速度，加速度为一常量，当 q 为正时，$\boldsymbol{a}$ 的方向与 $\boldsymbol{E}$ 的方向相同；当 q 为负时，$\boldsymbol{a}$ 的方向与 $\boldsymbol{E}$ 的方向相反. 如果 q 为正时，初速度 $\boldsymbol{v}_0$ 与 $\boldsymbol{E}$ 同方向，则带电粒子作匀加速直线运动；如果初速度 $\boldsymbol{v}_0$ 与 $\boldsymbol{E}$ 成一定角度 θ，则带电粒子作抛物线运动.

示波器是用来观察的电子仪器，它是一种能够将电讯号转变成可观察的各种物理图像的荧光仪器. 一般情况下，示波器由电子示波管、扫描、整步装置、Y 轴放大器、X 轴放大器及电源部分组成. 电子示波管是示波器的核心部分，其结构如图 10.7.2 所示.

接通电源后，示波管内的阴极发射电子，电子束经电场加速，进入 Y 轴偏转极及 X 轴偏转极后，电子束以高速打在荧光屏上，出现亮斑. 在阴极和荧光屏之间装有两对相互垂直的平行板，即竖直(Y 轴)偏转板和水平(X 轴)偏转板. 如果在偏转系统的两极板上加上电压，在极板间产生静电场，则电子束通过偏转系统时受到电场力的作用而改变运动方向，使电子束打到荧

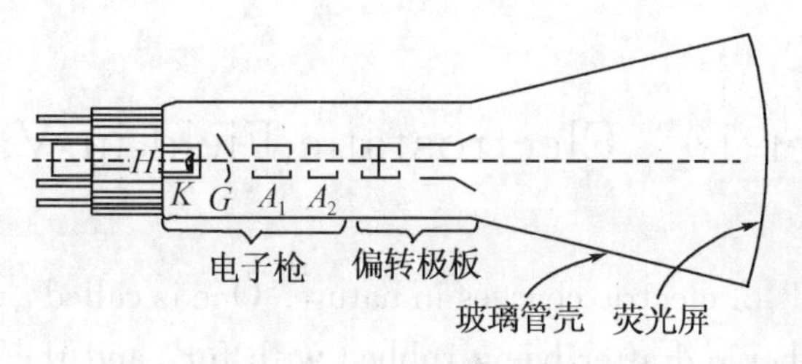

图 10.7.2　电子示波管

光屏上的亮斑位置也相应地改变，因此，偏转系统是用来控制亮斑位置的，使电子束能够打到荧光屏的任何位置上. 在偏转系统上加上讯号电压，就能使电子束的运动方向随外来讯号而改变，从而实现在荧光屏上显示讯号图像的目的.

例 10.7.1　如果在示波管偏转系统上加电压，在两极板间产生一匀强电场 $\boldsymbol{E}$. 一质量为 m，电量为 $-e$ 的电子以初速度$\boldsymbol{v}_0$射进电场中，而$\boldsymbol{v}_0$的方向与 $\boldsymbol{E}$ 的方向垂直. 试求：电子运动的轨迹.

解　选取平面直角坐标系 OXY，如图 10.7.3 所示，电子刚射入电场时的位置为坐标原点 O，X 轴沿电子初速度$\boldsymbol{v}_0$的方向，Y 轴垂直于初速度$\boldsymbol{v}_0$的方向沿电场 $\boldsymbol{E}$ 的负方向. 电子射入电场后受到电场力 $\boldsymbol{F}=-e\boldsymbol{E}$ 的作用，方向与 $\boldsymbol{E}$ 的方向相反. 由于电场力垂直于初速度$\boldsymbol{v}_0$的方向，所以电子在两极板之间的运动与质点在重力场中作平抛运动相似.

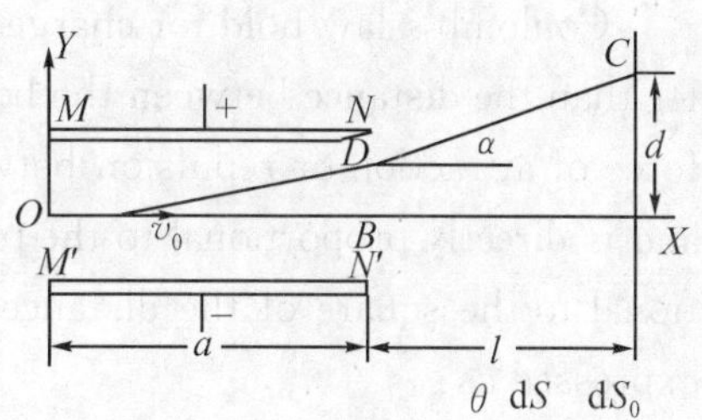

图 10.7.3　例 10.7.1 图示

根据牛顿第二定律，电子进入电场后，在竖直方向上因为受到电场力 $\boldsymbol{F}=-e\boldsymbol{E}$ 的作用，而获得加速度 $\boldsymbol{a}=-e\boldsymbol{E}/m$，负号表示加速度的方向沿 $\boldsymbol{E}$ 的负方向. 在水平方向（X 方向）电子不受电场力作用，以初速度$\boldsymbol{v}_0$作匀速直线运动. 经时间间隔 t 后，在水平方向上电子通过的距离为

$$x=v_0t \tag{10-7-5}$$

电子在竖直方向上初速度为零，通过的距离为

$$y=\frac{1}{2}at^2=-\frac{1}{2}\frac{eE}{m}t^2 \tag{10-7-6}$$

由以上二式消去参变量 t，便得到电子的运动轨道方程为

$$y=-\frac{eE}{2mv_0^2}x^2 \tag{10-7-7}$$

以上结果说明，电子以初速度 v_0 垂直入射到匀强电场中后，其运动轨道是抛物线. 当电子跑出极板范围后，因为不再受到电场力的作用，它将作直线运动，此直线是在出射点与抛物线相切，设 α 角为电子的直线轨道与 X 方向的夹角，则由轨道方程的轨道可得

$$\tan\alpha=\left(\frac{\mathrm{d}y}{\mathrm{d}x}\right)_{x=a}=\frac{eE}{mv_0^2}a \tag{10-7-8}$$

如果在距离平行带电板为 L 处放一屏，则电子将到达荧光屏上 C 点，设 d 为 C 点到 X 轴的距离，如果 L 很大，BD 与 d 相比很小，则有

$$\tan\alpha\approx\frac{d}{l}$$

代入(10-7-8)式，可得

$$d=\frac{eEal}{mv_0^2} \tag{10-7-9}$$

Chapter 10 Electrostatic Field in Vacuum

There are two kinds of electric charges in nature. One is called a negative charge, which is possessed by the rubber rod after being rubbed with fur, and the other is called positive charge, which is possessed by glass rod after being rubbed with silk. Like charges repel each other and unlike charges attract each other. Any charge can be written as Ne, where N is a positive or negative integer and e is a constant called the elementary charge which is the charge of an electron. This conclusion is called quantization of charge. Electric charge is conserved. The net charge of an isolated system does not change, no matter what interactions occur within the system.

Coulomb's law hold for charged bodies whose sizes or spatial dimensions are much smaller than the distance between the bodies. These charged bodies are called point charges. The force of attraction or repulsion between two point charges acts along the line joining them, and is directly proportional to the product of the magnitudes of charges and inversely proportional to the square of the distance between them. In mathematical form, Coulom's law is expressed as

$$F=\frac{1}{4\pi\varepsilon_0}\frac{q_1q_2}{r^2} \tag{1}$$

where ε_0 is the permittivity of vacuum.

The electric field is an intermediary matter between charges. One charge sets an electric field and that field sets a force on another charge. If a test charge q_0 experiences a force $\boldsymbol{F}$ at a point, then the electric field intensity at this point is defined as $\boldsymbol{E}=\boldsymbol{F}/q_0$.

The electric field lines are used to represent the distribution of the field $\boldsymbol{E}$ in space. The tangent to a line at any point gives the direction of the electric field. The density of lines shows the magnitude of the electric field. Electric field lines originate on positive charges and terminate on negative charges.

The electric flux is the number of the electric field lines through a surface. It can be expressed by a integral $\varphi_e=\iint_S \boldsymbol{E}\cdot \mathrm{d}\boldsymbol{S}$. For a closed surface with outward-drawn normal, the electric flux trough it can be represented by $\varphi_e=\oint_S \boldsymbol{E}\cdot \mathrm{d}\boldsymbol{S}$. Therefore, the flux is negative as field lines enter the closed surface, and it is positive as the lines go out. Gauss' law reads

$$\varphi_e=\oint_S \boldsymbol{E}\cdot \mathrm{d}\boldsymbol{S}=\frac{1}{\varepsilon_0}\sum_i q_i \tag{2}$$

The quantity of φ_e is the flux of the electric field over the closed surface S, which is called the gaussian surface. $\sum_i q_i$ is the algebraic sum of the charges enclosed by the surface. Charges outside surface, no matter how large or how nearby they be, have no contribution to the electric flux through this surface.

Gauss' law can be used to calculate field if the symmetry of the charge distribution is high. Here we face two problems: (1) choosing the shape of gaussian surface from the symmetry of the charge distribution so that we can calculate the electric flux on the left side for the Gauss' law; (2) calculating the net charge enclosed in the gaussian surface. Finally, find the field from Gauss law.

The property of the electrostatic field being a conservative field is expressed succinctly by the circular theorem of electrostatic field

$$\oint_L \boldsymbol{E} \cdot \mathrm{d}\boldsymbol{l} = 0 \tag{3}$$

Namely, the work done by electrostatic field is independent of the path. Hence the electrostatic field can be described by means of defining the electric potential

$$U_a = \frac{E_{pa}}{q_0} = \int_a^{\infty} \boldsymbol{E} \cdot \mathrm{d}\boldsymbol{l} \tag{4}$$

where E_{pa} is the potential energy of the test charge q_0 placing at point a and equals the work done by electric field force during shifting q_0 from point a to zero potential point (infinite point). So the potential at one point in electric field in value equals the work moving the unit positive charge from this point to the infinite point along any path.

An equipotential surface is a surface such that the potential has the same value at all points on the surface. A family of equipotential surfaces can be used to describing the electric field. The magnitude of the electric field is determined by how close together or far apart the equipotential surfaces lie. The electric field lines are always at right angle through the equipotential surface, and no work done by electric field as moving a charge along an equipotential surface.

The differential relation between the field and potential is

$$\boldsymbol{E} = -\left(\frac{\partial U}{\partial x}\boldsymbol{i} + \frac{\partial U}{\partial y}\boldsymbol{j} + \frac{\partial U}{\partial z}\boldsymbol{k}\right) \tag{5}$$

Thus, if we know the potential $U(x, y, z)$, we can find the components of $\boldsymbol{E}$ at any point by taking partial derivatives. That is, $E_x = -\partial U/\partial x$, $E_y = -\partial U/\partial y$ and $E_z = -\partial U/\partial z$. We can represent $\frac{\partial U}{\partial x}\boldsymbol{i} + \frac{\partial U}{\partial y}\boldsymbol{j} + \frac{\partial U}{\partial z}\boldsymbol{k}$ with the symbol ∇U or grad U. Then Eq. (5) becomes $\boldsymbol{E} = -\nabla U = \text{grad}\, U$. It means that the electric field at any point equals the negative gradient of the potential at that point.

A pair of point charges of equal magnitude q but of opposite sign, separated by a distance l is call a dipole. The vector $\boldsymbol{l}$, whose magnitude is l and direction points from $-q$ to $+q$, is called the dipole arm. The product $q\boldsymbol{l}$ is called the dipole moment, and is expressed with $\boldsymbol{p}$. A dipole in an uniform electric field $\boldsymbol{E}$ is exerted a torque $\boldsymbol{M} = \boldsymbol{p} \times \boldsymbol{E}$. The torque tends to align the dipole in the direction parallel to the field.

习题10

10.1 **填空题**

10.1.1 库仑定律表达式 $\boldsymbol{F}=\frac{1}{4\pi\varepsilon_0}\frac{q_1q_2}{r^2}\boldsymbol{r}_0$（$\boldsymbol{r}_0$ 为由场源电荷指向受力电荷的位置矢量的单位矢量）的适用条件是______，其中 r 的取值范围______；如果场源电荷静止，受力电荷运动，库仑定律是否成立______. 牛顿第三运动定律是否成立______；如果场源电荷是连续分布的带电体，受力电荷是点电荷，可根据______求点电荷所受的力，表达式应为______；任意的电荷连续分布的两个带电体之间的相互作用力原则上可根据______求出，表达式应为______.

10.1.2 真空中静电场的高斯定理的内容是______，高斯定理的数学表达式是______，它表示______和______的关系，而不是表示______和______的关系；高斯定理中的 $\boldsymbol{E}$ 是______上的场强，它是由______和______产生的______矢量和；如果场强矢量 $\boldsymbol{E}$ 的通量等于零，只能表明______为零，它可能是______，也可能是______，而高斯面上的 $\boldsymbol{E}$ ______；高斯定理适用于______闭合曲面.

10.1.3 利用高斯定理求场强电荷分布必须满足______性，通过场点的高斯面或部分高斯面上的场强必须满足______性和______性，而不通过场点的高斯面上的 $\boldsymbol{E}$ 应与相应的高斯面的法线方向 $\boldsymbol{n}$ ______，使通过相应高斯面的______；静电场的高斯定理表明静电场是______.

10.1.4 如图所示，两块"无限大"的带电平板，其电荷面密度分别为 $\sigma(\sigma>0)$ 及 -2σ，试写出各区域的电场强度 $\boldsymbol{E}$：Ⅰ区 $\boldsymbol{E}$ 的大小______，方向______；Ⅱ区 $\boldsymbol{E}$ 的大小______，方向______；Ⅲ区 $\boldsymbol{E}$ 的大小______，方向______；写出各区域的电场强度 $\boldsymbol{E}$ 的理论根据应是______.

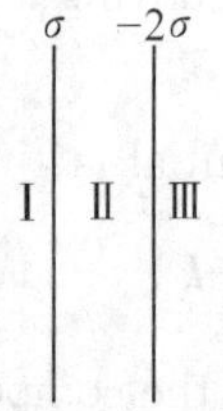

题10.1.4图

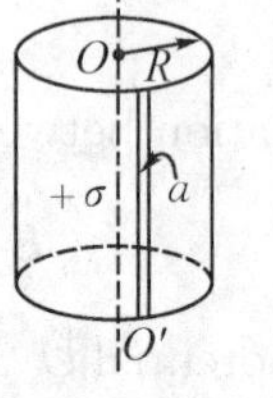

题10.1.5图

10.1.5 如图所示，在半径为 R，面电荷密度为 $+\sigma$ 的无限长带电圆筒柱面上，沿轴线方向割去宽度为 a 的一条缝，如果 $a\ll R$，则圆筒轴线上任何一点 P 的电场强度大小为______，其方向为______.

10.1.6 真空中静电场的环路定理的内容是______，环路定理的数学表达式为______，静电场的环路定理表明静电场是______.

10.1.7 试对以下情况进行说明，并举例：

(A)场强大的地方，电势是否一定高？______；

电势高的地方，场强是否一定大？______；

(B)场强为零的地方，电势是否一定为零？______；

电势为零的地方，场强是否一定为零？______；

(C)带正电荷的物体的电势是否一定高？______；

带负电荷的物体的电势是否一定低？______；

(D)场强大小相等的地方，电势是否相等？______；

电势相等的等势面上场强的大小是否相等？______；

(E)电势相等的区域内场强是否为零？______；

场强相等的区域电势是否为零？______.

10.1.8 利用电势与场强的积分关系式______求电势时，如果带电体的电荷有限分布，则应选取______为零电势位置，积分下限应为______所在位置，积分上限应为______所在位置；如果在积分中各区域场强都不相等，则应______积分；如果带电体的电荷无限分布，则应选取______为零电势位置，而不能选取______为零电势位置，积分下限应为______所在位置，积分上限应为______所在位置，如果在积分中各区域场强不相等，则应______积分.

10.1.9 带正电量的试验电荷在电场中移动时，电场力做正功，则电势由______到______，电势能______；而外力反抗电场力做正功，则电势由______到______，电势能______；带负电量的试验电荷在电场中移动时，电场力做负功，则电势由______到______，电势能______；而外力反抗电场力做负功，则电势由______到______，电势能______.

10.1.10 电量分别为 q_1、q_2、q_3 的三个点电荷，处于如图所示的位置，其中任一个点电荷所受合力均等于零. 如果已知 $q_1=q_3=Q$，则 $q_2=$______. 在以上条件下，如果固定 q_1 和 q_2，将 q_3 从 O 点经任意路径移动到无限远处，需做功 $A=$______.

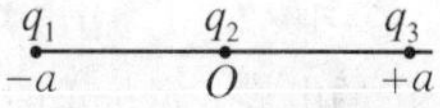

题 10.1.10 图

10.2 选择题

10.2.1 在真空中两带电平板的面积为 S，相距很近 $(d\ll\sqrt{S})$，带电量分别为 $+Q$ 与 $-Q$，则两板间作用力的大小为(忽略边缘效应)：(A) $F=\dfrac{Q^2}{4\pi\varepsilon_0 d^2}$；(B) $F=\dfrac{2Q^2}{\varepsilon_0 S}$；(C) $F=\dfrac{Q^2}{2\varepsilon_0 S}$；(D) $F=\dfrac{Q^2}{\varepsilon_0 S}$. (　　)

10.2.2 如图所示，有一个带正电荷的大导体，为了测其附近 P 点处的场强，将一带电量为 $q_0(q_0>0)$ 的点电荷放在 P 点，测得它所受的电场力为 $\boldsymbol{F}$. 如果电量 q_0 不是足够小，则：(A) F/q_0 比 P 点处场强的数值相等；(B) F/q_0 比 P 点处场强的数值大；(C) F/q_0 比 P 点处场强的数值小；(D) F/q_0 与 P 点处场强的数值关系无法确定. (　　)

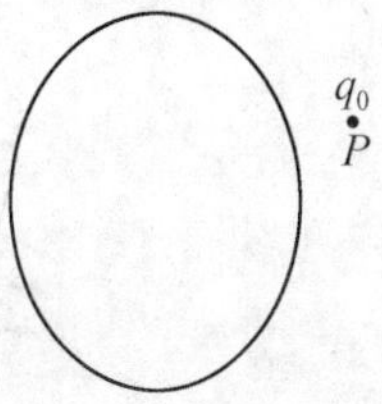

题 10.2.2 图

10.2.3 如图所示，两个同心均匀带电球面，内球面半径为 R_1，带电量为 Q_1，外球面半径为 R_2，带电量为 Q_2，则在外球面外面、距离球心为 r 处的 P 点的场强大小 E 为：(A) $\dfrac{Q_1+Q_2}{4\pi\varepsilon_0(R_2-R_1)}$；(B) $\dfrac{Q_2}{4\pi\varepsilon_0 r^2}$；(C) $\dfrac{Q_1+Q_2}{4\pi\varepsilon_0 r^2}$；(D) $\dfrac{Q_1}{4\pi\varepsilon_0(r-R_1)^2}+\dfrac{Q_2}{4\pi\varepsilon_0(r-R_2)^2}$. (　　)

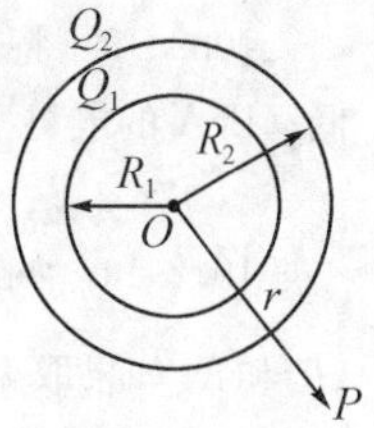

题 10.2.3 图

10.2.4 关于电场线有以下说明，其中正确的是：(A)电场线一定是正电荷在电场中运动的轨道；(B)电场线的疏密表示电场的强弱，因而对于给定的电场，电场线的条数是一定的；(C)电场线的方向一定是正电荷的速度方向；(D)电场线的方向一定是正电荷加速度的方向. (　　)

10.2.5 半径分别为 R 和 r 的两个金属球，相距很远，用一根细长导线将两球连接在一起并使它们带电，在忽略导线影响下，两球表面的电荷面密度之比 $\dfrac{\sigma_R}{\sigma_r}$ 应为：(A) R/r；(B) R^2/r^2；(C) r^2/R^2；(D) r/R. (　　)

10.2.6 如图所示，将位于 P 点处的点电荷 $+q$ 移动到 K 点时，则：(A) $\oint_S \boldsymbol{E}\cdot d\boldsymbol{S}\neq 0$，$\boldsymbol{E}\cdot d\boldsymbol{S}$ 变化；(B) $\oint_S \boldsymbol{E}\cdot d\boldsymbol{S}\neq 0$，$\boldsymbol{E}\cdot d\boldsymbol{S}$ 不变化；(C) $\oint_S \boldsymbol{E}\cdot d\boldsymbol{S}=0$，$\boldsymbol{E}\cdot d\boldsymbol{S}$ 变化；(D) $\oint_S \boldsymbol{E}\cdot d\boldsymbol{S}=0$，$\boldsymbol{E}\cdot d\boldsymbol{S}$ 不变化. (　　)

10.2.7 如图所示，一半径为 R 的半球面放在场强为 $\boldsymbol{E}$ 的均匀电场中，$\boldsymbol{E}$ 的方向与位于半球面的水平投影面上的 X 轴平行，则通过这一半球面的电通量为：(A) $\dfrac{2}{3}\pi R^2E$；(B) πR^2E；(C) $2\pi R^2E$；(D) 0. (　　)

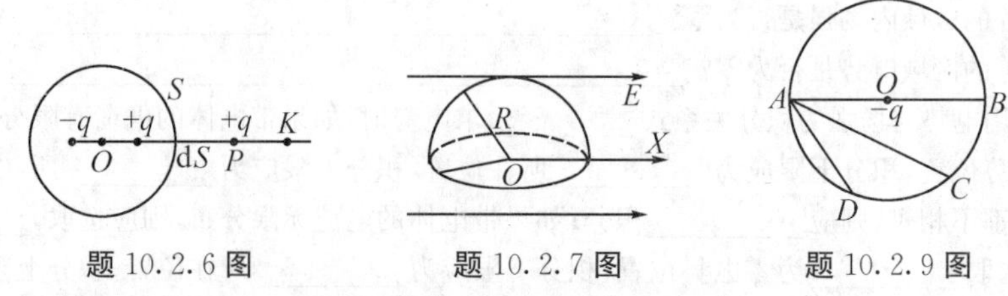

题 10.2.6 图　　题 10.2.7 图　　题 10.2.9 图

10.2.8　在电场强度为 $\boldsymbol{E}$ 的匀强电场中，有一半径为 R 的半球面，如果场强 $\boldsymbol{E}$ 的方向与半球面的对称轴平行，则通过这个半球面的电通量大小为：(A)$\frac{1}{\sqrt{2}}\pi R^2 E$；(B)$\sqrt{2}\pi R^2 E$；(C)$\pi R^2 E$；(D)$2\pi R^2 E$.　(　　)

10.2.9　如图所示，一电量为 $-q$ 的点电荷位于圆心 O 点处，A、B、C、D 为同一圆周上的四点. 现在将一试探电荷从 A 点分别移动到 B、C、D 各点，则：(A)从 A 到 B 电场力做功最大；(B)从 A 到 D 电场力做功最小；(C)从 A 到 C 电场力做功最大；(D)从 A 到 B、C、D 各点，电场力做功相等.　(　　)

10.2.10　指出关于电势叙述的正确项：(A)电势的正负决定于检验电荷的正负；(B)带正电量的物体周围的电势一定是正的，带负电量的物体周围的电势一定是负的；(C)电势的正负决定于外力对检验电荷做功的正负；(D)空间某点的电势是不确定的，可正可负，决定于电势零点的选取.　(　　)

10.2.11　如图所示，实线表示某电场中的电场线，虚线表示等势面，则由图可以看出：(A)$E_A > E_B > E_C$，$U_A > U_B > U_C$；(B)$E_A < E_B < E_C$，$U_A < U_B < U_C$；(C)$E_A > E_B > E_C$，$U_A < U_B < U_C$；(D)$E_A < E_B < E_C$，$U_A > U_B > U_C$.　(　　)

10.2.12　已知某带电体的静电场中的 $U-r$ 关系曲线如图所示，则该带电体是：(A)半径为 R 的均匀带电球体；(B)半径为 R 的均匀带电球面；(C)半径为 R 的均匀带电圆柱体；(D)半径为 R 的均匀带电圆柱面.

(　　)

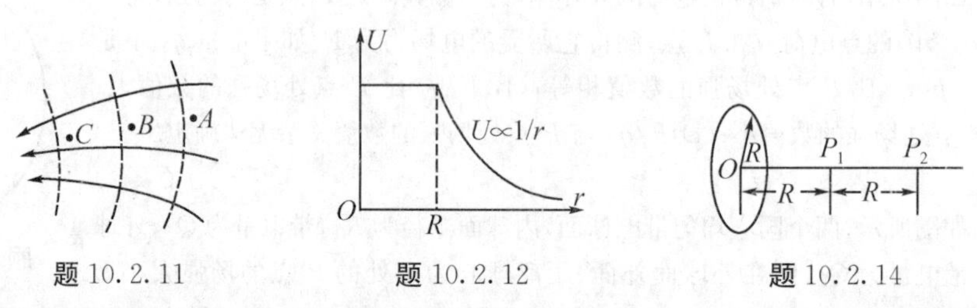

题 10.2.11　　题 10.2.12　　题 10.2.14

10.2.13　将一接地的导体 B 移近一个带正电荷的弧立导体 A 时，则：(A)A 的电势升高，B 的电势降低；(B)A 的电势不变，B 的电势不变；(C)A 的电势升高，B 的电势不变；(D)A 的电势降低，B 的电势不变.

(　　)

10.2.14　如图所示，半径为 R 的均匀带电圆环，其轴线上有两点 P_1 和 P_2，它们到环心的距离分别为 $2R$ 和 R. 如果取无限远处电势为零，P_1 点和 P_2 点的电势分别为 U_1 和 U_2，则：(A)$U_1 = 2U_2$；(B)$U_1 = \frac{5}{2}U_2$；(C)$U_1 = \sqrt{\frac{5}{2}}U_2$；(D)$U_1 = 4U_2$.　(　　)

10.3　计算题

10.3.1　如图所示，在平面直角坐标系中，真空中静止的三个点电荷，其带电量分别为 $q_1 = -25\times10^{-7}$ C，$q_2 = 5.0\times10^{-7}$ C，$q_3 = 2.0\times10^{-7}$ C；$r_1 = 1.2$ m，$r_2 = 0.5$ m. 试求：作用在 q_2 上的合力. [答案：6.23×10^{-3} N，与 q_1 指向 q_3 方向之间的夹角为 170°24′]

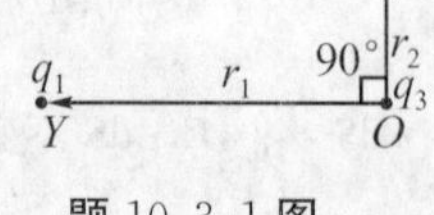

题 10.3.1 图

10.3.2　两根长度都为 5 cm 的细线上端固定在同一固定点，每一根细线的另一端都系着一个质量为 0.5 g 的小球，当这两个小球带上等量同号的电量时，每一根细线都与竖直线成 30°的夹角，试求：每一个带电小球所带的电量是多少？[答案：2.8×10^{-8} C]

10.3.3　两个电量都为 $+q$ 的点电荷，在水平面上相距为 $2a$，连线中心为 O 点，如果在它们的垂直平分线上放有另一个点电荷 $+Q$ 与 O 相距为 r:①计算 $+Q$ 所受的库仑力,用矢量式表示;② $+Q$ 在何处所受电场力最大;③分别就 Q 与 q 同号或异号两种情况讨论,将 Q 在所在位置静止释放,任其自己运动,Q 将如何运动.[答案:①$\dfrac{Qqr\,\boldsymbol{j}}{2\pi\varepsilon_0(r^2+a^2)^{3/2}}$;② $+Q$ 在距 O 点 $\pm\dfrac{\sqrt{2}}{2}a$ 处受力最大,$F_{\max}=\dfrac{Qq}{3\sqrt{3}\pi\varepsilon_0 a^2}$;③$Q$ 与 q 同号时 Q 沿垂直平分线作加速运动到无限远;Q 与 q 异号时 Q 以 O 点为中心在垂直平分线上作周期性振动,振幅为 r_0]

10.3.4 有四个等量同号的点电荷 $+Q$,分别固定在刚性正方形的四个顶点上.试问:①正方形中心放一个什么样的点电荷 q,方能使每个电荷达到平衡?②这种平衡与正方形的边长有无关系?是稳定平衡还是不稳定平衡?[答案:①$q=-\dfrac{2\sqrt{2}+1}{4}Q$;②这种平衡与正方形的边长无关;不稳定平衡,因该点电荷离开正方形中心后,不能再回到原位置]

10.3.5 在场强为 $300\ \mathrm{N\cdot C^{-1}}$ 的均匀电场中有一半径为 5 cm 的圆形平面,当平面的法线方向与场强方向的夹角分别取下列数值:$\theta=0°$,$\theta=30°$,$\theta=90°$,$\theta=120°$,$\theta=180°$时,试求通过有关圆平面的电场强度通量.[答案:①$2.4\ \mathrm{N\cdot m^2\cdot C^{-1}}$;②$20\ \mathrm{N\cdot m^2\cdot C^{-1}}$;③$0\ \mathrm{N\cdot m^2\cdot C^{-1}}$;④$-1.2\ \mathrm{N\cdot m^2\cdot C^{-1}}$;⑤$-2.4\ \mathrm{N\cdot m^2\cdot C^{-1}}$]

10.3.6 如果一点电荷 q 位于一边长为 a 的立方体中心,试求:通过立方体每一面的电通量各是多少?如果这个点电荷移动到立方体的一个顶角上,此时通过立方体每一面的电通量各是多少?[答案:$\dfrac{q}{6\varepsilon_0}$;$\dfrac{q}{24\varepsilon_0}$]

10.3.7 如图所示,在点电荷 q 的电场中,取一半径为 R 的圆形平面,设 q 在垂直于圆平面并通过圆心 O 的轴线上 A 点处,试计算通过此圆平面的电通量.[答案:$\dfrac{q2\pi(\sqrt{R^2+h^2}-h)}{4\pi\varepsilon_0\sqrt{R^2+h^2}}$]

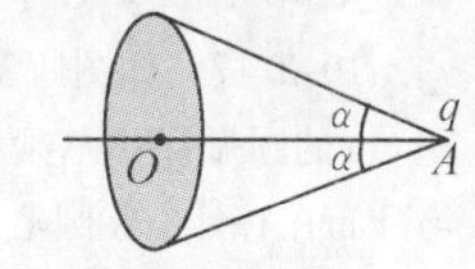

题 10.3.7 图

10.3.8 如图所示,电场强度的分量为 $E_x=bx^{1/2}$,$E_y=E_z=0$,其中 $b=800\ \mathrm{N\cdot C^{-1}\cdot m^{-\frac{1}{2}}}$,一立方体的边长 $a=10$ cm,试求:①通过立方体的电通量;②立方体内的总电荷.[答案:①$1.05\ \mathrm{N\cdot m^2\cdot C^{-1}}$;②$9.29\times10^{-12}\mathrm{C}$]

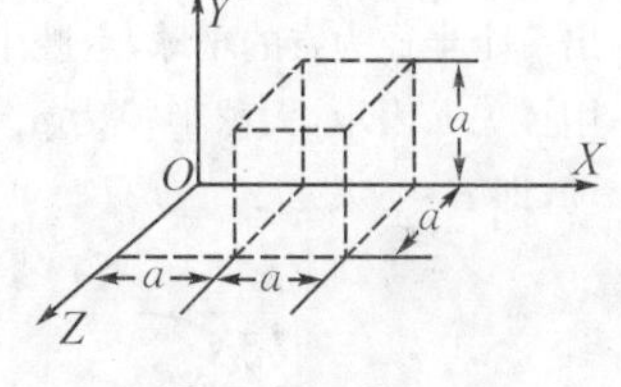

题 10.3.8 图

10.3.9 两无限大平行平面均匀带电,试就下列两种情况求电场分布:①$\sigma_1=\sigma_2=\sigma$;②$\sigma_1=-\sigma_2=\sigma$.[答案:①$-\dfrac{\sigma}{\varepsilon_0}$,0,$\dfrac{\sigma}{\varepsilon_0}$; ②0,$\dfrac{\sigma}{\varepsilon_0}$,0]

10.3.10 半径为 R 的无限长直圆柱体均匀带电,体电荷密度为 ρ.试求:场强的分布,并画出 $E-r$ 曲线.[答案:$E_{内}=\dfrac{\rho r}{2\varepsilon_0}(r<R)$,$E_{外}=\dfrac{\rho R^2}{2\varepsilon_0 r}(r>R)$]

10.3.11 两条平行的无限长直均匀带电线,相距为 a,电荷线密度分别为 $\pm\lambda$.试求:①这两根带电线构成的平面上任意一点的场强的大小;②任一带电线单位长度上所受的吸引力 $\boldsymbol{F}$ 的大小.[答案:①$E_1=\dfrac{\lambda}{2\pi\varepsilon_0}\left(\dfrac{1}{x}+\dfrac{1}{a-x}\right)$,场点在两线之间指向带负电的线;$E_2=\dfrac{a\lambda}{2\pi\varepsilon_0 x(a-x)}$,场点在带负电线的外侧指向带负电荷的带电线;$E_3=\dfrac{a\lambda}{2\pi\varepsilon_0 x(x+a)}$,场点在带正电线的外侧指向背离带正电荷的线;②略]

10.3.12 一无限长直均匀带电线,线电荷密度为 λ,试求电场强度的大小.[答案:$E=\dfrac{\lambda}{2\pi\varepsilon_0 r}$]

10.3.13 厚度为 $2d$ 的无限大平板均匀带电,体密度为 ρ,试求场强的分布.[答案:$E_{内}=\dfrac{\rho}{\varepsilon_0}z$,$E_{外}=\rho\dfrac{d}{\varepsilon_0}$,$z$ 为垂直于平板的坐标,原点位于中位面上]

10.3.14 一无限长均匀带电线的线电荷密度为 λ,分别弯成如图中(a)、(b)两种形状,设圆弧的半径为 R,试求 O 点的场强.[答案:图(a)中 $E=\dfrac{\sqrt{2}\lambda}{4\pi\varepsilon_0 R}$,$E$ 的方向与两直线夹角均为 45°,图(b)中 $E=0$]

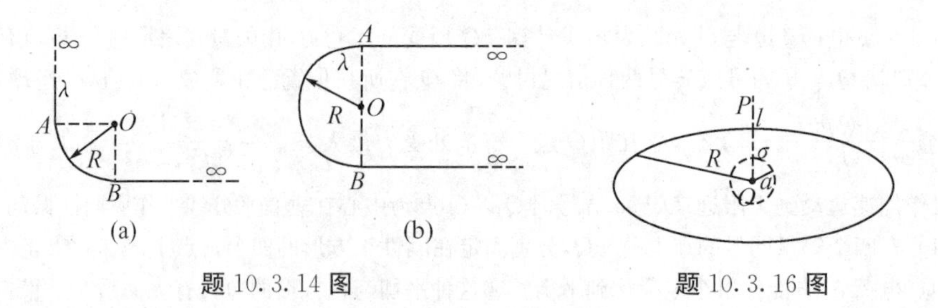

题 10.3.14 图　　　　题 10.3.16 图

10.3.15　半径为 R 的带电球，其体电荷密度 $\rho=\rho_0\left(1-\dfrac{r}{R}\right)$，$\rho_0$ 为常量，r 为球内任意点至球心的距离. 试求：①球内外的场强分布；②最大场强的位置与大小. [答案：①$E_{内}=\dfrac{\rho r}{3\varepsilon_0}\left(1-\dfrac{3r}{4R}\right)(x<R)$，$E_{外}=\dfrac{\rho_0 R^3}{12\varepsilon_0 r^2}(r>R)$；②$r=\dfrac{2}{3}R$ 时，$E_{\max}=\dfrac{\rho_0 R}{9\varepsilon_0}$]

10.3.16　如图所示，一半径为 R 的均匀带正电的圆形平面，其电荷面密度为 σ，在圆平面中心 O 点挖去一半径为 a 的小孔，$a\ll R$，求通过圆孔中心的轴线上与圆心 O 相距为 l 的 P 点的电场强度大小. [答案：$E=\dfrac{\sigma l}{2\varepsilon_0}\left[\dfrac{1}{(l^2+a^2)^{\frac{1}{2}}}-\dfrac{1}{(l^2+R^2)^{\frac{1}{2}}}\right]$]

10.3.17　如图所示，用一根不导电的细塑料棒 AB 弯成半径为 50 cm 的圆弧，两端空隙为 1.0 cm，电量为 3.13×10^{-9} C 的正电荷均匀分布在棒上，求圆心处场强大小和方向. [答案：$E=0.36\ \mathrm{V\cdot m^{-1}}$，方向由场点 O 指向缝隙]

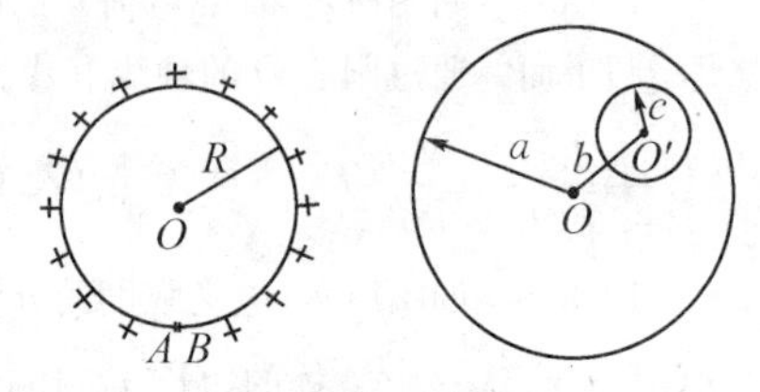

题 10.3.17 图　　　　题 10.3.18 图

10.3.18　如图所示，在体电荷密度为 ρ 的均匀带电球体中，挖出一个半径为 c 的小球，空腔中心 O' 相对于带电球体中心 O 的位置用径矢 $\boldsymbol{b}$ 表示，大球半径为 a. 试证明球形空腔内的电场是均匀电场，即 $E=\rho b/3\varepsilon_0$.

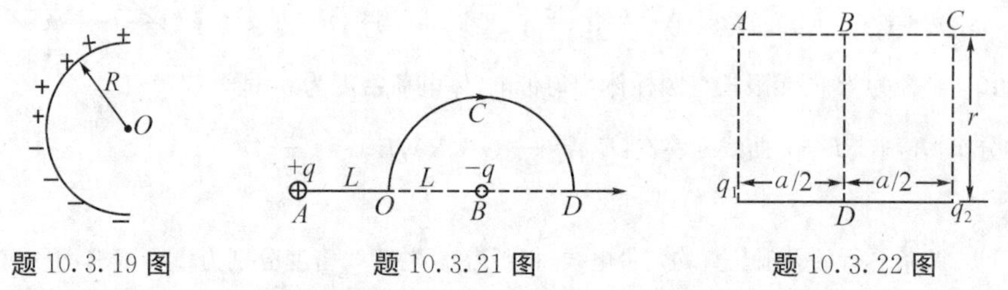

题 10.3.19 图　　　　题 10.3.21 图　　　　题 10.3.22 图

10.3.19　如图所示，半径为 R 的半圆形带电玻璃环上半部带正电，下半部带负电，电荷线密度均为 λ. 试求圆心 O 处的场强. [答案：$E_0=\dfrac{\lambda}{2\pi\varepsilon_0 R}$，方向竖直向下]

10.3.20　证明：真空中的静电场，凡电场线是平行直线，或者说场强方向处处相同的地力，场强的大小必定处处相等. [提示：应用高斯定理和场强的环路定理分别证明同一电场线上和不同电场线上的场强相等]

10.3.21　如图所示，$AB=2L$，$\overset{\frown}{OCD}$ 是以 B 为中心，以 L 为半径的半圆，A、B 两点分别有点电荷 $+q$ 和 $-q$，现将单位正电荷按以下方式移动，试求电场力所做的功：①从 O 点沿 OCD 移到 D 点；②从 D 点沿 AD 的延长线移到无限远. [答案：①$\dfrac{q}{6\pi\varepsilon_0 L}$；②$-\dfrac{q}{6\pi\varepsilon_0 L}$]

10.3.22　如图所示，已知 $r=6$ cm，$a=8$ cm，$q_1=3\times10^{-8}$ C，$q_2=-3\times10^{-8}$ C. 现将 $q_0=2\times10^{-9}$ C 的点电荷按以下方式移动，试求电场力所做的功：①从 A 点移动到 B 点；②从 C 点移动到 D 点；③从 D 点移动到 B 点. [答案；①$3.6\times10^{-6}$ J；②-3.6×10^{-6} J；③0]

10.3.23　有一电量为 $q=1.5\times10^{-8}$ C 的点电荷，试问：①电势为 30 V 的等势面的半径为多大？②电势差为 1.0 V 的任意两个等势面，其半径之差是否相同？[答案：①4.5 m；②半径差随 r 增大而增大]

10.3.24　厚度为 $2d$ 的无限大平板均匀带电，体电荷密度为 ρ，试求电势分布.［答案：$U_{内}=-\frac{\rho}{2\varepsilon_0}z^2(|z|<d)$，$U_{外}=-\frac{\rho d}{\varepsilon_0}\left(|z|-\frac{d}{2}\right)(|z|>d)$］

10.3.25　如图所示，一对无限长的共轴直圆筒，半径分别为 R_1 和 R_2，筒面上都均匀带电.沿轴线单位长度上的电量分别为 λ_1 和 λ_2，等量异号.试求：①以轴线为零电势参考位置，各区域Ⅰ、Ⅱ、Ⅲ的电势分布；②两圆筒之间的电势差；③以半径为 R_1 的圆柱面为零电势的参考位置，各区域的电势分布；④两圆筒之间的电势差，从以上的结果说明什么问题.［答案：略］

10.3.26　电荷 Q 均匀分布在半径为 R 的球体内，试求球内外的电势.

［答案：$U_{内}=\frac{Q}{8\pi\varepsilon_0 R}\left(3-\frac{r^2}{R^2}\right)(r<R)$，$U_{外}=\frac{Q}{4\pi\varepsilon_0 r}(r>R)$］

10.3.27　如图所示，电量 q 均匀分布在长为 $2L$ 的细直线上，试求空间任意一点 $P(x,y)$ 的电势，再由此求出延长线上和中垂线上任意一点的电势，并讨论 $|x|\gg L$ 和 $|y|\gg L$ 的情况.［答案：$U=\frac{q}{8\pi\varepsilon_0 L}\ln\frac{x+L+\sqrt{(x+L)^2+y^2}}{\sqrt{(x-L)^2+y^2}}$；延长线上，$U=\frac{q}{8\pi\varepsilon_0 L}\ln\frac{|x|+L}{|x|-L}(|x|>L)$；$|x|\gg L$ 时，$U\approx\frac{q}{8\pi\varepsilon_0|x|}$］

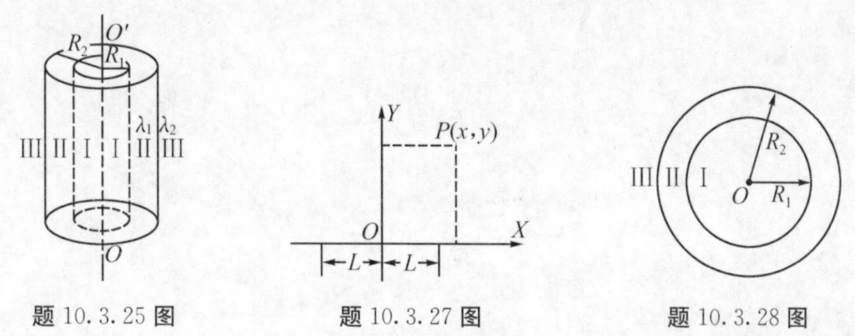

题 10.3.25 图　　题 10.3.27 图　　题 10.3.28 图

10.3.28　如图所示，半径为 R_1 和 R_2 的两个同心球面均匀带电，电量分别为 Q_1 和 Q_2.①试求区域Ⅰ、Ⅱ、Ⅲ中的电势；②讨论 $Q_1=-Q_2$ 和 $Q_2=-Q_1R_2/R_1$ 两种情况下各区域中的电势，并画出 $U-r$ 曲线.［答案：①$U_{Ⅰ}=\frac{1}{4\pi\varepsilon_0}\left(\frac{Q_2}{R_2}+\frac{Q_1}{R_1}\right)(r<R_1)$，$U_{Ⅱ}=\frac{1}{4\pi\varepsilon_0}\left(\frac{Q_2}{R_2}+\frac{Q_1}{r}\right)(R_1<r<R_2)$，$U_{Ⅲ}=\frac{Q_1+Q_2}{4\pi\varepsilon_0 r}(r>R_2)$；②$Q_1=-Q_2$ 时，$U_{Ⅰ}=\frac{Q_1}{4\pi\varepsilon_0}\left(\frac{1}{R_1}-\frac{1}{R_2}\right)(r<R_1)$，$U_{Ⅱ}=\frac{Q_1}{4\pi\varepsilon_0}\left(\frac{1}{r}-\frac{1}{R_2}\right)(r<R_2)$，$U_{Ⅲ}=0(r>R_2)$；$Q_2=-\frac{R_2}{R_1}Q_1$ 时，$U_{Ⅰ}=0\ (r<R)$，$U_{Ⅱ}=-\frac{Q_1}{4\pi\varepsilon_0}\left(\frac{1}{R_1}-\frac{1}{r}\right)(R_1<r<R_2)$，$U_{Ⅲ}=-\frac{Q_1(R_2-R_1)}{4\pi\varepsilon_0 R_1 r}(r>R_2)$］

10.3.29　在上题中，保持内球上电量 Q_1 不变，当外球电量 Q_2 变化时，试讨论各区域内的电势有无变化？两球面之间的电势差有无变化？［答案：略］

10.3.30　半径为 R 的无限长直圆柱体内均匀带电，电荷体密度为 ρ，如果以轴线为零电势参考点，试求其电势.［答案：$U_{内}=-\frac{\rho r^2}{4\varepsilon_0}(r<R)$，$U_{外}=-\frac{\rho R^2}{4\varepsilon_0}\left(1+2\ln\frac{r}{R}\right)(r>R)$］

10.3.31　如图所示，电量 q 均匀分布在长为 $2d$ 的细棒上，求：①在中垂面上离带电棒中心 O 为 l_1 的 P_1 点的电势，并利用电势梯度求场强 E_{P_1}；②棒的延长线上离中心 O 为 l_2 的 P_2 点的电势，并利用电势梯度求 E_{P_2}；③棒的一端的正上方，离这端点为 l_3 的 P_3 点的电势，并利用电势梯度求 E_{P_3} 在 l_3 方向的分量.［答案：①$\frac{q}{4\pi\varepsilon_0 d}\ln\frac{d+\sqrt{l_1^2+d^2}}{l_1}$，$\frac{q}{4\pi\varepsilon_0 l_1\sqrt{l_1^2+d^2}}$；②$\frac{q}{8\pi\varepsilon_0 d}\ln\frac{l_2+d}{l_2-d}$，$\frac{q}{4\pi\varepsilon_0(l_2^2-d^2)}$；③$\frac{q}{8\pi\varepsilon_0 d}\ln\frac{2d+\sqrt{l_3^2+4d^2}}{l_3}$，$\frac{q}{4\pi\varepsilon_0 l_3\sqrt{l_3^2+4d^2}}$］

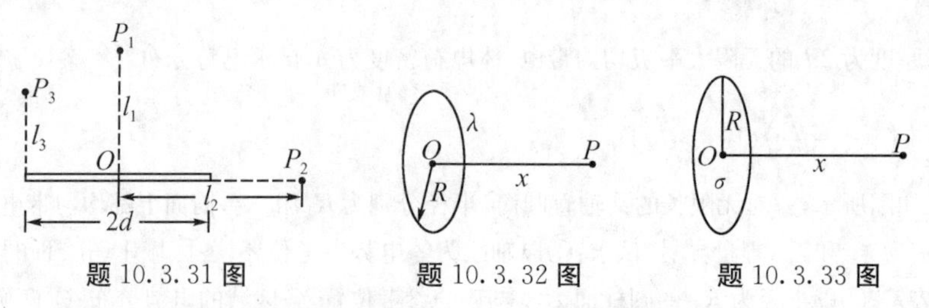

题 10.3.31 图　　题 10.3.32 图　　题 10.3.33 图

10.3.32　如图所示,半径为 R 的圆环均匀带电 q. 试求:①圆环轴线上离环心为 x 的 P 点的电势;②通过电势梯度求 P 点的场强.[答案:①$U=\frac{q}{4\pi\varepsilon_0\sqrt{R^2+x^2}}$;②$E=\frac{qx}{4\pi\varepsilon_0(x^2+R^2)^{3/2}}$]

10.3.33　如图所示,半径为 R 的圆盘,均匀带电,电荷面密度为 σ. 试求:①圆盘轴线上离盘心为 x 的 P 点的电势;②通过电势梯度求 P 点的场强.[答案:①$U=\frac{\sigma}{2\varepsilon_0}(\sqrt{R^2+x^2}-x)$;②$E=\frac{\sigma}{2\varepsilon_0}\left(1-\frac{x}{\sqrt{R^2+x^2}}\right)$]

第 11 章　静电场中的导体和电介质

上一章讨论了真空中场源电荷的静电场是理想的情况，实际上静电场中总是有导体或电介质存在，导体或电介质要和静电场发生相互作用和相互影响. 由于导体和电介质的微观结构不同，它们分别与静电场相互作用时表现出的特点也不同，因此将分别进行讨论. 先讨论静电场与导体的相互作用，导体处于静电平衡状态的意义及其条件，在静电平衡状态下导体表面电荷分布的规律；导体的电容、电容器的电容及电容器电容的计算方法；讨论电介质与静电场之间的相互作用，电介质极化及其微观机制；引入电位移矢量 $\boldsymbol{D}$，得出有介质存在时的高斯定理及环路定理；最后介绍表征电场物质性的重要特征量——静电场的能量，并给出有关表达式.

11.1　静电场中的导体

本节讨论在静电场中存在金属导体的情况.

11.1.1　金属导体微观结构的特征

导体是对于导电性能良好的物质的总称，即电荷能够转移或传导到各处的物体称为导体，包括气态、液态、固态等各类导电物质. 金属导体在微观结构上的特征是：金属导体是由大量带正电的原子实(即由原子核及除价电子以外的电子组成的正离子的晶格点阵)和带负电的能在原子实之间自由运动的自由电子所组成. 导体在没有外电场作用时，金属导体对外界呈现电中性，从宏观上看，整个导体内电荷均匀分布，整体及局部对外界都呈现电中性.

11.1.2　导体的静电平衡条件

(1)静电感应

当金属导体放在静电场中，导体中的自由电子，在外电场力 $\boldsymbol{F}=-e\boldsymbol{E}_0$ 作用下沿着与场强相反的方向运动，从而出现了自由电子的定向运动. 定向运动的结果是使导体内电荷重新分布，导体内某一区域带正电，另一区域带负电，这种现象称为静电感应现象. 由于重新分布的感应电荷产生附加电场 $\boldsymbol{E}'$，叠加在原来由场源电荷产生的静电场 $\boldsymbol{E}_0$ 上，导体内部的场强 $\boldsymbol{E}$ 应等于 $\boldsymbol{E}=\boldsymbol{E}_0+\boldsymbol{E}'$.

(2)静电平衡及静电平衡条件

在静电场中，金属导体中的自由电子在电场力作用下作宏观定向运动，使电荷和电场重新分布，最后达到电荷分布和电场分布都不随时间变化的状态，这个状态称为静电平衡状态，简称静电平衡. 其静电平衡过程如图 11.1.1 所示. 用 $\boldsymbol{E}_0$ 表示未放入金属导体前由无限大均匀带电平面所形成的匀强电场，方向垂直于带电平面，指向带负电荷的平面. 在金属导体放入电场 $\boldsymbol{E}_0$ 中的短暂时间，导体内自由电子带负电，受到电场力 $\boldsymbol{F}=-e\boldsymbol{E}_0$ 的作用，沿着与场强 $\boldsymbol{E}_0$ 方向相反的方向作定向运动，使导体左端表面出现过多的电子而带负电，右端表面由于缺少电子带等量正电荷，产生静电感应现象. 重新分布的正、负电荷在空间产生附加电场 $\boldsymbol{E}'$，此时导体内部的任意一点的总场强 $\boldsymbol{E}=\boldsymbol{E}_0+\boldsymbol{E}'$，如图 11.9.1(c)所示，$\boldsymbol{E}'$ 与 $\boldsymbol{E}_0$ 方向相反，$|\boldsymbol{E}'|<|\boldsymbol{E}_0|$，电子将继续运动，感应电荷及 $\boldsymbol{E}'$ 增大，使导体内部场强 $\boldsymbol{E}$ 进一步减弱，直到 $|\boldsymbol{E}'|=|\boldsymbol{E}_0|$，导体

内部的总场强 $\boldsymbol{E}=\boldsymbol{E}_0+\boldsymbol{E}'=0$ 时，即导体内部每一点的总场强 $\boldsymbol{E}=0$ 时，自由电子不再受到电场力的作用，自由电子宏观定向运动停止，导体上电荷分布和电场分布不再随时间变化，这时称导体达到静电平衡状态，简称静电平衡.

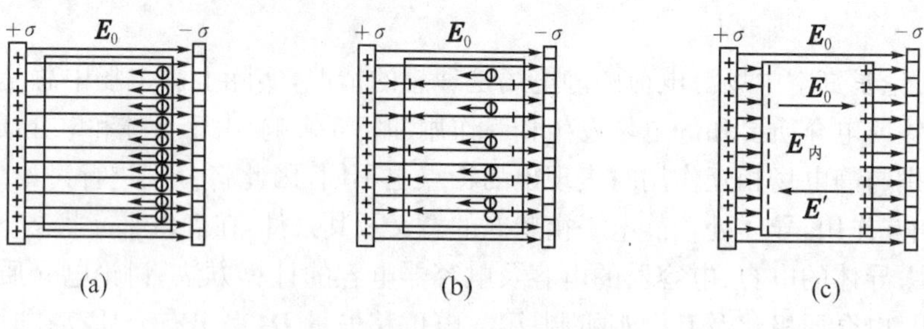

图 11.1.1　静电平衡过程

因此，导体处于静电平衡状态时，必须满足的条件是导体内部的场强处处为零，即

$$\boldsymbol{E}=\boldsymbol{E}_0+\boldsymbol{E}'=0 \tag{11-1-1}$$

否则，在场强不为零的地方，自由电子将作宏观定向运动，导体就没有达到静电平衡状态. 严格的理论还可以证明，导体内部的场强 $\boldsymbol{E}$ 处处为零也是导体处于静电平衡的充分条件.

必须指出，导体的温度和材料都是均匀的，所说的"场强处处为零"是指宏观场强处处为零. 在分子和原子范围内的微观场强是不会为零的，宏观场强是微观场强在物理无穷小体积中的平均结果.

11.1.3　导体处于静电平衡时的性质

静电学所要解决的问题基本上是空间电荷分布、空间电场分布、空间电势分布，可以从上述静电平衡出发，从这三个方面来讨论导体处于静电平衡时的性质.

导体处于静电平衡状态时，导体内部场强 $\boldsymbol{E}=0$，那么导体外部表面附近的场强大小和方向如何呢？

(1)导体外部表面附近空间的场强的方向处处与导体表面垂直

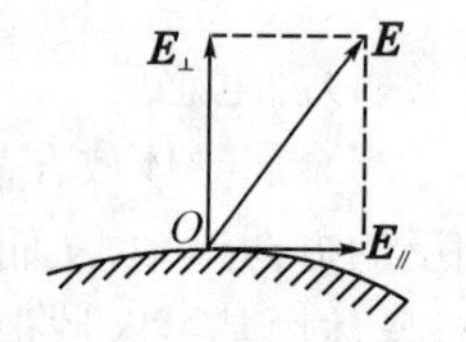

图 11.1.2　场强与导体表面垂直

设在导体外部表面附近存在场强 $\boldsymbol{E}$，如果方向不和导体表面垂直，如图 11.1.2 所示，我们可以把场强 $\boldsymbol{E}$ 分解为两个分量：一个垂直于导体表面的分矢量 $\boldsymbol{E}_\perp$，另一个平行于导体表面的分矢量 $\boldsymbol{E}_{/\!/}$. 结果，导体外表面层内的自由电子将在电场力 $-e\boldsymbol{E}_{/\!/}$ 的作用下作定向运动，这时导体并没有达到静电平衡状态，与导体处于静电平衡相矛盾. 因为只有导体外部表面附近的场强的平行分矢量 $\boldsymbol{E}_{/\!/}=0$ 时，表面层内的电子才不作宏观定向运动. 所以，当导体处于静电平衡时，在导体外部表面附近的场强一定处处与导体表面垂直.

(2)导体是一个等势体，导体表面是一个等势面

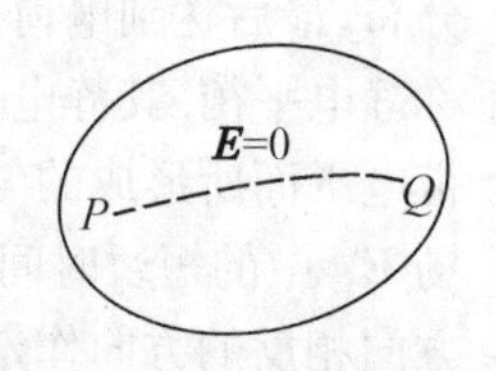

图 11.1.3　等势体

根据导体处于静电平衡条件，在导体内部场强 $\boldsymbol{E}=0$. 在导体内部任意选两点 P、Q，如图 11.1.3 所示，因为 $\boldsymbol{E}=0$，根据电势差的定义，P、Q 两点的电势差为

$$U_{PQ}=U_P-U_Q=\int_P^Q \boldsymbol{E}\cdot \mathrm{d}\boldsymbol{l}=0$$

则

$$U_P=U_Q \tag{11-1-2}$$

上式表明:由于对导体内任意两点都有以上结果,所以,导体内部各点的电势相等.即导体处于静电平衡时,整个导体是一个等势体,导体表面是一个等势面.这一结论也可以由电势与场强的微分关系证明.

(3)导体内部没有净电荷,体电荷密度为零,电荷只能分布在导体的外表面

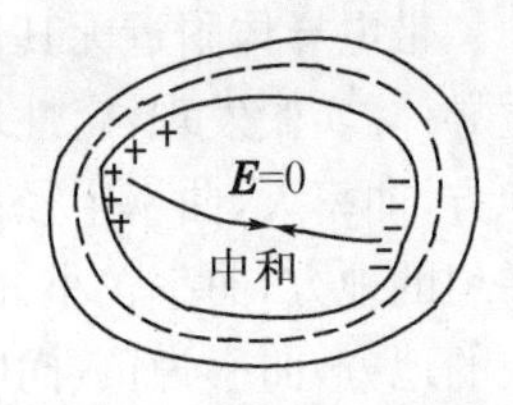

图 11.1.4 壳内表面电荷

导体处于静电平衡时,因导体内部场强 $\boldsymbol{E}=0$,场强对导体内部任意闭合曲面的电通量 $\oiint_{S内}\boldsymbol{E}\cdot d\boldsymbol{S}=0$. 根据高斯定理,在该闭合曲面内电荷的代数和应等于零.由于闭合曲面是导体内部任意闭合曲面,所以导体内部各处净电荷为零,电荷只能够分布在导体外表面.

必须指出,带电粒子是电荷的携带者,电荷应分布在导体外表面的一个薄层内,厚度与原子大小同数量级,即 10^{-10} m,在研究宏观电磁现象时该厚度可忽略不计,电荷分布在导体的外表面.导体内部场强为零,导体外部场强一般不为零,忽略电荷分布薄层厚度,电荷看作面分布,导体内部到外部,场强发生突变,但只考虑导体内部及导体外部表面附近的场强.

11.1.4 导体面电荷密度和场强的关系

(1)场强与面电荷密度的关系

导体表面外附近空间的场强 $\boldsymbol{E}$ 的大小与该处导体表面的面电荷密度 σ_e 成正比,即

$$E=\frac{\sigma_e}{\varepsilon_0} \tag{11-1-3a}$$

写成矢量式为

$$\boldsymbol{E}=\frac{\sigma_e}{\varepsilon_0}\boldsymbol{n} \tag{11-1-3b}$$

上式表明:导体外表面附近的场强 $\boldsymbol{E}$ 与该处导体表面的面电荷密度 σ_e 成正比.上式中场强是由导体表面的全部电荷所激发的.

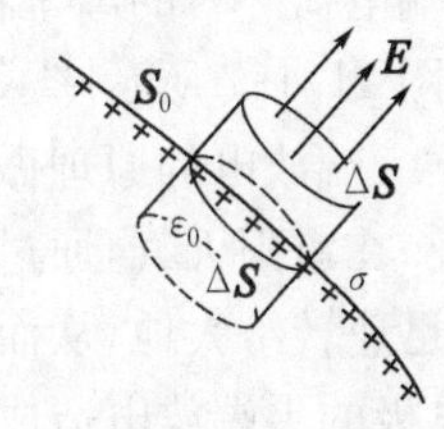

图 11.1.5 导体外表面附近的场强

证明:设导体表面外是真空或空气,P 点是导体表面外附近空间中的一点,该点附近导体上电荷的面密度为 σ_e.在 P 点附近取一个小面元 ΔS,它很小,可以认为电荷面密度 σ_e 是均匀的,$\boldsymbol{E}\perp\Delta\boldsymbol{S}$,再作一个对称于表面 ΔS 面元的扁圆柱形高斯面,其中上底面通过 P 点,下底面在导体内部,其侧面垂直于 ΔS,两底面平行于 ΔS,如图 11.1.5 所示.根据高斯定理,穿过高斯面的电通量为

$$\oiint_S\boldsymbol{E}\cdot d\boldsymbol{S}=\iint_{上底面S}\boldsymbol{E}\cdot d\boldsymbol{S}+\iint_{下底面S}\boldsymbol{E}\cdot d\boldsymbol{S}+\iint_{侧面S}\boldsymbol{E}\cdot d\boldsymbol{S}$$

由于上底面的外法线方向平行于 $\boldsymbol{E}$,所以 $\iint_{上底面S}\boldsymbol{E}\cdot d\boldsymbol{S}=E\Delta S$.下底面,由于导体内部 $\boldsymbol{E}=0$,所以应有 $\iint_{下底面S}\boldsymbol{E}\cdot d\boldsymbol{S}=0$.侧面,由于外法线方向垂直于场强 $\boldsymbol{E}$ 的方向,及导体内部 $\boldsymbol{E}=0$,所以应有 $\iint_{侧面}\boldsymbol{E}\cdot d\boldsymbol{S}=0$,高斯面内所包围的电荷代数和为 $\Delta q=\sigma_e\Delta S$,由上式可得

$$\varphi_e=E\Delta S=\frac{\sigma_e\Delta S}{\varepsilon_0}$$

故 $$E=\frac{\sigma_e}{\varepsilon_0}$$

(2)孤立带电导体电荷的分布

带电导体附近无其他带电体及导体,或其他带电体及导体对他的影响可忽略不计,称为孤立导体.实验发现:定性地讲,孤立导体的面电荷分布与表面曲率有关,导体表面尖锐、凸出的地方,曲率大,曲率半径小,曲率为正,面电荷密度 σ_e 较大,附近的场强 E 也较大;导体表面较平坦的地方,曲率较小,曲率半径大,曲率为正,面电荷密度 σ_e 较小,E 也较小;导体表面凹进去的地方,曲率为负,面电荷密度 σ_e 更小,E 也最弱.总之,带电的孤立导体,曲率越大的地方,面电荷密度也越大,在其附近场强也越强.如图 11.1.6 所示,表明孤立导体外表面电场分布与电荷面密度 σ_e 成正比,场强方向垂直于导体表面.但应注意,导体表面曲率与 σ_e 之间一般并不存在单一函数关系.

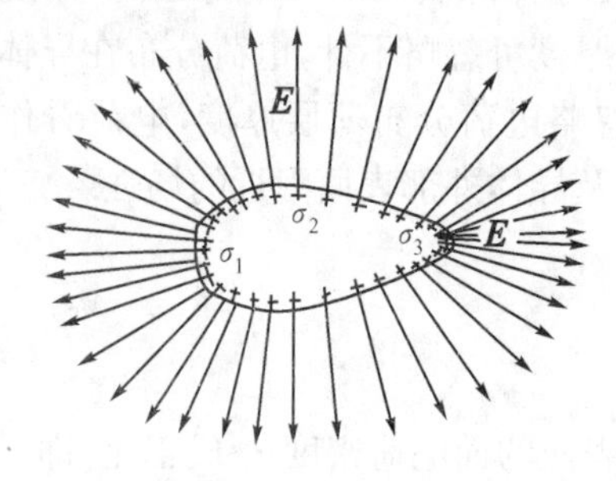

图 11.1.6 孤立导体

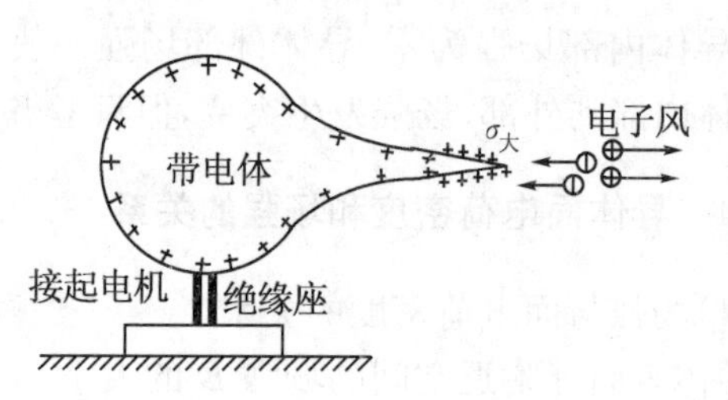

图 11.1.7 尖端放电现象

(3)尖端放电

导体表面的面电荷密度和表面附近的场强与导体表面曲率的关系,能够成功地解释尖端放电的现象.当带电导体带电很多,导体尖端曲率半径小且为正,电荷面密度 σ_e 很大,尖端附近的场强很强,当超过空气中的击穿电压时,空气将被电离,形成带正、负电荷的正离子及负离子,与尖端电荷异号的离子在电场力作用下被吸引到尖端,与尖端电荷中和,这就是尖端放电现象,如图 11.1.7 所示.尖端放电既有它的实际用途,又有它的危害.例如,避雷针的避雷作用就是根据尖端放电的原理做成的.在高大的建筑物上有一根导体细棒,直接与埋在地下深度的铜块相连.在雷雨天气,通过避雷针的尖端放电,使建筑物顶上的带电云层中的电荷不断被中和,电荷迅速转给大地,从而避免了迅速放电使建筑物遭受雷击而被破坏.又如,高压输电时,为防止电极的尖端放电造成短路事故,通常需要将电极做成光滑的形状,以尽量减少尖端放电的可能性.为了避免尖端放电造成的漏电,具有高电压的零部件应做成光滑球面.

例 11.1.1 由高斯定理可以计算出一个无限大带电平面(其电荷面密度为 σ_e)两侧的场强大小为 $E=\frac{\sigma_e}{2\varepsilon_0}$,而导体外表面附近一点的场强大小为 $E=\frac{\sigma_e}{\varepsilon_0}$,两者是否矛盾?为什么?

解 以上两个结果是没有矛盾的,说明如下:在导体表面附近 P 点的场强,可以看作是 P 点对面的小面元 ΔS 上的所有电荷在 P 点产生的场强和除去 ΔS 小面元以外所有电荷在 P 点产生的场强的矢量和,如图 11.1.8 所示.

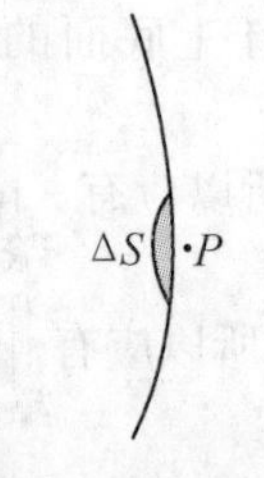

图 11.1.8 例 11.1.1 图示

带电小面元 ΔS 上的电荷在 P 点产生的场强:由于 P 点无限靠近导体表面,因而相对于场点 P,ΔS 面可以看作是无限大带电平面，它在 ΔS 两侧产生的场强 $E_1=\dfrac{\sigma_e}{2\varepsilon_0}$；在面元右侧，即导体外部，垂直于 ΔS 指向右方；在面元左侧，即导体内部，垂直于 ΔS 指向左方.

除去带电小面元 ΔS 以外其余带电部分在 P 点产生的场强：对于整个导体的其他带电部分和其他带电体而言，由于 ΔS 是一个带电小面元，它们在 P 点附近区域内产生的场强，可以看作匀强电场，用 $\boldsymbol{E}_2$ 表示. 根据导体的静电平衡条件，在导体内部场强为零，即 $\boldsymbol{E}=\boldsymbol{E}_1+\boldsymbol{E}_2=0$，所以 $\boldsymbol{E}_2=-\boldsymbol{E}_1$，即 $\boldsymbol{E}_2$ 的大小等于$\dfrac{\sigma_e}{2\varepsilon_0}$，方向垂直于 ΔS 向右. 场点 P 的场强应等于 $\boldsymbol{E}_P=\boldsymbol{E}_1+\boldsymbol{E}_2$，这时 $\boldsymbol{E}_1$ 与 $\boldsymbol{E}_2$ 大小相同，方向也相同，垂直于 ΔS 向右，所以 P 点场强 $\boldsymbol{E}_P$ 的大小为

$$E_P=E_1+E_2=\frac{\sigma_e}{2\varepsilon_0}+\frac{\sigma_e}{2\varepsilon_0}=\frac{\sigma_e}{\varepsilon_0}$$

P 点场强的方向向右.

上式表明：导体表面附近 P 点的场强的大小 E_p 与 P 点所对应的导体表面的面电荷密度成正比. 但是空间任何一场点的场强都是空间所有带电体在该点所产生的场强的矢量和.

例 11.1.2　两个相距很远，半径分别为 R 和 r 的金属导体 A、B，用一根很长的细导线连接起来，再使它们带有一定的电量，试求：当 $R>r$ 时，两球表面的电荷密度的比值和电量的比值.

解　如图 11.1.9 所示，设两个金属球在静电平衡后所带的电量分别为 Q 和 q，它们相距很远，它们激发的电场互不影响，电荷分布跟孤立导体相同，应均匀分布在导体表面上. 根据导体处于静电平衡时的性质，两个金属球应是等势体，它们的电势相等，即 $U_R=U_r$，也即

$$\frac{1}{4\pi\varepsilon_0}\frac{Q}{R}=\frac{1}{4\pi\varepsilon_0}\frac{q}{r}$$

又因
$$\sigma_{eR}=\frac{Q}{4\pi R^2},\quad \sigma_{er}=\frac{q}{4\pi r^2}$$

所以
$$\frac{Q}{q}=\frac{R}{r},\quad \frac{\sigma_{eR}}{\sigma_{er}}=\frac{r}{R}$$

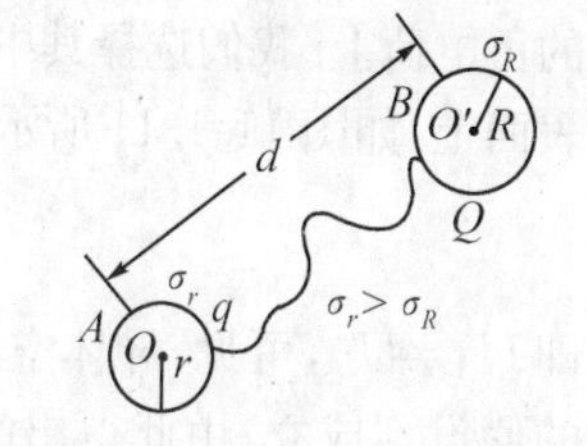

图 11.1.9　例 11.1.2 图示

上式表明：在这种特定情况下的孤立导体，电荷的面密度与曲率半径成反比，曲率半径越大，电荷面密度越小；曲率半径越小，电荷面密度越大，电量却与曲率半径成正比.

对于非孤立导体，电荷分布情况复杂，与导体本身的形状有关，而且与导体附近其他带电体有关. 但导体外表面附近的场强仍满足 $E=\dfrac{\sigma_e}{\varepsilon_0}$.

例 11.1.3　证明：对无限大带电平行导体平板，相对的两面上，电荷的面密度总是大小相等，符号相反；相背的两面上，电荷的面密度总是大小相等，符号相同.

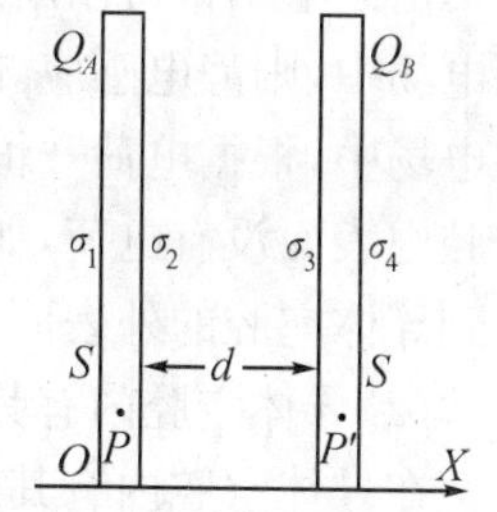

图 11.1.10　例 11.1.3 图示

解　如图 11.1.10 所示，当导体处于静电平衡时，电荷只能分布在导体表面上. 设两块无限大平行导体平板的四个表面上的电荷面密度分别为 σ_1、σ_2、σ_3、σ_4. 由于每一层带电表面单独存在时产生的场强大小为$\dfrac{\sigma}{2\varepsilon_0}$，方向垂直于带电平面指向两侧，根据静电平衡原理和导体处于静电平衡的条件，在导体内部的场强处处为零，即 $\boldsymbol{E}=0$，对于图中导体板 A

内任何一点 P，有

$$E_P=\frac{\sigma_1}{2\varepsilon_0}-\frac{\sigma_2}{2\varepsilon_0}-\frac{\sigma_3}{2\varepsilon_0}-\frac{\sigma_4}{2\varepsilon_0}=0 \tag{11-1-4}$$

同理，对于图中导体板 B 内任何一点 P'，有

$$E_{P'}=\frac{\sigma_1}{2\varepsilon_0}+\frac{\sigma_2}{2\varepsilon_0}+\frac{\sigma_3}{2\varepsilon_0}-\frac{\sigma_4}{2\varepsilon_0}=0 \tag{11-1-5}$$

由(11－1－4)式得 $\sigma_1-\sigma_2=\sigma_3+\sigma_4$ (11－1－6)

由(11－1－5)式得 $\sigma_1+\sigma_2=-\sigma_3+\sigma_4$

联立解以上两个方程，可得

$$\sigma_1=\sigma_4,\quad \sigma_2=-\sigma_3$$

该题也可以用高斯定理求解，请读者自己证明. 上面结果表明，处于静电平衡状态时的无限大带电平行导体平板，相对的两表面上的电荷密度大小相等而符号相反，相背的两表面上的电荷密度大小相等而符号相同.

11.1.5 导体空腔的电荷分布(导体壳)

导体空腔在工程技术上有很大的实用价值. 下面分两种情况来研究：一种是导体空腔内无其他带电体，另一种是导体空腔内有其他带电体.

(1)导体空腔内无其他带电体

一个导体空腔，空腔内无其他带电体时，可以证明：在静电平衡条件下，导体内部场强 $\boldsymbol{E}=0$，导体内的电荷体密度 $\rho=0$，导体表面是等势面，整个导体是一个等势体. 假定导体空腔内表面上分布有等量的正负电荷，由于导体空腔内无其他带电体，导体内部场强处处等于零，根据电场线的性质，电场线只能从导体空腔内表面上正电荷出发，经过导体空腔内空间，终止在空腔内表面的负电荷上. 我们选择其中任意一条电场线作为积分路径，其起点 A 和终点 B 都在导体空腔内表面上，如图 11.1.11 所示. 于是 A、B 两点之间的电势差为

$$U_{AB}=U_A-U_B=\int_A^B \boldsymbol{E}\cdot \mathrm{d}\boldsymbol{l}\neq 0$$

即 $U_A\neq U_B$，可见，导体空腔不再是等势体. 这与导体处于静电平衡时的性质相矛盾，因而原来的假设不成立. 由此得出的结论是导体空腔内无其他带电体时，其空腔内表面上的面电荷密度 σ_e 处处等于零，导体空腔内没有电场线的起点和终点. 根据静电场的环路定理，电场线不能形成闭合曲线，所以导体空腔内不可能有电场线存在，其内部场强处处等于零，整个导体空腔，包括空腔内空间是一个等势体.

由以上结论可以断定，如果导体空腔带电，则电荷只能分布在外表面；如果导体空腔处在外电场中，则静电感应导体空腔外表面将出现等量异号的感应电荷；如果导体空腔带电且处在外电场中，根据电荷守恒定律，则导体空腔外表面上的电荷应相当于前两种情况的叠加. 导体空腔内表面没有电荷，如果某一带电导体与导体空腔内表面接触，则带电导体的电荷将全部转移到导体空腔的外表面上去.

(2)导体空腔内有其他带电体

在导体空腔内有其他带电体时，导体空腔处在静电平衡状态下，导体空腔的内表面所带的电荷与导体空腔内其他带电体所带电荷的代数和等于零.

证明如下：如图 11.1.12 所示，设在导体空腔内一带电体所带电量为 q. 在导体空腔内、外表面之间作一高斯面，如图中的虚线所示. 因为导体空腔处于静电平衡时，导体内场强处处等

于零，所以通过高斯面的电通量也等于零，被高斯面所包围的部分，电荷的代数和应等于零. 由于导体空腔内带电体的电量是 q，空腔导体的内表面带电总量应等于 $-q$.

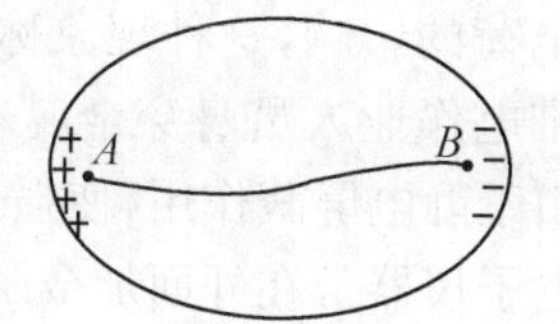

图 11.1.11 导体空腔内无其他带电体的电荷分布

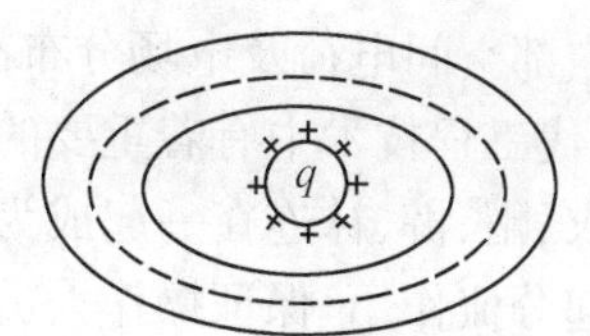

图 11.1.12 导体空腔内有其他带电体的电荷分布

如果导体空腔本身不带电，则导体空腔外表面所带总电量应等于 q；如果导体空腔本身带有电荷 Q，而且在导体空腔内放有一点电荷 q，可以用高斯定理证明，当导体空腔达到静电平衡时，空腔内表面所带电荷与空腔内点电荷的电量 q 的大小相等，符号相反，即内表面所带的总电量为 $-q$. 再根据电荷守恒定律，导体空腔外表面所带的总电量应等于 $Q+q$，导体空腔内和导体空腔外的空间的场强和电势发生相应的变化.

还可以证明，对任意形状的空腔导体，在导体空腔内放有带电体时，电荷的数量对外部空间的场强和电势都有影响，而带电体在空腔内的位置对外部空间的场强和电势都无影响.

(3)导体空腔外部空间有其他带电体存在

可以证明，导体空腔内部(包括导体内部和空腔内部)的电场不受外部电荷的影响. 导体空腔外部空间有带电体存在时，由于静电感应只能够引起导体空腔外表面上的电荷的重新分布，而空腔导体内部的电场仍不受外部带电体的影响. 导体壳外部空间的带电体在导体壳外表面感应等量异号的感应电荷，壳外空间及壳外表面所有电荷，在壳外表面以内的空间中产生的电场强度的矢量和(合场强)等于零，但仍可以使导体壳的电势改变. 而壳外表面上的电荷及壳外部空间的场强仍对壳内电势有影响. 如图 11.1.13 所示.

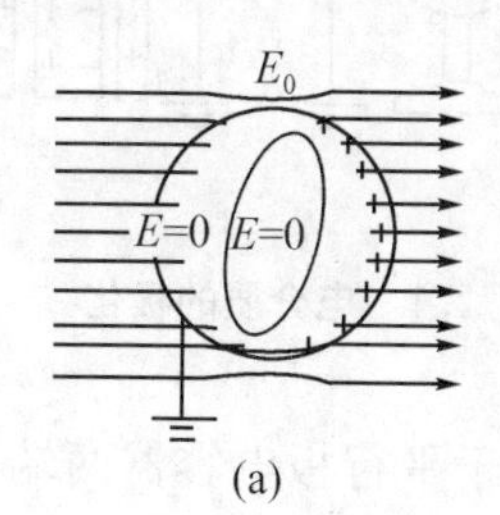

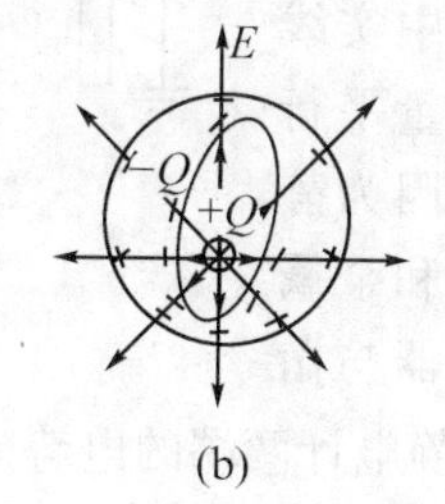

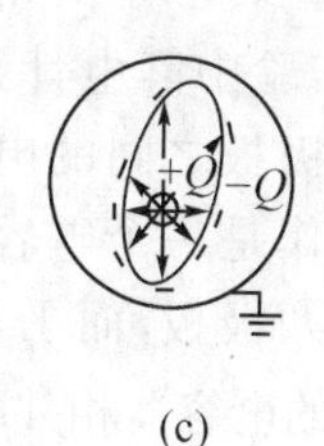

图 11.1.13 导体空腔外部空间有其他带电体存在

(4)接地的导体壳

壳内电荷 q 在壳外表面引起的感应电荷及壳外带电体在壳外表面感应的同号感应电荷都流入大地，使导体壳始终保持与大地的电势相等，壳外表面电荷的分布及壳外空间电场的分布不受壳内电荷的影响，即壳外电荷与电场分布由壳外情况决定，而不受壳内电荷的影响. 例如，如图 11.1.4 所示，接地导体球壳内有一偏心放置的点电荷 Q，壳外有一点电荷 Q'，壳内外电荷及电场分布互不影响.

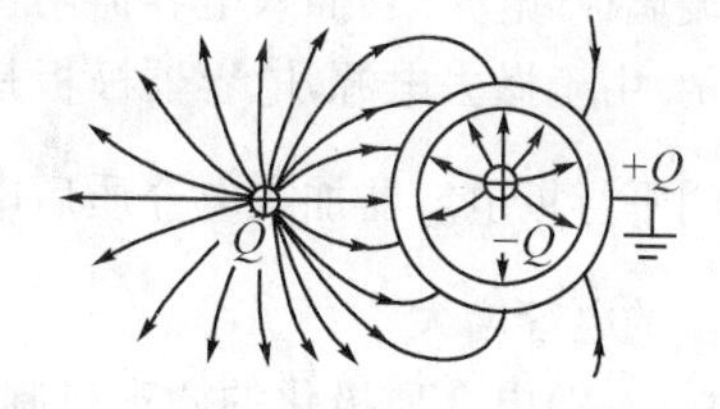

图 11.1.14 接地球壳内外的电荷及电场分布互不影响

(5)静电屏蔽

由上所述,接地导体壳外部空间的电荷及场强分布不受壳内电荷的影响;导体壳接地或不接地,其导体壳内部空间电荷及电场分布都不受壳外电荷的影响,这种现象称为静电屏蔽.静电屏蔽现象在现代工程技术中有着重要的应用.高压带电作业人员身穿金属丝织成的特制的工作服,并且把衣、帽、裤、袜连在一起成为一个整体,由于静电屏蔽作用,使强大的电场不通过人体,另一方面起分流作用,保证操作人员安全.精密电子仪器常在外面加金属屏蔽罩,使其不受外界电场影响等也是静电屏蔽的应用.

11.2 静电场中的电介质

电介质又称绝缘体,是一种电阻率很大,导电能力很差,不能传导电荷的物质.它的特点是电介质分子中的正负电荷束缚很紧,一般情况下不会产生自由电子或离子,因此,在电介质内部能够作宏观定向运动的电荷很少,因而导电能力很弱,可看作理想的绝缘体.实际上,电介质内部总有少量自由电荷,这就是造成电介质漏电的原因.

电介质放入静电场中,静电场与电介质也有相互作用,电介质将发生极化,产生附加电场,在达到静电平衡后,电介质内部仍有电场存在,由外电场及电介质的性质共同决定.本节将讨论电介质在静电场中所发生的物理现象及相应的物理规律.

11.2.1 电介质的极化及微观机制

(1)电介质的极化

电介质会对电容器的电容产生影响,使电容器的电容增大 ε_r 倍.下面用实验来验证:如图 11.2.1(a)所示,将平行板电容器两极板分别带上电荷 q_0 和 $-q_0$,这时静电计指针将偏转一定的角度,如图中实线所示位置.实验中静电计是用来测量平行板电容器两极板之间的电势差的,因为静电计可以看作是一个电容器,外壳和金属杆分别看作两极板,而平行板电容器与由静电计构成的电容器相并联,所以,静电计两端的电势差应等于平行板电容器两端的电势差.静电计指针偏转角的大小反映了电容器两极板之间的电势差的大小.撤去充电电源后,把一块玻璃板(电介质)插入电容器两板之间,实验发现静电计指针的偏转角减小,如图 11.2.1(b)所示.由于撤去电源,电容器极板是绝缘的,其上面的电荷数量 Q 保持不变,因而电势差减小,表明平行板电容器加入电介质后电容 $C=\dfrac{Q}{\Delta U}$ 增大,即插入电介质板后由于介质的极化,使电容器的电容增大.

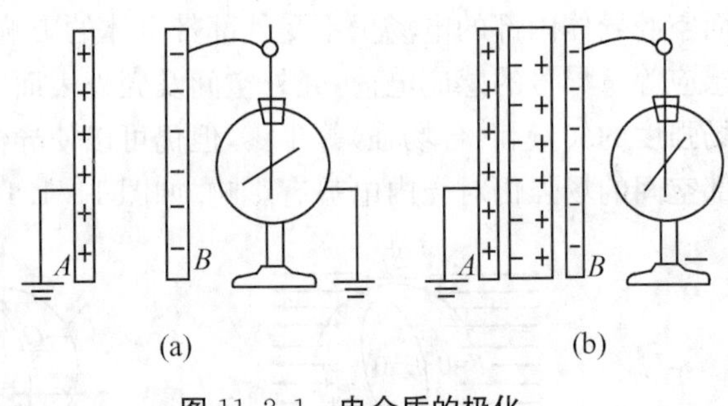

图 11.2.1 电介质的极化

(2)电介质极化的微观机制

①无极分子的位移极化:从电介质的微观结构上对电介质分类,可分成两大类.一类电介质分子的正、负电荷中心在无外电场时是重合的,这类不具有电极性的分子称为无极分子电介质.例如,氢气(H_2)、氧气(O_2)、氮气(N_2)、甲烷、石腊、聚苯乙烯等.如图 11.2.2 所示,甲烷的

四个正电荷的中心和四个负电荷的中心与甲烷分子的质心重合.无外电场时，无极分子的固有电偶极矩为零，$\boldsymbol{p}_{分子}=0$，宏观上呈电中性.将无极分子电介质放在电场中时，无极分子的正负电荷中心将在电场力作用下产生相对位移 $\boldsymbol{l}$，$\boldsymbol{l}$ 的大小与外电场的大小有关.这时每一个分子都等效于一个电偶极子，如图 11.2.3 所示.由于电偶极矩是因外电场作用才产生的，称为感应偶极矩，其方向沿外电场方向.对于中性的均匀电介质，不管外电场是否是匀强电场，电介质内任何物理无限小体积中都有等量的正负电荷，故极化电荷的体密度等于零($\rho_e'=0$).

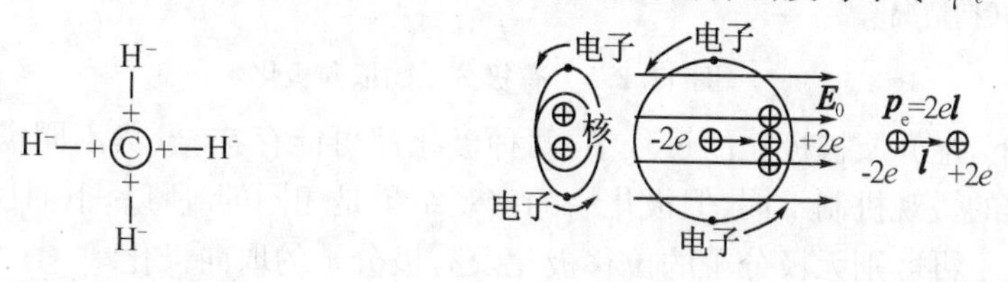

图 11.2.2　甲烷　　　　图 11.2.3　一个分子位移极化模拟图

但是在电介质的表面上，如图 11.2.4(b)中与场强 $\boldsymbol{E}$ 垂直的表面上出现了正负面极化电荷，极化电荷面密度不等于零($\sigma_e'\neq0$).在外电场的一定限度内，外电场越强，分子产生的感应电偶极矩越大，极化电荷面密度就越大，位移极化程度越高.这种无极分子在外电场力作用下，分子的正负电荷中心发生位移造成的极化，感生出沿外电场方向的电偶极矩，称为无极分子的位移极化.

图 11.2.4　无极分子的位移极化　　　　图 11.2.5　水分子

②有极分子的取向极化：另一类电介质的分子在无外电场时，分子的正负电荷的中心不重合，其等效电偶极子具有一定的电偶极矩，称为分子的固有电偶极矩 $\boldsymbol{p}_{分子}\neq0$，这类分子称为有极分子.例如，水分子、有机玻璃、环氧树脂、陶瓷等.如图 11.2.5 所示，水分子的两个正电荷的中心与两个负电荷的中心不重合，形成水分子的固有电偶极矩.没有外电场时，由于分子的无规则热运动，各分子电偶极矩的排列是杂乱无章的，对于任何物理无限小区域内，各分子电偶极矩的矢量和都等于零($\sum\boldsymbol{p}_{分子}=0$)，宏观上呈电中性.如图 11.2.6 所示，有外电场时，每个分子的电偶极矩由于受到外电场的力偶矩作用，从原来的混乱排列形成有转向外电场方向的倾向，如图 11.2.7(a)、(b)所示.由于热运动，每个分子的电偶极矩不可能完全转向外电场方向.对于电中性的均匀电介质，电介质内极化电荷体密度为零，但在电介质表面上，如图 11.2.7(c)中垂直于场强的表面正负极化电荷面密度不为零.外电场越强，分子电偶极矩转向外电场方向的程度越高，表面上的极化电荷面密度就越大.有极分子在外电场力的作用下，分子的固有电偶极矩转向外电场方向，外电场越强，排列越整齐，这种电介质的极化称为有极分子的取向极化.当然有极分子也有位移极化，但取向极化效应强得多.

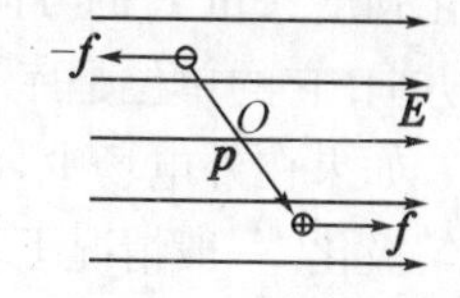

图 11.2.6　转向外电场方向

对于非均匀电介质，不论是由无极分子还是由有极分子组成，在外电场力作用下，电介质发生极化的结果除了在电介质表面上产生极化面电荷外，还在电介质内部产生极化体电荷.

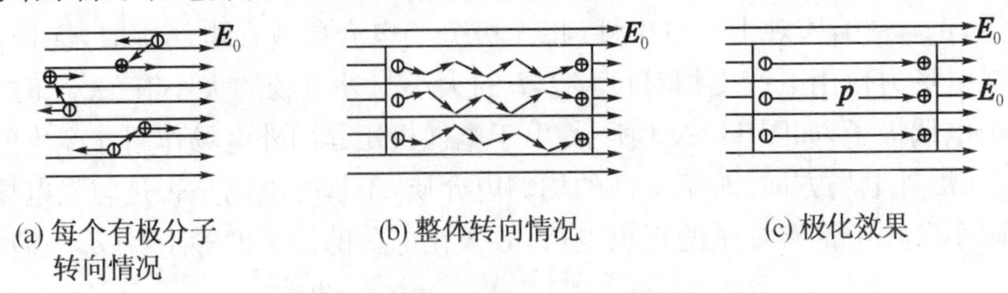

(a) 每个有极分子转向情况　(b) 整体转向情况　(c) 极化效果

图 11.2.7　有极分子的取向极化

一般情况下，电介质被极化的过程中，两种极化都可能存在. 虽然不同类型的电介质微观结构不同，极化的微观机制不同，但极化后的宏观结果是相同的. 所以，下面讨论电介质的宏观极化规律时，就不再区别无极分子的位移极化及有极分子的取向极化.

11.2.2　极化强度矢量和极化电荷的关系

电介质在外电场作用下，分子的电偶极矩出现一定程度的有序排列，使电介质内部任一宏观小体积元 ΔV 中分子电偶极矩的矢量和不等于零，即 $\sum \boldsymbol{p}_{分子} \neq 0$，它反映了电介质的极化程度，可以用极化强度矢量 $\boldsymbol{P}$ 来描述电介质的极化程度和极化方向；同时，电介质极化的结果，使其某些部位出现了未被抵消的极化电荷，它也能反映电介质的极化程度. 因而极化强度矢量 $\boldsymbol{P}$ 与极化电荷面密度两者之间有一定的关系.

(1)极化强度矢量的定义

在电介质中取一物理无限小体积元 ΔV，无外电场时，ΔV 内分子的电偶极矩的矢量和等于零，即 $\sum\limits_{\Delta V} \boldsymbol{p}_{分子} = 0$，对无极分子，$\boldsymbol{p}_{分子} = 0$，$\sum \boldsymbol{p}_{分子} = 0$；有外电场时，在外电场的作用下，电介质处于极化状态，ΔV 内分子电偶极矩的矢量和不等于零，即 $\sum\limits_{\Delta V} \boldsymbol{p}_{分子} \neq 0$，外电场场强越大，极化程度越高，电偶极矩矢量和越大. 表征电介质极化程度的物理量——极化强度矢量 $\boldsymbol{P}$ 定义为单位体积中分子电偶极矩的矢量和，即

$$\boldsymbol{P} = \frac{\sum\limits_{\Delta V} \boldsymbol{p}_{分子}}{\Delta V} \tag{11-2-1}$$

极化强度矢量 $\boldsymbol{P}$ 的方向始终指向外电场 $\boldsymbol{E}_0$ 的方向，它定量描述了电介质内各处的极化程度和方向. 它的单位是库仑·米$^{-2}$，符号为 $\mathrm{C \cdot m^{-2}}$.

如果在外电场中，电介质中各点的极化强度矢量 $\boldsymbol{P}$ 的大小和方向都相同，称该电介质为均匀极化. 一般情况下，电介质和外电场，如果有一方不均匀，则极化将是非均匀极化. 这时极化强度矢量 $\boldsymbol{P}$ 将是空间位置的函数. 由极化强度矢量 $\boldsymbol{P}$ 的定义可知，它是一个宏观物理量，在微观领域它没有意义.

(2)极化强度矢量和极化电荷面密度 σ' 的关系

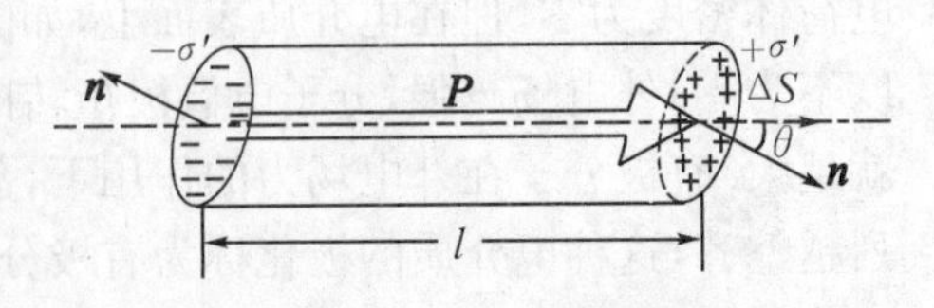

图 11.2.8　极化总效果像个大偶极子

设在均匀极化的电介质中，取一个长为 l，底面积为 ΔS 的任意斜圆柱体体积元，如图 11.2.8 所示，其轴线与极化强度矢量平行，两端底面 ΔS 上分布的极化电荷面密度为 σ'、$-\sigma'$. 可以证明，$\boldsymbol{P}$ 与 σ' 之间的关系为

$$\sigma' = P\cos\theta = P_n \tag{11-2-2}$$

式中，P_n 是极化强度矢量 $\boldsymbol{P}$ 沿外法线方向的分量.（11－2－2）式表明，介质在外电场中极化时，任一电介质表面上极化电荷面密度等于该处极化强度矢量的外法线方向分量. 这是极化强度矢量 $\boldsymbol{P}$ 与极化面密度 σ' 之间的重要公式. 对非均匀电介质，可以证明：$\rho' = -\nabla\boldsymbol{P}$.

①当 $\theta < \dfrac{\pi}{2}$ 时，$P_n > 0$，$\sigma' > 0$，表明电介质表面带正的面极化电荷，如图 11.2.9(a)所示.

②当 $\theta = \dfrac{\pi}{2}$ 时，$P_n = 0$，$\sigma' = 0$，表明电介质表面无面极化电荷，如图 11.2.9(b)所示.

③当 $\theta \geq \dfrac{\pi}{2}$ 时，$P_n < 0$，$\sigma' < 0$，表明电介质表面带负的面极化电荷，如图 11.2.9(c)所示.

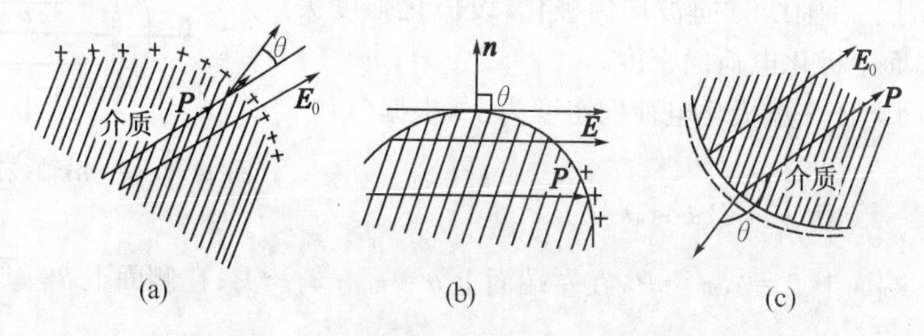

图 11.2.9　极化强度矢量与极化电荷面密度的关系

上述情况对电介质和金属的交界面也适用. 在金属中，因为 $\boldsymbol{E}=0$，因而 $\boldsymbol{P}=0$，金属表面无极化电荷，在外电场中只能有自由电荷，如图 11.2.10 所示.

(3)极化强度矢量 $\boldsymbol{P}$ 对闭合曲面 S 的通量与极化电荷 q' 之间的关系

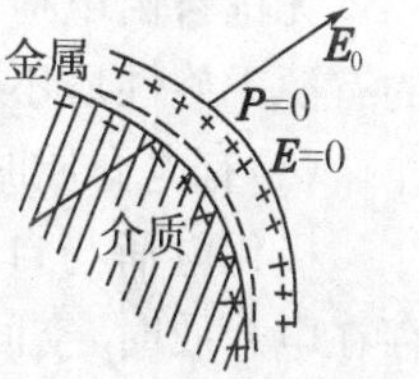

可以证明，极化强度矢量 $\boldsymbol{P}$ 沿介质内部任意闭合曲面 S 的面积分为

$$\oiint_S \boldsymbol{P}\cdot \mathrm{d}\boldsymbol{S} = -\sum_{(S内)} q' \tag{11-2-3}$$

图 11.2.10　电介质和金属的交界面

式中，$\sum\limits_{(S内)} q'$ 是闭合曲面 S 内极化电荷的代数和，等式左侧是极化强度矢量 $\boldsymbol{P}$ 对闭合曲面 S 的通量. 这是极化强度矢量 $\boldsymbol{P}$ 和极化电荷 q' 之间的普遍关系式，普遍适用.

对于均匀电介质，当内部无自由电荷时，电介质内部将无极化体电荷，$\rho'=0$. 因为这时电介质内的极化强度 $\boldsymbol{P}$ 是常矢量，对电介质内的任何闭合曲面的通量都等于零，由(11－2－3)式可知，电介质内部极化电荷应等于零，此时极化电荷只出现在电介质表面上.

对于非均匀电介质或者体内有自由电荷的均匀电介质，极化一般不是均匀的，(11－2－3)式的左边不等于零，所以体内将出现极化电荷. 设其极化电荷体密度为 ρ'，则 $\sum\limits_{(S内)} q' = \iiint\limits_V \rho' \mathrm{d}V$，式中积分的体积是闭合曲面 S 包围的体积.

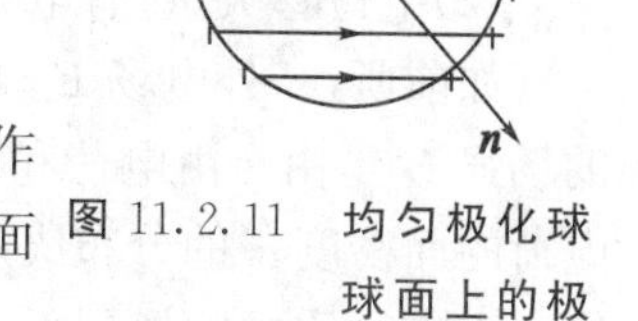

图 11.2.11　均匀极化球球面上的极化电荷

例 11.2.1　如图 11.2.11 所示，一均匀电介质球在均匀电场作用下被均匀极化，设极化强度矢量为 $\boldsymbol{P}$，试求：球面上的极化电荷面密度.

解　取球心 O 为原点，极轴与 $\boldsymbol{P}$ 平行的球坐标系. 由于轴对称性，球面上任一点 A 的极化电荷面密度 σ' 仅与该点处球面的外法线 $\boldsymbol{n}$ 与 $\boldsymbol{P}$ 的夹角 θ 有关. 由(11－2－2)式可得

$$\sigma' = P\cos\theta$$

上式表明：当 $\theta<\frac{\pi}{2}$ 时，$\sigma'>0$，即上半球面的极化面电荷 σ' 为正；当 $\theta>\frac{\pi}{2}$ 时，$\sigma'<0$，即下半球面的极化面电荷 σ' 为负. 在两半球的分界线(赤道线)上，$\theta=\frac{\pi}{2}$，$\sigma'=0$；在两极处，$\theta=0$ 和 $\theta=\pi$，$|\sigma'|$ 最大.

例 11.2.2　如图 11.2.12 所示，一均匀电介质圆柱棒在均匀电场作用下沿轴线方向被均匀极化，设极化强度矢量为 $\boldsymbol{P}$，试求轴面上极化电荷面密度.

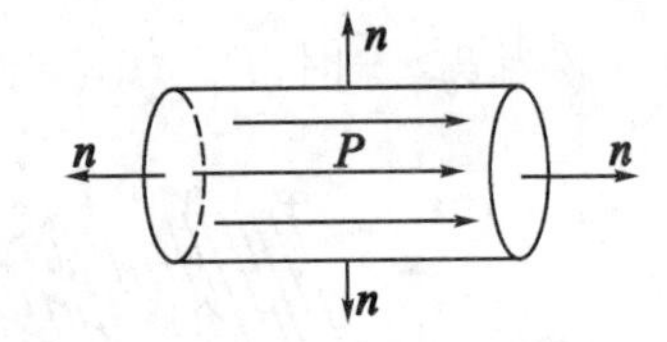

图 11.2.12　沿轴线方向均匀极化

解　设轴面上任一点极化电荷面密度为 σ'，根据(11－2－2)式可得

$$\sigma' = P\cos\theta$$

由图可知，在右端面上 $\theta=0$，$\sigma'=P$；在左端面上 $\theta=\pi$，$\sigma'=-P$；在侧面上 $\theta=\frac{\pi}{2}$，$\sigma'=0$. 可见，正负极化电荷分别集中在右端面和左端面上.

11.2.3　电位移矢量和有电介质时的高斯定理

无论自由电荷还是极化电荷，都遵从库仑定律和场强叠加原理. 有电介质存在时，静电场的有源无旋性质不会改变.

(1)有电介质时的场强、电介质的极化规律和极化率

极化电荷与自由电荷一样，也能够在空间激发电场. 根据电场叠加原理，当外电场 $\boldsymbol{E}_0$ 中存在电介质时，空间任一点的场强 $\boldsymbol{E}$ 应等于外电场 $\boldsymbol{E}_0$ 与极化电荷产生的附加电场 $\boldsymbol{E}'$ 的矢量和，即

$$\boldsymbol{E} = \boldsymbol{E}_0 + \boldsymbol{E}' \tag{11-2-4}$$

由于上式中 $\boldsymbol{E}'$ 的方向在电介质内部大致与外电场 $\boldsymbol{E}_0$ 方向相反，而使电介质内部的电场减弱.

电介质的极化是由外电场 $\boldsymbol{E}_0$ 的作用产生的，但电介质内的场强 $\boldsymbol{E}=\boldsymbol{E}_0+\boldsymbol{E}'$，而不是外电场 $\boldsymbol{E}_0$. 因此，电介质内的总电场 $\boldsymbol{E}$ 决定着电介质被极化的程度. 实验表明，电场不太强时对各向同性线性电介质，极化强度矢量 $\boldsymbol{P}$ 与该点的总场强成正比. 在国际单位制中，电介质的极化规律可表示为

$$\boldsymbol{P} = \varepsilon_0 \chi_e \boldsymbol{E} \tag{11-2-5}$$

式中，比例系数 χ_e 称为极化率，它与场强 $\boldsymbol{E}$ 无关，与电介质的性质有关，是电介质材料的属性. 在国际单位制中，χ_e 是一个没有量纲的纯数，各种电介质的 χ_e 值需要由实验测定. 各向异性电介质的极化率是个张量，极化规律很复杂.

(2)电位移矢量、有电介质存在时的高斯定理

如前所述，外电场 $\boldsymbol{E}_0$ 中放入电介质时，电介质在外电场 $\boldsymbol{E}_0$ 作用下发生极化，空间任一点的场强 $\boldsymbol{E}$ 是由自由电荷和极化电荷共同产生的. 由(11－2－2)式和(11－2－5)式可知，极化电荷的面密度 σ' 的分布决定于极化强度矢量 $\boldsymbol{P}$ 和电介质的形状，σ' 决定于附加电场 $\boldsymbol{E}'$，$\boldsymbol{P}$ 又决定于电介质中的场强 $\boldsymbol{E}$. 这样一来，极化电荷 σ'、极化强度 $\boldsymbol{P}$、附加电场 $\boldsymbol{E}'$ 和介质内的总场强 $\boldsymbol{E}$ 之间相互联系，相互制约，在求电场的途径中存在逻辑上的循环，使有关问题得不到解

决. 为此，引入一辅助物理量——电位移矢量 $\boldsymbol{D}$，使极化电荷和极化强度矢量在求解有关问题的主要方程中不出现，使有关困难原则上得到解决.

对于真空中静止电荷产生的静电场中的高斯定理的表达式为

$$\oiint_S \boldsymbol{E} \cdot \mathrm{d}\boldsymbol{S} = \frac{1}{\varepsilon_0} \sum_{\substack{i \\ (S内)}} q_{0i} \tag{11-2-6}$$

当有电介质存在时，静电场中的高斯定理仍然成立，但此时 $\boldsymbol{E} = \boldsymbol{E}_0 + \boldsymbol{E}'$，而 $\sum\limits_{\substack{i \\ (S内)}} q_i = \sum\limits_{\substack{i \\ (S内)}} (q_{0i} + q')$，即等于高斯面 S 内所包含的全部自由电荷 $\sum\limits_i q_{0i}$ 和全部极化电荷 $\sum\limits_i q'$ 的代数和，即介质中的高斯定理，应将上式改写为

$$\oiint_S \boldsymbol{E} \cdot \mathrm{d}\boldsymbol{S} = \frac{1}{\varepsilon_0} \sum_{(S内)} (q_{0i} + q') \tag{11-2-7}$$

由(11-2-3)式可知 $$\oiint_S \boldsymbol{P} \cdot \mathrm{d}\boldsymbol{S} = -\sum_{(S内)} q'$$

(11-2-6)式可改写为 $$\oiint_S \boldsymbol{E} \cdot \mathrm{d}\boldsymbol{S} = \frac{1}{\varepsilon_0}\left(\sum_{(S内)} q_{0i} - \oiint \boldsymbol{P} \cdot \mathrm{d}\boldsymbol{S}\right)$$

或 $$\oiint_S (\varepsilon_0 \boldsymbol{E} + \boldsymbol{P}) \cdot \mathrm{d}\boldsymbol{S} = \sum_{(S内)} q_{0i} \tag{11-2-8}$$

(11-2-8)等式右端只包含 S 面内全部自由电荷. 我们引入一个辅助性的物理量，它定义为

$$\boldsymbol{D} = \varepsilon_0 \boldsymbol{E} + \boldsymbol{P} \tag{11-2-9}$$

麦克斯韦将上式定义的矢量 $\boldsymbol{D}$ 称为电位移矢量. 将(11-2-9)式代入(11-2-8)式，可得

$$\oiint \boldsymbol{D} \cdot \mathrm{d}\boldsymbol{S} = \sum_{(S内)} q_{0i} \tag{11-2-10}$$

上式称为有电介质时的高斯定理，它表示通过任意闭合曲面 S 的电位移通量等于该闭合曲面内所包围的自由电荷的代数和. (11-2-7)式表示介质中静电场 $\boldsymbol{E}$ 是有源场，场源电荷是所有自由电荷和所有极化电荷. 类似地，(11-2-10)式表示电位移矢量 $\boldsymbol{D}$ 也是有源场，场源电荷只是所有自由电荷.

在国际单位制中，$\boldsymbol{D}$ 与 $\boldsymbol{P}$ 的单位相同，都是库仑·米$^{-2}$，符号为 $\mathrm{C \cdot m^{-2}}$.

(3)电位移矢量 $\boldsymbol{D}$ 与电场强度矢量 $\boldsymbol{E}$ 的关系

对于各向同性的线性电介质，由(11-2-5)式有

$$\boldsymbol{P} = \varepsilon_0 \chi_e \boldsymbol{E}$$

由电位移矢量 $\boldsymbol{D}$ 的定义式有

$$\boldsymbol{D} = \varepsilon_0 \boldsymbol{E} + \boldsymbol{P} = \varepsilon_0 (1 + \chi_e) \boldsymbol{E} \tag{11-2-11}$$

令

$$\varepsilon_r = 1 + \chi_e$$

ε_r 称为电介质的相对介电常数，也称为相对电容率，设

$$\varepsilon = \varepsilon_0 \varepsilon_r \tag{11-2-12}$$

ε 称为电介质的绝对介电常量，则

$$\boldsymbol{D} = \varepsilon \boldsymbol{E} \tag{11-2-13}$$

上式是 $\boldsymbol{D}$ 与 $\boldsymbol{E}$ 之间的重要关系式. ε_r 和 ε 决定于电介质的性质，ε_r 是没有量纲的常数，其数值由实验测定. 对于真空，$\chi_e = 0$，$\varepsilon_r = 1$，在静电情况下，对于介质，$\varepsilon_r > 1$. 对于各向同性均匀电介质，ε_r 是常数，表 11-2-1 中列出了各种电介质的相对介电常数和电介质的介电强度，它

是表示电介质不被击穿的最大电场强度，是表征电介质绝缘性能的重要指标.

表 11－2－1　电介质的相对介电常数与介电强度

电介质	相对介电常数	介电强度 (kV·mm)	电介质	相对介电常数	介电强度 (kV·mm)
真空	1	—	陶瓷	5.7～6.8	6～20
空气	1.000590	3	电木	7.6	10～20
水	78	—	聚乙烯	2.3	50
油	4.5	12	聚苯乙烯	2.6	25
纸	3.5	14	二氧化钛	100	6
玻璃	5～10	10～25	氧化钽	11	15
云母	3.7～7.5	80～200	钛酸钡	10^2～10^4	3

(4)电介质中高斯定理的应用

如果自由电荷以及电介质的分布具有简单的对称性，通过场点的 $\boldsymbol{D}$ 和 $\boldsymbol{E}$ 具有对称性和均匀性，可用电介质中的高斯定理先求出 $\boldsymbol{D}$ 的大小，决定 $\boldsymbol{D}$ 的方向，然后由 $\boldsymbol{D}=\varepsilon\boldsymbol{E}$ 再求出场强 $\boldsymbol{E}$，利用介质中的高斯定理求场强与利用真空中高斯定理求场强的理论分析及解题步骤相类似，只有极化电荷对电场 $\boldsymbol{E}$ 的影响由介电常量 ε 来反映.

(5)电介质中的环路定理

电介质中的高斯定理是静电场基本方程之一，其表达式为

$$\oiint_S \boldsymbol{D}\cdot \mathrm{d}\boldsymbol{S} = \sum_{(S内)} q_{0i}$$

上式的物理意义表明静电场是有源场. 电位移线起始于正的自由电荷，终止于负的自由电荷. 电场线可以起始于正的自由电荷或正的极化电荷，终止于负的自由电荷或负的极化电荷，如图 11.2.13 所示.

静电场的另一基本方程是静电场的环路定理. 当有电介质存在时，因为自由电荷产生的静电场 $\boldsymbol{E}_0$ 和极化电荷产生的静电场 $\boldsymbol{E}'$ 都是保守场或无旋场，所以介质中的静电场 $\boldsymbol{E}=\boldsymbol{E}_0+\boldsymbol{E}'$ 沿着静电场中闭合路径的线积分应等于零，即

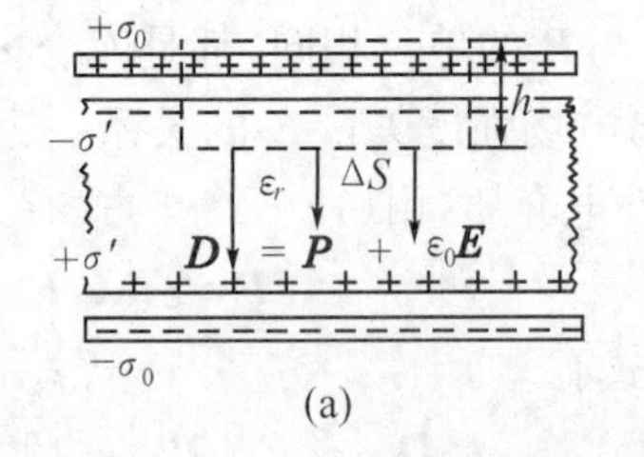

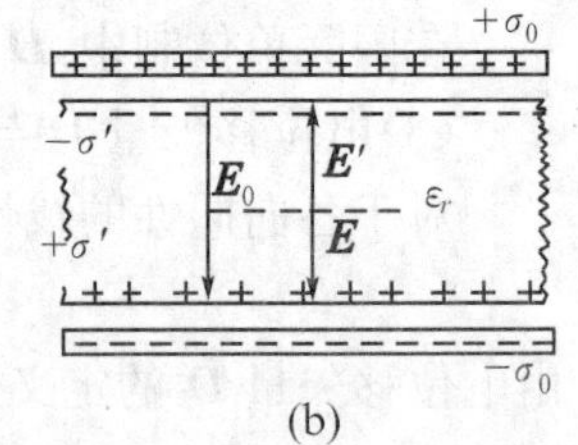

图 11.2.13　电场线

$$\oint_L \boldsymbol{E}\cdot \mathrm{d}\boldsymbol{l} = 0 \qquad (11-2-14)$$

上式是电介质中静电场的环路定理，表明电介质中的静电场仍是保守场或无旋场. 静电场的两个基本方程之间通过(11－2－13)式联系起来.

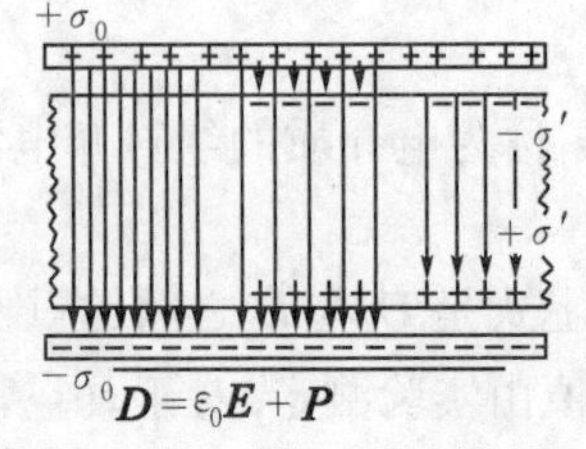

图 11.2.14　例 11.2.3 图示

例 11.2.3　如图 11.2.14 所示，两块无限大平行带电金属板，相距为 d，其两板间充满相对介质常数为 ε_r 的各向同性均匀

电介质，两极板上自由电荷面密度分别为$+\sigma_0$、$-\sigma_0$. 试求：两极板间电介质中的电场强度和两极板间的电势差.

解 由于电荷分布和电场分布都具有面对称性，故可作一圆柱形的高斯面S，上底面S_1在金属板内，下底面S_2在电介质内，侧面为S_3，侧面的法线和$\boldsymbol{E}$垂直，根据介质中的高斯定理，有

$$\oiint_S \boldsymbol{D}\cdot d\boldsymbol{S}=\iint_{S_1}\boldsymbol{D}_1\cdot d\boldsymbol{S}_1+\iint_{S_2}\boldsymbol{D}_2\cdot d\boldsymbol{S}_2+\iint_{S_3}\boldsymbol{D}_3\cdot d\boldsymbol{S}_3$$

$$=\oiint_{S_2}D_2 dS_2=D_2\iint_{S_2}dS=D_2S_2$$

由此可得
$$D_2=\sigma_e \quad \text{或} \quad D=\sigma_0$$

根据
$$\boldsymbol{D}=\varepsilon\boldsymbol{E}$$

可得
$$E=\frac{D}{\varepsilon}=\frac{D}{\varepsilon_0\varepsilon_r}=\frac{\sigma_0}{\varepsilon_0\varepsilon_r}$$

$\boldsymbol{E}$的方向如图 11.2.14 所示. 两极板间的电势差为

$$U=\int_L \boldsymbol{E}\cdot d\boldsymbol{l}=\int_0^d \boldsymbol{E}\cdot d\boldsymbol{l}=Ed=\frac{\sigma_0 d}{\varepsilon_0\varepsilon_r}$$

例 11.2.4 如图 11.2.15 所示，一个半径为R的金属球，带有自由电荷Q_0，放入均匀无限大电介质中，各向同性均匀电介质的相对介电常数为ε_r. 试求：球外任一点P的电场强度及电势.

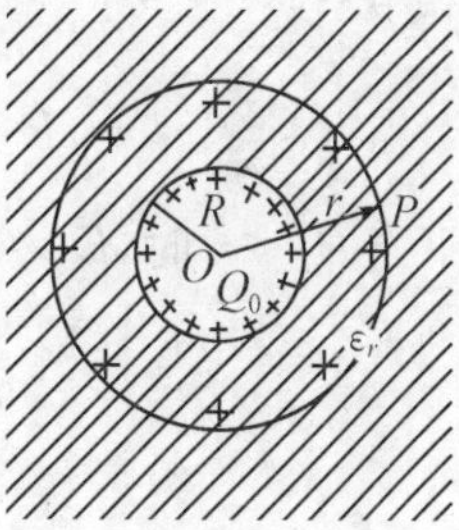

图 11.2.15 例 11.2.4 图示

解 金属导体球的自由电荷均匀分布在金属球外表面. 由于电荷分布具有球对称性，电位移矢量和电场强度矢量的分布也具有球对称性.

作以O为圆心，通过场点P的半径为$r=OP$的同心球面为高斯面，如图 11.2.15 所示. 在该球面上任一点的电位移矢量$\boldsymbol{D}$的大小处处相等，方向由P点起沿径矢方向. 根据电介质的高斯定理

$$\oiint_S \boldsymbol{D}\cdot d\boldsymbol{S}=\oiint_S D\cos 0^\circ dS=D\oiint_S dS=D4\pi r^2=Q_0$$

可得
$$D=\frac{Q_0}{4\pi r^2}=\sigma_e$$

根据各向同性均匀电介质中$\boldsymbol{D}=\varepsilon\boldsymbol{E}$，可得

$$E=\frac{D}{\varepsilon}=\frac{Q_0}{4\pi\varepsilon_0\varepsilon_r r^2}$$

$\boldsymbol{E}$的方向与$\boldsymbol{D}$的方向相同，由场点P沿径矢$\boldsymbol{r}$的方向.

场点P的电势为

$$U_P=\int_P^\infty \boldsymbol{E}\cdot d\boldsymbol{l}=\int_{r_P}^\infty E\cos 0^\circ dl=\frac{Q_0}{4\pi\varepsilon_0\varepsilon_r r_P}$$

例 11.2.5 如图 11.2.16 所示，两根无限长同轴圆柱形导线，其线电荷密度分别为$+\lambda_e$、$-\lambda_e$（单位长度柱面上所带电荷），中间充满两层厚度分别为t_1和t_2，对应的相对介电常数为ε_{r_1}和ε_{r_2}的各向同性均匀电介质. 试求在两种电介质中的电场分布情况.

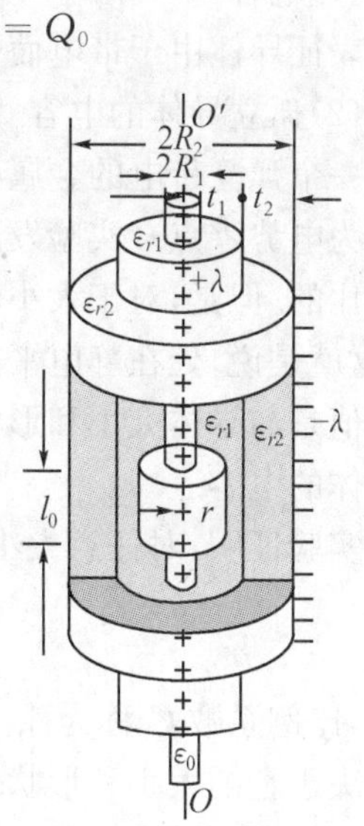

图 11.2.16 例 11.2.5 图示

解 由于电介质和带电体的电荷分布都具有轴对称性,$\boldsymbol{D}$ 和 $\boldsymbol{E}$ 的分布也具有轴对称性,通过场点 P 作一同心圆柱面为高斯面,在通过场点的圆柱面的侧面上,电位移矢量 $\boldsymbol{D}$ 的大小处处相等,具有均匀性,$\boldsymbol{D}$ 的方向与轴线垂直,沿径矢向外. 故通过场点 P_1 及 P_2 分别作同轴圆柱面为高斯面,半径分别为 r_1 和 r_2,高度为 l,如图 11.2.16 所示. 由于上下底面的外法线方向与 $\boldsymbol{D}$ 垂直,相应的电位移通量等于零. 根据电介质的高斯定理,可得

$$\oiint_S \boldsymbol{D}\cdot \mathrm{d}\boldsymbol{S} = \iint_{S_{上底面}} \boldsymbol{D}\cdot \mathrm{d}\boldsymbol{S} + \iint_{S_{下底面}} \boldsymbol{D}\cdot \mathrm{d}\boldsymbol{S} + \iint_{S_{侧面}} \boldsymbol{D}\cdot \mathrm{d}\boldsymbol{S}$$

$$= \iint_{S_{侧面}} D\mathrm{d}S = D\iint_{S_{侧面}} \mathrm{d}S = D2\pi r\, l = \lambda_e l$$

$$D = \frac{\lambda_e}{2\pi r}$$

根据 $\boldsymbol{D}=\varepsilon\boldsymbol{E}$,可得:

当 $R_1<r<R_1+t_1$ 时,$E=\dfrac{D}{\varepsilon_1}=\dfrac{\lambda_e}{2\pi\varepsilon_1 r}=\dfrac{\lambda_e}{2\pi\varepsilon_0\varepsilon_{r_1} r}$;

当 $R_1+t_1<r<R_2$ 时,$E=\dfrac{D}{\varepsilon_2}=\dfrac{\lambda_e}{2\pi\varepsilon_2 r}=\dfrac{\lambda_e}{2\pi\varepsilon_0\varepsilon_{r_2} r}$;

当 $R_2<r$ 时,$E=0$.

11.3 电容器和电容

在静电场中放置几个带电导体,在达到静电平衡时,导体外部空间的电场分布不仅与导体所带的电量大小有关,还与导体的形状、大小、相互之间的位置距离有关,这些因素可由电容来反映. 电容是描述导体或导体系容纳电荷性能的物理量.

11.3.1 孤立导体的电容

(1)电容

表征导体由于带电而引起本身电势改变的物理量,称为电容.

(2)孤立导体的电容

一个孤立带电的金属导体,处在静电平衡状态时是一个等势体,具有一定的电势(选无限远处为电势零点). 实验发现,导体所带电量的绝对值越大,它的电势的绝对值也越大,两者是成正比的. 但是,对于大小和形状不同的孤立导体,即使它所带的电量相同,而电势也可能不相同. 这就是说,处在静电平衡状态的孤立导体有一定的电势,并能储存一定的电量,电量和电势的比值是与导体大小和形状有关,而和导体所带的电量多少、有无及电势无关的常量,称为孤立导体的电容.

实验证明:对任意大小和形状的孤立导体,它的电量 q 与电势 U 成正比,可表示为

$$C=\frac{q}{U} \tag{11-3-1}$$

式中,比例系数 C 称为孤立导体的电容,它反映了孤立导体容纳电荷的能力. 孤立导体的电容只取决于它的大小和形状. 上式表明:孤立导体的电容在数值上等于使导体的电势升高或降低一个单位时所需的电量.

当带电导体周围存在其他导体或带电体时,该导体的电量不仅与本身电量有关,由于静电

感应，还取决于其他导体和带电体的相对位置，因此，一般情况下，非孤立导体的电量与电势并不成正比.

例 11.3.1 设真空中有一个半径为 R，所带电量的绝对值为 q 的孤立导体球. 试求：电容为多少？

解 在选取无限远处为电势零点，孤立导体球处于静电平衡状态时，电势为

$$U=\frac{1}{4\pi\varepsilon_0}\frac{q}{R}$$

上式表明 q 与 U 成正比，根据孤立导体电容的定义，孤立导体球的电容为

$$C=\frac{q}{U}=4\pi\varepsilon_0 R \tag{11-3-2}$$

可见，孤立导体球的电容 C 与半径 R 成正比，而与导体球的电量 q 及电势 U 无关.

在国际单位制中，电容的单位是法拉，简称法，用 F 表示. 由(11−3−1)式可知

$$1\,\mathrm{F}=\frac{1\,\mathrm{C}}{1\,\mathrm{V}}$$

由上可知，电容为 1 F 的孤立导体球，其半径为 9×10^9 m，是地球半径(6.4×10^6 m)的 1400 倍. 可见，F 这个单位太大，常用微法(μF)、皮法(pF)等作为电容的单位，它们与法拉(F)的关系是

$$1\mu\mathrm{F}=10^{-6}\,\mathrm{F}$$
$$1\mathrm{pF}=10^{-12}\,\mathrm{F}$$

11.3.2 电容器和电容器的电容

(1)电容器

电容器是储存电量和电能(电势能)的元件. 一个导体被另一个导体所包围，或者由一个导体发出的电场线全部终止在另一个导体的导体系，称为电容器.

(2)电容器的电容

电容器是由两个任意形状，互相靠近的导体构成的导体系. 这两个导体称为极板. 将两个极板和直流电源的两极相连接，使两极板分别带等值异号电荷，该过程称为电容器充电. 实验表明：当周围不存在其他导体或带电体时，两极板的电量增加一倍，它们之间的电场增大一倍，极板间的电势差也增大一倍，表明两个导体的电势差 ΔU 与导体所带电量的大小成正比. 如果有 A、B 两导体(极板)，每一极板所带电量的绝对值为 Q，两个极板之间的电势差为 $U_{AB}=U_A-U_B$，它们之间的比例关系可表示为

$$C=\frac{Q}{U_A-U_B} \tag{11-3-3}$$

式中，比例系数是一个常量，这个常量称为这两个导体所组成的电容器的电容. 上式是电容器电容的定义式，电容器的电容 C 与两导体的大小、形状、相对位置有关，而与导体所带的电量多少及电势无关，与周围其他导体、带电体亦无关. 实验表明：电容器的电容还与两导体间充入的电介质有关，电介质将发生极化，引起电容增大. 如果 ε_r 与电场强度有关，则电容将随所加的电压而变化，这种电容器称为非线性电容器.

(3)电容器的种类

电容器在实际中有着广泛的应用，它的种类很多.

①如果按其几何结构来分，有平行板电容器、圆柱形电容器、球形电容器等.

②如果按其充入电容器两导体间的介质来分,有真空电容器、空气电容器、云母电容器、纸质电容器、陶瓷电容器、涤纶电容器、电解电容器等.

③如果按其电容器是否可以变动来分,有可变电容器、半可变电容器、微调电容器、固定电容器等.

(4)电容器的符号和主要用途

在电子线路中,常用“”表示固定电容器,用“”表示可变电容器,用“”表示半可变电容器,用“”表示电解电容器等.

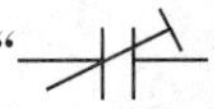

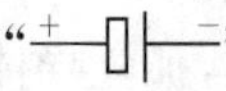

电容器在电力系统中是提高功率因素的重要元件,在电子线路中是获得振荡、滤波、相移、耦合作用的主要元件,电容器在电路中有隔直流、储存电荷及电势能等作用.

电容器的电容单位与孤立导体的电容单位相同,在国际单位制中都是法拉.

电容是反映电容器本身性质的一个物理量,在习惯上有时也将电容器简称为电容.

实际电容器的性质参数除电容外,还有耐压(或工作电压)、损耗和频率响应.

11.3.3 电容器电容的计算

前面已经指出,影响电容器的电容的因素是导体的形状和大小以及电介质的特性,因此,在计算电容器的电容时,有关因素都要考虑.下面举例介绍如何计算电容器的电容.

(1)平行板电容器

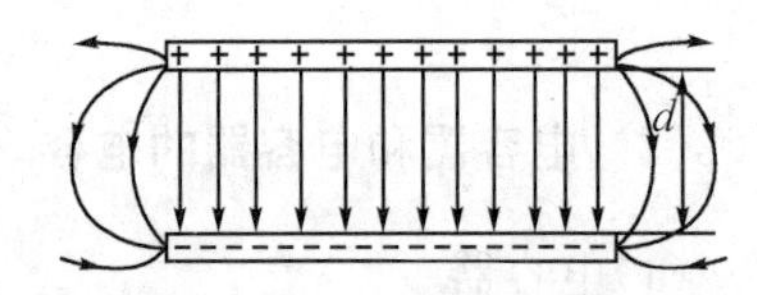

图 11.3.1 平行板电容器

如图 11.3.1 所示,两块面积较大,相互靠得很近的平行导体平板,两极板的面积为 S,板间距离为 d,且 $d \ll \sqrt{S}$,两极板所带的电量相等,$Q_A=-Q_B=Q$.如果忽略边缘效应,电荷将均匀分布在两导体相对的内表面上,电场也主要集中在两内表面之间的狭窄空间里,并可以近似地看作匀强电场.两平行平板之间相互屏蔽,外界的干扰对电荷和电场的分布及两板之间的电势差 U_A-U_B 的影响极小,可以忽略不计.实际上常用的电容器绝大多数都可以看作是平行板电容器.

在真空中,两极板间的场强为 $E=\dfrac{\sigma_e}{\varepsilon_0}=\dfrac{Q}{S\varepsilon_0}$,由此可求出两极板之间的电势差为

$$U_{AB}=U_A-U_B=\int_A^B \boldsymbol{E}\cdot \mathrm{d}\boldsymbol{l}=Ed=\frac{Qd}{\varepsilon_0 S}$$

根据电容器电容的定义(11-3-3)式,得到平行板电容器的电容为

$$C=\frac{Q}{U_A-U_B}=\frac{\varepsilon_0 S}{d} \tag{11-3-4}$$

上式表明:平行板电容器的电容 C 与极板所带电量 q、两极板之间的电势差 U_{AB} 无关,而与极板面积 S 成正比,与两极板间的距离成反比.此式提供了增大电容器电容的途径:一是减小极板之间的距离;二是增大极板面积,这又会使电容器的体积增大.因此,实际中为了得到容量大、体积小的电容器,通常在两极板之间加上适当的绝缘介质,后面将讨论.

(2)球形电容器

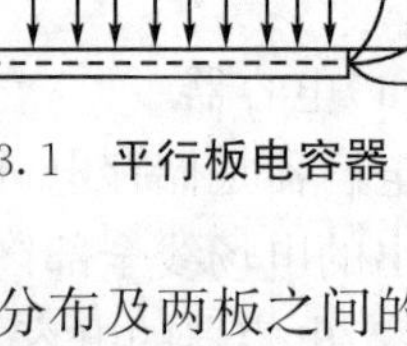

图 11.3.2 球形电容器

如图 11.3.2 所示,球形电容器由半径分别为 R_1 和 R_2 的两个同心导体球壳组成.设内球壳外表面带有电量 q,外球壳内表面

带有电量$-q$，电场完全集中在两球壳之间的空间. 外球壳对内球壳起着完全屏蔽作用，外界干扰对电荷和电场的分布及两球壳之间的电势差不产生影响，是唯一理想化的电容器. 由于球壳极板制造困难，实际上很少应用.

设两导体球壳A、B分别带有电量q和$-q$，由于电荷分布，具有球对称性，而电场分布也具有球对称性，利用高斯定理，可求得两球壳之间的场强为

$$E=\frac{1}{4\pi\varepsilon_0}\frac{q}{r^2}\quad(R_1<r<R_2)$$

方向沿径矢方向，其中r为球心到场点间的距离. 两球壳之间的电势差为

$$U=\int_A^B \boldsymbol{E}\cdot \mathrm{d}\boldsymbol{l}=\frac{q}{4\pi\varepsilon_0}\int_{R_1}^{R_2}\frac{\mathrm{d}r}{r^2}=\frac{q}{4\pi\varepsilon_0}\frac{R_2-R_1}{R_1R_2}$$

根据电容器电容的定义(11−3−3)式，球形电容器的电容为

$$C=\frac{q}{U_A-U_B}=\frac{4\pi\varepsilon_0 R_1R_2}{R_2-R_1}\tag{11-3-5}$$

从以上计算结果可见，球形电容器的电容与电容器所带电量和电势差无关，而只与导体的几何形状及相对位置有关，由导体系本身的性质决定. 当$d=R_2-R_1\ll R_1$，$R_1\approx R_2\approx R$，于是，$C=\frac{4\pi\varepsilon_0 R^2}{d}$，将$S=4\pi R^2$代入，就可以利用平行板电容器的电容公式来近似计算球形电容器的电容.

(3)圆柱形电容器

如图11.3.3所示，同轴圆柱形电容器是由长为L，半径分别为R_1和R_2的两个同轴圆柱形导体A、B组成. 当内圆柱外表面带正电量q，外圆柱内表面带负电量$-q$，且$L\gg R_B-R_A$时，两端的边缘效应可以忽略不计，外极板对内部空间有较好的屏蔽作用. 由于电荷分布具有轴对称性，电场分布也具有轴对称性，利用高斯定理可求得两极板之间的场强为

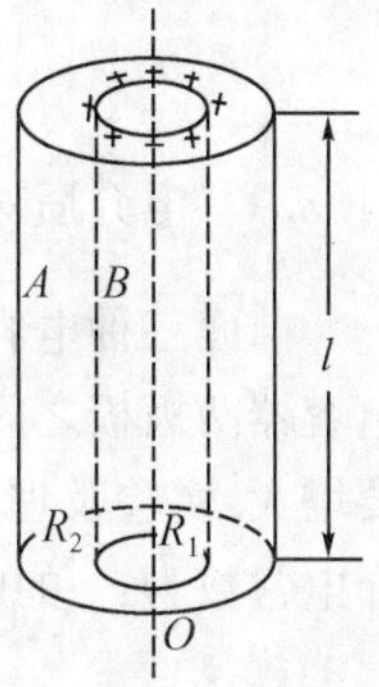

$$E=\frac{\lambda_e}{2\pi\varepsilon_0 r}=\frac{q}{2\pi\varepsilon_0 Lr}$$

式中，λ_e是每个极板在单位长度上所带的电量的绝对值，场强的方向沿着垂直于轴的平面的辐向. 两圆柱形极板A、B之间的电势差为

$$U_{AB}=\int_A^B \boldsymbol{E}\cdot \mathrm{d}\boldsymbol{l}=\int_{R_A}^{R_B}\frac{q}{2\pi\varepsilon_0 L}\frac{\mathrm{d}r}{r}=\frac{q}{2\pi\varepsilon_0 L}\ln\frac{R_B}{R_A}$$

图 11.3.3 圆柱形电容器

根据电容器电容的定义(11−3−3)式，圆柱形电容器的电容为

$$C=\frac{q}{U_{AB}}=\frac{2\pi\varepsilon_0 L}{\ln\frac{R_B}{R_A}}\tag{11-3-6}$$

从以上计算结果可见，圆柱形电容器的电容与电容器所带电量和电势差无关，而只与导体的几何形状及相对位置有关，由导体系本身的性质决定.

实际上，任何两个导体之间都存在着电容. 例如，同轴线的内外导体之间，传输线的导线与导线之间，电器元件与导线之间，金属外壳之间，两个触点之间，人体与仪器之间，都存在着电容，这一类电容在工程技术或电子技术中称为分布电容. 一般来说，分布电容值较小，可以忽略不计，但是，在电子线路和高频技术中，分布电容的影响是不可忽略的. 由于情况复杂，除同轴线和双线之外，一般很难计算.

例 11.3.2　如图 11.3.4 所示，半径为 r 相互平行的两条无限长直导线 A 和 B 相距为 d，且 $d \gg r$. 试求：单位长度导线间的电容.

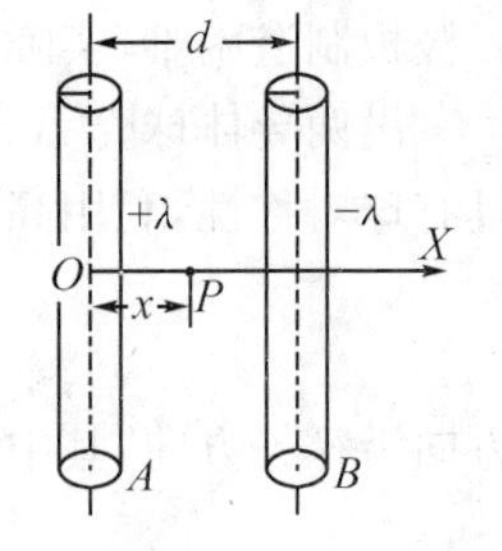

图 11.3.4　例 11.3.2 图示

解　由于两条导线为无限长直导线，相距很远，可以近似地假设两条导线 A、B 的电荷均匀分布在外表面，其电荷的线密度分别为 $+\lambda_e$ 和 $-\lambda_e$，坐标原点选取在导线 A 的轴线上，沿垂直于导线方向为 X 轴正方向，如图 11.3.4 所示. 由于电量分布的轴对称性，电场分布也具有轴对称性，根据高斯定理，可以求得导线 A、B 分别在场点产生的场强 E_A、E_B 以及总场强的大小为

$$E_A = \frac{\lambda_e}{2\pi\varepsilon_0 x}; E_B = \frac{\lambda_e}{2\pi\varepsilon_0 (d-x)}$$

$$E_P = E_A + E_B = \frac{\lambda_e}{2\pi\varepsilon_0}\left(\frac{1}{x} + \frac{1}{d-x}\right) \quad (r < x < d)$$

在静电平衡时，导体内部的场强为零. 导线 A、B 之间的电势差为

$$U_{AB} = \int_A^B \boldsymbol{E} \cdot \mathrm{d}\boldsymbol{l} = \frac{\lambda_e}{2\pi\varepsilon_0}\int_r^{d-r}\left(\frac{1}{x} + \frac{1}{d-x}\right)\mathrm{d}x$$

$$= \frac{\lambda_e}{\pi\varepsilon_0}\ln\frac{d-r}{r} \approx \frac{\lambda_e}{\pi\varepsilon_0}\ln\frac{d}{r}$$

所以，单位长度导线间的电容为

$$C = \frac{\lambda_e}{U_{AB}} = \frac{\pi\varepsilon_0}{\ln\frac{d}{r}}$$

11.3.4　电介质对电容器电容的影响

前面三种电容器的电容的定义式：(11－3－4)式、(11－3－5)式、(11－3－6)式只适用于电容器两极板之间为真空时的情况，如果在两极板之间充满某种绝缘介质，则电容器的电容将要增大. 实验及理论都表明，如果设 C_0 及 C 分别表示电容器两极板之间为真空时及充满相对介电常数为 ε_r 的电介质时的电容，二者的比值关系为

$$\frac{C}{C_0} = \varepsilon_r > 1 \quad 或 \quad C = \varepsilon_r C_0 \tag{11－3－7}$$

上式表明：电容器两极板之间充满电介质时的电容 C 等于两极板之间为真空时电容的 ε_r 倍.

根据(11－3－4)式、(11－3－5)式、(11－3－6)式、(11－3－7)式，可以得出相应的电容器充满相对介电常数为 ε_r 的电介质时的电容表达式为

平行板电容器：$$C = \frac{\varepsilon_r \varepsilon_0 S}{d} = \frac{\varepsilon S}{d} \tag{11－3－8}$$

球形电容器：$$C = \frac{4\pi\varepsilon_r\varepsilon_0 R_A R_B}{R_B - R_A} = \frac{4\pi\varepsilon R_A R_B}{R_B - R_A} \tag{11－3－9}$$

圆柱形电容器：$$C = \frac{2\pi\varepsilon_r\varepsilon_0 L}{\ln\frac{R_B}{R_A}} = \frac{2\pi\varepsilon L}{\ln\frac{R_B}{R_A}} \tag{11－3－10}$$

式中 $\varepsilon = \varepsilon_r \varepsilon_0$ 称为电介质的介电常量，由(11－3－7)式得 ε_r 是两个电容的比值，应为一无量纲的纯数，因此，电介质的介电常量 ε 的单位与真空中的介电常量 ε_0 的单位相同. 在真空中 $\varepsilon_r = 1, \varepsilon = \varepsilon_0$，其他各种电介质的相对介电常数 ε_r 都大于 1. 一些电介质的相对介电常数 ε_r 的

数值，一般来说在有关电子专著上可查到.

11.3.5　电容器的串联和并联

在实际应用中，一个电容器的电容值或耐压程度不够，不能满足要求时，需要将几个电容器适当地连接起来. 几个电容器按一定的方式连接后，它们所容纳的电量与两端电势差的比就是它们的总电容，又称为等效电容.

(1)电容器的串联

如图 11.3.5 所示，将几个电容器，其电容分别为 $C_1, C_2, \cdots, C_n$，把它们中的每一个电容器的一个极板只与另一个电容器的一个极板相连，这样将各个电容器的极板依次相连，然后接到电源上，这种连接方式称为电容器的串联. 由于静电感应，电容器极板依次分别带有正负电量，电量的绝对值都为 q. 串联电容器的总电压等于各个电容器的电压之和. 每个电容器的电压分别为

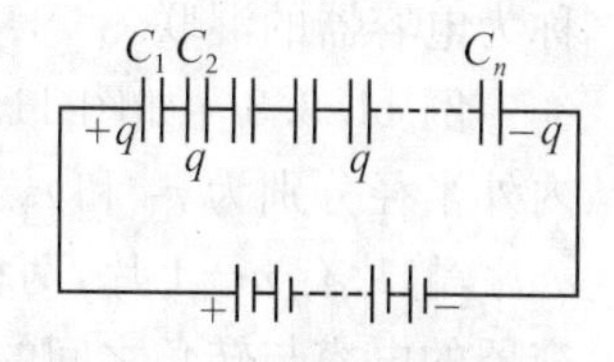

图 11.3.5　电容器的串联

$$U_1 = \frac{q}{C_1}, U_2 = \frac{q}{C_2}, \cdots, U_n = \frac{q}{C_n}$$

由此可得

$$U_1 : U_2 : \cdots : U_n = \frac{1}{C_1} : \frac{1}{C_2} : \cdots : \frac{1}{C_n} \tag{11-3-11}$$

上式说明：电容器串联时，各个电容器所分配的电压与其电容成反比. 串联电容器两端的电压等于各个电容器的电压的总和，即

$$U = U_1 + U_2 + \cdots + U_n = q\left(\frac{1}{C_1} + \frac{1}{C_2} + \cdots + \frac{1}{C_n}\right)$$

根据电容器电容的定义，整个串联电容器的总电容为 $C = \frac{q}{U}$，由上式可得

$$\frac{1}{C} = \frac{1}{C_1} + \frac{1}{C_2} + \cdots + \frac{1}{C_n} = \sum_i \frac{1}{C_i} \tag{11-3-12}$$

上式表明：串联电容器总电容的倒数等于各个电容器的电容的倒数之和，所以，将电容器串联后的总电容(等效电容)比每一个电容器的电容都要小. 但是总的等效电容器所承受的电压比每一个电容器两极板所能承受的电压要大，所以，串联电容器组的耐压能力可以提高，总电容减少了.

(2)电容器的并联

如图 11.3.6 所示，将 n 个电容器，电容分别为 $C_1, C_2, \cdots, C_n$，把各个电容器的一个极板接到共同的 A 点，另一个极板接到共同的 B 点. 然后再将 A、B 两端分别接到电源的两极上，这种连接方式称为电容器的并联. 这样一来，并联时每一个电容器的电压都相等，设为 U. 但是由于并联的各个电容器的电容大小不相同，而分配到每个电容器上的电量也不相同，它们分别是

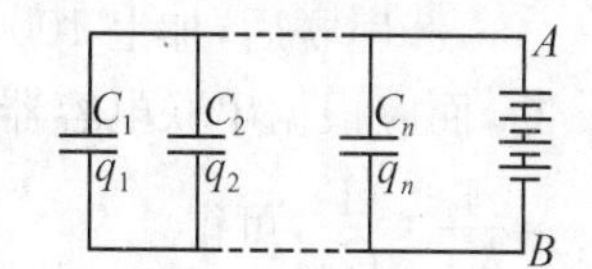

图 11.3.6　电容器的并联

$$q_1 = C_1 U, q_2 = C_2 U, \cdots, q_n = C_n U$$

由此可得

$$q_1 : q_2 : \cdots : q_n = C_1 : C_2 : \cdots : C_n \tag{11-3-13}$$

上式表明：电容器并联时，各个电容器分配的电量与其电容成正比. 电容器并联的总电量等于各个电容器电量的总和，即

$$q = q_1 + q_2 + \cdots + q_n = (C_1 + C_2 + \cdots + C_n)U$$

根据电容器的定义，电容器并联时的总电容 $C=\frac{q}{U}$，即

$$C=\frac{q}{U}=C_1+C_2+\cdots+C_n \tag{11-3-14}$$

上式表明：并联电容器的总电容（等效电容）等于各个电容器的电容之和，等效电容增大了，所以，将电容器并联后总电容增加了，但耐压程度并没有提高.

串联和并联是电容器的两种基本连接方法，在实际应用中有时还将串联和并联混合使用，称为电容器的混联.

例 11.3.3 如图 11.3.7 所示，可变电容器的极板由内外半径分别为 r_1 和 r_2 的半圆形铝片制成. 已知动片有 n 片，静片有 $n+1$ 片，两相邻极板之间距离为 d. 试求：电容器的电容与转角之间的关系.

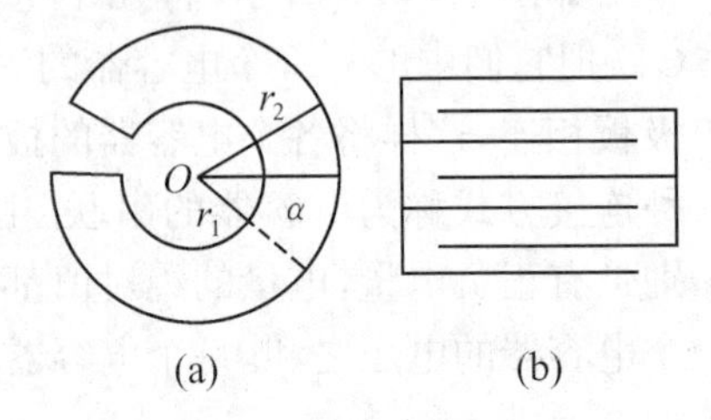

图 11.3.7 可变电容器的电容

解 如图 11.3.7(a)所示，设动片转入静片间隙的角度为 α，当 α 不太大时，边缘效应可以忽略不计，可以看成平行板电容器相并联. 两组极板相重叠的那一部分面积是有效面积，大小为

$$S=\pi(r_2^2-r_1^2)\frac{\alpha}{360}$$

由于相邻的动片与静片之间都构成平行板电容器，n 片动片和 $n+1$ 片静片分别各自相联，形成 $2n$ 个间隙，相当于 $2n$ 个平行板电容器相并联，如图 11.3.7(b)所示. 根据 $C=\frac{\varepsilon_0 S}{d}$ 和 $C=C_1+C_2+\cdots+C_n$，可得到可变电容器的电容为

$$C=\frac{2n\pi(r_2^2-r_1^2)\alpha}{360d}=\frac{n\pi(r_2^2-r_1^2)\alpha}{180d}$$

例 11.3.4 如果已知 C_1、C_2 两个电容，分别标明为 200 pF，500 V 和 300 pF，900 V. 试求：①将它们串联起来后，等效电容是多大？②如果在它们的两端加上 1000 V 的电压，是否会被击穿？

解 ①由题意知 $C_1=200$ pF，$C_2=300$ pF，将它们串联后的等效电容 C 为

$$C=\frac{C_1C_2}{C_1+C_2}=\frac{200\times 300}{200+300}=120\ (\text{pF})$$

②串联后，加上 1000 V 的电压，是否会被击穿，不能够直接由两个电容器的耐压值来判断，而应根据串联电容器上电压分配计算出每一个电容器所承受的电压的大小. 根据 $U_1:U_2=\frac{1}{C_1}:\frac{1}{C_2}$，可得

$$\frac{U_1}{U_2}=\frac{C_2}{C_1}=\frac{300}{200}=\frac{3}{2}$$

因为加在串联电容器上的总电压 $U=U_1+U_2=1000$ V，所以 $U_1=600$ V，$U_2=400$ V. 可见，加在电容器 C_1 上的电压 600 V 已超过它的耐压值 500 V，C_1 首先被击穿. 当 C_1 被击穿成为导体后，1000 V 电压将全部加在电容器 C_2 的两端，也超过了 C_2 的耐压值 900 V，因此 C_2 也将被击穿.

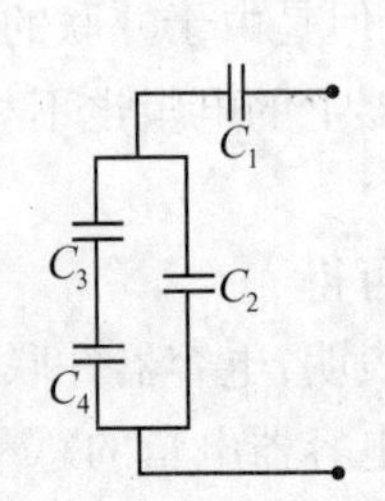

图 11.3.8 例 11.3.5 图示

例 11.3.5 如图 11.3.8 所示，四个大小相同的电容器，电容

为 $C_1=C_2=C_3=C_4=2\mu\text{F}$，按图中线路连接. 试求：①按这种连接方法的等效电容为多大？②当在 A、B 两端加上 $U=30\ \text{V}$ 的电压后，电容器 C_1 的电量和电容器 C_2 两端的电压为多大？

解 ①由图 11.3.8 可见，电容器 C_3 和 C_4 相串联，它们的总电容为

$$C_{34}=\frac{C_3C_4}{C_3+C_4}=\frac{2\times2}{2+2}=1\ (\mu\text{F})$$

然后 C_{34} 再与 C_2 相并联，它们的总电容为

$$C_2'=C_2+C_{34}=2+1=3\ (\mu\text{F})$$

最后 C_2' 再与 C_1 相串联，它们的等效电容为

$$C=\frac{C_1C_2'}{C_1+C_2'}=\frac{2\times3}{2+3}=1.2\ (\mu\text{F})$$

所以，图中 A、B 两点间的等效电容为 $1.2\ \mu\text{F}$.

②在 A、B 两端加上 30 V 电压后，由于串联电容器，电压与电容成反比地分配到各个电容器上，所以 C_1 两端的电压为

$$U_1=\frac{C_2'}{C_1+C_2'}U=\frac{3}{2+3}\times30=18\ (\text{V})$$

C_2 两端的电压为 $$U_2=\frac{C_1}{C_1+C_2'}U=\frac{2}{2+3}\times30=12\ (\text{V})$$

电容器 C_1 上的电量为 $$q_1=C_1U_1=2\times10^{-6}\times18=3.6\times10^{-5}\ (\text{C})$$

例 11.3.6 一平行板电容器 A、B 两极板之间的间距为 d，面积为 S，且 $\sqrt{S}\gg d$，电势差为 U，如图 11.3.9 所示. 如果在其中放一厚度为 t 的均匀电介质层，介质层表面与极板平行，相对介电常数为 ε_r. 两边空气层厚度相等，可以认为 $\varepsilon=\varepsilon_r\varepsilon_0\approx\varepsilon_0$，不考虑边缘效应. 试求：该电容器的电容.

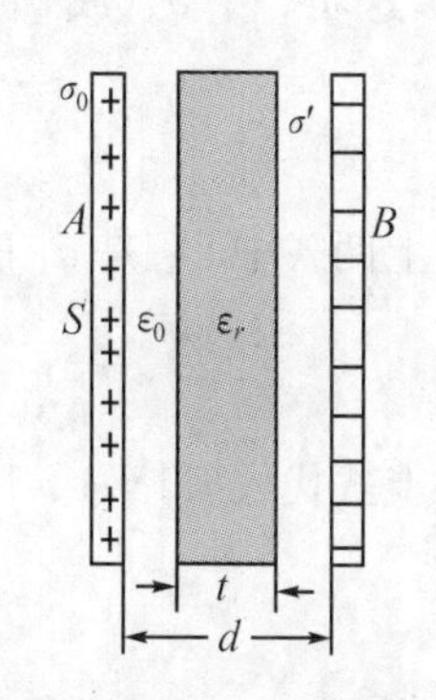

图 11.3.9 例 11.3.6 图示

解 如图所示，设极板电荷面密度为 σ_0，介质表面束缚电荷面密度为 σ'. 由于电荷分布具有面对称性，电场也具有面对称性，且可以看作匀强电场，空气内部的场强为 $E_0=\frac{\sigma_0}{\varepsilon_0}$，介质中的场强 $E=\frac{E_0}{\varepsilon_r}=\frac{\sigma_0}{\varepsilon}$. 因此，由已知的两极板之间的电势差 U_{AB} 的表达式可求解出 σ_0 值，即

$$U_{AB}=U_A-U_B=E_0(d-t)+Et=\frac{d-t}{\varepsilon_0}\sigma_0+\frac{t}{\varepsilon_0\varepsilon_r}\sigma_0=\frac{t+\varepsilon_r(d-t)}{\varepsilon_0\varepsilon_r}\sigma_0$$

可得 $$\sigma_0=\frac{\varepsilon_0\varepsilon_rU_{AB}}{t+\varepsilon_r(d-t)},Q=\sigma_0S=\frac{\varepsilon_0\varepsilon_rSU_{AB}}{t+\varepsilon_r(d-t)}$$

根据电容器的电容的定义式 $C=\frac{Q}{U_{AB}}$，可得该电容器的电容为

$$C=\frac{Q}{U_{AB}}=\frac{\varepsilon_0\varepsilon_rS}{t+\varepsilon_r(d-t)}$$

上式表明：电容器的电容仍然由电容器本身的形状和大小、电介质的性质所决定，而与它所带的电量及电势差无关. 已知两极板之间的电势差 U_{AB}，由它只能计算出 Q，而电容 C 却与 Q、U_{AB} 无关.

11.4 静电场的能量

静电场力是保守力,静电场是保守场.点电荷及带电体系在静电场中具有电势能,电容器储存的能量都是带电体系的静电能.移动带电体系的电荷,外力反抗电荷之间的静电斥力而做功,带电体系之间静电势能将发生改变,其他形式能量转换为静电势能.当带电体系的电荷减小或改变带电体系电荷之间的相对位置时,静电势能转换为其他形式能量,如化学能、光能、声能等.本节专门讨论静电场能的性质及计算方法.

11.4.1 点电荷系的相互作用能

点电荷 q 在外电场中 P 点的电势能为 $W_P=qU_P$,式中 U_P 是外电场中 P 点的电势.

(1)两个点电荷之间的相互作用能

如图 11.4.1 所示,两个点电荷 q_1 和 q_2 分别位于 P_1 和 P_2,相距 $r=r_{12}=r_{21}$.这个带电体系可看作是这样构成的:假定最初两个点电荷 q_1 和 q_2 相距无限远,先将 q_1(或 q_2)移动到 P_1(或 P_2),因二者相距无限远时,$U_\infty=0$,两点电荷无相互作用,外力不做功,相互作用势能为零;再将 q_2(或 q_1)移动到 P_2(或 P_1),q_2(或 q_1)所受到的静电场力逐渐增大,外力反抗电场力做功,这功等于 q_2(或 q_1)在 q_1(或 q_2)所产生的静电场中的电势能,即

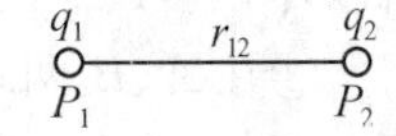

图 11.4.1 两个点电荷间的相互作用能

$$A_{外}=-A_{电}=q_2(U_2-U_\infty)=q_2U_2=W_{12} \tag{11-4-1}$$

或

$$A_{外}=-A_{电}=q_1(U_1-U_\infty)=q_1U_1=W_{21} \tag{11-4-2}$$

以上两式中 U_2 是 q_1 的电场中 P_2 点的电势,而 U_1 是 q_2 的电场中 P_1 点的电势,即

$$U_2=\frac{q_1}{4\pi\varepsilon_0 r_{12}} \quad 或 \quad U_1=\frac{q_2}{4\pi\varepsilon_0 r_{21}}$$

将上式代入(11-4-1)式及(11-4-2)式,可得

$$W_{12}=\frac{1}{4\pi\varepsilon_0}\frac{q_1q_2}{r_{12}},\quad W_{21}=\frac{1}{4\pi\varepsilon_0}\frac{q_1q_2}{r_{21}} \tag{11-4-3}$$

因为 $r_{12}=r_{21}=r$,所以 $W_{12}=W_{21}$,即 q_2 在 q_1 产生的电场中的电势能等于 q_1 在 q_2 产生的电场中的电势能,它是两个点电荷的相互作用能,是整个带电体系静电能的一部分.将以上两式写成对称形式为

$$W=\frac{1}{2}(W_{21}+W_{12})=\frac{1}{2}(q_1U_1+q_2U_2) \tag{11-4-4}$$

必须指出,W_{12}、W_{21}和外力做功的正负决定于 q_1 和 q_2 是同号还是异号.

(2)三个点电荷之间的相互作用能

由点电荷 q_1、q_2 和 q_3 构成的带电体系的相互作用能可设想 q_1、q_2、q_3 相距无限远,因外力反抗电场力所做的功及相互作用能与带电体系形成的先后次序无关,将它们先后移动到相距为 r_{12}、r_{23}、r_{13}的 P_1、P_2、P_3 的位置上,则带电体系的相互作用能为

$$W=q_2\frac{q_1}{4\pi\varepsilon_0 r_{12}}+q_3\left(\frac{q_1}{4\pi\varepsilon_0 r_{13}}+\frac{q_2}{4\pi\varepsilon_0 r_{23}}\right)$$

$$=\frac{1}{2}\left[q_1\left(\frac{q_2}{4\pi\varepsilon_0 r_{21}}+\frac{q_3}{4\pi\varepsilon_0 r_{31}}\right)+q_2\left(\frac{q_1}{4\pi\varepsilon_0 r_{12}}+\frac{q_3}{4\pi\varepsilon_0 r_{32}}\right)+q_3\left(\frac{q_1}{4\pi\varepsilon_0 r_{13}}+\frac{q_2}{4\pi\varepsilon_0 r_{23}}\right)\right]$$

$$=\frac{1}{2}[q_1U_1+q_2U_2+q_3U_3]=\frac{1}{2}\sum_{i=1}^{3}q_iU_i \tag{11-4-5}$$

式中,U_1 是 q_2 和 q_3 的电场在 q_1 所在位置 P_1 处的电势,U_2 是 q_1 和 q_3 的电场在 q_2 所在位置 P_2 处的电势,U_3 是 q_1 和 q_2 的电场在 q_3 所在位置 P_3 处的电势.

(3)几个点电荷系之间的相互作用能

将以上结果推广到由 n 个点电荷所构成的带电体系,则体系的相互作用能为

$$W=\frac{1}{2}\sum_{i=1}^{n}q_iU_i \tag{11-4-6}$$

式中,U_i 是除 q_i 点电荷以外的其他点电荷在 q_i 所在位置 P_i 处产生的电势的代数和.

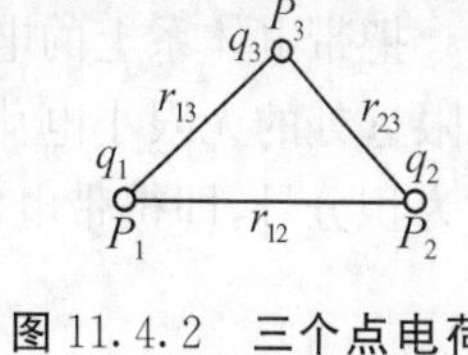

图 11.4.2　三个点电荷之间的相互作用能

11.4.2　电荷连续分布的带电体系的静电能

(1)电荷连续分布的带电体的自能

对电荷连续分布的带电体,可将它看作是由许多个电荷元 Δq 组成的.设想各电荷元相距无限远,如果将它们依次从无限远处移动到带电体上相应的位置,由(11-4-6)式可知带电体系的静电能为

$$W=\frac{1}{2}\sum_i \Delta q_iU_i$$

式中,求和号表示对所有电荷元所对应项 Δq_iU_i 求和.当 $\Delta q_i\to 0$ 时,$\Delta q_i\to \mathrm{d}q_i$,上式写为

$$W=\frac{1}{2}\int U\mathrm{d}q \tag{11-4-7}$$

式中,U 是带电体的电场在无限小电荷元 $\mathrm{d}q$ 处产生的电势,积分应遍及整个带电体.上式表示将带电体的电荷看作无限小电荷元,从相距无限远处再聚集到带电体所有位置所形成的静电能,已经包含了每一无限小电荷元形成带电体时的贡献,这部分电势能是带电体本身的静电能,称为自能或固有能.(11-4-7)式就是带电体的自能表达式.而导出(11-4-6)式是将每个点电荷作为一个整体从彼此相距无限远处移动到给定的相应位置,而没有计入点电荷本身的自能,只是各个点电荷之间的相互作用能.

当带电体的电荷作体电荷、面电荷和线电荷分布时,(11-4-7)式中的无限小电荷元 $\mathrm{d}q$ 应分别等于 $\rho_e\mathrm{d}V$、$\sigma_e\mathrm{d}S$ 和 $\lambda_e\mathrm{d}l$,,分别代入(11-4-7)式可得出三种电荷分布的静电能表达式,即

$$W=\frac{1}{2}\iiint_V\rho_eU\mathrm{d}V \tag{11-4-8}$$

$$W=\frac{1}{2}\iint_S\sigma_eU\mathrm{d}S \tag{11-4-9}$$

$$W=\frac{1}{2}\int_L\lambda_eU\mathrm{d}l \tag{11-4-10}$$

式中,ρ_e、σ_e 和 λ_e 分别表示电荷的体密度、面密度和线密度,U 是带电体电场在体元、面元和线元处的电势,积分应遍及有电荷存在的区域.

(2)带电体系的相互作用能

设电荷连续分布的带电体处于其他带电体的电场中,设想将各电荷元由彼此相距无限远

移到带电体的适当位置时，只计算反抗其他带电体的电场力做功，这样(11－4－7)式中 U 是其他带电体的电场在 $\mathrm{d}q$ 处产生的电势，(11－4－7)式就是带电体在其他带电体的电场中的静电势能或是带电体与其他带电体的互能.(11－4－8)式～(11－4－10)式应作同样理解.

(3)带电体系的静电能

把带电体系上的电荷分成许多无限小的电荷元.在形成带电体系过程中，设想把彼此相距无限远处的无限小电荷元不断地从无限远处移动到带电体相应位置上，把(11－4－6)求和号改为积分号，即得带电体系的静电能，即

$$W=\frac{1}{2}\int U\mathrm{d}q \tag{11－4－11}$$

式中，U 是带电体所有电荷在无限小电荷元所在处的电势.它包括了各带电体形成的自能，也包括各带电体之间的相互作用能，所以它表示的是整个带电体系的总静电能.

11.4.3　电容器的静电能

以平行板电容器为例，电容器的静电能是指电容器两极板分别带等量异号电荷时所组成的带电导体系的总静电能。设电容器的正负极板的电势分别为 U_1 和 U_2，电荷分别为 Q 和 $-Q$，由(11－4－6)式有

$$W=\frac{1}{2}\sum_{i=1}^{2}Q_iU_i=\frac{1}{2}(Q_1U_1+Q_2U_2)=\frac{1}{2}Q(U_1-U_2)$$

上式中 $U_1-U_2=U$ 是两极板之间的电势差，由此得

$$W=\frac{1}{2}QU \tag{11－4－12}$$

因为 $Q=CU$，所以上式还可以写成下列形式：

$$W=\frac{1}{2}CU^2 \tag{11－4－13}$$

$$W=\frac{1}{2}\frac{Q^2}{C} \tag{11－4－14}$$

电容器的总静电能也可以由如下方法求出.电容器充电，实际上是电源将电容器负极板的正电荷经电源迁移到正极板的过程，如图11.4.3所示.在电容器充电过程中，电源的能量转变成电容器的静电能.设想充电过程中的电荷的迁移过程是：当迁移第一份电荷元 $\mathrm{d}q$ 时，两极板还未带电，电场为零，电源不做功；当极板上有了电荷 q 时，两极板之间的电势差为 $U=U_A-U_B=\frac{q}{C}$，再迁移电荷元 $\mathrm{d}q$ 时电源做功为

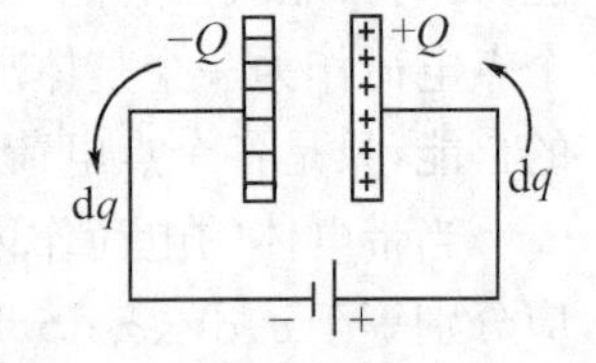

图 11.4.3　电容器的充电

$$\mathrm{d}A=\frac{q}{C}\mathrm{d}q \tag{11－4－15}$$

电源所做的元功 $\mathrm{d}A$，转变为电容器静电能的改变量，即

$$\mathrm{d}A=\frac{q}{C}\mathrm{d}q=\mathrm{d}W_e \tag{11－4－16}$$

当 $t=0$ 时，$q=0$，开始充电到 t 时，$q=Q$ 为止，电源所做的功等于电容器的静电能的增量，即

$$W_e = \int dW_e = \int_0^Q \frac{q}{C} dq = \frac{1}{2} \frac{Q^2}{C} \quad (11-4-17)$$

上式与(11－4－13)式一样，表明电源克服电场力所做的功转变为电容器储存的静电能，电容器是储存静电能的元件，电容 C 是电容器储存静电能本领的标志. 由 $Q=CU$，代入(11－4－17)式可得

$$W_e = \frac{1}{2}\frac{Q^2}{C} = \frac{1}{2}CU^2 = \frac{1}{2}UQ \quad (11-4-18)$$

由此可知，对于静电场，场源电荷存在，电场存在；场源电荷消失，电场消失，好像静电能的存在是由于电荷的存在，电荷是静电能的携带者，存在于电容器两极板上.

11.4.4 电场的能量和能量密度

(1)电场的能量

静电能究竟是电荷本身所具有，还是电荷所产生的电场所具有，在静电情况下难以判别. 但是在高频交变电磁场的实验中，证实高频交变电磁场可以离开电荷(或电流)独立存在，并以一定的速度由近到远在空间传播，形成电磁波. 即使产生电磁波的电荷与电流已经不存在，电磁波还能继续存在，继续在空间传播. 这个事实证实了电磁能量为电磁场所具有，电磁场是电磁能量的携带者. 静电场是电磁场的特殊情况，静电能应为静电场所具有.

下面应用平行板电容器这个特例，把表示静电能的公式用静电场本身的物理量电场强度的大小表示出来. 上述电容器的静电能公式，无论电容器内有无电介质都成立.

设平行板电容器的极板面积为 S，二极板间距离为 d，且 $d^2 \ll S$，二极板间充满介电常量为 ε 的均匀电介质，平行板电容器电容为 $C=\frac{\varepsilon S}{d}$. 忽略边缘效应，极板间的电场是均匀电场，$E$＝常量，两极板间的电势差为 $U=Ed$，代入(11－4－13)式可得

$$W_e = \frac{1}{2}CU^2 = \frac{1}{2}CE^2d^2 = \frac{1}{2}\varepsilon E^2 Sd = \frac{1}{2}\varepsilon E^2 V \quad (11-4-19)$$

式中，$V=Sd$ 是两极板间电场所占空间的体积，即电场存在的整个区域. 上式表明静电能 W_e 与电场存在的空间体积成正比，静电能分布在电容器两极板的电场中，静电场是静电能的携带者.

(2)电场能量密度

单位体积内的静电场能量称为静电场能量的体密度，简称电场能量密度，用 w_e 表示，即

$$w_e = \frac{W_e}{V} = \frac{1}{2}\varepsilon E^2 \quad (11-4-20)$$

或

$$w_e = \frac{1}{2}DE = \frac{1}{2}\frac{D^2}{\varepsilon} \quad (11-4-21)$$

必须指出，上式虽然由平行板电容器特例导出，但在电动力学中可以证明它在普遍情况(均匀电场、非均匀电场，稳恒电场、随时间变化的电场，均匀电介质、非均匀电介质)下都成立. 在非均匀电场中，E 是空间坐标的函数，w_e 也是空间坐标的函数，知道空间某一点的电场强度，可求得该点附近一个无限小体积元内的电场能量 dW_e 为

$$dW_e = w_e dV \quad (11-4-22)$$

将(11－4－22)式对电场存在的整个空间积分，便可以得到整个电场的能量，即

$$W_e = \iiint_V w_e dV = \iiint_V \frac{DE}{2} dV = \iiint_V \frac{\varepsilon E^2}{2} dV = \iiint_V \frac{D^2}{2\varepsilon} dV \quad (11-4-23)$$

它是计算电场能量的普遍公式,积分应遍及存在电场的整个空间.如果各区域电场不相等,应分区域积分后再求和.(11－4－23)式表明静电能定域于静电场中,静电能就是静电场的能量,电场是电场能量的携带者,电场具有能量是电场物质性的一种表现,表明场是一种特殊物质.

在真空中,$\varepsilon_r=1$,$\varepsilon=\varepsilon_0$,$w_e=\frac{1}{2}\varepsilon_0 E^2$,将其代入(11－4－23)式,可以得出真空中电场能量的计算公式为

$$W_e=\iiint_V w_e \mathrm{d}V=\iiint_V \frac{\varepsilon_0 E^2}{2}\mathrm{d}V \tag{11-4-24}$$

积分应遍及电场的整个空间.

在真空中,$w_e=\frac{1}{2}\varepsilon_0 E^2$,在有电介质时,$w_e=\frac{1}{2}\varepsilon_0\varepsilon_r E^2$.二者之差$\frac{1}{2}\varepsilon_0 E^2(\varepsilon_r-1)$是使电介质极化所消耗的电场能量,这部分能量储存在被极化了的电介质中.习惯上将真空中的电场能和电介质极化所需要的电场能之和称为静电场的能量.

例 11.4.1 在半径为 a 的球体内,均匀地充有电荷,总电量为 Q.试证其静电能为 $\frac{1}{4\pi\varepsilon_0}\frac{3Q^2}{5a}$.

证法一:由静电场能量公式求静电场能量.

证 由于带电体的电场能储存在电场中,由高斯定理可求得球体内及球体外的场强,即

$$\oiint_{S内}\boldsymbol{E}_{内}\cdot \mathrm{d}\boldsymbol{S}=E_{内}\oiint_{S内}\mathrm{d}S=E_{内}\,4\pi r^2=\frac{q_{内}}{\varepsilon_0}=\frac{Q}{\frac{4}{3}\pi a^3}\frac{4\pi r^3}{3\varepsilon_0}=\frac{Qr^3}{\varepsilon_0 a^3}$$

$$E_{内}=\frac{Qr}{4\pi\varepsilon_0 a^3}\quad (r<a)$$

$$\oiint_{S内}\boldsymbol{E}_{外}\cdot \mathrm{d}\boldsymbol{S}=E_{外}\oiint_{S内}\mathrm{d}S=E_{外}\,4\pi r^2=\frac{Q}{\varepsilon_0}$$

$$E_{外}=\frac{Q}{4\pi\varepsilon_0 r^2}\quad (r>a)$$

电场能量密度在带电球体内及带电球体外分别为

$$w_{e内}=\frac{1}{2}\varepsilon_0 E_{内}^2=\frac{1}{2}\varepsilon_0\left(\frac{Qr}{4\pi\varepsilon_0 a^3}\right)^2=\frac{Q^2 r^2}{32\pi^2\varepsilon_0 a^6}$$

$$w_{e外}=\frac{1}{2}\varepsilon_0 E_{外}^2=\frac{1}{2}\varepsilon_0\left(\frac{Q}{4\pi\varepsilon_0 r^2}\right)^2=\frac{Q^2}{32\pi^2\varepsilon_0 r^4}$$

总静电能为

$$\begin{aligned}W_e&=\iiint w_e \mathrm{d}V=\int_0^a w_{e内}4\pi r^2\mathrm{d}r+\int_a^\infty w_{e外}4\pi r^2\mathrm{d}r\\&=\int_0^a\frac{Q^2 r^4}{8\pi\varepsilon_0 a^6}\mathrm{d}r+\int_a^\infty\frac{Q^2}{8\pi\varepsilon_0 r^2}\mathrm{d}r\\&=\frac{Q^2}{8\pi\varepsilon_0 a^6}\left(\frac{r^5}{5}\right)\Big|_0^a+\frac{Q^2}{8\pi\varepsilon_0}\left(-\frac{1}{r}\right)\Big|_a^\infty\\&=\frac{Q^2}{40\pi\varepsilon_0 a}+\frac{Q^2}{8\pi\varepsilon_0 a}=\frac{1}{4\pi\varepsilon_0}\frac{3Q^2}{5a}\end{aligned}$$

证法二:由外力反抗静电场力所做的功等于静电能的增量求静电场的能量.

证 带电球体电荷密度为

$$\rho_e = \frac{Q}{V} = \frac{Q}{\frac{4}{3}\pi a^3} = \frac{3Q}{4\pi a^3}$$

设想球体总电量 Q 是从分散在彼此相距无限远处的无限小电荷元 dq 逐渐聚集起来的，从球心起，按一个个的同心球壳逐层建立起来. 当建立 $r \to r + dr$ 这一球壳层时，所移动的电量是 $dq = \rho_e dV = \rho_e \cdot 4\pi r^2 dr$，此时球已带电量为 $q = \rho_e \frac{4}{3}\pi r^3$，此时电势为

$$U(r) = \frac{q}{4\pi\varepsilon_0 r} = \frac{\rho_e \frac{4}{3}\pi r^3}{4\pi\varepsilon_0 r} = \frac{\rho_e r^2}{3\varepsilon_0}$$

这时把电荷 dq 从零电势无限远处移到电势 $U(r)$ 处，外力反抗静电场力所做的元功等于该球壳静电能的增量，即

$$dA = U(r)dq = \frac{\rho_e r^2}{3\varepsilon_0}\rho_e 4\pi r^2 dr$$

所以，在从 0 到 Q 建立整个带电球体的过程中，静电能的增量，即总静电能为

$$W_e = \int dW_e = \int_0^a \frac{\rho_e r^2}{3\varepsilon_0}\rho_e 4\pi r^2 dr = \frac{4\pi\rho_e^2}{3\varepsilon_0}\left(\frac{r^5}{5}\right)\Big|_0^a = \frac{4\pi\rho_e^2}{3\varepsilon_0}\frac{a^5}{5} = \frac{1}{4\pi\varepsilon_0}\frac{3Q^2}{5a}$$

例 11.4.2 如图 11.4.4 所示，两个同轴的圆柱面，长度均为 l，半径分别为 a 和 b，两圆柱面之间充有介电常量为 ε 的电介质. 当这两个圆柱面带有等量异号电荷 $+Q$ 和 $-Q$ 时，试求：①在一个半径为 $r(a<r<b)$、厚度为 dr、长度为 l 的圆柱薄壳中任一点处的电场能量密度是多少？②这圆柱薄壳中的电场能量是多少？③电介质中的总电场能量是多少？④从电介质中的总电场能量求圆柱形电容器的电容.

解 由于均匀电介质充满电场存在的整个二圆柱面之间，而且电荷分布具有柱对称性，电场分布具有柱对称性，可根据电介质中的高斯定理，先求电位移矢量，再由 $\boldsymbol{D} = \varepsilon\boldsymbol{E}$ 求场强 E，再求出相应的电场能量.

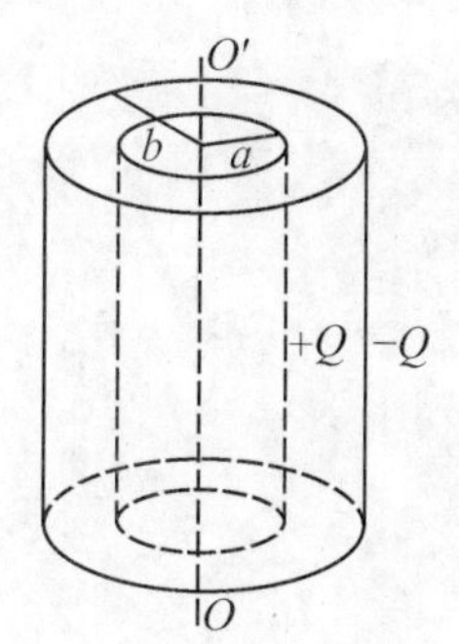

图 11.4.4 例 11.4.2 图示

①根据介质中高斯定理 $\oint\!\!\oint_S \boldsymbol{D}\cdot d\boldsymbol{S} = Q$，取半径为 r，长度为 l 的圆柱面为高斯面，由于轴对称性，高斯面的侧面上：

当 $r<a$ 时　　$D_1 = 0$，　$E_1 = 0$

当 $a<r<b$ 时 $\oint\!\!\oint_{S内} \boldsymbol{D}_2 \cdot d\boldsymbol{S} = D_2 2\pi r l = Q$

则
$$D_2 = \frac{Q}{2\pi r l},\quad E_2 = \frac{D_2}{\varepsilon} = \frac{Q}{2\pi\varepsilon r l}$$

在半径为 $r(a<r<b)$，厚度为 dr 的圆柱壳中任一点的电场能量密度为

$$w_e = \frac{1}{2}DE = \frac{1}{2}\times\frac{Q}{2\pi rl}\times\frac{Q}{2\pi\varepsilon rl} = \frac{Q^2}{8\pi^2 r^2 l^2 \varepsilon}$$

②整个薄圆柱壳中的电场能量为

$$dW_e = w_e dV = \frac{Q^2}{8\pi^2 r^2 l^2\varepsilon}2\pi rl\,dr = \frac{Q^2}{4\pi\varepsilon rl}dr$$

③因电介质中电场能量集中在两圆柱壳之间的体积内，则电介质中的总电场能量为

$$W_e = \int dW_e = \iiint_V w_e dV = \int_a^b \frac{Q^2}{4\pi\varepsilon rl}dr = \frac{Q^2}{4\pi\varepsilon l}\ln\frac{b}{a}$$

④根据圆柱形电容器的电荷和电容与电容器中电场能量之间的关系,可得

$$W_e = \frac{1}{2}\frac{Q^2}{C} = \frac{Q^2}{4\pi\varepsilon l}\ln\frac{b}{a}$$

因而

$$C = \frac{Q^2}{2W_e} = \frac{Q^2}{2\dfrac{Q^2}{4\pi\varepsilon l}\ln\dfrac{b}{a}} = \frac{2\pi\varepsilon l}{\ln\dfrac{b}{a}}$$

例 11.4.3　一平行板电容器极板面积为 S,两极板间距为 d,接在电源上以维持其电压为 U. 将一块厚度为 d,相对介电常数为 ε_r 的均匀线性电介质板插入极板间空隙. 试求:①静电能的改变;②电源所做的功;③电场对介质板所做的功.

解　①静电能的改变 $\Delta W_e = W_e - W_{0e} = \frac{1}{2}CU^2 - \frac{1}{2}C_0U^2$

$$= \frac{U^2}{2}\left(\frac{\varepsilon_0\varepsilon_r S}{d} - \frac{\varepsilon_0 S}{d}\right) = \frac{(\varepsilon_r - 1)\varepsilon_0 SU^2}{2d}$$

以上结果表明静电能增加了$\frac{(\varepsilon_r - 1)\varepsilon_0 SU^2}{2d}$.

②电源对介质板所做的功 A 为

$$A = \Delta qU = (q - q_0)U = (UC - UC_0)U = U^2(C - C_0) = U^2\left(\frac{\varepsilon_r\varepsilon_0 S}{d} - \frac{\varepsilon_0 S}{d}\right) = \frac{(\varepsilon_r - 1)\varepsilon_0 SU^2}{d}$$

③电场对介质板所做的功应等于电源对电场所做的功减去静电能的增量,即

$$A' = A - \Delta W_e = \frac{(\varepsilon_r - 1)\varepsilon_0 SU^2}{d} - \frac{(\varepsilon_r - 1)\varepsilon_0 SU^2}{2d} = \frac{(\varepsilon_r - 1)\varepsilon_0 SU^2}{2d}$$

Chapter 11 Conductors and Dielectrics in Electrostatic Field

When a material is placed in an electric field, both the material and electric field will have an influence on each other.

Some material, primarily metals, have a large number of free electrons which can move about through the material. These materials have the ability to transfer charges from one object to another, and they are called conductors. If an insulated conductor is placed in an external electric field, the free electrons may be moved by electric field so that the charges that in the conductor are redistributed. This process is called the electrostatic induction. In this process there are some induced charges appearing on the surface of the conductor.

If the electrostatic equilibrium has been established in the conductor, the charge distribution remains unchanged. Therefore, no net charges move both in the interior and on the surface conductor. It is the electrostatic equilibrium condition that electric field equals zero everywhere inside the conductor and is perpendicular to conductor surface. Then the conductor surface is equipotential surface under the condition of electrostatic equilibrium. All excess charges placed on an insulated conductor will move entirely to the surface of the conductor, None of the excess will be found within the body of the conductor. The electric field just outside a charged conductor must be at right angle to the surface of the conductor with magnitude $E=\sigma/\varepsilon_0$ where σ is the charge density on the surface conductor.

As a general rule, the charge density tends to be high on isolated conducting surfaces whose radii of curvature are small, and conversely. The sharp tip of a lightening rod will set up a strong electric field at relatively low potential. By ionizing, or breaking down, the molecules of the air, the lightening rod transfers charge to the atmosphere and thereby lowers the potential difference between the protected building and a charged cloud overhead. The function of the lightening rod is to reduce a dangerously high potential difference. Airplanes often have similar devices to help eliminate any excess charge.

If we place a hollow conductor in an electric field, the field just be zero inside the conductor and the cavity when the electrostatic equilibrium is established. The region inside the cavity is not influenced by the external electric field. This is called the effect of electrostatic shielding which can be applied to many electronic equipments, to protect some parts from the internal or external electric field.

Any two conductors separated by an insulator are said to form a capacitor. In most cases of practical interest the capacitors have charges of equal magnitude and opposite sign. The electric field in the region between the conductors is then proportional to the magnitude of this charge, and it follows that the potential difference between the conductors is also proportional to the charge magnitude. The capacitance C of a capacitor is defined as the ratio of the magnitude of the charge Q on either conductor to the magnitude of the potential difference V between the conductors: $C=Q/V$.

The most common type of capacitor is parallel-plate capacitor that consists of two conducting plates parallel to each other and separated by a distance which is small compared with the linear dimension of the plates. The capacitance of a parallel-plate capacitor in vacuum is $C=\varepsilon_0 \frac{S}{d}$. It is directly proportional to the area of the plate S and inversely proportional to their separation d. It is independent of the charge on the capacitor. A cylindrical capacitor of length L formed by two coaxial cylinders of radii R_1 and R_2. Its capacitance is $C=\frac{2\pi\varepsilon_0 L}{\ln(R_2/R_1)}$. A spherical capacitor consists of two concentric spherical shell of radii R_1 and R_2. The capacitance is $C=\frac{4\pi\varepsilon_0(R_2-R_1)}{R_2R_1}$. If we let $R_2\to\infty$ and substitute R for R_1, we obtain the capacitor of an isolated sphere $4\pi\varepsilon_0 R$.

Capacitors can be connected in many ways. Two special combinations are called series and parallel. The effective capacitance for several capacitors in a parallel connection is given by $C=\sum_{i=1}^{n} C_i$ and in series connection is given by $\frac{1}{C}=\sum_{i=1}^{n}\frac{1}{C_i}$. Thus, the equivalent capacitance equals the sum of the parallel capacitances while the reciprocal of the equivalent capacitance equals the sum of the reciprocal of the series capacitances.

A dielectric is a kind of insulating material such as plastics. Inserting a dielectric between the plates of a capacitor, the capacitance is increased by the relative permittivity: $C=\varepsilon_r C_0$.

When a dielectric is placed in an electric field, its atoms become slightly distorted with the negatively charged electrons displaced against the direction of the field and positively charged nuclei displaced along the direction of the field. At the surface of the dielectric a layer of bound charges appears. This phenomeon is called polarization of dielectrics. The process of polarization of the nonpolar molecules is the displacement polarization. The process of polarization of the polar molecules is the orientation polarization. The resultant field $\boldsymbol{E}$ in the dielectric equals the vector sum of the external field $\boldsymbol{E}_0$ and the field $\boldsymbol{E}'$ set up by the bound charges: $\boldsymbol{E}=\boldsymbol{E}_0+\boldsymbol{E}'$. The field $\boldsymbol{E}$ is weaker that the field $\boldsymbol{E}_0$ due to that the direction of the field $\boldsymbol{E}'$ opposes to the field $\boldsymbol{E}_0$, which leads to $E=E_0/\varepsilon_r$. The surfacc density of the polarization charge is $\sigma=\sigma_0(1-1/\varepsilon_r)$ where σ_0 is the free charge density on the plate of the conductor.

The Gauss' law in the dielectric is expressed by $\oint\!\!\oint_S \boldsymbol{D}\cdot d\boldsymbol{S}=\sum q_0$ where $\sum q_0$ is the algebraic sum of the free charges inside the gaussian surface and $\boldsymbol{D}$ is the electric displacement: $\boldsymbol{D}=\varepsilon\boldsymbol{E}$.

The energy density at a point in an electric field is $w_e=\frac{1}{2}ED$. The total energy stored in a region is given by a integral $W_e=\int\frac{1}{2}ED\mathrm{d}V$.

习题 11

11.1　**填空题**

11.1.1　一半径为 R 的孤立导体球 B 带有电荷 Q，试说明：导体处于静电平衡状态时，电荷 Q 在球上是如何分布的？________；导体内部的场强是多少？________；导体球外表面附近一点 p 的场强是多少？________；p 点的场强是否只是由 p 点附近的电荷所产生？________；导体球的电势等于多少？________；如果在该导体球 p 点附近移来一半径为 r 带有电荷 q 的导体球 A，如图所示，达到静电平衡后，试说明电荷 q 是否在导体球 B 内部产生电场________，导体球 B 内部的场强是否等于零________；导体球 B 上电荷分布是否改变________，为什么？________；导体球 B 外表面附近 p 点的场强是否改变________，为什么？________；导体球 B 的电势是否改变________.

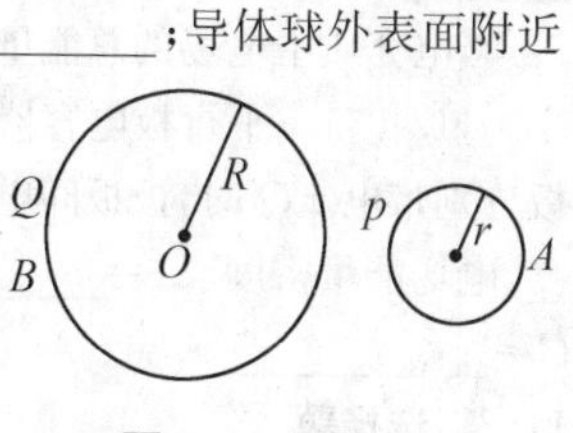

题 11.1.1 图

11.1.2　金属球带电量为 q，其外部有同心金属球壳带电量为 Q，当静电平衡时，根据________，可以证明内球电荷________分布. 球壳内表面带电量为________，球壳外表面带电量为________.

11.1.3　如果 A 板带有电量 2×10^{3} C，B 板带有电量 -4×10^{-3} C，然后再将 B 板接地，则 A、B 两板最后的带电情况应是：A 板________，B 板________.

11.1.4　一个不带电的导体 B，放在一个带正电荷的物体 A 的附近，如图所示. 由于静电感应在近端将出现负电荷，在远端将出现正电荷，则在导体 B 上的两点 P、Q 的电势________（填 $U_P>U_Q$，$U_P<U_Q$，$U_P=U_Q$）.

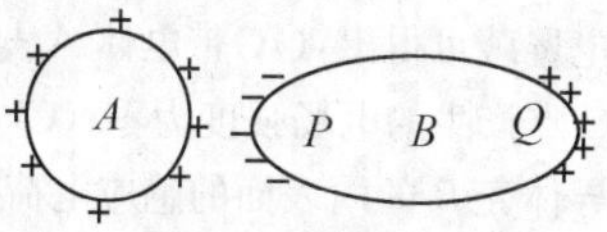

题 11.1.4 图

11.1.5　如图所示，一半径为 a 的金属球带电荷 Q，处于静电平衡状态，球外有一内半径为 R_1，外半径为 R_2 的同心介质球壳，介质的相对介电常数为 ε_r，其场强分布为：当 $r<a$ 时，$\boldsymbol{E}_1=$________；当 $a<r<R_1$，$\boldsymbol{E}_2=$________；当 $R_1<r<R_2$ 时，$\boldsymbol{E}_3=$________；当 $r>R_2$ 时，$\boldsymbol{E}_4=$________；其相应范围的电势分布为：$U_1=$________，$U_2=$________，$U_3=$________，$U_4=$________；介质球内表面极化电荷面密度 $\sigma_1'=$________，介质球外表面极化电荷面密度 σ_2'________；试分别画出 $E(r)-r$ 曲线，$D(r)-r$ 曲线，$U(r)-r$ 曲线.

题 11.1.5 图

11.1.6　在静电场中，电位移线从________发出，终止于________，而静电场中，电场线从________发出而终止于________.

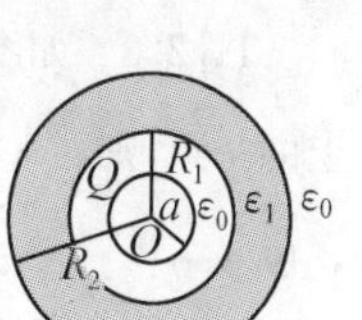

11.1.7　如图所示，平行板电容器中充有各向同性均匀电介质，图中画出两种带箭头的线分别表示电场线和电位移线，则其中①为________，②为________，得出有关结论的理论根据是________.

11.1.8　在平行板电容器内充有三种体积相等的均匀电介质，如图所示，然后将电容器加上电压. 三种电介质中的电场强度分别为 $\boldsymbol{E}_1$、$\boldsymbol{E}_2$、$\boldsymbol{E}_3$，电位移矢量分别为 $\boldsymbol{D}_1$、$\boldsymbol{D}_2$、$\boldsymbol{D}_3$. 不计边缘效应，则 $\boldsymbol{D}_1$、$\boldsymbol{D}_2$、$\boldsymbol{D}_3$ 之间的大小关系是________；$\boldsymbol{E}_1$、$\boldsymbol{E}_2$、$\boldsymbol{E}_3$ 之间的大小关系是________（已知 $\varepsilon_{r1}>\varepsilon_{r2}>\varepsilon_{r3}$）.

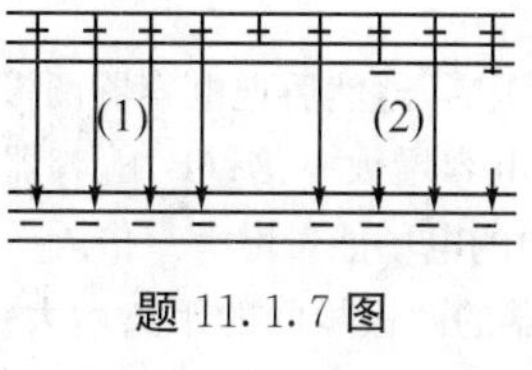

题 11.1.7 图

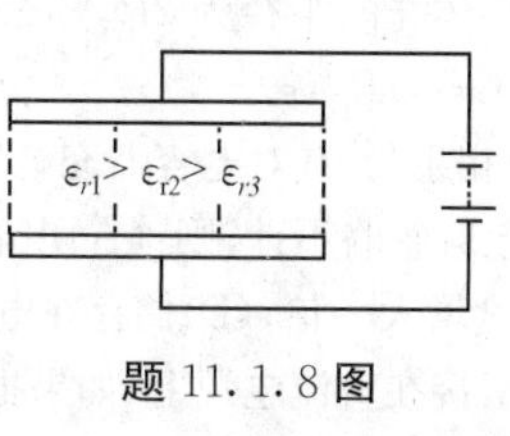

题 11.1.8 图

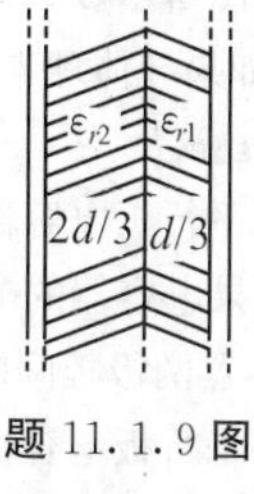

题 11.1.9 图

11.1.9　有一平行板电容器，极板面积为 S，两极板距离为 d，不计边缘效应，在极板间充满两层彼此平行的均匀电介质，其相对介电常数分别为 ε_{r1} 和 ε_{r2}，其厚度分别为 $\frac{1}{3}d$ 和 $\frac{2}{3}d$，如图所示，则该电容器的电容为__________；当在极板上充以电量为 Q 时，这时电容器储藏的电场能量为__________.

11.1.10　两个同轴的圆柱体和圆柱面，长度都是 l，半径分别为 a 和 b，分别均匀带有等值异号电荷 Q，其间充满介电常量为 ε 的均匀电介质. 在一层半径为 r 到 $r+\mathrm{d}r$ 的圆筒中($a<r<b$)，电位移矢量大小 $D=$__________，电场强度矢量大小 $E=$__________，电场能量密度 $w_e=$__________，筒内电场能量 $W_e=$__________，电介质中电场的总能量 $w_e=$__________. 圆柱形电容器的电容 $C=$__________.

11.1.11　平行板电容器极板面积为 S，极板间距离为 d，其间充满了介电常量为 ε 的均匀电介质. 当两板分别带电 $\pm Q$ 时，极板间电位移矢量的大小 $D=$__________，电场强度矢量的大小 $E=$__________，电场能量密度 $w_e=$__________，总电场能量 $W_e=$__________. 根据电容器电场能量公式，电容 $C=$__________.

11.2　选择题

11.2.1　关于导体处于静电平衡状态，有下列说法，其中正确的是：(A)因为“导体处于静电平衡状态时导体内部场强处处为零”，则此时导体内的电子不受静电力的作用；(B)因为“导体处于静电平衡状态时导体内部无电荷”，则此时导体内部没有电子和质子；(C)因为“导体处于静电平衡状态时，导体是一个等势体，导体表面是一个等势面”，因而放上一个不影响原电荷分布的检验电荷时，检验电荷不因受静电场力的作用而发生移动；(D)因为“导体处于静电平衡状态时电荷在曲率大的地方分布密，场强较强”，因而放上的同号的检验电荷将被排斥到场强较小的地方，即曲率半径较大的地方.　(　　)

11.2.2　如图所示，在带电体 A 的旁边有一个不带电的导体壳 B，C 为导体壳空腔内的一点，则根据静电屏蔽可得出：(A)带电体 A 与导体壳 B 的外表面上感应的电荷在 C 点产生的合场强为零；(B) 带电体 A 在 C 点产生的电场强度为零；(C)导体壳 B 的内外表面的感应电荷在 C 点产生的合场强为零；(D)带电体 A 与导体壳 B 的内表面的感应电荷在 C 点产生的合场强为零.　(　　)

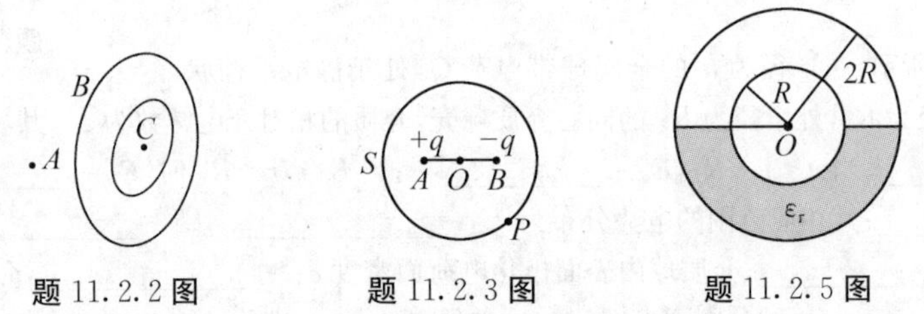

题 11.2.2 图　　题 11.2.3 图　　题 11.2.5 图

11.2.3　如图所示，在封闭球面 S 内的 A 点和 B 点分别放置 $+q$ 和 $-q$ 电荷，且 $OA=OB$，P 点为球面上的一点，则：(A)$E_P\neq 0$，$\oint_S \boldsymbol{D}\cdot\mathrm{d}\boldsymbol{S}\neq 0$；(B)$E_P\neq 0$，$\oint_S \boldsymbol{D}\cdot\mathrm{d}\boldsymbol{S}=0$；(C)$E_P=0$，$\oint_S \boldsymbol{D}\cdot\mathrm{d}\boldsymbol{S}=0$；(D)$E_P=0$，$\oint_S \boldsymbol{D}\cdot\mathrm{d}\boldsymbol{S}\neq 0$.　(　　)

11.2.4　在真空中，一半径为 R_1 的金属球外同心地套上一个金属球壳，球壳的内、外半径分别为 R_2 和 R_3，则此金属球和球壳组成的电容器的电容为：(A)$\frac{4\pi\varepsilon_0 R_1R_3}{R_2-R_1}$；(B)$\frac{4\pi\varepsilon_0 R_1R_2}{R_2-R_1}$；(C)$\frac{4\pi\varepsilon_0(R_2-R_1)}{R_1R_3}$；(D)$\frac{4\pi\varepsilon_0 R_1R_2}{R_2+R_1}$.　(　　)

11.2.5　如图所示，球形电容器由导体球和与它同心的导体球壳组成，其中一半充满相对介电常数为 ε_r 的均匀电介质. 如果导体球半径为 R，导体壳的半径为 $2R$，那么电容器的电容应为：(A)$8\pi\varepsilon_0\varepsilon_r R$；(B)$4\pi(\varepsilon_r+1)\varepsilon_0 R$；(C)$4\pi\varepsilon_0\varepsilon_r R/(\varepsilon_r+1)$；(D)$16\pi\varepsilon_0\varepsilon rR/(\varepsilon_r+1)$.　(　　)

11.2.6　一平行板电容器，两极板相距为 d，对电容器充电后将电源断开，然后把电容器两极板之间的距离增大到 $2d$，如果电容器的电场边缘效应忽略不计，则：(A)电容器的电容增大一倍；(B)电容器所带电量增大一倍；(C)电容器两极板间的电场强度增大一倍；(D)储存在电容器中的电场能量增大一倍.　(　　)

11.2.7　一平行板电容器的两极板接在直流电源上，如果把电容器的两极板间的距离增大一倍，电容器中所储存的电场能量为 W_e，则：(A)W_e 保持不变；(B)W_e 减少到原来的$\frac{1}{2}$；(C)W_e 增加到原来的 2 倍；(D)W_e 增加到原来的 4 倍. ( )

11.2.8 如图所示，C_1 和 C_2 两空气电容器并联以后接上电源充电，在电源保持连接的情况下，在 C_1 中插入一电介质板，则：(A)C_1 极板上的电量增加，C_2 极板上的电量减少；(B)C_1 极板上的电量减少，C_2 极板上的电量增加；(C)C_1 极板上的电量增加，C_2 极板上的电量不变；(D)C_1 极板上的电量减少，C_2 极板上的电量不变. ( )

11.2.9 如图所示，C_1 和 C_2 两空气电容器并联以后接上电源充电，然后将电源断开，再把一电介质板插入 C_1 中，则：(A)C_1 和 C_2 极板上电量都不变；(B)C_1 极板上电量增大，C_2 极板上电量不变；(C)C_1 极板上电量增大，C_2 极板上电量减少；(D)C_1 极板上电量减少，C_2 极板上电量增大. ( )

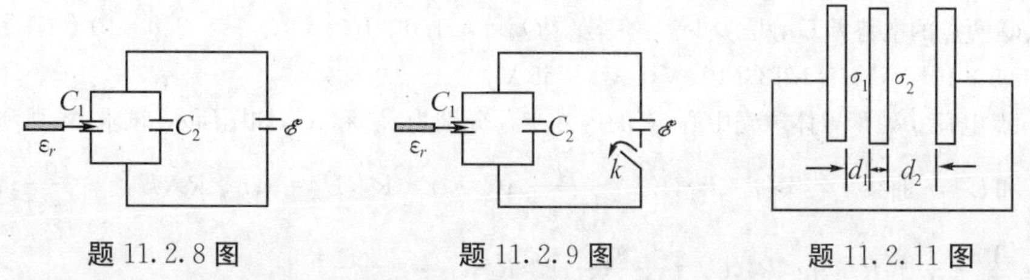

题 11.2.8 图　　题 11.2.9 图　　题 11.2.11 图

11.2.10 真空中一个未带电的空腔导体球壳，内半径为 R，在腔内距球心的距离为 d 处($d<R$)，固定一电量为 $+q$ 的点电荷，用导线把球壳接地后，再把导线撤去，选无穷远处为电势零点，则球心 O 处的电势为：(A)0；(B)$\frac{q}{4\pi\varepsilon_0 R}$；(C)$\frac{q}{4\pi\varepsilon_0 d}$；(D)$\frac{q}{4\pi\varepsilon_0}\left[\frac{1}{d}-\frac{1}{R}\right]$. ( )

11.2.11 如图所示，三块互相平行的导体板，相互之间的距离为 d_1 和 d_2 比板的面积线度小得多，外面二板用导线连接，中间板上带电，设左右两面上电荷密度分别为 σ_1 和 σ_2，则比值 σ_1/σ_2 为：(A)d_2^2/d_1^2；(B)d_1/d_2；(C)d_2/d_1；(D)1. ( )

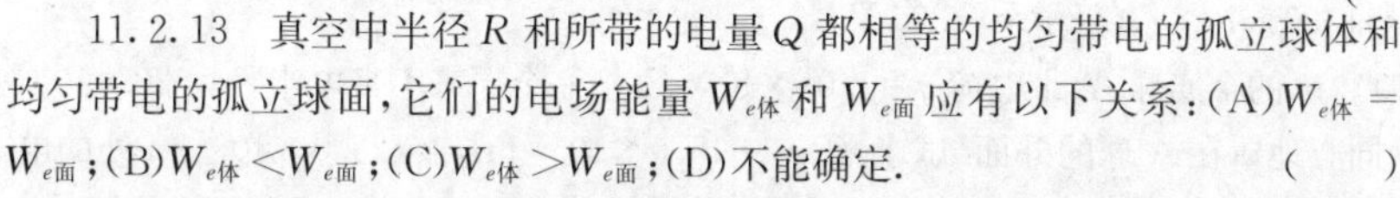

11.2.12 如图所示，两个半径都为 R 的金属导体球，相距为 d，如果两球带等量同号电荷，电量为 Q，而且 $d\gg R$，则整个带电体系的静电势能 W_e 应是：(A)$W_e=\frac{Q^2}{4\pi\varepsilon_0 d}$；(B)$W_e=\frac{2Q^2}{4\pi\varepsilon_0 d}$；(C)$W_e=\frac{Q^2}{4\pi\varepsilon_0 d}+\frac{Q^2}{8\pi\varepsilon_0 R}$；(D)$W_e=\frac{Q^2}{4\pi\varepsilon_0 d}+\frac{Q^2}{4\pi\varepsilon_0 R}$. ( )

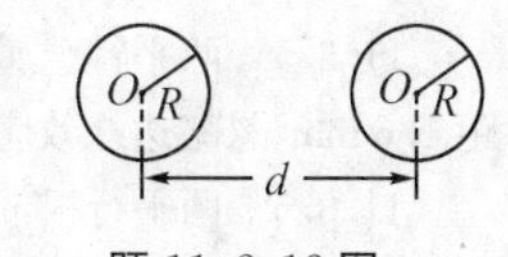

题 11.2.12 图

11.2.13 真空中半径 R 和所带的电量 Q 都相等的均匀带电的孤立球体和均匀带电的孤立球面，它们的电场能量 $W_{e体}$ 和 $W_{e面}$ 应有以下关系：(A)$W_{e体}=W_{e面}$；(B)$W_{e体}<W_{e面}$；(C)$W_{e体}>W_{e面}$；(D)不能确定. ( )

11.2.14 将一空气平行板电容器接到电源上充电到一定电压后，在保持与电源连接的情况下，把一块与极板面积相同的各向同性均匀电介质板平行地插入两极板之间，如图所示，介质板的插入及其所在位置的不同，对电容器储存电能的影响为：(A)储能减少，但与介质板位置无关；(B)储能减少，且与介质板位置有关；(C)储能增加，但与介质板位置无关；(D)储能增加，且与介质板位置有关. ( )

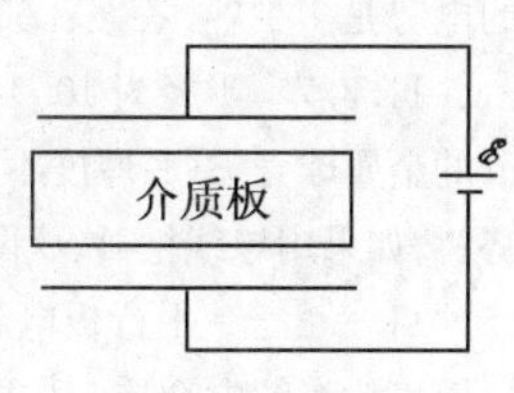

题 11.2.14 图

11.3 **计算证明题**

11.3.1 两个平行平面带电板，每个平面的面积为 S，A 板带电荷 q_A，B 板带电荷 q_B，如图所示，试求：各表面带电面电荷密度 $\sigma_1,\sigma_2,\sigma_3,\sigma_4$ 各为多少？如果 $q_A=-q_B$ 又如何？[答案：$\sigma_1=\sigma_4=\frac{q_A+q_B}{2S}$，$\sigma_2=\sigma_3=\frac{q_A-q_B}{2S}$；如果 $q_A=-q_B$，则 $\sigma_1=\sigma_4=0$，$\sigma_2=-\sigma_3$]

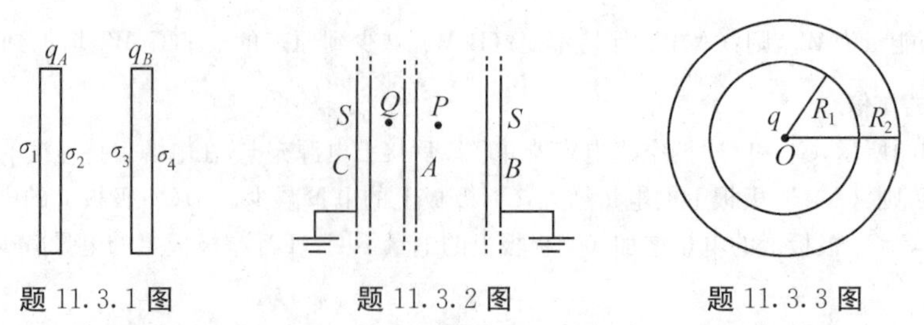

题 11.3.1 图　　题 11.3.2 图　　题 11.3.3 图

11.3.2　如图所示，三块平行金属板 A、B、C，面积都是 200 cm^2，A、B 相距 4 mm，A、C 相距 2 mm，B、C 均接地.如果使 A 板带正电荷 $q_A=3.0\times10^{-7}$ C，在忽略边缘效应时，试求：①B、C 两板的感应电荷各是多少？②如果以地为零电势，试问 A 板的电势是多少？③离开 A 板 1 mm 远的 P、Q 两点的电势各是多少（相对于地）？P、Q 两点的电势差 U_{PQ} 是多少？[答案：①$Q_B=-1.0\times10^{-7}$ C，$Q_c=-2.0\times10^{-7}$ C；②$2.27\times10^3$ V；③$V_P=1.695\times10^3$ V，$V_Q=1.13\times10^3$ V，$U_{PQ}=565$ V]

11.3.3　点电荷 q 处于导体球壳中心，壳的内外半径分别为 R_1 和 R_2，如图所示.试求：场强和电势分布，并画出 $E-r$ 和 $U-r$ 曲线.[答案：$r<R_1$，$E_1=\dfrac{q}{4\pi\varepsilon_0 r^2}$；$R_1<r<R_2$，$E_2=0$；$r>R_2$，$E_3=\dfrac{q}{4\pi\varepsilon_0 r^2}$；$r<R_1$，$U_1=\dfrac{q}{4\pi\varepsilon_0}\left(\dfrac{1}{r}-\dfrac{1}{R_1}+\dfrac{1}{R_2}\right)$；$R_1<r<R_2$，$U_2=\dfrac{q}{4\pi\varepsilon_0 R_2}$；$r>R_2$，$U_3=\dfrac{q}{4\pi\varepsilon_0 r}$]

11.3.4　如图所示，两个无限大带电平板，电荷面密度分别为 $\pm\sigma$，设 P 为两板间任意一点.①求 A 板上的电荷在 P 点产生的场强 E_A；②求 B 板上的电荷在 P 点产生的场强 E_B；③求 A、B 两板上的电荷在 P 点产生的场强 E；④如果把 B 板拿走，A 板上的电荷如何分布？求它在 P 点产生的场强.[答案：①$E_A=\dfrac{\sigma}{2\varepsilon_0}$，向右；②$E_B=\dfrac{\sigma}{2\varepsilon_0}$，向右；③$E=\dfrac{\sigma}{\varepsilon_0}$，向右；④每一侧面为$\dfrac{\sigma}{2}$，$E=\dfrac{\sigma}{2\varepsilon_0}$]

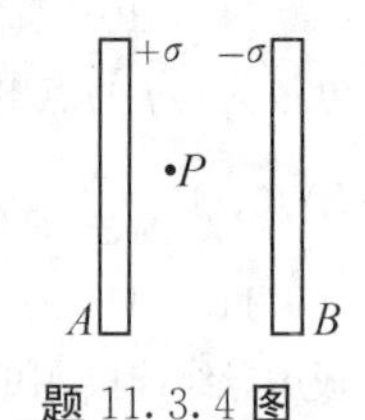

题 11.3.4 图

11.3.5　两平行金属板分别带有等量异号电荷，两板的电势差为 120 V，两板面积都是 3.6 cm^2，两板相距 1.6 mm，忽略边缘效应.求两板间的电场强度和各板所带电量.[答案：7.5×10^4 V·m^{-1}，$\pm2.39\times10^{-10}$ C]

11.3.6　两平行板带有等量异号电荷，电量大小都是 2.66×10^{-8} C。二者相距 5.0 mm，两板面积都是 150 cm^2，A 板带正电并接地，忽略边缘效应，试求：①B 板的电势是多少？②A、B 两板间离 A 板 1.0 mm 处的电势是多少？[答案：①$U_B=1.00\times10^3$ V；②$U_P=-200$ V]

11.3.7　半径为 10.0×10^{-2} m 的金属球 A，带电荷 $q=1.00\times10^{-8}$ C，把一个原来不带电半径为 20×10^{-2} m 的金属球壳 B（其厚度不计）同心地罩在 A 球的外面.试求.①$r_1=15.0\times10^{-2}$ m，$r_2=25.0\times10^{-2}$ m 处的电势；②如果用导线把 A、B 两球连接起来再求以上两点的电势又如何？[答案：①600 V，360 V；②450 V，360 V]

11.3.8　一平行板电容器两极板相距为 d，面积为 S，电势差为 U，其中放有一厚度为 t 的电介质，其相对介电常数为 ε_r，电介质两边都是空气.忽略边缘效应.试求：①电介质中的电场强度 $\boldsymbol{E}$ 的大小，电位移矢量 $\boldsymbol{D}$ 的大小和极化强度矢量 $\boldsymbol{P}$ 的大小；②极板上电量 Q；③极板和电介质间隙中的场强 E_3.[答案：①$E=\dfrac{U}{\varepsilon_r d+(1-\varepsilon_r)t}$，$D=\varepsilon_r\varepsilon_0 E=\dfrac{\varepsilon_0\varepsilon_r U}{\varepsilon_r d+(1-\varepsilon_r)t}$，$P=x_e\varepsilon_0 E=\dfrac{(\varepsilon_r-1)\varepsilon_0 U}{\varepsilon_r d+(1-\varepsilon_r)t}$；②$Q=\dfrac{\varepsilon_0\varepsilon_r U}{\varepsilon_r d+(1-\varepsilon_r)t}$；③$E_3=\dfrac{\varepsilon_r U}{\varepsilon_r d+(1-\varepsilon_r)t}$]

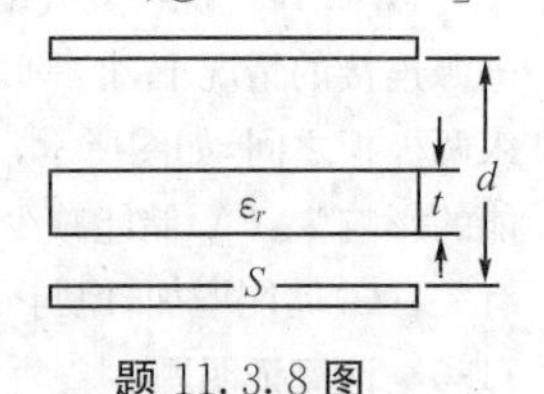

题 11.3.8 图

11.3.9　平行板电容器，极板面积为 S，中间有两层厚度各为 d_1 和 d_2、相对介电常数分别为 ε_{r1} 和 ε_{r2} 的电介质层，如图所示，试求：①分界面处上带电的面电荷密度为 $\pm\sigma_0$ 时，两层介质间分界面上束缚电荷面密度 σ'；②极板间的电势差；③两层介质中的电位移 D.[答案：①$\sigma_1'=(\varepsilon_{r1}-1)\sigma_0$，$\sigma_2'=\dfrac{(\varepsilon_{r1}-1)\sigma_0}{\varepsilon_{r2}}$，$\sigma'=\sigma_1'-\sigma_2'=\dfrac{\varepsilon_{r1}-\varepsilon_{r2}}{\varepsilon_{r1}\varepsilon_{r2}}\sigma_0$；②$U=\dfrac{(\varepsilon_{r1}d_1+\varepsilon_{r2}d_2)\sigma_0}{\varepsilon_{r1}\varepsilon_{r2}\varepsilon_0}$；③$D_1=D_2=\sigma_0$]

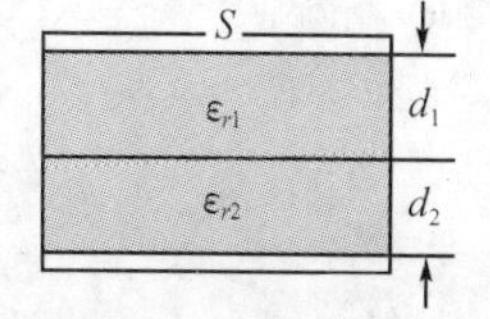

题 11.3.9 图

11.3.10　如图所示，一半径为 R 的导体球带电为 Q，球外有一层同心球壳的均匀电介质，其内外半径为 a 和 b，相对介电常数为 ε_r. 求：①电介质内外的电场强度和电位移矢量；②电介质的极化强度矢量 $\boldsymbol{P}$ 和电介质表面上的极化电荷面密度. [答案：①当 $r<R$ 时，$E=0, D=0$；当 $a<r<b$ 时，$E=\dfrac{Q}{4\pi\varepsilon_0\varepsilon_r r^2}, D=\dfrac{Q}{4\pi r^2}$；当 $r>b$ 及 $R<r<a$ 时，$E=\dfrac{Q}{4\pi\varepsilon_0 r^2}, D=\dfrac{Q}{4\pi r^2}$；②$P=\dfrac{(\varepsilon_r-1)Q}{4\pi\varepsilon_r r^2}$；$\sigma_a'=\dfrac{(\varepsilon_r-1)Q}{4\pi\varepsilon_r a^2}, \sigma_b'=\dfrac{(\varepsilon_r-1)Q}{4\pi\varepsilon_r b^2}$]

11.3.11　如图所示，圆柱形电容器由半径为 a 的导线和与它同轴的导体圆筒构成，圆筒内半径为 b，长为 l，其间充满了两层同轴圆筒形的均匀电介质，分界面的半径为 r，相对介电常数分别为 ε_{r1} 和 ε_{r2}，忽略边缘效应，求电容器的电容. [答案：$C=\dfrac{2\pi\varepsilon_0\varepsilon_{r1}\varepsilon_{r2}l}{\varepsilon_{r2}\ln r/a+\varepsilon_{r1}\ln b/r}$]

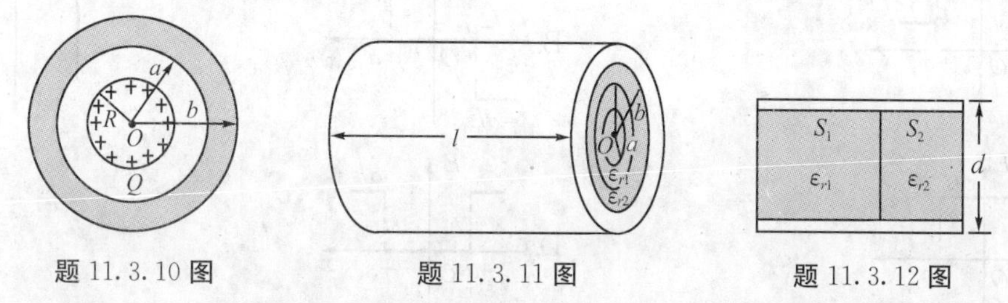

题 11.3.10 图　　题 11.3.11 图　　题 11.3.12 图

11.3.12　如图所示，一平行板电容器两极板相距为 d，其间充满两种电介质，相对介电常数为 ε_{r1} 的电介质所占极板面积为 S_1，相对介电常数为 ε_{r2} 的电介质所占极板面积为 S_2. 忽略边缘效应，试证明其电容为 $C=\varepsilon_0(\varepsilon_{r1}S_1+\varepsilon_{r2}S_2)/d$.

11.3.13　平行板电容器的极板面积为 S，间距为 d，两极板上的电量为 $\pm Q$. 试问：①静电能为多少？②充满相对介电常数为 ε_r 的均匀电介质后，静电能为多少？是增大还是减少？③如果保持极板间的电势差不变，静电能的变化情况如何？[答案：①$W_e=\dfrac{Q^2d}{2\varepsilon_0 S}$；②$W_e'=\dfrac{W_e}{\varepsilon_r}$，减少了$\dfrac{Q^2d}{\varepsilon_0 S}\left(1-\dfrac{1}{\varepsilon_r}\right)$；③$\Delta W_e=\varepsilon_r W_e$]

11.3.14　半径为 R 的电介质球均匀带电，电量为 Q，电介质的相对介电常数为 ε_r. 试求其静电能. [答案：$W_e=\dfrac{Q^2}{8\pi\varepsilon_0 R}\left(\dfrac{1}{5\varepsilon_r}+1\right)$]

11.3.15　在半径为 R_1 的导体球外套一个与它同心的导体球壳，球壳的内外半径分别为 R_2 和 R_3，球与球壳之间是空气，球壳外也是空气，当内球带电荷 Q 时，这个系统储存的电场能量是多少？如果用导线把球与球壳联在一起，结果又如何？[答案：$W_e=\dfrac{Q^2}{8\pi\varepsilon_0}\left(\dfrac{1}{R_1}-\dfrac{1}{R_2}+\dfrac{1}{R_3}\right)$；$W_e'=\dfrac{Q^2}{8\pi\varepsilon_0}\dfrac{1}{R_3}$]

11.3.16　同轴传输线内导体的半径为 a，外导体的内半径为 b，其单位长度分别带电为 $\pm\lambda$，其间充满相对介电常数为 ε_r 的均匀电介质. 试求：单位长度的电场能. [答案：$W_e=\dfrac{\lambda^2}{4\pi\varepsilon_0\varepsilon_r}\ln\dfrac{b}{a}$]

11.3.17　一平行板电容器极板面积为 S，间距为 d，接在电源上以维持其电压为 U. 将一块厚度为 d、相对介电常数为 ε_r 的均匀电介质板插入极板间空隙. 计算：①静电能的改变；②电源所做的功；③电场对介质板做的功. [答案：①静电能增加 $\Delta W_e=\dfrac{(\varepsilon_r-1)}{2d}\varepsilon_0 SU^2$；②$\dfrac{(\varepsilon_r-1)\varepsilon_0 SU^2}{d}$；③$\dfrac{(\varepsilon_r-1)\varepsilon_0 SU^2}{2d}$]

11.3.18　一平行板电容器有两层介质，相对介电常数分别为 $\varepsilon_{r1}=4$ 和 $\varepsilon_{r2}=2$，厚度分别为 $d_1=2\text{ mm}$ 和 $d_2=3\text{ mm}$，板面积为 $S=50\text{ mm}^2$，两极板间电压为 $U=200\text{ V}$，试计算：①每一层介质中的电场能量密度；②每层介质中的总能量；③用电容器的能量公式计算总能量. [答案：①$w_{e1}=\dfrac{1}{2}\varepsilon_0\varepsilon_{r1}E_1^2=1.11\times10^{-2}\text{ J}\cdot\text{m}^{-3}$，$w_{e2}=\dfrac{1}{2}\varepsilon_0\varepsilon_{r2}E_2^2=2.21\times10^{-2}\text{ J}\cdot\text{m}^{-3}$；②$W_{e1}=w_{e1}Sd_1=1.11\times10^{-7}\text{ J}$，$W_{e2}=w_{e2}Sd_2=3.32\times10^{-7}\text{ J}$；③$W_e=\dfrac{1}{2}CU^2=4.43\times10^{-7}\text{ J}$]

静电场检测题

一、选择题

1. 电荷面密度均为$+\sigma$的两块“无限大”均匀带电的平行平板如右图放置，其周围空间各点电场强度$\vec{E}$随位置坐标x变化的关系曲线为(设场强方向向右为正、向左为负)(　　).

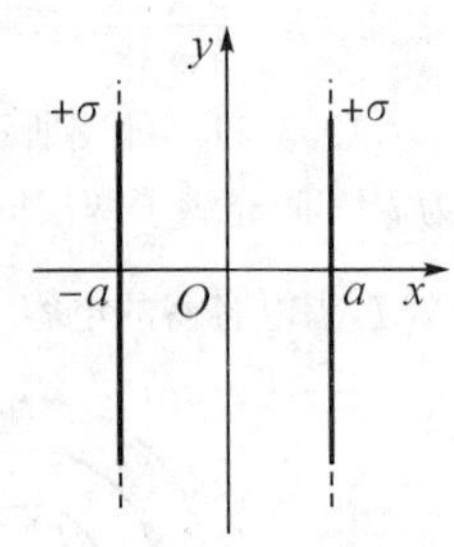

A.
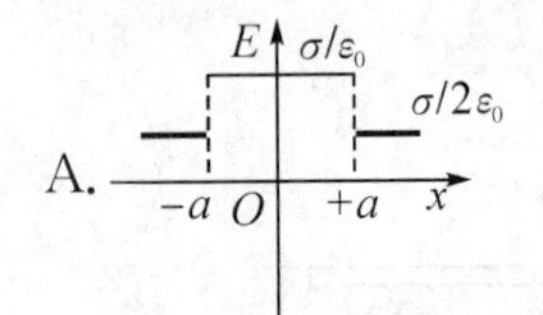

B.
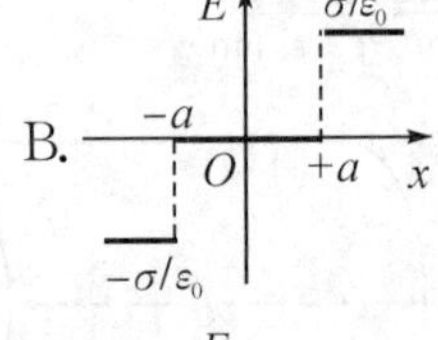

C.
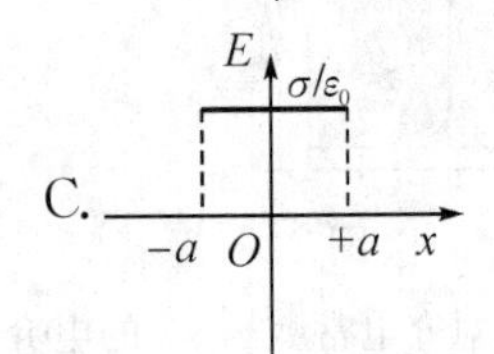

D.
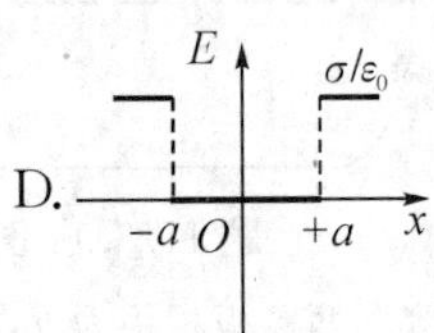

2. 如右图所示，两个同心的均匀带电球面，内球面半径为R_1、带电荷Q_1，外球面半径为R_2、带电荷Q_2. 设无穷远处为电势零点，则在两个球面之间、距离球心为r处的P点的电势U为(　　).

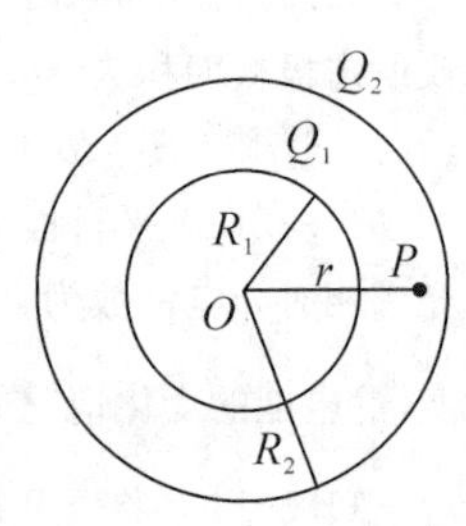

A. $\dfrac{Q_1+Q_2}{4\pi\varepsilon_0 r}$　　　B. $\dfrac{Q_1}{4\pi\varepsilon_0 R_1}+\dfrac{Q_2}{4\pi\varepsilon_0 R_2}$

C. $\dfrac{Q_1}{4\pi\varepsilon_0 r}+\dfrac{Q_2}{4\pi\varepsilon_0 R_2}$　　　D. $\dfrac{Q_1}{4\pi\varepsilon_0 R_1}+\dfrac{Q_2}{4\pi\varepsilon_0 r}$

3. 如右图所示，边长为l的正方形，在其四个顶点上各放有等量的点电荷. 若正方形中心O处的场强值和电势值都等于零，则(　　).

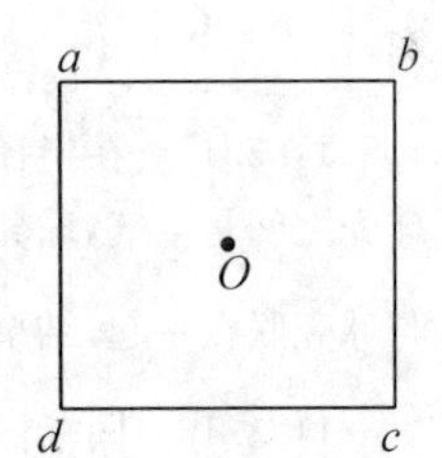

A. 顶点a、b、c、d处都是正电荷

B. 顶点a、b处是正电荷，c、d处是负电荷

C. 顶点a、c处是正电荷，b、d处是负电荷

D. 顶点a、b、c、d处都是负电荷

4. 如右图所示，直线MN长为$2l$，弧OCD是以N点为中心，l为半径的半圆弧，N点有正电荷$+q$，M点有负电荷$-q$. 今将一试验电荷$+q_0$从O点出发沿路径$OCDP$移到无穷远处，设无穷远处电势为0，则电场力作功(　　).

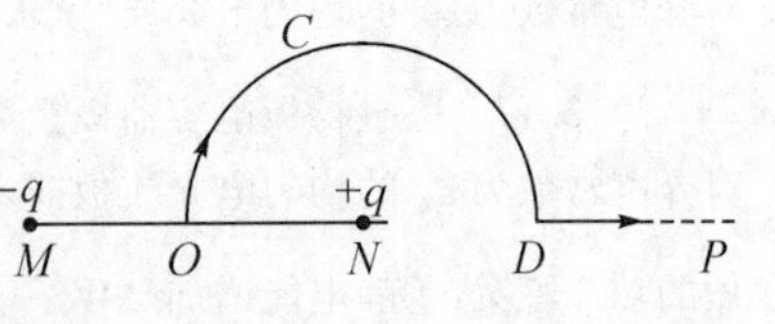

A. $A<0$，且为有限常量　　　B. $A>0$，且为有限常量

C. $A=\infty$　　　D. $A=0$

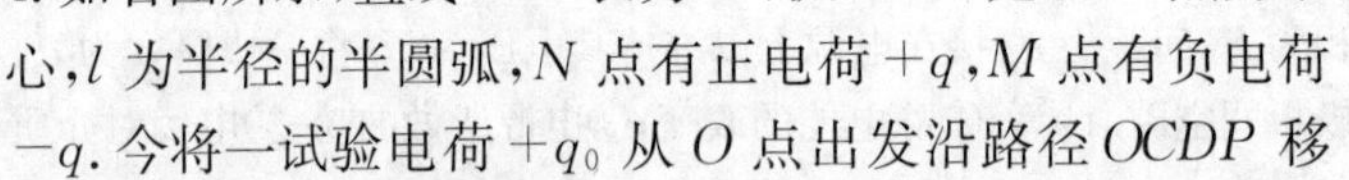

5. 半径为r的均匀带电球面1，带有电荷q，其外有一同心的半径为R的均匀带电球面2，带有电荷Q，则此两球面之间的电势差U_1-U_2为(　　).

A. $\dfrac{q}{4\pi\varepsilon_0}\left(\dfrac{1}{r}-\dfrac{1}{R}\right)$　　　B. $\dfrac{Q}{4\pi\varepsilon_0}\left(\dfrac{1}{R}-\dfrac{1}{r}\right)$

C. $\frac{1}{4\pi\varepsilon_0}\left(\frac{q}{r}-\frac{Q}{R}\right)$　　D. $\frac{q}{4\pi\varepsilon_0 r}$

6. 充了电的平行板电容器两极板(看做很大的平板)间的静电作用力 F 与两极板间的电压 U 的关系是(　　).

A. $F\propto U$　　B. $F\propto 1/U$

C. $F\propto 1/U^2$　　D. $F\propto U^2$

7. 在一个原来不带电的外表面为球形的空腔导体 A 内,放一带有电荷为 $+Q$ 的带电导体 B,如右图所示. 则比较空腔导体 A 的电势 U_A 和导体 B 的电势 U_B 时,可得以下结论(　　).

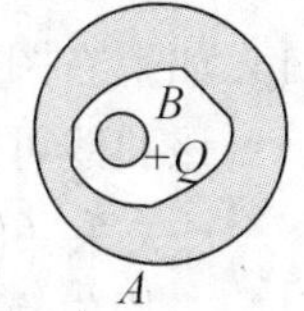

A. $U_A=U_B$　　B. $U_A>U_B$

C. $U_A<U_B$　　D. 因空腔形状不是球形,两者无法比较

8. 设有一个带正电的导体球壳. 当球壳内充满电介质、球壳外是真空时,球壳外一点的场强大小和电势用 E_1、U_1 表示;而球壳内、外均为真空时,壳外一点的场强大小和电势用 E_2、U_2 表示,则两种情况下壳外同一点处的场强大小和电势大小的关系为(　　).

A. $E_1=E_2, U_1=U_2$　　B. $E_1=E_2, U_1>U_2$

C. $E_1>E_2, U_1>U_2$　　D. $E_1<E_2, U_1<U_2$

9. 一平行板电容器始终与端电压一定的电源相连. 当电容器两极板间为真空时,电场强度为 $\vec{E}_0$,电位移为 $\vec{D}_0$,而当两极板间充满相对介电常量为 ε_r 的各向同性均匀电介质时,电场强度为 $\vec{E}$,电位移为 $\vec{D}$,则(　　).

A. $\vec{E}=\vec{E}_0/\varepsilon_r, \vec{D}=\vec{D}_0$　　B. $\vec{E}=\vec{E}_0, \vec{D}=\varepsilon_r\vec{D}_0$

C. $\vec{E}=\vec{E}_0/\varepsilon_r, \vec{D}=\vec{D}_0/\varepsilon_r$　　D. $\vec{E}=\vec{E}_0, \vec{D}=\vec{D}_0$

10. 如果某带电体其电荷分布的体密度 ρ 增大为原来的 2 倍,则其电场的能量变为原来的(　　).

A. 2 倍　　B. 1/2

C. 4 倍　　D. 1/4

11. 一空气平行板电容器充电后与电源断开,然后在两极板间充满某种各向同性、均匀电介质,则电场强度的大小 E、电容 C、电压 U、电场能量 W 四个量各自与充入介质前相比较,增大(↑)或减小(↓)的情形为(　　).

A. E↑, C↑, U↑, W↑　　B. E↓, C↑, U↓, W↓

C. E↓, C↑, U↑, W↓　　D. E↑, C↓, U↓, W↑

二、填空题

12. A、B 为真空中两个平行的"无限大"均匀带电平面,已知两平面间的电场强度大小为 E_0,两平面外侧电场强度大小都为 $E_0/3$,方向如右图所示. 则 A、B 两平面上的电荷面密度分别为 $\sigma_A=$________, $\sigma_B=$________.

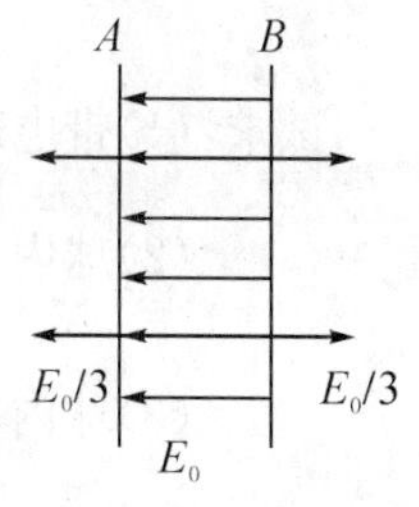

13. 在场强为 $\vec{E}$ 的均匀电场中,有一半径为 R、长为 l 的圆柱面,其轴线与 $\vec{E}$ 的方向垂直. 在通过轴线并垂直 $\vec{E}$ 的方向将此柱面切去一半,如下左图所示. 则穿过剩下的半圆柱面的电场强度通量等于____________.

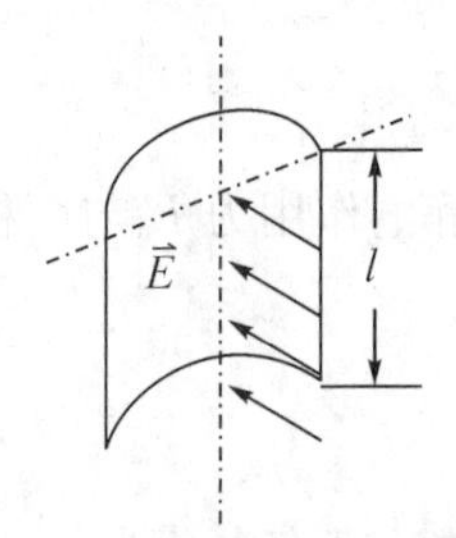

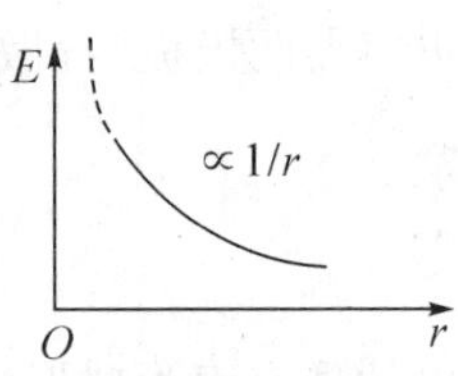

14. 如上右图中所示曲线表示球对称或轴对称静电场的某一物理量随径向距离 r 成反比关系，该曲线可描述____________的电场的 $E-r$ 关系，也可描述__________的电场的 $U-r$ 关系.（E 为电场强度的大小，U 为电势）

15. 一均匀静电场，电场强度 $\vec{E}=(400\,\vec{i}+600\,\vec{j})\,\text{V}\cdot\text{m}^{-1}$，则点 $a(3,2)$ 和点 $b(1,0)$ 之间的电势差 $U_{ab}=$____________.（点的坐标 x、y 以 m 计）

16. 真空中，一边长为 a 的正方形平板上均匀分布着电荷 q；在其中垂线上距离平板 d 处放一点电荷 q_0，如右图所示. 在 d 与 a 满足____________条件下，q_0 所受的电场力可写成 $q_0q/(4\pi\varepsilon_0d^2)$.

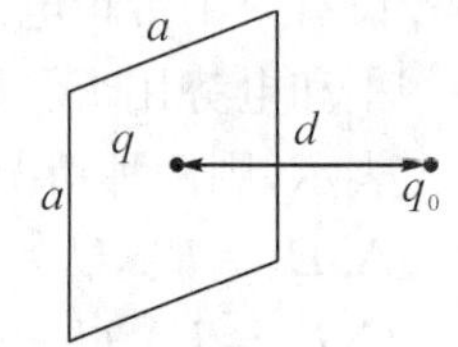

17. 一金属球壳的内外半径分别为 R_1 和 R_2，带有电荷 Q. 在球壳内距球心 O 为 r 处有一电荷为 q 的点电荷，则球心处的电势为________________________.

18. A、B 为两块无限大均匀带电平行薄平板，两板间和左右两侧充满相对介电常量为 ε_r 的各向同性均匀电介质. 已知两板间的场强大小为 E_0，两板外的场强均为 $\frac{1}{3}E_0$，方向如右图所示. 则 A、B 两板所带电电荷面密度分别为 $\sigma_A=$________________________，$\sigma_B=$________________________.

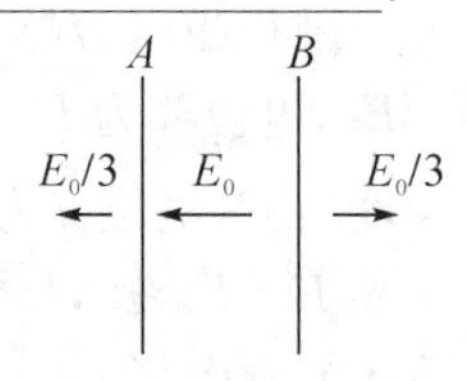

19. 一空气平行板电容器，电容为 C，两极板间距离为 d. 充电后，两极板间相互作用力为 F. 则两极板间的电势差为____________，极板上的电荷为____________.

20. 一个带电的金属球，当其周围是真空时，储存的静电能量为 W_{e0}，使其电荷保持不变，把它浸没在相对介电常量为 ε_r 的无限大各向同性均匀电介质中，这时它的静电能量 $W_e=$____________________.

三、计算题

21. 一半径为 R 的带电球体，其电荷体密度分布为

$$\rho=\frac{qr}{\pi R^4}\ (r\leqslant R)\qquad (q\text{ 为一正的常量})$$

$$\rho=0\quad (r>R)$$

试求：(1)带电球体的总电荷；[答案：$Q=q$]

(2)球内、外各点的电场强度；[答案：$E_1=\dfrac{qr_1^2}{4\pi\varepsilon_0R^4}(r_1\leqslant R)$，$E_2=\dfrac{q}{4\pi\varepsilon_0r_2^2}(r_2>R)$]

(3)球内、外各点的电势. [答案：$U_1=\dfrac{q}{12\pi\varepsilon_0R}\left(4-\dfrac{r_1^3}{R^3}\right)(r_1\leqslant R)$，$U_2=\dfrac{q}{4\pi\varepsilon_0r_2}(r_2>R)$]

22. 电荷以相同的面密度 σ 分布在半径为 $r_1=10$ cm 和 $r_2=20$ cm 的两个同心球面上. 设无限远处电势为零，球心处的电势为 $U_0=300$ V. 求：

(1)电荷面密度 σ;[答案:$\sigma=8.85\times10^{-9}\ C/m^2$]

(2)若要使球心处的电势也为 0,外球面上应放掉多少电荷?[$\varepsilon_0=8.85\times10^{-12}\ C^2/(N\cdot m^2)$][答案:$q'=6.67\times10^{-9}\ C$]

23. 右图所示一个均匀带电的球层,其电荷体密度为 ρ,球层内表面半径为 R_1,外表面半径为 R_2. 设无穷远处为电势零点. 求球层中半径为 r 处的电势.[答案:$U=\dfrac{\rho}{6\varepsilon_0}(3R_2^2-r^2-\dfrac{2R_1^3}{r})$]

24. 一真空二极管,其主要构件是一个半径 $R_1=5\times10^{-4}$ m 的圆柱形阴极 A 和一个套在阴极外的半径 $R_2=4.5\times10^{-3}$ m 的同轴圆筒形阳极 B,如右图所示. 阳极电势比阴极高 300 V,忽略边缘效应. 求电子刚从阴极射出时所受的电场力.(基本电荷 $e=1.6\times10^{-19}$ C)[答案:$F=4.37\times10^{-14}$ N,方向沿半径指向阳极]

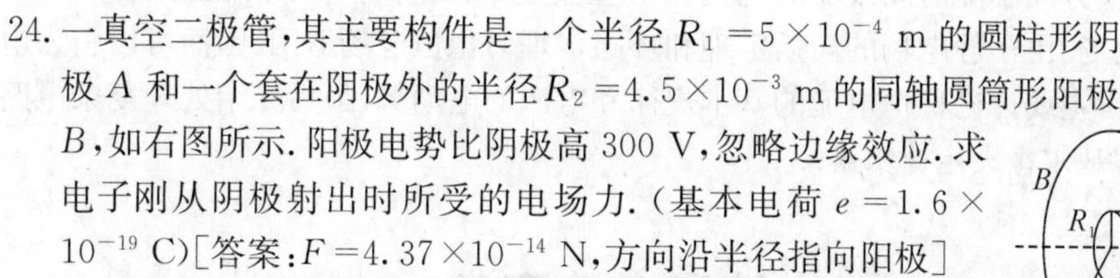

25. 如右图所示,半径为 R 的均匀带电球面,带有电荷 q. 沿某一半径方向上有一均匀带电细线,电荷线密度为 λ,长度为 l,细线左端离球心距离为 r_0. 设球和线上的电荷分布不受相互作用影响,试求细线所受球面电荷的电场力和细线在该电场中的电势能.(设无穷远处的电势为零)[答案:$F=\dfrac{q\lambda l}{4\pi\varepsilon_0 r_0(r_0+l)}$,方向沿 x 正方向;$W=\dfrac{q\lambda}{4\pi\varepsilon_0}\ln(\dfrac{r_0+l}{r_0})$]

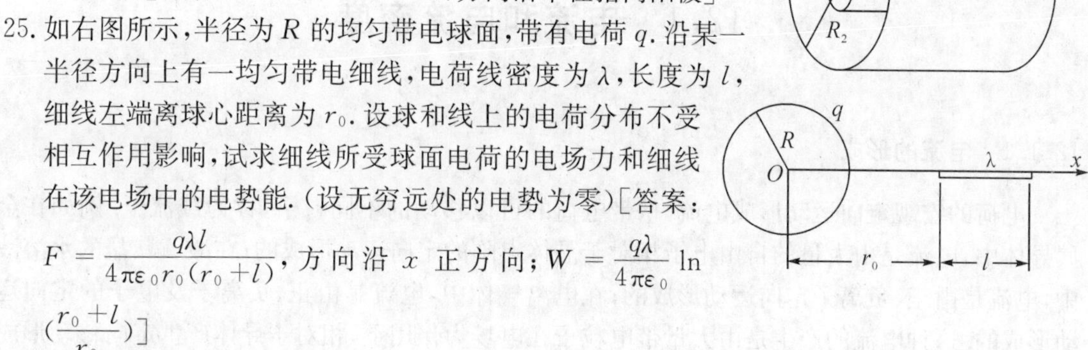

26. 在盖革计数器中有一直径为 2.00 cm 的金属圆筒,在圆筒轴线上有一条直径为 0.134 mm 的导线. 如果在导线与圆筒之间加上 850 V 的电压,试求:

(1)导线表面处的电场强度的大小;[答案:$E_1=2.54\times10^6$ V/m]

(2)金属圆筒内表面处的电场强度的大小.[答案:$E_2=1.70\times10^4$ V/m]

27. 一电容器由两个很长的同轴薄圆筒组成,内、外圆筒半径分别为 $R_1=2$ cm,$R_2=5$ cm,其间充满相对介电常量为 ε_r 的各向同性、均匀电介质. 电容器接在电压 $U=32$ V 的电源上,如右图所示. 试求距离轴线 $R=3.5$ cm处的 A 点的电场强度和 A 点与外筒间的电势差.[答案:$E_A=998$ V/m,方向沿半径向外;$U'=12.5$ V]

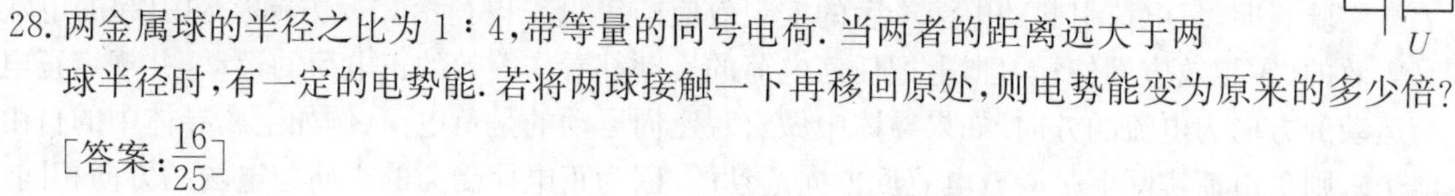

28. 两金属球的半径之比为 1∶4,带等量的同号电荷. 当两者的距离远大于两球半径时,有一定的电势能. 若将两球接触一下再移回原处,则电势能变为原来的多少倍?[答案:$\dfrac{16}{25}$]

第12章　稳恒电流

前两章讨论了由静止电荷产生的静电场的基本规律,本章讨论导体内的电荷做宏观定向运动时所遵循的基本规律.电荷的宏观定向运动形成电流,而大小和方向都不随时间改变的电流称为稳恒电流,仅仅方向不随时间改变的电流称为直流电.要在导体中维持稳恒电流,必须在导体中建立稳恒电场.由于静电场的高斯定理和环路定理对稳恒电场适用,因而可以引入电势差和电势概念.本章主要讨论稳恒电流的基本规律和电源的电动势,最后介绍处理复杂电路的基本方法——利用基尔霍夫定律求解.

12.1　电流和电流密度

12.1.1　电流的形成

电荷的宏观定向运动形成电流,携带电荷的可以移动的不同粒子,称为载流子.例如在金属导体中,电流是由大量的自由电子相对于晶体点阵的定向运动形成的;在酸、碱、盐的水溶液中,电流是由正、负离子定向运动形成的;在电离气体中,电流是由正、负离子及电子的定向运动形成的.这种电流的产生是由大量带电粒子在电场力作用下,相对于导体产生定向移动形成的,称为传导电流.传导电流同时会产生某些效应,例如热效应、化学效应和磁效应等.因此,我们可以利用这些效应来检验电流是否存在和量度电流的强弱.此外还有一类电流,它是带电体在空间做机械运动形成的,这一类电流称为运流电流.运流电流产生磁效应,但不产生热效应和化学效应.本章只讨论较重要而又实用的传导电流.

处于静电平衡状态的导体,内部电场为零,导体内的带电粒子做无规则的热运动,不会产生电荷在某方向上的宏观定向运动,因而不能形成电流.要使电荷相对于导体做定向运动,在导体内部一定要有电场存在.可见,电流的形成必须具备两个条件:①导体内有可以移动的自由电荷(载流子);②导体内要维持一个电场或导体两端要有电势差.这两个条件缺一不可(超导体除外).

实验表明,负电荷引起的电流产生的宏观效应与等量正电荷沿相反方向运动引起的电流是等效的(霍尔效应例外).习惯上把任何电荷的运动都看作等效的正电荷的运动,并规定正电荷运动的方向为电流的方向.如果导体中做宏观定向运动的是负电荷(例如金属导体中的自由电子),则负电荷实际上是沿着电流反方向运动的.因为正电荷受力的方向与电场的方向相同,所以在导体中电流的方向总是沿着导体中电场的方向,从高电势处流向低电势处.

12.1.2　电　流

为了定量地表示电流的强弱,我们在导体中任取一横截面 S,如果在 Δt 时间内,通过该横截面的电量为 Δq,则通过该横截面的电流 I 为

$$I=\frac{\Delta q}{\Delta t} \tag{12-1-1}$$

即电流在数值上等于在单位时间内通过导体中某横截面的电荷量.

在电路中,如果电流的大小和方向都不随时间改变,这样的电流称为稳恒电流;若电流的方向不随时间改变,这样的电流称为直流电.如果电流强弱是随时间变化的,可以用瞬时电流来表示某一时刻通过某一横截面的电流强弱,即

$$I=\lim_{\Delta t\to 0}\frac{\Delta q}{\Delta t}=\frac{\mathrm{d}q}{\mathrm{d}t} \tag{12-1-2}$$

在国际单位制中,电流是一个基本物理量,电流的单位为安培,用符号 A 表示,它是一个基本单位,其量纲式为 I.除了安培外,还经常用毫安(mA)和微安(μA)等单位表示小的电流,它们与安培的关系为

$$1\mathrm{mA}=10^{-3}\mathrm{A}$$
$$1\mu\mathrm{A}=10^{-6}\mathrm{A}$$

电流是标量,它表示单位时间内通过导体中已知横截面电量的多少.通常所说的电流方向只表示电荷在导体内定向移动的方向.

12.1.3 电流密度

在许多情况下,电流沿着一均匀的导线流动,这时,电流在同一横截面上各点的分布是均匀的,因而只需给出通过任一横截面的电流,就可以描写导线中电流分布的情况.但是在有些情况下,电流的分布不一定是均匀的,例如,在图12.1.1中,当一段粗细不同的导体通有电流时,其中通过横截面 S_2 的电流和通过横截面 S_1 的电流相同,都是 I;但如果分别在 S_1 和 S_2 上取同样大小的面积元 ΔS_1 和 ΔS_2,通过它们的电流却不一定相同.可见,仅用通过整个横截面的电流这个物理量,并不能完全描述电流在导体中各点的分布情况.为此,引入电流密度矢量 $\boldsymbol{j}$ 这一物理量,来定量描述导体中每点的电流分布情况.定义导体中的某一点的电流密度 $\boldsymbol{j}$ 的方向就是该点的正电荷运动方向(即该处场强 $\boldsymbol{E}$ 的方向),$\boldsymbol{j}$ 的大小则等于过该点处并与电流方向垂直的单位面积上的电流.设想在导体中 P 点处取一与电流方向垂直的面积元 $\mathrm{d}S_0$,设通过该面积元的电流为 $\mathrm{d}I$,则该点的电流密度的大小为

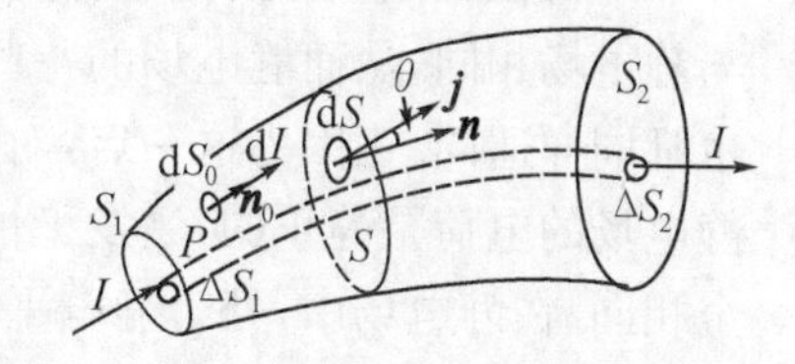

图 12.1.1 电流分布不一定均匀

$$j=\frac{\mathrm{d}I}{\mathrm{d}S_0} \tag{12-1-3}$$

上式反映了描写电流的两个物理量电流和电流密度之间的关系,但只反映了在一种特殊情况(面积元与 $\boldsymbol{j}$ 垂直)下的关系.一般来说,若面积元 $\mathrm{d}\boldsymbol{S}$ 的法线方向与电流方向成 θ 角(如图12.1.1所示),则由(12-1-3)式得

$$\mathrm{d}I=j\,\mathrm{d}S_0=j\,\mathrm{d}S\cos\theta$$

即

$$\mathrm{d}I=\boldsymbol{j}\cdot\mathrm{d}\boldsymbol{S} \tag{12-1-4}$$

上式表明:对于一定的 $\boldsymbol{j}$,$\mathrm{d}I$ 的大小和正负取决于 $\mathrm{d}\boldsymbol{S}$ 的大小和方向.当 $\theta<\frac{\pi}{2}$ 时,$\mathrm{d}I>0$,为正值;当 $\theta=\frac{\pi}{2}$ 时,$\mathrm{d}I=0$;当 $\theta>\frac{\pi}{2}$ 时,$\mathrm{d}I<0$,为负值.由上式对任意曲面 S 积分,可得通过该曲面 S 的电流为

$$I=\int_S\mathrm{d}I=\int_S\boldsymbol{j}\cdot\mathrm{d}\boldsymbol{S} \tag{12-1-5}$$

上式表明：通过任一曲面 S 的电流就是电流密度 $\boldsymbol{j}$ 对该曲面 S 的通量.

在国际单位制中，电流密度的单位是安培・米$^{-2}$（$A\cdot m^{-2}$），量纲式为$[j]=IL^{-2}$.

12.1.4 稳恒电流和电场

一般来说，电流密度 $\boldsymbol{j}$ 是随时间而变化的，在特殊情况下，$\boldsymbol{j}$ 也可以不随时间而变化.各点的电流密度 $\boldsymbol{j}$（大小和方向）都不随时间而变化的电流称为稳恒电流.稳恒电流是一种很重要的电流，本章只讨论稳恒电流.

显然，要维持稳恒电流，空间各处电荷的分布必须不随时间而变化.必须指出，电荷分布不随时间而变化并不意味着电荷没有运动，否则电流也就不存在了，实际的物理图像是：导体内各处的电荷（载流子）尽管都在向前移动，但它们原来的位置又被后续的其他电荷所占据，只要单位的时间内从任一闭合面的一部分流出去的电荷量等于从该面其他部分流进的电荷量，空间各点的电荷分布就不随时间变化.

与稳恒电流相伴的电场称为稳恒电场，激发稳恒电场的电荷分布是不随时间变化的，这点与静电场相同，从而静电场的一些基本规律，如静电场的高斯定理、环路定理等，对于稳恒电场也都同样适同.正因为这一点，对稳恒电场，我们可以引入电势差和电势概念.但是，由于激发静电场的电荷是静止的，激发稳恒电场的电荷是运动的，因此，稳恒电场和静电场的性质不完全相同.在静电场中，处于静电平衡状态的导体中没有电流，场强为零，整个导体为等势体；而稳恒电场中的导体中可以有电流，场强也不为零，导体两端有恒定的电势差.可见，静电场只是稳恒电场的特例.

12.2 一段不含源电路的欧姆定律

12.2.1 欧姆定律和电阻

关于一段均匀导体中电流与导体两端的电势差（或电压）之间的关系，德国物理学家欧姆通过大量实验，于 1826 年总结出如下欧姆定律：一段不含电源的金属导体在温度不变时，流过导体的电流 I 与导体两端的电压 $U=U_1-U_2$ 成正比.写成等式就是

$$I=GU=G(U_1-U_2) \tag{12-2-1}$$

式中，G 是比例系数.习惯上常用 G 的倒数 R 来表示上述关系，即

$$I=\frac{U}{R}=\frac{U_1-U_2}{R} \tag{12-2-2a}$$

或

$$U=IR \tag{12-2-2b}$$

R 或 G 的数值取决于导体的材料、形状、长短、粗细及温度等因素，所以 R 或 G 是表示导体特性的物理量，我们称常量 R 为导体的电阻，其倒数 G 称为导体的电导.上式给出了任意一段不含电源（以后简称不含源）导体的电流、电压和电阻三者之间的关系，它描述一段有限长度、有限横截面积导体的导电规律，称为欧姆定律的积分形式.

对于金属导体，欧姆定律是十分准确的，只有当电流大到 $10^8\,A\cdot cm^2$ 时，才与欧姆定律有 1%的差异.

以电压 U 为横坐标轴，电流 I 为纵坐标轴，画出的曲线称为导体的伏安特性曲线.当欧姆定律成立时，其伏安特性曲线为一条通过原点的直线.图 12.2.1 为金属导体的伏安特性曲线，

其斜率的倒数就是该导体的电阻 R，它是一个与电压、电流无关的常量. 具有这种性质的电学元件称为线性元件，其电阻称为线性电阻或欧姆电阻，对金属导体及电解液都适用. 对另一些电学元件，如晶体管、电子管、气体导电元件等，不遵从欧姆定律，其伏安特性曲线不是直线，而是某种形式的曲线. 图 12.2.2 为晶体二极管的伏安特性曲线，这时我们仍可以定义处于某一电流 I 条件下的直流电阻 $R=\dfrac{U}{I}$，显然，此时 R 与 U、I 有关，不再为常量，称为非线性电阻，相应的元件称为非线性元件. 在实际应用中，非线性元件与线性元件具有相同的重要性，否则就不会有今天的电子技术了.

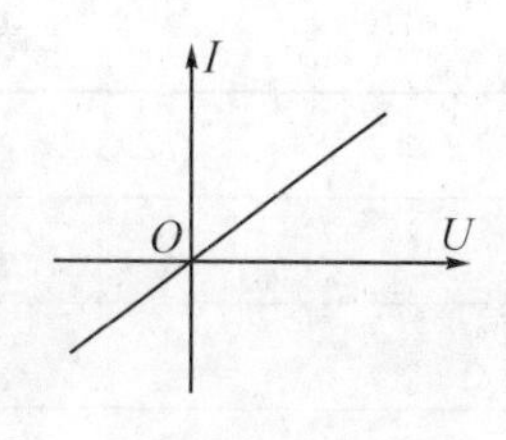

图 12.2.1 金属导体的伏安特性曲线

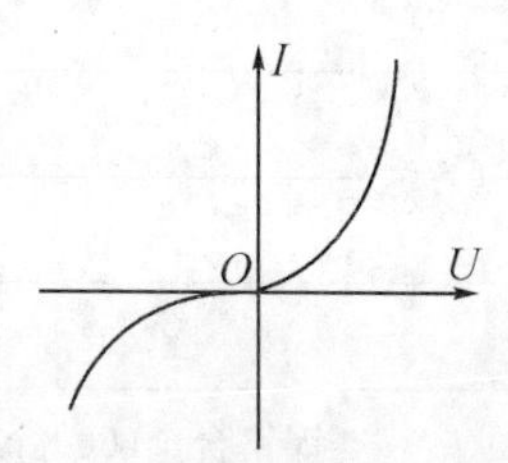

图 12.2.2 晶体二极管的伏安特性曲线

上述欧姆定律只适用于一段不含电源的金属导体，因此应准确地称为一段不含源电路的欧姆定律. 在国际单位制中，电阻的单位是欧姆，用符号 Ω 表示. 由(12－2－2)式可知，当一段导体两端的电压为 1 伏特时，通过导体的电流恰好为 1 安培，则这段导体的电阻就是 1 欧姆. 所以，1 欧姆 = 1 伏特/安培. 此外，电阻的单位还有千欧(kΩ)、兆欧(MΩ)，它们与欧姆之间的关系为

$$1\ \text{k}\Omega=10^3\ \Omega,$$
$$1\ \text{M}\Omega=10^6\ \Omega$$

电导 G 的单位是西门子，用符号 S 表示，$1\ \text{S}=1\ \Omega^{-1}$.

12.2.2 电阻定律和电阻率

一般来说，导体的电阻与其材料、形状、长短、粗细及温度有关. 实验表明：当导体的材料和温度一定时，一段柱形均匀导体的电阻 R 与其长度 l 成正比，与其横截面积 S 成反比，即

$$R=\rho\frac{l}{S} \tag{12－2－3}$$

上式称为电阻定律. 式中比例系数 ρ 是一个与导体材料的性质及温度有关的物理量，称为导体的电阻率. 在国际单位制中，电阻率的单位是欧姆·米，用符号 Ω·m 表示. 在工程上，电阻率的单位常用欧姆·毫米^2/米，它是国际制单位的 10^{-6} 倍.

电阻率的倒数称为电导率，用符号 σ 表示. 在国际单位制中，电导率的单位是西门子/米，用符号 $\text{S}\cdot\text{m}^{-1}$ 表示. 电阻率和电导率是表示某种材料导电性能的重要物理量.

当导体的横截面积 S 或电阻率 ρ 不均匀时，(12－2－3)式可以用下式代替

$$R=\int\rho\frac{\mathrm{d}l}{S} \tag{12－2－4}$$

积分沿长度方向(电流方向)进行.

实验表明，所有纯金属的电阻率都随温度的升高而增大. 金属在 0℃ 附近温度变化不太大的范围内，它的电阻率随温度变化的情况可以近似地用下面线性函数来表示

$$\rho=\rho_0(1+\alpha t) \tag{12－2－5}$$

式中，ρ、ρ_0 分别是温度为 t 和 0℃ 时的电阻率；α 称为电阻的温度系数，它表示温度每升高 1℃ 时电阻率的相对增量，其单位是度$^{-1}$(℃$^{-1}$)，其值取决于材料的种类. 表 12－2－1 给出了几种金属、合金和碳的 ρ_0 及 α 值.

表 12－2－1　几种材料在 0℃时的电阻率 ρ_0 及温度系数 α

材料	$\rho_0(\Omega\cdot m)$	$\alpha(℃^{-1})$
银	1.5×10^{-8}	4.0×10^{-3}
铜	1.6×10^{-8}	4.3×10^{-3}
铝	2.5×10^{-8}	4.7×10^{-3}
钨	5.5×10^{-8}	4.6×10^{-3}
铁	8.7×10^{-8}	5×10^{-3}
铂	9.8×10^{-8}	3.9×10^{-3}
汞	94×10^{-8}	8.8×10^{-4}
碳	3500×10^{-8}	-5×10^{-4}
镍铬合金(60%Ni,15%Cr,25%Fe)	110×10^{-8}	1.6×10^{-4}
铁铬合金(60%Fe,30%Cr,10%Al)	140×10^{-8}	4×10^{-5}
镍铜合金(54%Cu,46%Ni)	50×10^{-8}	4×10^{-5}
锰铜合金(84%Cu,12%Mn,4%Ni)	48×10^{-8}	1×10^{-5}

从表中可以看出，多数纯金属的温度系数 α 值都在 $4\times10^{-3}℃^{-1}$左右，即温度每升高 1℃，这些金属的电阻率就大约增加 0.4%. 电阻率的这种变化比金属的线膨胀要显著得多(温度每升高 1℃金属的线膨胀为 0.001%左右)，因此，在考虑金属导体的电阻随温度变化时，可以忽略导体长度 l 和横截面积 S 的变化. 将(12－2－5)式两边同乘以$\frac{l}{S}$，则可得

$$R=R_0(1+\alpha t) \tag{12-2-6}$$

式中，$R=\rho\frac{1}{S}$，$R_0=\rho_0\frac{l}{S}$分别是金属导体在 t℃及 0℃时的电阻.

利用金属导体的电阻随温度变化的特性，可以制成电阻温度计来测量温度. 常用的金属是铂和铜，分别适用于－200℃～200℃和－50℃～150℃. 从表(12－1－1)中还可看到，银、铜、铝金属的电阻率较小，适用于做导线；铁铬、镍铬合金的电阻率较大，适用于做电炉、电阻器的电阻丝. 另外，有许多合金如康铜(镍铜合金)和锰钢(锰钢合金)的电阻温度系数极小，可用来制成标准电阻.

在室温下，金属的电阻率在 $10^{-8}\ \Omega\cdot m\sim10^{-6}\ \Omega\cdot m$ 之间，绝缘体的电阻率一般为 $10^{8}\sim10^{-18}\ \Omega\cdot m$，半导体材料的电阻率的大小介于二者之间，为 $10^{-5}\ \Omega\cdot m\sim10^{6}\ \Omega\cdot m$. 半导体和绝缘体的电阻率与温度的关系比较复杂，一般是温度越高，电阻率反而越小.

1911 年，荷兰物理学家昂尼斯利用液态氦发现水银冷却到温度 $T_C=4.2$ K 时，其电阻突然下降到非常微小，再降低温度，其电阻几乎为零，这种现象称为超导电性. 呈现超导电性的导体称为超导体，一般导体转变为超导体的温度 T_C 称为转变温度，水银的转变温度约为 4.2 K. 现已知的超导体包括金属、合金及化合物等有上千种，它们有各自的转变温度. 实验证明，超导体的超导电流一经建立就能维持很长时间. 1933 年，荷兰的迈斯纳等人发现，超导体内部磁感应强度总为零，不受外界磁场的影响，即超导体具有理想的抗磁性，这种效应称为迈斯纳效应. 超导现象被发现之初，人们就预见到它的重大实用价值. 1986 年开始在全世界范围内出

现了“超导热”，很多国家相继发现了很多高转变温度的超导体，这为超导体的实际应用奠定了基础，一旦超导体被广泛地应用于科研和生产中去，就将引起一次新的技术革命.

12.2.3　欧姆定律的微分形式

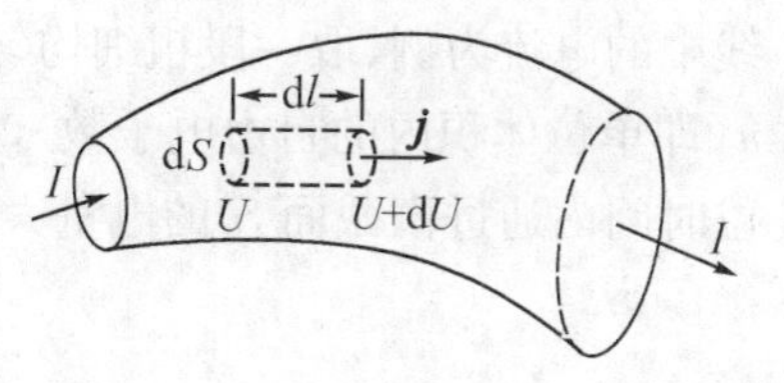

图 12.2.3　欧姆定律的微分形式

由于电荷的流动是由电场作用力推动的，因此，电流密度 $\boldsymbol{j}$ 的分布和电场 $\boldsymbol{E}$ 的分布密切相关，它们的关系可由欧姆定律的微分形式得到. 如图 12.2.3 所示，在通有电流为 I 的导体内的某点处取一圆柱形小体积元，其长度为 $\mathrm{d}l$，横截面积为 $\mathrm{d}S$，圆柱体轴线沿着该点处电流密度的方向，圆柱体两端的电势分别为 U 和 $U+\mathrm{d}U$. 根据欧姆定律，流过横截面 $\mathrm{d}S$ 的电流 $\mathrm{d}I$ 为

$$\mathrm{d}I=\frac{U-(U+\mathrm{d}U)}{R}=-\frac{\mathrm{d}U}{R}$$

又根据(12－2－3)式，有 $R=\rho\,\dfrac{\mathrm{d}l}{\mathrm{d}S}$，代入上式，得

$$\mathrm{d}I=-\frac{1}{\rho}\frac{\mathrm{d}U}{\mathrm{d}l}\mathrm{d}S$$

所以

$$\frac{\mathrm{d}I}{\mathrm{d}S}=-\frac{1}{\rho}\frac{\mathrm{d}U}{\mathrm{d}l}$$

因为 $\dfrac{\mathrm{d}I}{\mathrm{d}S}=j$，根据场强与电势的关系：$-\dfrac{\mathrm{d}U}{\mathrm{d}l}=E$，上式又可写成

$$j=\frac{E}{\rho}=\sigma E$$

由于电流密度 $\boldsymbol{j}$ 和场强 $\boldsymbol{E}$ 都是矢量，且它们的方向相同，故有

$$\boldsymbol{j}=\frac{\boldsymbol{E}}{\rho}=\sigma\boldsymbol{E}\tag{12－2－7}$$

这就是欧姆定律的微分形式. 它表明均匀导体中任意一点的电流密度与该点的电场成正比，且两者具有相同的方向. 应该指出，(12－2－2a)式中的各量反映了一段导体的整体导电情况；而(12－2－7)式表述了导体中某一点的电流情况，电流密度 $\boldsymbol{j}$ 只与该点的电场强度 $\boldsymbol{E}$ 及该点处的材料导电性质 σ 有关，而与整个导体的形状、大小无关.

欧姆定律的微分形式给出了电流密度 $\boldsymbol{j}$ 与电场强度 $\boldsymbol{E}$ 的点点对应关系，比欧姆定律的积分形式更细致地描述了导体的导电规律.

12.2.4　金属导电的经典电子理论

下面从金属的微观结构出发来解释金属导电的欧姆定律. 根据金属导电的经典电子理论，在金属中存在着带正电的金属离子和大量的可以在金属导体内自由运动的自由电子，正离子按一定方式作有规则周期性的排列，构成金属的晶体点阵. 当金属中没有电场存在时，自由电子在晶体点阵间不停地做无规则热运动，电子的热运动是杂乱无章的，它们沿任何方向运动的概率都相等，平均定向运动速度为零，因此在任何一段时间内，通过金属导体内部任一截面的电量为零，也就是从两边穿过该截面的电子数相等. 自由电子的无规则热运动不会产生某一方向的宏观定向运动，所以不会形成电流.

当金属导体内有电场 $\boldsymbol{E}$ 存在时，自由电子在电场力作用下，沿着与场强 $\boldsymbol{E}$ 相反的方向做宏观定向运动，从而形成电流. 应该指出，这种宏观的定向运动是叠加在无规则热运动上的，通常把这一宏观定向运动速度的平均值称为自由电子的漂移速度，用$\bar{\boldsymbol{u}}$表示. 可以推想，金属导体中自由电子的数目越多，漂移速度越大，则电流密度和电流也越大. 为了简单，我们以金属导线中的电流为例，取一段粗细均匀的导线，设导线的横截面积为 S，导线内自由电子数密度为 n(即单位体积内的自由电子数)，电子电量的绝对值为 e，自由电子的漂移速度大小为$\bar{u}$，则单位时间内通过横截面 S 的电量大小为 $nS\,\bar{u}e$，即通过横截面 S 的电流为

$$I = neS\,\bar{u} \tag{12-2-8}$$

电流密度的大小为

$$j = \frac{I}{S} = ne\,\bar{u} \tag{12-2-9}$$

可见，正是自由电子的定向运动平均速度即漂移速度$\bar{\boldsymbol{u}}$决定着电流密度. 而自由电子的定向运动是由电场 $\boldsymbol{E}$ 引起的，即场强 $\boldsymbol{E}$ 决定自由电子的漂移速度$\bar{\boldsymbol{u}}$，下面来讨论它们之间的关系.

没有电场时，自由电子每次与金属晶体点阵碰撞后，以某一热运动初速度做匀速直线运动，直至下次碰撞. 有电场 $\boldsymbol{E}$ 存在时，自由电子在两次碰撞之间做匀加速直线运动，其加速度大小 a 由牛顿第二定律得 $a = \frac{eE}{m}$，其中 m 是电子的质量. 由于这个加速度，电子的定向运动速度不断增大，直至下次碰撞为止. 碰撞时，电子受到一个瞬时的冲力，由于热运动平均速率(数量级为 $10^5\ \mathrm{m \cdot s^{-1}}$)远大于定向运动平均速率(数量级为 $10^{-4}\ \mathrm{m \cdot s^{-1}}$，见例 12.2.1)，这个冲力比作用于电子上的电场力大得多，它破坏了自由电子运动的有向性. 即电子在碰撞后向各个方向运动的概率相等(与没有电场时一样)，其定向运动速度为零. 这样，自由电子在两次碰撞之间的定向运动部分就是一个初速度为零的匀加速直线运动. 设两次碰撞之间的平均时间为 $\bar{\tau}$，则第二次碰撞前的定向运动速度大小为 $a\,\bar{\tau} = \frac{eE}{m}\bar{\tau}$，自由电子的定向运动平均速度即漂移速度大小为$\bar{u} = \frac{1}{2}\left(0 + \frac{eE}{m}\bar{\tau}\right) = \frac{eE}{2m}\bar{\tau}$. 设自由电子两次碰撞之间的平均自由程为$\bar{\lambda}$，由于热运动平均速率$\bar{v}$远大于定向运动平均速率$\bar{u}$，故近似有$\bar{\tau} = \frac{\bar{\lambda}}{\bar{v}}$，从而

$$\bar{u} = \frac{eE\,\bar{\lambda}}{2m\,\bar{v}} \tag{12-2-10}$$

这就是场强 $\boldsymbol{E}$ 与自由电子定向运动平均速度即漂移速度$\bar{\boldsymbol{u}}$之间的大小关系式，将其代入(12-2-9)式，得

$$j = \frac{ne^2 E\,\bar{\lambda}}{2m\,\bar{v}}$$

因为电流密度$\boldsymbol{j}$的方向与场强$\boldsymbol{E}$相同，故上式可写成矢量式，即

$$\boldsymbol{j} = \frac{ne^2\,\bar{\lambda}}{2m\,\bar{v}}\boldsymbol{E} \tag{12-2-11}$$

令

$$\sigma = \frac{ne^2\,\bar{\lambda}}{2m\,\bar{v}} \tag{12-2-12}$$

则(12-2-11)式变为

$$\boldsymbol{j} = \sigma\boldsymbol{E}$$

这就是欧姆定律的微分形式.

必须指出，金属导电的经典电子理论虽然能够较好地解释欧姆定律，但该理论存在着固有的缺陷，这是因为它把只适用于宏观物体的牛顿定律应用于微观粒子——电子之故，只有用量子理论才能正确地解释金属导电问题.

例 12.2.1　在横截面积为 $2.1 \times 10^{-6}\ \mathrm{m^2}$ 的铜导线中，通过 5 A 的电流，已知铜的单位体积自由电子数，求铜导线中自由电子的漂移速度大小.

解 电子的电量绝对值$e=1.6\times10^{-19}$ C，铜导线横截面积$S=2.1\times10^{-6}$ m^2，自由电子数密度$n=8.5\times10^{28}$ m^{-3}，由$I=neS\bar{u}$得自由电子的漂移速度大小，即

$$\bar{u}=\frac{I}{neS}=\frac{5}{8.5\times10^{28}\times1.6\times10^{-19}\times2.1\times10^{-6}}$$
$$=1.75\times10^{-4}(\text{m}\cdot\text{s}^{-1})$$

由上可知，自由电子的漂移运动极为缓慢．这就出现了一个问题：形成电流的自由电子漂移速度这么小，为什么当我们合上电灯开关后，电灯会立刻变亮呢？这不是因为某处的自由电子会迅速地通过所有的电灯灯丝，而使电灯发亮．实际上整个电路中各段导线内，也包括电灯的灯丝内部存在着大量的自由电子，当合上开关时，电场在导线内以光在真空中的速度(3×10^8 m·s^{-1})传播，所以电场在导线内各处几乎同时建立起来，各处的自由电子几乎同时开始漂移运动，各处导线内几乎同时产生电流．所以，自由电子的漂移速度和电场的传播速度是不同的两个概念．

12.3 电流的功、功率和焦耳定律

12.3.1 电流的功和功率

电路中通过稳恒电流时，稳恒电场的电场力要对移动电荷做功，使电势能转变为其他形式的能量．

设有一段电路ab，其两端的电势差(电压)$U=U_a-U_b$，电路中有电流I通过(如图12.3.1所示)．由于电路两端有电势差，电路内部存在着电场，当正电荷q从a移到b时，电场力就对它做功，所做的功为

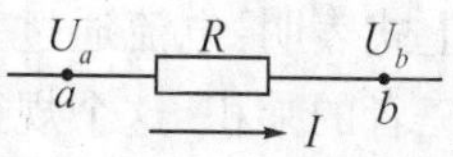

图12.3.1 电流通过电阻

$$A=qU=q(U_a-U_b)$$

因为电路中的电流为I，在t时间内通过的电荷量$q=It$，代入上式得

$$A=IUt=I(U_a-U_b)t \tag{12-3-1}$$

这个功通常称为电流的功．上式表明，稳恒电流通过一段电路电场力所做的功等于电路两端的电势差$U=U_a-U_b$、通过电路的电流I及电流通过的时间t三者的乘积．

单位时间内电流所做的功称为电功率，用P表示，即

$$P=\frac{A}{t}=IU=I(U_a-U_b) \tag{12-3-2}$$

上式表明：稳恒电流通过一段电路的电功率等于电路两端的电势差$U=U_a-U_b$与通过电路电流I的乘积．

(12-3-1)式和(12-3-2)式分别是稳恒电路的电功和电功率的普遍关系式，与负载及用电器的性质无关．如果电路ab是电阻为R的一段均匀电路，应用欧姆定律可将(12-3-2)式分别写为

$$A=IUt=\frac{U^2}{R}t=\frac{(U_a-U_b)^2}{R}t=I^2Rt \tag{12-3-3}$$

$$P=IU=\frac{U^2}{R}=\frac{(U_a-U_b)^2}{R}=I^2R \tag{12-3-4}$$

在国际单位制中，电流的功的单位是焦耳，1 J=1 A·V·s，电功率的单位是瓦特，

1 W=1 A·V. 常用的电能或电功单位是千瓦·小时,1 千瓦·小时习惯上称为 1 度,度和焦耳的换算关系为

$$1\ \text{kW}\cdot\text{h}=1000\ \text{J}\cdot\text{s}^{-1}\times 3600\ \text{s}=3.6\times 10^{6}\ \text{J}$$

应当指出,(12-3-3)式及(12-3-4)式只适用于一段均匀电路,而(12-3-1)式及(12-3-2)式还适用于一段含源电路.

必须指出,在用电器铭牌上一般都标有额定电压和额定功率,表示用电器在标定的电压下能够正常工作,从电路中吸取所标定的功率,此时通过用电器的电流便是额定电流. 例如,一只白炽灯泡上标有“220 V,40 W”,表示这只灯泡用在 220 伏特的电源上工作时,吸取的电功率是 40 瓦特.

12.3.2 焦耳定律

当电流通过导体时会产生热量,这一现象称为电流的热效应. 这是由于在电场力作用下,做定向运动的自由电子,在与金属晶体点阵的离子碰撞时,把自己做定向运动的动能传递给了离子,因此加剧了离子的热运动,使金属的温度升高. 如果除了导体发热,再没有其他变化,那么电能就全部转变成了热量,并以能量传递的方式向导体周围的物体传递.

由功能关系可知,产生的热量在数值上就等于电流的功. 所以在时间 t 内,电流为 I,导体两端的电势差为 $U=U_a-U_b$ 时,由(12-3-3)式可知,产生的热量

$$Q=A=IUt=\frac{U^2}{R}t=\frac{(U_a-U_b)^2}{R}t=I^2Rt \tag{12-3-5}$$

上式表明:电流通过一段导体所放出的热量等于电流 I 的平方、导体的电阻 R 及通电的时间 t 三者的乘积. 这个规律最早是由英国物理学家焦耳通过大量实验于 1840 年发现的,称为焦耳定律,Q 称为焦耳热. 焦耳定律是能量守恒与转化定律在以上特定情况下的表现形式.

12.4 电阻的串联和并联

串联和并联是电阻元件之间最简单的连接方式,许多实际电路都可以归结为电阻的串、并联,以及它们的组合(混联).

12.4.1 电阻的串联

设有 n 个电阻串联,如图 12.4.1 所示,在串联电路中电流只有一个通路,由此可推出串联电路有如下五个特点:

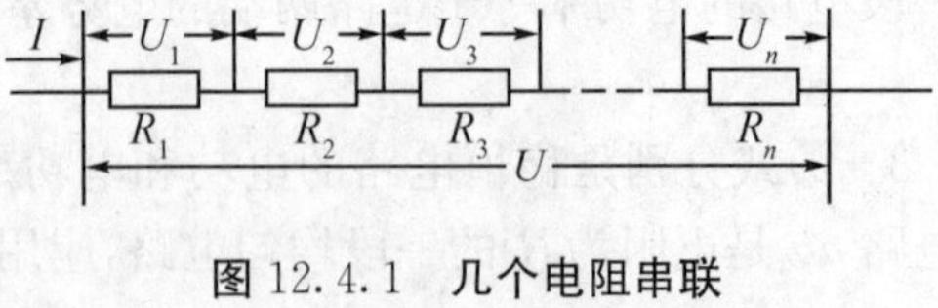

图 12.4.1 几个电阻串联

①流经各电阻的电流相等,这是串联电路的基本特点,即

$$I=I_1=I_2=\cdots=I_n \tag{12-4-1}$$

②串联电路两端的总电压等于各电阻两端的电压之和,即

$$U=U_1+U_2+\cdots+U_n=IR_1+IR_2+\cdots+IR_n \tag{12-4-2}$$

③电路的总电阻(等效电阻)等于各电阻之和,即

$$R=R_1+R_2+\cdots+R_n \tag{12-4-3}$$

④各电阻两端分配的电压与其电阻值成正比,即

$$\frac{U_1}{R_1}=\frac{U_2}{R_2}=\cdots=\frac{U_n}{R_n} \tag{12-4-4}$$

⑤各电阻的电功率与其电阻值成正比,串联电路的总电功率等于各电阻的电功率之和,即

$$\frac{P_1}{R_1}=\frac{P_2}{R_2}=\cdots=\frac{P_n}{R_n} \tag{12-4-5}$$

$$P=IU=\sum_{i=1}^{n}IU_i=P_1+P_2+\cdots+P_n \tag{12-4-6}$$

由以上各式可知,如果串联电路中有一个电阻特别大,则电压几乎都降在这个电阻上,电流、总电阻的大小主要由这个电阻决定,电功率也主要消耗在这个电阻上,其他电阻可忽略不计.

12.4.2 电阻的并联

设有 n 个电阻并联,如图 12.4.2 所示,由于各电阻只有两个节点,电流有 n 条支路,所以并联电路有如下五个特点:

①各电阻两端的电压相等,这是并联电路的基本特点,即

$$U=U_1=U_2=\cdots=U_n \tag{12-4-7}$$

②总电流等于通过各电阻(或支路)的电流之和,即

$$I=I_1+I_2+\cdots+I_n \tag{12-4-8}$$

③总电阻(等效电阻)的倒数等于各个电阻的倒数之和,即

$$\frac{1}{R}=\frac{1}{R_1}+\frac{1}{R_2}+\cdots+\frac{1}{R_n} \tag{12-4-9}$$

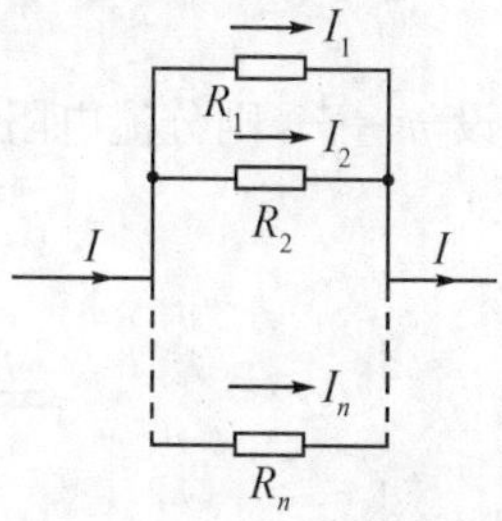

图 12.4.2 n 个电阻并联

④各电阻中的电流与其电阻值成反比,即

$$\frac{I_1}{I_2}=\frac{R_2}{R_1} \tag{12-4-10}$$

⑤各电阻的电功率与其电阻值成反比,并联电路的总电功率等于各电阻的电功率之和,即

$$\frac{P_1}{P_2}=\frac{R_2}{R_1} \tag{12-4-11}$$

$$P=IU=\sum_{i=1}^{n}I_iU=P_1+P_2+\cdots+P_n \tag{12-4-12}$$

由以上各式可知,如果并联电路中有一个电阻特别小,则并联电路的总电流强度、总电阻将主要由这个电阻决定,电功率也主要消耗在这个电阻上,其他电阻可忽略不计.

12.4.3 分压电路和分流电路

图 12.4.3 所示为常用分压电路,根据分压原理,不难得出其输出的电压为 $U_{输出}=\frac{R_{并}}{R_1+R_{并}}U$,式中 $R_{并}=\frac{R_2R}{R_2+R}$,为 R_2 与 R 的并联总电阻. 当 $R\gg R_2$ 时,输出电压近似等于 $U_{输出}=\frac{R_2}{R_1+R_2}U$,可由 R_1、R_2 的数值决定.

利用串联电阻的分压作用,可将电流表 G 串联一个分压电阻 R 构成一个电压表,如图 12.4.4 所示. 设电流表的满偏电流为 I_g,一般为几十到几百微安,内阻为 R_g,则电流表的满偏

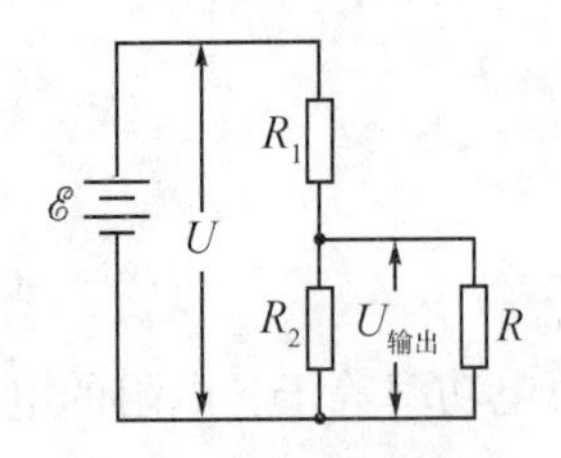

图 12.4.3　常用分压电路

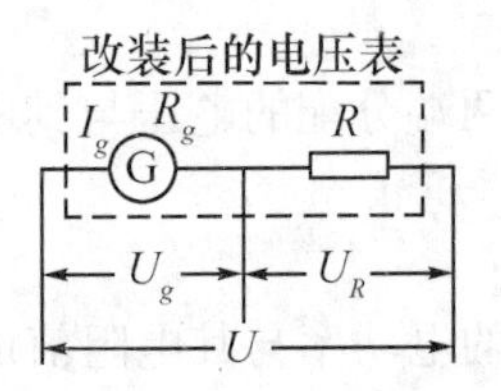

图 12.4.4　改装后的电压表

电压 $U_g=I_gR_g$，一般也很小，几毫伏到几十毫伏. 要将电压表的量程扩大为 U，则电流表需串联电阻

$$R=\frac{U}{I_g}-R_g$$

设 $n=\frac{U}{U_g}=\frac{U}{I_gR_g}$，则

$$R=(n-1)R_g \tag{12-4-13}$$

图 12.4.5(a)所示为分流电路，电阻 R_1、R_2 并联，将干路中的总电流 I 分为两支电流 I_1 和 I_2. 根据分流原理，也可以扩大电流表的量程（如图 12.4.5(b)所示）. 设电流表的满偏电流为 I_g，内阻为 R_g，要将电流表的量程扩大为 I，则电流表应并联的电阻为

$$R=\frac{I_gR_g}{I-I_g}=\frac{1}{\frac{I}{I_g}-1}R_g$$

设 $n=\frac{I}{I_g}$，则分流电阻

$$R=\frac{1}{n-1}R_g \tag{12-4-14}$$

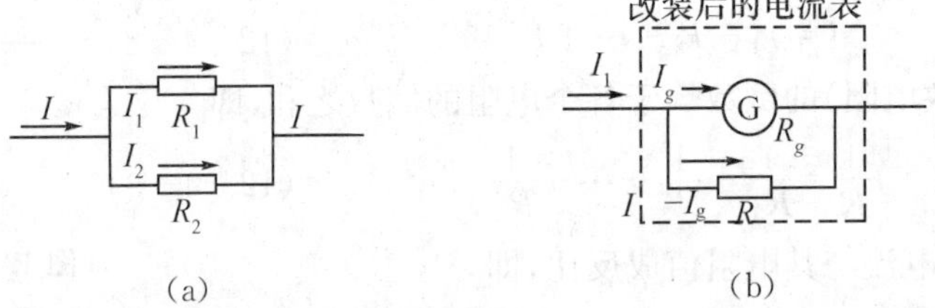

图 12.4.5　分流电路和改装后的电流表

12.5　电源和电动势

12.5.1　电　源

根据传导电流产生的条件，要在导体内产生稳恒的电流，必须在导体内维持一稳恒的电场，即在导体两端维持一稳恒的电势差. 仅靠静电力能达到这一目的吗？我们以电容器放电为例来说明，在图 12.5.1 中，A、B 是电容器的两个极板，分别带等量异号电荷，因而在 A、B 间有一电势差. 用一导线把 A、B 连接起来，在刚连接起来的瞬间，由于导线两端有一电势差，导线内有一电场，使正电荷从电势较高的 A 板经过导线移到电势较低的 B 板，并与 B 板的负电荷中和. 结果，电容器两极板上的电荷逐渐减少，两板间的电势差也逐渐减小，最后达到静电平衡，两板的电势相等，两板间的电势差变为零，电流也就停止了. 由此可见，仅依靠静电力是不能维持稳恒电流的. 为了维持稳恒的电流，必须把来到 B 板的正电荷经另一路径送回到 A 板，来多少就送回去多少，使 A、B 两板

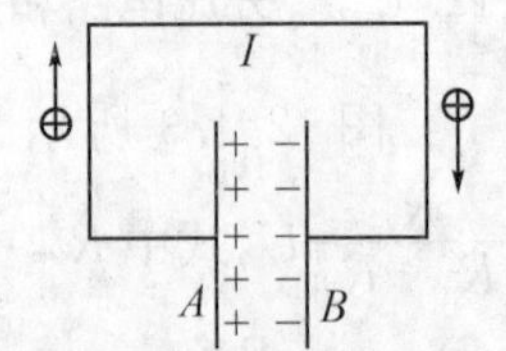

图 12.5.1　电容器放电

上电荷的数量保持不变，电势差保持不变. 但是，从 B 板到 A 板是从低电势到高电势，而静电力是阻止正电荷从低电势移到高电势的，所以必须有一种外力——非静电力才能克服静电力把正电荷从低电势移到高电势.

能够提供非静电力把正电荷从低电势移到高电势的装置，称为电源. 每个电源都有两个电极，电势高的极为正极，电势低的极为负极. 在整个电路中，电源以外的部分称外电路，电源以内的部分称内电路. 所以，电源的作用就是把正电荷由低电势的负极经内电路送到高电势的正极. 内电路和外电路连接而成一闭合电路.

下面定性地分析非静电力是怎样维持稳恒电势差的. 首先讨论电源不接外电路的情形(如图 12.5.2(a)所示). 开始时，电源依靠非静电力 $\boldsymbol{F}_K$ 的作用把正电荷从负极 B 经电源内部移送到正极 A，使正、负两极上分别积累正、负电荷. 与此同时，由于极板上有了电荷，所以电源内部形成了电场，电源内部静电力 $\boldsymbol{F}$ 的方向与非静电力 $\boldsymbol{F}_K$ 的方向相反，阻碍着电荷的移送，而且这个静电力随极板上电荷的积累而增大. 当静电力增大到非静电力大小相等时，$\boldsymbol{F}+\boldsymbol{F}_K=0$，电荷移送过程暂时终止，这时两极板间有一定的电势差. 用导线接通外电路时(如图 12.5.2(b)所示)，正电荷就从正极经外电路移向负极，形成电流. 与此同时，极板上电荷将有所减少，相应的静电力也随着减弱，这时非静电力大于静电力而又继续移送电荷，使极板上电势差保持不变(但不一定等于开始时的值)，在电路中也就形成了稳恒的电流.

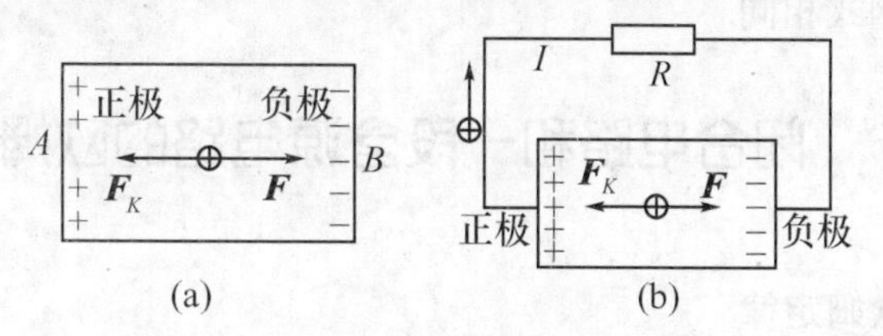

图 12.5.2　非静电力维持稳恒电流

电源的种类很多，最常见的电源是化学电池(干电池、蓄电池)和发电机，在不同种类的电源中，非静电力的性质不同，在化学电池中非静电力是化学力，在发电机中非静电力是洛仑兹力. 尽管非静电力的性质不同，但是在电源内部，非静电力在移送电荷的过程中克服静电力做功的性质相同，而且不断消耗电源本身的能量，这些能量大部分转换为电荷的电势能. 因此电源中非静电力做功的过程，实质上就是把其他形式的能量转换成电能的过程. 所以，从能量观点来看，电源就是把其他形式的能量转换为电能的装置.

12.5.2　电动势

对于不同的电源，把一定量的正电荷从负极移送到正极，非静电力所做的功是不同的. 我们引入电动势来描述电源内非静电力做功的特性.

电源内部同时存着静电力和非静电力，静电力是静电场(此处即稳恒电场)对电荷的作用力，用 $\boldsymbol{E}$ 表示静电场的场强. 可以认为，非静电力是一种非静电性电场对电荷的作用力，用 $\boldsymbol{E}_K$ 表示非静电性电场的场强. 当正电荷 q 通过电源内部沿非静电力方向绕行闭合路径(L)一周时，静电力和非静电力所做的功之和为

$$\mathrm{A}=\oint_L q(\boldsymbol{E}+\boldsymbol{E}_K)\cdot\mathrm{d}\boldsymbol{l}$$

由于稳恒电场和静电场一样，它的场强 $\boldsymbol{E}$ 的环流为零，即 $\oint_L \boldsymbol{E}\cdot\mathrm{d}\boldsymbol{l}=0$，所以上式化为

$$A = \oint_L q\boldsymbol{E}_K \cdot \mathrm{d}\boldsymbol{l}$$

即
$$\frac{A}{q} = \oint_L \boldsymbol{E}_K \cdot \mathrm{d}\boldsymbol{l}$$

我们把单位正电荷绕闭合路径一周时，非静电力对它所做的功定义为电源的电动势，用符号 $\mathscr{E}$ 表示，即

$$\mathscr{E} = \frac{A}{q} = \oint_L \boldsymbol{E}_K \cdot \mathrm{d}\boldsymbol{l} \qquad (12-5-1)$$

由于非静电力只存在于电源内部，在电源外部没有非静电力作用，所以电源电动势又可写为

$$\mathscr{E} = \int_B^A \boldsymbol{E}_K \cdot \mathrm{d}\boldsymbol{l} \qquad (12-5-2)$$

上式表示电源电动势的大小等于单位正电荷从负极经电源内部移到正极时，非静电力所做的功.

当闭合路径上处处都有非静电力作用时（参看电磁感应一章），整个闭合路径都是电源，这时电源的电动势就要用(12－5－1)式计算，该式是电动势的普遍定义式.

电动势是标量，和电流一样，我们给它规定一个方向，把电源内部电势升高的方向，即从负极经电源内部到正极的方向规定为电动势的方向，此时 $\mathscr{E}>0$；反之，$\mathscr{E}<0$. 电动势的单位和量纲式与电势的单位和量纲式相同.

12.6 闭合电路和一段含源电路的欧姆定律

12.6.1 闭合电路的欧姆定律

现在我们从能量守恒的观点来研究最简单的闭合回路，如图12.6.1所示，电源的电动势为 $\mathscr{E}$，内阻为 r，外电路负载电阻力为 R. 若电路中的电流为 I，则在 t 时间内通过电路任一横截面的电量为

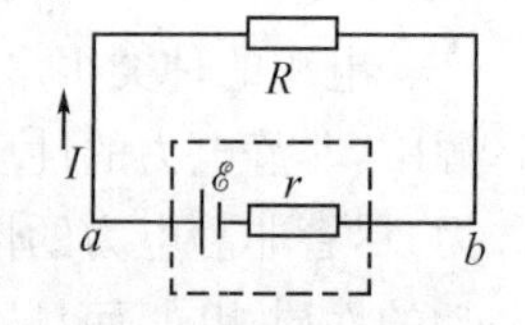

图 12.6.1 闭合回路

$$q = It$$

根据(12－3－1)式，这时电源所做的功为

$$\mathscr{E}q = \mathscr{E}It$$

在整个电路中，这部分功全部转换为内阻和负载电阻上的焦耳热，因此有

$$\mathscr{E}It = I^2Rt + I^2rt$$

由此得
$$\mathscr{E} = IR + Ir \qquad (12-6-1a)$$

即
$$I = \frac{\mathscr{E}}{R+r} \qquad (12-6-1b)$$

上式表明：闭合电路中电源的电动势与总电阻之比等于闭合电路中的电流，这就是闭合电路的欧姆定律.

根据一段不含源电路的欧姆定律，有

$$U_a - U_b = IR$$

于是，(12－6－1a)式可写成
$$\mathscr{E} = U_a - U_b + Ir \qquad (12-6-2)$$

上式表明：当闭合电路中有电流通过时，电源的电动势等于外电路的电压降 $U_a - U_b$ 与内电路电压降 Ir 之和. 外电路的电压降又称电源的端电压. 因为对于确定的电源来说，电动势和内阻

是一定的，从上式可以看出，端电压随负载电流的减少而增大. 当负载电阻 $R\to 0$ 时，称为电源短路，此时的电流 $I=\frac{\mathscr{E}}{r}$ 称为短路电流，因电源的内阻 r 很小，所以短路电流很大，将在内阻上产生大量的热量，极易将电源损坏，因此在实践中应注意防止短路. 当外电路断开(即开路，$R\to\infty$)时，电流 $I=0$，(12－6－2)式变为

$$U_a-U_b=\mathscr{E} \tag{12-6-3}$$

上式表明：开路时电源的端电压等于电源的电动势.

将(12－6－1a)式乘以 I，得

$$\mathscr{E}I=I^2R+I^2r \tag{12-6-4}$$

上式表明：当负载为电阻时，非静电力的功率全部转化为内阻和负载电阻的热功率.

12.6.2 一段含源电路的欧姆定律

如果所研究的是整个电路中某一段含有电源的电路，这时我们不能应用一段不含源电路的欧姆定律，但可以从电路上电势的观点来进行分析.

图 12.6.2 所示是一复杂电路的一部分，其中 acb 是一段含有电源的电路，电路上有电阻 R_1、R_2 和电源 $\mathscr{E}_1$、$\mathscr{E}_2$，假设这两个电源没有内阻或其内阻已包括在 R_1 和 R_2 之中. 从 a 点到 b 点的电势降等于每个电阻上和电源上的电势降的代数和. 但是电路中实际的电流方向一时无法确定，为此，我们可以假设电流方向如图中所示. 在电路 acb 上，从 a 到 c 经电源 $\mathscr{E}_1$ 的负极到正极，电势升高，根据(12－6－3)式电势升高 $\mathscr{E}_1$，则电势降为 $-\mathscr{E}_1$，在电阻 R_1 上的电势降为 I_1R_1. 从 c 到 b，由于循行方向与电流 I_2 方向相反，所以在电阻 R_2 上的电势降为 $-I_2R_2$，经电源 $\mathscr{E}_2$ 的正极到负极，电势降为 $\mathscr{E}_2$. 所以，acb 这段电路上总的电势降为

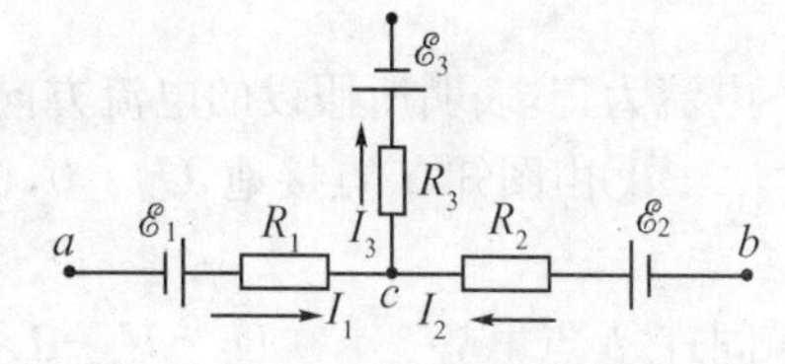

图 12.6.2 一段复杂电路

$$\begin{aligned}U_a-U_b&=-\mathscr{E}_1+I_1R_1-I_2R_2+\mathscr{E}_2\\&=(-\mathscr{E}_1+\mathscr{E}_2)+(I_1R_1-I_2R_2)\end{aligned}$$

推而广之，写成普遍的形式为

$$U_a-U_b=\sum\pm\mathscr{E}_i+\sum\pm I_iR_i \tag{12-6-5}$$

上式称为一段含源电路的欧姆定律，它表示一段含源电路上两点之间的电势降等于电路上所有电源和电阻上电势降落的代数和. 式中正、负号按下列规则确定：沿 a 到 b 的循行方向，当循行与电源的电动势方向相反时，电源提供的电势降为正，$\mathscr{E}$ 前取正号；反之，$\mathscr{E}$ 前取负号. 当循行与电流方向一致时，电阻上的电势降为正，IR 前取正号；反之，取负号. 最后，当 $U_a-U_b>0$ 时，a 点的电势高于 b 点；$U_a-U_b<0$ 时，b 点的电势高于 a 点.

特别地，若电路 ab 上的 a 点和 b 点相连成一闭合回路，则 $U_a=U_b$，(12－6－5)式化为

$$\sum IR_i=\sum\mathscr{E}_i$$

由此得

$$I=\frac{\sum\mathscr{E}_i}{\sum R_i} \tag{12-6-6}$$

上式表明：对于一简单闭合电路来说，电路上的电流等于电路上所有电动势的代数和除以所有电阻之和，这就是简单闭合电路的欧姆定律的普遍形式. 式中电动势的正、负按如下规则确定：先假定一个回路中的电流方向，当电动势方向与假定的电流方向相同时，$\mathscr{E}$ 取正值；反之，$\mathscr{E}$ 取

负值.最后当求出的电流 I 为正时,表示回路中电流的实际方向与原先假定的电流方向相同;当求出的电流 I 为负时,则表示回路中电流的实际方向与原来假定的电流方向相反.

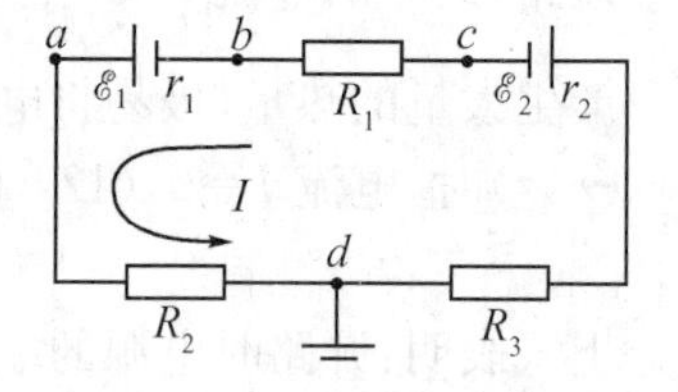

图 12.6.3 例 12.6.1 图示

例 12.6.1 如图 12.6.3 所示的电路中,已知 $\mathscr{E}_1=24\ \mathrm{V}, r_1=2\ \Omega, \mathscr{E}_2=6\ \mathrm{V}, r_2=1\ \Omega, R_1=2\ \Omega, R_2=1\ \Omega, R_3=3\ \Omega$.试求:①电路中的电流;②$a$、$b$、$c$ 各点的电势;③电池 $\mathscr{E}_1$ 的端电压;④电池 $\mathscr{E}_1$ 所消耗的化学能功率和所输出的有效功率以及消耗于内阻 r_1 的功率.

解 ①设闭合回路中的电流方向为逆时针方向,电流为 I. $\mathscr{E}_1$ 的方向与回路电流所设方向相同,取正;$\mathscr{E}_2$ 的方向与回路电流所设方向相反,故取负.根据闭合电路欧姆定律

$$I=\frac{\mathscr{E}_1-\mathscr{E}_2}{R_1+R_2+R_3+r_1+r_2}$$

$$=\frac{24-6}{2+1+3+2+1}=2\ (\mathrm{A})$$

电流为正,表明所假设的电流方向与实际电流方向是一致的.

②由图知 d 点接地,$U_d=0$,根据一段含源电路的欧姆定律,可得 a 点电势

$$U_a=U_a-U_d=IR_2=2\times1=2\ (\mathrm{V})$$

同理,b 点电势 $$U_b=U_b-U_d=-\mathscr{E}_1+Ir_1+IR_2=-24+2\times2+2\times1=-18\ (\mathrm{V})$$

c 点电势 $$U_c=U_c-U_b+U_b=IR_1+U_b=2\times2-18=-14\ (\mathrm{V})$$

或 $$U_c=U_c-U_d=-\mathscr{E}_2-Ir_2-IR_3=-6-2\times1-2\times3=-14\ (\mathrm{V})$$

③电源 $\mathscr{E}_1$ 的端电压

$$U_a-U_b=\mathscr{E}_1-Ir_1=24-2\times2=20\ (\mathrm{V})$$

④电池 $\mathscr{E}_1$ 的化学能功率

$$P=I\mathscr{E}_1=2\times24=48\ (\mathrm{W})$$

其输出功率 $$P_{出}=I(U_a-U_b)=2\times20=40\ (\mathrm{W})$$

消耗于其内阻 r_1 的功率 $$P_{耗}=I^2r_1=2^2\times2=8\ (\mathrm{W})$$

有 $$P=P_{出}+P_{耗}$$

12.7 基尔霍夫定律

使用欧姆定律和电阻的串、并联规律只能处理一些简单电路的问题.在工程技术或在实验室中,经常需要解决一些比较复杂的电路问题,例如图 12.7.1 所示的电路.求解复杂电路的基本方法是利用基尔霍夫定律求解.

12.7.1 基尔霍夫第一定律

在多回路电路中,三条或三条以上的通电导线(称为支路)的连结点,称为节点或分支点.基尔霍夫第一定律是关于节点的,可叙述为:流进任一节点的电流之和等于从该节点流出的电流之和,或汇于任一节点的各支路电流的代数和为零.可记为

$$\sum \pm I_i=0 \tag{12-7-1}$$

式中流出节点的电流 I 前取正,流入节点的电流 I 前取负(或相反).若各电流 I_i 为待求量,方

向尚不能确定,则可预先给 I_i 假定一个方向,待计算出结果来验证,若 $I_i>0$,其实际电流方向与假定电流方向一致;若 $I_i<0$,则其实际电流方向与假定电流方向相反.

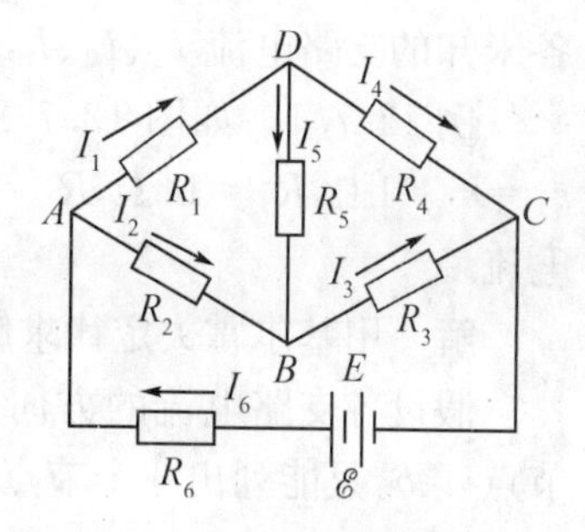

图 12.7.1 比较复杂的电路

基尔霍夫第一定律又称基尔霍夫电流定律,或称节点电流定律.对每个节点都可以列出一个节点方程,从而可得一组方程,称为基尔霍夫第一方程组.但是,可以证明:当电路共有 n 个节点时,只有 $n-1$ 个节点方程是独立的(可以任意选择 $n-1$ 个节点),如果对第 n 个节点再列一个方程,它必定可由前 $n-1$ 个方程推出(因而不再独立).

如图 12.7.1 所示的电路中,共有四个节点 A、B、C、D,我们可以列出四个节点电流方程,但其中只有三个方程是独立的.若我们任选三个节点 A、B、C,可列出如下方程组:

节点 A $\qquad I_1+I_2-I_6=0$

节点 B $\qquad -I_2+I_3-I_5=0$

节点 C $\qquad -I_3-I_4+I_6=0$

12.7.2 基尔霍夫第二定律

基尔霍夫第二定律是关于闭合回路的,可叙述为:沿回路绕行一周,所有电源和电阻上的电势降的代数和为零,也称为回路电压定律.可记为

$$\sum \pm \mathscr{E}_i + \sum \pm I_i R_i = 0 \qquad (12-7-2)$$

式中正负号的规则如下:若绕行方向与电流的参考方向(即假定电流的方向)相同时,电阻的电势降 IR 前取正,反之取负;若绕行方向与电源的电动势方向相反时,$\mathscr{E}$ 前取正,反之取负.该规则与一段含源电路的欧姆定律中的规则相同.

取闭合回路时,也应注意回路的独立性.具体方法是:新选定的回路中,至少应有一段电路是在已选过的回路中未曾出现过的,这样所得的回路才是独立的.如图 12.7.1 中的 $ABDA$ 和 $BCDB$ 这两个回路是独立的,而回路 $ABCDA$ 就不是独立的,因为在这个回路中,R_1、R_2、R_3、R_4 各段电路均在 $ABDA$ 和 $BCDB$ 两个独立回路中出现过,并不满足至少应有一段电路是在已选过的回路中未曾出现过的.可以证明,一个完整电路的支路数 p、节点数 n 和独立回路数 m 之间有一个确定的关系,即

$$m=p-n+1 \qquad (12-7-3)$$

电路中所有 m 个独立回路方程构成基尔霍夫第二方程组.

列出的 m 个独立回路电压方程,与 $n-1$ 个独立节点电流方程,恰好有 p 个独立方程,可求解出 p 个未知支路电流.该 p 个方程构成的方程组可解,且解唯一.因此,根据基尔霍夫定律列出的方程组,原则上可以求解任何直流电路问题.

在图 12.7.1 中,共有三个独立回路,若取 $ADBA$、$BDCB$、$ABCEA$ 三个回路,并以顺时针方向为绕行方向,可列出如下方程组:

回路 $ADBA$ $\qquad I_1R_1+I_5R_5-I_2R_2=0$

回路 $BDCB$ $\qquad I_4R_4-I_3R_3-I_5R_5=0$

回路 $ABCEA$ $\qquad I_2R_2+I_3R_3-\mathscr{E}+I_6R_6=0$

根据上述三个节点电流方程和三个回路电压方程,若已知电源电动势和各电阻,可联立求解出

各未知的支路电流 I_1、I_2、I_3、I_4、I_5、I_6.

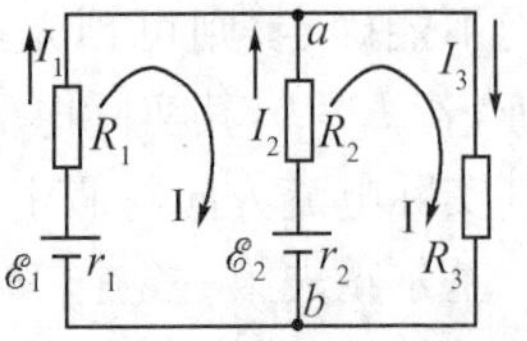

例 12.7.1 如图 12.7.2 所示的电路中，$\mathscr{E}_1=9\ \mathrm{V}$，$\mathscr{E}_2=4\ \mathrm{V}$，$r_1=r_2=1\ \Omega$，$R_1=14\ \Omega$，$R_2=9\ \Omega$，$R_3=4\ \Omega$. 求通过 R_1、R_2、R_3 的电流.

图 12.7.2 例 12.7.1 图示

解 用基尔霍夫定律求解.

假设各支路电流的方向如图 12.7.2 所示. 电路中只有两个节点 a、b，只能列出一个节点电流方程，对节点 b，有

$$I_1+I_2-I_3=0 \tag{12-7-4}$$

电路中有三个支路，故只有 $3-2+1=2$ 个独立回路，取图示两个回路，绕行方向为顺时针方向，可列出两个独立的回路电压方程

$$I_1(R_1+r_1)-\mathscr{E}_1-I_2(R_2+r_2)+\mathscr{E}_2=0$$

$$I_2(R_2+r_2)-\mathscr{E}_2+I_2R_3=0$$

将电动势和电阻值代入，得

$$15I_1-10I_2-5=0 \tag{12-7-5}$$

$$10I_2+4I_3-4=0 \tag{12-7-6}$$

联立求解方程组(12-7-4)、(12-7-5)、(12-7-6)，得

$$I_1=0.44\ \mathrm{A},\quad I_2=0.16\ \mathrm{A},\quad I_3=0.6\ \mathrm{A}$$

I_1、I_2、I_3 均大于零，表示实际电流方向与假定电流方向相同.

例 12.7.2 惠斯通电桥是一种广泛使用的能较精确地测量电阻的仪器. 它的电路原理图如图 12.7.3 所示. 图中 ADC 为一根均匀的电阻丝，它的两端分别与待测电阻 R_x 和已知电阻 R_0 相联接，组成一闭合回路 $ABCDA$. G 为一灵敏电流计，其一端与 B 点相联接，另一端与可以在 AC 线上自由滑动的接头 D 相连. A、C 两端通过可变电阻 R 与电源 $\mathscr{E}$、电键 K 相接.

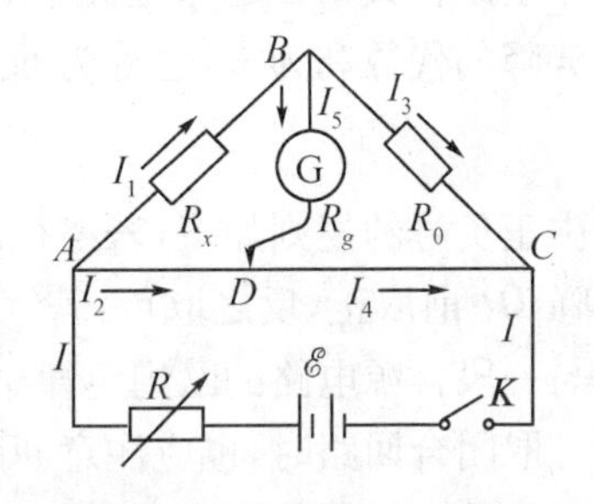

图 12.7.3 例 12.7.2 图示

测量时，先使电键 K 闭合，这时，灵敏电流计发生偏转. 将滑动接头 D 在 AC 线上慢慢滑动，此时电流计 G 的指针的偏转也发生相应的改变，但是，总可以在 AC 线上找到一点 O，当滑动接头 D 与 O 点相接触时，电流计的指针将不发生偏转而指零，这表示通过电流计 G 的电流 $I_5=0$，我们称这个状态为电桥处于“平衡状态”.

电桥的平衡条件可以由基尔霍夫定律导出. 假定 AC 线上 AO 与 OC 两段的电阻分别为 R_1 和 R_2，含有电流计 G 的一段电路的电阻为 R_g，各段电路中电流的方向假设如图中所示. 在电桥电路的四个节点 A、B、C、O 中，由基尔霍夫第一定律可列出 A、B、O 对三个独立的节点方程，即

$$\begin{cases}I_1+I_2-I=0\\ I_3+I_5-I_1=0\\ I_4-I_2-I_5=0\end{cases} \tag{12-7-7}$$

在电桥电路中可取 $ABOA$、$BCOB$、$AC\mathscr{E}A$ 三个独立回路，设回路的绕行方向为顺时针方向，根据基尔霍夫第二定律，可得

$$\begin{cases}I_1R_x+I_5R_g-I_2R_1=0\\ I_3R_0-I_4R_2-I_5R_g=0\\ I_2R_1+I_4R_2+IR-\mathscr{E}=0\end{cases} \tag{12-7-8}$$

若电路中电源的电动势和除了待测电阻 R_x 之外的其他电阻的阻值均为已知，则可根据上述 6 个方程式，解出各支路上电流的数值. 但当电桥处于平衡时，由于通过电流计 G 的电流 $I_5=0$，由方程组(12－7－7)可得

$$I_1=I_3, I_2=I_4 \tag{12-7-9}$$

由方程组(12－7－8)可得

$$\begin{cases} I_1R_x=I_2R_1 \\ I_3R_0=I_4R_2 \end{cases} \tag{12-7-10}$$

将(12－7－9)代入(12－7－10)，得

$$\frac{R_x}{R_0}=\frac{R_1}{R_2} \tag{12-7-11}$$

(12－7－11)式就是电桥平衡时所必须满足的条件，称为电桥的平衡条件. 由(12－7－11)式可求得待测电阻为

$$R_x=R_0\frac{R_1}{R_2} \tag{12-7-12}$$

由于 AC 是一根截面均匀的电阻丝，所以 AO 与 OC 两段的电阻之比 R_1/R_2 就等于它们的长度之比 l_1/l_2，故(12－7－12)式又可写成

$$R_x=R_0\frac{l_1}{l_2} \tag{12-7-13}$$

式中，R_0 为已知电阻，l_1 与 l_2 可由附在 AC 上的一根标尺读出.

在实际应用中，通常使用箱式惠斯通电桥来测量电阻. 这种电桥操作简便，而且在一定阻值范围内，有较高的灵敏度和精确度.

Chapter 12 Steady Electric Current

An electric current consists of charges in motion from one region to another. When this motion takes place within a conducting path that forms a closed loop, the path is called an electric circuit.

If a constant, steady electric field is established inside a conductor, a free electron inside the conductor is then subjected to a steady force $\boldsymbol{F}=q\boldsymbol{E}$. Since the electron moving in a conductor undergoes frequently collisions with massive ions of the material, the net motion or drift of moving electrons as a group in the opposite direction of the electric field is very slow. This motion is described in terms of v_d, the drift velocity of the electrons. As a result, there is a net current in the conductor.

If a net charge $\mathrm{d}Q$ follows through an area in a time $\mathrm{d}t$, the current through the area is $I=\frac{\mathrm{d}Q}{\mathrm{d}t}$. The SI unit of current is the ampere. In a conductor with cross-section area S, we have $I=nev_dS$, where n represents the number of electrons per unit volume. We call n concentration of electrons.

The current per unit cross section area is called the current density J: $J=I/S=nev_d$. Further, we can also define a vector current density $\boldsymbol{J}$ that includes the direction of the drift velocity: $\boldsymbol{J}=ne\boldsymbol{v}_d$. The current density in a conductor depends on the electric field $\boldsymbol{E}$ and on the property of the material. At any point in a conducting medium it is proportion to the electric field intensity. The constant of proportionality is the conductivity of the conductor. Thus $\boldsymbol{J}=\sigma\boldsymbol{E}$ which is the differential form of Ohm's law.

The conductivity is the reciprocal of the resistivity $\sigma=1/\rho$. Good conductors of electricity have larger conductivity than insulators. Semiconductors have conductivities intermediate between that of insulators and metals. These materials are important because their conductivities are affected by temperature and by small amounts of impurities.

A material that obeys Ohm's law reasonably well is called an ohmic conductor or a linear conductor. For such materials, at a given temperature, σ is a constant that does not depend on the value of E. Many materials show substantial departures from Ohm's-law behavior; they are nonohmic or nonlinear. In these materials, $\boldsymbol{J}$ depends on $\boldsymbol{E}$ in a more complicated manner.

The power density p is defined as the power supplied by the electric field per unit volume. We have $p=\boldsymbol{J}\cdot\boldsymbol{E}$ which is called the differential form of Joule's law. It follows that the power delivered per unit volume by the electric field is a scalar product of electric field intensity and the volume current density. For a linear conductor, $\boldsymbol{J}=\sigma\boldsymbol{E}$, the power dissipation per unit volume is $p=\sigma\boldsymbol{J}\cdot\boldsymbol{E}=\sigma E^2$.

To see how maintain a steady current in a complete circuit, we recall a basic fact about electric potential energy: If a charge q goes around a complete circuit and returns to its starting point, the potential energy must be the same at the end of the round trip as at the beginning. As we know, there is always a decrease in potential energy when charges move through an ordinary conducting material with resistance. So there must be a device by which the direction of current is from lower to higher potential, just the opposite of what happens in an ordinary conductor. The influence that makes current flow from lower or higher potential is called electromotive force (abbreviated emf). This is a poor term because emf is not a force but an energy-per-unit-charge quantity, like potential. The SI unit of emf is the same as potential, the volt.

Such a device providing emf is called a source. Batteries, electric generators, solar cells, thermocouples, and fuel cells are all examples of sources. All such devices convert energy of some forms (mechanical, chemical, thermal, and so on) into electric potential energy and transfer it into the circuit to which the device is connected. We define electromotive force quantitatively as the amount of electric energy delivered by the source per coulomb of positive charge this these charge pass through the source from the low-potential terminal to the high-potential terminal $\varepsilon=\frac{\mathrm{d}w}{\mathrm{d}q}$. Since the sources convert nonelectrical energy into electrical energy, we consider them to be nonconservative elements in the electrical circuit, and they will set up nonconservative electric fields $\boldsymbol{E}'$. The emf in the closed loop can be expressed as

$$\varepsilon=\oint_L \boldsymbol{E}' \cdot \mathrm{d}\boldsymbol{l} .$$

When a current is flowing through a source from the negative terminal b to the positive terminal a, the terminal voltage is $V_{ab}=\varepsilon - Ir$. The term Ir represents the potential drop across the internal resistance r. The current in the external circuit connected to the source terminals a and b is determined by $V_{ab}=IR$. We find $\varepsilon=I(R+r)$.

Kirchhoff's first rule states that the algebraic sum of electric currents at a node is zero. That is $\sum_{i=1}^{n} I_i=0$. This rule indicates that for a steady current through a conducting medium the current is continuous.

Kirchhoff's second rule states that algebraic sum of emfs in a closed loop is equal to the algebraic sum of the voltage drop across the resistors. The mathematical form is

$$\sum_{i=1}^{m}\varepsilon_i=\sum_{j=1}^{n} IR_j .$$

习题 12

12.1 **思考题**

12.1.1 什么是稳恒电流？如果通过导体中各处的电流密度并不相同，那么电流能否是稳恒电流？

12.1.2 静电场与稳恒电流的电场有何异同？

12.1.3 断丝后的白炽灯灯泡，若设法将灯丝重新搭上后，通常情况下灯泡总要比原来更亮些，而且寿命一般不长，试解释此现象.

12.1.4 一只“220 V、40 W”的白炽灯泡，它的内阻多大？如果你用万用表测该灯泡的内阻，结果是 100 Ω左右，感到意外吗？这是为什么？

12.1.5 焦耳定律可写成 $P=I^2R$ 和 $P=\frac{U^2}{R}$ 两种形式，从前式看热功率 P 正比于 R，从后式看 P 反比于 R，究竟哪种说法对？若比较两个电阻串联时的功率，应用哪个公式更方便？对并联的两个电阻用哪个公式更方便些？

12.1.6 电源中的非静电力是怎样维持电源两端的电势差保持不变的？

12.1.7 什么叫电动势？它的大小和单位如何规定？电路的端电压与电动势有什么关系？在什么情况下，电池的端电压可以超过它的电动势？

12.1.8 在列基尔霍夫第二方程组时，假定了各支路电流的方向后，绕行方向的不同选择是否会影响方程组的形式？

12.2 **填空题**

12.2.1 携带电荷的可移动的粒子称为载流子. 金属导体中的载流子是________，电解液中的载流子是________，电离气体中的载流子是________.

12.2.2 图中的两条直线分别表示两段导体的伏安特性曲线，则________所表示的一段导体具有较大的电阻值.

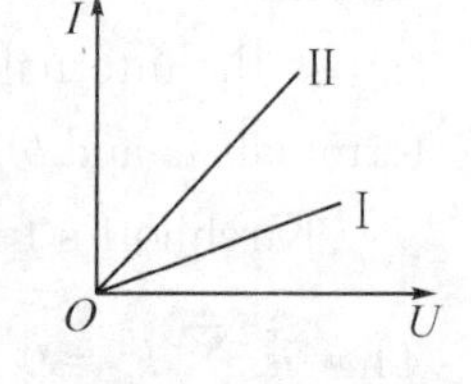

题 12.2.2 图

12.2.3 两段均匀导体 A、B 串联，通以稳恒电流 I，其电导率分别为 σ_1 与 σ_2，长度分别为 l_1 与 l_2，导体的横截面积均为 S，则两段导体 A、B 中的电场强度大小分别为 $E_1=$________，$E_2=$________；每段导体两端的电势差分别为 $U_1=$________，$U_2=$________.

12.2.4 有两只电灯，一只是“220 V，60 W”，另一只是“220 V，40 W”，串联接入 220 V 的电路，则较亮的一只是________；若并联接入 220 V 的电路，较亮的一只是________.

12.2.5 在一个复杂电路中分别抽出三段含源电路，如图所示，则各段电路两端的电压分别为 $U_{AB}=$________，$U_{CD}=$________，$U_{EF}=$________.

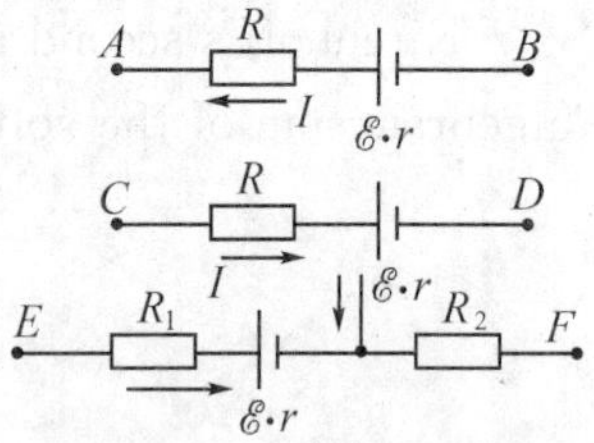

题 12.2.5 图

12.2.6 基尔霍夫第一定律的内容是________，基尔霍夫第二定律的内容是________. 若一完整电路的支路数为 p，节点数为 n，则利用基尔霍夫定律列方程时可得________个独立节点电流方程，________个独立回路电压方程.

12.3 **选择题**

12.3.1 关于稳恒电流的电流密度 j，下列说法中正确的是：(A)电流密度 j 处处相等；(B)电流密度 j 不随时间和空间变化；(C)电流密度 j 的大小不随时间变化；(D)各点的电流密度 j 都不随时间变化. ( )

12.3.2 设某一段电路中的电流强度为 I，其电阻为 R_0，为了使该段电路中通过的电流强度减少为原来强度的$\frac{1}{n}$，而在该段电路上并联一个电阻 R_s（称为分流电阻），则分流电阻 R_s 的大小为：(A)$\frac{1}{n}R_0$；(B)nR_0；(C)$\frac{1}{n-1}R_0$；(D)$(n-1)R_0$.

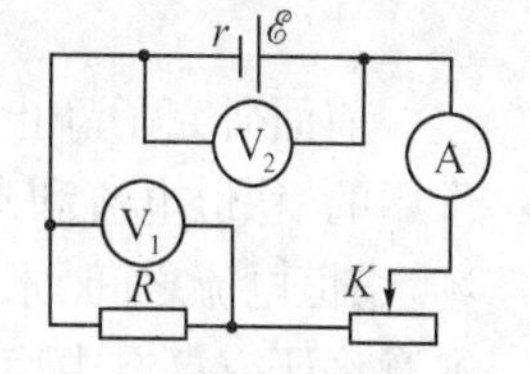

题 12.3.3 图

12.3.3 如图所示的电路，电源的电动势和内阻保持不变，当滑动变阻器的滑线接触片 K 向右移动过程中，安培表 A 和伏特表 V_1、V_2 的读数情况是：(A) A 的读数减小，V_1 的读数减小，V_2 的读数减小；(B) A 的读数减小，V_1 的读数减小，V_2 的读数增大；(C) A 的读数减小，V_1 的读数增大，V_2 的读数减小；(D) A 的读数减小，V_1 的读数增大，V_2 的读数增大. ( )

12.3.4 一般含源电路的欧姆定律的普遍形式可写为：$U_a-U_b=\sum\pm\mathscr{E}_i+\sum\pm I_iR_i$，式中正负号的规则为沿 a 到 b 的循行方向，则：(A)当循行方向与电动势 $\mathscr{E}$ 方向相同时，$\mathscr{E}$ 前取正；当循行方向与电流方向一致时，IR 前取正；(B)当循行方向与电动势 $\mathscr{E}$ 方向相反时，$\mathscr{E}$ 前取正；当循行方向与电流方向一致时，IR 前取正；(C)当循行方向与电动势 $\mathscr{E}$ 方向相同时，$\mathscr{E}$ 前取正；当循行方向与电流方向相反时，IR 前取正；(D)当循行方向与电动势 $\mathscr{E}$ 方向相反时，$\mathscr{E}$ 前取正；当循行方向与电流方向相反时，IR 前取正. ( )

12.4 **计算题**

12.4.1 室温 20℃时，要想在 10 m 长的锰铜导线上通过 0.5 A 的电流，而在这条导线上所加的电压是 40 V. 求这条导线的直径. [答案：0.276 mm]

12.4.2 有一灵敏电流计可以测量小到 10^{-10} A 的电流. 当铜导线中通有这样的电流时，每秒钟内有多少个自由电子通过导线的任一横截面？若导线的横截面积为 1.0 mm^2，自由电子数的密度为每立方米 8.5×10^{28} 个，问自由电子沿导线漂移 1.0 cm 长需要多少时间？[答案：6.3×10^8 个/s，1.4×10^{12} s]

12.4.3 蓄电池在充电时，通过的电流为 3 A，此时蓄电池的端电压为 4.25 V；当蓄电池放电时，流出的电流为 4 A，此时端电压为 3.90 V，求这蓄电池的电动势及内电阻. [答案：$\mathscr{E}=4.10$ V，$r=0.05\ \Omega$]

12.4.4 一直流电动机，它的内阻 $r=2\ \Omega$，与它串联的电阻 $R=10\ \Omega$，电源的电动势 $\mathscr{E}=120$ V，内阻不计. 当电动机稳定转动后，用伏特表测出电动机两端的电压 $U=100$ V. 试求：①电路中的电流强度；②电动机的输入功率；③电动机电枢的热功率；④电动机的机械功率. [答案：①2 A；②200 W；③8 W；④192 W]

12.4.5 如图所示电路中，已知各电池的电动势分别为 $\mathscr{E}_1=12$ V，$\mathscr{E}_2=10$ V，$\mathscr{E}_3=8$ V，而内阻分别为 $r_1=r_2=r_3=1\ \Omega$，各外电阻 $R_1=4\ \Omega$，$R_2=2\Omega$，$R_3=2\Omega$. 求 a、b 两点的电势差. [答案：$U_a-U_b=-0.5$ V]

12.4.6 如图所示电路中，电动势 $\mathscr{E}_1=2.15$ V，$\mathscr{E}_2=1.9$ V，内阻 $r_1=0.1\ \Omega$，$r_2=0.2\ \Omega$，负载电阻 $R=2\ \Omega$，求通过各支路上的电流. [答案：$I_1=1.5$ A，$I_2=0.5$ A，$I=1$ A]

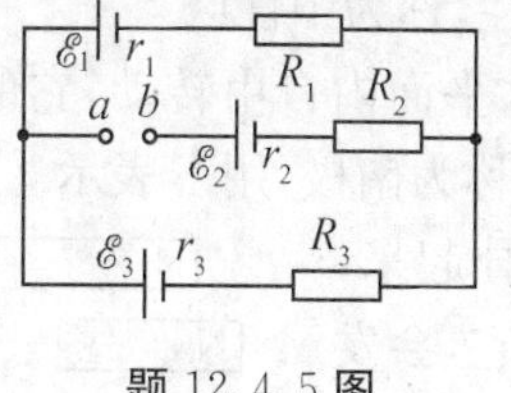

题 12.4.5 图

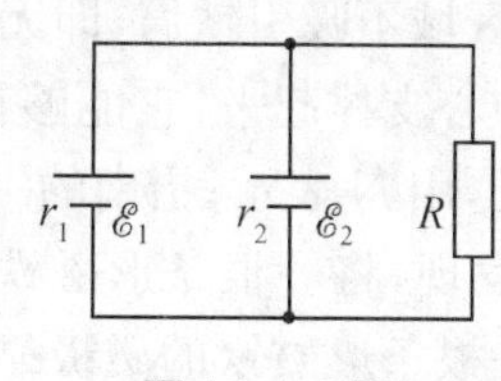

题 12.4.6 图

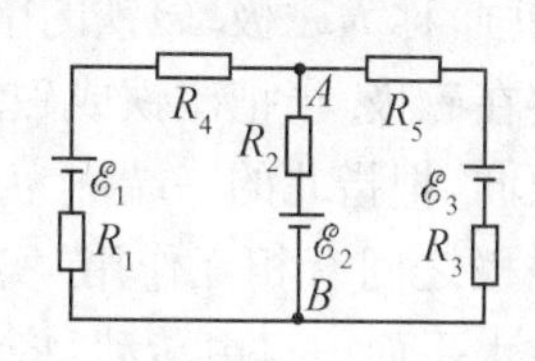

题 12.4.7 图

12.4.7 如图所示电路中，已知 $\mathscr{E}_1=2$ V，$\mathscr{E}_2=\mathscr{E}_3=4$ V，$R_1=R_3=1\ \Omega$，$R_2=2\ \Omega$，$R_4=R_5=3\ \Omega$. 求：①电路中各支路的电流；②A、B 两点的电势差. [答案：①$I_1=0.175$ A，$I_2=0.425$ A，$I_3=0.25$ A；②$U_{AB}=3.5$ V]

第13章　真空中稳恒电流的磁场

前面研究了静止电荷在其周围空间产生的静电场，静止电荷之间是通过静电场发生相互作用的. 稳恒电流和永久磁铁在其周围空间产生的磁场将不随时间变化，称为稳恒磁场或静磁场. 稳恒电流之间、永久磁铁和稳恒电流之间、永久磁铁之间是通过稳恒磁场发生相互作用的. 本章将研究真空中稳恒电流产生的磁场以及稳恒电流在磁场中受到的作用力，研究运动电荷产生的磁场以及运动电荷在磁场中受到的作用力等. 首先将从基本磁现象的实验规律出发，引入描述磁场的基本物理量——磁感应强度矢量 $\boldsymbol{B}$，由产生磁场的电流和磁场的关系式毕奥—萨伐尔—拉普拉斯定律出发，研究稳恒磁场的两个基本规律，即磁场中的高斯定理和安培环路定理. 然后研究稳恒电流和运动电荷在稳恒磁场中受到的作用力，它们是磁场力的实际应用(电工技术、电子测量等)的理论基础，在现代科学实验中有着广泛的应用.

13.1　基本的磁现象

人类对磁现象的认识早于对电现象的认识，大致可以分为三个阶段.

13.1.1　早期对磁现象的认识

人类对磁现象的认识和研究是从天然磁铁矿矿石(Fe_3O_4)能够吸引铁屑和铁制品的性质开始的. 我国早在春秋战国时期(公元前770—公元前221年)就有一些记载，反映了天然磁石的吸铁性质. "慈石召铁，或引之也"，反映了磁石吸铁现象. 东汉时我国已发明了指南针，北宋时已将指南针用于航海. 公元前600年古希腊也有史料记载磁现象.

(1)基本的磁现象

对于磁现象的认识可以分为天然磁石(Fe_3O_4)和现在使用的永久磁铁(人造磁铁)，它们都称为磁铁. 磁铁的性质和相互作用概述如下：

①磁铁具有能够吸引铁、钴、镍的性质. 磁铁能够吸引铁屑，靠近磁铁两端的地方吸引铁屑的能力最强，称为磁极. 磁铁的中部区域不吸引铁屑，即无磁性，称为中性区.

②存在磁极. 当把磁铁或磁针中心支撑起来，它能够在水平面内自由转动，它的两极总是沿南北取向，把指北的一端称为北极，用N表示；指南的一端称为南极，用S表示.

③磁极之间有相互作用. 实验发现，将一根条形磁铁悬挂起来，它能够在水平面内自由转动，将另一根条形磁铁的磁极靠近它，会发现，同性磁极之间相互排斥，异性磁极之间相互吸引. 根据这个规律可以解释指南针的原理：由于地球是一个大磁体，它的N极位于地理南极附近，S极位于地理北极附近，由于磁极之间的相互作用，指南针将取向地理南北方向. 但是地球的N极和S极并不完全与地球的地理南北极重合，因而指南针所指方向与经线有一偏角，称为磁偏角. 不同地点的磁偏角不同.

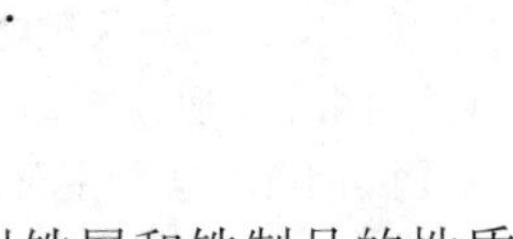

N　S
N　S　N　S
NS　NS　NS　NS

图13.1.1　分割后的磁铁总是成对出现N、S极

④任何一个磁体上，S极和N极总是成对出现，而且它们的强度相等. 即将一条具有N极和S极的一根磁棒分成两段，则每一段磁铁都将出现一对N极和S极，继续分割下去，N极和

S 极也总是成对出现，如图 13.1.1 所示. 不存在单独的 N 极和 S 极，即无磁单极子存在，实验也没有发现过磁单极子.

(2)电流的磁效应

历史上较长一段时间里，一直未发现电现象和磁现象之间有任何联系，因此，电学和磁学一直相互独立地发展着. 显示电流周围存在着磁场的实验，是 1820 年 7 月丹麦物理学家奥斯特发现的，如图 13.1.2 所示，如果在载流直导线附近放置一枚磁针，会发生偏转，这就是电流的磁效应. 载流导线下方的磁针按照图所示方向转到与导线垂直的方位上，以上现象表明，电流也和磁铁一样，会对附近的磁针施以力的作用，当电流反向流动，磁针反方向转动，N 极向纸面外转动. 这一重大发现把电学和磁学联系起来，宣告电磁学的诞生，具有深远的意义.

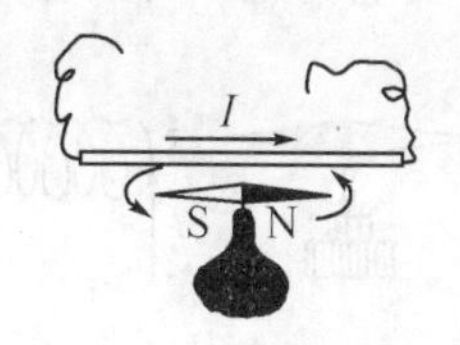

图 13.1.2 电流的磁效应

(3)磁铁对电流的作用

1820 年法国物理学家安培又发现，磁铁会对放在附近的载流导线或载流线圈施以磁力或磁力矩的作用，而产生运动或转动，如图 13.1.3 及 13.1.4 所示. 如果电流反向流动，载流导线会反方向运动，而载流线圈也会反方向转动.

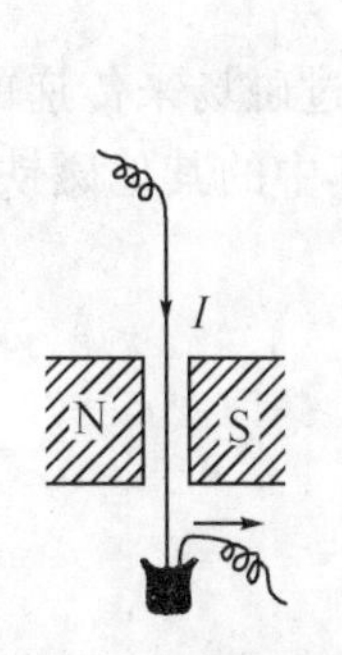

图 13.1.3 磁铁对载流导线的作用

图 13.1.4 磁铁对载流体线圈的作用

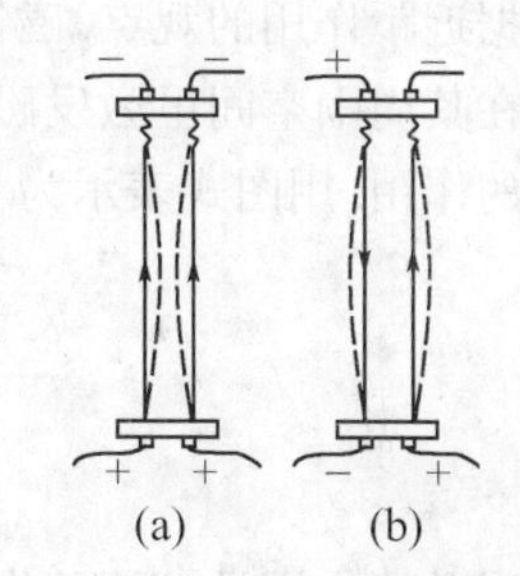

图 13.1.5 平行载流导线之间的相互作用示意图

(4)电流对电流的作用

安培又发现载流导线或载流线圈之间也存在着相互作用. 例如，两根平行载流导线，当两导线中电流方向相同时，导线会相互吸引；当两导线中电流方向相反时，导线会相互排斥，如图 13.1.5 所示. 又如，将两个载流线圈面对面地悬挂起来，当通过它们的电流方向相同时，两线圈相互吸引；当通过它们的电流方向相反时，两线圈相互排斥.

图 13.1.6 的实验表明，载流螺线管与条形磁铁很相似，根据磁针的指向可以判断出载流螺线管两端分别出现的 N 极和 S 极. 螺线管的极性和电流方向之间的关系，可以用右手定则来判断：用右手握着螺线管，弯曲的四指沿电流回绕的方向，将拇指伸直，这时拇指就指向螺线管 N 极，如图 13.1.6 所示. 两通电螺线管之间的相互作用类似于磁针或磁棒之间的相互作用.

可见，载流导线在其周围空间产生磁场，并通过磁场对其他载流导线或磁铁施加以力的作用. 磁相互作用是通过磁场来实现的，是一种近距作用.

(5)运动电荷和磁场

近代物理实验证实了运动电荷能够产生磁场，磁场能够对运动电荷施以力的作用. 如图

13.1.7 所示,当没有磁铁时,从阴极射线管的阴极发射出来的电子流沿着直线运动,不发生偏转;当放上磁铁时,电子流就发生偏转.这个实验直接表明磁铁在其周围空间产生磁场,磁场对运动电荷施以力的作用.

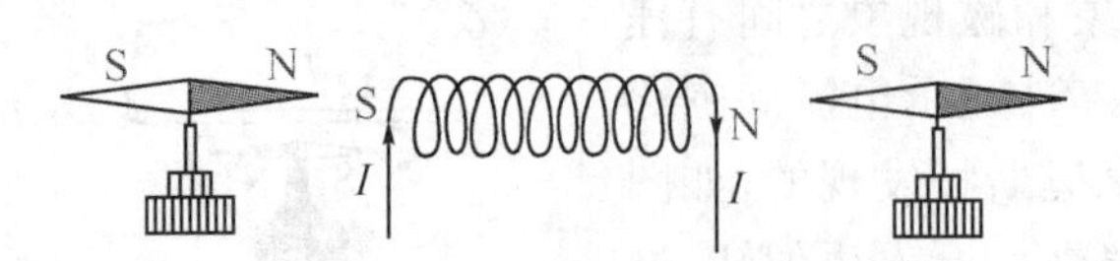

图 13.1.6 载流螺线管与磁铁

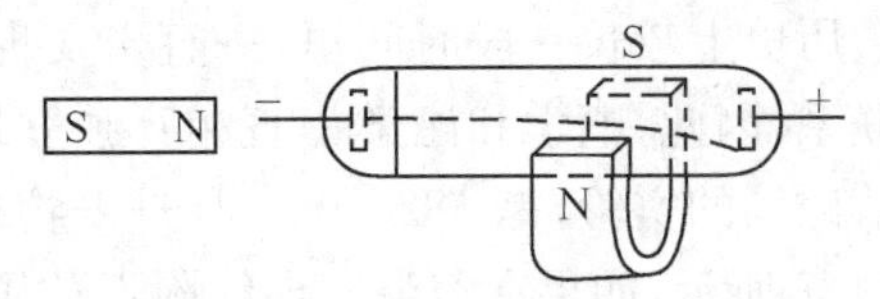

图 13.1.7 电子束受磁场力的作用而偏转

13.1.2 磁 场

(1)磁场

由真空中的静电场可知,相对于观察者,静止电荷之间存在的相互作用力是通过电场来传递的.电的近距作用的观点认为:场源电荷,在其周围的空间里激发电场,而电场的基本性质之一是对放置在其中的其他电荷施以力的作用.用图式表示为

$$\boxed{\text{电荷}}\xrightleftharpoons[\text{施力于}]{\text{激发}}\boxed{\text{电场}}\xrightleftharpoons[\text{激发}]{\text{施力于}}\boxed{\text{电荷}}$$

上式表明电的作用是"近距"作用.

根据近距作用的观点,磁铁或电流以及它们之间的相互作用,是通过磁场来传递的.磁铁或电流在其周围空间里激发磁场,而磁场的基本性质之一是对放置在其中的其他磁铁或电流施以力的作用.用图式表示为

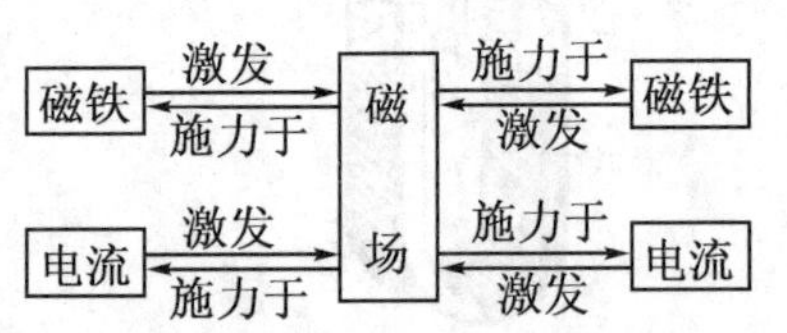

上式表明磁的作用是"近距"作用.

(2)安培分子电流假说

1821 年,安培提出有关磁性本质的分子电流假说.他认为:任何物质中分子或原子中电子运动形成圆形电流,称为分子电流.这些分子电流相当于基元磁铁,这些基元磁铁的 N 极和 S 极对应分子电流的两个面,N 极、S 极和电流方向的关系如图 13.1.8 所示.当这些分子电流有规则地排列起来时,宏观上就呈现出磁性,如图 13.1.8 所示.应用安培分子电流假设很容易说明磁铁磁性的起源,它还能够解释磁铁的磁极总是成对出现的原因.

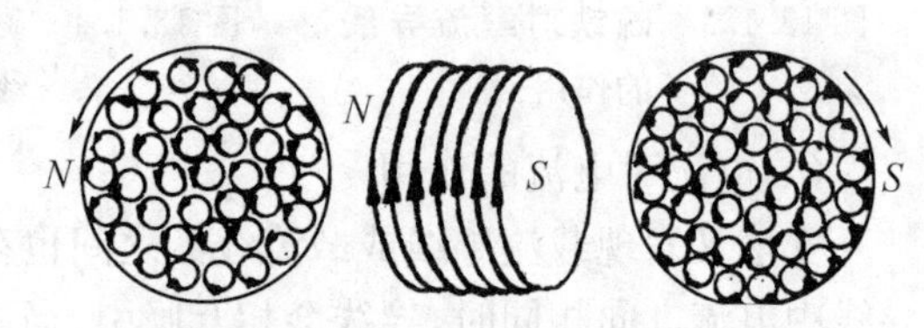

图 13.1.8 安培分子电流假说

近代物理的发展为安培分子电流假说找到了微观的根据,物质的结构表明分子、原子等微观粒子内的电子围绕原子核运动,以及电子本身的自旋内禀运动构成了等效的分子电流.可见,安培的分子电流假说与近代物质微观结构理论相符合.

磁铁的磁现象是运动电荷产生的,电流的磁现象也是运动电荷产生的,所以,无论是磁铁还是导体中的电流,其磁性都是来源于电荷的运动.以上各种相互作用都是运动电荷之间的相互作用,即运动电荷在其周围空间里激发磁场,磁场对运动电荷施以力的作用,运动电荷之间

的相互作用是通过磁场来传递的. 用图式表示为

运动电荷 $\underset{\text{施力于}}{\overset{\text{激发}}{\rightleftarrows}}$ 磁场 $\underset{\text{激发}}{\overset{\text{施力于}}{\rightarrow}}$ 运动电荷

最后指出，磁场和电场一样，都是客观存在的物质(实物和场)，是物质的一种特殊形态，有其自身的特性和运动规律，电场和磁场共同构成了作为物质特殊形态的电磁场.

13.2 磁感应强度、磁感应线、磁通量和磁场中的高斯定理

13.2.1 磁感应强度

对于静电场，根据点电荷之间的相互作用规律——库仑定律，引入了电场强度矢量 $\boldsymbol{E}$ 来描述静电场的基本性质. 对于稳恒电流产生的稳恒磁场，引入磁感应强度矢量 $\boldsymbol{B}$ 来描述稳恒磁场的基本性质. 磁场的重要表现是磁场对放在磁场中的运动电荷或载流导线施以力的作用；载流导线在磁场中运动时，磁场施于载流导线的力做功.

(1)磁感应强度 $\boldsymbol{B}$ 的定义

定义磁感应强度矢量 $\boldsymbol{B}$ 的方法有几种. 例如，可以根据磁场对磁场中磁极的作用；磁场对载流导线或运动电荷施以磁场力的作用；磁场对载流线圈施以磁力矩的作用等不同的方法来定义磁感应强度 $\boldsymbol{B}$. 下面通过磁场对运动电荷施以力的作用来定义空间某点处的磁感应强度 $\boldsymbol{B}$. 实验表明：磁场对运动电荷所作用的磁场力不仅与运动电荷电量大小、正负有关，而且和电荷的速度 $\boldsymbol{v}$ 的大小及 $\boldsymbol{v}$ 的方向与磁场的方向之间的夹角有关.

①当一个所带电量为 $+q_0$ 的运动试探电荷以速度 $\boldsymbol{v}$ 在磁场中经过空间任一 P 点时，一般情况下，q_0 将受到磁场力 $\boldsymbol{F}$ 的作用. 作用力 $\boldsymbol{F}$ 大小与试探电荷 q_0 的速度 $\boldsymbol{v}$ 的方向有关. 当 q_0 通过 P 点的速度 $\boldsymbol{v}$ 的方向与磁场的方向平行时，作用在 q_0 上的磁场力 $\boldsymbol{F}=0$，如图 13.2.1(a)所示.

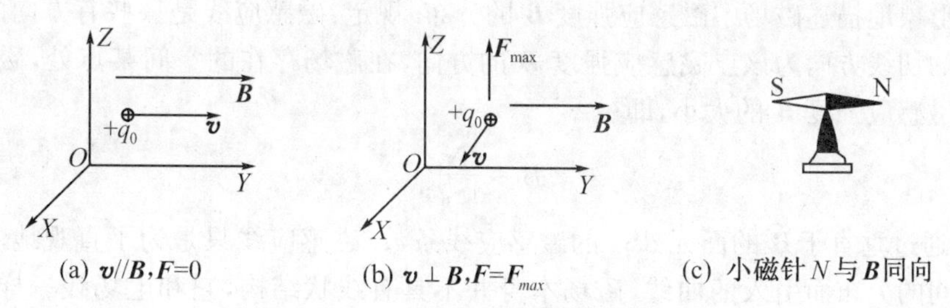

图 13.2.1 运动电荷受到的磁场力

②如果将小磁针沿着 $+q_0$ 所受的磁场力 $\boldsymbol{F}=0$ 的方向放置，那么小磁针的 N 极将稳定地指向 $\boldsymbol{v}$ 的方向或不稳定地指向 $\boldsymbol{v}$ 的反方向. 规定此时小磁针的 N 极稳定地指向 $\boldsymbol{v}$ 的方向为磁场中 P 点处的磁感应强度 $\boldsymbol{B}$ 的方向. 实验表明，磁场的方向总是与 $+q_0$ 所受的磁场力 $\boldsymbol{F}$ 的方向垂直.

③当试探电荷 q_0 的速度 $\boldsymbol{v}$ 的方向与 P 点处磁场方向垂直时，q_0 所受的磁场力 $\boldsymbol{F}$ 为最大值，用 $\boldsymbol{F}_{\max}$ 表示. 当用不同的速率 v_i 和不同的电量 q_i 的试探电荷作实验时，实验结果表明对于磁场中 P 点，q_i 所受最大磁场力大小 $F_{\max}$ 与试探电荷的电量 q_i 及速率 v_i 成正比，它们之

间满足以下关系式

$$\frac{F_{\max 1}}{q_1 v_1}=\frac{F_{\max 2}}{q_2 v_2}=\cdots=\frac{F_{\max i}}{q_i v_i}=\frac{F_{\max}}{q_0 v}=\text{常量} \tag{13-2-1}$$

上式表明:比值$\frac{F_{\max}}{q_0 v}$是一个与试探电荷本身性质无关的量. 在磁场中同一点 P,它是一个确定值,它仅与 P 点磁场的性质有关. 因此,把该比值定义为磁场中 P 点的磁感应强度的大小,用 $\boldsymbol{B}$ 表示,即

$$B=\frac{F_{\max}}{q_0 v} \tag{13-2-2}$$

由上可知:磁感应强度 $\boldsymbol{B}$ 是一个矢量,它不仅有大小,而且有方向,它的大小由(13-2-2)式确定,它的方向为磁针 N 极在磁场中该点的稳定的指向,如图 13.2.1(c)所示,或者由图中可以看出 $\boldsymbol{B}$ 的方向亦可以定义为 $\boldsymbol{F}_{\max}\times\boldsymbol{v}$ 的方向,如图 13.2.1(b)所示.

一般情况下,在磁场中空间各点处磁感应强度 $\boldsymbol{B}$ 的大小不一定处处相等,方向也不一定相同,这样的磁场称为非均匀磁场. 在一定条件下,在磁场中空间各点处磁感应强度 $\boldsymbol{B}$ 的大小相等,方向相同,这样的磁场称为均匀磁场.

(2)磁感应强度 $\boldsymbol{B}$ 的单位

磁感应强度 $\boldsymbol{B}$ 的单位为特斯拉,用符号 T 表示,根据(13-2-2)式,有

1 特斯拉=1 牛顿/库仑・米/秒=1 牛顿/安培・米

磁感应强度 $\boldsymbol{B}$ 的量纲式为 $\mathrm{I^{-1}MT^{-2}}$.

在电磁学中,习惯上还用高斯制,在高斯制中,磁感应强度 $\boldsymbol{B}$ 的单位为高斯,用符号 GS 表示. 它与国际单位制中特斯拉的换算关系为

1 特斯拉 $=10^4$ 高斯

13.2.2 磁感应线

(1)磁感应线

在静电场中,用电场线来形象地描绘静电场中空间各点电场强度 $\boldsymbol{E}$ 的分布;在磁场中,用磁感应线来形象地描述磁场中磁感应强度 $\boldsymbol{B}$ 的分布. 规定:磁感应线是一些有方向的曲线,曲线上每一点的切线方向为该点磁感应强度 $\boldsymbol{B}$ 的方向,在磁场存在的空间某点处,磁感应线密度等于该点磁感应强度 $\boldsymbol{B}$ 的大小,即

$$B=\frac{\mathrm{d}N}{\mathrm{d}S_0} \tag{13-2-3}$$

式中,$\mathrm{d}N$ 是通过垂直于 $\boldsymbol{B}$ 的面元 $\mathrm{d}S_0$ 的磁感应线条数. 磁感应线只是为了直观地、形象地描述磁场在空间的分布而引入的曲线,磁场本身并不具有线状结构,它和电场线一样是假想的曲线.

磁场中的磁感应线可以用铁屑末演示出来,将一块玻璃板或硬纸板水平放置在有磁场的空间,在上面均匀地撒上铁屑末,由于铁屑末在磁场中会被磁化为小磁针,当轻轻敲动玻璃板,铁屑末就沿磁感应线的方向排列起来,这就是磁感应线,图 13.2.2 所示是几种较典型的磁感应线分布图.

(2)磁感应线的性质

从理论上可以证明磁感应线具有以下性质:

①磁感应线上任一点处切线方向与该点处磁场方向相同,在磁场存在的空间任意两条磁

感应线不会相交. 因为磁场中任何一点磁感应强度 $\boldsymbol{B}$ 都有确定的大小和方向,如果两条磁感应线相交于某一点,在该点的磁感应强度便有两个方向.

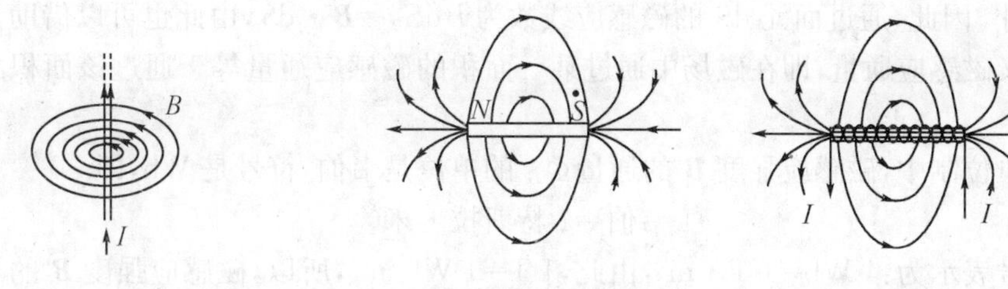

(a) 长直载流导线的磁感应线　(b) 条形磁铁的磁感应线　(c) 螺线管的磁感应线

图 13.2.2　磁感应线

②磁感应线都是环绕电流的闭合曲线,没有起点(源头),也没有终点(尾闾),即无源无尾的闭合曲线.

③磁感应线在空间分布的疏密反映磁感应强度 $\boldsymbol{B}$ 的大小,磁感应线疏的地方,磁感应强度小;磁感应线密的地方,磁感应强度大.

由磁感应线分布图形可知,磁感应线与电流方向遵从右手螺旋法则:如果右手握着导线,弯曲的四指沿电流方向,则拇指的指向沿磁感应线环绕的方向;反之,如果以右手拇指表示电流方向,则弯曲的四指沿磁感应线环绕的方向,如图 13.2.3 所示. 可知,磁感应线与电场线有本质的区别,这种区别表明磁场的性质和静电场的性质不同.

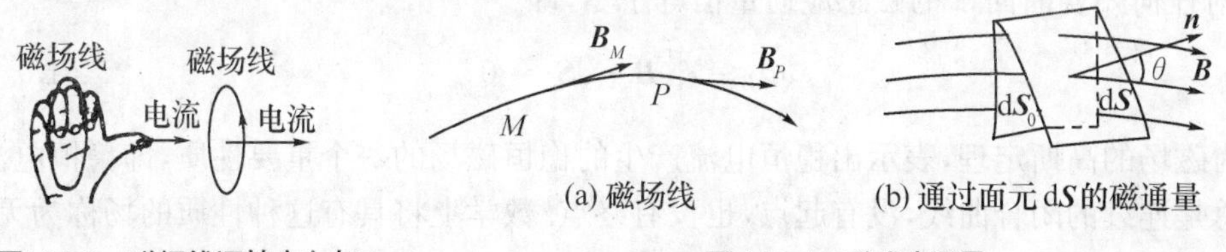

(a) 磁场线　(b) 通过面元 d$\boldsymbol{S}$ 的磁通量

图13.2.3　磁场线迴转方向与电流方向的关系

图 13.2.4　磁感应通量

13.2.3　磁感应通量

同引入电通量的方法相类似,规定通过磁场中任一面积元 dS 的元磁通量为

$$\mathrm{d}\Phi_B = B\cos\theta \mathrm{d}S = B_n \mathrm{d}S = \boldsymbol{B}\cdot \mathrm{d}\boldsymbol{S} \tag{13-2-4}$$

式中,B_n 为磁感应强度 $\boldsymbol{B}$ 在面元 d$\boldsymbol{S}$ 法线 $\boldsymbol{n}$ 方向上的分量,θ 是 $\boldsymbol{B}$ 与面元 d$\boldsymbol{S}$ 的法线 $\boldsymbol{n}$ 之间的夹角,如图 13.2.4 所示. 磁感应通量是标量,但有正负之分. 当 $\theta<90°$ 时,$\mathrm{d}\Phi_B>0$,为正值;当 $\theta=90°$ 时,$\mathrm{d}\Phi_B=0$;当 $0>90°$ 时,$\mathrm{d}\Phi_B<0$,为负值.

将(13-2-4)式对任意曲面 S 积分可以得到通过任意曲面 S 的磁感应通量

$$\Phi_B = \iint_S \mathrm{d}\Phi_B = \iint_S \boldsymbol{B}\cdot \mathrm{d}\boldsymbol{S} = \iint_S B\cos\theta \mathrm{d}S \tag{13-2-5}$$

如果令(13-2-4)式中 $\mathrm{d}S\ \cos\theta = \mathrm{d}S_0$,$\mathrm{d}S_0$ 是表示 d$\boldsymbol{S}$ 的在垂直于磁感应强度 $\boldsymbol{B}$ 方向上的投影,即垂直于 $\boldsymbol{B}$ 的面元,则由(13-2-4)式有

$$B = \frac{\mathrm{d}\Phi_B}{\mathrm{d}S_0} \tag{13-2-6}$$

上式表明:磁感应强度 $\boldsymbol{B}$ 在数值上等于通过垂直于 $\boldsymbol{B}$ 的单位面积的磁通量,因此有时也称 $\boldsymbol{B}$ 为磁感应通量密度,简称磁通密度.

在引入磁感应线时曾规定：在磁场存在的空间某点处磁感应线密度等于该点磁感应强度 $\boldsymbol{B}$ 的大小，即在磁场存在的空间的某点处，通过垂直于 $\boldsymbol{B}$ 的单位面元的磁感应线条数等于该点处 $\boldsymbol{B}$ 的大小. 因此，通过面元 $\mathrm{d}\boldsymbol{S}$ 的磁感应线数为 $B\mathrm{d}S_0=\boldsymbol{B}\cdot\mathrm{d}\boldsymbol{S}$，由此也可以借助于磁感应线概念来定义磁感应通量，即在磁场中通过某一面积的磁感应通量等于通过该面积的磁感应线数.

在国际单位制中，磁感应强度 $\boldsymbol{B}$ 的通量 Φ_B 的单位是韦伯，符号是 Wb，即

$$1\text{ 韦伯}=1\text{ 特斯拉}\cdot\text{米}^2$$

国际单位符号表示为：$1\ \mathrm{Wb}=1\ \mathrm{T}\cdot\mathrm{m}^2$，由此，$1\ \mathrm{T}=1\ \mathrm{Wb/m^2}$，所以，磁感应强度 $\boldsymbol{B}$ 的单位也可以用韦伯/米^2 表示，符号为 $\mathrm{Wb/m^2}$.

13.2.4　磁场的高斯定理

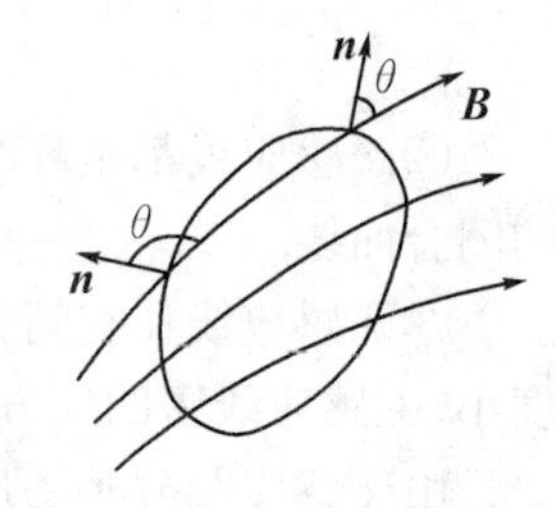

图 13.2.5　穿过闭合曲面的磁通量

对于闭合曲面来说，规定取外法线 $\boldsymbol{n}$ 的方向为法线的正方向；反之，为法线的负方向. 如果磁感应线是从闭合曲面内穿出曲面，$\boldsymbol{B}$ 与 $\boldsymbol{n}$ 成锐角，即 $\theta<90^\circ$，$\mathrm{d}\Phi_B=B\cos\theta\mathrm{d}S>0$，$\mathrm{d}\Phi_B$ 为正值；如果磁感应线是从闭合曲面外穿入曲面，$\boldsymbol{B}$ 与 $\boldsymbol{n}$ 成钝角，$\mathrm{d}\Phi_B=B\cos\theta\mathrm{d}S<0$，$\mathrm{d}\Phi_B$ 为负值，如图 13.2.5 所示. 根据磁感应线的性质，稳恒电流的磁感应线是无头、无尾的闭合曲线，因此，有多少条磁感应线穿入闭合曲面，就有多少条磁感应线穿出闭合曲面，通过任意闭合曲面的磁感应通量恰好正负抵消，磁感应强度矢量 $\boldsymbol{B}$ 对任何闭合曲面 S 的磁感应通量恒等于零，即

$$\Phi_B=\oint\!\!\!\oint_S\boldsymbol{B}\cdot\mathrm{d}\boldsymbol{S}=0 \tag{13-2-7}$$

上式称为磁场的高斯定理，表示出稳恒电流产生的稳恒磁场的一个重要性质，即稳恒电流的磁感应线总是连续的闭合曲线，没有起点，也没有终点. 数学上将具有这种性质的场称为无源场，稳恒电流的磁场是无源场.

(1)磁场中高斯定理的物理意义

稳恒电流的磁场是无源的(无散度)，同静电场的高斯定理 $\oint\!\!\!\oint_S\boldsymbol{E}\cdot\mathrm{d}\boldsymbol{S}=\sum\limits_i q_i/\varepsilon_0$ 相比较，表明自然界中并不存在与电荷相对应的“磁荷”，即自然界中并不存在磁荷的携带者——磁单极子，实验也未发现.

(2)磁场中的高斯定理

$\Phi_B=\oint\!\!\!\oint_S\boldsymbol{B}\cdot\mathrm{d}\boldsymbol{S}=0$，对于稳恒磁场或变化磁场，均匀磁场或非均匀磁场，真空中磁场，介质中磁场都适用，具有普遍性，它是电磁场的普遍运动规律之一.

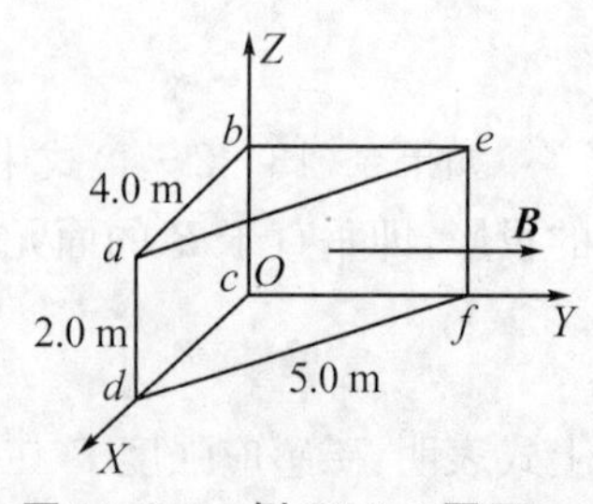

图 13.2.6　例 13.2.1 图示

例 13.2.1　如图 13.2.6 所示，在均匀磁场中的磁感应强度 $\boldsymbol{B}$ 沿 Y 轴正方向，其大小 $B=2.0\ \mathrm{T}$. 试求：①通过图中闭合面中的 $abcda$ 面、$bcfeb$ 面、$adfea$ 面的磁通量；②穿过整个闭合面的磁通量.

解　①求任意曲面的磁通量，先要规定曲面法线的正方向. 对 $abcda$ 面，如果取法线 $\boldsymbol{n}$ 的正方向沿 Y 轴方向，则 $\boldsymbol{n}$ 与 $\boldsymbol{B}$ 的夹角 $\theta=0^\circ$，所以

$$\Phi_{B1} = \iint \boldsymbol{B} \cdot \mathrm{d}\boldsymbol{S} = \iint B\ \cos\theta \mathrm{d}S\ = BS_{abcda}$$
$$= 2.0 \times 2.0 \times 4.0 = 16\ (\mathrm{Wb})$$

如果取法线 $\boldsymbol{n}$ 的正方向沿 $-Y$ 轴方向,即沿 Y 轴负方向,则 $\boldsymbol{n}$ 与 $\boldsymbol{B}$ 的夹角 $\theta=180°$,所以

$$\Phi'_{B1} = \iint \boldsymbol{B} \cdot \mathrm{d}\boldsymbol{S} = \iint B\ \cos\theta \mathrm{d}S = -BS_{abcda}$$
$$= -(2.0 \times 2.0 \times 4.0) = -16\ (\mathrm{Wb})$$

对于 $bcfed$ 面,不管法线 $\boldsymbol{n}$ 的正方向沿哪一边,都有 $\boldsymbol{n}$ 垂直于 $\boldsymbol{B}$,即 $bcfed$ 面与 $\boldsymbol{B}$ 平行,所以

$$\Phi_{B2} = \iint \boldsymbol{B} \cdot \mathrm{d}\boldsymbol{S} = \iint B\ \cos\theta \mathrm{d}S = \iint B\ \cos 90° \mathrm{d}S = 0$$

对于 $aefda$ 面,如果法线 $\boldsymbol{n}$ 的正方向取图中所示方向,则 $\boldsymbol{n}$ 与 $\boldsymbol{B}$ 的夹角 θ_3 的余弦为

$$\cos\theta_3 = \frac{4.0}{\sqrt{3.0^2+4.0^2}} = \frac{4.0}{5.0} = 0.8$$

那么穿过 $aefda$ 面的磁通量为

$$\Phi_{B3} = \iint \boldsymbol{B} \cdot \mathrm{d}\boldsymbol{S} = \iint B\ \cos\theta_3 \mathrm{d}S = B\ \cos\theta_3 S_{aefda}$$
$$= 2.0 \times 0.8 \times 5.0 \times 2.0 = 16\ (\mathrm{Wb})$$

从以上计算结果可见 $\Phi_{B1}=\Phi_{B3}$,说明 $aefda$ 面在垂直于磁感应强度 $\boldsymbol{B}$ 的方向的投影与 $abcda$ 面相等,因而穿过这两个面的磁通量也相等.

②穿过整个闭合曲面的磁通量,由于规定外法线 $\boldsymbol{n}$ 的方向为法线的正方向,对于 $bcfeb$、$abcda$、$dfcd$ 三个面,由于相应的 $\boldsymbol{n}$ 与 $\boldsymbol{B}$ 垂直,$\theta=90°$,$\cos\theta=0$,穿过它们的磁感应通量都等于零,所以穿过闭合曲面的磁通量应等于穿过 $abcda$ 面和 $aefda$ 面磁通量的和,即

$$\Phi_B = \oiint_{(S)} \boldsymbol{B} \cdot \mathrm{d}\boldsymbol{S} = \Phi'_{B1} + \Phi_{B3} = -16 + 16 = 0$$

例 13.2.2　如图 13.2.7 所示,有一个半径为 R 的半球面,试求:当它处于一个均匀磁场 $\boldsymbol{B}$ 中时,穿过半球面的磁通量平 Φ_B.

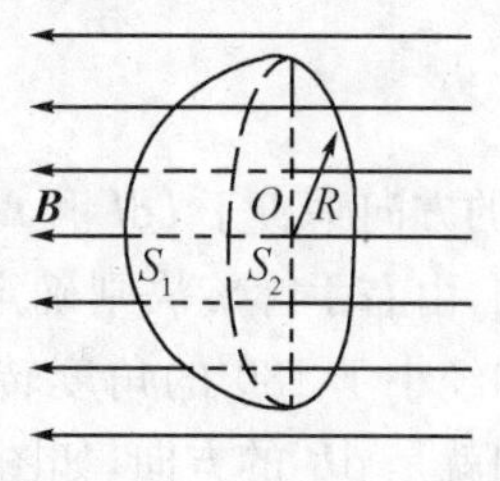

图 13.2.7　例 13.2.2 图示

解　该题可以利用 $\Phi_B = \iint_S \boldsymbol{B} \cdot \mathrm{d}\boldsymbol{S} = \iint_S B\ \cos\theta \mathrm{d}S$ 式,通过积分求得 Φ_B,但由题意,利用磁场中的高斯定理求 Φ_B 的方法更简单.

由磁场中高斯定理 $\oiint_S \boldsymbol{B} \cdot \mathrm{d}\boldsymbol{S} = 0$ 可知,如果在半球面 S_1 上再补上一个半径为 R 的圆平面 S_2,使它与半球面形成一个闭合面 S,可得

$$\oiint_{S_1+S_2} \boldsymbol{B} \cdot \mathrm{d}\boldsymbol{S} = \iint_{S_1} \boldsymbol{B} \cdot \mathrm{d}\boldsymbol{S} + \iint_{S_2} \boldsymbol{B} \cdot \mathrm{d}\boldsymbol{S} = 0$$

即
$$\iint_{S_1} \boldsymbol{B} \cdot \mathrm{d}\boldsymbol{S} = -\iint_{S_2} \boldsymbol{B} \cdot \mathrm{d}\boldsymbol{S} = -\iint_{S_2} B\cos 180° \mathrm{d}S = B\iint_{S_2} \mathrm{d}S = \pi R^2 B$$

13.3 毕奥—萨伐尔—拉普拉斯定律

13.3.1 毕奥—萨伐尔—拉普拉斯定律

在静电学中，引入了点电荷的概念，并且根据库仑扭秤实验得到真空中两个静止的点电荷之间相互作用的静电场力遵从的基本规律，即库仑定律. 求任意形状的体积为 V 的电场分布时，先求出带电体上任一电荷元 $\mathrm{d}q=\rho\mathrm{d}V$ 在空间某一点处产生的元电场强度 $\mathrm{d}\boldsymbol{E}$，再根据场强叠加原理，就可以求得整个带电体在该点产生的场强 $\boldsymbol{E}=\int\mathrm{d}\boldsymbol{E}$. 同静电场求场强相类似，为了求得任意形状的稳恒电流在空间的磁场分布，先引入电流元的概念. 在载有稳恒电流 I 的导线中，沿电流 I 的方向，任取一线元 $\mathrm{d}\boldsymbol{l}$，则 I 与 $\mathrm{d}\boldsymbol{l}$ 的乘积 $I\mathrm{d}\boldsymbol{l}$ 称为电流元，其电流元 $I\mathrm{d}\boldsymbol{l}$ 的方向与该载流线元中电流的方向一致，因此，电流元是一个矢量. 求任意形状的载流导线在空间 P 点处产生的磁感应强度 $\boldsymbol{B}$，可以将载流回路设想为是由无限多个相接的电流元 $I\mathrm{d}\boldsymbol{l}$ 组成，先求出每个电流元 $I\mathrm{d}\boldsymbol{l}$ 在 P 点产生的元磁场 $\mathrm{d}\boldsymbol{B}$，再根据磁场叠加原理，对导线上所有电流元在该点产生的元磁感应强度 $\mathrm{d}\boldsymbol{B}$ 进行叠加，求矢量和，可得空间 P 的磁感应强度 $\boldsymbol{B}$ 为

$$\boldsymbol{B}=\int_L\mathrm{d}\boldsymbol{B}$$

1820 年 10 月，法国科学家毕奥和萨伐尔发表了关于载流长直导线产生的磁场的实验结果，后来经过数学家拉普拉斯的分析，认为任何载流导线回路在空间某点处产生的磁感应强度 $\boldsymbol{B}$ 是由所有电流元在该点产生的磁感应强度矢量 $\mathrm{d}\boldsymbol{B}$ 的叠加. 电流产生磁场的这一基本规律，称为毕奥—萨伐尔—拉普拉斯定律，它可表述为：电流元 $I\mathrm{d}\boldsymbol{l}$，在真空中任意一点 P 处所产生的磁感应强度 $\mathrm{d}\boldsymbol{B}$ 的大小与电流元 $I\mathrm{d}\boldsymbol{l}$ 的大小成正比，与 $I\mathrm{d}\boldsymbol{l}$ 到 P 点的径矢 $\boldsymbol{r}$ 的大小 r 的平方成反比，与 $I\mathrm{d}\boldsymbol{l}$ 和 $\boldsymbol{r}$ 的夹角 θ 的正弦成正比，即

$$\mathrm{d}B=\frac{\mu_0}{4\pi}\frac{I\mathrm{d}l\ \sin\theta}{r^2} \tag{13-3-1}$$

$\mathrm{d}\boldsymbol{B}$ 的方向垂直于 $I\mathrm{d}\boldsymbol{l}$ 和 $\boldsymbol{r}$ 组成的平面，指向 $I\mathrm{d}\boldsymbol{l}\times\boldsymbol{r}$ 的方向，由右手螺旋法则确定：右手弯曲的四指沿 $I\mathrm{d}\boldsymbol{l}$ 的方向经小于 180°的角度转向 $\boldsymbol{r}$ 时，伸直的拇指所指的方向就是 $\mathrm{d}\boldsymbol{B}$ 的方向，如图 13.3.1 所示. 用矢量式表示电流元 $I\mathrm{d}\boldsymbol{l}$ 在径矢为 $\boldsymbol{r}$ 的 P 点产生的磁感应强度为

$$\mathrm{d}\boldsymbol{B}=\frac{\mu_0}{4\pi}\frac{I\mathrm{d}\boldsymbol{l}\times\boldsymbol{r}_0}{r^2} \tag{13-3-2}$$

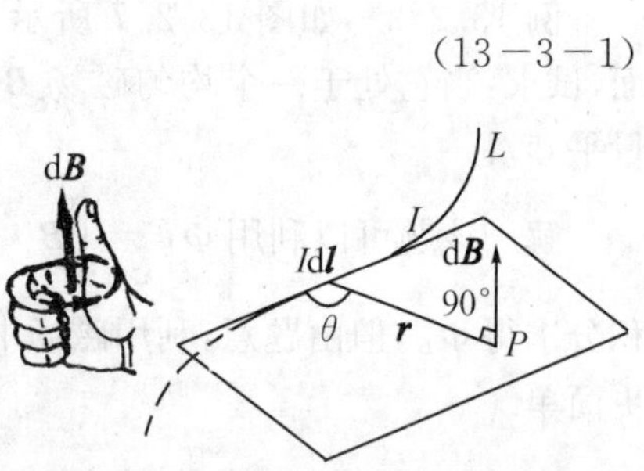

图 13.3.1 电流元所产生的磁感应强度

式中，$\mu_0/4\pi$ 是比例系数在国际单位制中的取值. 上式是 $\mathrm{d}\boldsymbol{B}$ 与 $I\mathrm{d}\boldsymbol{l}$ 的微分形式，式中 μ_0 称为真空中的磁导率，其值为

$$\mu_0=4\pi\times10^{-7}\text{牛顿}\cdot\text{安培}^{-2}=4\pi\times10^{-7}\text{韦伯}\cdot\text{安培}^{-1}\cdot\text{米}^{-1}.$$

13.3.2 磁场叠加原理

如果电流元 $I\mathrm{d}\boldsymbol{l}$ 在空间某场点 P 所产生的元磁感应强度可以由 $\mathrm{d}\boldsymbol{B}$ 与 $\mathrm{d}\boldsymbol{l}$ 的微分形式确定，那么，如图 13.3.1 所示的任意形状的载流回路 L 在 P 点所产生的磁感应强度 $\boldsymbol{B}$，就应该是将载流回路分割成无限多个相接的单独存在的电流元 $I\mathrm{d}\boldsymbol{l}$ 在该点产生的元磁感应强度 $\mathrm{d}\boldsymbol{B}$

的矢量叠加，由于电流元在回路中总是连续的，矢量叠加应写成矢量积分形式，即

$$\boldsymbol{B}=\oint_L \mathrm{d}\boldsymbol{B}=\frac{\mu_0}{4\pi}\oint_L \frac{I\mathrm{d}\boldsymbol{l}\times\boldsymbol{r}_0}{r^2} \tag{13-3-3}$$

上式是根据磁场叠加原理得到的毕奥—萨伐尔—拉普拉斯定律的积分形式.

毕奥—萨伐尔—拉普拉斯定律在研究电流元产生的磁感应强度时的地位，相当于静电学中点电荷产生的电场强度表达式. 如果已知任意形状的载流回路电流分布情况，由毕奥—萨伐尔—拉普拉斯定律原则上可以求出空间任意一点的磁感应强度 $\boldsymbol{B}$，还可以由它导出反映稳恒磁场的无源性和有旋性的磁场的"高斯定理"和安培环路定理. 可见，毕奥—萨伐尔—拉普拉斯定律是电磁学中的一条基本定律.

13.3.3 关于毕奥—萨伐尔—拉普拉斯定律的几点说明

①毕奥—萨伐尔—拉普拉斯定律不能由实验直接证明，因为电流元 $I\mathrm{d}l$ 不存在，它是一个从一些特殊形状的载流回路产生的磁场的实验结果推论出来的定律. 由它计算出的各种形状电流分布的回路所产生的磁场与实验结果符合，间接证明它的正确性.

②毕奥—萨伐尔—拉普拉斯定律仅适用于稳恒电流所产生的磁场.

③毕奥—萨伐尔—拉普拉斯定律的理论意义是可由它推导出磁场中的"高斯定理"，说明磁场是无源场；由它推导出安培环路定理，说明磁场是有旋场，它们确定了稳恒磁场的性质.

④毕奥—萨伐尔—拉普拉斯定律的实际意义是由它与磁场叠加原理相结合，原则上可以计算任意形状的载流回路所产生的磁场.

13.3.4 毕奥—萨伐尔—拉普拉斯定律的应用

利用 $\mathrm{d}B=\frac{\mu_0}{4\pi}\frac{I\mathrm{d}l\ \sin\theta}{r^2}$ 或矢量式 $\mathrm{d}\boldsymbol{B}=\frac{\mu_0}{4\pi}\frac{I\mathrm{d}\boldsymbol{l}\times\boldsymbol{r}_0}{r^2}$ 及磁场叠加原理，由 $\boldsymbol{B}=\int_L \mathrm{d}\boldsymbol{B}$ 原则上可以计算任意形状载流回路在空间产生的磁感应强度 $\boldsymbol{B}$. 但是，在实际计算时，由于矢量的积分存在许多困难，实际上只能求出一些特殊形状的载流回路产生的磁场. 下面举几个例子说明如何根据载流回路的电流分布情况，利用毕奥—萨伐尔—拉普拉斯定律求出磁感应强度 $\boldsymbol{B}$ 的分布.

(1)载流直导线的磁场

图 13.3.2 所示为一线状长为 l 的载流直导线，通过的电流强度为 I，试计算离导线垂直距离为 a 的场点 P 的磁感应强度 $\boldsymbol{B}$.

在通过电流强度为 I 的导线上任取一电流元 $I\mathrm{d}\boldsymbol{l}$，该电流元到场点 P 的径矢为 $\boldsymbol{r}$，$I\mathrm{d}\boldsymbol{l}$ 与 $\boldsymbol{r}$ 的夹角为 θ，由毕奥—萨伐尔—拉普拉斯定律可得，该电流元在场点 P 产生的磁感应强度 $\mathrm{d}\boldsymbol{B}$ 为

$$\mathrm{d}\boldsymbol{B}=\frac{\mu_0}{4\pi}\frac{I\mathrm{d}\boldsymbol{l}\times\boldsymbol{r}_0}{r^2}$$

方向由 $I\mathrm{d}\boldsymbol{l}\times\boldsymbol{r}$ 可知 $\mathrm{d}\boldsymbol{B}$ 垂直于纸面向里，而导线上各个电流元在场点 P 产生的 $\mathrm{d}\boldsymbol{B}$ 的矢量和归结为下式的标量积分，$\boldsymbol{B}$ 的大小为

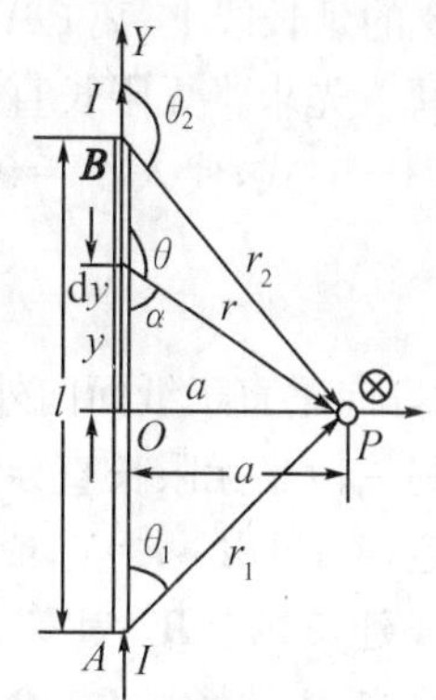

图 13.3.2 载流直导线的磁场

$$B=\int_L \mathrm{d}B=\frac{\mu_0}{4\pi}\int_L \frac{I\mathrm{d}l\ \sin\theta}{r^2} \tag{13-3-4}$$

上式应对整个导线积分.由于式中 l、r、θ 均为变量,必须将被积函数化为一个变量的函数.可将式中角量化为线量,也可将线量化为角量,考虑到积分结果在应用上更方便,将线量化为角量.它们之间的关系由图 13.3.2 可知

$$l=a\cot(\pi-\theta)=-a\cot\theta,\quad \mathrm{d}l=\frac{a}{\sin^2\theta}\mathrm{d}\theta$$

又因为 $r=\dfrac{a}{\sin(\pi-\theta)}=\dfrac{a}{\sin\theta}$,所以将 $\mathrm{d}l$ 和 r 代入(13-3-4)式,可得

$$B=\frac{\mu_0}{4\pi}\int_{\theta_1}^{\theta_2}\frac{I\ \sin\theta}{a}\mathrm{d}\theta=\frac{\mu_0 I}{4\pi a}(\cos\theta_1-\cos\theta_2) \tag{13-3-5}$$

式中,θ_1、θ_2 分别表示长直载流导线两端的电流元与它到场点 P 的径矢之间的夹角.下面讨论几种特殊情况下的磁感应强度.

①无限长直载流导线:$l\to\infty$时,$\theta_1\to0°$,$\theta_2\to180°$,则由(13-3-5)式,可得

$$B=\frac{\mu_0 I}{2\pi a} \tag{13-3-6}$$

上式表明:无限长直载流导线产生的磁感应强度 $\boldsymbol{B}$ 的大小与载流导线到场点的距离 a 成反比,与电流强度 I 成正比,其方向沿以导线为轴、以 a 为半径的圆的切线方向,且与电流方向构成右手螺旋系.可见,无限长直载流导线产生磁场的磁感应线是在垂直于导线平面,以导线为轴的一系列同心圆,如图 13.2.2(a)所示.实际中不存在无限长直载流导线,但载流闭合回路中,对于长为 l 的一段载流直导线,只要满足 $l\geqslant a$,导线中部附近的磁场即可近似由(13-3-6)式表示.

②半无限长直载流导线:当 $\theta_1=0°$,$\theta_2=90°$或 $\theta_1=90°$,$\theta_2=180°$时,由(13-3-5)式,可得

$$B=\frac{\mu_0 I}{4\pi a} \tag{13-3-7}$$

上式表明:半无限长直载流导线产生的磁感应强度 $\boldsymbol{B}$ 的大小与载流导线到场点的距离 a 成反比,与电流强度 I 成正比,方向垂直于纸面向里.

例 13.3.1　如图 13.3.3 所示,将无限长直载流导线折成直角,成为两条半无限长直导线 OB 和 OA.设电流强度为 I,场点 P 在 OB 的延长线上,离 OA 的距离为 a,试求 P 点的磁感应强度 B.

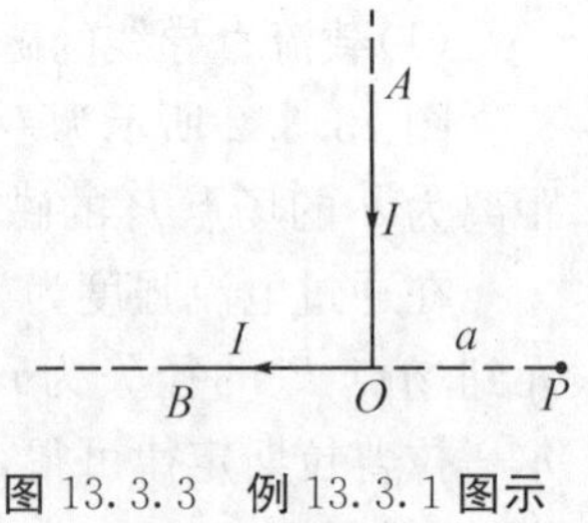

图 13.3.3　例 13.3.1 图示

解　先求半无限长直载流导线 AO 在 P 点产生的场强 $\boldsymbol{B}_1$,由(13-3-5)式,代入 $\theta_1=90°$,$\theta_2=180°$,可得 $\boldsymbol{B}_1$ 的大小为

$$B_1=\frac{\mu_0 I}{4\pi a}$$

$\boldsymbol{B}_1$ 的方向垂直于纸面向外.

另一段半无限长直导线 OB 在 P 点产生的磁感应强度 $\boldsymbol{B}_2=0$,可由毕奥—萨伐尔—拉普拉斯定律知 $I\mathrm{d}\boldsymbol{l}\times\boldsymbol{r}=0$,或由(13-3-5)式,代入 $\theta_1=\theta_2=\pi$,可得 $B_2=0$.可见场点 P 在载流直导线延长线上 $\boldsymbol{B}_2$ 为零.

场点 P 的场强 $\boldsymbol{B}=\boldsymbol{B}_1+\boldsymbol{B}_2=\boldsymbol{B}_1$,其大小为

$$B = B_1 = \frac{\mu_0 I}{4\pi a}$$

方向垂直于纸面向外.

例 13.3.2 如图 13.3.4 所示,两根相互垂直放置的很长的载流长直导线,如果 $I_1=10$ A, $I_2=20$ A, I_2 的方向垂直于纸面向里,两导线间距为 $d=10$ cm. 试求:距两导线距离都为 d 的场点 P 处所产生的磁感应强度 $\boldsymbol{B}$.

解 场点 P 处的磁感应强度 $\boldsymbol{B}$ 应是两根载流为 I_1 及 I_2 的长直导线分别在 P 点产生的磁感应强度 $\boldsymbol{B}_1$ 和 $\boldsymbol{B}_2$ 的矢量和. 由(13-3-6)式可以分别求得两根载流长直导线在 P 点产生的磁感应强度 $\boldsymbol{B}_1$ 和 $\boldsymbol{B}_2$ 的大小分别为

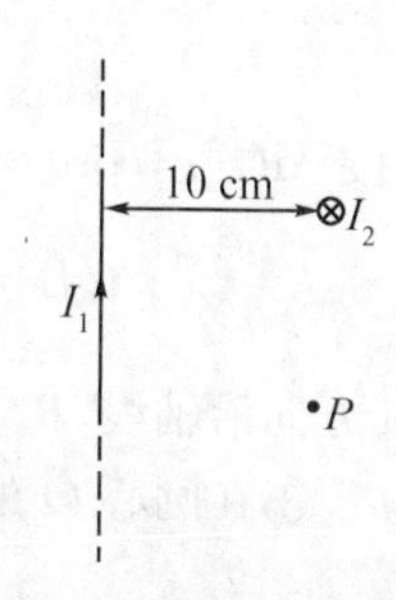

图 13.3.4 例 13.3.2 图示

$$B_1 = \frac{\mu_0 I}{2\pi d} = \frac{4\pi \times 10^{-7} \times 10}{2\pi \times 0.10} = 2.0 \times 10^{-5}\,(\mathrm{T})$$

$$B_2 = \frac{\mu_0 I_2}{2\pi d} = \frac{4\pi \times 10^{-7} \times 20}{2\pi \times 0.10} = 4.0 \times 10^{-5}\,(\mathrm{T})$$

根据右手螺旋法则,可知 I_1 在场点 P 处产生的 $\boldsymbol{B}_1$ 垂直于纸面向里, I_2 在场点 P 处产生的磁感应强度 $\boldsymbol{B}_2$ 在纸面内由 P 点垂直指向载流为 I_1 的长直载流导线. 因此,求得两根载流长直导线在场点 P 处产生的磁感应强度 $\boldsymbol{B}$ 的大小为

$$B = \sqrt{B_1^2 + B_2^2} = \sqrt{(2.0 \times 10^{-5})^2 + (4.0 \times 10^{-5})^2} = 2\sqrt{5} \times 10^{-5}\,(\mathrm{T})$$

由以上可知,由于 $\boldsymbol{B}_1$、$\boldsymbol{B}_2$ 都在过 P 点的垂直于载流为 I_1 的长直导线的平面内,因而 $\boldsymbol{B}$ 也在该平面内. 设 $\boldsymbol{B}$ 与 $\boldsymbol{B}_2$ 之间的夹角为 θ,则 $\boldsymbol{B}$ 与 $\boldsymbol{B}_1$ 之间的夹角为 $\frac{\pi}{2}-\theta$,由此可得

$$\theta = \arctan \frac{B_1}{B_2} = \arctan \frac{2.0 \times 10^{-5}}{4.0 \times 10^{-5}} = 26.6^\circ$$

(2)载流圆线圈轴线上的磁场

如图 13.3.5 所示,是一个半径为 R 的单匝载流圆线圈,通过的电流强度为 I,试求其轴线上一场点 P 的磁感应强度 $\boldsymbol{B}$.

在载流线状圆线圈上任取一电流元 $I\mathrm{d}\boldsymbol{l}$,它到场点 P 的位置径矢为 $\boldsymbol{r}$,根据毕奥—萨伐尔—拉普拉斯定律,它在场点 P 产生的磁感应强度 $\mathrm{d}\boldsymbol{B}$ 为

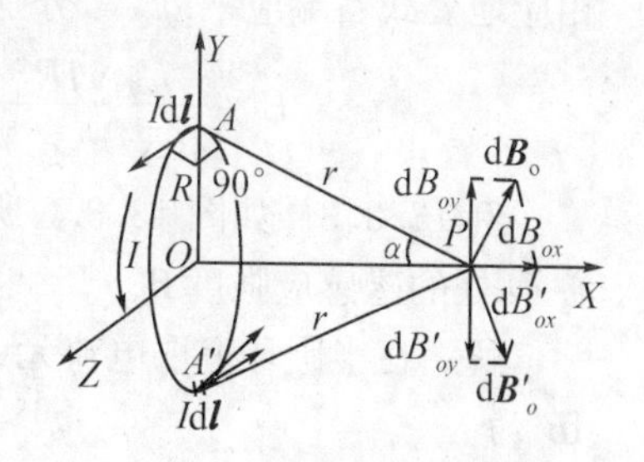

图 13.3.5 圆线圈轴线上的磁场

$$\mathrm{d}\boldsymbol{B} = \frac{\mu_0}{4\pi} \frac{I\mathrm{d}\boldsymbol{l} \times \boldsymbol{r}_0}{r^2}$$

式中, $\mathrm{d}\boldsymbol{l}$、$\boldsymbol{r}$ 与 $\mathrm{d}\boldsymbol{B}$ 三者相互垂直,且遵从右手螺旋法则. 如图 13.3.5 所示, $\mathrm{d}\boldsymbol{B}$ 位于 ROX 平面内. 场点 P 的磁感应强度 $\boldsymbol{B}$,根据磁场叠加原理,应等于各个电流元 $I\mathrm{d}\boldsymbol{l}$ 产生的 $\mathrm{d}\boldsymbol{B}$ 的矢量和,即

$$\boldsymbol{B} = \oint_L \mathrm{d}\boldsymbol{B} = \frac{\mu_0}{4\pi} \oint_L \frac{I\mathrm{d}\boldsymbol{l} \times \boldsymbol{r}_0}{r^2}$$

为了使矢量积分在数学运算上简化,将 $\mathrm{d}\boldsymbol{B}$ 分解为与轴线平行的分量 $\mathrm{d}\boldsymbol{B}_{/\!/}$ 和与轴线垂直的分量 $\mathrm{d}\boldsymbol{B}_{\perp}$,则有

$$\mathrm{d}B_{/\!/} = \mathrm{d}B \cos\theta$$

$$\mathrm{d}B_{\perp} = \mathrm{d}B \sin\theta$$

根据电流分布的对称性，在圆线圈上通过 A 点的直径另一端点 A' 处的电流元 $I\mathrm{d}\boldsymbol{l}$ 与通过 A 点的电流元 $I\mathrm{d}\boldsymbol{l}$ 对称分布，它们在场点 P 产生的磁感应强度 $\mathrm{d}\boldsymbol{B}$ 的垂直分量大小相等，方向相反，互相抵消，因此整个圆线圈上所有电流元产生的磁感应强度 $\mathrm{d}\boldsymbol{B}$ 的垂直分量的矢量和为零；而各电流元在场点 P 产生的磁感应强度 $\mathrm{d}\boldsymbol{B}$ 的平行分量 $\mathrm{d}\boldsymbol{B}_{/\!/}$ 大小相等，方向相同，互相加强. 因此，P 点的 B 值应等于平行分量的代数和，即

$$B=\oint_L \mathrm{d}B_{/\!/}=\oint_L \mathrm{d}B\ \cos\theta$$

由于 $\mathrm{d}\boldsymbol{l}\perp\boldsymbol{r}$，$\cos\theta=R/r$，$r=\sqrt{x^2+R^2}$，$x$ 为圆心 O 到场点 P 的距离，且 r 和 x 都是常量，可得

$$B=\frac{\mu_0}{4\pi}\oint_L\frac{IR\mathrm{d}l}{(R^2+x^2)^{\frac{3}{2}}}=\frac{\mu_0}{4\pi}\frac{IR}{(R^2+x^2)^{\frac{3}{2}}}2\pi R=\frac{\mu_0 IR^2}{2(R^2+x^2)^{\frac{3}{2}}} \qquad (13-3-8)$$

其方向沿轴线，$\boldsymbol{B}$ 与电流方向构成右手螺旋关系. 下面讨论几种特殊情况下的磁感应强度.

①在圆心 O 处产生的磁感应强度，当 $x=0$ 时，可得

$$B=\frac{\mu_0 I}{2R} \qquad (13-3-9)$$

②对应的圆心角为 α 的圆弧，电流在圆心 O 处产生的磁感应强度为

$$B=\frac{\mu_0 I}{4\pi R}\alpha \qquad (13-3-10)$$

③在轴线上距圆心 O 很远处的磁感应强度，当 $x\gg R$ 时，近似可得

$$B=\frac{\mu_0 R^2 I}{2x^3} \qquad (13-3-11)$$

如果载流圆线圈有 N 匝，设每匝的半径都是 R，而且 N 匝紧密靠在一起. 当线圈中通过的电流强度为 I 时，则 N 匝圆线圈在轴线上各点处产生的磁感应强度为单匝圆线圈的 N 倍. 相应地公式右端应乘以 N，分别变为

$$B=\frac{\mu_0 NIR^2}{2(R^2+x^2)^{\frac{3}{2}}};\quad B=\frac{\mu_0 NI}{2R};\quad B=\frac{\mu_0 NI}{4\pi R}\alpha;\quad B=\frac{\mu_0 NIR^2}{2x^3}$$

例 13.3.3　如图 13.3.6 所示，有一通有电流强度为 I，半径为 R 的载流半圆环，试求：圆心 O 处的磁感应强度 $\boldsymbol{B}$.

解　在半圆环上取电流元 $I\mathrm{d}\boldsymbol{l}$，它在圆心 O 点产生的磁感应强度 $\mathrm{d}\boldsymbol{B}$ 为

$$\mathrm{d}\boldsymbol{B}=\frac{\mu_0}{4\pi}\frac{I\mathrm{d}\boldsymbol{l}\times\boldsymbol{R}_0}{R^2}$$

根据右手螺旋法则，$\mathrm{d}\boldsymbol{B}$ 的方向垂直于纸面向里.

因为
$$\mathrm{d}\boldsymbol{l}\perp\boldsymbol{R},\quad \mathrm{d}l=R\mathrm{d}\theta$$

所以
$$\mathrm{d}B=\frac{\mu_0}{4\pi}\frac{I}{R}\mathrm{d}\theta,\qquad B=\frac{\mu_0 I}{4\pi R}\int_0^{\pi}\mathrm{d}\theta=\frac{\mu_0 I}{4\pi R}\pi=\frac{\mu_0 I}{4R}$$

$\boldsymbol{B}$ 的方向垂直于纸面向里. 由以上结果可见，载流半圆环在圆心 O 点产生的磁感应强度大小等于载流圆环在圆心 O 点产生的磁感应强度大小的一半.

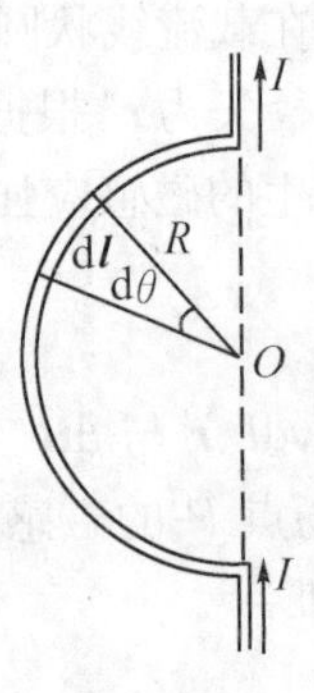

图 13.3.6　例 13.3.3 图示

例 13.3.4　如图 13.3.7 所示，一条无限长直导线弯成图中形状，如果已知电流 $I=1$ A，$R_1=\frac{1}{8}$ m，$R_2=\frac{1}{4}$ m. 试求 O 点的磁感应强度 $\boldsymbol{B}$.

解 利用切割法，根据磁场叠加原理，场点 O 处的磁场可看作由半无限长直导线 ab、$\frac{1}{4}$ 圆线圈 bc、直线导线 cd、$\frac{1}{2}$ 圆线圈 de 和半无限长直导线 ef 在该点产生的磁场的矢量和. cd、ef 两段延长线通过 O 点对磁场无贡献.

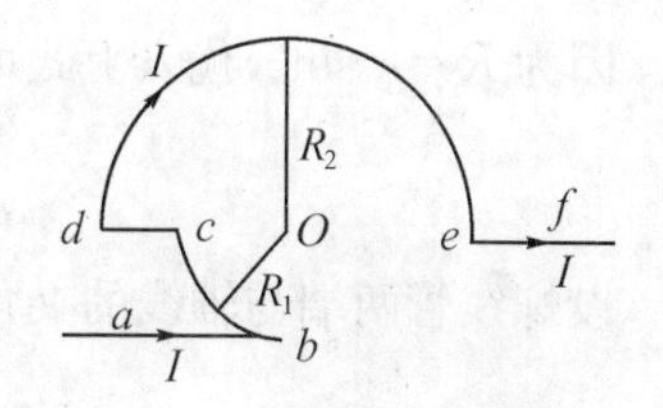

图 13.3.7 例 13.3.4 图示

ab 段导线在 O 点产生的磁场 $\boldsymbol{B}_{ab}$ 垂直纸面向外，其大小为

$$B_{ab}=\frac{\mu_0 I}{4\pi R_1}$$

bc 段在 O 点产生的磁场 $\boldsymbol{B}_{bc}$ 垂直纸面向里，其大小为

$$B_{bc}=\frac{\mu_0 I}{8R_1}$$

de 段在 O 点产生的磁场 $\boldsymbol{B}_{de}$ 垂直纸面向里，其大小为

$$B_{de}=\frac{\mu_0 I}{4R_2}$$

如果约定以垂直纸面向外为正方向，根据叠加原理，O 点处磁感应强度 $\boldsymbol{B}$ 的大小为

$$B=B_{ab}-B_{bc}-B_{de}=\frac{\mu_0 I}{4\pi R_1}-\frac{\mu_0 I}{8R_1}-\frac{\mu_0 I}{4R_2}$$

代入数据求出结果为

$$B=-1.71\times 10^{-6}(\mathrm{T})$$

负号表示与约定的正方向相反，$\boldsymbol{B}$ 的方向垂直于纸面向里.

(3)载流直螺线管轴线上的磁场

如图 13.3.8 所示，设有一均匀密绕、长度为 L，半径为 R 的载流直螺线管，总匝数为 N，单位长度上绕有 n 匝线圈，每匝线圈中的电流强度为 I，试求：轴线上任一点 P 的磁感应强度 $\boldsymbol{B}$.

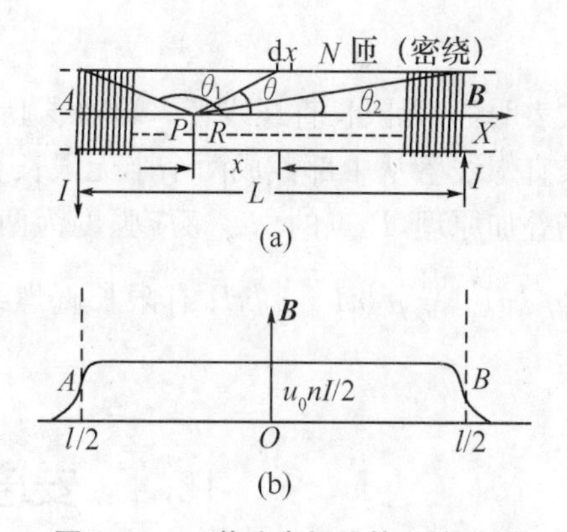

图 13.3.8 载流直螺线管上的磁场

载流直螺线管均匀密绕，单位长度上的匝数 n 较大，可以将载流直螺线管看成是 N 个半径相同的圆形电流构成，可以利用(13－3－8)式和磁场叠加原理求螺线管轴线上任一点处的磁感应强度. 图 13.3.8 所示为通过螺线管轴线的剖面图，首先计算从轴线上场点 P 所张角度 θ 及 $\theta+\mathrm{d}\theta$ 的一段长为 $\mathrm{d}x$ 的螺线管产生的元磁感应强度 $\mathrm{d}\boldsymbol{B}$. 设 $\mathrm{d}x$ 到 P 点的径矢为 $\boldsymbol{r}$，由图可知，这段螺线管长度 $\mathrm{d}x$ 为

$$\mathrm{d}x=\frac{r\,\mathrm{d}\theta}{\sin\theta}$$

$\mathrm{d}x$ 一段螺线管中所含的电流为

$$nI\,\mathrm{d}x=\frac{nIr\,\mathrm{d}\theta}{\sin\theta}$$

将它们看成一个载流圆线圈，由(13－3－8)式可得在场点 P 产生的磁感应强度 $\mathrm{d}\boldsymbol{B}$ 的大小为

$$\mathrm{d}B=\frac{\mu_0}{2}\frac{nIrR^2\,\mathrm{d}\theta}{r^3\sin\theta}=\frac{\mu_0 nIR^2\,\mathrm{d}\theta}{2r^2\sin\theta}$$

因为 $R = r\ \sin\theta$，代入上式可得

$$dB = \frac{\mu_0 nI}{2}\sin\theta d\theta$$

设螺线管两端与轴线的夹角分别为 θ_1 和 θ_2，将上式在此区间内积分，可得

$$B = \int_{\theta_1}^{\theta_2}\frac{\mu_0 nI}{2}\sin\theta d\theta = \frac{1}{2}\mu_0 nI\int_{\theta_1}^{\theta_2}\sin\theta d\theta$$

$$= \frac{1}{2}\mu_0 nI(\cos\theta_1 - \cos\theta_2) \quad (13-3-12)$$

$\boldsymbol{B}$ 的方向与电流方向构成右手螺旋关系. 由以上结果可见，$\boldsymbol{B}$ 与 P 点的位置及螺线管长度 L 有关，下面讨论两种特殊情况.

①无限长直螺线管轴线上的磁感应强度 $\boldsymbol{B}$. 如果 $R \ll L$，场点 P 在螺线管中端，可以看作无限长直螺线管，这时 $\theta_1 \to 0°$，$\theta_2 \to 180°$，则由(13－3－12)式，得

$$B = \mu_0 nI \quad (13-3-13)$$

上式表明：均匀密绕长直螺线管轴线上，离两端较远处的磁感应强度值相等. 可以证明，以上结论不仅适用于轴线上，其螺线管内部各点的值都为 $\mu_0 nI$，而螺线管外部 $B \approx 0$. 因此，无限长直密绕螺线管是一个理想的装置，在管内很大范围内产生一个均匀磁场，并且将磁场几乎全部限制在它的内部.

②半无限长直螺线管的任一端轴线上的磁感应强度 $\boldsymbol{B}$. 此时 $\theta_1 = 0$，$\theta_2 = \frac{\pi}{2}$ 或 $\theta_1 = \frac{\pi}{2}$，$\theta_2 = \pi$，则由(13－3－12)式，得

$$B = \frac{1}{2}\mu_0 nI \quad (13-3-14)$$

上式表明：半无限长直螺线管一端轴线上的 B 值是中间 B 值的一半. 这很容易理解，因为将无限长直螺线管从中部截成两个半无限长直螺线管，它们在场点 P 产生的磁场方向相同，根据磁场叠加原理，P 点的总磁感应强度为两个半无限长直螺线管产生的磁感应强度的代数和，即 $\frac{1}{2}\mu_0 nI + \frac{1}{2}\mu_0 nI = \mu_0 nI$. 有限长直螺线管轴线上磁感应强度的分布大致如图 13.3.8(b)所示.

13.4　安培环路定理及其应用

13.4.1　安培环路定理

磁场的“高斯定理”说明磁场的无源性；安培环路定理表达了磁场的另一基本性质，稳恒磁场是有旋场，也是稳恒磁场和静电场的基本区别之一. 在一定条件下，安培环路定理提供了计算电流所产生磁场的另一种方法.

静电场中，静电场的高斯定理说明静电场是有源场，电场线起始于正电荷，终止于负电荷，电场线永不闭合. 电场力对试验电荷所做的功与路径无关，仅与始、末位置有关，电场强度矢量沿任意一闭合路径的线积分为零，即电场强度矢量的环流等于零，说明静电场是无旋场，可以引入空间坐标的标量函数电势来描述，静电场是有势的.

在稳恒磁场中，磁感应线是与闭合载流导线相互套连的闭合曲线，如果将某一条磁感应线

作为积分环路，则因 $\boldsymbol{B}$ 与 $\mathrm{d}\boldsymbol{l}$ 之间的夹角 $\theta=0°$，$\cos\theta=1$，而 $\boldsymbol{B}\cdot\mathrm{d}\boldsymbol{l}=B\mathrm{d}l>0$，则 $\boldsymbol{B}$ 的环流不等于零，即

$$\oint_L \boldsymbol{B}\cdot\mathrm{d}\boldsymbol{l}\neq 0$$

磁场的安培环路定理就是反映磁感应线这一特点的. 那么磁感应强度 $\boldsymbol{B}$ 的环流与什么物理量有关呢？应如何表述？安培环路定理回答了有关问题.

安培环路定理的表述：稳恒磁场的磁感应强度 $\boldsymbol{B}$ 沿任意闭合环路 L 的线积分(即磁感应强度 $\boldsymbol{B}$ 的环流)，等于穿过这个闭合环路的所有电流强度的代数和的 μ_0 倍. 其数学表达式为

$$\oint_L \boldsymbol{B}\cdot\mathrm{d}\boldsymbol{l}=\mu_0\sum_{\substack{i=1\\(L内)}}^{n} I_i \tag{13-4-1}$$

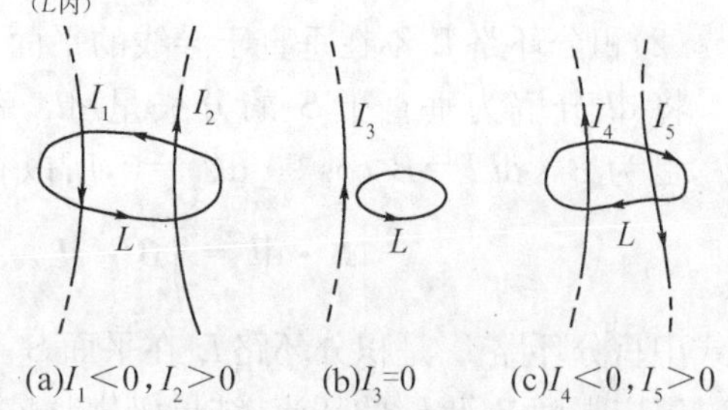

图 13.4.1　安培环路定理的符号定则

式中，L 为任意闭合曲线，$\sum\limits_{\substack{i=1\\(L内)}}^{n} I_i$ 是穿过这个闭合环路的所有电流的代数和. 式中规定电流流动方向与闭合环路 L 的回绕方向符合右手螺旋法则的电流取正值，即 $I>0$；反之电流取负值，即 $I<0$，如图 13.4.1(a)、(c)所示. 如果电流 I 不穿过闭合环路 L，则电流 I 对 $\boldsymbol{B}$ 的环路积分无贡献，即对上式右端无贡献，不考虑，而它产生的磁场对 $\boldsymbol{B}$ 却有贡献，如图 13.4.1(b)所示.

安培环路定理可以由毕奥—萨伐尔—拉普拉斯定律来证明. 下面通过无限长直载流导线产生的磁场这个特例进行证明，然后推广到任意形状的载流导线产生的磁场.

磁场中的安培环路定理说明稳恒磁场是以电流为涡旋中心的涡旋场(有旋场)，磁场是有旋场，即非保守场，不存在类似于电势那样的标量函数. 这是磁场与静电场的基本区别之一.

13.4.2　安培环路定理的证明

(1)安培环路包围电流的情况

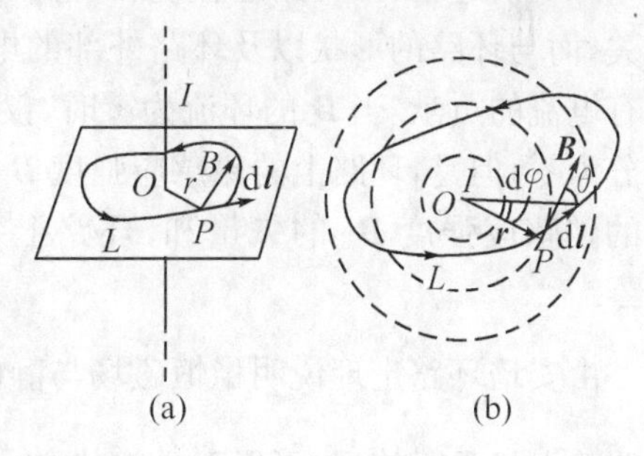

图 13.4.2　无限长直流导线产生的磁场

如图 13.4.2 所示，通过无限长直载流导线的电流强度为 I. 在垂直于导线的平面上，取包围导线的任意闭合曲线 L 作为线积分路线，下面计算 $\boldsymbol{B}$ 沿该环路的环流. 设环路绕行方向与电流流动方向构成右手螺旋关系，如图所示. 由毕奥—萨伐尔—拉普拉斯定律可以计算出在与导线距离为 r 的任意一点 P 的磁感应强度 $\boldsymbol{B}$ 为

$$\boldsymbol{B}=\frac{\mu_0 I}{2\pi r}\boldsymbol{\tau} \tag{13-4-2}$$

式中，$\boldsymbol{B}$ 的方向在圆周切线方向，$\boldsymbol{\tau}$ 是 $\boldsymbol{B}$ 方向的单位矢量，它在环路所在平面上垂直于 $\boldsymbol{r}$，而且与电流 I 构成右手螺旋关系. 在 L 上取线元 $\mathrm{d}\boldsymbol{l}$，与 $\boldsymbol{\tau}$ 的夹角为 θ，在平面上导线对 $\mathrm{d}l$ 张角为 $\mathrm{d}\varphi$，则有 $\boldsymbol{\tau}\cdot\mathrm{d}\boldsymbol{l}=\mathrm{d}l\ \cos\theta=r\mathrm{d}\varphi$，可得

$$\oint_L \boldsymbol{B}\cdot\mathrm{d}\boldsymbol{l}=\oint B\cos\theta\mathrm{d}l=\frac{\mu_0 I}{2\pi}\int_0^{2\pi}\mathrm{d}\varphi=\mu_0 I \tag{13-4-3}$$

上式与(13-4-1)式一致.

在以上计算中，如果环路绕行方向不变，而电流方向相反，则 $\boldsymbol{B}$ 与 $\mathrm{d}\boldsymbol{l}$ 夹角，即 $\boldsymbol{\tau}$ 与 $\mathrm{d}\boldsymbol{l}$ 的夹角 $\theta=180°$，则 $\boldsymbol{\tau}\cdot\mathrm{d}\boldsymbol{l}=\mathrm{d}l\cos 180°=-r\mathrm{d}\varphi$，得

$$\oint_L \boldsymbol{B}\cdot\mathrm{d}\boldsymbol{l}=\oint B\cos\theta\mathrm{d}l=-\frac{\mu_0 I}{2\pi}\int_0^{2\pi}\mathrm{d}\varphi=-\mu_0 I$$

在(13-4-2)式中电流 I 总为正值，所以上式右端为负. 如果将上式中的 $-I$ 用 I 代替，则 $I<0$，电流有正负，是代数量了. 约定：如果电流流动方向与环路绕行方向符合右手螺旋法则，如图 13.4.3(a)所示，电流取正值，即 $I>0$；反之，电流取负值，即 $I<0$，如图 13.4.3(b)所示.

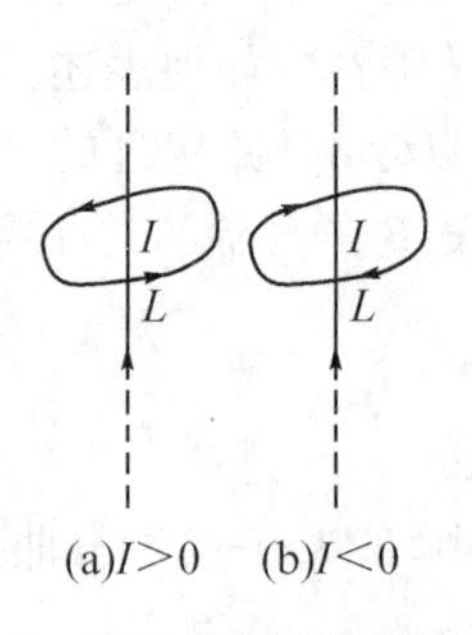

图 13.4.3　安培环路定理的电流符号

(2)积分环路 L 不在垂直于导线的平面 S 内

将 $\mathrm{d}\boldsymbol{l}$ 分解为垂直于 S 的分矢量 $\mathrm{d}\boldsymbol{l}_\perp$ 和平行于 S 的分矢量 $\mathrm{d}\boldsymbol{l}_{/\!/}$，因为 $\boldsymbol{B}\cdot\mathrm{d}\boldsymbol{l}_\perp=B\cos 90°\mathrm{d}l_\perp=0$，所以有

$$\oint_L \boldsymbol{B}\cdot\mathrm{d}\boldsymbol{l}=\oint_{L'}\boldsymbol{B}\cdot\mathrm{d}\boldsymbol{l}_{/\!/}$$

上式中积分环路 L' 是积分环路 L 在平面 S 上的投影. 上式表明磁感应强度 $\boldsymbol{B}$ 沿 L 的环流等于磁感应强度 $\boldsymbol{B}$ 沿 L' 的环流，结果仍遵从安培环路定理. 对积分环路不包围电流情况不再证明. 上面从无限长直载流导线产生磁场这种特例下对安培环路定理加以了严格证明. 在电动力学中将证明，对于任何形状的稳恒电流的磁场，安培环路定理仍成立. 对于积分环路环绕载流导体，安培环路定理仍成立. 此时 $I=\iint_S \boldsymbol{j}\cdot\mathrm{d}\boldsymbol{S}$，有

$$\oint_L \boldsymbol{B}\cdot\mathrm{d}\boldsymbol{l}=\mu_0\iint_S \boldsymbol{j}\cdot\mathrm{d}\boldsymbol{S}=\mu_0 I$$

综上所述，安培环路定理说明，稳恒电流产生的稳恒磁场的环流只与环路内所包围的电流有关，而与环路的形状以及环路外部的电流无关. 但是，环路上的 $\boldsymbol{B}$ 是环路内部、环路外部的所有电流的贡献. 当 $\boldsymbol{B}$ 的环流为零时，仅说明环路所包围的电流的代数和为零，$\boldsymbol{B}$ 的整个环路积分为零，但是，环路上的磁感应强度 $\boldsymbol{B}$ 是由环路内部、环路外部的所有电流分别在环路上产生的磁感应强度 $\boldsymbol{B}_i$ 的矢量和，环路上各点的 $\boldsymbol{B}$ 一般不等于零，即可以大于零、等于零、小于零.

由安培环路定理说明稳恒磁场与静电场的性质不相同，对于静电场的环流 $\oint_L \boldsymbol{E}\cdot\mathrm{d}\boldsymbol{l}=0$，说明静电场是无旋场，可以引入电势，电场线是起始于正电荷、终止于负电荷的非闭合曲线；而对于稳恒磁场，一般情况下，$\oint_L \boldsymbol{B}\cdot\mathrm{d}\boldsymbol{l}=\mu_0 I\neq 0$，说明稳恒磁场是涡旋场，而不是保守力场，磁感应线是闭合曲线.

13.4.3　安培环路定理的应用

对于某些特殊形状的稳恒电路，它所产生的磁场具有一定的对称性，且场点所在的环路上或某段环路上满足均匀性，可以应用安培环路定理直接求磁感应强度 $\boldsymbol{B}$ 的分布情况.

下面举例说明如何应用安培环路定理求磁感应强度 $\boldsymbol{B}$.

(1)均匀无限长直载流圆柱导体的磁场

图 13.4.4 所示是一根半径为 R 的无限长直载流圆柱导体的横截面，电流 I 均匀通过该

横截面. 试求距轴线为 r 处的磁感应强度 $\boldsymbol{B}$.

先考虑电流分布具有轴对称性，将无限长直载流圆柱导体的磁场分为柱外任意点 P 的 $\boldsymbol{B}$ 及柱内任意点 P' 的 $\boldsymbol{B}$ 两种情况.

①先求圆柱导体外任意点的磁场，由于圆柱形载流导体无限长，柱内电流均匀分布，可以把它想象为一根无限长直载流导线，由于电流分布的轴对称性，它所产生的磁感应强度 $\boldsymbol{B}$，是以 r 为半径的一系列同心圆的切线方向，且与电流方向构成右手螺旋关系. 在同一圆周上，磁感应强度 $\boldsymbol{B}$ 的大小处处相等. 选取通过场点 P，以圆柱轴线为圆心，$r(r>R)$ 为半径的圆周为积分环路 L，且 L 与 I 符合右手螺旋法则. 应用安培环路定理，以圆周作为积分环路有

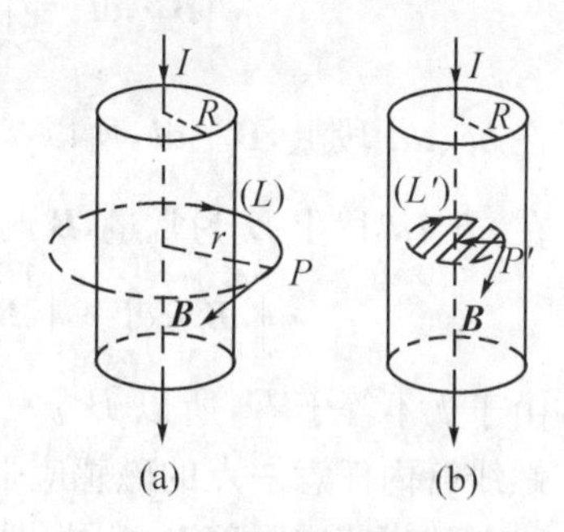

图 13.4.4 圆柱电流的磁场的计算图

$$\oint_L \boldsymbol{B} \cdot \mathrm{d}\boldsymbol{l} = B\oint_L \mathrm{d}l = B2\pi r = \mu_0 I$$

可得
$$B = \frac{\mu_0 I}{2\pi r} \quad (r>R) \tag{13-4-4}$$

可见，无限长直圆柱载流导体，在柱外任一点 P 产生的 $\boldsymbol{B}$ 与全部电流集中在轴线时产生的 $\boldsymbol{B}$ 相同.

②圆柱导体内任意点的磁场. 同理可以轴线为圆心，过场点 P' 作以 $r(r<R)$ 为半径的圆周为积分环路. 同上面相类似的对称性分析可知，圆周上各点的 $\boldsymbol{B}$ 的大小处处相等，方向沿圆周切线方向，且与包围的电流 I 构成右手螺旋关系. 应用安培环路定理，以圆周作为积分环路有

$$\oint_{L'} \boldsymbol{B} \cdot \mathrm{d}\boldsymbol{l} = B\oint_{L'} \mathrm{d}l = B2\pi r = \mu_0 I' = \mu_0 \iint_S \boldsymbol{j} \cdot \mathrm{d}\boldsymbol{S} = \mu_0 \frac{r^2}{R^2} I$$

可得
$$B = \frac{\mu_0 I r}{2\pi R^2} \quad (r<R) \tag{13-4-5}$$

可见，无限长直圆柱载流导体在柱内任一点 P' 产生的 $\boldsymbol{B}$ 的大小与场点 P' 到轴线的距离 r 成正比.

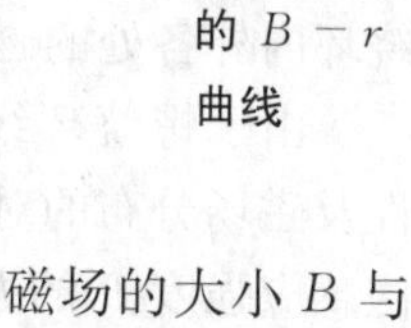

由上面对无限长直圆柱载流导体在柱体内外产生的 $\boldsymbol{B}$ 的讨论，可以画出 $B-r$ 函数曲线，如图 13.4.5 所示. 由图可知，在圆柱面上 B 是连续的，且具有最大值.

图 13.4.5 长直载流圆柱磁场的 $B-r$ 曲线

如果求出的 B 为负值，表示 $\boldsymbol{B}$ 的实际方向与原来所取的回路方向相反.

当无限长直圆柱载流导体换为无限长直薄壁圆筒时，它在筒外产生的磁场的大小 B 与 (13-4-4) 式相同，而在筒内产生的磁场的大小 $B=0$，因为这时闭合环路不包围任何电流. 可见，圆筒上的电流在其内部产生的磁场互相抵消.

(2) 无限长直密绕螺线管的磁感应强度的分布

下面应用安培环路定理证明：无限长直密绕螺线管内为均匀磁场，管外磁场为零.

①先证明管内是均匀磁场. 因无限长直螺线管是密绕的，螺距可忽略不计，每匝导线中的电流都可以看成圆形电流，由于对称性，管内的磁场线将与螺线管的轴线平行且均匀分布，管内任意点 P 的磁场 $\boldsymbol{B}$ 的方向平行于轴线，且与电流构成右手螺旋关系，平行于轴线的磁感应

线上磁感应强度 $\boldsymbol{B}$ 的大小处处相等. 通过场点 P 和轴线作一矩形积分环路 L，如图 13.4.6 所示，设边长为 L，由安培环路定理有

$$\oint_L \boldsymbol{B}\cdot \mathrm{d}\boldsymbol{l} = \int_a^b \boldsymbol{B}\cdot \mathrm{d}\boldsymbol{l} + \int_b^c \boldsymbol{B}\cdot \mathrm{d}\boldsymbol{l} + \int_c^d \boldsymbol{B}\cdot \mathrm{d}\boldsymbol{l} + \int_d^a \boldsymbol{B}\cdot \mathrm{d}\boldsymbol{l} = 0$$

在 bc、da 段上，$\boldsymbol{B}\perp \mathrm{d}\boldsymbol{l}$，所以 $\int_b^c \boldsymbol{B}\cdot \mathrm{d}\boldsymbol{l} = \int_d^a \boldsymbol{B}\cdot \mathrm{d}\boldsymbol{l} = 0$

在 ab、cd 段上 B 为常量，$\boldsymbol{B}$ 与 $\mathrm{d}\boldsymbol{l}$ 平行或反方向平行，则有

$$\int_a^b \boldsymbol{B}\cdot \mathrm{d}\boldsymbol{l} + \int_c^d \boldsymbol{B}\cdot \mathrm{d}\boldsymbol{l} = B_{ab}\int_a^b \mathrm{d}l - B_{cd}\int_c^d \mathrm{d}l = B_{ab}l - B_{cd}l = 0$$

由于 l 不等于零，所以 $B_{ab}=B_{cd}$，这表明无限长直密绕螺线管内任意一点的磁感应强度 $\boldsymbol{B}$ 的大小和方向都与轴线上的磁感应强度 $\boldsymbol{B}$ 相同，即螺线管内磁场为均匀磁场，可以证明 $\boldsymbol{B}$ 的大小为 $B=\mu_0 nI$.

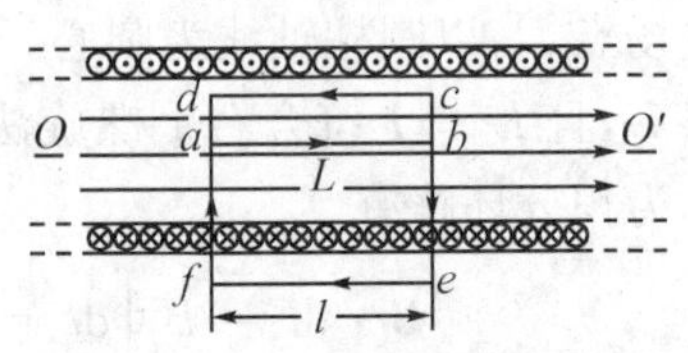

图 13.4.6　直密绕螺线管电流的磁场

②再证明管外磁场为零. 由电流及磁场的对称性分析可知，管外任意点的 $\boldsymbol{B}$（如果不为零）也应该平行于轴线方向，且平行于轴线的直线上的磁场处处相等. 通过场点 P 和轴线作矩形积分环路 L，即 $abefa$，如图 13.4.6 所示，则边长为 l，环路包围的电流为 nIl，由安培环路定理有

$$\oint_L \boldsymbol{B}\cdot \mathrm{d}\boldsymbol{l} = \int_a^b \boldsymbol{B}\cdot \mathrm{d}\boldsymbol{l} + \int_b^e \boldsymbol{B}\cdot \mathrm{d}\boldsymbol{l} + \int_e^f \boldsymbol{B}\cdot \mathrm{d}\boldsymbol{l} + \int_f^a \boldsymbol{B}\cdot \mathrm{d}\boldsymbol{l} = \mu_0 nIl$$

在 be、fa 段上，$\boldsymbol{B}\perp \mathrm{d}\boldsymbol{l}$，所以 $\int_b^e \boldsymbol{B}\cdot \mathrm{d}\boldsymbol{l} = \int_f^a \boldsymbol{B}\cdot \mathrm{d}\boldsymbol{l} = 0$，沿 ab、ef 段的线积分中 B 为常量，$\boldsymbol{B}$ 与 $\mathrm{d}\boldsymbol{l}$ 平行或反平行，则有

$$\int_a^b \boldsymbol{B}\cdot \mathrm{d}\boldsymbol{l} + \int_e^f \boldsymbol{B}\cdot \mathrm{d}\boldsymbol{l} = B_{ab}\int_a^b \mathrm{d}l - B_{ef}\int_e^f \mathrm{d}l = B_{ab}l - B_{ef}l = \mu_0 nIl$$

可得

$$B_{ef}=B_{ab}-\mu_0 nI=0$$

上式表明无限长直密绕螺线管外任意一点的磁感应强度 $\boldsymbol{B}$ 的大小等于零.

(3)螺绕环的磁场

螺绕环是用导线密绕的圆环形状螺线构成的线圈，也相当于一个密绕长螺线管弯曲成圆环形状线圈构成，如图 13.4.7 所示. 设圆环的平均半径为 R，线圈内通过的电流为 I，总匝数为 N，下面求螺绕环内外各处的磁场分布.

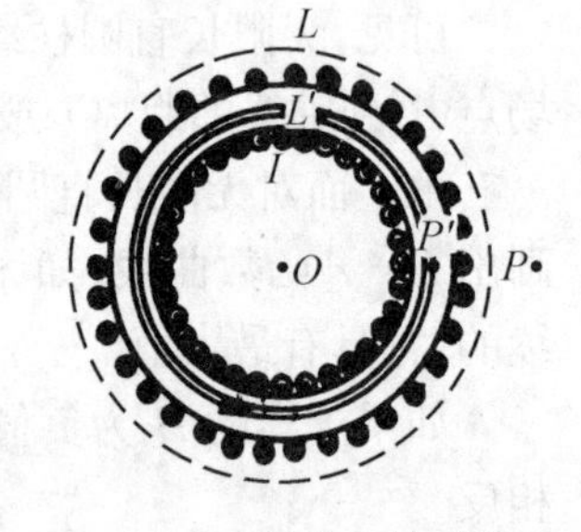

图 13.4.7　螺绕环的磁场

由于螺绕环线圈密绕，螺距可以忽略不计. 由电流分布的对称性及磁场分布的对称性分析可知，无论由在环内还是在环外产生的磁感应强度 $\boldsymbol{B}$ 的方向都是沿以通过 O 的轴线为圆心的圆周的切线方向，其大小在圆周上处处相等.

①先求螺绕环外的磁场. 在环外任取一场点 P，P 到圆环中心的距离为 $r(r>R)$，作半径为 r 的圆周为积分环路 L，如图 13.4.7 所示，它所包围的总电流为零，由安培环路定理有

$$\oint_L \boldsymbol{B}\cdot \mathrm{d}\boldsymbol{l} = B\oint_L \mathrm{d}l = BL = 0$$

可求得螺绕环外的 $B=0$，即螺绕环外无磁场.

②再求螺绕环内的磁场. 在环内任取一场点 P'，P'点到圆环中心的距离为 $r(r<R)$，作半径为 r 的圆周为积分环路 L'，如图 13.4.7 所示，它所包围的总电流为 NI，由安培环路定理有

$$\oint_{L'} \boldsymbol{B} \cdot \mathrm{d}\boldsymbol{l} = B\oint_{L'} \mathrm{d}l = B 2\pi r = \mu_0 NI, \quad B = \frac{\mu_0 NI}{2\pi r}$$

可见螺绕环内任一点 P' 处的磁感应强度 $\boldsymbol{B}$ 的大小与 r 有关，即螺绕环内的磁感应强度 $\boldsymbol{B}$ 是不均匀的. 当螺绕环横截面线度比 r 小得多时，横截面内各点的 B 值相差不多. 此时 $N/2\pi r$ 可以表示单位长度上的匝数 n，r 可以用平均半径 R 代替，则螺绕环内的 $\boldsymbol{B}$ 的大小可改写为

$$B = \frac{\mu_0 NI}{2\pi R} = \mu_0 nI$$

可见，螺绕环内部的磁感应强度 $\boldsymbol{B}$ 的大小和无限长直螺线管的磁感应强度 $\boldsymbol{B}$ 的大小相同. 螺绕环内各点的 $\boldsymbol{B}$ 的大小近似相同.

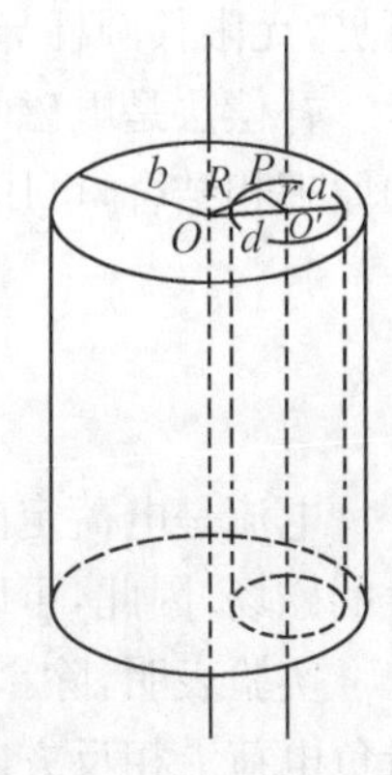

图 13.4.8　例 13.4.1 图示

例 13.4.1　在半径为 b 的无限长直圆柱形导体内挖一个半径为 a 的无限长圆柱形空腔，使它们的轴线相平行，两轴间距离为 d，且 $d<b-a$. 如果导体内通过的电流为 I，试求空腔内任意一点的磁感应强度 $\boldsymbol{B}$.

解　圆柱体的横截面如图 13.4.8 所示，二圆柱体轴线分别为 O 和 O'，空腔中场点 P 对 O 和 O' 的位置径矢分别为 $\boldsymbol{R}$ 的 $\boldsymbol{r}$，由于 O 和 O' 不重合，电流的分布不具有对称性，使磁场分布失去简单对称性，因而不能直接使用安培环路定理来求 $\boldsymbol{B}$，对于这类问题可利用“补偿法”和磁场叠加原理相结合求出 P 点的磁感应强度 $\boldsymbol{B}$. 可设想在挖掉的圆柱形空腔内，填补电流密度为 $\boldsymbol{j}$ 及 $-\boldsymbol{j}$ 的圆柱导体，它们和原圆柱形空间构成一个半径为 b、电流密度为 $\boldsymbol{j}$ 的大圆柱体及半径为 a、电流密度为 $-\boldsymbol{j}$ 的小圆柱体，可以利用安培环路定理分别求出二载流圆柱体在 P 点产生的磁场 $\boldsymbol{B}_1$ 和 $\boldsymbol{B}_2$，根据磁场叠加原理可求出 P 点的磁感应强度 $\boldsymbol{B} = \boldsymbol{B}_1 + \boldsymbol{B}_2$.

①先求无限长电流密度为 $\boldsymbol{j}$，半径为 b 的圆柱体在 P 点产生的磁感应强度 $\boldsymbol{B}_1$. 取以 O 点为圆心，通过场点 P 作圆周的积分环路 L，由安培环路定理有

$$\oint_{L} \boldsymbol{B}_1 \cdot \mathrm{d}\boldsymbol{l} = B_1\oint_{L} \mathrm{d}l = B_1 2\pi R = \mu_0 j\pi R^2$$

可得

$$B_1 = \frac{\mu_0 jR}{2}$$

其方向垂直于 $\boldsymbol{R}$，写成矢量式为

$$\boldsymbol{B}_1 = \frac{\mu_0 \boldsymbol{j} \times \boldsymbol{R}}{2}$$

②再求无限长电流密度为 $-\boldsymbol{j}$，半径为 a 的圆柱体在 P 点产生的磁感应强度 $\boldsymbol{B}_2$. 取以 O' 点为圆心，通过场点 P 作圆周的积分环路 L'，由安培环路定理有

$$\oint_{L'} \boldsymbol{B}_2 \cdot \mathrm{d}\boldsymbol{l} = B_2\oint_{L'} \mathrm{d}l = B_2 2\pi r = \mu_0 j\pi r^2$$

可得

$$B_2 = \frac{\mu_0 jr}{2}$$

其方向垂直于 $\boldsymbol{r}$，写成矢量式为

$$\boldsymbol{B}_2 = -\frac{\mu_0 \boldsymbol{j} \times \boldsymbol{r}}{2}$$

③根据磁场叠加原理，场点 P 的磁感应强度矢量 $\boldsymbol{B}$ 为

$$\boldsymbol{B}=\boldsymbol{B}_1-\boldsymbol{B}_2=\frac{1}{2}\mu_0\boldsymbol{j}\times(\boldsymbol{R}-\boldsymbol{r})$$

式中，$\boldsymbol{R}-\boldsymbol{r}=\boldsymbol{d}$，$\boldsymbol{d}$ 为 O 点到 O' 点的径矢. 如果设 $\boldsymbol{j}$ 方向的单位矢量为 $\boldsymbol{R}_0$，而 $\boldsymbol{j}$ 的大小为 $j=\frac{I}{\pi(b^2-a^2)}$，上式可以改写为

$$\boldsymbol{B}=\frac{\mu_0 I\,\boldsymbol{R}_0\times\boldsymbol{d}}{2\pi(b^2-a^2)}$$

可见，无限长圆柱导体空腔内为均匀磁场，其方向垂直于通过二圆柱轴线的平面.

补偿法是电磁学、力学中计算一些问题的特殊方法，能解决的问题很有限，但它与场的叠加原理相结合，可用较简便的方法算出一些较难的问题.

13.5 运动电荷的磁场

电流是电荷定向运动形成的，所以电流产生的磁场本质上是连续运动的电荷在其周围产生的磁场. 因此，可以从电流元所产生的磁场推导出运动电荷所产生的磁场.

实验表明，除霍尔效应外，正电荷沿电流方向做定向运动（设速度为$\boldsymbol{v}$）的磁效应等效于等量负电荷沿相反方向运动（即速度为$-\boldsymbol{v}$）的磁效应. 因此在讨论问题时，为方便起见，设电流元 $I\mathrm{d}\boldsymbol{l}$ 中的电流是带电量为 $+q$ 的电荷做定向运动形成的，并设电流元 $I\mathrm{d}\boldsymbol{l}$ 横截面积为 $\mathrm{d}S$，体积为 $\mathrm{d}V=\mathrm{d}l\,\mathrm{d}S$，电流元所在体积 $\mathrm{d}V$ 中的正电荷数密度为 n，则 $nqv\mathrm{d}S$ 表示单位时间内通过电流元的某一横截面 $\mathrm{d}S$ 的电量，即电流 I，可得

$$I=nqv\mathrm{d}S$$

式中，v 表示正电荷 q 做定向运动的速率，速度$\boldsymbol{v}$ 的方向与电流 I 的方向一致，因而可以用$\boldsymbol{v}$ 的方向表示 $\mathrm{d}\boldsymbol{l}$ 的方向. 根据毕奥—萨伐尔—拉普拉斯定律，有

$$\mathrm{d}\boldsymbol{B}=\frac{\mu_0 I\mathrm{d}\boldsymbol{l}\times\boldsymbol{r}_0}{4\pi r^2}=\frac{\mu_0 nq\mathrm{d}S\mathrm{d}l\,\boldsymbol{v}\times\boldsymbol{r}_0}{4\pi r^2}=\frac{\mu_0\mathrm{d}Nq\,\boldsymbol{v}\times\boldsymbol{r}_0}{4\pi r^2}$$

式中，$\mathrm{d}N=n\mathrm{d}V$ 为电流元 $I\mathrm{d}l$ 中运动电荷的总数，所以一个以速度$\boldsymbol{v}$ 运动的带正电荷为 q 的运动电荷在空间任一点 P 产生的磁感应强度为

$$\boldsymbol{B}=\frac{\mathrm{d}\boldsymbol{B}}{\mathrm{d}N}=\frac{\mu_0 q\,\boldsymbol{v}\times\boldsymbol{r}_0}{4\pi r^2} \qquad (13-5-1\mathrm{a})$$

式中，$\boldsymbol{r}_0$ 为从电荷 q 到 P 点的单位径矢.

上式对正、负电荷都适用，对于正电荷 q 取正值，对于负电荷 q 取负值. 上式表明，以速度$\boldsymbol{v}$ 运动的带电量为 q 的电荷在距场点 P 的距离为 r 处所产生的磁感应强度 $\boldsymbol{B}$ 的大小为

$$B=\frac{\mu_0 qv\sin(\boldsymbol{v},\boldsymbol{r})}{4\pi r^2}=\frac{\mu_0 q|\boldsymbol{v}\times\boldsymbol{r}_0|}{4\pi r^2} \qquad (13-5-1\mathrm{b})$$

$\boldsymbol{B}$ 的方向垂直于$\boldsymbol{v}$ 及 $\boldsymbol{r}$ 所组成的平面，如果 q 为正，即 $q>0$ 时，$\boldsymbol{B}$ 的指向与$\boldsymbol{v}\times\boldsymbol{r}$ 的方向相同；如果 q 为负，即 $q<0$ 时，$\boldsymbol{B}$ 的指向与$\boldsymbol{v}\times\boldsymbol{r}$ 的方向相反，它们分别如图 13.5.1(a)及 13.5.1(b)所示.

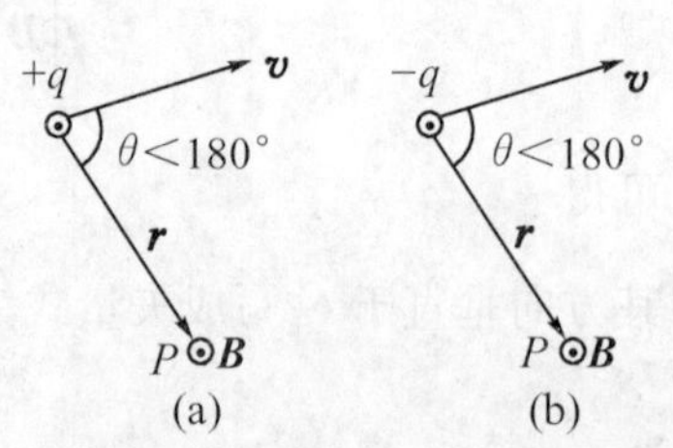

图 13.5.1 运动电荷的磁场

必须指出(13－5－1a)、(13－5－1b)式仅适用于 $v\ll c$ 的情况. 如果 v 与 c(光速的大小)可以相比时，比如说 v 为 $0.1c$ 到 c 之间的速率时，由于相对论效应，(13－5－1a)、(13－5－

1b)式不再成立.

例 13.5.1　在氢原子中,按经典理论,玻尔氢原子模型电子绕原子核做圆周运动,其线速率 $v=2.19\times10^{6}\ \mathrm{m\cdot s^{-1}}$,稳定状态的轨道半径 $r_1=5.3\times10^{-11}$ m. 试求:电子运动时对轨道中心 O 处所产生的磁感应强度 $\boldsymbol{B}$ 和电子的磁矩.

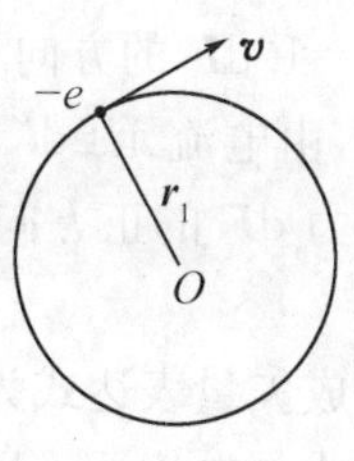

$-e$　$\boldsymbol{v}$　$\boldsymbol{r}_1$　O

图 13.5.2　例 13.5.1 图示

解　如图 13.5.2 所示,氢原子所在空间视为真空,磁导率为 μ_0,电子绕核做匀速率圆周运动,$\boldsymbol{v}$ 与 $\boldsymbol{r}$ 垂直,$\theta=90^\circ$,$\sin\theta=1$,由(13－5－1b)式可得电子运动时,轨道中心产生的磁感应强度 $\boldsymbol{B}$ 的大小为

$$B=\frac{\mu_0}{4\pi}\frac{ev}{r^2}=\frac{4\pi\times10^{-7}}{4\pi}\times\frac{1.6\times10^{-19}\times2.19\times10^{6}}{(5.3\times10^{-11})^2}=12.5\ (\mathrm{T})$$

由于电子带负电荷(为 $-e$),$\boldsymbol{v}\times\boldsymbol{r}$ 应垂直于纸面向外,所以 $\boldsymbol{B}$ 的方向与 $\boldsymbol{v}\times\boldsymbol{r}$ 的方向相反,垂直于纸面向内.

由于电子围绕原子核做圆周运动,频率很高,等效于一个环形电流,所以可以根据已知数据,利用 $\boldsymbol{P}_m=I\boldsymbol{S}$,求出氢原子中电子绕核运动的轨道磁矩.

电子绕核做匀速率圆周运动,单位时间内绕核的回转频率 ν 为

$$\nu=\frac{v}{2\pi r}$$

在 1 s 内电子做圆周运动所产生的环形电流为

$$I=e\nu=\frac{ev}{2\pi r}$$

环形电流所包围的面积

$$S=\pi r^2$$

电子绕核运动所引起的磁矩 $\boldsymbol{P}_m$ 的大小为

$$\begin{aligned}P_m&=IS=\frac{ev}{2\pi r}\pi r^2=\frac{evr}{2}=\frac{1}{2}\times1.60\times10^{-19}\times2.19\times10^{6}\times5.29\times10^{-11}\\&=9.27\times10^{-24}\ (\mathrm{A\cdot m^2})\end{aligned}$$

方向与 $\boldsymbol{B}$ 的方向相同. 电子围绕氢原子核运动所产生的磁矩称为一个玻尔磁子,通常用 μ_B 表示,是一个重要的物理量.

13.6　磁场对电流的作用

稳恒电流和磁铁都能产生静磁场,磁场是一种特殊的物质,其基本性质之一就是磁场对载流导线施以磁场力的作用. 下面讨论磁场对稳恒电流的闭合回路中任意一段导线作用的磁场力,以及磁场对闭合载流回路作用的磁力矩.

13.6.1　安培定律

载流导线在磁场中受到的磁场力,称为安培力. 有关安培力的规律是 1820 年法国物理学家安培通过实验总结出来的,称为安培定律,其表述如下:位于磁场中某点 P 处的电流元 $I\mathrm{d}\boldsymbol{l}$ 受到该点磁场 $\boldsymbol{B}$ 的作用力 $\mathrm{d}\boldsymbol{F}$ 的大小与电流元所在处的磁感强度 $\boldsymbol{B}$ 的大小、电流元 $I\mathrm{d}\boldsymbol{l}$ 的大小以及电流元方向与磁感应强度方向之间夹角 θ($0^\circ<\theta<180^\circ$)的正弦成正比. 安培定律的数学表达式为

$$\mathrm{d}F=KI\mathrm{d}lB\sin\theta$$

式中，K 为比例系数，它的数值决定于上式中各量的单位. 在国际单位制中，上式中比例系数 $K=1$. $\mathrm{d}\boldsymbol{F}$ 的方向与 $I\mathrm{d}\boldsymbol{l}$ 和 $\boldsymbol{B}$ 的方向遵从右手螺旋法则，如图 13.6.1 所示，即将右手四指弯曲，由电流元 $I\mathrm{d}\boldsymbol{l}$ 的方向经过小于180°的角度转到 $\boldsymbol{B}$ 的方向，则伸直的大拇指的指向就是安培力 $\mathrm{d}\boldsymbol{F}$ 的正方向. 在国际单位制中，安培定律的数学表达式为

$$\mathrm{d}F=I\mathrm{d}l\ B\sin\theta \tag{11-6-1a}$$

写成矢量表达式为

$$\mathrm{d}\boldsymbol{F}=I\mathrm{d}\boldsymbol{l}\times\boldsymbol{B} \tag{11-6-1b}$$

上式是电流元 $I\mathrm{d}\boldsymbol{l}$ 在磁场 $\boldsymbol{B}$ 中受到的作用力 $\mathrm{d}\boldsymbol{F}$，这就是安培力公式. 上式表明 $\mathrm{d}\boldsymbol{F}$ 的方向垂直于 $I\mathrm{d}\boldsymbol{l}$ 和 $\boldsymbol{B}$ 所组成的平面，$\mathrm{d}\boldsymbol{F}$ 与 $I\mathrm{d}\boldsymbol{l}$ 和 $\boldsymbol{B}$ 之间遵从右手螺旋法则.

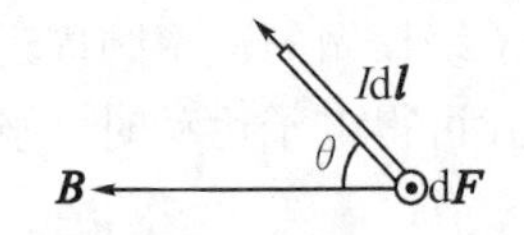

图 13.6.1 右手螺旋法则

必须指出，由于孤立的电流元并不存在，所以安培定律并不是实验的直接结果，但是它导出的结果都是正确的，因此，它是电磁运动的基本规律之一.

安培力的叠加原理：安培定律给出了磁场对载流导线上一段电流元的作用力. 如果要计算一段有限长的载流导线在磁场中所受的安培力，可将它看成许多段首尾相接，连续的电流元所组成. 根据力的叠加原理，由安培定律，求出磁感应强度 $\boldsymbol{B}$ 作用于电流元 $I\mathrm{d}\boldsymbol{l}$ 上的安培力，再利用积分求得长为 L 的载流导线所受的力为

$$\boldsymbol{F}=\int_0^L \mathrm{d}\boldsymbol{F}=\int_0^L I\mathrm{d}\boldsymbol{l}\times\boldsymbol{B} \tag{13-6-2a}$$

$\boldsymbol{F}$ 的大小为

$$F=\int_0^L IB\sin\theta\mathrm{d}l \tag{13-6-2b}$$

式中，θ 为 $I\mathrm{d}\boldsymbol{l}$ 与 $\boldsymbol{B}$ 之间的夹角.

特殊情况下，当 $\theta=0°$，即电流方向与 $\boldsymbol{B}$ 的方向平行时，或 $\theta=180°$，即电流方向与 $\boldsymbol{B}$ 方向反向平行时，$F=0$；当 $\theta=90°$，即电流方向与 $\boldsymbol{B}$ 的方向垂直时，$F=F_{\max}=BIl$ 为最大值. 安培力公式描述了电流元在外磁场中所受力的规律，可用于计算各种形状载流回路在外磁场中受的磁力和磁力矩，有着广泛的应用.

例 13.6.1 在磁感应强度 $B=0.6$ T 的均匀磁场 $\boldsymbol{B}$ 中，放置有一段长为 $L=0.20$ m，通有电流为 $I=3.0$ A 的直导线，$\theta=120°$，如图 13.6.2 所示. 试求：载流直导线在磁场 $\boldsymbol{B}$ 中所受的安培力.

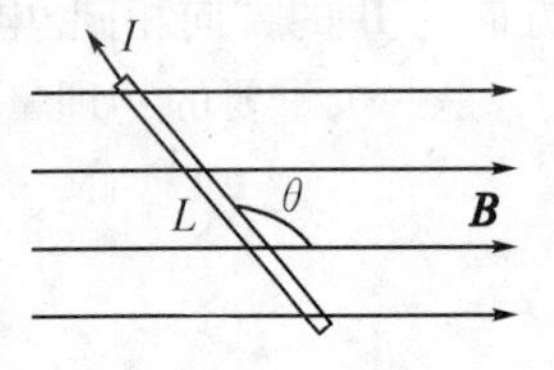

图 13.6.2 例 13.6.1 图示

解 磁感应强度 $\boldsymbol{B}$ 与载流直导线 L 之间的夹角为 120°，根据安培定律和磁场力的叠加原理，由(13－6－2b)式，可得安培力的大小为

$$\int_0^L IB\sin\theta\mathrm{d}l=IBL\sin\theta=3.0\times0.20\times0.60\times\sin120°=0.31(\mathrm{N})$$

安培力 $\boldsymbol{F}$ 的方向，由右手螺旋法则确定是垂直于纸面向里.

例 13.6.2 如图 13.6.3 所示，一根载有电流为 I，在任意平面上的曲线载流导线，放置在一个与纸面相垂直向里的均匀磁场 $\boldsymbol{B}$ 中. 试求：导线所受的安培力.

解 根据安培定律和磁场力的叠加原理，应该用矢量积分，但各电流元所受磁场力方向不相同，不能直接积分. 一般可选取以 a 点(起点)为原点，沿 ab(终点)方向为 OX 轴正方向，在载流导线所在平面内，确定 OXY 平面直角坐标系. 对任意电流元 $I\mathrm{d}\boldsymbol{l}$ 所受的安培力 $\mathrm{d}\boldsymbol{F}$ 的大小为

$$\mathrm{d}F=I\mathrm{d}lB\sin90°=I\mathrm{d}lB$$

设 $I\mathrm{d}\boldsymbol{l}$ 与 OX 轴之间的夹角为 θ，$\mathrm{d}\boldsymbol{F}$ 在 OX 方向上及 OY 方向上的分量式为

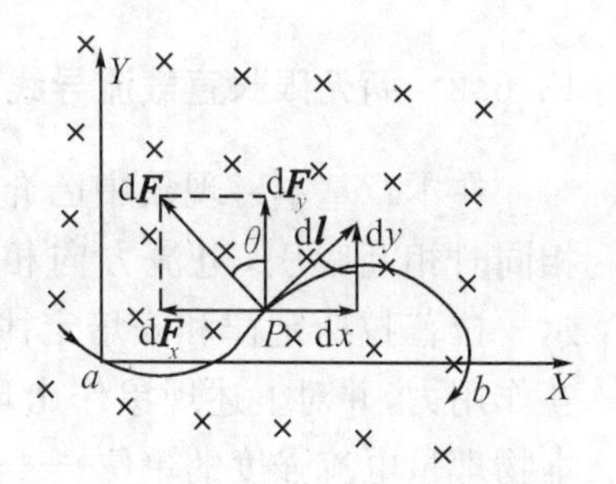

图 13.6.3　例 13.6.2 图示

$$\mathrm{d}F_x=\mathrm{d}F\ \sin\theta=-IB\mathrm{d}l\ \sin\theta=-IB\mathrm{d}y$$

$$\mathrm{d}F_y=\mathrm{d}F\ \cos\theta=IB\mathrm{d}l\ \cos\theta=IB\mathrm{d}x$$

整个曲线载流导线在 OX 方向上及 OY 方向上所受的分力为

$$F_x=\int\mathrm{d}F_x=\int_{y_a}^{y_b}-IB\mathrm{d}y=0$$

$$F_y=\int\mathrm{d}F_y=\int_{x_a}^{x_b}IB\mathrm{d}x=IB\,\overline{ab}$$

可得

$$\boldsymbol{F}=F_x\boldsymbol{i}+F_y\boldsymbol{j}=IB\,\overline{ab}\boldsymbol{j}$$

以上结果表明，在均匀磁场 $\boldsymbol{B}$ 中，对于一段任意形状的有限平面曲线载流导线，如果它的平面垂直于磁场，则曲线载流导线所受的安培力的大小与电流起点到终点所连接的直线电流所受的安培力相同，方向垂直于起点到终点的连线，在 $I\boldsymbol{L}\times\boldsymbol{B}$ 的方向.

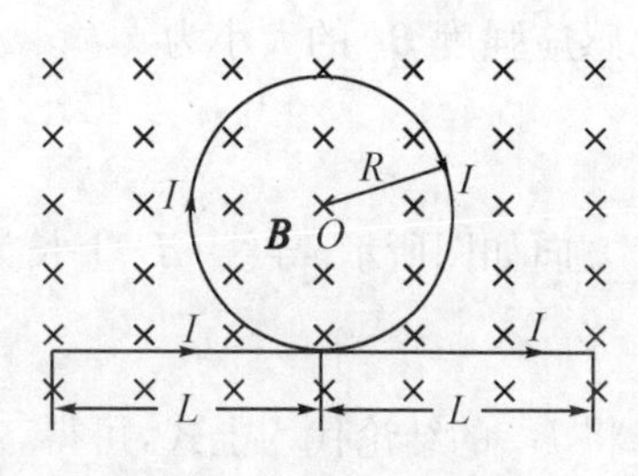

图 13.6.4　例 13.6.3 图示

例 13.6.3　如图 13.6.4 所示，一根载有电流为 I 的一段长直载流导线，中间部分被弯成了一个半径为 R 的圆，在 P 点处无交叉接触. 各段导线的长度如图所示，如果将它放在一个与纸面垂直向里的均匀磁场 $\boldsymbol{B}$ 相垂直的平面中. 试求：导线所受的安培力.

解　根据安培定律和磁场力的叠加原理，长直导线所受的安培力，可根据(13－6－2b)式，通过积分运算求出图中所示载流导线的直线部分和圆形部分所受的合磁力. 而利用对称性分析或上例有关结果可知，圆形部分所受的合磁场力等于零. 整个载流导线所受的磁场力是图中所示两段直导线部分所受磁场力的矢量和. 因此，合磁场力的大小 F 为

$$F=2\int_0^L IB\mathrm{d}l=2IBL$$

$\boldsymbol{F}$ 的方向由右手螺旋法则确定，在纸面内垂直于两段直导线向上.

例 13.6.4　如图 13.6.5 所示，一根竖直放置的无限长直载流导线，通有电流 I_1，另一根长为 L 的水平放置的载流导线，通有电流 I_2，它的左端到竖直导线的距离为 a，且两载流导线处于同一平面中. 试求：L 所受的安培力.

解　载有电流为 I_1 的无限长直导线在其周围空间产生的磁场是非均匀磁场. 在导线 L 上任取一电流元 $I_2\mathrm{d}\boldsymbol{l}$，设其到达载流为 I_1 的无限长直导线的距离为 l，根据安培定律，由(13－6－1b)式可知电流元 $I_2\mathrm{d}\boldsymbol{l}$ 所受的安培力为

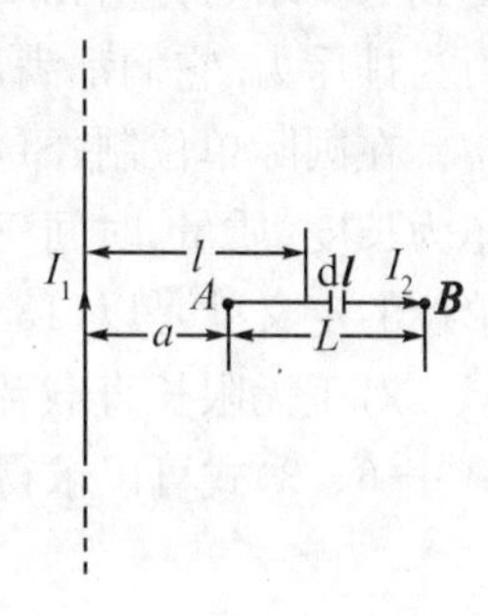

图 13.6.5　例 13.6.4 图示

$$\mathrm{d}\boldsymbol{F}=I_2\mathrm{d}\boldsymbol{l}\times\boldsymbol{B}$$

由题意可知 $I_2\mathrm{d}\boldsymbol{l}$ 垂直于 $\boldsymbol{B}$，载流导线 I_1 产生的磁场 $\boldsymbol{B}$ 的大小为 $B=\dfrac{\mu_0 I_1}{2\pi l}$，所以电流元 $I_2\mathrm{d}\boldsymbol{l}$ 所受的安培力的大小为

$$F=\int\mathrm{d}F=\int_a^{a+L}I_2B\ \sin 90^\circ\mathrm{d}l=\frac{\mu_0 I_1 I_2}{2\pi}\int_a^{a+L}\frac{\mathrm{d}l}{l}$$

$$=\frac{\mu_0 I_1 I_2}{2\pi}\ln\left(\frac{a+L}{a}\right)$$

$\boldsymbol{F}$ 的方向由右手螺旋法则确定，在纸面内垂直于 L 竖直向上.

13.6.2 两无限长直载流导线间的作用力

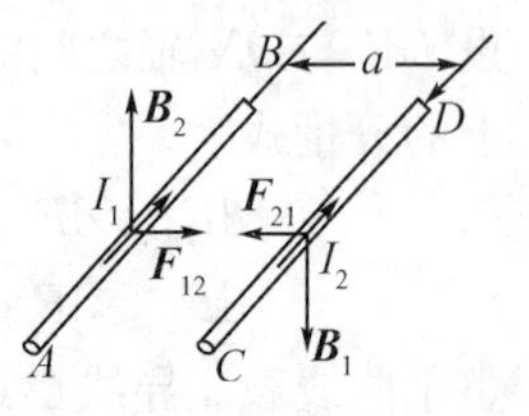

图 13.6.6 平行载流导线的相互作用力

在本章基本磁现象中已介绍过，两平行长直载流导线，电流方向相同时相互吸引，电流方向相反时相互排斥. 下面根据毕奥—萨伐尔—拉普拉斯定律和安培定律来讨论两无限长直载流导线之间的相互作用力，并对上述现象作出理论解释，给出国际单位制中的一个基本物理量电流强度的单位——安培的定义.

如图 13.6.6 所示，真空中两无限长平行直导线 AB 和 CD，相距为 a，分别通有方向相同的电流 I_1 和 I_2，由(13－3－6)式可知电流 I_1 在电流 I_2 处产生的磁感应强度 $\boldsymbol{B}_1$ 的大小为

$$B_1=\frac{\mu_0 I_1}{2\pi a}$$

方向如图所示. 导线 CD 上长为 l 的一段所受到的安培力为

$$F_{21}=I_2 l B_1$$

将 B_1 的结论代入上式，可得

$$F_{21}=\frac{\mu_0 I_1 I_2}{2\pi a}l \tag{13－6－3a}$$

方向为两导线所在的平面内垂直指向导线 AB.

同理，电流 I_2 在电流 I_1 处产生的磁感应强度 $\boldsymbol{B}_2$ 的大小为

$$B_2=\frac{\mu_0 I_2}{2\pi a}$$

方向如图所示. 导线 AB 上长为 l 的一段所受到的安培力为

$$F_{12}=I_1 l B_2$$

将 B_2 的结论代入上式，可得

$$F_{12}=\frac{\mu_0 I_1 I_2}{2\pi a}l \tag{13－6－3b}$$

方向为两导线所在的平面内垂直指向导线 CD，即与 $\boldsymbol{F}_{21}$ 方向相反. 结果表明，两无限长直平行载流导线，电流方向相同时相互作用力为吸引力. 同理可以证明，如果电流 I_1 或 I_2 中有一个反向时，电流大小保持不变，则相互作用力 $\boldsymbol{F}_{21}$ 与 $\boldsymbol{F}_{12}$ 的大小不变，但方向与 I_1 和 I_2 同方向时受到的安培力方向相反. 上述结果表明，两无限长直平行载流导线，电流方向相反时相互作用力为排斥力. 它们都满足牛顿第三定律，是一对作用力和反作用力.

在国际单位制(SI)中电流强度的单位“安培”的定义. 在 MKSA 制中，除米、千克、秒分别作为长度、质量、时间三个基本单位外，还选择第四个基本量电流，以安培作为电流单位，这个单位的定义就是以(13－6－3)式为根据的.

对于无限长直载流导线之间的相互作用力，有意义的是单位长度上的相互作用力，由(13－6－3)式可以求得两无限长直载流导线单位长度上的相互作用力为

$$F=\frac{F_{12}}{l}=\frac{F_{21}}{l}=\frac{\mu_0 I_1 I_2}{2\pi a}$$

如果取 $I_1=I_2=I$，$a=l=1$ 米，可得单位长度上的相互作用力为

$$F=\frac{\mu_0 I^2}{2\pi l} \tag{13－6－4}$$

国际计量委员会由该式出发，将电流强度的单位“安培”定义为两相同稳恒电流，保持在处于真空中相距 1 米的两无限长而截面可忽略的平行直导线内，若在此导线之间产生的力在每米长

度上等于 2×10^{-7} 牛顿，则每根导线内的电流强度为 1 安培. 根据这个定义和(13－6－4)式，可以求出真空中磁导率 μ_0 的值和单位，由(13－6－4)式可得

$$\frac{\mu_0}{2\pi}\frac{1\text{ A}\times1\text{A}}{1\text{m}}=2\times10^{-7}\text{ N}\cdot\text{m}^{-1}$$

由此可得 $$\mu_0=4\pi\times10^{-7}\text{ N}\cdot\text{A}^{-2}=4\pi\times10^{-7}\text{ Wb}\cdot\text{A}^{-1}\cdot\text{m}^{-1}$$

根据电流强度的单位——安培的定义，就可以导出电量的单位——库仑. 1 库仑的电量就是 1 安培的电流在 1 秒钟内通过任一导线横截面的总电量.

13.6.3 载流线圈在磁场中所受的力和力矩

载流导线在磁场中受到的安培力由(13－6－2)式确定. 在均匀磁场中长为 L 的载流直导线，所受的安培力为

$$\boldsymbol{F}=I\boldsymbol{L}\times\boldsymbol{B}$$

式中，$\boldsymbol{L}$ 的方向是载流直导线中电流的方向.

一刚性矩形平面载流线圈，放置在均匀磁场 $\boldsymbol{B}$ 中，根据安培定律及对称性分析，受到的安培力的合力等于零，但是刚性矩形线圈所受到的合磁力矩不等于零，线圈在合磁力矩作用下会发生转动. 下面分别对刚性矩形线圈，任意形状的载流线圈在均匀磁场中所受的合力及合力矩情况加以讨论.

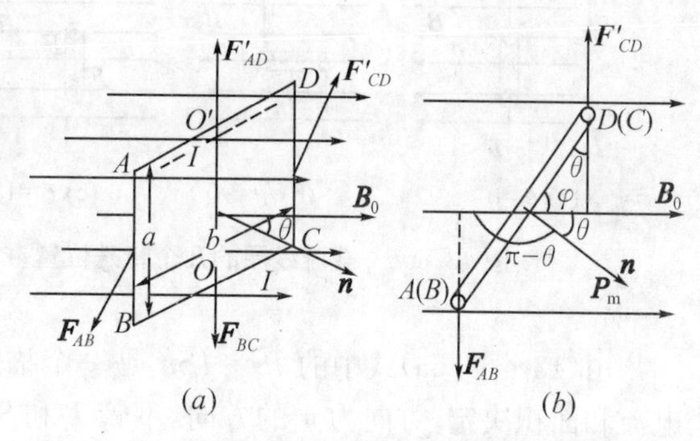

图 13.6.7 刚性矩形载流线圈在磁场中受到的力

为了方便讨论，我们规定：载流线圈平面的单位法线矢量 $\boldsymbol{n}$ 的方向与电流流动方向构成右手螺旋关系，即右手弯曲的四指表示线圈中电流流动方向，伸直的大拇指所指的方向就是线圈平面的单位法线矢量 $\boldsymbol{n}$ 的方向，如图 13.6.7 所示. 这样，线圈平面法线单位矢量 $\boldsymbol{n}$ 既可以表示载流线圈在空间的取向，又可以表示载流线圈内电流流动的方向.

图 13.6.7 所示是一刚性矩形平面载流线圈 $ABCD$，边长分别为 a 和 b，通有电流 I，处于均匀磁场 $\boldsymbol{B}$ 中，$\boldsymbol{B}$ 垂直于一对边 AB 和 CD，且与线圈平面法线 $\boldsymbol{n}$ 成 θ 角. 根据安培定律可知 AD、BC 两边所受安培力的大小相等，方向相反，且在同一条直线上，即

$$F_{AD}=F_{BC}=IBb\cos\theta$$

因为线圈是刚性的，不产生形变，两个力的作用相互抵消. AB、CD 两边所受安培力的大小也相等，方向相反，但不在同一条直线上，如图 13.6.7(b)所示，因而形成力偶矩. 力 $\boldsymbol{F}_{AB}$ 和 $\boldsymbol{F}_{CD}$ 的大小为

$$F_{AB}=F_{CD}=IBa$$

力偶矩 $\boldsymbol{M}$ 的大小为 $$M=M_{AB}+M_{CD}=IBa\left(\frac{1}{2}b\sin\theta+\frac{1}{2}b\sin\theta\right)$$

式中，θ 是线圈平面的法向单位矢量 $\boldsymbol{n}$ 与磁感应强度 $\boldsymbol{B}$ 之间的夹角，而 ab 为线圈的面积，$S=ab$，用面积矢量表示为 $\boldsymbol{S}=S\boldsymbol{n}$，考虑到力偶矩的方向，可以写成矢量表达式，即

$$\boldsymbol{M}=I\boldsymbol{S}\times\boldsymbol{B} \tag{13－6－5a}$$

如果一个线圈有 N 匝，其中通有电流为 I，处于均匀磁场 $\boldsymbol{B}$ 中，它所受到的磁力矩为

$$\boldsymbol{M}=NIS(\boldsymbol{n}\times\boldsymbol{B})=NI\boldsymbol{S}\times\boldsymbol{B} \tag{13－6－5b}$$

此力偶矩将使线圈向θ减小的方向转动，转轴是通过AD、BC两边中点的直线OO'. 下面讨论几种特殊情况：

①当$\theta=0°$时，$M=0$，表示线圈平面与$\boldsymbol{B}$垂直($\boldsymbol{n}$与$\boldsymbol{B}$平行)时，力偶矩为零. 线圈四边所受张力指向外部，使线圈处于稳定平衡状态，如图13.6.8(a)所示.

②当$\theta=90°$时，$M=ISB$，即表示线圈平面与$\boldsymbol{B}$平行($\boldsymbol{n}$与$\boldsymbol{B}$垂直)时，力偶矩达到极大值，如图11.6.8(b)所示.

③当$\theta=180°$时，$M=0$，表示线圈平面与$\boldsymbol{B}$垂直($\boldsymbol{n}$与$\boldsymbol{B}$反平行)时，力偶矩为零，如图18.6.8(c)所示. 线圈四边所受压力指向内部，但线圈处于不稳定平衡状态，线圈只要稍微受到一个小的扰动，磁场的力偶矩就会使线圈平面转动，直到$\boldsymbol{n}$与$\boldsymbol{B}$平行为止，线圈处于稳定状态.

④当θ为其他角度时，线圈所受到的磁力矩大小为$M=ISB\sin\theta$，线圈在磁场的力偶矩作用下转向$\boldsymbol{n}$与$\boldsymbol{B}$平行的方向，使$\theta=0°$为止.

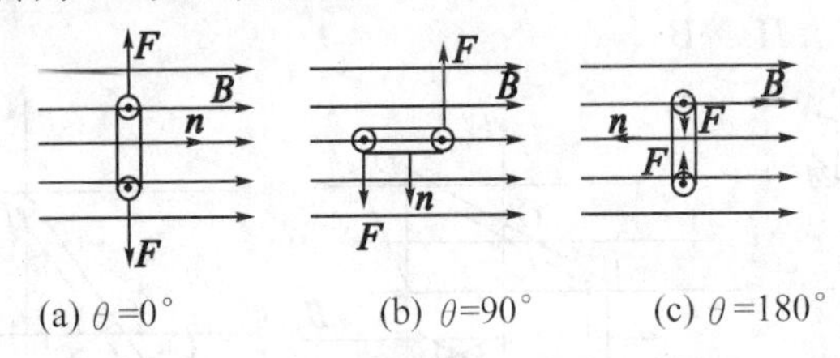

图 13.6.8 载流线圈的几个特殊位置

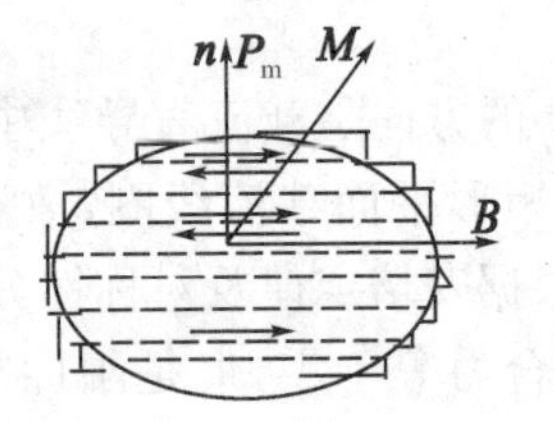

图 13.6.9 磁场中的任意载流平面线圈

由(13－6－5a)式中的$\boldsymbol{IS}=IS\boldsymbol{n}$是一个描述平面载流线圈性质的矢量，它由线圈本身的电流和面积决定，方向为$\boldsymbol{n}$的方向. 不管I和$\boldsymbol{S}$何改变，只要二者的积不变，由(13－6－5)式可知，载流线圈所受到的磁场的力偶矩$\boldsymbol{M}$就不变. 因此，$\boldsymbol{IS}$作为一个整体能反映载流线圈的性质，称为载流线圈的磁矩，用符号$\boldsymbol{P}_{\mathrm{m}}$表示，即

$$\boldsymbol{P}_{\mathrm{m}}=\boldsymbol{IS} \qquad (13-6-6)$$

如果线圈有N匝，线圈的磁矩应为$\boldsymbol{P}_m=N\boldsymbol{IS}$. 式中$\boldsymbol{P}_{\mathrm{m}}$的单位是安培·米^2，根据(13－6－6)式，可以把(13－6－5a)式和(13－6－5b)式统一写成为

$$\boldsymbol{M}=\boldsymbol{P}_{\mathrm{m}}\times\boldsymbol{B}$$

上式表明：矩形载流线圈在均匀磁场中所受的力偶矩$\boldsymbol{M}$等于线圈的磁矩$\boldsymbol{P}_{\mathrm{m}}$和磁场的磁感应强度$\boldsymbol{B}$的矢量积，此力偶矩力图使载流线圈的磁矩转向磁感应强度$\boldsymbol{B}$的方向.

必须指出，(13－6－5a)式和(13－6－5b)式是由矩形载流线圈这一特例导出，但是可以证明，对任意形状的平面载流线圈都适用.

当平面载流线圈处于非均匀磁场中时，如图13.6.9所示，线圈除受到一个不为零的力偶矩作用外，一般情况下还会受到一个合磁力的作用. 力偶矩的作用使线圈磁矩转到磁场方向，而磁力的作用使线圈向磁场增强的方向运动(当$\boldsymbol{P}_{\mathrm{m}}$与$\boldsymbol{B}$成锐角时)，总之，线圈在合磁力作用下产生平动.

13.7 带电粒子在磁场中的运动

安培定律表明，载流导线中的电流在磁场中会受到磁场力的作用，而电流是由运动电荷的定向运动形成的，实质上运动电荷在磁场中也会受到磁场的作用力——洛仑兹力. 下面讨论磁场中运动电荷的受力规律，讨论带电粒子在均匀磁场中，以及在均匀电场和均匀磁场共同存在时的运动规律.

13.7.1　洛仑兹力

洛仑兹力是磁场对运动点电荷的作用力,它是1895年荷兰物理学家洛仑兹建立经典电子论时,作为基本假设提出来的.

(1)洛仑兹力

载流导线中的电流是由于自由电子在电场的做用下做定向运动形成的,在磁场中电子受到磁场力的作用,并不断地与金属导体晶格骨架相碰撞而把磁场力传递给导体,在宏观上就表现为安培力,这就是安培力产生的微观本质.

根据安培定律,任意电流元 $I\mathrm{d}\boldsymbol{l}$ 在磁感应强度为 $\boldsymbol{B}$ 的磁场中,所受安培力 $\mathrm{d}\boldsymbol{F}$ 为

$$\mathrm{d}\boldsymbol{F}=I\mathrm{d}\boldsymbol{l}\times\boldsymbol{B} \tag{13-7-1}$$

对于电流密度为 $\boldsymbol{j}$ 的电流元,$\boldsymbol{j}$ 与自由电子数密度 n、电子电荷的绝对值 e,以及电子平均速度 $\boldsymbol{v}$ 之间的关系为 $\boldsymbol{j}=-ne\boldsymbol{v}$. 设导线的横截面积为 S,电流密度 $\boldsymbol{j}$ 与 $\mathrm{d}\boldsymbol{l}$ 同方向,则有 $I\mathrm{d}\boldsymbol{l}=-ne\boldsymbol{v}S\mathrm{d}l$. 式中 $nS\mathrm{d}l$ 是长度为 $\mathrm{d}l$ 的电子数,即 $\mathrm{d}N=nS\mathrm{d}l$,将该式代入(13-7-1)式中,并除以 $\mathrm{d}N=nS\mathrm{d}l$,就得到速度为 $\boldsymbol{v}$,电荷为 $-e$ 的电子在磁感应强度为 $\boldsymbol{B}$ 的磁场中受到的磁场力为

$$\boldsymbol{F}=-e\,\boldsymbol{v}\times\boldsymbol{B} \tag{13-7-2}$$

电子在磁场中运动将会受到磁场力的作用,则任何带电粒子(带正电荷或带负电荷)在磁场中运动时都将受到磁场力的作用. 设带电粒子所带的电荷为 q(代数量)、速度为 $\boldsymbol{v}$,在磁感应强度为 $\boldsymbol{B}$ 的磁场中受到的磁场力——洛仑兹力为

$$\boldsymbol{F}=q\,\boldsymbol{v}\times\boldsymbol{B} \tag{13-7-3a}$$

其大小为

$$F=qvB\sin\theta \tag{13-7-3b}$$

式中,θ 是 $\boldsymbol{v}$ 与 $\boldsymbol{B}$ 之间的小于180°的夹角. 上式表明带电粒子在磁场中受到的洛仑兹力的大小与带电粒子所带电荷的绝对值 q、速率 v、磁感应强度 $\boldsymbol{B}$ 的大小以及 $\boldsymbol{v}$ 与 $\boldsymbol{B}$ 之间夹角 θ 的正弦函数成正比,磁场力 $\boldsymbol{F}$ 的方向垂直于由 $\boldsymbol{v}$ 与 $\boldsymbol{B}$ 决定的平面. 当 $q>0$ 时,$\boldsymbol{v}$、$\boldsymbol{B}$、$\boldsymbol{F}$ 三者遵从右手螺旋法则,如图13.7.1(a)所示;当 $q<0$ 时,$\boldsymbol{F}$ 的方向与由右手螺旋法则确定的方向相反,如图13.7.1(b)所示. 可见,带电粒子所受到的磁场力 $\boldsymbol{F}$ 的方向与电荷 q 的正负有关.

(2)关于洛仑兹力的特点作进一步讨论

①当 $v=0$ 时,$F=0$,说明静止电荷在磁场中不受洛仑兹力的作用,只有运动电荷才受洛仑兹力的作用. 由于静止和运动只有相对某个参照系而言才有意义,所以(13-7-3)式中的 $\boldsymbol{v}$ 是相对于观察者的速度,即相对于观察者静止的那个参照系的速度.

②当电荷运动方向与磁场方向平行或者反平行时,即 $\theta=0°$ 或 $\theta=180°$ 时,$\sin(\boldsymbol{v},\boldsymbol{B})=\sin\theta=0$,则 $F=0$,运动电荷在磁场中不受洛仑兹力的作用.

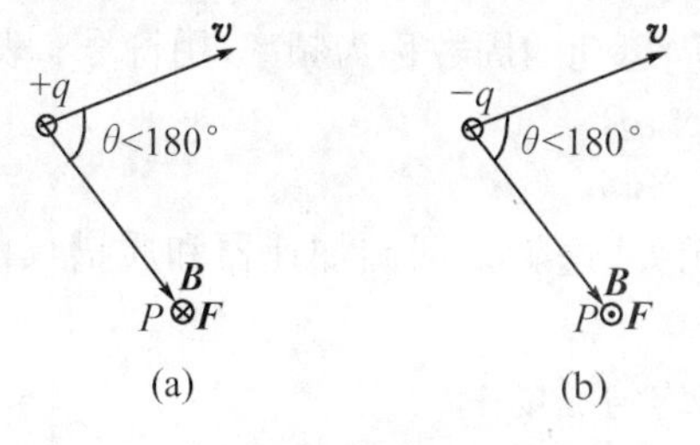

图13.7.1　运动电荷受到的磁场力

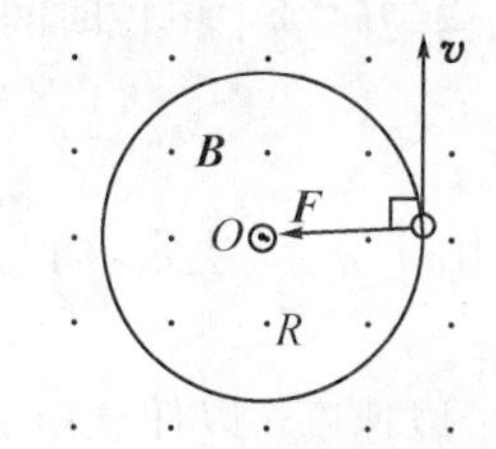

图13.7.2　电荷运动方向垂直于磁场方向

③当电荷运动方向与磁场方向相垂直时，即 $\theta=90^\circ$，$\sin(\boldsymbol{v},\boldsymbol{B})=\sin\theta=1$，则 $F=qvB$，运动电荷在磁场中所受的洛仑兹力最大，即 $F_{\max}=qvB$，如图 13.7.2 所示.

④洛仑兹力 $\boldsymbol{F}$ 的方向总是垂直于 $\boldsymbol{v}$ 和 $\boldsymbol{B}$ 所构成的平面，洛仑兹力 $\boldsymbol{F}$ 垂直于运动电荷的速度 $\boldsymbol{v}$，所以 $\boldsymbol{F}\cdot\boldsymbol{v}=0$. 说明洛仑兹力永远不对运动电荷做功，它只改变带电粒子的运动方向，使它的运动路径偏转而不改变它的速率和动能，这是洛仑兹力的一个重要特点.

⑤洛仑兹力不仅适用于宏观电荷，也适用于微观电荷.

必须指出，洛仑兹力公式虽然是由特例导出的，但是在带电粒子做加速运动和磁场随时间变化时也成立.

13.7.2 带电粒子在均匀磁场中的运动

下面根据运动电荷在磁场中所受洛仑兹力公式(13-7-3)讨论带电粒子在均匀磁场中的运动. 设有均匀磁场，磁感应强度为 $\boldsymbol{B}$，一质量为 m，所带电荷为 q 的带电粒子以速度 $\boldsymbol{v}$ 进入均匀磁场中. 如果忽略重力，下面分三种情况加以讨论.

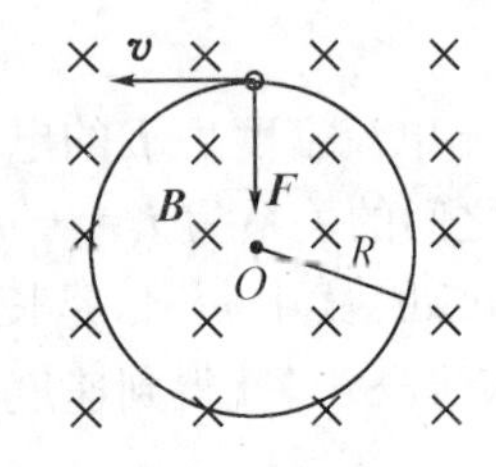

图 13.7.3 电荷在均匀磁场中的运动

(1)$\boldsymbol{v}$ 与 $\boldsymbol{B}$ 平行或反向平行

由洛仑兹力的公式 $\boldsymbol{F}=q\boldsymbol{v}\times\boldsymbol{B}$ 可知 $F=0$，带电粒子不受磁场力的作用，不受磁场的影响，带电粒子以速度 $\boldsymbol{v}$ 做匀速直线运动.

(2)带电粒子以速度 $\boldsymbol{v}$ 垂直入射到均匀磁场 $\boldsymbol{B}$ 中

由洛仑兹力公式 $\boldsymbol{F}=q\boldsymbol{v}\times\boldsymbol{B}$ 可知，$F=qvB=$常量，方向是 $\boldsymbol{v}\times\boldsymbol{B}$ 的方向，如图 13.7.3 所示. 由洛仑兹力对带电粒子不做功的特点可知，带电粒子做匀速率圆周运动，洛仑兹力充当向心力，即

$$\frac{mv^2}{R}=qvB$$

可得带电粒子做圆周运动的轨道半径为

$$R=\frac{mv}{qB} \tag{13-7-4}$$

可见，带电粒子在均匀磁场中运动的曲率半径与速率成正比，速率越大，曲率半径越大. 如果带电粒子带正电荷，它在圆周上沿逆时针方向运动；如果带电粒子带负电荷，它在圆周上沿顺时针方向运动.

带电粒子在均匀磁场中做圆周运动一周所需要的时间称为周期，用符号 T 表示，即

$$T=\frac{2\pi R}{v}=\frac{2\pi m}{qB} \tag{13-7-5}$$

可见，周期 T 只由 m、q、B 决定，而与 v 和 R 无关，v 大 R 也大，v 小 R 也小，但周期是相同的.

带电粒子在均匀磁场中单位时间内完成圆周运动的周数称为频率，用符号 ν 表示

$$\nu=\frac{1}{T}=\frac{qB}{2\pi m} \tag{13-7-6}$$

可见，频率 ν 只由 m、q、B 决定，而与 v 和 R 无关，这就是回旋加速器和质谱仪的基本理论依据.

(3)带电粒子以速度 $\boldsymbol{v}$ 以任意角度 θ 入射到均匀磁场中

如图 13.7.4 所示，$\boldsymbol{v}$ 可以分解为平行于 $\boldsymbol{B}$ 的分量 $\boldsymbol{v}_{/\!/}$ 和垂直于 $\boldsymbol{B}$ 的分量 $\boldsymbol{v}_{\perp}$，它们分别为

$$v_{/\!/}=v\cos\theta,\qquad v_{\perp}=v\sin\theta$$

根据力的独立作用原理，带电粒子所受的力 $\boldsymbol{F}=q\boldsymbol{v}_{\perp}\times\boldsymbol{B}$，方向垂直于 $\boldsymbol{v}_{\perp}$ 与 $\boldsymbol{B}$ 所决定的平面，由右手螺旋法则确定，带电粒子在垂直于 $\boldsymbol{B}$ 的平面上做匀速率圆周运动；同时，对于速度的平行分量 $\boldsymbol{v}_{/\!/}$，磁场对带电粒子的作用力等于零，带电粒子将沿磁场 $\boldsymbol{B}$ 的方向做匀速直线运动. 带电粒子同时参与两种运动，其合运动轨道为一等距螺旋线. 螺旋线的半径为

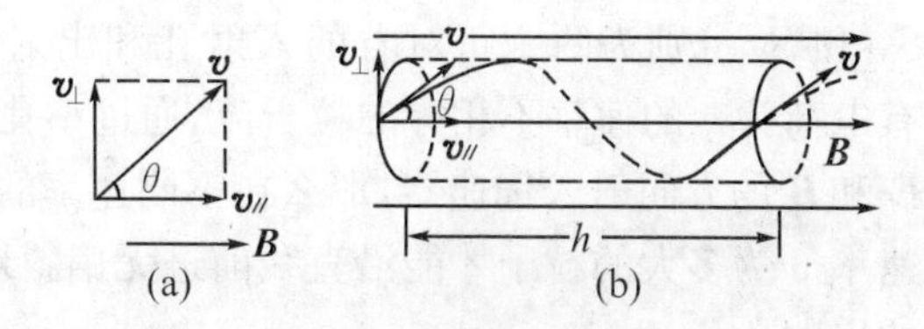

图 13.7.4　运动电荷在磁场中运动

$$R=\frac{mv_{\perp}}{qB}=\frac{mv\sin\theta}{qB}$$

带电粒子做圆周运动的周期（环绕一周所需的时间）T 为

$$T=\frac{2\pi R}{v_{\perp}}=\frac{2\pi m}{qB}$$

螺旋线的螺距为

$$h=v_{/\!/}T=\frac{2\pi mv}{qB}\cos\theta \tag{13-7-7}$$

可见，螺距 h 只决定于 $v_{/\!/}$，而与 $v_{\perp}$ 无关. 因此，在均匀磁场中从某一点发出的许多带电粒子，尽管 $\boldsymbol{v}$ 的大小和方向各不相同，只要保证 $v_{/\!/}$ 相同，则这些带电粒子就具有相同的螺距，它们都将相交于距离出发点为 h，$2h$，$3h$，…的这些点上. 这就是均匀磁场的磁聚焦原理.

13.7.3　带电粒子在均匀电场和均匀磁场中的运动

设有一个质量为 m 的带电粒子带有电荷 q，在均匀电场 $\boldsymbol{E}$ 和均匀磁场 $\boldsymbol{B}$ 共存的区域中以速度 $\boldsymbol{v}$ 运动. 粒子受到电场力 $\boldsymbol{F}_e=q\boldsymbol{E}$ 的作用，受到磁场力 $\boldsymbol{F}_m=q\boldsymbol{v}\times\boldsymbol{B}$ 的作用. 带电荷为 q 的粒子受到的合力 $\boldsymbol{F}$ 为

$$\boldsymbol{F}=\boldsymbol{F}_e+\boldsymbol{F}_m=q(\boldsymbol{E}+\boldsymbol{v}\times\boldsymbol{B}) \tag{13-7-8}$$

根据牛顿第二定律 $\boldsymbol{F}=m\boldsymbol{a}$ 得带电粒子的动力学方程为

$$\boldsymbol{F}=m\frac{\mathrm{d}\boldsymbol{v}}{\mathrm{d}t}=q(\boldsymbol{E}+\boldsymbol{v}\times\boldsymbol{B})$$

在所选取的惯性参照系上建立 $OXYZ$ 直角坐标系，带电粒子动力学方程的分量式为

$$\begin{aligned} m\frac{\mathrm{d}v_x}{\mathrm{d}t}&=qE_x+q(v_yB_z-v_zB_y)\\ m\frac{\mathrm{d}v_y}{\mathrm{d}t}&=qE_y+q(v_zB_x-v_xB_z)\\ m\frac{\mathrm{d}v_z}{\mathrm{d}t}&=qE_z+q(v_xB_y-v_yB_x)\end{aligned} \tag{13-7-9}$$

上式中各量的脚标表示相应物理量沿某一坐标轴的分量. 下面以一些常用的仪器设备原理为例，讨论不同带电粒子在均匀电场和磁场中的运动.

(1)选速器

选速器是“带电粒子速度选择器”的简称，又称为滤速器. 它是一种利用相互垂直的均匀电场和均匀磁场从具有不同速率的带电粒子群中选出速率相同的一束带电粒子的装置. 图 13.7.5 所示是选速器原理图. 在一对平行金属极板 A 和 A' 间加上电压 U，产生竖直向下的均匀电场 $\boldsymbol{E}$（忽略边缘效应），在与 $\boldsymbol{E}$ 垂直的方向上有一均匀磁场 $\boldsymbol{B}$，其方向为垂直于纸面向里，

S_1 和 S_2 分别为两个正对着的入射孔和出射孔. 当一束带有电荷为 q 的速率不相等的粒子流，通过小孔 S_1 在垂直于 $\boldsymbol{E}$ 和 $\boldsymbol{B}$ 的方向射入选速器，那么在不同速率的粒子流中，其速率 v 为多大的粒子才能沿直线前进无偏斜地通过正对着的出射孔 S_2 呢？

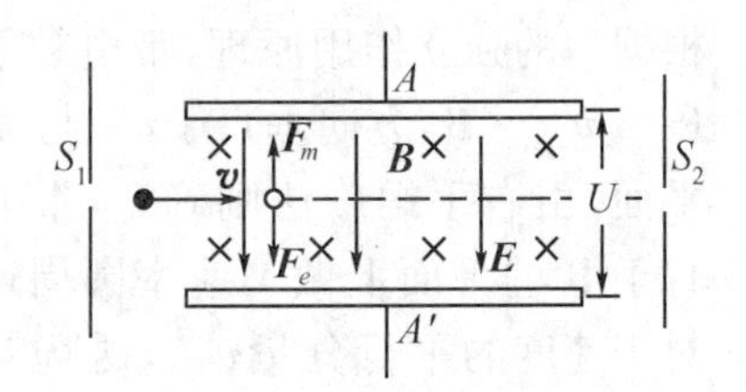

图 13.7.5 选速器原理图

要使速率为 v 的带电粒子沿直线无偏转通过选速器，这种带电粒子在选速器中必须所受的合力等于零，即

$$\boldsymbol{F}=q(\boldsymbol{E}+\boldsymbol{v}\times\boldsymbol{B})=0 \tag{13-7-10}$$

已知 $\boldsymbol{E}$ 和 $\boldsymbol{B}$ 的方向如图中所示，若 $q>0$，作用在带电粒子上的电场力 $\boldsymbol{F}_e=q\boldsymbol{E}$ 竖直向下，磁场力 $\boldsymbol{F}_m=q\boldsymbol{v}\times\boldsymbol{B}$ 竖直向上，调节电场 $\boldsymbol{E}$ 和磁场 $\boldsymbol{B}$，使合力 $\boldsymbol{F}=\boldsymbol{F}_e+\boldsymbol{F}_m=0$，得

$$q\boldsymbol{v}\times\boldsymbol{B}=-q\boldsymbol{E}$$

上式两边的大小应相等，可得

$$vB=E$$

上式表明：带电粒子流中只有速率为 $v=\dfrac{E}{B}$ 的粒子才可以从选速器的入射孔 S_1 入射后，沿直线无偏转地通过均匀电场和均匀磁场区域后从出射孔 S_2 射出. 可见，只需调节平行金属极板间的电压 U 或磁感应强度的大小 B，就可以利用选速器从不同速率的带电粒子流中选择具有所需速率的粒子，而不需要改变电场和磁场的方向.

若 $q<0$，亦可以通过滤速器选择具有所需速率的粒子，但这时带电粒子在均匀电场和均匀磁场中所受电场力和磁场力的方向与图中方向相反.

(2)霍尔效应

将一宽为 b，厚为 d，通有电流强度为 I 的导电金属薄片垂直于其表面放置于磁场 $\boldsymbol{B}$ 中，如图 13.7.6 所示，在导电薄片的两侧面 P_1 和 P_2 之间会产生一个电势差 $\Delta U_{12}=U_{P1}-U_{P2}$. 这个现象是美国物理学家霍尔在 1879 年对铜箔做实验时首先发现的，称为霍尔效应，并把这个电势差称为霍尔电势差或霍尔电压，薄片称为霍尔元件.

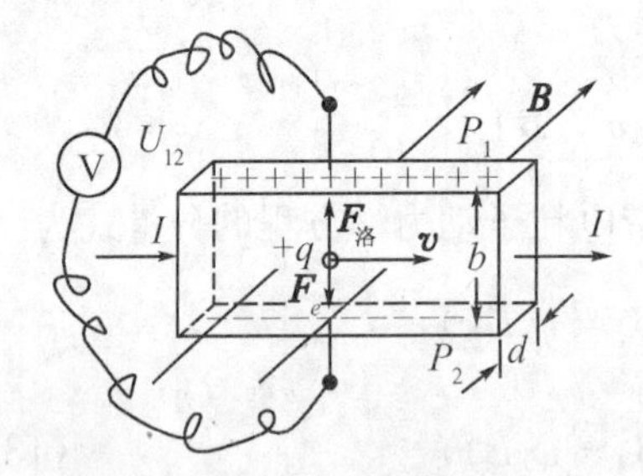

图 13.7.6 正电荷形成的霍尔效应

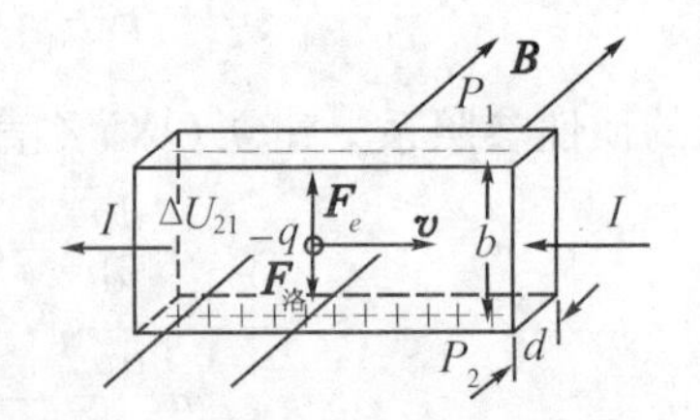

图 13.7.7 负电荷形成的霍尔效应

霍尔效应是由于导体中的运动电荷在磁场 $\boldsymbol{B}$ 中受到洛仑兹力的作用而产生的. 假定导电薄片中的电流是由带正电荷 q 的载流子形成的，则带正电的载流子所受洛仑兹力的方向指向 P_1 面，大小为 qvB，正电荷就会在 P_1 面聚集，同时负电荷就会在 P_2 面聚集. 这些聚集的电荷产生横向静电场 $\boldsymbol{E}$，正电荷的载流子同时受到洛仑兹力和电场力作用，二力方向相反，当稳恒状态下二力平衡时，二力大小相等，电荷停止聚集，在 P_1 和 P_2 面间形成一个稳定的电势差 ΔU_{12}，上面为正，下面为负，如图 13.7.6 所示.

假定导电薄片中的电流是由带负电荷 q 的载流子形成的，电流方向不变，如图 13.7.7 所示，则带负电的载流子所受洛仑兹力的方向指向 P_2 面，大小为 qvB，负电荷就会在 P_1 面聚集，同时正电荷就会在 P_2 面聚集. 这些聚集的电荷在 P_1 和 P_2 面之间产生横向电场 $\boldsymbol{E}$，当稳恒状态下二力平衡，作用在载流子上的洛仑兹力和电场力大小相等，方向相反，电荷停止聚集，在 P_1 和 P_2 面间形成一个确定的电势差 ΔU_{21}，上面为负，下面为正. 这时 $\Delta U_{21}=-\Delta U_{12}$.

下面对霍尔效应作些定量计算. 实验证明，在磁场不太强时，霍尔电势差与电流 I、磁感应强度大小 B 的乘积成正比，与导体板的厚度 d 成反比，即

$$U_H=\Delta U_{12}=K\frac{IB}{d} \tag{13-7-11}$$

式中，比例系数 K 称为霍尔系数.

当载流子处于稳恒状态下，载流子所受到的横向电场力与洛仑兹力大小相等，方向相反，可得

$$qE=qvB$$

即

$$E=vB$$

导体薄片的宽度为 b，则霍尔电势差为

$$U_H=\Delta U_{12}=\int_{P_1}^{P_2}\boldsymbol{E}\cdot \mathrm{d}\boldsymbol{l}=\int_0^b vB\mathrm{d}l=vBb$$

导体薄片的厚度为 d，若单位体积中的载流子数为 n，则电流强度 $I=nqvbd$，由此可得载流子在金属薄片内运动电荷 q 的平均定向漂移速率 $\bar{v}=I/nqbd$，代入(13－7－11)式，得

$$U_H=\Delta U_{12}=\frac{1}{nq}\frac{IB}{d}$$

令

$$K=\frac{1}{nq}$$

则可得

$$U_H=K\frac{IB}{d}$$

上式表明：霍尔系数 K 与载流子浓度 n(单位体积中的运动电荷数)有关. 对带正电荷的载流子，$q>0$，$K>0$，而 $U_H>0$；对带负电荷的载流子，$q<0$，$K<0$，而 $U_H<0$.

霍尔效应广泛应用于半导体材料的测试和研究中. 例如，通过实验测量出霍尔系数，就可以确定半导体内载流子浓度 n. 又如，由霍尔电势差 U_H 的正负，可以确定 K 的正负，进一步可确定载流子的正负，由此可以判断半导体是 P 型半导体还是 N 型半导体. 利用霍尔效应还可以测定磁感应强度 $\boldsymbol{B}$ 的大小和方向，这种仪器称为高斯计. 由于半导体内载流子浓度远小于金属的载流子浓度，因而半导体的霍尔系数比金属大得多，所以半导体的霍尔效应显著，而金属的霍尔效应不显著. 由于半导体内载流子浓度受环境温度、杂质等其他因素影响很大，因而霍尔效应为研究半导体载流子浓度的变化提供了重要的方法. 霍尔效应还用于测量直流或交流电路中的电流和功率. 利用多种半导体材料制成的霍尔元件具有结构简单、可靠、使用方便、成本低廉等优点，广泛应用于测量技术、电子技术、自动化技术等领域.

Chapter 13 Mangnetic Field of a Steady Current in Vacuum

A magnet has two poles: north pole and south pole. If we try to isolate a magnetic pole by cutting a magnet into two pieces, we do not obtain a separate N-pole and a separate S-pole. But instead we get two smaller magnets, each having two poles. This happens no matter how many times we cut the magnets, and an isolated magnetic pole will never be obtained. Earth is a huge natural magnet and that the earth's magnetic pole in the northern hemisphere is a south magnetic pole while the pole near Antarctic is a north magnetic pole.

The explanation of the mechanism of permanent magnetism was first suggested by Ampere in 1820, which is called Ampere's hypothesis. Ampere considered that all the magnetic phenomena result from the molecular current which makes each molecule like a tiny magnet. If the directions of these elementary magnets are randomly oriented, their magnetic effects cancel one another so that there is no magnetism in a macroscopic size. When the elementary magnets are influenced by an external magnet, the magnetic force orients all elementary magnets in the same direction so that the matter becomes a magnet.

A magnetic field is set up by electric current or moving charges. It is a vector field, and its magnitude and direction are specified by a vector $\boldsymbol{B}$. This vector is called magnetic induction intensity. A test charge q, moving with velocity $\boldsymbol{v}$ in a magnetic field, experiences a magnetic force $\boldsymbol{F}$. F is found proportional to q and v. When $\boldsymbol{v}$ is in some direction, $F=0$. Define the direction as the direction of magnetic induction $\boldsymbol{B}$. When $\boldsymbol{v}$ is perpendicular to $\boldsymbol{B}$, F reaches its maximum F_{max}. Define $B=F_{max}/qv$.

The magnetic field lines are used to represent the direction of the field $\boldsymbol{B}$ in space. The tangent to a line at any point gives the direction of the magnetic field. The density of lines shows the magnitude of the magnetic field. A magnetic field line is always a closed loop, no start or end.

The magnetic flux is the number of the magnetic field lines through a surface. It is generally expressed by a surface integral $\Phi_m=\iint_S \boldsymbol{B}\cdot \mathrm{d}\boldsymbol{S}$. Because the magnetic field lines are closed loops, any field line that enters a closed surface from one side must leave out again from some other point on the boundary surface. Then the total magnetic flux through any closed surface must be zero. That is

$$\Phi_m=\oint\!\!\!\oint_S \boldsymbol{B}\cdot \mathrm{d}\boldsymbol{S}=0 \tag{1}$$

which is called the Gauss' law in magnetics.

A wire of arbitrary shape carrying a current I can be broken up into differential currents $I\mathrm{d}\boldsymbol{l}$. Here the vector $\mathrm{d}\boldsymbol{l}$ is a differential element of length, pointing tangent to the wire in the direction of the current. The magnetic field set up by the current element at point P is given by Biot-Savart Law, which is

$$\mathrm{d}\boldsymbol{B} = \frac{\mu_0}{4\pi} \frac{I\mathrm{d}\boldsymbol{l} \times \boldsymbol{r}}{r^3} \tag{2}$$

here μ_0 is the permeability of vacuum. Eq. (2) represents that the magnitude of the magnetic field is inversely proportional to the square of the distance r from the current element to the point P, and directly proportional to the magnitude of the $I\mathrm{d}\boldsymbol{l}$ and the $\sin\theta$ in which θ is the angle between $\boldsymbol{r}$ and $I\mathrm{d}\boldsymbol{l}$. The direction of $\mathrm{d}\boldsymbol{B}$ is that of the vector $I\mathrm{d}\boldsymbol{l} \times \boldsymbol{r}$. The experiment shows the superposition is suitable to magnetic field. Thus, we calculate $\boldsymbol{B}$ at point P by integrating $\mathrm{d}\boldsymbol{B}$ over all current elements.

The magnetic field set up by a single charge q at the velocity $\boldsymbol{v}$ is represented by

$$\boldsymbol{B} = \frac{\mu_0}{4\pi} \frac{q\boldsymbol{v} \times \boldsymbol{r}}{r^3} \tag{3}$$

The direction of $\boldsymbol{B}$ is involved with the vector product $\boldsymbol{v} \times \boldsymbol{r}$ and the sign of q. If the charge is positive, the direction of $\boldsymbol{B}$ is the same as that of the vector product $\boldsymbol{v} \times \boldsymbol{r}$. If q is negative, the direction of $\boldsymbol{B}$ is opposite to that of $\boldsymbol{v} \times \boldsymbol{r}$.

The line integral of the tangential component of the magnetic field around a closed curve equals the μ_0 times the net current through the area bounded by the curve. This is Ampere's law. It is expressed by

$$\oint_L \boldsymbol{B} \cdot \mathrm{d}\boldsymbol{l} = \mu_0 \sum_i I_i \tag{4}$$

where the closed path L is called Amperian loop, and the $\sum I$ is the net current enclosed by the loop. The positive or negative direction of current I is determined by applying the right-hand rule. If the fingers curl along the path of integration, the direction of the outstretched thumb is positive for currents enclosed by the loop, and the opposite direction is negative.

When a solenoid is tightly wound with a thin wire, its current distribution can be looked as that of a cylindrical sheet. If its length is much greater than its diameter, the magnetic field inside the solenoid is uniform and is given by $B = \mu_0 nI$ where n is the number of the turns per unit length and I is the current in each turn. In the same case above, the external field is zero.

A force, exerted on a section of the wire carrying a current in the magnetic field, is called Ampere's force. The element force exerted on a current element is shown to be

$$\mathrm{d}\boldsymbol{F} = I\mathrm{d}\boldsymbol{l} \times \boldsymbol{B} \tag{5}$$

where the vector $\mathrm{d}\boldsymbol{l}$ is the direction of the current I. Bear in mind that Eq. (5) describes both the magnitude and the direction of the force exerted on a current element, and is called the Ampere force formula.

The resultant force exerted on a closed circuit in a uniform magnetic field is zero, but the torque is not. This torque is $\boldsymbol{M} = \boldsymbol{P}_\mathrm{m} \times \boldsymbol{B}$ where $\boldsymbol{P}_\mathrm{m}$ is the magnetic moment of the loop. The effect of the torque $\boldsymbol{M}$ is to tend to rotate the loop towards its equilibrium position, which is reached when $\boldsymbol{P}_\mathrm{m}$ points along the direction in the same as the field $\boldsymbol{B}$.

A charged moving particle will experience a force exerted in the magnetic field. This force is often called Lorentz force and expressed as $\boldsymbol{F} = q\boldsymbol{v} \times \boldsymbol{B}$. Lorentz force is only to change the direction of the motion, never to change the magnitude of velocity.

习题 13

13.1　**填空题**

13.1.1　如图所示，面积 $S=16\ \text{cm}^2$ 的导线框在磁感应强度大小 $B=0.1\ \text{T}$ 的均匀磁场中绕 OO' 轴旋转，轴 OO' 与磁场垂直，转速为 $\omega=4\pi\ \text{rad}\cdot\text{s}^{-1}$，以线框平面法线与磁场平行时为计时起点，则外磁场通过线框的磁通量 $\Phi_m=$________________________，其最大值为________________________.

13.1.2　用毕奥—萨伐尔—拉普拉斯定律，可以计算一段有限长直电流在其周围空间产生的磁场，而用安培环路定理则不能够计算，其原因是安培环路定理的适用范围是____________的磁场，有限长直电流____________.

13.1.3　如图所示，a、b、c、d、e 和特定电流元 $I\text{d}l$ 在同一个平面内，其中 d、e 在 $I\text{d}l$ 的延长线上，试用符号⊙、⊗分别表示磁场方向垂直于纸面向外和垂直于纸面向内，则：(A)a 点的磁场方向应为__________；(B)b 点的磁场方向应为__________；(C)c 点的磁场方向应为__________；(D)d 的磁场方向应为__________；(E)e 点的磁场方向应为__________.

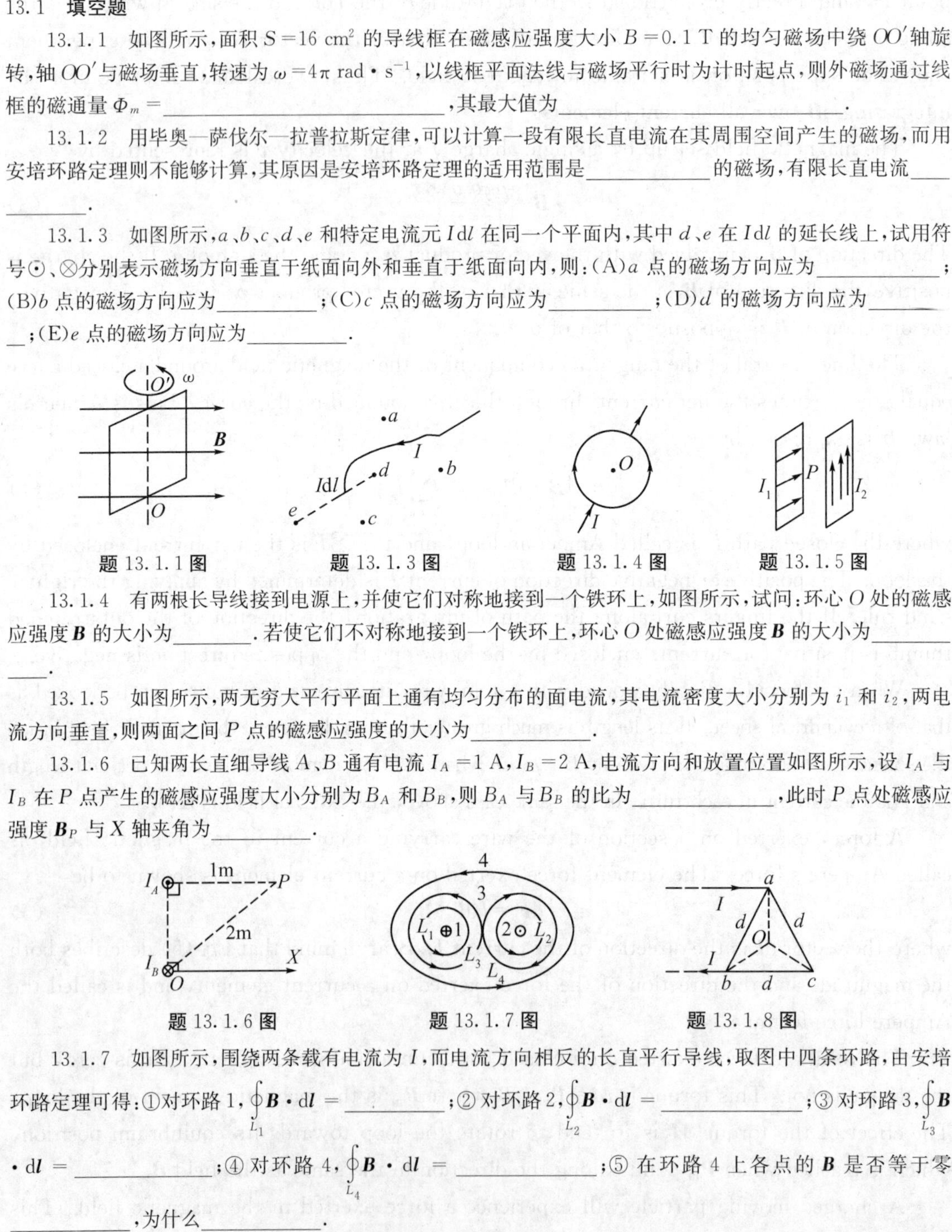

题 13.1.1 图　　题 13.1.3 图　　题 13.1.4 图　　题 13.1.5 图

13.1.4　有两根长导线接到电源上，并使它们对称地接到一个铁环上，如图所示，试问：环心 O 处的磁感应强度 $\boldsymbol{B}$ 的大小为________. 若使它们不对称地接到一个铁环上，环心 O 处磁感应强度 $\boldsymbol{B}$ 的大小为__________.

13.1.5　如图所示，两无穷大平行平面上通有均匀分布的面电流，其电流密度大小分别为 i_1 和 i_2，两电流方向垂直，则两面之间 P 点的磁感应强度的大小为________________.

13.1.6　已知两长直细导线 A、B 通有电流 $I_A=1\ \text{A}$，$I_B=2\ \text{A}$，电流方向和放置位置如图所示，设 I_A 与 I_B 在 P 点产生的磁感应强度大小分别为 B_A 和 B_B，则 B_A 与 B_B 的比为______________，此时 P 点处磁感应强度 $\boldsymbol{B}_P$ 与 X 轴夹角为______________.

题 13.1.6 图　　题 13.1.7 图　　题 13.1.8 图

13.1.7　如图所示，围绕两条载有电流为 I，而电流方向相反的长直平行导线，取图中四条环路，由安培环路定理可得：①对环路 1，$\oint_{L_1}\boldsymbol{B}\cdot\text{d}\boldsymbol{l}=$__________；②对环路 2，$\oint_{L_2}\boldsymbol{B}\cdot\text{d}\boldsymbol{l}=$__________；③对环路 3，$\oint_{L_3}\boldsymbol{B}\cdot\text{d}\boldsymbol{l}=$__________；④对环路 4，$\oint_{L_4}\boldsymbol{B}\cdot\text{d}\boldsymbol{l}=$__________；⑤在环路 4 上各点的 $\boldsymbol{B}$ 是否等于零__________，为什么__________.

13.1.8　如图所示，真空中电流由长直导线 1 沿平行底边 bc 方向经 a 点流入一电阻均匀分布的三角形框架，再由 b 点沿 cb 方向从三角形线框流出，经长直导线返回电源，已知直导线上电流为 I，三角形框的各边

长为 d,求正三角形中心点 O 处的磁感应强度 $\boldsymbol{B}$ 的大小为________,方向为__________.

13.1.9　如图所示,一条长为 l 的直导线 1 和一条半径为 $R=\frac{l}{2}$ 的半圆形导线 2,均通有电流 I,它们在磁感应强度为 $\boldsymbol{B}$ 的均匀磁场中,放置成如图所示位置,则它们所受的磁场力大小分别为 $F_1=$__,$F_2=$__________.

13.1.10　如图所示,载流导线 $\overset{\frown}{ab}$ 段是半径为 R 的 $\frac{1}{4}$ 圆周,电流 I 由 a 流向 b,磁感应强度为 $\boldsymbol{B}$ 的均匀磁场与导线垂直并指向纸面内,则 $\overset{\frown}{ab}$ 段所受的安培力的大小为________,方向为________,若均匀磁场磁感应线平行于 ab 方向,则 $\overset{\frown}{ab}$ 段所受的安培力的大小等于________,方向为__________.

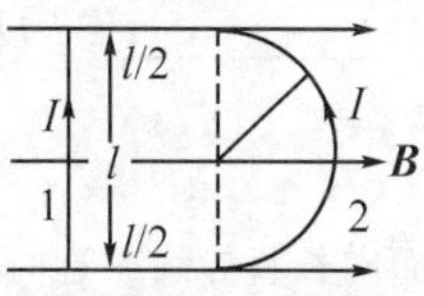

题 13.1.9 图 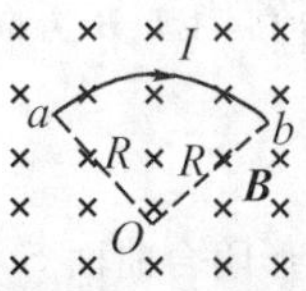　　题 13.1.10 图 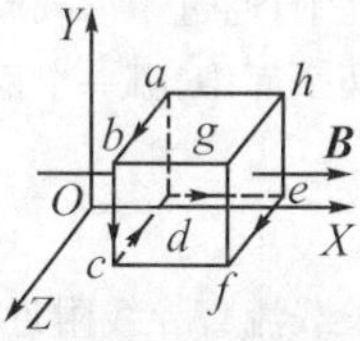　　题 13.1.11 图 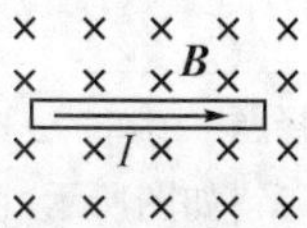　　题 13.1.12 图

13.1.11　如图所示的正方体,每边长 $L=0.50$ m,放置在均匀磁场 $\boldsymbol{B}$ 中,$\boldsymbol{B}$ 的大小 $B=0.60$ T,方向平行于 X 轴. 如果有电流为 $I=4$ A 的导线 $abcdef$,方向如图所示,则磁场 $\boldsymbol{B}$ 作用在各段载流导线上的磁力大小和方向为:ab 段__________;bc 段__________;cd 段__________;de 段__________;ef 段________.

13.1.12　有一根质量为 m,长为 l 的直导线,放在磁感应强度为 $\boldsymbol{B}$ 的均匀磁场中,$\boldsymbol{B}$ 在水平面内,导线中电流方向如图所示,当导线受磁力与重力平衡时,导线中电流 $I=$____________.

13.1.13　如图所示,一半径为 R 的长直圆柱面导体,在柱面上通有自上而下的电流 I,电流均匀地分布在柱面上,沿圆柱面轴线上放置一长直导线,导线中通有电流 I,但电流方向与圆柱面上的电流方向相反. 试求在该长直导线单位长度上所受的磁力大小 $F=$________.

13.1.14　如图所示,半圆形线圈的半径为 R,通有电流 I,线圈处在与线圈平面平行向右的均匀磁场 $\boldsymbol{B}$ 中. 线圈所受磁力矩的大小为__________,方向为__________,把线圈绕 OO' 轴转过角度________时,磁力矩恰为零.

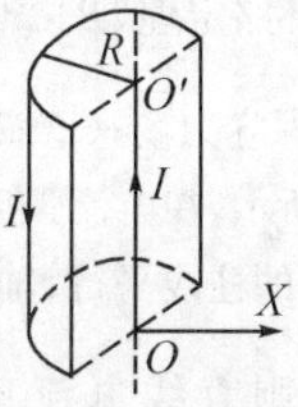

题 13.1.13 图 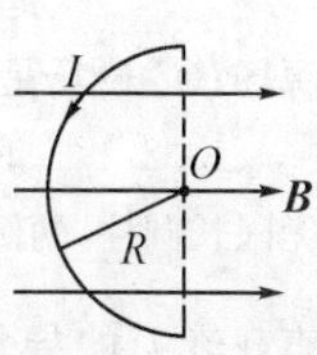　　题 13.1.14 图

13.1.15　将一个通有电流强度为 I 的闭合回路置于均匀磁场中,回路所围面积的法线方向与磁场方向成的夹角为 α,如果通过此回路的磁通量为 Φ_m,则回路所受磁力矩的大小为__________.

13.1.16　一带电量为 q 的正电荷在均匀磁场 $\boldsymbol{B}$ 中运动,其运动速度 $\boldsymbol{v}$ 的方向平行于 X 轴正方向,如果它所受到的洛仑兹力 $\boldsymbol{f}_{洛}$ 是下列几种情况,试指出每种情况中,磁场 $\boldsymbol{B}$ 的方向. ①$f_{洛}=0$,则 $\boldsymbol{B}$ 的方向为__________;②$\boldsymbol{f}_{洛}$ 的方向平行于 Z 轴,且此时力的数值 $f_{洛}$ 最大,则 $\boldsymbol{B}$ 的方向____________;③$\boldsymbol{f}_{洛}$ 的方向平行于 Z 轴,此时力的数值为最大值的一半,则 $\boldsymbol{B}$ 的方向为__________.

13.1.17　一速度为 $\boldsymbol{v}=(4.0\times10^5\boldsymbol{i}+7.2\times10^5\boldsymbol{j})$ m·s^{-1} 的电子,在均匀磁场 $\boldsymbol{B}$ 中受到洛仑兹力 $\boldsymbol{f}_{洛}=-(2.7\times10^{-3}\boldsymbol{i}+1.5\times10^{-13}\boldsymbol{j})$N,如果 $B_x=0$,则 $\boldsymbol{B}$ 的大小是________,方向是________.(电子电量为 -1.6×10^{-19} C)

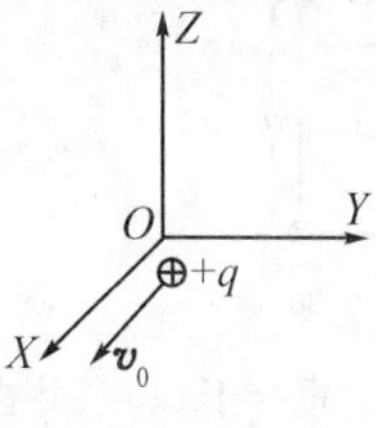

题 13.1.18 图 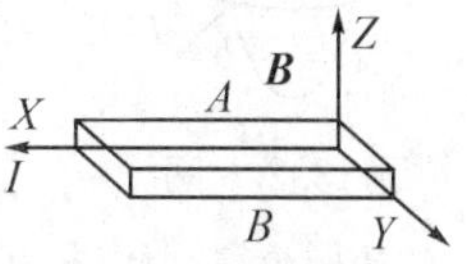　　题 13.1.19 图 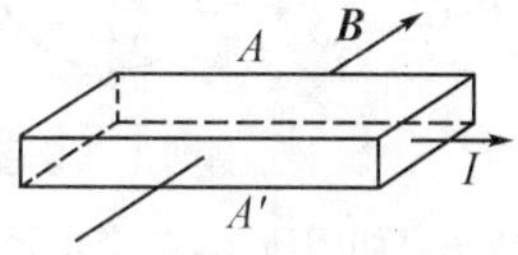　　题 13.1.20 图

13.1.18　带电粒子以速率 v_0 沿平行于电场线方向射入均匀电场，则带电粒子做________运动；带电粒子以速率 v_0 沿与电场线成 θ 角方向射入均匀电场，则带电粒子做________运动；带电粒子以速率 v_0 沿磁场线平行方向射入均匀磁场，则带电粒子做________运动；带电粒子以速率 v_0 沿垂直磁场线方向射入均匀磁场，则带电粒子做____________运动；带电粒子以速率 v_0 沿与磁场线成 θ 角方向射入均匀磁场，则带电粒子做_________运动.

13.1.19　如图所示，将一块半导体薄片放在 XY 平面，沿 X 轴正方向通以电流 I，沿 Z 轴正方向加一均匀磁场 $\boldsymbol{B}$，如果实验测得薄片两侧的电势差为 $U_{AB}=U_A-U_B>0$，则此样品是__________型半导体；若电流沿 X 轴负方向，磁场不变，$U_{AB}=U_A-U_B>0$，则此样品是__________型半导体.

13.1.20　在霍尔效应的实验中，通过矩形载流导体的电流 I 和磁感应强度 $\boldsymbol{B}$ 的方向如图所示. 试问：下列两种情况下，载流导体的上下两个面中，哪一个面的电势高：①I、$\boldsymbol{B}$ 方向如图____________；②I 反方向、$\boldsymbol{B}$ 不变____________.

13.2　**选择题**

13.2.1　如图所示，在无限长载流直导线附近作一球形闭合曲面 S，当 S 面向长直导线靠近时，穿过纸面内截面 S 的磁通量和面上各点的磁感应强度大小的变化为：(A)B 不变，Φ_m 不变；(B)B 增大，Φ_m 增大；(C)B 增大，Φ_m 减小；(D)B 增大，Φ_m 不变；(E)B 不变，Φ_m 增大.　(　　)

13.2.2　一根半径为 R 的长直铜棒，电流 I 均匀地通过棒的横截面，在铜棒内，通过棒轴 OO' 作一平面与铜棒表面相交，如果取长为 l 的一半截面 $ABCD$，如图所示，则通过此平面的磁通量 Φ_m 为(设铜的磁导率为 μ_0)：(A)$\dfrac{\mu_0 Il}{\pi R^2}$；(B)$\dfrac{\mu_0 Il}{2\pi R}$；(C)$\dfrac{\mu_0 Il}{4\pi}$；(D)$\dfrac{\mu_0 Il}{4\pi R}$.　(　　)

13.2.3　安培环路定理 $\oint_L \boldsymbol{B}\cdot \mathrm{d}\boldsymbol{l}=\mu_0\sum_i I_i$，说明磁场的性质是：(A)磁感应线是闭合曲线；(B)磁场是无源场；(C)磁场是非保守力场；(D)磁感应线是非闭合曲线.　(　　)

13.2.4　如图所示，在电流强度为 I 均匀分布的半径为 R 的无限长金属导体圆柱内，挖去一半径为 r 的无限长圆柱，两圆柱的柱线平行，轴间距离为 a，且 $a+r<R$，如果距该金属导体轴线 d 处平行放置一无限长直载流 I 的导线，则直线电流单位长度受到的磁场力大小为：(A)$\dfrac{\mu_0 I^2}{2\pi}\left[\dfrac{1}{d}-\dfrac{r^2}{(R^2-r^2)(d-a)}\right]$；(B)$\dfrac{\mu_0 I^2}{2\pi(R^2-r^2)}\left(\dfrac{R^2}{d}-\dfrac{r^2}{d-a}\right)$；(C)$\dfrac{\mu_0 I^2}{2\pi}\left[\dfrac{1}{d}-\dfrac{r^2}{R^2(d-a)}\right]$；(D)$\dfrac{\mu_0 I^2}{2\pi}\left[\dfrac{R^2}{d(R^2-r^2)}-\dfrac{r^2}{R^2(d-a)}\right]$.　(　　)

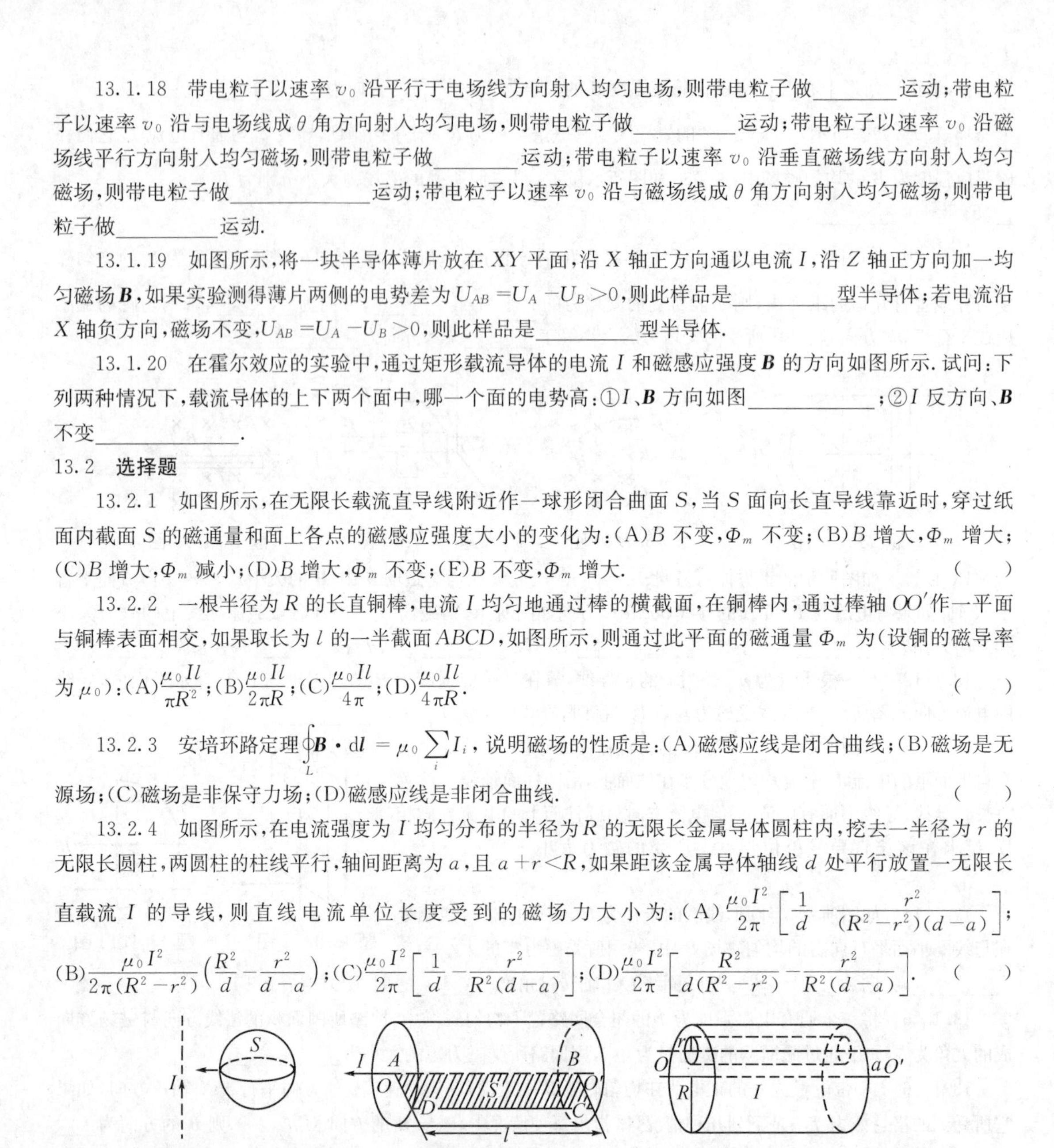

题 13.2.1 图　　题 13.2.2 图　　题 13.2.4 图

13.2.5　如图所示，两个半径为 R 的同心圆形线圈，相互垂直，且载有相同的电流强度为 I 的电流，则这两个圆形载流线圈在圆心 O 处产生的磁感应强度 $\boldsymbol{B}_0$ 的大小为：(A)$\dfrac{\mu_0 I}{2R}$；(B)$\dfrac{\mu_0 I}{R}$；(C)$\dfrac{\sqrt{2}\mu_0 I}{2R}$；(D)0.　(　　)

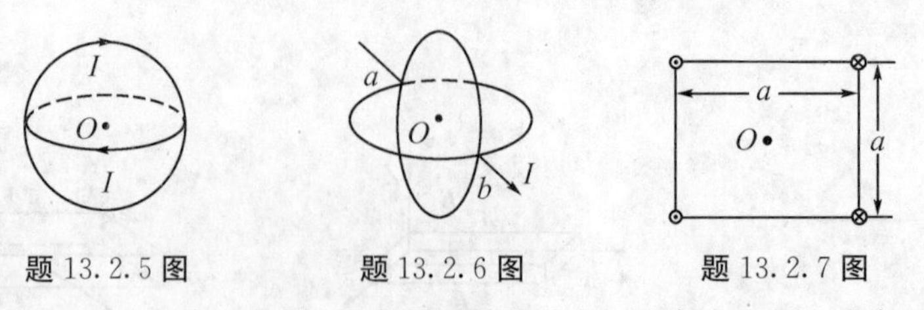

题 13.2.5 图　　题 13.2.6 图　　题 13.2.7 图

13.2.6　如图所示，两个半径为 R 的同心的相同金属圆环，相互垂直放置，圆心重合于 O 点，并在各自的半圆环 a、b 两点相接触. 电流强度为 I 的电流从 a 点注入金属环，从 b 点流出金属环，则在环心 O 点处产生

的磁感应强度 $\boldsymbol{B}$ 的大小为：(A)$\dfrac{\mu_0 I}{R}$；(B)$\dfrac{2\sqrt{2}\mu_0 I}{R}$；(C)$\dfrac{\sqrt{2}\mu_0 I}{2R}$；(D)0.　　(　　)

13.2.7　如图所示，四条平行的无限长直导线，垂直通过边长为 $a=20$ cm 的正方形顶点，每一条导线中的电流都是 $I=20$ A，这四条导线在正方形中心 O 点产生的磁感应强度 $\boldsymbol{B}$ 的大小为($\mu_0=4\pi\times10^{-7}$ T·m·A^{-1})：(A)$B=0$；(B)$B=0.4\times10^{-4}$ T；(C)$B=0.8\times10^{-4}$ T；(D)$B=1.6\times10^{-7}$ T.　　(　　)

13.2.8　如图所示，磁场由沿空心长圆筒形导体的电流产生，圆筒半径为 R，X 坐标轴垂直于圆筒轴线，原点在中心轴线上，图(A)～(E)哪一条曲线表示 $B-x$ 的关系.　　(　　)

13.2.9　如图所示，有三个质量相同的质点 a、b、c，带有等量的正电荷，它们从相同的高度自由下落，在下落过程中带电质点 b、c 分别进入如图所示的匀强电场 $\boldsymbol{E}$ 和匀强磁场 $\boldsymbol{B}$ 中，设它们落到同一水平位置时的动能分别为 E_{ka}、E_{kb} 和 E_{kc}，则：(A)$E_{ka}=E_{kb}$；(B)$E_{kb}>E_{ka}=E_{kc}$；(C)$E_{ka}=E_{kc}$；(D)$E_{ka}=E_{kb}=E_{kc}$；(E)$E_{kb}>E_{kc}>E_{ka}$.　　(　　)

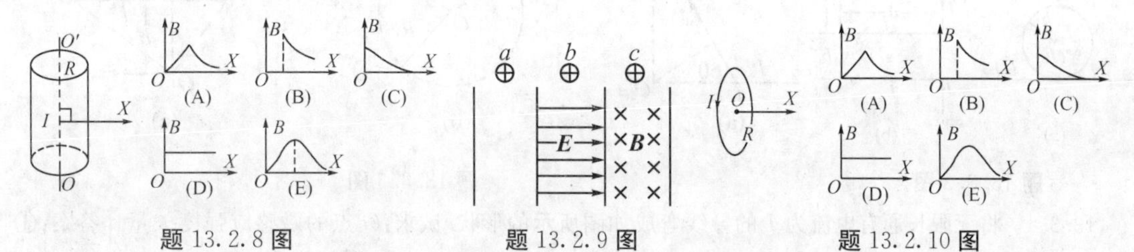

题 13.2.8 图　　题 13.2.9 图　　题 13.2.10 图

13.2.10　如图所示，哪一幅曲线图能确切描述载流线圈在其轴线上任意点所产生的磁感应强度 $\boldsymbol{B}$ 的大小随 x 的变化关系？(X 坐标轴垂直于圆线圈平面，原点在圆线圈中心 O)　　(　　)

13.2.11　如图所示，一均匀磁场 $\boldsymbol{B}$ 垂直于纸面向里，在纸面内有一载流导线，设每段导线长为 l，通有电流 I，则整个载流导线所受的磁场力大小为：(A)$5IlB$；(B)$4IlB$；(C)$3IlB$；(D)$2IlB$；(E)IlB.　　(　　)

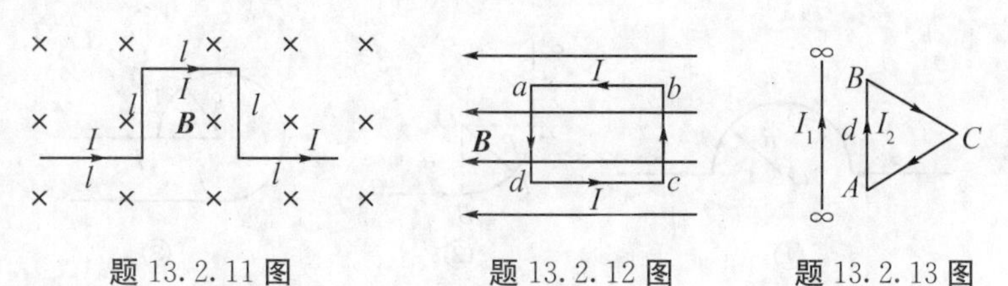

题 13.2.11 图　　题 13.2.12 图　　题 13.2.13 图

13.2.12　如图所示，均匀磁场中有一矩形线圈，它的平面与磁场平行，在磁场作用下，线圈发生转动，其方向是：(A)ad 边转入纸面内，bc 边转出纸面外；(B)ab 边转出纸面外，cd 边转入纸面内；(C)ab 边转入纸面内，cd 边转出纸面外；(D)ad 边转出纸面外，bc 边转入纸面内.　　(　　)

13.2.13　如图所示，无限长直载流导线与正三角形载流线圈在同一平面内，如果长直导线固定不动，则载流三角形回路将：(A)向着长直导线平移；(B)离开长直导线平移；(C)转动；(D)平行长直导线方向向上平移；(E)不动.　　(　　)

13.2.14　一个 $N=100$ 匝的圆形线圈，其有效半径为 $R=5.0$ cm，通过电流 $I=0.10$ A，当该线圈在磁感应强度大小 $B=1.5$ T 的外磁场中，从 $\theta=0°$的位置转到 $\theta=180°$的位置时(θ 为外磁场方向与线圈磁矩方向的夹角)，外磁场 $\boldsymbol{B}$ 做的功为：(A)0.24 J；(B)2.4 J；(C)1.4 J；(D)24 J.　　(　　)

13.2.15　在原子结构的玻尔模型中，氢原子中的电子绕原子核做圆周运动，因而电子做轨道运动而引起的磁矩为：(A)evr；(B)$mevr$；(C)$2evr$；(D)$evr/2$.　　(　　)

13.3　计算和证明题

13.3.1　一无限长直，磁导率为 μ，半径为 R 的圆柱形导体，导体内部通有电流 I，设电流均匀分布在导体横截面上. 如果取一个长为 R，宽为 $2R$ 的矩形平面，其位置如图所示. 试计算通过矩形平面的磁通量. [答案：$\Phi_m=\dfrac{IR}{2\pi}\left(\dfrac{\mu}{2}+\mu_0\ln2\right)$]

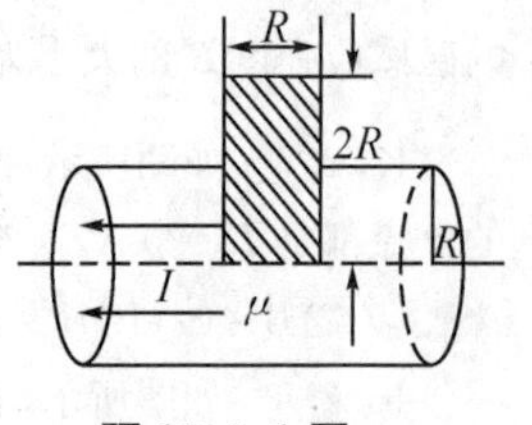

题 13.3.1 图

13.3.2 无限长载流导线弯成如图所示的形状. 试求:O 点的磁感应强度的大小. [答案:(a)略;(b)② $\frac{\mu_0 I}{\pi}\left(\frac{1}{a}-\frac{2}{\sqrt{a^2+b^2}}\left(\frac{b}{a}+\frac{a}{b}\right)\right)$]

13.3.3 将无限长载流导线弯成如图所示的形状. 试求:O 点的磁感应强度. [答案(a)① $\frac{0.366\mu_0 I}{4\pi a}$,方向垂直于纸面向里;(b) $0.21\,\frac{\mu_0 I}{R}$,方向垂直于纸面向里;(c) $\frac{\mu_0 I}{4\pi b}\left(\frac{l-a}{\sqrt{b^2+(l-a)^2}}+\frac{a}{\sqrt{b^2+a^2}}\right)$,方向垂直于纸面向里]

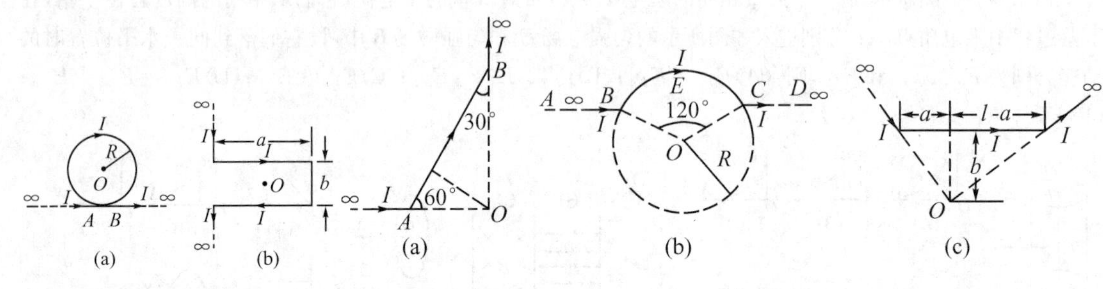

题 13.3.2 图

题 13.3.3 图

13.3.4 将无限长通有电流为 I 的导线弯成如图所示的形状. 试求:O 点的磁感应强度矢量. [答案:① $\frac{\mu_0 I}{4R}$,方向垂直于纸面向里;② $\frac{\mu_0 I}{2\pi R}\left(1+\frac{\pi}{4}\right)$,方向垂直于纸面向外;③ $B=\frac{\mu_0 I}{4\pi R}\left(\frac{3}{2}\pi+1\right)$,方向垂直于纸面向里;④ $\frac{\mu_0 I}{4}\left(\frac{1}{R_2}+\frac{1}{2R_1}-\frac{1}{\pi R_1}\right)$,方向垂直于纸面向里;⑤ $B=\frac{\mu_0 I}{4R}\left(1+\frac{2}{\pi}\right)$,方向垂直于纸面向里;⑥ $B=\frac{\mu_0 I}{2R}\left(\frac{3}{4}-\frac{1}{\pi}\right)$,方向垂直于纸面向里]

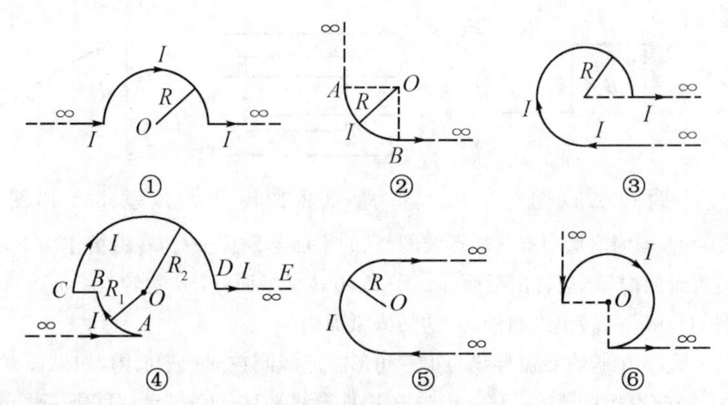

题 13.3.4 图

13.3.5 如图所示,通以电流 $I_1=I_2=I$ 的无限长直载流导线,在其间放置一长为 l,宽为 b 的一共面矩形线圈. 试求:通过该矩形线圈的磁感应通量. [答案:$\Phi_m=\frac{\mu_0 Il}{2\pi}\ln\left(\frac{a+b}{a}\times\frac{d-a}{d-a-b}\right)$]

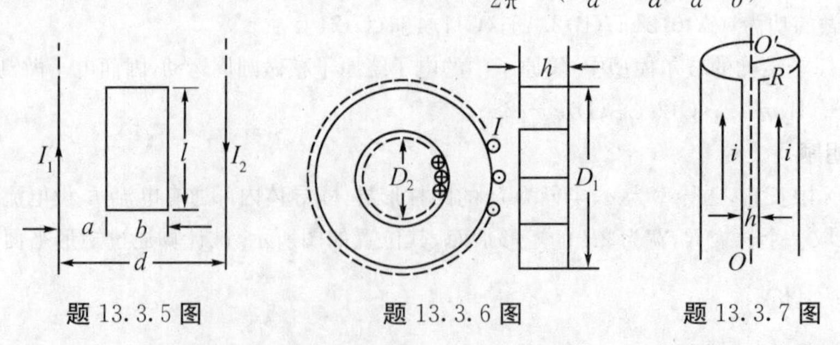

题 13.3.5 图

题 13.3.6 图

题 13.3.7 图

13.3.6 如图所示,一矩形横截面的螺绕环,尺寸如图所示,通过的电流为 I. 试求:①螺绕环内磁感应强度分布;②证明通过螺绕环截面(图中阴影区)的磁通量 $\Phi_m=\mu_0 NIh\ln(D_1/D_2)/2\pi$,其中 N 为螺绕环上总匝数.

13.3.7 如图所示,在真空中,有一半径为 R 的无限长金属圆柱筒,沿轴线方向割去一无限长的窄条,宽度为 $h(h\ll R)$,形成一留有狭缝的圆柱筒,在剩下部分均匀地通过电流强度为 i 的电流,求轴线上任一点的磁感应强度. [答案: $B=\frac{\mu_0 ih}{4\pi^2R^2}$,方向垂直于 OO' 与 h 组成的平面向里]

13.3.8 如图所示,将两根导线沿半径方向接到铜环上 A、B 两点,并在很远处与电源相连接. 如果已知圆环的材料及粗细均匀. 试求:圆环中心处 O 点的磁感应强度. [答案:0]

13.3.9 一根截面积为 S、弯成 U 形的载有电流 I 的导线 $OABCDO'$ 如图放置,可以绕 OO' 轴转动. U 形部分是边长为 a 的正方形的三边,整个导线放入均匀磁场,磁场 $\boldsymbol{B}$ 的方向竖直向上. 如果导线的质量体密度 ρ 为已知,当导线处于平衡位置时,导线 $\overline{AB}$ 和 $\overline{CD}$ 段与竖直方向成 α 角. 试求:磁感应强度 $\boldsymbol{B}$ 的大小的表达式. [答案: $B=\frac{2S\rho g}{I}\tan\alpha$]

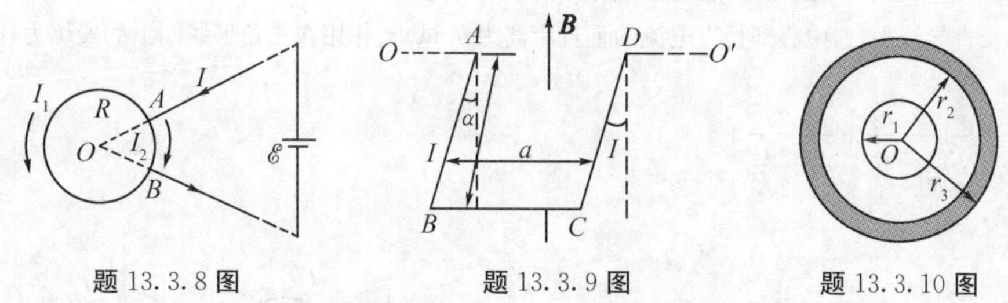

题 13.3.8 图　　题 13.3.9 图　　题 13.3.10 图

13.3.10 如图所示,电缆线由一导体圆柱和同一轴线的导体圆筒构成. 使用时在其一端接有电流,另一端接有负载,电流从一导体流去,再从另一导体流回,电流 I 沿截面均匀分布. 设圆柱半径为 r_1,圆筒半径分别为 r_2 和 r_3,如果以 r 为场点的位置径矢,试求 O 到 ∞ 的范围内,各处的磁感应强度的大小. [答案: $B=\frac{\mu_0 Ir}{2\pi r_1{}^2}(0<r<r_1)$; $B=\frac{\mu_0 I}{2\pi r}(r_1<r<r_2)$; $B=\frac{\mu_0 I}{2\pi r}\frac{r_3^2-r^2}{r_3^2-r_2^2}(r_2<r<r_3)$; $B=0(r_3<r<\infty)$]

13.3.11 如图所示,有两根互相平行的长直载流导线,相距 20 cm,分别载有相同方向的电流 $I_1=5$ A, $I_2=8$ A. 试求:① P_1 点处磁感应强度的大小和方向;② P_2 点处磁感应强度的大小和方向;③ P_3 点处磁感应强度的大小和方向;④磁感应强度 $\boldsymbol{B}$ 为零的位置距导线 I_1 的距离 x 为多少? [答案:① 9×10^{-6} T,方向垂直于纸面向外;② 6×10^{-6} T,方向垂直于纸面向外;③ 1.93×10^{-5} T,方向垂直于纸面向里;④在两导线所决定的平面内,在导线 I_1 下方 7.6cm 处]

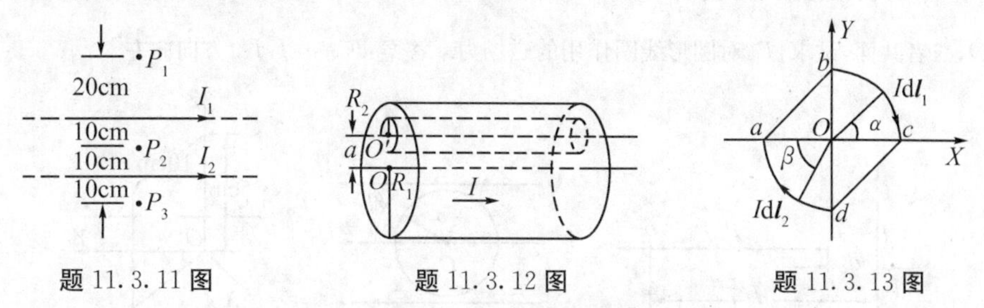

题 11.3.11 图　　题 11.3.12 图　　题 11.3.13 图

13.3.12 如图所示,一根无限长直、半径为 R_1 的金属圆柱体内部,挖去一半径为 R_2 的无限长圆柱体,两柱轴线平行,轴间距离为 a. 空心导体管上通以电流 I,电流沿截面均匀分布,方向与管轴平行. 试求:①圆柱轴线上磁感应强度的大小;②空心圆柱体轴线上的磁感应强度的大小;③两轴线间平面上距两轴等距离的点连线上磁感强度矢量的大小. [答案:① $\frac{\mu_0 IR_2^2}{2\pi a(R_1^2-R_2^2)}$;② $\frac{\mu_0 Ia}{2\pi(R_2^2-R_1^2)}$;③ $\frac{\mu_0 I}{\pi a(R_1^2-R_2^2)}[(\frac{a}{2})^2-R_2^2]$]

13.3.13 如图所示,载流线圈 $abcda$ 放在如图所示的平面直角坐标系 OXY 的相应位置. 如果线圈内的电流为 I,圆弧的半径为 R,磁感应强度矢量 $\boldsymbol{B}$ 沿 X 轴方向均匀分布. 采用国际单位制,试回答下列问题:①

试写出电流元 $Id\boldsymbol{l}_1$ 和 $Id\boldsymbol{l}_2$ 所受安培力 $d\boldsymbol{F}_1$ 和 $d\boldsymbol{F}_2$ 的表达式，在图中标明方向；②写出圆弧 $\widehat{bc}$ 和 $\widehat{ad}$，直线段 $\overline{ab}$ 和 $\overline{cd}$ 所受安培力的表达式，并指出力的方向；③写出载流线圈整体的磁矩表达式，并判断其转轴和转动方向，同前面计算安培力的结果转动趋势是否一致. [答案：①$dF_1 = Idl_1 B_0 \cos\alpha$，方向向外，$dF_2 = Idl_2 \cos\beta$，方向向里；②$F_{\widehat{bc}} = IB_0R$，方向向外，$F_{\widehat{ab}} = IB_0R$，方向向里，$F_{\overline{ab}} = IB_0R$，方向向里，$F_{\overline{cd}} = IB_0R$，方向向外；③$P_m = \left(\frac{\pi}{2}+1\right)IR^2$]

13.3.14　如图所示，长直载流导线与一矩形线圈在同一平面内，分别载有电流 I_1 和 I_2，矩形线圈长为 b、宽为 a，其 AD 边到长直载流导线的距离为 d. 试求：电流 I_1 对矩形线圈各边的磁场力，以及对整个线圈的合力和合力矩；如果矩形线圈中电流 I_2 变为与图中方向相反，大小不变，则前面各问结果将如何变化？[答案：$F_{AD} = \frac{\mu_0 I_1 I_2 b}{2\pi d}$，方向向左；$F_{BC} = \frac{\mu_0 I_1 I_2 b}{\pi(d+a)}$，方向向右；$F_{AB} = \frac{\mu_0 I_1 I_2}{2\pi}\ln\frac{d+a}{d}$，方向向上；$F_{DC} = -F_{AB}$，方向向下；$F = \frac{2\mu_0 I_1 I_2 b}{2\pi}\left(\frac{1}{d}-\frac{1}{d+a}\right)$，方向向左]

13.3.15　如图所示，一边长为 a 的正三角形载流线圈，电流为 I_2，与另一长直载流导线 I_1 共面，刚性三角形一边与长直导线平行，中心到长直电流的垂直距离为 b. 试求：作用在三角形线圈上的安培力. [答案：$F = \frac{-\mu_0 I_1 I_2}{2\pi}\left(\frac{a}{b-\frac{\sqrt{3}}{6}a} - \frac{2}{\sqrt{3}}\ln\frac{b+\frac{a}{2\sqrt{3}}}{b-\frac{a}{2\sqrt{3}}}\right)$]

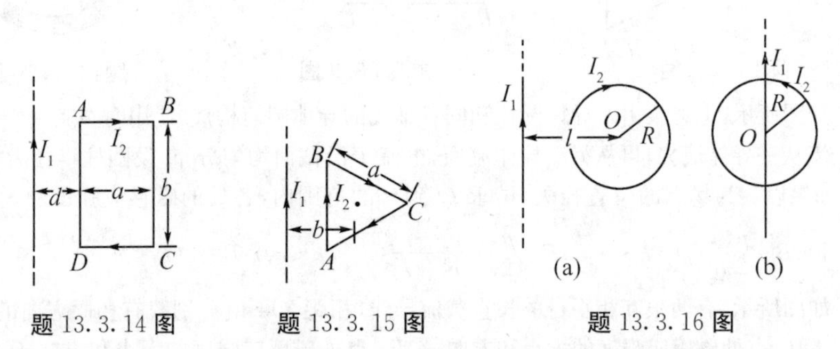

题 13.3.14 图　　题 13.3.15 图　　题 13.3.16 图

13.3.16　如图(a)所示，载有电流 I_1 的无限长直导线，在其旁边放置一半径为 R 的共面圆形线圈，圆心 O 到直导线的距离为 l，线圈的电流为 I_2. 试求：I_1 作用在圆形线圈上的作用力. [答案：$F = \mu_0 I_1 I_2 \left(\frac{1}{\sqrt{l^2-R^2}}-1\right)$，方向指向直导线]如图(b)所示，半径为 R 的圆形线圈中有电流 I_2，另一载流无限长直导线通过圆心 O，二者共面，试求：I_1 对圆形线圈作用的磁场力. [答案：$F = \mu_0 I_1 I_2$，方向向左]

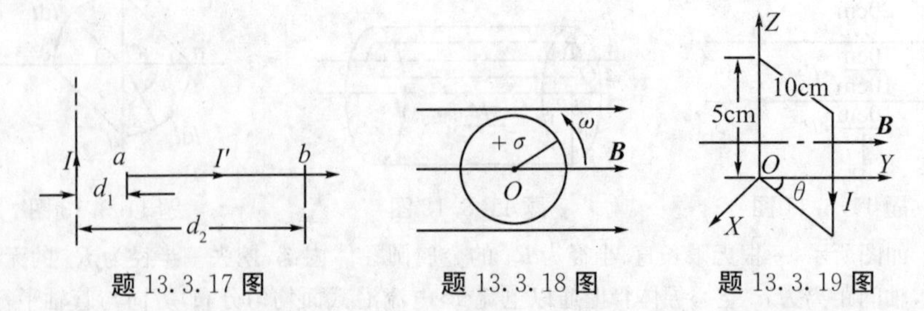

题 13.3.17 图　　题 13.3.18 图　　题 13.3.19 图

13.3.17　如图所示，一长直载流导线通有电流 I，旁边放一导线 ab，通有电流 I'. 试求：导线 ab 所受的作用力大小. [答案：$f_{ab} = \frac{\mu_0 II'}{2\pi}\ln\frac{d_2}{d_1}$]

13.3.18　如图所示，半径为 R，面电荷密度为 $+\sigma$ 的均匀带电圆盘，在图中所示的磁感应强度为 $\boldsymbol{B}$ 的均匀磁场中绕通过圆心 O 并垂直于盘面的轴以角速度 ω 沿逆时针旋转，试求：圆盘所受的磁力矩. [答案：

$\frac{1}{4}\omega\sigma\pi BR^4$，方向竖直向上]

13.3.19 如图所示，一矩形载流线圈由200匝互相绝缘的细导线绕成，矩形边长分别为10 cm、5 cm，导线中的电流 $I=10$ A，该线圈可以绕它的一边 OO' 转动. 当加上 $B=0.05$ T 的均匀外磁场 $\boldsymbol{B}$ 与线圈平面呈30°角时，试求：该线圈所受的磁力矩. [答案：$M=4.33\times10^{-3}$ N·m，方向竖直向下].

13.3.20 如图所示，两个电子同时由电子枪射出，它们的初速度方向与磁场垂直，速率分别为 v 和 $2v$. 经磁场偏转后，哪个电子先回到出发点？它们的轨道半径之比是多少？[答案：同时回到出发点，$R_1/R_2=\frac{1}{2}$]

13.3.21 已知氘核的质量比质子的质量大一倍，电荷与质子的电量相同. α 粒子的质量是质子质量的4倍，电荷是质子电量的2倍. ①试问静止的质子、氘核、α 粒子经过相同的电压被加速后，它们的动能之比是多少？②当它们经过这样加速后进入同一均匀磁场时，测得质子圆轨道半径为10 cm，问氘核和 α 粒子轨道半径各有多大？[答案：①$E_{KP}:E_{KD}:E_{K\alpha}=1:1:2$，②$R_D=\frac{m_Dv_D}{q_DB}=\sqrt{2}R_p=14$ cm，$R_\alpha=\frac{m_\alpha v_\alpha}{q_\alpha B}=\sqrt{2}R_P=14$ cm]

13.3.22 如图所示，两个正电荷 $q_1=q_2$，当它们相距为 a 时，运动速度各为 $\boldsymbol{v}_1$ 和 $\boldsymbol{v}_2$. 试求：①q_1 在 q_2 处所产生的磁感应强度和作用在 q_2 上的磁场力；②q_2 在 q_1 处所产生的磁感应强度和作用在 q_1 上的磁场力；③以上结果是否符合牛顿第三定律？[答案：①$\frac{\mu_0q_1v_1}{4\pi a^2}$，$\frac{\mu_1q_1q_2v_2v_2}{4\pi a^2}$，方向向右；②0，0；③不符合牛顿第三定律]

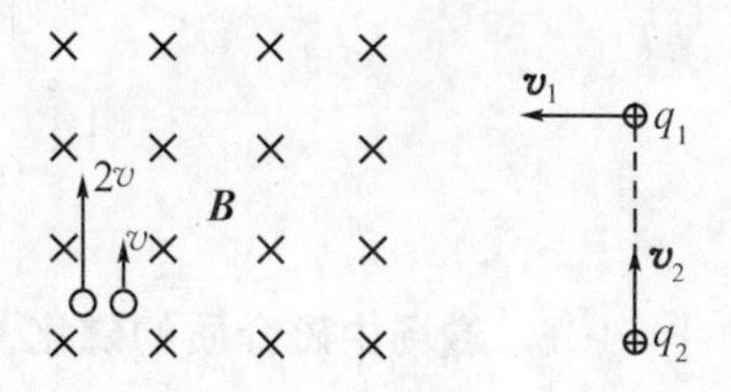

题13.3.20图　　题13.3.22图

13.3.23 如果正方形线圈的边长 $a=1.0\times10^{-2}$ m，圆形载流线圈半径 $R=1.0\times10^2$ m. 它们都通有电流 $I=1.0$ A. 试求：二线圈的磁矩各为多大？如果氢原子中的电子绕氢原子核做圆形轨道运动，轨道半径 $R=0.53\times10^{-10}$ m，速率 $v=2.2\times10^6$ m·s^{-1}，试求：氢原子的轨道磁矩为多大？[答案：$P_m=Ia^2=1\times10^{-4}$ A·m^2；$P_m=I(\pi R^2)=3.14\times10^{-4}$ A·m^2；$P_m=\frac{1}{2}evR=9.33\times10^{-24}$ A·m^2]

13.3.24 两根平行的长直导线，通有相同方向的电流，电流强度都为 $I=1$ A，相距 $r_1=1$ cm. 平行移动其中一根长直导线，使两者相距为 $r_2=10$ cm，如图所示. 试求：在移动过程中外力对单位长度导线所做的功. [答案：$A=\frac{\mu_0IL}{2\pi}\ln\frac{r_2}{r_1}=4.6\times10^{-5}$ J]

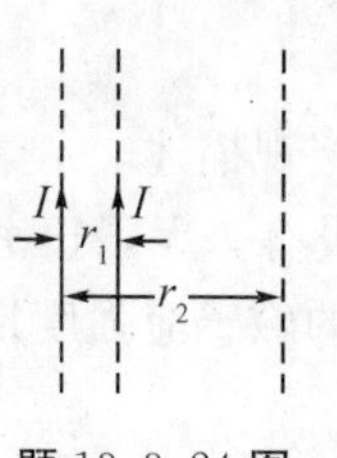

题13.3.24图

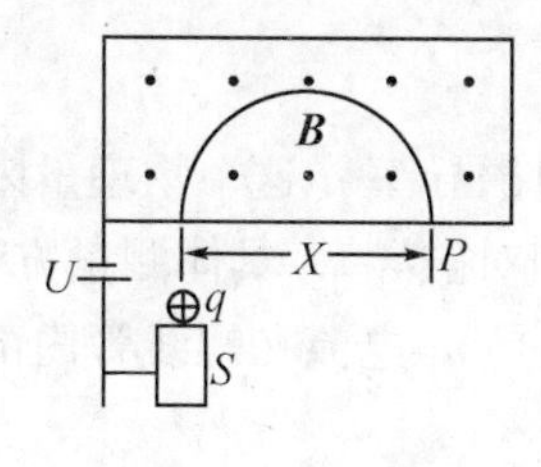

题13.3.25图

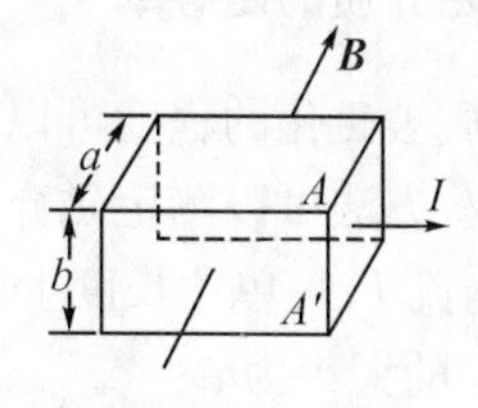

题13.3.26图

13.3.25 质谱仪的结构和原理如图所示，离子源 S 产生出质量为 M、电荷电量为 q 的离子，经加速电压 U 加速后进入均匀磁场区域，沿半圆形轨道运动到达记录它的照像底片 P 上，测得它在 P 上的位置到入口处的距离为 x，试证明离子质量为 $M=qB^2x^2/8U$. [答案：略]

13.3.26 如图所示，一块宽为 $b=1.0$ cm，厚度为 $a=1$ mm 的半导体霍尔元件，放入 $B=2000$ GS 的均匀磁场中，通以电流 $I=2$ mA，测得霍尔电势差 $U_{AA'}=-5$ mV. 试问：①该半导体是 N 型半导体还是 P 型半导体？②该半导体载流子浓度是多少？③求该半导体载流子漂移速度的大小？[答案：①是 N 型半导体；②$n=5\times10^{14}$ cm^{-3}；③$v=25$ m·s^{-1}]

第14章　磁介质

前面讨论了真空中稳恒电流所激发的磁场的基本规律,但实际上载流导线周围总有磁介质存在,它们将受到磁场的作用而改变空间磁场的分布.通常将在磁场 $\boldsymbol{B}_0$ 作用下磁介质的状态发生变化的过程,称为磁介质的磁化.把在磁场作用下,能够发生磁化并影响原来磁场分布的物质称为磁介质,实际上一切实物都是磁介质.本章重点是研究在外磁场中磁介质的磁化,方法是把真空中磁场的基本概念和基本规律应用于磁介质,从磁介质的微观电结构出发,考虑它们在磁场中被磁化后对原磁场 $\boldsymbol{B}_0$ 的影响,找出有磁介质存在时所遵从的基本规律.然后简单介绍各类磁介质的磁化特点,特别是铁磁质有很重要的实际意义.

磁介质的研究方法与电介质的研究方法相类似,一些主要的物理量及其关系式与电介质情况都有对应关系,研究磁介质时要利用这种关系,更重要的是注意二者在本质上的区别.

14.1　磁介质的磁化和磁导率

14.1.1　磁场中磁介质的磁化

电介质放入原电场 $\boldsymbol{E}_0$ 中,不管电介质的性质怎样,总要发生极化,使电介质表面或内部出现极化电荷,同时产生附加电场 $\boldsymbol{E}'$,电介质中的电场 $\boldsymbol{E}$ 是原来的电场 $\boldsymbol{E}_0$ 和极化电荷所激发的附加电场 $\boldsymbol{E}'$ 的叠加,即 $\boldsymbol{E}=\boldsymbol{E}_0+\boldsymbol{E}'$,因 $\boldsymbol{E}'$ 与 $\boldsymbol{E}_0$ 总是方向相反,$|\boldsymbol{E}|$ 总是小于 $|\boldsymbol{E}_0|$.与此类似,磁介质放入真空中磁感应强度为 $\boldsymbol{B}_0$ 的原磁场中,磁介质在磁场 $\boldsymbol{B}_0$ 中被磁化,磁化电流产生附加磁场 $\boldsymbol{B}'$,磁介质中的磁场 $\boldsymbol{B}$ 是 $\boldsymbol{B}_0$ 与 $\boldsymbol{B}'$ 的矢量叠加,即

$$\boldsymbol{B}=\boldsymbol{B}_0+\boldsymbol{B}'$$

上式表明:磁介质中的磁感应强度 $\boldsymbol{B}$ 等于 $\boldsymbol{B}_0$ 与 $\boldsymbol{B}'$ 的矢量和.而 $\boldsymbol{B}'$ 对 $\boldsymbol{B}_0$ 可能削弱,也可能加强,甚至可能大大地被加强,这和各类磁介质的性质有关.

14.1.2　磁介质的磁导率

磁介质被磁化的程度可以用绝对磁导率 μ 这个物理量来进行宏观描述.

由实验方法可以测定磁介质的相对磁导率,具体测量方法是:设有一无限长密绕空心螺线管,通有电流 I,每单位长度上的匝数是 n,电流在螺线管内部产生的磁感应强度是 $\boldsymbol{B}_0$,由理论计算得 $\boldsymbol{B}_0$ 的大小为

$$B_0=\mu_0 nI$$

当管内均匀磁介质充满磁场存在的整个空间时,管内磁介质磁化后的磁感应强度为 $\boldsymbol{B}$.$\boldsymbol{B}$ 与 $\boldsymbol{B}_0$ 的大小的比值为

$$\frac{B}{B_0}=\mu_r \qquad (14-1-1)$$

式中,μ_r 称为磁介质的相对磁导率.μ_r 是一个描述磁介质特性的物理量,是无量纲的纯数,它的大小反映磁介质在磁场 $\boldsymbol{B}_0$ 中被磁化后,对原来无磁介质时磁场 $\boldsymbol{B}_0$ 的影响程度.因此可以说,相对磁导率 μ_r 是一个决定于磁介质性质的物理量.

有了相对磁导率 μ_r，可引入另一个表征磁介质性能的物理量——磁介质的绝对磁导率 μ. 由(14－1－1)式得 $B=\mu_r B_0$ 及 $B_0=\mu_0 nI$，则

$$B=\mu_r B_0=\mu_r\mu_0 nI=\mu nI$$

式中，$\mu=\mu_r\mu_0$ 称为磁介质的绝对磁导率，它也是一个描述磁介质性能的物理量，μ 与 μ_0 有相同的单位，即韦伯·安培$^{-1}$·米$^{-1}$，或亨利·米$^{-1}$($\mathrm{H\cdot m^{-1}}$).

14.1.3 磁介质的分类

根据磁介质被磁化后对外磁场 $\boldsymbol{B}_0$ 的影响，可以把磁介质分为三类.

(1)顺磁质

在磁化场 $\boldsymbol{B}_0$ 中呈现微弱的磁性，且磁化强度方向与磁化场 $\boldsymbol{B}_0$ 方向相同的物质称为顺磁质. 磁介质磁化而产生的附加磁场 $\boldsymbol{B}'$ 比磁化场 $\boldsymbol{B}_0$ 要小得多，μ_r 略大于 1，即 $\mu>\mu_0$，$\boldsymbol{B}'$ 与 $\boldsymbol{B}_0$ 方向相同，$\boldsymbol{B}=\boldsymbol{B}_0+\boldsymbol{B}'>\boldsymbol{B}_0$，所以通常把这些物质称为顺磁质. 对于大多数顺磁质，μ_r 略大于 1，少数的 μ_r 大于 2，但也大不了多少. 例如，氧、氮、铝、锰、铬、铂及顺磁性盐(某些碱性元素，碱土元素及稀土元素的盐)都是顺磁质.

(2)抗磁质

抗磁质亦称为逆磁质或反磁质，在磁化场 $\boldsymbol{B}_0$ 中呈现微弱的磁性，且磁化强度方向与磁化场 $\boldsymbol{B}_0$ 方向相反的物质称为抗磁质. 磁介质因磁化而产生的附加磁场 $\boldsymbol{B}'$ 比磁化场 $\boldsymbol{B}_0$ 要小得多，μ_r 略小于 1，即 $\mu<\mu_0$，$\boldsymbol{B}'$ 与 $\boldsymbol{B}_0$ 方向相反，$\boldsymbol{B}=\boldsymbol{B}_0+\boldsymbol{B}'<\boldsymbol{B}_0$，所以通常把这些物质称为抗磁质. 一切抗磁质 μ_r 稍小于 1. 例如，水银、铜、铋、硫、氢、银、金、锌、铅及碱金属盐类和卤素等都是抗磁质.

(3)铁磁质

相对磁导率 μ_r 很大并随外磁场 $\boldsymbol{B}_0$ 而变化的物质称为铁磁质. 磁介质 $\mu_r\gg 1$，$\mu\gg\mu_0$，在外磁场 $\boldsymbol{B}_0$ 的作用下，能够产生很大的附加磁场 $\boldsymbol{B}'$，$\boldsymbol{B}'$ 与 $\boldsymbol{B}_0$ 方向相同，$\boldsymbol{B}=\boldsymbol{B}_0+\boldsymbol{B}'\gg\boldsymbol{B}_0$，所以通常把这类磁介质称为铁磁质. 例如，铁、钴、镍及其合金和某些稀土族元素(如钆、镝、钬)、铁氧体等都是铁磁质.

14.1.4 磁介质磁化的微观机制

(1)安培分子电流观点

分子电流是法国物理学家安培首先提出来解释磁介质磁化的一种假说，从近代物质结构的观点来看，任何实物都是由分子、原子所组成的，而它们中的任何一个电子都同时参与两种运动，即电子环绕原子核的运动和电子本身的自旋运动，这两种运动都能产生磁效应. 如果把分子或原子看作一个整体，它们中各电子对外界产生的磁效应的总和，可以用一个等效的圆形电流表示，称为分子电流. 分子电流所具有的磁矩是相应的轨道磁矩和自旋磁矩的矢量和，称为分子磁矩，通常用 $\boldsymbol{P}_m$ 表示. 电子轨道运动具有一定的磁矩，称为轨道磁矩.

(2)分子中电子在外磁场中的进动和附加磁矩

①力学中陀螺的进动如图 14.1.1(a)所示. 当陀螺以很大的角速度 ω 绕其自身的轴线转动时，如果它的自身轴线偏离竖直方向，由于受本身的重力矩作用，这时它的自身轴将以角速度 ω 绕竖直轴转动而不倒下，这种运动称为陀螺的进动. 陀螺的自旋角动量为 $\boldsymbol{L}=\boldsymbol{r}\times m\boldsymbol{v}$，进动方向由 $\boldsymbol{r}\times m\boldsymbol{g}$ 决定，陀螺进动的角速度 ω' 为

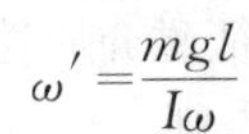

$$\omega' = \frac{mgl}{I\omega}$$

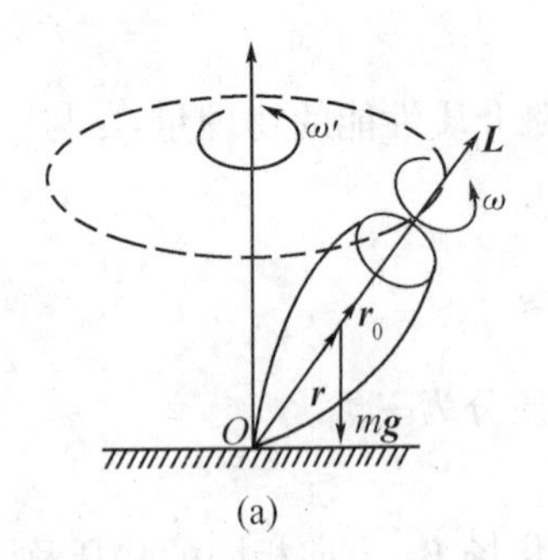

(a)

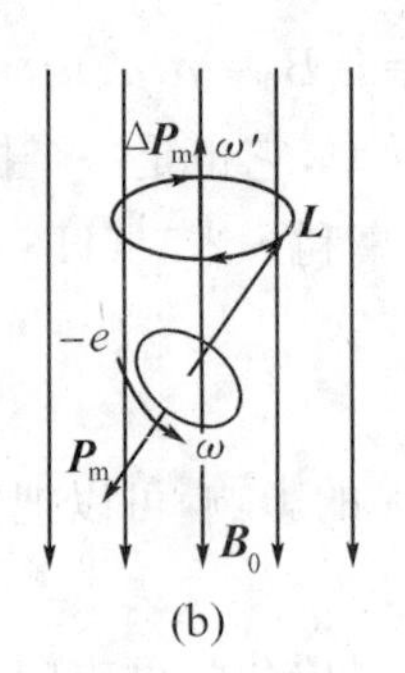

(b)

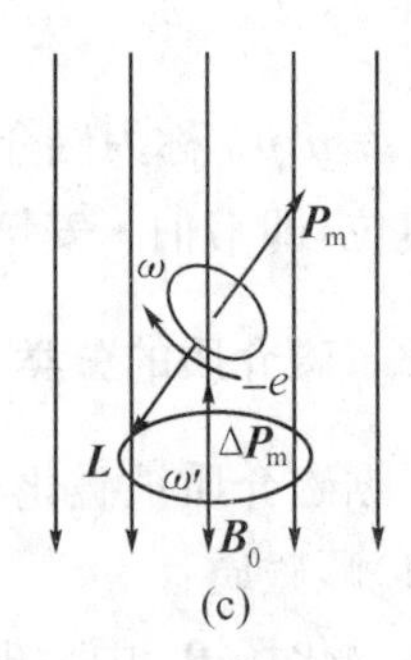

(c)

图 14.1.1　在外磁场中电子的进动和附加磁矩

式中，m 为陀螺的质量，l 为陀螺的质心 c 到陀螺与地面接触点 O 的距离，I 为陀螺对自身轴线的转动惯量，ω 为陀螺绕自身轴线转动的角速度.

②电子的进动如图 14.1.1(b)所示.电子在外磁场 $\boldsymbol{B}_0$ 中，除了同时做绕原子核的轨道运动和自旋运动外，还受磁场力洛仑兹力 $\boldsymbol{f}_{洛} = -e\boldsymbol{v} \times \boldsymbol{B}$ 的作用，其方向指向圆心，产生一个以外磁场 $\boldsymbol{B}_0$ 为轴线的转动，称为电子的进动.理论上可以证明：不论电子原来绕核旋转的方向如何，在图 14.1.1(b)中电子的 ω' 与 $\boldsymbol{B}_0$ 方向相反，在图 14.1.1(c)中电子的 ω' 与 $\boldsymbol{B}_0$ 方向相同.如果面对着外磁场 $\boldsymbol{B}_0$ 的方向看去，进动的转向(即电子角动量 $\boldsymbol{L}$ 绕 $\boldsymbol{B}_0$ 方向为轴线的转动方向)总是逆时针的.考虑到电子带负电，电流方向与速度方向相反，因而电子进动等效于一个圆形电流的磁矩方向总是与外磁场 $\boldsymbol{B}_0$ 的方向相反.

③电子进动所产生的附加磁矩.分子或原子中各个电子因进动而产生的磁效应的总和，可以用一个等效的磁矩来表示，为了与分子电流所产生的磁矩相区别，而将在磁化场作用下，由于电磁感应和电子的进动而产生的与磁化场方向相反，量值不大的磁矩称为附加磁矩，用 $\Delta \boldsymbol{P}_{\mathrm{m}}$ 表示.

(3)顺磁质的顺磁性

对于顺磁质，分子中各电子的轨道磁矩和自旋磁矩不能够互相抵消，使整个分子具有固有磁矩，分子的固有磁矩不为零，即 $\boldsymbol{P}_{\mathrm{m}} \neq 0$.但无磁场 $\boldsymbol{B}_0$ 时，由于分子热运动，各个分子磁矩的取向无规则，而使每一个物理无限小体积元内分子磁矩的矢量和等于零，即 $\sum_i \boldsymbol{P}_{\mathrm{m}} = 0$，介质处于未被磁化状态，对外界不显磁性.在加外磁场 $\boldsymbol{B}_0$ 后，每一个分子受到一个磁力矩 $\boldsymbol{P}_{\mathrm{m}} \times \boldsymbol{B}_0$ 的作用，力图使分子磁矩转到外磁场 $\boldsymbol{B}_0$ 的方向整齐排列，由于热运动，各分子磁矩不能完全取外磁场方向，但各分子一定程度沿外磁场 $\boldsymbol{B}_0$ 方向排列起来，从宏观上看介质处于磁化状态，具有一定的磁性.这就是顺磁性的来源，这类物质称为顺磁质.必须指出，电子因进动而产生的与外磁场 $\boldsymbol{B}_0$ 方向相反的附加磁矩，远小于分子磁矩沿外磁场方向排列整齐的程度，而 $\boldsymbol{B}'$ 与 $\boldsymbol{B}_0$ 有相同的方向，$\boldsymbol{B} = \boldsymbol{B}_0 + \boldsymbol{B}' > \boldsymbol{B}_0$，磁介质中的磁场大于磁化场.温度升高时，分子的热运动加剧，对分子磁矩的定向排列起着破坏作用，使顺磁性效应随着温度的升高而减弱.撤去外磁场 $\boldsymbol{B}_0$，磁性立即消失.

(4)抗磁质的抗磁性

对于抗磁质，分子中各个电子的磁矩方向不同，相互抵消，使分子不具有固有磁矩，分子固有磁矩为零，即 $\boldsymbol{P}_{\mathrm{m}} = 0$.每个分子或原子中的电子的运动仍然可以看作是一个环形电流，它具有一定的轨道磁矩和自旋磁矩. 当无外磁场 $\boldsymbol{B}_0$ 时,即 $\boldsymbol{B}_0=0$ 时,电子所具有的磁矩互相抵消,分子的固有磁矩 $\boldsymbol{P}_\mathrm{m}=0$,或者说分子的总磁矩为零,介质处于未磁化状态. 当有外加磁场 $\boldsymbol{B}_0$ 时,即 $\boldsymbol{B}_0\neq 0$ 时,电子的磁矩在外磁场中将受到一个磁力矩作用,电子会产生以外磁场 $\boldsymbol{B}_0$ 的方向为转轴的进动,产生一个与外磁场 $\boldsymbol{B}_0$ 方向相反的附加磁矩 $\Delta\boldsymbol{P}_\mathrm{m}$,使整个分子的磁矩不再等于零. 从宏观上看,磁介质处于磁化状态,具有一定的磁性,这就是抗磁性的来源,这类物质称为抗磁质. 必须指出,电子因进动而产生的与外磁场 $\boldsymbol{B}_0$ 方向相反的附加磁矩的量值不大,而 $\boldsymbol{B}'$ 与 $\boldsymbol{B}_0$ 有相反的方向,$\boldsymbol{B}=\boldsymbol{B}_0+\boldsymbol{B}'<\boldsymbol{B}_0$,磁介质中的总磁场稍弱于磁化场 $\boldsymbol{B}_0$. 抗磁性只与外加磁场 $\boldsymbol{B}_0$ 有关,与温度无关,撤去外磁场 $\boldsymbol{B}_0$,磁性立即消失. 当然,这种抗磁效应在固有磁矩不为零的顺磁质中同样存在,但弱得多.

14.1.5 磁化强度矢量

电介质在外电场 $\boldsymbol{E}_0$ 中极化时,可以用极化强度矢量 $\boldsymbol{P}$ 来描述电介质的极化程度和方向. 与此类似,磁介质在外磁场 $\boldsymbol{B}_0$ 中磁化时,磁介质的磁化状态可以用磁化强度矢量 $\boldsymbol{M}$ 来描述磁介质的磁化程度和方向. 磁化强度矢量定义为:在外磁场作用下,单位体积内分子磁矩的矢量和. 如果在磁介质内取一无限小的体积 ΔV,其中包含有大量的磁分子,该体积元从微观上看足够大,而宏观上看无限小,即能够代表该处的磁化强度矢量. 用 $\sum\boldsymbol{P}_\mathrm{m}$ 表示该体积元内所有分子磁矩的矢量和,用 $\boldsymbol{M}$ 表示磁化强度矢量,定义为

$$\boldsymbol{M}=\frac{\sum\limits_{\Delta V_{内}}\boldsymbol{P}_\mathrm{m}}{\Delta V} \tag{14-1-2}$$

对于顺磁质,上式中 $\boldsymbol{M}$ 的方向与 $\boldsymbol{B}_0$ 的方向相同. 顺磁质的磁化和有极分子电介质的电极化有部分相类似,即都来源于取向作用. 也有不同之处,顺磁质磁化后所产生的附加磁场 $\boldsymbol{B}'$ 与外磁场 $\boldsymbol{B}_0$ 方向相同,而电介质极化后所产生的附加电场 $\boldsymbol{E}'$ 总是与外加电场 $\boldsymbol{E}_0$ 方向相反.

对于抗磁质,也可以引入磁化强度矢量 $\boldsymbol{M}$ 这一物理量来描述磁化状态(磁化的程度和方向). 抗磁质的磁化是由于附加磁矩 $\Delta\boldsymbol{P}_\mathrm{m}$ 所产生的. 因此,磁化强度矢量 $\boldsymbol{M}$ 可定义为

$$\boldsymbol{M}=\sum_{\Delta V内}\frac{\Delta\boldsymbol{P}_\mathrm{m}}{\Delta V} \tag{14-1-3}$$

上式表示在外磁场作用下,抗磁质中任意一点的附近单位体积中附加磁矩的矢量和. 对于抗磁质,上式中 $\boldsymbol{M}$ 的方向与外磁场 $\boldsymbol{B}_0$ 的方向相反.

$\boldsymbol{M}$ 一般是空间位置的函数. 如果磁介质中各点的 $\boldsymbol{M}$ 相同,则磁介质被均匀磁化.

在国际单位制中,磁化强度矢量的单位是安培·米$^{-1}$.

14.1.6 磁化强度与分子电流的关系

电介质的极化强度矢量与极化电荷有一定的关系,$\oint\!\!\!\oint_S\boldsymbol{P}\cdot\mathrm{d}\boldsymbol{S}=\sum\limits_{S内}q_i'=-q'$. 与此类似,磁介质的磁化强度矢量 $\boldsymbol{M}$ 与磁化电流 I_S 也有一定的关系. 如前面所述,当磁介质棒沿轴向($\boldsymbol{B}_0$ 的方向)磁化时,可以将磁化电流看作是环绕在磁介质棒的侧面流动,如图 14.1.2 所示. 磁介质棒侧面单位长度上的磁化面电流强度,称为磁介质棒表面该点磁化电流面密度,用 i_S 表示,那么在长为 Δl 的一段磁介质棒表面上的磁化电流为 $i_S\Delta l$. 也就是说,当磁介质的横截面积为 S 时,长为 Δl 的磁介质棒相当于一个电流强度为 $i_S\Delta l$,面积为 S 的线圈,则相应有磁矩为

$\Delta P_m = i_S \Delta l S$. 另一方面,由于磁介质棒侧表面的磁化电流是棒内所有分子电流总和的宏观效果,所以 $\Delta \boldsymbol{P}_m$ 实际上就是该磁介质棒内所有分子磁矩 $\boldsymbol{P}_m$ 的矢量和,即 $\Delta \boldsymbol{P}_m = \sum \boldsymbol{P}_m$. 考虑到长为 Δl 的磁介质棒的体积为 $\Delta V = \Delta l S$,可得磁介质棒内磁化强度矢量 $\boldsymbol{M}$ 的大小为

$$M = \frac{\Delta P_m}{\Delta V} = \frac{i_S \Delta l S}{\Delta V} = i_S \qquad (14-1-4)$$

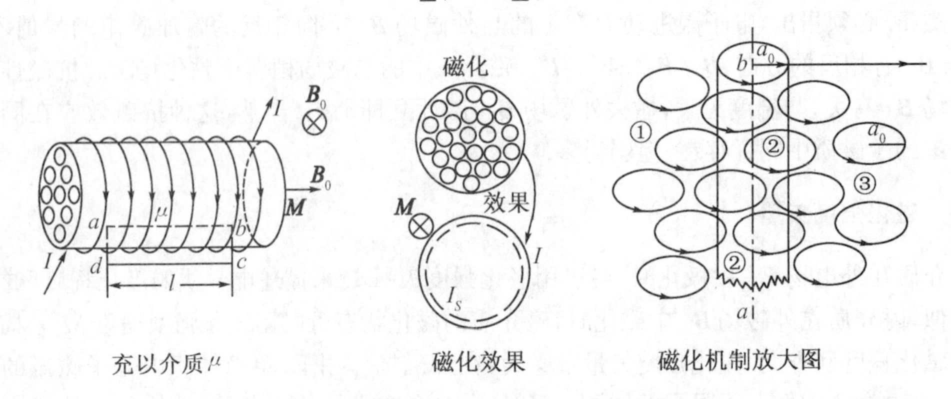

图 14.1.2　磁化强度和分子电流的关系

上式表示一个沿轴向磁化的均匀各向同性磁介质棒的磁化强度 $\boldsymbol{M}$ 与磁化电流面密度的关系. 电流面密度 i_S 有时也称为束缚电流面密度,因为它并不在磁介质棒上流动,而是磁介质磁化后分子电流定向排列的等效电流. 一般情况下,磁介质表面任一点的磁化强度的切线分量等于该点处磁化电流面密度,$M_\tau = M \sin\theta = i_S$,$\theta$ 为该处$\boldsymbol{M}$ 与外法线单位矢量$\boldsymbol{n}$ 之间的夹角. 考虑到方向,写成矢量式为

$$\boldsymbol{i}_S = \boldsymbol{M} \times \boldsymbol{n} \qquad (14-1-5)$$

14.2　磁场强度矢量、有磁介质时的安培环路定理和高斯定理

有电介质存在时的电场强度矢量 $\boldsymbol{E}$ 是自由电荷产生的场强$\boldsymbol{E}_0$ 和极化电荷(束缚电荷)产生的 $\boldsymbol{E}'$的迭加,即 $\boldsymbol{E} = \boldsymbol{E}_0 + \boldsymbol{E}'$. 与此类似,有磁介质存在时的磁感应强度矢量 $\boldsymbol{B}$ 是由传导电流 I_0 产生的磁感应强度 $\boldsymbol{B}_0$ 和磁化电流 I_S(束缚电流)产生的磁感应强度 $\boldsymbol{B}'$的叠加,即 $\boldsymbol{B} = \boldsymbol{B}_0 + \boldsymbol{B}'$. 如果已知传导电流 I_0 和磁化电流 I_S,应用毕奥—萨伐尔—拉普拉斯定律原则上可以求出 $\boldsymbol{B}$. 但实际上磁化电流取决于磁化强度,而磁化强度又取决于磁介质中的磁场 $\boldsymbol{B}$,磁介质中的磁场 $\boldsymbol{B} = \boldsymbol{B}_0 + \boldsymbol{B}'$,而 $\boldsymbol{B}'$与磁化电流 I_S 有关,这样相互影响,相互制约,使求磁场的办法中存在着逻辑上的循环,不易求出磁化电流,不可能直接求 $\boldsymbol{B}$. 要解决这一困难,将引入一新的辅助物理量——磁场强度矢量 $\boldsymbol{H}$,使磁化电流和磁化强度在有关方程中不出现,令问题得以解决.

在真空中,安培环路定理的表述式为

$$\oint_L \boldsymbol{B} \cdot \mathrm{d}\boldsymbol{l} = \mu_0 \sum_i I_i \qquad (14-2-1)$$

存在磁介质时,而且闭合积分环路的一部分还穿过磁介质,那么回路 L 与介质表面的磁化电流 I 相套连. 磁介质中的磁感应强度 $\boldsymbol{B} = \boldsymbol{B}_0 + \boldsymbol{B}'$,$\boldsymbol{B}$ 应是整个空间的传导电流和磁化电流共同

激发的,而此时安培环路中电流 $\sum_{L内} I$ 应包括闭合曲线 L 内的全部传导电流 $\sum_{L内} I_i$ 和全部的磁化电流 $\sum I_S$,即 $\sum_{L内} I = \sum_{L内} I_i + \sum_{L内} I_S$,磁介质存在时,安培环路定理的表达式为

$$\oint_L \boldsymbol{B} \cdot \mathrm{d}\boldsymbol{l} = \mu_0 \left(\sum_{L内} I_i + \sum_{L内} I_S \right)$$

由 $\boldsymbol{M}$ 的环路积分关系 $\oint_L \boldsymbol{M} \cdot \mathrm{d}\boldsymbol{l} = \sum_{L内} I_S$,代入上式,可得

$$\oint_L \boldsymbol{B} \cdot \mathrm{d}\boldsymbol{l} = \mu_0 \left(\sum_{L内} I_i + \oint_L \boldsymbol{M} \cdot \mathrm{d}\boldsymbol{l} \right)$$

或

$$\oint_L \left(\frac{\boldsymbol{B}}{\mu_0} - \boldsymbol{M} \right) \cdot \mathrm{d}\boldsymbol{l} = \sum_{L内} I_i$$

可见上式右端仅剩下传导电流.引入辅助物理量磁场强度矢量 $\boldsymbol{H}$,定义式为

$$\boldsymbol{H} = \frac{\boldsymbol{B}}{\mu_0} - \boldsymbol{M} \quad 或 \quad \boldsymbol{B} = \mu_0 (\boldsymbol{H} + \boldsymbol{M}) \tag{14-2-2a}$$

则可得普遍适用的环路积分

$$\oint_L \boldsymbol{H} \cdot \mathrm{d}\boldsymbol{l} = \sum_{L内} I_i \tag{14-2-2b}$$

上式称为有磁介质时的安培环路定理,它表示磁场强度矢量 $\boldsymbol{H}$ 沿任意闭合环路的线积分($\boldsymbol{H}$ 的环流)等于回路所包围的所有传导电流的代数和.上式中 $\boldsymbol{H}$ 是环路上的磁场强度矢量,但环路上各点的 $\boldsymbol{H}$ 不仅与空间的全部传导电流有关,也与磁化电流有关.上式是稳恒电流下,有磁介质存在时安培环路定理的普遍形式,它表示在磁介质中稳恒磁场也是涡旋场.

在真空中,$\boldsymbol{M}=0$,$\boldsymbol{B}=\mu_0 \boldsymbol{H}$,则磁介质存在时的安培环路定理 $\oint_L \boldsymbol{H} \cdot \mathrm{d}\boldsymbol{l} = \sum_{L内} I_i$ 又变成为 $\oint_L \boldsymbol{B} \cdot \mathrm{d}\boldsymbol{l} = \mu_0 \sum_{L内} I_i$ 的形式.

在国际单位制中,磁场强度的单位为安培·米$^{-1}$.另一种常用的单位奥斯特,用符号 Qe 表示.二者的换算关系是

$$1\,安培 \cdot 米^{-1} = 4\pi \times 10^{-3}\,奥斯特$$

或

$$1\,奥斯特 = \frac{10^3}{4\pi}\,安培 \cdot 米^{-1}$$

磁化电流和传导电流一样,可以根据毕奥—萨伐尔—拉普拉斯定律计算它所产生的附加磁场 $\boldsymbol{B}'$,它仍具有涡旋性.因此,稳恒磁场中的高斯定理

$$\oint_S \boldsymbol{B} \cdot \mathrm{d}\boldsymbol{S} = 0 \tag{14-2-3}$$

在有磁介质存在时仍然成立,因为由传导电流和磁化电流产生的磁场都是无源场.

以上得到的有关稳恒磁场的普遍公式,即磁感应强度 $\boldsymbol{B}$ 的高斯定理(14-2-1)式和磁场强度矢量 $\boldsymbol{H}$ 的安培环路定理(14-2-2b)式,它们是上一章相应定理在磁介质存在时的推广.

为了形象地描绘磁感应强度 $\boldsymbol{B}$ 的空间分布而引入了磁感应线,类似地对于磁场强度 $\boldsymbol{H}$ 也可以引入相应的磁场线.磁场强度矢量 $\boldsymbol{H}$ 与磁场线的关系规定如下:在 $\boldsymbol{H}$ 线上任意一点处的切线方向和该点处的磁场强度矢量方向一致;$\boldsymbol{H}$ 线的数密度,即在与 $\boldsymbol{H}$ 矢量垂直的单位面积上通过的 $\boldsymbol{H}$ 线数目,与该点处磁场强度矢量 $\boldsymbol{H}$ 的大小相等.

14.3 磁介质的磁化规律以及磁化率与磁导率

对于一般磁介质,$\boldsymbol{M}$ 与 $\boldsymbol{B}$ 之间的关系比较复杂.磁介质的磁化是外磁场 $\boldsymbol{B}_0$ 作用的结果,但是磁介质磁化后,其内部的磁感应强度 $\boldsymbol{B}=\boldsymbol{B}_0+\boldsymbol{B}'$,即磁介质内部的总磁场,由它决定磁介质的磁化状态.对于各向同性的均匀非铁磁质,实验证明,$\boldsymbol{M}$ 与 $\boldsymbol{B}$ 成正比.对于顺磁质,$\boldsymbol{M}$ 与 $\boldsymbol{B}$ 同方向;对于抗磁质,$\boldsymbol{M}$ 与 $\boldsymbol{B}$ 反方向.但由于历史上磁荷理论的影响,按习惯认为 $\boldsymbol{M}$ 与 $\boldsymbol{H}$ 成正比,即

$$M=\chi_m H \tag{14-3-1}$$

上式称为磁介质的磁化规律.式中 χ_m 称为磁介质的磁化率,是与磁介质性质有关的、又决定于磁场强度的无量纲的常数,χ_m 是一个纯数,其值由实验测定.实验表明,对于顺磁质,$\boldsymbol{M}$ 与 $\boldsymbol{H}$ 同方向,$\chi_m>0$;对于抗磁质,$\boldsymbol{M}$ 与 $\boldsymbol{H}$ 反方向,$\chi_m<0$.对于非铁磁质,均有 $|\chi_m|\ll 1$.因此,χ_m 也表征顺磁质和抗磁质性质.表 14-3-1 中列出了部分磁介质的 χ_m 和 μ_r 值.

表 14-3-1 部分磁介质的磁导率 μ_r 和磁化率 χ_m(在 1 atm 下)

顺磁质				抗磁质			
物质	温度(K)	χ_m	μ_r	物质	温度(K)	χ_m	μ_r
铁铵矾(明矾)	4	0.04830	1.04830	铋	293	−0.000166	0.999834
液氧	90	0.00152	1.00152	汞	293	−0.000029	0.999971
气氧	293	0.0000019	1.0000019	银	293	−0.000028	0.999974
铝	293	0.000022	1.000022	铅	293	−0.000018	0.999982
铂	293	0.00026	1.00026	铜	293	−0.000010	0.999910

由 $\boldsymbol{M}=\chi_m\boldsymbol{H}$,并将它代入磁感应强度 $\boldsymbol{B}=\mu_0(\boldsymbol{H}+\boldsymbol{M})$ 的关系式中,可得

$$\boldsymbol{B}=\mu_0(\boldsymbol{H}+\chi_m\boldsymbol{H})=\mu_0(1+\chi_m)\boldsymbol{H}$$

通常令 $\mu_r=1+\chi_m$,得

$$\boldsymbol{B}=\mu_0\mu_r\boldsymbol{H} \tag{14-3-2}$$

式中,μ_r 称为磁介质的相对磁导率,它决定于磁介质的性质,是与 $\boldsymbol{H}$ 无关、无量纲的常数,其数值由实验测定.上式称为磁介质的物质方程,它表达了磁介质中任一点处 $\boldsymbol{B}$ 与 $\boldsymbol{H}$ 的关系,普遍适用.

对于非铁磁性均匀磁介质,χ_m、μ_r 都为常数,对于顺磁质,$\mu_r>1$;对于抗磁质,$\mu_r<1$.而且对二者都有 $\mu_r\approx 1$.为了方便,令

$$\mu=\mu_r\mu_0 \tag{14-3-3}$$

式中,μ 称为磁介质的绝对磁导率,μ 与 μ_0 有相同的单位,即特斯拉·安培·米$^{-1}$ 或亨·米$^{-1}$.

在真空中,$\boldsymbol{M}=0$,即 $\chi_m=0$,因而得到真空中的相对磁导率 $\mu_r=1$,而 $\mu=\mu_r\mu_0=\mu_0$.

由(14-3-3)式将(14-3-2)式另改写为

$$\boldsymbol{B}=\mu\boldsymbol{H} \tag{14-3-4}$$

上式是 $\boldsymbol{B}$ 和 $\boldsymbol{H}$ 间的重要关系式.对于各向同性非铁磁质,$\boldsymbol{H}$ 与 $\boldsymbol{B}$ 方向相同,大小 B 与 H 成正

比. 引入磁场强度矢量 $\boldsymbol{H}$ 后，磁化电流与磁化强度在方程中不出现，它们的影响由磁导率 μ 反映出来，磁导率是描述磁介质被磁化程度的物理量.

对于铁磁质，有关各式在形式上仍然保留，$\chi_m \gg 1, \mu_r \gg 1$，二者都不是常数，且是 B 或 H 的函数.

必须指出，由于历史原因，从形式上看，$\boldsymbol{D}=\varepsilon\boldsymbol{E}$ 与 $\boldsymbol{B}=\mu\boldsymbol{H}$、$\boldsymbol{P}=\varepsilon_0\chi_e\boldsymbol{E}$ 与 $\boldsymbol{M}=\chi_m\boldsymbol{H}$ 一一对应，但是 $\boldsymbol{E}$ 和 $\boldsymbol{B}$ 是分别描述电场和磁场的基本物理量，根据各物理量的物理意义，其对应关系应为 $\boldsymbol{D}=\varepsilon\boldsymbol{E}$ 与 $\boldsymbol{H}=\frac{1}{\mu}\boldsymbol{B}$、$\boldsymbol{P}=\varepsilon_0\chi_e\boldsymbol{E}$ 与 $\boldsymbol{M}=\frac{\chi_m}{\mu}\boldsymbol{B}$，不要将它们混淆.

当磁介质存在时，在有关问题中，如果传导电流 I_i 的分布已知，先用磁场的环路定理 $\oint_{L内}\boldsymbol{H}\cdot \mathrm{d}\boldsymbol{l}=\sum_{L内} I_i$ 求出 $\boldsymbol{H}$，由右手螺旋定则确定 $\boldsymbol{H}$ 的方向，再由 $\boldsymbol{B}=\mu\boldsymbol{H}$ 求出 $\boldsymbol{B}$，使磁化电流 I_S 和磁化强度 $\boldsymbol{M}$ 在方程中不出现，其影响由磁导率 μ 反映出来.

14.4 铁磁质

铁磁质是一种性能特殊的磁介质，铁磁质在外磁场的作用下，能够产生很大的与外磁场 $\boldsymbol{B}_0$ 同方向的附加磁场 $\boldsymbol{B}'$. 因此 $\boldsymbol{B}\gg\boldsymbol{B}_0$，相对磁导率 μ_r 很大并随外磁场强度而变化. 铁、钴、镍（过渡族）和某些稀土族元素（如钆、镝、钬）具有铁磁性，常用的铁磁质是铁和其他金属或非金属组成的合金以及某些含铁的氧化物（铁氧体）. 铁磁质在现代电子电器工程中应用很广，与非铁磁质相比较，铁磁质的磁化具有特殊的微观机制，因而表现出特殊的性能和磁化规律.

14.4.1 铁磁质的一般特性

实验表明铁磁质具有以下特性：

①铁磁质的相对磁导率 μ_r 很大，因此，磁导率 μ 很大，并且不是常量，不是单值的. 因而在铁磁质内部产生很强的附加磁场 $\boldsymbol{B}'$，$\boldsymbol{B}'$与 $\boldsymbol{B}$ 同方向，所以 $\boldsymbol{B}\gg\boldsymbol{B}_0$。

②在形式上 $\boldsymbol{B}=\mu\boldsymbol{H}$，但是 $\boldsymbol{B}$ 与 $\boldsymbol{H}$ 不是简单的正比关系，μ 不再是常数，而是随 $\boldsymbol{H}$ 变化的非线性函数，而且是非单值的.

③存在磁滞现象. 铁磁质在外磁场 $\boldsymbol{B}_0$ 中反复磁化，当外磁场 $\boldsymbol{B}_0$ 撤去后能保持一定程度的磁性，即存在剩磁，而 $\boldsymbol{B}$ 或 $\boldsymbol{M}$ 的变化滞后于 $\boldsymbol{H}$ 的变化，即存在磁滞现象.

④各种铁磁质都有一个临界温度，称为居里点或居里温度. 当铁磁质的温度达到这个温度以上时，铁磁质就失去铁磁性而变为顺磁质，此时 μ_r、μ 就变为与 $\boldsymbol{H}$ 无关的常量了. 当铁磁质的温度低于居里温度时仍为铁磁质. 例如，铁的居里温度为 1043 K，钴的居里温度为 1393 K，镍的居里温度为 631 K 等.

14.4.2 铁磁质的磁化规律

铁磁质的磁化规律是指磁化强度 $\boldsymbol{M}$ 与 $\boldsymbol{H}$ 的关系或 $\boldsymbol{B}$ 与 $\boldsymbol{H}$ 的关系，它们能够反映铁磁质的磁化过程. 对于非铁磁质，这个关系是线性关系；而对于铁磁质，这个问题很复杂，可以通过实验进行研究.

(1)测定 M—H 或 B—H 关系曲线的实验装置及原理

将没有被磁化的待测铁磁质做成一个圆环，环上密绕励磁线圈，称为初级线圈，如图

14.4.1 所示. 线圈匝数密度 n，当通以励磁电流 I 时，由安培环路定理可求得铁磁质内部的磁场强度为 $H=nI$. 磁感应强度 $\boldsymbol{B}$ 可以由另一匝数较少的次级线圈接在冲击电流计上来进行测量，当初级线圈的电流反向时，用冲击电流计能测得次级线圈的感生电流通过任一截面的电量，由此可求得 H 对应的磁感应强度 B. 根据实验结果，可以画出如图 14.4.2 所示的 B—H 曲线. 由于这种方法是由罗兰于 1873 年首先采用的，所以图 14.4.1 中装置称为罗兰环. 由 $M=\frac{B}{\mu_0}-H$ 还可以画出 M—H 曲线，它与 B—H 曲线很相似. 因 B—H 曲线容易测得，所以我们只用 B—H 曲线说明铁磁质的磁化规律.

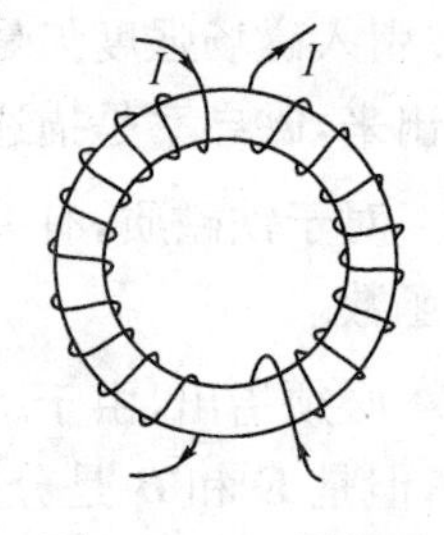

图 14.4.1 罗兰环

(2)起始磁化曲线

假设铁磁质圆环最初是未被磁化的，此时电流 $I=0$，$B=H=0$. 当 I 由零逐渐增加时，求出 H，测得相应的 B. 开始时，B 增加得较慢，即曲线 OA 段，在中间 AC 段，B 随 H 增加得较快，后来的 CS 段 B 随 H 增长趋于缓慢. 在 S 点以后，B 随 H 虽然继续增长，但十分缓慢，这种现象称为磁饱和现象，S 点对应的 H 值称为饱和磁场强度，记作 H_S. 这条曲线因为通过原点，称为起始磁化曲线，如图 14.4.2(a)所示. 由于起始磁化曲线不是直线，磁导率 $\mu=\frac{B}{H}$ 及相对磁导率 $\mu_r=\frac{\mu}{\mu_0}$ 都不是常量.

由起始磁化曲线 B—H 的实验值，根据公式 $\mu_r=\frac{B}{\mu_0 H}$ 可以求出铁磁质在不同 H 下的相对磁导率，由 O 到曲线上任一点直线的斜率就代表 $\mu_r\mu_0$ 值，曲线上各点相应的 μ_r 值不同，是 H 的函数，如图 14.4.2(b)所示. 其中相对的 μ_I 是起始相对磁导率，μ_M 是最大相对磁导率，铁磁质在达到相对磁导率 μ_M 后，μ_r 随 H 增大而减小，最后趋于 1. 这是因为铁磁质磁化达到饱和后，随 H 的增大，$H\gg M$，以致于 $B\approx\mu_0 H$，即 $\mu_r=1$. 一般铁磁质的 μ_M 的数量级达 $10^2\sim10^4$，这是铁磁质有广泛用途的主要原因. 高磁导率和 B—H 的非线性关系是铁磁质区别于非铁磁质的两个重要特性.

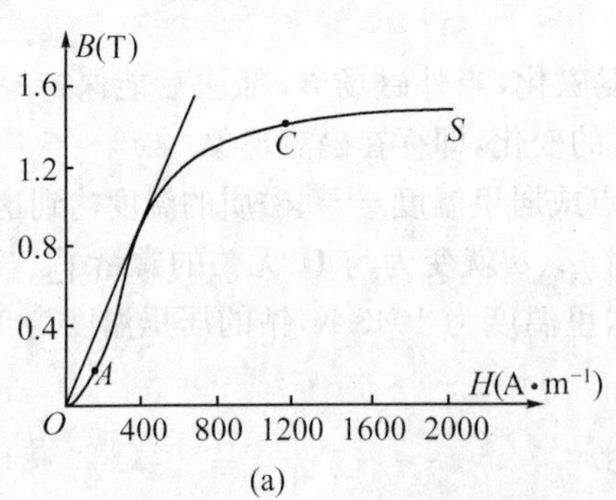

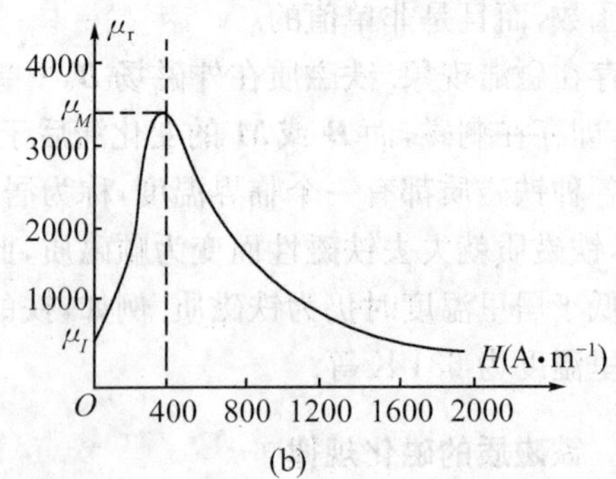

图 14.4.2 B—H 曲线与 μ_r—H

(3)磁滞回线

继续做上述实验，当 H 增加，铁磁质的磁化达到饱和以后，电流 I 降低，H 值减小至零，B 也随着 H 减小而减小，但 B 并不沿原来的磁化曲线 OA 回到原点 O，而是沿 ab 曲线变化，如图 14.4.3 所示. 当 H 为零时，不能恢复原状，B 不等于零而等于 B_r(曲线上 b 点). 在没有外磁场作用时，铁磁质仍保留磁性，称为剩磁现象，磁感应强度 B_r 称为剩余磁感应强度. 必须加上反向磁场时才能够退磁，对应于图中的 bc 段，永久磁铁就是利用这个特点制成的. 图中的 ab 曲线段与起始磁化曲线 aO 相比较，随着 H 的减小，B 的减小总是滞后于 H 的减小，这种现象称为磁滞现象. 加反向电流，当 H 达到 c 点时，剩余磁感应强度 B_r 才等于零，对应于 c 点的 H 用 H_c 表示，称为矫顽力. 曲线 bc 称为退磁曲线. H 沿反向继续增大，B 总是滞后于 H，铁磁质将沿反方向磁化，用曲线 cd 表示，与 d 点对应的 $H=-H_s$，$B=-\mu B_s$. 此后再使反向磁场 H 的值减小到零，然后再改变电流方向，使 H 沿正方向增加，B 将沿 $defa$ 曲线变化，形成闭合曲线 $abcdefa$，从这条曲线可以看出，磁感应强度 B 的变化总是滞后于磁场强度 H 的变化，闭合曲线 $abcdefa$ 称为磁滞回线，它对于原点 O 是对称的. 磁滞现象是铁磁质的重要特性之一，普通的顺磁质和抗磁质没有磁滞现象. 必须指出，这样作出的磁滞回线所包围的面积最大. 实际上，起始磁化曲线上任一点都对应一条磁滞回线，如图 14.4.4 所示. 磁滞回线描绘了磁场在正、负两个方向往复变化时，铁磁质的磁化所经历的循环过程.

必须指出，由于磁滞现象，磁介质的磁化状态不仅与外磁场的大小有关，还与铁磁质本身的磁化历史有关，因此，在作起始磁化曲线时，必须强调，要从磁介质的未被磁化状态开始.

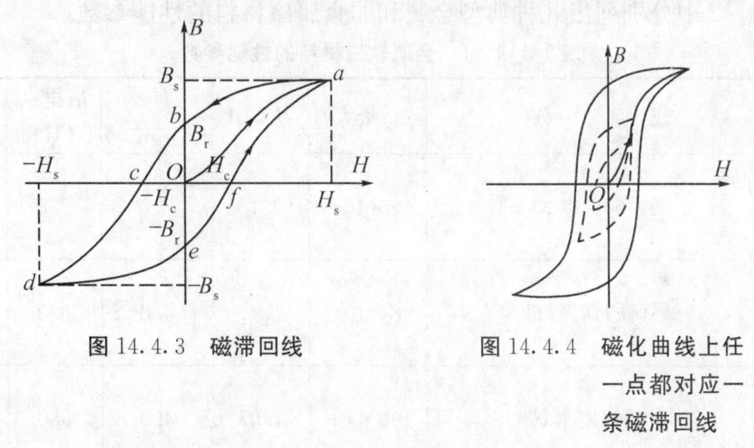

图 14.4.3　**磁滞回线**

图 14.4.4　**磁化曲线上任一点都对应一条磁滞回线**

由上述实验结果可知，由于铁磁质有磁滞现象，使 B、H 之间不仅不是线性关系，而且不是单值的，一个 H 值对应着多个 B 值，究竟应是哪一个 B 值，要由磁化的历史决定. 由于以上原因，对于铁磁质，$\boldsymbol{H}=\chi_m\boldsymbol{M}$ 和 $\boldsymbol{B}=\mu\boldsymbol{H}$ 不再成立，因为式中 χ_m 和 μ 没有确切的物理意义. 只有对于起始磁化曲线，由 $\mu_r=\dfrac{B}{\mu_0 H}$ 来定义铁磁质的相对磁导率. 在这种情况下，μ_r 是 H 的单值函数.

实验表明：使铁磁质在交变磁场作用下反复磁化时要损耗能量，并以热量的形式放出，这部分能量是由产生磁化场电流的电源供给的. 理论可以证明，一个反复磁化过程中单位体积的铁磁质所损耗的能量恰好等于磁滞回线所包围的面积. 这种因铁磁质反复磁化而损耗的能量，称为磁滞损耗. 在电机、电器设备中磁滞损耗十分有害，应尽量减小.

14.4.3　铁磁质的分类和应用

从铁磁质的特性和使用方面来说，根据矫顽力的大小，可分为软磁材料和硬磁材料两大类.

(1)软磁材料

软磁材料矫顽力很小，$H_c\approx 1\ \mathrm{A\cdot m^{-1}}$，磁滞回线呈细长条形状，包围的面积小，因而磁滞损耗小，容易磁化，也容易退磁，如图 14.4.5 所示. 纯铁、硅钢、坡莫合金、镍锌铁氧体等都属于软磁材料. 各种电子设备中的电感元件，电流都很小，需用起始磁导率高的软磁材料作铁心.

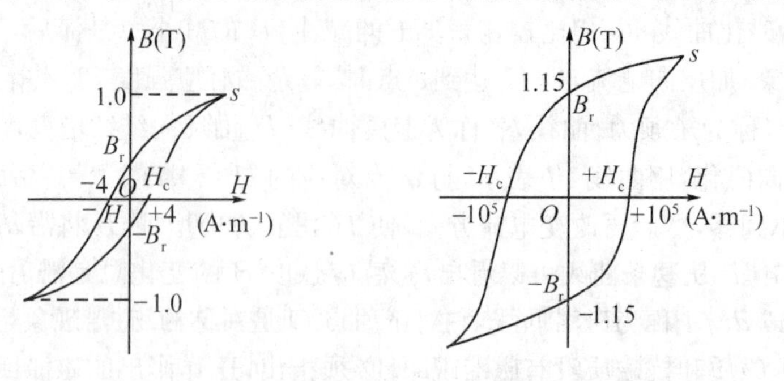

图 14.4.5　软磁材料　　　　图 14.4.6　硬磁材料

继电器和电磁铁的铁心也需用软磁材料做成，以便在电流切断后剩磁极小. 电机和变压器等电力设备的电流很大，其工作状态接近于饱和，需要饱和磁场强度很大的软磁材料作铁心. 用于高频和微波段的磁心，为了减小涡流损耗，必须采用电阻率很高的铁氧体做成. 表 14－4－1 和表 14－4－2 中分别列出几种典型金属和非金属磁材料的性能参数.

表 14－4－1　金属软磁材料的性能参数

材料名称	成分	μ_r(最大)	B_s(T)	H_0 (A·m^{-1})	居里点(℃)	用途
工程纯铁	99.5%(铁)	2×10^3	2.15	7.0	770	直流继电器，电磁铁的铁芯
硅　钢	96%(铁)，4%(硅)	8×10^3	1.95	4.8	690	大型电磁铁和变压器铁芯
坡莫合金	78%(铁)，22%(镍)	100×10^3	1.07	4.0	580	强磁场线圈的铁芯
超坡莫合金	49%(铁)，49%(钴)，2%(钒)	66×10^3	2.40	26.0	400	小型电磁铁，继电器的铁芯

表 14－4－2　非金属软磁材料的性能参数

材料名称	成分	μ_r(最大)	B_0(T)	适用频率范围
锰锌铁氧体(MXO)	氧化锰，氧化锌，氧化铁	300～500	1500～5000	0.1 兆赫以上
镍锌铁氧体(NXO)	氧化镍，氧化锌，氧化铁	10～100	1500～5000	1.0 兆赫以上

(2)硬磁材料

硬磁材料去掉外磁场后保留很强的剩磁，具有较大的矫顽力，H_c 为 10^4 A·m^{-1}～10^6 A·m^{-1}. 它的磁滞回线所包围的面积较宽，如图 14.4.6 所示. 钨钢、钴钢、钡铁氧体等都属于硬磁材料. 硬磁材料适用于制作永久磁铁，制造许多用电设备，如在各种电表、扬声器、微音器、耳机、电话机、录音机等设备中提供强而稳定的磁场. 表 14－4－3 列出几种典型硬磁材料的性能参数. 必须指出，标志硬磁材料性能好坏的参数主要是 H_c 及 B_r，其次是最大磁能积，在退磁曲线(即磁滞回线在第二象限中的一段)上某点，B 和 H 的绝对值的乘积有极大值 $(BH)_M$，称为最大磁能积. 其值越大，永久磁体体积越小；在 H_c 和 B_r 的数值给定后，退磁曲线越接近于矩形，$(BH)_M$ 就越大. 例如，图 14.4.7(a)中的 $(BH)_M$ 比图 14.4.7(b)中的 $(BH)_M$ 大.

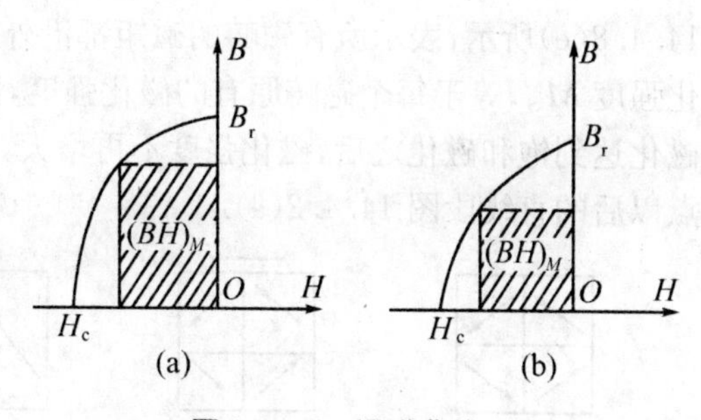

图 14.4.7 退磁曲线

表 14－4－3 金属硬磁材料的性能参数

材料名称	成　　分	B_r(T)	H_0($A \cdot m^{-1}$)
碳　钢	0.9％(碳)，99.1％(铁)	1.00	5×10^3
钨　钢	6％(钨)，0.7％(碳)，0.3％(锰)，93％(铁)	1.05	6.5×10^3
铝　钢		1.15	20.0×10^3
铝镍钴 5 号	8％(铝)，14％(镍)，24％(钴)，3％(铜)，50％(铁)	1.20	60.0×10^4

14.4.4 铁磁性的起因

人类很早就发现了永磁现象，但是对铁磁质的特殊性质一直不能从理论上进行解释，直到近代才知道铁磁质的磁性主要来源于电子的自旋磁矩. 下面介绍磁畴理论.

(1)铁磁质的微观结构——磁畴

铁磁质的磁性主要来源于电子的磁矩，根据量子力学理论，电子的自旋沿平行方向排列时能量较低，所以即使没有外磁场，铁磁质内电子的自旋磁矩也能自发地定向排列起来，形成一个个很小的自发磁化区，这些宏观小而微观大的自发磁化区称为磁畴. 磁畴的线度约为 10^{-2} mm～10^{-4} mm，约包含 10^{16}个原子，磁畴与磁畴之间有磁畴壁. 在没有外磁场时，各磁畴的磁矩方向不同，磁矩相互抵消，宏观上整个铁磁体不呈现磁性. 磁畴学说是法国物理学家外斯于 1907 年首先提出的，对铁磁质的磁化规律给出了较满意的唯象解释. 他认为磁畴的形成是某种分子场的作用结果，但不能从微观上来说明分子场的本质和形成磁畴的原因. 1928 年海森堡用量子力学解释了形成磁畴的物理原因，认为电子之间存在着一种“交换耦合力”作用，它使相邻原子的自旋磁矩自发地平行排列起来时能量更低. 正是这种相互平行排列的自发倾向使分子具有磁矩. 因此，铁磁性完全是一种量子效应，用经典理论无法解释.

(2)磁化过程中磁畴壁的移动和磁矩的取向作用

下面用磁畴理论来说明铁磁质的磁化过程及铁磁质的特性. 图 14.4.8(a)，表示在无外磁场时，各磁畴磁矩取向杂乱排列，宏观上不呈现磁性. 图 14.4.8(b)表示当外磁场较弱时，磁矩方向与外磁场方向相同或接近相同的那些磁畴，体积将扩大，而方向相反或接近相反的磁畴体积将缩小，这一过程称为磁畴壁移动. 磁畴壁移动是可逆的，对应于起始磁化曲线的 OA 段. 图 14.4.8(c)、(d)表示随着外磁场的增强，自发磁化的磁矩方向转向外磁场方向，对应于曲线 AC 段图 14.4.2(a). 在这一段，磁感应强度将迅速增强. 当外磁场增强到一定程度时，如图

14.4.8(e)所示，表示所有磁畴的磁矩都沿外磁场方向排列，磁化达到磁性饱和，对应于饱和磁化强度 M_S，等于每个磁畴原有的磁化强度，数值很大，所以铁磁质的磁性将比顺磁质强很多. 磁化达到饱和磁化之后，磁化强度不再增大，而 B 只随 H 线性增大，对应于起始磁化曲线上 S 点以后的直线段图 14.4.2(a).

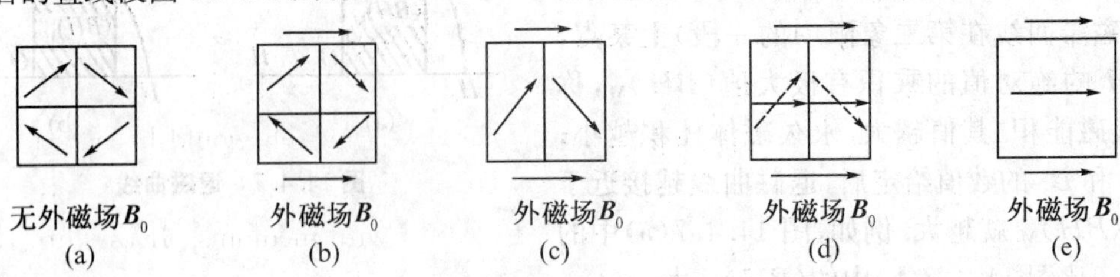

图 14.4.8 磁化过程

由于磁化过程的不可逆性，磁畴磁矩的转向是不可逆的，当外磁场减小或消失时，磁畴不能恢复原来状态，铁磁质也不能恢复原来状态，因此就表现出剩磁及磁滞现象.

(3)去磁及居里点的磁畴理论解释

上述磁化过程是在居里点以下的情况，当温度达到或超过居里点时，由于剧烈热运动的影响，使磁畴全部被瓦解，铁磁质便失去了自己的特性，铁磁质转变为顺磁性的物质，而居里点正是发生这种转变的温度界限.

Chapter 14 Magnetic Medium

When a magnetic medium is brought into a magnetic field, it will be magnetized, and the magnetic also be influenced and changed. Suppose $\boldsymbol{B}'$ is an additional magnetic field set up by the magnetized medium and $\boldsymbol{B}_0$ is the external magnetic field which would be present if the magnetic medium were not in place. According to the principle for magnetic field, the actual magnetic field $\boldsymbol{B}$ is $\boldsymbol{B}=\boldsymbol{B}_0+\boldsymbol{B}'$. The direction of $\boldsymbol{B}'$ varies with mediums. If the direction of $\boldsymbol{B}'$ is the same as that of $\boldsymbol{B}_0$, the substance is called paramagnetic medium; if the direction of $\boldsymbol{B}'$ is opposite as that of $\boldsymbol{B}_0$, the material is called diamagnetic. The magnitude of additional magnetic field $\boldsymbol{B}'$ of all diamagnetic mediums and most paramagnetic mediums is much smaller than the value of $\boldsymbol{B}_0$. There are some special paramagnetic substances, however, whose magnitude of the additional magnetic field $\boldsymbol{B}'$ is much greater than that of $\boldsymbol{B}_0$. They are called ferromagnetic materials.

The ratio of the magnitude of $\boldsymbol{B}$ to the magnitude of $\boldsymbol{B}_0$ is termed relative permeability of material and is presented by μ_r, so that $\mu_r = B/B_0$. μ_r is slightly larger than 1 for paramagnetic, slightly smaller than 1 for diamagnetic but greatly larger than 1 for ferromagnetic. The permeability is defined as $\mu=\mu_r\mu_0$.

According to modern theory the electrons revolve about the nuclei while spinning. Furthermore the nuclei are also in the motion of spin. Thus each motion is equivalent to a tiny current loop corresponding to a magnetic dipole. That equivalent current is called molecular current. The magnetic moments of a molecular current is called molecular magnetic dipole moment, represented by $\boldsymbol{P}_m$.

The equivalent molecular magnetic dipole moments $\boldsymbol{P}_m$ are not zero for paramagnetic material. When it is placed in an external field $\boldsymbol{B}_0$ and aligned with the external magnetic field, the magnetic dipole moment of every molecule is acted by a magnetic torque, which forces them to align with the external magnetic field. The result is that the magnetic field at every point in such material is aligned by an additional magnetic field $\boldsymbol{B}'$. The magnitude of the resultant magnetic field $\boldsymbol{B}_0+\boldsymbol{B}'$ is slightly larger than that of $\boldsymbol{B}_0$.

For the diamagnetic substances, the magnetic effects of the electrons, including both their spins and orbital motions, exactly cancel, so that the molecule is not magnetic, in other words, its magnetic dipole moment is zero. If we apply a magnetic field $\boldsymbol{B}_0$ to a diamagnetic substance, a magnetic moment whose direction is always opposite to $\boldsymbol{B}_0$ will be induced. Therefore when a diamagnetic material is placed in an external magnetic field $\boldsymbol{B}_0$, the magnitude of the resultant magnetic field is slightly smaller than that of $\boldsymbol{B}_0$.

The molecule current may occurs in every points of the material that is placed in an external magnetic field. At the interior points of the material, the net molecular current is zero because the currents in adjacent loops are in opposite directions and cancel with each other. On the surface material, however, the currents are uncompensated and the entire assembly of loops is equivalent to a surface current. So macroscopically, there are equivalent surface currents moving around the surface of magnetic material which is placed in an external magnetic field. The surface current is termed as surface magnetized current, and the material is magnetized.

Introducing a new vector magnetic intensity

$$\boldsymbol{H}=\frac{\boldsymbol{B}}{\mu} \tag{1}$$

we have the Ampere's law for magnetism

$$\oint_L \boldsymbol{H} \cdot \mathrm{d}\boldsymbol{l}=\sum I_0 \tag{2}$$

which means that the line integral of $\boldsymbol{H}$ around a closed path is equal to the conduction current only across any surface bounded by the path L. After introducing the new parameter, Ampere's law for magnetic field in magnetic medium only involves conduction current I_0 on the right side of Eq. (2). The surface magnetizing current does not appear, but represented by μ. So that for the special symmetry magnetic field with magnetic material present, it is convenient to use Eq. (2) to solve $\boldsymbol{H}$ first, and then calculate $\boldsymbol{B}$ by Eq. (1).

Since there are no sources or sinks of $\boldsymbol{B}$, even though a magnetic material is present, thus the magnetic flux through any closed Gaussian surface must be zero, or

$$\oiint \boldsymbol{B} \cdot \mathrm{d}\boldsymbol{S}=0 \tag{3}$$

Eq. (3) is the Gauss' law for magnetic field in media. It has the same form as that in vacuum.

The ferromagnetic materials exhibit special characteristics: (1) their permeability is much greater that those of paramagnetic and diamagnetic materials, furthermore, it is not a constant, in other words, the relation between $\boldsymbol{B}$ and $\boldsymbol{H}$ is not a linear function; (2) When the external magnetic field is removed, there is a magnetic field remained; (3) Every ferromagnetic material has a critical temperature called the Curie temperature, above which the material becomes paramagnetic.

For ferromagnetic substances, the property that the magnetic field changes behind the magnetic intensity in changing is called hysteresis. The closed function curve of $\boldsymbol{B}$ versus $\boldsymbol{H}$ is termed hysteresis loop. The shape of hysteresis loop of hard magnetic material is fat and that of soft magnetic material is thin. The behavior of ferromagnetism can be explained on the basis of the magnetic domains concept. The ferromagnetic materials are made of a number of magnetic domains. Magnetic domains are these regions in the material, throughout which the alignment of the atomic magnetic moment of spin is essentially perfect due to quantum effect.

习题 14

14.1 填空题

14.1.1 试判断下列说法是否正确，并说明理由：①$\boldsymbol{H}$ 仅与传导电流有关__________,理由为__________;

②如果闭合曲线内没有包围传导电流，则曲线上各点的 $\boldsymbol{H}$ 必为零__________,理由为__________;

③闭合曲线上各点的 $\boldsymbol{H}$ 为零，由该曲线所包围的传导电流的代数和为零__________,理由为__________;

④以闭合曲线为边界线的任意曲面的 $\boldsymbol{B}$ 的通量均相等__________,理由为__________;

⑤以闭合曲线为边界线的任意曲面的 $\boldsymbol{H}$ 的通量均相等__________,理由为__________;

⑥非铁磁质，不论是抗磁质还是顺磁质，$\boldsymbol{B}$ 的方向总是与 $\boldsymbol{H}$ 的方向相同__________,理由为__________.

14.1.2 磁介质被磁化后，磁介质中的磁场 $\boldsymbol{B}$ 为__________,其中__________,__________;对于顺磁质，$\mu_r \approx$__________,$\chi_m =$__________,$\boldsymbol{B}_0$ 与 $\boldsymbol{B}'$ 的方向__________;$|\boldsymbol{B}_0|$__________$|\boldsymbol{B}'|$,例如__________物质；对于抗磁质，$\mu_r \approx$__________,χ_m__________,$|\boldsymbol{B}_0|$与 $\boldsymbol{B}'$ 的方向__________,$|\boldsymbol{B}_0|$__________$|\boldsymbol{B}'|$,例如__________物质；对于铁磁质，μ_r__________,且 μ_r__________.

14.1.3 如图所示的三条曲线分别表示三种不同的磁介质的 $B-H$ 关系，虚线是 $B=\mu_0 H$ 关系，根据顺磁质、抗磁质和铁磁质的 B 与 H 的关系可知，图中的__________表示抗磁质，__________表示顺磁质，__________表示铁磁质.

14.1.4 把两种不同的磁介质放在磁铁的两个不同磁极之间，磁化后也成为磁体，但两磁极的位置不相同，如图中(a)、(b)所示，则其中__________,另一个是__________;原因是抗磁质__________.

14.1.5 如果有一个磁针同时受到两个相互垂直的磁场 $\boldsymbol{H}_1$、$\boldsymbol{H}_2$ 的作用，试问：当磁针静止时，磁针沿__________方向，其与 $\boldsymbol{H}_1$ 的夹角的正切为__________.

14.1.6 如图所示是两种不同铁磁质的磁滞回线，则用__________制造永久磁铁较为合适，它是__________磁材料，其基本特征是__________;而利用__________制造便于调节磁感应强度 $\boldsymbol{B}$ 的电磁铁较为合适，它是__________磁材料，其基本特征是__________.

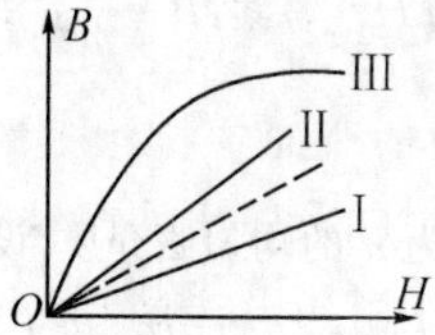

题 14.1.3 图

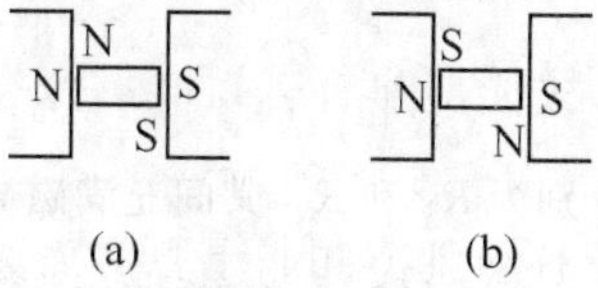

题 14.1.4 图

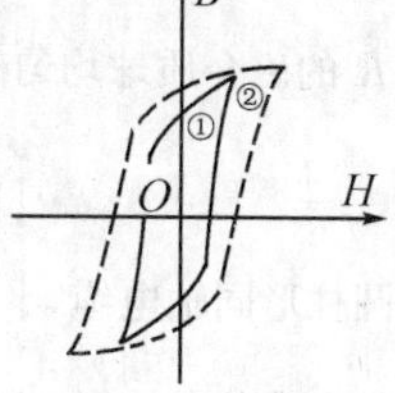

题 14.1.6 图

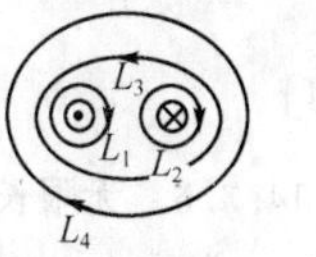

题 14.1.7 图

14.1.7 如图所示，流出纸面的电流为 $2I$，流进纸面的电流 I，则图中每一种情况 $\oint \boldsymbol{H}\cdot \mathrm{d}\boldsymbol{l}$ 等于? $\oint_{L_1} \boldsymbol{H}\cdot \mathrm{d}\boldsymbol{l}=$__________,$\oint_{L_2} \boldsymbol{H}\cdot \mathrm{d}\boldsymbol{l}$__________,$\oint_{L_3} \boldsymbol{H}\cdot \mathrm{d}\boldsymbol{l}=$__________,$\oint_{L_4} \boldsymbol{H}\cdot \mathrm{d}\boldsymbol{l}=$__________.

14.1.8 一个单位长度上密绕有 n 匝线圈的长直螺线管，每匝线圈中通有强度为 I 的电流，管内充满相对磁导率为 μ_r 的磁介质，则管内中部附近磁感应强度 $B=$__________,磁场强度 $H=$__________.

14.2 选择题

14.2.1 有一相对磁导率为 500 的环形铁芯，环的平均半径为 10 cm，在它上面均匀地密绕着 360 匝线圈. 如果铁芯中的磁感应强度为 0.15 T，则在线圈中通过的电流为：(A) 6.3 A；(B) 3.9 A；(C)

4.2A；(D)0.42 A. （　）

14.2.2　螺绕环的铁芯的相对磁导率为300，铁芯的横截面直径为4 mm，环的平均半径为15 mm，环上均匀密绕着200匝线圈. 当线圈导线通以25 mA的电流时，通过铁芯横截面的磁感应通量为：(A)1.0×10^{-6} Wb；(B)3.9×10^{-6} Wb；(C)2.5×10^{-7} Wb；(D)0.2×10^{-7} Wb. （　）

14.2.3　共轴长直电缆由两圆柱形导体组成，其间充满磁导率为μ的均匀磁介质，如图所示. 如果两导体内的电流I大小相等，方向相反，且均匀分布在横截面上，那么在$R_2<r<R_3$处磁感应强度为：(A)$\dfrac{\mu I(r^2-R_2^2)}{2\pi r(R_3^2-R_2^2)}$；(B)$\dfrac{\mu I(R_3^2-r^2)}{2\pi r(R_3^2-R_2^2)}$；(C)$\dfrac{\mu I}{2\pi r}$；(D)0. （　）

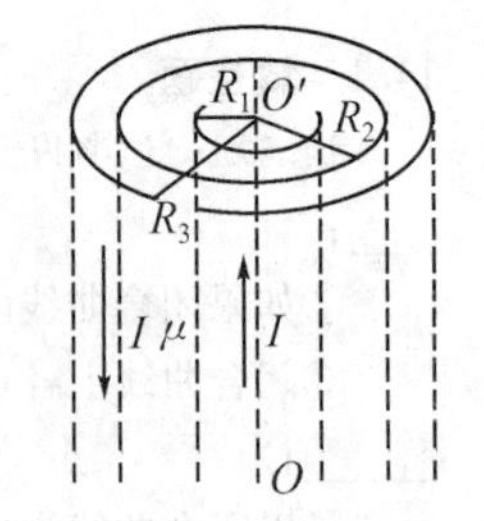

题14.2.3图

14.2.4　磁介质有三种，用相对磁导率μ_r表征它们各自的特征时：(A)顺磁质$\mu_r>0$，抗磁质$\mu_r<0$，铁磁质$\mu_r>1$；(B)顺磁质$\mu_r>0$，抗磁质$\mu_r<0$，铁磁质$\mu_r\gg1$；(C)顺磁质$\mu_r>1$，抗磁质$\mu_r=1$，铁磁质$\mu_r\gg1$；(D)顺磁质$\mu_r>1$，抗磁质$\mu_r<1$，铁磁质$\mu_r\gg1$. （　）

14.2.5　下列叙述正确的是：(A)对于非铁磁质的相对磁导率$\mu_r\approx1$，且为常数，顺磁质$\mu_r<1$，抗磁质$\mu_r>1$；(B)铁磁质的相对磁导率$\mu_r\gg1$，且为常数；(C)只要是各向同性磁介质，线性关系式$\boldsymbol{B}=\mu\boldsymbol{H}$总是成立的；(D)对于各种磁介质，$\boldsymbol{H}=\dfrac{\boldsymbol{B}}{\mu_0}-\boldsymbol{M}$普遍成立. （　）

14.3　计算、证明、问答题

14.3.1　一均匀磁化的磁棒，直径为25 mm，长度为75 mm，磁矩为12000 A·m². 试求：磁棒侧表面上面磁化电流密度. [答案：3.3×10^8 A·m^{-2}]

14.3.2　一均匀磁化的磁棒，体积为0.01 m³，磁矩为500 A·m²，磁棒内的磁感应强度矢量$\boldsymbol{B}$的大小为5.0 GS. 试求：磁场强度大小为多少？[答案：-6.2×10^2 Qe]

14.3.3　如图所示是一根沿轴向均匀磁化的细长永久磁棒，磁化强度为$\boldsymbol{M}$. 求图中标出的各点的$\boldsymbol{B}$和$\boldsymbol{H}$的值. [答案：$B_1=\mu_0M, B_2=B_3=0, B_4=B_5=B_6=B_7=\dfrac{1}{2}\mu_0M, H_1=H_2=H_3=0, H_4=H_7=\dfrac{1}{2}M, H_5=H_6=-\dfrac{1}{2}M$]

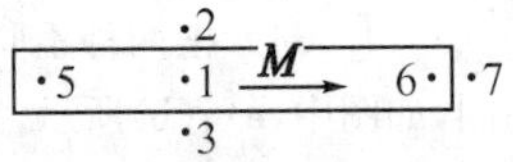

4· ·5　·2 ·1 M→ ·3　6· ·7

题14.3.3图

14.3.4　一铁环中心线的周长为30 cm，横截面积为1.0 cm²，在环上紧密地绕有300匝表面绝缘的导线. 当导线中通有电流32 mA时，通过环的横截面积的磁通量为2.0×10^{-6} Wb. 求：①铁环内部磁感应强度$\boldsymbol{B}$的大小；②铁环内部磁场强度$\boldsymbol{H}$的大小；③铁的磁化率χ_m和相对磁导率μ_r；④铁环的磁化强度$\boldsymbol{M}$的大小. [答案：①$2\times10^{-2}$ T；②32 A·m^{-1}；③496，497；④$1.6\times10^4$ A·m^{-1}]

14.3.5　半径为R的磁介质球均匀磁化，磁化强度为$\boldsymbol{M}$. 试求：球心的B和H. [答案：$B=\dfrac{2}{3}\mu_0M, H=\dfrac{1}{3}M$]

14.3.6　无限长圆柱形同轴电缆，半径分别为R_1和R_2，其间充满磁导率为μ的均匀磁介质. 设电流I在内外导体中沿相反方向上均匀流过，求外圆柱面内任一点磁感应强度的大小. [答案：$\dfrac{\mu_0}{2\pi}\cdot\dfrac{Ir}{R_1^2}$；$\dfrac{\mu}{2\pi}\dfrac{I}{r}$]

14.3.7　共轴圆柱形长电缆的截面尺寸如图所示，其间充满相对磁导率μ_r的均匀磁介质，电流I在两导体中沿相反方向均匀流过. 设导体的相对磁导率为1，求外圆柱导体内($R_2<r<R_3$)任一点的磁感应强度. [答案：$\dfrac{\mu_r I}{2\pi r}\dfrac{R_3^2-r^2}{R_3^2-R_2^2}$]

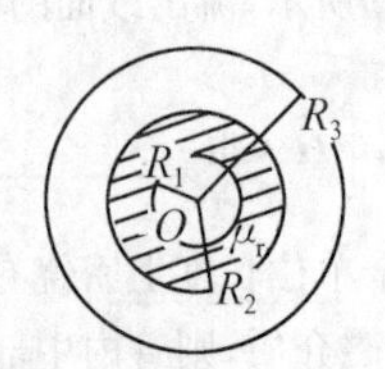

题14.3.7图

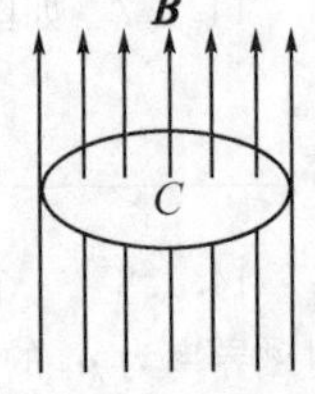

题14.3.8图

14.3.8　将一直径为10 cm的薄铁圆盘放在$B_0=0.4\times10^{-4}$ T的均匀磁场中，使磁场线垂直于盘面，已知盘中心的磁感应强度为$B_C=0.1$ T，假设盘被均匀磁化，磁化面电流可视为沿圆盘边缘流动的一圆电流．求：①磁化面电流的大小；②盘的轴线上距盘心 0.4 m 处的磁感应强度．[答案：①$7.96\times10^{3}$ A；②$2.3\times10^{-4}$ T]

14.3.9　有一个绕有 500 匝线圈的螺绕环，平均周长为 50 cm，铁心的相对磁导率为 600．当通有电流 0.3 A 时，试求：①铁心中的磁场强度；②铁心中的磁感应强度；③磁感应强度的百分之几是由于磁化电流所产生的？[答案：①$H=\dfrac{NI_0}{l}=300\ \mathrm{A\cdot m^{-1}}$；②$B=0.226$ T；③$\dfrac{\mu_0 M}{B}=99.890$]

14.3.10　有一螺绕环，通以电流 $I=20$ A，如果已测得环内磁介质中的磁感应强度为 B，已知环的平均周长是 l，绕有载流导线的总匝数为 N，先写出：①磁场强度；②磁化强度；③磁化系数；④磁化面电流和相对磁导率几个计算公式．当已知：$B=1.0\ \mathrm{Wb\cdot m^{-2}}$，$L=40$ cm，$N=400$ 匝，$I=20$ A，再计算出具体结果．[答案：①$H=\dfrac{NI}{l}=2\times10^{4}\ \mathrm{A\cdot m^{-1}}$；②$M=\dfrac{B}{\mu_0}-H=7.76\times10^{5}\ \mathrm{A\cdot m^{-1}}$；③$\chi_m=\dfrac{M}{H}=38.8$；④$i=M=7.76\times10^{5}\ \mathrm{A\cdot m^{-1}}$，$I_S=li=3.1\times10^{5}$ A；$\mu_r=1+\chi_m=39.8$]

14.3.11　一根无限长的圆柱铜导线，外面包有一层相对磁导率为 μ_r 的圆筒形磁介质，导线半径为 R_1，磁介质的外半径为 R_2．导线内有均匀分布的电流 I 通过．试求：①磁介质内、外的磁场强度和磁感应强度的分布(用安培环路定理求)，并画出 $H-r$、$B-r$ 曲线，说明分布情况，其中 r 是磁场中某点到圆柱轴线的距离；②磁介质内、外表面的磁化面电流密度的大小和方向？③如果介质外再套上一层同心圆环柱，金属导线就形成同轴电缆(外半径为 R_3)，再讨论①、②两问题．

[答案：①$\dfrac{Ir}{2\pi R_1^2}(0<r<R_1)$；$B_1=\mu_0 H_1=\dfrac{\mu_0 Ir}{2\pi R_1^2}(0<r<R_1)$；$H_2=\dfrac{I}{2\pi r}(r>R_2)$，$B_2=\mu H_2=\dfrac{\mu_r\mu_0 I}{2\pi r}(R_1>r<R_2)$；$B_3=\dfrac{\mu_0 I}{2\pi r}(r>R_2)$；②$i_{sR_1}=\dfrac{(\mu_r-1)}{2\pi R_1}$，$i_{sR_2}=-\dfrac{(\mu_r-1)}{2\pi R_2}$；③$H_4=0$，$B_4=0\ (r>R_3)$]

14.3.12　如图中(a)所示的是一个磁介质的扁平圆柱体沿轴线方向均匀磁化，图(b)所示的是一个磁介质的旋转椭球沿长半轴方向均匀被磁化，图(c)所示是一个磁化介质细棒在垂直于轴线方向被均匀磁化．图中标出了 $\boldsymbol{M}$ 的方向，试绘出束缚电流 I' 的方向．

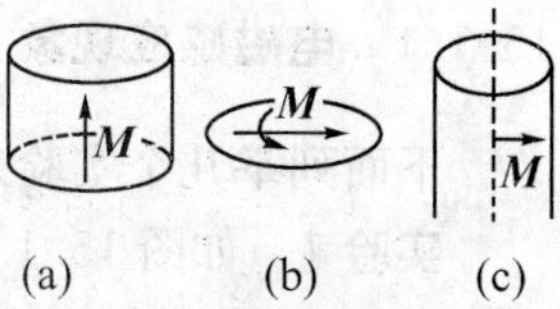

(a)　(b)　(c)

题 14.3.12 图

14.3.13　一根很长的同轴电缆，由一半径为 a 的导体圆柱和内外半径分别为 b、c 的同轴的导体圆管构成．使用时，电流从一导体流出，从另一导体流回，设电流都是均匀分布在导体横截面上，求：①导体圆柱内($r<a$)的磁场强度 $\boldsymbol{H}$ 的大小；②两导体之间($a<r<b$)的磁场强度 $\boldsymbol{H}$ 的大小．[答案：①$H=\dfrac{Ir}{2\pi a^2}(r<a)$；②$H=\dfrac{I}{2\pi r}(a<r<b)$]

14.3.14　一根长直圆管形导体，内外半径分别为 a 和 b，导体内通有沿轴线方向的电流 I，且电流均匀地分布在管的横截面上，试证明：导体内各点($a<r<b$)磁场强度为 $H=\dfrac{I(r^2-a^2)}{2\pi(b^2-a^2)r}$．

第 15 章 电磁感应

通常将磁感应通量随时间变化产生感应电动势的现象称为电磁感应. 由前几章可知，相对于观察者静止的电荷在周围空间产生静电场，运动电荷或电流在周围空间产生磁场. 本章将讨论电和磁相互作用与相互转化关系的另一重要方面，即磁在一定条件下转化为电的规律——法拉第电磁感应定律；介绍两种感应电动势，即动生电动势和感生电动势产生的微观原因和相应的数学表达式；讨论自感现象和互感现象及其在实践中的应用；介绍磁场的能量.

15.1 法拉第电磁感应定律

1820 年丹麦物理学家奥斯特首先发现电流所引起的磁效应，揭示了电和磁之间不可分割的联系和相互转化的重要性质. 磁是否可以产生电流呢？许多科学家做了大量的实验，特别是英国物理学家、化学家法拉第对电磁感应现象进行了长达十年的研究，做了大量的实验，终于在 1831 年发现了电磁感应现象，并确立了法拉第电磁感应定律，揭示了电与磁相互作用和相互转化的另一重要规律，推动了电磁理论的发展，奠定了现代电工技术、电子技术的基础，开辟了利用电能的广阔道路. 电磁感应的发现在科学上和技术上都具有划时代的意义.

15.1.1 电磁感应现象

下面列举几个实验来说明什么是电磁感应现象，以及产生电磁感应现象的条件.

实验 1 如图 15.1.1(a)所示，把线圈 A 与电流计 G 连接成一闭合回路，回路中没有接电源，所以电流计指针不发生偏转. 当把一条形磁铁插入线圈的过程中，电流计指针发生偏转，表明线圈 A 中产生了电流，这种电流称为感应电流. 当磁铁插入线圈 A 内停止运动时，电流计指针不偏转，表明线圈中没有感应电流. 再把磁铁从线圈 A 内拔出时，电流计指针发生反方向偏转，表明线圈 A 中感应电流方向与前面的感应电流方向相反. 磁铁插入或拔出的速度越快，电流计指针偏转角度越大，表明感应电流也越大.

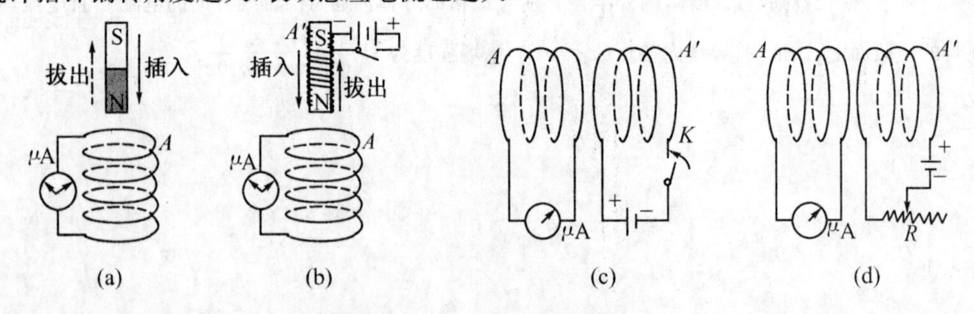

图 15.1.1 电磁感应现象

如果保持磁铁静止，使线圈相对于磁铁运动，可以观察到与保持线圈不动，将磁铁 N 极插入或拔出同样的现象.

总之，当磁铁与线圈之间有相对运动时，线圈回路中就有感应电流产生. 相对运动的速度越快，所产生的感应电流也越大.

用一个通电线圈替代一根磁铁，那么，使通电线圈和另一个线圈作相对运动，是否也会产生感应电流呢？通过下一个实验来说明.

实验 2　如图 15.1.1(b)所示，一个载流螺线管 A' 与直流电源相连，用通电载流线圈 A' 来代替磁铁重复上面的实验过程，可以观察到同样的现象. 在通电线圈 A' 与有检流计相连的线圈 A 发生相对运动的过程中，线圈 A 中也会有感应电流产生；而且相对运动速度越快，感应电流也越大；相对运动方向不同（线圈 A' 插入 A 或拔出 A），感应电流的方向也不同.

对于上述两个实验过程作一些分析. 当磁铁或通电线圈 A' 发生相对运动时，它们相互之间的距离发生了变化. 同时，由于它们之间的相对运动，使在线圈 A 处激发的磁场也发生变化. 这样，自然会产生一个问题：产生感应电流的原因，究竟是由于磁铁或通电线圈 A' 与线圈 A 的相对运动，还是由于线圈 A 处的磁场变化呢？下面通过实验来说明.

实验 3　如图 15.1.1(c)所示，把线圈 A' 跟未闭合的开关 K 和直流电源串联成一个回路，再把 A' 放入线圈 A 内，当合上开关，在接通电路的一瞬间，可以看到与线圈 A 相连的检流计指针偏转了一下，以后又回到零点；然后把开关 K 断开，在断开的一瞬间，可以看到与线圈 A 相连的检流计指针朝反方向偏转了一下，也回到零点. 在线圈 A' 中如果没有电流或有稳恒电流，检流计指针都不会发生偏转. 说明在线圈 A' 通电或断电的瞬间，线圈 A 所在回路中才产生感应电流.

如果用一个可变电阻来代替开关 K，当调节电阻（增大或减小电阻值）来改变线圈 A' 中的电流（减小或增大电流）时，同样可以看到与线圈 A 串联的检流计指针发生偏转，而且偏转方向相反，说明线圈 A 所在回路中产生感应电流. 调节可变电阻的动作越快，线圈中的感应电流也越大. 如图 15.1.1(d)所示.

在这个实验里，线圈 A' 和线圈 A 之间没有相对运动，这个实验似乎与前两个实验条件不相同，但这三个实验的共同特点是：在实验中线圈 A 所在处磁场发生了变化，因而回路中产生了感应电流，在实验 1 和实验 2 中，是通过磁铁或线圈 A' 与线圈 A 之间相对运动，使线圈 A 所在处的磁场发生变化，进而通过线圈 A 的磁感应通量发生变化，线圈 A 中就会产生感应电流；磁场变化越快，线圈 A 中的磁感应通量变化越快，感应电流就越大. 那么，感应电流产生的起因，应归结为磁场的变化，还是磁感应通量的变化呢？下面通过实验来说明.

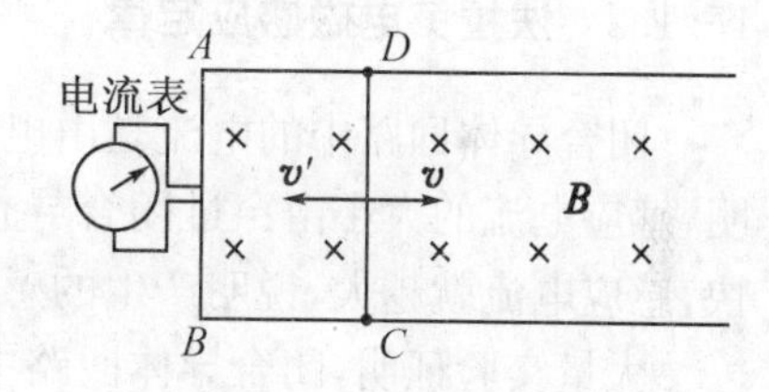

图 15.1.2　实验 4 装置

实验 4　如图 15.1.2 所示，把一个接有检流计的闭合导体线框 $ABCD$，放置在均匀的稳恒磁场 $\boldsymbol{B}$ 中，使线框平面跟磁场 $\boldsymbol{B}$ 的方向垂直. 闭合导体线框的 CD 边可以沿着 AD 和 BC 两根导体滑动并保持接触. 实验表明，当使 CD 边朝远离 AB 向右滑动时，检流计指针发生偏转，即在导体线框 $ABCDA$ 中产生感应电流，CD 边滑动得越快，检流计指针偏转越大，感应电流越大. 当 CD 边朝靠近 AB 向左滑动时，检流计指针偏转方向与前面相反，即导体线框回路中产生的感应电流的方向相反.

如果导体线框 $ABCD$ 回路所在平面与 $\boldsymbol{B}$ 平行时，无论 CD 边如何滑动，检流计指针都不会发生偏转. 当导体线框回路的面积固定不变，无论回路在均匀稳恒磁场中如何平动（不转动），检流计指针也不会发生偏转，不会有感应电流.

第 4 个实验与前 3 个实验有一个根本不同点：前 3 个实验中，线圈回路 A 固定不动，仅 A 所在处磁场发生变化；而第 4 个实验中，磁场是均匀稳恒的，回路的面积发生变化. 这 4 个实验有一个共同点：当穿过闭合导体回路（线圈 A 和检流计组成的回路及导体线框 $ABCDA$ 组成的回路)中的磁感应通量发生变化时,回路中就会产生感应电流;穿过回路的磁感应通量变化越快,感应电流也越大;磁感应通量不发生变化,就不会产生感应电流.

概括以上所述4个实验的共同点,可得到以下重要结论:

①无论何种原因使闭合导体回路中的磁感应强度通量有了变化,回路中都会有感应电流产生.

②闭合导体回路中的磁感应通量随时间变化越快,产生的感应电流也越大.

③闭合导体回路中的磁感应通量增加或减少时,回路中产生的感应电流方向相反.

大量实验表明,以上关于电磁感应现象的规律的结论是普遍正确的.

对于闭合导体回路中的磁感应通量发生变化时,导体回路中有电流产生,表明电路中有电动势存在,即闭合导体回路中形成电流的条件是要有电动势存在.上述4个实验表明,当一个闭合导体回路中有感应电流产生,这个闭合导体回路中一定存在着某种电动势.这种由于磁感应通量变化而引起的电动势,称为感应电动势.在电磁感应现象中,感应电动势比感应电流更能反映电磁感应现象的本质.以后还可以看到,当回路不闭合的时候,也会发生电磁感应现象,这时不会产生感应电流,而感应电动势在回路不闭合时仍然存在于导体上.另外,在闭合导体回路中感应电流的大小是随着回路电阻的变化而变化的,感应电动势的大小则不会随回路电阻的变化而变化,而决定于回路中磁感应通量随时间的变化率.这样,电磁感应现象从本质上应这样来理解:当穿过回路的磁感应通量的变化率 $\mathrm{d}\Phi/\mathrm{d}t$ 不等于零时,回路中就产生感应电动势;当为闭合导体回路时,在感应电动势的作用下,回路中会产生感应电流.

15.1.2 法拉第电磁感应定律

闭合导体回路中的电流是由电动势产生的,感应电流是由感应电动势产生的.上述实验表明,感应电流的大小由穿过闭合导体回路的磁感应通量变化的快慢决定,磁感应通量变化越快,感应电流就越大,说明产生的感应电动势也越大.

大量实验证明,闭合导体回路中感应电动势 $\mathscr{E}$ 的大小与穿过该回路的磁感应通量的变化率 $\mathrm{d}\Phi/\mathrm{d}t$ 成正比,即

$$\mathscr{E}_i = k\,\frac{\mathrm{d}\Phi}{\mathrm{d}t} \tag{15-1-1}$$

式(15-1-1)称为法拉第电磁感应定律.式中的 k 是比例系数,它的数值决定于式中各量的单位.在国际单位制中,$\mathscr{E}_i$ 的单位为V,Φ 的单位为Wb,t 的单位为s,这时 $k=1$,于是法拉第电磁感应定律的形式为

$$\mathscr{E}_i = \frac{\mathrm{d}\Phi}{\mathrm{d}t} \tag{15-1-2a}$$

上式只适用于单匝导线所组成的闭合回路.如果回路是由 N 匝线圈组成的,由于当磁感应通量随时间变化时,每匝线圈中都产生感应电动势.当匝与匝之间是相互串联,于是整个 N 匝线圈中产生的感应电动势应等于在各匝线圈中产生的感应电动势的和.假设 $\Phi_1,\Phi_2,\cdots,\Phi_N$ 分别是通过各匝线圈的磁感应通量,则法拉第电磁感应定律的数学表达式应为

$$\begin{aligned}\mathscr{E}_i &= \frac{\mathrm{d}\Phi_1}{\mathrm{d}t}+\frac{\mathrm{d}\Phi_2}{\mathrm{d}t}+\cdots+\frac{\mathrm{d}\Phi_N}{\mathrm{d}t}\\ &= \frac{\mathrm{d}}{\mathrm{d}t}(\Phi_1+\Phi_2+\cdots+\Phi_N)=\frac{\mathrm{d}\psi}{\mathrm{d}t}\end{aligned}$$

上式中 $\psi=\Phi_1+\Phi_2+\cdots+\Phi_N$ 称为磁通匝链数(简称磁链)或全磁通.如果 N 匝线圈密绕,穿

过每匝线圈的磁通量相同,均为 Φ,则 $\psi=N\Phi$,则

$$\mathscr{E}_i=\frac{\mathrm{d}\psi}{\mathrm{d}t}=N\frac{\mathrm{d}\Phi}{\mathrm{d}t} \tag{15-1-2b}$$

以上表达式只能用来确定感应电动势的大小,而感应电动势的方向则要由楞次定律确定.

15.1.3 楞次定律

1833 年,德国物理学家楞次在大量的电磁感应实验事实的基础上总结出来的直接确定感应电流(或感应电动势)方向的定律,称为楞次定律.楞次定律有下面两种表述方式.

(1)楞次定律的第一种表述方式

当磁铁插入或拔出线圈 A 时,通过电流计 G 指针的偏转方向可以判断感应电流的方向,如图 15.1.1(a)、(b)所示.在图(a)中表示将磁铁插入线圈 A 的过程中,线圈中的磁感应通量 Φ 逐渐增加(磁感应线条数增加).根据右手螺旋法则可以确定感应电流产生的磁通量 Φ' 的方向与 Φ 相反,阻碍 Φ 的增加.当磁铁从线圈 A 中拔出过程中,如图 15.1.1(b)所示,穿过线圈中的磁感应通量 Φ 逐渐减少(磁感应线条数减少).根据右手螺旋法则可以确定感应电流产生的磁通量 Φ' 的方向与 Φ 相同,阻碍 Φ 的减少.由此得出:闭合导体回路中感应电流的方向,总是使得它所激发的磁场阻止引起感应电流的磁通量 Φ 的变化(增加或减少).这是楞次定律的第一种表述.

磁通量 Φ 的变化包括增加和减少两种情况.感应电流所激发的磁场产生的磁通量 Φ' 的阻碍作用也有两种含义:当 Φ 增加时,感应电流激发的磁场与原磁场方向相反,Φ' 与 Φ 的方向相反,阻碍 Φ 的增加;当 Φ 减少时,感应电流激发的磁场与原磁场方向相同,Φ' 与 Φ 的方向相同,阻碍 Φ 的减少.

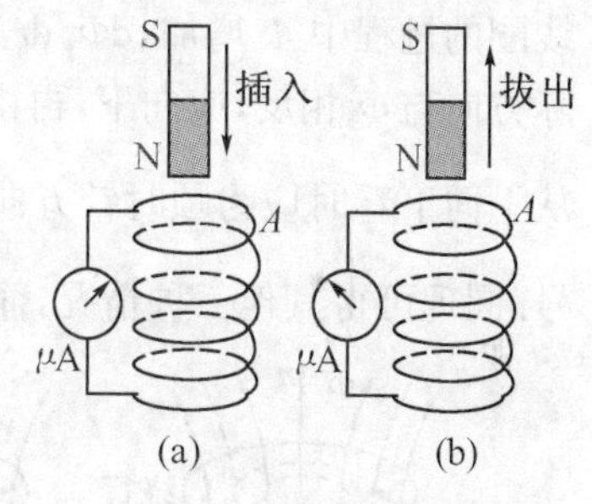

图 15.1.3 楞次定律的表述

(2)楞次定律的第二种表述方式

在图 15.1.3 中,当磁铁 N 极向下插入线圈时(图(a)),载有感应电流的线圈 A 相当于一个条形磁铁,其 N 极向上,S 极向下,两者相互排斥,其效果反抗磁铁插入线圈 A;当磁铁从线圈中拔出时(图(b)),线圈中感应电流相当于一个条形磁铁,其 S 极向上,N 极向下,两者相互吸引,其效果反抗磁铁拔出线圈 A.总之,感应电流的效果总是反抗引起感应电流的原因.这是楞次定律的第二种表述.

这里引起感应电流的原因,可能是相对运动或回路变形,也可能是由于磁场变化等因素引起原磁通量 Φ 的变化.对于第一种原因,感应电流的效果是产生一种机械作用,用以反抗它们之间的相对运动,如图 15.1.3(a)、(b)所示中反抗磁铁的插入或拔出;对于第二种原因,感应电流的效果是产生一些副磁通量 Φ',用以反抗原磁通量 Φ 的变化.

(3)考虑楞次定律后法拉第电磁感应定律的表达式

在未考虑楞次定律时,法拉第电磁感应定律的表达式为 $\mathscr{E}_i=\frac{\mathrm{d}\Phi}{\mathrm{d}t}$ 或 $\mathscr{E}_i=\frac{\mathrm{d}\psi}{\mathrm{d}t}$,它联系着两个代数量,感应电动势 $\mathscr{E}_i$ 和磁感应通量 Φ 或磁通匝链数 ψ.凡是代数量,既可以取正值,也可以取负值,只有在选定回路绕行正方向以后,代数量的正负才有意义.当在有关问题中,实际方向与选定的回路绕行正方向一致时,代数量取正值(>0);当实际方向与选定的回路绕行正方向相反时,代数量取负值(<0).习惯上规定,感应电动势 $\mathscr{E}_i$ 与磁通量 Φ 的正方向遵从右手螺旋

法则，如图 15.1.4 所示. 在这种规定下，根据楞次定律可以得出：感应电动势 $\mathscr{E}_i$ 的正负总是与磁通量的变化率 $\mathrm{d}\Phi/\mathrm{d}t$ 的正负相差一个负号，即正负相反，考虑楞次定律后的法拉第电磁感应定律的表达式为

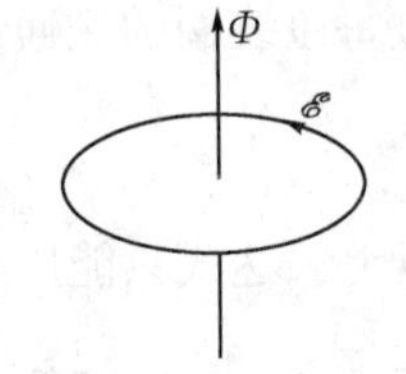

图 15.1.4　右手螺旋法则

$$\mathscr{E}_i=-\frac{\mathrm{d}\Phi}{\mathrm{d}t} \qquad (15-1-3)$$

证明以上问题，只要验证磁通量 Φ 随时间变化的四种可能情况即可，如图 15.1.5 所示.

由回路绕行方向规定以回路为边界的曲面正法线矢量 $\boldsymbol{n}$ 的方向，使 $\boldsymbol{n}$ 与回路绕行方向构成右手螺旋关系. 这样当 $\boldsymbol{B}$ 与 $\boldsymbol{n}$ 的夹角为锐角时，Φ 取正值；当夹角为钝角时，Φ 取负值. Φ 的正负确定以后，其变化率 $\mathrm{d}\Phi/\mathrm{d}t$ 的正负也就有了确定的意义.

如果规定 $\mathscr{E}_i$ 的绕行方向与 Φ 的正方向构成右手螺旋关系，如图 15.1.5(a)所示，而在图 15.1.5(a)中用虚线表示它们的实际方向. 设在时间间隔 $\mathrm{d}t$ 内磁感应通量的增量 $\mathrm{d}\Phi$ 为

$$\mathrm{d}\Phi=\Phi(t+\mathrm{d}t)-\Phi(t)$$

如果 Φ 为正，且 Φ 随时间增大，即 $\Phi>0$，$\mathrm{d}\Phi/\mathrm{d}t>0$，根据法拉第电磁感应定律 $\mathscr{E}_i=-\dfrac{\mathrm{d}\Phi}{\mathrm{d}t}$，则 $\mathscr{E}_i<0$，感应电动势为负，即电动势的实际方向与规定回路绕行方向相反，如图 15.1.5(a)所示. 这是因为磁铁的磁通量 Φ 的实际方向向上，与规定的 Φ 的正方向相同，$\Phi>0$，当磁铁插入线圈的过程中 Φ 增加，$\mathrm{d}\Phi/\mathrm{d}t>0$，根据楞次定律，感应电流激发的磁场产生的磁通量 Φ' 的实际方向与 Φ 相反，应向下，再由右手螺旋法则，判定感应电流 I_i 和感应电动势 $\mathscr{E}_i$ 的实际方向从上向下看时应为顺时针方向，它和规定的 $\mathscr{E}_i$ 的正方向相反，因而 $\mathscr{E}_i<0$，即 $\mathscr{E}_i$ 与 $\dfrac{\mathrm{d}\Phi}{\mathrm{d}t}$ 相差一负号. 同理可得其他三种情况，简述于后面.

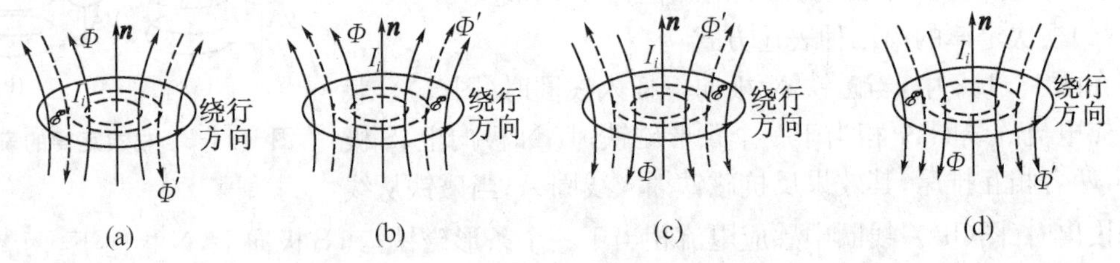

图 15.1.5　磁通量随时间变化的情况

如果 Φ 为正，且 Φ 随时间减小，即 $\Phi>0$，$\mathrm{d}\Phi/\mathrm{d}t<0$，根据法拉第电磁感应定律 $\mathscr{E}_i=-\mathrm{d}\Phi/\mathrm{d}t$，$\mathscr{E}_i>0$，即 $\mathscr{E}_i$ 与 $\dfrac{\mathrm{d}\Phi}{\mathrm{d}t}$ 应相差一个负号，如图 15.1.5(b)所示.

如果 Φ 为负，且 Φ 的绝对值随时间增大，即 $\Phi<0$，$\mathrm{d}\Phi/\mathrm{d}t<0$，根据法拉第电磁感应定律 $\mathscr{E}_i=-\mathrm{d}\Phi/\mathrm{d}t$，则 $\mathscr{E}_i>0$，即 $\mathscr{E}_i$ 与 $\mathrm{d}\Phi/\mathrm{d}t$ 应相差一个负号，如图 15.1.5(c)所示.

如果 Φ 为负，且 Φ 的绝对值随时间减小，即 $\Phi<0$，$\mathrm{d}\Phi/\mathrm{d}t>0$，根据法拉第电磁感应定律 $\mathscr{E}_i=-\mathrm{d}\Phi/\mathrm{d}t$，则 $\mathscr{E}_i<0$，即 $\mathscr{E}_i$ 与 $\mathrm{d}\Phi/\mathrm{d}t$ 应相差一个负号，如图 15.1.5(d)所示.

考虑了楞次定律后的法拉第电磁感应定律的表达式(15－1－3)全面地反映了在一个闭合回路中产生感应电动势的条件、大小和方向.

对于 N 匝线圈，由于匝与匝间是相互串联的，所以整个 N 匝线圈中的感应电动势 $\mathscr{E}_i$ 应等于各匝线圈中产生的感应电动势 $\mathscr{E}_i$ 的和. 考虑楞次定律后的法拉第电磁感应定律，(15－1－3)式应改写为

$$\mathscr{E}_i=-\frac{d\Phi_1}{dt}-\frac{d\Phi_2}{dt}-\cdots-\frac{d\Phi_N}{dt}=-\frac{d}{dt}(\Phi_1+\Phi_2+\cdots+\Phi_N)=-\frac{d\psi}{dt} \quad (15-1-4)$$

式中，$\psi=\Phi_1+\Phi_2+\cdots+\Phi_N$ 称为磁通匝链数或全磁通. 如果 N 匝线圈密绕，通过每匝线圈的磁 通量相同，均为 Φ，则 $\psi=N\Phi$，考虑楞次定律后的法拉第电磁感应定律为

$$\mathscr{E}_i=-\frac{d\psi}{dt}=-N\frac{d\Phi}{dt} \quad (15-1-5)$$

上面有关表达式中的负号是楞次定律的数学表示，代表感应电动势的方向.

如果闭合导体回路的电阻为 R，则根据(15－1－5)式及闭合电路欧姆定律得到回路中的感应电流为

$$I_i=\frac{\mathscr{E}_i}{R}=-\frac{1}{R}\frac{d\psi}{dt} \quad (15-1-6)$$

利用上式及 $I_i=\frac{dq}{dt}$，可以计算在有限时间间隔 $\Delta t=t_2-t_1$ 内通过闭合导体回路中任一横截面的感应电荷的电量. 设在 t_1 及 t_2 时刻通过回路的磁通匝链数分别为 ψ_1 和 ψ_2，则在这一段时间间隔内通过回路中任一截面的感应电荷的电量为

$$q=\int_{t_1}^{t_2}I_i\,dt=-\frac{1}{R}\int_{\psi_1}^{\psi_2}d\psi=\frac{1}{R}(\psi_1-\psi_2) \quad (15-1-7)$$

由上式可知，流过闭合导体回路中任一横截面的感应电荷的电量与通过该回路面积的磁通匝链数的改变量成正比，而与磁通匝链数改变的快慢无关. 当回路的磁通匝链数增加时，$\psi_2>\psi_1$，$q<0$，表示沿回路正方向流过的感应电荷的电量为负，即电流或正电荷沿回路的负方向流过；当回路的磁通匝链数减少时，$\psi_2<\psi_1$，$q>0$，表示电流或正电荷沿回路的正方向流过. 如果回路的总电阻为已知，则通过对感应电荷的电量 q 的测量，可以得出通过回路磁通匝链数的改变量. 通常使用的磁通计就是根据这个原理来设计的.

例 15.1.1　如图 15.1.6 所示，磁感应强度大小 $B=2000$ Gs的均匀磁场垂直于纸面向里，一矩形导体线框 $ABCD$ 平放在纸面上，线框的 AB 边可以沿着 AD 和 BC 边上滑动. 设 AB 边的边长为 $l=10$ cm，向右滑动的速率 $v=5.0\ \mathrm{m\cdot s^{-1}}$. 试求：线框中感应电动势的大小.

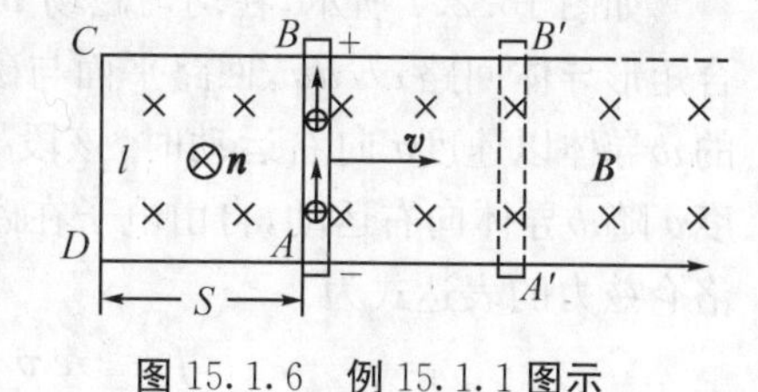

图 15.1.6　例 15.1.1 图示

解　由题意，当 AB 边在 AD 和 BC 边上滑动时，通过导体线框的磁感应通量 Φ 增加，根据法拉第电磁感应定律，线框中产生感应电动势. 设 BC 之间的距离为 S，则通过导体线框 $ABCDA$ 的磁感应通量为

$$\Phi=B\cdot l\cdot S$$

根据法拉第电磁感应定律 $\mathscr{E}_i=d\Phi/dt$，并利用$\frac{dS}{dt}=v$，可求得 $ABCDA$ 导体回路中感应电动势的大小为

$$\mathscr{E}_i=\frac{d\Phi}{dt}=Bl\frac{dS}{dt}=Blv$$

代入有关数据，可得　　$\mathscr{E}_i=2000\times10^{-4}\times10\times10^{-2}\times5.0=0.10$ (V)

例 15.1.2　把一条形磁铁的一极用 1.5 秒的时间由线圈的顶部一直插到底部. 在这一段时间间隔内穿过每一匝线圈的磁感应通量改变了 5.0×10^{-5} 韦伯，线圈的匝数为 $N=60$ 匝，如果闭合回路的总电阻为 800 欧姆，试求：感应电动势的大小？感应电流的大小？

解　由题意，根据法拉第电磁感应定律，可得感应电动势的大小为

$$\mathscr{E}_i = N\frac{\Delta\Phi}{\Delta t} = 60\times\frac{5.0\times10^{-5}}{1.5} = 2.0\times10^{-3}\,(\text{V})$$

根据闭合电路的欧姆定律，可得

$$I = \frac{\mathscr{E}_i}{R} = \frac{2.0\times10^{-3}}{800} = 2.5\times10^{-6}\,(\text{A})$$

15.2　动生电动势和交流发电机原理

产生感应电动势的条件是穿过闭合回路的磁感应通量 Φ 发生变化，而磁感应通量 $\Phi = \oiint_S \boldsymbol{B}\cdot \mathrm{d}\boldsymbol{S}$，由该式可知，按照磁感应通量变化原因的不同，感应电动势通常可分为两种基本类型：一种是在稳恒磁场中，磁感应强度 B 的大小和方向都不变，仅是运动着的导体回路包围的面积 S 发生变化或面积矢量 $\boldsymbol{S}$ 的法线 $\boldsymbol{n}$ 与磁感应强度 $\boldsymbol{B}$ 之间的夹角 θ 发生变化. S 的变化一般发生在回路的整体或局部在运动，或形变的情况下. 这种由于回路和磁场间发生的相对运动所引起的电动势，称为动生电动势. 另一种是闭合回路不变，磁场随时间变化，这种由于磁场变化所产生的感应电动势，称为感生电动势. 下面将分别讨论产生这两种电动势的微观本质及其数学表达式.

15.2.1　动生电动势和洛仑兹力

电动势起源于非静电力的作用，通常电源的电动势是用其中非静电力所做的功来量度的. 产生动生电动势的非静电力是作用在运动电荷上的洛仑兹力. 下面分析一个特殊情况.

如图 15.2.1 所示，在均匀磁场 $\boldsymbol{B}$ 中，有串联着一电流计 G 的闭合矩形导体回路 $abcda$，回路平面与磁感应强度矢量 $\boldsymbol{B}$ 垂直，长为 l 的 $\overline{ab}$ 导体以速度 $\boldsymbol{v}$ 向右运动时，该段导体内的每个自由电子也以速度 $\boldsymbol{v}$ 随 $\overline{ab}$ 导体向右运动，自由电子在磁场 $\boldsymbol{B}$ 中受到洛仑兹力的作用. 洛仑兹力的表达式为

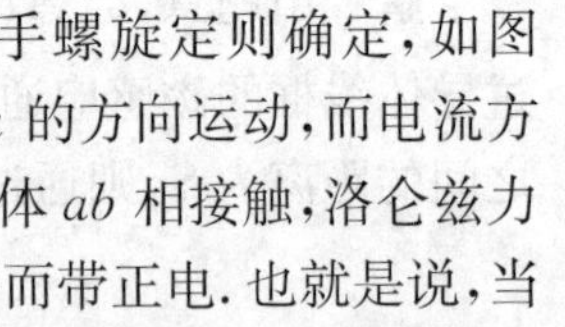

图 15.2.1　洛仑兹力

$$\boldsymbol{f} = -e\,\boldsymbol{v}\times\boldsymbol{B} \tag{15-2-1}$$

式中，e 是电子电量的绝对值，$-e$ 是电子所带电量，$\boldsymbol{f}$ 的方向由右手螺旋定则确定，如图 15.2.1 所示，由 a 指向 b，在洛仑兹力作用下，自由电子将沿着 $abc\text{G}da$ 的方向运动，而电流方向是沿 $ad\text{G}cba$ 的方向，即感应电流方向. 如果没有固定的导体框与导体 ab 相接触，洛仑兹力 $\boldsymbol{f}$ 将使自由电子向 b 端聚集，使 b 端带负电，而 a 端由于缺少自由电子而带正电. 也就是说，当把在磁场 $\boldsymbol{B}$ 中运动的导体 $\overline{ab}$ 段看成一电源时，在电源内部 b 端是电源的负极，a 端是电源的正极，电动势方向由 b 指向 a.

作用在自由电子上的洛仑兹力是一种非静电力. 电动势是反映电源性能的物理量，即是衡量电源内部非静电力大小的物理量，物理意义表示单位正电荷从负极经电源内部移动到正极的过程中，非静电力所做的功. 产生电动势的非静电场 $\boldsymbol{E}_K$ 就是作用在单位正电荷上的洛仑兹力，即

$$\boldsymbol{E}_K = \frac{\boldsymbol{f}}{-e} = \frac{-e}{-e}(\boldsymbol{v}\times\boldsymbol{B}) = \boldsymbol{v}\times\boldsymbol{B} \tag{15-2-2}$$

根据电动势的定义可知，动生电动势的表达式为

$$\mathscr{E}_i = \int_{-}^{+} \boldsymbol{E}_K \cdot \mathrm{d}\boldsymbol{l} = \int_a^b (\boldsymbol{v} \times \boldsymbol{B}) \cdot \mathrm{d}\boldsymbol{l} \qquad (15-2-3)$$

在图 15.2.1 中，由于$\boldsymbol{v} \perp \boldsymbol{B}$，且$\boldsymbol{v} \times \boldsymbol{B} /\!/ \mathrm{d}\boldsymbol{l}$，即单位正电荷所受洛仑兹力的方向与 $\mathrm{d}\boldsymbol{l}$ 的方向一致，上式的积分可简化为

$$\mathscr{E}_i = \int_a^b (\boldsymbol{v} \times \boldsymbol{B}) \cdot \mathrm{d}\boldsymbol{l} = vB\int_a^b \mathrm{d}l = vBl$$

式中，l 为导体$\overline{ab}$段的长度，v 是$\overline{ab}$段导体在单位时间内通过的距离，vl 为运动导体在单位时间内扫过的面积，因而 vBl 是矩形线框（回路）$abcd$ 在单位时间内磁感应通量的变化量，即磁感应通量随时间的变化率$\frac{\mathrm{d}\Phi_m}{\mathrm{d}t}$，所以上式又可以改写为

$$|\mathscr{E}_i| = \frac{\mathrm{d}\Phi_m}{\mathrm{d}t} \qquad (15-2-4)$$

以上结果与法拉第电磁感应定律一致.

对于一般情况下，导线（导体）为任意形状，不论是闭合回路或非闭合回路，磁场为任意分布，不论是均匀磁场还是非均匀磁场，当导线在磁场中作切割磁场线运动或者发生形变时，整个导线 L 所产生的电动势 $\mathscr{E}_i$ 应等于组成该导线（回路）的每一线元 $\mathrm{d}\boldsymbol{l}$ 所产生的动生电动势 $\mathrm{d}\mathscr{E}$ 的和. 如果在线元 $\mathrm{d}\boldsymbol{l}$ 所在处的磁感应强度为$\boldsymbol{B}$，运动速度为$\boldsymbol{v}$，则 $\mathrm{d}\mathscr{E}_i = (\boldsymbol{v} \times \boldsymbol{B}) \cdot \mathrm{d}\boldsymbol{l}$，所以整体导线 L 上所产生的动生电动势为

$$\mathscr{E}_i = \int_L (\boldsymbol{v} \times \boldsymbol{B}) \cdot \mathrm{d}\boldsymbol{l} \qquad (15-2-5)$$

上式为计算动生电动势的基本公式，也是另一种计算感应电动势的方法.

15.2.2 动生电动势的计算

计算动生电动势可用以下两种方法：

①用动生电动势的数学表达式：$\mathscr{E}_i = \int_L (\boldsymbol{v} \times \boldsymbol{B}) \cdot \mathrm{d}\boldsymbol{l}$，计算动生电动势.

②根据法拉第电磁感应定律 $\mathscr{E}_i = |\mathrm{d}\Phi/\mathrm{d}t|$ 计算动生电动势的大小，再由楞次定律确定动生电动势的方向.

例 15.2.1 一根长为 L 的一段直导线 OA，一端 A 在均匀磁场$\boldsymbol{B}$ 中绕 O 点以匀角速度 ω 转动，转轴与 $\boldsymbol{B}$ 平行，如图 15.2.2 所示. 试求：OA 中的动生电动势 $\mathscr{E}_{OA}$ 和导线两端的电势差 U_{OA}.

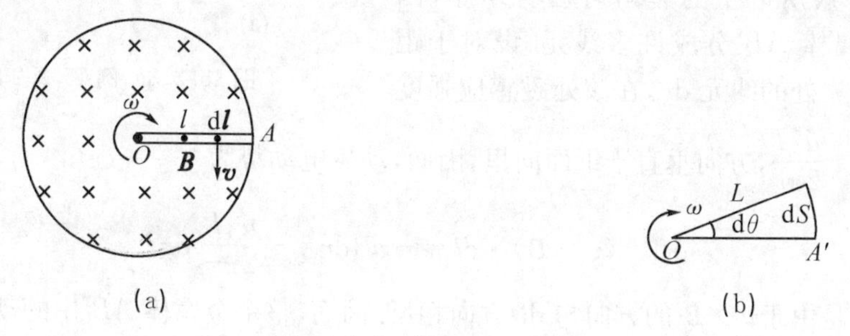

图 15.2.2 例 15.2.1 图示

解 方法一：因为导线在磁场 $\boldsymbol{B}$ 中绕 O 点转动作切割磁场线运动，所以 OA 两端之间产生动生电动势，由动生电动势的数学表达式 $\mathscr{E}_i = \int_L (\boldsymbol{v} \times \boldsymbol{B}) \cdot \mathrm{d}\boldsymbol{l}$ 求解.

当导线 OA 转动时，其上各线元的线速度都不相同. 对于距 O 点距离为 l 的线元 $\mathrm{d}\boldsymbol{l}$，线速度的大小为 $v=\omega l$，而且 $\boldsymbol{v}\perp\boldsymbol{B}$，$(\boldsymbol{v}\times\boldsymbol{B})/\!/\mathrm{d}\boldsymbol{l}$，可得线元 $\mathrm{d}\boldsymbol{l}$ 产生的动生电动势为

$$\mathrm{d}\mathscr{E}_i=(\boldsymbol{v}\times\boldsymbol{B})\cdot\mathrm{d}\boldsymbol{l}=vB\mathrm{d}l=\omega lB\mathrm{d}l$$

因此，整个导线上产生的电动势为

$$\mathscr{E}_{OA}=\int_O^A(\boldsymbol{v}\times\boldsymbol{B})\cdot\mathrm{d}\boldsymbol{l}=\int_O^L\omega lB\mathrm{d}l=\frac{1}{2}\omega BL^2$$

由以上结果可知，$\mathscr{E}_{OA}>0$，因而动生电动势的方向应由 O 指向 A. 当把导线 OA 看成一个电源时，A 端为电源正极，O 端为电源负极，因此，根据电势差的定义，OA 之间的电势差为

$$U_{OA}=-\mathscr{E}_{OA}=-\frac{1}{2}\omega BL^2$$

由以上结果可知，$U_{OA}<0$，说明 O 点的电势比 A 点的电势低.

方法二：由法拉第电磁感应定律，求动生电动势的大小 $\mathscr{E}_i=|\mathrm{d}\Phi/\mathrm{d}t|$，再确定方向.

如图 15.2.2(b)所示，OA 在 $\mathrm{d}t$ 时间内转过的角度 $\mathrm{d}\theta=\omega\mathrm{d}t$，它作切割感应线运动，扫过的面积为 $\mathrm{d}S=\frac{1}{2}L^2\mathrm{d}\theta=\frac{1}{2}L^2\omega\mathrm{d}t$，穿过该面积的磁通量为

$$\mathrm{d}\Phi=B\mathrm{d}S=\frac{1}{2}BL^2\omega\mathrm{d}t$$

由法拉第电磁感应定律得

$$\mathscr{E}_i=\left|\frac{\mathrm{d}\Phi}{\mathrm{d}t}\right|=\frac{1}{2}BL^2\omega$$

以上两种方法所得结果相同. 感生电动势的方向可以由右手定则确定，也可以由 $\boldsymbol{v}\times\boldsymbol{B}$ 确定，$\mathscr{E}$ 的方向应由 O 指向 A. 同理，可得 OA 之间的电势差为 $U_{OA}=-\mathscr{E}_{OA}=-\frac{1}{2}\omega BL^2$，$U_{OA}<0$，说明 O 点电势比 A 点的电势低.

例 15.2.2 如图 15.2.3 所示，在一载有电流为 I 的长直导线附近，有一长为 l 的金属棒 AB，以速度 $\boldsymbol{v}$ 平行于长直导线向上运动，如果棒的近端 A 点离长直导线为 a. 试求：金属棒 AB 中的动生电动势 $\mathscr{E}_{AB}$.

解 方法一：由于金属棒 AB 作切割感应线运动，根据动生电动势 $\mathscr{E}_i=\int_{(L)}(\boldsymbol{v}\times\boldsymbol{B})\cdot\mathrm{d}\boldsymbol{l}$ 关系式求解. 如图 15.2.3(a)所示，由于金属棒处在电流为 I 的长直导线所产生的非均匀磁场 $\boldsymbol{B}$ 中，因此，必须把金属棒 AB 分成许多线元. 设对于距离长直导线为 r 处的线元 $\mathrm{d}r$，在该处磁感应强度

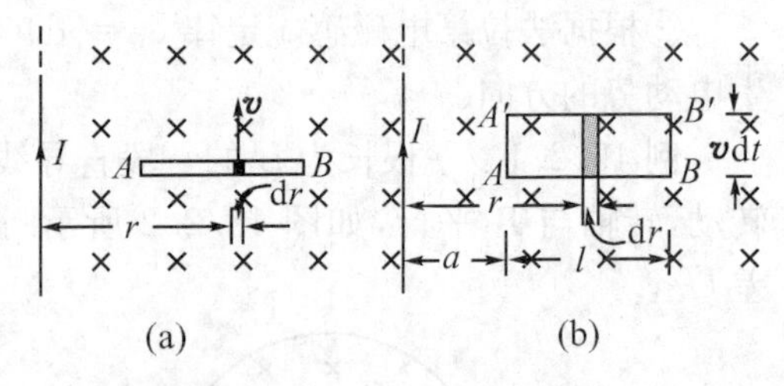

图 15.2.3 例 15.2.2 图示

$\boldsymbol{B}$ 的大小为 $B=\frac{\mu_0 I}{2\pi r}$，方向垂直于纸面向里，因而，动生电动势为

$$\mathrm{d}\mathscr{E}_i=(\boldsymbol{v}\times\boldsymbol{B})\cdot\mathrm{d}\boldsymbol{l}=-vB\mathrm{d}r=-\frac{\mu_0 I}{2\pi r}v\mathrm{d}r$$

上式中的负号是由于 $\boldsymbol{v}\times\boldsymbol{B}$ 的方向与 $\mathrm{d}\boldsymbol{l}$ 方向相反. 因而，整个金属棒 AB 中的动生电动势为

$$\mathscr{E}_{AB}=\int_A^B\mathrm{d}\mathscr{E}_i=\int_a^{a+l}-\frac{\mu_0 I}{2\pi r}v\mathrm{d}r=\frac{\mu_0 Iv}{2\pi}\ln\frac{a}{a+l}<0$$

上式中 $\mathscr{E}_{AB}<0$ 表示动生电动势 $\mathscr{E}_{AB}$ 的方向由 B 指向 A，沿着 $\boldsymbol{v}\times\boldsymbol{B}$ 的方向. B 点电势低，A 点电势高.

方法二：由法拉第电磁感应定律，求动生电动势的大小 $\mathscr{E}_i=|-\mathrm{d}\Phi/\mathrm{d}t|$，再由楞次定律确定动生电动势的方向.

设在 $\mathrm{d}t$ 时间内，金属棒从 AB 位置运动到 $A'B'$ 位置上，它所扫过的面积为矩形 $ABB'A'$，如图 15.2.3(b)所示. 其中线元 $\mathrm{d}r$ 在 $\mathrm{d}t$ 时间内扫过的面积为 $v\mathrm{d}t\mathrm{d}r$，如图中斜线面积所示，穿过该面积的磁通量为

$$\boldsymbol{B}\cdot\mathrm{d}\boldsymbol{S}=Bv\mathrm{d}t\mathrm{d}r=\frac{\mu_0 I}{2\pi r}v\mathrm{d}t\mathrm{d}r$$

所以，在 $\mathrm{d}t$ 时间内穿过 $ABB'A'$ 面的磁通量为

$$\mathrm{d}\Phi=\int_a^{a+l}\frac{\mu_0 I}{2\pi r}v\mathrm{d}t\mathrm{d}r=\frac{\mu_0 Iv}{2\pi}\ln\frac{a+l}{a}\mathrm{d}t$$

动生电动势为

$$\mathscr{E}_{AB}=\left|\frac{\mathrm{d}\Phi}{\mathrm{d}t}\right|=\frac{\mu_0 Iv}{2\pi}\ln\frac{a+l}{a}$$

方向确定向左，由楞次定律确定动生电动势 $\mathscr{E}_{AB}$ 的方向由 B 指向 A. B 点电势低，A 点电势高.

例 15.2.3 交流发电机是动生电动势的一个重要应用，其原理图如图 15.2.4 所示. 由 N 匝导线组成的平面矩形线圈面积为 S，在磁感应强度为 $\boldsymbol{B}$ 的匀强磁场中绕其面上一轴线 OO' 作匀速转动，角速度为 ω，轴线 OO' 与磁场方向垂直，开始时线圈平面的法线方向 $\boldsymbol{n}$ 与 $\boldsymbol{B}$ 平行同向. 试求：①线圈中的感应电动势 $\mathscr{E}_i$；②设线圈的电阻为 R，求感应电流.

解 用动生电动势的定义式 $\mathscr{E}_i=\int(\boldsymbol{v}\times\boldsymbol{B})\cdot\mathrm{d}\boldsymbol{l}$ 求解.

①矩形线圈的感应电动势 $\mathscr{E}_i$ 为其每匝四边动生电动势之和. bc 与 da 两边不切割磁感应线，或者说 $(\boldsymbol{v}\times\boldsymbol{B})\perp\mathrm{d}\boldsymbol{l}$，因而不产生动生电动势，其余 ab 与 cd 两边的动生电动势分别为

$$\mathscr{E}_{ab}=\int_a^b(\boldsymbol{v}\times\boldsymbol{B})\cdot\mathrm{d}\boldsymbol{l},\quad \mathscr{E}_{cd}=\int_c^d(\boldsymbol{v}\times\boldsymbol{B})\cdot\mathrm{d}\boldsymbol{l}$$

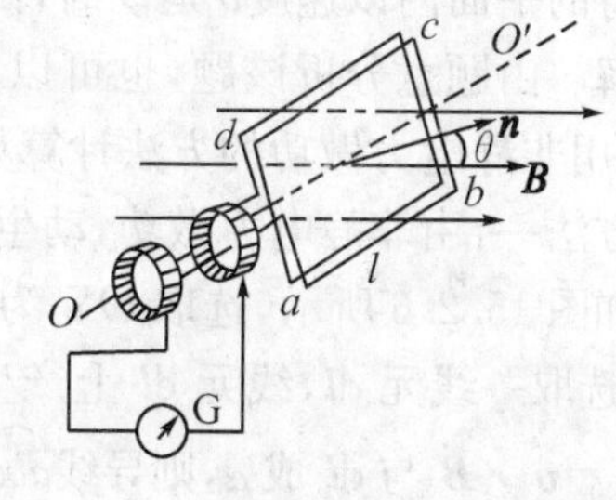

图 15.2.4 在磁场中转动的线圈中的电动势和电流(发电机原理)

设任意的 t 时刻线圈平面法线 $\boldsymbol{n}$ 与 $\boldsymbol{B}$ 所成的夹角为 θ，$t=0$ 时，$\theta=0$，$t=t$ 时，$\theta=\omega t$，则可得

$$\mathscr{E}_{ab}=\int_a^b(\boldsymbol{v}\times\boldsymbol{B})\cdot\mathrm{d}\boldsymbol{l}=\int_a^b vB\sin\theta\mathrm{d}l=vBl_1\sin\theta$$

其方向由 a 指向 b，同理可知，cd 中的感应电动势为

$$\mathscr{E}_{cd}=\int_c^d(\boldsymbol{v}\times\boldsymbol{B})\cdot\mathrm{d}\boldsymbol{l}=\int_c^d vB\sin(180^\circ-\theta)\mathrm{d}l=vBl_1\sin\theta$$

其方向由 c 指向 d.

由于线圈中两个电动势 $\mathscr{E}_{ab}$、$\mathscr{E}_{cd}$ 方向相同，因而整个回路的感应电动势为

$$\mathscr{E}_i=\mathscr{E}_{ab}+\mathscr{E}_{cd}=2vBl_1\sin\theta$$

考虑到 $v=\frac{\omega l_2}{2}$，$\theta=\omega t$，并设 $S=l_1l_2$，则

$$\mathscr{E}_i=\frac{2l_2}{2}\omega Bl_1\sin\omega t=BS\omega\sin\omega t$$

考虑到线框是由 N 匝线圈所组成的，则

$$\mathscr{E}_i=NBS\omega\sin\omega t=\mathscr{E}_0\sin\omega t$$

式中，$\mathscr{E}_0=NBS\omega$ 为线框感应电动势的最大值.

②设 I_i 为线框中感应电流，由闭合电路的欧姆定律得感应电流为

$$I_i=\frac{\mathscr{E}_i}{R}=\frac{\mathscr{E}_0}{R}\sin\omega t=I_0\sin\omega t$$

式中，$I_0=\frac{\mathscr{E}_0}{R}$为线框中感应电流的最大值.

以 t 为横坐标，I_i 为纵坐标画出 I_i-t 曲线.

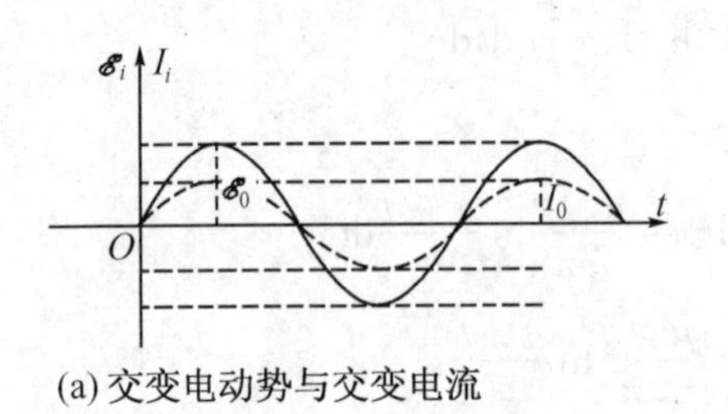

(a) 交变电动势与交变电流

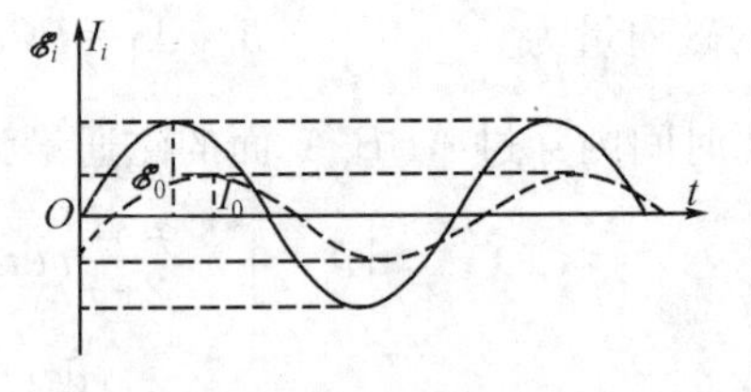

(b)交变电动势相超前交变电流

图 15.2.5 I_i-t 曲线

必须指出，实际上由于线圈内自感应的存在，交变电流的相要比交变电动势的相落后 φ 值，$I=I_0\sin(\omega t-\varphi)$，如图 15.2.5 所示.

例 15.2.4 如图 15.2.6 所示，有一个$\frac{3}{4}$的圆周导线，置于磁感应强度为 $\boldsymbol{B}$ 的均匀磁场中，且使 $S_{abc构成的平面}\perp\boldsymbol{B}$. 当导线$\overset{\frown}{abc}$在其自身的平面内以速度$\boldsymbol{v}$ 运动时，试求：导线的动生电动势 $\mathscr{E}_{abc}$.

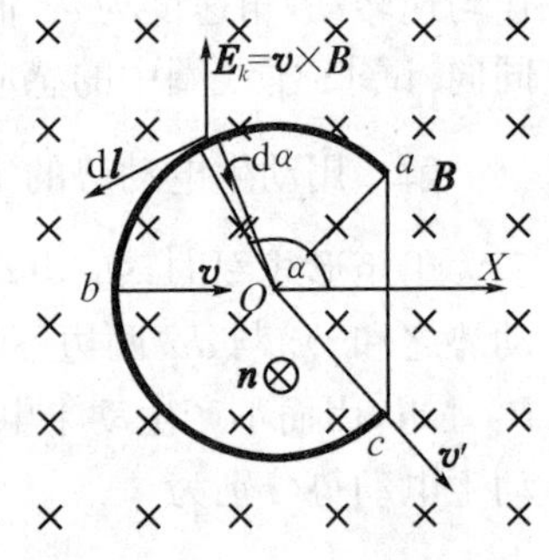

图 15.2.6 例 15.2.4 图示

解 由题意分析该题，也可以用两种方法求解，由于导线不闭合，用非静电力做功的方法计算更简便.

方法一：由非静电力做功，动生电动势的定义式可求解.

如图 15.2.6 所示，选取 OX 为极坐标的极轴正方向. 在导线$\overset{\frown}{abc}$上选取一线元 d$\boldsymbol{l}$，线元 d$\boldsymbol{l}$ 上产生的电动势为 $\mathrm{d}\mathscr{E}_i=(\boldsymbol{v}\times\boldsymbol{B})\cdot\mathrm{d}\boldsymbol{l}$，$\boldsymbol{E}_K=\boldsymbol{v}\times\boldsymbol{B}$ 与 d$\boldsymbol{l}$ 成 α，则导线$\overset{\frown}{abc}$的动生电动势为

$$\begin{aligned}\mathscr{E}_{abc}&=\int_a^{b\to c}(\boldsymbol{v}\times\boldsymbol{B})\cdot\mathrm{d}\boldsymbol{l}=\int vB\sin 90^\circ\mathrm{d}l\ \cos\alpha\\&=\int_{\frac{\pi}{4}}^{\frac{7\pi}{4}}vBR\cos\alpha\,\mathrm{d}\alpha=vBR\int_{\frac{\pi}{4}}^{-\frac{\pi}{4}}\mathrm{d}(\sin\alpha)\\&=-\sqrt{2}\,vBR\end{aligned}$$

上式中负号表示动生电动势在导线内部由 c 指向 b，再指向 a. a 点电势高于 c 点的电势.

方法二：根据法拉第电磁感应定律求解. 设想引补助导线$\overline{ac}$使之形成闭合回路，并选 $acba$（逆时针方向）为回路绕行正方向. 这时对整个回路，由于 $\Phi_m=$常量，无论回路怎样运动，根据法拉第电磁感应定律，可得

$$\mathscr{E}_i=-\frac{\mathrm{d}\Phi_m}{\mathrm{d}t}=0$$

对于回路中导线 ac 和导线$\overset{\frown}{abc}$在向右运动过程中作切割磁场线运动，使 $\mathscr{E}_{\overline{ac}}\neq 0$ 和 $\mathscr{E}_{\overset{\frown}{abc}}\neq 0$，但二者的代数和应等于零，即

$$\mathscr{E}_{ac}+\mathscr{E}_{\overline{abc}}=0;\quad \mathscr{E}_{\overset{\frown}{abc}}=-\mathscr{E}_{\overline{ac}}$$

由图中知$\overline{ac}=L$ 与$\boldsymbol{v}$、$\boldsymbol{B}$ 相互垂直，$L=\sqrt{R^2+R^2}=\sqrt{2}R$，可得

$$\mathscr{E}_{\overline{ac}}=BLv=\sqrt{2}\,BvR=-\mathscr{E}_{\overset{\frown}{abc}}$$

15.3 感生电动势和涡旋电场

15.3.1 感生电动势和涡旋电场

(1)感生电动势及其数学表达式

导体在磁场中运动产生的动生电动势,其非静电力是洛仑兹力;如果磁场变化回路不运动,所产生的感生电动势,其非静电力不是洛仑兹力,那么产生感生电动势的非静电力是什么呢?应如何解释呢?

在电磁场中,作用在电荷 e 上的电磁力为

$$\boldsymbol{F}=e(\boldsymbol{E}+\boldsymbol{v}\times\boldsymbol{B})$$

上式在静止的导体回路中,等式右边第二项为零,则推动导体中电荷作定向运动的必然是电场 $\boldsymbol{E}$,但是在这种情况下,没有静止的场源电荷存在,不可能是静电场,因而磁场变化使磁通量随时间变化所激发的不可能是静电场.

大量实验事实表明,感生电动势与导体的种类和性质无关,与导体的温度以及其他物理状态无关,说明感生电动势是由变化的磁场本身产生的.麦克斯韦在分析了有关电磁感应现象之后,提出如下假设:变化的磁场在它的周围空间里能激发一种电场,称为感生电场或涡旋电场.这种电场能够存在于真空、导体、介质中,涡旋电场与静电场一样,对电场中的电荷也施以非静电性的作用力,这就是产生感生电动势的非静电场(即 $\boldsymbol{E}_K=\boldsymbol{E}_{旋}$).静电场与涡旋电场的区别在于静电场是有源、无旋场,涡旋电场是无源、有旋场;静电场由静止的场源电荷产生,而涡旋电场是由变化的磁场激发;静电场的电场线起始于正电荷,终止于负电荷,是非闭合曲线,涡旋电场的电场线总是没有起点和终点的闭合曲线;静电场力对受力运动电荷所做的功与路径无关,只与起点及终点位置有关,静电场是保守场,能引入电势,静电场 $\boldsymbol{E}$ 沿任意闭合路线积分等于零,即静电场的环流 $\oint_L \boldsymbol{E}\cdot \mathrm{d}\boldsymbol{l}=0$,是无旋场,而涡旋电场力对受力电荷所做的功不仅与起点及终点位置有关,而且与路径有关,涡旋电场是非保守场,不能引入标量函数电势,涡旋电场 $\boldsymbol{E}_K$ 沿任意闭合路线的积分不等于零,即涡旋电场的环流 $\oint_L \boldsymbol{E}_K\cdot \mathrm{d}\boldsymbol{l}\neq 0$,因而感生电场又称为涡旋电场,涡旋电场 $\boldsymbol{E}_K$ 是有旋场.

(2)感生电动势的数学表达式

根据电动势的概念,沿闭合回路 L 的感生电动势 $\mathscr{E}_i$ 等于涡旋电场力使单位正电荷沿闭合回路 L 绕行一周所做的功,由此定义及法拉第电磁感应定律可得感生电动势的数学表达式为

$$\mathscr{E}_i=\oint_L \boldsymbol{E}_K\cdot \mathrm{d}\boldsymbol{l}=-\frac{\mathrm{d}\Phi_m}{\mathrm{d}t} \qquad (15-3-1)$$

由于回路不动,因而磁感应通量的变化率可用微商表示,并可移进下式的积分号内,即

$$\mathscr{E}_i=\oint_L \boldsymbol{E}_K\cdot \mathrm{d}\boldsymbol{l}=-\frac{\mathrm{d}}{\mathrm{d}t}\iint_S \boldsymbol{B}\cdot \mathrm{d}\boldsymbol{S}==-\int_S \frac{\partial \boldsymbol{B}}{\partial t}\cdot \mathrm{d}\boldsymbol{S}$$

式中,S 是以 L 为边界的面积.

在引入涡旋电场的概念后可知,空间的总电场 $\boldsymbol{E}$ 应是静电场 $\boldsymbol{E}_{静}$ 和涡旋电场 $\boldsymbol{E}_{旋}$ 的矢量和,对总电场的环流为

$$\oint_L \boldsymbol{E} \cdot \mathrm{d}\boldsymbol{l} = \oint_L (\boldsymbol{E}_{静} + \boldsymbol{E}_{旋}) \cdot \mathrm{d}\boldsymbol{l}$$

对于静电场$\oint_L \boldsymbol{E} \cdot \mathrm{d}\boldsymbol{l} = 0$,对于涡旋电场$\oint_L \boldsymbol{E}_{旋} \cdot \mathrm{d}\boldsymbol{l} = -\int_S \frac{\partial \boldsymbol{B}}{\partial t} \cdot \mathrm{d}\boldsymbol{S}$,则

$$\oint_L \boldsymbol{E} \cdot \mathrm{d}\boldsymbol{l} = \oint_L \boldsymbol{E}_{旋} \cdot \mathrm{d}\boldsymbol{l} = -\int_S \frac{\partial \boldsymbol{B}}{\partial t} \cdot \mathrm{d}\boldsymbol{S}$$

上式是著名的麦克斯韦方程组积分形式的一个方程,对于电场的安培环路定理普遍适用.对于稳恒磁场,$\frac{\partial B}{\partial t}=0$,上式变为

$$\oint_L \boldsymbol{E} \cdot \mathrm{d}\boldsymbol{l} = 0$$

这就是静电场的环路定理.

必须指出,只要空间存在着变化磁场,在它的周围的空间就会激发出涡旋电场,不论空间是否存在着闭合回路,不论回路是否由导体构成,也不论回路是在真空中或介质中,都有涡旋电场存在.变化的磁场产生的涡旋电场是客观存在的.

15.3.2 感生电动势的计算

同计算动生电动势的计算方法相类似,计算感生电动势也有以下两种方法:

①用感生电动势的数学表达式,计算感生电动势:

$$\mathscr{E}_i = \oint_L \boldsymbol{E}_{旋} \cdot \mathrm{d}\boldsymbol{l} = -\iint_S \frac{\partial \boldsymbol{B}}{\partial t} \cdot \mathrm{d}\boldsymbol{S}$$

②根据法拉第电磁感应定律计算感生电动势的大小 $\mathscr{E}_i = |\mathrm{d}\Phi/\mathrm{d}t|$,再根据楞次定律确定感生电动势 $\mathscr{E}_i$ 的方向.

涡旋电场的存在已为许多实验所证实.电子感应加速器是利用变化磁场激发的涡旋电场来加速电子,它证明了麦克斯韦涡旋电场的正确性.

例 15.3.1 如图 15.3.1 所示,均匀磁场 $\boldsymbol{B}$ 被局限在半径为 R 的圆柱体内(例如长直螺线管内),如果因电流变化而引起磁感应强度随时间的变化率为$\frac{\mathrm{d}B}{\mathrm{d}t}=$常量$>0$,试求:圆柱体内外涡旋电场的场强 $\boldsymbol{E}_{旋}$.

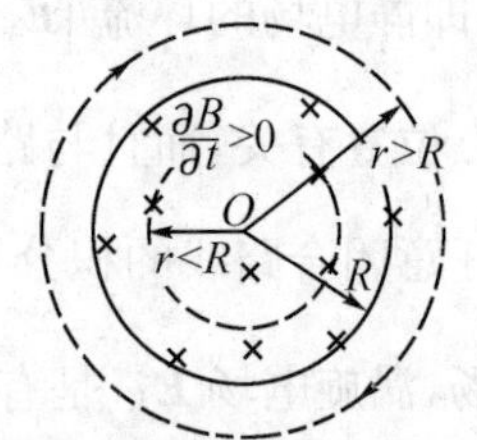

图 15.3.1 例 15.3.1 图示

解 由于磁感应强度随时间变化率$\frac{\mathrm{d}B}{\mathrm{d}t}=$常量$>0$,磁场分布具有轴对称性及均匀性,所激发的涡旋电场具有轴对称性且满足均匀性,在垂直于轴的平面内以与轴的交点为圆心,以 $r<R$ 或 $r>R$ 为半径所作的圆周线上各点 $\boldsymbol{E}_{旋}$ 的大小相等,方向在该点的切线方向,由涡旋电场的定义式,得

$$\oint_L \boldsymbol{E}_{旋} \cdot \mathrm{d}\boldsymbol{l} = \oint_L E_{旋}\, \mathrm{d}l = E_{旋}\oint_L \mathrm{d}l = 2\pi r E_{旋} = -\frac{\mathrm{d}\Phi_m}{\mathrm{d}t}$$

即
$$E_{旋} = -\frac{1}{2\pi r}\frac{\mathrm{d}\Phi_m}{\mathrm{d}t}$$

①在圆柱体内,$r<R$,$\Phi_m=\pi r^2 B$,$\frac{\mathrm{d}\Phi_m}{\mathrm{d}t}=\pi r^2\frac{\mathrm{d}B}{\mathrm{d}t}$,代入上式可得

$$E_{旋} = -\frac{r}{2}\frac{\mathrm{d}B}{\mathrm{d}t} \qquad (r<R) \qquad (15-3-2)$$

②在圆柱体外，$r>R$，$\Phi_m=\pi R^2 B$，$\frac{\mathrm{d}\Phi_m}{\mathrm{d}t}=\pi R^2\frac{\mathrm{d}B}{\mathrm{d}t}$，代入上式可得

$$E_{旋} = -\frac{R^2}{2r}\frac{\mathrm{d}B}{\mathrm{d}t} \qquad (r>R) \qquad (15-3-3)$$

$\boldsymbol{E}_{旋}$ 的方向：如果$|\boldsymbol{B}|$减小，则$\frac{\mathrm{d}B}{\mathrm{d}t}<0$，由(15－3－2)式或(15－3－3)式得知 $E_{旋}>0$，表示 $\boldsymbol{E}_{旋}$ 与沿 L 的积分方向的切线方向同向，即沿顺时针方向，在该点切线方向；如果$|\boldsymbol{B}|$增大，则$\frac{\mathrm{d}B}{\mathrm{d}t}>0$，$E_{旋}<0$，表示 $\boldsymbol{E}_{旋}$ 与沿 L 的积分方向的切线方向反向，即沿逆时针方向，在该点切线方向.

由以上结果可知，一个被限定在圆柱内的均匀磁场，如果发生均匀变化，即$\frac{\mathrm{d}B}{\mathrm{d}t}$为常量，则在圆柱体内或圆柱体外，都将产生涡旋电场，$E_{旋}$ 与$-\frac{\mathrm{d}B}{\mathrm{d}t}$成正比，在方向上，$E_{旋}$ 与$-\frac{\mathrm{d}B}{\mathrm{d}t}$构成右手螺旋关系，$E_{旋}$ 与$\frac{\mathrm{d}B}{\mathrm{d}t}$构成左手螺旋关系. 在圆柱体内($r<R$)，$E_{旋}\propto r$，而在圆柱体外($r>R$)，$E_{旋}\propto\frac{1}{r}$. 如果用电场线来描绘，则涡旋电场的电场线是以圆柱体轴线为中心的一系列同心圆，在圆柱体内随着半径 r 的增大越来越密，在圆柱体外则随着半径 r 的增大越来越稀.

例 15.3.2 如图 15.3.2 所示，将一长为 L 的金属棒 AB 放在例 15.3.1 题以匀速率$\mathrm{d}B/\mathrm{d}t$变化的均匀磁场中，试求：棒中感生电动势的大小，并判断电势的高低.

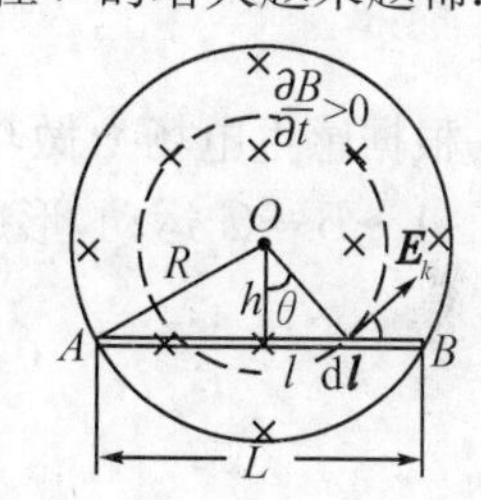

图 15.3.2　例 15.3.2 图示

解　方法一：由例 15.3.1 题结果可知，感生电场的电场线是一些以圆柱体轴线为中心的一系列同心圆，方向沿逆时针方向，在圆柱体内部涡旋电场 $\boldsymbol{E}_{旋}$ 大小为

$$E_{旋}=\frac{1}{2}r\frac{\mathrm{d}B}{\mathrm{d}t}$$

实际上，由于 $\boldsymbol{E}_{旋}$ 的存在推动金属中电子由 A 端向 B 端运动，形成感生电动势. 由感生电动势的定义式，可得

$$\begin{aligned}
\mathscr{E}_{AB} &= \int_A^B \boldsymbol{E}_{旋}\cdot\mathrm{d}\boldsymbol{l} = \int_A^B |\boldsymbol{E}_{旋}|\cos\theta\mathrm{d}l \\
&= \int\frac{1}{2}r\frac{\mathrm{d}B}{\mathrm{d}t}\cos\theta\mathrm{d}l \\
&= \int_A^B\frac{1}{2}r\frac{\mathrm{d}B}{\mathrm{d}t}\frac{\sqrt{R^2-(\frac{L}{2})^2}}{r}\mathrm{d}l \\
&= \frac{L}{2}\sqrt{R^2-\left(\frac{L}{2}\right)^2}\frac{\mathrm{d}B}{\mathrm{d}t}
\end{aligned}$$

式中，$\sqrt{R^2-(L/2)^2}/r=\cos\theta$，$\cos\theta$ 为 $\boldsymbol{E}_{旋}$ 与 $\mathrm{d}\boldsymbol{l}$ 夹角的余弦.

由于 $\mathscr{E}_{AB}>0$，将 AB 看作电源，经电源内部 $\mathscr{E}_{AB}$ 由 A 指向 B，所以 B 端电势高，A 端电势低.

方法二：应用法拉第电磁感应定律 $\mathscr{E}_i=\left|\dfrac{d\Phi_m}{dt}\right|$ 求解，由于 AB 不是闭合回路，引 OA、OB 补助线，组成一假想的 $OABO$ 三角形回路，该回路中感生电动势 $\mathscr{E}_i$ 应等于 AB、BO、OA 三段感生电动势的和，即 $\mathscr{E}_i=\mathscr{E}_{AB}+\mathscr{E}_{BO}+\mathscr{E}_{OA}$，由于在 BO 和 OA 段上 $\boldsymbol{E}_{旋}\perp d\boldsymbol{l}$，因而 $\mathscr{E}_{BO}=\mathscr{E}_{OA}=0$，所以 $\mathscr{E}_i=\mathscr{E}_{AB}$. 根据法拉第电磁感应定律得

$$\mathscr{E}_{AB}=\mathscr{E}_i=\left|\frac{d\Phi_m}{dt}\right|=\frac{d}{dt}(BS)=\frac{L}{2}\sqrt{R^2-\left(\frac{L}{2}\right)^2}\frac{dB}{dt}$$

式中，$S=\dfrac{L}{2}\sqrt{R^2-\left(\dfrac{L}{2}\right)^2}$，为三角形回路 $OABO$ 所包围的面积，方向由楞次定律确定，由 A 指向 B，将 AB 看作电源，$\mathscr{E}_{AB}$ 方向由 A 端经电源内部指向 B，表明 B 端电势高，A 端电势低.

例 15.3.3 如图 15.3.3 所示，一长为 L 的金属棒 AB 放在均匀磁场中，如果该磁场被局限在半径为 R 的圆柱体内，并以匀速率 dB/dt 变化，求棒中感生电动势. 其中 $AB=BC=R$ $\left(\dfrac{dB}{dt}>0\right)$.

解 方法一：根据感生电动势的定义式，$\mathscr{E}_i=\int_L \boldsymbol{E}_{旋}\cdot d\boldsymbol{l}$ 求解.

由上题可知在圆筒内（$r<R$），$E_{旋内}=-\dfrac{1}{2}r\dfrac{dB}{dt}$，圆筒外（$r>R$），$E_{旋外}=-\dfrac{R^2}{2r}\dfrac{dB}{dt}$，式中负号表示 $\boldsymbol{E}_{旋}$ 与 $\dfrac{d\boldsymbol{B}}{dt}$ 方向之间满足左手螺旋关系.

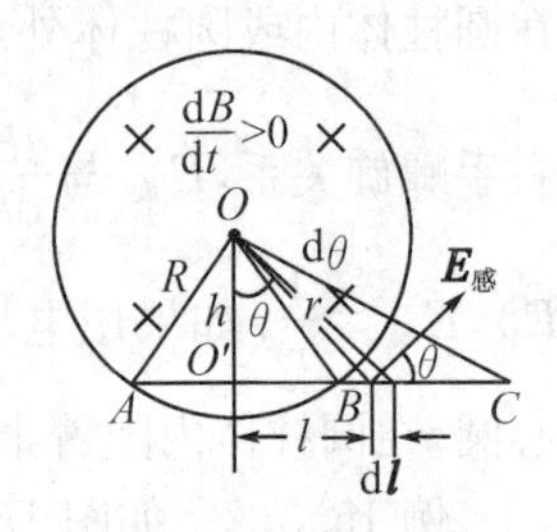

图 15.3.3 例 15.3.3 图示

根据感生电场力做功，由于涡旋电场的存在推动了金属中电子由 $A\to B\to C$ 运动，形成感生电动势.

$$\mathscr{E}_{AC}=\mathscr{E}_{AB}+\mathscr{E}_{BC}=\int_{-\frac{R}{2}}^{\frac{R}{2}}\boldsymbol{E}_{旋内}\cdot d\boldsymbol{l}+\int_{\frac{R}{2}}^{\frac{3R}{2}}\boldsymbol{E}_{旋内}\cdot d\boldsymbol{l}$$

$$=\int_{-\frac{R}{2}}^{\frac{R}{2}}-\frac{1}{2}r\frac{dB}{dt}dl\cos\theta+\int_{\frac{R}{2}}^{\frac{3R}{2}}-\frac{R^2}{2r}\frac{dB}{dt}dl\cos\theta$$

可得

$$\mathscr{E}_{AB}=-\frac{1}{2}Rh\frac{dB}{dt}=-\frac{\sqrt{3}}{4}R^2\frac{dB}{dt}$$

方向由 A 到 B.

求 $\mathscr{E}_{BC}$ 时，其中 r、θ、dl 均为变量，但都可以变换成 θ 的函数，则有 $\dfrac{l}{h}=\tan\theta$，$l=h\tan\theta$，$dl=h\dfrac{d\theta}{\cos^2\theta}$，$\cos\theta=\dfrac{h}{r}$，$\dfrac{1}{r}=\dfrac{\cos\theta}{h}$，在 $\dfrac{R}{2}$ 处，$\theta_1=\dfrac{\pi}{6}$，在 $\dfrac{3}{2}R$ 处，$\theta_2=\dfrac{\pi}{3}$. 将这些关系代入 $\mathscr{E}_{BC}$ 表达式积分，则得

$$\mathscr{E}_{BC}=\int_B^C-\frac{R^2}{2r}\frac{dB}{dt}dl\cos\theta=\int_{\frac{\pi}{6}}^{\frac{\pi}{3}}-\frac{R^2}{2}\frac{\cos\theta}{h}\frac{dB}{dt}\frac{h\,d\theta}{\cos^2\theta}\cos\theta=-\frac{R^2}{2}\frac{dB}{dt}\left(\frac{\pi}{3}-\frac{\pi}{6}\right)=-\frac{\pi}{12}R^2\frac{dB}{dt}$$

因而

$$\mathscr{E}_{AC}=\mathscr{E}_{AB}+\mathscr{E}_{BC}=-\frac{R^2}{12}(3\sqrt{3}+\pi)\frac{dB}{dt}$$

负号表示导线内 A 点电势高于 C 点电势.

方法二：应用法拉第电磁感应定律求感生电动势，由于 AB 不闭合，引 OA、OC 补助线，使之形成闭合回路，$\overline{OA}$、$\overline{OC}$ 段，$\boldsymbol{E}_{旋}$ 与 $d\boldsymbol{l}$ 垂直不产生感应电动势. 因而对 $OABCO$ 闭合回路，因

磁通量随时间变化产生的感生电动势只能够在 AC 上.

$$\mathscr{E}_{AC}=\mathscr{E}_{AC}+\mathscr{E}_{CO}+\mathscr{E}_{OA}=-\frac{\mathrm{d}\Phi}{\mathrm{d}t}=-\iint_S\frac{\mathrm{d}\boldsymbol{B}}{\mathrm{d}t}\cdot\mathrm{d}\boldsymbol{S}$$

$$=-S_{OACO}\frac{\mathrm{d}B}{\mathrm{d}t}=-\left(\frac{Rh}{2}+\frac{1}{2}R\,R\theta\right)\frac{\mathrm{d}B}{\mathrm{d}t}$$

$$=-\left(\frac{\sqrt{3}}{4}R^2+\frac{R^2}{2}\frac{\pi}{6}\right)\frac{\mathrm{d}B}{\mathrm{d}t}=-\frac{R^2}{12}(3\sqrt{3}+\pi)\frac{\mathrm{d}B}{\mathrm{d}t}$$

负号表示导线内 A 点电势高于 C 点电势. 或者由楞次定律判断可得相同的结论.

15.4 自感和互感

15.4.1 自感现象及其实验观察

(1)自感现象

实验表明,无论由于什么原因,只要闭合回路的磁通量发生变化,就会产生感应电动势. 当一线圈回路中的电流发生变化时,它所激发的磁场穿过回路自身的磁通量就要发生变化. 根据法拉第电磁感应定律,在线圈回路自身中就要产生感应电动势,这种由于回路中自身电流变化所引起的感应电动势的现象称为自感现象,所产生的感应电动势称为自感电动势. 在具有铁芯的线圈中自感现象特别显著.

(2)自感现象实验

如图 15.4.1 所示的电路中,S_1 和 S_2 是两个规格相同的小灯泡,L 为带铁芯的多匝线圈,R 是可变电阻器. 实验前调节可变电阻器 R,使它的电阻等于线圈 L 的电阻(使稳态时灯泡具有相同亮度). 当开关 K 按下接通电路,可以看到两支路中灯泡 S_1 立刻达到正常亮度,而 S_2 逐渐变亮,经过一定时间后才能达到与 S_1 相同的亮度. 这个实验现象的物理解释如下:当接通电路时,对线圈 L,电流由 $0\rightarrow I$ 增加时,引起线圈中磁感应通量变化,由于 $\Delta I>0$,使 $\Delta\Phi_m>0$,根据法拉第电磁感应定律,变化的磁感应通量在线圈中产生自感电动势. 根据楞次定律,自感电动势要阻碍线圈中磁通量的增加,也就是反抗线圈中电流的增加. 因此,S_2 支路电流有一个从零开始逐渐增加的过程,所以 L 支路上的灯泡亮得慢. 而没有自感线圈的支路上由于没有自感电动势阻碍电流的增加,因而灯泡 S_1 立刻就达到正常亮度. 上述实验表明,通过自感线圈的电流不能够跃变.

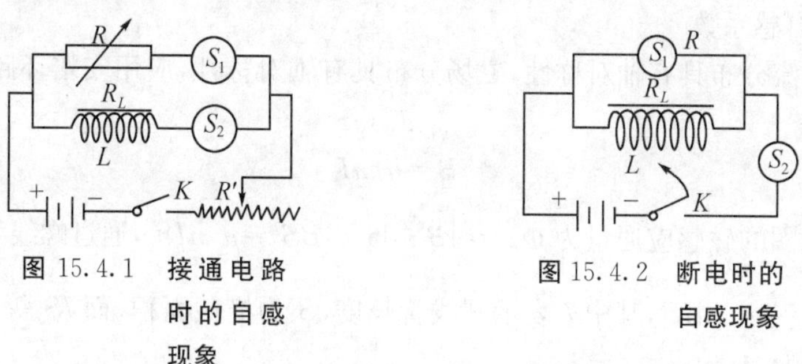

图 15.4.1 接通电路时的自感现象

图 15.4.2 断电时的自感现象

如图 15.4.2 所示,可演示断电时的自感现象. 当开关 K 接通时,灯泡 S_1 达到正常亮度后,再断开开关 K 时,灯泡 S_1 并不立刻熄灭,而是突然在短时间内比正常亮度更亮一些,然后亮度才逐渐减弱至熄灭.这是因为当开关断开时,线圈 L 中因电流突然减小,通过线圈的磁感应通量减小,在线圈 L 中产生较大的自感电动势,由于这时线圈与灯泡组成闭合的自感电路,而线圈电阻较小,自感电动势在回路中产生较强的感应电流,使灯泡中电流骤然增大,因而回路中电流不会立刻消失,灯泡突然的一闪后再逐渐熄灭.

15.4.2 自感系数和自感电动势

(1)自感系数

设通过回路的电流强度为 I,总匝数为 N,根据毕奥—萨伐尔—拉普拉斯定律,线圈中的电流所激发的磁感应强度与电流强度 I 成正比,因而,通过线圈回路的磁通量匝链数 ψ,即自感磁链也与电流强度 I 成正比,即

$$\psi_m = LI \qquad (15-4-1)$$

上式中 L 为比例系数,L 称为线圈的自感系数,它的大小取决于线圈自身的几何结构,线圈的大小、形状、匝数以及线圈内磁介质的性质.对于非铁磁质,L 为常量,与线圈回路中电流 I 无关.对铁磁质,L 与 I 有关.当 $I=1$ 单位电流时,ψ_m 与 L 数值上相等,因而,自感系数在数值上等于单位电流强度所激发的自感磁链.

(2)自感电动势

在不存在铁磁质时,由于线圈中的电流变化,由它所产生的通过线圈的自感磁链也随时间发生变化.根据法拉第电磁感应定律,变化的自感磁链在线圈中产生的自感电动势 $\mathscr{E}_L$ 为

$$\mathscr{E}_L = -\frac{\mathrm{d}\psi_m}{\mathrm{d}t} = -L\frac{\mathrm{d}I}{\mathrm{d}t} \qquad (15-4-2)$$

上式是用自感电动势定义自感系数,它表明自感系数 L 等于单位电流强度的变化率在线圈回路中所产生的自感电动势.对于相同的电流变化率,L 越大,自感电动势越大,自感越强.

在国际单位制中,自感系数的单位是亨利,用符号 H 表示.它是由自感的定义规定的.由(15-4-1)式,有

$$1\ \mathrm{H} = 1\ \frac{\mathrm{Wb}}{\mathrm{A}}$$

或者由(15-4-2)式,有

$$1\ \mathrm{H} = 1\ \frac{\mathrm{V \cdot s}}{\mathrm{A}}$$

自感的单位还有毫亨($1\ \mathrm{mH}=10^{-3}\ \mathrm{H}$)和微亨($1\ \mu\mathrm{H}=10^{-6}\ \mathrm{H}$).

自感现象在电工技术、无线电技术中应用广泛.

例 15.4.1 设一空心密绕长直螺线管通以电流强度为 I,体积为 V,单位长度的匝数为 n.求:螺线管的自感系数.

解 由于电流分布具有轴对称性,磁场分布具有轴对称性,应用安培环路定理,可求得管内磁感应强度为

$$B = \mu_0 nI$$

通过每匝线圈的磁感应通量为 $\Phi_m = \int_S \boldsymbol{B} \cdot \mathrm{d}\boldsymbol{S} = BS = \mu_0 nIS$,通过螺线管自感磁链 $\psi_m = N\Phi_m = N\mu_0 nIS = nl\mu_0 nIS$,其中 l 表示螺线管长度,S 为横截面积,而 lS 等于螺线管的体积 V,则磁通链 ψ_m 为

$$\psi_m = \mu_0 n^2 IV$$

由自感系数的定义式(15-4-1)可得螺线管的自感系数为

$$L=\frac{\psi}{I}=\mu_0 n^2 V$$

由以上结果可知,长直密绕螺线管的自感系数只由它自身因素决定,与电流 I 无关.

例 15.4.2　有两根无限长直共轴圆柱面导体,内外半径分别为 R_1 和 R_2,电流 I 由内圆柱面一端流入,经外圆柱面一端流回. 两柱面间充满磁导率 μ 的均匀磁介质. 试求:单位长度同轴电缆的自感系数.

解　如图 15.4.3 所示,由于电流分布具有轴对称性,磁场分布具有轴对称性,且满足均匀性,应用安培环路定理,可知在内圆柱面内,外圆柱面外磁场强度都等于零,在两圆柱面之间距离轴线为 r 处的磁场强度大小为

$$H=\frac{I}{2\pi r} \quad 或 \quad B=\mu H=\frac{\mu I}{2\pi r} \quad (R_1<r<R_2)$$

取长为 h 的电缆,通过长为 h,宽为 R_2-R_1 的矩形截面积 S 的磁感应通量为

$$\Phi_m=\int_S \boldsymbol{B}\cdot \mathrm{d}\boldsymbol{S}=\int_{R_1}^{R_2}\frac{\mu I h}{2\pi r}\mathrm{d}r=\frac{\mu I h}{2\pi}\ln\frac{R_2}{R_1}$$

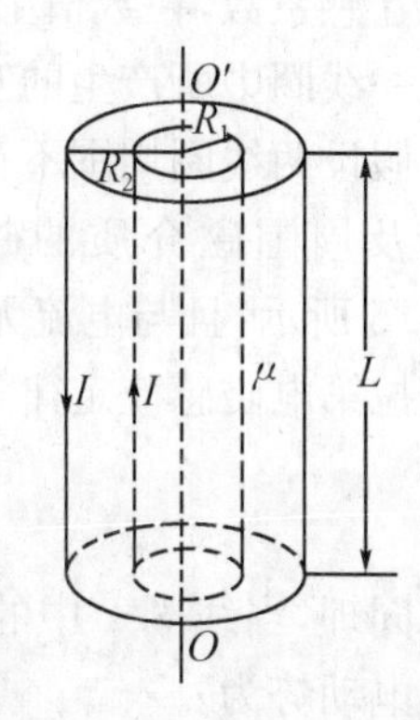

图 15.4.3　例 15.4.2 图示

根据自感系数的定义,长为 h 的一段电缆的自感系数为

$$L=\frac{\Phi_m}{I}=\frac{\mu h}{2\pi}\ln\frac{R_2}{R_1}$$

因而单位长度同轴电缆的自感系数为

$$L_1=\frac{L}{h}=\frac{\mu}{2\pi}\ln\frac{R_2}{R_1}$$

由以上结果可见,单位长度同轴电缆的自感系数与电流 I 无关,与几何结构有关.

15.4.3　互感现象和互感系数

(1)互感现象

如图 15.4.4 所示,彼此靠近的两个线圈 1 和线圈 2,分别载有电流 I_1 和 I_2. 当线圈 1 中的电流发生变化时,由它所产生的磁感应强度发生变化,使在它邻近的线圈 2 里产生感应电动势. 同理,当线圈 2 中的电流发生变化时,使在它邻近线圈 1 里也产生感应电动势. 这种由于邻近线圈的电流变化所引起的电动势称为互感电动势.

(2)互感系数

实验表明,在一个线圈里产生的互感电动势不仅与另一个邻近线圈中电流改变的快慢有关,而且与两线圈的结构及它们之间的相对位置有关. 设线圈 1 和线圈 2 的匝数分别为 N_1 和 N_2,线圈 1 所激发的磁感应强度使通过线圈 2 的磁通匝链(称为互感磁链)为 ψ_{21},根据毕奥-萨伐尔-拉普拉斯定律,电流 I_1 在空间任一点所产生的磁感应强度 $\boldsymbol{B}_1$ 的大小与 I_1 成正比,因而,由电流 I_1 产生的通过线圈 2 的互感磁链 ψ_{21} 亦与 I_1 成正比,即

$$\psi_{21}=M_{21}I_1$$

同理,线圈 2 的电流强度 I_2 产生的磁场,使通过线圈 2 的互感磁链 ψ_{12} 与 I_2 成正比,即

$$\psi_{12}=M_{12}I_2 \tag{15-4-3}$$

以上两式中比例系数 M_{21} 及 M_{12} 称为互感系数(简称互感),它们由两线圈的几何结构、形状、大小、相对位置以及周围的磁介质决定. 对于非铁磁质,互感系数为常量,与线圈中的电流无关. 对于铁磁质,互感系数不为常量,与线圈中的电流有关.

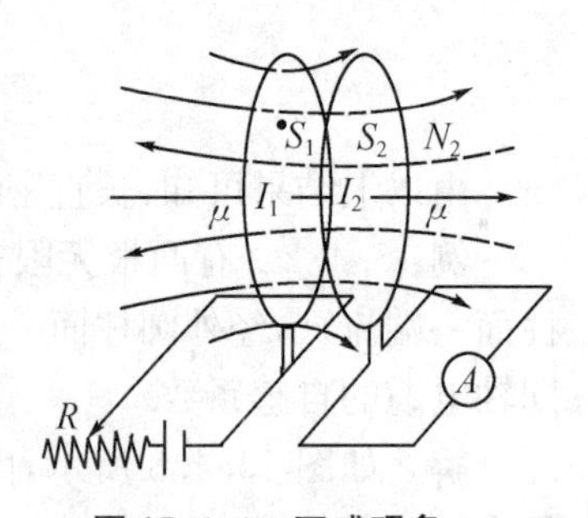

图 15.4.4 互感现象

实验证明，$M_{21}=M_{12}=M$. 这样以上两式可改写为

$$\psi_{21}=MI_1 \qquad (15-4-4a)$$

$$\psi_{12}=MI_2 \qquad (15-4-4b)$$

当 $I_1=I_2=1$ 单位电流时，ψ_{21}、ψ_{12} 及 M 在数值上相等. 所以由(15－4－4a)式和(15－4－4b)式可以定义互感系数：两线圈的互感系数，在数值上等于其中一个线圈中的单位电流强度在另一线圈中所产生的互感磁链.

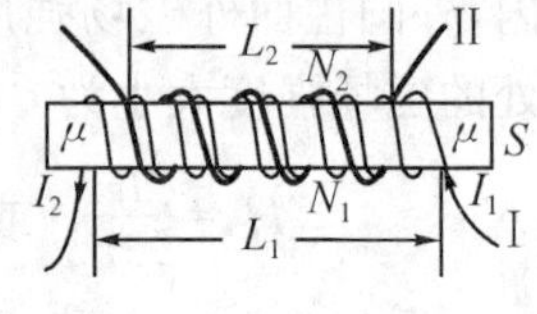

图 15.4.5 互感系数

假设两线圈周围不存在铁磁质，两线圈的几何形状、相对位置以及周围磁介质的磁导率都不改变，互感系数 M 不变，如图 15.4.5 所示，且与电流无关. 当线圈 1 中电流强度 I_1 发生变化时，根据法拉第电磁感应定律，它在线圈 2 中引起的互感电动势为

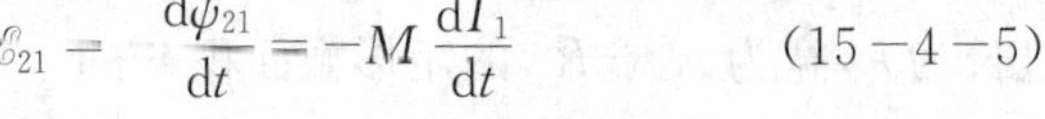

$$\mathscr{E}_{21}=-\frac{\mathrm{d}\psi_{21}}{\mathrm{d}t}=-M\frac{\mathrm{d}I_1}{\mathrm{d}t} \qquad (15-4-5)$$

同理，当线圈 2 中的电流 I_2 发生变化时，在线圈 1 中所引起的感应电动势为

$$\mathscr{E}_{12}=-\frac{\mathrm{d}\psi_{12}}{\mathrm{d}t}=-M\frac{\mathrm{d}I_2}{\mathrm{d}t} \qquad (15-4-6)$$

由以上两式定义的互感电动势定义两线圈的互感系数，在数值上等于其中一个线圈中单位电流强度变化率在另一线圈中所产生的互感电动势. 对于同样的电流变化率，M_{12}、M_{21} 越大，互感电动势越大，互感现象越强.

在国际单位制中，互感系数的单位与自感系数的单位相同，也是亨利，符号为 H.

例 15.4.3 如图 15.4.6 所示，两同轴空心长直螺线管 1 和 2，长度都为 l，横截面积和匝数分别为 S_1、N_1 和 S_2、N_2，且 $S_2>S_1$，1 为原线圈，2 为副线圈. 试求：两线圈的互感系数 M_{21} 和 M_{12}.

解 设想当原线圈 1 中通电流 I_1 时，则在螺线管 1 内所产生的磁感应强度 $\boldsymbol{B}_1$ 的大小为

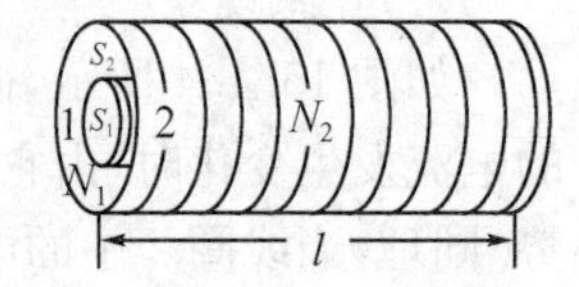

图 15.4.6 两个共轴螺线管互感系数的计算

$$B_1=\mu_0 n_1 I_1=\mu_0\frac{N_1}{l}I_1$$

通过副线圈螺线管 2 的互感磁链为

$$\psi_{21}=N_2B_1S_1=\mu_0\frac{N_1N_2}{l}S_1I_1$$

由互感系数的定义 $\psi_{21}=M_{21}I_1$，得

$$M_{21}=\frac{\psi_{21}}{I_1}=\frac{\mu_0N_1N_2}{l}S_1$$

同理，当给副线圈螺线管 2 通以电流 I_2 时，则在螺线管 2 内所产生的磁感应强度 $\boldsymbol{B}_2$ 的大小为

$$B_2=\mu_0 n_2 I_2=\mu_0\frac{N_2}{l}I_2$$

通过原线圈螺线管 1 的互感磁链为

$$\psi_{12}=N_1B_2S_1=\mu_0\frac{N_1N_2}{l}S_1I_2$$

由互感系数的定义式 $\psi_{12}=m_{12}I_2$，得

$$M_{12}=\frac{\psi_{12}}{I_2}=\mu_0\frac{N_1N_2}{l}S_1$$

以上计算结果表明，空心螺线管的互感系数由两线圈本身的因素决定，与两线圈中电流无关，而且两线圈之间的互感系数相等，即 $M_{21}=M_{12}=M$.

(3)自感和互感的关系

互感系数 M 是表征相邻两线圈之间磁场耦合紧密程度的物理量. 如果两线圈中的任一线圈中电流所激发的磁场全部通过另一线圈，这种情况称为无漏磁. 根据互感系数的定义式(15－4－4a)和(15－4－4b)可求得

$$M_{21}=\frac{\psi_{21}}{I_1}=\frac{N_2\Phi_{21}}{I_1},\quad M_{12}=\frac{\psi_{12}}{I_2}=\frac{N_1\Phi_{12}}{I_2}$$

在无漏磁的理想耦合情况下，有 $\Phi_{21}=\Phi_1$，$\Phi_{12}=\Phi_2$，因而有

$$M_{21}=\frac{N_2\Phi_1}{I_1},\quad M_{12}=\frac{N_1\Phi_2}{I_2}$$

将以上两式相乘，并考虑到 $M_{21}=M_{12}=M$，可得

$$M^2=\frac{N_2\Phi_1}{I_1}\frac{N_1\Phi_2}{I_2}=\frac{N_1\Phi_1}{I_1}\frac{N_2\Phi_2}{I_2}=L_1L_2$$

即

$$M=\sqrt{L_1L_2}$$

对于有漏磁的情况，如果引入系数 k，使 $0\leqslant k\leqslant1$，则

$$M=k\sqrt{L_1L_2}$$

式中，k 称为耦合系数，可由实验确定，一般情况下 $k<1$. 特殊情况下，当 $k=1$ 时，$M=\sqrt{L_1L_2}$ 是全耦合，无漏磁的理想情况；当 $k=0$ 时，$M=0$，是无耦合情况. 例如，变压器的 k 就比较大，可以达到 0.98 以上，因而，$M=k\sqrt{L_1L_2}$ 就是自感和互感之间的内在联系.

例 15.4.4　如图 15.4.7 所示，一矩形线圈长 $a=20$ cm，宽 $b=10$ cm，由 100 匝表面绝缘的导线绕成，放在一很长的直导线旁边并与之共面，这长直导线是一个闭合回路的一部分，其他部分离线圈都很远，影响可以忽略不计. 求图中(a)和(b)两种情况下，线圈与长直导线之间的互感.

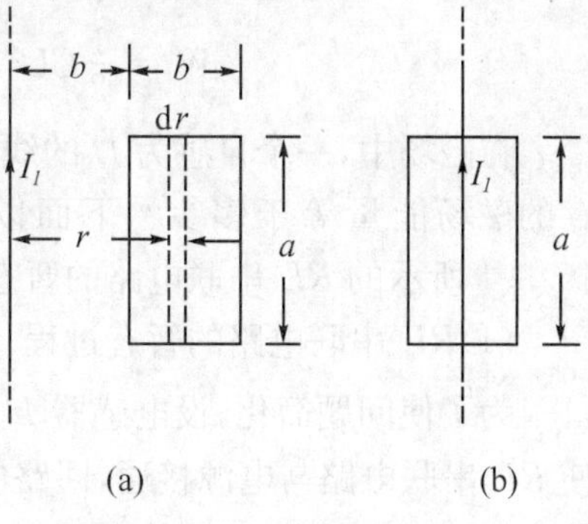

图 15.4.7　例 15.4.4 图示

解　①设长直导线中有电流 I，在周围空间场点产生的磁感应强度大小为

$$B=\frac{\mu_0 I}{2\pi r}$$

图(a)中在矩形线圈中产生的磁通链数为

$$\psi_m=N\int_b^{2b}\frac{\mu_0 I}{2\pi r}a\,\mathrm{d}r=\frac{\mu_0 NaI}{2\pi}\ln2$$

线圈与长直导线之间的互感系数为

$$M=\frac{\psi_m}{I}=\frac{\mu_0 Na}{2\pi}\ln2=\frac{4\pi\times10^{-7}\times100\times0.20\times0.693}{2\pi}=2.8\times10^{-6}(\mathrm{H})$$

②图(b)中由于直导线在矩形回路中央，它的两侧通过的磁通量符号相反，一侧穿入纸

面，另一侧穿出纸面，通过矩形线圈的总磁通链数为零，由互感定义式可得

$$M=0$$

例 15.4.5　一螺绕环截面的半径为 a，中心线的半径为 R，且 $R\gg a$，其上由表面绝缘的导线均匀地密绕两个线圈，其中一个为 N_1 匝，另一个为 N_2 匝，求两线圈的互感.

解　由题意 $R\gg a$，螺绕环截面中磁场可近似看作是均匀磁场，磁感应强度为

$$B=\frac{\mu_0 NI}{2\pi R}$$

设线圈 1 中通过的电流为 I_1，它产生的磁感应强度大小为

$$B_1=\frac{\mu_0 N_1 I_1}{2\pi R}$$

由电流 I_1 在横截面中产生的磁感应通量为

$$\Phi_{21}=B_1 S=\frac{\mu_0 N_1 S I_1}{2\pi R}$$

对线圈 2 中产生的磁通链数为　$\psi_{21}=N_2\Phi_{21}=\dfrac{\mu_0 N_1 N_2 S}{2\pi R}I_1$

根据互感的定义，可得互感系数 M 为　$M=\dfrac{\psi_{21}}{I_1}=\dfrac{\mu_0 N_1 N_2 S}{2\pi R}$

15.5　自感磁能和互感磁能

15.5.1　自感磁能

静电场中一个电容为 C 的电容器，当充电电压为 U 时，极板所带电量的绝对值为 Q，电容器所储存的电场能量为

$$W_e=\frac{1}{2}CU^2=\frac{1}{2}QU=\frac{1}{2}\frac{Q^2}{C}$$

在磁场中，一个自感为 L 的线圈，当建立稳恒电流 I 时，线圈能够储存的磁场能量等于多少？下面以 RL 串联电路的工作过程，即如图 15.5.1 所示的 RL 串联电路的暂态过程来讨论有关问题.

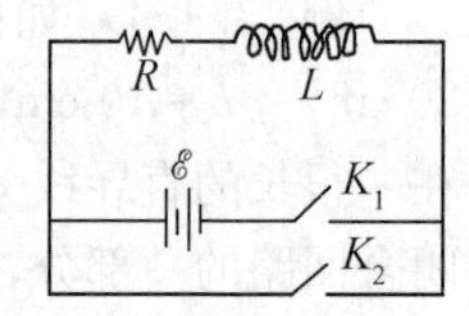

图 15.5.1　自感电器

(1)RL 串联电路的暂态过程

为了使问题简化，设电感器 L 的直流电阻 $R_L=0$，如图 15.5.1 所示，当合上开关 K_1 时，使 RL 串联电路与电源接通，回路中的电流将由 0 变到 I. 由于电感器 L 的自感作用，电路中的电流 i 不能跃变，即不能立刻由 0 变到 I，而是由零开始逐渐增大. 变化的电流产生的磁感应强度，变化的磁感应通量使电感器产生自感电动势，即

$$\mathscr{E}_L=-L\frac{\mathrm{d}i}{\mathrm{d}t} \tag{15-5-1}$$

规定 $\mathscr{E}_L$ 的正方向沿着 i 的正方向，设电源的电动势为 $\mathscr{E}$，根据基尔霍夫第二定律或全电路的欧姆定律，可得

$$\mathscr{E}-iR+\mathscr{E}_L=0$$

或

$$L\frac{\mathrm{d}i}{\mathrm{d}t}+Ri=\mathscr{E} \tag{15-5-2}$$

上式就是 RL 串联电路中电流 $i(t)$ 所满足的微分方程，该方程是一个关于 $i(t)$ 的一阶线性常系数非奇次微分方程，将等式两边同时乘以 $i\mathrm{d}t$，可得

$$Li\mathrm{d}i+i^2R\mathrm{d}t=\mathscr{E}i\mathrm{d}t \tag{15-5-3}$$

上式就是 RL 串联电路的暂态过程，式中 $\mathscr{E}i\mathrm{d}t$ 表示在 $\mathrm{d}t$ 时间内电源所提供的能量，$iL\mathrm{d}i$ 表示在 $\mathrm{d}t$ 时间电源必须克服电感器 L 的反电动势所做的功，这一部分能量不损耗，而是在 $\mathrm{d}t$ 时间内线圈所储存的磁场能量.

(2)自感磁能

当回路中无电阻存在，且 $R_L=0$ 时，为纯电感电路. 因此，在建立稳恒电流 I 的整个暂态过程中，在 t 时刻到 $t+\mathrm{d}t$ 时间间隔内，电源克服自感电动势所做的功为

$$\mathrm{d}A=|\mathscr{E}_L|i\mathrm{d}t=Li\mathrm{d}i$$

在整个暂态过程中，电源克服电感的反电动势所做的总功为

$$A=\int\mathrm{d}A=\int_0^I Li\mathrm{d}i=\frac{1}{2}LI^2 \tag{15-5-4}$$

根据能量守恒定律，在整个暂态过程中，设在由 0 到 t 的时间内，电流由 0 逐渐增大到 I，电源克服自感电动势所做的总功在量值上应等于电流为 I 时自感线圈中所储存的自感磁能，即

$$W_L=\int_0^I Li\mathrm{d}i=\frac{1}{2}LI^2 \tag{15-5-5}$$

这就是电感器储存自感磁能的计算公式.

在国际单位制，自感 L 的单位为伏·秒·安$^{-1}$($\mathrm{V\cdot s\cdot A^{-1}}$)，$I$ 的单位为安(A)，因此，W_L 的单位为伏特·安培·秒(V·A·s)，即 W_L 的单位正是能量的单位焦耳.

15.5.2 互感磁能

用与计算自感磁能相类似的方法可以计算出互感磁能.

根据能量守恒定律，设在具有互感的两个相邻线圈里分别由 $0\to I_1$ 及由 $0\to I_2$ 建立稳恒电流 I_1 和 I_2. 电源所提供的能量除了用于产生焦耳热损耗和自感磁能以外，还要反抗两个线圈中互感电动势 $\mathscr{E}_{21}$ 和 $\mathscr{E}_{12}$ 做功. 在 $\mathrm{d}t$ 时间内电源反抗两线圈中互感电动势所做的元功分别为

$$\mathrm{d}A_1=-\mathscr{E}_{12}i_1\mathrm{d}t,\quad \mathrm{d}A_2=-\mathscr{E}_{21}i_2\mathrm{d}t$$

在建立两个线圈的稳恒电流 I_1 和 I_2 的整个过程中，电源反抗互感电动势所做的总功为

$$A=\int\mathrm{d}A_1+\int\mathrm{d}A_2=\int_0^\infty-\mathscr{E}_{12}i_1\mathrm{d}t-\int_0^\infty\mathscr{E}_{21}i_2\mathrm{d}t$$

由于式中 $-\mathscr{E}_{12}=M_{12}\mathrm{d}i_2/\mathrm{d}t$，$-\mathscr{E}_{21}=M_{21}\mathrm{d}i_1/\mathrm{d}t$，又由于 $M_{12}=M_{21}=M$，可得

$$W=\int_0^{I_2}Mi_1\mathrm{d}i_2+\int_0^{I_1}Mi_2\mathrm{d}i_1=M\int_0^{I_1I_2}\mathrm{d}(i_1i_2)=MI_1I_2$$

因此，两线圈的互感磁能应等于

$$W_m=MI_1I_2 \tag{15-5-6}$$

考虑到每一线圈的自感能 $\frac{1}{2}L_1I_1^2$、$\frac{1}{2}L_2I_2^2$ 和两个线圈的互感磁能 MI_1I_2，则在两线圈建立起稳恒电流 I_1 和 I_2 的过程中所储存的总磁能为

$$W_m=\frac{1}{2}L_1I_1^2+\frac{1}{2}L_2I_2^2+MI_1I_2 \tag{15-5-7}$$

必须指出,自感磁能总是正的,而互感磁能可正可负,当 I_1 和 I_2 所激发的磁链是相互加强时,互感磁能为正;当 I_1 和 I_2 所激发的磁链是相互削弱时,互感磁能为负.

15.5.3 磁场的能量

电场具有的电场能量可以用描述电场的物理量——电场强度和电位移来表示.

磁场具有能量,磁场能量也可以用描述磁场的物理量——磁感应强度和磁场强度来表示.下面以计算充满均匀磁介质,长为 l,横截面为 S 的长直螺线管为例,计算有关磁场能量.

在螺线管内部,磁场是均匀的,磁感应强度矢量的大小为

$$B=\mu \frac{N}{l}I=\mu nI$$

自感系数为

$$L=\mu \frac{N^2 S}{l}=\mu n^2 V$$

由自感磁能表达式(15-5-5)可得螺线管内部磁场能量为

$$W_m=\frac{1}{2}LI^2=\frac{1}{2}\mu n^2 V\left(\frac{B}{\mu n}\right)^2=\frac{1}{2}\frac{B^2}{\mu}V \tag{15-5-8}$$

式中,V 表示长直螺线管的体积.上式表明,磁场能量不仅和磁感应强度矢量的大小平方成正比,还和磁场所占有的体积 V 成正比,表明磁场定域于磁场存在的整个空间.

(1)磁场能量密度

在磁场存在的空间单位体积内所储存的磁场能量称为磁场能量的体密度,简称磁能密度,亦称为磁压强.在各向同性的线性磁介质中,$B=\mu H$,螺线管内磁场大小均匀,则磁场能量密度公式可写为

$$w_m=\frac{W_m}{V}=\frac{1}{2}\frac{B^2}{\mu}=\frac{1}{2}BH=\frac{\mu}{2}H^2 \tag{15-5-9}$$

上式表明:磁场存在的空间中某处的磁场能量密度正比于该处的 B 和 H 的乘积,或正比于 B^2 或者 H^2.

必须指出,以上所得结论,是从长直螺线管这个特例导出的,B 和 H 的数值是均匀的,总磁场能量 W_m 就等于磁场能量密度 w_m 乘以体积 V,上式对非均匀磁场也适用,此时 B 和 H 是空间位置的函数.在非均匀磁场的普遍情况下,可以将磁场分为无限多个体积元 $\mathrm{d}V$,在体积元 $\mathrm{d}V$ 中,可以把 B 和 H 的数值看作是均匀的,因此,在体积元 $\mathrm{d}V$ 中的磁场能量为

$$\mathrm{d}W_m=w_m\mathrm{d}V=\frac{1}{2}\frac{B^2}{\mu}\mathrm{d}V=\frac{1}{2}BH\mathrm{d}V=\frac{\mu}{2}H^2\mathrm{d}V$$

(2)总磁场能量 W_m

总磁场能量 W_m 应等于 $\mathrm{d}W_m$ 对磁场所占有的全部空间积分,也就是说,凡是磁场不为零的空间都储存着磁场能量,总磁场能量为

$$W_m=\iiint_V w_m\mathrm{d}V=\frac{1}{2}\iiint_V BH\mathrm{d}V \tag{15-5-10}$$

利用上式计算磁场能量时,如果磁场所占的全部空间分成若干个区域,各区域中 B 和 H 不相等,则应对上式分区域进行积分.上式表明磁场能量定域于磁场中,磁场具有能量是磁场物质性的体现,磁场和电场相类似,是一种特殊的物质形态.

对于稳恒磁场(静磁场),由于电流与磁场的分布一一对应,所以磁场能量的两种表达式(15-5-5)式和(15-5-10)式是等价的,对于似稳电磁场,这一结论近似成立.对于交变电磁

场，即空间传播的电磁波，计算磁场能量只能够用一般表达式(15－5－10)式来表示.

对于某个回路，利用磁场能量两种表达式的等价性，即

$$\frac{1}{2}LI^2=\frac{1}{2}\iiint_V BH\mathrm{d}V$$

可以求出回路自感系数 L，这是计算自感系数的三种方法之一.

如果是在真空中或空气中计算有关磁场能量，只需将磁介质中的磁导率 μ 用真空中的磁导率 μ_0 代替，上述有关计算磁场的公式仍适用.

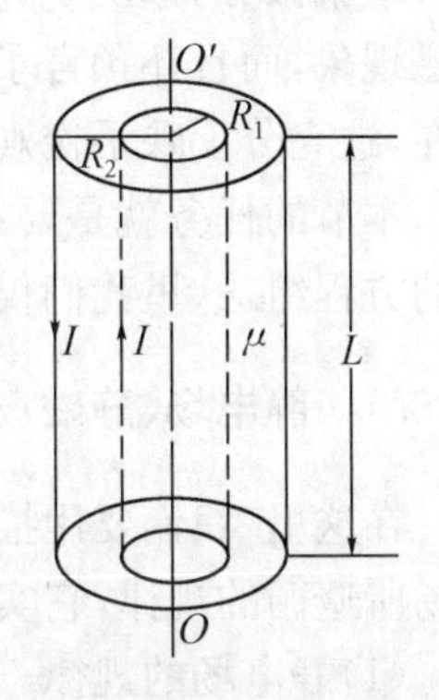

图 15.5.2 例 15.5.1 图示

例 15.5.1 如图 15.5.2 所示，同轴电缆由半径分别为 R_1 的圆柱导体和半径为 R_2 的圆筒导体构成. 导体的绝对磁导率为 μ'，两导体之间充满绝对磁导率为 μ 的磁介质. 设电缆很长，试求：①长为 h 的这段电缆的磁场能量；②该段电缆的自感系数.

解 由图可知，电流分布具有轴对称性，磁场分布具有轴对称性及均匀性，磁场分布于 $r<R_1$，$R_1<r<R_2$ 之间.

根据磁介质中的安培环路定律 $\oint_L \boldsymbol{H}\cdot\mathrm{d}\boldsymbol{l}=\sum\limits_{i\,(L内)} I_{i0}$，可求出磁场强度大小，再由 $\boldsymbol{B}=\mu\boldsymbol{H}$ 可求出相应的磁感应强度大小.

①当 $r<R_1$ 时，磁场大小为

$$H_1=\frac{I}{2\pi R_1^2}r,\quad B_1=\mu' H=\frac{\mu' Ir}{2\pi R_1^2}$$

当 $R_1<r<R_2$ 时，磁场大小为

$$H_2=\frac{I}{2\pi r},\quad B_2=\mu H=\frac{\mu I}{2\pi r}$$

当 $r>R_2$ 时，磁场大小为 $H_3=0,\quad B_3=0$

长为 h 的一段同轴电缆中体积元 $\mathrm{d}V=2\pi r\mathrm{d}rh$，所具有的磁场能量为

$$\mathrm{d}W_m=w_m\mathrm{d}V=\frac{1}{2}HB\mathrm{d}V=\frac{1}{2}\frac{\mu' I^2}{4\pi^2R^4}r^2h2\pi r\mathrm{d}r+\frac{1}{2}\frac{\mu I^2}{4\pi r^2}h2\pi r\mathrm{d}r$$

长为 h 的一段同轴电缆中总磁场能量为

$$W_m=\frac{1}{2}\int_0^{R_1}\frac{\mu' I^2h}{4\pi R_1^4}r2\pi r\mathrm{d}r+\frac{1}{2}\int_{R_1}^{R_2}\frac{\mu I^2h}{4\pi^2r^2}2\pi r\mathrm{d}r=\frac{I^2h}{4\pi}\left(\frac{\mu'}{4}+\mu\ln\frac{R_2}{R_1}\right)$$

② 该段电缆的电感 L 可由比较法求得

$$W_m=\frac{1}{2}LI^2=\frac{I^2h}{4\pi}\left(\frac{\mu'}{4}+\mu\ln\frac{R_2}{R_1}\right),\quad L=\frac{h}{2\pi}\left(\frac{\mu'}{4}+\mu\ln\frac{R_2}{R_1}\right)$$

结果表明 L 与电缆结构有关，而与通电与否无关.

15.6 位移电流和麦克斯韦方程组

以上各节从实验定律出发建立了电磁现象的一些基本规律，但它们所描述的现象及适用范围各不相同，从实践的角度来看可以说比较全面和系统了. 从历史发展情况来看，1820 年奥斯特发现电流磁效应和 1831 年法拉第建立电磁感应定律，不仅使这些实验规律广泛应用于生产技术，而且使电磁场理论本身也得到很大的发展，特别是这个时期促使人们迫切要求全面总

结、补充、推广有关规律，总结出电磁运动的普遍规律，使之上升为成熟的理论. 这个总结工作主要是由英国物理学家麦克斯韦(1831—1879)来完成的. 他在库仑、安培、法拉第和亨利等人的工作基础上，提出了涡旋电场和位移电流(1861 年)两个假设，从而在 1864 年总结出电磁现象的基本规律. 这个基本规律的核心就是以联系电磁场量 $\boldsymbol{E}$ 和 $\boldsymbol{B}$ 及其辅助量 $\boldsymbol{D}$ 和 $\boldsymbol{H}$ 所满足的一组偏微分方程——麦克斯韦方程组，并以此为出发点，不仅成功地解释和推广了一切宏观电磁现象，而且还预言了电磁波. 1887 年德国的物理学家赫兹用实验的方法证实了电磁波的存在，这充分反映了宏观的电磁场理论在当时已达到了一个十分完美的程度.

本节的任务就是要利用麦克斯韦所提出的两个基本假设推广到能描述随时间变化的电磁场的方程组. 这里我们仅说明以下五个方面的问题.

15.6.1 静电场、静磁场的基本方程

在这里，我们要用描述电场和磁场的基本物理量 $\boldsymbol{E}$、$\boldsymbol{B}$ 及其辅助量 $\boldsymbol{D}$、$\boldsymbol{H}$ 表示出静电场、静磁场所遵循的规律，它实际是对库仑定律和毕奥—萨伐尔—拉普拉斯定律的总结和概括.

(1)静电场的规律

这里要用 $\boldsymbol{E}$、$\boldsymbol{D}$ 来表示有电介质存在时静电场所具有的特殊性质. 因为 $\boldsymbol{D}=\varepsilon_0\boldsymbol{E}+\boldsymbol{p}$，其中 ε_0 是真空中的介电常量，$\boldsymbol{E}$ 为介质中的静电场，$\boldsymbol{p}$ 为极化强度矢量. 对于各向同性介质，实验证明：$\boldsymbol{p}\propto\boldsymbol{E}$，即 $\boldsymbol{p}=\varepsilon_0\chi_e\boldsymbol{E}$($\chi_e$ 是介质的极化率)，故 $\boldsymbol{D}=\varepsilon_0\boldsymbol{E}+\chi_e\varepsilon_0\boldsymbol{E}=\varepsilon_0(1+\chi_e)\boldsymbol{E}=\varepsilon\boldsymbol{E}$，其中 $\varepsilon=\varepsilon_0(1+\chi_e)=\varepsilon_0\varepsilon_r$，即 $\varepsilon_r=1+\chi_e$.

因为 $\boldsymbol{E}$、$\boldsymbol{D}$ 是有源场，其高斯积分不为 0，即静电场的高斯定理为

$$\oiint_S \boldsymbol{D}\cdot\mathrm{d}\boldsymbol{S}=\sum q_i \qquad (15-6-1)$$

静电场的高斯定理，表明电位移矢量 $\boldsymbol{D}$ 的通量，等于该闭合曲面内所包围自由电荷的代数和，表明静电场是有源场. 此式为何不用 $\boldsymbol{E}$ 而用 $\boldsymbol{D}$ 呢？用 $\boldsymbol{D}$ 是为了回避因介质被极化而出现的极化电荷的计算. 因为先求出 $\boldsymbol{D}$ 后，由 $\boldsymbol{D}=\varepsilon\boldsymbol{E}$ 关系再求 $\boldsymbol{E}$ 是很容易的. 由于 $\boldsymbol{D}$、$\boldsymbol{E}$ 是有源场，必然是无旋的，也就是保守场，其静电场力做功与路径无关，故应满足静电场的环路定理，即

$$\oint_L \boldsymbol{E}\cdot\mathrm{d}\boldsymbol{l}=0 \qquad (15-6-2)$$

上式表明：静电场 $\boldsymbol{E}$ 的环流等于零，静电场是无旋场，是从库仑定律推导出来的.

此式为何不用 $\boldsymbol{D}$ 而又要用 $\boldsymbol{E}$ 呢？因为最终目的还是为了求 $\boldsymbol{E}$，这里的积分又不涉及束缚电荷的计算，又何必先求 $\boldsymbol{D}$ 再求 $\boldsymbol{E}$ 拐一个弯呢？

将(15-6-1)和(15-6-2)两式结合起来，就能解释和推断静电场的一切问题.

(2)静磁场基本方程

这里要用物理量 $\boldsymbol{B}$、$\boldsymbol{H}$ 来表示有介质存在时静磁场所具有的特殊性质. 因为 $\boldsymbol{H}=\dfrac{\boldsymbol{B}}{\mu_0}-\boldsymbol{M}$，其中 μ_0 是真空中的磁导率，$\boldsymbol{B}$ 为介质中的磁场，$\boldsymbol{M}$ 为磁化强度矢量. 对非铁磁质，实验证明：$\boldsymbol{M}\propto\boldsymbol{H}$，即 $\boldsymbol{M}=\chi_m\boldsymbol{H}$($\chi_m$ 是磁介质的磁化率)，故 $\boldsymbol{H}=\dfrac{\boldsymbol{B}}{\mu_0}-\chi_m\boldsymbol{H}$，即 $\boldsymbol{B}=\mu_0(1+\chi_m)\boldsymbol{H}=\mu\boldsymbol{H}$，其中 $\mu=\mu_0\mu_r$，而 $\mu_r=1+\chi_m$.

因为 $\boldsymbol{B}$、$\boldsymbol{H}$ 是无源场，稳恒磁场中的高斯定理为

$$\oiint_S \boldsymbol{B}\cdot\mathrm{d}\boldsymbol{S}=0 \qquad (15-6-3)$$

上式表明:磁感应强度矢量 $\boldsymbol{B}$ 的通量等于零,说明磁场是无源场,磁感应线是无头无尾的闭合曲线.这里为何不用 $\boldsymbol{H}$ 呢?目的本是为了求 $\boldsymbol{B}$,高斯积分又未涉及磁化电流,何必又去拐一个弯呢?

由于无源场是非保守场,必定是有旋的,故其环路积分不为零.即

$$\oint_L \boldsymbol{H} \cdot \mathrm{d}\boldsymbol{l} = \sum_i I_i \tag{15-6-4}$$

这是稳恒磁场的安培环路定理,表明磁场强度矢量 $\boldsymbol{H}$ 的环路积分不等于零,而等于回路所包围传导电流的代数和,表明稳恒磁场是有旋场.这里用 $\boldsymbol{H}$ 完全是为了回避积分时难以测量和计算的磁化电流 I_S.

式(15-6-3)和(15-6-4)便是静磁场所满足的方程,原则上可以解释和推断一切静磁现象的问题.

(3)四个方程的结合

总的来说,静电场和静磁场的高斯积分和环路积分在形式上具有反对称性,可用以下顺序排列起来:

$$\begin{cases} \oiint_S \boldsymbol{D} \cdot \mathrm{d}\boldsymbol{S} = \sum_i q_i \\ \oiint_S \boldsymbol{B} \cdot \mathrm{d}\boldsymbol{S} = 0 \\ \oint_L \boldsymbol{E} \cdot \mathrm{d}\boldsymbol{l} = 0 \\ \oint_L \boldsymbol{H} \cdot \mathrm{d}\boldsymbol{l} = \sum_i I_i \end{cases}$$

它们共同地反映了静电场、静磁场所满足的方程组.

有两点值得注意:一是这个方程组仅适用于相对于观察者静止的电场和恒稳磁场;二是(15-6-1)和(15-6-4)式因涉及介质,积分又不为0,故用辅助量 $\boldsymbol{D}$、$\boldsymbol{H}$ 积分,而不直接用基本场量 $\boldsymbol{E}$、$\boldsymbol{B}$ 积分,可以不涉及极化电荷 Q'、磁化电流 I_S.

我们的最终目的是要写出一组包括变化着的电磁场在内的通用的电磁场方程组,为此,我们还需要分析变化的磁场和变化的电场所激发的涡旋电场和涡旋磁场所满足的方程组.

15.6.2 涡旋电场所满足的方程

涡旋电场是由变化着的磁场所激发的.因是无源有旋场,故应满足

$$\oiint_S \boldsymbol{D} \cdot \mathrm{d}\boldsymbol{S} = 0 \tag{15-6-5}$$

反映了电场的无源性,而有旋性则可由下式来表达:

$$\oint_L \boldsymbol{E}_{旋} \cdot \mathrm{d}\boldsymbol{l} = -\frac{\mathrm{d}\Phi_m}{\mathrm{d}t} \tag{15-6-6}$$

上式是麦克斯克韦假设:认为变化的磁场要在它的周围空间激发涡旋电场.

15.6.3 位移电流

为了说明涡旋磁场是如何被激发的,需要引入位移电流的概念.因此,首先从传导电流和位移电流的特点类比着手研究.

(1)传导电流和位移电流的特点

①传导电流 I_c 沿导线流动总是连续性的. 如图 15.6.1 所示,在稳恒电流情况下 $\boldsymbol{H}$ 的环路积分为

$$\oint_L \boldsymbol{H} \cdot \mathrm{d}\boldsymbol{l} = I_c = \iint_{S_1} \boldsymbol{j}_c \cdot \mathrm{d}\boldsymbol{S} = \iint_{S_2} \boldsymbol{j}_c \cdot \mathrm{d}\boldsymbol{S} = \iint_{S_3} \boldsymbol{j}_c \cdot \mathrm{d}\boldsymbol{S}$$

故有

$$\oiint_{S_1+S_2} \boldsymbol{j}_c \cdot \mathrm{d}\boldsymbol{S} = \oiint_{S_2+S_3} \boldsymbol{j}_c \cdot \mathrm{d}\boldsymbol{S} = 0$$

上式表明:传导电流对导线回路的确是连续的. 但是,传导电流对有电容器的回路则不是连续的,如图 15.6.2 所示.

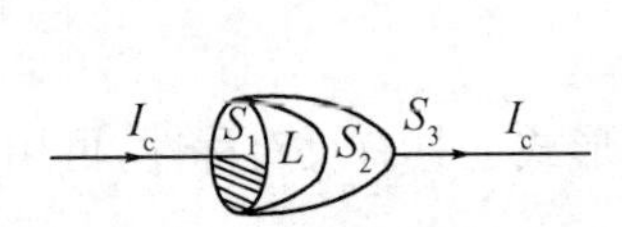

图 15.6.1 传导电流是连续的

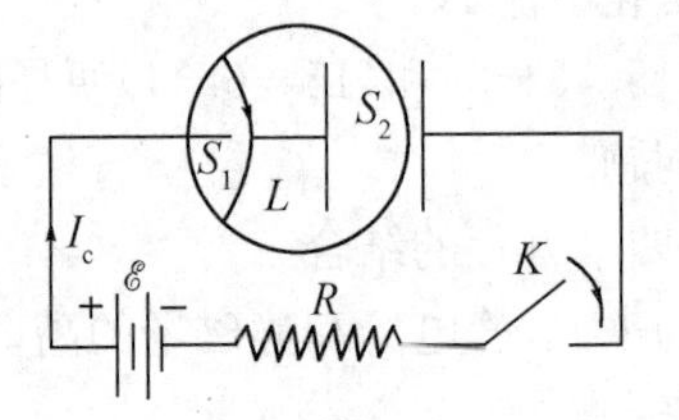

图 15.6.2 传导电流不是连续的

合上 K 后,在充电过程中,电路中有传导电流 I_c,而且是变化的. 当时间由 $0 \to t_0$ 时,电流由 $0 \to I_c$.

对(S_1+S_2)闭合曲面:$\oiint_{S_1+S_2} \boldsymbol{j}_c \cdot \mathrm{d}\boldsymbol{S} \neq 0$(说明传导电流对电容器回路是不连续的)

对 S_1 曲面:$\oint_L \boldsymbol{H} \cdot \mathrm{d}\boldsymbol{l} = \iint_{S_1} \boldsymbol{j}_c \cdot \mathrm{d}\boldsymbol{S} = I_c$

对 S_2 曲面:$\oint_L \boldsymbol{H} \cdot \mathrm{d}\boldsymbol{l} = \iint_{S_2} \boldsymbol{j}_c \cdot \mathrm{d}\boldsymbol{S}$,因无传导电流似乎应等于零. 有无电流呢? 若无电流,为何充、放电过程中,回路导线中有 I_c 存在,显然在电容器中一定存在着相当于电流的物质.

②位移电流 I_d 的引入. 麦克斯韦认为:电容器中虽无电流流过,但在充、放电过程中,电场却在变化,变化着的电场将产生电流,麦克斯韦坚持电流线连续的观点,如果传导电流不连续,一定有某种电流线来替续,把这种电流称为位移电流,用 I_d 来表示,其大小和方向与传导电流相同,不仅传导电流能产生磁场,而且位移电流也产生磁场. 因此,存在于电容器回路的环路定理可以写成如下形式:

$$\oint_L \boldsymbol{H} \cdot \mathrm{d}\boldsymbol{l} = I_c + I_d = I_{全}(全电流)$$

(2)位移电流和传导电流的关系

对于一个同轴的圆面平行板电容器,当面积 S 的 $\sqrt{S} \gg d$(板间距)时,可以当成无限大平行板电容器,如图 15.6.3 所示. 我们可以看出如下几层关系:

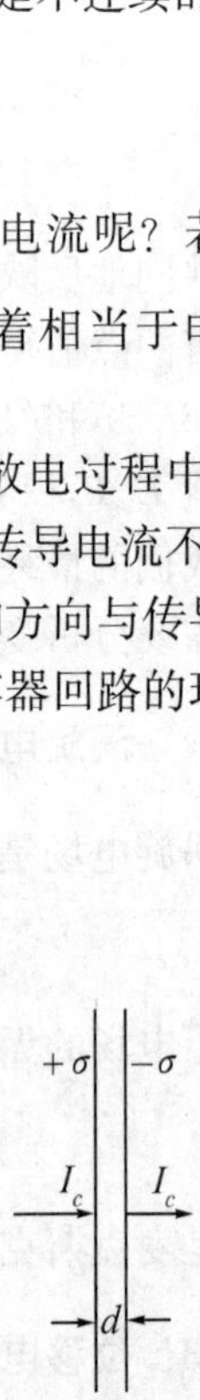

图 15.6.3 平行板电容器

①传导电流和极板的电荷关系.

在充电时刻
$$\begin{cases} I_c = \dfrac{\mathrm{d}q}{\mathrm{d}t} = \dfrac{\mathrm{d}(\sigma S)}{\mathrm{d}t} = S\,\dfrac{\mathrm{d}\sigma}{\mathrm{d}t} \\ j_c = \dfrac{I_c}{S} = \dfrac{\mathrm{d}\sigma}{\mathrm{d}t} \end{cases} \qquad (15-6-7)$$

上式表明:平行板外导线上的传导电流与平行板上的电荷 q 的时变率有关,而传导电流密度的

大小与平行板电容器极板上的面电荷密度的时变率相等.

②极板上的电荷和极板间的电场关系.

对平行板电容器的静态情况,仅就物理量的大小而言,有如下关系:

$$\text{静电情况}\begin{cases}\text{电位移矢量的大小}:|\boldsymbol{D}|=\sigma\left(\because E=\dfrac{\sigma}{\varepsilon}D=\varepsilon E=\sigma\right)\\ \text{电位移通量}:\Phi_D=\boldsymbol{D}\cdot\boldsymbol{S}=\sigma S\end{cases}$$

故在暂态情况(充放电时)有

$$\begin{cases}\dfrac{\mathrm{d}D}{\mathrm{d}t}=\dfrac{\mathrm{d}\sigma}{\mathrm{d}t}\\ \dfrac{\mathrm{d}\Phi_D}{\mathrm{d}t}=S\dfrac{\mathrm{d}D}{\mathrm{d}t}\end{cases}\tag{15-6-8}$$

③传导电流 I_c 与位移电流 I_d 的关系.

由(15-6-7)和(15-6-8)式比较可知:

仅就大小而言

$$\begin{cases}I_c=\dfrac{\mathrm{d}\Phi_D}{\mathrm{d}t}=S\dfrac{\mathrm{d}D}{\mathrm{d}t}\\ j_c=\dfrac{\mathrm{d}\sigma}{\mathrm{d}t}=\dfrac{\mathrm{d}D}{\mathrm{d}t}\end{cases}\tag{15-6-9}$$

上式表明:极板外的传导电流密度 $\boldsymbol{j}_c$ 的大小与极板间的电位移矢量的时变率的大小是相等的.就方向而言,矢量 $\boldsymbol{j}_c$ 与矢量$\dfrac{\mathrm{d}\boldsymbol{D}}{\mathrm{d}t}$也有一致的关系:

当充电时:$\sigma\nearrow$,$\boldsymbol{D}$ 指向右,$\dfrac{\mathrm{d}\boldsymbol{D}}{\mathrm{d}t}$也指向右,故 $\boldsymbol{j}_c$ 与$\dfrac{\mathrm{d}\boldsymbol{D}}{\mathrm{d}t}$方向一致;

当放电时:$\sigma\nearrow$,$\boldsymbol{D}$ 仍向右,$\dfrac{\mathrm{d}\boldsymbol{D}}{\mathrm{d}t}$却指向左($\dfrac{\mathrm{d}\boldsymbol{D}}{\mathrm{d}t}<0$),故 $\boldsymbol{j}_c$ 也与$\dfrac{\mathrm{d}\boldsymbol{D}}{\mathrm{d}t}$方向一致.

也就是说,$\boldsymbol{j}_c$ 始终与$\dfrac{\mathrm{d}\boldsymbol{D}}{\mathrm{d}t}$的方向保持一致,可见麦克斯韦假定的位移电流及其密度应为

$$\begin{cases}I_d=\dfrac{\mathrm{d}\Phi_D}{\mathrm{d}t}=S\dfrac{\mathrm{d}D}{\mathrm{d}t}=I_c\\ \boldsymbol{j}_d=\dfrac{\mathrm{d}\boldsymbol{D}}{\mathrm{d}t}\end{cases}\tag{15-6-10}$$

可见,位移电流 I_d 是电位移通量 Φ_D 随时间的变化率,位移电流密度 $\boldsymbol{j}_d$ 是电位移矢量 $\boldsymbol{D}$ 随时间的变化率.随时间变化的电场能够激发涡旋磁场是有根据的.可是麦克斯韦的这种假定在当时难以被物理学家们所接受,就连玻尔兹曼这样的物理学家也花了几年的时间才接受.直到 1887 年赫兹从实验上测得了电磁波的存在后,才完全被大家接受.可见,一个新事物的出现是难于一时被人们所理解和接受的,而发现新事物就更不是一件容易的事.这与发现者的智力和世界观方法论是密切相关的.

(3)全电流定律

麦克斯韦把传导电流(这里应包括运流电流)和位移电流的代数和统称为全电流.即 $I_{全}=I_c+I_d$,并约定:

$$\begin{cases}I_c=\displaystyle\iint_{S_1}\boldsymbol{j}_c\cdot\mathrm{d}\boldsymbol{S} & \text{传导电流}\\ I_d=\displaystyle\iint_{S_2}\boldsymbol{j}_d\cdot\mathrm{d}\boldsymbol{S} & \text{位移电流}\end{cases}$$

则有

$$\oiint_{S_1+S_2}(\boldsymbol{j}_c+\boldsymbol{j}_d)\cdot\mathrm{d}\boldsymbol{S}=0\tag{15-6-11}$$

上式表明:全电流在任何情况下都是连续的,如图 15.6.2 所示,当电容器放电时,在极板间介质内有位移电流而无传导电流,故这时 $I_{全}=I_d$;在极板外导体(包括导线)中,传导电流占绝对优势,而忽略位移电流,故这时 $I_{全}=I_c$. 因此,在整个电容器回路中,对全电流仍是连续的. 在传导电流被电容器截断处有位移电流来接上,好像两者接力完成电流输送并产生涡旋磁场一样. 安培环路定理在电容器回路中可写成如下形式:

$$\oint_L \boldsymbol{H}\cdot \mathrm{d}\boldsymbol{l}=\iint_S \left(\boldsymbol{j}_c+\frac{\mathrm{d}\boldsymbol{D}}{\mathrm{d}t}\right)\cdot \mathrm{d}\boldsymbol{S} \qquad (15-6-12)$$

(15-6-12)式称为全电流安培环路定理,简称全电流定律,表明全电流在任何情况下都是连续的. 它表达了磁场 $\boldsymbol{H}$ 沿任意闭合回路的环流等于通过闭合回路所围成的曲面的全电流.

(4)几点注意事项

①(15-6-12)式不仅适用于变化的电磁场,也适用于静止的电磁场. 因为当电流恒定时,$\frac{\partial D}{\partial t}=0$,即使电流变化较慢,在导体中$\frac{\partial D}{\partial t}$也可忽略不计,这时全电流定理变成了稳恒电流的磁场的环路定理了.

②$\frac{\partial \boldsymbol{D}}{\partial t}\neq 0$ 处表明该处空间存在着变化的电场,在其周围空间必然存在着变化的磁场. 由于 $\boldsymbol{D}$ 可以在介质和真空中存在,因此,位移电流也可在介质和真空中产生.

③位移电流和传导电流的等效之处是在周围都要产生磁场,而且是涡旋磁场;相异之处则有以下几方面:

- 产生的原因不同
  - 传导电流:电荷受电场力的作用作定向运动的宏观表现.
  - 位移电流:由变化着的电场产生,没有电荷作宏观定向运动.
- 电流的热效应不同
  - 只有传导电流才产生焦耳热效应.
  - 位移电流不产生焦耳热效应.
- 流动空间和存在范围不同
  - 传导电流仅能在导体中流动.
  - 位移电流可以存在于有变化着的电场存在的介质、导体和真空所有空间中. 在介质中传导电流很小,位移电流可以很大.

(5)全电流定律的应用举例

例 有一半径为 R 的平行板电容器,当 $R\gg d$ 时,其间充满空气,若使板间有均匀的电场,并有$\frac{\partial E}{\partial t}=C>0$,求:①位移电流 $I_d=$? ②离对称轴 r 远处 B 的分布情况.

解 ①$I_d=\iint_S \boldsymbol{j}_d\cdot \mathrm{d}\boldsymbol{S}=\iint_S \frac{\partial \boldsymbol{D}}{\partial t}\cdot \mathrm{d}\boldsymbol{S}$(由于 $R\gg d$,可忽略不计边缘效应)

$$=\frac{\partial D}{\partial t}\pi R^2=\pi R^2\varepsilon_0\frac{\partial E}{\partial t} \quad (\boldsymbol{E}\text{ 方向由左指向右})$$

上式表明:只有$\frac{\partial E}{\partial t}\neq 0$,$I_d$ 才存在,即有电容器存在的电路中只有充放电过程中 I_d 才存在.

② 由

$$\oint_L \boldsymbol{H}\cdot \mathrm{d}\boldsymbol{l}=\iint_S (\boldsymbol{j}_c+\boldsymbol{j}_d)\cdot \mathrm{d}\boldsymbol{S}$$

因为$\frac{\partial E}{\partial t}=C>0$,同时又是对称于轴均匀分布的,故 H 应是对称于轴分布的涡旋场. 现取半径为 r 垂直于轴的右旋圆环路(L_1),在环路上 H 应为常量,处处相等,如图 15.6.4 所示.

当 $r<R$ 时，由于 $j_c=0$，而 $j_d=\frac{\partial D}{\partial t}=\varepsilon_0\frac{\partial E}{\partial t}$，故有

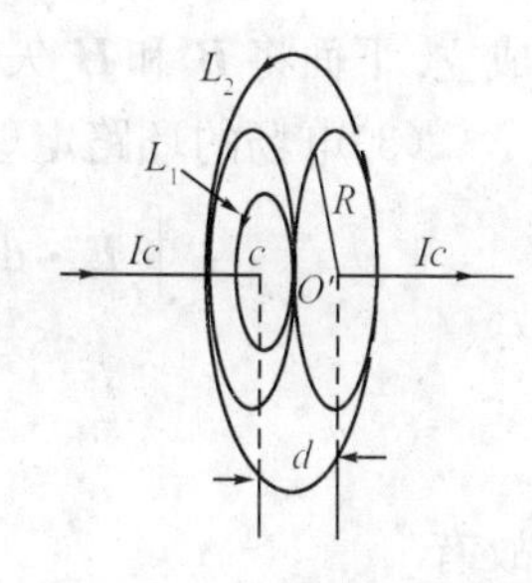

图 15.6.4　右旋圆环路

$$\oint_L \boldsymbol{H}\cdot \mathrm{d}\boldsymbol{l}=H2\pi r=\iint_S \boldsymbol{j}_d\cdot \mathrm{d}\boldsymbol{S}=\pi r^2\varepsilon_0 S\frac{\partial E}{\partial t}$$

即
$$H_{内}=\frac{r}{2}\varepsilon_0\frac{\partial E}{\partial t}\quad (r\leqslant R)$$

当 $r>R$ 时，仍取垂直于轴的右旋圆环路 L_2，同理有

$$\oint_{L_2}\boldsymbol{H}\cdot d\boldsymbol{l}=H2\pi r=\pi R^2\varepsilon_0\frac{\partial E}{\partial t}$$

即
$$H_{外}=\frac{\varepsilon_0 R^2\partial E}{2r\partial t}\quad (r>R)$$

可见在两种情况下，有：
$$B=\begin{cases}\mu_0 H_{内}=\dfrac{\mu_0\varepsilon_0}{2}\dfrac{\partial E}{\partial t}r & (r\leqslant R)\\ \mu_0 H_{外}=\dfrac{\mu_0\varepsilon_0 R^2}{2r}\dfrac{\partial E}{\partial t} & (r>R)\end{cases}$$

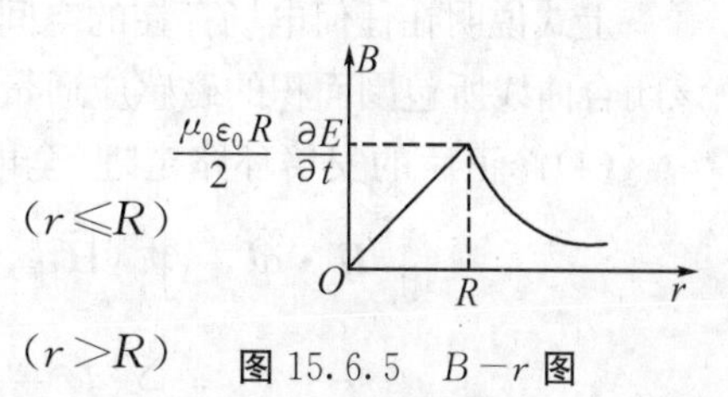

图 15.6.5　$B-r$ 图

故其 $B-r$ 图如图 15.6.5 所示.

15.6.4　麦克斯韦方程组的积分形式

通过前面的讨论，我们已具备写出麦克斯韦方程组的积分形式的全部条件了，即是在弄清麦克斯韦引入的涡旋电场和位移电流概念之后来写这个方程组.

就电场而言，既有由静止电荷所激发的静电场，用 $\boldsymbol{E}^{(1)}$ 和 $\boldsymbol{D}^{(1)}$ 来表示；又有由变化着的磁场所激发的涡旋电场，用 $\boldsymbol{E}^{(2)}$ 和 $\boldsymbol{D}^{(2)}$ 来表示.

就磁场而言，既有传导电流（恒稳电流）所激发的静磁场，用 $\boldsymbol{B}^{(1)}$ 和 $\boldsymbol{H}^{(1)}$ 来表示；又有由位移电流（变化着的电场）所激发的涡旋磁场，用 $\boldsymbol{B}^{(2)}$ 和 $\boldsymbol{H}^{(2)}$ 来表示.

则有
$$\begin{cases}\boldsymbol{E}=\boldsymbol{E}^{(1)}+\boldsymbol{E}^{(2)}\\ \boldsymbol{D}=\boldsymbol{D}^{(1)}+\boldsymbol{D}^{(2)}\end{cases}\quad 或\quad \begin{cases}\boldsymbol{B}=\boldsymbol{B}^{(1)}+\boldsymbol{B}^{(2)}\\ \boldsymbol{H}=\boldsymbol{H}^{(1)}+\boldsymbol{H}^{(2)}\end{cases}$$

现将它们用于高斯定理，即分别对 $\boldsymbol{D}$ 和 $\boldsymbol{B}$ 求通量.

(1)介质中电场的高斯定理

$$\oiint_S \boldsymbol{D}\cdot \mathrm{d}\boldsymbol{S}=\oiint_S(\boldsymbol{D}^{(1)}+\boldsymbol{D}^{(2)})\cdot \mathrm{d}S=\underbrace{\oiint_S \boldsymbol{D}^{(1)}\cdot \mathrm{d}\boldsymbol{S}}_{\substack{\neq 0\\(静电场)}}+\underbrace{\oiint_S \boldsymbol{D}^{(2)}\cdot \mathrm{d}\boldsymbol{S}}_{\substack{=0\\(涡旋电场)}}$$

故有
$$\oiint_S \boldsymbol{D}\cdot \mathrm{d}\boldsymbol{S}=\sum q_{i0}\qquad (15-6-13)$$

上式说明在任何电场存在的空间，通过任何封闭曲面的电位移矢量的通量等于该封闭曲面内所包围的自由电荷的代数和，这是电场的性质之一. 实验定律是库仑定律.

(2)磁场的高斯定理

$$\oiint_S \boldsymbol{B}\cdot \mathrm{d}\boldsymbol{S}=\underbrace{\oiint_S \boldsymbol{B}^{(1)}}_{(传导电流)}\cdot \mathrm{d}\boldsymbol{S}+\underbrace{\oiint_S \boldsymbol{B}^{(2)}}_{(位移电流)}\cdot \mathrm{d}\boldsymbol{S}=0$$

故有
$$\oiint_S \boldsymbol{B}\cdot \mathrm{d}\boldsymbol{S}=0\qquad (15-6-14)$$

上式说明在任何磁场存在的空间，通过任何封闭曲面的磁通量总是等于零. 表明磁场是无源的，磁场线是无源无尾的闭合曲线，实验规律是毕奥—萨伐尔—拉普拉斯定律和安培环路定理.

从这两式可以看出，高斯定理不仅对静电场、静磁场成立，对变化的电场和变化的磁场也

成立. 下面将 $\boldsymbol{B}$ 和 $\boldsymbol{H}$ 矢量用于环路定理.

(3)电场的环路定理

$$\oint_L \boldsymbol{E}\cdot \mathrm{d}\boldsymbol{l}=\oint_L (\boldsymbol{E}^{(1)}+\boldsymbol{E}^{(2)})\cdot \mathrm{d}\boldsymbol{l}=\oint_L \boldsymbol{E}^{(1)}_{(静)}\cdot \mathrm{d}\boldsymbol{l}+\oint_L \boldsymbol{E}^{(2)}_{(涡)}\cdot \mathrm{d}\boldsymbol{l}$$

$$=0+\left(-\frac{\partial \Phi_m}{\partial t}\right)=-\left(\frac{\partial}{\partial t}\iint_S \boldsymbol{B}\cdot \mathrm{d}\boldsymbol{S}\right)$$

故有

$$\oint_L \boldsymbol{E}\cdot \mathrm{d}\boldsymbol{l}=-\frac{\partial}{\partial t}\iint_S \boldsymbol{B}\cdot \mathrm{d}\boldsymbol{S} \tag{15-6-15}$$

上式说明在任何电场存在的空间电场强度矢量沿着任一闭合曲线的线积分(环路)等于通过该闭合曲线所包围面积的磁感应通量的时间变化率的负值. 实验定律是法拉第电磁感应定律.

(4)修正后的安培环路定理(全电流定理)

$$\oint_L \boldsymbol{H}\cdot \mathrm{d}\boldsymbol{l}=\oint_L (\boldsymbol{H}^{1}_{(传)}+\boldsymbol{H}^{(2)}_{(位)})\cdot \mathrm{d}\boldsymbol{l}=\oint_L \boldsymbol{H}^{(1)}\cdot \mathrm{d}\boldsymbol{l}+\oint_L \boldsymbol{H}^{(2)}\cdot \mathrm{d}\boldsymbol{l}$$

$$=\sum I_c+\frac{\mathrm{d}\Phi_D}{\mathrm{d}t}=\iint_S \left(\boldsymbol{j}_c+\frac{\partial \boldsymbol{D}}{\partial t}\right)\cdot \mathrm{d}\boldsymbol{S}$$

故有

$$\oint_L \boldsymbol{H}\cdot \mathrm{d}\boldsymbol{l}=\iint_S \left(\boldsymbol{j}_c+\frac{\partial \boldsymbol{D}}{\partial t}\right)\cdot \mathrm{d}\boldsymbol{S} \tag{15-6-16}$$

上式说明在任何磁场存在的空间,磁场强度矢量沿任意闭合曲线的线积分(环流)等于通过该闭合曲线所包围的全电流.

(5)麦克斯韦方程组的积分形式

上面的(15-6-13)、(15-6-14)、(15-6-15)、(15-6-16)式就是一般电磁场方程的积分形式,集中起来写在下面:

$$\begin{cases}\oiint_S \boldsymbol{D}\cdot \mathrm{d}\boldsymbol{S}=\sum\limits_i q_{i0}\\ \oiint_S \boldsymbol{B}\cdot \mathrm{d}\boldsymbol{S}=0\\ \oint_L \boldsymbol{E}\cdot \mathrm{d}\boldsymbol{l}=-\dfrac{\partial}{\partial t}\iint_S \boldsymbol{B}\cdot \mathrm{d}\boldsymbol{S}\\ \oint_L \boldsymbol{H}\cdot \mathrm{d}\boldsymbol{l}=\iint_S \left(\boldsymbol{j}_c+\dfrac{\partial \boldsymbol{D}}{\partial t}\right)\cdot \mathrm{d}\boldsymbol{S}\end{cases} \tag{15-6-17}$$

麦克斯韦方程组是电磁场的普遍运动规律,它的物理意义是:

①反映了场的性质:电场包含有源场(静电场)和涡旋场两部分,分别是由电荷和磁场随时间变化产生的;磁场是涡旋场,是由传导电流和位移电流产生的.

②反映了电场和磁场的关系:随时间变化的磁场能够产生涡旋电场,随时间变化的电场能够产生涡旋磁场. 一般来说,场的时间变化率也是时间的函数,因此,它所产生的场也随时间变化. 这样一来,电场和磁场一经产生,即使场源电荷及电流不存在,它们之间也会相互转化,形成统一体电磁场. 电磁场在空间由近及远传播就形成电磁波.

但是在真空中,由于 $\boldsymbol{D}=\varepsilon_0\boldsymbol{E}$,$\boldsymbol{B}=\mu_0\boldsymbol{H}$,其中 ε_0 与 μ_0 都是普适常量,所以麦克斯韦方程组中只包含两个场量. 在介质内,麦克斯韦方程组中各个电磁场量 $\boldsymbol{E}$、$\boldsymbol{D}$、$\boldsymbol{B}$、$\boldsymbol{H}$ 之间并不是独立的,它们依赖着解决具体问题时所涉及的介质性质. 因此,还有以下三个描述介质性质的状态方程,对于各向同性均匀介质有

$$\boldsymbol{D}=\varepsilon\boldsymbol{E}=\varepsilon_0\varepsilon_r\boldsymbol{E};\quad \boldsymbol{B}=\mu\boldsymbol{H}=\mu_0\mu_r\boldsymbol{H};\quad \boldsymbol{j}=\gamma\boldsymbol{E} \tag{15-6-18}$$

(15－6－17)式是麦克斯韦方程组的积分形式，在两种介质的分界面上还有相应的形式，称为边界条件：$D_{1n}=D_{2n}, B_{1n}=B_{2n}, E_{1t}=E_{2t}, H_{1t}=H_{2t}$. 此处 n 和 t 分别代表法向分量和切向分量，数字 1 和 2 代表不同的介质.

同时，电荷守恒定律和电磁力表达式为

$$\begin{cases}\oint_S \boldsymbol{j}\cdot \mathrm{d}\boldsymbol{S}=-\oint_V \dfrac{\partial \rho}{\partial t}\mathrm{d}V \\ \boldsymbol{F}=q(\boldsymbol{E}+\boldsymbol{v}\times \boldsymbol{B})\end{cases} \tag{15－6－19}$$

这也是解决具体的电磁场问题时经常要联系起来使用的. 所以，电磁场运动的普遍规律还应包括洛仑兹公式和电荷守恒定律.

最后对麦克斯韦方程组还要特别强调注意以下三点：

①这里的 $\boldsymbol{E}$、$\boldsymbol{D}$、$\boldsymbol{B}$、$\boldsymbol{H}$ 在推导中都包含两项，应用时应该特别注意它的实际含义.

②这里的 $\boldsymbol{E}$、$\boldsymbol{D}$、$\boldsymbol{B}$、$\boldsymbol{H}$ 是对普遍情况而言的. 它们不仅是空间的函数，而且是时间的函数，故对时间求导时写成偏导数符号.

③与前面的静电场和静磁场方程组比较，高斯定理的两个方程未变，仅作了相应的推广；而环路定理的两个方程作了修正，修正特点是：

$$\oint_L \boldsymbol{E}\cdot \mathrm{d}\boldsymbol{l}=-\frac{\partial \Phi_m}{\partial t}$$ 附加了由于磁场变化引起的感应电动势

$$\oint_L \boldsymbol{H}\cdot \mathrm{d}\boldsymbol{l}=\sum I_c+\frac{\partial \Phi_D}{\partial t}$$ 附加了与电位移通量变化率相当的位移电流

④麦克斯韦方程组反映了场的性质，场与场的关系以及场与激发场的“场源”(电荷、电流)之间的关系. 另一方面，电荷与电流在电磁场作用下如何运动则由洛仑兹力公式 $\boldsymbol{f}=q\boldsymbol{E}+q\boldsymbol{v}\times \boldsymbol{B}$ 决定，而电荷和电流之间又必须满足电荷守恒定律，所以电磁场的运动规律还应包括洛仑兹力及电荷守恒定律.

15.6.5　麦克斯韦方程组的微分形式

麦克斯韦方程组的微分形式如下：

$\boldsymbol{D}$ 的散度：$\nabla\cdot \boldsymbol{D}=\rho$　　$$\frac{\partial D_x}{\partial x}+\frac{\partial D_y}{\partial y}+\frac{\partial D_z}{\partial z}=\rho \quad ①$$

$\boldsymbol{B}$ 的散度：$\nabla\cdot \boldsymbol{B}=0$　　$$\frac{\partial B_x}{\partial x}+\frac{\partial B_y}{\partial y}+\frac{\partial B_z}{\partial z}=0 \quad ②$$

$\boldsymbol{E}$ 的旋度：$\nabla\times \boldsymbol{E}=-\dfrac{\partial \boldsymbol{B}}{\partial t}$　　$$\begin{cases}\dfrac{\partial E_z}{\partial y}-\dfrac{\partial B_y}{\partial z}=-\dfrac{\partial B_x}{\partial t} \\ \dfrac{\partial E_x}{\partial z}-\dfrac{\partial E_z}{\partial x}=-\dfrac{\partial B_y}{\partial t} \\ \dfrac{\partial E_y}{\partial x}-\dfrac{\partial E_x}{\partial y}=-\dfrac{\partial B_z}{\partial t}\end{cases} \quad ③$$

$\boldsymbol{H}$ 的旋度：$\nabla\times \boldsymbol{H}=\boldsymbol{j}+\dfrac{\partial \boldsymbol{D}}{\partial t}$　　$$\begin{cases}\dfrac{\partial H_z}{\partial y}-\dfrac{\partial B_y}{\partial z}=j_x+\dfrac{\partial D_x}{\partial t} \\ \dfrac{\partial H_x}{\partial z}-\dfrac{\partial H_z}{\partial x}=j_y+\dfrac{\partial D_y}{\partial t} \\ \dfrac{\partial H_y}{\partial x}-\dfrac{\partial H_x}{\partial y}=j_z+\dfrac{\partial D_z}{\partial t}\end{cases} \quad ④$$

(15－6－20)

麦克斯韦方程的积分形式只表达了电磁场在某一确定区域(如某一确定的闭合曲面或某一确定的闭合回路)内,电磁场量 $\boldsymbol{D}$、$\boldsymbol{E}$、$\boldsymbol{B}$、$\boldsymbol{H}$ 之间以及它们和 $\boldsymbol{j}$、q 的关系,不能直接表达电磁场中任意给定点的相应关系,积分方程难求解,实际求解时都是使用(15－6－17)积分形式对应的麦克斯韦方程组的微分形式(15－6－20).但我们可以应用数学上的场论知识将麦克斯韦方程的积分形式变换成微分形式,来达到表达电磁场中各点的 $\boldsymbol{E}$ 和 $\boldsymbol{B}$ 的关系的目的.限于本节的要求,这里只直接写出麦克斯韦方程组的微分形式的矢量式和分量式,不作具体的变换.

麦克斯韦方程组是电磁学的核心,在电磁学中的地位相当于牛顿定律在力学中的地位.但其精确性比牛顿运动定律高得多,适用范围广得多,牛顿运动定律在狭义相对论中需要修改,而麦克斯韦方程组完全符合狭义相对论要求,不需要修改.

麦克斯韦方程组的微分形式的地位和作用相当于力学中的动力学微分方程,当电荷电流给定时,根据初始条件和边界条件,可以通过解微分方程确定空间任意点的 $\boldsymbol{E}$ 和 $\boldsymbol{B}$ 及其变化规律.通常所说的麦克斯韦方程组,实际上是指微分形式而言的,但是我们可以明显地感觉到,在表达物理意义上,积分形式更为直观明白些.因此,本节仅要求读者理解积分形式的物理意义,以便于接受电磁场理论的实质,顺便也对比介绍了微分形式,使大家有个初步了解,为今后进一步的学习和研究打下基础.

15.6.6 麦克斯韦方程组的意义

可以看出,麦克斯韦的这组电磁场方程是对有关电磁现象的各项实验规律的高度概括和总结,使电磁运动规律形成了完整而精美的理论体系.一个正确的理论不仅可以能动地指导实践,而且可以预言未来.电磁波的发现正是在麦克斯韦方程组建立之后的推论,它是现代无线电通讯技术的理论基础.正是这样,爱因斯坦在一次纪念麦克斯韦诞辰时对他给予了很高的评价:“……是自牛顿以来物理学上经历的一次重大的突破.”

但是,人们对物质世界的认识是无止境的,只能逐渐深化,由相对真理向绝对真理逼近.19世纪末 20 世纪初,随着生产科技的发展和实验手段的提高,又陆续发现了一系列麦克斯韦理论无法解释的实验事实,如热辐射的规律性、氢原子光谱的规律性、光电效应等.这又导致了21 世纪初出现的高速运动的相对性理论和微观体系的量子力学,以及关于电磁场与物质相互作用的量子电动力学等理论的出现,使物理学又出现了一次深刻而富有成果的革命.

Chapter 15 Electromagnetic Induction

A device with the ability to maintain potential difference between two points is called a source of electromotive force, or briefly a source. In other words, there is a nonelectrostatic force in a source.

The work performed by nonelectrostatic force on per unit positive charge within a source is defined as the electromotive force, abbr. emf, symbolized as ε. The term electromotive force, however, refers not a force, but a work.

The experiments shows that an induced electromotive force is set up in a closed electric circuit located in a magnetic field whenever the total magnetic flux through the circuit is changing. This phenomenon is called electromagnetic induction.

Quantitatively, the Faraday's law of electromagnetic induction can be stated as: The induced emf in a circuit is numerically equal to the rate at which the magnetic flux through that circuit is changing with time. In equation form this law can be written as

$$\varepsilon = -\frac{d\Phi}{dt} \tag{1}$$

Where Φ is the magnetic flux passing through the surface bounded by the closed circuit, ε is the induced emf appearing in this closed circuit. The minus sign refers to the direction of induced emf. This information may be given by Lenz' law: An induced current in a closed circuit is always so directed that its magnetic flux through the circuit opposes the change in the magnetic flux that causes the current.

The general expression for the emf induced by moving conductor in magnetic field is

$$\varepsilon = \int (\boldsymbol{v} \times \boldsymbol{B}) \cdot d\boldsymbol{l} = \int vB \sin\theta \cos\varphi \, dl \tag{2}$$

in which $\boldsymbol{v}$ is the velocity of moving conductor, $\boldsymbol{B}$ is the magnetic induction, θ is the angle between vector $\boldsymbol{v}$ and $\boldsymbol{B}$, φ is the angle between vector $\boldsymbol{v} \times \boldsymbol{B}$ and $d\boldsymbol{l}$. The direction vector $\boldsymbol{v} \times \boldsymbol{B}$ can be determined by right-hand rule, and the direction of $d\boldsymbol{l}$ is the direction in which the positive charge is moved by Lorentz force in the conductor. Eq. (2) leads us to a useful statement: The motional electromotive force occurs only when the moving conductor is cutting the line of magnetic field.

The induced emf can also occur with stationary conductors if the magnetic field is changing. Since an emf is associated with a nonelectrostatic field, an induced electric field $\boldsymbol{E}_n$ will exist in the space where the magnetic field is changing with time. So for a loop placed in that magnetic field we have

$$\varepsilon = \oint_L \boldsymbol{E}_n \cdot d\boldsymbol{l} = -\frac{d\Phi}{dt} \tag{3}$$

where the changing magnetic field appears on the right side and the electric field in the middle. It shows that "a changing magnetic field produces an electric field".

The induced electric fields are not associated with static charge but with a changing magnetic field. Although both static field and induced electric field exert forces on test charges, there are some major differences between them: (1) Since the electrostatic field is set up by static charges, the line of the field originates on positive charges and terminates on negative charges, it is never closed; the induced electric field, however, is produced by the changing of magnetic field, there is neither starting points nor ending points, thus the lines of induced electric field is closed, like the lines of magnetic field, so that, induced electric field is a vortex field; (2) Electrostatic field is a conserved field, that is, the line integration of electrostatic field over any closed path has the value of zero, but the integration of induced electric field over a closed loop is not equal to zero, so the induced electric field is a non-conserved field; (3) Electric potential has meaning for electrostatic field, but it has no meaning for induced electric field. It should be pointed out that the emf of any loop appears only when the magnetic field flux of the loop is changing, and it has nothing to do with what the loop is made up, even though the loop is not a real one.

When a current is established in a closed circuit, it will set up a magnetic flux Φ through the circuit loop itself. If the current is now changing with time, according to Faraday's law, an emf will be induced in the circuit. Since the emf in the circuit is produced by its own current changing, the phenomenon is called self-induction and the emf induced in such way is called a self-induced emf. The Φ can be written as $\Phi = LI$, in which L is a constant called self inductance and determined by the size, the shape, and the number of turns of the circuit as well as the magnetic properties of the material around it. If the shape of circuit and the magnetic medium around the circuit don't vary with time, and the ferromagnetic material is not present, the self-induced emf could be calculated as $\varepsilon = -L\frac{dI}{dt}$. A circuit or part of circuit which has self-induction is called an inductor.

If two coils are placed together, the current in either coil will set up a magnetic flux through the other coil. While the current in one coil changes with time, by Faraday's law of induction, an emf will appear in another coil. That is mutual-induced phenomenon, and the emf induced is called mutual induced emf. We can see that the mutual induced emf in either coil is proportional to the rate of changing of current in the other coil. The proportionality constant M is called mutual inductance. The value of M, like that of L depends on the geometry shapes of the two coils, the relative positions and the magnetic material around the coils as well.

The magnetic field has energy stored in it. The energy stored in magnetic field of the inductor carrying current I is $W_m = \frac{1}{2}LI^2$. The density of magnetic energy is an important concept for describing and calculating the energy storage of magnetic field. It has the form $w_m = \frac{1}{2}BH$, where B is magnetic induction and H is magnetic intensity. For any magnetic field, the total stored magnetic energy can be calculated by integration $W_m = \int \frac{1}{2}BH\,dV$, where V is the distribution space of magnetic field.

习题 15

15.1　**填空题**

15.1.1　在磁感应强度 $\boldsymbol{B}$ 的磁场中，以速率 v 与磁场方向成 θ 角作切割磁场线运动的一长度为 L 的金属杆相当于______，它的电动势 $\varepsilon=$______，产生此电动势的非静电力是______.

15.1.2　动生电动势的一般表达式为______，产生动生电动势的非静电力是______；感生电动势的一般表达式为______，产生感生电动势的非静电力是______，涡旋电场表达式为______.

15.1.3　桌子上水平放置一个半径 $r=10$ cm 的金属圆环，其电阻 $R=1\ \Omega$，如果地球磁感应强度的竖直分量为 5×10^{-5} T，那么将环面翻转一次，流过圆环横截面的电量 $q=$______.

15.1.4　长为 l 的金属直导线在垂直于均匀磁场的平面内以角速度 ω 转动，如果转轴在导线上的位置是在______，整个导线上的电动势为最大，其值为______；如果转轴位置是在______，整个导线的电动势为最小，其值为______.

15.1.5　由导线弯成的宽为 a，高为 b 的矩形线圈，以不变速率平行于其宽度方向从无磁场空间垂直于边界进入一宽为 $3a$ 的均匀磁场中，线圈平面与磁场方向垂直，如图所示，然后又从磁场中出来，继续在无磁场的空间运动，试在附图中画出感应电流 I 与时间 t 的函数关系曲线. 线圈的电阻为 R，取线圈刚进入磁场时感应电流方向为正方向.

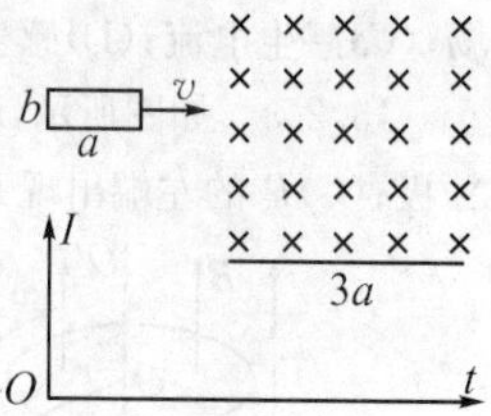

题 15.1.5 图

15.1.6　如图所示，直螺线管长 l，其绕有 N 匝线圈，内部充满各向同性均匀磁介质. 两种磁介质的磁导率和截面积分别为 μ_1、S_1 和 μ_2、S_2. 当通以电流 I 时，管内磁场的磁场强度 $H_1=$______，介质 1 中的磁感应强度 $B_1=$______，介质 2 中的磁感应强度 $B_2=$______，穿过 N 匝线圈的磁链 $N\Phi_m=$______，因而，螺线管的自感系数 $L=$______.

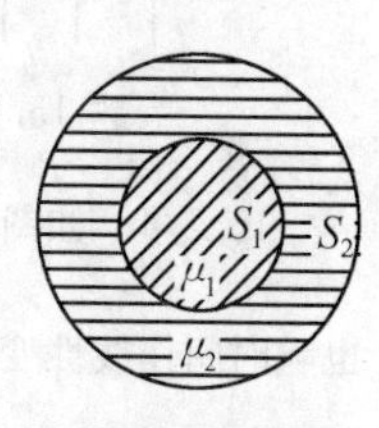

题 15.1.6 图

15.1.7　无铁芯的长直螺线管的自感系数表达式 $L=\mu_0 n^2 V$，其中 n 为单位长度上的匝数，V 为螺线管的体积. 如果考虑边缘效应时实际的自感系数应______（填：大于，小于，等于）此式给出值. 如果在管内装上铁芯，则与电流______（填：有关，无关）.

15.1.8　螺绕环横截面积为 S，平均周长为 l，其中充满磁导率为 μ 的均匀磁介质，总共绕有 N 匝线圈. 设通以电流 I 时，环内磁场可认为是大小均匀的，则环内磁场强度矢量的大小 $\boldsymbol{H}=$______，磁感应强度矢量的大小 $B=$______，磁场能量密度 $w_m=$______，总磁场能量 $W_m=$______. 由线圈的磁场能量公式，可得螺绕环的自感系数 $L=$______.

15.1.9　麦克斯韦关于电磁场理论的两个基本假设（贡献）是______.

15.1.10　电磁波的电场强度 $\boldsymbol{E}$ 与磁场强度 $\boldsymbol{H}$ 的方向互相______，电磁波是______波，能够产生______现象，电磁波的能流密度 $\boldsymbol{S}=$______.

15.1.11　位移电流等于______，其表达式为______；位移电流密度是______，其表达为______.

15.1.12　如图所示，导线 OA 长为 L，以角速度 ω 绕轴 OO' 转动，磁场 B 与 OO' 平行，导线 OA 与磁感应强度 $\boldsymbol{B}$ 的方向的夹角为 θ，则导线 OA 上的动生电动势 $\varepsilon_{OA}=$______，其方向______.

15.1.13　①图(a)为充电后切断电源的平行板电容器，当两极板相互分离时，两极板之间是否有位移电流______，其方向为______；②图(b)为一直接与电源相接的电容器，当两极板相互靠近时，极板间是否有位移电流______，其方向为______.

15.1.14　一半径为 R 的实心圆柱形长直导体,设导体的磁导率为 μ_0,则其单位长度上的自感系数为____________.

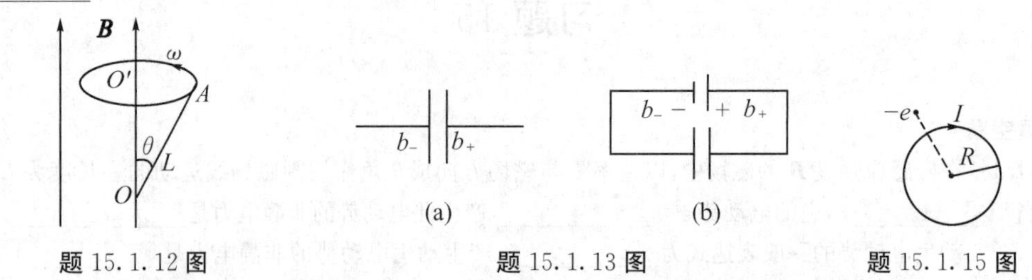

题 15.1.12 图　　题 15.1.13 图　　题 15.1.15 图

15.1.15　一长直螺线管,横截面如图所示,若半径为 R,通以电流 I,在管外有一静止电子($-e$),当电流 I 减小时,电子($-e$)是否运动____________,如果你认为会运动,请在图中画出它开始运动的方向.

15.2　选择题

15.2.1　如图所示,圆盘在均匀磁场 B 中以恒定的角速度 ω 转动,回路中电阻为 R,则回路中电流强度 I 变为:(A)$I=0$;(B)$I=\dfrac{r\omega B}{R}$;(C)$I=\dfrac{r^2\omega B}{R}$;(D)$I=\dfrac{r^2\omega B}{2R}$.　(　　)

15.2.2　在有磁场变化着的空间里,如果没有物质存在,则在此空间中没有:(A)感应电动势;(B)涡旋电场;(C)感生电流;(D)感生电动势.　(　　)

15.2.3　如图所示,M、P、O 由软磁材料制成,当 K 闭合后:(A)M 在左端出现 N 极;(B)O 的右端出现 N 极;(C)P 的左端出现 N 极;(D)P 的右端出现 N 极.　(　　)

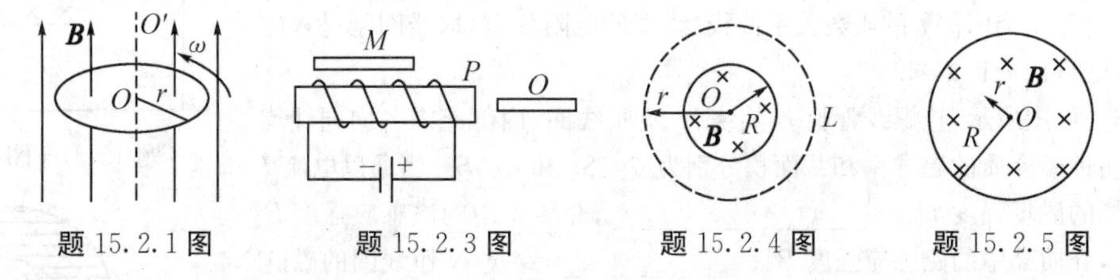

题 15.2.1 图　　题 15.2.3 图　　题 15.2.4 图　　题 15.2.5 图

15.2.4　如图所示,无限长直螺线管的电流随时间作线性变化时,$\dfrac{\mathrm{d}I}{\mathrm{d}t}=K=$常量,其内部的磁感应强度也随时间作线性变化,$\dfrac{\mathrm{d}\boldsymbol{B}}{\mathrm{d}t}=$常矢量,则螺线管外的感生电场,即涡旋电场为:(A)$E_{涡}=\dfrac{r}{2}\dfrac{\mathrm{d}B}{\mathrm{d}t}$;(B)$E_{涡}=-\dfrac{R}{2}\dfrac{\mathrm{d}B}{\mathrm{d}t}$;(C)$E_{涡}=-\dfrac{R^2}{2r}\dfrac{\mathrm{d}B}{\mathrm{d}t}$;(D)$E_{涡}=\dfrac{R^2}{2r}\dfrac{\mathrm{d}B}{\mathrm{d}t}$;(E)$E_{涡}=-\dfrac{R\mathrm{d}B}{2\mathrm{d}t}$.　(　　)

15.2.5　如图所示,一半径为 $R=5\times10^{-2}$ m 的圆柱形空间内存在垂直于纸面向里的均匀磁场 $\boldsymbol{B}$.当 $\mathrm{d}B/\mathrm{d}t=1\ \mathrm{T\cdot s^{-1}}$,在 $r=2$ cm 处的感应电场强度为:(A)$25\times10^{-2}\ \mathrm{V\cdot m^{-1}}$;(B)$5\times10^{-2}\ \mathrm{V\cdot m^{-1}}$;(C)$1.25\times10^{-2}\ \mathrm{V\cdot m^{-1}}$;(D)$10^{-2}\ \mathrm{V\cdot m^{-1}}$.　(　　)

15.2.6　两个相距不太远的平面圆线圈,怎样放置可使其互感系数近似为零?设其中一线圈的轴线恰好通过另一线圈的圆心:(A)两线圈的轴线相互平行;(B)两线圈的轴线成30°角;(C)两线圈的轴线成45°角;(D)两线圈的轴线相互垂直.　(　　)

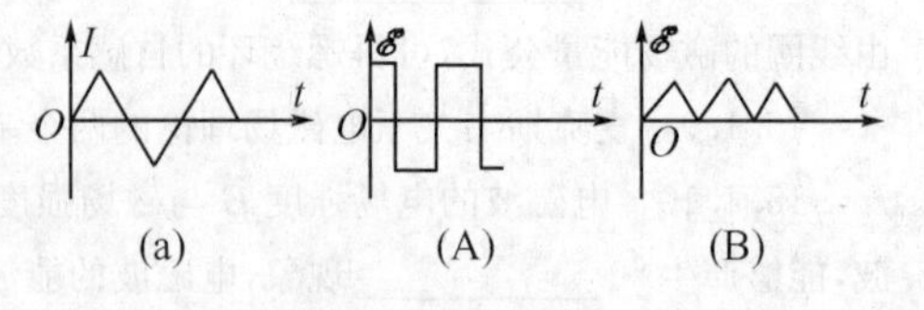

15.2.7　如果一理想电感器中,电流 I 随时间变化的规律如图(a)所示,能够表示电感器内部的自感电动势随时间变化规律的图形应该是　(　　).

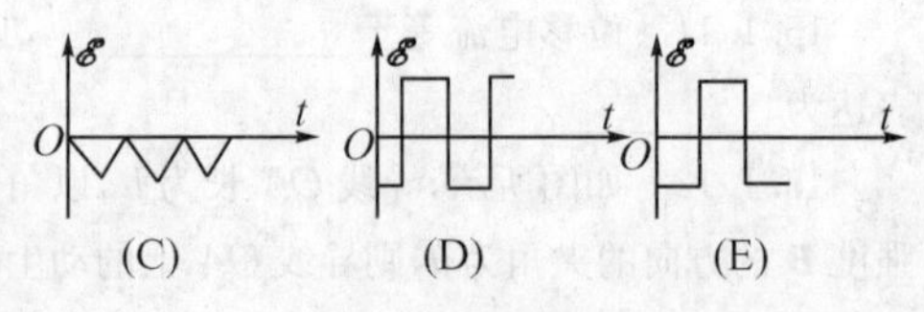

题 15.2.7 图

15.2.8　半径为 R 的长直导线,均匀地通过 IA的电流,则该导线单位长度所储存的总磁能:(A)与 R 的大小有关;(B)等于 $\pi R^2 I$;(C)等于 $2\pi RI$;(D)与 R 无关.　(　　)

15.2.9　一无限长直导线的横截面各处的电流密度均相等，总电流为 I，则每单位长度导线内所贮藏的磁场能量为：(A) $I^2\cdot(4\pi)^{-1}$；(B) $\mu_0 I^2\cdot(16\pi)^{-1}$；(C) $\mu_0 I^2\cdot(8\pi^2)^{-1}$；(D) $I^2(8\mu_0\pi)^{-1}$.　（　）

15.2.10　一长为 l，截面积为 S 的载流长直螺线管绕有 N 匝线圈，设电流为 I，则螺线管内的磁场能量近似为：(A) $\mu_0 SI^2N^2\cdot l^{-2}$；(B) $\mu_0 SI^2N^2\cdot(2l^2)^{-1}$；(C) $\mu_0 SIN^2\cdot l^{-2}$；(D) $\mu_0 I^2SN^2\cdot(2l)^{-1}$.　（　）

15.2.11　两线圈的互感系数之间的关系是：(A) $M_{12}>M_{21}$；(B) $M_{12}<M_{21}$；(C) $M_{21}=M_{12}$；(D)不知两线圈的耦合方式，难以确定.　（　）

15.2.12　一导线变成半径为 5 cm 的圆环，当其中载有 100 A 的电流时，圆心处的磁场能量密度约为多少：(A) 0；(B) 0.63 J·m^{-3}；(C) 9.9×10^{-13} J·m^{-3}；(D) 7.89×10^{-3} J·m^{-3}.　（　）

15.2.13　一平行板空气电容器的两极板是半径为 R 的圆形导体片. 在充电时，极板间电场强度的变化率为 $\frac{dE}{dt}$，如果忽略边缘效应，两极板间的位移电流为：(A) $\pi R^2\frac{dE}{dt}$；(B) $\varepsilon_0\pi R^2\frac{dE}{dt}$；(C) $\frac{dE}{dt}$；(D) $\varepsilon_0\frac{dE}{dt}$.（　）

15.2.14　在国际单位制中，电位移通量随时间的变化率 $\frac{d\Phi_D}{dt}$ 的量纲式为：(A) $\mathrm{I\cdot L\cdot T^{-1}}$；(B) $\mathrm{I\cdot L^{-2}}$；(C) I；(D) $\mathrm{I\cdot T^{-1}}$.　（　）

15.3　计算、证明题

15.3.1　如图所示，通过回路的磁通量与线圈平面垂直，且指向图面，设磁通量按照如下关系变化：$\Phi_m=(6t^2+7t+1)\times10^{-3}$ Wb，式中 t 的单位为 s. 试求 $t=2$ s 时，回路中感应电动势的大小和方向. [答案：3.1×10^{-2} V]

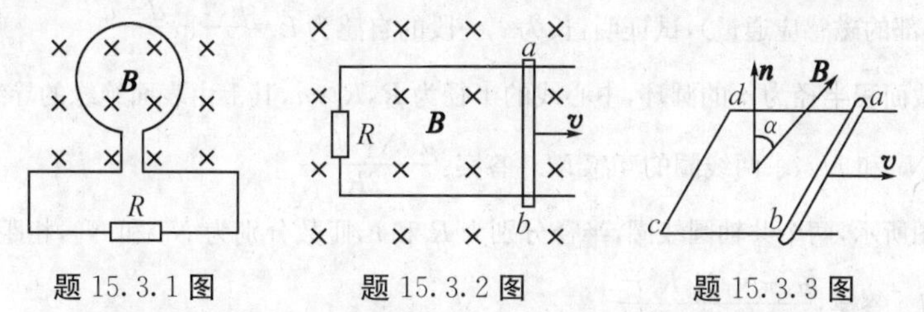

题 15.3.1 图　　题 15.3.2 图　　题 15.3.3 图

15.3.2　如图所示，匀强磁场的磁感应强度为 $B=0.5$ T，电阻 $R=0.2\,\Omega$，ab 长为 $l=0.5$ m. 如果 ab 以匀速率 $v=4.0$ m·s^{-1} 向右运动时，试求：①作用在 ab 上的外力；②外力所消耗的功率；③感应电流消耗在电阻上的功率. [答案：①1.25 N；②5 W；③5 W]

15.3.3　如图所示，一长方形金属线框 $abcd$ 放在 $B=0.65$ T 的均匀磁场中，磁场的方向与线圈平面法线方向的夹角 $\alpha=60°$，ab 边长 $l=0.1$ m，并以速率 $v=1.5$ m·s^{-1} 向右运动. 试求：感应电动势的大小和方向. [答案：4.5×10^{-2} V，$b\to a$]

15.3.4　如图所示，一金属棒长为 0.5 m，水平放置，以长度的 1/5 处为轴，在水平面内转动，每秒转 2 转. 已知该处地磁场的竖直分量 $B_\perp=0.5$ Gs，试求：a、b 两端的电势差. [答案：-4.71×10^{-5} V，$U_a<U_b$]

15.3.5　如图所示，两段直导线 ab 和 bc，其长度均为 10 cm，在 b 处折接成 30°角，若使导线在均匀磁场中以速率 $v=1.5$ m·s^{-1} 运动，方向如图所示. 磁场方向垂直于纸面向里，$B=2.5\times10^2$ Gs，问 ac 间电势差是多少？哪一端电势高？[答案：-1.88×10^{-3} V，$U_a<U_c$]

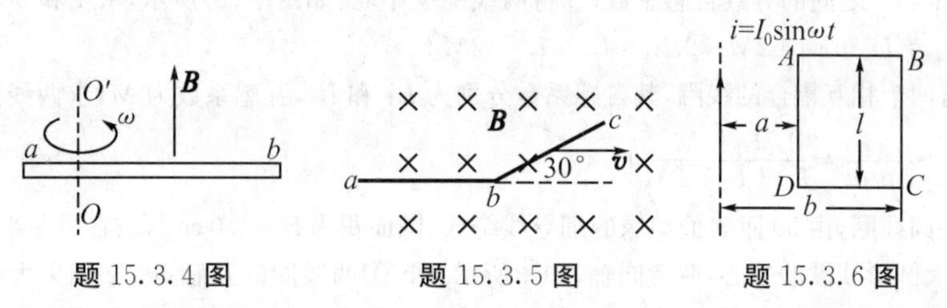

题 15.3.4 图　　题 15.3.5 图　　题 15.3.6 图

15.3.6　如图所示，在一根很长的直导线中，通有交变电流 $i=I_0\sin\omega t$，在它旁边有一长方形线圈 $ABCDA$，长为 l，宽为 $(b-a)$，线圈和导线在同一平面内. 试求：①穿过回路 $ABCDA$ 的磁感应通量 Φ；②回路 $ABCDA$ 中的感应电动势；③如果线圈总匝数为 N，以上①、②两问结果又如何？[答案：略]

15.3.7　如图所示，在一根很长的直导线中通有直流电流 I，当线圈以速率 v 向右运动时，试求：线圈里感应电动势的大小和方向. [答案：$\dfrac{\mu_0 Ivl}{2\pi}\dfrac{(b-a)}{ab}$]

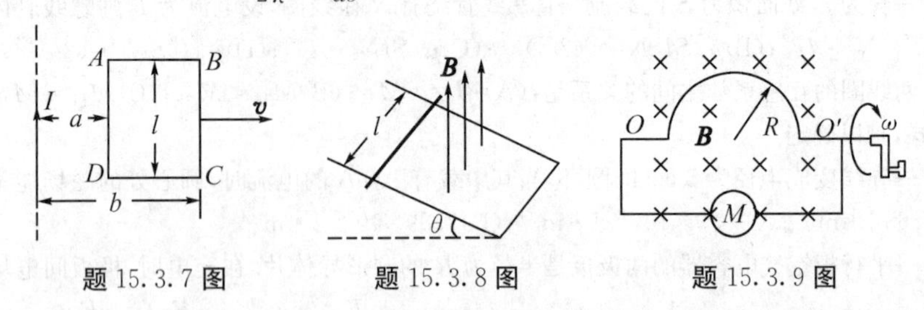

题 15.3.7 图　　题 15.3.8 图　　题 15.3.9 图

15.3.8　如图所示，一根长为 l，质量为 m，电阻为 R 的导体，沿 U 形导轨无摩擦地下滑，如果导轨与地面成 θ 角，均匀磁场 B 的方向竖直向上. 求证：该导线下滑时所达到的稳定速度的大小为：$v=\dfrac{mgR}{B^2l^2}\dfrac{\sin\theta}{\cos^2\theta}$.

15.3.9　如图所示，用一根硬导线弯成半径为 r 的半圆形，使它在磁感应强度为 B 的均匀磁场中以角速度 ω 旋转，如果闭合电路的总电阻为 R 时，试求：①回路中感应电动势和感应电流的频率；②回路中感应电动势和感应电流的幅值. [答案：①$\dfrac{1}{2}\pi r^2 B\omega\sin\omega t$，$\dfrac{\omega}{2\pi}$；②$\dfrac{\pi r^2 B\omega}{2R}$，$\dfrac{\omega}{2\pi}$]

15.3.10　两根平行导线，横截面积的半径都是 a，中心相距为 d，载有大小相等、方向相反的电流，设 $d>a$（即忽略两导线内部的磁感应通量），试证明：长为 l 一段的自感为 $L=\dfrac{\mu_0 l}{\pi}\ln\dfrac{d-a}{a}$.

15.3.11　横截面积半径为 a 的圆环，中心线的半径为 R，$R\gg a$，其上由表面绝缘的导线均匀地密绕两个线圈，匝数分别为 N_1 和 N_2，求两线圈的互感 M. [答案：$\dfrac{\mu_0 N_1 N_2 a^2}{2R}$]

15.3.12　如图所示，两个共轴圆线圈，半径分别为 R 和 r，匝数分别为 N_1 和 N_2，相距为 l. 如果 r 很小，求两线圈的互感 M. [答案：$\dfrac{\mu_0\pi N_1 N_2 R^2 r^2}{2(R^2+l^2)^{3/2}}$]

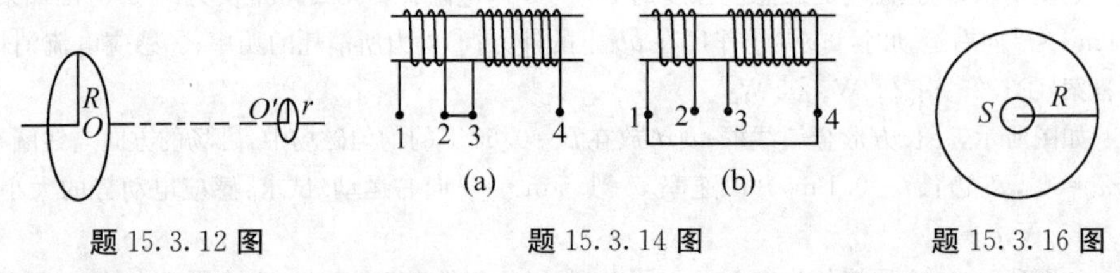

题 15.3.12 图　　题 15.3.14 图　　题 15.3.16 图

15.3.13　一螺线管长为 300 mm，横截面积的直径为 15 mm，由 250 匝表面绝缘的导线均匀密绕而成，其中铁芯的相对磁导率 $\mu_r=1000$. 当螺线管的导线中通有电流 2 A 时，试求：管中心的磁能密度及管中所贮存的磁能. [答案：$w_m=1.75\times10^3\ \mathrm{J\cdot m^{-3}}$，$W_m=9.3\times10^{-2}\ \mathrm{J}$]

15.3.14　已知两线圈的自感系数分别为 L_1 和 L_2，它们之间的互感系数为 M：①当两线圈顺着串联，如图中(a)所示，求 1 和 4 之间的等效自感系数；②将两线圈反串联，如图中(b)所示，求 1 和 3 之间的等效自感系数. [答案：①$L_{14}=L_1+L_2+2M$；②$L_{13}=L_1+L_2-2M$]

15.3.15　有两个相互耦合的线圈，其自感系数分别为 L_1 和 L_2，互感系数为 M，求两线圈并联后的等效自感. [答案：$L=-\dfrac{\mathscr{E}}{\mathrm{d}I/\mathrm{d}t}=\dfrac{L_1L_2-M^2}{L_1+L_2-2M}$]

15.3.16　一圆线圈，由 50 匝表面绝缘的细导线绕成. 圆面积为 $S=4.0\ \mathrm{cm}^2$，放在另一半径为 $R=20\ \mathrm{cm}$，匝数为 100 匝的大圆形线圈的中心，两者同轴，如图所示. 求：①两线圈的互感 M；②如果大线圈中的电流以 $50\ \mathrm{A\cdot s^{-1}}$ 的匀速率减少时，求小线圈中的互感电动势. [答案：①$6.3\times10^{-6}$ H；②$3.2\times10^{-4}$ V]

15.3.17　目前在实验室里产生大小为 $E=10^5\ \mathrm{V\cdot m^{-1}}$ 电场和大小为 $B=10$ Gs 的磁场是不难做到的. 如果在边长为 10 cm 的立方体空间里产生上述两种均匀场强，问所需要的能量各为多少？[答案：$W_e=4.5\times$

10^{-5} J, $W_m = 4.0\times10^2$ J]

15.3.18　导线弯成半径为 $R=5.0$ cm 的圆形，当其中载有电流 $I=100$ A 时，试求：圆心的磁场能量密度 w_m.［答案：$0.63\ \mathrm{J\cdot m^{-3}}$］

15.3.19　氢原子中电子绕原子核在一圆形轨道上运动，玻尔氢原子模型中电子的圆形轨道半径约为 5.30×20^{-11} m，频率 ν 等于 6.8×10^5 Hz. 试求：氢原子轨道中心处磁场能量密度为多大？［答案：$6.8\times10^7\ \mathrm{J\cdot m^{-3}}$］

15.3.20　一同轴线由很长的两个同轴的圆筒构成，内筒半径为 1.0 mm，外筒半径为7.0 mm，有100 A 的电流由外筒流去，再由内筒流回，两圆筒厚度可以忽略不计. 两筒之间的介质无磁性($\mu_r=1$). 试求：①介质中的磁场能量分布；②单位长度(1 m)的同轴线所储存的磁场能量 W_m.［答案：① $\frac{1.6}{r^2}\times10^{-4}\ \mathrm{J\cdot m^{-3}}$；② $1.9\times10^{-8}\ \mathrm{J\cdot m^{-1}}$］

15.3.21　一平行板电容器的两极板是半径为 $R=5.0$ cm 的圆形导体片，放在真空中，将电容器充电，充电时，两极板间电场强度的变化率 $\frac{dE}{dt}=2.5\times10^{12}\ \mathrm{V\cdot m^{-1}\cdot s^{-1}}$. 试求：①两极板间的位移电流的大小；②距两极板中心连线 $r=2.0$ cm 处的磁感应强度的大小.［答案：①0.17 A；② 2.78×10^{-7} T, 3.71×10^{-7} T］

15.3.22　试证平行板电容器与球形电容器两极板间的位移电流都可以写为 $I_d=C\frac{dU}{dt}$，其中 C 为电容器的电容，U 为两极板间的电势差.

15.3.23　设平行板电容器的电荷面密度和圆柱形电容器单位长度上的电荷分别以 $\frac{d\sigma}{dt}$ 和 $\frac{d\lambda}{dt}$ 的速率发生变化，试求：两极板间位移电流密度的表达式.［答案：$\frac{d\sigma}{dt}$；$\frac{1}{2\pi r}\frac{d\lambda}{dt}$］

15.3.24　在电容 $C=1.0$ pF 的两个极大的圆形极板上，加上频率为 50Hz，峰值为 1.74×10^5 V的交流电压. 试求：极板间位移电流的最大值.［答案：5.5×10^{-6} A］

15.3.25　一电荷线密度为 λ 的长直带电线，以变速率 $v=v(t)$ 沿着其长度方向运动，正方形线圈中总电阻为 R，求 t 时刻线圈中感应电流大小(不计线圈自感).［答案：$i=\frac{\mu_0\lambda\alpha}{2\pi R}\cdot\ln2\left|\frac{d\boldsymbol{v}(t)}{dt}\right|$］

15.3.26　截面积为矩形的环形螺线管内外半径为 a 和 b，高为 H，绕有 N 匝线圈，电流为 $I(t)$，在其轴置一长直导线，如图所示，求此长直导线上感应电动势的大小？(提示：先求二者的互感系数)［答案：$\mathscr{E}=-\frac{\mu_0 NH}{2\pi}\ln\frac{b}{a}\frac{dI(t)}{dt}$］

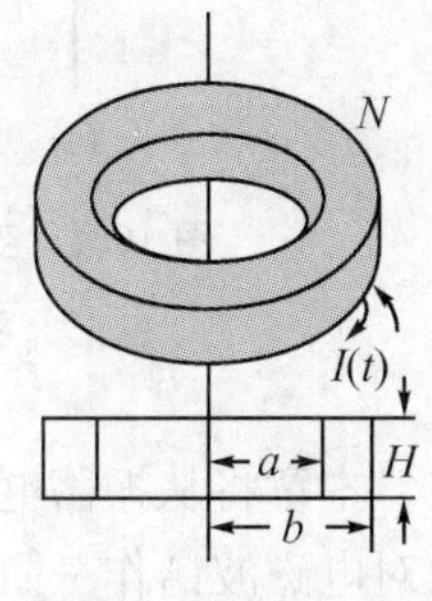

题 15.3.26 图

第 16 章　电磁振荡和电磁波

麦克斯韦在 19 世纪 70 年代，总结了从库仑到奥斯特、安培、法拉第等人对电磁学方面的贡献，并加以发展，提出了涡旋电场和位移电流的假设. 1864 年他建立了电磁场方程组，概括了电磁场的普遍运动规律，奠定了经典电磁理论的基础，并由电磁场理论预言了电磁波的存在，电磁波的传播速度等于光速. 1887 年，德国物理学家赫兹首先用实验直接证实了电磁波的存在，他利用振荡偶极子产生电磁波，用此实验还可以研究电磁波的许多特性，它与光波一样能够产生反射、折射、干涉、衍射、偏振等现象. 现代科学实验还证实，无线电波、红外线、光波、紫外线、X 射线、γ 射线等都是一定波长范围的电磁波.

电磁波是在空间传播的交变电磁场，是电磁场的一种运动形式，也是传播电磁能量和动量的过程. 电磁波是横波，它的波源就是能使电量和电流随时间周期性变化，能够产生变化的电场和变化的磁场的振荡电路. 根据麦克斯韦电磁场理论，当空间某一区域的电场发生变化时，在其邻近的区域要激发变化的磁场，而变化的磁场又要在其邻近的区域激发变化的电场，这样随时间变化的交变涡旋电场和涡旋磁场相互激发，相互转换，由近及远，以有限的速度在空间传播，形成电磁波，如图 16.1 及图 16.2 所示.

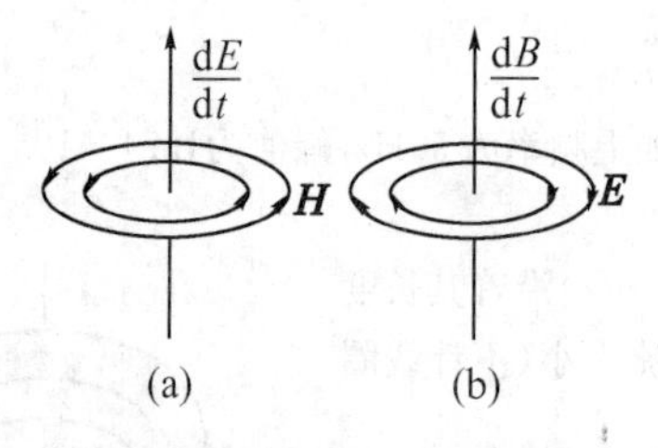

图 16.1　变化电场产生磁场和变化磁场产生电场

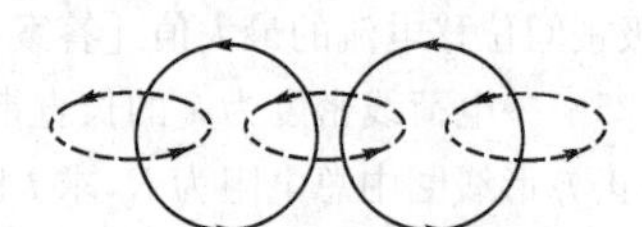

图 16.2　变化电场和变化磁场的传播示意图

本章将从振荡电路入手来说明电磁波的产生和传播，并进一步讨论电磁波的性质、能量以及对电磁波谱作一简介.

16.1　电磁振荡

产生电磁波的方法很多，电路中的电荷和电流随时间作周期性变化时，在它们的周围空间要激发随时间作周期性变化的电场和磁场，通常将电磁量的振动称为电磁振荡，产生电磁振荡的电路称为振荡电路. 理想化的周期振荡电路（振源）就是一个由电容、自感线圈串联而成的无阻尼的 LC 振荡回路.

16.1.1　无阻尼自由振荡回路

如图 16.1.1 所示，是由自感系数为 L 的自感线圈和电容为 C 的平行板电容器串联而成的 LC 振荡电路，它们的交直流阻抗很小，可以忽略不计，电磁辐射损耗也忽略不计，因而可将其看作是由纯电感和纯电容串联而成的 LC 振荡电路，称为无阻尼自由振荡回路.

下面对理想的无阻尼 LC 振荡回路的振荡过程进行定性分析，考虑在一个周期时间间隔内的变化情况. 当开关 K 合向 D 时，电容器 C 被电源 E 充电，当充电完毕，两极板上所带电量值最大，两极板间电场及电场能量 W_e 也是最大值. 如图 16.1.2 所示，设 $t=0$ 时刻，将开关倒向 N，电容器开始放电，但由于两极板之间存在电场，储存有电场能量，回路中有电流产生；在放电过程中，由于线圈的自感作用将阻止电流的变化，电流的大小只能从零开始逐渐增加，同时自感线圈中的磁场能量也从零开始逐渐增加；电容器极板上的电量逐渐减少，电场及电场能量逐渐减少. 经过 $\frac{1}{4}T$ 的时间间隔，在 $t=\frac{1}{4}T$ 时刻，电容器放电完毕，极板上所带电量值最小为零，电场及电场能量都等于零，同时在线圈中电流增加到最大值，磁场及磁场能量 W_m 也达到最大值，如图 16.1.2 所示. 以上分析表明，在 $0\sim\frac{1}{4}T$ 时间间隔内，电场能量转化为磁场能量. 当 $t=\frac{1}{4}T$ 时刻，全部电场能量都转化为磁场能量储存在自感线圈 L 中. 如果没有线圈中自感的存在，那么电容器放电完毕，电流应当等于零，但是由于线圈自感应作用，当电场减小时，有方向和原电流方向相同的自感电动势的作用，而产生感应电流，根据楞次定律，感应电流与原电流方向相同，使电容器重新充电，但是在电容器两极板上出现的电量的符号和 $t=0$ 时电容器两极板上电量的符号相反. 在反向充电过程中，电容器两极板间的反向电场将阻止原方向电流继续流动，使电流逐渐减小到等于零为止，此时 $t=\frac{T}{2}$，反向充电完毕，电流才等于零，线圈中磁场及磁场能量等于零，极板上所带的电量值最大，反向电场及电场能量最大，磁场能量转化为电场能量集中在电容器两极板之间. 然后又开始放电，极板上电量由最大值减小到零，电流反向由零增加到最大值，当 $t=\frac{3}{4}T$ 时刻放电完毕，电场能量全部转化为磁场能量，但是由于线圈自感应的作用，当电场减小时，电流不会立刻消失，将向电容器充电，极板上电量逐渐增加，但是电流逐渐减小，当 $t=T$ 时刻，充电完毕，电容器极板上的电量达到最大值，电流减小至零，而与 $t=0$ 时刻情况相同，如图 16.1.2 所示. 如果电路中阻抗可以忽略不计，电磁辐射的能量损耗等忽略不计，在纯电感和纯电容串联的 LC 振荡电路中，电磁振荡将持续地反复进行下去，电场能量和磁场能量相互转化过程也将持续地反复进行下去，称为无阻尼自由振荡.

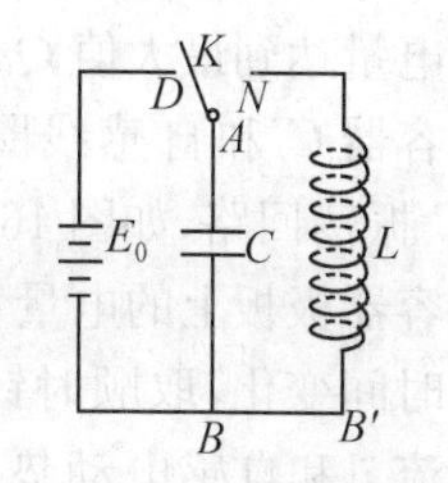

图 16.1.1 无阻尼自由振荡回路

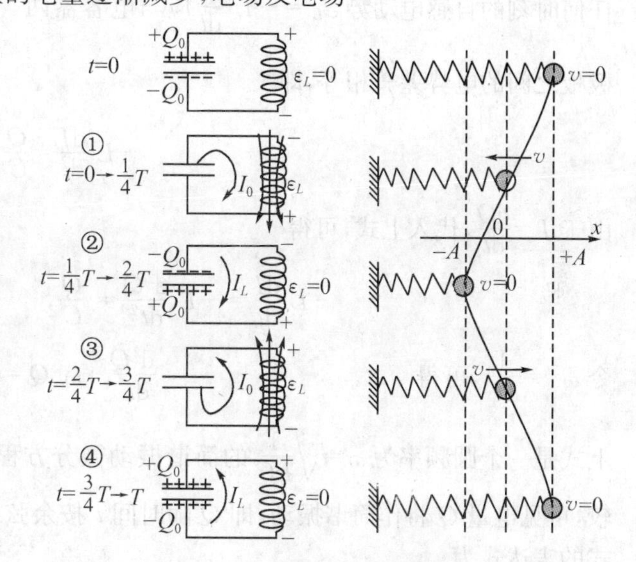

图 16.1.2 电磁振荡和机械振动

16.1.2 无阻尼自由振荡的规律

在图 16.1.1 中，当将开关 K 合向 D，电源 E 对电容器 C 充电，充电完毕，电容器极板上

的电量达到最大值 $Q_0=CE_0$. 然后将开关倒向 N，电容器 C 和自感线圈 L 组成一个闭合的理想的 LC 振荡回路，如图 16.1.3(a)所示. 在振荡过程中，电容器极板上的电量 Q 和自感线圈中的电流 I 都随时间变化，取顺时针方向为回路的正方向，也即电流 i 和自感电动势 ε_L 的正方向，根据全电路的欧姆定律，在无阻尼情况下，回路电阻忽略不计，在任何时刻的自感电动势 $\varepsilon_L=-L\dfrac{dI}{dt}$ 应与电容器两极板之间的电势差 $\dfrac{Q}{C}$ 相等，即

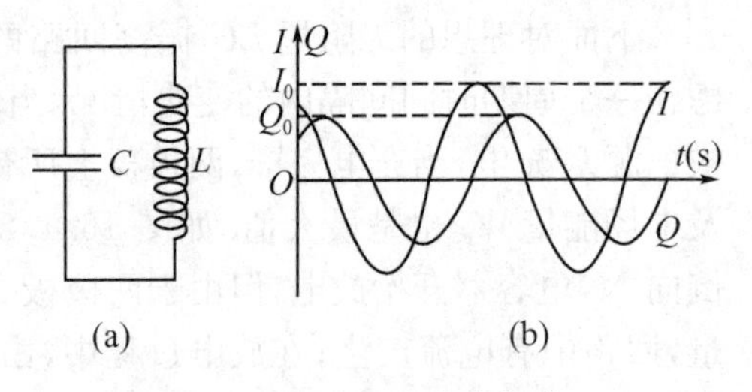

图 16.1.3 无阻尼自由振荡

$$-L\frac{dI}{dt}=\frac{Q}{C}$$

由于 $I=\dfrac{dQ}{dt}$，代入上式，可得

$$-L\frac{dI}{dt}=-L\frac{d^2Q}{dt^2}=\frac{Q}{C},\qquad 即\frac{d^2Q}{dt}+\frac{Q}{LC}=0$$

令 $\omega^2=\dfrac{1}{LC}$，可得

$$\frac{d^2Q}{dt^2}+\omega^2Q=0 \tag{16-1-1}$$

上式是一个圆频率为 $\omega=\sqrt{\dfrac{1}{LC}}$ 的简谐振动微分方程，与机械振动的简谐振动微分方程相比较，可见电量 Q 将作简谐振动，即 Q 随时间 t 按余弦或正弦规律作周期性变化，以余弦函数形式的表达式为

$$Q=Q_0\cos(\omega t+\varphi) \tag{16-1-2}$$

式中，Q_0 为电容器极板上电量的最大量值，称为电量振幅；φ 为 $t=0$ 时刻的相，称为初相. 它们由初始条件 $t=0$ 时刻，$Q=Q_0$ 和 $I=I_0=\left(\dfrac{dQ}{dt}\right)_{t=0}$ 决定.

电流 $I=\dfrac{dQ}{dt}$，电流 I 随时间变化率为

$$I=\frac{dQ}{dt}=-\omega Q_0\sin(\omega t+\varphi)=\omega Q_0\cos\left(\omega t+\varphi+\frac{\pi}{2}\right)=I_0\cos\left(\omega t+\varphi+\frac{\pi}{2}\right) \tag{16-1-3}$$

$$\frac{dI}{dt}=\frac{d^2\theta}{dt^2}=-\omega^2\theta_0\cos(\omega t+\varphi) \tag{16-1-4}$$

由此可见，回路中电流 I 也作简谐振动，随时间 t 作周期性变化，但是 I 振动相比 Q 振动相超前 $\dfrac{\pi}{2}$，如图 16.1.3(b)所示. 所以，电容器充电完毕，极板上的电量为最小值零时，回路中电流最大. 与此相对应，极板之间电场及电场能量最大时，线圈中磁场及磁场能量为零；极板间电场及电场能量为零时，线圈中磁场及磁场能量为最大值. 以上结论与前面定性分析结论一致. 式中 $I_0=\omega Q_0$ 为电流 I 的最大值，称为电流的振幅.

电场能量定域于电场存在的整个空间，磁场能量定域于磁场存在的整个空间. 根据电容器中储存电场能量 $W_e=\dfrac{Q^2}{2C}$ 和自感线圈中储存磁场能量 $W_m=\dfrac{1}{2}LI^2$，可以得到 LC 振荡电路在

任意时刻 t 的电场能量和磁场能量分别为

$$W_e=\frac{Q^2}{2C}=\frac{Q_0^2}{2C}\cos^2(\omega t+\varphi)=\frac{1}{2}L\omega^2Q_0^2\cos^2(\omega t+\varphi) \tag{16-1-5}$$

$$W_m=\frac{1}{2}LI^2=\frac{1}{2}L\omega^2Q_0^2\sin^2(\omega t+\varphi)=\frac{1}{2}\frac{Q_0^2}{C}\sin^2(\omega t+\varphi) \tag{16-1-6}$$

在任意时刻 t，LC 振荡电路的电磁场的总能量 W 为

$$W=W_e+W_m=\frac{Q_0^2}{2C}[\cos^2(\omega t+\varphi)+\sin^2(\omega t+\varphi)]=\frac{Q_0^2}{2C}=\frac{1}{2}LI_0^2 \tag{16-1-7}$$

由上式可见，在任意时刻 t，LC 振荡电路的电磁场总能量 W 等于一常量，即电场能量与磁场能量之间可以相互转化，而电磁场总能量保持不变. 在忽略回路中交直流阻抗及电磁辐射所消耗的能量的情况下，振荡将无限期地一直进行下去，这种理想的振荡称为无阻尼自由振荡.

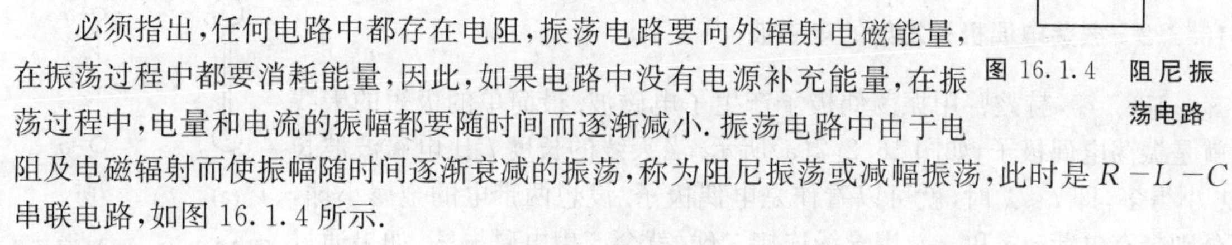

图 16.1.4　阻尼振荡电路

必须指出，任何电路中都存在电阻，振荡电路要向外辐射电磁能量，在振荡过程中都要消耗能量，因此，如果电路中没有电源补充能量，在振荡过程中，电量和电流的振幅都要随时间而逐渐减小. 振荡电路中由于电阻及电磁辐射而使振幅随时间逐渐衰减的振荡，称为阻尼振荡或减幅振荡，此时是 $R-L-C$ 串联电路，如图 16.1.4 所示.

16.2　电磁波的产生和传播

根据麦克斯韦方程组，随时间变化的电荷，电流将向周围空间辐射电磁波. 从技术上讲，任何 LC 电磁振荡电路原则上都可以作为向外辐射电磁波的波源，但要达到能够应用和检测的强度，用前面所讲的那种封闭式 LC 谐振系统，是不利于向外辐射电磁波的. 由于在振荡过程中电场及电场能量主要集中在电容器两极板之间，而磁场及磁场能量主要集中在自感线圈内. 振荡电路的电阻很小，可忽略不计，其电磁振荡的固有频率为

$$\nu=\frac{1}{2\pi\sqrt{LC}} \tag{16-2-1}$$

为了弥补辐射损耗和电阻损耗，必须由电源随时给电路补充能量. 为了 LC 振荡电路有利于向外辐射电磁波，振荡电路必须改进.

16.2.1　振荡回路的改进

(1)振荡频率必须足够高

因为振荡电路在单位时间内向外辐射的电磁能量，即辐射功率与固有频率(或固有圆频率)四次方成正比，要提高辐射功率，必须提高振荡电路的固有频率，才能有效地将电磁能量辐射出去，由(16－2－1)式可知，必须尽量减小振荡电路的电感量 L 和电容量 C.

(2)振荡电路必须开放

一般的 LC 振荡电路的电感与电容都是集中性元件，电场及电场能量集中在电容器中，而磁场及磁场能量集中在自感线圈中，局限在很小的空间内，电场能量与磁场能量之间相互转化，电磁场能量不容易向外界辐射出去. 为此，需将 LC 振荡电路改进为开放式电路，使电磁场及电磁能量能够分散到周围的空间.

为了使振荡电路必须具备以上两个条件，将 LC 振荡电路按照图 16.2.1 中(a)、(b)、(c)、

(d)所示的步骤逐步改进成偶极振子,使电容器极板的面积 S 越来越小,间距越来越大,使自感线圈的匝数 N 越来越少,最后使 LC 振荡电路改进成一根直线的偶极振子. 由平行板电容器电容 $C=\frac{\varepsilon_0 S}{d}$ 可知,电容 C 会变得越来越小. 由自感系数 $L=\mu_0 n^2 V$ 可知,自感系数 L 会变得越来越小. 一方面 C、L 减小,提高了固有频率(或固有圆频率),有利于电磁辐射;另一方面,由于电路开放,电磁场及电磁能量可以分散到周围空间,有利于电磁辐射. 最后 LC 振荡电路改进成一根直导线,两端出现高速重复交替变化的等量异号电荷、电流,这样的电路称为振荡偶极子(或偶极振子).

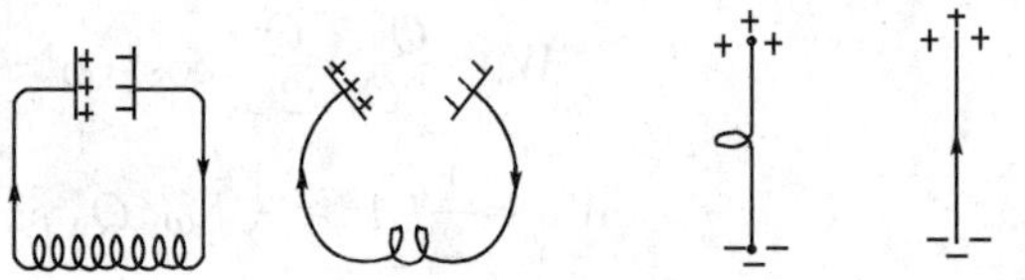

(a) (b) (c) (d)

图 16.2.1 增高振荡电流的频率并开放电磁场的方法

16.2.2 振荡电偶极子发射的电磁波

1887 年,赫兹曾用振荡偶极子产生了电磁波. 最简单的极短的天线就是振荡电偶极子,如图 16.2.2(a)所示. 当天线的长度 l 比电磁波波长 λ 小得多,即 $l \ll \lambda$ 时,就可以看作是电偶极子. 设想两带电的金属小球,分别带有电荷 $+q$ 和 $-q$,用导线连接二球,就会产生电磁振荡. 如果通过电源不断补充能量损耗,振荡可以持续进行下去,这就是一个偶极振子天线,如图 16.2.2(b)所示. 设想二球之间的距离 l 按余弦规律变化,即 $l=l_0\cos\omega t$,则电偶极矩为

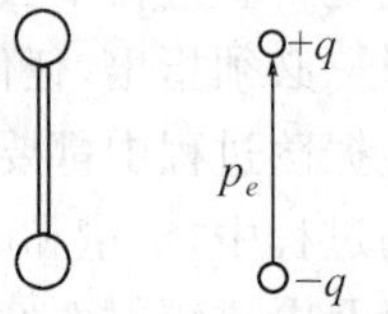

$+q$ p_e $-q$

(a) (b)

图 16.2.2 偶极振子示意图

$$p_e=ql=ql_0\cos\omega t=p_0\cos\omega t \qquad (16-2-2)$$

式中,$p_0=ql_0$ 是电偶极矩的幅值. 如果二球间的距离不变,球上的电量按余弦规律变化,即 $q=q_0\cos\omega t$,则电偶极矩也为

$$p_e=ql=p_0\cos\omega t$$

式中,$p_0=q_0 l$. 导线中的电流为

$$I=\frac{\mathrm{d}q}{\mathrm{d}t}=-I_0\sin\omega t \qquad (16-2-3)$$

式中,$I_0=q_0\omega$ 是电流的幅值. 电偶极矩随时间的变化率为

$$\frac{\mathrm{d}\boldsymbol{p}_e}{\mathrm{d}t}=I\boldsymbol{l} \qquad (16-2-4)$$

可见,电偶极矩随时间的变化率等效于一个交变电流元 $I\boldsymbol{l}$.

如果已知电量与电流的分布情况和随时间变化的规律,可以由麦克斯韦方程组求出由它们所产生的电磁场的分布情况及变化规律. 振荡电偶极子是如何将电磁波辐射出去的,近区(离振源中心点的距离 $r\ll\lambda$ 或 r 与 λ 同数量级)电场和磁场的形成过程可以通过电场线和磁场线描绘出来加以说明. 根据麦克斯韦电磁理论的两个基本假设:变化着的电场(位移电流)在其周围空间要激发涡旋磁场,而变化着的磁场在周围空间又要激发涡旋电场. 如果将一个周期分为八等分,那么在 $t=0$ 时刻,正负电荷都正好通过中心位置,如图 16.2.3(a)所示,由于此时振子不带电,$E=0$,B 取最大值,没有电场线相联,图中未画出磁场线;在 $t=\frac{T}{8}$ 时刻,正负电荷分别向上下两端运动,正负电荷分离,l 不断增大,E 增大,而 B 减小,电场线起始于正电荷,终止于负电荷，如图 16.2.3(b)所示；在 $t=\frac{T}{4}$ 时刻，正负电荷分别达到两端最远点，E 达到最大值，B 减小到零值，如图 16.2.3(c)所示；然后电荷分别向相反的方向运动，正负电荷逐渐靠近，E 逐渐减小，B 逐渐增大；在 $t=\frac{3T}{8}$ 的情况如图 16.2.3(d)所示，在这个过程中，变化的电场和变化的磁场相互激发，电场和磁场不断向外传播，电场线和磁场线不断向外扩展；在 $t=\frac{T}{2}$ 时，正负电荷恰好经过中心位置，完成前半个周期，这时振荡偶极子又不带电，电场线两端相联形成一闭合曲线后脱离偶极振子，如图 16.2.3(e)所示. 后半个周期的过程与上述前半个周期的过程类似，而运动的正负电荷的运动方向恰好相反，在 $t=T$，即经过一个周期时，又形成一闭合曲线后脱离偶极振子，但前后两个闭合曲线的环绕方向正好相反. 磁场线是以电偶极子为轴的一系列同心圆，图中未画出. 以上电偶极振子的振荡过程持续不断地进行下去，变化的电场和变化的磁场相互激发，电场线和磁场线相互套连着，由近及远，以有限的速度在空间内传播，形成电磁波.

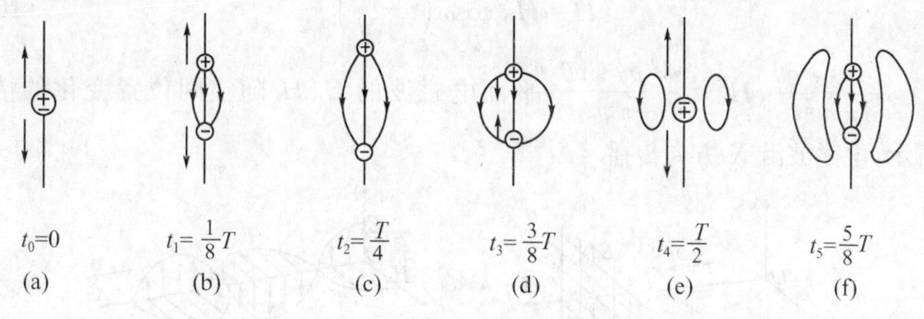

图 16.2.3 电磁场的变化规律

16.2.3 $\boldsymbol{E}$ 和 $\boldsymbol{H}$ 的表达式

为了定量表示出电场强度矢量 $\boldsymbol{E}$ 和磁场强度矢量 $\boldsymbol{H}$ 的分布及变化情况，取球坐标系，以偶极振子中心 O 为坐标原点，以偶极振子的轴线为极轴，将任何包含极轴的平面称为“子午面”，通过坐标原点垂直于极轴的平面称为“赤道面”. 场的分布具有轴对称性，与经角 φ 无关，如图 16.2.4 所示.

偶极振子辐射的电磁场，不仅与偶极振子状态有关，还与场点到偶极振子的位置有关. 离偶极振子的距离 r 远小于波长 λ，即 $r\ll\lambda$ 的区域称为近区，近区内电磁场的推迟时间可以忽略不计，理论上可证明电场 E 和磁场 H 的量值与 r 成反比，随 r 的增大而迅速衰减；$\boldsymbol{E}$ 和 $\boldsymbol{H}$ 相差 $\frac{\pi}{2}$，因此，在一个周期的时间内平均能流密度等于零，表明没有能量辐射出去，这部分能量在场源与场之间来回交换，所以这部分场称为非辐射场.

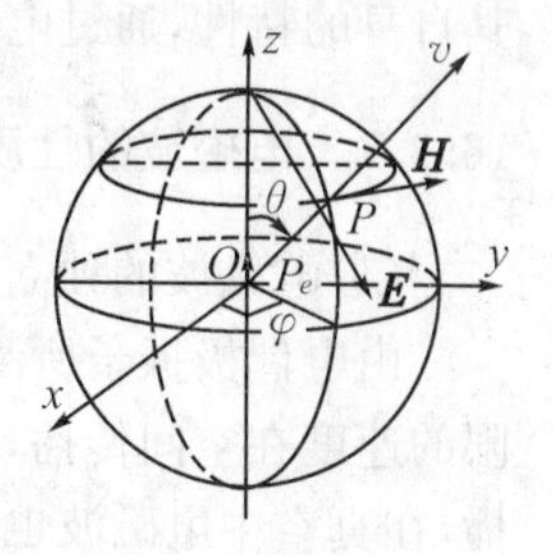

图 16.2.4 振荡偶极子的辐射

离偶极振子的距离 r 远大于波长 λ，即 $r\gg\lambda$ 的区域称为远区，在远区中主要是自由电磁波，远区内的电磁场推迟时间不可忽略，波动性显著，某时刻场源的变化传播到离波源距离为 r 的场点时，需要经过的时间是 r/v，因此，在场点处 t 时刻的 E 和 B 对应于前一时刻 $t-r/v$ 的场源状态. 式中 r/v 称为推迟时间，表面场点的场的变化总是滞后于场源的变化. 在远离振源电偶极子中心的距离为 r 的一点 P 处，t 时刻的电场强度 $\boldsymbol{E}$ 和磁场

强度 $\boldsymbol{H}$ 的量值为

$$E=\frac{\omega^2 p_0 \sin\theta}{4\pi\varepsilon v^2 r}\cos\omega\left(t-\frac{r}{v}\right) \tag{16-2-5}$$

$$H=\frac{\omega^2 p_0 \sin\theta}{4\pi v r}\cos\omega\left(t-\frac{r}{v}\right) \tag{16-2-6}$$

式中,r 表示从电偶极子中心到场点 P 的径矢的大小,θ 是 r 与偶极子的轴线的夹角,v 为电磁波在介质中的传播速度的大小,称为电磁波的波速,由 $v=\frac{1}{\sqrt{\varepsilon\mu}}$决定.

E 和 B 同相,同频率. 等相面为球面,其幅值与 r 成反比. 当 r 很大,即场点 P 离偶极振子很远,相应的又在小范围内来研究,幅值变化不大,θ 角变化很小,$\sin\theta$ 可看作常数,球面波的一小部分近似平面,这时球面波也可以近似看作平面波,E 和 H 的表达式分别为

$$E=E_0\cos\omega\left(t-\frac{r}{v}\right) \tag{16-2-7}$$

$$H=H_0\cos\omega\left(t-\frac{r}{v}\right) \tag{16-2-8}$$

式中,$E_0=\frac{\omega^2 p_0 \sin\theta}{4\pi\varepsilon v^2 r}$,$H_0=\frac{\omega^2 p_0 \sin\theta}{4\pi v r}$,平面电磁波的 E、H 随空间位置变化的情况如图 16.2.5 所示,电磁波沿 X 方向传播.

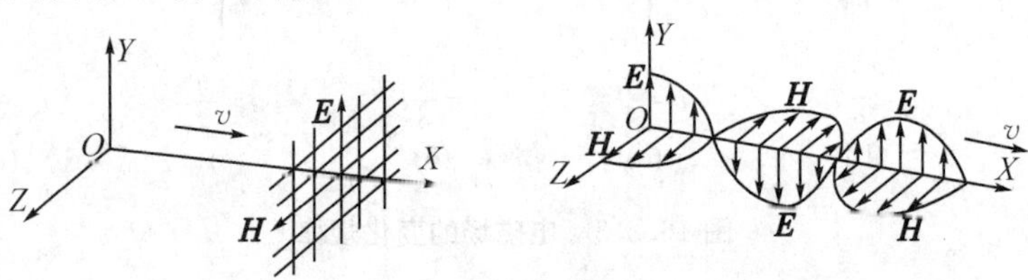

图 16.2.5 任意时刻平面电磁波的图像

16.3 电磁波的性质和能量

电磁振荡和电磁波与机械振动和机械波有共同的规律性,但它们之间本质上有区别,各有其自身的特性,通过电磁波的性质和能量来反映电磁波的特性.

16.3.1 电磁波的性质

(1)电磁波的独立性

由电偶极振子所激发的变化的电场和变化的磁场,由近及远,以有限的速度在空间传播,形成电磁波以后,可以脱离波源,在空间独立传播,在真空中电磁波也能传播.

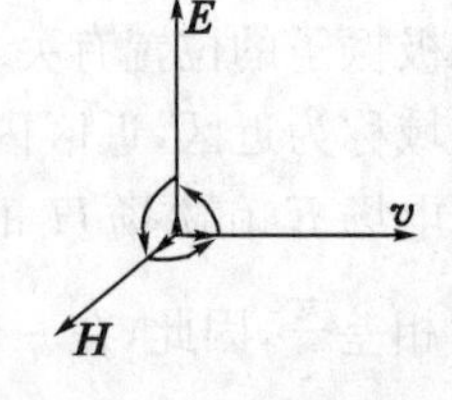

图 16.3.1 电磁波的横波性、偏振性

(2)电磁波是横波

电场 $\boldsymbol{E}$ 和磁场 $\boldsymbol{H}$ 互相垂直,而且都与电磁波的传播方向 $\boldsymbol{i}$ 垂直,即 $\boldsymbol{E}$、$\boldsymbol{H}$、$\boldsymbol{i}$ 三者之间构成右手循环关系. 如图 16.3.1 所示,$\boldsymbol{E}\perp\boldsymbol{i}$,$\boldsymbol{H}\perp\boldsymbol{i}$.

(3)电磁波的偏振性

沿一定方向,以波速 $\boldsymbol{v}$ 传播的电磁波,电场 $\boldsymbol{E}$ 和磁场 $\boldsymbol{H}$ 分别在各自的振动平面内振动,即 $\boldsymbol{E}$ 和 $\boldsymbol{H}$ 的振动方向对于电磁波的传播方向不具有对称性,这一性质称为电磁波的偏振性,如

图 16.3.1 所示.

(4)$\boldsymbol{E}$ 和 $\boldsymbol{H}$ 同相、同频率,且步调一致

在任何时刻和任何地点,$\boldsymbol{E}$ 和 $\boldsymbol{H}$ 总是同时达到最大值,同时减小到零,同时到达负方向最大值,其量值变化步调一致. $\boldsymbol{E}$ 和 $\boldsymbol{H}$ 在量值上的比例关系为

$$\sqrt{\varepsilon}E=\sqrt{\mu}H \tag{16-3-1}$$

(5)电磁波的传播速度

变化的电场和变化的磁场以相同的速度 $v=\frac{1}{\sqrt{\varepsilon\mu}}$ 传播,v 与介质的性质有关,即 v 由介质的介电常量 ε 和磁导率 μ 决定. 在真空中,电磁波的传播速度等于真空中的光速,即

$$v=c=\frac{1}{\sqrt{\varepsilon_0\mu_0}} \tag{16-3-2}$$

在真空中介质的相对介电常数 $\varepsilon_r=1$,相对磁导率 $\mu_r=1$,ε_0 为真空中介电常量,μ_0 为真空中磁导率. $\frac{1}{\sqrt{\varepsilon_0\mu_0}}$ 具有速度量纲.

在国际单位制中,μ_0 的量值是规定的,它等于 $4\pi\times10^{-7}\ \mathrm{Wb\cdot A^{-1}\cdot m^{-1}}$;$\varepsilon_0$ 由实验测定,其量值为 $\varepsilon_0=8.8542\times10^{-12}\ \mathrm{C^2\cdot N^{-1}\cdot m^{-2}}$,所以,真空中的电磁波速度为

$$c=\frac{1}{\sqrt{\varepsilon_0\mu_0}}=2.9979\times10^{8}(\mathrm{m\cdot s^{-1}})$$

由于理论计算结果与实验所测定的真空中的光速相符合,因而肯定光波是一种电磁波.

(6)电磁波的频率

振荡电偶极子所辐射的电磁波的频率,等于电偶极子振动频率. $\boldsymbol{E}$ 和 $\boldsymbol{H}$ 的振幅 E_0 和 H_0 的值都与电偶极子振动频率的平方成正比.

16.3.2 电磁波的能量

在静电学和静磁学中,电场能量定域于电场存在的整个空间,磁场能量定域于磁场存在的整个空间,在介质中电场和磁场能量的体密度分别为

$$w_e=\frac{1}{2}\varepsilon E^2,w_m=\frac{1}{2}\mu H^2 \tag{16-3-3}$$

式中,ε、μ 分别为介质的介电常量和磁导率. 这里的 E 和 H 仅是空间位置的函数,电磁场的总能量的体密度为

$$w=w_e+w_m=\frac{1}{2}(\varepsilon E^2+\mu H^2) \tag{16-3-4}$$

电磁波是交变电磁场在空间的传播过程,必然携带电磁能量,电磁能量定域于电磁场中,电磁波所携带的能量称为辐射能. 电磁能量的传播可以用能流密度矢量 $\boldsymbol{S}$ 来描述,定义为:每单位时间内,通过垂直于传播方向的单位面积的辐射能,称为能流密度或辐射强度,用 $\boldsymbol{S}$ 表示.

由电磁场能量的体密度的表达式(16-3-4)可知,电磁场能量是电场强度 $\boldsymbol{E}$ 和磁场强度 $\boldsymbol{H}$ 的函数,而 $\boldsymbol{S}$ 应是 $\boldsymbol{E}$ 和 $\boldsymbol{H}$ 的函数,因而辐射能量的传播速度的大小和方向应该就是电磁波的传播速度的大小和方向.

设 $\mathrm{d}S$ 为垂直于电磁波传播方向 $\boldsymbol{i}$ 的一个任意的面积元,在介质不吸收能量及无其他能量损耗的理想情况下,在 $\mathrm{d}t$ 时间内,电磁波传播的距离为 $v\mathrm{d}t$,通过面积元 $\mathrm{d}S$ 的辐射能,亦即辐

射强度，在量值上应为

$$dW = w dV = w dS v dt$$

单位时间内通过垂直于传播方向的单位面积的辐射能，亦即辐射强度，在量值上为

$$S = \frac{dW}{dS dt} = wv = \frac{v}{2}(\varepsilon E^2 + \mu H^2)$$

上式表明：电磁波在传播过程中电磁能量以电磁波的速度传播. 将 $v = \frac{1}{\sqrt{\varepsilon\mu}}$，$\sqrt{\varepsilon}E = \sqrt{\mu}H$ 代入上式后，可得

$$S = \frac{1}{2\sqrt{\varepsilon\mu}}(\sqrt{\varepsilon}E\sqrt{\mu}H + \sqrt{\mu}H\sqrt{\varepsilon}E) = EH$$

因为辐射能的传播方向与 $\boldsymbol{v}$ 一致，$\boldsymbol{E}$、$\boldsymbol{H}$、$\boldsymbol{v}$ 三者的方向相互垂直，构成右手螺旋循环关系，将辐射强度用矢量式表示为

$$\boldsymbol{S} = \boldsymbol{E} \times \boldsymbol{H} \tag{16-3-5}$$

上式表明：$\boldsymbol{S}$ 的方向就是电磁波的传播方向，辐射强度矢量就是电磁能流密度矢量，又称为坡印廷矢量，是 1884 年坡印廷首先引入的. 辐射强度矢量可以通过 $\boldsymbol{E}$ 和 $\boldsymbol{H}$ 表示出来，它是空间位置与时间的函数，上式是瞬时辐射强度矢量的表达式，实际上重要的是平均辐射强度，即辐射强度在一个周期时间内的平均值，称为平均辐射强度或平均能流密度，能流密度矢量的量值为

$$S = EH = \frac{\mu\omega^4 p_0^2 \sin^2\theta}{(4\pi)^2 r^2 v}\cos^2\left[\omega\left(t - \frac{r}{v}\right)\right]$$

$$\overline{S} = \frac{1}{T}\int_0^T S dT = E_0 H_0 = \frac{\mu\omega^4 p_0^2 \sin^2\theta}{2(4\pi)^2 r^2 v} \tag{16-3-6}$$

上式表明：振荡偶极子的辐射强度与电偶极矩振幅的平方成正比，与频率的四次方成正比，与距离的平方成反比，还与 $\sin^2\theta$（称为方向因子）成正比，偶极振子辐射的电磁波有一定的方向性，由幅值中因子 $\sin\theta$ 说明在同一经线上各点的 E、B 有不同的值，赤道处 $\left(\theta = \frac{\pi}{2}\right)$ 最强，两极处（$\theta = 0$、π）最弱为零，如图 16.3.2 所示. 振荡电路必须开放，设法提高频率，才能增加辐射能力，有利于电磁波的辐射.

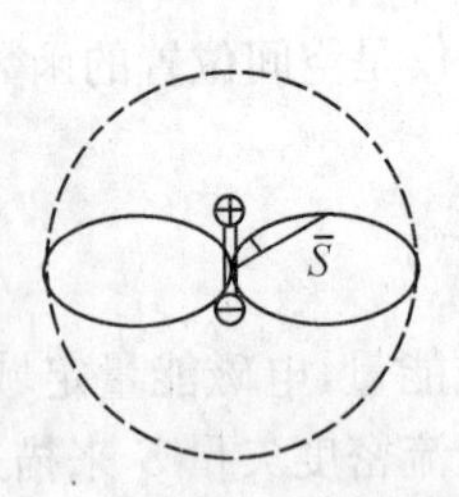

图 16.3.2　偶极振子辐射场的角分布

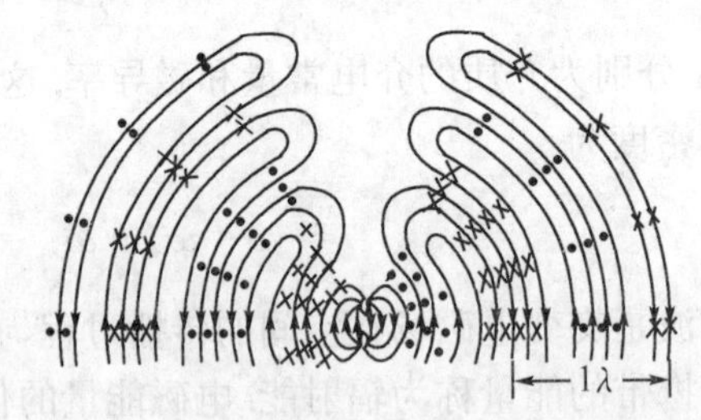

图 16.3.3　偶极振子远区电场线和磁场线

远区辐射场的电场线和磁场线如图 16.3.3 所示，图中闭合曲线是电场线. 磁场线是以偶极振子为轴的同心圆，图中以"·"和"×"表示磁场线与通过轴线平面的交点，分别表示垂直于平面穿出及穿入该平面. 闭合的电场线和磁场线表示电磁场的涡旋性.

实际上在远区域中，自由电磁波是由偶极振子辐射出来的交变电磁场，经由近区域传播过来的. 在近区域似稳场是主要的，在远区域自由电磁波是主要的. 在近区域和远区域之间的中间区域，两种场的强度大致相当. 通常相对于电台天线、辐射天线来说，我们总是处于远区，接

收到的是自由电磁波.

16.3.3 振荡偶极子的发射总功率

在实际工程中,通常想知道电台辐射电磁能量的总功率 P,它是指单位时间内由振荡偶极子(振源)辐射出去的总能量,称为辐射功率.其量值应是振源中心为球心,r 为半径的球面的总通量,将辐射强度对整个球面上进行积分,球坐标系中,球面上的面元 $\mathrm{d}S=r^2\sin\theta\mathrm{d}\theta\mathrm{d}\varphi$,可得

$$\begin{aligned}P&=\oint\!\!\!\oint_S \boldsymbol{S}\cdot\mathrm{d}\boldsymbol{S}=\oint\!\!\!\oint_S Sr^2\sin\theta\mathrm{d}\theta\mathrm{d}\varphi\\&=\int_0^{2\pi}\mathrm{d}\varphi\int_0^{\pi}\frac{\mu p_0^2\omega^4\sin^2\theta}{(4\pi)^2r^2v}\cos^2\omega\left(t-\frac{r}{v}\right)r^2\sin\theta\mathrm{d}\theta\\&=\frac{\mu p_0^2\omega^4}{6\pi v}\cos^2\omega\left(t-\frac{r}{v}\right)\end{aligned}$$

平均辐射功率表示在一个周期 T 的时间内辐射功率的平均值,即

$$\overline{P}=\frac{1}{T}\int_0^T p\mathrm{d}t=\frac{\mu p_0^2\omega^4}{12\pi v}$$

上式也称为辐射功率的拉莫尔公式.振荡偶极子的平均辐射功率与电偶极矩振幅 p_0 的平方成正比,与圆频率 ω 的四次方成正比.

16.3.4 赫兹实验

麦克斯韦由电磁理论于 1864 年预言了电磁波的存在,但是较长时间内一直未得到实验证实.麦克斯韦电磁理论的支持者赫兹经过三年的实验研究,于 1887 年用类似上述的振荡偶极子产生了电磁波,在历史上首先直接证实了电磁波的存在.

赫兹的实验装置如图 16.3.4 所示,A、B 是两根共轴的黄铜杆,杆端两钢球之间留有一个火花间隙,两杆与一感应圈的两极相连.感应圈在两球之间产生高电压,当电压达到一定程度时,间隙的空气被击穿而产生火花放电,两段金属杆连成一条导电通路,相当于一个电振荡偶极子,称为赫兹振子,振荡频率约为 10^8 Hz～10^9 Hz,能辐射较强的电磁波.由于存在电阻,每次火花放电后引起的高频振荡迅速衰减.感应圈不断地给两球充电,因此,赫兹振子中产生的是一种间歇性阻尼振荡,如图 16.3.4 所示.

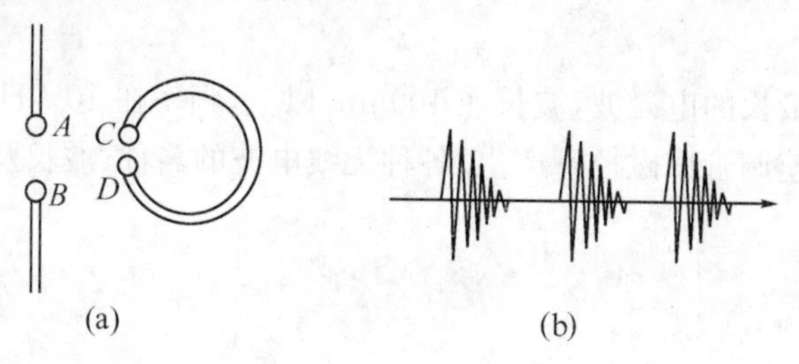

图 16.3.4 实验装置

为了探测由振子所发射出来的电磁波.赫兹采用过两种接收器:一种与赫兹振子的形状与结构相同,如图中 C、D 所示;另一种是一个圆形铜环,环端两铜球之间的间隙距离可作微小调节,这种接收装置称为谐振器.将谐振器放在振子一定距离以外,适当地选择其方位,并使它与振子谐振.赫兹发现,当发射振子的间隙有火花跳过的同时,谐振器间隙里也有火花跳过,从

而证实了电磁波的产生和传播.

赫兹还用振荡偶极子进行了许多实验，测量了电磁波的波长，证实了电磁波的传播速度等于光速，并且证明了电磁波与光波一样具有反射、折射、干涉、衍射、偏振等现象. 因此，赫兹最早证实了麦克斯韦电磁理论的预言，亦即电磁波的存在及光波本质上也是电磁波.

16.4 电磁波谱

自从赫兹应用电磁振荡的方法产生了电磁波，并证实电磁波的性质与光波的性质相同以后，人们又进行了许多实验，1895 年伦琴发现了 X 射线(伦琴射线)，1896 年贝克勒尔发现了放射性衰变中的 γ 射线是频率更高的电磁波. 无线电波、红外线、可见光、紫外线、X 射线、γ 射线从本质上讲都是电磁波，只不过它们产生的机制不尽相同，波长(或频率)不同，其性能和用途也不相同.

将各种电磁波按波长或频率顺序排列起来，就构成电磁波谱. 随着科学技术的发展，各波段都已冲破界限，与其他相邻波段有重叠. 各种电磁波频率与波长范围、检测方法与产生的方法如图 16.4.1 所示.

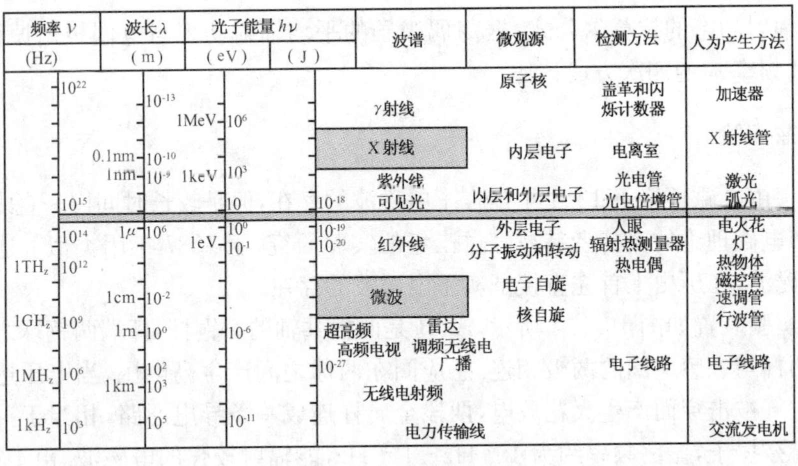

频率 ν (Hz)	波长 λ (m)	光子能量 $h\nu$ (eV)	光子能量 $h\nu$ (J)	波谱	微观源	检测方法	人为产生方法
10^{22}					原子核	盖革和闪烁计数器	加速器
	10^{-13}	1MeV 10^{6}		γ射线			
	0.1nm 10^{-10}			X射线	内层电子	电离室	X射线管
	1nm 10^{-9}	1keV 10^{3}		紫外线		光电管	激光
10^{15}		10	10^{-18}	可见光	内层和外层电子	光电倍增管	弧光
10^{14}	1μ 10^{6}	10^{0}	10^{-19}		外层电子	人眼	电火花
		1eV 10^{-1}	10^{-20}	红外线	分子振动和转动	辐射热测量器	灯
1THz 10^{12}						热电偶	热物体
					电子自旋		磁控管
	1cm 10^{-2}			微波			速调管
1GHz 10^{9}					核自旋		行波管
	1m 10^{0}	10^{-6}		超高频 雷达			
				高频电视 调频无线电			
1MHz 10^{6}	10^{2}		10^{-27}	广播		电子线路	电子线路
	1km 10^{3}						
				无线电射频			
1kHz 10^{3}	10^{5}	10^{-11}		电力传输线			交流发电机

图 16.4.1 电磁波谱

16.4.1 无线电波

无线电波是波长最长的电磁波，波长在 100 μm 以上，频率在 10^{12} Hz 以下. 无线电波通常由电子线路、行波管、速调管或磁控管产生. 各种无线电波的名称、波长及频率范围和用途如表 16－4－1 所示.

16.4.2 红外线

红外线是电磁波谱中，波长介于红光和微波之间，约为 0.77 μm～1000 μm 的电磁波. 按波长差别分为三段：0.77 μm～3 μm 为近红外区，3 μm～30 μm 为中红外区，30 μm～1000 μm 为远红外区. 红外线不能引起人眼视觉，但可以通过特制的底片感光，而转换为人眼看得见的图像. 可以用温差电偶、光敏电阻、光电管等仪器来进行探测. 红外线通过云雾、充满悬浮粒子的物质时，不容易发生散射，而有明显的穿透能力，红外技术在导航、通讯、遥感探测、军事等方面都有着重要的应用,物质对红外线的吸收光谱与物质的成分有关,因此,红外吸收光谱在研究物质成分和分子结构、化学分析等方面有着重要的意义. 红外线具有显著的热效应,常用于机械、医疗、食品工业等行业.

表 16－4－1 无线电波的范围和用途

<table>
<tr><th rowspan="2">名称</th><th rowspan="2">长波</th><th rowspan="2">中波</th><th rowspan="2">中短波</th><th rowspan="2">短波</th><th rowspan="2">米波</th><th colspan="3">微波</th></tr>
<tr><th>分米波</th><th>厘米波</th><th>毫米波</th></tr>
<tr><td>波长</td><td>3000m～30000m</td><td>200m～3000m</td><td>50m～200m</td><td>10m～50m</td><td>1m～10m</td><td>0.1m～1m</td><td>0.01m～0.1m</td><td>0.001m～0.1m</td></tr>
<tr><td>频率</td><td>10 kHz ～ 100 kHz</td><td>100 kHz ～ 1500 kHz</td><td>1.5 MHz ～ 6 MHz</td><td>6 MHz ～ 30 MHz</td><td>30 MHz ～ 300 MHz</td><td>300 MHz ～ 3000 MHz</td><td>3000 MHz ～ 30000 MHz</td><td>30000 MHz ～ 300000 MHz</td></tr>
<tr><td>主要用途</td><td>越洋长距离通讯和导航</td><td>无线电广播</td><td>电报通讯、无线电通讯</td><td>无线电广播、电报通讯</td><td>调频无线电广播、电视广播、无线电导航</td><td colspan="3">电视、雷达、无线电导航及其他专门用途</td></tr>
<tr><td>分析方法</td><td colspan="5">核磁共振</td><td colspan="3">顺磁共振</td></tr>
</table>

16.4.3 可见光

可见光是电磁波谱中波长范围约在 0.39 μm～0.77 μm 之间,能够引起视觉的电磁波. 不同波长的可见光引起人眼不同的颜色感觉,大致划分如下:红光波长为 0.6220 μm～0.7700 μm,橙光波长为 0.5970 μm～0.6220 μm,黄光波长为 0.5770 μm～0.5970 μm,绿光波长为 0.4920 μm～0.5770 μm,蓝—靛光波长为 0.4550 μm～0.4920 μm,紫光波长为 0.3900 μm～0.4550 μm. 各色之间是连续变化的.

16.4.4 紫外线

紫外线亦称"紫外光",在电磁波谱中位于紫光和 X 射线之间,是波长约为 0.0004 μm～0.3900 μm 的不可见光. 通常用光电元件或感光乳胶来检测. 高温炽热物体能够辐射紫外线,太阳、各种汞灯也都能辐射紫外线. 在生物学、医学上常用紫外线进行杀菌消毒、治疗皮肤病和软骨病等,有些物质能透过可见光,但对一定波长范围的紫外光有强烈的吸收. 例如,玻璃(波长小于 0.35 μm)、大气层中的臭氧(波长小于 0.29 μm)、空气(波长小于 0.20 μm)都有强烈吸收.

16.4.5 X 射线

X 射线亦称伦琴射线,它是一种波长很短的具有较强穿透能力的电磁波,常规 X 射线光谱中波长约为 0.001 nm～2.0 nm 之间. X 射线可用高速电子流在真空中轰击阳极靶而获得,它是由原子中的内层电子跃迁产生的. X 射线能穿透纸张及金属薄片,能使荧光物质发光,照像乳胶感光和气体电离等. 短波长的 X 射线,能量和穿透能力都较大,称为"硬 X 射线";长波长的 X 射线,能量和穿透能力都较小,称为"软 X 射线". X 射线的用途很广,在医学上用于治疗和透视等，在工业上用于金属零件的探伤. 由于X射线的波长很短，通过晶体时会产生衍射现象，X射线衍射法是研究晶体结构的主要方法之一. 但是X射线直接照射人体，超过一定的剂量时会造成伤害，在实际工作中，必须用能吸收X射线的铅板或铅玻璃等对人体进行保护.

16.4.6 γ射线

γ射线是波长小于0.04 nm以下的电磁波，在原子核进行α或β衰变过程中，原子核由能量较高的激发态向能量较低的激发态或基态跃迁时，以γ辐射的形式放出多余的能量，在高能带电粒子急剧减速时，粒子和它的反粒子相碰而湮没时都能够产生γ射线. γ射线能量很大，具有很强的穿透能力，在医疗中可用于治疗肿瘤，在工业上用于金属零件探伤.

电磁波谱中的各个波段主要是根据获得和探测方法以及与物质相互作用特性的不同来划分的. 随着科学技术的发展，相邻各波段的波长或频率已有重叠.

Chapter 16 Electromagnetic Oscillation and Wave

An LC circuit consists of an inductor and a capacitor connected in series. The circuit has no source of emf; nevertheless, a current will flow in this circuit provided that the capacitor is initially charged. The potential on one plate is then initially high and that on the other plate is low. A current will begin to flow around the circuit from the positive plate to the negative. If the circuit had no inductance, the current would merely neutralize the charge on the plates, i. e. , the capacitor would discharge and that would be the end of the current. But the inductance makes a difference: the inductance initially opposes the buildup of the current, but once the current has become established, the inductance will keep it going for some extra time. Hence more charges flow from one capacitor plate to the other than required for neutrality and reversed charges accumulate on the capacitor plates. When the current finally does stop, the capacitor will again be fully charged, with reversed charges. And then a reversed current will begin to flow, etc. Thus the positive charges slosh back and forth around the circuit.

The LC system is analogous to a mass-spring system. The inductor is analogous to the mass—it tends to keep the current constant and provides "inertia". The charged capacitor is analogous to the stretched spring—it tends to accelerate the current and provides a "restoring force".

The induced emf in the inductor is $-L\dfrac{dI}{dt}$ and the voltage across the capacitor is $\dfrac{q}{C}$. Hence

$$-L\frac{dI}{dt}=\frac{q}{C} \tag{1}$$

Since $I=\dfrac{dq}{dt}$, we can also write Eq. (1) as

$$\frac{d^2q}{dt^2}+\frac{q}{LC}=0 \tag{2}$$

This equation has exactly the same mathematical form as the equation for the simple harmonic motion

$$\frac{d^2x}{dt^2}+\omega^2x=0 \tag{3}$$

Obviously, the solution of Eq. (2) can be immediately written down by recalling the solution for the simple harmonic oscillator

$$q=q_0(\cos\omega t+\varphi) \tag{4}$$

where the angular frequency is

$$\omega=\sqrt{\frac{1}{LC}} \tag{5}$$

Then the current also oscillates

$$I=\frac{dq}{dt}=I_0(\cos\omega t+\varphi+\frac{\pi}{2}) \tag{6}$$

The energy of LC system is the sum of the electric energy stored in the capacitor and the magnetic energy stored in the inductor. The total energy remains constant during the oscillations. If the capacitor is initially charged but no current is flowing, then the energy is initially purely electric because there is no magnetic energy in the inductor. As the current begins to flow, the electric energy in the capacitor decreases and the magnetic energy in the inductor increases. At the instant when the capacitor is completely discharged, the current reaches its maximum value. The electric energy is then zero and the energy is purely magnetic. Beyond this instant, the electric energy increases at the expense of the magnetic energy. When the capacitor is completely charged, with reversed charges, the current stops flowing. At this instant the energy is again purely electric. The process now repeats with the current flowing in opposite direction.

A resonating LC circuit is coupled to an antenna by a mutual inductance so that the oscillating current in the circuit induces an oscillating current on the antenna; the latter current then radiates electromagnetic waves.

An electromagnetic wave is transverse; both electric field $\boldsymbol{E}$ and magnetic field $\boldsymbol{H}$ are perpendicular to the direction of propagation of the wave and to each other. $\boldsymbol{E}$ and $\boldsymbol{H}$ are not independent. There is a ration between $\boldsymbol{E}$ and $\boldsymbol{H}$. That is $\frac{E}{H}=\sqrt{\frac{\mu}{\varepsilon}}$. In vacuum $\frac{E}{H}=\sqrt{\frac{\mu_0}{\varepsilon_0}}=$ 377Ω which is called the impedance of free space. The electromagnetic wave travels in vacuum with a definite and unchanging speed c which is the speed of light.

An electromagnetic wave contains energy. As the wave moves along, so does this energy—the wave transports energy. The energy density of w in a region of space where an electromagnetic wave travels is given by $w=\frac{1}{2}\varepsilon E^2+\frac{1}{2}\mu H^2$. This energy transfer is conveniently characterized by considering the energy transferred per unit time, per unit cross-sectional area perpendicular to the direction of wave travel. This quantity S is called the intensity of the radiation. It is found that $S=EH$. Hence, we can define a vector quantity $\boldsymbol{S}=\boldsymbol{E}\times\boldsymbol{H}$ that describes both the magnitude and direction of the energy flow rate. $\boldsymbol{S}$ is poynting vector; the magnitude is the intensity of the radiation, and the direction is the direction of propagation of the wave.

It is also possible to show that electromagnetic waves carry momentum, with a corresponding momentum per unit volume of magnitude $\frac{EH}{c^2}=\frac{S}{c^2}$. There is also a corresponding momentum flow rate; just as the energy density of w corresponds to S, the rate flow per unit area, the momentum density corresponds to the momentum flow rate $\frac{S}{c}=\frac{EH}{c}$ which represents the momentum transferred per unit surface, per unit time.

This momentum is responsible for the phenomenon of radiation pressure. When an electromagnetic wave is absorbed by a surface perpendicular to the propagation direction, the rate of change of momentum is equal to the force on the surface. Thus the force per unit area, or pressure, is equal to S/c.

If wave is totally reflected, the momentum change is twice as great, and the pressure is $2S/c$.

习题 16

16.1　**填空题**

16.1.1　平行板电容器的电容 $C=$________，感应线圈的自感系数 $L=$________；理想的 LC 串联自由振荡电路的圆频率 $\omega=$________，频率 $\nu=$________，周期 $T=$________.

16.1.2　理想的 LC 串联自由振荡电路的电量 $Q=$____________，电流 $I=$____________，电流 I 随时间的变化率 $\frac{dI}{dt}=$____________________；Q 与 I 的相关系为______________________，Q 与 $\frac{dI}{dt}$ 的相关系为________________.

16.1.3　理想的 LC 串联自由振荡电路在振荡过程中，电容器储存的电场能量 $W_e=$________，自感线圈 L 中储存的磁场能量 $W_m=$________，电场波的总能量________.

16.1.4　为什么振荡电路必须开放________，如何提高振荡频率____.

16.1.5　振荡电偶极子的电偶极矩的大小 $P_e=$________，电偶极矩随时间的变化率 $\frac{dP_e}{dt}=$________，它等效于________________.

16.1.6　在远离振源电偶极子中心的距离为 r 的一点 P 处，t 时刻的电场强度 $\boldsymbol{E}$ 的大小 $E=$________，磁场强度 $\boldsymbol{H}$ 的大小 $H=$________，电场能量的体密度 $w_e=$________，磁场能量的体密度 $w_m=$________，电磁波的总能量体密度 $w=$________；辐射强度矢量 $\boldsymbol{S}=$________，其大小 $S=$________，方向为________；振荡电偶极子的辐射总功率 $P=$________，平均辐射功率 $\overline{P}=$________.

16.1.7　试简述电磁波的性质________、________、________、________、________、________.

16.1.8　在真空中沿着负 Z 轴方向传播的平面电磁波的磁场强度为 $H_x=1.50\cos\left[2\pi\left(\nu t+\frac{Z}{\lambda}\right)+\varphi_0\right]$ $\mathrm{A\cdot m^{-1}}$，则它的电场强度 $\boldsymbol{E}_y$ 的大小 $E_y=$________.（真空中介电常量 $\varepsilon_0=8.85\times10^{12}\ \mathrm{C^2\cdot N^{-1}\cdot m^{-2}}$，真空中磁导率 $\mu_0=4\pi\times10^{-7}\ \mathrm{N\cdot A^{-2}}$）

16.1.9　在真空中传播的平面电磁波，在空间某点的磁场强度为 $H=1.2\cos\left(2\pi\nu t+\frac{1}{3}\pi\right)$(SI)，则在该点的电场强度为 $E=$________.（真空中的介电常量 $\varepsilon_0=8.85\times10^{-12}\ \mathrm{F\cdot m^{-2}}$，真空中的磁导率 $\mu_0=4\pi\times10^{-7}\ \mathrm{H\cdot m^{-1}}$）

16.1.10　一广播电台的平均辐射功率为 20 kW. 假定辐射功率的能量均匀分布在以电台为球心的球面上，那么，在距电台为 10 km 处的电磁波的平均辐射强度为________.

16.2　**选择题**

16.2.1　在实际的 LC 串联振荡电路中，当电容器充电完毕时：(A)振荡立即停止，电路中电流为零；(B)振荡立即停止，电路中流有稳恒电流；(C)振荡将继续进行下去，且电场强度 $\boldsymbol{E}$ 和磁场强度 $\boldsymbol{H}$ 的振幅将保持不变；(D)振荡将继续进行下去，但振幅越来越小.　（　）

16.2.2　电容器由相距为 d 的两个半径为 a 的圆形导体板构成，略去边缘效应，对电容器充电时，流入电容器的能量速率为：(A)$\frac{q^2}{2C}$；(B)$\frac{q}{2C}\frac{dq}{dt}$；(C)$\frac{q}{C}\frac{dq}{dt}$；(D)$\frac{q}{C}\pi a^2 d\ \frac{dq}{dt}$.　（　）

16.2.3　电路中的负载所消耗的电磁能量：(A)是通过电流沿着导线内部从电源传给负载的；(B)是通过形成电流的载流子所运载给负载的；(C)是通过导线内部的电场传给负载的；(D)是通过导线外部的电磁场沿着导线表面传给负载的.　（　）

16.2.4　设在真空中沿着 X 轴正方向传播的平面电磁波，其电场强度的波的表达式是 $E_z=E_0\cos2\pi\left(\nu t-\frac{x}{\lambda}\right)$，则磁场强度的波的表达式是：(A) $H_y=\sqrt{\varepsilon_0/\mu_0}\,E_0\cos2\pi\left(\nu t-\frac{x}{\lambda}\right)$；(B) $H_y=\sqrt{\varepsilon_0/\mu_0}\,E_0\cos2\pi\left(\nu t-\frac{x}{\lambda}\right)$；(C) $H_y=-\sqrt{\varepsilon_0/\mu_0}\,E_0\cos2\pi\left(\nu t-\frac{x}{\lambda}\right)$；(D) $H_y=-\sqrt{\varepsilon_0/\mu_0}\,E_0\cos2\pi\left(\nu t+\frac{x}{\lambda}\right)$　（　　）

16.2.5　设在真空中沿着 Z 轴负方向传播的平面电磁波，其磁场强度的波的表达式为 $H_x=-H_0\cos\omega\left(t+\frac{z}{C}\right)$，则电场强度的波的表达式为：(A) $E_y=\sqrt{\mu_0/\varepsilon_0}\,H_0\cos\omega\left(t+\frac{z}{C}\right)$；(B) $E_y=\sqrt{\mu_0/\varepsilon_0}\,H_0\cos\omega\left(t-\frac{z}{C}\right)$；(C) $E_y=-\sqrt{\mu_0/\varepsilon_0}\,H_0\cos\omega\left(t+\frac{z}{C}\right)$；(D) $E_y=-\sqrt{\mu_0/\varepsilon_0}\,H_0\cos\omega\left(t-\frac{z}{C}\right)$.　（　　）

16.2.6　电偶极子所辐射的平均能流密度：(A)是各个方向的平均分布；(B)与指向考察点的径矢和电偶极子的夹角 θ 的余弦成正比；(C)与指向考察点的径矢和偶极振子的夹角 θ 成正比；(D)与指向考察点的径矢与偶极振子的夹角 θ 的正弦平方成正比.　（　　）

16.3　计算题

16.3.1　求下列各种波长的电磁波在真空中的频率：①$10^{-8}$ cm(X 射线)；②390 nm～770 nm(可见光)；③$5.893\times10^{-7}$ m(钠黄光)；④1.37 m(电视十二频道)；⑤280 m(中波广播).[答案：①$3\times10^{18}$ Hz；②$7.69\times10^{14}$ Hz～3.90×10^{14} Hz；③$5.09\times10^{14}$ Hz；④$2.19\times10^{8}$ Hz；⑤$1.07\times10^{6}$ Hz]

16.3.2　在真空中，一平面电磁波的电场由下式给出：$E_y=0.6\cos\left[2\pi\times10^8\left(t-\frac{x}{C}\right)\right]$ V·m^{-1}，试求：①波长和频率；②传播方向；③磁感应强度的大小和方向.[答案：①3 m，10^8 Hz；②沿 X 轴正方向；③$B_x=0$，$B_y=0$，$B_z=2.0\times10^{-9}\cos\left[2\pi\times10^8\left(t-\frac{x}{C}\right)\right]$T]

16.3.3　一振荡电路，由自感系数为 1.2×10^{-3} H 的线圈和电容为 3×10^{-8} F 的电容器所组成，线路中的电阻可以忽略不计，求振荡频率.[答案：2.65×10^{4} Hz]

16.3.4　LC 串联振荡电路是由一个 1.0×10^{-9}F 的电容器和一个 3.0 mH 的线圈组成，线圈具有峰值电压为 3.0 V.①问电容器上最大电量是多少？②通过电路中的峰值电流为多少？③线圈中的磁场储有的能量的最大值是多少？[答案：①$3.0\times10^{-9}$C；②$1.73\times10^{-3}$C；③$4.5\times10^{-9}$J]

16.3.5　设在真空中传播的平面电磁波，电场强度沿 X 轴正方向振动，传播速度 C 沿负 Z 轴方向.在空间某一点的电场强度的大小为 $E_x=300\cos\left(2\pi\nu t+\frac{\pi}{3}\right)$ V·m^{-1}.试求：在同一点的磁场强度大小的表达式，并用图表示电场强度 $\boldsymbol{E}$、磁场强度 $\boldsymbol{H}$ 和传播速度之间的相互关系.[答案：$H_y=-0.795\cos\left(2\pi\nu t+\frac{\pi}{3}\right)$ A·m^{-1}]

16.3.6　在 LC 串联的自由振荡电路中，如果 $L=2.6\times10^{-4}$ H，$C=1.2\times10^{-10}$ F，初始时刻电容器两极板间的电势差为 $U_0=1$ V，且电流为零，试求：①振荡频率；②最大电流；③任意时刻电容器两极板间的电场能，自感线圈中的磁场能；④验证在任意时刻电场能和磁场能之和等于初始的电场能.[答案：①$9.01\times10^{5}$ Hz；②$6.79\times10^{-4}$A；③$W_e=6.0\times10^{-11}\cos^2\omega t$ J，$W_m=6.0\times10^{-11}\sin^2\omega t$ J]

16.3.7　设一发射无线电波的天线可视为振荡电偶极子，其电矩振幅 p_0 为 2.26×10^{-4}C·m，频率 $\nu=$ 800 kHz.求：①无线电波的波长；②辐射功率；③在电偶极子赤道圈上距偶极子为 2 km 处的平均辐射强度；④该处的电场强度和磁场强度振幅.[答案：①375 m；②3.62 kW；③$1.08\times10^{-4}$ W·m^{-2}；④0.285 V·m^{-1}，7.57×10^{-4}A·m^{-1}]

16.3.8　一广播电台的平均辐射功率为 10 kw.假定辐射的能量流均匀分布在以电台为中心的半个球面上.①求距离电台为 $r=10$ km 处，坡印廷矢量的平均值；②设在上述距离处电磁波可视为平面波，求该处电场强度和磁场强度的振幅.[答案：①$1.58\times10^{-5}$W·m^{-2}；②0.110 V·m^{-1}，2.91×10^{-4}A·m^{-1}]

16.3.9　无线电收音机里有一个自感系数为 260 μH 的线圈，要使收音机接收到波长为 200 m～600 m 的广播波段的讯号，电容器的电容应在什么范围内变动才能实现？(振荡电路的电阻可以忽略)[答案：433pF～390pF]

阅读材料　科学家系列简介(三)

法拉第(1791—1867)

1791年9月22日,法拉第出生在一个手工工人家庭,家里人没有特别的文化,而且颇为贫穷.法拉第的父亲是一个铁匠.法拉第小时候受到的学校教育是很差的.十三岁时,他就到一家装订和出售书籍兼营文具生意的铺子里当了学徒.但与众不同的是,他除了装订书籍外,还经常阅读它们.他的老板也鼓励他,有一位顾客还送给了他一些听伦敦皇家学院讲演的听讲证.1812年冬季一天,正当拿破仑的军队在俄罗斯平原上遭到溃败的时候,一位21岁的青年人来到了伦敦皇家学院,他要求和著名的院长戴维见面谈话.作为自荐书,他带来了一本簿子,里面是他听戴维讲演时记下的笔记.这本簿子装订得整齐美观,这位青年给戴维留下了很好的印象.戴维正好缺少一位助手,不久他就雇用了这位申请者.

当上了戴维的助手后,不久法拉第就成为皇家学院的一员.1813年戴维夫妇决定去欧洲大陆游历,他们带着法拉第作为秘书.这次旅游进行了18个月,这对法拉第的教育起了重大作用.他见到了许多著名的科学家,像安培、伏特、阿拉戈和盖·吕萨克等,其中几位学者立即发现了这位陪伴戴维的朴实年青人的才华.

法拉第的科学活动是惊人的.他从欧洲大陆旅游回来后,几年内都致力于化学分析,并在皇家学院担任助手工作,其中包括对戴维的重要协助.他在1816年发表的第一篇论文,是论述托斯卡纳生石灰的性质.1860年前后,法拉第的研究活动结束时,他的实验笔记已达到一万六千多条,他仔细地依次编号,分订成许多卷,在这里法拉第显示了他过去当装订工时学会的高超技能.这些笔记以及其他在装订成书以前或以后的几百条笔记,都已编成书分卷出版,其中最著名的是他的《电学实验研究》.

法拉第所研究的课题广泛多样,按编年顺序排列,有如下各方面:铁合金研究(1818—1824);氮和碳的化合物(1820);电磁转动(1821);气体液化(1823—1845);光学玻璃(1825—1831);苯的发明(1825);电磁感应现象(1831);不同来源的电的同一性(1832);电化学分解(1832年起);静电学,电介质(1835年起);气体放电(1835年);光、电和磁(1845年起);抗磁性(1845年起);“射线振动思想”(1846年起);重力和电(1849年起);时间和磁性(1857年起).

1818年起,法拉第和一位外科医生、皇家学会会员斯托达特合作了几年,试图制造出一种改良钢,它的防锈能力要比英国当时所用的钢产品更强,能用来制造更锋利的刀片.当时的冶金技术仍然偏重于经验技术.印度生产的一种“乌兹钢”,是当时最优质的刀片钢.法拉第和斯托达特在铁内掺入其他金属,例如铂、银、钯、铬等,制成了各种合金钢,但斯托达特在1823年去世,法拉第就转到其他工作去了.他们当时是有可能发现现代冶金学的一些重要结果的.他们所制刀片的一些样品至今仍保存着,其中有一些质量很高.

所有这些工作都证明了法拉第卓越的化学才能和工艺才能.他把他的丰富经验总结为一本六百多页的巨著《化学操作》,于1827年出版.这是法拉第除了电学研究和其他研究论文集外所写的唯一的一本书.就是在今天仔细阅读它,也会给人一种直接和新颖的非凡印象.

戴维曾想表示他对法拉第的感激,但皇家学院经济一直困难.1825年他建议任命法拉第为实验室主任,以表示他的敬意.此后不久,法拉第创办了一个定期的“星期五晚讲座”,延续至今.法拉第曾花费了许多精力来提高他的讲演艺术,并且为此而名声卓著.他对讲演提出了各种建议和准则,完善到包括一切细节,这些建议和准则一直传给了皇家学院现在的讲演人.尽管皇家学院的听讲费颇为昂贵,但只要是法拉第讲演,讲演大厅里就会挤得水泄不通,而其他人的讲演平均只有三分之二的听众.除了星期五晚讲座外,法拉第还为儿童设立了专门的通俗讲演,在圣诞节期间举行,他的圣诞节讲座的主题之一是《蜡烛的化学史》.一个多世纪以来,曾经鼓舞了无数青年人,使他们从中获得快乐.这本书已被译成了许多种文字.一旦有可能,法拉第就拒绝大部分兼职工作,严格地削减社会活动,而把全部精力用于实验研究.人们得到的印象是,只有实验研究才是他真正的兴趣所在.他不参加任何社会活动,拒绝了许多授给他的荣誉,包括 1857 年要选他为皇家学会会长.

在大约 1830 年以前,法拉第主要是一位化学家,但他曾在 1821 年第一次着手研究电和磁,可能由此而种下了种子,十年以后即有了伟大的发现.法拉第的第一个科学活动时期终止于 1830 年,那时他已成为很有成就的专业分析化学家和实际顾问,而且更重要的是,由于他的坚实的科学成就,已赢得了国际声誉.这些科学成就包括制备一些新的碳化合物,如由他命名的“高氯化碳”或现代命名的“六氯乙烷”(CCl_3CCl_3)和四氯乙烯(CCl_2CCl_2),以及研究伦敦照明用的气体(法拉第的哥哥在该部门工作).这种气体是用动物油加热而制成的,储存在圆柱形铁罐内,使用后它往往在铁罐内残留下一种液体,拉第非常仔细而巧妙地对这种残余液体进行了分析,发现它含有一种沸点固定在 80℃的成分,它的大致组分为 CH,这就是苯,它是有机化学的主要支柱之一.但是法拉第发现苯时,并没有认识到它在后来的重要性,当然也不了解它的奇异的分子结构.这些发明和发现表明,即使法拉第没有其他贡献,他也将被认为是杰出的化学家.

法拉第坚信,电与磁的关系必须被推广,如果电流能产生磁场,磁场也一定能产生电流.法拉第为此冥思苦想了十年.他做了许多次实验结果都失败了.直到 1831 年年底,他才取得了巨大的突破,他发明了一种电磁电流发生器,这就是最原始的发电机.这时的法拉第不仅做出了跨时代的贡献,而且奠定了未来电力工业的基础.

1860 年他发表了他最后一次圣诞节讲演,他于 1867 去世,终年七十六岁.

法拉第被公认为是最伟大的“自然哲学家”之一.法拉第的伟大成功也许部分地是由于他所生活的时代,加之他丰富的想像力、足智多谋的实验才能,以及工作热情和相应的耐性,使他能够迅速地分辨假象,统观一切.他具有哲学思想,他在几何学和空间上的洞察力,以及善于持久思考的能力,正好补偿了他数学上的不足.

麦克斯韦(1831—1879)

麦克斯韦是继法拉第之后,集电磁学大成的伟大科学家.他依据库仑、高斯、欧姆、安培、毕奥、萨伐尔、法拉第等前人的一系列发现和实验成果,建立了第一个完整的电磁理论体系,不仅科学地预言了电磁波的存在,而且揭示了光、电、磁现象的本质的统一性,完成了物理学的又一次大综合.这一理论自然科学的成果,奠定了现代的电力工业、电子工业电和无线电工业的基础.

麦克斯韦 1831 年 6 月出生于英国爱丁堡,他的父亲原是律师,但他的主要兴趣是在制作各种机械和研究科学问题上,他这种对科学的强烈爱好,对麦克斯韦一生有深刻的影响.麦克斯韦 10 岁进入爱丁堡中学,14 岁在中学时期就发表了第一篇科学论文《论卵形曲线的机械画法》,反映了他在几何和代数方面的丰富知识.16 岁进入爱丁堡大学学习物理，三年后，他转学到剑桥大学三一学院. 在剑桥学习时，打下了扎实的数学基础，为他后来把数学分析和实验研究紧密结合创造了条件. 他阅读了 W. 汤姆生的科学著作，他十分赞同法拉第提出的新观点，并且精心研究法拉第的《电学的实验研究》一书. 他以法拉第的力线概念为指导，透过这些似乎杂乱无章的实验记录，看出了它们之间实际上贯穿着一些简单的规律. 于是，他发表了第一篇电磁学论文《论法拉第的力线》. 在这篇论文中，法拉第的力线概念获得了精确的数学表述，并且由此导出了库仑定律和高斯定律. 这篇文章还只是限于把法拉第的思想翻译成数学语言，还没有引导出新的结果. 1862 年他发表了第二篇论文《论物理力线》，不但进一步发展将法拉第的思想扩充到磁场变化产生电场，而且得到了新的结果：电场变化产生磁场，由此预言了电磁波的存在，并证明了这种波的速度等于光速，揭示了光的电磁本质. 这篇文章包括了麦克斯韦研究电磁理论达到的主要结果. 1864 年他的第三篇论文《电磁场的动力学理论》，从几个基本实验事实出发，运用场论的观点，以演绎法建立了系统的电磁理论. 1873 年出版的《电学和磁学论》一书是集电磁学大成的划时代著作，全面地总结了 19 世纪中叶以前对电磁现象的研究成果，建立了完整的电磁理论体系. 这是一部可以同牛顿的《自然哲学的数学原理》、达尔文的《物种起源》和赖尔的《地质学原理》相媲美的里程碑式的著作.

麦克斯韦在总结前人工作的基础上，引入位移电流的概念，建立了一组微分方程，确定电荷、电流（运动的电荷）、电场、磁场之间的普遍联系，是电磁学的基本方程. 麦克斯韦方程组表明，空间某处只要有变化的磁场就能激发出涡旋电场，而变化的电场又能激发涡旋磁场. 交变的电场和磁场互相激发就形成了连续不断的电磁振荡，即电磁波. 麦克斯韦方程还说明，电磁波的速度只随介质的电和磁的性质而变化，由此式可证明电磁波在以太（即真空）中传播的速度等于光在真空中传播的速度. 这不是偶然的巧合，而是由于光和电磁波在本质上是相同的. 光是一定波长的电磁波，这就是麦克斯韦创立的光的电磁学说.

麦克斯韦被大多数近代物理学家看作是 19 世纪的科学家，但他对 20 世纪的物理学影响很大，他与牛顿和爱因斯坦齐名. 1931 年爱因斯坦在麦克斯韦生辰百年纪念会上曾指出：麦克斯韦的工作"是牛顿以来，物理学最深刻和最富有成果的工作"，从而使物理现实的概念得到了改变. 麦克斯韦提出的电磁辐射的概念和他的场方程组，是根据法拉第的电力线和磁力线的实验观察提出来的，从而引出了爱因斯坦的狭义相对论，并建立了质量和能量的等效性原理. 使麦克斯韦成为历史上最伟大的科学家之一的工作是他关于电磁学的研究，麦克斯韦说，他最重要的工作是把法拉第的物理观点用数学表达出来. 麦克斯韦曾表示电磁波是能在实验室内产生的，这种可能性首先由赫兹在 1887 年实现了，这时麦克斯韦已去世 8 年. 所以，具有广泛应用价值的无线电工业实际上来源于麦克斯韦的著述. 在电磁理论以外，麦克斯韦在物理学其他领域中也有重大贡献. 20 多岁时麦克斯韦曾写过一篇有关土星的论文，证实土星外围的那些环都是由一块块不相粘附的物质组成的，100 多年以后当一架"航行者"太空推测器到达土星周围时，证实了这一理论. 1871 年麦克斯韦被推选为卡文迪什讲座教授. 他设计了卡文迪什实验室，而且亲自监督施工.

麦克斯韦的主要科学贡献在电磁学方面，同时他在天体物理学、气体分子运动论、热力学、统计物理学等方面，都做出了卓越的成绩. 正如量子论的创立者普朗克（Max Plank，1858—1947）指出的："麦克斯韦的光辉名字将永远镌刻在经典物理学家的门扉上，永放光芒. 从出生地来说，他属于爱丁堡；从个性来说，他属于剑桥大学；从功绩来说，他属于全世界."

静磁学和电磁场检测题

一、选择题

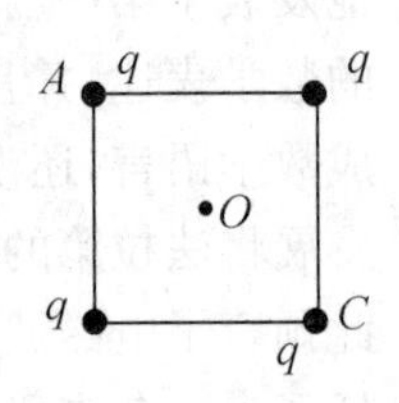

1. 如右图所示，边长为 a 的正方形的4个角上固定有4个电荷均为 q 的点电荷. 此正方形以角速度 ω 绕 AC 轴旋转时，在中心 O 点产生的磁感强度大小为 B_1；此正方形同样以角速度 ω 绕过 O 点垂直于正方形平面的轴旋转时，在 O 点产生的磁感强度的大小为 B_2，则 B_1 与 B_2 间的关系为(　　).

A. $B_1=B_2$　　　　B. $B_1=2B_2$

C. $B_1=\frac{1}{2}B_2$　　　　D. $B_1=B_2/4$

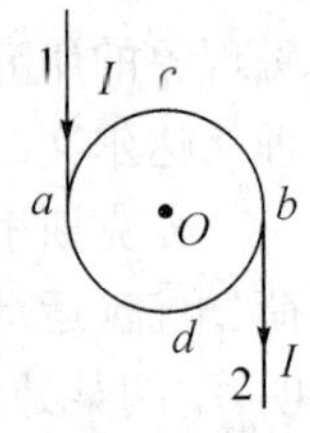

2. 电流由长直导线1沿切向经 a 点流入一个电阻均匀的圆环，再由 b 点沿切向从圆环流出，经长直导线2返回电源(如右图所示). 已知直导线上电流强度为 I，圆环的半径为 R，且 a、b 和圆心 O 在同一直线上. 设长直载流导线1、2和圆环中的电流分别在 O 点产生的磁感强度 $\vec{B}_1$、$\vec{B}_2$、$\vec{B}_3$，则圆心处磁感强度的大小(　　).

A. $B=0$，因为 $B_1=B_2=B_3=0$

B. $B=0$，因为虽然 $B_1\neq0$，$B_2\neq0$，但 $\vec{B}_1+\vec{B}_2=0$，$B_3=0$

C. $B\neq0$，因为 $B_1\neq0$，$B_2\neq0$，$B_3\neq0$

D. $B\neq0$，因为虽然 $B_3=0$，但 $\vec{B}_1+\vec{B}_2\neq0$

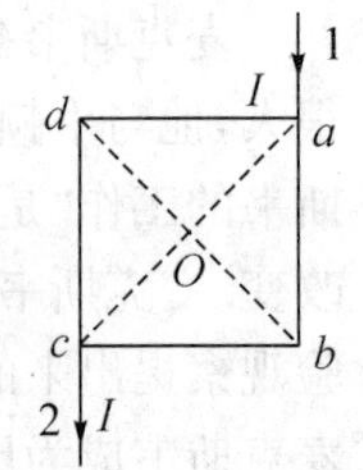

3. 如右图所示，电流由长直导线1沿 ab 边方向经 a 点流入由电阻均匀的导线构成的正方形框，由 c 点沿 dc 方向流出，经长直导线2返回电源. 设载流导线1、2和正方形框中的电流在框中心 O 点产生的磁感强度分别用 $\vec{B}_1$、$\vec{B}_2$、$\vec{B}_3$ 表示，则 O 点的磁感强度大小(　　).

A. $B=0$，因为 $B_1=B_2=B_3=0$

B. $B=0$，因为虽然 $B_1\neq0$，$B_2\neq0$，但 $\vec{B}_1+\vec{B}_2=0$，$B_3=0$

C. $B\neq0$，因为虽然 $\vec{B}_1+\vec{B}_2=0$，但 $B_3\neq0$

D. $B\neq0$，因为虽然 $B_3=0$，但 $\vec{B}_1+\vec{B}_2\neq0$

4. 无限长载流空心圆柱导体的内外半径分别为 a、b，电流在导体截面上均匀分布，则空间各处的 $\vec{B}$ 的大小与场点到圆柱中心轴线的距离 r 的关系定性地如图所示. 正确的图是(　　).

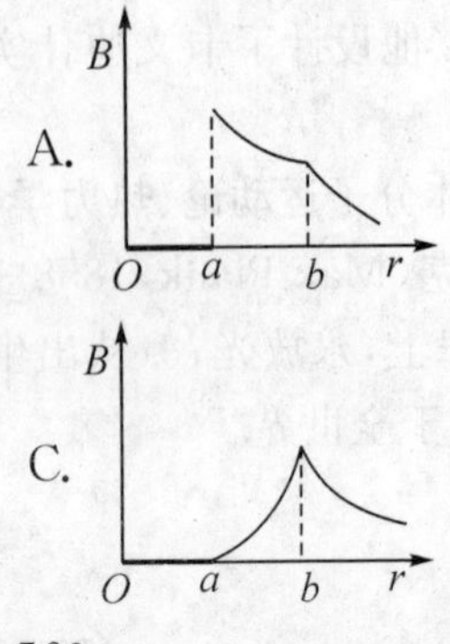

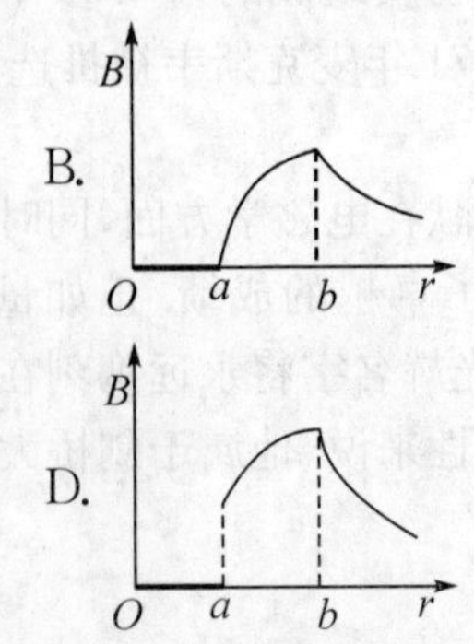

5. 一张气泡室照片表明，质子的运动轨迹是一半径为 10 cm 的圆弧，运动轨迹平面与磁场垂直，磁感强度大小为 0.3 Wb/m^2. 该质子动能的数量级为（　　）.

A. 0.01 MeV　　B. 0.1 MeV

C. 1 MeV　　D. 10 MeV

E. 100 MeV

（已知质子的质量 $m=1.67\times10^{-27}$ kg，电荷 $e=1.6\times10^{-19}$ C）

6. 如右图所示，无限长直导线在 P 处弯成半径为 R 的圆，当通以电流 I 时，则在圆心 O 点的磁感强度大小等于（　　）.

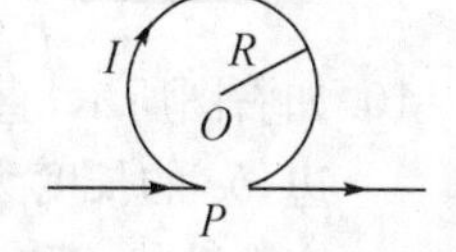

A. $\dfrac{\mu_0 I}{2\pi R}$　　B. $\dfrac{\mu_0 I}{4R}$

C. 0　　D. $\dfrac{\mu_0 I}{2R}(1-\dfrac{1}{\pi})$

E. $\dfrac{\mu_0 I}{4R}(1+\dfrac{1}{\pi})$

7. 关于稳恒电流磁场的磁场强度 $\vec{H}$，下列几种说法中哪个是正确的？（　　）

A. $\vec{H}$ 仅与传导电流有关

B. 若闭合曲线内没有包围传导电流，则曲线上各点的 $\vec{H}$ 必为零

C. 若闭合曲线上各点 $\vec{H}$ 均为零，则该曲线所包围传导电流的代数和为零

D. 以闭合曲线 L 为边缘的任意曲面的 $\vec{H}$ 通量均相等

8. 如右图所示，一矩形线圈，以匀速自无场区平移进入均匀磁场区，又平移穿出. 在 A、B、C、D 各 $I-t$ 曲线中哪一种符合线圈中的电流随时间的变化关系（取逆时针指向为电流正方向，且不计线圈的自感）？（　　）

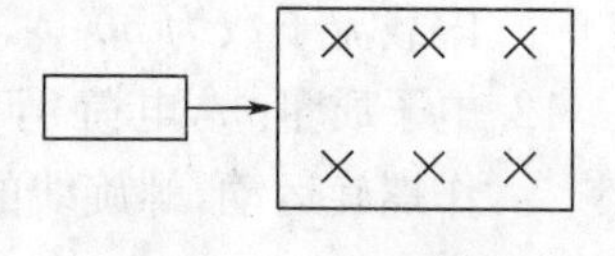

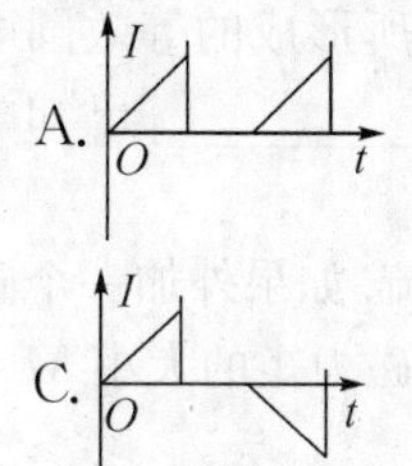

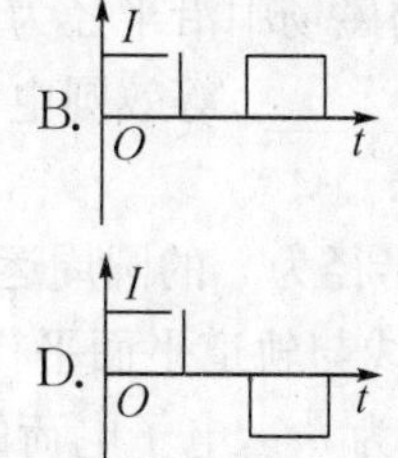

9. 两条金属轨道放在均匀磁场中，磁场方向垂直纸面向里，如右图所示. 在这两条轨道上垂直于轨道架设两条长而刚性的裸导线 P 与 Q. 金属线 P 中接入一个高阻伏特计. 令导线 Q 保持不动，而导线 P 以恒定速度平行于导轨向左移动. A～E 各图中哪一个正确表示伏特计电压 V 与时间 t 的关系？（　　）

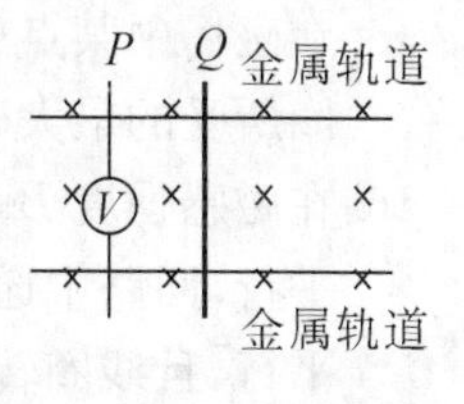

A.

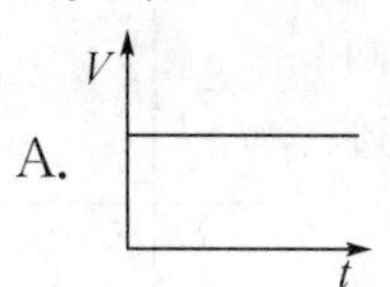

B.

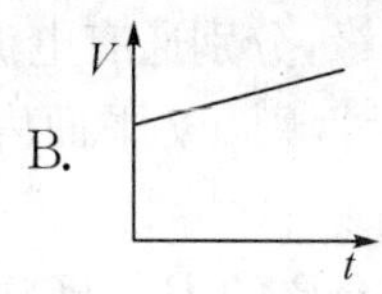

C.

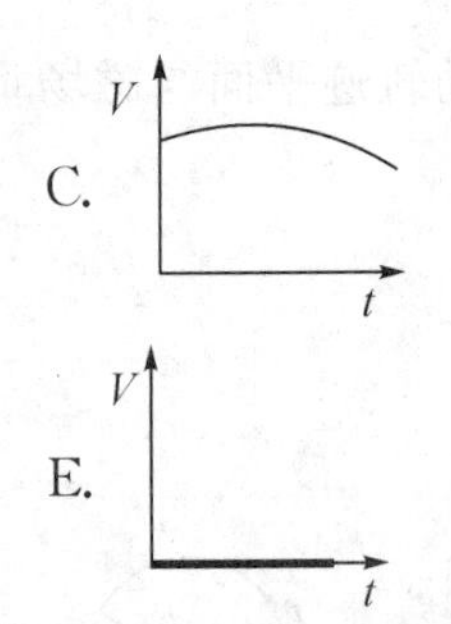

D.

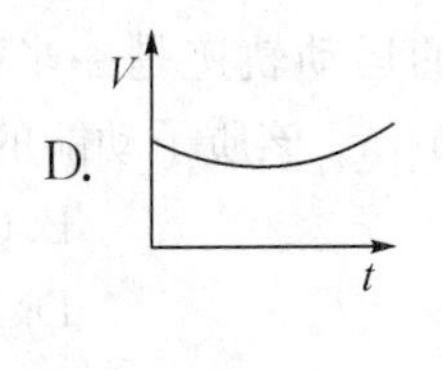

E.

10. 如右图所示，直角三角形金属框架 abc 放在均匀磁场中，磁场 $\vec{B}$ 平行于 ab 边，bc 的长度为 l. 当金属框架绕 ab 边以匀角速度 ω 转动时，abc 回路中的感应电动势 ε 和 a、c 两点间的电势差 U_a-U_c 为(　　).

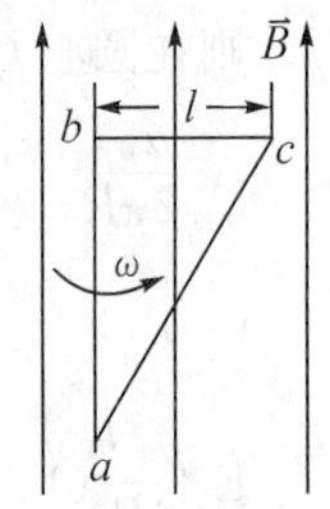

A. $\varepsilon=0, U_a-U_c=\frac{1}{2}B\omega l^2$　　B. $\varepsilon=0, U_a-U_c=-\frac{1}{2}B\omega l^2$

C. $\varepsilon=B\omega l^2, U_a-U_c=\frac{1}{2}B\omega l^2$　　D. $\varepsilon=B\omega l^2, U_a-U_c=-\frac{1}{2}B\omega l^2$

二、填空题

11. 截面面积为 S，截面形状为矩形的直的金属条中通有电流 I，金属条放在磁感强度为 $\vec{B}$ 的匀强磁场中，$\vec{B}$ 的方向垂直于金属条的左、右侧面(如右图所示). 在图示情况下金属条的上侧面将积累______电荷，载流子所受的洛伦兹力 $f_m=$______.(注：金属中单位体积内载流子数为 n)

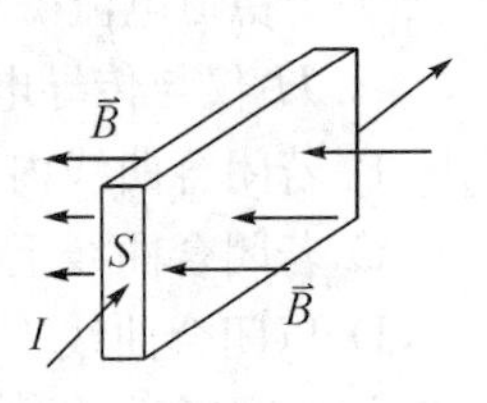

12. 电子质量 m，电荷 e，以速度 v 飞入磁感强度为 B 的匀强磁场中，$\vec{v}$ 与 $\vec{B}$ 的夹角为 θ，电子作螺旋运动，螺旋线的螺距 $h=$______，半径 $R=$______.

13. 电子在磁感强度为 $\vec{B}$ 的均匀磁场中沿半径为 R 的圆周运动，电子运动所形成的等效圆电流强度 $I=$______；等效圆电流的磁矩 $p_m=$______. 已知电子电荷为 e，电子的质量为 m_e.

14. 氢原子中，电子绕原子核沿半径为 r 的圆周运动，它等效于一个圆形电流. 如果外加一个磁感强度为 B 的磁场，其磁感线与轨道平面平行，那么这个圆电流所受的磁力矩的大小 $M=$______.(设电子质量为 m_e，电子电荷的绝对值为 e)

15. 在磁场中某点放一很小的试验线圈. 若线圈的面积增大一倍，且其中电流也增大一倍，该线圈所受的最大磁力矩将是原来的______倍.

16. 在磁感强度 $B=0.02$ T 的匀强磁场中，有一半径为 10 cm 圆线圈，线圈磁矩与磁感线同向平行，回路中通有 $I=1$ A 的电流. 若圆线圈绕某个直径旋转 180°，使其磁矩与磁感线反向平行，且线圈转动过程中电流 I 保持不变，则外力的功 $A=$______.

17. 在 xy 平面内，有两根互相绝缘，分别通有电流 $\sqrt{3}I$ 和 I 的长直导线. 设两根导线互相垂直(如右图所示)，则 xy 平面内，磁感强度为零的点的轨迹方程为______.

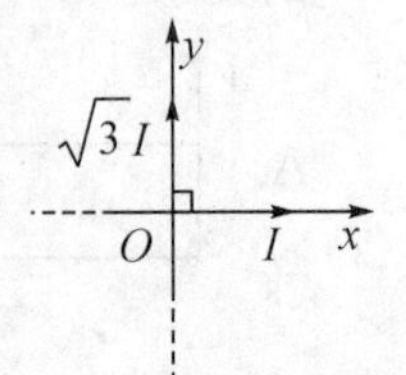

18. 如右图所示为三种不同的磁介质的 $B-H$ 关系曲线，其中虚线表示的是 $B=\mu_0 H$ 的关系. 说明 a、b、c 各代表哪一类磁介质的 $B-H$ 关系曲线：

a 代表______的 $B-H$ 关系曲线.

b 代表____________________的 $B-H$ 关系曲线.

c 代表____________________的 $B-H$ 关系曲线.

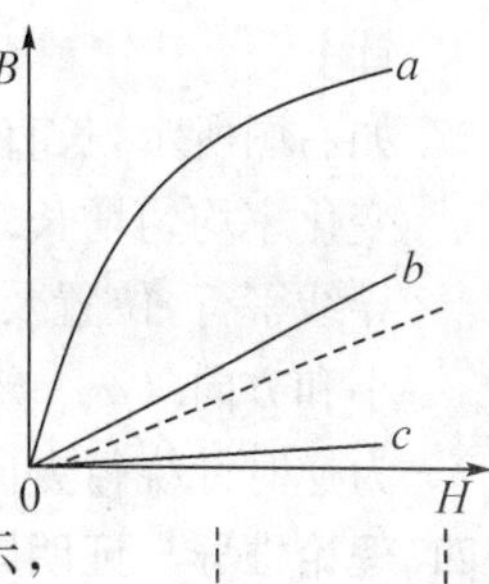

19. 一段直导线在垂直于均匀磁场的平面内运动. 已知导线绕其一端以角速度 ω 转动时的电动势与导线以垂直于导线方向的速度 $\vec{v}$ 作平动时的电动势相同,那么,导线的长度为____________.

20. 真空中两条相距 $2a$ 的平行长直导线,通以方向相同、大小相等的电流 I,O、P 两点与两导线在同一平面内,与导线的距离如右图所示,则 O 点的磁场能量密度 $w_{mo}=$____________,P 点的磁场能量密度 $w_{mr}=$____________.

三、计算题

21. 如右图所示,一多层密绕螺线管的内半径为 R_1,外半径为 R_2,长为 $2L$,设总匝数为 N,导线很细,其中通过的电流为 I,求螺线管中心 O 点的磁感强度.[积分公式:$\int \frac{\mathrm{d}x}{\sqrt{x^2+a^2}}=\ln(x+\sqrt{x^2+a^2})$][答案:$B=\frac{\mu_0 NI}{2(R_2-R_1)}\ln\frac{R_2+\sqrt{R_2^2+L^2}}{R_1+\sqrt{R_1^2+L^2}}$]

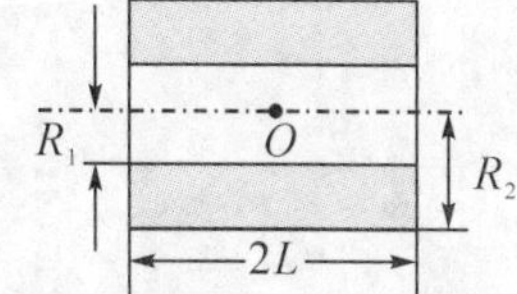

22. 两根导线沿半径方向接到一半径 $R=9.00$ cm 的导电圆环上. 如右图所示,圆弧 ADB 是铝导线,铝线电阻率为 $\rho_1=2.50\times10^{-8}\ \Omega\cdot\mathrm{m}$,圆弧 ACB 是铜导线,铜线电阻率为 $\rho_2=1.60\times10^{-8}\ \Omega\cdot\mathrm{m}$. 两种导线截面面积相同,圆弧 ACB 的弧长是圆周长的 $1/\pi$. 直导线在很远处与电源相连,弧 ACB 上的电流 $I_2=2.00$ A,求圆心 O 点处磁感强度 B 的大小.(真空磁导线 $\mu_0=4\pi\times10^{-7}$ T·m/A)[答案:$B=1.60\times10^{-8}$ T]

23. 如右图所示,电阻为 R、质量为 m、宽为 l 的矩形导电回路. 从所画的静止位置开始受恒力 $\vec{F}$ 的作用. 在虚线右方空间内有磁感强度为 $\vec{B}$ 且垂直于图面的均匀磁场. 忽略回路自感. 求在回路左边未进入磁场前,作为时间函数的速度表示式.[答案:$v=\frac{FR}{B^2l^2}(1-\mathrm{e}^{-\frac{B^2l^2}{Rm}t})$]

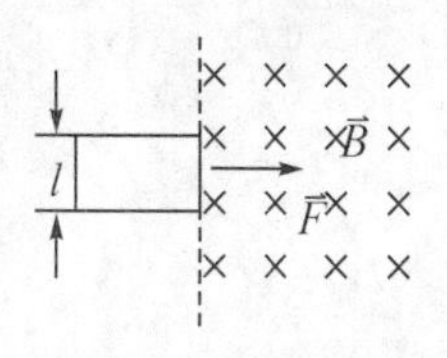

24. 如右图所示,两根相互绝缘的无限长直导线 1 和 2 绞接于 O 点,两导线间夹角为 θ,通有相同的电流 I. 试求单位长度的导线所受磁力对 O 点的力矩.[答案:$M=\frac{\mu_0 I^2}{2\pi\sin\theta}$]

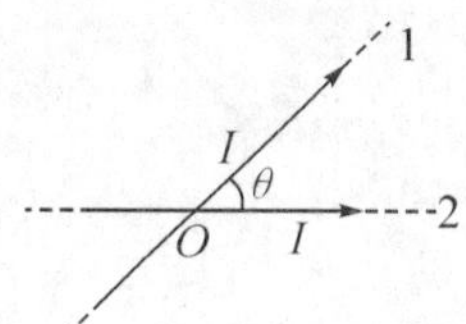

25. 一铁环中心线周长 $l=30$ cm,横截面面积 $S=1.0\ \mathrm{cm}^2$,环上紧密地绕有 $N=300$ 匝线圈. 当导线中电流 $I=32$ mA 时,通过环截面的磁通量 $\Phi=2.0\times10^{-5}$ Wb. 试求铁芯的磁化率 χ_m.[答案:$\chi_m=496$]

26. 如右图所示,真空中一长直导线通有电流 $I(t)=I_0\mathrm{e}^{-\lambda t}$(式中 I_0、λ 为常量,t 为时间),有一带滑动边的矩形导线框与长直导线平行共面,二者相距 a. 矩形线框的滑动边与长直导线垂直,它的长度为 b,并且以匀速 $\vec{v}$(方向平行长直导线)滑动. 若忽略线框中的自感电动势,并设开始时滑动边与对边重合,试求任意时刻 t 在矩形线框内的感应电动势 ε_i 并讨论 ε_i 方向.[答案:$\varepsilon_i=\frac{u_0}{2\pi}vI_0\mathrm{e}^{-\lambda t}(\lambda t-1)\ln\frac{a+b}{a}$;$\varepsilon_i$ 方向:$\lambda t<1$ 时逆时针,$\lambda t>1$ 时顺时

针]

27. 如右图所示,长直导线 AB 中的电流 I 沿导线向上,并以 $\mathrm{d}I/\mathrm{d}t=2\ \mathrm{A/s}$ 的变化率均匀增长. 导线附近放一个与之同面的直角三角形线框,其一边与导线平行,位置及线框尺寸如图所示. 求此线框中产生的感应电动势的大小和方向. ($\mu_0=4\pi\times10^{-7}\ \mathrm{T\cdot m/A}$)[答案:$\varepsilon=-5.18\times10^{-8}\ \mathrm{V}$,其方向为逆时针绕行方向]

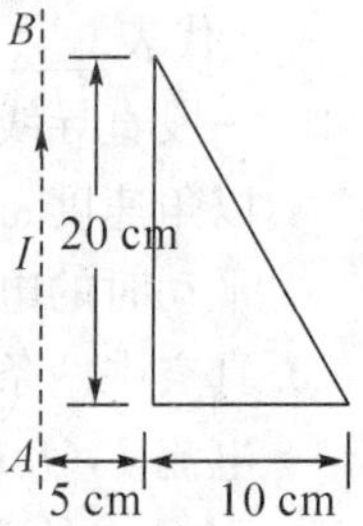

四、理论推导与证明题

28. 将一半径为 R 的载流圆环置于磁感强度为 $\vec{B}$ 的均匀磁场中,该环可分别绕 OP 轴(垂直于磁场的直径)和 $O'P'$ 轴(平行于 OP 轴,且与环相切的直线,如右图所示)旋转. 试证该环绕 OP 轴转动的最大磁力矩 $|\vec{M}|_{\max}$ 与绕 $O'P'$ 轴转动的最大磁力矩 $|\vec{M}'|_{\max}$ 相等.

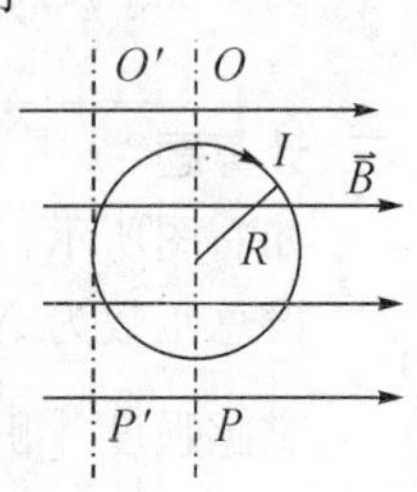

第五篇　光学的物理基础

1　光学的分类

光学是物理学的一个分支，既是一门古老的学科，又是一门崭新的学科；既是一门理论体系严谨的学科，又是一门十分重要的应用学科. 它是研究光的本性、光的发射、传播和接收的规律，光和其他物质的相互作用（如光的吸收、散射，光的力、热、电、化学及生理效应等）的科学. 通常将光学分为几何光学和物理光学（包括波动光学和量子光学）两部分. 随着科学技术的发展，还形成了许多分支，如光谱学、发光学、光度学、分子光学、晶体光学、大气光学、生理光学、傅里叶光学、集成光学、信息光学、非线性光学和主要研究光学仪器设计的应用光学等.

（1）几何光学

几何光学是以光的直线传播和独立传播性质，以及光的反射定律和折射定律为基础的光学学科，它研究一般光学仪器（如透镜、棱镜、显微镜、望远镜、照相机等）的成像与消除像差的问题，以及特种光学仪器（如摄谱仪、测距仪等）的设计原理.

（2）物理光学

物理光学是研究光的波动性和粒子性的光学学科，它研究光的本性及光在媒质中的传播和光与物质间的相互作用. 它又分为两大部分：以光的波动性质为基础的部分，称为波动光学，主要研究光的干涉、衍射、偏振等，说明光具有波动性，光波是横波；以光的粒子性为基础的部分，称为量子光学，主要研究光与物质相互作用时表现出的粒子性，如光电效应、康普顿效应等.

本章研究的主要内容是物理光学中的波动光学部分，重点讨论光的干涉、衍射、偏振这三方面的基本内容.

2　光学发展简史

（1）古代人类对光学的贡献

人类对光学的研究已有 3000 多年的历史，人类对光现象的认识是从简单直观的几何光学规律及其应用开始的，早在公元前 2000 多年，古埃及人已知道利用光的反射原理制作铜镜；我国周朝人们已会用凹面镜取火. 不少书中多以古希腊欧几里德（公元前 330—275 年）所著《光学》作为系统研究光学的最早记录. 事实上，在早于欧几里德 100 余年前的我国春秋战国时期，墨翟（公元前 468—376 年）已在《墨经》中对影的定义和生成，光线和影的关系，光传播的直线性，光的反射特性，从物体与光源确定影的大小，平面镜、凹面镜和凸面镜的物像关系等都有记述，是世界上最早又较全面的光学著作. 直到 16 世纪前 2000 多年的时间里，光学的研究进展缓慢.

（2）人类对光的本性的认识

光究竟是什么，光的本性是什么，在 17 世纪有两种观点：以牛顿为代表的“微粒”说和以惠更斯为代表的“波动”说.微粒说认为光是由发光体发出的弹性微粒流，在均匀介质内做匀速直线运动.该学说容易解释光的直进、反射定律和折射定律，在解释折射率时认为光在水中的速率大于光在空气中的速率，但被以后的实验否定，而对于光经过障碍物进入几何阴影区的衍射现象不能解释.当时由于牛顿在力学上的杰出贡献，使他的微粒说在牛顿时代及随后100余年的时间，得到了许多物理学家的支持而被普遍接受.直到19世纪初有关光的干涉、衍射现象的发现，尤其是法国物理学家傅科(1851年)直接测定介质中的光速，光在水中的速率应小于空气中的速率，光的微粒说才被光的波动说所否定.波动说是17世纪首先由胡克提出并由惠更斯所发展，与当时流行的光的微粒说相对立，他认为光是一种机械波，由发光体引起，和声波一样依靠周围的介质传播，光的传播不是物质微粒的迁移过程，而是运动能量按波动的迁移过程.它同样能够解释光的反射定律、光的折射定律，还能解释光的双折射现象的发现，认为光在水中的速率小于光在空气中的速率，但是不能解释光的直线传播.这两种学说相互斗争，从未间断各自的发展，波动说直到19世纪初杨氏干涉现象的发现，1818年菲涅耳用波动理论成功地解释了衍射现象，1808年马吕斯观察到偏振现象后才被广泛承认.19世纪后期，麦克斯韦的电磁理论确定了光是一种电磁波，实验证实了光在真空中的传播速率与电磁波在真空中的传播速率相等.1887年赫兹的一系列实验证实了麦克斯韦电磁波理论的正确性.事实上，光波就是波长比普通无线电波短得多的一种电磁波，用波动理论能够解释光的干涉、衍射和偏振现象，从而确立了波动理论在光学中的地位.

(3)光的波动说和光的微粒说的统一

经历了100多年，人们对光本性的认识又必须用与牛顿的微粒说有本质区别的光的微粒性(量子性)概念来解释有关实验现象.在19世纪末期，光的波动理论能够解释光的干涉、衍射和偏振等实验现象，而用牛顿的微粒理论无法解释.但是对于黑体辐射、光电效应和康普顿效应等波动理论无法解释，必须用微粒理论才能够解释.1900年，德国物理学家普朗克为了解释黑体辐射中能量按波长分布的实验规律，提出了能量子假说，认为辐射体不是连续地而是以能量子 $h\nu$ 为单元一份一份地不连续的辐射能量，辐射或吸收的能量也只能是 $h\nu$ 的整数倍.1905年爱因斯坦为了解释光电效应提出了光量子假说，即光的微粒性概念.这就表明，有时光表现出波动的性质，有时又表现出微粒的性质，即光具有微粒与波的二象性，它是光在不同情况下表现出来的两种属性.1924年，法国的物理学家德布罗意在他的著名的论文《量子理论的研究》中提出：一切运动的微观粒子也和光一样具有波粒二象性.实物粒子(如电子、质子、中子等)的运动过程具有波动性，称为物质波，也称为德布罗意波.这一理论后被戴维逊和革末的电子衍射实验所证实.

(4)光学仪器的应用与发展

光学仪器在16世纪以前发展很缓慢，到1621年荷兰数学家及物理学家斯涅耳发现光的折射定律(亦称为斯涅耳定律)后，以光的直线传播定律、光的反射定律和光的折射定律为基本原理的几何光学仪器到18世纪已发展到有显微、望远和照相三大类，有关仪器在工业、农业、天文、医疗卫生和军事各部门都有着重要的应用.19世纪到20世纪初，物理光学仪器的应用取得了重要进展，例如，利用光的干涉原理制成精密光学仪器，用于长度、平整度、光洁度的精密测量；衍射仪用于光谱分析，研究物质内部结构和化学成分的测定；偏振仪用于晶体光学的研究及各种建筑材料的应力分析等.20世纪60年代激光器的发明，由于激光的单色性、高方向性和高强度等特性，在现代科学技术上的应用已获得了惊人的发展，激光在精密测量、全息检测、测距、通讯、医疗诊治、农业育种、材料加工、军事等方面的应用都获得了较大进展.

第 17 章　波动光学基础

本章将主要介绍光的干涉、衍射、偏振现象，说明光的波动性，明确光波不是机械波而是电磁波，引起人们视觉及光效应起主要作用的是电场强度而不是磁场强度，并简略介绍光的干涉、衍射、偏振现象的规律及作用.

第一部分　光的干涉

第一部分将以四节来介绍光的干涉有关知识.

17.1　光波、光源、光的相干叠加和非相干叠加

光波通常是指对人眼能够引起视觉作用的电磁波，更广泛的意义上光波还包括紫外线和红外线. 波长小于可见光短波极限的光波称为紫外线，按波长大小，紫外线可分为近紫外、远紫外和真空紫外三个区，真空紫外和 X 射线相接. 波长长于可见光波长极限的光波称为红外线，按波长大小，红外线可分为近红外、中红外和远红外三个区，远红外和微波相接. 紫外线和红外线对人眼不能引起视觉作用，但可以用光电元件探测到.

17.1.1　光的电磁理论

1864 年麦克斯韦在前人成果的基础上总结了电磁现象的基本规律，建立了电磁场理论，并预言了电磁波的存在. 1887 年赫兹从实验上证实了电磁波的存在，并测得电磁波在真空中的传播速度等于光在真空中的传播速度，从而得出光波是特定波段范围内的电磁波. 光波产生于原子和分子内的电子状态或分子的振动状态和转动状态的改变. 电磁波由电场强度矢量 $\boldsymbol{E}$ 和磁场强度矢量 $\boldsymbol{H}$ 来表征，它们的振动方向相互垂直，并且都与电磁波的传播方向垂直，它们的量值变化步调一致，如图 17.1.1 所示，因而电磁波是横波，能够产生偏振现象.

根据麦克斯韦电磁理论，电磁波在真空中的传播速度 c 为

$$c=\frac{1}{\sqrt{\varepsilon_0\mu_0}} \tag{17-1-1}$$

式中，ε_0 和 μ_0 分别是真空中的介电常量和真空中的磁导率.

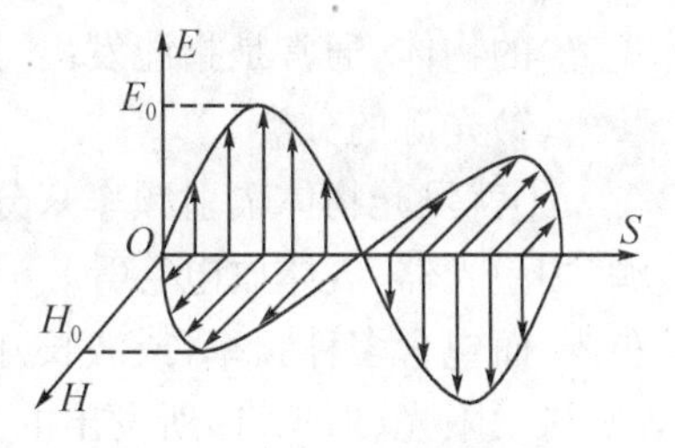

图 17.1.1　电磁波

在介质中电磁波的传播速度 v 为

$$v=\frac{1}{\sqrt{\varepsilon\mu}}=\frac{c}{\sqrt{\varepsilon_r\mu_r}} \tag{17-1-2}$$

式中，ε 和 μ 分别是介质的介电常量和磁导率，ε_r 和 μ_r 分别是介质的相对介电常数和相对磁导率. 由以上两式可见，电磁波的传播速度与介质的性质有关，$c>v$.

根据折射率(绝对折射率)n 的定义:光波在真空中的速率 c 与在某介质中的速率 v 之比,称为该介质相对于真空的折射率,简称折射率,即

$$n=\frac{c}{v} \tag{17-1-3}$$

(17-1-2)式和(17-1-3)式相比较,可得

$$n=\sqrt{\varepsilon_r \mu_r} \tag{17-1-4}$$

(17-1-4)式表明光学量 n 和电磁学量 ε_r 及 μ_r 之间有一定的关系.

当同一光波通过不同的介质时,其频率 ν(周期 T)保持不变,而有不同的波长.根据波速、波长和频率三者之间的关系,光波在介质中的波长 λ_n 可表示为

$$\lambda_n=\frac{v}{\nu}=\frac{c}{n\nu}=\frac{\lambda}{n} \tag{17-1-5}$$

式中,$\lambda=\frac{c}{\nu}$是该光波在真空中的波长.该式表明同一光波在介质中的波长比在真空中的波长短.

经典电磁理论预言自由空间传播的光波是横波.光是分子或原子中带电粒子(或称为偶极振子)在平衡位置附近作振动,当其运动状态发生改变时辐射出来的一定波长范围的电磁波.大量实验事实证实,对人的眼睛或感光仪器起主要作用的是电磁波中的电场强度矢量 $\boldsymbol{E}$,而不是磁场强度矢量 $\boldsymbol{H}$,所以通常将电场强度矢量 $\boldsymbol{E}$ 称为光振动矢量,简称光矢量.描写光振动矢量 $\boldsymbol{E}$ 以速度 v 沿 $\boldsymbol{r}$ 方向的传播过程的表达式为

$$E=E_0\cos\left[\omega\left(t-\frac{r}{v}\right)+\varphi\right] \tag{17-1-6}$$

(17-1-6)式表示光波在传播过程中任一时刻任一点处的光振动情况.当 t 一定时,上式表示在该时刻,不同 r 的各点的光振动情况.对于 r 一定的某一点,上式表示该点在不同时刻 t 的光振动情况.式中 ω 是偶极振子的圆频率,也是由它所辐射的光波的圆频率,r 是在光波的传播方向上的任一点 P 到偶极振子中心的距离,v 是光波的传播速率,$\left[\omega\left(t-\frac{r}{v}\right)+\varphi\right]$是光波传播到 P 点的时刻 t 的相,$(-\omega r/v+\varphi)$是光波在距偶极振子中心为 r 的 P 点处的初相,φ 是偶极振子的初相,E_0 是光振动矢量的振幅.

17.1.2 光源及其发光特征

(1)光源

物理学上是指能发出一定波长范围的电磁辐射(包括可见光以及紫外线和红外线等不可见光)的物体,通常是指能发出可见光(波长范围在 390 nm~770 nm)的发光物体.

(2)光源的分类

①就发光物体辐射频率来分,通常将具有一个频率(或波长)的光称为单色光.利用单色光源(如激光器、气体放电管等)、滤光器或根据分光原理制成的单色仪,可以获得各种纯度的单色光.而包含多种频率(或波长)的光称为复色光.利用加热的方法使物体发出的光以及普通光源(如太阳光、白炽灯)所发出的光,都是复色光.

②就激发发光的方法来分,物体发射光有两种类型.

热光源:物体在发出辐射的过程中不改变物体的内能,而用加热来维持它的温度,使物体发光的光源,如白炽灯、太阳光.

冷光源:利用化学能、电能或光能激发发光的光源,如化学发光、电致发光、光致发光.例如,磷发光就是化学发光;稀薄气体中通电时发出的辉光是电致发光;某些碱土金属的氧化物和硫化物在可见光或紫外光照射下发光是光致发光.对于光致发光的物质,如果在外界光源撤去后,立刻停止发光的物质,称为荧光物质;在外界光源撤去后,发光仍能够持续下去的物质,称为磷光物质.

(3)普通光源发光的特征

普通光源(非激光光源)发出的光是属于自发辐射.光是由光源中许多原子、分子等微观粒子辐射的,发光过程是一种量子过程,发光体内部的原子、分子吸收外部能量而跃迁到较高能量状态,在没有外界作用的情况下自发地从高能量状态跃迁到最低能量状态或较低能量状态,而辐射出一定频率或波长的电磁辐射,这个过程称为自发辐射.由于发光体辐射的光波是大量原子或分子辐射的总效果,而每一个原子或分子每次辐射的光波频率一定,振动方向一定,振幅一定.普通光源发光有两个显著的特点:一是间歇性,每一个原子或分子发射波列的持续时间 Δt 很短,一般不超过 10^{-8} s,它们发出一段长为 $l=c\Delta t$,相干长度小于 1 m 的数量级,频率一定(量子性)、振动方向一定,振幅随时间缓慢变化的正弦(或余弦)波列之后,如图 17.1.2 所示,要间隔一段时间才辐射长度为有限长的第二列波列;二是随机性,每一个原子或分子发光都是独立进行的,所辐射的各个波列是各自独立、彼此无关的,各波列的振动方向、频率、初相和相也不一定相同.

普通光源发光的间歇性和随机性的特征,使两个彼此独立的普通光源,每个原子或分子先后发射的有限长的不同波列或同一光源上不同原子在同一时刻或同一原子在不同时刻所发射的光,不能够满足频率相同、相相同或相差恒定、振动方向相同或有平行的振动分量三个相干条件,是非相干光,在空间相遇发生非相干叠加,不能够产生干涉现象.

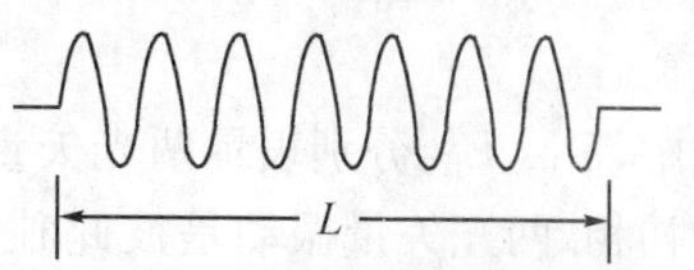

图 17.1.2 普通光源发光的特征

(4)激光光源发光的特征

激光器亦称为光激射器或莱塞,它是由于受激辐射,对于激发态的原子在光辐射激励下,引起从高能态向低能态的跃迁,而将两个能量状态之间的能量差以光辐射出去,这个过程称为受激辐射.受激辐射发出的光波与外来的光子具有相同的频率,相同的振动方向,相同的发射方向,因此,激光光源是理想的相干光源.

激光光源发光的特征:由激光器发射的光发射方向集中,即方向性很好,亮度极高,单色性很好,相干性优越(同频率、同相、同振动方向),所以激光光源是理想的相干光源.

17.1.3 光波叠加原理

房间里开着的两盏灯,每一盏灯的光波并不因另一盏灯的光波是否存在而受到影响,表明光波与一切波动一样,在空间传播时都遵从独立传播原理,两束或多束光波不管它们是否在空间相遇发生重叠,都各自按照本来方式独立传播,彼此互不干扰,这称为光的独立传播原理.该原理表明,一束光波在空间传播方式(传播方向、速度、频率以及空间各点的振幅和相分布)不会因同时存在的其他光波而受到任何影响.将光波的独立传播原理应用于两束或多束光波相遇时发生叠加的区域,各光波到达重叠区域某点所引起的光振动与各束光波单独存在时在该点所引起的光振动完全相同,因而在该点合成的光振动应等于各个光波单独存在时光振动的合成,这就是光波的叠加原理,即

$$\boldsymbol{E}(p,t)=\boldsymbol{E}_1(p,t)+\boldsymbol{E}_2(p,t)+\boldsymbol{E}_3(p,t)+\cdots$$

光在真空中总是独立传播的，从而服从叠加原理，而叠加原理与独立传播原理一样是有条件的，服从叠加原理的媒质，称为线性媒质.

17.1.4　光波的相干叠加和非相干叠加

由于光波是波长在一定范围内的电磁波，服从波的独立性原理和波的叠加原理. 机械波的相干性及相干条件对光波也适用.

(1)光的干涉现象

两束或多束相干波列(频率相同，相相同或相差恒定，振动方向相同)在空间相遇，发生叠加，在叠加区域有些地方出现合成光强始终加强，有些地方出现合成光强始终减弱，这种光强度按空间周期性变化的现象称为光的干涉现象. 在叠加区域强弱分布的整体图像，称为光的干涉图或干涉花样. 满足相干条件的两光束相遇才能产生干涉现象.

(2)光波的相干叠加及非相干叠加

设在同一均匀介质的空间里放有两个点光源 S_1 和 S_2，如图 17.1.3 所示，由它们发出的频率相同的单色光波，相不同，振动方向相同，在空间相遇，在相遇的区域内任一点 P，两列光波在 t 时刻的光振动矢量的量值分别为

$$\begin{aligned}E_1&=E_{10}\cos(\omega t+\varphi_{10})\\E_2&=E_{20}\cos(\omega t+\varphi_{20})\end{aligned}\tag{17-1-7}$$

式中，E_{10}、E_{20} 分别表示两光矢量的振幅，φ_{10} 和 φ_{20} 分别表示两光矢量的初相. 两光矢量振动是彼此独立的，根据光波的叠加原理及同频率、同方向两简谐振动的合成规律，叠加后的合成光矢量的量值可表示为

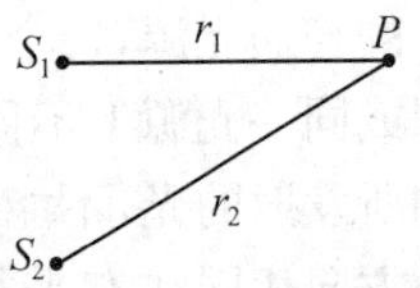

$$E=E_1+E_2=E_0\cos(\omega t+\varphi)\tag{17-1-8}$$

图 17.1.3　两个点光源

式中，E_0 为合成光矢量的振幅，E_0 表示式为

$$E_0=\sqrt{E_{10}^2+E_{20}^2+2E_{10}E_{20}\cos(\varphi_2-\varphi_1)}\tag{17-1-9}$$

合成光矢量的初相 φ 为

$$\varphi=\arctan\frac{E_{10}\sin\varphi_1+E_{20}\sin\varphi_2}{E_{10}\cos\varphi_1+E_{20}\cos\varphi_2}\tag{17-1-10}$$

由于光强 I 与振幅 E_0 的平方成正比，由(17－1－9)式可见，在相差 $\Delta\varphi=\varphi_2-\varphi_1$ 为任意角度的情况下，两个分振动叠加时，合成振动的强度不等于两个分振动强度之和，这是因为原子和分子发光时间 τ_0 很短(一般光源约为 10^{-8} s～10^{-9} s). 辐射的光波是有限长度的一段准单色光波，两列光波相遇发生叠加的时间也很短，而这个时间总是小于人眼和一般观测仪器能够作出反应的时间 τ(如人眼的视觉暂留约为 0.1 s)，实际观测到的是 $\tau\gg\tau_0$ 的一段时间内的平均值，而不是瞬时值. 在观察时间间隔 τ 内，光波相遇的区域内每一点的光强 I 正比于 $\bar{E}_0^2$，即

$$\begin{aligned}I\propto\bar{E}_0^2&=\frac{1}{\tau}\int_0^\tau E_0^2\mathrm{d}t=\frac{1}{\tau}\int_0^\tau[E_{10}^2+E_{20}^2+2E_{10}E_{20}\cos(\varphi_2-\varphi_1)]\mathrm{d}t\\&=\bar{E}_{10}^2+\bar{E}_{20}^2+\frac{1}{\tau}\int_0^\tau 2E_{10}E_{20}\cos(\varphi_2-\varphi_1)\mathrm{d}t\\&=I_1+I_2+\frac{1}{\tau}\int_0^\tau 2\sqrt{I_1I_2}\cos\Delta\varphi\mathrm{d}t\end{aligned}\tag{17-1-11}$$

式中 $\frac{1}{\tau}\int_0^\tau 2\sqrt{I_1I_2}\cos\Delta\varphi\mathrm{d}t$ 一项中 $\Delta\varphi$ 与位置有关，可正，可负，当 $\cos\Delta\varphi>0$，$I>I_1+I_2$；当

$\cos\Delta\varphi<0, I<I_1+I_2$，波在相遇点叠加引起强度的各种分布，这种因波的叠加而引起强度重新分配的现象，称为波的干涉，式中 $2\sqrt{I_1 I_2}\cos\Delta\varphi$ 一项称为干涉项. 而 $\Delta\varphi=\varphi_2-\varphi_1=(-\omega r_2/v+\varphi_{20})-(-\omega r_1/v+\varphi_{10})$ 是两光波在相遇区域里的 P 点在 t 时刻的相差.

①非相干叠加. 对于任意两个普通光源（或同一光源的两个不同的部分），由于普通光源的原子发光的间歇性和随机性（无规则性），在观察时间内，即使它们的频率相同，振动方向相同，它们的初相也将各自独立地作不规则的变化，概率均等地在观察时间 τ 内多次取 0 到 2π 之间的一切可能值，而使 $\cos(\varphi_2-\varphi_1)$ 的平均值为

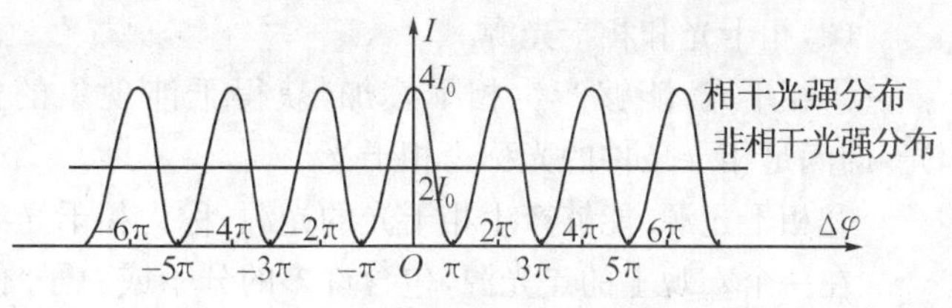

图 17.1.4　非相干叠加和相干叠加

$$\frac{1}{\tau}\int_0^\tau \cos(\varphi_2-\varphi_1)\mathrm{d}t=0$$

由(17−1−11)式可得

$$I=I_1+I_2 \tag{17-1-12}$$

上式表明：两个彼此独立无关的普通光源发出的光波在相遇的区域里产生的是非相干叠加，在相遇区域内每一点的合成振动的光强等于两个光源单独发出的光波的光强相加，不能够产生干涉现象. 这种不能够产生干涉现象的叠加称为非相干叠加，如图 17.1.4 所示.

②相干叠加. 从同一点光源发出的光波，用某种方法（分波前法或分振幅法）把它分成两部分，使它们在空间相遇，在相遇区域内的每一点都有恒定不变的相差 $\Delta\varphi$，即 $\Delta\varphi=$常量，与时间无关，则 $\cos(\varphi_2-\varphi_1)$ 在观察时间 τ 内的平均值为

$$\frac{1}{\tau}\int_0^\tau \cos(\varphi_2-\varphi_1)\mathrm{d}t=\cos(\varphi_2-\varphi_1)$$

因此，由(17−1−11)式，可得合成光强的平均值为

$$I=I_1+I_2+2\sqrt{I_1 I_2}\cos\Delta\varphi \tag{17-1-13}$$

式中，$2\sqrt{I_1 I_2}\cos\Delta\varphi$ 称为干涉项，可见，P 点的光强不仅与两光波的光强 I_1 和 I_2 有关，而且还与两光振动之间的相差 $\Delta\varphi$ 有关. 对于一定的光源和相遇区域内的确定的 P 点，$\Delta\varphi$ 具有稳定的值，P 点就具有确定不变的光强，对相遇区域内其他各点的光强都有确定值，但是，由于 $\Delta\varphi$ 不同，$\cos\Delta\varphi$ 的值不同，使空间各点有不同的光强值，于是在两光波相遇发生叠加区域内形成固定不变的光强增强或减弱的分布，可以产生干涉现象，这种能够产生干涉现象的叠加称为相干叠加，如图 17.1.4 所示.

17.1.5　相干条件、相干光和相干光源

从上面可知产生光的干涉现象或相干叠加的必要条件（即相干条件），实际上要获得明显的干涉现象，还要满足一定的条件，称为充分条件.

(1)相干光的必要条件

①两列光波的频率相同.

②两列光波振动方向相同或有平行的振动分量.

③两列光波在相遇点有恒定的相差.

(2)相干光的充分条件

①两列光波在相遇点所产生的相差或光程差不能相差太大，否则两列相干波列不能相遇，

不能产生干涉现象，如图 17.1.5 所示.

②两列光波在相遇点产生的光振动矢量的振幅 E_{10} 和 E_{20} 相差不能太大，除此之外，还有空间相干性及时间相干性等.

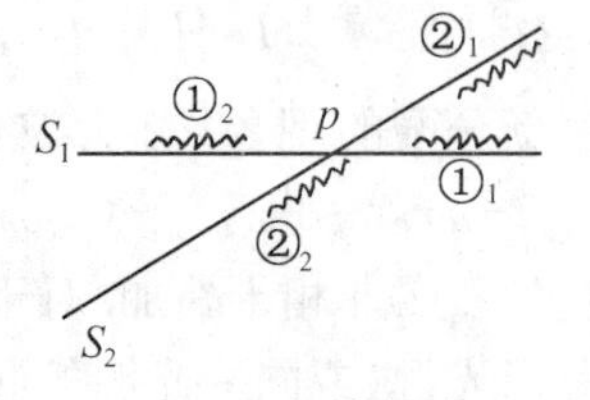

图 17.1.5 相干光的充分条件

(3)相干光和相干光源

①相干光. 能够产生相干叠加，获得干涉现象的光，称为相干光，即满足相干条件的光称为相干光.

②相干光源. 能够产生相干光的光源，称为相干光源.

在一个宏观上的点光源，包含许多的分子或原子. 但是，从同一点光源发出的光波，将它分成两部分，然后使其在空间相遇发生叠加就能够产生干涉现象. 这是因为从同一原子发出的光波所分成的两部分，是由同一原子在同一持续时间内辐射的，它们频率相同，振动方向相同，在相遇点有恒定的相差，满足相干条件，在相遇区域内能够产生干涉现象.

17.1.6 获得相干光源的基本方法

点光源可以产生相干光源，产生相干光源的基本方法有两种，即分波前法和分振幅法.

(1)分波前法

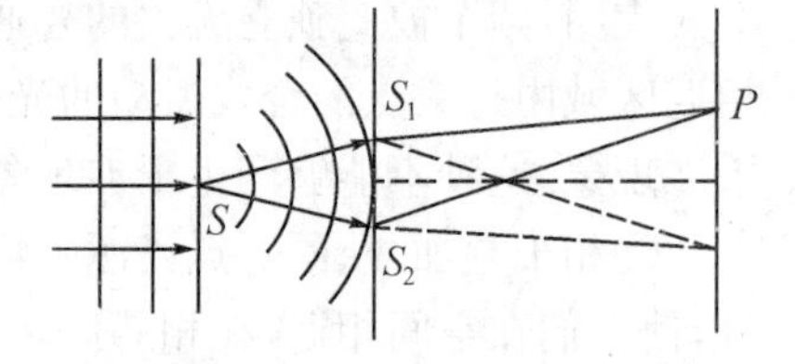

图 17.1.6 分波前法的光的干涉

在自然界或实验室中，两个或两个以上相互独立的普通光源不可能满足相干条件，产生干涉现象. 但是，从某一点光源发出的光波的某一波前上取对称分布的两部分作为新的光源，因同一波前也是同相面，它们有相同的相，可看作初相相同的两个相干光源，在不同的时间内，无论点光源的相如何改变，两个相干光源的初相仍然相同，由它们发出的光波，在空间相遇点有恒定的相差，能够产生干涉现象. 由以上方法产生相干光源的方法，称为分波前法，如图 17.1.6 所示. 例如，杨氏双缝、菲涅耳双面镜、菲涅耳双棱镜、洛埃镜等，都是由分波前法获得相干光波从而实现干涉现象的实验.

(2)分振幅法

将同一束入射光入射到一薄膜上，一部分在薄膜上表面反射，另一部分折射到薄膜内部，再经薄膜下表面反射并经过薄膜上表面折射回原来介质，它们在空间相遇发生干涉现象. 它们可认为是从同一束入射光的振幅“分割”出来的，称为分振幅法，如图 17.1.7 所示.

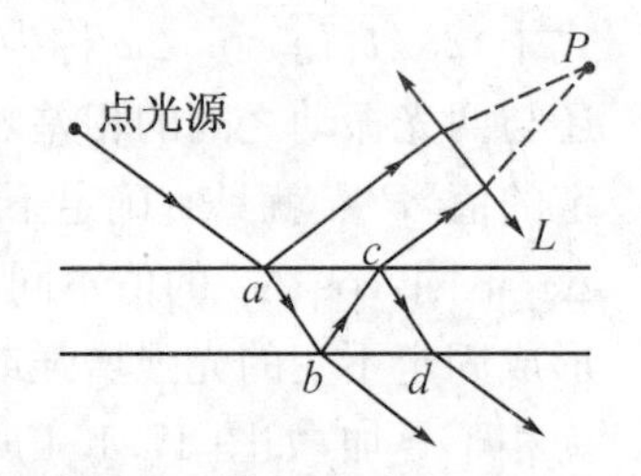

图 17.1.7 分振幅法的光的干涉

17.1.7 光程、相差和光程差

在前面介绍波的干涉中，引入了波程和波程差的概念，在光的干涉中将引入光程和光程差的概念，找出相差与光程差的关系，这对于分析干涉和衍射现象有着重要的意义.

(1)光程

光在介质中通过的几何路程 r 和介质折射率 n 的乘积，称为光程，即

$$\text{光程} = nr = \frac{c}{v}r = c\,\frac{r}{v} \qquad (17-1-14)$$

式中，nr 表示光在折射率为 n 的介质中通过几何路程 r 的光程. 由(17－1－14)式可见，介质中光通过某一几何路程的光程等价于在相同时间内光在真空中所通过的路程. 在研究光通过

不同介质的干涉及衍射问题时，常用光程的概念，相当于把通过不同介质中的路程折算为光在真空中通过的路程，这样便于比较光在不同介质中所通过路程的长短，从而简化运算.

(2)相差和光程差

从同一点光源 S 发出的同一波前上的光波分成两个新的点光源 S_1 和 S_2，由它们发出的两列光波传播到空间某一点 P 相遇的光振动矢量的量值为

$$E_1=E_{10}\cos[\omega(t-\frac{r_1}{v})+\varphi_{10}]=E_{10}\cos\varphi_1$$

$$E_2=E_{20}\cos[\omega(t-\frac{r_2}{v})+\varphi_{20}]=E_{20}\cos\varphi_2$$

它们之间的相差为 $$\Delta\varphi=\varphi_1-\varphi_2=\omega\frac{r_2-r_1}{v}+(\varphi_{10}-\varphi_{20})$$

对于点光源中每一原子发出的光波分成两个点光源的初相一定相等，$\varphi_{10}=\varphi_{20}$，则

$$\Delta\varphi=\omega\frac{r_2-r_1}{v}$$

如果从两个点光源 S_1 和 S_2 发出的光波分成两部分，经过不同折射率 n_1 和 n_2 的介质空间到达叠加场中的某一点 P，则光振动矢量的相差为

$$\Delta\varphi=\omega(\frac{r_2}{v_2}-\frac{r_1}{v_1})=\frac{2\pi}{\lambda}(n_2r_2-n_1r_1)=\frac{2\pi}{\lambda}\Delta \quad (17-1-15)$$

式中，$\Delta=n_2r_2-n_1r_1$，称为光程差，该式表明相差与光程差之间的正比关系.

(3)相长干涉和相消干涉条件

两列或多列相干光波在空间相遇，发生相干叠加的光的强度，主要由相差 $\Delta\varphi$ 或光程差 Δ 来决定.

①相长干涉的条件. 当相差或光程差满足

$$\Delta\varphi=\frac{2\pi}{\lambda}\Delta=\pm 2k\pi \quad 或 \quad \Delta=\pm 2k\frac{\lambda}{2}=\pm k\lambda \quad (k=0,1,2,\cdots) \quad (17-1-16)$$

$$I=I_{\max}=I_1+I_2+2\sqrt{I_1I_2}=(\sqrt{I_1}+\sqrt{I_2})^2$$

上式表明：两相干光源 S_1 和 S_2 发出的两列相干光波在空间某点 P 相遇发生叠加，当其相差为 π 的偶数倍时，或者当其光程差为半波长的偶数倍，即一个波长的整数倍时，干涉的结果在该点 P 的光强为极大值，称为完全相长干涉(简称相长干涉).

②相消干涉的条件. 当相差 $\Delta\varphi$ 或光程差 Δ 满足

$$\Delta\varphi=\frac{2\pi}{\lambda}\Delta=\pm(2k+1)\pi \quad 或 \quad \Delta=\pm(2k+1)\frac{\lambda}{2} \quad (k=0,1,2,\cdots) \quad (17-1-17)$$

$$I=I_{\min}=I_1+I_2-2\sqrt{I_1I_2}=(\sqrt{I_1}-\sqrt{I_2})^2$$

上式表明：两相干光源 S_1 和 S_2 发出的两列相干光波在空间某点 P 相遇发生叠加，当其相差为 π 的奇数倍时，或者当其光程差为半个波长的奇数倍时，干涉的结果在该点 P 的光强为极小值，称为完全相消干涉(简称相消干涉).

相长干涉和相消干涉的条件是由相差或光程差决定的，相差和光程差在光的干涉中具有重要的意义.

17.1.8 干涉条纹的可见度

为了对干涉条纹的清晰程度有定量的描述，需要引入干涉条纹的可见度(又称对比度、反

衬度)V 来描述,其定义为干涉明条纹的光强分布的最大值 $I_{\max}$ 和暗条纹的光强分布的最小值 $I_{\min}$ 之差与它们之和的比值,即

$$V=\frac{I_{\max}-I_{\min}}{I_{\max}+I_{\min}} \tag{17-1-18}$$

由上式可见,对于光强相等的两列相干光波的干涉,$I_1=I_2=I_0$,$I_{\max}=4I_1=4I_2=4I_0$,$I_{\min}=0$,相应的干涉条纹的可见度为 1,对比度最理想,干涉条纹最清晰,称为完全相干;当 $I_{\max}=I_{\min}$ 时,相应的干涉条纹的可见度为 0,光强在空间均匀分布,完全看不到干涉条纹,称为完全不相干;当 $0<I_{\min}<I_{\max}$ 时,对比度为 $0<V<1$ 中间的相应值,能观察到干涉条纹,但不是最清晰,称为部分相干.通常可见度 V 不小于 70.7% 时,干涉条纹是比较清晰的.干涉条纹的可见度与两列相干光波的相对强度、光源的大小及光源的单色性有关.在干涉场中可见度 V 是空间位置的函数,对定域干涉,只在干涉场中的特定区域才有 $V\neq0$;对非定域干涉,干涉场中 V 处处不等于零.

17.1.9 光通过薄透镜的等光程性

在光的干涉及衍射现象中都要用透镜来产生平行光及观察干涉及衍射现象.根据实验及几何光学可以证明,在近轴光线的情况下,光通过薄透镜具有等光程性,不产生附加光程.如图 17.1.8(a)所示,平行于主光轴入射的近轴光线,通过薄透镜 L 后,会聚于 L 的像方焦点 F',并在该点相互加强产生亮点,由垂直主光轴的波阵面 AB 上各点发出的光线经 L 达到 F' 点的光程相等.如图 17.1.8(b)所示,平行于副光轴(通过光心的直线)的入射近轴光线,通过薄透镜 L 后,会聚于 L 像方焦平面上的一点 P,亦在该点 P 相互加强产生亮点,表明由垂直于副光轴的波阵面上各点的光线经 L 达到 P 点的光程相等.以上结果表明薄透镜在近轴光线的条件下具有等光程性.

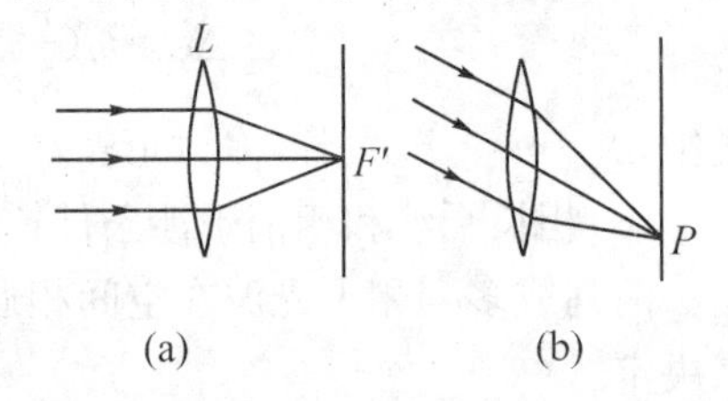

图 17.1.8 光通过薄透镜的等光程性

17.2 由分波前法产生的光的干涉

杨氏双缝实验、菲涅耳双面镜实验、菲涅耳双棱镜实验、洛埃镜实验等是由分波前法产生的光的干涉实验。

17.2.1 杨氏双缝实验

杨氏双缝实验是最早演示光的干涉现象的实验.英国医生汤姆斯·杨用单色光照射带有针孔 S 的不透光的屏,根据惠更斯原理,针孔就可以当作一发射球面子波的点光源,由它所发出的球面子波达到另一个带有两个相近针孔 S_1 和 S_2 的不透明的屏时,S_1 和 S_2 又可以当作发射球面子波的两个点光源,由它们发出的球面波是相干波,在观察屏上相遇,发生相干叠加,能够产生明暗相间的干涉现象,但因光强很弱,干涉现象不明显.后来用两个相互平行的狭缝代替针孔,干涉现象更为明显.下面对杨氏双缝实验进行定量分析.

(1)实验装置

如图 17.2.1 所示,用强单色光源 S' 放在透镜 L 的物方焦平面上,使一束平行光照亮一狭

缝 S 的屏 A，在距 S 为一定距离处对称放置两个距离很近的狭缝 S_1、S_2 的屏 B，单狭缝 S 和双狭缝 S_1、S_2 都垂直于纸面，由于它们是将由 S 发出的柱面波波阵面，分成两部分作为相干光源，于是从狭缝 S_1 和 S_2 发出的光是从同一波面发出的相干光波，在空间相遇区域里的光屏 PP' 上发生相干叠加形成明暗相间的干涉条纹.

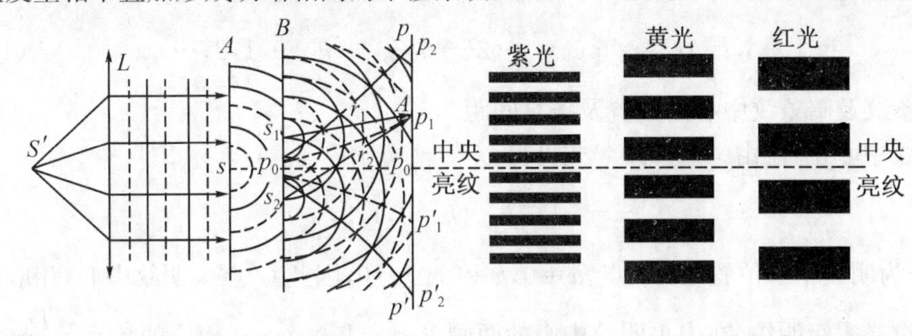

图 17.2.1　实验装置

(2)杨氏双缝实验的定性结果

①用单色光入射时，干涉条纹的形状是平行于狭缝的等宽等间距，并以 $P_0P'_0$ 为对称轴的明暗相间的对称分布的直线干涉条纹.

②用不同的单色光源作实验，在同一光屏上，波长短的条纹间距小，条纹分布较密；波长长的条纹间距大，条纹分布较稀，如图 17.2.1 所示.

③用白光光源作实验，在屏幕上只有中央明纹仍是白色，两侧对称分布着明暗相间的彩色条纹，同一干涉级次的明纹，短波长的紫色靠近中央明纹，长波长的红色远离中央明纹.

(3)杨氏双缝实验规律的定量分析

①光程差和相差的关系. 如图 17.2.2 所示，由同一单色光源 S 发出的光波，由分波前法分成 S_1、S_2 两相干光源，设狭缝 S_1 和 S_2 的间距为 d，它们至光屏的垂直距离为 D，设 $d \ll D$，S_1 和 S_2 距光屏上任一点的距离分别为 r_1 和 r_2，如果整个实验装置放在空气中($n \simeq 1$)，则两相干光波达到 P 点的光程差等于几何路程差，即光程差等于相应的波程差，可得

$$\Delta = \Delta r = r_2 - r_1 \qquad (17-2-1)$$

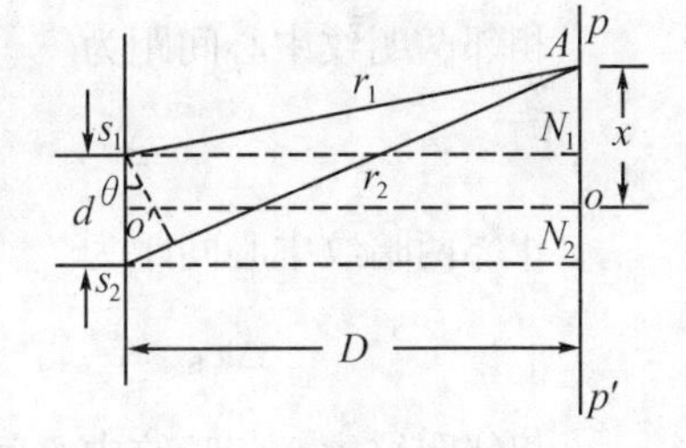

图 17.2.2　光程差和相差的关系

由于一个波长的波程差相当于 2π 的相差，所以 $\frac{\Delta r}{\lambda} 2\pi$ 应等于相应的相差 $\Delta\varphi$，即

$$\Delta\varphi = 2\pi \frac{\Delta r}{\lambda} \qquad (17-2-2)$$

上式表明如何将波程差折合成相差.

②相长干涉和相消干涉的条件.

a. 光程差与 P 点位置的关系.

设光屏上任一 P 点距离中心点 O 的距离为 x，从 S_1 作 $O'P$ 的垂线 S_1C，在 $d \ll D$ 和 $x \ll D$，θ 很小的条件下，近似有 $\Delta = \Delta r = r_2 - r_1 = S_2C$，$\tan\theta \approx \sin\theta$，从相干光源 S_1 和 S_2 发出的两列相干光波，到达 P 点的光程差 $\Delta = \Delta r$ 为

$$\Delta = \Delta r = r_2 - r_1 \approx d\ \sin\theta \approx \frac{dx}{D} \qquad (17-2-3)$$

b. 干涉相长和干涉相消的条件.

当光程差等于波长的整数倍时，两束相干光发生叠加，相互加强，相长干涉，明纹，即

$$\Delta=\Delta r=r_2-r_1=\pm k\lambda\quad(k=0,1,2,\cdots)\tag{17-2-4}$$

当光程差等于半波长的奇数倍时，两束相干光发生叠加，相互减弱，相消干涉，暗纹，即

$$\Delta=\Delta r=r_2-r_1=\pm(2k+1)\frac{\lambda}{2}\quad(k=0,1,2,\cdots)\tag{17-2-5}$$

c. 明条纹及暗条纹中心的位置及条纹间距.

明条纹中心位置：由(17-2-4)式可得

$$x=\pm k\frac{D\lambda}{d}\quad(k=0,1,2,\cdots)\tag{17-2-6}$$

式中，x 处为明纹中心位置. 在 O 点，$x=0$，$k=0$，$\Delta r=0$，因此 O 点为明纹中心，相应的明纹称为中央明纹或零级明纹. 在中央明纹中心的两侧，$k=+1,+2,\cdots$，相应的 $x=\pm\frac{D}{d}\lambda,\pm2\frac{D}{d}\lambda$，$\cdots$处，是明纹中心位置，它们分别称为第一级明纹，第二级明纹，…，它们对称地分布在中央明纹的两侧.

暗条纹中心位置：由(17-2-5)式可得

$$x=\pm(2k+1)\frac{D\lambda}{2d}\quad(k=0,1,2,\cdots)\tag{17-2-7}$$

式中，x 处为暗纹中心位置. 在 $k=0,1,\cdots$，相应的 $x=\pm\frac{D}{2d}\lambda,\pm\frac{3D}{2d}\lambda,\cdots$处，是暗纹中心位置，它们分别称为第一级暗纹，第二级暗纹，…，它们亦对称地分布在中央明纹的两侧. 对于光程差不满足相长干涉条件及相消干涉条件的其他各点，其光强在大于最弱而小于最强光强之间.

相邻两明纹中心间距为

$$\Delta x_{明}=x_{k+1}-x_k=\left[(k+1)\frac{D\lambda}{d}-k\frac{D\lambda}{d}\right]=\frac{D\lambda}{d}\tag{17-2-8}$$

相邻两暗纹中心间距为

$$\Delta x_{暗}=x_{k+1}-x_k=[2(k+1)+1]\frac{D\lambda}{2d}-(2k+1)\frac{D\lambda}{2d}=\frac{D\lambda}{d}\tag{17-2-9}$$

相邻明纹中心和暗纹中心间距为

$$\Delta x_{明暗}=|x_{k明}-x_{k暗}|=\left|k\frac{D\lambda}{d}-(2k+1)\frac{D\lambda}{2d}\right|=\frac{D\lambda}{2d}\tag{17-2-10}$$

③杨氏双缝干涉条纹的特征.

干涉条纹的排列及形状. 以波长 λ 一定的单色光入射(即 D、d 和 λ 一定)时，相邻两干涉条纹(明纹或暗纹)的间距 Δx 也一定，表明杨氏双缝干涉条纹是平行于狭缝，对称分布于中央明纹两侧的等宽、等间距的明暗相间的直线条纹，干涉级次 k 较大.

对同一双缝实验装置，以不同波长的单色光入射，在同一屏幕上，除中央明纹外，其他各级明纹，波长短的同级明纹靠近中央明纹，波长长的同级明纹远离中央明纹；波长短的各相邻明纹或暗纹间距小，条纹分布较密，波长长的各相邻明纹或暗纹间距较大，条纹分布较疏.

复色光(白光)入射各级干涉条纹为彩色条纹，除中央明纹仍为白色外，其他各级彩色条纹对称分布在中央明纹两侧，由近到远形成由紫到红的彩色条纹. 但是当光程差$\Delta=\Delta r=k_1\lambda_1=k_2\lambda_2=k_3\lambda_3$ 时，波长不同、条纹级次不同的干涉条纹发生重叠，在干涉条纹重叠区域内观察不到干涉现象. 因而只能在较小范围内观察到彩色条纹，级次 k 较小.

当D和λ一定时,干涉条纹的间距与双缝的间距d成反比,所以观察杨氏双缝干涉条纹时,双缝的间距d不能太大,否则由于条纹太密而无法分辨.例如,当$\lambda=500\ \text{nm}, D=1\ \text{m}$,要求相邻两明纹或暗纹间距$\Delta x>1\ \text{mm}$,则要求$d<0.5\ \text{mm}$.

17.2.2 洛埃镜实验

洛埃镜实验的装置如图17.2.3所示,S_1是一狭缝光源,从光源S_1发出的光波分成两部分:一部分光波直接射到光屏P上,另一部分光波以接近于$\pi/2$的入射角射到平面镜ML上(称为掠入射),经平面镜反射到光屏P上.由于这两部分光波是从同一波面分割出来的,S_2是S_1在平面镜ML中的虚像,S_2和S_1构成一对相干光源,图中画有阴影的部分是两列相干光波在空间相遇的区域,在相遇区域里的光屏P上可以看到明暗相间的等宽等间距的平行于狭缝的直线条纹的干涉现象.光屏上的干涉条纹就如同实际光源S_1和虚光源S_2发出的相干光波产生的干涉现象一样.

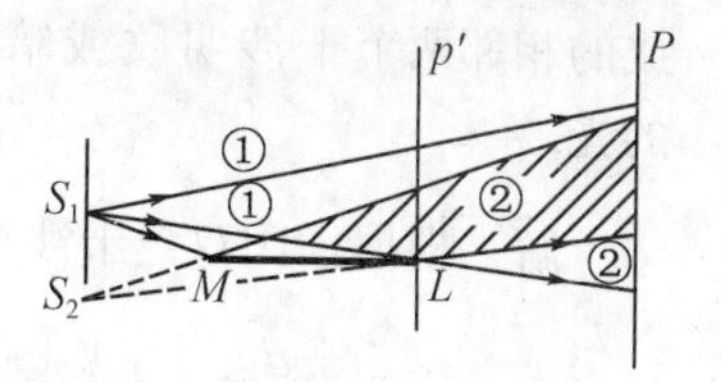

图17.2.3 洛埃镜实验装置

实验要求入射角i接近于90°(掠入射)的情况下才能产生干涉,对干涉条纹计算与双缝干涉实验相似,所不同的地方在于它只在L处的一侧有干涉条纹,且明纹、暗纹位置改变.

如图17.2.3所示,如果将光屏平移到与洛埃镜镜面边缘L处相接触的LP'位置,在接触处,由S_1和S_2发出的相干光波的光程相等,在接触处应出现明条纹,但事实上,观察到的却是暗条纹.这表明,直接到达光屏上的光波与由平面镜反射的光波,反射光相对于入射光有位相π的跃变,相当于光程有半个波长的改变,即产生了$\lambda/2$的附加光程.洛埃镜实验表明,光波从光疏介质(折射率小)入射到光密介质(折射率大)的表面时,如果入射角接近90°(称为掠入射),则入射点处,反射光波相对于入射光波而言,光振动矢量的振动相位发生了π的跃变,即相当于光多走了(或少走了)半个波长的光程,因而称这种现象为“半波损失”.

理论和实验还证明,当光从光疏介质垂直入射在光密介质的表面时,即入射角$i=0$(称为正入射),其反射光波相对于入射光波亦有半波损失.

应该指出,理论和实验表明,当光波从光密介质(折射率大)入射到光疏介质(折射率小)的表面时,反射光波相对于入射光波的光振动矢量无相位π的跃变,即无半波损失.此外,当光波从一种介质进入另一种介质时,在任何情况下折射光波相对于入射光波的光矢量都不发生位相π的跃变,即都没有半波损失.

必须指出,今后在讨论光波叠加时,若有半波损失,在计算光程差时必须计及,否则,会得出与实际情况不一致的结果.

分波阵面法获得相干光波而实现干涉的实验还有菲涅耳双面镜实验和菲涅耳双棱镜实验等,如图17.2.4及图17.2.5所示.

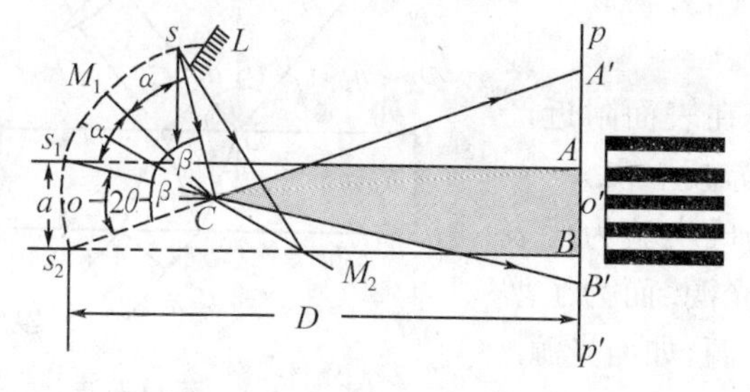

图17.2.4 菲涅耳双面镜实验

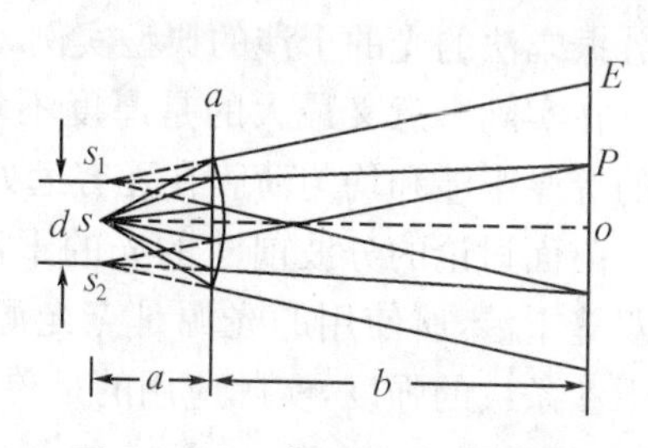

图17.2.5 菲涅耳双棱镜实验

上述干涉装置均用点(缝)光源,在两相干光束的重叠区域处处都能观察到干涉条纹,都属于非定域干涉.

例 17.2.1　在杨氏双缝干涉实验中,如果缝的间距为 0.45 cm,距缝 120 cm 的光屏上形成的相邻两个干涉明纹或暗纹的间距为 0.015 cm,试求:光源的波长,并说明是什么颜色的光.

解　根据杨氏双缝干涉相邻两明纹的间距 $\Delta x=\frac{D}{d}\lambda$,可得入射光源的波长为

$$\lambda=\frac{d}{D}\Delta x=\frac{0.45\times10^{-2}\times0.015\times10^{-2}}{120\times10^{-2}}=5869.6\times10^{-10}(\mathrm{m})\quad(\text{黄色})$$

例 17.2.2　在杨氏双缝干涉实验中,两狭缝之间的距离为 0.50 cm,狭缝与光屏之间的距离为 1.00 m,由于用了波长为 480 nm 和 600 nm 的光波,因而观察到光屏上有两套干涉图样,试求:在两套不同的干涉图样中,相邻两个第三级亮纹之间的间距为多少?

解　根据杨氏双缝干涉中光屏上光强最大值的位置为

$$x_k=k\frac{D}{d}\lambda$$

对于波长 $\lambda=480$ nm 的光波,第三级明纹的位置为

$$x_3=3\times\frac{1\times4800\times10^{-10}}{0.50\times10^{-2}}=2.88\times10^{-4}(\mathrm{m})$$

对于波长为 $\lambda'=600$ m 的光波,第三级明纹的位置为

$$x_3'=3\times\frac{1\times6000\times10^{-10}}{0.50\times10}=3.60\times10^{-4}(\mathrm{m})$$

由以上可得,相邻两个不同波长的第三级明纹的间距为

$$\Delta x_3=x_3'-x_3=(3.60-2.88)\times10^{-4}=7.20\times10^{-6}(\mathrm{m})$$

17.3　由分振幅法产生的光的干涉——薄膜干涉

在光学实验中,除了用分波阵面法来获得相干光,产生干涉现象外,还可以利用同一束入射光图 17.3.1 中的①入射到上下表面平行的透明介质薄膜上,一部分经薄膜的上表面反射的反射光①′,另一部分折射到薄膜内,再由薄膜下表面反射,并通过薄膜上表面折射回原来介质的折射光①″,如图 17.3.1 所示.由于分别经薄膜上下两表面反射所获得的光束①′和①″是从同一入射光的振幅“分割”出来的满足相干条件的相干光,再经透镜 L 会聚,在光屏 P 上能看到明暗相间的干涉条纹,利用以上方法产生的干涉称为分振幅法的光的干涉.薄膜干涉是分振幅法的光的干涉的典型实例.

在实际中意义最大的是厚度不均匀薄膜在表面附近产生的等厚干涉和均匀薄膜在无穷远处产生的等倾干涉.

前面讨论的分波前法的光的干涉是以杨氏实验为代表的双缝干涉,所使用的光源是点光源或狭缝光源.而为了增强干涉条纹的强度,实际应用的是单色扩展光源,如面光源.

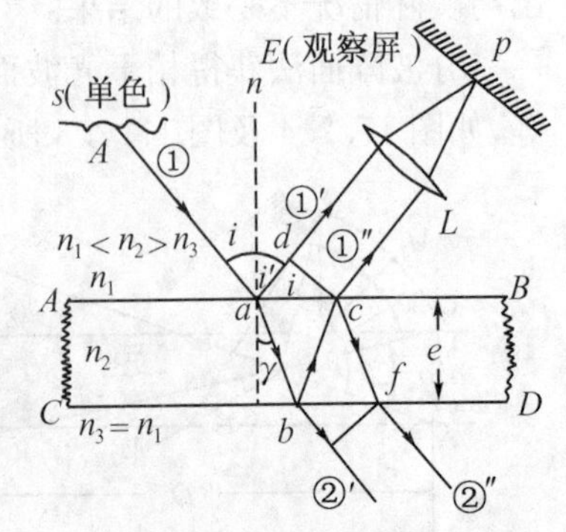

图 17.3.1　薄膜干涉

17.3.1 平行平面膜产生的干涉

由薄膜引起的光的干涉称为薄膜干涉，是属于定域干涉，平行平面薄膜，干涉条纹定域在无穷远.

(1)实验装置及光路

如图 17.3.1 所示，由有限大小的单色面光源 S 上某点 A 发出的光束①以入射角 i 入射到厚度为 e、折射率为 n_2 的介质薄膜的上表面 AB 的 a 点后，一部分反射回原来介质 n_1 中的反射光束①′，另一部分折射到薄膜内，经下表面 CD 上 b 点反射，再经 AB 上 c 点折射回原介质 n_1 中的光束①″. 平行光束①′和①″是由同一入射光束，由分振幅法获得的两相干光束，再经透镜 L 会聚于位于像方焦平面的光屏上，可以观察到明暗相间的干涉条纹.

(2)光程及光程差的计算

①由于两光束通过的介质折射率不同及几何路程不同而引起的光程差Δ_1. 如果由 c 点作 cd 垂直于光束①′，则 $cp=dp$，它们之间无光程差. 由图可知，光束①″比光束①′在薄膜内部多经历了$(ab+bc)$这一段几何路程，而在薄膜外又少走了 ad 这一段几何路程. 由于光束①′和①″通过的介质折射率不同及几何路程不同而引起的光程差Δ_1为

$$\Delta_1=n_2(ab+bc)-n_1(ad)$$

由几何关系：$ab=bc=e/\cos\gamma$，$ad=ac\ \sin i=(2e\ \tan\gamma)\ \sin i=2e\ \sin\gamma\ \sin i/\cos\gamma$. 将它们分别代入上式，可得

$$\Delta_1=2\frac{e}{\cos\gamma}(n_2-n_1\sin\gamma\ \sin i)$$

又根据折射定律可知：$n_1\sin i=n_2\sin r$，将其代入上式，可得

$$\Delta_1=\frac{2e}{\cos r}n_2(1-\sin^2\gamma)=2en_2\sqrt{1-\sin^2\gamma}=2en_2\cos\gamma \tag{17-3-1a}$$

或

$$\Delta_1=2e\sqrt{n_2^2-n_1^2\sin^2 i} \tag{17-3-1b}$$

上式表明：同一光束经薄膜上、下表面反射后分成的两束相干光之间的光程差Δ_1与薄膜厚度 e、薄膜介质的折射率 n_2、入射光束所在介质折射率 n_1 和入射角 i 或折射角 γ 有关.

②由于两光束在薄膜上、下表面反射时引起的附加光程差Δ_2. 当 $n_1<n_2>n_3$ 或 $n_1>n_2<n_3$ 时，由于 $n_1<n_2>n_3$，①′反射光束相对于入射光束有位相 π 的跃变，即相当于有 $\lambda/2$ 的附加光程差；当 $n_1>n_2<n_3$ 时，由于②″反射光束在薄膜下表面反射时反射光束相对于入射光束有位相 π 的跃变，即相当于有 $\lambda/2$ 的附加光程差. 我们约定，不管是由于上表面反射时或是由于下表面反射时产生的附加光程差Δ_2为

$$\Delta_2=\frac{\lambda}{2} \tag{17-3-2}$$

当 $n_1<n_2<n_3$ 或 $n_1>n_2>n_3$ 时，由于 $n_1<n_2<n_3$，反射光束①′在薄膜上表面反射时，反射光相对于入射光有位相 π 的跃变，②″光束在薄膜下表面反射时，反射光相对于入射光有位相 π 的跃变，因此，光束①′和光束①″的附加光程差相减，附加光程差抵消，对总光程差无贡献，$\Delta_2=0$，即不考虑半波损失；当 $n_1>n_2>n_3$，反射光束①′在薄膜上表面反射时，反射光相对于入射光无位相 π 的跃变；①″光束在薄膜下表面反射时，反射光相对于入射光无位相 π 的跃变，因此对光束①′和光束②″无半波损失，$\Delta_2=0$.

③总光程差. 考虑光束①′和光束②″由于通过的介质折射率不同及几何路程不同引起的

光程差Δ_1，由于在薄膜上、下表面反射时引起的附加光程差Δ_2，则总光程差$\Delta=\Delta_1+\Delta_2$.

当$n_1 < n_2 > n_3$或$n_1 > n_2 < n_3$时，反射光的总光程差为

$$\Delta_{反}=\Delta_1+\Delta_2=2e\sqrt{n_2^2-n_1^2\sin^2 i}+\frac{\lambda}{2} \tag{17-3-3}$$

或

$$\Delta_{反}=2en_2\cos\gamma+\frac{\lambda}{2} \tag{17-3-4}$$

当$n_1<n_2<n_3$或$n_1>n_2>n_3$时，反射光的总光程差为

$$\Delta_{反}=\Delta_1=2e\sqrt{n_2^2-n_1^2\sin^2 i} \tag{17-3-5}$$

$$\Delta_{反}=\Delta_1=2en_2\cos\gamma \tag{17-3-6}$$

由以上结果可见，对于薄膜干涉，如果仅有某一表面反射光相对于入射光有位相π的跃变，反射光的总光程差中应考虑$\frac{\lambda}{2}$的附加光程差，即半波损失；在实验室中，空气折射率$n_1\approx1$，$n_3\approx1$，薄膜如果是玻璃表面平行的玻璃膜膜，$n_2=1.5$，是以上第一种情况$n_1 < n_2 > n_3$，下面仅就该情况下的薄膜干涉作进一步分析讨论.

(3)薄膜相长干涉和相消干涉的条件

由位相差和光程差的关系$\Delta\varphi=\frac{2\pi}{\lambda}\Delta$，对于反射光，当相差$\Delta\varphi=2k\pi$或$\Delta=k\lambda$时，干涉条纹级次$k$的取值为$k=1,2,\cdots$，反射光相长干涉，明纹，强度增强；当相差$\Delta\varphi=(2k+1)\pi$或光程差$\Delta=(2k+1)\frac{\lambda}{2}$时，干涉条纹级次$k$的取值为$k=0,1,2,\cdots$，反射光相消干涉，暗纹，强度减弱.

①如果入射光线以入射角i入射到薄膜介质上，反射光相长干涉和相消干涉的条件为

$$\Delta_{反}=2e\sqrt{n_2^2-n_1^2\sin^2 i}+\frac{\lambda}{2}=\begin{cases}k\lambda \quad (k=1,2,3,\cdots) & 相长干涉，明纹\\(2k+1)\frac{\lambda}{2} \quad (k=0,1,2,\cdots) & 相消干涉，暗纹\end{cases} \tag{17-3-7}$$

②如果入射光线垂直入射到薄膜介质上，入射角$i=0$，$\sin i=0$，反射光相长干涉和相消干涉的条件为

$$\Delta_{反}=2en_2+\frac{\lambda}{2}=\begin{cases}k\lambda \quad (k=1,2,3,\cdots) & 相长干涉，明纹\\(2k+1)\frac{\lambda}{2} \quad (k=0,1,2,\cdots) & 相消干涉，暗纹\end{cases} \tag{17-3-8}$$

(4)等倾干涉和等厚干涉

①等倾干涉. 薄膜干涉的反射光线的光程差为

$$\Delta=2e\sqrt{n_2^2-n_1^2\sin^2 i}+\frac{\lambda}{2}=2en_2\cos\gamma+\frac{\lambda}{2} \tag{17-3-9}$$

可见薄膜干涉的光程差将随入射角i（或折射角γ）和薄膜厚度e改变. 在薄膜的厚度e一定的条件下，两列相干光波的光程差Δ由入射光的倾角i决定，而光程差又决定干涉条纹的形状和干涉条纹的级次. 因此，扩展面光源上不同点以同一倾角i入射的不一定都是相互平行的光波，将形成同一级次的干涉条纹，经透镜后，同一级次的干涉条纹重合在同一个位置上，由于两列相干光波产生干涉时的光程差决定于入射光波的倾角i，每一条干涉条纹都是由相同入射角的光产生，这种干涉现象称为等倾干涉.

②等厚干涉. 如果透明介质薄膜上下表面之间的厚度 e 不全相同,厚度改变可以是任意的. 但是经薄膜上厚度相等的上下表面反射光具有相同的光程差,形成相同形状、同一级次的干涉条纹. 由于两列相干光波产生干涉时的光程差决定于薄膜的厚度 e,干涉条纹沿薄膜的等厚线,所以这种干涉现象称为等厚干涉. 例如,劈尖干涉和牛顿环是两种典型的等厚干涉. 后面将对它们作进一步讨论.

(5)透射光的干涉

上面讨论了反射光产生的等倾干涉和等厚干涉,同样,透射光也能产生等倾干涉和等厚干涉,但是在相同的条件下透射光的光程差和反射光的光程差相差 $\lambda/2$.

当 $n_1<n_2>n_3$ 或 $n_1>n_2<n_3$ 时,$\Delta_2=0$,透射光的光程差为

$$\Delta_{透}=2e\sqrt{n_2^2-n_1^2\sin^2 i}=2en_2\cos\gamma \qquad (17-3-10)$$

透射光相长干涉和相消干涉的条件为

$$\Delta_{透}=2e\sqrt{n_2^2-n_1^2\sin^2 i}=\begin{cases}k\lambda \quad (k=0,1,2,\cdots) & 相长干涉,明纹\\(2k+1)\dfrac{\lambda}{2} \quad (k=0,1,2,\cdots) & 相消干涉,暗纹\end{cases}$$

由以上可见,透射光的附加光程差与反射光的附加光程差出现的条件相反,即对于反射光 $\Delta_2=\dfrac{\lambda}{2}$,而对于透射光 $\Delta_2=0$;对于反射光 $\Delta_2=0$,而对于透射光 $\Delta_2=\dfrac{\lambda}{2}$,因而使反射光与透射光的总光程差相差 $\lambda/2$. 对于相同条件下的入射光,在反射方向发生相长(或相消)干涉,在透射方向上将发生相消(或相长)干涉,二者产生的干涉条纹明纹(或暗纹)的位置正好相反,即互补. 当 $n_1<n_2<n_3$ 或 $n_1>n_2>n_3$ 时,$\Delta_2=\dfrac{\lambda}{2}$,也有类似上述情况,反射光与透射光的光程差相差 $\dfrac{\lambda}{2}$.

(6)应用——增透膜和增反膜

在光学元件表面敷涂的用以消除反射增强透射的透明薄膜,称为增透膜,又称减反射膜. 光在两种不同介质的分界面上同时发生反射和折射时,从能量的角度来看,对于任何透明介质,入射光的能量不可能全部透过分界面,总有一部分光能从分界面上反射回来,将会使透射能量减弱. 例如,在空气中的冕牌玻璃($n_2=1.5$),在接近正入射时,约有 4%的入射光能量被反射回去;对于火石玻璃($n_2=1.67$),约有 6%的入射光能量被反射回去. 在各种光学仪器中,为了矫正像差或其他原因,通常情况下总是由相当数量的透镜或其他光学元件组合,这样可以增加反射面使透射光的能量迅速减弱. 例如,对于较复杂的潜水艇上用的潜望镜,反射面可达 40 多个,由于反射使光能损失可达 90%;又如,较高级照像机的物镜由 6 个透镜组成,由于反射使光能损失可达 45%. 现代光学仪器中都采用真空镀膜方法,在透镜表面镀上一层适当厚度的透明介质薄膜,减少光能的反射损失,从而增强透射光的能量,该薄膜称为增透膜. 另外一种镀膜的目的是为了增强对某一光谱区的反射光能量镀膜,称为增反膜. 实际应用中,为了进一步提高反射光的能量,通常采用多层膜,这就是通常所说的多层介质的高反射膜.

①增透膜. 增透膜的折射率一般选用镀膜介质的折射率 n_2 高于空气的折射率 n_1,低于光学元件(透镜)的折射率 n_3,这种薄膜称为低膜. 例如,单层介质薄膜常用氟化镁(MgF_2),$n_2=1.38$,上面是空气,下面是玻璃,满足 $n_1<n_2<n_3$,如图 17.3.2 所示. 上、下表面的反射光相对于入射光都有位相 π 的跃变,都存在 $\lambda/2$ 的附加光程差,而经薄膜上下表面所反射的两相干光之间的总光程差不存在附加光程差 $\lambda/2$. 当波长为 λ 的单色光垂直入射时,反射光发生相消

干涉的条件为

$$\Delta=2n_2e=\frac{(2k+1)\lambda}{2}\quad(k=0,1,2,\cdots)$$

薄膜厚度 e 应满足的条件为

$$e=\frac{(2k+1)}{4n_2}\lambda \tag{17-3-11}$$

当 $k=0$ 时,对应增透膜的最小厚度为

$$e=\frac{\lambda}{4n_2} \tag{17-3-12}$$

由以上可见,当薄膜厚度满足 $e=\frac{\lambda}{4n_2},\frac{3\lambda}{4n_2},\cdots$时,经薄膜上、下表面反射的两相干光发生相消干涉,根据能量守恒定律,透射光的能量增强,反射光的能量减弱.

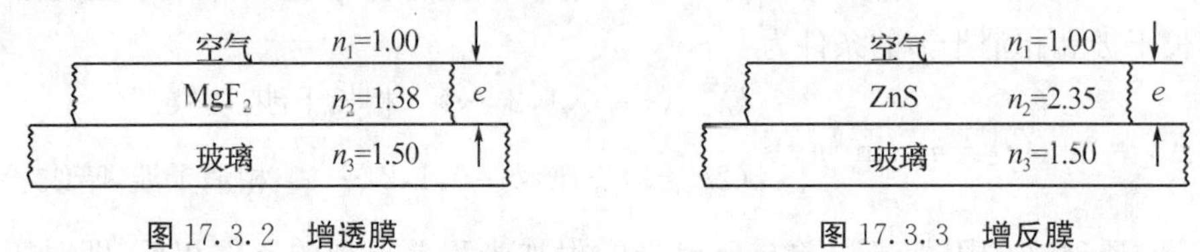

图 17.3.2　增透膜　　　　图 17.3.3　增反膜

②增反膜.增反膜的折射率一般选用镀膜介质的折射率 n_2 高于空气的折射率 n_1 和元件(透镜)的折射率 n_3,这种薄膜称为高膜.例如,单层介质薄膜常用硫化锌(ZnS),$n_2=2.35$,上面是空气,下面是玻璃,满足 $n_1<n_2>n_3$,如图 17.3.3 所示.由于薄膜上表面反射光相对于入射光有相 π 的跃变,即有 $\lambda/2$ 的附加光程,而下表面反射光相对于入射光没有相 π 的跃变,即没有 $\lambda/2$ 的附加光程,从而经薄膜上、下表面反射的两相干光之间的总光程差存在 $\lambda/2$ 的附加光程差.当波长为 λ 的单色光垂直入射时,反射光发生相长干涉的条件为

$$\Delta=2n_2e+\frac{\lambda}{2}=k\lambda\quad(k=1,2,\cdots)$$

薄膜厚度 e 应满足的条件为

$$e=\frac{(2k-1)}{4n_2}\lambda \tag{17-3-13}$$

当 $k=1$ 时,对应增反膜的最小厚度为

$$e=\frac{\lambda}{4n_2} \tag{17-3-14}$$

由以上可见,当薄膜厚度满足 $e=\frac{\lambda}{4n_2},\frac{3\lambda}{4n_2},\cdots$时,经薄膜上、下表面反射的两相干光发生相长干涉,根据能量定恒定律,反射光的能量增强,而透射光的能量减弱.对于增反膜,用硫化锌(ZnS)作单层镀膜的反射率可高达 33.8%.为了进一步提高反射率,可以采用多层镀膜,多层高反射膜的光强反射率可达 99%以上.薄膜光学是 20 世纪 60 年代初发展起来的一门实用光学技术,目前发展迅速,得到广泛应用.

例 17.3.1　用白光垂直照射到厚度为 380 nm 的肥皂膜上,肥皂膜内折射率为 1.33,试问:反射光和透射光各呈现什么颜色?

解　由于 $n_1<n_2>n_3$,光垂直入射时,反射光相长干涉光程差应满足的条件为

$$2n_2e+\frac{\lambda}{2}=k\lambda,\quad 即\quad 2n_2e=(k-\frac{1}{2})\lambda$$

根据可见光波长范围,可以定出干涉条纹级次 k.设可见光波长范围是 390 nm~770 nm,则对于波长 $\lambda_1=390$ nm 的可见光,可得

$$k=\frac{2n_2e}{\lambda_1}+\frac{1}{2}=\frac{2\times1.33\times380\times10^{-9}}{3900\times10^{-10}}+\frac{1}{2}=3.09$$

对于波长 $\lambda_2=770$ nm 的可见光，可得

$$k=\frac{2n_2e}{\lambda_2}+\frac{1}{2}=\frac{2\times1.33\times380\times10^{-9}}{7700\times10^{-10}}+\frac{1}{2}=1.8$$

由以上结果可知，反射光相长干涉的干涉级次应取 $k=2,3$.

当 $k=2$ 时，$\lambda_2=\dfrac{2n_2e}{k-\frac{1}{2}}=\dfrac{2\times1.33\times380\times10^{-9}}{2-\frac{1}{2}}=6739\times10^{-10}$(m)

当 $k=3$ 时，$\lambda_3=\dfrac{2n_2e}{k-\frac{1}{2}}=\dfrac{2\times1.33\times380\times10^{-9}}{3-\frac{1}{2}}=4043\times10^{-10}$(m)

在可见范围内，反射光中以上两波长的光相长干涉，光强最强.

由于透射光和反射光的光程差相差 $\lambda/2$，透射光相长干涉，光强最强的波长成分在反射光中一定满足相消干涉，光强极小的条件，即

$$2n_2e+\frac{\lambda}{2}=(k+\frac{1}{2})\lambda,\quad 即\quad 2n_2e=k\lambda$$

根据可见光波长范围可以定出反射光相消干涉，光强极小的级次 k. 设可见光波长范围对于波长 $\lambda_1=390$ nm 的可见光，可得

$$k=\frac{2n_2e}{\lambda}=\frac{2\times1.33\times380\times10^{-9}}{3900\times10^{-10}}=2.59$$

对于波长 $\lambda_2=770$ nm 的可见光，可得

$$k=\frac{2n_2e}{\lambda}=\frac{2\times1.33\times380\times10^{-9}}{7700\times10^{-10}}=1.31$$

由以上结果可知，反射光相消干涉的干涉级次应取 $k=2$，反射光相消干涉(透射光相长干涉)的波长为

$$\lambda=\frac{2n_2e}{k}=\frac{2\times1.33\times380\times10^{-9}}{2}=5054\times10^{-10}\text{(m)}$$

由以上可见，反射光中 404.3 nm 和 673.9 nm 两种波长的光最强，而缺少 505.4 nm 的光，因此呈现紫红色；透射光 505.4 nm 的光强最强，但缺乏紫红色，因此呈现蓝绿色.

17.3.2 等厚干涉

(1)劈尖干涉

劈尖干涉是指光线通过劈尖形状的薄膜所产生的干涉，薄膜的厚度不均匀，但是厚度变化是均匀的，如图 17.3.4 所示，是一种等厚干涉.

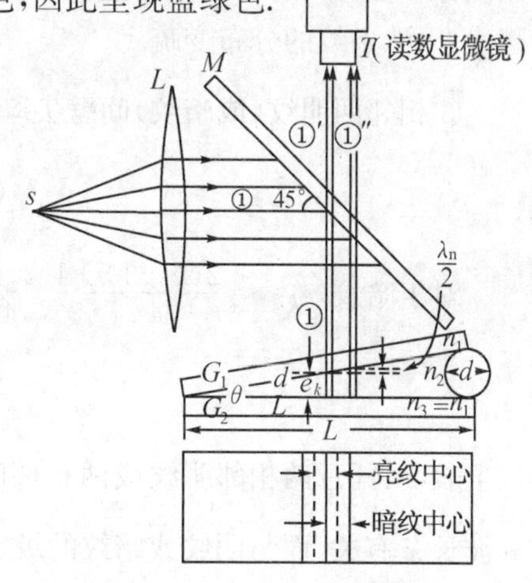

图 17.3.4 劈尖干涉

入射光垂直入射到两块等大的相互迭合的光学平面玻璃片上，另一端用一根直径为 d 的细金属丝隔开，在两玻璃平板之间形成一空气劈尖($n_1>n_2<n_3$)，两玻璃板的交线称为劈尖的棱边，平行于棱边的线上，空气劈尖的厚度是相等的，称为等厚线，由空气劈尖($n\approx1$)的上下表面反射的两光束是相干光束，它们之间的

光程差为

$$\Delta = 2n_2 e + \frac{\lambda}{2} = 2e + \frac{\lambda}{2}$$

上式由于劈尖的夹角 θ 很小，平行单色光垂直照射时，对于上表面入射角 $i = 0$，也近似垂直于下表面，而下表面反射光相对于入射光有 $\frac{\lambda}{2}$ 的附加光程差.

①反射光相长干涉和相消干涉的条件为

$$\Delta = 2n_2 e + \frac{\lambda}{2} = k\lambda \quad (k = 1, 2, \cdots) \quad \text{相长干涉，明纹}$$

$$\Delta = 2n_2 e + \frac{\lambda}{2} = \frac{(2k+1)\lambda}{2} \quad (k = 0, 1, 2, \cdots) \quad \text{相消干涉，暗纹}$$

由以上可见，对于每一相同级次的明纹或暗纹，由相应的光程差 Δ 决定，也就是与劈尖的一定厚度相对应，所以，劈尖干涉条纹，称为等厚干涉条纹，劈尖干涉是等厚干涉. 干涉条纹的形状决定于等厚线的形状. 劈尖干涉条纹的形状是平行于劈尖的棱边的等宽等间距的直线条纹，在两玻璃板的接触处，$e = 0$，$\Delta = \lambda/2$，$k = 0$，是暗条纹，称为零级暗纹.

②两相邻明纹或两相邻暗纹间的间距 l. 两相邻明纹的光程差分别为

$$\Delta_k = 2n_2 e_k + \frac{\lambda}{2} = k\lambda \tag{17-3-15}$$

$$\Delta_{k+1} = 2n_2 e_{k+1} + \frac{\lambda}{2} = (k+1)\lambda \tag{17-3-16}$$

第二式减去第一式，得

$$2n_2(e_{k+1} - e_k) = \lambda \tag{17-3-17}$$

用 l 表示相邻两个明纹（或暗纹）之间的距离，则 $l \sin\theta = e_{k+1} - e_k$，由于 θ 很小，$\sin\theta \approx \theta$，可得

$$l \approx \frac{e_{k+1} - e_k}{\theta}$$

将 $e_{k+1} - e_k = \frac{\lambda}{2n_2}$ 代入上式，得

$$l = \frac{\lambda}{2n_2\theta} \tag{17-3-18}$$

可见，劈尖的上下两表面之间的夹角 θ 越大，相邻两明纹（或暗纹）之间的距离越小，干涉条纹分布变密；相反，劈尖的上下两表面之间的夹角 θ 越小，相邻两明纹（或暗纹）之间的距离越大，干涉条纹的分布变疏.

③相邻两明纹（或暗纹）间劈尖厚度差. 对于明纹，$e_{k+1} = \frac{k+1}{2n_2}\lambda - \frac{\lambda}{4n_2}$，$e_k = \frac{k\lambda}{2n_2} - \frac{\lambda}{4n_2}$，则

$$\Delta e_{明} = e_{k+1} - e_k = \frac{\lambda}{2n_2} \tag{17-3-19}$$

对于暗纹，$e_{k+1} = \frac{2(k+1)+1}{4n_2} - \frac{\lambda}{4n_2}$，$e_k = \frac{(2k+1)}{4n_2} - \frac{\lambda}{4n_2}$，则

$$\Delta e_{暗} = e_{k+1} - e_k = \frac{\lambda}{2n_2} \tag{17-3-20}$$

以上表明：任意两相邻明纹或两相邻暗纹所对应的劈尖厚度差为 $\frac{\lambda}{2n_2}$，只与劈尖的折射率 n_2 和波长 λ 有关，而与明纹或暗纹的级次或位置无关.

④相邻两明纹和暗纹间劈间厚度差. 对于明纹，$e_k = \frac{k\lambda}{2n_2} - \frac{\lambda}{4n_2}$，对于暗纹，$e_k = \frac{(2k+1)}{4n_2}\lambda$

$-\frac{\lambda}{4n_2}$,则

$$\Delta e_{暗明}=e_{k暗}-e_{k明}=\frac{\lambda}{4n_2} \tag{17-3-21}$$

上式表明:任意两相邻明纹和暗纹间劈尖厚度差为$\frac{\lambda}{4n_2}$,也只与劈尖的折射率 n_2 和波长 λ 有关而与明纹和暗纹的级次或位置无关.

⑤劈尖长度 L 和劈尖厚度 d 与总条纹数 N 或干涉条纹级次 k 的关系. 对于劈尖干涉,一般情况下 $L\gg d$,劈尖的夹角 θ 很小,则

$$\sin\theta\approx\theta=\frac{d}{L}=\frac{\lambda/2n_2}{l},\quad 即\quad l=\frac{\lambda/2n_2}{\theta}=\frac{\lambda}{2n_2\theta} \tag{17-3-22}$$

式中,l 是相邻两明纹或暗纹间的距离,可以由读数显微镜测得,则可得干涉明纹或暗纹的总条纹数 N 为

$$N_{明}=\frac{e}{\lambda/2n_2}=\frac{L}{l}=k;N_{暗}=\frac{d}{\lambda/2n_2}=\frac{L}{l}=k+1 \tag{17-3-23}$$

由此可见,对于明纹,在以上实验条件下,明纹的总条纹数 N 等于明纹的级次 k;暗纹的总条纹数 N 等于暗纹的级次 k 加 1,这是由于劈尖棱边处为零级暗纹.

⑥应用——利用劈尖干涉可以测量入射光的波长 λ、微小角度、微小距离、薄膜厚度、细丝直径,检查光学表面的平整度.

由于光的干涉,光程差决定相长干涉和相消干涉的条件、干涉条纹的形状、干涉条纹的级次,光程差改变时,干涉条纹将发生移动,同一级次的干涉条纹是由光程差相同的点所组成的轨迹. 等厚干涉条纹的形状是由沿薄膜处的等厚线的形状确定的. 根据等厚干涉的这一特点,可以利用等厚干涉条纹的形状来检验光学表面的平整度,如图 17.3.5 所示,上面是具有光学平面的一块标准平板玻璃,下面是需要检验平整度的待检平板玻璃,在两块平板间平行于棱边放入一金属细丝形成空气劈尖,当用平行单色光垂直照射时,经空气层上下表面反射的相干光形成等厚干涉条纹. 如果待检测的表面也是理想的光学平面,所观察到的干涉条纹应是平行于棱边的等宽等间距的直线条纹;如果待检验表面不平整,有凹状或凸状的缺陷,将反映到空气薄膜等厚线的形状上,等厚线将偏离平行于棱边的直线而发生畸变,观察到的等厚干涉条纹将产生相应的畸变,如图 17.3.5 所示,根据等厚干涉条纹偏离直线的程度,可以估计出待检测表面的不平整度的大小,相长干涉的亮纹满足条件

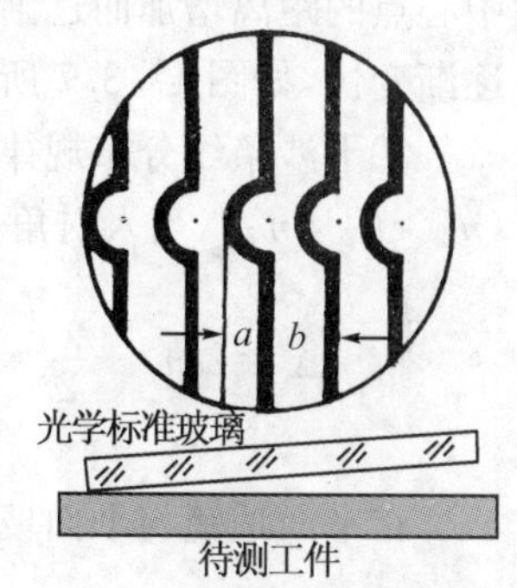

图 17.3.5 检验光学表面的平整度

$$2n_2e+\frac{\lambda}{2}=k\lambda\quad(k=1,2,\cdots) \tag{17-3-24}$$

由于平板表面不平整,在劈尖薄膜某处,如果厚度改变了 Δe,则该处的干涉条纹级次相应地改变了 Δk,由以上关系式可得

$$\Delta e=\frac{\lambda}{2n_2}\Delta k=\frac{\lambda}{2}\Delta k \tag{17-3-25}$$

如果干涉条纹在某处因畸变而移动了一个干涉条纹的距离,即在该处的干涉条纹级次改变了一级($\Delta k=1$),则该处的厚度一定产生了 $\lambda/2$ 的畸变,由于同一级次干涉条纹的光程差相等,等厚线的厚度应相等,如图 17.3.5 所示,可以判断待测平板上表面缺陷应是凹形的;如果

干涉条纹畸变情况与图中方向相反，可以判断待测平板上表面缺陷应是凸形的. 由以上可见，利用干涉方法可以检查出小到入射光波波长数量级，即 10^{-7} m 的表面不平整度，其精确度之高是其他方法无法比拟的.

(2)牛顿环

牛顿环亦称牛顿圈，它是光的一种等厚干涉图样，是以平凸透镜与平板玻璃接触点为中心的一些明暗相间的同心圆环. 最早由玻意耳和胡克各自观察到，英国物理学家牛顿于 1704 年测定了条纹半径并作了分析，所以称为牛顿环.

①实验装置和光路. 一块光学平面玻璃板上，放一个曲率半径 R 很大的平凸透镜，如图 17.3.6 所示. 在平凸透镜的凸面和平面玻璃的上表面之间形成一个厚度变化不均匀的劈尖状的空气薄层. 单色的点光源 S 放在透镜 L 的物方焦点上，由 S 发出的光线经透镜 L 折射后成为单色平行光波，再经过倾斜度为 45°的半反射半透射的平面镜 M 反射后，垂直地照射到平凸透镜的表面上，入射光线在空气薄膜上下表面反射后，再经平面镜 M 透射进入读数显微镜 T. 在显微镜 T 中，可以看到接触点为一暗点和以暗点为中心的明暗相间的单色圆环，通常称为牛顿环. 这些圆环的间距不相等，随着离中心点的距离增加而逐渐变密，由于相应空气层的厚度变化逐渐变快，如图 17.3.7 所示.

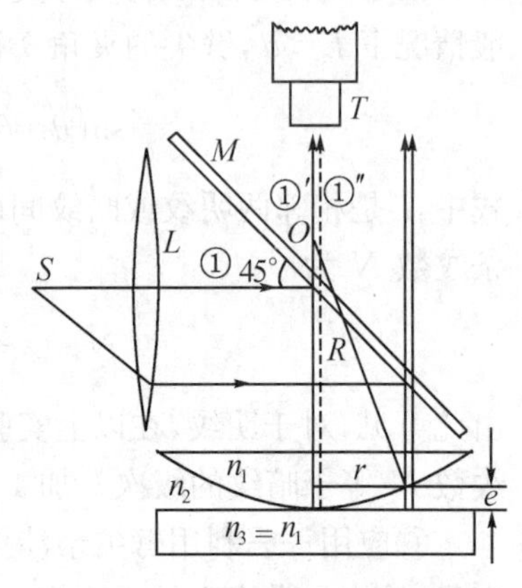

图 17.3.6　实验装置和光路图

②干涉条纹分布规律. 相长干涉和相消干涉的条件，根据薄膜干涉的光程差的一般公式 $(n_1>n_2<n_3)$，当入射角 $i=0°$时，可得反射光光程差为

$$\Delta=2en_2+\frac{\lambda}{2}=\begin{cases}k\lambda \quad (k=1,2,\cdots) \quad \text{相长干涉，明纹}\\(2k+1)\dfrac{\lambda}{2} \quad (k=0,1,\cdots) \quad \text{相消干涉，暗纹}\end{cases} \tag{17-3-26}$$

在平凸透镜与平面玻璃的接触点处，$e=0$，$\Delta=\dfrac{\lambda}{2}$，$k=0$，所以牛顿环中心应为暗点，称为零级暗斑(实际上是面接触). 这是由于下表面的反射光相对于入射光有 $\lambda/2$ 的附加光程的缘故.

明环或暗环半径 r_k 与波长 λ 及平凸透镜曲率半径 R 的关系由图 17.3.6 所示的直角三角形可得

$$r_k^2=R^2-(R-e_k)^2$$

因为 $R\gg e_k$，所以 $2e_kR\gg e_k^2$，可以忽略 e_k^2，得

$$r_k^2=2e_kR \quad \text{或} \quad e_k=\frac{r_k^2}{2R}$$

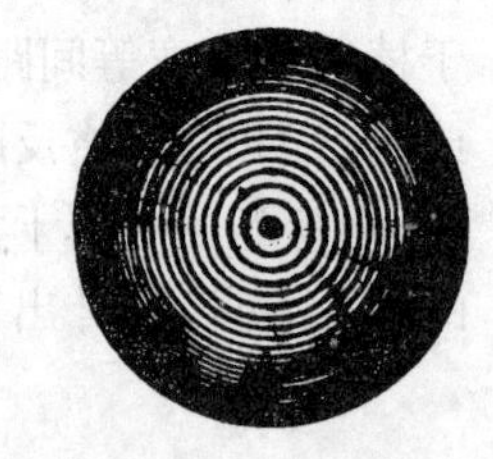
图 17.3.7　牛顿环

将上式代入(17-3-26)式，由于是空气薄膜，$n_2\approx1$，可得反射光中的明环和暗环半径分别为

$$r_k=\sqrt{(k-\frac{1}{2})R\lambda} \quad (k=1,2,\cdots) \quad \text{明环} \tag{17-3-27}$$

$$r_k=\sqrt{kR\lambda} \quad (k=0,1,2,\cdots) \quad \text{暗环} \tag{17-3-28}$$

以上公式表明干涉图样牛顿环半径 r_k 与入射光波长 λ 和平凸透镜的曲率半径 R 的关系.

由半径公式可知，圆环半径越大，相应的干涉条纹级次 k 就越高，随着圆环半径的增大，空气层上下两表面间的夹角增大越快，因而干涉条纹变密. 如果光源用白光，不同波长的干涉条纹将产生位移，不同波长的不同级次的干涉条纹发生重迭，结果只能在厚度 e 较小的中央附近观察到低级次彩色的圆环条纹，同一级次彩色条纹红色远离中央，而紫色靠近中央.

③牛顿环的应用. 实验室中应用牛顿环测量入射光波波长 λ 或平凸透镜的曲率半径 R.

由实验测得暗环直径 D_k 和 D_{k+m}，根据(17－3－28)式，则有

$$r_k^2 = kR\lambda,\quad r_{k+m}^2 = (k+m)R\lambda$$

$$r_{k+m}^2 - r_k^2 = (k+m)R\lambda - kR\lambda = mR\lambda$$

当平凸透镜的曲率半径 R 为已知，可求得入射光波的波长 λ 为

$$\lambda = \frac{r_{k+m}^2 - r_k^2}{mR} = \frac{D_{k+m}^2 - D_k^2}{4mR} \tag{17-3-29}$$

当入射光波的波长 λ 为已知，可求得平凸透镜的曲率半径 R 为

$$R = \frac{r_{k+m}^2 - r_k^2}{m\lambda} = \frac{D_{k+m}^2 - D_k^2}{4m\lambda} \tag{17-3-30}$$

例 17.3.2 如图 17.3.8 所示，一平行单色光束波长为 680 nm，垂直照射在 12 cm 长的两块玻璃板上. 两块玻璃板的一边互相接触，另一边被直径为 0.048 mm 的金属细丝分开. 试求：在这 12 cm 的距离内呈现多少条明条纹？多少条暗纹？

解 因 $n_1 > n_2 < n_3$，且 $n_2 = 1$，由公式 $d = \frac{L}{2l}\lambda$，得到相邻两个明条纹之间的距离为

$$l = \frac{L}{2d}\lambda = \frac{12\times10^{-2}\times6800\times10^{-10}}{2\times0.048\times10^{-3}} = 8.5\times10^{-4}\,(\text{m})$$

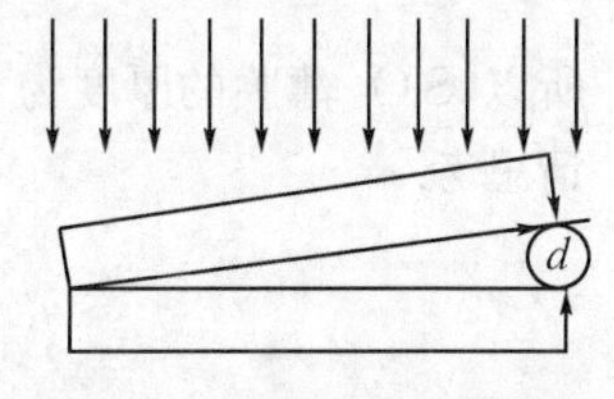

图 17.3.8 例 17.3.2 图示

所以，在 12 cm 范围内明条纹的总数目为

$$N = \frac{L}{l} = \frac{12\times10^{-2}}{8.5\times10^{-4}} = 141.2(\text{条})$$

在 12 cm 范围内最多能呈现 141 条明条纹，因条纹数只能够取整数. 棱边处为暗纹 $k=0$，在 12 cm 范围内能呈现 $141+1=142$ 条暗纹.

例 17.3.3 用波长为 589.3 nm 的钠黄光观察牛顿环，由读数显微镜测得某级暗环的直径为 0.3 mm，在此暗环以外的第 10 个暗环的直径为 5.6 mm. 试求：平凸透镜的曲率半径.

解 由公式得 $R = \dfrac{D_{k+10}^2 - D_k^2}{4m\lambda} = \dfrac{(5.6^2 - 3.0^2)\times10^{-6}}{4\times10\times5893\times10^{-10}} = 0.95\,(\text{m})$

例 17.3.4 牛顿环实验中，平凸透镜曲率半径为 0.95 m，所用的光源包含两种不同的波长，一种波长为 $\lambda_1 = 486.1$ nm，另一种波长 λ_2 未知. 如果已知从中心数 λ_1 的第 8 个暗环恰好与 λ_2 的第 9 个暗环重合. 试求：①未知波长 λ_2；②λ_1 和 λ_2 的暗环将在较大半径处发生第二次重合，求第二次重合的半径.

解 ①牛顿环的暗环半径为 $r_k = \sqrt{kR\lambda}$

根据题意 $r_8 = r_9$，则有 $\sqrt{8R\lambda_1} = \sqrt{9R\lambda_2}$

所以 $$\lambda_2 = \frac{8}{9}\lambda_1 = \frac{8}{9}\times4861\times10^{-10} = 4321\times10^{-10}\,(\text{m})$$

②λ_1 和 λ_2 的暗环第二次重合一定是 λ_1 的第 k 个暗环与 λ_2 的第 $k+2$ 个暗环重合，则有

$$kR\lambda_1 = (k+2)R\lambda_2$$

可得 $$k=\frac{2\lambda_2}{\lambda_1-\lambda_2}=\frac{2\times4321}{4861-4321}=16$$

第二次重合处的牛顿环半径为

$$r=\sqrt{kR\lambda_1}=\sqrt{16\times0.95\times10^{-10}\times4861\times10^{-10}}=2.7\times10^{-3}(\text{m})$$

例 17.3.5　在半导体元件生产中，为了测定硅片Si($n_3=3.42$)上的SiO_2薄膜的厚度，将该薄膜的一端腐蚀成台阶状的劈尖，如图17.3.9所示，已知SiO_2的折射率$n_2=1.46$，用波长λ为589.3 nm的钠黄光垂直照射后，观察到整个SiO_2劈尖上出现9条暗纹，第9条暗纹在劈尖斜面最上端点M处. 试求：SiO_2薄膜的厚度.

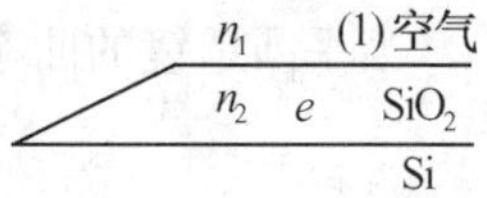

解　由题意知$n_1<n_2<n_3$，因而在SiO_2薄膜上、下表面的反射光是由光疏介质入射到光密介质，上、下表面的反射光相对于入射光都有半波损失，总光程差中无附加光程差$\frac{\lambda}{2}$，根据相消干涉、暗纹所满足的条件为

n_1　(1)空气
n_2　e　SiO_2
Si

图17.3.9　例17.3.5图示

$$\Delta=2n_2e=(2k+1)\frac{\lambda}{2}\quad(k=0,1,2,\cdots)$$

总共出现9条暗纹，对应的干涉级次k应比条纹数少1，即$k=8$，将其代入上式得

$$e=\frac{(2k+1)}{4n_2}=\frac{17\times5893\times10^{-10}}{4\times1.46}=1.72\times10^{-6}(\text{m})$$

所以，SiO_2薄膜的厚度为1.72×10^{-6} m. 如果M处为第9条明纹，劈尖薄膜的厚度为多少？请思考.

17.4　迈克耳孙干涉仪

干涉仪是根据光的干涉原理制成的精密测量仪器. 美国物理学家迈克耳孙于1881年利用分振幅法产生双光束以实现干涉，发明了精密光学仪器——迈克耳孙干涉仪. 由于他对推动物理学的发展和在光谱学及度量学研究中的卓越贡献，他获得了1907年的诺贝尔物理学奖. 现代各式各样的干涉仪都是迈克耳孙干涉仪的衍生产品，基本原理相同，对其研究很有代表性.

17.4.1　迈克耳孙干涉仪

迈克耳孙干涉仪的结构和光路的基本原理图如图17.4.1所示. M_1和M_2是两块相互垂直放置的平面反射镜，M_1固定不动，M_2可以沿精密丝杆前后作微小移动. G_1和G_2是两块与M_1和M_2成45°平行放置的平面玻璃板，它们的折射率和厚度都完全相同，其中G_1的背面镀有半反射膜(镀银)，称为分光板，G_2称为补偿板.

光源S发出波长为λ的单色光，经透镜L而成平行光束后射到分光板G_1上. 若就某一光束I_i而言，它的一部分在G点反射到可作微小移动的平面镜M_2上，再经它反射回来透过G点到达人的眼睛，记为②号光线；另一部分则是直接透过G，达到固定的平面镜M_1，再由M_1和G_1先后反射达到人眼，记为①号光线；G_2的作用可使①②号光线在玻璃中行走的几何距离一样，消除两光线由于通过G_1分光板次数不同而产生的附加光程差. V_1和V_2分别为M_1和M_2的调节螺旋.

迈克耳孙干涉仪实际上就是薄膜干涉，若M_1和M_2严格垂直，M_1在G_1上的虚像M_1'与M_2之间严格平行，相当于空气薄膜的两个平行表面，将观察到同心圆环的等倾干涉条纹.

如果 M_1 和 M_2 不严格垂直，M_1' 和 M_2 之间将成一微小角度，相当于空气劈尖薄膜的两个表面，将观察到平行于棱边的等厚干涉条纹.

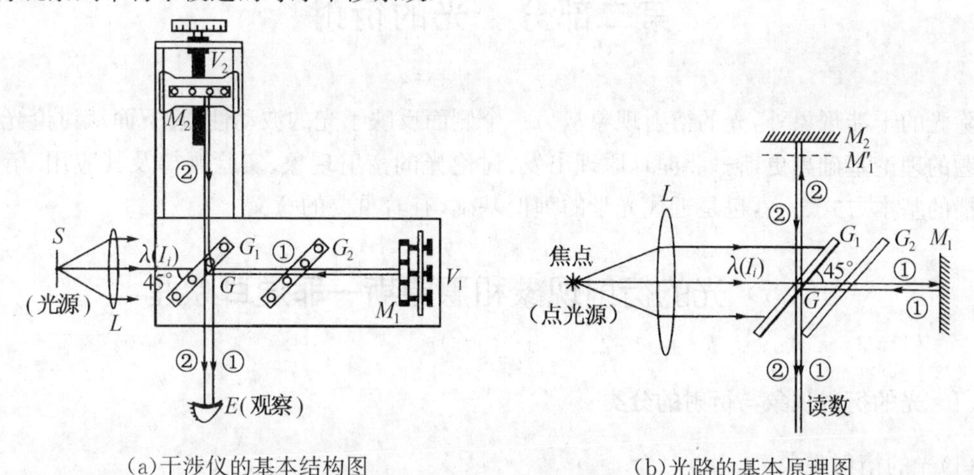

图 17.4.1　迈克耳孙干涉仪

干涉条纹的级次和条纹的位置取决于光程差Δ（或膜厚 e），M_1' 与 M_2 之间的距离有微小变化(如改变量仅为波长 λ 的 1/10)就会引起条纹的明显的移动. 当 M_2 平移$\frac{\lambda}{2}$的距离时，就相当于产生(改变)了一个波长的光程差，因而在视场中某个确定位置将明显地看到一个明条纹移动过去. 故明条纹移过去的数目 ΔN 与 M_2 对 M_1' 平移的距离 Δd 及波长 λ 之间有如下关系：

$$\Delta d = \Delta N \cdot \frac{\lambda}{2} \tag{17-4-1}$$

由该关系式知，只要知道其中任意两个量，就可以求出另一量。这就是利用迈克耳孙干涉仪进行精密测量和计算的基本依据.

17.4.2　相干长度和相干时间

在用迈克耳孙干涉仪做实验时发现，当 M_1' 和 M_2 之间的距离超过一定限度后，就观察不到干涉现象. 这是为什么呢？原来一切实际光源发射的光是一个个的波列，每个波列有一定长度. 例如，某时刻点光源先后发出两个波列 a 和 b，每个波列都被分光板分为①、②两个波列，分别用 a_1、a_2、b_1、b_2 表示. 当两光路的光程差不太大时，如图 17.4.2(a)所示，由同一波列分出来的两波列，如 a_1 和 a_2，b_1 和 b_2 等可以重叠，这时能够发生干涉. 但如果两光路的光程差太大，如图 17.4.2(b)所示，则由同一波列分解出来的两波列不再重叠，而相互重叠的却是不同波列分解出来的波列，例如 a_2 和 b_1，这时就不能够发生干涉. 也就是说，两光路之间的光程差超过了波列长度 L，就不再发生干涉. 因此，两个分光束产生干涉效应的最大光程差Δ_m正是波列的长度L，称为该光源所发射的光的相干长度. 与相干长度对应的时间 $\Delta t = \Delta_m / c$，称为相干时间. 当同一波列分出来的①、②两波列到达观察点的时间间隔小于 Δt 时，这两波列叠加后会发生干涉现象，否则就不发生. 为了描述所用光源相干性的好坏，常用相干长度或相干时间来衡量.

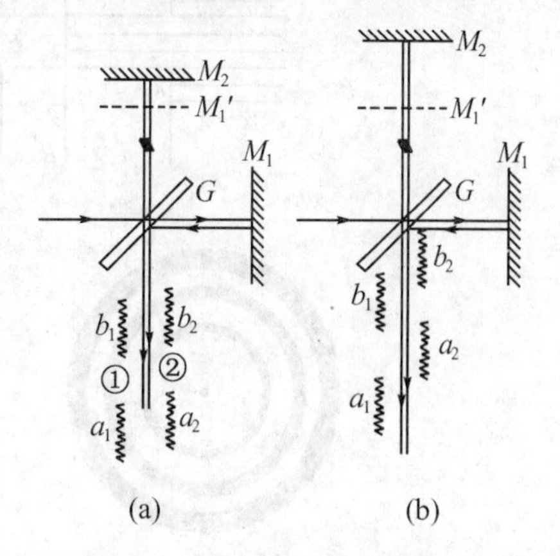

图 17.4.2　相干长度示意图

第二部分　光的衍射

除光的干涉现象外，光的衍射现象从另一个侧面反映了光的波动性质. 下面从讨论光的衍射问题的理论基础惠更斯—菲涅耳原理出发，讨论光的衍射现象、实验规律及其应用. 衍射是光传播的基本方式之一，也是近代光学的理论基础，有着重要的意义.

17.5　光的衍射现象和惠更斯—菲涅耳原理

17.5.1　光的衍射现象与衍射的分类

(1)光的衍射现象

为了观察光的衍射，可以做以下实验：用一台 He－Ne 激光器照射一个不透明的圆盘(或一个透明的圆孔)，在圆盘(或圆孔)前放置一个观察屏，根据几何光学的基本原理之一，即光的直线传播规律，在观察屏上圆盘(或圆孔)的几何阴影区内应该是暗斑(或亮斑)，可是，当衍射屏在距离圆盘(或圆孔)足够远的恰当位置时，就能够在圆盘(或圆孔)的几何阴影的中央看到一个亮斑(或暗斑)，这说明光线偏离了直线传播. 光在传播过程中，因其波前(波阵面)受到障碍物的限制、光偏离直线传播，绕过障碍物的边缘而进入几何阴影内的现象，称为光的衍射现象.

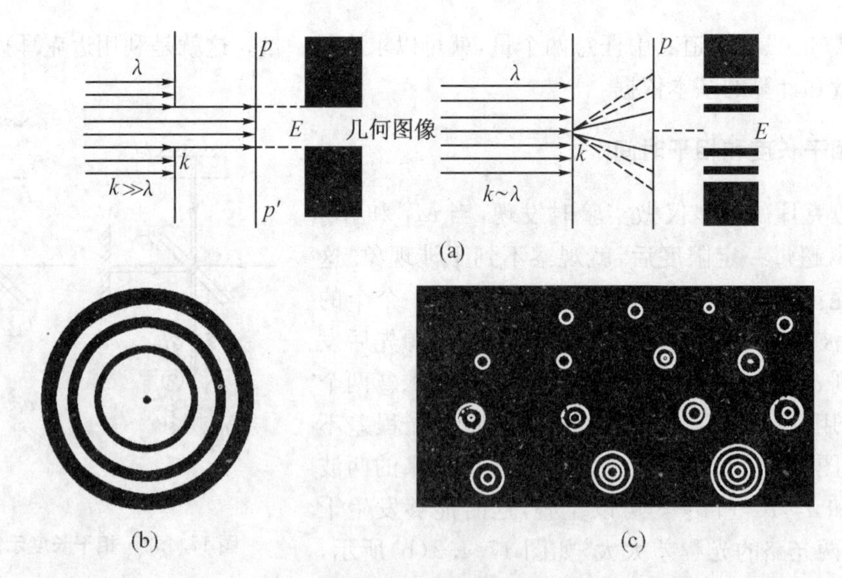

图 17.5.1　圆孔衍射

光的衍射现象实质上是由于光在传播过程中遇到障碍物，使波阵面的完整性受到破坏，波阵面上发出的无限多束相干光发生相干叠加，光波的能量重新分布，出现明暗相间的衍射图样的现象.

通常条件下，由于光的波长太短，圆盘(或圆孔)的线度 $D\gg\lambda$，以及普通光源是不相干的面光源，所以光的衍射现象不显著，光遵从直线传播规律. 当调节圆孔或狭缝的线度 D，使 D

$\approx\lambda$ 或 $D<\lambda$ 时，可以通过实验观察到明显的衍射现象. 图 17.5.1 所示是圆孔衍射情况.

(2)衍射现象的分类

一般情况下，衍射实验装置是由光源、衍射屏(障碍物)和观察屏三部分组成. 根据光源与衍射屏、衍射屏与观察屏之间的距离大小，可以将衍射分为两类.

①菲涅耳衍射. 如果光源和观察屏到衍射屏之间的距离都是有限远或者其中之一是有限远，即入射光和衍射光都不是平行光或者其中之一不是平行光，那么称这种衍射为菲涅耳衍射，如图 17.5.2 所示. 在这种情况下，处理的是球面波或柱面波，因此较复杂.

②夫琅和费衍射. 如果光源和观察屏到衍射屏之间的距离都是无限远，即入射光和衍射光都是平行光，那么称这种衍射为夫琅和费衍射，如图 17.5.3 所示. 在实验室中，为了缩短实验装置，通常将光源放在会聚透镜 L_1 的物方焦平面上，使入射光是平行光，而把观察屏放在另一会聚透镜 L_2 的像方焦平面上，使衍射光是平行光而会聚于观察屏上，如图 17.5.3(b)所示. 在这种情况下，处理的是平面波，因此有关问题比较简单，可以用数学运算精确求解.

图 17.5.2 菲涅耳衍射

图 17.5.3 夫琅和费衍射

17.5.2 惠更斯—菲涅耳原理

(1)惠更斯原理的局限性

1678 年，荷兰物理学家、数学家、天文学家惠更斯提出了光的波动假说，即惠更斯原理：由点波源 S 向周围发出的球面波，在各向同性媒质中波阵面上的每一点都可以看作发射球面次波的新的波源，在以后任何时刻，所有这些次波波阵面的包络面，形成整个波在该时刻的新波阵面. 惠更斯原理能够由前一时刻的波阵面决定以后任何时刻的波阵面，可以确定波的传播方向，导出波的反射定律和折射定律，初步解释波的衍射现象. 但是由于没有涉及波传播到空间任意一点的波长、振幅和初相及相，各次波如何相干叠加的问题，因而无法解释光波衍射图样及强度分布情况.

(2)惠更斯—菲涅耳原理

1818 年，在巴黎科学院举行以解释衍射现象为内容的有奖竞赛大会上，年青的菲涅耳出人意料地取得了优胜. 菲涅耳吸取了惠更斯提出的次波概念，进一步用“次波相干叠加”的思想将所有的衍射统一到惠更斯—菲涅耳原理. 这个原理可表述如下：波阵面 S 上的每一个面元 dS 都可以看成是新的波源，它们均发出次波，在波阵面前方空间任一点 P 产生的振动，可以由 S 面上所有面元所发出的次波在该点相干叠加后的合振幅 $E(P)$ 来表示. 面元 dS 在场点 P 产生的复振幅 $dE(P)$ 与面元 dS 成正比，与面元上 Q 点的复振幅 $E_0(Q)$ 成正比，与 dS 到 P 点的距离 r 成反比，P 点的相比 dS 处的相滞后，其振幅还与面元法线 $\boldsymbol{n}$ 和径矢 $\boldsymbol{r}$ 的夹角 θ 有关，其关系用函数 $k(\theta)$ 表示，$k(\theta)$ 称为倾斜因子，取初相 φ 等于零，于是有

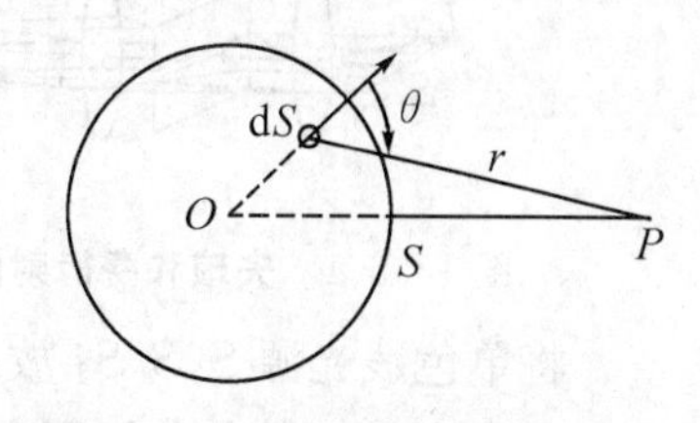

图 17.5.4 惠更斯—菲涅耳原理

$$dE(P)=CE_0 k(\theta)\frac{dS}{r}\cos(\omega t-\frac{2\pi nr}{\lambda})$$

式中,C 是一个比例常数.由于波前 S 上各点是由同一点光源引起的,它们之间有恒定的相关系,所以,P 点的合成振动的振幅是各个子波在该点相干叠加的结果,上式对整个波阵面 S 积分可得 P 点的振幅为

$$E(P)=C\int_S \frac{k(\theta)}{r}E_0\cos(\omega t-\frac{2\pi nr}{\lambda})dS$$

式中,$k(\theta)$称为倾斜因子,它表明由面元发射的次波不是各向同性的,球面次波在不同方向上有不同的强度.当 $\theta\geqslant\frac{\pi}{2}$ 时,$k(\theta)=0$,不存在向后传播的次波;当 $\theta<\frac{\pi}{2}$ 时,$k(\theta)=\frac{1}{2}(1+\cos\theta)$.上式称为菲涅耳衍射积分公式.一般情况下,求解有关积分较为复杂,只有在夫琅和费衍射情况下才能精确计算.

17.6 单狭缝夫琅和费衍射

单狭缝是指狭缝的宽度 a 与入射光波长 λ 相近,即 $a\approx\lambda$,狭缝长度 l 比宽度 a 大得多的细长矩形狭缝.

17.6.1 夫琅和费衍射的实验

(1)实验装置及光路

夫琅和费衍射的入射光和衍射光都是平行光,在实验室中可根据几何光学成像原理借助于会聚透镜来实现,图 17.6.1 所示是夫琅和费衍射的实验装置.

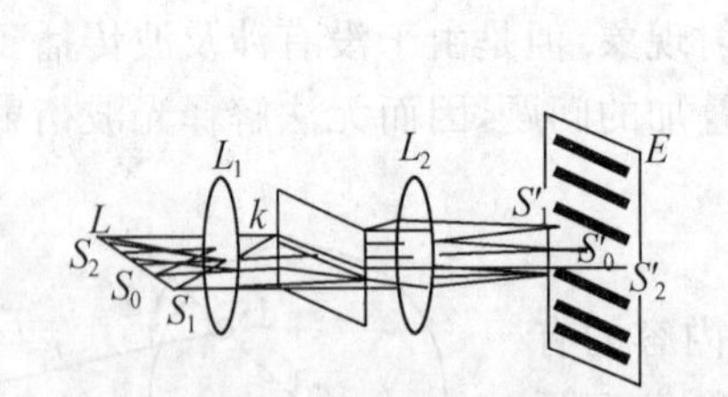

图 17.6.1 夫琅和费衍射的实验装置

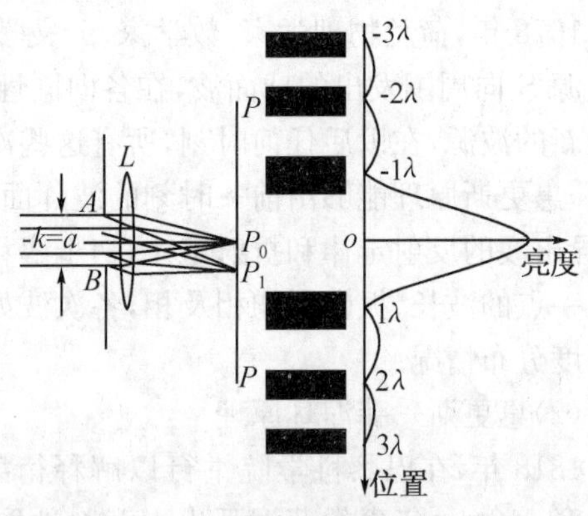

图 17.6.2 单狭缝衍射图样的实验规律

将单色线光源 $S_1S_0S_2$ 放在透镜 L_1 的物方焦平面上,从透镜 L_1 透射的光为平行光,垂直照射在宽度为 a 的单狭缝 K 上,在单狭缝处的波面向各方向发出次波,其方向相同的衍射光线经透镜 L_2 会聚于放在 L_2 像方焦平面处的观察屏 E 上,形成与狭缝平行的明暗相间的衍射条纹.

(2)夫琅和费单狭缝衍射图样的实验规律

用波长为 λ 的单色光,垂直照射到单狭缝上,在观察屏 E 上观察所得的实验规律如下:

①如果入射光波长一定,在 a 不变的情况下,在透镜 L_2 的像方焦点平行于狭缝的位置上获得强度最强、宽度最宽的明纹,称为中央明纹,两侧是平行于狭缝的对称分布暗明相间的衍

射条纹，强度减弱. 如图 17.6.2 所示.

②如果 a 一定，改变入射光波长 λ，对于某一波长，条纹分布规律相同，波长变长后条纹变疏，波长变短后条纹变密. 对同一衍射级次，波长短的靠近中央明纹，波长长的远离中央明纹. 如果入射光为白光，垂直入射，除中央明纹处各色光都在该位置加强，仍是白色的光强最强的明纹，而两侧对称分布由紫到红按波长大小排列的彩色条纹. 由于较高级次不同，波长不同，级次条纹发生重叠，只能观察到低级次的彩色条纹.

③如果波长 λ 一定，改变缝宽 a，当 a 变窄时，条纹分布变疏、变宽，衍射现象明显；当 a 变宽时，条纹分布变密、变窄，衍射不明显；当 $a \gg \lambda$ 时，观察屏上观察到的是狭缝经透镜 L_2 后所成的像，光遵循直线传播的规律，在日常生活中不容易观察到光的衍射现象，就是这一原因.

17.6.2 菲涅耳半波带法

(1)衍射光程的特征

根据惠更斯—菲涅耳原理，位于单狭缝 K 的波面 AB 上发出具有相同频率、相同振动方向、同相，且沿各个方向传播的次波，即衍射光线. 在近轴光线的条件下，衍射角为 φ 的平行光束，经透镜折射后，聚焦在屏幕过 P 点平行于狭缝的位置. 由 A、B 发出的两条衍射角为 φ 的边缘光线之间的光程差为

$$AC = AB\ \sin\varphi = a\ \sin\varphi$$

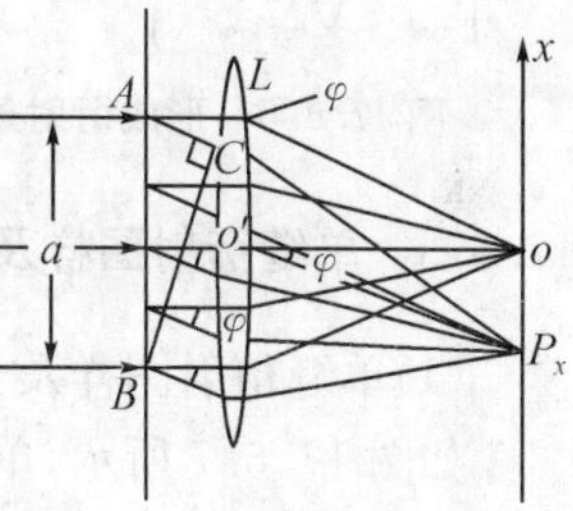

观察屏上过 P 点的衍射条纹的明暗决定于光程差 AC 的量值. 光程差与缝宽 a 和衍射角 φ 有关. 单狭缝其他各点发出的次波光线到达 P 点的光程差比 AB 上发出的衍射角 φ 的次波光线达到 P 点的光程差要小. 如图 17.6.3 所示.

图 17.6.3 衍射光程的特征

(2)菲涅耳半波带法

当入射光波长 λ 一定时，用彼此相距半波长 $\frac{\lambda}{2}$，并平行于 BC 波面的一些平面将 AC 划分为 m 个相等部分，同时这些平面也把单狭缝波面分割成 m 个面积相等的波带，这样的波带称为菲涅耳半波带，相邻两半波带上任何两个对应点，例如 AA_1 半波带上的 G 点和 A_1A_2 半波带上的 G' 点发出的光线经透镜 L_2 会聚于 P 点的光线之间的光程差为 $\frac{\lambda}{2}$，如图 17.6.4 所示，因而有

$$AC = AB\ \sin\varphi = a\ \sin\varphi = m\ \frac{\lambda}{2} \tag{17-6-1}$$

式中，m 称为菲涅耳半波带数，对于任意衍射角 φ，$a\ \sin\varphi$ 不一定正好是 m 个整数半波带，因此 m 还可以是分数. 由衍射光的光程差决定衍射图样有如下特点：

①当 m 取偶数时，即 $m = 2k(k = \pm1, \pm2, \pm3, \cdots)$，由于相邻两半波带上的任何两个对应点(例如 AA_1 半波带上的中点 G_1 点和 A_1A_2 半波带上的中点 G_2 等)所发出衍射角为 φ 的光线经透镜 L_2 会聚在 P_1 点时的光程差总是 $\frac{\lambda}{2}$，即相差总是 π，光振动相相反，合振幅等于零，光强等于零，在 P_1 点形成衍射条纹的暗纹中

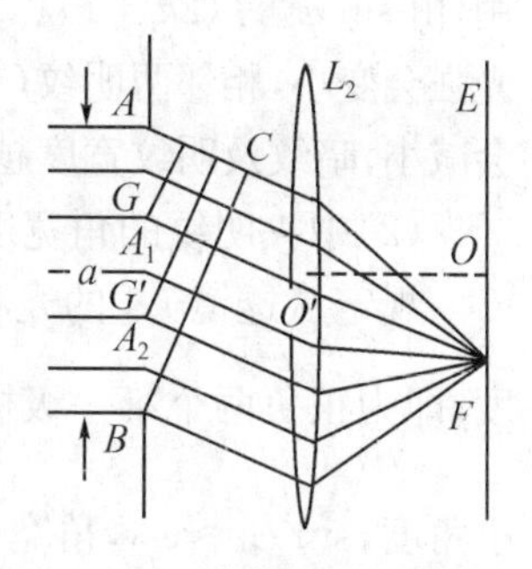

图 17.6.4 菲涅耳半波带法

心，如图 17.6.5 所示.

②当 m 取奇数时，即 $m=2k+1(k=\pm1,\pm2,\pm3,\cdots)$，除偶数个相邻的两个半波带两两相互抵消外，还剩下一个半波带不能抵消，则在 P 点形成衍射条纹的明纹中心，如图 17.6.6 所示.

③当 $m\neq2k, m\neq2k+1$，即对应于某一衍射角 φ，AC 不能分成偶数个半波带及奇数个半波带时，在 P 点形成的衍射条纹强度介于暗纹和明纹强度之间，亮度介于暗纹和明纹之间.

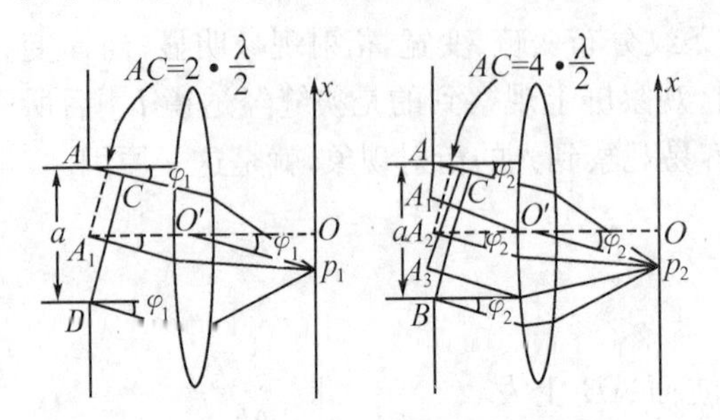

图 17.6.5 形成衍射条纹的暗纹中心

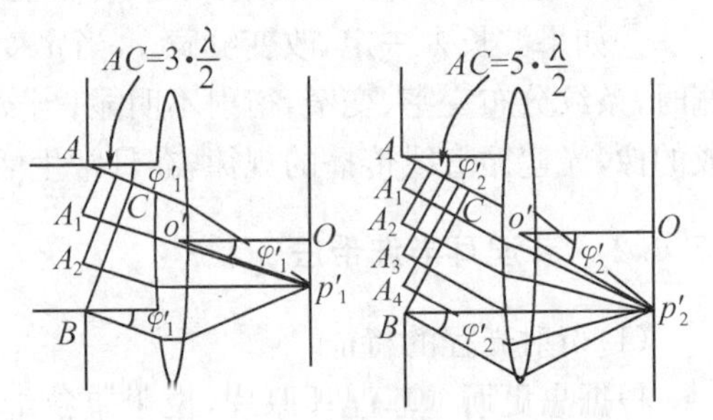

图 17.6.6 形成衍射条纹的明纹中心

17.6.3 单缝衍射图样及光强分布

(1)单缝衍射图样及光强分布

如图 17.6.7 所示，单狭缝衍射条纹的中央明纹、暗纹、明纹中心位置为

中央明纹 $k=0$ 时，$\varphi=0, I=I_0$，称衍射主极大或中央极大 (17－6－2)

暗纹 $a\sin\varphi=2k\dfrac{\lambda}{2}=k\lambda \quad (k=\pm1,\pm2,\cdots) \quad I=0$，称为衍射极小 (17－6－3)

明纹 $a\sin\varphi=(2k+1)\dfrac{\lambda}{2} \quad (k=\pm1,\pm2,\cdots) \quad 0<I<I_0$，称为次极大 (17－6－4)

式中，k 取正负号表示衍射条纹对称分布于中央明纹的两侧.

中央明纹中心光强 $I=I_0$（占入射光强的绝大部分），各级暗纹中心光强 $I=0$，各级明纹中心光强分别为 $I_1=0.047I_0, I_2=0.017I_0, I_3=0.008I_0, \cdots k$ 称为衍射条纹级次，$k=0$ 的条纹称为中央明纹，$k=\pm1,\pm2,\cdots$的暗纹或明纹分别称为第一级暗纹或明纹，第二级暗纹或明纹，…单狭缝衍射条纹，$\varphi=0$ 的中央明纹两侧，对称分布着暗明相间各级衍射条纹. 如果考虑到倾斜因子的作用，由 $\sin\varphi_k=(2k+1)\lambda/2a$ 可知，随着衍射级次增加，光强会变小，相邻两明纹（或暗纹）的角宽度及线宽度就会减小，暗纹及明纹宽度越来越窄. 可见，单缝衍射的光强主要集中在中央明纹内.

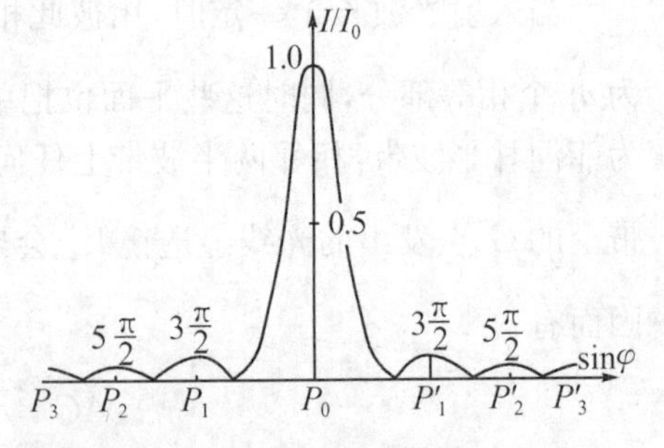

图 17.6.7 单缝衍射图样及光强分布

(2)中央明纹的角宽度及线宽度

规定从透镜 L_2 的光心到两侧的两个第一级暗纹中心之间的角距离称为中央明纹的角宽度，即为正负两个第一级极小值间的角距离，即 $\sin\varphi_0=\pm\dfrac{\lambda}{a}$. 在近轴光线条件下，$\varphi_0$ 角是个小角度，$\sin\varphi_0\approx\varphi_0$，角宽度在 $\varphi_0=\pm\dfrac{\lambda}{a}$之间. 中央明纹角宽度 $\Delta\varphi_0$ 的一半称为半角宽度，用

$\Delta\varphi_1$ 来表示，$\Delta\varphi_1=\dfrac{\lambda}{a}$，即

$$\Delta\varphi_1=\frac{1}{2}\Delta\varphi_0=\frac{\lambda}{a},\Delta\varphi_0=2\frac{\lambda}{a} \tag{17-6-5}$$

而中央明纹的线宽度 Δl_0 的一半称为半线宽度，用 Δl_1 来表示，$\Delta l_1=f\Delta\varphi_1=f\dfrac{\lambda}{a}$，即

$$\Delta l_1=\frac{\Delta l_0}{2}=f\Delta\varphi_1=f\frac{\lambda}{a},\Delta l_0=f\Delta\varphi_0=2f\frac{\lambda}{a} \tag{17-6-6}$$

式中，f 为透镜 L_2 的焦距，其他各级暗纹角宽度为中央明纹角宽度的一半，而线宽度为中央明纹线宽度的一半，即

$$\Delta\varphi=\frac{\Delta\varphi_0}{2}=\frac{\lambda}{a} \tag{17-6-7}$$

由暗纹两侧次极大角位置的差决定.

$$\Delta l=\frac{\Delta l_0}{2}=f\Delta\varphi=f\frac{\lambda}{a} \tag{17-6-8}$$

由暗纹两侧次极大线位置的差决定.

各光强次极大值的角宽度或线宽度是由它两侧的两个极小值的角位置的差或线位置的差决定的，其角宽度及线宽度仍可用以上两式分别表示.

(3)衍射条纹分布与波长 λ 的关系

当缝宽 a 不变，改变 λ，入射光波长 λ 越长，同一级次衍射条纹的衍射角就越大，即明条纹中心线距离中央明纹中心线越远. 当线光源用白光照射狭缝时，由于不同波长的光在中央明纹中心位置处光程差为零，衍射加强，中央明纹仍为白色亮纹. 两侧各级明纹的衍射角 φ_k 不相同，因为 $\sin\varphi_k\propto\lambda$，$\varphi_{k红}>\varphi_{k黄}>\varphi_{k紫}$，形成紫色靠近中央明纹，红色远离中央明纹的彩色条纹，中间依次由近及远为靛、蓝、绿、黄、橙. 当衍射条纹级次较高时，波长短的高级次条纹与波长长的低级次条纹发生重叠，而看不清衍射图样.

(4)衍射条纹分布与缝宽 a 的关系

当入射光波长 λ 一定时，各级衍射条纹的角位置及线宽度与缝宽 a 成反比，a 越小，φ_k 越大，条纹分布越稀；a 越大，φ_k 越小，条纹分布越密；当 $a\gg\lambda$，$a\to\infty$时，$\Delta\varphi\to0$，而看不到衍射条纹，中央极大值的位置就是根据几何光学原理狭缝在 L_2 像方焦平面上所成的像的位置，表明几何光学是衍射现象的一种极限情况. 另外，当 $\lambda\to0$ 时，则 $\Delta\varphi\to0$，因此几何光学也是波长无限短的一种极限情况.

例 17.6.1　如果用波长 $\lambda=640$ nm 的平行单色光分别垂直入射到宽度为 $a=0.15$ mm 和 $a'=4.6$ mm 的狭缝上，紧靠狭缝放置一焦距为 $f=0.4$ m 的凸透镜将衍射光线会聚于光屏上，试分别求出每种狭缝在屏上形成的中央明纹的半角宽度、中央明纹的线宽度以及第二级明纹的位置.

解　中央明纹的半角宽度可由公式 $\Delta\varphi=\dfrac{\lambda}{a}$ 求得，中央明纹的线宽度可由公式 $\Delta l_0=\dfrac{2f\lambda}{a}$ 求得. 第二级明纹的位置就是从中央明纹中心位置到第二级明纹中心位置的距离，设为 x_2，由有关公式可得

$$x_2=\pm f\tan\varphi_0=\pm f\sin\varphi_2=\pm(2k+1)f\frac{\lambda}{a}=\pm\frac{5}{2}f\frac{\lambda}{a}$$

①当 $a=0.15$ mm 时

$$\Delta\varphi_1=\frac{1}{2}\Delta\varphi_0=\frac{\lambda}{a}=\frac{640\times10^{-9}}{0.15\times10^{-3}}=4.27\times10^{-3}(\text{rad})$$

$$\Delta l_0=\Delta x_0=\frac{2f\lambda}{a}=2\times0.4\times\frac{640\times10^{-9}}{0.15\times10^{-3}}=3.4\times10^{-3}(\text{m})$$

$$x_2=\pm\frac{5}{2}f\frac{\lambda}{a}=\pm\frac{5}{2}\times0.4\times\frac{640\times10^{-9}}{0.15\times10^{-3}}=\pm4.3\times10^{-3}(\text{m})$$

②当 $a'=4.6$ mm 时

$$\Delta\varphi_1'=\frac{1}{2}\Delta\varphi_0'=\frac{\lambda}{a'}=\frac{640\times10^{-9}}{4.6\times10^{-3}}=1.39\times10^{-4}(\text{rad})$$

$$\Delta l_0'=\Delta x_0'=\frac{2f\lambda}{a'}=2\times0.4\times\frac{640\times10^{-9}}{4.6\times10^{-3}}=1.1\times10^{-4}(\text{m})$$

$$x_2'=\pm\frac{5}{2}f\frac{\lambda}{a'}=\pm\frac{5}{2}\times0.4\times\frac{640\times10^{-9}}{4.6\times10^{-3}}=\pm0.14\times10^{-3}(\text{m})$$

由以上可见，当 $a'=4.6$ mm 时，$a'\gg\lambda$，各级衍射条纹紧密分布在中央零级明纹两侧，无法分辨出明暗相间的衍射条纹，而只能看到狭缝的几何像.

例 17.6.2　如果用可见光垂直入射到缝宽为 $a=0.6$ mm，紧靠狭缝放一焦距 $f=40.0$ cm 的凸透镜，试问：在观察屏幕上 $x=1.4$ mm 处能观察到的衍射明纹的级次及半波带数.

解　当衍射角 φ_k 很小时，$\tan\varphi_k=\sin\varphi_k$，可得各级衍射明纹的位置 $x_k=\pm(2k+1)\frac{f}{a}\frac{\lambda}{2}$，则波长 λ 为

$$\lambda=\frac{2ax_k}{(2k+1)f}=\frac{2}{2k+1}\frac{a}{f}x_k=\frac{42000\times10^{-10}}{2k+1}(\text{m})$$

当 $k=1$ 时，$\lambda_1=14000\times10^{-10}$ m，$2\times1+1=3$ 个半波带.
当 $k=2$ 时，$\lambda_2=8400\times10^{-10}$ m，$2\times2+1=5$ 个半波带.
当 $k=3$ 时，$\lambda_3=6000\times10^{-10}$ m，$2\times3+1=7$ 个半波带.
当 $k=4$ 时，$\lambda_4=4667\times10^{-10}$ m，$2\times4+1=9$ 个半波带.
当 $k=5$ 时，$\lambda_5=3818\times10^{-10}$ m，$2\times5+1=11$ 个半波带.

由以上可见，对于可见光范围内，在 $x=1.4$ mm 处可观察到波长为 600 nm 的 3 级明纹，半波带数为 7 个；波长为 466.7 nm 的 4 级明纹，半波带数为 9 个.

17.7　圆孔夫琅和费衍射

17.7.1　圆孔夫琅和费衍射

(1)实验装置

圆孔夫琅和费衍射实验装置与单狭缝夫琅和费衍射实验装置的不同之处在于衍射物是利用一个半径为 a 的透光圆孔代替单狭缝作为衍射屏，如图 17.7.1 所示. 衍射图样是在观察屏幕中央 O 处出现一个圆形主极大亮斑，它集中了整个入射光强的 83.78%，称为爱里斑. 在它的周围有明暗相间的衍射条纹.

(2)衍射光强极大、极小、次极大位置及相对强度

利用菲涅耳半波带法或菲涅耳积分的方法，可得出如表 17－7－1 所示的衍射光强极大、

极小、次极大位置及相对光强和菲涅耳半波带数.

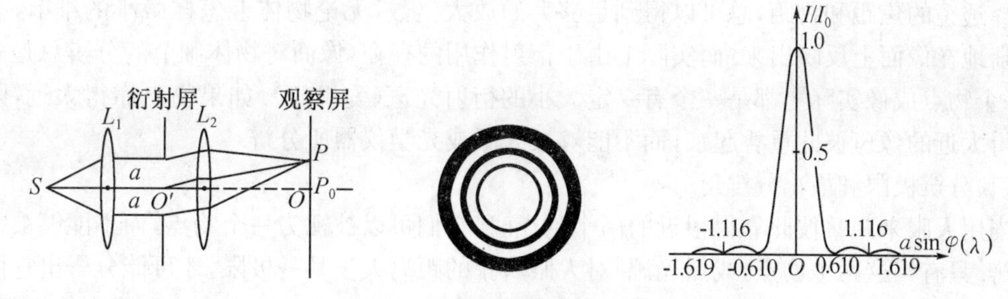

图 17.7.1　圆孔夫琅和费衍射

表 17－7－1　衍射参数

衍射图样级次	中央亮纹	1 级暗纹	1 级亮纹	2 级暗纹	2 级亮纹	3 级暗纹	3 级亮纹
$\frac{a\sin\varphi_k}{\lambda}$	0	0.610	0.819	1.116	1.333	1.619	1.847
相对光强 $\frac{I}{I_0}$	1	0	0.0175	0	0.0042	0	0.0016
半波带数（暗纹为 $2k$、明纹为 $2k+1$）	0	2	3	4	5	6	7

(3)爱里斑

由第一级暗环(极小)所围成的中央亮斑的区域,称为爱里斑.

①爱里斑的半角宽度.中央极大值的半角宽度由第一极小值的位置决定,由透镜 L_2 的光心对爱里斑中心及第一级极小的张角称为爱里斑的半角宽度,即

$$\Delta\theta \simeq \sin\varphi_1 = 0.610\frac{\lambda}{a} = 1.22\frac{\lambda}{D} \tag{17-7-1}$$

式中,D 为圆孔直径.圆孔直径愈大,爱里斑的半角宽度愈小.

②爱里斑的半线宽度.如果设爱里斑的直径为 d,爱里斑的半径 $r=\frac{d}{2}$,称为爱里斑的线半宽度,当 $f \gg d$ 时,$\sin\theta_1=\tan\theta_1=\frac{d/2}{f}$,则

$$r = f\Delta\theta \simeq f\ \sin\varphi_1 = f\frac{0.610\lambda}{a} = f\frac{1.22}{D}\lambda \tag{17-7-2}$$

中央极大的中心处是圆孔经 L_2 的几何像点的位置.由以上两式可以看出,爱里斑的大小与圆孔半径 a 成反比,当 $a\to\infty$时,爱里斑变成为一个几何像点.衍射光线的能量主要集中在爱里斑,与单缝夫琅和费衍射的情况相同,圆孔夫琅和费衍射光强分布如图 17.7.1 所示.

包括人眼在内的光学仪器几乎都是圆孔形状的光阑.用光学仪器所观察的某物点的像,实际上是衍射光斑(爱里斑),而不是一像点.因此,爱里斑对分析光学仪器的分辨本领有着重要的意义.

17.7.2　光学仪器的分辨本领

光学成像系统中,光阑多数呈现圆形(如透镜).根据几何光学成像原理,在消除像差和色

差的情况下，物点和像点一一对应，物为一有向线段，像也为一有向线段. 因此，似乎只要适当的选择透镜的焦距和物距，总可以得到足够大的放大倍数，无论物体上怎样微小的细节，都可以清晰地在像面上反映出来. 而实际上由于衍射作用的存在，像面对物体细节的分辨总是有限的. 每个物点成像实际上都是一个有一定大小的衍射光斑（爱里斑）. 如果物点靠得太近，则会使靠得太近的像斑彼此重叠起来，而不能够被人眼或光学仪器所分辨.

(1)分辨极限和最小分辨角

当用人眼来观察彼此靠得很近的两个物点时，它们可以被视为一个物点，而不能够被人眼所分辨. 只有当这两个物点（或点光源）对人眼所张的距离大于某一极限，才可能分辨出它们是两个物点. 恰好能够被人眼（或光学仪器）所分辨的两物点或像点的最小距离称为分辨极限，分辨极限距离对人眼（或透镜）所张的角度称为最小分辨角.

(2)光学仪器的分辨本领

光学仪器的最小分辨角的倒数称为光学仪器的分辨本领.

①瑞利判据. 对于光学仪器或人眼来说，如果一个点光源（或物点）的衍射图样的中央明纹中心处恰好与另一个点光源（或物点）衍射图样的第一级暗纹中心相重合，这时两衍射图样中心处的光强度约为中央最大光强的 80%，对于大多数人眼的视觉是能够分辨出这两个点光源衍射图样的差别的，这时两个点光源恰好能够被这一光学仪器所分辨，瑞利以这种条件作为光学系统的分辨极限，称为瑞利判据. 如果两个非相干的点光源的发光强度相等，经过光学系统后，将分别形成一个爱里斑，瑞利判据规定：如果一个爱里斑的中央极大值与另一个爱里斑的边缘（衍射图样的第一极小值）重合，就恰好能够被光学仪器所分辨，这是两个离得很近的爱里斑刚好能够被分辨的标准，如图 17.7.2 所示.

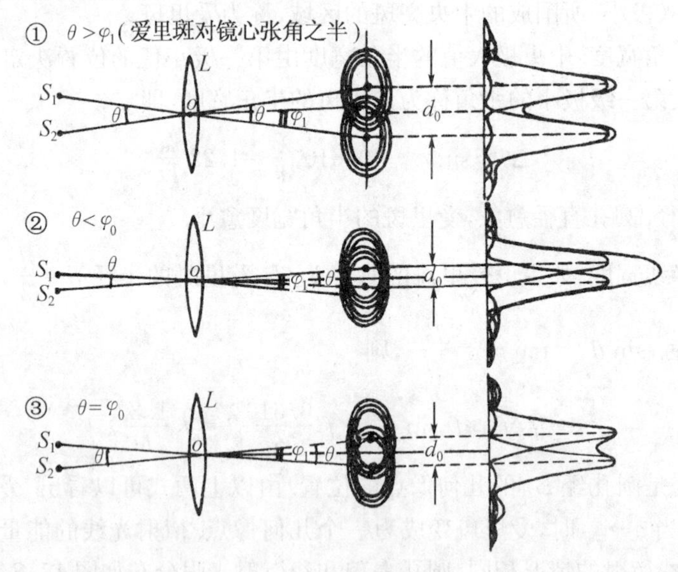

图 17.7.2　瑞利判据

②最小分辨角. 根据瑞利判据，如果两物点间的角距离 $\delta\theta$ 大于爱里斑的半角宽度 $\Delta\theta=\sin\varphi_1=\frac{0.610\lambda}{a}=\frac{1.220}{D}\lambda$，就能够被人眼分辨这两个物点，如图 17.7.2 所示；如果两物点间的角距离 $\delta\theta$ 小于爱里斑的半角宽度 $\Delta\theta\simeq\sin\varphi_1=\frac{0.610}{a}\lambda=\frac{1.220}{D}\lambda$，两个像斑重叠在一起，不能够被人眼分辨它们是两个物点的像；如果两物点间的角距离恰好等于爱里斑的半角宽度 $\Delta\theta=$

$\sin\varphi_1=\frac{0.610}{a}\lambda=\frac{1.220}{D}\lambda$，恰好能够被人眼分辨的角距离的极限为

$$\delta\theta_m\simeq\sin\varphi_1=\frac{0.610}{a}\lambda=\frac{1.220}{D}\lambda \tag{17-7-3}$$

式中，$\delta\theta_m$ 为最小分辨角，如图 17.7.2 所示.

③光学仪器的分辨本领. 光学仪器的分辨本领就是光学仪器对彼此靠近的两个物点产生能够分辨的像的能力，它等于最小分辨角 $\delta\theta_m$ 的倒数，用 R 表示，即

$$R=\frac{1}{\delta\theta_m}=\frac{a}{0.610\lambda}=\frac{D}{1.220\lambda} \tag{17-7-4}$$

可见，光学仪器的分辨本领与仪器的孔径 D 成正比，与所使用的光波的波长 λ 成反比. 例如，天文望远镜使用可见光波长 λ 限制在 3.90×10^2 nm～7.70×10^2 nm 范围，要提高分辨本领只有增大仪器孔径 D. 联邦德国天文望远镜物镜的直径 D 可达 5 m，我国南京紫金山天文台的天文望远镜的物镜的直径可达 3.5 m. 另一方面，所用波长越短，分辨本领越大，电子具有波动性，电子的波长比光波短得多，我国 80 万倍的电子显微镜可分辨的距离达 0.2 nm. 用它可看到单个分子及金属材料的结构等.

17.7.3　人眼的分辨本领

当用眼睛观察远处的物体时，视网膜上的像，实际上就是从物体发出的光通过眼睛瞳孔而产生的夫琅和费圆孔衍射图样. 人眼瞳孔的直径约为 $D=0.2\times10^{-2}$ m（可以在 0.2×10^{-2} m～0.8×10^{-2} m 之间调节），选用人眼最灵敏的波长 $\lambda=5.5\times10^{-7}$ m 的黄绿光，眼球内玻璃体液的折射率 $n=1.336$，求得人眼能够分辨的最小角距离为

$$\delta\theta_e=\frac{1.22\lambda}{nD}=\frac{1.22\times5.5\times10^{-7}}{1.336\times0.2\times10^{-2}}=2.51\times10^{-4}\,(\text{rad})\simeq0.86' \tag{17-7-5}$$

人眼的明视距离规定为 25×10^{-2} m，因此，人眼可以分辨明视距离处的最小线距离为

$$\delta y_e=250\delta\theta_e=0.063\,(\text{mm})\simeq0.1\,(\text{mm})$$

上式表明：人眼不能够分辨小于 22×10^{-3} m 的物体细节.

视网膜至瞳孔的距离约为 22×10^{-3} m，因此，视网膜上可分辨像的最小距离为

$$\delta' y_e=22\delta\theta_e\approx5.5\times10^{-6}\,(\text{m})$$

以上尺寸略大于视网膜上锥状细胞直径（1×10^{-6} m～3×10^{-6} m），可见，视网膜的结构与人眼分辨本领是相匹配的.

17.7.4　光谱仪器的色分辨本领

光谱仪器是用来分辨两条靠近的光谱线，如果波长为 λ 的光强极大值的中央与波长为 $\lambda+\mathrm{d}\lambda$ 的衍射光强第一极小值重合，则 $\mathrm{d}\lambda$ 就是恰好能够分辨的两谱线的最小波长差. 定义谱线的波长 λ 与最小波长差 $\mathrm{d}\lambda$ 的比值为光谱仪器的色分辨本领，即

$$R=\frac{\lambda}{\mathrm{d}\lambda} \tag{17-7-6}$$

理论计算表明，在满足瑞利判据时，一个爱里斑的中央极大值与另一个爱里斑的边缘重合时，两爱里斑的重叠区域的光强为每一个爱里斑中心最亮处光强的 80%，对于正常的人眼，刚好能够分辨这种光强差别. 因此，瑞利判据为人们所公认.

例 17.7.1　氦氖激光器发出的激光波长为 632.8 nm，光束直径为 2 mm，从地面发向月

球,如果地面到月球距离为 376×10^3 km,不计大气的影响,试求:在月球上的光斑有多大?如果先将激光扩束到直径为 20 cm 再发向月球,月球上的光斑又有多大?

解 光斑的半径为

$$r=f\,\frac{0.610}{a}\lambda=376\times10^6\times\frac{0.610\times632.8\times10^{-9}}{10^{-3}}\simeq145\times10^3\,(\mathrm{m})$$

即月球上的光斑半径为 145×10^3 m. 当光束直径为 2 cm 时,相当于 a 增大 100 倍,因而月球上的光斑半径 r' 将缩小为 r 的 1%,月球上的光斑半径为 1450 m.

$$r'=f\,\frac{0.610}{a'}\lambda=f\,\frac{0.610}{a\times100}\lambda=\frac{r}{100}=1450\ (\mathrm{m})$$

即激光扩束后,月球上的光斑半径为 1450 m.

17.8 衍射光栅

衍射光栅简称“光栅”,是利用多缝衍射原理使光发生色散的光学元件,广义地说,光栅是具有周期性空间结构从而能等宽等间距分割入射波前的光学元件. 通常所用的光栅就是在一块光洁度很高的玻璃片或金属片上刻有大量相互平行、等宽、等间距的狭缝(刻痕),一般用于可见光区和紫外光区的光栅大多数是每毫米 600 条线或 1200 条线. 除了原刻光栅,还通常用塑料在原刻光栅上浇制出与原刻线完全一样的薄膜,把它贴在玻璃片上,制成的这种光栅称为复制光栅.

光栅通常分为透射光栅和反射光栅两大类. 利用透射光衍射的光栅称为透射光栅,利用反射光衍射的光栅称为反射光栅,反射光栅又有平面反射光栅和凹面反射光栅两种,凹面反射光栅是在一块凹面镜上制作的光栅、在使用中可以节省一块会聚透镜. 根据制作方法的不同,又可分为划线光栅、复制光栅和全息光栅三种.

如果透射光栅的透光部分的宽度为 a,不透光部分的宽度为 b,则定义光栅常量 d 为

$$d=a+b$$

光栅常量的倒数表示每单位长度的刻线条数. 光栅常量也是光栅的空间周期,如图 17.8.1 所示.

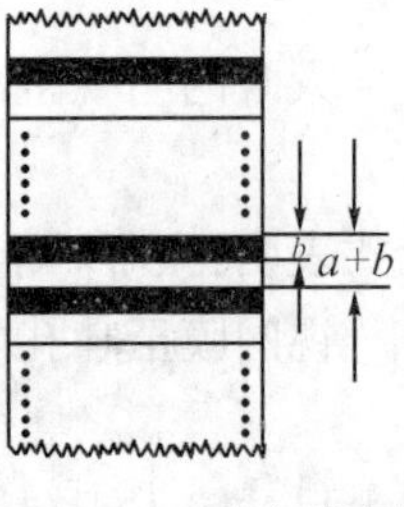

图 17.8.1 光栅常量

光栅是一种很好的分光元件,它广泛地应用于分光仪器和光谱仪器,在近代光学理论和实验中有重要的地位.

17.8.1 平面透射光栅

(1)实验装置、光路及衍射的图样

实验装置如图 17.8.2 所示. 将光源 S 放置在透镜 L_1 的物方焦平面上,观察屏幕 E 放置在透镜 L_2 的像方焦平面上,平面透射光栅作衍射屏,放置在靠近 L_2 处. 从光源发出的光线,经透镜 L_1 出射的平行光垂直照射到平面透射光栅上,在观察屏 E 上可观察到衍射图样. 衍射图样中,当以单色光入射时,出现了一

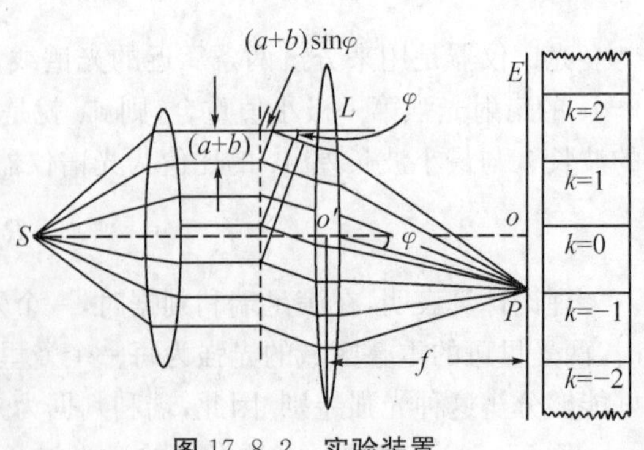

图 17.8.2 实验装置

系列非常亮、很窄，而且彼此相隔很远的亮条纹. 在相邻两极大值之间有 $N-1$ 个极小值和 $N-2$ 个次极大值. 由于次极大值的光强很弱，与极小值的差别不明显，使其两极大值之间好像一片暗区，并有缺级现象. 当入射光为白光，除中央零级亮条纹仍是白色外，其他各级亮条纹形成按波长大小依次排列的彩色光谱带. 在较高级次的光谱区域，由于不同波长、不同级次的谱线发生重叠，仅能看到低级次的衍射光谱.

(2)衍射光栅的作用原理

根据惠更斯—菲涅耳原理可将每一个透光的单狭缝看作是发射无限多个次波的波源，各次波在空间相遇发生相干叠加形成单狭缝衍射；每一单狭缝都产生衍射，它们在空间相遇而发生多缝（N 缝）的干涉，形成多缝干涉，它们的总效果是单狭缝衍射图样调制了多光束干涉图样，而呈现在观察屏上的光栅衍射图样.

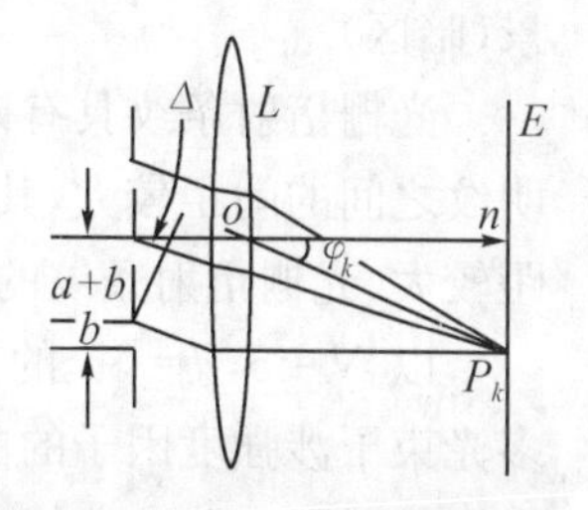

图 17.8.3　衍射光束会聚于观察屏

衍射光强应为入射光强与单狭缝衍射光强因子及多光束干涉光强因子的乘积.

(3)光栅衍射条纹的特点

①光栅方程. 由多光束干涉极大的条件决定. 当波长为 λ 的单色光垂直照射到平面透射光栅上，衍射角为 φ 的两相邻衍射光束会聚于观察屏上 P_k 点时，如图 17.8.3 所示，相邻两狭缝对应点的光程差为

$$\Delta=(a+b)\sin\varphi$$

如果相邻两条平行光束的光程差等于入射光波长的整数倍，即

$$(a+b)\sin\varphi=k\lambda \tag{17-8-1}$$

这两条光线在 P_k 点相遇时发生干涉相长，形成明纹. 由于对应点的光线在相遇点两两加强，使相邻两狭缝发出的光线在 P_k 点相遇时干涉加强. 又由于相邻各狭缝两两加强，于是所有的狭缝发出的光线在 P_k 点相遇时全部将加强，则 P 点处应为明纹，光强主极大值应满足

$$d\sin\varphi=\pm k\lambda\quad(k=0,1,2\cdots)$$

上式表示光强主极大值的位置，称为光栅方程. 由上式确定的位置，其振幅是单狭缝衍射在该方向振幅的 N 倍，光强为 N^2 倍. 当 $k=0$ 时，$\varphi=0$，是中央主极大位置. 因为该位置也是单狭缝衍射的中央零级极大值的位置，因此，$\varphi=0$ 是中央主极大值的充分必要条件. 当 $k=1$ 时，称为第一级主极大；当 $k=2$ 时，称为第二极主极大，其余类推，正负号表示各级明纹对称分布在中央明纹的两侧，如图 17.8.4 所示.

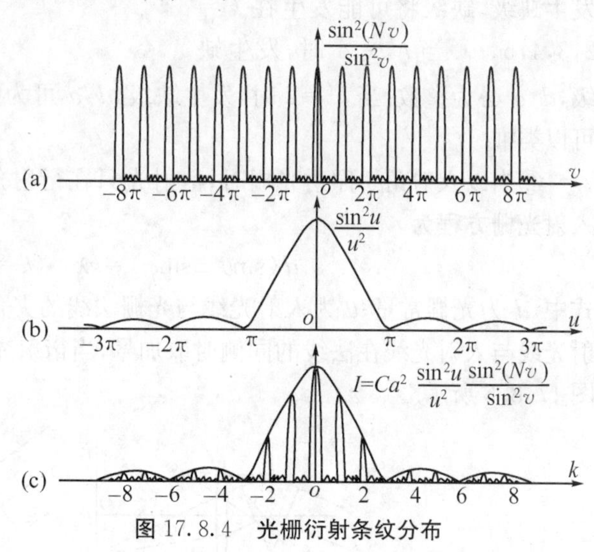

图 17.8.4　光栅衍射条纹分布

②光强极小值的位置可由单狭缝衍射因子确定，极小值的位置为

$$a\sin\varphi=\pm k'\lambda\quad(k'=1,2,3,\cdots) \tag{17-8-2}$$

由多光束干涉，确定极小值的位置为

$$d\ \sin\varphi = \pm(k+\frac{m}{N})\lambda \quad (k=0,1,2,\cdots,\quad m=1,2,\cdots,N-1,N+1,\cdots) \qquad (17-8-3)$$

上式表示光强极小值的位置，合成(总)振幅为零，光强为零.

由上式可见，在相邻两个主极大值之间有 $N-1$ 个极小值，有 $N-2$ 个次极大值，但次极大值的强度很小，除理论研究外，无实际意义. 在两相邻主极大值之间形成相当宽的暗区.

N 越大，次极大值越多，强度则越弱. N 很大时，次极大值实际上构成强度很弱的均匀背景(暗区).

光栅衍射条纹具有以下特点：由于光栅总狭缝数目 N 越大，明条纹越细，越明亮；相邻两明纹之间的间距较大，其间形成很宽的暗区；光栅常量越小，明纹则越窄，两相邻明纹之间的间距较大. 光栅衍射条纹的特点是条纹细、亮，间距很宽的暗区.

以 $N=5, d=3a$ 的平面透射光栅衍射图样的光强分布曲线如图 17.8.4 所示，其中(a)是多光束干涉强度因子的曲线，(b)是单狭缝衍射强度因子的曲线，(c)是这两条曲线相乘得到的光栅衍射强度分布曲线. 多光束干涉图样受单狭缝衍射图样的调制，结果中央主极大值最强，其他级次主极大强度值逐次减弱，因此，单狭缝衍射强度因子也称为调制因子.

(4)缺级和斜入射光栅方程

①如果某一级多狭缝干涉主极大值恰好位于单狭缝衍射极小值的位置，该主极大不再出现，光强等于零，称为缺级，如图 17.8.5 所示. 多狭缝干涉主极大条件为

$$d\ \sin\varphi = \pm k\lambda$$

单狭缝衍射极小值的位置为

$$a\ \sin\varphi = \pm k'\lambda$$

则 $$k=\frac{d}{a}k' \qquad (17-8-4)$$

由上式可知，第 k 级主极大值缺级，零级主极大和第一级主级大不发生缺级，缺级将可能发生在 $k=2,3,4,5,\cdots$. 当 $k'=1$ 时，发生缺级，d/a 必为整数；当 $k'=2$ 时，发生缺级，d/a 可为整数，也可以为半整数；$k'=3,4,\cdots$的情况可以类推.

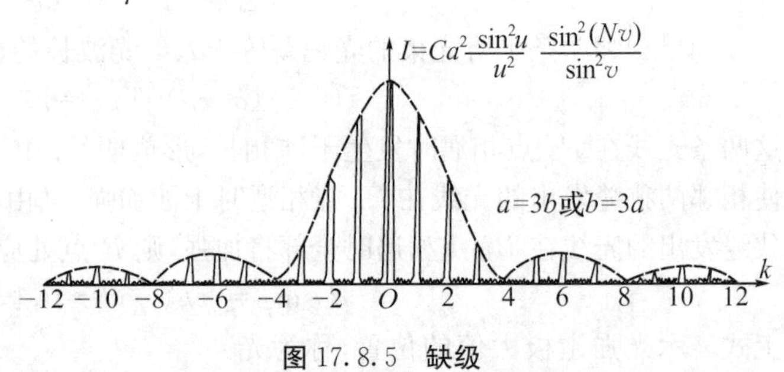

图 17.8.5 缺级

②当以入射角 θ 照射光栅时，衍射光只在衍射角 φ 满足光栅方程的情况下得到加强. 斜入射光栅方程为

$$d(\sin\theta \pm \sin\varphi)=k\lambda \quad (k=0,\pm1,\pm2,\cdots) \qquad (17-8-5)$$

式中，d 为光栅常量；θ 为入射光线与光栅法线的夹角；φ 为衍射光线与光栅法线的夹角，当衍射光线与入射光线在法线的同侧时取加号，当衍射光线与入射光线在法线的异侧时取减号，如图 17.8.6 所示.

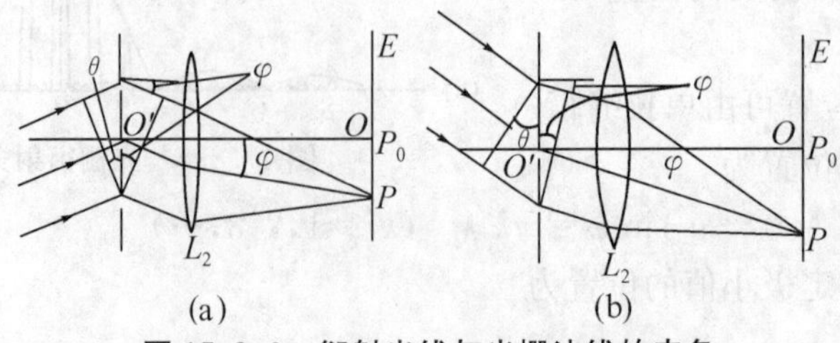

图 17.8.6 衍射光线与光栅法线的夹角

17.8.2 光栅光谱

光栅方程为

$$d\ \sin\varphi=\pm k\lambda \tag{17-8-6}$$

由上式可见，当光栅常量 $d=a+b$ 一定时，如果用白光照射光栅，对于某一衍射级次 k，有 $\sin\varphi\propto\lambda$，即波长短的光线衍射角小，波长长的光线衍射角大. 各种不同波长(或频率)的光将按自己的一定位置分开，如果在观察屏处放置一块感光板，就能够拍摄每一 k 值彩色的光强主极大值，而相应级次的彩色亮线称为光谱线. 用光栅衍射的方法得到的光谱，称为光栅光谱. 当一束平行白光垂直入射到平面透射光栅上时，在 $k=0$ 时，各种波长的光不能分开，干涉加强，中央零级明纹仍为白色，零级极大无色散. 其他每一 k 值，对应一组不同颜色的光谱线，紫色靠近中央零级明纹，红色远离中央零级明纹，且对称分布在中央零级明纹的两侧. 当 $k=1$ 时，称为一级光谱；当 $k=2$ 时，称为二级光谱. 级次越高，不同级次、不同波长的光谱线会发生重叠，如图 17.8.7 所示，如 $k_2\lambda_2=k_3\lambda_3$，这将给实际应用带来一定的困难. 光栅光谱有许多级，当 $\varphi<5°$ 时，$\sin\varphi\simeq\varphi\propto\lambda$，在光谱图上排列均匀；而棱镜光谱只有一级，非线性关系，不容易测量，且短波偏向角大，长波偏向角小.

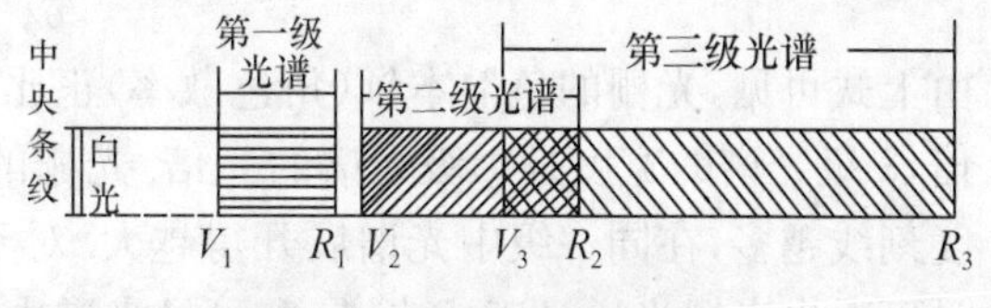

图 17.8.7 各级衍射光谱

17.8.3 光栅光谱仪的色分辨本领

如果用波长 λ 和 $\lambda+\mathrm{d}\lambda$ 的光垂直照射到平面透射光栅上，经光栅衍射，在任何一级光谱中，它们都有各自相应的光谱线，根据瑞利判据，如果波长为 λ 的光线某一级衍射主极大与波长 $\lambda+\mathrm{d}\lambda$ 光线的同一级衍射主极大的相邻第一级极小位置相重合，则波长为 λ 和 $\lambda+\mathrm{d}\lambda$ 的两条谱线刚好能够被分辨. 因此，刚好能够分辨的角距离就是这一级谱线的半角宽度，即

$$\delta\varphi=\frac{\lambda}{Nd\ \cos\varphi_k}$$

式中，N 是光栅总缝数，d 是光栅常量，φ_k 是第 k 级极大值的衍射角. 将 $\delta\varphi$ 代入 $\frac{\delta\varphi}{\delta\lambda}=\frac{k}{d\ \cos\varphi_k}$，可得

$$\mathrm{d}\lambda=\frac{\dfrac{\lambda}{Nd\ \cos\varphi_k}}{\dfrac{k}{d\ \cos\varphi_k}}=\frac{\lambda}{Nk}$$

因此，光栅光谱仪的色分辨本领 R，由(17－7－6)式，可得

$$R=\frac{\lambda}{\mathrm{d}\lambda}=Nk \tag{17-8-7}$$

由上式可知，光栅光谱仪的色分辨本领与光栅的总缝数 N 和光谱的级次 k 有关.

17.8.4 光栅的色散本领

光栅的色散本领又称为角色散率，它是表示色散系统和物质色散性能的物理量，即标志光栅分辨谱线能力的物理量. 光栅方程为

$$d\ \sin\varphi=k\lambda$$

由上式可知，d 是常量，对某一固定的 k，衍射角 φ 是波长 λ 的函数. 如果波长改变了一个很小的量 $\delta\lambda$，相应的衍射角改变了 $\delta\varphi$，定义衍射角改变量 $\delta\varphi$ 与其相应波长改变量 $\delta\lambda$ 之比值为光栅的色散本领，即

$$D=\frac{\delta\varphi}{\delta\lambda}$$

光栅的色散本领是用来标志不同谱线分开程度的物理量，它表示单位波长的改变所对应的衍射角的改变. 对于光栅色散系统，对光栅方程两端进行微分，可得

$$d\cos\varphi\delta\varphi=k\delta\lambda$$

$$D=\frac{\delta\varphi}{\delta\lambda}=\frac{k}{d\cos\varphi} \tag{17-8-8}$$

由上式可见，光栅的色散本领(角色散率)正比于光谱级次 k，2 级光谱的宽度是 1 级光谱的二倍，3 级光谱的宽度是 1 级光谱的三倍. 光栅的色散本领反比于光栅常量 d，即光栅每单位长度刻线越多，在同一级中光谱展开得越大. 对于 φ 不大的情况，光栅的某一级光谱，$\delta\varphi\propto\delta\lambda$，此时可看出光栅光谱是正比光谱. 在可见光谱中，同一级次光谱红光总是在远离中央零级明纹的最外端.

例 17.8.1　一块光栅由每厘米 200 条等距离的细金属丝组成. 每根金属丝的直径为 0.025 mm. 如果用波长为 600 nm 的光垂直照射此光栅，求第 3 级主极大的衍射角，最多能看到几级光谱？哪些主极大缺级？

解　光栅常量

$$d=(a+b)=\frac{1\times10^{-2}}{200}=5\times10^{-5}\,(\mathrm{m})$$

$$\lambda=600\,(\mathrm{nm})=600\times10^{-9}\,(\mathrm{m})$$

$$b=0.025\,(\mathrm{mm})=2.5\times10^{-5}\,(\mathrm{m})$$

$$a=d-b=2.5\times10^{-5}\,(\mathrm{m})$$

根据光栅方程 $d\sin\varphi_k=k\lambda$，当 $\varphi_k=90°$时，$k=\dfrac{d}{\lambda}=\dfrac{5\times10^{-5}}{6\times10^{-7}}=83.3$.

根据缺级公式 $d\sin\varphi_k=k\lambda=a\sin\varphi_{k'}=k'\lambda$，$k=\dfrac{d}{a}k'=\dfrac{5\times10^{-5}}{2.5\times10^{-5}}=2k'$，当 $k'=1,2,3,\cdots$ 时，$k=2,4,6,\cdots$，则 $\pm(2,4,6,\cdots,80,82)$级次为缺级. 最多能观察到 $0,\pm1,\pm3,\cdots,\pm81,\pm83$ 级光谱.

根据光栅方程可得第 3 级主极大衍射角为

$$\sin\varphi_3=\frac{k\lambda}{d}=\frac{3\times600\times10^{-9}}{5\times10^{-5}}=0.0360,\quad \varphi_3=2°4'$$

例 17.8.2　用钠光灯垂直照射每厘米 6000 条线的平面透射光栅. 试求：第 2 级光谱中钠黄光的 589.0 nm 和 589.6 nm 两条谱线的角距离.

解　光栅常量　$d=\dfrac{1\times10^{-2}}{6000}\,(\mathrm{m})$

根据光栅方程 $d\sin\varphi_k=k\lambda$，当 $k=2$ 时：

$$\lambda_1=589.0\times10^{-9}\ \mathrm{m},\sin\varphi_1=\frac{2}{d}\lambda_1=\frac{6000}{10^{-2}}\times2\times589.0\times10^{-9}=0.7068,\varphi_1=44°58'$$

$$\lambda_2=589.6\times10^{-9}\ \mathrm{m},\sin\varphi_2=\frac{2}{d}\lambda_2=\frac{6000\times2}{10^{-2}}\times589.6\times10^{-9}=0.7075,\varphi_2=45°02'$$

波长为 λ_1 和 λ_2 的第 2 级光谱线的角距离为

$$\Delta\varphi=\varphi_2-\varphi_1=45°02'-44°58'=4'$$

注意:在衍射角 φ 较大($\varphi>5°$)时,$\sin\varphi\neq\varphi$,$\sin\varphi\neq\tan\varphi$.

例 17.8.3 用波长 $\lambda=643.8$ nm,入射角为 $\theta=30°$斜入射到每 1 cm 内有 5000 条刻痕的透射平面光栅上,如图 17.8.6(a)所示. 试求:①对应于 $k=0,k=+1,k=-1$ 的明条纹的衍射角;②观察到的明条纹的最高级次,并与正入射的情况相比较.

解 ①由图可知,相邻两狭缝的对应光线的光程差为

$$AB+AC=(a+b)\sin\theta+(a+b)\sin\varphi$$

斜入射(同侧)光栅方程为

$$(a+b)(\sin\theta+\sin\varphi)=k\lambda\quad(k=0,\pm1,\pm2,\cdots)$$

光栅常量
$$a+b=d=\frac{1}{N}=\frac{1\times10^{-2}}{5000}=2\times10^{-6}(\text{m})$$

由光栅方程可得与 $k=0$ 对应的零级明纹的衍射角为

$$\varphi_0=\arcsin(-\sin30°)=-30°$$

以上结果说明零级明纹位于观察屏中心的下方.

与 $k=+1$ 及 $k=-1$ 对应的明条纹的衍射角分别为

$$\varphi_{+1}=\arcsin\left(\frac{\lambda}{a+b}-\sin\theta\right)=\arcsin\left(\frac{0.6438\times10^{-6}}{2\times10^{-6}}-0.5\right)=-10°15'33''$$

$$\varphi_{-1}=\arcsin\left(-\frac{\lambda}{a+b}-\sin\theta\right)=\arcsin\left(-\frac{0.6438\times10^{-6}}{2\times10^{-6}}-0.5\right)=-55°10'32''$$

②根据光栅方程可知,k 的最大值所对应的衍射角 $\varphi=90°$,$\sin\varphi=1$ 时,则

$$k_{\max}=\frac{a+b}{\lambda}(\sin\theta+1)=\frac{2\times10^{-6}\times1.5}{0.6438\times10^{-6}}\approx4.7$$

由以上结果可知,斜入射时可以看到的明条纹的最高级次应为 4 级,当入射光正入射时,$\theta=0°$,上式应改写为

$$k_{\max}=\frac{a+b}{\lambda}=\frac{2\times10^{-6}}{0.6438\times10^{-6}}=3.1$$

由以上结果可知,当入射光正入射时,可以看到的明条纹的最高级次为 3 级.

可见,入射光斜入射时,可以看到的最高级次的明条纹级次更高,当入射光波长和光栅常量给定时,最高级次 $k_{\max}$ 取决于入射角 θ.

例 17.8.4 钠光灯发出的钠黄光(589.0 nm 和 589.6 nm)垂直照射到具有 2500 条线的光栅上,问:这两条钠黄光在第一级光谱中能否被分开?

解 两谱线的平均波长 $\lambda=589.3$ nm,两谱线的波长差 $\mathrm{d}\lambda=0.6$ nm,要分开这两条谱线应有的分辨本领为

$$R=\frac{\lambda}{\mathrm{d}\lambda}=\frac{589.3\times10^{-9}}{0.6\times10^{-9}}=982$$

实际光栅的分辨本领应为
$$R=Nk=2500$$

光栅的分辨本领大于所要求的分辨本领,因此这两条谱线能够被光栅分开.

第三部分　光的偏振

光的干涉现象和衍射现象表明光具有波动性,但是这些现象还不能确定光是纵波还是横

波.光的偏振现象从实验上表明了光的横波性.光的偏振现象在自然界中普遍存在,这一点和麦克斯韦在电磁理论中所预言的电磁波是横波一致,因为只有横波才具有偏振现象.

17.9 自然光和偏振光

17.9.1 光的偏振现象

横波的振动矢量和传播方向垂直,纵波的振动矢量和传播方向平行.振动方向对于传播方向的不对称性称为偏振.

光的偏振性(偏振状态)实质上是指光矢量随时间变化的规律.光振动矢量有规律性地随时间变化的现象称为光的偏振现象.

按光的偏振性,可以将光分为自然光(非偏振光)和偏振光两大类.光波的横波性表明电场强度矢量与光的传播方向垂直.在与光传播方向垂直的平面内,光矢量还可能有各式各样的振动状态,称为光的偏振态,常见的有五种光,即自然光、部分偏振光、平面偏振光(线偏振光)、圆偏振光、椭圆偏振光.下面分别对它们作一简单的介绍.

(1)自然光

自然光一般是指普通光源直接发出的光.一个分子(或原子)在某一时刻发出的光是具有一定振动方向的线偏振光.普通光源中含有大量的能够发光的分子或原子,它们发光的间歇性和随机性,使发出的光矢量的振动方向、初相的多少具有随机性,使得在垂直于光传播方向的平面,各个方位角都具有相同大小的振幅,并且各个光振动矢量之间都没有确定的相关系.这种光矢量以相等的振幅均匀地分布在垂直于光传播方向的平面内的光称为自然光,如图17.9.1(a)所示.自然光是无数多个振幅相等,振动方向任意,彼此之间没有固定的相关系的平面偏振光的无规则集合.

在处理实际问题时,为简便起见,将自然光等效成两个振动方向相互垂直、振幅相等、没有确定相关系的平面偏振光,如图 17.9.1(b)所示.自然光不直接显示偏振现象,自然光属于非偏振光.自然光的表示如图 17.9.2 所示.

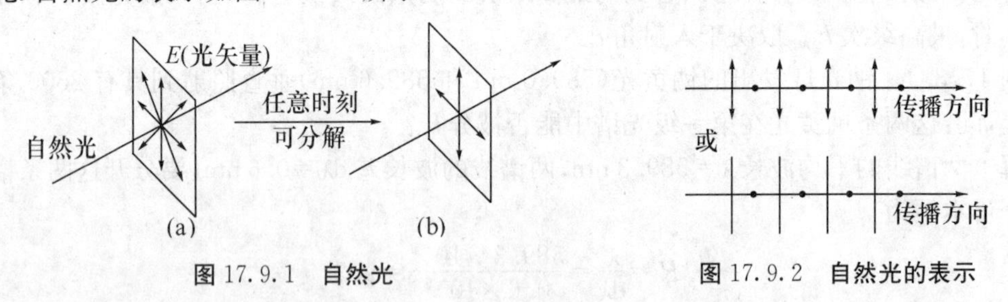

图 17.9.1 自然光　　图 17.9.2 自然光的表示

(2)部分偏振光

光的偏振状态介于自然光和平面偏振光之间,它的光矢量在某一固定方向上的振幅有最大值,而在与该方向垂直的方向上振幅有最小值,这种光称为部分偏振光.部分偏振光还可进一步分为部分线偏振光、部分圆偏振光和部分椭圆偏振光.常用图 17.9.3 中的(a)、(b)、(c)来表示部分线偏振光、部分圆偏振光和部分椭圆偏振光.自然光和部分偏振光实际上是由许多振动方向不同的线偏振光组合而成的.

设部分偏振光强度的极大值为 $I_{极大}$,极小值为 $I_{极小}$,如果两者相差大,则该部分偏振光的

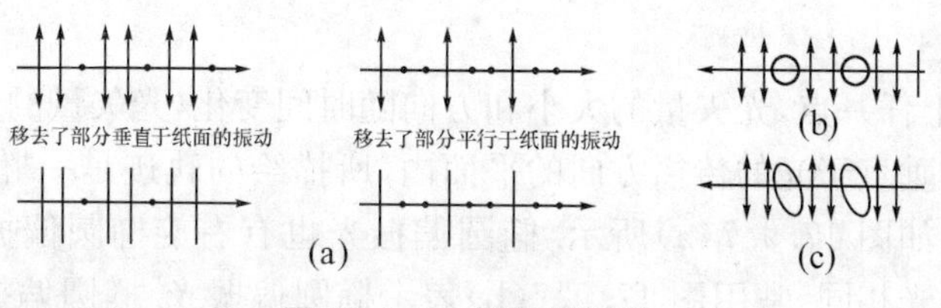

图 17.9.3　部分偏振光

偏振化程度高；如果两者相差小，则该部分偏振光的偏振化程度低. 通常用偏振度 P 来描述光波的偏振化程度的大小，其定义式为

$$P=\frac{I_{极大}-I_{极小}}{I_{极大}+I_{极小}}=\frac{I_{\max}-I_{\min}}{I_{\max}+I_{\min}} \tag{17-9-1}$$

式中，分母 $I_{极大}+I_{极小}$ 实际上是两个相互垂直分量的强度之和，即部分偏振光原来的总强度，分子是 $I_{极大}$ 与 $I_{极小}$ 之差. 在 $I_{极大}=I_{极小}$ 的特殊情况下，$P=0$，例如自然光的偏振度就等于零. 在 $I_{极小}=0$ 的特殊情况下（此时出现消光），$P=1$，入射光是平面偏振光；部分偏振光的偏振度介于 0 与 1 之间.

(3)平面偏振光

光在传播过程中，光矢量的大小随时间改变，其方向不随时间改变，光矢量的振动只限于在垂直于光波前进的同一平面内，振动方向是沿着某一直线，这种光称为平面偏振光或线偏振光. 光矢量和传播方向所构成的平面称为偏振光的振动面，包含传播方向在内并与振动面垂直的平面称为偏振面，偏振面垂直于振动面. 常用图 17.9.4 表示平面偏振光，其中(a)表示光矢量在垂直于图面内振动的平面偏振光，(b)表示光矢量在平行于图面内振动的平面偏振光. 光源中原子某一次发光所发出的光波列，其光矢量方位是确定的，因而是一列平面偏振光波，如图 17.9.5 所示.

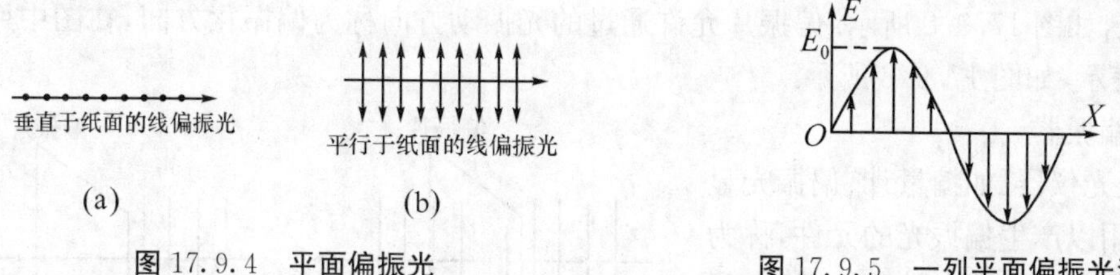

图 17.9.4　平面偏振光

图 17.9.5　一列平面偏振光波

(4)圆偏振光

在光的传播路径上任一点，光矢量的大小不变，但方向随时间改变，光矢量的矢端的运动轨道为一圆形螺旋曲线，在垂直于传播方向的平面内，所描述的轨迹是圆，这种偏振状态的光称为圆偏振光，如图 17.9.6(a)所示. 如果迎光看去，光矢量按顺时针方向旋转，称为右旋圆偏振光；光矢量按逆时针方向旋转，称为左旋圆偏振光. 常用图 17.9.6(b)表示圆偏振光. 圆偏振光可以看作是由两个振幅相等，相差等于 $\pm\frac{\pi}{2}$ 的两个相互垂直的线偏振光的合成.

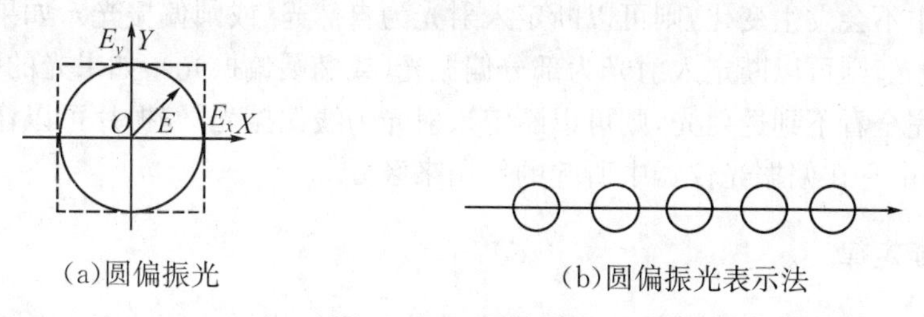

(a)圆偏振光　　(b)圆偏振光表示法

图 17.9.6　圆偏振光

(5)椭圆偏振光

在光传播路径上任一点，光矢量的大小和方向随时间变化，光矢量的矢端的运动轨道是一椭圆形螺旋曲线，在垂直于光的传播方向的平面内，所描绘的轨迹是一椭圆，这种偏振状态的光称为椭圆偏振光，如图 17.9.7(a)所示. 椭圆偏振光也有右旋椭圆偏振光和左旋椭圆偏振光，其意义与圆偏振光相同. 常用图 17.9.7(b)表示椭圆偏振光. 椭圆偏振光可以看作是由两个振幅不相等，相差等于$\pm\frac{\pi}{2}$的两个相互垂直的线偏振光的合成.

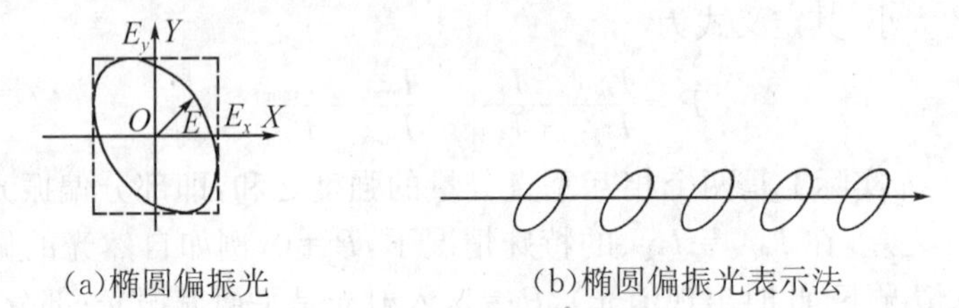

(a)椭圆偏振光　(b)椭圆偏振光表示法

图 17.9.7　椭圆偏振光

17.9.2　偏振片、起偏器和检偏器

(1)偏振片

一种能够使自然光变为线偏振光的人造透明薄片，称为偏振片. 例如，用具有网状分子结构的高分子化合物聚乙烯醇薄膜作为基片，在碘溶液里浸泡，经过硼酸水溶液的还原稳定后，在较高的温度下单向拉伸 4～5 倍，然后烘干制成. 经拉伸后，碘—聚乙烯醇分子沿拉伸方向有规则地排列起来，产生二向色性，即它只允许垂直于拉伸方向的光振动通过，而对平行于拉伸方向的光振动具有强烈吸收，这种偏振片称为 H 偏振片. 这样，就使得自然光通过偏振片后成为线偏振光，如图 17.9.8 所示. 偏振片允许通过的光振动方向称为偏振化方向，在图中用记号“↕”或“↔”表示，如图 17.9.8 所示.

(2)起偏振器

在偏振光仪器(如糖量计、偏振光显微镜等)中用以产生偏振光的元件，称为起偏振器，简称起偏器. 例如偏振片、尼科耳棱镜等，通常能够使自然光通过起偏振器变成线偏振光.

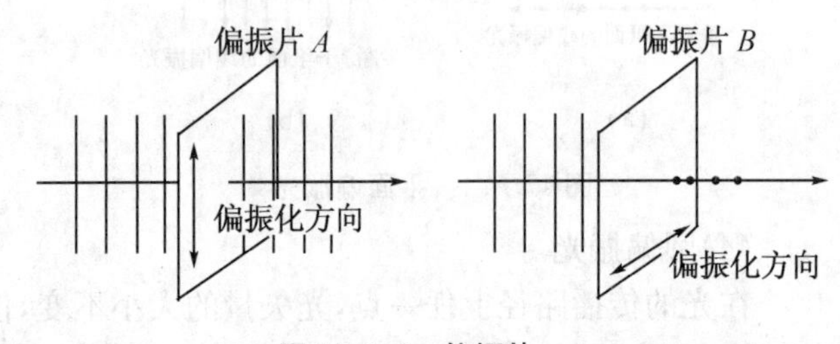

图 17.9.8　偏振片

(3)检偏振器

在偏振光仪器(如糖量计、偏振光显微镜等)中用以检验偏振光的元件称为检偏振器，简称检偏器. 例如偏振片、尼科耳棱镜等.

如果某一光束射向检偏振器 B，以光线为轴转动偏振片 B 时，观察到透过检偏器 B 的光的强度在转动中不会发生变化，则可以断定入射光为自然光(或圆偏振光)；如果光的强度发生变化，但有透射光，则可以断定入射光为部分偏振光(或椭圆偏振光)；如果光的强度发生变化，但在某一位置完全看不到透射光，则可以断定入射光为线偏振光. 偏振片可以作为起偏振器或作为检偏振器，由它在偏振光仪器中所起的作用来区分.

17.9.3　马吕斯定律

1808 年，法国工程师马吕斯发现自然光在玻璃的未镀银的表面上反射时，有偏振现象发生.马吕斯定律定量地确定了通过检偏器的光强 I 与入射到检偏器的线偏振光的入射光强 I_0 及入射偏振光的振动方向与检偏器偏振化方向之间的夹角 α 的余弦平方成正比的关系,即

$$I=I_0\cos^2\alpha \qquad (17-9-2)$$

上式是马吕斯定律的数学表达式.

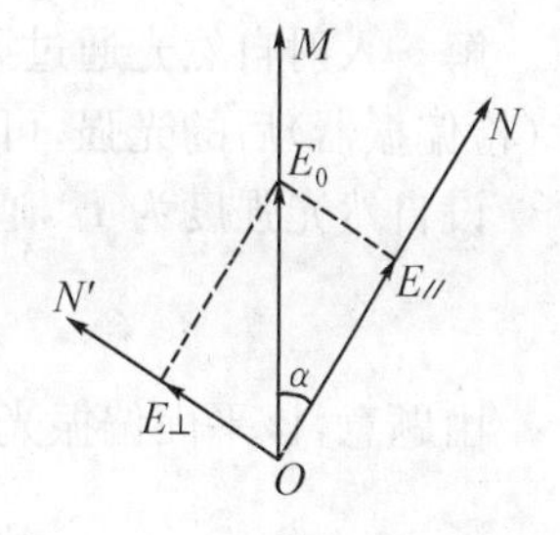

图 17.9.9 马吕斯定理的证明

马吕斯定律的证明:如图 17.9.9 所示,OM 是线偏振光的振动方向,ON 为检偏振器的偏振化方向,它们之间的夹角为 α. E_0 为入射线偏振光的振幅.将 E_0 分解为平行于检偏振器偏振化方向的分量 $E_{/\!/}=E_0\cos\alpha$,该分量可以通过检偏振器;而垂直于检偏振器偏振化方向的分量 $E_{\perp}=E_0\sin\alpha$,该分量不能通过检偏振器.设入射到检偏振器的线偏振光的光强为 I_0,通过检偏振器的光强为 I,由于光的强度与光矢量振动的振幅的平方成正比,所以有

$$\frac{I}{I_0}=\frac{E_0^2\cos^2\alpha}{E_0^2}=\cos^2\alpha$$

即 $$I=I_0\cos^2\alpha$$

由马吕斯定律可见,当入射线偏振光的振动方向与检偏振器的偏振化方向平行时,即 $\alpha=0°$或 $180°$时,$I=I_0$,透射光强最大;当入射线偏振光的振动方向与检偏振器的偏振化方向垂直时,即 $\alpha=90°$或 $270°$时,$I=0$,透射光强最小,出现消光现象;当 α 介于上述各值之间时,光强 I 在最大和零之间,即 $I_0>I>0$,如图 17.9.10 所示.例如,当 $\alpha=60°$ 时,透射光强 $I=\frac{1}{4}I_0$,透过检偏振器的光强为入射光强的四分之一.由此可见,检偏振器不仅可以用来检查入射光是否为偏振光,还可以用来确定偏振光的振动面.

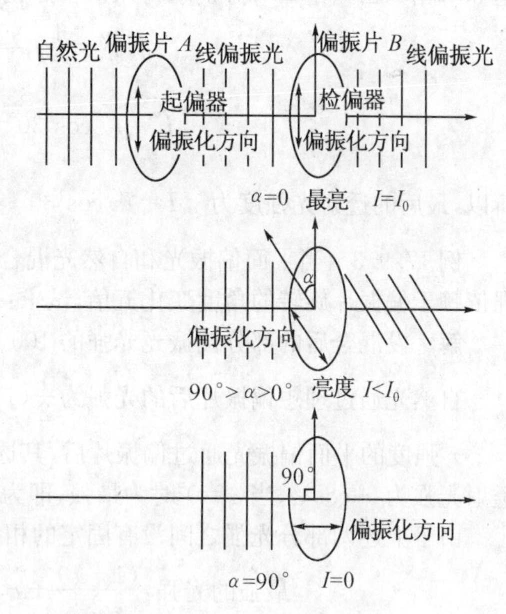

图 17.9.10 α 与 I 的对应关系

例 17.9.1 用两片偏振片制成起偏振器和检偏振器.在它们的偏振化方向之间的夹角为 $\alpha_1=30°$,观测一束单色自然光.又在 $\alpha_2=60°$,观测另一束单色自然光.设两次所测得的透射光强度相等.求这两束单色自然光强度之比.

解 设两束单色自然光强度分别为 I_1 和 I_2,通过起偏器后的光强分别为$\frac{I_1}{2}$和$\frac{I_2}{2}$,根据马吕斯定律,先后观测到通过检偏振器的两透射光的光强度分别为

$$I_1'=\frac{I_1}{2}\cos^2\alpha_1, I_2'=\frac{I_2}{2}\cos^2\alpha_2$$

依题意,$I_1'=I_2'$,即$\frac{I_1}{2}\cos^2\alpha_1=\frac{I_2}{2}\cos^2\alpha_2$,可得$\frac{I_1}{I_2}=\frac{\cos^2\alpha_2}{\cos^2\alpha_1}=\frac{\frac{1}{4}}{\frac{3}{4}}=\frac{1}{3}$.

可见,两束单色自然光强度之比为 $I_1:I_2=1:3$

例 17.9.2 使自然光通过偏振化方向相交 $60°$的偏振片,透射光强度为 I_1.若在这两个偏振片之间再插入另一偏振片,它的偏振化方向与前两个偏振片均成 $30°$,则透射光强为多少?

解 入射自然光通过第二个偏振片后形成平面偏振光，该平面偏振光再通过第二个偏振片(检偏振器)后的光强，可根据马吕斯定律求出.

设自然光强度为 I_0，通过第一个偏振片(起偏振器)后的光强为

$$I' = \frac{1}{2} I_0$$

由题意，该平面偏振光通过第二个偏振片(检偏振器)的光强 I_1 为

$$I_1 = I' \cos^2\alpha = \frac{1}{2} I_0 \cos^2 60° = \frac{1}{8} I_0$$

所以

$$I_0 = 8I_1$$

如果在两偏振片间再插入另一偏振片，由于两偏振片与插入的另一偏振片之间的夹角都是 30°，由马吕斯定律可分别求得入射自然光分别相继透过各个偏振片的光强度为

$$I' = \frac{1}{2} I_0 = \frac{1}{2} \times 8I_1 = 4I_1$$

$$I'' = I' \cos^2 30° = 4I_1 \times \left(\frac{\sqrt{3}}{2}\right)^2 = 3I_1$$

所以，最后的透射光强度为 $I = I'' \cos^2 30° = 3I_1 \left(\frac{\sqrt{3}}{2}\right)^2 = 2.25I_1$

例 17.9.3 当平面偏振光和自然光混合后通过一理想的偏振片时，发现透过偏振片的光强依赖于偏振片旋转的角度变化五倍，试求：光束两个成分的光强百分比.

解 设混合后的部分偏振光光强的 100% 中，平面偏振光占 x，而自然光占 $1-x$.

自然光通过理想偏振片后的光强为 $\frac{1}{2}(1-x)$.

x 强度的平面偏振光通过偏振片后，其透射光强度根据马吕斯定律随偏振片方位而变化，透射光强为 $x\cos^2\alpha$，当 $\alpha=0°$ 时为最强，即为 x；而当 $\alpha=90°$ 时，光强最弱为零.

由于上述两部分光强之间没有固定的相关系，总光强应等于两光强的和，即

最强的光强：$\frac{(1-x)}{2}+x$，　　最弱的光强：$\frac{1-x}{2}+0$

依题意，最强的光强为最弱光强的五倍，即

$$\frac{1-x}{2}+x = 5\left(\frac{1-x}{2}\right)$$

可得

$$1+x = 5-5x, x = \frac{2}{3} \approx 66.7\%$$

平面偏振光的光强约占总光强的 66.7%，自然光的光强约占总光强的 33.3%.

17.10 光在各向同性介质分界面上反射和折射时的偏振

自然光在各向同性介质分界面上产生的反射光和折射光，在一定条件下，反射光可以成为平面偏振光.

17.10.1 反射和折射时的偏振现象

一般情况下，用一束自然光斜入射在两种各向同性介质分界面上发生反射和折射时，反射

光和折射光都是部分偏振光.反射光垂直于入射面的振动大于平行于入射面的振动的部分偏振光.在入射角满足一定条件下,反射光可以是平面偏振光.当入射角改变时,反射光的偏振度也在改变.

17.10.2　布儒斯特定律

1812 年苏格兰物理学家布儒斯特发现,当反射光线和折射光线之间的夹角为 90°时,反射光变成为平面偏振光,它的振动面垂直于入射面,即反射光是垂直于入射面振动的平面偏振光.而平行于入射面振动的光完全不反射.如图 17.10.1 所示,当入射角 $i=i_B$ 时,反射光线 OR 与折射光线 OR' 相互垂直,即 $i_B+\gamma=90°$,式中 γ 为折射角.根据斯涅耳定律有 $n_1\sin i_B=n_2\sin\gamma$,因 $\gamma=90°-i_B$,可得 $n_1\sin i_B=n_2\sin(90°-i_B)=n_2\cos i_B$,则

$$\tan i_B=\frac{n_2}{n_1}=n_{21} \qquad (17-10-1)$$

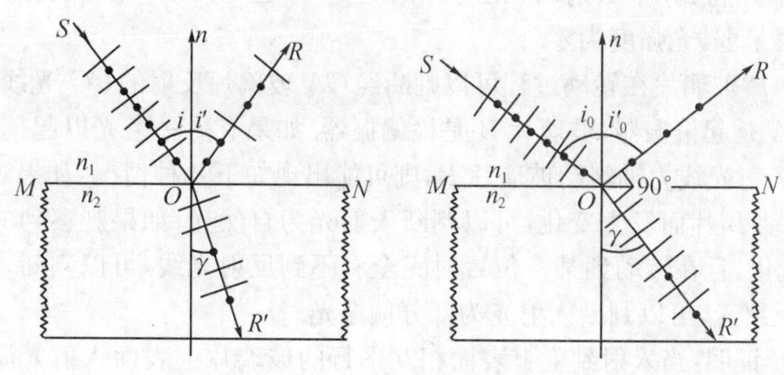

图 17.10.1　布儒斯特定律

以上规律称为布儒斯特定律.$n_2/n_1=n_{21}$ 是介质 2 相对于介质 1 的相对折射率;n_1、n_2 分别为入射光束和折射光束所在介质的绝对折射率;入射角 i_B 称为布儒斯特角,又称为起偏振角.折射光线是部分偏振光.

例如,光自空气($n_1\simeq1$)入射到玻璃介质($n_2=1.5$)的分界面上,由布儒斯特定律可计算出起偏振角 $i_B=56°18'$;光自空气入射到石英($n_2=1.46$)的分界面上,由布儒斯特定律可计算出起偏振角 $i_B=55°36'$.

自然光以起偏振角 i_B 入射到各向同性介质分界面上时,反射光偏振度很高,但光强很弱,对于单独一个玻璃面,反射光强只有入射光强的 15%,而大部分光被折射,折射光是光强较大的部分偏振光.如果将自然光以布儒斯特角 i_B 入射到由一系列玻璃片重叠在一起构成的玻璃片堆,进行多次反射,各次反射光为平面偏振光,而折射光则因为逐次减少垂直于入射面振动的部分而提高了平行于入射面振动的比例,最后透射出来的折射光几乎成为平行于入射面振动的平面偏振光,如图 17.10.2 所示.

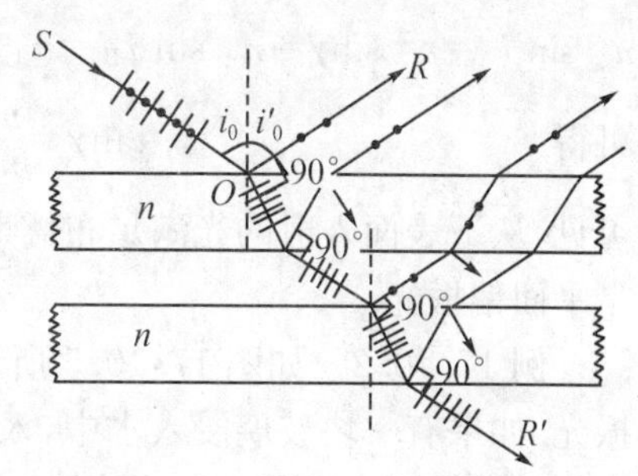

图 17.10.2　自然光入射到玻璃片堆

17.10.3　玻璃片的检偏

如图 17.10.3 所示的装置是利用玻璃片的反射来起偏和检偏的演示仪器和光路图.若有一束自然光 SO 以布儒斯特角 i_B 入射到玻璃片 A 上,反射的平面偏振光 OO' 再入射到另一个

与玻璃片 A 材料性质完全一样的玻璃片 B 上，如果 B 与 A 平行放置，如图 17.10.3(a)所示，经 B 反射的光 $O'R$ 仍为振动方向垂直于入射面的线偏振光，可以观察到的光强最强. 当以 OO' 为轴将玻璃片转动，反射光的强度逐渐减弱，当转动 90°时，将无反射光，出现消光现象，如图 17.10.3(b)所示. 若继续由 90°转动至 180°时，光强由最弱逐渐增强到最强. 再转动由 180°→270°→360°，则光强将重复前面的变化情况，上述现象当转动 90°、270°时，对于玻璃片 B（检偏器），入射光是在入射面内振动的平面偏振光，因而以布儒斯特角 i_B 入射时，无反射光线，所以反射光强最弱，光强度为零.

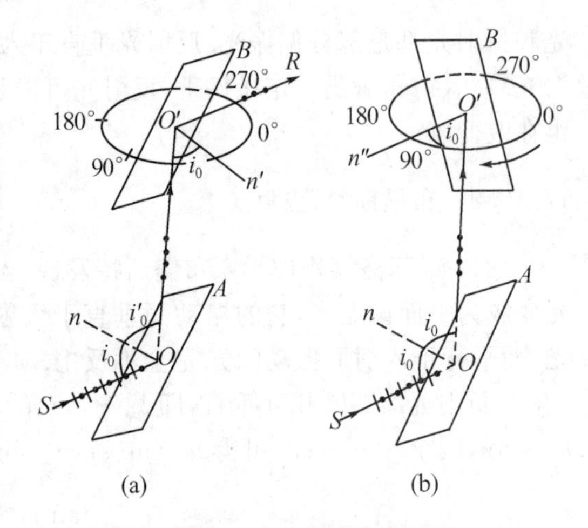

图 17.10.3　演示仪器和光路图

由以上可见，B 玻璃片在转动过程可以判断经 OA 玻璃片反射的 OO' 光线是线偏振光. 在实验中，玻璃片 A 是起偏振器，玻璃片 B 是检偏振器. 如果有另一束光以起偏角 i_B 入射到玻璃片 B 上，并以入射光线为轴转动玻璃片 B，则可能出现如下几种情况：如果观察到的反射光的光强并不因转动 B 片而发生变化，可以判断入射光为自然光；如果观察到的反射光强因转动 B 片而发生变化，且在转动到某一位置时完全看不到反射光线，可以判断入射光为线偏振光；如果能看见反射光，可以判断入射光为部分偏振光.

例 17.10.1　证明：当入射到上下表面相互平行的玻璃片上表面入射光满足布儒斯特定律时，下表面的反射光也是平面偏振光.

解　设玻璃片上下表面与空气相接触，如图 17.10.4 所示，上表面的入射角为布儒斯特角 i_B，折射角为 γ，根据折射定律

$$n_1 \sin i_B = n_2 \sin\gamma$$

则下表面的入射角 $i' = \gamma$，而从下表面折射到空气中的折射角 γ' 应等于 i_B，根据折射定律，对于下表面

$$n_2 \sin i' = n_1 \sin i_B$$

$$n_2 \sin i' = n_2 \sin\gamma = n_1 \sin i_B = n_1 \sin(90° - \gamma) = n_1 \cos\gamma$$

可得
$$\tan\gamma = \frac{n_1}{n_2}$$

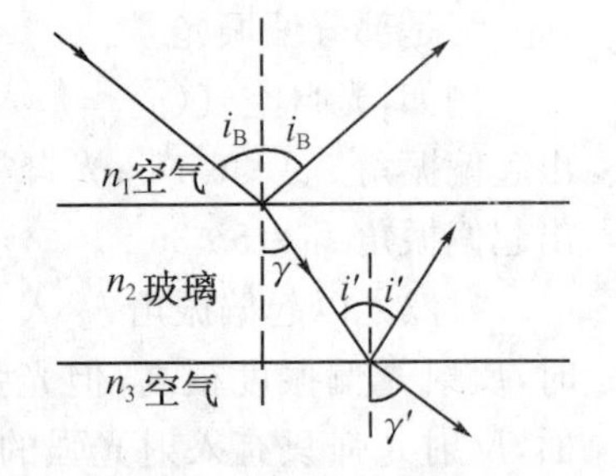

图 17.10.4　例 17.10.1 图示

可见，从下表面入射的光满足布儒斯特定律，下表面的反射光也是平面偏振光.

例 17.10.2　如图 17.10.5 所示，自然光入射到水面上，入射角为 i 时使反射光成为线偏振光. 如果有一块玻璃浸入水中，入射光由玻璃上表面反射，使反射光也成为线偏振光. 试求：水面与玻璃面之间的夹角为多大？($n_{玻} = 1.5$，$n_{水} = 1.33$)

解　根据布儒斯特定律
$$\tan i_B = \frac{n_2}{n_1} = n_{21}$$

由题意知，使 $i = i_B$ 成为起偏振角的条件反射光线与折射光线垂直，则 $i + i_1 = 90°$，即 $i = 90° - i_1$，由图可得 $i_2 = i_1 + \alpha$，α 角为所求的水面与玻璃面之间的夹角. 由折射定律 $n_1 \sin i = n_2 \sin i_1$，可得

$$\sin i_1 = \frac{n_1}{n_2} \sin i = \frac{n_1}{n_2} \sin(90° - i_1) = \frac{n_1}{n_2} \cos i_1$$

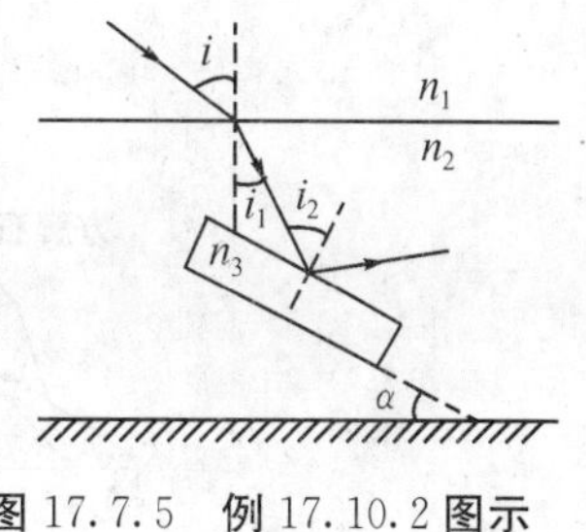

图 17.7.5　例 17.10.2 图示

即
$$\tan i_1=\frac{n_1}{n_2}=\frac{1}{1.33}$$
则
$$i_1=36°56'$$
由题意，要使 i_2 也成为起偏振角，根据布儒斯特定律
$$\tan i_2=\frac{n_3}{n_2}=\frac{1.5}{1.33}$$
即
$$i_2=\arctan\frac{1.5}{1.33}=48°26'$$
所以可得
$$\alpha=i_2-i_1=48°26'-36°56'=11°30'$$

由以上例题可见，解题的关键在于如何灵活应用布儒斯特定律($\tan i_B=\frac{n_2}{n_1}=n_{21}$)以及折射定律($n_1\sin i=n_2\sin\gamma$，$\gamma$ 为折射角).

17.11　光的双折射现象

除了利用光在各向同性介质分界面上反射和折射可以获得偏振光，利用光在各向异性晶体内的双折射也能获得偏振光.

17.11.1　晶体的双折射现象

我们知道，当光波在光学各向同性介质(如空气、水、玻璃等)中传播时，光速与光的传播方向和偏振状态无关，即当一束光线通过两种各向同性介质交界面发生折射时，可观察到一条折射光线，且遵从通常的折射定律，即
$$\frac{\sin i}{\sin\gamma}=\frac{n_2}{n_1}=n_{21}=\text{常数}$$
这就是一般常见的折射现象.

但是当一束光线入射到各向异性介质(如方解石、石英等晶体)交界面上，在界面折入晶体内部的折射光常分为传播方向不同的两束折射光线，这种现象称为晶体的双折射现象.

对晶体的双折射现象研究发现：两束折射光是光矢量振动方向不同的线偏振光.其中一束折射光始终在入射面内，并遵从通常的折射定律，称为寻常光，简称 o 光；另一束折射光一般不在入射面内，且不遵从通常的折射定律，称为非常光，简称 e 光.

当光线从空气进入双折射晶体时，对于寻常光，$\sin i/\sin\gamma=n_{21}=n_o=$常数，与入射角无关，从而知 o 光在晶体中的传播速度大小 v_o 是恒定的，与折射方向无关；对于非常光，$\sin i/\sin\gamma\neq$常数，折射率 n_e 随入射角 i 而变化，常用 $n_e(i)$ 表示这种函数关系，即 $n_e(i)\neq$常数，从而知 e 光在晶体中的传播速度大小 v_e 不恒定，随方向而变化.当入射角 $i=0$ 时，寻常光沿原方向传播(折射角 $\gamma_o=0$)，而非常光一般不沿原方向传播(折射角 $\gamma_e\neq0$)，此时，当以入射光为轴转动晶体时，o 光不动，而 e 光绕轴旋转.如图 17.11.1 所示，(a)表示方解石晶体的双折射现象，(b)为入射角 $i=0$ 时双折射现象的示意图.

实验表明，在方解石一类晶体内存在一个特殊方向，光线沿着这个方向传播时，不产生双折射现象，这个特殊的方向称为晶体的光轴.光轴仅标志双折射晶体的一个特定方向，任何平行于这个方向的直线都是晶体的光轴.方解石、石英、红宝石等这类只有一个光轴方向的晶体，称为单轴晶体.还有一类如云母、硫磺等晶体，它们有两个光轴方向，称为双轴晶体.

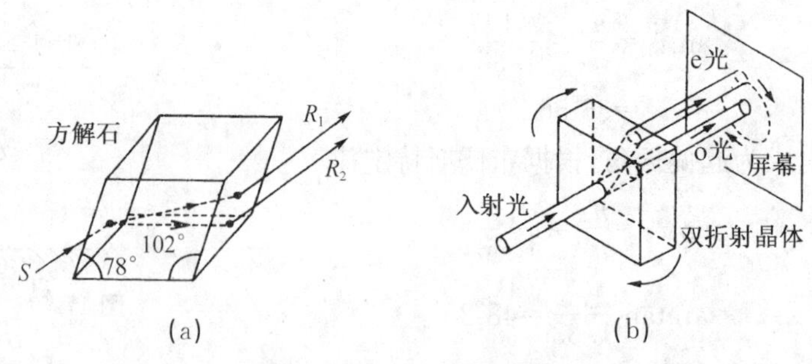

图 17.11.1　双折射现象

为了说明 o 光和 e 光的偏振方向，特引入主平面概念. 晶体中某光线与晶体光轴构成的平面，叫做这条光线对应的主平面. 通过 o 光和光轴所作的平面就是与 o 光对应的主平面，通过 e 光和光轴所作的平面就是与 e 光对应的主平面. 理论和实验证明，o 光光矢量振动的方向垂直于自己的主平面，e 光光矢量振动的方向在自己的主平面内. 一般来说，对一给定的入射光，o 光和 e 光的主平面并不重合，只有当光轴位于入射面内时，这两个主平面才严格地重合，但在一般情况下，这两个主平面之间的夹角很小，故可以认为 o 光和 e 光二者的光矢量振动方向是相互垂直的，如图 17.11.2 所示.

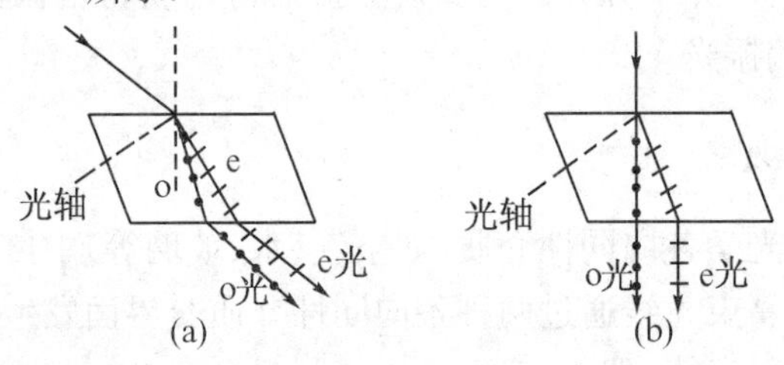

图 17.11.2　主平面

17.11.2　双折射现象的物理解释

光的双折射现象是由于光在晶体中的传播速率、传播方向和光的偏振状态有关而产生的. 理论证明，o 光沿不同方向的传播速率相同，因此 o 光波面上一点 P 在晶体中发出的次波波面是球面；而 e 光沿不同方向的传播速率不同，e 光波面上一点 P 在晶体中发出的次波波面是以光轴为轴的旋转椭球面. 如图 17.11.3 所示，在光轴方向上，o 光和 e 光的速率相等，两波面相切；在垂直光轴的方向上，o 光和 e 光的速率相差最大. 用 v_o 表示 o 光在晶体中的传播速率，用 v_e 表示 e 光在晶体中沿垂直于光轴方向的传播速率. 对于 $v_o > v_e$ 一类晶体，如石英，称为正晶体，如图 17.11.3(a)所示；对于 $v_o < v_e$ 一类晶体，如方解石，称为负晶体，如图 17.11.3(b)所示.

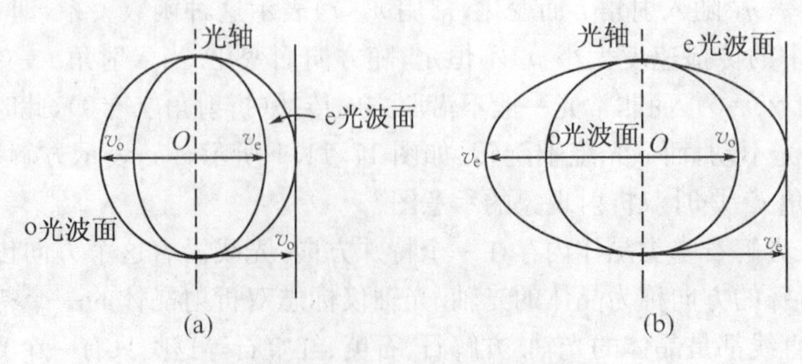

图 17.11.3　正晶体和负晶体

根据折射率的定义，对于 o 光，晶体的折射率 $n_o=\dfrac{c}{v_o}$，它是与方向无关，只由晶体材料决定的常数；对于 e 光，由于它不遵从通常的折射定律，因此无法用一个折射率来反映它的折射规律，通常把真空中的光速 c 与 e 光沿垂直于光轴方向的传播速率 v_e 之比 $n_e=c/v_e$，称为 e 光的折射率，但应注意，它与一般折射率的含义有较大的差异. n_o 和 n_e 都称为单轴晶体的主折射率，知道了晶体光轴方向和 n_o、n_e 两个主折射率，就可以确定 o 光和 e 光的折射方向.

根据惠更斯原理，采用作图的方法来确定折射光的波阵面和折射光线，用以解释双折射现象形成的机制. 今以方解石晶体为例，如图 17.11.4 所示，AC 为 t 时刻入射光波的波阵面，当经 Δt 后，在 $t+\Delta t$ 时刻，C 点的光波传到 D 点时，A 点的波已向晶体内部发出球面波和旋转椭球面波，两个波阵面分别到达球面和椭球表面上. 两波阵相切于光轴的 G 点上，再从 D 点画出 $t+\Delta t$ 时刻 o 光的波阵面共切的 DE 平面相切于球面于 E 处，画出 e 光的波阵面共切的 DF 平面相切于椭球面于 F 点. 连接 AE 和 AF，则分别为晶体中的 o 光和 e 光的传播方向，即 o 光和 e 光的折射光线方向.

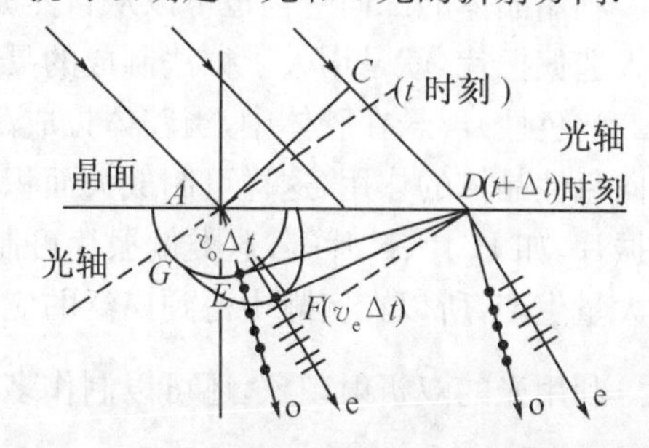

图 17.11.4 确定折射光的波阵面和折射光线

如图 17.11.5 所示为光线垂直于晶体表面入射的情形，其中图(a)表示光轴仍与晶体表面斜交，图(b)表示光轴与晶体表面平行. 由图可知，只有在光线垂直晶体表面入射且光轴与晶体表面平行的情况下，不发生双折射，除这一特殊情况外的其他情况下，折射光在单轴晶体内部都会发生双折射现象.

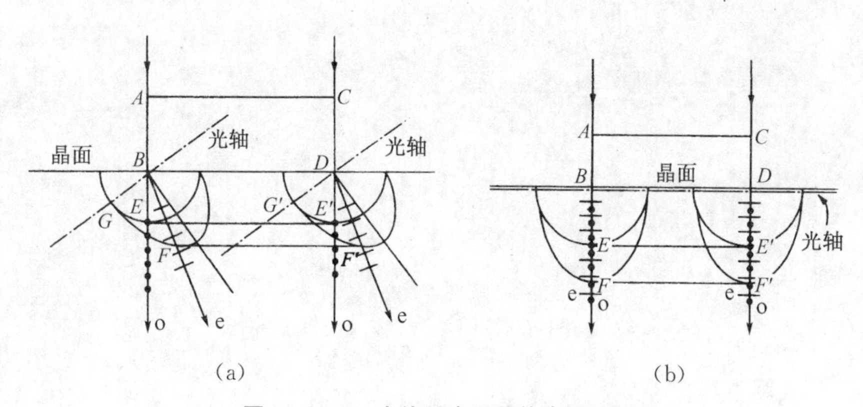

图 17.11.5 光线垂直于晶体表面入射

17.11.3 偏振器件

能够把自然光变成线偏振光的光学元件称为偏振器件.

(1)尼科耳棱镜

尼科耳棱镜简称尼科耳，是利用双折射原理将天然的方解石晶体加工成为起偏器和检偏器，是一种常用的光学器件. 如图 17.11.6 所示，它是将一块方解石切成两半，再用加拿大树胶粘合而

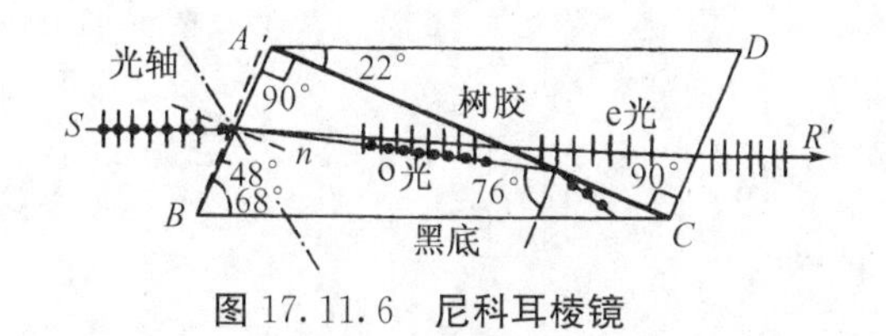

图 17.11.6 尼科耳棱镜

成的，这种树胶的折射率能使 o 光全反射，于是从尼科耳另一端出射的将是一束线偏振光.

(2)偏振片

某种双折射晶体对振动方向相互垂直的 o 光和 e 光有不同的吸收，这种特性称为二向色性. 例如，电气石吸收 o 光比吸收 e 光大得多，白光通过 1 mm 电气石片，o 光几乎全部被吸收，而 e 光只略微被吸收.

利用晶体的二向色性也可以从自然光获得线偏振光. 在一般科研和工业技术中广泛使用的人造偏振片，就是用人工方法制成的具有二向色性的晶片. 将碘化硫金鸡钠微晶(具有较强的二向色性)浮悬在胶体中，当胶体拉成薄膜时，这些微晶随着拉伸方向整齐排列，起一块大片二向色性晶体的作用，这样可制成大面积的偏振片. 近年来由于塑料工业的发展，已制成多种偏振片，如 H 片、K 片等，这类偏振片可制成直径大至数十厘米的尺寸，而且成本低廉、轻便，可大量生产，所以在实际中得到广泛的应用，但透过偏振片的偏振光具有偏振不纯的弱点.

利用光的双折射现象，还可以制作多种应用很广的器件，例如$\frac{1}{2}$波片、$\frac{1}{4}$波片等，这里就不一一介绍了.

Chapter 17 Optics

Light travels in straight lines in a homogeneous medium, provided the aperture or obstacle in the path of light is large compared with the wavelength of light. This simple model forms the basis of the geometrical optics. When light ray traveling in one medium is incident on the surface of another medium, the incident, reflected and refracted rays, and the normal to the surface, all lie in the same plane. The angle of reflection equals the angle of incidence. The ratio of the sine of the angle of incidence to the sine of the angle of refraction is a constant, independent of the angle. These are known as the laws of reflection and refraction. The lens formula is

$$\frac{1}{u}+\frac{1}{v}=\frac{1}{f} \tag{1}$$

where u is the object distance, v is the image distance and f is the focal distance, all measured from the optical center of the lens along the principal axis. For an ordinary object, u is always positive, and v is positive for real images, and negative for virtual images. f is positive for converging lenses, and negative for diverging lenses.

Wave optics, or physical optics, deals with the propagation of light in the general case, without any restrictive assumptions. It is now confirmed that light waves are electromagnetic waves and do not depend on the hypothetical medium, ether, for their propagation. Light waves consist of oscillating electric and magnetic fields, which can travel in free space.

One of the earliest demonstrations of the fact that light can produce interference effects was performed by the English scientist Thomas Young. The principle of Young's double-slit experiment consists in splitting the light from a single source of small dimensions into two parts and then making them overlap. As the two waves are originally from the same small source they are naturally coherent. As the light from the two slits falls on a screen, a stable interference pattern is seen on it. The pattern appears as dark and bright fringes, corresponding to interference maxima and minima.

For the constructive and destructive interference, the optical path-difference must be $2k \cdot \lambda/2$ and $(2k+1) \cdot \lambda/2$, respectively. Therefore, the distance between adjacent maxima or adjacent minima on the screen is $\Delta x = \frac{D}{d}\lambda$ where the slit separation d is much smaller than the distance D between the slits and the screen. From the above equation it could be seen that fringe spacing depends on the wavelength of the light used. If white light is incident on the slits instead of monochromatic light, color fringes will appear on the screen. The central fringe is, however, white, because the optical path-difference there is zero for all wavelengths. The fringes for $k \geqslant 1$ on either side of central fringe are colored. Violet is the color nearest to the central bright fringe and red is the farthest, because violet light has the shortest wavelength and red light has the longest. Thus a spectrum of visible light is formed on the screen.

The very important fact concerning the reflection of light from the surface of a material of higher index of refraction than that in which it is originally traveling is demonstrated with the aid of an interferometer known as Lloy's mirror. In this arrangement, the two coherent sources are the actual source slit and its virtual image. The fact that the zeroth fringe at the edge of the mirror is black but bright indicates that waves reflected from glass have undergone a phase shift of 180°. In other words, the wave has lost half a wavelength in the process of reflection.

The brilliant colors that are often seen when light is reflected from a soap bubble or from a thin layer of oil floating on water are produced by interference effects between the two trains of light waves reflected at opposite surfaces of the thin film of soap solution or of oil. If the film has parallel surface, the fringes are circular. If, on the other hand, the film is wedge-shaped, the fringes are fairly straight. The former is interference of equal inclination and the latter is interference of equal thickness. Newton's rings are formed by interference of equal thickness in the air film between a convex and a plane surface. The Michelson interferometer consists of two arms at the ends of which are mounted mirror M1 and M2. A half-silvered mirror splits the light from the source into two parts. The compensator plate is cut from the same piece of glass as the beam splitter. The apparatus takes advantage of the interference between two light waves to achieve an extremely precise comparison of two lengths. Its application of considerable historical interest is the Michelson-Morley experiment in an attempt to detect the relative motion of the earth to the ether. The negative result baffled physicists of that time. Understanding of this result had to wait for Einstein's special theory of relativity.

The phenomenon in which waves bend into the geometric shadow is called the diffraction on waves. Diffraction, like interference, characterized the nature of all waves. Since light is a wave, it displays diffraction effects. But the wavelength of light is very short, and hence these effects are difficult to detect.

When light from a monochromatic source passes through a very narrow slit, it spreads out behind it. When a screen is placed in the diffracted light, there appeared on the screen alternating bright and dark bands which are called diffraction fringes. When both light source and screen are all sufficiently distant from the slit, it is Fraunhofer diffraction, whereas it's Fresnel diffraction. According to Fuygens-Fresnel Principle, diffraction fringes are the results of interference of the waves diffracted from the various elements in the slit. Using the method of Fresnel-zone half band we find a general condition for the single slit diffraction

$$a\sin\varphi=\begin{cases}2k\dfrac{\lambda}{2} & \text{(dark fringes)}\\(2k+1)\dfrac{\lambda}{2} & \text{(bright fringes)}\end{cases}\qquad(2)$$

where a is the slit width and φ is the angle of deviation.

A diffraction grating contains a very large number of parallel slits, all of the same width and spaced at regular intervals. The grating formula

$$(a+b)\sin\varphi = \pm k\lambda \tag{3}$$

is the necessary condition for a maximum.

Electromagnetic waves, including visible light waves, are transverse waves. Transverse waves can be polarized, while longitudinal waves cannot.

If light from an ordinary source is traveling in the z-direction, the vibrating electric field E is perpendicular to the z-axis, i. e. , lying in the x-y plane. The electric field E takes all possible directions in the x-y plane with equal probability. It is said to be a natural light. If the E vector is confined to a plane containing the z-axis, say, the y-z plane, the light is called a plane-polarized one.

An unpolarized light can be rendered polarized by passing it through a piece of material called polaroid which transmits only the E components in a particular direction, polarizing direction, and absorbs E components in the perpendicular direction. Polaroid could be used as polarizer or detector.

习题 17

17.1　填空题

17.1.1　普通光源发光是________辐射，发光的特征是________性和________性，是________光源；激光光源发光是________辐射，发光的特征是________、________、________，是________光源．

17.1.2　光波的三个必要相干条件是________、________、________；充分条件是________、________、________．

17.1.3　光的干涉中相长干涉光程差应满足________，相差应满足________的条件；相消干涉中光程差应满足________，相差应满足________的条件；相差与光程差的关系是________________．

17.1.4　如果一双缝干涉装置的两个缝分别被折射率为 n_1 和 n_2 的两块厚度均为 d 的两透明媒质所遮盖，此时由双缝分别到屏上原中央极大所在处的两束光的光程差为____________或____________均可，如果入射光波长为 λ，相差为____________．

17.1.5　如图所示，在杨氏双缝干涉实验中 $SS_1=SS_2$，用波长为 λ 的单色光照射在双缝 S_1 和 S_2 上，通过空气后在屏幕 E 上形成干涉条纹，如果已知 P 点处为第三级明条纹，则 S_1 和 S_2 到 P 点的光程差为________，如果将整个实验装置放在折射率为 n 的某透明液体中，P 点为第四级明条纹，则该液体的折射率 $n=$____________．

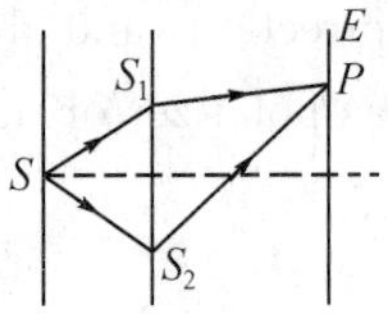

题 17.1.5 图

17.1.6　在杨氏双缝干涉实验中，当进行如图所示的下列调节时，在屏幕上干涉条纹如何变化，并说明理由：①使两缝间距离逐渐增大，则干涉条纹将逐渐________，因为________；②保持两狭缝的间距不变，使屏幕靠近双缝，则干涉条纹将________，因为________；③如果将狭缝 S_2 遮住，并在两缝的垂直平分线上放一块平面反射镜 M，测干涉条纹将________，因为________；④如果用透明的云母片盖住狭缝 S_2，而不放置平面反射镜 M，则干涉条纹将________，因为________；⑤如果将杨氏双缝干涉实验装置整个浸入水中，而双缝与屏幕距离不变，则干涉条纹将________，因为________．

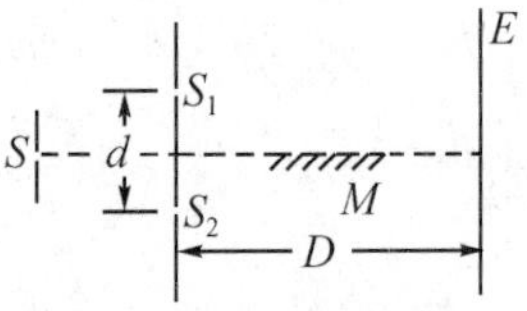

题 17.1.6 图

17.1.7　在杨氏双缝干涉实验中，两个缝分别用折射率为 $n_1=1.4$ 和 $n_2=1.7$ 的厚度都为 d 的薄膜遮盖，在光屏上原来是第 2 级明纹处，现在为第 7 级明纹所占据，如果入射光波长 $\lambda=600$ nm，则薄膜的厚度 e 为________．

17.1.8　用一定波长的单色光进行双缝干涉实验时，如果要使屏上的干涉条纹间距变大，可以采用的方法是：①________________；②________________．

17.1.9　当波长为 500 nm 的单色光从空气中垂直地入射到折射率 $n=1.375$，厚度 $e=1.0\times10^{-4}$ cm 的薄膜上，入射光的一部分进入薄膜，并在下表面上反射．试问：①该入射单色光在媒质中的频率、速率和波长分别为________、________、________；②该单色光在媒质中的几何路程和光程分别为________、________；③该反射单色光离开薄膜时与进入薄膜时的相差为________．

17.1.10　在薄膜干涉实验中，如果入射角为 i，媒质折射率的关系为 $n_1<n_2>n_3$（或 $n_1>n_2<n_3$），则反射光两光束的光程差为________________，透射光两光束的光程差为________，垂直入射 $i=0°$ 时，反射光的光程差为________，透射光的光程差为________；如果入射角为 i，媒质折射率为 $n_1>n_2>n_3$（或 $n_1<n_2<n_3$），则反射光的光程差为________，透射光的光程差为________．

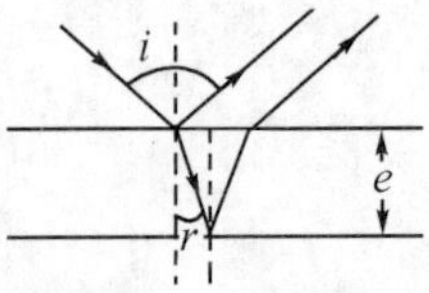

题 17.1.10 图

17.1.11　用波长为 λ 的单色光垂直照射在折射率为 n 的劈尖形薄膜上形成等厚干涉条纹，如果测得相邻两明条纹的间距为 l，则劈尖的夹角 θ 很小时应为________．

17.1.12　用波长为 λ 的单色光垂直照射在放置于空气中厚度为 d 的折射率为 1.5 的透明薄膜上，两束反射光的光程差为______或______；透射光的光程差为______.

17.1.13　在空气中有一劈尖形状的透明物，其劈尖角 $\theta=1.0\times10^{-4}$ rad，用波长 $\lambda=700$ nm 的单色光垂直照射下，测得两相邻干涉明纹间距 $l=0.25$ cm，该透明物的折射率 n 为______.

17.1.14　用曲率半径为 R 的牛顿环做实验，测得第 k 级暗环直径为 D_k，第 $k+5$ 级暗环直径为 D_{k+5}，试问：测量单色光波长的公式为______. 如果将整个实验装置浸入水中，则测量单色光波长的公式为______.

17.1.15　惠更斯引入______的概念提出了惠更斯原理，菲涅耳再用______的思想补充了惠更斯原理，发展成了惠更斯—菲涅耳原理.

17.1.16　在单狭缝衍射实验中，利用平行单色光垂直照射在单缝上，则：①如果缝宽与单色光波长同数量级，即 $a\simeq\lambda$，则______衍射条纹；②如果缝宽 a 比单色光波长大很多，即 $a\gg\lambda$，则______衍射条纹；③如果缝宽 a 比单色光波长小很多，即 $a\ll\lambda$，则______衍射条纹；④在单狭缝衍射中，如果衍射角 φ 越大（衍射级数越大），则明纹的亮度______.

17.1.17　平行单色光垂直入射在缝宽为 $a=0.15$ mm 的单狭缝上，缝后有焦距为 $f=400$ mm 的凸透镜，在其像方焦平面上放置观察屏幕，现测得屏幕上中央明条纹两侧的两个第三级暗纹之间的距离为 8 mm，则入射光波的波长为 $\lambda=$______.

17.1.18　如图所示，单缝衍射的实验装置. 当波长为 λ 的单色平行光垂直入射到狭缝后，在光屏 E 上产生衍射条纹. ①如果将透镜 L 上移，则屏上中央明纹将______；②如果将单缝下移，则屏上中央明纹将______.

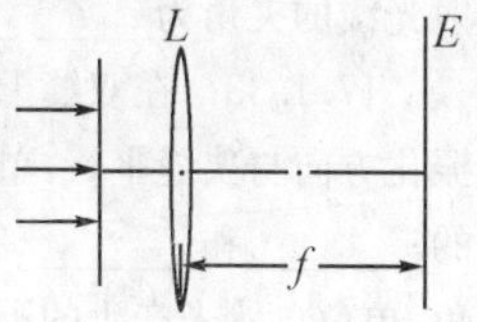

题 17.1.18 图

17.1.19　条件与上题同：①在屏上的第四级暗条纹处，相应的单缝所能分成的半波带数为______，在屏上的第四级明纹处，相应的单缝所能分成的半波带数为______；②如果透镜 L 的焦距为 f，则中央明纹的角宽度为 $2\theta_1=$______，中央明纹的线宽度为 $2x_1=$______；③如果将整个实验装置浸入折射率为 n 的液体介质中（设透镜焦距不变），则衍射条纹的宽度将______.

17.1.20　一束单色光垂直入射在光栅上，衍射光谱中共出现 5 条明条纹. 如果已知光栅缝宽度与不透明部分宽度相等，那么在中央明纹一侧的两条条纹分别是第______级和第______级光谱线.

17.1.21　光栅衍射和单缝衍射的区别在于光栅衍射是由______，单缝衍射是由______，光栅衍射和单缝衍射的本质是______.

17.1.22　如果一束白光垂直入射到衍射光栅上，则中央明纹为______条纹，第一级明纹为______条纹，______光最靠近中央明纹，______光远离中央明纹.

17.1.23　一束平行的单色光垂直入射在衍射光栅上，则：①如果把光栅垂直于光的入射方向上、下移动，则衍射条纹的位置______改变，这是因为______；②如果入射光线相对于光栅转动一个角度 θ，则衍射谱线的位置______，条纹数______，这是因为光栅方程______所致.

17.1.24　一般光学仪器的分辨本领 R 为______，根据 R 的定义式知，对于天文望远镜采用______，而对于显微镜则采用______来提高分辨本领.

17.1.25　试叙述两个物点恰好能够被分辨的标准瑞利判据为______.

17.1.26　当自然光 I_0 入射到 N_1、N_2 和 N_3 三个偏振片组时，N_1 与 N_2 偏振化方向的夹角为 30°，N_2 与 N_3 的偏振化方向的夹角为 60°. 在图上标出光强，并求透射光强 I_3 与入射光强 I_0 的比值 $\dfrac{I_3}{I_0}$ 为______.

17.1.27　当一束光垂直入射到偏振片上，转动偏振片，看到下列有关现象时，入射光应是什么光：①光强不发生变化，则入射光为______；②光强有极大和极小变化，但无全暗现象，则入射光为______；③光强有极大和极小变化，有消光现象，则入射光为______.

17.1.28　一束光是自然光和线偏振光的混合光，让它垂直通过一偏振片，如果以此入射光束为轴旋转偏振片，测得透射光强度最大值是最小值的 5 倍，那么入射光束中自然光与线偏振光的光强比值为______.

17.1.29　如果起偏器和检偏器的偏振化方向之间的夹角为60°. 试问:①假定没有吸收,当自然光通过起偏器和检偏器后,其出射光强与原来入射光强的比为________;②如果起偏器和检偏器分别吸收了10%的光能,则出射光强与原来入射光强之比为________.

17.1.30　试问:①用折射率为$n=1.50$的玻璃制成容器,并在容器中装满水,则光在装着水的容器底部反射的布儒斯特角i_0为________;②有两种介质的折射率分别为n_1和n_2,当自然光从折射率为n_1的介质入射到折射率为n_2的介质时,测得布儒斯特角为i_{12},当自然光从介质n_2入射到介质n_1时,测得布儒斯特角为i_{21},则介质________的折射率大($i_{12}>i_{21}$).

17.1.31　当自然光以布儒斯特角i_B入射时,反射光为______________,折射光为____________;当部分偏振光以布儒斯特角i_B入射时,反射光为____________,折射光为______________;当振动方向垂直于入射面的线偏振光以布儒斯特角入射时,反射光为__________,折射光为__________;当振动方向在入射面内的线偏光以布儒斯特角入射时,有无反射光__________,折射光为________. 以上情况,如果入射角不等于布儒斯特角,结果又怎样? 试分别说明.

17.1.32　当自然光以入射角$i=30°$入射到两种介质的交界面MN上时发生反射和折射. 已知反射光是线偏振光. ①用点和短线在图上标出反射光和折射光的偏振状态;②相对于这两种介质而言,折射率为________的介质为光密介质;③折射光线与反射光线的夹角为________;④当折射率$n_2=1.38$时,折射率$n_1=$________.

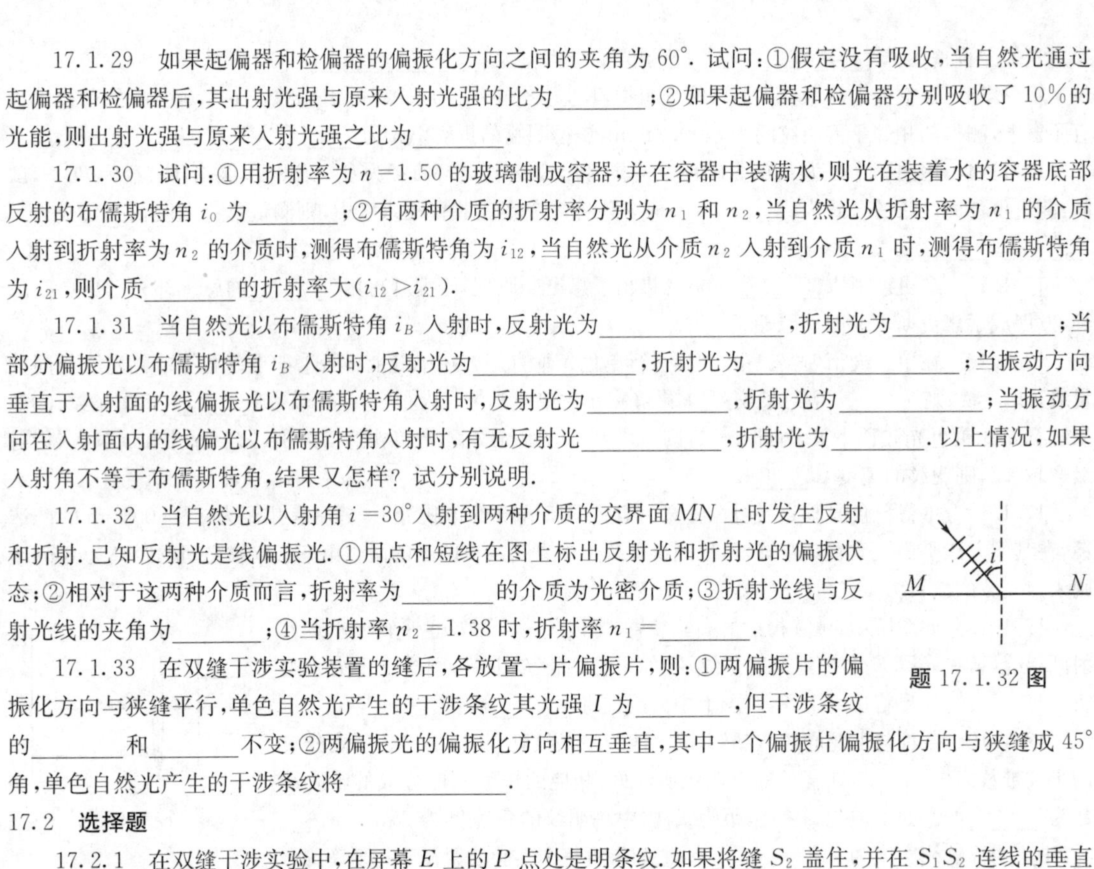

题17.1.32图

17.1.33　在双缝干涉实验装置的缝后,各放置一片偏振片,则:①两偏振片的偏振化方向与狭缝平行,单色自然光产生的干涉条纹其光强I为________,但干涉条纹的________和________不变;②两偏振光的偏振化方向相互垂直,其中一个偏振片偏振化方向与狭缝成45°角,单色自然光产生的干涉条纹将____________.

17.2　**选择题**

17.2.1　在双缝干涉实验中,在屏幕E上的P点处是明条纹. 如果将缝S_2盖住,并在S_1S_2连线的垂直平分面处放一反射镜M,如图所示,则此时:(A)P点处仍为明条纹;(B)无干涉条纹;(C)不能确定P点处是明条纹还是暗条纹;(D)P点处为暗条纹.　(　　)

17.2.2　如图所示,折射率为n_2,厚度为e的透明介质薄膜的上方和下方的透明介质的折射率为n_1和n_3,已知$n_1<n_2<n_3$,如果用波长为λ的单色平行光垂直入射到该薄膜上、下表面,反射光束(1)与光束(2)的光程差是:(A)$2n_2e+\frac{\lambda}{2}$;(B)$2n_2e-\frac{\lambda}{2}$;(C)$2n_2e$;(D)$2n_2e+\frac{\lambda}{2n_2}$.　(　　)

17.2.3　在折射率$n_1=1.5$的玻璃板上表面镀一层折射率$n_2=2.5$的透明介质膜可增强反射. 设在镀膜过程中用一束波长$\lambda=600$ nm的单色光从上方垂直照射到介质膜上,并用照度表测量透射光的强度. 当介质膜的厚度逐渐增大时,透射光的强度发生时强时弱的变化,试问:当观察到透射光的强度第三次出现最弱时,介质膜已经镀了多少nm厚度的透明介质膜:(A)250 nm;(B)300 nm;(C)420 nm;(D)600 nm.　(　　)

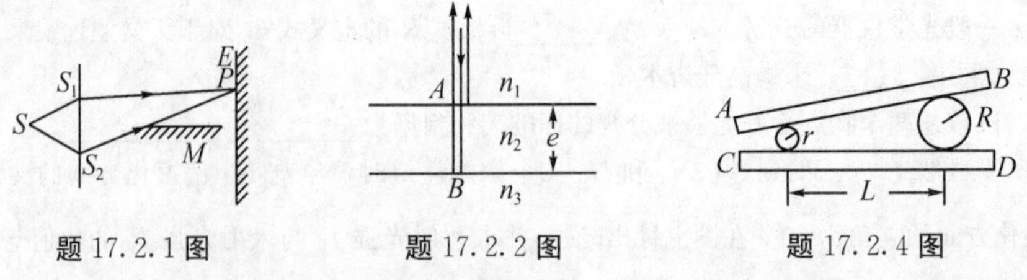

题17.2.1图　　题17.2.2图　　题17.2.4图

17.2.4　如图所示,两个不同直径的圆柱轴线平行夹在两块玻璃片中间,当单色光垂直入射时,产生等厚干涉条纹,如果两钢球之间的距离L减小,则可观察到:(A)干涉条纹数增加,条纹间距不改变;(B)干涉条纹数减少,条纹间距增大;(C)干涉条纹数增加,条纹间距变小;(D)干涉条纹数不变,条纹间距变小;(E)干涉条纹不变,条纹间距增大.　(　　)

17.2.5　两块平板玻璃构成空气劈尖,右边为棱边,用某单色平行光垂直入射,如果上面的平板玻璃以棱边为轴,沿顺时针方向作微小转动,则干涉条纹的:(A)间距变大,并向远离棱边方向平移;(B)间距变小,并向

棱边方向平移；(C)间距不变，并向棱边方向平移；(D)间距不变，并向远离棱边方向平移.（　　）

17.2.6　在折射率 $n_3=1.60$ 的玻璃表面镀一层折射率 $n_2=1.38$ 的 MgF_2 薄膜作为增透膜，为了使波长为 500 nm 的光从空气($n_1\simeq1.00$)正入射时尽可能减少反射光，MgF_2 薄膜的最小厚度应是：(A)125 nm；(B)180.1 nm；(C)250 nm；(D)78 nm；(E)90.6 nm.（　　）

17.2.7　如果沿着肥皂膜法线成 45°角的方向观察，膜呈绿色. 设入射光波长为 500 nm，肥皂膜的折射率为 1.33，则：①肥皂膜的最小厚度为多少 nm？(A)87 nm；(B)111 nm；(C)211 nm；(D)345.8 nm.（　　）

②如果改为垂直观察，膜将呈现：(A)绿色；(B)蓝色；(C)红色；(D)黄色.（　　）

17.2.8　空气的折射率略大于 1，因此在牛顿环实验中，如果先将玻璃层中的空气逐渐抽去而成真空时或充入折射率大于空气的某种气体，干涉条纹将：(A)变大或不变；(B)不变或缩小；(C)变大或缩小；(D)缩小或变大.（　　）

17.2.9　单缝夫琅和费衍射实验装置如图所示，L 为凸透镜，EF 为屏幕，当把单缝 S 稍微上移时，衍射图样将：(A)向下平移；(B)向上平移；(C)消失；(D)不动.（　　）

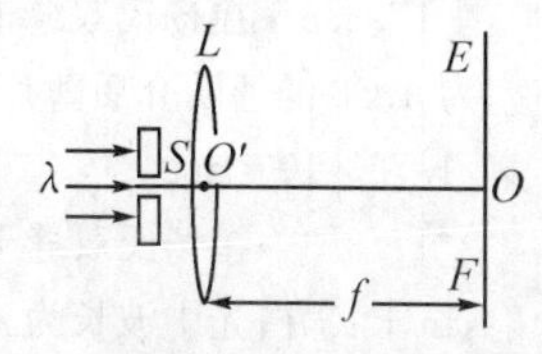

题 17.2.9 图

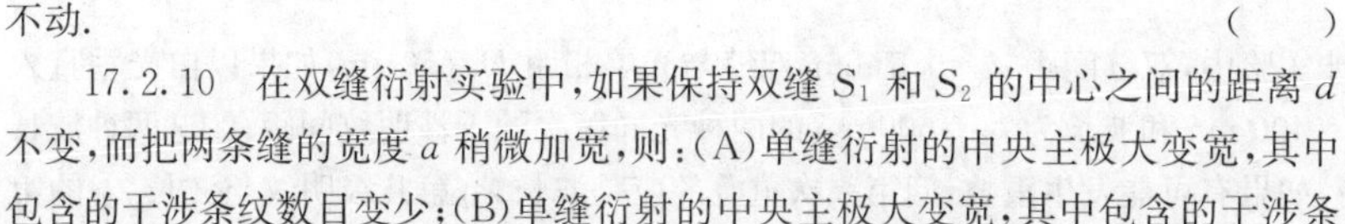

17.2.10　在双缝衍射实验中，如果保持双缝 S_1 和 S_2 的中心之间的距离 d 不变，而把两条缝的宽度 a 稍微加宽，则：(A)单缝衍射的中央主极大变宽，其中包含的干涉条纹数目变少；(B)单缝衍射的中央主极大变宽，其中包含的干涉条纹数变多；(C)单缝衍射的中央主极大变宽，其中包含的干涉条纹数不变；(D)单缝衍射的中央主极大变窄，其中所包含的干涉条纹数目变少.（　　）

17.2.11　白光垂直入射到单缝上形成的衍射条纹中，波长为 λ_1 的光的第三级明纹和波长为 $\lambda_2=630$ nm 的第二级明纹相重合，则该光的波长 λ_1 是：(A)420 nm；(B)450 nm；(C)540 nm；(D)605 nm.（　　）

17.2.12　波长为 λ 的单色光垂直入射在缝宽为 a 的单缝上，缝后紧靠着焦距为 f 的薄凸透镜，光屏置于透镜的像方焦平面上，如果将整个实验装置浸入折射率为 n 的液体中，则在屏上出现中央明条纹的线宽度为：(A)$\frac{f\lambda}{na}$；(B)$\frac{2f\lambda}{na}$；(C)$\frac{2f\lambda}{a}$；(D)$\frac{2nf\lambda}{a}$.（　　）

17.2.13　一衍射光栅对某一定波长的垂直入射光，在屏幕上只能出现零级和一级主极大，要使屏幕上出现更高级次的主极大，应该：(A)将光栅向靠近屏幕的方向移动；(B)将光栅向远离屏幕的方向移动；(C)换一个光栅常数较大的光栅；(D)换一个光栅常数较小的光栅.（　　）

17.2.14　设光栅平面、透镜均与屏幕平行，则当入射的平面单色光从垂直于光栅平面入射变为斜入射时，能观察到的光谱线的最高级次数 k 将：(A)变小；(B)不变；(C)变大；(D)k 的改变无法确定.（　　）

17.2.15　当光栅常量 d 变小时，关于衍射图样的下列说法中正确的是：(A)衍射条纹的间距变小，条纹宽度变小；(B)衍射条纹的间距变小，条纹宽度变大；(C)衍射条纹的间距变大，条纹宽度变大；(D)衍射条纹的间距变大，条纹宽度变小.（　　）

17.2.16　一衍射光栅，狭缝宽度为 a，缝间不透光的那一部分宽为 b. 用波长为 600 nm 的光垂直照射时，在某一衍射角 φ 处出现第二主极大，如果改用波长为 400 nm 的光垂直入射时，在上述衍射角 φ 处出现缺级，试问：b 至少是 a 的多少倍？(A)4；(B)3；(C)2；(D)1.（　　）

17.2.17　每厘米有 5000 条缝的光栅，用波长 $\lambda=589$ nm 的钠光，垂直照射在夫琅和费衍射光栅上，则在光屏上最多能够观察到的条纹级数为：(A)6；(B)5；(C)3；(D)4.（　　）

17.2.18　下列干涉实验或衍射实验用来测量入射光波长，哪个实验更能准确测量：(A)单狭缝衍射；(B)杨氏双缝干涉；(C)衍射光栅实验，光栅常量较大；(D)衍射光栅实验，光栅常量较小.（　　）

17.2.19　如果两个偏振片堆叠在一起，且偏振化方向之间的夹角为 60°，假设二者对光无吸收，如果以光强为 I_0 的自然光垂直入射在偏振片上，则出射光强为：(A)$3I_0/8$；(B)$I_0/8$；(C)$3I_0/4$；(D)$I_0/4$.（　　）

17.2.20　一束自然光入射到一个由四片偏振片组成的偏振片组上，每片偏振片的偏振化方向相对于前一个偏振片沿顺时间方向转过 30°角，则透过这一组偏振片的透射光强与入射光强的比为：(A)0.21∶1；(B)0.32∶1；(C)0.41∶1；(D) 0.14∶1.（　　）

17.2.21　一束自然光自空气射向一块平板玻璃，如图所示．设入射角等于布儒斯特角 i_B，则在界面 2 上的反射光是：(A)部分偏振光；(B)自然光；(C)光矢量振动方向垂直于入射面的线偏振光；(D)光矢量振动方向平行于入射面的线偏振光．（　　）

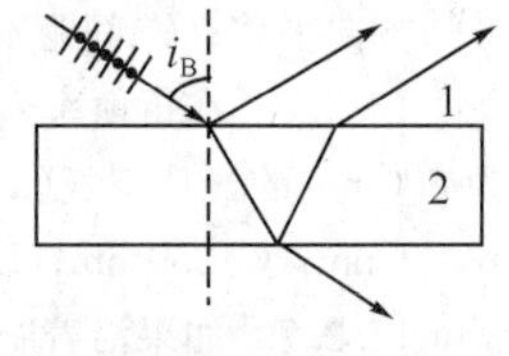

题 17.2.21 图

17.3　**计算题**

17.3.1　在杨氏双缝干涉实验中，垂直入射到双缝上的光波波长为 6.40×10^{-5} cm，两狭缝之间的距离为 0.4 mm，光屏距狭缝的距离为 50 cm．求：①光屏上第一级亮条纹和中央明纹之间的距离；②相邻两个干涉条纹之间距离；③如果 P 点离中央明纹的距离为 0.1 mm，试问两列光波在 P 点的相差是多少？［答案：①0.08 cm；②0.08 cm；③$\frac{\pi}{4}$］

17.3.2　在杨氏双缝干涉实验中，两狭缝之间的距离为 0.1 cm，光屏离狭缝的距离为 50 cm，当用一折射率为 1.58 的透明介质薄片遮住其中一狭缝时，发现光屏上的干涉条纹移动了 0.50 cm，试求薄片的厚度．［答案：1.72×10^{-5} m］

17.3.3　在杨氏双缝干涉实验中，双缝间距 $d=0.5$ mm，双缝与光屏相距 $D=50$ cm，如果以白光垂直入射，试求：①白光中波长为 $\lambda_1=400$ nm 和波长为 $\lambda_2=600$ nm 的两种光同级次的干涉明纹间距；②这两种波长的干涉明纹是否会发生重叠？如果有可能发生重叠，问第一次重叠的应是波长 λ_1 第几级明纹与波长 λ_2 的第几级明纹？③重叠处距中央明纹中心距离为多少？［答案：①0.4 mm，0.6 mm；②可能，λ_1 第 3 级与 λ_2 第 2 级条纹重合；③1.2 mm］

17.3.4　在杨氏双缝干涉实验中，波长为 $\lambda=480$ nm 的单色光垂直入射到双缝上，如果两缝分别被折射率为 1.40 和 1.70 的两块厚度都为 8.00×10^{-6} m 的薄玻璃片遮盖住，试求：此时光屏上的中央明纹所在位置是原来的第几级明条纹的位置？［答案：5 级明条纹］

17.3.5　洛埃镜实验中，入射光波长为 589 nm，所观察到的相邻两干涉明纹之间的间距为 0.005 cm，如果光源和光屏的距离为 0.3 m，试问：光源应放在镜面上方多高的地方？［答案：1.76 mm］

17.3.6　在洛埃镜实验中，如图所示，缝光源 S_1 和它的虚像 S_2 位于平面镜左后方 20 cm 的平面内，S_1 距平面镜的垂直距离为 2 mm，镜长为 30 cm，并在它的右边缘处放一块毛玻璃作光屏，如果入射单色光波长为 $\lambda=720$ nm，试计算从右边缘到第一级明纹的距离．［答案：4.5×10^{-3} cm］

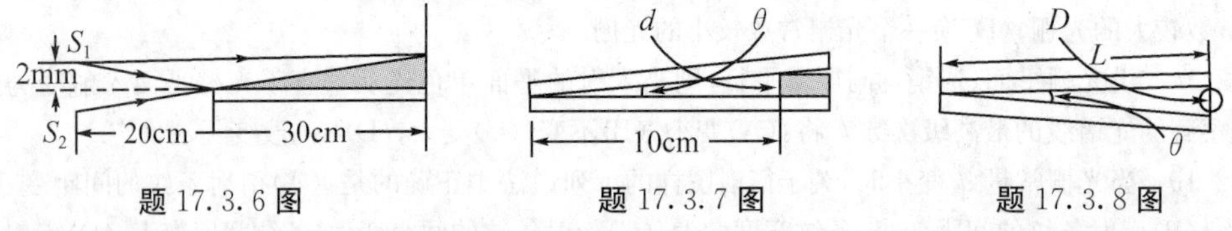

题 17.3.6 图　　题 17.3.7 图　　题 17.3.8 图

17.3.7　如图所示，一长为 10 cm 的平面玻璃板，放在另一平面玻璃板上，使其一端接触，另一端用厚度为 0.1 mm 平行于接触棱边的纸片垫上，使两平面玻璃板之间形成一小角度的空气劈尖．如果用波长 $\lambda=546$ nm 的单色光垂直照射在玻璃板上，试求：反射光产生的干涉条纹在每厘米长度上观察到多少条？［答案：36 条］

17.3.8　在两平面玻璃板之间放置一可被加热膨胀的直径为 D 的细金属丝．如果用波长为 589 nm 的单色钠光照射，从如图所示的劈尖正上方中点处（即 $L/2$ 处），观察到干涉条纹向左移动了 10 条．试求：金属丝直径膨胀了多少？如果在金属丝 D 的上方观察，可看到几条干涉条纹移动？［答：5.89×10^{-3} mm；略］

17.3.9　干涉膨胀仪，如图所示，AB、$A'B'$ 两平板玻璃板之间放置一个热膨胀系数极小的熔石英环柱 CC'，被测样品 W 放置在该环柱内，样品 W 的上表面与 AB 板的下表面形成一个楔形空气层，如果用波长为 λ 的单色光垂直入射于 AB 上，在经楔形空气层上、下表面反射的相干光产生等厚干涉条纹．设在温度 t_0 时，测得样品长度为 L_0，温度升高到 t 时，测得样品的长度为 L，并且在这过程中，数得通过视场的某一刻线的干涉条纹数目为 N，设环柱 CC' 的长度变化可以忽略．试求：被测样品材料的热膨胀系数 β 为多少？［答案：$\beta=\frac{N\lambda}{2L_0(t-t_0)}$］

17.3.10 利用劈尖形空气层上、下表面反射光形成的等厚干涉条纹，可以测量经精密加工后的工件表面上极小纹路的深度. 如图所示，在工件表面上放一光学平面向下的平板玻璃，使其间形成空气劈尖，以波长为 λ 的单色光垂直照射到玻璃表面上，在显微镜中可以观察到等厚干涉条纹. 由于工件表面不平，在某次测量时，观察到干涉条纹的弯曲程度如图所示. 试根据条纹弯曲的方向，说明工件表面上的纹路是凹还是凸，并证明纹路深度或高度可用下式表示：$H=\frac{a}{b}\frac{\lambda}{2}$.［答案：凹］

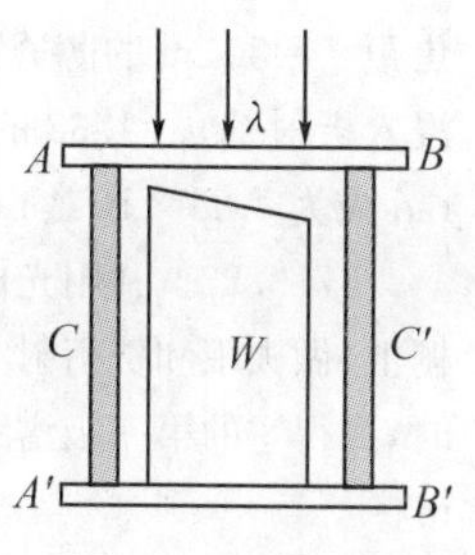

题 17.3.9 图

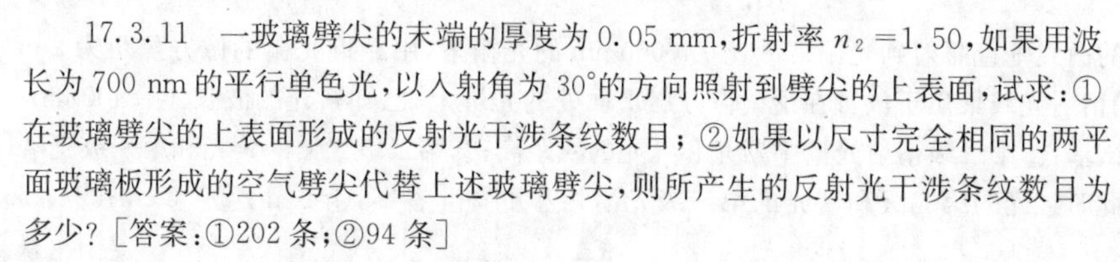

17.3.11 一玻璃劈尖的末端的厚度为 0.05 mm，折射率 $n_2=1.50$，如果用波长为 700 nm 的平行单色光，以入射角为 30°的方向照射到劈尖的上表面，试求：①在玻璃劈尖的上表面形成的反射光干涉条纹数目；②如果以尺寸完全相同的两平面玻璃板形成的空气劈尖代替上述玻璃劈尖，则所产生的反射光干涉条纹数目为多少？［答案：①202 条；②94 条］

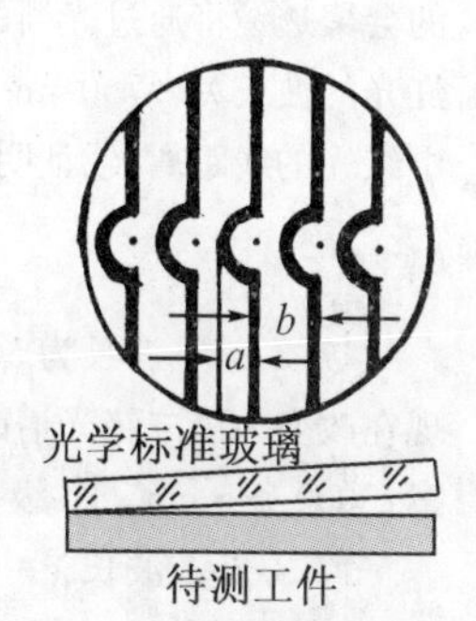

题 17.3.10 图

17.3.12 当牛顿环装置的透镜和玻璃板之间的空气层充以某种液体时，第 10 个亮环的直径由 1.40 cm 变为 1.27 cm. 试求：这种液体的折射率 n_2 为多少？［答案：$n_2=1.22$］

17.3.13 在反射光波中观察某单色光波垂直入射时所形成的牛顿环，其第二级明环与第三级明环之间的距离为 1 mm. 试求：第 19 级明环与第 20 级明环之间的距离为多少？［答案：0.032 cm］

17.3.14 如图所示，设平凸透镜的凸面是一标准样板，其曲率半径 $R_1=102.3$ cm，而另一个凹面是一个凹面镜的待测面，半径为 R_2，如果用波长 $\lambda=589.3$ nm 的单色光垂直入射，测得第四级暗环半径 $r_4=2.25$ cm. 试求：凹面镜曲率半径 R_2 为多少？［答案：102.8 cm］

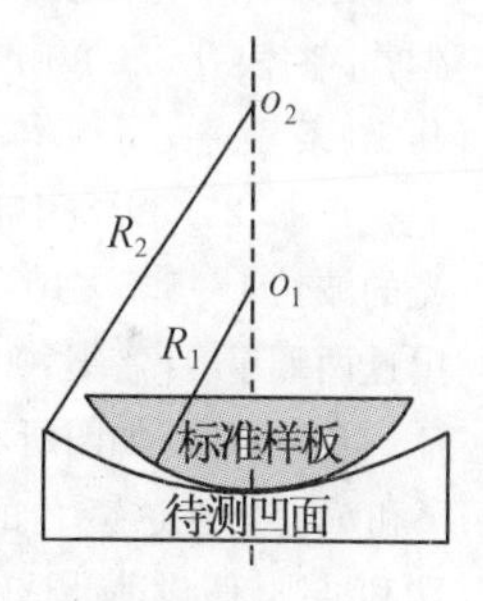

题 17.3.14 图

17.3.15 一层折射率为 $n_2=1.25$ 的丙酮薄膜漂盖在一块折射率为 $n_3=1.50$ 的平板玻璃上，用波长可以改变的平面光波垂直入射该薄膜上，相继观察到 600 nm 的波长发生相消干涉，而 700 nm 的波长发生相长干涉. 试求丙酮薄膜的厚度.［答案：840 nm］

17.3.16 透镜表面通常覆盖一层如 MgF_2（$n_2=1.38$）一类的透明介质薄膜，其目的是利用干涉来降低玻璃表面的反射，为了使透镜在可见光谱的中心（550 nm）处产生极小反射，这覆盖层至少要多厚？［答案：1×10^{-7} m］

17.3.17 如果在空气中有一厚度为 500 nm 的薄油膜（$n_2=1.46$），并用白光垂直照射到此油膜上. 试问：在 390 nm 到 700 nm 的范围内，哪些波长的反射光最强？［答案：584 nm，417 nm］

17.3.18 白光垂直照射到空气中一厚度为 380 nm 的肥皂膜上，如果肥皂膜的折射率为 1.33. 试通过计算来确定该膜正面呈现什么颜色？背面呈现什么颜色？［答案：正面呈现紫红色（因红光 674 nm、紫光 404 nm 附近反射光干涉增强，而绿光 505 nm 附近反射光干涉相消）；背面呈现绿色（此时绿光透射增强，而紫光、红光透射相消）］

17.3.19 在半导体元件生产过程中，为了测定硅覆盖的 SiO_2 薄膜的厚度，将该薄膜的一端腐蚀成劈尖状台阶，如图所示. 已知 SiO_2 的折射率 $n_2=1.46$，用波长 $\lambda=589.3$ nm 的钠黄光垂直照射后，观察到 SiO_2 劈尖上至台阶 M 处共出现 9 条明纹. 试求：SiO_2 薄膜的厚度？［答案：1.614×10^{-6} m］

M　n_1　空气
n_2　SiO_2
n_3　Si

题 17.3.19 图

17.3.20 用波长 $\lambda=500$ nm 的单色平行光垂直入射到狭缝宽度为 1 mm 的单缝上，在靠近狭缝处放置一个象方焦距为 $f=100$ cm 的薄透镜，观察屏放置在透镜的象方焦平面上. 试求：①中央明纹到第一级极小的线距离；②中央明纹到第一级明纹的线距离；③中央明纹到第三级极小的线距离.［答案：①0.5 mm；②0.75 mm；③1.5 mm］

17.3.21 用波长 $\lambda=546$ nm 的绿光垂直照射到缝宽 $a=0.10$ mm 的单狭缝上，靠近狭缝后放置一像方

焦距 $f=50$ cm 的薄透镜. 试求:放置在透镜像方焦平面处的光屏上中央明纹的线宽度;如果将整个实验装置浸入折射率 $n=1.33$ 的水中,中央明纹的角宽度如何变化? [答案:5.46 mm;角宽度将减小,从 5.46×10^{-3} rad 减为 4.11×10^{-3} rad]

17.3.22　利用光栅测定波长的一种方法如下:用波长为 $\lambda=589.3$ nm 的钠黄光垂直照射在平面透射光栅上,做夫琅和费衍射实验,测得该波长第二级谱线的衍射角是 $10°11'$,而用另一未知波长的单色光垂直照射时,测得它的第一级谱线的衍射角是 $4°22'$. 试求:未知光波的波长及光栅常量. [答案:507.5 nm;6.666×10^{-6} m]

17.3.23　一束平行的白光垂直照射到光栅常量 $d=40000$ nm 的光栅下,用靠近光栅的像方焦距为 2 m 的会聚透镜将通过光栅的衍射光线聚焦于放置在透镜像方焦平面处的光屏上,已知紫光的波长 $\lambda_1=400$ nm,红光的波长 $\lambda_2=750$ nm. 试求:①第二级衍射光谱中紫光和红光的线距离;②第二级光谱的紫光和第一级光谱中红光的线距离;③证明此时红光的第二级和紫光的第三级光谱相互重叠. [答案:①4 cm;②0.6 cm;③$k_{红}/k_{紫}=\frac{2}{3}$]

17.3.24　波长为 500 nm 的单色光,以 30°入射角斜入射在光栅上,发现在垂直入射时的中央明纹的位置现在改变为第二级光谱的位置. 试求:该光栅在每 1 cm 宽度上共有多少条刻痕? 最多能看到几级光谱? [答案:5000 条·cm^{-1};6 级]

17.3.25　波长 $\lambda=600$ nm 的单色光垂直入射在一平面透射光栅上,第二级、第三级主极大分别位于 $\sin\varphi_2=0.20$ 与 $\sin\varphi_3=0.30$ 处,第四级为缺级. 试求:①光栅常量为多少? ②缝宽为多少? ③在所求得的 a、b 值的条件下,在衍射角为 $-90°<\varphi<90°$ 范围内,实际能观察到的主极大级数和全部衍射明条纹数各是多少? [答案:①$6.0\times10^{-6}$ m;②$a=1.5\times10^{-6}$ m 是最小宽度;③$k=10$,$k=0,\pm1,\pm2,\pm3,\pm5,\pm6,\pm7,\pm9$ 共 15 条]

17.3.26　天空中有两颗星相对于望远镜的角距离为 4.84×10^{-6} rad,星光的波长 $\lambda=5.5\times10^{-5}$ cm. 试求:望远镜的通光孔径至少要多大,才能分辨出这两颗星? [答案:0.138 m]

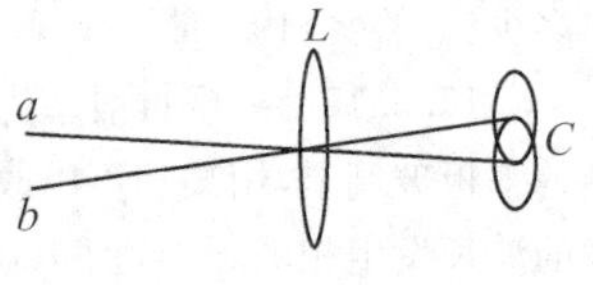

17.3.27　如图所示,在透镜 L 前 50 m 处的两个相距 6.0 mm 的点光源 a 和 b,它们在透镜 L 的像方焦平面处的光屏上所成的衍射图样 C 正好满足瑞利准则. 假设薄凸透镜的像方焦距为 20 cm. 试求:C 处衍射图样中爱里斑的直径. [答案:4.8×10^5 m]

题 17.3.27 图

17.3.28　试估计在火星上两物体的距离为多大时恰好能被地球上的观察者所分辨? ①用瞳孔直径 $D=5.0$ mm 的人眼;②用通光孔径为 5.08 m 的天文望远镜. 已知地球至火星的距离为 8.0×10^7 km,光波波长为 550 nm. [答案:①人眼 1.1×10^4 km;②望远镜 11 km]

17.3.29　某天文台的天文望远镜的通光孔径为 2.5 m,求能够分辨双星的最小分辨角. 设有效波长为 550 nm,人眼的瞳孔直径为 2.0 mm. 试求:分辨本领提高了多少倍? [答案:2.68×10^{-7} rad,提高 1249 倍]

17.3.30　两偏振片的偏振化方向成 30°夹角时,透射光强为 I_1,如果入射光强不变,使两偏振片的偏振化方向成 45°夹角,则透射光强如何变化? [答案:$I_2=\frac{2}{3}I_1$]

17.3.31　使自然光通过两个偏振化方向成 60°夹角的偏振片,透射光强为 I_1,如果在这两个偏振片之间再插入另一偏振片,它们的偏振化方向与前两个偏振片的偏振化方向均成 30°角. 试求:透射光强为多少? [答案:$2.25I_1$]

17.3.32　一起偏器和一检偏器的取向使透射光强为最大,试求:当检偏器旋转:①30°;②45°;③60°时,透射光的强度各减少至最大光强值的几分之几? [答案:①$\frac{3}{4}I_0$;②$\frac{1}{2}I_0$;③$\frac{1}{4}I_0$]

17.3.33　三个偏振片叠起来,第一片与第三片的偏振化方向垂直,第二片偏振片的偏振化方向与其他两个偏振片的偏振化方向的夹角都成 45°. 以自然光入射其上. 试求:最后透出的透射光强与入射光强的百分比. [答案:$I/I_0=12.5\%$]

17.3.34　如图所示,M 为起偏器,N 为检偏器,以单色自然光垂直入射,保持 M 不动,将 N 绕 OO' 轴转动 360°. 试问：在转动过程中，通过 N 的光强怎样变化？如果保持 N 不动，将 M 绕 OO' 轴转动 360°，试问：在转动过程中通过 N 的光强又怎样变化？并定性画出光强对转动角度的关系曲线.

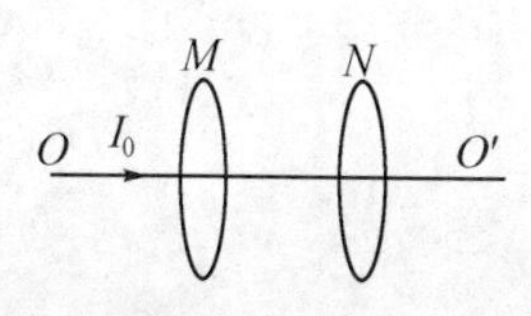

图 17.3.34 图

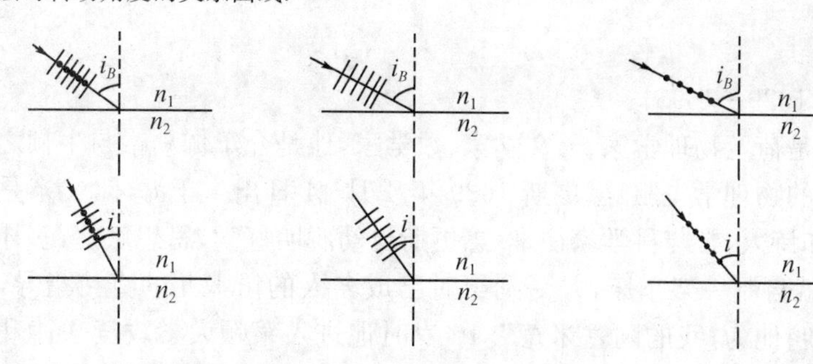

题 17.3.35 图

17.3.35　用自然光或平面偏振光在以下各种情况下射到各向同性透明介质的分界面上时，如图所示，试画出反射光和折射光，并标明其偏振状态. [答案：$i_B = \arctan\dfrac{n_2}{n_1}$，$i \neq i_B$]

17.3.36　一束平行的自然光，以 58°角入射到一平面玻璃板的表面上，反射光是振动面垂直于入射面的线偏振光. 试问：①折射光的折射角是多少？②玻璃的折射率是多少？[答案：①32°；②1.60]

17.3.37　一束平行的自然光以起偏振角 i_B 入射到平板玻璃的上表面，试证明玻璃的下表面的反射光亦为线偏振光.

17.3.38　一束光射入装在玻璃容器中(折射率 $n = 1.50$)的液体上，并从底部反射，反射光与容器底部成 42°37′角度时是振动面垂直于入射面的线偏振光. 试求：液体的折射率. [答案：1.38]

17.3.39　一束自然光由水射在玻璃上，入射角为 50.82°，反射光为线偏振光. 如果已知水的折射率 $n = \dfrac{4}{3}$，试求：玻璃的折射率. [答案：1.64]

阅读材料　科学家系列简介(四)

惠更斯(Christiaan Huygens,1629—1695)

惠更斯是荷兰物理学家、天文学家、数学家,他是介于伽利略与牛顿之间的一位重要的物理学先驱.惠更斯1629年4月14日出生于海牙,父亲是大臣、外交官和诗人,常与科学家往来.惠更斯自幼聪明好学,思想敏捷,多才多艺,13岁时就自制一架车床,并受到当时已成名人的笛卡儿的直接指导,父亲曾亲热地叫他为"我的阿基米德".16岁时他进入莱顿大学攻读法律和数学,两年后转入布雷达大学,1655年获法学博士学位,随即访问巴黎,在那里开始了他重要的科学生涯.1663年他访问英国,并成为刚成立不久的皇家学会会员.1666年,应路易十四邀请任法国科学院院士.惠更斯体弱多病,全身心献给科学事业,终生未婚.1695年7月8日逝于海牙.

惠更斯处于富裕宽松的家庭和社会条件中,没受过宗教迫害的干扰,能比较自由地发挥自己的才能.他善于把科学实践与理论研究结合起来,透彻地解决某些重要问题,形成了理论与实验结合的工作方法与明确的物理思想.他留给人们的科学论文与著作68种,《全集》有22卷,在碰撞、钟摆、离心力和光的波动说、光学仪器等方面做出了贡献.

他最早取得成果的是数学,他研究过包络线、二次曲线、曲线求长法,他发现悬链线(摆线)与抛物线的区别,他是概率论的创始人.

在1668—1669年英国皇家学会有关碰撞问题征文悬赏中,他是得奖者之一.他详尽地研究了完全弹性碰撞问题(当时叫"对心碰撞"),这些观点在他死后综合发表于《论物体的碰撞运动》(1703)中,包括5个假设和13个命题.他纠正了笛卡儿不考虑动量方向性的错误,并首次提出完全弹性碰撞前后的守恒.他还研究了岸上与船上两个人手中小球的碰撞情况,并把相对性原理应用于碰撞现象的研究.

他设计制造的光学和天文仪器精巧超群,如磨制了透镜,改进了望远镜(用它发现了土星光环等)与显微镜,惠更斯目镜至今仍然采用,还有几十米长的"空中望远镜"(无管、长焦距、可消色差)、展示星空的"行星机器"(即今天文馆雏型)等.

惠更斯在1678年给巴黎科学院的信和1690年发表的《光论》一书中都阐述了他的光波动原理,即惠更斯原理.他认为每个发光体的微粒把脉冲传给邻近一种弥漫媒质("以太")微粒,每个受激微粒都变成一个球形子波的中心.他从弹性碰撞理论出发,认为这样一群微粒虽然本身并不前进,但能同时传播向四面八方行进的脉冲,因而光束彼此交叉而不相互影响,并在此基础上用作图法解释了光的反射、折射等现象.《光论》中最精采的部分是对双折射提出的模型,用球和椭球方式传播来解释寻常光和非常光所产生的奇异现象,书中有几十幅复杂的几何图,足以看出他的数学功底.

夫琅和费(Joseph Von Fraunhofer,1787—1826)

夫琅和费是德国物理学家.1787年3月6日生于斯特劳宾,父亲是玻璃工匠,夫琅和费幼年当学徒,后来自学了数学和光学.1806年开始在光学作坊当光学机工,1818年任经理,1823年担任慕尼黑科学院物理陈列馆馆长、慕尼黑大学教授、慕尼黑科学院院士.夫琅和费自学成才，一生勤奋刻苦，终身未婚，1826 年 6 月 7 日因肺结核在慕尼黑逝世.

夫琅和费集工艺家和理论家的才干于一身，把理论与丰富的实践经验结合起来，对光学和光谱学做出了重要贡献. 1814 年他用自己改进的分光系统，发现并研究了太阳光谱中的暗线(现称为夫琅和费谱线)，利用衍射原理测出了它们的波长. 他设计和制造了消色差透镜，首创用牛顿环方法检查光学表面加工精度及透镜形状，对应用光学的发展起了重要的影响. 他所制造的大型折射望远镜等光学仪器负有盛名. 他发表了平行光单缝及多缝衍射的研究成果(后人称之为夫琅和费衍射)，做了光谱分辨率的实验，第一个定量地研究了衍射光栅，用其测量了光的波长，以后又给出了光栅方程.

托马斯·杨(Thomas Young，1773—1829)

托马斯·杨是英国物理学家，医生，波动光学的奠基人. 1773 年 6 月 13 日生于英国萨默塞特郡的米尔弗顿. 他出身于商人和教友会会员的家庭，自幼智力过人，有神童之称，2 岁会阅读，4 岁能背诵英国诗人的佳作和拉丁文诗，9 岁掌握车工工艺，能自制一些物理仪器，9～14 岁自学并掌握了牛顿的微分法，学会多种语言(法、意、波斯、阿拉伯等). 尽管父母送他进过不少学校，但他主要把自学作为获得科学知识的主要手段，曾先后在伦敦大学、爱丁堡大学和格丁根大学学习医学. 他对生理光学和声学有着强烈兴趣(对声学的爱好与他的音乐和乐器演奏才能密切有关，他能弹奏当时的各种乐器)，后来转而研究物理学. 1801—1803 年任皇家研究院教授. 1811 年起在伦敦行医. 1818 年起兼任经度局秘书，领导《海事历书》的出版工作，同时他还担任英国皇家学会国际联络秘书，为大英百科全书撰写过四十多种科学家传记. 他的一生曾研究过多种学科(物理、数学、医学、天文、地球物理、语言学、动物学、考古学、科学史等)，并精通绘画和音乐. 在科学史上堪称百科全书式的学者，但更以物理学家著称于世. 1829 年 5 月 10 日在英国伦敦逝世，终年 56 岁.

托马斯·杨是波动光学的奠基人之一. 他对光、声振动的实验研究，使他确信二者的相似性和波动说的正确性. 在关于光的本性的争论中，1800 年正是微粒说占上风的时期，他发表了《关于光和声的实验与研究提纲》的论文，文中他公开向牛顿提出挑战："尽管我仰慕牛顿的大名，但是我并不因此而认为他是万无一失的. 我……遗憾地看到，他也会弄错，而他的权威有时甚至可能阻碍科学的进步."他从水波和声波的实验出发，大胆提出：在一定条件下，重叠的波可以互相减弱，甚至抵消. 从 1801 年起，他担任皇家学院的教授期间，完成了干涉现象的一系列杰出的研究工作. 他做了著名的杨氏干涉实验，先用双孔后来又用双缝获得两束相干光，在屏上得到干涉图样. 这一实验为波动光学的复兴做出了开创性的工作，由于它的重大意义，已作为物理学的经典实验之一流传于世. 他还发现利用透明物质薄片同样可以观察到干涉现象，进而引导他对牛顿环进行研究，他用自己创建的干涉原理解释牛顿环的成因和薄膜的彩色，并第一个近似地测定了七种颜色的光的波长，从而完全确认了光的周期性，为光的波动理论找到了又一个强有力的证据.

1803 年，托马斯·杨发表了《物理光学的实验和计算》一文，力图用他自己发现的干涉现象解释衍射现象，以便把干涉和衍射联系起来，文中还提出当光由光密媒质反射时，光的相位将改变半个波长，即所谓的半波损失.

1817 年，他在得知阿拉果和菲涅耳共同进行偏振光干涉实验后，曾于同年 1 月 12 日给阿拉果的信上提出了光是横波的假设.

在生理光学方面,他做出了一系列的贡献.早在1793年(20岁时),他向皇家学会提交了第一篇论文,题为《视力的观察》,第一次发现人的眼睛晶状体的聚光作用,提出人眼是靠调节眼球的晶状体的曲率,达到观察不同距离的物体的观点.这一观点是他经过了大量的实验分析得出的.它结束了长期以来对人眼为什么能看到物体的原因的争论,并因此于1794年被选为皇家学会会长.他提出颜色的理论,即三原色原理,他认为一切色彩都可以从红、绿、蓝三种原色的不同比例混合而成,这一原理已成为现代颜色理论的基础.

1807年,托马斯·杨出版了《自然哲学和机械技术讲义》2卷,在这本内容丰富的教材中,除了叙述他的双缝干涉实验,他还首先使用"能量"的概念代替"活力",并第一个提出材料弹性模量的定义,引入一个表征弹性的量,即杨氏模量.

他是一个热爱知识和追求真理的学者,有顽强的自修能力和自信心,曾因辨识了一块埃及古石碑上的象形文字而对考古学做出了贡献,就在他逝世前仍致力于编写埃及字典的工作.他以一生中没有虚度过一天而感到最大的满足.

菲涅耳(Augustin-jean Fresnel,1788—1827)

菲涅耳是法国物理学家和铁路工程师.1788年5月10日生于布罗利耶,1806年毕业于巴黎工艺学院,1809年又毕业于巴黎桥梁与公路学校.1923年当选为法国科学院院士,1825年被选为英国皇家学会会员.1827年7月14日因肺病医治无效而逝世,终年仅39岁.

菲涅耳的科学成就主要有两个方面:一是衍射.他以惠更斯原理和干涉原理为基础,用新的定量形式建立了惠更斯—菲涅耳原理,完善了光的衍射理论.他的实验具有很强的直观性、敏锐性,很多现仍通行的实验和光学元件都冠有菲涅耳的姓氏,如双面镜干涉、波带片、菲涅耳透镜、圆孔衍射等.另一成就是偏振.他与d.f.j.阿拉果一起研究了偏振光的干涉,确定了光是横波(1821);他发现了光的圆偏振和椭圆偏振现象(1823),用波动说解释了偏振面的旋转;他推出了反射定律和折射定律的定量规律,即菲涅耳公式;解释了马吕斯的反射光偏振现象和双折射现象,奠定了晶体光学的基础.

菲涅耳由于在物理光学研究中的重大成就,被誉为"物理光学的缔造者".

波动光学检测题

1. 在双缝干涉实验中，两条缝的宽度原来是相等的. 若其中一缝的宽度略变窄(缝中心位置不变)，则(　　).

A. 干涉条纹的间距变宽　　B. 干涉条纹的间距变窄

C. 干涉条纹的间距不变，但原极小处的强度不再为零

D. 不再发生干涉现象

2. 在迈克耳孙干涉仪的一条光路中，放入一折射率为 n、厚度为 d 的透明薄片，放入后，这条光路的光程改变了(　　).

A. $2(n-1)d$　　B. $2nd$

C. $2(n-1)d+\lambda/2$　　D. nd

E. $(n-1)d$

3. 如果单缝夫琅禾费衍射的第一级暗纹发生在衍射角为 $\varphi=30°$ 的方位上，所用单色光波长为 $\lambda=500$ nm，则单缝宽度为(　　).

A. 2.5×10^{-5} m　　B. 1.0×10^{-5} m

C. 1.0×10^{-6} m　　D. 2.5×10^{-7} m

4. 设光栅平面、透镜均与屏幕平行. 则当入射的平行单色光从垂直于光栅平面入射变为斜入射时，能观察到的光谱线的最高级次 k(　　).

A. 变小　　B. 变大

C. 不变　　D. 无法确定

5. 某元素的特征光谱中含有波长分别为 $\lambda_1=450$ nm 和 $\lambda_2=750$ nm($1\text{ nm}=10^{-9}$ m)的光谱线. 在光栅光谱中，这两种波长的谱线有重叠现象，重叠处 λ_2 的谱线的级数将是(　　).

A. 2,3,4,5…　　B. 2,5,8,11…

C. 2,4,6,8…　　D. 3,6,9,12…

6. 在双缝衍射实验中，若保持双缝 S_1 和 S_2 的中心之间的距离 d 不变，而把两条缝的宽度 a 略微加宽，则(　　).

A. 单缝衍射的中央主极大变宽，其中所包含的干涉条纹数目变少

B. 单缝衍射的中央主极大变宽，其中所包含的干涉条纹数目变多

C. 单缝衍射的中央主极大变宽，其中所包含的干涉条纹数目不变

D. 单缝衍射的中央主极大变窄，其中所包含的干涉条纹数目变少

E. 单缝衍射的中央主极大变窄，其中所包含的干涉条纹数目变多

7. 在光栅光谱中，假如所有偶数级次的主极大都恰好在单缝衍射的暗纹方向上，因而实际上不出现，那么此光栅每个透光缝宽度 a 和相邻两缝间不透光部分宽度 b 的关系为(　　).

A. $a=\frac{1}{2}b$　　B. $a=b$

C. $a=2b$　　D. $a=3b$

8. 若用衍射光栅准确测定一单色可见光的波长，在下列各种光栅常数的光栅中选用哪一种最好？(　　)

A. 5.0×10^{-1} mm　　　　B. 1.0×10^{-1} mm

C. 1.0×10^{-2} mm　　　　D. 1.0×10^{-3} mm

9. 自然光以 60°的入射角照射到某两介质交界面时，反射光为完全线偏振光，则知折射光为(　　).

A. 完全线偏振光且折射角是 30°

B. 部分偏振光且只是在该光由真空入射到折射率为$\sqrt{3}$的介质时，折射角是 30°

C. 部分偏振光，但须知两种介质的折射率才能确定折射角

D. 部分偏振光且折射角是 30°

10. 一束自然光自空气射向一块平板玻璃(如右图所示)，设入射角等于布儒斯特角 i_0，则在界面 2 的反射光(　　).

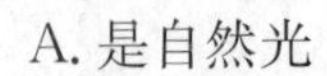

A. 是自然光

B. 是线偏振光且光矢量的振动方向垂直于入射面

C. 是线偏振光且光矢量的振动方向平行于入射面

D. 是部分偏振光

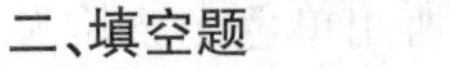

二、填空题

11. 如右图所示，在双缝干涉实验中，若把一厚度为 e、折射率为 n 的薄云母片覆盖在 S_1 缝上，中央明条纹将向______移动；覆盖云母片后，两束相干光至原中央明纹 O 处的光程差为______.

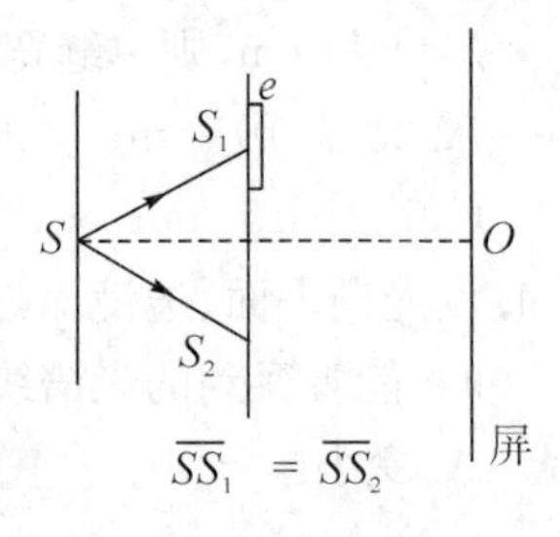

12. 在双缝干涉实验中，所用光波波长 $\lambda=5.461\times10^{-4}$ mm，双缝与屏间的距离 $D=300$ mm，双缝间距为 $d=0.134$ mm，则中央明条纹两侧的两个第三级明条纹之间的距离为______.

13. 折射率分别为 n_1 和 n_2 的两块平板玻璃构成空气劈尖，用波长为 λ 的单色光垂直照射. 如果将该劈尖装置浸入折射率为 n 的透明液体中，且 $n_2>n>n_1$，则劈尖厚度为 e 的地方两反射光的光程差的改变量是______.

14. 波长 $\lambda=600$ nm 的单色光垂直照射到牛顿环装置上，第二个明环与第五个明环所对应的空气膜厚度之差为______nm. (1 nm$=10^{-9}$ m)

15. 在单缝夫琅禾费衍射实验中，设第一级暗纹的衍射角很小，若钠黄光($\lambda_1\approx589$ nm)中央明纹宽度为 4.0 mm，则 $\lambda_2=442$ nm(1 nm$=10^{-9}$ m)的蓝紫色光的中央明纹宽度为______.

16. 如右图所示，波长为 $\lambda=480.0$ nm 的平行光垂直照射到宽度为 $a=0.40$ mm 的单缝上，单缝后透镜的焦距为 $f=60$ cm，当单缝两边缘点 A、B 射向 P 点的两条光线在 P 点的相位差为 π 时，P 点离透镜焦点 O 的距离等于______.

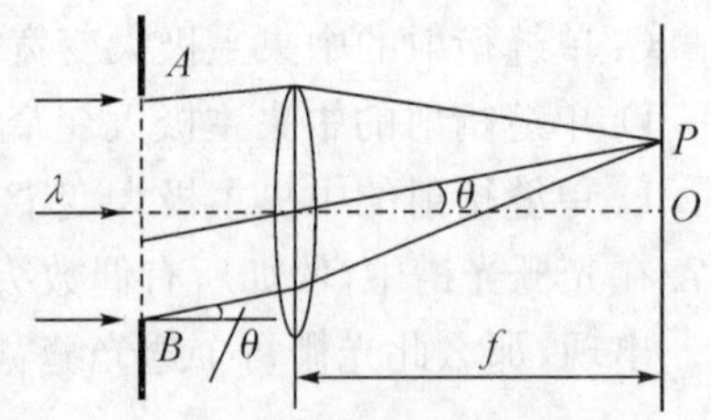

17. 用波长为 546.1 nm(1 nm$=10^{-9}$ m)的平行单色光垂直照射在一透射光栅上，在分光计上测得第一级光谱线的衍射角为 $\theta=30°$. 则该光栅每一毫米上有______条刻痕.

18. 要使一束线偏振光通过偏振片之后振动之向转过 90°，至少需要让这束光通过______块理想偏振片. 在此情况下，透射光强度最大是原来光强的______倍.

19. 一束光垂直入射在偏振片 P 上，以入射光线为轴转动 P，观察通过 P 的光强的变化过程. 若入射光是_______________光，则将看到光强不变；若入射光是________，则将看到明暗交替变化，有时出现全暗；若入射光是__________，则将看到明暗交替变化，但不出现全暗.

20. 光强为 I_0 的自然光垂直通过两个偏振片后，出射光强 $I=I_0/8$，则两个偏振片的偏振化方向之间的夹角为________.

三、计算题

21. 在双缝干涉实验装置中，幕到双缝的距离 D 远大于双缝之间的距离 d. 整个双缝装置放在空气中. 对于钠黄光，$\lambda=589.3$ nm(1 nm$=10^{-9}$ m)，产生的干涉条纹相邻两明条纹的角距离(即相邻两明条纹对双缝中心处的张角)为 0.20°.

(1)对于什么波长的光，这个双缝装置所得相邻两明条纹的角距离将比用钠黄光测得的角距离大 10%？[答案：$\lambda'=648.2$ nm]

(2)假想将此整个装置浸入水中(水的折射率 $n=1.33$)，相邻两明条纹的角距离有多大？[答案：$\Delta\theta'=0.15°$]

22. 用钠光($\lambda=589.3$ nm)垂直照射到某光栅上，测得第三级光谱的衍射角为 60°.

(1)若换用另一光源测得其第二级光谱的衍射角为 30°，求后一光源发光的波长. [答案：$\lambda'=510.3$ nm]

(2)若以白光(400 nm～760 nm)照射在该光栅上，求其第二级光谱的张角. (1 nm$=10^{-9}$ m) [答案：$\Delta\varphi=25°$]

23. (1)在单缝夫琅禾费衍射实验中，垂直入射的光有两种波长，$\lambda_1=400$ nm，$\lambda_2=760$ nm (1 nm$=10^{-9}$ m). 已知单缝宽度 $a=1.0\times10^{-2}$ cm，透镜焦距 $f=50$ cm. 求两种光第一级衍射明纹中心之间的距离. [答案：$\Delta x=0.27$ cm]

(2)若用光栅常数 $d=1.0\times10^{-3}$ cm 的光栅替换单缝，其他条件和上一问相同，求两种光第一级主极大之间的距离. [答案：$\Delta x=1.8$ cm]

24. 用每毫米 300 条刻痕的衍射光栅来检验仅含有属于红和蓝的两种单色成分的光谱. 已知红谱线波长 λ_R 在 0.63 μm～0.76 μm 范围内，蓝谱线波长 λ_B 在 0.43 μm～0.49 μm 范围内. 当光垂直入射到光栅时，发现在衍射角为 24.46°处，红蓝两谱线同时出现.

(1)在什么角度下红蓝两谱线还会同时出现？[答案：$\varphi'=55.9°$]

(2)在什么角度下只有红谱线出现？[答案：$\varphi_1=11.9°$，$\varphi_3=38.4°$]

25. 两个偏振片 P_1、P_2 叠在一起，由强度相同的自然光和线偏振光混合而成的光束垂直入射在偏振片上. 已知穿过 P_1 后的透射光强为入射光强的 1/2；连续穿过 P_1、P_2 后的透射光强为入射光强的 1/4. 求：

(1)若不考虑 P_1、P_2 对可透射分量的反射和吸收，入射光中线偏振光的光矢量振动方向与 P_1 的偏振化方向夹角 θ 为多大？P_1、P_2 的偏振化方向间的夹角 α 为多大？[答案：$\theta=45°$；$\alpha=45°$]

(2)若考虑每个偏振光对透射光的吸收率为 5%，且透射光强与入射光强之比仍不变，此时 θ 和 α 应为多大？[答案：$\theta=42°$；$\alpha=43.5°$]

26. 两个偏振片 P_1、P_2 叠在一起，一束强度为 I_0 的光垂直入射到偏振片上. 已知该入射光由强度相同的自然光和线偏振光混合而成，且入射光穿过第一个偏振片 P_1 后的光强为 $0.716I_0$；当将 P_1 抽出去后，入射光穿过 P_2 后的光强为 $0.375I_0$. 求 P_1、P_2 的偏振化方向

之间的夹角.[答案:75°或45°]

27. 一光束由强度相同的自然光和线偏振光混合而成.此光束垂直入射到几个叠在一起的偏振片上.

(1)欲使最后出射光振动方向垂直于原来入射光中线偏振光的振动方向,并且入射光中两种成分的光的出射光强相等,至少需要几个偏振片?它们的偏振化方向应如何放置?[答案:两个偏振片,配置如右图]

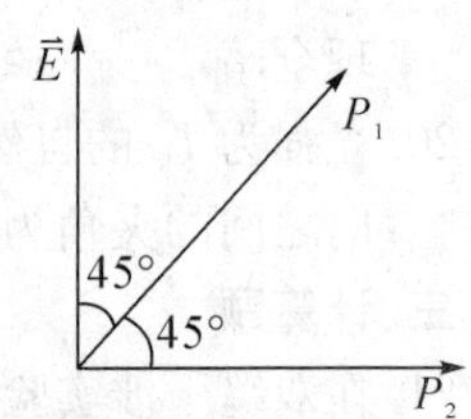

(2)这种情况下最后出射光强与入射光强的比值是多少?[答案:1∶4]

28. 两个偏振片 P_1、P_2 叠在一起,由自然光和线偏振光混合而成的光束垂直入射在偏振片上.进行了两次测量:P_1、P_2 偏振化方向分别为60°和45°;入射光中线偏振光的光矢量振动方向与 P_1 偏振化方向夹角分别为60°和 θ.忽略偏振片对可透射分量的反射和吸收.若两次测量中连续穿过 P_1 P_2 后的透射光强之比为1/2;第二次测量中穿过 P_1 的透射光强与入射光强之比为5/12.求:

(1)入射光中线偏振光与自然光的强度之比;[答案:1∶2]

(2)角度 θ.[答案:$\theta=60°$]

第六篇　近代物理和现代工程技术简介

近代物理学这个名词实际上是为了区别20世纪以前以牛顿力学、热力学、统计力学和麦克斯韦电磁理论等为理论基础的经典物理学而言的. 近代物理学的理论基础是相对论和量子力学，它们是20世纪以来物理学最重大的两个成果. 值得重视的是现代科学技术问题往往既是高速的又是微观的物理问题，必须将两种理论结合起来解决问题，所以，它们就成了现代基础学科和科学技术问题的两大理论支柱.

本篇首先介绍狭义相对论和量子物理的基本概念和原理，在此基础上介绍以这两大理论为基础发明和发展起来的现代工程技术中最重要的与生产实践、科学研究、日常生活密切相关的几种现代工程技术的基本原理和应用方向，如激光技术、红外技术，以启迪读者.

第18章　狭义相对论基础

相对论包含狭义相对论和广义相对论，是现代物理学理论基础之一.

狭义相对论是相对论的基础，是关于物理规律在惯性参照系上陈述的理论，是以电磁波在真空中传播速率 c 为常量与惯性参照系的关系出发，提出新的时空观而建立起来的高速运动物体的力学规律和电动力学规律，从而揭示了质量和能量的内在联系；而广义相对论是关于物理规律在任何参照系上陈述的理论，是以加速运动的参照系与引力场的等效性原理出发提出引力的新理论，进一步探索引力场中的时空结构. 在无引力存在或引力很弱时，广义相对论的结论过渡到狭义相对论的结论. 在物理运动速度 $v \ll c$ 时，狭义相对论的结论过渡到经典力学.

限于本课程的要求，本章重点就狭义相对论基础(或相对论力学基础)作简扼介绍. 首先研究伽利略变换、力学相对性原理和绝对时空观，这是对经典力学原理的概括和抽象；其次研究相对论的基本原理、洛仑兹变换和相对论时空观，这实际上是相对论运动学的内容；还要研究相对论动力学基础的一些重要结论. 对广义相对论不作介绍.

18.1　力学相对性原理、伽利略变换和经典力学时空观

任意一物理过程都是相继发生的一系列事件的集合，为了定量地描述物理过程，需要建立一个参考系，这个参考系由一个三维空间坐标系和位于坐标内各点已校准好的许多相互同步的完全相同的时钟构成. 前者是用来指明事件发生的地点，后者是用来指明事件发生的时刻. 前面提到的事件是指在空间中某一点和时间中某一刻发生的某一物理现象. 所以，在一个参考系中发生的一个物理事件要用四维时空坐标(x,y,z,t)来描述，简称事件.

大量的实验表明，两物体之间的相互作用只能改变两物体之间的相对运动状态，不能改变两物体作为一个整体的运动状态，因此，根据在任何一个惯性系中所进行的一切实验和观测都不可能判断该惯性系相对另一惯性系的运动速度的大小与方向，各惯性系内的物理实验与观测都不能在规律上显示出差异. 即在所用惯性系中力学定律具有相同的公式，为力学相对性原理. 由此可知，相互匀速平动的两个惯性系对力学规律是平权的.

18.1.1 伽利略时空坐标变换

如图 18.1.1 所示，两惯性系中三维空间坐标系的对应轴两两相互平行. s'系 $o'x'$ 轴相对于 s 系沿 ox 轴以速度 u 沿 x 轴正方向运动，且当两坐标系的原点 o 与 o'重合时，安放在原点的两个时钟均指零时刻. 假设在 P 点发生了一个事件，在 s 系看来，该事件于 t 时刻发生在坐标为(x,y,z)的空间位置，或者说事件的时空坐标为(x,y,z,t)；而在 s'系中，同一事件 P 的时空坐标为(x',y',z',t'). 利用力学相对性原理，加上假定在惯性系中测出的关于某一事件发生的时间都相同，即所谓的事件的绝对性假定(绝对时间). 换言之，如果与分别是在惯性系 s 和 s'中的时钟指示的任一事件 P 发生的时间，且这两个钟在空间坐标系重合时指示的时间相同，那么一定有 $t=t'$，由此可以导出

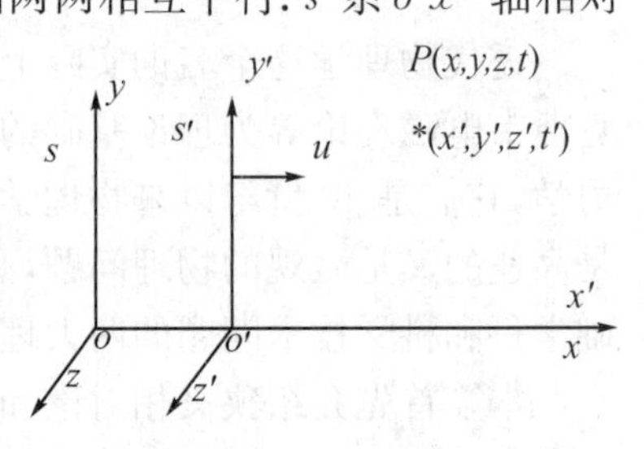

图 18.1.1　三维空间坐标系

$$\begin{cases} x'=x-ut \\ y'=y \\ z'=z \\ t'=t \end{cases} \quad 或 \quad \begin{cases} x=x'+ut \\ y=y' \\ z=z' \\ t=t' \end{cases} \tag{18-1-1}$$

矢量式为

$$\begin{cases} \boldsymbol{r}'=\boldsymbol{r}-\boldsymbol{u}t \\ t'=t \end{cases} \quad 或 \quad \begin{cases} \boldsymbol{r}=\boldsymbol{r}'+\boldsymbol{u}t \\ t=t' \end{cases}$$

这组变换关系式就是伽利略坐标变换. 将(18-1-1)式两边分别对时间求一阶微商，便可得到伽利略速度变换关系式：

$$矢量式：\boldsymbol{v}'=\boldsymbol{v}-\boldsymbol{u} \quad 或 \quad \begin{cases} v'_x=v_x-u \\ v'_y=v_y \\ v'_z=v_z \end{cases} \tag{18-1-2}$$

将(18-1-2)式分别对时间再求一阶微商，便可得到加速度变换关系式：

$$矢量式：\boldsymbol{a}'=\boldsymbol{a} \quad 或 \quad \begin{cases} a'_x=a_x-\dfrac{\mathrm{d}u}{\mathrm{d}t} \\ a'_y=a_y \\ a'_z=a_z \end{cases} \tag{18-1-3}$$

18.1.2 力学相对性原理

在经典力学中，质点的惯性质量 m 总是一个常量. 由此，对 s 和 s'两惯性参照系的观察者可以自然地得出力学相对性的结论.

(1)牛顿运动定律具有伽利略不变性

$$\begin{cases} 对\ s\ 系有:\boldsymbol{F}=m\boldsymbol{a}=m\dfrac{\mathrm{d}v}{\mathrm{d}t} \\ 对\ s'系有:\boldsymbol{F}'=m\boldsymbol{a}'=m\dfrac{\mathrm{d}v'}{\mathrm{d}t'} \end{cases} \quad 或 \quad \boldsymbol{F}'=\boldsymbol{F} \quad (因为\ \boldsymbol{a}'=\boldsymbol{a}) \tag{18-1-4}$$

对不同惯性参照系的观察者,观测质点受力情况或牛顿运动方程具有完全相同的数学形式.在所有惯性参照系中,力学规律具有相同的形式,这一结论称为力学相对性原理.也就是说,牛顿运动定律在伽利略变化下具有不变性.证明牛顿运动定律与力学相对性原理是相容的.

(2)力学中守恒定律具有伽利略不变性

这里通过两个质点的对心弹性碰撞过程的特例来推演和检验动量守恒定律对伽利略变换也具有不变性.

对 s 惯性参照系:以初速度 v_{10} 和 v_{20} 运动的质点 m_1 和 m_2 在做对心完全弹性碰撞后的速度为 v_1 和 v_2.其动量守恒定律和动能守恒定律的数学表达式为

$$\begin{cases} m_1v_{10}+m_2v_{20}=m_1v_1+m_2v_2 \\ \dfrac{1}{2}m_1v_{10}^2+\dfrac{1}{2}m_2v_{20}^2=\dfrac{1}{2}m_1v_1^2+\dfrac{1}{2}m_2v_2^2 \end{cases} \tag{18-1-5}$$

对 s'惯性参照系:v'_{10} 和 v'_{20} 表示质点 m_1 和 m_2 碰撞前的速度,在做对心完全弹性碰撞后的速度分别为 v'_1 和 v'_2.

由伽利略速度变换关系(18-1-2)知 $v=v'+u$,将 $v_{10}=v'_{10}+u$,$v_{20}=v'_{20}+u$,$v_1=v'_1+u$,$v_2=v'_2+u$ 代入(18-1-5)式,因 m_1 和 m_2 为常量,故可简化得

$$\begin{cases} m_1v'_{10}+m_2v'_{20}=m_1v'_1+m_2v'_2 \\ \dfrac{1}{2}m_1v'^2_{10}+\dfrac{1}{2}m_2v'^2_{20}=\dfrac{1}{2}m_1v'^2_1+\dfrac{1}{2}m_2v'^2_2 \end{cases} \tag{18-1-6}$$

上式表明:对伽利略变换,动量守恒定律和动能守恒定律也具有不变性.可以同法推演,对一切其他形式的弹性碰撞也可得到相同结果.

(3)力学相对性原理的内容陈述

综前所述,力学相对性原理的内容可叙述如下:在研究力学现象的规律时,对所有的惯性参照系具有相同的形式(如牛顿运动定律、动量和能量守恒定律),或者说描述力学现象时,所有惯性系都是平权等价的,也就是力学规律对伽利略变换具有不变性.因为我们不能在一个惯性参照系内部通过力学实验来发现这个惯性参照系相对于其他惯性参照系在做匀速直线运动.

(4)力学相对性原理与伽利略变换的关系

力学相对性原理是在实验的基础上由伽利略于 1632 年在《两大世界体系的对话》一书中提出来的.伽利略变换以绝对时空为基本前提,而力学相对性原理却没有绝对时空这一前提,这就是二者的区别所在,不能把它们完全等同起来.

18.1.3 牛顿的绝对时空观

(1)伽利略变换隐含的两个基本的假定

伽利略变换是在绝对时间和绝对空间两个基本假定下所得的结果.所谓隐含的假定,就是伽利略变换本身并没有明显地提出这个假定,然而实际上它是以这两个假定为前提才写出来的.

①绝对时间假定:即时间间隔的绝对性.对于如图18.1.1所示的两个惯性参照系 s、s',开始两坐标系的原点重合,即 o 与 o' 重合,也就是 $t_0=t'_0=0$,经过 Δt 后,只有两个参照系的观察者测量的时间变换都一样,即 $\Delta t=\Delta t'$,也即 $t-t_0=t'-t'_0$ 时,才会有结论:

$$t'=t \tag{18-1-7}$$

上式表明:两惯性参照系用的是同样的时钟,也就是各参照系用来测定时间的计时标准相同.或者两个惯性参照系可以用一个时钟来计量时间,无论把钟放在哪个参照系上都是可以的.比如用某一种原子发射单色光谱线所对应的特征周期 T_0 为计时单位,那么任何事件所经历的时间就具有绝对的意义,而与惯性系(或观察者)的相对运动(匀速)无关.这表明一个运动过程的时间间隔与参照系的选择无关,是绝对的.

②绝对空间假设:即空间间隔的绝对性.在如图18.1.1所示的两个惯性参照系 s 和 s' 中,两个观察者所测得的两个事件1、2的空间坐标分别为 (x_1,y_1,z_1)、(x_2,y_2,z_2) 和 (x'_1,y'_1,z'_1)、(x'_2,y'_2,z'_2),则空间任意两点间的距离,即空间间隔分别为

$$\begin{cases} s\text{ 系}:\Delta r^2=(x_2-x_1)^2+(y_2-y_1)^2+(z_2-z_1)^2 \\ s'\text{系}:\Delta r'^2=(x'_2-x'_1)^2+(y'_2-y'_1)^2+(z'_2-z'_1)^2 \end{cases}$$

只有 $\Delta r^2=\Delta r'^2$ 时(这就是绝对空间的意思),才会推得伽利略空间变换关系,即

$$x'_2-x'_1=x_2-x_1,\ y'_2-y'_1=y_2-y_1,\ z'_2-z'_1=z_2-z_1$$

因在 $t=t'=0$ 时,$x'_1=x_1$,又因仅在 xx' 方向有相对运动,故去掉脚标就得关系式:

$$x'=x-ut,\ y'=y,\ z'=z \tag{18-1-8}$$

上式表明:有相对运动的两个惯性系的观察者用来测量空间长度的标尺也是一样的,有统一的空间量度,空间任意两点间的长度,在任何惯性参照系中的测量值都相等.表明空间间隔与惯性参照系的选择无关,是绝对的,这就是空间间隔的绝对性.比如使用某种原子的特征波长 λ_0 的长度作为计量长度的单位,那么空间任意两点间的距离也就有绝对的量值,而与惯性系的选择或者观察者之间是否有相对运动无关.这就是绝对空间的假定,绝对空间观的含义.

③同时的绝对性:如果在 s 惯性参照系中同时发生了两个事件Ⅰ、Ⅱ,即 $t_1=t_2$,$\Delta t=0$,那么在 s' 惯性参照系中的观测者测得两个事件的时间间隔为 $\Delta t'$,即

$$\Delta t'=t'_2-t'_1=t_2-t_1=0$$

上式表明:两个事件在 s' 系中也是同时发生的,因此,同时性与参照系的选取无关,同时性是绝对的.

(2)牛顿的绝对时空观

一种时空观代表着当代物理学家们认识物理世界的一种世界观和方法论.对时间和空间,牛顿就有他的基本看法.

①牛顿的绝对时空观.牛顿在他的《自然哲学的数学原理》中写道:"绝对的、纯粹的、数学的时间,就其本性来说,均匀地流失,而与任何外在的情况无关.""绝对空间,就其本性来说,与任何外在情况无关,始终保持着相似和不变."解释得形象点就是,他把时间比作独立的不断均匀流动着的水流,把空间比作盛有万物宇宙的一个无形的、无限的、永不运动的静止框架.按照这种观点,时间和空间是彼此独立于物质与物质运动之外的互不相关的某种绝对的东西,绝对空间是真正绝对静止的.因此,在牛顿的经典体系中,在理论上,惯性参照系是由绝对时间和绝对空间来决定的.这就是牛顿的绝对时空观.

②产生这种时空观的原因.就时代而言,当时人类的实践活动只能接触到低速运动情况,而在低速的情况下,人类的经验正是如此,牛顿也只能根据当时的认识来总结,只不过把它们

绝对化了，这在当时的实验条件下是自然的、正确的、情有可原的. 但是现在必须指出，这种绝对时空观把时空和物质运动割裂开来，把时间和空间看成分别独立、互不关联，是形而上学的，必然为爱因斯坦的相对论时空观所代替和包含.

18.2 狭义相对论的两个基本假设和洛仑兹变换

18.2.1 相对论产生的历史背景

物理规律需要用一定的参考系表述，在经典力学中根据实验经验引入了惯性系，而力学规律对所有惯性系都成立. 对于电磁场现象，人们从长期实践中总结出来的电磁场的基本规律，也必然提出参考系问题，从真空中的电磁现象总结出来的麦克斯韦方程组，可以得到波动方程

$$\nabla^2 E-\frac{1}{c^2}\frac{\partial^2}{\partial t^2}E=0,\qquad \nabla^2 B-\frac{1}{c^2}\frac{\partial^2}{\partial t^2}B=0$$

由此得出电磁波在真空中的传播速度为 $c(c=1/\sqrt{\varepsilon_0\mu_0})$，按相对性原理，物理规律在任何惯性系中形式相同，$c$ 应为一切惯性系的普适常量；但按绝对时空观，如果物质运动相对于某一惯性系的速度为 c，则变换到另一惯性系时，其速度就不可能沿各个方向都是 c，电磁波只能够相对一个特定的参考系的传播速度为 c，而麦氏方程组也就只能对该特殊系成立. 这与经典力学相对性原理矛盾，因而由电磁现象可以确定一个特殊参考系. 这样便可把相对于该特殊系的运动称为绝对运动.

寻找这个特殊系（也叫以太）和确定地球相对于这个特殊系的运动成为 19 世纪末 20 世纪初的重要课题. 电磁学的进一步发展要求解决这些问题，而当时的科学发展水平已使得精确测定光速成为实际可能. 多次实验结果都没有发现任何绝对运动的效应，从而迫使人们接受在真空中光速对于任何惯性系都等于 c 的结论，这与经典时空观相矛盾. 除了电磁现象之外，19 世纪末期人们的实践活动已开始深入到物质的微观领域. 电子、X 射线、放射性的发现推动了微观物理学的发展，人们遇到了许多新的现象和新的规律，使经典物理的许多基本概念都发生了动摇，需要予以重新考虑. 反映新时空观的相对论就是在这种情况下提出来的，是生产力水平和科学技术发展到一定阶段的必然产物.

18.2.2 相对论实验基础

(1)迈克耳孙—莫雷实验

这是 19 世纪最杰出的实验之一. 实验原理简单，但却导出了一场深刻的科学革命. 如前所述，按绝对时空观，真空中的光沿任意方向传播的速度只有在某个特殊参考系中才等于 c. 如果精确测定各个方向的光速差异，就可以确定地球相对于这个特殊参考系的运动，或者说地球相对于“以太”的运动.

迈克耳孙—莫雷实验的装置是设计精巧的迈克耳孙干涉仪，图 18.2.1 是这种仪器的示意图. 从光源 S 射出的一束单色光，经半透明膜 G 的透射和反射分解为互相垂直的两束光，这两束光各自经历一定长度（为了简单，设 $L=l_1=l_2$）的路径后，分别被平面反射镜 M_1 和 M_2 反射回半透明膜 G，再次经反射和透射合成为一束光并到达望远镜 O，在望远镜 O 中可以观察到两束光的干涉条纹. 如果两束光的光程差发生变化，望远镜中会观察到干涉条纹的移动. 实验时先让一条光路沿地球运动的方向，同时观察干涉条纹，两束光的光程差为 $L\frac{v^2}{c^2}$.

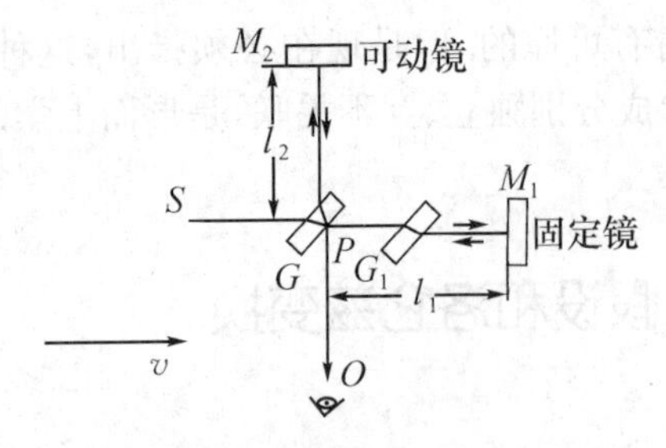

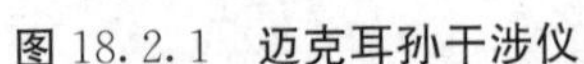

图 18.2.1　迈克耳孙干涉仪

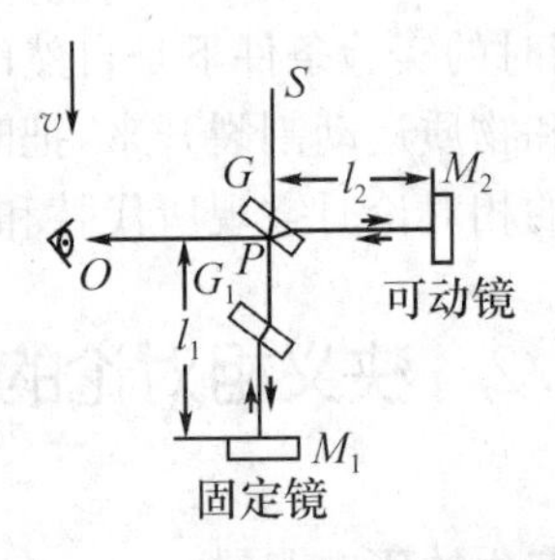

图 18.2.2　转过一定角度后的仪器

如果现在仪器转过 90°,如图 18.2.2 所示,这个差值将异号,因而干涉条纹的移动个数为

$$\Delta N=\frac{2L}{\lambda}(\frac{v}{c})^2$$

把仪器装置放在一块原浮于水银面的重石板上,克服振动带来的影响,借助多次反射使光程增加 L 约为 10 m 左右.故预期的干涉条纹移动 0.4 个左右,实验观测到的条纹移动小于 0.01 个.

迈克耳孙—莫雷实验的结果同我们基于伽利略变换所预期的结果相矛盾.这个实验曾重复多次,用不同波长的光,用星光,用现代激光的高度单色光;在很高的地方,在地下,在不同的大陆上以及不同的季节,在一定精度内,c 的变化为零.

(2)极限速度

电磁波(光波)在真空中只能以速率 c 传播,有什么东西的速率能超过 c 吗?考虑带电粒子在加速器中的运动,粒子能否加速到比 c 更快呢?如图 18.2.3 所示的实验是使电子脉冲在范德格喇夫加速器中由逐渐增大的静电场加速,然后电子以恒定的速度通过一无场区.在已测定的距离 AB 内,直接去测电子的飞行时间,从而得到它的速度.电子的动能则由一校准过的热电偶测定.

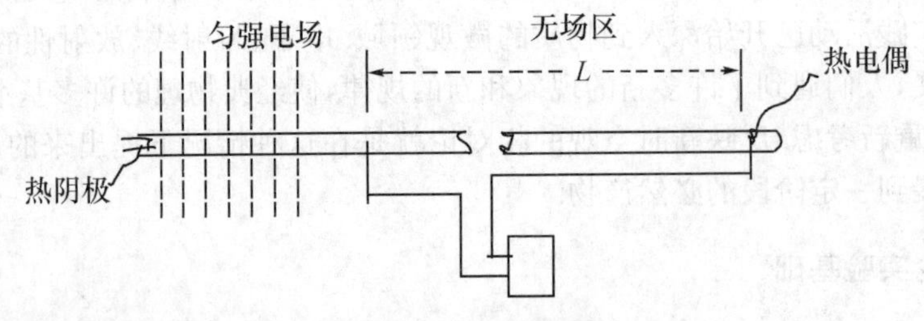

图 18.2.3　实验装置

在这个实验中,加速电压 U 是精确知道的,一个电子动能为 $E_K=eU$,如果在这束电子中,每秒有 N 个电子飞过,则它输送给在电子束终端的铝靶的功率为 eUN eV · s,用热电偶直接测定靶所吸收的功率,根据经典力学,我们预期应有

$$E_K=\frac{1}{2}mv^2$$

也就是对动能 E_K-v^2 的作图应为一直线,但是,对于大于 105 eV 左右的能量,v^2 与 E_K 之间的线性关系在实验中不成立.我们观察到速度在更高能量下趋于极限 $3\times10^8\ \mathrm{m\cdot s^{-1}}$,如图 18.2.4 所示.

这个实验结果可以概括为电子从加速电场吸收能量,但它们的速度并不无限地增大.在理解这一实验时,我们只能假设 E_K 变大时 m 不是常数.许多其他实验也表明 c 是粒子速度的上限.

还有很多实验都支持爱因斯坦的狭义相对论，这里只介绍很少一部分，下面我们来精确地表述狭义相对论，并去理解它的某些重要推论.

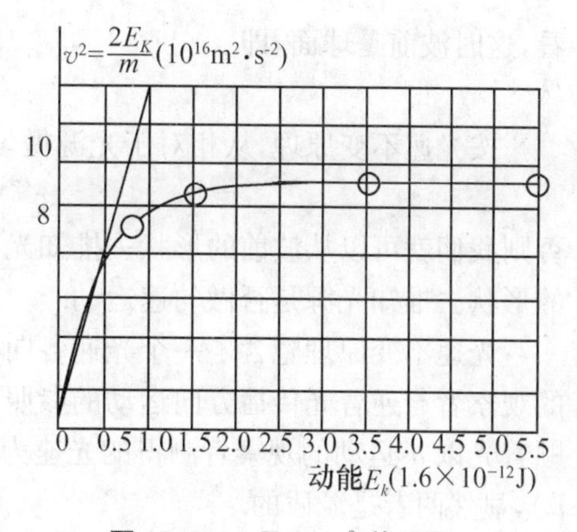

图 18.2.4 E_K-v^2 关系图

18.2.3 狭义相对论的两个基本假设

如前所述，有着巨大贡献的麦克斯韦电磁学理论与经典的相对性原理相矛盾，当爱因斯坦开始思考这些问题时，存在以下几种可能性：

①麦克斯韦方程组是不正确的，真正的电磁学理论在伽利略变换下是不变的.

②伽利略相对性适用于经典力学，但电磁学有一参考系，在这个参考系里光以太是静止的.

③存在一种既适用于经典力学又适用于电磁学的相对性原理，但它不是伽利略变化下的相对性原理. 这就意味着必须修改力学定律.

第一种可能性几乎不存在. 由于赫兹、洛仑兹和其他人的工作，麦克斯韦理论获得了惊人的成功，因而电磁学理论有严重错误这一论点是可疑的. 第二种可能性为当时大多数物理学家所接受. 但是，观察地球及其实验室相对于以太静止参考系的运动的种种努力，如迈克耳孙—莫雷实验，全部遭到失败.

然而，对于这个重要的实验否定的结果可以用斐兹杰惹—洛仑兹收缩假说(1892 年)来解释. 根据这个假说，以速度 v 通过以太运动的物体按 $L_v=L_0\sqrt{1-\frac{v^2}{c^2}}$ 公式在运动方向上被收缩，洛仑兹后来证明了这个假说的根源在于电动力学，洛仑兹和庞加莱证明了麦克斯韦方程组在所谓的洛仑兹变换下形式不变，并证明了在电动力学中，对运动电荷密度等来说，收缩表达式成立. 这样，洛仑兹就使以太假说避免与迈克耳孙—莫雷实验相抵触. 遗憾的是，洛仑兹本人却没有从此公式引起对“时空绝对性”的质疑，仅把它看作是一种数学方法.

爱因斯坦选择了第三种可能性，并试图用相对性原理来概括经典力学、电动力学及一切自然现象. 爱因斯坦狭义相对论以下面两条假设为基础.

(1)相对性原理

两物体之间的相互作用只能改变两物体之间的相对运动状态，不能改变两物体作为一个体系的整体运动状态. 因此，根据在任何一个惯性系内部所进行的一切实验和观测都不可能判断该惯性系相对于另一个惯性系的运动速度的大小与方向，各惯性系内的物理实验与观测都不能在规律上显示出差异. 这就是狭义相对论的第一个基本假设——相对性原理，准确地说，应该为狭义相对性原理：一切物理规律在任何惯性系中都是相同的；换言之，当描述物理规律的方程用惯性系内的时空坐标表示时，其形式与惯性系的选取无关. 由此可知，相互匀速平动的两个惯性系在物理上是等效的. 在所有惯性系中自然规律的一切实验结果都相同，更精确地说，存在着无穷多个相互做匀速直线运动的三维等效欧几里得参考系. 在这个参考系中，一切物理现象都以相同方式发生. 这一假设在经典力学中已经证实，而且与迈克耳孙—莫雷实验一致. 相对性原理否定了以太(绝对静止系)的存在.

(2)光速不变原理

光速与其源的运动无关，如果从点光源(位于 s 系坐标原点)，在其中保持静止的参考系来

看，这时波前是球面，即

$$x^2+y^2+z^2=c^2t^2$$

按光速不变原理，从相对于光源做匀速运动的 s'系去看，波前也必定是球面，即

$$x'^2+y'^2+z'^2=c^2t'^2$$

否则我们就可以从波前的形状去推知光源的运动. 然而根据光速不变假设，我们不可能从光前的形状去推知光源是否做匀速运动.

光速不变原理隐含了一个光速各向同性的前提，也就是说，顺着光传播方向运动的参照系的观察者与逆着光传播方向运动的参照系的观察者测量的光速都一样. 而按伽利略变换，则是顺着光以 u 运动的观察者测得的光速为$(c-u)$，逆着光以 u 运动的观察者测得的光速为$(c+u)$，显然两者是矛盾的.

光速不变原理的假设还间接否定了绝对时空观. 例如，在以 u 运动的车厢中央有一闪亮的光源 P 发出的光线，同时向车厢两端 A 和 B 传去，按光速不变原理，运动着的车厢上的观察者认为是同时到达的，而地面上的观察者认为是不同时到达的. 可见，两件事的同时性与参照系的选择有关，是相对的，对不同的参照系，时间的流失是不相同的. 而伽利略变换则认为与参照系无关，$t'=t$ 或 $t=t'$. 光速不变原理否定了伽利略变换所隐含的绝对时间假定.

爱因斯坦的两个基本原理是彼此相容的，因为光速在真空中是一个常量，是麦克斯韦方程组的直接推论. 说明了电磁运动规律要求光在真空中的速度为常量成立，等于要求在两个相互做匀速直线运动的惯性系中都有相同的形式. 也就是要求将力学相对性原理推广到电磁学、光学中去，从而组成现在的包括一切物理规律的相对性原理. 然而伽利略变换不能使一切物理规律具有不变性，因而需要假定光速不变原理成立来推出新的时空变换——洛仑兹变换.

18.2.4 洛仑兹变换

伽利略时空坐标变换与爱因斯坦狭义相对论的两条假设相矛盾，我们必须寻找一种新的变换. 如图 18.2.5 所示，两个不同参考系 s 和 s'，它们彼此相对以速度 u 运动，现在，我们希望找到一个坐标变换，就像伽利略变换那样去换一个参考系中的坐标和时间与另一个参照系中的坐标和时间联系起来，只是要求它与相对论的假设一致. 如果我们假设在 s 系中有一光源位于原点位置，那么在 $t=0$ 时发出的球面波波前的方程为

$$x^2+y^2+z^2=c^2t^2 \qquad (18-2-1)$$

在 s'系中时空坐标为(x',y',z',t')，球面波波前的方程必须为

$$x'^2+y'^2+z'^2=c^2t'^2 \qquad (18-2-2)$$

把伽利略变换代入(18－2－2)式中直接得出

$$x^2-2xut+u^2t^2+y^2+z^2=c^2t^2$$

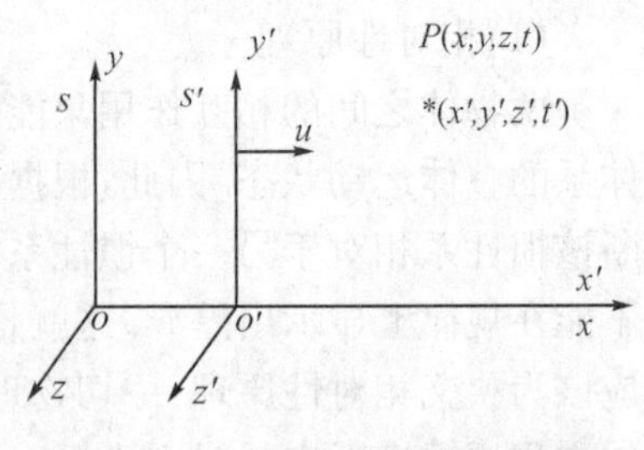

图 18.2.5　两个不同的参考系

这个结果肯定与(18－2－1)式不一致，因此，伽利略变换行不通. 我们必须去寻找别的变换，而且当速度 u 与光速相比很小时，这种变换必须能转化为伽利略变换，如图 18.2.5 所示，两惯性系中三维空间坐标系的对应轴两两相互平行. s'系 $o'x'$轴相对于 s 系沿 ox 轴以速度 u 沿 x 轴正方向运动；且当两坐标系的原点 o 与 o'重合时，安放在原点的两个时钟均指零时刻.

为此，我们试用下列变换：

$$x'=ax+bt,\quad y'=y,\quad z'=z,\quad t'=a'x+b't$$

我们知道，在 $x'=0$ 时，$\mathrm{d}x/\mathrm{d}t=u$，而 $x=0$ 时，$\mathrm{d}x'/\mathrm{d}t'=-u$，通过代数运算即得到

$$u=-\frac{b}{a},\quad -u=\frac{b}{b'}$$

即

$$a=b'$$

代入 $x'^2+y'^2+z'^2=c^2t'^2$，得到

$$a^2x^2+2abxt+b^2t^2+y^2+z^2=c^2(a'^2x^2+2a'axt+a^2t^2)$$

把这个式子与(18－2－1)式比较，我们看到，若要二者一致，只有

$$2ab=2c^2a'a,\ a^2-c^2a'=1,\ c^2a^2-b^2=c^2$$

解得

$$a=\frac{1}{\sqrt{1-\frac{u^2}{c^2}}},\ b=\frac{-u}{\sqrt{1-\frac{u^2}{c^2}}},\ a'=\frac{-\frac{u}{c}}{\sqrt{1-\frac{u^2}{c^2}}},\ b'=\frac{1}{\sqrt{1-\frac{u^2}{c^2}}}$$

于是得到变换

$$\begin{cases} x'=\dfrac{x-ut}{\sqrt{1-\frac{u^2}{c^2}}} \\ y'=y \\ z'=z \\ t'=\dfrac{t-\frac{u}{c^2}x}{\sqrt{1-\frac{u^2}{c^2}}} \end{cases} \tag{18－2－3}$$

这就是洛仑兹变换. 这个变换对于 x,t 是线性的，在 $u/c\to 0$ 时，它化为伽利略变换，把它代入(18－2－2)式，得出

$$x^2+y^2+z^2=c^2t^2$$

这正是我们所要的结果，即

$$x'^2+y'^2+z'^2=c^2t'^2$$

这是洛仑兹变换下的不变式. 在所有以匀速率相对运动的参考系中，描写波前的方程的形式都一样.

为方便起见，引入 $\gamma=\dfrac{1}{\sqrt{1-(u/c)^2}}$(洛仑兹因子)，$\beta=\dfrac{u}{c}$，则洛仑兹变换为

$$\begin{cases} x'=\dfrac{x-ut}{\sqrt{1-\beta^2}}=\gamma(x-ut) \\ y'=y \\ z'=z \\ t'=\dfrac{t-\frac{u}{c^2}x}{\sqrt{1-\beta^2}}=\gamma\left(t-\frac{u}{c^2}x\right) \end{cases} \tag{18－2－4}$$

其逆变换(坐标从 s' 系变换到 s 系)为

$$\begin{cases} x=\gamma(x'+ut') \\ y=y' \\ z=z' \\ t=\gamma(t'+\frac{u}{c^2}x') \end{cases} \tag{18-2-5}$$

(1)洛仑兹变换的物理意义

洛仑兹变换既然可以由光速不变原理推证出来，而且在洛仑兹变换下物理定律具有不变性，这除了进一步证明了光速不变原理与相对性原理的一致性外，还说明洛仑兹变换具体表述了狭义相对论的两个基本原理.

洛仑兹变换的时间变换式中既包含有时间因素，又包含有空间因素；而空间变换式中既包含有空间因素，又包含有时间因素.这充分表达了洛仑兹变换的时间和空间不再是绝对的，彼此无关的，而是彼此相互联系的.洛仑兹变换所代表的是同一个物理事件在不同惯性系中时空座标的变换关系.显然，从时空观的角度来看，后者大大地改进了一步，更全面而完美了.

当 $u\ll c$ 时，可以忽略 γ 因子中的 $\left(\frac{u}{c}\right)^2$ 和它的更高次项，这时，洛仑兹变换又过渡到伽利略变换，表明新的时空观包括了低速运动的时空观特征.对一维情况有如下形式：

$$\begin{cases} x'=x-ut \\ t'=t \end{cases} \quad 或 \quad \begin{cases} x=x'+ut \\ t=t' \end{cases}$$

上式表明伽利略变换是洛仑兹变换下的低速($u\ll c$)情况的近似.一旦速度达到可与光速相比较时，就要用洛仑兹变换.

(2)洛仑兹速度变换

由洛仑兹变换(18－2－4)式，可导出物体速度从惯性系 s 到 s'之间的速度变换.

由洛仑兹变换(18－2－4)式得

$$\Delta x'=\frac{\Delta x-u\Delta t}{\sqrt{1-\left(\frac{u}{c}\right)^2}}$$

$$\Delta y'=\Delta y$$

$$\Delta z'=\Delta z$$

$$\Delta t'=\frac{\Delta t-\frac{u}{c^2}\Delta x}{\sqrt{1-\left(\frac{u}{c}\right)^2}}$$

令 $\Delta t,\Delta t'\to 0$，得到相对论的速度变换公式为

$$\begin{cases} v'_x=\dfrac{v_x-u}{1-\dfrac{u}{c^2}v_x} \\ v'_y=\dfrac{v_y}{1-\dfrac{u}{c^2}v_x}\sqrt{1-\dfrac{u^2}{c^2}} \\ v'_z=\dfrac{v_z}{1-\dfrac{u}{c^2}v_x}\sqrt{1-\dfrac{u^2}{c^2}} \end{cases} \tag{18-2-6}$$

其逆变换为

$$\begin{cases} v_x = \dfrac{v'_x + u}{1 + \dfrac{u}{c^2} v'_x} \\ v_y = \dfrac{v'_y}{1 + \dfrac{u}{c^2} v'_x} \sqrt{1 - \dfrac{u^2}{c^2}} \\ v_z = \dfrac{v'_z}{1 + \dfrac{u}{c^2} v'_x} \sqrt{1 - \dfrac{u^2}{c^2}} \end{cases} \tag{18-2-7}$$

可以证明,若在一个参考系中物体的速度 $v<c$,变换到任何其他参考系仍有 $v'<c$. 仅当 $v \ll c$,(18-2-6)式才过渡到经典速度变换.

在上述速度变换法则中,有两点值得注意:一是尽管 $y'=y, z'=z$,但 $v'_y \neq v_y, v'_z \neq v_z$;二是变换保证了光速的不变性,这可以从下面的例题中看到.

例 18.2.1 π^0 介子在高速运动中衰变,衰变时辐射出光子. 如果 π^0 介子的运动速度为 $0.99975c$,求它向运动的正前方辐射的光子的速度.

解 设实验室参考系为 s 系,随同 π^0 介子一起运动的惯性系为 s' 系,取 π^0 和光子运动的方向为 x 轴,由题意,$u=0.99975c$,$v'_x=c$. 根据相对论,速度逆变换公式为

$$v_x = \frac{v'_x + u}{1 + \dfrac{u v'_x}{c^2}} = \frac{c+u}{c+u} c = c$$

可见光子的速度仍然为 c,这已为实验所证实. 若按照伽利略变换,光子相对于实验室参考系的速度是 $1.99975c$,这显然是错误的.

18.3 狭义相对论时空观

18.3.1 相对论时空结构

前面我们从物质运动中抽象出事件的概念,物质运动可以看成是一连串事件的发展过程. 事件可以有各种不同内容,但它总是在一定地点,于一定时刻发生的,因此,我们可以用四个坐标代表一个事件. 在 s 系中,两个事件可分别用 (x_1, y_1, z_1, t_1) 和 (x_2, y_2, z_2, t_2) 表示,我们定义两事件的间隔为

$$s^2 = (x_2 - x_1)^2 + (y_2 - y_1)^2 + (z_2 - z_1)^2 - c^2 (t_2 - t_1)^2 = \Delta r^2 - c^2 \Delta t^2 \tag{18-3-1}$$

同样,两个事件在惯性系 s' 系中的间隔为

$$s'^2 = (x'_2 - x'_1)^2 + (y'_2 - y'_1)^2 + (z'_2 - z'_1) - c^2 (t'_2 - t'_1)^2 \tag{18-3-2}$$

很容易证明两事件在不同惯性系的间隔 s^2 和 s'^2 相等,称间隔不变性原理. 它表示两事件的间隔不因参考系变换而改变,它是相对论时空观的一个基本概念. 两事件的间隔可以取任意数值. 我们由 s^2 的值把间隔分成三种情况:$s^2=0$,$s^2>0$,$s^2<0$. 由于从一个惯性系到另一个惯性系的变换中,间隔 s^2 保持不变,因此,这三种间隔的划分是绝对的,不因参考系的变换而改变.

图 18.3.1 是这种分类的意义,我们把三维空间和一维时间统一起来考虑,每一事件用这四维时空的一点表示. 为了能用图直观表示,我们只考虑二维空间和一维时间(取时间轴为

ct). 设 $t=0$ 时刻,一物理系统在原点上,由于光速是一切速度的上限,可以用一个"锥面"(叫做光锥)把时空分为三个区域,这个锥面由 $r=ct$(三维空间 $r=\sqrt{x^2+y^2+z^2}$,二维空间 $r=\sqrt{x^2+y^2}$)确定,在 $t=0$ 时刻,从原点发出光信号沿着图中的 45°线传播.

在光锥面上 $s^2=0$ 也称为类光间隔,两事件只能用光信号发生因果联系.

$s^2>0$,称为类空间隔,位于图中光锥之外,s 为实数. 两事件无因果关系,也叫另一世界,位于 o 点的一个系统永远不能到达另一世界中的一个时空点,或者说,系统从另一世界的一个时空点永远不能到达 o 点.

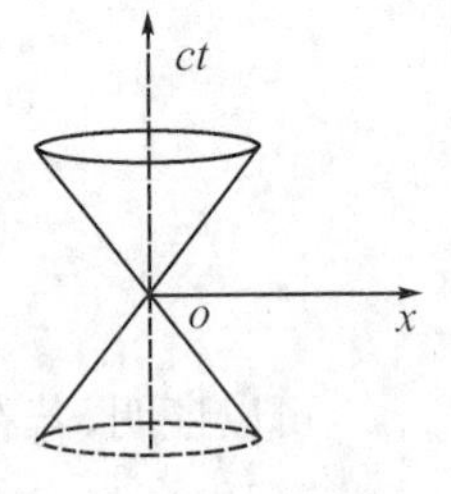

图 18.3.1 用锥面划分时空区域

在光锥之间,$s^2<0$,称为类时间隔,两事件可以有因果关系,此区域还可分成两个部分,图中光锥的上半光锥,系统位于上半光锥内,$t>0$ 叫"将来". 同样,下半光锥内叫"过去".

时空中两事件的间隔是洛仑兹不变量. 在一个坐标系中具有类空间隔的两个事件,在一切坐标系中都具类空间隔,这就意味着两事件无法从因果关系上联系起来. 因为物理的相互作用,一点到另一点的传播速度不大于光速,所以只有具有类时间隔的事件才能有因果关系,图中坐标原点的事件(现在)在因果关系上只能受到在光锥过去区域内发生的事件的影响.

在相对论中,因果关系不会因坐标系的变换而改变,这点可以直接用洛仑兹变换证明. 在 s 系中,以 $P_1(x_1,y_1,z_1,t_1)$ 代表作为原因的第一事件,$P_2(x_2,y_2,z_2,t_2)$ 代表作为结果的第二事件. 由 $t_2>t_1$,变换到另一坐标系 s' 上,这两个事件用 $P'_1(x'_1,y'_1,z'_1,t'_1)$ 和 $P'_2(x'_2,y'_2,z'_2,t'_2)$ 表示. 由洛仑兹变换式有

$$t'_2-t'_1=\frac{t_2-t_1-\frac{u}{c^2}(x_2-x_1)}{\sqrt{1-\left(\frac{u}{c}\right)^2}}$$

若这变换保持因果关系的绝对性,应有 $t'_2>t'_1$,由上式应有

$$\left|\frac{x_2-x_1}{t_2-t_1}\right|<\frac{c^2}{u}$$

设 $|x_2-x_1|=v(t_2-t_1)$,v 代表由 o 到 P 的作用传播速度. 由上式得

$$uv<c^2$$

我们知道,真空中光速 c 是物质运动的最大速度,也是一切相互作用传播的极限速度,即

$$v<c,u<c$$

只要这个条件成立,事件的因果关系就有绝对意义,在这一前提下,相对论时空观完全符合因果律的要求.

18.3.2 长度收缩

考虑一根在参考系 s 中静止的杆,它顺着 x 轴放置,因为杆在 s 中静止,其端点的位置坐标 x_1 和 x_2 与时间无关. 因此,$L_0=x_2-x_1$,称为杆的静止长度或原长. 再考虑一根在参照系 s'(相对 s 系以 v 沿 x 轴匀速运动)中静止地沿 x' 轴放置的杆(与 s 系中完全相同的杆). 由于同样的理由,$L_0=x'_2-x'_1$,称为杆在 s' 中的静止长度或原长.

现在,我们想确定当从运动的参考系来看时,这杆有多长. 首先,从 s' 参考系看图 18.3.2 中的杆,s' 相对于 s 中静止的杆以速度 u 沿 ox 轴运动(杆静止在 s 系中沿 ox 轴).

我们通过测定在某给定时刻t'与杆的端点相重合的位置x'_1和x'_2来确定s'中看到的杆的长度，这里的关键在于x'_1和x'_2是在同一时刻t'测量的. 换句话说，在s'中同时与杆的端点相重合的两位置x'_1和x'_2之间的距离成了在运动参考系s'中长度L的自然定义.

由洛仑兹变换式得

$$
\begin{aligned}
&x_1=\gamma(x'_1+ut'_1),x_2=\gamma(x'_2+ut'_2)\\
&x_2-x_1=L_0=\gamma(x'_2-x'_1)+\gamma u(t'_2-t'_1)
\end{aligned}
\tag{18-3-3}
$$

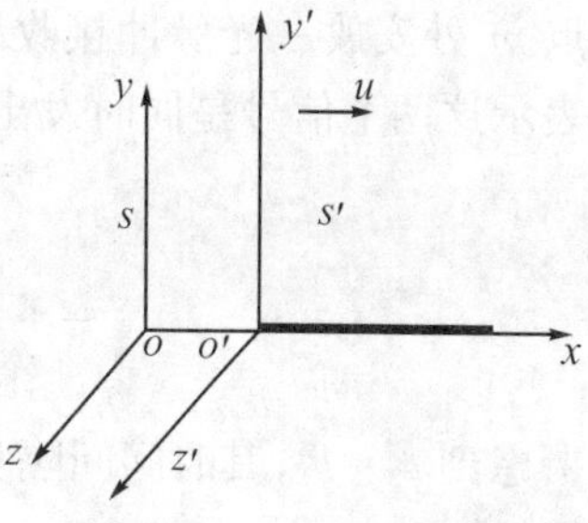

图 18.3.2　在参考系中的杆

现在，令$t'_2=t'_1$，我们上面说过，这是在s'中进行测量所必须的，从而得出

$$L_0=\gamma(x'_2-x'_1)=\gamma L \tag{18-3-4}$$

或

$$L=\frac{L_0}{\gamma}=L_0\sqrt{1-\frac{u^2}{c^2}} \tag{18-3-5}$$

换句话说，在运动系中测得的长度比在静止系统中测得的长度要短些.

我们反过来从参照系s看图 18.3.2 中静止在s'中的杆，s相对于在s'中静止的杆以速度$-u$沿$o'x'$轴运动，并注意s'中的杆在s中为静止. 计算的步骤是一样的，不过，现在是t时刻s系中同时与杆的端点相重合的两位置x_2和x_1之间的距离成了在s中长度L的自然定义. 由洛仑兹变换式得

$$
\begin{aligned}
x'_1=\gamma(x_1-ut_1),\quad x'_2=\gamma(x_2-ut_2)\\
x'_2-x'_1=L_0=\gamma(x_2-x_1)-\gamma u(t_2-t_1)
\end{aligned}
$$

令$t_2=t_1$，得

$$L=\frac{L_0}{\gamma}=L_0\sqrt{1-\frac{u^2}{c^2}}$$

测运动杆所得的长度仍比测静止杆所得的长度要短些.

这就是杆在平行其长度方向上相对于观察者运动时长度收缩. 人们对这点可能会困惑不解，杆是否“真的收缩”了？当然不是，杆在物理上没有发生什么变化，只是在运动系中进行测量的过程导致了不同的结果. 注意，在两参考系内测量其纵向(与运动方向垂直)的长度是一样的，物体的长度只沿运动方向收缩.

在前面的讨论中，我们已经强调过，观察者是通过在他自己的参照系中同时记下杆两端的位置而作出他的长度测量的定义. 当在运动的参照系s'中的观察者测得静止在s中的杆的长度时，我们要求的就是这一点. 我们一定要认识到，在s'中在t'时刻同时地记下两端点位置的动作并不变换为在s中在两端点x_1和x_2处的同时事件；相反，洛仑兹变换指出，在s'中同时进行的对两端点的位置记录，在s中有一时间间隔. 这也是长度收缩的原因.

18.3.3　同时性的相对性

在狭义相对论中，时间和时间间隔都与观察者的运动状态相联系. 让我们看一下发生在两个惯性系中的两个事件的时间间隔，假设这两个惯性系仍然是上面所取的s系和s'系. 如果在s系的两个不同地点同时分别发出一光脉冲信号a和b，它们的时空坐标分别为$a(x_1,y_1,z_1,t_1)$和$b(x_2,y_2,z_2,t_2)$，因为是同时发出的，所以$t_2=t_1$. 为了确保这两个光脉冲是同时发出的，可以在这两个地点连线的中

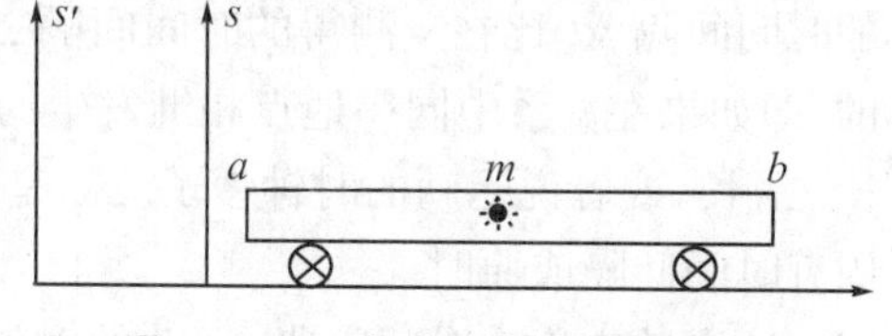

图 18.3.3　安放光脉冲接收装置

点 m 处安放一光脉冲接收装置，如图 18.3.3 所示，若该接收装置同时接收到光脉冲信号，就表示这两个信号是同时发出的. 在 s'系观察，这两个光脉冲信号发出的时间分别是

$$t_1' = \frac{t_1 - \frac{u}{c^2}x_1}{\sqrt{1-\frac{u^2}{c_2}}}, \quad t_2' = \frac{t_2 - \frac{u}{c^2}x_2}{\sqrt{1-\frac{u^2}{c^2}}}$$

考虑到 $t_2 = t_1$，其时间间隔为

$$\Delta t' = t_2' - t_1' = \frac{\frac{u}{c^2}(x_1 - x_2)}{\sqrt{1-\left(\frac{u}{c}\right)^2}} \neq 0 \tag{18-3-6}$$

上式表明：在 s 系中两个不同地点同时发生的事件，在 s'系看来不是同时发生的，这就是同时性的相对性. 因为运动是相对的，所以这种效应是互逆的，即在 s'系两个不同地点同时发生的事件，在 s 系看来也不是同时发生的. 由式(18－3－6)还可以看到，当 $x_2 = x_1$ 时，即两个事件发生在同一地点，则同时发生的事件在不同的惯性系看来才是同时的. 从这里也可以看出，在狭义相对论中，时间与空间是互相联系的.

在上面的讨论中我们已经看到，在相对于事件发生地静止的参考系(即 s 系)中，两个事件的时间间隔为零(即同时)，而在相对事件发生地做匀速直线运动的另一个参考系(即 s'系)中观测，时间间隔却大于零，这不就是时间膨胀或时间延缓了吗？不过这里所说的事件是发生在不同地点的，那么发生在同一地点的事件的情形又将怎样呢？

18.3.4　**时钟变慢**

假设某物体内部相继发生两个事件(例如分子振动一个周期的始点和终点). 设 s'为该物体的静止惯性系，在这参照系上观察到两事件发生的时刻为 t_1' 和 t_2'，其时间间隔为 $\Delta\tau = t_2' - t_1'$. 由于两事件发生在同一地点 x'，因此两事件的不变间隔为

$$s'^2 = -c^2(t_2' - t_1') = -c^2\Delta\tau \tag{18-3-7}$$

在另一惯性系 s 上观察，该物体以速度 u 运动，因此，第一个事件发生的地点 x_1 不同于第二个事件发生的地点 x_2. 设 s 上观察到两事件的时空坐标为(x_1, t_1)和(x_2, t_2)，则两事件的不变间隔又可以写成

$$s^2 = (x_2 - x_1)^2 - c^2(t_2 - t_1)^2 = \Delta x^2 - c^2\Delta t^2 = (u^2 - c^2)\Delta t^2 \tag{18-3-8}$$

(18－3－7)式等于(18－3－8)式，因此

$$\Delta t = \frac{\Delta\tau}{\sqrt{1-\frac{u^2}{c^2}}} \tag{18-3-9}$$

可见，同样物理过程经历的时间，在不同惯性系测量的结果是不一样的. 在 s 惯性系测得的时间间隔 Δt 比在 s'测得的时间间隔 $\Delta\tau$ 长. 由于运动是相对的，所以时间延缓效应是互逆的，即如果在 s 系中同一地点相继发生的两个事件的时间间隔为 $\Delta\tau$，那么在 s'系测得的 $\Delta t'$总比 $\Delta\tau$ 长，或者说运动的时钟慢了. $\Delta\tau$ 是在相对静止的惯性系中测量到的时间间隔，因此称为固有时间间隔或原时.

这个效应称为时间膨胀. 运动的时钟显得比静止的时钟走得更慢，这很难从直观上去理解，要比较自然地接受时间膨胀的概念，会花掉你许多时间. 这个佯谬的根源在于 c 的不变性，

有一个简单的问题阐述了光速的不变性是如何迫使我们接受时间膨胀的.让我们在参照系 s 中放一个标准钟,可以用这个钟来测量光脉冲从已静止的光源走过一段固定位置的距离 L 到达一面静止的镜子,然后再返回所需要的时间 t.光程是沿 y 轴的,因此有

$$\Delta t=\frac{2L}{c} \tag{18-3-10}$$

这个时间可从钟面读出,也可在纸上印出.在任何参照系中的观察者,都可以去看印出的脉冲飞行时间的记录,而且都会承认静止的参照系 s 中的时钟所记下的时间 $\Delta\tau$.那么,他们自己不在 s 系的时钟记下的是什么呢?

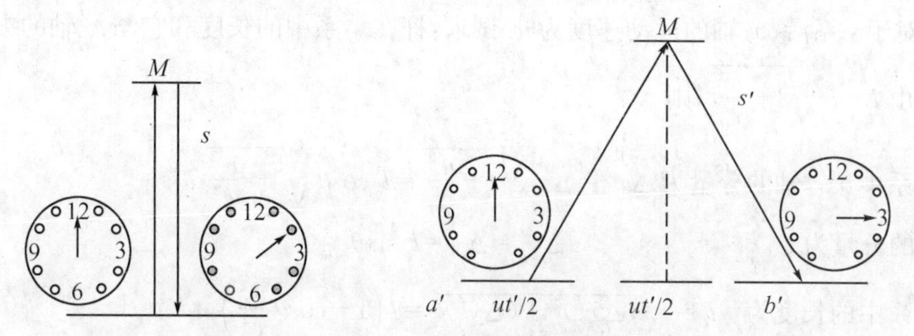

图 18.3.4 测量时间

如图 18.3.4 所示,当反射实验在 s 系中进行时,一个在 s'系(相对于 s 在 x 方向上匀速地运动着)中的观察者也可以量度它的时间.s'中的观察者要靠静止在s'中的一系列校准过的时钟去做这件事.我们利用位于两钟之间中点的光源所发出闪光来同时开动(校准)这两个静止在 s'中的钟,让它们都在闪光到达的瞬间开始从零走起.这个校准方法也可以用于其他时钟.此外,我们也可以这样来校准同一参照系中任意数目的时钟:当它们在空间同一地点时先校准好,然后慢慢地把它们分开,移动到所要的位置上去.我们可以读出 s'中任何一个时钟指示的时间,而且确信所有静止在 s'中的其他时钟都会有同样的时间读数.具体来说,我们要去读 s'中离 s 中做反射实验用的时钟最近的那个时钟指示的时间.当光脉冲从 s 中发出时,s'中哪一个时钟与实验最靠近,我们就用这个钟读数;当光脉冲返回,并被 s 中的钟记录下来时,s'中将有另一个钟和它最靠近,我们就用那个钟读数.

光在 s 中走过的路程为 $2L$,但是,从 s'系看来,路程变长了,因为在光脉冲从光源传到镜子的过程中,s 中的实验装置已沿 x 方向相对于 s'移动了$\frac{ut'}{2}$,而在光返回的过程中,实验装置又移动了$\frac{ut'}{2}$.这里,t'是在s'中观测的时间.脉冲在 s'中通过的距离为 $2\left[L^2+\left(\frac{1}{2}ut'\right)^2\right]^{\frac{1}{2}}$,因为脉冲总是以速率 c 运动的,所以这段距离一定等于 ct'.于是

$$(ct')^2=4L^2+(ut')^2$$

或者参照式(18-3-10),得
$$t'=\frac{\Delta\tau}{\sqrt{1-\frac{u^2}{c^2}}}$$

这样,s 中的时钟在s'中的计时者看来就走慢了.

我们看到,时间膨胀效应并不涉及原子内部的某种神秘过程,它是在测量过程中发生的.从静止在 s 中的观察者看来,静止在 s 中的时钟指出原时 $\Delta\tau$.但是,当我们从 s'去看时,对于一个在 s 中为 $\Delta\tau$ 的时间间隔,却看到一个较长的时间 $\Delta t'$,这是由于光程增加了.不管什么样

的时钟,都会有这样的表现.

18.3.5　狭义相对论时空观

相对于观测者运动的惯性系的时钟系统对观测者来说变慢了,相对于观测者运动的惯性系沿运动方向的长度对观测者来说收缩了,没有“绝对”的时间、“绝对”的空间.长度收缩和时间的膨胀是相对的、同时性的相对性.狭义相对论时空观认为:时间、空间、运动三者不可分割地联系着,时间、空间的度量是相对的.狭义相对论时空观反映在洛仑兹变换之中.

例 18.3.1　一根直杆在 s 系中,其静止长度为 l,在 oxy 平面与 x 轴的夹角为 θ.在 s' 系中 $o'x'$ 轴相对于 s 系沿 ox 轴的运动速度为 u.试求:杆在 s' 系中的长度和它与 x' 轴的夹角.

解　由 $l=l_0\sqrt{1-\frac{u^2}{c^2}}$,则

在 s' 系中 $o'x'$ 轴的分量为 $\Delta x'=\Delta x\sqrt{1-\frac{u^2}{c^2}}=l\cos\theta\sqrt{1-\frac{u^2}{c^2}}$

y' 轴的分量为　$\Delta y'=\Delta y=l\sin\theta$

在 s' 系中的长度为　$l'=\sqrt{(\Delta x')^2+(\Delta y')^2}=l\left(1-\cos\theta\frac{u^2}{c^2}\right)^{\frac{1}{2}}$

它与 x 轴的夹角为　$\theta'=\arctan\dfrac{l\sin\theta}{l\cos\theta\sqrt{1-\frac{u^2}{c^2}}}$

例 18.3.2　设想有一光子火箭以 $v=0.95c$ 速率相对地球做直线运动,若火箭上宇航员的计时器记录他观测星云用去 10 min,则地球上的观察者测得此事用去多少时间?

解　设火箭为 s' 系,地球为 s 系,则

$$\Delta t'=10\,(\text{min})$$

$$\Delta t=\frac{\Delta t'}{\sqrt{1-\beta^2}}=\frac{10}{\sqrt{1-0.95^2}}=32.01(\text{min})$$

运动的钟似乎走慢了.

例 18.3.3　一火车以恒定速度通过隧道,火车和隧道的静长是相等的,如图 18.3.5 所示.从地面上看,当火车的前端 b 到达隧道的 B 端的同时,有一道闪电正击中隧道的 A 端.试问:此闪电能否在火车的 a 端留下痕迹?

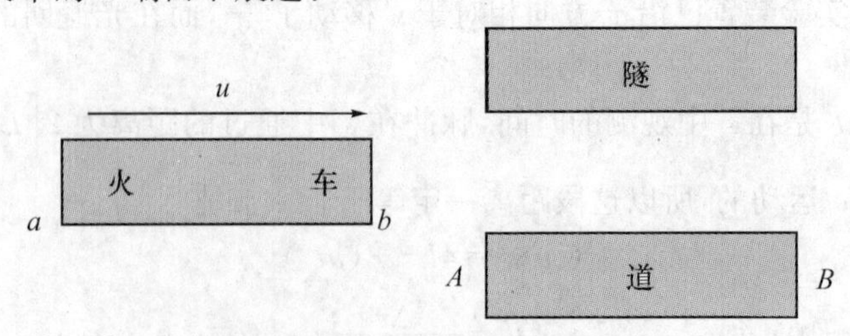

图 18.3.5　例 18.3.3 图示

解　在地面参照系 s 中看,火车长度要缩短;在火车参照系 s' 中看,隧道长度要缩短.但隧道的 B 端与火车 b 端相遇这一事件与隧道 A 端发生闪电的事件不是同时的,而是 B 端先与 b 端相遇,然后 A 处发生闪电.当 A 端发生闪电时,火车的 a 端已进入隧道内,所以闪电仍不能击中 a 端.

隧道 B 端与火车 b 端相遇这一事件与 A 端发生闪电事件的时间差 $\Delta t'$ 为

$$\Delta t'=\frac{l_0\dfrac{u}{c^2}}{\sqrt{1-\dfrac{u^2}{c^2}}},\Delta S'=u\Delta t'=\frac{l_0\dfrac{u^2}{c^2}}{\sqrt{1-\dfrac{u^2}{c^2}}}$$

隧道 B 端与火车 b 端相遇时，火车露在隧道外面的长度为

$$\Delta l'=l_0-l'=l_0(1-\sqrt{1-\frac{u^2}{c^2}})$$

18.4 狭义相对论动力学基础

在狭义相对论中，我们要求物理规律在洛仑兹变化下具有不变性. 设有两个在不同参照系 s 和 s' 中的观察者都在推断物理定律，每个观察者都用在自己的参照系中所测得的长度、时间、速度或加速度来表达这些物理定律，无论用 s 系中的参数还是用 s' 系中的参数，这些定律在形式上必须完全相同. 因此，我们用洛仑兹变换把 s 系中的 (x,y,z,t) 变换到 s' 系中的 (x',y',z',t') 时，在 s 系中所推出的任何物理定律就被推断成了 s' 系中的定律，并且在形式上应没有变化.

18.4.1 相对论动量、能量

在经典力学中，设物体的质量为 m_0，运动速度为 v，则它的动量为 m_0v，在相对论中，它不满足洛仑兹不变性. 我们必须找一个新的动量的定义式，要求它是洛仑兹不变的.

如果我们把相对论动量定义为

$$p=\frac{m_0v}{\sqrt{1-\dfrac{v^2}{c^2}}} \tag{18-4-1}$$

$$p=m_0c\beta\gamma \tag{18-4-2}$$

当 $v\ll c$ 时，p 趋于经典动量 m_0v. 按(18－4－1)式定义的动量，动量守恒定律将在一切惯性系中成立，与相对性原理一致. 图 18.4.1 所示的是相对论性动量与非相对论性动量的大小.

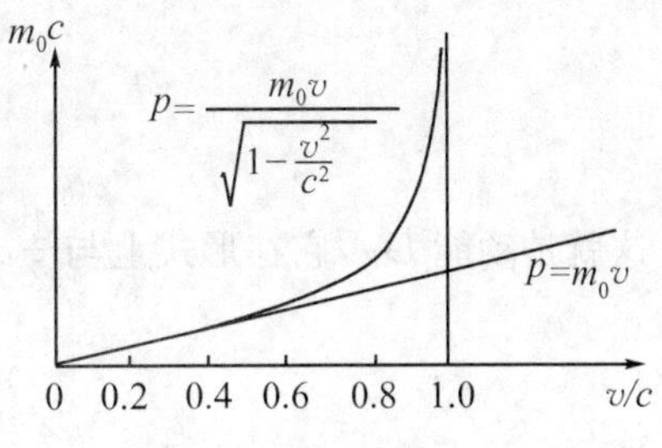

图 18.4.1 动量大小

我们把相对论性动量(18－4－1)式写成 $\boldsymbol{p}=m(v)\boldsymbol{v}$ 形式，这样，我们就可以把

$$m(v)=\frac{m_0}{\sqrt{1-\dfrac{v^2}{c^2}}}=\gamma m_0 \tag{18-4-3}$$

解释为静止质量为 m_0 的粒于以速率 v 运动时的相对论性质量. 它是一个随运动速度增大的量，如图 18.4.2 所示，可看成一种等效质量，也称为运动质量. 而不变量 m_0 称为静止质量，也叫固有质量. 静止质量是粒子的基本属性之一.

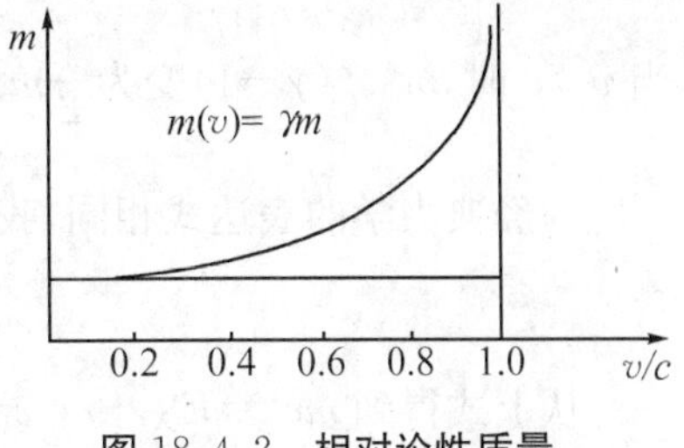

图 18.4.2 相对论性质量

相对论性质量是增加这一结论已经由多种电子偏转实验所证实，如 1908 年玻歇勒在测定电子的荷质比 e/m

时，发现比低速运动的电子的 e/m 小，物体极限速度的存在也要求其运动质量随速度增大.

现在我们来看相对论性能量. 我们用什么去代替 $\frac{1}{2}mv^2$ 才能得出一个有意义的相对性的运动表达式呢？在经典力学中，我们是把一个初始静止的自由粒子，对它做了一定量功 W 之后，它所获得的能量就是动能，我们保留这个定义，并把牛顿第一定律写成

$$\boldsymbol{F}=\frac{\mathrm{d}\boldsymbol{p}}{\mathrm{d}t}=\frac{\mathrm{d}}{\mathrm{d}t}\left(\frac{m_0\boldsymbol{v}}{\sqrt{1-\frac{v^2}{c^2}}}\right)$$

式中，t 和力 $\boldsymbol{F}$ 指的是这些量在观察到动量为 $\boldsymbol{p}$ 的实验室系中所取得的值，令 $\boldsymbol{F}$ 在 x 方向上，那么功 W 为

$$\begin{aligned}
W &= \int F\mathrm{d}t = \int_0^v \frac{\mathrm{d}}{\mathrm{d}t}\frac{m_0v}{\sqrt{1-\frac{v^2}{c^2}}}\mathrm{d}x \\
&= \int_0^v \frac{\mathrm{d}}{\mathrm{d}t}\left(\frac{m_0v}{\sqrt{1-\frac{v^2}{c^2}}}\right)\frac{\mathrm{d}x}{\mathrm{d}t}\cdot\mathrm{d}t \\
&= \int_0^v\left[\frac{m_0v}{\sqrt{1-\frac{v^2}{c^2}}}\frac{\mathrm{d}v}{\mathrm{d}t}+\frac{m_0v^3c^{-2}}{\sqrt{(1-\frac{v^2}{c^2})^3}}\frac{\mathrm{d}v}{\mathrm{d}t}\right]\mathrm{d}t \\
&= \int_0^v\frac{m_0v\frac{\mathrm{d}v}{\mathrm{d}t}}{\sqrt{(1-\frac{v^2}{c^2})^3}}\mathrm{d}t \\
&= \int_0^v\frac{\mathrm{d}}{\mathrm{d}t}\left(\frac{m_0c^2}{\sqrt{1-\frac{v^2}{c^2}}}\right)\mathrm{d}t \\
&= \frac{m_0c^2}{\sqrt{1-\frac{v^2}{c^2}}}-m_0c^2 = m_0c^2(\gamma-1)
\end{aligned}$$

这就是动能 E_K，它在形式上与 $\frac{1}{2}mv^2$ 毫无相似之处，但是当 $v\ll c$ 时，有

$$\gamma=\frac{1}{\sqrt{1-\frac{v^2}{c^2}}}=1+\frac{1}{2}\frac{v^2}{c^2}+\cdots$$

$$\gamma-1=\frac{1}{2}\frac{v^2}{c^2}+\cdots$$

当 $v\ll c$ 时，$m_0c^2(\gamma-1)$ 变为 $\frac{1}{2}m_0c^2\frac{v^2}{c^2}=\frac{1}{2}m_0v^2$.

与经典力学的表达式相同，我们引用运动质量 $m=\frac{m_0}{\sqrt{1-v^2/c^2}}$，则相对论动能为

$$E_K=mc^2-m_0c^2 \tag{18-4-4}$$

从上式得到 $mc^2=E_K+m_0c^2$，mc^2 应该是能量的性质，包含两部分：一部分是物体的动能 E_K；另一部分应该是当物体静止时仍然存在的能量 m_0c^2，称为静止能量. 本来在非相对论中，

对能量附加一个常数是没有意义的，但是在相对论情形中，我们必须进一步研究常数 m_0c^2 的物理意义，这是因为 m_0c^2 项的出现是相对论协变性要求的结果. 删去这项或用其他常数代替这项都不符合相对论协变性的要求. 从物理上看，自然界最基本的定律之一是能量转化与守恒定律. 只有当附加项 m_0c^2 可转化为其他形式的能量时，这项作为能量的一部分才有物理意义. 由此我们可以推论，物体静止时具有能量，在一定条件下，物体的静止能转化为其他形式的能量.

为了进一步明确静止能量和相对论协变性的关系，根据(18－4－2)式，相对论性动量的平方可写为

$$p^2=m_0^2c^2\beta^2\gamma^2 \tag{18-4-5}$$

恒等式：
$$\frac{1}{1-\frac{v^2}{c^2}}-\frac{\frac{v^2}{c^2}}{1-\frac{v^2}{c^2}}=1 \quad 或 \quad \gamma^2-\beta^2\gamma^2=1$$

是一个洛仑兹不变式，因为 1 是常数，两边乘以 $m_0^2c^4$，得

$$m_0^2c^4(\gamma^2-\beta^2\gamma^2)=m_0^2c^4$$

利用(18－4－5)式有

$$m_0^2c^4\gamma^2-p^2c^2=m_0^2c^4 \tag{18-4-6}$$

由于静止质量是常数(洛仑兹标量)，$m_0^2c^4$ 当然也是常数，因而它是如我们所要求的，是一个洛仑兹不变量. $m_0^2c^4\gamma^2$ 是什么物理量呢？从(18－4－6)式中得知它减去 p^2c^2 后就得到在洛仑兹变换下的一个数($m_0^2c^4$).

如果我们把自由粒子的相对论性总能量定义为

$$E=m_0c^2\gamma=\frac{m_0c^2}{\sqrt{1-\frac{v^2}{c^2}}}=mc^2 \tag{18-4-7}$$

由(18－4－6)式得

$$E^2-p^2c^2=m_0^2c^4 \tag{18-4-8}$$

是一个洛仑兹不变式. 如果我们从一个惯性系变换到另一个惯性系，让 $p\to p'$ 和 $E\to E'$，那么(18－4－8)式的不变性指的就是

$$E'-p'^2c^2=E^2-p^2c^2=m_0^2c^4$$

这就是我们讲的洛仑兹不变式所指的意思. (18－4－8)式是关于物体能量、动量和质量的一条重要关系式.

根据(18－4－8)式有

$$E=\sqrt{p^2c^2+m_0^2c^4}=m_0c^2\sqrt{1+\frac{p^2c^2}{m_0^2c^4}}$$

当 $pc\gg m_0c^2$ 时，有

$$E\approx pc \tag{18-4-9}$$

这就是高能物理学常用到的近似式.

18.4.2 质能关系

我们从(18－4－3)式和(18－4－7)式得到

$$E=mc^2 \tag{18-4-10}$$

$$\Delta E=\Delta mc^2 \tag{18-4-11}$$

此关系称为质能关系式.

由(18－4－8)式有，当物体静止，v_0 为零时，$E_0=m_0c^2$. 静止能量 $E_0=m_0c^2$ 是相对论最重要的推论之一，它指出静止粒子内部仍然存在着运动. 一定质量的粒子表现出有一定的惯性质量.

质能关系式在原子核和基本粒子物理中被大量实验很好地证实，它是原子能利用的主要理论根据，质能关系式反映了作为惯性量度的质量与作为运动量度的能量之间的关系. 在物质反应转化过程中，物质的存在形式发生变化，运动的形式也发生变化，但不是说物质转化为能量，物质在转化过程中并没有消灭. 如 $\pi^0\to 2\gamma$，作为物质的 π^0 介子转化为作为物质的光子. 光子同样是物质，它也可以在适当条件下转化为电子或其他粒子. π^0 衰变过程中释放出的能量是由原来存在于 π^0 介子内的静止能量转化而来的，在转化过程中能量守恒. 在相对论中，能量守恒定律和动量守恒定律仍然是自然界最基本的定律，这两条定律在研究基本粒子转化过程中起着十分重要的作用.

由(18－4－7)式知，对静止质量的零粒子 $m_0=0$

$$E=pc \tag{18-4-12}$$

又 $E=mc^2$，$p=mv$(m 为动质量)，有

$$v=c$$

这就是我们看到的静止质量为零的粒子总是以光速运动，对于任何观察者，它都是同一速率和同一个零静止质量，也就是光速不变.

18.4.3　质能关系的物理意义

物体的总能量和总质量成正比，即 $E\propto m$，比例系数为 c^2. 这充分地反映了质量和能量是物体两个不可分割的基本属性，意味着世界上没有脱离质量的能量，也没有不含质量的能量，质量是能量的量度. 当物体相对静止不动时，物体仍具有能量 m_0c^2，称为静止能量或静能，$E_0=m_0c^2$，它表示了物体所有内能的总和，这里的内能包括化学能和原子能.

所谓化学能，是指物体内部分子运动的动能和分子间的相互作用势能. 所谓原子能，是指原子内部的核和电子、核内的质子和中子组成粒子之间的相互作用能(或结合能). 可见，物质内部蕴藏着巨大的能量.

一个系统无论是发生化学反应还是核反应，都会有能量变化，同时也必然伴随有相应的质量变化. 由质能的正比关系式(18－4－11)可推得这种变化关系为

$$\Delta E=\Delta(mc^2)=c^2\Delta m \tag{18-4-13}$$

但是，无论质量、能量如何变化，质能关系式(18－4－10)式告诉我们，一个孤立的物质系统的总质量和总能量应是守恒的. 这意味着在孤立系统内部进行的反应(化学反应或核反应)，只要与外界无能量交换，就可以使静质量转化为运动质量，静能转化为动能，或者进行相反的转化过程，这个孤立系统在这些转化过程中的总能量和总质量守恒的量值关系可表示如下：

$$\text{对孤立系统(与外界无能量交换)}\begin{cases}\text{总能量}: E_K+E_0=E'_K+E'_0\\ \text{总质量}: m_K+m_0=m'_K+m'_0\end{cases}\text{即守恒}$$

（上式中"E_K+E_0"、"m_K+m_0"为反应前，"$E'_K+E'_0$"、"$m'_K+m'_0$"为反应后）

式中，E_K、E_0、m_K、m_0 分别表示反应前的总动能、总静能、总动质量、总静质量，E'_K、E'_0、m'_K、m'_0 则表示反应后的相应总动能、总静能、总动质量、总静质量.

因此，对于对外开放系统，当 $m'_0<m_0$，必有 $m'_K>m_K$，相应的，$E'_0<E_0$ 也必有 $E'_K>E_K$，具有这种特点的反应称为放能反应. 静能释放，静质量减少，转化为动能和动质量. 反之，当 m'_0

$>m_0'$，必有 $m_K'<m_K$，相应的，$E_0'>E_0$ 也必有 $E_K'<E_K$，具有这种特点的反应称吸能反应. 动能转化为静能，又称"入库"，静质量增加，即动质量转化为静质量.

燃烧 100 t 煤可放出 3.3×10^{-36} J 热能，但 $\Delta m=0.3$ kg 仅占原静质量(或静能 m_0c^2)的万亿分之一，不易察觉. 以上介绍的是化学反应.

轻元素原子核的聚变反应则可释放巨大的能量. 反应式为

$$^2_1\text{H}(\text{氘})+^3_1\text{H}(\text{氚})\rightarrow^4_1\text{He}(\text{氦})+^1_0\text{n}(\text{中子})+E$$

过程前后的静质量分别是 $\begin{cases}m_0=2.0141\ \text{u}(\text{氘})+3.0160\ \text{u}(\text{氚})=5.0301\ \text{u}\\ m_0'=4.0026\ \text{u}(\text{氦})+1.0087\ \text{u}(\text{中子})=5.0113\ \text{u}\end{cases}$

可见，$m_0'<m_0$，应是放能反应，释放静能转化为动能，由质能转化关系可以算出：

$$\begin{aligned}\Delta E_K&=\Delta mc^2=(5.0301-5.0113)\times1.66\times10^{-27}(\text{kg})\times(3\times10^8)^2(\text{m}\cdot\text{s}^{-1})^2\\&=28.143\times10^{-13}(\text{erg})=17.6\ (\text{MeV})\end{aligned}$$

其中应用了换算关系 $\begin{cases}1\ \text{u}(\text{原子质量单位})=1.66\times10^{-27}\ \text{kg}.\\ 1\ \text{J}=1.6\times10^{-19}\ \text{eV}\end{cases}$

若将化学反应和核反应相比较，可以看出，轻核聚变释放的能量比化学反应释放的能量要大千百万倍，即将 17.6MeV 与 4eV 相比较. 这启示着人们努力发展现代科学技术，开发蕴藏在物质内部的巨大的能量为人类造福，原子弹、核电站就是利用这些能量. 可见，相对论的意义是多么深远.

18.4.4 相对论力学方程

力是什么？在非相对论中，牛顿力学定义：$\boldsymbol{F}=\dfrac{\mathrm{d}\boldsymbol{p}}{\mathrm{d}t}$ 在伽利略变换中，$\mathrm{d}t$ 与参照系无关，$\mathrm{d}\boldsymbol{p}$ 和 $\boldsymbol{F}$ 均为三维矢量，故这个式子在伽利略变换下是协变的，满足伽利略相对性原理. 但关于力的这个定义不满足洛仑兹协变性；在惯性系变换中 $\mathrm{d}\boldsymbol{p}$ 和 $\mathrm{d}t$ 都会变换，使得 $\boldsymbol{F}$ 的变换规则与 $\mathrm{d}\boldsymbol{p}$ 不同，即

$$\frac{\mathrm{d}\boldsymbol{p}}{\mathrm{d}t}\neq\frac{\mathrm{d}\boldsymbol{p}'}{\mathrm{d}t'}$$

如果我们引入固有时间 $\mathrm{d}\tau$ 量度动量的变化率，则

$$\boldsymbol{k}=\frac{\mathrm{d}\boldsymbol{p}}{\mathrm{d}\tau}\tag{18-4-14}$$

为方便起见，我们把上式用参照系时间 $\mathrm{d}t$ 量度的变化率来表示，由于 $\mathrm{d}t=\gamma\mathrm{d}\tau$，(18-4-14)式改为

$$\sqrt{1-\frac{v^2}{c^2}}\,\boldsymbol{k}=\frac{\mathrm{d}\boldsymbol{p}}{\mathrm{d}t}$$

若定义：

$$\boldsymbol{F}=\sqrt{1-\frac{v^2}{c^2}}\,\boldsymbol{k}$$

相对论力学方程可以写为

$$\boldsymbol{F}=\frac{\mathrm{d}\boldsymbol{p}}{\mathrm{d}t}\tag{18-4-15}$$

但要注意，这里的 $\boldsymbol{p}$ 是相对论动量，而且一般来说只有在低速情况下，力 $\boldsymbol{F}$ 才能等于经典力.

引进力的概念实质上只是规定了运动方程的一种形式，即得运动方程为二阶微分方程. 这种规定是否适用，要看具体相互作用是什么，目前我们已知自然界中存在着四种基本相互作

用，即电磁相互作用、万有引力相互作用、强相互作用和弱相互作用，后两种相互作用是短程力，只存在于$\leqslant 10^{-15}$ m范围以内，在该范围内量子效应已很显著，需用量子理论加以研究，电磁相互作用完全能够纳入狭义相对论的范围，非量子化的相对论性力学方程在一定条件下能正确描述带电粒子的运动. 关于万有引力相互作用，要使它成为相对论性的理论，必须把狭义相对论进一步推广为广义相对论，这里不再介绍.

Chapter 18 Special theory of Relativity

Newton's laws of motion are valid only in inertial frames, but they are valid in all inertial frames. The laws of mechanics are the same in every inertial frame of reference.

This principle should be extended to include all the basic laws of physics. The Principle of Relativity states that all the laws of physics are the same in every inertial frame of reference.

Since the laws of the propagation of light are included in the laws of physics, one immediate corollary of the Principle of Relativity is that the speed of ligh (in vacuum) is the same in all inertial reference frames (the Principle of the Constancy of the Speed of Light). Thus, the speed of light is independent of the motion of the source and the observer.

Consider two inertial reference frames s' and s that their y', z'-axes and y, z-axes are parallel to each other, and the x-axis coincides with x'-axis. s' and s move translationally with constant relative velocity u and the origins coincide on $t' = t = 0$. In Newtonian physics the space and time coordinat in s and s' frames are related by the Galilean transformation

$$x' = x - ut, y' = y', z' = z, t' = t \tag{1}$$

which relies on absolute time and length.

In relativistic physics we must introduce Lorentz transformation

$$x' = \frac{x - ut}{\sqrt{1 - \frac{u^2}{c^2}}}, y' = y, z' = z, t' = \frac{t - \frac{ux}{c^2}}{\sqrt{1 - \frac{u^2}{c^2}}} \tag{2}$$

which takes into account the relativity of time and length.

Lorentz transformation obeys the two postulates of the special relativity and keeps physical laws invariant. When $u \ll c$, it is equivalent to Galilean transformation.

In general two events that appear simultaneous in one frame of reference do not appear simultaneous in a second frame which is moving relatively to the first, even if both are inertial frames. Simultaneity is not an absolute concept. Whether or not two events are simultaneous depends on the frame of reference.

The time interval between events also depends on the frame of reference. If a time interval $\Delta t'$ separates two events occurring at the same space point in a frame of reference s', then the time interval Δt between these two events as observed in s is

$$\Delta t = \frac{\Delta t'}{\sqrt{1 - \frac{u^2}{c^2}}} \tag{3}$$

Thus when the rate of a clock at rest in s' is measured by an observer in s, the rate measured in s is slower than the rate observed in s'. This effect is called time dilation.

The term proper time is used to denote an interval between two events occurring at the same space. Thus Eq. (3) may be used only when $\Delta t'$ is a proper time interval in s', in which case Δt is not a proper time interval in s. If, instead, Δt is proper in s, then Δt and $\Delta t'$ must be interchanged in Eq. (3).

When the relative velocity u of s and s' is small, the factor $(1-u^2/c^2)$ is very nearly equal to unity, and Eq. (3) approaches the Newtonian relation $\Delta t=\Delta t'$, i. e., the same time scale for all frames of reference. This assumption, therefore, retains its validity in the limit of small relative velocities.

Just as the time interval between two events depends on the frame of reference, the distance between two points also depends on the frame of reference. Let a ruler be at rest in s' and the length in this fame be l'. The length of the ruler in s will be

$$l=l'\sqrt{1-\frac{u^2}{c^2}} \tag{4}$$

So the length measured in s, in which the ruler is moving, is shorter than in s', where it is at rest. A length measured in the rest frame of the body is called a proper length; thus, above l' is proper length in s', and the length measured in any other frame is less than l'. This effect is called length contraction.

From Lorentz transformation we have velocity transformation as follows

$$v_x'=\frac{v_x-u}{1-\frac{v_xu}{c^2}}, v_y'=\frac{v_y}{\gamma(1-\frac{v_xu}{c^2})}, v_z'=\frac{v_z}{\gamma(1-\frac{v_xu}{c^2})} \tag{5}$$

Eq. (5) provides the basic formula for addition of velocities. We note that when u and v are much smaller than c, the denominator becomes equal to unity, and we obtain the nonrelativistic result $v'=v-u$. The opposite extreme is the case $v=c$; then we find $v'=c$. That is to say, anything moving with speed c relative to s also has speed c relative to s', despite the relative motion of the two frames. This result demonstrates the consistency of Eq. (5) with the principle of the constancy of speed of light.

If the law of conservation of momentum is to obey the Principle of Relativity, it turns out that the correct relativistic formula for momentum is

$$\boldsymbol{p}=\frac{m_0\boldsymbol{v}}{\sqrt{1-\frac{v^2}{c^2}}} \tag{6}$$

The mass associated with the momentum of Eq. (6) is

$$m=\frac{m_0}{\sqrt{1-\frac{v^2}{c^2}}} \tag{7}$$

The effective mass of a body in motion is larger by a factor of $1/\sqrt{1-v^2/c^2}$ than the mass of the body when at rest—a body in motion offers more resistance to acceleration than the body at rest. The relativistic energy can be expressed as follows in terms of the relativistic momentum

$$E=\sqrt{c^2p^2+m_0c^4}=mc^2 \tag{8}$$

Hence, in special relativity, we have the conservation of mass-energy. The change of mass-energy will be $\Delta E=\Delta mc^2$. It is useful for finding new energy sources. For example, nuclear energy may be released through fission and fusion.

The sweeping changes required by the principle of relativity go to the very roots of Newtonian mechanics. It is essential to keep in mind that the Newtonian formulation still retains in validity whenever speeds are small compared with the speed of light. Relativity does not contradict the older mechanics but generalizes it. At this point, it is legitimate to ask whether the relativistic mechanics just discussed is the final word on this subject or whether further generalizations are possible or necessary. For example, inertial frames of reference have occupied a privileged position in all our discussion thus far. Should the principle of relativity be extended to noninertial frames as well? These considerations form the basis of Einstein's general theory of relativity. It turns out to require even more sweeping revisions of our space-time concepts than the special theory of relativity did. Its chief application is in cosmological investigations of the structure of the universe, the formation and evolution of stars, and related matters.

习题 18

18.1 **填空题**

18.1.1 狭义相对论的两条基本原理中，相对性原理说的是____;光速不变原理说的是________________________.

18.1.2 当惯性系 S 和 S' 的坐标原点 O 和 O' 重合时，有一点光源从坐标原点发出一光脉冲，对 S 系经过一段时间 t 后(对 S' 系经过时间为 t')，此光脉冲的波前方程(用直角坐标系)分别为：

S 系____;

S' 系____.

18.1.3 牛郎星距离地球约 16 光年，宇宙飞船若以____________________的匀速度飞行，将用 4 年时间(宇宙飞船上的钟指示的时间)抵达牛郎星.

18.1.4 狭义相对论中，一质点的质量 m 与速度 v 的关系式为____________________，其动能的表达式为____________________________________.

18.1.5 在速度 $v=$____________________________情况下，粒子的动量等于非相对论动量的两倍；在速度 $v=$____________________情况下，粒子的动能等于它的静止能量.

18.2 **选择题**

18.2.1 下列几种说法：(1)所有惯性系对物理基本规律都是等价的；(2)在真空中，光的速度与光的频率、光源的运动状态无关；(3)在任何惯性系中，光在真空中沿任何方向的传播速度都相同. 其中说法正确的是：(A)只有(1)、(2)是正确的；(B)只有(1)、(3)是正确的；(C)只有(2)、(3)是正确的；(D)三种说法都是正确的. (　　)

18.2.2 宇宙飞船相对于地面以速度 v 做匀速直线飞行，某一时刻在飞船头部的宇航员向飞船尾部发出一个光讯号，经过 Δt(飞船上的钟)时间后，被尾部的接收器收到，则由此可知飞船的固有长度为：(A)$c\cdot\Delta t$；(B)$v\cdot\Delta t$；(C)$c\cdot\Delta t\cdot\sqrt{1-(v/c)^2}$；(D)$\dfrac{c\cdot\Delta t}{\sqrt{1-(v/c)^2}}$.($c$ 表示真空中的光速) (　　)

18.2.3 关于同时性有人提出一些结论，其中正确的是：(A)在一惯性系同时发生的两个事件，在另一惯性系一定不同时发生；(B)在一惯性系不同地点同时发生的两个事件，在另一惯性系一定同时发生；(C)在一惯性系同一地点同时发生的两个事件，在另一惯性系一定同时发生；(D)在一惯性系不同地点不同时发生的两个事件，在另一惯性系一定不同时发生. (　　)

18.2.4 令电子的速率为 v，则电子的动能 E_K 对于比值 v/c 的图线可用下列图中的哪一个表示？(c 表示真空中的光速) (　　)

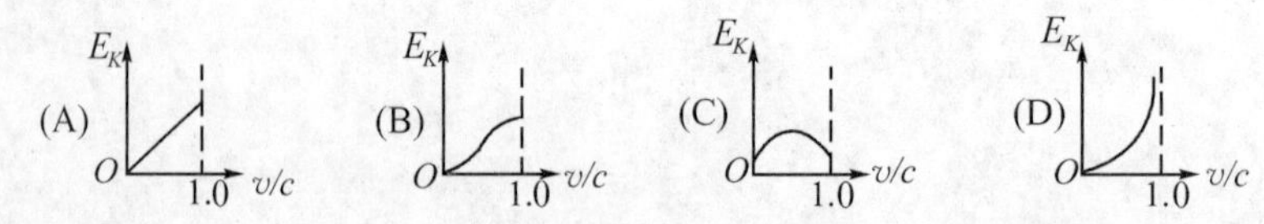

18.2.5 在参照系 S 中，有两个静止质量都是 m_0 的粒子 A 和 B，分别以速度 v 沿同一直线相向运动，相碰后合在一起成为一个粒子，则其静止质量 M_0 的值为：(A)$2m_0$；(B)$2m_0\sqrt{1-(v/c)^2}$；(C)$\dfrac{m_0}{2}\sqrt{1-(v/c)^2}$；(D)$\dfrac{2m_0}{\sqrt{1-(v/c)^2}}$.($c$ 表示真空中的光速) (　　)

18.3 **计算题**

18.3.1 一体积为 V_0，质量为 m_0 的立方体沿其一棱的方向相对于观察者 A 以速度 v 运动. 求：观察者 A 测得其密度是多少？[答案：$\rho=\dfrac{m_0}{V_0(1-v^2/c^2)}$]

18.3.2　已知 μ 子的静止能量为 105.7 MeV,平均寿命为 2.2×10^{-8} s. 试求:动能为150 MeV的 μ 子的速度 v 是多少?平均寿命 τ 是多少?[答案:$0.91c$,5.32×10^{-8} s]

18.3.3　某一宇宙射线中的介子的动能 $E_K=7M_0c^2$,其中 M_0 是介子的静止质量. 试求:在实验室中观察到它的寿命是它的固有寿命的多少倍?[答案:8 倍]

18.3.4　证明牛顿定律在伽利略变换下是协变的,麦克斯韦方程在伽利略变换下不是协变的.

18.3.5　一把直尺相对于 s 坐标系静止,直尺与 x 轴交角 θ. 今有一观察者以速度 v 沿 x 轴运动,他看到直尺与 x 轴交角 θ'有何变化?[答案:$\theta'>\theta$]

18.3.6　设 S'系以速率 $v=0.60c$ 相对于 S 系沿 xx'轴运动,且在 $t=t'=0$ 时,$x=x'=0$.

(1)若有一事件,在 S 系中发生于 $t=2.0\times10^{-7}$ s,$x=50$ m 处,则该事件在 S'系中发生于何时刻?[答案:$t'=1.25\times10^{-7}$ s]

(2)如有另一事件发生于 S 系中 $t=3.0\times10^{-7}$ s,$x=10$ m 处,在 S'系中测得这两个事件的时间间隔为多少?[答案:$\Delta t'=2.25\times10^{-7}$ s]

18.3.7　设在正负电子对撞机中,电子和正电子以速度 $0.90c$ 相向飞行,它们之间的相对速度为多少?[答案:$0.994475c$]

18.3.8　设想地球上有一观察者测得一宇宙飞船以 $0.60c$ 的速率向东飞行,5.0 s 后该飞船与一个以 $0.80c$ 的速率向西飞行的彗星相碰撞. 试问:

(1)飞船中的人测得彗星将以多大的速率向它运动?[答案:$0.94595c$]

(2)从飞船中的钟来看,还有多少时间容许它离开航线,以避免与彗星碰撞?[答案:4 s]

18.3.9　若从一惯性系中测得宇宙飞船的长度为其固有长度的一半,试问:宇宙飞船相对此惯性系的速度为多少?(以光速 c 表示)[答案:$0.866c$]

18.3.10　半人马星座 α 星是离太阳系最近的恒星,它距地球 4.3×10^{16} m. 设有一宇宙飞船自地球往返于半人马星座 α 星之间. 若宇宙飞船的速率为 $0.999c$,按地球上时钟计算,飞船往返一次需多少时间?如以飞船上时钟计算,往返一次的时间又为多少?[答案:9a,0.4a]

18.3.11　一被加速器加速的电子,其能量为 3.00×10^9 eV. 试问:

(1)这个电子的质量是其静质量的多少倍?[答案:5861]

(2)这个电子的速率为多少?[答案:$0.999999985c$]

18.3.12　在一种热核反应 ${}_1^2\text{H}+{}_1^3\text{H}\rightarrow{}_2^4\text{He}+{}_0^1\text{n}$ 中,各种粒子的静质量如下:

(${}_1^2$H)　$m_D=3.3437\times10^{-27}$ kg　　(${}_2^4$He)　$m_{He}=6.6425\times10^{-27}$ kg

(${}_1^3$H)　$m_T=5.0449\times10^{-27}$ kg　　(${}_0^1$n)　$m_n=1.6750\times10^{-27}$ kg

求:反应释放的能量.[答案:$\Delta E=\Delta mc^2=2.799\times10^{-12}$ J]

18.3.13　设一质子以速度 $v=0.80c$ 运动,求其总能量、动能和动量.[答案:$E=mc^2=1563$ MeV,$E_K=E-m_0c^2=625$ MeV,$p=6.68\times10^{-19}$ kg·m·s^{-1}]

第19章 量子物理基础

1900年,普朗克为了克服经典理论解释黑体辐射规律的困难,引入了能量子概念,为量子理论奠定了基石.随后,爱因斯坦针对光电效应实验与经典理论的矛盾,提出了光量子假说,并在固体比热问题上成功地运用了能量子概念,为量子理论的发展打开了局面.1913年,玻尔在卢瑟福原子有核模型的基础上运用量子化概念,对氢光谱做出了满意的解释,使量子论取得了初步胜利.从1900年到1913年,可以称为量子论的早期.以后,玻尔、索末菲和其他许多物理学家为发展量子理论花了很大力气,却遇到了严重困难.要从根本上解决问题,只能有待于新的思想,那就是"波粒二象性".光的波粒二象性早在1905年和1916年就已由爱因斯坦提出,并于1916年和1923年先后得到密立根光电效应实验和康普顿X射线散射实验证实,而物质粒子的波粒二象性却是晚至1923年才由德布罗意提出.这以后经过海森伯(W. K. Heisenberg,1901—1976)、薛定谔(E. Schrodinger,1887—1961)、玻恩(M. Born,1882—1970)和狄拉克等人的开创性工作,终于在1925—1928年形成完整的量子力学理论,与爱因斯坦相对论并肩形成现代物理学的两大理论支柱.量子力学是描述微观世界的基本理论,它能很好地解释原子结构、原子光谱的规律性、化学元素的性质、光的吸收与辐射等方面的疑惑.1928年狄拉克将相对论运用于量子力学,又经海森伯、泡利等人的发展,形成了量子电动力学.量子电动力学研究的是电磁场与带电粒子的相互作用.1947年,从实验发现了兰姆移位,在此基础上,1948—1949年费因曼(R. P. Feynman,1918—1988)、施温格(J. Schwinger)和朝永振一郎用重正化概念发展了量子电动力学.它从简单明确的基本假设出发,所得结果与实验高度精确地相符.

20世纪70年代,又出现了量子色动力学、量子味动力学,这些理论都还在发展之中.

19.1 热辐射和普朗克的辐射量子论

热辐射是一种普遍而复杂的物理过程,曾一度困扰着一代物理学家.许多物理学家为解释热辐射的规律曾付出过艰辛的劳动,但终因未能挣脱经典物理学鼎盛时期所形成的观念而告失败.直到1900年,普朗克在吸取前人失败的教训的基础上,挣脱了经典物理的束缚,提出了辐射量子论,成功地解释了热辐射现象,宣告量子论的诞生.

19.1.1 热辐射及其描述方法

(1)热辐射的特点

从热辐射现象的实验中观察,可以看出热辐射的一些基本特点.

①热辐射的实质是电磁辐射.一个具有一定温度的固体或液体团,即便在它们周围并不存在可以进行热传导或热对流的任何介质,然而热量(或热能)仍会向四面八方发射,这就是辐射的作用.太阳离地球大约有1.5×10^8 km,中间绝大部分空间是真空,可是太阳的热能却以光的形式源源不断地传到地球,这也是辐射的效果.因此,热辐射就是光辐射,即电磁辐射.

②热辐射不仅与温度有关,而且与辐射波长有关.当物体的温度升高时,它辐射的电磁波能量越来越多,其颜色也将发生变化。炼钢工人最有体会,随着炉温升高,从观察孔辐射出的

热能越多，而且当炉温升到 800 K 以上后还会发光，光的颜色随温度的再升高将由红而黄，由黄而白，最后变得青白，以致呈蓝紫色. 可以看出，热辐射时，随温度升高总辐射能要增加，而且辐射的电磁波的波长随温度的增加，由较长的红色以外的波段逐步向较短的紫色光波方向移动.

③任何一种物质不仅能发射热辐射，同时还能吸收热辐射，两者是同时进行的. 经验告诉我们，白色物质的吸收本领最弱，而黑色物质的吸收本领最强. 例如，我们之所以能够观察到各种东西的颜色，如红色物体，是因为它能吸收白光中除红色外的其他色光而反射红光，故显红色. 显然白色物体可以反射白色光线中的各种色光，这些色光混合在一起仍是白光. 故白色物体吸收本领最弱，而黑色物体吸收本领最强.

④由下面的比较可以发现，吸收本领最强的物质也是发射本领最强的物质. 用磨光的金属和碳进行吸收和辐射观察比较，可以看到，在低温情况下，如 800 K 以下，它们都不发射可见光，这时它们的颜色决定于外界光的照射；当温度升高以后，它们可以自动发射可见光了，虽然温度相同，比较发现黑色的碳这时最亮，显然辐射本领最强. 故吸收本领最强的物质也是发射本领最强的物质.

综上所述，热辐射是一种电磁辐射，它是与温度、波长、物质性质有关的三元函数.

如果在任一时间间隔内，物体向外发射的电磁波能量正好等于它从外界吸收的能量，则物体的热辐射达到动态平衡，此时物体温度保持恒定，这种状态的热辐射称为平衡热辐射。

(2)热辐射的描述方法

如果是在特定温度 2000 K 时来研究选定的物质钨(W)的热辐射(平衡热辐射)，那么材料、温度均已确定，用分光计来对这个发光体进行分析，可以弄清该发光体在各种波长上的辐射强度. 这时辐射仅是波长(λ)的单值连续函数，可以引出辐射出射度(简称辐出度)、吸收比和反射比这三个物理量来描述.

①单色辐射本领(单色辐出度). 用 $R_\lambda(T)$ 来表示，对确定物质，特定温度 T 下，在波长 λ 附近单位波长间隔内的辐出度，称为单色辐出度. 它表示单位时间内从发光体表面上，单位面积发射的，波长在 λ 处，$\lambda \sim \lambda + \mathrm{d}\lambda$ 范围的能量的辐射(即辐射功率)，即

$$R_\lambda(T) = \frac{\mathrm{d}R(\lambda, T)}{\mathrm{d}\lambda} \tag{19-1-1}$$

其单位是瓦特 · 厘米$^{-2}$ · 微米$^{-1}$(W · cm^{-2} · μm^{-1}). 相应的 $R_\lambda(T)\mathrm{d}\lambda$ 的单位应是瓦特 · 厘米$^{-2}$(W · cm^{-2}). 注意，$R_\lambda(T)\mathrm{d}\lambda$ 是指由发光表面向着正法线方向半个球形空间所测量到的波长为 $\lambda \sim \lambda + \mathrm{d}\lambda$ 时的全部辐射能的总和. 显然，在全部可能的波长范围内所测量的各种波长的单色辐射本领的总和，称为总辐射本领(或总辐出度)，可由 $R(T)$ 来表示. 它是对所有可能波长的单色辐射本领取积分，即

$$R(T) = \int_0^\infty R_\lambda(T)\mathrm{d}\lambda \tag{19-1-2}$$

如图 19.1.1(a)中实线所表示的是钨在 2000 K 时的 $R_\lambda(T)-\lambda$ 曲线.

显然，不同温度对应着不同的 $R_\lambda(T)-\lambda$ 曲线，如图 19.1.1(b)所示. 由此，对于每种物质组成的辐射体来说，都有一族如图 19.1.1(b)所示的单色辐出度对波长的分布曲线 $R_\lambda(T)-\lambda$.

②吸收比和反射比. 为了反映物质组成的辐射体在向外辐射热能的同时，又在吸收周围物体辐射来的热能，而且两者是同时进行的特点，引入吸收比和反射比来描述. 当辐射能入射到某一不透明的物体表面时，部分能量将被物体吸收，另一部分能量将从表面反射(如果物体透

明,还有一部分透射).

定义:被吸收的能量和入射总能量的比值称为该物质的吸收系数(或吸收比);反射的能量和入射的总能量的比值称为该物体的反射系数(或反射比).它们也是随物体的材料、温度和入射能量的波长而变化的.分别用$\alpha(\lambda、T)$和$\rho(\lambda、T)$表示某种材料组成的辐射体在温度T时,对波长$\lambda \sim \lambda + d\lambda$范围内的辐射能的单色吸收系数和单色反射系数.

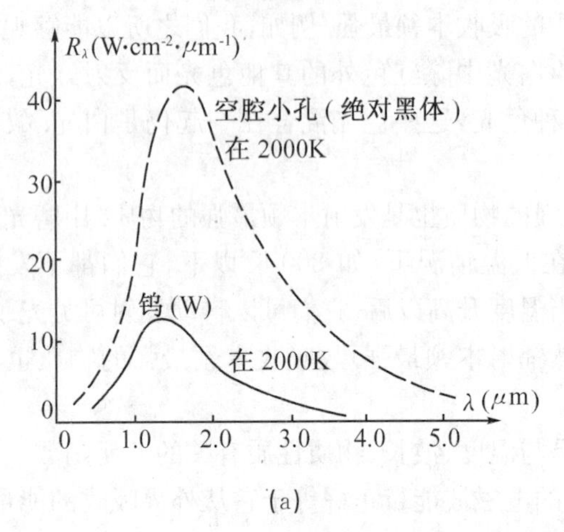

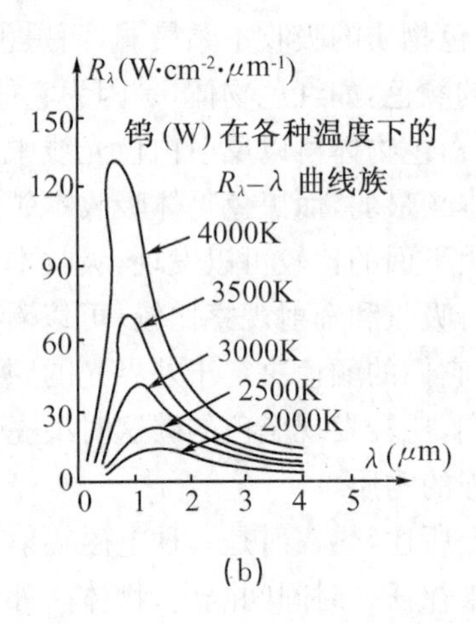

图 19.1.1 钨的 $R_\lambda - \lambda$ 曲线

根据定义,这两个系数在测量上是一个纯数,而且对不透明的物体(无透射因素)两者的总和应为1.即

$$\alpha(\lambda、T)+\rho(\lambda、T)=1 \tag{19-1-3}$$

由于热辐射是随物质性质、温度T、波长λ而变化的三元函数,因而相当复杂.即便是对某种确定的物质组成的辐射体,把它的各种温度的$R_\lambda(T)-\lambda$曲线一一画出来成为曲线族进行比较,也看不出该种辐射体的辐射出射度有什么特殊的规律性,而且各种辐射体的这种曲线族又是各不相同的.显然,要用基本理论对这些曲线族作定量描述实在是很困难的,只能借助于物理学的一般研究方法——理想化模型方法来简化,进而找出规律性.

(3)理想辐射体的特点

我们现在要利用物理学的基本研究方法——理想化模型来作为研究一般热辐射的工具.理想辐射体应该是吸收本领最强也就是辐射本领最强的辐射体,即吸收系数为1、反射系数为0的理想固体表面.

19.1.2 绝对黑体辐射和基尔霍夫定律

(1)绝对黑体

实际上,最黑的炭黑对一切波长的电磁波的吸收系数也不过是0.9~0.95,达不到1.但经验给我们启示:白天在户外看一座房屋的小窗,只见里面黑洞洞的,进入小窗的光线都在屋内经多次反射被吸收了,小窗这块面积的吸收本领是很强的.这启示我们:在一个密闭的空腔上开一个小孔,这个小孔可以被看成理想的固体表面.当腔内的表面做得十分粗糙,任何辐射投射到小孔上后,经内表面多次漫反射,光线几乎是有进无出.这样小孔面积的吸收比将达到1,又无透射,反射比自然就是0了.如图19.1.2所示,用这样的吸收比α(λ、

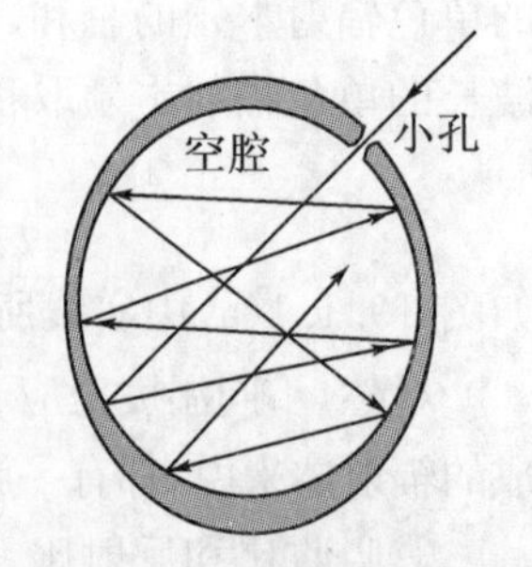

图 19.1.2 用空腔小孔模拟绝对黑体

$T)=1$ 的空腔小孔面积来模拟所需要的理想物理模型固体表面,称为绝对黑体.

(2)灰体

相对而言,绝对黑体的吸收比为1,而实际的固体表面的吸收比总小于1,即 $\alpha(\lambda、T)<1$,称为灰体.为了加以区别,灰体的吸收系数用 η 表示,它表示灰体的黑度.

下面列表比较几种材料表面的黑度(η):

材料名称及表面情况	温度(T)	黑度(η)
磨光的铜表面	20~100	0.02~0.025
已氧化的铜表面	20~600	0.6~0.8
磨光的钢表面	150~200	0.10~0.15
	400~1000	0.15~0.4
煤炭黑表面	任何温度	0.95

(3)基尔霍夫定律

有了绝对黑体这样的理想化物理模型,我们就可以去寻找一般灰体和绝对黑体在辐射本领上有何特定的关系,这样对热辐射的描述就被大大地简化了.

早在1859年,德国物理学家、天文学家和化学家基尔霍夫就发现了单色辐出度与物体的吸收系数之间的内在联系.他首先从热力学理论推知:在温度为 T 的平衡态下,吸收系数 $\alpha(\lambda、T)$ 较高的物体,其单色辐出度也大,$R_\lambda(T)$ 也大,其比值 $R_\lambda(T)/\alpha(\lambda、T)$ 是一个常量,与组成物体的物质性质无关,仅与所考察的温度和波长有关,称为基尔霍夫定律.

假如,有一系列灰体,用1,2,3,…编号,绝对黑体用 B 编号,在同一温度 T 时,其波长为 λ 的单色辐出度分别用 $R_{1\lambda}(T),R_{2\lambda}(T),R_{3\lambda}(T),\cdots$ 和 $R_{B\lambda}(T)$ 来表示,单色吸收系数分别用 $\alpha_{1\lambda}(T),\alpha_2\lambda(T),\alpha_{3\lambda}(T),\cdots$ 和 $\alpha_{B\lambda}(T)$ 来表示,那么按基尔霍夫定律有

$$\frac{R_{1\lambda}(T)}{\alpha_{1\lambda}(T)}=\frac{R_{2\lambda}(T)}{\alpha_{2\lambda}(T)}=\frac{R_{3\lambda}(T)}{\alpha_{3\lambda}(T)}=\cdots=\frac{R_{B\lambda}(T)}{\alpha_{B\lambda}(T)}$$

由于绝对黑体的 $\alpha_{B\lambda}=1$,去掉脚标后,上式则变为

$$\frac{R_\lambda(T)}{\alpha_\lambda(T)}=R_{B\lambda}(T) \qquad (19-1-4a)$$

上式表明:任何物体的单色辐射本领 $R_\lambda(T)$ 与单色吸收系数 $\alpha_\lambda(T)$ 之比等于同一温度(T)下相同波长(λ)情况下的绝对黑体的单色辐射本领.基尔霍夫定律的结论也可写成

$$R_\lambda(T)=\alpha_\lambda(T)R_{B\lambda}(T) \qquad (19-1-4b)$$

可见,如果掌握了绝对黑体的辐射规律,任何物质的吸收系数又可由实验测得,那么任何物质的辐射本领就是可以掌握的了.

由此看来,热辐射的描述问题的关键是弄清绝对黑体的辐射规律.因而,确定绝对黑体的单色辐射本领 $R_\lambda(T)$ 是研究热辐射的中心问题.

19.1.3 绝对黑体辐射的实验规律

(1)绝对黑体辐射实验

我们将用实验的方法测定绝对黑体的单色辐射本领 $R_\lambda(T)$,并绘出 $R_\lambda(T)-\lambda$ 曲线族.

①实验装置和原理.实验装置的示意图如图19.1.3所示.其中 A 为以任意灰体材料做成的绝对黑体(空腔小孔面积),让其腔内保持恒温 T.从 A 的小孔发出辐射,经透镜 L 和平行光管 B_1 而成为平行光线,在射入三棱镜 P 上分光.不同波长的辐射在通过三棱镜后发生不同偏向角而射向不同的方向,若用平行光管 B_2 对准某一方向,在这个方向具有确定波长的辐射功

率，即单位时间内入射在热电偶上的能量（C 为热电偶）. 改变平行光管 B_2 的方向，又可测出相应的其他波长的辐射功率.

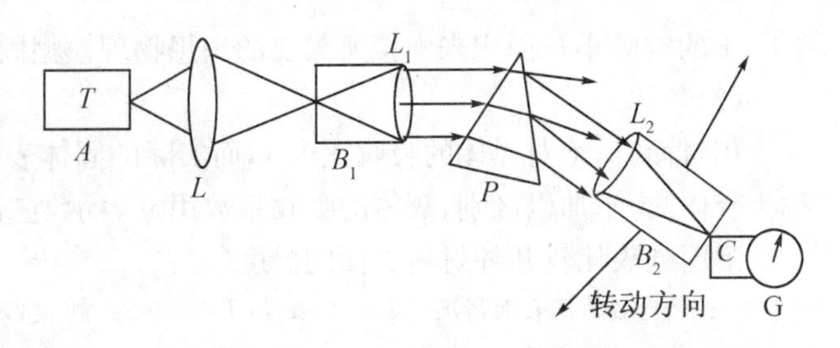

图 19.1.3 绝对黑体辐射本领的测量

改变 T 重复前面的实验.

②实验结果. 由实验所测得的 $R_{B\lambda}(T)$ 和 λ、T 的数据组，可以绘出绝对黑体单色辐射本领 $R_{B\lambda}(T)$ 随 λ、T 的分布曲线族. 如图 19.1.4 所示.

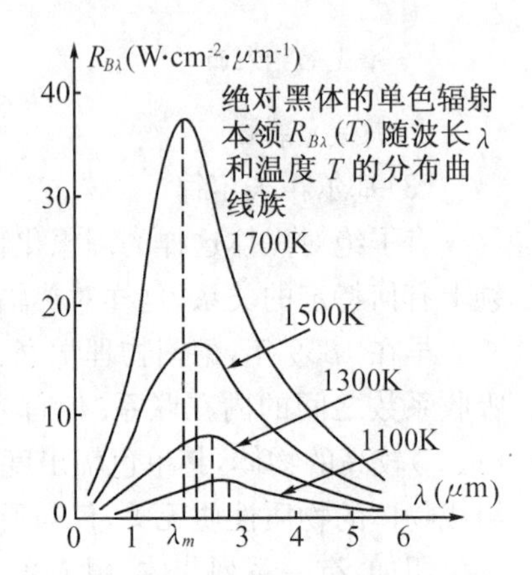

图 19.1.4 黑体单色辐射本领的分布曲线族

(2)实验曲线族规律性分析

分析绝对黑体的实验曲线可以得到有关绝对黑体辐射的两条普遍定律和两个普遍性的结论.

①斯忒藩—玻耳兹曼定律. 曲线族中每一条曲线反映了每个确定温度（T）下，绝对黑体的单色辐射本领 $R_{B\lambda}(T)$ 按波长的分布情况. 每条曲线和波长横轴所围成的面积，在量值上等于该温度下总辐射本领 $R_B(T)$，由积分计算可得

$$R_B(T)=\int_0^{\infty} R_{B\lambda}(T)\mathrm{d}\lambda=\sigma T^4$$

（其中 $\sigma=5.67\times10^{-8}\,\mathrm{W\cdot m^{-2}\cdot K^{-4}}$）

(19－1－5)

上式表明：当温度给定时，黑体总辐射本领 $R_B(T)$ 与温度的 4 次方成正比，比例系数 σ 可由实验测定. 从曲线族可以定性地看出 $R_B(T)$ 随温度的变化是很快的. 需要指出，它只适用于黑体的平衡热辐射. 这个结论也可以由热力学理论导出. 这个规律由斯忒藩于 1879 年观察发现，玻耳兹曼于 1884 年由热力学理论导出，所以叫做斯忒藩—玻耳曼定律，常量 σ 称为斯忒藩—玻耳兹曼常量.

②维恩位移定律. 实验曲线族中每一根 $R_{B\lambda}(T)-\lambda$ 曲线都对应有一个最大值，即最大单色辐射本领. 它所对应的波长用 λ_m 表示. 从曲线族中可以看出，绝对温度越高，对应的波长 λ_m 值越小. 经实验确定，单色辐射本领的最大值所对应的波长 λ_m 和绝对温度 T 成反比，即

$$\lambda_m=\frac{b}{T} \quad 或 \quad \lambda_m T=b \quad （其中 b=2.898\times10^{-3}\,\mathrm{m\cdot K}） \qquad (19-1-6)$$

比例常量 b 由实验测定. 这个结论曾由维恩于 1893 年用热力学理论和电磁理论推出，又因绝对温度不同引起极大值所对应的波长移动，因此又称维恩位移定律. 这个定律所反映的物理事实在日常生活经验中是常见的，如炼钢炉的观察孔就是一个绝对黑体，当温度较低时，辐射能多分布在波长较长的红光或红外光区；当温度升高时，辐射能多分布在波长较短的蓝光或紫光区.

③实验证明空腔小孔的单色辐射本领 $R_{B\lambda}(T)$ 只与空腔温度和辐射波长有关系，而与构成空腔的材料和形状无关. 因为实验用的空腔小孔的材料是任意的，实验结果却是一样的，而且无论做成什么形状，都不影响实验的结果.

④无论用任何灰体做成的空腔，来自空腔小孔（即腔内）的辐射总是比空腔壁外表面的辐射

强得多.从 2000 K 的钨丝发光和 2000 K 空腔辐射本领比较便可知道,如图 19.1.1(a)所示.

19.1.4 绝对黑体辐射的经典理论解释

在 19 世纪末,人们对绝对黑体辐射已能进行准确的定量测量,并建立了维恩位移定律.突出的问题是要从基本理论导出绝对黑体辐射定律.当时从事这项工作的物理学家是很多的,就其思想方法而言,因受经典物理鼎盛时期形成的观念的影响,他们都自然地要依据经典理论来推导绝对黑体辐射规律,包括第一个提出量子论的普朗克.当时主要以维恩的工作和瑞利—琼斯的工作为代表,下面分别介绍他们是如何用经典理论来解释绝对黑体辐射规律的.

(1)维恩的解释

1896 年,德国物理学家维恩由经典热力学和电磁理论出发,结合实验数据发表了绝对黑体单色辐射本领 $R_{B\lambda}(T)$ 随波长 λ 和温度 T 分布公式,即

$$R_{B\lambda}(T)=\frac{c_1}{\lambda^5}e^{-\frac{c_2}{\lambda T}},\quad 其中\begin{cases}c_1=3.70\times10^5\ \mathrm{erg\cdot cm^2\cdot s}\\ c_2=1.431\ \mathrm{cm\cdot K}\end{cases}$$

c_1、c_2 都是由实验测定的常量,分别称为第一辐射常量和第二辐射常量.

将维恩的结论与绝对黑体辐射实验规律比较,可看出在短波区(或高频区)才与实验相符合,而在较长的波区(或频率较低区)与实验偏离.图中黑点表示实验值,短虚线表示维恩曲线,如图 19.1.5 所示.图中分别画出 $T=1646$ K 时,绝对黑体的单色辐射本领实验值(以黑点表示)、普朗克曲线(实验点连线)、维恩曲线,瑞利—琼斯曲线用长虚线表示.

(2)瑞利—琼斯的解释

1900 年瑞利根据经典电动力学和统计物理学理论,得出一个黑体辐射公式.1905 年,琼斯修正了一个数值因子,给出了绝对黑体的单色辐射本领公式

$$R_{B\lambda}(T)=\frac{2\pi c}{\lambda^4}kT$$

式中,c 为光速,k 为玻耳兹曼常量.这个式子称为瑞利—琼斯公式.对整个波长范围积分得

$$R_B(T)=\int_0^\infty R_{B\lambda}(T)\mathrm{d}\lambda=2\pi ckT\int_0^\infty\frac{\mathrm{d}\lambda}{\lambda^4}=\infty$$

是无穷大.由图中曲线比较可以看出:瑞利—琼斯曲线只在长波区(或低频区)与实验值符合,而在短波区(或高频区)与实验值相差甚远.这种在高频区(或短波区)发散的理论,物理学历史上称为"紫外灾难"或"发散困难".

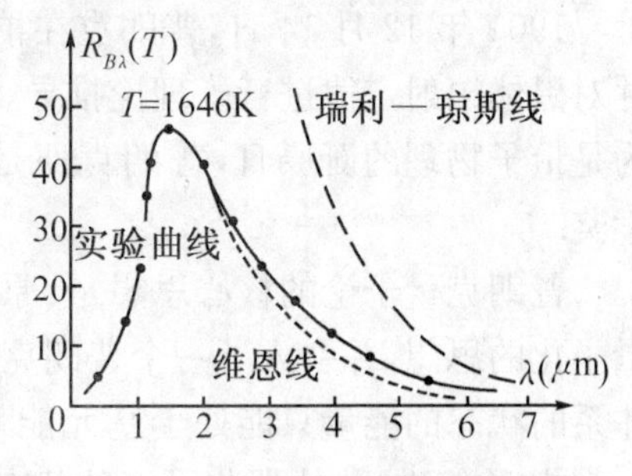

图 19.1.5 绝对黑体单色辐射本领曲线

由此可见,用经典物理理论来解释绝对黑体辐射问题是毫无办法的,甚至处于绝境.

19.1.5 普朗克的量子论

德国物理学家普朗克(Planck,1858—1947)虽然也曾很努力地试图在纯粹经典理论的基础上去解释绝对黑体辐射现象,但他终于在维恩和瑞利—琼斯工作的失败教训中得到启发,抛弃了经典理论的束缚后,才做出了伟大的贡献.

(1)普朗克的能量量子化假说和普朗克公式

为从理论上给普朗克公式找依据,普朗克勉强摆脱了经典物理的束缚,抛弃了能量均分定

理，作了如下的能量量子化假定：

①把组成辐射体的原子、分子设想成许多带电的线性谐振子(即把绕核做圆周运动的电子看成两个相互垂直振动的线性谐振子)，每个带电的谐振子以各自的特征频率向外辐射电磁波，因而频率(或波长)各不相同.每个线性谐振子辐射一条单色谱线，全部谐振子就会辐射出连续的辐射谱.

②假定频率为ν的线性谐振子的能量不像经典物理中那样在一定的范围内可以任意取值(即能连续变化)，而只能处于一些分立的等间距的能量状态中的某一个，相应的能量只能是一些分立值，即

$$E_n=n\varepsilon=nh\nu \quad (n=1,2,3,\cdots)$$

其中n称为量子数，只能取正整数；状态之间的能量差为基元能量$\varepsilon=h\nu$的整倍数，ν为振子的特征频率；辐射或吸收能量也只能以基元能量$\varepsilon=h\nu$的整倍数进行.基元能量$\varepsilon=h\nu$与频率成正比，比例系数$h=6.626\times10^{-34}\ \mathrm{J\cdot s}$，称为普朗克常量.

③假定位置固定的(定域的)振子状态按能量分布概率仍服从麦克斯韦—玻耳兹曼分布规律，从而算出振子的平均能量为

$$\overline{E}=\frac{h\nu}{\mathrm{e}^{\frac{h\nu}{kT}}-1}=\frac{hc}{(\mathrm{e}^{\frac{hc}{\lambda kT}}-1)\lambda}$$

同时还假定空腔内频率为ν的电磁辐射只能与器壁上同频率的线性谐振子交换能量达到平衡.这时只需将经典的能量均分定理的能量公式$\bar{\varepsilon}=\frac{i}{2}kT$代之以平均能量$\overline{E}$，即可得普朗克公式

$$R_{B\lambda}(T)=\frac{2\pi c^2h}{\lambda^5}\frac{1}{(\mathrm{e}^{\frac{hc}{\lambda kT}}-1)} \qquad (19-1-7)$$

(2)普朗克辐射量子论的意义

1900年12月14日，普朗克在柏林的德国物理学会的一次会议上报告了他的量子假说，并对黑体辐射定律进行了理论推导，从此，物理学史上便揭开了量子论的序幕.这一天可以认为是量子物理的诞辰日，普朗克便是旧量子论的创始人，他因此于1918年获得诺贝尔物理学奖.

普朗克量子论的核心思想是：原子体系状态的分立能级的思想，即：原子体系状态的能量量子化的思想，并引入了一个普朗克常量h.若原子体系对应的谐振子的特征频率为ν，那么该体系的状态的能量只能处于基元能量$h\nu$的整倍数.该谐振子系统辐射或吸收能量也只能以$h\nu$的整数倍进行，从那些可能的状态之一跃迁到另一个可能的状态.

例 19.1.1　用普朗克能量子公式计算质量$m=1\ \mathrm{kg}$的球挂在劲度系数$k=10\ \mathrm{N\cdot m^{-1}}$的弹簧上，作振幅$A=4\times10^{-2}\ \mathrm{m}$的简谐振动.求：①这一振子能量的量子数；②如果振子的能量改变一个能量最小单位，则能量变化百分比有多大?

解　①这一振子的振动频率　$\nu=\frac{1}{2\pi}\sqrt{\frac{k}{m}}=\frac{1}{2\pi}\sqrt{\frac{10}{1}}=0.503(\mathrm{s^{-1}})$

这一振子的能量　$E=\frac{1}{2}kA^2=\frac{1}{2}\times10\times(4\times10^{-2})^2=8\times10^{-3}(\mathrm{J})$

量子数　$n=\frac{E}{h\nu}=\frac{8\times10^{-3}}{6.63\times10^{-34}\times0.503}=2.40\times10^{31}$

②如果振子的能量改变一个单位，则能量变化的百分比为

$$\frac{\Delta E}{E}=\frac{h\nu}{nh\nu}=\frac{1}{n}=\frac{1}{2.40\times10^{31}}=4.17\times10^{-32}$$

这个例子说明，对宏观谐振子来说，量子数很大，振动能量不连续性并不显著，目前无法分辨，因此在宏观力学中，谐振子完全可以用经典力学的概念来分析研究，即宏观物体的能量是连续变化的，只有微观世界中才要考虑到量子效应.

例 19.1.2　从普朗克公式可以推导出斯忒藩—玻耳兹曼定律和维恩位移定律两个实验定律.

解　普朗克公式既然是反映绝对黑体辐射规律的，那么一定与两个实验定律是一致的，这种一致性就应该表现在能由前者推导出后者.

推导的基本思路是：为推导方便和简单，先进行变量代换，然后由定义进行推导.

令 $c_1=2\pi hc^2$，引入新变量 $x=\frac{hc}{\lambda kT}$，$\mathrm{d}x=-\frac{hc}{\lambda^2 kT}\mathrm{d}\lambda=-\frac{kT}{hc}x^2\mathrm{d}\lambda$，则

$$\mathrm{d}\lambda=-\frac{hc}{kT}\frac{1}{x^2}\mathrm{d}x$$

于是普朗克公式可以写成如下形式：

$$R_{B\lambda}(T)=R_{Bx}(T)=c_1\left(\frac{kT}{hc}\right)^5\frac{x^5}{\mathrm{e}^x-1}$$

那么绝对黑体辐射的总辐射本领为

$$R_B(T)=\int_0^{\infty}R_{B\lambda}(T)\mathrm{d}\lambda=-\int_{\infty}^{0}c_1\left(\frac{kT}{hc}\right)^5\frac{x^5}{\mathrm{e}^x-1}\frac{hc}{kT}\frac{\mathrm{d}x}{x^2}=c_1\left(\frac{kT}{hc}\right)^4\int_0^{\infty}\frac{x^3}{\mathrm{e}^x-1}\mathrm{d}x$$

因为

$$\int_0^{\infty}\frac{x^3}{\mathrm{e}^x-1}\mathrm{d}x=6.494$$

故

$$R_B(T)=6.494c_1\left(\frac{k}{hc}\right)^4T^4=\sigma T^4$$

其中 $\sigma=6.494\,c_1\left(\frac{k}{hc}\right)^4=5.67\times10^{-8}(\mathrm{W\cdot m^{-2}\cdot K^{-4}})$，这正是斯忒藩—玻耳兹曼定律.

至于对维恩位移定律的推导，只需将 $R_{Bx}(T)$ 对 x 求导，并解出极值对应的 λ_m 即可.

由变量代换式 $$\frac{\mathrm{d}R_{B\lambda}(T)}{\mathrm{d}\lambda}=\frac{\mathrm{d}R_{Bx}(T)}{\mathrm{d}x}=c_1\left(\frac{kT}{hc}\right)^5\frac{(\mathrm{e}^x-1)5x^4-x^5\mathrm{e}^x}{(\mathrm{e}^x-1)^2}=0$$

可解得 $x_m=4.965$，再由变量代换关系式还原. 即由 $x_m=\frac{hc}{\lambda_m kT}$，得

$$\lambda_m=\frac{hc}{x_m kT}=\frac{hc}{x_m k}\frac{1}{T}=\frac{b}{T}$$

或

$$\lambda_m T=b$$

其中 $b=\frac{hc}{4.956k}=2.8978\times10^{-3}\mathrm{m\cdot K}=2897.8\,\mu\mathrm{m\cdot K}$.

这正是维恩位移定律，其中 k 是玻耳兹曼常量，$k=1.38\times10^{-23}\ \mathrm{J\cdot K^{-1}}$.

19.1.6　光测高温方法

这是热辐射定律的重要应用. 应用这种方法的主要优点是：可以测量的温度很高，由于热辐射就是光辐射，故称光测高温方法. 利用热辐射原理做成的测温计称为辐射高温计.

(1)基本原理

对绝对黑体来说，根据斯忒藩—玻耳兹曼定律，其总辐射本领与绝对黑体的温度 $T_{黑}$ 的 4

次方成正比,即

$$R_B(T_{黑})=\sigma T_{黑}^4 \quad 或 \quad T_{黑}=\sqrt[4]{\frac{R_B(T_{黑})}{\sigma}}$$

又根据维恩位移定律,单色辐射本领的极大值对应的波长 λ_m 与绝对黑体的温度 $T_{黑}$ 乘积等于常量 b,即

$$\lambda_m T=b \quad 或 \quad T_{黑}=\frac{b}{\lambda_m}$$

可见,在这两个公式中,都包含有绝对黑体的辐射温度 $T_{黑}$,σ、b 均是已知常量,而 $R_B(T_{黑})$和 λ_m 在实验上是可测量的. 因此,测量绝对黑体的辐射温度 $T_{黑}$ 完全是可能的,而且可以有两种基本的方法:一是测量总辐射本领 $R_B(T)$,二是测量单色辐射本领极大值对应的波长 λ_m.

(2)两种基本方法的实验装置

①用 $T_{黑}=\sqrt[4]{\frac{R_B(T_{黑})}{\sigma}}$ 公式测量的实验装置如图 19.1.6 所示.

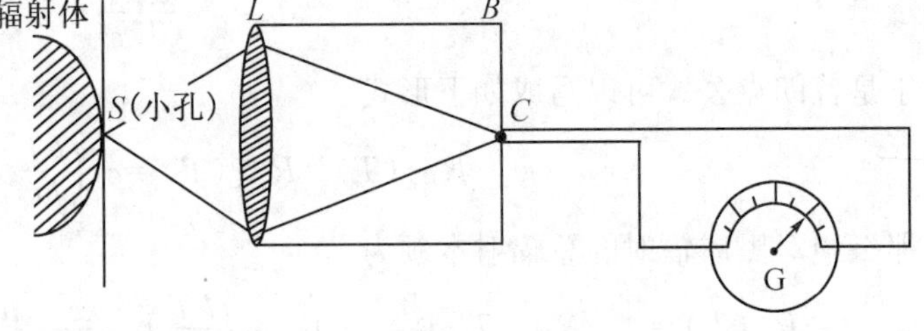

图 19.1.6 测量总辐射本领的实验装置

从绝对黑体 S 小孔发出的辐射,经透镜 L 会聚于辐射高温计的热电偶 C 上. 从电流计 G 的读数可以计算出 1 s 内所接受的辐射能,则可计算绝对黑体的总辐射本领,再用公式计算 $T_{黑}$. 例如,金属冶炼炉体上常开的小孔,小孔可以视为绝对黑体,显然这种方法可测到小孔的温度.

②用维恩位移公式 $T_{黑}=\frac{b}{\lambda_m}$ 测量的实验装置如图 19.1.3 所示.

只要移动平行光管 B_2 和热电偶 C,观察电流计 G 给出的最大读数的热电偶的位置,再从该位置测定聚焦方向的波长 λ_m,即为最大单色辐射本领 $R_{B\lambda}(T_{黑})$对应的波长. 代入公式即可算得 $T_{黑}$. 例如,把太阳看成绝对黑体,则可用此法测得其表面温度. 测得对应的 $\lambda_m=0.47\mu m$,代入公式,则得 $T_{黑}=\frac{b}{\lambda_m}=6150$ K.

注意,这两种方法测出来的温度都是绝对黑体的辐射温度. 如果要测灰体的温度,还需进行温度换算.

(3)灰体的光测高温方法

由基尔霍夫定律可知,在相同的温度 T 的情况下,灰体的单色辐射本领 $R_{\eta\lambda}(T)$与绝对黑体的单色辐射本领 $R_{B\lambda}(T)$有如下的关系:

$$R_{\eta\lambda}(T)=\alpha_{\lambda}(T)R_{B\lambda}(T)$$

如果在一定的温度范围内灰体的吸收系数(灰度)η 对各种波长可以近似地看做常数(即没有选择吸收),则灰体在 T_η 的总辐射本领为

$$R_\eta(T_\eta)=\alpha(T_\eta)\int_0^\infty R_{B\lambda}(T_\eta)\mathrm{d}\lambda=\alpha\sigma T_\eta^4$$

上式表明:灰体在 T_η 的总辐射本领相当于在相同的温度下绝对黑体辐射本领乘以吸收系数或灰体的灰度. 显然,当灰体的总辐射本领与绝对黑体的总辐射本领相同时,其温度间的换算

关系为
$$\alpha\sigma T_{\eta}^{4}=\sigma T_{黑}^{4}\quad(\alpha=\eta)$$
即
$$T_{\eta}=\frac{T_{黑}}{\sqrt[4]{\eta}}\tag{19-1-8}$$

由于$\eta<1$总成立,故$T_{\eta}>T_{黑}$也总成立.可见,用斯忒藩—玻耳兹曼定律,即测$R_B(T_{黑})$的方法,当测得灰体和绝对黑体的总辐射本领相等时,可先用$T_{黑}=\sqrt[4]{\frac{R_B(T_{黑})}{\sigma}}$算出$T_{黑}$,再用$T_{\eta}=\frac{T_{黑}}{\sqrt[4]{\eta}}$算$T_{\eta}$即可.

例如,冶炼金属的炉体小孔温度测量计算为$T_{黑}$,而已知炉内金属的温度为T_{η},两者可用上式换算.又如,太阳表面温度为$T_{黑}$,内部温度为T_{η},不过要已知η才可换算.

显然,测量灰体温度T_{η}不能用维恩位移公式,因为它们没有像基尔霍夫定律那样的关系.

19.2 光电效应和爱因斯坦光量子理论

19.2.1 光电效应的发现

光电效应是光的粒子性的实验证据,发现这一效应的却是赫兹(Heinrich Hertz)在研究电磁场的波动性时偶然得到的.这件事发生在1887年,当时赫兹正用两套放电电极做实验,一套产生振荡,发出电磁波,另一套充当接收器.为了便于观察,赫兹偶然把接收器用暗箱罩住,结果发现接收电极间的火花变短了.赫兹工作非常认真,用各种材料放在两套电极之间,证明这种作用既非电磁的屏蔽作用,也不是可见光的照射,而是紫外线的作用.当紫外线照在负电极上时,效果最为明显,说明负电极更易于放电,这是光电效应的早期征兆.

赫兹的论文《紫外线对放电的影响》发表后,引起了广泛反响.1888年,德国物理学家霍尔瓦克斯(Wilhelm Hallwachs)、意大利的里奇(Augusto Righi)和俄国的斯托列托夫几乎同时做了新的研究.图19.2.1是斯托列托夫的实验装置原理图.在金属极板C前几毫米远处,安放一金属网A,极板C与金属网A分别接于电池B的两端,使C带负电.用检流计G测量电流,弧光从A照向极板C,检流计指示有电流,将电池极性对换,使C极电位为正,则检流计不指示电流.显然,这个实验表明负电极在光照射下(特别是紫外线照射下),会放出带负电的粒子,形成电流.

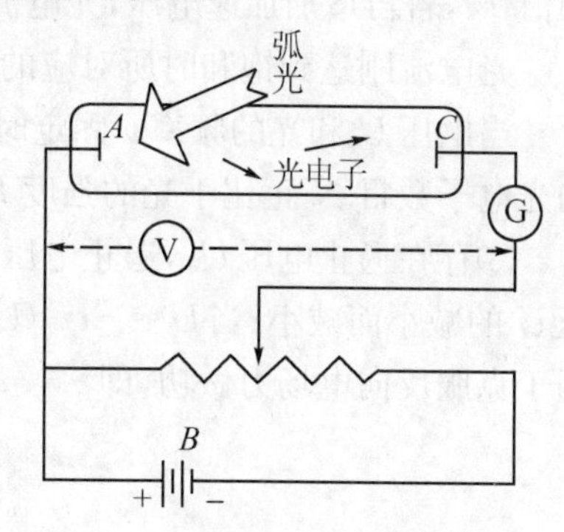

图19.2.1 斯托列托夫的实验原理图

光电效应:在光照射下,电子从金属逸出,这种现象称为光电效应.

光电效应分为外光电效应和内光电效应.

内光电效应是被光激发所产生的载流子(自由电子或空穴)仍在物质内部运动,使物质的电导率发生变化或产生光生伏特的现象.

外光电效应是被光激发产生的电子逸出物质表面,形成真空中的电子的现象.

1902年,勒纳德(P. Lenard)实验证明,金属在紫外光照射下发射电子,因为是光照所致,故称光电效应，并称这样发射的电子为光电子. 光电子的最大速度与光强无关，这为爱因斯坦的光量子假说提供了实验基础.

在光电效应中，光显示出它的粒子性，这就使人们对光的本性获得了进一步的认识.

19.2.2 光电效应的实验规律

光电效应实验装置如图 19.2.2 所示.

S 为抽成真空的玻璃容器，容器内装有金属板阴板 K 和金属板阳板 A，W 为石英窗，单色光通过石英窗照射到金属板 K 上时，金属板就释放出电子.

A、K 与电流计 G、变阻器 R 串联，而与伏特计 V 并联，双刀双掷开关 K_2 用于改变 A、K 两端电压极性，K_1 是电源开关.

如果在 A、K 之间加上电压 $U=U_A-U_K>0$，光电子在 A、K 之间的电场作用下，将由阴极 K 飞向阳极 A，形成 $AKBA$ 方向的光电流 i，在电路中由电流计 G 显示出来. A、K 两极的电压由伏特计读出.

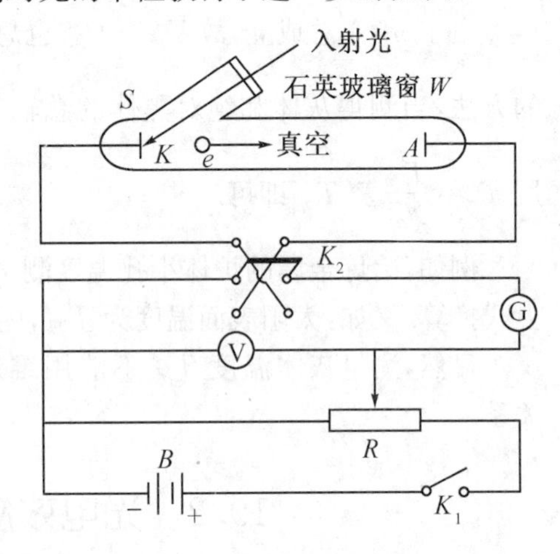

图 19.2.2 光电效应实验装置

光电效应的实验规律如下：

①弛豫时间 τ：弛豫时间与光强无关，光电子几乎在光照瞬间产生. 当入射光的光强 I 与频率 ν 一定时，光电流 i 与时间 t 的关系如图 19.2.3(a)所示. 当光照射到金属表面时(弛豫时间 $\tau<1$ ns)产生光电子，表示光电效应的瞬时性.

②饱和电流 I_S：光电流 i 随加速电压 $U(=U_A-U_K>0)$ 的增加而增加，趋于饱和值 I_S(I_S 与单位时间内阴极放出的光电子数成正比). 当加速电压增加到一定值 U_b 时，电流将达到饱和值 I_S，若再增加加速电压，光电流不再增加. 如图 19.2.3(b)所示.

光电流刚达到饱和时所对应的电压 U_b 称为饱和电压.

当电压 U 和光的频率 ν 固定时，饱和光电流 I_S 与光强成正比，即单位时间内由阴极逸出的光电子数目 N 正比于光的强度 I，如图 19.2.3(c)所示.

③存在遏止电压 U_a，遏止电压与光强无关. 当光的光强 I 与频率 ν 固定时，光电流 i 随电压 U 的减小而减小；当 $U=-U_a(U_a>0)$ 时，光电流 $i=0$. 这时，光电子的最大初动能全部都用于克服反向电场力做功，即

$$\frac{1}{2}mv_m^2=eU_a \tag{19-2-1}$$

式中，U_a 称为遏止电压，$\frac{1}{2}mv_m^2$ 为光电子的最大初动能. 如图 19.2.3(b)所示. 可见，ν 一定时，对不同光强度 I，有相同的遏止电压 U_a. 这表明光电子的最大初动能与光强无关.

④对特定表面，遏止电压 U_a 依赖于光的频率 ν，而与光的强度 I 无关，与光电流 i 无关，即

$$U_a=K(\nu-\nu_0) \tag{19-2-2}$$

ν_0 称为阈频率(或红限频率). 入射光的频率 ν 必须超过此值，才能产生光电流；否则，不论光强 I 多大，都无光电流 i. 如图 19.2.3(d)所示.

当 $\nu=\nu_0$ 时，$U_a=0$，即不必外加反向电压，电子都无法逸出；而当 $\nu>\nu_0$ 时，随 ν 增大，遏止

电压 U_a 增大. 这表明光电子的最大初动能与频率 ν 有关.

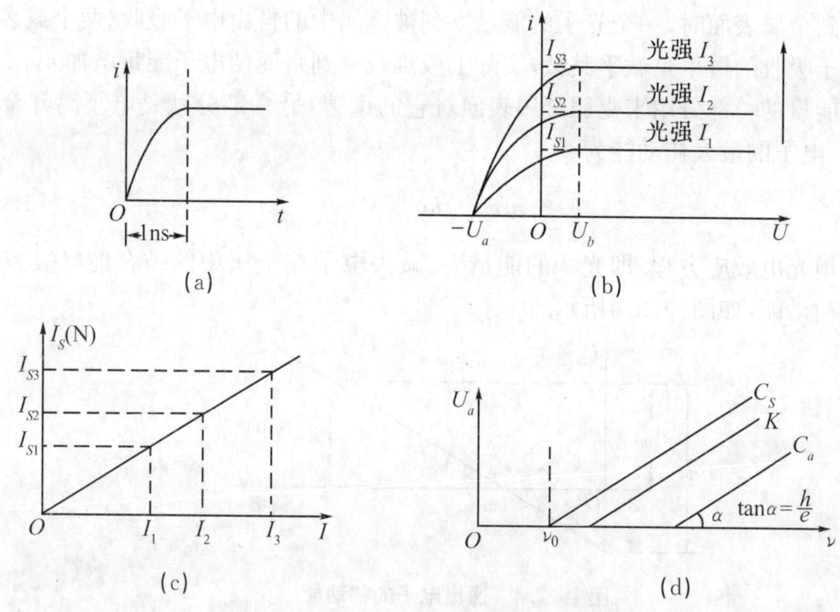

图 19.2.3　光电效应的实验规律

19.2.3　光电效应的经典解释

经典物理认为,光是一种电磁波,当它照射在电子上时,电子就得到能量. 当电子集聚的能量达到一定程度时,就能脱离原子的束缚而逸出,那么,光强为 1 μW·m^{-2}的光子照射到钠金属的表面,要使一个电子获得 1 eV 的能量而逸出,需要 10^7 s. 实验发现,光强为 1 μW·m^{-2}的光照射到钠金属表面,立即就有光电流被测到,光电效应的响应时间很快($<10^{-9}$ s),这是经典物理最难理解的.

依照经典理论,在光的照射下,金属中的电子作受迫振动,获得初动能而逸出金属表面. 决定电子初动能的是光强,随光强的增加而增大,与入射光的频率无关(更深入地讨论,如入射光频率与电子振动本征频率接近则发生共振现象,光电子应很快逸出,但一旦大于此本征频率,电子受迫振动振幅应减小,从而较难逃逸出去),更不存在阈频率. 但实验事实却是,光电子初动能与光强无关,而与频率有关. 暗淡的蓝光照出的电子能量居然比强烈的红光照出的电子能量大. 这种电子初动能与光频率的关系是经典物理所无法解释的.

19.2.4　光电效应的量子解释

1905 年,爱因斯坦(A. Einstein,1879—1955)在普朗克能量子概念的基础上,提出了光量子概念,用光量子假说成功地解释了光电效应.

1. 光量子假说

光在空间传播时,也具有粒子性,一束光就是一粒一粒以光速 c 运动的粒子流,这种粒子称为光量子或光子.

辐射场由光量子组成,每一个光量子的能量 ε 与辐射的频率 ν 的关系为

$$\varepsilon = h\nu \tag{19-2-3}$$

等式的左边描述了光的粒子性,右边描述了光的波动性.

2. 爱因斯坦光电效应方程

当光照射到金属表面时，一个光子的能量立刻被金属中的自由电子吸收(两个或多个光子同时被一个电子吸收的概率是微乎其微，实际上极难观测到)，而使电子能量增加 $h\nu$.

电子把这能量的一部分用来克服金属表面对它的束缚，另一部分就是电子离开金属表面后的动能. 逸出电子的最大初动能为

$$\frac{1}{2}mv_m^2=h\nu-A \qquad (19-2-4)$$

这就是爱因斯坦光电效应方程. 即光子的能量 $h\nu$ 减去电子在金属中的结合能(逸出功)A 等于电子的最大初动能，如图19.2.4所示.

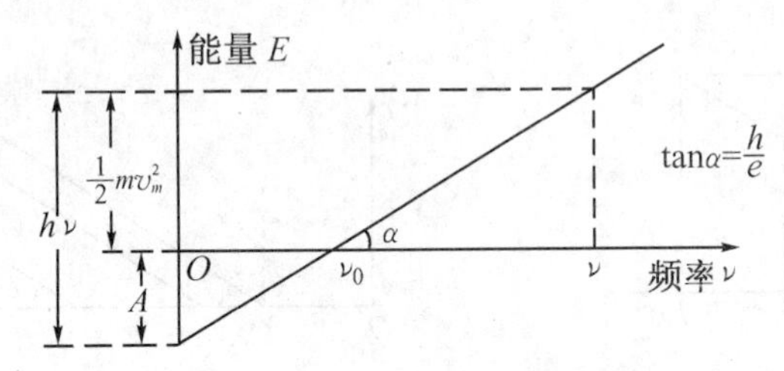

图 19.2.4　逸出电子的初动能

讨论：

①光子能量与其频率成正比，频率越高，对应光子能量越大，因此光电效应也容易发生，光子能量小于逸出功时，则无法激发光电子. 当 $\nu<\nu_0=A/h$ 时，电子的能量不足以克服金属表面的吸引力而脱出，因此观测不到光电子(解释了第 4 个实验规律).

②光电子的动能只依赖于照射光的频率 ν，而不依赖于照射光的强度(解释了第 3 个实验规律).

③当 $\nu>\nu_0$ 时，所有同频率光子具有相同能量. 入射光的强度由单位时间内到达金属表面的光子数目决定，光强越大，光子数目越多，产生的光电子数目就越多. 因此遏止电压与光强无关，饱和电流与光强成正比(解释了第 2 个实验规律).

④电磁波能量被集中在光子身上，而不是像波那样散布在空间中. 当光照射到金属表面时，一个光子的能量 $h\nu$ 就被整个电子吸收，不需要任何积累能量的时间(解释了第 1 个实验规律).

至此，我们可以说，原先由经典理论出发解释光电效应实验所遇到的困难，在爱因斯坦光子假设提出后，都已被解决了. 不仅如此，通过爱因斯坦对光电效应的研究，使我们对光的本性的认识有了一个飞跃，光电效应显示了光的粒子性.

根据光电效应原理可以制造多种光电器件，如光电倍增管、电视摄像管、光电管、电光度计等. 这里介绍一下光电倍增管，这种管子可以测量非常微弱的光，它的管内除有一个阴极 K 和一个阳极 A 外，还有若干个倍增电极 $K1$、$K2$、$K3$、$K4$、$K5$ 等. 图 19.2.5 是光电倍增管的大致结构.

使用时不但要在阴极和阳极之间加上电压，各倍增电极也要加上电压，使阴极电势最低，各个倍增电极的电势依次升高，阳极电势最高. 这样相邻两个电极之间都有加速电场，当阴极受到光的照射时，就发射光电子，并在加速电场的作用下，以较大的动能撞击到第一个倍增电极上. 光电子能从这个倍增电极上激发出较多的电子，这些电子在电场的作用下，又撞击到第二个倍增电极上，从而激发出更多的电子. 这样激发出的电子数不断增加，最后阳极搜集到的

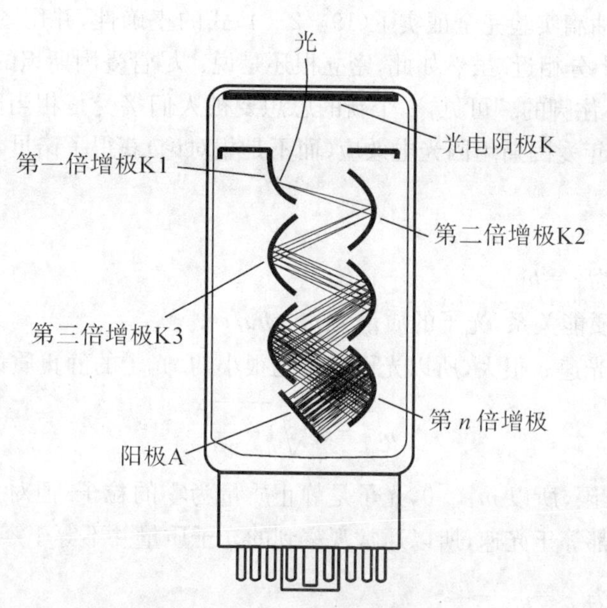

图 19.2.5　光电倍增管的结构

电子数将比最初从阴极发射的电子数增加了很多倍(一般为 105～108 倍). 因此,这种管子只要受到很微弱的光照就能产生很大电流,它在工程、天文、军事等方面都有重要的作用.

19.2.5　爱因斯坦的光量子理论

爱因斯坦最早明确地认识到,普朗克的发现标志了物理学的新纪元. 1905 年,爱因斯坦在著名论文《关于光的产生和转化的一个试探性观点》中,发展了普朗克的量子假说,提出了光量子概念,并应用到光的发射和转化上,很好地解释了光电效应等现象.

爱因斯坦在那篇论文中,总结了光学发展中微粒说和波动说长期争论的历史,揭示了经典理论的困境,提出只要把光的能量看成不是连续分布,而是一份一份地集中在一起,就可以做出合理的解释. 他写道:"在我看来,如果假定光的能量在空间的分布是不连续的,就可以更好地理解黑体辐射、光致发光、紫外线产生阴极射线,以及其他有关光的产生和转化的现象的各种观测结果. 根据这一假设,从点光源发射出来的光束的能量在传播中将不是连续分布在越来越大的空间之中,而是由一个数目有限的局限于空间各点的能量子所组成. 这些能量子在运动中不再分散,只能整个地被吸收或产生. "也就是说,光不仅在发射中,而且在传播过程中以及在与物质的相互作用中,都可以看成能量子. 爱因斯坦称之为光量子,也就是后来所谓的光子(photon). 光子一词则是 1926 年由路易斯(G. N. Lewis)提出的.

爱因斯坦的光量子理论和光电方程,简洁明了,很有说服力,但是当时却遭到了冷遇. 人们认为这种把光看成粒子的思想与麦克斯韦电磁场理论抵触,是奇谈怪论. 甚至量子假说的创始人普朗克也表示反对. 1913 年普朗克等人在提名爱因斯坦为普鲁士科学院会员时,一方面高度评价爱因斯坦的成就,同时又指出:"有时,他可能在他的思索中失去了目标,如他的光量子假设. "爱因斯坦提出光量子假设和光电方程,的确是很大胆的,因为当时还没有足够的实验事实来支持他的理论,尽管理论与已有的实验事实并无矛盾,所以爱因斯坦非常谨慎,称之为试探性观点(heuristischen gesichtspunkt).

图 19.2.4 中的那条直线是可由实验得到的. 从直线的斜率,可直接测得普朗克常数. 密立

根在 1916 年发表的油滴实验完全证实了(19－2－4)式的正确性，并用图 19.2.4 测得普朗克常量 h，它与观测值十分相近. 虽然如此，密立根还是说："尽管爱因斯坦的公式是成功的，但其物理理论是完全站不住脚的."可见，一个新的思想要被人们接受是相当困难的. 然而，历史很快做出了判断，1921 年爱因斯坦因光电效应(而不是相对论)获得了诺贝尔物理学奖.

19.2.6　**光子**

(1)光子的能量为 $\varepsilon=h\nu$.

(2)根据相对论质能关系，光子的质量为 $m=h\nu/c^2$.

由于 h 值很小，光速 c 很大，所以光子质量是很小的. 光子的静止质量 m_0 为

$$m_0=m\sqrt{1-\frac{u^2}{c^2}}$$

因为 $u=c$，m 有限，所以 $m_0=0$，光子是静止质量为零的粒子. 但对任何参考系光子都不会静止，光子的速度都等于光速，所以通常观察到的光子质量并不等于零.

(3)光子的动量为 $p=mc=\dfrac{h\nu}{c}$.

然而，当用波长表示时，则为 $p=\dfrac{h}{\lambda}$.

可见，光子的动量与波长成反比. 当光投射在物体上时，将引起光子的动量变化，于是物体会感受到某种压力，称为光压. 例如：阳光照在身体上，不仅会感觉发暖，也有压力，只是因为感觉器官的限制而感觉不到. 光压的发现源于俄国和美国. 19 世纪，英国物理学家麦克斯韦创立了电磁理论，指出光的本质是电磁波. 麦克斯韦还预言：光射到物质表面时，将对这一表面施加压力. 彗星尾巴背着太阳就是太阳的光压造成的.

(4)光子同时具有干涉、衍射等现象，也就是具有波动性.

例 19.2.1　用频率为 ν 的单色光照射某金属时，逸出光电子的动能为 E_K，若用频率为 2ν 的单色光照射该金属时，则逸出光电子的动能 $E_K{}'$ 为：

A. $2E_K$　　B. $2h\nu-E_K$　　C. $h\nu-E_K$　　D. $h\nu+E_K$　　(　　)

解　根据爱因斯坦光电效应方程

$$E_K=h\nu-A$$

所以

$$E_K{}'=2h\nu-A=2h\nu+(E_K-h\nu)=h\nu+E_K$$

选 D.

例 19.2.2　钾的光电效应红限波长是 550 nm，求：①钾电子的逸出功；②当用波长 $\lambda=300$nm 的紫外光照射时，钾的遏止电压 U_a.

解　由爱因斯坦的光电效应方程

$$\frac{1}{2}mv_m^2=h\nu-A$$

①当 $\frac{1}{2}mv_m^2=0$ 时，$A=h\nu_0=h\dfrac{c}{\lambda_0}=\dfrac{6.63\times10^{-34}\times3\times10^8}{550\times10^{-9}}=3.616\times10^{-19}(\text{J})=2.26(\text{eV})$

②$eU_a=\dfrac{1}{2}mv_m^2=h\dfrac{c}{\lambda}-A=\dfrac{6.63\times10^{-34}\times3\times10^8}{300\times10^{-9}}-3.616\times10^{-9}=3.014\times10^{-9}(\text{J})=1.88(\text{eV})$，所以 $U_a=1.88$ V.

19.3　康普顿效应和光的波粒二象性

1923 年，美国物理学家康普顿(A. H. Compton)在研究 X 射线与物质散射的实验里，证明了 X 射线的粒子性，第一次从实验上证实了爱因斯坦在 1905 年提出的光子具有能量 $\varepsilon = h\nu$ 的正确性，同时还证实了在微观碰撞过程中动量守恒定律仍成立.

19.3.1　X 射线

光电效应中，电磁波可以将能量转移给电子并将电子激发出来，与之相反的过程则是电子撞击物质，并发出电磁辐射，即 X 射线. 1895 年，伦琴(Roentgen)发现 X 射线，在电磁波谱中，X 射线在紫外线与 γ 射线之间，波长范围一般在 0.001nm～1nm，比 0.1nm 短的称为硬 X 射线，比 0.1nm 长的称为软 X 射线，如图 19.3.1 所示.

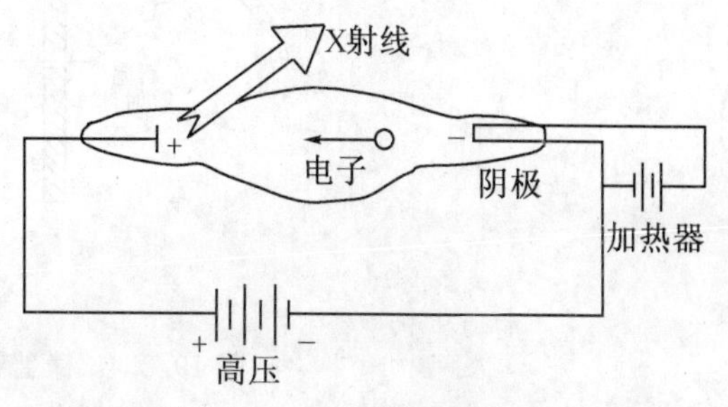

图 19.3.1　X 射线示意

根据经典电动力学知识，高速运动电子撞击金属靶，急剧减速，这个过程中必将发生电磁辐射，称为轫致辐射或刹车辐射(轫致辐射的详细理论需要量子电动力学 QED 的知识). 考虑入射电子与靶原子核之间库仑相互作用，轫致辐射强度反比于入射带电粒子质量平方，正比于靶核电荷的平方($I \propto \frac{Z^2}{m_e^2}$)，由于带电粒子速度是连续变化的，因此 X 射线辐射有连续谱的性质.

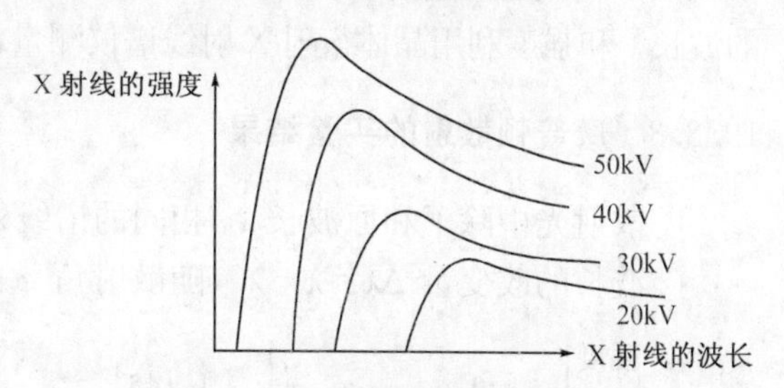

图 19.3.2　X 射线的量子极限

实验观测到连续谱的形状与靶的材料无关，但存在一个最小波长 $\lambda_{\min}$，或最大频率 $\nu_{\max} = \frac{c}{\lambda_{\min}}$，其数值仅依赖于加速电压 U_0，而与靶材料无关.

根据普朗克光量子假说 $\varepsilon = h\nu$，$h\nu_{\max} = eU_0$，即最大频率对应于电子动能完全转成辐射能(光子能量)的情况，$\lambda_{\min} = \frac{ch}{eU_0}$，称为量子极限. 如图 19.3.2 所示.

X 射线辐射：$eU_0 \longrightarrow h\nu + e$，可看做是光电效应：$h\nu + e \longrightarrow eU_0$ 的逆过程.

实验观察发现，在连续谱上面还存在一些“尖峰”，是特征辐射产生的 X 射线谱，其对应位置与外加电压无关，各不同元素的特征 X 射线谱有类似的结构，但波长位置各不相同，正如指纹可作为人的特征，特征 X 射线是元素的“指纹”，如图 19.3.3 所示.

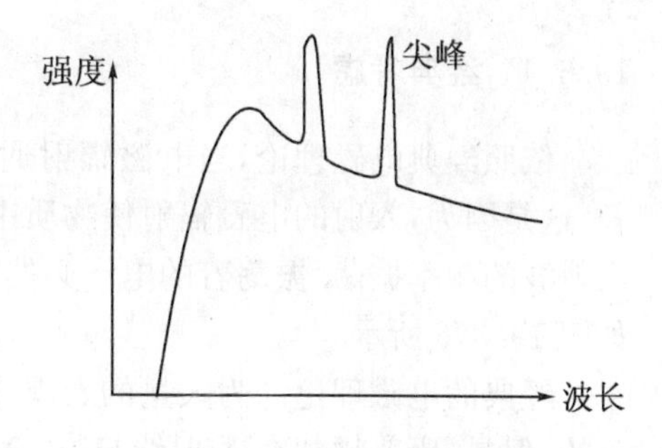

图 19.3.3　X 射线谱的特征辐射

特征辐射是经典电动力学所无法解释的，它与原子的内部结构有关系，我们在后文中再给出解释.

特征辐射按辐射的硬度(穿透能力)递减顺序可将特征辐射标记为 K、L 等系列,并可再细分为 $K_\alpha, K_\beta, \cdots, L_\alpha, L_\beta, \cdots$ 等谱线.

19.3.2　康普顿散射的实验装置

康普顿散射的实验装置如图 19.3.4 所示.

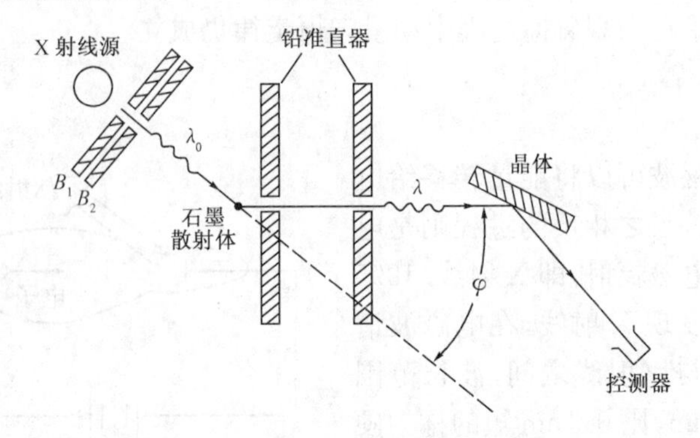

图 19.3.4　**康普顿散射实验装置示意图**

从 X 射线管发出的波长为 λ_0 的 X 射线,经光阑 B_1 和 B_2 后,被散射体(石墨)散射,散射光的波长 λ 和强度利用晶体衍射 X 射线谱仪测量,散射方向与入射方向之间的夹角 φ 称为散射角.

19.3.3　康普顿散射的实验结果

①散射光中除了和原波长 λ_0 相同的谱线外,还有 $\lambda > \lambda_0$ 的谱线.

②波长的改变量 $\Delta\lambda = \lambda - \lambda_0$,随散射角 φ 的增大而增加,图 19.3.5 所示.

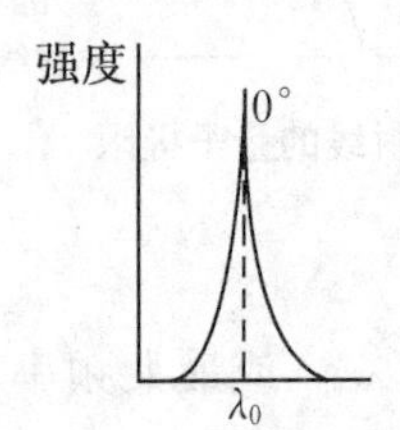

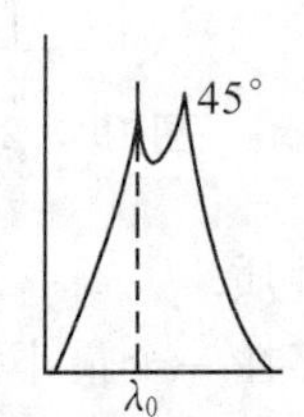

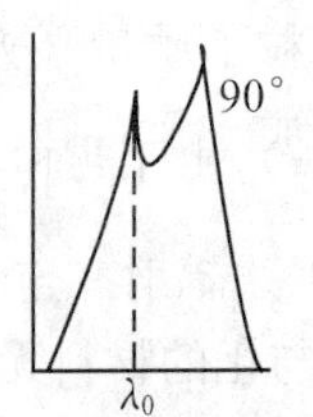

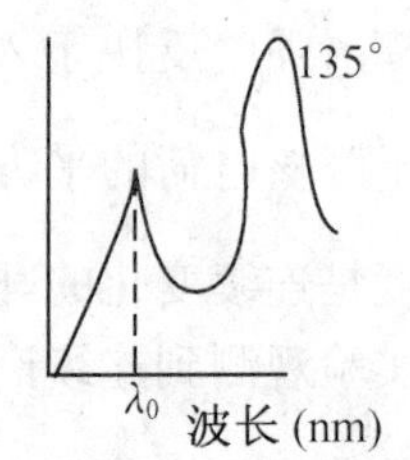

图 19.3.5　**不同角度时的康普顿散射**

③在原子量小的物质中,康普顿散射较强;在原子量大的物质中,康普顿散射较弱. 即:对于不同元素的散射体,在同一散射角下,波长的改变量 $\Delta\lambda$ 相同. 波长为 λ 的散射光强度随散射体的原子序数的增加而减小.

19.3.4　经典考虑

依照经典电磁理论,当电磁辐射通过物质时,被散射的辐射应与入射辐射具有相同的波长. 这是因为,入射的电磁辐射使物质中原子的电子受到一个周期变化的作用力,迫使电子以入射波的频率振荡. 振荡着的电子必然要在四面八方发射出电磁波,其频率与振荡频率相同,如图 19.3.6 所示.

经典的电磁理论已为大量的宏观现象所证明. 例如,蓝色的衣服在镜子里决不会看到是红色的. 但是,康普顿却在 X 射线与物质散射的实验中发现,在被散射的 X 射线中,除了与入射 X 射线具有相同波长的成分外,还有波长增长的部分出现,增长的数量随散射角 φ 的不同而有所不同. 这种散射现象称为康普顿效应,这是经典电磁理论无法解释的.

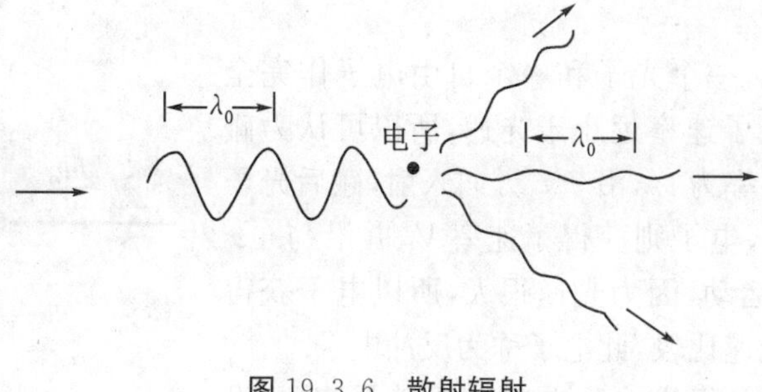

图 19.3.6 散射辐射

19.3.5 康普顿的量子解释

1. 物理模型

如果应用光子的概念，并假设光子和实物粒子一样，能与电子等发生弹性碰撞，那么康普顿效应能够在理论上得到与实验相符的解释. 解释如下：

(1)一个光子与散射物质中的一个自由电子或束缚较弱的电子发生碰撞后，光子将沿某一方向散射，这一方向就是康普顿散射方向. 当碰撞时，光子有一部分能量传给电子，散射的光子能量就比入射光子的能量小；因为光子能量与频率之间有 $\varepsilon=h\nu$ 关系，所以散射光频率减小了，即散射光波长增加了，如图 19.3.7 所示. [$\varphi\uparrow\rightarrow(\lambda-\lambda_0)$大，可通过公式解释]

(2)轻原子中的电子一般束缚较弱，重原子中的电子只有外层电子束缚较弱，内部电子是束缚非常紧的. 因此，原子量小的物质，康普顿散射较强，而原子量大的物质，康普顿散射较弱.

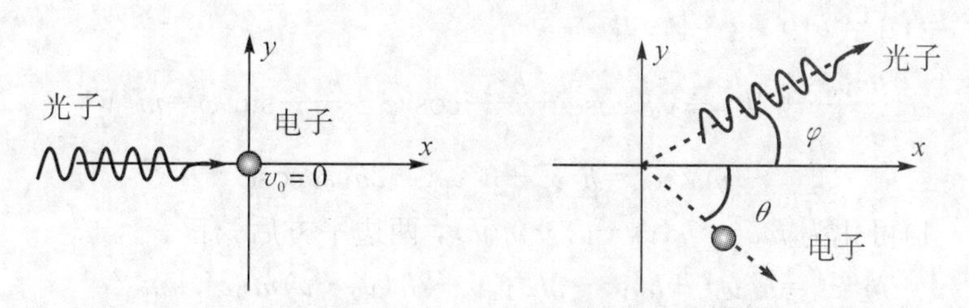

图 19.3.7 康普顿散射示意

按照光的量子理论，电磁辐射是光子流，每一个光子都有确定的动量和能量. 入射光子(X 射线或 γ 射线)能量大，能量范围为 10^4 eV～10^5 eV，而散射物质中那些受能量原子核束缚较弱的电子，只需要 10 eV～100 eV 的能量即可摆脱原子核的束缚，因此可忽略这些电子的束缚能而近似地认为它们是自由电子. 同样，由于这些电子的热运动能量也远小于 X 射线的光子，因此还可忽略电子的热运动而认为电子是静止的. 据此，入射 X 射线的光子与弱束缚电子的相互作用可近似看成光子与静止自由电子的弹性碰撞.

由于电子在散射后可以有很大速度，所以在能量守恒方程式中应考虑到电子的质量速度关系式.

2. 定性分析

(1)入射光子与散射物质中束缚微弱的电子弹性碰撞时，一部分能量传给电子，散射光子能量减少，频率下降，波长变大.

(2)光子与原子中束缚很紧的电子发生碰撞，近似与整个原子发生弹性碰撞时，能量不会显著减小，因此散射束中出现与入射光波长相同的射线.

3. 定量计算

如图 19.3.8 所示，一个光子和一个自由电子作完全弹性碰撞，由于自由电子速率远小于光速，所以可认为碰前电子静止. 设光子频率为 ν_0，沿 $+x$ 方向入射，碰后光子沿 φ 角方向散射出去，电子则获得了速率 V，并沿与 $+x$ 方向夹角为 θ 角方向运动，因为光速很大，所以电子获得速度也很大，可以与光速比较，此电子称为反冲电子.

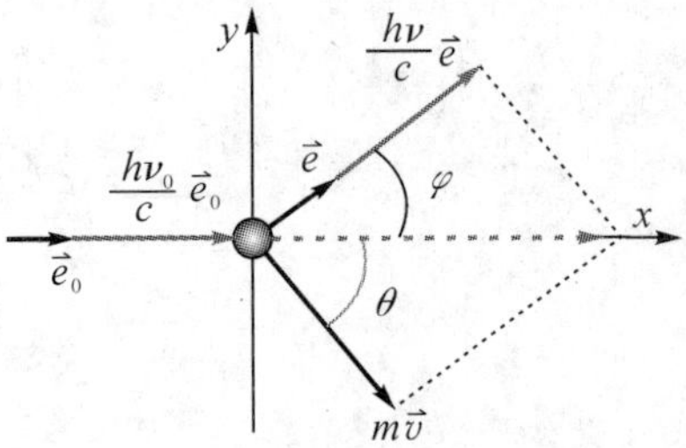

图 19.3.8

在此，由光子和电子组成的系统，动量及能量守恒，设 m_0 和 m 分别为电子的静止质量和相对论质量. 根据能量守恒定律，有

$$h\nu_0 + m_0c^2 = h\nu + mc^2 \tag{19-3-1}$$

根据动量守恒定律($p=\frac{E}{c}$)，有

$$\begin{cases} x\text{ 方向}: \dfrac{h\nu_0}{c} = \dfrac{h\nu}{c}\cos\varphi + mV\cos\theta \\ y\text{ 方向}: 0 = \dfrac{h\nu}{c}\sin\varphi - mV\sin\theta \end{cases} \tag{19-3-2}$$

由式(19－3－2)有

$$\left(\frac{h\nu_0}{c} - \frac{h\nu}{c}\cos\varphi\right)^2 = m^2V^2\cos^2\theta \tag{19-3-3}$$

$$\left(\frac{h\nu}{c}\sin\varphi\right)^2 = m^2V^2\sin^2\theta \tag{19-3-4}$$

式(19－3－3)＋式(19－3－4)，得

$$\frac{h^2\nu_0{}^2}{c^2} - 2h^2\frac{1}{c^2}\nu_0\nu\cos\varphi + \frac{h^2\nu^2}{c^2}\cos^2\varphi + \frac{h^2\nu^2}{c^2}\sin^2\varphi = m^2V^2$$

即

$$mV^2c^2 = h^2\nu^2 + h^2\nu_0{}^2 - 2h\nu_0\nu\cos\varphi \tag{19-3-5}$$

式(19－3－1)可化为 $mc^2 = h(\nu_0 - \nu) + m_0c^2$，两边平方后，有

$$m^2c^4 = h^2\nu_0{}^2 + h^2\nu^2 - 2h^2\nu_0\nu + 2h(\nu_0 - \nu)m_0c^2 + m_0{}^2c^4 \tag{19-3-6}$$

式(19－3－6)－式(19－3－5)，得

$$m^2c^4\left(1 - \frac{V^2}{c^2}\right) = m_0{}^2c^4 - 2h^2\nu_0\nu(1-\cos\varphi) + 2h(\nu_0 - \nu)m_0c^2 \tag{19-3-7}$$

因为 $m = m_0/\sqrt{1-V^2/c^2}$，所以式(19－3－7)变为

$$m_0{}^2c^4 = m_0{}^2c^4 - 2h^2\nu_0\nu(1-\cos\varphi) + 2h(\nu_0-\nu)m_0c^2$$

即

$$m_0c^2(\nu_0 - \nu) = h\nu_0\nu(1-\cos\varphi) \tag{19-3-8}$$

式(19－3－8)除以 $m_0c\nu_0\nu$ 得

$$\frac{c}{\nu} - \frac{c}{\nu_0} = \frac{h}{m_0c}(1-\cos\varphi)$$

波长的改变量为

$$\Delta\lambda = \lambda - \lambda_0 = \frac{h}{m_0c}(1-\cos\varphi) = \lambda_c(1-\cos\varphi) = 2\lambda_c\sin^2\frac{\varphi}{2}$$

即

$$\Delta\lambda = \lambda - \lambda_0 = 2\lambda_c\sin^2\frac{\varphi}{2} \tag{19-3-9}$$

式中，$\lambda_c = 0.002\ 426$ nm，称为电子的康普顿波长. 这就是著名的康普顿散射公式，$\Delta\lambda$ 称为康

普顿位移.

物理意义如下：

(1)电子的康普顿波长

入射光子的能量 $h\nu_0$ 与电子的静止能量相等时所相应的光子的波长，即

$$h\frac{c}{\lambda_0}=m_0c^2$$

则

$$\lambda_0=\frac{hc}{m_0c^2}=\frac{h}{m_0c}$$

电子的康普顿波长又可理解为：在 $\varphi=90°$时，入射光与散射光的波长之差.

(2)$\Delta\lambda$ 只决定于 φ

波长的改变量 $\Delta\lambda$ 与散射体的种类及入射光的波长无关，只与散射角 φ 有关，随 φ 的增大，$\Delta\lambda$ 增大，与实验数据相符.

只有对 $\lambda_0\leqslant 0.1$ nm 这样的 X 射线，才能使 $\Delta\lambda/\lambda_0$ 大到足以被观察的程度. 对于 $\lambda_0\approx 500$ nm那样的可见光，$\Delta\lambda$ 仍然很大，$\Delta\lambda/\lambda_0$ 将小得很难被量度. 这就是为什么只有在 X 射线散射实验中，才能观察到康普顿效应.

(3)可测量普朗克常数

康普顿位移 $\Delta\lambda$ 与三个基本常数(h,c,m_0)有关，我们可以从 $\Delta\lambda$ 的测量，依照两个已知的常数定出第三个常数. 我们可依此测定普朗克常数 h——康普顿散射实验为独立测定 h 提供了一个方法.

19.3.6 光的波粒二象性

光粒子说：牛顿认为光是粒子，并解释了光的直线传播和光的反射与折射现象.

光波动说：惠更斯认为光是一种波动，可以解释光沿直线传播、折射、干涉、衍射现象.

关于光的本质的研究，已有很长的历史. 早在 1672 年，牛顿就提出光的微粒说，认为光是由微粒组成的. 但 1678 年，荷兰的惠更斯向巴黎学院提出了《光论》，把光看成是纵向波动，用光的波动说导出了光的直线传播规律、反射折射定律，并解释双折射现象. 从此，光的微粒说和波动说一直在争论中不断发展.

直到 19 世纪初，在杨氏、菲涅耳、夫琅禾费等人证实光的干涉、衍射的实验之后，光的波动说才为人们普遍承认，而微粒说曾一度被人们忽视甚至否定.

1865 年，麦克斯韦在法拉第电磁学实验研究基础上，提出麦克斯韦方程组. 麦克斯韦方程组可以推出电磁场波动方程，电磁波传播速度恰好为光速 c. 这样，光学和电磁学就被统一起来，光波就是电磁波，麦克斯韦和赫兹更肯定了光是电磁波. 那时，光的波动说似乎得到了决定性的胜利.

可是，在 20 世纪初，对光的本性的认识又有了一个螺旋式的上升. 热辐射、光电效应、康普顿效应等几个新的实验都是按照普朗克、爱因斯坦、康普顿的光量子说而得到圆满解释，因而使历史上一度被忽略和否定的微粒说，又被人们所重视，从而使人们对光的本性的认识比过去更加深化.

在光的传播过程中(如光的干涉、衍射和偏振等现象)，光的波动性表现得比较显著；当光与其他物质相互作用时(如黑体辐射、光电效应、康普顿效应)，光的微粒性表现得比较显著……总之，光既具有波动性，又具有粒子性，即光具有波粒二象性.

在光的双缝干涉现象中，如图 19.3.9 所示，干涉条纹里的每条亮纹线的中心处，从波动理论看，表示光的强度 I 最大，而从量子论看，表示在曝光时间内光子到达该处的概率最大. 相应光强度 I 小的地方，光子出现的概率小. 光强度为 0 的地方，表示光子根本不出现.

可见，只有大量光子行为的统计平均才表现出光的波动性.

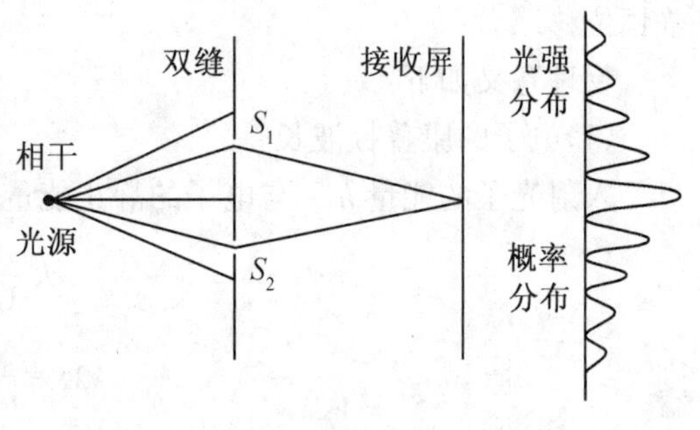

图 19.3.9　光的双缝干涉现象

当然，大量光子行为的统计平均表现出波动性，并不排除单个光子行为也有波动性. 如果将双缝干涉的光强减弱，以致弱到同一时刻只能测到一个一个地发射光子，发射的条件可以说是一样的，不同的仅是前者是同等条件下同时发射出大量的光子，干涉图样立即生成. 后者是将大量光子一个一个发射，在屏幕上先是杂乱地弥散分布，随着时间的积累，光子数量的增多，则显示出同样的干涉图样，这充分说明单个光子也具有波动性.

例 19.3.1　射线光子能量为 0.5 MeV，入射到某物质的靶上产生康普顿效应，若反冲电子的动能为 0.1MeV，则散射光与入射光波长之比为：

A. 0.8　　B. 1.25　　C. 0.2　　D. 0.5　　(　　)

解　根据能量守恒定律

$$E_0+h\nu_0=h\nu+E_e$$

而

$$h\nu_0=0.5\ (\mathrm{MeV}),\qquad E_{Ke}=E_e-E_0=0.1\ (\mathrm{MeV})$$

所以

$$h\nu=0.4\ (\mathrm{MeV})$$

故

$$\frac{\lambda}{\lambda_0}=\frac{\dfrac{C}{\nu}}{\dfrac{C}{\nu_0}}=\frac{\nu_0}{\nu}=\frac{h\nu_0}{h\nu}=\frac{5}{4}=1.25,\qquad \text{选 } B.$$

例 19.3.2　$\lambda_0=1.88\times10^{-12}$ m 的入射 γ 射线在碳块上散射，当散射角 $\varphi=\pi/2$ 时，求：(1)波长的改变量 $\Delta\lambda$；(2)电子获得多大的动能？

解　(1)由式(19-3-9)可知，波长的改变量为

$$\Delta\lambda=\lambda-\lambda_0=2\lambda_c\sin^2\frac{\varphi}{2}=\frac{2\times6.626\times10^{-34}\ \mathrm{J\cdot s}}{9.11\times10^{-31}\mathrm{kg}\times3.0\times10^{8}\ \mathrm{m\cdot s^{-1}}}\sin^2\frac{\pi}{4}=2.43\times10^{-12}\ \mathrm{m}$$

可见 $\Delta\lambda$ 与 λ_0 同数量级.

(2)设电子获得的动能为 E_k，根据能量守恒定律，有

$$E_k=mc^2-m_0c^2=hc\left(\frac{1}{\lambda_0}-\frac{1}{\lambda}\right)$$

式中，$\lambda=\lambda_0+\Delta\lambda$. 于是有

$$\begin{aligned}E_k&=hc\left(\frac{1}{\lambda_0}-\frac{1}{\lambda_0+\Delta\lambda}\right)=\frac{hc\Delta\lambda}{\lambda_0(\lambda_0+\Delta\lambda)}\\&=\frac{6.626\times10^{-34}\ \mathrm{J\cdot s}\times3.0\times10^{8}\ \mathrm{m\cdot s^{-1}}\times2.43\times10^{-12}\ \mathrm{m}}{1.88\times10^{-12}\ \mathrm{m}\times(1.88+2.43)\times10^{-12}\ \mathrm{m}}\\&=5.96\times10^{-14}\ \mathrm{J}\end{aligned}$$

19.4　氢原子光谱规律和玻尔的氢原子理论

19.4.1　氢原子的光谱

光谱分析的奠基人基尔霍夫和邦森(Bumsen)在19世纪中叶首先发现，每个元素具有它自己的特征光谱.光谱是光的频率和强度分布的关系图，是研究原子(和分子)结构的重要途径.如果我们将充有某种原子蒸气的"真空管"通电，使之发光，并测量发出光的光谱，所测得的便是该元素(该原子)的光谱，即发射光谱，谱线是明线.

另外一种光谱是吸收光谱，谱线是暗线(低温原子气吸收波长连续分布光源中特定波长光形成).同一元素的发射谱线与吸收谱线一一对应.

实验发现，相同元素原子的谱线相同，不同元素原子的谱线不相同，这些谱线成为辨认不同原子的"指纹".利用测量原子光谱的方法，科学家们发现了很多新元素，如He(1862年)、Cs(1860年)、Rb(1861年)等.

氢是最轻的元素，氢原子是最简单的原子，由一个质子和一个电子组成.氢原子的光谱在我们对原子结构和物质结构定律的理解的发展方面一直起着重要作用.

氢原子的发射光谱在可见光区域的656.21 nm、486.07 nm、434.01 nm和410.12 nm处出现四根特征线(H_α,H_β,H_γ,H_δ)，其中最强的一根线于1853年由安斯格物洛姆(Ansgtrom)发现，现在称为H_α线.在紫外线区域附近，在这四根谱线后是整整一系列其他的线，当它们接近短波长极限(H_∞)时，它们以有规律的方式越串越紧地挨在一起，如图19.4.1所示.

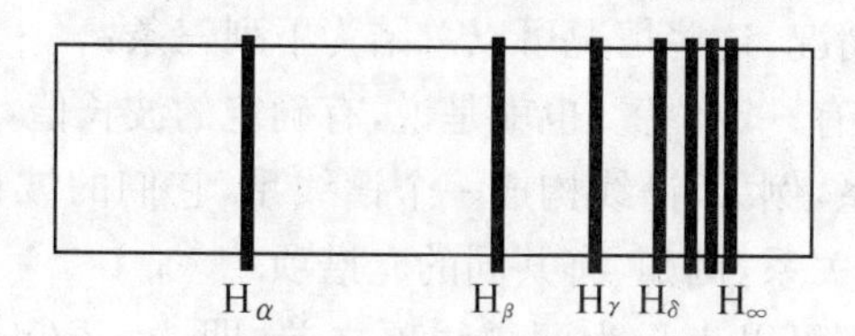

图19.4.1　氢光谱

1885年，瑞士巴塞尔女子中学数学教师巴尔末(Balmer)发现这些谱线的波长可以由下列形式的关系很好地表示出

$$\lambda=\frac{n^2}{n^2-4}B \tag{19-4-1}$$

式中，n是一个整数，$n=3,4,5,\cdots$；B是一个经验常量，$B=364.56$ nm.上式中若分别令$n=3,4,5,6$，可计算出对应的四条谱线H_α,H_β,H_γ,H_δ的波长.计算值与实验值很好地符合，这个公式称为巴尔末公式.

若令$\tilde{\nu}=1/\lambda$，$\tilde{\nu}$称为波数，表示单位长度上波的数目，巴尔末公式可改写为

$$\tilde{\nu}=\frac{1}{\lambda}=R_H\left(\frac{1}{2^2}-\frac{1}{n^2}\right)\quad(n=3,4,5,\cdots) \tag{19-4-2}$$

式中，$R_H=4/B$，称为里德伯常量，其数值由实验测定为

$$R_H=1.096\ 775\ 8\times10^7\ \mathrm{m}^{-1}$$

当$n\to\infty$时，得巴尔末线系极限为

$$\tilde{\nu}_\infty=\frac{R_H}{4}$$

进一步研究氢光谱,发现在紫外区和红外区也有光谱线,这些光谱线可分成若干个线系.

1916 年,在紫外区,发现赖曼线系　$\tilde{\nu}=R_{\rm H}\left(\frac{1}{1^2}-\frac{1}{n^2}\right)$　$(n=2,3,4,\cdots)$

1908 年,在近红外区,发现帕邢线系　$\tilde{\nu}=R_{\rm H}\left(\frac{1}{3^2}-\frac{1}{n^2}\right)$　$(n=4,5,6,\cdots)$

1922 年,在红外区,发现布喇开线系　$\tilde{\nu}=R_{\rm H}\left(\frac{1}{4^2}-\frac{1}{n^2}\right)$　$(n=5,6,7,\cdots)$

1924 年,在远红外区,发现普芳德线系　$\tilde{\nu}=R_{\rm H}\left(\frac{1}{5^2}-\frac{1}{n^2}\right)$　$(n=6,7,8,\cdots)$

这些线系可以统一用一个公式表示为

$$\tilde{\nu}=R_{\rm H}\left(\frac{1}{m^2}-\frac{1}{n^2}\right)\quad (m=1,2,3,4,\cdots;\quad n=m+1,m+2,m+3,m+4,\cdots)$$

或

$$\tilde{\nu}=T(m)-T(n) \tag{19-4-3}$$

式中,$T(m)=\frac{R_{\rm H}}{m^2}$,$T(n)=\frac{R_{\rm H}}{n^2}$,称为光谱项.其中 n 和 m 称为主量子数.

氢原子光谱的任何一条谱线的波数,可由两个光谱项之差表示.

关系式(19-4-3)首先由里德伯(Rydberg)于 1890 年列出,他发现“使他更加高兴的事”是巴尔末公式(19-4-1)是里德伯公式(19-4-3)的一种特殊情况.

1898 年,里兹用经验的方法发现并合原理,该原理指出:在一个光谱线系中两条谱线的频率之差,等于从同一原子光谱得到的另一线系中实际出现的一条光谱线的频率.例如,在赖曼线系中的前两谱项的频率之差等于巴尔末线系的第一条线的频率.

以上是氢原子的光谱情况,这些情况可以总结为下列三条:

①光谱是线状的,谱线有一定位置.也就是说,有确定的波长值,而且是彼此分立的.

②谱线间有一定的关系,例如,谱线构成一个谱线系,它们的波长可以用一个公式表示出来,不同系的谱线有些也有关系,例如,有共同的光谱项.

③每一条谱线的波数都可以表示为两谱线项之差,即 $\tilde{\nu}=T(m)-T(n)$,氢的光谱项是 $R_{\rm H}/n^2$,n 是整数.

这里总结出的三条也是所有原子光谱的普遍情况,所不同的只是各原子的光谱项的具体形式各有不同.

19.4.2　玻尔的氢原子理论

(1)经典理论的困难

汤姆逊在 1897 年发现电子后,曾经于 1904 年提出过如下原子模型:正电荷均匀分布于原子中(原子半径 $\approx 10^{-10}$ m),而电子则以某种规律排列镶嵌其中.1911 年,卢瑟福根据 α 粒子对原子散射中出现的大角度偏转现象(汤姆逊模型对此完全无法解释),提出了原子的“有核模型”:原子的正电荷以及全部的质量集中在原子中心很小的区域中(半径 $<10^{-14}$ m),形成原子核,而电子则围绕原子核旋转(类似行星绕太阳旋转).卢瑟福模型是迈向正确原子模型的关键一步,此模型既能很好地解释 α 粒子的大角度偏转,又能解释 β 散射,是经得起实践检验的.但是,当我们使用经典物理学处理卢瑟福模型时,必然遇到如下三大难题:

①原子的大小问题.19 世纪统计物理学的研究表明,原子的大小约为 10^{-10} m.在汤姆逊模型中,根据电子排列的空间构形的稳定性,可以找到一个合理的特征长度,而在经典物理的

框架中来考虑卢瑟福模型，却找不到一个合理的特征长度. 根据电子质量 m_e 和电荷 e，在经典电动力学中可以找到一个特征关系，即：$r_e=\frac{e^2}{m_e c^2}\approx 2.8\times 10^{-15}$ m（经典电子半径），但 $r_e \ll 10^{-10}$ m，完全不适合用于表征原子大小. 何况原子中电子速度 $v\ll c$，光速 c 不应出现在原子的特征长度中.

②原子的稳定性问题. 电子围绕原子核旋转的运动是加速运动，按照经典电动力学，电子将不断辐射能量而减速，轨道半径会不断缩小，最后将掉到原子核上去，原子随之塌缩.

③原子光谱的分立性. 按经典电磁学理论，电子辐射电磁波的频率等于电子绕核旋转的频率，则电子辐射各频率是 ν 的整数倍的谐波，辐射频率是连续分布的，原子光谱应该是连续光谱.

但现实世界表明，原子稳定地存在于自然界，原子光谱是分立的线状光谱. 矛盾尖锐地摆在人们面前，如何解决呢？

(2)玻尔模型

尼尔斯·玻尔是丹麦人，早年在哥本哈根大学攻读物理，1909 年和 1911 年作硕士和博士论文的题目是金属电子论，在这一过程中接触到量子论. 1911 年，赴英国剑桥大学学习和工作，1912 年在曼彻斯特大学卢瑟福的实验室里工作过四个月，当时正值卢瑟福发表有核原子理论，并组织大家对这一理论进行检验. 玻尔参加了 α 射线散射的实验工作，帮助他们整理数据和撰写论文. 玻尔十分敬佩卢瑟福的工作，坚信他的原子有核模型是符合客观事实的，也很了解他的理论所面临的困难，认为要解决原子的稳定性问题，唯有靠量子假说，也就是说，要描述原子现象，就必须对经典概念进行一番彻底的改造. 在原子世界中必须背离经典电动力学，必须采用新的观念，他一开始就深信用普朗克常量 h 是解决原子结构问题的关键. 如果把 h 引入卢瑟福模型中，按照量纲分析，可以找到如下特征长度

$$a=4\pi\varepsilon_0\hbar^2/m_e e^2\approx 0.53\times 10^{-10}(\text{m}) \tag{19-4-4}$$

1913 年 2 月，玻尔从他的好友那儿得知关于氢原子光谱线的巴尔末公式时，即获得了他的理论中“七巧板中的最后一块”. 正如他在后来经常说的：“我一看巴尔末公式，整个问题对我来说全都清楚了. ”他从斯塔克的著作中学习了价电子跃迁产生辐射的理论，于是很快就写出了著名的“三部曲”，题名《原子构造和分子构造》——Ⅰ、Ⅱ、Ⅲ的三篇论文，发表在 1913 年《哲学杂志》上. 1913 年 3 月 6 日，玻尔寄出了关于氢原子理论的第一篇文章，并在 7 月、9 月、11 月三个月中连续发表了三篇有历史意义的巨著.

玻尔的氢原子理论是分三步完成的：

①经典轨道加定态条件. 玻尔认为，氢原子中的一个电子绕原子核作圆周运动（经典轨道），并作一个硬性的规定：电子只能处于一些分立的轨道上，它只能在这些轨道上绕核转动，且不产生电磁辐射. 原子相应处于稳定态，简称定态. 能量最低的稳定态称为基态，其他的称为激发态.

如图 19.4.2 所示，质量为 m_e 的电子绕质子做半径为 r 的圆周运动，按照经典力学，电子受到的向心力为

$$F=m_e\frac{v^2}{r}$$

这个力只能由质子和电子之间的库仑引力来提供，即

$$\frac{1}{4\pi\varepsilon_0}\frac{e^2}{r^2}=\frac{m_e v^2}{r}$$

由此得到电子在圆周运动中的能量表达式为

$$E=E_K+E_P=\frac{1}{2}m_e v^2-\frac{e^2}{4\pi\varepsilon_0 r}=\frac{1}{2}\frac{e^2}{4\pi\varepsilon_0 r}-\frac{e^2}{4\pi\varepsilon_0 r}=-\frac{1}{2}\frac{e^2}{4\pi\varepsilon_0 r} \tag{19-4-5}$$

而电子做圆周运动的频率为

$$f=\frac{v}{2\pi r}=\frac{1}{2\pi r}\sqrt{\frac{e^2}{4\pi\varepsilon_0 m_e r}}=\frac{e}{2\pi}\sqrt{\frac{1}{4\pi\varepsilon_0 m_e r^3}} \tag{19-4-6}$$

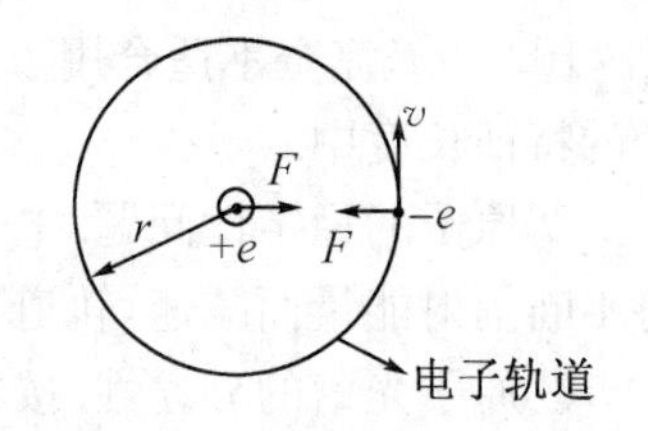

图 19.4.2　电子绕质子运动

②频率条件. 按照玻尔的观点，电子在定态轨道运动时，不会产生电磁辐射，因此就不会损耗能量而落入核内. 那么，在什么情况下产生辐射呢？

玻尔假定：当电子从一个定态轨道跃迁到另一个定态轨道时，会以电磁波的形式放出（或吸收）能量 $h\nu$，其值由下式决定

$$h\nu=E_n-E_m \tag{19-4-7}$$

这就是波尔提出的频率条件，又称辐射条件. 玻尔在此把普朗克常量 h 引入了原子领域.

定态，即无实质性运动，实质性运动只能发生在定态之间.

把式(19－4－7)与(19－4－3)相比较，立刻看出：

$$E_n=\frac{-R_{\rm H}hc}{n^2} \tag{19-4-8}$$

一旦写成这样的形式，里德伯公式就得到了解释：它代表电子从定态 m（能量为 E_m）跃迁到定态 n（能量为 E_n）时释放的能量，相应的波长为 λ，频率为 ν.

由式(19－4－8)和(19－4－5)可得

$$r_n=\frac{1}{4\pi\varepsilon_0}\frac{e^2}{2R_{\rm H}hc}n^2 \tag{19-4-9}$$

这就是氢原子中与定态 n 相应的电子轨道半径. n 只能取整数，电子轨道是分立的.

③角动量量子化. 根据玻尔的两条基本假设，还不能把原子的分立能级定量地确定下来. 玻尔解决这个问题的指导思想是对应原理，即大量子数极限下，量子体系的行为将趋于与经典体系相同.

我们先把公式(19－4－3)改写为

$$\nu=\tilde{\nu}c=R_{\rm H}c\,\frac{n^2-m^2}{m^2n^2}=R_{\rm H}c\,\frac{(n+m)(n-m)}{m^2n^2}$$

当 n 很大时，考虑两个相邻 n 之间的跃迁($n-m=1$)，频率为

$$\nu\approx R_{\rm H}c\,\frac{2n}{n^4}=\frac{2R_{\rm H}c}{n^3} \tag{19-4-10}$$

根据对应原理的准则，它与经典关系式(19－4－6)一致，即

$$\frac{2R_{\rm H}c}{n^3}=\frac{e}{2\pi}\sqrt{\frac{1}{4\pi\varepsilon_0 m_e r^3}}$$

由此得到

$$r=\sqrt[3]{\frac{1}{4\pi\varepsilon_0}\frac{e^2}{16\pi^2R_{\rm H}^2c^2m_e}}\,n^2$$

它应与式(19－4－9)一致，于是，我们得到里德伯常量的表达式

$$R_H=\frac{2\pi^2 e^4 m_e}{(4\pi\varepsilon_0)^2 ch^3} \tag{19－4－11}$$

现在，里德伯常量不再是经验常数，它已经由若干基本常量($e, m_e, h, c, \varepsilon_0$)组合而成，可以精确地算出，$R_H=10973737.334\ m^{-1}$，与光谱分析中得出的里德伯常量相当符合.

把式(19－4－11)代入式 (19－4－9)，我们得到电子轨道半径为

$$r=r_n=\frac{4\pi\varepsilon_0 \hbar^2}{m_e e^2}n^2 \tag{19－4－12}$$

式中，$\hbar=h/2\pi$，称为约化普朗克常量.

把式(19－4－11)代入式(19－4－8)，我们得到电子在这个体系中的能量表达式

$$E_n=-\frac{m_e e^4}{(4\pi\varepsilon_0)^2 2\hbar^2 n^2}=-\frac{1}{2}m_e(\alpha c)^2\frac{1}{n^2} \tag{19－4－13}$$

式中，$\alpha=\dfrac{e^2}{4\pi\varepsilon_0 \hbar c}\simeq\dfrac{1}{137}$，称为精细结构常数.

另外，根据经典理论，电子的角动量应该为

$$L=m_e vr=m_e\sqrt{\frac{e^2}{4\pi\varepsilon_0 m_e r}}r=\sqrt{\frac{m_e e^2 r}{4\pi\varepsilon_0}}$$

把式(19－4－12)代入后，便有

$$L=n\hbar \quad (n=1,2,3,\cdots) \tag{19－4－14}$$

这就是角动量量子化条件.

19.4.3 玻尔模型的实验验证

(1)氢光谱和类氢光谱

如考虑到原子核不是无穷大情形，m_e 应由折合质量 $\mu=\dfrac{m_e M}{m_e+M}$代替，修正后的里德伯常量应为

$$R_A=\frac{1}{2hc}(\alpha c)^2\frac{m_e M}{m_e+M}=R_H\frac{1}{1+\dfrac{m_e}{M}} \tag{19－4－15}$$

修正后的里德伯常量与实验测得数据完全吻合. 这样，就完全解释了氢光谱的实验数据.

类氢离子：原子核外只有一个电子的离子，原子核带正电荷 Z_e，如 He^+，Li^{2+}，Be^{3+}等.

可以证明
$$\left(\frac{1}{\lambda}\right)_A=R_A Z^2\left[\frac{1}{n^2}-\frac{1}{n'^2}\right]=R_A\left[\frac{1}{\left(\dfrac{n}{Z}\right)^2}-\frac{1}{\left(\dfrac{n'}{Z}\right)^2}\right]$$

这里 n、n'、Z 是整数，但 n/Z、n'/Z 就不一定是整数了，表现出类氢光谱的谱线要比氢光谱的谱线多.

(2)夫兰克—赫兹实验

1914 年，夫兰克和赫兹使用如图 19.4.3 所示的装置，用电子流轰击汞蒸气，发现通过真空管的电流随电压增大，以 4.9V 为周期，周期性地变大变小，如图 19.4.4 所示. 说明汞原子中存在能量为 4.9eV 的量子态.

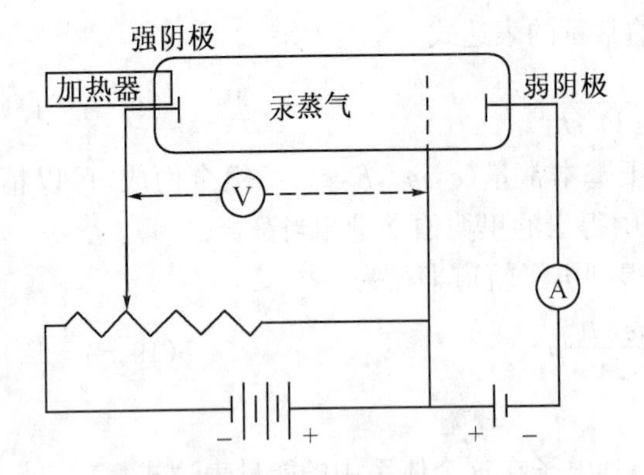

图 19.4.3　夫兰克—赫兹实验示意

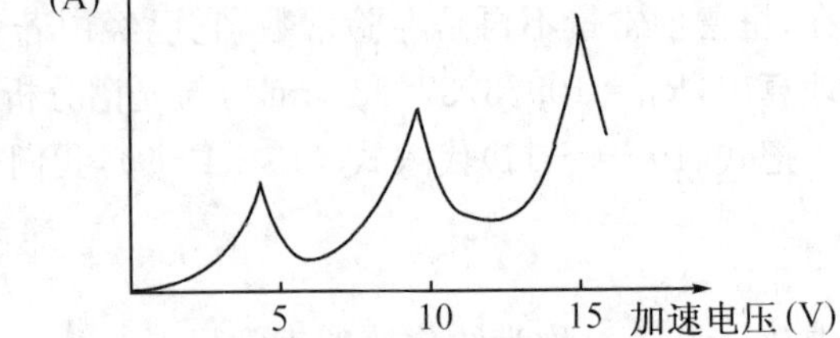

图 19.4.4　电流随电压周期性变化

(3)X 射线特征辐射

如图 19.3.3 所示，X 射线谱由连续谱和特征谱两部分组成. 1913 年，莫塞莱(Moseley)在测量了从铝到金共 38 种元素的光谱后，发现 X 射线特征频率的平方根对原子序数 Z 作图满足线性关系，如图 19.4.5 所示.

$$\nu_{K_\alpha}=0.248\times10^{16}(Z-1)^2(\text{Hz})$$

根据玻尔理论

$$\nu=cRZ^2\left(\frac{1}{1^2}-\frac{1}{2^2}\right)\approx0.246\times10^{16}Z^2(\text{Hz})$$

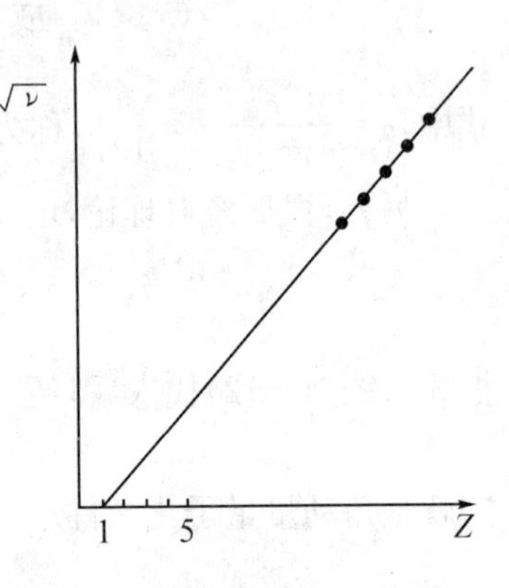

图 19.4.5　满足线性关系

公式中，$Z-1$ 表明跃迁电子受到 $Z-1$ 个正电荷的有效电磁相互作用.

K_α 射线可解释为：入射高能电子首先从原子内层 $n=1$ 移去一个电子形成一个内层空穴，然后外层 $n=2$ 处电子跳到 $n=1$ 填补空穴，并发出射线. 考虑屏蔽效应，有效电荷应为 $Z-1$($n=1$电子占满时，有 2 个电子，移去 1 个后，还剩 1 个，与原子核整体形成 $Z-1$ 个有效电荷). 同样，我们可以解释 L 线系为：由外层电子跃迁至 $L(n=2)$层发出的光频率，实验测得有效电荷为 $Z-7.5$. 如图 19.4.6 所示.

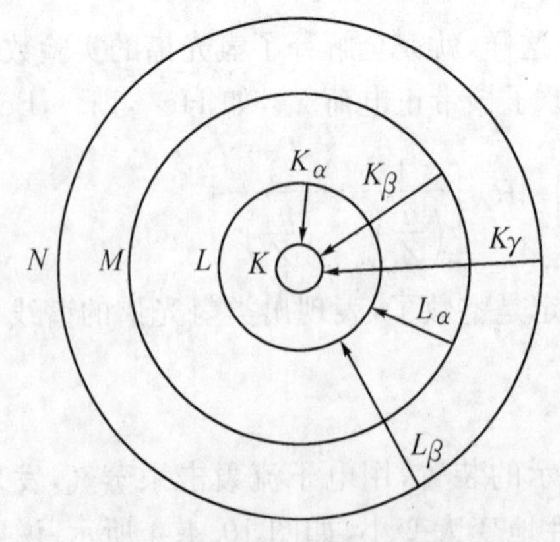

图 19.4.6　X 射线特征辐射

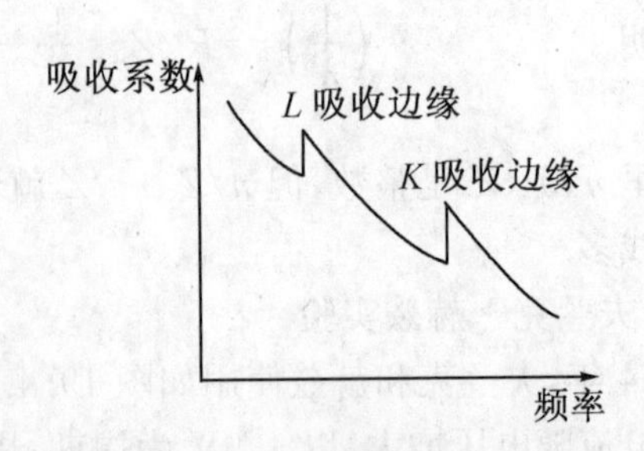

图 19.4.7　X 射线的吸收边缘

X 射线的吸收边缘(吸收限)：让 X 射线照射物体(吸收体)，显然，入射 X 射线频率越高，吸收系数越小，透射能力越强. 但当入射 X 射线能量足以使一个 $n=1$ 电子脱离原子时，则引起原子的共振吸收,对应为 K 吸收边缘.同样也会存在 L 吸收边缘,M 吸收边缘.如图 19.4.7 所示.X 射线由低频到高频分别是 L 吸收边缘和 K 吸收边缘.

19.4.4 玻尔理论所得的结论

(1)氢原子中电子轨道量子化

对于 $r_n=\dfrac{4\pi\varepsilon_0\hbar^2}{m_e e^2}n^2=n^2a$

当 $n=1$ 时,$r_1=a=0.529\times10^{-10}$ m,称为第一玻尔半径.

当 $n=2$ 时,$r_2=2^2a=2.116\times10^{-10}$ m,称为第二玻尔半径.

当 $n=3$ 时,$r_3=3^2a=4.761\times10^{-10}$ m,称为第三玻尔半径.

其余以此类推.

电子绕核运动的轨道半径只取不连续值,是量子化轨道.

(2)氢原子的能量量子化

选无限远处为系统静电势能的零点,电子处在半径为 r_n 的轨道上运动时,这个体系的总能量为

$$E_n=-\frac{m_e e^4}{(4\pi\varepsilon_0)^2 2\hbar n^2}=-\frac{1}{2}m_e(\alpha c)^2\ \frac{1}{n^2}$$

当 $n=1$ 时,$E_1=-\dfrac{1}{2}m_e(\alpha c)^2\approx-13.6$ eV,称为基态.

当 $n=2$ 时,$E_2=\dfrac{E_1}{4}=-3.4$ eV,称为第一激发态.

当 $n=3$ 时,$E_3=\dfrac{E_1}{9}=-1.51$ eV,称为第二激发态.

当 $n=4$ 时,$E_4=\dfrac{E_1}{16}=-0.85$ eV,称为第三激发态.

其余以此类推.

氢原子的能量只能取一系列不连续的值,这些不连续的能量称为能级,在图 19.4.8 中,以纵坐标表示能量,横坐标表示能级,这个图称为能级图.

若定义氢原子基态能量为 0,那么

$$E_\infty=\frac{1}{2}m_e\ (\alpha c)^2=13.6\ (\text{eV})$$

就是把氢原子基态的电子移到无限远时所需要的能量,即氢原子的电离能.

(3)对氢原子光谱线规律的理论解释和几何描述

从 $E_n\rightarrow E_m(E_n>E_m)$ 跃迁发出的光谱线的波数为

$$\tilde{\nu}_{mn}=\frac{(E_n-E_m)}{hc}=R_H\left(\frac{1}{m^2}-\frac{1}{n^2}\right)$$

当 $m=1$ 时,$\tilde{\nu}_{1n}=R_H\left(\dfrac{1}{1^2}-\dfrac{1}{n^2}\right)$,$n=2,3,4,\cdots$,为赖曼线系.

当 $m=2$ 时,$\tilde{\nu}_{2n}=R_H\left(\dfrac{1}{2^2}-\dfrac{1}{n^2}\right)$,$n=3,4,5,\cdots$,为巴尔末线系.

当 $m=3$ 时,$\tilde{\nu}_{3n}=R_H\left(\dfrac{1}{3^2}-\dfrac{1}{n^2}\right)$,$n=4,5,6,\cdots$,为帕邢线系.

当 $m=4$ 时，$\tilde{\nu}_{4n}=R_{\mathrm{H}}\left(\frac{1}{4^2}-\frac{1}{n^2}\right)$，$n=5,6,7,\cdots$，为布喇开线系.

当 $m=5$ 时，$\tilde{\nu}_{5n}=R_{\mathrm{H}}\left(\frac{1}{5^2}-\frac{1}{n^2}\right)$，$n=6,7,8,\cdots$，为普芳德线系.

其余以此类推.

其跃迁辐射光谱线的形成如图 19.4.8 所示，谱线条数 $N=\frac{n(n-1)}{2}$.

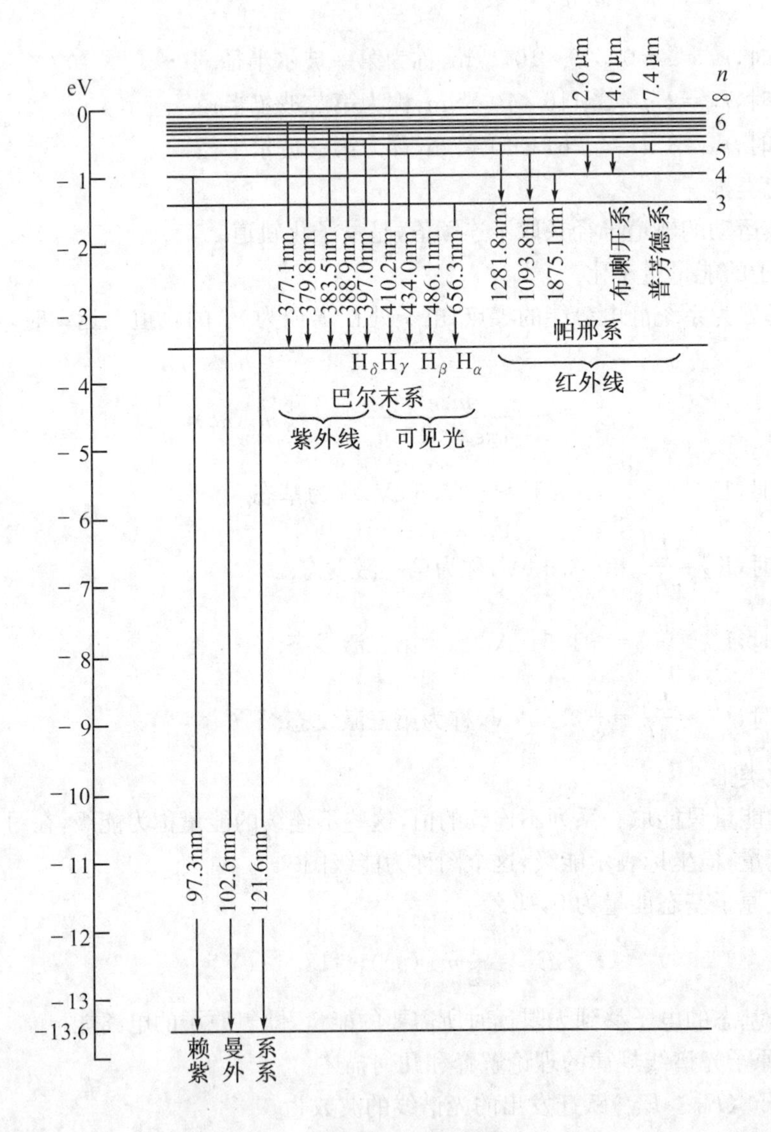

图 19.4.8　氢原子能级图与发射的光谱

19.4.5　玻尔理论的局限性

1913 年，玻尔对氢原子光谱和类氢离子光谱的波长分布规律做出了完满解释，随后又得到多种渠道的实验验证，使卢瑟福—玻尔原子模型以及能级、定态跃迁等概念逐渐得到人们的承认. 玻尔理论第一次把光谱的事实纳入一个理论体系中. 这个理论指出了经典物理的规律，不能完全适用于原子内部，提出了微观体系特有的量子规律. 玻尔理论启发了当时原子物理向前发展的途径,推动了新的实验和理论工作.

玻尔理论虽然有很大的成就,居重要地位,但也有很大的局限性.在光谱学中,除了谱线的波长(波数)之外,还有一个重要的观测量,即谱线的(相对)强度,用玻尔的理论却无法计算光谱的强度,对其它元素的更为复杂的光谱,包括氦原子光谱,往往理论与实验分歧很大.至于塞曼效应、光谱的精细结构等实验现象,玻尔理论更是无能为力.显然,事情正如玻尔所料,他的理论还很不完善,原子中电子的运动不可能像他所假设的那样简单,但是就在处理这一最简单的模型中,找到了一条将量子理论运用于原子结构的通道.虽然玻尔理论还只能处理周期运动,而不能处理非束缚态(例如散射)问题,但是,他的初步成功吸引了不少物理学家试图改进他的理论,并推广到更复杂的体系中去.

例 19.4.1　动能为12.5 eV的电子通过碰撞,使其基态氢原子激发,最后激发到哪一能级?当回到基态时产生哪些谱线?分别属于什么系?

解　设氢原子全部吸收12.5 eV的能量后最高能激发到第n个能级.

由$E_n=\dfrac{E_1}{n^2}$,$E_1=-13.6$ eV,依题意,则

$$E_n-E_1=E_1\left(\frac{1}{n^2}-1\right)=12.5\ (\text{eV})$$

所以

$$n=3.5$$

因n只能取正整数,所以氢原子最高能激发到$n=3$的能级.于是,将产生三条谱线:

当n从$3\to1$,$\tilde{\nu}_1=R_{\mathrm{H}}\left(\dfrac{1}{1^2}-\dfrac{1}{3^2}\right)=\dfrac{8R_{\mathrm{H}}}{9}$,$\lambda_1=\dfrac{9}{8R_H}=102.6\ (\text{nm})$,为赖曼线系.

当n从$2\to1$,$\tilde{\nu}_2=R_{\mathrm{H}}\left(\dfrac{1}{1^2}-\dfrac{1}{2^2}\right)=\dfrac{3R_{\mathrm{H}}}{4}$,$\lambda_2=\dfrac{4}{3R_H}=121.6\ (\text{nm})$,为赖曼线系.

当n从$3\to2$,$\tilde{\nu}_3=R_{\mathrm{H}}\left(\dfrac{1}{2^2}-\dfrac{1}{3^2}\right)=\dfrac{5R_{\mathrm{H}}}{36}$,$\lambda_3=\dfrac{36}{5R_{\mathrm{H}}}=656.3\ (\text{nm})$,为巴尔末线系.

注意,对于单个氢原子来说,一次跃迁只能产生一种波长,实际上观测到的是大量氢原子发光,所以三种波长同时存在.

19.5　实物粒子的波粒二象性

19.5.1　光的波粒二象性

第一个肯定光既有波动性又有粒子性的是爱因斯坦.他认为电磁辐射不仅在被发射和吸收时以能量$h\nu$的微粒形式出现,而且在空间运动时,也具有这种微粒形式.爱因斯坦这一思想是在研究辐射的产生和转化时逐步形成的.与此同时,一些物理学家也相对独立地提出了同样的看法,其中有W.H.布拉格和A.H.康普顿(Arthur Holly Compto,1892—1962).康普顿证明了光子与电子在相互作用中不但有能量变换,还有一定的动量交换.

19.5.2　实物粒子的波粒二象性

正当不少物理学家为光的波粒二象性感到十分迷惑的时候,一个刚从历史学的研究转向物理学的法国青年人德布罗意,把波粒二象性推广到了所有的物质粒子,从而朝创造量子力学迈开了革命性的一步.

路易斯·德布罗意是法国物理学家,原来学的是历史,对科学也很有兴趣,平时爱读科学著作,特别是彭加勒、洛仑兹和朗之万的著作.后来对普朗克、爱因斯坦和玻尔的工作发生了兴趣,于是转而研究物理学,跟随朗之万攻读物理学博士学位.他的兄长莫里斯·德布罗意是一位研究X射线的专家,路易斯曾随莫里斯一道研究X射线,两人经常讨论有关的理论问题.莫里斯曾在1911年第一届索尔威会议上担任秘书,负责整理文件.这次会议的主题是关于辐射和量子论,会议文件对路易斯有很大启发.莫里斯和另一位X射线专家W. 布拉格联系密切,布拉格曾主张过X射线的粒子性,这个观点对莫里斯很有影响,所以他经常跟弟弟讨论波和粒子的关系.这些条件促使德布罗意深入思考波粒二象性的问题.

1923年9月至10月间,德布罗意连续在《法国科学院通报》上发表了三篇有关波和量子的论文.1923年9月10日,德布罗意发表了第一篇题为《辐射——波和量子》的论文,提出了实物粒子也有波粒二象性,认为与运动粒子相应的还有正弦波,两者总是保持相同的位相.后来他把这种假想的非物质波称为相波.他考虑一个静止质量为m_0的运动粒子的相对论效应,把相应的内在能量m_0c^2视为一种频率为ν_0的简单周期性现象.他把相波概念应用到以闭合轨道绕核运动的电子,推出玻尔量子化条件.两个星期后,也就是同年9月24日,德布罗意发表了第二篇题为《光学——光量子、衍射和干涉》的论文,提出了如下设想:“在一定情形中,任一运动质点能够被衍射.穿过一个相当小的开孔的电子群会表现出衍射现象.正是在这一方面,有可能寻得我们观点的实验验证.”1923年10月8日,德布罗意发表了第三篇题为《物理学——量子、气体分子运动论和费马原理》的论文,他进一步提出,“只有满足相波谐振,才是稳定的轨道.”在第二年的博士论文中,他更明确地写下了:“谐振条件是$L=n\lambda$,即电子轨道的周长是位相波波长的整倍数.”在这里要说明两点:第一,德布罗意并没有明确提出物质波这一概念,他只是用位相波或相波的概念,认为这是一种假想的非物质波.可是究竟是一种什么波呢?在他的博士论文结尾处,他特别声明:“我特意将相波和周期现象说得比较含糊,就像光量子的定义一样,可以说只是一种解释,因此最好将这一理论看成是物理内容尚未说清楚的一种表达方式,而不能看成是最后定论的学说.”物质波是在薛定谔方程建立以后,在诠释波函数的物理意义时才由薛定愕提出的.第二,德布罗意并没有明确提出波长λ和动量p之间的关系式

$$\lambda=\frac{h}{p} \tag{19-5-1}$$

只是后来人们发觉这一关系在他的论文中已经隐含了,就把这一关系式称为德布罗意公式.

德布罗意的博士论文得到了答辩委员会的高度评价,认为很有独创精神,但是人们总认为他的想法过于玄妙,没有认真地加以对待.

朗之万曾将德布罗意的论文寄了一份给爱因斯坦,爱因斯坦看到后非常高兴.他没有想到,自己创立的有关光的波粒二象性观念,在德布罗意手中发展成如此丰富的内容,竟扩展到了运动粒子.当时爱因斯坦正在撰写有关量子统计的论文,于是就在其中加了一段介绍德布罗意工作的内容.他写道:“一个物质粒子或物质粒子系可以怎样用一个波场相对应,德布罗意先生已在一篇很值得注意的论文中指出了.”这样一来,德布罗意的工作立即获得了大家的注意.

德布罗意认为,它是所有的物质粒子,无论其静止质量是否为零,都成立.

设自由粒子的动能为E_K,粒子的速度远小于光速,故在不考虑相对论效应下,有

$$\lambda=\frac{h}{p}=\frac{h}{\sqrt{2mE_K}} \tag{19-5-2}$$

如果电子被加速电压U加速,则电子的德布罗意波长为

$$\lambda=\frac{h}{p}=\frac{h}{\sqrt{2m_e E_K}}=\frac{h}{\sqrt{2m_e eU}}\approx\frac{1.226}{\sqrt{U}}(\text{nm}) \tag{19-5-3}$$

计算可得：当 $U=150$ V 时，$\lambda=0.1$ nm；当 $U=10000$ V 时，$\lambda=0.01226$ nm.

所以，德布罗意波长在数量级上相当于晶体中的原子间距，它比宏观线度短得多，这说明为什么电子的波动性长期未被发现.

1927 年，戴维孙和革末(Davisson and Germer)在做电子在镍(Ni)单晶上的衍射实验时，第一次观察到电子在晶体中的衍射现象，如图 19.5.1 和图 19.5.2 所示. 散射电子强度在特定方向出现极大值.

实验证明微观粒子确实具有波动性质，所以和光一样，物质粒子也具有“波粒二象性”.

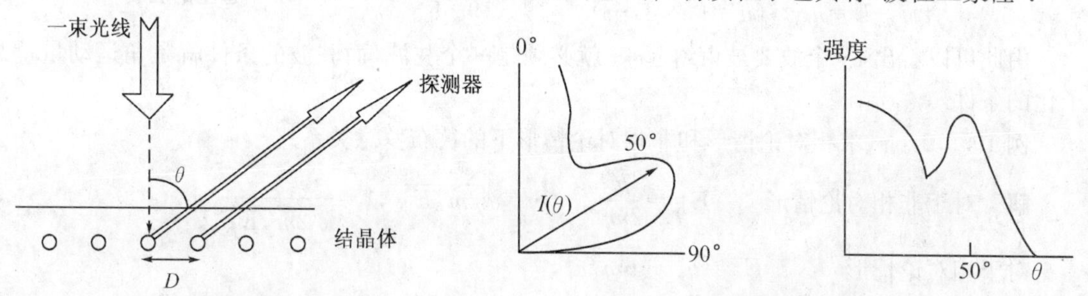

图 19.5.1　电子被单晶衍射　　图 19.5.2　电子在单晶中的衍射图样

1927 年，G. P. 汤姆逊将电子束穿过多晶膜(金属片)，得到了电子被多晶元衍射而形成圆环衍射图的照片，如图 19.5.3 所示.

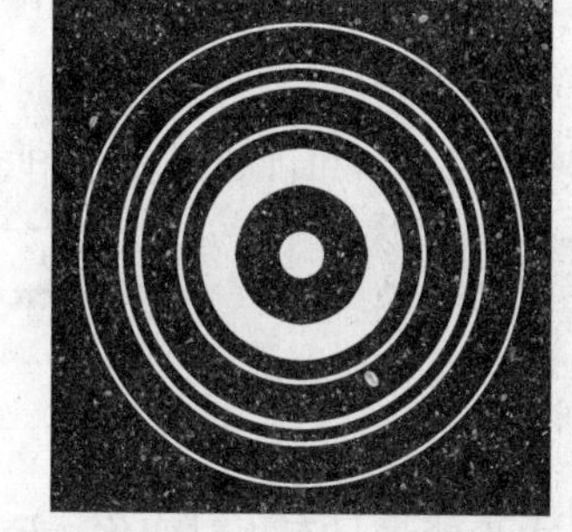

图 19.5.3　X 射线在多晶上的衍射

这些实验直接证明了电子的波动性，证明了电子德布罗意波长公式是正确的.

20 世纪 30 年代以后，实验进一步发现，不但电子，而且一切实物粒子，如中子、质子、中性原子等都有衍射现象，也就是都有波动性，它们的波长也都由式(19-5-1)决定.

式(19-5-1)也使我们进一步看清了普朗克常量的意义. 在 1900 年普朗克引入这一常量时，它的意义是量子化的量度，即它是不连续性(分立性)程度的量度单位. 现在，经过爱因斯坦和德布罗意的努力，出现了物质粒子的波粒二象性的观念，而在物质波动性和粒子性之间起桥梁作用的，就是这个普朗克常量. 量子化和波粒二象性是量子力学中最基本的两个概念，而一个相同的常量 h，在这两个概念中都起着关键的作用. 这一事实本身就说明了这两个重要概念有着深刻的内在联系.

波粒二象性是人类对物质世界认识的又一次飞跃，这一认识为波动力学的发展奠定了基础.

19.5.3　德布罗意波

德布罗意认为，体现电子的波动性的波长 $\lambda=\frac{h}{p}=\frac{h}{mv}$，现在，把这个德布罗意关系式用到氢原子中那个绕核旋转的电子上.

要使绕核运动的电子能稳定存在，与这个电子相应的波就必须是一个驻波. 波绕原子核传播一周后，波的位相不变，应光滑地衔接起来，如图 19.5.4 所示.

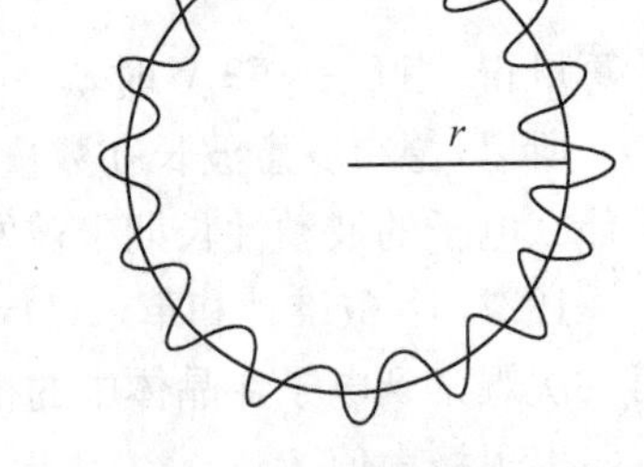

图 19.5.4 电子在半径为 r 圆轨道上的驻波

换言之，要使电子稳定运动，电子绕核旋转一圈的周长必须是与其相应的波长的整数倍，即

$$2\pi r = n\lambda = n\frac{h}{mv} \quad (n=1,2,3,\cdots)$$

$$mvr = n\frac{h}{2\pi} \qquad (19-5-4)$$

这就是曾给出过的角运动量的量子化的条件：

$$L = n\hbar \quad (n=1,2,3,\cdots) \qquad (19-5-5)$$

由此可以看出，一个波要被束缚起来，就必须是一个驻波，而驻波的条件就是角运动量量子化的条件.

例 19.5.1 试求相对论情形和非相对论情形下的德布罗意关系式.

解 对于非相对论情形 $E_K=\dfrac{p^2}{2m_0}$, $p=\sqrt{2m_0E_K}$, $\lambda=\dfrac{h}{\sqrt{2m_0E_K}}$

对于相对论情形 $E^2=p^2c^2+m_0^2c^4$,

$$p=\frac{1}{c}\sqrt{E^2-m_0^2c^4}=\frac{1}{c}\sqrt{(m_0c^2+E_K)^2-m_0^2c^4}$$

$$=\frac{1}{c}\sqrt{E_K^2+2m_0c^2E_K}=\sqrt{2m_0E_K+\left(\frac{E_K}{c}\right)^2},\lambda=\frac{h}{\sqrt{2m_0E_K+(\frac{E_K}{c})^2}}.$$

所以，当 $E_K \ll c$ 时，即得到非相对论情形下的公式.

$$\nu=\frac{E}{h}=\frac{\sqrt{p^2c^2+m_0^2c^4}}{h}=\frac{m_0c^2}{h}[1+\frac{1}{2}\left(\frac{p^2c^2}{m_0^2c^4}\right)+\cdots]$$

$$=\frac{m_0c^2}{h}\left(1+\frac{p^2}{2m_0^2c^2}+\cdots\right)=\frac{1}{h}\left(m_0c^2+\frac{p^2}{2m_0}+\cdots\right)$$

由于能量只有相对变化 ΔE 才有意义（即能量的绝对值在物理上是没有意义的，它依赖于"零能量值"的选取），$h\nu=\Delta E=E_2-E_1$，可将常数项 m_0c^2 抵消，此时相对论形式的关系退化为非相对论情形 $\nu=\dfrac{E_K}{h}$，E_K 就是非相对论粒子的动能.

德布罗意频率本身不是一个可观测量，因此，只有德布罗意波长具有物理意义.

例 19.5.2 为什么物质的波动性在宏观尺度不显现?

解 由 $\lambda=\dfrac{h}{p}$ 可知，普朗克常量太小($h=6.63\times10^{-34}\,\mathrm{J\cdot s}$)，而宏观尺度的运动动量太大，所以物质波波长难以显露. 如考虑一个 50 kg 的人运动速度是 $0.5\,\mathrm{m\cdot s^{-1}}$，则可计算出对应物质波波长为

$$\lambda=\frac{h}{p}=\frac{6.63\times10^{-34}}{50\times0.5}=2.6\times10^{-35}(\mathrm{m})$$

显然太小，难以引起可以观察的物理效应.

$p=\sqrt{2mE_K}$，要减小宏观尺度运动的动量，必须减小动能 E_K，但从物理上考虑，E_K 不可能减小到比热运动能量 kT 更小，所以必须减小质量. 质量的减小对应于尺度的减小，只有把

物体尺度减小到微观尺度，才可能出现较大的物质波波长 λ，从而引起可以观察到的物理效应.

19.6 不确定关系

19.6.1 不确定关系的简单导出

电子单缝衍射实验，如图 19.6.1 所示. 动量为 p 的电子从左向右沿 y 轴方向，射向缝宽为 d 的单缝 A，从 A 射出后落在荧光屏 E 上，并打出一个亮点 B. 电子的德布罗意波长与狭缝的宽度 d 相近. 减弱入射电子束的强度，使屏上的亮点一个一个出现. 最初，亮点的位置似乎毫无规律，但当入射电子的次数很多后，屏上电子的分布将呈现单缝衍射图样，其特征与光的单缝衍射相同.

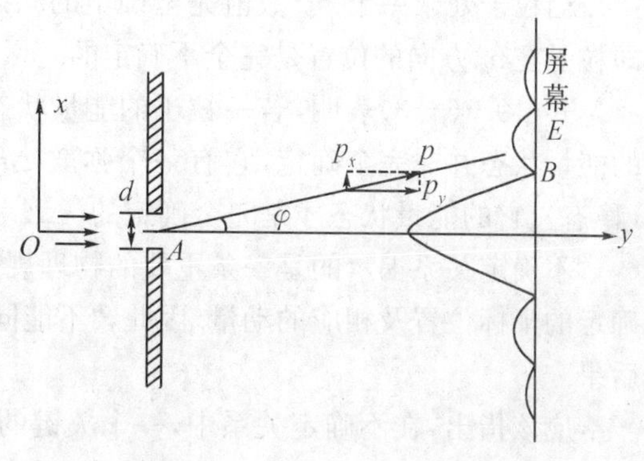

图 19.6.1 电子单缝衍射

对一个电子来说，不能确定地说它从缝 A 处的哪一点出，而只能说它是从缝宽为 d 的单缝中射出的. 因此，电子在 x 方向的位置不确定范围等于缝宽 d，即

$$\Delta x = d$$

同样，电子在穿过缝 A 后，在 x 方向的动量也是不确定的，即动量的 x 分量不确定量为

$$\Delta p_x = p\sin\varphi$$

虽然，B 点的位置是随机的，但可以近似地认为 B 点几乎总是处于中央极大范围. 根据单缝衍射公式，中央区域的位置(所张开的 φ 角)由式 $\sin\varphi = \pm\dfrac{\lambda}{d}$ 确定. 所以，动量的不确定范围

$$\Delta p_x = p\sin\varphi = p\,\frac{\lambda}{d}$$

电子的德布罗意波长为

$$\lambda = \frac{h}{p}$$

因此

$$\Delta p_x = p \cdot \frac{h}{p} \cdot \frac{1}{d} = \frac{h}{d}$$

即

$$\Delta x \cdot \Delta p_x = h$$

考虑到电子还有可能落到中央极大(75%的电子落在这里)以外的地方，因此，实际上动量 p_x 的不确定范围还要大些，于是，

$$\Delta x \cdot \Delta p_x \geqslant h \qquad (19-6-1)$$

上式称为不确定关系.

19.6.2 不确定关系的表述和含义

不确定关系是德国物理学家海森伯(W. K. Heisenberg，1901—1976)在 1927 年首先提出的. 它反映了微观粒子运动的基本规律，是物理学中一个极为重要的关系式，它包括多种表示式，其中两个是

$$\Delta x \cdot \Delta p_x \geqslant \frac{\hbar}{2} \qquad (19-6-2)$$

$$\Delta t \cdot \Delta E \geqslant \frac{\hbar}{2} \qquad (19-6-3)$$

式(19－6－2)表明，当粒子被局限在 x 方向的一个有限范围内 Δx 时，它所相应的动量分量 p_x 必然有一个不确定范围 Δp_x，两者的乘积，满足 $\Delta x \cdot \Delta p_x \geqslant \hbar/2$. 换言之，假如 x 方向的位置完全确定($\Delta x \to 0$)，那么粒子可以具有的动量分量 p_x 的数值就完全不确定($\Delta p_x \to \infty$). 当粒子处于一个 p_x 数值完全确定的状态时($\Delta p_x \to 0$)，就无法在 x 方向把粒子固定住，即粒子在 x 方向的位置是完全不确定的.

式(19－6－3)表明，若一粒子的能量状态 E 只能停留 Δt 时间，那么，在这段时间内粒子的能量状态并非完全确定，它有一个弥散 $\Delta E \geqslant \hbar/2\Delta t$；只有当粒子的停留时间为无限长时(稳态)，它的能量状态才是完全确定的($\Delta E=0$).

不确定关系揭示的是一条重要的物理规律[式(19－6－2)]：粒子在客观上不能同时具有确定的坐标位置及相应的动量. 因此，"不能同时精确地测量它们"只是这一客观规律的必然的后果.

应该指出，在不确定关系中，一个关键的量又是普朗克常量 h. 它是一个小量，因而，不确定关系在宏观世界并不能得到直接的体现，但它不等于零，从而使得不确定关系在微观世界成为一个重要的规律.

例如，氢原子中电子的玻尔第一半径 $r_1=0.529\times10^{-10}$ m 及玻尔第一速度 $v_1=\alpha c$，相应的动量为 $p_1=mv_1=m\alpha c$. 从不确定关系看，电子如果在 r_1 轨道上，位置确定了，它的动量就完全不确定，因而"在轨道上运动"的概念失去了意义. 现在，我们假定电子可以在 r_1 范围内运动，即 $\Delta x=r_1$，那么，相应的 $\Delta p/p$ 是多少呢？从关系式(19－6－2)有

$$\frac{\Delta p}{p}=\frac{\hbar}{2\Delta x \cdot p}=\frac{1}{4\pi}\cdot\frac{hc}{mc^2\alpha\Delta x}=\frac{1}{4\times3.14}\times\frac{1.24}{511\times(137)^{-1}\times0.0529}=0.5$$

可见，动量的不确定程度是如此之大，以致无法确切地说明在 r_1 范围内运动的电子具有多大的能量.

又如，假如有一个 10 g 小球以 0.10 m·s^{-1} 速度运动，小球的瞬时位置确定得相当精确，比如说，$\Delta x=10^{-6}$ m，那么，小球的动量不确定度为多少呢？从关系式(19－6－2)，有

$$\frac{\Delta p}{p}=\frac{\hbar/\Delta x}{2p}=\frac{1}{4\times3.14}\times\frac{6.63\times10^{-34}\div10^{-6}}{0.01\times0.1}=5.28\times10^{-26}$$

由此可见，对宏观物体引起的动量不确定量小得完全可以被忽略，它无法被目前任何精确的实验方法所觉察.

不确定关系在宏观世界的效果，好像是在微观世界里当 $h\to0$ 时产生的效果. 这里，对应原理得到了体现：当 $h\to0$ 时，量子物理→经典物理.

例 19.6.1 用不确定关系 $\Delta x \cdot \Delta p_x \geqslant \hbar/2$ 式估计：

①原子中电子动量的不确定范围；

②设想电子处于原子核内部，则其动量的不确定范围有多大？由此说明电子不可能是原子核的组成部分.

③对质子作出与②同样的估计，由此说明它可以成为原子核的组成部分.

解 ①原子大小约 10^{-10} m，可以看作是原子中电子位置的不确定范围，则

$$\Delta p_x \geqslant \frac{\hbar}{2 \cdot \Delta x} = \frac{1}{4 \times 3.14} \times 6.63 \times 10^{-34} \div 10^{-10} = 5.29 \times 10^{-25} (\mathrm{kg \cdot m \cdot s^{-1}})$$

这大致就是电子动量的大小,因此,结合能为

$$E = \frac{p^2}{2m_e} \approx (5.29 \times 10^{-25})^2 \div (2 \times 0.911 \times 10^{-31}) \approx 1.5 \times 10^{-18} (\mathrm{J}) \approx 10\ (\mathrm{eV})$$

②原子核大小约 10^{-15} m,则电子动量大小为

$$p \approx \Delta p_x \approx 5.29 \times 10^{-20} (\mathrm{kg \cdot m \cdot s^{-1}})$$

$$E = \frac{p^2}{2m_e} \approx (5.29 \times 10^{-20})^2 \div (2 \times 0.911 \times 10^{-31}) \approx 1.5 \times 10^{-8} (\mathrm{J}) \approx 10^5 (\mathrm{MeV})$$

事实上,原子核内部核子的结合能约为 1 MeV~20 MeV,可见,电子不能停留在原子核内部,电子不可能是原子核的组成部分.

③质子动量的不确定范围 $\Delta p_x \approx 5.29 \times 10^{-20} (\mathrm{kg \cdot m \cdot s^{-1}})$

其能量 $E = \frac{p^2}{2m_p} \approx (5.29 \times 10^{-20})^2 \div (2 \times 1.67 \times 10^{-27}) \approx 8.4 \times 10^{-13} (\mathrm{J}) \approx 5\ (\mathrm{MeV})$

正好是核子结合能的数量级,因此,质子可以成为原子核的组成部分.

19.7 波函数及其统计解释

对宏观物体可用坐标和动量来描述物体的运动状态,而对微观粒子不能用坐标和动量来描述状态,因为微观粒子具有波粒二象性,坐标和动量不能同时测定.那么,微观粒子的运动状态用什么描述呢?遵守的运动方程又是什么呢?为解决此问题,必须建立新的理论.在一系列实验的基础上,经过德布罗意、薛定谔、海森伯、玻恩、狄拉克等人的工作,建立了反映微观粒子属性和规律的量子力学.

量子力学是研究微观客体运动的一门科学.反映微观粒子运动的基本方程是薛定谔方程,微观粒子运动状态用薛定谔方程的函数(波函数)来表述.

19.7.1 波函数

由于微观粒子具有波粒二象性,其位置与动量不能同时确定.所以已无法用经典物理方法去描述其运动状态.

用波函数来描述微观粒子的运动.

自由粒子不受外力作用,因此它的能量和动量均为恒量,其德布罗意波频率和波长不变,可认为是一平面单色波.波列无限长,根据不确定关系,粒子在 x 方向上的位置完全不确定.

自由粒子(与无外界作用)波函数.

沿 x 轴正方向传播的单频平面余弦波为

$$y(x,t) = a\cos\left[(2\pi\nu t + \varphi) - \frac{2\pi x}{\lambda}\right]$$

对机械波,$y(x,t)$表示位移;对电磁波,$E(x,t) = E_0\cos\left[(2\pi\nu t + \varphi) - \frac{2\pi x}{\lambda}\right]$可表示电场强度,$H(x,t) = H_0\cos\left[(2\pi\nu t + \varphi) - \frac{2\pi x}{\lambda}\right]$可表示磁场强度,等等.经典波为实函数,上式可用指数形式的实部来表示,即

$$y(x,t)=a\mathrm{e}^{-i[(2\pi\nu t+\varphi)-\frac{2\pi x}{\lambda}]}=a\mathrm{e}^{-i\varphi}\mathrm{e}^{-i2\pi(\nu t-\frac{x}{\lambda})}$$

令 $A=a\mathrm{e}^{-i\varphi}$，即

$$y(x,t)=A\mathrm{e}^{-i2\pi(\nu t-\frac{x}{\lambda})} \tag{19-7-1}$$

由德布罗意假设

$$\begin{cases}\lambda=\dfrac{h}{P}\\ E=h\nu\end{cases}$$

可将式(19－7－1)转化成 $y(x,t)\rightarrow\Psi(x,t)$，即

$$\Psi(x,t)=A\mathrm{e}^{-i\frac{2\pi}{h}(Et-Px)} \tag{19-7-2}$$

式(19－7－2)是与能量为 E、动量为 P、沿 x 轴正方向传播的自由粒子相联系的波. 此波称为自由粒子的德布罗意波，Ψ 称为自由粒子的波函数.

如果传播方向与 x 轴正方向不一致，则其动量 P 的 y、z 分量 P_y、P_z 就不一定为零，自由粒子的波函数可表示为三维情况，即

$$x\rightarrow\vec{r},P\rightarrow\vec{P}\Rightarrow\Psi(\vec{r},t)=A\mathrm{e}^{-i\frac{2\pi}{h}(Et-\vec{P}\cdot\vec{r})}$$

或

$$\Psi(x,y,z,t)=A\mathrm{e}^{-i\frac{2\pi}{h}[Et-(P_x x+P_y y+P_z z)]}$$

这样，与物质波相联系的不仅有一个波长 λ，而且还有一个振幅 A，ψ 被称为波函数.

19.7.2　波函数的统计解释

1. 波函数的统计解释

机械波的波函数表示介质中各点离开平衡位置的位移，电磁波的波函数表示空间各点电场或磁场强度，等等. 那么，物质波的波函数表示什么呢？这个问题在一段时间内困扰了不少的物理学家，他们先后提出过不少的解释，现在人们普遍接受的是玻恩(Max Born，1882—1970)提出的统计解释，说明如下.

(1)对光的衍射：

$\begin{cases}\text{波动观点:光强正比于光波振幅平方}\\ \text{粒子观点:光强正比于光子数}\end{cases}$

所以，光子数正比于光波振幅平方. 即：某处出现光子的概率与该处光波振幅平方成正比.

(2)对电子衍射：

$\begin{cases}\text{波动观点:波强正比于波函数振幅平方}\\ \text{粒子观点:波强正比于电子数}\end{cases}$

所以，电子数正比于波函数振幅平方. 即：某处出现电子的概率与该处波函数振幅平方成正比. 对其他粒子，此结论也成立.

波函数统计解释：某时刻，在某点找到粒子的概率与该点处波函数振幅绝对值的平方成正比.（一般情况下，波函数是复数）

2. 波函数统计解释对波函数的要求

(1)波函数的归一化条件

由波函数统计意义可知，t 时刻，在 (x,y,z) 点处的附近体积元 $\mathrm{d}V=\mathrm{d}x\mathrm{d}y\mathrm{d}z$ 内发现粒子数概率正比于 $|\Psi(x,y,z)|^2\mathrm{d}x\mathrm{d}y\mathrm{d}z$. 如果把波函数乘上适当因子，使 t 时刻在 (x,y,z) 点处的附近体积元出现粒子概率等于 $|\Psi(x,y,z,t)|^2\mathrm{d}x\mathrm{d}y\mathrm{d}z$，那么在整个空间内粒子出现概

率为

$$\iiint_V |\Psi(x,y,z,t)|^2 \mathrm{d}x\mathrm{d}y\mathrm{d}z = 1$$

即

$$\int_V \Psi\Psi^* \mathrm{d}V = 1 \qquad (19-7-3)$$

式(19－7－3)称为波函数的归一化条件．它表明：粒子在全空间找到的概率为1．满足归一化条件的波函数称为归一化波函数．

下面说明二式的物理意义．

(a)波函数模的平方$|\Psi(x,y,z,t)|^2$(或$\Psi\Psi^*$)意义：

表示某t时刻在空间(x,y,z)处单位体积内粒子出现的概率(概率连续)，即$|\Psi(x,y,z,t)|^2$表示概率密度．

(b)$|\Psi(x,y,z,t)|^2\mathrm{d}x\mathrm{d}y\mathrm{d}z$意义：

表示某t时刻在空间(x,y,z)点处的附近体积元$\mathrm{d}x\mathrm{d}y\mathrm{d}z$内找到粒子的概率．

(2)波函数的标准条件

$$\Psi(x,y,z,t)\begin{cases}\text{单值性(概率单值的要求)}\\ \text{有限性(平方可积的要求)}\\ \text{连续性(概率连续分布的要求)}\end{cases}$$

说明：(1)物质波不是机械波，也不是电磁波，而是一种概率波；物质波并不是一种真实存在的在空间传播的波，它只是从统计意义上反映微观粒子的运动表现出有波的特性．

(2)波函数本身无明显的物理意义，而只有$|\Psi|^2(=\Psi\Psi^*)$才有物理意义，反映了粒子出现的概率．

(3)描写微观粒子状态的波函数要满足归一化条件和波函数标准条件．(有时也可不归一化)

(4)波函数是态函数，从概率角度去描述，反映了微观粒子的波粒二象性．

19.7.3 薛定谔方程

当德布罗意关于物质波的概念传到瑞士苏黎世时，在德拜建议下，由他的学生薛定谔(Erwin Schrodinger，1887—1961)作了一个关于物质波的报告．薛定谔在报告中清晰地介绍了德布罗意怎么把波与粒子伴随起来，又怎么依此自然地导出了玻尔的量子化条件．报告之后，德拜教授问薛定谔：物质微粒既然是波，那有没有波动方程？没有波动方程！薛定谔明白这的确是个问题，也是一个机会，于是他立刻伸手抓住了这个机会，终于获得了成功．

德布罗意并没有告诉我们粒子在势场中的波函数$\psi(\vec{r},t)$，也没告诉我们波函数$\psi(\vec{r},t)$如何随时间演化以及在各种具体情况下找出描述体系状态的各种可能的波函数．

1926年，薛定谔在德布罗意物质波假说的基础上，建立了势场中微观粒子的微分方程，可以正确处理低速情况下各种微观粒子运动的问题．他所提出的这套理论体系和建立了量子力学的近似方法，当时称为波动力学．后来证明，波动力学与由海森堡、玻恩等人差不多同时从不同角度提出的矩阵力学完全等价，现在一般统称为量子力学．

1933年，薛定谔与狄拉克获诺贝尔物理学奖．

1. 一维自由粒子的薛定谔方程

粒子波函数 $\Psi(x,t)=A\mathrm{e}^{-i\frac{2\pi}{h}(Et-px)}$，令 $\psi(x)=A\mathrm{e}^{i\frac{2\pi}{h}px}$，则有

$$\Psi(x,t)=\mathrm{e}^{-i\frac{2\pi}{h}Et}\psi(x)$$

$\psi(x)=A\mathrm{e}^{i\frac{2\pi}{h}px}$ 只与 x 有关，与 t 无关，$\psi(x)$ 也称为波函数(定态波函数). 可知

$$\begin{cases}\dfrac{\partial^2\psi}{\partial x^2}=\left(i\,\dfrac{2\pi}{h}p\right)^2A\mathrm{e}^{i\frac{2\pi}{h}px}=-\dfrac{4\pi^2}{h^2}p^2\psi\\ p^2=2m\cdot\dfrac{1}{2}mv^2=2mE_k\end{cases}$$

所以

$$\frac{\partial^2\psi}{\partial x^2}=-\frac{4\pi^2}{h^2}\cdot 2mE_k\psi$$

即

$$\frac{\partial^2\psi}{\partial x^2}+\frac{8\pi^2m}{h^2}E_k\psi=0 \qquad (19-7-4)$$

(19－7－4)式为自由粒子一维运动的薛定谔方程(定态薛定谔方程).

2. 一维势场中粒子的薛定谔方程

因为 $E=E_k+U$，所以 $E_k=E-U$，代入式(19－7－4)中，有

$$\frac{\partial^2\psi}{\partial x^2}+\frac{8\pi^2m}{h^2}(E-U)\psi=0 \qquad (19-7-5)$$

式(19－7－5)为一维势场中粒子的薛定谔方程.

3. 三维情况下粒子的薛定谔方程

把$\dfrac{\partial^2}{\partial x^2}$换成$\nabla^2=\dfrac{\partial^2}{\partial x^2}+\dfrac{\partial^2}{\partial y^2}+\dfrac{\partial^2}{\partial z^2}$，称为拉普拉斯算符.

式(19－7－5)就变成

$$\frac{\partial^2\psi}{\partial x^2}+\frac{\partial^2\psi}{\partial y^2}+\frac{\partial^2\psi}{\partial z^2}+\frac{8\pi^2m}{h^2}(E-U)\psi=0$$

即

$$\nabla^2\psi(x,y,z)+\frac{8\pi^2m}{h^2}(E-U)\psi(x,y,z)=0 \qquad (19-7-6)$$

(19－7－6)式为三维势场中粒子不含时间(定态)的薛定谔方程，$\psi(x,y,z)$是定态波函数.

说明：薛定谔方程不能从经典力学导出，也不能用任何逻辑推理的方法加以证明. 它是否正确，只能通过实验来检验.

几十年来，关于微观系统的低能的大量实验事实无不表明用薛定谔方程进行计算(包括近似计算)所得的结果都与实验结果符合得很好. 因此，薛定谔方程作为基本方程的量子力学被认为是能够正确反映微观系统客观实际的近代物理理论.

19.8 一维无限深势阱

一质量为 m 的粒子处于如图 19.8.1 所示的势场中运动，其势能函数为

$$U(x)=\begin{cases}0 & 0<x<a\\ \infty & x\leqslant 0, x\geqslant a\end{cases}$$

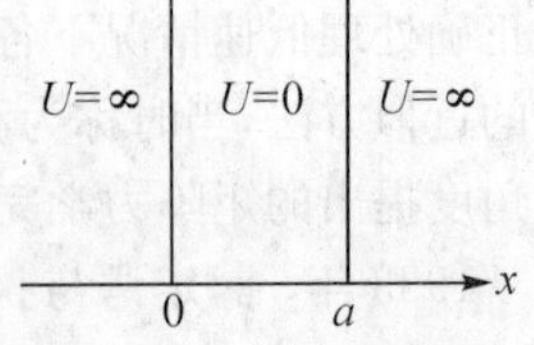

图 19.8.1　一维无限深势阱

在 $0<x<a$ 的区域内很像一个无限深的井，因此称为一维无

限深势阱，它是固体物理金属中自由电子的简化模型；在这个理想化的模型中数学运算简单，量子力学的基本概念、原理在其中以简洁的形式表示出来.

下面讨论粒子的波函数和能级.

1. 波函数

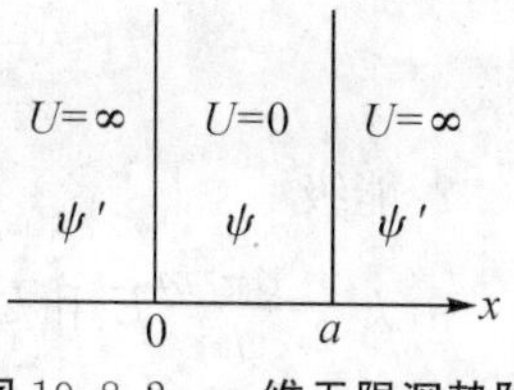

图 19.8.2 一维无限深势阱

因为$U(x)$不随时间变化，所以是一维定态问题.

设在势阱内波函数为ψ，在势阱外波函数为ψ'，如图 19.8.2 所示.

由薛定谔方程有

$$\frac{d^2\psi}{dx^2}+\frac{8\pi^2 m}{h^2}(E-0)\psi=0 \quad (0<x<a) \tag{19-8-1}$$

$$\frac{d^2\psi'}{dx^2}+\frac{8\pi^2 m}{h^2}(E-\infty)\psi'=0 \quad (x\leqslant 0, x\geqslant a) \tag{19-8-2}$$

可知：只有当$\psi'=0$时，(19-8-2)式才成立，令$\frac{8\pi^2 mE}{h^2}=k^2$，故

$$\frac{d^2\psi}{dx^2}+k^2\psi=0 \tag{19-8-3}$$

(19-8-3)式是二阶的、线性的、齐次的、常系数的常微分方程，其通解为

$$\psi(x)=A\sin kx+B\cos kx$$

式中，A、B为常数.

由波函数满足连续性条件，有

$$\psi(0)=\psi'(0)=0$$

$$\psi(a)=\psi'(a)=0$$

即

$$\psi(0)=A\sin 0+B\cos 0=0 \tag{19-8-4}$$

$$\psi(a)=A\sin ka+B\cos ka=0 \tag{19-8-5}$$

由式(19-8-4)，得$B=0$，即

$$\psi(x)=A\sin kx$$

又由式(19-8-4)，得

$$A\sin ka=0$$

若$A=0$，则$\psi(x)\equiv 0$，无意义；所以$A\neq 0$，而$\sin ka=0$，即

$$ka=n\pi(n=1,2,3,\cdots)\Rightarrow k=\frac{n\pi}{a}$$

因此，波函数为

$$\psi(x)=\psi_n(x)=A\sin\frac{n\pi}{a}x\,(n=1,2,3,\cdots) \tag{19-8-6}$$

注意，$n=0$给出的波函数$\psi(x)\equiv 0$，无物理意义，而$n=0$取负值，给不出新的波函数.

式(19-8-6)中的A可由归一化条件确定，即

$$1=\int_0^a|\psi(x)|^2 dx=\int_0^a\left|A\sin\frac{n\pi}{a}x\right|^2 dx=A^2\int_0^a\sin^2(\frac{n\pi}{a}x)dx=A^2\cdot\frac{a}{2}$$

所以

$$A=\sqrt{\frac{2}{a}}$$

可有

$$\psi(x)=\psi_n(x)=\sqrt{\frac{2}{a}}\sin\frac{n\pi}{a}x$$

归一化后的波函数可表示为

$$\psi_n(x)=\begin{cases}\sqrt{\dfrac{2}{a}}\sin\dfrac{n\pi x}{a} & (0<x<a)\\ 0 & (x\leqslant 0,x\geqslant a)\end{cases} \tag{19-8-7}$$

2. 能级

由 $k^2=\dfrac{8\pi^2 m}{h^2}E$ 和 $k=\dfrac{n\pi}{a}$,有

$$E=E_n=\frac{n^2h^2}{8a^2m}(n=1,2,3,\cdots) \tag{19-8-8}$$

可见,能量只能取式(19-8-8)所给出的分离值,这表明能量是量子化的. E_n 称为本问题中能量 E 的本征值,与 E_n 对应的波函数 $\psi_n(x)$ 称为能量本征函数. n 实际上相当于玻尔理论中的量子数,但在这里 n 的得到非常自然,而在玻尔理论中量子条件及量子数是人为加上的.

当 $n=1,2,3,\cdots$ 时,可得 $E_n=n^2E_1$,对不同的 n 可得粒子的能级图如图 19.8.3(a)所示,对不同的 n 可得 $\psi_n(x)$ 和 $|\psi_n(x)|^2$ 的图线如图 19.8.3(b)、(c)所示.

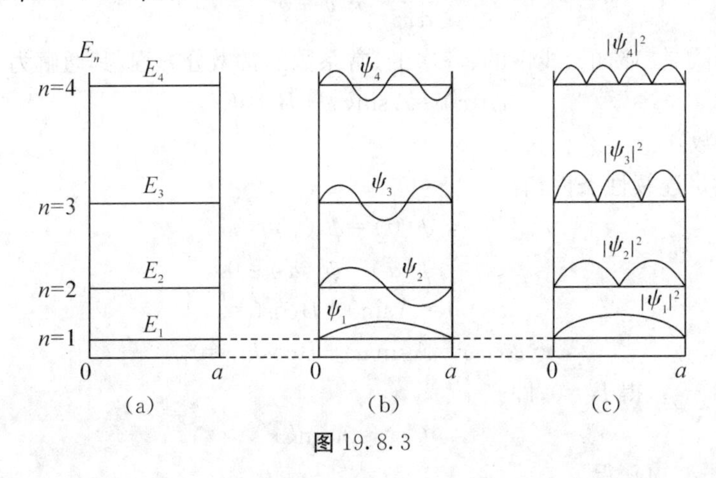

图 19.8.3

3. 讨论

(1)$E_n=\dfrac{n^2h^2}{8ma^2}$ $(n=1,2,3,\cdots)$,自然得到能量是量子化的,这与经典理论中能量是连续的概念完全冲突.

(2)基态能(或零点能):$E_1=\dfrac{h^2}{8ma^2}\neq 0$,这与经典物理中,自由粒子能量最小为零完全相违背. $E_1\neq 0$,由不确定关系可以说明. 如果粒子能量为零,则粒子(自由的)动量为零. 由 $\Delta x\Delta p_x\geqslant\dfrac{\hbar}{2}$ 知,$\Delta x\to\infty$,但实际上 Δx 被限制在 a 势阱内,所以 $E_1\neq 0$. 实际上,这是微观粒子波粒二象性的必然反映,因为"静止的波"是不存在的.

(3)粒子出现的概率密度 $|\psi_n(x)|^2=\dfrac{2}{a}\sin^2(\dfrac{n\pi}{a}x)$ 随 x 变化,即在势阱内出现粒子的可能性不相同,与地点有关. 按经典理论,势阱内各处出现粒子的可能性是等同的.

(4)能量间隔:

$$\Delta E_n=E_{n+1}-E_n=\frac{(n+1)^2h^2}{8ma^2}-\frac{n^2h^2}{8ma^2}=(2n+1)\frac{h^2}{8ma^2}$$

当 n 一定，a 很大时，ΔE 很小，$a\to\infty$时，$\Delta E_n\to 0$(经典情况).

$\frac{\Delta E_n}{E_n}=\frac{2n+1}{n^2}$，$n\to\infty$时，$\frac{\Delta E_n}{E_n}\to 0$. 此时，能量量子化效应不显著，可看成能量是连续的，这由量子理论→经典理论（对应原理）.

(5)波函数：$\psi_n(x)=\begin{cases}\sqrt{\frac{2}{a}}\sin\frac{n\pi x}{a} & (0<x<a)\\ 0 & (x\leqslant 0, x\geqslant a)\end{cases}$

表明粒子只能出现在势阱内，此时粒子的状态称为束缚态.

(6)振荡定理：由图19.8.3(c)知，除 $x=0$、a 外，$n=k$ 时，有$(k-1)$个节点；波腹的个数与主量子数 n 相等.

(7)$|\psi|^2$ 随 x、n 变化，当 n 增大时，粒子分布逐趋均匀，当 $n\to\infty$时，由振荡定理知，粒子在势阱内各处出现的概率相同，过渡到经典情况(对应原理).

(8)宇称：若 $\psi(x)=f(-x)$，$\psi(x)$描述态为偶宇称.

若 $\psi(x)=-f(-x)$，$\psi(x)$描述态为奇宇称.

对应原理：当量子数很大时，量子力学与经典力学的结论将趋于一致；经典力学是量子力学在高量子数条件下的近似结果.

例 19.8.1　粒子在一维无限深势阱中运动，其波函数为

$$\psi_n(x)=\sqrt{\frac{2}{a}}\sin\frac{n\pi x}{a}\qquad(0<x<a)$$

若粒子处于 $n=1$ 的状态，在 $0\sim\frac{a}{4}$ 区间发现粒子的概率是多少？

解　概率密度 $|\psi_n(x)|^2=\frac{2}{a}\sin^2(\frac{n\pi}{a}x)$，所以，在 $0\sim\frac{a}{4}$ 区间发现粒子的概率为

$$W=\int_0^{\frac{a}{4}}|\psi_n(x)|^2\mathrm{d}x=\int_0^{\frac{a}{4}}\frac{2}{a}\sin^2(\frac{n\pi x}{a})\mathrm{d}x$$

$$=\frac{2}{\pi}\int_0^{\frac{a}{4}}\frac{1}{2}(1-\cos\frac{2\pi x}{a})\mathrm{d}(\frac{\pi x}{a})=0.091$$

例 19.8.2　一个电子位于宽度为 0.2 nm 的深势阱中. 试求它的前三个能级($n=1,2,3$)的能量.

解　电子质量 $m=9.11\times10^{-31}$ kg，$a=0.2$ nm$=2\times10^{-10}$ m.

由 $E_n=\frac{n^2h^2}{8ma^2}$，可得

$$E_1=\frac{h^2}{8ma^2}=\frac{(6.626\times10^{-34})^2}{8\times9.11\times10^{-31}\times(2\times10^{-10})^2}=1.51\times10^{-18}(\mathrm{J})=9.42(\mathrm{eV})$$

$$E_2=2^2E_1=37.68(\mathrm{eV})$$

$$E_3=3^2E_1=84.78(\mathrm{eV})$$

这一结果大体相当于束缚在晶体缺陷中的电子的能级.

19.9　量子隧道效应

在一维空间运动的粒子，它的势能在有限区域($0<x<a$)内等于常量 V_0($V_0>0$)，而在该区域外面等于零，即

$$V=\begin{cases}0, & x>0, x<a\\ V_0, & 0<x<a\end{cases} \tag{19-9-1}$$

我们称这种势场为方势垒,如图 19.9.1 所示.

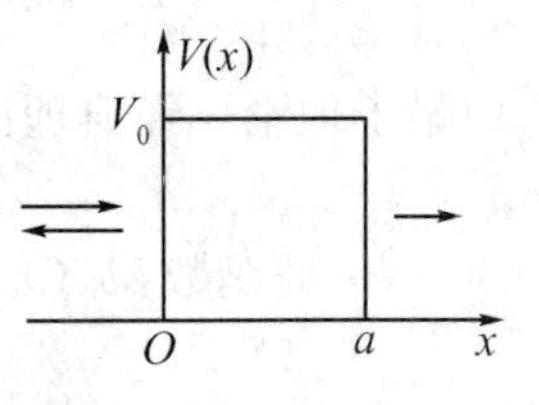

图 19.9.1 方势垒

设具有一定能量 E 的粒子沿 x 轴正方向射向方势垒,如图 19.9.1 所示. 按照经典力学观点,若 $E<V_0$,则粒子不能进入势垒,将被弹回去;若 $E>V_0$,则粒子将越过势垒运动到 $x>a$ 的区域. 但从量子力学观点来看,考虑到粒子的波动性,此问题与波碰到一层厚度为 a 的介质相似,有一部分波透过,一部分波被反射回去. 因此,按照波函数的统计诠释,无论粒子能量$E>V_0$或$E<V_0$,都有一定概率穿透势垒,也有一定概率被反射回去.

考虑 $E<V_0$ 的情况,在势垒外($x<0, x>a$)的薛定谔方程为

$$\frac{\mathrm{d}^2\psi}{\mathrm{d}x^2}=-\frac{2mE}{\hbar^2}\psi=-k_1^2\psi$$

$$k_1^2=\frac{2mE}{\hbar^2} \tag{19-9-2}$$

令它的两个线性无关解可取为 $\psi(x)\approx \mathrm{e}^{\pm ik_1x}$. 假设粒子是从左方入射,由于势垒的存在,在 $x<0$区域中,既有入射波(e^{ik_1x}),也有反射波(e^{-ik_1x}),而在 $x>a$ 区域中只有透射波(e^{ik_1x}),所以

$$\psi(x)=\begin{cases}\mathrm{e}^{ik_1x}+C\mathrm{e}^{-ik_1x}, & x<0\\ S\mathrm{e}^{ik_1x}, & x>a\end{cases} \tag{19-9-3}$$

上式中入射波的波幅取为 1,只是为了方便(这对反射和透射系数无影响),则入射波的概率流密度为

$$\begin{aligned}Ji&=\frac{i\hbar}{2m}(\psi\nabla\psi^*-\psi^*\nabla\psi)=\frac{i\hbar}{2m}\left(\mathrm{e}^{ik_1x}\frac{\partial}{\partial x}\mathrm{e}^{-ik_1x}-\mathrm{e}^{-ik_1x}\frac{\partial}{\partial x}\mathrm{e}^{ik_1x}\right)\\&=\frac{i\hbar}{2m}(-2ik_1)=\frac{\hbar k_1}{m}=v\end{aligned} \tag{19-9-4}$$

透射波的概率流密度为

$$\begin{aligned}Jt&=\frac{i\hbar}{2m}\left[S\mathrm{e}^{ik_1x}\frac{\partial}{\partial x}(S^*\mathrm{e}^{-ik_1x})-S^*\mathrm{e}^{-ik_1x}\frac{\partial}{\partial x}(S\mathrm{e}^{ik_1x})\right]\\&=\frac{i\hbar}{2m}[S\cdot S^*(-2ik_1)]=|S|^2v\end{aligned} \tag{19-9-5}$$

式中,v 是经典粒子的速度,正是粒子的流密度.

反射波的概率流密度为

$$\begin{aligned}Jr&=\frac{-i\hbar}{2m}\left[C\mathrm{e}^{-ik_1x}\cdot\frac{\partial}{\partial x}(C^*\mathrm{e}^{ik_1x})-C^*\mathrm{e}^{ik_1x}\cdot\frac{\partial}{\partial x}(C\mathrm{e}^{-ik_1x})\right]\\&=\frac{-i\hbar}{2m}[C\cdot C^*(2ik_1)]=|C|^2v\end{aligned} \tag{19-9-6}$$

所以,透射系数为 $$T=\frac{Jt}{Ji}=|S|^2 \tag{19-9-7}$$

反射系数为 $$R=\frac{Jr}{Ji}=|C|^2 \tag{19-9-8}$$

现在利用波函数及其微商在 $x=0$ 和 $x=a$ 连续的条件,来确定 C 与 S,从而求出反射系

数和透射系数.

在势垒内部($0<x<a$)的薛定谔方程为

$$\frac{d^2\psi}{dx^2}=\frac{2m}{\hbar^2}(V_0-E)\psi=k_2\psi \tag{19-9-9}$$

令 $k_2=\frac{2m}{\hbar^2}(V_0-E)$,其通解可取为

$$\psi(x)=Ae^{k_2x}+Be^{-k_2x}\quad (0<x<a) \tag{19-9-10}$$

按照式(19-9-3)与(19-9-10),在 $x=0$ 点 ψ 与 ψ' 的连续条件,得

$$1+C=A+B$$

$$\frac{ik_1}{k_2}(1-C)=A-B$$

上两式相加、相减,分别得

$$\begin{aligned}A&=\frac{1}{2}\left[\left(1+\frac{ik_1}{k_2}\right)+C\left(1-\frac{ik_1}{k_2}\right)\right]\\B&=\frac{1}{2}\left[\left(1-\frac{ik_1}{k_2}\right)+C\left(1+\frac{ik_1}{k_2}\right)\right]\end{aligned} \tag{19-9-11}$$

同理,在 $x=a$ 点得

$$\begin{aligned}A&=\frac{S}{2}\left(1+\frac{ik_1}{k_2}\right)e^{ik_1a-k_2a}\\B&=\frac{S}{2}\left(1-\frac{ik_1}{k_2}\right)e^{ik_1a+k_2a}\end{aligned} \tag{19-9-12}$$

从式(19-9-11)与(19-9-12)中消去 A,B,得

$$\begin{cases}\left(1+\frac{ik_1}{k_2}\right)+C\left(1-\frac{ik_1}{k_2}\right)=S\left(1+\frac{ik_1}{k_2}\right)e^{ik_1a-k_2a}\\\left(1-\frac{ik_1}{k_2}\right)+C\left(1+\frac{ik_1}{k_2}\right)=S\left(1-\frac{ik_1}{k_2}\right)e^{ik_1a+k_2a}\end{cases} \tag{19-9-13}$$

消去 C,得

$$Se^{ik_1a}=\frac{\dfrac{-2ik_1}{k_2}}{\left[1-\left(\dfrac{k_1}{k_2}\right)^2\right]\mathrm{sh}k_2a-2i\dfrac{k_1}{k_2}\mathrm{ch}k_2a} \tag{19-9-14}$$

因此,透射系数为

$$T=|S|^2=\frac{4k_1^2k_2^2}{(k_1^2+k_2^2)^2\mathrm{sh}^2k_2a+4k_1^2k_2^2} \tag{19-9-15}$$

同理,从式(19-9-13)中消去 S,得出 R,因此反射系数为

$$R=|C|^2=\frac{(k_1^2+k_2^2)\mathrm{sh}^2k_2a}{(k_1^2+k_2^2)^2\mathrm{sh}^2k_2a+4k_1^2k_2^2} \tag{19-9-16}$$

可以看出

$$|C|^2+|S|^2=1 \tag{19-9-17}$$

式中,$|C|^2$ 表示粒子被势垒反弹回去的概率,$|S|^2$ 表示粒子透过势垒的概率.式(19-9-17)是概率守恒的表现.

即使 $E<V_0$,一般情况下,透射系数 T 并不为零,粒子能穿透比它们动能更高的势垒的现象称为隧道效应,它是粒子具有波动性的表现.图 19.9.2 给出了势垒穿透的波动图像.

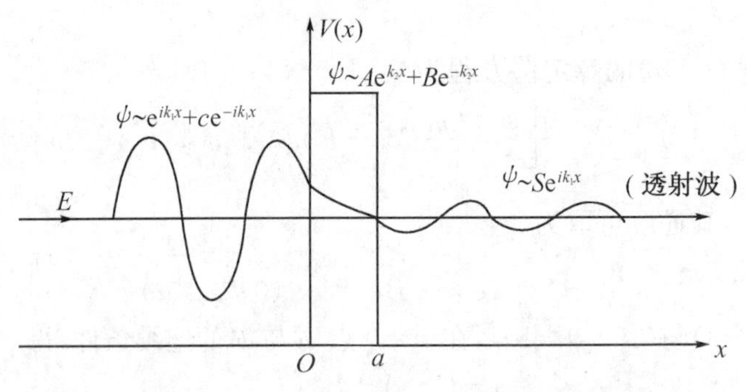

图 19.9.2　势垒穿透的波动图像

设 $ka \gg 1$,利用双曲正弦函数 $\mathrm{sh}ka \approx \frac{1}{2}\mathrm{e}^{k_2 a} \gg 1$,式(19－9－15)可近似写成

$$T \approx \frac{16k_1^2k_2^2}{(k_1^2+k_2^2)^2}\mathrm{e}^{-2k_2a} = \frac{16E(V_0-E)}{V_0^2}\exp\left[-\frac{2a}{\hbar}\sqrt{2m(V_0-E)}\right] \qquad (19-9-18)$$

由此可见,势垒厚度 a 越大,粒子通过的几率越小;粒子能量 E 越大,穿透几率越大,两者都呈指数关系.因此,T 灵敏地依赖于粒子的质量 m、势垒宽度 a 以及(V_0-E).在一般宏观条件中,T 值非常微小,不容易观测到势垒穿透现象.在波动力学提出后,伽莫夫首先导出这一关系式,并用此解释原子核发生 α 衰变的实验事实.他开创了量子力学用于原子核领域的先例,解释了经典物理无法回答的隧道效应.

由于电子的隧道效应,金属中的电子并不完全局限于表面边界之内,即电子密度并不在表面边界突然地降为零,而是在表面以外呈指数衰减,衰减长度约为 1 nm,它是电子逸出表面势垒的量度.如果两块金属(例如,一块呈针状,称为探针;一块呈平板状,为待测样品)互相靠得很近,那么,它们的表面电子云就可能发生重叠.如果在两金属之间加一微小电压 V_T,那么就可以观察到它们之间的隧道电流 $I_T \approx V_T\mathrm{e}^{-A\sqrt{\phi}\cdot S}$,式中 A 为常数,S 为两金属间距离,ϕ 为样品表面的平均势垒高度,如果 S 以 0.1 nm 为单位,则 $A=1$,ϕ 的量级为 eV.因此,当 S 变化 0.1 nm 时,I_T 呈数量级变化,十分敏感.这样,当探针在样品上扫描时,表面上小到原子尺度的特征就显现为隧道电流的变化.依此,可以分辨表面上分立的原子,揭示出表面上原子的台阶、平台和原子列阵,如图 19.9.3 所示.

这就是具有原子显像能力的扫描隧道显微镜(STM)的基本原理.1982 年,瑞士苏黎世国际商用机械公司研究室的两位科学家毕宁和罗尔,与鲁斯卡分享了 1986 年的诺贝尔物理学奖.

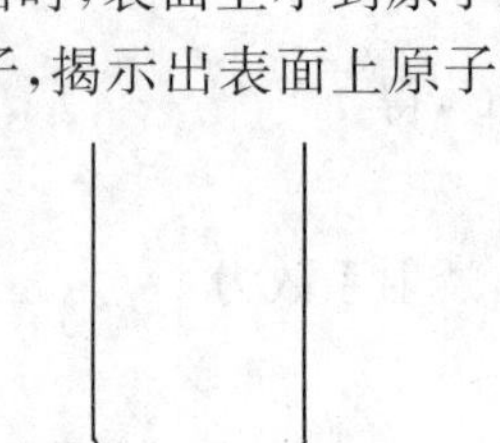

STM 技术不仅可用来进行材料表面分析,直接观察表面缺陷、表面吸附体的形态和位置,还可以利用 STM 针尖对原子和分子进行操纵和移动,重新排布原子和分子.另外,STM 技术已被用到了生命科学的研究中,利用它可研究 DNA 的构形等.我国已有不少研究所和大学利用 STM 技术开展了很好的工作,并且进入了世界先进行列.

图 19.9.3　扫描隧道显微镜示意图

19.10 氢原子的量子力学处理和电子自旋

19.10.1 氢原子的量子力学处理

玻尔的氢原子理论不能圆满地解决氢原子的问题.薛定谔在建立波动方程之后,对氢原子的描述取得了很大的成功,从而很快得到了人们的重视与公认.

氢原子由一个质子和一个电子组成,是最简单的原子.原子核是一个质子,荷电 $+e$,质量为 m_p,电子荷电 $-e$,质量为 m_e. $m_p \gg m_e$,可以不考虑原子核的运动,电子在核的库仑场中运动,取无限远为势能零点,则电子的库仑吸引能可写为

$$V(r)=-\frac{e^2}{4\pi\varepsilon_0 r} \tag{19-10-1}$$

式中,r 是电子到核的距离,势能函数 $V(r)$ 只是空间坐标的函数,是球对称势,属于束缚定态.

氢原子中电子的三维定态薛定谔方程可写为

$$\left(-\frac{\hbar^2}{2\mu}\nabla^2-\frac{e^2}{4\pi\varepsilon_0 r}\right)\psi=E\psi \tag{19-10-2}$$

式中,$\mu=m_e m_p/(m_e+m_p)$,称为电子—核的折合质量.

在球极坐标系中(如图 19.10.1 所示),有

$$\nabla^2=\frac{\partial^2}{\partial^2 x^2}+\frac{\partial^2}{\partial y^2}+\frac{\partial^2}{\partial z^2}$$

$$=\frac{1}{r^2}\cdot\frac{\partial}{\partial r}\left(r^2\frac{\partial}{\partial r}\right)+\frac{1}{r^2\sin^2\theta}\cdot\frac{\partial}{\partial\theta}\left(\sin\theta\frac{\partial}{\partial\theta}\right)+\frac{1}{r^2\sin^2\theta}\cdot\frac{\partial^2}{\partial\varphi^2} \tag{19-10-3}$$

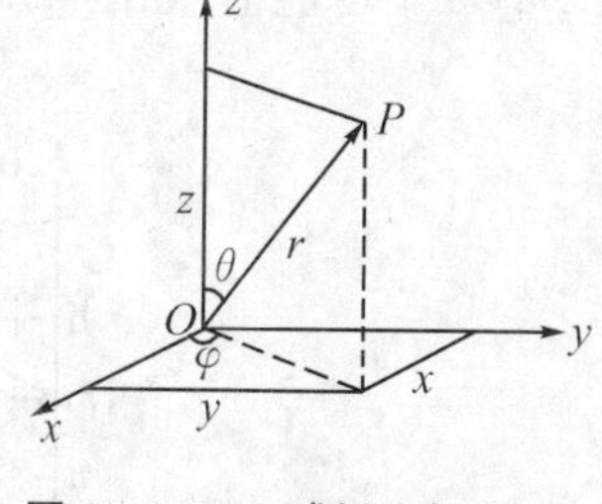

图 19.10.1 球极坐标系

核的位置取为坐标原点,于是,式(19−10−2)变为

$$\frac{\hbar^2}{2\mu r^2}\left[\frac{\partial}{\partial r}\left(r^2\frac{\partial}{\partial r}\right)+\frac{1}{\sin\theta}\cdot\frac{\partial}{\partial\theta}\left(\sin\theta\frac{\partial}{\partial\theta}\right)+\frac{1}{\sin^2\theta}\cdot\frac{\partial^2}{\partial\varphi^2}\right]\psi+\left(E+\frac{e^2}{4\pi\varepsilon_0 r}\right)\psi=0 \tag{19-10-4}$$

应用分离变数法求解这个方程. $\psi=\psi(r,\theta,\varphi)$,分离变数后可得

$$\psi(r,\theta,\varphi)=R(r)Y(\theta,\varphi)=R(r)\cdot\Theta(\theta)\cdot\phi(\varphi) \tag{19-10-5}$$

其中 $R(r)$ 仅是 r 的函数,$\Theta(\theta)$ 仅是 θ 的函数,$\phi(\varphi)$ 仅是 φ 的函数.将式(19−10−5)代入式(19−10−4),经过整理和代换可将一个关于(r,θ,φ)的三元函数的偏微分方程分离成分别仅含 $R(r)$、$\Theta(\theta)$ 和 $\phi(\varphi)$ 的三个常微分方程.

$$\frac{1}{r^2}\cdot\frac{d}{dr}\left(r^2\frac{d}{dr}R\right)+\left[\frac{2\mu}{\hbar^2}\left(E+\frac{e^2}{4\pi\varepsilon_0 r}\right)-\frac{l(l+1)}{r^2}\right]R=0 \tag{19-10-6}$$

$$\frac{1}{\sin\theta}\cdot\frac{d}{d\theta}\left(\sin\theta\frac{d}{d\theta}\Theta\right)+\left[l(l+1)-\frac{m^2}{\sin^2\theta}\right]\Theta=0 \tag{19-10-7}$$

$$\frac{d^2\phi}{d\varphi^2}+m\phi=0 \tag{19-10-8}$$

可解得:

(1)氢原子的能量本征值

$$E=E_n=-\frac{\mu e^4}{8\varepsilon_0^2 h^2}\cdot\frac{1}{n^2}=-\frac{e^2}{2a}\cdot\frac{1}{n^2} \tag{19-10-9}$$

$$a=\frac{4\varepsilon_0^2 h^2}{\mu e^2} \quad (第一玻尔半径)$$

式中，n 称为主量子数，$n=1,2,3,\cdots$ 正整数，在轨道运动中，决定电子运动轨道的大小(长半轴). 此式就是著名的玻尔氢原子能级公式.

(2)角动量的本征值

$$L=\sqrt{l(l+1)}\hbar \tag{19-10-10}$$

式中，l 称为角量子数，$l=0,1,2,3,\cdots,(n-1)$，共有 n 个可能值，在轨道运动中，决定电子运动轨道的形状(短半轴).

L 可以为零，实验证明量子力学理论的结果是正确的. 但是，在玻尔氢原子理论中，根据角动量量子化条件，电子的轨道角动量最小值为$\hbar$. 这说明玻尔氢原子理论有缺陷.

(3)角动量在 z 方向分量的本征值

$$L_z=m_l\hbar \tag{19-10-11}$$

式中，m_l 称为磁量子数，$m_l=0,1,-1,2,-2,\cdots,l,-l$，共有$(2l+1)$个可能值. 它决定轨道角动量在外磁场方向上的投影，引起原子能级的分裂.

由于匀强磁场的存在，角动量 L 所对应的每一个能量状态，在磁场方向要分成$(2l+1)$个. 例如，当 $l=1$ 时，$m_l=0,1,-1$，即 L_z 有 3 个可能值；当 $l=2$ 时，$m_l=0,1,-1,2,-2$，即 L_z 有 5 个可能值. 如图 19.10.2 所示.

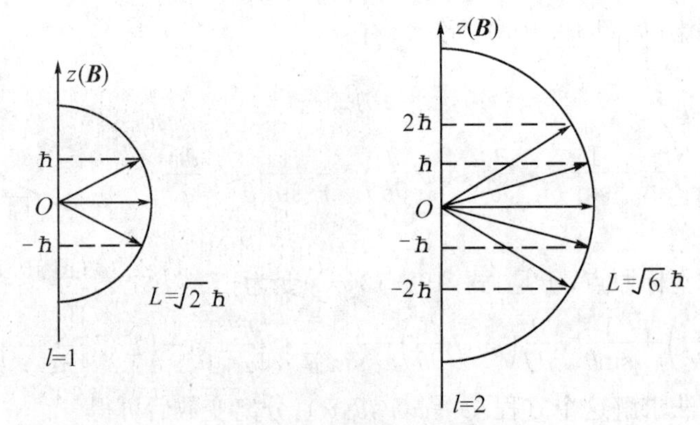

图 19.10.2 角动量对应的能量状态

这个结论与正常塞曼效应的实验结果完全一致.

(4)共同的本征函数：

$$\psi=\psi_{n,l,m_l}(r,\theta,\varphi)=R_{nl}(r)\cdot Y_{lm_l}(\theta,\varphi)=R_{nl}(r)\cdot \Theta_{lm_l}(\theta)\cdot \phi_{m_l}(\theta) \tag{19-10-12}$$

在仅考虑电子受库仑场的作用时，虽然波函数 ψ 依赖于三个量子数 n、l、m_l，但能量本征值只与主量子数 n 有关. 这表明，本征函数是简并的，即许多不同的本征函数对应于同一个本征值. 因为 $n\geqslant l+1$，$n=1,2,3,\cdots$，$l=0,1,2,3,\cdots,n-1$. 因此，对每一个 n 存在 n 个可能的 l 值，又因 $l\geqslant|m_l|$，对每一个 l 值就有 $2l+1$ 个可能的 m_l 值，于是，总的波函数 ψ_{n,l,m_l} 是 n^2 度简并的. 证明如下：

$$\begin{aligned} f_n &= \sum_{l=0}^{n-1}(2l+1)=[1+3+5+7+\cdots+2(n-1)+1] \\ &=1+3+5+7+\cdots+(2n-1) \\ &=\frac{n}{2}[1+(2n-1)]=n^2 \end{aligned} \tag{19-10-13}$$

19.10.2 电子自旋

(1)电子自旋的实验依据

①碱金属原子光谱的双线结构.例如,钠原子光谱中的钠黄线,它是由钠原子的价电子从$3p$态跃迁到$3s$态产生的,谱线波长是589.3 nm,但用高分辨率光谱仪仔细观察时,就会发现它由很靠近的D_1和D_2两条谱线组成,其波长分别是589.0 nm和589.6 nm.

②反常塞曼效应.1912年,帕邢和巴克发现反常塞曼效应——在弱磁场中原子光谱线的复杂分裂现象(分裂成偶数条).例如,钠光谱线D_1分裂成6条,D_2分裂成4条.

③史特恩—盖拉赫做了原子束在不均匀磁场中的偏转的实验演示,如图19.10.3所示.实验中,让基态的银原子束通过两狭缝AB和不均匀磁场,最后射到照相底片PQ上.

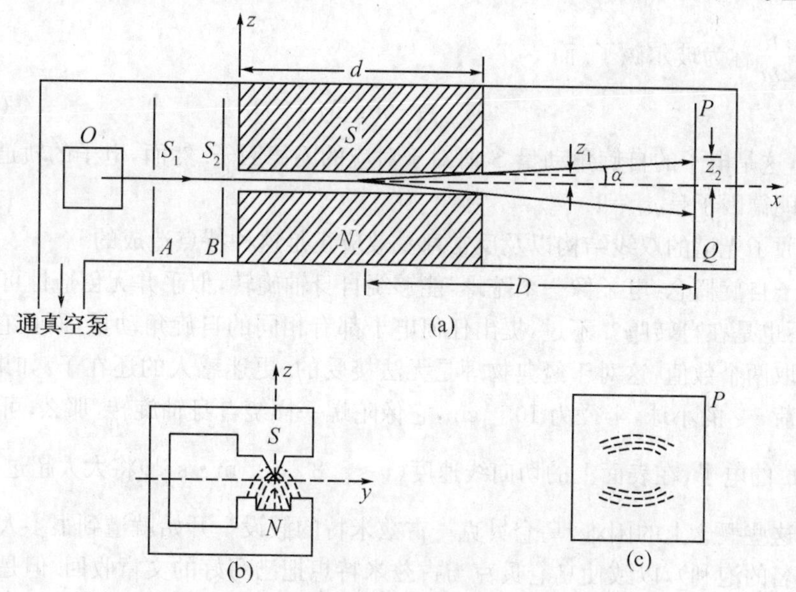

图19.10.3 史特恩—盖拉赫实验装置示意图

实验发现,银原子束在通过非均匀磁场后,分成上下对称的两束,在照相底片PQ上留下彼此分离的两条细线.由分开的距离可以求得银原子的磁矩为

$$M_z=M_B=\frac{e\hbar}{2m}$$

由于基态银原子的价电子处于s态,轨道角动量为0,因而没有轨道磁矩.因此,这个磁矩不可能来源于电子的轨道运动,应是来源于其他类型的磁矩.

银原子束分成两束,而不是连续一片,这表明该磁矩的空间取向是量子化的,磁矩在磁场方向的投影只能取两个值,这与角动量的投影只取奇数个值$(2l+1)$明显不同.

(2)乌仑贝克与古兹米特提出电子自旋假设

从史特恩—盖拉赫实验出现偶数分裂的事实,给人们启示:要$(2l+1)$为偶数,只有角动量量子数为半整数,而轨道角动量是不可能给出半整数的.

1925年,年龄不到25岁的两位荷兰学生乌仑贝克与古兹米特根据一系列的实验事实提出了大胆的假设:

①电子不是点电荷,它除了轨道角动量外,还有自旋运动,它具有固有的自旋角动量$\boldsymbol{S}$

$$|\boldsymbol{S}|=\sqrt{s(s+1)}\hbar,\quad s=\frac{1}{2} \qquad (19-10-14)$$

式中，s 为自旋量子数. 它在磁场方向的投影只能有两个，即

$$S_z = \pm\frac{\hbar}{2}$$

换言之，自旋量子数在 z 方向的分量只能取 $\pm\frac{1}{2}$，即

$$S_z = m_s\hbar, \quad m_s = \pm\frac{1}{2} \tag{19-10-15}$$

式中，m_s 为自旋磁量子数或自旋投影量子数.

②每个电子的磁矩为一个玻尔磁子.

$$M_{sz} = \mp M_B = \pm\frac{e\hbar}{2m} \tag{19-10-16}$$

式中，$M_B = \frac{e\hbar}{2m}$ 称为玻尔磁子. 而

$$M_{sz} = -mg_s M_B \tag{19-10-17}$$

所以，$g_s = 2$，这是电子的自旋角动量 $\vec{S}$ 所对于对应的朗德因子. 然而，电子的轨道角动量 $\vec{L}$ 所对于对应的朗德因子是 $g_l = 1$.

碱金属原子光谱的双线结构以及反常塞曼效应正是这种特点造成的.

提出电子自旋概念：电子像一个陀螺，能够绕自身轴旋转，似乎并无创造性可言，绕太阳运动的地球，不也是在自转吗？不过，提出任何电子都有相同的自旋角动量，而且它们在 z 方向的分量只能取两个数值，这对于经典物理是无法接受的. 更迷惑人的还在于：如果把电子看作一个带有电荷 $-e$ 的小球，半径为 10^{-14} cm，它像陀螺一样绕自身轴旋转，那么，可以证明，自旋角动量为 $\frac{1}{2}\hbar$ 的电子，在表面上的切向线速度（$v \approx 5.8\times10^{11}\,\mathrm{m\cdot s^{-1}}$）将大大超过光速.

正因为这些概念上的困难，乌仑贝克—古兹米特的假设一开始就遭到很多人的反对（包括当时已经闻名的泡利），以致使乌仑贝克与古兹米特想把已写好的文章收回. 但是，他们的导师埃伦菲斯特已把稿子寄出发表，并说："您们还年青，有些荒唐，没有关系. "后来的事实却证明，电子自旋概念是微观物理学最重要的概念.

1928 年，狄拉克把量子力学和相对论结合起来，创立了相对论量子力学，建立了狄拉克方程. 这种方程能够自然地阐述电子的自旋性质，得出电子自旋本征角动量和自旋磁矩.

19.11 多电子原子和原子的壳层结构

19.11.1 氦原子的光谱和能级

最简单的多电子原子是氦原子. 氦的光谱如同氢原子光谱一样，存在一系列谱线系. 但是氦有两套谱线系，即有两个主线系，两个第一辅线系，两个第二辅线系等. 这两套谱线的结构有显著的差别，其中一套谱线都是单线，另一套谱线却有复杂的结构. 通过对光谱的分析研究，可以得到氦原子的能级图，如图 19.11.1 所示.

这个能级图具有以下五个特点：

①有两套结构. 左边一套是单层的，右边一套多数是三层的. 这两套能级之间没有相互跃迁，它们各自内部的跃迁便产生了两套相互独立的光谱. 因而，早先人们曾以为有两种氦，具有

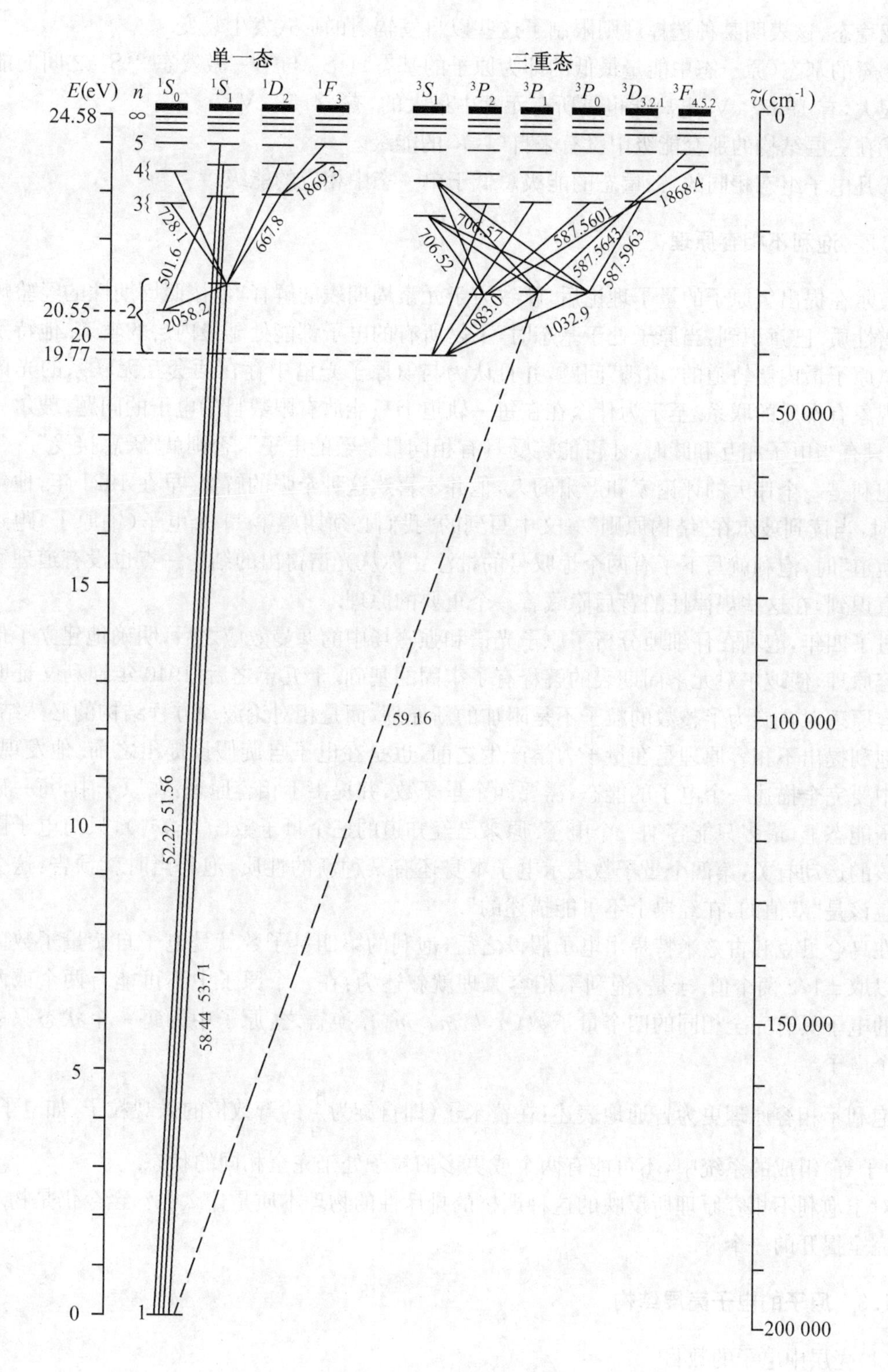

图 19.11.1　氦原子能级图

复杂结构的氦称为正氦，而产生单线光谱的则称为仲氦. 现已证实只有一种氦，只是能级结构分为两套.

②存在着几个亚稳态，该能级系的寿命大于 10^{-8} s. 例如，图 19.11.1 中 2^1S_0 和 2^3S_1 分别

都是亚稳态，这表明某种选择规则限制了这些以自发辐射的形式发生衰变.

③氦的基态(原子态中能量最低的即为原子的基态)1^1S_0 与第一激发态 2^3S_1 之间的能量相差很大，有 19.77 eV；电离能也是所有元素中最大的，有 24.58 eV.

④在三层结构的那套能级中没有来自$(1s)^2$ 的能级.

⑤凡电子组态相同的，三重态的能级总低于单一态中相应的能级.

19.11.2 泡利不相容原理

玻尔在提出氢原子的量子理论后，就致力于元素周期表的解释，他按照周期性的经验规律及光谱性质，已意识到：当原子处于基态时，不是所有的电子都能处于最内层的轨道. 他特别讨论了氦原子最内层轨道的"填满"问题，并且认为与氦原子光谱中存在两套互无联系的光谱的奇怪现象有本质的联系. 至于为什么在在每一轨道上只能放有限数目的电子的问题，玻尔只是猜测"只有当电子相互和睦时，才可能接受具有相同量子数的电子"，否则就"厌恶接受".

泡利是一个伟大的评论家和严肃的人，他并不喜欢这种牵强的解释. 早在 1921 年，他年仅 21 岁时，当读到玻尔在"结构原则"一文中写到的"我们必须期望第 11 个电子(钠原子)跑到第三个轨道"时，泡利就写下了有两个惊叹号的批注："你从光谱得出的结论一点也没有道理啊!"他已意识到，在这些规律性的背后隐藏着一个重要的原理.

过了四年，泡利在仔细地分析了原子光谱和强磁场中的塞曼效应之后，明确地建立了他的不相容原理，使玻尔对元素周期表的解释有了牢固的基础. 十五年之后，1940 年泡利又证明了不相容原理对自旋为半整数的粒子不是附加的新原理，而是相对论波动方程结构的必然结果.

泡利提出不相容原理是在量子力学产生之前，也是在电子自旋假设提出之前. 他发现，在原子中要完全描述一个电子的能态，需要四个量子数，并提出不相容原理：在原子中，每一确定的电子能态上，最多只能容纳一个电子. 原来已经知道的三个量子数(n,l,m_l)，只与电子围绕原子核的运动有关，第四个量子数表示电子本身还有某种新的性质，泡利当时就预告：这个量子数应该是"双值的，在经典上不可能描述的".

在乌仑贝克和古兹米特提出电子假设之后，泡利的第四量子数就是电子自旋量子数 m_s，它可以取 $\pm 1/2$ 两个值. 于是，泡利不相容原理就叙述为：在一个原子中不可能有两个或两个以上的电子具有完全相同的四个量子数(n,l,m_l,m_s). 换言之，原子中的每一个状态只能容纳一个电子.

泡利不相容原理更为普通地表述：在费米子(即自旋为$\frac{\hbar}{2}$的奇数倍的微观粒子，如电子、质子、中子等)组成的系统中，不可能有两个或更多的粒子处于完全相同的状态.

对于泡利不相容原理所反映的这种严格的排斥性的物理本质是什么呢? 至今仍是物理学界未完全揭开的一个谜.

19.11.3 原子的电子壳层结构

(1)壳层中电子的数目

在多电子原子中，决定电子所处状态的准则有两条：一是泡利不相容原理；二是能量最小原理(原子系统处于正常状态，电子填充壳层时，每一个电子都尽量占据最低空能级)，即体系能量最低时，体系最稳定，它决定壳层的次序. 元素周期表就是按照这两条准则排列的.

元素的性质决定于原子的结构，也就是原子中电子所处的状态. 电子状态的具体内容是下列四个量子数所代表的一些运动情况：

①主量子数 $n=1,2,3,4,\cdots$ 代表电子运动区域的大小，它决定原子中电子能量的主要部分，前者按轨道的描述也就是电子运动轨道的大小（长半轴）.

对于能量相同的一些电子，可以视为均匀分布于同一壳层上. 随着 n 数值的不同，可以把电子分布在许多壳层，具有相同 n 值的电子称为同一壳层的电子. 相应于 $n=1,2,3,4,\cdots$ 的壳层，分别称为 K 层壳，L 壳层，M 壳层，N 壳层，…等.

②轨道角动量量子数 $l=0,1,2,\cdots,(n-1)$ 代表轨道的形状（短半轴）和轨道角动量，这也同电子的能量有关.

在同一壳层中，可以有 $0,1,2,3,4,\cdots,(n-1)$ 个角量子数，于是，每一个壳层又分为几个不同的次壳层，并用符号 s,p,d,f,g,h 等来代表 $l=0,1,2,3,4,5$ 等次壳层.

③轨道磁量子数 $m_l=0,\pm1,\pm2,\cdots,\pm l$ 代表轨道在空间的可能取向，换一句话，它代表轨道角动量在某一特殊方向（外磁场方向）的分量（投影），引起原子能级的分裂.

④自旋磁量子数 $m_s=+1/2,-1/2$ 代表电子自旋的取向，它也代表电子自旋角动量在某一特殊方向（外磁场方向）的分量（投影）.

表 19－11－1 为原子的电子组态，原子基态及电离能.

表 19－11－1　原子的电子组态、原子基态及电离能

Z	符号	名称	基态组态	基态	电离能(eV)
1	H	氢	$1s$	$^2S_{1/2}$	13.599
2	He	氦	$1s^2$	$^1S_0$	24.581
3	Li	锂	[He]$2s$	$^2S_{1/2}$	5.390
4	Be	铍	$2s^2$	$^1S_0$	9.320
5	B	硼	$2s^22p$	$^2P_{1/2}$	8.296
6	C	碳	$2s^22p^2$	$^3P_0$	11.256
7	N	氮	$2s^22p^3$	$^4S_{3/2}$	14.545
8	O	氧	$2s^22p^4$	$^3P_2$	13.614
9	F	氟	$2s^22p^5$	$^2P_{3/2}$	17.418
10	Ne	氖	$2s^22p^6$	$^1S_0$	21.559
11	Na	钠	[Ne]$3s$	^2S	5.138
12	Mg	镁	$3s^2$	^1S	7.644
13	Al	铝	$3s^23p$	$^2P_{1/2}$	5.984
14	Si	硅	$3s^23p^2$	$^3P_0$	8.149
15	P	磷	$3s^23p^3$	^4S	10.484
16	S	硫	$3s^23p^4$	$^3P_2$	10.357

续表19-11-1

Z	符号	名称	基态组态	基态	电离能(eV)
17	Cl	氯	$3s^2 3p^5$	$^2P_{3/2}$	13.01
18	Ar	氩	$3s^2 3p^6$	^1S	15.755
19	K	钾	$[Ar]4s$	^2S	4.339
20	Ca	钙	$4s^2$	^1S	6.111
21	Sc	钪	$3d4s^2$	$^2D_{3/2}$	6.538
22	Ti	钛	$3d^3 4s^2$	$^3F_2$	6.818
23	V	钒	$3d^3 4s^2$	$^4F_{3/2}$	6.743
24	Cr	铬	$3d^5 4s$	^7S	6.764
25	Mn	锰	$3d^5 4s^2$	^6S	7.432
26	Fe	铁	$3d^6 4s^2$	$^5D_4$	7.868
27	Co	钴	$3d^7 4s^2$	$^5F_{9/2}$	7.862
28	Ni	镍	$3d^8 4s^2$	$^3F_4$	7.633
29	Cu	铜	$3d^{10} 4s$	^2S	7.724
30	Zn	锌	$3d^{10} 4s^2$	^1S	9.391
31	Ga	镓	$3d^{10} 4s^2 4p$	$^1P_{1/2}$	6.00
32	Ge	锗	$3d^{10} 4s^2 4p^2$	$^3P_0$	7.88
33	As	砷	$3d^{10} 4s^2 4p^3$	^4S	9.81
34	Se	硒	$3d^{10} 4s^2 4p^4$	$^3P_2$	9.75
35	Br	溴	$3p^{10} 4s^2 4p^5$	$^2P_{3/2}$	11.84
36	Kr	氪	$3d^{10} 4s^2 4p^6$	^1S	13.996
37	Rb	铷	$[Kr]5s$	^2S	4.176
38	Sr	锶	$5s^2$	^1S	5.692
39	Y	钇	$4d5s^2$	$^2D_{3/2}$	6.377
40	Zr	锆	$4d^2 5s^2$	$^3F_2$	6.835
41	Nb	铌	$4d^4 5s$	$^6D_{1/2}$	6.881
42	Mo	钼	$4d^5 5s$	^7S	7.10
43	Tc	锝	$4d^5 5s^2$	^6S	7.228
44	Rn	钌	$4d^7 5s$	$^5F_5$	7.365
45	Rh	铑	$4d^8 5s$	$^4F_{9/2}$	7.461

续表19－11－1

Z	符号	名称	基态组态	基态	电离能(eV)
46	Pd	钯	$4d^{10}$	^1S	8.334
47	Ag	银	$4d^{10}5s$	^2S	7.574
48	Cd	镉	$4d^{10}5s^2$	^1S	8.991
49	In	铟	$4d^{10}5s^25p$	$^2P_{1/2}$	5.785
50	Sn	锡	$4d^{10}5s^25p^2$	$^3P_0$	7.342
51	Sb	锑	$4d^{10}5s^25p^3$	^4S	8.639
52	Te	碲	$4d^{10}5s^25p^4$	$^3P_2$	9.01
53	I	碘	$4d^{10}5s^25p^5$	$^2P_{3/2}$	10.454
54	Xe	氙	$4d^{10}5s^25p^6$	^1S	12.127
55	Cs	铯	[Xe]$6s$	^2S	3.893
56	Ba	钡	$6s^2$	^1S	5.210
57	La	镧	$5d6s^2$	$^2D_{3/2}$	5.61
58	Ce	铈	$4f5d6s^2$	$^3H_4$	6.54
59	Pr	镨	$4f^36s^2$	$^4I_{9/2}$	5.48
60	Nd	钕	$4f^46s^2$	$^5I_4$	5.51
61	Pm	钷	$4f^56s^2$	$^6H_{5/2}$	5.55
62	Sm	钐	$4f^6s^2$	$^7F_0$	5.63
63	Eu	铕	$4f^76s^2$	^8S	5.67
64	Gd	钆	$4f^75d6s^2$	$^9D_2$	6.16
65	Tb	铽	$4f^96s^2$	$^6H_{15/2}$	6.74
66	Dy	镝	$4f^{10}6s^2$	$^5I_3$	6.82
67	Ho	钬	$4f^{11}6s^2$	$^4I_{15/2}$	6.02
68	Er	铒	$4f^{12}6s^2$	$^3H_6$	6.10
69	Tm	铥	$4f^{13}6s^2$	$^2F_{7/2}$	6.18
70	Yb	镱	$4f^{14}6s^2$	^1S	6.22
71	Lu	镥	$4f^{14}5d6s^2$	$^2D_{3/2}$	6.15
72	Hf	铪	$4f^{14}5d^26s^2$	$^3F_2$	7.0
73	Ta	钽	$4f^{14}5d^36s^2$	$^4F_{3/2}$	7.88
74	W	钨	$4f^{14}5d^46s^2$	$^5D_0$	7.98

Z	符号	名称	基态组态	基态	电离能(eV)
75	Re	铼	$4f^{14}5d^{5}6s^{2}$	^{6}S	7.87
76	Os	锇	$4f^{14}5d^{5}6s^{2}$	$^{5}D_{4}$	8.7
77	Ir	铱	$4f^{14}5d^{5}7s^{2}$	$^{4}F_{9/2}$	9.2
78	Pt	铂	$4f^{14}5d^{9}6s^{1}$	$^{3}D_{3}$	8.88
79	Au	金	$[Xe,4f^{14}5d^{10}]6s$	^{2}S	9.223
80	Hg	汞	$6s^{2}$	^{1}S	10.434
81	Tl	铊	$6s^{2}6p$	$^{2}P_{1/2}$	6.106
82	Pb	铅	$6s^{2}6p^{2}$	$^{3}P_{0}$	7.415
83	Bi	铋	$6s^{2}6p^{3}$	^{4}S	7.287
84	Po	钋	$6s^{2}6p^{4}$	$^{4}P_{2}$	8.43
85	At	砹	$6s^{2}6p^{5}$	$^{2}P_{3/2}$	9.5
86	Rn	氡	$6s^{2}6p^{6}$	^{1}S	10.745
87	Fr	钫	$[Rn]7s$	^{2}S	4.0
88	Ra	镭	$7s^{2}$	^{1}S	5.277
89	Ac	锕	$6d7s^{2}$	$^{2}D_{3/2}$	6.9
90	Th	钍	$6d^{2}7s^{3}$	$^{3}F_{2}$	6.1
91	Pa	镤	$5f^{2}6d7s^{2}$	$^{4}K_{11/2}$	5.7
92	U	铀	$5f^{3}6d7s^{2}$	$^{5}L_{6}$	6.08
93	Np	镎	$5f^{4}6d7s^{2}$	$^{6}L_{11/2}$	5.8
94	Pu	钚	$5f^{6}7s^{2}$	$^{7}F_{0}$	5.8
95	Am	镅	$5f^{7}7s^{2}$	^{8}S	6.05
96	Cm	锔	$5f^{7}6d7s^{2}$	$^{9}D_{2}$	
97	Bk	锫	$5f^{9}7s^{2}$	$^{6}H_{15/2}$	
98	Cf	锎	$5f^{10}7s^{2}$	$^{5}I_{8}$	
99	Es	锿	$5f^{11}7s^{2}$	$^{4}I_{15/2}$	
100	Fm	镄	$5f^{12}7s^{2}$	$^{3}H_{6}$	
101	Md	钔	$5f^{13}7s^{2}$	$^{2}F_{7/2}$	
102	No	锘	$5f^{14}7s^{2}$	$^{1}S_{0}$	
103	Lr	铹	$6d5f^{14}7s^{2}$	$^{2}D_{5/2}$	

泡利不相容原理指出，在原子中不能有两个电子处在同一状态. 用上述四个量子数来描述，就是说，不能有两个电子具有完全相同的四个量子数. 由此可见，原子中的电子是分布在不同状态的.

现在，根据泡利不相容原理，来推算每一壳层和次壳层中可容纳的最多电子数目.

次壳层主要决定于角量子数 l，对一个 l，可以有 $(2l+1)$ 个 m_l 值，对每一个 m_l，又可以有两个 m_s，即 $m_s=+1/2$ 和 $-1/2$. 由此可知，对每一个 l，可以有 $2(2l+1)$ 个不同的状态. 这就是说，每一个次壳层中可以容纳的电子数目是

$$N_l=2(2l+1) \tag{19-11-1}$$

于是有

角量子数 l	0	1	2	3	4	5
次壳层符号	s	p	d	f	g	h
状态数 $2(2l+1)$	2	6	10	14	18	22

由上述讨论可知，在 p 态上，可以填满 6 个电子. 由于填满时，这 6 个电子的角动量之和等于零，即对总角动量没有贡献. 这说明 p 态上 1 个电子与 5 个电子对角动量的贡献是一样的，即对同科电子（凡 n 和 l 这两个量子数相同的电子）p^1 和 p^5 有相同的态项（二重态项 ^2P）. 同样可说明，p^2 与 p^4，d^2 与 d^8，…有相同态项的原因.

再看每一个主壳层可以容纳的最多电子数. 因主壳层是以 n 的数值来划分的，当 n 一定，l 可以有 n 个取值，即 $l=0,1,2,\cdots,(n-1)$. 因此，对于每一个 n 来说，可以有的状态数，即可以容纳的最多电子数目是

$$N_n=\sum_{l=0}^{n-1}2(2l+1)=2n^2 \tag{19-11-2}$$

于是有

主量子数 n	1	2	3	4	5	6
主壳层符号	K	L	M	N	O	P
状态数 $2n^2$	2	8	18	32	50	72

(2)电子组态的能量——壳层的次序

电子依照什么样的次序填入壳层呢？按照能量最小原理，电子填入壳层的填充原则是我国科学工作者徐光宪归纳出的规则——$(n+0.7l)$ 判据：$(n+0.7l)$ 数值越小，能量越低，先填；$(n+0.7l)$ 数值越大，能量越高，后填. 具体次序是：$1s,2s,2p,3s,3p,4s,3d,4p,5s,4d,5p,6s,4f,5d,6p,7s,5f,6d,7p,\cdots$. 如图 19.11.3 所示.

现在从氢原子着手讨论，氢原子中有一个电子，处于 1s 态；接下去是氦原子，增加了一个核电荷和一个电子. 这个电子也占据另一个 1s 态，但自旋与第一个电子相反，因此满足不相容泡利原理. H 的电子组态成为 1s，而 He 组态称为 $1s^2$. 这种获得电子组态的方法统称为构造原理.

在 He 中，1s 态现已填满，不能再容纳更多的电子而不违背泡利不相容原理. 所以，在核外有三个电子的锂中，必须有一个电子处于 $n=2$ 的状态. 在 n 相同的情况下，小的角动量量子数 l 对应的能级较低，所以该电子占据一个 2s 态，因而锂的电子组态为 $1s^22s$，现在能把 Ne 之前的所有原子的电子组态列于表 19-11-2 中.

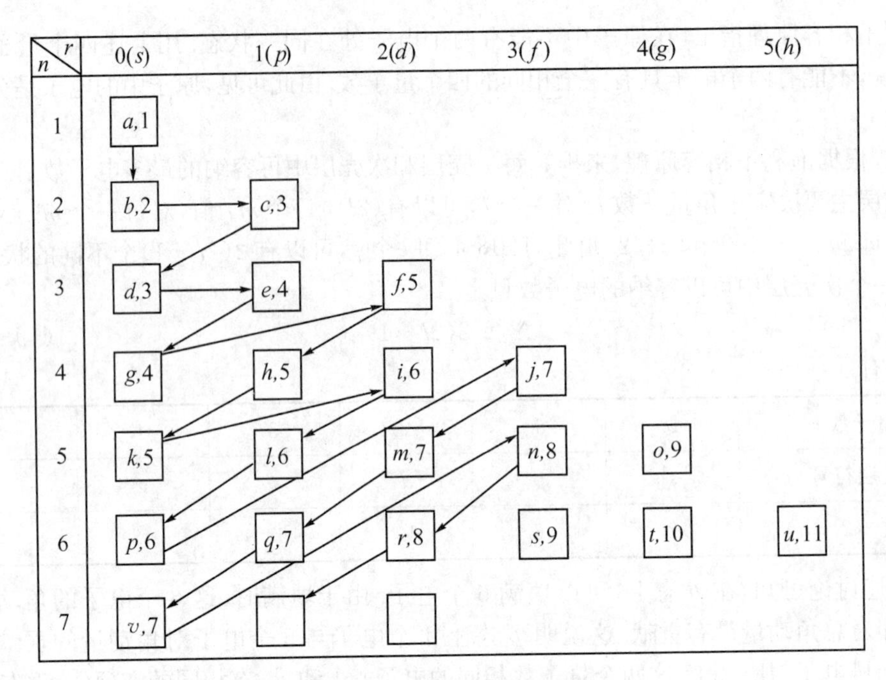

图 19.11.3 电子填入壳层的次序

表 19-11-2 前 10 个元素的电子组态

H	1s	C	$1s^2 2s^2 2p^2$
He	$1s^2$	N	$1s^2 2s^2 2p^3$
Li	$1s^2 2s$	O	$1s^2 2s^2 2p^4$
Be	$1s^2 2s^2$	F	$1s^2 2s^2 2p^5$
B	$1s^2 2s^2 2p$	Ne	$1s^2 2s^2 2p^6$

这样，在前两个短周期中，电子填入 1s、2s 和 2p 态. 元素在物理和化学性质方面的相似性和特点只与其电子组态有关，组态相似的原子具有相似的化学性质. 在下一个短周期中（从 Na 到 Ar），电子一次填入到 3s 和 3p 态. 于是这些元素的性质与上一周期（电子填入 2s 和 2p 态）的那些元素相似.

在 3p 态被填满后，虽然 3d 态还没有电子填入，但由$(n+0.7l)$的规律，4s 态是现有的最低能态. 于是，下一周期的前两个元素 K 和 Ca 分别与有 1 个和 2 个 3s 电子的 Na 和 Mg 相似. 而在 Sc 内，电子开始填入 3d 态. 从 Sc 到 Zn，我们发现了过渡金属. 对于他们，在前面的周期里，没有对应的元素. 3d 态被填满后，从 Ga 到 Kr，电子填入 4p 态. 这些元素与前两个周期内的对应元素相似.

现在要考虑的下一个元素是序数为 37 的铷，由能量顺序看，下一个电子将不填充 4d 而直接进入 5s 态，这就开始了第五个周期. 可以看到，每一个周期都是有 ns 电子的填充而开始，而由其中次壳层中电子的填满标记其结束. 与 3d 电子的填充产生过渡金属类似. 以完全相同的方式填充周期表后面的 4f 和 5f 态时，就得到了稀土族元素与锕系元素.

从以上的讨论，我们看到元素的性质完全是原子结构的反映. 基态原子的电子结构可以看做按周期表顺序逐一增加电子而成，而电子组态的填充次序有时依电子态能级由低向高填补，由表 19－11－3 可以看出元素怎样分成周期.

表 19－11－3　按周期表中元素排列的先后,原子逐一增加电子的次序

电子填补次序	1s	2s 2p	3s 3p	4s 3d 4p	5s 4d 5p	6s 4f 5d 6p	7s 5f 6d
各次壳层满额电子数	2	2　6	2　6	2　10　6	2　10　6	2　14　10　6	2　14　10
原子序数 Z	1~2	3~10	11~18	19~36	37~54	55~86	87~103
周期	1	2	3	4	5	6	7

与元素周期表对照,就可以看出,20 世纪中发现的元素周期表,可以从核外电子的壳层分布给以彻底阐明.

Chapter 19 Fundamentals of Quantum Theory

Light has particle properties. Experimental evidence shows that a light beam consists of a stream of particle—like energy packets. These energy packets are called quantas of light or photons.

The first hint of a failure of classical physics emerged around 1900 from the study of thermal radiation. A body with a perfectly absorbing(and emitting) surface is called a blackbody. The blackbody plays a special role in the study of thermal radiation because its spectral emittance e_λ is a universal function of the wavelength λ and the temperature T, and of nothing else.

The correct formula for the spectral emittance of a blackbody was finally obtained by Planck

$$e_0(\lambda, T) = \frac{2\pi hc^2\lambda^{-5}}{e^{\frac{hc}{\lambda kT}} - 1} \tag{1}$$

Where h is Planck's constant and k is Boltzmann's constant. Planck regarded the atoms in the walls of the blackbody as small harmonic oscillators with electric charges. He departed radically from classical physics and postulated that the energy of the oscillators was quantized according to the following rule: in an oscillator of frequency ν, the only permitted values of the energy are

$$E = nh\nu \tag{2}$$

The energy $h\nu$ is called an energy quantum. According to the quantization rule, the energy of an oscillator is always some multiple of the basic energy. The integer n is called the quantum number.

Ultraviolet light and some visible light incident on a metal surface can cause electrons to be emitted from the surface. This phenomenon is called the photoelectric effect. The electrons emitted are called photoelectrons. The following is the experimental laws of photoelectric effect:

(1) Emission commences at the instant the surface starts to be irradiated.

(2) No electrons are emitted, whatever the intensity of the incident light beam, unless the frequency exceeds a certain threshold value ν_0, which is different for different metals.

(3) For frequencies greater than ν_0, the number of the electrons per second is proportional to the intensity of the light beam.

(4) The maximum kinetic energy of the photoelectrons increases only with an increase in the frequency of the incident light, and is in no way affected by the intensity of the light.

That unexpected experimental result on photoelectric emission could be explained by Einstein's photon theory of light: The energy of a photon is proportional to the frequency of light, i. e. ,

$$E = h\nu \tag{3}$$

All the laws of photoelectric effect can be interpreted in terms of the interaction between the electrons and incident photons, during which the photon gives up all its energy to electron. The minimum amount of work or energy taking a free electron out of the surface of a metal against the attractive forces of the positive ions is known as the work function, W, of metal. The energy $h\nu$ of the photon is lost partly in doing work W, in tearing the electron loose, and the remainder of the energy appears as the KE (kinetic energy) of the electron. We may therefore write

$$h\nu = \frac{1}{2}mv^2 + W \tag{4}$$

This is known as Einstein's photoelectric equation. It shows that the kinetic energy is indeed a linearly increasing function of the frequency, in agreement with the experimental result.

Compton had been investigating the scattering of X rays by a target of graphite. When graphite was bombarded with monochromatic X rays, it was found that the scattered X rays had a wavelength somewhat larger than that of the original X rays. This effect could be understood in terms of collisions of photons with electrons. Applying conservation of momentum and energy to quantitative discussion of photon—electron collision, we find the change of wavelength of the photon as a function of the scattering angle to be

$$\Delta\lambda = \frac{h}{m_0 c}(1-\cos\theta) \tag{5}$$

which totally coincides with experimental data.

From the photoelectric effect and the Compton effect we could learn that photons have particle properties. On the other hand, we know that light displays interference and diffraction phenomena which proves that the photons also have wave properties. We must admit the fact that under certain circumstances light behaves like waves, and under other circumstances it behaves like particles. This is called the wave—particle duality of light. According to the photon theory, the two aspects of light, wave and particle, are linked through the two relations

$$E = h\nu, \qquad p = \frac{h}{\lambda} \tag{6}$$

On the left of the relations, E and p refer to a particle description. On the right, ν and λ refer to a wave description.

Light has wave—particle duality. What about matter? Louis de Broglie proposed that any microscopic particle of momentum p had a wavelike property associated with it, and the wavelength of such a particle is given by $\lambda = \frac{h}{p}$. This is called the de Broglie wavelength of a particle. The wave associated with a particle is known as de Broglie wave or matter wave. Matter wave is neither a mechanical wave nor an EM wave. Its physical meaning may be understood in terms of probability.

One of the uncertainty relations is

$$\Delta x \Delta p_x \geqslant h \tag{7}$$

At the macroscopic level, the quantum uncertainties are too small to be considered. But at the atomic level, these quantum uncertainties are often so large that they can be used for order estimation.

On the basis of the α—particle scattering experiment, Rutherford proposed that an atom had a minute core, the nucleus, which contains all the positive charges, and almost all of the mass of the atom, which is surrounded by orbiting electrons.

Niels Bohr proposed a model for hydrogen. His main ideas are:

(1) The atom has a number of stationary states, in which the electron does not radiate.

(2) The electron can jump from a state to another state. The photon energy absorbed or emitted is determined by the energy difference between the two states, i. e. $h\nu_{nm} = E_n - E_m$.

(3) Electron's angular momentum obeys the quantization condition $mvr = n\hbar$.

Matter wave is a kind of probability wave. Wave function can be used to describe the wave quantitatively. Schrodinger equation forms the basis of quantum mechanics.

习题 19

19.1 **填空题**

19.1.1 当波长为 300 nm 的光照射在某金属表面时，光电子的能量范围从 0 到 4.0×10^{-19} J. 在做上述光电效应实验时，遏止电压为 $|U_0|=$__________ V；此金属的红限频率 $\nu_0=$__________ Hz(普朗克常量 $h=6.63\times10^{-34}$ J·S，基本电荷 $e=1.60\times10^{-19}$C).

19.1.2 玻尔的氢原子理论的三个基本假设是：

(1)____________________________；

(2)____________________________；

(3)____________________________.

19.1.3 低速运动的质子和 α 粒子，若它们的德布罗意波长相同，则它们的动量之比 $\dfrac{P_{\mathrm{P}}}{P_\alpha}=$__________________；动能之比 $\dfrac{E_{\mathrm{P}}}{E_\alpha}=$__________________.

19.1.4 设描述微观粒子运动的波函数为 $\Psi(r,t)$，则 $\Psi\Psi^*$ 表示________________，$\Psi(r,t)$需满足的条件是____________________________；

其归一化条件是____________________________.

19.1.5 原子内电子的量子态由 n、l、m_l 及 m_s 四个量子数表征. 当 n、l、m_l 一定时，不同的量子态数目为________________；当 n、l 一定时，不同的量子态数目为________________；当 n 一定时，不同的量子态数目为__________.

19.2 **选择题**

19.2.1 下列物体中，绝对黑体是：A. 不辐射可见光的物体；B. 不能反射任何光线的物体；C. 不辐射任何光线的物体；D. 不能反射可见光的物体. (　　)

19.2.2 已知某单色光照射到一金属表面产生了光电效应，若此金属的逸出电势是 U_0(使电子从金属逸出需作功 eU_0)，则此单色光的波长 λ 必须满足：A. $\lambda\leqslant hc/(eU_0)$；B. $\lambda\geqslant hc/(eU_0)$；C. $\lambda\leqslant eU_0/(hc)$；D. $\lambda\geqslant eU_0/(hc)$. (　　)

19.2.3 康普顿效应的主要特点是：A. 散射光的波长均比入射光的波长短，且随散射角增大而减小，但与散射体的性质无关；B. 散射光的波长均与入射光的波长相同，与散射角、散射体性质无关；C. 散射光中既有与入射光波长相同的，也有比入射光波长长的和比入射光波长短的，这与散射体性质有关；D. 散射光中有些波长比入射光的波长长，且随散射角增大而增大，有些散射光波长与入射光波长相同，这都与散射体的性质无关. (　　)

19.2.4 光电效应和康普顿效应都是光子和原子中的电子相互作用过程，其区别何在？在下面几种理解中，正确的是：A. 两种效应中电子与光子组成的系统都服从能量守恒定律和动量守恒定律；B. 两种效应都相当于电子与光子的弹性碰撞过程；C. 两种效应都属于电子吸收光子的过程；D. 光电效应是由于电子吸收光子能量而产生的，而康普顿效应则是由于电子与光子的弹性碰撞过程. (　　)

19.2.5 关于光子的性质，有以下说法：

(1)不论真空中还是介质中，它的速度都是 c；

(2)它的动量为 $h\nu/c$；　　(3)它的总能量就是它的动能；

(4)它有动量和能量，但没有质量；(5)它的静止质量为零.

其中正确的是：A. (1)、(2)、(5)；B. (2)、(3)、(5)；C. (2)、(3)、(4)；D. (2)、(4). (　　)

19.2.6 在康普顿效应实验中，若散射光波长是入射光波长的 1.2 倍，则散射光光子能量 E 与反冲电子动能 E_k 之比 E/E_k 为：A. 2；B. 3；C. 4；D. 5. (　　)

19.2.7　在均匀磁场 B 内放置一极薄的金属片，其红限波长为 λ_0. 今用单色光照射，发现有电子放出，放出的电子(质量为 m，电量的绝对值为 e)在垂直于磁场的平面内作半径为 R 的圆周运动，那么此照射光光子的能量是：A. $\frac{hc}{\lambda_0}$；B. $\frac{hc}{\lambda_0}+\frac{(eRB)^2}{2m}$；C. $\frac{hc}{\lambda_0}+\frac{eRB}{m}$；D. $\frac{hc}{\lambda_0}+2eRB$.　(　　)

19.2.8　氢原子光谱的巴耳末系中波长最大的谱线用 λ_1 表示，其次波长用 λ_2 表示，则它们的比值 λ_1/λ_2 为：A. 20/27；B. 9/8；C. 27/20；D. 16/9.　(　　)

19.2.9　由氢原子理论知，当大量氢原子处于 $n=3$ 的激发态时，原子跃迁将发出：A. 一种波长的光；B. 两种波长的光；C. 三种波长的光；D. 连续光谱.　(　　)

19.2.10　按照玻尔理论，电子绕核作圆周运动时，电子的角动量 L 的可能值为：A. 任意值；B. $nh(n=1,2,3,\cdots)$；C. $2\pi nh(n=1,2,3,\cdots)$；D. $nh/2\pi(n=1,2,3,\cdots)$.　(　　)

19.2.11　关于不确定关系 $\Delta x\cdot\Delta p_x\geqslant h$ 有以下几种理解：

(1)不确定关系不仅适用于电子和光子，也适用于其它粒子；

(2)粒子的坐标不可能确定，但动量可以被确定；

(3)粒子的动量和坐标不可能同时确定；

(4)粒子的动量不可能确定，但坐标可以被确定.

其中正确的是：A. (2)、(4)；B. (1)、(2)；C. (1)、(3)；D. (1)、(4).　(　　)

19.2.12　设粒子运动的波函数图线分别如图 A、B、C、D 所示，那么其中确定粒子动量的精确度最高的波函数是：　(　　)

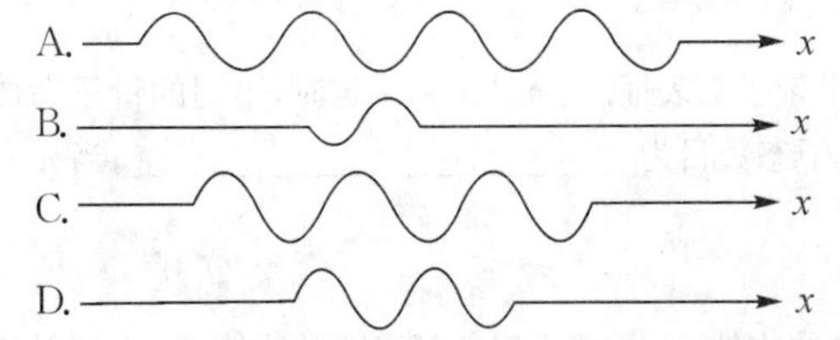

19.2.13　已知粒子在一维矩形无限深势阱中运动，其波函数为

$$\Psi(x)=\sqrt{\frac{2}{a}}\sin\frac{3\pi}{a}x\qquad(0\leqslant x\leqslant a)$$

那么粒子在 $x=a/6$ 处出现的概率密度是：A. $\sqrt{2/a}$；B. $2/a$；C. $1/a$；D. $1/\sqrt{a}$.　(　　)

19.2.14　下列四组量子数：

(1) $n=3,\ l=2,m_l=0,m_s=\frac{1}{2}$；　(2) $n=3,\ l=3,m_l=1,m_s=\frac{1}{2}$

(3) $n=3,\ l=1,m_l=-1,m_s=-\frac{1}{2}$；(4) $n=3,\ l=0,m_l=0,m_s=-\frac{1}{2}$

其中可以描述原子中电子状态的是：A. 只有(1)和(3)；B. 只有(2)和(4)；C. 只有(1)、(3)和(4)；D. 只有(2)、(3)和(4).　(　　)

19.3　计算题

19.3.1　天狼星的温度大约是 11000℃，试由维恩位移定律计算其辐射峰值的波长. [答案：257.0 nm]

19.3.2　在加热黑体过程中，其单色辐出度的峰值波长是由 0.69μm 变化到 0.50μm，求总辐出度改变为原来的多少倍？[答案：3.63 倍]

19.3.3　黑体的温度 $T_1=6000\text{K}$，问 $\lambda_1=0.35\mu\text{m}$ 和 $\lambda_2=0.70\mu\text{m}$ 的单色辐出度之比等于多少？当温度上升到 $T_2=7000\text{ K}$ 时，λ_1 的单色辐出度增加到原来的多少倍？[答案：1.004；2.67 倍]

19.3.4　太阳可看做是半径为 $7.0\times10^8\text{ m}$ 的球形黑体，试计算太阳的温度. 设太阳射到地球表面上的辐射能量为 $1.4\times10^3\text{ W/m}^2$，地球与太阳间的距离为 $1.5\times10^{11}\text{ m}$. [答案：$5.80\times10^3\text{ K}$]

19.3.5　钾的截止频率为 $4.62\times10^{14}\text{ Hz}$，今以波长为 435.8 nm 的光照射，求钾放出的光电子的初速度. [答案：$5.74\times10^5\text{ m/s}$]

19.3.6　铝的逸出功为4.2 eV,今用波长为200 nm的紫外光照射到铝表面上,发射的光电子的最大初动能为多少?遏止电势差为多大?铝的红限波长是多大?[答案:2.0 eV;2.0 V;296 nm]

19.3.7　试根据相对论力学,应用能量守恒定律和动量守恒定律,讨论光子和自由电子之间的碰撞:

(1)证明处于静止的自由电子是不能吸收光子的;

(2)证明处于运动的自由电子也是不能吸收光子的;

(3)说明处于什么状态的电子才能吸收光子而产生光电效应.

19.3.8　在康普顿效应中,入射光子的波长为3.0×10^{-3} nm,反冲电子的速度为光速的60%,求散射光子的波长及散射角.[答案:0.00435 nm;63°36′]

19.3.9　波长$\lambda_0=0.0708$ nm的X射线在石蜡上受到康普顿散射,在$\pi/2$和π方向上所散射的X射线的波长以及反冲电子所获得的能量各是多少?[答案:0.0732 nm,9.2×10^{-17} J;0.0756 nm,1.78×10^{-16} J]

19.3.10　已知X光的光子能量为0.60 MeV,在康普顿散射后波长改变了20%,求反冲电子获得的能量和动量.[答案:0.10 MeV;1.79×10^{-22} kg·m/s]

19.3.11　试求波长为下列数值的光子的能量、动量及质量.

(1)波长为1500 nm的红外线;(2)波长为500 nm的可见光;(3)波长为200 nm的紫外线;(4)波长为0.15 nm的X射线;(5)波长为1.0×10^{-3} nm的γ射线.

[答案:(1)1.326×10^{-19} J,4.42×10^{-28} kg·m/s,1.473×10^{-36} kg;(2)3.98×10^{-19} J,1.326×10^{-27} kg·m/s,4.42×10^{-36} kg;(3)9.95×10^{-19} J,3.315×10^{-27} kg·m/s,1.105×10^{-35} kg;(4)1.326×10^{-15} J,4.42×10^{-24} kg·m/s,1.473×10^{-32} kg;(5)1.989×10^{-13} J,6.63×10^{-22} kg·m/s,2.21×10^{-30} kg]

19.3.12　如用能量为12.6 eV的电子轰击基态氢原子,将产生哪些谱线?[答案:102.6 nm,121.6 nm,657.9 nm]

19.3.13　在基态氢原子被外来单色光激发后发出的巴尔末系中,仅观察到3条谱线,试求:(1)外来光的波长;(2)这3条谱线的波长.[答案:94.9 nm;656 nm,486 nm,434 nm]

19.3.14　氢原子气体在什么温度下的平均平动动能将会等于使氢原子从基态跃迁到第一激发态所需要的能量?(玻尔兹曼常数$k=1.38\times10^{-23}$ J/K)[答案:7.884×10^{4} K]

19.3.15　(1)一次电离的氦原子发生怎样的跃迁,才能发射和氢光谱H_α线非常接近的谱线?

(2)二次电离的锂原子的电离能多大?[答案:$n=6$能级向$m=4$能级的跃迁;1.96×10^{-17} J]

19.3.16　已知氦原子第二激发态与基态的能量差为20.6 eV.为了将氦原子从基态激发到第二激发态,用一加速电子与氦原子相碰,问电子的速率最少应多大?[答案:2.69×10^{6} m/s]

19.3.17　如图所示,一电子以初速度$v_0=6.0\times10^{6}$ m/s逆着场强方向飞入电场强度为$E=500$ V/m的均匀电场中,问该电子在电场中要飞行多长距离d,可使得电子的德布罗意波长达到$\lambda=0.1$ nm(飞行过程中,电子的质量认为不变,即为静止质量$m_e=9.11\times10^{-31}$ kg,基本电荷$e=1.60\times10^{-19}$ C,普朗克常量$h=6.63\times10^{-34}$ J·s).[答案:9.66×10^{-2} m]

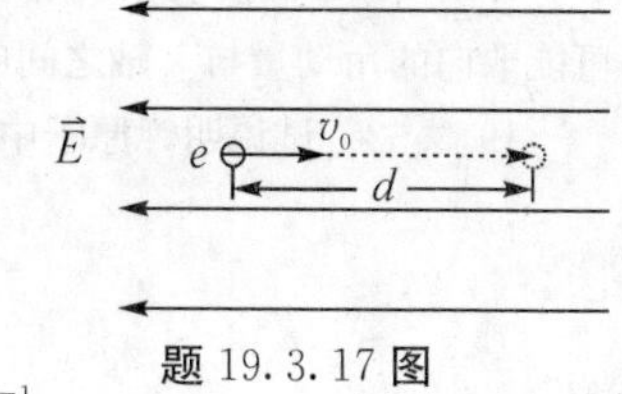

题19.3.17图

19.3.18　已知α粒子的静质量为6.68×10^{-27} kg.求速率为5000 km·s^{-1}的α粒子的德布罗意波的波长.[答案:1.99×10^{-5} nm]

19.3.19　一束带电粒子经206 V电压加速后,测得其德布罗意波长为2.0×10^{-3} nm,已知该粒子所带的电荷量与电子电荷量相等,求该粒子的质量.[答案:1.67×10^{-27} kg]

19.3.20　求动能为1.0 eV的电子的德布罗意波的波长.[答案:1.23 nm]

19.3.21　若电子和光子的波长均为0.20 nm,则它们的动量和动能各为多少?[答案:3.315×10^{-24} kg·m/s,37.6875 eV;3.315×10^{-24} kg·m/s,6.22 keV]

19.3.22　电子位置的不确定量为5.0×10^{-2} nm时,其速率的不确定量为多少?[答案:1.16×10^{6} m/s]

19.3.23　试证明自由粒子的不确定关系式($\Delta x\cdot\Delta p\geqslant h$)可写成$\Delta x\Delta\lambda\geqslant\lambda^2$,式中$\lambda$为自由粒子的德布罗意波的波长.

19.3.24　如果钠原子所发出的光色谱线($\lambda=589$ nm)的自然宽度$\frac{\Delta v}{v}=1.6\times10^{-8}$，计算钠原子相应的波长态的平均寿命.[答案：$9.77\times10^{-9}$ s]

19.3.25　如果某球形病毒的直径为 5 nm，密度为 1.2 g/cm^3，试估算病毒的最小速率.[答案：0.13×10^{-3} m/s]

19.3.26　用电子显微镜来分辨大小为 1 nm 的物体.试估算所需要的电子动能的最小值(以 eV 为单位).[答案：0.56 eV]

19.3.27　试计算在宽度为 0.1 nm 的无限深势阱中 $n=1,2,10,100,101$ 各能态电子的能量.如果势阱宽度为 1.0 cm 又如何？[答案：37.7 eV，150.8 eV，3.77×10^3 eV，3.77×10^5 eV，3.85×10^5 eV；0.377×10^{-14} eV，1.509×10^{-14} eV，3.77×10^{-13} eV，3.77×10^{-11} eV，3.85×10^{-11} eV]

19.3.28　设有一电子在宽为 0.20 nm 的一维无限深的方势阱中，(1)计算电子在最低能级的能量；(2)当电子处于第一激发态($n=2$)时，在势阱何处出现的概率最小？其值为多少？[答案：(1)9.425 eV；(2)0.00 nm，0.10 nm，0.20 nm]

19.3.29　一电子被限制在宽度为 1.0×10^{-10} m 的一维无限深势阱中运动，(1)欲使电子从基态跃迁到第一激发态需给它多少能量？[答案：1.13×10^2 eV](2)在基态时，电子处于 $x_1=0.090\times10^{-10}$ m 与 $x_2=0.110\times10^{-10}$ m 之间的概率为多少？[答案：0.38%](3)在第一激发态时，电子处于 $x_1=0$ 与 $x_2=0.25\times10^{-10}$ m 之间的概率为多少？[答案：25%]

19.3.30　一粒子被限制在相距为 l 的两个不可穿透的壁之间，如图所示，描写粒子状态的波函数为 $\Psi=cx(l-x)$，其中 c 为待定常量.求在 $0\sim\frac{1}{3}l$ 区间发现该粒子的概率.[答案：21%]

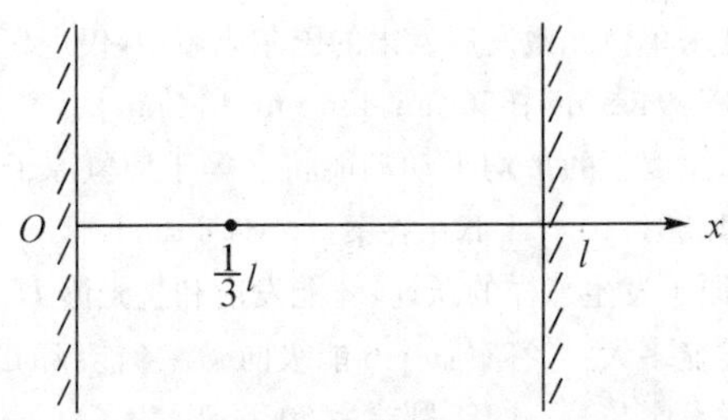

题 19.3.30 图

19.3.31　假设氢原子处于 $n=3, l=1$ 的激发态，则原子的轨道角动量在空间有哪些可能取向？计算各可能取向的角动量与 z 轴之间的夹角.[答案：0，±1；$\pi/4$，$\pi/2$，$3\pi/4$]

19.3.32　试说明钾原子中电子的排列方式，并与钠元素的化学性质进行比较.

阅读材料　科学家系列简介(五)

A. 爱因斯坦(EINSTEIN, Albert)

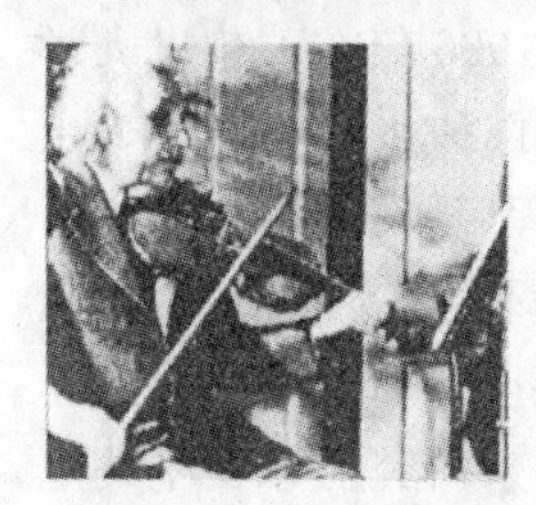

爱因斯坦是德国物理学家，1879 年 3 月 14 日出生于乌尔姆，1955 年 4 月 18 日卒于新泽西州普林斯顿．在慕尼黑长大，15 岁移居瑞士．

1905 年作为伯尔尼专利局的“三级技师”，爱因斯坦在《物理年鉴》第 17 卷上发表了三篇最重要的论文．在《有关布朗运动的理论》中，基于纯经典图像，他发表了物质原子结构的直接和结论性的证明．在《论动体的电动力学》一文中，以其对“空间”、“时间”名词概念的深刻分析，他建立了狭义相对论．几个月后，在此基础上，他得出了质量与能量相当的结论，并将其表示为著名的质能公式 $E=mc^2$．在其第三篇《关于光的产生和转化的一个启发性观点》的论文中，他推广了普朗克的量子观点，进入了量子论发展决定性的第二阶段，直接导致了粒子和波动二象性的观念．

爱因斯坦于 1909 年成为苏黎世大学教授，1911 年去了布拉格，一年后回到苏黎世的瑞士联邦理工大学当教授．1913 年他被招到柏林，成为普鲁士科学院的专职院士和威廉皇家学会物理研究所所长．1914 年至 1915 年，由引力质量与惯性质量的严格比例性出发，他创立了广义相对论．在不列颠日食的观测，成功地检验了他的理论之后，爱因斯坦成了公众瞩目的人物．政治和科学上的对手发起了反对他的相对论的运动，但未获成功．所以，诺贝尔奖金委员会明智地授予爱因斯坦 1921 年诺贝尔物理学奖金，不是因为他在相对论研究上的成就，而是因为他对量子论的贡献．

自 1921 年起，爱因斯坦尝试建立物质统一理论，其目的是合并电动力学和引力论．甚至在汤川秀树的研究已表明，除了引力和电磁力之外，还存在其他力之后，他仍继续自己的研究工作，但最后未获成功．1917 年，他虽然发表过一篇有助于量子论统计解释的文章，此后基于不同的哲学观点，反对由玻尔和海森堡提出的“哥本哈根解释”．

1933 年，由于爱因斯坦的犹太人背景，他受到打击和迫害，被解除了在德国具有的所有学术职位．后来他移民美国，在美国普里斯顿高等研究所继续他的研究工作．爱因斯坦在晚年，由于担心德国法西斯侵略，与一些人一起，在 1939 年 2 月 8 日写信给罗斯福总统，建议美国发展原子弹．

德布罗意(1892—1987)

德布罗意是著名的法国物理学家．1910 年取得巴黎大学文学学位．在哥哥的影响下，他转向物理学，1913 年获物理学硕士学位．1923 年，他把光的波粒二象性推广至实物粒子，在此基础上，1924 年向巴黎大学提交了关于物质波理论的博士论文，并获得博士学位．

但是物质波理论的发表，并未引起物理界的注意，幸运的是，他的博士论文的抄本碰巧传到爱因斯坦手中．爱因斯坦不仅支持了普朗克的量子论，而且把德布罗意推上了物理学舞台．薛定谔就是接受了这种物质波的思想后，建立起量子力学的．德布罗意是世界上第一个以博士论文获得诺贝尔物理学奖(1929年)的学者.

薛定谔(1887—1961)

薛定谔是奥地利物理学家.在维也纳大学上学时,掌握了连续介质物理学中的本征值问题,为他后来的研究工作打下了基础. 1910年,他23岁时获得了博士学位. 1921—1926年在苏黎世大学任教.这段时期是他取得一生中最伟大成就的岁月. 1925年末,由相对论质能关系,他得到了相对论薛定谔方程(现在称为克莱因—高登方程).将其用于氢原子,得到的结果并不好.为此他很沮丧,怀疑自己的方法是错误的(后来才知道,克莱因—高登方程仍然是对的,但它描写的是自旋为零的粒子,不能用来研究氢原子中的电子,因为电子自旋是1/2).但不久,他又重新振作起来,把他的方法用于低能电子,建立了薛定谔方程,很好地解释了电子的行为,导致了波动力学的出现(1926年1月).

除波动力学外,当时海森堡已建立了矩阵力学(当时被称为量子力学),薛定谔证明了这两种理论在数学上是完全等价的.薛定谔由于建立波动力学(现一般称为量子力学)而和狄拉克同获1933年诺贝尔物理学奖.

P. A. M. **狄拉克**(DIRAC, Paul Adrien Maurice)

狄拉克是英国数学、物理学家,1902年8月8日生于布里斯托尔,1984年卒于布里斯托尔.狄拉克曾在布里斯托尔、剑桥和脊索外国大学学习过,1932年成为数学教授.狄拉克是量子力学的奠基者之一.他创立了一种用于计算电子特性,数学上等价的非对易代数. 1928年他预言了正电子的存在,对量子场论做出了重要贡献.狄拉克于1933年获诺贝尔奖.

N. **玻尔**(BOHR, Niels Hendrik David)

玻尔是丹麦物理学家,1885年10月7日生于哥本哈根,1962年11月18日卒于哥本哈根. 1916年成为教授,1920年玻尔成为哥本哈根天学理论物理研究所所长. 1913年成功地应用普朗克量子概念于卢瑟福原子的行星模型,从理论上解释了氢原子的光谱系.玻尔将此模型推广于描述其他元素,创建了一种元素周期系理论.由他命名的对应原理,建立了经典理论和量子理论之间的一种对应关系. 1922年他获得诺贝尔物理学奖.

1927年,玻尔与年轻的海森堡一起创立了量子力学的“哥本哈根诠释”,这个现在流行的量子理论公式化的物理诠释的基础是海森堡不确定原理和波粒二象性.后来他研究核物理与基本粒子物理问题.从1933年至1936年,运用“沙袋模型”描述核反应.玻尔对于铀核裂变的解释,对后来裂变技术的应用起了重要的作用.从1943年到1945年,玻尔在洛斯阿拉莫斯从事原子弹的研制工作.

普朗克(Plank,1858—1947)

普朗克是德国人,早年就显露出数学和音乐方面的才能,中学毕业后几经徘徊才走上科学之路. 1874 年进入慕尼黑大学主攻数学,后被物理学吸引而转入物理领域. 1879 年 7 月以题为《论热力学理论的第二原理》的论文在慕尼黑大学获得博士学位.

普朗克先后对热力学、辐射理论及相对论等方面进行了深入的研究,并对科普工作做出了很大的贡献. 普朗克最杰出的成就是提出了电磁辐射和吸收的量子假设. 这一革命性的假设成为物理学史上光辉的一页,为现代物理奠定了第一块基石,由此获得了 1918 年诺贝尔物理学奖.

但是能量子的概念在最初五年中被人冷落,即使普朗克自己,由于经典理论的影响和束缚,也千方百计地想把能量子的概念纳入经典理论框架之中. 正如他后来回忆时所说:"企图使基本作用量子与经典理论调和起来的这种徒劳无益的打算,我持续了很多年(直到 1915 年),它使我付出了巨大的精力."由此可见,普朗克本人也是几经徘徊才相信了能量子思想的正确性.

李政道

李政道是美籍华裔物理学家. 1926 年 11 月 25 日生于上海,抗战时期在国立浙江大学(当时在贵州省)和国立西南联合大学学习. 1946 年赴美国芝加哥大学深造,1950 年获博士学位. 1950—1951 年在加利福尼亚大学(伯克利分校)任教,1951—1953 年在普林斯顿高级研究院工作,1953—1960 年在哥伦比亚大学工作(1955 年任副教授,1956 年任教授),1960—1963 年任普林斯顿高级研究院理论物理学教授,1963 年起任哥伦比亚大学教授. 美国科学院院士.

李政道 1956 年和杨振宁合作,解决了当时的 $\theta-\tau$ 之谜——就是后来称为的 K 介子有两种不同的衰变方式:一种衰变成偶宇称态,一种衰变成奇宇称态. 如果弱衰变过程中宇称守恒,那么它们必定是两种宇称状态不同的 K 介子. 但是从质量和寿命来看,它们又应该是同一种介子. 他们通过分析,认识到很可能在弱相互作用中宇称不守恒,并提出了几种检验弱相互作用中宇称是不是守恒的实验途径. 次年,这一理论预见得到吴健雄小组的实验证实. 因此,李政道和杨振宁的工作迅速得到了学术界的公认,并共同获得了 1957 年诺贝尔物理学奖.

杨振宁

杨振宁是安徽省合肥县人,1923 年 8 月 22 日出生. 1944 年西南联大研究所毕业,1945 年在西南联大附中教学后赴美,1948 年夏完成芝加哥大学博士学位,1957 年获诺贝尔物理学奖,1958 年当选中央研究院院士,1965 年应纽约州立大学校长托尔邀请筹备创立石溪分校研究部门.

1957 年,和李政道合作推翻了爱因斯坦的宇称守恒定律,获得诺贝尔物理学奖. 他们这项贡献得到极高评价,被认为是物理学上的里程碑之一.

丁肇中

丁肇中1936年出生于美国密歇根州安阿堡，父亲是丁观海，母亲是王隽英，祖籍山东日照县. 他在台北读中学，在密歇根读本科与硕士学位，于1962年获博士学位，自1967年起执教于麻省理工学院. 丁肇中在粒子物理学中有许多卓著的贡献，最有名的是1974年J粒子的发现，并因此获得1976年诺贝尔物理学奖. 此外，他对量子电动力学之精确性、轻子的性质、矢量粒子的性质、胶子喷注现象、$Z-\gamma$之干涉等问题的研究都有十分重要的贡献.

相对论和量子物理检测题

一、选择题

1. 一匀质矩形薄板，在它静止时测得其长为 a，宽为 b，质量为 m_0. 由此可算出其面积密度为 m_0/ab. 假定该薄板沿长度方向以接近光速的速度 v 作匀速直线运动，此时再测算该矩形薄板的面积密度则为（　　）.

A. $\dfrac{m_0\sqrt{1-(v/c)^2}}{ab}$　　B. $\dfrac{m_0}{ab\sqrt{1-(v/c)^2}}$

C. $\dfrac{m_0}{ab[1-(v/c)^2]}$　　D. $\dfrac{m_0}{ab[1-(v/c)^2]^{3/2}}$

2. 一宇航员要到离地球为 5 光年的星球去旅行. 如果宇航员希望把这路程缩短为 3 光年，则他所乘的火箭相对于地球的速度应是（　　）.（c 表示真空中光速）

A. $v=(1/2)c$　　B. $v=(3/5)c$

C. $v=(4/5)c$　　D. $v=(9/10)c$

3. 令电子的速率为 v，则电子的动能 E_K 对于比值 v/c 的图线可用下列图中哪一个图表示？（c 表示真空中光速）（　　）

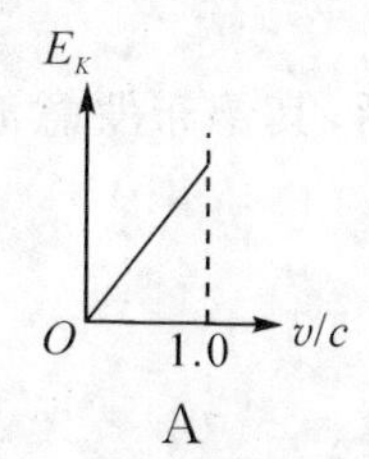

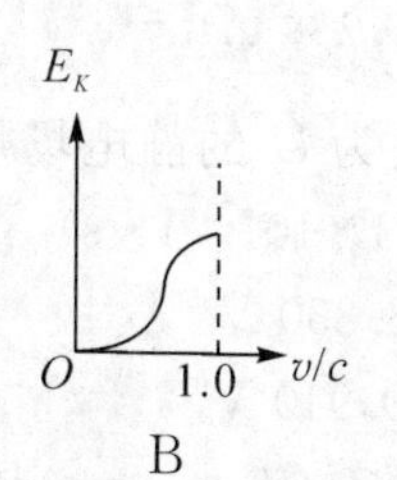

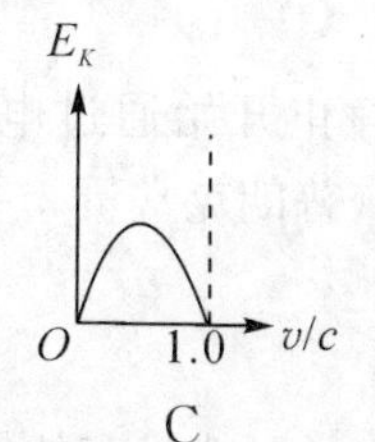

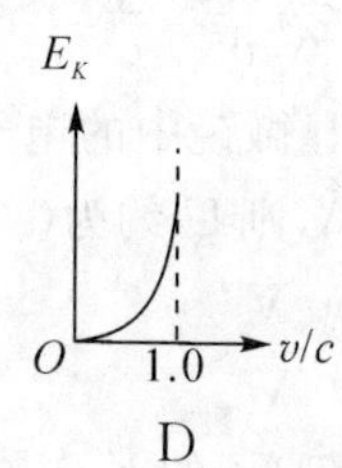

4. 以下一些材料的逸出功为

铍 3.9 eV　　钯 5.0 eV

铯 1.9 eV　　钨 4.5 eV

今要制造能在可见光（频率范围为 3.9×10^{14} Hz～7.5×10^{14} Hz）下工作的光电管，在这些材料中应选（　　）.

A. 钨　　B. 钯　　C. 铯　　D. 铍

5. 一定频率的单色光照射在某种金属上，测出其光电流的曲线如图中实线所示. 然后在光强度不变的条件下增大照射光的频率，测出其光电流的曲线如图中虚线所示. 满足题意的图是（　　）.

A. 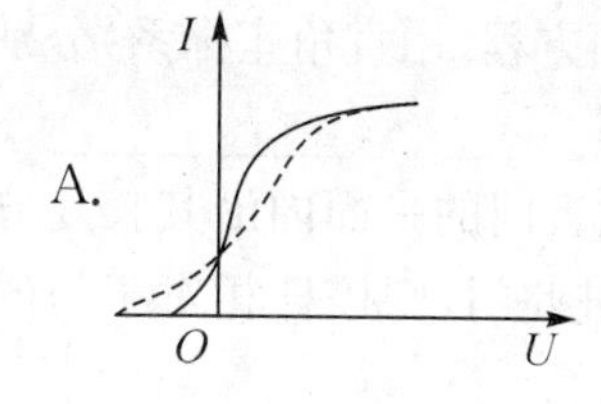

B. 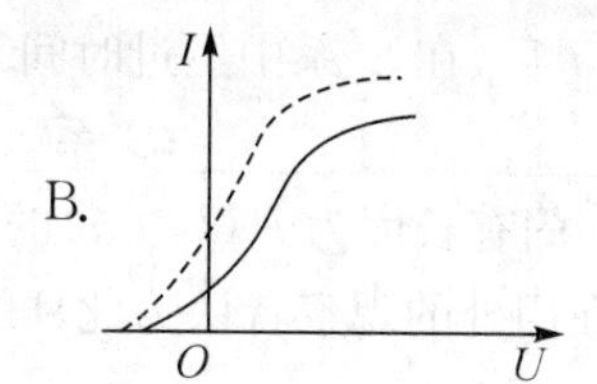

C. 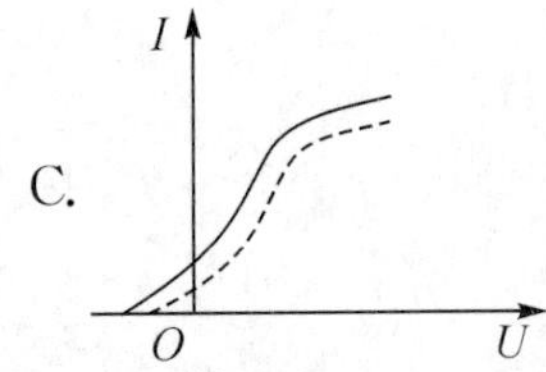

D. 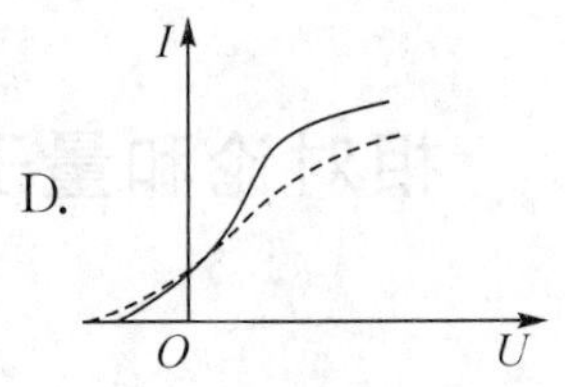

6. 在气体放电管中，用能量为 12.1 eV 的电子去轰击处于基态的氢原子，此时氢原子所能发射的光子的能量只能是(　　).

A. 12.1 eV　　B. 10.2 eV

C. 12.1 eV，10.2 eV 和 1.9 eV　　D. 12.1 eV，10.2 eV 和 3.4 eV

7. 已知用光照的办法将氢原子基态的电子电离，可用的最长波长的光是 913 Å 的紫外光，那么氢原子从各受激态跃迁至基态的赖曼系光谱的波长可表示为(　　).

A. $\lambda=913\dfrac{n-1}{n+1}$ Å　　B. $\lambda=913\dfrac{n+1}{n-1}$ Å

C. $\lambda=913\dfrac{n^2+1}{n^2-1}$ Å　　D. $\lambda=913\dfrac{n^2}{n^2-1}$ Å

8. 静止质量不为零的微观粒子作高速运动，这时粒子物质波的波长 λ 与速度 v 的关系为(　　).

A. $\lambda\propto v$　　B. $\lambda\propto 1/v$

C. $\lambda\propto\sqrt{\dfrac{1}{v^2}-\dfrac{1}{c^2}}$　　D. $\lambda\propto\sqrt{c^2-v^2}$

9. 电子显微镜中的电子从静止开始通过电势差为 U 的静电场加速后，其德布罗意波长为 0.4 Å，则 U 约为(　　).(普朗克常量 $h=6.63\times10^{-34}$ J·s)

A. 150 V　　B. 330 V

C. 630 V　　D. 940 V

10. 在氢原子的 K 壳层中，电子可能具有的量子数(n,l,m_l,m_s)是(　　).

A. $(1,0,0,\dfrac{1}{2})$　　B. $(1,0,-1,\dfrac{1}{2})$

C. $(1,1,0,-\dfrac{1}{2})$　　D. $(2,1,0,-\dfrac{1}{2})$

二、填空题

11. 有一速度为 u 的宇宙飞船沿 x 轴正方向飞行，飞船头尾各有一个脉冲光源在工作，处于船尾的观察者测得船头光源发出的光脉冲的传播速度大小为________；处于船头的观察者测得船尾光源发出的光脉冲的传播速度大小为________.

12. 当惯性系 S 和 S' 的坐标原点 O 和 O' 重合时，有一点光源从坐标原点发出一光脉冲，在 S 系中经过一段时间 t 后(在 S' 系中经过时间 t')，此光脉冲的球面方程(用直角座标系)分别为：S 系____________；S' 系________________.

13. 一门宽为 a. 今有一固有长度为 $l_0(l_0>a)$ 的水平细杆，在门外贴近门的平面内沿其长度方向匀速运动. 若站在门外的观察者认为此杆的两端可同时被拉进此门，则该杆相对于门的运动速率 u 至少为____________.

14. 已知一静止质量为 m_0 的粒子，其固有寿命为实验室测量到的寿命的 $1/n$，则此粒子的动能是________.

15. 波长为$\lambda=1$ Å的X光光子的质量为______kg.($h=6.63\times10^{-34}$ J·s)

16. 欲使氢原子能发射巴耳末系中波长为6562.8 Å的谱线,最少要给基态氢原子提供____________eV的能量.(里德伯常量$R=1.097\times10^{7}$ m^{-1})

17. 在$B=1.25\times10^{-2}$ T的匀强磁场中沿半径为$R=1.66$ cm的圆轨道运动的α粒子的德布罗意波长是______.(普朗克常量$h=6.63\times10^{-34}$ J·s,基本电荷$e=1.60\times10^{-19}$ C)

18. 在电子单缝衍射实验中,若缝宽为$a=0.1$ nm(1 nm$=10^{-9}$ m),电子束垂直射在单缝面上,则衍射的电子横向动量的最小不确定量$\Delta p_y=$______N·s.(普朗克常量$h=6.63\times10^{-34}$ J·s)

19. 根据量子力学理论,氢原子中电子的动量矩在外磁场方向上的投影为$L_z=m_l\hbar$,当角量子数$l=2$时,L_z的可能取值为______.

20. 锂($Z=3$)原子中含有3个电子,电子的量子态可用(n,l,m_l,m_s)四个量子数来描述,若已知基态锂原子中一个电子的量子态为($1,0,0,\frac{1}{2}$),则其余两个电子的量子态分别为(____________)和(______).

三、计算题

21. 在惯性系S中,有两事件发生于同一地点,且第二事件比第一事件晚发生$\Delta t=2$ s;而另一惯性系S'中,观测第二事件比第一事件晚发生$\Delta t'=3$ s.那么在S'系中发生两事件的地点之间的距离是多少?[答案:$\Delta x'=6.72\times10^{8}$ m]

22. 右图中所示为在一次光电效应实验中得出的曲线.

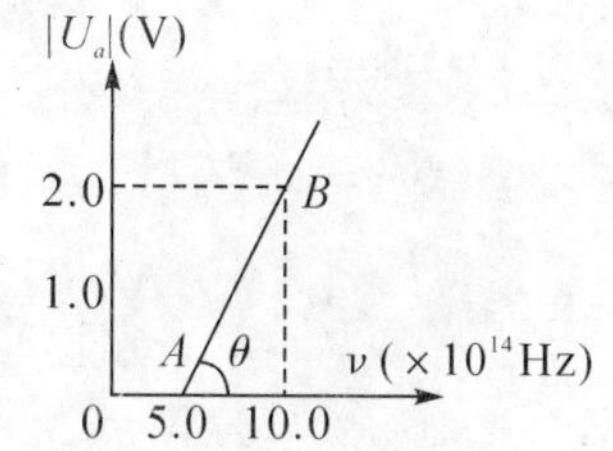

(1)求证:对不同材料的金属,AB线的斜率相同;[答案:$\mathrm{d}|U_a|/\mathrm{d}v=\frac{h}{e}$]

(2)由图上数据求出普朗克恒量h.(基本电荷$e=1.60\times10^{-19}$ C)[答案:$h=6.4\times10^{-34}$ J·s]

23. 氢原子光谱的巴耳末线系中,有一光谱线的波长为4340 Å.试求:

(1)与这一谱线相应的光子能量为多少?[答案:2.86 eV]

(2)该谱线是氢原子由能级E_n跃迁到能级E_k产生的,n和k各为多少?[答案:$k=2$;$n=5$]

(3)最高能级为E_5的大量氢原子,最多可以发射几个线系,共几条谱线?请在氢原子能级图中表示出来,并说明波长最短的是哪一条谱线.[答案:共有10条谱线;$n=5$跃迁到$n=1$的谱线]

24. 如图所示,一电子以初速度$v_0=6.0\times10^{6}$ m/s逆着场强方向飞入电场强度为$E=500$ V/m的均匀电场中,问该电子在电场中要飞行多长距离d,可使得电子的德布罗意波长达到$\lambda=1$ Å.(飞行过程中,电子的质量认为不变,即为静止质量$m_e=9.11\times10^{-31}$ kg;基本电荷$e=1.60\times10^{-19}$ C;普朗克常量$h=6.63\times10^{-34}$ J·s).[答案:$d=9.68$ cm]

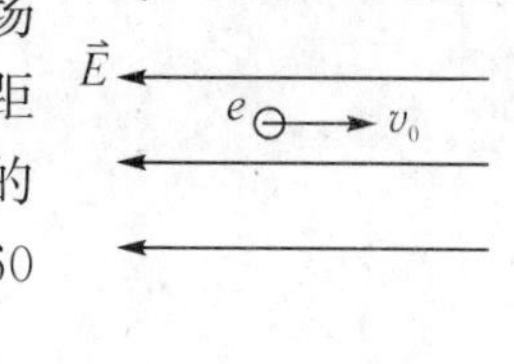

25. α粒子在磁感应强度为$B=0.025$ T的均匀磁场中沿半径为$R=0.83$ cm的圆形轨道运动.

(1)试计算其德布罗意波长;[答案:$\lambda_\alpha=1.00\times10^{-2}$ nm]

(2)若使质量 $m=0.1$ g 的小球以与 α 粒子相同的速率运动，则其波长为多少？（α 粒子的质量 $m_\alpha=6.64\times10^{-27}$ kg，普朗克常量 $h=6.63\times10^{-34}$ J·s，基本电荷 $e=1.60\times10^{-19}$ C）[答案：$\lambda=6.64\times10^{-34}$ m]

26. 求出实物粒子德布罗意波长与粒子动能 E_K 和静止质量 m_0 的关系，并得出：

$E_K\ll m_0c^2$ 时，$\lambda\approx h/\sqrt{2m_0E_K}$；

$E_K\gg m_0c^2$ 时，$\lambda\approx hc/E_K$。[答案：$\lambda=\dfrac{hc}{\sqrt{E_K^2+2E_Km_0c^2}}$]

27. 同时测量能量为 1 keV 作一维运动的电子的位置与动量时，若位置的不确定值在 0.1 nm（$1\ \text{nm}=10^{-9}$ m）内，则动量的不确定值的百分比 $\Delta p/p$ 至少为何值？（电子质量 $m_e=9.11\times10^{-31}$ kg，$1\ \text{eV}=1.60\times10^{-19}$ J，普朗克常量 $h=6.63\times10^{-34}$ J·s）[答案：$\Delta p/p=0.062$]

28. 试求 d 分壳层最多能容纳的电子数，并写出这些电子的 m_l 和 m_s 值。[答案：10 个；$m_l=0,\pm1,\pm2$；$m_s=\pm\dfrac{1}{2}$]

第20章　能源和核能技术简介

能源是人类赖以生存的必要的物质基础，能量消费水平是现代衡量一个国家经济状况、科学技术进步及人民生活水平的重要标志. 解决能源问题对发展经济，提高人民物质生活水平，保持社会稳定和国家安全等方面都有十分重要的意义. 能源、信息、材料是影响现代社会发展的三个基本要素，这已成为人们的共识.

能源科学以研究能源开发、生产、转换、输送、分配、储存以及合理使用和综合利用相关的理论、方法、技术与方针政策为基本任务，是一门综合性极强的技术科学，涉及物理学、化学、地质学、工程学、生物学、技术经济学、医学等众多学术领域，所以它属于技术科学，但又有社会科学知识内容，需要对技术问题、经济问题、政策管理问题进行综合研究.

现代人类面临着能源消费日益增长与传统能源(煤炭、石油、天然气)资源日趋枯竭的尖锐矛盾，开发新能源，发展新的能量转换技术是解决能源危机的根本途径. 本章仅就能源问题作概念性介绍，并对将能大规模代替传统能源的、既干净又经济的核能技术作重点介绍. 最后对其他新能源也作简略介绍，使读者对能源问题有一个总体而又简明的认识.

20.1　能源概念简述

20.1.1　能源的类型

能源是对能提供为人类能量服务的自然资源的简称. 它意味着在一定的技术条件下可以转换成人们所需要的机械能、热能、电磁能以及化学能等各种形式的能量. 自然界中存在着很多种天然能源，除人们熟悉的煤炭、石油、天然气这些传统能源外，还有许多人类尚未能很好开发和利用的新能源，如太阳能、风能、水力能、海洋能、潮汐能、地热能和核能等.

下面将从不同的角度来对自然界的能源进行分类，以加深读者对能源性质的认识.

(1)按能源形成条件可分为一次能源和二次能源

一次能源：又称天然能源，是自然界天然存在的能量资源，如煤、石油、天然气、油页岩、核燃料、植物的秸秆、水力能、风能、太阳能、地热能、海洋能等. 若就其形成原因又可分三种：①来自太阳和其他天体的能量，如煤炭、石油、天然气等矿物燃料(或称化石燃料)，是古代生物吸收了太阳能转化为化学能，又经漫长岁月沉积于地下演化而成的；又如风能、水力能、海洋能(即海水温差能、海水流动能、波浪能的统称)，也是太阳辐射能经不同转换途径而成的；其他天体的能量主要表现在它们辐射的宇宙射线，每个粒子都具有很大的能量，约在 10^{18} eV ~ 10^{20} eV 数量级. ②来自地球自身的能量. 如海洋、地壳中蕴藏的核燃料所含的核能，地球内部的地热能等. ③来自地球和其他天体之间的万有引力作用而做有规律的运动所具有的能量，如海水的涨落产生的潮汐能.

从一次能源中还可看出，如太阳能、水力能、风能、海洋能、生物质能等都是能重复产生的，故称再生能源；如煤炭、石油、天然气、油页岩和核燃料等则是耗用性能源，是不能再生的，总有一天会被人类耗尽.

二次能源：又称人工能源，如煤气、焦炭、人造石油、汽油、煤油、柴油、电力、蒸汽、热水、酒精、人工氢气、激光等,它们是由一次能源直接或间接转换而来的.随着科学技术的发展和社会进步,能源消费主要是二次能源,直接使用一次能源的比例将不断降低.

(2)按作用性质可分为燃料能源和非燃料能源

燃料能源:如煤、石油、天然气等矿物燃料,木材、沼气、各种有机物等生物燃料,以及铀、钍、氘、氚等核燃料,它们或含化学能或含核能.

非燃料能源:如风能、水力能、潮汐能、海流和海浪的动能是属于机械能,也有其他形式的能,如地热能含热能,太阳能含热能和光能,电力能含电磁能.不同形式的能量可供人们不同的使用.

(3)按利用状况可分为常规能源和新能源两类

常规能源:又称为传统能源,人类利用已久,技术比较成熟,应用范围也很广泛,主要是指煤、石油、天然气、水力能等.

新能源:新能源是相对于传统能源而言的,是指最近开始使用或正在开发研究中的能源,一般转换技术尚未成熟,使用比例很小,但有发展前途,如太阳能、风能、海洋能、地热能、生物质能、核能等.核能在许多发达国家已经普及,可称为常规能源,而在我国则刚刚开始,却是新能源.新能源的概念也含有探索创新的意义,如风能、生物质能、地热能等,本是古老的能源,而今正在研究新的转换技术,以便很好地利用,故也可归入新能源之列.磁流体发电本是利用煤炭、石油、天然气等常规能源提供的热能产生高温实现电离,从而产生等离子体,利用等离子体在外磁场中的电磁特性,从而实现将热能直接转化成电能的新技术,故也是属于新能源之列.

20.1.2 能源的转化

(1)能源的转化

能源转化的目的在于使一次能源在一定的条件下转换为人们所需要的各种使用方便的二次能源.如煤在燃烧后能生热,可取暖,产生蒸汽,推动汽轮机转换成机械能,再推动电机转换成电能.电能可用于一切以电作为动力的用电器,为人类生产和生活服务.又如,太阳能可以转化为热能用于取暖、生产蒸汽发电,也可由太阳能直接转化为电能.还有煤炭、天然气、石油、有机物及其产生的沼气、太阳能和核能从水中产生的氢等,都可以通过转换装置(炉子或工业供热装置)转化为热能.核能通过反应堆转化为热能,地热、太阳能通过一些特殊接受器直接得到热能,等等.

一般来说,大多数一次能源通过各种转换方式转换成热能形式后,可直接使用,也可再转换成机械能或电能后使用.在能源转换中,转换系统如锅炉、发电机、反应堆等是能源转换的核心部分,它们能将一次能源转换为使用比较方便的热能、机械能和电能.而电能是使用最为方便的二次能源,它可以通过电机和各种用电器转化为机械能、热能和光能.由于电能便于输送,成为使用很广的能源方式.能源转换模式可用如下方框图加以说明:

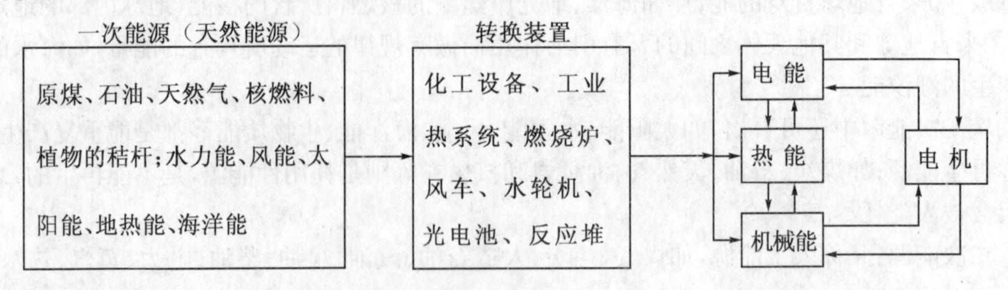

提高转换系统效率，探索和发展新的转换系统，发明新的能源技术，把自然界蕴藏的各种形式的能源开发出来，转化为人类使用方便的能源形式，是能源技术科学的中心任务.

(2)能源的质量

要能很好地实现能源的转化，分析和研究能源转化的现实性、可用性和经济性是很重要的，通常用一些量化指标来反映能源的质量，一般有以下几种：

①能流密度. 能流密度是单位时间内通过单位面积上的能量，反映了单位面积上从某种能源中实际得到的功率，它是选择主要能源的重要指标. 就目前的能源转换技术水平而论，太阳能和风能的能流密度大约为 $100\mathrm{W}\cdot\mathrm{m}^{-2}$；而核能的能流密度很大，所以核能被选作常规能源. 一般常规能源的能流密度都较大.

②储量. 储量是决定某种能源是否值得开发的定量依据和基本条件，与储量相关的还有可再生性和地理分布情况. 在我国，煤和水力能的储量比较丰富，但煤炭多分布在西北部，水力分布偏于西南，影响了对它们的开发和使用.

③储能可能性和供能连续性. 好的能源应该是不用时易储存、需要时可立即输出，供能要以需要多少、快慢、连续不断地供应. 在这些方面，化石燃料和核燃料能就优于太阳能和风能.

④开发与利用设备的费用. 这个问题与能源转化利用技术的难度直接相关. 太阳能、风能等可不花费任何成本便可得到，但利用设备投资太大、资金周转很慢；而化石材料(石油、煤、气)从勘探、开采到加工，初期投资巨大，且有一定危险性和危害性，但利用设备价格较便宜.

⑤运输和损耗. 太阳能、风能和地热等能量，很难输送出去；石油、煤炭、天然气等容易从产地输送给用户；电能也容易输送，但有较大的损耗.

⑥能源的品位. 水力能可直接转换为机械能和电能，比必须先经过热转换的化石燃料品位高一些. 在热机中，高低热源温差越大，效率越高，故高温热源温度越高的能源的品位越高.

⑦污染问题. 太阳能、风能、氢能基本上没有污染，是清洁能源；核燃料危害的可能性极大，需严加防范；化石燃料对环境的污染也不小，需采取措施治理；即使是水力能在应用过程中，也会对生态平衡、土壤盐碱化、灌溉与航运产生影响，也应加以注意.

能源质量受以上诸因素的影响，它们是能源选用时所必须参考的.

20.1.3 能源的利用

能源的利用是受人类社会生产力发展水平的需要所制约的. 人类社会能源结构变革经历的四个主要时期，即柴草时期、煤炭时期、石油和天然气时期、以核能和太阳能为主体的多元化新能源时期，客观地反映了能源转换技术的四次重大突破，从火的发现、蒸汽机的发明、电能的应用到核能的开发，每次大的突破都极大地推动了生产力的发展.

(1)世界能源形势和发展趋势

近 1/4 世纪，世界上许多国家通过能源流体化(即以石油、天然气为主要能源)的革命性变革，创造了人类空前灿烂的物质文明. 在世界能源总消费中，人口占世界总人口不到 20%的经济发达国家美、日、前苏联和西欧各国，能源消耗占 60%以上，其中多数国家由于资源缺乏和分布不均形成了对中东石油的依赖. 阿拉伯国家以石油为武器，实行减产、禁运、国有化和提价，触发了资本主义世界的能源危机，爆发了 1973 年的中东石油战争. 这种现实促使他们去清理地球上石油、天然气和煤炭资源的现有储量. 据 1992 年获得的数据，世界石油现有储量约为 1.45×10^{11} t，最多还可开采 75 年就将枯竭. 世界煤炭储量虽然丰富，约 10^{13} t 以上，可供开采 200 年以上，然而能源消费的大量增长和石油资源的短缺却成了当今世界能源问题的焦点. 各国都在根据自己的经济体制、工业化程度、科技水平及能源资源,研究解决本国能源问题的办法.

现在人类正在从主要依靠有限的化石燃料的能源结构向以新能源和其他可再生能源为主的持久性能源结构变革.近几年来,几乎所有国家都明确规定,新的火力发电厂不能烧油和天燃气,对现有烧油厂要进行技术改造,扩大煤的使用,减少石油消耗,把发展核能定为国策.

煤的液化、汽化技术复苏,是解决石油和天燃气供应不足的有效途径.开发新能源、发展新的能源转换技术是解决能源短缺,不断改善人类居住环境的根本途径.

(2)我国的能源形势和能源政策

就我国能源储量而言,煤炭储量有 6×10^{11} t,可采储量达 10^{11} t,占世界的1/6;水力资源理论蕴藏量达 6.8×10^{8} kW,居世界第一.然而我国人口多,预计到2050年将达15亿,能源的总需求量为 4×10^{4} t 标准煤(能量计算单位),原煤供应量能达到 3.4×10^{9} t(折合 2.5×10^{9} t 标准煤)已属困难,再加上石油、天然气、水电等,大致只能满足总需求的80%.

就我国能源分布而言,煤炭大部分集中在北部地区,仅山西的煤就占全国的1/3,石油一半以上集中在东北、华北,70%的水力分布在西南.可见,能源开发和利用的投资大,成本高,而且以煤炭为主的能源对环境污染十分严重.

能源资源缺口较大,石油后备资源不足,以煤为主的能源结构带来的严重污染,成为我国能源发展面临的三大难题.

积极发展煤的液化、气化转化技术,积极发展核能,积极开发太阳能、风能、生物质能等再生能源,是解决我国能源问题的重要依据.

长远来看,以煤炭、石油、天然气为主体的传统能源日趋枯竭,必将当成宝贵的化工原料使用.核能、太阳能、地热能、生物质能(沼气、酒精等)和氢能将会构成未来世界新的能源支柱.

20.2 原子核的性质和裂变

在现代科学技术中,原子核物理学是从20世纪分子物理学和原子物理学的基础上发展起来的物理学分支.原子核物理学是研究原子核的基本特性、结构、探测方法、运动规律和应用的前沿学科,发展十分迅速,内容非常丰富,涉及原子核的基本特性、核子之间的相互作用、核结构的液滴模型、原子核衰变及原子核反应、裂变、聚变及其应用等方面的内容.本节仅从能源角度在了解原子核的基本性质、裂变等知识基础上重点介绍核能的应用.

20.2.1 原子核的基本性质

原子核是原子的核心部分,简称核,它的基本性质通常是指原子核作为一个整体所具有的静态性质.它不涉及原子核的内部结构和变化有关的问题,但是和原子核的结构及其变化有密切关系.它包括原子核的电荷、组成、质量、大小、统计性和结合能等.

(1)原子核的电荷

原子核的电荷是原子核所包含质子的总电荷.

①卢瑟福的原子核式结构模型.1911年,英国物理学家卢瑟福做 α 粒子散射实验,用一束 α 粒子去轰击金属铂的薄膜散射时,发现有极少数(1/8000) α 粒子散射角大于90°,其中有的接近180°.分析实验结果,提出了原子核式结构模型,即原子的行星模型:原子的质量绝大部分(99.9%)集中在一个带正电荷而直径约为 10^{-15} m~10^{-14} m 的原子核中,只有原子大小的

万分之一，核外有带负电荷的电子在离核约 10^{-11} m～10^{-10}m 的区域内围绕着原子核运动.由于整个原子是电中性的，原子核所带的电荷应该等于核外电子所带的总电荷，但两者符号相反.原子序数为 Z 的任何原子的核外电子数就是该原子的原子序数 Z，如果以单个电子电荷的绝对值 e 作为基本电荷，原子序数为 Z 的原子核的电荷就是 Ze. 当用 e 作电荷单位时，原子核的电荷是 Z，Z 又称为原子核的电荷数.若用 q 表示电荷数为 Z 的原子核的电荷，则核电荷为

$$q = Ze \tag{20-2-1}$$

因此，原子序数 Z 表示核内质子数及原子核的电荷数，也表示核外电子数.

②分数电荷的提出.1964 年美国物理学家盖尔曼提出，强子是由电荷为 $\pm e/3$ 的粒子构成的.这些带有"分数电荷"的粒子称为强子.这个理论引起科学界的极大兴趣，多年来，粒子物理方面的巨大成就似乎都支持夸克模型，但至今在实验上并未发现带分数电荷的自由夸克，所以目前仍以电子电荷的绝对值 e 作为基本电荷.

(2)原子核的组成方式

1932 年，英国物理学家查德威克从实验中发现中子.伊凡宁柯与海森堡各自提出原子核的质子、中子结构的假说，即原子核是由质子和中子两种粒子组成的.质子常用符号 p 表示，带一个单位正电荷 e，质量为 $m_p = 1.6726485 \times 10^{-27}$ kg，约为电子质量的 1836 倍；中子常用符号 n 表示，不带电，质量为 $m_n = 1.6749543 \times 10^{-27}$ kg，约为电子质量的 1836.6 倍.质子和中子的自旋都为 1/2，都是费米子.

查德威克发现中子以后，较长时间物理学家一致认为原子核是由质子和中子组成的.但是近年来，随着高能物理实验的进展，发现在原子核中不仅有质子和中子，还会有 Λ 及∑超子以及可能存在真实的 π 介子和核子共振态等等.含有超子的原子核称为超核，目前已经发现了几十种 Λ 超核和∑超核，如$^{3}_{\Lambda}\mathrm{H}$、$^{4}_{\Lambda}\mathrm{He}$ 等.组成原子核的质子、中子统称为核子.

在原子核物理中，各种原子核统称为核素，常用符号$^{A}_{Z}\mathrm{X}$ 来标记，即表示核的组成，其中 X 标记核素对应的化学元素符号，符号的左上角标明核质量数 A，左下角标明核电荷数 Z.由核子组成的核素有以下几种类型：

①同位素.同一种元素可以有几种不同的原子核，它们的质子数 Z 相同，但中子数 N 不同，因而质量数 A 不同，这种同一元素的不同原子核称为该元素的同位素.具有相同质子数 Z 和中子数 N 的一类原子核，称为一种核素.有时也将具有相同原子序数 Z 和质量数 A 的一类原子核称为一种核素.

②同量异位素.质量数 A 相同、质子数 Z 不同的核素，称为同量异位素.如：$^{40}_{18}\mathrm{Ar}$、$^{40}_{19}\mathrm{K}$、$^{40}_{20}\mathrm{Ca}$等.

③同中子素.中子数相同、质子数 Z 不同的核素，称为同中子素．如$^{2}_{1}\mathrm{H}$、$^{3}_{2}\mathrm{He}$ 等.

④同质异能素.质量数 A 和质子数 Z 均相同(当然中子数 N 也相同)，而能量状态不同的核素，称为同质异能素.表示同质异能素的方法是在质量数后加 m，它表示这种核素的能量状态比较高.例如，$^{60m}_{27}\mathrm{Co}$ 是$^{60}_{27}\mathrm{Co}$ 的同质异能素，$^{60m}_{27}\mathrm{Co}$ 的能量状态比$^{60}_{27}\mathrm{Co}$ 的能量状态高.

(3)原子核的质量

①原子核质量的定义.对于中性原子，原子核的总质量 $m(A,Z)$ 等于原子质量 $M(A,Z)$ 与核外电子质量 Zm_e 之差(忽略核外电子的全部结合能相应的质量数值).即原子的总质量等于原子核的总质量加上核外电子的质量，再减去相当于核外电子全部结合能相应的质量数值.由于原子核的质量不便于直接测量，通常是通过测定原子的质量(确切地说是离子的质量)来

推算原子核的质量.实际上,由于在原子核变化过程中遵守质量守恒定律及电荷守恒定律,在原子核变化前后的质量数相等,电子数目不变(相等),电子质量可以相互抵消,对于质量数为A、电荷数为Z的原子核的总质量用$m(A,Z)$表示,对应原子的质量用$M(A,Z)$表示,电子的质量用m_e表示,原子核的质量可表示为

$$m(A,Z)=M(A,Z)-Zm_e \tag{20-2-2}$$

当原子质量用原子质量单位u(碳单位)来量度时,任何原子质量都接近于一个整数,此整数称为原子核的质量数,用符号A表示,原子核的质量数实质上就是原子核中的质子数Z与中子数N的和,即$A=Z+N$.例如,氢原子的原子量为1.007825 u,则它的质量数$A=1$.又如,钾的原子量为38.9631 u,则它的质量数$A=39$.不同元素的原子核,质量数不同.

②原子质量单位.由于1个摩尔原子(1个克原子)的任何元素包含有阿伏加德罗常量$N_A=6.022045\times10^{23}$个原子,因而一个原子的质量是很微小的,在原子核物理学中不是以克(g)或千克(kg)为单位,而是采用原子质量单位.

到目前为止,国际上采用过三种原子质量单位.1961年前,化学上定义的原子质量单位是以自然界氧同位素的天然混合物的平均质量的1/16作为一个原子质量单位.现在用碳单位.

碳单位是1960年物理学国际会议通过采用的.碳单位是这样定义的:把自然界中最丰富的碳元素的最稳定同位素${}^{12}_{6}C$的原子质量定为12个原子质量单位(碳单位),通常原子质量单位用u表示,即定义为

$$1u={}^{12}_{6}C\text{原子质量的}1/12$$

$$1u=\frac{12}{N_A}\cdot\frac{1}{12}=\frac{1}{6.022045\times10^{23}}=1.6605655\times10^{-24}(g)$$
$$=1.6605655\times10^{-27}(kg) \tag{20-2-3}$$

1961年国际理论及应用化学协会决定采用${}^{12}_{6}C$原子质量的1/12作为原子质量的单位.阿伏加德罗常量N_A本质上是宏观质量单位"kg"与微观质量单位"u"的比值.

各种不同的原子具有不同的质量,原子的质量可以用质谱仪来比较精确地测量,也可用其他方法推算出.在表20-2-1中列出了一些原子质量的测量值.

表20-2-1 一些原子的质量

原子名称	原子质量(u)	原子名称	原子质量(u)
${}^{1}_{1}H$	1.007825	${}^{7}_{3}Li$	7.016005
${}^{2}_{1}H$	2.014102	${}^{9}_{4}Be$	9.012183
${}^{3}_{1}H$	3.016050	${}^{12}_{6}C$	12.000000
${}^{3}_{2}He$	3.016030	${}^{16}_{8}O$	16.000000
${}^{4}_{2}He$	4.002603	${}^{235}_{92}U$	235.043944
${}^{6}_{3}Li$	6.015123	${}^{238}_{92}U$	238.050816

(4)原子核的大小

实验表明,原子核是接近于球形的,因此,通常用原子核半径来表示原子核的大小.核半径是很小的,为10^{-15} m~10^{-14} m数量级,无法直接测量.测量原子核半径的实验方法大致有两类:一类是通过原子核与其他粒子之间核力场的作用间接测量它的大小;另一类是用原子核与其他粒子之间的库仑场作用间接测量它的大小.原子核半径并不是原子核的几何半径,而是根

据上面所定义的核力作用半径和电磁作用半径，即电荷分布半径.

①核力作用半径. 由 α 粒子散射实验发现，在 α 粒子的能量足够高的情况下，α 粒子与原子核之间的相互作用，不仅有库仑力的作用，当距离接近到一定的程度时，还有很强的吸引力的作用，这种强相互作用力称为核力. 核力有一作用半径，在半径范围外，核力不起作用，即核力为零. 这个半径称为核半径，这样定义的核半径是核力作用半径.

在实验中，通过中子、质子或其他的原子核与核的相互作用测得的半径就是核力作用半径. 实验表明，核力作用半径 R 与质量数 A 有关，它们之间的关系可近似地用下面的经验公式来表示：

$$R = r_0 A^{\frac{1}{3}} \tag{20-2-4}$$

式中，$r_0 = (1.4 \sim 1.5) \times 10^{-15}\,\mathrm{m} = 1.4\mathrm{fm} \sim 1.5\mathrm{fm}$. 在原子核物理中，常用费米(fm)作为长度单位，它与米的关系为

$$1\ 费米(\mathrm{fm}) = 10^{-15}\ 米(\mathrm{m})$$

②电荷分布半径. 原子核内电荷分布半径就是质子分布半径，反映出原子核表面电荷分布情况. 测量电荷分布半径比较准确的方法是利用高能电子被各种原子核散射的实验. 电子与原子核的作用实质上是电子与质子的电磁作用，因而称为电磁作用半径. 为了准确地测量质子分布半径，电子的波长必须很小，小于核半径，电子的能量在 200 MeV 以上. 通过高能电子被各种原子核散射的实验，测定的各种原子核电荷分布半径 R 与质量数 A 的关系如图 20.2.1 所示.

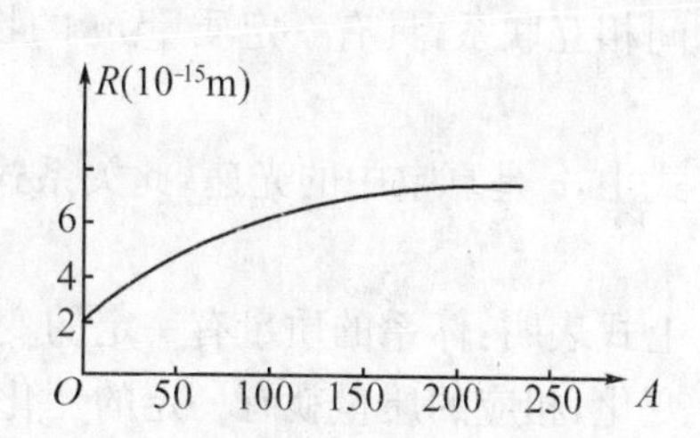

图 20.2.1 高能电子散射实验测定的核半径 R 和质量数 A 的关系

根据图 20.2.1 可得出核半径 R 与质量数 A 之间的经验公式为

$$R = r_0 A^{\frac{1}{3}} \tag{20-2-5}$$

式中，r_0 为比例常量，由比较精确的实验测量得出

$$r_0 \approx (1.1 \sim 1.3) \times^{-15}\mathrm{m} = 1.1\mathrm{fm} \sim 1.3\mathrm{fm}$$

由于原子核物质的分布和原子核内的电荷分布并不是完全一致的，因此，用核力测得的核力作用半径略大于用电子散射实验测得的电荷分布半径.

③原子核的密度. 由原子核的质量和原子核的大小可以计算它的密度. 用 m 表示原子核的质量，用 V 表示原子核的体积，用 ρ 表示原子核的密度，原子核近似看作球形，原子核的体积为

$$V = \frac{4}{3}\pi R^3 = \frac{4}{3}\pi r_0^3 A \propto A$$

可见，每个核子所占的体积近似地为一常量，也就是说，各种原子核的核子数密度(单位体积中的核子数)n 大致相同，即

$$n = \frac{A}{V} = \frac{A}{\frac{4}{3}\pi r_0^3 A} \approx 10^{44}\,(\mathrm{m}^{-3})$$

原子核的密度 ρ 为

$$\rho = \frac{m}{V} = \frac{m}{\frac{4}{3}\pi r_0^3 A} = \frac{3}{4\pi r_0^3 N_A} \tag{20-2-6}$$

式中，N_A 为阿伏加德罗常量. 对于各种原子核，上式中的 r_0 和 N_A 都是常量，与核质量无关. 可见，各种原子核的密度 ρ 都是相同的，即密度饱和，把 N_A 和 r_0 的值代入上式，可得核密度为

$$\rho \approx 1.66\times10^{17}(\mathrm{kg\cdot m^{-3}}) = 1.66\times10^{14}(\mathrm{t\cdot m^{-3}})$$

即每立方厘米的核物质有亿吨重. 例如，对于 ${}^{12}_{6}\mathrm{C}$，原子核质量是 12 u，可得核密度 ρ 为

$$\rho = \frac{m}{\frac{4\pi R^3}{3}} = \frac{12\times1.66\times10^{-24}}{\frac{4\pi(2.7\times10^{-15})^3}{3}} = 2\times10^{17}(\mathrm{kg\cdot m^{-3}})$$

水的密度是 $1\ \mathrm{t\cdot m^{-3}}$，原子核的密度比水的密度大 10^{14} 倍，可见，核物质的密度大得十分惊人. 这说明原子核中核子是相互紧挨着的，与液体很相似.

(5)原子核的结合能

①能量和质量的一般关系. 由相对论力学知道，能量和质量都是物质的基本属性，二者之间相互联系，具有一定质量 m 的物体，它的相应的能量 E 由相对论中质能联系定律得出

$$E = mc^2 \tag{20-2-7}$$

式中，c 是真空中的光速. 此关系式也称为爱因斯坦质能关系. 对该式的两边取差分得

$$\Delta E = \Delta mc^2 \tag{20-2-8}$$

上式表明：体系的质量有一定的变化，相应的能量就有一定的变化；反之，体系的能量有一定的变化，相应的质量就有一定的变化. 质量、能量这两个物质的基本属性是密切相联系的，只有质量而没有能量或只有能量而没有质量的物质是不存在的，表现了物质和运动是不可分割的原理. 对于一孤立系统，总能量守恒，也必然有总质量守恒. 这在原子核物理学中得到了完全的证实.

表 20－2－2 中列出了一些粒子的静止质量和相应能量的数值.

表 20－2－2　一些粒子的质量和能量

粒　子	静止质量 m_0(u)	静能量 m_0c^2(MeV)	粒　子	静止质量 m_0(u)	静能量 m_0c^2(MeV)
电子 e	0.00054858026	0.5110034	氘核 d	2.013553	1875.628
质子 p	1.007276470	938.2796	氚核 t	3.015501	2808.944
中子 n	1.008665012	939.5731	氦核 a	4.001506	3727.409

②质量亏损. 实验发现，所有稳定原子核的静止质量总是小于组成它的各个核子的静止质量的总和(总静止质量)，这两者之间的质量差额称为质量亏损. 例如，α 粒子，即氦原子核(${}^{4}_{2}\mathrm{He}$)由两个质子和两个中子组成，质子的质量 m_p 为 1.007276 u，中子的质量 m_n 为 1.008665 u，氦原子核的质量 m_{He} 为 4.001505 u，所以质量亏损为

$$\begin{aligned}\Delta m({}^{4}_{2}\mathrm{He}) &= (2m_p+2m_n) - m({}^{4}_{2}\mathrm{He}) \\ &= 4.031882 - 4.001505 = 0.030377(\mathrm{u})\end{aligned} \tag{20-2-9}$$

所以氦原子核对应的能量差为

$$\Delta E({}^{4}_{2}\mathrm{He}) = \Delta m({}^{4}_{2}\mathrm{He})c^2 = 0.030377\times931 = 28.297(\mathrm{MeV}) \tag{20-2-10}$$

其中 931 MeV 是 1 u 所对应的能量. 可见，当两个质子和两个中子组成氦原子核时，会释放出 28.297 MeV 的能量；反之，则必须有 28.297 MeV 以上能量的粒子轰击氦原子核，才可能使氦分裂成两个自由的质子和两个自由的中子. 这表明原子核具有结合能.

对于由 Z 个质子、$(A-Z)$个中子所组成的原子核，质量亏损可表示为

$$\Delta m(Z,A)=Zm_p+(A-Z)m_n-m(Z,A) \tag{20-2-11}$$

在实际计算中，总是用核素原子的质量来代替相应原子核的质量，用核素氢原子的质量来代替相应质子的质量. 若用大写字母 $M(Z,A)$ 或 $M(^A_ZX)$ 表示核素的原子质量，则有

$$M(Z,A)=m(Z,A)+Zm_e-\frac{Be(Z)}{c^2}$$

式中，$Be(Z)$ 是电荷数为 Z 的元素的电子的结合能，相应的质量为 $\frac{Be(Z)}{c^2}$，比原子核质量小很多，对计算结果影响很小. 在实际计算中，总是略去电子结合能有关的这一项，则(20－2－9)式又可表示为

$$\begin{aligned}\Delta m(^4_2\text{He})&=\Delta M(^4_2\text{He})=2M(^1_1\text{H})+2m_n-M(^4_2\text{He})\\&=2\times(1.007825+1.008665)-4.002603=0.030377(\text{u})\end{aligned}$$

对应的能量差为

$$\Delta E(^4_2\text{He})=\Delta M(^4_2\text{He})c^2=0.030377\times 931=28.297(\text{MeV}) \tag{20-2-12}$$

质量数为 A，电荷数为 Z 的原子核的各个独立核子的总质量与原子核的总质量的差额称为原子核的质量亏损，可以表示为

$$\Delta M(Z,A)=ZM(^1_1\text{H})+(A-Z)m_n-M(A,Z) \tag{20-2-13}$$

上式中等式两边电子的质量可以相互抵消. 实验发现，所有原子核都有正的质量亏损，即

$$\Delta M(Z,A)>0$$

上式表明：当自由核子结合成原子核时将释放出能量；而将原子核拆散成自由核子时，外界必须对原子核做功，即原子核要从外界吸收能量. 表 20－2－3 中列出了某些核素的原子质量.

表 20－2－3　一些核素的原子质量

元素符号	Z	A	M(u)	元素符号	Z	A	M(u)
n	0	1	1.008665	C	6	12	12.000000
H	1	1	1.007825		6	14	14.003242
	1	2	2.014102	N	7	14	14.003074
	1	3	3.016049	O	8	16	15.994915
He	2	3	3.016039	Al	13	27	26.981542
	2	4	4.002603	Fe	26	56	55.934940
Li	3	6	6.015123	Pb	82	208	207.976641
	3	7	7.016004	U	92	235	235.043925
Be	4	9	9.012183		92	238	238.050786

③原子核的结合能. 原子核的质量比组成原子核的核子自由存在时的总质量小，由质能关系式可知，分散的自由核子结合成原子核时，将要释放出能量. 这种表示分散的自由核子组成原子核时所释放的能量称为原子核的结合能. 质量数为 A，电荷数为 Z 的核素的结合能用 $B(Z,A)$ 表示. 根据相对论质能关系，它与核素的质量亏损 $\Delta M(Z,A)$ 的关系为

$$B(Z,A)=\Delta M(Z,A)c^2 \tag{20-2-14}$$

上式可由核素的核子质量来计算原子核的结合能，即

$$B(Z,A)=[ZM(^1_1\text{H})+(A-Z)m_\text{n}-M(Z,A)] \tag{20-2-15}$$

原子核的结合能也可以表示将原子核拆散成为自由质子及自由中子时外界必须提供的能量.对于氦原子核$^4_2$He,由(20−2−12)知,结合能$B(^4_2\text{He})$为

$$B(^4_2\text{He})=\Delta M(^4_2\text{He})c^2=28.297(\text{MeV})$$

上式表明:分散的两个自由质子及中子结合成为一个氦原子核时,要放出28.297 MeV的能量.由质能关系式可知,相应地减少的质量就是$^4_2$He的质量亏损.或者说,将$^4_2$He核拆散成为自由质子及自由中子时,为克服核子之间的相互作用力,外界必须对$^4_2$He核提供能量.

表20−2−4中列出了一些核素的结合能.从表中可看出,不同核素的结合能差别很大.一般来说,原子核的质量数越大,结合能$B(Z,A)$越大.

表20−2−4 一些核素的结合能和比结合能

核素	结合能 B(MeV)	比结合能 ε(MeV)	核素	结合能 B(MeV)	比结合能 ε(MeV)
^{2}H	2.224	1.112	^{17}F	22	7.54
^{3}He	8.481	2.827	^{19}F	147.80	7.78
^{4}He	28.30	7.07	^{40}Ca	342.05	8.55
^{6}Li	31.99	5.33	^{56}Fe	492.3	8.79
^{7}Li	39.24	5.61	^{107}Ag	951.2	8.55
^{12}C	92.16	7.68	^{129}Xe	1087.6	8.43
^{14}N	104.66	7.48	^{131}Xe	1103.5	8.42
^{15}N	115.49	7.70	^{132}Xe	1112.4	8.43
^{15}O	111.95	7.46	^{208}Pb	1636.4	7.87
^{16}O	127.61	7.98	^{235}U	1783.8	7.59
^{17}O	131.76	7.75	^{238}U	1801.6	7.57

④平均结合能(又称比结合能).原子核平均每个核子的结合能称为平均结合能.将原子核的结合能$B(Z,A)$除以原子核的核子数A(质量数),即可得到每个核子的平均结合能,用ε表示,即

$$\varepsilon=\frac{B(Z,A)}{A} \tag{20-2-16}$$

平均结合能表示把原子核拆散成为自由质子及自由中子时,外界对每一个核子所做的功(或从外界吸收的能量).平均结合能的大小反映了原子核的稳定性,ε越大的原子核结合得越紧密,原子核越稳定;相反,ε越小的原子核结合得越松散,原子核越不稳定.表20−2−4中也列出了一些核素的平均结合能.

⑤平均结合能曲线.对于稳定的核素^A_ZX,以ε为纵坐标,以A为横坐标,可以绘制ε−A曲线,称为平均结合能曲线,如图20.2.2所示.从图中可以看出一些特点,注意图中$A=25$为界,左右两区域A的标度不相同.

当$A<30$时,轻核的平均结合能曲线的趋势是上升的,但有周期性的起伏.图中$^2_4$He、

${}^{12}_{6}C$、${}^{16}_{8}O$、${}^{20}_{10}Ne$ 和${}^{24}_{12}Mg$ 等有一峰值，峰值的位置都在 A 为 4 的整数倍的地方. 这些原子核的质子数 Z 和中子数 $N=A-Z$ 都是偶数，称为偶偶核，且 $Z=N$，原子核比较稳定.

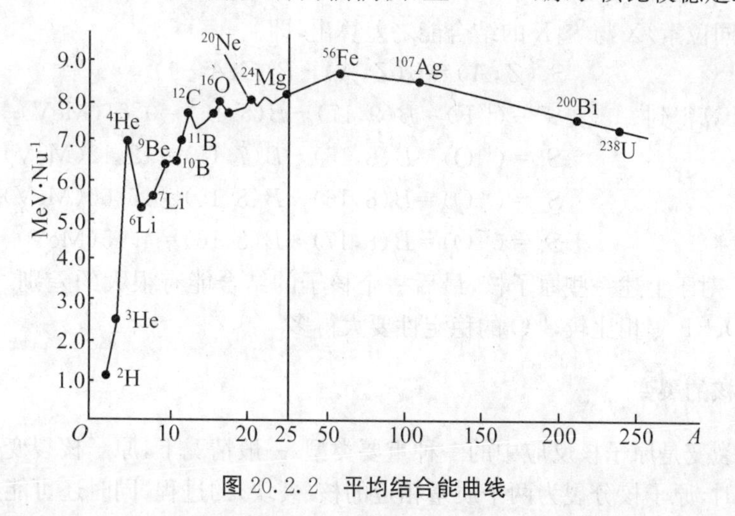

图 20.2.2 **平均结合能曲线**

当 $A>30$ 时，核子的平均结合能变化不大，$\varepsilon \approx 8.0$ MeV，$\dfrac{B(Z,A)}{A}\approx$常量，即 $B(Z,A)\propto A$. 也就是说，原子核的平均结合能 ε 差不多与质量数 A 成正比，显示出核力具有饱和性，以后将进一步讨论.

曲线的形状是中间高，两端低. 对于中等质量的原子核(A 为 50～150)，核子的平均结合能比较大，ε 为 8.5 MeV 左右，在 $A=56$ 处，核子的平均结合能达到最大值 $\varepsilon({}^{56}_{26}Fe)=8.79$ MeV，它们最稳定. 而较轻的原子核和较重的原子核的平均结合能都比中等质量的原子核小，约为 7.7 MeV，说明中等质量的原子核更稳定. ${}^{238}_{92}U$ 重核的核子的平均结合能为 7.57 MeV，减小的原因之一是由于重核的库仑斥力能增大. 由于重核的平均结合能较中等核的平均结合能小，所以重核裂变，即一个重核分裂成两个中等质量的原子核，ε 由小变大，有原子核能释放出来，称为原子能，这就是原子弹和裂变核反应堆能够释放出很大能量的基本原理. 又由于轻核的平均结合能较中等核的平均结合能小，所以轻核的聚变，即由两个很轻的原子核聚合成一个重一些的更稳定的原子核，ε 也由小变大，也有更多的能量释放出来. 这就是氢弹和热核反应释放出巨大能量的基本原理. 可见，原子核能实际上是核裂变或聚变过程中，原子核结合能发生变化释放出来的那一部分能量. 例如，氘核和氚核聚合反应生成氦核，并有中子放出，反应方程式为

$$ {}^{2}_{1}H+{}^{3}_{1}H\longrightarrow {}^{4}_{2}He+n \tag{20-2-17}$$

一次这样的聚变核反应就有 20 MeV 以上的核能放出，可见，轻原子核的聚变反应将有巨大的能量释放出来.

⑥最后一个核子的结合能. 原子核最后一个核子的结合能，是一个自由核子(质子或中子)与核的其余部分组成原子核时，所释放出的能量. 有时也讨论从原子核中分离出一个核子(质子或中子)所要给予的能量，称为原子核的一个核子分离能. 这两者在数值上是相等的.

核素最后一个质子的结合能，是核素${}^{A}_{Z}X$ 中第 Z 个质子的结合能，即

$$S_{p}(Z,A)=[M(Z-1,A-1)+M({}^{1}H)-M(Z,A)]c^{2} \tag{20-2-18}$$

可以由两个同位素${}^{A}_{Z}X$ 与${}^{A-1}_{Z}X$ 的结合能之差算出，即

$$S_{p}(Z,A)=B(Z,A)-B(Z,A-1) \tag{20-2-19}$$

核素最后一个中子的结合能，是核素${}^{A}_{Z}X$中第N个中子的结合能，即

$$S_p(Z,A)=[M(Z,A-1)+m_n-M(Z,A)]c^2 \tag{20-2-20}$$

也可以由两个同位素${}^{A}_{Z}X$与${}^{A-1}_{Z}X$的结合能之差算出，即

$$S_n(Z,A)=B(Z,A)-B(Z,A-1) \tag{20-2-21}$$

例如，经计算得到

$$S_p=({}^{17}F)=B(9,17)-B(8,16)=0.61(MeV)$$

$$S_p=({}^{16}O)=B(8,16)-B(7,15)=12.12(MeV)$$

$$S_n=({}^{16}O)=B(8,16)-B(8,15)=15.66(MeV)$$

$$S_n=({}^{17}O)=B(8,17)-B(8,16)=4.15(MeV)$$

由此可见，对于上述一些原子核，最后一个核子的结合能有很大的差别. 这表明${}^{16}O$与邻近的原子核${}^{17}O$、${}^{17}F$等相比较，${}^{16}O$的稳定性要大得多.

20.2.2 原子核的裂变

原子核的裂变是原子核反应中的一种重要类型. 一般情况下，原子核裂变是重原子核在受到粒子的轰击时，原子核分裂为两个质量相近的核(裂块)的过程，同时还可能放出中子或其他粒子(也有分裂为更多裂块的情形，但出现的概率很小).

(1)原子核裂变的发现

1932年查德威克发现中子后，确认了原子核是由质子、中子组成的. 1934年，费米和他的同事们发现铀被慢中子轰击时出现超铀元素($Z>92$). 1937年，伊伦娜、居里和萨维奇发现由中子轰击铀所生成的半衰期为3.5 h的镧(La，$Z=57$)同位素中的一种放射性核素.

1938年，哈恩和斯特拉斯曼发现用中子束轰击铀核的产物中，有钡($Z=56$)元素. 以后的实验说明，中子轰击铀、钍等重原子核，可以分裂成质量差不多大小的两个原子核. 重核分裂成几个中等质量的原子核的现象称为原子核的裂变. 裂变这个术语首先由梅特娜于1938年提出. 通常，将重核分裂为两个裂块的情形称为二分裂变，重核分裂成三个或四个裂块的情形分别称为三分裂变或四分裂变. 1947年，我国物理学家钱三强、何泽慧等首先观察到中子轰击铀核分裂为三块的现象. 三分裂变现象通常是两个大裂块(碎片)和一个α粒子，α粒子有较大的能量，飞行方向倾向于与另两个裂块飞行方向垂直. 三分裂变比二分裂变出现的概率小，二者概率之比是3∶1000. 四分裂变出现的概率更小. 下面我们仅讨论重核的二分裂变，简称裂变.

(2)重核的裂变

重核的裂变最早是在铀核中发现的，${}^{238}_{92}U$核能够自发地分裂成两个中等原子质量的裂块，但是铀核的天然裂变过程进行得很慢，${}^{238}_{92}U$核自发裂变的半衰期约为$T_{1/2}=3.5\times10^{17}$ a. 导致重核裂变的另一种方法就是通过核反应，例如，由中子轰击原子核，核俘获中子而产生核反应.

1938年，哈恩和斯特拉斯曼发现用中子束轰击铀核能够引起铀核的分裂. 例如，${}^{235}_{92}U$俘获一个慢中子发生下面的裂变反应，其反应方程式为

$${}^{235}_{92}U+{}^{1}_{0}n\longrightarrow{}^{236}_{92}U\longrightarrow{}^{A_1}_{Z_1}X+{}^{A_2}_{Z_2}Y+\varepsilon\,{}^{1}_{0}n \tag{20-2-22}$$

式中，$Z_1+Z_2=92$，$A_1+A_2=236$；ε表示发射中子的平均数值，ε的平均数值为2.5左右；X和Y表示裂变后的两裂块的元素符号. 裂变的一般特征可简述如下：

①铀核裂变时裂解碎片的质量分布很广，每次产生的两个裂块的质量往往不相等，分布在一个比较宽的范围内. ${}^{235}_{92}U$裂变产物的产量随质量数A的分布曲线如图20.2.3所示，从图中可见，曲线在质量数A为95及139处有最大值(曲线的峰)，约占全部产物产额的6%；而在质

量数 $A=72$ 及 $A=162$ 处降为零，即分裂产物的质量数不小于 72 及不大于 162. 这种不对称性的出现在于重核裂变的两碎片总是趋于中子数分别为幻数 50,82 附近的值. 而在对称分裂的 $A=\frac{236}{2}=118$ 处，曲线有一个很深的谷，约占全部产物产额的 0.01%，峰与谷之比约为 600.

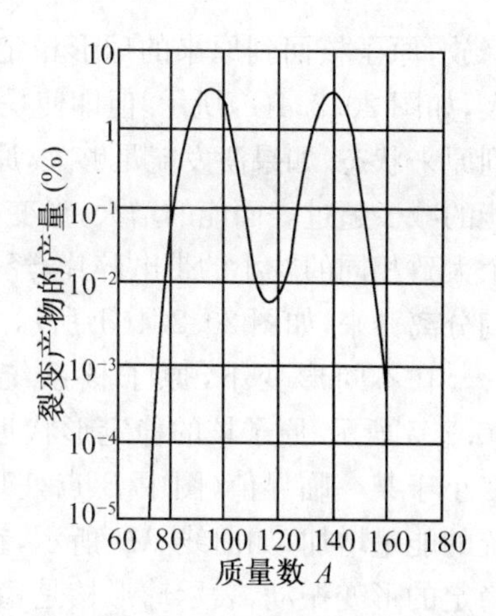

图 20.2.3 $^{235}_{92}U$ 裂变产物的分布

②裂变产物中会有过多的中子，它们是不稳定的，可通过系列 β^- 衰变而成为稳定核或直接发射中子. 重核裂变成的两个碎片在库仑力作用下，以很大的动能飞离开去，两个碎片获得的动能约为裂变释放能量的 84%. 分裂产物在分裂产生后的一瞬间可以处于高激发态的原子核，高激发态碎片中含有过量的中子，有可能有足够的能量集中到一个或几个中子上面，它在裂变后 10^{-15} s 内会释放出 1～3 个中子，称为瞬发中子. 放出过量中子的碎片还可能处于激发态，只是激发能降低到小于 8 MeV，不足以放射核子，这时将以 γ 跃迁方式退激. 绝大多数 γ 射线的发射是在裂变后 10^{-11} s 内完成的. 发射 γ 射线的次级碎片仍是中子数较多的丰中子核素，经过一系列 β^- 衰变，半衰期 10^{-2} s 或更长一点，它们最后变成稳定的原子核. 例如，$^{140}Xe \xrightarrow[16\ s]{\beta^-} {}^{140}Cs \xrightarrow[66\ s]{\beta^-} {}^{140}Ba \xrightarrow[12.8d]{\beta^-} {}^{140}La \xrightarrow[40\ h]{\beta^-} Ge$(稳定). 若这些 β^- 衰变中的某一产物处于激发态，且激发能大于中子结合能时，将还有中子发射出来. 这种在 β^- 衰变慢过程中发射的中子称为缓发中子. 这些中子(一般称为再生中子)的产生，为原子核裂变持续进行下去而获得大量的原子能提供了条件.

③重核裂变时要放出很大的能量. 从核子的平均结合能曲线图 20.2.2 可知，$A=236$ 附近，每个核子的平均结合能是 7.6 MeV；在 $A=118$ 附近，即中等核附近，每个核子的平均结合能是 8.5 MeV. 根据以上数据，如果 $^{236}_{92}U$ 分裂为质量相等的两个原子核并达到稳定状态，总共放出的能量估计为

$$E=2\times\frac{236}{2}\times 8.5-236\times 7.6=210(\mathrm{MeV})$$

上式表明：重核裂变为中等质量的原子核，由于中等质量原子核平均结合能大，要释放出大量的能量. 一个铀原子核 $^{236}_{92}U$ 俘获一个中子发生分裂时，释放出大约 200 MeV 的能量. 如果 1 g $^{236}_{92}U$ 全部裂变，所释放出的全部能量大约为 8.2×10^{10} J，这相当于 2.8 t 煤或 1860 kg 燃料油完全燃烧时释放出的能量，也相当于 19.6 t TNT 炸药所释放出的全部能量.

(3)裂变理论

原子核的裂变过程是比较复杂的，理论上还不很成熟. 由于各种原子核的密度近似为一常量，这与物质的液滴情况相似，所以，重核的裂变过程可以用液滴模型来解释. 1936 年，由玻尔和惠勒首先提出原子核的液滴模型，并成功地对核裂变过程作了理论解释. 根据液滴模型，重核的稳定形状近似为一球形，如图 20.2.4(a)所示，势能最小. 当在适当的激发下，原子核处于一种集体振动形态，激发能较低时，球体的振动是很小的，原子核最多形变为椭球形，如图 20.2.4(b)所示. 这时激发能将立即以 γ 射线形式

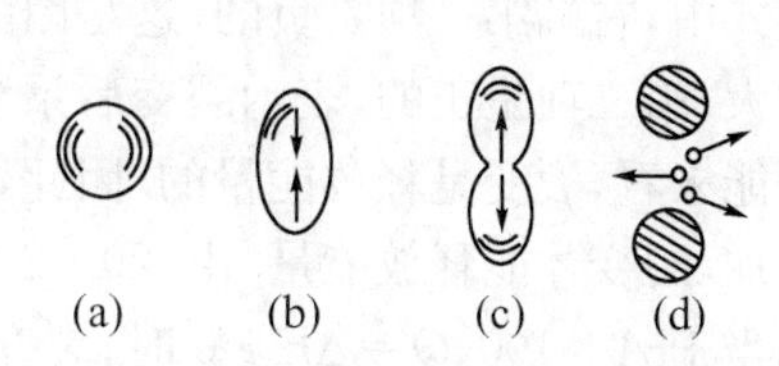

图 20.2.4 由激发能引起的核形变

释放，原子核回到原来的球形稳定状态，不会发生自发裂变.激发能很大时，原子核形变也很大，如图20.2.4(c)所示.但即使是这种情况，原子核还有一定的可能性辐射γ射线退激发，回到原来状态.如果激发能足够大，原子核的形变较大时，原子核的形变将导致核内核子的库仑能的减少超过表面能的增大，形变使原子核的势能降低，形变将继续下去，一直到分裂成为两个大致相同的较小的带电碎片，经表面张力作用形成两个球形液滴，由于库仑斥力作用，使它们分离开来，如图20.2.4(d)所示.

在不同形变下，原子核系统的能量的示意图如图20.2.5所示.原子核的稳定形状近似为球形，当原子核形变小于某一临界值(图中B点处)时，随着形变的增大，系统的能量增加，如曲线AB所示，在这一区域，原子核处于稳定的形变振动，表示球形核是稳定的.在较大形变时，如果形变超过了D处，随着形变的增加，系统的能量急剧下降，如曲线BC所示，形变越来越大，最后分裂成两个碎片，这时碎片在库仑斥力的作用下，迅速飞离出去.图中E_0表示重原子核(裂变核)的基态能量，E_f表示激发阈能，又称激活能.重核分裂为两个相距很远的核时，两核间的库仑能为零，所以裂变能为裂变前后结合能的差，即

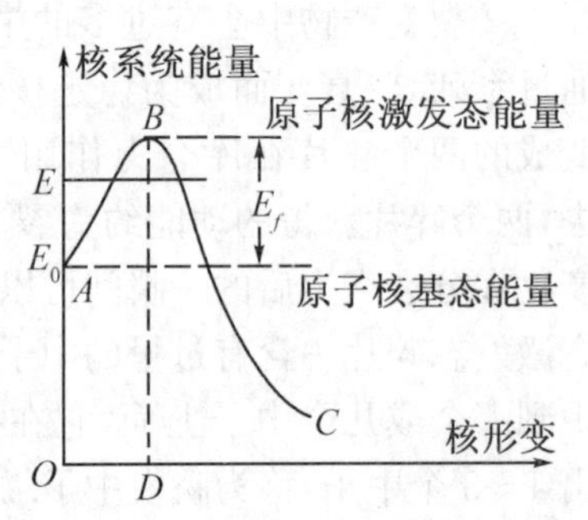

图20.2.5　核形变和系统能量的关系

$$Q=E_x+E_y-E \tag{20-2-23}$$

式中，E_x、E_y表示两碎片的结合能，E为重核的结合能.下面利用原子核的液滴模型来计算裂变能.原子核在裂变过程中，体积保持不变，但核的“半径”却要变化，核的总质量数是守恒的，因而系统结合能的改变由结合能半经验公式中的表面能和库仑能在裂变前后的差来决定.现在分析对称裂变的情况，设有一个质量数为A，电荷数为Z的原子核分裂为两个相同的中等核，且分开得很远，它们的质量数和电荷数分别为

$$A_1=A_2=\frac{A}{2},\quad Z_1=Z_2=\frac{Z}{2}$$

由表面能公式，核裂变以后的表面能增量为

$$\Delta E_s=2(-a_sA_1^{\frac{2}{3}})-(-a_sA^{\frac{2}{3}})=a_sA^{\frac{2}{3}}(1-2^{\frac{1}{3}})$$

由库仑能公式，核裂变以后库仑能的增量为

$$\Delta E_c=2(-a_cZ_1^2A_1^{-\frac{1}{3}})-(-a_cZ^2A^{-\frac{1}{3}})=a_cZ^2A^{-\frac{1}{3}}(1-2^{-\frac{2}{3}})$$

于是可得分裂以后的系统的结合能的增量，也就是裂变能，即

$$Q=\Delta E=\Delta E_s+\Delta E_c=a_sA^{\frac{2}{3}}(1-2^{\frac{1}{3}})+a_cZ^2A^{-\frac{1}{3}}(1-2^{-\frac{2}{3}}) \tag{20-2-24}$$

上式中，右端第一项是负的，这是因为裂变后体积不变，系统的表面积比裂变前增大，使表面能增大；第二项是正的，表示裂变后系统的库仑能减少.从表面能来看，裂变是吸收能量的；从库仑能来看，裂变是释放能量的.因此，裂变后和裂变前相比较，如果库仑能的减少超过表面能的增加，裂变才能释放能量.由(20-2-24)式及a_s、a_c的数值，可以算得只有当$Z^2/A\geqslant 19.5$，即相当于$A>100$，$Q=\Delta E\geqslant 0$时，裂变才能释放能量.

虽然从能量的角度分析表明，$A>100$的原子核发生分裂都是放能的，但这并不意味着它们都会发生自发裂变.因为在核裂变过程中，必须先由球形变为椭球形，它必须越过图20.2.5所示的势垒，因此，其概率就极小了.当激发能量大于激活能E_f时，裂变反应才能顺利地进行.当中子打入核内后，形成复合核，同时要放出结合能B_n.中子入射所携带的动能E_n和放出

的结合能 B_n 的和就是复合核的激发能. 显然，只有当激发能 $E_n + B_n > E_f$ 时，才有发生核裂变的可能(也可能发生其他反应). 表 20－2－5 中列出了几个重核的中子结合能 B_n 及裂变激活能 E_f 的数值. 由表可见，如果用中子轰击铀核，引起裂变，对于 ${}^{235}_{92}U$，因为它的 $B_n > E_f$，所以只要中子能进入核内就可以引起裂变，因此，用热中子就可以引起 ${}^{235}_{92}U$ 核裂变. 热中子被 ${}^{235}_{92}U$ 核俘获的概率比快中子的要大一些，因而用热中子产生 ${}^{235}_{92}U$ 核分裂的效果更好. 对于 ${}^{238}_{92}U$，则因为它的 $E_f > E_n$，因而需用能量至少为 1 MeV 的快中子才能引起核裂变.

表 20－2－5　几个重核的中子结合能及裂变激活能

靶　核	复　核	中子结合能 B_n(MeV)	裂变激活能 E_f(MeV)
${}^{233}_{92}U$	$[{}^{234}_{92}U]$	6.6	4.6
${}^{235}_{92}U$	$[{}^{236}_{92}U]$	6.4	5.3
${}^{238}_{92}U$	$[{}^{239}_{92}U]$	5.2	6.2
${}^{232}_{90}U$	$[{}^{233}_{90}U]$	4.0	5.5
${}^{239}_{94}U$	$[{}^{246}_{94}U]$	6.4	4.0

20.3　链式反应和核能的利用

20.3.1　链式反应

一个重原子核，例如 ${}^{235}_{92}U$ 核，俘获一个热中子后发生裂变时，平均释放出约 2.5 个中子. 释放出来的中子经过慢化成热中子以后，又可引起另外的 ${}^{235}_{92}U$ 核裂变，产生第二代中子，经过慢化成热中子再引起裂变，产生第三代中子，这样一个使裂变反应自动持续进行下去的反应过程，称为链式反应，如图 20.3.1 所示. 铀核裂变所发生的链式反应能够在极短的时间内使大量的原子核分裂，从而释放出大量的原子能来. 因此，和平利用原子能，只有使核裂变是链式反应并能有效地控制这种反应时才能实现.

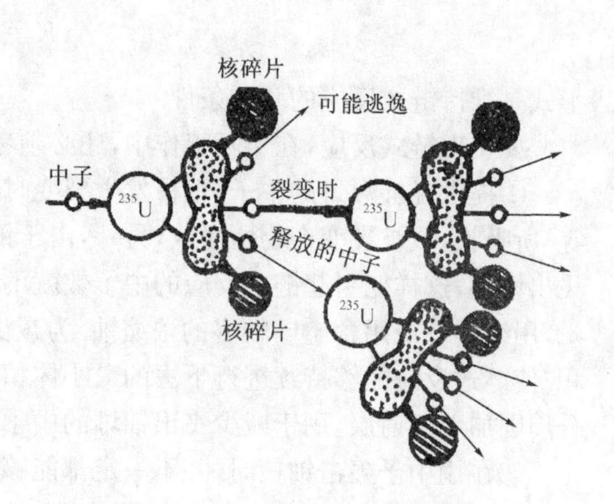

图 20.3.1　铀核裂变链式反应示意图

维持链式反应的最基本条件为：当一个容易裂变的原子核吸收一个中子发生裂变，而裂变所释放的中子中至少平均要有一个中子能引起另一个核裂变. 这样裂变反应才能够持续不断地进行下去，才能够实现链式反应. 如果裂变所释放的中子平均不到一个中子引起核裂变，则链式反应将逐渐停止下来. 超过一个中子引起裂变，则链式反应就会不断增强. 因此，只有满足一定条件的体系，才能够实现链式反应. 例如，一块纯的天然金属铀中就不会发生链式反应，这是因为天然铀中含有三种同位素，它们是 ${}^{234}_{92}U$、${}^{235}_{92}U$ 和 ${}^{238}_{92}U$，它们与中子的作用很不相同. 其中占主要的是 ${}^{238}_{92}U$(占 99.28%)善于吸收能量较大的快中子，俘获中子后不再发生裂变. 只有能量在 1 MeV 以上的中子才能够引起 ${}^{238}_{92}U$ 裂变. 而裂变中子经过非弹性散射，能量很快地就降到 1 MeV 以下. 而$^{235}_{92}U$(占 0.71%)的热中子裂变截面虽然很大,但是在碰撞减速过程中,绝大部分中子都会被$^{235}_{92}U$吸收,能引起$^{235}_{92}U$裂变的概率非常小. 因此,这种体系中不能够发生裂变链式反应. 又如,纯的$^{235}_{92}U$体系中,若其体积很小时,裂变中子大部分逸出体外,也不能实现裂变链式反应. 若体积很大时,大部分中子能引起核裂变,链式反应又进行得十分剧烈,不能控制,变成核爆炸. 由此可见,要实现可控制的链式反应,需要一种使原子核的裂变的链式反应能够有控制地持续进行下去的装置,这种装置称为原子核裂变反应堆,简称反应堆.

根据引起核裂变的中子能量,反应堆可分为热中子反应堆和快中子反应堆. 热中子反应堆主要利用$^{235}_{92}U$对于热中子裂变截面很大的特点. 如果将裂变中子的能量在吸收很弱的介质(称为减速剂)中迅速降低到热能,则由于$^{235}_{92}U$对热中子裂变截面比$^{238}_{92}U$的吸收截面大得多,可以利用天然铀或低浓缩铀来实现链式反应. 这种反应堆称为热中子反应堆. 快中子反应堆是利用高度浓缩的$^{235}_{92}U$或$^{235}_{92}Pu$作为核燃料,不必依赖于热中子引起裂变反应,也没有专门的减速剂,引起裂变的中子主要是能量较高的快中子,因此这种反应堆称为快中子反应堆.

20.3.2 实现链式反应的条件

实现链式反应的基本条件是要求在中子增殖过程中,中子的密度不随时间减少. 也就是说,当一个重核吸收一个中子发生裂变时,裂变后放出的两三个中子至少平均要有一个中子能够再引起核裂变. 一个中子由产生到最后被物质所吸收称为中子的一代,中子一代所经过的时间称为一代时间. 实现链式反应的基本条件是每一代中子总数 N 必须等于或稍大于前一代中子总数 N_0,这两个数值的比值称为增殖系数,通常用 K 表示,即

$$K=\frac{N}{N_0}\geqslant 1 \tag{20-3-1}$$

上式是维持链式反应的基本条件.

要实现链式反应,在实际工作中,还必须考虑以下问题:

①提供足够数量的中子. 重核发生裂变时,每次放出的中子可能被铀堆中的杂质(如硼、镉等)所吸收,或被裂变产物所吸收,另外,由于铀堆的体积有限,一部分中子会经反应堆的器壁飞出堆外,这样能引起链式反应的中子数就不多了. 为解决这一问题,必须减少铀堆的杂质含量,用纯$^{235}_{92}U$或用含$^{235}_{92}U$较多的浓缩铀. 为减少裂变产生的中子飞出堆外,必须加大铀堆的体积. 使链式反应能够持续进行下去的最小体积称为临界体积. 另外,还可以在反应堆的中心部分周围加上反射层,用于减少飞出铀堆的中子数.

②在用中子轰击铀核时,并不一定都能够引起核裂变,有时会产生非裂变的吸收. 例如发生"俘获辐射",这时吸收中子后而处于激发态的原子核通过放射出 γ 射线,退激到较低激发态或基态而不发生裂变. 例如,天然铀中含有三种同位素$^{234}_{92}U$(占 0.01%)、$^{235}_{92}U$(占 0.71%)和$^{238}_{92}U$(占 99.28%),$^{238}_{92}U$很容易俘获快中子,而通过 γ 辐射退激发到基态,不再发生裂变,这样就会使反应堆中的中子数目大大减少,使链式反应不能继续进行. 而$^{238}_{92}U$只有当吸收能量大于 1 MeV 的中子时,才有可能发生裂变,但是概率仍很小. $^{238}_{92}U$对于慢中子的俘获截面很小,而$^{235}_{92}U$俘获慢中子发生裂变的概率很大,大约为 550 靶,比它自己的几何截面都大很多倍. 因此,可以利用提高$^{235}_{92}U$的相对浓度及让快中子减速的方法,来维持链式反应.

③中子的减速. 必须在铀堆中加入减速剂,为了让快中子减速而变成为热中子,反应堆中必须放置减速剂(或称为慢化剂). 因为核裂变时所释放的中子能量在 0.1 MeV~200 MeV 范围,平均 2 MeV,即释放出的大部分是能量较大的快中子. 为了使这些快中子减速而成为热中

子，反应堆中必须放入减速剂，中子同减速剂的原子核经过多次碰撞后，减速而成为热中子. 表20－3－1中列出了使快中子减速为热中子时，中子需要与一些核素碰撞的次数. 优良的减速剂必须对中子的吸收较少，中子与它的原子核碰撞很少次就能够减速到必需的程度. 因此，常用的减速剂是由质量很轻的原子组成的，如石墨(碳核)、铍、H_2O、D_2O(重水)等. 在反应堆中，裂变材料制成棒状分布在减速剂中.

表 20－3－1　快中子减速为热中子的碰撞次数

核素名称	^1_1H	^2_1H	^4_2He	^9_4Be	$^{12}_6C$	$^{16}_8O$	$^{238}_{92}U$
碰撞次数	18	24	41	50	110	145	2100

20.3.3　原子核反应堆

人们要和平利用原子能作为能源，就必须控制裂变反应的速度，实现可控制链式反应，使增殖系数 $K=1$. 使原子核裂变的链式反应能够有控制地持续进行的装置称为原子核反应堆(简称原子堆或反应堆)，它是根据铀核在中子作用下产生可控制的热中子链式核反应的原理建造的，图 20.3.2 所示的原子核反应堆主要由以下几个部分组成：

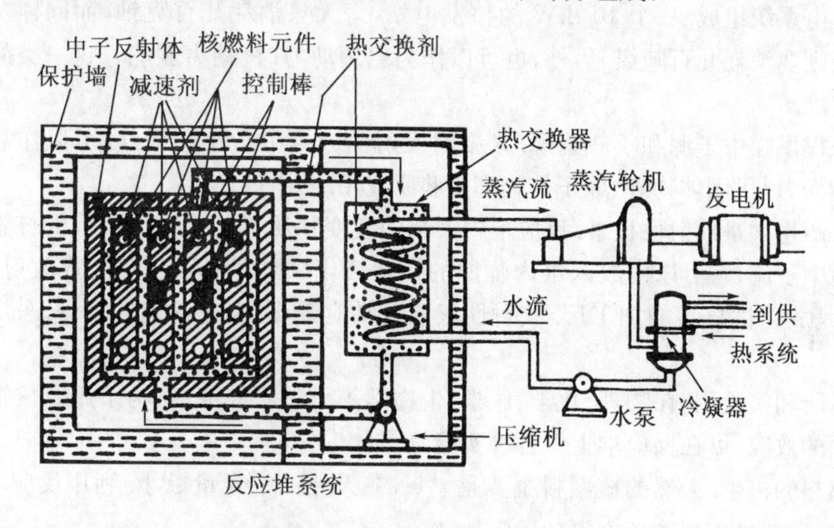

图 20.3.2　原子能发电站示意图

①核燃料. 核燃料又称为裂变材料，热中子核反应堆可以用天然铀或低浓缩铀作为核燃料，快中子反应堆采用高度浓缩的$^{235}_{92}U$或$^{239}_{94}Pu$作为核燃料.

②中子减速剂. 现在通常所用的减速剂是质量很轻的石墨、铍、重水等.

③反射层. 为了阻止中子从反应堆逃逸，在反应堆中心部分(反应堆主体)的周围装有反射层，用来反射中子. 使用反射层可以缩小反应堆的体积. 常用的材料是水、石墨、铍等.

④控制棒. 控制棒是反应堆安全运行的必需设备，是用来控制原子核反应堆的反应速率或输出功率的元件. 用能够强烈吸收中子的材料，如镉和含硼物质等制成，一般呈棒状，称为控制棒. 由于它们对慢中子有很大的俘获截面，利用控制棒在反应堆内插入或抽出可控制增殖系数 $K=1$，当它全部插入时，增殖系数 $K<1$，使反应速率减慢直到停止；把它抽出时，可使反应堆起动或使反应加快. 这种调节一般都是通过自动装置进行的.

⑤载热剂和传递反应热的管路系统. 核燃料裂变所释放出的能量，大部分变为热能，因此放出大量的热量. 必须借助于载热剂通过反应堆的管路系统循环流动，不断把热量输送到堆

外,使堆内温度不致过分升高,热能可以用来对外做功,作为动力和发电等.优良的载热剂必须具有不易吸收中子、比热大、在高温和 γ 辐射下不会分解等性质,并可以兼作减速剂用.常用的载热剂有普通水、重水、二氧化碳气体、液态金属钠、钾和某些有机物(如联苯)等.

⑥防护墙.由于反应堆中有强中子流,中子的通量一般可达 $10^{17}\ \mathrm{m}^2\cdot\mathrm{s}^{-1}$ 左右,其贯穿能力很强,同时由于核燃料的裂变,将产生大量的放射性物质,并伴随着贯穿能力很强的高能量的 γ 辐射以及一定数量的裂变气体,对人体及其他的生物都有害.为了使人体免受过量的中子及 γ 射线辐照,反应堆都必须密闭,在外面用于屏蔽中子或 γ 射线的屏蔽物,称为防护墙.一般用水层或含硼的物质(现在也有用聚乙烯塑料)来屏蔽中子的辐照,而用厚实的混凝土墙来屏蔽 γ 射线辐照.

20.3.4 原子反应堆的应用

①作为核能源.利用原子核反应所释放的能量作为能源.使载热剂通过反应堆,将裂变放出的大量热量带出来,通过热交换器将热量传给工作介质,由工作介质做功推动汽轮机发电,这就是原子能发电站(核电站)的工作原理,图 20.3.2 所示为原子能发电站的示意图,主要由反应堆和发电系统组成.一个 10^5 kW 的核发电站,每天只消耗几百克铀,而同样功率的火力发电站每天则要消耗几百吨煤.另外,也可以作为船用动力(核动力舰船),这一类的反应堆称为动力反应堆.

②用来提供强中子源和 γ 辐射源.裂变时发射出大量中子及 γ 射线,可以作为强中子源及强 γ 辐射源,以供固体物理、原子核物理实验研究用.

③用来产生大量放射性核素.反应堆中大量的裂变物质都是具有放射性的核素,另外,反应堆中有高中子流,它可以使放入堆内辐照的元素活化(即发生核反应)生成放射性核素,所以,反应堆是放射性核素的加工厂.放射性核素可供应工业、农业、国防、科研、医疗等方面的应用.

④供科研和实验用.在物理、化学、医学、生物学等科学研究部门,为了研究核辐射及核辐射对各方面的效应,可在反应堆上做各种实验及测量.

⑤核燃料的再生.天然的核燃料主要是 ${}^{235}_{92}\mathrm{U}$,在天然铀中含量极小.利用反应堆中的 ${}^{238}_{92}\mathrm{U}$ 吸收中子后,可经过下列核反应得到 ${}^{239}_{94}\mathrm{Pu}$.

$$ {}^{238}_{92}\mathrm{U}+{}^{1}_{0}\mathrm{n}\longrightarrow{}^{239}_{92}\mathrm{U}\xrightarrow{\beta^-}{}^{239}_{93}\mathrm{Np}\xrightarrow{\beta^-}{}^{239}_{94}\mathrm{Pu} \qquad (20-3-2) $$

如果在反应堆中放入钍(${}^{232}_{90}\mathrm{Th}$),则 ${}^{232}_{90}\mathrm{Th}$ 吸收中子后,经过下列核反应,可以得到 ${}^{233}_{92}\mathrm{U}$.

$$ {}^{232}_{90}\mathrm{Th}+{}^{1}_{0}\mathrm{n}\longrightarrow{}^{233}_{90}\mathrm{Th}\xrightarrow{\beta^-}{}^{233}_{91}\mathrm{Pa}\xrightarrow{\beta^-}{}^{233}_{92}\mathrm{U} \qquad (20-3-3) $$

而 ${}^{239}_{94}\mathrm{Pu}$、${}^{233}_{92}\mathrm{U}$ 和 ${}^{235}_{92}\mathrm{U}$ 一样,都可以在热中子照射下发生核裂变,也是核武器原子弹的核燃料,这种用途的反应堆称为增殖反应堆.利用反应堆中的中子还可以产生核燃料,这种过程称为核燃料的再生.

1958 年 9 月,在原子能研究所建成了我国第一座研究性重水型反应堆,它是利用重水作减速剂和冷却剂,功率为 7000 kW~10000 kW.1980 年 6 月完成了改进工程,成为一座多用途反应堆,可适用于各方面研究工作.在进行实验研究或辐照生产时,既可以将实验样品放到反应堆中去,也可以把中子引出反应堆加以利用.可以利用重水型反应堆做物理研究、固体物理研究,进行中子活化分析、中子辐照,堆内已生产一百多种放射性同位素.

20.3.5 原子弹

原子弹是利用快中子激发的链式反应瞬时释放出巨大的能量，从而发生猛烈爆炸的原理制成的. 原子弹构造的示意图如图 20.3.3 所示，它所用的核燃料是$^{235}_{92}U$(或$^{233}_{92}U$、$^{239}_{94}Pu$等). 由于核裂变燃料的体积大于临界体积时，可以使增殖系数 $K>1$，这时中子数将逐代倍增，形成不可控制的链式反应，最后将引起原子弹的爆炸. 如果引起核裂变的中子数为 N_0，则到第 80 代的中子数为 $N_{80}=N_0K^{80}$. 对于纯$^{235}_{92}U$，倍增系数 K 接近于 2，若开始时仅有一个中子，即 $N_0=1$，到第 80 代中子数已增加到 $N=2^{80}$个，这个数值几乎与 1 kg 铀(相应于$^{235}_{92}U$的临界体积的质量，即临界质量)所包含的原子核数相等. 因此，1 kg 的纯$^{235}_{92}U$只要经过 80 代裂变就可以全部发生裂变. 如果将 1 kg 铀做成球状，则其直径不过 5 cm，而快中子的速度约为 2×10^4 $km\cdot s^{-1}$，所以裂变进行得极其迅速猛烈，可以在百万分之几秒内引起原子爆炸. 原子弹就是利用快中子引起链式反应而发生猛烈爆炸的原子武器.

如图 20.3.3 所示，原子弹就是由两块各自小于临界体积的纯$^{235}_{92}U$(或$^{233}_{92}U$、$^{239}_{94}Pu$等)组成的. 在外面还包有一层中子反射层，平时使两块各小于临界体积的$^{235}_{92}U$相隔一定的距离分开，所以不会引起爆炸. 使用时用普通炸药引爆，先使普通炸药爆炸，借助于爆炸所产生的压力使分开的铀块迅速合拢起来，形成一个大于临界体积的整体，于是发生链式反应，在百万分之几秒内就释放出巨大的能量，发生原子爆炸.

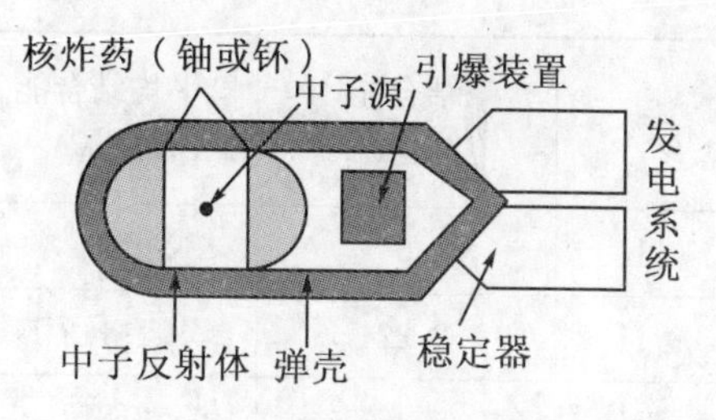

图 20.3.3 原子弹构造示意图

20.4 轻原子核的聚变反应和核能的利用

20.4.1 轻原子核的聚变

轻原子核在一定条件下彼此聚合成较重的原子核，同时释放出大量能量的核反应过程称为原子核的聚变反应，简称核聚变. 例如，一个氘核和一个氚核全部聚合成一个氦核，放出一个中子和约 17.6 MeV 的能量. 也就是说，2 g 氘和 3 g 氚全部聚合成氦时，要放出大约 1.7×10^{12} J 的能量，释放出同样多的能量需要裂变二十多克$^{235}_{92}U$或燃烧四百多吨优质煤. 查看轻原子核的平均结合能曲线或查表 20－4－1 可以发现，轻原子核的平均结合能有大有小，其质量数为 4 的整数倍的平均结合能较大. 例如，^4_2He的平均结合能是 7.075 MeV，而比^4_2He轻的原子核的平均结合能都比^4_2He的平均结合能小很多，如氘的平均结合能为 1.112 MeV，总的来说，它们都比中重核的平均结合能 8.4 MeV 低. 因此，当四个氢原子核或两个氘原子核结合成一个氦原子核时，将会释放出很大的能量，它们每个核子约释放 7 MeV 和 6 MeV. 因而，利用轻原子核聚合成较重的核将比重原子核裂变释放出更大的平均结合能，从而反应过程中释放出巨大的能量. 例如，下面几个聚变反应：

$$
\begin{aligned}
&①\ {}^2_1H+{}^2_1H \longrightarrow {}^3_1H+{}^1_1H+4.04(MeV)\\
&②\ {}^2_1H+{}^3_1H \longrightarrow {}^4_2He+{}^1_0n+17.60(MeV)\\
&③\ {}^2_1H+{}^2_1H \longrightarrow {}^3_2He+{}^1_0H+3.27(MeV)\\
&④\ {}^3_2H+{}^2_1H \longrightarrow {}^4_2He+{}^1_1H+18.34(MeV)
\end{aligned}
\qquad (20-4-1)
$$

上述①和③两个反应的概率各为 50%，以上的反应都能释放出大量的能量. 而且由上式可见，②、④中的$^3_1$H 及$^3_2$He 分别是①、③两式的聚变产物，即以上四个反应都是由$^2_1$H 核引起的，四个聚变反应中共利用了六个氘核，总共释放出 43.23 MeV 的能量，平均每个核子约释放 3.6 MeV 的能量，而$^{235}_{92}$U 裂变时平均每个核子所释放的能量约为 0.85 MeV，相当于$^{235}_{92}$U 裂变时每个核子平均所释放出的能量的四倍.

随着人类社会的进一步发展，对能源的需要越来越大，能源的主要来源除了水力以外，有煤、石油和裂变核燃料. 但随着社会的发展，能量的不断消耗，能源的贮存量会逐渐减少，所以必须寻找和发展新能源. 在海洋中，海水中含有氢、氘，氚和氘的原子数之比是 1∶0.00015，按重量，由氘结合成的重水(D_2O)的含量约是海水的 1/6000，1 g 氘聚变时能放出约 10^5 kW·h 的能量，而地球表面海水的储存量是 10^{18} t 的数量级，所以海水中蕴藏的聚变能为 10^{25} kW·h 数量级，按目前世界能量消耗率估计还可用百亿年. 因此，核聚变是重要的能源.

表 20－4－1　轻核的结合能

核	结合能 (MeV)	平均结合能 (MeV)	核	结合能 (MeV)	平均结合能 (MeV)
$^1_1$H	0	0	$^7_3$Li	39.24	5.606
$^2_1$H	2.224	1.112	$^4_9$Be	58.16	6.462
$^3_1$H	8.481	2.827	$^{10}_5$B	64.75	6.475
$^3_2$He	7.718	2.573	$^{11}_5$B	76.20	6.928
$^4_2$He	28.30	7.075	$^{12}_6$C	92.16	7.680
$^6_3$Li	31.99	5.332			

20.4.2　太阳中的原子核聚变

太阳是距离地球最近的一颗恒星，太阳和天空中的大部分恒星的能量主要来源于轻核的聚变. 太阳和恒星中存在的主要元素是氢，氢原子核在极高的温度下发生聚变反应. 太阳的半径约为 7×10^8 m，最外层温度约为 6000 K，中心温度约为 1.4×10^7 K，因而，太阳上的聚变反应是以比地球上反应堆所要求的速度低得多的速率进行的. 但因为体积巨大，释放的能量仍很大. 根据测算，太阳每年向太空辐射的总能量约为 10^{34} J，地球每年从太阳接收到的能量约为 5×10^{24} J，大约是目前地球上总能量的一万多倍，地球接收到太阳的能量仅约占太阳向太空辐射时的总能量的一百亿分之五，相当于平均每秒钟爆炸 50 个 10^6 t 级的氢弹.

太阳和其他恒星中主要存在两种聚变反应过程：一种是所谓质子—质子(氢—氢)反应链；另一种是碳—氮反应链，即碳—氮循环.

(1)质子—质子反应链

反应链按以下步骤进行，其反应方程式为

$$\mathrm{P}+\mathrm{P}\longrightarrow{}^2_1\mathrm{H}+e^++\nu_e+0.164(\mathrm{MeV});\quad {}^2_1\mathrm{H}+\mathrm{P}\longrightarrow{}^3_2\mathrm{He}+\gamma+5.49(\mathrm{MeV})$$

$${}^3_2\mathrm{He}+{}^3_2\mathrm{He}\longrightarrow{}^4_2\mathrm{He}+2\mathrm{P}+12.85(\mathrm{MeV});\quad 4\mathrm{P}\longrightarrow{}^4_2\mathrm{He}+2e^++2\nu_e+24.16(\mathrm{MeV})\tag{20-4-2}$$

以上反应式表示：两个氢原子核聚合成一个氘原子核并放出一个正电子和一个电子中微子；氘

原子又和一个氢原子核反应，生成一个氦($^{3}_{2}$He)原子核，并放出 γ 射线；通过以上反应，生成的两个氦($^{3}_{2}$He)原子核再发生反应，生成一个氦($^{4}_{2}$He)原子核和两个氢原子核. 其反应速率极低.

以上这种聚变反应机制中，相当于 4 个氢原子核(P)通过氘($^{2}_{1}$H)核和氦($^{3}_{2}$He)原子核过渡，最后聚合成一个氦($^{4}_{2}$He)原子核，释放出的净能量约为 24.16 MeV，平均每个核子释放出 6.04 MeV 的聚变能.

(2)碳—氮反应链

太阳中另一个聚变反应链是以碳—氮作为媒介的反应所组成的，所以称为碳—氮反应链，其反应链按以下步骤进行，其反应方程式为

$$\begin{aligned}&{}^{12}_{6}\mathrm{C}+\mathrm{P}\longrightarrow{}^{13}_{7}\mathrm{N}+\gamma+1.95(\mathrm{MeV});\quad {}^{13}_{7}\mathrm{N}\longrightarrow{}^{13}_{6}\mathrm{C}+e^{+}+\nu_e+1.50(\mathrm{MeV})\\&{}^{13}_{6}\mathrm{C}+\mathrm{P}\longrightarrow{}^{14}_{7}\mathrm{N}+\gamma+7.54(\mathrm{MeV});\quad {}^{14}_{7}\mathrm{N}+\mathrm{P}\longrightarrow{}^{15}_{8}\mathrm{O}+\gamma+7.35(\mathrm{MeV})\\&{}^{15}_{7}\mathrm{N}+\mathrm{P}\longrightarrow{}^{12}_{6}\mathrm{C}+{}^{4}_{2}\mathrm{He}+\gamma+4.96(\mathrm{MeV});\quad 4\mathrm{P}\longrightarrow{}^{4}_{2}\mathrm{He}+2e^{+}+2\nu_e+25.06(\mathrm{MeV})\end{aligned}\tag{20-4-3}$$

以上的反应式表示：一个氢原子核和一个碳($^{12}_{6}$C)原子核反应，生成一个氮($^{13}_{7}$N)原子核，并放出 γ 射线；氮($^{13}_{8}$N)原子核又放出一个正电子和一个电子中微子而变成一个碳($^{13}_{6}$C)原子核；另一个氢原子核(P)和碳($^{13}_{6}$C)原子核反应，生成一个氮($^{14}_{7}$N)原子核，并放出 γ 射线；第三个氢原子核再和氮($^{14}_{7}$N)原子核反应，生成一个氧($^{15}_{8}$O)原子核并放出 γ 射线，氧($^{15}_{8}$O)原子核又放出一个正电子和一个电子中微子而变成一个氮($^{15}_{7}$N)原子核；第四个氢原子核和氮($^{15}_{7}$N)原子核反应，生成一个碳($^{12}_{6}$C)原子核和一个氦($^{4}_{2}$He)原子核，并放出 γ 射线. 平均每个核子放出 6.26 MeV的聚变能.

以上聚变反应相当于 4 个氢(P)原子核以碳、氮等原子核过渡，最后聚合成一个氦($^{4}_{2}$He)原子核，释放出净能量 25.06 MeV. 在碳—氮反应链中，其中 C、N 等元素并不损失，只是起催化剂作用. 当恒星开始形成时，$^{12}_{6}$C、$^{13}_{7}$N、$^{13}_{6}$C、$^{14}_{7}$N 等核素的量是变化着的，但是经过几百万年就形成一个稳定的丰度. 与放射性衰变链相似，各核素的丰度与其反应寿命成正比，反应寿命长的，相应成分就多.

对于质子—质子反应链和碳—氮反应链，在恒星中哪个起主要作用，取决于恒星的成分和它的中心温度. 图 20.4.1 给出了两个反应链在单位时间、单位质量中产生的能量随温度的变化. 从图中可看出，当 $T=18\times10^{6}$K 时，两个反应链的产生率相等. 这表明当恒星中心温度高于 18×10^{6}K 时(热星)，产生能量的主要来源是碳—氮反应链；当温度低于 18×10^{6}K 时(冷星)，产生能量的反应链以质子—质子链为主. 太阳中心温度是 15×10^{6}K，太阳属于冷星，因此，反应链以质子—质子链为主，其产生的能量约占总能量的 96%.

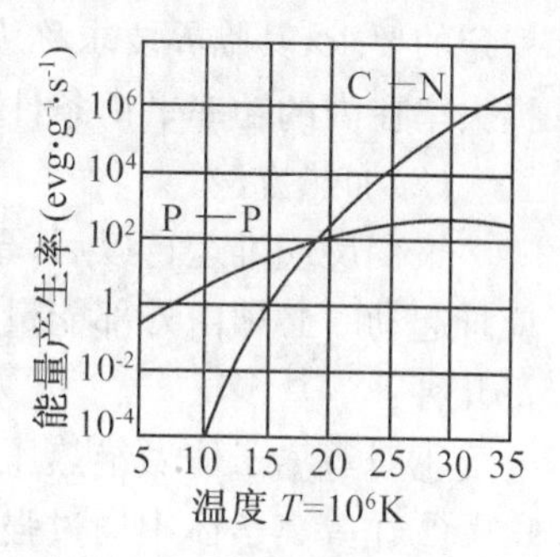

图 20.4.1 质子—质子和碳—氮反应链能量产生率随温度的变化

20.4.3 热核反应

想要利用原子核的聚变反应而获得净能，利用加速器得到加速的能量较高的粒子去轰击固定的靶是不可能获得净余能量的. 例如，在 D+d 反应中，利用倍加器加速氘，使能量达到 50 keV，用它去轰击固体的氘靶，产生聚变反应

$$D+d \longrightarrow \begin{cases} T+P \\ {}^{3}_{2}He+n \end{cases}$$

理论推算表明，大部分能量将在与电子相互碰撞发生库仑散射时损失掉了.而能够发生聚变反应的概率非常小，每一百万个氘核进入靶内，大约只有一个氘核引起 D+d 聚变反应，其他的都因库仑散射而损失掉了.可见，即使每次反应放出 4 MeV 能量，近似为 50 keV 的一百倍，而从能量的角度看，仍然是得不偿失的，利用加速器加速粒子产生聚变反应，消耗的能量很多，而获得的能量很少.为了消除冷电子库仑散射的能量损失，必须将电子温度加热到与入射离子一样高，也就是使其平均动能相等.此时，物质已不是一般固体，而是等离子体.

产生聚变反应的另一种方法是在很高的温度下使等离子体产生聚变反应.等离子体是气体大量电离后，具有大量正离子和相等电量的电子的集合体，是物质的一种新的凝聚态，称为物质的第四态.要产生聚变反应，必须将超过 10^8℃的、具有足够大密度的等离子体约束在一定的区域内，维持一段时间，使其中的轻核产生聚变反应，称为热核反应.

(1)可控热核反应

要想利用热核反应，提供人类所需的能量，就必须有控制地源源不断地产生热核反应.由于原子核都带有正电荷，两个反应核相互排斥.在核力作用范围($<10^{-15}$ m)内库仑斥力很大，要使两个轻原子核发生聚变反应，即使带电量最小的氘核和氚核靠近到能发生聚变反应的距离，必须给它们足够大的初动能，用以克服库仑斥力.根据计算，所需的初动能应该大于 15 keV～20 keV.如果用加热到很高的温度聚变核燃料的办法使氘、氚核获得这样大的初动能，由于无规则热运动下彼此连续碰撞而实现聚变，则核燃料的温度将达到 10^8 K，即 10^8℃以上的高温.在这样高的温度下，所有的原子都经受剧烈碰撞而发生电离成为原子核和电子的集合体，即等离子体.

因为聚变反应发生的概率很小，聚变反应堆中的等离子体必须在上述温度下有足够大的密度和维持足够长的时间，才能发生足够多的聚变反应，以产生多于维持反应所需要的能量，即可以有能量输出.要达到这一点，对产生反应的轻核等离子体的温度、密度和约束时间将有一定的要求，其临界要求称为劳逊(Lawson)判据，它是由包括聚变能量产生率、等离子体能量损失率在内的功率平衡条件所确定的.

(2)加热方法

聚变反应堆运行以后，聚变反应所需要的高温可以通过反应释放的能量来维持，但是在反应堆起动时必须由外部能量实现“点火”加热，对于 $n\tau$ 和 T 要取一定的数值.加热的方法有以下几种：

①对等离子体做绝热压缩，对它做功，功转换为热能，使等离子体的温度升高.

②在等离子体中通过强大的电流产生焦耳热，先使电子加热，电子把能量传递给离子，使等离子体的温度升高.

③用由加速器加速的高能氘核，使其能量超过热核反应所需要的能量，再将它注入等离子体中起“点火”作用，以引起热核反应，由聚变反应放出的能量加热.

④由于激光具有极高的功率(已达 10^{13} W以上)和极高的亮度(已达 20×10^{21} W·m^{-2}·Ω^{-1})，而且还可用光学系统聚焦到几百分之一毫米或更小的范围内，可获得更高的功率密度.所以，可用大功率激光束照射核燃料(如氘、氚)，由激光能量加热发生核聚变.

为了使加热后的等离子体在一起维持足够长的时间或足够高的密度，从理论上考虑，必须满足劳逊判据，对等离子体进行约束.由于加热后的等离子体的温度很高，不能用任何固体容器来装(约束)等离子体,因为当等离子体与器壁接触时,器壁将立刻被气化为"一缕青烟",等离子体就会很快地散开.目前,约束等离子体并使其超过劳逊判据的途径有两种:一是磁约束,二是惯性约束.

磁约束是根据带电粒子在磁场中运动时只受到垂直于磁场线的力而沿磁场线做螺线运动,磁场的强度越大,则带电粒子运动的范围被约束得越小.利用强大电流的等离子体也能在自身感应磁场作用下有收缩的倾向,称为收缩效应,而使等离子体和器壁隔离开.人们通过特殊设计的磁场来使低密度等离子体不与容器接触地在一定区域内维持足够长的时间,以发生足够数目的聚变反应.磁约束有磁镜装置、直线收缩装置、环形装置的"泽塔"收缩装置和托卡马克装置,目前磁约束中最成功的是托卡马克装置.

对于各种磁约束,D+T 反应达到点火所需要的基本条件是:

$$\left.\begin{array}{c} RT=10\ \mathrm{keV}, n\tau=10^{14}\ \mathrm{s\cdot cm^{-3}} \\ n=10^{15}\ \mathrm{cm^{-3}}\text{时}, \tau=0.1\ \mathrm{s} \end{array}\right\} \quad (20-4-4)$$

以上条件通常称为磁约束下等离子体装置点火的劳逊条件.

目前,世界上已有 40 多个国家在进行受控核聚变的研究.30 多年来,已发明了各式各样的约束装置,各有优缺点,相对来说,托卡马克装置处于领先地位.托卡马克是一种准稳态环形磁约束聚变装置,如图 20.4.2 所示,它的主体结构包括两部分,即真空系统和磁场系统.磁场线圈直径达 9 m~10 m,环形真空室平均直径在 10 m 以上.真空室真空度要求达到 10^{-7} Pa 以上.磁场系统包括磁场线圈及供电电源.用分立的环形线圈(称纵向场线圈)排列成大环,套在形状像救生圈的环形真空室上,这些分立的环形线圈连接起来形成螺绕环状,通电后在真空室内形成大环方向(纵向)的磁场,一般为 0.5 T~2 T.利用强磁场来约束等离子体.我国已在四川乐山、安徽合肥进行了这方面的大型研制实验.小型托卡马克 CT-6装置已于 1975 年投入运行.

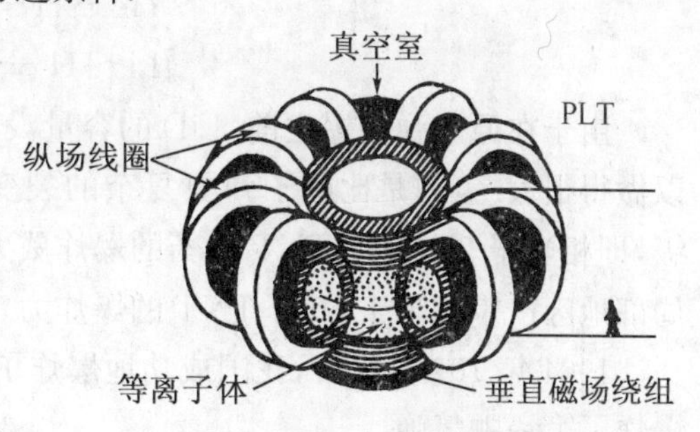

图 20.4.2 托卡马克装置

惯性约束是利用激光束或相对论电子、离子束在很短的时间内同时从几个对称方向打击聚变燃料小球,依靠内向运动的惯性使聚变燃料达到很高的密度,并维持在极短的时间(小于 10^{-9} s),以便发生足够多的聚变反应.目前,对于惯性约束存在三条途径,即利用相干激光束、相对论电子束和高能重离子束来引起热核聚变.而最有希望的是利用能量为 10^4 J~10^5 J 的激光束来实现点火.

我国激光核聚变研究已进入世界先进行列,"神光"高功率激光装置激光器的功率高达 10^{12} W,发光时间只有 10^{-11} s~10^{-10} s.当激光束聚焦在比头发丝还细的直径为 50 μm 的靶球上时,1 cm² 功率可高达 10^{17} W,在其表面产生几千万度的高温和高达 10^{17} Pa 的压强,这样就可能在短时间(小于 10^{-9} s)使等离子体达到点火指标,从而使氘、氚原子核发生聚变反应.这是一种高密度和短约束时间的装置,被认为是一条较有希望的途径.

目前一些国家的科学家又在研究常温下的核聚变.

(3)不可控热核反应——氢弹

氢弹是利用轻元素在一定条件下进行热核反应,释放出巨大能量而引起爆炸的原理制成的.氢弹的爆炸是一种人工实现的不可控的热核反应,氢弹构造的示意图如图 20.4.3 所示.氢弹是利用氘化锂作“聚变核燃料”，这里用的是浓缩的$^6_3$Li与氘(D)化合的固态物质$^6_3$LiD. 在中间的原子弹引爆后，产生大量中子，而立即引起$^6_3$Li的核反应：

$$^6_3\mathrm{Li}+^1_0\mathrm{n}\longrightarrow ^4_2\mathrm{He}+^3_1\mathrm{H}+4.78(\mathrm{MeV}) \qquad (20-4-5)$$

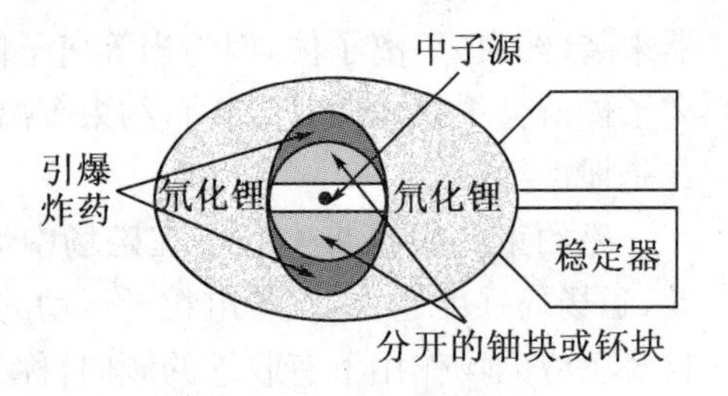

图 20.4.3　氢弹构造示意图

这样，超重氢$^3_1$H(氚)便产生出来，于是在原子弹爆炸所产生的几千万度高温和高压条件下，质子、各轻原子核以极大的速度做不规则热运动，因此，这时有很大的动能足以克服它们彼此间的库仑斥力而发生连续碰撞，实现下列聚变反应：

$$\begin{aligned}
&^2_1\mathrm{H}+^2_1\mathrm{H}\longrightarrow ^3_1\mathrm{H}+^1_1\mathrm{H}+4.00(\mathrm{MeV})\\
&^2_1\mathrm{H}+^3_1\mathrm{H}\longrightarrow ^4_2\mathrm{He}+^1_0\mathrm{n}+17.60(\mathrm{MeV})\\
&^2_1\mathrm{H}+^2_1\mathrm{H}\longrightarrow ^3_2\mathrm{He}+^1_0\mathrm{n}+3.25(\mathrm{MeV})\\
&^3_2\mathrm{He}+^2_1\mathrm{H}\longrightarrow ^4_2\mathrm{He}+^1_1\mathrm{H}+18.30(\mathrm{MeV})\\
&^6_3\mathrm{Li}+^1_1\mathrm{H}\longrightarrow ^3_2\mathrm{He}+^4_2\mathrm{He}+4.00(\mathrm{MeV})
\end{aligned} \qquad (20-4-6)$$

由于在原子弹引爆之前，LiD的容量没有什么限制(无所谓临界体积)，因此，一个氢弹可以做得很大. 氢弹是比原子弹更复杂的裂变—聚变装置. 一般原子弹的爆炸威力为2×10^4 t级，即相当于2×10^4 t TNT炸药的爆炸威力，而氢弹的爆炸威力为10^6 t级. 由于在一瞬间在局部地区产生相当于10^6 t TNT的爆炸力，因而有比原子弹更大的杀伤和破坏作用.

1964年10月16日，我国成功地爆炸了第一颗原子弹. 1967年6月17日，我国又成功地爆炸了第一颗氢弹.

(4)聚变反应堆的前景

聚变反应堆与裂变反应堆相比较有许多优点. 例如，聚变反应堆的核燃料氘和氚丰富或容易获得. 据估计，地球表面海水中的氘就有10^{14} t，氚也可以通过中子与锂反应很容易得到. 其次，聚变反应堆的反应产物无放射性，特别是如果实现了利用只产生带电粒子的反应的聚变反应堆，那么将没有与聚变反应堆相联系的放射性产生，这样可以省掉放射性废物的处理过程. 再者，聚变反应堆产生的能量是巨大的，如果能建成聚变核电站，几乎可以无限期地为人类提供巨大的能量. 但是，受控热核聚变反应堆的建成还有许多困难，要达到劳逊条件，长时间地约束高温、高密度的等离子体，必须有很强的磁场，而产生强磁场需要极大的电流，如果用普通导体载流，将会产生极大的焦耳热损失. 另外，对于高能中子的屏蔽问题，也是有待解决的问题. 要建成聚变反应堆，实现热核能源的有效利用，必须克服各种困难，做艰巨的努力.

20.5　其他能源简介

本章重点介绍核能技术，但从能源角度对其他一些新能源的特点也应有所了解，故在这一节分别对太阳能、风能、海洋能、地热能和氢能作简明介绍.

20.5.1　太阳能及其利用

(1)太阳能是取之不尽、用之不竭的再生性洁净能源

据专家们预计，太阳能在21世纪将成为人类的主要能源之一. 太阳是一个表面温度为

6000 K,中心附近温度达 1.4×10^{7} K 的巨大气球. 太阳是已电离了的等离子体,具备充分的热核反应条件,这是能辐射大量能量的根本原因. 辐射到地球的能量仅是太阳总辐射能的 22 亿分之一,约为 1.7×10^{17} W,除去大气层吸收、云层水珠反射后,到达地面的只占 47%,每年可达 2×10^{24} J,是全世界煤炭、石油和天然气所含总能量的 130 倍. 我国幅员辽阔,太阳能资源十分丰富,占全国总面积的 2/3 以上的地域具备利用太阳能的有利条件.

(2)太阳能的利用

人类利用太阳能由来已久,但进行大规模的利用,并引起国际重视,还是近二三十年的事.

太阳能的利用,取决于收集、转换、贮存和输送等方面的技术研究. 目前,直接利用太阳能主要是通过光热转换、光电转换和光化学转换三种途径,其应用包括太阳能采暖和致冷、太阳热发电和太阳光发电三个方面.

①太阳能采暖和致冷. 属光能热能转换性质,热量用于取暖、空调、生活用热水、干燥、蒸馏以及其他低品位热量供应. 由于采暖和致冷能耗很大,又属低温,技术上不存在障碍,易于取得显著的经济效果.

光热转换系统的主要部件是:集热器,收集太阳能并高效地转换为热能,是核心部件;蓄热器,因太阳能是随时间而变化的能源,供暖和制冷也随时间变化,供需规律完全不同,故必须解决蓄能问题;辅助热源,因日照变化很大,蓄能有限,必须备有辅助热源.

②太阳热发电. 属于热能电能转换性质,利用太阳热辐射,使热机带动发电机实现. 热电转换的结构与一般火力发电站相似,只是用集热器代替了锅炉,由集热系统、热转输系统、蓄热装置、热交换系统和发电系统组成. 集热器必须具有聚光能力,以提高光的能源密度,达到较高的集热温度,故集热器是太阳热发电的核心部件.

集热器有平面镜集热器、曲面镜集热器、透镜集热器三种,它们一般都由采光场和接收器组成. 采光场具有追踪视日的能力,以便使反射系统能将太阳光都集中反射到接收器中,反射系统的平面镜由机构带动,随太阳角度变化,调节角度保证反射光总是射入接收器,故称反射系统为定日镜.

③太阳光发电. 属于光能电能转换性质,利用太阳能电池直接把光能转换成电能. 由于光照而产生电动势,称为光伏打效应,太阳能电池就是按照光伏打效应制造的. 太阳能电池由半导体材料制成,靠 P—N 结的光伏打效应产生电动势.

太阳光发电,最早是在 1958 年美国发射的“先锋 1 号”人造卫星上,用于电信装置的通讯电源,但价格昂贵,不便普及. 1973 年石油危机后,美、日才引起重视,现在无论是在品种还是产品性能上都有很大的发展.

研究低成本、高效率的新型太阳能电池是利用太阳光发电的战略目标. 日本在这方面处于领先地位,日本科学家提出用太阳能电池发电,超导电缆联网的全球供电网络构造,称为 CENESIS 计划. 2000 年全世界消费的一次能源折合为 1.4×10^{10} L 石油,如按 10%的转换效率,这些能量若用太阳光发电需占地 807×807 km^2,仅占全球沙漠面积的 4%. 可见,太阳光发电潜力巨大,无疑对人类文明具有重大而深远的意义.

20.5.2 风能及其利用

风能实际上来源于太阳能,太阳照射在地球表面,因各处地面受热不均而产生温差,推动大气流动形成风. 它是一种机械动能,其能流密度 $I=\frac{1}{2}\rho v^{3}$,与风速的三次方成正比,因此,风速越大，有风时间越长的地区，风能资源越丰富. 据估计，地球上风能资源约 2×10^{13} W，相当于目前全球耗能总量的两倍多.

由于风力的变化比较复杂，只有长期细致观测，才能获得风能资源的有用资料进行开发利用. 实现风能利用需有几个必备的条件：①启动风速，一般小型风轮机为 3 m·s^{-1} 以上，即至少三级风才能推动；②不能超过风轮机的极限风速；③保证可利用风速在一年内的小时数.

风能发电系统主要由风轮机、传动变速机构和发电机等组成，风轮机是核心部件. 风轮机的样式很多，大体可分为两类：一类是浆叶绕水平轴转动的翼式风轮机，有双叶式、三叶式和多叶式；另一类是绕垂直轴转动的“S”型叶式风轮机. 前者居多，风轮机的功率与风轮叶片转动时所形成的圆面积成正比.

风能是再生型洁净能源，历来受人类关注. 远古时代（公元前 2800 年）已用风力帆行船，公元前 200 年波斯已能建造主轴风车用来抽水、磨面，近代除利用风能提水或作其他动力外，多用于发电. 20 世纪 80 年代后，各国相继发展 10 kW 以下的风轮机组，大力发展几十至几百千瓦的风轮机组，还与火力电网并网运行.

20.5.3 海洋能的开发和利用

海水覆盖着 71% 的地球表面，它给予人类航运之便，水产之利，还蕴藏有大量的能量，称为海洋能. 海洋能包括潮汐能、波浪能、海中温差能、海流能等，是取之不竭的再生型洁净能源. 现将其成因、特点、利用价值分别简介于后.

(1)潮汐能

海水在月球和太阳等天体引力作用下产生一种周期性的涨落，每天两次，这种海水运动称为潮汐. 海水涨落运动所包含的大量动能和势能称为潮汐能. 根据万有引力计算，月球的引潮力可使海水面升高 0.563 m，太阳的引潮力可使海水面升高 0.246 m，二者之和可引起潮差达 0.8 m. 尤其是在浅而宽的大陆架上，或在凹凸曲折的海岸和港湾河口交叉地带，海水涨落十分明显. 如北美芬迪海峡潮差高达 19 m，英吉利海峡潮差达 14 m，我国杭州湾“钱塘潮”潮差达 9 m. 世界上有 28 个潮差区被认为利于兴建潮汐电站.

利用涨潮时的海水动能和潮差的势能驱动发电机组发电，称为潮汐发电. 在工程上与河川上的水电站相似，根据各地潮汐的特点，选择适当的地形条件，建立拦水坝形成水库，在坝中或坝旁放置发电装置. 潮汐发电站可分为单库单向式和单库双向式两种.

据估计，世界潮汐资源的理论蕴藏量约为 3×10^{9} kW，可开发的约 6.4×10^{7} kW，年发电量约为 1.4×10^{11} kW·h～1.8×10^{11} kW·h. 世界上目前最大的潮汐发电站是法国朗斯河口潮汐发电站，潮差为 13.5 m，装有单机容量为 10^{4} kW 的双向贯流机组 24 台，年发电量 5×10^{8} kW·h. 我国潮汐动力资源十分丰富，沿海有 500 多处可兴建潮汐电站，多集中在浙江、福建两省.

潮汐发电不需要原料，对环境不产生污染，不破坏生态平衡，又不像建河川电站那样，要淹没土地和移民，是一种清洁、安全、可靠的能源. 同时还有利用前景，如围海造田、开展海产养殖、海上旅游等.

(2)海水温差能

海水温差能是太阳及其他天体的热辐射和地球内部向海水放出的热能以及海流摩擦产生的热能的总称. 太阳能是主要部分，太阳光辐射到海面上，部分被反射用于海水蒸发，大部分被海水吸收，使海水表面温度升高，一般可达 25℃～28℃，而在 500 m～1000 m 深处，温度约为

4℃～7℃，可有15℃～20℃的温差．全球海水储量约 1.37×10^9 km^3，加上海水热容量比地球表面大一倍多，可见海洋是一个巨大的热能库．

利用海水表层作高温热源，深层冷水作低温热源，用热机组成热力循环，选用低沸点的氟里昂、丙烷、氮等作为工作物质，在25℃即可得高压蒸汽推动涡轮发电机发电，低压蒸汽在深海冷水冷却，再经泵压循环使用，可以连续发电．

海热利用于发电的设想早于一百年以前就被提出，但受当时技术限制未能实现．1979年，美国在夏威夷岛建成第一座温差发电装置，被安装在一艘268 t的海军驳船上，用一根直径0.6 m、长663 m的聚乙烯冷水管垂直伸向海底，用氨作工作物质，发电功率为18.5 kW．之后，日本、法国等也在积极开发海热．我国南海全年平均水温在25℃～30℃，是很好的海热资源，具有很大的开发潜力．

可见，海热是一种取之不竭的再生型清洁能源．修建在海上的温差发电站，除用海底电缆向陆地输送电力外，还可直接用于海水淡化，从浓缩的海水中提取核燃料（铀和重水），将海水电解获得氢和氧，从海水中提取稀有金属等等．

(3)海浪能的利用

波浪具有很大的势能和动能．据估计，1 km^2 的海面上，海浪的功率可达 1×10^5 kW～2×10^5 kW．可见，海浪是一个巨大的能源．

试验证明，海浪发电装置是一种可靠的电源，特别是用于航标灯和灯塔用电，比太阳能电池、燃料电池更安全可靠，而且是一种没有任何污染的清洁能源．

海浪的机械能转换为电能的方式可分为两种：一种是通过转换器将海浪能转换成适于带动发电机旋转的机械能发电，效率可达80%，1 m长的海浪可得40 kW～100 kW的电能；另一种是通过海浪运动所形成的压力和吸引力作用转换成容器中空气的压力，推动涡轮机发电．

20.5.4 地热能

我国著名地质学家李四光曾说：“地球是一个庞大的热库，有源源不断的热流．”地热便是指这种地球内部所蕴藏的热能．据估计，地热增温率为3℃（升温）/100 m（增深），以地表20℃起算，地下40 km深处可达1220℃，那里的岩石处于熔融状态，称岩浆．这些灼热的岩浆在强大压力作用下，被“挤”出地壳薄弱的地面，形成火山爆发．地热增温中地域差异很大，大约有10%的地区处于地热异常区，这些区域与火山作用区，或与地壳较薄地区，或与由地质上大陆漂移理论所设定的板块边缘区有关．

地热能来源于地球内部放射性元素衰变产生的热量．据估算，这种衰变平均每年放出 2.1×10^{21} J的热量，仅地下10 km范围内蕴藏的地热能，就相当于全球煤炭资源的2000倍．可见，地球内部蕴藏着巨大的热能．地热能资源可分为两种基本类型：①地热水（汽）资源，有传热流体（水、盐或蒸汽等）相伴随着，遍及各地的温泉就属这一类；②干热岩地热资源，没有天然的传热流体存在，故渗透率低．

低温地热水利用历史已久，技术简单．热水可用于温水浴、制矿泉水、供暖，也可用温度在70℃～180℃之间的地热水作吸收式循环致冷．高温地热主要用于发电．

开发地热资源的关键在于有控制地获得足够数量的热能，其核心技术是钻深井．按目前的技术水平，最大的经济钻井深度为3000 m，这个深度最高温度为几百度．对于无天然传热流体的干热岩资源，还需先建立渗透通道，使传热流体在干热岩内循环，把热量带到地面装置中．实验提出，利用水力压缝从干热岩中提取热能，技术上是可行的．

我国地热资源比较丰富，在西藏和云南西部地区已发现温泉达500处之多，高于当地沸点的热水活动区就有百处以上.这些地带是我国高温地热资源区，适于建造地热发电站.1977年在西藏羊八井地热田钻了两口温度在130℃～137℃的浅井，建造了装机容量7000 kW的试验电站.低温地热水的应用也很广泛，在天津三个地热异常区，目前有深度500 m，温度在30℃以上的热水井356眼，这些地热水已用于建造温室，养鱼、育种和部分工厂用热.

值得注意的是，利用地热能对人类生存条件的危害虽小，但也不可忽视地热水中往往含有钠、钾、钙、镁等盐类，如果钻井布局不合理，可能影响清洁水源；抽用地下热水，也容易造成地面沉降、化学元素污染等弊端.对此应采取有效的补救和防范措施.

20.5.5 氢能的利用

(1)氢是优良、清洁、高效的二次能源

氢能的优点可概括如下：①发热值高，燃烧时单位质量释放的热能约为化石燃料的三倍；②与空气中的氧化合成水，还可再生和再循环；③可燃范围广，点燃快，燃点高，故安全；④无毒，故污染小；⑤重量轻，密度小，便于运送和携带；⑥资源丰富，占地球表面的71%的海水中含有大量的氢，在自然界中储量仅次于氧；⑦氢在尖峰负荷发电机组中可取代常规的储能电站，这也是它的一大优点.也就是说，如果把电网中平时多余的电力用来电解水制成氢和氧先贮存起来，待负荷尖峰时，再使氢和氧燃烧喷水生成高压蒸汽发电，以便补充此时电力的不足.

在常规能源日渐枯竭的形势下，即使21个世纪核能和太阳能为主要能源时，仍需解决一次能源与能源用户的中间能源系统，氢能便于输送、贮存及可再生，它将成为未来的理想的中间能源，也是21世纪最重要、最经济、最干净的二次能源.

(2)氢能的利用

氢能虽具诸多优点，是理想的二次能源，但由于制氢成本高，目前还未能作为一般能源使用.因此，如何降低氢的制取成本，并能安全输送，是氢能能否广泛使用的关键技术问题.

①传统的制氢方法，如水煤气法制氢、电解水制氢、热化学分解水制氢等，大都需要消耗大量的能量，故未能广泛使用.科技人员经多年研究，获取了一些很有前途的制氢方法，例如：

a.光分解法制氢.利用太阳光中紫外区的光子具有使水直接实现光分解的能量制氢，但太阳光到达地面时紫外线已很少，需加入催化剂，现已发现了几种，但效率还很低.不过，科学家认为这种制氢方法大有潜力.

b.光电化学电池分解水制氢.利用太阳光照射到半导体氧化钛表面，在氧化钛上产生的电流会使水分解产生氢气，效率可达12%，是一种有很大前途的制氢方法.

c.生物光解制氢.用人工模仿植物光合作用分解水，即用叶绿素水裂解制氢.目前，美、英等国用1 g叶绿素1 h可产生1 L的氢气，转化效率高达75%，是一种现实有效的制氢方法.

②氢的储存.这也是氢能广泛利用的一个技术问题，储存方法分为三种：一是高压气态储存，二是低温液态储存，三是化学方法储存.前两种方法都需较重容器，而且高压或低温都耗能巨大，不经济，又难于储存.人们不得不探求新的贮氢方法.

经科研人员多年努力，已寻求出多种贮氢新法，目前公认有发展前途的是氢合金储存.20世纪60年代发现氢能和一些合金发生化学反应，生成金属氢化物.在一定条件下加热又能分解释放出氢气来，合金性能也不改变，达到了储存氢的目的.这些金属(合金)就称为贮氢金属(合金).尽管这种储存氢气的技术取得了进展，但因贮量低、成本高和释放温度高等问题，在使用时受到限制，尚需进一步进行探索、研究.

就“能源”这个大课题而言，本章所涉及的问题远远不够，如新的能量转换技术还未具体谈及. 但就本课程的要求和篇幅所限，读者通过前面的阅读已能领悟到，人类目前虽面临常规能源日渐枯竭的危机，但地球上、宇宙间各种能量资源极为丰富，人类大可不必为缺能发愁，人类完全可以靠自己的智慧去发现新能源，发明新的能量转换技术，不断地生产丰富的二次能源，满足现代人类物质文明的需求.

习题 20

20.1 原子核的基本性质主要由哪些物理量描述？

20.2 试说明核素的结合能和核素的平均结合能的物理含义．如何计算？

20.3 原子核中核子与核子之间相互作用力的主要性质有哪些？

20.4 试说明原于核半径的意义．如何确定原子核半径？

20.5 试说明核素、同位素、同量异位素、同质异能素、同中子素的物理意义．

20.6 如果原子核半径按照公式 $R=1.2\times10^{-15}A^{1/3}$ 确定，试估计核物质的密度以及核物质单位体积内的核子数．

20.7 试指出下列原子核：^{12}B、^{14}C、^{14}N、^{14}O、^{16}O，哪些是同位素？哪些是同量异位素？哪些是同中子异荷素？

20.8 氚原子的同位素质量等于 3.016050 u，而氦原子的同位素质量等于 3.016030 u，试求两种同位素的质量亏损，并说明它们之间不相同的原因是什么？

$$\left[\text{答案：}\begin{matrix}\Delta M(1,3)=0.009105\ \text{u}\\ \Delta M(2,3)=0.008285\ \text{u}\end{matrix}\left\{\begin{matrix}0.00859\ \text{mu}\\ 0.00717\ \text{mu}\end{matrix}\right.\right]$$

20.9 试计算从核素 $^{4}_{2}He$ 及 $^{13}_{6}C$ 中取出一个质子或中子，各需要多少能量？试解释两者有很大差别的原因．

20.10 试由质量亏损求出下列核素的结合能和平均结合能：$^{2}_{1}H$、$^{4}_{2}He$、$^{15}_{8}O$、$^{16}_{8}O$、$^{40}_{20}Ca$．

20.11 试证明在计算原子核质量亏损或结合能时可采用原子本身的质量，并把原子质量同氢原子及相应数目的中子的质量总和作一比较．

20.12 动能为 1.7 MeV 的质子，轰击静止核 $^{7}_{3}Li$ 时发生核反应的结果，出现两个具有相同能量的 α 粒子，其能量各为 9.5 MeV，若 $^{1}_{1}H$ 及 $^{4}_{2}He$ 的原子质量为已知，确定 $^{7}_{3}Li$ 的原子质量．

20.13 假定 $^{235}_{92}U$ 俘获一个热中子后，将分裂成原子质量数在 70～160 间的两个碎片，同时放出三个快中子．若 $^{235}_{92}U$ 和碎片的每一核子的结合能分别为 7.6 MeV 和 8.5 MeV，试计算 1 g $^{235}_{92}U$ 完全裂变时所释放的能量是多少？它相当于多少吨煤的燃烧热？（煤的燃烧热约等于 $33\times10^{6}\ \text{J}\cdot\text{kg}^{-1}$，$1\ \text{MeV}=1.60\times10^{-13}\ \text{J}$）[答案：$1.27\times10^{3}$ kg]

20.14 假定两个氘核相互作用而聚变成氦核，当 1 g 氘完全聚变成氦核时，其放出多少能量？它相当于多少吨煤的燃烧值？[答案：3.24 t]

第21章　激光原理及应用

激光是"通过辐射的受激发射进行的光放大"的简称,由激光器发射的具有很强方向性和高度相干性的光.从历史上来说,激光的基础理论是1917年由爱因斯坦所奠定的受激辐射(或受激发射)的概念,他在计算气体平衡的工作中,就已经发现辐射有两种可能的形式:自发辐射和受激辐射.理论的预言经过了近40年,1954年首先在微波技术领域中得以实现,制成了第一个微波量子放大器,获得了高度相干的微波束.1958年,美国物理学家汤斯和肖洛提出了推广至光频波段受激辐射光放大所必须的物理条件,并指出了产生激光的方法.1960年5月美国物理学家梅曼研制成功第一台红宝石激光器,成为继原子能、计算机和半导体之后,20世纪又一重大科学发明.1960年12月贾万等人制成氦氖激光器,1962年霍尔等人制成半导体(砷化镓)激光器,1963年制成环形激光器,1964年制成二氧化碳激光器,1966年制成染料激光器等.由于它的诸多新颖特性和在科技生产中的重大作用,在短短的30多年中已研制出上千种激光器件,几万种材料可以用来制造激光器件,输出功率由微瓦级发展到兆兆瓦级;光谱线从真空紫外到毫米波;工作物质有固体、气体、半导体、金属蒸汽、准分子、自由电子;有大到一间房子也容纳不下的巨型激光器,也有比米粒还小的集成半导体激光器.激光应用在许多技术领域内迅速展开,如激光加工处理、激光检测与计量、激光光纤通讯与传感、激光同位素分离、激光光盘存储与显示、激光全息照相、激光热核聚变、激光医疗、激光育种、激光武器等,不胜枚举,其应用范围远远超出了人们的预料.激光技术的出现使一系列新的学科脱颖而出,非线性光学、激光物理、激光化学、激光生物学与医学、激光光谱学、激光超快电子学等交叉学科和边缘学科相继而成,激光技术谱写了人类文明史的新篇章.

我国光电子学起步较早,1964年开始研究半导体激光器,1975年研制成第一台室温下连续工作的半导体激光器,1980年制成寿命达数万小时的半导体激光器.20世纪80年代后,由于国家重视,光电子技术得到长足发展,光纤通讯线路正式投入使用,短波长(0.85μm)和长波长(1.3μm～1.5μm)激光器都能生产,分布反馈激光器、低阈值量子阱激光器、光双稳激光器、大功率半导体激光列阵等一大批研究成果的问世使我国的激光技术在国际上引人注目.

激光技术是20世纪60年代初发展起来的一门新兴科学技术,是现代物理学取得的主要成果之一,它不但引起了现代光学应用技术的巨大变革,还促进了物理学和其他有关学科的发展.激光器发出的激光和普通光源发出的光相比,具有独特的性质.正是由于这些特性,激光具有多方面的应用,这里主要介绍激光的原理、产生和特性的应用.

21.1　激光的基本原理

21.1.1　粒子数按能级的分布

根据原子的量子理论,原子只可能处于一系列由量子数决定的状态和能级上,对于主量子数$n=1$的能级是原子内部能量最低的状态,称为基态,原子获得能量后可以处于较高的能量态,称为激发态.

以气体放电管为例,由于大量原子、离子、电子在气体放电过程中,不断发生碰撞交换能量和动量，原子可能处于基态或任一激发态，对每个原子来说，处于某一能量状态有一定概率；对大量原子来说，在各个能级上都可能分布着一定数量的原子.达到热平衡时，在一定温度下，在单位体积中处于各个能级上的原子数目 N_i 决定于状态的能量 E_i 和温度 T，原子数目的比值是一定的，是按照统计分布规律分布的.这个统计规律，就是玻耳兹曼分布律，即 $N_i \propto e^{-E_i/kT}$.

设 N_1、N_2 分别为单位体积内低能级 E_1 和高能级 E_2 中的原子数，在温度为 T 的热平衡条件下，有

$$\frac{N_2}{N_1}=e^{-\frac{E_2-E_1}{kT}}=e^{\frac{-h\nu}{kT}} \tag{21-1-1}$$

式中，T 是热平衡的绝对温度；k 是玻耳兹曼常量，$k=1.38\times10^{-23}\,J\cdot K^{-1}$；$h$ 是普朗克常量，$h=6.626\times10^{-34}\,J\cdot s$.由(21-1-1)式可见：

①高、低能级差(E_2-E_1)越大，则$\frac{N_2}{N_1}$越小，即低能级 E_1 上的原子数密度 N_1 比高能级 E_2 上的原子数密度 N_2 大，处于高能级的原子数比处于低能级的原子数少.

②热平衡状态时，绝对温度 T 越高，$\frac{N_2}{N_1}$越大，在高温下处于激发态的原数密度较大.在室温下，$\frac{N_2}{N_1}$很小，绝大部分原子处于基态，只有极少数原子处于激发态，分布在低能量状态下的原子数，多于分布在高能量状态下的原子数.

21.1.2　光与物质的作用

光与物质的相互作用就是光与原子的相互作用，可以有三种主要过程：受激吸收、自发辐射和受激辐射.

(1)受激吸收

设想原子具有 E_1 和 E_2 两个能级，E_2 是高能级(或称上能级)，E_1 是低能级(或称下能级)，$E_2>E_1$.E_1 可以是基态，也可以是较低能量状态.如果有一个原子开始时处于低能级 E_1 上，当有一个能量为 $h\nu_{21}=E_2-E_1$ 的光子接近这个原子，则它可能吸收这个光子，从而提高能量状态，从 E_1 能级跃迁到 E_2 能级，如图21.1.1所示，称为受激吸收过程.如果光子频率不满足关系 $h\nu_{21}=E_2-E_1$，原子是不会吸收这一光子而发生跃迁的.

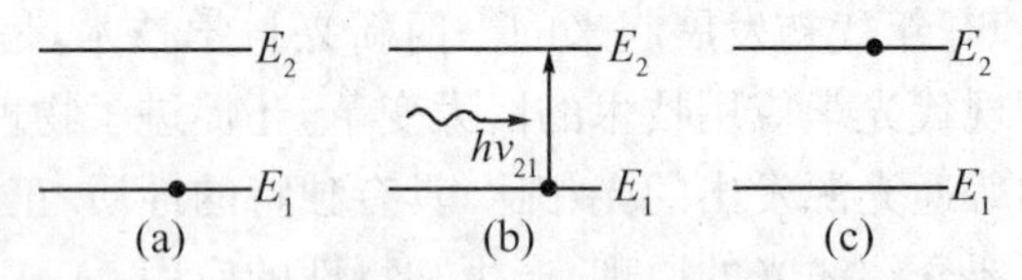

图21.1.1　吸收过程

受激吸收的特点是：不是自发产生的，必须有外来的光子来"激励"才会发生，而对于外来光子，除了要求其频率(或能量)符合条件 $h\nu_{21}=E_2-E_1$ 外，至于方向、位相等均无任何要求.

(2)自发辐射

从经典力学观点来讲，一物体如果势能很高，它将是不稳定的.与此类似，处于高能态的原子也是不稳定的，它在高能态平均停留时间一般都非常短，约为 10^{-8} s，即激发态的平均寿命(简称寿命)约为 10^{-8} s.在不受外界影响的条件下，它们会自发地跃迁到较低能态或基态去，从而以一定的概率辐射出频率为 ν_{21} 的光子，光子能量为 $h\nu_{21}=E_2-E_1$，这种自发的从高能态跃迁到较低能态或基态而放出光子的过程，称为自发辐射过程，如图21.1.2所示.

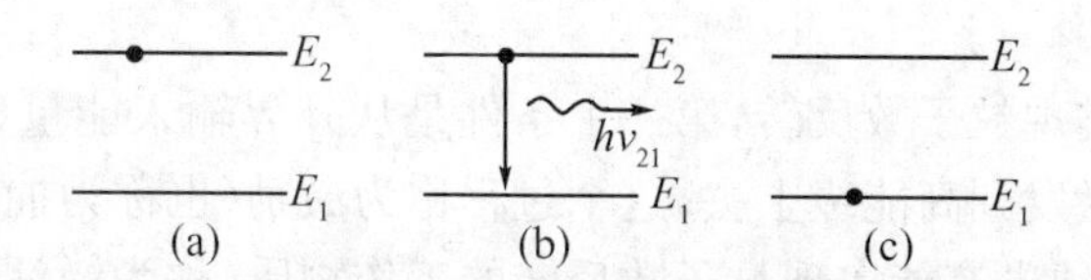

图 21.1.2　**自发辐射过程**

自发辐射的特点是:①不受外界影响而自发进行;②各个原子的辐射都是自发地、独立地进行的,因而各个原子发射出来的光子的发射方向、初位相、振动方向都不相同;③由于各个原子激发态不同,自发辐射的频率不同,这些光源发出的光不是相干光,如电灯、日光灯、氙灯等.

(3)受激辐射

处于激发态 E_2 的原子在发生自发辐射之前,如果受到外来光的"激励",光子能量恰好为 $h\nu_{21}=E_2-E_1$,那么它就会因感应而引起从 E_2 高能态向 E_1 低能态的跃迁,同时辐射出一个与外来光子完全相同的光子,这种过程称为受激辐射,如图 21.1.3 所示.

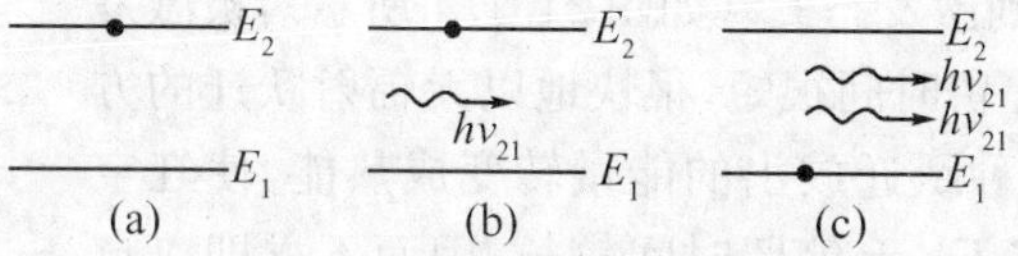

图 21.1.3　**受激辐射过程**

受激辐射的特点是:①必须有外来光子"激励"才会产生,不是自发产生的,它对外来光子频率有严格要求,必须满足 $\nu_{21}=\dfrac{E_2-E_1}{h}$;②辐射出来的光子与外来激励的光子频率、振动方向、位相、传播方向都相同,满足相干条件,而且由于输入一个光子,可得到两个完全相同的光子,两个光子可得到四个完全相同的光子,以此类推.受激辐射跃迁时连锁进行,短时间内,可在一个光子作用下获得大量量子态完全相同的光子,实现光放大,所以又称为激光.激光光束的一些新颖特点主要来源于大量光子处于同一量子态.

从上面分析可见,三个过程中,受激辐射是产生激光的基础.受激辐射不仅能产生大量的具有相同量子态的光子,而且实现了光放大.但是,光与原子体系相互作用时,总是同时存在受激吸收、自发辐射与受激辐射三种过程,不可能只存在受激辐射过程.问题是如何创造条件使受激辐射胜过受激吸收过程和自发辐射过程,从而在三个过程中占主导地位,这是产生激光的关键.

理论和实践证明:①为使受激辐射胜过受激吸收过程,就必须造成粒子数反转分布;②为使受激辐射超过自发辐射,就要借助于光振荡.

21.1.3　**粒子数反转分布**

由前面分析可知,要使受激辐射占优势,必须获得正常分布的反转情况,设法使高能级 E_2 的粒子数密度 N_2 大于低能级 E_1 上的粒子数密度 N_1,即 $N_2>N_1$,由(21-1-1)式,有

$$\frac{N_2}{N_1}=\mathrm{e}^{-\frac{E_2-E_1}{kT}} \tag{21-1-2}$$

可见,在热平衡条件下,$N_2<N_1$,不可能使受激辐射占优势.要想使受激辐射占优势,获得光放大,除非使体系处于非热平衡状态,实现 $N_2>N_1$,即处于高能级的粒子数大于低能级的粒子数,这与正常分布情况正好相反,故称为粒子数反转分布.显然,实现 $N_2>N_1$ 是产生

激光的必要条件.

为了使工作物质实现粒子数反转,第一个条件是从外界输入能量(如光照、放电等),不断地把低能级上的原子激发到高能级上去,这个过程称为激励(也称为抽运).但是仅仅从外界进行激励是不够的,还必须先有能实现粒子数反转的工作物质(称为激活媒质).我们知道,原子可以长时间处于基态,而处于激发态的时间(即激发态寿命)一般是很短的,约为 10^{-8} s 左右,所以,激发态是不稳定的.除基态和激发态外,有些物质还具有亚稳态,它不如基态稳定,但比激发态要稳定得多.实现粒子数反转的第二个条件便是存在能级寿命较长的亚稳态.如红宝石中的铬离子(Cr^{3+}),它的亚稳态的寿命有几毫秒,在氦、氖、氮原子和钕离子、二氧化碳等粒子中,都存在亚稳态.具有亚稳态的工作物质就能实现粒子数反转,下面以红宝石为例加以说明.

红宝石是人工制造的刚玉(Al_2O_3),掺入少量(约 0.05%)铬离子(Cr^{3+})而构成的晶体,在红宝石中起发光作用的是铬离子.当红宝石受到强光照射铬离子被激励时,使处于基态 E_0 的大量铬离子吸收光能而跃迁到激发态 E_2(如图 21.1.4 所示),被激发的铬离子在能级 E_2 上停留时间很短,很快地以无辐射跃迁的方式转移到亚稳态 E_1,这种跃迁放出的能量转变成热能,使红宝石发热.铬离子在亚稳态 E_1 上停留时间较长,因而不立即以自发辐射的方式返回基态,加上外界光能的不断激励,使亚稳态 E_1 上的粒子数不断积累,这样就在亚稳态 E_1 和基态 E_0 之间形成了粒子数反转.

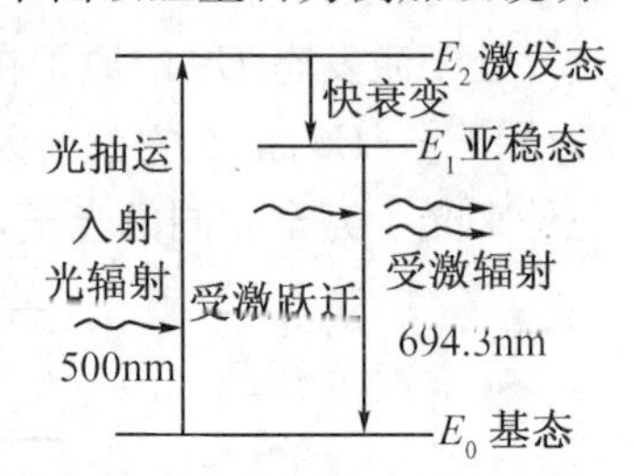

图 21.1.4 铬离子在红宝石中的能级

21.1.4 光振荡

使工作物质(激活媒质)处于粒子数反转分布,产生光放大,是产生激光的必要条件,但这时的激光寿命比较短,强度很微弱,没有实用价值.为了获得有一定寿命和强度的激光,还需要一种装置,使在某一方向和频率一定的受激辐射,不断得到放大和加强,也就是使受激辐射在某一方向来回反射产生振荡,以致在这一特定方向上超过自发辐射,实现受激辐射占主导地位.这种使光波在其中来回反射从而提供光能反馈的空腔,是激光器的必要组成部分,称为光学谐振腔,通常由两块反射镜组成.

(1)光学谐振腔

像电子技术中的振荡器一样,要实现光振荡,除有放大元件外,还必须具备正反馈系统、谐振系统和输出系统.在激光器中,可实现粒子数反转的工作物质就是放大元件,而光学谐振腔就起着正反馈、谐振和输出的作用.图 21.1.5 为光学谐振腔示意图.在作为放大元件的工作物质两端分别放置一块全反射镜和一块部分反射镜,全反射镜的反射率很高,在 99%以上,部分反射镜的反射率约为 40%~80%,激光由部分反射镜一端输出.

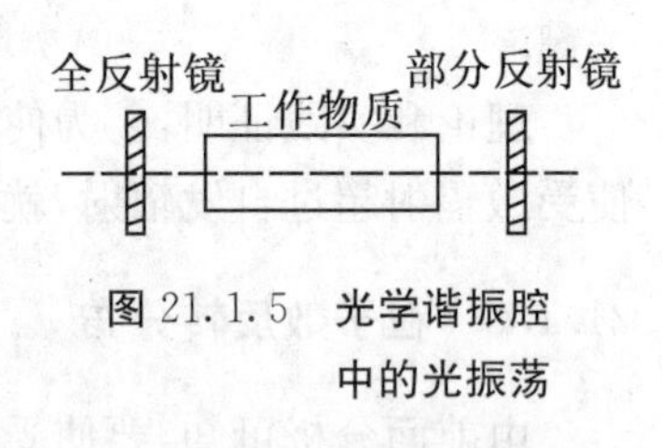

图 21.1.5 光学谐振腔中的光振荡

当能实现粒子数反转的工作物质受到外界激励后,就有许多原子跃迁到激发态去.激发态的粒子是不稳定的,它们在激发态寿命时间范围内会纷纷跃迁到基态或较低能态,而发射出自发辐射光子.这些光子射向四面八方,其中偏离轴向的光子很快就逸出谐振腔外.只有沿着轴向的光子,在谐振腔内受到两端反射镜的反射而不致逸出腔外.这些光子就成为引起受激辐射的外界感应因素,以致产生了沿轴向的受激辐射.受激辐射发射出来的光子和引起受激辐射的光子有相同的频率、传播方向、振动方向、位相和速率. 它们沿轴线方向不断地往复通过已实现了粒子数反转的工作物质(即激活媒质),因而不断引起受激辐射,使沿轴向往返运行的光子不断得到放大和振荡,如图 21.1.6 所示. 这是一种雪崩式的放大过程,使谐振腔内沿轴向的光子不断增加,而在部分反射镜中输出相同状态的强光束,这就是激光.

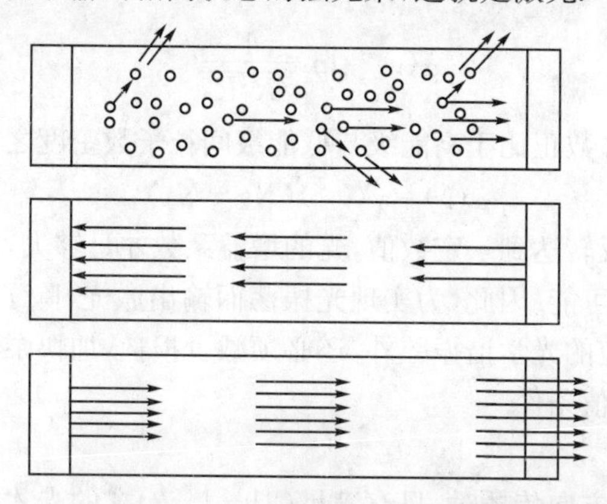

图 21.1.6 谐振腔中的光振荡

由上述分析,可见谐振腔的作用是:①产生和维持光振荡;②使激光的方向性好;③使激光的单色性好. 光在谐振腔内传播时,形成以反射镜为节点的驻波,由驻波条件可知,加强的光必须满足

$$l = K\frac{\lambda}{2} \tag{21-1-3}$$

式中,l 是谐振腔长度,λ 是光的波长,K 是正整数. 波长不满足上述条件的光,会很快被减弱而淘汰. 所以,谐振腔又起了选频的作用,使激光的频率宽度很小,即单色性很好.

(2)光振荡的阈值条件

有了稳定的光学谐振腔,有了实现粒子数反转的工作物质,还不一定能引起受激辐射的光振荡而产生激光. 因为工作物质在谐振腔内虽能够引起光放大,但谐振腔内也有许多损耗因素,如反射镜的吸收、透射和衍射,工作物质不均匀造成的折射和散射等. 这些因素都使谐振腔内光子数目减少,这些损耗应尽量避免. 这就是说,如产生激光振荡,对于光的放大来讲,必须满足一定的条件,这个条件就是光振荡的阈值条件.

图 21.1.7 表示光在谐振腔内来回反射时的光强变化. 两块反射镜用 M_1、M_2 表示,其间距为 l,透射率和反射率分别为 T_1、R_1 和 T_2、R_2. 假定腔内所有的损耗都包括在透射率 T_1、T_2 中,则可以简化问题而不影响实质. 工作物质处于热平衡状态,当光通过时,其光强 I 随通过距离 l 按指数式衰减,表示式为

$$I(\nu,l) = I_0(\nu)e^{\alpha(\nu)l} \tag{21-1-4a}$$

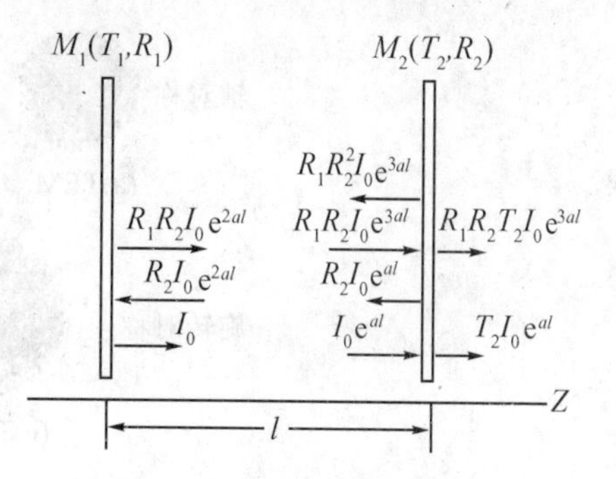

图 21.1.7 光在谐振腔内来回反射时的光强变化

当 $l=0$ 时,光强为 I_0,当 I_0 经过整个长度为 l 的工作物质到达第二块反射镜 M_2 时,光强为 $I(\nu,l)=I_0e^{\alpha(\nu)l}$. 其中 $\alpha(\nu)$称为工作物质的增益系数,其意义为光经过单位长度后光强增加位数的对数. 由图 21.1.7 可以看到,光每经过一次往返,即经过两次反射,光强要改变 $R_1R_2I_0e^{2\alpha(\nu)l}$ 倍. 如果 $R_1R_2e^{\alpha(\nu)l}$ 小于 1,往返一次后,光强减小,来回反射

多次后，它将会越来越弱，不可能建立起激光振荡. 因此，要能够实现激光振荡，必要条件为

$$R_1R_2e^{2\alpha(\nu)l}\geqslant 1 \tag{21-1-4b}$$

所以，满足激光振荡的最起码的条件，即阈值条件为

$$R_1R_2I_0e^{2\alpha(\nu)l}=1 \tag{21-1-4c}$$

即
$$\alpha(\nu)=\ln\frac{1}{\sqrt{R_1R_2}}$$

理论研究指出，增益系数正比于高能级与低能级间粒子数密度之差 N_2-N_1，因此有

$$\alpha(\nu)=\chi(\nu_{21})(N_2-N_1) \tag{21-1-5}$$

可见，只有当粒子数反转达到一定数值，光的增益系数才足够大，以致可能抵偿光的损耗，从而使光振荡的产生成为可能. 因此，为实现光振荡而输出激光，除了具备能实现粒子数反转的工作物质，以及一个稳定的光学谐振腔外，还必须减少损耗，加快泵浦抽运速率，从而使粒子反转数达到产生激光的阈值条件.

(3)谐振腔的模式

当光沿谐振腔的轴线方向传播时，只有满足(21－1－3)式的光才能在腔内振荡，其频率为

$$\nu_k=\frac{Kc_n}{2l}\quad (K=1,2,3,\cdots) \tag{21-1-6}$$

式中，c_n 为光在腔内媒质中传播的速度，$c_n=\dfrac{c}{n}$，n 为媒质的折射率. ν_k 称为谐振频率，每个 K 值，对应一种频率 ν_k，即对应一种“振荡方式”，称为纵模. 由于 $l\geqslant\lambda_k$，所以谐振腔内的纵模数很多.

如果落入自发辐射光谱线轮廓范围内的谐振频率只有一个，则产生的激光只有一个频率，称为单模激光. 如果落入自发辐射光谱线轮廓范围内的谐振频率有多个，则产生的激光包含多个频率，这种激光称为多模激光.

构成谐振腔的两个反射镜对腔内的光都有反射作用，由于反射镜的孔径大小是有限的，则对腔内的光有衍射效应. 由于这种衍射作用及两反射镜对准程度不同改变激光强度原来的径向分布情况，使得激光光斑出现各种各样的分布花样. 这种光斑的分布形式称为光束的模式，由于光束强度分布垂直于腔轴方向，故称为横向模式或横模.

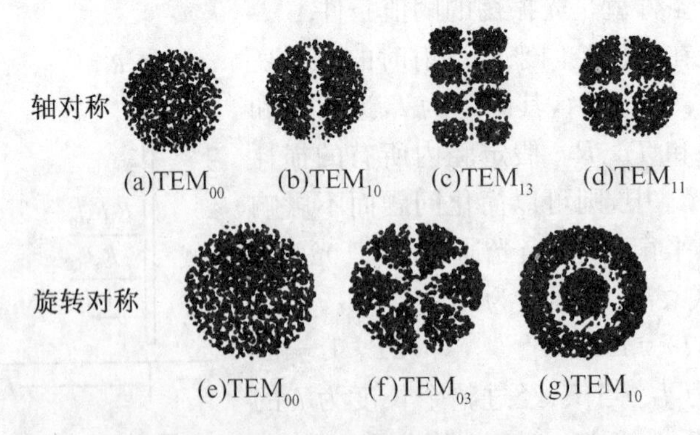

图 21.1.8　几种横模光斑图样

横模一般可写成 TEM_{mn}，其中 TEM 表示横向光束分布，而 m、n 为一系列正整数，它表示激光强度分布在 X 轴和 Y 轴上零点(图样上是暗点)的数目. 如图 21.1.8 所示，当 m、n 均等于 0 时，则称为基模或单模，用 TEM_{00} 表示；当 $m=0$，$n=1$ 或 $m=1$，$n=0$ 时，称为次基膜，并

分别用 TEM_{01} 和 TEM_{10} 表示；其余的模如 TEM_{02}，TEM_{11}，TEM_{21}，…等，均称为高次模.

基模 TEM_{00} 是实际工作中常用的一种横模，光强度分布比较均匀，发散角也比较小，且光斑各点间没有相差，以基模输出的激光是一束空间相干性很好的光，所以是理想光束.

21.2 激光器

激光器也称光激射器或莱塞，它是利用受激辐射原理使光在某些激活媒质中放大或振荡的器件. 激光器是激光技术的核心，它包括三个基本组成部分：激光激活媒质(即工作物质)，它应具有能产生粒子数反转分布的合适能级结构，能产生受激辐射光放大；激励能源，即泵浦能源，提供外界能量，用以对工作物质进行激励，将低能态粒子激发到高能态，是实现粒子数反转分布的必备条件之一；光学谐振腔，通过稳定振荡模式，具有光学反馈作用，实现光放大，限制激光传播方向，并具有选频作用，从而提高激光的强度、单色性和方向性.

21.2.1 激光器种类

按工作介质分类，有固体激光器、气体激光器、半导体激光器、液体激光器、自由电子激光器等.

按运转方式分类，有单次脉冲运转、重复脉冲运转、连续运转、Q 突变运转、模式可控激光器等.

按激励方式分类，有光激励、电激励、热激励、化学能激励、核能激励等.

按输出波长范围分类，有远红外、中红外、近红外、可见光、近紫外、真空紫外、X 射线等激光器.

21.2.2 固体激光器

固体激光器又称为固体离子激光器，用掺少量激活离子的玻璃或晶体作为工作物质. 常见的有红宝石激光器、钕玻璃激光器、掺钕钇铝石榴石激光器等，这里仅介绍红宝石激光器. 1960 年发现红宝石是一种三能级系统结构的激活媒质，并制成了第一台激光器. 下面简单介绍红宝石激光器的机理.

(1)结构

氙灯灯管与红宝石晶体棒平行放置，如图 21.2.1 所示.

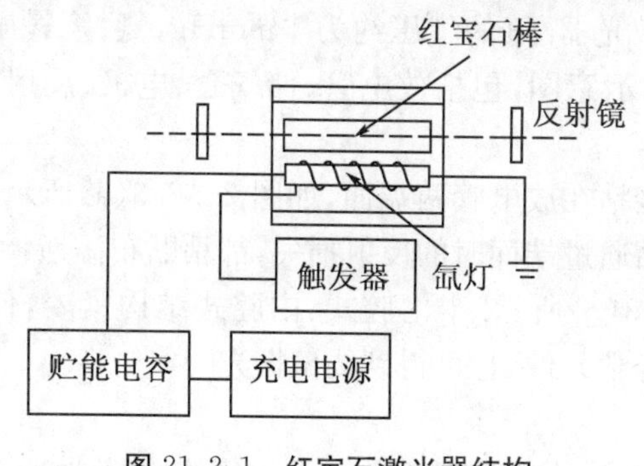

图 21.2.1 红宝石激光器结构

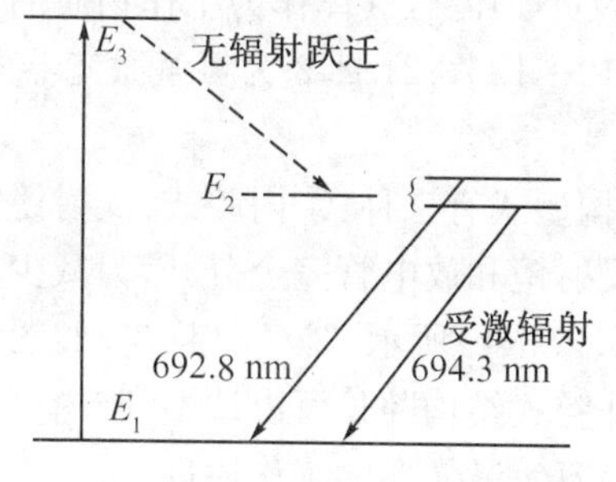

图 21.2.2 红宝石中 Cr^{3+} 能级图

(2)原理

以红宝石作为工作物质的固体激光器称为红宝石激光器. 红宝石的主要成分是钢玉石

(Al_2O_3)，其中掺有0.05%左右的三价铬离子(Cr^{+3})，铬离子镶嵌在Al_2O_3晶体中，使晶体呈红色.红宝石晶体做成棒状，直径一般为2 mm，长度为几厘米，两端面磨成精确的平行平面，并涂有高反射率的介质膜，构成光学谐振腔，其中一端面为部分透射，以便输出激光.完成抽运所需的激励能量由氙灯提供，氙灯灯管可以做成螺旋形，绕在红宝石棒上，也可以做成棒状，与红宝石棒并行放置，两者分别放在椭圆柱形反射面的两个焦轴上，使红宝石接收尽可能强的光照.红宝石激光器发出的激光是铬离子发射的，Al_2O_3晶体只作为镶嵌铬离子的基质.铬离子提供三能级系统结构，其能级简图如图21.2.2所示.其中E_1是基态，E_2是亚稳态，E_3是激发态，当以氙灯为泵浦使红宝石受到光激励，使处于基态E_1上的大量铬离子吸收光能量后被激励到激发态E_3上.高能级E_3的寿命很短，从高能级E_3很快跃迁到亚稳态E_2，并不发射光子，而是把能量传递给周围的晶格，从而使红宝石发热，故称为无辐射跃迁.由于能级E_2寿命很长，使其上面积累了大量的粒子，E_2上粒子数在增加，又因为光激励的结果使能级E_1上的粒子数N_1减少，因此，实现了亚稳态E_2上的粒子数N_2对基态E_1上的粒子数N_1的反转分布，即$N_2>N_1$.E_2由两个级所组成，从相应的两个能级跃迁到基态E_1产生受激辐射的波长分别为$\lambda=6.928\times10^2$ nm及$\lambda=6.943\times10^2$ nm，呈鲜红色.在此要特别指出，E_3不是单一的能级，实际上是由许多能级形成的能带.红宝石激光器的工作方式可以是脉冲式，也可以是连续式.红宝石激光器的能级系统属于三能级系统.

红宝石激光器的激光效率为0.2%左右.具有输出可见光波段激光，可在室温下运转，工作晶体的抗激光破坏能力强，器件尺寸可做得较小，能获得较大功率的脉冲激光输出等优点.不足之处是产生激光振荡所必须的光泵阈值水平高，激光振荡受工作晶体温度变化影响明显，晶体光学质量不理想等.主要用途有激光测距、激光加工、激光全息技术、激光医学、实验基本研究等.

21.2.3 气体激光器

以气体作为工作物质的激光器称为气体激光器，它是目前应用广泛的一类激光器，大多能连续输出激光.按气体状态，可以分为原子气体激光器、分子气体激光器、离子气体激光器.常见的有氦氖激光器、氩离子激光器、二氧化碳激光器等，这里以氦氖激光器为例.

(1)结构

氦氖激光器是一种典型的原子气体激光器，是继第一台红宝石激光器之后同一年研制出来的，是目前应用最广泛的一种连续工作的气体激光器.它是以封闭在放电管中的惰性气体氦(He)、氖(Ne)混合气体作为工作物质的气体激光器.氦的气压约为1 mmHg，氦、氖气压比为5∶1～10∶1.图21.2.3为氦氖激光器的结构示意图，包括放电管、储气套、电极、反射镜、电源等.

结构型式有三种：①内腔式：反射镜片直接粘在放电管两端面，如图21.2.3(a)所示；②外腔式：反射镜和放电管完全分开，为减少光来回通过端面时的反射损失，都粘贴布儒斯特窗片，如图21.2.3(b)所示；③半内腔式，如图21.2.3(c)所示.半内腔式、内腔式结构紧凑，使用方便，而外腔式结构腔长可以调整，腔内可插入光学元件，且可得到线偏振光.

(2)氦氖激光器的工作原理

以封闭在放电管中的氦、氖混合气体作为工作物质的气体激光器，称为氦氖激光器.

氦原子和氖原子的一些能级：氦原子有两个核外电子，正常情况下两个电子都处于1S($n=1,l=0$)状态，记为$1S1S$，这是氦原子的基态.基态的电子组态是$1S^2$，用能级符号1^1S_0

表示基态，能量为 E_1；氦原子受激发，其中一个电子处于 $1S$ 态，另一个电子被激发到 $2S$ 态，称为第一激发态，以 $1S2S$ 态表示. 这一电子组态形成两个能级，用符号 2^3S_1 和 2^1S_0 表示，它们是氦原子两个亚稳态能级，寿命较长，约为 10^{-4} s. 在气体放电时，经被加速的电子碰撞使氦原子激发到这两个亚稳态能级上之后，不会因自发辐射跃迁回到氦原子基态. 氖原子的能级更复杂，氖原子核外共有 10 个电子，正常情况下两个电子处于 $1S$ 态，两个电子处于 $2S$ 态，6 个电子处于 $2P$ 态，6 个 $2P$ 电子组成闭合支壳层，即为 $1S^2 2S^2 2P^6$，这就是处于基态的氖原子，相应能级简单用符号 $2P$ 表示. 当氖原子受激发，一般只有 $2P$ 电子被激发到较高能态，其余电子仍留在原来状态. 氖原子可形成如下一些受激态：$1S^2 2S^2 2P^5 3S$、$1S^2 2S^2 2P^5 3P$、$1S^2 2S^2 2P^5 4S$、$1S^2 2S^2 2P^5 4P$、$1S^2 2S^2 2P^5 5S$ 等，相应的能级符号分别用 $3S$、$3P$、$4S$、$4P$、$5S$ 等表示.

当气体放电管两极间加上几千伏高压后，在管中产生气体放电，电子受到电场的加速，由阴极飞向阳极的路程中，不断与处于基态的氦原子相碰撞，使氦原子获取能量后从基态激发到激发态 2^3S 或 2^1S 的能级上. 这两个能级是亚稳态能级，很接近氖原子的 $4S$ 和 $5S$ 能级，而且寿命较长，因而有很多机会与基态的氖原子相碰撞，很容易转移能量，将处于基态的氖原子激发到 $4S$ 和 $5S$ 激发态能级. 这种能量的转移称为共振转移（在图 21.2.4 中以虚线箭头表示）. 使处于激发态能级 $4S$ 和 $5S$ 上的粒子数增加，而氦原子却由亚稳态，2^3S_1 和 2^1S_0 回到基态（如图 21.2.4 所示），在 $5S$ 和 $4P$、$5S$ 和 $3P$、$4S$ 和 $3P$ 之间形成粒子数反转分布，为产生激光创造了条件. 从 $5S\rightarrow 4P$、$5S\rightarrow 3P$、$4S\rightarrow 3P$ 三种跃迁所产生的谱线最强，它们辐射的波长依次为 3.39 μm、632.8 nm、1.5 μm. 最常用的波长是 632.8 nm 的红色谱线，其他两个是红外谱线. 由以上可见，氦氖激光器的激光实际上是由氖原子所发出的，氦原子只是由激励能源获得能量，并将其转移给氖原子，以造成氖原子激发态能级与基态能级或低激发态能级之间的粒子数反转分布，为产生激光创造了条件.

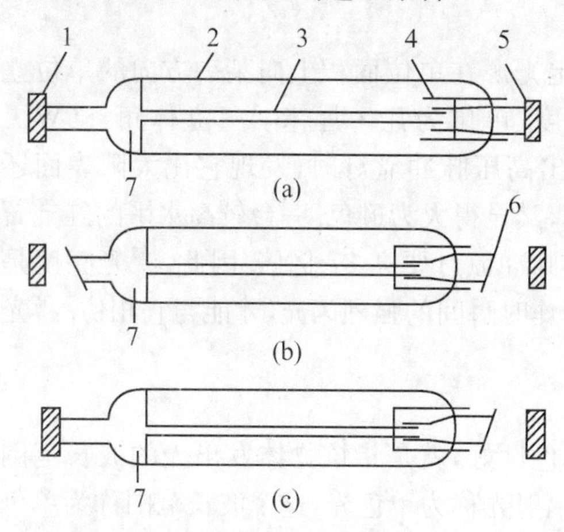

图 21.2.3　氦氖气体激光器结构示意图

1、5. 谐振腔反射镜　2. 外套管　3. 放电管

4. 阴极　6. 布儒斯特窗　7. 阳极

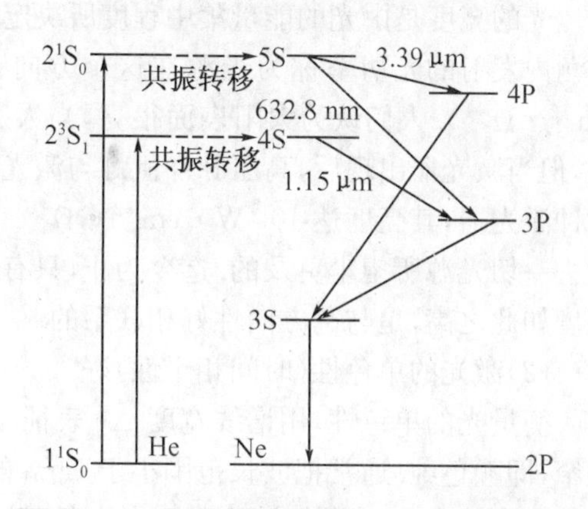

图 21.2.4　氦原子与氖原子的部分能级示意图

氦氖激光器的优点是装置简单，成本低廉，操作简便，并可长时间稳定运转，输出单色性较好的可见光；缺点是连续输出功率较低（通常在 mW 级）. 氦氖激光器可用于激光准直、激光显示、精密测量、标准计量、全息照相、激光通讯等方面 .

其他关于可调谐染料激光器、半导体激光器等的结构和原理在此不作介绍，读者可查阅有关专著.

21.3 激光的特性

作为一种新型光源,激光器与普通光源相比,如太阳、白炽灯、气体放电灯等,有着根本不同的发光机理.普通光源的发光都是基于自发辐射过程,处于较高能级上的粒子以不依赖于外界光场的方式自发地、随机地跃迁并发射光子.就光的空间分布来说,自发辐射在空间所有方向上都是随机分布的,因而光的方向性很差;就光的频谱而言,大量能级之间均可同时产生自发辐射,因此,光的单色性极差,均匀分布在较宽的频率范围内.而激光形成是基于特定的能级间粒子数反转体系的受激辐射过程,因而使激光具有一系列与普通光源辐射截然不同的新颖特点,主要表现在以下几个方面.

(1)激光的方向性好和高亮度性

光的方向性用发散角度来描述,发散角越小,方向性越好.激光是世界上方向性最好的光,如氦氖激光器光束发散角仅为毫弧度,相当于百分之几度;红宝石激光器光束发散角为5毫弧度;CO_2 激光器光束为2毫弧度,YAG激光器光束为5毫弧度.与此相比,普通光源发散角却大得多,日光灯发散角为180°,即 π 弧度.如果采用透镜系统对激光束加以准直,进一步压缩发散角,则激光几乎是笔直前进的平行光束(发散角近似为0°).将它发射出去,在几千米之外,扩散直线不过几厘米;若射到距地球 38×10^4 km之遥远的月球上,光束扩散直径还不到2 km.而普通光源所发出的光是射向四面八方的,即使是具有抛物聚焦反射镜的探照灯,其光束在几千米之外也要扩散到几十米直径,若能射到月球表面,光束将散开几百千米以上.激光的方向性好,就意味着激光能量高度集中在很窄的光束中.

激光光束方向性好的原因是由于受激辐射光放大特殊的发光机理,以及光学谐振腔对光传播方向的限制作用等因素共同作用的结果.

光的亮度是由光的能量集中程度所决定的.规定光源在单位面积上向某一方向的单位立体角内发射的光功率称为光源在这个方向上的亮度,单位为瓦·厘米$^{-2}$·立体角$^{-1}$($W\cdot cm^{-2}\cdot\Omega^{-1}$).人们认为太阳表面很亮,当人工制造出高压脉冲氙灯时,发现它比太阳表面还亮,但当激光器出现后,高压脉冲氙灯与激光器相比,又显得大为逊色.一台较高水平的红宝石脉冲激光器,其亮度达 $10^{15}\,W\cdot cm^{-2}\cdot\Omega^{-1}$,比高压脉冲氙灯要亮37亿倍.因此,激光亮度是过去一切光源所望尘莫及的.迄今为止,只有氢弹爆炸时瞬间的强烈闪光,才能与它相仿.激光亮度如此之高,是与它方向性好相联系的.

(2)激光的单色性(时间相干性)好

衡量光的单色性,用谱线宽度 $\Delta\lambda$ 表征.所谓单色性好,就是指该物体发出光的波长范围很窄,即颜色纯.通常把波长范围小于1 nm的一段辐射光称为单色光,这个波长范围称为单色光的谱线宽度 $\Delta\lambda$.谱线宽度越窄,单色性越好.发射单色光的光源称为单色光源,因此,谱线宽度是衡量光源单色性好坏的标志.激光器通常只发射几种,甚至一种波长的光,因为它们包含的波长范围都非常窄,看上去都是一种很纯的颜色.单色性最好的是氦氖激光,它的波长为632.8 nm,而它的谱线宽度 $\Delta\lambda$ 在室温下只有 1.0×10^{-7} nm.在激光未出现以前,单色性最好的光源是 Kr^{86},其光波长为605.7 nm,在室温下 $\Delta\lambda=4.7\times10^{-4}$ nm.二者相差百万倍,所以,激光是颜色最纯、色彩最鲜的单色光.

激光的高单色性,一方面是由于工作物质粒子数反转只能在有限的能级之间发生,因而相应的激光发射也只能在有限的光谱线(带)范围内产生;另一方面是由于光学谐振腔的选频作用,使得真正能产生振荡的激光频率范围进一步受到更大程度的压缩.如果采取限模和稳频技术,将会使其单色性进一步提高.

(3)激光的强相干性

普通光源各发光点是互相独立的,辐射光的相具有随机性,没有确定的关系,相干性极差,观察不到干涉图样.光的相干性可分为时间相干性和空间相干性.前者表述纵向相干性,后者表述横向相干性.

光场的时间相干性用相干长度 L 量度,它表征尚能观察到干涉现象的最大光程差,数值为波列的长度 L.光源单色性越好,相干长度就越长.也可用光通过相干长度 L 所需时间,即相干时间 $\tau=\frac{L}{c}$(c 为光速)来量度.理论证明:相干时间 τ 与光谱的频宽成反比,即 $\tau=\frac{1}{\Delta\nu}$.可见,光的单色性越好,即 $\Delta\nu$ 越小,则相干长度或相干时间越长,其时间相干性就越好.激光的单色性好,因此它的时间相干性好.如普通光源中单色性很高的 Kr^{86} 灯发射的光,其相干长度只有 77 cm,而氦氖激光器发出的激光,相干长度可达几十千米以上.

光场的空间相干性可用垂直于光传播方向上的相干面积来量度.理论分析表明:相干面积与光束的平面发散角成反比,激光的平面发散角极小,几乎可压缩到衍射极限角.因此,可以认为整个光束横截面内各点的光振动都是彼此相干的,所以空间相干性相当高.激光的高相干性主要来源于激光的高单色性和高方向性.

(4)激光光子的简并度高

按照辐射的量子理论,可认为光辐射场是一群光子的集合.而占据着空间一定体积、一定立体角和一定频率范围的光集合,又是分别处于一定数目的彼此可以区分开的量子状态(或称模式)之内;每个量子状态内的平均光子数,定义为光子简并度,它表示有多少个性质全同的光子(它们具有相同的能量、动量和偏振)共处于一个量子状态之内.对太阳来说,在可见光谱区的光子简并度大约为 10^{-3} 数量级,即平均上千个量子态中才有一个光子.对其他各种普通人造光源来说,光子简并度的数值也都小于 1.而对于激光器,由于光学谐振腔对于激光振荡模式有较强的限制作用,从而可使输出激光辐射的光子简并度达到极高程度.目前,大功率激光器输出光子简并度可高达 $10^{14}\sim10^{17}$ 数量级.异常高的光子简并度使激光光学质量发生了质的飞跃,激光的种种新颖特性形成的根源也就在于此.

前面提到激光具有高亮度性、高方向性、高单色性、强相干性,以上几个特点,引起了现代光学应用技术的革命性进展.

21.4 激光技术的应用

正是由于激光具有上述几个特点,它以自己独特的优越性突破了以往任何普通光辐射的种种局限性,显示出许多鲜明的优点,使激光不但引起了现代光学应用技术的巨大变革,还促进了物理学和其他有关学科的发展.特别在许多高新科技领域,如激光光纤通讯与传感、激光同位素分离、激光光盘存储与显示、激光全息照相、激光核聚变等方面的突破性进展,谱写了人类文明史的新篇章.

21.4.1 激光在工业方面的应用

打孔、切割、焊接、热处理都是机械加工最基本的环节.现代工业设备制造越精密,相应的对工件加工要求越精密,传统的方法无法适应新形势的发展,于是出现了“激光加工”的高新加工技术.

(1)激光打孔

在机械零件上钻孔,只要选用合适钻头用钻床加工即可.但有些孔很小,如化纤工业用的喷丝头,要求在不到10 cm^2 的硬质合金上,钻10000个直径一样的孔;手表的宝石轴承,需要一个头发丝大小的孔.采用钨丝钻头加工,要经7道工序,用10多分钟.用激光打孔机,是用“烧”而不是“钻”,激光经透镜聚焦,产生比阳光温度高数倍的高温打孔,1秒钟可打10多个孔,且孔径光洁,规格统一,产品合格率达95%以上.用激光打孔机加工化纤喷丝头,以前四五个人加工一个星期的任务,现在只要一个工人干两个小时.

(2)切割上的多面手

传统的切割工具、剪、锯、氧炔吹管、等离子体切割枪等,其切割速度慢,切口宽而粗糙,切口不光洁平滑.用激光切割,切口宽度仅0.3 mm,边缘整齐,切割速度提高25%以上,成本降低75%以上.

电子工业需在1 cm^2 面积硅片上制作几十个集成电路基片,采用传统的金刚石划片机,不仅用力不均,易损坏基片,且基片间距大,显微镜下操作眼睛易疲劳等,采用激光划片机,划片速度快,质量高,切口平直,切缝极窄,操作者摆脱了显微镜.

激光切割机可切割常规手段难以切割的硬质难熔材料,如石英陶瓷、钛片等,也可切割常规手段不易切割的柔软材料或脆弱易碎材料.250 W二氧化碳激光器能一次裁剪100层以上纺织物,用三台350 W二氧化碳激光器,每周工作5天,全年可裁65万件衣服,且精确、迅速、省料.为防止裁剪纺织物时燃烧,在切口处采用吹氮、氩措施即可避免.

(3)独特的焊接新方法

激光焊接的原理是利用能量高度集中的激光束在材料上产生上万度的局部瞬间高温区,使之急剧熔化、汽化、蒸发或电离,形成局部高温等离子区,从而达到焊接的目的.对熔点特别高,如熔点高达2000℃以上的矾土陶瓷;对性质特殊的不同材料,如性质截然不同的金属和陶瓷;对特殊环境(如真空中)的焊接,都能快、好、省地完成.所以,它是一种非接触、可控、灵活、稳定可靠、高效的新型高新技术.

(4)激光热处理

所谓热处理,就是把金属零件加热到一定温度(几百度到上千度),然后将其突然冷却,使金属表面晶格结构发生变化,提高表面的硬度和耐磨性.

传统的加热、冷却技术,对需局部的加热处理,对一端不通的“盲孔”的底部,对很深的“深孔”侧壁的热处理,往往是“鞭长莫及”.而用功率强大的激光辐照零件,由于激光可辐照到零件任何部位,解决了“盲孔”和“深孔”问题.对不需处理的部位不进行辐照,解决局部的处理问题.由于激光加热时间极短(约1/1000 s),激光移走,材料就自行退火冷却,且形变小,硬度高.当激光密度功率达到每平方厘米几百万瓦时,激光束在金属表面扫描时,在金属表面产生一层厚约几微米、类似玻璃状的结构,称为“激光上釉”.金属材料上釉处,其防锈性能比不锈钢还要优良.

21.4.2 激光在能源方面的应用

(1)同位素分离

人类已进入原子能时代,原子能的应用深入各个领域.原子能的广泛应用,常需要各种各样的同位素.但同位素的价格比黄金还贵,主要是同位素分离十分困难.如核电站燃料要用^{235}U,而^{235}U存在于金属铀中,金属铀是由^{238}U、^{234}U、^{235}U三种同位素混合而成的,它们的比例分别为99.28%、0.006%、0.714%.可见,^{235}U只在金属铀中占0.714%,这就需要把^{235}U从^{238}U中分离出来,且浓度达60%以上,这就是同位素分离.以前用气体扩散法分离^{235}U是根据同位素间重量的微小差而进行的.由于^{235}U与^{238}U重量差只有1.2%,分离效率极低.从天然铀中分离出含量仅占约1%的^{235}U,需要上千级的扩散装置.所以,同位素分离是一项投资高、规模大、耗电量多的工作,因而^{235}U的价格比黄金还贵.自从激光出现后,利用激光的高单色性很好地满足了分离同位素的要求,可从天然铀中提取全部^{235}U.而且分离设备简单,分离浓度高,装置体积便于隐蔽,生产安全,分离成本成百倍、千倍地降低.激光分离法耗电量只有气体扩散法的1‰.目前,许多国家都已在实验室实现了激光分离^{235}U,激光浓缩法一次可把^{235}U的浓度提高到60%.用激光还成功地分离了氮、氯、钠、溴、钡、钙、锇等十几种元素的同位素.对此进行的大量研究,提出了许多分离同位素的新方法.

(2)激光核聚变

随着现代工业社会的发展,世界对能源的需求急剧增长.石油、煤炭等又称为枯竭能源,按目前的耗用量大约只够用200多年.为了人类生存和社会的发展,必须开展新能源的研究与开发,原子能的开发和利用是一项重要内容.释放原子能有两个途径:一是利用重核(铀、钍等)的分裂释放能量,称为重核裂变;二是将两个轻原子核相碰发生核反应形成一个新核,同时放出比前者大得多的能量,称为轻核聚变.轻核聚变反应由氢的同位素氘和氚在核引力作用范围内产生.地球上有极为丰富的核聚变燃料,海洋中的氢的重同位素可为世界提供使用上亿年的核燃料,资源极为丰富.核聚变反应的实现需满足:①上亿度高温;②氘、氚需保持一定的密度,以保证反应的速率;③为了把这种密度的核燃料保持一段时间,必须进行充分的聚变反应.但是,在上亿度高温下,核燃料因受到超高温加热而迅速膨胀,使其密度迅速变小,因此,这些条件是彼此制约的.研究结果表明,要使核燃料在上亿度高温下充分"燃烧",要求氘、氚原子的密度和在上亿度高温下维持这种密度的约束时间的乘积不小10^{14} s·cm^{-3},这就是著名的劳逊条件.激光问世以后,经过科学家的大量工作,采用大功率激光器多路向心爆炸、磁约束等技术产生高温、高密度等离子体以满足劳逊条件,使激光核聚变得以成功.根据近年来取得的重大进展,受控核聚变的应用很快会实现.

21.4.3 激光在医学方面的应用

利用激光束作"手术刀"比普通不锈钢手术刀具有许多优点.将激光用透镜聚焦成零点几平方毫米的激光点,由于激光热效应,在激光刀"切"开肌肉的同时,把肌肉中的血管烧结封闭起来,产生止血作用,又很少出现感染,使人们对毛细管非常丰富的肝脏手术易于进行.

眼睛是组织结构精密的器官,对眼病施行手术,由于发病范围小,易伤害周围组织,又因眼球转动,手术非常困难,激光束可聚焦到比针尖还小的范围,手术时间不到1‰ s,使眼睛手术准确、无痛苦、高质量地完成.视网膜焊接、虹膜切除等20多种眼科疾病得到了成功治疗.

癌是严重危害人类生命的常见病之一,利用激光切除瘤体,用激光照射杀死癌细胞,取得了十分显著的效果.

总之,激光医疗范围已从眼科、外科扩大到皮肤科、口腔科、神经科、妇产科、儿科、理疗科、耳鼻喉科以及针灸等学科.治疗方法已从"打孔"、"切割"、"焊接"病灶照射扩展到体穴、耳穴、头皮感应区、体表感应区照射,诊断准确,治疗效果明显.

21.4.4 激光在军事上的应用

激光优异的性能应用到军事上，具有快速、反应灵活、命中率高、摧毁能力强、抗干扰和保密性好等优点.激光技术已广泛应用到各个军事领域，从战略武器到战术武器、常规武器，不仅大大增强了侦察识别、制导、导航、指挥控制、通讯等军事能力，而且扩展了作战空域、时域和频域，对战术及训练方法等均产生了很大影响.激光技术成为军事力量的"倍增器"，如海湾战争中，精确的激光制导使炸弹和导弹达到难以置信的程度，明显减少了误杀居民的可能性.大功率的激光器用于制造"死光武器"，如致盲武器、定向能束武器等，可直接有效地摧毁敌方有生力量和装备.设置在边境、军事基地和要地的激光警戒系统，能构成一条看不见的防线.激光测距仪和激光雷达测量精度高，不产生"盲区"，便于隐蔽和移动.

21.4.5 激光在农业方面的应用

(1)激光育种

人们发现用X射线、紫外线、γ射线、快中子等照射种子，对促进种子发育，增加抗病能力，提高农作物产量具有很好的效果.用激光对各种农作物进行辐照处理，不仅产量提高，而且成熟期提前，各种水果和蔬菜经激光处理后，产量大幅度提高，纤维素、含糖量也明显提高，成熟期也明显提前，用激光照射蚕卵、鱼卵等，使其吐丝量、肉的质量和数量大有提高.

(2)激光杀虫

激光能检测和根治作物病虫害，自然界大约有100万种昆虫，其中有3000种害虫.据统计，全世界每年因虫害造成的作物损失，价值700多亿美元.激光杀虫比紫外线更为有效.

21.4.6 激光的其他应用

在空间技术中，激光可用于通讯、导航和自动测控，还可用于宇宙间的能量传输；激光全息照相；利用激光制成全新的光计算机，运算速度高，容量大；在理论研究中，利用激光产生超高温、超高速、超高压、超高电场、超高密度、超高真空等一系列极端条件，从而发现新现象、新问题，非线性光学、全息术的诞生和发展就是最好的例证.

习题 21

21.1　受激吸收过程对外来光子有何要求？自发辐射过程和受激辐射过程有何区别？各有何特点？

21.2　粒子数按能级正常分布与粒子数反转分布有何区别？在激光产生中为什么要按粒子数反转分布？怎样才能实现粒子数反转分布？

21.3　对一个只有二能级的系统能否实现粒子数反转分布？三能级系统又将如何？

21.4　在钕玻璃中(三能级系统)，钕离子的能级 E_2 与基态能级 E_0 的能量差约为 4.0×10^{-20} J，求在室温(27℃)下两能级粒子数之比.

21.5　什么是谐振腔？它有何作用？

21.6　在激光产生中，外来光子(泵浦光)有何作用？引起受激辐射的初始光子从何而来？

21.7　维持激光振荡的条件是什么？

21.8　谐振腔的品质因数是如何定义的？有何物理意义？

21.9　激光器主要由哪几部分组成？

21.10　目前常用的几种固体激光器的特点是什么？它们的电源主要包括哪几部分？

21.11　一氙灯直径为 14 mm，电极间距为 120 mm，电容器的电容为 150 μF，充电电压为 1000 V，求电容器储存的能量.

21.12　氦氖激光器中，氦原子和氖原子各起什么作用？为什么氦氖混合气体中氦气的比例要大？氦氖激光器发出的波长为多少？

21.13　红宝石激光器的结构和原理是什么？它的主要优点是什么？

21.14　试由激光产生原理对所介绍的几种激光器的基本原理进行分析.

21.15　光的单色性与光谱线宽度有何关系？

21.16　光的方向性好坏用什么量来描述？

21.17　激光有哪些主要特点？就你的生活经验论述激光的优越性以及它在农业生产、科研、教学中的重要应用.

第 22 章　红外辐射技术原理及其应用简介

早在 1939 年，美国已开始用红外辐射加热，20 世纪 60 年代，红外辐射已发展成一门日趋成熟的新技术，应用到军事、工农业生产、医疗和科学研究的各个领域，也是发展遥感技术和空间科学的重要手段. 本章首先介绍红外辐射技术的一些基本概念，然后在了解红外辐射源、红外传输和红外探测等特性的基础上，对红外辐射技术的几个主要应用方向，即红外探测、红外遥感、红外加热技术领域的应用作简扼的介绍，并通过对红外辐射技术的了解，体会处理复杂事物的方法.

22.1　红外线及红外辐射源

22.1.1　红外线的发现和红外波段的划分

(1)什么是红外线

当可见光被三棱镜色散时，分解为红、橙、黄、绿、蓝、靛、紫七个颜色带(波长在 0.39 μm～0.77 μm 之间). 所谓红外线，就是比可见光区红色波长 $\lambda=0.77$ μm 更长的介于红光和微波之间的光线. 1800 年，英国天文学家、物理学家赫谢尔测量了太阳光谱可见光七种色光部位的温度，当温度计从红光移到红外区时，温度明显地上升了，使他也惊呆了. 后经反复试验，他认定有一种看不见的光称为红外线，有显著的热效应，故又称为热线.

(2)红外波段的划分

人们发现红外线的波长有一个上限 1000 μm，故红外辐射是指 0.77 μm～1000 μm 这个波段的辐射. 但不同学科对红外线波段的划分不同，按国际照明学会，将 0.77μm～1.4 μm 称为近红外线，1.4 μm～3.0 μm 称为中红外线，3.0 μm～1000 μm 称为远红外线. 而光学仪器上则将 0.77 μm～ 1.5 μm 称为近红外线，1.5 μm～5.6 μm 称为中红外线，5.6 μm～1000 μm 称为远红外线. 但是，任何红外辐射都是从辐射源发射出来的.

22.1.2　红外辐射源的类型及特点

广义而言，任何一种具有一定温度 T 的物体都是一个热辐射源，因此，一般辐射源在加以波长限制后，即可变成红外辐射源. 例如，白炽灯泡用红色滤光罩罩上，以限制其他色光的辐射通过，只允许红光辐射通过，就做成了红外辐射源.

(1)从红外辐射和探测角度来考虑

红外辐射可分为如下两类：

①人工红外辐射源. 为了各种使用目的，人工地制作成品种甚多的辐射源，如实验室中常用的能斯托灯、发光硅碳棒、碳弧灯、钨灯等. 在科研、通讯中常用的半导体发光二极管及红外激光二极管等，都是人工辐射源. 作为红外设备的定标，测试及校准的标准辐射源是空腔黑体辐射源. 如一个辐射体在温度 T 下的重要指标——比辐射率，就是以黑体在相同温度 T 下的辐射率当成 1 作比较而得的结果.

②目标和背景的红外辐射. 所谓目标，是指红外探测系统对被探测的目标进行探测、定位

或识别的客体；而背景则是目标以外的其他辐射源的总和. 其实它们彼此是相对而言的，同一红外系统，在这一测量中，它可能是目标，而对另一个测量目标来讲，它又可能是背景.

无论目标或背景，都有一定的温度，尤其是带有动力装置的目标，在工作时会发出很强的辐射，因此很容易被红外探测系统所识别. 一般来说，人体、工厂、车辆、公路、铁路、桥梁、田野、山川属于地面目标；各类人造飞行物，则是空中目标. 而各类星辰日月及大气的散射辐射等则称为背景，背景对目标的探测起着干扰的作用.

(2)从红外辐射源的加热材料来分类

利用温度辐射将红外辐射材料的种类及特性进行类比，如表 22－1－1 所示.

表 22－1－1　红外辐射材料的种类及特性

<table>
<tr><th colspan="2" rowspan="2">种类</th><th rowspan="2">辐射材料实例</th><th colspan="8">主要特性</th><th rowspan="2">特点</th></tr>
<tr><th>辐射波长</th><th>比辐射率</th><th>比辐射率对波长的依赖</th><th>比辐射率对温度的依赖</th><th>熔点</th><th>可否通电</th><th>可否成型</th></tr>
<tr><td rowspan="5">固体</td><td>金属</td><td>W, Mo, V, Pt, Fe, Mn, Ni, Ta 等</td><td rowspan="2">可见光，红外范围</td><td rowspan="2">0.5 以下</td><td rowspan="2">大</td><td rowspan="2">小</td><td rowspan="2">低</td><td rowspan="2">可</td><td rowspan="2">易</td><td rowspan="2">可加工成线圈状，能通电加热，热导率好，加热升温快</td></tr>
<tr><td>合金</td><td>镍铬，坎瑟尔合金，不锈钢，阿留迈合金</td></tr>
<tr><td>非金属</td><td>炭黑，石墨</td><td>可见光，红外连续辐射</td><td>0.8 以上</td><td>几乎没有</td><td>小</td><td>高</td><td>可</td><td>难</td><td>辐射率大</td></tr>
<tr><td>氧化物
碳化物</td><td>TiO_2, SiO_2, Cr_2O_3, ZrO_2, Fe_2O_3, NiO, CuO, TaC, ZrC, SiC, BC 等</td><td>可见光，红外连续辐射</td><td>0.5～0.8</td><td>小</td><td>中</td><td>高</td><td>高温时电阻下降，一般通电难</td><td>难</td><td>因通电加热难，故需用别的热源，加工成型困难</td></tr>
<tr><td>晶体</td><td>云母，萤石，方解石，明矾，岩盐，水晶等</td><td>长波，红外范围选择辐射</td><td>0.4 ～0.7（存在最大的辐射波长）</td><td>大（选择辐射）</td><td>大</td><td>高</td><td>非</td><td>难</td><td>半功率点宽度为 2μm，粉末状，辐射率大</td></tr>
<tr><td colspan="2">气体</td><td>H_2O, NH_3, CO_2, SO_2 等气体</td><td>红外范围内选择吸收</td><td></td><td>大（选择辐射）</td><td>大</td><td></td><td></td><td></td><td>存在气体的再吸收，也依赖于气体的压力</td></tr>
</table>

由表可知：①金属、合金在红外范围内虽然辐射率不高，但有易成型、易加工等优点. 对于在空气中直接通电加热的材料，多半采用 Ni－Cr 合金，家用电器和工业加热器广泛采用这种合金；②金属化合物和碳化物与金属相比，辐射率大，熔点高，但成型差，直接通电加热难；③将晶体加热可获得选择性辐射，如水晶加热到 900 K 就可出现波长为 8.5 μm、9.0 μm、20.5 μm 的辐射峰.

近几年来,日本发展了由几种过渡族金属的氧化物组成的陶瓷辐射材料.这类材料的红外辐射特征接近黑体,加热效率很高,引起了人们的重视.人们都在为研制加热效率高,而机械性能好(耐冲击)的红外辐射材料而努力.正是由于红外线占有特殊的波长范围,使其在辐射机理、传输特性、探测方法以及与物质的相互作用性质上以独有的特性表现出来,在工农业、医疗、军事领域广泛应用.

22.2 红外辐射的传输特性

红外辐射不仅与辐射源的特性相关,而且还表现在传输过程中受到被媒质吸收、反射、散射、透射的影响.这些都是红外辐射技术应用时必须认真考虑的.

22.2.1 红外辐射在传输媒质中的衰减规律

在离开辐射源一定距离去测量红外辐射时,都要受到在传输途径中媒质(主要是大气、光导纤维、光学系统的元件等)的反射、吸收、散射、色散以及媒质不均匀而导致的各类畸变等因素的影响,引起辐射能量的衰减和波形特征的消失.这些影响常用吸收系数、反射系数和透射系数来定量描述.

前面已对吸收系数 $\alpha(\lambda、T)$,反射系数 $\gamma(\lambda、T)$ 给出了定义,这里同法定义透射系数 $\tau(\lambda、T)$ 为透过物质的光谱辐射功率 $R_\tau(\lambda、R)$ 与入射光谱辐射功率 $R_i(\lambda、T)$ 的比值,即

$$\tau(\lambda、T)=\frac{R_\tau(\lambda、T)}{R_i(\lambda、T)} \tag{22-2-1}$$

同法还可定义散射系数 $\nu(\lambda、\tau)$ 为经过物质散射光谱辐射功率 $R_\nu(\lambda、T)$ 与入射光谱辐射功率 $R_i(\lambda、T)$ 的比值,即

$$\nu(\lambda、T)=\frac{R_\nu(\lambda、T)}{R_i(\lambda、T)} \tag{22-2-2}$$

根据能量转换和守恒定律,有

$$R_i(\lambda、T)=R_\alpha(\lambda、T)+R_\gamma(\lambda、T)+R_\tau(\lambda、T)+R_\nu(\lambda、T) \tag{22-2-3}$$

它们都与媒质材料的性质、温度、入射辐射波长和偏振状态有关.如果不计反射和传输的损失,那么传输过程的衰减就由媒质的吸收和散射决定.

令

$$\beta(\lambda、T)=\alpha(\lambda、T)+\nu(\lambda、T) \tag{22-2-4}$$

式中,$\beta(\lambda、T)$ 为衰减系数.因为光谱辐射功率在经过某一距离 $\mathrm{d}x$ 后,光谱辐射功率的相对减少量 $-\frac{\mathrm{d}R_i(\lambda、T)}{R_i(\lambda、T)}$ 是与辐射传输距离 $\mathrm{d}x$ 成正比的,即

$$-\frac{\mathrm{d}R_i(\lambda、T)}{R_i(\lambda、T)}=\beta(\lambda、T)\mathrm{d}x \tag{22-2-5}$$

式中,$\beta(\lambda、T)$ 表示在单位长度上辐射功率的相对减少量.若对上式积分,则得

$$R(\lambda、T)=R_0(\lambda、T)\mathrm{e}^{-\beta(\lambda、T)}x \tag{22-2-6}$$

上式表示辐射功率随传输距离按指数衰减,这个规律称为布格尔定律.其中,$R_0(\lambda、T)$ 和 $R(\lambda、T)$ 分别表示 $x=0$,$x=x$ 处的光谱辐射功率.

22.2.2 红外辐射在大气中的传输特性

大气组成的复杂性导致了红外辐射在大气中的传输复杂性.其原因有三:一是大气组成中

有些物质成分的可变性使得吸收和散射辐射衰减复杂化；二是大气密度和温度不均匀引起折射率的变化，以及大气湍流引起的随机闪烁效应等，导致透射能量随空间取向和时间变化的复杂性，从而影响探测系统的工作；三是由于地球表面上空大气密度的垂直分布随高度指数衰减，导致折射率的不同，当水平方向的传输距离超过 100 km 时，就必须考虑由于折射率的不同而产生的辐射传输距离的弯曲. 因此，必须对大气的组成和这些性质有所认识，才能弄清红外辐射在大气中的传输特性.

(1)大气的组成及其特性

大气的物理性质，随季节、地理位置、周围地形距地面高度而变化. 这里仅就一些主要性质进行讨论.

地球大气成分中的不变成分主要是 N_2 和 O_2，其体积比分别为 0.781 和 0.209；可变成分主要是水蒸气、二氧化碳，其含量(体积比)仅 0.04～0.07 左右，但它们对红外辐射有强烈的选择吸收，是吸收衰减的主要原因；此外还有少量的甲烷、氧化氮、一氧化碳和臭氧，也有红外吸收，但因含量少，吸收相对较弱. 大气中的悬浮微粒是散射衰减的主要原因，其含量随环境而变，清洁的农村和繁华的闹市是不相同的，而且其散射衰减作用还和微粒的大小(线度)与辐射波长有关.

(2)大气的透射性

根据(22－2－5)式，红外辐射穿过 x 厚度的媒质，透射的光谱功率 $R(\lambda、T)=R_0(\lambda、T)e^{-\beta(\lambda、T)x}$，而 $\beta(\lambda、T)=\alpha(\lambda、T)+\tau(\lambda、T)$，由透射系数的定义：

$$\tau(\lambda、T)=\frac{R(\lambda、T)}{R_0(\lambda、T)}=e^{-\beta(\lambda、T)x} \tag{22-2-7}$$

两边取对数，则得

$$\beta(\lambda、T)=\frac{1}{x}\ln\frac{1}{\tau(\lambda、T)} \tag{22-2-8}$$

当 $x=1$ m 时，得

$$\beta(\lambda、T)=\ln\frac{1}{\tau(\lambda、T)} \tag{22-2-9}$$

上式表明：辐射透过 1 m 厚的均匀媒质时，光谱透射系数倒数的对数值正是该媒质的衰减系数. 大气的透明状态用透射系数 $\tau(\lambda、T)$ 来描述，最高可达 0.99，随着浑浊程度增加而指数衰减，由(22－2－7)可知，当 $x=1$ m 时，$\tau(\lambda、T)=e^{-\beta(\lambda、T)}$. 大气浑浊时，$\tau(\lambda、T)$ 为 0.25～0.50；浓雾时，$\tau(\lambda、T)$ 仅为 $10^{-9}\sim10^{-34}$.

(3)大气的吸收和散射衰减

对红外辐射来说，大气的吸收作用比散射作用大得多，但一般只有在吸收较小的一些特定波段——大气窗口，才考虑微粒的散射影响.

大气中吸收红外辐射较强的气体是水蒸气、二氧化碳、臭氧、氧化氮、一氧化碳、甲烷等，而且不同分子吸收谱并不相同，这些不同的吸收谱组成了吸收谱带群，共同形成了对红外辐射的连续吸收区. 但由于气体的选择吸收性，故在各吸收带之间，还存在着几个无吸收或吸收很弱的区域，与这些区域对应的波长的红外辐射的透射效率高. 这些吸收率较小的特定波段就是前面提到的大气窗口. 表 22－2－1 是大气中主要气体的红外吸收带.

由表可知，大气窗口的主要范围是：1 μm～1.1 μm，1.2 μm～1.5 μm，1.6 μm～1.75 μm，2.10 μm～2.40 μm，3.20 μm～4.20 μm，8.00 μm～13.50 μm(不计臭氧在 9.6 μm 处的强吸收带).

有效地利用这些窗口(吸收较小的波段)是红外技术中必须认真考虑的重要因素之一，对多数在地球表面工作的红外探测系统，工作波段通常都选择在后三个波段.

表 22-2-1　大气中主要气体的红外吸收带

气体成分	强吸收带频谱(μm)	弱吸收带频谱(μm)
水蒸气(H_2O)	1.76～1.98, 2.50～2.85, 5.80～6.60	0.93～0.99, 1.00～1.16, 1.32～1.50, 5.2 附近
二氧化碳(CO_2)	2.7 附近, 4.19～4.45, 14～20	1.4, 1.6, 2.0, 4.8, 5.2, 9.4, 10.4 附近
臭氧(O_3)	9.5～9.8	4.7, 8.7, 14 附近

22.2.3　红外辐射在凝聚态媒质中的传播

在红外辐射的发射、传输和接收过程中，都必须通过如透镜、棱镜、窗口，各类增透膜或增反膜，以及滤光片、偏振片、调制器等固体器件. 为了获得较高的辐射效率，就需要红外辐射通过的这些固态光学器件具有良好的光学性质，即具有合适的透射光谱范围，在需要的波段上有较高的透射率(即低的衰减)，同时还要求组成这些光学器件的材料具有良好的均匀性和热稳定性，这些都是在红外探测技术中必须考虑的重要因素.

图 22.2.1 为大气主要成分在 1 μm～14 μm 的红外吸收光谱及其综合结果.

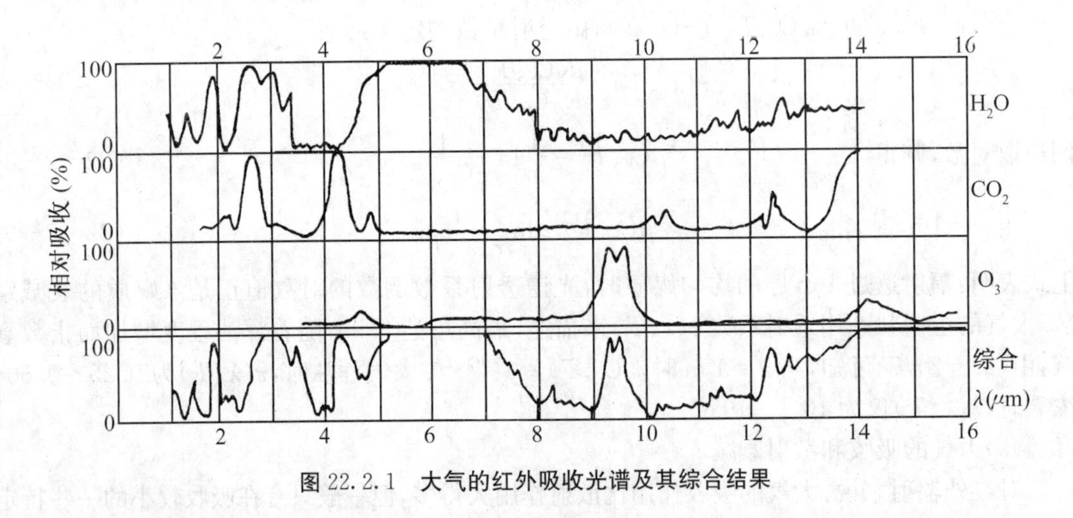

图 22.2.1　大气的红外吸收光谱及其综合结果

22.3　红外辐射的探测特性

了解红外辐射的传输特性后，就可以理解红外辐射的探测特性，探测系统的核心部件是红外探测器. 所以，这里准备着重介绍红外探测器的特点.

22.3.1　红外探测器的特性参数

与任何器件一样，根据实际应用的需要而制订出功能的基本要求，是用以判别器件品质优劣的依据. 一般红外探测器输入的是红外辐射，输出的是电学量，故其特征参数是与辐射量和电学量相关的，主要有以下几个：

(1)响应率 R

响应率定义为 $R=\dfrac{U}{P}$，表示单位入射辐射功率 P 下产生的输出信号电压大小的能力. 其中 P 表示输入的辐射功率，U 表示输出的电压.

(2)光谱响应

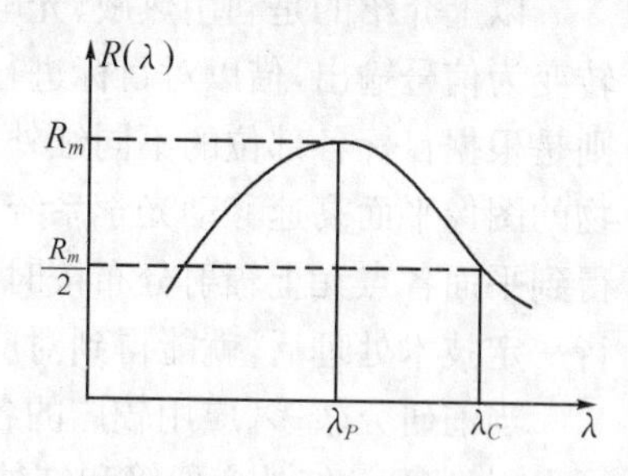

图 22.3.1　光谱响应曲线

理想的红外探测器的响应率 R 应与波长无关，但实际上 R 与波长 λ 有关，常画出 $R(\lambda)-\lambda$ 曲线，如图 22.3.1 所示，称为光谱响应曲线，它反映了探测器对不同波长的响应能力. 最大响应率 R_m（峰值）对应的波长用 λ_P 表示，当 $\lambda>\lambda_P$ 时，R 迅速下降，降至 $R_m/2$ 对应的波长 λ_C，称为截止波长，一般探测器工作的波长必须小于截止波长 λ_C.

(3)噪声等效功率 N_{EP}

红外探测器和其他探测器一样，在输出端总存在一些无规则的、随机的电压信号，这些是与探测信号无关的信号，统称为噪音. 红外探测器的噪声来源主要有两个方面：一是探测器本身载流子的无规则的运动，光电流的涨落（由红外辐射的涨落所造成）等引起；二是外界的背景辐射也是噪声的来源. 当探测信号强度小于噪声强度时，信号就会被噪声淹没，无法实现探测. 可见，探测红外辐射必须考虑噪声的影响.

若投射到探测器响应平面上的红外辐射功率所产生的输出电压正好等于探测器噪声电压，这时辐射功率称为噪声等效功率，用 N_{EP} 表示. 这是一个可测量，是用来表示红外探测器灵敏度的物理量. 实际探测中，要能真正肯定被探测辐射信号的存在，一般入射辐射功率应是噪声等效功率 N_{EP} 的 2～6 倍，随应用的不同要求而定. 但如果设计适当的电子线路，探测到小于 N_{EP} 的辐射功率也是可能的.

(4)响应时间

对任何探测器，在一定功率的辐射突然照射到探测器的敏感面上时，获得的输出电压总要经过一定时间才能上升到与入射的辐射功率相对应的稳定值；反之，当辐射突然消失后，也要经过一定时间输出电压才能降到辐射之前的原有值. 一般来说，这个上升或下降过程所需的时间是相等的，称这个时间为探测响应时间或弛豫时间. 这个时间是反映探测器响应速度的参量，显然，响应时间越短，探测器反应越快，性能就越好.

22.3.2　红外辐射探测器的种类

能够探测红外辐射的器件称为红外探测器，红外探测器种类繁多，一般按探测过程的机理将其分为两类：热敏探测器和光电探测器. 下面仅就一般原理作简扼介绍，不涉及具体仪器的结构和原理. 读者若要进行深入研究，可阅读有关专著.

(1)热敏探测器

热敏探测器是以接收器受红外辐射后将辐射信号转变为热能为基础的，其优点是热敏元件对波长不具有选择性，灵敏度可在相当宽的光谱范围内保持恒定；缺点是弛豫时间较长，一般可达毫秒(ms)级以上. 按工作原理，热敏探测器可分为金属或半导体热敏电阻型、温差热电偶和热电堆型、热释电效应型、气动探测型等.

(2)光电探测器（光子探测器）

光电探测器是利用材料的光电效应而制成的，当探测器吸收光子后，电子状态就发生改变，从而引起电子能量变化.光电效应有三种不同形式,即外光电效应、内光电效应和障层光电效应.

22.3.3 红外成像器件

以上介绍的是利用热敏、光电原理制成的两大类红外探测器,它们都是把入射的红外辐射转变为信号输出,借以对目标进行识别和定位,但并不涉及目标形体的显示.而红外成像器件则是根据目标各部位的不同红外辐射情况,显示出物体的形状.其成像原理是对红外辐射的景物的图像平面高速移动光学系统和探测器进行扫描,再对红外信号进行逐点放大处理,则可以得到平面各点元上辐射分布按时间顺序排列的"图像"元素,它们对应于物面上的辐射分布,进行一定技术处理后,就能得到对应的图像.

当前研究较多、应用较广的各类红外成像器件都是依据这个基本原理制作的,主要有光电子发射型(PE)红外变像管和红外光导摄像管.

22.4 红外技术的应用

这里着重介绍红外测温技术、红外遥感技术和红外加热技术的原理和应用.

22.4.1 红外测温技术

在各种科学研究和生产实践活动中,准确而又方便地测定温度是一个十分重要的问题.由于利用红外技术测温优点甚多,现已广泛应用于国民经济的许多方面.

(1)红外测温系统的基本结构和工作原理

图 22.4.1 是红外测温系统的结构示意图.其测温原理主要是根据黑体辐射的实验规律作为测量温度的理论基础,根据斯忒藩—玻耳兹曼定律导出的结论,即

$$R_B(T_{黑})=\sigma T_{黑}^4 \to T_\eta=\frac{T_{黑}}{\sqrt[4]{\eta}}$$

只要测出被测物体相同温度下黑体的 $R_B(T_{黑})$(单位面积所发射的辐射功率)和被测物体的灰度 η,就可换算出被测物体的温度 T_η.

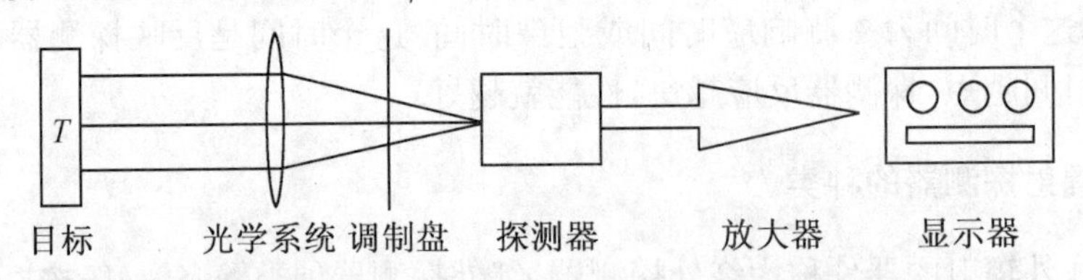

图 22.4.1 红外测温系统的结构示意图

(2)红外技术测温的主要优点

不论离目标的距离远近如何或目标是否运动,不需直接接触被测物体均可进行测量,由于可以不接触被测物体,故不会影响被测物体的温度分布;红外技术测温反应速度快,不必等仪器与被测物体达到温度平衡,只要能接收到被测目标的热辐射即可实现,而红外辐射又是以电磁波的速度(即光速 c)在传播,测温的响应时间一般在十分之几秒内,所以反应速度快;红外测温灵敏度高,分辨能力可达 0.1℃,而测温范围广,可从 −273℃ 到几千度以上;仪表结构简单,价格低廉,使用方便.

(3)红外无损探伤

利用红外测温原理，还可检查工件内部缺陷，图 22.4.2 是探测 A、B 两块金属板块压焊是否均匀良好接触的示意图. A 块被均匀加热升温，热量向 B 块传递，B 块外表面温度也随之升高，如果焊接良好，B 块外表面温度分布是均匀的；如有"缺陷"，B 块温度分布则出现异常，称为红外无损探伤.

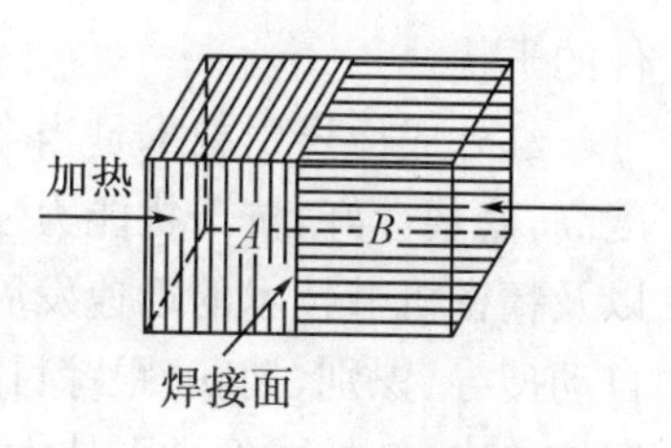

图 22.4.2　探测金属板

22.4.2　红外遥感技术

在离目标较远的地方利用红外技术观测目标的信息的方式，称为红外遥感技术. 一般有两种方式：一种是利用仪器发射的红外辐射与目标相互作用后携带目标有关的信息，利用仪器接收这些信息的方式；另一种是利用仪器直接探测遥远的目标自身的热辐射得到目标信息的方式. 红外遥感技术的主要优点是无需借助可见光(阳光)，所以昼夜均可工作，而且红外波段宽，可得到较多目标物的信息. 其主要缺点是红外遥感仪器的灵敏度较差，达不到可见光照射那样高的分辨率. 同时，红外辐射不能穿过浓雾和云层，因而探测受到气象的限制. 红外遥感技术主要应用在以下几个方面：

(1)气象探测

利用安装在气象卫星上的遥感仪器，通过扫描可以取得由于云层厚薄、高低不同与温度的关系所产生的不同温度的热辐射，并把它转换成不同的电信号发回地面，卫星地面接收站接收到这些信号，再还原成空间的温度分布，并在感光纸上以黑白深浅来表示温度高低不同的红外云图，作为气象人员预报天气的依据.

(2)地图的测绘

利用卫星遥感技术可以绘制小比例尺寸的地图，与航空绘制相比，照片的数量仅 1‰，成本降到 1%，而且可以获得更多人眼依靠可见光看不到的地面特征，提高了图像的清晰度.

(3)红外遥感技术在军事上的广泛应用

主要利用红外辐射不受白天、黑夜的限制，对军事行为利于保密的优点，但因红外辐射受云雾影响很大，气象恶劣的情况下几乎不能工作. 下面介绍几个实例.

①红外夜视. 可以扩大人们在夜间的活动能力. 基本原理是：经红外夜视仪可把红外辐射信号转换为可见光信号. 转换方式可分为两类：一类是主动式夜视设备，需要光源，由仪器自身发出红外辐射去照射目标，再经光电变换器件接收反射回来的红外辐射，通过荧光屏显示目标的图像；另一类是被动式夜视设备，直接利用目标发出的红外辐射按其成像原理形成图像进行观察. 根据这些原理和不同的需要制成红外瞄准仪安装在各种武器上进行夜间瞄准，红外驾驶仪装在各种装甲车辆上供夜间行驶，红外观察仪供夜间军事行动时发现目标. 军用夜视设备又可分红外夜视仪、微光夜视仪、红外热象仪三大类.

②红外侦察. 常用的扫描型红外侦察仪能感受到从被观察区辐射来的红外辐射，通过扫描器接收辐射，并聚焦在红外探测器上，经电子系统放大处理后得到所要求的图像. 利用红外侦察设备还可以侦察几小时以前敌人驻扎过的营地，确定饮事点、大炮、卡车的位置，也能探测出刚坐过不久的凳子上人留下的余热.

③红外制导. 利用动力目标，如飞机、坦克、军舰、导弹等，本身有大功率发动机，就是一个强红外辐射源发射的红外辐射来引导导弹自动接近目标，提高命中率，这就是红外制导的基本原理. 红外制导与同类型的雷达制导相比，结构简单，成本低. 全被动式不容易受太阳和大气条

件的干扰.

红外成像导引技术是当今精确制导技术发展的重点,是国防高新技术之一.它具有制导精度高,隐蔽性好,抗干扰能力强等突出的优点.近年来,随着探测技术、微电子技术、计算机技术以及精密机械技术的迅速发展,又出现了高级的红外导引技术(智能导引技术).这种技术具有自动搜寻、识别、捕获、跟踪目标的功能,不仅能区别目标背景,还能识别目标的要害部位.在海湾战争中,红外成像导引技术崭露头角,显示出它特有的重要性.

22.4.3 红外加热技术及其应用

加热和干燥是工农业生产中许多部门不可缺少的工艺,所耗能源颇多,仅干燥物料一项,消耗的能源约占工业化国家的能源消耗的10%以上.20世纪60年代后期出现的远红外加热技术与以前用的热风加热相比,具有加热时间短、单位面积的能量消耗少、辐射功率的空间分布可调节等优点.实践证明,远红外加热干燥和热风干燥相比,烘烤时间可缩短到1/10左右,电能消耗减少一半,场地可减到1/3,而且烘烤质量和效果好.

20世纪70年代红外加热技术得到了迅速的发展,成为世界公认的节能技术.国务院把红外加热技术列入"六五"期间重点推广的节能技术,1978年开始推广,工业设备现已95%以上"远红外"化.

光谱学表明,可见光穿透深度在分米级,近红外的穿透深度在厘米级,远红外的穿透深度在微米级,可见远红外穿透能力最弱,采用这种加热方式理由似乎不足.但是,当分析元件的辐射与工件(被加热物体)吸收相互作用关系时发现,几乎所有的有机化合物和大多数无机化合物吸收0.38 μm~0.76 μm的可见光的能力很弱,吸收0.76 μm~2.5 μm的近红外光的能力也不强,而吸收2.5 μm~25 μm的远红外光的能力却特别强.所以,红外加热技术实为远红外加热技术.

(1)远红外节能技术的基本原理

物理定律指出:凡是不被物质吸收的辐射能是不能转化为热能的.经过多年实践,日本学者细川秀克在20世纪60年代末总结出远红外加热节能技术原理——匹配吸收理论,他认为辐射元件要有较高的发射率,工件(被加热原件)要有较高的吸收率,两者还要做到光谱(波长)相匹配,热效率才最高,从而实现节能的目的.如图22.4.3所示.

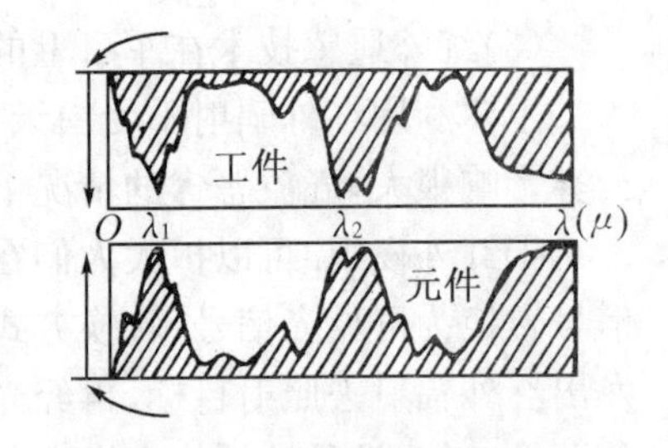

图22.4.3 匹配吸收理论

这种光谱(波长)的匹配大体上可分为以下三种情况:

①只要求表层吸收,如油漆固化,纸张、布匹的烘干等.采取表层最佳匹配,即辐射峰值与吸收的峰值正好相对应,使入射辐射一进入被加热物体的浅表层就被吸收而转化为热能,这种匹配称为正匹配.

②要求表里同时吸收,均匀升温,如谷物、木材烘干的情况.这时应根据受热体的不同厚度,使入射辐射的主波长适当地偏离吸收峰值的波长.一般是偏离愈远,透射的深度愈深,从而使表里同时受热.这种情况称为偏匹配.

③要求里层吸收,如对人体骨关节炎的红外热疗.对于里层吸收最好采用近单色辐射,其波长应避开皮肤、肌肉、血液的吸收峰,而与骨膜和骨韧带的吸收峰相匹配,这样就能使里层骨关节受热.这种情况称为内匹配.

(2)远红外加热的优点

以干燥油漆和脱水为例来说明.当我们以热风加热干燥油漆时,通过热空气对流,送热到漆层表面,再经漆的热传导使内部温度升高.中间过程长,热量损耗大,时间长,效率低,且加热不均匀,会产生桔皮、针孔或气泡,影响质量.而远红外辐射射向漆层,中间不需要介质,能量损耗小,能很快透入涂层,使表里同时升温,加热均匀,漆膜质量好.

油漆的红外吸收谱与油漆的组分有关,它决定于无机填料、有机溶剂、树脂等某些特征基团的振动或转动特性.涂料吸收红外辐射而干燥包含两个过程:一是物理过程,提高漆膜和基体的温度,可促使溶剂的挥发;二是化学过程,当红外辐射的频率和树脂基团化学键振动频率相同时,会发生共振,加大了聚合基团的振幅,树脂交联聚合概率增大,加速了固化.

脱水干燥是使物料内部的水分扩散到表面蒸发掉,水分的扩散可分湿扩散和热扩散.由水分子浓度梯度引起的水分子的扩散称为湿扩散;由物料内部温度梯度引起热量传递,同时水分子由温度高的地方向温度低的地方的扩散称为热扩散.物料中湿度分布内高外低,若温度也是内高外低,两个扩散的方向一致,就会加速物料的干燥;若两个扩散反向,就会影响脱水效果.而红外辐射穿透到的部位的温度往往比表面高(例如远红外辐射照过的玉米粒,内部温度比表面温度高 5℃ ~10℃),这样两个扩散方向一致,达到快速干燥的目的.这是热风干燥无法做到的.

(3)远红外加热技术的应用

远红外加热技术应用领域十分广阔,下面仅就目前已开发应用的领域介绍如下:

①远红外加热在产业中的应用.用于机电装置中,汽车车体、大梁,自行车、缝纫机金属部件喷涂表漆,摩托车标牌,家用电器、家具等喷漆,印字、电容器涂漆等等的干燥都是利用远红外加热;用于化工方面的印刷电路板、印刷油墨、药品等干燥加热,或用于氯乙烯树脂胶化,丙烯板软化加热等;用于木材、木制品工业中家具对接的胶合板,漆器等的干燥加热;用于纤维工业、上浆纱线、线的染色干燥加热;用于食品工业加工中,烤制点心,水产品、果品烘干加热或杀菌消毒,酒的熟化,冷冻食品解冻,制作肉干干燥加热;用于农业中的畜舍取暖、孵卵、植物催生,水产养殖的促进产卵、生育鱼苗、增殖饵食等.

远红外加热技术在这些产业的实际应用中效益显著,主要表现在:加热时间缩短,节约能量,成本低;烘烤加热均匀,产品质量提高,产量上升;加热炉结构简单,安装面积小,节省基建投资费用;可以改善工作环境操作性能,有益于安全;冬夏加热变化小等.

②远红外加热在烹调、保健方面的应用.家用油炸锅能又快又好地烹炸各类食品,操作方便,安全节能;把煤气和远红外线结合应用于干燥箱,可以充分发挥各自的特长,烘烤效果佳又节能;温热器加热压在人体患处(肩、腹、肌肉疼痛处)能改善和促进血液循环,特别是治疗深处酸痛效果更佳;利用人体易于辐射、吸收红外线,不必特备密室,在 40℃ ~50℃的温度下,短时间就可促其出汗,有益于消除疲劳、美容;远红外还可用作干燥衣服机器中的热源.

22.4.4 红外新技术成果的应用

反射光谱含内反射光谱、外反射光谱、镜反射光谱.反射技术已显为人知,但反射过程中分子红外光谱的研究还是较新的.傅里叶变换红外光谱出现之后,就促进了反射光谱技术的发展和应用.最值得介绍的是 ATR 技术,即内反射光谱(又称衰减全反射光谱)技术.

当光束从光密媒质 n_1 入射到光疏媒质 n_2 时,如果入射角 θ 大于临界角,即 $\theta > \arcsin\left(\frac{n_2}{n_1}\right)$,则

发生衰减全内反射. 反射光在光疏媒质(样品)的吸收波长上的强度减弱,因而反射光谱和透射光谱一样能反映样品的特征.

在透射光谱技术不便使用和不能使用的测定分析中,ATR 技术往往能很方便地运用. 例如,织物和化纤混合比的测定. 羊毛特征吸收峰在 1520 cm^{-1} 处,棉纱在 1160 cm^{-1} 处有特征吸收峰. 它们在特征吸收峰处的吸收比的关系曲线如图 22.4.4 所示. 把它们作为估计羊毛和棉纱含量的标准标定曲线,通过 ATR 技术测出在两个吸收峰处的吸收比,就可确定羊毛或棉纱的百分比含量.

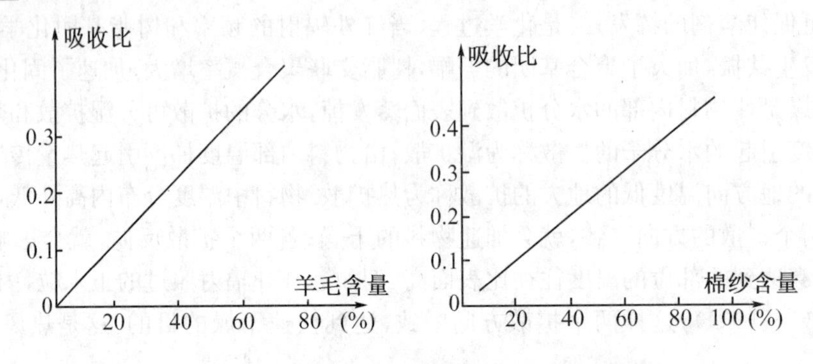

图 22.4.4　在特征吸收峰处的吸收比的关系曲线

ATR 技术还可以用于材料的鉴定,金属表面膜的测定和研究,分析液体样品等.

红外技术的应用越来越广泛,在医疗方面除了红外理疗,如检查皮下肿瘤和乳腺癌、血管疾病、皮肤病等,还可以用于气功、针麻、针灸和经络论机理的研究.

习题 22

22.1 红外线的本质是什么？红外线波段如何划分？

22.2 透射系数 $\tau(\lambda、T)$和散射系数 $\nu(\lambda、T)$是如何定义的？写出布格尔定律的表示式.

22.3 从图 22.2.1 看，哪些波段是“大气窗口”？光谱透射系数与媒质的衰减系数有什么关系？

22.4 红外探测器的特性参数主要有哪几个？

22.5 红外测温依据什么定律？

22.6 红外加热技术的基本原理是光谱相匹配，有哪几种匹配情况？红外加热与热风加热相比，有什么优点？

22.7 大致说出 ATR 技术的原理和应用.

第 23 章 纳米科技及应用简介

两度诺贝尔物理学奖获得者、美国著名物理学家费因曼教授(R. P. Feynman)曾发问:“如果有一天人类能够按照自己的意志安排一个个原子和分子,将会产生什么样的奇迹呢?”今天,这个美好的愿望已经开始变为现实.随着人们对凝聚态物理的深入研究,一门崭新的科学技术——纳米科技(Nano Scale Science & Technology,缩写 Nano ST)诞生了.在基础领域,纳米科技主要与介观物理、量子物理、混沌物理和化学有关.而在工程技术领域,则要用到计算机、微电子和高分辨透射电镜、扫描隧道显微镜、原子力显微镜等技术.纳米科技主要由纳米材料学、纳米电子学、纳米生物学、纳米矿物学、纳米机械及纳米加工学等既相互联系又自成体系的各个分支学科组成.从纳米科技诞生至今,人类已经取得了许多重要的进展,但是由于这是一门刚兴起的新学科,还有许多重大的基础问题未解决,未能形成完整的理论.所以我们在此仅对纳米科技取得的一些重要成就、纳米科技发展中应该注意的问题及最新的研究情况等做适当的介绍,以使读者了解一些纳米科技发展的相关信息.

23.1 纳米科学技术及其产生

23.1.1 纳米科技

所谓纳米科技,实际是纳米科学技术的简称,它是指在纳米尺度(1 nm~100 nm,即 10^{-9} m~10^{-7}m)上研究物质(包括原子、分子)的特性和相互作用,以及利用这些特性的多学科交叉的科学和技术.它的最终目标是直接以原子、分子及物质在纳米尺度上表现出来的新颖的物理、化学和生物学特性制造特定功能的产品.纳米科技兼具科学和技术的双重内涵.科学意味着探索未知领域,纳米科学就肩负着探索物质在纳米尺度上表现出奇异性能的内在原因;而纳米技术则意味着将纳米科学所取得的研究成果用于人类的生产活动中去,以实现生活和生产方式上的飞跃,纳米科技正是沿着这样的路径向前发展的.

23.1.2 纳米科技的诞生

人类对自然界的认识始于宏观物质世界,然而又溯源于原子、分子等微观粒子.现在正在向着两个相反的方向——宇观和微观纵深发展.在宇观方面,我们能达到的最大尺度为 10^{26} m,约 10 亿光年(见图 23.1.1);在微观方面的最小尺度为 10^{-15} m,即可以研究夸克(见图 23.1.2).在宏观和微观研究中,人们对有关的问题已经能够做出较为详尽的解释,然而在研究宇宙深处和构成质子与中子的夸克这两个极端尺度之间,我们在一段尺度范围内还有许多基本规律没有搞清,有些理论还没有完善,这就是纳米尺度.纳米尺度上有关的现象和特性问题,还有待我们去做深入细致的研究.

人类无意识地从事纳米物质的生产活动可以追溯到 2000 多年以前,那时古希腊人和古罗马人就已经利用在纤维核心上形成黑色硫化铅的纳米晶体来染黑白色的头发和羊毛.1000 多年前,中国的古人用来做墨的原料和着色的染料的材料是利用蜡烛燃烧的烟雾制成的碳黑,这些碳黑粒子是纳米级粒子.出土的西汉铜镜表面防锈涂层中的粒子、已在轮胎中使用了 100 多年用做增强剂的碳黑颗粒、构成生命要素之一的核糖核酸蛋白质复合体、生物体内的多种病毒等也都是纳米物质，疫苗（常含有一种或数种纳米尺度的蛋白质）也可能挤身纳米之列.

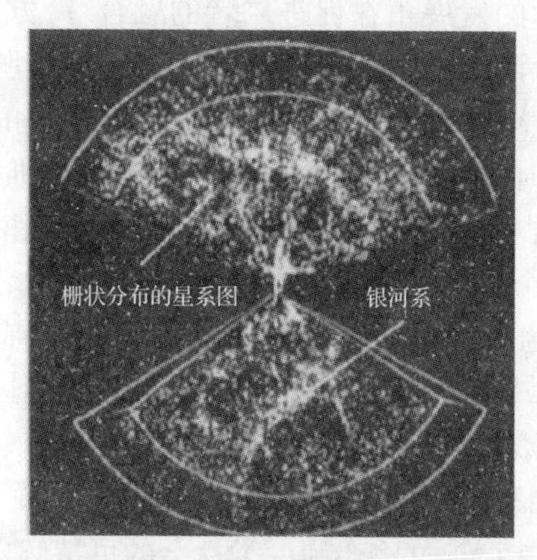

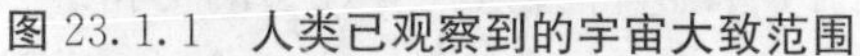
图 23.1.1　人类已观察到的宇宙大致范围

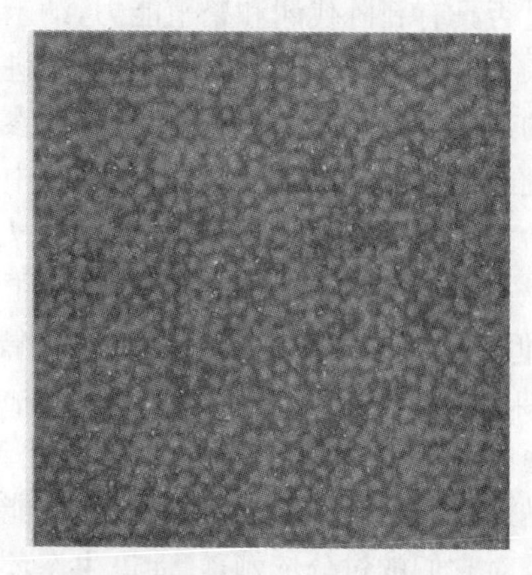
图 23.1.2　夸克

大约在 1861 年，随着胶体化学的建立，科学家开始对 1 nm～100 nm 的胶体进行研究. 但由于当时科技水平的限制，主要是将其作为一个化学体系来对待，并未认识到在这样一个层次上物质将具有不同于宏观物质的奇特性能. 人们有意识地从事纳米科技的研究是在 20 世纪 60 年代，其代表人物是著名的美籍物理学家理查德·费因曼. 费因曼于 1959 年在美国物理学会的年会上做了题为“在底部还有大量的余地”的演讲，他率先提出了一种新奇技术：逐级地缩小生产装置，以至最后直接由人类按需要排布原子，制造产品. 他曾设想：“如果有一天按人的意志安排一个个原子，将会产生怎样的奇迹？”他还说：“如果人类能够在原子或分子的尺度上来加工材料，制备装置，我们将有许多激动人心的发现. ……我们需要新型的微型化仪器来操纵微小结构并测定其性质. ……那时，化学将变成根据人们的意愿逐个地准确放置原子的问题.”这说明费因曼已经认识到纳米尺度上的物质将会具有不同于宏观物质的奇异性能，所以是他首先提出了纳米科技的思想. 虽然费因曼根据当时物理学发展的成就预示了纳米科技的诱人前景，但由于科技发展水平的限制，他的预言在当时及其以后的 10 多年里并没有引起科技界的普遍关注. 到了 20 世纪 70 至 80 年代，由于半导体工业的飞速发展和对计算机的苛刻要求（体积越来越小，存储容量越来越大），才促进了纳米科技的迅速发展.

1990 年 7 月在美国巴尔的摩，第一届国际纳米科学与技术会议和第五届国际扫描隧道显微镜会议同时召开，两种国际性专业期刊《纳米科技》和《纳米生物学》也相继问世，宣告了纳米科技的诞生，标志着纳米科学技术得到了全世界科技界的广泛关注和认同.

23.1.3　发展纳米科技的意义

纳米科技的发展将促进人类对客观世界认知的革命. 现代科技发展的突出特点是在多学科交叉和边缘领域取得创新和突破，纳米科技是在现代物理学、化学和先进工程技术相结合的基础上诞生的，是一门多学科交叉的横断科学，是多学科交叉融合性质的集中体现. 人类在宏观和微观的理论充分完善之后，在介观尺度上有许多新现象、新规律有待发现，所以这也是新技术发展的源头，因此纳米科技充满了原始创新的机会. 对于还比较陌生的纳米世界，还有许多尚待解决的科学问题，激起了科学家极大的好奇心和探索欲望. 而一旦在这一领域探索过程中形成的理论和概念在我们的生产和生活中得到广泛的应用，将极大地丰富我们的认知世界，给人类带来观念上的变革.

纳米技术填平了生物和非生物之间的鸿沟.传统观念认为,生物和非生物之间的根本差别在于是否具有新陈代谢和繁殖能力,纳米技术的发展正在促进二者的融合.一方面,纳米机器人进入人体,对人体的基因、细胞、组织进行检测和修护或长期“驻扎”于血液与脏腑内以抵御病毒的入侵,从而作为生物体的一部分参与生命过程.另一方面,以生物大分子的“活性”功能为基础的纳米器件,被组装到电机系统中,这时的机械便不再只是非生物体的堆砌,而是复制了生命意义的“活体”;当纳米技术给了人机结合的机会,特别是人工智能物移植入人脑的时候,传统的人的定义就不能全部解释人了,这个时候人的自然属性和社会属性并没有发生任何变化,但是人脑中多了一个修复或扩展智能的人造机器,人的思维和意识已经有了机器的参与.如果说器官移植还没有触及到人的根本属性——思维、意识,那么人工智能进入人脑辅助人类思维,意识就有了机器的色彩,就是到了给人新定义的时候了.

纳米科技推动产品的微型化、高性能化和与环境的友好化,将极大地节约资源和能源,减少人类对它们的过分依赖,并促进生态环境的改善.这将会为人类社会的可持续发展提供物质和技术保证.

纳米技术是21世纪世界经济增长的一台主要的发动机,它将引发一场新的技术革命.正像扫描隧道显微镜的发明者罗雷儿教授1993年给江泽民同志的信中所讲的那样:“150年前,微米成为新的精度标准并成为工业革命的基础,最早和最好学会并使用微米技术的国家都在工业发展中占据了优势.同样,未来的技术将属于那些明智地接受纳米作为新标准并首先学习和使用的国家.”人们已经认识到纳米科技是未来信息科技和生物科技进一步发展的共同基础(纳米技术、信息技术和生物技术被认为是21世纪科技发展的驱动力),为了突破信息产业发展的“瓶颈”和实现生物科技在新的历史条件下的变革,必须研究纳米尺度中的理论问题和技术问题,所以纳米科技所拥有的前途和影响既显而易见又不可限量.由于它将对未来科技、经济、国家安全和社会发展产生重大影响,已成为各国竞相争夺的科技战略制高点.为了提高国家的竞争力,抢占纳米材料和纳米技术的战略高地,各国政府纷纷相继制定出相关发展战略和计划,组织该领域有影响的科学家深入进行纳米科技研究并逐渐加大资金投入.美国将纳米科技列为21世纪取得重要突破的三个领域之一(其他两个为生命科学和生物技术、从外星球获得能源);英国制定的纳米科技计划对在机械、光学、电子学等领域所遴选的八个项目进行研究;德国在1993年提出的后十年重点发展的9个领域80项关键技术中,纳米科技涉及其中4个领域的12个项目;日本在制定的关于先进技术开发研究规划中,12个与纳米科技有关,研究人员主体是35岁以下的年轻人,并且在逐年增加对纳米技术研究经费支持的同时,还为社会和企业创造有利的研究开发环境;我国从20世纪90年代起就高度重视纳米科技的研究,各级政府也高度重视和支持纳米科技的发展,国家纳米科学中心和国家纳米技术及应用工程中心相继在北京和上海成立.目前我国纳米技术研究主要集中于基础研究方面,并取得了许多成果,其实力在某些领域已挤身世界前列.

由于各国政府的重视和科学家们的努力,纳米科技的发展速度比人们原先估计的要快得多,纳米科技思想已渗透到众多的其他学科领域,形成了一系列边缘学科.

23.2 蓬勃发展中的纳米科技

由于纳米科技的多学科交叉性质,它的研究对象涉及诸多领域,它的基础研究问题又往往与应用密不可分. 根据纳米科技与传统学科领域的结合,可细分为纳米材料学、纳米电子学、纳米生物学、纳米化学、纳米机械及纳米加工学、纳米矿物学、纳米制造学等,本文仅对纳米材料学、纳米电子学和纳米生物学进行简单的介绍。

23.2.1 纳米材料学(nanometer materials science)

纳米材料学是纳米科技领域中发展最为迅速的学科,其主要内容包括纳米材料的制备、结构、性能及其应用等. 随着社会的进步,人们对材料也在不断地提出新的要求. 以往对材料结构的要求是注重无位错、无缺陷、具有长程有序的完美晶体,后来又发展到追求具有优异性能的非晶体. 现在人们正在着力研发更具奇异特性和诱人应用前景的纳米材料. 纳米材料是指在三维空间中至少有一维处于纳米尺度范围内或由它们作为基本单元构成的材料,基本单元有:纳米尺度颗粒、原子团簇,纳米丝、纳米棒、纳米管,超薄膜、多层膜、超晶格等.

在实践中人们发现,如果将宏观尺度的物质细化到纳米尺度,这种纳米颗粒就表现出与宏观尺度物质完全不同的性质. 这种颗粒做成的材料其结构既不同于长程有序的晶体,也不同于长程无序、短程有序的非晶体,而是处于一种无序程度更高的类似于气态的物质结构,构成了与所有已知的固态结构完全不同的特点. 因此这样的系统既非典型的微观系统,也非典型的宏观系统,而是典型的介观系统,具备一般晶体和非晶体都不具备的奇特性能,如硬度、强度、韧性、导电性和磁性等都非常优异. 纳米物质之所以表现出这些奇异的性能,主要是由于物质进入纳米尺度后表现出了一些宏观物质不具备或在宏观物质中可忽略的效应. 根据目前人们对纳米颗粒的研究,这些效应主要有小尺寸效应、表面效应、量子尺寸效应、宏观量子隧道效应.

(1)纳米材料的特性

①小尺寸效应.

当固体粒子的尺寸与光波波长、德布罗意波长以及超导态的相干长度($\sim 10^3$ Å$=10^2$ nm)相当或更小时,晶体中的周期性边界条件将不复存在,非晶质的表面层附近的原子密度减小,导致声、光、电、磁、热等性能发生显著改变,即所谓的小尺寸效应. 例如:金属及粉末能反射光,呈现出金属的光泽,但纳米金属颗粒对光的反射率很低,一般都低于1%,当金属粉末直径小于光的波长时,完全失去光泽而呈黑色,而且粒径越小,粒子的吸光能力越强;在传统陶瓷中,晶粒不易滑动,材料呈现脆性,而纳米陶瓷的晶粒尺寸极小,晶粒容易在其他晶粒上运动,因此具有高强度和高韧性,超导相会向非超导相转变及结构不稳定等.

小尺寸效应为纳米物质的使用开辟了新领域,如磁性物质当其处于纳米尺度时具有很高的矫顽力,可以制成磁卡或磁性液体,广泛用于电声器件、阻尼器件、旋转密封、润滑和选矿等领域;利用纳米粉末对光的吸收,可在电镜、核磁共振波谱仪和太阳能利用中做光吸收材料,也可用于制作红外线热型检测器的涂料及隐形飞机上的雷达波吸收材料等.

②表面效应.

根据凝固态物理我们知道,处于物质内部的粒子与处于物质表面的粒子其状态完全不同,后者具有很高的能量和化学活性,在电子显微镜的电子束照射下,表面粒子仿佛进入了“沸腾”状态. 这是因为表面原子邻近配位不完全,因而本身极不稳定,一旦遇到其他原子极易与之结合. 一般情况下,表面原子数与整个物质的原子数相比微不足道,但当物质的尺寸进入纳米量级时,表面原子数就达到了不可忽视的程度,这时表面效应就表现得非常明显. 例如,一个边长为1m的立方体,其表面面积为6 m^2,若将它切割成边长为1 mm的若干个小立方体,再按原样堆砌成边长为1 m的立方体,体积没变,但小立方体的表面面积之和为6000 m^2,增大到原来的1000倍.粒径越小,表面原子所占的比例越大,纳米粒子的活性也大为增强,如金属的纳米粒子在大气中会燃烧,无机材料的纳米粒子会吸附气体并与之反应.这种表面原子的活性,不但引起纳米粒子表面原子输送和构型的变化,同时也引起表面电子自旋构象和电子能谱的变化,这些现象被称为表面效应.粒径大小与表面原子数之间的关系见表23-1-1.

表23-1-1 颗粒粒径、原子数及表面原子数之间的关系

颗粒粒径(nm)	包含的总原子数	表面原子所占比例(%)
10	30000	20
4	4000	40
2	250	80
1	30	99

纳米粒子的表面效应增加了材料的化学活性,降低了熔点,利用这一特性可制作高效催化剂、敏感元件和用于高熔点材料冶金等.

③量子尺寸效应.

能带理论指出:由大量原子组成固体时,各原子的能级就合并成能带.由于各能带中电子数目很多,能带中能级间隔很小,可以看成是连续的.但对介于原子、分子与大块固体之间的超微颗粒而言,大块材料中连续的能带又变窄,逐渐还原分裂为分离的能级.当颗粒的尺寸达到纳米尺度,且能级间距大于热能、电场能、磁场能、光子能量或超导态的凝聚态能时,就会出现一系列与宏观物质截然不同的反常特性,即所谓的量子尺寸效应.量子尺寸效应会导致纳米物质在磁、光、声、电、热以及超导性等方面表现出与宏观物质截然不同的反常特性.例如,在低温条件下,导电的金属处于纳米颗粒状态时可以变成绝缘体;磁矩的大小和颗粒中电子是奇数还是偶数有关;光谱会向短波方向移动;比热容会出现反常变化等.

④宏观量子隧道效应.

微观粒子具有贯穿势垒的能力称为隧道效应.近年来人们发现一些宏观量如纳米粒子的磁化强度、量子相干器中的磁通量等也具有隧道效应,称为宏观量子隧道效应.用此概念可以定性解释纳米镍晶粒在低温下继续保持超顺磁性的现象.宏观量子隧道效应对基础研究和应用都有重要意义,比如它限定了磁介质存储信息的时间极限.量子尺寸效应和宏观量子隧道效应一起将会是未来电子器件的基础,它既指出了现有电子器件微型化的方向,又确定了其限度.

(2)几种典型的纳米材料

纳米材料主要有纳米金属颗粒、纳米碳管、纳米陶瓷、纳米氧化物和半导体材料、纳米块材等.

①易于燃烧和爆炸的纳米金属颗粒.纳米颗粒是指颗粒尺寸为纳米级的超微颗粒,它的尺度大于原子团簇而小于通常的微粉,它有很薄的均匀表面层,表面上的原子十分活跃,有特殊的晶体结构和电子结构,能有效地与其他分子接触.如果将金属铜或铝做成纳米颗粒,遇到空气就会猛烈燃烧,发生爆炸.纳米金属颗粒可用于制作火箭的固体燃料和催化剂.

②纳米碳管.纳米碳管是由石墨中一层或若干层碳原子卷曲而成的笼状"纤维",内部是空的,外部直径几纳米到几十纳米,而长度可达数毫米.我们知道,石墨是一种层状六角结构,每一层在二维平面上铺开,但其边缘是不稳定的,就像一张薄纸,其边缘会翘起,从而形成一种更

稳定的卷筒结构，即碳管，如图 23.2.1 和图 23.2.2 所示。

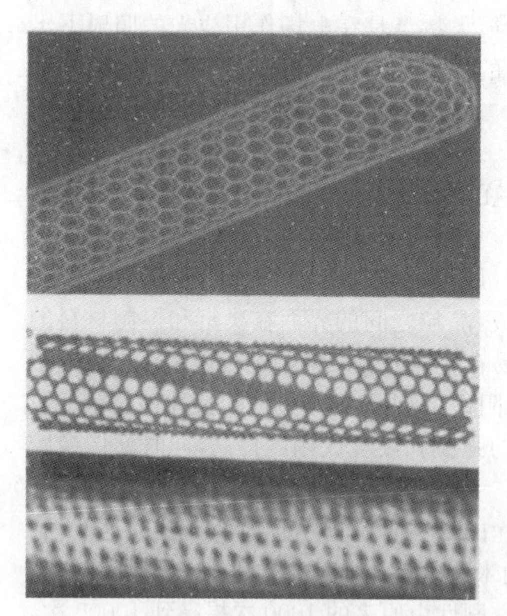

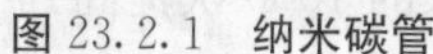

图 23.2.1 纳米碳管

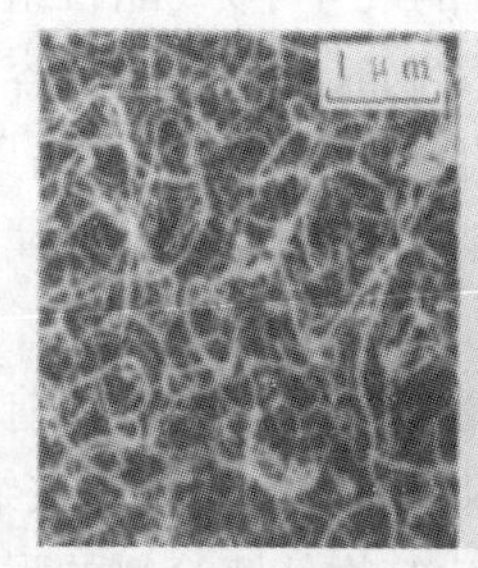

图 23.2.2 纳米碳管大规模合成放大

纳米碳管在很多方面具有十分有趣的性质，它的重量很轻，却有很高的弹性模量，如密度只有钢的 1/6，而强度却是钢的 100 倍；当对它施加侧向方向的压力时，纳米碳管并不直接折断，而是像吸管一样弯曲，拆除压力时，它又重新变直. 在导电性方面，纳米碳管可以分为三类：金属性的、窄能隙半导体、宽能隙半导体.

由于结构分子的完整性，纳米碳管具有独特的电学、力学性能和化学稳定性，科学家对纳米碳管的潜在应用已做了广泛研究，如优良的弹性、抗张强度和热稳定性可用于微型机器人、抗冲击车身及抗震建筑中；纳米碳管具有很低的场发射阈值电场强度和很高的场发射电流密度，能在普通高真空度下长期稳定地工作，因此在场发射显示领域有广阔的应用前景；纳米碳管附着在扫描探针显微镜的尖端，可使其横向分辨率提高 10 倍以上；可以在中空的纳米碳管内储存氢，然后逐渐释放出来，使其成为高效而廉价的燃料电池，研究表明，重约 500 mg 的纳米碳管在室温下储存氢的重量可达到 21 mg，并且其中 78.3%可在常温常压下释放出来，这种纳米碳管还可重复使用.

③纳米陶瓷. 众所周知，陶瓷材料具有硬度大、耐磨、抗腐蚀等优点，但脆性是它的最大缺点. 运用纳米技术，可以在低温、低压下生产出质地致密且具有显著超塑性的纳米陶瓷. 所谓超塑性，是指在应力作用下产生异常大的拉伸形变而不发生破坏的能力. 用陶瓷粉制成的纳米陶瓷，克服了传统陶瓷材料质脆、韧性差的缺点，具有了像金属一样的柔韧性和可加工性(当然也能保留传统陶瓷的优点). 已经研究制成的纳米 TiO_2 陶瓷材料，在室温下可以弯曲，塑性形变可达 100%. 纳米陶瓷的耐高温性能也很突出，用纳米陶瓷做成的发动机能在更高的温度下工作，可使汽车跑得更快，飞机飞得更高. 此外，使用纳米陶瓷还可以生产出极薄的透明涂料，喷涂在诸如玻璃、塑料、金属、漆器甚至磨光的大理石上，具有防污、防尘、耐刮、耐磨、防火等功能. 涂有纳米陶瓷的塑料眼镜片既轻又薄，还不易破碎.

虽然纳米陶瓷还有许多关键技术需要解决，但其优良的室温和高温力学性能、抗弯强度、断裂韧性，使其在切削工具、轴承、汽车发动机部件等诸多方面都具有广泛的应用，并在许多超高温、强腐蚀等苛刻的环境下起着其他材料不可替代的作用.

④纳米氧化物和半导体材料.氧化物纳米颗粒的最大特点是在电场作用或光的照射下迅速改变颜色,这种材料可做成广告板.广告板在光、电的作用下,会变得更加绚丽多彩.纳米氧化物在催化及环保方面也有广泛的应用前景,如纳米二氧化钛可广泛应用于防日晒化妆品、轿车金属色面漆、高压绝缘材料、荧光管等.

半导体纳米材料的最大用处是可以发出各种颜色的光,做成超小型的激光光源,它还可以吸收太阳光能,把它直接变成电能.

⑤纳米块材.纳米固体材料由大量的小原子团簇(原子团簇是由多个原子组成的小粒子,它们比无机分子大,比纳米颗粒的尺寸小)或晶粒组成,晶粒之间的界面在决定和控制材料的性能方面起着至关重要的作用.例如,纯金属原子容易在金属晶体结构中进行位错这种缺陷运动,所以易于成型,而当金属由纳米颗粒组成时,晶界阻碍位错运动,小的晶粒尺寸使位错形成困难,需要更大的力才能使材料变形,因而纳米金属的强度和硬度大幅度提高,同时又像橡胶一样富有弹性.

纳米材料被美国材料学会誉为"21世纪最有前途的材料",它远不止前面提到的这些,它在实际中的应用将促使传统产业"旧貌换新颜".在纳米化纤品中加入纳米微粒,可以除味、杀菌;通过纳米技术的运用,可使建筑物外墙涂料的耐洗刷性由原来的1000次提高到10000次,老化时间延长两倍多.目前国外纳米材料产业初具规模,纳米材料及其产品从1994开始进入市场,创造的经济效益以每年20%的速度增长.已具规模化生产的纳米材料有金刚石、磁性材料、金属、陶瓷、复合材料、半导体材料、生物医用材料等.纳米技术和纳米材料最先进的国家是美国、德国和英国.日本在纳米复合材料领域居领先地位,而欧洲则在分散、涂层和新仪器应用方面处于领先地位.

(3)纳米材料的制备

由于对纳米材料各种特殊效应的不断揭示,使人们认识到纳米材料所具有的各种各样的奇特性能,激励人们去研制纳米材料,开发新功能,开拓新用处.纳米材料的制备是纳米科技产业化过程中不可缺少的一个环节,目前已发展起来的纳米材料的制备方法多种多样,但大致可分为化学方法和物理方法两大类,在每一类中又根据其具体的物理化学过程分为很多种.化学方法中有沉淀法、水解法、喷雾法、氧化还原法和激光合成法等;物理方法中有粉碎法、蒸发沉淀法、溅射法、混合等离子法、冷冻干燥法等.

23.2.2 纳米电子学(nanoeletronics)

纳米电子学是研究结构尺寸为纳米量级的电子器件和电子设备的科学.1905年真空管的发明使人类进入了电子时代,1947年世界上第一个晶体管的产生使电子工业发生了革命性的变化,今天半导体器件和集成电路已成为电子技术的主导.由于制造大规模和超大规模集成电路是发展高级计算机和电子技术的基础,因此,进一步缩小器件的结构尺寸是当今高科技领域的一个追求目标.

按照摩尔定律,每过18个月,微处理器芯片上晶体管的数量就会翻一番.随着大规模集成电路工艺的发展,芯片上的集成度越来越高,也越来越接近工艺的物理上限(微电子器件的极限宽度一般认为是0.07 μm,即70 nm),在这样小的范围内,半导体晶体管工作的基本原理将受到很大的限制,甚至严重到使器件不能正常工作,这时起作用的将是"古怪"的量子力学定律,电子从一个地方跳到另一个地方,甚至越过导线和绝缘层,从而发生短路.其实,自1897年

Thomson 证实电子的存在至今,在考虑电子的行为方面,我们所做的工作主要都只是强调了电子的粒子性,即将电子视为粒子,由控制数以千计的成群电子的行动来实现特定的功能.但在经过特殊设计的纳米器件中,视电子为粒子的微电子技术失去了赖以工作的基础,电子主要以波动性质来表现其特性,这种器件也称为量子功能器件,量子效应电子器件具有高效、高功能、高速、低耗、高集成化、经济可靠等一系列优点,因此各国高科技领域都在致力于发展原子、分子器件.在纳米空间,电子所表现出来的特征和功能将是纳米电子学研究的范畴.

电子学最杰出的应用之一就是制造计算机.当今,计算机在人类社会的各个领域扮演着越来越重要的角色,当然,在纳米电子学中,制造出运行速度更快、性能更优的计算机也是其中一个最重要的任务.在纳米这一尺度上制造出来的计算机其运算速度和存储能力,将比微米技术下的计算机呈指数倍的提高.这将是对信息及相关产业的一场深刻的革命.

科学家预言:21 世纪将出现五种计算机,它们是超导计算机、纳米计算机、光计算机、量子计算机和 DNA 计算机.这五种计算机中,只有 DNA 计算机主要建立在分子生物学基础上(分子生物学与纳米物理学紧密相连),其余四种都是利用物理科学制造的.纳米尺度或纳米技术下的计算机具有一些非常奇异的运算方式,如 DNA 计算机.DNA 计算机的工作原理是:DNA 分子中的遗传密码相当于存储的数据,DNA 分子间通过生化反应,从一种基因代码转变为另一种基因代码.反应前的基因代码相当于输入数据,反应后的基因代码相当于输出数据.如果能控制这一反应过程,就可以成功制作 DNA 计算机.

在未来种类众多的计算机中,科学家们最感兴趣的是 DNA 计算机.DNA 计算机的最大优点在于其惊人的存储容量和运算速度:1 cm^3 的 DNA 存储的信息比一万亿张光盘存储的还多;十几个小时的 DNA 计算,就相当于所有电脑问世以来的总运算量.更重要的是,它的能耗非常低,只有电子计算机的一百亿分之一.虽然科学家认为 DNA 计算机最有可能是人工智能解放的突破口,但获得 DNA 计算机的成功之路还是很艰辛、很漫长的,即使成功了也不可能完全取代现有的计算机.目前的 DNA 计算机都还是躺在试管里的液体,不过,科学家预计,10 到 20 年后,DNA 计算机将进入实用阶段.

人们一旦掌握了制造体积微小的计算机的技术,人类的生产、生活质量将会进一步被提升.体积微小的计算机将非常便宜,所以随处都可以使用计算机,更广泛意义上的嵌入计算和普及计算将成为现实.巨型计算机可以装进口袋里.还能生产可编程的纳米机器人,它内部可包含一个纳米计算机,可进行人机对话.嵌入内衣里的计算机将告诉洗衣机在洗衣服时用什么样的水温.签字笔笔芯中的墨水即将用完时,嵌在笔芯中的计算机将提醒你更换笔芯.如此等等.

更为有趣的是,传统计算机“软硬分明”,而纳米计算机软硬件的界限将逐渐变得模糊.利用纳米技术和一种称做“纳米盒”的装置,软件将可以由物质构成.因为利用化学方法,用纳米材料制成的硬件可以切成小块.人们不仅可以在互联网上下载软件,还能下载硬件,甚至某些肉眼看不见的机器人还可以将某些物质拆成原子,再将这些原子组装成计算机.

23.2.3 纳米生物学(nanobiology)

纳米生物学是纳米科技的一个分支学科,它是在纳米水平上研究生命现象的科学,它的研究对象是亚细胞结构和生物大分子体系.纳米生物技术是从更加微观的世界里来重新对整个生命过程进行认识.用纳米科技的手段来研究生物体能够给予我们更多的启示,使我们更进一步看清生命的本质.纳米生物技术在新世纪将推动信息技术、生物医学、环境科学、自动化技术及能源科学的发展，将极大地影响人类生活的衣、食、住、行、医等方面.

纳米生物学研究的内容主要分为两个方面：第一，利用新兴的纳米技术解决生物学和医学方面的重要科学问题和关键技术难题；第二，借鉴生物学原理和生物分子材料进行人工分子器件、纳米传感器、纳米计算机和分子机器的设计与制造，即“分子仿生”. 我们知道，中国有句俗话：“是药就有三分毒”，到目前为止，科学家还未发现一种药物完全没有毒副作用，这主要因为药物在体内作用的过程中，除病灶部位浓度较高外，在其他部位也有大量蓄积，或者被分解后的产物具有较强毒性，这一难题通过纳米生物技术可以得到解决. 我们可以将药物直接纳米化，即用机械或物理等手段将药物颗粒的大小控制在纳米级别，或者用制备的纳米尺度药物载体装载药物，使药物有效地到达病灶区，就像生物导弹直接攻击靶位点，但又不殃及其他部位，从而达到降低药物毒副作用的目的. 另外，纳米科技的核心思想是在原子分子水平上进行产品设计和制造，其最终目标是实现人工分子机器的生产. 由于生物体系中的生物大分子恰恰是自然界中现成的分子机器，所以通过对生物大分子的研究和利用，将会有助于纳米科技本身的发展，因此纳米生物学体现了纳米科技的核心思想和最终目标.

当然，人类的目标不只是对自然界中现成的分子机器进行研究和利用，最终是要实现“人造分子机器”的生产，所以分子机器的研制是纳米生物学研究的主要内容之一. 这种分子机器可用于大气中吸收有毒气体，注入人体血管内做全身健康检查等. 第一代分子机器是生物系统与机械系统的有机结合体；第二代分子机器是能直接从原子、分子装配成有一定功能的纳米尺度的装置；第三代分子机器将是含有纳米计算机的、可人机对话并有自身复制能力的纳米装置. 分子机器一旦制成，将在制造与修理、清除污染、改造生存环境、再造物种等方面获得广泛应用.

以纳米生物学为基础的纳米生物技术，其发展和未来潜力引起了社会各界的高度重视，世界各国都纷纷建立起了纳米生物技术研究机构和公司，其中不少单位将目光瞄准了医疗市场. 药物制剂的设计、发现、实验和制备是纳米技术应用研究较为广泛而进展又非常迅速的领域，据美国国家科学基金会估计，在纳米技术工业预测的 1 万亿美元的市场中，药物市场约占 1800 亿美元. 在此从以下几个方面来看看纳米生物技术在医疗领域的研究和应用.

(1)医学治疗

治疗是医务人员的神圣职责，对他们来说，最大的愿望就是减轻病人的痛苦，挽救病人的生命，但是目前对一些疑难病症如神经退化、癌症等在医学界仍然没有有效的治疗对策，通过纳米生物技术的应用却可以给病人带来新的曙光.

美国修斯敦的 C60 公司致力于“富勒烯”纳米材料的开发，富勒烯(也称巴基球)在医疗方面颇具潜质，有望用它来治疗神经退化和延缓衰老. 因为神经退化和通常的衰老过程都与氧化过程造成的损害有一定关系，而富勒烯可望作为细胞内外强效的抗氧化剂. 通常情况下的富勒烯是不具有生物相容性的，但 C60 公司的科学家正在努力改造它的结构以开发“下一代小分子抗氧化剂”.

纳米谱生物科学公司和特里登生物系统公司正在进行癌症的热疗研究，这种治疗方法的机理是利用被外部能量激发的纳米金属粒子去加热并摧毁周边的肿瘤，他们的这些研究显示出了对癌症治疗的积极前景.

(2)药物传输

2005 年 4 月的一份业内竞争情报分析显示，随着新药研发的风险越来越大，药物安全性等要求也显著提高，世界新药开发步伐已相对放缓，开发者开始更多地把目光转向老药新用途的开发,药物研发进入制剂时代,药物输送技术成为研究热点,技术和商业因素使得纳米技术在药物输送业中的地位变得越来越重要.纳米药物可被随意激活并能专一性靶向肿瘤细胞,由于其非常小,所以它可以仅在靶的肿瘤内积聚,可有效地提高药效、减少用药量、增强药物安全性.在药物输送的竞技场上,多家公司争相开发药物的封装形式,在这项研究中走在前列的包括爱尔兰艾伦公司的"纳米晶"技术,法国弗莱梅尔公司的"水母"技术——一种自组装聚氨基酸纳米粒子体系,美国树枝纳米技术公司的"树枝状纳米材料"技术,这些方法都能增强药物针对性,具有缓释功能,从而延长药效时间.

(3)诊断成像

及时准确的诊断是治疗的前提,它将直接影响治疗的效果,所以近年来在疾病诊断与检测技术方面受到关注的新技术均表现为高效、准确、快速和早期的趋势.

目前,一种分子诊断模式是利用低聚核苷酸吸附特定靶标的核酸,再吸附带有低聚核苷酸的纳米金粒子,通过银沉淀反应,将信号放大 1000 到 10000 倍,这可大大提高检测的准确度,同时也更加快捷,因为这种诊断方法可以使样本在经过初步培养 1 个小时后化验下一代样本而直接得出结果.

用于疾病早期诊断的纳米传感器如纳米氧化铁造影剂,可以帮助肝癌的诊断和治疗.氧化铁在纳米级时,磁性消失,当遇到外界磁场时,它又具有超强的顺磁性,这种性能意味着它能集中外部的磁场.科学家利用这一点,制造出氧化铁造影剂,用来改善磁共振成像.通过静脉注射纳米氧化铁造影剂后,氧化铁颗粒被血液带到身体各部,但主要只是在肝脏和脾脏被网状内皮细胞吸收,肝脏内的网状内皮细胞是由巨噬细胞构成的,它可以吞噬氧化铁颗粒.而恶性肿瘤细胞仅含有少量的巨噬细胞,没有大量吸收氧化铁的作用.氧化铁造影剂就是利用正常细胞和恶性细胞之间的这种功能差异,对肝癌进行诊断和治疗.

另外,一些研究者将一种称为"量子点"的纳米粒子应用于动物活体成像.量子点是纳米级的硒化镉或硒化铅半导体晶体,具有可控的光学性质,改变其直径,这种晶体就可以吸收不同波长的光.量子点的优点之一是可以由单一的光源激发,而传统的荧光显微方法则因为有机荧光团各具不同的吸收谱而需要多重激光光源;优点之二是量子点比有机染料更亮,不出现光退色,发射谱更窄.和荧光显微方法相比,这些优点构成了量子点在诊断成像方面独特的优势.

虽然纳米生物技术在诊断成像领域的应用经过科学家门的不懈努力获得了一些积极进展,如哈佛医学院的约翰·弗朗吉欧尼和同事用量子点查找活体老鼠前哨淋巴结的研究,但是量子点在很长时间内还只能在经过培养的细胞和组织中"一显身手",虽然也可以继续开展动物实验,但该技术能否用于人体,目前还未为可知.

(4)组织重建

纳米技术应用的另一个领域是组织重建.美国西北大学先进医学生物工程和纳米科学研究所取得了一项研究成果,他们开发了一种自组装液体.如果将这种液体注入到体内,它可即刻凝固,形成一种类似"脚手架"的结构,能向周围的细胞发出有序的生物学信号(如缩氨酸),引导组织重建.这种液体材料是两个亲缩氨酸构成的直径为 6 nm~8 nm 的圆柱状长纳米纤维,这种"纳米脚手架"可以引导神经祖细胞选择性分化为神经细胞,这一科研成果有望发展成为新的治疗中枢神经瘫痪的方法.该研究所其他的研究还包括利用纳米生物技术进行小岛移植和骨髓再生等.

现在纳米技术在组织重建方面的成本还非常高,但它的应用前景却十分诱人,正如美国西北大学先进医学生物工程和纳米科学研究所的所长萨姆·史都普所说的那样,"现在纳米技术还比较昂贵，所以还有许多成本问题需要解决，然而对于治疗瘫痪和恢复失明而言，再昂贵的技术也是值得的".

目前，许多科学家正努力将纳米生物技术运用到仿生学，其中最具诱惑力的是纳米机器人(nanorobot)的研究. 纳米机器人仅由数千个原子组成，微小得几乎看不见，但它们却可以非常灵活地在细胞之间工作，能捡起和移动肉眼看不见的颗粒. 科学家希望纳米机器人能在血液、尿液和细胞介质中工作，不仅可以捕捉和移动单个细胞，而且能够移动和重新安排人体细胞中的原子排列顺序，使其按照新的指令发挥作用. 纳米生物技术甚至可能仿照生命过程的各个环节制造出各种各样的微型机器人，比如让它们在血管中负责清除血管壁上的沉积物，进入组织间隙清除癌细胞等. 利用纳米羟基磷酸钙为原料，还可制作人的牙齿、关节等仿生材料.

另外，纳米技术应用于药物的制备可获得纳米药物制剂. 未来的纳米药物制剂发展方向有：①智能化的纳米药物传输系统，如超小型可植入皮下的血糖检测系统，装有"智能化"传感器和上千个小药库被称为"微型药房"的微型芯片，一种仅有 20 nm 左右可识别出癌细胞化学特征并能摧毁单个癌细胞的"智能炸弹"，等等；②纳米生物药物输送，利用纳米技术把新型基因材料输送到已经存在的 DNA 里，而不会引起任何免疫反应；③捕获病毒的纳米陷阱，可使病毒丧失致病能力；④分子马达，由生物大分子构成，利用化学能进行机械做功的纳米系统，典型的分子马达是 Fl−ATP 酶，Fl−ATP 酶与纳米机电系统的组合已成为新型纳米机械装置，可完成在血管内定向输送药物、清除血栓、进行心脏手术等复杂工作.

总之，纳米技术是一种能解决具有挑战性重大社会问题（如医疗、资源保护、能源问题），同时将渗透到社会众多领域的基础技术，它可在 1 nm～100 nm 的微小空间里，自由操纵物质原子、分子，可生产完全崭新的材料和产品，给人类带来了梦幻般的期望. 当我们面对朝气蓬勃的纳米科学技术这一高新技术领域时，无不感到科学的无形震撼和巨大威力.

23.3 纳米科技研究的工具

为在纳米尺度上研究材料和器件的结构和性能，发现新现象，寻找新方法，创造新技术，必须建立纳米尺度的表征和检测手段. 其中包括在纳米尺度上原位研究各种纳米结构的电、力、磁、光学特性，纳米空间的化学反应过程，物理传输过程以及研究原子和分子的排列、组装与奇异物性的关系等.

表征技术是指物质结构与性质及其应用的有关分析、测试方法，有时也包括测试、测量工具的研究与制造.

从现代科技来看，人类仅靠眼睛和双手去认识和改造客观世界，其能力非常有限，所以要对纳米科技中这些高新技术问题做深入的探讨和研究，对纳米产品进行检测和表征，工具是必不可少的. 由于纳米科技研究的空间尺度如此之小，而物质在纳米尺度下表现出来的性质又与宏观物质很不相同，所以必须使用特殊的研究工具. 常用的工具主要有高分辨透射电镜、扫描隧道显微镜和原子力显微镜等. 这些工具能直观地给出纳米微粒、纳米固体和其他纳米结构的特征.

23.3.1 高分辨透射电镜(HRTEM)

HRTEM 的空间分辨率可达 0.1 nm～0.2 nm，可以观察纳米微粒的结构图像，甚至直接看到原子像，还可分析几十个纳米区域的成分，它一直是精细结构研究的重要手段. 1984 年，日本名古屋大学上田良二教授给纳米微粒下了一个定义:用电子显微镜(TEM)能看到的微粒称为纳米微粒.

TEM主要用于各种矿物纳米级的形貌、成分、结构的综合研究,也适用于金属、非金属矿物各种尺寸级别的研究,如硅酸盐矿物、金属硫化物、胶体矿物的研究等.

23.3.2 扫描隧道显微镜(STM)

作为纳米科技重要研究手段的STM(Scanning Tunneling Microscope)是IBM公司瑞士苏黎世实验室的宾尼希和罗雷尔博士发明的,具有原子级的空间分辨率,被形象地称为纳米科技的"眼睛"和"手":"眼睛"——可以利用扫描隧道显微镜直接观察测试原子、分子的相互作用与特性;"手"——可以借助扫描隧道显微镜移动原子,构造纳米结构.图23.3.1是扫描隧道显微镜的工作原理和借助扫描隧道显微镜,将原子一个个重新排列组成"原子"字样的示意图.

借助扫描隧道显微镜,人的眼睛能直接观察原子、分子和测试它们的相互作用与特性,人的手可以间接移动原子来构造纳米结构,使之成为科学家在纳米尺度下研究新现象、提出新理论的微小实验室.

STM的基本原理是量子隧道效应和扫描,主要用来描绘表面三维的原子结构图及对表面的纳米加工,包括对原子、分子的操纵和对表面的刻蚀等.

根据量子力学原理,当两块导体(或半导体)间距小到几纳米量级时,相邻原子的电子云将发生重叠.如在其间施以电场,就会产生隧道电流.STM的工作原理是:将原子线度的极细探针和样品表面作为两个电极,当其间距小到1 nm时,外加电场下的探针和样品间的隧道电流I可表示为

$$I \propto V_b \exp(-A\varphi^{\frac{1}{2}} S) \tag{23-3-1}$$

式中,V_b为外加电压,A为常数,φ为平均功函数,S为探针与样品之间的距离.在V_b恒定的情况下,I的变化反映了S的变化.

STM的关键是利用压电动作机构以小于1 nm的精度在三维方向上操纵物体的运动,以及保证装配在压电动作机构上的导电原子探针尖端尽可能只有一颗原子.当探针在样品表面扫描时,通过一个反馈回路,可以在恒定偏压下维持探针与样品间的隧道电流恒定,从而保持探针与样品表面的间距恒定.此时记录下加在垂直方向动作的压电材料两端的电压的波形,就反映了样品表面的形貌.通过计算机处理,就可得到原子尺寸的表面拓扑图像.STM主要用于导电纳米矿物原子级的空间分辨率研究,如金属硫化物等的研究.

23.3.3 原子力显微镜(AFM)

AFM是以STM为基础发展起来的,能探测针尖和样品之间的相互作用力,达到纳米级的空间分辨率.AFM和STM一样,也可作为纳米材料制造的手段.由于STM依靠隧道电流工作,因此只适用于导电样品.为了获得绝缘材料原子图像,在STM的基础上,又出现了原子力显微镜.它的基本原理是:当探针接近样品表面时,由于原子间相互作用力,使得装配探针的悬臂发生微弯曲,检测到微弯曲的情况,就能知道表面和探针间的原子力大小.探针沿表面扫描时,保持尖端与表面原子力恒定所需施加于压电材料两端的电压波形,就能反映出待测表面的形貌.

AFM比STM的应用范围广,但分辨率略微低些.

AFM成像的关键是悬臂弯曲状态测量.由于原子间作用力极小(约为10^{-11}N量级),悬臂的弯曲度也极其微小.主要有三种方法测量悬臂的变化:①隧道电流法,即测量悬臂和另一

探针间的隧道电流;②电容法,测量悬臂和另一电极间的电容;③光反射法,即让一束激光射到悬臂上,检测其反射光.由于光反射法可靠灵敏,是目前用得最多的办法. AFM 主要用于非导电纳米矿物原子级的空间分辨率研究,如硅酸盐矿物、胶体矿物等的研究.

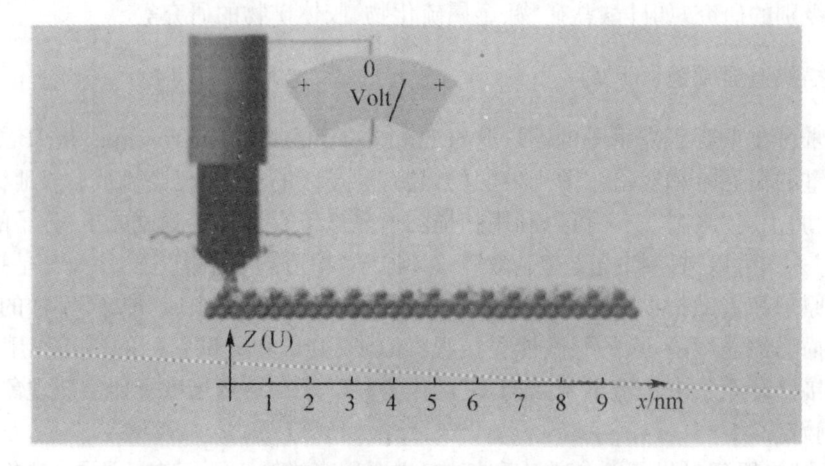

(a) 扫描隧道显微镜工作原理

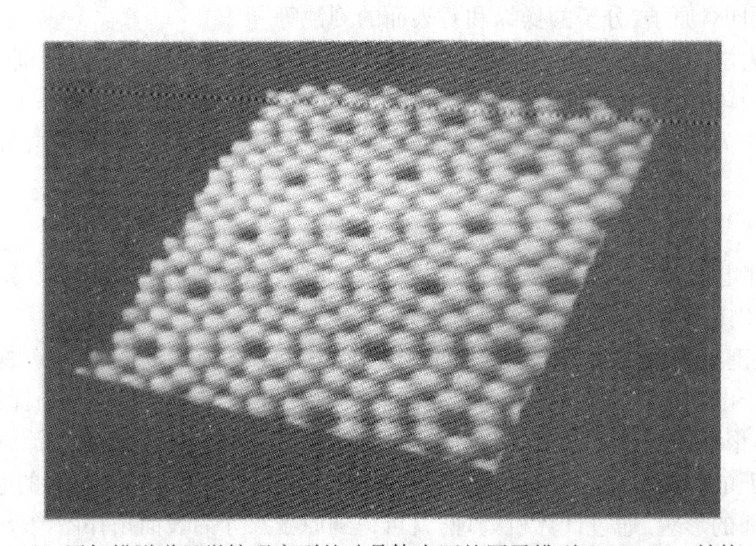

(b) 用扫描隧道显微镜观察到的硅晶体表面的原子排列 Si(m)7×7 结构

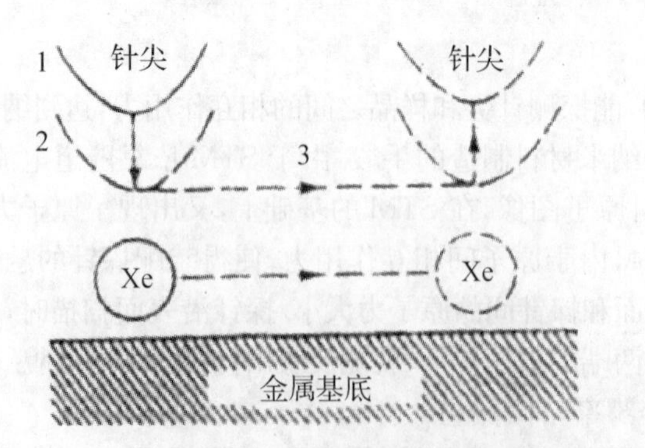

(c)扫描隧道显微镜针尖移过表面吸附原子的过程示意 (d)用原子排列成"原子"两个汉字

图 23.3.1 扫描隧道显微镜的工作原理和移动原子示意图

23.4 纳米科技的安全性问题

纳米科技给人类社会带来的进步是显而易见的，但是其安全性问题也引起了世界各国的高度重视.比如，前面提到的量子点可能给人体健康带来潜在的风险；另外，据研究人员报告，水溶性富勒烯分子能造成黑鲈鱼大脑损伤.尽管这些研究还处于初级阶段，甚至还未经过同行评议，但这些问题仍然引起了纳米界的高度警觉.

23.4.1 纳米技术与人体健康的安全问题

(1)纳米颗粒给人体健康带来的危害

空气污染已经是人类不可忽视的问题，人类因吸入大量有害的微粒污染物而导致重病和死亡的实例早已存在，发生在 1952 年 12 月的伦敦大雾是一个众所周知的例子.这场持续了 5 天的大雾，导致伦敦在两周内有 4000 多人突然死亡.科学家的分析研究结果显示，这主要是因为空气中细小的纳米颗粒大量增加造成的. 2003 年 3 月，科学家在美国化学年会上报告了纳米颗粒对生物可能的危害.同时，纽约罗切斯特大学的研究者发现，让实验大鼠暴露在含有直径 20 nm 的“特龙”塑料(聚四氟乙烯)颗粒的空气中 15 min，它们大多数在 4 h 内死亡了，而暴露在直径 120 nm 颗粒中的对照组则安然无恙.从这些事件中，人们逐渐认识到大气中超细微粒的含量与人类的死亡率、发病率密切相关，也开始了解超细颗粒(纳米颗粒)对环境和人体的危害.

随着工业化的进程，汽车尾气、电焊产生的气体、工业烟囱排出的浓烟以及燃烧垃圾、大雾、沙尘暴等都会造成大气中含有纳米级颗粒.当大规模研究和生产纳米材料以后，空气中的纳米生物颗粒含量还将逐渐升高，如果不进行适当的防护，将对人类的健康产生巨大的危害.统计表明，每 m^3 空气中直径为 2.5 μm 以下的颗粒污染物含量每上升 10 μg，肺癌死亡率就上升 8%.足见大气中可吸入颗粒污染物问题的严重性.

(2)纳米生物技术在应用中带来的安全隐患

一些纳米生物药物，会给人类健康带来一定的威胁.例如，前面提到的水溶性富勒烯分子，虽然可望作为细胞内外强效的抗氧化剂，但它也能造成黑鲈鱼大脑损伤.

纳米生物医疗器件进入人体，也可能给人们的健康带来风险.目前，许多科学家正在将纳米技术运用于仿生学，设想研制出由数千个原子组成的、微小得几乎看不见的纳米机器人，人们的目的是想使这些机器人按照我们的意愿工作，对我们的身体不产生任何负作用，但是像这样的一些纳米生物设备进入人体后，其实际的治疗效果和风险与受益的关系都还不明确，也不知道它对人类健康的维护究竟有多大，它完全可能给人类的健康带来负面影响.

利用纳米技术生产的日用品也会给我们的身体造成伤害.例如，添加了纳米生物材料的化妆品、护肤品、日用品、聚酯类啤酒瓶等产品是人类在日常生活中经常接触到的产品，这些产品都直接与人体接触，长期使用有可能对人类的健康产生不良影响.当然，是否所有的纳米生物产品对人体都有副作用，有多大副作用，科学界对此还没有明确的答案，有待深入的研究.以防晒霜为例，二氧化氢是一种能够对太阳光中的紫外线进行有效反射，而允许其他光进入的物质，所以大部分化妆品都含有这种物质.但二氧化氢纳米级微粒会进入皮肤甚至细胞，并在细胞内产生自由基，破坏原有的基因，长期使用对人体具有很大的伤害.

23.4.2 纳米生物技术与生态安全问题

任何事物都是一分为二的，纳米生物技术也不例外. 纳米生物技术的应用对生态环境的影响具有双重作用. 一方面，纳米生物技术的应用有利于人类保护生态环境，比如纳米生物技术的发展推动了产品的微型化、高性能化，提高了人类利用资源和能源的能力，从而极大地节约了资源和能源. 纳米生物技术将在环境保护和环境治理方面大显身手，使人类距离可持续发展的目标更近一步. 但另一方面，我们也应该清楚地认识到，虽然纳米生物技术的发展为环境治理提供了一系列有效的手段，但是纳米生物技术与纳米生物材料的研究还处于起步阶段，我们对于纳米尺度物质性质的认识还极不全面. 在没有经过充分的评估与论证的情况下，我们不能只因纳米生物技术所带来的经济和环境利益而片面地对其进行追求，因为纳米技术的应用也将造成新的环境问题，破坏人与自然之间的和谐关系.

(1)纳米生物材料的制造和应用可能带来新的环境污染

纳米生物技术在治理二氧化碳、一氧化碳、氮氢化合物等有害气体方面发挥着重要的作用，但是纳米生物材料自身的生产过程中也会产生一定的有害气体，比如常用的以高温固相法制备 $BaTiO_3$ 过程中，在得到 1 mol $BaTiO_3$ 超微粉末的同时，我们也得到了 1 mol 的 CO_2. 在用气相法和液相法制备纳米生物材料时也会产生大量的二氧化碳、一氧化碳、氮氢化合物，大量的二氧化碳被制造出来释放到空气中，会加剧温室效应. 另外，由于纳米生物技术才刚刚起步，相应的法律、法规并未完善，纳米生物材料的成品和生产中产生的废弃材料还没有严格的检验标准和法规约束，在经济利益的驱使下，某些机构和个人不顾纳米生物废料可能对环境和人体所造成的严重危害而肆意排放其生产过程中产生的废料和有害气体，甚至某些纳米生物材料可能与有害金属相结合，更严重地污染环境.

(2)纳米生物技术的应用对生态环境的可能危害

生态系统是指由生物群落及其他地理环境相互作用所构成的功能系统，这个系统既精致微妙，又相当脆弱，人类由于利用科学技术不合理地开发自然资源和其他一些不合理的活动，已经引起了生态失衡和环境危机. 如果说以往的技术还只是从宏观层面上干预了自然过程，损害了生态系统，那么纳米生物技术却赋予了人类改造自然微观环境的能力. 如果我们对这种技术运用不当，则会从微观尺度上撕裂这精妙绝伦的生态之网，从而导致更为严重的生态危机，而这样的危机将是致命的.

23.4.3 纳米技术与社会安全问题

目前，纳米技术越来越多地应用于人类的实践活动，对科技、经济、政治以及人类生活的影响越来越深刻. 纳米技术与生物技术结合后，可能会制造出纳米生物武器和纳米致命病毒，它们的杀伤力将远远超过核武器、化学毒气等已有的武器. 而且，纳米生物武器还可能会是隐形武器中最难令人察觉的一种，恐怖分子如果以此在城市中发动袭击，那么它所造成的破坏程度将远远超过化学袭击. 纳米生物武器的无孔不入和防不胜防，将对社会安全和人身安全造成极大的威胁.

基于这种种的理由，我们在大力发展纳米科技的同时，必须高度重视其安全性问题.

习题 23

23.1 简述发展纳米科技的意义.

23.2 纳米科技主要包括哪些内容？

23.3 如何认识纳米材料在纳米科技中的地位？

23.4 什么是纳米电子学？其研究的主要内容是什么？

23.5 简要说明纳米电子学的科学基础和物质基础.

23.6 纳米电子学的发展可分哪三个阶段？

23.7 纳米生物技术在医疗领域的研究和应用主要有哪几个方面？

23.8 我们在大力发展纳米科技的同时，为什么必须高度重视其安全性问题？